System und Phylogenie der Lebewesen

von

Professor Dr. Edwin Möhn

Staatliches Museum für Naturkunde in Stuttgart
Universität Stuttgart

Band 1: Physikalische, chemische und biologische Evolution

Prokaryonta
Eukaryonta (bis Ctenophora)

318 Tafeln mit 1105 Abbildungen
und 4 Textfiguren

E. Schweizerbart'sche Verlagsbuchhandlung
(Nägele u. Obermiller) Stuttgart 1984

Anschrift des Autors:
Prof. Dr. Edwin Möhn, Staatliches Museum für Naturkunde, Rosenstein 1, D-7000 Stuttgart

Gedruckt mit Unterstützung der Förderungs- und Beihilfefonds Wissenschaft der VG WORT GmbH, Goethestraße 49, D-8000 München 2

ISBN 3510651170

Printed in Germany by Tutte Druckerei GmbH, Salzweg-Passau.
Einbandentwurf von Wolfgang Karrasch
Schrift: Sabon.

Vorwort

In der systematischen Literatur der Biologie fehlt bis heute eine zusammenfassende Darstellung des Systems und der Phylogenie der Lebewesen. Mit dem vorliegenden ersten Band wird diese Bearbeitung begonnen.

Biologie ist die Wissenschaft, die sich mit der organismischen Vielfalt beschäftigt, wenn auch in den letzten Jahren die gesetzmäßig ablaufenden Lebensvorgänge im zellulären Bereich oft im Vordergrund standen. Es gilt, die Mannigfaltigkeit der Organismen zu erfassen und in einem System zu vereinigen. Ziel der Untersuchungen auf diesem Gebiet ist eine Erforschung des Ablaufes der Stammesgeschichte und die Umsetzung der dabei gewonnenen Ergebnisse in ein phylogenetisches System. Das auf diese Weise erstellte phylogenetische Gesamtsystem der Lebewesen soll die rezente Vielfalt und zusätzlich die ausgestorbenen fossilen Arten enthalten. Eine Einarbeitung fossiler Vertreter ist unerläßlich, da sie das Gerüst jeglicher phylogenetischer Bearbeitung bilden. Die fossile Überlieferung zeigt uns den realen historischen Befund sowie den zeitlichen Ablauf.

Die Stammesgeschichte der Lebewesen kann nicht losgelöst von der vorher ablaufenden physikalischen und chemischen Evolution dargestellt werden. Die chemische Evolution geht gleitend in die biologische Evolution über.

Der hier vorgelegte erste Band beginnt mit einer Übersicht der physikalischen und chemischen Evolution, nachfolgend werden die Prokaryonten und die Eukaryonten bis zu den Ctenophoren (Rippenquallen) behandelt. Nicht Pflanzen und Tiere, sondern Pro- und Eukaryonten stellen die beiden Hauptgruppen der Lebewesen dar. Die noch fehlenden Eukaryonten-Gruppen sollen in zwei Folgebänden behandelt werden.

Für die vorliegende Bearbeitung mußte umfangreiche Spezialliteratur gesichtet und ausgewertet werden. Für Hilfe und Unterstützung bei der Literaturbeschaffung danke ich Herrn Dr. G. Brugerolle (Clermont-Ferrand, Frankreich), Herrn Prof. Dr. J. O. Corliss (College Park, U.S.A.), Herrn Prof. Dr. U. Kull (Stuttgart), Herrn Prof. Dr. B. Ziegler (Stuttgart) und Herrn Prof. Dr. J. W. Wendt (Tübingen). Die verwendete Literatur ist in dem nach Sachgebieten und systematischen Gruppen gegliederten Literaturverzeichnis zu finden, Zitate im Text wurden hingegen weggelassen, um die Lesbarkeit nicht zu beeinträchtigen und den schon beträchtlichen Umfang nicht noch mehr zu vergrößern.

Für das bessere Verständnis des Textes ist eine Vielzahl von Abbildungen unerläßlich. Ich habe mich bemüht, sie nach didaktischen Gesichtspunkten auszuwählen und schon publizierte entsprechend abzuändern. So wurden alle Zeichnungen in einheitlichem Stil angefertigt. Mein besonderer Dank gilt dem Graphiker, Herrn G. Bosch (Stuttgart), der mit großem Einfühlungsvermögen die Zeichnungen hergestellt hat.

Der Schweizerbart'schen Verlagsbuchhandlung, Stuttgart, und hier besonders Herrn Dr. E. Nägele, habe ich für großes Entgegenkommen und verständnisvolle Zusammenarbeit sehr zu danken.

Ludwigsburg, im September 1983

Edwin Möhn

Inhaltsverzeichnis

Einführung

Fragen nach der Entstehung des Universums, unseres Sonnensystems und der Erde sowie Fragen nach dem Ablauf der Stammesgeschichte der Organismen sind heute mehr denn je zentrale Themen der modernen Naturwissenschaften. Die naturwissenschaftlichen Disziplinen liefern uns dazu viele gesicherte Fakten. Die erarbeiteten Daten der exakten, empirischen Naturwissenschaftszweige erreichen hohe Wahrscheinlichkeitswerte, da sie in den meisten Fällen reproduzierbar sind.

Schwieriger ist die Situation in der Biologie, weil die Stammesgeschichte der Organismen als realhistorisches Geschehen einen einmaligen Vorgang darstellt, welcher nicht im Labor reproduziert werden kann. Die Erforschung des organismischen Evolutionsablaufes ist eines der zentralen Themen der Biologie. Biologie ist in weiten Bereichen eine historische Wissenschaft. Es gilt, einen historischen Prozeß (Phylogenese) zu erforschen und darzustellen. Die phylogenetische Systematik (= Phylogenetik) faßt die Ergebnisse naturwissenschaftlicher Teildisziplinen zusammen und integriert sie in ein phylogenetisches System.

Evolution beschränkt sich aber nicht allein auf die biologische Evolution auf der Erde, sondern sie stellt einen Prozeß dar, der mit der Entstehung des Universums beginnt und über physikalische und chemische Evolutionsabläufe schließlich zur biologischen Evolution (einschließlich der kulturellen Evolution des Menschen) führt. Evolution stellt ein Kontinuum in Form eines ständigen Fließvorganges dar. Die abiotische Bildung von Biomonomeren und Biopolymeren führt über die Bildung präbiotischer Aggregate zu den ersten einzelligen Lebewesen.

Die Evolution der Lebewesen kann daher nicht losgelöst von der kosmischen und der abiotischen Evolution auf der Erde betrachtet und dargestellt werden.

Wir können den Ablauf der Stammesgeschichte der Lebewesen auf unserer Erde heute in den wesentlichen Zügen darstellen. Fakten aus der Paläontologie, Geologie, Chemie (Chemofossilien), Mikrobiologie, Botanik und Zoologie haben zur Erstellung des phylogenetischen Systems der Lebewesen beigetragen. Die Paläontologie versucht den realen Ablauf der Stammesgeschichte im Sinne einer historischen Disziplin zu rekonstruieren. Sie trägt die entscheidenden Bausteine des phylogenetischen Systems zusammen, da sie mit realen historischen Fossilien arbeitet. Nicht nur Organismen, sondern auch Chemofossilien, die von lebenden Organismen stammen, tragen zur Klärung des Evolutionsablaufes bei. Die Geologie liefert uns das zeitliche Bezugssystem für den Evolutionsablauf. Diese Darstellung von den frühesten Anfängen bis zur Jetztzeit entspricht der Arbeitsweise und den Erfordernissen einer historischen Disziplin.

Die phylogenetische Systematik der biologischen Disziplinen geht dagegen primär von dem rezenten Material (Individuen, Populationen, Arten) aus und liefert ebenfalls wichtige Daten zur Erfassung des Evolutionsablaufes einschließlich zeitlicher Abläufe. Dabei können Fossilien in das System der rezenten Vertreter eingearbeitet und auf diese Weise auch zeitliche Abfolgen ermittelt werden. In der phylogenetischen Systematik wird mit unterschiedlichen Methoden gearbeitet (Phaenetische Systematik, Numerische Systematik, Kladistische Systematik, Evolutionäre Systematik), welche, miteinander kombiniert, in vielen Fällen die Evolutionsabläufe darstellen können. Jede Methode für sich allein vermag nicht die Evolution in ihrer vollen Komplexität darzustellen und in ein phylogenetisches System zu übertragen. Es ist eine synthetische Methodik (basierend auf den Argumentationsschemata der kladistischen Systematik) erforderlich, um zu den gewünschten Ergebnissen zu kommen: Darstellung der Kladogenese und der Anagenese; Berücksichtigung des Abwandlungsgrades in der Zeit als Folge von Adaptionsprozessen; Sichtbarmachung des ökologischen Zugewinnes im Verlauf der Evolution. Die Stammesgeschichte besteht nicht nur aus der Kladogenese (Verzweigung), auch die Anagenese (Höherentwicklung) muß in einem phylogenetischen System dargestellt werden.

Viele Schlüsse basieren daher noch auf unterschiedlichen Arbeitsweisen. Eine einheitliche, wissenschaftlich begründete Methodik (Theorie) ist aber notwendig, um über das Ziel hinausschießende Spekulationen und objektfremde Reißbrettkonstruktionen zu verhindern und der Disziplin den Vorwurf des Spekulativen zu nehmen. Zur erforderlichen Methodik als theoretischem Unterbau hat die kladistische Systematik (Hennig 1950, 1966) wichtige Beiträge geliefert. An der Erklärung und Darstellung der Stammesgeschichte der Lebewesen arbeiten zahlreiche biologische Teildisziplinen. So liefert u. a. das Teilgebiet der Molekularbiologie (z. B. Feststellung von RNS-Nukleotidsequenzen) wichtige Ergebnisse zur Kenntnis des Ablaufes der Stammesgeschichte, die in vielen Fällen mit den von anderen Teildisziplinen erarbeiteten Daten übereinstimmen. Gezielte Einsätze der Elektronenmikroskopie haben entscheidende Daten vom Feinbau pro- und eukaryontischer Zellen geliefert. Diese Fakten haben zu vielen Systemverbesserungen, vor allem auch in der Großsystematik, geführt.

Die Suche nach naturwissenschaftlichen Fakten und Erklärungen stellt ein vielschichtiges Geschehen dar, welches zyklenhaft abläuft. Durch Anhäufung von Wissen werden Erkenntnisse immer sicherer und die Voraussagen dadurch stetig exakter. Zunächst werden Fakten gesammelt und erste möglich erscheinende Kausalbeziehungen geknüpft. Die daran anschließende induktive Methode erarbeitet Hypothesen (Arbeitshypothesen) zur Erklärung dieser Fakten und leitet das Allgemeine aus dem Einzelnen (Einzeldaten) ab. Der Zyklus wird durch die deduktive Methode geschlossen, welche aus den vorliegenden Hypothesen allgemeine Schlüsse zieht. Dieses didaktische Prinzip der primären Induktion wird aber heute, auch in den exakten Naturwissenschaften, oft nicht mehr streng befolgt. Im historischen Prozeß der Bildung von Hypothesen und dann von Theorien wird heute oft nicht induktiv vorgegangen, sondern es werden nach der deduktiven Methode zuerst Hypothesen aufgestellt und dann erst Induktionsschlüsse gezogen. Diese mehr deduktive Methode erlaubt eine bessere Einordnung der ständig wachsenden Einzelfakten. Hier erfolgt die Ableitung des Einzelnen aus dem Allgemeinen.

In den Naturwissenschaften werden im Prinzip diejenigen Hypothesen, Theorien und Naturgesetze bevorzugt, welche die vorhandenen Fakten nach dem Gesetz der maximalen Denkökonomie am einfachsten erklären.

Gerade in der phylogentischen Systematik (= Phylogenetik) ist die Erarbeitung von durch Fakten gestützten Hypothesen (und Theorien) sehr wichtig, weil die Stammesgeschichte als realhistorischer Prozeß nur sehr beschränkt experimentell überprüfbar ist. Der Mechanismus der Evolution beruht auf nicht vorhersehbaren Zufälligkeiten (Mutationen). Der Gesamtkomplex Evolution beinhaltet die physikalische, chemische und biologische Evolution. Der rote Faden des realhistorischen Ablaufes der Evolution der Lebewesen (= Stammesgeschichte) auf unserer Erde ist aber nur dann deutlich erkennbar, wenn auch die vorausgehende physikalische und chemische Evolution dargestellt wird.

Eine einheitliche wissenschaftliche Hypothese (Theorie) zur Erfassung phylogenetischer Daten in Bezug auf Kladogenese (Verzweigung), Anagenese (Höherentwicklung in der Zeit), Grad der Umwandlung (Evolutionsgeschwindigkeit) und ökonomischer Zugewinn (ökologische Evolution) liegt noch nicht vor. Phaenetische, numerische, kladistische und evolutionäre Systematik sind als Vorläufer dieser einheitlichen Hypothese (Theorie) zu betrachten.

Phaenetische Systematik

Sie stellt die älteste und am längsten gebräuchliche Untersuchungsmethodik dar und wird auch heute noch häufig im Bereich der Biologie angewendet. Es liegt aber in vielen Fällen, besonders im botanischen Bereich, eine typologische Betrachtungsweise vor, welche nach augenfälligen, vorwiegend morphologischen Merkmalen klassifiziert. Fast alle heute gebräuchlichen Systeme basieren auf morphologischen Untersuchungsmethoden, welche von den Systematikern seit dem Beginn der Klassifizierung der Lebewesen verwendet wurden. Da morphologische Ähnlichkeit in den weitaus meisten Fällen auch phylogenetische Verwandtschaft bedeutet, entstanden Systeme, die häufig auch die Phylogenie der untersuchten Gruppen widerspiegelten. Daneben entstanden auch künstliche, rein typologische Klassifizierungs-Systeme. Man kann davon ausgehen, daß in etwa 85–90% der untersuchten Fälle morphologische Ähnlichkeit auch phylogenetische Verwandtschaft bedeutet. In 10–15% der Fälle liegen Konvergenzen (Inhomologien) und Parallelentwicklungen vor, welche zu falschen Schlüssen führen. Überprüft man heutige Systeme im Bereich höherer Kategorien (etwa Gattung bis Ordnung) dann kann man feststellen, daß eine große Zahl der mit den Methoden der phaenetischen Systematik erarbeiteten Kategorien monophyletische Gruppen darstellen. Daneben kommen aber noch zahlreiche paraphyletische Gruppen vor, die nach der Methodik der kladistischen Systematik aufgelöst werden müssen, während die evolutionäre Systematik in der Regel auch paraphyletische Gruppierungen zuläßt. Weiterhin existieren als Ergebnis der Anwendung der phaenetischen Systematik polyphyletische Gruppierungen (besonders in der Großsystematik), welche nicht bestehen bleiben können. Eine besondere Methodik in Bezug auf Erzielung eines phylogenetischen Systems weist die phaenetische Systematik nicht auf. Häufig wird auch dieses Ziel verneint und einer Klassifikation, basierend auf einem übersichtlichen Baukastenprinzip, der Vorrang gegeben.

Zusammenfassend kann gesagt werden, daß die phaenetische Systematik (erweitert auf Ähnlichkeiten in der Lebensweise, im Verhalten usw.) Klassifikationen geschaffen hat, die die Basis für alle anderen systematischen Arbeitsweisen darstellen. Das Ergebnis der phylogentisch orientierten phaenetischen Systematik ist ein System („Vorgegebenes System"), welches durch kladistische und evolutionäre Methoden zu verbessern ist. Auch in der phaenetischen Systematik wird zwischen primitiven, ursprünglichen (= plesiomorph) und abgeleiteten (= apomorph) Merkmalen unterschieden. Auch werden Konvergenzen erkannt und Parallelentwicklungen festgestellt. Primitive und abgeleitete Merkmale werden aber häufig als gleichwertig in Bezug auf ihre Aussagekraft angesehen, während die kladistische Systematik nur Synapomorphien für Verwandtschaftsanalysen zuläßt.

Es werden sorgfältige merkmalsphylogenetische Bewertungen durchgeführt mit dem Ziel, die festgestellten Taxa durch klare Diskontinuitäten zu trennen. Dabei wird aber häufig nicht geprüft, ob gleichrangige Taxa auch äquivalente Einheiten des Evolutionsprozesses darstellen.

Der phaenetischen Systematik fehlt ein einheitliches Bezugssystem, wie man Form-Ähnlichkeiten (unter vorhergehender Elimination konvergenter sowie parallel entwickelter Merkmale) messen und auf ein System übertragen kann. Da dieses Bezugssystem fehlt, hängen hier die Ergebnisse besonders stark von der Qualität („Systematisches Gefühl", verbunden mit langjährigen Erfahrungen) des Bearbeiters ab. Daher kann mit den Methoden der phaenetischen Systematik kein geschlossenes Systemgebäude errichtet werden.

Numerische Systematik

Sie stellt eine Abwandlung der vorwiegend auf intuitiver Basis arbeitenden phaenetischen Sysyematik dar. Im Gegensatz zur phaenetischen Systematik entwickelt sie einen festgelegten Analysengang, der zu einem quantitativen Ergebnis führt. Sie versucht möglichst objektive Methoden zu erarbeiten, um damit die subjektiven Elemente in der Arbeit der Systematiker auszuschalten. Die methodische Basis der numerischen Systematik ist ein primäres Ordnen nach Ähnlichkeiten. Dabei wird jeweils von den untersuchten Gruppen (Populationen, Arten, höhere systematische Taxa) eine möglichst hohe Zahl (mindestens 50) von Merkmalen festgelegt und nach einem einheitlichen Schema quantitativ klassifiziert. Ein Vergleich aller Gruppen in allen Merkmalen (meist mit Hilfe eines Computers) ergibt dann einen in Prozenten ausgedrückten Ähnlichkeitskoeffizienten (Gesamtähnlichkeitsgrad). Der Gesamtähnlichkeitsgrad soll dabei dem Verwandtschaftsgrad entsprechen. Gegenüber der phaenetischen Systematik ist in der Anfangsphase der Anwendung der numerischen Systematik sogar ein Rückschritt festzustellen, da alle Merkmale ohne Wertung verwendet werden, ohne Rücksicht, ob homologe Merkmale oder Konvergenzen vorliegen. Auch wird zunächst nicht unterschieden, ob ein Merkmal in primitiver oder abgeleiteter Form vorliegt. In neuerer Zeit werden aber auch, abweichend von den früheren Axiomen, Wertungen von Merkmalen vor der Analyse durchgeführt.

Die numerische Systematik geht auf Untersuchungen des Botanikers Adanson (1761) zurück. Er wies nach, daß man mit einer morphologischen Arbeitsmethode, welche nur Einzelmerkmale berücksichtigt (z. B. die künstlichen Linné'schen Systeme), eine große Zahl unterschiedlicher Systeme aufstellen kann. Er forderte die Erfassung möglichst vieler Merkmale, um besser begründete Systeme zu erreichen. Die Systeme nach Einzelmerkmalen bezeichnete man daraufhin als künstliche, diejenigen, welche auf vielen Merkmalen basierten, als natürliche Systeme. Adanson führte noch keine Trennung homologer und analoger (konvergenter) Merkmale durch, da zu seiner Zeit diese Unterschiede noch nicht bekannt waren. Wichtig war für ihn die Erfassung einer großen Zahl („möglichst aller") von Merkmalen. Diese Forderung wurde von der numerischen Systematik übernommen.

Systeme Adanson'scher Prägung waren ein großer Fortschritt gegenüber den Systemen nach Einzelmerkmalen und entsprachen daher in vielen Fällen eher der tatsächlichen phylogenetischen Verwandtschaft. Die heutige numerische Systematik (SOKAL & SNEATH 1963, SNEATH & SOKAL 1973) basiert weitgehend auf den ADANSON'schen Vorstellungen. Auch die numerische Systematik arbeitet mit dem von der phaenetischen Systematik erstellten „vorgegebenen" System.

Die von der numerischen Systematik ermittelte Gesamtähnlichkeit zwischen allen zu vergleichenden Gruppen dient unter anderem auch zur Ermittlung der phylogenetischen Verwandtschaft. Nach unterschiedlichen Methoden können dabei die Gruppen durch Vergleich ihrer jeweiligen Ähnlichkeitskoeffizienten (häufig in % ausgedrückt) gruppiert werden. Meist müssen dabei Mittelwertsberechnungen durchgeführt werden. Bei der Neuordnung von Gruppen bleibt der Umfang der errechneten Gruppierungen weitgehend dem Bearbeiter überlassen. Er kann Ähnlichkeiten von 80–90% aber auch von 70–85% in einer Gruppe zusammenfassen. Bei Anwendung verschiedenartiger Rechenmethoden erfolgen zwangsläufig unterschiedliche Gruppierungen, obwohl rechnerisch alle gleich richtig sind. Trotz der vorgetäuschten Objektivität durch Computer-Berechnungen fließen auch hier viele persönliche, nicht offen dargelegte Entscheidungen des Untersuchers (Abgrenzung des zu untersuchenden Taxons, Berücksichtigung und Nichtberücksichtigung von Merkmalen usw.) in die gewonnenen Analysen ein.

Die taxonomischen Gruppen können aufgrund ihrer Ähnlichkeitskoeffizienten gruppiert (Fig. 1) und in Form eines Stammbaumes dargestellt werden. Die Gabelstellen des Stammbaumes zeigen nur unterschiedliche Ähnlichkeitswerte an, sie stellen keine zeitbezogenen Gabelungen eines phylogenetischen Stammbaumes dar.

Um zu phylogenetischen Aussagen zu kommen, müssen Merkmale gewertet werden. Ohne eingehende merkmalsphylogenetische Untersuchungen sind phylogenetische Aussagen nur sehr beschränkt möglich. Es muß dabei zwischen primitiven (= plesiomorphen), abgeleiteten (= apomorphen) und konvergent entstandenen Merkmalen unterschieden werden. Solange keine Merkmalswertung erfolgt, liegen reine Ähnlichkeitsanalysen vor, die zur Kenntlichmachung monophyletischer Gruppierungen nicht geeignet sind.

Es fehlt der numerischen Systematik der Ansatz zu einer stammesgeschichtlichen, historischen Betrachtungsweise. Die Forderung, daß Ähnlichkeit auch stammesgeschichtliche Verwandtschaft bedeutet, trifft wohl in sehr vielen Fällen zu aber nicht in allen. Es ist daher von Fall zu Fall zu entscheiden, ob Ähnlichkeit auch phylogenetische Verwandtschaft bedeutet, dabei müssen Konvergenzen und Parallelentwicklungen ausgeschaltet werden. Bei einer Merkmalsbewertung unter phylogenetischen und nicht nur auf Ähnlichkeit basierenden morphologischen Gesichtspunkten kann auch die numerische Systematik (ähnlich wie die phaenetische Systematik) zu Gruppierungen gelangen, welche monophyle-

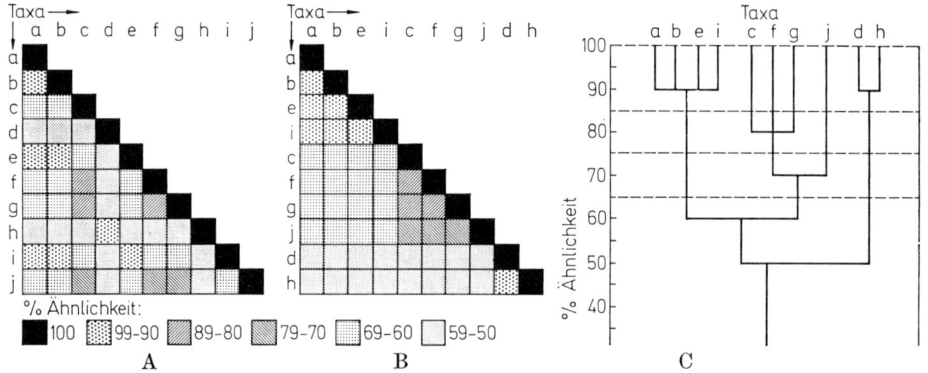

Fig. 1. Quantitative Ähnlichkeitsbestimmung und Gruppierung bei einer Gruppe mit den Taxa a–j. Ähnlichkeitskoeffizienten (%) aller Taxa untereinander, in A ohne Ordnung, in B geordnet; C daraus entwickeltes Dendrogramm der phaenetischen Ähnlichkeit; Gruppen gleicher Wertigkeit sind durch horizontale Linien miteinander verbunden (nach SNEATH aus STRASBURGER).

tischen Gruppen entsprechen. Die von der numerischen Systematik gewonnenen Ergebnisse können durchaus Anstöße zu Verbesserungen des augenblicklichen Systems geben, vor allem, wenn Merkmalswertungen erfolgen. Diese Verbesserungen treffen besonders auf den Bereich niederer Taxa zu.

Ein phylogenetisches System kann aber mit den Methoden der numerischen Systematik allein nicht erarbeitet werden. Die phylogenetische Systematik, und sie ist das einzig mögliche Bezugssystem, welches den historischen Vorgang der Stammesgeschichte der Lebewesen zu erklären versucht, fragt primär nicht nach Ähnlichkeiten, sondern nach den Abwandlungen während des zeitlichen (historischen) Ablaufes der Evolution. Eine Darstellung der Phylogenese (Stammesgeschichte) ist daher nur mit den Methoden der phylogenetischen Systematik zu erreichen.

Phylogenetische Systematik

Hauptziel der phylogenetischen Systematik ist die Erforschung der phylogenetischen Verwandtschaft aller renzenten und aller früheren, im Verlauf der Stammesgeschichte ausgestorbenen Arten. Die Ergebnisse dieser Untersuchungen werden in einem phylogenetisch begründeten System dargestellt. Dieses System darf nur monophyletische Gruppen (Taxa) enthalten. Die grundlegenden Fragen sind: Was ist phylogenetische Verwandtschaft? Wie kann man sie feststellen? Wie stellt man sie dar?

Basis der Untersuchungen ist die Kategorie der Art. Arten werden in der phylogenetischen Systematik als genetisch determinierte Fortpflanzungsgemeinschaften betrachtet. Sie werden biologisch und nicht primär morphologisch gedeutet. Morphologische Ähnlichkeit bedeutet auch in der phylogenetischen Systematik sehr häufig nahe Verwandtschaft, da ähnliche Gensätze naturgemäß in den allermeisten Fällen auch ähnliche Morphen hervorbringen müssen. Konvergenzen und Parallelismen müssen aber vorher durch kritische merkmalsphylogenetische Untersuchungen ausgeschaltet werden. Der auf Fortpflanzungsgemeinschaft basierende biologische Artbegriff trifft aber nur auf sich bisexuell fortpflanzende Eukaryonten zu.

Die biologische Art ist eine durch Fortpflanzungsisolation begrenzte Einheit (Taxon). Sie stellt eine natürliche Population dar, weist einen internen Genfluß auf und ist durch Isolationsmechanismen von anderen Populationen (Arten) getrennt. Dabei wird von einer biparentalen Fortpflanzung ausgegangen. Oft wird die biologische Art als eine Ansammlung sich miteinander kreuzender Populationen betrachtet, die hinsichtlich ihrer Fortpflanzung von anderen Arten isoliert ist. Aber auch bei Prokaryonten (ohne Sexualität), bei keine Sexualität aufweisenden sowie bei sich parthenogenetisch fortpflanzenden Eukaryonten kommen biologische Arten vor. Auch hier erfolgt Mutation und Selektion sowie Bildung neuer Arten durch Isolationsvorgänge, so daß auch in diesen Fällen die Methodik der phylogenetischen Systematik zur Klärung von Verwandtschaftsverhältnissen verwendet werden kann. Die Fortpflanzungsisolation ist bei der biologischen Artdefinition stärker zu berücksichtigen, da eine so veränderte Definition auch für Prokaryonten und uniparentale Eukaryonten zutrifft. Anders ist es bei Artbildungen durch Bastardierung (Pflanzen), weil hier bei der Erstellung eines Stammbaumes keine eindeutigen Dichotomien, sondern Vernetzungen auftreten. Synapomorphien sind in diesen Fällen keine zuverlässigen Hinweise auf engere Verwandtschaftsverhältnisse. Außerdem stößt die Rekonstruktion der in der Botanik häufigen Polyploidkomplexe auf große Schwierigkeiten.

Während es bis zur Mitte des 20. Jahrhunderts keine phylogenetische Systematik mit einem geschlossenen Theoriengebäude gab, liegen heute zwei voneinander abweichende und konkurrierende Arbeitsrichtungen, die kladistische und die evolutionäre Systematik, vor.

Beide verfolgen, wenn auch mit unterschiedlichen Mitteln, das gleiche Ziel, die Darstellung des historischen Ablaufes der Stammesgeschichte der Lebewesen.

Kladistische Systematik („konsequent phylogenetische Systematik“)

Sie wurde von Hennig (1950) begründet. Der Begriff der Gestaltähnlichkeit wird in die Begriffe Symplesiomorphie, Synapomorphie, Autapomorphie und Konvergenz aufgelöst. Bei homologen Merkmalen wird zwischen plesiomorpher (ursprünglich) und apomorpher (abgeleitet) Ausprägung unterschieden. Hauptziel der kladistischen Systematik ist ein phylogenetisches System, welches nur monophyletische Gruppen (Fig. 3) enthält. Monophyletische Gruppen (geschlossene Abstammungsgemeinschaften) enthalten nur Mitglieder, welche Deszendenten einer nur ihnen gemeinsamen Stammart (Stammgruppe) sind. Diese Stammarten (Stammgruppen) bestimmen die Verzweigungen (Dichotomien) des erarbeiteten Kladogrammes, und sie ergeben auch die hierarchischen Anordnungen der monophyletischen Gruppen im System.

Methodik: Das Erkennen monophyletischer Gruppen basiert auf der Überlegung, daß bei der dichotomen Aufspaltung der Stammart (Stammgruppe) zwei Tochterarten (zwei Stammgruppen) entstehen, die in ihren Merkmalen voneinander abweichen. Die eine Tochterart behält in der Regel die plesiomorphen (ursprünglichen) Merkmale bei, während die andere Tochterart durch Anpassungen an veränderte Lebensbedingungen apomorphe (abgeleitete) Merkmale entwickelt. Beide Arten bilden eine monophyletische Schwestergruppe nächsthöherer Kategorie. Schwestergruppen müssen nach der kladistischen Methodik den gleichen kategorialen Rang aufweisen. Jede Art (Gruppe) besitzt demnach eine Schwesterart (Schwestergruppe), mit der sie eine nur ihnen gemeinsame Stammart (Stammgruppe) teilt. Die nicht abgewandelte Tochterart kann im Sinne einer biologischen Artdefinition mit der Stammart identisch sein. Beide Arten werden aber von der kladistischen Systematik als getrennte, genealogisch verschiedene Arten betrachtet. Durch die Aufspaltung einer Art in zwei Tochterarten erhält man stets Dichotomien und damit auch dichotome Verzweigungen des Kladogrammes (Stammbaumes). Im Sinne der phylogenetischen Verwandtschaft sind zwei Arten (oder Artengruppen) nur dann näher miteinander verwandt als mit einer dritten Art (Artengruppe), wenn sie die Nachkommen einer Stammart (Stammgruppe) sind, die nicht zugleich auch die Stammart (Stammgruppe) der dritten Art (Artengruppe) ist. Die allen drei Arten gemeinsame Stammart (Stammgruppe) muß daher älter sein als die Stammart (Stammgruppe) der beiden Arten (Artengruppen). Die zeitlich aufeinanderfolgenden Gabelstellen (Stammart, Stammgruppe) des Kladogrammes (Stammbaumes) bestimmen daher die Kategorienfolge. Höhere Kategorien besitzen demnach auch ein höheres geologisches Alter.

Die kladistische Systematik geht davon aus, daß alle zwischen Arten und Gruppen (höhere Kategorien) bestehenden Unterschiede im Verlauf der Phylogenese (Stammesgeschichte) durch zeitlich aufeinanderfolgende Aufspaltungen entstanden sind. Bei der Analyse von Verwandtschaftsverhältnissen arbeitet die kladistische Systematik im Gegensatz zur phaenetischen und numerischen Systematik primär nicht mit Übereinstimmungen, sondern mit Unterschieden.

Merkmale treten in unterschiedlicher Form auf. Zunächst muß zwischen homologen und konvergenten Merkmalen unterschieden werden. Wichtig ist das nicht immer einfache Ausschalten von Konvergenzen. Unterschiede zwischen Arten und Gruppen (Taxa) lassen sich durch im Verlauf der Stammesgeschichte entstandene Merkmalsunterschiede (homologer Merkmale) feststellen.

Die kladistische Systematik arbeitet stets mit Merkmalspaaren bzw. Merkmalsreihen, die in Merkmalspaare zerlegt werden. Bei diesen Merkmalspaaren wird unterschieden zwischen einer (relativ) ursprünglichen (= plesiomorphen) und einer (relativ) abgeleiteten (= apomorphen) Ausbildung des Merkmales. Ein plesiomorphes Merkmal wird von der gemeinsamen Stammart (relativ) unverändert übernommen. Ein Merkmal ist apomorph, wenn es im Vergleich mit dem Merkmalspartner den (relativ) stärker abgeänderten Zustand zeigt.

Bei Merkmalsübereinstimmungen muß man zwischen Symplesiomorphie, Synapomorphie und Konvergenz unterscheiden.

Symplesiomorphie ist in der Regel eine Übereinstimmung in plesiomorphen Merkmalen und kann daher nicht im Sinne der kladistischen Systematik zur Klärung phylogenetischer Verwandtschaftsverhältnisse herangezogen werden. Übereinstimmungen in apomorphen Merkmalen treten als Synapomorphie und als Konvergenz (bzw. Parallelentwicklungen) auf. Nur Synapomorphien können zur Klärung von Verwandtschaftsverhältnissen verwendet werden, da hier eine Übereinstimmung in einem apomorphen Merkmal (Merkmale) vorliegt. Das synapomorphe Merkmal wird von mehreren Arten von der gemeinsamen Stammart übernommen, ist jedoch bei einer noch älteren Stammart nicht vorhanden. Konvergenz (bzw. Parallelentwicklung) zeigt eine Übereinstimmung in einem apomorphen Merkmal, welches bei den Vorfahren nicht vorhanden war. Konvergenz bedeutet eine Übereinstimmung in konvergenten (analogen) Merkmalen, Symplesiomorphie und Synapomorphie dagegen eine Übereinstimmung in homologen Merkmalen. Bei der Frage, ob zwei Taxa (z. B. Arten, Gattungen) eine monophyletische Gruppe bilden oder nicht, sind daher sorgfältige merkmalsphylogenetische Untersuchungen erforderlich. Jedes Taxon zeigt eine mosaikartige Verteilung (Heterobathmie der Merkmale, Spezialisationskreuzungen) von plesiomorphen und apomorphen Merkmalen. Zunächst sind die plesiomorphen Merkmale (Symplesiomorphien) auszuschließen. Bei den verbleibenden apomorphen Merkmale ist zu überprüfen, ob Apomorphien (Syn- oder Autapomorphien) oder Konvergenzen vorliegen. Plesiomorphe Merkmale sind oft relativ leicht zu erkennen, da sie häufig eine weite Verbreitung auch außerhalb der zu untersuchenden Gruppen aufweisen, z. B. bei der Schwestergruppe der zu untersuchenden Gruppe. Bei dem Studium einer Gruppe ist daher auch stets die Schwestergruppe mitzuuntersuchen. Nach Ausschaltung der konvergent entstandenen Merkmale bleiben dann nur noch Apomorphien übrig. Schwestergruppen weisen nur ihnen gemeinsame Synapomorphien auf. Jeder Partner eines Schwestergruppenverhältnisses besitzt dazu noch charakteristische und die Gruppe kennzeichnende Autapomorphien. Wichtigste Arbeitsmethode der kladistischen Systematik ist daher das Auffinden von Schwestergruppen, bzw. von Synapomorphien.

Die ermittelten Synapomorphien werden in einem Synapomorphie-Schema (Kladogramm, Argumentationsschema) zusammengefaßt. Dieses dichotom angeordnete Schema (Fig. 2) spiegelt automatisch die durch die kladistische Methode gewonnenen Verwandtschaftsverhältnisse wider. Das Schema enthält nur monophyletische, durch Syn- und Autapomorphien gekennzeichnete Gruppierungen. Ausgeschlossen (Fig. 3) sind polyphyletische und auch paraphyletische Gruppenbildungen. Polyphyletische Gruppenbildungen können leicht entstehen, wenn Konvergenzen nicht als solche erkannt werden. Es werden dann Arten (Gruppen), die nicht auf eine gemeinsame Stammart (Stammgruppe) zurückgehen, als polyphyletische Gruppe zusammengefaßt. Polyphyletische Gruppen sind in einem phylogenetischen System nicht zulässig und müssen aufgelöst werden. Paraphyletische Gruppen enthalten nicht alle, sondern nur einen Teil der Nachkommen einer Stammart (Stammgruppe). Paraphyletische Gruppen sind nach der kladistischen Methode nicht zulässig, werden aber von der phaenetischen und evolutionären Methode (Monophylie im weiteren Sinne) gebilligt.

Paraphyletische Gruppen sind in den heutigen Systemen noch vielfach vertreten. Es sind Gruppenbildungen (Stadiengruppen, „grades“), welche Übereinstimmungen in plesiomorphen Merkmalen (Symplesiomorphien) zeigen. Paraphyletische Gruppen sind in der Regel durch Bauplantypen charak-

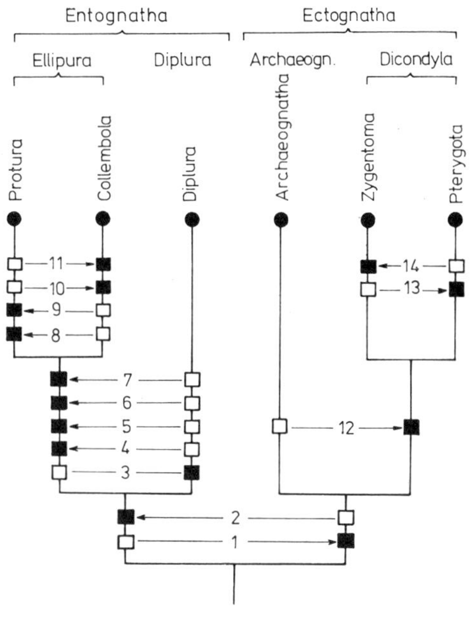

Fig. 2. Kladogramm der Klasse Insecta (Insekten). Argumentationsschema aufgrund der Prinzipien der kladistischen Systematik. Die jeweiligen Apomorphien sind als schwarze Quadrate gekennzeichnet. – (1: Geißelantenne; 2: Entognathie; 3: völliges Fehlen von Komplexaugen und Ocellen; 4: Reduktion der Zahl der Antennenglieder; 5: Reduktion des Labium; 6: Verlust der Abdominalstigmen; 7: Reduktion der Cerci; 8: Reduktion der Antennen; 9: Verlust der Komplexaugen und Ocellen; 10: Reduktion der Zahl der Abdominalsegmente; 11: Konzentration des Nervensystems im Thorax; 12: Dicondylie; 13: Pterygotie; 14: Reduktion der Komplexaugen) . – Die Elliplura weisen die Merkmale 4–7 als Synapomorphien auf. Die Merkmale 8 und 9 stellen Autapomorphien der Protura, die Merkmale 10 und 11 Autapomorphien der Collembola dar (aus Kraus).

terisiert. Stammbäume, welche paraphyletische Gruppen enthalten, sind daher Typus-Stammbäume, da sie im Sinne der kladistischen Methodik nicht alle tatsächlichen Verwandtschaftsverhältnisse wiedergeben. Die Gruppenbildung Reptilia stellt z.B. eine typische paraphyletische Gruppierung dar. Reptilien stellen keine geschlossene Abstammungsgemeinschaft dar, da Krokodile und Vögel durch gemeinsame Synapomorphien eine engere Verwandtschaft zeigen als mit den übrigen Reptilien. Bei den für „Reptilia" charakteristischen Merkmalen liegen Symplesiomorphien vor, welche von den gemeinsamen Vorfahren der Amniota relativ unverändert (plesiomorph) übernommen wurden. Eine Monophylie der „Reptilia" kann mit diesen Merkmalen nicht begründet werden. Die enge Verwandtschaft der Krokodile mit den Vögeln zeigt, daß es sich bei den „Reptilia" um keine monophyletische, auf Synapomorphien begründete Gruppierung handeln kann.

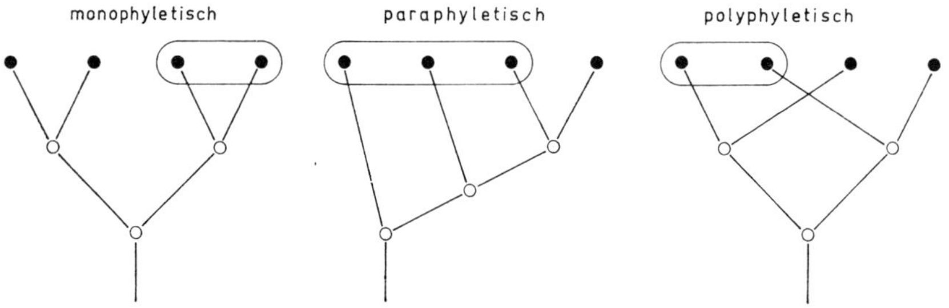

Fig. 3. Schema zur Erläuterung der Begriffe Mono-, Para- und Polyphylie. Die mono-, para- und polyphyletischen Gruppen sind jeweils durch ein in ein Oval eingeschlossenes Taxon dargestellt (nach HENNIG).

Die kladistische Systematik arbeitet fast ausschließlich mit rezentem Material. Fossilfunde können aufgrund ihrer Homologien mit rezenten Gruppen aber in das System eingearbeitet werden. Fossile Vertreter sind unentbehrlich, wenn es gilt, die Stammesgeschichte in ihrem zeitlichen Ablauf darzustellen, d.h. den Stammbaum in die geologischen Zeitepochen einzuordnen. Fossile Arten liegen aber nicht in der vollen Merkmalsausstattung vor, auch läßt sich auf sie der populationsbiologisch definierte Artbegriff nicht anwenden. Der paläontologische Artbegriff deckt sich daher nicht mit dem rezenten biologischen Artbegriff. Das Fehlen von merkmalsreichen Weichteilen bei Fossilien z.B. kann häufig bedeuten, daß sich unter einer paläontologischen Art in Wirklichkeit mehrere Arten oder auch Gattungen verbergen. Eine genaue Zuordnung und Einordnung von Fossilien in ein von der kladistischen Systematik erarbeitetes System wird durch die mangelhafte Erhaltung der Fossilien oft sehr erschwert. Für die Eingruppierung entscheidende Merkmale sind oft nur unvollständig oder in vielen Fällen überhaupt nicht erhalten.

Bei der Einordnung von Fossilien muß man zwischen konstitutiven (nur diese sind brauchbar) und rein diagnostischen Merkmalen unterscheiden. Beispielsweise gehört die Beschuppung der Flügel bei den Schmetterlingen zu den konstitutiven Merkmalen. Die nahe verwandten Köcherfliegen weisen behaarte Flügel auf. Behaarte Flügel gehören aber nicht zu den konstitutiven Merkmalen der Köcherfliegen, da Behaarung die Vorstufe der Beschuppung (Schuppen sind sekundär umgewandelte Haare) ist, und wir daher behaarte Flügel auch für die gemeinsamen Vorfahren der Köcherfliegen und Schmetterlinge annehmen müssen. Für die rezenten Köcherfliegen kann man Behaarung der Flügel als diagnostisches Merkmal benutzen, aber man kann aufgrund der Behaarung nicht ein Fossil als Köcherfliege einstufen, da die gemeinsamen Vorfahren von Köcherfliegen und Schmetterlingen auch dieses Merkmal besaßen. Diese gemeinsamen Vorfahren werden als gemeinsame Stammgruppe der Köcherfliegen und Schmetterlinge bezeichnet. Würde man sie Köcherfliegen nennen, läge eine paraphyletische Gruppierung vor. Durch unvollständig erhaltene Fossilfunde können häufig unechte Stammgruppen gebildet werden, welche Arten verschiedener Stammgruppen enthalten. Auch diese unechten Stammgruppen (z.B. die Palaeodictyoptera als Sammelgruppe urtümlich geflügelter Insekten) müssen nach der kladistischen Methode aufgelöst werden.

Nach Meinung der Vertreter der kladistischen Systematik kann aus dem Synapomorphie-Schema (Argumentationsschema) das hierarchisch angeordnete phylogenetische System direkt abgeleitet werden. Hier ergeben sich aber nur schwer zu überbrückende Schwierigkeiten. Grundsätzlich muß beachtet werden, daß die Stammesgeschichte (Phylogenese) als Fließvorgang abläuft, und daß es keine festen Kategoriengrenzen geben kann. Die heute gebräuchlichen Kategorien wurden von der phaenetischen Systematik geschaffen und von den anderen Methoden übernommen. Weder die kladistische noch die evolutionäre Systematik haben Versuche unternommen, zu für sie spezifischen Kategorienbildungen zu kommen. Bei einer konsequenten Anwendung der kladistischen Systematik müssen alle zeitlich aufeinanderfolgenden Gabelungen (Dichotomien) des Argumentationsschemas (Stammbaumes) zur Kategorienbildung herangezogen werden. Jede Gabelung bedeutet dann eine eigene systematische Kategorie. Schwestergruppen müssen nach den Prinzipien der kladistischen Systematik den gleichen kategorialen Rang aufweisen. Es müßte eine astronomisch hohe Zahl von Kategorien aufgestellt werden, um der zeitlichen Aufeinanderfolge der Gabelungen des Stammbaumes Rechnung zu tragen. Man müßte daher alle Dichotomien seit der ersten Dichotomie (Entstehung des Lebens) vor etwa 3,8 Milliarden Jahren kennen, bei einer geschätzten Artenzahl von etwa 400–500 Millionen ausgestorbener und 3–10 Millionen rezenter Arten. Da heute erst kleine systematische Teilgebiete nach den Prinzipien der kladistischen Systematik untersucht sind (vor allem günstige Taxa mit zahlreichen Merkmalen), würde jede neue Untersuchung zu einschneidenden Systemveränderungen führen. Die endgültige Zahl unterschiedlicher und hierarchisch angeordneter Taxa könnte erst festgelegt werden, wenn man alle Teilungsschritte (Dichotomien) seit der Entstehung des Lebens kennen würde. Es liegt zwar eine theoretisch gut begründete Methode der Bildung hierarchisch angeordneter Taxa vor, aber diese Methode ist nicht in die Praxis umsetzbar. Aus diesen Gründen wird von den Vertretern der kladistischen Systematik meist keine Umsetzung ihrer Ergebnisse in ein System durchgeführt. Das Anführen von Zahlenkombinationen für Schwestergruppen (z. B. HENNIG 1969) verschleiert nur die offen zutage liegende Problematik. Das Zusammenfassen einer Anzahl von Gabelstellen (Dichotomien) unter einer einzigen Kategorie führt zu willkürlich gebildeten Kategorien, da keine Regel vorschreibt, wie viele Gabelstellen zusammengefaßt werden sollen. Eine solche Zusammenfassung entspricht in etwa einer Festlegung hierarchisch angeordneter Kategorien nach ihrem geologischen Alter. Danach weisen (im Sinne der kladistischen Methodik immer von der rezenten Ebene aus gesehen) Arten ein geringes Alter auf (Entstehung etwa ab Pliozän); Alter von Gattungen etwa Miozän; von Familien Trias-Kreide; von Ordnungen Karbon-Perm; von Klassen Kambrium-Devon; während die Bildung der Stämme in das Praekambrium fällt (HENNIG 1966). Dabei werden die Prokaryonten stets außer acht gelassen. Nimmt man, wie es notwendig ist, die Prokaryonten hinzu, die vor etwa 3,8 Milliarden Jahren im frühen Praekambrium entstanden sind, dann muß noch eine Aufgliederung des Praekambriums entsprechend dem Palaeozoikum und Kaenozoikum erfolgen, so daß die höchsten systematischen Kategorien dann den Prokaryonten vorbehalten bleiben, da die ersten Eukaryonten erst in einer späten Phase des Praekambriums vor etwa 1,4 Milliarden Jahren entstanden sind.

Das Prinzip der Bemessung des kategorialen Ranges nach dem geologischen Alter wird heute auch von den Anhängern der kladistischen Systematik kaum angewendet, da die Zusammenfassung aufeinanderfolgender Gabelstellen zu einer einzigen Kategorie zu willkürlichen subjektiven Entscheidungen führt. Die Möglichkeit der Kontrolle und die offene Darlegung der gezogenen Schlüsse ist ja gerade die Stärke des Synapomorphie-Schemas der kladistischen Systematik. Von diesem Prinzip würde bei der Festlegung von Kategorien nach dem geologischen Alter dann bewußt abgegangen werden. Hinzu kommt, daß schon die Basiskategorie Art ein sehr unterschiedliches Alter aufweisen kann. Es gibt junge, gerade erst entstandene Arten, dann Arten, die schon über einen längeren Zeitraum gefestigt sind und schließlich auch wieder aussterbende Arten unterschiedlichen Alters. Eine Berücksichtigung unterschiedlicher Evolutionsgeschwindigkeiten kann die kladistische Systematik unberücksichtigt lassen, da sie ja nicht nach diesem Kriterium klassifiziert.

Soll das phylogenetische (geologische) Alter zur Klassifikation herangezogen werden, und man sollte diese Möglichkeit nicht unbedingt ausschließen, dann muß berücksichtigt werden, daß es dann immer nur ein zeitbezogenes System geben kann. Ein System, welches von den rezenten Arten ausgeht (System der kladistischen Systematik), hat die Jetztzeit als zeitliche Ebene. Man müßte dann getrennte

Systeme (sehr viele, wenn man die Abstände zwischen den Zeitebenen entsprechend klein hält, etwa kürzeste Dauer der Entstehung einer Art bei Pro- bzw. Eukaryonten) für die unterschiedlichen Zeitepochen aufstellen. Die Pferde des Eozäns (*Hyracotherium*) hätten z. B. demnach unterschiedliche kategoriale Ränge, je nachdem, ob sie in einem Eozän-System oder in einem Rezentsystem eingeordnet werden.

Man kann bei phylogenetischen Untersuchungen davon ausgehen, daß der rezente Querschnitt (angefangen von den Archaebacteria bis zum *Homo sapiens*) in etwa dem Ablauf der Stammesgeschichte entspricht, bei der Berücksichtigung, daß viele Gruppen ausgestorben sind, und daß eine allmähliche Umformung im Rahmen der Anagenese erfolgt ist. Dies trifft sicher auch auf Systeme zu, welche auf früheren geologischen Zeitepochen basieren.

Zusammenfassend kann gesagt werden, daß die kladistische Systematik eine gut fundierte Methodik aufweist, und daß ihr Synapomorphie-Schema unumstritten ist. Strittig ist allein die Umsetzung des Schemas in ein System. Es muß aber beachtet werden, daß die kladistische Systematik den Begriff Phylogenese (= Stammesgeschichte) in einem sehr präzisen aber doch eingeschränkten Sinn definiert und verwendet. Phylogenese ist nach der kladistischen Systematik die Abfolge der stammesgeschichtlichen Aufspaltungen in der Zeit. Nur die Aufspaltungen (Gabelstellen des Synapomorphie-Schemas bzw. Gabelstellen des vom Synapomorphie-Schema abgeleiteten Stammbaumes) zählen, nicht auch das Maß des evolutiven Wandels (unterschiedliche Evolutionsgeschwindigkeiten) im Verlauf der Stammesgeschichte. Das Synapomorphie-Schema (Argumentationsschema) spielt eine wichtige Rolle bei der Erfassung und Erkennung monophyletischer Gruppen. Eine Erfassung aller Gabelstellen würde zu einem Stammbaum führen, der mit dem Ablauf der Evolution identisch ist.

Da aber nicht mehr alle Gabelstellen (Schwestergruppen), die während des Evolutionsablaufes entstanden sind, erfaßt werden können, ergeben sich bei der kladistischen Systematik nicht zu lösende Schwierigkeiten, die Abfolge der Gabelstellen in ein phylogenetisches, hierarchisch angeordnetes System umzusetzen.

In diesem Zusammenhang muß die Frage gestellt werden, ob die höheren systematischen Kategorien real sind oder nicht. Die Evolution stellt sich uns als ein unentwegter Fließvorgang dar, in welchem ständig Veränderungen stattfinden und strenggenommen nur das Individuum das einzige Konkretum darstellt. Dieses Individuum (Semaphoront) kann in unterschiedlicher Ausprägungsform (z. B. Stadien holometaboler Insekten) auftreten und dabei unterschiedliche Lebensweisen zeigen. Schon Arten sind nicht konkret zu erfassen, wenn man den Zeitbegriff berücksichtigt. Der biologische Artbegriff kann nur auf rezente Populationen angewendet werden. Die rezenten Arten sind aber das augenblickliche Ergebnis eines ständigen Umwandlungsprozesses in der Zeit, nur aus unserer Perspektive erscheinen sie als ein Konkretum. Wenn schon Arten nicht real in wörtlichem Sinne sind, dann gilt dies naturgemäß noch mehr für die noch höheren Kategorien. Höhere Kategorien sind ihrem Wesen nach nicht real, denn der Fließvorgang der Evolution läßt sich nicht in bruchstückhafte Kategorien aufteilen. Kategorien haben aber einen überprüfbaren Inhalt, und sie spiegeln daher Realitäten wider. Kategorien in diesem Sinne müssen allerdings monophyletische Gruppen darstellen, dann sind die durch die Kategorien ausgedrückten Verwandtschaftsbeziehungen real und die Monophylie zeigt den realen Inhalt an. Der absolute Rang der Kategorien wird weitgehend künstlich bleiben, da nicht alle Schwestergruppen-Paare bekannt sind.

Aus den angeführten Gründen kann auch von der kladistischen Systematik keine allgemein gültige Methode zur Aufstellung höherer Kategorien vorgelegt werden. Sie arbeitet daher mit dem von der phaenetischen Systematik aufgestellten System, übernimmt die Kategorien und führt in ihrem Sinne Systemverbesserungen und Änderungen durch.

Evolutionäre Systematik

Die evolutionäre Systematik (Mayr 1967, 1974, Simpson 1961) faßt gegenüber der kladistischen Systematik den Begriff der Phylogenese (Stammesgeschichte) wesentlich weiter und will auch das Ausmaß des evolutiven Wandels (Wandel in der Zeit = Evolutionsgeschwindigkeit) mit einbeziehen. Neben der Kladogenese und der Evolutionsgeschwindigkeit soll auch die allgemeine, in der Zeit ablaufende Höherentwicklung (Anagenese, evolutiver Wandel zwischen den Gabelstellen) und vor allem auch divergente Adaptiogenesen bei Schwestergruppen erfaßt werden. Die evolutionäre Systematik versucht das gesamte Evolutionsgeschehen (nicht nur die genealogische Verwandtschaft) zu berücksichtigen. Neben der genealogischen Verwandtschaft soll sich auch der stammesgeschichtliche „Erfolg“ in der Klassifikation widerspiegeln. Daher wird die Teilgruppe einer Schwestergruppe mit höherem stammesgeschichtlichem und ökologischem Erfolg (hohe Evolutionsgeschwindigkeiten durch Eintreten in eine neue adaptive Zone, verbunden mit starker adaptiver Radiation) in der Regel höher bewertet, d. h. höher klassifiziert. Da die evolutionäre Systematik versucht, das gesamte Evolutionsgeschehen in das von ihr entwickelte System einzubauen, muß auch der im Verlauf der Evolution erfolgte ökonomische Zugewinn erfaßt werden.

Auch die evolutionäre Systematik muß, wie auch die kladistische Systematik, von dem von der phaenetischen Systematik erstellten System ausgehen. Es gilt, dieses System zu verbessern und es, soweit noch nicht geschehen, in ein phylogenetisches System umzuwandeln. Es handelt sich daher stets um Systemverbesserungen und nicht um die Erstellung eines völlig neuen Systems.

Die evolutionäre Systematik basiert auf der phaenetischen und kladistischen Systematik. Von der phaenetischen Systematik übernimmt sie das erarbeitete (vorgegebene) System als Arbeitsbasis, und von der kladistischen Systematik übernimmt sie in der Regel das Kladogramm (Synapomorphie-Schema). Sie setzt nun aber nicht, wie die kladistische Systematik es fordert, das Kladogramm unmittelbar in eine Klassifikation (phylogenetisches System) um, sondern sie will weitere Gesichtspunkte (z. B. adaptive Zonen, Ausmaß des evolutiven Wandels) in das Kladogramm einfließen lassen. Aus dem Kladogramm (Dendrogramm) der kladistischen Systematik wird das Phylogramm der evolutionären Systematik. Auch die evolutionäre Systematik geht davon aus, daß in einem phylogenetischen System nur monophyletische Gruppen vorkommen dürfen. Der Begriff der Monophylie wird aber meist in einem erweiterten Sinn gefaßt, d. h. es werden neben den streng monophyletischen Gruppen (= holophyletische Gruppen im Sinne der kladistischen Systematik) auch paraphyletische Gruppen als monophyletisch betrachtet. Ein paraphyletisches Taxon ist eine Gruppe, welche die nächst verwandten aber nicht (wie von der kladistischen Methode als echte Monophylie gefordert) alle Nachfahren einer Stammart (Stammgruppe) enthält. Polyphyletische Gruppen werden auch von der evolutionären Systematik ausgeschlossen.

Die Evolutionsgeschwindigkeit, d. h. in der Regel der Grad der morphologischen Ähnlichkeit bzw. Divergenz bestimmt bei der evolutionären Systematik meist die Kategorienhöhe, nicht das Schwestergruppen-Verhältnis der kladistischen Systematik. Es handelt sich um ein Ähnlichkeits- bzw. ein Divergenzsystem, welches aber primär auf genetischer und nicht prinzipiell auf phaenetischer Ähnlichkeit beruht. Von der kladistischen Systematik wird meist die kladistische Merkmalsanalyse (Synapomorphie-Schema) übernommen, nicht aber die streng auf gleicher Kategorie der Schwestergruppen basierende Klassifikationsweise. Durch die Berücksichtigung anagenetischer Informationen und natürlich auch ökologischer Informationen (Adaptionen, Ökonomiegewinn im Verlauf der Evolution) wird, nach Meinung der Vertreter der evolutionären Systematik die Aussagekraft eines Stammbaum-Schemas (und damit des Systems) gesteigert, da durch die alleinige Berücksichtigung nur als synapomorph erkannter Merkmale ein bedeutender Informationsverlust zu verzeichnen ist.

Die evolutionären Systematiker sind in der Regel nicht damit einverstanden, daß der Rang eines systematischen Taxons allein durch den Verzweigungspunkt (Gabelstelle einer Dichotomie) festgelegt wird, und daß damit Schwestergruppen automatisch die gleiche Gruppenkategorie aufweisen müssen. Durch die Festlegung einer einzigen Kategorie werden damit auch automatisch die kategorialen Ränge der nachfolgenden Taxa festgelegt, unabhängig vom Grad des Evolutionsgeschehens. Bei einem Schwestergruppen-Paar werden die Kategorien nach der kladistischen Methode immer von der Schwestergruppe bestimmt, welche die meisten nachfolgenden Gabelungen aufweist.

Der evolutionären Systematik geht es aber gerade darum, daß unterschiedliche Evolutionsabläufe auch einen Niederschlag im phylogenetisch begründeten System finden sollen. Bei der Schwestergruppe Krokodile – Vögel (nach der kladistischen Systematik mit gleichem kategorialen Rang) wird im Sinne der evolutionären Systematik berücksichtigt, daß die Krokodile in der ancestralen Adaptionszone verbleiben, während die Vögel in eine völlig neue Adaptionszone (Luftraum) einwandern und, im Gegensatz zu den Krokodilen, eine starke adaptive Evolution zeigen. Nach der Meinung der Vertreter der evolutionären Systematik müssen sich diese unterschiedlichen Evolutionsabläufe auch im System niederschlagen. Sie wollen neben der vorwiegend morphologischen Merkmalsanalyse (vorwiegende Arbeitsweise der kladistischen Systematiker) vor allem auch eine Analyse der Anpassungsvorgänge, d.h. des evolutionsbiologischen Geschehens durchführen und diese Ergebnisse in das phylogenetische System einarbeiten.

Ein Phylogramm (Fig. 4) kann einem Kladogramm weitgehend entsprechen, wenn die Gabelstellen belassen werden, die Ordinate unverändert bleibt und abweichend auf der Abszisse das Ausmaß des evolutiven Wandels (Angaben von adaptiven Zonen, dadurch stärkeres Auseinanderrücken der rezenten Taxa) dargestellt wird. Diese Form der Darstellung leitet von der kladistischen zur evolutionären Darstellung über. Anders ist es, wenn anagenetische Vorgänge oder unterschiedliche Evolutionsgeschwindigkeiten dargestellt werden sollen, weil hier das Prinzip des gleichen kategorialen Ranges von Schwestergruppen durchbrochen wird. Die Vertreter der kladistischen Systematik werfen hier den Vertretern der evolutionären Methode weitgehende Subjektivität vor, da der Grad des evolutiven Wandels nicht eindeutig meßbar sei. Es erhebt sich daher die Frage, ob Ähnlichkeit (oder natürlich auch Divergenz) meßbar ist. Es wäre zu klären, ob Ähnlichkeit bzw. Divergenz durch genetische (nicht genealogische) Verwandtschaftsverhältnisse (Idealfall: Vollständige Untersuchung der Nukleotidsequenzen der gesamten DNS, Vergleich homologer Abschnitte usw.) dargestellt werden kann. Im Normalfall wird eine Relation zwischen morphologischer und genetischer Ähnlichkeit sowie zwischen Divergenz und genetischer Verschiedenheit bestehen. Daran ändert sich auch nichts, wenn gelegentlich phaenotypisch sehr ähnliche Arten genetisch sehr verschieden sind. Zur Zeit ist der Grad der Ähnlichkeit bzw. der Grad der Divergenz (noch) nicht meßbar. Die Bildung von höheren Taxa bleibt daher weitgehend eine subjektive Ermessensfrage. Taxa können aber akzeptiert werden, wenn eindeutige monophyletische Gruppierungen vorliegen. Weder die kladistische noch die evolutionäre Systematik haben bisher brauchbare Arbeitshypothesen (Methoden) entwickeln können, um zu einer theoretisch abgesicherten Bildung von höheren Taxa zu kommen. Es wird wohl zunächst ein Kompromiß notwendig sein müssen, da sich der Fließvorgang der Evolution nur unter Zwang in unterschiedliche Taxa aufteilen läßt.

Ein Vergleich beider Methoden zeigt, daß die kladistische Systematik methodentheoretisch gesehen besser fundiert ist. Sie hält die strikte Einheitlichkeit des Gesichtspunktes für die Aufstellung von Systemen ein, indem sie ihr System ausschließlich auf die genealogische Verwandtschaft aufbaut. Die ge-

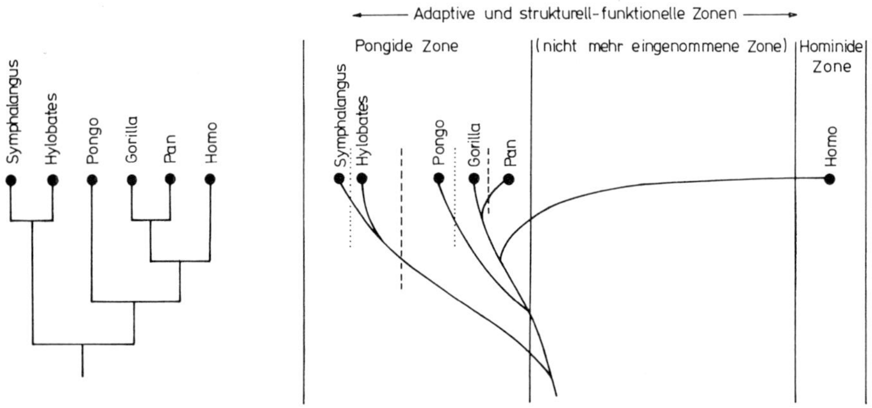

Fig. 4. Gegenüberstellung eines Kladogrammes (A) der kladistischen Systematik und eines Phylogrammes (B) der evolutionären Systematik. Beide Stammbaumschemata enthalten dieselben Informationen über die zeitliche Abfolge der stammesgeschichtlichen Aufspaltungen. Das Phylogramm versucht noch zusätzlich das Ausmaß des evolutiven Wandels darzustellen (aus Kraus).

zogenen Schlüsse werden in einem Synapomorphie-Schema offen dargelegt, sind sofort erkennbar und stehen zur Diskussion. Im Prinzip genügt eine einzige Synapomorphie, um ein Schwestergruppen-Verhältnis zu begründen. Weitere Synapomorphien können zur Absicherung herangezogen werden. Die kladistische Systematik nimmt gerne im Vergleich mit der evolutionären Systematik größere Objektivität für sich in Anspruch (Ausschaltung des „systematischen Gefühls"). Eine Entscheidung, ob ein Merkmal in plesiomorpher oder apomorpher Ausprägung vorliegt, ist aber natürlich zunächst auch eine rein subjektive Entscheidung. Gerade hier liegen die Schwierigkeiten, wenn z. B. höhere Taxa aufgrund einer einzigen Synapomorphie gebildet werden.

Die Umsetzung eines Kladogrammes in eine phylogenetische Klassifikation ist zur Zeit nur in einem kleineren, vorgegebenen systematischen Rahmen möglich. Die zeitliche Abfolge vieler Aufspaltungen (Gabelstellen, Dichotomien) ist nur dann zu erfassen, wenn datier- und interpretierbare Fossilien vorliegen. Die bloße Abfolge von Gabelstellen ergibt nicht ohne weiteres eine Reihenfolge von Taxa. Man muß stets damit rechnen, daß nicht alle tatsächlichen Verzweigungsschritte (Gabelstellen) bekannt sind.

Die evolutionäre Systematik weist eine Mischmethodik auf, da sie sowohl die genealogische Verwandtschaft (im Sinne der kladistischen Systematik und ermittelt mit Hilfe des Synapomorphie-Schemas) als auch die genetische Verwandtschaft (ausgedrückt in Ähnlichkeit, bzw. Divergenz) darstellen will. Ökofunktionelle (adaptiogenetische) Gesichtspunkte spielen dabei eine zusätzliche wichtige Rolle. Auch die evolutionäre Systematik besitzt zur Zeit keine gesicherte Methodik zur Bildung höherer Kategorien. Ähnlichkeit und Divergenz können zur Zeit nicht messend erfaßt werden.

Zusammenfassung – Systematik

Das heutige System wurde von der phaenetischen Systematik erarbeitet. Es handelt sich dabei im wesentlichen um kein phylogenetisch begründetes System. Die numerische Systematik ist als eine moderne Abwandlung der phaenetischen Systematik zu betrachten. Sie kann kein phylogenetisch begründetes System erarbeiten (sich ihm aber wie auch die phaenetische Systematik annähern), da sich die Methodik weitgehend auf morphologische (meist ohne Merkmalsabwägung) und nicht auf phylogenetische Verwandtschaft stützt. Die numerische Systematik kann aber in vielen Bereichen, z. B. im Bereich Unterart-Art-Gattung, das bisherige System der phaenetischen Systematik verbessern. Die phylogenetischen Methoden (kladistische und evolutionäre Systematik) haben kein eigenes System erarbeitet, sondern benutzen für ihre Untersuchungen das System der phaenetischen Systematik (häufig etwas abwertend als „vorgegebenes System" bezeichnet). Die kladistische Systematik zeigt die beste theoretische Fundierung und klare Arbeitshypothesen. Die Ausarbeitung eines Synapomorphie-Schemas ist heute für alle phylogenetischen Untersuchungen unerläßlich und wird daher auch von den evolutionären Systematikern anerkannt und übernommen. Nicht überbrückbare Schwierigkeiten ergeben sich bei der Übertragung des Synapomorphie-Schemas in ein phylogenetisches System. Allein wichtig ist für die kladistische Systematik die Darstellung der genealogischen Verwandtschaft im Sinne einer Phylogeneseforschung. Die Übertragung in ein System wird (z. B. Hennig) häufig als nebensächlich betrachtet. Das zeigt sich u. a. in der Angabe von Zahlenfolgen für Schwestergruppen-Verhältnisse. Betrachtet man die Zahl der aufeinanderfolgenden Schwestergruppen-Paare seit der ersten prokaryontischen Schwestergruppen-Bildung vor etwa 3,8 Milliarden Jahren bis heute, dann muß gefolgert werden, daß diese Abfolge zwar theoretisch, aber niemals wirklich zu erfassen ist.

Die kladistische Systematik beschränkt sich auf die Darstellung der genealogischen Verwandtschaft. Sie will und vermag auch nicht die Vielfalt der evolutionistischen Abläufe zu erfassen. In dieser Beschränkung liegt ihre eigentliche Stärke. Es fehlt ihr der evolutionsbiologische Ansatz, nach welchem versucht werden soll, die vielfältigen Veränderungen im Verlauf der Stammesgeschichte auch in einem phylogenetischen System darzustellen. Die evolutionäre Systematik hat ein anspruchsvolleres (umfassenderes) Programm, dafür aber auch um so größere Schwierigkeiten, eine diesem Anspruch genügende Methodik zu finden. Sie will in einem phylogenetischen System nicht nur die Verzweigungen des Stammbaumes (Kladogenese), sondern auch die verschiedenartigen Höherentwicklungen (Anagenesen) darstellen. So soll u. a. auch die Besetzung neuer ökologischer Großnischen und die dadurch bedingte starke radiative Adaption bei der Erstellung eines phylogenetischen Systems berücksichtigt werden. Es ist wichtig, unterschiedliche Abwandlungen (Evolutionsgeschwindigkeiten) in einem phylogenetischen System darzustellen. Die evolutionäre Systematik besitzt aber noch keinen Wertmesser, um diese im Verlauf der Evolution erfolgten Abwandlungen darzustellen. Auch für die Bildung höherer Taxa (etwa nach dem Abwandlungsgrad) liegt keine fundierte Arbeitshypothese vor. Hier liegen die Schwächen der evolutionären Systematik. Sie will die wesentlichen Abläufe (und das mit Recht) des Evolutionsgeschehens in einem phylogenetischen System verankert wissen, kann aber dafür bis heute keine gut begründete Methodik liefern. Vielleicht läßt sich zu einem späteren Zeitpunkt bei rezenten Arten Ähnlichkeit und Divergenz durch die Untersuchung der Nukleotidsequenzen der gesamten DNS und durch Vergleich homologer Abschnitte erklären. Auch die evolutionäre Systematik kann nur mit monophyletischen Gruppen arbeiten.

Eine künftige *synthetische phylogenetische Systematik* wird wichtige Teile der kladistischen Systematik, vor allem das Synapomorphie-Schema übernehmen. Sie wird aber auch versuchen, im Sinne der evolutionären Systematik die Mannigfaltigkeit des Evolutionsablaufes (nicht nur die Kladogenese) in ein phylogenetisches System zu integrieren. Aus diesem Grund wird es sich künftig kaum vermeiden lassen, daß bei der Festlegung von höheren und höchsten Taxa auch der Grad der Divergenz (Ausmaß evolutiven Wandels) berücksichtigt wird. Das ist zu vertreten, wenn Taxa nicht gegen die Abfolge phylogenetischer Verzweigungsschritte (Gabelstellen, Schwestergruppen) gebildet werden. Schwestergruppen könnten dann eine unterschiedliche kategoriale Höhe aufweisen, wenn stark abweichende Abwandlungen (stark unterschiedliche Evolutionsgeschwindigkeiten) vorliegen. Es kommt hier zwar zu einer Durchbrechung des phylogenetischen Prinzips der kladistischen Systematik, die Schwestergruppen-Bildung bleibt aber erhalten, und die unterschiedliche Kategorienbildung wird offen dargelegt. Im Falle der Schwestergruppe Krokodile – Vögel würde man diese Schwestergruppenbildung anerkennen, den Vögeln aber durch ihre starke adaptive Radiation (Eroberung der Großnische Luftraum) einen höheren kategorialen Rang geben. Es liegt noch ein weiter Weg vor uns, bis ein zufriedenstellendes Hypothesengebäude errichtet ist, welches den Belangen der kladistischen und evolutionären Systematik gerecht wird.

Allgemeine Anmerkungen

Die **vorliegende Bearbeitung** beginnt mit der Evolution des Universums, führt über physikalische und chemische Evolution bis zur Bildung präbiotischer Aggregate und schließlich zu den ersten einzelligen Lebewesen. Der rote Faden des realhistorischen Ablaufes der Evolution der Lebewesen auf unserer Erde ist nur dann deutlich erkennbar, wenn auch die vorausgehende physikalische und chemische Evolution dargestellt wird.

Zusammenfassend werden die neueren Ergebnisse vieler naturwissenschaftlicher Disziplinen (Astrophysik, Geochemie, Paläontologie, Molekularbiologie, Mikrobiologie, evolutionistisch ausgerichtete Teildisziplinen der Botanik und Zoologie) dargestellt. Nur durch diese interdisziplinäre Betrachtungsweise läßt sich der Verlauf der Evolution ermitteln. Das phylogenetische System der Lebewesen soll nicht nur die Kladogenese, sondern auch die Anagenese, unterschiedliche Evolutionsgeschwindigkeiten in Teilbereichen sowie den während der Evolution erfolgten ökologischen Zugewinn darstellen.

Es wird erstmals in lehrbuchartiger Form ein **Gesamtsystem der Lebewesen** erarbeitet. Die getrennte systematische Bearbeitung von Bakterien (Mikrobiologie, Botanik), Pflanzen (Botanik, Mikrobiologie), Pilzen (Botanik, Mikrobiologie, Mykologie), einzelligen Organismen (Botanik, Zoologie) und Tieren (Zoologie) hat zu unhaltbaren polyphyletischen Gruppierungen geführt, welche in einem phylogenetischen System keinen Platz haben und aufgelöst werden müssen. Nur eine interdisziplinäre Arbeitsweise kann diese polyphyletischen Gruppierungen auflösen. Eine durchgehende umfassende Bearbeitung der Lebewesen wird schon lange (z. B. GRELL in KAESTNER 1980: 179) gefordert. Nach GRELL müssen nach wie vor noch polyphyletische Gruppen (in seinem angeführten Beispiel Phytoflagellaten und Zooflagellaten) in einem Taxon der Flagellata zusammengefaßt werden, weil eine Gesamtbearbeitung der Lebewesen bisher fehlte.

Im angeführten Beispiel werden heute noch in allen maßgeblichen Lehrbüchern die mit Chromatophoren versehenen Flagellaten in das Taxon der „Phytoflagellaten" und ihre häufig nächstverwandten, sekundär durch Chromatophorenverlust entstandenen farblosen Vertreter in das Taxon der „Zooflagellaten" eingereiht. Hier werden nächstverwandte Gruppen (z. B. Euglenophyta, Gattung mit Chromatophoren: *Euglena* und Gattung ohne Chromatophoren: *Astasia*) sogar in unterschiedlichen „Reichen" (Pflanzenreich und Tierreich) eingeordnet. Die „Phytoflagellaten" stellen eine hochgradig polyphyletische Gruppierung dar, da man hier die einzelligen flagellaten Vertreter sehr unterschiedlicher Algenstämme in einem Taxon zusammenfaßt. Ebenfalls hochgradig polyphyletisch ist die Gruppierung „Zooflagellaten". In dieser Gruppierung finden sich sekundär chromatophorenlose Vertreter von den unterschiedlichsten Algenstämmen sowie auch primär chromatophorenlose Vertreter.

Auch „Amöben" und „Sporozoen" sind hochgradig polyphyletische Gruppierungen, welche aufgelöst werden müssen. Das Taxon Protozoa kann unter keinen Umständen in einem phylogenetischen System aufrecht erhalten werden. Es ist ein Musterbeispiel für eine hochgradig polyphyletische Gruppierung.

Der heute überholte Dualismus Botanik – Zoologie (dazu noch abgetrennte Bereiche wie Mikrobiologie und Mykologie) hat in Bezug auf phylogenetische Untersuchungen zu jahrzehntelangen Stagnationen im Bereich einzelliger Lebewesen und gleichzeitig damit zu vielen polyphyletischen Gruppen in diesem Bereich geführt. Ein phylogenetisches System kann und darf aber nur monophyletische Gruppen (Taxa) enthalten. Die Erarbeitung und Absicherung monophyletischer Taxa ist einer der wichtigsten Arbeitsprozesse der Phylogenetik. Für diese Untersuchungen steht uns u. a. das Synapomorphie-Schema der kladistischen Systematik zur Verfügung. Die Feststellung des absoluten Ranges einer Kategorie in einem hierarchisch angeordnetem System ist sekundär. Polyphyletische Taxa müssen aufgelöst werden, auch wenn dadurch liebgewonnene Klassifikationen (z. B. Protozoa) aufgegeben werden müssen. Der entscheidende phylogenetische (und damit auch systematische) Trennungsstrich liegt heute zwischen Pro- und Eukaryonta und nicht zwischen Pflanzen (Botanik) und Tieren (Zoologie). Man spricht besser von einer Prokaryontologie und einer Eukaryontologie. Nach der Autogenhypothese stellen diese beiden Gruppen monophyletische Taxa dar, und es liegt daher ein auch phylogenetisch begründeter Dualismus vor.

Die Evolution auf unserer Erde stellt einen Fließvorgang dar, ohne Barriere zwischen physikalischer, chemischer und biologischer Evolution (einschließlich der kulturellen Evolution des Menschen). Phylogenetisch gesehen gibt es keine Schranke zwischen unbelebter und belebter Natur.

Lehr- und Handbücher sollen den aktuellen Wissensstand vermitteln, d. h. sie sollen dynamisch sein und den ständigen Wissenszuwachs erkennen lassen. Überprüft man die systematischen Teile in den heutigen Lehrbüchern (Spezielle Botanik, Spezielle Zoologie), so muß man feststellen, daß in vielen Fällen die neueren Untersuchungsergebnisse nicht verarbeitet sind. Es liegt daran, daß die Literatur fast unübersehbar geworden ist, und daß vor allem ein einheitliches systematisches Bezugssystem fehlt. Systeme können natürlich nach vielerlei Kriterien aufgestellt werden. Für eine Darstellung der Stammesgeschichte der Lebewesen kommt aber nur ein phylogenetisches System und nicht etwa ein idealistisch-morphologisches System in Frage. Aus heutiger Sicht kann nur das phylogenetische System das alleinige Bezugssystem sein.

Ein phylogenetisches System stellt ein sehr komplexes System dar. Aus diesem Grund kann es auch kein einfaches und übersichtliches System (etwa für den Studienanfänger) geben, da in einem phylogenetischen System die Stammesgeschichte ja in ihrer ganzen Mannigfaltigkeit dargestellt werden soll.

Die Zurückdrängung der klassischen Teildisziplinen (z.B. Morphologie, Systematik) zugunsten modernerer Teildisziplinen (z. B. Molekularbiologie, Biophysik) hat ebenfalls dazu geführt, daß an den Universitäten und Hochschulen das Angebot in „Spezieller Botanik" und besonders in „Spezieller Zoologie" immer geringer wurde. Zu dieser allgemeinen Einstellung gehört daher zwangsläufig das Beharren auf konventioneller, vereinfachter Darstellung des Stoffes. Wichtige neue Untersuchungsergebnisse werden häufig aus Gründen der „Übersichtlichkeit" und „Vereinfachung" nicht übernommen, um möglichst gleichbleibende Lehrinhalte zu behalten.

In Lehrbüchern der „Speziellen Zoologie" werden sogenannte „große" Tierstämme ausführlich dargestellt, während „kleinere" Tierstämme häufig sehr stiefmütterlich behandelt werden. Bei einer phylogenetischen Bearbeitung sind aber oft gerade die kleineren Stämme von eminenter Wichtigkeit, da sie häufig überleitende Relikt-Gruppen darstellen.

Die Bearbeitung gliedert sich in drei Bände. Der vorliegende Band 1 enthält die physikalische und chemische Evolution als Vorläufer der biologischen Evolution, die Bearbeitungen der Prokaryonten (Bakterien und Blaugrüne Algen) und der stammesgeschichtlich ältesten Teilbereiche der Eukaryonten (alle Algen-Taxa, Einzeller-Taxa, Pilze sowie Animalia bis zu den Ctenophora). Der Band 2 soll die Bearbeitung der Animalia von den Plathelminthes (Plattwürmer) bis zu den Mollusca (Weichtiere), der Band 3 die Bearbeitung der Animalia von den Annelida (Ringelwürmer) bis zu den Tunicata (Manteltiere) enthalten. Das System und die Phylogenie der Cormobionta („Höhere Pflanzen") und Vertebrata (Wirbeltiere) soll stark gestrafft in einem Anhang an Band 3 dargestellt werden. Naturgemäß mußten bei einer so umfangreichen und komplexen Bearbeitung Schwerpunkte gesetzt werden. Besonders ausführlich ist die Bearbeitung der sogenannten „Wirbellosen Tiere". Bei den Algengruppen wurde z. B. besonderer Wert auf die jeweilige flagellate Ausgangsstufe und ihre einzelligen Abwandlungen im Verlauf der Evolution (z. B. sekundäre amöboide Ausbildung) gelegt, da in diesen Bereichen viele polyphyletische Gruppierungen vorliegen (z. B. Zusammenfassung der unterschiedlichen Amöboid-Ausbildungen in einem polyphyletischen Sammel-Taxon „Amöben"). Der weitere Evolutionsablauf zu den trichalen und thallösen Vertretern in den jeweiligen Algenstämmen konnte daher kürzer gefaßt dargestellt werden, ebenso die Algenstämme ohne farblose Vertreter und auch die Eumycota.

Es war notwendig, für die Prokaryonta zahlreiche neue höhere Taxa zu bilden. Die Prokaryonten stellen die stammesgeschichtlich ältesten Vertreter der Lebewesen dar und weisen, im Gegensatz zu den Eukaryonten, zahlreiche primitive, ursprüngliche Stoffwechseltypen auf. Diese Merkmale müssen sich in einem System mit einer entsprechend großen Zahl höherer Taxa niederschlagen. Die Beschränkung der Prokaryonten (wie heute meist noch üblich) auf 2 Stämme (Bakterien und Blaugrüne Algen) spiegelt nicht die Evolution der Prokaryonten im Vergleich zu den Eukaryonten wider. Das hier vorgelegte Prokaryonten-System soll als ein Versuch zur Erfassung der Mannigfaltigkeit der Prokaryonten (Mannigfaltigkeit auch im Bezug auf unterschiedliche Stoffwechsel-Typen) gewertet werden. Das System der Prokaryonten entspricht in seinen großen Zügen auch einer Evolution der Stoffwechsel-Typen. Fehlerquellen dürften dort auftreten, wo gleiche Stoffwechsel-Typen unabhängig voneinander (Konvergenz) entstanden sind. Zur Kategorienanwendung bei Prokaryonten wäre einschränkend zu sagen, daß der biologische Artbegriff (für Eukaryonten) in seiner strengen Fassung (biparentale Fortpflanzung) für Prokaryonten nicht zutrifft. Aber auch die uniparentalen Prokaryonten weisen Evolution durch Mutation und nachfolgende Selektion auf. Die Artdefinition für Prokaryonten muß daher entsprechend abgeändert und mehr Wert auf reproduktive Isolation gelegt werden. Die höheren Taxa sind aber in etwa so gebildet, daß mit den Eukaryonten vergleichbare Taxa vorliegen.

Auch bei der Bearbeitung der Eukaryonten war es notwendig, im Bereich der Großgliederung neue höhere Taxa zu bilden. Die zahlreichen neuen höheren Taxa wurden nicht besonders gekennzeichnet, da die Nomenklaturregeln auf sie nicht zutreffen. Ebenfalls war es notwendig, im hohen Kategorienbereich neue Kategorien, wie z. B. Oberstamm, Mittelreich und Oberreich, einzuführen. Für die Gesamtheit der Lebewesen wurde die Kategorie Gesamtreich gebildet.

Das Gesamtsystem der Lebewesen erfordert einheitliche Nomenklaturregeln. Ein Beibehalten getrennter Regeln für die einzelnen Teilbereiche führt zu zahlreichen Mißverständnissen in Form von gleichlautenden Gattungsnamen. Gleichzeitig sollten die Nomenklaturregeln auch auf die höheren Kategorien (oberhalb Familie – Ordnung) ausgedehnt werden, um u. a. auch die Zahl der neu gebildeten Namen einzuschränken. Es darf dabei aber nicht außer acht gelassen werden, daß bei einem phylogenetischen Gesamtsystem die Aufstellung vieler neuer, hoher Taxa erforderlich ist.

In der vorliegenden Bearbeitung der Eukaryonta werden alle höheren Taxa bis zur Ordnung und meist auch bis zu den Familien angeführt und abgehandelt. Eine phylogenetische Bearbeitung setzt andere Akzente und erfordert andere Fragestellungen. Die Auswahl von Gattungen z. B. wird daher nicht mehr vorwiegend nach dem Bekanntheitsgrad getroffen, sondern sie erfolgt nach der phylogenetischen Aussagekraft. Die Behandlung der Frage, ob die Rippenqualle *Euchlora rubra* eigene Nesselzellen oder Kleptokniden besitzt, ist phylogenetisch gesehen z. B. viel aussagekräftiger als eine Abhandlung des Schweinebandwurmes in allen Einzelheiten.

Die Bearbeitung des Stoffes bis zu den Ordnungen und häufig auch bis zu den Familien bringt eine sehr starke Informationsanhäufung mit sich. Die Literatur über das Gesamtreich Lebewesen ist für einen Einzelnen heute nur noch bedingt überschaubar. Trotzdem hoffe ich, daß doch der wesentliche Teil der neueren Untersuchungsergebnisse verarbeitet werden konnte. Eine Darstellung der Stammesgeschichte der Lebewesen kann nicht ohne eine Einarbeitung der Daten über fossile Vertreter erfolgen. Dies gilt besonders für Gruppen mit günstigen Fossilisationsmöglichkeiten, wie etwa Porifera (Schwämme) und Cnidaria (Hohltiere). In den meisten Fällen mußten die fossilen Vertreter noch in einem gesonderten System dargestellt werden, da eine Einarbeitung der Fossilien in ein gemeinsames System noch nicht möglich ist. Die Fossilfunde zeigen uns aber den tatsächlichen Ablauf der Evolution und sind daher für die Aufstellung eines phylogenetischen Systems von entscheidender Bedeutung. Aus diesem Grunde wurden in der vorliegenden Bearbeitung die Daten der Paläontologie besonders berücksichtigt. Nur mit einem Rückwärtseinschneiden von der Jetztzeit aus läßt sich keine Stammesgeschichte der Lebewesen ermitteln. In diesem Zusammenhang soll ausdrücklich darauf hingewiesen werden, daß rezente Gruppen natürlich nicht von anderen rezenten Gruppen abgeleitet werden können. Da wir aber die für die Ableitung erforderlichen Vorfahren (Stammgruppen) in den allermeisten Fällen noch nicht kennen, sind Formulierungen, welche auf die jeweiligen Vorfahren hinweisen, nicht möglich. Die vielen im Text erwähnten Ableitungen (mit noch unbekannten Vorfahren) beziehen sich daher immer, wenn auch nicht speziell erwähnt, auf gemeinsame noch nicht bekannte fossile Vorfahren. Die Aussage: Ableitung der Ctenophora aus dem Narcomedusa Bereich (oder von Narcomedusa) bedeutet daher keine Ableitung der Ctenophora von rezenten Narcomedusa, sondern eine Ableitung von ihren gemeinsamen fossilen Vorfahren, die in ihren Merkmalsausprägungen mehr den Narcomedusa entsprechen. Das vorliegende phylogenetische System der Lebewesen stellt eine Synthese meist neuerer Systemversuche sowie Übernahmen von Einzelsystemen (Stämme, Klassen) dar. Eigene Vorstellungen wurden vor allem im Bereich der Großsystematik eingearbeitet. Lagen zur Einarbeitung stark voneinander abweichende Systeme vor, dann wurden diejenigen Systeme übernommen, die phylogenetisch am besten begründet erschienen. Es ist ein legitimes Verfahren (siehe auch HENNIG 1969:9), daß ein Autor Entscheidungen zwischen den Ansichten anderer Autoren nach den ihm als wesentlich erscheinenden Kriterien treffen darf. Nur auf diese Weise sind synthetische Bearbeitungen möglich. Liegen stark voneinander abweichende Systeme (z.B. bei den Cnidaria) vor, dann werden die abweichenden System-Hypothesen ebenfalls erörtert.

Es sind in der Zukunft noch viele Verbesserungen und Änderungen dieses nun erstmals in lehr- und handbuchhafter Form vorliegenden phylogenetischen Systems der Lebewesen zu erwarten. Die Bearbeitung ist als eine auf neuen Untersuchungsergebnissen basierende Zusammenfassung zu betrachten. Eine Einarbeitung weiterer Untersuchungsergebnisse, Verbesserungen, Ausmerzungen von Fehlern, sowie erwünschte Anregungen und Kritik von Spezialisten, könnten zu einer immer mehr wirklichkeitsgetreueren Darstellung des gesamten Evolutionsablaufes auf der Erde beitragen.

Physikalische und chemische Evolution

Evolution des Universums

Das Universum (Weltall) befindet sich nach unseren heutigen Kenntnissen (Urknall-Hypothese) in einer ständigen Expansion. Es enthält Milliarden von Sternensystemen (Galaxien), die meist eine scheibenförmige Gestalt aufweisen und unregelmäßig im Weltall verteilt sind. Eines dieser Sternensysteme ist unsere Galaxis, die Milchstraße. Sie hat die Form eines diskusförmigen Nebels (= Spiralnebel) und besteht aus etwa 150 Mrd. Sternen (Kugelsternhaufen und Einzelsternen), sowie aus zwischen den Sternen verteiltem interstellaren Staub und Gasen. Unser Sonnensystem liegt außerhalb des Zentrums der Milchstraße und ist dem Rand stark genähert. Der uns am nächsten gelegene Stern ist die Sonne, zu ihrem Planetensystem zählen Merkur, Venus, Erde, Mars, Jupiter, Saturn, Uranus, Neptun, Pluto und deren Monde.

Das Universum und seine Teile sind in einer ständigen Bewegung. Die Erde z.B. dreht sich um ihre Achse und gleichzeitig um die Sonne. Die Galaxien als Ganzes rotieren ebenfalls um ihre Achse. In unserer Galaxis rotieren die einzelnen Teile unregelmäßig. Der zentrale Teil führt in etwa 120 Mio. Lichtjahren eine komplette Umdrehung durch, während der äußere Teil (einschließlich unseres Sonnensystems) etwa 230 Mio. Lichtjahre zu einer vollen Umdrehung benötigt. Die Galaxien selbst entfernen sich fortwährend voneinander, da das Universum in Expansion begriffen ist.

Über Alter und Zustand des Universums gibt es unterschiedliche Hypothesen. Wenn wir vom Alter des Universums reden, meinen wir immer das Alter unseres Weltalls. Ob das Universum vorher in einer anderen Form oder in anderen Zuständen existiert hat, entzieht sich unserer Kenntnis.

Das Alter unseres Universums wird auf etwa 16 Mrd. Jahre (Extremwerte 8–20 Mrd. Jahre) geschätzt. Daß sich die Galaxien des Universums von einem früheren, zentralen Punkt wegbewegen und daß dadurch das Universum in einer ständigen Expansion begriffen ist, kann man an der Rotverschiebung der Spektrallinien außerhalb unserer Galaxis befindlicher Sternensysteme erkennen (Doppler-Effekt). Die lineare Rückwärts-Extrapolation der heutigen Expansionsgeschwindigkeit (reziproke Hubble-Konstante) führt zu einem Alter von 15–20 Mrd. Jahren bei Annahme einer gleichbleibenden Expansionsgeschwindigkeit. Bei Anwendung der Relativitätstheorie (gleitende Abbremsung der Ausdehnungsgeschwindigkeit infolge der Krümmung des Raumes) kommt man auf ein Alter von 8–16 Mrd. Jahren. Vom Grad der Bremsung hängt es weitgehend ab, ob sich unser Universum ständig weiter ausdehnt oder ob es, was wahrscheinlicher ist, in eine Kontraktionsphase übergeht und nach etwa 50 Mrd. Jahren wieder die Form eines Urkondensates (überdichter Massenzustand) annimmt.

Die Prämisse, daß sich unser Weltall zur Zeit in einer ständigen Ausdehnung befindet und daß wir den Beginn unserer Welt mit dem Beginn der Expansion gleichsetzen, ist die Basis für zwei wichtige Hypothesen-Gruppen zur Erklärung der Entstehung des Universums. Es sind etwas differierende Explosionshypothesen und die Hypothese des Gleichgewichtzustandes (steady state-Hypothese).

Explosionshypothesen

1. Urknall-Hypothese

(Big-Bang Hypothese)
(Taf. 1:1)

Nach dieser wahrscheinlichsten Hypothese war die gesamte Materie des Universums auf einen punktförmigen kleinen Raum (Urkondensat) zusammengedrängt. In diesem Urkondensat war die gesamte kosmische Energie konzentriert. Vor etwa 16 Mrd. Jahren explodierte das Urkondensat mit einem **Urknall** (**Big-Bang**) (Taf. 2:1/1), und es entstand unser expandierendes Weltall. Erst seit dem Urknall gibt es Materie, Raum und Zeit. Man kann sich unser Universum in seiner Frühphase als eine auseinandertreibende Feuerkugel vorstellen. Mit der Expansion verdünnte sich die etwa gleichmäßig verteilte Energie, und es kondensierten sich in der frühesten Phase Elementarteilchen wie Protonen, Neutronen und Photonen. Die Bildung von Elementarteilchen war nach wenigen Minuten abgeschlossen. Die Teilchendichten waren in diesem heißen Plasma so groß, daß die Nukleonen (Protonen und Neutronen) zu komplexeren Atomkernen (bis Massenzahlen $A \leqq 7$) verschmolzen, aber durch Kernphotospaltungsprozesse wieder in Protonen und Neutronen zerlegt wurden.

Durch die explosionsartige Ausdehnung des Urkondensates nahmen Dichte und Temperatur rapide ab. Man nimmt an, daß die Temperatur innerhalb der ersten 30 Sekunden nach dem Urknall von etwa 2 Bio. K auf etwa 400 Mio. K absank. Während der ersten 30 Minuten nach dem Urknall lag eine für Kernverschmelzungen günstige Temperatur von über 10^7 K vor. Aus den Elementarteilchen entstanden Atomkerne, die dann chemische Elemente bildeten. Die Weltmaterie (Urgas) ist zunächst in Form von Wasserstoff entstanden, aber kurz darauf setzte schon die Bildung schwererer Kerne (Helium, Lithium) ein. Heliumkerne (Taf. 3:1) entstehen dabei aus Wasserstoffkernen (Protonen) durch Fusion zweier Kerne. Das auf diese Weise entstandene Urgas enthielt etwa 70% Wasserstoff, dazu etwa 30% Helium und geringe Beimengungen von Lithium. Die heutige Materie des Weltalls setzt sich aus über 80% Wasserstoff, etwa 19% Helium und zu 1% aus allen übrigen, schwereren Elementen zusammen. Helium und verschiedene schwerere Elemente werden ununterbrochen in Sternen aus Wasserstoff gebildet. Auch daraus kann man schließen, daß die Weltmaterie zuerst nur Wasserstoff enthielt. Es erscheint gesichert, daß der gesamte heutige Wasserstoff, ein Teil des Helium und etwa 90% des heutigen Lithiums in dieser Frühphase des Universums gebildet wurden und Relikte des Urknalls darstellen.

Durch die Ausdehnung des Universums infolge des Urknalls nahmen Temperatur und Dichte des Urgases weiter ab. Ein Jahr nach dem Urknall sank die Temperatur auf 2 Mio. K und nach etwa 1 Mio. Jahren sogar auf 2000 K. Durch die Abnahme von Temperatur und Dichte hörte die Bildung schwerer Atomkerne schon frühzeitig auf. Etwa 400 000 Jahre nach dem Urknall war die Bildung von Wasserstoff beendet.

Unsere leichtesten Elemente sind entweder Relikte des Urknalls oder werden durch Kernzertrümmerung im interstellaren Raum ständig neu gebildet. Die seltenen Elemente Be, B und zum Teil auch Li verdanken ihre Entstehung der kosmischen Strahlung. Alle schwereren Elemente, schwerer als Bor, entstehen durch thermonukleare Prozesse (Kernverschmelzungen) im Inneren von Sternen.

Durch ständige weitere Ausdehnungen des Urgases sowie die dadurch hervorgerufenen Temperaturverringerungen war nach der Frühphase keine Neubildung von Elementen mehr möglich. Das Urgas (Atomgas) blieb zunächst weitgehend homogen, und es kam in der nachfolgenden Phase (etwa 500–600 000 Jahre nach dem Urknall) zu keinerlei Verdichtungszentren.

Nach etwa 600 000 Jahren war die Temperatur des Urgases auf etwa 3500 K abgesunken. Die Expansionskräfte nahmen ab und im gleichen Maße nahmen die Gravitationskräfte zwischen den Materiemassen des Urgases immer mehr zu. Durch Instabilitäten der Schwerkraft kam es zu zahlreichen lokalen Gasverdichtungen in Form von riesigen Gaskugeln (mit einem Durchmesser von ca. 10 000 Lichtjahren). Diese Protogalaxien (Taf. 2:1/2) stellten Turbulenzzentren dar, rotierten stark und traten im frühen Universum in gleichmäßiger Verteilung auf. Sie bildeten die Kondensationskerne der sich später aus ihnen entwickelnden Galaxien (Taf. 2:1/3). Durch rasche Rotation wurden sie scheibenförmig abgeplattet, und es entstanden daraus vor etwa 11–14 Mrd. Jahren die Milchstraßensysteme (= Galaxien). Innerhalb des Universums entstanden in etwa gleichmäßiger Verteilung viele Milliarden Protogalaxien. Innerhalb der Galaxien (Protogalaxien) bildeten sich auf Grund ihrer Rotation kleinere, kugelförmige, aus Elementarteilchen und Atomen bestehende Zentren aus, die ebenfalls instabil

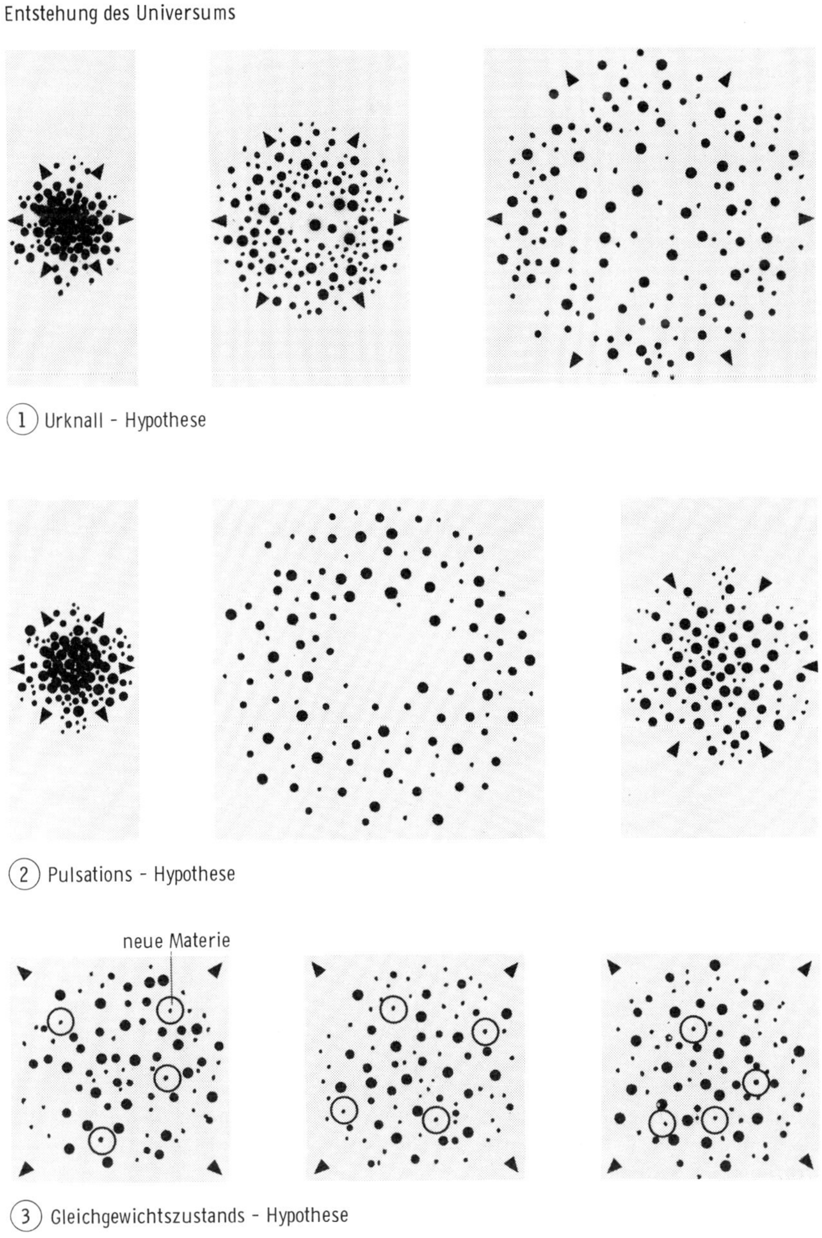

Taf. 1. Hypothesen zur Entstehung des Universums. – Abb. 1. Urknall-Hypothese. Abb. 2. Pulsations-Hypothese. Abb. 3. Hypothese des Gleichgewichtszustands.

wurden und sich vor etwa 5–10 Mrd. Jahren in Kugelsternhaufen (Taf. 2:1/4), sowie einzelne Fixsterne (Taf. 2:1/4) umwandelten. Der Durchmesser der Kugelsternhaufen beträgt etwa 100 Lichtjahre. In den einzelnen Kugelsternhaufen rotierten und kondensierten sich weitere kleinere, gasförmige Einheiten in Form von Protosternen (Taf. 2:1/4) und entwickelten sich zu Sternen. Auch direkt aus dem Gasvorrat der Protogalaxie konnten sich Einzelsterne (Fixsterne) formen.

Sterne bilden sich, wie bereits ausgeführt, aus interstellarer Materie, die überwiegend aus Wasserstoff besteht. Die Vorstufe, der heiße Protostern, strahlt Lichtenergie ab, die aus einem Gravitationsfeld herrührt. Durch Massenanziehung zieht sich der Protostern zusammen, und die Verkleinerung des Radius führt zu einer Temperaturzunahme. Durch Aufbringung zusätzlicher Leuchtenergie zieht sich der Protostern immer mehr zusammen und wird dabei immer kleiner, gleichzeitig auch heller und heißer. Der Protostern wird instabil, und durch Umwandlung von Bewegungsenergie in Wärmeenergie steigt die Temperatur stark an. Der schrumpfende Protostern besteht überwiegend aus Wasserstoff. Wenn die Temperaturen 10^7 K übersteigen, finden Kernreaktionen statt, und aus Wasserstoffkernen (Protonen) bilden sich Heliumkerne (Wasserstoffbrennen). Durch diese Kernfusion werden große Energiemengen frei, welche zu einer Bewegung der Teilchen nach außen führen. Durch Einwirken der Schwerkraft wird einem weiteren Schrumpfen entgegengewirkt. Wenn beide Vorgänge sich die Waage halten, beginnt der Protostern sich zu stabilisieren. Der Stern hat einen stabilen Zustand erreicht.

Es entstanden Sterne, Doppelsterne, Mehrfach- und Planetensysteme. Aus der Materie eines Sternes bildeten sich flache, ebenfalls rotierende Nebelscheiben, welche sich über Protoplanetenstadien in Planeten umwandelten.

2. Pulsations-Hypothese

(Taf. 1:2)

Sie stellt eine etwas abgewandelte Fassung der Urknall-Hypothese dar, die von dem Postulat ausgeht, daß die Expansion des Universums begrenzt ist. Nach dieser Fassung der Hypothese kann sich das Universum nur bis zu einem gewissen Grad ausdehnen. Auf die maximale Ausdehnung folgt eine Kontraktion, so daß nach etwa 50–80 Mrd. Jahren wieder ein neues Urkondensat entsteht. Von diesem Urkondensat geht dann wieder (siehe Urknall-Hypothese) ein neuer Urknall aus.

Gleichgewichtszustandshypothese(n)

Hypothese des Gleichgewichtszustandes

(Steady State-Hypothese)
(Taf. 1:3)

Nach dieser Hypothese ist das Universum unendlich alt und bleibt als Ganzes im wesentlichen unverändert. Auch sie geht davon aus, daß im Universum eine ständige Expansion stattfindet. Die dadurch erfolgende Verdünnung der Materie wird durch ständige Neubildung von Materie wieder ausgeglichen, so daß ein Gleichgewichtszustand herrscht, und die Verteilung der Galaxien im Universum stets in etwa gleichförmig bleibt. Bei Entstehung neuer Galaxien ist, trotz der Expansion, in einem festgelegten Raum stets die gleiche Materiemenge vorhanden. Die Steady State-Hypothese hat heute kaum noch Fürsprecher, da kein Nachweis für eine Neubildung von Materie (Elektronen, Protonen, Wasserstoff) geführt werden konnte.

Am wahrscheinlichsten ist die Urknall-Hypothese in einer Fassung, die davon ausgeht, daß die Expansion des Universums in eine Kontraktion übergeht und daß nach etwa 50–80 Mrd. Jahren wieder der Zustand eines singulären, überdichten Massenzustandes erreicht wird.

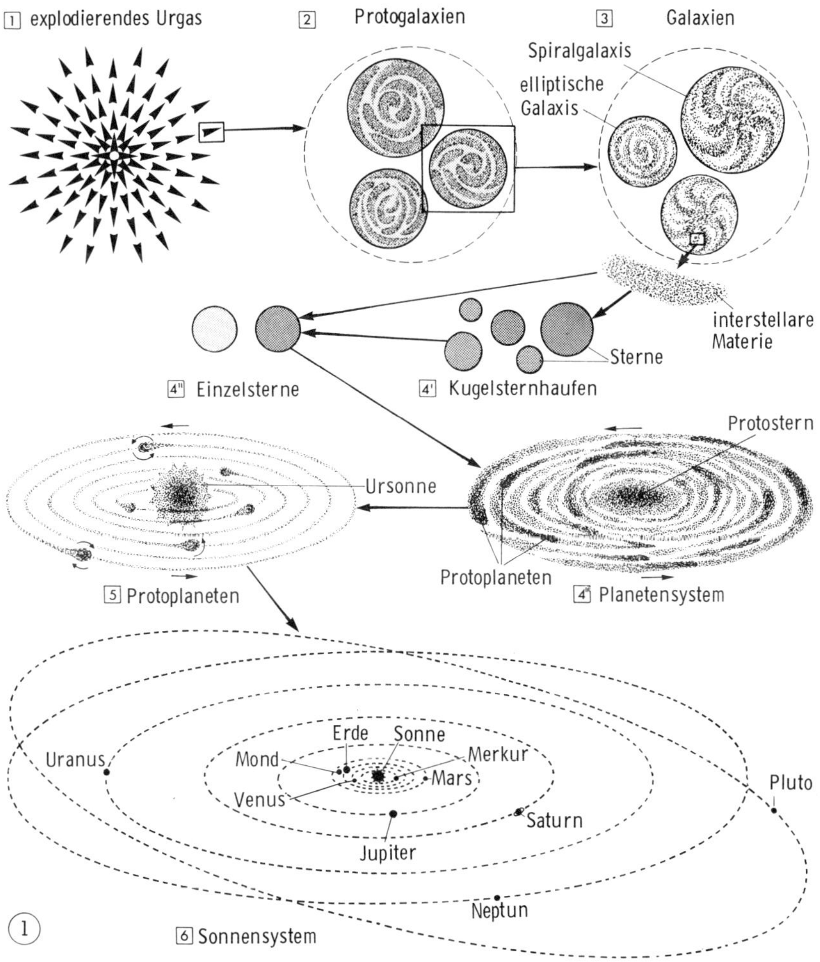

Taf. 2. Entstehung von Galaxien und Planetensystemen nach der Urknall-Hypothese. – Abb. 1/1. explodierendes Urgas; 1/2. Bildung von Protogalaxien; 1/3. Bildung von Galaxien; 1/4. Entstehung von Kugelsternhaufen und Einzelsternen aus interstellarer Materie (Wirbelzentren) sowie Beginn der Entstehung eines Planetensystems aus einem Protostern (Einzelstern); 1/5. Vorstufe unseres Planetensystems (Sonnensystem); 1/6. unser Sonnensystem (nach RAHMANN).

Elementsynthese und Bildung von Sternen

Wie bereits erwähnt, sind die leichten Elemente (leichter als Bor) weitgehend Relikte des Urknalls, bilden sich bei der Sternenentstehung (wie z. B. Neubildung von Helium) oder verdanken ihre Entstehung der kosmischen Strahlung.

Die Bildung der Kerne der schweren Elemente erfolgte bei der Sternenentstehung und nachfolgender Sternenumwandlung während der Frühzeit der Evolution des Weltalls im Innern der Galaxien vor etwa 10–13 Mrd. Jahren zu einer Zeit als wieder extrem hohe Temperaturen und Dichten vorhanden waren. Helium entsteht, wie bereits angeführt, bei der Schrumpfung eines Protosternes durch Wasserstoffbrennen. Das Wasserstoffbrennen, mit Heliumerzeugung, erfolgt während der Jugendphase eines

Sternes. Während dieses Zeitraumes wird er als Normalstern bezeichnet. Das Wasserstoffbrennen beginnt im Zentrum des Sternes, dort sind Temperatur und Dichte am größten. Im Inneren bildet sich ein großer Heliumbereich, der von einem unverbrauchten Wasserstoffmantel umgeben wird. Die im Inneren des Sternes entstandene Heliummasse ballt sich immer mehr zusammen, es entstehen starke Gravitationskräfte, so daß sich die Temperatur im Inneren des Sternes immer mehr erhöht. Unter Energieabgabe und weiterem Schrumpfen greifen nun die Kernverschmelzungen auch auf den äußeren Wasserstoffmantel über, und es wird weiterhin Wasserstoff in Helium umgewandelt. Sobald die innere Heliumkugel eine hinreichende Massivität erreicht hat, setzt wieder ein Zusammenbruch der Gravitation ein, und bei einer Temperatur von über 10^8 K setzt das Heliumbrennen ein. Durch Kernverschmelzungen werden aus den Heliumkernen vor allem Kerne von Kohlenstoff (Zusammenstoß und Reaktion von 3 Heliumkernen), Sauerstoff (Kohlenstoffkern und Heliumkern) und Neon (Sauerstoffkern und Heliumkern) gebildet. Stickstoffkerne gehen aus Kohlenstoffkernen und Neutronen hervor.

Bei einer Erhöhung der Temperatur auf über 10^9 K laufen neben dem vorhergehenden Wasserstoff- und Heliumbrennen weitere thermonukleare Prozesse ab. Durch Reaktionen mit Heliumkernen entstehen die Kerne von Mg, Al, Si, P, S und weitere bis etwa zur Masse von Ca-Kernen. Bei noch höheren Temperaturen entstehen durch weitere Kernverschmelzungen Kerne von Titan, Vanadin, Chrom, Mangan und Eisen. Elemente bis zum Eisen entstehen durch Kernfusionen in Form von Wasserstoff- und Heliumbrennen. Die Bildung noch schwererer Elemente als Eisen erfolgt durch sukzessive Neutronenanlagerungen, z. B. an Eisenkerne. Die dazu notwendigen Neutronen stammen von Neutronenquellen aus dem Universum.

Ab dem Heliumbrennen spricht man nicht mehr von einem Normalstern, sondern von einem Roten Riesen. Ein Stern in der Gestalt eines Roten Riesen besteht aus einer äußeren Wasserstoffhülle, einer nachfolgenden, durch das Heliumbrennen entstandenen Heliumzone, und einer inneren Kugel mit schwereren Kernen, die beim Heliumbrennen entstanden sind. Das Wasserstoff- und Heliumbrennen hat den Stern riesig aufgebläht, daher der Name Roter Riese.

Allgemein kann gesagt werden, daß durch exotherme thermonukleare Prozesse (Kernfusionen), ausgehend vom Wasserstoff, zunächst leichtere, dann schwerere Elemente gebildet werden. Dieser Mechanismus der Elementenerzeugung endet beim Eisen. Kernverschmelzungen, die über die Bildung von Eisen hinausführen, verlaufen nicht mehr exo-, sondern endotherm. Durch endotherme Prozesse wird aber ein Stern (wie beim Wasserstoff- und Heliumbrennen) nicht stabilisiert, sondern er wird instabil. Diese Phase der Sternenentwicklung wird als Supernova bezeichnet. Durch extreme Schwerkraft-Instabilitäten des massereichen Sternes kollabiert die innere Kugel aus schwereren Elementen, diese Kollabierung kann durch keine exothermen Kernfusionen mehr aufgehalten werden. Durch Schrumpfungen des Innenkerns werden Temperaturen von 5.10^9 K erreicht, und es finden nun Kernphotospaltungsprozesse statt. Statt zu einer Implosion (Wasserstoff- und Heliumbrennen) kommt es zu einer Explosion (= Entstehen einer Supernova). Der extreme Schrumpfungsprozeß, verbunden mit einem außerordentlich hohem Temperaturanstieg und hoher Strahlungsintensität führt zu explosiven thermonuklearen Elementsynthesen. Die Elementsynthese von schwereren Elementen (ab Eisen) erfolgt nun durch Neutronenanlagerung, z. B. an Eisenkernen.

Die Elementsynthese durch Neutronenanlagerung erfolgt sowohl in der He-Brennzone von Roten Riesen, als auch bei der Supernova-Explosion eines Sternes. In der He-Brennzone von Roten Riesen erfolgt eine langsame Neutronenanlagerung durch s-Prozesse (slow process), dabei werden Elemente bis zur Ordnungszahl 83 (Wismut) gebildet. Es werden also u. a. Co, Ni, Cu, Zn, Pb und Bi erzeugt. Die r-Prozesse (rapid process) finden dagegen nur während der Supernova-Explosion eines Sternes statt, und zwar in der Nähe der implodierenden Zentralkugel. Durch r-Prozesse entstehen alle schwereren Elemente mit Ordnungszahlen größer als 83, z. B. Thorium, Uran und Transurane.

Durch die Explosion als Supernova wird ein Großteil der Materie in das Weltall geschleudert und dort mit dem interstellaren Gas vermischt. Es erfolgt dabei eine Anreicherung des interstellaren Raumes mit denjenigen chemischen Elementen, die bei den Kernfusions- und Neutronenanlagerungsprozessen entstanden sind. Nach dem Erlöschen der Supernova bleibt, je nach der Masse des kollabierten Sternes, entweder ein „Weißer Zwerg“, ein Neutronenstern (Pulsar) oder ein „Schwarzes Loch“ übrig.

Man rechnet damit, daß die Zeitdauer eines Protosternes mehrere 10^7 Jahre, diejenige eines Normalsternes oder eines „Roten Riesen“ etwa 10^9 Jahre beträgt, während die Phase als Supernova nur Stunden bis Tage dauert.

Man nimmt heute an, daß es in den Protogalaxien im Bereich von Quasaren (hochverdichtete Kerne werdender Milchstraßen) ebenfalls zur Bildung schwererer Elemente kommt. Auch hier führen extreme Schwerkraft-Instabilitäten zu Kollapserscheinungen (Kontrahierungen) in den Protogalaxien, verbunden mit außerordentlich hohen Temperaturanstiegen und hohen Strahlungsintensitäten.

Zusammenfassend kann gesagt werden, daß Sterne aus interstellarer Materie entstehen (zunächst als Protostern). Sie wandeln diese, überwiegend aus Wasserstoff bestehende Materie in Elemente (Taf. 3:2) mit höheren Ordnungszahlen (entsprechend der Reihenfolge im Perioden-System der chemischen Elemente) um und entlassen diese neugebildeten Elemente bei der Supernovabildung wieder in den interstellaren Raum. Seit dem Urknall hat es auf diese Weise mehrere aufeinanderfolgende Sterngenerationen gegeben.

Durch die geschilderten Vorgänge nimmt während der Weiterentwicklung des Universums der Gehalt an schwereren Elementen ständig zu. Die Elementsynthese erfolgt überall in den Galaxien, besonders in den Roten Riesen und bei Supernova-Bildungen. Die chemische Zusammensetzung der Sterne ist daher verschieden und richtet sich nach dem Alter des Sternes. Durch Supernova-Explosionen kehren ja große Teile der neugebildeten Materie aus schwereren Elementen wieder in den interstellaren Raum zurück. Kommt es nun zu einer Neubildung von Sternen, dann ist ihre primäre Zusammensetzung natürlich verschieden von derjenigen von älteren Sternen, die in einer früheren Phase der Entwicklung des Weltalls gebildet wurden. Diese jüngeren Sterne beginnen ihre Evolution nicht als eine fast ausschließlich aus Wasserstoff bestehende Gaswolke, sondern bei ihrer Entwicklung sind schon von Anfang an weitere Elemente vertreten, die von älteren, inzwischen explodierten Supernovae z.B. stammen.

Man teilt heute die in einer Galaxis (Alter unserer Galaxis etwa 12 Mrd. Jahre) befindlichen Sterne in 2 Generationsgruppen ein. Die alten Sterne (Sterne der 1. Generation) enthalten fast nur Wasserstoff und Helium, während die jüngeren Sterne (Sterne der 2. Generation) auch nennenswerte Mengen schwererer Elemente enthalten. Die Sterne der 2. Generation (nur sie können belebte Planeten aufweisen) treten im Bereich der zentralen Scheibe der Galaxis (mit Ausnahme des galaktischen Kernes) sowie in den Spiralarmen der Scheibe auf. Zur 2. Generation zählt in unserer Galaxis die Sonne mit ihren Planeten. Die älteren Sterne der 1. Generation liegen im galaktischen Kern der zentralen Scheibe, sowie im Halo der Galaxis im Bereich der Kugelsternhaufen. Die Sterne der 1. Generation weisen ein Alter von 8–12 Mrd. Jahren auf, diejenigen der 2. Generation sind zwischen 4,5–8 Mrd. Jahre alt.

Evolution unseres Sonnensystems; Entstehung der Erde

(Taf. 2:1/5–6)

Durch Altersbestimmungen an Gesteinsproben von Erde und Mond konnte festgestellt werden, daß die Sonne mit ihrem Planetensystem vor etwa 5 Mrd. Jahren entstanden ist. Die Sonne ist also ein relativ junger Stern der 2. Generation. Die Evolution unseres Sonnensystems (Taf. 2:1/5) läuft unter den gleichen Bedingungen ab, wie wir sie schon bei der Entstehung der Galaxien und der Sterne festgestellt haben. Man nimmt heute an, daß sich der Urnebel unseres Sonnensystems aus interstellarer Materie zusammengesetzt hat, die zu einem großen Teil von der Explosion und dem anschließenden Zerfall einer Supernova herrührt. Die primär kugelförmige Gasmasse (intragalaktischer Nebel) kontrahierte zunächst zu einer Protosonne, um dann unter der Einwirkung von Gravitationskräften und innerer Reibung die Form einer linsenförmigen Scheibe mit einer zentralen Verdichtung (Ursonne) anzunehmen. Die linsenförmige Scheibe (Sonnennebel) bestand aus angehäufter interstellarer Materie, vermischt mit Resten der Anfangsmaterie der Protosonne. Der Durchmesser dieser Scheibe entsprach etwa der Neptunbahn, die abgeplattete Gestalt entstand durch die Rotation um die zentrale Ursonne. Durch fortschreitende Kondensation, Turbulenzen und Gravitationsinstabilitäten zerbrach die linsenförmige Scheibe in einzelne Schollen, aus denen sich durch weitere Kontraktionen selbständige Ballungszentren in Form von Protoplaneten bildeten. Sie rotierten weiter um die zentral gelegene Ursonne, aber auch gleichzeitig um ihre eigene Achse. Auf die gleiche Weise bildeten die Protoplaneten ihre Satellitensysteme aus. Die Protoplaneten bestanden vor allem aus Wasserstoff und Helium, daneben kamen auch noch Neon, Methan, Ammoniak und Wasserdampf vor. Der innere, flüssig-feste Anteil der Protoplaneten enthielt schwerere Elemente und eventuell auch Wasser. Die dichteren Materieteilchen bewegten sich in Spiralform auf das Zentrum der Protoplaneten zu. Durch das Heißerwerden der zentralen Ursonne entwichen aus den inneren, sonnennahen Protoplaneten die leichten Elemente, und sie verloren etwa 99% ihrer Materie. Die äußeren Protoplaneten (die späteren Großplaneten Jupiter, Saturn, Uranus und Neptun) behielten dagegen weitgehend ihre primäre Zusammensetzung bei, kenntlich an den geringen Dichten und dem Reichtum an Wasserstoff. Sie besitzen daher auch noch ihre primäre Atmosphäre.

Unsere Erde zählt zu den inneren, sonnennahen Planeten. Die Protoerde stellte zunächst eine sich allmählich verdichtende Gas- und Staubwolke dar, die über das 100fache an Masse der heutigen Erde aufwies. Die Ursonne war zu diesem Zeitpunkt, etwa vor 5 Mrd. Jahren, noch nicht so stark kontrahiert, um die sie umgebenden Protoplaneten stärker aufzuheizen. Der gasförmige Anteil des Protoplaneten Erde setzte sich vor allem aus Wasserstoff und Helium, sowie aus Neon, Methan, Ammoniak und Wasserdampf zusammen. Der innere, sowohl flüssige als auch feste Teil der Protoerde bestand aus schwereren Elemente und wahrscheinlich auch Wasser. Durch die bei der Gravitation entstehende Energie heizte sich die Ursonne immer mehr auf, und aus dem Gravitationsfeld der Protoerde (und der anderen sonnennahen Protoplaneten) entwichen etwa 99,5 Prozent der Materie, vor allem die gasförmigen Anteile (einschließlich Wasserdampf). Man nimmt an, daß in einem Zeitraum von nur einigen hundert Mio. Jahren dieser enorme Materieverlust der Protoerde stattfand. Vor etwa 4,5–4,6 Mrd. Jahren ging der mit dem Materieverlust verbundene Schrumpfungsprozeß der Protoerde zu Ende. Es entstand die Erde in ihrem heutigen Umfang.

Während der Kondensierung des Protoplaneten zum Planeten gingen die Staub- und Gasteile verschiedenartige Verbindungen ein. Sauerstoff z.B. verband sich mit Silicium, Magnesium, Eisen, Aluminium, Calcium und Kalium zu komplexen Silikatverbindungen.

Wasserstoff vereinigte sich mit Stickstoff zu Ammoniak (NH_3) und mit Kohlenstoff zu Methan (CH_4). Neben freiem Wasserstoff und Helium bildeten diese Verbindungen die Hauptbestandteile der

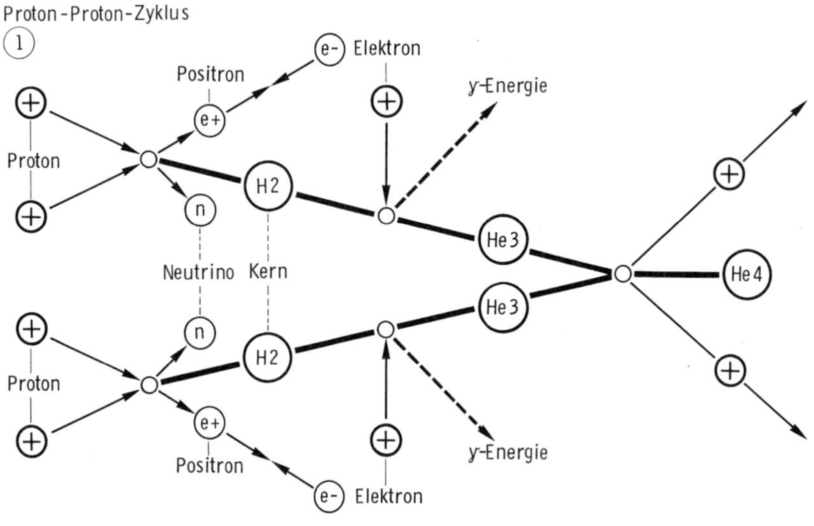

Taf. 3. Abb. 1. Proton-Proton Zyklus. Wasserstoffkerne werden in Helium und Energie umgewandelt (nach RAHMANN). Abb. 2. s. Seite 9.

	1	2	3	4	5	6	7	8			
I	1 Wasserstoff										2 Helium
II	3 Lithium	4 Beryllium	5 Bor	6 Kohlenstoff	7 Stickstoff	8 Sauerstoff	9 Fluor				10 Neon
III	11 Natrium	12 Magnesium	13 Aluminium	14 Silicium	15 Phosphor	16 Schwefel	17 Chlor				18 Argon
IV	19 Kalium 29 Kupfer	20 Calcium 30 Zink	21 Scandium 31 Gallium	22 Titan 32 Germanium	23 Vanadium 33 Arsen	24 Chrom 34 Selen	25 Mangan 35 Brom	26 Eisen	27 Kobalt	28 Nickel	36 Krypton
V	37 Rubidium 47 Silber	38 Strontium 48 Cadmium	39 Yttrium 49 Indium	40 Zirkonium 50 Zinn	41 Niobium 51 Antimon	42 Molybdän 52 Tellur	43 Technetium 53 Jod	44 Ruthenium	45 Rhodium	46 Palladium	54 Xenon
VI	55 Caesium 79 Gold	56 Barium 80 Quecksilber	57–71 Lanthaniden 81 Thallium	72 Hafnium 82 Blei	73 Tantal 83 Wismut	74 Wolfram 84 Polonium	75 Rhenium 85 Astatin	76 Osmium	77 Iridium	78 Platin	86 Radon
VII	87 Francium	88 Radium	89–103 Actiniden	104 Kurtschatowium	105 Hahnium	106 Unnilhexium	107 Unnilseptium	108	109 Unnilennium		

Lanthaniden	57 Lanthan	58 Cer	59 Praseodym	60 Neodym	61 Promethium	62 Samarium	63 Europium	64 Gadolinium	65 Terbium	66 Dysprosium	67 Holmium	68 Erbium	69 Thulium	70 Ytterbium	71 Lutetium
Actiniden	89 Actinium	90 Thorium	91 Protactinium	92 Uran	93 Neptunium	94 Plutonium	95 Americium	96 Curium	97 Berkelium	98 Californium	99 Einsteinium	100 Fermium	101 Mendelevium	102 Nobelium	103 Lawrencium

Taf. 3. Abb. 2. Periodensystem der Elemente. Besonders gekennzeichnet sind die lebende Substanz aufbauenden Elemente. Grundelemente: dunkel, seltenere Elemente: hell (nach RAHMANN).

primären (1.) Atmosphäre der Erde. Der innere, feste Anteil der Erde bestand fast ganz aus Silikaten und Eisen. Die primäre Atmosphäre der Erde diffundierte in den Weltenraum, bedingt durch die hohen Anfangstemperaturen und die geringe, eigene Gravitationskraft. Während der Abkühlungsphase bildete sich relativ schnell eine Erstarrungskruste auf der Erdoberfläche aus, die von vielen Vulkanen durchbrochen war.

Die ältesten bisher bekannten Gesteine der Erde stammen aus dem Montevideo-Gneis von Minnesota (USA) und sind etwa 3,8 Mrd. Jahre alt. Noch ältere Gesteine kennt man vom Mond, der ja sehr wahrscheinlich das gleiche Alter wie die Erde aufweist. In Hochländern (Terrae) des Mondes hat man Gesteine mit einem Alter von etwa 4,5–4,6 Mrd. Jahren gefunden. Diese Funde zeigen ebenfalls an, daß der Schrumpfungsprozeß der Erde etwa vor 4,6 Mrd. Jahren zu Ende ging und Erde, sowie Mond (einziger Satellit der Erde), ihre feste Gestalt annahmen.

Unsere **Sonne** bildete sich durch Kontraktion aus der zentral gelegenen Ursonne. Man schätzt, daß der Kontraktionsvorgang etwa 100 Mio. Jahre andauerte. Die Temperatur stieg dabei auf rund 20 Mio. K an, so daß zwar durch Wasserstoffbrennen Helium erzeugt, aber keine höheren Elemente aufgebaut werden konnten. Da die Sonne aber neben Wasserstoff und Helium, weitere 58 spektralanalytisch nachgewiesene Elemente aufweist, müssen sie schon im Urnebel unseres Sonnensystemes vorhanden gewesen und von alten Sternen der 1. Generation gebildet worden sein. Unsere Sonne ist daher ein noch relativ junger Stern der 2. Generation, das zeigt auch ihre Lage in der zentralen Hauptreihe des Hertzsprung–Russell–Diagramms. Solange sich die Sonne in der Hauptreihe befindet, wird durch Wasserstoffbrennen (Taf. 3:1) Wasserstoff in Helium umgewandelt (einfache Protonen-Protonenreaktion). Durch die ständigen Kernfusionen in der Sonne werden ungeheure Energiemengen frei. In jeder Sekunde verschmelzen etwa 600 Mio. t Wasserstoffkerne zu Heliumkernen. Jede Sekunde werden 4 Mio. t Sonnenmaterie in Strahlung umgewandelt. Die gesamte Energie, welche auf die Erdoberfläche trifft und das Leben in der Biosphäre erhält, stammt von der Sonne.

Die Häufigkeitsverteilung der Elemente in der Sonne sowie ihre Gesamtmasse zeigen an, daß die Sonne noch etwa 5–6 Mrd. Jahre in einem stabilen Zustand verbleiben wird. Nach Ablauf dieser Zeit ist der Wasserstoff voll verbrannt, das Heliumbrennen setzt ein, und die Sonne wandelt sich vom Normalstern in einen Roten Riesen um. Sie bläht sich dabei sehr stark auf, und die Energieausstrahlung in den Weltenraum steigt auf das Hundertfache an. Falls die Erde zu diesem Zeitpunkt noch bestehen sollte, würde durch die Überhitzung alles möglicherweise noch vorhandene Leben auf der Erde erlöschen. Nach unseren heutigen Kenntnissen dürfen wir daher annehmen, daß die biologische Evolution auf der Erde, wegen ihrer zwanghaften Abhängigkeit vom Schicksal der Sonne, terminiert ist und spätestens in 5–6 Mrd. Jahren ihr natürliches Ende findet.

Entstehung und Evolution der Erdatmosphären

(Taf. 4)

Die Erde wies nach ihrer Kondensation vor etwa 4,5–4,6 Mrd. Jahren zunächst keine Gashülle auf, da die **primäre Atmosphäre** (Uratmosphäre) der Erde, bedingt durch hohe Anfangstemperaturen und geringe Gravitationskraft, in den Weltenraum diffundiert war. Aus der Seltenheit der Edelgase auf der Erde kann man auf diesen Vorgang schließen. Die primäre Atmosphäre der Erde dürfte derjenigen der äußeren Planeten unseres Sonnensystems sehr ähnlich gewesen sein (etwa 60–85% H; 15–40% He; und C- und N-Verbindungen, die vor allem als CH_4 und NH_3 vorlagen). Während des Abkühlungsprozesses bildete die Erde eine neue, sekundäre Atmosphäre aus. Diese wurde von Wasserdampf und vulkanischen Gasen der Erde gespeist, und gleichzeitig wurde das Wasser der Urozeane der Erde gebildet. Die leichten Gase, wie Wasserstoff, diffundierten zunächst noch in den Weltenraum. Erst als eine Temperatur unter 100°C erreicht wurde, kondensierte sich das Wasser der Urozeane.

Die **sekundäre Atmosphäre** der Erde enthielt neben etwa 80% Wasserdampf (H_2O) aber besonders Wasserstoffverbindungen in Form von Methan (CH_4), Ammoniak (NH_3), Schwefelwasserstoff (H_2S), Cyanwasserstoff (HCN) und Acetylen (C_2H_2) sowie auch freien Wasserstoff (H_2). Außerdem waren Spuren von Kohlenmonoxid (CO) und Kohlendioxid (CO_2) vorhanden.

Die Atmosphäre war reduzierend. Sie entspricht der heutigen Atmosphäre des Planeten Jupiter. Durch diesen Befund wird die Hypothese einer frühen, sekundären Atmosphäre der Erde stark gestützt. Die sekundäre Atmosphäre der Erde enthielt keinen freien molekularen Sauerstoff, war also reduzierend. Aller Sauerstoff, der abiogen durch radiochemische Zersetzung im Bereich der Erdatmosphäre oder durch Zersetzung von Wasserdampf in der Atmosphäre entstand, wurde durch Oxidation gebunden. In der Atmosphäre verband sich der Sauerstoff sofort mit Wasserstoff zu Wasser, außerdem wurde er durch Oxidation von Mineralien schwererer Elemente im Bodenbereich der Erde gebunden. Der in der heutigen Atmosphäre vorhandene Sauerstoff (etwa 21%) stammt fast ausschließlich von der sauerstofferzeugenden Photosynthese der Cyanophyceen (blaugrüne Algen) und pflanzlichen Eukaryonten.

Hauptbestandteile der sekundären, reduzierenden Atmosphäre der Erde waren also Reaktionsprodukte des Wasserstoffes sowie freier, überschüssiger Wasserstoff. Für einen Zeitraum von etwa 0,5–1,0 Mrd. Jahren (vor etwa 4,6–3,5 Mrd. Jahren) war die Atmosphäre reduzierend. Ein entscheidender Faktor für die chemische Evolution von höheren Verbindungen aus H, C, N und O. Der Wasserdampf umgab in einer lückenlosen Wolkendecke die noch heiße Erde. In der Erde hatte sich das Material schon vorher nach den Dichtegraden geordnet. Die schweren Elemente, wie Eisen und Nickel, bildeten den Kern, darüber lagerten Sauerstoffverbindungen von z.B. Silicium, Calcium und Aluminium und bildeten eine Erdkruste. Die Erdkruste war von der Gas- und Dampfhülle der reduzierenden Atmosphäre umgeben. Unter der erstarrten Erdkruste gingen chemische und radioaktive Umsetzungen weiter, die dabei entstandenen Gase bahnten sich durch Vulkane ihren Weg nach außen und gingen in die sekundäre, reduzierende Atmosphäre ein. Während dieser Frühzeit der Erde prasselten ständig Gewitterregen auf die Erde herab. In tieferen Stellen sammelte sich das Wasser an, und es bildeten sich die Urozeane der Erde, in denen sich die löslichen Salze aus der Erdkruste ansammelten. Man nimmt an, daß die damalige Wassermenge anfangs nur $^1/_{10}$ des heutigen Wasserbestandes der Erde betrug. Erst nachdem die dichte Wolkendecke über der Früherde abgeregnet war, konnte das Sonnenlicht wieder die Erdoberfläche erreichen. Hinzu kam eine sehr starke UV-Strahlung, da kein Sauerstoff in der Atmosphäre vorhanden war, um diese Strahlung zu absorbieren.

Unter dem Einfluß von UV-Strahlung sowie von radioaktiver Strahlung fanden nun Umsetzungen zwischen den Bestandteilen der sekundären, reduzierenden Atmosphäre statt (z.B. CH_4 bzw. NH_3 und H_2O), und es kam zur Bildung von CO, CO_2 und N_2. In der nachfolgenden Zeit wurde die Atmosphäre immer mehr mit N_2 und CO_2 angereichert, und es bildete sich die **tertiäre Kohlendioxid-Atmosphäre** der Erde. Diese immer noch reduzierende Atmosphäre mit einem großen Anteil von CO_2 und N_2 bildete sich etwa vor 4,0–3,5 Mrd. Jahren. Der freie Wasserstoff der sekundären, reduzierenden Atmosphäre war inzwischen in den Weltenraum entwichen. Die abiotische Bildung von Kohlenstoffverbindungen hörte während dieses Zeitabschnittes der Kohlendioxid-Atmosphäre allmählich auf, damit war auch das Ende der chemischen Evolution (vor etwa 3,1–3,0 Mrd. Jahren) erreicht. Atmosphären mit einem sehr hohen CO_2-Anteil treffen wir heute noch auf Mars und Venus an. Heute ist auf der Erde das meiste CO_2 in Kalksteinen gebunden, nur etwa $^1/_{100}$ des heutigen Kohlenstoffes liegt gebunden in Lebewesen oder als CO_2 in der Atmosphäre vor. Während der Kohlendioxid-Atmosphäre entstanden durch Wasserspaltung unter Einfluß der nun frei wirkenden UV-Strahlung auch geringe Sauerstoffmengen, die aber in der Atmosphäre in Ozon umgesetzt wurden oder sich mit Mineralien verbanden. Die Atmosphäre blieb während dieser Zeit noch sauerstofffrei. Die Ozonschicht bildete sich immer stärker aus und absorbierte die kurzwellige UV-Strahlung völlig, so daß weitere photochemische Wasserspaltungen nicht mehr stattfinden konnten. Auf das Fehlen von Sauerstoff in der Atmosphäre weisen die Vorkommen leicht oxidierbarer Minerale wie Uranitit und Pyrit hin. Die jüngsten dieser Sedimente, die sich nur bei Sauerstoffmangel in der vorliegenden Form bilden können, sind etwa 1,6–1,8 Mrd. Jahre alt. Vor etwa 1,5 Mrd. Jahren trafen wir Roteisensedimente mit vollständig oxidiertem Eisen (Hämatit, Fe_2O_3) an. Sie müssen in oxidierender Atmosphäre abgelagert worden sein, so daß wir daraus schließen können, daß vor etwa 1,7 Mrd. Jahren die quartäre Sauerstoffatmosphäre ihren Anfang nahm. Zu diesem Zeitpunkt erreichte die Sauerstoffmenge der Atmosphäre mindestens $^1/_{100}$ des heutigen Sauerstoffanteiles der Atmosphäre. Vor diesem Zeitpunkt gab es keine Sauerstoffanhäufungen in der Atmosphäre, da der Sauerstoff durch Oxidation von eisenhaltigen Mineralien gebunden wurde (gebänderte Sedimente mit Magnetit, Fe_3O_4).

Die tertiäre Kohlendioxid-Atmosphäre wird nun von der **quartären Sauerstoff-Atmosphäre** (Beginn vor etwa 1,7 Mrd. Jahren) abgelöst. Sie ist oxidierend und bietet durch die Reaktionsfähigkeit des Sauerstoffes ganz andere chemische, energieliefernde Reaktionen als die vorausgegangenen reduzierenden Atmosphären.

Das Ansteigen des Sauerstoffgehaltes ist untrennbar verknüpft mit dem Auftreten sauerstoffproduzierender Prokaryonten (Cyanophyceen) und Eukaryonten. Eukaryonten konnten erst auftreten, als der Sauerstoffanteil der Atmosphäre über dem Pasteur-Niveau lag, etwa vor 1,3–1,4 Mrd. Jahren. In der Frühzeit der Sauerstoff-Atmosphäre starben viele Lebensformen aus, die sich nicht an das oxidierende Milieu anpassen konnten, oder sie zogen sich in anaerobe, ökologische Nischen zurück. Unsere heutige Sauerstoffatmosphäre weist einen Sauerstoffanteil von 21% auf, sehr hoch ist der Stickstoffanteil mit 78%, hinzu kommen noch 0,9% Argon, 0,03% Kohlendioxid und sehr geringe Anteile von Wasserstoff und Edelgasen (Neon, Helium, Xenon, Krypton).

Durch Kondensationen des Wasserdampfes der Atmosphäre entstanden auf der Früherde Urozeane und auch kleinere, stehende Gewässer. Man nimmt an, daß die Wassermenge der Gewässer während der Frühzeit der Erde nur etwa $^1/_{10}$ der heutigen Wassermenge betragen hat. Im Verlauf des Praekambriums kamen, weitgehend durch vulkanische Tätigkeit, die weiteren $^9/_{10}$ der heutigen Wassermenge hinzu, da mit dem Beginn des Kambriums sehr wahrscheinlich bereits das heutige Wasservolumen vorhanden war. Das Wasser der Urozeane enthielt vielerlei Ionen, neben Metallionen traten verschiedenartige Silikat- und Phosphat-Anionen auf. Alkaliionen, und damit auch das Kochsalz, wurden erst im Verlauf des Praekambriums angereichert. Der pH-Wert der Gewässer der Früherde war sicher sehr unterschiedlich. An Stellen mit Aushauchung saurer Gase (HCl, H_2S, SO_2) lagen saure, an anderen Stellen durch Lösungen basischer Stoffe mehr basische Bedingungen vor. Man nimmt an, daß in größeren Gewässern schwach basische Bedingungen herrschten und der pH-Wert zwischen 8–9 gelegen hat. In kleineren Gewässern lagen sicher, bedingt durch örtliche Verschiedenheiten, stark unterschiedliche pH-Werte vor. Die Voraussetzungen für eine chemische Evolution auf der Erde waren geschaffen.

Energiequellen während der Frühzeit der Erde

(Taf. 4)

Bestandteile der Atmosphäre, der Hydrosphäre und Lithosphäre sind das Ausgangsmaterial für die Bildung biochemisch wichtiger Verbindungen. Für den Aufbau standen Verbindungen der Elemente C, H, O, N, S, P sowie verschiedenartige Ionen zur Verfügung. Für den Aufbau dieser Verbindungen war Energie notwendig, die in vielfältiger Form während der Frühzeit der Erde (vor etwa 4,6–4,0 Mrd. Jahren) zur Verfügung stand.

Wichtigste Energiequelle war die Sonnenstrahlung, besonders in ihrem ultravioletten Bereich. Da es in der sekundären, reduzierenden Atmosphäre der Erde keinen freien Sauerstoff gab, war auch keine schützende Ozonschicht vorhanden, so daß die Erdoberfläche einer intensiven UV-Strahlung ausgesetzt war. Eine UV-Strahlung im Bereich 220–350 nm kann aber neu gebildete Biomoleküle wieder zerstören. Biomoleküle waren zunächst im tieferen Wasser (mehr als 10 Meter) stabil, an der Erdoberfläche aber erst als eine Ozonschicht der Erdatmosphäre diese UV-Strahlung auffing und absorbierte. Energiereiche Strahlungen stellten eine weitere Energiequelle dar. Sie wurde von kurzlebigen, radioaktiven Isotopen erzeugt, die heute auf der Erde nicht mehr vorkommen. Die häufigen und starken Gewitter zur Frühzeit der Erde führten zu elektrischen Entladungen (Blitze, Coronastrahlung), und es kam zu Reaktionen kleiner Moleküle infolge Radikalbildung. Durch Gewitterregen gelangten die gebildeten organischen Moleküle relativ leicht in die Urgewässer der Erde. Weitere Energie stand durch Stoßwellen beim Auftreffen von Meteoriten zur Verfügung. Diese Druckwellen lieferten organische Moleküle in nennenswerten Mengen. In der Frühzeit der Erde war Vulkanismus noch sehr stark ausgeprägt. Große Temperatursprünge in vulkanischen Bereichen der Früherde waren für Synthesen größerer Moleküle besonders geeignet, da sie durch rasches Abkühlen vor einem Zerfall geschützt waren.

Hinzu kam eine Katalyse an Oberflächen von Festkörpern, die für den Aufbau komplexer Moleküle wichtig war. Festkörper mit katalytischen Eigenschaften waren zur Frühzeit der Erde z. B. Lavagestein, Tonminerale und amorphes Siliciumdioxid (SiO_2).

Abiotische Bildung von Biomonomeren (niedermolekulare Verbindungen)
(Taf. 4)

Einfache Moleküle wurden schon in der Protoplanetenphase der Erde gebildet. Im interstellaren Gas waren und sind ebenfalls einfache Moleküle, ja schon einfache organische Moleküle vorhanden. Mit der Bildung von Molekülen im Bereich der Erde setzte vor etwa 4,6–4,5 Mrd. Jahren die chemische Evolution auf der Erde ein.

Die Bildung biologisch wichtiger Moleküle (Biomonomeren) erfolgte in der Frühzeit der Erde sowohl im Bereich der sekundären, reduzierenden Atmosphäre als auch im Bodenbereich, z. B. in den Urozeanen und kleinen Urgewässern. Es wurden zahlreiche chemische Reaktionen ausgelöst (Verbindungen der Elemente C, H, O, N, S, P) und vielerlei Verbindungen gebildet. Es entstanden Zucker, Aminosäuren, organische Säuren, Purin- und Pyrimidinderivate, Lipide, Porphyrine, Harnstoff u. a. Die Bildung dieser kleinen, organischen Moleküle ist unter den simulierten Bedingungen der sekundären, reduzierenden Atmosphäre und der damals herrschenden Energieverhältnisse in zahlreichen Modellversuchen gelungen. Richtungweisend waren die Versuche von Miller (1953, 1955), die zahlreiche weitere Untersuchungen auslösten. Alle biologisch wichtigen Verbindungsgruppen konnten bei diesen Simulationsversuchen erzeugt werden. Unter den Bedingungen der chemischen Evolution wurden aber auch schon sehr früh beständige Makromoleküle erzeugt, dadurch wurden kleinere organische Moleküle einem Zerfall entzogen.

Aminosäuren: Von den 20 in den Proteinen der heutigen Lebewesen vorkommenden Aminosäuren konnten 14 bei den Simulationsexperimenten nachgewiesen werden. Aminosäuren sind als Bausteine der Proteine für die spätere Entstehung des Lebens unerläßlich. Voraussetzung für die Bildung von Aminosäuren ist das Vorliegen reduzierender Bedingungen, wie sie ja zur Frühzeit der Erde gegeben waren. Bei den experimentellen Versuchen bildeten sich diejenigen Aminosäuren in der größten Menge, die auch in den Proteinen der heutigen Lebewesen die höchsten Anteile haben.

Zucker: Sie wurden unter simulierten Bedingungen ebenfalls erzeugt. Bei Reaktion einer verdünnten Formaldehydlösung mit dem Tonmineral Kaolinit erhält man Ribose und Desoxyribose in relativ großen Mengen. Beide Zucker sind für den Aufbau von Nukleinsäuren erforderlich. Man kann sich vorstellen, daß Reaktionen von Formaldehyd mit Tonmineralien, in unserem Beispiel Kaolinit, auf der Früherde im Bereich heißer Quellen stattgefunden haben.

Nukleinbasen, Nukleoside, Nukleotide: Cyanwasserstoff (HCN) war in der sekundären, reduzierenden Atmosphäre der Früherde vertreten. So sind Purin- und Pyrimidinbasen unter Beteiligung von Cyanwasserstoff entstanden. Sie sind wichtige Bausteine der Nukleinsäuren sowie z. B. auch von ATP. Aus Cyanwasserstoff läßt sich durch eine mehrstufige Reaktion Adenin herstellen. Pyrimidinbasen entstanden unter experimentellen Bedingungen aus Cyanoacetylen und Harnsäure. Alle biologisch wichtigen Purin- und Pyrimidinbasen sind inzwischen experimentell unter simulierten Bedingungen der Frühzeit der Erde hergestellt worden. Nukleoside entstanden experimentell durch Verbindung dieser Basen mit Zuckern (Ribose, Desoxyribose), und Reaktionen von Nucleosiden mit Phosphaten ergaben ein Gemisch von Nukleotiden.

Porphyrine, Fettsäuren, Energiedonatoren: Lipide spielen eine wichtige Rolle bei Membranbildungen, und Fettsäuren sind wichtige Bausteine vieler Lipide. Fettsäuren entstehen bei Entladungen von methanhaltigen Gasgemischen in Gegenwart von CO_2. Porphyrine stellen wichtige pflanzliche und tierische Pigmente dar (z. B. Bestandteile von Chlorophyll, Hämoglobin). Ihre Pyrrolringe bilden sich unter Einwirkung elektrischer Entladungen durch Umsetzung von Methan, Ammoniak und Wasser. Unter den Nukleotiden nimmt das Adenosintriphosphat (ATP) eine wichtige Rolle als Energiedonator bei biologischen Prozessen ein. ATP, auch ADP und AMP konnten ebenfalls experimentell unter simulierten Bedingungen hergestellt werden. Die ersten Energielieferanten waren sicher nicht ATP u. a., sondern zunächst einfache anorganische Polyphosphate und lösliche Phosphatmineralien, die entweder in den Urgewässern der Früherde gelöst vorlagen oder durch Eintrocknen dieser Gewässer in höheren Konzentrationen gehäuft vorkamen. Erst zu einem späteren Zeitpunkt der chemischen Evolution entstanden günstiger arbeitende Phosphatester und Polyphosphate, z.B. das sich aus Cyanamid und Phosphat bildende Cyanogenphosphat.

Übertragen wir diese Ergebnisse auf die Frühzeit der Erde (vor mehr als 4,0 Mrd. Jahren), so können wir feststellen, daß zu dieser Zeit schon eine Vielzahl organischer Verbindungen geschaffen war.

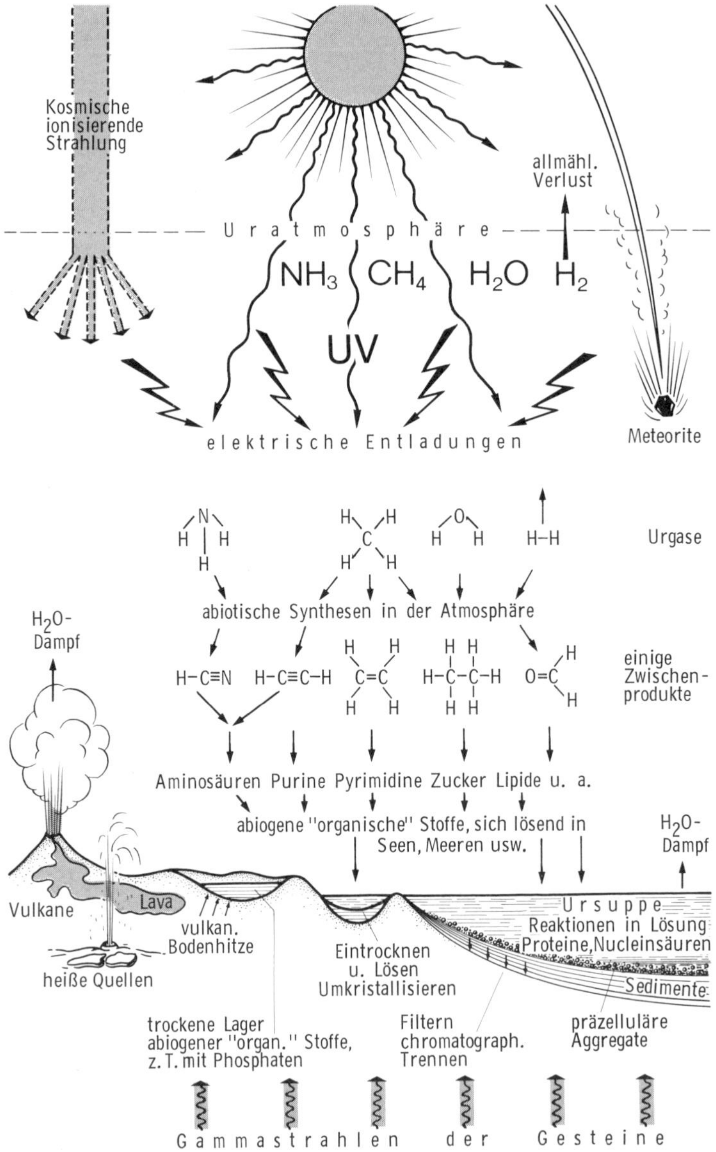

Taf. 4. Chemische Evolution im Bereich der Früherde (aus KAPLAN).

Die Synthesen erfolgten zu einem großen Teil im Bereich der Atmosphäre, gelangten aber mit den Niederschlägen auf die Erdoberfläche und sammelten sich in den damaligen Urgewässern, wie z.B. die wasserlöslichen Aminosäuren und Zucker. Ein großer Teil der gebildeten organischen Verbindungen war in gelöstem Zustand in den Urozeanen anzutreffen. Höhere Konzentrationen waren aber sicherlich nur örtlich in Buchten, abgeschnürten Becken oder in kleineren Gewässern vorhanden. In diesen Bereichen entstand eine mit vielen organischen Stoffen angereicherte wäßrige Lösung, so daß man von einer **„Ursuppe"** sprechen konnte. Man schätzt, daß nach Ablauf von etwa 500 Mio. Jahren die Konzentration von organischen Substanzen im Randbereich der Urozeane etwa 1–3% betrug. In kleineren, abgeschnürten Becken dürfte die Konzentration bis auf 10% angewachsen sein. Wasserunlösliche Verbindungen, wie z.B. Kohlenwasserstoffe, sammelten sich als Oberflächenschicht auf der „Ursuppe" an. Die Oberfläche der Gewässer war anfangs noch einer starken UV-Strahlung ausgesetzt. Sie führte zum Abbau organischer Moleküle. Durch teilweises Austrocknen der Becken waren auch Reaktionen mit Mineralien der Erdoberfläche möglich. Sie führten zu vielerlei Polymerisations- und Kondensationsreaktionen. Allgemein kann gesagt werden, daß zwischen den niedermolekularen Verbindungen im Bereich der „Ursuppe" und ihrer Randgebiete vielerlei statistische Reaktionen stattfanden, die zur Bildung von Biopolymeren (Makromolekülen) führten. Zu diesen im Bereich der Früherde erzeugten organischen Verbindungen kamen noch in geringerer Zahl und Menge organische Verbindungen, (z.B. Aminosäuren, Kohlenwasserstoffe) hinzu, die sich im interstellaren Raum bildeten und mit kosmischem Staub oder mit Meteoriten in die Gewässer der Früherde gelangten.

Abiotische Bildung von Biopolymeren (Makromolekülen)

(Taf. 4)

Alle heutigen Lebewesen weisen einen hohen Anteil an makromolekularen Stoffen auf. Die ursprüngliche Bildung von Polymeren lief aber anders ab als die heutige Biosynthese in den lebenden Zellen. In der lebenden Zelle ist die Bildung von Makromolekülen von bereits gebildeten und funktionsfähigen Makromolekülen abhängig.

Im wäßrigen Milieu der „Ursuppe" polymerisierten die Monomeren zu Polymeren (Makromolekülen) von Eiweiß- und Nukleinsäurecharakter. Die Synthesen erfolgten in Form von „statistischen Reaktionen", die Energie für diese Prozesse stammte sehr wahrscheinlich von anorganischen und organischen Polyphosphorsäuren, von Cyanderivaten und von trockener Hitze. Bei der Kondensation wurde Wasser abgespalten und vermutlich durch Cyanamid u.a. gebunden.

Die Wahrscheinlichkeit, daß sich in verdünnten wäßrigen Lösungen, wie z.B. der „Ursuppe", Makromoleküle bildeten, war zunächst relativ gering. Wir können aber davon ausgehen, daß einzelne Bereiche der „Ursuppe" (kleinere Becken in der Nähe von Vulkanen mit starker eruptiver Tätigkeit) stark eindampften oder sogar ganz austrockneten. Diese hochkonzentrierten Lösungen, bzw. Rückstände der „Ursuppe" stellten nun aber sehr günstige Bedingungen für das Entstehen hochmolekularer Verbindungen dar. Vorteilhaft waren dazu noch die dabei auftretenden hohen Temperaturen, verbunden mit erheblichen Temperaturschwankungen.

Diese Synthesen, d.h. die abiogene Bildung von Makromolekülen, wurden in zahlreichen simulierten Laborversuchen durchgeführt.

Proteinoide (eiweißähnliche Verbindungen mit einem Molekulargewicht zwischen 3000 und 11000) bildeten sich beim trockenen Erhitzen von Aminosäuregemischen bei Temperaturen von etwa 150 °C. Stellt man eine konzentrierte, wäßrige Lösung von Aminosäuren her, fügt anorganische Polyphosphate hinzu und erhitzt auf 70 °C, dann entstehen ebenfalls Proteinoide mit Ketten bis zu 100 Bausteinen. In dem Aminosäuregemisch muß aber entweder eine saure Aminosäure (z.B. Asparaginsäure) oder eine basische Aminosäure (Lysin) vorhanden sein. Wird dieses Protein-Produkt in warmem Wasser gelöst, dann entstehen beim Abkühlungsprozeß kleine Proteinoidkugeln mit einem Durchmesser von etwa 2 μm, die als Mikrosphären bezeichnet werden.

Manche dieser gebildeten Proteinoide haben katalytische Fähigkeiten, u.a. für biologisch wichtige

Reaktionstypen, wie Hydrolyse, Aminierung, Desaminierung und Decarboxylierung. Bringt man diese Proteinoide mit Eisen-Porphyrsystemen zusammen, dann werden auch Redoxreaktionen katalysiert.

Peptide entstanden bei den simulierten Synthesen durch UV-Bestrahlung von wäßrigen Lösungen, welche mit einem Aminosäuregemisch und mit Cyanamid versehen waren. Diese einfachen Polymere bilden in wäßrigen Lösungen Koazervattropfen aus (OPARIN'sche Koazervathypothese). Koazervate stellen ein Kolloid-Konglomerat dar, welches durch Entmischungsprozesse aus einer kolloidalen Lösung entsteht. Die Koazervattropfen bleiben flüssig und sind gegen das sie umgebende Lösungsmittel abgegrenzt. Die kolloidalen Teile behalten im Koazervattropfen ihre Eigenschaften und können z. B. mit anderen gelösten Stoffen, die in den Koazervattropfen eintreten, reagieren.

So, wie durch Polymerisation aus Aminosäuren Proteinoide entstehen, ist auch eine Polymerisation von Nukleotiden zu statistisch aufgebauten Polynukleotiden vorstellbar. **Oligonukleotide** entstanden in wäßrigen Lösungen von Mononukleotiden unter Einfluß von Cyanamid mit Tonmineralien als Katalysatoren. Polynukleotide erhielt man aus Mononukleotiden durch Verwendung von Polyphosphatestern als Energielieferanten. Es entstanden Polynukleotide mit langen Ketten und Molekulargewichten bis zu 50000.

Es kann als gesichert angesehen werden, daß in bestimmten Bereichen der „Ursuppe" der Früherde, z. B. im Bereich austrocknender und ausgetrockneter Becken neben den primär entstandenen niedermolekularen organischen Verbindungen (Biomonomeren), auch schon zu einem frühen Zeitpunkt Makromoleküle von Eiweiß- und Nukleinsäurecharakter vorhanden waren. Man kann annehmen, daß sich beide Gruppen etwa gleichzeitig gebildet haben. Manche dieser Polynukleotide konnten sich bei Gegenwart genügend vorhandener Mononukleotiden und bei Energiezufuhr wohl auch identisch reduplizieren. Die Replikation erfolgte durch physikochemische Wechselwirkung und wurde noch nicht durch Enzyme katalysiert. Diese Replikation geht sehr langsam vor sich und weist hohe Fehlerquoten auf. Wenn aber gleichzeitig ein Proteinoid vorhanden ist, das als Katalysator wirkt, so beschleunigt sich die Reaktion.

Makromoleküle entstanden zur Frühzeit der Erde unter sterilen Bedingungen. Unter den heutigen Bedingungen würden abiogen entstandene organische Moleküle sofort von Organismen aufgenommen und verzehrt. Da aber zur Frühzeit der Erde noch keine Organismen vorhanden waren, konnte die chemische Evolution weiter ablaufen.

Bildung optisch aktiver Verbindungen

Viele in Lebewesen vorhandene Verbindungen (z. B. Aminosäuren, Zucker) sind optisch aktiv. Dabei ist eine strenge Auswahl festzustellen. Proteine enthalten z. B. nur L-Aminosäuren, während D-Aminosäuren in Lebewesen nur sehr selten auftreten. Die beiden möglichen Zuckerformen, D- und L-Zucker, können in Polynukleotid-Doppelsträngen entweder nur in der D- oder L-Form vorkommen. In Lebewesen kommen nur Doppelstränge mit D-Zucker vor.

Wir müssen folgern, daß bei der Entstehung der protobiontischen, bzw. prokaryontischen Lebewesen bereits eine Auswahl der optisch aktiven Verbindungen erfolgt sein muß, da die beiden Antipoden (D- und L-Form) stets im Verhältnis 1:1 entstehen, und dieses Racematgemisch optisch nicht aktiv ist. Manche Autoren nehmen an, daß die optische Aktivität ausschließlich durch statistischen Zufall entstanden ist. Die Evolution der ersten Lebewesen vollzog sich dabei rein zufällig in einem Bereich, in welchem zufällig L-Aminosäuren und D-Zucker vorherrschend waren. Das Vorherrschen bestimmter Antipoden kann durch eine zufällige Anhäufung optisch asymmetrischer Kristalle erklärt werden, an deren Oberfläche dann Katalysen stattfanden. Quarz tritt z. B. sowohl als D- als auch als L-Quarz auf. Es braucht dann nur eine lokale Anhäufung einer dieser beiden Quarzformen vorzuliegen.

Rein zufällig kann sich beim Kristallisieren einer Racematlösung auch zunächst nur eine Form bilden, wobei es dem Zufall überlassen bleibt, ob es die D-, oder die L-Form ist. Gehört der erste Kristall einer Racematlösung, z. B. zufällig der D-Form, an, dann wirkt dieser Primärkristall als „Impfkristall", und diese Form kann rein auskristallisieren, ehe sich ein Kristall der anderen Form bilden kann.

Bildung präbiotischer Aggregate
(Taf. 5 u. 6)

Makromoleküle sind in wäßrigen Lösungen („Ursuppe") höchstens kolloidal löslich. Durch Entmischungsvorgänge können abgegrenzte Aggregate hochmolekularer Verbindungen entstehen. Diese Aggregate werden in der Kolloidchemie als Koazervate bezeichnet. Diese Koazervate können auch kleinmolekulare Verbindungen der wäßrigen Lösung einschließen.

Koazervate (Koazervaten-Hypothese nach OPARIN): Sie sind mikroskopisch kleine, kugelige Tröpfchen, die in einer wäßrigen Lösung schweben. Sie enthalten Makromoleküle der Ausgangslösung, aber in einer viel höheren Konzentration. Falls im Koazervattropfen Katalysatoren vorhanden sind, werden chemische Umsetzungen im Inneren des Tropfens beschleunigt. Koazervate besitzen noch keine eigene Membran, sind daher gegen Veränderungen der Umgebung (z. B. pH-Wert, Ionenkonzentration) sehr empfindlich. Sie sind aber semipermeabel und lassen kleinere Moleküle eindringen.

Koazervate wurden experimentell z. B. aus Proteinen (u. a. Gelatine, Serumalbumin, beide biologischer Herkunft) und Nukleinsäure (ebenfalls biologischer Herkunft) hergestellt. Es gelang sogar, Enzyme einzubauen, so daß ein einfacher Stoffwechsel entstand. Koazervate sind wie Zellen, offene Systeme, welche mit der Umgebung im Stoff- und Energieaustausch stehen. Durch die ihnen fehlende Membran sind sie aber nicht formbeständig und daher nicht besonders gut als Modelle für Vorstufen des Lebens geeignet. Außerdem wurden bisher Koazervate nur in Lösungen von heutigen Lebewesen abstammender Proteine gebildet, nicht aber bei abiogen entstandenen Proteinoiden.

Mikrosphären: Kühlt man heiße, gesättigte Lösungen von Proteinoiden (und sogar auch von Produkten langzeitiger Entladungsversuche zur Herstellung von Aminosäuren) ab, so entstehen kugelige Gebilde mit einem Durchmesser von 0,5–80 μm, welche von Fox als Mikrosphären bezeichnet wurden. Sie besitzen ähnliche Eigenschaften wie Koazervate, sind aber außerordentlich formstabil und viel beständiger als Koazervate. Durch Selbstaufbau (Aggregation von Proteinoiden) bilden sie membranartige Oberflächen und bei bestimmten pH-Werten der Umgebung werden sogar zweischichtige Membranen (ohne Beteiligung von Lipidmolekülen) ausgebildet. Diese Doppelmembranen sind semipermeabel, so daß bei diesen Mikrosphären osmotische Eigenschaften festzustellen sind. In vielen Fällen treten bei Mikrosphären auch kleine Moleküle und Ionen durch die Membran (Diffusion) hindurch, und eine solche Stoffaufnahme führt dann zu einer Art von „Wachstum" der Mikrosphären. Je nach dem verwendeten Proteinoid-Typ lassen sich sogar grampositive und gramnegative (wie z. B. bei Bakterien) Mikrosphären herstellen. Bei längerem Stehenlassen in Proteinoidlösungen können sich Mikrosphären unter Ausbildung von Brücken zusammenschließen und zeigen Sprossungserscheinungen, welche Hefesprossungen sehr ähnlich sind. Die Knospen werden unter Einbau von Material aus der Mutterlösung gebildet. Nach Erreichen einer gewissen Größe trennen sie sich ab und können später neue Knospen bilden, so daß man von einer Art von „Vermehrung" sprechen kann. Über die Brükken ist ein Stoffaustausch sogar von Makromolekülen möglich, außerdem können sich auch Mikrosphären wieder miteinander vereinigen. Durch Austausch oder Vereinigung kann in manchen Mikrosphären schon eine Art von „Protometabolismus" zustande kommen. Aber selbst bei weiterer Komplizierung des Metabolismus können aus Mikrosphären keine Lebewesen entstehen, da sie nur eine Eigenschaft der Organismen, nämlich Stoffwechsel, aufweisen. Es fehlt ihnen aber der Vererbungsapparat, d. h. die Informationsübermittlung auf die Nachkommen.

Neben dieser Selbstaggregation von Proteinoiden in Form von Mikrosphären kamen in der „Ursuppe" der Frühzeit der Erde auch sicher zahlreiche andere Aggregationsformen vor. Aggregation von Lipidmolekülen führt z. B. zu membranartigen Strukturen an der Grenzfläche des Aggregates. Sicher kamen auch Aggregate in Form von Polynukleotid-Aggregaten vor. Man kann z. B. experimentell Aggregate von Lipiden und Proteinoiden (bzw. Proteinen) und auch Aggregate von Polynukleotiden und Proteinoiden (bzw. Proteinen) herstellen.

Bereits in der „Ursuppe" gab es eine, durch Umweltbedingungen hervorgerufene Selektion, so daß eine Auslese bestimmter Aggregate stattfand. Bevorzugt erhalten blieben Aggregate, welche besser abgegrenzte Oberflächen (Lamellen, Membranen) aufwiesen und die nach Beschädigung wieder ihre Ausgangsform herstellen konnten. Bevorzugt waren Aggregate mit günstigeren enzymatischen Fähig-

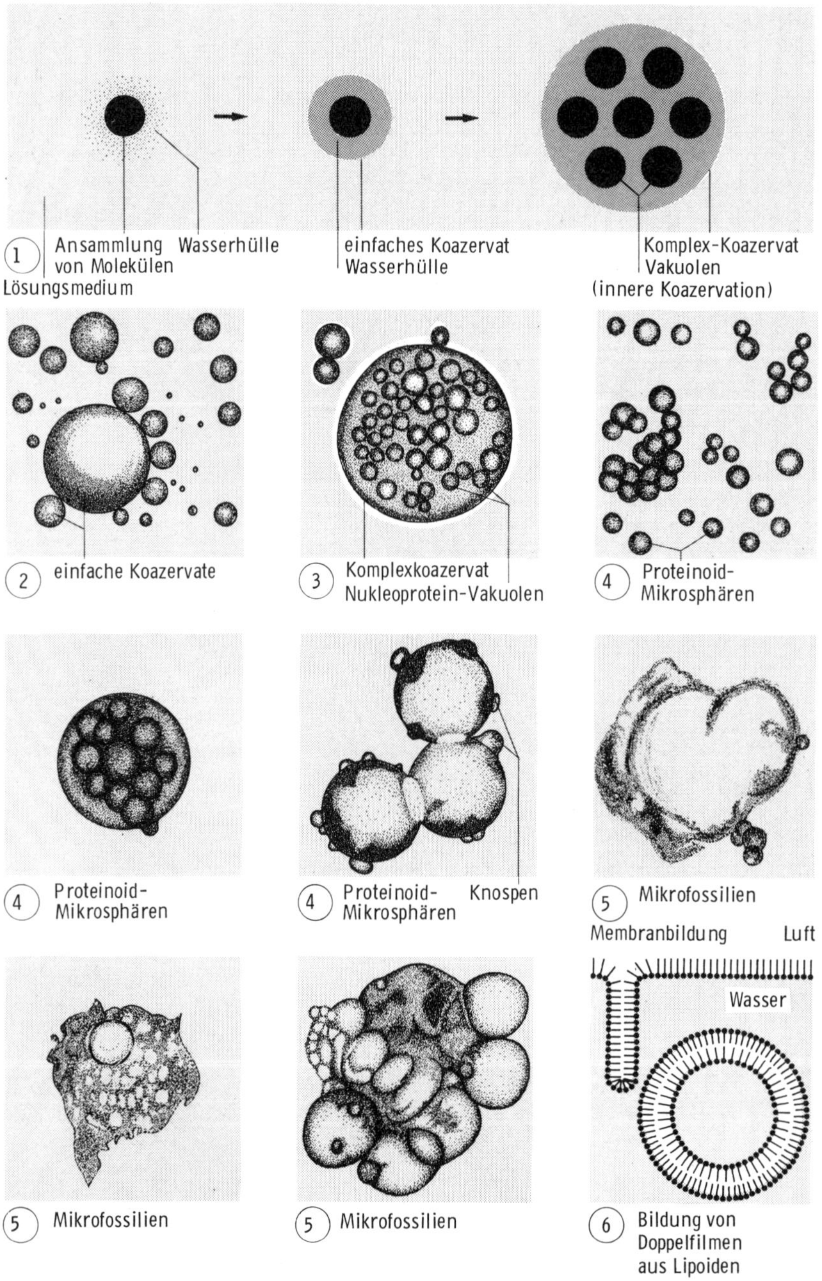

Taf. 5. Bildung von Koazervaten, Mikrosphären und Lipoidfilmen. – Abb. 1–3. Koazervate (nach OPARIN). Abb. 4. Mikrosphären (nach FOX). Abb. 5. Mikrosphären ähnelnde Mikrofossilien (nach FOX). Abb. 6. Bildung von Doppelfilmen aus Lipoiden (nach KAPLAN).

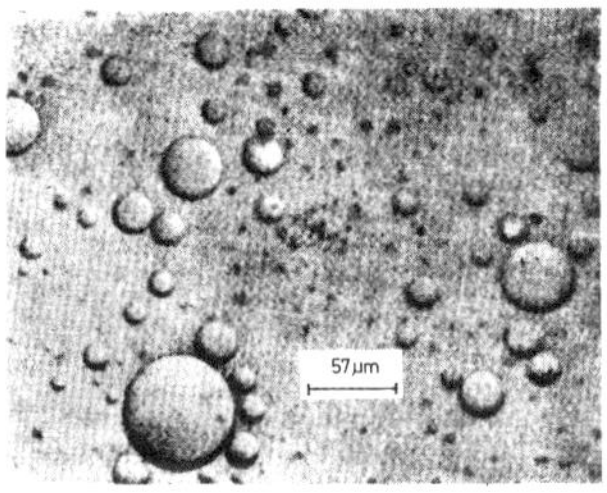

(1)

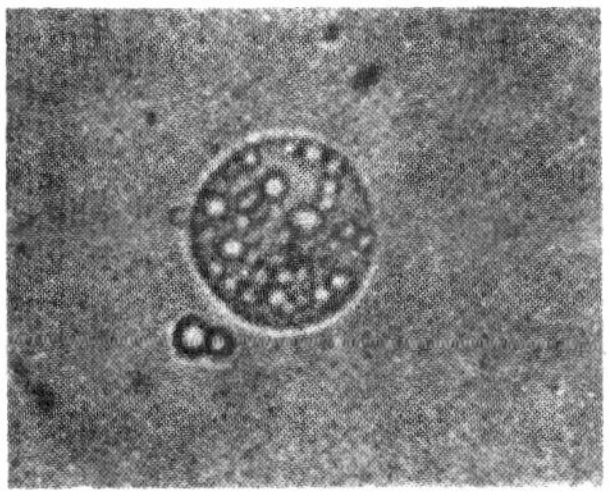
(2)

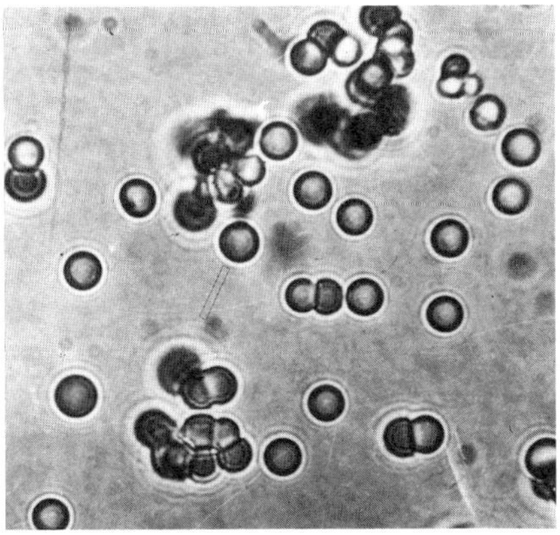
(3)

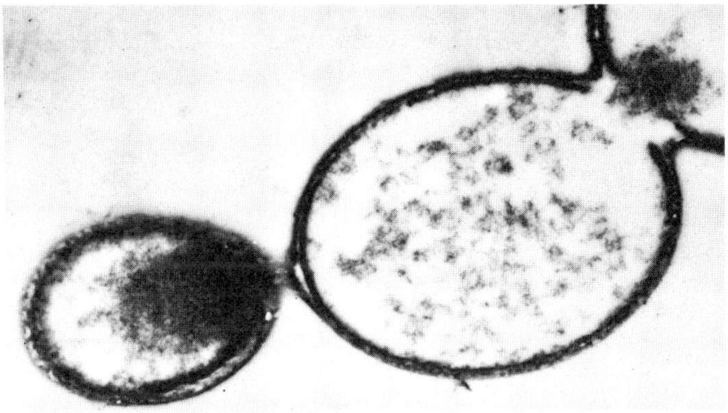
(4)

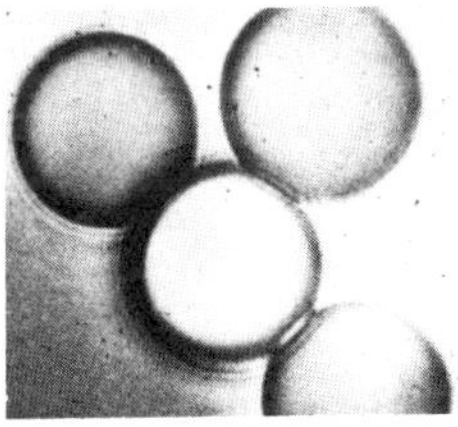
(5)

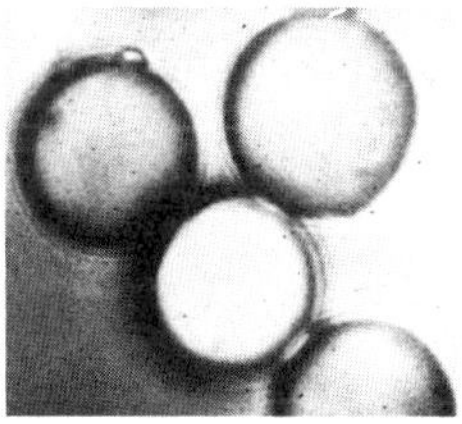
(6)

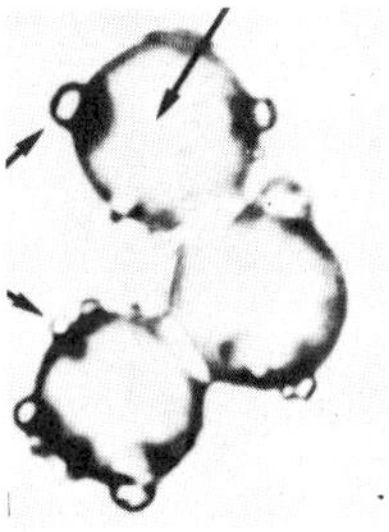
(7)

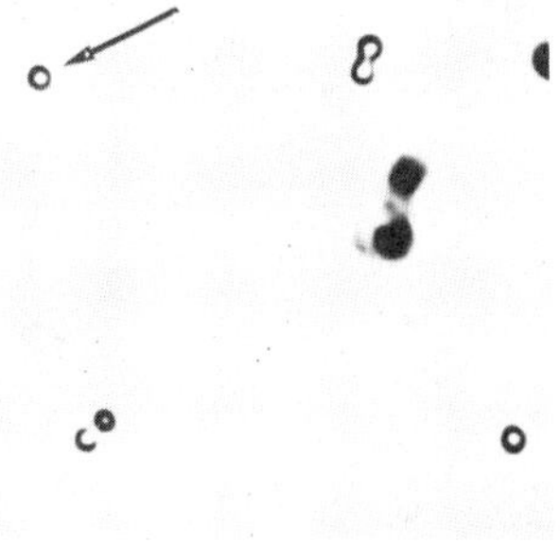
(8)

Taf. 6. Koazervate und Mikrosphären. – Abb. 1. Koazervattropfen aus Gelatine und Gummiarabicum (nach Oparin). Abb. 2. Koazervattropfen aus Nukleoprotein mit Vakuolen (nach Oparin). Abb. 3. durch Abkühlung einer heißen Protenoidlösung entstandene Mikrosphären (nach Fox). Abb. 4. Mikrosphären mit Doppelwand und innerer Proteinoid-Füllung (nach Fox). Abb. 5. Mikrosphären in Proteinoidlösung (nach Fox). Abb. 6. Mikrosphären mit Knospenbildung (nach Fox). Abb. 7. Mikrosphären mit mehreren Knospen (nach Fox). Abb. 8. freiwerdende Knospen, welche zu Mikrosphären heranwachsen (nach Fox).

keiten und solche, welche innere Membrane ausbildeten, um verschiedenartige Reaktionsräume (Kompartimentierung) herzustellen. Diese praegenetische Evolution wurde durch Selektion hervorgerufen. Eine Selektion durch Umweltbedingungen gab es daher schon vor der Existenz der Lebewesen.

Wechselwirkungen zwischen Makromolekülen: Bildung eines Hyperzyklus

Für die Bildung des Lebens ist es von entscheidender Wichtigkeit, daß es zu Makromolekülaggregaten zwischen Proteinoiden und Polynukleotiden kommt. Die Entstehung des Lebens ist nur möglich, wenn Informationsträger (Polynukleotide) und Funktionsträger (Proteine) miteinander vegbunden werden. Proteinoide werden so im Verlauf der Evolution zu Proteinen mit Enzymfunktion, und die Polynukleotide wandeln sich in Nukleinsäuren mit Genfunktion um. Experimentell konnte man feststellen, daß Polynukleotide mit Proteinoiden in Wechselwirkung treten können. Eine gewisse Spezifität ist festzustellen, so bilden z.B. lysinreiche Proteinoide bevorzugt mit Polyuridylsäure Aggregate. Weisen die Proteinoide dieser Aggregate primitive katalytische Funktionen für die Replikation auf, war eine identische Replikation von Polynukleotiden erleichtert. Waren Proteinoide vorhanden, die eine katalytische Wirkung auf Polymerisation von Aminosäuren ausübten, so war die Synthese neuer Proteinoide leichter möglich. Auf diese Weise konnte ein selbstreplizierendes System entstehen, welches Information von Polynukleotiden an Proteinoiden weitergab.

Der Zeitfaktor spielt hier eine große Rolle, da selbst bei einem Auftreten sehr vieler Proteinoide mit einem sehr langen Zeitraum gerechnet werden muß, bis eine vorteilhafte Aggregatbildung (Kombination von primitiven Replikasen und einfachen Polymerasen) zustande kommt. Wir müssen uns vorstellen, daß dieser Übergang zu informationshaltigen Systemen (Aggregaten) ein sehr langer, sich nur allmählich vollziehender Vorgang war, der sich in vielen kleinen Etappen abgespielt hat.

Ursprünglich lag wohl eine gegenseitige Auswahl von Proteinoiden und Polynukleotiden vor. Während des Evolutionsablaufes wurden aber dann die Polynukleotide zu Informationsträgern, da die Bildung der Proteinoide immer mehr von ihnen abhing. Die Proteinoide entwickelten sich daher zu Proteinen und wurden zu Funktionsträgern. Theoretische Überlegungen zeigen, daß eine biologische Evolution nur dann möglich ist, wenn sich Informationsträger (Polynukleotide) mit Funktionsträgern (Proteine) in einem Hyperzyklus verbinden. Weder Proteine noch Polynukleotide können für sich allein eine Evolution durchführen, welche zur Bildung von Lebewesen führen würde. Durch Verbindung der Polynukleotide und Proteine erhält man zugleich Informationsträger und Funktionsmoleküle. Die Polynukleotide werden durch Enzyme mit größerer Genauigkeit repliziert und ihre Information bleibt erhalten. Die Proteine behalten ihre Struktur, da diese durch Polynukleotide gesteuert wird. Durch Veränderungen der Nukleotide in den Polynukleotiden können Abweichungen (Praemutationen) herbeigeführt werden, dies führt zu Strukturveränderungen und damit auch zur Veränderung der katalytischen Eigenschaften der Proteine. Diese Abwandlungen können in einigen Fällen zu Funktionsverbesserungen führen. Es ist also eine echte präbiotische Evolution möglich. Die jeweils am besten angepaßten Formen setzen sich durch. In unserem geschilderten Hyperzyklus (mit identisch replizierbaren Polynukleotiden und Proteinen) werden diejenigen Varianten (Praemutanten) einen Vorteil haben, die am schnellsten funktionieren und die meisten Molekularbausteine an sich ziehen können. Es erfolgt eine Selektion, und die am besten funktionierenden Varianten setzen sich durch. Hyperzyklen sind zunächst von keinem bestimmten Raum abhängig. Ohne Raumbegrenzung würde sich auf der Erde zum Schluß ein einziger Hyperzyklus durchsetzen.

Freie, nicht durch einen Raum begrenzte Hyperzyklen zeigen hyperbolisches Wachstum, während Hyperzyklen, die sich in einem kleinen, abgegrenzten Raum, etwa einer Mikrosphäre, befinden, ein exponentielles Wachstum, wie bei Lebewesen bei unbegrenztem Nahrungsangebot, zeigen. Der Einschluß eines Hyperzyklus in eine morphologische Einheit wurde wahrscheinlich durch Proteine ausgelöst, welche Aggregationsfähigkeiten aufwiesen und in der Lage waren, membranartige Umgrenzungsstrukturen auszubilden. Diese in eine morphologische, kleine Einheit (etwa Mikrosphären) eingeschlossenen Hyperzyklen sind bereits Protobionten. Morphologische Einheit und eingeschlossener

Hyperzyklus weisen alle Grundfunktionen lebender Systeme, wie Stoffwechsel, Vererbung durch Informationsweitergabe und Mutation (durch Fehler bei der Replikation) auf. Protobionten konnten sich auf unterschiedliche Biotope (Umwelten) verteilen und dadurch auch unterschiedliche Hyperzyklen entwickeln. Sie traten untereinander in Konkurrenz, und es erfolgte eine biologische Selektion der Protobionten, der ersten (hypothetischen) Lebewesen der Erde.

Eine Verlagerung der frühen Phasen der praebiologischen und biologischen Evolution in außerirdische Bereiche ist wenig glaubhaft und stellt nach den Prinzipien der maximalen Denkökonomie keine besser begründete Hypothese dar.

Biologische Evolution

Entstehung der Protocyte

In den Protobionten liefen die Evolutionsvorgänge als biologische Evolution ab. Wichtige Schritte waren die Übernahme der Informationsspeicherung auf Nukleinsäuren, die Ausbildung eines genetischen Codes und die Bildung eines Proteinsynthese-Mechanismus. Vor allem erfolgten fortlaufende Verbesserungen im Enzymbereich, so daß sich der ursprünglich sehr langsam ablaufende Metabolismus der Protobionten allmählich in einen echten Stoffwechsel umwandelte. Katalytische Funktionen übten vor allem Proteinoide, aber auch aus der „Ursuppe“ aufgenommene Metallionen aus. Die Metallionen wurden in Komplexe eingebaut und häufig mit Proteinen kombiniert. Anfänglich besaßen auch Nukleinsäuren katalytische Funktionen, so daß Proteine auch durch Bindung von Nukleotiden ihre katalytische Wirksamkeit verbessern konnten. Auf diese Weise dürften die ersten Enzyme mit Coenzymen entstanden sein. Heute noch sind Nukleotide wichtige Coenzyme.

Die **Protobionten** ernährten sich von den in der „Ursuppe“ vorhandenen Aminosäuren und Nukleotiden. Aminosäuren standen in der „Ursuppe“ wohl in genügender Menge zur Verfügung, während die energiereichen Nukleotide wesentlich weniger vorhanden waren. Schon aus diesem Grund verlief das Wachstum der Protobionten sehr langsam, und ihre Teilungen dürften zunächst als ein mehr oder weniger unregelmäßiger Zerfall abgelaufen sein. Man kann es sich vorstellen, daß der von einer Membran umschlossene Protobiont beim Erreichen einer bestimmten Größe durch die Wirkung äußerer Kräfte (etwa Wasserbewegungen) in ungleich große Teilstücke zerbrach. Beim Zerfall wurden die lebensnotwendigen Gene und Proteine rein zufällig verteilt. Daher hatten nur große Tochteraggregate eine Chance, alle notwendigen Komponenten zu erhalten. Kleinere Tochterzellen mit zu geringem Genbestand waren nicht lebensfähig. In den Protobionten lagen die Polynukleotide (Gene) noch getrennt voneinander und wurden zunächst auch mehr oder weniger zufällig repliziert. Erst später entstand durch einen Zusammenschluß des größten Teiles der Polynukleotide ein einziges Riesenmolekül von der Form eines Bakterienchromosoms. Kleinere Moleküle blieben isoliert, wie z.B. die Episomen (Plasmiden) der heutigen Bakterienzelle. Das zusammenhängende Genom bildete nun eine Einheit, die bei jedem Replikationsvorgang eine neue Kopie aller Gene herstellte. Eine wirksame Verteilung der Genome nach der Replikation wurde wohl durch eine Anheftung des Riesenmoleküls an die Zellmembran erreicht. Die Herausbildung eines Teilungsmodus, der zwei gleichgroße und mit gleichem Inhalt versehene Tochterzellen liefert, dürfte erst nach einem langen Selektionsvorgang zustande gekommen sein. Die dann erreichte Teilung erfolgte durch Ausbildung einer Quermembran, welche zu einer Spaltung der protobiontischen Zelle führte. Diese Form der Zellteilung kommt heute noch bei Prokaryonten vor.

Zusammenfassend können wir sagen, daß die ersten Lebewesen in Form von **Protobionten vor etwa 4 Mrd. Jahren** auftraten. Sie sind zunächst als hypothetische Formen zu betrachten, da noch keine Daten über Fossilreste zur Verfügung stehen. Vor etwa **3,5–3,8 Mrd. Jahren** sind die ersten **Prokaryonten** entstanden, von diesen liegen Daten über Aufbau und Lebensweise vor. Wir dürfen annehmen, daß die sicher zellwandlosen Protobionten (mit semipermeabler Zellmembran) Vorstufen der Prokaryonten sind, und daß sich die Basismerkmale der ihnen gegenüber stammesgeschichtlich jüngeren Prokaryonten allmählich in den Protobionten entwickelt haben. Es ist kaum anzunehmen, daß zwischen Protobionten und Prokaryonten eine einschneidende Zäsur vorlag, viel eher kann man annehmen, daß ein gleitender Übergangsbereich zwischen beiden Gruppen bestand. Die heute noch übliche Trennung beider Gruppen erfolgt nur, weil wir über Protobionten noch keine gesicherten Daten besitzen. Es erscheint aber glaubhaft, daß man sie bei einer erweiterten Fassung des Prokaryontenbegriffes (unter

Einbeziehung primitiver, heute nicht mehr verwirklichter Merkmale) durchaus als prokaryontenähnlich und prokaryontenverwandt bezeichnen kann. Es lag sicher kein einschneidender Unterschied, wie etwa zwischen Protocyte und Eucyte, vor. Entscheidendes Ergebnis der chemischen Evolution auf der Erde ist die Herausbildung lebender Zellen in Form von Protobionten, welche sich in der Anfangsphase der biologischen Evolution in Prokaryonten umwandelten. Mit der Entstehung der Lebewesen geht aber die chemische Evolution nicht abrupt zu Ende, sondern sie läuft noch für eine längere Zeit, etwa 1 Mrd. Jahre, gemeinsam mit der biologischen Evolution ab.

Evolution des Zellstoffwechsels

(Taf. 7)

Begonnen hat das Leben in „Ursuppen"-Bereichen der Früherde unter den reduzierenden Bedingungen der sekundären Atmosphäre. Die ersten Protobionten besaßen zunächst noch einen sehr primitiven Replikations- und Translationsapparat. Wir dürfen davon ausgehen, daß ihre Zellgröße in etwa derjenigen der kleinsten, heute existierenden Prokaryonta (Thermoplasmataceen, Mycoplasmataceen mit einem Durchmesser von 0,1–0,3 μm) entsprochen hat. Durch Vakuolenbildung fand eine Aufgliederung des Zellinneren (Kompartimentierung) statt. Neben dem Replikations- und Translationsapparat befanden sich im Zellinneren noch weitere Protein- und Nukleinsäuremoleküle. Die Protobionten besaßen die primäre, rundliche Körperform, waren von einer semipermeablen Membran umgeben und ernährten sich streng heterotroph (C-Heterotrophie) und anaerob von den in der „Ursuppe" (= Urgewässer, Urozeane) abiotisch gebildeten organischen Stoffen. Sie lebten in Flachmeerbereichen in Tiefen unterhalb 10 Meter und waren dadurch vor der letalen UV-Strahlung geschützt. Sie ernährten sich von den in der „Ursuppe" enthaltenen Aminosäuren und Nukleotiden, die auf abiotischem Weg in der oberen Wasserschicht entstanden.

Stoffe aus der „Ursuppe" wurden von den Protobionten als Bausteine ihrer Makromoleküle verwendet. Aminosäuren standen in reichlicher Menge zur Verfügung, aber es trat schon zu einem frühen Zeitpunkt eine Verknappung an Nukleotiden und vor allem an deren energiereichen Triphosphaten (NTP) auf. Dadurch entstand ein Selektionsdruck, und es hatten diejenigen Protobionten einen Selektionsvorteil, die ein Enzym aufwiesen, mit dessen Hilfe sie Nukleotide aus einfacheren Molekülen aufbauen konnten. Immer, wenn ein lebensnotwendiger Stoff nur noch in geringer Menge vorhanden war, wurde ein Selektionsdruck in Richtung Eigenproduktion wirksam. Verschmelzung von Protobiontenzellen führte wahrscheinlich zur Verbreitung der neu entwickelten Stoffwechselwege.

Zur Aufrechterhaltung der Biosynthese-Vorgänge war chemische Energie notwendig. Wichtigster Energieträger ist ATP, daneben auch noch weitere Nukleosidtriphosphate, z.B. GTP. Die zelleigene Bildung von ATP spielte sich wahrscheinlich durch Phosphatübertragung aus anderen, abiogen gebildeten Phosphatestern mit Unterstützung von Kinasen ab. Diese Umsetzungsform finden wir heute noch als Bestandteil der Glykolyse-Reaktionskette. Die Protobionten haben offensichtlich eine Reihe von Kinasen entwickelt, um die abiogen entstandenen Phosphatester der „Ursuppe" verwenden zu können. Als nun auch diese Phosphatester knapp wurden, war eine Evolution von Reaktionen zur Assimilation von anorganischem Phosphat (Phosphatassimilation) erforderlich. Ein Beispiel für diese Reaktion finden wir wiederum in der Glykolyse-Reaktionskette. Als Enzyme treten Dehydrogenasen auf, die sich neu entwickelten. Die Reaktionen der Glykolyse (Embden-Meyerhof-Parnas-Weg) zählen zu den ältesten Stoffwechselreaktionen.

Der Stoffwechsel der Protobionten war streng anaerob, da es zur Zeit der sekundären, reduzierenden Atmosphäre keinen freien Sauerstoff gab. Alle Energie wurde daher durch **Gärungen** gewonnen.

Es entstanden eine Reihe verschiedenartiger Gärungen, die zu einem großen Teil auch heute noch existieren. Gärungen basieren alle auf einem Prinzip, nämlich der Verschiebung von Wasserstoff von einem H-Donor auf einen Acceptor. Dabei wird ATP produziert und die H-Träger werden wieder regeneriert. Das heutige Auftreten dieser Gärungsformen weist auf das hohe stammesgeschichtliche Alter ihrer Träger hin. Heute treffen wir noch vielfältige Gärungs-Typen an, wie Milchsäuregärung, Buttersäuregärung, Alkoholgärung, Propionsäuregärung, Ameisensäuregärung, Vergärung von Aminosäuren sowie die für Archaebacteria charakteristische Methangärung. Bezeichnenderweise finden wir bei den stammesgeschichtlich ältesten Vertretern der Archae- und Neobacteria sehr alte Gärungstypen. Archaebacteria verwenden bei der Methangärung molekularen Wasserstoff (H_2) als H-Donator und bei den Neobacteria führen z. B. Vertreter der Clostridiacea eine Aminosäure-Gärung durch. Aminosäuren waren ja reichlich in der „Ursuppe" vorhanden. Bei diesem Gärungstyp wird eine Aminosäure als H-Donator, eine andere dagegen als Acceptor verwendet.

Durch die Tätigkeit der gärenden Organismen nahmen die energiereichen organischen Verbindungen in der „Ursuppe" stark ab. Es mangelte an brauchbaren H-Donatoren und auch an Aminosäuren. Gleichzeitig nahm das CO_2 zu, welches bei verschiedenartigen Gärungsprozessen gebildet wurde. Kohlendioxid (CO_2) reicherte sich dabei in der Atmosphäre zusätzlich an. Die Zusammensetzung der Atmosphäre verschob sich zugunsten von CO_2 und N_2, die sekundäre Atmosphäre wurde allmählich von der tertiären Atmosphäre abgelöst. Die CO_2-Anreicherung hatte zur Folge, daß neue Enzyme, Decarboxylasen, entwickelt wurden, und es entstanden Carboxylierungs-Reaktionen. Diese **CO_2-Assimilation** (CO_2-Fixierung) machte die Organismen allmählich von den organischen Stoffen der „Ur-

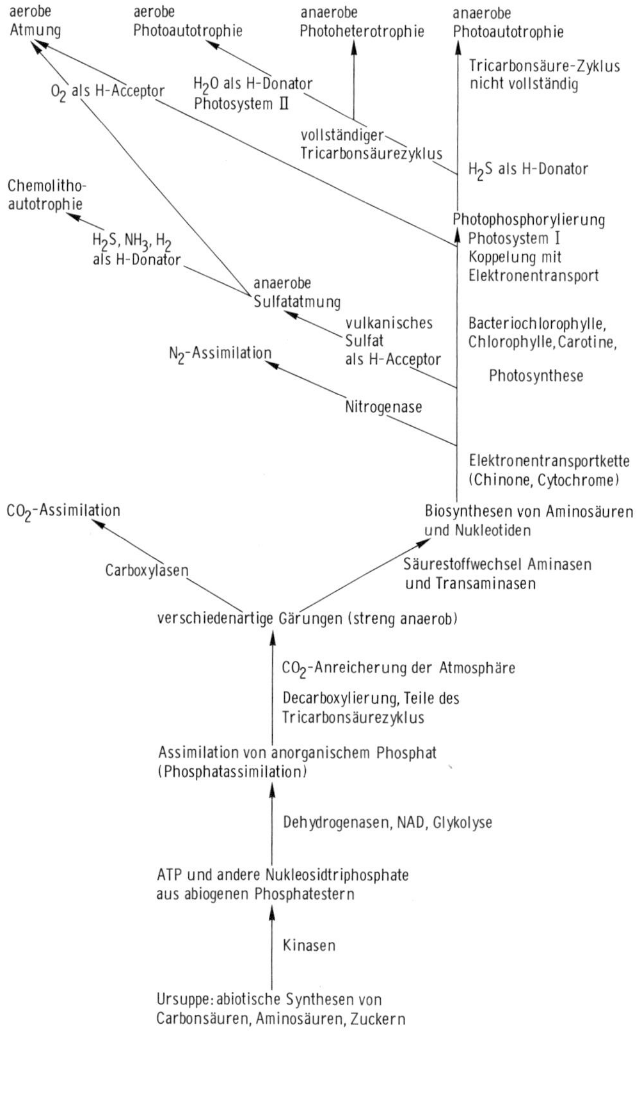

Taf. 7. Evolution des Zellstoffwechsels. – Ausgezogene Pfeile: wahrscheinliche Abstammungsbeziehungen.

suppe“ unabhängig. Die CO_2-Assimilation erfordert ATP-Verbrauch, Reduktionsäquivalente standen durch Glykolyse zur Verfügung. Am Anfang wurde nur ein Teil des C-Bedarfes durch Carboxylierungs-Reaktionen gedeckt (heute noch bei vielen Bakterien), erst später wurde eine volle C-Autotrophie (CO_2 als alleinige C-Quelle) entwickelt. Für den Ablauf der CO_2-Assimilation war die Entwicklung von neuen Enzymen, Carboxylasen, sowie deren Coenzyme (z. B. Biotin) erforderlich. Wir finden derartige CO_2-Fixierungen heute noch im Stoffwechsel nahezu aller Lebewesen. Zum Beispiel die Carboxylierung von Pyruvat zu Oxalacetat. Auf diese Weise entstanden die ersten Reaktionsschritte des Carbonsäurestoffwechsels.

Die allmählich ausklingende abiotische Erzeugung von Aminosäuren mußte nun durch eine **biotische Synthese von Aminosäuren** ersetzt werden. Parallel zu der Evolution des Carbonsäurestoffwechsels liefen daher wahrscheinlich die Biosynthesen von Aminosäuren aus Carbonsäuren, wobei nach und nach alle Aminosäuren biotisch gebildet werden konnten. Hierfür waren zwei Reaktionstypen erforderlich und zwar die reduktive Aminierung (Einbau von NH_3 in eine α-Ketosäure), sowie die Transaminierung, wobei NH_2-Gruppen aus Aminosäuren auf Ketosäuren übertragen werden. Als Enzyme sind bei der Aminierung Aminasen und bei der Transaminierung Transaminasen tätig. Die Ketosäuren stammen aus dem Tricarbonsäurezyklus, dessen erste Reaktionen schon aufgebaut wurden, ehe die biotische Erzeugung von Aminosäuren begann.

An die Biosynthese von Aminosäuren schloß sich dann die **Biosynthese von Nukleotiden**, bzw. deren Basen an.

Alle Synthesen benötigen ATP (oder andere NTP) als Energiequelle. Durch Gärungen wurde zwar ATP (nun unabhängig von der abiogenen Erzeugung von NTP) erzeugt, aber doch in relativ geringen Mengen. Aus diesem Grund wachsen und vermehren sich gärende Organismen nur sehr langsam. Jede Verbesserung der ATP-Produktion mußte daher die Wachstums- und Vermehrungsrate erhöhen und hatte deshalb einen deutlichen Selektionsvorteil. Es kam zur Ausbildung einer Elektronentransportkette (Elektronenübertragung) in Form einer Atmungskette mit wichtigen Enzymen wie Cytochromen und Chinonen. Anfangs verlief die Atmung anaerob, d. h. durch Reduktion von Sulfat oder Nitrat und ohne Beteiligung von freiem Sauerstoff.

Drei verschiedene Evolutionswege wurden beschritten. Die Stickstoff-Fixierung (N_2-Assimilation) mit Hilfe des Enzymkomplexes Hydrogenase, die anaerobe Atmung (Oxidation von Träger-H in der Atmungskette) sowie die Photosynthese mit Nutzung der Energie des Sonnenlichtes zur ATP-Produktion.

Die **anaerobe Atmung** wurde in der immer noch O_2-freien Atmosphäre entwickelt. Die H-Oxidation war daher nur als anaerobe Atmung möglich. Offensichtlich wurde die anaerobe Atmung vor der Photosynthese entwickelt. Die H-Oxidation liefert wesentlich mehr Energie als die Dehydrierungen der Gärungsprozesse. Als Elektronenacceptor wurde Sulfat (SO_4) verwendet. Diese **anaerobe Sulfatatmung** wird heute noch von den Desulfurikanten (z. B. Desulfovibrionacea) ausgeübt. Dabei wird SO_4 zu Schwefel (S) reduziert. Die H-Übertragung erfolgt in Stufen mittels einer Elektronentransportkette. Aus der anaeroben Atmung hat sich die **aerobe Chemolithoautotrophie** entwickelt. Nun war ein Energiegewinn durch Oxidation anorganischer Verbindungen möglich. Chemolithoautotrophie erfordert allgemein Sauerstoff, daher kann sie erst nach der O_2-erzeugenden Photoautotrophie entstanden sein. Einzige Ausnahme dürften die schwefeloxidierenden Bakterien (Sulfurikanten) sein, die sich in den Schwefelzyklus zwischen anaerob photoautotrophen Bakterien (Chlorobacteriariae und Thiorhodariae) und Desulfurikanten (Desulfovibrionacea) eingeschaltet haben. Als anorganischer H-Donator wird dabei von den Sulfurikanten H_2S verwendet, welches zu SO_4 oxidiert wird. Es kann auch elementarer Schwefel als H-Donator verwendet werden. Bei der Chemolithoautotrophie ist die Chemolithotrophie (mit anorganischem H-Donator) mit einer autotrophen CO_2-Fixierung gekoppelt. Der Kohlenstoff wird durch Reduktion von anorganischem CO_2 gewonnen. So sind z. B. bestimmte *Thiobacillus*-Arten (z. B. *Th. denitrificans*) vollautotrophe Anaerobier, die nur anorganische Stoffe benötigen. *Thiobacillus denitrificans* lebt bei Vorhandensein von Nitrat voll anaerob, während die anderen *Thiobacillus*-Arten eine aerobe Lebensweise zeigen. Es bleibt aber umstritten, ob Nitrate schon vor dem Erscheinen von O_2 in der Atmosphäre vorhanden waren, oder ob sie erst nach dem Vorhandensein von O_2 gebildet wurden.

Weitere chemolithoautotrophe Vertreter sind die Nitrifikanten und Eisenoxidanten. Diese Organismen sind bereits strenge Aerobier, sie benötigen O_2 als H-Acceptor. Sie stellen die Endglieder der chemolithoautotrophen Vertreter dar. Auch bei ihnen ist die Chemolithotrophie mit autotropher CO_2-Fixierung gekoppelt. Die nitrifizierenden Bakterien oxidieren NH_3 zu Nitrit und dieses weiter zu Nitrat, die Eisenoxidanten (Eisenbakterien) oxidieren Fe^{2+} zu Fe^{3+}.

Umstritten ist die Entstehung der **aeroben Atmung**. Meist wird angenommen, daß sie sich von einer primitiven anaeroben Atmung ableitet, die eine noch unvollständige Cytochromkette besaß und bei der anorganische Stoffe, wie z. B. Sulfat als e^--Acceptor dienten. Es erscheint durchaus möglich, daß die aerobe Atmung nach den oben genannten Vorstellungen, zweimal unabhängig voneinander, entstanden ist. Allgemein darf man annehmen, daß die aerobe Atmung erst zu einem Zeitpunkt einsetzte, als von Cyanophyceen größere O_2-Mengen produziert worden waren. Zuerst traten sicher fakultative Aerobier auf, die, je nach Bedarf, auch noch zu gären vermochten, erst sekundär folgten strenge Aerobier.

Bei der **Stickstoff-Fixierung** wird der in der Atmosphäre befindliche molekulare Stickstoff (N_2) fixiert. Es liegt ein reduktiver Prozeß vor, der zur Ammoniakbildung führt. Molekularer Stickstoff war schon in der sekundären, reduzierenden Atmosphäre vorhanden, und es ist daher nicht verwunderlich, daß wir die Stickstoff-Fixierung bei vielen Bakteriengruppen und durch das Anwachsen des N_2-Anteiles in der Atmosphäre dann auch bei Cyanophyceen antreffen. Die N_2-Fixierung bleibt aber auf Prokaryonten beschränkt. Die N_2-Assimilation hat sich offensichtlich aus einer sehr ursprünglichen Elektronentransportkette entwickelt und wurde dann von zahlreichen Prokaryonten-Gruppen übernommen.

Wichtigster Stoffwechselweg war aber die Entwicklung der **Photosynthese**. Voraussetzung war, daß lichtabsorbierende Farbstoffe (Bacteriochlorophylle, Chlorophylle und auch Zusatzfarbstoffe, wie Carotine) ausgebildet wurden. Außerdem war eine, in eine Membran eingebaute Elektronentransportkette notwendig. Eine Elektronentransportkette wurde schon von den Vorfahren der photosynthetisierenden Prokaryonten entwickelt und konnte übernommen werden. Alle Elektronentransportketten weisen die gleiche Grundstruktur unter Beteiligung eines Chinons und mehrerer Cytochrome auf.

Auf der ersten Stufe der Photosynthese-Evolution wurde wahrscheinlich zunächst nur ATP durch Photophosphorylierung (Koppelung mit dem Elektronentransport) gebildet. Die stammesgeschichtlich älteste noch existierende Form der Photosynthese (**anaerobe Photoautotrophie**) treffen wir noch bei den heutigen grünen Schwefelbakterien (Chlorobacteriariae) und den schwefelhaltigen Purpurbakterien (Thiorhodariae) an. Sie leben anaerob in Gewässern und oxidieren H_2S (H-Donator), der aus Fäulnisprozessen oder aus vulkanischen Schwefelquellen stammt. Neben ATP gewinnen sie auch Reduktionsäquivalente (H). Der Kohlenstoffbedarf wurde voll durch CO_2-Assimilation gedeckt (= anaerobe Photoautotrophie). Diese H_2S-abhängige Photosynthese entstand unter anaeroben Bedingungen. In der damaligen Atmosphäre war vermutlich noch H_2S enthalten. Diese Photosyntheseform dürfte sich besonders in solchen Gebieten entwickelt haben, in denen viel H_2S aus vulkanischen Quellen vorlag. Bei dieser Form der Photosynthese wird kein Sauerstoff, sondern Schwefel (bzw. Polysulfide) ausgeschieden. Die Vertreter dieses Photosynthese-Typs leben anaerob, besitzen keine Atmungskette und auch noch keinen vollständigen Tricarbonsäure-Zyklus. Durch Photosynthese erzeugen sie NADH und ATP, die Reaktionen des Säurestoffwechsels werden zur Aminosäuresynthese und zur CO_2-Fixierung genutzt. Bei der Oxidation von H_2S entstanden Schwefel und Sulfat, die von anderen Prokaryonten, z. B. von den schon vorhandenen Sulfatatmern (Desulfurikanten) genutzt werden konnten. Durch das gemeinschaftliche Wirken von anaeroben, photoautotrophen Vertretern (grüne Schwefelbakterien und schwefelhaltige Purpurbakterien) und von Sulfatatmern entstand in der Atmosphäre sehr wahrscheinlich ein Schwefelzyklus.

Als nächsten Schritt treffen wir bei den stammesgeschichtlich jüngeren schwefelfreien Purpurbakterien (Athiorhodariae) den vollständigen Tricarbonsäurezyklus an, der sich aus den schon vorhandenen Reaktionen des Carbonsäurestoffwechsels entwickelte. Die schwefelfreien Purpurbakterien sind zunächst noch streng anaerob (**anaerobe Photoheterotrophie**) und gewinnen ihre Reduktionsäquivalente für Synthesen aus dem Tricarbonsäurezyklus und ATP durch Photosynthese (zyklische Photophosphorylierung). Stammesgeschichtlich jüngere Vertreter können bei Dunkelheit ihren Energiebedarf aerob durch Atmung decken. Sie benutzen dabei die Elektronentransportkette, die unter anaeroben Bedingungen bei Licht der Photosynthese dient.

In einer Art von Parallelevolution zu den Athiorhodarien entwickelten die Vorfahren der heutigen Cyanophyceen eine Photosynthese, welche Wasser als H-Donator verwendet. Dadurch machten sie sich von dem viel knapperen H_2S unabhängig. Wasser stand praktisch unbeschränkt zur Verfügung, wegen des positiveren Potentials des Redox-Systems H_2O/O_2 war aber hierzu die Ausbildung einer Elektronentransportkette mit zwei Lichtreaktionen (Photosystem I und II) erforderlich. Diese Form der Photosynthese (**aerobe Photoautotrophie**) führt zur Bildung von freiem Sauerstoff. Dieser Sauerstoff gelangte in die Atmosphäre, machte sie oxidierend, und es bildete sich allmählich die quartäre Sauerstoff-Atmosphäre der Erde aus. Der Übergang zu dieser Sauerstoff-Atmosphäre erfolgte aber zunächst nur schrittweise. Blaugrüne Algen (Cyanophyceen) waren die ersten biotischen Sauerstoffproduzenten, und es kam zunächst zur Ausbildung kleinerer Sauerstoffoasen in Bereichen, in denen viele Cyanophyceen wuchsen. Am Anfang wurden noch große Teile des freiwerdenden Sauerstoffes durch Oxidationen im Lithosphären-Bereich gebunden. Dadurch konnten sich die Prokaryonten allmählich an die neuen Verhältnisse (Sauerstoffatmosphäre) anpassen, oder sich in weiter anaerob bleibende Lebensräume (z.B. sauerstofffreier Faulschlamm) zurückziehen. Die anaerob bleibenden Lebensräume wurden aber viel seltener und viele, anaerob lebende Vertreter starben aus.

Entscheidender Evolutionsschritt war die Entwicklung dieser, sauerstofferzeugenden Photosynthese, die heute von prokaryontischen Cyanophyceen und verschiedenen eukaryontischen, autotrophen Pflanzengruppen ausgeübt wird. Für diese Photosynthese steht eine unerschöpfliche Energiequelle, das Sonnenlicht und ein überall vorhandener H-Donator, das Wasser, zur Verfügung. Die dadurch ermöglichte CO_2-Assimilation macht in der nun oxidierenden Sauerstoffatmosphäre die sowieso nicht mehr möglichen abiotischen Synthesen organischer Stoffe überflüssig. Auf organische Stoffe angewiesene Lebewesen (heterotrophe Lebensweise) finden nun in den Pflanzen eine ausreichende Nahrungsquelle.

Nach genügendem Sauerstoff-Gehalt der Atmosphäre konnte die Elektronentransportkette benutzt werden, um Elektronen von NADH auf O_2 zu übertragen. So entsteht die **aerobe Atmung** (Sauerstoffatmung).

Bei der Reduktion von O_2 zu H_2O wird viel Energie erzeugt, die zur Bildung von ATP herangezogen wird. Bei Ableitung der aeroben Atmung von der Redoxkette primitiver photosynthetisierender Vertreter müssen die nachfolgenden aeroben Vertreter die Lichtreaktion (Photosystem) verloren haben und zur Veratmung im Milieu vorhandener organischer Stoffe übergegangen sein. Einige aerobe Bakterien-Gruppen dürften auf diese Weise, durch sekundären Photosyntheseverlust, entstanden sein. Durch das Entstehen der Sauerstoffatmung wurde der nun alles beherrschende Sauerstoffzyklus der Biosphäre ausgebildet, der stammesgeschichtlich ältere Schwefelzyklus dagegen auf wenige, anaerobe Lebensräume zurückgedrängt.

Es bildeten sich einfache Nahrungsketten mit photosynthetisierenden Bakterien und blaugrünen Algen als Produzenten sowie Bakterien als Konsumenten und Reduzenten. Der Sauerstoffgehalt der Sauerstoff-Atmosphäre stieg zunächst nur langsam an und dürfte am Ende des Kambriums (vor etwa 500 Mio. Jahren) bei etwa 2–10% gelegen haben. Der heutige Sauerstoffanteil der Atmosphäre liegt bei 21%.

Mit dieser einschneidenden Veränderung der Erdatmosphäre, war natürlich keine chemische Evolution mehr möglich, sie ging schon viel früher zu Ende. Durch die Sauerstoffanreicherungen waren organische Verbindungen jetzt nur noch wenig stabil, und sie zerfielen nach Energiezufuhr durch Oxidation. In einer sauerstoffhaltigen Atmosphäre ist eine chemische Evolution bis zur Entstehung von Protobionten nicht möglich, diese Prozesse können nur unter reduzierenden Bedingungen ablaufen.

Entscheidend für die Gewinnung von Energie aus Licht war die Entwicklung von Farbstoffen, welche Licht zu absorbieren vermögen. Man nimmt heute an, daß alle Chlorophylle einen gemeinsamen Vorfahren (Protoporphyrin) aufweisen. Von diesem Protoporphyrin spalteten sich zunächst die Bacteriochlorophylle c, d und e ab. Es wird diskutiert, daß sich schon im nachfolgenden Bereich zwischen Protoporphyrin und Protochlorophyllid a die Chlorophylle c_2 und c_1 abgetrennt haben. Diese Ableitung von Chlorophyll c ist aber sehr umstritten, auch dadurch, daß Chlorophyll c erst bei den Contophora (Eukaryonta) auftritt und bei Prokaryonta bisher nicht festgestellt werden konnte. Nach den vorliegenden Fakten dürfte Chlorophyll c ein Neuerwerb der Contophora sein und kann daher nicht zu einem so frühen Zeitpunkt (zwischen Protoporphyrin und Protochlorophyllid a) entstanden sein.

Das Protochlorophyllid a wandelte sich in das Chlorophyllid a um, von diesem sind die Bacteriochlorophylle a und b abzuleiten. Von dem Chlorophyllid a ist auch das Chlorophyll a abzuleiten und Chlorophyll b leitet sich von Chlorophyll a ab. Innerhalb der Prokaryonta kommt es bei den Cyanobionta erstmals zur Ausbildung von Chlorophyll a (primäres Chlorophyll), sekundär wird schon bei den Cyanobionta auch Chlorophyll b (bei Prochlorophyta) ausgebildet.

Der Weg führt innerhalb der Prokaryonta von den ersten Magnesium-Porphyrinen (schon bei Desulfovibrionacea vorhanden) über verschiedene Ausbildungsstufen bis zum Chlorophyll b.

Die photosynthetisierenden Cyanobionta sind die stammesgeschichtlich ältesten, lebenden Sauerstoffproduzenten. Sie treten im Praekambrium schon vor mehr als 2,5 Mrd. Jahren auf und sind für die Ausbildung der 4. Erdatmosphäre, der Sauerstoffatmosphäre, verantwortlich.

Nach der Autogenhypothese wird das bereits bei den prokaryontischen Cyanobionta vorhandene Chlorophyll a von den von ihnen abzuleitenden, jüngeren eukaryontischen Gruppen übernommen. Chlorophyll b wird bei den Eukaryonta noch einmal neu gebildet. Bei einigen Teilgruppen der Eukaryonta wird Chlorophyll b durch andere Chlorophylle, wie Chlorophyll d, c (c_2 und c_1) und e (wahrscheinlich aber Artefakt von c) ersetzt.

Bei Chlorophyll d handelt es sich um einen Neuerwerb stammesgeschichtlich jüngerer Rhodophyta (Florideen), während Chlorophyll c (c_2 und c_1) von einer großen Eukaryonten-Gruppe (Crypto-, Dino- und Chromophytobionta) neu erworben wird. Die Existenz des bei Xanthophyta (Chromobionta) festgestellten Chlorophyll e ist sehr umstritten, es könnte hier ein Artefakt von Chlorophyll c vorliegen.

Hauptpigmente sind die **Chlorophylle a, b und c**, die sehr wahrscheinlich auch in dieser Reihenfolge entstanden sind. Es ist aber anzunehmen, daß Chlorophyll b mehrmals (zweimal) unabhängig voneinander entstanden ist. Es leitet sich von Chlorophyll a ab und unterscheidet sich von a nur sehr geringfügig. Chlorophyll b ist fast mit Chlorophyll a identisch, nur hat es eine Formylgruppe anstelle einer Methylgruppe.

Erstmals wurde Chlorophyll b von Prokaryonten (Prochlorophyta) gebildet, und wir schließen uns hier der Meinung an, daß es bei den Eukaryonta (Chlorobionta) noch einmal entstand. Die Monophylie der Eukaryonten läßt sich nach unseren augenblicklichen Kenntnissen nur durch die zweimalige Entstehung von Chlorophyll b erklären.

Wäre Chlorophyll b nur einmal entstanden, dann müßten die Eukaryonta von den prokaryontischen Prochlorophyta (bisher noch ungenügend bekannt) abgeleitet werden. Prochlorophyta besitzen aber (nach unseren bisherigen Kenntnissen) keine Phycobiline, die aber bei den stammesgeschichtlich ältesten Eukaryonta, den Aconta, vorhanden sind. Diese Phyboline der Aconta sind aber fast identisch mit den Phycobilinen der prokaryontischen Cyanophyta, so daß eine Ableitung der Eukaryonta wohl nur aus dem Bereich der Cyanophyta möglich ist. Es ist sehr unwahrscheinlich, daß die Phycobiline der Cyanobionta und diejenigen der Aconta (beide in Phycobilisomen gelagert) unabhängig voneinander entstanden sind. Außerdem leben Prochlorophyta ektosymbiontisch auf Seescheiden (Ascidien), und man kann auch aus diesem Grunde nicht die primär freilebenden Eukaryonta von sekundären Ektosymbionten ableiten.

Wir nehmen daher an, daß Chlorophyll b zweimal unabhängig voneinander bei Prokaryonten (Prochlorophyta) und bei Eukaryonten (Chlorobionta) entstanden ist.

Die Ableitung der Eukaryonta erfolgt daher von Cyanophyta, welche nur Chlorophyll a, aber zusätzliche Phycobiline aufweisen. Die stammesgeschichtlich älteste Teilgruppe der Eukaryonta, die Aconta, behalten Chlorophyll a und Phycobiline bei. Bei stammesgeschichtlich jüngeren Vertretern der Rhodophyta kommt es zur Ausbildung von Chlorophyll d. Die stammesgeschichtlich ältesten Contophora, die Chlorobionta, bilden Chlorophyll b neu, so daß sie die Chlorophylle a und b aufweisen. Durch den Neuerwerb von Chlorophyll b kommt es zu einem Abbau der Phycobiline. Bei den Crypto-, Dino- und Chromophytobionta wird anschließend Chlorophyll c (zunächst c_2 und dann c_1) neu gebildet, und es kommt zu einem Abbau von Chlorophyll b, gekoppelt mit einer Bildung spezifischer Carotinoide (Carotine und Xanthophylle). Zum Teil wird auch die Meinung vertreten, daß innerhalb der Eukaryonta zuerst Chlorophyll c und dann erst Chlorophyll b ausgebildet wurde. Diese Meinung stützt sich auch auf das Vorkommen von Phycobilinen bei Cryptophytobionta. Hier handelt es sich aber um einen Neuerwerb von Phycobilinen, da sie nicht mit denjenigen der Cyanophyta und Aconta übereinstimmen und auch nicht in Phycobilisomen, sondern innerhalb der Thylakoide gelagert sind.

Der Besitz von Phycobilinen stellt ein wichtiges phylogenetisches Merkmal dar. Phycobiline sind die Farbstoffkomponenten von Phycobiliproteiden. Innerhalb der Prokaryonta besitzen die eigentlichen Bakterien noch keine Phycobiline, sie treten erstmals bei Cyanophyta (Cyanobionta) auf. Auch bei den stammesgeschichtlich am nächsten mit ihnen verwandten Eukaryonta (Aconta) treten nahe verwandte Phycobiline auf. Die stammesgeschichtlich sehr alten Cryptophytobionta (Eukaryonta) besitzen ebenfalls Phycobiline, die aber von denjenigen der Cyanophyta und Aconta abweichen. Unsicher sind die Angaben, daß auch bei einigen Dinophytobionta und Chlorobionta Phycobiline vorkommen sollen. Der Besitz von Phycobilinen zeigt aber in jedem Falle an, daß es sich um Vertreter stammesgeschichtlich sehr alter Gruppen handelt. Im Ganzen gesehen ist im Verlauf der Stammesgeschichte eine absteigende Reihe bei den Phycobilinen festzustellen, die mit einer aufsteigenden Reihe der Chlorophylle und Carotinoide gekoppelt ist.

Die Entwicklung von Chlorophyll a (und der phylogenetisch jüngeren Derivate) stellt einen der wichtigsten und einschneidendsten Schritte der Evolution dar. Durch die Photosynthese der blaugrünen Algen (Cyanophyceen) kommt es erstmals zur Bildung von freiem Sauerstoff. Man muß davon ausgehen, daß am Anfang der Sauerstoffgehalt der Atmosphäre noch sehr gering war. Der Sauerstoff wurde meist sofort wieder veratmet oder durch Oxidationsvorgänge (vor allem durch Oxidation von Eisen) im Bereich der Lithosphäre gebunden. Die ersten prokaryontischen Vertreter zu Beginn der Sauerstoffepoche dürften daher fakultative Aerobier gewesen sein, die je nach Möglichkeit entweder atmeten oder auch noch Vergärungsprozesse (auch heute noch bei Bakterien) durchführten. Für die stammesgeschichtlich älteren Vertreter aus der Epoche der sekundären, reduzierenden Atmosphäre und der nachfolgenden, ebenfalls noch reduzierenden CO_2-Atmosphäre war zunächst eine Spanne der Anpassung gegeben, denn es dauerte einige Zeit, bis es zur Ansammlung größerer Sauerstoffmengen in der Atmosphäre kam. Etwa bei 1 Prozent des Sauerstoffgehaltes der Atmosphäre (heute etwa 21%) erfolgte der Übergang zur aeroben Atmung. Die letzten gebänderten Eisenminerale (Magnetit, Fe_3O_4) traten vor etwa 1,6–1,8 Mrd. Jahren auf, so daß wir annehmen können, daß kurz nach dieser Zeit die Umwandlung in die Sauerstoffatmosphäre erfolgte. Durch die Photosynthesetätigkeit der Cyanophyceen nahm der Sauerstoffgehalt der Atmosphäre ständig zu, so daß Roteisensedimente (vor etwa 1,4 Mrd. Jahren) nun eine vollständige Oxidation des Eisens in Hämatit (Fe_2O_3) aufweisen, ein deutliches Zeichen für einen stärkeren Sauerstoffgehalt (mindestens $^1/_{100}$ des heutigen Sauerstoffanteiles) der Atmosphäre. Das Ansteigen des Sauerstoffgehaltes der Atmosphäre ist untrennbar verknüpft mit einer starken individuellen Zunahme der damaligen Pflanzenwelt (u.a. primär photosynthetisierende Cyanophyceen, sekundär im marinen Bereich vorkommende primitive Eukaryonten, wie z.B. Rhodophyta). Erst bei einem über dem Pasteurniveau liegenden Sauerstoffanteil der Atmosphäre konnten sich vor etwa 1,3–1,4 Mrd. Jahren die ersten Eukaryonten entwickeln. In dieser Frühzeit der oxidierenden Atmosphäre starben viele Lebensformen aus, welche sich nicht dem oxidierenden Milieu anpassen konnten, oder sie zogen sich in anaerobe, ökologische Nischen zurück. Innerhalb der Bakterien gelang es einer Anzahl von Vertretern, sich in anaerobe Räume zurückzuziehen und ihre primitive, anaerobe Lebensweise beizubehalten. Der Großteil der Bakterien evolutierte aber in Richtung auf aerobe Lebensweise.

Eine große Zeitspanne des mittleren und jungen Praekambriums ist eine ausgesprochene Zeit der Cyanophyceen sowie der an die oxidierende Atmosphäre angepaßten Bakterien-Gruppen.

Mit dem Auftreten eukaryontischer Pflanzen- und Tiergruppen gingen viele bakterielle Prokaryonten zu kommensalen, symbiontischen und parasitischen Lebensweisen über (es entstanden ja viele ökologische, noch nicht besetzte Nischen durch die Evolution eukaryontischer Pflanzen und Tiere) und zeigen starke Anpassungen an diese sekundären Lebensweisen. Dagegen verändern sich Bakterien, die ihre primäre anaerobe Lebensweise beibehalten (z.B. *Kakabekia* als „lebendes Fossil"), im allgemeinen nur wenig. Auch bei den prokaryontischen Cyanophyceen (auch hier kein Wechsel der Lebensweise) finden wir Vertreter, die seit dem Praekambrium praktisch unverändert geblieben sind.

Die Entstehung der Sexualität stellt einen wichtigen Markstein während des Evolutionsablaufes der Eukaryonten dar. Prokaryonten dagegen weisen keine geschlechtliche Fortpflanzung auf und bleiben auch aus diesem Grund auf einem niedrigen Organisationsniveau stehen. Bei den Eukaryonten ist mit der Entstehung der Sexualität, welche ständig neue Genom-Kombinationen liefert, eine ausgeprägte Höherentwicklung (größere Evolutionsgeschwindigkeit) gekoppelt.

Prokaryonten vermehren sich ungeschlechtlich durch Teilung und zwar in sehr schneller Folge. Gene werden durch Transduktion, Parasexualität und Plasmid-Übertragung ausgetauscht. Genbestände von Bakterien-Populationen können sich daher relativ schnell ändern und es kann sogar ein Gentransfer zwischen verschiedenen Bakterienarten durchgeführt werden (sogar zwischen verschiedenen Gattungen). Daher liegt bei Bakterien-Arten häufig keine völlige Genpool-Trennung vor. Aus allen diesen Gründen kann man Bakterienarten nicht direkt mit Arten von Eukaryonten vergleichen. Es sind verschiedenartige Artbegriffe und viele, für Eukaryonten geltende Evolutionsregeln können nicht auf Prokaryonten mit fehlender Sexualität angewandt werden.

Wasser nahm bei der Evolution der Pro- und Eukaryonten eine besondere Stellung ein. Es liegt sowohl in der reduzierenden Atmosphäre (als Hydrid des Sauerstoffes) als auch in der oxidierenden Atmosphäre (als Oxid des Sauerstoffes) in einem thermodynamisch stabilen Zustand vor.

Alle Lebewesen sind auf der Basis wäßriger Systeme aufgebaut. Die sauerstofferzeugende Photosynthese der Cyanophyceen und diejenige der pflanzlichen Eukaryonten benötigt z. B. Wasser als H-Donator. Die sauerstofferzeugende Photosynthese stellt den wichtigsten biochemischen Vorgang während des Evolutionsablaufes der Lebewesen dar. Fast die gesamte Biomasse (entstanden durch CO_2-Fixierung) wird von pflanzlichen Lebewesen produziert, eine Entstehung tierischen Lebens im heutigen Ausmaß wäre ohne die Tätigkeit von Pflanzen nicht denkbar. Tierische Lebewesen brauchen zum Leben (direkt oder indirekt) pflanzliche Substanzen und natürlich auch den von den Pflanzen produzierten Sauerstoff. Ein entscheidender Schritt der Evolution war die Herausbildung der Zellatmung (aerobe Atmung), welche einen neuartigen Mechanismus des Energiegewinnes unter Benutzung des nun in größeren Mengen zur Verfügung stehenden Sauerstoffs darstellt.

Die evolutive Umwandlung von morphologisch noch einfachen Zellkolonien in echte Vielzeller dürfte weitgehend von dem Erwerb der Zellatmung abhängig gewesen sein.

Sauerstoff ist für die Synthese vieler tierischer Hartteile unentbehrlich. Das Auftreten zahlreicher schalenloser Formen während der Spätzeit des Praekambriums (ediacarische Fauna vor etwa 0,7 Mrd. Jahren) spricht dafür, daß damals der Sauerstoffgehalt der Atmosphäre noch keine genügende Höhe erreicht hatte. Erst vor etwa 0,6 Mrd. Jahren traten die ersten, mit Skeletten versehenen benthonischen Metazoen auf. Da zu diesem Zeitpunkt offensichtlich der für den Aufbau tierischer Hartteile notwendige Sauerstoff vorhanden war, setzte eine stürmische Evolution ein, so daß im frühen Kambrium (vor etwa 0,5 Mrd. Jahren) bereits viele Tierstämme der Wirbellosen vorhanden waren. Die Vertreter lebten aber noch alle im primären, marinen Lebensbereich. Erst als vor etwa 450–500 Mio. Jahren der Sauerstoffanteil der Atmosphäre den 10% Spiegel der heutigen Atmosphäre erreichte, konnte auch das Festland erobert werden und damit die Entwicklung von Gefäßpflanzen und Landtieren eingeleitet werden.

Evolution der Zelle

Die Evolution der Stoffwechselvorgänge ist naturgemäß eng gekoppelt mit der morphologischen Evolution der Zelle. Wir können mit Sicherheit davon ausgehen, daß die primären Lebewesen einen einzelligen Körperbau aufwiesen. Ein wichtiger Schritt war die Ausbildung eines die Zelle umschließenden Membransystems, da nur auf diese Weise eine Kontinuität und Individualität des einzelligen Lebewesens erreicht werden konnte. Membrane stellen Diffusionsschranken gegen die Außenwelt dar und setzen sich aus hydrophilen und hydrophoben Anteilen zusammen (heutige Membranen).

Die äußere Begrenzung der Zelle wird von einer mehr oder weniger semipermeablen Zellmembran gebildet. Der Lipidgehalt der Zellmembran ist sehr hoch. In den Membranen ist eine bimolekulare Lipidschicht vorhanden, die Moleküle sind so gelagert, daß die hydrophoben Schichten im Inneren liegen, die hydrophilen Schichten dagegen nach außen angeordnet sind. Die Lipidschicht der Zellmembran ist semipermeabel, sie läßt nur sehr kleine Moleküle, bzw. stark lipidlösliche Verbindungen durch. Die semipermeable Zellmembran wird von einer Schicht bedeckt, die reich an Polysacchariden ist. Die semipermeable Membran stellt sowohl eine Ausfuhr-, als auch eine Einfuhrschranke dar. Eubacteria besitzen, mit wenigen Ausnahmen, eine zusätzliche, etwa 20 nm dicke Zellwand, die der Zellmembran aufgelagert ist. Sie besteht aus Murein und weist ein makromolekulares Stütznetz (Murein-Sacculus) auf. Abweichende Zellwände treffen wir bei den Archaebacteria an. Hier weist die Zellwand kein Murein auf, und wir treffen sehr unterschiedliche Zellwandformen bei den einzelnen Gruppen an (Zellwand z.B. aus einem Pseudomurein- oder einem Heteropolysaccharid-Sacculus bestehend). Auch innerhalb der Eubacteria treffen wir unterschiedliche Zellwände bei den gram-positiven und gram-negativen Vertretern an. Die gram-positiven Vertreter besitzen einen dicken, vielschichtigen Murein-Sacculus, während bei den gram-negativen Vertretern ein viel dünnerer, wahrscheinlich nur einschichtiger Murein-Sacculus vorliegt. Die Gram-Reaktion ist offensichtlich von den physikalischen Verhältnissen in der Zellwand abhängig. Eukaryontische Pflanzenzellen weisen, außer der Zellmembran noch eine dicke, vorwiegend aus Zellulose-Makromolekülen bestehende Zellwand auf. Sekundäre Zellwandreduktionen kommen sowohl bei Prokaryonten als auch bei Eukaryonten vor.

Alle charakteristischen Vorgänge innerhalb der Zelle, wie Stoffwechsel, identische Reproduktion und Mutation, finden im Cytoplasmabereich der Zelle statt. Das Cytoplasma ist wichtigster Bestandteil jeglicher Zelle und enthält etwa 80% und mehr Wasser. In dieser Flüssigkeit befinden sich die Mikro- und Makromoleküle in gelöstem bzw. kolloidal-gelöstem Zustand. Sie können sich bewegen und miteinander reagieren. Die Makromoleküle (Polymeren) sind für den gallertigen Zustand des Cytoplasmas verantwortlich. Ein großer Teil dieser Makromoleküle ist am Aufbau verschiedenartigster Zellorganellen beteiligt. Die genetischen Informationen sind in der genetischen Substanz der Zelle, der DNS, gelagert. Der lebensnotwendige Stoffwechsel der Zelle wird durch spezifische Enzyme (aus Proteinen oder Proteinaggregaten bestehenden Katalysatoren) ermöglicht. Der Aufbau dieser spezifischen Proteine erfolgt durch die DNS der Zelle durch Vermittlung eines Überträgers (Messenger-RNS).

Der Zellstoffwechsel kann nur stattfinden, wenn die Zelle aus ihrer Umgebung Energie aufnimmt und umwandelt. Es werden dabei energiereichere, komplexe chemische Verbindungen zu energieärmeren Verbindungen abgebaut (Gärung: ohne Sauerstoffbeteiligung; Atmung: mit Verbrauch von Sauerstoff). Viele Organismen können in Form von Photosynthese die Energie von Lichtquanten in chemische Energie umwandeln.

Der **Evolution der Zelle** entspricht modellhaft die Reihe: **Protobiontenzelle – Protocyte (Prokaryonta) – Eucyte (Eukaryonta)**. Die zellwandlose, von einer semipermeablen Membran umgebenene Protobiontenzelle wurde schon bei der Protobionten-Entstehung besprochen, aber vor der Besprechung der Protocyte ist es notwendig, sich noch mit der Gruppe der Viren zu befassen.

Viren

(Taf. 8 u. 9)

Viren sind submikroskopisch kleine Gebilde, die häufig eine kugelige oder stäbchenförmige Gestalt aufweisen und Längen von nur 20–300 nm besitzen. Sie sind kleiner als die kleinsten Bakterien und werden von Ultrafiltern nicht zurückgehalten. Gestalt und Struktur der Viren ist von der Anordnung ihrer beiden Grundbausteine, Nukleinsäure und Protein, abhängig. Ein Virusteilchen (Virion) besteht aus einer Nukleinsäure (RNS oder DNS), welche von einer Proteinhülle (Capsid) umgeben ist. Im Gegensatz zu allen lebenden Zellen enthält das Virus immer nur eine Art von Nukleinsäuren, entweder RNS oder DNS.

Viren haben einen genetischen Apparat aber keinen Stoffwechsel. Sie sind hochgradig parasitische Gebilde, die nur nach dem Eindringen in lebende Zellen Vermehrung und Erbwandel zeigen. Sie besitzen keinen eigenen Stoffwechsel (daher sind sie keine echten Lebewesen), sondern benutzen den Stoff-

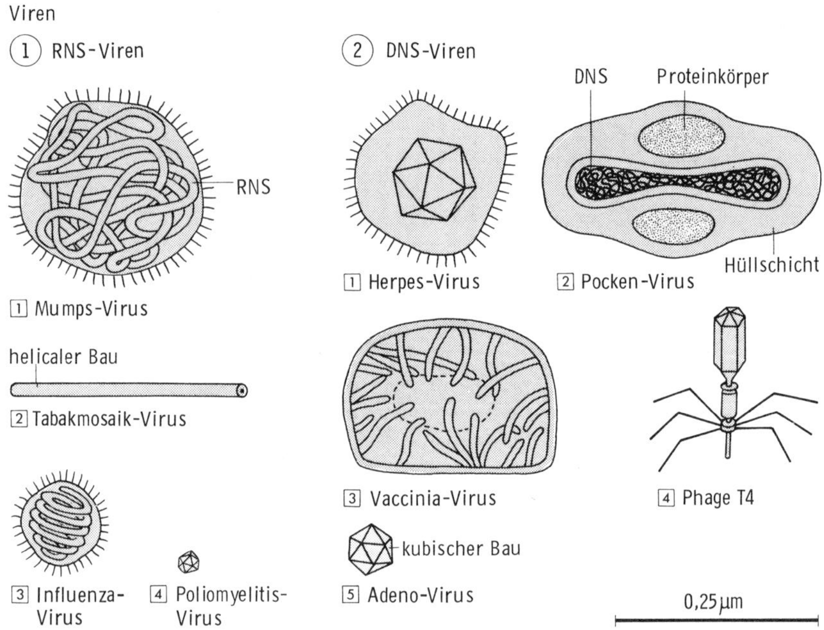

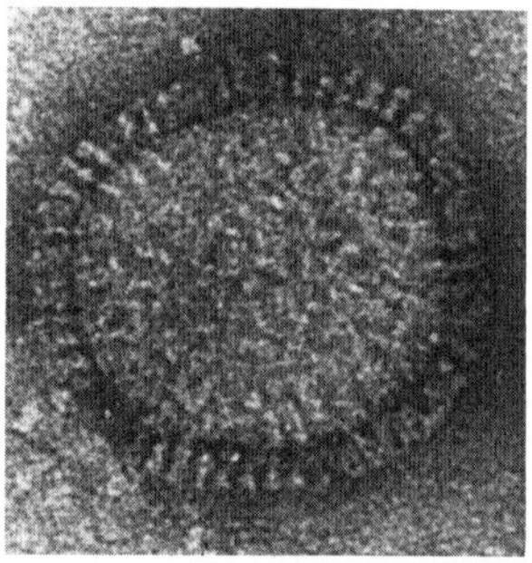

3

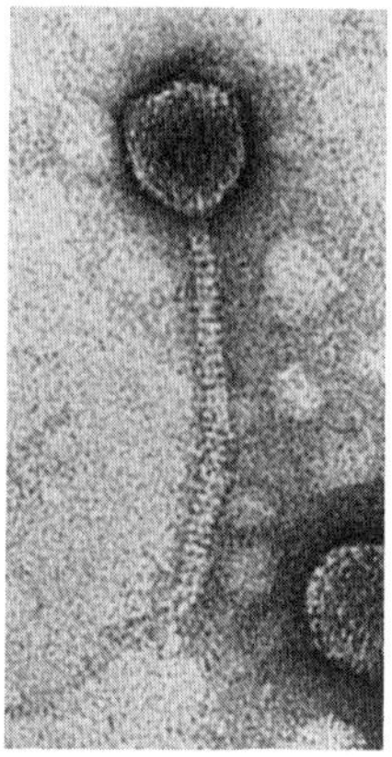

5

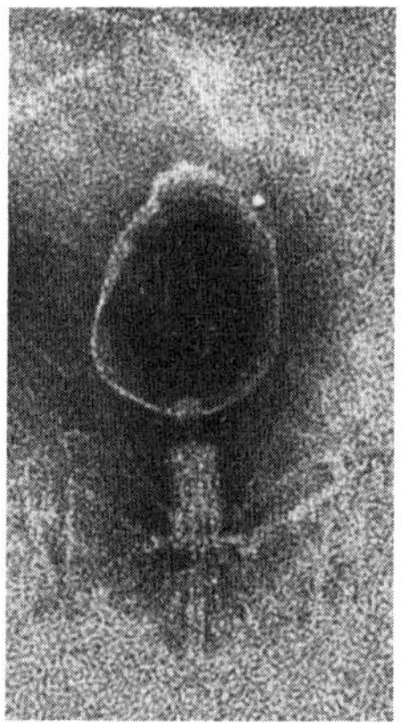

6

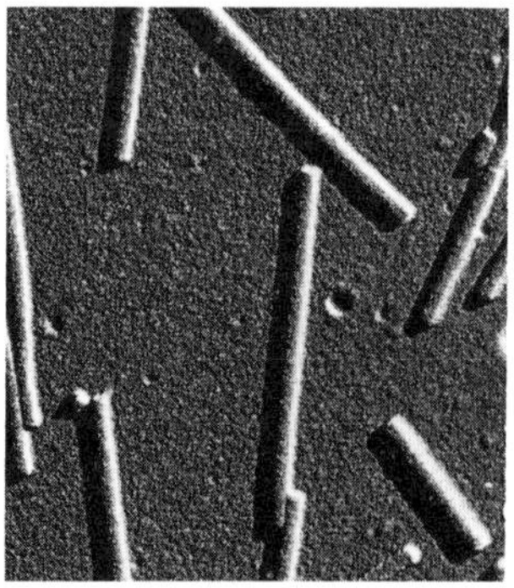

4

Taf. 8. RNS- und DNS-Viren. – Abb. 1. RNS-Viren (nach SCHLEGEL). Abb. 2. DNS-Viren (nach SCHLEGEL, BROOKS & SHAW). Abb. 3. Influenza-Virus, Vergrößerung 250 000fach (Aufnahme FRANK). Abb. 4. Tabakmosaik-Virus, Vergrößerung 65 000fach (Aufnahme FRANK). Abb. 5. Coliphage λ, nichtkontrahiert, Vergrößerung 168 000fach (Aufnahme FRANK). Abb. 6. Phage T 2, kontrahiert und Kopf entleert, Vergrößerung 168 000fach (Aufnahme FRANK).

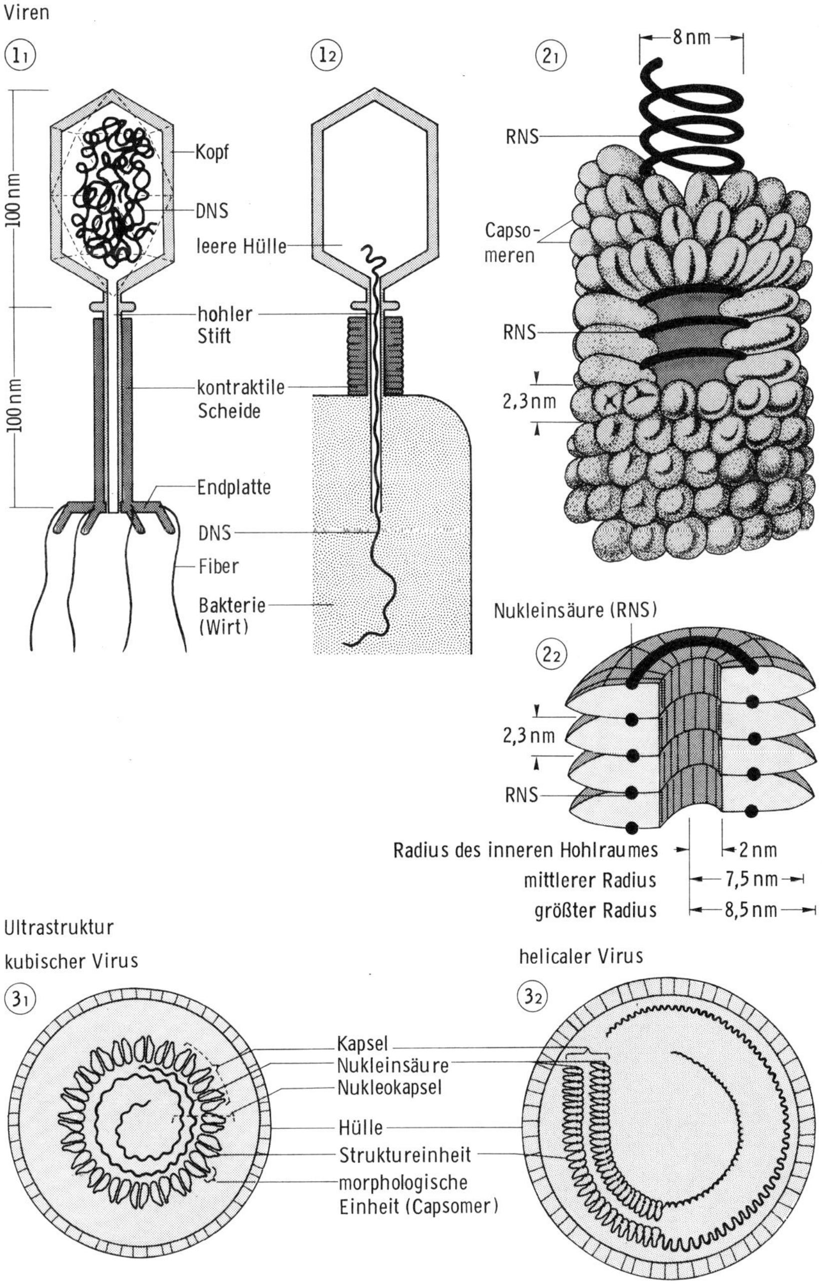

Taf. 9. Viren-Modelle (nach SMITH; FRANKLIN; KLUG & CASPAR). – Abb. 1/1. Phage T 2 nichtkontrahiert; 1/2. Phage T 2 kontrahiert; Abb. 2/1. Tabakmosaik-Virus, Strukturmodell; ein Stück des stabförmigen Virus, oben sind alle und in der Mitte einige Capsomeren entfernt, dadurch ist die innen liegende, schraubig angeordnete RNS erkennbar; 2/2. Tabakmosaik-Virus, Ausschnitt. Abb. 3/1. kubischer Virus, Querschnitt; 3/2. helicaler Virus, Querschnitt.

wechsel der befallenen, lebenden Zelle („geborgtes Leben") zu ihrer eigenen Reproduktion. Nur innerhalb fremder Zellen agieren sie als „scheinbare Lebewesen", außerhalb von Wirtszellen stellen sie tote Partikel dar. Viren sind daher keine lebenden Organismen und sicher auch keine Vorstufen des Lebens. Nur hinsichtlich einiger Eigenschaften stehen sie zwischen unbelebt und belebt. Sie zeigen uns aber, daß Wechselwirkungen zwischen Nukleinsäure und Protein bei der Entstehung der Protobionten eine entscheidende Rolle gespielt haben. Man kann diese Wechselwirkungen an Viren modellhaft untersuchen. Dem Aufbau von Nukleinsäure und Protein folgt der Zusammenbau in der Wirtszelle, meist in der Form eines Selbstaufbaues („self-assembly").

Viren bestehen aus einem DNS- oder RNS-Strang, der einige, bis etwa 100, Gene enthält. Die Nukleinsäure ist das genetische Material des Virus. Die Proteinhülle zeigt bei manchen Bakteriophagen (mit DNS-Strang) eine Gliederung in einen Kopfteil (mit DNS) und einen aus Protein bestehenden, mehrgliedrigen Schwanzteil. Mit den Fibern des Schwanzteiles heftet sich das Virus an der zu befallenden, lebenden, unversehrten Zelle fest, nur die DNS wird in die Wirtszelle injiziert.

Viren besitzen nicht die für einen eigenen Stoffwechsel notwendigen Organellen und Enzyme. Sie haben nur eine Gruppe von Nukleinsäuren, entweder (ein- oder mehrsträngige) DNS oder RNS. Das Genom des Virus benutzt den Stoffwechsel der lebenden Wirtszelle zur Replikation, dabei werden in der Wirtszelle neue Viren gebildet, welche durch Zerstörung (Lysis) der Wirtszelle nach außen gelangen.

Da Viren genetische Substanz besitzen, können sie auch mutieren und sind zu einer Evolution fähig. Voraussetzung ist eine ständige Infektion von Wirtszellen, damit die Reproduktion durchgeführt werden kann. Die Evolutionsgeschwindigkeit ist relativ hoch, da eine schnelle Vermehrung, gekoppelt mit hoher Reproduktionsrate, vorliegt. Viren können sich daher sehr schnell an ihre jeweiligen Wirte anpassen.

Bei einem Teil der Viren (Bakteriophagen mit DNS) ist eine Art von Zusammenleben mit dem Wirtsorganismus (Bakterien) festzustellen. Bei diesem Zusammenleben wird die Wirtszelle nicht zerstört, sie kann sich sogar weiter vermehren. In der Wirtszelle wird die Phagen-DNS an ihrer Replikation gehindert, das Genom des Phagen (= Bakteriophagen) wird in das Genom des Wirtsbakteriums eingefügt und dort mit vermehrt. Dieses Stadium eines Virus bezeichnen wir als Prophagen-Stadium. Das Prophagen-Stadium (Prophage) ist an einer genau definierten und für jede Bakteriophagen-Art spezifischen Stelle, dem Rezeptor, am Genom des Wirtsbakteriums angeheftet.

Bei der Replizierung entsteht nun eine genetisch veränderte Bakterienpopulation, in welcher alle Bakterien-Individuen nun auch den Prophagen (Phagen-Genom) besitzen. Zu einem beliebigen, späteren Zeitpunkt kann sich das Virus (Prophage) mit Hilfe des zellulären Apparates der Wirtszelle (Transkription und Translation) wieder selbständig machen, d.h. das Bakteriengenom verlassen, und es kommt dann zu einer normalen Virusvermehrung mit Zerstörung (Lysis) der Wirtszelle. In einigen Fällen kommt es vor, daß beim Loslösungsprozeß des Phagen-Genoms (Prophage) aus dem Wirtsgenom ein benachbarter Teil der Wirts-DNS mitgenommen wird. Bei einem neuen Befall wird auch dieser Teil der Wirt-DNS in das Genom des neuen Wirtes eingebaut. Diese Form der Genübertragung durch Phagen wird als Transduktion bezeichnet. Die Vorgänge der Lysogenisierung und der Transduktion sind Hinweise auf eine mögliche Verwandtschaft zwischen Virus-DNS und Bakterien-DNS.

Auch beim Befall von Eukaryonten-Zellen kann das Genom von Viren in das Genom der Wirtszelle eingebaut werden, man spricht hier von einem Proviren-Stadium (Provirus). Es ist noch nicht geklärt, ob Proviren ebenfalls Teile des Wirtsgenoms mitnehmen können. Nach Einbau in das Wirtsgenom sammeln aber eukaryontische Proviren oft Mutationen an, es entstehen Virogene. Eine Genübertragung durch Viren erscheint hier denkbar, sogar eine Übertragung auf Organismen, die mit dem ursprünglichen Genträger nicht näher verwandt sind. Hinweise gibt hier vielleicht das Luzerne-Mosaikvirus, das 38 verschiedene Blütenpflanzen aus ganz unterschiedlichen Pflanzenfamilien befällt.

Das Genom der Bakterien befallenden großen Bakteriophagen (Bakterioviren) besteht aus DNS. Die Pflanzen befallenden Viren enthalten dagegen RNS, während Viren, welche Tiere schädigen, sowohl DNS, als auch RNS enthalten können. Viren enthalten aber stets entweder DNS oder RNS, nie jedoch beide Nukleinsäuren gleichzeitig. Echte Lebewesen besitzen dagegen gleichzeitig DNS und RNS.

Der Ursprung der Viren ist auch heute noch sehr umstritten. Lange Zeit hielt man die Viren fälschlicherweise für die einfachsten Lebensformen, die eine Art von Übergangsform zwischen unbelebter und belebter Materie darstellen sollten. Offensichtlich handelt es sich aber um eine polyphyletische Gruppe mit unterschiedlicher Herkunft. Grundprozesse in Form von extremer Reduktion, sowie von Verselbständigung dürften dabei eine wesentliche Rolle gespielt haben.

Folgende Hypothesen der Viren-Entstehung werden heute diskutiert:

a) **Viren** stellen **selbständig gewordene Genomteile** echter Lebewesen dar. Nach dieser Hypothese entstehen Viren durch Verselbständigung einzelner Teile des Genoms von Zellen oder durch das Selbständigwerden von prä-m-RNS eukaryontischer Zellen. Die selbständig gewordenen Teile (Genomteile bzw. RNS-haltige Partikel) müssen nur Information für eine Replikase und für ein Hüllprotein aufweisen oder ausbilden. Es ist sogar möglich, daß sich eine regulatorische RNS ganz allein verselbständigt und ein Virus bildet. Ein solcher Fall könnte bei den RNS-Viroiden vorliegen. Hier handelt es sich um nackte RNS-Moleküle von etwa 300 Nukleotiden, ohne Vorhandensein einer Proteinhülle. Vielleicht liegt hier die Minimalgröße einer Virus-Form vor.

Vorgänge wie Transduktion und Lysogenisierung deuten offensichtlich auf stammesgeschichtliche Verwandtschaft von Virus und spezifischen Wirtsbestandteilen hin. Bakteriophagen (z. B. Bakterienviren, DNS-Viren) müßten daher als „Teilorganismen" bei den Bakterien eingeordnet werden. Die tierischen DNS-Viren entsprechend bei ihren tierischen Vertretern, von deren Genom sie stammen.

Die etwa 15 verschiedenen RNS-Viren-Gruppen zeigen keinerlei Verwandtschaft mit den DNS-Viren und sind sehr wahrscheinlich ganz verschiedener Herkunft und auch zu ganz verschiedenen Zeiten (das gilt auch für DNS-Viren) entstanden. Auch sie müßten bei den betreffenden eukaryontischen Pflanzen und Tieren eingeordnet werden.

Nach dieser Hypothese handelt es sich bei den Viren um polyphyletisch entstandene „Teilorganismen", sie stellen in ihrer Gesamtheit kein echtes höheres Taxon im Sinne einer phylogenetischen Systematik dar. Nach den Prinzipien der phylogenetischen Systematik können sie nur dort eingereiht werden, wo sie herstammen.

Bei Zugrundelegung dieser Hypothese können Viren zu vielen Zeiten entstanden sein, und es können auch heute noch neue Viren-Formen entstehen. Außerdem muß berücksichtigt werden, daß neue Virenformen auch durch Kreuzung entstehen können, wenn 2 verschiedene Viren dieselbe Wirtszelle befallen und es zu einem Genaustausch kommt.

b) **Viren** stellen **extreme Reduktionsformen** dar, welche von parasitisch intrazellulär lebenden, einzelligen Prokaryonten abstammen. Hier bieten sich vor allem Bakterien als Vorfahren von Viren an, da Regressionsreihen von normal ausgebildeten Bakterien über obligate Energieparasiten (Chlamydiaceae) bis zu den Viren aufgestellt werden können. Diese Regressionsreihen bieten die Deutungsmöglichkeit, daß die Viren im Verlauf eines langen Evolutionsprozesses extrem reduziert worden sind und daß dabei ihr Cytoplasmagefüge weitgehend aufgelöst wurde. Die Viren hätten damit ein Endstadium der Regression erreicht, so daß zum Schluß nur noch das Genom übrigblieb. Es waren schließlich nur noch Gene vorhanden, die eine Vermehrung mit Hilfe des Wirtsstoffwechsels gewährleisteten und die für die Zeitspanne außerhalb der Wirtszelle die Bildung einer Proteinhülle ermöglichten.

Vorgänge wie Transduktion und Lysogenisierung können auch hier für eine Verwandtschaft von Viren (Bakteriophagen) und Wirten (Bakterien) herangezogen werden.

Nach dieser Hypothese sind Viren prokaryontische „Teilorganismen" und sicher auch polyphyletischer Herkunft. Auch nach dieser Hypothese können Viren zu verschiedenen Zeitpunkten im Verlauf der Evolution entstehen.

c) Sehr umstritten und wenig glaubhaft ist die Hypothese, daß es sich bei den **Viren** um echte, **stammesgeschichtlich sehr alte** (älter als Archaebacteria und Neobacteria) **Prokaryonten** handelt, die sich an eine streng parasitische, intrazelluläre Lebensweise angepaßt haben. Sie hielten beim Aufkommen besser ausgestatteter Pro- und später auch Eukaryonten dem Selektionsdruck nicht mehr stand, wurden in extreme ökologische Nischen (extremer Zellparasitismus) zurückgedrängt und haben nur dort weiter bestehen können.

Am wahrscheinlichsten erscheint die Hypothese a, weniger wahrscheinlich die Hypothese b. Es ist möglich, daß Viren sowohl nach der Hypothese a, als auch nach der Hypothese b entstehen können.

Protocyte

(Taf. 10:1 u. 13:1)

Den stammesgeschichtlich ältesten Zelltyp lebender Organismen, die Protocyte, treffen wir bei den Prokaryonta (Archaebacteria; Neobacteria) an. Die Protocyte besitzt spezifische Zellorganellen, weist DNS und RNS auf und vermehrt sich durch Teilung.

Die **prokaryontische Zelle (Protocyte)** stellt ohne Zweifel den stammesgeschichtlich ältesten Zelltyp dar, von ihr ist die phylogenetisch jüngere eukaryontische Zelle (Eucyte) abzuleiten. Prokaryontische Zellen sind sehr klein, mit Längen von 0,1–10 μm. Eukaryontische Zellen sind wesentlich größer, so daß im Verlauf der Stammesgeschichte ein deutliches Größerwerden der Zellen festzustellen ist. Die Protocyte ist von einer semipermeablen Membran umgeben, welche auch bestimmte Enzyme enthält. Nach außen wird die Protocyte primär von einer Zellwand abgegrenzt. Unterschiedliche **Zellwandformen** treffen wir bei den Archaebacteria an, während die Neobacteria, einschließlich der Cyanobionta eine aus Murein bestehende Zellwand aufweisen. Diese Zellwandformen der Prokaryonta unterscheiden sich daher von der aus Polysacchariden (meist Zellulose) bestehenden Zellwand der eukaryontischen Pflanzen-Gruppen. Sekundär kann es innerhalb der Prokaryonta auch zu einem Verlust der Zellwand (z. B. Mycoplasmatacea) kommen. Die Protocyte der Prokaryonten besitzt keinen von einer Membran umgebenen Zellkern. Die eigentliche Kernregion (**Kernäquivalent**) liegt im mittleren Cytoplasmabereich und erscheint als ein aus einzelnen DNS-Fibrillen bestehendes fädiges Netzwerk. Die DNS des Kernäquivalentes ist (z. B. bei Bakterien) in Form einer ringförmigen Doppelschraube angeordnet, sie haftet mit einer besonders strukturierten Stelle an der Zellmembran. Die DNS ist bei den Prokaryonten daher nicht in besonderen Einheiten (Chromosomen), wie bei den Eukaryonta, aufgeteilt. Neben dem Hauptgenom (Kernäquivalent) kommen im Cytoplasmabereich noch kleinere DNS-Bereiche vor, die als **Episomen** bezeichnet werden. Man darf annehmen, daß sich die Episomen von dem ursprünglichen, kompakten DNS-Bereich abgelöst haben und zunächst noch die gleichen Potenzen wie die im Kernäquivalent-Bereich verbliebenen DNS-Fibrillen aufwiesen und mit diesen eine genetische Einheit (mit Wechselwirkung) bildeten. Episomen sind DNS-Ringe mit Konturenlängen von 0,5–40 nm. Das Cytoplasma weist Einschlüsse in Form von Vakuolen und Grana auf. Die **Ribosomen** (70S), bei Eukaryonten dagegen 80S, sind in großer Zahl im Cytoplasma vorhanden. Man schätzt, daß eine Bakterienzelle etwa 5000–50000 Ribosomen enthält. Innerhalb eukaryontischer Plastiden und Mitochondrien treten ebenfalls 70S-Ribosomen auf. Intraplasmatische Membranen sind bei der Protocyte ebenfalls bekannt. Membrankörper kommen ebenfalls in größerer Zahl vor, sie entstehen durch Einstülpung der Zellmembran. Kleinere Membrankörper werden als **Mesosomen** (Taf. 11:2) bezeichnet. Es handelt sich um kleine Körper, welche funktionell zumindest teilweise den Mitochondrien entsprechen und respiratorische Enzyme der Atmungskette (wie ja bei der Zellmembran generell) aufweisen. Sie werden daher auch als **Mitochondrienäquivalente** bezeichnet, zumindest von Anhängern der Autogenhypothese. Die phototrophen Bakterien (z. B. schwefelfreie und schwefelhaltige Purpurbakterien) besitzen besonders zahlreiche innerplasmatische Membranbildungen (Taf. 11:3–4 u. 12). Es sind geschlossene Vesikel, welche ebenfalls durch Einstülpungen der Zellmembran entstehen. Zunächst erfolgt ein schlauchförmiges Wachstum des eingestülpten Membranschlauches, der dann in **isolierte Vesikel** (Bläschen) zerfällt. Sie enthalten die photosynthetischen Farbstoffe (Bacteriochlorophylle und Carotinoide bei photosynthetischen Bakterien z. B.) und entsprechen funktionell (**Plastidenäquivalente** im Sinne der Autogenhypothese) den Plastiden der eukaryontischen Vertreter, besitzen aber keine sie umgebende Doppelmembran. Die Vesikel können bei einigen Purpurbakterien stark abgeflacht sein und regelrechte **Thylakoidstapel** (wie bei Plastiden) bilden. Diese stammesgeschichtlich jüngere Form der Vesikelbildung (Thylakoidstapel) treffen wir auch bei den Cyanophyta an, die von phototrophen Bakterien, bzw. von einem gemeinsamen Vorfahren abzuleiten sind. Bei den Cyanophyta sind die Thylakoidstapel noch komplizierter gebaut und zeigen eine stark gewundene, zum Teil konzentrische Anordnung. An Assimilationspigmenten treten bei den Cyanobionta Chlorophyll a und b (b nur bei Prochlorophyta); Carotine (besonders β-Carotin); Xanthophylle sowie Phycobiline (Phycocyan und Phycoerythrin) auf.

Bewegungsorganellen in Form von Geißeln (Taf. 11:5) treten nur bei den Bakterien auf. Es kann eine einzige Geißel vorhanden sein, oder es sind mehrere oder auch viele Geißeln ausgebildet. Die Anzahl der Geißeln ist bei einer Bakterienart nicht immer festgelegt, bei ungünstigen Ernährungsbedingungen kann z. B. die Geißelzahl reduziert sein. Nach Verlust können Geißeln wieder ersetzt werden. Die Bakteriengeißel besteht aus einer einzigen Fibrille, welche sich aus 2–3 miteinander verdrillten Subfibrillen zusammensetzt. Sie entspricht daher nicht dem 9 + 2 Microtubulisystem der eukaryontischen Geißel und ist auch nicht als deren Vorläufer zu betrachten. Die Geißel der Eukaryonten ist offensichtlich autogenen Ursprungs und wird von zelleigenen Microtubuli aufgebaut. Die Bakteriengeißel entspringt direkt unterhalb der Cytoplasmamembran (Taf. 11:6) und ist durch zwei Scheibenpaare (nicht identisch mit dem Basalapparat der eukaryontischen Geißel) im Cytoplasma verankert. Die schraubig verdrillten Makromoleküle (Subfibrillen) bestehen aus Flagellin, einem dem Myosin verwandten Protein. Bakteriengeißeln weisen also keinerlei Ähnlichkeit und auch keinerlei Homologien mit den Geißeln der Eukaryonten auf. Als Sonderbildung tritt bei den Spirochaeten ein aus zahlreichen fibrillären Strängen bestehender Achsenfaden auf, der im Inneren des Zellkörpers unterhalb der Zellmembran liegt. Auch dieser Achsenfaden hat keinerlei Beziehungen zum 9 + 2 Microtubulisystem der eukaryontischen Geißel. Im Vergleich mit der Eucyte ist die Protocyte strukturell nur wenig gegliedert. Eine Kompartimentierung entsteht durch Einschnürungen und Abschnürungen der Zellmembran wie bei der Bildung der Mesosomen und Thylakoide. Die Eucyte dagegen weist eine viel ausgeprägtere Kompartimentierung, z. B. Organellenbildung, auf.

Prokaryonten zeigen keine geschlechtliche Fortpflanzung. Die Vermehrung erfolgt ungeschlechtlich durch **Zweiteilung der Zelle**, indem sich vom Rande aus gegen die Zellmitte eine Querwand bildet (Spaltung der prokaryontischen Zelle). Es finden also keine mitotischen Teilungen wie bei den Eukaryonten statt. Prokaryonten besitzen daher auch keine Centriolen und keine Teilungsspindel. Echte Sexualität gibt es bei den Prokaryonten nicht. Es handelt sich um eine Art von **Parasexualität**, bei der genetisches Material von einem Spender auf einen Empfänger übertragen wird. Gene werden durch Parasexualität, Transduktion und Plasmid-Übertragung ausgetauscht. Aus diesen Gründen verändert sich der Genbestand einer Bakterien-Population sehr schnell und die Genpools verschiedener Arten sind nicht, wie bei den Eukaryonta, völlig voneinander getrennt. Sogar zwischen Arten verschiedener Gattungen ist bei Bakterien ein **Gentransfer** nachgewiesen worden. Bakterienarten sind daher nicht mit eukaryontischen Arten gleichzusetzen. Aufgrund der Durchlässigkeit des Genpools bilden sich bei Bakterien sehr rasch neue Arten. Die Parasexualität der Prokaryonten kann natürlich nicht mit den Geschlechtsvorgängen bei Eukaryonten (diploide Zygote, Meiose usw.) homologisiert werden, es sind völlig verschiedene Vorgänge. Die geschlechtliche Fortpflanzung ist ein Neuerwerb der Eukaryonta und offensichtlich unzertrennlich verknüpft mit dem Vorhandensein von Chromosomen sowie einem Teilungsapparat (Spindel).

Fassen wir zusammen, dann können wir feststellen, daß alle grundlegenden Zellstrukturen, die wir bei der phylogenetisch jüngeren Eucyte antreffen, bereits bei der Protocyte entwickelt worden sind. Wir treffen Kernbereiche (Kernäquivalent und Episomen), Membransysteme (Mesosomen und Thylakoiden), Ribosomen und auch verschiedenartige Microtubuli an. Prokaryonten besitzen aber noch nicht die für die Eukaryonta charakteristischen, durch Membrane abgegrenzten Zellorganellen wie Zellkern, Plastiden und Mitochondrien, auch ist noch kein endoplasmatisches Reticulum vorhanden. Golgi-Körper und Centriolen sind ebenfalls bei den Prokaryonten noch nicht vorhanden. Das Cytoplasma der Prokaryonten ist häufig sehr zähflüssig und gelartig. Bei den Bakterien zeigen die Granula des Cytoplasmas nicht die für Eukaryonta charakteristischen Bewegungen in Form von Plasmaströmungen.

Es soll in diesem Zusammenhang darauf hingewiesen werden, daß vereinzelt noch die Anschauung vertreten wird, daß die prokaryontischen Formen durch Regression von eukaryontischen Formen abzuleiten seien. Nach unseren Darlegungen besteht aber kein Zweifel, daß es sich bei den Prokaryonta um die stammesgeschichtlich ältere Gruppe handelt, von der die Eukaryonta abzuleiten sind. Wir fassen Bakterien als primäre Gruppe der Prokaryonten auf. Die Photosynthese wurde innerhalb der Bakterien verwirklicht. Phototrophe Bakterien und Cyanophyceen besitzen vermutlich einen gemeinsamen, bereits phototrophen Vorfahren. Nach CHADEFAUD (1960) sollen die Cyanophyceen die primäre

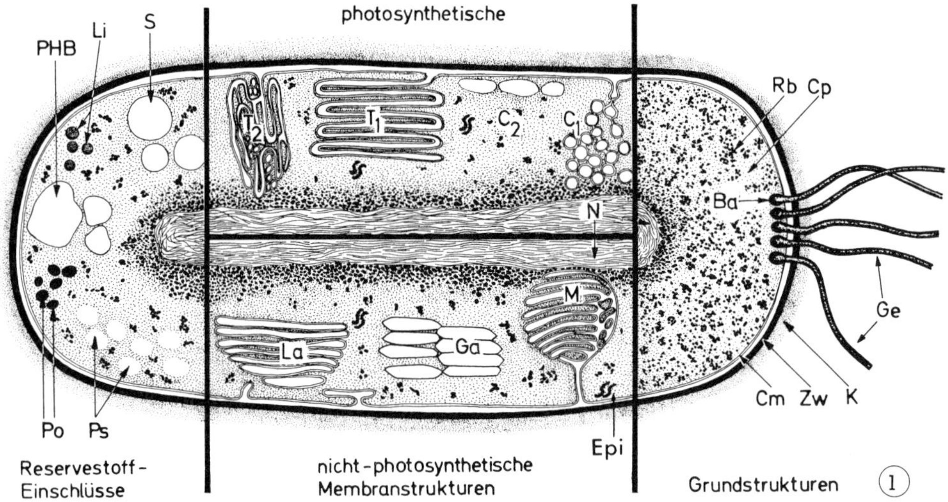

(1)

Mycoplasma

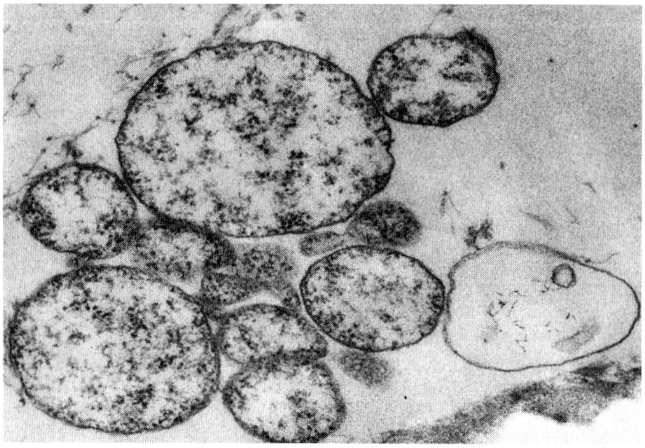
(2)

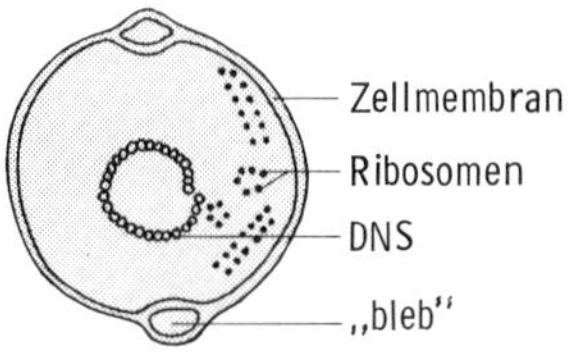

(3)

Taf. 10. Prokaryonten – Zellen. – Abb. 1. Kombinierte Darstellung eines schematischen Längsschnittes durch eine Bakterienzelle (nach SCHLEGEL). Im rechten Teilbild sind die Grundstrukturen der begeißelten Bakterienzelle, im mittleren Teil die bei photosynthetisch aktiven bzw. nicht aktiven Bakterien zusätzlich vorkommenden Membranstrukturen und im linken Teilbild alle vorkommenden Reserveeinschlüsse dargestellt. Abkürzungen: Ba = basale Scheibenkörper, C 1 = bläschenartige Vesikeln, C 2 = Chlorobium-Vesikeln, Cm = Cytoplasmamembran, Cp = Cytoplasma, Epi = Episom, Ga = Gasvakuole, Ge = Geißel, K = Kapsel, La= freie Lamellenkörper (Thylakoide), Li = Lipidtropfen, M = Mesosom, N = Kernäquivalent, PHB = Poly-β-hydroxybuttersäure-Grana, Po = Polyphosphate, Ps = Polysaccharid-Grana, Rb = Ribosomen, S = Schwefeleinschlüsse, T 1 = lamelläre Thylakoide, T 2 = tubuläre Thylakoide, Zw = Zellwand. Abb. 2. Zellen von *Mycoplasma* (Mycoplasmatacea), Dünnschnitte (Aufnahme CASPER). Abb. 3. *Mycoplasma*-Zelle (nach KLIMA).

►

Taf. 11. Prokaryonta - Zellformen und Organellen. – Abb. 1. Formen einzelliger Bakterien: (1) Micrococoocen, (2) Diplococcen, (3) Streptococcen, (4) Staphylococcen, (5) Sarcinen, (6) Stäbchen, (7) Spirillen, (8) Vibrionen (nach SCHLEGEL). Abb. 2. Mesosom, Negativkontrastpräparat (Aufnahme HILLMER & AMELUNXEN). Abb. 3. Thylakoidstapel bei *Ectothiorhodospira mobilis* (Aufnahme REMSEN & WATSON & WATERBURY & TRÜPER). Abb. 4. Thylakoidentstehung bei *Rhodospirillum molischianum* (nach HICKMANN & FRENKEL), A: Invagination der Cyto-

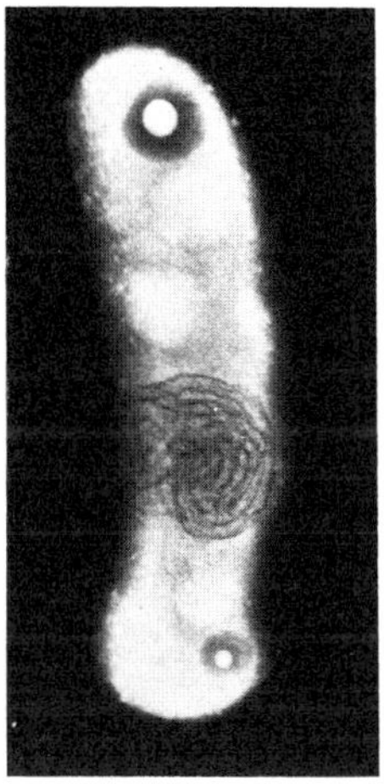

(2)

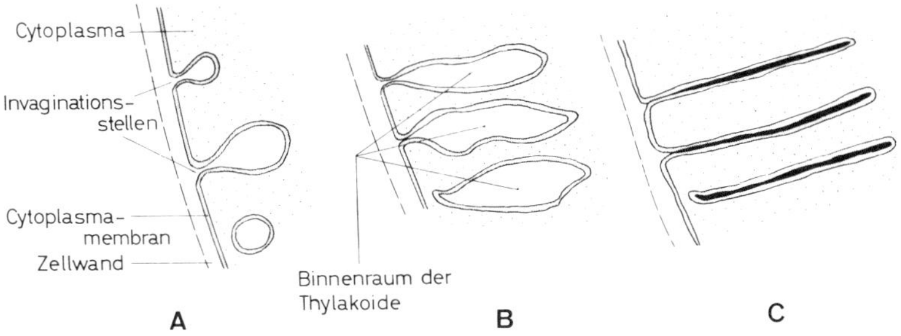

(4)

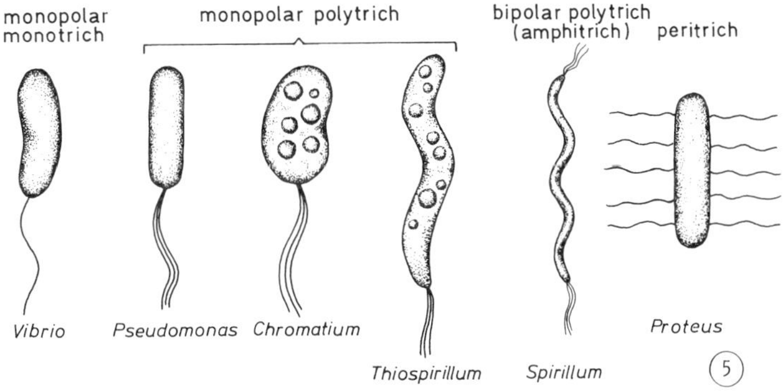

(5)

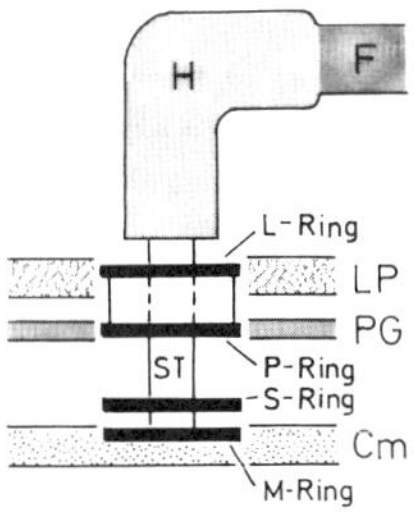

(6)

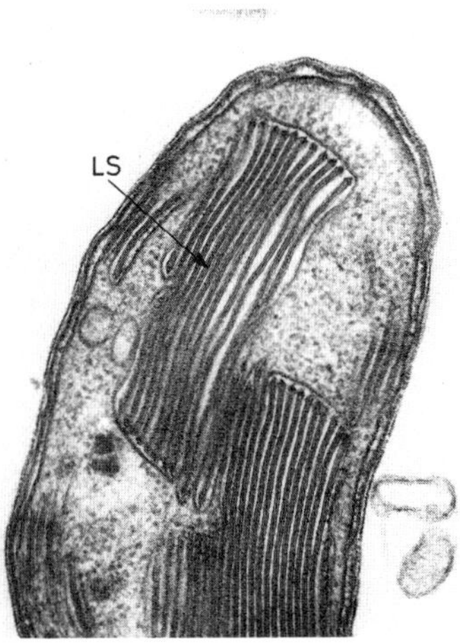

(3)

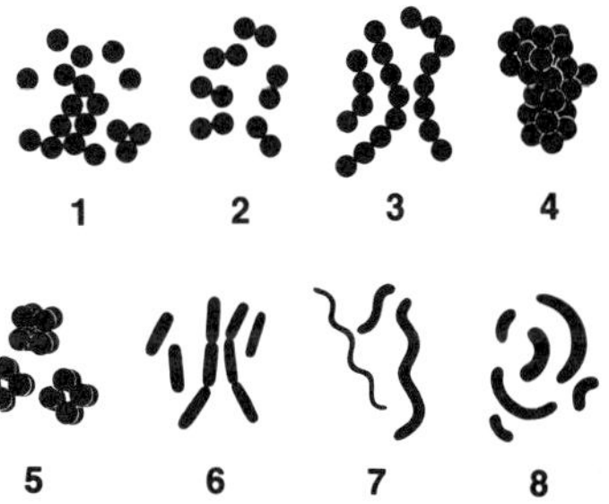

(1)

plasmamembran in den cytoplasmatischen Innenraum, B: Ausbildung erweiterter Binnenräume, C: Abflachung der Thylakoide, Abbau der Binnenräume. Abb. 5. Begeißlungstypen (nach SCHLEGEL). Abb. 6. Verankerung einer Bakteriengeißel in der Zellwand und in der Cytoplasmamembran eines gram-negativen Bakteriums (nach SCHLEGEL). Abkürzungen: Cm = Cytoplasmamembran, F = Geißelfilament, H = Geißelhaken, LP = Lipopolysaccharid-Schicht, PG = Peptidoglykan-Schicht, ST = Stift.

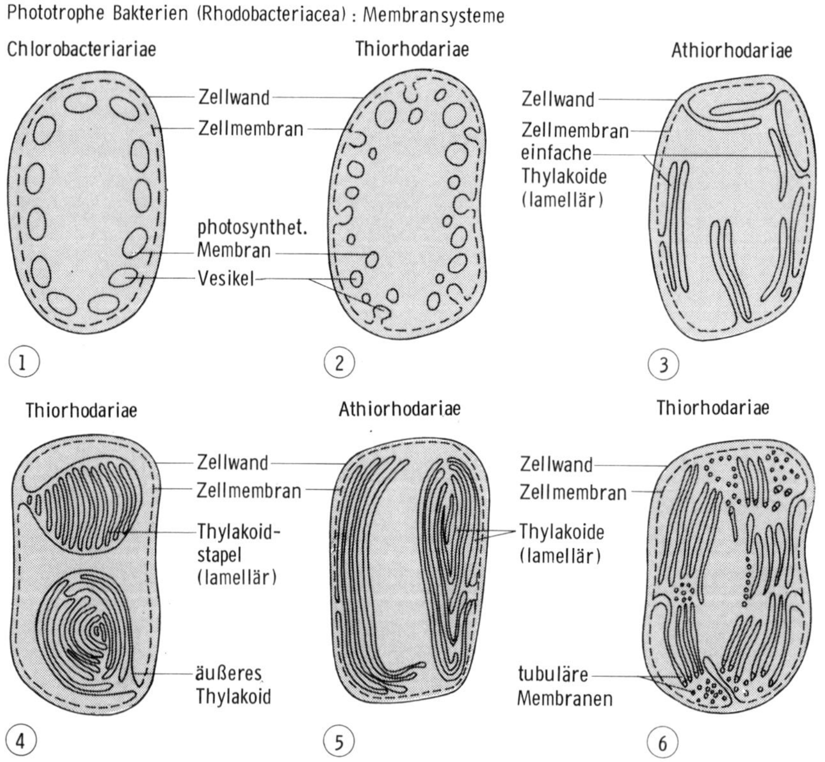

Taf. 12. Membransysteme bei phototrophen Bakterien (Rhodobacteriacea), Schnittbilder. – Abb. 1 u. 2. Bläschenartige Vesikel. Abb. 3. Einfache Thylakoide. Abb. 4 u. 5. Thylakoidstapel. Abb. 6. Tubuläre Thylakoide (nach BROOKS & SHAW).

Gruppe der Prokaryonta darstellen, und die Bakterien seien durch sekundären Verlust der Phycobiline sowie durch den Verlust, bzw. die Umwandlung von Chlorophyll a entstanden. Auch diese phylogenetische Deutung (Umkehr des Evolutionsablaufes) ist sehr unwahrscheinlich, da die Evolution des Zellstoffwechsels eindeutig mit anaeroben Gärungen und nicht mit einer O_2-produzierenden Photosynthese beginnt, außerdem führt von der sauerstoffproduzierenden Photosynthese der Cyanophyceen ein direkter Weg zur Photosynthese der stammesgeschichtlich jüngeren Eukaryonta.

Eucyte
(Taf. 13:2, 3)

Die Eucyte zeichnet sich gegenüber der Protocyte durch eine viel stärker ausgebildete **Kompartimentierung** aus, sie weist strukturell abgegrenzte Reaktionsräume (Organellen) auf, welche unterschiedliche Funktionen besitzen. Die großen Zellorganellen der Eucyte (Kern, Plastiden, Mitochondrien z.B. bei pflanzlichen Eukaryonten) zeigen bei allen Eukaryonten dasselbe Bauprinzip. Plastiden gehen im Verlauf der Evolution oftmals unabhängig voneinander verloren, so daß polyphyletisch sekundäre plastidenlose Vertreter entstehen. Gegenüber der Protocyte besitzt die Eucyte eine viel größere Differenzierung, besonders auffällig sind die Unterschiede im Bereich des Genoms. Die Eucyte weist einen echten **Zellkern** auf, der von einer mit Poren versehenen, vom endoplasmatischen Reticulum gebildeten

Hüllmembran umgeben ist. Die genetische Substanz (DNS) liegt nicht in einer einzigen ringförmigen Doppelschraube vor (wie etwa bei Bakterien), sondern sie ist auf meist erst während der Kernteilung sichtbar werdenden **Chromosomen** verteilt. Die DNS der Chromosomen fungiert als Träger der Erbinformation. Die Kernteilung erfolgt durch **Mitose**. Geschlechtsvorgänge sind bei einem Großteil der Eukaryonten die Regel. Haploide Gameten verschmelzen bei der Befruchtung zu einer diploiden Zygote. Die **Meiose** reduziert die artspezifische Chromosomenzahl wieder auf den haploiden Stand. Neben dieser Reduktion der Chromosomenzahl wird durch die Meiose ein weiterer, sehr wichtiger Vorgang sexueller Organismen herbeigeführt, nämlich die Neukombination von väterlichen und mütterlichen Genen. Die Ausbildung der **Sexualität** (mit meiotischen Vorgängen) stellt einen der wichtigsten Evolutionsschritte dar. Die im Verlauf der Stammesgeschichte zu beobachtende Höherentwicklung (Anagenese) der Lebewesen ist ohne das Vorhandensein von Sexualität nicht denkbar. Der molekulare Aufbau der Chromosomen der Eucyte ist noch nicht in allen Einzelheiten bekannt. Chromosomen enthalten neben der DNS auch noch RNS und Proteine. Während des Kernteilungsprozesses (Mitose) wird die Kernmembran (= Kernhülle) in den meisten Fällen kurzfristig aufgelöst. Im **Kern** der Eucyte befindet sich häufig ein Nucleolus oder mehrere Nucleoli, welche bei der Protocyte nicht vorhanden sind. Der Nucleolus ist Synthesebereich und Sammelstelle der Ribosomen-RNS. Im Cytoplasma der Eucyte befinden sich zahlreiche, spezifisch gestaltete Organellen. Das Cytoplasma wird von einem **endoplasmatischen Reticulum** durchzogen, welches ein lamellares, von einer Membran umgebenes Hohlraumsystem darstellt. Dem endoplasmatischen Reticulum (ER) wird Transportfunktion zugesprochen, obwohl man bis heute nicht genau weiß, welche Stoffe sich in dem Hohlraumsystem befinden. Endoplasmatisches Reticulum und Kernmembran stehen miteinander in Verbindung, so daß dieser innere Komplex als eine sekundäre Zellmembraneinstülpung angesehen werden kann. An der plasmaseitigen Oberfläche des endoplasmatischen Reticulums sind **Ribosomen** gelagert, außerdem kommen auch noch frei im Cytoplasma liegende Ribosomen vor. Die Ribosomen (80S-Ribosomen) sind die Orte der Proteinsynthese. Die Dictyosomen (**Golgi-Apparat**) der Eucyte stellen membranbegrenzte Hohlräume dar, die paketartig übereinanderliegen und sich oft in der Nähe des Zellkernes befinden. An den Enden werden kleine Bläschen, die Golgi-Vesikel, abgeschnürt.

Für die Eucyte charakteristische Zellorganellen sind die **Plastiden** und **Mitochondrien**. Beide Organellen sind halbautonome Selbstteilungskörper (Autoduplikanten). Die Energiegewinnung der Eucyte erfolgt in Form von Photosynthese durch Plastiden (bei pflanzlichen Eukaryonten) und in Form von Zellatmung durch Mitochondrien. Die bei den phototrophen Eucyten auftretenden Plastiden werden von einer Doppelmembran (= Hülle) abgegrenzt. Die äußere Membran stellt die Abgrenzung gegenüber dem umgebenden Cytoplasma dar. Einstülpungen der inneren Membran bilden Thylakoide und Thylakoidstapel, auf denen die Photosynthesepigmente gelagert sind. Die **Plastiden** sind sehr lipidreich, besitzen eine **eigene DNS** (oft ringförmig angeordnet) und **Ribosomen**, welche die Größe prokaryontischer Ribosomen (70S-Ribosomen) aufweisen. Auf die Plastiden entfallen meist ca. 6% der Gesamt-DNS-Menge (variabel 3–20%) einer Zelle. Die Plastiden-DNS zeigt bemerkenswerte Übereinstimmungen mit prokaryontischer DNS. Sie ist z.B. nicht mit Protein verbunden, wie es bei der DNS eukaryontischer Chromosomen der Fall ist. Sie ist mit der inneren Organellenmembran verknüpft und oft ringförmig angeordnet. Die DNS-Menge reicht allerdings bei weitem nicht aus, um sämtliche Plastidenmerkmale zu kontrollieren. Da außerdem die Plastiden-DNS in polyploider Form vorliegt, verringert sich die auf Grund der reinen DNS-Menge mögliche genetische Potenz noch weiter. Fast alle Enzyme zur Synthese von Chlorophyll und für den Ablauf der Photosynthese werden vom **Kerngenom codiert**. Am Aufbau von Plastiden sind also Kern- und Plastidengenom gemeinsam beteiligt. Plastiden sind daher keine vollautonomen, sondern nur **halbautonome** Zellorganellen. Anhänger der Endosymbiontenhypothese nehmen daher an, daß im Verlauf der Evolution, im Verlauf des Integrationsprozesses, DNS-Einheiten von den Plastiden in den Zellkern transferiert wurden. Für Anhänger der Autogenhypothese haben sich dagegen die Plastiden aus bakteriellen Episomen und Thylakoiden (unter einschließender Membranbildung) entwickelt. Auch die DNS der Episomen ist ringförmig angeordnet, und die Konturenlängen (bis zu 40 nm) entsprechen derjenigen der Plastiden-DNS mit Längen von 40–55 nm. Der geringe DNS-Anteil in den Plastiden erklärt sich zwangsläufig aus der ebenfalls geringen (im Verhältnis zum Kernäquivalent) DNS-Menge der Episomen.

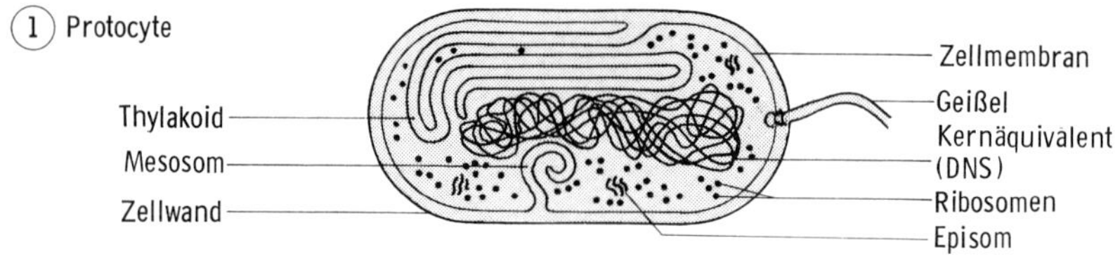

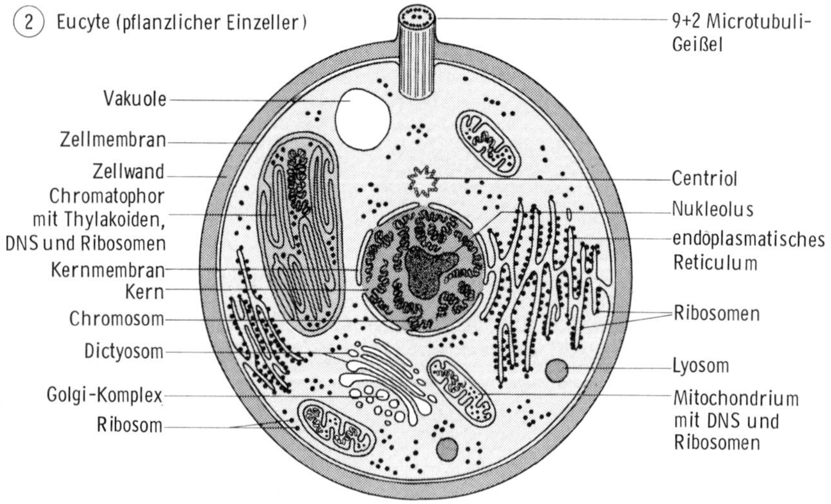

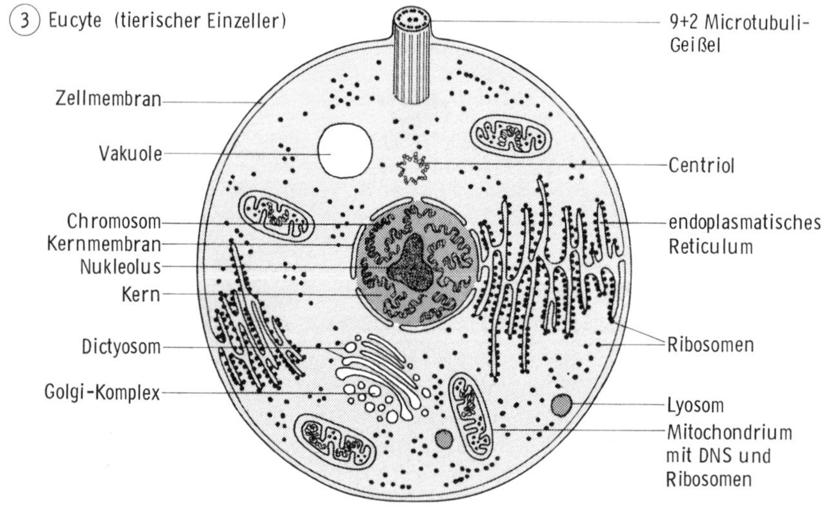

Taf. 13. Protocyte und Eucyte. – Abb. 1. Protocyte. Abb. 2. Eucyte (pflanzlicher Einzeller). Abb. 3. Eucyte (tierischer Einzeller).

Die Episomen haben sich offensichtlich zu einem frühen Zeitpunkt der Prokaryonten-Evolution vom Kernäquivalent getrennt, bilden aber mit dem Kernäquivalent nach wie vor eine genetische Einheit. Diese genetische Einheit und der damit verknüpfte gemeinsame Ursprung zeigt sich deutlich bei einigen Verbundenzymen, wo das eine Teilmolekül vom Kerngenom, das andere Teilmolekül dagegen vom Organellengenom codiert wird.

Plastiden treten primär bei pflanzlichen Eukaryonten auf. Bei vielen Eukaryonten ist ein **sekundärer Plastiden-Verlust** zu beobachten. Es ist umstritten, ob alle tierischen Einzeller (im Sinne der Autogenhypothese) von plastidenbesitzenden Einzellern abzuleiten sind, oder ob von Anfang an (im Sinne der Endosymbiontenhypothese) bereits primäre, plastidenlose Einzeller vorhanden waren. Vielzellige tierische Organismen und Pilze besitzen ebenfalls keine Plastiden.

Die **Mitochondrien** stellen ebenfalls sehr wichtige Zellorganellen der Eucyte dar. Sie sind, wie auch die Plastiden, von einer Doppelmembran umgeben. Auch bei ihnen ist die innere Membran (wie bei den Plastiden) durch Einstülpungen stark aufgefaltet und weist plattenartige (Cristae-Typ) oder röhrenartige (Tubuli-Typ) Strukturen auf, welche die Enzyme der Atmungskette tragen. In den Mitochondrien findet die Energiegewinnung statt. Die Mitochondrien enthalten (wie die Plastiden) eine eigene ringförmige **DNS** und eigene **Ribosomen** (mit prokaryontischer **70S-Ribosomengröße**). Der DNS-Anteil der Mitochondrien beträgt nur 0,1–1% der Gesamt-DNS-Menge einer Zelle. Auch hier ist die DNS nicht mit Protein verbunden, sie ist ringförmig gestaltet und mit der inneren Organellenmembran verknüpft. Ebenfalls reicht die DNS-Menge bei weitem nicht aus, um alle Mitochondrienmerkmale zu kontrollieren. Die meisten mitochondrialen Atmungsenzyme werden z.B. vom Kerngenom codiert. Auch hier sind am Aufbau der Mitochondrien Mitochondrien- und Kerngenom gemeinsam beteiligt. Mitochondrien sind daher, wie auch die Plastiden, keine vollautonomen, sondern nur **halbautonome** Zellorganellen. Anhänger der Endosymbiontenhypothese nehmen auch hier an, daß im Verlauf des Integrationsprozesses DNS-Einheiten der Mitochondrien in den Zellkern transferiert wurden. Es wird aber nicht dargestellt, wie dieser Gentransfer zustande gekommen sein soll. Aus der Sicht der Befürworter der Autogenhypothese haben sich die Mitochondrien aus bakteriellen Episomen und Mesosomen gebildet, verknüpft mit sie einschließender Membranbildung. Die Länge der Mitochondrien-DNS (Längen um 25 nm) entspricht der Konturenlänge der bakteriellen Episomen-DNS. Auch hier erklärt sich der geringe DNS-Anteil in den Mitochondrien aus der ebenfalls geringen DNS-Menge der Episomen.

Die Ribosomen der Plastiden und Mitochondrien weisen eine Sedimentationskonstante von 70S auf, entsprechen also den prokaryontischen Ribosomen, während im Cytoplasma aller eukaryontischen Lebewesen 80S-Ribosomen vorkommen. Für die Anhänger der Endosymbiontenhypothese ist dies ein Hinweis auf die endosymbiontische Herkunft der Plastiden und Mitochondrien. Anhänger der Autogenhypothese gehen davon aus, daß die 70S-Ribosomen von bakteriellen 70S-Ribosomen abzuleiten sind und ihre Größe in den isolierten Zellorganellen beibehalten haben, während die Ribosomen im Cytoplasma der Eukaryontenzelle mit dem Größerwerden der Zelle (eukaryontische Zellen sind viel größer als prokaryontische Zellen) sich ebenfalls vergrößerten und zu 80S-Ribosomen wurden.

Die **Geißeln der Eucyte** stellen membranumschlossene Organellen dar, welche das charakteristische **9 + 2 Microtubuli-System** (9 äußere doppelte Microtubuli und 2 zentral gelegene Microtubuli) aufweisen. Alle Geißeln und Cilien der Eukaryonten sind nach diesem Muster aufgebaut, ein eindeutiger Hinweis auf die Monophylie der geißel- bzw. cilienbesitzenden Eukaryonta. Cilien sind nichts anderes als etwas verkürzte Geißeln. Das gleiche Muster, nur als etwas abgewandeltes 9 + 0 System, tritt in Basalkörpern der Geißeln und Cilien sowie in den Centriolen auf. Die Geißel der Prokaryonten (Bakteriengeißel) zeigt einen völlig verschiedenen Aufbau (außerdem sind die Proteine nicht dem Tubulin der Eukaryontengeißel homolog) und kann daher nicht als Vorstufe der Eukaryonten-Geißel betrachtet werden. Die Geißel der Eucyte ist durch einen Basalkörper (Blepharoplast, Kinetosom) im Cytoplasma der Zelle verankert. Das in vielen eukaryontischen Zellen anzutreffende **Centriol** (wichtige Funktion bei der Kernteilung, Bildung der Teilungsspindel) weist, wie der Geißel-Basalkörper, ein 9 + 0 Microtubuli-System auf. Geißeln (Cilien), Basalkörper und Centriole sind homologe Organellen. Nach bisherigen Vorstellungen sind Centriole ebenfalls Selbstteilungskörper. Als man in verschiedenen Basalkörpern, sowie in Centriolen, DNS gefunden zu haben glaubte, wurde von den Anhängern der Endo-

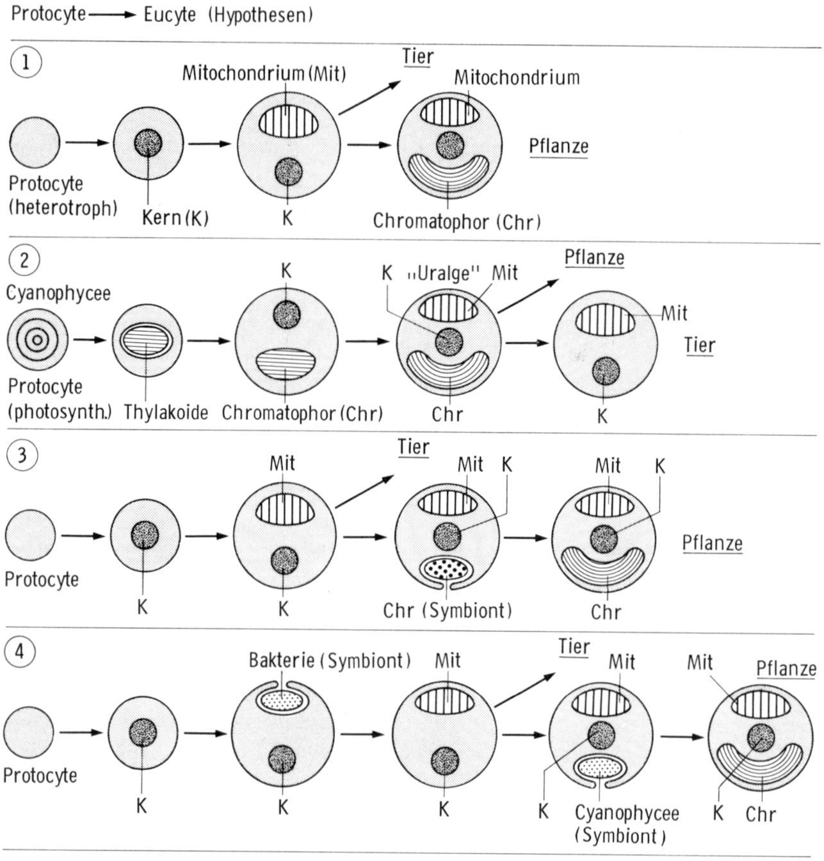

Taf. 14. Hypothesen zur Eucytenentstehung (nach TAYLOR). – Abb. 1 u. 2. Autogenhypothesen, Abb. 3 u. 4. Endosymbiontenhypothesen. 1. Zuerst Mitochondrienbildung und weiterführender Weg zur tierischen Eucyte, der andere Weg führt zur zusätzlichen Chromatophorenausbildung und damit zur pflanzlichen Eucyte; 2. Moderne Autogenhypothese mit autogener Bildung von Mitochondrien und Chromatophoren, dieser Eucytentyp wird von den pflanzlichen Eukaryonten beibehalten, sekundärer Chromatophorenverlust führt zur tierischen Eucyte; 3. Endosymbiontenhypothese (Mitochondrien autogen, Chromatophoren entstehen durch Endosymbiose); 4. Moderne Endosymbiontenhypothese (durch Endosymbiose entstehen zuerst die Mitochondrien, dann die Chromatophoren, vor der Chromatophorenbildung entsteht noch zusätzlich die Eukaryontengeißel durch Ektosymbiose).

symbiontenhypothese der Versuch unternommen, auch diese Organelleneinheit (Geißel, Basalkörper, Centriol) als durch Symbiose entstanden, zu erklären. Man nimmt an, daß der gesamte Geißelapparat durch eine Art von Ektosymbiose (sich an die Zelloberfläche festheftende Prokaryonten vom Spirochaetentyp) entstanden sein soll. Das Entstehen der Eucytengeißel durch Anlagerung spirochaetenähnlicher Organismen ist wohl doch zu konstruiert, um ernsthaft in Betracht gezogen zu werden. Außerdem stellen neuere Untersuchungen die Fähigkeit von Centriolen und Basalkörpern zur Autoreplikation sehr in Frage; sie besitzen offensichtlich keine eigene DNS. Der völlig abweichende Aufbau der Bakteriengeißel und auch des Achsenstabes der Spirochaeten lassen außerdem diese Ableitung als sehr unwahrscheinlich erscheinen. Nach der Autogenhypothese sind die Geißeln und Cilien der Eukaryonten **autogenen Ursprungs** und vom Centriol abzuleiten. Der Aufbau der Geißeln erfolgt durch **Microtubuli**, welche in den microtubulibildenden Zentren der Zelle hergestellt werden, wohl unter Kontrolle des Centriols, wie es z. B. auch beim Aufbau der aus Microtubuli bestehenden Spindel der Kernteilung der Fall ist.

Rhodophyta (Aconta) besitzen offensichtlich primär noch kein Centriol, ein weiterer Hinweis für die Sonderstellung dieser Gruppe. Alle Befunde, auch für Rhodophyta einen Centriolenbesitz nachzuweisen, fanden keine Bestätigung. Es gibt auch keinerlei Anhaltspunkte, daß bei ihnen ein sekundärer Centriolenverlust vorliegt. Das Fehlen des Centriols, z. B. bei „höheren Pflanzen" (stammesgeschichtlich jüngste Gruppen der Chlorobionta), ist dagegen mit Sicherheit sekundär.

Entstehung der Eucyte

Die Zelle der Prokaryonten (Protocyte) besitzt bereits alle grundlegenden Strukturen, die wir in zum Teil andersartiger Gestaltung auch bei der stammesgeschichtlich jüngeren Eucyte der Eukaryonten antreffen. Es besteht kein Zweifel, daß die Eucyte von der stammesgeschichtlich älteren Protocyte abzuleiten ist.

Für diese Ableitung stehen zwei Hypothesen (Taf. 14–17) zur Diskussion, nämlich die Endosymbiontenhypothese und die Autogenhypothese.

Endosymbiontenhypothese
(Taf. 16)

Nach der Endosymbiontenhypothese ist die Eucyte durch endosymbiontische Aufnahme ursprünglich selbständiger Prokaryonten in eine Prokaryontenzelle entstanden. Die Endosymbiontenhypothese wurde bereits relativ früh aufgestellt (Schimper 1883, Mereschkowsky 1905, Wallin 1922, 1927), aber wenig diskutiert. Erst seit den Arbeiten von Schnepf (1966) und vor allem von Margulis (1968, 1970 und spätere Arbeiten) nimmt sie in der Diskussion um die Entstehung der Eucyte einen breiten Raum ein. Sie beginnt in modernen, vorwiegend molekularbiologisch orientierten Arbeiten immer mehr an Geltung und Gewicht zu gewinnen.

Die symbiontische Aufnahme prokaryontischer Organismen erfolgt nach der Endosymbiontenhypothese schrittweise. Ausgangszelle (Wirtszelle) ist ein zellwandloser Prokaryont. Als Ausgangszelle wird häufig als Modell ein Vertreter der Neobacteria (Mycoplasmataceen: *Mycoplasma*), oder neuerdings auch ein Vertreter der Archaebacteria (Thermoplasmatacea: *Thermoplasma*) gewählt.

An prokaryontischen Modellen für die Ausgangszelle stehen nur wenige heutige Vertreter zur Verfügung, da die Aufnahme eines Endosymbionten nur durch eine zellwandlose, der Phagocytose befähigte Ausgangszelle (Wirtszelle) erfolgen kann. Diese Aufnahme des ersten Endosymbionten (aerober Prokaryont) muß zur Zeit der Sauerstoffatmosphäre der Erde (Beginn vor etwa 1,7 Mrd. Jahren) erfolgt sein. Prokaryonten besaßen aber (siehe Archaebacteria und stammesgeschichtlich älteste Eubacteria) schon sehr frühzeitig und weit vor Beginn der Sauerstoffatmosphäre der Erde schon gut entwikkelte Zellwände, die keine phagocytäre Aufnahme von Endosymbionten zulassen. Die Auswahl der in Frage kommenden zellwandlosen Vertreter ist daher sehr klein. Innerhalb der Neobacteria sind es praktisch nur parasitisch lebende Vertreter (z. B. Mycoplasmataceen), welche für eine Modell-Wahl aber nicht in Frage kommen. Außerdem können sie nicht phagocytär Nahrung aufnehmen. Innerhalb der Archaebacteria besitzen die Thermoplasmataceen keine Zellwand, können aber ebenfalls nicht phagocytär Nahrung aufnehmen. Das Temperaturoptimum dieser Gruppe liegt bei 65 °C, so daß auch aus diesem Grund Vertreter der Thermoplasmataceen kaum als Wirtszelle in Frage kommen.

Über die Reihenfolge der Endosymbiontenschritte bestehen unterschiedliche Ansichten. Hier wird die am häufigsten vertretene Hypothese dargestellt.

1. Endosymbioseschritt: Die Ausgangszelle, ein wohl schon aerober Prokaryont nimmt durch Phagocytose einen kleineren, aeroben Prokaryonten in Form eines aeroben Bakteriums (heutiges Modell: *Paracoccus*) auf. Dieses aerobe Bakterium wird zum Endosymbionten und wandelt sich dann in ein echtes Zellorganell, ein Mitochondrium, um. Es liegt keine einhellige Meinung vor, ob nur eine einzige, oder mehrere bis viele aerobe Bakterien endosymbiontisch aufgenommen wurden. Die heute vorlie-

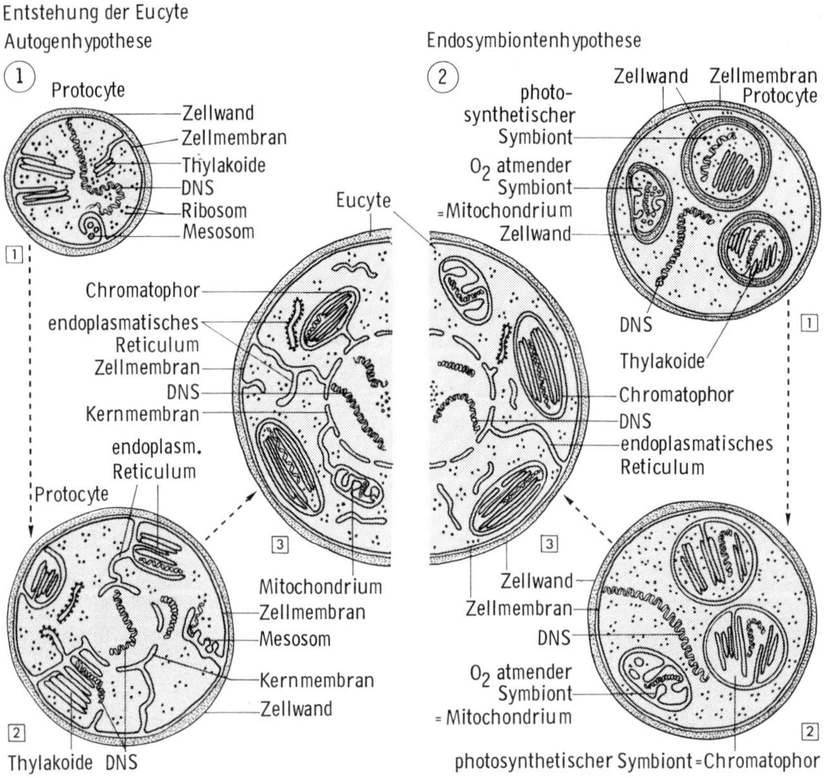

Taf. 15. Entstehung der pflanzlichen Eucyte. – Abb. 1. Entstehung nach der Autogenhypothese (Abb. nach RO - BERTSON), aus den Thylakoiden der Protocyte werden die Chromatophoren der Eucyte gebildet, aus den Mesosomen der Protocyte entstehen die Mitochondrien der Eucyte; beide Eukaryonten-Organellen mit prokaryontischen Ribosomen, 70 S, die durch Membranbildung mit eingeschlossen werden; aus ebenfalls mit eingeschlossenen Bakterien-Episomen entsteht die eukaryontische DNS der Mitochondrien und Chromatophoren. Das Kernäquivalent der Protocyte wird von einer, vom endoplasmatischen Reticulum gebildeten Membran umgeben, es entsteht der eukaryontische Zellkern. Abb. 2. Entstehung nach der Endosymbiontenhypothese (nach SCHNEPF), ein aerober Prokaryonten- Endosymbiont wird zum Mitochondrium und danach ein photosynthetisierender Prokaryont zum Chromatophor. Kernbildung wie bei der Autogenhypothese. Die 9 + 2 Eukaryonten-Microtubuli-Geißel entsteht nach der Autogenhypothese aus zelleigenen Microtubuli, nach der Endosymbiontenhypothese dagegen durch Anlagerung eines ektosymbiontischen Prokaryonten.

gende größere Zahl von Mitochondrien könnte, nach Meinung von Vertretern der Hypothese, auch sekundär sein. Als Ergebnis dieses 1. Symbiontenschrittes haben wir (nach MARGULIS) einen amöboiden, nicht mit einer Zellwand versehenen Organismus, der neben dem primären Kernäquivalent und Ribosomen nun noch endosymbiontisch erworbene Mitochondrien aufweist. Da es aber keine Prokaryonten mit amöboider Beweglichkeit und amöboider Nahrungsaufnahme gibt, wird dieses Stadium meist als ein Prokaryontenstadium mit der Fähigkeit zur phagocytären Aufnahme (Nahrungsaufnahmen) bezeichnet. Man kennt aber keine zellwandlosen Prokaryonten, welche zur phagocytären Nahrungsaufnahme (bei endosymbiontischer Nahrungsaufnahme von aeroben Bakterien handelt es sich ja um große Objekte) befähigt sind. Dieser prokaryontische Einzeller zeigt heterotrophe Lebensweise und ernährt sich nach der Meinung der Vertreter der Hypothese holozoisch von anderen Prokaryonten (z.B. Bakterien). Nach MARGULIS wurden die meisten, jedoch nicht alle, Vertreter dieser Stufe von ihren Nachfolgern verdrängt und ersetzt.

2. **Endosymbioseschritt:** Durch zunächst ektosymbiontische Aufnahme eines spirochaetenähnlichen Prokaryonten entsteht ein begeißelter, nun zum ersten Male frei schwimmender Organismus. Aus dem spirochaetenähnlichen, angelagerten Organismus entwickelt sich die 9 + 2 Microtubuli-Geißel der Eukaryonten-Zelle, einschließlich ihrer Derivate (Basalkörper, Kinetosom, Centriol). Gleichzeitig entstand in der Zelle das endoplasmatische Reticulum und in Form einer Endocytose (ausgehend vom endoplasmatischen Reticulum) wurde das Kernäquivalent mit einer Membran versehen: die eukaryontische Zelle mit einem echten Zellkern war entstanden. Nach MARGULIS entstand auf diese Weise ein primärer, eukaryontischer, heterotropher (tierischer) Amoeboflagellat, welcher sich sowohl amöboid, als auch durch Geißel(n) bewegen konnte. Nach MARGULIS besaß dieser primäre Amoeboflagellat nur eine einzige Geißel (Protoflagellum). Durch Umwandlung von Teilen des Protoflagellums in ein Centriol und in Microtubuli (für Teilungsspindel) wurden die Voraussetzungen für Mitose (und später folgende Meiose) geschaffen. Nach MARGULIS wurden Mitose und Meiose während dieser amöboidflagellatenartigen Phase entwickelt. Diese Entwicklung fand nach MARGULIS während des Praekambriums statt und dürfte einen sehr langen Zeitraum (etwa 600–700 Mio. Jahre) in Anspruch genommen haben. Die explosionsartige Entwicklung fast aller Tierstämme im Kambrium basiert u. a. auf dieser Entwicklung von Mitose und Meiose während des Praekambriums.

Diese heterotrophen Amoeboflagellaten sind, nach MARGULIS, die ersten Eukaryonta und von ihnen sind sowohl die primär farblosen Protozoen als auch die primär farblosen Pilze (Zygomyceten, Asco- und Basidiomyceten) abzuleiten. Auch die Ableitung der Tiere (Metazoen) erfolgt von diesen primär heterotrophen Amoeboflagellaten.

Dieser 2. Endosymbioseschritt ist auch unter den Anhängern der Endosymbiontenhypothese umstritten. Meist wird er wohl als Symbioseschritt anerkannt, aber es werden Bedenken angemeldet. Diese Bedenken gründen sich darauf, daß die Geißeln von Bakterien nicht mit den Geißeln von Eukaryonten homologisiert werden können, da keine Homologität zwischen den Proteinen der Bakteriengeißel und dem Tubulin der Eukaryontengeißel besteht. Das 9 + 2 Microtubulisystem läßt sich außerdem weder aus dem Subfibrillensystem der Bakteriengeißel noch aus dem Achsenstab einer Spirochaete plausibel ableiten. Außerdem weisen Spirochaeten eine anaerobe Lebensweise auf, können sich also nicht an einen aerob lebenden Organismus angelagert haben.

Weitere Bedenken werden gegen die Festlegung auf einen Amoeboflagellaten erhoben. Da es sicher ist, daß ein amöboider Zustand sekundär ist, wird diese Phase von einigen Verfechtern der Endosymbiontenhypothese als eine normale Flagellatenphase bezeichnet.

Dieser 2. Endosymbioseschritt ist sicher die am schlechtesten begründete Stelle der Endosymbiontenhypothese. Die vorgebrachten Argumente sind nicht zwingend, und nach neueren Untersuchungen wird auch die Fähigkeit der Basalkörper und Centriolen zur Autoreplikation in Frage gestellt. Es bleibt daher sehr umstritten, ob in diesen Zellorganellen wirklich DNS vorkommt. Nach der Endosymbiontenhypothese sind Flagellaten primär heterotroph und erwerben erst sekundär Plastiden (mit wenigen, zugebilligten umgekehrten Ausnahmen), während nach der Autogenhypothese Flagellaten primär Plastiden besitzen, und es erst sekundär polyphyletisch zu einem Plastidenverlust gekommen ist. Die Argumentation der Vertreter der Endosymbiontenhypothese für ein primäres, heterotrophes Flagellatenstadium ist keinesfalls zwingend. Die Vertreter der Autogenhypothese (Geißelerwerb erst bei gefärbten Eukaryonta; sekundärer Plastidenverlust innerhalb der Eukaryonta) haben die besseren Argumente. Es gibt zahlreiche, nachweisbare Fälle von sekundärem Plastidenverlust in verschiedenartigen Algengruppen (z.B. *Euglena-Astasia*).

3. **Endosymbioseschritt:** Nachdem Mitose entwickelt war und durch die Evolution eine größere Zahl verschiedenartiger heterotropher, plastidenloser eukaryonter Amoeboflagellaten (bzw. Flagellaten) sowie auch verschiedenartige, photosynthetisierende (phototrophe) Prokaryonten entstanden waren, wurden von verschiedenartigen Amoeboflagellaten unterschiedliche, aerobe photosynthetisierende Prokaryonten (Modell: kokkenförmige Cyanophyceen) endosymbiontisch aufgenommen. Die Meinungen sind hier sehr geteilt, ob dieser 3. Endosymbioseschritt nur einmal oder mehrfach unabhängig voneinander erfolgt ist. Häufig ist die Meinung verbreitet, daß dieser Schritt zweimal erfolgte

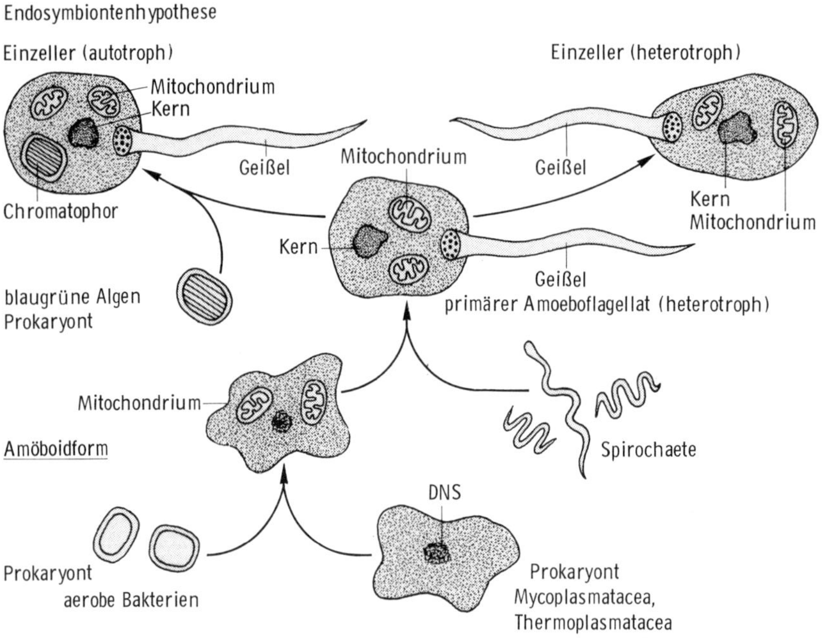

Taf. 16. Modellhafte Entstehung der Eucyte nach der Endosymbiontenhypothese (nach MARGULIS).

(ein Weg führt dabei zu den Rhodophyta, der andere Weg zu den übrigen pflanzlichen Eukaryonta) oder auch dreimal (Rhodophyta; pflanzliche Eukaryonten mit Chlorophyll a und b; pflanzliche Eukaryonta mit Chlorophyll a und c).

Die aufgenommenen „Protoplastiden" (Modell: kokkale Cyanophyceen) wandelten sich dann in Plastiden um. Es entstand, nach der Endosymbiontenhypothese, vermutlich mehrmals unabhängig voneinander, jeweils ein Phytoflagellat mit Zellkern, Ribosomen, endoplasmatischem Reticulum, Mitochondrien und Plastiden. Aus diesen Organismen entwickelten sich dann parallel und unabhängig voneinander mehrere Algengruppen (mindestens zwei) und über die Chlorophyta dann auch die Cormobionta. Einige Phytoflagellaten verlieren erst im späteren Verlauf der Stammesgeschichte ihre Plastiden und werden zu „Protozoen". Umstritten ist die Ableitung der Pilze. Nach MARGULIS werden sie schon vom frühen Amoeboflagellatenstadium abgeleitet, während andere Vertreter der Endosymbiontenhypothese die Ableitung auf einen späteren Zeitpunkt (meist mit sekundärem Plastidenverlust) verlegen.

Neben der symbiontischen Entstehung der Zellorganellen: Plastiden, Mitochondrien, Geißel und Derivate ist noch ein weiterer entscheidender Gegensatz zur Autogenhypothese zu beachten. Wie bereits erwähnt, ist nach der Endosymbiontenhypothese zunächst ein heterotropher Organismus (Amoeboflagellat bzw. Flagellat als Ergebnis des 1. Symbioseschrittes) vorhanden, von dem sich die heterotrophen, tierischen Flagellaten und über sie die Metazoen ableiten. Nach der Autogenhypothese sind dagegen primär photosynthetisierende Eukaryonten vorhanden. Durch sekundären Plastidenverlust entstehen aus ihnen farblose Einzeller, Pilze und auch die tierischen Mehrzeller (Metazoa).

Argumentation – Endosymbiontenhypothese

Nach Meinung der Endosymbiontenhypothese-Vertreter fehlen die Zwischenformen zwischen Protocyte und Eucyte. Diese breite Kluft kann nur durch Endosymbiose erklärt und überbrückt werden.

Mitochondrien und Plastiden sind Selbstteilungskörper, Zellbestandteile, die nur durch Teilung aus ihresgleichen entstehen und von der Zelle nicht neu gebildet werden können. Die genetische Kontinuität dieser Organellen ist bewiesen, die morphologische Kontinuität der Plastiden ist gesichert, für Mitochondrien ist sie dagegen nicht ohne weiteres nachweisbar. Wir können aber davon ausgehen, daß sowohl Plastiden, als auch Mitochondrien nur durch Teilung aus ihresgleichen entstehen. Geißeln werden von Basalkörpern, bzw. Centriolen gebildet. Auch diese Organellen können, nach Meinung der Verfechter der Endosymbiontenhypothese, nicht von der Zelle neu gebildet werden. Centriol und Basalkörper werden daher ebenfalls als Selbstteilungskörper betrachtet; dies wird aber durch neuere Untersuchungen stark in Zweifel gezogen.

Mitochondrien und Plastiden besitzen eine Doppelmembran, so, als ob nach Art einer Phagocytose ihre eigene Membran noch von einer zusätzlichen Membran der Wirtszelle eingeschlossen worden wäre. Zellen bilden z. B. bei der Endocytose von Fremdpartikeln ebenfalls eine Membran um den Partikelkörper. Zwischen dem „niederen Pilz" *Geosiphon* (Eingruppierung unsicher) und der Cyanophycee *Nostoc* besteht eine lockere Symbiontenverbindung. Elektronenmikroskopische Untersuchungen haben gezeigt, daß die endosymbiontische Cyanophycee nach Art einer Phagocytose aufgenommen wird. Der intrazelluläre Symbiont ist deshalb von einer doppelten Membran umgeben. Die innere Membran stammt von dem Symbionten *Nostoc*, die äußere Membran dagegen von der Wirtszelle (*Geosiphon*).

Es wurde festgestellt, daß die innere Mitochondrienmembran das in Prokaryonten-Membranen auftretende Lipid Cardiolipin enthält. Die äußere Membran weist dagegen Cholesterol auf, wie es für Eucyten-Membranen charakteristisch ist.

Im Sinne der Endosymbiontenhypothese wird es daher verständlich, daß Plastiden und Mitochondrien eine doppelte, unterschiedliche Membran aufweisen. Hinzu kommt, daß die äußere Organellenmembran ausschließlich vom Genom des Zellkernes kontrolliert wird, die innere Membran dagegen von der Organellen-DNS. Allerdings muß einschränkend gesagt werden, daß nur etwa 10% der inneren Membranproteine an den Organellen-Ribosomen gebildet werden. Es überrascht daher nicht, wenn sich die beiden Organellenmembranen deutlich in ihrem Aufbau unterscheiden.

Im Sinne der Endosymbiontenhypothese entspricht daher die innere Plastidenmembran der Cytoplasmamembran von Cyanophyceen, die innere Mitochondrienmembran der Cytoplasmamembran von Bakterien. Die Lokalisation der Photosynthesepigmente und Atmungsenzyme entspricht diesen Vorstellungen. Bei Cyanophyceen sitzen die Chlorophyll-Grana an den Thykaloiden, an Einstülpungen der Cytoplasmamembran. Bei eukaryontischen, pflanzlichen Zellen befindet sich das Chlorophyll ausschließlich in Plastiden und zwar an Einstülpungen der inneren Membran, die man ebenfalls als Thylakoide bezeichnet. Die Atmungsenzyme (Cytochrome) sind bei den Bakterien vor allem in der Zellmembran (Cytoplasmamembran) lokalisiert. Bei eukaryontischen Zellen treffen wir sie in den Mitochondrien an, auch hier an Einstülpungen der inneren Membran.

Mitochondrien und Plastiden wirken wie „Fremdorganismen", da sie eine eigene DNS enthalten. Ihre DNS ist oft ringförmig angeordnet (wie z. B. bei Bakterien) und noch nackt, d. h., sie ist nicht mit basischen Proteinen verknüpft. Die DNS-Menge ist aber relativ gering. Auf die Plastiden einer Zelle entfallen im Durchschnitt etwa 6%, auf die Mitochondrien sogar nur 0,1–1% der Gesamt-DNS-Menge der Zelle. Die DNS dieser Organellen repliziert sich in den Organellen, und sie unterscheidet sich von der Zellkern-DNS u. a. durch das Fehlen seltener Basen, wie z. B. 5-Methylcytosin.

Auch in den Basalkörpern der Geißeln, ebenso in den Centriolen, soll sich eine eigene DNS befinden. Diese Untersuchungsergebnisse sind aber sehr umstritten.

Mitochondrien und Plastiden besitzen auch einen eigenen Proteinsynthese-Apparat (eigene RNS-Polymerase, eigene tRNSs und auch eigene Ribosomen vom 70 S-Typ). Die Ribosomen haben die Größe und den Bau von prokaryontischen 70 S-Ribosomen.

Die rRNS der kleinen Ribosomen-Untereinheit aus Algen-Plastiden (Chloroplasten) entspricht weitgehend derjenigen der Cyanophyceen (viele homologe Sequenzen). Dagegen besteht keine Homologie zur gleichen rRNS der Cytoplasma-Ribosomen dieser Algenarten.

Das Enzym Superoxid-Dismutase ist in Prokaryonten wie auch in Mitochondrien ein manganhaltiges Protein, bei den Eukaryonten außerhalb der Mitochondrien ist es aber ein Kupfer-Zink-Protein.

Plastiden und Mitochondrien sind jedoch keine vollautonomen Zellorganellen, sondern nur halbautonom (oder noch weniger). Viele, sehr wichtige Enzyme dieser Organellen (z. B. die meisten mitochondrialen Atmungsenzyme sowie fast alle Enzyme zur Synthese von Chlorophyll und zum Ablauf der Photosynthese) werden von Kerngenen codiert. Die Proteine der 70 S-Ribosomen werden ebenfalls vom Kerngenom codiert. Eine Erklärung dieser Konstellationen ist nur möglich, wenn man annimmt, daß im Verlauf der Evolution der Endosymbiose zahlreiche Gene der Symbionten vom Kerngenom des Wirtes übernommen wurden. Man kann diesen ungewöhnlichen Schluß ziehen, aber er ist nicht unbedingt beweiskräftig. Es ist z. B. bekannt, daß Genübertragungen zwischen Prokaryontenzellen möglich sind. Ein Austausch von DNS-Abschnitten konnte neuerdings auch bei Hefe-Mitochondrien, sowie bei *Chlamydomonas*-Chloroplasten (Chlorophyta) festgestellt werden. Ein Austausch ist also im Prinzip möglich, er erklärt aber nicht, warum die entscheidenden Gene im Zellkern lokalisiert und nicht im Bereich der Organellen verblieben sind.

Unter den heutigen Organismen findet man viele Modelle für derartige Endosymbiosen. Bekannt sind Endosymbiosen zwischen Bakterien und Ciliaten. Man findet im Cytoplasma von Ciliaten sowohl gram-positive als auch gram-negative Bakterien. Die genaue Funktion der Bakterien ist nicht bekannt, aber die Wirtsindividuen sind beim Fehlen der Symbionten häufig nicht mehr voll teilungs- und lebensfähig. Endosymbiontische Bakterien findet man auch in Amöben, z. B. bei *Pelomyxa palustris*. Diese Amöbenart besitzt keine Mitochondrien, und die Bakterien sollen die Funktion der Mitochondrien übernehmen. *Pelomyxa* palustris lebt aber anaerob, benötigt daher keine Mitochondrien, die, wohl bedingt durch die anaerobe Lebensweise, sekundär verlorengegangen sind. Endosymbiontisch lebende Bakterien sind überall im Tierreich verbreitet. Viele Tiere, z. B. pflanzensaugende Insekten, besitzen spezifische, endosymbiontische Darmfloren.

Am bekanntesten sind die Fälle, in denen von sekundär farblosen Einzellern Cyanophyceen-Zellen (Cyanellen) als Endosymbionten aufgenommen werden. Diese Cyanellen versorgen die Wirtszelle mit wichtigen Photosyntheseprodukten. Die taxonomische Eingruppierung der Wirtszellen stößt häufig auf Schwierigkeiten. Die Wirtszellen sind hier auf ihre Symbionten angewiesen, während in anderen Fällen eine mehr lockere symbiontische Bindung besteht. Der „niedere Pilz" *Geosiphon* hat die Blaualge *Nostoc* als Endosymbiont aufgenommen, aber man kann die Partner wieder voneinander trennen, und sie sind beide für sich allein lebensfähig.

Chloroplasten können auch mit der Nahrung aufgenommen und in die Haut eingelagert werden und dort eine Zeitlang produktiv tätig sein (bei vielen Schnecken z. B. Opisthobranchia). Von zahlreichen Metazoen, z. B. Cnidaria, Turbellaria, werden einzellige Algen als Zoochlorellen und Zooxanthellen aufgenommen.

Daß bei rezenten Endosymbiosen ein Abbau der Zellwand festzustellen ist, kann man an den Cyanellen von *Paulinella chromatophora*, einem Vertreter der Filosa, beobachten. Hier ist noch ein deutlicher einschichtiger Zellwandrest zu sehen.

Die rezenten Endosymbiosen (Plastidenbereich) zeigen, daß es gleitende Übergänge gibt von lockeren, lösbaren Symbiosen bis zu unauflösbaren Verbindungen, so daß es nur eine Definitionsfrage ist, ob man hier noch von Endosymbionten oder schon von Zellorganellen spricht.

Aus diesen rezenten Daten kann man daher schließen, daß eine endosymbiontische Aufnahme von blaualgenähnlichen Prokaryonten (im Sinne der Endosymbiontenhypothese) und Umwandlung dieser Endosymbionten in Zellorganellen durchaus möglich und wahrscheinlich ist. In abgeschwächter Form trifft dieser Schluß auch auf die endosymbiontische Aufnahme aerober Bakterien und ihre Umwandlung in Mitochondrien zu. Von den heutigen Bakterien wird gerne *Paracoccus* als Modell verwendet, da es eine mitochondrienähnliche Gestalt besitzt und eine Atmungskette aufweist, die derjenigen von Mitochondrien sehr nahe kommt.

Die Amöbengattung *Pelomyxa* (Granulopodida) hat nach der Endosymbiontenhypothese an Stelle von Mitochondrien noch endosymbiontische Bakterien (Umwandlung noch nicht vollzogen) und wird daher (MARGULIS 1970) als Modellbeispiel für den 1. Symbioseschritt, nämlich die Aufnahme von aeroben Prokaryonten herangezogen. *Pelomyxa* ist aber ein Eukaryont und kann daher nicht als Modell für den 1. Symbioseschritt verwendet werden. Bei *Pelomyxa* handelt es sich in Wirklichkeit um sekundär stark abgewandelte Großamöben. Auch der Besitz von vielen Kernen weist auf eine sekundär stark abgewandelte Form hin. Hinzu kommt, daß wohl die Art *P. palustris* keine Mitochondrien besitzt, aber z.B. die Art *P. carolinensis* durchaus Mitochondrien aufweist. Bei *P. palustris* liegt offensichtlich ein sekundärer Mitochondrienverlust durch sekundär anaerobe Lebensweise vor. Außerdem ist die genaue Funktion der endosymbiontischen Bakterien nicht bekannt.

Die Endosymbiontenhypothese nimmt an, daß zuerst aerobe Bakterien (= spätere Mitochondrien) und danach erst kokkale Cyanophyceen (= spätere Plastiden) aufgenommen worden seien. Die größere Autonomie der Plastiden gegenüber den Mitochondrien spricht ebenfalls für diese Annahme. Auch der DNS-Gehalt ist bei Plastiden (ca. 6%) noch wesentlich höher als bei Mitochondrien (ca. 0,1–1%), im Verhältnis zur Gesamt-DNS-Menge in der Zelle. Diese Daten könnten auch dafür sprechen, daß im Verlauf der Evolution eine immer stärkere Integration der symbiontischen Organellen stattfindet, verbunden mit einer Transferierung der Gene in das Kerngenom des Wirtes.

Primär umfaßte die Endosymbiontenhypothese nur diese beiden Symbioseschritte. Erst später (MARGULIS) wurde sie erweitert, und der Geißelkomplex (Geißel, Basalkörper, Centriol) wurde ebenfalls als ein Endosymbiont betrachtet. Mit dieser Erweiterung sind beträchtliche phylogenetische Konsequenzen verbunden. Nach der Endosymbiontenhypothese sind primär farblose Flagellaten vorhanden, von welchen Protozoen, mehrzellige Tiere und Pilze abgeleitet werden, während nach der Autogenhypothese farblose Flagellaten von primär gefärbten Formen abzuleiten sind.

Nach der Endosymbiontenhypothese soll eine äußere Anlagerung von Bakterien, speziell Spirochaeten, zur Ausbildung des Geißelkomplexes geführt haben. Äußere Anlagerung von Bakterien, speziell auch von Spirochaeten treffen wir bei endosymbiontisch im Darmtrakt von Insekten (Termiten, Schaben) lebenden Flagellaten (z.B. Oxymonadinea: *Dienympha*; Metamonadinea: *Mixotricha*) häufig an. *Mixotricha* wird gerne als Modell für Entstehung der Eukaryontengeißel durch Anlagerung von Spirochaeten verwendet. Im Falle von *Mixotricha* lagern sich Tausende von Bakterien und Spirochaeten (über den ganzen äußeren Zellkörper verteilt) an konsolenartigen Erhebungen der Zelloberfläche (Taf. 39:1) an. Neben den Geißeln des Flagellaten sind sie ebenfalls (besonders die längeren Spirochaeten) an der Fortbewegung des Flagellaten beteiligt. Die relativ feste Anlagerung ist durch die zähflüssige Nahrung innerhalb des Termitendarmes bedingt. Bei weniger fester Anlagerung würden sie leicht abgestreift werden. Durch ihre Bewegungen helfen sie bei den Bewegungen des Flagellaten mit, die Bewegungsrichtung wird aber allein von den Geißeln des Flagellaten bestimmt. Die Spirochaeten und Bakterien lagern auf der Zelloberfläche an, sie ragen nicht in den Zellkörper hinein.

Es ist nicht vertretbar, aus dieser bloßen Anlagerung von Prokaryonten, dazu noch in Tausenden von Individuen und einer Zugehörigkeit zu verschiedenen Arten aus unterschiedlichen Gruppen, die Entstehung der 9+2 Microtubuli-Geißel der Eukaryonten abzuleiten. Auch vom morphologischen Bau und vom chemischen Aufbau her bestehen keinerlei Homologien zwischen Prokaryonten- und Eukaryontengeißel. Der Achsenstab der Spirochaeten zeigt auch einen völlig anders gearteten Aufbau. Hinzu kommt noch, daß das Vorhandensein von DNS in Basalkörpern und Centriolen sehr umstritten ist, und daß es sich nach neueren Untersuchungen bei dem Centriol offensichtlich um kein Selbstteilungsorgan handelt.

Hier liegt eindeutig die Schwachstelle der erweiterten Endosymbiontenhypothese. Die wichtigsten phylogenetischen Schlüsse müssen aber gerade von diesem Endosymbioseschritt, nicht aber von der endosymbiontischen Aufnahme von aeroben Bakterien und Cyanophyceen, gezogen werden. Ein Verzicht auf diesen Endosymbioseschritt (Umwandlung von Prokaryonten (Spirochaeten etwa) in die 9+2 Microtubuli-Geißel der Eukaryonten) würde die Endosymbiontenhypothese viel glaubhafter machen.

Über Reihenfolge und Zeitpunkt der Aufnahme von Endosymbionten liegen noch keine näheren Angaben vor. Allgemein wird angenommen, daß zuerst ein atmender Endosymbiont (Protomitochondrium) und erst später ein photosynthetisierender Endosymbiont (Protoplastid) aufgenommen wurde. Vereinzelt wird auch die umgekehrte Reihenfolge vertreten. Nach molekularbiologischen Daten dürfte aber die zuerst genannte Reihenfolge zutreffen. Auch über den Zeitpunkt der Aufnahme gibt es differierende Meinungen. Meist wird die Auffassung vertreten, daß die Wirtszelle bei der Aufnahme des Protomitochondriums bereits eine aerobe Lebensweise aufwies und schon eine Elektronentransportkette besaß. Danach könnte dieser erste Endosymbioseschritt vor etwa 1,2–1,3 Mrd. Jahren erfolgt sein.

Viele Verfechter der Endosymbiontenhypothese nehmen an, daß die Aufnahme von Protoplastiden mehrmals, mindestens aber zweimal (Entstehung der Rhodophyta einerseits und Entstehung der anderen Algenstämme andererseits) erfolgt ist. Nach dieser Auffassung sind die Algenstämme und damit auch die Eukaryonta polyphyletisch entstanden.

Der Zellkern soll nach der Endosymbiontenhypothese durch eine Art von Endocytose (abgeleitet von der Phagocytose-Fähigkeit der Zelle) entstanden sein. Die Kernmembran (= Kernhülle) wird dabei vom endoplasmatischen Reticulum gebildet.

Autogenhypothese

(Einfaltungshypothese, Episomenhypothese, Uralgenhypothese) (Taf. 17)

Die Autogenhypothese geht davon aus, daß die Protocyte der Prokaryonta der stammesgeschichtlich ältere Zelltyp ist (wird auch von der Endosymbiontenhypothese angenommen) und daß sich die Organellen der eukaryontischen Zelle **allmählich** aus den Organellen der Protocyte entwickelt haben. Nach dieser Hypothese besteht ein gleitender Übergang zwischen Pro- und Eukaryonta. Rhodophyta sind eine stammesgeschichtlich sehr alte Gruppe und nehmen eine vermittelnde Stellung ein. Die **Eukaryonta** stellen nach der Autogenhypothese eine **monophyletische Gruppe** dar, da es unwahrscheinlich ist, daß der eukaryontische Zelltyp (Kern mit Membran, Besitz von Chromosomen, Plastiden, Mitochondrien, Geißeln mit 9 + 2 Microtubuli-System bei Contophora, endoplasmatisches Reticulum und mitotischen Teilungsprozessen) mehrmals unabhängig voneinander entstanden ist. Das 9 + 2 Microtubuli-System der eukaryontischen Geißel kommt, mit Ausnahme der Rhodophyta (Aconta: primäres Fehlen), fast aller Eumycota (mit Ausnahme der stammesgeschichtlich ältesten Vertreter, der Chytridiomycetes) sowie sekundären Amöboidformen überall bei den Eukaryonten vor. Das Fehlen bei Zygnematales (Charophyta) und bei den von Charophyta abzuleitenden Landpflanzen ist sicher ebenfalls sekundär. Primär besitzt die Eucyte einen Photosyntheseapparat, der aber bei vielen Vertretern aus fast allen Algengruppen sekundär abgebaut wird. Aconta (Cyanidiophyta und Rhodophyta) sind die einzigen, primär geißellosen Vertreter der Eukaryonta. Sie stellen nach der Autogenhypothese die stammesgeschichtlich ältesten rezenten Eukaryonta dar und weisen Merkmale auf (z. B. Phycobiline), welche ihre nahe Verwandtschaft zu den Cyanophyceen (Prokaryonten) aufzeigen. Die stammesgeschichtlich älteste Eucyte (primärer Ureukaryont) war demnach Aconta-ähnlich (einzellig, kokkal), hatte aber noch keine Eukaryonten-Zellwand und auch keine Geißeln. Der einfach gebaute Photosynthese-Apparat besaß von den Chlorophyllen zunächst nur Chlorophyll a. Die Kernverhältnisse entsprachen weitgehend denjenigen der Dinophyta (DNS noch nackt oder nur lose mit kleinmolekularen, atypischen Proteinen verknüpft, aber bereits auf mehrere Chromosomen verteilt). Als einzige Eukaryonta haben die Dinophyta das plesiomorphe Merkmal des primitiven Kernaufbaus beibehalten. Ein Centriol war noch nicht ausgebildet (fehlt auch heute noch bei Rhodophyta und Dinophyta). Sexualität war vermutlich vorhanden. Mit mixotropher Nahrungsaufnahme (osmotrophe, phagocytäre und photosynthetische Ernährung). Nach der Autogenhypothese ist die starke Kompartimentierung der Eukaryontenzelle durch zunehmende Differenzierungen der Prokaryontenzelle entstanden. Neben dem Hauptgenom (Kernäquivalent) besitzen Prokaryonten im Cytoplasma noch weitere, kleinere DNS-Bezirke, die als Episomen bezeichnet werden. Episomen sind DNS-Ringe mit Konturenlängen von 0,5–40 nm. Die DNS-Ringe können in den meisten Fällen in das Hauptgenom integriert werden; nicht integrationsfähige Ringe werden als Plasmide bezeichnet. Die DNS-Ringe der Episomen sind die Vorläufer der Mitochondrien- und Plastiden-DNS, die beide ebenfalls ringförmig konstituiert sind. Wenn die DNS der Ausgangspunkt einer Organellenentwicklung (Mitochondrien und Plastiden) sein soll, muß dieser Episomen-Bereich von einer Membran abgegrenzt werden. Als Modelle für Membranbildungen bei Prokaryonten können wir rezente photosynthetisierende Rhodobacteriaceen (z. B. *Pelodictyon, Rhodopseudomonas, Thiococcus*) heranziehen. *Pelodictyon* z. B. weist Mesosomen (auch bei Cyanobionta vorkommend) auf, die durch Einstülpungen der Zellmembran gebildet worden sind. Bei *Rhodopseudomonas* und *Thiococcus* treten, wie auch bei photosynthetisierenden Cyanophyceen, Thylakoide auf, die ebenfalls durch Einstülpungen der Zellmembran gebildet worden sind. Aus diesen Einstülpungen hat sich die innere Mitochondrien- bzw. die innere Plastidenmembran gebildet. Dabei erfolgte eine Ablösung von der äußeren bakteriellen Cytoplasmamembran. Über sekundäre Membranverzweigungen entstand so die innere Membran der späteren Eukaryonten-Organellen. Einstülpungen atmungsaktiver Membranabschnitte (Mesosomen) haben zur Entwicklung der Mitochondrien geführt, während die Einstülpung photosynthetischer Membranen (Thylakoide) zur Entwicklung von Plastiden führte. Mesosomen stehen z. B. mit den Replikationsorten der Bakterien-DNS in Verbindung, dadurch wird die Membranverknüpfung der Mitochondrien-DNS, und auch diejenige der Plastiden-DNS, verständlich. Mesosomen mit platten-, und nicht röhrenförmigen Aufbau. Daher Mitochondrien der Eukaryonta primär mit Cristae.

Die nun durch Membranfusion gebildeten und abgegrenzten Cytoplasmabereiche enthielten nicht nur DNS (Episomen-DNS), sondern auch Ribosomen, die ja im Cytoplasma der Prokaryontenzelle überall vorhanden sind. Es sind prokaryontische 70S-Ribosomen, welche im Verlauf der Evolution (wohl bedingt durch den Abkapselungsprozeß) ihre Größe beibehalten und so zu den späteren 70S-Ribosomen der Mitochondrien und Plastiden werden. Die außerhalb dieser Bereiche liegenden Ribosomen wandeln sich mit dem Größerwerden der eukaryontischen Zelle zu Beginn der Eucyten-Bildung in die größeren 80S-Ribosomen um. Die Bildung der äußeren Membran der Zellorganellen erfolgt durch den primären Ureukaryont, indem im Zuge der stärkeren Kompartimentierung durch das endo plasmatische Reticulum, in Form einer Endocytose, eine weitere Membran (äußere Membran der Doppelmembran) um die Plastiden und Mitochondrien gebildet wurde. Gleichzeitig wird vom endoplasmatischen Reticulum eine Membran um den inneren Kernäquivalentbereich gebildet, und es entsteht auf diese Weise der Zellkern der Eucyte. Das endoplasmatische Reticulum der Eucyte ist ebenfalls von Zellmembraneinstülpungen abzuleiten. Die Chromosomen der Eukaryonten können als isolierte Aggregate von Prokaryonten-Kernäquivalenten gedeutet werden. Dinoflagellaten (Dinophyta) zeigen z. B. in der Interphase eine Anordnung der Chromosomen, die eine große Ähnlichkeit mit einem Kernäquivalent von Prokaryonten aufweist. Außerdem ist die DNS bei den Dinophyta noch nackt oder nur lose mit kleinmolekularen Proteinen verknüpft, ähnlich wie bei Prokaryonten. Die DNS ist aber bereits bei den Dinophyta (im Gegensatz zu den Prokaryonta) auf mehrere Chromosomen verteilt, und diese sind in einem Kern eingeschlossen. Die Kernbildung ist demnach älter als die Bildung der Histone und der Nukleosomenstruktur. Bei den anderen Eukaryonten sind diese basischen Proteine (Histone) mit der DNS verknüpft und bilden Strukturelemente der Chromosomen. Die gegenüber den Prokaryonten viel größere DNS-Menge (Chromosomen) der Eukaryonten ist wohl sicher durch sekundäre DNS-Vermehrung zu erklären. Die primäre ringförmige DNS-Anordnung bei Prokaryonten zeigt sich auch noch bei manchen Eukaryonten, bei welchen der DNS-Strang eines Chromosomes ringförmig gebaut ist.

Innerhalb der Zelle entstehen microtubuli-bildende Zentren. Das endoplasmatische Reticulum bildet Derivate, wie z. B. Golgi-Körper, aus. Es kommt zur Ausbildung kontraktiler Systeme (Endo- und Exocytose) wie auch zur Bildung von Nahrungsvakuolen. Mitochondrien und Plastiden sind zu isolierten, abgeschlossenen Selbstteilungskörpern geworden. Als einen weiteren Schritt können wir den Abbau der prokaryontischen Zellwand feststellen. Es entsteht der primäre, noch geißellose Ur-Eukaryont. In diesem Stadium erfolgt die Abspaltung der Aconta. Im nächsten Schritt wandeln sich microtubulibildende Zentren in den Basalkörper-Centriol-Komplex um, und von diesem Komplex (unter Teilung eines Basalkörpers bzw. eines Centriols) wird die Bildung der beiden primären 9 + 2 Microtubuli-Geißeln induziert. Es entsteht der sekundäre, begeißelte Ur-Eukaryont und von ihm ausgehend die große Gruppe der Contophora. Der sekundäre Ur-Eukaryont ist mit Plastiden versehen, weist aber noch keine Zellwand auf. Erst später kommt es, unabhängig voneinander, in verschiedenen Algengruppen zur Ausbildung einer Zellwand. Ebenfalls entstehen in verschiedenen Algenstämmen sekundär plastidenlose Vertreter. Aconta nehmen an der Basis der Eukaryonta eine vermittelnde Stellung zwischen Prokaryonten und Eukaryonten ein und zeigen sehr viele, stammesgeschichtlich alte Merkmale.

Aconta (Eukaryonta) und Cyanophyta (Prokaryonta) sind ohne Zweifel nahe verwandt und besitzen viele gemeinsame Merkmale. Die Plastiden der Rhodophyta weichen in ihrem Bau stark von denjenigen der übrigen Eukaryonta ab. Die Thylakoide liegen bei den Rhodophyceen, im Gegensatz zu den übrigen Eukaryonta, stets einzeln und sind, genau wie bei den Cyanophyceen, in etwa gleichbleibendem Abstand (Cyanophyceen ebenfalls mit einzeln liegenden Thylakoiden) angeordnet. Die Phycobiline Phycocyanin und Phycoerythrin kommen bei Cyanophyceen und Rhodophyceen vor, nicht aber bei anderen Algengruppen (Cryptophyta besitzen abweichende Phycobiline). Cyanophyceen und Rhodophyceen besitzen Phycobilisomen (sie enthalten die Phycobiliproteide), welche auf den Thylakoiden liegen. Cyanophyceenstärke (Assimilationsprodukt der Cyanophyceen) und Florideenstärke (Assimilationsprodukt der Rhodophyta) stehen sich in ihrem Aufbau sehr nahe. Die unbegeißelten männlichen Gameten der Rhodophyceen führen dieselben Gleitbewegungen wie Cyanophyceen durch.

Bei der Endosporenbildung von *Pleurocapsa* (Cyanophyceen) kommt es bereits zu einer primitiven Plastidenausbildung, ein Hinweis auf den gleitenden Übergang auch in diesem Bereich von den Pro- zu den Eukaryonten. Die nach der Endosymbiontenhypothese bestehende tiefe Kluft zwischen Pro- und Eukaryonta, die nach dieser Hypothese nur durch endosymbiotische Aufnahme von Prokaryonten erklärt werden kann, ist in Wirklichkeit nicht vorhanden. Primitive Plastidenbildung bei *Pleurocapsa*, Ausbildung von Mesosomen bei Cyanophyta sowie die zwischen Pro- und Eukaryonta vermittelnden Kerne von Dinophyta und die vielen stammesgeschichtlichen Gemeinsamkeiten zwischen Cyanophyceen und Rhodophyceen zeigen deutlich ein gleitendes Übergangsfeld.

Vermittelnde Gruppen (z.B. Cyanidiophyta: *Cyanidium caldarium*) werden von den Vertretern beider Hypothesen naturgemäß sehr unterschiedlich beurteilt. Die zwischen Cyanophyceen und Rhodophyceen vermittelnden Formen (*Cyanidium*) werden von den Vertretern der Autogenhypothese als Modell der primitivsten Eucyte betrachtet und meist als stammesgeschichtlich ältester Vertreter der Aconta eingestuft. Vertreter der Endosymbiontenhypothese sehen in *Cyanidium* aber einen farblosen Eukaryonten, der eine Blaualgenzelle als Endosymbiont (Cyanelle) aufgenommen hat. Schwierigkeiten gibt es für die Vertreter der Endosymbiontenhypothese dann allerdings bei der Bestimmung der Wirtszelle; im Falle von *Cyanidium caldarium* läßt man diese Frage offen. Für sehr ursprüngliche Endosymbiontenfälle nimmt die Endosymbiontenhypothese gerne farblose Cryptophyceenzellen (z.B. im Falle von *Cyanophora*) als Wirtszellen. Da aber *Cyanidium caldarium* eine Zellwand besitzt, kommen Cryptophyceen für eine Einordnung kaum in Frage. Außerdem können mit einer Zellwand versehene Formen keine Endosymbionten aufnehmen. Der Besitz von Lutein zeigt außerdem, daß sich keine endosymbiontisch aufgenommene Cyanophycee im Zellkörper befinden kann, da Lutein bei Cyanophyceen nicht vorkommt. Rhodophyta dagegen besitzen Lutein, ein eindeutiger Hinweis auf eine enge Verwandtschaft mit den Rhodophyta. *Cyanidium* nimmt eine vermittelnde Stellung zwischen Cyanophyta und Rhodophyta ein.

Nach der Autogenhypothese war nach dem Abbau der Prokaryonten-Zellwand, zunächst ein primärer phototropher, zellwandloser und geißelloser Ur-Eukaryont vorhanden. Die Kernverhältnisse sind ähnlich wie bei Dinophyta. Als Sonderentwicklung zweigen von dieser Stufe die geißellosen Rhodocyanobionta ab. Der sekundäre Ur-Eukaryont erwirbt autogen Geißeln mit dem charakteristischen 9+2 Microtubuli-System. Mit diesem entscheidenden Erwerb einer günstigen Fortbewegungsfähigkeit setzt eine starke radiative Entwicklung ein, welche zur Ausbildung vieler Algengruppen führt.

Argumentation – Autogenhypothese

Es ist ein Evolutionsgesetz (Anagenese), daß sich aus einem morphologisch und physiologisch einfachen Bauplan im Verlauf der Stammesgeschichte ein in beiden Beziehungen höher differenzierter Bauplan entwickelt. Daran ändert auch die Tatsache nichts, daß es regressive Evolutionen im Verlauf der Phylogenese gibt. Sie sind aber bei weitem in der Minderzahl und nicht die allgemeine Regel. Die Autogenhypothese erklärt, wie aus der stammesgeschichtlich älteren, morphologisch und physiologisch einfacheren Protocyte durch Vorgänge wie Einstülpungen von Membranen, Kompartimentierung innerer Zellräume, Ausbildung von Zellorganellen usw. allmählich und gleitend der Bauplan der Eucyte herausgebildet wurde. Die Ausbildung von Zellkern, Mitochondrien und Plastiden kann z.B. durch die Autogenhypothese zwanglos erklärt werden. Nach der Autogenhypothese ist auch das Centriol und mit ihm das vom Centriol induzierte Basalkörper-Geißelsystem autogenen Ursprungs und nicht aus einer symbiontischen Anlagerung entstanden. Die Autogenhypothese fordert bei den Eukaryonten einen primären Besitz von Plastiden, während die Endosymbiontenhypothese davon ausgeht, daß primär farblose Vertreter (ohne Plastiden) vorhanden waren, und daß sich erst sekundär durch Endosymbiose Vertreter mit Plastiden ausgebildet haben. Bei vielen Algenstämmen können wir aber einen deutlich erkennbaren sekundären Plastidenverlust feststellen und bei Euglenophyta z.B. (*Euglena-Astasia*) diesen Verlust sogar experimentell nachvollziehen.

Die Endosymbiontenhypothese geht davon aus, daß wichtige Zellorganellen wie Mitochondrien, Plastiden und Geißeln eine endosymbiontische Herkunft aufweisen. Als Beweis wird gerne angeführt, daß es heute zahllose Symbiosefälle im pflanzlichen und tierischen Bereich gibt und daß eine endosymbiontische Aufnahme von Fremdorganismen fast die Regel sei. Es gibt tatsächlich alle Übergänge von lockeren, symbiontischen Bindungen bis zu völligen Verschmelzungen (z.B. *Glaucocystis*). In den allermeisten Fällen kommt es aber zu keinem Identitätsverlust und zur völligen Verschmelzung, man denke nur an die vielen Fälle von Zoochlorellen und Zooxanthellen. Auch die besonders enge Symbiose zwischen Pilzen und Algen bei der Flechtenbildung zeigt, daß der Organismus nach wie vor ein Pilz bleibt, der symbiontisch Algen aufgenommen hat. Nur der Pilz fruktifiziert und bleibt dadurch auch ein Pilz und es entsteht kein neuer Organismus. Gerade die Vielfalt der Symbiontenformen zeigt, daß hier ein allgemeines Prinzip der Aufnahme von Organismen zwecks symbiontischen Zusammenlebens vorliegt. Generell wird das Wirtsindividuum gerade nicht verändert und die Fälle, welche zur Aufgabe der Individualität führen, sind die seltenen Ausnahmefälle und nicht die Regel. Man kann daher nicht verallgemeinern und sagen, daß die zahllosen rezenten Symbiosefälle Beweise und Modelle für die Endosymbiontenhypothese liefern würden. Gerade das Gegenteil ist der Fall; durch Endosymbiose wird das Wirtsindividuum in der Regel (mit verschwindend geringen Ausnahmen) nicht verändert. Trotzdem ist natürlich eine endosymbiontische Aufnahme von Bakterien und Cyanophyceen im Sinne der Endosymbiontenhypothese möglich, man sollte dies aber nicht von der Vielfalt der rezenten Symbiosefälle ableiten, sondern von den wenigen Ausnahmefällen (z.B. *Glaucocystis*).

Geißeln entstehen nach der Autogenhypothese aus microtubuli-organisierenden Zentren der Zelle, die auch für den Aufbau von Centriolen verantwortlich sind. Geißeln werden vom Basalkörper-Centriolkomplex induziert und entstehen autogen innerhalb der Zelle und nicht durch Anlagerung eines Symbionten. Nach der Autogenhypothese werden Geißeln erst sekundär im Verlauf der Stammesgeschichte der Eukaryonta von Vertretern der Contophora gebildet. Amöboidformen sind nach der Autogenhypothese sekundär von begeißelten Formen abzuleiten. Das wird heute kaum noch bestritten, während viele Anhänger der Endosymbiontenhypothese (z.B. Margulis) einen primären, heterotrophen, amöboiden, geißellosen Vertreter fordern. Nach der Endosymbiontenhypothese entsteht die Geißel durch Anlagerung von spirochaetenähnlichen Prokaryonten. Spirochaeten zeigen aber einen völlig anderen Aufbau als die $9+2$ Microtubuli-Geißel der Eukaryonten. Eine Ableitung ist daher nicht möglich. Die Endosymbiontenhypothese geht außerdem offensichtlich von einer primären Eingeißligkeit aus. Es ist aber heute unbestritten, daß bei Eukaryonten primär zwei (oder Mehrzahl von 2) Geißeln vorhanden waren. Eingeißlige Vertreter haben sekundär eine Geißel verloren. In fast allen Fällen konnte man noch den Rest der 2. Geißelbasis innerhalb der Zelle nachweisen.

Nach der Endosymbiontenhypothese sind Plastiden und Mitochondrien als Endosymbionten vor allem daran zu erkennen, daß sie Selbstteilungskörper und von einer Doppelmembran umgeben sind, ein eigenes Genom besitzen und prokaryontische Ribosomen vom 70S-Typ aufweisen, während die Ribosomen des Eukaryonten-Cytoplasmas dem größeren 80S-Typ angehören. Nach der Autogenhypothese sind bei der Kompartimentierung der Zelle die von den prokaryontischen Vorfahren stammenden 70S-Ribosomen in Zellorganellen (Plastiden und Mitochondrien) eingeschlossen worden. Mit dem Größerwerden der Zelle (Eukaryontenzelle im Durchschnitt zehnmal so groß wie die Prokaryontenzelle und mit 1000fachem Volumen) erfolgte auch ein Größerwerden der im Cytoplasma der Zelle verbliebenen Ribosomen. Auf diese Weise läßt sich zwanglos das Vorhandensein von größeren 80S-Ribosomen im Cytoplasma der eukaryontischen Zelle erklären. Mitochondrien und Plastiden dagegen wurden nicht in der Größe, sondern in ihrer Zahl vermehrt.

Diskussion (Endosymbionten- und Autogenhypothese)

Nach der Wissenschaftstheorie wird beim Vorliegen mehrerer Hypothesen diejenige bevorzugt, welche dem Gesetz der maximalen Denkökonomie am ehesten entspricht. Danach ist diejenige Hypothese vorzuziehen, welche die vorliegenden Fakten (= Stammesgeschichte) am einfachsten erklärt, ohne Hilfshypothesen auskommt und auch Voraussagen ermöglicht. Außerdem soll sie der Forderung entsprechen, daß sich im Verlauf der Stammesgeschichte aus einfacheren Organismen höher differenzierte Organismen entwickeln.

Vor der anschließenden Diskussion beider Hypothesen soll noch kurz auf die **Sequenz-Untersuchungen** von SCHWARTZ & DAYHOFF eingegangen werden. Man trifft häufig auf den Einwand, daß diese Untersuchungen über Aminosäure-Sequenzen von Proteinen und Nukleotid-Sequenzen von Nukleinsäuren ergeben hätten, daß die Sequenzdaten wohl mit der Endosymbiontenhypothese, nicht aber mit der Autogenhypothese zu vereinbaren seien. Die Sequenzvergleiche analoger Proteine und Nukleinsäuren aus Mitochondrien und Plastiden mit solchen von rezenten Prokaryonten einerseits und dem Kern-Cytoplasma-Kontinuum rezenter Eukaryonten andererseits hätten eindeutig zu diesem Ergebnis geführt. Nach diesen Untersuchungen stehen die Mitochondrien nach der Sequenzverwandtschaft in der Nähe aerober, bzw. photosynthetisierender Bakterien, die Plastiden dagegen in der Nähe der Cyanophyceen, also weit entfernt von den Sequenzen des eukaryontischen Kern-Cytoplasma-Kontinuums.

Die Verfechter dieser These legen ihren Behauptungen aber eine völlig veraltete Auffassung der Autogenhypothese zugrunde. Mitochondrien und Plastiden sollen sich nach dieser Auffassung erst innerhalb der Eukaryontenzelle gebildet haben, indem sich kurze DNS-Sequenzen aus den eukaryontischen Chromosomen abgeschnürt hätten, in das Cytoplasma abgewandert seien und dort in besonderen Membrankompartimenten eingeschlossen worden seien.

Die moderne Autogenhypothese sieht aber, wie dargelegt, in den Mitochondrien und Plastiden prokaryontische Inseln innerhalb des eukaryontischen Zellgefüges, welche bei der allmählichen Umwandlung der Protocyte in die Eucyte beibehalten wurden. Im Zuge der Kompartimentierung der Eukaryontenzelle wurden sie nur noch mit weiteren, außen liegenden, eukaryontischen Membranen versehen.

Beide Hypothesen, sowohl die Endosymbionten- als auch die Autogenhypothese gehen davon aus, daß Mitochondrien und Plastiden aus dem prokaryonten Zellbereich (bzw. Bereich) stammen. Die Vorstellungen über das Wie gehen allerdings diametral auseinander.

Die Sequenzuntersuchungen besagen nur, daß Mitochondrien und Plastiden Prokaryonten-Merkmale aufweisen. Das fordern aber beide Hypothesen. Daher können die angeführten Sequenzuntersuchungen weder als Beweis der Endosymbiontenhypothese noch als Ablehnung der Autogenhypothese herangezogen werden. Die Fehldeutung dieser Untersuchungsergebnisse beruht auf der Nichtkenntnis der modernen Autogenhypothese.

Endosymbiontenhypothese (Taf. 16): Sie entspricht, wie auch die Autogenhypothese, der Forderung, daß aus einfacheren Organismen höher differenzierte entstehen. Die Höherentwicklung erfolgt durch eine Reihe von Symbiose-Schritten. Höher differenzierte Formen entstehen durch Autonomieverlust ursprünglich voll autonomer Lebewesen. Das ist sicher nicht der normale Weg, den die Evolution bei der Höherdifferenzierung einschlägt, er ist aber vorstellbar. Es gilt zu überprüfen, ob die Symbioseschritte durch Fakten, bzw. rezente Modelle, erklärt werden können.

1. Symbioseschritt: Ein Prokaryont nimmt durch Phagocytose einen kleineren, aeroben Prokaryonten auf. Dieser Schritt ist völlig hypothetisch und wird durch keinerlei Fakten gestützt. Es gibt keine phagocytären Prokaryonten und auch keine Prokaryonten mit amöboider Formveränderung. Pseudopodienartige Bildungen, die bei einer phagocytären Nahrungsaufnahme notwendig sind, können nur von Zellen mit leicht flüssigem, stark strömendem Cytoplasma erzeugt werden. Prokaryonten besitzen jedoch festes Cytoplasma, das keine phagocytäre Nahrungsaufnahme erlaubt. Außerdem würde eine phagocytäre Nahrungsaufnahme einen zellwandlosen Prokaryonten erfordern. Alle rezenten zellwandlosen Modelle, wie etwa Mycoplasmataceen, sind viel zu stark abgeleitet (sekundär parasitische

Vertreter) und auch viel zu klein, um als Modell dienen zu können. Neuerdings wird gerne *Thermoplasma* (Archaebacteria) als Modell verwendet. *Thermoplasma* ist zwar pleomorph, vermag aber nicht phagocytär Nahrungsteile aufzunehmen. *Thermoplasma* kommt in brennenden Abfallhaufen bei Temperaturen von 65°C vor. Es ist kaum vorstellbar, daß unter diesen Lebensbedingungen aerobe Prokaryonten als Endosymbionten aufgenommen wurden.

Nach der Endosymbiontenhypothese wandelt sich der aufgenommene aerobe Prokaryont (= Protomitochondrium) in ein Mitochondrium um. Auch dieser Prokaryont mit Mitochondrien ist rein hypothetisch; es gibt keine Prokaryonten mit Mitochondrien. Zusammenfassend ist zu sagen, daß der 1. Symbioseschritt völlig hypothetisch ist und durch keine Fakten (Modelle) gestützt werden kann.

2. Symbioseschritt: Durch symbiontische Aufnahme eines spirochaetenähnlichen Prokaryonten entsteht, bei nachfolgender Ausbildung eines Zellkernes, die primäre, begeißelte, plastidenfreie Eucyten-Zelle. Auch dieser Schritt ist hypothetisch und durch keine Fakten belegt. Zunächst gilt die Feststellung, die wir bereits für den 1. Symbioseschritt getroffen haben, daß es keine Prokaryonten mit phagocytären Eigenschaften gibt. Es kann also auch keine phagocytäre Aufnahme (auch nicht im Sinne einer Anlagerung und eines „Hineinrutschens" des basalen Bereiches in die Zelle) eines spirochaetenähnlichen Symbionten geben. Der Achsenstab der Spirochaeten, wie auch die Geißeln der anderen Bakterien, zeigen keinerlei Homologien mit der 9 + 2 Microtubuli-Geißel der Eukaryonten. Es gibt keine morphologischen Übereinstimmungen und auch keine im biochemischen Bereich. Die Proteine der Bakteriengeißeln und des Achsenstabes der Spirochaeten entsprechen nicht dem Tubulin der Eukaryontengeißel. Der Kern dieser primären Eucytenzelle wurde durch Einstülpungen der Bakterien-Cytoplasmamembran gebildet, welche sich zunächst zu einem endoplasmatischen Reticulum differenzierten und eine Membran (Kernmembran) um das Kernäquivalent bildeten.

Der 2. Symbioseschritt ist, bis auf die Ausbildung der Kernmembran, abzulehnen. Die geforderte Umwandlung eines Prokaryonten (etwa spirochaetenähnlich) in das 9 + 2 Microtubuli-System der Eukaryonten ist rein hypothetisch und durch Fakten nicht gestützt. Auch das verwendete Modell (*Mixotricha*) ist ungeeignet. *Mixotricha* (Trichomonadida) weist eine endosymbiontische Lebensweise im Darmtrakt von Termiten auf, und die Körperoberfläche ist von Tausenden von angelagerten Bakterien und Spirochaeten bedeckt. Am Vorderpol des Flagellaten befinden sich die Geißeln. Nun soll sich ein einziger von diesen Tausenden Prokaryonten, der sich außerdem auch nicht am Vorderpol der Zelle (dem Geißel-Standort der primären Eukaryontenzelle) befindet, durch einen Symbiose-Vorgang in die 9 + 2 Microtubuli-Geißel der Eukaryonten umwandeln. Außerdem wird hier ein Eukaryont als Modell verwendet, aber nach der Endosymbiontenhypothese wird ja ein Prokaryont als Wirtszelle angenommen. Die Umwandlung eines Prokaryonten in die Eukaryonten-Geißel, einerlei ob ein Prokaryont oder ein Eukaryont als Wirtszelle vorliegt, ist aber auch als Modell viel zu hypothetisch, um ernsthaft diskutiert zu werden.

Die Symbioseschritte 1 und 2 sind daher abzulehnen.

3. Symbioseschritt: Ein plastidenloser, eukaryontischer Flagellat (Amoeboflagellat) nimmt phagocytär kugelige Prokaryonten (Cyanophyceen) auf, die in Plastiden umgewandelt werden. Dieser Symbioseschritt wird durch zahlreiche rezente Fälle (z.B. *Cyanophora, Geosiphon*) gestützt und ist ohne Widerspruch anzunehmen. Wichtig ist aber die Erkenntnis, daß offensichtlich **nur eukaryontische Zellen** zu symbiotischen Aufnahmen befähigt sind, nicht aber prokaryontische Zellen. Eukaryontische Zellen können nicht nur Prokaryonten, sondern auch andere Eukaryonten (z.B. Zoochlorellen, Zooxanthellen) als Symbionten aufnehmen.

Die Endosymbiontenhypothese vermag nicht die Entstehung der Eucyte aus der Protocyte zu erklären. Symbiosen wie sie die Endosymbiontenhypothese fordert, kommen nur im eukaryontischen Bereich und nicht bei Prokaryonten (siehe Symbioseschritt 1 und 2) vor. Was bleibt von der Endosymbiontenhypothese übrig? Die gut begründete Hypothese, daß Eukaryonten (3. Symbioseschritt) Prokaryonten (z.B. Cyanophyceen) endosymbiontisch aufnehmen können und daß sich aus diesen Endosymbionten die Plastiden der Eukaryonten entwickeln. Die **Endosymbiontenhypothese** vermag ihr Hauptziel, den Übergang von der Protocyte zur Eucyte, nicht zu erklären.

Eine Neufassung wäre möglich, wenn alle endosymbiontischen Prozesse im Eukaryontenstadium ablaufen würden: Zuerst primärer, zellwandloser, nicht begeißelter Eukaryont, dann endosymbiontische Aufnahme von aeroben Bakterien (wandeln sich in Mitochondrien um), und später endosymbiontische Aufnahme von Cyanophyceen (wandeln sich in Plastiden um), anschließend dann eine autogene Entstehung des Geißelsystems. Die entscheidende Frage, der Übergang von der Protocyte zur Eucyte, kann aber durch die Endosymbiontenhypothese nicht beantwortet werden.

Autogenhypothese (Taf. 17): Sie entspricht (wie auch die Endosymbiontenhypothese) dem Evolutionsgesetz, daß sich aus einfacheren Organismen höher entwickelte Organismen bilden. Die Höherentwicklung erfolgt gleitend; aus den Strukturen des einfacheren Organismus entstehen die komplizierteren Strukturen des höher entwickelten Organismus. Die Bildung von Zellorganellen, wie z. B. Mitochondrien und Plastiden, erfolgt durch **Autonomiegewinn** innerhalb des Zellbereiches, nicht durch Autonomieverlust wie bei der Endosymbiontenhypothese.

Ausgangspunkt: Prokaryontenzelle.

1. Schritt: Beginn der Kompartimentierung des Zellraumes durch Ausbildung von Membranen. Diese Membranbildungen, die durch Einstülpungen der Cytoplasmamembran der Prokaryontenzelle (Bakterien) entstehen, kommen bei rezenten Prokaryonten in vielfältiger Form vor und können als Modelle benutzt werden. Sie liegen in Form von Thylakoiden und Mesosomen, z. B. bei photosynthetisierenden Bakterien und Cyanophyceen, vor. Eine Abtrennung dieser Membranen von der Cytoplasmamembran der Zelle kann schon bei den Thylakoiden der photosynthetisierenden Bakterien (z. B. Rhodobacteriaceen) und natürlich bei den Thylakoiden der Cyanophyceen beobachtet werden.

2. Schritt: Die abgeschnürten Membrankörper bilden eine prokaryontische Cytoplasmamembran um den eigenen Körper, dabei schließen sie Episomen-DNS und prokaryontische 70 S-Ribosomen mit ein. Abgeschnürte Membrankörper mit einer umgebenden Membran sind als geschlossene Vesikel bekannt (z. B. bei *Rhodospirillum*, aber auch bei Cyanophyceen). Auch abgeschnürte Thylakoidstapel mit eigener umhüllender Cytoplasmamembran (z. B. bei *Ectothiorhodospira*) kommen vor. Es fehlt der Nachweis, daß Episomen und Ribosomen bei diesen Vorgängen mit eingeschlossen werden. Der mögliche Einschluß von Ribosomen ist aber leicht denkbar, da Ribosomen sich überall im Cytoplasma der Prokaryontenzelle befinden und bei der Abgrenzung eines Membrankörpers leicht mit eingeschlossen werden können. Auch der Einschluß von Episomen läßt sich theoretisch auf dieselbe Weise leicht erklären. Der Episomen-Anteil (Episomen-DNS) kann dabei sehr gering sein, da die Mitochondrien-DNS der eukaryontischen Zelle nur etwa 0,1–1% und diejenige der Plastiden nur etwa 6% der Gesamt-DNS-Menge der eukaryontischen Zelle beträgt. Untersuchungen zur Klärung dieser Fragen liegen offensichtlich noch nicht vor. Man muß dabei berücksichtigen, daß erst in den letzten Jahren viele intraplasmatische Membrankörper bei Prokaryonten entdeckt wurden und daß daher spezifische Daten noch nicht vorliegen. Es sind aber keine ernsthaften Hindernisse bekannt, die einen Einschluß von Episomen und Ribosomen in Membrankörper nicht erlauben würden.

3. Schritt: Ausbildung von Vorstufen eines endoplasmatischen Reticulums in der Prokaryontenzelle; Ausbildung von Vorstufen der microtubulibildenden Zentren; Abbau der Prokaryonten-Zellwand. Die mit der Bildung abgeschnürter Membrankörper einsetzende Kompartimentierung der Prokaryontenzelle wird fortgesetzt. So ist z. B. das Cytoplasma von *Azotobacter* von einem Membranennetzwerk (Reticulum) durchzogen. Bei Cyanophyceen (z. B. bei *Anabaenopsis* und *Anacystis*) wurden Verzweigungen und Verschmelzungen von Thylakoiden festgestellt. Über Verzweigungen mit anschließender Umfassung können also auch bei Cyanophyceen von einer Membran umschlossene Membrankörper entstehen. Sowohl bei Bakterien als auch bei Cyanophyceen ist eine Vergrößerung der intraplasmatischen Membransysteme zu beobachten. **Vorstufen von microtubulibildenden Zentren** hat man bei *Nostoc* (Cyanophyceen) entdeckt. Hier fand man geordnete, tubuli-ähnliche Körper, je einen im Polbereich der Zelle. Während dieser noch prokaryonten Phase erfolgt der **Abbau der Prokaryonten-Zellwand**. Als Modell für den Abbau einer prokaryontischen Zellwand kann man stabil werdende, zellwandlose L-Formen heranziehen. Dieser Abbau ist Voraussetzung für die für die Evolution der Eukaryontenzelle so wichtigen **Cytose** (Phagocytose = Exocytose und Endocytose). Cytose-Vorgänge kommen nur in der Eukaryontenzelle, nicht aber in der Prokaryontenzelle vor. Möglicherweise kommen auch bei Cyanophyceen zellwandlose L-Formen vor.

4. Schritt: Die Ausbildung des endoplasmatischen Reticulums und die Fähigkeit zur Phagocytose (durch Abbau der Prokaryonten-Zellwand) sowie die Fähigkeit zur Endocytose führt zur Ausbildung der **primären Ureukaryontenzelle**. Durch Endocytose werden eukaryontische, aus Teilen des **endoplasmatischen Reticulums bestehende Membranen** um die inzwischen entstandenen Membrankörper (Vorstufen der Mitochondrien und Plastiden mit prokaryonter Membran) gebildet, und es entstehen

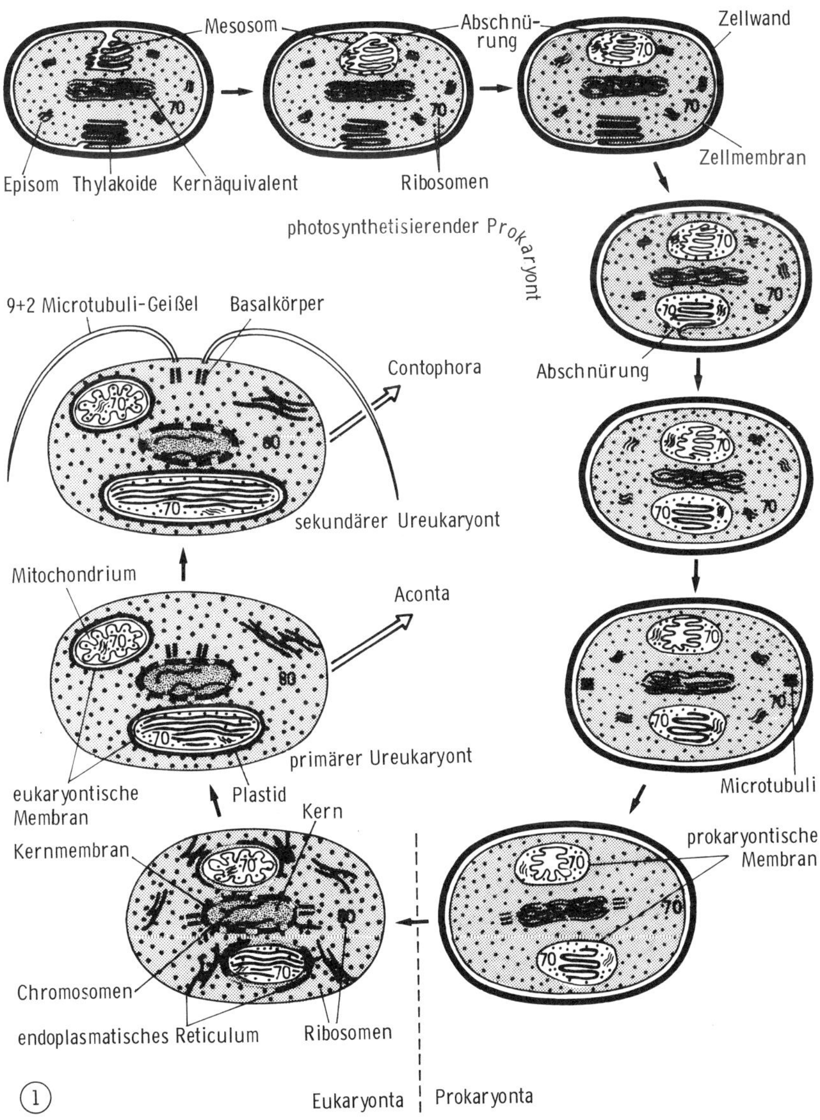

Taf. 17. Modellhafte Entstehung der Eucyte nach der Autogenhypothese. Erläuterung im Text, S. 58–60.

mit einer **Doppelmembran** (innere Prokaryonten- und äußere Eukaryontenwand) versehene Mitochondrien und Plastiden. Durch Endocytose entsteht die **Kernmembran** und damit das Charakteristikum der eukaryonten Zelle, der von einer Membran umgebene Zellkern. Aus dem Kernäquivalent der Prokaryonta entstehen erstmals primitive **Chromosomen** (bei Dinophyta), die einen deutlichen Übergang zwischen Pro- und Eukaryonta vermitteln. Die DNS ist hier noch nackt (ohne Histone) oder sehr lose mit kleinmolekularen Proteinen verknüpft (wie bei Prokaryonten), aber schon auf mehrere Chromosomen verteilt (typisch eukaryontisch). Die Chromosomen sind bei den Dinophyta noch an der Kernmembran angeheftet, ein stammesgeschichtlich sehr altes Merkmal. Der Mitose-Ablauf ist bei den stammesgeschichtlich alten Vertretern der Eukaryonta noch sehr primitiv. Die Kernmembran wird dabei nicht aufgelöst (geschlossene Mitose) und die Mitose läuft noch ohne Mitwirkung von Centriolen ab. Erst später kommt es bei den Eukaryonta zu Mitosen mit Beteiligung von Centriolen unter Auflösung (zunächst nur porenartige Öffnungen an den Polen) der Kernmembran.

5. **Schritt:** Durch die ständig größer werdende Kompartimentierung der Eukaryontenzelle wird eine viel größere Effektivität erreicht und die Zelle beginnt sich stark zu vergrößern. Um die Plastiden und zum Teil auch um den Zellkern werden weitere, vom endoplasmatischen Reticulum gebildete Membranen (1–2) gelegt, so daß z. T. eine **Membranverbindung zwischen Plastid und Kern** hergestellt wird. Dadurch erfolgt ein noch stärkerer Abschluß der Zellorganellen (Plastiden) gegenüber dem Cytoplasma der Zelle, aber auch gleichzeitig eine stärkere Anbindung an den Kernbereich. Die in den Zellorganellen abgekapselten Ribosomen behalten, bedingt durch den Abkapselungsprozeß, ihre 70S-Größe bei, während die im Cytoplasma der Zelle verbliebenen Ribosomen sich mit dem Größerwerden der Zelle ebenfalls vergrößern und zu **80S-Ribosomen** werden. Während dieser Phase wird von den microtubulibildenden Zentren der Centriol-Basalkörper-Komplex gebildet.

6. **Schritt** Von dem autogen entstandenen **Centriol-Basalkörperkomplex** wird die typische 9+2 **Microtubuli-Geißel** der Eukaryonten gebildet. Primär mit 2 Centriolen (notwendig für Mitose). Aus den Centriolen entwickeln sich 2 Basalkörper, daher primär 2 Geißeln vorhanden. Es entsteht der begeißelte, **sekundäre Ureukaryont**. Mit der nun viel größeren Beweglichkeit und der Möglichkeit zur schnellen Ortsveränderung werden zahlreiche ökologische Nischen besiedelt, und es setzt eine starke **radiative Evolution** (radiative Adaption) dieser einzelligen, zellwandlosen, begeißelten, gefärbten Flagellaten (sekundäre Ureukaryonten) ein. Es entstehen in schneller Folge zahlreiche Algengruppen, deren stammesgeschichtlich ältesten Vertreter alle noch den primären zellwandlosen, begeißelten und gefärbten Bau zeigen.

7. **Schritt:** In zahlreichen Algengruppen kommt es zur **sekundären Mehrzelligkeit.** In vielen Gruppen ist ein **sekundärer Plastidenverlust**, vor allem im einzelligen, aber auch im mehrzelligen Bereich, festzustellen. Aus sekundäre farblosen Flagellaten entstehen zahlreiche „Protozoen-Gruppen“, und aus sekundär farblosen, vielzelligen Kolonien (aus dem Craspedophyten-Bereich) entstehen die vielzelligen Metazoa (Tiere).

Zusammenfassend kann gesagt werden, daß durch die Autogenhypothese die Umwandlung der Protocyte in die Eucyte erklärt werden kann. Auch die nachfolgenden Evolutionsschritte im Bereich der Eukaryonta lassen sich unter dem **Prinzip der Autogenhypothese**, der **allmählichen Höherentwicklung**, erklären. Die Endosymbiontenhypothese läßt sich nur auf den Eukaryontenbereich anwenden, da die für diese Hypothese entscheidenden Cytosen (Phago- und Endocytose) erst bei den Eukaryonten ausgebildet werden. Eine endosymbiontische Aufnahme von Pro- und auch Eukaryonten in eukaryontische Zellen bleibt unbestritten und ist sowohl während des Praekambriums als auch zu späteren Zeitpunkten erfolgt. Eine endosymbiontische Aufnahme von kokkalen Cyanophyceen und deren Umwandlung in Plastiden erscheint gesichert und ist bei phylogenetischen Untersuchungen zu beachten. Die vorliegende Bearbeitung basiert auf der Autogenhypothese.

Entstehung der Sexualität und Entstehung des Generationswechsels
(Taf. 18)

Prokaryonten besitzen keine Sexualität, sie wurde erst bei den Eukaryonten entwickelt. Wir können davon ausgehen, daß in der frühen Phase der Eukaryonten-Evolution die Genauigkeit der DNS-Replikation ständig zugenommen hat, dadurch sank aber die Mutationsrate ständig ab. Genübertragungen gehen bei Prokaryonten relativ leicht vor sich. Durch die Ausbildung eines Zellkernes wurde aber bei den Eukaryonta die Übertragung von Genen wesentlich erschwert. Das führte in der Frühzeit der Eukaryonten-Evolution zu einer Verlangsamung der Evolutionsgeschwindigkeit. Das Entstehen der Sexualität führte aber zu einem sehr hohen Selektionsvorteil, da nun ständig neue Gen-Rekombinationen zustande kommen.

Die Ausbildung der Sexualität (sicher mehrmals unabhängig voneinander entstanden) hat zu einer explosiven Entfaltung der Eukaryonten beigetragen. Die stammesgeschichtlich älteren Prokaryonten-Gruppen konnten sich wohl behaupten, spielten aber in der Gesamt-Evolution seit dem Ende des Praekambriums keine große Rolle mehr. Ihre Selektionsvorteile, wie sehr kurze Generationenfolge, hohe Populationsgrößen, relativ schnelle Umwandlung des Stoffwechsels (chemische Anpassung), erlauben ihnen aber, sich neben den Eukaryonten zu behaupten. Das Entstehen der Eukaryonta erweiterte aber die ökologischen Möglichkeiten der Bakterien sehr. Viele Bakterien-Gruppen gingen sekundär zu einer parasitischen, endo- und ektokommensalischen und endo- und ektosymbiontischen Lebensweise in und an Eukaryonten über. Das Entstehen der Eukaryonta wurde zu einer riesigen ökologischen Nische für Bakterien-Gruppen.

Bei den Rhodophyta ist bereits eine echte Sexualität vorhanden. Bei anderen, ebenfalls stammesgeschichtlich sehr alten Gruppen liegt z. T. Sexualität vor, z. T. ist sie nicht sicher festgestellt oder scheint sekundär zu fehlen. Bei Dinophyta wurde Anisogamie (mit Mikro- und Makrogameten) festgestellt, bei Cryptophyta wurde nur in einem einzigen Fall eine isogame Kopulation bei einer *Cryptomonas*-Art beobachtet. Bei Euglenophyta und Protomonadinea konnte keine Sexualität festgestellt werden, bei Euglenophyta wird dies aber z. T. behauptet. Offensichtlich ist bei diesen Gruppen der starke Trend zu einer sekundären, plastidenlosen Lebensweise mit einem Verlust der Sexualität gekoppelt.

Bei den Chlorobionta, mit den Prasinophyta als stammesgeschichtlich ältester Gruppe, treffen wir Sexualität an. Bei den **Prasinophyta** und auch bei den von ihnen abzuleitenden **Chlorophyta** (z.B. *Chlamydomonas*) liegt die primitivste und **stammesgeschichtlich älteste Form der Sexualität** vor. Der einzellige Organismus wird als **Ganzes zur Geschlechtszelle** (Gamet). Es entstehen morphologisch identische Isogameten, die bei der Kopulation zur Zygote verschmelzen. Der phylogenetische Weg führt bei den Eukaryonten von der primären Isogamie mehrmals unabhängig voneinander zur Anisogamie und schließlich zur Oogamie. Damit gekoppelt ist eine starke individuelle Vermehrung, da bei Anisogamie und Oogamie eine große Gametenzahl produziert wird.

Zusammenfassend kann gesagt werden, daß bei den Eukaryonta wohl eine primäre Sexualität vorhanden ist, daß es aber in einigen Teilgruppen (mit fast ausschließlich einzelligen Vertretern) zu einem starken **Abbau der Sexualität** kommt und dieser Abbau zum Teil auch zum völligen Sexualitätsverlust führt. Eukaryonten waren mit Sicherheit zunächst **Haplonten**. Nach der Kopulation entstand die diploide Zygote und durch die Meiose (Reduktionsteilung) wurde wieder der haploide Chromosomenbestand hergestellt.

Ursprünglich hatte Sexualität nichts mit einer Vermehrung der Individuenzahl zu tun, das zeigt deutlich die primäre Hologamie (Isogamie), bei welcher der einzellige Organismus direkt zum Gameten wird, und bei der Kopulation verschmelzen zwei Individuen (= Gameten) zur Zygote. Erst bei der Ausbildung besonderer Gameten erfolgt durch die sich an die Zygotenbildung anschließenden Reifeteilungen (Meiose und Mitose) eine Vermehrung der Individuenzahl. Sexualität und Meiose sind untrennbar miteinander verknüpft.

Im primären Fall tritt die Meiose direkt nach der Zygotenbildung ein (**Haplontentyp**) und das normale, vegetative Stadium ist haploid. Im abgewandetelten Fall ist das normale Stadium dagegen diploid, und die Meiose tritt erst bei der Gametenbildung auf (**Diplontentyp**).

Den Haplontentyp treffen wir bei einzelligen Vertretern (einerlei ob primär gefärbt oder sekundär farblos) sehr häufig an. Diese Vertreter haben den primären Typ beibehalten. Im pflanzlichen Bereich sind es vor allem die Bacillariophyta (Diatomeen), welche den sekundären Diplonten-Typ aufweisen, daneben auch die Fucales (Phaeophyta). Innerhalb der sekundär farblosen, einzelligen Vertreter treffen wir den sekundären Diplontentyp bei Heliozoen, Ciliophora, Foraminiferen (hier Generationswechsel zwischen haploider und diploider Generation) und einigen polymastiginen Flagellaten (z.B. *Macrospironympha, Notila, Rhynchonympha*) an. Es ist offensichtlich, daß **sekundäre Diploidie** (Diplonten-Typ) vielmals unabhängig voneinander entstanden ist.

Zahlreiche Algengruppen behalten die primäre Haploidie bei. Für einen reinen Haplontentyp entstehen im Evolutionsgeschehen Nachteile, da rezessive Allele im Phänotyp zum Ausdruck kommen und von der Selektion ausgemerzt werden können. Präadaptionen durch Anhäufungen rezessiver Allele sind also beim primären Haplonten-Typ nicht möglich. Das bedeutet relativ langsame Evolutionsgeschwindigkeiten, da die für Einnischungsprozesse wichtige Präadaption wegfällt. Diplonten sind im Evolutionsgeschehen den Haplonten weit überlegen.

Schon bei stammesgeschichtlich sehr alten Haplonten (z.B. Chlorophyta: *Chlamydomonas*) treffen wir auf einen Wechsel zwischen ungeschlechtlicher und geschlechtlicher Fortpflanzung. Dieser zunächst noch weitgehend von Umweltfaktoren abhängige und daher auch zunächst noch unregelmäßige Wechsel wird als **primärer Generationswechsel** bezeichnet. Später wird dann im Verlauf der Evolution der primäre Generationswechsel gefestigt, und es kommt in verschiedenen Pflanzengruppen (Rhodophyta, Phaeophyta, abgeleitete Chlorobionta in Form von Landpflanzen) zur verstärkten Ausbildung der diploiden Phase des Generationswechsels verbunden mit einer starken Höherentwicklung (Anagenese). Dies ist besonders deutlich bei den sekundär das Festland besiedelnden Cormobionta (Moose, Farne, Samenpflanzen) zu beobachten. Der haploide Gametophyt wird bei den Pflanzen im Verlauf der Evolution immer mehr reduziert. Bei den Landpflanzen (Cormobionta) kann man diesen Vorgang deutlich verfolgen. Bei den Moosen ist der Gametophyt (die eigentliche Moospflanze) noch gut ausgebildet. Der Sporophyt sitzt auf dem Gametophyten, ist also noch nicht selbständig. Bei den Farnen ist der Gametophyt auf das kleine Prothallium beschränkt, während der Sporophyt die eigentliche Farnpflanze ist. Bei den Samenpflanzen können wir den Übergang zu einem fast reinen Diplontentyp feststellen. Die Pflanze selbst ist der Sporophyt, und der Gametophyt wird sehr stark reduziert und in Fortpflanzungsorgane im Innenbereich des Sporophyten verlagert. Durch einen Generationswechsel wird allgemein gesehen, die Zahl der Fortpflanzungszellen (Gameten, Sporen) wesentlich erhöht; ein wichtiger Selektionsvorteil gegenüber Vertretern ohne Generationswechsel. Ein weiterer Evolutionsvorteil ist die bessere Anpassungsfähigkeit der Sporophyten, welche ja bis zur fast reinen Ausbildung von Diplonten (Samenpflanzen) führt.

Bei Pilzen (Eumycota) wird die diploide Phase durch eine Paarkernphase ersetzt.

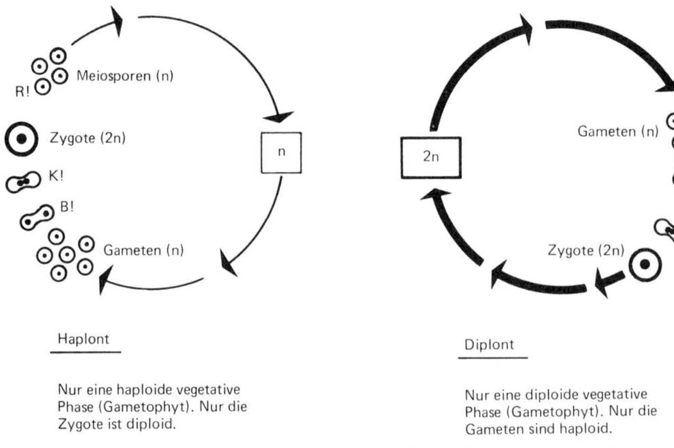

Taf. 18. Haplonten- und Diplonten-Typ bei Eukaryonten (nach V. D. HOEK).

Bei vielzelligen Tieren (Metazoa) kommen Generationswechsel in Form von **Metagenese** (Wechsel zwischen ungeschlechtlicher und geschlechtlicher Fortpflanzung, z.B. bei Cnidaria) und in Form von **Heterogonie** (Wechsel zwischen parthenogenetischer und normaler, zweigeschlechtlicher Fortpflanzung, z.B. bei Blattläusen) vor. Hier liegen aber sekundäre Generationswechsel vor, welche unabhängig voneinander in verschiedenen mehrzelligen Tiergruppen entstanden sind. Es besteht keinerlei Beziehung zum Typ des primären Generationswechsels. Tiere behalten auch durch den sekundären Generationswechsel den Diplontentyp bei. In Einzelfällen kann bei haploider Parthenogenese (z.B. Hymenopteren: Bienen) das männliche Geschlecht haploid sein. Das Auftreten haploider Individuen ist hier aber nicht mit einem Generationswechsel verknüpft.

Biologische Evolution während des Praekambriums

(Taf. 19 u. 20)

Bis vor etwa 30 Jahren wurde das Praekambrium als ein nahezu fossilloses Zeitalter der Erdgeschichte betrachtet. 1954 begann man mit der Untersuchung der Gunflint-Iron-Serie aus Südontario (Alter etwa 1,9 Mrd. Jahre), und seit diesem Datum häufen sich die Untersuchungen über Fossilformen aus dem Praekambrium. Sie haben inzwischen wichtige, ja entscheidende Daten zum Verlauf der biologischen Evolution während dieser Erdzeitphase geliefert. Viele Untersuchungen sind noch nicht abgeschlossen, die Deutung der Fossilformen ist oft umstritten. Trotz der zahlreichen Untersuchungen der letzten Jahre müssen wir davon ausgehen, daß die praekambrische Flora und Fauna noch sehr unvollkommen bekannt ist. Wichtigste Evolutionsschritte (z.B. Ausbildung der Eukaryonten-Zelle) erfolgten während des Praekambriums, welches etwa $^7/_8$ der Erdgeschichte umfaßt. Das **Praekambrium** beinhaltet die Zeit von der Entstehung der Erde vor etwa **4,5–4,8** Mrd. Jahren bis zu einem Zeitpunkt vor etwa **0,6 Mrd. Jahren**, nämlich dem Beginn des Palaeozoikums. Naturgemäß handelt es sich bei den Fossilien des Praekambriums, mit Ausnahme seiner jüngsten Schichten, um stammesgeschichtlich sehr alte Vertreter mit relativ einfachen Bauplänen. Es fehlen Hartteile (Innen- und Außenskelette), welche eine bessere Möglichkeit der Fossilwerdung bieten könnten. Aus den angeführten Gründen ist die Deutung der meist mikroskopisch kleinen Fossilien oft sehr schwierig. Wir müssen aber dabei berücksichtigen, daß eine präkambrische Palaeobiologie (abgesehen von einigen Vorläufern) erst seit etwa 25 Jahren besteht und ständig wird an der Verbesserung ihrer Untersuchungstechniken gearbeitet. Viele Ergebnisse sind daher noch hypothetisch, sie bedürfen einer späteren, genaueren Begründung. Außer den **Fossilien von Lebewesen** spielen bei der Erforschung der biologischen Evolution während des Praekambriums auch **Chemofossilien** eine wichtige Rolle. Viele chemische Verbindungen werden z.B. nur von Organismen gebildet und können daher ebenfalls wichtige Ergebnisse liefern.

Das Praekambrium wird heute in Alt-, Mittel- und Jung-Praekambrium aufgeteilt.

Alt-Praekambrium

Es beginnt mit den ältesten bekannten Gesteinen und endet etwa vor 2,5 Mrd. Jahren. Das älteste, bisher bekannt gewordene altpraekambrische Gestein ist der **Montevideo-Gneis** aus SW-Minnesota. Er hat ein Alter von etwa **3,8 Mrd. Jahren**. Nur wenig jünger ist der Amitsoq-Gneis von West-Grönland, welcher ein Alter von etwa 3,75 Mrd. Jahren aufweist. Ein etwa gleiches Alter besitzen die Sedimentgesteine der Issua-Eisen-Formation. Diese bisher bekannten ältesten präkambrischen Formationen vermögen aber nicht den Beginn der biologischen Evolution zu übermitteln, da dieser Beginn auf eine Zeit vor etwa 4,25 Mrd. Jahren geschätzt wird. Sedimentgesteine aus dieser frühesten Erdepoche sind bis heute noch nicht bekannt geworden.

Fossilfunde aus dem Alt-Praekambrium: In Metaquarziten der Issua-Eisen-Formation (Alter etwa 3,75 Mrd. Jahre) wurden kugelig geformte, graphitische Mikrostrukturen gefunden. Es ist noch nicht geklärt, ob sie biotischen oder abiotischen Ursprungs sind. Die am besten erhaltenen Fossilien des

Alt-Praekambriums stammen aus dem Swaziland-System Südafrikas. Zum Swaziland-System gehören die berühmten Fossilfunde der **Onverwacht-Serie** (vor etwa 3,3–3,4 Mrd. Jahren) und der **Fig-Tree-Serie** (vor etwa 3,1 Mrd. Jahren). Die Sedimentgesteine des Swaziland-Systems sind nur schwach metamorph und daher gut datierbar. Die Sedimente liegen in Form von Hornsteinen, Grauwacken, Schiefern und gebänderten Eisenerzen vor. Die meisten Fossilien sind im Hornstein zu finden. Aus der Onverwacht-Serie sind kugelige und fadenförmige Mikrofossilien bekannt geworden, welche wahrscheinlich biogenen Ursprungs sind. Untersuchungen der organischen Verbindungen des Gesteins, sowie der C-Isotopenzusammensetzung sprechen für einen biogenen Ursprung. Die kugeligen Gebilde besitzen Durchmesser von 7–30 μm, bestehen aus einer kohligen Substanz und sind in Hornstein eingebettet. Die fädigen Formen liegen in Längen bis zu 20 μm vor. Besser erhalten sind die Fossilien der etwa 3,1 Mrd. Jahre alten Fig-Tree-Serie (Taf. 19:1–3), welche stratigraphisch oberhalb der Onverwacht-Serie liegt. Im Hornstein fand man bakterienähnliche Gebilde (*Eobacterium isolatum*) mit Größen von $0{,}5 \times 0{,}25\ \mu$m sowie weitere kugelförmige Formen (*Archaeosphaeroides barbertonensis*) und auch fadenförmige Gebilde. Für alle diese Formen ist noch nicht mit letzter Sicherheit nachgewiesen, daß es sich um Prokaryonten-Fossilien handelt, aber die Wahrscheinlichkeit ist doch sehr groß.

Eobacterium wird als ein Vertreter der primären, heterotrophen, anaeroben Bakterien gedeutet. *Archaeosphaeroides* wird als vermutliche Cyanophycee gedeutet, welche in ihrem morphologischen Bau etwa mit den rezenten, einzelligen Chroococcales übereinstimmt.

Zusammenfassend kann gesagt werden, daß die bisher bekannten Sedimentgesteine des Alt-Praekambriums keinen Hinweis gaben, daß zu ihrer Entstehungszeit noch die sekundäre Ammoniak-Methan-Atmosphäre der Früherde vorhanden war. Diese Phase lag, wie auch zu erwarten war, vor der Bildung dieser bisher bekannten ältesten Sedimentgesteine. Das Vorhandensein wohl abiogen entstandener Karbonate spricht mehr dafür, daß zu dieser Zeit eine Kohlendioxid-Atmosphäre vorlag. Dies stimmt mit den Überlegungen überein, daß vor etwa 3,5–4,0 Mrd. Jahren die reduzierende Ammoniak-Methan-Atmosphäre von der Kohlendioxid-Atmosphäre abgelöst wurde. Die Kohlendioxid-Atmosphäre dauerte bis vor etwa 1,4–1,8 Mrd. Jahren. Mit einiger Sicherheit kann gesagt werden, daß die Mikrofossilien der 3,1 Mrd. Jahre alten Fig-Tree-Serie Prokaryonten vom Bakterien- und Cyanophyceen-Typ enthalten. Die aus der Fig-Tree-Serie bekannt gewordenen Chemofossilien (Isoprenoide, Porphyrine) sprechen für eine photosynthetische Aktivität während dieser Zeit. Spricht man *Archaeosphaeroides* als einen Vertreter der Cyanophyceen an, könnte örtlich schon vor etwa 3,1 Mrd. Jahren biotisch gebildeter Sauerstoff vorhanden gewesen sein, der vermutlich aber sofort wieder vom Gestein gebunden wurde.

Ebenfalls sehr alt sind die Stromatolithen-Funde aus der **Bulawayo-Formation** von Rhodesien. Ihr Alter wird auf etwa 2,9–3,5 Mrd. Jahre geschätzt. Stromatolithen sind Karbonatgesteine, welche Einlagerungen von organischen Substanzen aufweisen. Sie entstehen durch die Tätigkeit im Wasser lebender Cyanophyceen, vermutlich sind auch Bakterien am Aufbau der Stromatolithen beteiligt. Die Stromatolithen selbst sind daher keine Fossilien. In ihnen findet man dann aber ihre Erzeuger als Fossilien. Das C-Isotopenverhältnis im organischen Material der Stromatolithen spricht für eine photosynthetische Tätigkeit der Erzeuger. Die Stromatolithen der Bulawayo-Formation entsprechen in ihrer Morphologie durchaus ähnlichen Ablagerungen rezenter Cyanophyceen. Man muß daher das Entstehen einer sauerstofferzeugenden Photosynthese (durch Cyanophyceen) bereits auf einen Zeitraum vor etwa 3 Mrd. Jahren ansetzen. Auch die Soudan-Eisen-Formation aus Kanada mit einem Alter von etwa 2,7 Mrd. Jahren enthielt sehr wahrscheinlich Reste von Blaualgen (Cyanophyceen).

Mit einiger Sicherheit kann gesagt werden, daß zur Zeit des Alt-Praekambriums Prokaryonten in Form von Bakterien und Cyanophyceen vorhanden waren. Neben einzelligen, kugeligen Cyanophyceen dürften auch stammesgeschichtlich etwas jüngere, fadenförmige Vertreter vorgelegen haben, da Stromatolithen vorwiegend von fadenförmigen Arten gebildet werden. Eukaryonta treten im Alt-Praekambrium noch nicht auf.

Mittel-Praekambrium

Vor etwa **2,5–1,7 Mrd. Jahren.** Im Gegensatz zum Alt-Praekambrium ist das Mittel-Praekambrium reich an Fossilformen. Besonders bekannt geworden sind die Funde aus der **Gunflint-Iron-Formation** sowie diejenigen aus der Kasegalik-Formation der unteren Belcher-Group. Aus dem ältesten Mittel-Praekambrium (Ventersdorp-System vor etwa 2,4 Mrd. Jahren) sind Stromatolithen bekannt, welche von fadenförmigen Cyanophyceen gebildet worden sind. Die fossilen Stromatolithen besitzen die gleiche innere Lamellenstruktur wie etwa heutige Cyanophyceen-Ablagerungen auf den Bahamas. Im Mittel-Präkambrium werden die Stromatolithen zunehmend häufiger. Im Transvaal-System Südafrikas mit einem Alter von 2,25 Mrd. Jahren treten Stromatolithen in dolomitischen Kalken auf und enthalten gut erhaltene, fadenförmige Fossilien, welche sich aus mehreren Zellen zusammensetzen. Bei diesen fadenförmigen Formen (*Petraphera vivescinticula*) mit Längen über 120 μm dürfte es sich mit Sicherheit um Cyanophyceen handeln. Andere Fossilfunde erinnern an Vertreter der rezenten, fadenförmigen Gattung *Rivularia*. Sie erreichen Längen über 160 μm, und Einzelzellen aus dem Faden werden bis zu 12–14 μm lang. Auch die heutigen *Rivularia*-Arten bilden mächtige, mit Kalk inkrustierte Lager aus.

Am bekanntesten geworden sind die Fossilfunde aus der Gunflint-Iron-Serie (Taf. 19:4–8) aus Südontario (Kanada). Das Alter dieser Funde wird auf etwa 1,9–2,0 Mrd. Jahren geschätzt. In gebänderten Eisenerzen treten auch hier Stromatolithen in großer Zahl auf. Durch offensichtlich schnell erfolgte Verkieselung sind die Mikrofossilien besonders gut erhalten. Die benthonische Mikroflora der Gunflint-Serie enthält vorwiegend fadenförmige, Stromatolithen aufbauende Vertreter. Einige fadenförmige Vertreter (*Gunflintia*) ähneln rezenten, stammesgeschichtlich jüngeren, hormogonalen, *Oscillatoria*-ähnlichen Cyanophyceen. Daneben kommen auch schon planktonisch lebende Cyanophyceen vor. Man kann mindestens 12 verschiedene „Arten“ von Cyanophyceen unterscheiden.

Kleine, elliptische, stabförmige Formen (*Huroniospora*) werden als Bakterien angesprochen und ähneln heutigen Eisenbakterien. Hier handelt es sich um Bakterien, welche mit Cyanophyceen vergesellschaftet in den Stromatolithen vorkommen. Eine scheibenförmige, mit Anhängen versehene Form (*Eoastrion*) ähnelt der rezenten, eisenoxidierenden Bakteriengattung *Metallogenium*. Das aus der Gunflint-Serie stammende Mikrofossil *Kakabekia umbellata* besitzt einen elliptischen Körper, welcher durch ein Filament mit einem schirmartigen Gebilde verbunden ist. Vor einigen Jahren wurde in Wales ein rezenter Organismus gefunden, welcher in seinem Bau weitgehend der fossilen *Kakabekia*-Art entspricht. Die rezente Art wurde als „lebendes Fossil“ ebenfalls in die Gattung *Kakabekia* eingeordnet.

Zusammenfassend kann gesagt werden, daß die **fossile Flora der Gunflint-Serie ausschließlich aus Prokaryonten besteht**, welche den Bakterien (chemosynthetische Vertreter) und Cyanophyceen (Blaualgen) zuzuordnen sind. Das Auftreten stammesgeschichtlich jüngerer, hormogonaler Cyanophyceen (*Gunflintia*) spricht dafür, daß die Cyanophyceen schon eine lange Phase ihrer Evolution durchlaufen haben. Vertreter von Eukaryonten wurden nicht aufgefunden und sind wohl erst relativ spät im frühen Jung-Praekambrium entstanden. Zum Mittel-Praekambrium zählt auch die Kasegalik-Formation der unteren Belcher-Group (Belcher Insel in der Hudson-Bay). Das Alter dieser Formation wird auf etwa 1,8–2,2 Mrd. Jahre geschätzt. In den Stromatolithen treten Formen auf, welche an die Bakterien und Cyanophyceen der Gunflint-Serie erinnern. Neben kolonialen Bakterien (*Biocatenoides*) treten auch palmelloide Cyanophyceen-Verbände auf, welche den rezenten Gattungen *Chroococcus* und *Gloeocapsa* sehr ähneln. In manchen Zellen der Mikrofossilien sind dunkle Einschlüsse zu erkennen, welche zum Teil als Kerne eukaryontischer Zellen angesprochen wurden. Das Auftreten von Eukaryonten in der Kasegalik-Formation der Belcher-Group bleibt aber sehr umstritten. Auch im Amelia-Dolomit der McArthur-Serie in Nordaustralien (Alter etwa 1,7–1,8 Mrd. Jahre) wurden mehrmals Organismen gefunden, welche als Eukaryonten gedeutet wurden. Auch hier fehlt der sichere Nachweis.

Im Mittel-Praekambrium treten neben den prokaryontischen Bakterien vor allem **prokaryontische Cyanophyceen** auf. Sie erleben in dieser Epoche ihre erste Blütezeit, ja man kann das Mittel-Praekambrium als **Zeitalter der Cyanophyceen** bezeichnen. Daneben waren natürlich Bakterien-Vertreter in großer Zahl vorhanden. Die Cyanophyceen besaßen zur Zeit des Mittel-Praekambriums den am höchsten organisierten Bauplan. Durch die Blütezeit der Cyanophyceen stieg der Sauerstoffgehalt der At-

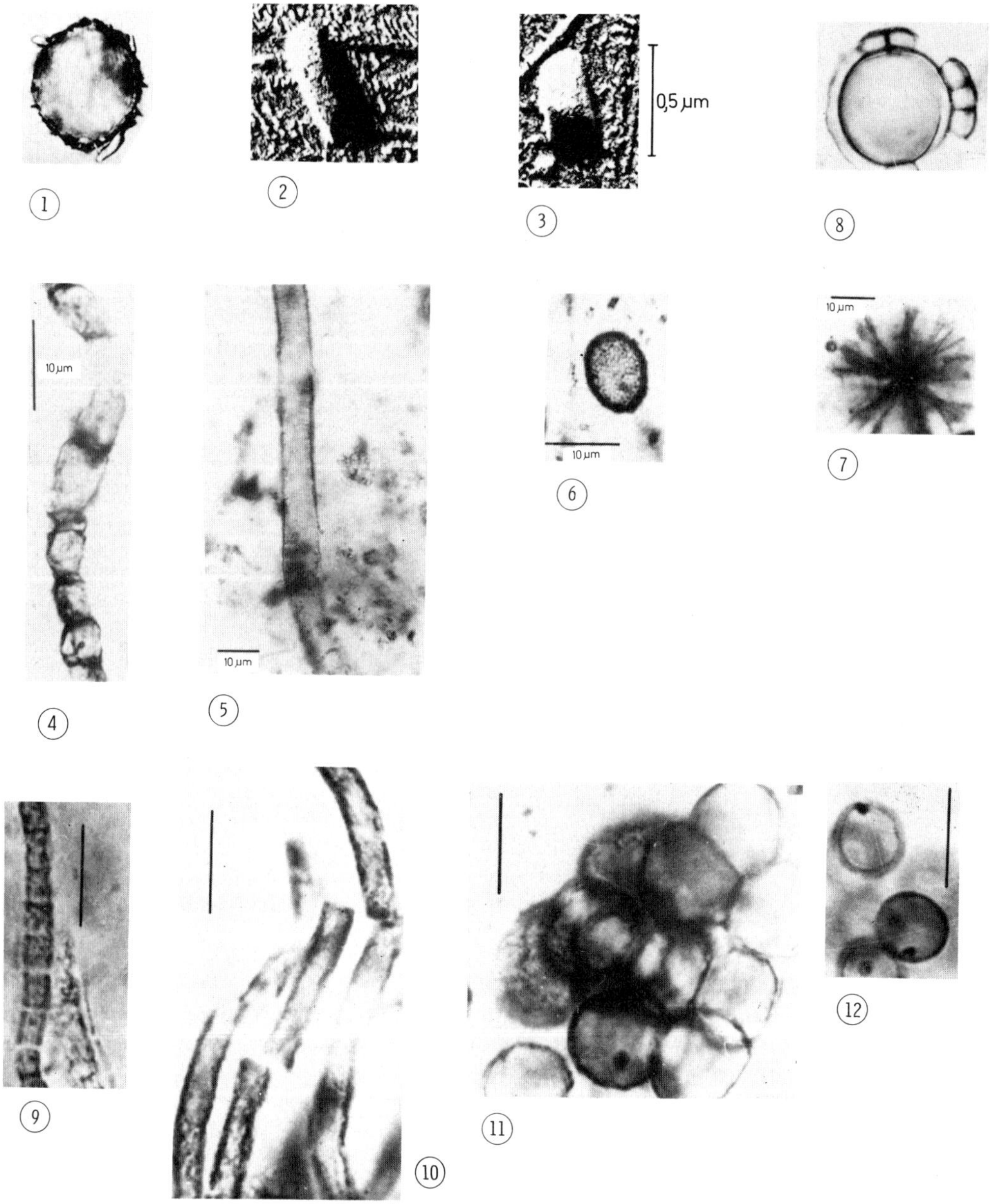

Taf. 19. Mikrofossilien aus dem Praekambrium. – Abb. 1–3. Fig Tree Formation, 3,1 Mrd. Jahre alt; 1. *Archeosphaeroides* (ähnlich einem kugeligen Einzeller), 2 u. 3. *Eobacterium* (bakterienähnlich). Abb. 4–8. Gunflint-Formation, 1,9–2,0 Mrd. Jahre alt; 4. Zellfaden mit Querwänden; 5. Zellfaden ohne Querwände; 6. *Huroniospora* (sporenartige Einzelzellen); 7. *Kakabekia* (schirmartiger Einzeller); 8. *Eosphaera* (kugelige Zelle mit umgebenden kleineren Zellen). Abb. 9–12. Bitter-Springs-Formation (0,8–0,9 Mrd. Jahre alt); 9. Zellfaden mit Querwänden; 10. Zellfäden ohne Querwände; 11. Kolonie kugeliger Zellen; 12. kugelige Zellen mit Binnenkörper (wahrscheinlich mit Zellkern). (nach verschiedenen Autoren aus KAPLAN.)

mosphäre allmählich an. Am Ende des Mittel-Praekambriums (vor etwa 1,7–1,8 Mrd. Jahren) dürfte eine oxidierende Sauerstoff-Atmosphäre vorgelegen haben. Damit waren die Voraussetzungen für das Entstehen der Sauerstoff benötigenden Eukaryonten-Zelle gegeben. Aber auch schon zu einem früheren Zeitpunkt (vor etwa 1,9–2,0 Mrd. Jahren) dürften in Zonen starker photosynthetischer Tätigkeit von Cyanophyceen sauerstoffreiche atmosphärische Bedingungen vorgelegen haben. Das Auftreten planktonischer Cyanophyceen in der Gunflint-Serie (vor etwa 1,9 Mrd. Jahren) spricht dafür, daß schon eine Sauerstoffatmosphäre mit einer schützenden Ozonschicht vorhanden war, welche eine planktonische Lebensweise in der Oberflächenschicht der Gewässer erlaubte, da die ultraviolette Strahlung von der Ozonschicht aufgefangen wurde.

Jung-Praekambrium

Vor etwa **1,7–0,6 Mrd. Jahren.** Das Jung-Praekambrium ist besonders reich an Fossilformen. Berühmt geworden sind die Funde von **Bitter Springs** (Nordaustralien) und die **Ediacara-Fauna** aus dem Pound-Quarzit der Wilpena-Group (ebenfalls Australien).

Zu den ältesten Funden aus dem Jung-Praekambrium zählen die Fossilien des Beck-Springs-Dolomit in Ostkalifornien. Das Alter dieser Mikrofossilien wird auf 1,2–1,4 Mrd. Jahre geschätzt. Stromatolithen sind häufig vorhanden, in ihnen finden sich kugelige und fadenförmige Cyanophyceen. Die Größe einiger Zellen liegt bei 40–60 μm, außerdem enthalten diese Zellen dunkle Flecken, welche als Kern gedeutet wurden. **Vermutlich liegen hier eukaryontische Zellen vor.**

Die fadenförmigen Cyanophyceen besitzen offensichtlich bereits Heterocysten und wären demnach den Hormogonales zuzuordnen. Aus der Gunflint-Serie (vor etwa 1,9 Mrd. Jahren) waren ja schon Vertreter bekannt geworden, welche heutigen Hormogonales (*Oscillatoria*) sehr ähneln. Problematisch sind die Angaben, daß es sich bei einigen Fossilien um Kieselcysten von Chrysophyta handeln soll.

Unsichere Eukaryonten-Funde liegen auch aus den Kalken der Belt-Serie von Idaho und Montana (Alter etwa 1,1–1,3 Mrd. Jahre) vor. Auch hier handelt es sich um Fossilien, welche als Vertreter der Chrysophyta, sowie der Eumycota, gedeutet werden. Stromatolithen sowie fadenförmige Cyanophyceen sind dagegen mit Sicherheit nachgewiesen. Viele Mikrofossilien sind von dem Skillogalee-Dolomit aus Südaustralien (Alter etwa 1 Mrd. Jahre) bekannt geworden. Im fossilreichen Hornstein finden sich neben Bakterien auch einzellige sowie koloniale und fadenförmige Cyanophyceen. Etwa 3 Dutzend „Arten“ wurden aus dieser Formation beschrieben. Eine mit dunklen Einschlüssen in den Zellen versehene fadenförmig-verzweigte, großzellige Alge wird als ein Vertreter der Eukaryonten angesehen. Die Cyanophyceen ähneln heutigen Vertretern der Chroococcales (kugelig, einzellig), der fadenförmigen Pleurocapsales und der fadenförmigen Hormogonales (Oscillatoriaceae, Nostocaceae). Die Cyanophyceen erreichen demnach schon ab des Zeitbereiches Gunflint-Serie (vor etwa 1,9 Mrd. Jahren) bis zum frühen Jung-Praekambrium die Ausbildungsstufe der Hormogonales. Hormogonales stellen auch heute noch die stammesgeschichtlich jüngste Gruppe der Cyanophyceen dar. Seit dem Mittel- und Jung-Praekambrium hat also keine tiefgreifende Veränderung des Bauplanes der Cyanophyceen mehr stattgefunden.

Zu den wichtigsten Funden des Jung-Praekambriums zählen die sehr gut erhaltenen Fossilien der **Bitter Springs**-Formation (Taf. 19:9–12) aus Nordaustralien. Das Alter dieser Formation wird auf 0,8–0,9 Mrd. Jahre geschätzt. In der Stromatolithen-Gesellschaft treten (wie auch in den älteren Formationen) einzellige und fadenförmige Cyanophyceen sowie stab- und fadenförmige Bakterien auf. Vorherrschend sind die fadenförmige Zellverbände bildenden Cyanophyceen, von ihnen allein werden 38 verschiedene „Arten“ beschrieben. **Etwa $^1/_4$ der Fossilfunde werden als Vertreter von Eukaryonten gedeutet.** Es handelt sich dabei um wahrscheinliche Vertreter von Rhodophyta, Rotalgen (stammesgeschichtlich sehr alte Eukaryonta, sehr nahe mit Cyanophyceen verwandt), von Eumycota, von Dinophyta und Chlorophyta. Bei den als Chlorophyta gedeuteten Fossilien soll es sich um Vertreter der stammesgeschichtlich sehr alten Chlorococcales handeln. Die fossilen „Chlorococcales“ besitzen dunkle Einschlüsse, welche als Kern gedeutet werden, auch hat man bei ihnen Zellteilungsstadien mit mitoseartigen Bildungen festgestellt. Dominierende Vertreter sind nach wie vor prokaryontische Bakterien und Cyanophyceen.

Trotz der noch unsicheren Nachweise dürfen wir annehmen, daß Eukaryonta aus verschiedenen Gruppen in der Bitter Springs-Formation vorhanden waren. Von hohem phylogenetischen Interesse ist der vermutliche Nachweis von Tetrasporen, welche wahrscheinlich von Rhodophyta erzeugt wurden. Für das hohe phylogenetische Alter der Eumycota (Pilze) sprechen die Fossilien, welche als Eumycota (*Eomycetopsis*) gedeutet werden; außerdem das wahrscheinliche Auffinden von Pilzsporen. *Gloeodiniopsis* wird als ein Vertreter der Dinophyta gedeutet, auch hier Hinweise auf das stammesgeschichtlich hohe Alter der Dinophyta. Auch das Auftreten von Chlorococcales-ähnlichen Chlorophyta (*Glenobotrydion*) ist stammesgeschichtlich bemerkenswert.

Offensichtlich waren zur Zeit der Bitter Springs-Formation (vor etwa 0,8–0,9 Mrd. Jahren) schon eine größere Zahl von Eukaryonten-Gruppen vorhanden. Mitose und Meiose als entscheidende Neuerwerbungen der eukaryontischen Zelle (Nachweis durch vermutlich haploide Tetrasporen bei Rhodophyta) waren bereits voll entwickelt. Der Nachweis stammesgeschichtlich jüngerer, zu den Contophora zählenden Gruppen der Eukaryonta spricht dafür, daß die Entstehung der eukaryontischen Zelle (bzw. das Entstehen der primitiven Rhodophyta-Zelle) schon zu einem früheren Zeitpunkt erfolgt ist. Wenn wir davon ausgehen, daß die Gunflint-Iron-Serie des Mittel-Praekambriums (vor etwa 1,9 Mrd. Jahren) nur Prokaryonten enthielt, dann dürften die **Funde aus dem Beck Springs-Dolomit** (vor etwa 1,2–1,4 Mrd. Jahren) wohl die **ersten Nachweise eukaryontischer Zellen** sein, und es erscheint möglich, daß bereits am Anfang des Jung-Praekambriums (vor etwa 1,7 Mrd. Jahren) die eukaryontische Zelle entstand. Alt- und Mittel-Praekambrium enthielten demgemäß nur prokaryontische Vertreter, während das Entstehen der primär einzelligen Eukaryonta wohl an den Anfang des Jung-Praekambriums zu setzen ist. Eukaryonta sind primär aerobe Vertreter. Die Fossil-Daten stimmen mit der Annahme überein, daß vor etwa 1,8–1,4 Mrd. Jahren die Kohlendioxid-Atmosphäre von der Sauerstoff-Atmosphäre abgelöst wurde.

Berühmt geworden ist die **Ediacara-Fauna** (Taf. 20, Abb. 1–12) aus dem Pound-Quarzit der Wilpena-Group Australiens (Alter etwa 0,7 Mrd. Jahre). Sie umfaßt etwa 30 verschiedene Arten und enthält die ältesten, bisher bekannt gewordenen Metazoen. Etwa **zwei Drittel der aufgefundenen Arten** sind **Cnidaria**, etwa $^1/_4$ der Arten werden zu den Articulata gezählt. Eine Anzahl von Fossilien konnte bisher nicht eindeutig eingruppiert werden. Sie werden zum Teil als fragliche Articulata, Mollusken und Echinodermen angesehen. Die Medusen ähneln heutigen Hydro- und Scyphomedusen. *Ediacaria, Beltanella* und *Medusinites* werden für Vertreter der Trachymedusen (Hydrozoa) gehalten. *Cyclomedusa* und *Mawsonites* werden als Scyphomedusen gedeutet. Weitere Vertreter (*Lorenzinites, Rugoconites*) werden als Vertreter der Semaeostomeae (Scyphozoa: Fahnenquallen) betrachtet. *Arborea* könnte ein Vertreter der Anthozoa sein und zwar der Pennatulaceen (Seefedern). Die nur aus der Ediacara-Fauna bekannten Rangeiden (z. B. *Rangea*) werden ebenfalls in die Verwandtschaft der Seefedern gestellt. Von anderen Bearbeitern werden *Arborea* und die Vertreter der Rangeiden als primitive Echinodermen (Stachelhäuter) gedeutet. Gesichert ist auf jeden Fall, daß in der **Ediacara-Fauna Medusen von Cnidaria** (wahrscheinlich von Hydrozoa und Scyphozoa) vorhanden sind. Das Vorkommen von Anthozoa dagegen bleibt umstritten.

Dickinsonia wird meist als ein Vertreter der Plathelminthes (polyclade Turbellarien) betrachtet.

Gesichert erscheint das Vorkommen von Articulata (Gliedertieren). Es ist aber noch umstritten, ob es sich bei Formen wie *Spriggina* z. B. um Vertreter von Anneliden (Polychaeten) oder um stammesgeschichtlich sehr alte Arthropoden (Trilobiten) handelt.

Außerdem wurden Spurenfossilien gefunden, welche als Spuren grabender, bzw. sedimentfressender Metazoen gedeutet werden.

Alle Vertreter der Ediacara-Fauna besitzen offensichtlich keine mineralisierte Hartteile in Form von verkalkten, fossil gut erhaltungsfähigen Innen- und Außenskeletten. Ökologisch gesehen, handelt es sich um eine Meeresfauna im Küstenbereich mit überwiegend planktonischen Vertretern.

Vertreter der Ediacara-Fauna sind auch in Afrika (Nama-Komplex) und in Europa (England, Nordschweden) aufgefunden worden.

Phylogenetisch gesehen überrascht es nicht, daß Cnidaria (und hier Hydrozoa und Scyphozoa) als eine der stammesgeschichtlich ältesten Gruppen der Metazoa bereits im Jung-Praekambrium vorhanden sind. Man wundert sich nur, daß aus der Edicara-Fauna bisher noch keine Funde von Poriferen

Ediacara-Fauna

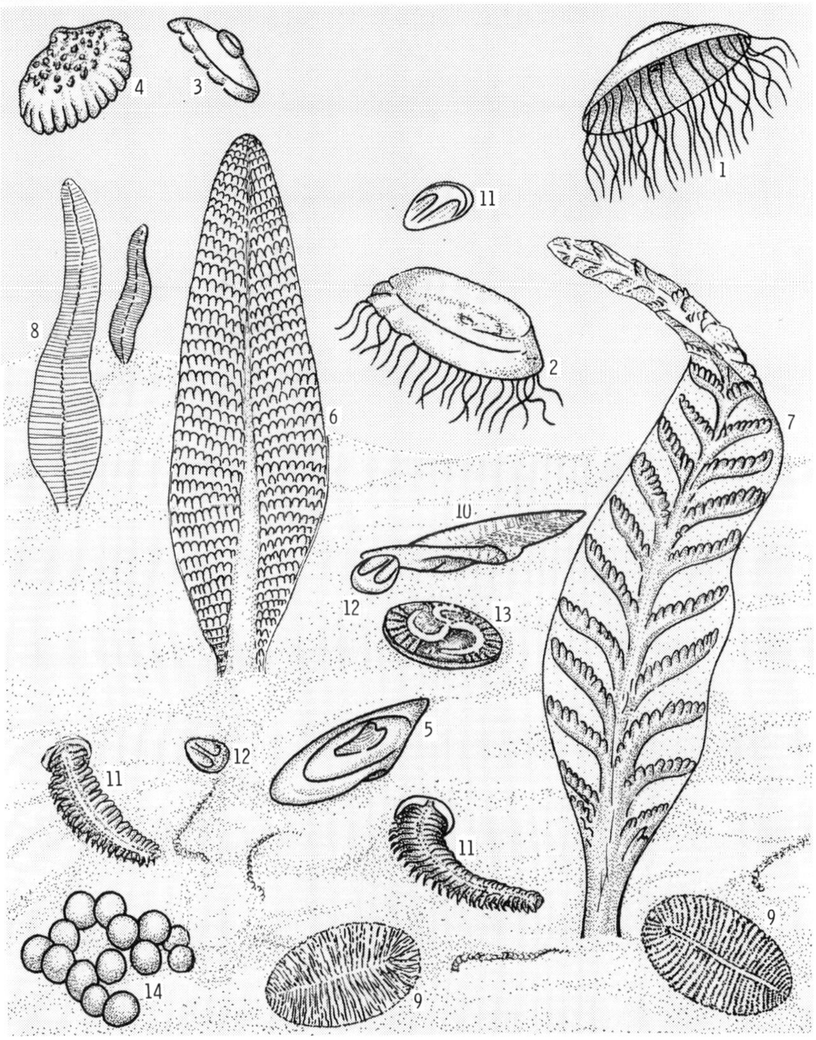

Taf. 20. Fossilien aus dem Praekambrium (Ediacara-Fauna aus Süd-Australien, Alter 0,7 Mrd. Jahre). – Abb. 1. *Ediacaria flindersi*. Abb. 2. *Beltanella gilesi*. Abb. 3. *Medusinites asteroides* (werden als Hydromedusen betrachtet). Abb. 4. *Mawsonites spriggi*. Abb. 5. *Cyclomedusa davidi* (werden für Scyphomedusen gehalten). Abb. 6. *Rangea longa* (Kolonie). Abb. 7. *Arborea arborea*. Abb. 8. *Pteridinium simplex* (werden von einigen Bearbeitern für Anthozoa aus der Verwandtschaft der Seefedern, Pennatulacea, gehalten). Abb. 9. *Dickinsonia costata*. Abb. 10. *Dickinsonia elongata* (betrachtet man als Plathelminthes, Plattwürmer). Abb. 11. *Spriggina floundersi* (wird als Vertreter der Polychaeten oder auch als Trilobiten-Art gedeutet). Abb. 12. *Parvanchorina minchami* (fraglicher Arthropodenvertreter). Abb. 13. *Tribrachidium heraldicum* (unsichere Deutung). Abb. 14. Algen (?). (nach GLAESSNER.)

(Schwämme) vorliegen. Es sind aber Schwammnadeln (Spicula) aus dem Jung-Praekambrium Nordaustraliens bekannt. Porifera und Cnidaria sind daher mit Sicherheit aus dem Jung-Praekambrium bekannt. Von den Plathelminthes, der Basisgruppe der stammesgeschichtlich jüngeren Bilateralia, liegen offensichtlich ebenfalls Ediacara-Funde (*Dickinsonia*) vor. Sehr ungewöhnlich ist das wohl gesicherte Auftreten von Articulata (Gliedertieren). Diese Funde sprechen dafür, daß die Metazoen-Evolution doch schon wesentlich früher begonnen hat und wohl einige hundert Millionen Jahre weiter zurückzudatieren ist.

Die **Evolution der Lebewesen des Praekambriums** verlief zunächst nur sehr langsam. Vor allem zur Zeit der primär heterotrophen Bakterien und auch noch zur Zeit der photosynthetisierenden Prokaryonten. Die photosynthetisierenden Vertreter (Bakterien, Cyanophyceen) hatten durch die Ausbil-

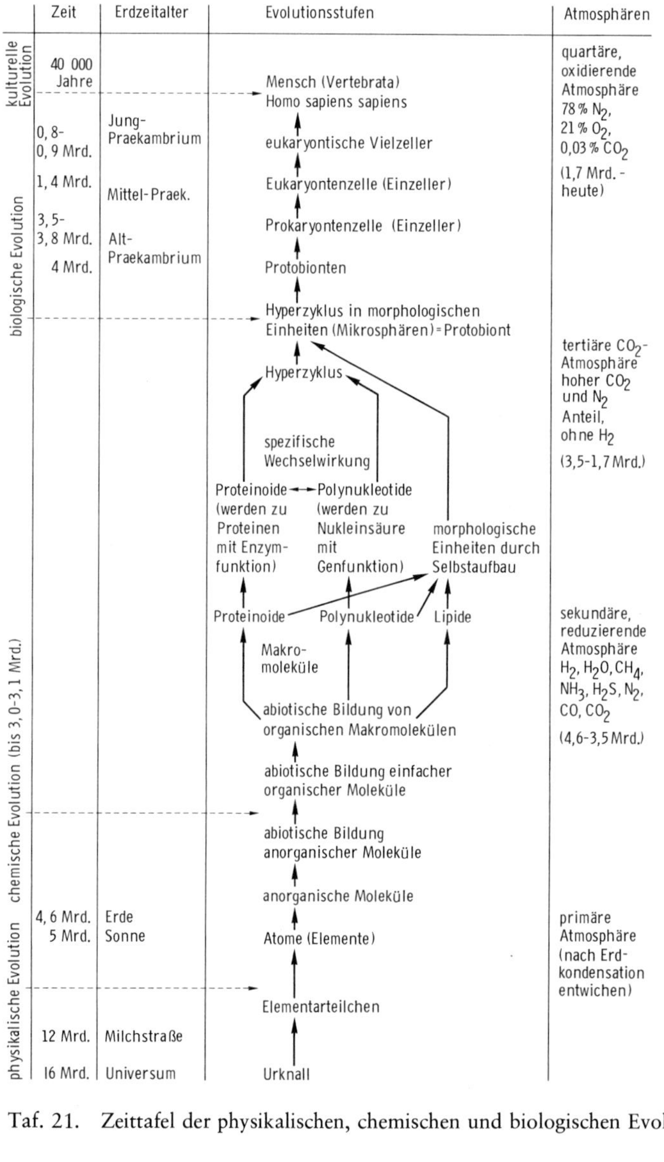

Taf. 21. Zeittafel der physikalischen, chemischen und biologischen Evolution.

dung der Photosynthese enorme Selektionsvorteile. Das Entstehen der Sauerstoffatmosphäre führte zur Bildung aerober, sekundär heterotropher Bakterien-Gruppen. Es waren aber nach wie vor nur einfache Nahrungsketten, nur daß nun die sekundär heterotrophen Bakterien ihre Nahrung weitgehend aus abgestorbenen und sich zersetzenden Blaualgen erhielten. Wir dürfen annehmen, daß während einer langen Zeit des mittleren und auch noch des jüngeren Praekambriums **Cyanophyceen als dominierende Gruppe** auftraten. Cyanophyceen (Blaualgen) besiedelten damals vorwiegend die Ozeane des Praekambriums, besonders häufiges Auftreten wohl in den Randbereichen. Terrestrische Gebiete in der Nähe der Ozeane dürften ebenfalls schon besiedelt worden sein. Man kann es daraus schließen, daß auch heute noch neugebildetes Land (durch Vulkanismus entstanden) zuerst von Cyanophyceen besiedelt wird. Die Artenzahl war vermutlich recht klein, aber es lagen große Populationen vor. Mit der Entstehung der Eukaryonten vor etwa 1,4–1,7 Mrd. Jahren zu Beginn des Jung-Praekambriums traten nun Organismen auf, welche gegenüber den Prokaryonta entscheidende **Selektionsvorteile** aufwiesen. Durch die Ausbildung der 9 + 2 Microtubuligeißel konnten sich die Eukaryonten viel besser fortbewegen und waren dadurch gegenüber den sich nur gleitend fortbewegenden Cyanophyceen sehr im Vorteil. Sie konnten noch unbesetzte ökologische Nischen besiedeln und ernährten sich zunächst ebenfalls weitgehend durch Photosynthese. Die stammesgeschichtlich ältesten Eukaryonta besaßen noch keine Zellwand und konnten sich daher auch noch mixotroph, d.h. noch zusätzlich durch phagocytäre Nahrungsaufnahme ernähren. Diese mixotrophen Vertreter konnten nun durch Schwimmen, mit Hilfe ihrer Geißeln, aktiv Cyanophyceenbereiche aufsuchen und dort Nahrung finden.

Die **mixotrophe** Nahrungsaufnahme führte bei einem Teil der frühen Eukaryonta zu einem **Abbau des Photosyntheseapparates**, so daß schon früh im Verlauf der Stammesgeschichte der Eukaryonta **sekundär farblose Vertreter** auftraten. Mit dem Auftreten verschiedenartig sich ernährender Eukaryonta

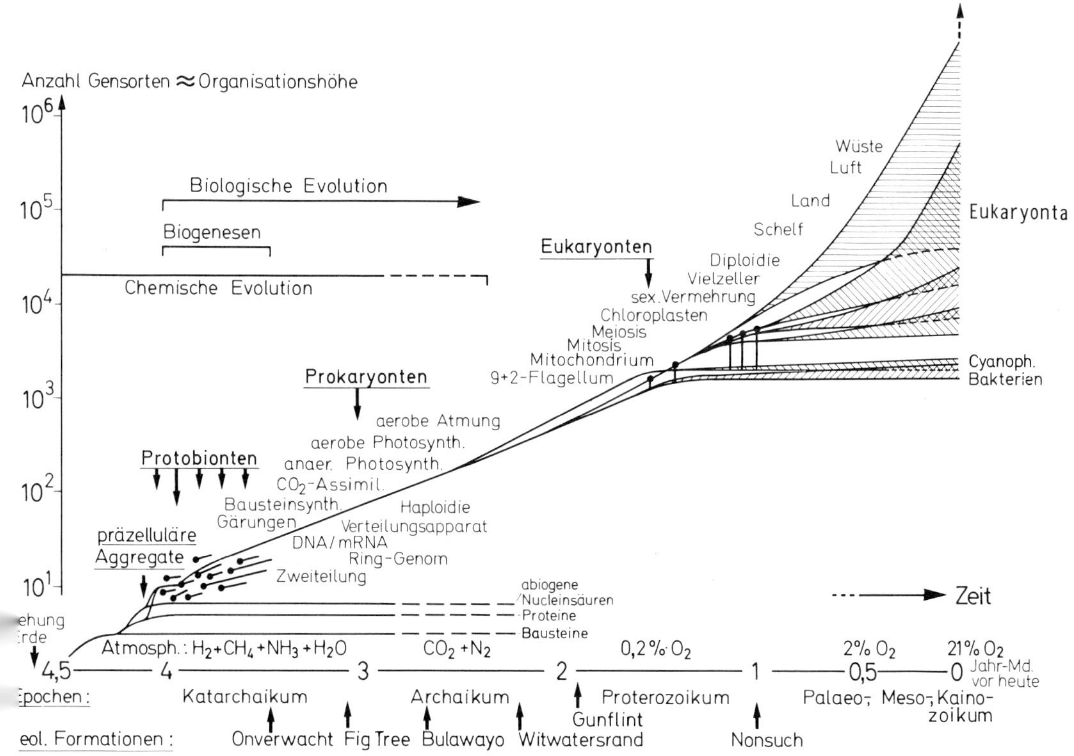

Taf. 22. Ablauf der Evolution seit Bildung der Erdkruste (nach KAPLAN).

nahm gleichzeitig auch die Artenzahl auf der Nahrungsebene (Prokaryonten) zu, aber auch die Zahl der sich von Algen ernährenden Eukaryonta wurde ständig größer. Es entstanden auch die ersten einzelligen **räuberischen Formen**, welche sich von pflanzenfressenden Eukaryonta ernährten. Der starke Selektionsdruck, bedingt durch eine Vielzahl von ökologischen Typen, führte zu zahlreichen **Einnischungsprozessen** und **adaptiven Radiationen**. Größenzunahme bedeutet bei räuberischen Vertretern ebenfalls einen Selektionsvorteil, da z. B. dann größere Beutetiere aufgenommen werden können. Einer Einzelzelle sind aber bei der Größenzunahme Grenzen gesetzt, so daß der **Selektionsdruck in Richtung Vielzelligkeit** lief. Auch bei den photosynthetisierenden Vertretern lief die Evolution in Richtung Vielzelligkeit, da von den vielzelligen heterotrophen Formen ein starker Selektionsdruck ausgeübt wurde. Es entstanden verschiedenartige eukaryontische, photosynthetisierende Algengruppen. Die Eukaryonten-Evolution begann mit primär photosynthetisierenden Einzellern, welche sich aber teilweise **mixotroph** ernähren konnten (osmotrophe und phagotrophe Nahrungsaufnahme). Sekundär kam es zur Ausbildung von farblosen, einzelligen Vertretern, welche zur **rein heterotrophen** Nahrungsaufnahme übergingen. Wohl ziemlich gleichzeitig entstanden sowohl bei den photosynthetisierenden, als auch bei den farblosen Vertretern die ersten mehrzelligen Formen. Das Größerwerden ist mit dem Entstehen neuer Nahrungsebenen in ökologischen Systemen weitgehend gekoppelt. Die Ausbildung von mehrzelligen Vertretern lief bei beiden Gruppen über eine **Koloniebildung**. Diese schwimmenden Kolonien waren primär noch lockere Verbände, welche sich zunächst wieder in ihre Einzelzellen auflösen konnten. Durch Ausbildung von Plasmodesmen zwischen den einzelnen Zellen der Kolonie wurde dann aber ein stärkerer Zusammenhalt geschaffen, so daß bleibende Kolonien entstanden. Ein weiterer Schritt führte zu einer **Arbeitsteilung** in der Kolonie, welche mit der Ausbildung besonderer, nur in geringer Zahl vorhandener Fortpflanzungszellen gekoppelt ist. Die Kolonie enthält eine Vielzahl von Körperzellen, aber nur wenige Fortpflanzungszellen. Vielzeller entstanden unabhängig voneinander in sehr vielen Algengruppen, und die Ausbildung von farblosen, kugeligen Kolonien im **Craspedophyceen-Bereich** führte zum Entstehen der **vielzelligen Tiere** (Animalia).

Die Vielzahl der ökologischen Nischen hat im Jungpräkambrium zu einer Vielfalt von pflanzlichen und tierischen Formen geführt. Die explosionsartige Entfaltung zeigt die Ediacara-Fauna, welche bereits Articulata (und damit auch Coelomata) aufweist.

Im **Kambrium** (Beginn vor etwa 0,6 Mrd. Jahren), welches sich an das Jung-Praekambrium anschließt, waren dann schon **alle großen Tierstämme der Wirbellosen** vertreten und im **Ordovicium** (vor etwa 500 Mio. Jahren) traten schon die **ersten Wirbeltiere** (Ostracoderma) auf. Während des **Silurs** besiedelten zum ersten Male **eukaryontische, höhere Pflanzen (Cormobionta)** das **Festland**, und auch **Tiere (Arthropoda) begannen die Festlandsflächen zu besiedeln.**

Auf den Tafeln 21 und 22 ist der Ablauf der physikalischen, chemischen und biologischen Evolution zusammenfassend dargestellt.

Systematischer Teil

Großgliederung der Lebewesen

Seit LINNÉ (1. Auflage Systema naturae, 1735) war es üblich, die Lebewesen in 2 Reiche, in das **Reich der Tiere** und das der **Pflanzen** aufzuteilen. Es war die traditionelle, dualistische Aufteilung in festgewachsene, photosynthetisierende Pflanzen und frei bewegliche, heterotrophe Tiere.

Diese Großgliederung blieb praktisch bis in unsere Tage erhalten, obwohl man schon vor etwa 50 Jahren (NOVAK 1930) den Trennungsstrich nicht mehr zwischen Pflanzen und Tieren, sondern zwischen kernlosen Lebewesen (Akaryonta) und mit Kern versehenen Pflanzen und Tieren (Karyonta) setzte.

Nach LINNÉ wurden immer mehr Lebewesen entdeckt, welche sich nicht so einfach in die beiden dualistischen Gruppen der Tiere und Pflanzen einreihen ließen. Besonders die einzelligen Vertreter ließen sich häufig nur schwierig einordnen. Schon früh wurde für die Einzeller eine eigene Kategorie: HOGG 1860 (Protoctista), OWEN 1861 (Acrita) und CASSIN 1864 (Primalia) geschaffen. Vor allem HAECKEL (1866) sah diese Schwierigkeiten und führte auf phylogenetischer Basis das **Reich der Protista** (Urwesen) als 3. Reich neben den Reichen der Pflanzen und Tiere ein. Die Kategorie der Protista enthielt alle einzelligen Lebewesen, einschließlich der kernlosen Moneren, welche von HAECKEL mehr theoretisch gefordert als schon praktisch erkannt waren.

Erst mit Beginn des 20. Jarhunderts wurden Bakterien und Cyanophyceen (blaugrüne Algen) als echte, kernlose Vertreter erkannt und als eigene Kategorien betrachtet.

Das HAECKEL'sche Reich der Protista (zuerst 1866 noch mit Schwämmen, 1878 mit Pilzen, aber ab 1894 nur noch mit einzelligen Vertretern) wurde aber nicht anerkannt.

Erst in den 30er Jahren des 20. Jahrhunderts (COPELAND 1938, BARKLEY 1939) wurden neue Überlegungen angestellt, um eine Änderung der Großsystematik der Lebewesen herbeizuführen.

COPELAND und BARKLEY vertraten unabhängig voneinander die Auffassung, daß eine **Aufteilung in 4 Reiche** den Gegebenheiten besser entsprechen würde. COPELAND teilt die Lebewesen in die 4 Reiche der Monera (= heutige Prokaryonta), der Protoctista (einzellige Eukaryonten und Eukaryonten mit nur geringen Zelldifferenzierungen wie Protozoen, Algen, Schleimpilze, Pilze), der Metaphyta (Chlorophyta und höhere Pflanzen) und der Metazoa (vielzellige Tiere) ein. BARKLEY teilt ähnlich ein, nur verbleiben bei ihm die algenartigen Chlorophyta (Grünalgen) bei der Kategorie der vorwiegend einzelli-Vertreter (Protista).

Einen Schritt weiter geht WHITTAKER (1969), indem er die Sonderstellung der Pilze hervorhebt und nun zu einer **Großgliederung** mit **5 Reichen** kommt: Monera (= Prokaryonta), Protista (einzellige Eukaryonten, zum Teil auch kolonienbildende Vertreter; verschiedene Algengruppen, sekundär farblose Protozoen), Plantae (vielzellige Eukaryonten mit Zellwänden und Chromatophoren: Chlorophyta, Phaeophyta, Rhodophyta, höhere Landpflanzen), Fungi (höhere Pilze und Schleimpilze) und Animali (Metazoen).

WHITTAKER bezeichnet die Monera als stammesgeschichtlich älteste Gruppe. Von seinem Reich der Protista zweigen sich 3 Hauptentwicklungslinien in Bezug auf Ernährung ab, nämlich photosynthetisierende Produzenten (Plantae), absorbierende Vertreter (Fungi) und Konsumenten mit aktiver Nahrungsaufnahme (Animali). MARGULIS (1970, 1974, 1975, 1976) behält, mit nur geringen Abweichungen, das 5-Reiche-System von WHITTAKER bei.

LEEDALE (1974: 267, Fig. 5) schlägt ein **4-Reiche-System** vor, mit der Basisgruppe der Monera (= Prokaryonta) und mit den Reichen Plantae, Fungi und Animalia. Die polyphyletische Gruppe der Protista wird bei LEEDALE aufgelöst und auf die 3 Reiche Plantae, Fungi und Animalia verteilt. Begründung der Auflösung: Einzelligkeit ist ein Ausbildungsgrad (Ausbildungsstufe), aber kein Kriterium für eine phylogenetische Kategorie. Auch hier liegen aber noch, mit Ausnahme der Monera, polyphyletische Gruppierungen vor. Um dieses zu vermeiden schlägt LEEDALE in derselben Publikation (1974: 269, Fig. 6) als Alternative ein aus **19 Reichen** bestehendes System vor. Die Monera bilden die Basisgruppe und von ihnen aus entwickeln sich fächerartig und unabhängig voneinander 18 eukaryontische Reiche. Auch hier liegen noch polyphyletische Gruppierungen vor (z. B. Amöben), aber es ist doch ein ernsthafter Versuch monophyletische Gruppierungen zu erreichen.

JEFFREY (1971) schlägt eine Aufteilung in **3 Überreiche** vor: Acytota (Viren), Procytota (mit den Reichen Bacteriobiota und Cyanobiota) und Eucytota (= Eukaryonta). Die Eucytota enthalten 5 Reiche und zwar Rhodobiota (= Rhodophyta), Chromobiota (mit Chlorophyll a und c, ohne b), Zoobiota (ohne Chromatophoren, Ein- und Vielzeller), Mycobiota (ohne Chromatophoren), Chlorobiota (mit Chlorophyll a und b, ohne c; höhere Landpflanzen eingeschlossen).

Die Viren wurden bereits von NOVAK (1930) als ein eigenes Reich, als Aphanobionta (Scheinlebewesen) von den echten Lebewesen getrennt. Für eine Sonderstellung der Rhodophyta treten DOUGHERTY & ALLEN (1957, 1958, 1960) ein. Sie bezeichnen die Rhodophyta als **Mesoprotista**, welche zwischen den Monera (= Prokaryonta) und den übrigen Eukaryonta vermitteln. Auch CHRISTENSEN (1962) trennt die Rhodophyta als Aconta (geißellose Vertreter) von den übrigen, geißeltragenden Eukaryonta (Contophora) ab.

EDWARDS (1976) teilt die Lebewesen in die beiden **Überreiche der Pro- und Eukaryonta** auf. Für die prokaryontischen Cyanophyceen wird ein eigenes Reich (Cyanochlorobionta) errichtet. Innerhalb der Eukaryonta führt EDWARDS **5 pflanzliche Reiche**, nämlich Erythrobionta (= Rhodophyta), Chlorobionta (Chlorophyta und Euglenophyta), Myxobionta („Myxomyceten-Gruppen"), Fungi I (Zygo-, Asco- und Basidiomycetes), Fungi II (Labyrinthulides und Hyphochytridiomycetes) und Ochrobionta (Phaeophyta, Chrysophyta, Cryptophyta, Pyrrhophyta) an. Auch hier ist deutlich der Versuch zu erkennen, zu besser begründeten monophyletischen Gruppierungen zu kommen. Allgemein muß zu diesen Versuchen der Großsystematik gesagt werden, daß die Verfechter der Autogenhypothese an die Basis der Eukaryonten einen mit Chromatophoren versehenen Phytoflagellaten (Ur-Flagellaten) stellen und alle Vertreter ohne Chromatophoren durch sekundären Chromatophorenverlust von primär gefärbten Vertretern ableiten. Verfechter der Endosymbiontenhypothese stellen an die Basis der Eukaryonten nicht begeißelte, sondern amöboide Vertreter (Nonmitotica: Caryoblastea mit *Pelomyxa* als rezentes Modell). Erst danach entsteht ein begeißelter Amoeboflagellat, welcher aber primär keine Chromatophoren besitzt. Von diesem Amoeboflagellat leiten sich in einer Entwicklungsrichtung die chromatophorenlosen Zooflagellaten und die Pilze ab. Über Zooflagellaten führt die Phylogenese zu den tierischen Metazoen.

Erst zu einem späteren Zeitpunkt erwirbt der Amöboflagellat endosymbiontisch Chromatophoren, und von diesen Vertretern sind dann die Chromatophoren besitzenden Algengruppen, einschließlich der höheren Landpflanzen, abzuleiten. Nach der Endosymbiontenhypothese erfolgt die Aufnahme von Endosymbionten zu verschiedenen Zeitpunkten. Nach RAVEN (1970) sollen **3 verschiedene Prokaryontengruppen** (blaugrüne Cyanophyceen, sowie „grüne" und „gelbe" Prokaryonten) die **Chromatophoren der Algen-Großgruppen** geliefert haben: Rhodophyta und Cryptophyta; Chlorophyta (einschließlich höhere Landpflanzen und Euglenophyta); sowie Phaeophyta, Chrysophyta, Xanthophyta und Pyrrhophyta. Die erst kürzlich entdeckten prokaryontischen Prochlorophyta (LEWIN 1976) könnten demnach den von RAVEN theoretisch geforderten „grünen" Prokaryonten entsprechen.

Nach dieser Auffassung wären die mit Chromatophoren versehenen **Eukaryonten unabhängig voneinander polyphyletisch** entstanden.

Eine Klassifikation aller Lebewesen liegt von WHITTAKER & MARGULIS (1978) vor. Sie enthält die beiden Überreiche der Pro- und Eukaryota. Die **Prokaryota** enthalten das Reich der Monera, 6 Überstämme (Protobacteria mit zellwandlosen Vertretern; Spirochaetae; Eubacteria mit Zellwänden; Photomonera mit photosynthetisierenden Bakterien, Cyanophyta und Prochlorophyta; Actinomycota und Myxobacteria) und 17 meist nicht namentlich gekennzeichnete Stämme. Das Überreich der **Eukaryota** enthält die Reiche Protista, Fungi, Animalia und Plantae. Diese Großgliederung mit 5 Reichen wurde bereits von WHITTAKER (1969) vorgeschlagen.

Das Reich der Protista gliedert sich in die Gruppierungen Protophyta (Chromophyta und Chlorophyta); Protomycota (Hyphochytridiomycota, Chytridiomycota, Oomycota) und Protozoa (Sporozoa, Cnidosporidia, Sarcodina, Zoomastigina, Ciliophora). Das Reich der Fungi enthält Zygo-, Asco- und Basidiomycota sowie Deuteromycota (Fungi imperfecti) und Mycophycophyta (Flechten). Das Reich der Animalia setzt sich aus den Unterreichen Agnotozoa (Placozoa, Mesozoa); Parazoa (Porifera, Archaeocyatha) und Eumetazoa (die übrigen Stämme der Animalia) zusammen. Das Reich der Plantae weist die Stämme Rhodophyta, Phaeophyta, Bryophyta und Tracheophyta auf.

Das System enthält 93 Stämme, davon entfallen auf die Prokaryota 17 Stämme. Eine Zahl von 90–100 Stämmen stellt eine realistische Aufgliederung dar. Die stärkere Gliederung der Prokaryota entspricht durchaus den Gegebenheiten. Die Archaebacteria sind bei WHITTAKER & MARGULIS noch nicht von den übrigen Bakterien (Eubacteria) getrennt. Die Protobacteria stellen keineswegs die stammesgeschichtlich älteste Gruppierung der Prokaryota dar, sondern es handelt sich um stammesgeschichtlich jüngere Vertreter mit sekundärem Zellwandverlust. Eine hochgradige polyphyletische Gruppierung stellen die Eubacteria dar. Sie enthalten so unterschiedliche Gruppierungen wie grampositive und gramnegative Bakterien, wie auch Methanbakterien (Archaebacteria).

Innerhalb der Eukaryota sind die wohl besser isoliert zu klassifizierenden Dinophyta und Cryptophyta bei den Chromophyta (Reich Protista) eingeordnet, während die sicher zu den Chromophyta zählenden Phaeophyta in einem anderen Reich (Plantae) erscheinen. Das Reich der Plantae ist polyphyletisch und enthält die nur sehr weitläufig miteinander verwandten Überstämme Rhodophyta, Phaeophyta und Embryophyta („Höhere Pflanzen"). Die nahe miteinander verwandten Prasinophyta, Chlorophyta, Charophyta und Embryophyta sind in zwei unterschiedlichen Reichen gruppiert. Prasinophyta, Chlorophyta und Charophyta im Reich der Protista, die von den Charophyta abzuleitenden Embryophyta dagegen im Reich der Plantae. In diesem Zusammenhang sei darauf hingewiesen, daß die Autoren auch bewußt polyphyletische Gruppierungen in ihr System aufgenommen haben, zum Teil sind sie besonders gekennzeichnet.

Die Form der Mitochondrien (Cristae- und Tubuli-Typ) spielt bei der Festlegung höherer Kategorien eine immer größer werdende Rolle. STEWART & MATTOX (1980) teilen die Eukaryonta in die beiden Reiche der **Dinobiota** und **Bodonobiota** ein. Sie sind Verfechter der Endosymbiontenhypothese und gehen von einem farblosen Flagellaten aus, der auch noch keine Mitochondrien aufweist. Die Dinobiota nehmen photosynthetisierende Prokaryonten auf, welche sich in Mitochondrien vom Tubuli-Typ umwandeln. Zu den Dinobiota zählen demzufolge alle Eukaryonten-Gruppen mit Tubuli-Mitochondrien. Unabhängig davon haben die Bodonobiota photosynthetisierende Vertreter der Prokaryonten aufgenommen, welche sich dann in Mitochondrien vom Cristae-Typ umwandeln. Zu den Bodonobiota zählen alle Eukaryonten-Gruppen mit Christae-Mitochondrien.

Im Sinne der Autogenhypothese sind primär Mitochondrien vom Cristae-Typ vorhanden, welche sich sekundär in Mitochondrien vom Tubuli-Typ umwandeln. Stammesgeschichtlich alte Eukaryonten-Gruppen weisen alle den Cristae-Typ auf. Bei den Kinetoplastinea z.B. ist deutlich zu erkennen, daß die stammesgeschichtlich ältesten Vertreter noch den Cristae-Typ besitzen, stammesgeschichtlich jüngere Vertreter aber den Tubuli-Typ aufweisen. Diese Daten sprechen nicht für eine endosymbiontische Entstehung der Mitochondrien. Auf die Wichtigkeit des unterschiedlichen Mitochondrienbaues hat vor allem TAYLOR (1976, 1978) hingewiesen.

Unterschiedliche Vorschläge für die Großeinteilung der Eukaryonta liegen von CAVALIER-SMITH (1978, 1981) vor.

Das System von 1978 teilt die Eukaryonta in **7 Reiche** ein. Das Reich der Aconta mit dem Stamm der Rhodophyta und den von Rhodophyta abzuleitenden Stämmen der Acrasida, Zygo-, Asco- und Basidiomyeten sowie einem Stamm, welcher unbegeißelte Amöboidformen enthält. Das Reich der Haptophyta mit einem einzigen Stamm und das Reich der Cryptophyta, welches ebenfalls nur einen Stamm enthält. In dem Reich der Heterokonta werden 15 Stämme vereinigt. Dazu kommen noch die Reiche der Corticoflagellata (Dinoflagellata, Sporozoa, Metamonada, Opalinida, Ciliata, Mesozoa, Eumetazoa), Euglenoida (Euglenophyta, Kinetoplastida) und Chlorophyta (Chlorophyta, Prasinophyta, Bryophyta, Tracheophyta). Das System enthält mit den Aconta und Corticoflagellata hochgradig polyphyletische Gruppierungen.

Die Systeme von 1981 (Eukaryonta mit 7 und 9 Reichen) gründen sich weitgehend auf den unterschiedlichen Bau der Mitochondrien. Das Großsystem der Eukaryonta mit **9 Reichen** enthält die Reiche Eufungi (nicht begeißelte Fungi), Ciliofungi (opisthokont begeißelte Fungi), Animalia (Tiere einschließlich Choanoflagellaten), Biliphyta (Rhodo- und Glaucophyta), Viridiplantae (Chloro-, Bryo- und Tracheophyta), Euglenozoa (Euglenophyta und Kinetoplastida), Protozoa (Protozoen einschließlich Dinophyta), Cryptophyta und Chromophyta.

Nach diesem System stellen die Eufungi die stammesgeschichtlich älteste Gruppierung der Eukaryonta dar. Nach CAVALIER-SMITH sind 2 Symbioseschritte erforderlich. Die endosymbiontische Aufnahme von prokaryontischen Cyanophyceen führt zur Bildung der Plastiden der Biliphyta, Viridiplantae, Euglenozoa und Protozoa (Dinophyta) und die Aufnahme nicht näher präzisierter Prokaryonten zu den Plastiden der Cryptophyta.

Die Eufungi besitzen nach CAVALIER-SMITH noch einfache Golgi-Körper, welche keine sekundäre Stapelung (Dictyosomen) aufweisen. Innerhalb der Ciliofungi wird zwischen Chytridiomycota (mit Dictyosomen) und Allomycota (Blastocladiales, ohne Dictyosomen) unterschieden.

Auch in diesem System weisen die stammesgeschichtlich ältesten Gruppen (Eufungi, Ciliofungi, Animalia, Biliphyta, Viridiplantae) Mitochondrien vom Cristae-Typ auf. Die Euglenophyta besitzen einen Zwischentyp, während die restlichen Gruppen den Tubuli-Typ zeigen.

Das ebenfalls vorgeschlagene Großsystem mit **7 Reichen** faßt die Eufungi und Ciliofungi in einem einzigen Reich, Fungi, zusammen, und auch die Chromophyta und Cryptophyta werden in einem einzigen Reich, Chromista, vereinigt.

Auch in den neueren Bearbeitungen stellen die Pilze eine hochgradig polyphyletische Gruppierung dar. In der „Introductory Mycology, Third Edition" (ALEXOPOULOS & MIMS 1979) wird das Reich der Pilze, Myceteae, in die Stämme der Gymnomycota, Mastigomycota und Amastigomycota aufgeteilt. Der Stamm (= Division) der Gymnomycota enthält den Unterstamm Acrasiogymnomycotina mit der Klasse der Acrasiomycetes und den Unterstamm Plasmodiogymnomycotina mit den Klassen Protosteliomycetes und Myxomycetes. Der Stamm Mastigomycota setzt sich aus den Unterstämmen Haplomastigomycotina (mit den Klassen Chytridiomycetes, Hyphochytridiomycetes und Plasmodiophoromycetes) und Diplomastigomycotina (mit der Klasse Oomycetes) zusammen. Der Stamm der Amastigomycota weist die Unterstämme Zygomycotina (mit den Klassen Zygomycetes und Trichomycetes), Ascomycotina (mit der Klasse der Ascomycetes), Basidiomycotina (mit der Klasse Basidiomycetes) und Deuteromycotina auf. Die Flechten (Lichenes) werden im Anhang als eigene Gruppierung betrachtet.

Auch in der „Introduction to Fungi, Second Edition" (WEBSTER 1980) wird die Polyphylie der Pilze (Fungi) beibehalten. Hier werden sie in die beiden Stämme (= Divisionen) der Myxomycota und Eumycota aufgeteilt. Die Myxomycota enthalten die Klassen der Acrasiomycetes, Hydromyxomycetes, Myxomycetes und Plasmodiophoromycetes. Es wird allerdings darauf hingewiesen, daß keine engere Verwandtschaft zwischen Myxomycota und Eumycota besteht. Die Eumycota weisen die Unterstämme Mastigomycotina (mit den Klassen Chytridiomycetes, Hyphochytridiomycetes und Oomycetes), Zygomycotina (mit den Klassen Zygomycetes und Trichomycetes), Ascomycotina (mit den Klassen Hemiascomycetes, Plectomycetes, Laboulbeniomycetes, Pyrenomycetes, Discomycetes und Loculoascomycetes), Basidiomycotina (mit den Klassen Hymenomycetes, Gasteromycetes und Teliomycetes) und Deuteromycotina (künstliche Gruppe stark regressiver Vertreter, welche mit den Ascomycotina und Basidiomycotina verwandt sind) auf. Die Flechten werden nicht als eine eigene Gruppierung betrachtet und fast ausschließlich den Ascomycotina, selten auch den Basidiomycotina zugeordnet.

Die **Großgliederung der Prokaryonta** wies bisher nur wenige hohe Kategorien auf. In der letzten, 8. Auflage (1974) von BERGEY's Manual of determinative Bacteriology wird das Reich der Prokaryonta (Procaryotae) in die beiden Stämme (Divisionen) der Cyanobacteria und Bacteria geteilt. Eine Aufteilung in Klassen erfolgt nicht, mit Ausnahme der Klasse der Mollicutes (zellwandlose Mycoplasmataceen).

Eine etwas stärkere Gliederung wird von GIBBONS & MURRAY (1978) durchgeführt. Sie teilen das Reich der Prokaryonta (Procaryotae) in die Stämme (Divisionen) der Gracilicutes (gram-negative Bakterien), Firmacutes (gram-positive Bakterien), Mollicutes (Bakterien ohne Zellwand) und Mendocutes (Bakterien mit einer Zellwand ohne Peptidoglycan) ein. Die Mendocutes entsprechen den mit einer Zellwand versehenen Archaebacteria.

Die Archaebacteria werden heute allgemein als eine eigene, gut abgegrenzte, hohe Kategorie betrachtet. Meist werden sie als ein eigenes Reich geführt und von den übrigen Bakterien getrennt. Häufig wird auch die Ansicht vertreten, daß Archaebakterien, Eubakterien und die Eukaryonten (Cytoplasma der Eukaryontenzelle) unabhängig voneinander von gemeinsamen Vorfahren (Progenoten) abzuleiten seien. Die bisher vorliegenden Daten sprechen aber für eine Monophylie der Lebewesen (Bionta). Zum Teil wird auch die Meinung vertreten, daß ein Teil der Archaebacteria (*Halobacterium*-Gruppe: Metabacteria) näher mit den Eukaryonta als mit den Eubacteria verwandt sei. Auch die Thermoplasma-Gruppe wird als näher mit den Eukaryonta verwandt betrachtet. *Thermoplasma* soll eher dem Cytoplasma eukaryontischer Zellen entsprechen und wird daher neuerdings gerne als Ausgangszelle der Endosymbiontenhypothese verwendet. Die echte Eukaryontenzelle entsteht nach diesen Vorstellungen durch endosymbiontische Aufnahme eines aeroben Vertreters der Eubacteria.

Als Hinweis für eine engere Verwandtschaft mit Eukaryonten werden bei *Thermoplasma* basische Proteine angeführt, welche eukaryontischen Histonen ähneln. Das Auftreten von Rhodopsin (Bakterienrhodopsin) bei *Halobacterium* wird ebenfalls als ein Hinweis für eine engere Verwandtschaft mit den Eukaryonten (Rhodopsin in den Stäbchenzellen des Vertebraten-Auges) gesehen. Hier liegt aber offensichtlich eine Konvergenz vor.

In der vorliegenden Bearbeitung werden die Prokaryonta, entsprechend ihrer Vielfalt von Stoffwechseltypen, stärker aufgegliedert. Diese primäre Vielfaltigkeit der Stoffwechseltypen kommt bei den Eukaryonta nicht mehr vor und zwingt zu einer stärkeren Aufgliederung der Prokaryonta, damit in etwa vergleichbare Kategorien bei Pro- und Eukaryonta vorhanden sind. Die bisher bei den Prokaryonta vorliegenden, namentlich gekennzeichneten hohen Taxa spiegeln die mannigfaltigen Evolutionsrichtungen der Prokaryonta nicht wider.

Das stammesgeschichtlich hohe Alter der Prokaryonten-Gruppen zwingt auch aus theoretischen Gründen zum Aufstellen hoher Kategorien (Stämme = Divisionen).

Das in dieser Arbeit vorliegende phylogenetische System der Lebewesen basiert auf der **Autogenhypothese** und einer **monophyletischen Entstehung der Eukaryonta**. Im Sinne der phylogenetischen Systematik sollen nur (soweit erkennbar) **monophyletische Gruppierungen** errichtet werden.

Viren werden aus dem System der Lebewesen ausgeschlossen. Falls es sich bei Viren um extreme Reduktionsformen oder um frei gewordene Genomteile handeln sollte, müssen sie bei den Kategorien eingeordnet werden, von welchen sie abstammen. Sie bilden auf keinen Fall eine eigene, monophyletische Gruppe.

Die Lebewesen (**Gesamtreich Bionta**) werden in die beiden **Überreiche der Prokaryonta** und **Eukaryonta** eingeteilt. Hinzu kommt das **hypothetische Überreich** der **Protobionta**, welches zellwandlose, prokaryontenähnliche Lebewesen umfaßt. Es ist die Basisgruppe der Lebewesen, aus welchen sich die Prokaryonta entwickelt haben. Protobionta existieren heute nicht mehr, sie wurden von Prokaryonta abgelöst.

Die heute existierenden Lebewesen gehören den beiden Überreichen der Prokaryonta und Eukaryonta an. Die entscheidende Differenz liegt in der Ausbildung unterschiedlicher Zellformen, der **Protocyte** und der **Eucyte**. Die dualistische Betrachtungsweise mit den Gegensätzen „Pflanze“ und „Tier“ ist aufzugeben.

Das **Überreich der Prokaryonta** enthält die beiden **Oberreiche** der **Archaebacteria** und **Neobacteria**. Das vorliegende System der Prokaryonten stützt sich in wesentlichen Teilen auf die Evolution des prokaryontischen Stoffwechsels während des Praekambriums.

Das **Überreich der Eukaryonta** wird als eine monophyletische Gruppe im Sinne der Autogenhypothese gesehen. Die Entscheidung für die Autogenhypothese gründet sich auf das allgemeine Evolutionsprinzip der langsamen, steten Höherentwicklung (Anagenese). Die Autogenhypothese entspricht am ehesten diesem Prinzip und vermag die Umwandlung der Protocyte in die stammesgeschichtlich jüngere Eucyte nach diesem Prinzip zu erklären.

Das **Oberreich der Aconta** steht am Anfang des Eukaryonten-Systems. Aconta sind **primär geißellose Eukaryonta**, welche vom **primären, geißellosen Ureukaryonten** abzuleiten sind. Aconta stellen eine frühen, blind endenden Seitenast der Eukaryonta dar, da von den stammesgeschichtlich jüngeren, hoch spezialisierten Florideophyceae (Rhodophyta) keine großen phylogenetischen Änderungen mehr zu erwarten sind. Das Oberreich der Aconta teilt sich in die beiden Reiche der **Rhodocyanobionta** und **Erythrobionta**. Rhodocyanobionta stellen die **stammesgeschichtlich ältesten Eukaryonta** dar und vermitteln zwischen **Cyanophyta** (Prokaryonta) und **Erythrobionta**. Im **Oberreich der Contophora** (mit 9 Reichen) werden alle primär geißeltragenden Eukaryonta zusammengefaßt. Sie sind vom **sekundären Ureukaryonten** abzuleiten, der eine 9 + 2 Microtubuli-Geißel aufweist. Primär war 1 Geißelpaar vorhanden.

Das Auffinden von Cyanobionta (Prochlorophyta) mit Chlorophyll a und zusätzlichem Chlorophyll b läßt eventuell auch den Schluß zu, daß die Aconta von Cyanobionta mit Chlorophyll a (Cyanophyta), die Contophora dagegen von Cyanobionta mit Chlorophyll a und b (Prochlorophyta) abzuleiten seien. Besser begründet erscheint aber der Schluß, daß die Eukaryonten eine monophyletische Gruppe darstellen, daß es sich bei den Aconta um einen stammesgeschichtlich sehr alten Seitenast handelt, und daß alle Eukaryonta aus dem Cyanophyta-Bereich (nur mit Chlorophyll a) abzuleiten sind. Danach wurde bei den Contophora Chlorophyll b neu aus Chlorophyll a entwickelt (mehrmalige, unabhängige Entstehung von Chlorophyll b). Chlorophyll b unterscheidet sich nur sehr geringfügig von a und kann leicht von diesem abgeleitet werden. Contophora besitzen daher primär die beiden Chlorophylle a und b (Chlorobionta, Euglenophytobionta) und erst sekundär kommt Chlorophyll c (Dinophytobionta, Cryptophytobionta, Chloromonadophytobionta und Chromophytobionta) hinzu. Das Auftreten von Chlorophyll c ist mit einem völligen Abbau von Chlorophyll b gekoppelt. Weiterhin ist innerhalb der Contophora ein Abbau der Phycobiline und ein starkes Anwachsen der Carotinoide zu beobachten.

Es ist deutlich zu erkennen, daß nach der Ausbildung der 9 + 2 Microtubuli-Geißel der Contophora eine starke radiative Evolution einsetzte. Wir treffen daher in der Frühphase der Contophora-Evolution eine Reihe dicht aufeinanderfolgender wichtiger Evolutionsschritte an, die zur Ausbildung einer ganzen Reihe stammesgeschichtlich sehr alter, aber unterschiedlicher Contophora-Gruppen geführt haben, z.B. Prasinophyta als Basisgruppe der Chlorobionta, Euglenophytobionta, Dinophytobionta und Cryptophytobionta. Für ein stammesgeschichtlich hohes Alter sprechen auch primitive Kern- und Mitoseverhältnisse (z.B. bei Dinophytobionta) und der Besitz von Phycobilinen (z.B. bei Cryptophytobionta). Innerhalb der Contophora sind die stammesgeschichtlich etwas jüngeren Chromophytobionta (ältere Gruppen bei ihnen mit Chlorophyll c2 und c1) über Chloromonadophytobionta aus dem Dinophyta-Bereich abzuleiten. Auch bei den Chromophytobionta wird Chlorophyll b durch Chlorophyll c ersetzt.

Die **Eumycota** stellen eine **Schwestergruppe der Euglenophytobionta** dar und sind durch **sekundären Chlorophyllverlust** gekennzeichnet. Der gemeinsame Weg der **Lysin-Biosynthese** (**AAA-Weg**) zeigt das Schwesterngruppen-Verhältnis an. Eumycota sind primär begeißelt (Opisthomastigomycota), aber der starke Trend zum sekundären Geißelabbau ist unverkennbar.

Eine wichtige Aufgabe dieser Bearbeitung war die **Auflösung polyphyletischer Gruppen** wie **„Protozoa"**, **„Phytoflagellaten"**, **„Zooflagellaten"**, **„Amöben"**, **„Schleimpilze"** und **„niedere Pilze"**. Die Eingruppierung erfolgte im Sinne der phylogenetischen Systematik bei den Gruppen, von welchen sie abzuleiten sind. Die **tierischen Metazoen** (Oberreich Animalia) werden von sekundär farblosen Craspedophyceen-Kolonien abgeleitet. Ohne die Berücksichtigung ihrer hohen Evolutionsgeschwindigkeit müßten die Metazoen als eine Klasse der Craspedophyta betrachtet werden. Es zeigt sich auch hier, daß die sehr hohen Kategorien nicht nur ausschließlich im Schwesterngruppen-Verhältnis der cladistisch-phylogenetischen Systematik gesehen werden dürfen. Die Benennung jeder Dichotomie mit einer entsprechenden systematischen Kategorie würde zu einem aufgeblähten, völlig unüberschaubaren System führen. Auch die **Evolutionsgeschwindigkeit** muß sich in den Kategorien niederschlagen.

Die grundlegende Schwierigkeit besteht darin, den **Fließvorgang der Evolution** auf **hierarchische Kategorien** zu übertragen.

Die **Cormobionta** („höhere Pflanzen") werden nicht mehr aus dem Chlorophyta-, sondern aus dem **Charophyta**-Bereich abgeleitet. Die Prasinophyta (Chlorobionta) stellen die stammesgeschichtlich älteste Contophora-Gruppe dar.

Flechten werden als systematische Kategorie aufgelöst. Hier liegt nur eine besonders enge symbiontische Bindung vor. Flechten sind in Wirklichkeit **Asco-, bzw. Basidiomyceten**, welche eine besonders enge Symbiose mit Algen eingehen. Cnidospora werden vorläufig (Eingruppierung sehr umstritten) als sekundär extrem reduzierte Metazoen betrachtet und an die Mesozoa angeschlossen.

Der **Phylogenese der Metazoa (Animalia)** mit den Porifera als stammesgeschichtlich ältester Gruppe wird die **Porifera-Planuloid-Hypothese** zugrunde gelegt. **Plathelminthes und Nemathelminthes** sind **primär coelomlose** Vertreter. Das **Coelom ist eine jüngere Neubildung** der echten **Coelomata**. Die **Archicoelomata-Hypothese** wird abgelehnt.

Phylogenetisches System der Lebewesen (Großgliederung)

Gesamtreich Bionta (Lebewesen, Organismen)

Überreich Protobionta (ausgestorbene, bisher nur hypothetisch erfaßbare Gruppe)
Überreich Prokaryonta
- Oberreich Archaebacteria
- Reich **Archaebacteriobionta**
- Oberreich Neobacteria
- Reich **Bacteriobionta**
- ... Reich **Cyanobionta** (erhöhte Evolutionsgeschwindigkeit)

Überreich Eukaryonta
- Oberreich Aconta
- Reich **Rhodocyanobionta**
- Reich **Erythrobionta**
- Oberreich Contophora
- Reich **Chlorobionta**
- ... Oberreich **Cormobionta** (erhöhte Evolutionsgeschwindigkeit)
- Reich **Flagelloopalinida**
- Reich **Euglenophytobionta**
- Reich **Eumycota**
- Reich **Dinophytobionta**
- Reich **Cryptophytobionta**
- Reich **Colponemata**
- Reich **Chloromonadophytobionta**
- Reich **Chromophytobionta**
- ... Oberreich **Animalia (Metazoa)** (erhöhte Evolutionsgeschwindigkeit)

Aus Gründen der hohen Evolutionsgeschwindigkeiten werden Cyanobionta, Cormobionta und Animalia als Reich, bzw. Oberreiche geführt. Aus didaktischen Gründen erfolgt die Besprechung der Animalia (Metazoa) nicht innerhalb der Chromobionta (nach den Craspedophyta als ihrer Ausgangsgruppe), sondern geschlossen nach der Besprechung der einzelnen Contophora-Gruppen.

Überreich Prokaryonta

Zelltyp: Protocyte (Taf. 11). Primär kleine Zellen (0,1–10 μm). Ohne membranumgrenzte Organellen. Genetisches Material an Chromatinelemente (Kernäquivalent und Episome) gebunden. Keine Chromosomen vorhanden. Mit herpokinetischer oder proterokontischer Fortbewegung.

Primär Kokkenform (Taf. 11:1), sekundär Stäbchen, Spirillen und locker miteinander verbundene Zellgruppen. Primär unbegeißelt, sekundär mit verschiedenartig angeordneten Geißeln versehen.

Zellwand: Unterschiedliche Zellwandtypen bei Archae- und Neobacteria. Archaebacteria mit einer Vielzahl von Zellwandtypen, ausgehend von einfachen, aus Proteinhüllen und Proteinscheiden bestehenden Zellwänden bis zu festeren Zellwänden mit einem Polypeptid- oder Polysaccharid-Sacculus. Sowohl bei den Archaebacteria (Thermoplasmatacea), als auch bei den Neobacteria (Mycoplasmatacea, Chlamydiacea) kommen Vertreter ohne Zellwand vor. Offensichtlich liegt ein sekundärer Zellwandverlust vor. Bei Neobacteria (Bacteriobionta und Cyanobionta) Zellwand mit Murein-Sacculus (einzelnes Makromolekül). Zellwand bei Neobacteria aus N-Acetylglucosamin und N-Acetylmuraminsäure bestehend, dazu noch Diaminopimelinsäure, Glutaminsäure und Alanin. Typische Murein-Zellwand. Zellwand sekundär mit vielschichtigen Hüllstrukturen (Pellicula). Zellwand bei Cyanobionta primär ohne Carotinoide und auch ohne Sterole. Erst sekundär, z. B. bei Cyanophyceen, einige Vertreter mit Sterolen. Cytoplasmamembran bei Archaebacteria vorwiegend aus Isoprenoid-Lipiden, bei Neobacteria dagegen vorwiegend aus Fettsäureglycerinestern aufgebaut.

Cytoplasma: Zähflüssig, gelartig. Mit Einschlüssen in Form von Grana und Vakuolen. Sekundär mit netzartigem, intraplasmatischem Membransystem, aber noch kein spezifisches endoplasmatisches Reticulum ausgebildet. Lipide bei Archaebacteria und anaeroben Neobacteria mit Äther-, bei aeroben Neobacteria dagegen mit Ester-Bindung.

Membrankörper: Sie stellen Atmungs- und Assimilationsorganellen dar und entstehen durch Einstülpungen der Zellmembran (Cytoplasmamembran). Kleinere Membrankörper in Form von **Mesosomen** (Taf. 11:2), die funktionell (**Mitochondrienäquivalente**) den Mitochondrien der Eucyte entsprechen und respiratorische Enzyme der Atmungskette aufweisen. Mit tubulär geschichtetem Aufbau.

Größere Membrankörper (Taf. 11:3–4 u. Taf. 12) in Form von zunächst invaginierten, dann abgeschnürten **Vesikeln**. Primär einfache Bläschenform, sekundär mit **Thylakoidstapeln**. Sie entsprechen funktionell (**Chromatophorenäquivalente**) den Chromatophoren der Eucyte. Membrankörper mit einfacher Membran.

Assimilationspigmente: Bacteriochlorophylle; Chlorophyll a, selten auch b (Cyanobionta: Prochlorophyta); Phycobiline und Carotinoide. Archaebacteria z. T. mit Carotinoiden, Bacteriobionta z. T. mit Bacteriochlorophyllen und Carotinoiden, Phycobiline und Chlorophylle nur bei Cyanobionta auftretend.

Kernäquivalent: Mit zentraler Lage, es stellt ein aus DNS-Fäden bestehendes, fädiges Netzwerk dar. Kein, von einer Cytoplasmamembran umgebender Kern vorhanden. DNS in Form einer ringförmigen Doppelschraube (z. B. Bakterien) angeordnet und an der äußeren Zellmembran festgeheftet. DNS nicht in besondere Einheiten (Chromosomen) aufgeteilt. Formwechsel der DNS-Strukturen nicht mitotisch, noch kein mitotischer Teilungsapparat wie bei der Eucyte (Centriol, Teilungsspindel) vorhanden. Neben der Haupt-DNS (zentrales Kernäquivalent) kommen im Cytoplasma noch kleinere DNS-Ringe (**Episomen, Plasmiden**) vor.

Bei einigen Archaebacteria (Sulfolobacea) ist in der Ruhephase kein Kernäquivalent zu beobachten, die DNS-Fäden sind unregelmäßig im Cytoplasma verteilt. Nur bei der Zellteilung ist ein zentrales Kernäquivalent vorhanden.

Ribosomen: In großer Zahl im Cytoplasma vorhanden, vom kleineren 70 S-Typ. Ribosomen im Cytoplasma der Eucyte dagegen vom größeren 80 S-Typ. Reservestoffe: Poly-β-hydroxybuttersäure (PHBS) bei Bakterien und Cyanophycin (proteinartig) bei Cyanophyceen.

Photosynthese: Anaerobe Photosynthese (ohne Nutzung von H_2O und Entwicklung von O_2) bei einigen Bakteriengruppen und aerobe Photosynthese (mit Nutzung von H_2O und Entwicklung von O_2) bei Cyanophyceen.

Fortbewegung: Gleitende Fortbewegung (Herpokinesis) bei Bakterien und Cyanophyceen. Sekundär Bakterien mit Geißeln (Taf. 11:5–6). Anzahl der Geißeln bei den einzelnen Arten oft nicht festgelegt. Die Bakteriengeißel besteht aus 2–3 miteinander verdrillten Längsfibrillen. Die Geißel besteht aus einem myosinartigem Protein (Flagellin). Zum Teil sekundär mit fibrillärem Achsenfaden (Spirochaetae). Keine Homologie mit der 9 + 2 Microtubuli-Geißel der Eucyte. Archaebacteria und Neobacteria zum Teil mit feinen, haarförmigen Fortsätzen (Pili). Diese Pili treten offensichtlich nur bei abgeleiteten Vertretern (Sulfolobacea; Enterobacteriacea) auf.

Vermehrung: Ungeschlechtlich durch Zweiteilung der Zelle, indem sich vom Zellrand aus eine Querwand bildet. Selten auch Vermehrung durch Sprossung. Keine Mitose. Parasexualität bei Bakterien. Dabei wird genetisches Material von einem Spender auf einen Empfänger übertragen (Transduktion, Transformation). Haplonten mit partieller Diploidie bei der Empfängerzelle. Der haploide Zustand wird aber wieder schnell hergestellt. Niedrige Teilungsraten (primitiv) bei Archaebacteria, Neobacteria dagegen meist mit hohen Teilungsraten. Echte geschlechtliche Fortpflanzung mit Sexualität nur bei der Eucyte.

Das nachfolgend aufgestellte **Prokaryonten-System** gründet sich auf chemische, physiologische und morphologische Merkmale. Es zeigt den Verlauf der Prokaryonten-Evolution während des Praekambriums (siehe Evolution des Zellstoffwechsels). Die Evolution begann mit anaeroben heterotrophen, gärenden Organismen, sowohl bei den Archaebacteria, als auch bei den Neobacteria. Es folgten bei den Neobacteria chemoautotrophe Sulfatatmer und anschließend photosynthetisierende Vertreter. Chemoautotrophe Bakterien-Gruppen (Stickstoff-Fixierer; Sulfurikanten; Nitrifikanten) folgten und nach Erreichen eines ausreichenden Sauerstoffpegels (Sauerstofferzeugung durch photosynthetisierende Cyanophyceen) entstanden zahlreiche aerobe Bakterien-Gruppen. Mit dem Auftreten der Eukaryonten gingen zahlreiche Bakterien-Gruppen zu einer kommensalen, symbiontischen oder parasitischen Lebensweise über.

Auch bei den Archaebacteria treten in einer Art von Parallelevolution zunächst ebenfalls anaerobe, chemoautotrophe gärende Organismen (Methangärung) auf. Es folgen heterotrophe und photosynthetisierende Vertreter (vermögen Lichtenergie in ATP festzulegen), außerdem ist auch bei ihnen der Übergang von der primären anaeroben zur sekundären aeroben Lebensweise festzustellen.

Wir betrachten hier die Archaebacteria als sehr alte Teilgruppe der Prokaryonta (gleichaltrig mit den stammesgeschichtlich ältesten Vertretern der Neobacteria) und nicht als Vertreter einer gesonderten Ableitung von Protobionta. Sie besitzen viele typische Prokaryonten-Merkmale, man muß aber eine sehr frühe Trennung beider Teilgruppen (Archae- und Neobacteria) im Sinne eines Schwesterngruppen-Verhältnisses annehmen. Beide Gruppen sind von einem gemeinsamen Prokaryonten-Vorfahren (Protobionta) abzuleiten, der noch keine Zellwand aufwies. Die stammesgeschichtlich ältesten Archaebacteria (Methanococcacea) besitzen bereits eine einfache, nur aus unvernetzten Proteinfibrillen bestehende Zellwand. Die im Augenblick vorliegenden Daten sprechen dafür, daß aber schon in der frühesten Phase der Prokaryonten-Evolution zahlreiche, verschiedenartige Zellwandtypen entwickelt wurden, wie z. B. bei Archaebacteria. Am erfolgreichsten war die Ausbildung einer Zellwand mit Murein-Sacculus, wie wir sie bei den Neobacteria antreffen. Die große Artenzahl der Neobacteria zeigt die Überlegenheit ihrer Zellwand gegenüber den verschiedenartigen Zellwandtypen der Archaebacteria. Sekundär zellwandlose Vertreter treffen wir sowohl bei den Archae- als auch bei den Neobacteria an. Diese rezenten Vertreter zeigen einen sekundären Zellwandverlust. Bei den zellwandlosen Thermoplasmatacea (Archaebacteria) handelt es sich um stammesgeschichtlich jüngere, aerobe Vertreter, und die zellwandlosen Vertreter der Neobacteria (Mycoplasmatacea und Chlamydiacea) haben infolge ihrer parasitischen Lebensweise ihre Zellwand sekundär verloren. Morphologisch betrachtet finden wir zu Beginn der Prokaryonten-Evolution kokkale, unbegeißelte, schon früh mit einer Zellwand versehene Vertreter. Gram-Färbungen sind von der physikalisch-chemischen Gestaltung der Zellwand, bzw. der Zellmembran abhängig. Vorhandensein eines Sacculus (Murein-Sacculus, Polypeptid-Sacculus, Polysaccharid-Sacculus) bedeutet eine gram-positive Reaktion; Fehlen eines Sacculus in der Zellwand oder Besitz einer einfachen Zellmembran ruft eine gram-negative Reaktion hervor.

Die Gram-Reaktionen sind daher keine allgemein gültigen, phylogenetisch verwertbaren Reaktionen, da z. B. eine gram-positive Färbung sowohl bei Archaebacteria als auch bei Neobacteria vorkommt und nur aussagt, daß ein Sacculus (dieser aber verschiedenartig bei Archae- und Neobacteria) vorhanden ist. Innerhalb einer Gruppe, z. B. bei den Eubacteria, läßt sich dagegen die verschiedenartige Gram-Färbung systematisch verwenden. Gram-positive Eubacteria besitzen einen mehrschichtigen Murein-Sacculus, während bei den gram-negativen Vertretern nur ein sekundär einschichtiges Mureinnetz vorliegt. Unabhängig voneinander kommen gram-negative Färbungen bei zellwandlosen Vertretern, sowohl bei Archae- als auch bei Neobacteria, vor. An die primäre Kokkenform schließen sich zunächst Stäbchen und dann Spirillen an. Die Kokken primär einzeln, sekundär paarweise oder in Paketen angeordnet. Wir treffen diese Zelltypen sowohl bei den Archaebacteria, als auch bei den Neobacteria an. Die primäre Kokkenform leitet sich von der kugeligen Gestalt der Protobionta ab.

Sekundär treten begeißelte Formen auf (bei Archae- und Neobacteria). Primär mono-, dann bipolare und anschließend peritriche Begeißelung. Durch Reduktion können wieder sekundär geißellose Vertreter gebildet werden. Wahrscheinlich liegen bei den Bakterien verschiedenartige Geißelformen vor, die polyphyletisch entstanden sind. Innerhalb der Archaebacteria erfolgt schon eine frühzeitige Aufspaltung in Gruppen mit verschiedenartiger Zellwandausbildung. Bei den Neobacteria stellen die gram-positiven Vertreter (Grambacteria) mit mehrschichtigem Murein-Sacculus die stammesgeschichtlich älteste Gruppe dar, während die mit einer Zellwand versehenen, gram-negativen Agrambacteria mit nur einschichtigem Mureinnetz, aber sekundär mit Lipiden und Polysacchariden, stammesgeschichtlich jünger sind. Sowohl bei Grambacteria als auch bei Agrambacteria treten sekundär zellwandlose Vertreter auf.

Zur **Kategorienbildung bei den Prokaryonta** muß einschränkend gesagt werden, daß der bei den Eukaryonta angewendete Artbegriff (Art = Fortpflanzungsgemeinschaft) nicht direkt auf die keine echte Sexualität aufweisenden Prokaryonta angewendet werden kann. Streng genommen müßte man bei Prokaryonten für die Art als Basisgruppe jeglichen Systems eine andere Bezeichnung wählen und auch die bei den Eukaryonta auf dem Eukaryonten-Artbegriff basierenden und hierarchisch angeordneten höheren Kategorien dürften im Rahmen der Prokaryonten-Systematik nicht direkt verwendet werden. Die in dieser Bearbeitung verwendeten Prokaryonten-Kategorien sind daher nur eingeschränkt mit den gleichlautenden Kategorien der Eukaryonten vergleichbar. Sie wurden aber so aufgestellt, daß in etwa vergleichbare Kategorien vorliegen. Zur besseren Kennzeichnung sollte man vielleicht vor jede Kategorie die Bezeichnung **Prokaryonten-** (**z. B. Prokaryonten-Stamm**) setzen.

Phylogenetisches System der Prokaryonta

Überreich Prokaryonta
  Oberreich Archaebacteria
    Reich Archaebacteriobionta
      Unterreich Methanobacteriobionta
        Stamm Methanococcacea
          Methanospirillacea
          Methanosarcinacea
          Methanobacteriacea
      Unterreich Halobacteriobionta
        Stamm Halobacteriacea
          Halococcacea
      Unterreich Caldariabionta
        Stamm Sulfolobacea
          Thermoplasmatacea
  Oberreich Neobacteria
    Reich Bacteriobionta
      Unterreich Eubacteria
        Überstamm Grambacteria

Stamm Streptococcacea
Clostridiacea
...... Unterreich Spirochaetae
Stamm Bacillacea
Mycoplasmatacea
Chlamydiacea
Micrococcacea
Actinomycetacea
Überstamm Agrambacteria
Stamm Desulfovibrionacea
Rhodobacteriacea
...... Reich Cyanobionta
Stamm Thiobacillacea
Azotobacteracea
Pseudomonadacea
Photobacteriacea
Enterobacteriacea
Unterreich Spirochaetae
Stamm Spirochaetacea
Unterreich Myxobacteria
Stamm Myxobacteriacea
Reich Cyanobionta
Stamm Cyanophyta
Prochlorophyta

Oberreich Archaebacteria
(Taf. 23 u. 24)

Mit den Merkmalen der Protocyte. Sie zählen zu den stammesgeschichtlich ältesten Vertretern der Prokaryonta (gleichaltrig sind die stammesgeschichtlich ältesten Neobacteria). Das morphologische Spektrum entspricht demjenigen der Eubacteria. Neben der primären Kokkenform treten auch Stäbchen, Spirillen und in Paketen angeordnete Kokken auf. Zellen sehr klein, zum Teil nur 0,1–0,2 μm lang. Primär unbegeißelt, sekundär auch begeißelte Vertreter. Mit sehr unterschiedlich ausgebildeten Zellwänden. Zellwände aber, im Gegensatz zu den Neobacteria, stets ohne Murein. Archaebacteria zum Teil noch mit sehr einfachen Zellwandformen ohne Ausbildung eines Sacculus und daher mit „gram-negativer" Reaktion. Sekundär mit Pseudomurein- oder Heteropolysaccharid-Sacculus, dann „gram-positiv". Die Gram-Reaktionen der Archaebacteria lassen sich aber nicht mit den Gram-Reaktionen der Neobacteria vergleichen, da unterschiedliche Zellwandtypen vorliegen. Die echte Gram-Reaktion kann nur auf Neobacteria bezogen und kann nur innerhalb dieser Gruppe zu phylogenetischen Folgerungen verwendet werden. Innerhalb der Archaebacteria treffen wir bei den Thermoplasmatacea (Caldariabionta) zellwandlose Vertreter an. Offensichtlich liegt eine sekundäre Zellwandlosigkeit vor. Cytoplasmamembran der Archaebacteria vorwiegend aus Isoprenoid-Lipiden aufgebaut.

Mit Kernäquivalent. Zum Teil DNS-Fäden unregelmäßig im Cytoplasma verteilt und dann nur bei der Zellteilung Kernäquivalent bildend. Zum Teil mit histonähnlichem Protein und zum Teil mit Cytoplasma-Proteinen, die Actin und Myosin ähneln. Mit charakteristischer 16 S-Ribosomen-RNS. Sie unterscheidet sich von der 16 S-Ribosomen-RNS der Eubacteria durch große Unterschiede in den Basensequenzen. Lipide bestehen vorwiegend aus Glycerinäthern (nicht wie bei Neobacteria und Eukaryonta aus Fettsäureestern des Glycerins). Diese Befunde sprechen eindeutig für eine Ableitung der Eukaryonta aus dem Neobacteria-Bereich und nicht, wie heute zum Teil angenommen, aus dem Archaebacteria-Bereich. Methanobacteriacea mit einzigartigen, sonst nicht bekannten Coenzymen (Coenzym M, kleinstes bisher bekanntes Coenzym, eine Mercaptoäthanolsulfonsäure; Coenzym F_{420}). Beide Co-

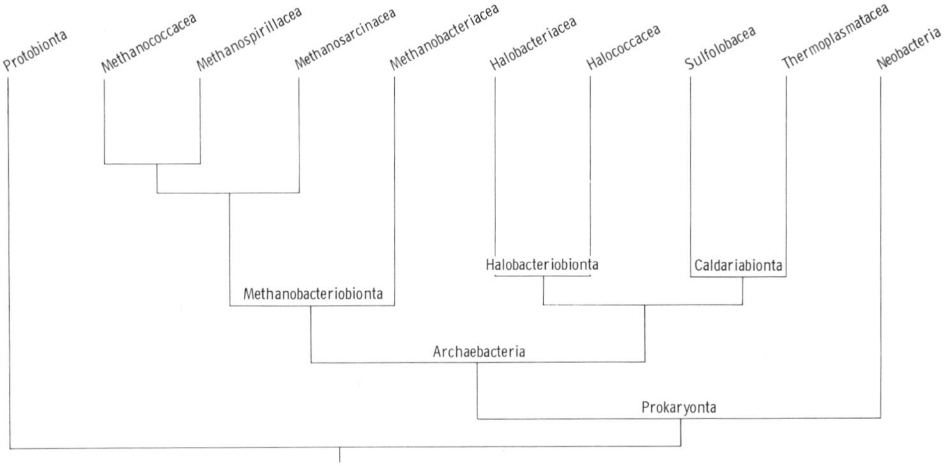

Taf. 23. Phylogenie der Archaebacteria.

enzyme sind an der Methanbildung beteiligt. Cytochrome und Quinone wurden bei Archaebacteria nicht festgestellt. Halobacteriacea mit Carotinoiden (Rhodopsin). Keine Sporen-Bildner. Ungeschlechtliche Vermehrung durch Zweiteilung, Abschnürung und Knospung.

Archaebacteria leben in ungewöhnlichen Lebensräumen (anaerobe Faulschlammbereiche; heiße Quellen; stark salzhaltige Gewässer). Offensichtlich handelt es sich hier um Rückzugsnischen, die z.T. noch den Lebensbedingungen auf der Früherde (frühes Praekambrium) entsprechen. In diese Rückzugsgebiete wurden sie von den erfolgreicheren Neobacteria gedrängt, bzw. haben diese Lebensräume nie verlassen.

Die heterotrophen, anaeroben Methanbakterien (Methanobacteriobionta) leben im Faulschlammbereich auf den Böden von Gewässern und erzeugen Methan (Sumpfgas). Außerdem kommen sie sekundär in Faulbehältern von Kläranlagen und in Pansen von Wiederkäuern vor. Halobacteriobionta sind extrem halophil und kommen in fast gesättigten oder gesättigten Salzlösungen vor, z.B. im Großen Salzsee Nordamerikas. Sie vermögen bei einem Salzgehalt von 25–30% optimal zu leben. Vertreter der Caldariabionta (Sulfolobacea) leben in heißen Quellen von Vulkanen (Solfatoren) bei Temperaturen bis zu 85 °C und sehr niedrigen pH-Werten.

Reich Archaebacteriobionta (Mendocutes)

Es enthält die Unterreiche Methanobacteriobionta, Halobacteriobionta und Caldariabionta.

Unterreich Methanobacteriobionta

Obligat anaerobe, chemoautotrophe, gärende Vertreter. Sie leben anaerob in einer an Kohlendioxid und Wasserstoff reichen Atmosphäre, ernähren sich von Kohlendioxid, molekularem Wasserstoff und anorganischen Salzen und erzeugen Methan als Stoffwechselprodukt (Methangärung).

Primär Kokkenform, sekundär Stäbchen und Spirillen. Mit unterschiedlich ausgebildeten Zellwänden. Primär (Methanococcacea) Zellwand noch aus einer einfachen Protein-Hülle bestehend, sekundär mit aus einer Protein-Scheide bestehender Zellwand (Methanospirillacea) oder mit Sacculus (Pseudomurein- oder Heteropolysaccharid-Sacculus). „Gram-negative" Reaktion bei einfacheren

Zellwänden ohne Sacculus, „gram-positive" Reaktion bei Vertretern mit Sacculus. Mit nur bei ihnen vorkommenden Coenzymen (Coenzym M; Coenzym F_{420}). Cytoplasma-Membran besteht zu ca. 80% aus polaren und ca. 20% aus nicht-polaren Lipiden. Die Ribosomen gleichen denjenigen der Neobacteria und sind aus einer 30S- und einer 50S-Untereinheit aufgebaut, die 16S-, 23 S- und 5S-RNS enthalten. Die 16S-RNS weist aber gegenüber den Neobacteria einen höheren Prozentsatz an modifizierten Basen auf sowie ein anderes Verteilungsmuster. Bei geeigneter UV-Anregung zeigen die Methanobacteriobionta (Methanbakterien) eine grünliche Fluoreszenz.

Lebensweise: Vorwiegend im Faulschlammbereich auf den Böden von Gewässern, in großen Tiefen heißer Quellen (Optimum bei 65–70°C) sowie in Kläranlagen und im Pansen von Wiederkäuern.

Stammesgeschichtlich sehr alte Gruppe der Prokaryonta, die sich schon im frühen Praekambrium, in der ersten Jahrmilliarde der Erde entwickelt hat.

Stamm Methanococcacea
(Taf. 24:1)

Mit der einzigen Ordnung Methanococcales.

Mit primärer Kokkenform. Kokken primär einzeln, sekundär in Paaren oder in irregulären Anhäufungen. Primär unbegeißelt, sekundär begeißelt. Noch mit sehr primitiver Zellwand in Form von einer Hülle aus lose angeordneten, unvernetzten Glykoprotein-Fibrillen. Mit „gram-negativer" Reaktion, da Zellwand ohne Sacculus. Im Faulschlammbereich von Gewässern.

Wichtige Gattung: *Methanococcus*.

Stamm Methanospirillacea
(Taf. 24:2)

Mit der einzigen Ordnung Methanomicrobiales.

Spirillen (schraubig gedrehte Stäbchen), lang und gewunden. Noch mit primitiver Zellwand in Form einer Scheide, die von fibrillär gebautem Protein gebildet wird. Ohne Sacculus, daher mit „gram-negativer" Reaktion. Im Faulschlammbereich von Gewässern.

Wichtige Gattung: *Methanospirillum*. Weitere Gattungen: *Methanomicrobium* (gerade und gekrümmte Stäbchen), *Methanogenium* (unregelmäßige Kokken), *Methanotrix*.

Stamm Methanosarcinacea
(Taf. 24:4)

Mit der einzigen Ordnung Methanosarcinales.

Kokken, die in Paketen zu 8 oder mehr zusammengefaßt sind. Unbegeißelt. Die Zellwand mit Heteropolysaccharid-Sacculus aus Galaktosamin, Neutralzucker und Uronsäuren. Mit „gram-positiver" Reaktion, da Sacculus vorhanden. Im Faulschlammbereich von Gewässern.

Wichtige Gattung: *Methanosarcina*.

Stamm Methanobacteriacea
(Taf. 24:3 u. 5)

Mit der einzigen Ordnung Methanobacteriales.

Kokkenähnliche Kurzstäbchen und Langstäbchen. Unbegeißelt. Zellwand mit Pseudomurein-Sacculus aus L-Aminosäuren und Aminozucker, der in der Struktur an den Murein-Sacculus der Neobacteria erinnert. Im Gegensatz zum Peptidoglycan der Neobacteria fehlt aber Mureinsäure und der typische Wechsel von D- und L-Aminosäuren. Mit „gram-positiver" Reaktion, da ein Sacculus vorliegt.

Lebensweise: Auf den Böden von Gewässern im Faulschlammbereich und dort Sumpfgas (Methan) erzeugend; auch in heißen Quellen (*M.thermoautotrophicum*) in großer Tiefe bei einem Optimum von 65–70°C. Sekundär kommensale Pansenbewohner (*M.ruminantium, M.formicium*), die im Pansen von Wiederkäuern aus Fettsäuren sowie aus molekularem Wasserstoff und Kohlendioxid Methan bilden.

Wichtige Gattungen: *Methanobacterium (M. thermoautotrophicum, M. formicium); Methanobrevibacter (M. ruminantium). Methanothermus.*

Unterreich Halobacteriobionta

Obligat aerobe Vertreter. Obligat extrem halophile Arten, die heterotroph in fast gesättigten Salzlösungen leben. Zum Wachstum benötigen sie mindestens 8–10% NaCl. Optimale Bedingungen bei einem Salzgehalt (NaCl-Gehalt) von 20–30%. Kokken und Stäbchen, mit pleomorpher Gestaltsveränderung. Stäbchen polar begeißelt, Kokken unbegeißelt. Zellwand mit Heteropolysaccharid-Sacculus (Halococcacea), mit „gram-positiver" Reaktion. Zellwand mit Glukosamin und Hexosen bei Halobacteriacea, hier „gram-negative" Reaktion. Zellwand, wie auch bei Methanobacteriobionta, stets ohne Murein. Lipide mit Ätherbindung in der Zellmembran. Mit nichtwasserlöslichen Carotinoiden (Rhodopsin bei Halobacteriacea). Wachstum sehr langsam.

Lebensweise: Primär in stark salzhaltigen Gewässern (z.B. Großer Salzsee und Totes Meer). Sekundär auch an gesalzenen Fischen. Mit starken Ionenpumpen (Salztoleranz).

Stamm Halobacteriacea (Metabacteria)

Mit der einzigen Ordnung Halobacteriales.

Kokken und Stäbchen, stark pleomorph. Kokken unbegeißelt, Stäbchen mit polarer Begeißelung. Primitive Zellwand in Form einer Hülle aus Glykoprotein-Untereinheiten. Mit „gram-negativer" Reaktion. Lipide mit Ätherbindung in der Zellmembran. Mit nichtwasserlöslichem organgerotem Pigment (Carotinoid: Rhodopsin), kann mit Rhodopsin Lichtenergie in ATP festlegen. Obligat aerob, obligat halophil. Benötigen einen Mindestsalzgehalt von 12%, optimale Lebensbedingungen bei 25–30%. In extrem salzhaltigen Gewässern (z.B. marine Gezeitentümpel), in Salzseen und sekundär auch an gesalzenen Fischen. Chemoorganotrophe Organismen.

Wichtige Gattung *Halobacterium*.

Stamm Halococcacea

Mit der einzigen Ordnung Halococcales.

Kokken mit einem Durchmesser von 1–1,5 μm. Einzeln, in Paaren oder Paketen angeordnet. Unbegeißelt. Zellwand mit Heteropolysaccharid-Sacculus (Galaktosamin, Neutralzucker, Gulosaminuronsäure). „Gram-positiv". Benötigen mindestens 8–10% NaCl zum Wachstum, optimale Lebensbedingungen bei einem Salzgehalt von 20–25%. In extrem salzhaltigen Gewässern. Obligat aerob, obligat halophil.

Wichtige Gattung: *Halococcus*.

►

Taf. 24. Archaebacteria. – Abb. 1. *Methanococcus*: Methanococcacea (Photographie von Smith aus Wolfe). Abb. 2. *Methanospirillum*: Methanospirillacea (Photographie von Smith aus Wolfe). Abb. 3. *Methanobacterium thermoautotrophicum*, Längsschnitt: Methanobacteriacea (Photographie von Zeikus aus Zeikus & Bowen). Abb. 4. *Methanosarcina barkeri*: Methanosarcinacea (Photographie von Mah & Smith aus Mah & Smith). Abb. 5. *Methanobacterium formicium*: Methanobacteriacea (Photographie von Smith aus Wolfe). Abb. 6. *Sulfolobus*: Sulfolobacea (Photographie von Weiss & Brock aus Brock). Abkürzungen: CM = Cytoplasmamembran, CW = Zellwand.

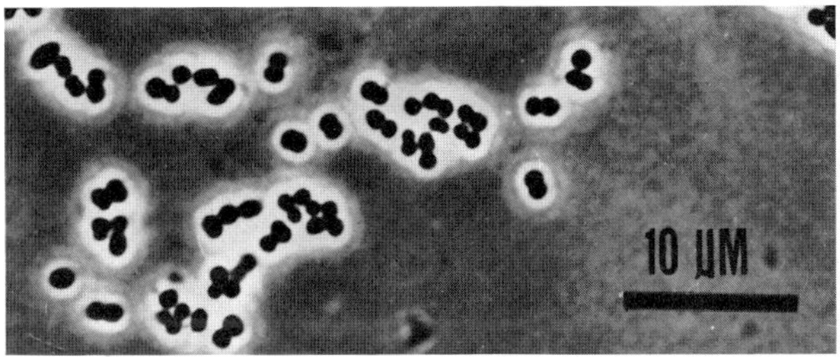

(1)

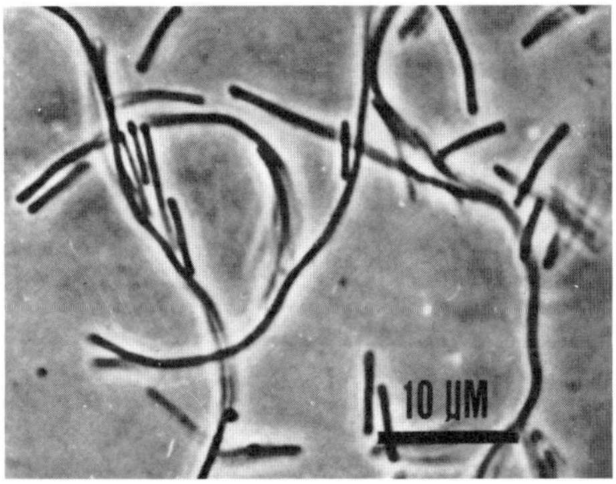

(2)

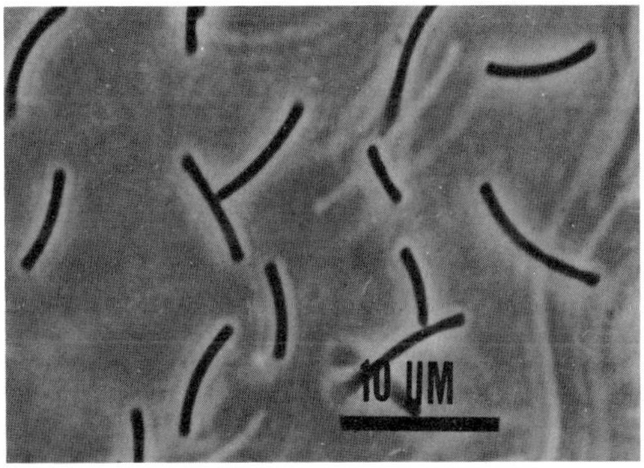

(5)

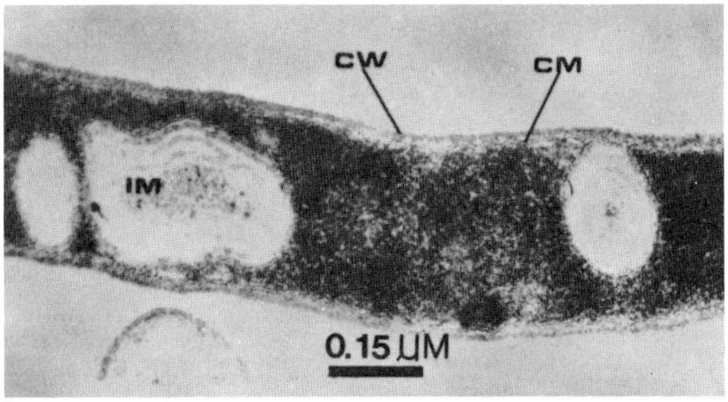

(3)

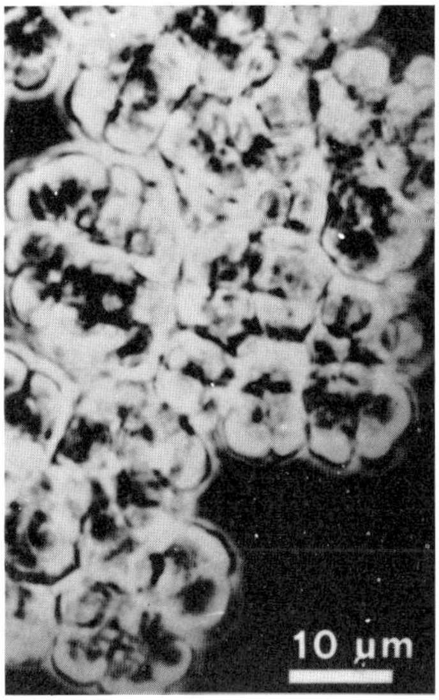

(4)

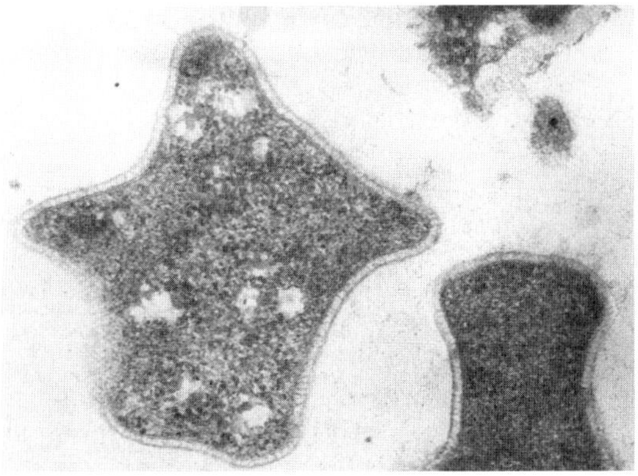

(6)

Unterreich Caldariabionta

Kokken mit einem Durchmesser von 0,1–1,0 μm. Mit pleomorpher Formveränderung und dann bei Thermoplasmatacea Durchmesser von 5–10 μm erreichend. Zum Teil ohne Zellwand (Thermoplasmatacea) oder mit sehr einfacher Zellwand, die aus einer flexiblen, nicht verfestigten Schicht besteht (Sulfolobacea). Zellwand ohne Sacculus. Bei Thermoplasmatacea vermutlich sekundärer Zellwandverlust. Thermoplasmatacea mit sehr starker pleomorpher Formveränderung, die konvergent auch bei den zellwandlosen Mycoplasmatacea (Neobacteria) vorkommt und offensichtlich durch die Zellwandlosigkeit verursacht wird. Aerobe Vertreter. Mit heterotropher (Thermoplasmatacea) und autotropher (Sulfolobacea) Ernährung. Gramnegativ. Lipide mit Ätherbindung.

Lebensweise: Sulfolobacea in heißen Quellen mit Temperaturen bis 85 °C und sehr niedrigen pH-Werten (1–4). Thermoplasmatacea in brennenden Abfallhaufen einer Kohlenmine bei Temperaturen bis 65 °C und pH-Werten von 1–4.

Stamm Sulfolobacea

(Taf. 24:6)

Mit den Ordnungen Sulfolobales (*Sulfolobus*) und Thermoproteales.

Kokken, Durchmesser 0,8–1,0 μm. Pleomorph, mit häufiger Lappenbildung. Mit einfacher Zellwand, die aus einer flexiblen, nicht verfestigten (ohne Sacculus) Schicht besteht. Gram-negativ. Mit primitiver Zellwand in Form einer Glykoprotein-Hülle. DNS mit histonähnlichem Protein verbunden. Chemoautotrophe schwefel- und eisenoxidierende Vertreter. Schwefeloxidierer (*Sulfolobus*) oxidieren Schwefel oder Schwefelwasserstoff zu Schwefelsäure. Eisenoxidierer zählen ebenfalls zur Gattung *Sulfolobus*. Ungeschlechtliche Fortpflanzung durch Lappenabschnürung.

Lebensweise: Thermo-acidophil. In sauren, heißen Lebensräumen, wie z.B. in heißen, vulkanischen, sauren Quellen mit Temperaturen von 55–85 °C und einem Temperaturoptimum bei 75 °C. Die pH-Werte liegen zwischen 1–5, Optimum bei 2–3. Neben aquatischen werden auch terrestrische Lebensräume besiedelt.

Wichtige Gattungen: *Sulfolobus*, Syn. *Caldariella*. Weitere Schwefeloxidierer: *Thermoproteus*, *Desulfurococcus*.

Stamm Thermoplasmatacea

Mit der einzigen Ordnung Thermoplasmatales.

Kokken mit einem normalen Durchmesser von 0,1–1,0 μm. Stark pleomorph (meist rundlich), dabei können Durchmesser von 5–10 μm erreicht werden. Ohne Zellwand, vermutlich sekundärer Verlust. Mit einfacher Glykoprotein enthaltender Cytoplasmamembran. „Gram-negativ“. DNS mit histonähnlichem Protein verbunden. Cytoplasma-Proteine ähneln Actin und Myosin. Ohne Cytochrome. Ungeschlechtliche Vermehrung durch Knospung. Extrem thermophil.

Lebensweise: Aerob, in brennenden Abraumhalden einer Kohlenmine bei Temperaturen von 55–65 °C und einem pH-Wert von 1–4. Optimale pH-Werte 1–2.

Wichtige Gattung: *Thermoplasma*.

Phylogenie der Archaebacteria (Taf. 23)

Die Archaebacteria zählen zu den stammesgeschichtlichen ältesten Prokaryonten. Durch ihre mureinfreien Zellwände unterscheiden sie sich von den Neobacteria. Archaebacteria leben in Lebensräumen, die in vielen Beziehungen den Lebensbedingungen auf der Früherde entsprechen. Es ist wenig wahrscheinlich, daß sich Archaebacteria und Neobacteria unabhängig voneinander aus verschiedenartigen Protobionten entwickelt haben. Dafür besitzen sie zu viele gemeinsame Merkmale, die für eine monophyletische Entstehung der Prokaryonten sprechen. Prokaryonten sind von zellwandlosen nur mit einer Cytoplasmamembran versehenen Protobionten abzuleiten. Die Evolution der Prokaryonten zeigt, daß es schon in der frühesten Phase zur Ausbildung verschiedenartiger Zellwand-Typen gekommen ist. Besonders auffällig ist die Vielfalt der Zellwand-Typen innerhalb der Archaebacteria, während im Gegensatz dazu die Neobacteria eine relativ einheitliche Murein-Zellwand aufweisen. Wir können davon ausgehen, daß die ersten (ausgestorbenen) Prokaryonten ebenfalls noch keine Zellwand aufwiesen, aber ein starker Selektionsdruck zu einer frühzeitigen Ausbildung einer Zellwand mit besserem Schutz gegenüber der Umwelt führte. Die vielfältige Ausbildung von Zellwandtypen zeigt diesen Selektionsdruck an und zeigt auch, daß die Murein-Zellwand der Neobacteria die ökologisch günstigste Zellwandform darstellt. Neobacteria haben sich heute über weite ökologische Bereiche ausgebreitet, während die Archaebacteria nur noch in ausgesprochenen Rückzugsgebieten vorkommen. Es ist heute weitgehend geklärt, daß innerhalb der Neobacteria keine primär zellwandlosen Vertreter vorkommen. Innerhalb der Neobacteria weisen die Mycoplasmatacea und die Chlamydiacea keine Zellwand auf, und bei den Archaebacteria besitzen die Thermoplasmatacea keine Zellwand. Bei Mycoplasmatacea und Chlamydiacea nimmt man heute weitgehend an, daß es sich um sekundär zellwandlose Vertreter handelt, welche durch ihre parasitische Lebensweise einen sekundären Zellwandverlust zeigen. Die Ähnlichkeit der Mycoplasmatacea mit L-Formen von Neobakterien spricht ebenfalls für eine sekundäre Vereinfachung des Zellkörpers. Bei den Thermoplasmatacea könnte eine konvergente Zellwandreduktion vorliegen, da eine wohl durch die Zellwandreduktion bedingte starke Pleomorphie auch bei den Mycoplasmatacea festzustellen ist. Dagegen kann die Thermophilie der Thermoplasmatacea durchaus als ein sehr primitives Merkmal betrachtet werden, da die Oberflächentemperaturen der Früherde vor etwa 2 Mrd. Jahren auf 50–70°C geschätzt werden. Die stammesgeschichtlich ältesten Prokaryonten ohne Zellwand müssen aber eine anaerobe Lebensweise aufweisen, das trifft jedoch für die aerob lebenden Thermoplasmatacea nicht zu. Würde man die Thermoplasmatacea als letzte Vertreter primär zellwandloser Prokaryonten betrachten, dann müßten alle ihre anaeroben, älteren Vertreter inzwischen ausgestorben sein.

Das Ausbilden vieler Zellwandtypen in der Frühphase der Prokaryonten-Evolution spricht mehr dafür, daß die zellwandlosen Vertreter sich gegenüber den nun eine Zellwand besitzenden Arten nicht mehr behaupten konnten und völlig ausstarben.

Die durch vergleichende Untersuchungen der ribosomalen 16S rRNS gewonnenen Daten (S_{AB}-Werte) entsprechen in großen Zügen den Daten, die man durch Wertung der morphologischen Daten und der unterschiedlichen Stoffwechseltypen erzielt. Die S_{AB}-Werte zeigen deutlich die Sonderstellung der Archaebacteria und eine frühe Trennung von den Neobacteria an. Auch nach den S_{AB}-Werten handelt es sich bei Methanococcacea und Methanobacteriacea um gut abgegrenzte Gruppen. Die Methanospirillacea und Methanosarcinea werden in einem etwas engeren Zusammenhang gesehen, dabei nimmt *Methanotrix* eine etwas vermittelnde Stellung ein. Die Halobacteriobionta stellen auch nach dieser Methode eine gut abgegrenzte Gruppierung dar. Unterschiedliche Auffassungen bestehen vor allem bei der Eingruppierung der Caldariabionta. Die S_{AB}-Werte sprechen für das höchste stammesgeschichtliche Alter innerhalb der Archaebacteria und damit für primär zellwandlose Vertreter. Aerobe Lebensweise und stark pleomorpher Zellkörper deuten bei *Thermoplasma* aber eher auf einen sekundären Verlust der Zellwand hin. Sekundärer Zellwandverlust mit starkem Pleomorphismus (*Mycoplasma*) kommt auch innerhalb der Neobacteria vor. *Thermoplasma* wurde bisher nur in brennenden Abraumhalden einer Kohlenmine gefunden; diese Lebensweise spricht nicht für ein stammesgeschichtlich hohes Alter, da kein natürlicher Biotop vorliegt.

Archaebacteria und **Neobacteria** (u. Eukaryonta) bilden eine Schwestergruppe und haben sich schon vor der Ausbildung ihrer Zellwandformen getrennt. Die Neobacteria entwickeln ihre typische Murein-Zellwand, und diese Zellwand wurde einheitlich beibehalten. Innerhalb der Archaebacteria kam es zur Ausbildung verschiedenartiger Zellwandtypen bei den Gruppen der Methanobacteriobionta, Halobacteriobionta und Caldariabionta. Da innerhalb der Neobacteria die gegenüber den Archaebacteria stammesgeschichtlich jüngeren Cyanobionta schon vor etwa 2,5 Mrd. Jahren auftraten, können wir davon ausgehen, daß die Trennung von Archae- und Neobacteria vor etwa 3 Mrd. Jahren erfolgte. Kurz darauf erfolgte die Trennung der einzelnen Unterreiche der Archaebacteria. Die Methanobacteriobionta zeigen uns nämlich durch ihren Stoffwechsel, daß sie zu einer Zeit entstanden sind, als noch eine weitgehend reduzierende Erdatmosphäre vorlag. Dadurch waren ideale Bedingungen für die Lebensweise dieser Gruppe gegeben, nämlich reichlich H_2 aus der Atmosphäre, sowie CO_2 aus Gärungsvorgängen in den Urmeeren, bei Abwesenheit von Sauerstoff, der erst später durch die photosynthetische Sauerstoffbildung der Cyanobionta entstand.

Innerhalb der Methanobacteriobionta können wir zwei deutliche Gruppierungen unterscheiden. Zur stammesgeschichtlich älteren Gruppe zählen die Methanococcacea, Methanospirillacea und Methanosarcinacea. Die stammesgeschichtlich ältesten Methanococcacea behalten die primäre Kokkenform bei und sind primär unbegeißelt. Ihre Zellwand ist noch sehr einfach und besteht aus unvernetzten Proteinfibrillen, ein Sacculus ist noch nicht ausgebildet. Bei den näher mit ihnen verwandten Methanospirillacea (Schwestergruppe) kommt es schon zur Ausbildung einer etwas komplizierteren, scheidenförmigen Zellwand, aber ebenfalls noch ohne Bildung eines festen Sacculus. Erst bei den Methanosarcinacea (Schwestergruppe zu Methanococcacea-Methanospirillacea) kommt es zur Ausbildung eines Heteropolysaccharid-Sacculus mit nun „gram-positiver" Reaktion. Die stammesgeschichtlich jüngere Gruppe der Methanobacteriacea bildet dagegen einen Pseudomurein-Sacculus aus (wohl nur Methanobacteriacea die Schwestergruppe der Neobacteria u. Eukaryonta), der von allen Vertretern dieser Gruppe beibehalten wird.

Alle Methanobacteriobionta behalten die primäre, anaerobe gärende Lebensweise (Methangärung) bei.

Die stammesgeschichtlich jüngeren Gruppen der Archaebacteria, die Halobacteriobionta und Caldariobionta zeigen aerobe Lebensweisen, können also erst nach dem Entstehen der sauerstofferzeugenden Cyanobionta entstanden sein. Man kann annehmen, daß diese Gruppen etwa vor 2 Mrd. Jahren entstanden sind, als von Cyanophyta ausreichender Sauerstoff produziert war.

Halobacteriobionta sind extrem halophil und haben sich heute auf stark salzhaltige Gewässer (natürliche Biotope) zurückgezogen. Auch bei ihnen können wir zunächst die Ausbildung einer einfacheren, „gram-negativen" Zellwand bei den Halobacteriacea beobachten, während es erst später bei den Halococcacea zur Ausbildung einer festen Zellwand mit einem Heteropolysaccharid-Sacculus (ähnlich demjenigen der Methanosarcinacea, aber mit anderem Aufbau, daher Konvergenz) kommt.

Auch die aeroben Caldariabionta leben in Rückzugsgebieten. Sie sind extrem thermophil und kommen in heißen Gewässern mit Temperaturen bis zu 85 °C (Sulfolobacea) oder in sehr heißen terrestrischen Bereichen mit Temperaturen bis 65 °C (Thermoplasmatacea) vor. Sulfolobacea besitzen eine einfache, nicht mit einem Sacculus versehene Zellwand, während die Thermoplasmatacea vermutlich sekundär zellwandlos sind.

Die Frühzeit der Erde war eine Zeit der primär gärenden Organismen. Neben den Archaebacteria (Methanobacteriobionta) traten aber auch gärende Vertreter der Neobacteria auf. Mit dem Auftreten der Sauerstoffatmosphäre wurden die Archaebacteria weitgehend in anaerobe Lebensräume zurückgedrängt, welche den Lebensbedingungen der Früherde (Faulschlammbereiche) noch am ehesten entsprachen. Den Neobacteria gelang die Umstellung auf eine aerobe Lebensweise viel besser, das zeigt die hohe Artenzahl der rezenten aeroben Vertreter. Auch die anaerob lebenden Neobacteria mußten sich in anaerobe Rückzugsgebiete zurückziehen. Parallel zur Evolution der Neobacteria kam es auch bei den Archaebacteria zur Ausbildung von aeroben photosynthetisierenden und chemoautotrophen Vertretern (Halobacteriobionta, Caldariabionta). Aber auch diese konnten sich gegenüber den besser angepaßten Neobacteria kaum behaupten und wurden in Rückzugsgebiete (heiße Quellen, heiße terrestrische Bereiche, stark salzhaltige Gewässer) zurückgedrängt.

Oberreich Neobacteria

(Taf. 25–30)

Das Oberreich der Neobacteria enthält die beiden Reiche der Bacteriobionta und Cyanobionta. Die Cyanobionta stellen die Schwestergruppe der Rhodobacteriacea (Athiorhodariae) dar und werden wegen ihrer hohen Evolutionsgeschwindigkeit (im Vergleich zu den Rhodobacteriacea) als eigenes Reich geführt und im Anschluß an die Bacteriobionta besprochen.

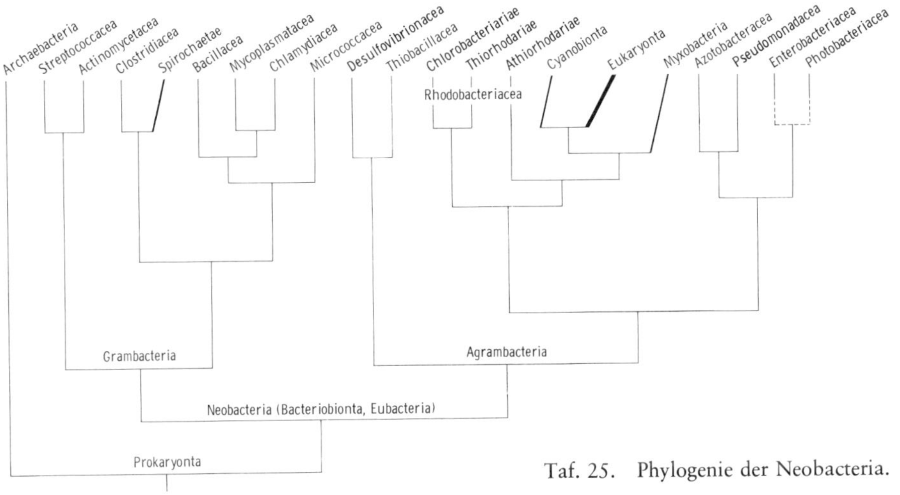

Taf. 25. Phylogenie der Neobacteria.

Reich Bacteriobionta

(Taf. 25–29)

Mit der Protocyte der Prokaryonta. Stammesgeschichtlich älteste Gruppe der Neobacteria. Primär einzellige Vertreter, sekundär zum Teil lose miteinander verbundene Zellhaufen, Zellpakete oder Zellfäden bildend. Zum Teil mit sekundärer Myzelausbildung (z.B. Actinomycetacea). Das Myzel primär ohne Septen, sekundär treten auch Hyphen mit Septen auf, dadurch echte Mehrzelligkeit. Beim Altern zerfällt das Myzel in Einzelzellen.

Zellen primär sehr klein, meist nur wenige μ (1–5 μm) lang. Vertreter der Gattung *Escherichia* z.B. 3 μm, diejenigen der Gattung *Micrococcus* dagegen nur 0,2 μm lang. Große Vertreter, wie z.B. *Thiospirillum*, können Längen bis zu 80 μm erreichen. Primär kugelige Form (Kokken), sekundär stäbchenförmig oder schraubig gedreht (Spirillen). Bei manchen Vertretern bleiben die Zellen nach der Teilung locker miteinander verbunden und bilden Haufen oder Pakete. Stammesgeschichtlich jüngere Bakterien-Gruppen bilden zum Teil kugelige (Corynebakterien) oder verzweigte Zellen (Mycobakterien) aus.

Das genetische Material der Zelle (zentrales Kernäquivalent) ist nicht von einer Membran umgeben. Es besteht aus netzartig angeordneten DNS-Fäden. DNS in Form eines ringförmig geschlossenen Doppelstranges angeordnet. Neben dem zentralen Kernäquivalent treten im Cytoplasma der Zelle auch kleinere DNS-Bereiche (Episome, Plasmiden) auf. Histonähnliche Proteine mit der DNS verknüpft (*Escherichia, Bacillus, Lactobacillus, Proteus, Pseudomonus, Micrococcus* und weitere Gattungen).

Primär mit Murein-Zellwand, sekundär kann die Zellwand fehlen (z.B. Mycoplasmatacea, Chlamydiacea, L-Formen bei Grambacteria und Agrambacteria). Vertreter ohne Zellwand leben in isotonen Medien, da Bakterien keine Organellen für Osmoregulation (z.B. kontraktile Vakuolen der Eukaryonta) besitzen. Die Zellwand besteht aus Murein und Diaminopimelinsäure. Murein glykosidisch und peptidisch verknüpft und ein makromolekulares Netz (Murein-Sacculus) bildend. Zellwand ohne fibrilläre Strukturen, wie etwa bei der Zellulose-Zellwand vieler Eukaryonta.

Bakterien primär gram-positiv (Grambacteria), das hier mehrschichtige Mureinnetz macht bis zu 50% des Trockengewichtes der Zellwand aus. Mit mehr als hundert sekundären Abwandlungen des gram-positiven Grundtyps. Sekundär gram-negativ (Agrambacteria), dann macht das nur einschichtige Mureinnetz nur 10% des Trockengewichtes der Zellwand aus. Nur wenige sekundäre Abwandlungen. Die Gram-Reaktion ist also von der physikalisch-chemischen Konstruktion der Zellwand abhängig. Daher gilt die Gram-Reaktion immer nur für eine phylogenetisch abgegrenzte monophyletische Gruppe (z. B. Eubacteria). Eine gram-positive Reaktion etwa bei Archaebacteria und Neobacteria ist nicht miteinander vergleichbar, da unterschiedliche Zellwandkonstruktionen vorliegen. Dasselbe gilt auch für die gram-negative Reaktion. Hinzu kommt, daß sekundär zellwandlose Vertreter immer eine gramnegative Reaktion zeigen, einerlei zu welcher systematischen Gruppierung sie gehören. Das heißt, daß bei einer Gruppe wie den Grambacteria mit primärer gram-positiver Reaktion natürlich auch zellwandlose Vertreter (z. B. Mycoplasmatacea) mit gram-negativer Reaktion vorkommen können.

Die Zellwand der gram-negativen Eubacteria (Agrambacteria) besitzt zwar ein geringer ausgebildetes Mureinnetz, ist aber komplexer gebaut und weist zusätzliche Lipide und Polysaccharide auf. Zellwand der Bakterien oft mit aufgelagerten Schleimhüllen, zum Teil auch in Kapselform. Gram-positive und gram-negative Bakterien unterscheiden sich auch durch verschiedenartige Aminosäurezusammensetzung voneinander. Es ist phylogenetisch interessant, daß bei den stammesgeschichtlich jüngeren gram-negativen Bakterien Polysaccharide in der Zellwand auftreten.

Unterhalb der Zellwand liegt eine semipermeable Cytoplasmamembran (aus Fettsäure-Glycerin-Estern aufgebaut), welche Enzyme enthält und Atmungs- sowie Assimilationsorganellen durch Einstülpungen nach innen bildet. Kleinere Membrankörper (Mesosomen) entsprechen funktionell den Mitochondrien der Eucyte. Sie zeigen einen tubulären Aufbau und enthalten respiratorische Enzyme der Atmungskette. Größere Membrankörper entsprechen funktionell den Chromatophoren der Eucyte und treten primär in Bläschenform, sekundär in Form von Thylakoidstapeln auf. Als Assimilationspigmente treffen wir bei den photosynthetisierenden Bakterien die Bacteriochlorophylle a, b, c und d sowie etwa 25 verschiedene Carotinoide an.

Cytoplasma zähflüssig und gelartig. Ribosomen (vom kleineren 70 S-Typ) in großer Zahl im Cytoplasma vorhanden. Cytoplasma mit Einschlüssen in Granaform (Fettgrana, Polyphosphatgrana), zum Teil auch mit Gasvakuolen.

Bakterien primär ohne Geißeln. Sekundär treten bei vielen Bakterien in bestimmten Entwicklungsstadien zarte Plasmageißeln auf. Die Geißeln der Bakterien bestehen aus einer einzigen oder mehreren (2–3) miteinander verdrillten Längsfibrillen. Es bestehen keinerlei Beziehungen zur 9 + 2 Microtubuli-Geißel der Eukaryonta. Anordnung der Geißel(n) häufig von taxonomischem Wert. Die Geißel(n) sind entweder polar oder lateral angeordnet. Polare Begeißlung entweder monotrich (nur eine einzige Geißel, z. B. *Vibrio*) oder polytrich (mit einem Geißelbüschel). Befindet sich das Geißelbüschel an einem Ende, spricht man von lophotricher, bei bipolarer Anordnung von amphitricher Begeißelung. Bei peritrich begeißelten Bakterien befinden sich die Geißeln auch an den Längsseiten des Zellkörpers. Spirochaeten besitzen einen inneren, aus Fibrillen bestehenden Achsenfaden. Gram-negative Bakterien (z. B. Enterobakterien) besitzen noch feine, haarförmige Fortsätze (Pili). Es handelt sich hierbei um Sekundärstrukturen, da sie bei den stammesgeschichtlich älteren gram-positiven Bakterien nicht anzutreffen sind. Polare Begeißelung treffen wir fast stets nur bei gram-negativen Bakterien an, während die stammesgeschichtlich ältere peritriche Begeißelung sowohl bei gram-positiven als auch bei gram-negativen Vertretern vorkommt. Die Zahl der Geißeln ist bei Bakterien nicht immer gleich (im Gegensatz zu Eukaryonta). *Proteus*-Arten z. B. besitzen bei ungünstigen Ernährungsbedingungen nur 2, bei günstigen Bedingungen dagegen viele, peritrich angeordnete Geißeln. Die Geißeln der Bakterien entspringen unterhalb der Cytoplasmamembran. Zwei Scheibenpaare (nicht dem Basalkorn der Eukaryonta homolog) dienen zur Verankerung der Geißel.

Unter ungünstigen äußeren Bedingungen können Bakterien-Arten Dauerzellen (Endosporen) ausbilden.

Vermehrung: Ungeschlechtlich durch Zweiteilung der Zelle. Längsteilung bei gestreckten Formen. Teilung in Form einer einfachen Spaltung. Mit Parasexualität, bei welcher eine Übertragung von genetischem Material möglich ist (Konjugation, Transduktion, Transformation). Mitose und Meiose kommen bei Bakterien und auch bei den Cyanophyceen nicht vor. Prokaryonta sind daher als Haplonten zu betrachten.

Lebensweise: Die etwa 17 000 bisher bekannten Bakterien-Arten kommen in einer riesigen Individuenzahl überall im Bodenbereich, im Wasser, angeheftet an Staubteilchen in der Luft und als häufig pathogene Vertreter in Tieren und Pflanzen vor. Bakterien besitzen gegenüber den Eukaryonta eine viel größere Zahl von Stoffwechseltypen. Primär treffen wir bei den Bakterien vielerlei anaerobe Gärungsprozesse an. Es folgten in der Stammesgeschichte chemoautotrophe Sulfatatmer. Wichtigster nachfolgender Evolutionsschritt war die Entwicklung des Photosynthese-Mechanismus. Parallel zu dieser Entwicklung kam es zur Ausbildung der Stickstoffixierung, und weitere Stoffwechselwege wurden von den chemolithoautotrophen Bakterien (z.B. Sulfurikanten) entwickelt. Mit der Bildung von freiem Sauerstoff durch Cyanophyceen gingen zahlreiche Bakterien-Gruppen zu einer sekundär aeroben Lebensweise über.

Neben den primär freilebenden Bakterienarten kommen viele Arten sekundär als Kommensalen, Symbionten (z.B. Leuchtbakterien in Leuchtorganen von Tiefseefischen) oder als Krankheitserreger an und in Pflanzen und Tieren vor.

Unterreich Eubacteria

Mit den Überstämmen Grambacteria und Agrambacteria.

Überstamm Grambacteria (Firmacutes)

Primär freilebende Gärer. Mit primärer gram-positiver Murein-Zellwand. Primär treten kokkale Vertreter auf. Penicillinempfindlich.

Stamm Streptococcacea
(Taf.26:1)

Primäre heterotrophe Anaerobier. Energiegewinnung durch Gärung (z.B. Milchsäuregärung). Mit primärer Zellwand. Gram-positiv. Primär kokkale Vertreter, sekundär Kurz- und Langstäbchen. Primär unbegeißelt, sekundär mit peritricher Begeißelung. Ohne Porphyrine, ohne Cytochrome. Obligate Gärer, welche bei der Energiegewinnung auf Kohlehydrate angewiesen sind. Primär in Böden oder in zersetzenden Pflanzen, sekundär (Rückzugsnischen) in Milch sowie im Darmtrakt und auf Schleimhäuten von Warmblütern.

Wichtige Gattungen: *Streptococcus, Pediococcus, Leuconostoc, Lactobacillus* (Taf.26:1).

Phylogenie: Die primäre kokkale Form wird sekundär in Stäbchen umgewandelt. Es kommt erstmals zur Ausbildung von Bakteriengeißeln innerhalb der Eubacteria. Primär streng anaerobe Vertreter, sekundär bis zur leichten Microaerophilie, gären dann auch unter aeroben Bedingungen. Primär freilebend, sekundär in Hohlraumsystemen von Warmblütern.

Stamm Clostridiacea

Primäre heterotrophe Anaerobier. Energiegewinnung durch Gärung (Buttersäurevergärung, Aminosäuregärung). Bilden keine Katalase. Ohne Porphyrine, ohne Cytochrome. Mit primärer Zellwand. Gram-positiv. Stäbchen mit peritricher Begeißelung. Mit Endosporen-Bildung. Primär streng anaerob, sekundär einige Arten aerotolerant. Primäre Bodenbewohner, sekundär auch pathogene Vertreter (z.B. *Clostridium tetani*, Tetanuserreger).

Wichtige Gattungen: *Clostridium* (polyphyletische Gattung), *Peptococcus, Sarcina*.

Phylogenie: Primär strenge Anaerobier, sekundär bis zur Aerotoleranz. Erstmaliges Auftreten von Endosporen. Primär freilebende Vertreter.

Stamm Bacillacea
(Taf. 26:2)

Fakultativ anaerob, meist aber mit aerober Lebensweise. Ausbildung thermoresistenter Endosporen. Stäbchen, häufig kettenbildend, mit peritricher Begeißelung. Gram-positiv. Energiegewinnung zum Teil noch mit primitiver Gärung, zum Teil auch noch anaerobe Nitratatmung, meist aber Energiegewinn durch Atmung. Hämine vorhanden. Bodenbewohner.

Wichtige Gattung: *Bacillus* (Taf. 26:2).

Phylogenie: Sekundär meist aerobe Vertreter, welche von gärenden, endosporenbildenden Clostridiacea abzuleiten sind.

Stamm Mycoplasmatacea (Mycoplasmata)
(Taf. 10:2, 3)

Mit der einzigen Klasse Mollicutes und der einzigen Ordnung Mycoplasmatales.

Sie besitzen innerhalb der Eubacteria den morphologisch einfachsten Bauplan. Hier liegt aber ein sekundär stark vereinfachter Bauplan vor. Die Ähnlichkeit mit sekundären L-Formen von Bakterien weist auf eine sekundäre Reduzierung hin. Heterotrophe, gärende Anaerobier, zum Teil auch aerober Glukoseabbau. Nur mit Zellmembran, ohne Zellwand. Gram-negativ, da ohne Zellwand. Zellwand sekundär fehlend. Primär mit kokkaler Form, ohne Geißeln. Kokkale Zellen nur 0,1–0,3 μm lang. Stark pleomorph, wie auch L-Formen von Bakterien. Neben der primären kokkalen Form können auch stab- oder scheibenförmige Exemplare auftreten. An den Polen der Zelle weist die Zellmembran eine verdickte, dichter strukturierte Stelle („bleb") auf, die vermehrt Proteine enthält. Cytoplasma einheitlich, nicht in äußeres Plasma und in ein inneres Kernäquivalent geteilt. Die fadenförmige DNS als ringförmige Doppelschraube angeordnet. Der DNS-Ring weist nur etwa die halbe Größe des Ringes anderer Bakterien auf. Die Ribosomen liegen ungeordnet im Cytoplasma. Die primäre, kokkale Form passiert Ultrafilter, aber durch den gleichzeitigen Besitz von DNS und RNS ist eine sichere Trennung von Viren möglich. Energiegewinnung durch Gärung, wie auch durch Atmung. Sie vermögen DNS, RNS, Proteine und Lipide zu synthetisieren. Abweichend von fast allen anderen Prokaryonten treten auch Sterole in der Zellmembran auf.

Lebensweise: Primär freilebende, saprophytische Vertreter, zum Teil in Böden lebend. Sekundär aber meist intrazellulärer Parasitismus (PPLO-Organismen, auch Erreger von Pflanzenkrankheiten).

Wichtige Gattungen: *Mycoplasma* (Taf. 10:2–3), *Spiroplasma, Acholeplasma, Ureaplasma.*

Phylogenie: Die systematische Stellung war lange sehr umstritten. Einige Bearbeiter hielten sie, wegen des morphologisch sehr einfachen Bauplanes, für eine der stammesgeschichtlich ältesten Gruppen der Prokaryonta, während andere den Bauplan für sekundär vereinfacht betrachteten. Sie ähneln den ebenfalls zellwandlosen L-Formen verschiedener Bakterien. Die L-Formen entsprechen sowohl in der Einzel- als auch in der Kulturform den Mycoplasmataceen und passieren ebenfalls Ultrafilter. L-Formen lassen sich allerdings wieder in die normale, eine Zellwand besitzende Stäbchenform umwandeln, was bei Mycoplasmataceen bisher nicht beobachtet wurde. L-Formen sind reine Laboratoriumsprodukte, die nur bei ungünstigen Lebensbedingungen auftreten und sich bei normalen Bedingungen wieder in die Stäbchenform zurückverwandeln. Mycoplasmataceen und L-Formen sind Reduktionsformen, welche unabhängig voneinander entstanden sind. Vereinzelt wurde auch die Meinung vertreten, daß es sich bei den Mycoplasmataceen um selbständig und stabil gewordene L-Formen handelt. Heute darf es als gesichert angesehen werden, daß es sich bei den Mycoplasmatacea um sekundär reduzierte Vertreter handelt. Die gärende, heterotrophe Lebensweise der Mycoplasmataceen zeigt, daß es sich um eine stammesgeschichtlich alte Bakteriengruppe handelt und daß sie innerhalb der Grambacteria aus dem Clostridiacea-Bereich abzuleiten ist. Trotz der gram-negativen Reaktion zählt die Gruppe zu den Grambacteria, da die negative Färbung durch das Fehlen der Zellwand verursacht wird und nicht mit der negativen Reaktion der mit einer Zellwand versehenen Agrambacteria verglichen werden kann.

Stamm Chlamydiacea

Mit der einzigen Ordnung Chlamydiales.

Obligate, intrazelluläre Parasiten. Energiegewinnung durch Gärung. Primäre Vogelparasiten, sekundär auch Säugetierparasiten. Zellkörper rundlich bis oval, nur 0,2–0,7 μm im Durchmesser. Nur mit Zellmembran, sekundär ohne Zellwand. Gram-negativ, da ohne Zellwand. Mit RNS und DNS, außerdem auch mit Muramin- und Diaminopimelinsäure, dadurch eindeutige Bakterien und keine Viren, wie früher meist angenommen wurde. Es fehlt offensichtlich ein energieerzeugender Stoffwechsel, obwohl Enzyme vorhanden sind. Chlamydiacea sind „Energieparasiten", die vom Stoffwechsel der Wirtszelle abhängig sind. Übertragung direkt von Wirbeltier zu Wirbeltier (z. B. bei der Papageienkrankheit).

Wichtige Gattung: *Chlamydia*.

Phylogenie: Stark regressive Evolution, bedingt durch eine intrazelluläre Lebensweise. Die Anpassungen an diese intrazelluläre Lebensweise führt zum Verlust der Zellwand und zum Verlust von Stoffwechselkapazitäten. Die gärende Lebensweise zeigt, daß sie, wie die Mycoplasmatacea, aus dem Clostridiacea-Bereich abzuleiten sind.

Stamm Micrococcacea

(Taf. 26:3)

Sekundär meist aerobe Vertreter, zum Teil aber noch mit primitiven Stoffwechsel-Typen. Anaerobe Nitratatmung bei *Micrococcus*. Kokkale Vertreter, meist sehr klein und im Durchschnitt nur Längen von 1–2 μm erreichend. Zellen einzeln, paarweise, in Ketten oder in lockeren Haufen angeordnet. Sie kommen in verschiedenartigen Lebensräumen vor, aerobe Vertreter meist saprophytisch an Pflanzenresten. Gram-positiv. Ohne Geißeln.

Wichtige Gattungen: *Micrococcus* (Taf. 26:3), *Staphylococcus*.

Phylogenie: Ableitung von primären, anaeroben Gärern aus dem Clostridiacea-Bereich. Die Micrococcacea stellen offensichtlich eine heterogene Gruppe dar. Bei einem Teil der *Micrococcus*-Arten könnte es sich um Reduktionsformen handeln, die aus dem Actinomycetacea-Bereich (Corynebacteriariae) abzuleiten sind. Es erscheint möglich, daß nur noch die röntgenstrahlenresistente *Micrococcus*-Gruppe innerhalb der Micrococcacea verbleibt.

Stamm Actinomycetacea (Actinomycota)

(Taf. 26:4, 5)

Primär noch anaerob gärende Reliktformen (Propionsäurebakterien), sekundär aber weitgehend mit aerober Lebensweise. Stäbchen mit starker morphologischer Variabilität. Tendenz zur Ausbildung keulen-, hyphen- und myzelartiger Formen. Primär ohne Geißeln, sekundär Fortpflanzungszellen vereinzelt begeißelt. Gram-positiv. Aerobe Formen sind primäre Bodenbewohner, sekundär bewohnen sie kommensalisch ökologische Nischen (Darmtrakt, Pansen) oder treten als Krankheitserreger auf.

Klasse Propionibacteriariae (Propionsäurebakterien)

Primär anaerobe Vertreter. Energiegewinnung durch Propionsäurevergärung mit CO_2-Fixierung. Alkohole und Zucker werden zu Propionsäure vergärt. Unbegeißelte Stäbchen. Unter ungünstigen Bedingungen treten keulenförmige Stäbchen auf. Hämine (Cytochrome, Katalasen) vorhanden. Grampositiv. Keine Sporenbildner. Propionsäurebakterien leben im Pansen und Darm von Wiederkäuern (Rückzugsnischen), in Böden und in Milchprodukten (Käse).

Wichtige Gattung: *Propionibacterium*.

Klasse Corynebacteriariae (Corynebakterien)

Aerobe Bodenbewohner, vorherrschende Vertreter der autochthonen Bodenmikroflora. Stark pleomorph. Kokken- und Stäbchenform. Zum Teil begeißelt. Tendenz zur Ausbildung von Zellverzweigungen. Stoffwechsel meist oxidativ, zum Teil aber auch noch mit primärer (aber nur schwach ausgebildeter) Gärung. Gram-positiv.

Wichtige Gattungen: *Corynebacterium, Arthrobacter*.

Klasse Mycobacteriariae (Mycobakterien)

Aerobe Bodenbewohner mit saprophytischer Lebensweise. Sekundär Krankheitserreger (z.B. Tuberkulose, Diphterie). Gram-positiv. Säurefeste Vertreter, bedingt durch hohen Gehalt an Wachsen (Mycolsäureester). Primär Kokken und Stäbchen. Ausbildung von Myzel, welches beim Altern wieder in unregelmäßige, häufig verzweigte Stäbchen zerfällt. Ohne Geißeln. Ohne Konidienbildung.

Wichtige Gattungen: *Mycococcus* (Bodenbewohner), *Mycobacterium* (Taf. 26:4) (Krankheitserreger).

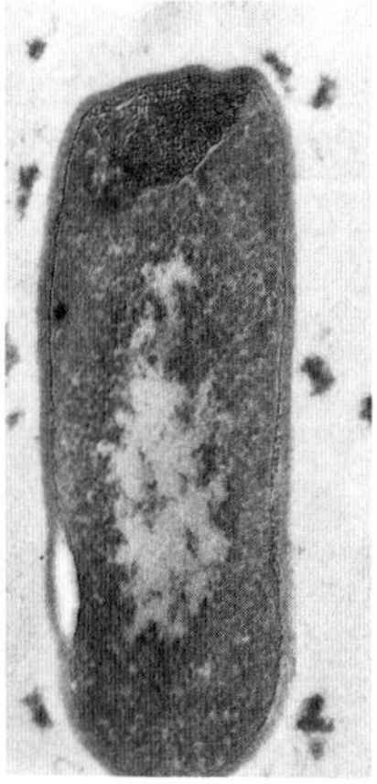
1

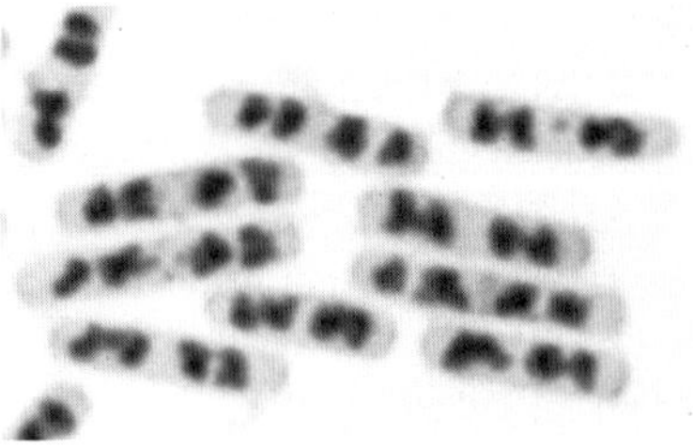
2

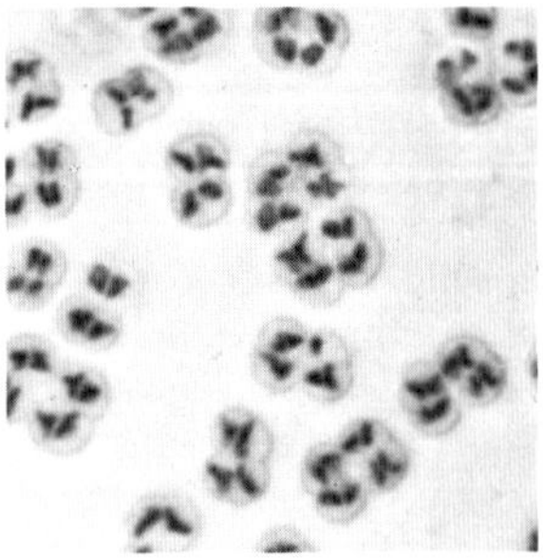
3

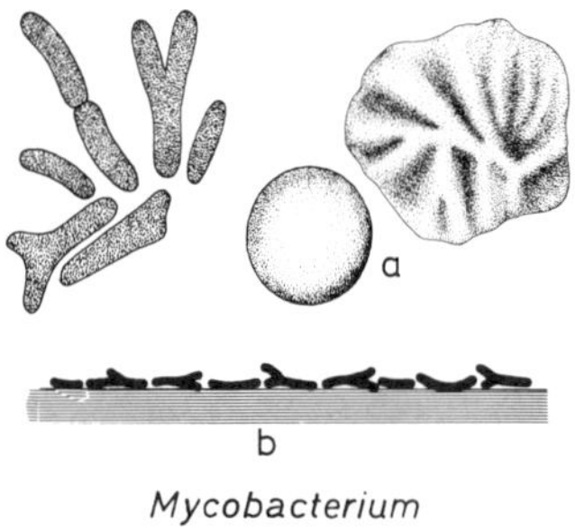

4

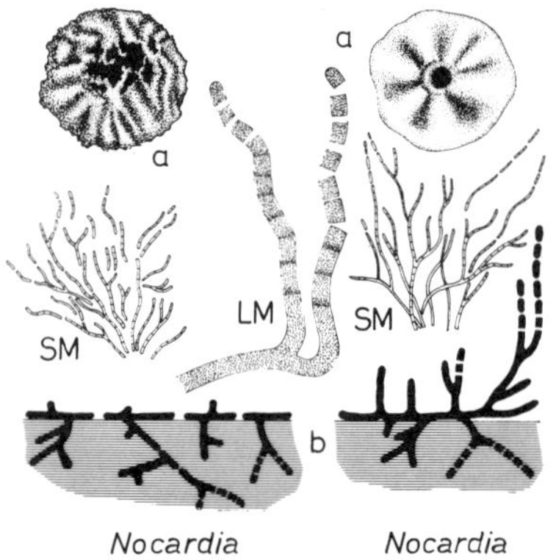

5

Taf. 26. Neobacteria: Grambacteria. – Abb. 1. *Lactobacillus fermenti* (Streptococcacea) (Aufnahme SCHÖTZ). Abb. 2. *Bacillus cereus* mit Kernäquivalent (Bacillacea) (Aufnahme ROBINOW). Abb. 3. *Micrococcus radiodurans* (Micrococcacea) (Aufnahme ROBINOW). Abb. 4. *Mycobacterium* (Actinomycetacea) a = Kolonieform, b = Querschnitt durch bewachsene Agaroberfläche (nach SCHLEGEL). Abb. 5. *Nocardia* (Actinomycetacea) a = Kolonieform, b = Querschnitt durch bewachsene Agaroberfläche, SM = Substratmycel, LM = Luftmycel (nach SCHLEGEL).

Klasse Actinomycetariae (Actinomyceten, Strahlenpilze)

Aerobe Bodenbewohner, nur wenige Vertreter noch mit primärer, anaerober Lebensweise. Myzelartiges Wachstum, ähneln dadurch Pilzen. Hyphen primär unseptiert und nicht durch Querwände unterteilt. Sekundär auch Hyphen mit Septen, dadurch Mehrzelligkeit. Ausbildung von Substrat- und Luftmyzel. Sporenbildung durch Zergliederung der Hyphen oder Ausbildung von Konidien und Sporangien. Sporen enthalten, wie die der Bacillacea, Dipicolinsäure.

Wichtige Gattungen: *Nocardia* (Taf. 26:5) (Bodenbewohner), *Actinomyces* (Erreger von Strahlenpilzerkrankungen), *Streptomyces* (Streptomycin-Bildner), *Micromonospora, Actinoplanes, Streptosporangium, Bifidobacterium*.

Phylogenie-Actinomycetacea: Ableitung von primär anaeroben Gärern aus dem Clostridiacea-Bereich. Sporen identisch mit denjenigen der Bacillacea, die ebenfalls aus dem Clostridiacea-Bereich abgeleitet werden. Innerhalb der Actinomycetacea ist eine morphologisch und auch physiologisch gleitende Reihe von den Propionsäurebakterien über Corynebakterien zu den Mycobakterien und schließlich den Actinomyceten festzustellen. Wechsel von der primären Anaerobie zur sekundären Aerobie. Stammesgeschichtlich alte Gruppen (Propionsäurebakterien) noch mit Gärung, die zum Teil auch noch bei den stammesgeschichtlich jüngeren Corynebakterien auftritt. Starke Tendenz zur morphologischen Variabilität, die schließlich zur Ausbildung von Myzel führt. Diese Tendenz zur Abwandlung der morphologischen Form ist schon bei ihren Milchsäurebakterien-Vorfahren festzustellen. In der Wuchsform vermitteln die *Nocardia*-Arten („Proactinomyceten“) zwischen den Mycobakterien und den Actinomyceten. Actinomyceten werden von CAVALIER-SMITH als Vorfahren der Eukaryonten gedeutet.

Die Grambacteria stellen innerhalb der Bacteriobionta eine geschlossene Gruppierung dar. Nur bei den Micrococcacea lassen sich Abweichungen (atypische Zellwände) beobachten, welche vermutlich auf einen Reduktionsprozeß zurückzuführen sind.

Molekularbiologische Daten bestätigen die Monophylie der Grambacteria. In bezug auf den Guanin- und Cytosingehalt der DNS lassen sich innerhalb der Grambacteria zwei deutliche Gruppen unterscheiden. Die stammesgeschichtlich ältere Gruppe, der Streptococcacea-Bacillaea-Bereich, weist einen niedrigen G + C-Gehalt auf, während die stammesgeschichtlich jüngere Gruppe, der Micrococcacea-Actinomycetacea-Bereich, einen hohen G + C-Gehalt besitzt. Die Clostridiacea nehmen bei der stammesgeschichtlich älteren Gruppe eine zentrale Stellung ein. Die sekundär zellwandlosen Mycoplasmatacea und wohl auch die Chlamydiacea sind aus dem *Clostridium*-Bereich abzuleiten. Innerhalb der Gattung *Clostridium* sind es vor allem die Arten *C. ramosum* und *C. innocuum*, welche nahe Verwandtschaft zu den Mycoplasmataceen zeigen.

Innerhalb des Micrococcacea-Actinomycetacea-Bereiches mit einem hohen G + C-Gehalt fällt die *Micrococcus radiodurans*-Gruppe mit atypischen Zellwänden aus dem Rahmen. Andere *Micrococcus*-Vertreter sind besser einzugruppieren, so daß offensichtlich bei *Micrococcus* eine polyphyletische Gruppierung vorliegt. Die *Micrococcus radiodurans*-Gruppe *(M. radiodurans, M. radiophilus, M. roseus)* zeigt eine Resistenz gegenüber Röntgenstrahlen und weicht auch dadurch von den anderen Vertretern der Micrococcacea ab. Sie stellen eine eigene Gruppe („Radiococcen“) dar. Die übrigen *Micrococcus*-Arten zeigen eine nähere Verwandtschaft mit den Corynebacteriariae *(Arthrobacter)* und können auch durch eine regressive Evolution aus Corynebacteriariae entstanden sein. Die molekularbiologischen Daten bestätigen, daß es sich bei den Propionobacteriariae um eine stammesgeschichtlich sehr alte Gruppe innerhalb der Actinomycetacea handelt.

Überstamm Agrambacteria (Gracilicutes)

Gram-negative Vertreter. Primär chemoautotrophe, anaerobe Sulfatatmer, dann folgen die photosynthetisierenden Bakterien. In einer Art von Parallelentwicklung (mit gemeinsamen Vorfahren) spalten sich die Cyanobionta ab. Gleichzeitig entwickelte sich die Stickstoffixierung. Es folgten chemolithoautotrophe Formen, und mit der Anreicherung von Luftsauerstoff durch Cyanophyceen bildeten sich zahlreiche Bakterien-Gruppen mit sekundär, aerober Lebensweise. Mit der Ausbildung der Eukaryonten gingen viele Bakterien-Gruppen zu einer kommensalen, symbiontischen oder parasitischen Lebensweise in und an Eukaryonten über. Die Agrambacteria sind von gram-positiven Bakterien abzuleiten.

Stamm Desulfovibrionacea

Primär chemoautotrophe Vertreter (Desulfurikanten), anaerobe Sulfat-Reduzierer (Sulfatatmer). Sulfat fungiert als Sauerstoffträger und wird unter anaeroben Bedingungen zu Schwefelwasserstoff reduziert. Mit Elektronentransportsystem und Cytochromen (Cytochrom b und c_3). Stäbchen- und Vibrioform (pleomorph), teils polar monotrich oder auch peritrich begeißelt. Gram-negativ. Vermögen bereits molekularen Stickstoff zu binden (Stickstoff-Fixierer). Obligate Anaerobier, primär frei im Wasser (Faulschlammbereich), sekundär kommensalisch in Pansen von Wiederkäuern.

Wichtige Gattungen: *Desulfovibrio* (ohne Sporen), *Desulfomonas*.

Phylogenie: Die stammesgeschichtlich alten Gärungsprozesse werden bei den Desulfovibrionacea erstmals von einer anaeroben Atmung mit anorganischen H-Acceptoren abgelöst. Energiegewinn gegenüber der Gärung wesentlich höher. Erstmaliges Auftreten von Porphyrinen (Cytochrome). Oxidativer Stoffwechsel, Energiegewinnung durch Atmungskettenphosphorylierung. Primär freie, sekundär kommensalische Lebensweise. Ableitung von primär gärenden Vertretern aus dem Streptococcacea-Clostridiacea-Bereich.

Stamm Rhodobacteriacea (Anoxyphotobacteriae)

(Taf. 11, 12, 27)

Phototrophe Bakterien mit photosynthetischen Pigmenten (Bacteriochlorophylle a, b, c, d, e und etwa 25 verschiedene Carotinoide). Sie benutzen Licht als Energiequelle. Die bakterielle Photosynthese liefert keinen Sauerstoff, da Wasser nicht als H-Donator verwendet werden kann, sie sind auf stärker reduzierte H-Donatoren angewiesen: Schwefelwasserstoff, Schwefel, Thiosulfat oder molekularer Wasserstoff z.B.

Die Entstehung der Photosynthese setzt die Ausbildung lichtabsorbierender Farbstoffe (photosynthetische Pigmente) und einer in einer Membran befindlichen Elektronentransportkette voraus. Alle Elektronentransportketten zeigen identische Struktur mit einem Chinon und mehreren Cytochromen. Auf der ersten Stufe der Photosynthese-Evolution wurde zunächst nur ATP durch Koppelung mit dem Elektronentransport (Photophosphorylierung) gebildet. Sehr ursprüngliche Photosynthese-Formen finden wir noch bei den Chlorobacteriariae (grüne Schwefelbakterien) und den Thiorhodariae (schwefelhaltige Purpurbakterien). Sie besitzen keine Atmungskette und auch noch keinen vollständigen Tricarbonsäure-Zyklus, der erst bei der stammesgeschichtlich jüngsten Gruppe der Rhodobacteriacea, nämlich den Athiorhodariae (schwefelfreie Purpurbakterien) vorhanden ist. Die Bindung der photosynthetischen Pigmente erfolgt bei den Rhodobacteriacea an introcytoplasmatischen Membranen. Es handelt sich hier um Einstülpungen der äußeren Cytoplasmamembran, welche in Form von Bläschen (Vesikel) oder lamellenartigen Körpern (Thylakoide) auftreten. Die phototrophen Bakterien zeigen auf Grund ihres hohen Gehaltes an Photosynthesepigmenten auffällige Färbungen (grün, rot, braun, violett, purpur). Die Absorptionsmaxima der Bacteriochlorophylle liegen zwischen 650 und 1100 nm, diejenigen der bakteriellen Carotinoide dagegen zwischen 400–600 nm. Rhodobacteriacea sind gram-negativ. Kokken, Stäbchen, Spirillen. Teils ohne, teils mit Geißeln, auf Unterlagen auch gleitende Bewegungen wie bei Cyanophyceen.

Anaerobe Lebensweise in anaeroben Bereichen von Gewässern (sowohl im Süßwasser als auch im marinen Bereich). In Teichen, Tümpeln und Seen leben sie etwa in Tiefen von 15–25 m. Im Dunkeln können bestimmte Vertreter (Athiorhodariae) auch sekundär unter aeroben Bedingungen leben.

Klasse Chlorobacteriariae (grüne Schwefelbakterien)

(Taf. 12:1 u. 27:1–2)

Obligate Anaerobier, die H_2S als H-Donator verwenden. Der Schwefelwasserstoff stammt aus Fäulnisvorgängen oder aus Schwefelquellen. Sie besitzen keine Atmungskette und auch noch keinen vollständigen Tricarbonsäure-Zyklus (TCC). Durch ihre Photosynthese decken sie ihren ATP- und NADH-Bedarf. Der bei der Oxidation von H_2S entstandene Schwefel wird außerhalb der Zelle abgelagert. Das gleichzeitig entstandene Sulfat konnte von den bereits existierenden Sulfatatmern (Desulfovibriacea) abgebaut werden, so daß in der Biosphäre vermutlich ein Schwefelzyklus unter Beteiligung von Schwefelbakterien und Sulfatatmern entstand.

Hauptpigmente der Chlorobacteriariae sind die primären Bacteriochlorophylle c, d und e. Das sekundäre Bacteriochlorophyll a tritt nur in geringer Menge auf. Carotinoide in Form von zyklischen Carotinen und zyklischen Xanthophyllen. Carotinoide verwerten etwas weniger langwelliges Licht. Das Absorptionsmaximum liegt bei Bacteriochlorophyll c und d bei 700–760 nm. Photosynthesemembranen in Form von bläschenartigen Vesikeln, die durch Einstülpung und Abschnürung von der äußeren Zellmembran entstanden sind. Mit Grün-Färbung. Gram-negativ. Stäbchen ohne Geißeln (z. B. *Chlorobium*) oder (selten) mit unipolarer Begeißelung (z. B. *Chlorochromatium*) oder Netze bildend (*Pelodictyon*).

Wichtige Gattungen: *Chlorobium* (Taf. 27: 1, 2), *Chlorochromatium* (Taf. 27:1), *Pelodictyon* (Taf. 27:1), *Pelochromatium* (Taf. 27:1), *Chloroflexus* (fadenförmig, flexible Zellwand).

Klasse Thiorhodariae (schwefelhaltige Purpurbakterien)

(Taf. 12:2, 4, 6 u. 27:3–6)

Obligate Anaerobier. Sie verwenden reduzierte Schwefelverbindungen, in der Hauptsache H_2S (wie auch die Chlorobacteriariae) als H-Donator und lagern vorübergehend elementaren Schwefel intrazellulär ab. Ohne Atmungskette und noch ohne vollständigen Tricarbonsäurezyklus. Beteiligung, wie auch die Chlorobacteriariae, am Schwefelzyklus. Aufbau organischer Bindungen, wie auch bei den Chlorobacteriariae, durch CO_2-Fixierung. Hauptpigment ist das sekundäre Bacteriochlorophyll a, in geringer Menge kommt auch b (ebenfalls sekundäres Bacteriochlorophyll) vor. Mit einer großen Zahl von azyklischen Carotinen und Xanthophyllen. Thiorhodariae verwerten langwelliges, infrarotes Licht mit Absorptionsmaxima von 800–900 nm (Bacteriochlorophyll a) und von 1000–1100 nm (Bacteriochlorophyll b). Photosynthesemembranen in Form von invaginierten Bläschen (Vesikeln) oder als invaginierte Lamellen (Thylakoide). Mit dunklen Purpurfärbungen. Kokken, Stäbchen, Spirillen. Meist mit unipolarer Begeißelung. Gram-negativ.

Wichtige Gattungen: *Chromatium* (Taf. 27:3, 4), *Thiospirillum* (Taf. 27:3, 5) (bis 50 μm lang), *Thiococcus, Thiocystis* (Taf. 27:3), *Thiocapsa* (unbegeißelte Kokken), *Ectothiorhodospira* (Taf. 11:3 u. 27:6) (gekrümmte Stäbchen).

Klasse Athiorhodariae (schwefelfreie Purpurbakterien)

(Taf. 12:3, 5 u. 27: 7, 8)

Erstmals vollständiger Tricarbonsäurezyklus (TCC). Wasserstoff für Photosynthese wird aus organischen Stoffen (z. B. Fettsäuren) gewonnen. Übergang zur mixotrophen Lebensweise (Photoheterotrophie). Kohlenstoffgewinnung durch CO_2-Fixierung. Hauptpigment Bacteriochlorophyll a, vereinzelt auch in geringer Menge Bacteriochlorophyll b vorhanden. Mit großer Zahl azyklischer Carotine und Xanthophylle. Vorwiegend Verwertung von infrarotem Licht (Absorptionsmaximum 800–900 nm: Bacteriochlorophyll a). Photosynthesemembranen in Form von invaginierten Thylakoiden. Meist mit dunkler Purpurfärbung. Gram-negativ. Stäbchen oder Spirillen. Mit uni- und bipolarer Begeißelung. Primär streng anaerobe Lebensweise. Sekundär vermögen stammesgeschichtlich jüngere Athiorhodaceen bei Dunkelheit ihren Energiebedarf auch aerob durch Atmung zu decken.

Wichtige Gattungen: *Rhodopseudomonas* (Taf. 27:7) (Stäbchen), *Rhodospirillum* (Taf. 11:4 u. 27:7,8) (Spirillen), *Rhodomicrobium*: Zwischenglied Rhodobacteriacea-Cyanophyta, (mit β-Carotin).

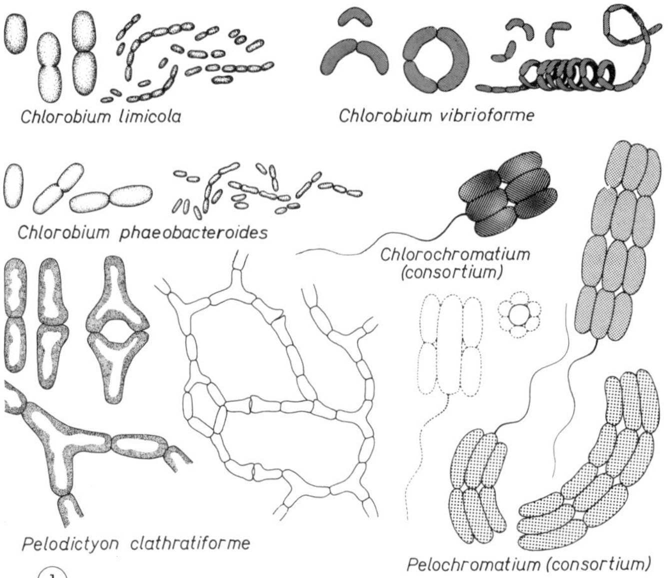

(1)

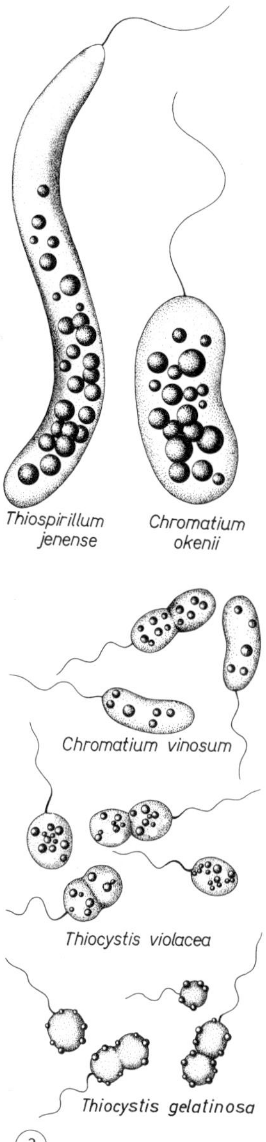

(3)

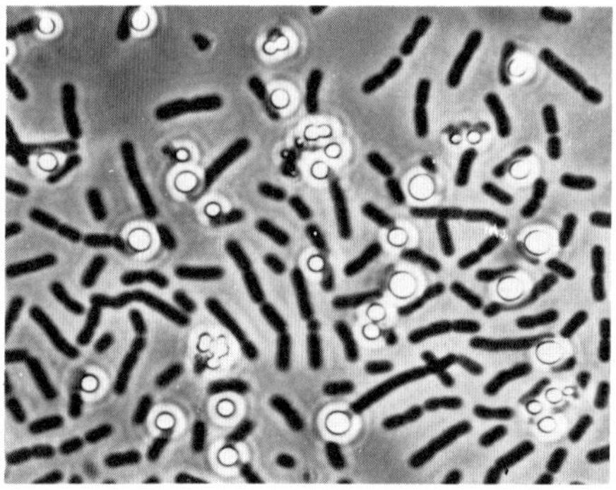

(2)

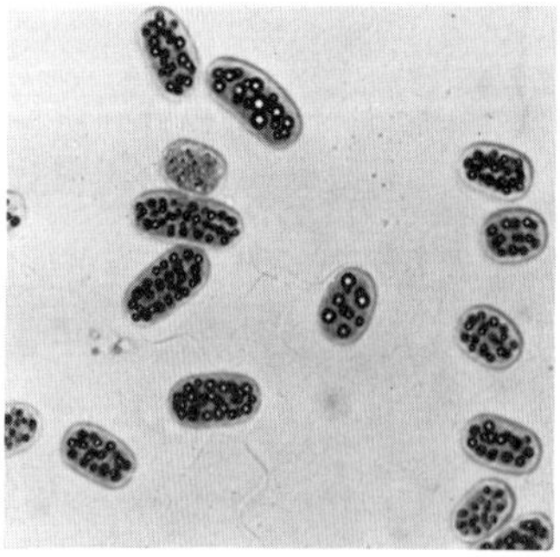

(4)

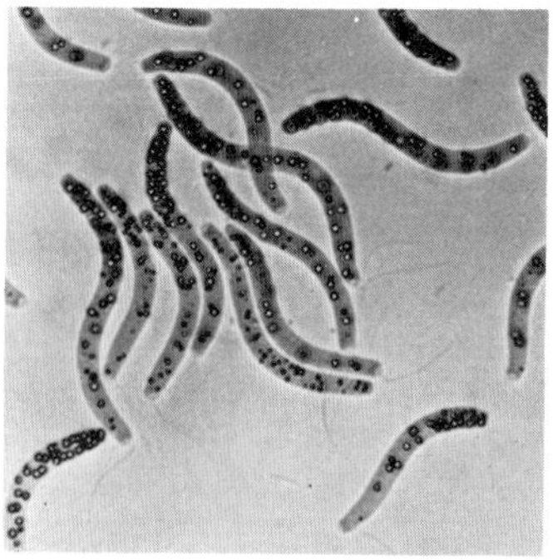

(5)

Legende siehe Seite gegenüber

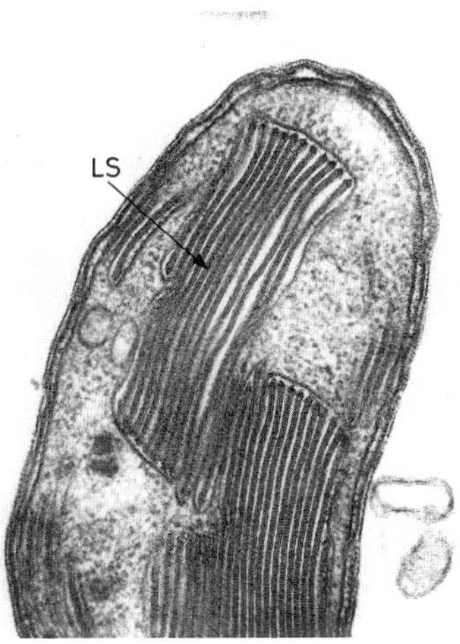

(6)

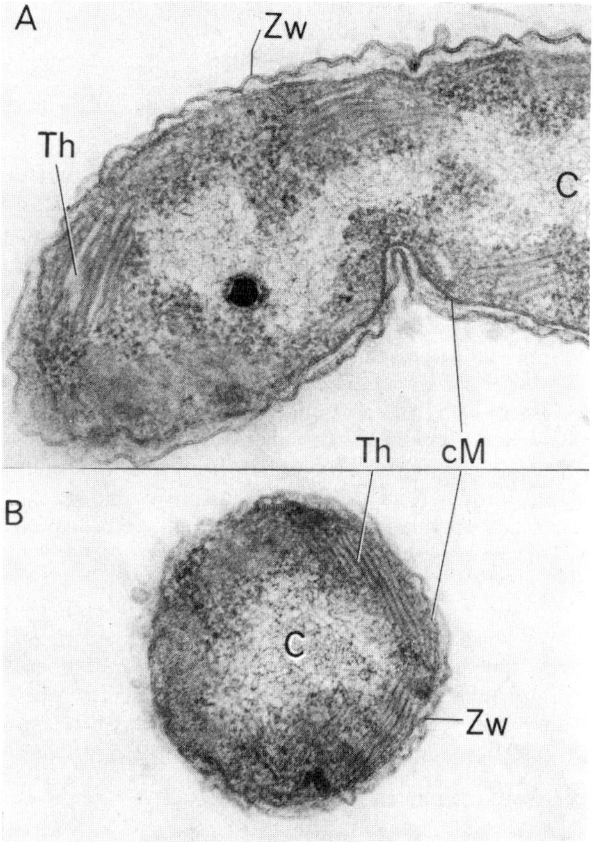

(8)

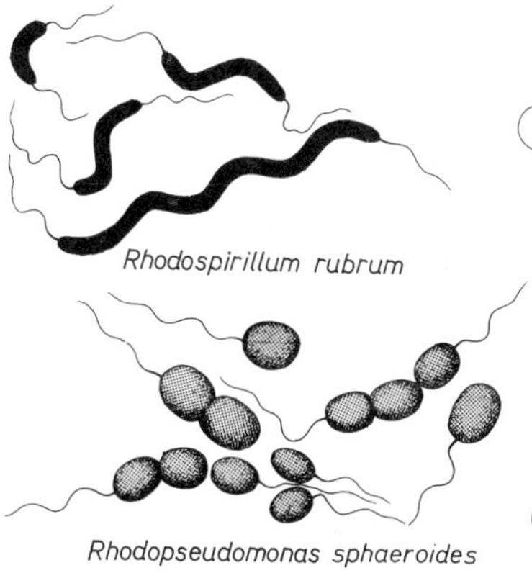

(7)

Taf. 27. Neobacteria: Agrambacteria (Rhodobacteriacea). – Abb. 1–2. Chlorobacteriariae: 1. Habitusbilder (nach SCHLEGEL); 2. *Chlorobium limicola*, junge Kultur mit extrazellulär abgelagertem Schwefel (Aufnahme PFENNIG). Abb. 3–6. Thiorhodariae: 3. Habitusbilder (nach SCHLEGEL); 4. *Chromatium okenii* (Aufnahme PFENNIG); 5. *Thiospirillum jenense*, mit Schwefeleinschlüssen (Aufnahme PFENNIG); 6. *Ectothiorhodospira mobilis*, mit Thylakoidstapel, LS = Thylakoidstapel (aus REMSEN & WATSON & WATERBURY & TRÜPER). Abb. 7 u. 8. Athiorhodariae: 7. Habitusbilder (nach SCHLEGEL); 8. *Rhodospirillum molischianum*, mit lamellären Thylakoiden. Abk.: A = Längsschnitt, B = Querschnitt (aus SCHLEGEL), C = Kernäquivalent, cM = Cytoplasmamembran, Th = Thylakoide, Zw = Zellwand.

Phylogenie-Rhodobacteriacea: Energiegewinnung durch Photosynthese ist einer der wichtigsten Schritte während des Ablaufes der Prokaryonten-Evolution. Die Rhodobacteriacea sind von den ebenfalls gram-negativen Desulfovibrionacea (bereits mit Cytochromen) abzuleiten. Die stammesgeschichtlich ältesten Vertreter sind die Chlorobacteriariae und Thiorhodariae, während die einen vollständigen Tricarbonsäure-Zyklus aufweisenden Athiorhodariae die stammesgeschichtlich jüngste Gruppe darstellen. Von Athiorhodariae sind die Cyanobionta abzuleiten. Athiorhodariae vermögen zum Teil auch aerob zu leben und können erstmals innerhalb der Rhodobacteriacea ihren Energiebedarf auch durch Sauerstoffatmung decken. Erforderlich ist dabei ein Sauerstoffpartialdruck von etwa 0,2%, das ist etwa $^1/_{100}$ des heutigen Wertes (Pasteur-Punkt).

Stamm Thiobacillacea

Chemolithoautotrophe Vertreter mit anorganischen H-Donatoren und autotropher CO_2-Fixierung. Sie verwenden anorganische Verbindungen oder Ionen (Ammoniak, Nitrit, Schwefelwasserstoff, Ferro-Ionen) als H-Donator und gewinnen durch deren Oxidation Energie für synthetische Prozesse. Meist Koppelung mit autotropher CO_2-Fixierung. Primär noch anaerob, sekundär aber meist aerob. Da die Chemolithoautotrophie Sauerstoff erfordert, sind die meisten Vertreter der Thiobacillacea (mit Ausnahme der Thiobacillariae) erst nach der Bildung von Sauerstoff durch photoautotrophe Vertreter (Cyanophyta) entstanden. Kokken und Stäbchen, mit polarer Begeißelung. Gram-negativ.

Klasse Thiobacillariae

Primär noch anaerob, sekundär aber häufig mit aerober Lebensweise. Die anaeroben Vertreter können sich in den Schwefelzyklus zwischen Schwefelbakterien (Chlorobacteriariae und Thiorhodariae) und Sulfatatmern (Desulfovibrionacea) einschalten und benötigen daher noch keinen Sauerstoff. Sulfid wird zu Sulfat oxidiert (Sulfurikanten). Sekundär aerobe Thiobacillariae benutzen Sauerstoff als Oxidationsmittel. Stäbchen mit polarer Begeißelung. Gram-negativ.

Wichtige Gattungen: *Thiobacillus, Thiomicrospira.*

Klasse Nitrobacteriariae

Aerobe Vertreter. Ammoniakoxidierende Bakterien mit Ammoniak- und Nitritoxidation (Nitrifikation). Ammoniak wird zu Nitrit und dann zu Nitrat oxidiert. Sauerstoff wird als Oxidationsmittel verwendet. Kokken mit polarer Begeißelung. Gram-negativ. Nitrifikanten.

Wichtige Gattungen: *Nitrobacter, Nitrosomonas, Nitrosococcus.*

Klasse Ferribacteriariae

Aerobe Vertreter. Oxidieren Ferro- zu Ferrieisen unter Verwendung von Sauerstoff als Oxidationsmittel. Stäbchen. Gram-negativ. Eisenoxidanten.

Wichtige Gattung: *Ferribacterium.*

Phylogenie-Thiobacillacea: Sie sind mit den anaeroben, chemoautotrophen Sulfat-Reduzierer (Desulfovibrionacea) verwandt und aus diesem Bereich abzuleiten. Sie sind die erste Bakteriengruppe, welche im Verlauf der Stammesgeschichte zu einer weitgehend aeroben Lebensweise übergegangen ist.

Stamm Azotobacteracea

Sekundär aerobe, stickstoffixierende Vertreter. Sie vermögen molekularen Stickstoff zu binden. N_2-Bindung durch Nitrogenase-System. Oxidation einer Vielzahl von organischen Verbindungen. Primäre Kokkenform, sekundär Stäbchen. Zum Teil mit peritricher Begeißelung. Gram-negativ. Ohne Endosporen-Bildung. Primär freilebend als Saprophyten in Böden, Kanälen und Gräben, sekundär als Symbionten (z.B. Knöllchenbakterien der Leguminosen) auftretend.

Wichtige Gattungen: *Azotobacter, Rhizobium, Beijerinckia.*

Phylogenie: Bindung von molekularem Stickstoff ist bei Prokaryonten weit verbreitet. Schon stammesgeschichtlich alte gram-positive Bakterien, wie z.B. Clostridiacea vermögen molekularen Stickstoff zu fixieren, außerdem z.B. auch phototrophe Bakterien und Cyanophyceen. Die Stickstoffixierung hat sich aus einer sehr ursprünglichen Elektronentransportkette entwickelt, die N_2-Bindung erfolgt durch den Enzymkomplex Nitrogenase. Die Stickstoffixierung ist ein stammesgeschichtlich sehr alter Stoffwechselweg, der von einigen Teilgruppen beibehalten wurde. Die strenge Aerobie der Azotobacteracea zeigt aber, daß es sich hier um eine stammesgeschichtlich jüngere Gruppe handelt, die sich erst zu einem Zeitpunkt entwickelt hat, als genügend Sauerstoff zur Verfügung stand. Von ihren Vorfahren haben sie die Stickstoffixierung übernommen. Ableitung aus dem Athiorhodariae-Bereich.

Stamm Pseudomonadacea

Unter der Ordnung der Pseudomonadales wurden bisher alle polar begeißelten, gram-negativen Bakterien in Stäbchenform zusammengefaßt. Diese Ordnung stellt aber eine hochgradig polyphyletische Gruppierung dar, welche die verschiedenartigsten Stoffwechsel-Typen in unzulässiger Weise miteinander verbindet. Die neue Gruppierung enthält nur noch die Vertreter der eigentlichen *Pseudomonas*-Gruppe.

Sekundär aerobe Vertreter. Mit aerober Atmung, zum Teil auch noch mit älterer anaerober Nitratatmung. Abbau vieler organischer Substrate. Stäbchen mit polarer Begeißlung. Ohne Endosporen-Bildung. Gram-negativ. Bildung wasserlöslicher Pigmente (blaugrünes Pyocyanin; gelbgrüne Fluoreszenzpigmente: Fluorescein und Pyorubin). Primär freilebend, überall in Böden, in Wasser und Abwässer. Saprophytische Lebensweise, sekundär auch pathogene Vertreter. Erreger von Pflanzenkrankheiten (Blattfäulen) und Auftreten bei humanen Wundinfektionen.

Wichtige Gattungen: *Pseudomonas, Xanthomonas, Zoogloea, Gluconobacter.*

Phylogenie: Sekundär aerobe Vertreter, Ableitung aus dem Thiorhodariae-Bereich.

Stamm Photobacteriacea

Fakultativ anaerobe Vertreter, die unter anaeroben Bedingungen eine gemischte Säuregärung durchführen. Unter aeroben Bedingungen oxidieren sie ihre Nährsubstrate mit Hilfe von Sauerstoff. Marine, halophile Bakterien. Stäbchen. Gram-negativ. Das durch sie hervorgerufene Leuchten (Luciferin-Luciferase-System) ist ein aerober Oxidationsprozeß, er erfolgt nur in Gegenwart von Sauerstoff. Primär freie Lebensweise (z.B. auf toten Fischen), sekundär als Symbionten in tierischen Leuchtorganen (z.B. bei Tiefseefischen).

Wichtige Gattungen: *Photobacterium, Beneckea.*

Phylogenie: Ableitung von anaeroben, gärenden Vertretern. Vermögen aber unter streng anaeroben Bedingungen nicht mehr zu existieren. Nähere Ableitung aus dem Thiorhodariae-Bereich.

Stamm Enterobacteriacea
(Taf. 28)

Fakultativ aerobe, heterotrophe Vertreter. Zum Teil noch mit anaerober Gärung. Kokken oder Stäbchen, sekundär auch mit fadenförmigem Wuchs (Chlamydobacteriariae). Gram-negativ. Primär freilebend, sekundär Kommensalen oder Parasiten.

Klasse Enterobacteriariae
(Taf. 28:1)

Fakultativ aerobe Vertreter, die sowohl durch anaerobe Gärung, als auch durch aerobe Atmung Energie zu gewinnen vermögen. Primäre Bodenbewohner (z.B. *Aerobacter*), sekundär meist pathogene Darmbewohner (ökologische Nische). Mit gemischter Säuregärung. Vergärung von Glukose unter

Säurebildung. Stäbchen mit peritricher Begeißelung, häufig Kettenbildung. Mit Häminen (Cytochrome und Katalasen). Gram-negativ. Neben den normalen, mit Zellwand versehenen Individuen treten bei manchen Arten auch sekundär zellwandlose L-Formen auf.

Wichtige Gattungen: *Aerobacter* (im Boden); *Proteus* (Boden, Gewässer, mit L-Formen); *Escherichia* (Taf. 28:1) (Kolibakterien, mit L-Formen); *Salmonella* (Paratyphuserreger); *Serratia* (blutrote Kolonien); *Shigella* (Typhus-, Ruhr- und Diarrhoeerreger), *Erwinia* (pflanzenpathogen).

Klasse Caulobacteriariae (gestielte Bakterien)

(Taf. 28:2)

Aerobe, heterotrophe Vertreter. Kokken oder Stäbchen. Meist ohne Geißeln, selten mit monotricher Begeißelung. Gram-negativ. Sie bilden Stiele, die aus Schleim (z. B. *Gallionella*) bestehen, oder die Stiele stellen fadenförmige Auswüchse der Zelle dar. Es kann eine Schleimkapsel vorhanden sein, welche die ganze Zelle umgibt (z. B. *Siderocapsa*), oder die Schleimkapsel ist fadenförmig ausgezogen (z. B. *Caulobacter*). Bei *Gallionella* ist der Schleimstiel mit Eisenhydroxid inkrustiert. Häufig in Gewässern, mit saprophytischer Lebensweise. Ungeschlechtliche Zellvermehrung durch Sprossung.

Wichtige Gattungen: *Siderocapsa, Caulobacter* (Taf. 28:2), *Gallionella* (Taf. 28:2), *Nevskia* (Taf. 28:2), *Hyphomicrobium*.

Klasse Chlamydobacteriariae (Scheidenbakterien)

(Taf. 28:3)

Aerobe, heterotrophe Vertreter. Marin und im Süßwasser. Fadenförmige Gestalt, mit polarer, polytricher Begeißelung. Gram-negativ. Der Faden besteht aus einer Kette von stäbchenförmigen Zellen, die durch eine sie umgebende, röhrenförmige Scheide zusammengehalten werden. In die Scheide sind Eisenoxide eingelagert. Saprophytische Lebensweise.

Wichtige Gattungen: *Sphaerotilus* (Taf. 28:3), *Leptothrix*.

Klasse Acetobacteriariae (Essigsäurebakterien)

Aerobe Vertreter mit unvollständiger Oxidation. Gewinnen aus Zuckern und Alkoholen durch unvollständige Oxidation verschiedenartige Säuren (Essigsäure, Gluconsäure). Stäbchen, mit peritricher (*Acetobacter*) oder polarer (*Gluconobacter*) Begeißelung. Gram-negativ. An Pflanzen vorkommend.

Wichtige Gattungen: *Acetobacter, Gluconobacter*.

Klasse Neisseriariae

Aerobe, heterotrophe Vertreter. Kokken oder Kurzstäbchen, ohne Geißeln. Manchmal paarweise angeordnet. Gram-negativ. Primäre Lebensweise im Boden (z. B. *Acinetobacter*), sekundär tierische Parasiten (z. B. *Neisseria, Moraxella*). Wärmeliebende Vertreter, bei *Neisseria* z. B. optimale Temperatur bei 37 °C. Werden wegen ihrer Penicillin-Empfindlichkeit bisweilen auch zu den gram-positiven Bakterien gezählt.

Wichtige Gattungen: *Acinetobacter, Moraxella, Neisseria*.

Klasse Bdellovibrionariae

(Taf. 28:4)

Microaerophile, heterotrophe Vertreter. Sie leben in Böden, dringen als Parasiten in andere Bakterien (z. B. Enterobakterien) ein und wachsen in der Wirtszelle heran. Reproduktion im Inneren der Wirtszelle. Gekrümmte Stäbchen (Vibrionen) mit polarer, sehr langer und dicker Geißel. Gram-negativ. Sehr kleine Vertreter, nur 0,3–0,4 μm lang. Nach Auflösen der Wirtszellenhülle werden sie frei und befallen wiederum Bakterien, und zwar ausschließlich gram-negative Vertreter. Wirte sind stammesgeschichtlich verwandte Bakterien mit ähnlichem Zellaufbau.

Wichtige Gattung: *Bdellovibrio* (Taf. 28:4).

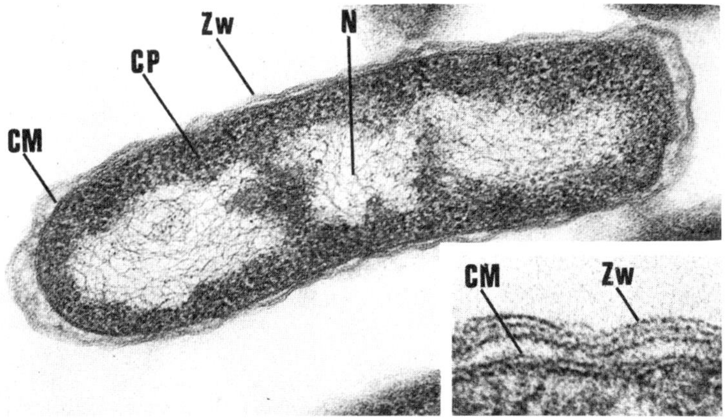

(1)

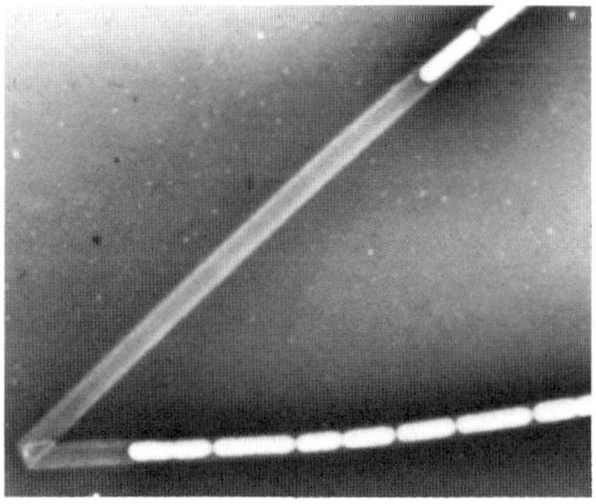

(3)

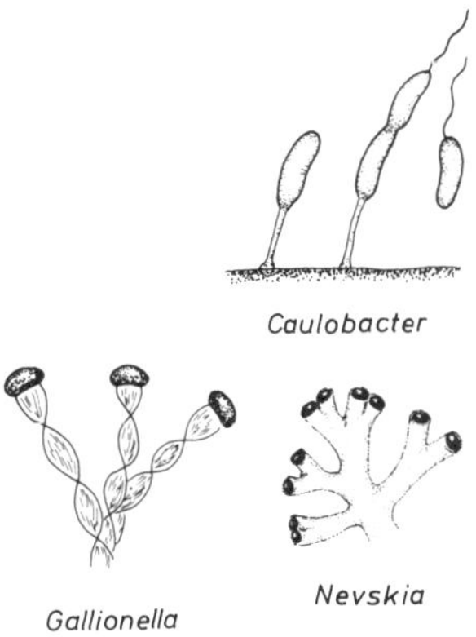

(2)

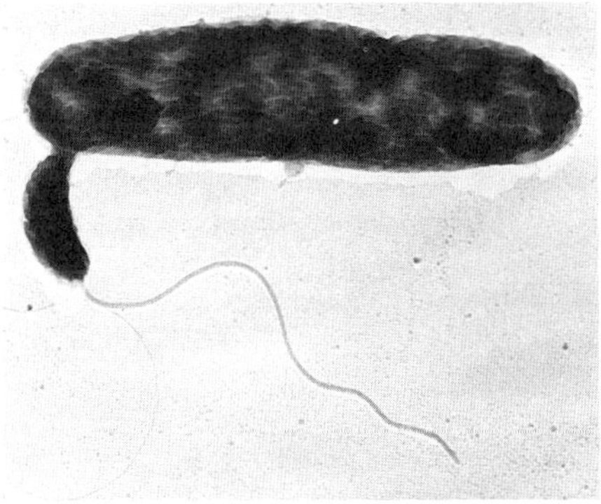

(4)

Taf. 28. Neobacteria : Agrambacteria (Enterobacteriacea). – Abb. 1. *Escherichia coli* (Enterobacteriariae), Protoplast durch Plasmolyse von der Zellwand abgelöst (Aufnahme FRANK). Abkürzungen: CM = Cytoplasmamembran, CP = Cytoplasma mit Ribosomen, N = Kernäquivalent, ZW = Zellwand. Abb. 2. Habitusbilder von *Nevskia*, *Gallionella*, *Caulobacter* (Caulobacteriariae) (nach SCHLEGEL). Abb. 3. *Sphaerotilus natans*, mit Zellen in der teilweise entleerten Scheide (Chlamydobacteriariae) (aus STOKES). Abb. 4. *Bdellovibrio bacteriovorus* (Bdellovibrionariae), primärer Befall eines Wirtsbakteriums (*Pseudomonas phaseolicola*) (aus STOLP).

Klasse Spirillariae

Aerobe, zum Teil microaerophile, heterotrophe Vertreter. Marin und im Süßwasser vertreten. Chemoheterotrophe Formen, Nahrung organische Säuren. Gekrümmte, schraubig gedrehte Stäbchen (Spirillen), mit bipolarer oder auch unipolarer, polytricher Begeißelung (z. B. *Spirillum*), oder unipolarer, monotricher Begeißelung (z. B. *Campylobacter*). Bei polytricher Begeißelung pro Geißelbüschel 10–30 Geißeln. Große Vertreter, Zellängen 10–30 μm. Gram-negativ. Von *Spirillum volutans* wurden sowohl gram-positive (Atavismus) als auch gram-negative Stämme beobachtet. *Spirillum*-Arten mit metachromatischer Granula (langkettige Polyphosphate) im Cytoplasma. *Spirillum*-Arten leben an sich zersetzenden pflanzlichen Stoffen, *Campylobacter* dagegen mit sekundärer parasitischer Lebensweise (in Hohlraumsystemen von Tieren).

Wichtige Gattungen: *Spirillum, Campylobacter*.

Klasse Rickettsiariae

Obligate intrazelluläre Parasiten. Glutamat-Oxidierer. Unbegeißelte Kokken oder Stäbchen. Sehr klein, nur 0,3–1,0 μm lang. Von Viren aber eindeutig abgrenzbar, da mit DNS und RNS, sowie einer Zellwand mit Murein. Gram-negativ. Vermehrung durch Querteilung. Primär als harmlose Parasiten in Zellen von Arthropoden (Zecken, Milben, Läusen, Flöhen). Gelangen sie aber bei der Nahrungsaufnahme in andere Wirte, z. B. Wirbeltierwirte, kommt es zu ernsthaften Erkrankungen. Rickettsiariae stammen von primär freilebenden Formen ab, sind dann zu einem intrazellulären Parasitismus übergegangen und haben durch regressive Entwicklung (bedingt durch intrazelluläre Lebensweise) einige Synthese-Fähigkeiten verloren.

Wichtige Gattung: *Rickettsia*.

Phylogenie-Enterobacteriacea: Stammesgeschichtlich jüngere Bakteriengruppe, die zum Teil noch eine anaerobe, meist aber eine sekundäre aerobe Lebensweise zeigt. Ableitung zum Teil aus dem Pseudomonadacea-Bereich. Starke ökologische Entfaltung, nachdem durch Cyanophyceen ein ausreichender Sauerstoffpegel geschaffen war. Starke Tendenz zur kommensalischen und parasitischen Lebensweise, gekoppelt mit dem Auftreten verschiedenartiger Eukaryonten-Gruppen. Parasitismus führt (z. B. Rikkettsiariae) zu stark regressiver Evolution.

Allgemein kann gesagt werden, daß sich die aerobe Atmung aus Gärungen über anaerobe Atmung entwickelt hat. Es ist aber sicher der Fall, daß ein Teil der aeroben gram-negativen Bakterien sich durch Verlust der Photosynthesefähigkeit aus der Rhodobacteriacea-Gruppe entwickelt hat. Ein Großteil der Enterobacteriariae ist durch Verlust der Photosynthesefähigkeit aus dem Thiorhodariae-Bereich abzuleiten.

Innerhalb der Agrambacteria stellen die Desulfovibrionacea die stammesgeschichtlich älteste Gruppe dar. Innerhalb der Rhodobacteriacea sind die Thiorhodariae und Athiorhodariae zweifellos nahe miteinander verwandt. Die Chlorobacteriariae stehen, besonders nach molekularbiologischen Daten, innerhalb der Rhodobacteriacea relativ isoliert und stellen die stammesgeschichtlich älteste Gruppierung dar. Nach molekularbiologischen Daten sind *Chlorobium* und *Chloroflexus* (beide Chlorobacteriariae) deutlich voneinander getrennt. Die Thiobacillacea nehmen eine etwas isolierte Stellung ein, während die Azozobacteracea, Pseudomonadacea, Photobacteriacea und Enterobacteriacea eine engere Verwandtschaftsgruppe bilden.

Unterreich Spirochaetae

(Taf. 29:1–3)

Mit den Merkmalen des einzigen Stammes Spirochaetacea.

Stamm Spirochaetacea

Mit der einzigen Klasse Spirochaetariae.

Anaerobe, chemoheterotrophe Gärer, welche Glucose zu Säuren (Milch-, Essig-, Bernsteinsäure), Kohlendioxid und molekularem Wasserstoff vergären. Spirochaeta besitzen, im Vergleich mit den anderen Prokaryonten-Gruppen, einen nur bei ihnen vorkommenden, stark abgeänderten Bauplan und eine abgeänderte Bewegungsweise. Primär freie, saprophytische Lebensweise, sekundär als Kommensalen oder Parasiten in Hohlraumsystemen und im Blut tierischer Vertreter (auch bei *Homo sapiens*).

Zelle von charakteristischer Gestalt, langgestreckt und schraubig gedreht. Mit flexibler Murein-Zellwand. Der Körper weist z. B. bei einer Länge bis zu 500 μm nur einen Durchmesser von 0,1–0,6 μm auf. Einige Arten vermögen daher Bakterienfilter zu passieren. Der Körper weist drei Hauptstrukturen auf: einen zentralen Achsenzylinder, ein aus Fibrillen (in zwei Schichten) bestehendes Axialfilament und eine äußere Hüllmembran. Das Axialfilament besteht aus einer bis mehreren hundert Fibrillen, ist an beiden Zellpolen festgeheftet und schraubig um den Cytoplasmazylinder angeordnet. Axialfilament kontrahierbar. Die Fortbewegung erfolgt durch die Tätigkeit des Axialfilamentes, das den flexiblen Zellkörper abwechselnd krümmt und streckt. Vermehrung durch Querteilung. Gram-negativ.

Ordnung Spirochaetales (einzige Ordnung)

Treponematoceae (*Treponema, Borrelia, Leptospira*) nur 20 μm, Vertreter der Spirochaetaceae (*Spirochaeta, Saprospira, Cristispira*) dagegen 30–500 μm lang. Treponematoceae mit nur wenigen Achsialfilament-Fibrillen, *Cristispira* z. B. dagegen mit mehreren hundert Fibrillen.

Primär freie, anaerobe Lebensweise im Schlamm und auf Gewässerböden (z. B. *Spirochaeta*- und *Treponema*-Arten). Sekundär bei den freilebenden Arten Übergang zu einer microaerophilen bis aeroben Lebensweise (z. B. *Leptospira*). Unter den sekundär kommensalisch oder parasitisch lebenden Arten tritt sowohl anaerobe (*Treponema, Borrelia*) als auch aerobe Lebensweise (*Borrelia, Leptospira*) auf.

Wichtige Gattungen: *Spirochaeta* (freilebend, saprophytisch); *Treponema* (z. T. noch anaerob freilebend, z. T. parasitische Lebensweise); *Leptospira* (aerobe Wasserbewohner), *Borrelia* (Erreger von Rückfallfieber); *Cristispira* (parasitisch im Darmtrakt und im Kristallstiel von Muscheln).

Phylogenie: Bei den Spirochaetae handelt es sich um eine stammesgeschichtlich sehr alte Gruppe, die noch zu einem großen Teil die primäre anaerobe Lebensweise beibehalten hat. Sie sind aus dem Streptococcacea-Clostridiacea-Bereich abzuleiten und haben schon sehr frühzeitig eine eigene Entwicklungsrichtung, unabhängig von der Entwicklungsrichtung von den Grambacteria zu den Agrambacteria, eingenommen. Sie sind gram-negativ, können aber in dieser Beziehung nicht mit den gram-negativen Bakterien (Agrambacteria) verglichen werden, da sie unabhängig von den Agrambacteria gram-negativ wurden. Innerhalb der Spirochaetae führt die Evolution von den primären freilebenden anaeroben Vertretern zu Vertretern mit leichter Microaerophilie und schließlich zu aeroben Formen. Mit dieser Evolution ist ein Übergang zu einer kommensalischen und parasitischen Lebensweise verknüpft. Nach molekularbiologischen Daten nimmt *Leptospira* eine isolierte Stellung ein.

Unterreich Myxobacteria

(Taf. 29:3, 4)

Mit den Merkmalen des einzigen Stammes Myxobacteriacea.

Stamm Myxobacteriacea

Meist streng aerobe Vertreter mit chemoheterotropher Ernährung. Mit dünner, flexibler Zellwand, welche in der Hauptsache aus Murein besteht. Ohne Geißeln. Mit flexibler Formveränderung. Mit

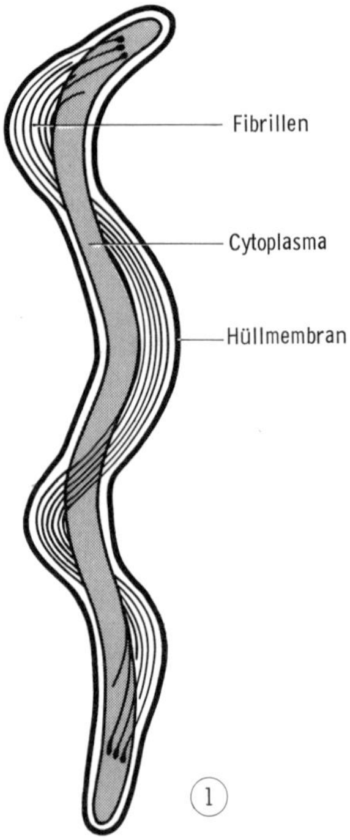
Fibrillen
Cytoplasma
Hüllmembran

1

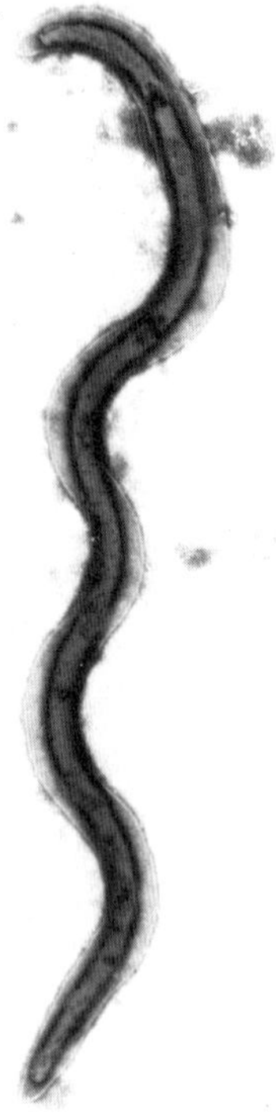

2

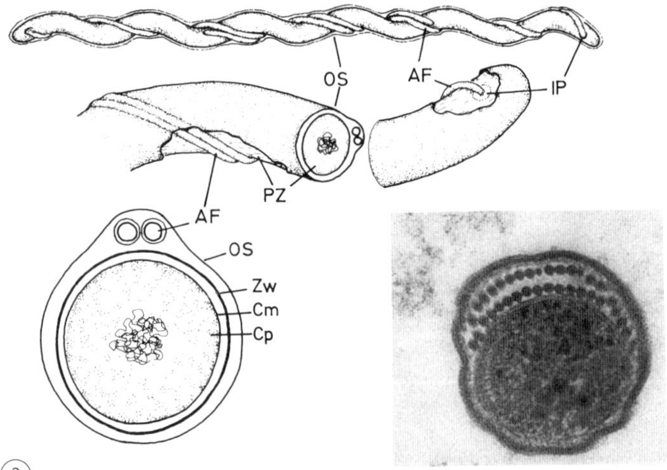
OS
AF
IP
PZ
AF
OS
Zw
Cm
Cp

3

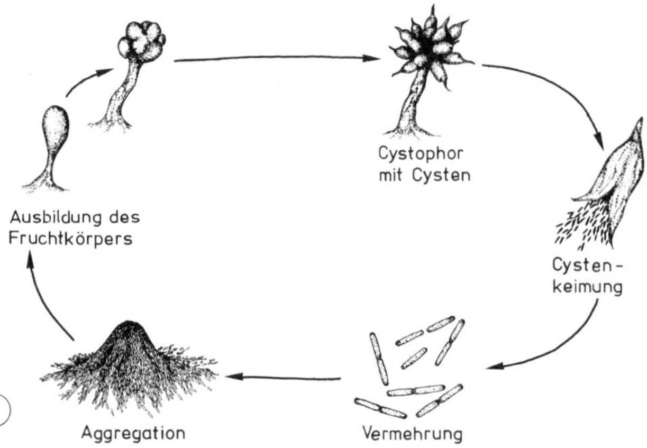
Cystophor
mit Cysten
Ausbildung des
Fruchtkörpers
Cysten-
keimung
Aggregation
Vermehrung

4

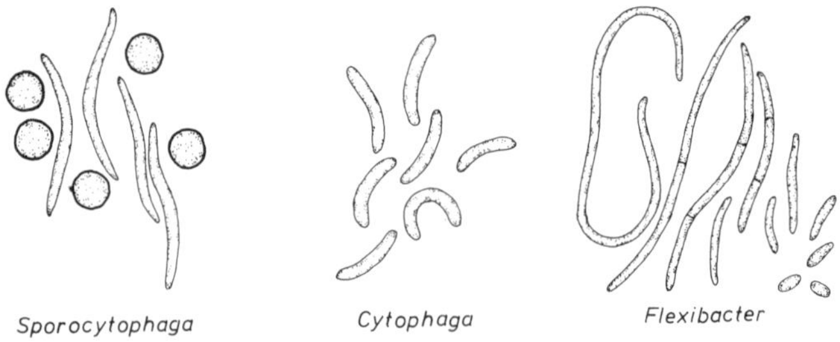
Sporocytophaga
Cytophaga
Flexibacter

5

Hilfe von Schleimausscheidung bewegen sie sich auf Oberflächen gleitend fort. Langgestreckte, spindelförmige Stäbchen, die an den Enden zugespitzt sind. Gram-negativ. Meist mit Fruchtkörper-Bildung. Die Fruchtkörper entstehen durch den plasmodialen Zusammenschluß vieler Einzelzellen. Die normale Vermehrung erfolgt durch Querteilung.

Klasse Cytophagariae

(Taf. 29: 5a, 5b)

Stäbchen mit gleitender Fortbewegung. Ausbildung von Microcysten (z.B. bei *Sporocytophaga*), aber ohne Fähigkeit zu plasmodialem Zusammenschluß von Zellen und Ausbildung von Fruchtkörpern.

Lebensweise: Im marinen Bereich, im Süßwasser und in Böden.

Wichtige Gattungen: *Cytophaga* (Taf. 29:5 b) (mit Xanthophyllen: Saproxanthin, Zeaxanthin), *Sporocytophaga* (Taf. 29:5 a).

Klasse Flexibacteriariae

(Taf. 29:5 c)

Lange, unseptierte und sehr flexible, fadenförmige Zellen. Häufig mit Carotinoiden, dadurch mit gelborangen Färbungen. Ohne Fruchtkörperbildung. Aquatische Vertreter im marinen Bereich, im Süßwasser und in heißen Quellen.

Wichtige Gattung: *Flexibacter* (Taf. 29:5 c).

Klasse Myxococcariae

(Taf. 29:4)

Aerobe Vertreter. Zelluloseabbauer (wie auch Cytophagaceae). Mit langgestreckten, spindelförmigen Stäbchenzellen. Ohne Geißeln. Mit gleitender Fortbewegung. Vegetative Vermehrung durch Querteilung. Ausbildung von Fruchtkörpern durch plasmodialen Zusammenschluß vieler Zellen („Pseudoplasmodium“) und anschließender Fruchtkörperbildung. Fruchtkörper mit Cysten, welche kokkal umgewandelte Zellen (Microcysten) enthalten. Aus diesen kokkalen Zellen bilden sich im Freien wieder normale, langgestreckte Stäbchen. Marin, im Süßwasser und in Böden.

Wichtige Gattungen: *Myxococcus*, *Chondromyces* (Taf. 29:4), *Polyangium*.

Phylogenie-Myxobacteriacea: Stammesgeschichtlich jüngere Teilgruppe der Bacteriobionta. Die strenge Aerobie zeigt eine Ableitung aus dem Bereich aerober Vertreter. Einige Merkmale, wie gleitende Fortbewegung und Fehlen von begeißelten Stadien sprechen für eine nähere Verwandtschaft mit den Cyanobionta. Vor allem die stammesgeschichtlich ältesten, noch keine Fruchtkörper bildenden Cytophagariae zeigen Gemeinsamkeiten mit einzelligen, stäbchenförmigen Cyanophyceen. Danach könnte es sich bei den Myxobacteria, ähnlich wie bei der *Beggiatoa*-Gruppe, um sekundär farblose Vertreter handeln. Nach diesen Vorstellungen wären Myxobacteria nahe mit Cyanophyta verwandt und nicht mit den Eubacteria. Cytophagariae und Flexibacteriariae sind näher miteinander verwandt und werden bisweilen auch in einem einzigen Taxon vereinigt. Sie enthalten ausschließlich einzellige Vertreter, während es bei den stammesgeschichtlich jüngeren Myxococcariae durch plasmodialen Zusammenschluß von Zellen zur Ausbildung von pseudoplasmoidalen Fruchtkörpern kommt. Die Gattung *Saprospira* wird von einigen Bearbeitern den Flexibacteriariae zugeordnet, aber auch als sekundär apochlorischer Vertreter der Cyanophyta betrachtet.

◄

Taf. 29. Neobacteria: Spirochaetae und Myxobacteria. – Abb. 1 u. 2. Spirochaetae: 1. Habitusbild einer Spirochaete (nach WARTENBERG); 2. Mund-Spirochaete (Aufnahme LISTGARTEN). Abb. 3 a: Spirochaete: Habitus; quergeschnitten und Querschnitt (nach HOLT). Abb. 3 b: Spirochaete, Querschnitt (Aufnahme LISTGARTEN). Abb. 4: *Chondromyces apiculatus*, Entwicklungszyklus mit Fruchtkörperbildung (nach SCHLEGEL). Abb. 5: Zellformen von *Sporocytophaga*, *Cytophaga* und *Flexibacter* (nach REICHENBACH). Abkürzungen: AF = Axialfibrillen, Cm = Cytoplasmamembran, Cp = Cytoplasma, IP = Insertionspore, OS = äußere Scheide, PZ = Protoplasmazylinder, Zw = Zellwand.

Reich Cyanobionta

Mit den beiden Stämmen der Cyanophyta (stammesgeschichtlich ältere Gruppe) und Prochlorophyta.

Prokaryonta. Primär einzellige, kokkale Vertreter (Cyanophyta, Prochlorophyta), sekundär mit vielzelliger, fadenförmiger Organisation (Cyanophyta). Mit dem primären Chlorophyll a (Cyanophyta, Prochlorophyta), sekundär auch mit zusätzlichem Chlorophyll b (Prochlorophyta). Mit mureinhaltiger Zellwand. Gram-negativ. Mit akzessorischen Phycobilinen (Phycocyanin und Phycoerythrin) bei Cyanophyta; Prochlorophyta dagegen ohne Phycobiline. Mit zentralem Kernäquivalent. Thylakoide bei Cyanophyta mit aufsitzenden Phycobilisomen. Thylakoide einzeln liegend. Mit Mesosomen (= Lamellasomen). Aerobe Photosynthese mit Nutzung von Wasser und Bildung von Sauerstoff. Ohne begeißelte Stadien. Es fehlen alle typischen Eukaryontenstrukturen; wie Zellkern, Golgiapparat, endoplasmatisches Reticulum, von einem Tonoplast umgebene Vakuolen, Mitochondrien und Plastiden. Ungeschlechtliche Fortpflanzung durch Zweiteilung. Ohne Sexualität.

Stamm Cyanophyta (Cyanobacteria)

(Taf. 30 u. 31)

Primär kokkale, einzellige Vertreter. Sekundär „mehrzellige" Aggregate (Filamente, Pseudoparenchyme) oder echte vielzellige, fadenförmige Organisation (Hormogoniophyceae). Es liegt nur bei den Hormogoniophyceae eine echte Vielzelligkeit vor, da hier die Zellen eines Trichomes durch Plasmodesmen miteinander verbunden sind. Zellwand mit Murein-Stützskelett (Stützschicht), außerdem mit Aminosäuren, Fettsäuren und Polysacchariden. Zum Teil Zellwand noch mit zusätzlicher, äußerer Gallertscheide. Sterole vorhanden.

Zelle in peripheres Chromatoplasma und DNS-haltiges Zentroplasma (Nukleoplasma) gegliedert. Zentroplasma mit gebündelten DNS-Fibrillen (= Kernäquivalent) und polyedrischen Proteinkörpern (Carboxysomen). Zentroplasma mit wabigem Aufbau, farblos. Chromatoplasma mit einzeln liegenden Thylakoiden (Taf. 30:2). Sie liegen in gleichbleibendem Abstand und sind meist parallel zur Zellperipherie ausgerichtet. An die Thylakoiden sind die Photosynthesepigmente gebunden. Thylakoide entstehen durch Einstülpungen der peripheren Zellmembran (wie z. B. auch bei Rhodobacteriacea).

Assimilationspigmente: Chlorophyll a (primäres Pigment); akzessorische Phycobiline: Allophycocyanin, Allo-Phycocyanin B, C-Phycocyanin (alle mit Blaufärbung), C-Phycoerythrin, R-Phycoerythrin (beide mit Rotfärbung); akzessorische Carotinoide: β-Carotin (bei allen Vertretern), Zeaxanthin, Echinenon, Myxoxanthophyll (bei fast allen Arten) sowie Flavacin, Canthaxanthin, Isozeaxanthin und Cryptoxanthin. Reservestoff: Cyanophyceenstärke (Glykan). Als Assimilationsprodukt treffen wir im Chromatoplasma winzig kleine Cyanophycinkörperchen (Eiweißreserve) an. Auf den Thylakoiden befinden sich 30–40 nm große, rundliche bis scheibenförmige Phycobilisome, die die Phycobiline enthalten. Von den Carotinoiden kommt Myxoxanthophyll nur bei den Cyanobionta vor.

Im Cytoplasma treten außerdem verschiedenartig strukturierte Polyphosphat-Granula sowie Mesosome (z. B. bei *Synechococcus* und *Anacystis*) auf. Außerdem im Cytoplasma zahlreiche 10–15 nm lange Ribosomen vom 70 S-Typ. Färbung der Zellen vorwiegend blau bis blaugrün (durch C-Phycocyanin). Die Zellwand ist vierschichtig (L I–L IV), gleicht der Zellwand gram-negativer Bakterien und besitzt ein basales (= L II-Schicht) Murein-Stützwerk (wie bei Bacteriobionta). Gram-negativ. Mureinskelett nur etwa 10% des Trockengewichtes der Zellwand (wie bei gram-negativen Bakterien).

Aerobe Photosynthese mit Nutzung von Wasser und Bildung von Sauerstoff. Einige Vertreter (z. B. *Nostoc*) vermögen noch molekularen Stickstoff zu fixieren (sehr primitiver Stoffwechsel, sonst nur bei Bakterien bekannt). Andere Vertreter (z. B. *Synechococcus*) benutzen Sulfide als H-Donator bei der Photosynthese (ebenfalls primitive Stoffwechselform). Einen sekundären Verlust des Photosynthese-Apparates zeigen sekundär farblose Gattungen wie *Beggiatoa*, *Leucothrix* und *Thiothrix*. Sie wurden früher unter den Bacteriobionta eingereiht. Es handelt sich um anaerobe Vertreter, die in schwefelwasserstoffhaltigen Gewässern Sulfid zu Sulfat oxidieren. Als Zwischenprodukt wird elementarer Schwefel vorübergehend intrazellulär eingelagert. Diese fadenförmigen, farblosen Schwefelcyanophyceen zeigen die charakteristische Gleitbewegung der Cyanophyta. Die Gleitbewegung selbst erfolgt durch

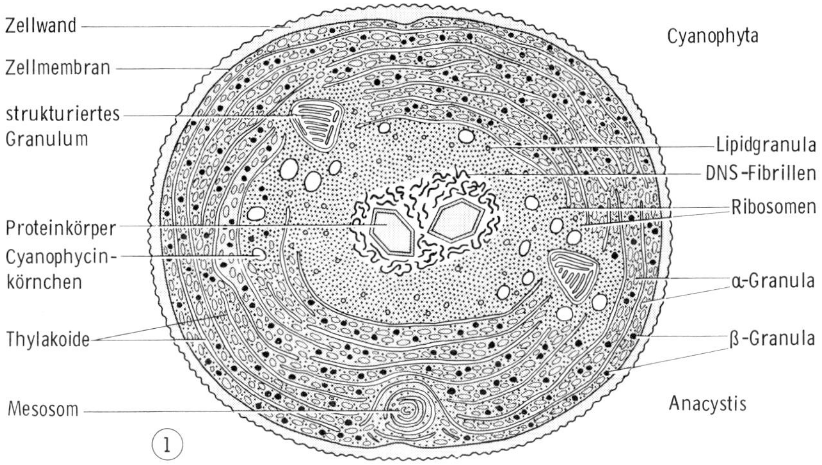

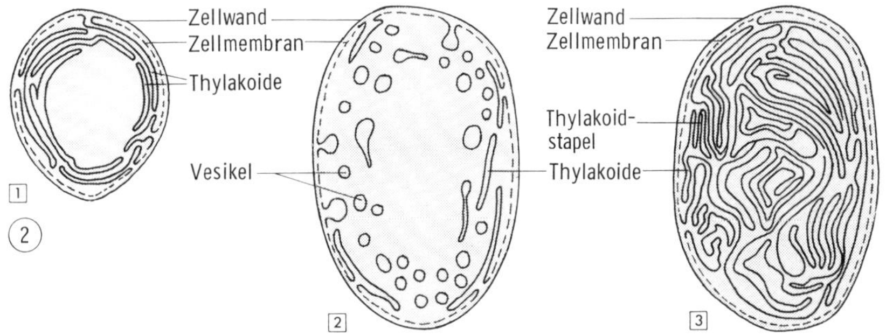

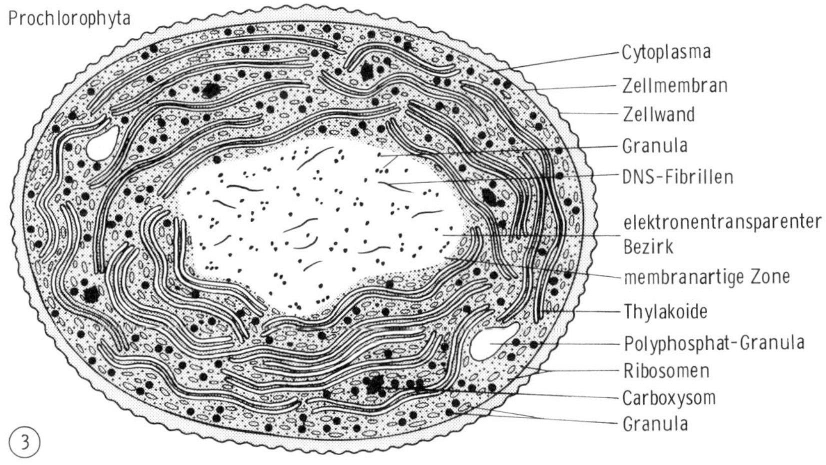

Taf. 30. Cyanobionta: Cyanophyta und Prochlorophyta. – Abb. 1 u. 2. Cyanophyta: 1. *Anacystis montana* (nach ECHLIN); 2. Lage der Thylakoiden bei Cyanophyta: 2/1. periphere Lage, gelegentlich verzweigt; 2/2. peripher mit Thylakoiden und Vesikeln; 2/3. periphere und auch zentrale Lage (nach ECHLIN). Abb. 3. Prochlorophyta: *Prochloron didemni* (abgeändert nach WHATLEY).

Kontraktionen des Zellkörpers, nicht durch die Schleimausscheidung (diese hat nur unterstützende Funktion) wie früher angenommen. Planktische Arten mit Gasvakuolen, die als Schwebevorrichtung dienen. Negativmerkmale, welche Cyanophyta von Eukaryonta abgrenzen: ohne membranumgrenzten Kern, ohne Plastiden und Mitochondrien, ohne endoplasmatisches Reticulum, ohne begeißelte Stadien (Rhodophyta als nächstverwandte Eukaryonten-Gruppe ebenfalls noch primär unbegeißelt).

Fortpflanzung: Nur ungeschlechtlich durch einfache Zweiteilung. In der Zellmitte bildet sich eine Furche, die die Zelle teilt. Weitere Formen der ungeschlechtlichen Vermehrung durch Bildung von Endo- und Exosporen (beweglich, aber unbegeißelt) und Hormogonien (mehrzellige, bewegliche, abgestoßene Fadenstücke). Genetische Rekombination durch parasexuelle Prozesse.

Lebensweise: Die etwa 2000 Cyanophyta-Arten (rund 150 Gattungen) sind zum größten Teil Süßwasserbewohner, viel weniger Arten leben im Meer. Außerdem kommen terrestrische Formen vor, mit häufig kosmopolitischer Verbreitung. Sie sind auf und in Böden und an Gestein zu finden. Sie wachsen häufig an extremen Standorten (ökologische Nischen, Zurückdrängung durch erfolgreichere Eukaryonta), wo andere Pflanzen nicht mehr zu leben vermögen. Man trifft sie z. B. in Polarbereichen mit extrem niedrigen Temperaturen, aber auch in heißen Quellen mit Temperaturen von 60–75 °C an. Die sekundär farblosen Vertreter (z. B. *Beggiatoa*) leben anaerob in schwefelwasserstoffhaltigen Gewässern oder in deren Faulschlamm. Es sind inzwischen etwa 20 Arten bekannt, die molekularen Stickstoff zu fixieren vermögen (z. B. *Nostoc*). Einige Arten treten als Symbionten z. B. in Cryptophyta, Chlorophyta und Filosa auf.

Klasse Cyanophyceae

Mit den beiden Unterklassen der Chroococcophyceae und Hormogoniophyceae.

Unterklasse Chroococcophyceae

Mit den Ordnungen Chroococcales, Chamaesiphonales und Pleurocapsales.

Primär einzellige, kokkale Vertreter, zum Teil lockere Kolonien bildend. *Synechococcus* (Taf. 31:1), *Chroococcus* (Taf. 31:1), *Anacystis* (Taf. 30:1), *Gloeocapsa* (Taf. 31:1), *Microcystis* (Taf. 31:1), *Merismopedia* (Taf. 31:1). Sekundär „mehrzellige" fadenförmige Aggregate, aber ohne Plasmodesmen zwischen den einzelnen Zellen, daher keine echte Mehrzelligkeit (*Pleurocapsa, Hydrococcus*).

Unterklasse Hormogoniophyceae

Stammesgeschichtlich jüngere Gruppe.

Ordnung Hormogonales

Vielzellig, fadenförmig und Zellen durch Plasmodesmen miteinander verbunden. Gefärbte Vertreter: *Nostoc* (Taf. 31:1), *Anabaena* (Taf. 31:1), *Rivularia* (Taf. 31:1), *Tolypothrix* (Taf. 31:1), *Oscillatoria* (Taf. 31:1), *Spirulina* (Taf. 31:1), *Stigonema* (Taf. 31:1), *Aphanizomenon* (Taf. 31:1); sekundär farblose Vertreter: *Beggiatoa* (Taf. 31:2), *Leucothrix* (Taf. 31:2), *Thiothrix* (Taf. 31:2).

Stamm Prochlorophyta (Chloroxybacteria)

(Taf. 30:3)

Kokkale, rundliche einzellige Vertreter mit apfelgrüner Färbung. Durchmesser 6–25 μm.

Assimilationspigmente: Chlorophyll a und zusätzliches Chlorophyll b (Anteil etwa 15%). Mit β-Carotin (Anteil etwa 65%) und vermutlich 3 Xanthophyllen, darunter eventuell Myxoxanthophyll. Ohne Phycobiline. Die Thylakoide (meist in Paaren angeordnet, zum Teil auch gestapelt) liegen peripher frei im Cytoplasma, ohne Phycobilisomen. Die vierschichtige Zellwand (35–50 nm dick) wie bei Cyanophyta, aber ohne äußere Schleimschicht. Sonstige Merkmale wie bei Cyanophyta. Sterole vorhanden.

Lebensweise: Im marinen Bereich (hohe Temperaturen von 48 °C) ektokommensalisch auf Ascidien (Tunicata: Seescheiden) lebend. Pazifik.

Mit der einzigen Klasse **Prochlorophyceae**, der einzigen Ordnung **Prochlorales**, der einzigen Familie **Prochloraceae**, der einzigen Gattung *Prochloron* und einziger Art *P. didemni* (Taf. 30:3).

Phylogenie der Cyanobionta

Es steht außer Zweifel, daß die Cyanobionta mit photosynthetisierenden Bakterien (Rhodobacteriacea) am nächsten verwandt sind. Phylogenetische Schwestergruppe sind die Athiorhodariae, die erstmals (wie auch die Cyanobionta) einen vollständigen Tricarbonsäurezyklus aufweisen. Phylogenetische Folgerungen in diesem Bereich sind stets eng mit der Herkunft der verschiedenen Chlorophylle verknüpft. Man nimmt an, daß alle Chlorophylle einen gemeinsamen Vorfahren (Protoporphyrin) aufweisen. Von diesem Protoporphyrin spalteten sich zunächst die Bacteriochlorophylle c, d, e ab, sie kommen nur bei den stammesgeschichtlich ältesten Rhodobacteriacea, den Chlorobacteriariae vor. Im nachfolgenden Bereich zwischen Protoporphyrin und Protochlorophyllid a trennten sich eventuell bereits die Chlorophylle c_2 und c_1 ab. Das Protochlorophyllid a wandelte sich in das Chlorophyllid a um, und von diesem spalteten sich die Bacteriochlorophylle a und b ab. Das Chlorophyllid a wandelte sich in das Chlorophyll a um, und das Chlorophyll b (wahrscheinlich mehrmals unabhängig voneinander entstanden) ist eine einfache sekundäre Umwandlung von Chlorophyll a. Photosynthetisierende Bakterien und Cyanobionta besitzen einen gemeinsamen Vorfahren. Chlorophyll a kommt aber erst bei den Cyanobionta erstmals vor und wird von den von ihnen abzuleitenden Eukaryonta als primäres

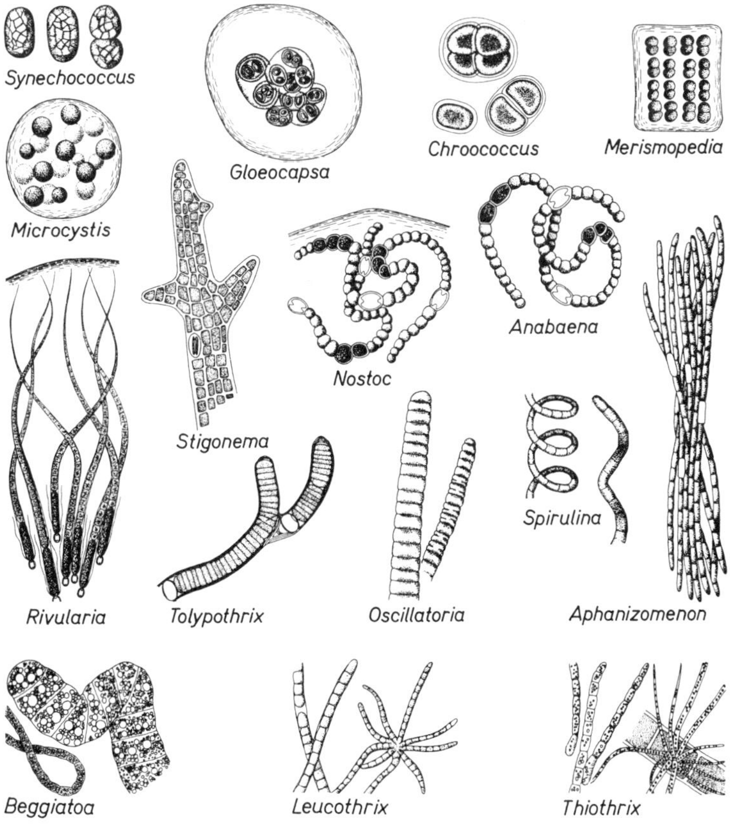

Taf. 31. Cyanobionta: Cyanophyta. – Abb. 1. Habitusbilder von gefärbten Cyanophyta (nach SCHLEGEL). Abb. 2. Habitusbilder von ungefärbten Cyanophyta; *Beggiatoa, Leucothrix, Thiothrix* (nach SCHLEGEL).

Chlorophyll übernommen. Der Cyanophytenzweig fügt seinem photochemischen Reaktionssystem die zweite Lichtreaktion der Photosynthese, nämlich oxidative Wasserspaltung mit Bildung von Sauerstoff, hinzu. Diese sauerstofferzeugenden Cyanobionta sorgten während des Praekambriums für eine Anhäufung von Sauerstoff in der Erdatmosphäre und gaben damit den Anstoß zur Entwicklung der Atmungskette, welche von Nitratatmungssystemen abzuleiten ist. Organismen mit Atmungskette hatten entscheidende Selektionsvorteile, da dieser Stoffwechselweg kontinuierlich viel Energie erzeugt. Wohl eine der wesentlichsten Voraussetzungen für Entstehung und Evolution der Eukaryonten-Zelle.

Cyanobionta unterscheiden sich von den mit ihnen verwandten Bakterien durch Besitz von Chlorophyllen (a und b), von Phycobilinen und zyklischen Carotinoiden. Nur bei den Chlorobacteriariae treten als Ausnahme ebenfalls zyklische, sonst aber nur azyklische Carotinoide (z.B. bei anderen Rhodobacteriacea) auf. Primäres Chlorophyll der Cyanobionta ist Chlorophyll a, sekundär wird bei den Prochlorophyta zusätzlich Chlorophyll b ausgebildet.

Stammesgeschichtlich älteste Vertreter der Cyanophyta und damit auch der Cyanobionta sind die kokkalen Vertreter der Chroococcophyceae. Von ihnen sind die sekundär fadenförmigen Vertreter abzuleiten.

Von großem stammesgeschichtlichem Interesse ist das Auffinden von Cyanobionta (Prochlorophyta) mit zusätzlichem Chlorophyll b. Entscheidend ist die Frage der Reihenfolge und die Frage, ob Chlorophylle mehrmals unabhängig voneinander entstehen können. Bei Chlorophyll a und c nimmt man allgemein an, daß sie jeweils nur ein einziges Mal entstanden sind. Chlorophyll b ist ein Derivat von Chlorophyll a und nur so geringfügig unterschieden, daß man eine mehrmalige Entstehung durchaus annehmen kann. In Bezug auf die Reihenfolge zeigt das Auftreten von Chlorophyll b und das Fehlen von Chlorophyll c bei Prokaryonten an, daß es sich bei Chlorophyll c um einen Neuerwerb der Eukaryonta handelt. Da die stammesgeschichtlich ältesten Eukaryonta, die Aconta, Phycobiline besitzen, die eine enge Verwandtschaft zu den Phycobilinen der Cyanophyta zeigen, kommt für die Ableitung der Eukaryonta nach unseren heutigen Kenntnissen nur die Gruppe der Cyanophyta in Frage. Da den Aconta Chlorophyll b fehlt, muß angenommen werden, daß die stammesgeschichtlich ältesten Contophora, die Chlorobionta, Chlorophyll b noch einmal neu gebildet haben. Das Fehlen von Phycobilinen schließt eine Ableitung der Eukaryonta von Prochlorophyta (nach dem heutigen, ungenügenden Kenntnisstand dieser Gruppe) aus. Die ektokommensale Lebensweise und auch der sekundäre Abbau der äußeren Gallertschicht der Zellwand zeigt an, daß es sich bei dem einzigen, bisher bekannten Vertreter um eine stark abgewandelte Art handelt. Es ist durchaus möglich, und fast zu erwarten, daß es auch freilebende Cyanobionta mit Chlorophyll a und b gibt. Falls diese Vertreter auch Phycobiline besitzen sollten (bei den bisher bekannten Prochlorophyta würde dann eine Phycobilin-Reduktion vorliegen), wäre natürlich eine Ableitung der Eukaryonta aus dieser Gruppe erforderlich.

Nach unseren heutigen Kenntnissen müssen wir davon ausgehen, daß Chlorophyll b zweimal unabhängig voneinander entstanden ist. Die Aconta stellen die stammesgeschichtlich älteste Gruppe der Eukaryonta dar. Sie besitzen, wie die Cyanophyta, kein Chlorophyll b und weisen gemeinsame Phycobiline auf.

Aconta weisen die primäre Ur-Eukaryontenzelle (noch unbegeißelt) auf und sind aus dem Cyanophyta-Bereich abzuleiten. Rhodophyta (Aconta) besitzen z.B. wie Cyanophyta nicht in Stapeln angeordnete, sondern einzeln liegende Thylakoide, und sie weisen die gleichen Phycobiline (Phycocyanin und Phycoerythrin) wir die Cyanophyta auf. Der gemeinsame Besitz verwandter Phycobiline zeigt die nahe Verwandschaft von Cyanophyta und Aconta. Phycocyanine und Phycoerythrine kommen nur bei diesen beiden Gruppen vor, außerdem wurden noch weitere Phycobiline entwickelt. Offensichtlich wurde zuerst Allo-Phycocyanin, dann C-Phycocyanin und darauffolgend Phycoerythrine entwickelt.

Die stammesgeschichtlich ältesten Cyanophyta (kokkale Chroococcophyceae) sind vor allem gekennzeichnet durch den Besitz von Allo-Phycocyanin und C-Phycocyanin, es fehlt C-Phycoerythrin. Die stammesgeschichtlich jüngeren fadenförmigen Hormogoniophyceae (z.B. *Oscillatoria*) zeigen dagegen ein Überwiegen von C-Phycoerythrin. Cyanophyta besitzen außer Allo-Phycocyanin und C-Phycocyanin noch Allo-Phycocyanin B, C-Phycoerythrin und R-Phycoerythrin. Bei den Rhodophyta kommen neben Allo-Phycocyanin und C-Phycocyanin noch R-Phycocyanin, B-Phycoerythrin, R-Phycoerythrin, sowie noch b-Phycoerythrin vor. Beide Gruppen haben also unabhängig voneinander weitere Phycobiline entwickelt. Im Gegensatz zu den Cyanophyta überwiegen bei den Rhodophyta Phycoerythrine (daher die rote Färbung) und R-Phycocyanin. Die Ableitung der Aconta erfolgt aus dem kokkalen, einzelligen Bereich der Cyanophyta.

Die Cyanellen von *Cyanophora paradoxa* (Colponemaria) und *Glaucocystis nostochinearum* (Chlorophyta: Chlorophyceae) besitzen nur Allo-Phycocyanin und C-Phycocyanin und zeigen damit deutlich ihre Herkunft aus dem kokkalen Cyanophyta-Bereich.

Die Phycobiline der Cryptophyta unterscheiden sich von denjenigen der Cyanophyta und Aconta. Die vorhandenen Phycocyanine und Phycoerythrine weichen von denjenigen der Cyanophyta und Aconta ab. Das primäre Allo-Phycocyanin fehlt bei den Cryptophyta. Außerdem befinden sich die Phycobiline bei Cyanophyta und Rhodophyta in Phycobilisomen auf den Thylakoiden (weiterer Hinweis auf nahe Verwandtschaft), während sie sich bei den Cryptophyta im Inneren der Thylakoide befinden.

Überreich Eukaryonta

Eucyte. Meist große Zellen, welche Längen von 10–100 μm erreichen. Primär Einzeller, sekundär vielzellige Vertreter. Einzeller mit einer Vielzahl von Organellen, Vielzeller mit Organsystemen.

Einzellige Vertreter primär mit membranumgrenzten Organellen (Kern, Plastiden, Mitochondrien). Primär gefärbte, sekundär farblose Vertreter durch Plastidenverlust.

Primär mit Periplast und ohne Zellwand. Sekundär („pflanzliche" Verteter) mit einer vorwiegend aus Zellulose-Makromolekülen bestehenden Zellwand. Es kommt mehrmals unabhängig voneinander zur Ausbildung von Zellulose-Zellwänden. Bei Eumycota treffen wir Zellwände aus Chitin an. Chitin entsteht mehrmals unabhängig voneinander bei Eukaryonta (z.B. bei Eumycota und Metazoa: Arthropoda-Bereich).

Cytoplasma mit Cytoplasmaströmung. Mit endoplasmatischem Reticulum, welches ein System membranumgrenzter Hohlräume im Cytoplasma darstellt. Äußere Membranen von Plastiden und Mitochondrien sowie die Kernmembran werden vom endoplasmatischen Reticulum gebildet. Das endoplasmatische Reticulum ist für die hohe Kompartimentierung der Eucyte verantwortlich.

Zellorganellen: Mitochondrien als Atmungsorganellen, **Plastiden** (Chromatophoren) als Photosyntheseorganellen, beide mit Doppelmembran. Kern mit vom endoplasmatischen Reticulum gebildeter Kernmembran. **Golgi-Apparat** und **Centriol** sind weitere spezifische Zellorganellen der Eucyte. Microtubuli befinden sich in größerer Zahl in Cytoplasmabereichen (microtubulibildende Zentren). Die Filamente des Centriols entsprechen Microtubuli. Bei der Kernteilung bauen die Microtubuli die Teilungsspindel auf. Centriol (Vorläufer der Basalkörper und damit auch Vorläufer der Eucyten-Geißel) mit 9 + 0 Microtubuli-System. **Geißeln** (mit Basalkörper) aus Tubulin bestehend und als typische 9 + 2 **Microtubuli-Geißel** der Eukaryonta ausgebildet. Eukaryonta primär noch ohne Geißeln (Aconta), sekundär (Contophora) mit Geißeln. Mitochondrien und Plastiden sind Selbstteilungskörper, es ist umstritten, ob es sich bei dem Centriol ebenfalls um einen Selbstteilungskörper handelt. Mitochondrien und Plastiden besitzen eine eigene DNS und eigene Ribosomen, sind aber nur halbautonome Zellorganellen, da wichtige Codierungen auch vom Kerngenom erfolgen. Ribosomen der Plastiden und Mitochondrien vom primären 70S-Typ, Ribosomen des Cytoplasmas dagegen vom sekundären, größeren 80S-Typ. Es ist umstritten, ob sich im Bereich der Geißelbasis ebenfalls eine spezifische DNS befindet. Mitochondrien primär mit Cristae, sekundär mit Tubuli. Zum Teil Mitochondrien sekundär ganz fehlend.

Assimilationspigmente: Chlorophyll a, b, c, d, (e), verschiedenartige Phycobiline, Phytochrome (verwandt mit Phycobilinen), Carotine und Xanthophylle. Chlorophyll a ist das primäre Chlorophyll der Eukaryonta. Es ist umstritten, ob Chlorophyll b ebenfalls von den prokaryontischen Vorfahren übernommen wurde, oder ob es (viel wahrscheinlicher) bei den Eukaryonta noch einmal gebildet wurde.

Kern: Mit Kernmembran. Genetische Substanz (DNS) des Kernes in Chromosomen eingelagert. Am Aufbau der Chromosome sind neben der DNS auch noch Proteinmoleküle beteiligt. Während der mitotischen Kernteilung wird die Kernmembran in der Regel (Ausnahme z. B. Endomitose) aufgelöst. Die Kernteilung wird durch einen mitotischen Teilungsapparat (Centriol, Teilungsspindel) durchgeführt. Centriol bei den Aconta wahrscheinlich noch nicht vorhanden (umstritten).

Reservestoffe sind in großer Zahl vorhanden. Bei photosynthetisierenden Eukaryonten entweder β-1:3 Polyglykane oder α-1:4 Polyglykane.

Fortbewegung: Primär noch ohne Fortbewegungsorganellen (Aconta), sekundär mit typischer 9 + 2 Microtubuli-Geißel.

Vermehrung: Ungeschlechtliche Vermehrung (bei Einzellern) durch mitotische Zellteilung. Mit Sexualität, verbunden mit geschlechtlicher Fortpflanzung. Ausbildung von Gameten und Meiose sowie von Generationswechseln. Einzeller primäre Haplonten, sekundär auch Diplonten. Starker Trend zur sekundären Diploidie (mit großen Selektionsvorteilen), höher organisierte Vertreter fast nur noch als Diplonten auftretend.

Lebensweise: Primär aerobe Vertreter. Nur in relativ wenigen Fällen ist eine sekundäre anaerobe Lebensweise festzustellen. Die Evolution der Eukaryonten wird weitgehend durch ein Räuber-Beute-Verhältnis gesteuert.

Phylogenie der Eukaryonta

Eukaryonta stellen nach der Autogenhypothese eine monophyletische Gruppe dar. Sie sind von Prokaryonten aus dem Cyanophyta-Bereich (mit Chlorophyll a und Phycobilinen) abzuleiten. Eine Ableitung aus dem Prochlorophyta-Bereich erscheint unwahrscheinlich, da diese Gruppe keine Phycobiline besitzt. Es muß aber bei allen Folgerungen berücksichtigt werden, daß die erst vor einigen Jahren entdeckten Prochlorophyta noch ungenügend bekannt sind und viele wichtige biochemische Daten noch nicht vorliegen. Auch sind bisher nur ektokommensal lebende Prochlorophyta bekannt, von denen freilebende Eukaryonten nicht abgeleitet werden können. Nach unseren bisherigen Kenntnissen muß angenommen werden, daß Chlorophyll b mehrmals (bei Pro- und Eukaryonten unabhängig voneinander) entstanden ist. Chlorophyll c (mit dem primären Chlorophyll c_2 und dem davon abzuleitenden Chlorophyl c_1) ist dagegen nur einmal innerhalb der Eukaryonta entstanden. Besitz von Chlorophyll c bedeutet Zugehörigkeit zu einer monophyletischen Gruppe.

Der **primäre Ur-Eukaryont** ist gefärbt (mit Plastiden), besitzt keine Geißeln und keine Zellwand. Er ist mit einem Periplast versehen und kann auch phagocytär Nahrung aufnehmen. Die Thylakoide liegen noch einzeln in den Plastiden und sind nicht paketartig angeordnet. Mit Mitochondrien (primärer Cristae-Typ), endoplasmatischem Reticulum und microtubulibildenden Zentren. Kern mit Kernmembran. Von diesem primären Ur-Eukaryonten leiten sich die Aconta ab. Der dem primären Ur-Eukaryont nachfolgende **sekundäre Ur-Eukaryont** ist der Vorläufer der Contophora. Der sekundäre Ur-Eukaryont entwickelt aus den microtubulibildenden Zentren den Centriol-Basalkörper-Komplex und die typische 9 + 2 Microtubuli-Geißel der Contophora. Falls Rhodophyta (Aconta) ein Centiol besitzen sollten (sehr umstritten, unwahrscheinlich), erfolgt die Ausbildung des Centriols bereits im primären Ur-Eukaryont, die Ausbildung des Basalkörper-Geißelkomplexes aber auf jeden Fall erst im sekundären Ur-Eukaryonten.

Mit der Ausbildung des sekundären, begeißelten Ur-Eukaryonten erfolgte eine starke **radiative Evolution** (bedingt durch die viel größeren Evolutionsmöglichkeiten gegenüber den geißellosen Prokaryonten und geißellosen Aconta). Diese Evolution führte zur schnellen Ausbildung von primär einzelligen, begeißelten Contophora-Algengruppen. Innerhalb der einzelnen **Algengruppen** können wir eine deutliche **Parallelevolution** erkennen. Primär ist die **monadoide, flagellate, gefärbte Organisationsstufe**, welche einen **Periplast**, aber noch keine Zellwand besitzt. Sekundär kann bereits in der monadoiden Stufe eine Zellwand ausgebildet werden oder ein sekundärer Plastidenverlust eintreten. Die **amöboide (rhizopodiale) Stufe** ist durch Geißelverlust von der flagellaten Stufe abzuleiten. Es bestehen keine Zweifel, daß die flagellate Stufe primär, und die amöboide Stufe davon abgeleitet ist. Amöboide Stufe primär mit, sekundär ohne Plastiden. Amöboide Stufe ohne Zellwand. Die gefärbte **kapsale Stufe** (transgressive Stufe) leitet sich ebenfalls von der mit einem Periplast versehenen flagellaten Primärstufe ab. Sie beinhaltet nackte Zellen ohne Geißeln, aber noch mit den typischen Merkmalen der flagellaten Stufe. Zelle in Gallertlager (kapsale Stufe) oder leicht abgeleitet von einer Zellwand umhüllt (tetrasporale Stufe). Von der capsalen Stufe ist die mit einer Zellwand versehene, gefärbte, **kokkale Organisationsstufe** abzuleiten. Auch hier noch Einzelzellen, die keine Geißeln besitzen.

In den nachfolgenden Stufen verbleiben die Tochterzellen bei der Teilung in einem festen Zusammenhang, es entstehen (unabhängig voneinander in den einzelnen Algengruppen) mehrzellige Organisationsstufen. Von der kokkalen Organisationsstufe leitet sich die gefärbte, **trichale Stufe** (mehrzelliger Zellfaden) ab. Fäden einfach oder verzweigt. Die gefärbte, **siphonale (röhrenförmige) Stufe** ist ebenfalls von der kokkalen Stufe abzuleiten. Hier unterbleiben die Querwandbildungen, es findet aber ein starkes Streckenwachstum statt, verbunden mit Kernteilungen, die zu einer Vervielfachung der Zellkerne führen. Von der trichalen Stufe ist dann die gefärbte, **thallöse Organisationsstufe** abzuleiten, bei welcher es zu einer ausgesprochenen Thallusbildung kommt. **Sekundärer Plastidenverlust** ist nicht nur bei Einzellern, sondern auch bei vielzelligen Vertretern (z. B. Craspedophyceen) zu beobachten. Diese Parallelevolutionen in den einzelnen Algengruppen zeigen eine deutliche Höherentwicklung im Verlauf der Evolution und entsprechen damit einer der wichtigsten Evolutionsregeln, nämlich der Regel der allgemeinen Höherentwicklung. Der biogenetischen Grundregel folgend, bilden die höher organisierten, mehrzelligen Algenstufen während ihrer Ontogenese wieder die stammesgeschichtlich älteste Stufe zur Fortpflanzung aus (monadoide, flagellate Stufe: begeißelte Gameten und Zoosporen).

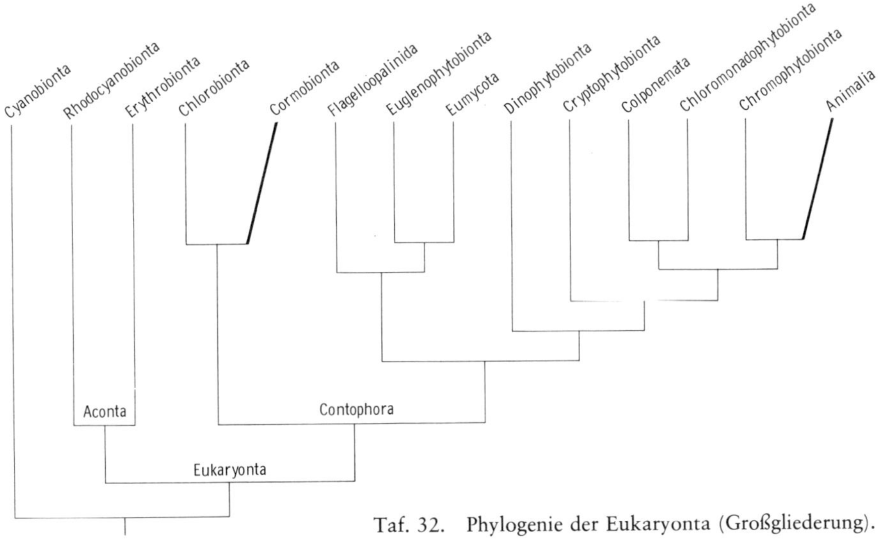

Taf. 32. Phylogenie der Eukaryonta (Großgliederung).

Phylogenetisch wichtige Merkmale der Eukaryonta

Folgende Merkmale und Merkmalsgruppen wurden u. a. bei der Großgliederung der Eukaryonta (ohne Animalia) verwendet:

Chlorophylle: Primäres Chlorophyll a, sekundär b, tertiär c_2 und darauffolgend c_1. Besitz von Chlorophyll c bedeutet Zugehörigkeit zu einer monophyletischen Gruppe. Chlorophyll b wird von den ersten Contophora (Chlorobionta) neu erworben. Chlorophyll a ist das plesiomorphe Chlorophyll.

Phycobiline: Primäre Phycobiline bei Aconta, sekundäre (abweichende) Phycobiline bei Cryptophytobionta.

Carotine: α- und β-Carotine sind plesiomorphe Carotine. Bei γ-Carotin handelt es sich um einen Neuerwerb der Chlorobionta, der von den Euglenophytobionta noch beibehalten wird. Bei ε-Carotin handelt es sich um einen Neuerwerb der Cryptophytobionta, der von einigen Chromophytobionta beibehalten wird.

Xanthophylle: Xanthophyll-Aufbau ist mit einem Chlorophyll-Abbau gekoppelt. Plesiomorphe Xanthophylle sind Antheraxanthin, β-Cryptoxanthin, Lutein, Neoxanthin und Zeaxanthin. Phylogenetisch wichtige Xanthophylle sind Diadino- und Diatoxanthin, Fucoxanthin, Lutein, Vaucheriaxanthin, Violaxanthin und Zeaxanthin. So kommt z. B. Lutein nur bei Aconta und den stammesgeschichtlich ältesten Contophora, den Chlorobionta vor.

Thylakoide: Primär einzeln (Aconta), sekundär zu 2–4–6 (Chlorobionta, Euglenophytobionta, Dinophytobionta, Cryptophytobionta) oder zu dreien (Euglenophytobionta, Dinophytobionta, Chloromonadophytobionta und alle Chromophytobionta).

Chromatophor-Membranen: Primär mit 2 Membranen (Aconta und Chlorobionta), sekundär mit 3 Membranen (Euglenophytobionta, Dinophytiobionta), tertiär mit 4 Membranen (Chloromonadophytobionta, Cryptophytobionta und Chromophytobionta).

Kernanbindung (Verbindung der Chromatophor-Membranen mit der Kernmembran): Primär ohne Kernanbindung (Chlorobionta, Euglenophytobionta, Dinophytobionta); sekundär mit Kernanbindung, gekoppelt mit 4 Chromatopher-Membranen (Cryptophytobionta und großer Teil der Chromophytobionta).

Gürtellamelle (äußere, aus Thylakoiden bestehende Thylakoidenumrandung): Primär ohne Gürtellamelle, sekundär mit Gürtellamelle (Chloromonadophytobionta sowie großer Teil der Chromophytobionta).

Reserveprodukte: Primär mit α-1:4 Polyglykanen (Stärken), sekundär mit β-1:3 Polyglykanen (Chrysolaminarin, Mannitol, Paramylon). Mit α-1:4 Polyglykanen (Aconta, Dinophytobionta, Cryptophytobionta und Chlorobionta). Mit β-1:3 Polyglykanen (Euglenophytobionta, Chromophytobionta).

Stärkeablagerung: Außerhalb des Chromatophors (Aconta, Dinophytobionta, Cryptophytobionta), im Chromatophor (Chlorobionta). Die β-1:3 Polyglykane werden alle außerhalb des Chromatophors abgelagert (Euglenophytobionta, Chromophytobionta).

Mitochondrien: Primär mit abgeplatteten Cristae, sekundär mit röhrenförmigen Tubuli.

Augenfleck: Außerhalb des Chromatophors (Euglenophytobionta, Dinophytobionta, Eustigmatophyta), im Chromatophor (Dinophytobionta, Cryptophytobionta, Chromophytobionta).

Mitosen: Geschlossen und extranukleäre Spindel (Dinophytobionta, Metamonadinea (Tricho- und Hypermastigida); sekundär ebenfalls geschlossen, aber Spindel intranukleär, ohne Mitwirkung extranukleärer Organellen (Euglenophytobionta, Kinetoplastida, Oxymonada); sekundär ebenfalls geschlossen, aber Spindel intranukleär und unter Mitwirkung extranukleärer Organellen wie Basalkörper und Centriolen (Chlorobionta, Oxymonada); halboffene Mitose mit seitlichen Poren in der Kernmembran, extranukleäre Tubuli durchdringen die Poren und bilden eine intranukleäre Teilungsspindel (Cryptomonadophyta, Chromophytobionta, Diplomonada); offene Mitose, Kernmembran bricht zusammen, intranukleäre Teilungsspindel (Chlorobionta, Eustigmatophyta, Haptophyta).

Schlund: Mit primärer Schlundbildung (Prasinophyta, Euglenophytobionta, Dinophytobionta, Colponemata, Chloromonadophytobionta, Cryptophytobionta, Haptophyta).

Geißeln: Primär ohne Geißeln (Aconta), sekundär mit glatten Geißeln (Chlorobionta), tertiär mit feinen Geißelhaaren (Prasinophyta, wenige Chlorophyta, Euglenophytobionta, Dinophytobionta), quartär mit dreiteiligen Flimmerhaaren (Cryptophytobionta, Chloromonadophytobionta, Chromophytobionta, Haptophyta mit sekundärem Verlust). Primäre, noch weitgehend isokonte Begeißelung (Prasinophyta, Chlorophyta, sekundär auch bei Haptophyta), heterokonte Begeißelung (bereits bei Prasinophyta beginnend, Euglenophytobionta, Dinophytobionta, Chloromonadophytobionta, Cryptophytobionta, Chromophytobionta).

Schuppen auf Zelloberfläche und Geißeln: Mit Schuppen (Prasinophyta, Charophyta, Ulvaphyta, Chrysophyta, Haptophyta).

Körperform: Primär begeißelte Flagellatenform, sekundär amöboide, kapsale, kokkale, trichale und siphonale Vertreter. Primär einzellig, sekundär mehr- bis vielzellig und kolonienbildend.

Färbung (Chlorophylle, Phycobiline, Carotinoide): Primär gefärbt, sekundär farblos.
Lebensweise: Primär marin, sekundär Brackwasser- und tertiär Süßwasserbewohner.

Phylogenetisches System der Eukaryonta (bis Radiata) (Taf. 32)

Oberreich Aconta
  Reich Rhodocyanobionta
    Stamm Cyanidiophyta
      Klasse Cyanidiophyceae
  Reich Erythrobionta
    Stamm Rhodophyta
      Klasse Rhodophyceae
Oberreich Contophora
  Reich Chlorobionta
    Stamm Prasinophyta
      Klasse Prasinophyceae
        Loxophyceae
        Pocillophyceae
    Stamm Charophyta
      Klasse Charophyceae
        ...... Oberreich Cormobionta
    Stamm Ulvaphyta
      Klasse Ulvaphyceae
    Stamm Chlorophyta
      Klasse Chlorophyceae
  Reich Flagelloopalinida
    Stamm Protomonada
      Klasse Kinetoplastinea
        Pseudociliata
        Proteromonadinea
        Holomastiginea
        Retortamonadinea
        Oxymonadinea
        Metamonadinea
    Stamm Opalinidea
      Klasse Opalininea
  Reich Euglenophytobionta
    Stamm Euglenophyta
      Klasse Euglenophyceae
  Reich Eumycota
    Stamm Opisthomastigomycota
      Klasse Chytridiomycetes
    Stamm Amastigomycota
      Klasse Endomycetes
        Zygomycetes
        Ascomycetes
        Basidiomycetes
  Reich Dinophytobionta
   Unterreich Dinophytea
    Stamm Dinophyta
      Klasse Desmophyceae
        Dinophyceae

Ebriaceae
Stamm Granuloreticulosa
Klasse Athalamia
Foraminifera
Xenophyophoridea
Stamm Acanthiolaria
Klasse Radiolaria
Acantharia
Stamm Polannulifera
Klasse Gregarinea
Coccidea
Babesiea
Unterreich Ciliata
Stamm Ciliophora
Klasse Kinetofragminophora
Oligohymenophora
Polyhymenophora
Reich Cryptophytobionta
Stamm Cryptophyta
Klasse Cryptophyceae
Reich Colponemata
Stamm Colponemaria
Klasse Cyanophoridea
Colponematidea
Reich Chloromonadophytobionta
Stamm Chloromonadophyta
Klasse Chloromonadophyceae
Reich Chromophytobionta
Unterreich Chromobionta
Stamm Xanthophyta
Klasse Xanthophyceae
Stamm Pantonemomycota
Klasse Oomycetes
Hyphochytridiomycetes
Stamm Proteomyxidea
Klasse Proteomyxidia
Stamm Labyrinthomorpha
Klasse Thraustochytrialea
Labyrinthulea
Stamm Chrysophyta
Klasse Chrysophyceae
Filosa
Heliozoa
Bicoeçaceae
Silicoflagellataceae
Stamm Hydraulea
Klasse Lobeda
Acrasidea
Stamm Trichomycetea
Klasse Trichomycetes
Stamm Mycetozoidea
Klasse Protosteliea

Dictyosteliea
Myxogastria
Stamm Pedinellaphyta
Klasse Pedinellaphyceae
Stamm Bacillariophyta
Klasse Centrophyceae
Pennatophyceae
Stamm Phaeophyta
Klasse Phaeophyceae
Laminariophyceae
Fucophyceae
Unterreich Eustigmatobionta
Stamm Eustigmatophyta
Klasse Eustigmatophyceae
Unterreich Choanobionta
Stamm Craspedophyta (Choanoflagellata)
Klasse Craspedophyceae
...... Oberreich Animalia
Unterreich Haptophytobionta
Stamm Haptophyta
Klasse Isochrysidaceae
Prymnesiaceae

Oberreich Animalia
Mittelreich Parazoa
Reich Porifera
Unterreich Calcarosponga
Stamm Calcara
Klasse Calcarea
Unterreich Silicosponga
Stamm Demospongea
Klasse Demospongiae
Stamm Hexactinellidea
Klasse Hexactinellida
Reich Archaeata†
Unterreich Archaeozoa†
Stamm Archaeocyatha†
Klasse Regulares†
Irregulares†
Reich Placozoomorpha
Stamm Placozoa
Klasse Placozoidea
Mittelreich Eumetazoa
Reich Radiata
Stamm Cnidaria
Klasse Hydrozoa
Cubozoa
Scyphozoa
Anthozoa
Stamm Ctenophora
Klasse Tentaculifera
Atentaculata

Oberreich Aconta

Mit den beiden Reichen der **Rhodocyanobionta und Erythrobionta**. Stammesgeschichtlich älteste Teilgruppe der Eukaryonta. Primär unbegeißelt und vom primären, geißellosen Ureukaryonten abzuleiten. Ohne Centriol. Primär einzellige Kokken. Mit Zellkern, Mitochondrien und Plastiden. Mitochondrien vom primären Cristae-Typ. Thylakoide in den Plastiden noch primär einzeln liegend (wie bei Cyanophyta) und noch nicht gestapelt. Mit Chlorophyll a und Phycobilinen. Mit Phycobilisomen. Mit primär einfachem Plastidenbau und primär einfachem Carotinoid-Muster.

Reich Rhodocyanobionta

Mit dem einzigen Stamm der Cyanidiophyta.

Stamm Cyanidiophyta
(Taf. 33:1)

Mit der einzigen **Klasse Cyanidiophyceae**, der einzigen **Ordnung Cyanidiales** und der einzigen Art *Cyanidium caldarium* (Taf. 33:1).

Mit Zellwand (ohne Murein). Zelldurchmesser 4 μm. Einzellige Kokken. Primär unbegeißelt. Plastiden (nur 1 Chromatophor bei *Cyanidium*) wahrscheinlich nur mit einfacher Doppelmembran oder sogar mit nur einer Membran. Ohne zusätzliche, vom endoplasmatischen Reticulum gebildete Membranen und daher auch ohne Kernanbindung. Die nur 8–10 (primär geringe Zahl) Thylakoide liegen einzeln in gleichen Abständen (parallel) im Chromatophor, sind sehr lang und zeigen die typische Krümmung und konzentrische Anordnung wie bei Rhodophyta. Mit „Gürtellamelle", wie bei Rhodophyta gestaltet.

Assimilationspigmente: Mit primärem Chlorophyll a. Mit Allophycocyanin und vorwiegend C-Phycocyanin (wie bei Cyanophyta). Mit Phycobilisomen. Mit β-Carotin. Xanthophylle: Lutein (auch bei Rhodophyta) und Zeaxanthin (auch bei Cyanophyta und Rhodophyta), Cryptoxanthin und Violaxanthin. Myxoxanthophyll fehlt (ist typisch für Cyanophyta). Reserveprodukte im Cytoplasma, nicht im Chromatophor (wie auch bei Rhodophyta). Das Glykan-Reserveprodukt entspricht demjenigen der Cyanophyta.

Mit großen Vakuolen, wie sie auch bei einzelligen Rhodophyta vorkommen. Mit Mitochondrien und endoplasmatischem Reticulum, noch kein Golgi-Apparat (aber Golgikörper – ähnliche Vorstufen) vorhanden. Mitochondrien vom Cristae-Typ. Mit typischem Eukaryonten-Kern mit Kernmembran.

Vermehrung durch Endosporenbildung (wie bei Cyanophyta und auch einigen Rhodophyta). Dabei wird der Zellinhalt auf 4 Endosporen verteilt.

Lebensweise: Thermophil, in heißen Gewässern bei Temperaturen von 45–60 °C. In heißen, sauren Quellen (Nordamerika, Japan, Neuseeland, Europa) fast kosmopolitisch verbreitet. Optimum bei einem pH-Wert zwischen 2 und 3. Sie halten selbst Wasserstoffionenkonzentrationen von pH 1 aus. Bevorzugte Quellen sind reich an Schwefelverbindungen und weisen dadurch einen hohen Säuregehalt (z. B. Schwefelsäure) auf. Auch Vorkommen in heißen, marinen Bereichen bei Temperaturen von 48 °C.

Phylogenie der Rhodocyanobionta

Sie nehmen eine vermittelnde Stellung zwischen Cyanophyta und Erythrobionta (Rhodophyta) ein. Wie bei den Cyanophyta herrschen bei ihnen die Phycobiline Allophycocyanin und C-Phycocyanin vor, während bei Rhodophyta vorwiegend R-Phycocyanin und Phycoerythrine anzutreffen sind. Reservekohlenhydrate, Enzyme für die Polysaccharidsynthese und Fettsäuren ähneln denjenigen der Cyanophyta. Die Endosporenbildung ist ein typisches Cyanophyten-Merkmal, kommt aber auch noch bei einigen stammesgeschichtlich sehr alten einzelligen Rhodophyta, wie z. B. bei *Porphyridium*, vor.

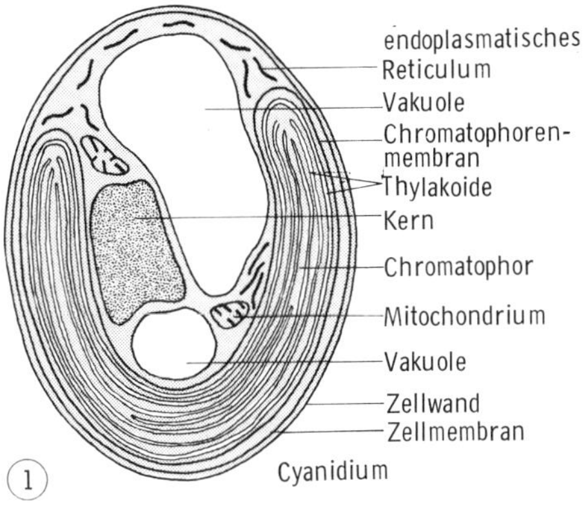

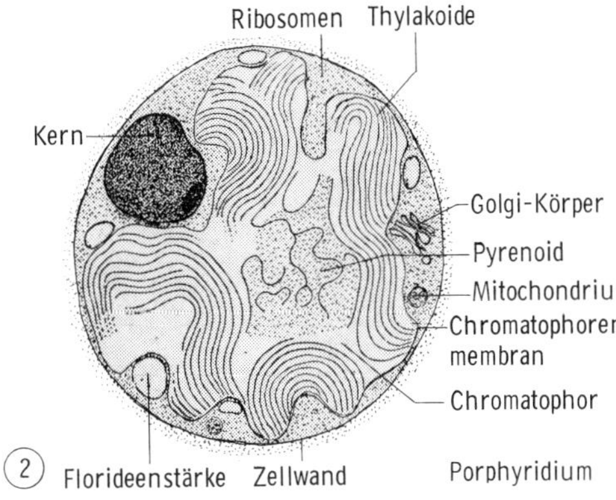

Taf. 33. Aconta: Cyanidiophyta und Rhodophyta. – Abb. 1. *Cyanidium caldarium* (Rhodocyanobionta, Cyanidiophyta) (nach ALLSOPP). Abb. 2. *Porphyridium purpureum* (Erythrobionta, Rhodophyta) (nach GANTT u. Mitarb.).

Starke Abweichungen gegenüber den Cyanophyta ergeben sich bereits bei den Xanthophyllen. Rhodocyanobionta besitzen z.B. Lutein, das sonst nur bei den Rhodophyta und Chlorobionta vorkommt. Myxoxanthophyll, ein Hauptxanthophyll der Cyanophyta, kommt bei den Rhodocyanobionta schon nicht mehr vor. Besitz eines Zellkernes, eines Chromatophors, von Tonoplasten umgebene Vakuolen, eines endoplasmatischen Reticulums, sowie von Mitochondrien (primärer Cristae-Typ) sind dagegen echte Eukaryonten-Merkmale. Der einfach gebaute Chromatophor mit nur 8–10 Thylakoiden ähnelt demjenigen von Rhodophyta, ebenso die von einem Tonoplasten umgebenen Vakuolen. Thylakoide mit konzentrischer Lage, sowie mit „Gürtellamelle" (wie bei Rhodophyta). Thylakoide bei Cyanophyta ohne Gürtellamelle. Ferredoxine wie bei Rhodophyta.

Auch in der Lebensweise zeigen sich Unterschiede zwischen Cyanophyta und Rhodocyanobionta. *Cyanidium* (Rhodocyanobionta) benötigt Licht bei der Bildung von Chlorophyll und von Phycobilinen; Cyanophyta dagegen nicht. Unter Kulturbedingungen wachsen Cyanophyta im Dunkeln auf Glukose und bilden dabei eine volle, tiefe Pigmentierung aus. *Cyanidium* bleibt dagegen farblos, wenn Dunkelheit vorliegt. Diese unterschiedlichen Verhaltensweisen sprechen dagegen, in *Cyanidium* einen Eukaryonten-Wirt mit einer endosymbiontischen Blaualge (Cyanelle) zu sehen. Außerdem ist zu beachten, daß kein Murein (typischer Bestandteil der Prokaryonten-Zellwand) festgestellt werden konnte.

Die vermittelnde Stellung der Rhodocyanobionta (*Cyanidium*) zeigt sich auch bei den Temperaturgrenzen. Cyanophyta vermögen Temperaturen bis 70–75 °C zu ertragen, *Cyanidium* lebt bei Temperaturen von 55–60 °C, während die Rhodophyta (und auch die Cryptophyta) bei normalen Wassertemperaturen vorkommen und keine Anzeichen von Thermophilie zeigen.

Rhodocyanobionta weisen daher sowohl stammesgeschichtlich ältere Cyanophyta-Merkmale auf, als auch stammesgeschichtlich jüngere Eukaryonten-Merkmale, die zu den Erythrobionta (Rhodophyta) überleiten. *Cyanidium caldarium* stellt nach unseren bisherigen Kenntnissen die stammesgeschichtlich älteste rezente Eucyte dar. Auch das Vorkommen in einem Rückzugsgebiet (heiße, saure Quellen mit niedrigem pH-Wert, dort z.B. auch Archaebacteria) zeigt das hohe stammesgeschichtliche Alter an. Die Erythrobionta sind die Schwestergruppe der Rhodocyanobionta (beide mit identischen Glukose-Phosphorylasen) und beide sind von einem gemeinsamen Vorfahren (primärer Ur-Eukaryont) abzuleiten.

Vertreter der Endosymbiontenhypothese sehen in *Cyanidium* eine rezente Endosymbiose eines unbekannten Wirtes mit einer Cyanophycee. Das Fehlen von Myxoxanthophyll und vor allem aber das Auftreten von Lutein (kommt nicht bei Cyanophyta vor) zeigt aber deutlich, daß hier keine echte Cyanophycee vorliegt. Der Chromatophor von *Cyanidium* kann daher nicht als eine endosymbiontische Cyanophycee in einem farblosen Eukaryonten-Wirt (einzellige Alge) betrachtet werden. Das Vorkommen in heißen Quellen entspricht der Lebensweise vieler Cyanophyceen, nicht aber der Lebensweise von Rhodophyta; oder etwa Cryptophyta, die von Befürwortern der Endosymbiontenhypothese gerne als stammesgeschichtlich sehr alte Vertreter (mit Cyanellenübernahme) gedeutet werden. *Cyanidium* kann auch kein kokkaler Vertreter der Cryptophyta sein, da keine begeißelten Zoosporen ausgebildet werden.

Offensichtlich handelt es sich bei heißen Quellen um eine Rückzugsnische für Rhodocyanobionta, die nur hier dem Selektionsdruck der besser ausgestatteten, stammesgeschichtlich jüngeren Eukaryonta entgehen konnten.

Reich Erythrobionta

Mit dem einzigen Stamm der Rhodophyta.

Primär einzellige Kokken, sekundär mehrzellig fadenförmig. Primär ohne begeißelte Stadien. Plastiden mit eigener Doppelmembran, ohne zusätzliche Membranbildungen. Mit primär einfachem Plastiden-Bau. Thylakoide nicht in Stapeln angeordnet und noch primär einzeln in etwa gleichem Abstand (parallel) liegend. Eine „Gürtellamelle" umgibt die Thylakoide. Bei der Gürtellamelle der Chromobionta liegt eine konvergente Bildung vor, die nicht mit der „Gürtellamelle" der Erythrobionta homologisiert werden kann. Mit primärem Chlorophyll a und bei den stammesgeschichtlich jüngeren Rhodophyta (Florideophycidae) mit zusätzlichem Chlorophyll d (Existenz aber umstritten). Chlorophyll d kommt nur bei Rhodophyta vor und ist, falls existent von Chlorophyll a abzuleiten. Leitpigmente sind Phycobiline (Phycocyanine und Phycoerythrine), welche sich in Phycobilisomen, wie bei Cyanophyta auf den Thylakoiden befinden. Von Carotinoiden treten bei den Carotinen überwiegend β-Carotin und vereinzelt auch α-Carotin auf. Von Xanthophyllen vorwiegend Lutein und Zeaxanthin, außerdem in geringen Mengen Antheraxanthin, β-Cryptoxanthin und Neoxanthin. Insgesamt mit primär einfachem Carotinoid-Muster. Mit Cytochrom c (stammesgeschichtlich sehr alt). Assimilations- und Reserveprodukt ist Florideenstärke. Sie wird in Körnern außen an den Plastiden abgesetzt und nicht im Inneren der Plastiden gebildet. Mit Mitochondrien vom primären Cristae-Typ. Golgi-Körper mit Dictyosomen.

Primär ohne Generationswechsel, sekundär mit kompliziertem, dreiphasigen Generationswechsel. Geschlechtliche Vermehrung mit Oogamie. Mit primärer mariner Lebensweise, sekundär auch Süßwasserbewohner. Sekundär treten im marinen Bereich auch farblose, parasitierende Vertreter auf.

Stamm Rhodophyta

(Taf. 33:2)

Mit der einzigen Klasse der Rhodophyceae.

Primär einzellige Kokken, sekundär mehrzellig fadenförmig, meist aber mit kompliziert gebauten Thalli, welche sich aus verzweigten Fäden zusammensetzen. Primär mit Periplast (Bangiophycidae: *Rhodella, Porphyridium*), sekundär mit Zellwand. Der fibrilläre Anteil der Zellwand besteht überwiegend aus Zellulose. Die Glukoseketten der Zellulose sind in Mikrofibrillen angeordnet, welche bei den Rhodophyta ein filziges Geflecht bilden, während sie z.B. bei Chlorophyta in parallel verlaufenden Bündeln zusammengefaßt sind. Hier liegen verschiedenartige Zellulose-Zellwände vor, die unabhängig voneinander (Konvergenz) in den einzelnen Algen-Gruppen ausgebildet werden. Primär ohne begeißelte Stadien, und es werden auch sekundär keine begeißelten Stadien ausgebildet. Plastiden (= Chromatophoren) nur mit der primären Doppelmembran. Es ist keine zusätzliche, vom endoplasmatischen Reticulum gebildete Membran vorhanden. Die Plastiden zeigen vorwiegend eine Rotfärbung, welche durch Phycoerythrin hervorgerufen wird. Die Thylakoide liegen einzeln mit gleichen Abständen in den Plastiden und sind noch nicht in Stapeln angeordnet. Auf den Thylakoiden befinden sich scheibenförmige oder kugelige, 30–40 nm große Phycobilisomen (wie bei Cyanophyta), die Phycobiline enthalten. Mit „Gürtellamelle".

Assimilationspigmente: Primäres Chlorophyll a bei allen Vertretern. Vertreter der stammesgeschichtlich jüngeren Florideophycidae zusätzlich mit Chlorophyll d (von Chlorophyll a abzuleiten, Existenz aber umstritten). Wichtige Pigmente sind die Phycobiline, die denjenigen der Cyanophyta entsprechen. Phycobiline: C-Phycocyanin, R-Phycocyanin, Allophycocyanin, B-Phycoerythrin, R-Phycoerythrin und zusätzlich bei Bangiophycidae noch b-Phycoerythrin. Am häufigsten kommen R-Phycocyanin und Phycoerythrine vor. Färbung der Plastiden durch Phycoerythrine rot bis violett. Die mit den Phycobilinen verwandten Phytochrome kommen ebenfalls bei Rhodophyta (auch bei Chlorophyta) vor. Mit β-Carotin, vereinzelt auch α-Carotin. Xanthophylle: Lutein und Zeaxanthin, außerdem in geringen Mengen Antheraxanthin, β-Cryptoxanthin und Neoxanthin. Einzellige Vertreter besitzen nur einen einzigen Plastiden, sonst meist mehrere bis viele Plastiden vorhanden. Plastiden mit Pyrenoiden kommen nur bei einigen, stammesgeschichtlich älteren Vertretern vor, offensichtlich ohne Speicherfunktion. Assimilationsprodukt ist Florideenstärke (α-1:4 Polyglykan), die in Körnern außen an den Plastiden abgesetzt wird. Öle als zusätzliche Reservestoffe. Einzellige Vertreter mit großen Vakuolen. Rhodophyta mit von einer Membran umgrenztem Kern, mit Mitochondrien (Cristae-Typ), Golgi-Körper und endoplasmatischem Reticulum. Ohne Centriol. Es sind bei Mitosen vereinzelt Teilungszentren (Microtubuli als Centriol-Vorläufer) beobachtet worden, die hier ohne Centriol gebildet werden.

Einzellige Rhodophyta besitzen ohne Zweifel eine stammesgeschichtlich sehr alte und morphologisch einfache Eucyten-Form. Für die Fortpflanzung der Rhodophyta ist charakteristisch, daß weder Sporen noch Gameten Geißeln aufweisen. Die komplizierten Fortpflanzungsverhältnisse (besonders bei den Florideophycidae) sprechen für ein hohes phylogenetisches Alter der Rhodophyceen. Gleichzeitig zeigt es sich aber auch, daß durch diese komplizierten Spezialisierungen die Rhodophyta einen blind endenden Seitenzweig der Evolution darstellen. Primär Rhodophyta mit Gametangien (z.B. Bangiophycidae: *Rhodochaete*) und noch ohne Generationswechsel. Weibliches Gametangium (Karpogon) wird durch unbegeißeltes Spermatium befruchtet. Bei den stammesgeschichtlich jüngeren Florideophycidae folgen im Normalfall 3 Generationen aufeinander: haploider Gametophyt, diploider Karposporophyt (auf dem Gametophyten sitzend) und diploider Tetrasporophyt (mit eigenem Vegetationskörper). Dieser bildet, mit meiotischer Teilung, haploide Tetrasporen aus, welche keimen und Gametophyten bilden. Einzellige Rhodophyta und männliche Gameten mit Gleitbewegungen wie bei Cyanophyta.

Lebensweise: Rhodophyta kommen fast ausschließlich im marinen Bereich vor. Von den etwa 4500 Arten leben nur etwa 50 Arten im Süßwasser. Die marinen Arten leben benthonisch in den Litoralzonen der Meere und sind durch Haftvorrichtungen an ihre Unterlage (z.B. Felsen) festgeheftet. Die Zahl der sekundär farblosen Arten ist sehr gering. Bisher sind nur etwa 20 farblose Arten bekannt geworden, die parasitisch auf anderen marinen Algen leben.

Klasse Rhodophyceae

Unterklasse Bangiophycidae. Primär einzellige, rundliche Vertreter. Sekundär mehrzellig fadenförmig oder mit einfachen, flächigen Thalli. Ohne Generationswechsel. Nur Gametophyt vorhanden. Mit einem zentral liegenden Chromatophor (Plastid).

Rhodella, *Porphyridium* (Taf. 33:2), *Rhodospora* (alle einzellig, rundlich). *Asterocystis* (fadenförmig), *Porphyra* (mit einfachem Thallus). *Rhodochaete* (mit Tüpfeln).

Unterklasse Florideophycidae. Thallus mehrzellig; faden-, blatt- oder scheibenförmig. Wachstum durch Scheitelzellen. Generationswechsel zwischen einer haploiden und einer diploiden Generation (*Batrachospermum*-Typ) oder einer haploiden und zwei aufeinanderfolgenden diploiden (*Ceramium*-Typ) Generationen. Zum Teil mit zusätzlichem Chlorophyll d (Existenz umstritten). Mit mehreren peripher liegenden Chromatophoren (Plastiden).

Phylogenie der Erythrobionta

Cyanidiophyta und Rhodophyta (Aconta) stellen die stammesgeschichtlich ältesten Eukaryonta dar. Die Aconta sind, über den primären, unbegeißelten Ur-Eukaryont, aus dem Cyanophyten-Bereich abzuleiten. Vor der Ausbildung des sekundären, begeißelten Ur-Eukaryonten haben sie sich schon sehr frühzeitig von der allgemeinen Evolutionslinie abgespalten. Sie liegen nicht auf der Hauptlinie der Eukaryonten-Evolution, sondern stellen einen Seitenast dar, der sich in seiner langen Stammesgeschichte sehr spezialisiert hat (siehe Generationswechsel) und kaum noch Möglichkeiten zu umfassenderen Weiterdifferenzierungen bietet. Das Auffinden von Cyanophyta mit Chlorophyll a und zusätzlichem Chlorophyll b (Prochlorophyta) stellt auch die Möglichkeit zur Diskussion, daß die Eukaryonta diphyletisch entstanden sind, und die Aconta von Cyanophyta (nur mit Chlorophyll a und Phycobiline), die Contophora dagegen von Prochlorophyta (mit Chlorophyll a und b, ohne Phycobiline) abgeleitet werden können. Die Prochlorophyta sind aber noch zu ungenügend bekannt. Bisher kennt man nur einen einzigen, ektokommensalisch lebenden Vertreter. Eine Ableitung von Eukaryonten-Gruppen aus dem Prochlorophyta-Bereich könnte erst in Erwägung gezogen werden, wenn auch freilebende Vertreter bekannt geworden sind. In diesem Falle könnte man für eine polyphyletische (diphyletische) Entstehung der Eukaryonta plädieren.

Spricht man sich für eine monophyletische Entstehung der Eukaryonta aus, kann die Evolution der Eukaryonta nach unseren heutigen Kenntnissen nur aus dem Cyanophyta-Bereich und nicht aus dem Prochlorophyta-Bereich erfolgt sein, da die identischen Phycobiline bei Cyanophyta und Aconta nur eine Ableitung aus dem Cyanophyta-Bereich erlauben. Das bedeutet gleichzeitig, daß Chlorophyll b mindestens zweimal unabhängig voneinander, bei Pro- und Eukaryonten entstanden ist. Die biochemischen Unterschiede zwischen Chlorophyll a und b sind sehr gering (Anfügung einer Aldehyd-Gruppe an Chlorophyll a), Chlorophyll b läßt sich daher leicht, wie auch das umstrittene Chlorophyll d, von Chlorophyll a ableiten. Wir schließen uns hier der Meinung an, daß die Eukaryonta eine monophyletische Gruppierung darstellen, und daß es sich bei den Aconta und Contophora um monophyletische Gruppen innerhalb der Eukaryonta handelt.

Unbestritten ist daher zur Zeit die Ableitung der Aconta, über den primären Ur-Eukaryonten, aus dem Cyanophyta-Bereich. Dafür sprechen vor allem die gemeinsamen Phycobiline, außerdem befinden sich bei Cyanophyta und Rhodophyta die Phycobiline in auf den Thylakoiden liegenden Phycobilisomen. Bei beiden Gruppen sind die Phycobilisomen scheibenförmig, wenn sie Phycocyanin, und kugelförmig, wenn sie Phycoerythrin enthalten. Die Ultrastruktur von Cyanophyta- und Aconta-Plastiden ist sehr ähnlich. Die Thylakoide liegen, im Gegensatz zu den anderen Eukaryonten-Gruppen, bei beiden Gruppen einzeln und weisen einen in etwa gleichbleibenden Abstand auf. Aconta haben von den Cyanophyta Chlorophyll a und Phycobiline übernommen. Von den Carotinoiden kommen β-Carotin, Antheraxanthin und Zeaxanthin bei beiden Gruppen vor. Die Assimilationsprodukte sind bei beiden Gruppen α-1:4 Polyglycane. Aconta besitzen primär keine Geißel, es erscheint aber möglich (die Befunde werden widersprüchlich gedeutet), daß sie bereits ein Centriol als Vorläufer der Eukaryonten-Geißel besitzen. Falls dies zutrifft, müßte der primäre Ur-Eukaryont bereits ein Centriol, bzw. eine Centriolen-Anlage besessen haben. Plastiden und Mitochondrien treten erstmals bei den Aconta auf. Die Thylakoide der Cyanophyta wurden vom primären Ur-Eukaryont erstmals mit einer eukaryontischen Umhüllung versehen, so daß zunächst ein einzelner Plastid entstand. Diesen einzelnen Plastiden mit einer einfachen Doppelmembran treffen wir noch bei Rhodocyanobionta (*Cyanidium*) sowie bei den stammesgeschichtlich ältesten, einzelligen Vertretern der Rhodophyta (einzellige Bangiophycidae) an. Mitochondrien (primärer Cristae-Typ) treten ebenfalls erstmals bei Aconta auf, auch sie wurden vom primären Ur-Eukaryont übernommen.

Die Gruppierung der Rhodocyanobionta und Erythrobionta in einem eigenen Oberreich Aconta erscheint berechtigt. Alle Vertreter mit der typischen Eukaryonten-Geißel werden dagegen als Contophora (monophyletische Schwestergruppe) zusammengefaßt.

Bei einer monophyletischen Entstehung der Eukaryonta, der wir uns hier anschließen wollen, stammen die Eukaryonta aus dem Cyanophyta-Bereich der Prokaryonten ab.

Neuerdings mehren sich die Stimmen, die Ascomyceten (und mit ihnen die Eumycota) von Rhodophyta ableiten wollen. Nach diesen Anschauungen führt der Weg von sekundär parasitischen Rhodophyta (Florideophycidae) zu auf Rhodophyten parasitisch lebenden, primitiven, marinen Ascomyceten (Spathulosporales); an diese schließen sich dann die terrestrischen Ascomyceten an. Laboulbeniales werden als sehr primitive terrestrische Vertreter gedeutet. Nach dieser Hypothese sind die marinen Ascomyceten Reliktformen, da die marinen ökologischen Bedingungen kaum Gelegenheit zur Ausbildung verschiedener Pilz-Typen bieten. Anders sind die Verhältnisse auf dem Festland, wo unzählige verschiedenartige Biotop-Typen den Pilzen eine starke adaptive Radiation ermöglichen. Man schätzt z. B. die Zahl der rezenten terrestrischen Asco- und Basidiomyceten-Arten auf etwa 1 Million, die Zahl der marinen Vertreter dagegen nur auf 2–3tausend. Als Hinweise auf eine nahe Verwandtschaft der Rhodophyta und Ascomycetes werden ähnliche Zyklen (mit 3 Generationen) und ähnliche Septalporen in den Zellwänden gedeutet. Hinzu kommt noch, daß neuerdings in den Zellwänden zahlreicher Ascomyceten Zellulose festgestellt worden ist. Viele morphologische, vor allem aber biochemische Daten (z. B. Lysin-Biosynthese), sprechen gegen eine Ableitung der Eumycota aus dem Rhodophyta-Bereich. Hinzu kommt, daß von Rhodophyta nur geißellose Vertreter abgeleitet werden können. Die Chytridiomycetes mit opisthokonter Begeißelung (Zoosporen) dürften daher nach dieser Hypothese nicht mehr als Basisgruppe der echten Eumycota (Chytridiomycetes, Endomycetes, Zygomycetes, Asco- und Basidiomycetes) gedeutet werden.

Für Anhänger der Endosymbiontenhypothese stellen Aconta günstige Modelle für eine erfolgte endosymbiontische Aufnahme von Cyanophyta (Cyanophyta mit Chlorophyll a und Phycobiline) dar. Nach diesen Vorstellungen sind die ebenfalls Phycobiline besitzenden Cryptophyta die stammesgeschichtlich älteste Eukaryonten-Gruppe, und die Rhodophyta sind als sekundär geißellose Vertreter von ihnen abzuleiten. Teilweise werden auch die Rhodophyta als stammesgeschichtlich ältere Gruppe betrachtet und die Cryptophyta an sie angeschlossen. Cyanophyta und Rhodophyta besitzen identische Phycobiline (C-Phycocyanin und Allo-Phycocyanin), während die Phycobiline der Cryptophyta stark abweichen.

Nach Raven (1970) kamen mindestens 3, wahrscheinlich aber sehr viel mehr, Cyanobionta-Gruppen (mit Chlorophyll a und Phycobiline; mit Chlorophyll a und b, ohne Phycobiline; mit Chlorophyll a und c, ohne Phycobiline) vor. Durch getrennte endosymbiontische Aufnahme dieser Prokaryonten-Gruppen entstanden die Crypto-Rhodophyta-Gruppe (mit a und Phycobiline), die Chlorophyta-Gruppe (mit a und b, ohne Phycobiline) und die Chrysophyta-Gruppe (mit a und c, ohne Phycobiline). Nach dieser Auffassung stellen die Eukaryonta eine polyphyletische Gruppe dar. Außerdem wird im Sinne der Endosymbiontenhypothese ein primär farbloser, eukaryontischer Flagellat als Ausgangsstufe (Wirtszelle) angenommen. Bei einer polyphyletischen Entstehung von Eukaryonten-Gruppen müßte man aber für wichtige Eukaryonten-Organellen (z. B. Pyrenoide) eine polyphyletische Entstehung annehmen. Daher plädiert Lee (1972) wieder für eine monophyletische Entstehung der Eukaryonta. Nach Lee nehmen primär farblose Cryptophyceen (sie entsprechen dem Amoeboflagellat der Endosymbiontenhypothese) Cyanophyceen endosymbiontisch zunächst als Cyanellen (Modell z. B. *Cyanophora*) auf. Die Cyanellen wandeln sich in Plastiden um, und eine erste Evolutionsrichtung führt zu der „Chlorophyta-Gruppe“ mit Eugleno-, Prasino- und Chlorophyta. Die Phycobiline gehen dann verloren und Chlorophyll b wird hinzugefügt. Primär sind die Vertreter noch ohne Zellwand. Eine zweite Linie führt zu der „Chromophyta-Gruppe“ unter Neuerwerb von Chlorophyll c (Cryptophyta besitzen aber bereits Chlorophyll c). Ein Seitenzweig führt von gefärbten Cryptophyta zu den Rhodophyta, welche sekundär Geißeln und Chlorophyll c verloren haben und eine Zellwand ausbilden.

Als Beispiele für eine endosymbiontische Aufnahme von Cyanophyceen werden von Vertretern der Endosymbiontenhypothese gerne *Cyanophora* sowie Vertreter der „Glaucophyta“ herangezogen. Bei *Cyanophora* handelt es sich um einen farblosen Vertreter der Colponemaria mit endosymbiontischen, noch mit einer schwach ausgebildeten Zellwand versehenen Cyanophyceen, die zu den Chroococcales (Cyanophyceae) gehören. Der Endosymbiont (Cyanelle) weist typische Cyanophyceen-Merkmale (Prokaryonten-Merkmale) wie Besitz von Murein, von Polyphosphatgranula und eines Kernäquivalents auf.

Ursprünglich wurden die Cyanophyceen von den Wirten phagocytär als Nahrung aufgenommen und verdaut. Colponemaria zeigen auch heute noch phagotrophe Nahrungsaufnahme. Im Gegensatz zu anderen Wirten weist *Cyanophora* nur eine einzige Cyanelle auf. Im Verlauf der Evolution hat offensichtlich ein Adaptionsprozeß zu dieser Symbiose geführt.

Bei Wirten mit zahlreichen Cyanellen (z.B. *Gloeochaete* und *Glaucocystis*) konnte beobachtet werden, daß sich viele Cyanellen in Auflösung befanden und vom Wirt verdaut wurden. Die symbiontische Bindung kann also noch relativ locker sein oder ganz fehlen. In anderen Fällen (bei dem Cryptophyten-Wirt *Peliaina*) wurde festgestellt, daß bei der Teilung der Wirtszelle auch cyanellenlose Tochterzellen gebildet werden können. Auch hier ein Hinweis für ein sehr lockeres Symbiose-Verhältnis. Von Skuja wurden die Wirte mit endosymbiontischen Cyanophyceen in der gemeinsamen Kategorie der „Glaucophyta" zusammengefaßt. Hier liegt eine hochgradig polyphyletische Gruppierung vor, da die Wirtsindividuen zu so unterschiedlichen Gruppen wie Cryptophyta, Chlorophyta und Chrysophyta zählen. *Cyanophora* wurde von Skuja nicht in die Gruppe der „Glaucophyta" eingereiht, obwohl auch hier endosymbiontische Cyanophyceen vorhanden sind. Es liegen ähnliche Verhältnisse wie bei den Flechten vor. Die Wirte stellen in beiden Fällen die Basis-Art dar und sind bei ihren Kategorien (z.B. Flechten bei ihrer Pilzgruppe) einzuordnen, und die Symbionten bleiben sekundär aufgenommene Symbionten. Die Cyanellen der „Glaucophyta" sind bei ihren Cyanophyceen-Kategorien einzuordnen. Die Cyanellen von *Paulinella* (Filosa) gehören zu der sonst freilebenden Cyanophyceen-Gattung *Synechococcus* und müssen daher auch in diese Gattung eingereiht werden.

Bis vor kurzem nahm man an, daß die endosymbiontischen Cyanophyceen keine Zellwand mehr besitzen und quasi schon als Plastiden fungieren würden. Inzwischen hat man aber bei allen Vertretern, mit *Glaucosphaera* als Ausnahme, Zellwände festgestellt. Es liegt eine reduzierte Cyanophyceen-Zellwand vor, welche nur noch aus der basal liegenden, etwa 8–10 nm dicken, sich aus Murein zusammensetzenden L II-Schicht besteht. Es bedarf noch der Klärung, ob man bei einem Zellwand-Besitz der Cyanelle, wirklich von einer Symbiose sprechen kann. Es wäre zu überprüfen, ob Photosyntheseprodukte des Endosymbionten durch die Zellwand in das Cytoplasma des Wirtes gelangen können. Nur dann würde ja ein echtes Symbiose-Verhältnis vorliegen. Wenn man die Gegebenheiten bei *Gloeochaete* und *Glaucocystis* berücksichtigt, ist es nicht von der Hand zu weisen, daß vielleicht nur ein einfacher durch die Zellwand bestimmter Abkapselungsprozeß vorliegt. Bei diesen beiden Gattungen zeigen die Cyanellen alle Phasen des Abbaues, einschließlich des Zellwandabbaues, bis sie schließlich vom Wirt verdaut werden. Für diese Hypothese sprechen auch die Ergebnisse von *Glaucocystis*-Zuchten, bei denen der Tod von Cyanellen innerhalb der Wirtszelle beobachtet wurde.

Vertreter der Endosymbiontenhypothese führen gerne Fälle mit endosymbiontischen Cyanellen als Modelle für die Umwandlung endosymbiontischer Cyanophyceen in Plastiden an. In Wirklichkeit stellen sie keineswegs gute Modelle für diese Umwandlung dar. „Glaucophyten" kommen in der Natur nur sehr selten vor. Einige Arten sind nur 1–2 mal gefunden worden und auch dort, wo sie vorkommen, sind sie nie häufig. Sie sind den gut adaptierten, mit Plastiden versehenen Algengruppen deutlich unterlegen und von ihnen werden auch keine neuen ökologischen Nischen besiedelt. Man hat mehr den Eindruck, daß hier ein wenig erfolgreicher Versuch unternommen wird, die viel erfolgreichere autogene Entstehung der Plastiden zu kopieren.

Es bleibt natürlich unbestritten, daß Cyanophyceen von ganz unterschiedlichen Wirten als Endosymbionten aufgenommen werden können. Bei einer Reihe von Fällen ist die Symbiose-Natur fraglich, in anderen Fällen ist sie offensichtlich. Der „niedere Pilz" *Geosiphon* bildet z.B. besondere, etwa 1 mm große blasenförmige Zellen aus, in denen sich endosymbiontisch lebende *Nostoc*-Individuen (Cyanophycee) befinden. Beide Partner kann man getrennt kultivieren; *Nostoc*-Individuen findet man auch in der freien Natur.

Cyanophyceen kommen in zahlreichen, sehr unterschiedlichen Pflanzengruppen als Endosymbionten (Cyanellen) vor. Sie leben in Symbiose mit gefärbten Vertretern (Flechten, Lebermoose, Wasserfarne wie z.B. *Azolla* und Cycadeen (*Cycas*), ebenso mit ungefärbten Vertretern („niederer Pilz" *Geosiphon*); Cryptophyta (*Peliaina*, *Cryptella*); Colponemaria (*Cyanophora*); Chlorophyta (*Gloeochaete*, *Cyanoptyche* und sehr wahrscheinlich auch *Glaucocystis*. *Glaucocystis* entspricht der kokkalen Chlorophycee *Oocystis*); Chrysophyta, Filosa (*Paulinella*). Dazu kommen noch weitere Syncyanosen (z.B. *Glaucosphaera*) mit noch nicht identifizierten farblosen Wirten.

Auch diese breite Streuung spricht mehr für normale Symbiose-Fälle und nicht für Modelle der symbiontischen Plastidenentstehung.

Oberreich Contophora

(Taf. 34)

Mit den Reichen **Chlorobionta, Flagelloopalinida, Euglenophytobionta, Eumycota, Dinophytobionta, Cryptophytobionta, Colponemata, Chloromonadophytobionta** und **Chromophytobionta.** Das Oberreich Cormobionta hat sich aus dem Chlorobionta-, und das Oberreich Animalia (Metazoa) aus dem Chromophytobionta-Reich (Choanobionta) entwickelt.

Vom sekundären, begeißelten Ureukaryonten abzuleiten. Primär mit 9 + 2 Microtubuli-Geißeln. Primär einzellig, sekundär mehrzellige Vertreter. Primär mit Periplast, sekundär bei vielen Teilgruppen Zellwandausbildung. Primär gefärbt (mit Chromatophoren), sekundär in fast allen Teilgruppen farblose Vertreter. Primär mit 2 Geißeln, sekundär vier- oder auch höhergeißlig. Häufig auch nur noch sekundär eingeißlig oder Geißeln sekundär ganz fehlend (amöboide Vertreter). Primär marine Vertreter, sekundär im Brack- und Süßwasser, tertiär Landbewohner.

Mit 3 Hauptevolutionslinien: Cormobionta (Sproßpflanzen: Moose, Farne, Samenpflanzen), Eumycota („höhere Pilze") , Animalia (mehrzellige Tiere).

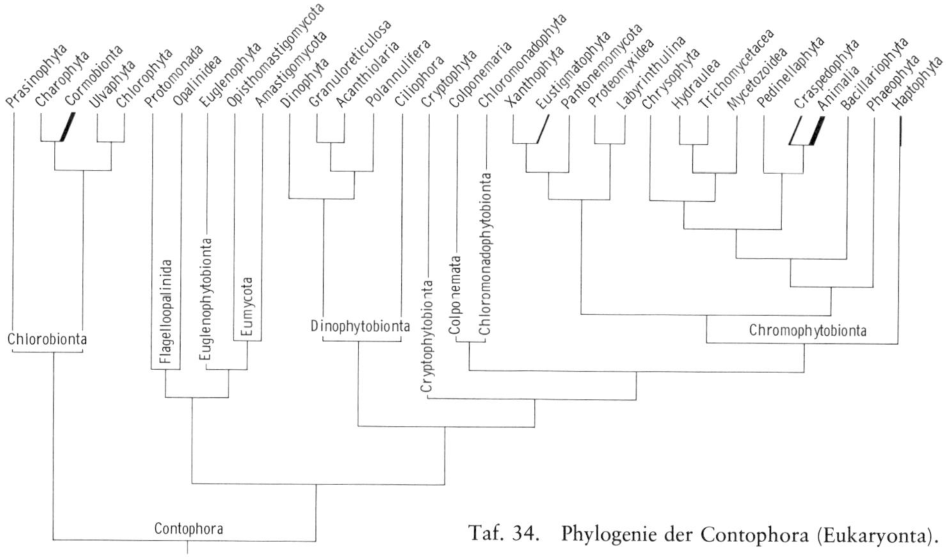

Taf. 34. Phylogenie der Contophora (Eukaryonta).

Reich Chlorobionta

Mit den Stämmen Prasinophyta, Charophyta, Ulvaphyta, Chlorophyta, sowie dem durch enorm hohe Evolutionsgeschwindigkeit von Charophyta abzuleitenden Oberreich der Cormobionta (Sproßpflanzen: Moose, Farne, Samenpflanzen).

Primär einzellig, asymmetrisch. Primär mit Periplast, sekundär mit Zellwand. Übergangsregion der Geißel mit Sternkörper. Primär Körper mit nichtmineralisierten Schuppen bedeckt. Mit Chlorophyll a und b. Mitochondrien vom primären Cristae-Typ. Golgi-Körper mit Dictyosomen.

Primär gefärbte Vertreter. Die Tendenz zum Abbau der Chromatophoren ist innerhalb der Chlorobionta nur sehr gering. Es liegt ein typischer Trend zu einer „pflanzlichen" Lebensweise vor. Dieser Trend führt über die Charophyta zur Ausbildung eines eigenen Oberreiches, des Oberreiches der Cormobionta.

Stamm Prasinophyta

(Taf. 35)

Mit den Klassen der Prasinophyceae, Loxophyceae und Pocillophyceae.

Klasse Prasinophyceae

(Taf. 35:1–4)

Primär monadoide Vertreter (Flagellatenstadium), sekundär auch kapsale (Prasinocladales) und kokkale (Halosphaerales) Vertreter. Stets einzellige Vertreter, welche aber auch durch Gallertstiele (Prasinocladales) miteinander verbunden sein können. Die Zoosporen der Prasinocladales und Halosphaerales entsprechen der primären, monadoiden Form (Pyramimonadales). Gestalt noch nicht gefestigt (primitives Merkmal). Tendenz zur Zellverdoppelung und auch zur Zellhalbierung (dadurch Entstehen der kleinsten Eukaryonten-Zelle, „Halbzelle" bei *Micromonas*). Auch Geißelzahl zum Teil noch schwankend.

Primär mit Periplast (Pyramimonadales), sekundär mit einer besonderen, aus Polysacchariden bestehenden Zellwand. Zellwand ohne Zellulose, mit Ca-Galakturonat. Die Körperoberfläche zum Teil nackt, meist aber wird sie von einer bis mehreren Schichten nichtmineralisierter, winziger Schuppen von charakteristischer Form und Feinstruktur bedeckt. Die Schuppen sind etwa 0,05 μm groß, besitzen einen polygonalen Umriß, konzentrische Skulpturierung und entstehen in den Zisternen des Golgi-Apparates. Sie werden zunächst in einem Schuppenreservoir gespeichert.

Primär asymmetrische Vertreter, sekundär fast radiärsymmetrisch. Eiförmige bis rundliche, häufig stark abgeplattete Körpergestalt, mit 4 Längskanten bei Pyramimonadales.

Mit primärer Schlundbildung (primitives Merkmal) am apikalen Pol (Chlorophyta ohne Schlundbildung). Primär asymmetrische Vertreter mit 2 Geißeln (z. B. *Heteromastix, Nephroselmis*), sekundär asymmetrische Vertreter mit nur einer Geißel (z. B. *Micromonas*), oder es ist noch die 2. Geißelbasis vorhanden (*Monomastix*). Sekundär auch viergeißlige Vertreter (*Pyramimonas* sowie Zoosporen von *Prasinocladus* und *Halosphaera*) sowie auch sechs- und achtgeißlige Vertreter. *Pyramimonas* ist sekundär auch fast radiärsymmetrisch mit vorn, mitten (nicht lateral) gelegenen Geißeln. Ableitung der Chloro- und Charophyta aus diesem fast radiärsymmetrischen Bereich der Prasinophyta.

Geißeln schwach heterokont bis isokont und heterodynamisch. Die Zahl der Geißeln schwankt zum Teil noch bei einzelnen Arten. Bei *Pyramimonas* z. B. treten auch ein- oder zweigeißlige Individuen auf, während man bei *Micromonas* auch Individuen mit 2,3 oder auch 4 Geißeln feststellen kann. Die Geißeln inserieren an der Basis des apikal gelegenen Schlundes. Geißel zweireihig mit kurzen Härchen (wohl umgewandelte Schuppen, Schuppenhaare), welche eine charakteristische Zickzackstruktur aufweisen. Die Härchen entsprechen nicht Flimmerhaaren (Mastigonemen). Die Oberfläche der Geißeln ist mit 1–2 Schichten organischer, nichtmineralisierter Schuppen bedeckt. Untere Lage mit sehr kleinen Schuppen, obere Lage mit etwas größeren Schuppen, die deutlich in 9 Längsreihen angeordnet sind. Obere Schuppen rundlich-viereckig bis sternförmig. Geißeln stets mit feinen Haaren und Schuppen bedeckt, einerlei ob zwei-, ein- oder viergeißlige Vertreter.

Übergangsregion der Geißel mit charakteristischem Sternkörper der Chlorobionta. Die Geißelwurzel besteht aus 4 Microtubuli-Bändern, die paarweise angeordnet sind. Das eine Paar ist nach vorne gerichtet und endet im Schlundbereich, das andere ist nach hinten zum Kern hingerichtet. Die hinteren Bänder fibrös und quergestreift, sie können sich auch verzweigen. Zahl der Microtubuli in den Bändern: x–2–x–2 (x = 3–8 Microtubuli). Sekundär kann die Zahl der Microtubuli-Bänder auch auf 2 reduziert sein. Ohne MLS („multilayered structure"), die für Charophyta sowie für die von den Charophyta abzuleitenden Cormobionta charakteristisch ist. Bei *Pyramimonas* liegt zwischen den Geißelwurzeln ein langgestrecktes Peroxysom.

Die feinen Geißelhaare werden, wie auch die Schuppen, im Golgi-Apparat gebildet. Primär mit einem Chromatophor (Pyramimonadales), sekundär mit vielen Chromatophoren (Halosphaerales). Chromatophor grün gefärbt, mit basalem Pyrenoid. Cytoplasma durchzieht Pyrenoid. Chromatophor nur mit eigener Doppelmembran. Die Thylakoide sind zu 2–4 in Stapeln angeordnet. Ohne Gürtellamelle und ohne Kernanbindung. Ohne sekundär farblose Vertreter.

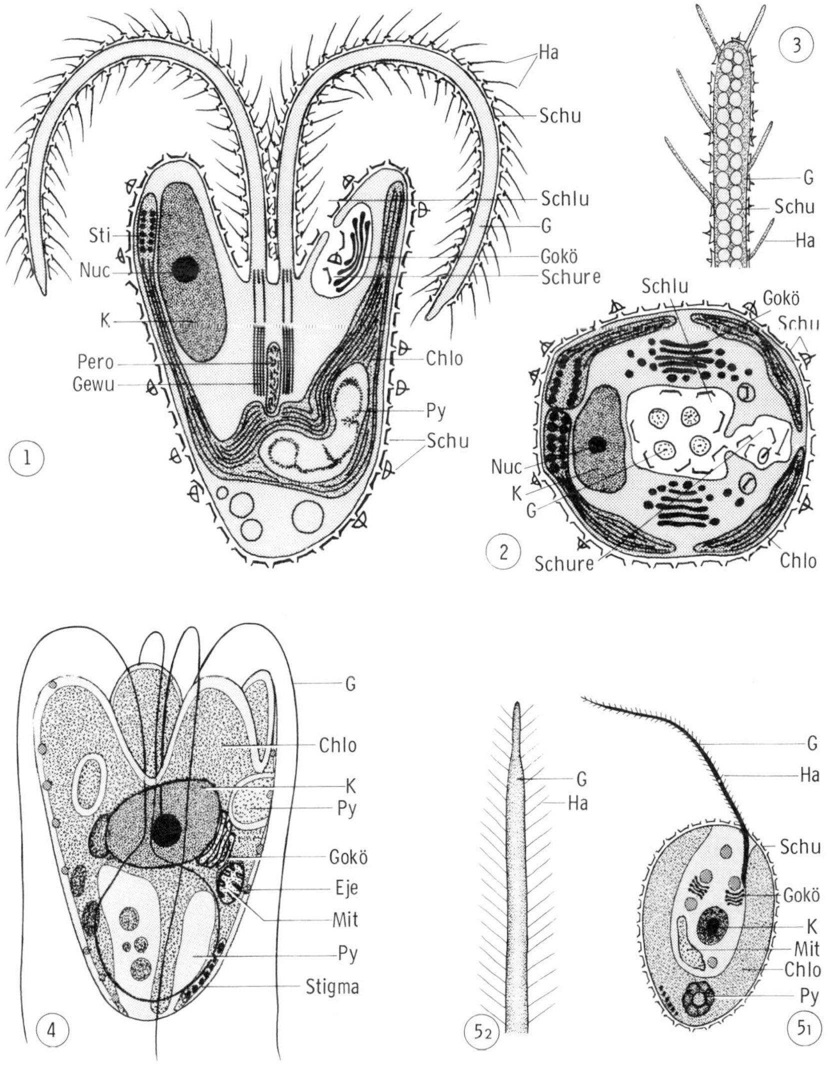

Taf. 35. Chlorobionta: Prasinophyta. – Abb. 1. *Pyramimonas orientalis*, Längsschnitt. Von den 4 Geißeln sind nur zwei dargestellt (nach MOESTRUP & THOMSEN). Abb. 2. *Pyramimonas orientalis*, Querschnitt (nach MOESTRUP & THOMSEN). Abb. 3. *Pyramimonas*, Geißelendteil vergrößert (nach SLEIGH). Abb. 4. *Halosphaera viridis*, Schwärmer (nach PARKE & ADAMS). Abb. 5. *Pedinomonas minor:* 5/1. Längsschnitt (nach FOTT & ERTL; PIKKETT-HEAPS & OTT); 5/2. vergrößerter Endabschnitt der Geißel (nach SLEIGH). Abkürzungen: Chlo = Chloroplast, Eje = Ejektisom, G = Geißel, Gewu = Geißelwurzel, Gokö = Golgikörper, Ha = Haare (Geißelhaare), K = Kern, Mit = Mitochondrium, Nuc = Nucleolus, Pero = Peroxysom, Py = Pyrenoid, Schlu = Schlund, Schu = Schuppen, Schure = Schuppenreservoir, Sti = Stigma.

Mit Chlorophyll a und b. Mit β-Carotin und in geringer Menge auch α-Carotin. Hauptxanthophyll ist Lutein (kommt auch bei Chloro- und Charophyta als wichtiges Xanthophyll vor), daneben treten noch Antheraxanthin, Micronon (kommt nur bei Prasinophyta vor), Neoxanthin, Siphonein, Siphonoxanthin, Violaxanthin und Zeaxanthin auf. Reservestoff ist Stärke, ein α-1:4 Polyglykan. Stärkeablagerung im Chromatophor (Ausnahme Pocillophyceae). Bei *Tetraselmis* wurde Mannitol als akzessorische Reservesubstanz festgestellt. Chromatophor im vorderen Bereich mit Stigma. Keine Assoziation mit Geißel. Dicht bei der Geißelbasis befinden sich einige Golgi-Apparate. Meist mit einem, sehr langen Mitochondrium (primärer Cristae-Typ). Zum Teil mit Ejektisomen (*Pyramimonas*), welche den Ejektisomen der Cryptophyta entsprechen. Mitose: Spindel offen, mit persistierender interzonaler Spindel. Ohne Phycoplast.

Fortpflanzung: Ungeschlechtlich durch Längsteilung. Geschlechtliche Fortpflanzung durch Kopulation von Isogameten. Die Zygote bleibt beweglich, wandelt sich in eine Dauerspore um, aus welcher 4 haploide Zoosporen (Schwärmer) entstehen. Haplonten.

Lebensweise: Vorwiegend marine Vertreter, wenige Arten auch im Süßwasser.

Ordnung Pyramimonadales (Prasinomonadida)

Primär flagellate Vertreter mit Periplast. Primär mit 2 isokonten oder leicht heterokonten Geißeln (heterokont bei *Heteromastix, Nephroselmis*). Sekundär mit einer Geißel und 2. Geißelbasis (*Monomastix*); mit nur einer Geißel (*Micromonas*) oder sekundär auch mit 4 Geißeln (*Pyramimonas* (Taf. 35:1–3), *Tetraselmis*). Primär asymmetrisch, sekundär fast radiärsymmetrisch (*Pyramimonas*). *Prasinomonas, Mesostigma*.

Ordnung Prasinocladales

Sekundär unbewegliche, an Gallertstielen angeheftete Zellen, die noch die typische Primärstruktur aufweisen, aber keine Geißeln mehr besitzen. Zoosporen viergeißlig. *Prasinocladus* (marine Vertreter).

Ordnung Halosphaerales

Einzellige, sekundär kokkale Formen. Rundliche Zellform, mit vielen (sekundär) Chromatophoren. Mit Trichocysten. Mit 2 oder 4 Pyrenoiden. Mit einem Basalreservoir, welches durch einen Kanal nach außen mündet. Zoosporen viergeißlig, ähneln *Pyramimonas*. Ausbildung von Aplanosporen (in vegetativen, unbegeißelten Zellen) und von Ruhecysten. *Halosphaera* (Taf. 35:4) (marine Vertreter).

Klasse Loxophyceae

(Taf. 35:5)

Ausschließlich monadoide Vertreter, nur Flagellatenstadium vorhanden. Körper rundlich bis elliptisch, asymmetrisch und sehr stark abgeflacht. Nur Körperoberfläche mit Schuppen bedeckt, Geißel ohne Schuppen (Gegensatz zu Prasinophyceae). Zelle sehr klein („Halbzellentyp"), ist vom Prasinophyceae-Bereich abzuleiten. Die einzige Geißel inseriert lateral (pleurokont) in einer flachen Grube (umgewandelter Schlund) nahe dem vorderen Zellpol. Sie ist doppelt so lang wie der Zellkörper und in der Ruhelage über das vordere Zellenende hinweg nach hinten gebogen. Die Geißel schiebt (als Pulsellum wirkend) den um seine Achse rotierenden Zellkörper vor sich her. Diese „opisthokonte" Betätigung der Geißel ähnelt sehr dem Schwimmverhalten der Chytridiomyceten-Schwärmer (Eumycota). Sekundär eingeißlige Vertreter, mit 2. Basalkörper. Die Geißel verschmälert sich an ihrem Ende und läuft in eine dünnere Spitze aus. Sie ist entweder ganz mit extrem zarten, kurzen Härchen (keine Flimmerhaare) bedeckt wie bei *Pedinomonas tuberculata*, oder die Härchen sind in zwei Reihen angeordnet wie bei *P. minor*. Geißel ohne Schuppen. Übergangsregion mit Sternkörper. Geißelwurzel mit 4 Microtubuli-Bändern (*Pedinomonas*) oder auf zwei Bänder reduziert (*Mantoniella*). Ohne MLS.

Nur gefärbte Vertreter mit einem einzigen, schalenförmigen, gelbgrünen Chromatophor. Chromatophor nur mit eigener Doppelmembran. Mit Chlorophyll a und b. Mit β-Carotin, in geringer Menge auch α-Carotin und γ-Carotin. Hauptxanthophyll ist Lutein, daneben kommen noch Antheraxanthin,

Neoxanthin, Violaxanthin und Zeaxanthin vor. Das bei den Prasinophyceae vorhandene Micronon fehlt (fehlt auch bei Chlorophyta). Reserveprodukt ist eine nicht näher bezeichnete Stärke (α-1:4 Polyglykan). Ein einziger, von einer Stärkehülle umgebener Pyrenoid. Stigma innerhalb des Chromatophors. Mit nur einem Mitochondrium (Cristae-Typ) und einer einzigen pulsierenden Vakuole. Mitose gegenüber Prasinophyceae abweichend: Spindel bei Loxophyceae völlig geschlossen, und mit persistierender interzonaler Spindel während der Telophase. Ohne Phycoplast.

Fortpflanzung: Ungeschlechtlich durch Zweiteilung. Geschlechtliche Fortpflanzung durch Kopulation isogametischer Schwärmer. Haplonten.

Lebensweise: Süßwasservertreter in Kleingewässern.

Ordnung Pedinomonadales

Einzige Ordnung mit den Merkmalen der Klasse. *Pedinomonas* (Taf. 35:5) (Süßwasservertreter), *Mantoniella*.

Loxophyceae sind eine stammesgeschichtlich jüngere Gruppe und aus dem Prasinophyceae-Komplex abzuleiten. *Pedinomonas* zeigt deutlich einen Halbzellen-Typ, der von einer *Pyramimonas*-Form abgeleitet werden kann.

Klasse Pocillophyceae

Diese sehr umstrittene Klasse enthält nur die einzige Art *Pocillomonas flos-aquae*. Sie wurde bisher nur ein einziges Mal durch den Entdecker (STEINECKE) gefunden, zum Teil wird die Existenz der Art (z. B. von BOURRELLY) angezweifelt. Die Art entspricht dem „pyramidalen“ Typ, den wir bei den Prasinophyceae (z. B. *Pyramimonas*) antreffen, aber die Stärke soll, im Gegensatz zu den Prasinopyhceae, außerhalb des Chromatophors gelagert werden. Mit großer Schlundbildung am apikalen Pol. Mit 6 oder 8 Geißeln, die am Grunde des Schlundes inseriert sind. Süßwasservertreter.

Die Existenz von *P. flos-aquae*, wäre von großer phylogenetischer Bedeutung, da die Stärke bei Crypto-, Dino- und Euglenophyta außerhalb des Chromatophors (wie bei *P. flos-aquae*) gelagert wird. Auch die Reserveprodukte der Chromobionta werden außerhalb des Chromatophors gelagert. Die Ableitung der Eugleno-, Crypto- und Dinophyta könnte daher eher aus dem Pocillophyceae-Bereich erfolgen. Man muß aber dabei beachten, daß Prasinophyceae und Pocillophyceae nahe verwandte Gruppen darstellen. Da die Loxophyceae eventuell auch extraplastide Stärke aufweisen, würden sie näher an die Pocillophyceae heranrücken.

Phylogenie der Prasinophyta

Sie stellen die stammesgeschichtlich ältesten Contophora dar. Wir müssen annehmen, daß Chlorophyll b von ihnen (unabhängig von den Prochlorophyta) neu erworben worden ist. Sie besitzen eine primäre Asymmetrie, welche zum Teil von einer sekundären Radiärsymmetrie abgelöst wird. An Primitivmerkmalen weisen sie z. B. Schlundbildung, Schleimkörper und Ejectisomen auf, welche in ähnlicher oder abgewandelter Form auch bei anderen stammesgeschichtlich alten Gruppen, wie Euglenophytobionta, Cryptophytobionta und Dinophytobionta auftreten. Die Begeißelung ist primär isokont, sekundär auch leicht heterokont, aber nie so stark wie bei den heterokonten Vertretern anderer Gruppen. Die für Contophora charakteristische primäre Zweigeißligkeit ist bei der Basisgruppe der Prasinophyta noch nicht voll fixiert. Das zeigt das Auftreten von viergeißligen neben zweigeißligen Vertretern. Innerhalb einer Art kann sogar noch die Begeißlung wechseln. So treten z. B. bei *Pyramimonas* neben den normal viergeißligen Individuen auch Exemplare mit 2 Geißeln und mit auch nur einer einzigen Geißel auf. Der Besitz einer einzigen Geißel (z. B. *Micromonas, Pedinomonas*) ist aber stets sekundär und vom zweigeißligen Zustand abzuleiten. Fast stets ist in diesen Fällen noch eine 2. Geißelbasis oder ein 2. Basalkörper vorhanden. Auch die Beschuppung des Körpers und der Geißeln ist als ein stammesgeschichtlich altes Merkmal zu werten. Innerhalb der Chlorobionta sind sowohl die Charophyta als auch die Ulvaphyta und Chlorophyta aus dem Prasinophyta-Bereich abzuleiten. Das Vorkommen von Lutein zeigt die Ableitung der Chlorobionta aus dem Aconta-Bereich an. Lutein kommt außerhalb der Chlorobionta nur bei Aconta vor. Der Besitz von Micronon stellt eine Autapomorphie der Prasinophyta dar. Prasinophyta (und damit die Contophora) sind primär zellwandlos und mit einem Periplast versehen. Die Schuppenbildung bei den Prasinophyta ist als Vorläufer einer Zellwandausbildung zu betrachten. Die Geißeln der Contophora sind primär isokont und mit sehr feinen Haaren (keine mehrteiligen Flimmerhaare) versehen. Primär ist offensichtlich nur ein einziges Mitochondrium vom Cristae-Typ vorhanden. Die Innengestaltung von Mitochondrien (Cristae- oder Tubuli-Typ) kann gut zu phylogenetischen Folgerungen herangezogen werden, da eine weitgehende Übereinstimmung mit Daten besteht, die man aus dem Vergleich anderer Merkmale gewinnt. Diese Aussagekraft wird auch dadurch nicht eingeschränkt, daß in einigen Fällen beide Cristae-Typen nebeneinander vorkommen oder sogar eine Umwandlung erfolgt.

Wir treffen den primären Cristae-Typ bei Rhodocyanobionta, Erythrobionta, bei Chlorobionta, Euglenophytobionta, stammesgeschichtlich alten Vertretern der Flagelloopalinida, Eumycota und Cryptophytobionta an. Die stammesgeschichtlich jüngeren Dinophytobionta, Colponemata, Chloromonadophytobionta und Chromophytobionta zeigen dagegen den Tubuli-Typ.

Die apikale Schlundbildung bei Prasinophyta ist als ein Vorläufer ähnlicher Bildungen bei Eugleno-, Crypto-, Chloromonadophytobionta und Dinophytobionta sowie Colponemata zu betrachten. Schon bei den Prasinophyta ist eine Tendenz zur Dorsoventralität festzustellen (ausgehend von der primären Asymmetrie), wie wir sie später noch ausgeprägter bei Crypto- und Dinophytobionta, nicht aber innerhalb der Chlorobionta bei Charo- und Chlorophyta antreffen.

Stamm Charophyta

(Taf. 36:1, 2)

Mit der einzigen Klasse Charophyceae.

Einzellige Vertreter, die aus zwei gleichen Hälften aufgebaut sind (Zygnematales) oder vielzellige Vertreter. Einfache, vielzellige, nicht verzweigte Fäden (Klebsormidiales, Zygnematales); einfache, vielzellige, verzweigte Fäden (Coleochaetales); kriechende, kombiniert mit aufrecht stehenden, vielzelligen Fäden (Trentepohliales); oder mit vielzelligem, aufrecht wachsendem, makroskopischen Thallus, der einige Dezimeter hoch werden kann (Charales). Der Thallus ist bei den Charales in charakteristische Knoten (Nodien) und Stengelglieder (Internodien) unterteilt, die sich regelmäßig abwechseln. Jeder Knoten besitzt einen Kranz von Seitenzweigen. Charales mit charakteristischen Fortpflanzungsorganen (Oogonien und Antheridien). Oogonium eirund und auf einem Seitenzweig wachsend. Das kugelförmige Antheridium mit vielzelligen, spermatogenen Fäden. Aus jeder Zelle dieser Fäden entsteht ein Spermatozoid (Gamet). Auch das Antheridium wächst auf einem Seitenzweig.

Chromatophor grün, nur mit eigener Doppelmembran. Ohne Kernanbindung. Thylakoide meist zu 2–6 gestapelt. Ohne Gürtellamelle. Mit Chlorophyll a und b. Mit β-Carotin, in geringer Menge auch γ-Carotin. Hauptxanthophyll ist Lutein, daneben kommen noch in geringer Menge Neoxanthin, Violaxanthin und Zeaxanthin vor. Reserveprodukt ist Stärke. Mit einer aus Zellulose bestehender Zellwand. Ohne Schlundbildung und ohne Augenfleck bei beweglichen Stadien. Mit Glycolat-Oxidase (Enzym).

Bewegliche Zellen (Zoosporen, Gameten) asymmetrisch, mit nicht mineralisierten, rhombusförmigen Schuppen auf dem Körper und auf den Geißeln. Die beiden Geißeln liegen lateral. Trentepohliales neben zwei-, auch mit viergeißligen Zoosporen. Neben den Schuppen treten auf den Geißeln auch feine

►

Taf. 36. Chlorobionta: Charophyta, Ulvaphyta, Chlorophyta. – Abb. 1 u. 2. Charophyta: 1. *Trentepohlia aurea*, mit Sporangien und Gametangium (nach FOTT); 2. *Trentepohlia*, Zoospore (nach STEWART & MATTOX). Abb. 3 u. 4. Ulvaphyta: 3. *Enteromorpha compressa* (nach FOTT); 4. Ulvaphyta, Schwärmer. Abb. 5–10. Chlorophyta: 5. *Platymonas suecica*, Längsschnitt (nach MANTON & PARKE); 6. *Platymonas suecica*, Geißel Längs- und Querschnitt sowie Geißelschuppen (nach MANTON & PARKE); 7. *Platymonas suecica*, Querschnitt, oberer Schlundbereich (nach MANTON & *Parke*); 8. *Chlamydomonas* (nach CHADEFEAUD); 9. *Polytoma uvella* (nach PASCHER); 10. *Haematococcus pluvialis* (nach BENESOVA). Abkürzungen: Blp = Blepharoplast (= Basalkörper), Chlo =

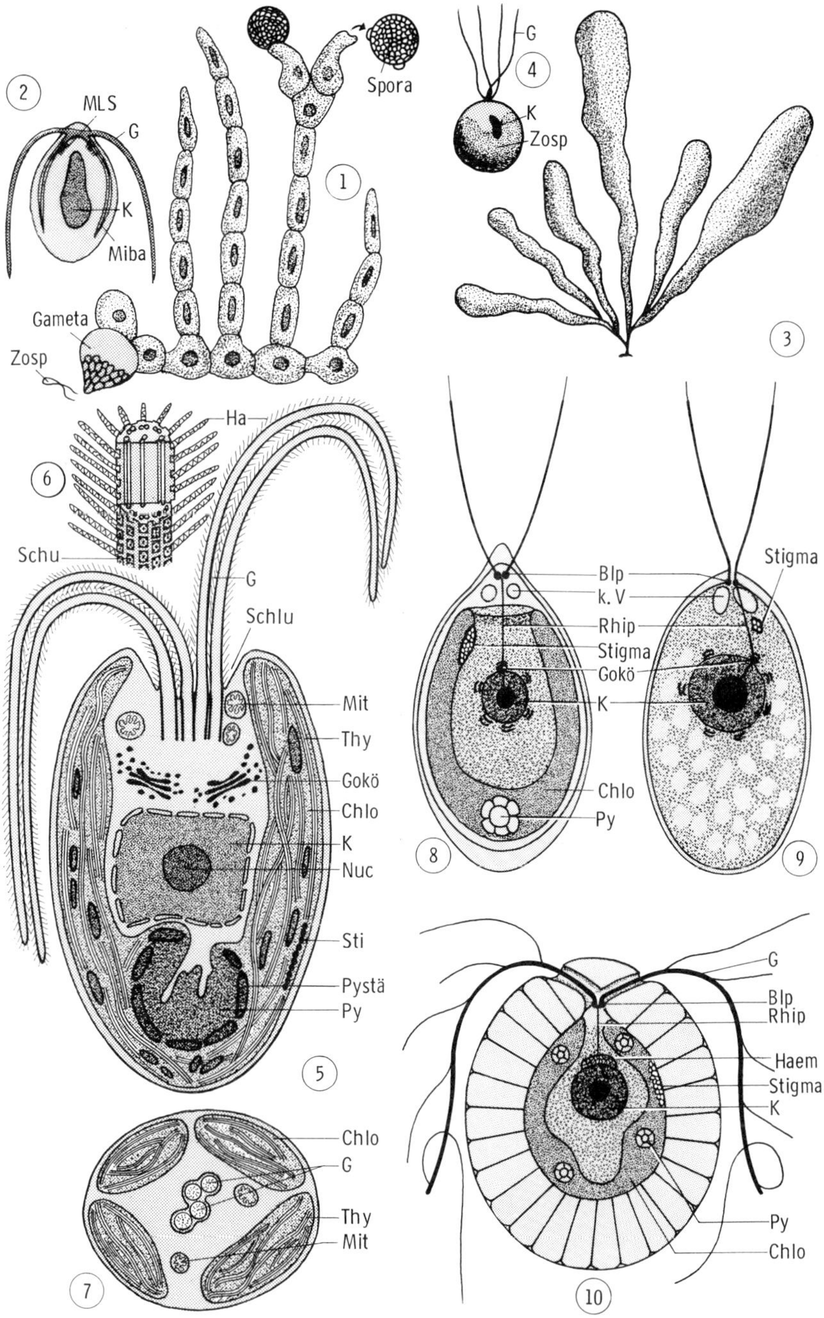

Chloroplast, Gameta = Gametangium, G = Geißel, Gokö = Golgikörper, Ha = Haare (Geißelhaare), Haem = Haematochrom, K = Kern, k. V. = kontraktile Vakuole, Miba = Microtubuli-Band, Mit = Mitochondrium, MLS = „multilayered structure“, Nuc = Nukleolus, Py = Pyrenoid, Py = Pyrenoidstärke, Rhip = Rhizoplast, Schlu = Schlund, Schu = Schuppen, Spora = Sporangium, Sti = Stigma, Thy = Thylakoide, Zosp = Zoospore.

Haare (Schuppenhaare) auf. Übergangsregion der Geißel mit charakteristischem Sternkörper. Geißelwurzel mit nur einem breiten Microtubuli-Band, Ausnahme Trentepohliales mit 2 Microtubuli-Bändern. Bänder ohne quergestreifte Komponente. Mit MLS, die sich am proximalen Ende des Microtubuli-Bandes befindet und sich aus 3–4 Schichten, darunter einer Microtubuli-Schicht, zusammensetzt. Mit offener Mitosespindel und persistierender interzonaler Spindel während der Cytokinese. In der Telophase entwickelt sich die Spindel zum Phragmoplasten. Keine Ausbildung eines Phycoplasten wie bei Chlorophyta.

Fortpflanzung: Ungeschlechtliche Fortpflanzung durch zweigeißlige Zoosporen. Geschlechtliche Fortpflanzung in Form einer Oogamie. Haplonten.

Lebensweise: Im marinen Bereich, im Brackwasser, sowie auch im Süßwasser. Auch mit terrestrischen Formen.

Klasse Charophyceae

Ordnung Trentepohliales

Thallus mit kriechenden und aufrecht stehenden Zellfäden. Fäden einreihig. Mit zwei-, zum Teil auch viergeißligen Zoosporen, die in Stielsporangien (Hakensporangien) entstehen. Die zweigeißligen Gameten entstehen in Kugelsporangien, die aus Zellen des kriechenden Fadens gebildet werden. Geschlechtliche Fortpflanzung durch Gametenkopulation. Zoosporen mit 2 Microtubuli-Bändern. Jedes Band mit MLS. Stammesgeschichtlich alte Gruppe, die aber schon sehr früh zu einer terrestrischen Lebensweise auf Felsen, Mauern und Baumstöcken übergegangen ist. *Trentepohlia* (Taf. 36:1–2).

Ordnung Klebsormidiales

Unverzweigte Fäden. Mit asymmetrischen Zoosporen, sekundär ohne Schuppen und ohne Stigma. Geschlechtliche Fortpflanzung unbekannt. *Klebsormidium*.

Ordnung Zygnematales

Viele einzellige Vertreter, daneben einfache, nicht verzweigte Fäden. Zylindrische Zellen mit porenloser Zellwand. Sekundär ohne begeißelte Stadien. Geschlechtliche Fortpflanzung durch Konjugation amöboid beweglicher Gameten. Vorwiegend in Süßgewässern, vereinzelt auch im Brackwasser. *Spirogyra, Zygnema, Closterium, Cosmarium*.

Ordnung Coleochaetales

Verzweigte Fäden, zum Teil polsterartig wachsend. Asymmetrische Zoosporen ohne Stigma. Geschlechtliche Fortpflanzung durch Oogamie. Auf submers lebenden Wasserpflanzen. *Coleochaete, Chaetosphaeridium*.

Ordnung Charales

Mit makroskopischem Thallus der in Knoten und Stengelglieder unterteilt ist. Mit apikalem Wachstum. Ohne Zoosporen. Oogamie mit Antheridien und Oogonien. Marin und im Süßwasser. *Chara, Nitella, Tolypella*.

Phylogenie der Charophyta

Sie sind aus dem Prasinophyta-Bereich abzuleiten. Die Vorfahren der Charophyta sind im *Pyramimonas*-Bereich (Stärke im Chromatophor; mit Phragmoplast) zu suchen. Gegenüber den Prasinophyta besitzen die beweglichen Charophyta-Stadien eine reduzierte Zahl von Microtubuli-Bändern im Geißelwurzelbereich. Bei den Trentepohliales treten noch zwei, bei allen anderen Charophyta dagegen nur noch ein einziges Microtubuli-Band auf. Die MLS (apomorphes Merkmal) der Charophyta stellt ein jeweils umgewandeltes Microtubuli-Band dar. Bei einer Ableitung aus dem *Pyramimonas*-Bereich wären bei den Trentepohliales die beiden nach vorne reichenden Microtubuli-Bänder der *Pyramimonas*-Gruppe in die beiden MLS umgewandelt. Alle anderen Charophyta besitzen nur ein einziges Microtubuli-Band mit MLS. Hier kann man annehmen, daß die Hauptgruppen der Charophyta durch

Halbierung (ein bei Prasinophyta häufiger Prozeß) aus einer *Pyramimonas*-ähnlichen Zelle entstanden sind. Auch wird das nach vorne ziehende Microtubuli-Band in die MLS umgewandelt. Die Entstehung der *Trentepohlia*-Gruppe könnte auch durch eine Verdoppelung dieses Stadiums gedeutet werden. Das Auftreten von viergeißligen Zoosporen spricht aber bei den Trentepohliales für ein stammesgeschichtlich sehr hohes Alter und nicht für eine Sekundär-Gruppe. Auch ist die laterale Lage der Geißeln (Geißeln bei *Pyramimonas*-Gruppe zentral liegend) bei den Trentepohliales noch nicht so stark ausgeprägt wie bei den übrigen Gruppen.

Als stammesgeschichtlich älteste Gruppe der Charophyta betrachten wir daher die Trentepohliales, parallel zu ihnen entstanden die übrigen Gruppen durch einen Halbierungsprozeß (entweder durch Halbierung aus dem *Pyramimonas*-Bereich oder Halbierung einer *Trentepohlia*-Zelle). Klebsormidiales und Coleochaetales sind die stammesgeschichtlich älteren Gruppen mit nur einem Microtubuli-Band und bestehen nur aus einfachen, vielzelligen Fäden. Die Zygnematales sind durch sekundären Geißelverlust der amöboid gewordenen Gameten von Klebsormidiales abzuleiten. Die stammesgeschichtlich jüngste Teilgruppe stellen die Charales dar, mit makroskopisch großem Thallus und apikalem Wachstum. Im Gegensatz zu den bisher herrschenden Anschauungen leiten sich die Bryophyta und Tracheophyta nicht von Chlorophyta (Modell *Fritschiella*), sondern von Charophyta ab. Die Bryophyta und niedere Tracheophyta besitzen wie die Charophyta asymmetrische, begeißelte Gameten, während bei den Chlorophyta symmetrische Formen auftreten. Nur die Charophyta besitzen eine MLS, die auch bei den Spermatozoiden der Moose und Farne vorhanden ist. Eine MLS kommt aber nur bei Charophyta und nicht bei den anderen Teilgruppen der Chlorobionta, einschließlich Chlorophyta, vor. Charophyta besitzen, wie auch die von ihnen abzuleitenden Bryophyta und Tracheophyta, im Bereich der Geißelwurzel nur ein einziges Microtubuli-Band. Die quergestreifte Komponente dieses Bandes fehlt gemeinsam bei diesen Gruppen. Charophyta, Bryophyta und Tracheophyta: Mitose mit offener Spindel und Cytokinese durch Phragmoplast und nicht durch Phycoplast wie bei Chlorophyta mit geschlossener Mitosespindel. Die Zahl der Microtubuli des einzigen Bandes wird sekundär stark erhöht. So weisen z.B. Bryophyten 10–15 Microtubuli und Cycadopsidea (*Zamia*) etwa 60000 Microtubuli auf. Schuppen treten bei den Charophyta noch auf (sie wurden von ihren Prasinophyta-Vorfahren übernommen), fehlen aber sekundär bei Bryophyta und Tracheophyta. Eine Ableitung der Bryophyta (und mit ihnen der Tracheophyta) könnte aus dem Coleochaetales-Bereich erfolgen. Falls die erste Zygotenteilung eine Äquationsteilung wäre, könnte auf diese Weise eine kleine, diploide Generation entstehen, die auf dem Gametophyten wachsen würde. Diese diploide Generation würde ungeschlechtlich Sporen erzeugen und könnte in etwa den Sporophyten der Ricciaceae (Bryophyta) entsprechen.

Alle „höheren Pflanzen", von den Bryophyta (Moose), Tracheophyta bis zu den Magnoliopsidea (Bedecktsamer) sind aus dem Charophyta-Bereich abzuleiten und, bedingt durch die hohe Evolutionsgeschwindigkeit, in einer gemeinsamen, hohen systematischen Kategorie (Oberreich Cormobionta) zusammenzufassen.

System der von Charophyta abzuleitenden „höheren Pflanzen" (Moose; Gefäßpflanzen: Farne und Samenpflanzen).

Oberreich Cormobionta mit den beiden Reichen der Bryophyta (Moose) und Tracheophyta (Gefäßpflanzen).

Reich Bryophyta mit den Stämmen Hepatica (Lebermoose), Antherocerota (Hornmoose) und Musci (Laubmoose).

Reich Tracheophyta mit den Stämmen Rhyniopsidea (Urfarne), Lycopsidea (Bärlappgewächse), Sphenopsidea (Schachtelhalmgewächse), Pteropsidea (Farne), Psilotopsidea (Spaltblattgewächse), Cycadopsidea (fiederblättrige Nacktsamer), Coniferopsidea (nadelblättrige Nacktsamer), Gnetopsidea (gnetumartige Gewächse), Magnoliopsidea (Bedecktsamer).

Stamm Magnoliopsidea mit den beiden Klassen der Magnoliatae (zweikeimblättrige Bedecktsamer) und Liliatae (einkeimblättrige Bedecktsamer).

Stamm Ulvaphyta

(Taf. 36:3–4)

Mit der einzigen Klasse der Ulvaphyceae.

Thallus verzweigt, zum Teil schlauchförmig (*Enteromorpha*). Stammesgeschichtlich jüngere Vertreter mit blattförmigem Habitus (*Ulva*) und mit einer Haftscheibe auf der Unterlage festgewachsen. Mit haploider Gametophyten- und diploider Sporophytengeneration (*Ulva*). Mit zwei- und viergeißligen Gameten (Taf. 36:4). Mit scheibenförmigem Chromatophor, welcher ein Pyrenoid oder auch mehrere Pyrenoide aufweist. Mit Chlorophyll a und b. Mitose: Spindel völlig geschlossen. Während der Telophase kollabiert die Spindel, und die Kerne bewegen sich schnell aufeinander zu, aber ohne Phycoplast-Ausbildung. Ulvaphyta ohne Phycoplast und ohne MLS, dadurch deutlich von Chlorophyta (mit Phycoplast) und Charophyta (mit MLS) getrennt. Bewegliche Stadien (Zoosporen) mit Augenfleck; Schuppen auf dem Körper, Geißeln aber unbeschuppt. Sekundär Schuppenverlust bei stammesgeschichtlich jüngeren Vertretern (*Enteromorpha, Ulva*). Die Geißelwurzel mit 4 Microtubuli-Bändern, die paarweise angeordnet sind. Hintere Bänder quergestreift. Zahl der Microtubuli in den Bändern: 4–2–4–2 (*Enteromorpha*).

Fortpflanzung: Ungeschlechtliche Fortpflanzung durch Zoosporen. Geschlechtliche Fortpflanzung: Isomorpher diplohaplonter Zyklus.

Klasse Ulvaphyceae

Ordnung: Ulvales

Mit den Merkmalen des Stammes. *Pseudendoclonium, Trichosarcina, Ulvopsis, Enteromorpha* (Taf. 36:3), *Ulva*.

Phylogenie der Ulvaphyta

Das Fehlen eines Phycoplasten führt zur Abtrennung dieser Gruppe von den Chlorophyta. Durch das Fehlen der MLS unterscheiden sie sich grundlegend von den Charophyta. Die Ableitung der Ulvaphyta erfolgt ebenfalls aus dem Prasinophyta-Bereich. Die Mitose und das Fehlen der Schuppen auf den Geißeln können auf eine Ableitung aus dem Loxophyceen-Komplex hindeuten. Das Auftreten von viergeißligen Gameten bei Ulvaphyta zeigt aber, daß die Ableitung schon zu einem sehr frühen Zeitpunkt, in einer Übergangsphase von Prasinophyceae zu Loxophyceae (diese mit verringerter Geißelzahl) erfolgt sein muß.

Stamm Chlorophyta

(Taf. 36–39)

Mit der Klasse der Chlorophyceae.

Primär monadoide, flagellate Vertreter, teilweise kolonienbildend (Platymonadales, Volvocales), sekundär kapsale (tetrasporale) Vertreter (Tetrasporales), kokkale Vertreter (Chlorococcales), trichale Vertreter (Microsporales, Cylindrocapsales) und thallöse Vertreter (Chaetophorales, Oedogoniales, Siphonales, Siphonocladales). Innerhalb der primär monadoiden Vertreter stellen die noch mit Schuppen versehenen Platymonadales die stammesgeschichtlich älteste Gruppe der Chlorophyta dar. Sie sind aus dem Prasinophyta-Bereich abzuleiten (aber bereits mit Phycoplast). Die Zellwandbildung erfolgt durch Umwandlung von Schuppen. Schwestergruppe der Platymonadales sind die Volvocales, welche bereits sekundär schuppenlos sind (wie alle nachfolgenden Gruppen der Chlorophyta), jedoch bei einigen Vertretern noch den primären Periplast (sekundär ohne Schuppenbesatz) beibehalten (Volvocales: Dunaliellaceae). Sekundär aber bereits Chlamydomonadaceae (Volvocales) mit relativ zerbrechlicher Zellwand. Die Zellwand besteht aus einer amorphen Matrix, in die feste, fibrilläre Teile eingebettet sind. Die fibrilläre Schicht besteht aus Mikrofibrillen, die meist aus Zellulose-Makromolekülen bestehen. Bei einigen stammesgeschichtlich jüngeren Vertretern (Siphonales, Dasycladales) scheinen die Mikrofibrillen aus Mannan oder aus Xylan zu bestehen. Der amorphe Teil der Zellwand besteht aus komplexen Polysacchariden. Neben den Polysacchariden können Chlorophyceen-Zellwände auch Eiweiß (Sporopollenin) enthalten. In wenigen Fällen kommt auch Chitin vor.

Primär Einzeller mit asymmetrischer, abgeplatteter Gestalt (Platymonadales). Körper und Geißeln (4 Geißeln) mit Schuppen bedeckt. Geißeln mit sehr feinen Härchen. Sekundär werden die Schuppen abgebaut. Die feine Behaarung der Geißeln bleibt zunächst noch bestehen (Volvocales: Chlamydomonadaceae), wird dann aber abgebaut, so daß glatte Peitschengeißeln entstehen. Die primäre Viererzahl

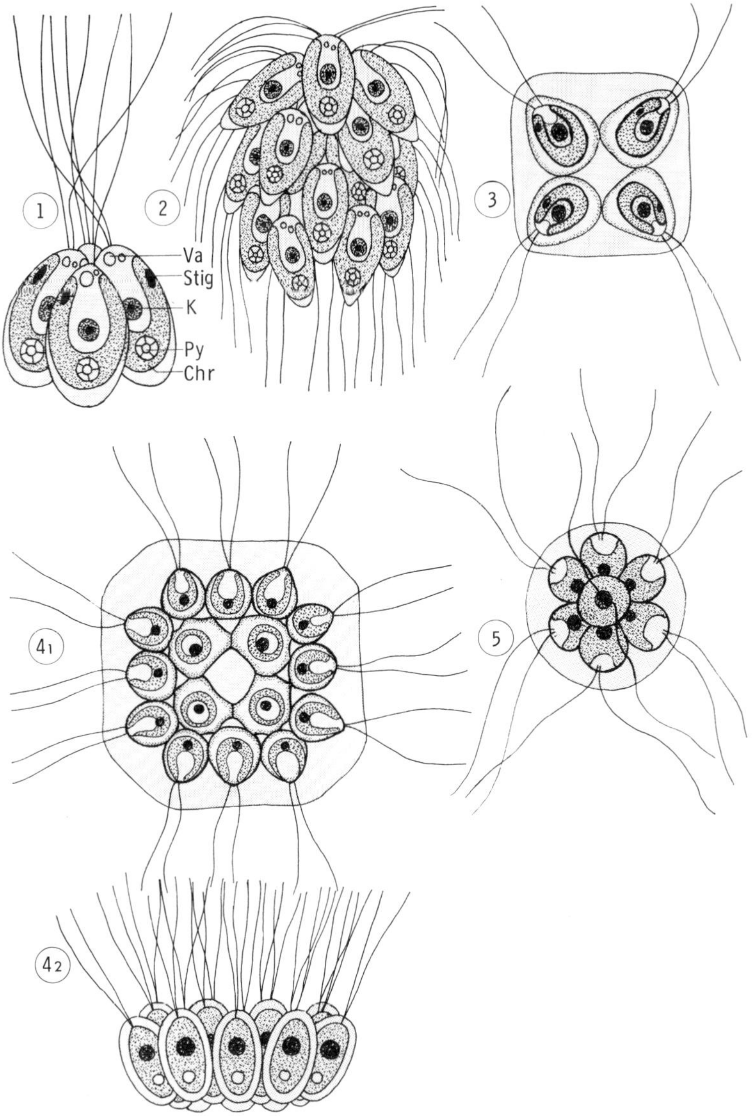

Taf. 37. Chlorobionta : Chlorophyta (Volvocales). – Abb. 1. *Pascherina tetras* (nach HUBER-PESTALOZZI). Abb. 2. *Spondylomorum quaternarium* (nach STEIN). Abb. 3. *Gonium sociale* (nach CHODAT). Abb. 4/1. *Gonium pectorale* (nach FOTT); 4/2. *Gonium pectorale*, Seitenansicht (nach STEIN). Abb. 5. *Pandorina morum* (nach FOTT). Abkürzungen: Chr = Chromatophor, K= Kern, Py = Pyrenoid, Stig = Stigma, Va = Vakuole.

der Geißeln (Platymonadales) wird von einigen Vertretern der stammesgeschichtlich nachfolgenden Volvocales (z. B. *Carteria, Tetrablepharis*) beibehalten, aber anschließend wird die Geißelzahl auf 2 fixiert. Die große Geißelzahl beweglicher Zellen der stammesgeschichtlich sehr jungen Oedogoniales ist sekundär. Die primäre Asymmetrie (von den Prasinophyta-Vorfahren herrührend) wird nur bei den Platymonadales beibehalten. Schon bei den Volvocales werden die einzelligen Formen elliptisch bis spindelförmig und weisen eine radiärsymmetrische Gestalt auf. Die Geißeln befinden sich nicht mehr in einer vorderen Grube, sondern entspringen von einer mitte apikal gelegenen Papille. Innerhalb der Volvocales (Volvocineae) ist ein starker Trend zur sekundären Kolonienbildung (platten- und kugelförmige Kolonien) festzustellen. Die isomorphen und isokonten Geißeln inserieren in einer Papillarregion des vorderen Zellpoles. In einigen Fällen können sich auf den Geißeln einzeln stehende dornartige Anhänge befinden (z. B. *Haematococcus, Chlorogonium, Carteria*), die aber nicht mit Flimmerhaaren (ebenso auch nicht die Härchen von *Chlamydomonas*) homologisiert werden können. Die Übergangsregion der Geißel mit Sternkörper aus V-förmig angeordneten Filamenten. Die Geißelwurzel weist im Normalfall 4 Microtubuli-Bänder auf, die paarweise angeordnet sind. Das nach hinten gerichtete Paar weist keine Querstreifung auf. Zahl der Microtubuli in den Bändern: x-2-x-2 (x = 3–8 Microtubuli). Sekundär kann sich die Zahl der Microtubuli-Bänder, entsprechend der sekundär vermehrten Geißelzahl (bei Oedogoniales) erhöhen.

Mit geschlossener Mitose-Spindel (offen bei Charophyta). Die interzonale Spindel bricht während der Telophase zusammen, verschwindet, und wird durch einen Phycoplast (Schlüsselmerkmal, Autapomorphie der Chlorophyta) ersetzt. Der Phycoplast stellt ein Microtubuli-System dar, welches zwischen den Tochterkernen in der Cytokinese-Ebene liegt. Ohne MLS (innerhalb der Chlorobionta nur bei Charophyta). Ohne Glycolat-Oxidase (dagegen bei Charophyta vorhanden).

Chromatophor grün gefärbt. Primär mit becherförmigem, die Zelle fast ganz ausfüllendem Chromatophor (z. B. Volvocales), sekundär mit wandständigem Chromatophor und sekundär auch mit vielen, wandständigen Chromatophoren. Von der großen Artenzahl der Chlorophyta (etwa 8500 Arten) sind nur etwa 70 Arten sekundär farblos.

Chromatophor mit eigener Doppelmembran, ohne zusätzliche Doppelmembran des endoplasmatischen Reticulums. Keine Kernanbindung. Thylakoide meist zu 2–6 gestapelt, manchmal auch noch mehr Thylakoide zu einem Stapel (Lamelle) vereinigt. Ohne Gürtellamelle. Chromatophor mit Granastruktur (auch bei Prasinophyta, nicht aber bei den anderen Algen-Gruppen einschließlich Euglenophyta).

Mit Chlorophyll a und b. Mit β-Carotin, und auch α-Carotin und γ-Carotin in kleinen Mengen. Hauptxanthophyll ist Lutein (auch bei Prasino- und Charophyta, auch wichtiges Xanthophyll bei Rhodophyta). Weitere wichtige Xanthophylle sind Neoxanthin, Violaxanthin und Zeaxanthin. Daneben kommen noch in geringen Mengen Antheraxanthin, β-Cryptoxanthin, Echinenon, Loroxanthin (nur bei Chlorophyta) sowie Siphonein und Siphonoxanthin (nur bei Caulerpales: Chlorophyta) vor. Einige Vertreter mit Hämatochrom in Form von Öltröpfchen außerhalb der Chromatophoren. Mit Xanthophyllzyklus Zeaxanthin-Antheraxanthin-Violaxanthin. Reserveprodukt ist Stärke (wie auch z. B. bei Prasino- und Charophyta), ein α-1:4 Polyglykan. Die Stärke liegt in Form von Körnern im Chromatophor. Ist ein Pyrenoid vorhanden, liegt die Stärke außen am Pyrenoid. Als akzessorische Reservesubstanzen kommen Fette und Öle, sowie Fructan (Polysaccharid) vor. Das Pyrenoid liegt, wenn vorhanden, immer im Chromatophor, und es dringen Lamellen aus 2 Thylakoiden in das Pyrenoid ein. Ein Chromatophor kann ein bis mehrere Pyrenoide enthalten. Zelle primär ohne oder mit sehr kleinen Vakuolen (z. B. Volvocales), sekundär bei den stammesgeschichtlich jüngeren Gruppen mit großer, zentraler Vakuole und wandständigem Chromatophor. Monadoide Süßwasservertreter mit 1–2 pulsierenden Vakuolen. Begeißelte Zellen meist mit einem (manchmal auch mit mehreren) Augenfleck, der sich immer im Chromatophor befindet. Der Augenfleck (Stigma) liegt direkt unter der Chromatophorenmembran und gleichzeitig dicht unter der Zelloberfläche. Er setzt sich aus ein, zwei oder mehreren Reihen von Globuli zusammen, welche Carotinoide enthalten. Zwischen jeder Globuli-Reihe liegt ein Thylakoid. Der Augenfleck ist nicht mit einer Geißelanschwellung assoziiert (wie z. B. bei Euglenophyta und anderen Gruppen). Die Golgi-Apparate liegen häufig rund um den Kern. Vermutlich meist mit nur einem einzigen Mitochondrium.

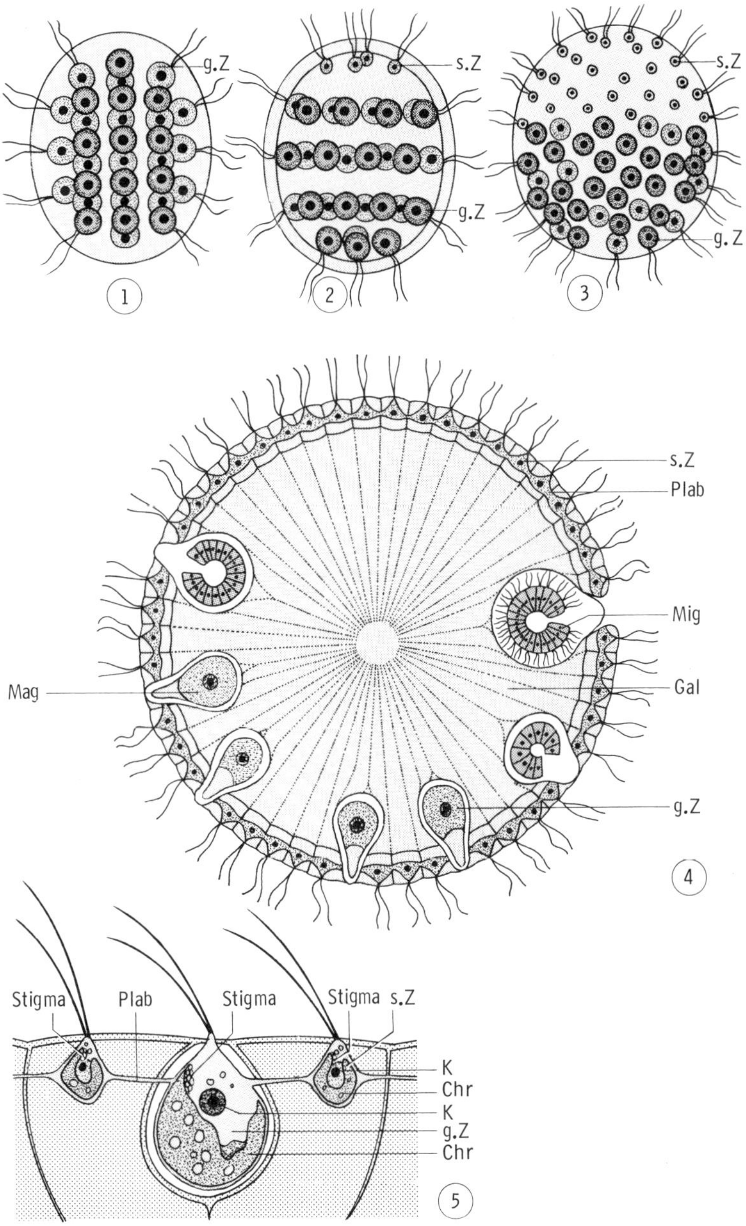

Taf. 38. Chlorobionta: Chlorophyta (Volvocales). – Abb. 1. *Eudorina elegans*. Abb. 2. *Eudorina illinoisensis*. Abb. 3. *Eudorina californica*. Abb. 4. *Volvox globator*. Abb. 5. *Volvox aureus*, Ausschnitt (nach GRELL). Abkürzungen: Chr = Chromatophor, Gal = Gallerte, g. Z. = generative Zelle, K= Kern, Mag = Makrogamet (Oogonium), Mig = Mikrogameten (Antheridium), Plab = Plasmabrücke, s. Z. = somatische Zelle.

Fortpflanzung: Ungeschlechtliche Vermehrung durch Ausbildung nackter, mit einem Periplast versehener Zoosporen. Sie zeigen sehr konservative Merkmalsausprägungen und entsprechen (biogenetische Grundregel) in ihrer Körperform der primären, monadoiden Flagellatenform. Auch sekundäre Ausbildung von Aplanosporen. Sexuelle Fortpflanzung durch ebenfalls sehr konservative, zellwandlose Gameten, welche morphologisch weitgehend den Zoosporen entsprechen. Sekundär auch mit Zellwand versehene Gameten. Meist primäre Isogamie, seltener sekundäre Anisogamie und Oogamie. Chlorophyceae sind primäre Haplonten; die diploide Phase ist bei den stammesgeschichtlich älteren Vertretern auf die Zygote beschränkt. Sekundär treffen wir aber bei stammesgeschichtlich jüngeren, thallösen Vertretern einen isomorphen Generationswechsel an. Der haploide Gametophyt erzeugt Gameten, aus der Zygote entsteht der morphologisch gleich gestaltete, aber diploide Sporophyt. Der Sporophyt bildet Zoosporen aus, Reduktionsteilung erst bei der Bildung der Zoosporen.

Lebensweise: Vorwiegend Süßwasservertreter, nur etwa 10% mit mariner Lebensweise, zum Teil auch im Brackwasser lebend. Sekundär auch terrestrische Vertreter auf Böden, Schlamm, Eis und Gletschern. Vor allem sind es kokkale Vertreter (Chlorococcales), welche terrestrisch auf feuchten Standorten leben. Kokkale Vertreter auch symbiontisch als Zoochlorellen in Amöben, Ciliaten, Porifera, Cnidaria und Turbellaria, oder auch symbiontisch als Gonidien der Flechten.

Klasse Chlorophyceae

Ordnung Platymonadales

Einzellige, leicht abgeplattete, asymmetrische Vertreter. Körper mit kleinen Schuppen bedeckt, die eine Art von Theka bilden. Die 4 Geißeln mit zwei Schichten kleiner Schuppen und feinen, zarten Härchen (keine Mastigonemen). Mit vierlappigem Chromatophor und basal liegendem Pyrenoid. Mit Phycoplast, daher innerhalb der Chlorophyta als Basisgruppe einzureihen. Ableitung von Prasinophyta aus dem *Heteromastix*-Bereich. *Platymonas* (Taf. 36:5–7) (marin und auch im Süßwasser).

Ordnung Volvocales (Volvocida)

Primär monadoide, flagellate Vertreter. Einzeln oder in Kolonien. Einzellige Vertreter primär mit Periplast (**Dunaliellaceae:** *Dunaliella*, mit 2 Geißeln, gefärbt; *Hyaliella*, mit 2 Geißeln, farblos; *Quadrichloris*, mit 4 Geißeln, gefärbt; *Polytomella* mit 4 Geißeln, sekundär farblos). Sekundär mit Zellwand (**Chlamydomonadaceae:** *Chlamydomonas* (Taf. 36:8); *Chlorogonium* mit 2 Geißeln, gefärbt; *Polytoma* (Taf. 36:9) mit 2 Geißeln, sekundär farblos; *Carteria*, mit 4 Geißeln, gefärbt). Zelle von einem festen Gehäuse umgeben (**Phacotaceae:** *Phacotus, Coccomonas*). Zelle von Gallerthülle umgeben (**Haematococcaceae:** *Haematococcus* (Taf. 36:10), gefärbt, mit 2 Geißeln; Geißeln mit langen, ungleichgroßen, dornartigen Anhängen). Kolonienbildung bei den **Volvocineae** mit den Familien **Spondylomoraceae** (*Didymochloris* mit 2 Zellen; *Pascherina* (Taf. 37:1) mit 4 Zellen, *Uva* mit 8 und *Spondylomorum* (Taf. 37:2) mit 16 Zellen pro Kolonie) und **Chlorcoronaceae** (*Chlorcorona*, ringförmige Kolonie aus 8 Zellen) sowie den **Volvocaceae** mit strahlenförmig angeordneten Zellen, dabei plattenförmige oder kugelige Kolonien bildend. *Gonium* mit plattenförmigen Kolonien (*G. sociale* (Taf. 37:3) mit 4 Zellen; *G. pectorale* (Taf. 37:4) mit 16 Zellen). *Pandorina* (Taf. 37:5) mit kugeligen Kolonien, Zellen der Kolonie liegen in einer Gallertkugel (*P. morum* mit 8, auch 16 Zellen). Bei *Gonium* und *Pandorina* Kolonien nur aus generativen Zellen bestehend. *Eudorina* (= *Pleodorina*) ebenfalls mit kugeligen Kolonien, mit 16–128 Zellen. Primär bei *E. elegans* (Taf. 38:1) noch alle Zellen generativ, aber sekundär mit deutlicher Polarität und somatischer Zelldifferenzierung. Mit kleineren, somatischen Zellen am vorderen Pol. Bei *E. illinoisensis* (Taf. 38:2) nur 4 von 28 Zellen somatisch; bei *E. californica* (Taf. 38:3) mit 128 Zellen bereits die knappe Hälfte der Zellen somatisch. *Volvox* (Taf. 38:4, 5) mit den am höchsten entwickelten Kolonien. Die Kolonien stellen umfangreiche Gallertkugeln dar. Die Zellen der Kolonien liegen an der Peripherie und sind durch Plasmodesmen miteinander verbunden. Kolonien mit sehr hoher Zellenzahl, bei *V. globator* bis zu 20000 Zellen. Auch hier deutliche Polarität. Die somatischen Zellen am vorderen Zellende mit größeren Augenflecken. Bei *V. globator* besteht die Kolonie fast ausschließlich aus somatischen Zellen. Im hinteren und seitlichen Koloniebereich finden sich nur noch einzelne, größere generative Zellen. Bei der ungeschlechtlichen Fortpflanzung

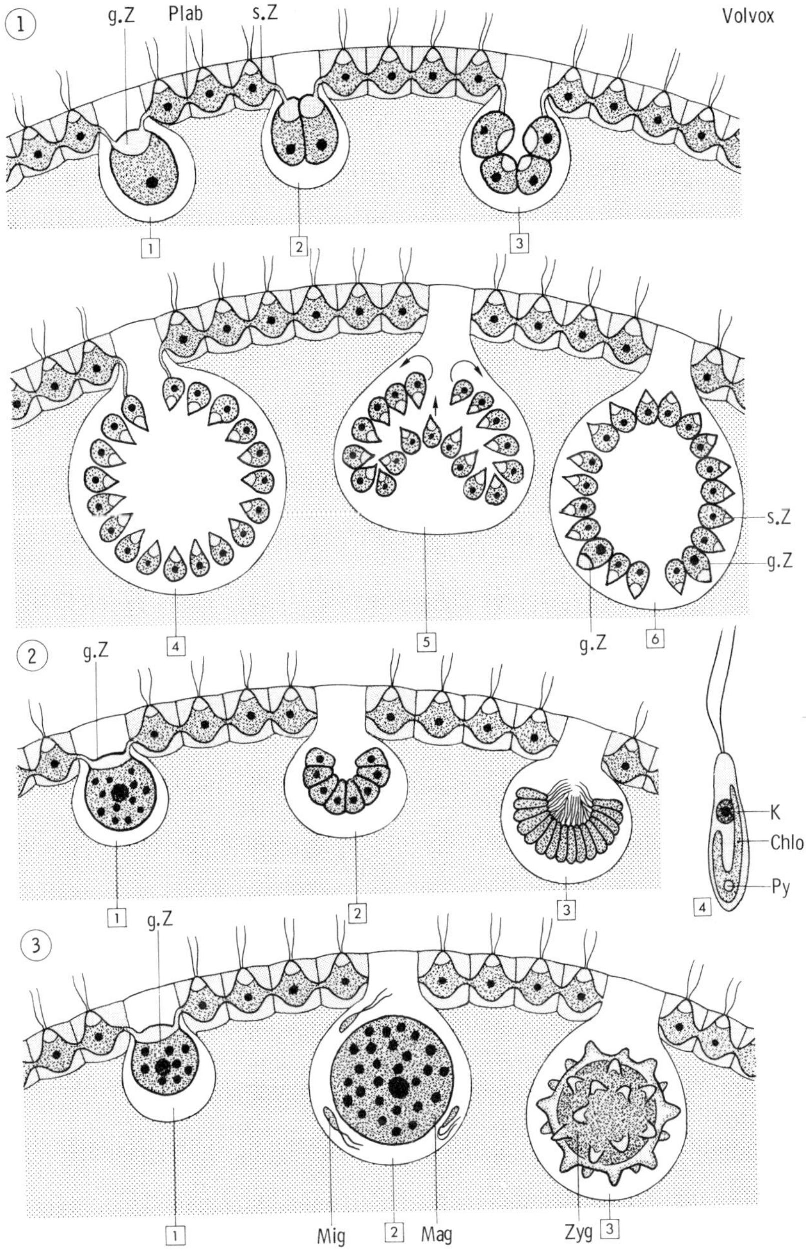

Taf. 39. Chlorobionta: Chlorophyta (Volvocales). – Abb. 1–3. *Volvox*: 1. Bildung einer Tochterkolonie mit Inversionsvorgang (nach SMITH); 2. Bildung von Spermatozoiden in einem Antheridium, einzelner Spermatozoid (nach SMITH; JANET); 3. Bildung einer Eizelle in einem Oogonium, Befruchtung und Zygotenbildung (nach SMITH). Abkürzungen: Chlo = Chloroplast, g. Z. = generative Zelle, K = Kern, Mag = Makrogamet (Ei), Mig = Mikrogamet (Spermatozoid), Plab = Plasmabrücke, Py = Pyrenoid, s. Z. = somatische Zelle, Zyg = Zygote.

(Taf. 39:1) teilt sich eine generative Zelle mehrmals, bis eine fast geschlossene Tochterkugel entsteht. Da die Geißeln der einzelnen Zellen nach innen gerichtet sind, erfolgt anschließend ein als Inversion bezeichneter Umstülpungsprozeß. Die Inversion erfolgt nach dem Loslösen der Tochterkolonie von der peripheren Zellschicht. Mit Hilfe ihrer Geißeln schwimmen nun die Tochterkolonien im Lumen der Mutterkolonie umher und werden erst durch das Absterben der Mutterkolonie endgültig frei. Bei der geschlechtlichen Fortpflanzung (typische Oogamie) wandeln sich die generativen Zellen in Antheridien oder Oogonien um. In jedem Antheridium (Taf. 39:2) entstehen bis zu 100 zweigeißlige, flagellate Spermatozoide, und in jedem Oogonium (Taf. 39:3) entsteht eine auffallend große Eizelle. Die Zygote umgibt sich mit einer derben Wand, sie stellt die alleinige diploide Phase des Zyklus dar. Nach der geschlechtlichen Fortpflanzung gehen die vegetativen Zellen der Mutterkolonie, und damit auch die Mutterkolonie selbst, zugrunde.

Ordnung Tetrasporales

Einzellige, tetrasporale Formen mit Zellwand. Sekundär ohne Geißeln, sonst wird aber der monadoide Bauplan weitgehend beibehalten. Fast alle Arten noch mit pulsierenden Vakuolen, Augenflecke zum Teil noch vorhanden. Zelle sekundär mit für die Gruppe charakteristischen Gallertgeißeln (Pseudocilien), welche aber keinerlei Bewegungsfunktion ausüben. Zellen zum Teil in Gallertlagern eingebettet. Zoosporen *Chlamydomonas*-ähnlich. Vegetative Fortpflanzung durch Zoosporen. *Gloeococcus, Chaetochloris, Tetraspora, Chlorangiella*.

Ordnung Chlorococcales

Einzellige, unbegeißelte mit einer Zellwand versehene Formen. Teils einzeln oder in Kolonien. Pulsierende Vakuolen und Stigmen in den vegetativen Zellen nur vorübergehend, bei Zoosporen und Gameten aber wieder ständig vorhanden. Vermehrung durch Zoosporen oder Autosporen. Geschlechtliche Fortpflanzung durch Gametenkopulation. *Chlorococcum, Chlorochytrium, Characium, Pediastrum, Gloeocystis, Glaucocystis, Botryococcus* (traubenförmige Kolonien), *Chlorella* (Zoochlorellen, Endosymbionten), *Scenedesmus*.

Ordnung Microsporales

Einfache, nicht verzweigte trichale Vertreter. Mit wandständigem Chromatophor. Bewegliche Zellen (Zoosporen, Gameten) mit zwei oder 4 Geißeln. *Microspora* (fast ausschließlich im Süßwasser).

Ordnung Cylindrocapsales

Einfache, unverzweigte Fäden, die von einer dicken Schleimschicht umgeben sind. Ungeschlechtliche Fortpflanzung durch Zoosporen. Geschlechtliche Fortpflanzung durch Oogamie. *Cylindrocapsa* (Süßwasser).

Ordnung Chaetophorales

Thallus verzweigt, oft heterotrichal aus kriechenden und aufrecht stehenden Fäden bestehend. Sekundär Thallus scheibenförmig. Bewegliche Zellen mit 2 oder 4 Geißeln. *Chaetophora, Draparnaldia, Stigeoclonium, Fritschiella, Uronema, Aphanochaete*. Marin und im Süßwasser, teilweise sekundär terrestrisch.

Ordnung Oedogoniales

Einfache oder verzweigte Fäden. Stammesgeschichtlich sehr junge Gruppe. Ungeschlechtliche Fortpflanzung durch Zoosporen, diese mit einem Geißelkranz am Vorderende. Geschlechtliche Fortpflanzung durch Oogamie, Gameten ebenfalls mit sekundärem Geißelkranz. Im Bereich der Geißelwurzel Zahl der Microtubuli-Bänder sekundär erhöht, entsprechend der sekundär erhöhten Geißelzahl. *Oedogonium, Bulbochaete, Oedocladium*. Im Süß- und Brackwasser.

Die beiden folgenden Ordnungen sind mikromorphologisch (Mitose, Cytokinese) noch ungenügend bekannt.

Ordnung Siphonales

Mit makroskopischem Thallus, der fädig-schlauchförmig (siphonal) gebaut ist. Im Inneren des Thallus mit zentralem Marksystem. Ungeschlechtliche Vermehrung durch Zoosporen mit vorderem Geißelkranz. Geschlechtliche Fortpflanzung durch Gametenkopulation. *Derbesia, Caulerpa, Bryopsis, Codium, Halimeta, Acetabularia, Dasycladus*.

Ordnung Siphonocladales

Mit verzweigten Thalli und großen, vielkernigen Zellen. Mit zwei- und viergeißligen Zoosporen. Geschlechtliche Fortpflanzung mit isomorph diplohaplontem Zyklus. *Cladophora, Chaetomorpha, Urospora, Spongomorpha, Valonia, Struvea*. Marin und im Süßwasser.

In Klassifikationen, welche neuere feinmikroskopische Daten, wie z. B. MLS und Phycoplast nicht verwenden, werden die Chlorobionta meist wie folgt klassifiziert:

Stamm Chlorophyta mit den beiden Unterstämmen Prasinophytina und Chlorophytina.

Prasinophytina mit der einzigen Klasse Prasinophyceae und den Ordnungen Pyramimonadales, Prasinocladales und Halosphaerales. Chlorophytina mit den Klassen Chlorophyceae (und den Ordnungen Volvocales, Tetrasporales, Chlorococcales, Prasiolales, Ulotrichales, Ulvales, Chaetophorales); Codiolophyceae (mit den Ordnungen Ulotrichales und Acrosiphoniales, Grenze zwischen Chlorophyceae und Codiolophyceae undeutlich, daher Ulotrichales unterschiedlich eingruppiert); Cladophoraphyceae (mit den Ordnungen Cladophorales und Siphonocladales); Bryopsidophyceae (mit der Ordnung Caulerpales); Dasycladophyceae (mit der Ordnung Dasycladales); Conjugatophyceae auch als eigener Stamm betrachtet (mit den Ordnungen Mesotaeniales, Desmidiales, Gonazozygales, Zygnemales); Oedogoniphyceae (mit der Ordnung Oedogoniales).

Die Charophyta werden meist als eigener Stamm betrachtet oder auch als Klasse innerhalb der Chlorophyta oder der Chlorophytina geführt.

Phylogenie der Chlorophyta

Sie sind, wie auch die Charo- und Ulvaphyta, aus dem Prasinophyta-Bereich abzuleiten. Für eine Ableitung kommen Prasinophyta aus der *Heteromastix*-Gruppe (Stärke im Chromatophor) in Frage. Die stammesgeschichtlich ältesten Chlorophyta (Platymonadales) zeigen noch sehr viele plesiomorphe Prasinophyta-Merkmale (z.B. Asymmetrie, Körper und Geißeln mit Schuppen bedeckt), aber das Vorhandensein eines Phycoplasten weist sie eindeutig als Vertreter der Chlorophyta aus. Die Zellwand der Chlorophyta entwickelt sich aus umgewandelten Schuppen. Stammesgeschichtlich sehr alte Vertreter der Volvocales behalten, unter Schuppenverlust, noch den primären Periplast bei (Dunaliellaceae), aber schon bei der *Chlamydomonas*-Gruppe kommt es zur Ausbildung einer Zellwand, welche von den stammesgeschichtlich nachfolgenden Gruppen beibehalten wird. Bei den einzelligen Vertretern wird die primäre Asymmetrie von einer sekundären Radiärsymmetrie (z. B. *Chlamydomonas*) abgelöst. Besitz eines Phycoplasten ist das Schlüsselmerkmal (Autapomorphie) der Chlorophyta. Chlorophyta besitzen eine geschlossene Mitosespindel. Während der Telophase kollabiert die interzonale Spindel und wird durch einen, zwischen den Kernen liegenden Phycoplasten (Microtubuli-System) ersetzt. Im Geißelwurzelbereich finden wir bei den Chlorophyta 4 Microtubuli-Bänder mit einem x-2-x-2 System (x = 3–8 Microtubuli). Bei einer erhöhten Geißelzahl (Oedogoniales) steigt entsprechend auch die Zahl der Microtubuli-Bänder. Untere Microtubuli-Bänder bei Chlorophyta nicht quergestreift. Im Gegensatz zu den Charophyta weisen die Chlorophyta keine Glycolat-Oxidase auf.

Die Stammesgeschichte der Chlorophyta beginnt mit Platymonadales und führt über Volvocales, Tetrasporales, Chlorococcales, Microsporales zu den thallösen Gruppen der Chaetophorales, Oedogoniales, Siphonales und Siphonocladales. Innerhalb der Chlorophyta können wir gut die gleitende stammesgeschichtliche Reihe von primär flagellaten Vertretern, über kokkale, trichale bis zu den stammesgeschichtlich jüngsten Vertretern mit thallösem Bau verfolgen.

Die Zahl der sekundär farblosen Vertreter ist bei den Chlorophyta nicht besonders hoch. Aber auch bei ihnen können wir (wie z. B. bei den Euglenophyta: *Euglena-Astasia*), Gattungspaare erkennen, die sich aus einer primär gefärbten Gattung und einer sekundär ungefärbten Gattung zusammensetzen. Als Beispiele seien *Chlamydomonas* (gefärbt) und *Polytoma* (sekundär farblos), sowie *Dunaliella* (gefärbt) und *Hyaliella* (sekundär farblos) angeführt. Für eine Ableitung von größeren, „tierischen", farblosen Gruppen kommen die wenigen farblosen Vertreter der Chlorophyta kaum in Frage. Der Besitz einer MLS bei den stammesgeschichtlich ältesten Euglenophytobionta (*Eutreptiella*) zeigt, daß diese Gruppe nicht mit den Chlorophyta, sondern mit den Charophyta näher verwandt ist, und daß offensichtlich Euglenophytobionta und Charophyta gemeinsame Vorfahren aufweisen. Charakteristisch für die ganze Chlorobionta-Gruppe ist der gemeinsame Besitz von Mitochondrien mit Cristae. Auch die stammesgeschichtlich ältesten Eukaryonta, die Aconta, weisen diesen primären Mitochondrien-Typ auf. Der innere Bau der Mitochondrien läßt sich sehr gut für stammesgeschichtliche Schlüsse im größeren Rahmen heranziehen. Dies wird auch dadurch nicht eingeschränkt, daß bei einigen Gruppen (z. B. Hefen) beide Typen nebeneinander vorkommen können und daß sich hier aus dem primären Cristae-Typ noch zusätzlich der sekundäre Tubuli-Typ entwickelt. Die Daten über die stammesgeschichtliche Verteilung der Mitochondrien-Typen stimmen gut überein mit den Daten, die man durch Heranziehung anderer Merkmale gewinnt.

Früher wurden gerne die Volvocaceae als Paradebeispiel für die Entwicklung von Metazoen (über *Volvox*-Kolonien) angeführt. Alle kolonienbildenden Volvocaceae besitzen aber stets mit einer Zellwand versehene Zellen, und es treten auch keine sekundär farblosen Kolonien auf. Schon aus diesen Gründen sind sie für eine Ableitung von Metazoen nicht brauchbar.

Eine weitere einschneidende Veränderung phylogenetischer Vorstellungen ergab sich durch die Untersuchungen über Mitose und Cytogenese-Abläufe bei Chlorobionta. Die Ergebnisse zeigten, daß alle „höheren Pflanzen", von den Bryophyta bis zu den Magnoliopsidea (Magnoliatae und Liliatae) nicht von Chlorophyta, sondern von Charophyta abzuleiten sind.

Reich Flagelloopalinida

Mit den Stämmen Protomonada und Opalinidea.

Stamm Protomonada

(Taf. 40–47)

Mit den Klassen Kinetoplastinea, Pseudociliata, Proteromonadinea, Holomastiginea, Retortamonadinea, Oxymonadinea und Metamonadinea.

In diesem Stamm wird ein großer Teil der früheren „**Zooflagellaten**" zusammengefaßt. Primär freilebend und mit 2 Geißeln (Kinetoplastinea: Bodonida), sekundär aber bereits innerhalb der Kinetoplastinea Übergang zu endokommensaler und endoparasitischer Lebensweise. Proteromonadinea bereits ohne freilebende Vertreter, während bei den Retortamonadinea (Diplomonadida) noch einige freilebende Vertreter vorkommen. Holomastiginea dagegen nur mit freilebenden Arten. Der allgemeine Trend zur endokommensalen bzw. endoparasitischen Lebensweise zeigt sich, mit Ausnahme der Holomastiginea, bei allen Klassen. Die stammesgeschichtlich jüngsten Gruppen, wie Oxymonadinea und Metamonadinea (= Parabasalia) setzen sich nur aus endokommensalischen und endoparasitischen Vertretern zusammen. Dieser Trend führt schon sehr frühzeitig zu sekundären Geißelvermehrungen, bedingt durch das erschwerte Schwimmen in den Hohlraumsystemen (vorwiegend Darmtrakt) der Wirtstiere. Schon bei den Proteromonadinea (*Karatomorpha*) kommt es zu einer sekundären Geißelvermehrung in Form einer Verdoppelung. Dieser Trend zur Geißelverdoppelung (Besitz von 4 Geißeln) ist schon bei den Vorfahren der Flagelloopalinida aus dem Prasinophyta-Bereich zu beobachten. Der Trend zur sekundären Geißelvermehrung setzt sich bei den Retortamonadinea und besonders bei den endosymbiontisch lebenden Oxymonadinea und Metamonadinea fort und führt zur Ausbildung zahlreicher Karyomastigont-Systeme, welche jeweils auf einem System mit 4 Geißeln basieren.

Ein weiterer Zweig mit sekundärer Geißelvermehrung (Holomastiginea) verbleibt freilebend und ist aus dem Kinetoplastinea-Proteromonadinea-Bereich abzuleiten. Hier kommt es zu einer starken sekundären Geißelvermehrung, die aber nicht auf Vermehrung von Vierer-Gruppen (Karyomastigontsystem) beruht. Holomastiginea weisen viele Geißeln auf und sind zum Teil auch sekundär mehrkernig. Viele Wimpern (= verkürzte Geißeln) und sekundäre Mehrkernigkeit treffen wir bei den Pseudociliata an.

Klasse Kinetoplastinea

(Taf. 40, 41)

Ausschließlich primäre monadoide Form (Flagellatenstadium). Nur primäre Einzeller, keine sekundäre Kolonienbildung. Mit primärer Pellicula (Periplast). Körperform oval bis länglich-rundlich gestreckt. Trypanosomatida mit Formwandel (Polymorphismus). Pellicula bei freilebenden Vertretern (z. B. *Bodo*) normal gestaltet, bei sekundär parasitären Vertretern (z. B. *Trypanosoma*) mit sekundärer Versteifung, zum Teil mit Spiralstreifung. Mit Microtubuli-System und Alveolen in der Pellicula. *Bodo* mit großer subpelliculärer Fibrille. Freilebende und parasitäre Vertreter mit metabolen Körperveränderungen. Primär mit Cytostom (Schlund), seitlich im vorderen Körperabschnitt gelegen, sowie mit Cytopharynx. Parasitäre Vertreter dagegen sekundär ohne Cytostom. Cytostom von Microtubuli umgeben und rinnenähnlich, ähnlich der Querrinne der mit den Flagelloopalinida zu einem engeren Verwandtschaftskreis zählenden Dinophyta. Primär mit 2 orthogonal angeordneten Geißeln (Bodonida), sekundär nur noch mit einer Geißel (Trypanosomatida). Bei *Trypanosoma* wurde eine 2. (reliktäre) Geißelbasis nachgewiesen. Geißel bei *Trypanosoma* mit basaler Anschwellung. Die Reduktion der Geißelzahl ist mit dem Übergang zur parasitären Lebensweise verknüpft. Im Zyklus der Trypanosomatida können auch sekundär geißellose Stadien (*Leishmania*-Form) auftreten. Die einzige Geißel der Trypanosomatida entspricht der hinteren Geißel der Bodonida. Die hintere Geißel kann als Randbezirk einer undulierenden Membran (Bodonida, Trypanosomatida) auftreten. Die beiden primären Geißeln heterokont und heterodynamisch. Die kürzere Vordergeißel (Bodo) ist einseitig mit nichtgegliederten flexiblen (keine Flimmerhaare), in Gruppen stehenden Haaren bedeckt. Bei *Cephalothamnium* auch der basale Abschnitt der hinteren Geißel mit Haaren. Sekundär ist bereits bei den Kinetoplastinea eine völlige Reduktion der Geißelbehaarung festzustellen, wie sie für die übrigen Klassen der Protomonada charakteristisch ist. Der Besitz primär einfacher Geißelhaare zeigt die Ableitung aus dem Prasinophyta-Bereich an. Auch die verwandten Eugleno- und Dinophyta besitzen noch diesen primären Haartyp, während bei den Cryptophyta und besonders bei den Chromophytobionta der stammesgeschichtlich jüngere Haartyp (Mastigonemen: mehrteilige Flimmerhaare) zu beobachten ist.

Die Vordergeißel wirkt bei den Bodonida als Zuggeißel (Traktellum) und ruft eine rotierende oder schaukelnde Bewegung des Zellkörpers hervor. Die längere, glatte, nicht mit Haaren versehene Hintergeißel wird als Schleppgeißel (z. B. bei *Bodo*) nachgeschleppt. Beide Geißeln (*Bodo*) mit intraflagellärem Strang, auch die Hintergeißel der Trypanosomatida mit intraflagellärem Strang. Dieser intraflagelläre Strang tritt auch bei Eugleno- und Dinophyta auf. Die fast stets glatte Hintergeißel (Ausnahme *Cephalothamnium*) entspringt primär am Vorderende des Zellkörpers (*Bodo*, oder *Cryptobia* als Teil der undulierenden Membran), sekundär kann sie bei Zyklusformen von Trypanosomatida (z. B. *Trypanosoma*) als Teil der undulierenden Membran in der Zellmitte (*Crithidia*-Form) oder im hinteren Zellbereich (*Trypanosoma*-Form) beginnen. Die einfach strukturierte, kammerartige Übergangsregion der Geißel mit Transversalsepten. Mit komplexer, tubulärer Geißelwurzel. Mit nur einem einzigen, riesengroß ausgebildeten Mitochondrium, welches mit einem Kinetoplast zu einem Mitochondrium-Kinetoplastkörper (Taf. 40: 1/3) verbunden ist. Es handelt sich um einen Selbstteilungskörper, die Teilung geht der Teilung des Zellkernes voraus. Der angeschwollene Kinetoplastbereich liegt in der Nähe der Geißel-Basalkörper und enthält eine große Menge fadenförmiger, mitochondrialer DNS. Der Mitochondrium-Komplex mit eigener Doppelmembran und mit Einstülpungen vom primären, abgeplatteten Cristae-Typ. Diesen primären Cristae-Typ treffen wir auch bei den Prasinophyta, sowie bei den mit den Kinetoplastinea nahe verwandten Euglenophyta an. Wir treffen aber bereits innerhalb der Kinetoplastinea auch den sekundären, röhrenförmigen (effektiver durch Oberflächenvergrößerung) Tubuli-Typ an. Innerhalb der stammesgeschichtlich ältesten Teilgruppe (Bodonida) besitzt *Bodo* (freilebend) noch den primären Cristae-Typ, während *Trypanophis* (parasitische Lebensweise) den sekundären Tubuli-Typ aufweist. Auch bei *Trypanosoma* (Trypanosomatida) kommen sowohl Vertreter vom Cristae- als auch vom Tubuli-Typ vor. Bei dem Cristae-Typ zum Teil mit paddelförmigen Einstülpungen, wie sie auch bei den verwandten Euglenophyta auftreten.

Mitochondrien sind Träger vieler Enzyme (Zitronensäure-Zyklus, Atmungskette), die bei Oxidationsprozessen freiwerdende Energie wird in der ATP gespeichert. Die Enzyme des Mitochondrium-Kinetoplast-Körpers entsprechen denjenigen normal ausgebildeter Mitochondrien. Riesen-Mitochondrien, wie z.B. Mitochondrium-Kinetoplast-Körper, treffen wir bei Kinetoplastinea; Riesen-Mitochondrien (ohne Kinetoplast) dagegen bei Proteromonadinea und Opalininea an. Der Besitz von Riesen-Mitochondrien ist offensichtlich mit einer fakultativ anaeroben Lebensweise verknüpft. So leben z.B. die Bodonida in sauerstoffarmen, stark durch organische Anteile verschmutzten, mesosaproben Gewässern. Mit dem Übergang zur streng anaeroben Lebensweise ist allgemein innerhalb der Protomonada ein Abbau des Mitochondrium-Bereiches festzustellen. Bei den Zyklus-Formen der Trypanosomatida wechselt bereits Größe und Form des MK-Körpers. Extrazelluläre Formen (z.B. *Leptomonas*-Form von *Leishmania*) besitzen noch einen großen MK-Körper mit vielen Cristae, während die intrazelluläre, streng anaerob lebende *Leishmania*-Form einen kleinen MK-Körper mit nur noch wenigen Cristae aufweist. Eine deutliche Anpassung an streng anaerobe Lebensweise. Die *Leptomonas*-Form synthetisiert Cytochrom C, zeigt aber nur eine geringe Lactat-Dehydrogenase-Aktivität, während es bei der *Leishmania*-Form gerade umgekehrt ist. Zu einem völligen Abbau des Kinetoplast-Bereiches kommt es bei *Trypanosoma*-Formen, die im Blut von Wirbeltieren leben (akinetoplastische Trypanosomen) sowie bei *Trypanophis* (Bodonida). Diesen Abbau des Kinetoplastbereiches können wir auch bei den parasitisch lebenden Proteromonadinea beobachten, vermutlich auch bei Opalininea. Bei den parasitisch lebenden Retortamonadinea, Oxymonadinea und Metamonadinea fehlen sekundär die Mitochondrien völlig, bedingt durch anaerobe Lebensweisen. Auch bei den fakultativ anaeroben (mesosaprob), aber noch freilebenden Retortamonadinea (Diplomonadida, z.B. *Trepomonas, Hexamita*) sind die Mitochondrien sekundär völlig abgebaut. Mit Golgi-Körper. Primitive geschlossene Mitose mit intranukleärer Spindel, ohne Beteiligung der Basalkörper an der Mitose. Kern mit großem Nukleolus. Nukleolus und Kernmembran bleiben während der Mitose erhalten (wie auch bei Euglenophyta). Golgi-Apparat in der Nähe der Geißelbasen. Freilebende Süßwasservertreter mit kontraktiler Vakuole im vorderen Zellbereich. Nahrungsaufnahme bei freilebenden Vertretern phagotroph, meist im oder in der Nähe des Cytostoms. Pinocytose weitgehend innerhalb des Cytostoms. Die Nahrung besteht vorwiegend aus Bakterien. Osmotrophe Nahrungsaufnahme bei den sekundär parasitischen Vertretern. Lysin-Biosynthese nach dem DAP-Weg (z.B. bei *Leptomonas, Crithidia, Trypanosoma*). In einigen Fällen ist es allerdings nicht sicher, ob die Lysin-Biosynthese nach dem DAP-Weg nicht durch endosymbiontische Bakterien vollzogen wird.

Fortpflanzung: Ungeschlechtliche Fortpflanzung durch normale Längsteilung. Vielfache Längsteilung (Taf. 41:1) tritt bei Trypanosomatida auf. Sexuelle Fortpflanzung wurde von *Cryptobia*-Arten (Bodonida) berichtet, diese Angaben bedürfen aber der Nachprüfung.

Lebensweise: Die primär freilebenden Vertreter der Bodonida kommen sowohl marin als auch im Süßwasser vor. Sie bevorzugen stark verschmutzte Gewässer mit reichem organischen Anteil, häufig auch coprophile Lebensweise. Bereits bei den Bodonida Vertreter mit sekundär parasitischer Lebensweise (z.B. *Cryptobia*) in wirbellosen Tieren und in Fischen. Trypanosomatida ausschließlich parasitäre Vertreter. Primär ohne Wirtswechsel (z.B. *Leptomonas*), sekundär findet ein Wirtswechsel zwischen Wirbeltier-Wirt und wirbellosem Wirt statt. Die Übertragung auf die Wirbeltierwirte erfolgt durch jeweils spezifische wirbellose Überträger. Kennzeichnend für Trypanosomatida ist ihr Polymorphismus (Taf. 40:3, 4). Wichtigste Modifikantionen: *Leishmania*-Form (amastigot, ohne Geißel, Zelle rundlich); *Crithidia*-Form (choanomastigot, Kinetoplast vor Kern, Geißel vor Zellmitte entspringend, mit vorderem Schlund); *Leptomonas*-Form (promastigot, Kinetoplast im vorderen Zellbereich, ebenfalls Geißel weit vorne entspringend); *Herpetomonas*-Form (opisthomastigot, Kinetoplast hinter dem Kern im hinteren Zellbereich, Geißel im hinter Zellbereich entspringend); *Blastocrithidia*-Form (epimastigot, Kinetoplast vor dem Kern in Zellmitte liegend, Geißel ab hier bis zum Vorderende des Körpers als undulierende Membran mit Geißel, dann als freie Geißel); *Trypanosoma*-Form (trypomastigot, Kinetoplast weit hinter dem Kern am Hinterende des Zellkörpers, Geißel hier entspringend und bis zum Vorderende des Zellkörpers als Randgeißel der undulierenden Membran ausgebildet, dann als freie Geißel). *Leptomonas*- und *Crithidia*-Form werden überwiegend in wirbellosen Wirten ausgebildet, die *Trypanosoma*-Form dagegen im Wirbeltierwirt. Die *Leishmania*-Form kommt in beiden Wirtsgruppen vor, beim Wirbeltierwirt intrazellulär, beim wirbellosen Wirt extrazellulär und an Wirtszellen angeheftet. *Herpetomonas*- und *Blastocrithidia*-Form in wirbellosen Wirten. *Phytomonas*-Arten (mit *Leptomonas*-Form) leben vorwiegend im Milchsaft von Pflanzen (Euphorbiaceen, Asclepidiaceen) und werden durch pflanzensaugende Insekten (z.B. Wanzen) übertragen.

Klasse Kinetoplastinea mit den Ordnungen Bodonida und Trypanosomatida.

Ordnung Bodonida

Stammesgeschichtlich älteste Vertreter der Kinetoplastinea. Primär mit 2 Geißeln (Taf. 40:1/1). Vordere Zuggeißel einseitig mit Haaren (keine Flimmerhaare), welche bei *Bodo* in Gruppen von 6–7 stehen. Die hintere Geißel meist glatt, ohne Haare, als kaum aktive Schleppgeißel ausgebildet. Bei *Cephalothamnium* basaler Bereich der hinteren Geißel noch mit in Dreiergruppen angeordneten Haaren. Beide Geißeln enden bei *Bodo* in eine feine, lange, haarähnliche Spitze. Bei *Cryptobia* ist die Schleppgeißel als Randgeißel der undulierenden Membran ausgebildet. Pellicula mit Microtubuli-System, welches dem Microtubuli-System der Euglenophyta ähnelt. Primär freilebende Vertreter (*Bodo*) mit Cytostom (Schlund) und Cytopharynx. Sekundär parasitische Vertreter (z.B. *Cryptobia*), sekundär ohne Cytostom und mit osmotropher Nahrungsaufnahme. Geißeln mit intraflagellärem Strang. Mit großem Mitochondrium-Kinetoplastkörper (z.B. *Bodo*). Lage der DNS unterschiedlich, z.T. isoliert in kleineren Bereichen, oder über den ganzen Mitochondrium-Bereich verteilt. Süßwasservertreter mit kontraktiler Vakuole. *Bodo* mit großer subpelliculärer Fibrille.

Bodo (Taf. 40:1/1, 1/2): Primär freilebend, Salz- und Süßwasser; *Rhynchomonas* (Taf. 40:5): Vordergeißel stark reduziert, nicht mehr frei sichtbar, Geißeln mit einzeln stehenden Haaren, am Vorderende mit rüsselartigem Fortsatz, welcher den Rest der Vordergeißel umgibt, freilebend, marin und Süßwasser; *Cryptobia* (Taf. 40:2): Parasitisch im Darm- und Genitaltrakt von wirbellosen Tieren (Planarien, Schnecken) oder auch Wirbeltieren (Fischen), marin und Süßwasser; *Spiromonas; Trypanophis:* Siphonophoren-Parasit; *Cephalothamnium* (Taf. 40:6): Epizoische Vertreter, Kolonien auf gemeinsamem Sekretstiel. *Cyathobodo* (abweichende Merkmale, ohne Kinetoplast, wahrscheinlich eigene höhere Kategorie).

Ordnung Trypanosomatida

Ausschließlich sekundär parasitische Vertreter. Sekundär mit nur einer Geißel, zum Teil als Randgeißel einer undulierenden Membran ausgebildet. Von der 2. Geißel ist nur noch der Basalbereich (Basalkörper) erhalten. Primär mit Mitochondrium-Kinetoplast-Körper, sekundär bei Blutparasiten Abbau des Kinetoplastbereiches. Lage des relativ kleinen MK-Körpers sowie Insertionsstelle der Geißel bei den einzelnen Modifikationen (Formen) sehr verschieden. Mit ausgeprägtem Polymorphismus, bedingt durch verschiedenartige Wirte, verknüpft mit Wirtswechsel. Die Modifikationsformen entstehen durch ungeschlechtliche Teilungen vorhergehender Formen.

Leptomonas (Taf. 40:3/3): Stammesgeschichtlich älteste Gattung der Trypanosomatida. Primär ohne Wirtswechsel, im Darmlumen vieler wirbelloser Tiere (Nematoden, Rotatorien, Anneliden, Mollusken), besonders viele Arten im Darmtrakt von Insekten (Wanzen, Flöhe, Fliegen, Schmetterlinge). Fast stets in der freien *Leptomonas*-Form, selten als cystenähnliche *Leishmania*-Form auftretend. – *Strigomonas* (Taf. 40:4/4): Im Darmtrakt von Insekten. – *Phytomonas:* Wirtswechsel zwischen Insekt (Wanzen) und Milchsaft enthaltenden Pflanzen (Euphorbiaceen, Asclepidiaceen, Apocynaceen, Ficus-Arten). Im Darm des Insektes sehr starke Vermehrung mit Auftreten riesiger *Leptomonas*-Formen, anschließend auch kleiner *Leishmania*-Formen. Kleinere *Leptomonas*-Formen wandern in das Speicheldrüsenepithel ein und erzeugen dort durch Teilung die *Leishmania*-Form (Übertragungsform). Im Milchsaft der Pflanzen sowohl *Leptomonas*- als auch *Leishmania*-Formen. – *Herpetomonas:* Ohne Wirtswechsel. Als *Herpetomonas*- und *Leptomonas*-Form im Darmlumen von Fliegen. – *Crithidia* (Taf. 40:3/2): Ohne Wirtswechsel, im Darmlumen vieler Insekten. Mit Längs- und Vielfachteilung.

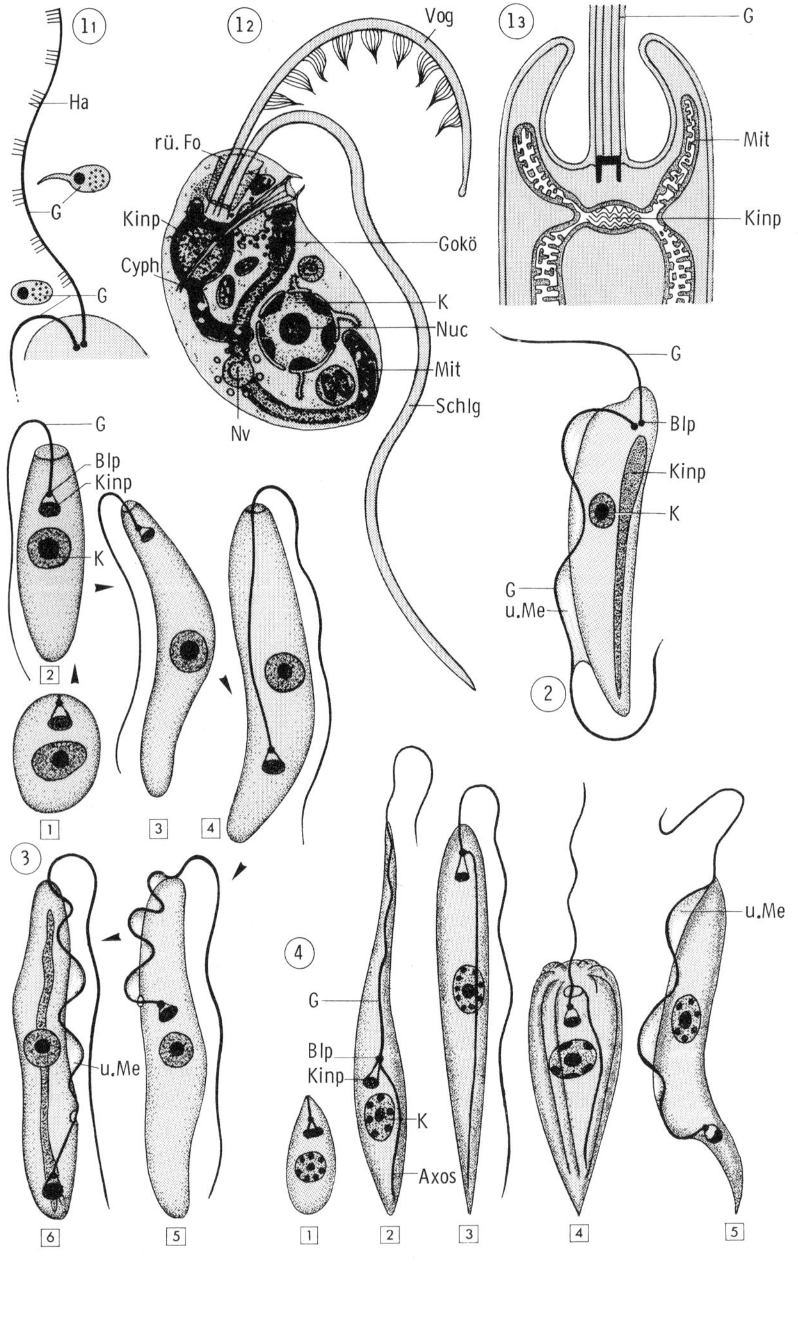

Legende siehe Seite gegenüber

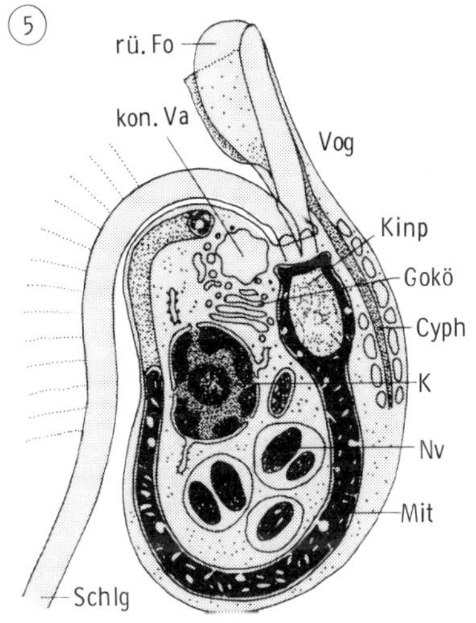

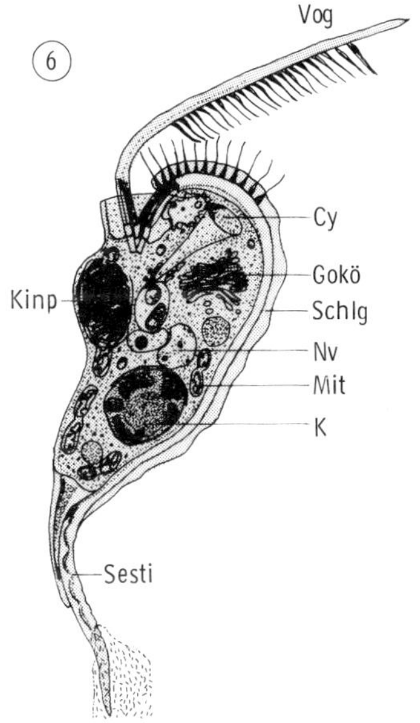

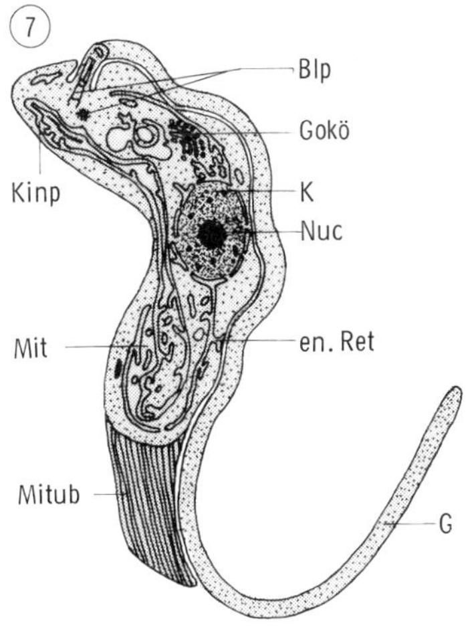

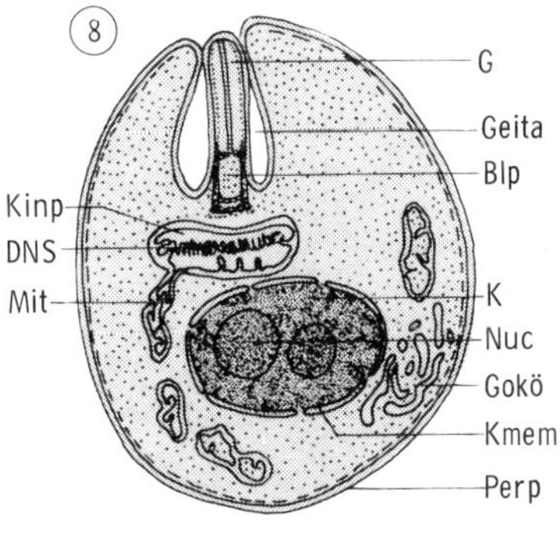

Taf. 40. Protomonada: Kinetoplastinea (Bodonida-Trypanosomatida). – Abb. 1/1. *Bodo* Geißelfeinbau (nach SLEIGH); 1/2. *Bodo saltans* (nach BROOKER); 1/3. Kinetoplast-Mitochondriumkörper (nach SHERMAN & SHERMAN). Abb. 2. *Cryptobia congeri* (nach MARTIN; KOZLOFF). Abb. 3. Polymorphismus bei Trypanosomatida; 3/1. *Leishmania*-Form (amastigot); 3/2. *Crithidia*-Form (choanomastigot); 3/3. *Leptomonas*-Form (promastigot); 3/4. *Herpetomonas*-Form (opisthomastigot); 3/5. *Blastocrithidia*-Form (epimastigot); 3/6. *Trypanosoma*-Form (trypomastigot) (nach SLEIGH; HOARE & WALLACE). Abb. 4. Polymorphismus bei *Leishmania* (nach SLEIGH); 4/1. *Leishmania*-Form; 4/2. *Crithidia*-Form; 4/3. *Leptomonas*-Form; 4/4. *Strigomonas*-Form; 4/5. *Trypanosoma*-Form. Abb. 5. *Rhynchomonas nasuta* (nach SWALE). Abb. 6. *Cephalothamnium cyclopum* (nach HITCHEN). Abb. 7. *Trypanosoma rhodesiense*, trypomastigot (nach VICKERMAN). Abb. 8. *Leishmania*, amastigot (nach ZUCKERMAN & LAINSON). Abkürzungen: Axos = Axostyl, Blp = Blepharoplast (= Basalkörper), Cri = Cristae, Cy = Cytostom, Cyph = Cytopharynx, en. Ret. = endoplasmatisches Reticulum, G = Geißel, Geita = Geißeltasche, Gokö = Golgi-Körper, Ha = Geißelhaare, K = Kern, Kinp = Kinetoplast, Kmem = Kernmembran, Mit = Mitochondrium, Mitub = Microtubuli, kon. Va = kontraktile Vakuole, Nuc = Nucleolus, Nv = Nahrungsvakuole, Perp = Periplast, rü. Fo = rüsselartiger Fortsatz, Schlg = Schleppgeißel, Sesti = Sekretstiel, u. Me = undulierende Membran, Vog = Vordergeißel.

Meist in der *Crithidia*-Form, seltener in der *Leptomonas*-Form auftretend. Die ebenfalls vorkommende *Leishmania*-Form wird mit dem Kot abgegeben und dient der Übertragung. – *Blastocrithidia:* Ohne Wirtswechsel, im Darmlumen von Wanzen (*Gerris*, Wasserläufer). Meist in der *Blastocrithidia*-Form zum Teil auch in der *Leptomonas*- und *Leishmania*-Form. – *Trypanosoma* (Taf. 40:3/6, 7 u. 41): Wirtswechsel zwischen Wirbeltier-Wirt (*Trypanosoma*-Form im Blut) und wirbellosem Wirt (*Leptomonas*-, *Crithidia*- und *Leishmania*-Form im Lumen des Darmes). *Trypanosoma*-Arten kommen in allen Wirbeltiergruppen (Fische, Amphibien, Reptilien, Vögel, Säugetiere) in einer sehr großen Artenzahl vor. Vorwiegend im Blut des Wirbeltierwirtes, selten auch im Lymphgefäßsystem. Die wirbellosen Wirte stellen ohne Ausnahme blutsaugende Vertreter (Egel, Flöhe, Wanzen, Fliegen) dar. – *T. granulosum:* Aal als Wirbeltierwirt, Egel (*Hemiclepis*) als Überträger. – *T. rotatorium:* Wasserfrosch als Wirbeltierwirt, ebenfalls Egel als Überträger. – *T. grayi* (Taf. 41:3): Krokodile als Wirbeltierwirt, *Glossina* (Fliegen) als Überträger. *Trypanosoma*-Form im Blut des Krokodils, hier nur wenige Teilungen und stets wieder *Trypanosoma*-Form. Im Mitteldarm des Überträgers (*Glossina palpalis*) zunächst als große, typische *Crithidia*-Form auftretend. Im Enddarm entstehen durch weitere Teilungen kleinere *Crithidia*-Formen und kleine Formen, welche allmählich der *Trypanosoma*-Form (*Metatrypanosoma*-Form) ähneln. Diese *Metatrypanosoma*-Form stellt das Infektionsstadium dar. Sie wird durch den Kot des Überträgers *Glossina* nach außen abgegeben und gelangt über die Schleimhäute wieder in die Blutbahn des Krokodils. Dort entsteht durch Teilungen die *Trypanosoma*-Form. Im Darmtrakt von *Glossina* können aus verschiedenartigen Formen durch Teilungen *Leishmania*-Formen entstehen. – *T. gallinarum:* Haushuhn als Wirbeltierwirt, Culiciden (Stechmücken) als Überträger. – *T. gambiense* und *T. rhodesiense:* Erreger der Schlafkrankheit. Gefährliche Seuche des Menschen im tropischen Afrika. Überträger sind Tsetsefliegen (*Glossina*-Arten, vor allem *G. palpalis* und *G. morsitans*). Im Darmtrakt des Überträgers vorwiegend in der *Crithidia*-Form. In der Speicheldrüse als *Trypanosoma*-Form auftretend, sie wird durch den Stich dieser blutsaugenden Dipteren in die Blutbahn des Menschen übertragen. Dort kommen sie ausschließlich in der *Trypanosoma*-Form vor. Durch den Befall des Lymphsystems treten charakteristische Lymphdrüsenanschwellungen im Nacken auf. Erst nach Monaten treten die Trypanosomen in der Rückenmarks- und Hirnflüssigkeit auf, schädigen durch toxische Stoffe das Zentralnervensystem und rufen die Symptome der Schlafkrankheit (Schlafsucht) hervor. Tsetsefliegen infizieren sich immer wieder durch Saugen an infizierten Menschen (diese ohne Immunität) oder auch an infizierten Huftieren (natürliche Wirte: Antilopen, Gazellen), welche aber immun sind und keine Anzeichen von Schlafkrankheit zeigen. – *T. brucei* (Taf. 41:2): Erreger der Nagana-Seuche, eine Erkrankung afrikanischer Haustiere (Rinder, Pferde). Das afrikanische Hufwild ist ebenfalls infiziert, aber immun. Es stellt ein ständiges Reservoir mit Trypanosomen-Individuen dar. Überträger sind die *Glossina*-Arten *G. morsitans* und *G. palpalis*. Das befallene Vieh zeigt eine sehr starke Anämie, hervorgerufen durch extreme Reduktion der roten Blutkörperchen. – *T. cruzi:* Erreger der Chagas-Krankheit. In Süd- und Mittelamerika weit verbreitet. Die natürlichen, immunen Wirte sind Gürteltiere, Nagetiere und Fledermäuse. Überträger sind blutsaugende Wanzen (*Triatoma*-Arten). Im Darm der Wanze Vermehrung als *Crithidia*-Form. Übertragung auf den Menschen nicht durch den Stich, sondern durch den Kot der Wanze. Die Trypanosomen dringen durch Schleimhäute in Gewebezellen und treten intrazellulär als *Leishmania*-Form auf. Durch das Platzen der Wirtszelle gelangen sie in die Blutbahn, vermehren sich dort aber nicht mehr. Durch Blutsaugen erfolgt die Infektion der Wanzen. – *Leishmania* (Taf. 40:3/1, 40:4, 40:8): Wirtswechsel zwischen Wirbeltier (*Leishmania*-Form intrazellulär in Zellen des reticulo-endothelialen Systems. Zellkörper sekundär stark verkleinert, kugelig und ohne Geißel) und Insekt (*Leptomonas*Form im Lumen des Darmes). Die beim Menschen als Krankheitserreger auftretenden *Leishmania*-Arten werden von Schmetterlingsmücken (Phlebotominae, z. B. *Phlebotomus*) übertragen. *L. donovani* ist Erreger der Kala-Azar-Krankheit in Südasien, China und Mittelmeerländern. Starke Vergrößerung der Milz durch Blockierungen im reticulo-endothelialen System. *L. tropica* ist der Erreger der Orientbeule (Hautleishmaniase). Beulenartige Geschwüre, besonders im Gesicht. Weit verbreitet in Tropen und Subtropen. *L. brasiliensis*, Erreger von Haut- und Schleimhautleishmaniasen, besonders an den Lippen (Uta-Geschwüre).

Phylogenie – Protomonada und Kinetoplastinea: Die Protomonada, mit der Basisgruppe der Kine-

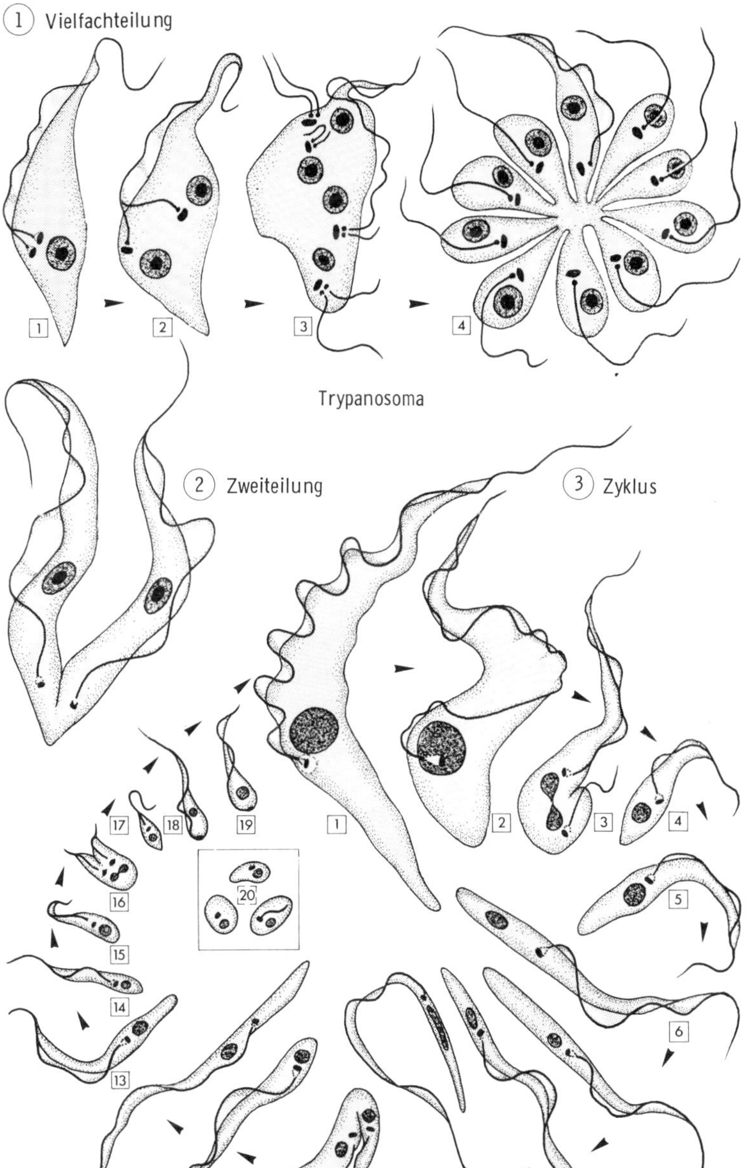

Taf. 41. Protomonada: Kinetoplastinea (Trypanosomatida: *Trypanosoma*). – Abb. 1. *Trypanosoma*, Vielfachteilung (nach KÜHN). Abb. 2. *Trypanosoma brucei*, Längsteilung (nach MACHINNON & HAWES). Abb. 3. Polymorphismus bei *Trypanosoma grayi*, verbunden mit Wirtswechsel (nach HOARE); 3/1. trypomastigot (im Blut von Krokodilen); 3/2–5. choanomastigot (im Mitteldarm von *Glossina*); 3/6–9. ältere choanomastigote Stadien im Mitteldarm von *Glossina*); 3/10. Teilung in choanomastigote und trypomastigote Form; 3/11,12. choanomastigot (3/10–12 im Mitteldarm von *Glossina*); 3/13–17. kleine, choanomastigote Formen (im Enddarm von *Glossina*); 3/18,19. metatrypomastigotes Infektionsstadium (Enddarm von *Glossina*, wird mit dem Kot ausgeschieden); 3/20. amastigote Formen, welche in allen Phasen des Zyklus gebildet werden können.

toplastinea, sind, wie auch die Eugleno- und Dinophyta, aus dem Prasinophyta-Bereich abzuleiten. Für eine Ableitung der Kinetoplastinea kommen vor allem zweigeißlige Vertreter aus dem Pyramimonadales-Bereich in Frage. Pyramimonadales weisen, wie auch die Kinetoplastinea, noch den primären Cristae-Typ der Mitochondrien auf. Die Geißeln inserieren in der Basis des Schlundes, und die Geißelhaare stellen nicht gegliederte Haare (keine Mastigonemen) dar. Besonders wichtig ist, daß schon bei den Prasinophyta ein einziges, sehr langes Mitochondrium festzustellen ist, und nicht eine Mehrzahl kleinerer Mitochondrien. Für die von ihnen abzuleitenden Kinetoplastinea ist ebenfalls der Besitz eines einzigen großen Mitochondriums (MK-Körper) charakteristisch. Bei den Kinetoplastinea kommt noch der Kinetoplast als Sonderbildung (Autapomorphie) hinzu. Bisher wurden die Kinetoplastinea meist aus dem Euglenophyta-Bereich abgeleitet. Diese Ableitung ist aber nicht möglich, da die Euglenophyta bei der Lysin-Biosynthese den sekundären AAA-Weg zeigen, während die Kinetoplastinea (und mit ihnen die Protomonada) den primären DAP-Weg aufweisen. Die Abspaltung der Kinetoplastinea aus dem Prasinophyta-Bereich muß also vor der Trennung der Euglenophyta aus dem Prasinophyta-Bereich erfolgt sein. Außerdem weisen Euglenophyta viele, kleine Mitochondrien (ebenfalls noch primärer Cristae-Typ) auf, während die Kinetoplastinea den primären Besitz eines einzigen, großen Mitochondriums beibehalten haben. Es bestehen zwar sehr enge phylogenetische Beziehungen zwischen Euglenophyta und Kinetoplastinea, aber eine direkte Ableitung der Kinetoplastinea von Euglenophyta erscheint nicht möglich. Beide Gruppen haben aber einen gemeinsamen Vorfahren im Prasinophyta-Bereich (monadoide Pyramimonadales), die Abspaltung der Kinetoplastinea erfolgte aber zu einem früheren Zeitpunkt. Für eine engere Verwandtschaft von Kinetoplastinea und Euglenopyhta sprechen folgende gemeinsame Merkmale: Bei der Mitose bleibt die Kernmembran erhalten, total intranukleäre Teilungsspindel; Microtubuli in der Pellicula; Geißeln mit intraflagellärem Strang; Geißel einseitig mit feinen Haaren (keine Mastigonemen); Geißeln entspringen einem Schlund; Mitochondrien vom primären Cristae-Typ; phagotrophe Nahrungsaufnahme im Bereich des Schlundes, Microtubuli bilden dabei eine cytostomale Rinne; Cytochrom c-Verwandtschaft (Aminosäure-Sequenzen) zwischen *Euglena* und *Crithidia*.

Nähere verwandtschaftliche Beziehungen (Abstammung aus demselben Prasinophyta-Bereich) bestehen auch zu den Dinophyta, die zahlreiche gemeinsame Merkmale mit Kinetoplastinea (Protomonada) und Euglenophyta aufweisen. Dinophyta sind in Bezug auf Lysin-Biosynthese noch nicht untersucht.

Innerhalb der Kinetoplastinea stellen die Bodonida die stammesgeschichtlich älteste Teilgruppe dar. Die stammesgeschichtlich ältesten Vertreter (*Bodo*) sind noch freilebend und weisen den primären Besitz von 2 Geißeln auf. Innerhalb der Gattung *Bodo* (*B. curvifilus*) ist bereits eine Verkürzung der vorderen Geißel festzustellen. Diese Verkürzung ist bei *Rhynchomonas* (freilebend) noch stärker ausgeprägt. Innerhalb der Kinetoplastinea ist ein starker Trend zur sekundären endoparasitischen Lebensweise zu erkennen. Dieser Wechsel zur endoparasitischen Lebensweise ist mit einem Abbau des Cytostoms und Übergang zur osmotrophen Nahrungsaufnahme gekoppelt. Bei *Cryptobia* kommt hinzu, daß die hintere Geißel als Randgeißel einer undulierenden Membran ausgebildet ist. Auch bei Trypanosomatida ist die einzig vorhandene Geißel häufig als Randgeißel (sekundär) einer undulierenden Membran ausgebildet. Trypanosomatida sind von bereits endoparasitisch lebenden Bodonida (z.B. *Trypanophis, Cryptobia*) abzuleiten. Innerhalb der Trypanosomatida stellt *Leptomonas* die stammesgeschichtlich älteste Gruppe dar. *Leptomonas* weist noch eine freie, nach vorne gerichtete Geißel auf. Die Geißel entspringt noch primär im vorderen Zellbereich, und der MK-Körper liegt ebenfalls im vorderen Zellbereich direkt unterhalb des Geißel-Basalkörpers. Die *Leptomonas*-Form ist als primäre Form zu betrachten. Primärer Sitz ist der Darmtrakt von wirbellosen Tieren, ein Wirtswechsel war primär nicht vorhanden. Diese primäre *Leptomonas*-Gruppe evolutierte mit ihren Wirten, und die Übertragung erfolgte durch infizierten Kot der Wirtstiere. Die sekundäre Verlagerung von Zellorganellen (Geißel, MK-Körper, Kern) in den mittleren und dann hinteren Bereich des Zellkörpers führte zur Ausbildung von opisthomastigoten, epimastigoten und trypomastigoten Formen verbunden mit einem ausgeprägtem Polymorphismus. Die Verlagerung der einzigen Geißel-Basis in den hinteren Zellbereich führte zur Ausbildung einer undulierenden Membran mit Randgeißel, welche als Anpassung an eine Lebensweise in einem zähflüssigen Medium zu deuten ist. Die abgewandelten Formen treten erst relativ spät im Verlauf der Evolution auf, so kommen trypomastigote Formen nur in Wirbeltieren vor.

Innerhalb der primären *Leptomonas*-Gruppe (kein Wirtswechsel, nur wirbellose Wirte) kam es zu einer explosiven Entfaltung im Insektenwirt-Bereich. Zunächst noch ohne Wirtswechsel wie auch heute noch bei *Leptomonas, Herpetomonas* und *Crithidia*. Sekundär kam es dabei zur Ausbildung verschiedenartiger Formen, wie (neben der primären *Leptomonas*-Form) *Herpetomonas*- und *Crithidia*-Form. Auch die *Leishmania*-Form wurde ausgebildet, zunächst aber noch frei (nicht intrazellulär) und nur an den Darmepithelzellen angeheftet. Mit dem Auftreten von pflanzensaugenden und Wirbeltiere zur Nahrungsaufnahme stechenden Insekten war eine Übertragung auf andere Wirte möglich, und es bildete sich ein Wirtswechsel aus. Aus promastigoten *Leptomonas*-Formen hat sich die *Phytomonas*-Gruppe entwickelt. Wanzen stellen hier den Insektenwirt dar und übertragen durch das Saugen an Milchsaft enthaltenden Pflanzen den Parasiten auf den Pflanzenwirt. Vorher war aber eine Besiedelung des Speicheldrüsenbereiches (ausgehend vom primären Darmbefall) erforderlich, um eine Übertragung durch den Stechakt zu ermöglichen. Mit dem Auftreten von blutsaugenden Insekten war auch eine Übertragung auf Wirbeltiere möglich. Parallel dazu konnten auch Arten durch blutsaugende Egel auf Wirbeltierwirte übertragen werden. Es kam zur Ausbildung der *Leishmania-Trypanosoma*-Gruppe mit Wirbeltieren als Wirt und parasitische Lebensweise im Blut (selten auch Lymphe) des Wirtstieres. *Leishmania*-Arten sind von promastigoten *Leptomonas*-Formen abzuleiten, während die *Trypanosoma*-Arten meist von epimastigoten Vorfahren abzuleiten sind. Die Gattung *Trypanosoma* ist offensichtlich polyphyletisch, da hier sowohl Insekten als auch Egel, als Überträger und Wirbellosenwirt fungieren. Die Übertragung erfolgte zunächst wohl durch Verschmutzung der Stich-, bzw. Bißstelle durch den Kot des Überträgers. Später hat dann auch eine Besiedlung der Speicheldrüsen des Überträgers stattgefunden, so daß eine Übertragung direkt durch den Stich (Insekten) möglich wurde. Primärer Biotop ist stets der Darmtrakt, sekundär dann Aufenthalt in den Blutbahnen des Wirbeltierwirtes. Sekundär kann auch zu einer intrazellulären Lebensweise (*Leishmania*) übergegangen werden.

Die indirekte Übertragung (Verschmutzung durch Kot) wird bei *Trypanosoma* und auch *Leishmania* weitgehend beibehalten. Daneben kommt es aber auch bei einigen *Trypanosoma*-Arten zu einer direkten Übertragung (Besiedelung der Speicheldrüsen des wirbellosen Wirtes), konvergent zur gleichen Übertragungsweise bei *Phytomonas* und zum Teil bei *Leishmania*. Es liegt bei *Trypanosoma* keine Parallelentwicklung zwischen Parasit und Wirbeltierwirt vor, da die im Wasser lebenden Wirbeltiere meist von infizierten Egeln, die auf dem Lande lebenden Wirbeltiere dagegen von infizierten Insekten infiziert werden. Die *Trypanosoma*-Arten mit Insekten als Überträger stammen aus dem *Leptomonas*-Bereich mit Insekten-Überträgern, die *Trypanosoma*-Arten der Egel und fast aller aquatisch lebender Wirbeltiere stammen dagegen von *Leptomonas*-Arten in Anneliden ab.

Klasse Pseudociliata

(Taf. 42:4)

Primär monadoide Form. Länglich-ovale Körperform mit Längen von 20–70 μm. Körperoberfläche mit 6–8 Wimperreihen, welche relativ wenige Wimpern enthalten. Bei 8 Wimperreihen (*Stephanopogon apogon*) befinden sich 6 Reihen auf der Ventral- und 2 kurze Reihen auf der Dorsalfläche. Mit Pelliculla, ohne das für Ciliata charakteristische Kinetidensystem (ohne Kinetodesmen, ohne Alveolen). Ausschließlich farblose Vertreter. Mit apikal gelegenem, schlitzförmigem Cytostom und Cytopharynx. Cytostom von membranösen, lappenartigen Strukturen umgeben. Um den Cytopharynx sind 32 Microtubuli-Bündel zur Stützung angeordnet. Daneben kommen auch subpelliculäre Microtubuli (wie auch bei Kinetoplastinea: Trypanosomatida) vor.

Homokaryonte Vertreter mit 2–16 Kernen. Kern mit Nukleolus. Bei den Kernen handelt es sich weder um Micro-, noch um Macronuclei. Mit azentrischer Mitose (wie bei Trypanosomatida). Primitive geschlossene Mitose mit intranukleärer Spindel. Die Kernmembran bleibt während der Mitose erhalten (wie auch bei Kinetoplastinea und Euglenophyta). Mit Mucocysten. Mitochondrien mit paddelförmigen Cristae (wie bei Kinetoplastinea und Euglenophyta). Die Geißeln (= Wimpern) glatt, nicht behaart und ohne paraflagellären Strang. Ohne Kinetoplast und ohne Golgi-Körper.

Primär zweikernige Vertreter. Bei ihnen werden durch mitotische Kernteilungen in einem, von einer Cystenhülle umgebenen Tomonten 16–24 Kerne ausgebildet. Durch symmetrogene Längsteilungen entstehen dann 8–12 zweikernige Tomiten. Aus den Tomiten werden dann, nach Abschluß einer Wachstumsphase, wieder normale zweikernige Vertreter. Entsprechender Ablauf auch bei den vielkernigen Vertretern.

Lebensweise: Ausschließlich marine Vertreter im Benthos und im Sandlückensystem des Meeresstrandes (Mesopsammon). Microphage Vertreter mit phagotropher Nahrungsaufnahme.

Ordnung Pseudociliatida

Einzige Ordnung mit den Merkmalen der Klasse.

Pseudociliatidae. Einzige Familie mit den Merkmalen der Ordnung. *Stephanopogon* (Taf. 42:4): bisher 4 Arten bekannt. Kernzahl bei den einzelnen Arten nicht festgelegt. *Stephanopogon apogon* z. B. mit 2–12 Kernen.

Phylogenie – Pseudociliata: Die Pseudociliata wurden bis in die jüngste Zeit als stammesgeschichtlich älteste Vertreter der Ciliophora betrachtet und dort in einer eigenen Ordnung (Primociliatida) eingereiht. Neue Untersuchungen (Corliss 1982) haben ergeben, daß es sich bei *Stephanopogon* nicht um einen Ciliaten, sondern um einen Flagellaten aus dem Verwandtschaftsbereich der Protomonada (Kinetoplastinea) handelt. Die Einreihung (Corliss 1982) erfolgte gemeinsam mit den Kinetoplastinea innerhalb der Euglenophyta.

Gegen diese Einreihung sprechen folgende Daten. Euglenophyta weisen bei der Lysin-Biosynthese den sekundären AAA-Weg auf, während bei den Kinetoplastinea (Protomonada) der primäre DAP-Weg vorliegt. Kinetoplastinea können daher nicht innerhalb der Euglenophyta eingereiht werden. Die Pseudociliata zeigen viele Gemeinsamkeiten mit den zu den Kinetoplastinea zählenden Trypanosomatida, so daß ihre Einreihung innerhalb der Protomonada als eigene Klasse besser begründet erscheint. Die Geißeln (Wimpern) der Pseudociliata sind unbehaart. Unbehaarte Geißeln kommen bei Euglenophyta nicht vor, aber bei Protomonada. Innerhalb der Kinetoplastinea ist bereits eine starke Tendenz zur Reduzierung der Geißelbehaarung festzustellen, welche bis zur völligen Reduktion führt. Die übrigen Klassen der Protomonada zeigen alle unbehaarte Geißeln. Zu einer sich über die ganze Körperoberfläche erstreckenden Vielgeißligkeit kommt es bei den Protomonada (Holomastiginea), nicht aber bei den Euglenophyta. Bei den Euglenophyta (Euglenamorphales) handelt es sich ausschließlich um sekundäre Geißelvermehrungen im vorderen, apikalen Bereich. Der paddelförmige Cristae-Typ der Mitochondrien kommt sowohl bei Euglenophyta als auch bei Kinetoplastinea vor. Die subpelliculären Microtubuli sind sowohl bei Euglenophyta als auch bei Kinetoplastinea (Trypanosomatida) vorhanden. Die sekundären Geißelvermehrungen kommen bei den Euglenophyta nur bei Vertretern mit sekundärer endokommensaler Lebensweise, nicht aber bei freilebenden Vertretern vor. Das sekundäre Fehlen von Golgi-Körpern läßt eine Eingruppierung der Pseudociliatida weder bei den Euglenophyta noch bei den Kinetoplastinea zu. Sie sind daher innerhalb der Protomonada nach den Kinetoplastinea (mit Golgi-Körpern) einzureihen. Sie zeigen eine nähere Verwandtschaft zu den Holomastiginea (viele Geißeln über die ganze Körperoberfläche verteilt; sekundäre Mehrkernigkeit; zum Teil freilebend im marinen Bereich) und sind wie diese, aus dem frühen Protomonada-Bereich (freilebende Kinetoplastinea) abzuleiten.

Klasse Proteromonadinea

(Taf. 42:1)

Ausschließlich primäre monadoide Form (Flagellatenstadium). Nur primäre Einzeller, ohne sekundäre Kolonienbildung. Mit primärer geriefter Pellicula und subpelliculären Microtubuli. Körperform länglich-gestreckt. Primär mit 2 Geißeln (*Proteromonas*), sekundär bereits mit 4 voll ausgebildeten Geißeln (*Karatomorpha*). Mit einer vorderen Zuggeißel (bei *Proteromonas* mit erweitertem Strang) und einer, bzw. 3 nach hinten gerichteten Schleppgeißeln. Die paarig angeordneten Basalkörper (1 und

2, sowie 3 und 4) zeigen eine rechtwinklige (orthogonale) Lage. Von der Basis der Vordergeißel (*Proteromonas*) zieht eine feine Microtubuli-Fibrille bis in den Golgi-Körperbereich. Ein kräftig ausgebildeter, aus Microtubuli bestehender Rhizoplast (*Proteromonas*) beginnt an der Basis der Schleppgeißel, durchzieht den unter den Basalkörpern liegenden Golgi-Körper, läuft in einer Furche an dem darunter gelegenen Kern vorbei und endet an der Oberfläche des unterhalb des Kernes liegenden einzigen, sehr großen Mitochondriums. Das einzige Mitochondrium vom sekundären Tubuli-Typ, aber ohne Kinetoplast-Ausbildung. Geißeln glatt ohne Haare. Bei *Proteromonas* weist die hintere Hälfte des Zellkörpers einen Besatz mit tubulären Haaren auf. Bei *Karatomorpha* liegen allgemein ähnliche Verhältnisse vor, welche auf eine nahe Verwandtschaft beider Gattungen hinweisen. Das subpelliculäre Microtubuli-System von *Karatomorpha* entspricht in vielen Zügen demjenigen der Opalinida. Auch die Mitochondrien zeigen in Struktur und Aufbau viele Ähnlichkeiten mit denjenigen der Opalinida. Euglenophyta zeigen eine geriefte Pellicula, welche aber einen viel komplexeren Aufbau besitzt. *Proteromonas* mit basaler Anschwellung der Vordergeißel. Basale Geißelanschwellungen treffen wir auch bei Euglenophyta und Kinetoplastinea an. Die subpelliculären Microtubuli bilden bei den Kinetoplastinea, im Gegensatz zu den Proteromonadinea (und den Euglenophyta) keine äußerlich sichtbare Riefung der Zelloberfläche. Proteromonadinea ohne Schlundbildung. Mit Ausbildung von Cysten. Mitose mit intranukleärer Spindel.

Lebensweise: Ausschließlich endokommensalisch (endoparasitisch) im Enddarm von Amphibien und Reptilien.

Klasse Proteromonadinea mit der einzigen Ordnung Proteromonadida.

Ordnung Proteromonadida

Einzige Ordnung mit den Merkmalen der Klasse. *Proteromonas* (Taf. 42:1): Mit 2 Geißeln, im Enddarm von Eidechsen. *Karatomorpha:* Mit 4 Geißeln, im Enddarm von Fröschen.

Phylogenie – Proteromonadinea: Proteromonadinea enthalten ausschließlich endokommensalisch, bzw. endoparasitisch lebende Vertreter und sollten daher von freilebenden Formen abgeleitet werden. Der Lebensraum Enddarm weist darauf hin, daß es sich noch um eine frühe Phase des Übergangs zu einer endokommensalen, bzw. endoparasitischen Lebensweise handelt. Offensichtlich liegt bei den Proteromonadinea eine mehr endokommensalische Lebensweise vor, die nicht zu Schädigungen der Wirte führt. Der Besitz eines einzigen großen Mitochondriums sowie die Ausbildung von 4 Geißeln weisen eindeutig auf eine Ableitung aus dem Prasinophyta-Bereich hin. Eine Ableitung aus dem Chrysophyta-Bereich, wie zum Teil vorgeschlagen, ist dagegen sehr unwahrscheinlich. Ausgehend von dem bisher bekannten Artenspektrum kommen wohl nur freilebende Vertreter aus dem Kinetoplastinea-Bereich (Bodonida) als Vorfahren der Proteromonadinea in Frage, welche ja von Prasinophyta abzuleiten sind. Der Besitz tubulärer Mitochondrien zeigt an, daß die Proteromonadinea stammesgeschichtlich jünger als die Bodonida (Kinetoplastinea) sind. Das Fehlen des Kinetoplasten bei den Proteromonadinea ist daher als eine sekundäre Reduktion zu betrachten, die durch den Wechsel zu einer anaeroben Lebensweise im Darmtrakt ausgelöst worden ist. Das Fehlen von Haaren an den Geißeln ist ebenfalls als Reduktion zu betrachten. Den Beginn der Haarreduktion kann man schon bei den Bodonida feststellen, da dort die Haare nur noch in kleinen Gruppen vorhanden und nicht mehr primär über die ganze Geißel regelmäßig verteilt sind. Auch das Fehlen des Schlundes ist als Reduktion und Anpassung an die sekundär endokommensalische Lebensweise zu deuten. Gegenüber den Bodonida abweichende Merkmale, wie z.B. andersartiger Geißelwurzelbereich und Rhizoplastbildung sind als Apomorphien der Proteromonadinea zu betrachten. Die tubulären Mitochondrien der Proteromonadinea sind vom primären, abgeplatteten Cristae-Typ abzuleiten (bei Bodonida sind sie noch vorhanden, aber auch bei endokommensalischen, bzw. endoparasitischen Vertretern, wie z.B. *Trypanophis*, tritt schon der sekundäre Tubuli-Typ auf). Anaerob lebende Vertreter zeigen allgemein eine Reduktion im Mitochondrien-Bereich. Wir müssen daher annehmen, daß es bei den Proteromonadinea zunächst zu einer Reduktion des Kinetoplasten gekommen ist, während die Gruppen ab Retortamonadinea einen sekundären völligen Verlust des Mitochondriums aufweisen.

Phylogenetisch äußerst wichtig ist das Auftreten eines 4geißligen Mastigont-Komplexes bei den

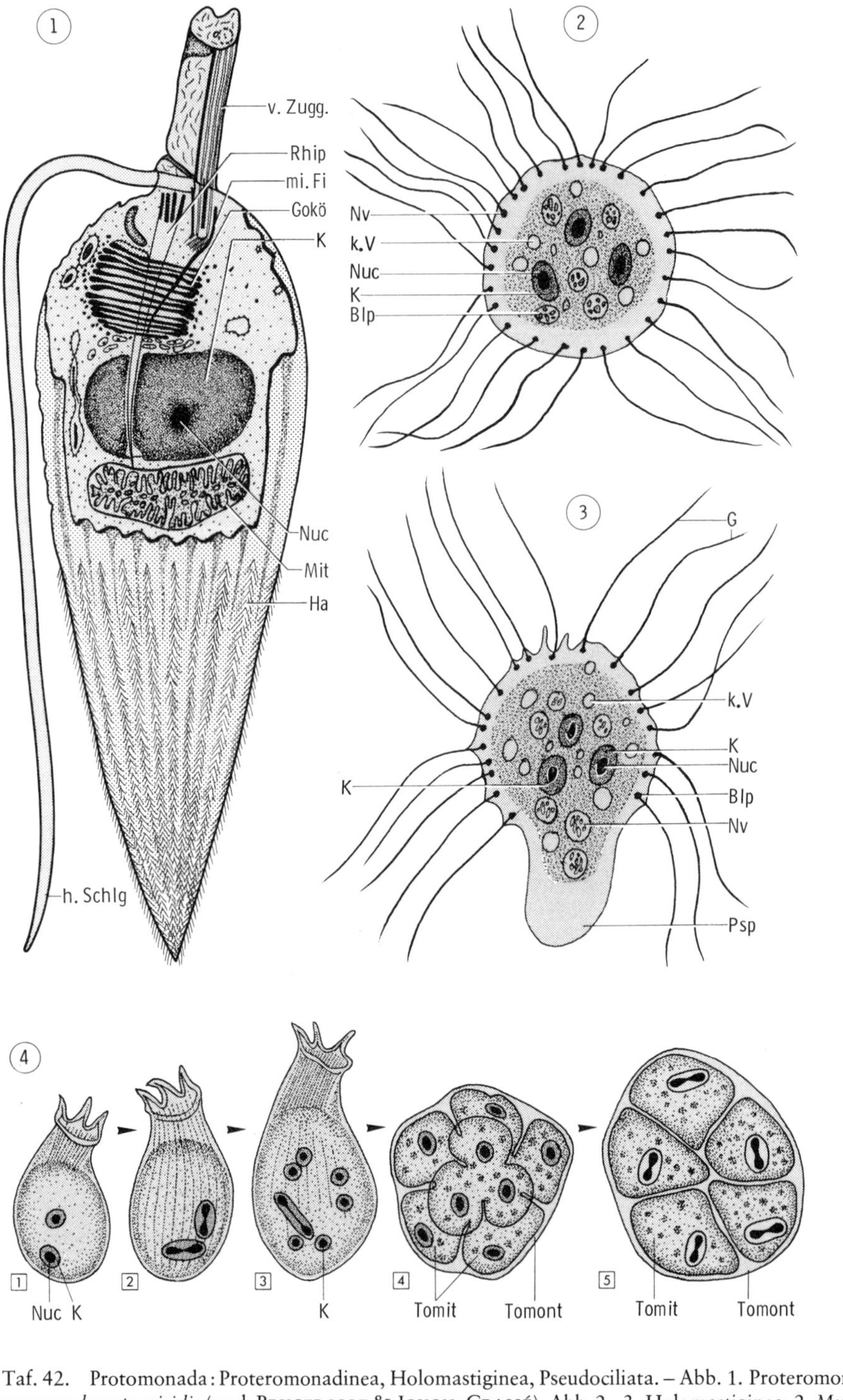

Taf. 42. Protomonada: Proteromonadinea, Holomastiginea, Pseudociliata. – Abb. 1. Proteromonadinea: *Proteromonas lacertaeviridis* (nach BRUGEROLLE & JOYON; GRASSÉ). Abb. 2–3. Holomastiginea: 2. *Multicilia lacustris* (nach LAUTERBORN); 3. *Multicilia lacustris*, Nahrungsaufnahme durch Ausbildung eines Pseudopodiums (nach

Proteromonadinea. Diesen Komplex (später im Verlauf der Evolution erweitert zu einem Karyomastigontsystem) treffen wir sowohl bei den Retortamonadinea als auch bei den Oxy- und Metamonadinea (= Parabasalia) an. Viergeißlige Vertreter treffen wir bei Prasinophyta, nicht aber bei Chrysophyta an. Für Chrysophyta ist im Gegenteil eine starke Tendenz zur sekundären Eingeißligkeit charakteristisch. Proteromonadinea stammen daher, wie auch die Kinetoplastinea, aus dem Prasinophyta-Bereich ab und sind von Bodonida mit freier (oder Übergang zum Endokommensalismus) Lebensweise abzuleiten.

Klasse Holomastiginea
(Taf. 42:2–3)

Ausschließlich monadoide Vertreter. Mit primärem Periplast. Rundliche Körpergestalt. Mit einer sehr großen Zahl von Geißeln (40–50). Geißeln rundum angeordnet, etwa 1,5–2 mal so lang wie der Durchmesser des Körpers. Körpergröße 20–40 μm. Primär einkernig (*Multicilia marina*), sekundär mit 2–7 Kernen (*M. palustris*, *M. lacustris*). Kern mit Nukleolus. Jede Geißel mit einem Basalkörper. Die im Süßwasser vorkommenden Vertreter mit kontraktilen Vakuolen. Nahrungsaufnahme durch Ausbildung von Pseudopodien. Die Nahrung (einzellige Algen) wird phagocytär aufgenommen. Eine spezielle Mundöffnung ist nicht vorhanden. Die Defäkation erfolgt an beliebigen Körperstellen. Mit zahlreichen Nahrungsvakuolen. Ausschließlich farblose Vertreter. Freischwimmende Lebensweise. Primär im marinen Bereich (*M. marina*), sekundär im Süßwasser (*M. palustris*, *M. lacustris*). Ungeschlechtliche Fortpflanzung durch Zweiteilung.

Klasse Holomastiginea mit der einzigen Ordnung Holomastigida.

Ordnung Holomastigida

Mit den Merkmalen der Klasse. Nur eine einzige Gattung: *Multicilia*. *M. marina*: Mit der primären marinen Lebensweise. Primär mit nur einem einzigen Kern. – *M. lacustris* (Taf. 42:2, 3) und *M. palustris*: Sekundäre Süßwasserformen. Sekundär mit mehreren Kernen. Mit kontraktilen Vakuolen.

Phylogenie – Holomastiginea: Holomastiginea wurden früher häufig mit Amöben-Gruppen und Heliozoen in Verbindung gebracht. Sie besitzen aber weder Filo-, noch Axopodien. Die Ausbildung von Basalkörpern zeigt, daß Holomastiginea echte Geißeln haben. Sie sind phylogenetisch sehr interessant, da sie viele Geißeln besitzen und eine sekundäre Mehrkernigkeit aufweisen. Verhältnisse, wie wir sie auch bei den Opalinida und Ciliophora antreffen. Leider liegen über diese Gruppe keine neueren Untersuchungsdaten vor (z.B. von elektronenmikroskopischen Untersuchungen), so daß im Augenblick die Eingruppierung der Holomastiginea umstritten ist. Auch können zur Zeit keine anderen Gruppen von Holomastiginea abgeleitet werden, da sogar die vorliegenden lichtmikroskopischen Daten sehr lückenhaft sind. Bei einer Einordnung innerhalb der Protomonada, der wir uns hier anschließen, kann eine Ableitung der Holomastiginea nur aus dem frühesten Protomonada-Bereich (Kinetoplastinea-Proteromonadinea) erfolgen, da die Holomastiginea ausschließlich freilebende Vertreter aufweisen. Da die ebenfalls vielgeißligen Opalinida aus dem Proteromonadinea-Bereich abgeleitet werden, könnten die Holomastiginea als Schwestergruppe der Protomonadinea betrachtet werden, beide sind von einem freilebenden Vorfahren (Bodonida-Gruppe) abzuleiten. Ein Trend zur sekundären Geißelvermehrung ist schon bei den Proteromonadinea erkennbar. Holomastiginea und Opalinida gehen aber über das viergeißlige Mastigontsystem (bzw. Vielfaches von Vier), hinaus, so daß ihre Geißelsysteme

◄

PENARD). Abb. 4. *Stephanopogon colpoda* (Pseudociliata), Vermehrung: 4/1 = junges, zweikerniges Individuum, 4/2 = Kernteilung, 4/3 = vielkerniges Stadium, 4/4 = encystierter Tomont mit Tomiten, 4/5 = Bildung zweikerniger Tomiten durch mitotische Teilung. Abkürzung: Blp = Blepharoplast (= Basalkörper), G = Geißel, Gokö = Golgikörper, Ha = Haare, h. Schl = hintere Schleppgeißel, K = Kern, k. V. = kontraktile Vakuole, mi. Fi = microtubuläre Fibrille, Mit = Mitochondrium, Nuc = Nucleolus, Nv = Nahrungsvakuole, Psp = Pseudopodium, Rhiz = Rhizoplast, v. Zugg. = vordere Zuggeißel.

nicht als eine Vervielfachung eines Vierer-Mastigontsystems gedeutet werden können. Stammesgeschichtlich wichtig ist, daß innerhalb der Holomastiginea (*Multicilia*) die stammesgeschichtlich ältesten Vertreter mit der primären marinen Lebensweise nur einen Kern aufweisen, während stammesgeschichtlich jüngere Süßwasservertreter sekundär mehrere Kerne besitzen.

Klasse Retortamonadinea

(Taf. 43)

Mit den Ordnungen Retortamonadida und Diplomonadida.

Ausschließlich primäre monadoide Phase (Flagellatenstadium), bei den Diplomonadida kommt es zur Ausbildung von Doppelindividuen mit verdoppeltem Geißelbestand. Mit primärer Pellicula und subpelliculärem Microtubuli-System. Körperform meist länglich-oval. Pellicula bei Diplomonadida zart, bei Retortamonadida relativ fest. Bei Diplomonadida sekundäre dorsoventrale Abplattung. Bilateralsymmetrisch und mit deutlich ausgebildeter Dorsal- und Ventralseite. Cytostom rinnenartig (Retortamonadida) oder als doppelt-ovale Vertiefung (Diplomonadida) im vorderen Zellbereich ausgebildet. Cytostom bei den Retortamonadida voll ausgebildet und beide Lippen mit Microtubuli-Fibrillen versehen. Innerhalb der Diplomonadida besitzen die stammesgeschichtlich älteren, zum Teil noch freilebenden Vertreter noch gut ausgebildete Cytostome, während sie bei den stammesgeschichtlich jüngeren Vertretern (*Octomitus*, *Giardia*) sekundär fehlen. Der Abbau des Cytostom-Bereiches ist verknüpft mit einem Übergang von der primär phagotrophen zur sekundären osmotrophen Nahrungsaufnahme. Bei Retortamonadida schließt sich an das Cytostom ein Cytopharynx an. Im Cytopharynxbereich erfolgt die phagotrophe Nahrungsaufnahme (Nahrung vorwiegend Bakterien). Bei Retortamonadida durchquert die hintere Geißel (Geißel 4) den Cytostombereich. Bei den stammesgeschichtlich jüngeren Diplomonadida (z. B. *Giardia*) ist der Schlundbereich sekundär in ein Haftorganell umgewandelt.

Primär mit 2 glatten, sekundär haarlosen Geißeln (Retortamonadida: *Retortamonas*), aber bereits mit 4 Basalkörpern. Von den beiden, rechtwinklig angeordneten Basalkörper-Paaren ist jeweils nur ein Basalkörper mit einer Geißel versehen. Mit vorderer Zug- und dickerer, hinterer Schleppgeißel. Schleppgeißel mit flügelartigen Anhängen. Sekundär Retortamonida mit 4 Geißeln (*Chilomastix*). Mit 3 vorderen Zuggeißeln, eine davon stammt vom hinteren Basalkörperpaar mit der Schleppgeißel. Die Schleppgeißel (G 4) läuft durch das ventral gelegene Cytostom. Die Basalkörper sind durch Microtubuli miteinander verbunden. Schleppgeißel mit paraflagellärem Strang. Bei Retortamonida wurden ab und zu Doppelindividuen mit doppeltem Geißelsystem beobachtet. Entstehung durch unvollständige Teilung. Diplomonadida sind manifestierte Doppelindividuen, welche ebenfalls aus einem unvollständigen Teilungsprozeß hervorgegangen sind. Diplomonadida sekundär mit 8 glatten, nicht behaarten Geißeln, welche zwei viergeißlige Mastigontsysteme darstellen. Außerdem kommt es bei den Diplomonadida zu einer Kernverdoppelung und zum Zusammenschluß beider Cytostombereiche auf der Ventralseite. Diplomonadida primär noch mit Cytostom (Doppelcytostom), sekundär Cytostombereich in ein Haftorganell umgewandelt. Von den 8 Geißeln der Diplomonadida (*Trepomonas* als stammesgeschichtlich älteste Vertreter) sind 6 als nach vorne gerichtete Zuggeißel und 2 als hintere Schleppgeißel (Schwanzgeißel) ausgebildet. Die Geißeln der Diplomonadida verlaufen über größere Strecken zunächst introplasmatisch, ehe sie frei werden und nach außen schwingen. Während ihres intraplasmatischen Verlaufes werden sie meist von Microtubuli begleitet. Bei stammesgeschichtlich jungen Vertretern (*Giardia*) überkreuzen sich die beiden vorderen Zuggeißeln. Die beiden hinteren Schleppgeißeln sind viel länger als die vorderen (bei *Trepomonas* seitlich gelegenen) Zuggeißeln. Die beiden Kerne befinden sich bei den Diplomonadida im vorderen Zellbereich und sind noch deutlich voneinander getrennt. Innerhalb der Diplomonadida (Enteromonadina) kommt es sekundär im Verlauf einer regressiven Evolution wieder zu Vertretern mit einem 4geißligen System (*Enteromonas*) und bei weiterer Reduktion (auch in der Körpergröße) zu sekundär dreigeißligen (*Trimitus*) und eingeißligen (*Caviomonas*, nur mit Schleppgeißel) Vertretern. Diese Vertreter weisen, wie auch die Retortamonadinea, nur einen Kern auf. Ohne Mitochondrium und ohne Golgi-Körper, bedingt durch Lebensweise in anaeroben Bereichen (freilebend oder endokommensalisch, bzw. endoparasitisch). Freilebende Vertreter (z. B. *Hexamitus*-Arten) mit pulsierender Vakuole. Mitose mit intranukleärer Spindel. Mit Cystenbildung. Retortamonadinea mit drehsymmetrischem Körperbau. Stammesgeschichtlich alte Diplomonadida(z. B. *Trepomonas* und *Hexamita*) besitzen ebenfalls einen drehsymmetrischen Bau um die Längsachse. Die beiden rinnenartigen Cytostome liegen getrennt voneinander auf den entgegengesetzten Körperseiten. Bei den stammesgeschichtlich jüngeren Diplomonadida verlagern sich die rinnenförmigen Cytostome auf die Ventralseite und liegen zunächst noch gut getrennt voneinander (*Spironucleus*). Bei *Octomitus* wird bereits kein Cytostom mehr ausgebildet, und in der Mitte ventral gelegene Rinne (= früherer Cytostombereich) verlaufen die beiden nach hinten gerichteten Schleppgeißeln. Die Rinne wird durch Microtubuli verfestigt. Bei *Giardia* kommt es im vorderen Zellbereich auf der Ventralseite zur Ausbildung eines großen Haftorganells. Ein Cytostom ist bei *Giardia* ebenfalls nicht mehr vorhanden.

Nahrungsaufnahme primär phagotroph (Arten mit Cytostom), sekundär bei cytostomlosen Vertretern osmotrophe Nahrungsaufnahme. Phagotrophe Arten nehmen weitgehend Bakterien als Nahrung auf. Ungeschlechtliche Fortpflanzung durch Längsteilung.

Lebensweise: Retortamonadida leben endokommensalisch, bzw. endoparasitisch im Darmtrakt von Wirbellosen und Wirbeltieren. Anaerobe Lebensweise (sekundärer Mitochondriumabbau). Diplomonadida zum Teil noch freilebend in stark verschmutzten, mesosaproben, weitgehend anaeroben Gewässern (z. B. *Trepomonas*, *Hexamita*), sekundär ebenfalls endokommensalisch, bzw. endoparasitisch im Darmtrakt von Wirbellosen und Wirbeltieren. Mit sehr breiten Wirtsspektren, z. B. *Octomitus* im Darmtrakt von Insekten, Fischen, Amphibien, Reptilien, Vögeln und Säugetieren. Die stammesgeschichtlich jüngeren *Giardia*-Arten nicht mehr bei Insekten, aber bei allen anderen bei *Octomitus* angeführten Gruppen vertreten.

Ordnung Retortamonadida

Primär zweigeißlig, aber bereits mit 4 Basalkörpern (*Retortamonas*). Sekundär mit 4 Geißeln (*Chilomastix*). Vereinzelt wurden Doppelindividuen beobachtet, welche Diplomonadida entsprechen und durch unvollständige, ungeschlechtliche Längsteilung entstehen. Doppelindividuen-Bildung aber noch nicht manifestiert. Pellicula mit subpelliculären Microtubuli. Basalkörper paarweise orthogonal angeordnet. Mit Cytostom und Cytopharynx. Cytostomlippen durch Microtubuli gestützt. Mit einer, bzw. 3 vorderen Zuggeißeln und einer hinteren Schleppgeißel. Schleppgeißel mit paraflagellärem Strang. Phagotrophe Nahrungsaufnahme (Endocytose) im Bereich des Cytopharynx. Die hintere Geißel durchquert den Cytostombereich. Ohne Mitochondrium und ohne Golgi-Körper. Mitose halboffen. Mit Cystenbildung. Keine freilebenden Vertreter. Mit endokommensalischer, bzw. endoparasitischer Lebensweise im Darmtrakt von Wirbellosen (Insekten, Egel) und Wirbeltieren (Fische, Amphibien, Vögel, Säugetiere). Anaerobe Lebensweise. *Retortamonas:* Mit 2 Geißeln und 4 Basalkörpern. – *Chilomastix* (Taf. 43:1): Mit 4 Geißeln. Wirte: Wirbellose und Wirbeltiere.

Ordnung Diplomonadida

Mit den Unterordnungen Diplomonadina und Enteromonadina.

Unterordnung Diplomonadina

Aus unvollständiger Längsteilung hervorgegangene Doppelindividuen. Primär mit zwei, aus je 4 Geißeln bestehenden Mastigontsystemen. Geißeln primär mit lateraler Lage (*Trepomonas*), sekundär im vorderen Zellbereich. Mit je 3 Zug- und einer nach hinten gerichteten Schleppgeißel. Die beiden Cytostome primär seitlich gelegen, sekundär auf der Ventralseite und bei den stammesgeschichtlich jüngeren Vertretern rinnenartig (Haftorganell bei *Giardia*) umgewandelt. Die beiden Kerne im vorderen Zellbereich. Primär drehsymmetrischer Körperbau, sekundär (z. B. *Giardia*) dorsoventral abgeplattet und bilateralsymmetrisch. Der intraplasmatisch verlaufende Geißelbereich mit seitlichen Microtubuli als Stützfibrillen. Freilebende Vertreter (z. B. *Hexamita*) mit kontraktiler Vakuole. Sekundär ohne Mitochondrium und ohne Golgi-Körper. Mitose halboffen. Mit Cystenbildung. Primär phagotrophe Nahrungsaufnahme (freilebende und endokommensalisch, bzw. endoparasitisch lebende Vertreter

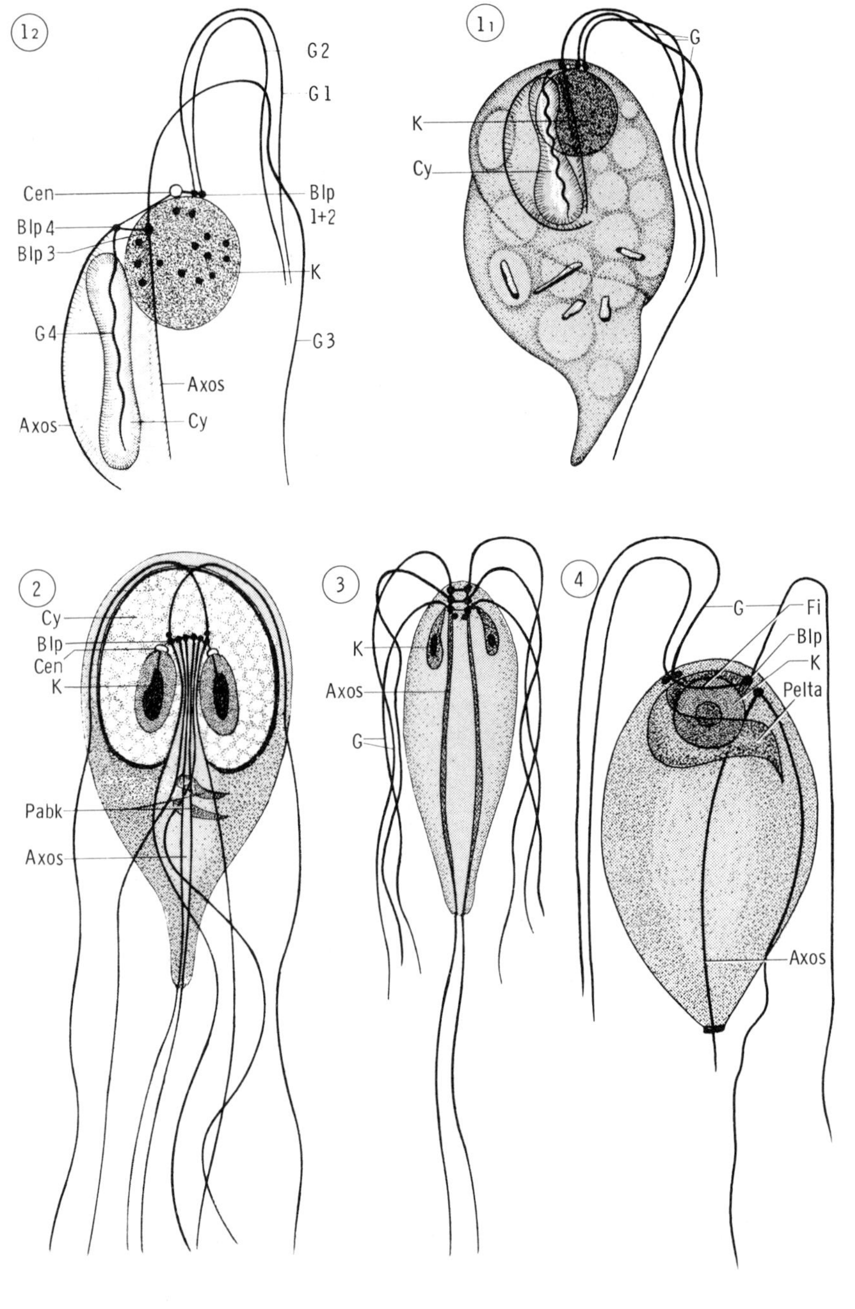

Taf. 43. Protomonada: Retortamonadinea und Oxymonadinea (Monocercomonoidea). – Abb. 1–3. Retortamonadinea: 1/1. *Chilomastix mesnili* (nach Kofoid & Swezy); 1/2. *Chilomastix*, Karyomastigontsystem (nach Grassé); 2. *Giardia microti* (nach Kofoid & Christiansen); 3. *Octomitus intestinalis* (nach Kühn). Abb. 4. Oxymonadinea: *Monocercomonoides pilleata* (nach Grassé; Kirby). Abkürzungen: Axos = Axostyl, Blp = Blepharoplast (Basalkörper), Cen = Centriol, Cy = Cytostom, Fi = Fibrille, G = Geißel, K= Kern, Pabk = Parabasalkörper.

mit Cytostombereich), sekundär osmotrophe Nahrungsaufnahme (ohne Cytostom, z.B. *Octomitus* und *Giardia*, alle nicht mehr freilebend).

Trepomonas: Stammesgeschichtlich älteste Gruppe. Primär noch freilebend in anaeroben, mesosaproben Gewässern. Gleicher Lebensraum wie Bodonida. Die beiden 4geißligen Mastigont-Systeme lateral hinter den Kernbereichen liegend. Mit seitlich liegenden Cytostomen. – *Hexamita:* Zum Teil noch freilebend, zum Teil bereits endokommensalische Lebensweise im Darmtrakt von Insekten. Die beiden Mastigontsysteme sekundär bereits stark nach vorne verschoben. Cytostome noch gut ausgebildet und noch lateral liegend. – *Spironucleus:* Die beiden Mastigontsysteme bereits am Vorderpol des Körpers dicht beieinander liegend. Die beiden Cytostome sekundär ventral nach Zellmitte verschoben, nur noch schwach ausgebildet. Übergang zu den sekundär cytostomlosen Vertretern. Ausschließlich endokommensale, bzw. endoparasitische Lebensweise, vorwiegend bei Wirbeltieren. – *Octomitus* (Taf. 43:3): Mastigontsysteme am Vorderpol des Zellkörpers liegend, ohne Cytostombereich, aber mit ventraler Rinne (umgewandelter Cytostombereich), in welcher die beiden hinteren Schleppgeißeln verlaufen. Endoparasitisch im Darmtrakt von Wirbellosen und Wirbeltieren. – *Giardia* (Taf. 43:2): Dorsoventral abgeplattet, bilateralsymmetrisch. Die beiden vorderen Geißeln überkreuzen sich. Ohne Cytostombereich. Mit ventral liegendem Haftorganell. Endoparasitisch im Darmtrakt von Wirbeltieren.

Unterordnung Enteromonadina

Einfache Vertreter (keine Doppelindividuen), welche durch regressive Evolution (sichtbar auch an verminderten Körpergrößen) aus dem *Hexamita*-Bereich abzuleiten sind. Stammesgeschichtlich ältere Vertreter (*Enteromonas*) mit einem Mastigont-System aus 4 Geißeln. Geißeln vorne lateral liegend. Die hintere Schleppgeißel durchzieht den ventral gelegenen rinnenartigen Schlund. Die beiden Basalkörperpaare sind durch Microfibrillen (aus Microtubuli bestehend) miteinander verbunden. Cytostom beidseits mit durch Microtubuli verstärkten Lippen. Das Cytostom nimmt bei *Enteromonas* etwa $^2/_3$ der ventralen Fläche ein. Die Nahrung (vorwiegend Bakterien) wird phagocytär im Bodenbereich des Cytostoms aufgenommen. Ohne Mitochondrium, ohne Golgi-Körper. Bei *Enteromonas* treten bisweilen auch Doppelindividuen auf, welche große Ähnlichkeit mit *Hexamita*-Individuen (Diplomonadina) aufweisen. Diese Tendenz zur Ausbildung von „Halbzellen" ist schon bei den Prasinophyta (der Ausgangsgruppe auch für die Retortamonadinea) zu beobachten. *Trimitus* folgt in der gleitenden Reduktionsreihe und weist nur noch 3 Geißeln (2 vordere Zug- und eine nach hinten gerichtete Schleppgeißel) auf. Die Körperlänge beträgt nur noch bis 6 μm, während *Caviomonas* am Ende der Reduktionsreihe nur noch 3–4 μm lang ist und nur noch eine einzige Geißel (hintere Schleppgeißel) aufweist. Ausschließlich endokommensale, bzw. endoparasitisch lebende Vertreter im Darmtrakt von Wirbellosen und Wirbeltieren. Mit Cystenbildung.

Enteromonas: Mit Mastigont-System aus 4 Geißeln. Geißeln vorne, lateral gelegen. *Enteromonas* entspricht einer „Halbzelle" von *Hexamita*. Endoparasitisch bzw. endokommensalisch im Darmtrakt von Wirbeltieren. – *Trimitus:* Nur noch mit 3 Geißeln. Körperlänge reduziert, nur bis zu 6 μm. Endoparasitisch bzw. endokommensalisch im Darmtrakt von Wirbellosen und Wirbeltieren. – *Caviomonas:* Kleinste, stark reduzierte Vertreter. Es ist nur noch die nach hinten gerichtete Schleppgeißel vorhanden. Körperlänge nur noch 3–4 μm. Endoparasitisch bzw. endokommensalisch im Darmtrakt von Wirbeltieren.

Phylogenie – Retortamonadinea: Da bei den Retortamonadinea (Diplomonadida: *Trepomonas*, *Hexamita*) noch freilebende Vertreter vorkommen, ist eine Ableitung dieser Gruppe wohl nur aus dem freilebenden Protomonada-Bereich (Bodonida) möglich. Eine Rückkehr von der endoparasitischen (bzw. endokommensalen) Lebensweise zur freien Lebensweise ist sehr unwahrscheinlich. Freilebende Diplomonadida (*Trepomonas*) weisen die gleiche Lebensweise wie Bodonida (*Bodo*) auf. Beide Gruppen leben in weitgehend anaeroben, mesosaproben Gewässern. Der Übergang zur anaeroben Lebensweise führt bei den Protomonada zunächst zum Verlust des Kinetoplasten (Proteromonadinea) und dann zum völligen Verlust des Mitochondriums (Retortamonadinea, Oxymonadinea und Metamonadinea). Proteromonadinea kommen für eine Ableitung der Retortamonadinea nicht in Frage, da sie keine freilebenden Vertreter mehr aufweisen und, bedingt durch sekundär osmotrophe Nahrungsaufnahme, keinen Schlund (Cytostom) mehr besitzen. Die Schlundreduktion läßt sich hier nicht mehr rückgängig machen, eine Rückkehr zur phagotrophen Nahrungsaufnahme erscheint daher sehr unwahrscheinlich. Die Diplomonadida können auch nicht direkt von Retortamonida abgeleitet werden, da Retortamonida ebenfalls keine freilebenden Vertreter mehr aufweisen. Es sei denn, man nimmt eine sekundäre freilebende Lebensweise an, wie es z.B. wahrscheinlich bei *Pseudotrichomonas* (Metamonadinea) der Fall ist. Trotz dieses Einwandes ist eine Ableitung wohl nur aus dem frühen Bodonida-Bereich möglich. Retortamonadida und Diplomonadida sind als eng verwandte Schwestergruppen (mit gemeinsamer Wurzel) zu betrachten. Bodonida sind aus dem Prasinophyta-Bereich abzuleiten. Wichtige Prasinophyta-Merkmale, wie Verdoppelung des Geißelsystems, Vorhandensein eines Schlundes, Ausbildung von „Halbzellen", treffen wir auch bei den Retortamonadinea an. Ein Trend zur Ausbildung von Doppelindividuen kann man bereits bei den Retortamonadida feststellen, zu einer Festlegung kommt es aber erst bei den Diplomonadida. Kennzeichnend für die Retortamonadinea ist ein früher Übergang zu einer wohl meist endokommensalen, seltener wohl endoparasitischen Lebensweise. Dieser Übergang ist gekoppelt mit einem Wechsel zur streng anaeroben Lebensweise in Hohlraumsystemen (Darmtrakt) von Wirtstieren. Der Mitochondrium-Verlust erfolgte aber bereits bei freier Lebensweise in mesosaproben, fast anaeroben Gewässern. Die primäre, phagotrophe Nahrungsaufnahme (Vertreter mit Cytostom) wird von der sekundären osmotrophen Nahrungsaufnahme (Vertreter ohne Cytostom) abgelöst. Der frühere Cytostombereich wird dabei (z.B. bei *Giardia*) in ein Haftorganell umgewandelt. Bei Arten mit Haftorganell kann wohl am ehesten von einer endoparasitischen Lebensweise gesprochen werden.

Retortamonida und Diplomonadida stammen von einem gemeinsamen Vorfahren aus dem Bodonida-Bereich ab. Es erfolgte aber eine sehr frühzeitige Trennung beider Gruppen, wobei die Diplomonadida zunächst noch die freilebende Lebensweise beibehielten und erst etwas später zu einer endokommensalen Lebensweise überwechselten, während die Retortamonadida sofort zum Endokommensalismus übergingen. Bei endokommensaler Lebensweise liegt zuerst noch ein breites Wirtsspektrum von Wirbellosen und Wirbeltieren vor, während stammesgeschichtlich jüngere Vertreter dann nur noch bei Wirbeltieren vorkommen. Für die Diplomonadida ist die Ausbildung von Doppelindividuen charakteristisch. Die stammesgeschichtlich ältesten Vertreter der Diplomonadida sind bei den noch freilebenden Gattungen (*Trepomonas* freilebend; *Hexamita* zum Teil freilebend, zum Teil bereits endokommensal) zu finden. *Trepomonas* stellt wohl die stammesgeschichtlich älteste Gruppe dar. Die beiden Mastigontsysteme und die beiden Cytostome sind noch deutlich voneinander getrennt. Die Geißelsysteme liegen lateral am Körper. Bei *Hexamita* erfolgt eine Verschiebung der Geißelsysteme nach vorne, so daß die Geißelgruppen nun vorne, aber noch lateral inserieren. Die Cytostome liegen seitlich und sind noch deutlich voneinander getrennt. Bei *Spironucleus* liegen die Geißelgruppen apikal vorne am Zellkörper, und die beiden rinnenartigen Cytostome liegen auf der Ventralseite des Körpers einander angenähert. Bei *Octomitus* erfolgt der Übergang zur osmotrophen Nahrungsaufnahme, damit verknüpft ist der Cytostomverlust, die Rinnen bleiben aber erhalten. Der primär drehsymmetrische Körper wird allmählich abgeplattet und zeigt eine starke Dorsoventralität (*Giardia*). Der Cytostombereich wird in ein Haftorganell umgewandelt. Ausgehend von der *Hexamita*-Gruppe können wir bei den Diplomonadida auch eine regressive Evolution beobachten. Die Vertreter der Enteromonadina werden sekundär wieder normalzellig („Halbzelle" einer Doppelzelle). Diese Regression ist mit einer starken Abnahme der Körpergröße verknüpft. Alle Vertreter weisen eine endokommensale, bzw. endoparasitische Lebensweise auf. *Enteromonas* besitzt noch 4 Geißeln, *Trimitus* nur noch drei und *Caviomonas* als Endglied der Reduktionsreihe nur noch die Schleppgeißel.

Klasse Oxymonadinea

(Taf. 43, 44)

Mit den Ordnungen Monocercomonoidea, Pyrsonymphida und Oxymonadida.

Primär monadoide, flagellate Vertreter (Monocercomonoidea) mit 4 Geißeln, die in 2 Paaren angeordnet sind. Die Basalkörper zeigen eine orthogonale Anordnung. Von den 4 Geißeln sind drei kleiner ausgebildet und nach vorne (Zuggeißel) gerichtet. Die nach hinten gerichtete Schleppgeißel ist viel länger und führt relativ langsame Bewegungen durch. Die Basalkörper sind jeweils durch eine kristalline Fibrille (Praeaxostyl) miteinander verbunden. Die hintere Schleppgeißel ist in ihrem vorderen Abschnitt mit der Zelloberfläche verbunden. Monocercomonoidea mit vorderer scheibenförmiger, aus Microtubuli bestehender Pelta und einem, den Körper nach hinten durchziehenden, ebenfalls aus Microtubuli bestehendem Axostyl. Axostyl kontraktil, nicht röhrenförmig, sondern aus nebeneinander liegenden Microtubuli bestehend. Ohne Mitochondrium, ohne Parabasalkörper und ohne Golgi-Körper. Kern mit großem Nukleolus. Mitose mit intranukleärer Teilungsspindel. Sekundär treten bei den Oxymonadinea ebenfalls noch monadoide, flagellate Vertreter auf, sie zeigen aber eine Ausbildung als Kolonialindividuen (Pyrsonymphida und Oxymonadida). Auch hier mit Nukleolus und intranukleärer Lage der Teilungsspindel bei der Mitose.

Primär Pyrsonymphida noch mit einem Karyomastigontsystem. Oxymonadida ebenfalls primär mit einem Karyomastigontsystem (*Oxymonas*), sekundär mit zahlreichen Karyomastigontsystemen (*Proboscidiella, Barroella*). Bei manchen *Oxymonas*-Arten treten zuweilen schon Individuen mit mehrfachen Karyomastigontsystemen auf. Primär mit 4 glatten Geißeln ohne Flimmerhaare. Drei Geißeln (Monocercomonoidea) als Zuggeißel und eine Geißel als Schleppgeißel ausgebildet. Mit primärem Periplast (Monocercomonoidea), sekundär verstärkte, schraubige Pellicula bei Pyrsonymphida und ebenfalls kräftige Pellicula bei Oxymonadida. Die stammesgeschichtlich jüngeren Vertreter der Pyrsonymphida und Oxymonadida (strenge Anaerobier; Symbionten im Darmtrakt von Schaben und Termiten) sind nur in der Jugendphase frei beweglich. Später setzen sie sich mit Hilfe eines Haftorganelles an der Darmwand fest, bei Oxymonadida kommt es dabei zu einer Reduktion der Geißeln. Körperform primär oval (Monocercomonoidea), sekundär stark abgeänderte Körperformen bei den Schaben- und Termiten-Symbionten. Karyomastigontsystem (Taf. 44:1/1) primär mit 4 Geißeln, einem Kern und einem aus zahlreichen Microtubuli bestehenden Axostyl (Achsenstab). Jeweils 2 Basalkörper dicht beieinander liegend oder miteinander verschmolzen. Basalkörper durch Rhizoplast (Praeaxostyl) miteinander verbunden. Geißel meist über eine kürzere bis längere Strecke mit der Oberfläche des Zellkörpers verbunden. Bei Pyrsonymphida teilweise Formen mit 4 und mit 8 Geißeln (2 Karyomastigontsystemen). Es ist nicht mit Sicherheit geklärt, ob es sich um verschiedene Arten, um Jugend- und Adultphase einer Art oder, ob es sich bei den Formen mit 8 Geißeln um Teilungsstadien handelt. Oxymonadida primär mit einem (*Oxymonas*), sekundär etwa mit 10–50 (*Proboscidiella*) kompletten Karyomastigontsystemen. Bei *Barroella* (Oxymonadida) festsitzende Individuen mit über hundert Kernen und Axostylen, aber ohne dazugehörige Geißeln, hier nur freischwimmende Jugendformen mit Geißeln. Axostyl primär einzeln (Monocercomonoidea), nicht röhrenförmig und aus vielen Microtubuli bestehend. Sekundär zahlreiche Axostyle (entsprechend der Zahl der Karyomastigontsysteme) vorhanden. Das Axostyl setzt sich am Kern vorbei nach vorne weiter fort und bildet das Haftorganell am Vorderende des Körpers. Axostyl oft bis an das Körperende reichend. Axostyl mit schlängelnden Bewegungen, wird zum wichtigsten Bewegungsorganell der Pyrsonymphida und Oxymonadida. Oxymonadida mit sehr komplexen Axostylen (aus 100–5000 Microtubuli bestehend), bei *Oxymonas* in rüsselartigen Fortsatz am vorderen Körperpol eintretend und an der Rüsselspitze als Haftorganell austretend. Primär mit einem Kern, sekundär (entsprechend der Zahl der Karyomastigontsysteme) mit zahlreichen Kernen. Centriol (Centrosom) extranukleär bei Pyrsonymphida, umstritten, ob bei Oxymonadida vorhanden. Mit intranukleärer Teilungsspindel. Parabasalkörper nicht vorhanden.

Fortpflanzung: Ungeschlechtliche Fortpflanzung durch oft recht kompliziert verlaufende Längsteilungen, bedingt durch Vielfalt und Vervielfachung innerer Organellensysteme. Geschlechtliche Fortpflanzung nur bei Oxymonadida-Arten, welche im Darmtrakt der Schabengattung *Cryptocercus* vorkommen. Die geschlechtliche Fortpflanzung der Flagellaten wird durch das Häutungshormon (Ecdyson) des Wirtes ausgelöst. Da die Schaben der Gattung *Cryptocercus* sich nur einmal im Jahr häuten (hemimetabole Insekten), laufen die Befruchtungsvorgänge in einem sehr kurzen Zeitraum ab. Die Wirkung des Häutungshormones führt zunächst zur Ausbildung von Gamonten. Gamonten unterscheiden sich bei den Oxymonadida morphologisch nicht von den normalen, vegetativen Individuen. *Oxymonas*- und *Saccinobaculus*-Arten sind Haplonten, auch im vegetativen Zustand. *Notila*-Individuen sind dagegen Diplonten, auch im vegetativen Zustand. Bei den Haplonten führt der Gamont eine differenzierte Längsteilung durch, welche zur Entstehung eines männlichen und eines weiblichen Gameten führt. Es bestehen keine morphologischen Unterschiede zwischen männlichen und weiblichen Gameten. Bei der Kopulation verschmelzen die beiden Gameten miteinander. Es erfolgt zusätzlich eine innere Verschmelzung der Kerne und der Axostyle. Zu einem späteren Zeitpunkt erfolgt eine einmalige Kernteilung mit Reduktion, so daß durch die anschließende Längsteilung wieder 2 haploide Organismen entstehen. Autogamie kommt ebenfalls vor. Bei der diploiden Gattung *Notila* erfolgt die Meiose bei der Bildung der gametischen Vorkerne. Zwei diploide Gamonten verschmelzen miteinander, auch die beiden Axostyle verschmelzen. Die beiden Kerne verschmelzen nicht, ein Kern (der männliche Kern) trennt sich etwas von dem inneren Verschmelzungsbereich. Jeder der beiden Kerne führt eine einmalige meiotische Teilung durch. Neue Axostyle werden gebildet und je ein männlicher und weiblicher Vorkern verschmelzen miteinander. Die Doppelzygote teilt sich, und es entstehen wieder 2 diploide Individuen. Autogamie kann ebenfalls vorkommen.

Lebensweise: Vertreter der stammesgeschichtlich ältesten Monocercomonoidea leben als Endokommensalen im Darmtrakt von Insekten (Käfer; Fliegen; Schaben: *Blatta, Phyllodromia*), von Amphibien, Reptilien und Wirbeltieren. Eine Spezialisierung auf *Cryptocercus* (Schaben) und Termiten hat in dieser Gruppe noch nicht stattgefunden. Nahrungsaufnahme osmo- und phagotroph. Vertreter der Pyrsonymphida leben endosymbiontisch im Enddarm von Termiten (Rhinotermitidae). Arten der Oxymonadida ebenfalls als Endosymbionten im Enddarm von holzfressenden Schaben (*Cryptocercus*) und von Termiten (Kalotermitidae). Nahrungsaufnahme phagotroph. Bei den im Enddarm von Termiten obligat anaerob lebenden Arten werden Holzteilchen phagocytär am Hinterende des Zellkörpers aufgenommen und zu Glukose abgebaut. Glukose wird zum Teil von den Flagellaten verwertet, zum Teil ausgeschieden und vom Darmepithel des Wirtes resorbiert. Abgestorbene Flagellaten werden in den Mitteldarmbereich gedrückt und dort als Eiweißquelle vom Wirt genutzt. Symbiontisch auf den Termiten lebende Bakterien (häufig Spirochaeten) bedecken oft große Teile oder ganz bestimmte Stellen der Zelloberfläche. Pyrsonymphida und Oxymonadida nur als Jugendformen frei schwimmend, als Adultformen mit dem Haftorganell am Darmepithel angeheftet.

Ordnung Monocercomonoidea

Stammesgeschichtlich älteste Gruppe. Primär sehr kleine (2–8 μm) Vertreter. Mit primär einem Karyomastigontsystem aus 4 Geißeln, einem Kern und Axostyl. Die Geißeln in zwei Paaren angeordnet. Basalkörper mit orthogonaler Lage. Basalkörper durch Fibrille (Rhizoplast, Praeaxostyl) miteinander verbunden. Mit scheibenförmiger, aus Microtubuli bestehender Pelta und nach hinten gerichtetem, ebenfalls aus Microtubuli bestehendem Axostyl. Ohne Mitochondrium und ohne Golgi-Körper. Kern mit großem Nukleolus. Mit intranukleärer Teilungsspindel. Nur monadoide Formen, keine Kolonialindividuen. Noch mit primär breitem Wirtsspektrum, von Insekten, Amphibien, Reptilien bis zu Säugetieren reichend. Endokommensale, nicht endosymbiontische Lebensweise. *Monocercomonoides* (Taf. 43:4).

Ordnung Pyrsonymphida

Sekundär relativ große Vertreter (40–170 μm). Primär (wie auch Monocercomonoidea) mit einem einzigen Karyomastigont-System mit 4 Geißeln, einem Axostyl und einem Kern. Sekundär mit doppeltem KM-System. Centrosom extranukleär, mit intranukleärer Teilungsspindel. Kräftige, verschraubte, mit Rippen versehene Pellicula. Die Geißeln über eine sehr lange Strecke mit der Zelloberfläche verbunden. Sie verlaufen in einer linksgewundenen Spirale nach hinten und ragen nur wenig über das Zellhinterende hinaus. Mit Haftorganell, nur Jugendformen freischwimmend. Nur ungeschlechtliche Fortpflanzung durch Längsteilung. Nur Haplonten. Als Symbionten im Enddarm von Termiten (Rhinotermitidae) lebend. *Pyrsonympha* (Taf. 44:3, 4), *Dienympha.*

Ordnung Oxymonadida

Sekundär relativ große Vertreter (20–200 μm). Primär mit einem Karyomastigontsystem (*Oxymonas, Notila, Saccinobaculus*), sekundär mit zahlreichen KM-Systemen (*Proboscidiella, Barroella*). Mit in-

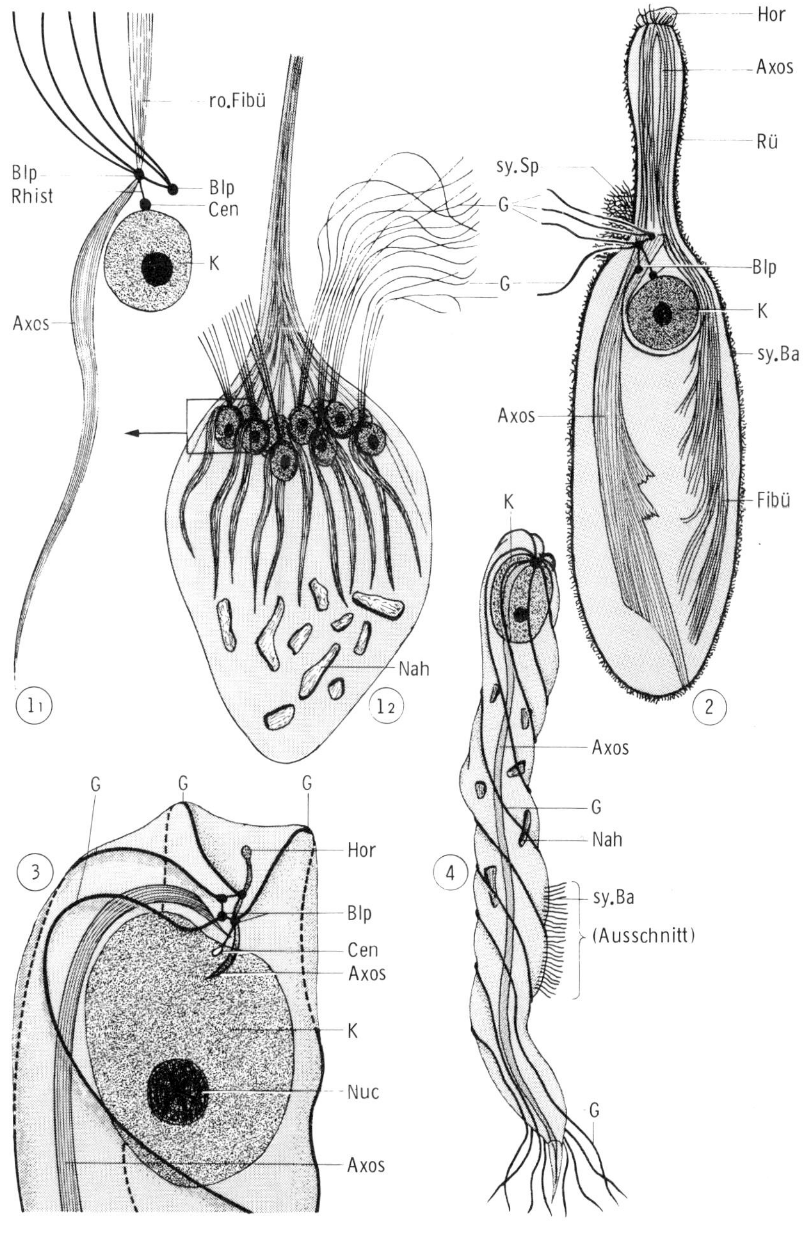

Taf. 44. Protomonada: Oxymonadinea (Pyrsonymphida, Oxymonadida). – Abb. 1/1. *Proboscidiella*, Karyomastigontsystem (nach Kofoid & Swezy); 1/2. *Proboscidiella multinucleata* mit 11 Karyomastigontkomplexen (nach Kofoid & Swezy). Abb. 2. *Oxymonas grandis* (nach Cross). Abb. 3. *Pyrsonympha*, Karyomastigontsystem einer viergeißligen Art. Abb. 4. *Pyrsonympha flagellata*, mit 8 Geißeln (nach Duboscq & Grassé). Abkürzungen: Axos = Axostyl, Blp = Blepharoplast (Basalkörper), Cen = Centriol, Fibü = Fibrillenbündel (= Microtubulibündel), G = Geißel, Hor = Haftorganell, K = Kern, Nah = Nahrung, Nuc = Nucleolus, Rhist = Rhizostyl, ro. Fibü = rostrales Fibrillenbündel, Rü = Rüssel, sy. Ba = ektosymbiontische Bakterien, sy. Sp. = ektosymbiontische Spirochaeten.

tranukleärer Teilungsspindel. *Proboscidiella* mit 10–50, *Barroella* mit über 100 KM-Systemen. Adultformen mit Haftorganell am Darmepithel festgeheftet. Bei festsitzenden Adultformen Geißeln häufig fehlend. Meist mit rüsselartigem Fortsatz am vorderen Körperende, welcher an seiner Spitze das Haftorganell aufweist. Ungeschlechtliche Fortpflanzung durch Längsteilung bei den in Termiten vorkommenden Vertretern (*Oxymonas*-Arten, *Proboscidiella, Barroella*); geschlechtliche Fortpflanzung bei Arten im Enddarm der Schabe *Cryptocercus punctulatus* (*Oxymonas*-Arten, *Saccinobaculus, Notila*). *Oxymonas* (Taf. 44:2): In *Cryptocercus* und Termiten: Kalotermitidae. Geschlechtliche Fortpflanzung nur bei Arten in *Cryptocercus*, Haplonten. – *Saccinobaculus:* In *Cryptocercus*, mit geschlechtlicher Fortpflanzung, Haplont. – *Notila:* In *Cryptocercus*, mit geschlechtlicher Fortpflanzung, Diplont. – *Proboscidiella* (Taf. 44:1) und *Barroella*: in Kalotermitidae; Haplonten, nur ungeschlechtliche Fortpflanzung.

Phylogenie – Oxymonadinea: Sie sind nahe mit den Retortamonadinea verwandt. Sie stellen eine Schwestergruppe der Retortamonadinea dar. Engere verwandtschaftliche Beziehungen bestehen vor allem zu der stammesgeschichtlich ältesten Gruppe der Retortamonadinea, den Retortamonadida. Oxymonadinea und Retortamonadinea sind von einem gemeinsamen Vorfahren aus dem Bodonida-Bereich abzuleiten. An gemeinsamen Merkmalen zeigen sie den Besitz von 4 Geißeln (3 Zug- und eine Schleppgeißel), die orthogonale Lage der paarigen Basalkörper, eine intranukleäre Teilungsspindel sowie das Fehlen von Mitochondrium und Golgi-Körper. Die stammesgeschichtlich ältesten Oxymonadinea (Monocercomonoidea) besitzen primär noch ein einziges Karyomastigontsystem (4 Geißeln, Kern und Axostyl) und treten noch in der primär einfachen, monadoiden Form auf. Auch besitzen sie noch ein primitives, nicht spezialisiertes Wirtsspektrum, welches von Insekten bis zu den Säugetieren reicht. Freilebende Vertreter treten bei den Oxymonadinea, wie auch bei den Retortamonadida, nicht mehr auf. Auch die Retortamonadida besitzen noch ein großes Wirtsspektrum von Insekten bis zu den Säugetieren. Retortamonadida haben aber, im Gegensatz zu den Oxymonadinea, die Cytostombildung und die damit verbundene phagotrophe Nahrungsaufnahme über das Cytostom beibehalten. Oxymonadinea besitzen zwar kein Cytostom mehr, aber die Nahrung wird ebenfalls phagocytär im Bereich des Hinterendes des Zellkörpers aufgenommen. Oxymonadinea weisen primär eine wenig spezialisierte endokommensalische Lebensweise im Darmtrakt (vorwiegend Enddarm) ihrer Wirte auf. Diese Verhältnisse treffen wir bei den Monocercomonoidea an. Die von den Monocercomonoidea abzuleitenden Pyrsonymphida weisen primär ebenfalls noch ein einziges KM-System auf, sekundär treffen wir aber bereits Arten mit doppeltem KM-System an. Pyrsonymphida zeigen schon eine strenge ökologische Spezialisierung und leben ausschließlich als Endosymbionten im Enddarm von Termiten. Die sekundären Geißelvermehrungen sind als Anpassung an erschwertes Schwimmen in einem dickflüssigen Milieu (Nahrungsbrei im Enddarm des Wirtes) zu deuten. Eine konvergente Geißelvermehrung ist bei sekundär farblosen, endokommensal lebenden Euglenophyta zu beobachten. Unter diesen erschwerten Lebensbedingungen kommt es bei den Pyrsonymphida zur Ausbildung eines Haftorganells. Gleichzeitig ist innerhalb der Oxymonadinea eine beträchtliche sekundäre Größenzunahme zu beobachten. Vertreter der Monocercomonoida sind nur 2–8 μm, Vertreter der Pyrsonymphida dagegen 40–170 μm lang. Axostyle dienen zur Verfestigung des Zellkörpers, und es ist daher verständlich, daß es unter den erwähnten erschwerten Lebensbedingungen auch zu einer sekundären Vermehrung der Axostyl-Zahl kommt.

Auch bei der stammesgeschichtlich jüngsten Teilgruppe der Oxymonadinea, den Oxymonadida (Schwestergruppe der Pyrsonymphida) kommen noch Vertreter mit nur einem einzigen KM-System vor. Sekundär kommt es aber zu einer sehr starken Vermehrung der KM-Systeme (über 100 bei einigen Arten). Die Größe nimmt weiter zu, und es werden bei den Oxymonadida Längen bis zu 200 μm erreicht. Die festsitzende Lebensweise, mit Hilfe des Haftorganells, führt bei den Oxymonadida zu einer Reduktion der Geißelzahl. Offensichtlich sind diese großen Zellkörper nur noch schwer im Nahrungsbrei des Wirtes zu bewegen, so daß es bei den Oxymonadida, wie auch bei den Pyrsonymphida, zur Ausbildung eines vorderen Haftorganells kommt. Oxymonadida leben endosymbiontisch im Darmtrakt von Termiten und von holzfressenden Schaben. Ein Hinweis auf nähere Verwandtschaft der Wirte. Oxymonadinea pflanzen sich, mit Ausnahme der im Enddarm von Schaben (*Cryptocercus*) vorkommenden Oxymonadida, nur ungeschlechtlich durch oft recht komplizierte Längsteilungen fort. Sekundär kommt es bei den im Darmtrakt von Schaben lebenden Oxymonadida zu einer geschlechtlichen Fortpflanzung. Neben Haplonten treten dabei auch Diplonten (*Notila*) auf.

Klasse Metamonadinea (Parabasalia, Parabasalidea)

(Taf. 45–47)

Mit den Ordnungen Trichomonadida und Hypermastigida.

Primär monadoide, flagellate Vertreter (Trichomonadida, Monocercomonadidae: *Monocercomonas*) mit 4 freien Geißeln, davon ist eine als Schleppgeißel ausgebildet. Sekundär kommt es bei der stammesgeschichtlich ältesten Teilgruppe, den Trichomonadida, sowohl zu einer sekundären Geißelvermehrung (*Hexamastix* mit 6 Geißeln) als auch zu einer Reduzierung der Geißelzahl. Bei *Histomonas* treffen wir nur noch eine einzige Geißel an, aber die primären 4 Basalkörper sind noch vorhanden. Bei *Dientamoeba* (Endstufe der Regresionsreihe) fehlen die Geißeln völlig. Gleichzeitig ist ein Übergang zu einer mehr amöboiden Lebensweise, schon bei *Histomonas*, zu beobachten. Für die Trichomonadidae ist der Besitz einer undulierenden Membran charakteristisch. Aber bereits bei den Monocercomonadidae, nämlich bei *Hypotrichomonas,* treffen wir eine noch kurze, undulierende Membran an. Die Schleppgeißel ist in diesen Fällen mit der undulierenden Membran verbunden. Sie kann neben der undulierenden Membran (z. B. bei *Trichomonas*), oder auf der undulierenden Membran (z. B. bei *Tritrichomonas*) liegen. Unterhalb der undulierenden Membran befindet sich als Stützorganell die aus Microtubuli bestehende Costa. Costa zum Teil freiliegend (z. B. *Trichomonas*), zum Teil mit der undulierenden Membran durch Microtubuli verbunden (z. B. *Tritrichomonas*). Bei den Devescovinidae liegt ein relativ starkes Stützorganell (Crista) unter der undulierenden Membran. Die Costa ist ein spezifisches Organell der Trichomonadidae. Die Costa wird bei den Devescovinidae durch die Crista ersetzt.

Primär mit Axostyl und dem für Metamonadinea charakteristischen Parabasalkörper. Der Parabasalkörper setzt sich aus einem bis mehreren Golgi-Körpern und diese stützenden Parabasalfibrillen zusammen. Die Parabasalfibrillen entspringen aus dem Basalkörperbereich, primär sind nur 2 Fibrillen vorhanden. Zwischen den Basalkörpern befinden sich, wie auch bei den Oxymonadinea, Praeaxostylfibrillen. Im Verlauf der Stammesgeschichte nimmt bei den Metamonadinea (z. B. bei Devescovinidae) die Zahl der Parabasalfibrillen stark zu. Der Parabasalkörper ist bei den Trichomonadida noch relativ klein, erreicht aber bei den von den Trichomonadida abzuleitenden Hypermastigida beträchtliche Ausmaße (mehrere Golgi-Körper und viele Parabasalfibrillen).

Das Axostyl (Pelta-Axostyl-Komplex) stellt das wichtigste Organell des Cytoskelettes (Stützskelettes) dar. Axostyl nicht kontraktil, im Gegensatz zu den Oxymonadinea. Bei den stammesgeschichtlich ältesten Vertretern (z. B. *Monocercomonas*) treffen wir ein einfaches Axostyl an, welches das hintere Körperende überragt. Korreliert mit der Geißelreduktion ist auch eine Reduktion des Axostyls zu beobachten. So besitzt *Histomonas* ein stark verkürztes Axostyl, während es bei *Dientamoeba* völlig reduziert ist. Bei *Dientamoeba* sind aber noch die beiden Parabasalfibrillen vorhanden. Ab Trichomonadidae können wir eine verstärkte Ausbildung des Axostyls feststellen, verbunden mit einer sekundären Körpervergrößerung. Die Axostyle der Metamonadinea sind röhrenförmig (im Gegensatz zu den nicht röhrenförmigen Axostyle der Oxymonadinea). Der Achsenstab (Axostyl) kann bei abgeleiteten Vertretern in seinem vorderen Bereich als verbreitertes Capitulum (umgibt oft den Zellkern) oder als schildförmige Pelta ausgebildet sein. Zu einem Mastigontsystem mit 4 Geißeln gehört ein Axostyl, mit Ausnahme abgeleiteter Vertreter wie *Dientamoeba* (Axostyl sekundär fehlend). Das röhrenförmige Axostyl ist innen (z. B. bei *Monocercomonas, Trichomonas*) mir färbbaren Granulae angefüllt.

Bereits bei den Trichomonadida (Calonymphidae) ist ein Übergang zu Kolonialindividuen festzustellen, während bei den Hypermastigida wohl eine starke sekundäre Organellenvermehrung, aber keine Kernvermehrung zu verzeichnen ist. Die Calonymphidae zeigen innerhalb der Trichomonadida eine sekundäre Vervielfachung des Organellensystems (karyomastigonte Systeme). Jedes Karyomastigontsystem entspricht dem Organellenbestand eines Einzelindividuums und setzt sich bei den Calonymphidae (z. B. *Coronympha*) aus einem Kern, einem Parabasalkörper, Axostyl, Crista und 4 Geißeln mit Basalkörpern zusammen. Ein Karyomastigontsystem der Kolonialindividuen von Calonymphidae (Trichomonadida) entspricht dem einzigen Karyomastigontsystem der Devescovinidae (*Devescovina*). Die Devescovinidae stellen die stammesgeschichtlich ältesten Vertreter der symbiontisch im Enddarm von Termiten lebenden Trichomonadida dar. Von ihnen sind die Calonymphidae abzuleiten. Stammesgeschichtlich jüngere Vertreter der Calonymphidae (z.B. *Calonympha*) zeigen eine Tendenz zur echten Individualität. Die Axostyle sind hier nicht mehr voneinander getrennt (primärer Zustand), sondern zu einem einzigen Bündel zusammengefaßt. Cristae fehlen, und die Zahl der Kerne eines Kolonialindividuums ist sekundär reduziert (Akaryomastigontsystem). Die Hypermastigida sind die stammesgeschichtlich jüngste Teilgruppe der Metamonadinea und zeigen die am stärksten differenzierten Vertreter. Hypermastigida sind aus dem Devescovinidae-Komplex der Trichomonadida abzuleiten. Bei den Hypermastigida erfolgt eine, zum Teil extreme Vervielfachung des Geißelapparates, der Parabasalkörper und Axostyle, aber keine Kernvervielfachung, so daß alle Hypermastigida nur einen einzigen Kern aufweisen. Axostyle und Parabasalkörper schließen sich bei den stammesgeschichtlich jüngeren Hypermastigida zu einem einheitlichen Achsenstab, bzw. zu einem einzigen, großen Parabasalapparat zusammen. Die Basalkörper der Geißeln sind in Reihen und Feldern angeordnet, entsprechend der dazugehörigen Begeißelung, die sich vorwiegend im vorderen und seitlichen Körperbereich befindet. Bei Hypermastigida besteht der Geißelapparat aus zahlreichen, bis zu 10000 Geißeln. Die Geißeln sind in Reihen angeordnet, befinden sich vorwiegend im vorderen Zellkörperbereich, können aber auch über den ganzen Zellkörper verteilt sein und lassen nur am hinteren Zellpol eine geißelfreie Zone. Im hinteren Zellbereich erfolgt die phagocytäre Nahrungsaufnahme der Hypermastigida. Neben der Phagocytose ist auch Pinocytose (wie auch bei den Trichomonadida) zu beobachten. Cytostombildungen kommen bei den Metamonadinea nicht mehr vor. Reserveprodukt ist Stärke (α-1:4 Polyglykan, wie z.B. bei Prasinophyta). Ohne Mitochondrium, bedingt durch anaerobe Lebensweise. Mit Mikrokörper (Hydrogenosome). Mikrokörper mit einfacher und doppelter Membran. Solche mit doppelter Membran werden z.T. auch als degenerierte Mitochondrien gedeutet. Geißeln glatt, ohne Behaarung. Vorderkörper bei Hypermastigida oft rostrumartig ausgebildet. Die Mitose weicht gegenüber den anderen Protomonada (wie auch den Oxymonadinea mit ähnlichen Lebensweisen) stark ab. Metamonadinea weisen eine extranukleäre Teilungsspindel (wie bei Dinophyta, wohl Konvergenz) auf. Die Kernmembran wird bei der Teilung nicht aufgelöst, die Chromosomen sind an der Kernmembran durch Atractophoren festgeheftet. Zum Teil Polymorphismus (*Trichomonas*: Normal- und Amöboidstadium). Zum Teil mit Pseudocystenbildung.

Fortpflanzung: Primär ungeschlechtliche Fortpflanzung durch Längsteilung. Einfache Längsteilung bei den stammesgeschichtlich älteren Vertretern (z.B. *Monocercomonas*), kompliziertere Längsteilungsvorgänge, z.T. auch Querteilungen, bei den kolonialen Trichomonadida und den Hypermastigida. Bei diesen Vertretern werden bei der Längsteilung nicht die Geißeln gleichmäßig auf die Tochterzellen verteilt, sondern völlig reduziert, wie auch Achsenstab und Parabasalapparat. Nur eine Gruppe „privilegierter Basalkörper" eines einzigen Karyomastigontsystems bleibt übrig, oder sogar nur ein einziger Basalkörper. Alle anderen Zellorganellen werden nach der Kernteilung wieder neu gebildet, dabei spielen die verbleibenden Basalkörper eine wichtige Rolle. Geschlechtliche Fortpflanzung bei in *Cryptocercus* (Schaben) vorkommenden Hypermastigida, aber auch bei einigen in Termiten lebenden Trichomonadida (z.B. *Mixotricha*) und Hypermastigida. *Trichonympha* (Hypermastigida) ist ein Haplont mit zygotischer Meiose. Normale Trophonten wandeln sich in Gamonten um. Der Gamont bildet eine Cyste, und durch Teilung entsteht ein männlicher und ein weiblicher Gamet. Der männliche Gamet heftet sich mit seinem Rostrum am hinteren Ende des weiblichen Gameten (Taf. 40:6) fest und wird vollständig in den weiblichen Gameten eingesogen. Das männliche Organellensystem wird, bis auf den Kern, reduziert, und die beiden Kerne verschmelzen miteinander. Nach der Befruchtung erfolgen zwei Teilungen, darunter eine meiotische Teilung, und es entstehen 4 haploide Trophonten. Bei *Macrospironympha* (Hypermastigida) treffen wir diplonte Trophonten mit gametischer Meiose an. Unter meiotischer Teilung entstehen aus dem Trophonten zwei haploide Gamonten, welche sich anschließend in einer Cyste verschmelzen, durch die darauffolgende mitotische Teilung entstehen 2 freiwerdende haploide Gameten. Die Gameten vereinigen sich, es kommt zur Kernverschmelzung und zur Ausbildung eines diploiden Trophonten. Autogame Befruchtung bei *Rhynchonympha* und *Urinym-*

pha (diploide Hypermastigida). Auch bei den Metamonadinea sind die Befruchtungsvorgänge mit den Häutungen der Wirte korreliert.

Lebensweise: Primär endokommensale Lebensweise (*Monocercomonas*) mit primär noch breitem Wirtsspektrum. Wirte von *Monocercomonas*-Arten (stammesgeschichtlich älteste Gruppe der Metamonadinea) sind Insekten (darunter auch Termiten, Schaben), Tausendfüßler, Fische, Amphibien, Reptilien, Vögel und Säugetiere. Bei *Trichomonas* und verwandten Gattungen (Trichomonadidae) liegt ebenfalls noch ein breites Wirtsspektrum vor, welches von Insekten (darunter auch Termiten) bis zu den Säugetieren reicht. *Monocercomonas* und *Trichomonas* als Beispiele nicht endosymbiontisch lebender Vertreter ernähren sich weitgehend phagocytär (aber auch osmotrophe Nahrungsaufnahme und Pinocytose) von Bakterien. Innerhalb der Trichomonadidae treffen wir erstmals sekundäre, phagocytäre Holzfresser an. Die stammesgeschichtlich ältesten Holzfresser gehören zu den Devescovinidae (Trichomonadida mit einem einzigen Karyomastigontsystem). Die ebenfalls zu den Trichomonadida zählenden, stammesgeschichtlich jüngeren Calonymphidae, besitzen sekundär zahlreiche Karyomastigont-Systeme (Kolonialindividuen). Sie sind ebenfalls holzfressende Kommensalen (Symbionten) im Enddarm von Termiten. Im Darmtrakt von holzfressenden Schaben (*Cryptocercus*) kommen keine Vertreter der Trichomonadida vor. Vertreter der Hypermastigida leben fast ausschließlich als Symbionten im Enddarm holzfressender Schaben (*Cryptocercus*) und Termiten. Alleinige Ausnahme ist die Gattung *Lophomonas*. *Lophomonas*-Arten leben im Enddarm nicht holzfressender Schaben (*Blatta, Periplaneta*) und ernähren sich phagocytär von Bakterien und Hefepilzen. Vertreter einer Gattung (z. B. *Trichonympha*) können sowohl in *Cryptocercus* als auch in Termiten vorkommen. Nahrungsaufnahme der symbiontischen Hypermastigida phagocytär am Hinterende des Körpers. Die Nahrung (Holzstückchen) gelangt in eine am Hinterende des Körpers gebildete Mulde, die Einsenkung wird dann vertieft, abgeschnürt und nach außen abgeschlossen. Verdauung in Nahrungsvakuolen. Zellulose wird zu Glukose abgebaut und vom Flagellaten verwertet, zum Teil auch ausgeschieden und vom Darmepithel des Wirtes absorbiert. Tote Flagellaten werden vom Wirt als Eiweißnahrung genutzt. Körperoberfläche symbiontisch lebender Flagellaten häufig dicht mit Bakterien (kleine stabförmige Bakterien und auch Spirochaeten) bedeckt. Eine Art von Fortbewegungssymbiose finden wir bei der Art *Mixotricha paradoxa* (Taf. 46:1) (Trichomonadida, im Enddarm von *Mastotermes darwiniensis* lebend). Die Zelloberfläche besitzt in Reihen angeordnete, konsolenartige Erhebungen. Vor jeder Konsole sitzt ein kleines, fadenförmiges Bakterium, hinter der Konsole jeweils eine größere Spirochaete. Die Vorwärtsbewegung des Flagellaten erfolgt durch koordinierte, undulierende Bewegung der Spirochaeten. Die echten Geißeln des Flagellaten dienen nur zur Steuerung.

Die Gattung *Pseudotrichomonas* zeigt als einzige Gattung der Metamonadinea eine freilebende Lebenweise. Vorkommen in stark verschmutzten, weitgehend anaeroben Gewässern. Da es sich bei *Pseudotrichomonas* um einen abgeleiteten Vertreter (mit kurzer Schleppgeißel) handelt, kann diese Gattung nicht eine primäre freilebende Lebesweise aufweisen, da die stammesgeschichtlich ältesten Trichomonadida (*Monocercomonas*) bereits eine endokommensale Lebensweise zeigen. Wir müssen daher annehmen, daß *Pseudotrichomonas* von der primären endokommensalen Lebensweise (im Enddarmbereich der Wirte) der Trichomonadida zu einer sekundär freien Lebensweise übergegangen ist. Die anaerobe Lebensweise (bei den anderen Vertretern im Darmtrakt und anderen Hohlraumsystemen der Wirte) wird von *Pseudotrichomonas* beibehalten, da sie nur in stark verschmutzten, weitgehend anaeroben Gewässern vorkommt.

Ordnung Trichomonadida

Mit primärem Karyomastigontsystem aus 4 Geißeln und einem Kern (Taf. 45:1). Von den primären 4 Geißeln ist eine als nach hinten gerichtete Schleppgeißel ausgebildet. Schleppgeißel primär frei (*Monocercomonas*), sekundär in Verbindung mit undulierender Membran (Trichomonadinae). Mit Microtubuli-Strängen in der Nähe der Basalkörper. Mit sekundärer, konvergent auftretender Geißelvermehrung (6 Geißeln bei *Hexamita* und *Pentatrichomonas*). Auch mit sekundären Geißelreduktionen innerhalb der Monocercomonadidae: Nur noch eine Geißel bei *Histomonas* (aber 4 Geißelbasen vorhanden) und Fehlen der Geißeln bei *Dientamoeba*. Mit Parabasalkörper und Parabasalfibrillen. Primär mit einfachem, aus Microtubuli bestehendem, röhrenförmigem Axostyl-Pelta-Komplex. Sekun-

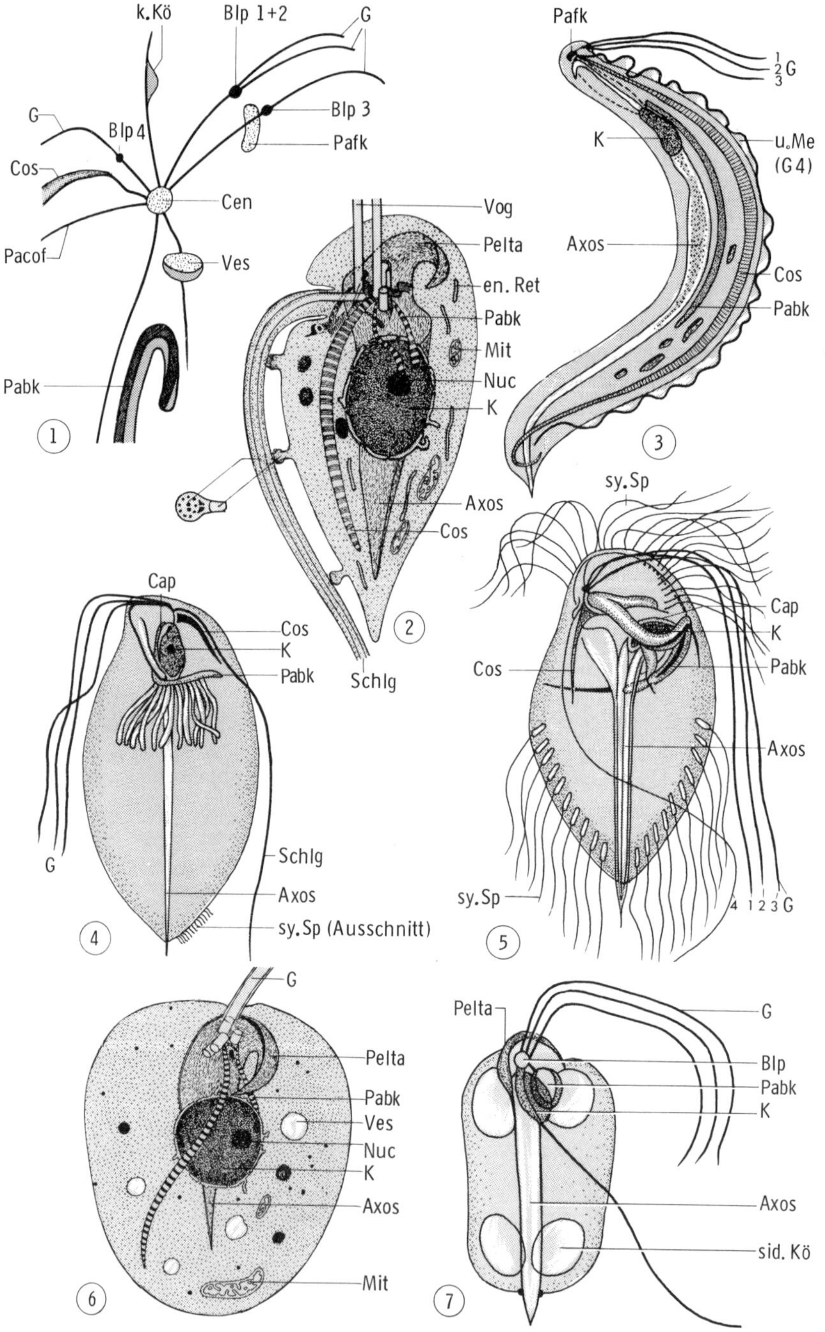

Taf. 45. Protomonada: Metamonadinea (Trichomonadida). – Abb. 1. *Macrotrichomonas hirsuta*, Karyomastigontsystem (nach GRASSÉ). Abb. 2. *Tritrichomonas foetus* (nach HONIGBERG et al.). Abb. 3. *Pseudotrypanosoma giganteum* (nach GRASSÉ). Abb. 4. *Pseudodevescovina uniflagellata* (nach KIRBY). Abb. 5. *Parajoenia grassi* (nach KIRBY). Abb. 6. *Histomonas meleagridis* (nach RYBICKA et al.). Abb. 7. *Monocercomonas caviae* (nach NIE). Ab-

där Capitulumbildung sowie Auftreten von Costa und Crista. Die Costa ist ein spezifisches Organell der Trichomonadidae, die Crista ist für Devescovinidae und Calonymphidae typisch. Mit der sekundären Größenzunahme ist eine verstärkte Ausbildung des Cytoskelettes verbunden. Karyomastigontsystem jeweils mit einem Axostyl-Pelta-Komplex. Bei Calonymphidae sekundäre Ausbildung von Kolonialindividuen durch Vervielfachung der Karyomastigontsysteme (einschließlich Vervielfältigung der Axostyle und Parabasalkörper). Ohne Mitochondrium. Mit Mikrokörper (Hydrogenosome). Ohne Cytostom. Phagocytäre und osmotrophe Nahrungsaufnahme. Mitose mit extranukleärer Teilungsspindel. Zum Teil mit Cystenbildung. Ungeschlechtliche Fortpflanzung durch primäre Längsteilung, sekundär durch eine abgewandelte Form der Querteilung. Geschlechtliche Fortpflanzung nur bei wenigen, im Darmtrakt von Termiten lebenden Arten. Endokommensale, bzw. endosymbiontische Lebensweise im Darmtrakt von Wirbellosen und Wirbeltieren. Sekundär endosymbiontische Lebensweise ausschließlich im Enddarm von Termiten. Primär endokommensale Lebensweise mit phagocytärer Aufnahme von Bakterien, sekundär endosymbiontisch lebende Holzfresser im Enddarm von Termiten. Bei dem einzigen freilebenden Vertreter, *Pseudotrichomonas,* liegt offensichtlich eine sekundär freilebende Lebenweise in verschmutzten Gewässern vor.

Monocercomonadidae. *Monocercomonas* (Taf. 45:7): Stammesgeschichtlich älteste Gruppe. Mit 4 Geißeln, drei vordere Geißeln und freie, nach hinten gerichtete Schleppgeißel. Axostyl noch primär dünn, mit Pelta. Einfacher Parabasalkörper. Ohne Costa, ohne undulierende Membran. Mit siderophilen Körperchen. Breites Wirtsspektrum von Insekten bis zu Säugetieren. Bereits im Enddarm von Termiten lebend, aber noch keine Holzfresser. – *Hexamastix:* Durch Geißelvermehrung von *Monocercomonas* abzuleiten. Mit 6 Geißeln, 5 vorderen Zug- und einer nach hinten gerichteten Schleppgeißel. – *Histomonas* (Taf. 45:6): Regressionsform mit amöboider Beweglichkeit, nur noch mit einer nach vorne gerichteten Geißel. Axostyl verkürzt. – *Dientamoeba*: Endstufe der Regressionsreihe. Amöboide Fortbewegung. Geißeln völlig reduziert, auch Axostyl reduziert. Beide Parabasalfibrillen noch vorhanden. – *Pseudotrichomonas:* Nahe mit *Monocercomonas* verwandt. Zum Teil mit kleiner undulierender Membran, aber auch noch Individuen mit freier Schleppgeißel ohne undulierende Membran auftretend. Frei in verschmutzten Gewässern lebend, sehr wahrscheinlich sekundär. – *Hypotrichomonas:* Mit manifestierter undulierender Membran, die aber nur im vorderen Zellbereich ausgebildet ist und den größten Teil der Schleppgeißel freiläßt. Übergangsgruppe zu den Trichomonadidae.

Trichomonadidae. Primär mit 4, sekundär mit 6 Geißeln. Die Schleppgeißel ist mit einer undulierenden Membran (typisches Merkmal der Trichomonadidae) assoziiert. Mit Costa. Axostyl und Parabasalkörper zunächst noch einfach gebaut, bei stammesgeschichtlich jüngeren Vertretern (z. B. *Trichomitopsis*) stärker differenziert. – *Trichomitus:* Mit 4 Geißeln, voll ausgebildete undulierende Membran. Basisgruppe der Trichomonadidae. – *Tetratrichomonas:* 4 Geißeln. – *Trichomonas:* 4 Geißeln. – *Pentatrichomonas:* Mit 6 Geißeln, 5 vordere Zug- und eine hintere Schleppgeißel. – Bei den bisher erwähnten, nahe miteinander verwandten Gattungen liegt die Schleppgeißel seitlich neben der undulierenden Membran. Bei *Tritrichomonas* dagegen liegt die Schleppgeißel auf der undulierenden Membran. – *Tritrichomonas* (Taf. 45:2): Mit 4 Geißeln. Endokommensal im Darmtrakt und in Ausführgängen von Geschlechtsorganen von Wirbeltieren, teilweise pathogen. – *Trichomitopsis:* Nimmt eine Mittelstellung zwischen Trichomonadinae und Tritrichomonadinae ein. Schleppgeißel neben undulierender Membran liegend. – *Pseudotrypanosoma* (Taf. 45:3): Mit 3 (4) vorderen Geißeln und kräftig

◀

kürzungen: Axos = Axostyl, Axosr = Axostylringe, Blp = Blepharoplast (Basalkörper), Cap = Capitulum, Cen = Centriol, Cos = Costa, Cy = Cytostom, en. Ret = endoplasmatisches Reticulum, G = Geißel, K = Kern, k. Kö = keilförmiger Körper, Mit = Mitochondrium, Nuc = Nucleolus, Nv = Nahrungsvakuole, Pabk = Parabasalkörper, Pacof = Paracostalfilament, Pafk = Paraflagellarkörper, Schlg = Schleppgeißel, sid. Kö = siderophile Körperchen, sy. Sp = ektosymbiontische Spirochaeten, u. Me = undulierende Membran, Ves = Vesikel, Vog = Vordergeißel.

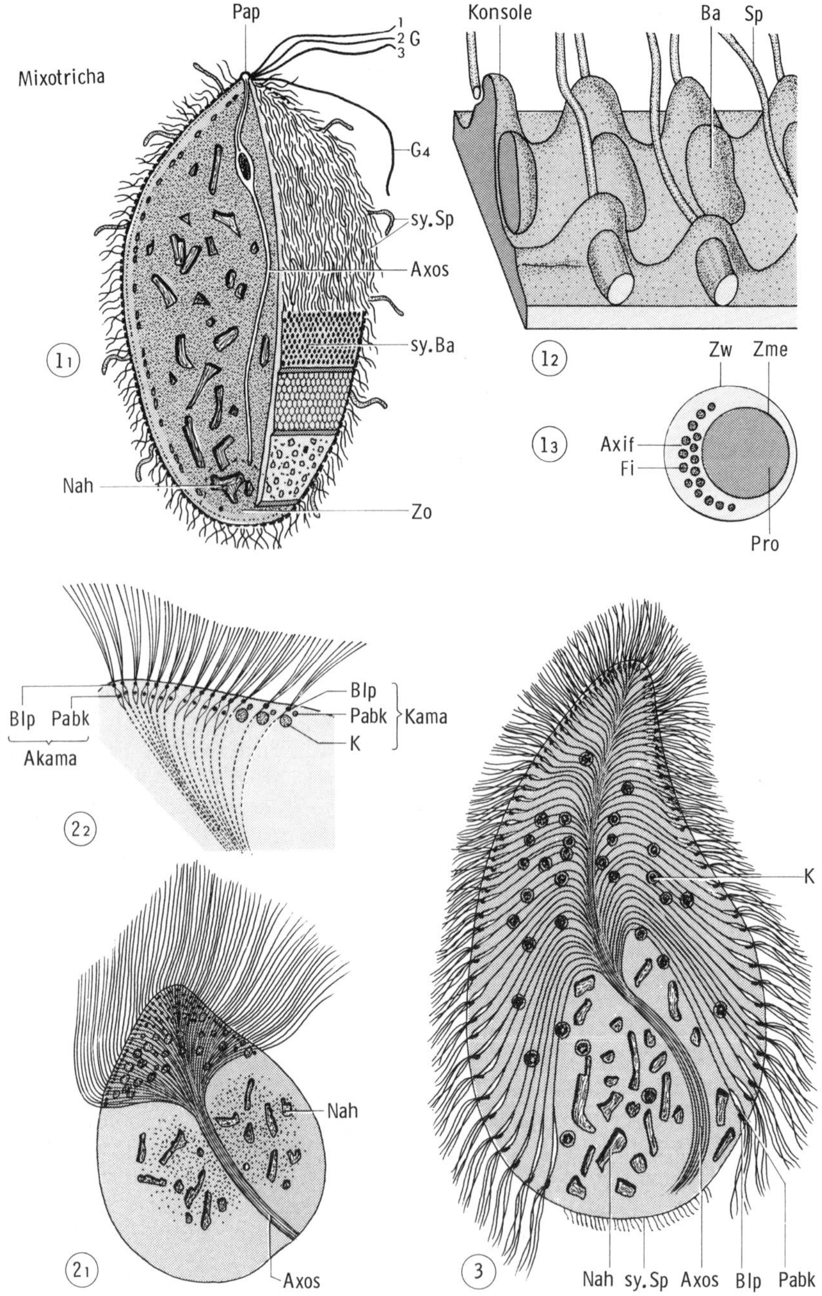

Taf. 46. Protomonada: Metamonadinea (Trichomonadida). – Abb. 1/1. *Mixotricha paradoxa* (nach Cleveland & Grimstone); 1/2. *Mixotricha paradoxa*, Zelloberfläche mit angehefteten Spirochaeten und Bakterien (nach Cleveland & Grimstone); 1/3. Querschnitt einer Spirochaetengeißel. Abb. 2/1. *Calonympha grassi (nach* Janicki); 2/2. *Calonympha grassi*, apikaler Pol mit Akaryomastigont- und reduzierten Karyomastigontsystemen (nach Janicki). Abb. 3. *Snyderella tobagae* mit Akaryomastigontsystemen (nach Kirby). Abkürzungen: Akama =

ausgebildeter undulierender Membran sowie mit assoziierter Schleppgeißel. Mit kräftiger Costa. Im Enddarm von Termiten, aber noch keine Holzfresser. Nahrung besteht aus phagocytär aufgenommenen Bakterien. – *Pentatrichomonas:* Mit 5 vorderen Geißeln und einer Schleppgeißel. – Trichomonadidae mit breitem Wirtsspektrum von Wirbellosen bis zu den Wirbeltieren. Auch bei Termiten, aber stets noch endokommensale Lebensweise (Bakteriennahrung) und keine holzfressende, endosymbiontische Lebensweise.

Devescovinidae. Mit 4 Geißeln (3 Zug- und eine Schleppgeißel). Die Schleppgeißel ist im basalen Teil nur leicht an der Zelloberfläche angeheftet. Im Zellkörper unter dem Anheftungsbereich liegt die Crista (Stützorganell). Axostyl vorne mit kräftig ausgebildetem Capitulum. Parabasalkörper kräftig entwickelt. Relativ große Vertreter. Holzfressende Symbionten (Endokommensalen) im Darmtrakt von Termiten. *Devescovina:* Mit Crista. Axostyl mit vorderem Capitulum. Parabasalkörper kräftig entwickelt. Mit symbiontischen Bakterien auf der Körperoberfläche. Erstmals holzfressende Vertreter. Die Holzstückchen werden phagocytär am hinteren Körperende aufgenommen. – *Mixotricha* (Taf. 46:1): Fortbewegungssymbiose mit anheftenden Spirochaeten. Außerdem mit symbiontischen Bakterien auf der Zelloberfläche. Auch mit geschlechtlicher Fortpflanzung. Im Enddarm von Termiten. – *Macrotrichomonas* (Taf. 45:1): Im Enddarm von Termiten. – *Pseudodevescovina* (Taf. 45:4): Mit sehr kompliziertem, fadenförmigem Parabasalkörper. Im Enddarm von Termiten. – *Parajoenia* (Taf. 45:5): Crista kräftig ausgebildet, ebenso Axostyl mit Capitulum. Im Enddarm von Termiten.

Calonymphidae. Sekundäre Kolonialindividuen mit zahlreichen Karyomastigont-Systemen. Sie leiten sich von Devescovinidae durch Kernvervielfachung und Vervielfachung des Geißelsystems (Vielfaches von 4 Geißeln) ab. Primär mit vielen Karyomastigontsystemen. Jedes Einzelsystem besteht aus Kern, 4 Geißeln, Parabasalkörper, Axostyl und Crista. Die 4 Geißeln eines Karyomastigontsystemes setzen sich aus 3 Zug- und einer Schleppgeißel (primäre Anordnung) zusammen. Sekundär kann ein Trend zur größeren Individualität beobachtet werden, indem die Kernzahl reduziert wird, gleichzeitig damit erfolgt eine völlige Reduktion der Crista und die primär einzeln liegenden Axostyle werden zu einem Bündel zusammengefaßt. Ausschließlich holzfressende Symbionten (Endokommensalen) im Enddarm von Termiten. *Coronympha:* Karyomastigontsysteme noch vollständig und deutlich voneinander getrennt. – *Calonympha* (Taf. 46:2): Mit zahlreichen reduzierten Karyomastigontsystemen aus Kern, Parabasalkörper und 4 Geißeln. Sie sind in konzentrischen Kreisen am Vorderende des Körpers angeordnet. Im Scheitelbereich weitere Reduktion, hier akaryomastigonte Systeme ohne Kerne. Axostyle zu einem Bündel vereinigt. – *Snyderella* (Taf. 46:3): Mit extremer Begeißelung, mit Tausenden von Akaryomastigontsystemen. Die in viel geringerer Zahl vorhandenen Kerne sind von den Akaryomastigontsystemen getrennt und liegen verteilt in der Tiefe des Zellkörpers. Geißeln bedecken fast die gesamte Zelloberfläche).

Ordnung Hypermastigida

Mit den Unterordnungen Lophomonadina und Trichonymphina. Mit multiplen Mastigontsystemen. Geißeln und ihre Basalkörper in Kreisen oder Reihen angeordnet. Begeißelung auf dem vorderen Körperabschnitt oder volle Begeißelung. Nur ein Kern vorhanden. Mit multiplem, meist aus zahlreichen Parabasalfibrillen und mehreren Golgi-Körpern bestehendem Parabasalapparat. Axostyle zu einem einheitlichen Achsenstab verschmolzen. Ohne Cytostom. Mitose mit extranukleärer Teilungsspindel (Taf. 47:1). Phagocytäre Nahrungsaufnahme von Holzstückchen (Holzfresser) am Hinterende des Zellkörpers. Ausschließlich symbiontische (endokommensale) Enddarmbewohner von holzfressen-

◄

Akaryomastigontsystem, Axif = Axialfilament, Axos = Axostyl, Ba = Bakterie, Blp = Blepharoplast (Basalkörper), Fi = Fibrillen, G = Geißel, K = Kern, Kama = Karyomastigontsystem, Nah = Nahrung, Pabk = Parabasalkörper, Pro = Protoplasmazylinder, Sp = Spirochaete, sy. Ba = ektosymbiontische Bakterien, sy. Sp = ektosymbiontische Spirochaeten, Zme = Zylindermembran, Zw = Zellwand.

den Schaben und Termiten. Mit symbiontischen Bakterien und Spirochaeten auf der Körperoberfläche. Einzige Ausnahme ist die stammesgeschichtlich alte Gattung *Lophomonas,* welche noch eine phagocytäre, nicht holzfressende Ernährung (Nahrung Bakterien, Hefepilze) zeigt.

Komplizierte Längs- und Querteilungen bei der ungeschlechtlichen Fortpflanzung. Geschlechtliche Fortpflanzung bei in *Cryptocercus* (holzfressende Schaben) vorkommenden Vertretern, aber auch bei Arten im Enddarm von Termiten (z. B. *Trichonympha, Pseudotrichonympha*).

Unterordnung Lophomonadina

Stammesgeschichtlich ältere Gruppe. Begeißelung nur am Vorderende des Körpers. Mit kräftigem Axostyl und multiplem Parabasalapparat. *Lophomonas* (Taf. 47:2): Mit noch relativ schwacher Begeißelung am Vorderende des Körpers. Im Enddarm von Schaben (*Blatta, Periplaneta*). Keine Holzfresser, ernähren sich phagocytär von Bakterien und Hefepilzen. – *Joenia* (Taf. 47:3): Mit vergrößerter Geißelzone. Achsenstab (Axostyl) mit Capitulum. Holzfresser im Enddarm von Termiten.

Unterordnung Trichonymphina

Höchster Differenzierungsgrad innerhalb der Hypermastigida (und Metamonadinea). Stammesgeschichtlich jüngere Teilgruppe. Geißeln in großer Zahl vorhanden, zum Teil den ganzen Körper bedekkend. Geißeln zum Teil in rechtsgewundenen Spiralbändern angeordnet. Mit kompliziertem Parabasalapparat(viele Parabasalfibrillen, mehrere Golgi-Körper). Achsenstab teils vorhanden, teils sekundär reduziert. Körper (z. B. bei *Trichonympha*) in deutliche Zonen aufgegliedert, mit vorderem Operculum (Zellkappe ohne Geißeln), darauffolgendem Rostrum (mit Geißeln besetzt), einer weiteren begeißelten Zone und hinterem, unbegeißeltem Abschnitt. *Rhynchonympha, Urinympha*: Diplonten, mit Autogamie. In Enddarm von *Cryptocercus*. – *Spirotrichonympha* (Taf. 47:5): Begeißelung aus 4 Geißelbändern bestehend. Im Enddarm von Termiten. – *Macrospironympha:* Diplont, im Darm von Cryptocercus). – *Trichonympha* (Taf. 47:4+6): Haplont. Mit Operculum und Rostrum. Sekundär ohne Achsenstab. Glykogenspeicherung im Endoplasma. Neuerdings auch Befruchtungsvorgänge bei im Enddarm von Termiten lebenden Arten festgestellt. Arten im Enddarm von Schaben (*Cryptocercus*) und auch Termiten. – *Pseudotrichonympha* (Taf. 47:1): Sekundär freilebend, in stark verschmutzten, weitgehend anaeroben Gewässern.

Phylogenie – Metamonadinea: Innerhalb der Metamonadinea stellt die *Monocercomonas*-Gruppe (Trichomonadida: Monocercomonadidae) die stammegeschichtlich älteste Gruppe dar. Sie besitzt noch das primäre, aus 4 Geißeln bestehende Mastigontsystem. Das Stützskelett ist noch relativ einfach ausgebildet und besteht nur aus einem relativ dünnen Axostyl. Innerhalb der Monocercomonadidae können wir drei Entwicklungstendenzen feststellen. Zu einer sekundären Geißelvermehrung kommt es bei *Hexamastix* (6 Geißeln), während bei *Histomonas* und *Dientamoeba* ein starker Trend zur sekundären Regression festzustellen ist. Bei *Histomonas* ist nur noch eine einzige Geißel (aber noch 4 Basalkörper) vorhanden, und das Axostyl ist in seiner Länge stark reduziert. Gleichzeitig ist ein Übergang zu einer mehr amöboiden Lebensweise bemerkbar. Am stärksten zeigt sich die Reduktion bei *Dientamoeba,* einem amöboiden Organismus. Geißeln und Axostyl sind völlig reduziert, aber an den beiden noch vorhandenen Parabasalfibrillen ist die Gattung noch deutlich als Vertreter der Monocercomonadidae zu erkennen. Von entscheidender Bedeutung ist der Beginn der Bildung einer undulierenden Membran innerhalb der Monocercomonadidae. Die Gattung *Hypotrichomonas* zeigt den Beginn der Bildung einer undulierenden Membran im vorderen Zellbereich. Diese Gattung leitet zu den Trichomonadidae über, für die der Besitz der undulierenden Membran mit stützender Costa charakteristisch ist. Innerhalb der Trichomonadidae kann die Schleppgeißel entweder seitlich neben der undulierenden Membran (Trichomonadinae) oder oberhalb der Membran (Tritrichomonadinae) liegen. Die Gattung *Trichomitopsis* nimmt dabei eine vermittelnde Stellung ein. Auch innerhalb der Trichomonadinae ist eine sekundäre Geißelvermehrung festzustellen, so besitzt *Pentatrichomonas* 6 Geißeln (5 vordere Zug- und eine hintere Schleppgeißel). Das Stützskelett wird bei den Trichomonadidae kräftiger ausge-

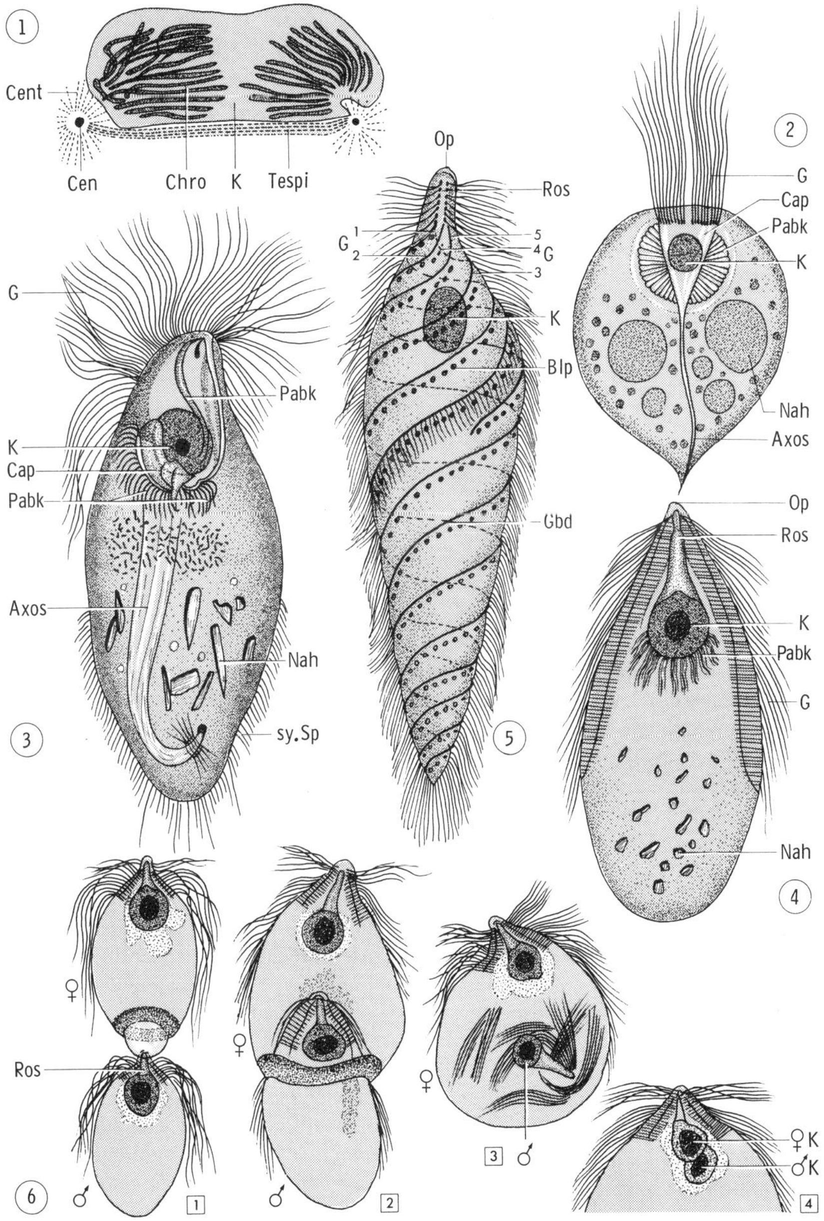

Taf. 47. Protomonada: Metamonadinea (Hypermastigida). – Abb. 1. *Pseudotrichonympha*, extranukleäre Teilungsspindel (nach CLEVELAND). Abb. 2. *Lophomonas blattarum* (nach JANICKI). Abb. 3. *Joenia annectens* (nach DUBOSCQ & GRASSÉ). Abb. 4. *Trichonympha collaris* (nach KIRBY). Abb. 5. *Spirotrichonympha flagellata* (nach DUBOSCQ & GRASSÉ). Abb. 6. *Trichonympha*, Kopulation und Kernverschmelzung (nach CLEVELAND). Abkürzungen: Axos = Axostyl, Blp = Blepharoplast (Basalkörper), Cap = Capitulum, Cen = Centriol, Cent = Centrosom, Chro = Chromosomen, G = Geißel, Gbd = Geißelband, K = Kern, Nah = Nahrung, Op = Operculum, Pabk = Parabasalkörper, Ros = Rostrum, sy. Sp = ektosymbiontische Spirochaeten, Tespi = Teilungsspindel.

bildet. Die Devescovinidae sind aus dem *Tritrichomonas*-Bereich abzuleiten. Sie behalten ein Mastigontsystem von 4 Geißeln bei. Als Stützorganell der Schleppgeißel wird eine Crista entwickelt. Der Parabasalkörper zeigt eine starke Entwicklung, die schon bei den Trichomonadidae eingeleitet wird. Von den Devescovinae sind die Calonymphidae abzuleiten. Sie stellen Kolonialindividuen dar, welche zahlreiche Karyomastigont-Systeme aufweisen. Das Vorhandensein von Cristae zeigt die Ableitung aus dem Devescovinidae-Bereich. Innerhalb der Calonymphidae ist aber ein deutlicher Trend zu einer stärkeren Individualität erkennbar. Die Karyomastigontsysteme werden reduziert, Cristae abgebaut und die Axostyle zu einem einheitlichen Bündel zusammengefaßt. Innerhalb der Calonymphidae kommt es zu einer extremen Vermehrung der Systeme. Dabei ist eine deutliche Reduktion von primären vollständigen Karyomastigontsystemen über reduzierte Systeme bis zu den akaryomastigonten Systemen zu beobachten. Die Zahl der Geißeln wird dagegen nicht reduziert, so daß wir bei primärer Begeißelung im vorderen Zellbereich dann auch Vertreter mit fast vollständiger Begeißelung (z. B. *Snyderella*) beobachten können. Die sekundären Geißelvermehrungen werden offensichtlich durch die erschwerte Fortbewegung (Schwimmen in dickem Nahrungsbrei) verursacht. In der Lebensweise zeigt sich bei den Trichomonadida ein starker Trend zu einer spezifischen, wohl endosymbiontischen Lebensweise im Enddarmbereich holzfressender Schaben und Termiten. Primär weisen die Trichomonadida (*Monocercomonas*) eine endokommensale Lebensweise im Darmtrakt von Wirbellosen und Wirbeltieren auf. Bemerkenswert ist, daß schon *Monocercomonas*-Arten auch im Darmtrakt von Schaben und Termiten vorkommen. Bei der mit *Monocercomonas* nahe verwandten Gattung *Pseudotrichomonas* liegt offensichtlich eine sekundär freilebende Lebensweise in anaerobem Milieu (verschmutzte Gewässer) vor. Auch innerhalb der Trichomonadidae reicht das Wirtsspektrum noch von Wirbellosen bis zu Wirbeltieren. Bei den Devescovinidae treffen wir erstmals eine strenge Spezialisierung (nur im Enddarm von Termiten) in bezug auf den Wirt und auch auf die Lebensweise an. Devescovinidae sind Holzfresser, welche sich von den im Enddarm der Termiten befindlichen Holzstückchen ernähren. Die primäre, phagocytäre Nahrungsaufnahme wird beibehalten. Die von den Devescovinidae abzuleitenden Calonymphidae behalten diese holzfressende Lebensweise im Darmtrakt von Termiten bei.

Die Hypermastigida, als stammesgeschichtlich jüngere Teilgruppe der Metamonadinea, sind von Trichomonadida aus dem Devescovinidae-Komplex abzuleiten. Hypermastigida zeigen gegenüber Trichomonadida eine viel stärkere Differenzierung. Es kommt zu extremen Vervielfachungen des Geißelapparates, zu einer Vervielfachung der Axostyle, der Parabasalfibrillen und der Golgi-Körper. Die Geißelsysteme der Hypermastigida sind von dem primären Mastigontsystem der Devescovinidae (4 Geißeln) abzuleiten. Im Gegensatz zu den Kolonialindividuen der Calonymphidae (Trichonymphida) kommt es bei den Hypermastigida aber zu keiner sekundären Kernvermehrung. Die Axostyle schließen sich bei den Hypermastigida zu einem Achsenstab zusammen. Parabasalfibrillen und Golgi-Körper bilden einen umfangreichen Parabasalapparat. Zu einer Vervielfachung der Mastigontsysteme kommt es also, unabhängig voneinander, sowohl bei den Trichomonadida (Calonymphidae) als auch bei den Hypermastigida, welche allerdings von Anfang an multiple Geißelsysteme besitzen. Primär ist bei den Hypermastigida der vordere Zellbereich begeißelt, sekundär kommt es zu einer völligen Begeißelung des Zellkörpers. Die Lophomonadinae stellen die stammesgeschichtlich älteste Teilgruppe der Hypermastigida dar. Die von den Devescovinidae übernommene endosymbiontische, holzfressende Lebensweise wird von der *Joenia*-Gruppe innerhalb der Lophomonadinae beibehalten. *Lophomonas* dürfte eine Reduktionsform sein, welche sekundär wieder zu einer phagocytären, nicht holzfressenden Lebensweise im Darmtrakt von Schaben (*Blatta, Periplaneta,* keine Holzfresser) übergegangen ist. Von der *Joenia*-Gruppe ist die stammesgeschichtlich jüngste Teilgruppe der Hypermastigida, die Gruppe der Trichonymphina, abzuleiten. Sie zeigen den höchsten Differenzierungsgrad aller Metamonadinea und auch aller Protomonada. Sie behalten die holzfressende Lebensweise im Darmtrakt von Termiten und zusätzlich von holzfressenden Schaben (*Cryptocercus*) bei.

Diskutiert wird auch eine unabhängige Entwicklung der Trichomonadidae und der Hypermastigida aus dem *Monocercomonas*-Bereich. Während die Evolution der Trichomonadidae, Devescovinidae und Calonymphidae wie geschildert ablaufen würde, wären die Hypermastigida dann nicht von Devescovinidae, sondern aus dem *Monocercomonas*-Bereich abzuleiten. *Lophomonas* wäre in diesem Falle die Basisgruppe der Hypermastigida mit einer primären, noch nicht holzfressenden Lebensweise.

Erst sekundär dann Übergang zu holzfressender Lebensweise im Darmtrakt von Schaben und Termiten.

Die Ableitung der Metamonadinea bereitet einige Schwierigkeiten, insbesondere durch das Vorhandensein von Golgi-Körpern sowie dem Auftreten einer extranukleären Spindel bei der Mitose. Der Besitz eines viergeißligen Mastigontsystems bei der stammesgeschichtlich ältesten Teilgruppe (*Monocercomonas*) weist aber eindeutig auf eine Ableitung aus dem viergeißligen Bereich (Protomonada) hin. Protomonada haben ja die Tendenz zur Viergeißligkeit von ihren Vorfahren, den Prasinophyta, übernommen. Eine extranukleäre Teilungsspindel tritt sonst nur bei den Dinophyta auf. Aber es bestehen sehr viele grundlegende Unterschiede zwischen beiden Gruppen (Dinophyta z.B. mit spezifischem Dinokaryon, andere Geißelform), so daß an eine Ableitung der Hypermastigida von Dinophyta nicht gedacht werden kann. Die extranukleären Teilungsspindeln beider Gruppen sind daher unabhängig voneinander entstanden. Die extranukleäre Teilungsspindel der Hypermastigida ist eine Autapomorphie dieser Gruppe. Hypermastigida können daher von Vorfahren mit einer intranukleären Spindel abgeleitet werden. Metamonadinea besitzen Golgi-Körper. Geht man davon aus, daß Golgi-Körper während der Evolution nur einmal entstanden sind, dann fallen Retortamonadinea und Oxymonadinea (beide ohne Golgi-Körper) als Vorfahren der Metamonadinea aus, obwohl sich Oxymonadinea sowohl von der Morphologie als auch von der Lebensweise her, als Vorfahren von Metamonadinea anbieten. Identische Lebensweisen bei Vertretern der Oxymonadinea und Hypermastiginea (symbiontische, holzfressende Lebensweise im Enddarm von Schaben *(Cryptocercus)* und Termiten) wären demnach als Konvergenz aufzufassen.

Für eine Ableitung der Metamonadinea kämen daher nur Protomonada in Frage, die noch Golgi-Körper besitzen. Proteromonadinea weisen noch einen Golgi-Körper auf, und es sind auch bereits Vertreter mit einem 4geißligen Mastigontsystem vorhanden. Hinzu kommt, daß Proteromonadinea noch Mitochondrien besitzen. Die bei den Hypermastigida auftretenden Mikrokörper zeigen keinen einheitlichen Aufbau. Zum Teil sind sie mit einer einzigen Membran versehen und werden als echte Mikrokörper (Hydrogenosome) gedeutet, während solche mit einer doppelten Membran auch als degenerierte Mitochondrien gedeutet werden. Retort- und Oxymonadinea besitzen dagegen keine Mitochondrien mehr. Proteromonadinea weisen bereits eine endokommensale Lebensweise auf, wie auch die stammesgeschichtlich ältesten Metamonadinea. Bei einer einmaligen Entstehung des Golgi-Körper-Apparates dürfte daher am ehesten eine Ableitung der Metamonadinea aus dem Proteromonadinea-Bereich in Frage kommen. Geht man davon aus, daß der Golgi-Körper-Bereich mehrmals unabhängig voneinander entstehen kann (wohl weniger wahrscheinlich), dann könnte eine Ableitung der Metamonadinea aus dem Oxymonadinea-Bereich in Frage kommen. Wir schließen uns hier zunächst an eine Ableitung aus dem Proteromonadinea-Bereich an und fassen die Protomonada als eine monophyletische Gruppe auf.

Stamm Opalinidea (Opalinata)
(Taf. 48–49)

Mit der einzigen Klasse der Opalininea (Opalinatea) und der einzigen Ordnung Opalinida.

Ausschließlich monadoide Formen mit dichtem, in Längsreihen verlaufendem Wimperbesatz. Großer Zellkörper (100–800 μm), zum Teil zylindrisch langgestreckt, zum Teil (*Opalina*) mit seitlich abgeflachtem Zellkörper. Die Wimpern (Cilien) bedecken den Körper in Längsreihen, welche etwas schräg von vorn nach hinten verlaufen. Sie beginnen an einem vorderen apikal-ventralen Randbezirk (Falx). Dieser Bereich ist besonders dicht mit Wimpern bedeckt. Die Wimper-Längsreihen können sich über den ganzen Körper erstrecken, es sind aber auch kürzere Reihen eingeschaltet. Die Dichte der Bewimperung nimmt demnach von vorne nach hinten ab. *Opalina*-Arten können bis zu 200–220 Wimper-Längsreihen aufweisen. Länge der Wimpern etwa 10–15 μm. Sie stellen kurze Geißeln dar, mit der typischen 9 + 2 Microtubuli-Struktur. Wimpern glatt und ohne Flimmerhaare. Mit primärem Periplast. Der Periplast bildet zwischen den Wimperreihen parallel verlaufende Längsfalten (Taf. 49:6) aus, welche ohne Unterbrechung von vorn nach hinten verlaufen. In jeder Falte befinden sich überein-

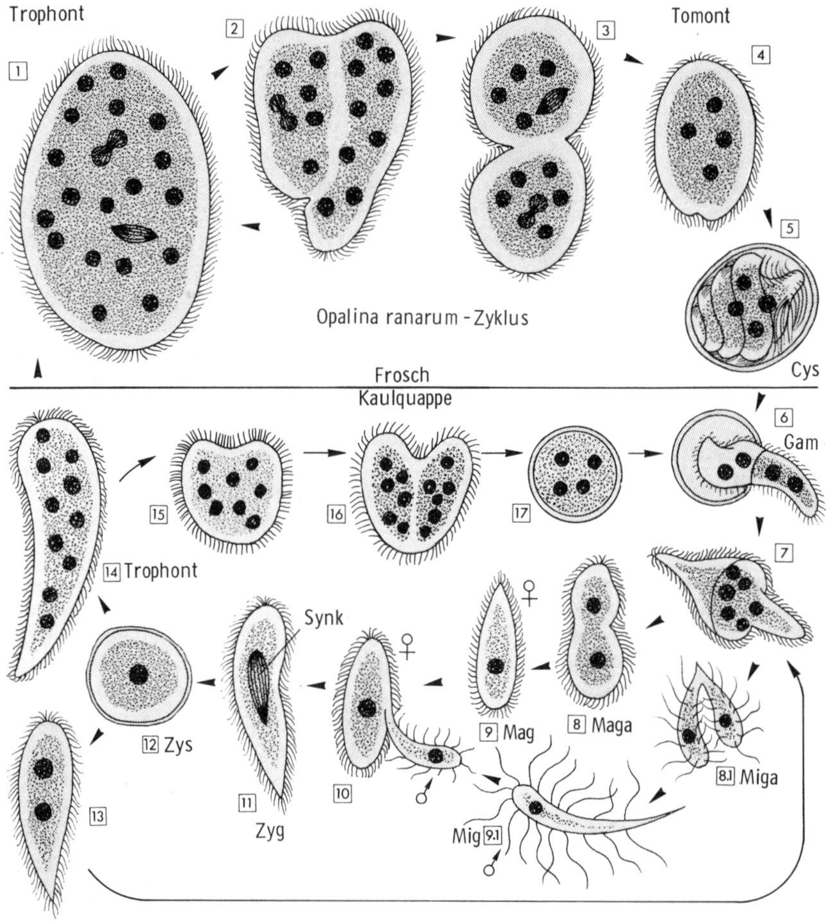

Taf. 48. Opalinidea: Opalininea (Opalinida). – Abb. Zyklus von *Opalina ranarum* (nach WESSENBERG). – 1. Trophont, 2. Längsteilung, 3. Teilung zur Bildung des Tomontenstadiums, 4. Tomont (Vorcystenstadium), 5. Cyste mit Gamont, 6. Schlupf des Gamonten, 7. freier Gamont, 8 u. 9. Teilung des Gamonten, Ausbildung von Makrogameten, 8/1 u. 9/1. Teilung des Gamonten, Ausbildung von Mikrogameten, 10. Kopulation, 11. Zygote, 12. Zygotencyste, 13. Ausbildung von Gamonten, 14. Ausbildung von Trophonten, 15–17. Cysten- und Gamontenbildung. Abkürzungen: Cys = Cyste, Gam = Gamont, Maga = Makrogamet, Miga = Mikrogamet, Zyg = Zygote, Zys = Zygotencyste.

ander angeordnet etwa 12–24 Microtubuli. Durch die Faltenbildungen entstehen größere Kontaktflächen zur Außenwelt. Die Infraciliatur (Taf. 49:5) weicht von der der Ciliaten ab. Während bei den Ciliaten alle Basalkörper des kinetischen Systems autonom sind und Selbstteilungskörper darstellen, finden wir bei den Opalinida autonome, generative Basalkörper nur im vorderen Falxbereich, welcher daher für morphogenetische Umwandlungen verantwortlich ist. Die übrigen Basalkörper sind somatischer Natur und abhängig von den generativen Basalkörpern der Falxregion. Die Basalkörper der Falxregion sind wesentlich größer und besitzen auch längere (falkuläre) Wimpern. Generative Wimperbasen mit zwei armartigen Anhängen, welche aber nicht die Wimperbasis der benachbarten Wimper erreichen. Die somatischen Basalkörper sind dagegen durch eine kurze, aus Microtubuli bestehende kinetodesmale Fibrille miteinander verbunden. Ciliaten dagegen mit einer viel komplexeren

Geißelbasis mit verschiedenartigen Microtubulisystemen, welche sich zu einer komplexen Infraciliatur vereinigen. Geißelbasen der Opalinida mit Granulasäule, ähnliche Geißelbasen sind auch bei Ciliaten anzutreffen. Die kinetodesmale Fibrille der Opalinida hat wahrscheinlich kein Homologon unter den Geißelbasisfibrillen der Ciliaten. Einige der Microtubuli-Bündel der Längsfalten sind mit den Basalkörpern der Falxregion verbunden. Ohne Cytostom. Die Nahrungsaufnahme erfolgt durch Pinocytose im gesamten Körperbereich. Ohne pulsierende Vakuolen. Einige Arten mit nicht pulsierendem Exkretionskanal. Cytoplasma in zwei deutliche Bereiche, Ekto- und Endoplasma, geteilt. Im Ektoplasma liegen die Golgi-Körperchen und alveoläre Einschlüsse. Im Endoplasma befinden sich Kerne, Ribosomen, Glykogen-Partikelchen, Fetttröpfchen und zahlreiche, anormal große, sackförmige Mitochondrien („scheibenförmige Körperchen"). Die Mitochondrien weisen eine stark reduzierte Innenstruktur auf, welche nur noch aus wenigen Tubuli besteht. Mitochondrien ohne besondere DNS-Zone (ohne Kinetoplast). Ähnliche Riesenmitochondrien (ebenfalls ohne Kinetoplast, in Einzahl) treffen wir bei den Proteromonadinea an. Für beide Gruppen ist eine fast anaerobe Lebensweise im Enddarmtrakt von Wirbeltieren charakteristisch. Primär mit zwei, sekundär mit vielen Kernen. Kerne der Opalinida sind monomorph, ohne Kerndualismus und mit einem Nukleolus versehen. Ohne Centriol. Kernteilung daher azentrisch, mit intranukleärer Teilungsspindel. Bei vielkernigen Vertretern (z. B. *Opalina*) ist keine Korrelation zwischen Kern- und Zellteilung festzustellen. Kernmembran und Nukleolus bleiben während der mitotischen Teilung erhalten. Mit Cystenbildung.

Fortpflanzung (Taf. 48): Ungeschlechtliche Fortpflanzung im Normalfall durch eine interkinetale (symmetrogene) Längsteilung. Der Längsspalt verläuft dabei diagonal zwischen zwei Wimperreihen. Die Teilung des Zellkörpers ist unabhängig von Kernteilungen und geht von der Falxregion, als Zentrum für morphogenetische Umwandlungen, aus. In der Mitte der Falxregion bildet sich zunächst ein kleiner Längsschlitz, welcher sich interkinetal ständig verlängert und den Zellkörper schließlich in zwei Tochterzellen teilt. Die Tochterzellen können annähernd gleichgroß, aber auch verschieden groß sein, besitzen aber einen gleichmäßig großen Anteil der früheren Falxregion. In seltenen Fällen kann auch eine Querteilung (homothetogene Teilung) auftreten, wie sie für Ciliata charakteristisch ist. Hier durchschneidet der Teilungsspalt die Wimperreihen, und die hintere Tochterzelle bildet eine neue Falxregion aus. Geschlechtliche Fortpflanzung bisher nur bei *Opalina* in Form einer Syngamie bekannt. *Opalina*-Arten sind Diplonten mit gametischer Meiose. Opalinida-Arten leben häufig im Enddarmbereich von Fröschen und deren Larvenformen (Kaulquappen). Die Trophonten von *O. ranarum* leben während des ganzen Jahres im Enddarm adulter Frösche und vermehren sich dort ungeschlechtlich durch Längsteilung. Während der Laichzeit der Frösche im Frühjahr (offensichtlich hormonale Beeinflussung wie auch bei Hypermastigida) teilen sich die Trophonten (Taf. 48) durch eine schnell ablaufende Serie von Längs- und Querteilungen in kleine Tochterzellen (Tomonten) mit nur wenigen Kernen und wenigen Wimperreihen. Diese kleinen Individuen umgeben sich mit einer Cystenhülle und gelangen mit dem Kot ins Freie. Wenn nun junge Kaulquappen diese im Wasser schwimmenden Cysten mit der Nahrung aufnehmen, löst sich die Cystenhülle im Darm auf, und es schlüpft ein mehrkerniger Gamont. Der Gamont vermehrt sich durch mehrere Längsteilungen, und es entstehen entweder einkernige, dünnere Mikrogameten oder einkernige, dickere Makrogameten. Während dieser Teilungen findet auch die Reduktionsteilung statt, so daß haploide Gameten vorliegen. Im Enddarm der Kaulquappe findet die Kopulation der Gameten statt. Ein Mikrogamet legt sich an einen Makrogamet und wird von diesem absorbiert (Syngamie). Es erfolgt Kernverschmelzung, die nun einkernige Zygote rundet sich ab und bildet eine Cystenhülle aus. Diese Zygotencyste wird von der Kaulquappe mit dem Kot ausgeschieden und von anderen Kaulquappen mit der Nahrung aufgenommen. Nun entsteht entweder wieder eine neue Generation mit Gamonten und anisogamen Mikro- und Makrogameten, oder es erfolgt eine Umwandlung in einen vielkernigen Trophonten. Der Trophont zeigt zuerst eine mehr zylindrische und erst später die typische, abgeplattete Form. Abgeplattete Form zunächst klein und noch in der Kaulquappe, aus dieser entwickelt sich dann später im Frosch die normale, große Trophontenform. Die kleinen, abgeplatteten Trophonten in der Kaulquappe können sich teilen und eine asexuelle Cyste bilden. Aus dieser Cyste schlüpft dann wieder ein Gamont.

Lebensweise: Opalinida leben als Endokommensalen unter fast anaeroben Bedingungen im vorderen Enddarmabschnitt wechselwarmer Wirbeltiere. Ihre Hauptwirte sind Frösche (Anuren), vereinzelt

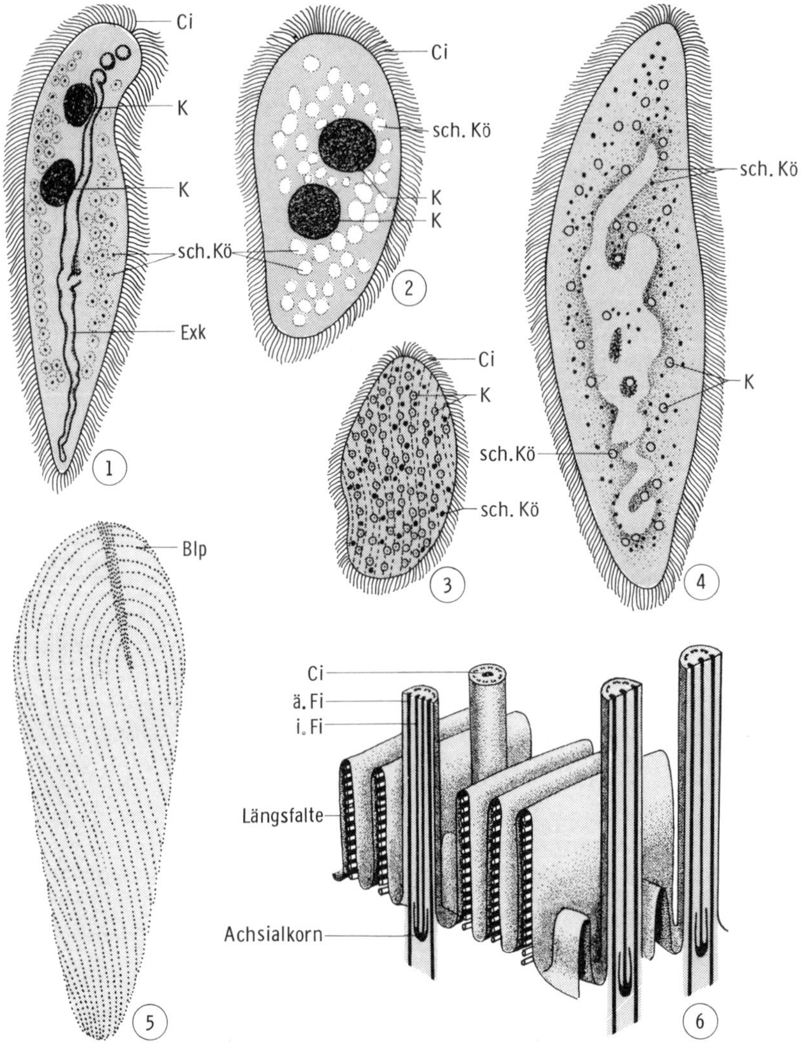

Taf. 49. Opalinidea: Opalininea (Opalinida). – Abb. 1. *Protoopalina intestinalis* (nach Metcalf). Abb. 2. *Zelleriella macronucleata* (nach Metcalf). Abb. 3. *Opalina ranarum* (nach Metcalf). Abb. 4. *Cepedea phrynomantidis* (nach Metcalf). Abb. 5. *Cepedea dimidiata*, Infraciliatur (nach Galiano-Fernandez). Abb. 6. *Opalina ranarum*, Pellicula-Schema (nach Noirot-Timothée). Abkürzungen: ä. Fi = äußere Fibrillen (= Microtubuli), Ci = Cilien, Exk = Exkretionsorganell, i. Fi = innere Fibrillen (= Microtubuli), K = Kern, sch. Kö = scheibenförmige Körperchen (= Mitochondrien).

kommen sie auch in sekundären Wirten (Fische, Schlangen, Eidechsen) vor. Bei Eidechsen und Schlangen als Wirte vermutet man, daß ihre Opaliniden von Fröschen stammen, welche von ihnen als Nahrung aufgenommen wurden. Nahrungsaufnahme der Opalinida durch Pinocytose im gesamten Körperbereich. Das Schwimmen im Medium erfolgt durch koordinierte Bewegungen der Wimperreihen.

Ordnung Opalinida

Mit den Merkmalen des Stammes.

Protoopalinidae. Stammesgeschichtlich älteste Gruppe. Primär mit 2 Kernen. *Protoopalina* (Taf. 49:1): Länglich-zylindrische Körperform. Im Enddarm von Fröschen, sekundär auch von Reptilien und Fischen. – *Zelleriella* (Taf. 49:2): Körper sekundär schon etwas mehr abgeplattet, im Enddarm von Fröschen, sekundär auch von Schlangen und Fischen.

Opalinidae. Stammesgeschichtlich jüngere Gruppe, sekundär vielkernig, mit abgeplattetem Körper. *Cepedea* (Taf. 49:4, 5): Vielkernig, im Enddarm von *Rana* und *Bufo* (Amphibien). Körper schwach abgeplattet. – *Opalina* (Taf. 49:3): Vielkernig, Körper stark abgeplattet. *O. ranarum:* Länge der Trophonten etwa 240–300 μm. Im Enddarm von *Rana* und *Bufo*, regelmäßig in *Rana temporaria*.

Phylogenie – Opalinidea: Sie sind aus dem Proteromonadinea-Bereich abzuleiten. Beide Gruppen weisen wichtige, übereinstimmende Merkmale auf. Das subpelliculäre Microtubulisystem der Proteromonadinea (z. B. bei *Karatomorpha*) entspricht demjenigen der Opalinida. Übereinstimmungen zeigen sich gerade hier mit Proteromonadinea mit sekundär vermehrter Geißelzahl (*Karatomorpha*). Übereinstimmungen finden sich auch im Bereich der Geißelwurzel. Beide Gruppen besitzen keinen Schlund und ernähren sich durch Pinocytose. Mitose bei beiden Gruppen mit intranukleärer Spindelbildung. Bei beiden Gruppen werden unter ungünstigen Bedingungen Cysten ausgebildet. Mitochondrien zeigen bei Proteromonadinea und Opalinidea den gleichen Aufbau. Es sind Riesenmitochondrien (bei Proteromonadinea in der Einzahl vorhanden) von tubulärem Bau, welche sekundär nur noch wenige Tubuli, aber einen dichten Matrixteil enthalten. Offensichtlich ist bei den Opalinidea die sekundäre Geißel- und Kernvermehrung auch mit einer Vermehrung der Mitochondrien verknüpft. Stammesgeschichtlich jüngere Protomonada, wie Retortamonadinea, Oxymonadinea und Metamonadinea (= Parabasalia) kommen für eine Ableitung von Opalinidea nicht in Frage, da sie bereits keine Golgi-Körper mehr besitzen. Übereinstimmungen zeigen sich auch in der Lebensweise. Proteromonadinea leben ausschließlich endokommensalisch im Enddarm von Amphibien und Reptilien. Dasselbe gilt für die Opalinidea, welche ebenfalls eine endokommensale Lebensweise im Enddarm von Amphibien und Reptilien zeigen. Bei *Karatomorpha* (Proteromonadinea, mit sekundär erhöhter Geißelzahl) treffen wir Amphibien als Wirte an. Amphibien sind auch als primäre Hauptwirte der Opalinidea zu betrachten. Beide Gruppen leben unter fast anaeroben Bedingungen im Enddarmtrakt der Wirte. Die Mitochondrien zeigen eine entsprechende Reduktion mit nur noch wenigen Tubuli und völliger Reduktion des bei den Vorfahren (Bodonida-Gruppe) noch vorhandenen Kinetoplasten. Ob zwischen Opalinidea und Holomastiginea engere phylogenetische Beziehungen bestehen, kann erst geklärt werden, wenn elektronenmikroskopische Daten von Holomastiginea zur Verfügung stehen. Holomastiginea zeigen ebenfalls nähere Verwandtschaft zum Kinetoplastinea-Proteromonadinea-Komplex.

Reich Euglenophytobionta

Mit dem einzigen Stamm der Euglenophyta.

Stamm Euglenophyta

(Taf. 50, 51)

Mit der einzigen Klasse Euglenophyceae.

Ausschließlich primäre monadoide Form (Flagellatenstadium), vereinzelt treten kapsale Stadien auf, vereinzelt auch sekundäre Kolonienbildung auf gemeinsamem Gallertstiel. Koloniale Formen sekundär ohne frei sichtbare Geißeln, ihr freies Monadenstadium aber begeißelt. Verhältnismäßig große Formen mit charakteristischem inneren und äußeren Bau. Körperform länglich, mehr oder weniger schraubig verdreht (helikoidal). Dadurch kommt eine komplizierte Symmetrie zustande, welche sich aber auf eine primäre Bilateralsymmetrie zurückführen läßt. Mit primär biegsamem, oder sekundär starrem Periplast. Der biegsame Periplast erlaubt Fortbewegung durch starke metabolische Formver-

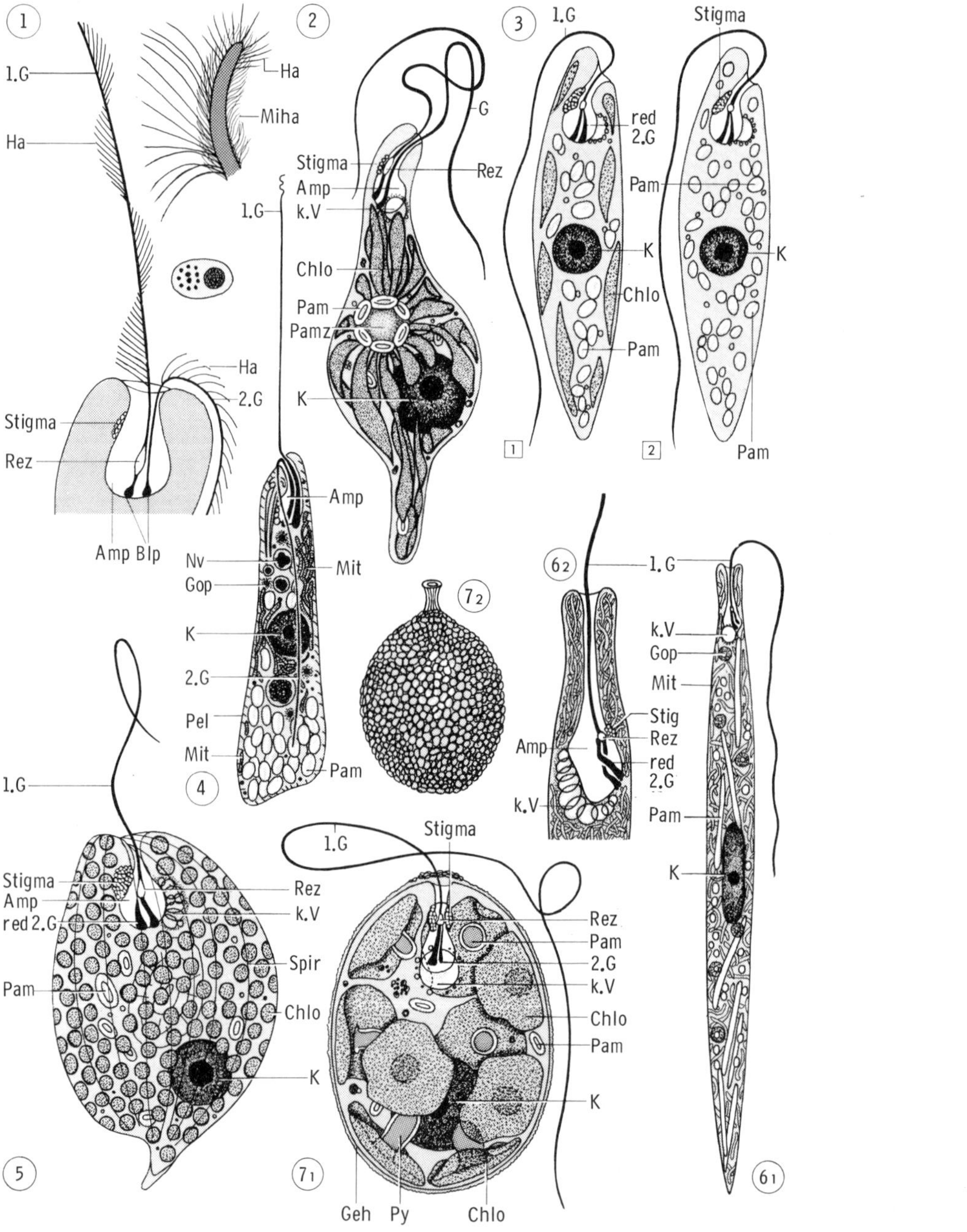

Taf. 50. Euglenophyta: Euglenophyceae. – Abb. 1. Feinbau des vorderen Zellbereiches, Geißel-Querschnitt, Geißelende stark vergrößert (nach SLEIGH; LEEDALE). Abb. 2. *Eutreptia pertyi* (nach LEEDALE). Abb. 3/1. *Euglena gracilis* (nach HOLLANDE); 3/2. *Astasia longa* (nach HOLLANDE). Abb. 4. *Peranema trichophorum* (nach LEEDA - LE). Abb. 5. *Phacus triqueter* (nach LEEDALE). Abb. 6/1. *Cyclidiopsis acus* (nach LEEDALE); 6/2. *Cyclidiopsis acus*, Vorderteil stark vergrößert (nach LEEDALE). Abb. 7/1. *Trachelomonas grandis* (nach LEEDALE); 7/2. *Trachelomonas vestita*, Gehäuse (nach PALMER). Abkürzungen: Amp = Ampulle, Blp = Blepharoplast (Basalkörper), Chlo

änderungen (= charakteristische euglenoide Fortbewegung). Die Fortbewegung erfolgt bei diesen Formen durch Plasmaströmungen unterhalb des Periplasts. Der sekundär verstärkte, starre Periplast (= Pellicula) setzt sich aus zahlreichen, bandförmigen, überwiegend aus Eiweiß bestehenden Membranstreifen (Spiren, Gyren) zusammen. Periplast ohne Zelluloseanteile. Die Membranstreifen umlaufen im Drehsinn einer Linksschraube den Zellkörper. Mit diesen Membranstreifen korrespondiert an ihrer Basis ein gut ausgebildetes argentophiles System. Alle Membranstreifen laufen an den Körperpolen zusammen und führen entweder in den vorne am Körper gelegenen Schlund (Ampulle) oder zu einer anastomosierenden Stelle am hinteren Ende des Zellkörpers. Oberfläche des Periplasts teilweise mit Warzen und Ausstülpungen. Der Periplast besteht zu etwa 80% aus Protein. Es kommen keine Vertreter mit sekundärer Zellwand vor. Manche Arten scheiden ein Gehäuse aus, welches den Zellkörper umgibt und nur im vorderen Bereich eine Öffnung für den Geißelapparat freiläßt. Am Vorderende mit charakteristischem, kolbenförmigem Schlund (Ampulle, Cytopharynx, Reservoir), welcher eine röhrenförmige Mündung aufweist. Der Schlund enthält Wasser aus dem umgebenden Milieu und die anliegende, pulsierende Vakuole entleert sich in den Schlund. Farblose Vertreter mit sekundär phagotropher Ernährung (Heteronematales) besitzen in der Nähe des Schlundes ein aus zusammenhängenden Stäbchen bestehendes Staborganell. Die Stäbchen können aus dem Cytopharynx ausgestülpt werden und dienen zum Festhalten der Beute. Die Beute wird solange von dem Staborganell festgehalten, bis sie vom vorderen Bereich des Körpers phagocytär aufgenommen wird. Der Schlund dagegen fungiert als exkretorisches Organell und hat mit der direkten Nahrungsaufnahme nichts zu tun.

Primär mit 2 Geißeln. Geißeln (Taf. 50:1) iso- bis heterokont und isomorph. Sie inserieren im basalen Bereich des Schlundes und treten primär aus der Schlundöffnung heraus. Primär mit heterodynamischer Bewegungsweise (Eutreptiales), die eine Geißel als nach vorn gerichtete Schwimmgeißel, die andere als nachgezogene Schleppgeißel wirkend. Sekundär homodynamisch als Schwimmgeißeln, vor allem bei den vielgeißligen Formen (Euglenamorphales). Im Verlauf der Stammesgeschichte kommt es zur Reduktion einer der beiden Geißeln, nämlich der Schleppgeißel oder auch zu einer sekundären Geißelvermehrung (bis zu 7 Geißeln). Im ersteren Falle ist die 2. Geißel so stark reduziert, daß nur noch der Basalkörper und ein sehr kurzer, basaler Abschnitt der Geißel vorhanden sind. Dieser kurze Abschnitt der 2. Geißel vereinigt sich mit der voll ausgebildeten Geißel schon kurz vor dem Photorezeptor dieser Geißel, so daß der Rest der 2. Geißel im inneren Bereich des Schlundes verbleibt und nicht nach außen sichtbar wird. Viele Arten mit einem Photorezeptor (Geißelanschwellung) im basalen Bereich der voll ausgebildeten Geißel. Primär beide Geißeln nur einseitig mit zarten, feinen Haaren (keine Mastigonemen) bedeckt. Die Haare sind in einer einseitswendigen Schraubenbahn angeordnet. Haare recht groß (2–3 μm lang), vereinzelt (z. B. *Distigma*) kommen auch noch zusätzliche, kürzere Microhaare hinzu. Außer dem 9+2 Microtubuli-System ist noch ein zusätzlicher, aus Tubuli bestehender paraflagellärer Strang vorhanden, welcher sich über die ganze Länge der Geißel erstreckt, dadurch wirkt die Geißel relativ dick. Die Übergangsregion der Geißel mit komplexem Doppelzylinderkörper, aber ohne den Sternkörper der Chlorobionta. Die Geißelwurzel mit 3 Microtubuli-Bändern und mit quergestreifter Komponente (wie bei Prasino- und Chlorophyta). Stammesgeschichtlich sehr alte Vertreter (*Eutreptiella*, gefärbt) mit MLS. Der Besitz von MLS (nur bei den primär gefärbten Vertretern) zeigt an, daß Euglenophyta und Charophyta einen gemeinsamen Vorfahren besitzen. Die MLS bei *Eutreptiella* besteht aus einer Microtubuli-Lage, dann folgt eine Lage dünner Platten und eine weitere Platten-Lage. Sie entspricht der MLS der Charophyta.

Primär mit extraplastidem Stigma (Augenfleck), sekundär farblose Vertreter dagegen meist ohne Stigma. Das Stigma besteht aus frei im Cytoplasma liegenden Kügelchen und liegt an der Wand des Schlundes direkt dem Photorezeptor der Haupt-Geißel gegenüber. Beide sind gemeinsam bei der Lichtrezeption tätig. Das Stigma weist (wie bei den verwandten Dinophyta) keinerlei Verbindung mit einem Chromatophor auf.

◀
= Chloroplast, G = Geißel, Geh = Gehäuse, Gop = Golgiapparat, Ha = Geißelhaare, K = Kern, k. V. = kontraktile Vakuole, Miha = Mikrohaare, Mit = Mitochondrien, Nv = Nahrungsvakuole, Pam = Paramylum, Pamz = Paramylumzentrum, Pel = Pellicula, Py = Pyrenoid, red. 2. G = reduzierte 2. Geißel, Spir = Spiren, Stig = Stigma.

Chromatophoren mit grüner Farbe, meist in großer Zahl (sekundär) vorhanden. Auffällig und stammesgeschichtlich von erheblichem Interesse ist die große Zahl der sekundär farblosen Arten. Von den etwa 800 Arten sind ungefähr 225 sekundär farblos. Die Thylakoide liegen in den Chromatophoren meist zu dritt in Stapeln aufeinander, selten aber auch bis zu 6 aufeinandergestapelte Thylakoide. Keine Gürtellamelle vorhanden. Chloroplast mit 3 Membranen, mit eigener Doppelmembran und einfacher, darüberliegender Membran des endoplasmatischen Reticulums. Keine Verbindung mit der Kernmembran.

Assimilationspigmente: Chlorophyll a, b; Carotinoide: β-Carotin (zum Teil im Augenfleck), vereinzelt auch γ-Carotin, Diadinoxanthin, Diatoxanthin, Neoxanthin, Heteroxanthin, Cryptoxanthin und Echinenon (im Augenfleck). Reserveprodukt ist Paramylon, eine für die Euglenophyta charakteristische Stärke (β-1:3 Polyglykan). Gefärbte Vertreter teils mit, teils ohne Pyrenoid. Pyrenoid (meist vorhanden) im Chromatophor liegend. Paramylon entsteht immer im Cytoplasmabereich, nie im Chromatophor. Paramylon wird bei allen primär gefärbten und bei einigen farblosen Arten gebildet. Manche farblose Vertreter speichern Lipoide als Reservestoff. Allgemein kommen noch Öle als akzessorische Reservesubstanzen hinzu. Die Paramylonkörner zeigen eine schraubige (helikoidale) Struktur.

Lysin-Biosynthese über α-Aminodiapinsäure (AAA-Weg) wie bei Eumycota. Mit polyaromatischen Enzymen, ebenfalls wie bei Eumycota.

Zellkern von besonderem Bau, relativ groß und mit mehreren Nukleoli. Auch im Ruhekern sind die fadenförmigen Chromosomen gut zu erkennen. Die geschlossene Mitose zeigt eine Anzahl primitiver Abläufe. Die Kernmembran wird während des Mitoseablaufs nicht aufgelöst (wie auch bei Dinophyta). Die Nukleoli (Endosomen) bleiben ebenfalls erhalten und teilen sich durch eine einfache Einschnürung. Während der Metaphase liegen die Chromosomen parallel zur Teilungsachse. Die Teilungsspindel liegt intranukleär und zeigt keine Verbindung zu den Centriolen. Chromosomen mit für Eukaryonta (Ausnahme Dinophyta) typischen Nukleohistonen.

Mit kontraktilen Vakuolen, welche sich in den Schlund entleeren. Mitochondrien sehr primitiv gebaut. Sie besitzen nur einige wenige, breite, paddelförmige Cristae. Meist mit mehreren Golgi-Körpern. Unterhalb des Periplasts mit stab- bis spindelförmigen Extrusomen, welche einen schleimigen, aus endoplasmatischem Reticulum bestehenden Faden ausstoßen.

Fortpflanzung: Ungeschlechtliche Vermehrung durch einfache Längsteilung. Die Teilung erfolgt bei normaler, flagellater Ausbildung oder es werden Gallertstadien (kapsale Stadien) gebildet, unter gleichzeitiger Abwerfung der Geißeln. Nach Ablauf des Teilungsprozesses werden die Geißeln neu gebildet, und die nun begeißelten Individuen verlassen das gemeinsame Gallertlager. Bei ungünstigen Bedingungen kommt es zur Ausbildung von Cysten. Vertreter der Euglenophyta sind Haplonten. Geschlechtliche Fortpflanzung unbekannt. In einigen Fällen kommt es zu einem nichtsexuellen Autogamie-Prozeß mit Kernverschmelzung und darauffolgender Meiose.

Lebensweise: Primär im Salzwasser- oder Brackwasserbereich (Eutreptiales), sekundär im Süßwasser. Der bei weitem überwiegende Teil der Arten lebt im Süßwasser und hier vor allem in stark verschmutzten, an organischen Substanzen reichen Gewässern. Sie bevorzugen kleinere, stehende Gewässer und halten sich vorwiegend im Bereich der obersten Wasserschicht auf. Wesentlich geringer ist die Zahl der Arten, welche in sauberen oder oligosaproben Gewässern lebt. Fast alle Arten frei beweglich, nur wenige sekundär festsitzende Arten (*Colacium*). Sekundär auch mit endokommensaler Lebensweise (Euglenamorphales). Euglenophyta können sich phototroph, osmotroph und phagotroph ernähren. Die primär gefärbten Vertreter sind photoautotroph. Phototrophie mit Osmotrophie gekoppelt. Sie benötigen keine organischen Nährstoffe, benutzen Kohlendioxid als Kohlenstoffquelle und brauchen Ammoniumsalze als Stickstoffquelle und zusätzliche Vitamine (Thiamin oder Vitamin B_{12}). Die sekundär farblosen Vertreter sind obligat heterotroph (Osmotrophie und Phagotrophie). Die meisten farblosen Arten ernähren sich osmotroph. Sie benötigen organische Nährstoffe als Kohlenstoffquelle; Ammoniumsalze oder Aminosäuren werden als Stickstoffquelle herangezogen. Phagotrophe Formen (Heteronematales mit Staborganell) nehmen Bakterien, Algen, Protozoen als Nahrung auf, gleichzeitig können sie sich aber auch osmotroph ernähren.

Unter Zuchtbedingungen im Dunkeln kann man aus gefärbten Arten (z. B. *Euglena gracilis*) durch

Verlust der Assimilationspigmente apochlorische Formen erzielen. Unter diesen sekundär farblosen Formen bleiben einige Stämme dauernd farblos, während andere bei Lichteinwirkung wieder grüne Färbung zeigen. Die farblos bleibenden Formen zeigen einen Zerfall des Plastidenstromas und besitzen daher keine Chromatophoren mehr. Sie entsprechen Vertretern der farblosen Gattung *Astasia*. („Umwandlung" von *Euglena viridis* in *Astasia longa*).

Klasse Euglenophyceae

Ordnung Eutreptiales (Eutreptiida)

Stammesgeschichtlich älteste Gruppe der Euglenophyta. Mit MLS (*Eutreptiella*). Mit primärem, biegsamem Periplast. Mit starken metabolischen Formveränderungen. Längliche Körperformen. Primär noch mit 2 voll ausgebildeten, gleichlangen Geißeln (*Eutreptia*), sekundär heterokont mit verkürzter Schleppgeißel (*Distigma*). Bei *Eutreptia* (Taf. 50:2) eine Geißel als vordere Schwimmgeißel, die andere als seitlich liegende oder nachgezogene Schleppgeißel ausgebildet. Primär gefärbt (*Eutreptia*), sekundär farblos (*Distigma*). Farblose Arten mit osmotropher Nahrungsaufnahme; niemals phagotroph. Primär mit Stigma und Photorezeptor, bei farblosen Arten (*Distigma*) beide sekundär fehlend. Nur solitäre Arten. Mit primärer mariner Lebensweise, auch im Brackwasser. *Eutreptia, Eutreptiella* (beide gefärbt), *Distigma, Distigmopsis* (sekundär farblos).

Ordnung Euglenales (Eugleniida)

Mit langer Schwimmgeißel und stark verkürzter Nebengeißel (Schleppgeißel-Rest), welche nicht mehr aus dem Schlund heraustritt. Gefärbte und sekundär farblose Arten. Primär mit Stigma und Photorezeptor, sekundär zum Teil bei farblosen Arten (*Astasia*) fehlend. Primär noch mit biegsamem Periplast, sekundär Periplast halbstarr. Mit kontraktiler Vakuole, auch bei marinen Arten. Gefärbte Arten mixotroph (photo- und osmotroph), sekundär farblose Arten osmotroph. Nur *Euglenopsis* phagotroph, aber ohne Staborganell. Einige Arten noch primär marin, meist aber sekundäre Süßwasserbewohner. *Euglena* (Taf. 50:3/1): Gefärbt, spindel- bis walzenförmige Körperform. Zum Teil Ausbildung von Palmella-Stadien und Cysten; *Khawkinea:* Sekundär farblos, noch mit Stigma und Photorezeptor; *Astasia* (Taf. 50:3/2): Sekundär farblos, ohne Stigma und ohne Photorezeptor; *Euglenopsis:* Sekundär farblos, ohne Stigma und Photorezeptor, phagotroph; *Cyclidiopsis* (Taf. 50:6): Sekundär farblos, Periplast halbstarr; *Trachelomonas* (Taf. 50:7): Gefärbt, mit Gehäuse, freischwimmend; *Colacium* (Taf. 51:1): Festsitzende, koloniale Formen, durch Gallertstiel am vorderen Körperende des Wirtstieres (Rotatorien, Copepoden) befestigt, bei der ungeschlechtlichen Vermehrung durch Längsteilung bilden die Tochterzellen neue Stiele aus und bleiben in Kolonien vereinigt, keine Dauerkolonien, da sich die Individuen nach einiger Zeit ablösen und die Schwimmgeißel wieder voll ausbilden; *Phacus* (Taf. 50:5): Gefärbt, Periplast starr, daher keine metabolische Fortbewegung mehr möglich.

Ordnung Rhabdomonadales (Rhabdomonadida)

Mit langer Schwimmgeißel. Die reduzierte 2. Geißel bisher noch nicht elektronenmikroskopisch nachgewiesen, aber möglicherweise noch vorhanden. Wenn vorhanden, dann extrem reduziert. Sekundär farblose Arten, osmotroph und nie phagotroph. Ohne Stigma und Photorezeptor. Periplast starr, daher ohne euglenoide Fortbewegung. *Rhabdomonas*, *Menoidium* (im Enddarm von Tausendfüßlern).

Ordnung Sphenomonadales (Sphenomonadida)

Mit 2 Geißeln, die 2. Geißel dabei stark verkürzt, aber aus dem Schlund heraustretend oder aber mit nur einer Geißel und möglichem Reduktionsrest der 2. Geißel, dieser aber bisher nicht nachgewiesen. Die Schwimmgeißel bewegt sich beim Schwimmen nicht in ihrer ganzen Länge (primär Bewegung in voller Länge bei den vorher besprochenen Ordnungen). Periplast starr, ohne euglenoide Bewegung. Ohne Stigma und Photorezeptor. Sekundär farblos, Ernährung osmotroph oder phagotroph, aber ohne Staborganell. *Sphenomonas* (mit 2 Geißeln); *Petalomonas* (mit einer Geißel); *Anisonema* (Taf. 51:2) (mit 2 Geißeln).

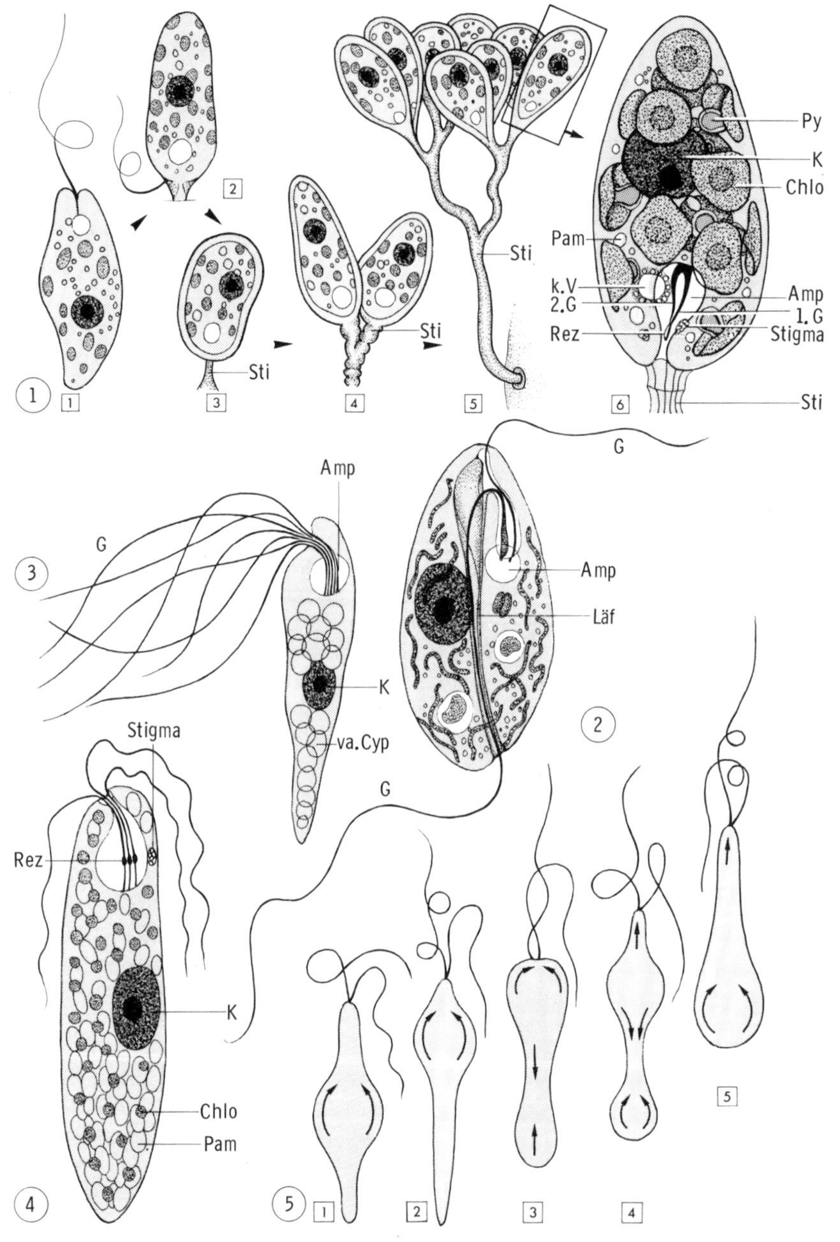

Taf. 51. Euglenophyta: Euglenophyceae. – Abb. 1. *Colacium vesiculosum*: 1/1. freischwimmendes Individuum (nach STEIN); 1/2–1/5. Festsetzen, Stiel- und Kolonienbildung (nach STEIN); 1/6. Einzelindividuum aus Kolonie, vergrößert (nach LEEDALE). Abb. 2. *Anisonema acinus* (nach HOLLANDE). Abb. 3. *Hegneria hegneri* (nach WEN - RICH). Abb. 4. *Euglenamorpha leptodactyla* (nach BRUMPT & LAVIER). Abb. 5. *Eutreptia pertyi*, euglenoide Fortbewegung, Pfeile deuten Fließrichtung des Cytoplasmas an (nach LEEDALE). Abkürzungen: Amp = Ampulle, Chlo = Chloroplast, 1. G = 1. Geißel, 2. G = 2. Geißel, K = Kern, k. V. = kontraktile Vakuole, Läf = Längsfurche, Pam = Paramylum, Py = Pyrenoid, Rez = Rezeptor, Sti = Stiel, va. Cyp = vakuolisiertes Cytoplasma.

Ordnung Heteronematales (Heteronematida)

Mit 2 oder einer Geißel. Bei Arten mit 2 Geißeln ist die 1. Geißel als vordere Schwimmgeißel, die 2. Geißel als Schleppgeißel ausgebildet. Beim Schwimmen bewegt sich die Schwimmgeißel nur mit der Spitze. Bei *Peranema* ist die Schleppgeißel mit dem Körper verklebt (Beginn der Ausbildung einer undulierenden Membran). Sekundär farblos, mit phagotropher Ernährung. Mit Cytostom, welches an seinem Grund ein aus einzelnen Stäben bestehendes Staborganell aufweist. Ohne Augenfleck und ohne Photorezeptor. Periplast teils biegsam, teils starr. *Heteronema*: Mit 2 Geißeln, Schleppgeißel frei; *Peranema* (Taf. 50:4): Mit 2 Geißeln, Schleppgeißel mit Körperoberfläche verklebt; *Peranemopsis*: 1 Geißel; *Entosiphon:* Eiförmiger Körper, Geißelhaare in Gruppen angeordnet, mit 2 Geißeln.

Ordnung Euglenamorphales (Euglenomorphiida)

Mit sekundärer Geißelvermehrung (3–7 Geißeln). Geißeln alle gleichlang. Periplast biegsam, mit euglenoider Bewegung. Primär mit Stigma und Photorezeptoren an allen Geißeln (*Euglenamorpha*), sekundär ohne Stigma und ohne Photorezeptor (*Hegneria*). Primär noch gefärbt (*Euglenamorpha*), aber es treten auch sekundär farblose Individuen auf. Es ist deutlich der gerade erfolgende Übergang zu einer sekundären endokommensalen Lebensweise zu sehen, da noch gefärbte Individuen auftreten. Bei *Hegneria* nur farblose Individuen. Ernährung der farblosen Individuen osmotroph, nicht phagotroph. Gefärbte Individuen weisen Paramylum als Assimilationsprodukt auf. Endokommensale Lebensweise im Enddarm von Kaulquappen. Aktives Schwimmen im Enddarm. *Euglenamorpha* (Taf. 51:4): Mit 3 Geißeln; *Hegneria* (Taf. 51:3): Mit 7 Geißeln.

Phylogenie – Euglenophyta: Sie sind aus dem Prasinophyta-Bereich abzuleiten. Der Besitz einer MLS bei den stammesgeschichtlich ältesten Euglenophyta (Eutreptiales: *Eutreptiella*) zeigt an, daß sie mit den Charophyta zusammen einen gemeinsamen Vorfahren im Prasinophyta-Bereich besitzen. Von entscheidender phylogenetischer Wichtigkeit ist die Feststellung, daß eine MLS nur bei gefärbten Vertretern (*Eutreptiella*), nicht aber bei sekundär farblosen Vertretern (z. B. *Rhabdomonas*, *Menoidium*) vorkommt. Ein weiterer, wichtiger Hinweis für die Richtigkeit der Autogenhypothese, welche primär gefärbte und sekundär farblose Vertreter fordert. Die MLS kann von den Charo- und Euglenophyta nur von ihrem gemeinsamen Vorfahren aus dem Prasinophyta-Bereich übernommen worden sein, und sie kann nicht von stammesgeschichtlich jüngeren Vertretern noch einmal gebildet werden. Aus diesem Grunde tritt die MLS nur bei den stammesgeschichtlich ältesten Vertretern auf und das sind die primär gefärbten, primär marinen Vertreter der Eutreptiales. Befürworter der Endosymbiontenhypothese sehen dagegen in den farblosen Euglenophyta die stammesgeschichtlich ältesten Vertreter dieser Gruppe. Dieser Schluß ist nun aber nicht mehr möglich, da die farblosen Vertreter keine MLS aufweisen. Damit entfällt auch die Annahme, daß (nach der Endosymbiontenhypothese) primär farblose Euglenophyta einen Chlorophyten-Symbionten aufgenommen hätten, von dem nur noch der Chloroplast übrig blieb. Schwestergruppe der Euglenophytobionta sind die Eumycota. Beide weisen den sekundären AAA-Weg der Lysin-Biosynthese auf. Es ist sehr unwahrscheinlich, daß dieser sehr komplizierte, über viele Stufen ablaufende Biosyntheseweg zweimal unabhängig voneinander entstanden ist. Euglenophyta besitzen noch die primäre Cristae-Form der Mitochondrien. Dieser Cristae-Typus (abgeplattete, taschenförmige Einstülpungen der inneren Mitochondrienmembran) tritt sowohl bei den Charophyta (bei allen Chlorobionta) als auch bei den Euglenophyta und den Eumycota auf. Dies ist ein weiterer Hinweis auf die engere Verwandtschaft dieser Gruppen. Es ist bezeichnend, daß auch die Aconta, als Basisgruppe der Eukaryonta, diesen primären Cristae-Typ aufweisen.

Die mit den Euglenophytobionta näher verwandten Cryptophytobionta zeigen ebenfalls noch den primären Cristae-Typ, während die ebenfalls näher verwandten Dinophytobionta, neben dem Sacculi-Übergangstyp, auch bereits den sekundären Tubuli-Typ aufweisen. Die Dinophytobionta sind daher an die Basis des „Tubuli-Bereiches" zu stellen und zeigen den Übergang zur Chromophytobionta-Gruppe.

Euglenophyta stellen, wie auch Crypto- und Dinophyta eine stammesgeschichtlich sehr alte Gruppe dar. Der stammesgeschichtlich sehr alte Mitoseablauf (intranukleäre Mitose ohne Auflösung der

Kernmembran), sowie das Vorhandensein kontrahierter und daher sichtbarer Chromosomen im Ruhekern (Interphase) verbindet die Euglenophyta mit den Dinophyta. Der Chromatophor ist bei den Euglenophyta, wie auch bei den Dinophyta, von einer dreifachen Membran umgeben, diese Membranform kommt nur bei diesen beiden Gruppen vor. Die Carotinoide der Euglenophyta entsprechen schon weitgehend denjenigen der Chromophytobionta. Das charakteristische Xanthophyll Lutein der Chlorobionta kommt bei Euglenophyta und auch bei der Chromophytobionta-Gruppe nicht mehr vor. Das Reserveprodukt der Euglenophyta (Paramylon: β-1:3 Polyglykan) entspricht den Reserveprodukten der Chromobionta-Gruppe und ist keine Stärke (α-1:4 Polyglykan) wie bei den Chlorobionta. Wir müssen daher annehmen, daß es in der frühesten Phase der Contophora-Evolution zu einer Trennung der heutigen Contophora-Reiche gekommen ist. Euglenophyta sind aus dem primären Prasinophyta-Bereich (mit Chlorophyll a und b) abzuleiten. Zunächst haben sich innerhalb der Chlorobionta unabhängig voneinander Charo-, Ulva- und Chlorophyta aus dem Prasinophyta-Bereich entwickelt. Die Charophyta weisen mit den Euglenophytobionta gemeinsame Vorfahren aus dem Prasinophyta-Bereich auf. Euglenophytobionta behalten das von dieser Gruppe erworbene Chlorophyll b bei. Die Eumycota stellen eine Schwestergruppe der Euglenophytobionta dar. Die Tendenz zur sekundären Farblosigkeit ist bei beiden Gruppen deutlich zu erkennen. Während bei den Euglenophyta über $^1/_4$ der Arten bereits farblos ist, sind die Eumycota alle sekundär farblos. Die Ableitung beider Gruppen aus dem Prasinophyta-Bereich zeigt, daß auch bei den Eumycota eine sekundäre Farblosigkeit, sowie bei fast allen Vertretern eine zusätzliche sekundäre Geißellosigkeit vorliegt; zeigt aber auch gleichzeitig, daß alle Eumycota von Anfang an (beginnend mit den Chytridiomycetes) farblos waren. Die Lysin-Biosynthese (AAA-Weg) zeigt das Schwestergruppenverhältnis der Euglenophyta und Eumycota an. Die Evolution führt bei den Eumycota zu mehr- und vielzelligen Vertretern, während Euglenophytobionta auf dem Einzellerstadium verharren. Der sekundäre Abbau des Chlorophyll b-Anteiles ist bei den Euglenophyta gut zu erkennen. Chlorophyll b spielt bei den Euglenophyta eine viel geringere Rolle als bei Chlorobionta. Der Chlorophyll b-Anteil ist, im Vergleich mit dem Carotinoid-Anteil, relativ gering. Die Reduktion des Chlorophyll b-Anteiles ist gekoppelt mit einem Anwachsen des Carotinoid-Anteiles. Das Carotinoid-Muster der Euglenophyta zeigt eine vermittelnde Stellung zwischen Chloro- und Chromophytobionta, neigt aber schon mehr zum Chromophytobionta-Bereich. Die Carotinzusammensetzung entspricht aber noch mehr derjenigen der Chlorobionta-Gruppe. Neben β-Carotin kommt bei Euglenophyta noch γ-Carotin vor, welches auch bei Charophyta vorkommt. Von den Xanthophyllen haben die Euglenophyta β-Cryptoxanthin und Echinenon gemeinsam mit den Chlorobionta. Hauptxanthophyll der Euglenophyta ist aber Diadinoxanthin, welches auch ein Hauptpigment der Chromophytobionta darstellt. Auch Diatoxanthin kommt wie Diadinoxanthin, nur bei Euglenophyta und Chromophytobionta vor, nicht aber bei Chlorobionta. Im Verlauf der Chromophytobionta-Evolution wird dann Fucoxanthin zu einem der Hauptpigmente dieser Gruppe.

Euglenophytobionta und Cryptophytobionta liegen nahe an dem Basisbereich, der über Dinophytobionta zur großen Gruppe der Chromophytobionta überleitet. Euglenophytobionta und Cryptophytobionta besitzen noch den Cristae-Typ der Mitochondrien, während bei den Dinophytobionta bereits der Tubuli-Typ (neben Übergangsformen) auftritt.

Wie bereits erwähnt, erfolgt die Lysin-Biosynthese bei den Euglenophyta wie bei den Eumycota (Chytridiomycetes, Endomycetes, Zygomycetes, Asco- und Basidiomycetes) über α-Aminodiapinsäure (AAA-Weg). Es handelt sich hier um einen abgeleiteten Biosyntheseweg. Der primäre DAP-Weg der Lysin-Biosynthese über Diaminopimelinsäure tritt schon bei Prokaryonta (Bakterien, Cyanophyceen) auf und ist auch bei Chlorophyta und anderen eukaryontischen Algengruppen festgestellt worden. Da der AAA-Weg dagegen nur bei Eukaryonten auftritt, darf angenommen werden, daß es sich hier um einen sekundären Syntheseweg handelt. Der AAA-Weg ist sehr wahrscheinlich nur einmal entwickelt worden, daher müssen Euglenophyta und Eumycota zueinander in einem engen Verwandtschaftsverhältnis stehen.

Euglenophyta kommen ausschließlich in der primären Flagellatenform vor, wenn man von den wenigen kapsalen Stadien absieht. Die wenigen, sekundär sessilen, kolonienbildenden Arten (*Colacium*) erzeugen keine Dauerkolonien, da sich die Individuen einer Kolonie nach einiger Zeit ablösen und wieder die primäre, freischwimmende Lebensweise aufnehmen. Euglenophyta behalten den primären

Periplast bei, es kommt nicht zur Ausbildung sekundärer, mit einer Zellwand versehener Vertreter. Der Periplast ist sehr biegsam, aber doch in gewissem Sinne starr, so daß Amöboidie praktisch nicht auftritt. Daher können „tierische" amöboide Vertreter nicht aus dem Euglenophyta-Bereich abgeleitet werden. Phylogenetisch bemerkenswert ist das Verharren auf der Einzellerstufe, so daß Euglenophyta auch für eine Ableitung mehr- und vielzelliger Vertreter nicht in Frage kommen. Die Anzahl der sekundär farblosen Vertreter ist aber auffallend groß, so daß ein starker Trend zur sekundären Farblosigkeit zu beobachten ist. Die Nahrungsaufnahme erfolgt bei den mit Chromatophoren versehenen Vertretern phototroph, während die sekundäre farblosen Arten sich primär osmotroph (saprotroph) ernähren, sekundär aber auch eine phagocytäre Nahrungsaufnahme zeigen. Aber auch die primär gefärbten Vertreter vermögen osmotisch Nahrung aufzunehmen. Die sekundäre Geißelvermehrung bei farblosen Vertretern (z.B. *Hegneria*) ist mit einem Wechsel zu einer endokommensalen Lebensweise gekoppelt. Diese Vertreter leben im Darmtrakt von Wirbeltieren (Kaulquappen), und die Vermehrung der Geißelzahl wird durch das erschwerte Schwimmen in dickflüssigem Milieu induziert. Eine konvergente Geißelvermehrung treffen wir bei Vertretern der Protomonada an (z.B. bei im Darmtrakt von Termiten lebenden Arten). Man kann eine Regel aufstellen, daß erschwertes Schwimmen in dickflüssigeren Medien (Darminhalt) zu sekundären Geißelvermehrungen führt. Phylogenetisch wichtig ist, daß Dinophyta, Euglenophyta und die stammesgeschichtlich ältesten Protomonada (Kinetoplastinea) einen aus Fibrillen bestehenden zusätzlichen, lateral gelegenen Geißelstrang besitzen. Die Geißel der Euglenophyta ist, wie auch diejenige der Dinophyta, mit feinen Haaren versehen und weist noch nicht die für Chromophytobionta charakteristischen sekundären, dreiteiligen Flimmerhaare (Mastigonemen) auf. Eine Schlundbildung (stammesgeschichtlich sehr altes Merkmal) ist bei allen stammesgeschichtlich alten Gruppen der Contophora zu beobachten. Schlundbildungen treten aber auch noch bei Crypto-, Dino- und Euglenophyta, ebenfalls bei den stammesgeschichtlich sehr alten Colponemata und Chloromonadophytobionta auf. Auch bei den Flagelloopalinida (Protomonada) sind noch Schlundbildungen zu beobachten. Bezeichnenderweise finden wir auch bei den stammesgeschichtlich ältesten Chlorobionta, nämlich den Prasinophyta, Schlundbildungen. Bei dieser Gruppe wurden erstmals im Verlauf der Stammesgeschichte Schlundbildungen erzeugt.

Bei den primären, mit Chromatophoren versehenen Euglenophyta dient der Schlund zunächst als Organell für Osmoregulation, übernimmt dann aber bei den sekundär farblosen, phagocytären Arten eine echte Schlundfunktion. Die Pusulen der Desmophyceae (Dinophyta) entsprechen den primären Schlundbildungen der Euglenophyta.

Zusammenfassend kann gesagt werden, daß es sich bei den Euglenophytobionta um eine stammesgeschichtlich sehr alte Gruppe handelt. Ihre Schwestergruppe sind die Eumycota. Nähere verwandtschaftliche Beziehungen bestehen zu den ebenfalls stammesgeschichtlich sehr alten Cryptophytobionta, Dinophytobionta und Flagelloopalinida.

Reich Eumycota

(Taf. 52 u. 53)

Mit den beiden Stämmen der Opisthomastigomycota und Amastigomycota. Opisthomastigomycota mit der Klasse Chytridiomycetes; Amastigomycota mit den Klassen Endomycetes, Zygomycetes, Ascomycetes und Basidiomycetes. Bisher etwa 50000 Arten beschrieben.

Heterotrophe, eukaryontische Vertreter mit einem aus Hyphen (Taf. 52:5,6) bestehenden Thallus. Die Gesamtheit der Hyphen (Fäden) wird als Mycel bezeichnet. Primär mit blasenförmigem Rhizoidmycel (Taf. 52:3) (Chytridiales), sekundär aber fast stets mit einem Hyphenmycel. Hyphenmycel meist mit Septen versehen; Abschnitte zwischen den Septen ein- bis vielkernig. In selteneren Fällen ist das Hyphenmycel unseptiert und dann vielkernig (coenocytisch). Das primäre Rhizoidmycel mit kernhaltigen Anschwellungen (Sammelblasen), aber das mycelartige Rhizoidsystem stets ohne Kerne. Die Hyphen des Hyphenmycels können sich zu Scheingeweben (Plectenchym oder Pseudoparenchym) vereinigen. Echte Ausbildung von Geweben tritt innerhalb der Eumycota nur in den Fruchtkörpern einiger Ascomyceten auf. Die Zelle der Eumycota (Taf. 53:1, 2) stellt eine echte eukaryontische Zelle dar.

Zellkern mit einem Nukleolus oder mit mehreren Nukleoli. Chromosomenzahl sehr gering, nur 2–14 betragend. Polyploidie sehr selten (*Allomyces, Cyathus*). Das endoplasmatische Reticulum ähnelt demjenigen der höheren Pflanzen. Mit innen abgeplatteten Mitochondrien (Cristae-Typ). Mit Flüssigkeitsvakuolen. Mit Golgi-Apparaten. Golgi-Apparate ohne gestapelte Zisternen (Opisthomastigomycota: Blastocladiales und Amastigomycota), mit gestapelten Zisternen (Dictyosomen) bei Opisthomastigomycota (Ausnahme Blastocladiales). Primär ohne Chromatophoren, auch stets ohne sekundäre Abwandlungsformen (z.B. Leukoplasten, Stigmen).

Primär mit Zellwand, sekundär einige intrazelluläre Parasiten (Myxochytridiales) zellwandlos. Die Zellwand besteht aus Chitin (Polysaccharid), zusätzlich mit Chitosan und Hemizellulosen (Glucan, Mannan). Chytridiomyceten, Ascomyceten und Basidiomyceten weisen neben Chitin noch zusätzliche Glucane auf. Die Zygomyceten besitzen neben Chitin noch zusätzliches Chitosan, während bei den Endomyceten (z.B. bei den Hefepilzen) neben Chitin noch Glucane und Mannan auftreten. Bei hefeartigen Pilzen ist der Chitinanteil oft sehr gering. Zellulose bei Eumycota nie oder nur in Spuren in der Zellwand enthalten. Reservestoffe in Form von Glykogen, Lipiden und Volutin. Mit β-1:3 Polyglykanen wie auch bei Euglenophyta. Weder Chlorophylle noch Phycobiline vorhanden. An Farbstoffen kommen bei Eumycota Chinone, Phenole (darunter Flechtensäuren), Melanine und Carotinoide (Carotine und Xanthophylle) vor. Lysin-Biosynthese nach AAA-Weg. Chytridiomyceten und Ascomyceten besitzen identische Enzyme für die Tryptophan-Biosynthese.

Primär mit begeißelten Zoosporen (Taf.52:1, 2, 4) (Chytridiomycetes), sekundär alle anderen Gruppen ohne Zoosporen. Zoosporen (ohne Chitin-Zellwand) sekundär eingeißlig, stets opisthokonte Begeißelung. Mit zweiter, reduzierter Geißelbasis. Geißel mit typischem 9 + 2 Microtubulisystem. Mit glatter, unbehaarter Peitschengeißel. Mit komplexer Schaftbasis (*Phlyctochytrium*), welche einen Membranzylinder und eine kammerartige Übergangsregion aufweist. Ohne Phagocytose.

Die **Fruktifikationsorgane** der Eumycota sind sehr vielgestaltig. Asexuelle Fruktifikation (Nebenfruchtform) bei Chytridiomycetes durch Zoosporangien, welche begeißelte Zoosporen ausbilden. Zygomyceten mit Aplanosporangium (mit unbegeißelten Aplanosporen) oder sekundär auch mit Sporangiolen und Konidien. Bei Asco- und Basidiomyceten treten ausschließlich Konidien auf. Sexuelle Fruktifikation (Hauptfruchtform) bei Chytridiomyceten durch Ausbildung begeißelter Gameten. In den meisten Fällen entwickelt sich unmittelbar aus der Zygote eine diploide Dauerspore. Bei den Zygomyceten kommt es zur Verschmelzung von Gametangien (Zygogamie) mit Ausbildung von Zygosporen. Ascomyceten (zu ihnen zählen stammesgeschichtlich auch fast alle sogenannten Fungi imperfecti) mit typischem Ascus als sexueller Fruktifikationsform. Im Ascus findet die Karyogamie statt, unmittelbar darauf auch die Meiose und Bildung unbegeißelter Ascosporen. Basidiomyceten mit Ausbildung von Basidien (Meiosporangien). Sporenbildung erfolgt, im Gegensatz zu den Ascomyceten, exogen. Die aus der Meiose hervorgegangenen Kerne wandern durch stielartige Auswüchse der Basidien nach außen, und es erfolgt eine exogene Sporulation. Sporen der Basidiomyceten ebenfalls unbegeißelt. Die Basidie ist als eine Weiterentwicklung des Ascus zu betrachten. Mit fast stets geschlossener Mitose, Kernmembran bleibt erhalten. Asco- und Basidiomyceten mit „two-track type"-Mitose. Die Chromosomen hängen bei der mitotischen Teilung in zwei Ketten (tracks) hintereinander. Die Enden der Ketten stehen mit Spindelpolkörpern (Archontosome) in Verbindung.

Entwicklungszyklus primär haplontisch. Ein haplontischer Zyklus tritt primär bei Chytridiomyceten und Zygomyceten auf. Die Organismen sind Haplonten, die diploide Phase des Zyklus bleibt auf die Zygote beschränkt. Ein diplontischer Zyklus mit diplonten Organismen kommt nur bei Hefen (Endomycetes; *Saccharomycodes*) vor. Der haplo-diplontische Zyklus (Generationswechsel) ist vom haplontischen Zyklus abzuleiten und zeichnet sich durch die Fähigkeit zur Ausbildung diploider Mitosen aus. Zyklus (Generationswechsel) zunächst isomorph, später dann heteromorph. Aus diesem geht durch Reduktion des Haplonten der stammesgeschichtlich jüngere diplontische Zyklus hervor.

Haplo-diplontische Zyklen treten bereits selten bei Chytridiomyceten, häufig dagegen bei Zygomyceten und selten auch bei Ascomyceten auf. Durch Ausbildung einer Dikaryophase zwischen Plasmogamie und Karyogamie und der Fähigkeit konjugierte Mitosen durchzuführen, entstand (als weiterer Evolutionsschritt) aus dem haplontischen Zyklus der haplodikaryontische und durch sekundäre Un-

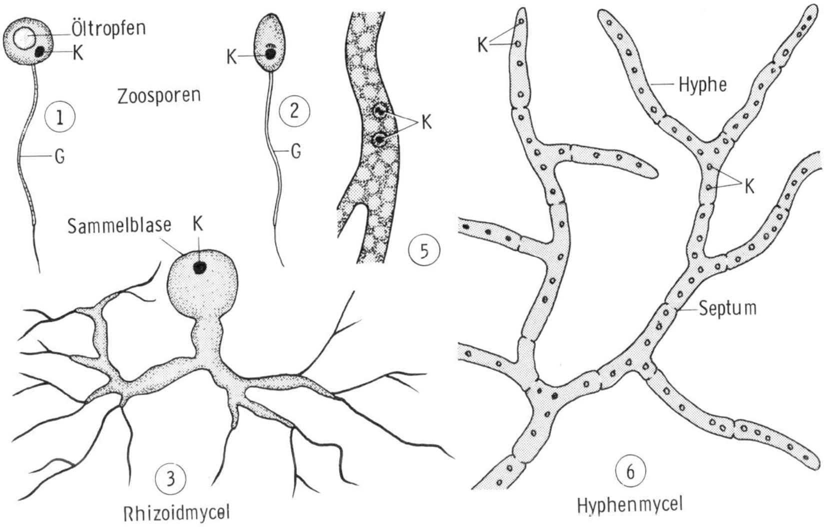

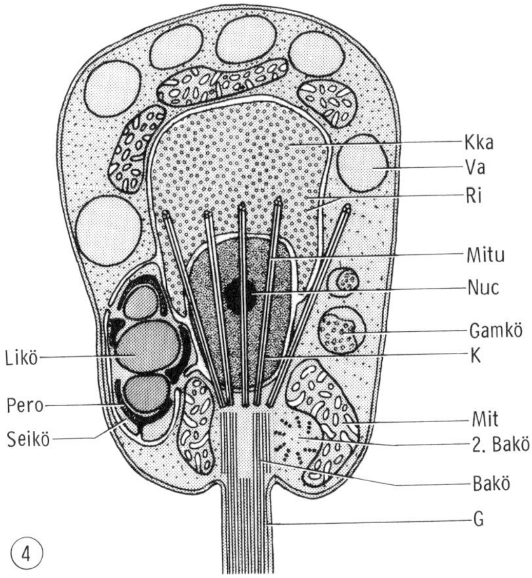

Taf. 52. Eumycota: Opisthomastigomycota und Amastigomycota. – Abb. 1–5. Chytridiomycetes (Opisthomastigomycota): 1. Chytridiales, Zoospore (nach KREISEL); 2. Monoblepharidales, Zoospore (nach KREISEL); 3. *Asterophlyctis* (Chytridiales), Rhizoidmycel (nach SPARROW); 4. Chytridiomycetes, Zoospore, von der Geißel nur kurzer Teil abgebildet (nach CHONG & BARR); 5. Chytridiomycetes, unseptierte Hyphe (nach SCHLEGEL). Abb. 6. Amastigomycota: *Pyronema* (Ascomycetes), mit Septen versehene Hyphen (nach BULLER). Abkürzungen: Bakö = Basalkörper, G = Geißel, Gamkö = Gammakörper, K = Kern, Kka = Kernkappe, Likö = Lipidkörper, Mit = Mitochondrium, Mitu = Microtubuli, Nuc = Nucleolus, Pero = Peroxysom, Ri = Ribosomen, Seikö = Seitenkörper (= „microbody-lipid-globule-complex"), Va = Vakuole.

terdrückung des Haplonten der dikaryontische Zyklus. Sekundär haplontische Zyklen (z. B. Uredinales) können durch Abkürzung des Zyklus aus haplo-dikaryontischen Zyklen hervorgehen. Haplo-dikaryontische Zyklen treten bei der Mehrzahl der Asco- und Basidiomyceten auf. Sekundär dikaryontische Zyklen treffen wir ebenfalls bei Asco- und Basidiomyceten an.

Lebensweise: Pilze kommen fast überall auf der Erde vor. Sie sind primäre Wasserbewohner (Chytridiomycetes: Chytridiales) und kommen ursprünglich im Süßwasser vor. Primär ist eine saprophytische Lebensweise, erst sekundär treten parasitische Formen im Süßwasser auf. Tertiär erfolgt eine Besiedlung des terrestrischen Bereiches, und zwar werden zuerst nasse, schlammige und dann austrocknende Standorte besiedelt. An die Stelle der im Süßwasser schwimmenden, begeißelten Zoosporen (Chytridiomycetes) treten nun bei den terrestrischen Formen unbegeißelte Sporen auf, welche aktiv weggeschleudert oder passiv (Wind) verbreitet werden. Die für das Wasserleben charakteristische Gametogamie wird schon innerhalb der Chytridiomycetes durch eine für terrestrische Formen charakteristische Somatogamie abgelöst. Die bei weitem überwiegende Zahl der Eumycota lebt sekundär terrestrisch im Boden und im Humusbereich an organischem Detritus sowie saprophytisch an toten pflanzlichen und tierischen Geweben. Sie können epiphytisch auf Pflanzenteilen oder in Form von lichenisierten Pilzen (Flechten) (Taf. 53:3) auf Pflanzen oder auf der Oberfläche von Gesteinen auftreten. Lichenisierte Pilze treten u. a. in Extrembereichen der Erde auf (Hochgebirge, Arktis, Antarktis) und zeigen extreme ökologische Anpassungen. Neben den saprophytischen Formen treten bei den terrestrischen Formen auch zahlreiche sekundäre Parasiten an Pflanzen und Tieren auf. Symbiosen ebenfalls häufig: Mit Blau- und Grünalgen (Lichenisierung, Flechtenbildung), mit dem Wurzelbereich höherer Pflanzen (Mykorrhiza) oder mit Insekten (Mycetome pflanzensaugender und holzfressender Insekten).

Flechten stellen keine eigene systematische Gruppe dar, sondern sie sind Pilze, welche durch Symbiose mit Algen auf extremen Standorten zu leben vermögen. Es sind fast ausschließlich Ascomyceten und nur vereinzelt Basidiomyceten, welche als lichenisierte Pilze (Flechten) auftreten. Die geschlechtliche Fortpflanzung erfolgt genau wie bei den nicht lichenisierten Asco- bzw. Basidiomyceten. Die Fruchtkörper enthalten (mit einer einzigen Ausnahme: Verrucariaceae) keine Algen, so daß auch eine gemeinsame Fortpflanzung von Pilz und Alge auf geschlechtlichem Weg nicht möglich ist. Nach der Keimung der Sporen muß die Symbiose jedesmal wieder neu hergestellt werden. Die Vermehrung der symbiontischen Algen innerhalb der Flechte erfolgt ausschließlich vegetativ.

Die lange als spezifische Stoffwechselprodukte der Flechten gedeuteten Flechtensäuren (Depside, Depsidone) können auch vom lichenisierten Pilz in Reinkultur (ohne Algen) gebildet werden. Die „Flechten" sind daher als echte Eumycota innerhalb der Asco- und Basidiomyceten einzuordnen. Brack- und Salzwasser werden von Eumycota erst sekundär besiedelt. Die Besiedelung kann sowohl vom Süßwasser als auch vom terrestrischen Bereich ausgehen. Die Pilzflora des marinen Bereiches besteht vor allem aus stammesgeschichtlich jüngeren und hochspezialisierten Gruppen, wie hefeartigen Endomyceten und meist imperfekten Ascomyceten. Sie leben teils als Plankton (hefeartige Endomyceten), teils auf Tangen oder im Meer treibenden Pflanzenteilen (z. B. Treibholz). Unter den Ascomyceten treffen wir nicht nur Formen an, welche sekundär den marinen Bereich besiedelt haben, sondern auch Formen, welche sekundär zur aquatischen Lebensweise im Süßwasser übergegangen sind.

Saprophytische niedere Eumycota (Chytridio-, Endo- und Zygomyceten) zeigen eine kosmopolitische Verbreitung, während die höheren Eumycota (Asco- und Basidiomyceten) begrenzte, aber doch sehr große Areale aufweisen.

Stamm Opisthomastigomycota
(Taf. 52)

Zoosporen und Gameten mit opisthokonter Begeißelung. Zoosporen mit MLC-Organell. Mit der einzigen Klasse der Chytridiomycetes.

Klasse Chytridiomycetes

Zoosporen und Gameten mit opisthokont begeißelten Zoosporen (Taf. 139:1, 2). Mit unbehaarter, glatter Peitschengeißel und 2. reduzierter Geißelbasis. Zoosporen mit charakteristischem MLC-Organell („microbody-lipid-globule-complex: Seitenkörper). Der Seitenkörper wird von einer Doppelmembran umhüllt. Er enthält einen oder mehrere rundliche Lipoidkörper sowie dünne, flächig ausgebildete Peroxysomen. Ist nur ein Lipoidkörper vorhanden, spricht man von einem Rumposom. Möglicherweise handelt es sich um lichtempfindliche Organellen. Peroxysome treten auch bei Prasinophyta (*Pyramimonas*) auf. Ein deutlicher Hinweis (neben der 2. reduzierten Geißelbasis), daß die Eumycota (mit den Chytridiomyceten als Basisgruppe) von begeißelten Vertretern abzuleiten sind. Mit ihrer Schwestergruppe, den Euglenophyta, sind die Eumycota aus dem Prasinophyta-Bereich abzuleiten. Oberhalb des Zellkernes (mit Nukleolus) befindet sich eine Kernkappe, die dicht mit Ribosomen angefüllt ist. Auch die Kernkappe ist von einer Doppelmembran umgeben, die mit der Kernmembran in Verbindung steht. Neben den beiden Geißel-Basalkörpern treten noch 9 Gruppen von je 3 Microtubuli auf, welche von der Geißelbasis der voll ausgebildeten Geißel ausgehen und in das Cytoplasma ausstrahlen. Neben den Mitochondrien (bei einigen Gruppen nur ein einziges Mitochondrium vorhanden) treten noch Vakuolen und Gammakörper auf.

Primär mit Rhizoidmycel (Taf. 52:3), sekundär auch mit Hyphenmycel, aber ohne Querwände (Taf. 52:5). Chitin ist Hauptbestandteil der Zellwand, daneben noch β-Glukane, aber ohne Zellulose. Geschlechtliche Fortpflanzung durch begeißelte Gameten. Neben der primären Isogamie tritt auch eine sekundäre Anisogamie (Blastocladiales) und auch Oogamie (Monoblepharidales) auf. Entwicklungszyklus primär haplontisch, sekundär haplodiplontisch oder auch diplontisch. Ohne Fruchtkörper und ohne Nebenfruchtformen.

Primäre Wasserbewohner, sekundär auch in feuchten Böden. Primär saprophytisch, sekundär auch parasitische Vertreter.

Mit den Ordnungen **Chytridiales** (Taf. 52:1): Primäre Wasserbewohner, sekundär auch in feuchten Böden; **Harpochytriales**: Wasserbewohner, mit einachsigem Thallus und basaler, scheibenförmiger Festhaltevorrichtung: *Harpochytrium, Oedogoniomyces*; **Blastocladiales**: Meist saprophytische Bodenbewohner; **Myxochytridiales**: Sekundäre intrazelluläre Parasiten, sekundär ohne Zellwand; **Monoblepharidales** (Taf. 52:2): Im Wasser lebende Saprophyten mit ausgedehntem, verzweigten Hyphenmycel.

Stamm Amastigomycota

(Taf. 52 u. 53)

Ohne begeißelte Stadien. Stammesgeschichtlich jüngere Teilgruppe der Eumycota mit vorwiegend sekundärer, terrestrischer Lebensweise. Mit den Klassen Endomycetes, Zygomycetes, Ascomycetes und Basidiomycetes.

Klasse Endomycetes

Ohne begeißelte Stadien und ohne Fruchtkörper. Hyphenmycel primär durch Septen in einzelne Abschnitte geteilt. Durch Sprossung können Pseudomycelien entstehen. Sprossung vor allem bei Vertretern der Ordnungen Spermophthorales, Endomycetales, Taphrinales und Ustilaginales. Zellwand der Vertreter mit Hyphen in der Hauptsache aus Chitin bestehend. Sprossende Vertreter vorwiegend mit Hemizellulosen (Glukan, Mannan) in der Zellwand; Chitin hier stark reduziert, bisweilen ganz fehlend. Mit somatogamer, geschlechtlicher Fortpflanzung. Der Sexualvorgang erinnert an die Konjugation der Jochalgen (Zygnemales).

Die Zygote wird bei den Harpellales und Kickxellales zu einer Zygospore, bei einem Teil der Endomycetales zu einem Sporangium, bei einem anderen Teil gehen aus der Zygote diploide Sproßzellen hervor. Bei den Taphrinales entsteht aus der Zygote ein dikaryontisches Mycel, welches nach konjugierten Mitosen Sporangien bildet. Bei den Ustilaginales geht aus der Zygote ein dikaryontisches Mycel hervor, welches nach konjugierten Mitosen Teleutosporen ausbildet.

Mit den Ordnungen **Spermophthorales**: Primitive Gruppe mit noch freien Gameten, fakultative Parasiten. – **Harpellales**: Kommensalen im Darmtrakt von Insekten. – **Kickxellales**: Coprophile Saprophyten. – **Endomycetales** (Taf. 53:1): Mit septiertem Hyphenmycel oder hefeartig, in isolierte Sproß-

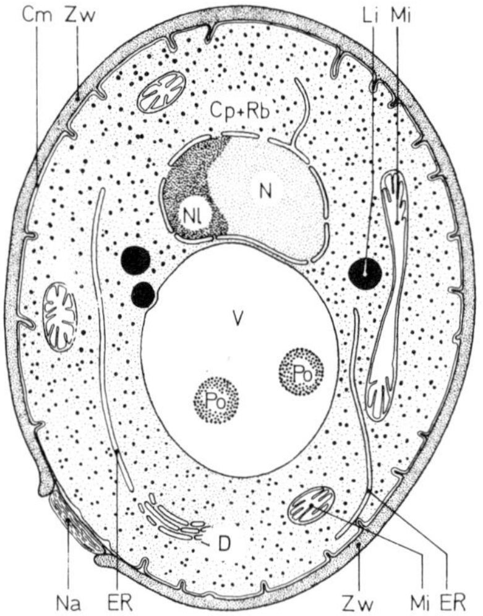

①

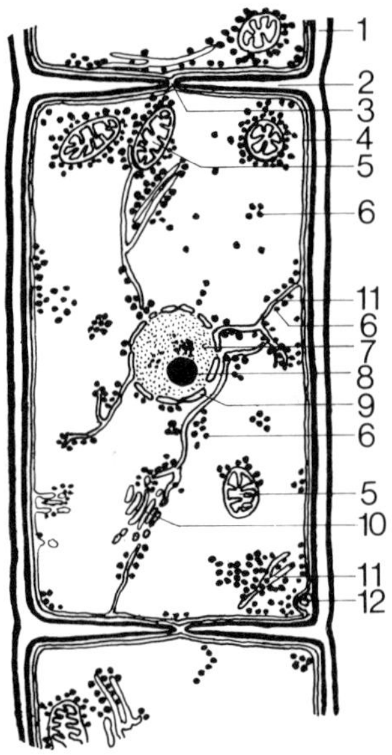

②

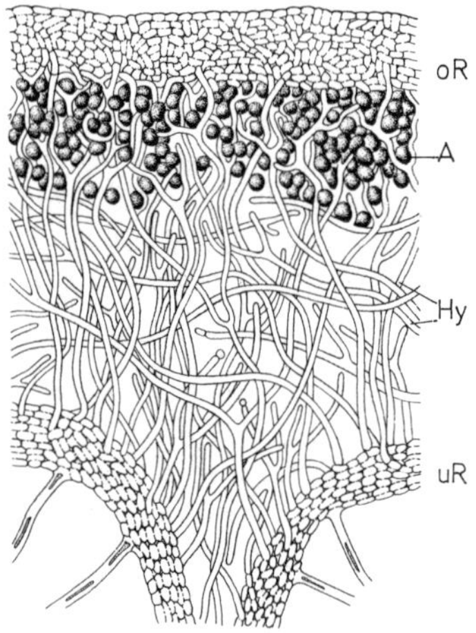

③

Taf. 53. Eumycota: Amastigomycota. – Abb. 1. Endomycetales (Endomycetes), Hefezelle (nach SCHLEGEL). Abb. 2. Ascomycetes, Hyphenzelle im Längsschnitt (nach MÜLLER & LOEFFLER). Abb. 3. Flechtenthallus im Querschnitt (nach SCHLEGEL). Abkürzungen: A = Alge, Cm = Cytoplasmamembran, Cp = Cytoplasma, D = Dictyosom (Golgi-Körper), ER = endoplasmatisches Reticulum, Hy = Pilzhyphen, Km = Kernmembran, Li = Lipidtropfen, Lo = Lomasomen, Mi = Mitochondrien, N = Kern (Nucleus), Na = Narbe, Nl = Nucleolus, Pla = Plasmalemma, Po = Polyphosphate, Por = Querwandporus, oR = obere Rindenschicht, Rb = Ribosomen, Sep = Septum (Querwand), uR = untere Rindenschicht, V = Vakuole, Zw = Zellwand.

zellen zerfallend. Bei Vertretern mit Hyphen ist Chitin Hauptbestandteil der Zellwand. Bei den hefeartigen Vertretern vorwiegend Hemizellulosen. Saprophyten, welche besonders häufig auf oder in zukkerhaltigen Substraten vorkommen. Viele Hefen können Zucker zu Äthylalkohol und CO_2 vergären, daher Verwendung in der Produktion alkoholhaltiger Getränke oder auch als Bäckerhefe. – **Taphrinales**: Parasitisch auf Pflanzen, meist mit strenger Wirtsspezifität. – **Ustilaginales**: Brandpilze mit septiertem Hyphenmycel. Mit Teleutosporen. Obligate Pflanzenparasiten mit meist strenger Wirts- und Organspezifität.

Klasse Zygomycetes (Jochpilze)

Ohne begeißelte Stadien. Mycel unseptiert. Zyklus haplontisch, mit Zygosporenstadium. Hauptbestandteil der Zellwand stets Chitin, dazu noch Chitosan. Zum Teil (Mucorales, Entomophthorales) mit Sprossungsvorgängen. Zygomycetes sind von Endomycetes abzuleiten. Primär saprophytische Bodenbewohner, sekundär auch parasitische Vertreter.

Mit den Ordnungen **Mucorales**: Boden- und dungbewohnende Saprophyten, zum Teil auch fakultative Parasiten; **Zoopagales**: obligate Ektoparasiten; **Entomophthorales**: Saprophyten und Endoparasiten, Zellwand nur Chitin; **Endogonales**: saprophytische Bodenbewohner.

Klasse Ascomycetes (Schlauchpilze)
(Taf. 52 u. 53)

Ohne begeißelte Stadien. Mit septiertem Hyphenmycel (Taf. 52:6). Zellen (Taf. 53:2) meist mehrkernig. Septen mit einfachem Porus ohne Porenkappen. Hauptbestandteil der Zellwand ist Chitin, aber es sind auch Hemizellulosen vorhanden. Befruchtung meist in Form einer Angiogamie. Aus dem befruchteten Ascogon entwickeln sich ascogene Hyphen, aus welchen dann die Asci (Sporangium der Hauptfruchtform) hervorgehen. Im Ascus (dem typischen Merkmal der Ascomyceten) erfolgt die Karyogamie, die Meiose und die Ausbildung von Ascosporen. Ascogene Hyphen und Asci sind in Fruchtkörpern eingeschlossen. Bei den meisten Ordnungen treten noch Nebenfruchtformen auf. Meist als Saprophyten, zum Teil auch als fakultative Parasiten auf Pflanzen und Tieren. Seltener mit obligatem Parasitismus (Erysiphales, Laboulbeniales). Ein großer Teil der Ascomyceten stellt lichenisierte Pilze (Taf. 53:3) dar, welche mit Cyanophyceen oder Chlorophyceen als Flechtenbildner auftreten.

Mit den Ordnungen Gymnascales, Pezizales, Erysiphales, Helotiales, Xylariales, Tuberales, Eurotiales, Microascales, Hypocreales, Sphaeriales, Ascosphaerales, Laboulbeniales, Myriangiales, Capnodiales, Dothiorales, Dothideales, Coronophorales, Phacidiales, Lecanorales, Hysteriales, Caliciales und zahlreichen Ascomycetes imperfecti (Deuteromycetes), deren Hauptfruchtform noch unbekannt ist.

Klasse Basidiomycetes (Ständerpilze)

Ohne begeißelte Stadien. Hyphenmycel meist septiert. Septen mit röhrenartig erweitertem Porus und mit Porenkappe. Hauptbestandteil der Zellwand stets Chitin. Ohne besondere Geschlechtsorgane. Befruchtung durch Somatogamie. Die Hauptfruchtform (Basidien) meist in oder auf Fruchtkörpern. In der Basidie findet die Karyogamie, die Meiose und die Ausbildung der Basidiosporen statt. Die Basidiosporen entstehen auf stielartigen Ausstülpungen (Sterigmen) der Basidie. Selten kommen auch Nebenfruchtformen vor. Die Fruchtkörper treten als gasterale oder hymeniale Fruchtkörper auf. Primitiv sind die gasteralen Fruchtkörper. Von ihnen sind die hutbildenden Formen abzuleiten. Als sekundäre Regressionsformen treten weiterhin corticoide und fruchtkörperlose Vertreter auf. Mit den Unterklassen Gasteromycetidae (gasterale Fruchtkörper), Hymenomycetidae (hymeniale Fruchtkörper) und Phragmobasidiomycetidae (Basidien sekundär mehrzellig, mit hymenialem Fruchtkörper oder Fruchtkörper fehlend).

Basidiomyceten sind fast ausschließlich sekundäre Landbewohner. Häufig mit saprophytischer Lebensweise, zum Teil auch fakultative oder obligate Pflanzenparasiten oder in Symbiose (Mykorrhiza) mit Bäumen oder Orchideen. Flechtenbildner kommen nur selten vor (*Omphalina, Lentaria, Clavulinopsis*).

Unterklasse Gasteromycetidae

Mit den Ordnungen Sclerodermatales (z. B. Kartoffelbovist), Tulostomatales, Melanogastrales, Rhizopogonales, Nidulariales, Lycoperdales (z. B. Stäublinge, Riesenbovist), Geastrales, Hymenogastrales, Gastrosporiales, Gautieriales, Phallales (z. B. Stinkmorchel).

Unterklasse Hymenomycetidae

Mit den Ordnungen Russulales (Täublinge, Reizker), Boletales (z. B. Steinpilz), Agaricales (Champignons; Knollenblätterpilze), Polyporales (Porlinge), Cantharellales (Pfifferling), Poriales (Kellerschwamm, Hausschwamm), Tulasnellales, Dacrymycetales.

Unterklasse Phragmobasidiomycetidae

Mit den Ordnungen Tremellales, Auriculariales, Septobasidiales, Uredinales (Rostpilze, teilweise mit obligatem Wirtswechsel).

Die Zahl der imperfekten Basidiomycetes ist, im Gegensatz zu den imperfekten Ascomycetes, sehr gering.

Phylogenie der Eumycota

Stammesgeschichtlich bildet die frühere Gruppe der Pilze („Fungi") keine monophyletische, sondern eine polyphyletische Gruppierung. Die klassische Einteilung der Pilze in Phyco-, Asco- und Basidiomyceten (häufig mit Einschluß der Myxomyceten) ist unter phylogenetischen Gesichtspunkten nicht haltbar. Die Phycomyceten haben sich als eine polyphyletische Gruppe erwiesen, während Asco- und Basidiomyceten monophyletische Gruppierungen darstellen. Myxomyceten, Hyphochytridiomyceten, Oomyceten, Plasmodiophoraceen und Hydromyxomyceten sind aus phylogenetischen Gründen auszuschließen, so daß in der Gruppe der echten Pilze (Eumycota) nur noch die Chytridiomyceten, Endomyceten, Zygomyceten, sowie Asco- und Basidiomyceten verbleiben. Flechten sind echte Eumycota und daher innerhalb der Asco- und Basidiomyceten einzuordnen.

Der AAA-Weg der Lysin-Biosynthese zeigt, daß Eumycota eine nahe Verwandtschaft zu den Euglenophyta zeigen. Nur bei diesen beiden Gruppen kommt dieser abgeleitete Syntheseweg vor, und es ist sehr unwahrscheinlich, daß dieser Weg zweimal unabhängig voneinander entstanden ist. Es liegt daher ein Schwestergruppen-Verhältnis zwischen Euglenophyta und Eumycota vor. Ihre Vorfahren stammen aus dem Prasinophyta-Bereich und zwar von Prasinophyten, welche auch als Vorfahren der Charophyta zu betrachten sind. Der gemeinsame Besitz von MLS (einer charakteristischen „multilayered structure", welche nur bei Charophyta und den stammesgeschichtlich ältesten Euglenophyta vorkommt) zeigt diese Verwandtschaftsverhältnisse. Gleichzeitig wird aber auch damit deutlich, daß die begeißelten Chytridiomyceten (Abstammung von begeißelten Vorfahren, mit AAA-Weg) an die Basis der Eumycota gestellt werden müssen. Die unbegeißelten (Anpassung an terrestrische Lebensweise) Eumycota, ab Endo- und Zygomyceten, stammen nicht (isoliert von den Chytridiomyceten) von Aconta (Rhodophyta) ab, sondern der gemeinsame Besitz des AAA-Weges zeigt ihre phylogenetische Zusammengehörigkeit und den primären Besitz von Begeißelung an.

Eumycota weisen, wie auch ihre Vorfahren und verwandte Gruppen wie Euglenopyhta, den primären Cristae-Typ der Mitochondrien auf. Bei Hefen (Endomycetales) können bei einem Individuum beide Typen auftreten, der primäre Cristae-Typ wandelt sich hier in den sekundären Tubuli-Typ um, so daß nacheinander beide Typen (im Sinne der biogenetischen Grundregel) auftreten können.

Alle Eumycota weisen den AAA-Weg der Lysin-Biosynthese auf. Aus diesem, und auch aus anderen Gründen erscheint eine Ableitung unbegeißelter Vertreter der Eumycota (ab Ascomyceten) aus dem Rhodophyta-Bereich nicht möglich. Dasselbe gilt für eine Ableitung der Eumycota aus dem Chromobionta-Bereich über Oomyceten und Hyphochytridiomyceten. Oomyceten und Hyphochytridiomyceten weisen den primären DAP-Weg der Lysin-Biosynthese auf, und auch bei Rhodocyanobionta (*Cyanidium*) wurde der DAP-Weg festgestellt.

Das Fehlen von Zellulose bei Eumycota, wie auch bei Euglenophyta, weist ebenfalls auf eine nähere Verwandtschaft beider Gruppen hin. Rhodophyta, wie auch Oomyceten und Hyphochytridiomyceten besitzen dagegen aus Zellulose bestehende Zellwände.

Die vorliegenden Daten sprechen für eine monophyletische Gruppierung der Eumycota mit den Chytridiomycetes als Basisgruppe und den stammesgeschichtlich jüngeren Endomyceten, Zygomyceten, sowie Asco- und Basidiomyceten. Die Ableitung der Eumycota erfolgt aus dem Übergangsfeld Charophyta-Euglenophyta, und nicht aus dem Rhodophyta-Bereich. Oomyceten und Hyphochytridiomyceten sind echte, sekundär farblose Chromobionta. Auch die Myxomyceten, Plasmodiophoraceen und Hydromyxomyceten gehören dem Chromobionta-Bereich an.

Innerhalb der Eumycota stellen die Chytridiomycetes die stammesgeschichtlich älteste Gruppe dar.

Sie zeigen noch eine primäre Begeißelung, während bei allen anderen Gruppen die Begeißelung sekundär fehlt. Zygomycetes und Endomycetes sind von Chytridiomycetes abzuleiten. Die Ableitung der Ascomycetes ist bei primitiven Vertretern der Endomycetes (Taphrinales) zu suchen. Basidiomycetes stammen von Ascomycetes ab. Die Basidie der Basidiomyceten ist als ein sekundär umgewandelter Ascus (Ascomyceten) zu betrachten.

Innerhalb der stammesgeschichtlich ältesten Eumycota, den Chytridiomycetes, treten zuerst eukarpische, monozentrische und sekundär polyzentrische Vertreter auf. Von den Blastocladiales sind die Endomycetes abzuleiten. Von den Endomyceten sind die Zygomyceten und unabhängig von ihnen auch die Ascomyceten abzuleiten.

Eumycota sind primäre Süßwasserbewohner. Brack- und Salzwasser wurden erst sekundär besiedelt. Der Übergang vom Süßwasser zum Land erfolgte zunächst im wechselfeuchten Milieu. Dann wurden auch trockenere, terrestrische Standorte besiedelt. Mit der Besiedlung des Landes wurden die begeißelten Zoosporen durch unbegeißelte, passiv bewegte Sporen abgelöst. Die Basidiomyceten, als die stammesgeschichtlich jüngste Gruppe der Eumycota, sind am stärksten an das terrestrische Milieu gebunden.

Reich Dinophytobionta

Mit den Unterreichen Dinophytea und Ciliata. Dinophytea mit den Stämmen Dinophyta, Granuloreticulosa, Acanthiolaria und Polannulifera. Ciliata mit dem einzigen Stamm der Ciliophora.

Unterreich Dinophytea

Stamm Dinophyta

(Taf. 54–57)

Primär monadoide Form (Flagellatenstadium), sekundär auch amöboide (Dinamoebidiales), capsale (Gloeodiniales), kokkale (Dinococcales) und trichale (Dinotrichales) Vertreter. Fast ausschließlich einzellige Vertreter, wenn man von den wenigen Vertretern der Dinotrichales absieht. Auftreten von Kolonialindividuen (z. B. *Polykrikos*).

Die Zoosporen der kokkalen und trichalen Vertreter entsprechen dem monadoiden Flagellatenstadium. Körperform primär rundlich bis elliptisch (Desmophyceae), sekundär mit dorsiventralem Bau (Dinophyceae). Dinophyceae mit runder Dorsalseite und flacher, bis schwach eingedrückter Ventralseite.

Die stammesgeschichtlich älteren Desmophyceae primär mit Periplast (z. B. *Desmomastix*), sekundär mit einem aus 2 Hälften bestehenden Zellulosepanzer (= „Zellwand"). Auch bei den Dinophyceae die stammesgeschichtlich älteren Vertreter mit Periplast (z. B. *Gymnodinium, Polykrikos, Noctiluca*), die jüngeren mit einem aus zahlreichen Platten zusammengesetzten Panzer, der unterhalb der Cytoplasma-Membran in Zisternen entsteht, dort verbleibt und daher keine echte Zellwand darstellt. Bei der echten Zellwand wird das Zellwandmaterial außerhalb der Cytoplasma-Membran abgelagert. Panzer meist mit Zellulose, es treten aber auch Formen mit zellulosenfreien Panzern auf. Der Panzer (Theca) besteht aus einer oberen Epivalva, einer unteren Hypovalva und einem dazwischen liegenden Ring, der beide Teile miteinander verbindet. Der Panzer weist eine Quer- und eine Längsfurche auf. Der verbindende Ring liegt in einer Querfurche. Panzer mit Poren (z. B. *Ceratium*), dienen als Öffnungen für die Filopodien, die den Beutefang (einzellige Algen) bewerkstelligen. Sekundär mit einem aus Kieselstäbchen bestehendem Innenskelett (Ebriaceae). Eine echte, außerhalb der Cyptoplasmamembran entstehende Zellulose-Zellwand treffen wir bei den Dinococcales und Dinotrichales an.

Primär bei den Desmophyceae beide Geißeln noch apikal angeordnet und Basalkörper parallel zueinander liegend. Geißeln bei den Dinophyceae sekundär mit lateraler Lage. Die 2 heterokonten, bei den Dinophyceen in winkliger Stellung angeordneten Geißeln (Taf. 54:4/2) entspringen an der Stelle, wo sich die beiden Furchen treffen. Die bandförmige Quergeißel (sie entspricht der vorderen Geißel) schwingt in der Querfurche, senkrecht zur Längsachse. Die Längsgeißel (sie entspricht der hinteren Geißel) befindet sich zunächst in der Längsfurche der Hypovalva, ragt aber dann weit über die Längsfurche und den distalen Teil des Zellkörpers hinaus. Die Längsgeißel der Desmo- und Dinophyceen beidseitig mit einfachen, nicht gegliederten, feinen, zarten Haaren (dünner als die gegliederten Flimmerhaare bei den Cryptophyta und der Chromophytobionta-Gruppe). Haare der Längsgeißel nach einigen Beobachtern zum Teil auch fehlend. Die Quergeißel beider Gruppen ist nur einseitig mit zarten, etwas längeren Haaren versehen. Beide Geißeln entspringen meist auf der Ventralseite des Zellkörpers am Boden einer Einstülpung der Zelloberfläche, welche als Geißelkanal bezeichnet wird. Jede Geißel besitzt einen eigenen Geißelkanal. Die Längsgeißel ist im unteren Zweidrittelbereich relativ dick, abgeplattet und weist, neben dem Axonema, noch Füllmaterial auf. Das letzte Geißeldrittel enthält nur noch das Axonema. Bei *Gymnodinium* befindet sich an der Basis der Längsgeißel eine schleifenartige Anschwellung. Länge der Haare etwa 0,5 μm. Einige Vertreter besitzen Schuppen auf der Zelloberfläche, und bei *Oxyrrhis* wurden entsprechende Schuppen auch an den Geißeln festgestellt. Die Schuppen sind wie die Schuppen der Prasinophyta gebaut. Die Quergeißel weist einen wellenförmigen Bau auf, ist abgeplattet und dadurch von bandförmigem Aussehen. Außer dem Axonema mit der typischen 9+2-Microtubuli-Struktur ist seitlich noch ein zusätzlicher Strang mit fibrillärem Material vorhanden, der sich über die ganze Länge der Quergeißel erstreckt. Länge der Haare etwa 2 μm. Die Haare entstehen in Zisternen des endoplasmatischen Reticulums. Geißeln heterodynamisch. Die nach hinten gerichtete Längsgeißel führt wellenförmige Bewegungen durch und dient als Schwimmgeißel zur Vorwärtsbewegung. Die Quergeißel ruft durch wellenförmige Bewegungen eine zusätzliche Rotation des Zellkörpers hervor. Die Schwimmbewegung verläuft in einer spiraligen Bahn bei gleichzeitiger Rotation des Zellkörpers.

Chromatophoren meist mit gelbbrauner Farbe, bedingt durch das Übergewicht der Carotinoiden gegenüber den Chlorophyllen. Sekundär zahlreiche farblose Vertreter. Auf etwa 1100 gefärbte Arten kommen etwa 120 sekundär farblose Arten. Die Chromatophoren werden von einer dreifachen Membran umgeben. Neben der primären Doppelmembran noch mit zusätzlicher, einfacher, darüber liegender Membran des endoplasmatischen Reticulums. Keine Verbindung mit der Kernmembran. Die Thylakoide liegen meist zu dritt in Stapeln aufeinander, ausnahmsweise auch zu zweien oder vieren angeordnet. Eine periphere Lamelle (Gürtellamelle) ist nicht, wie auch bei den Cryptophyta, ausgebildet. Mit Chlorophyll a und c_2. Beim Vorhandensein endosymbiontischer Chromophytobionta liegt zusätzlich auch Chlorophyll c_1 vor, welches aber vom Endosymbionten stammt. Carotinoide: β-Carotin, vereinzelt γ-Carotin. Leitxanthophyll ist Peridinin, außerdem kommen Dinoxanthin, Diatoxanthin und Diadinoxanthin vor, vereinzelt auch Neoperidin, Neodinoxanthin und Neodiadinoxanthin. Fucoxanthin kommt vor, wenn eine Endosymbiose mit Vertretern der Chromophytobionta vorliegt. Das Fucoxanthin stammt in diesen Fällen vom Endosymbionten. Es kommen unterschiedlich gestaltete Pyrenoide vor. Sie können gestielt und dem Chromatophor angelagert sein oder sich auch im Chromatophor befinden. Primär dürften wohl in den Plastiden eingebettete Pyrenoide vorliegen. Reserveprodukt ist Stärke (Dinophyceenstärke), ein α-1:4 Polyglykan. Die Stärke wird in Form von kleinen Körnern außerhalb der Chromatophoren (wie bei Rhodophyta) gebildet. Außerdem Fette und Mannitol als zusätzliche Reservestoffe.

Mit charakteristischem Kern (Dinokaryon), von auffallender Größe. Die kurzen, rosenkranzartig angeordneten Chromosomen ähneln Kernäquivalenten von Prokaryonta (z.B. *Bacillus*) und verbleiben während der gesamten Kernteilung in kondensiertem Zustand, es findet keine Entschraubung, wie bei den meisten anderen Eukaryonta, statt. Im Ruhekern (Interphase) sind z.B. bei fast allen Eukaryonten die Chromosomen nicht mehr sichtbar, während sie bei den Dinophyta (und auch bei den Euglenophyta) deutlich zu erkennen sind. Die Chromosomen der Dinophyta besitzen eine charakteristische Girlanden-Struktur. Die Girlanden bestehen aus sehr dünnen Fibrillen (Durchmesser etwa 2,5 nm, etwa die Dicke einer doppelten Helix), während bei den anderen Eukaryonten die Fibrillen mit 25 nm etwa zehnmal so dick sind und neben der doppelten DNS-Helix noch Nukleohistone (die bei den Dinophyta fehlen) aufweisen. Prokaryonta weisen, wie Dinophyta, ebenfalls nur etwa 2,5 nm dicke Fibrillen auf, und die DNS-Fibrillen sind immer (wie auch bei den Dinophyta) kontrahiert. Durch diese

Übereinstimmungen wird das Dinokaryon als eine Zwischenstufe zwischen dem Kernäquivalent der Prokaryonta und dem Kern der anderen Eukaryonta angesehen. Im Gegensatz zu den übrigen Contophora besitzen die Dinophyta keine basischen Histone (Proteine) in der Kern-DNS, sondern zeigen atypische Histone. Das Fehlen der für Eukaryonta typischen Kern-Histone deutet auf ein hohes stammesgeschichtliches Alter der Dinophyta hin. Bei einigen parasitischen Vertretern (z. B. *Syndinium*) sollen basische Histone gefunden worden sein. Die Chromosomen der Dinophyta bleiben mit der Kernmembran in Kontakt (ebenfalls ein stammesgeschichtlich sehr altes Merkmal) und sind mit den Kinetochoren an der Kernmembran angeheftet. Man nimmt an, daß die chromosomale DNS eine ringförmige Anordnung (wie DNS-Anordnung in den Kernäquivalenten der Prokaryonta) zeigt. Neben einem stammesgeschichtlich sehr altem Kern-Aufbau zeigen die Dinophyta auch einen stammesgeschichtlich sehr alten Mitose-Ablauf. Die Spindelbildung erfolgt extranukleär ohne Mitwirkung von Centriolen. Außerdem liegt eine primitive, geschlossene Mitose vor, ohne Auflösung der Kernmembran. Auch das Fehlen einer Äquatorialplatte während der Metaphase ist als stammesgeschichtlich altes Merkmal zu deuten. Eine extranukleäre Teilungsspindel (Konvergenz) treffen wir innerhalb der Eukaryonta nur noch bei einigen polymastiginen Flagellaten-Gruppen an. Auch bei diesen Gruppen wird keine Äquatorialebene während der Metaphase ausgebildet, wahrscheinlich auch nicht bei Euglenophyta und Kinetoplastida.

Bemerkenswert ist auch das Vorkommen seltener DNS-Basen. So kommt z. B. 6-Methyladenin in geringer Menge in Bakterien-DNS vor, aber auch, ebenfalls in geringen Mengen, in der DNS von Chlorobionta (Chlorophyta), Dinophyta und Ciliophora. Dagegen kommt 6-Hydroxymethyluracil innerhalb der Eukaryonta nur bei Dinophyta vor. Die geringsten Anteile treffen wir bei den stammesgeschichtlich ältesten Vertretern der Dinophyta, nämlich bei den Desmophyceae (z. B. *Exuviaella*) an, während Dinophyceae (z. B. *Peridinium*) wesentlich höhere, etwa 4 fache Anteile aufweisen. Der Besitz von 6-Hydroxymethyluracil weist die Dinophyta innerhalb der Eukaryonta (und Dinophytobionta) als monophyletische Gruppe aus.

Die Zelle enthält ein kompliziertes Röhrensystem (Pusulen-System). Marine Vertreter besitzen am Vorderende des Körpers Pusulen (schlund-, bzw. vakuolenartige Gebilde), die durch einen Kanal mit der Außenwelt in Verbindung stehen. Die Pusulen (meist zwei) sind Einstülpungen der äußeren Plasmamembran, können einfach gestaltet sein, oder sich an ein Röhrensystem (Pusulen-System) anschließen, das den ganzen Zellkörper durchzieht. Die Funktion der Pusulen ist noch ungenügend bekannt, vermutlich dienen sie der Osmoregulation, der Exkretion und der Aufnahme von im Wasser gelöster Nährstoffe. Ohne kontraktile Vakuolen. Die Trichocysten (normale Form mit Schaft und Spitze) liegen unter der Zelloberfläche (Periplast) und sind senkrecht zu dieser angeordnet. Sie entstehen in Vesikeln in der Nähe des Golgi-Apparates und werden als Sekretionsorganellen betrachtet. Bei Reizung schleudert die Trichocyste einen quergestreiften, aus Eiweiß bestehenden Faden aus. Bei sekundär farblosen Vertretern, wie z. B. *Polykrikos,* finden sich Cnidocysten (Taf. 54:7, 8), die große Ähnlichkeit mit den Nesselkapseln der Cnidaria (Konvergenz) haben. Sie stellen Kapseln dar, in denen sich ein ausschleuderbarer Faden befindet. Der Faden ist an seiner Spitze mit einem Stilett versehen. Es handelt sich um Selbstteilungskörper, welche aus einer Vorstufe, dem Cnidogen, hervorgehen. Basal entwickelt sich über ein Praecnidocystenstadium eine neue Cnidocyste, während sich am Vorderende über einen Praecnidoblast ein Cnidoblast entwickelt. Fertig entwickelt, trennen sich Cnidocyste und Cnidoblast, und aus dem Cnidoblast entsteht wieder ein Cnidogen.

Mit sehr unterschiedlichen, zum Teil hochentwickelten Augenflecken (Stigmen). Süßwasser-Vertreter meist mit einfachen Augenflecken, marine Vertreter (z. B. Warnowiaceae) mit hochentwickelten Augenflecken. In den meisten Fällen liegt der Augenfleck frei im Cytoplasma und besteht aus einer Anzahl kleinerer Kügelchen (wie auch bei Euglenophyta und Eustigmatophyta). Bei anderen Dinophyta besteht der Augenfleck aus einer Reihe von Kügelchen und liegt im Chromatophor (wie bei Vertretern der Chromobionta). Bei den Warnowiaceae hat der Augenfleck eine sehr komplizierte Struktur und weist eine Art von Ocellusbildung auf. Der Ocellus setzt sich aus einem rötlichen Pigmentkörper (Schicht von Augenfleckkugeln) und einer vorgelagerten, hyalinen Sammellinse zusammen. Der Pigmentkörper (Melanosom) stellt einen umgewandelten Chromatophoren dar. Mit positiver oder negativer Phototaxis, dabei spielen die Augenflecke offensichtlich eine wichtige Rolle. Leuchtvermögen durch Einwirkung von Luciferase bei einigen marinen Vertretern (z. B. *Noctiluca*). Das Enzym Luciferase befindet sich in kleinen, kristallinen Körperchen (Scintillonen) innerhalb des Zellkörpers. Tentakelbildung bei einigen Arten. Zum Teil (Gymnasteraceae) mit kieseligem Innenskelett, sowie Ausbildung einer Zentralkapsel.

Die Mitochondrien zeigen bei den Dinophyta nicht mehr den reinen primären Cristae-Typ. Neben dem sekundären Tubuli-Typ treten aber auch noch Mitochondrien vom Sacculi-Typ (abgewandelte Cristae) auf, welche eine Zwischenstufe zwischen dem Cristae- und dem Tubuli-Typ darstellen.

In einigen Fällen wurden bei Dinophyta endosymbiontisch lebende Chromobionta-Vertreter festgestellt. Außerhalb des Endosymbionten liegt z. B. bei *Peridinium balticum* ein Kern in Form eines Dinokaryons, welcher die Wirtszelle eindeutig als einen Vertreter der Dinophyta ausweist. Der eukaryontische Endosymbiont (ein noch nicht näher bestimmter, stark reduzierter Vertreter der Chromobionta) besitzt eine eigene Plasmamembran, einen Kern, einige Chromatophoren, ein Mitochondrium und einen Golgi-Apparat. Der Chromatophor des Endosymbionten zeigt Kernanbindung, die Thylakoiden sind in Dreiergruppen angeordnet, und es liegt eine Gürtellamelle vor, so daß an einer Einreihung in die Chromobionta-Gruppe nicht gezweifelt werden kann. Ein Hinweis auf die weite Verbreitung von Endosymbiosen und auf die Vielfalt möglicher Fälle. Im Sinne der Endosymbiontenhypothese hätte hier ein primär farbloser Dinophyten-Flagellat einen Vertreter der Chromobionta (eventuell aus dem Chrysophyta-Bereich) als Endosymbionten aufgenommen. Danach würde nicht nur die Eukaryontenzelle durch Endosymbioseschritte aus Prokaryonten hervorgehen, sondern es würden auch neue Eukaryonten-Gruppen durch endosymbiontische Aufnahme von Eukaryonten durch Eukaryonten entstehen. Hier liegt einer der vielen normalen Symbiosefälle vor, die wir überall in verschiedenen Gruppen antreffen mit mehr oder weniger starker Reduktion des Symbionten. Die Mannigfaltigkeit der Symbiosefälle spricht nicht für, sondern gegen die Endosymbiontenhypothese.

Nackte und gepanzerte Dinophyceen bilden in der Ruheperiode Cysten (Dauersporen, Hypnosporen) aus. Diese Cysten können glatt sein oder Stacheln aufweisen. Bei den gepanzerten Formen entstehen die Cysten innerhalb des Panzers.

Fortpflanzung: Ungeschlechtliche Fortpflanzung durch Zweiteilung, welche häufig schräg zur Längsachse erfolgt. Bei *Ceratium* z. B. wird der Panzer der Mutterzelle in zwei Hälften geteilt. Jede Tochterzelle baut den fehlenden Panzerteil neu auf. Bei anderen Gattungen (z. B. *Peridinium*) wird der Panzer vor der Zellteilung abgeworfen. Beide Tochterzellen müssen völlig neue Panzer herstellen. Geschlechtliche Fortpflanzung bisher nur bei wenigen Arten bekannt (z. B. *Noctiluca, Ceratium*). Bei *Noctiluca* kommt es zur Ausbildung von Isogameten (Schwärmer) und anschließender Kopulation. Bei *Ceratium horridum* treten depauperierende Zellteilungen auf, welche zu immer kleineren Zellen führen. Die kleinen Zellen fungieren als Mikrogameten und kopulieren mit normal großen, nicht verkleinerten Zellen (Makrogameten). Bei der Kopulation dringt der Mikrogamet in den Makrogameten ein. Die Zygote (Kernverschmelzung im Makrogameten) bleibt beweglich und in ihr findet die Reduktionsteilung statt. Bei *Ceratium cornutum* werden ebenfalls Mikrogameten gebildet, welche mit nicht verkleinerten Makrogameten kopulieren. Die Zygote bildet innerhalb des Panzers eine dickwandige Hypnozygote (Ruhezygote). Nach einer Ruheperiode von einigen Wochen entsteht eine diploide, nackte Zelle, die durch einen Spalt der Zygotenwand nach außen tritt. Diese nackte, diploide Zelle bildet nun einen unvollständigen Panzer aus (Praeceratium-Phase). Erst in dieser Praeceratium-Zelle erfolgt die Meiose und die Bildung von 4 normalen, haploiden *Ceratium*-Zellen.

Bei sekundär parasitischen Dinophyta kommt es, wie bei *Noctiluca*, zur Ausbildung von Schwärmern, welche entweder zur agamen Vermehrung (z. B. *Haplozoon, Blastodinium*) dienen, oder es findet eine Kopulation der Schwärmer (*Coccidinium*) statt. Bei *Coccidinium* entstehen die Schwärmer durch einen Schizogonie-Prozeß, welcher große Ähnlichkeit mit der Schizogonie der Polannulifera aufweist. Einzelne Arten der Gattung *Coccidinium* können bis zu 4 verschiedenartige Schwärmertypen (Mikro- und Makroschwärmer) ausbilden. Man nimmt an, daß es sich dabei sowohl um agametische, als auch gametische Schwärmer handelt. Parasitische Vertreter im vegetativen Stadium stark reduziert, oft nur an ihren Schwärmern zu erkennen.

Lebensweise: Dinophyta stellen sowohl in morphologischer, als auch in ökologischer Sicht die vielseitigste Algengruppe dar. Von den etwa 1200 Arten sind rund 120 Arten sekundär farblos und zeigen zum Teil parasitische Lebensweisen. Dinophyta leben im marinen Bereich, im Brackwasser, im Süßwasser, in Mooren und auf Schnee. Die größte Artenmannigfaltigkeit treffen wir im marinen Bereich an.

Die gefärbten Arten stellen im Oberflächenbereich der Meere einen Hauptbestandteil des Planktons (neben Kieselalgen und Coccolithophoriden) dar. In einem Liter Meereswasser bis zu 200000 Dinoflagellaten-Individuen. Planktische Arten häufig mit Schwebevorrichtungen in Form von langen Fortsätzen (z.B. *Ceratium*-Arten). Gefärbte Arten sind teils autotroph, teils mixotroph (sowohl osmotroph als auch phagotroph). Die sekundär farblosen Arten ebenfalls häufig mit planktischer Lebensweise, zum Teil auch in tieferen Meereslagen vorkommend. Die sekundär parasitischen, farblosen Arten sind ausschließlich marin, zum Teil mit Rhizopodien (z.B. *Oodinium*). Sie leben als Ektoparasiten (*Oodinium* auf Tunicaten, Anneliden) oder Endoparasiten (z.B. *Blastodinium* im Körper von marinen Copepoden). Symbiontische Lebensweise als gefärbte Zooxanthellen (z.B. *Symbiodinium*) in Radiolarien, Foraminiferen, Cnidaria, Polychaeten und Mollusken. Bei farblosen Arten osmotrophe und phagotrophe Ernährung. Fortpflanzung der als Zooxanthellen auftretenden Dinoflagellaten durch Zweiteilung, gelegentlich auch durch multiple Teilung mit Ausbildung von *Gymnodinium*-artigen Schwärmern. Zooxanthellen leben bei Cnidaria z.B. in bestimmten „Trägerzellen" des Entoderms und der Mesogloea (Scyphozoa: *Cassiopeia*). Sie geben Assimilationsprodukte und Reservestoffe an die Wirtszelle ab und nehmen dafür Nitrate und Phosphate auf.

Stamm Dinophyta mit den Klassen Desmophyceae, Dinophyceae und Ebriaceae.

Entgegen neueren Arbeiten werden die Desmophyceae weiter als eine eigene Klasse geführt. Sie stellen ohne Zweifel die stammesgeschichtlich älteste Teilgruppe der Dinophyta dar. Im Gegensatz zu den am nächsten mit ihnen verwandten Dinophyceae behalten die Desmophyceae die primäre apikale Begeißelung bei, und der Zellkörper weist keinerlei Furchenbildungen auf. Die Dinophyceae zeigen eine sekundäre Verlagerung der beiden Geißeln in den mittleren Zellbereich unter gleichzeitiger Ausbildung einer Quer- und Längsfurche. Geißelverlagerung und Furchenbildung sind Autapomorphien der Dinophyceae, dadurch zeigen sie eine eindeutige Abtrennung gegenüber den Desmophyceae, auch wenn beide Gruppen in zahlreichen anderen Merkmalen übereinstimmen. Die Trennung beider Gruppen ist daher gerechtfertigt, die Dinophyceae sind von den stammesgeschichtlich älteren Desmophyceae abzuleiten.

Klasse Desmophyceae

Mit den Ordnungen Desmomonadales, Prorocentrales und Desmocapsales.

Die Klasse der Desmophyceen enthält nur monadoide, gefärbte Vertreter. Sie weisen noch die primäre vordere, apikale Begeißlung auf. Die nach vorne gerichtete Längsgeißel ist etwas $1^1/_2$mal so lang wie der Zellkörper und fungiert als propellerartige Zuggeißel. Sie ist in einigen Fällen mit 2 Reihen sehr kleiner, feiner, nur 1 μm langer Haare versehen. Diese Haare scheinen aber auch manchmal zu fehlen oder sind übersehen worden, da sie nur sehr schwierig festzustellen sind.

Die etwas kürzere 2. Geißel fungiert wie bei den Dinophyta als Quergeißel, wird mehr oder weniger horizontal bewegt und ruft eine Rotation des Zellkörpers hervor. Diese kürzere Quergeißel weist einseitig eine Reihe feiner, 2–4 μm langer Haare auf. Quergeißel mit paraflagellärem Strang, beide Geißeln außerdem noch mit Füllmaterial. Basalkörper der beiden Geißeln parallel angeordnet. Mit einem großen, peripher liegenden Chromatophoren. Mit ein oder zwei Pyrenoiden. Der hintere Teil der Zelle wird von dem typischen Dinokaryon Kern angefüllt. Oberhalb des Kernes mehrere Golgi-Körper. Vorderster Zellenbereich mit Pusulen, etwas tiefer gelegen mit Mitochondrien. Primär mit Periplast, sekundär mit zweiteiligem Zellulose-Panzer. Weitgehend mit primärer mariner Lebensweise.

Ordnung Desmomonadales

Einzellige Flagellaten mit primärem Periplast. Die beiden heterodynamischen Geißeln entspringen am vorderen, apikalen Pol. Gefärbte Vertreter. Meist marin, selten im Süßwasser. *Desmomastix* (Taf. 54:1), *Haplodinium* (Taf. 54:2).

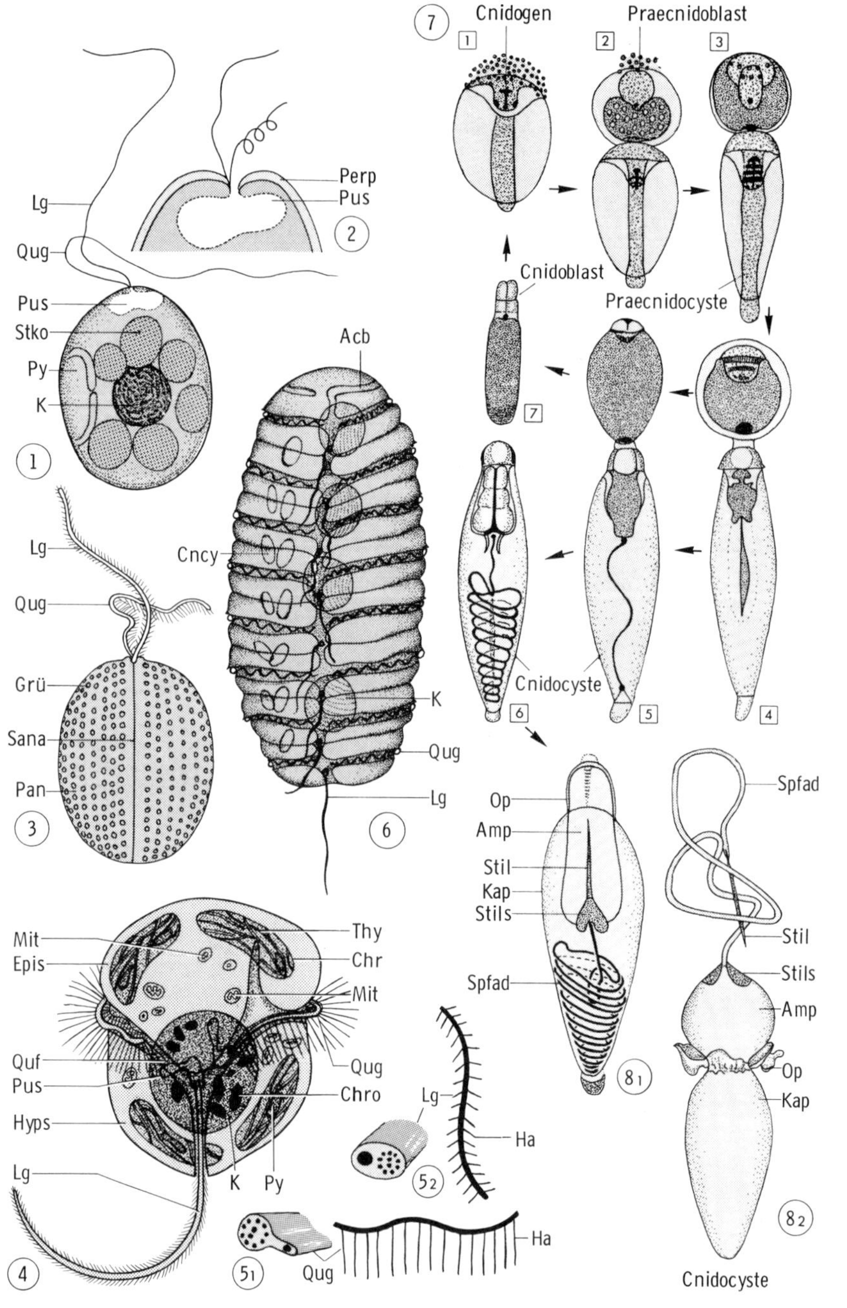

Taf. 54. Dinophyta: Desmophyceae und Dinophyceae. – Abb. 1. *Desmomastix globosa* (nach PASCHER). Abb. 2. *Haplodinium antjolense*, vorderer Bereich (nach KLEBS). Abb. 3. *Exuviaella marina* (nach SCHÜTT). Abb. 4. *Gymnodinium* (nach LEADBEATER & DODGE). Abb. 5/1. *Gymnodinium*, Quergeißel mit Querschnitt (nach SLEIGH); 5/2. *Gymnodinium*, Längsgeißel mit Querschnitt (nach SLEIGH). Abb. 6. *Polykrikos schwartzi*, Kolonialindividuum (nach KOFOID & SWEZY). Abb. 7. Cnidocysten-Bildung (nach HOVASSE). Abb. 8/1. Cnidocyste (nach

Ordnung Prorocentrales

Sekundär mit einem mit Grübchen versehenen zweiteiligen Zellulose-Panzer. Die uhrglasähnlichen Hälften werden durch eine Sagittalnaht zusammengehalten. Marine Vertreter, zum Teil sekundär im Sandlückensystem lebend (*Exuviaella*-Arten). Gefärbte Vertreter. *Prorocentrum*; *Exuviaella* (Taf. 54:3) auch als Synonym von *Prorocentrum* angesehen.

Ordnung Desmocapsales

Kapsale, sekundär geißellose Vertreter. *Desmocapsa.*

Klasse Dinophyceae

Monadoide bis trichale Vertreter. Die Zoosporen der kokkalen und trichalen Formen entsprechen der monadoiden Form. Mit Periplast und Zellulosepanzer oder mit Zellwand. Die beiden Geißeln sekundär ventralwärts verschoben. Sie entspringen ventral etwa in der Zellmitte an der Stelle, wo sich Quer- und Längsfurche treffen und sind in den Furchen gelagert. Die nach hinten gerichtete Längsgeißel ist länger als die Längsfurche und ragt mit ihrem distalen Teil über die Furche hinaus. Durch schwingende Bewegungen drückt sie den Zellkörper nach vorne. Von der Basis an gerechnet sind etwa $^2/_3$ der Längsgeißel verdickt, abgeplattet, und dieser Bereich weist neben dem 9+2-Microtubuli-System noch zusätzliches Füllmaterial auf. Das restliche Drittel der Geißel enthält nur das 9+2-Microtubuli-System. Längsgeißel mit zwei Reihen feiner, nur 0,5 μm langer Haare. Haardicke nur 5 nm. Haare offensichtlich nur schwierig erkennbar, daher manchmal Angaben, daß die Längsgeißel glatt und unbehaart sei. Die Quergeißel verläuft rund um den Zellkörper in der Querfurche (Gürtel). Sie zeigt einen wellenförmigen, abgeplatteten Bau und wirkt dadurch bandförmig. Neben dem 9+2-Microtubuli-System ist noch ein paraflagellärer Strang (quergestreifter Strang, Microtubuli-Bündel mit Querstreifung) vorhanden. Quergeißel mit einer Reihe dünner, ca. 2 μm langer Haare. Die beiden Basalkörper sind spitzwinklig zueinander angeordnet, keine parallele Lage wie bei Desmophyceae. Mit typischem Dinokaryon. Primär mit Periplast, sekundär mit Zellwand in Form eines aus Platten bestehenden Zellulose-Panzers. Chromatophoren mit typischer goldbrauner Färbung. Primär gefärbt, sekundär zahlreiche farblose Arten. Mit autotropher, mixotropher, osmotropher und phagotropher Ernährung. Unter den sekundär farblosen Arten treten zahlreiche Arten mit parasitischer Lebensweise auf. Primär marine Lebensweise, sekundär auch Süßwasserbewohner.

Mit den beiden Unterklassen der Dinophycidae (Ordnungen Gymnodiniales, Dinamoebidiales, Dinocapsales, Dinococcales, Dinotrichales) und Dinophysidophycidae (Ordnung Dinophysidales).

Beide Unterklassen stammen unabhängig voneinander von Desmophyceen ab. Die Dinophycidae sind von Desmomonadales, die Dinophysidophycidae dagegen von Prorocentrales abzuleiten.

Innerhalb der Dinophycidae werden bei einigen Bearbeitern Teilbereiche der Gymnodiniales (meist parasitisch lebende Gruppen, aber auch freilebende Vertreter) in eine Reihe von Ordnungen wie z. B. Blastodiniales (mit z. B. *Blastodinium* und *Haplozoon*), Syndiniales (mit z. B. *Syndinium* und *Coccidinium*) und Noctilucales (mit *Noctiluca*) aufgelöst.

Diese Vertreter sind durch ihre meist parasitische Lebensweise sekundär stark abgeändert. Sie besitzen aber alle *Gymnodinium*-ähnliche Schwärmer (biogenetische Grundregel), welche eindeutig auf eine enge Verwandtschaft mit dem Gymnodiniales-Bereich hinweisen. Mit dem Abtrennen dieser sekundären parasitischen Formen von ihren freilebenden Vorfahren würde man unnatürliche Gruppierungen schaffen. Bei *Blastodinium* z. B. liegen *Gymnodinium*-ähnliche Schwärmer vor, und eine An-

◄

CHATTON); 8/2. Cnidocyste mit ausgeschleudertem Faden (nach CHATTON). Abkürzungen: Acb = Acrobase, Amp = Ampulle, Chr = Chromatophor, Chro = Chromosomen, Cncy = Cnidocyste, Epis = Episoma, Grü = Grübchen, Ha = Geißelhaare, Hyps = Hyposoma, K = Kern, Kap = Kapsel, Lg = Längsgeißel, Mit = Mitochondrium, Op = Operculum, Pan = Panzer, Perp = Periplast, Pus = Pusule, Py = Pyrenoid, Quf = Querfurche, Qug = Quergeißel, Sana = Sagittalnaht (Längsnaht), Stil = Stilett, Stils = Stilettsockel, Spfad = Spiralfaden, Stko = Stärkekorn, Thy = Thylakoide.

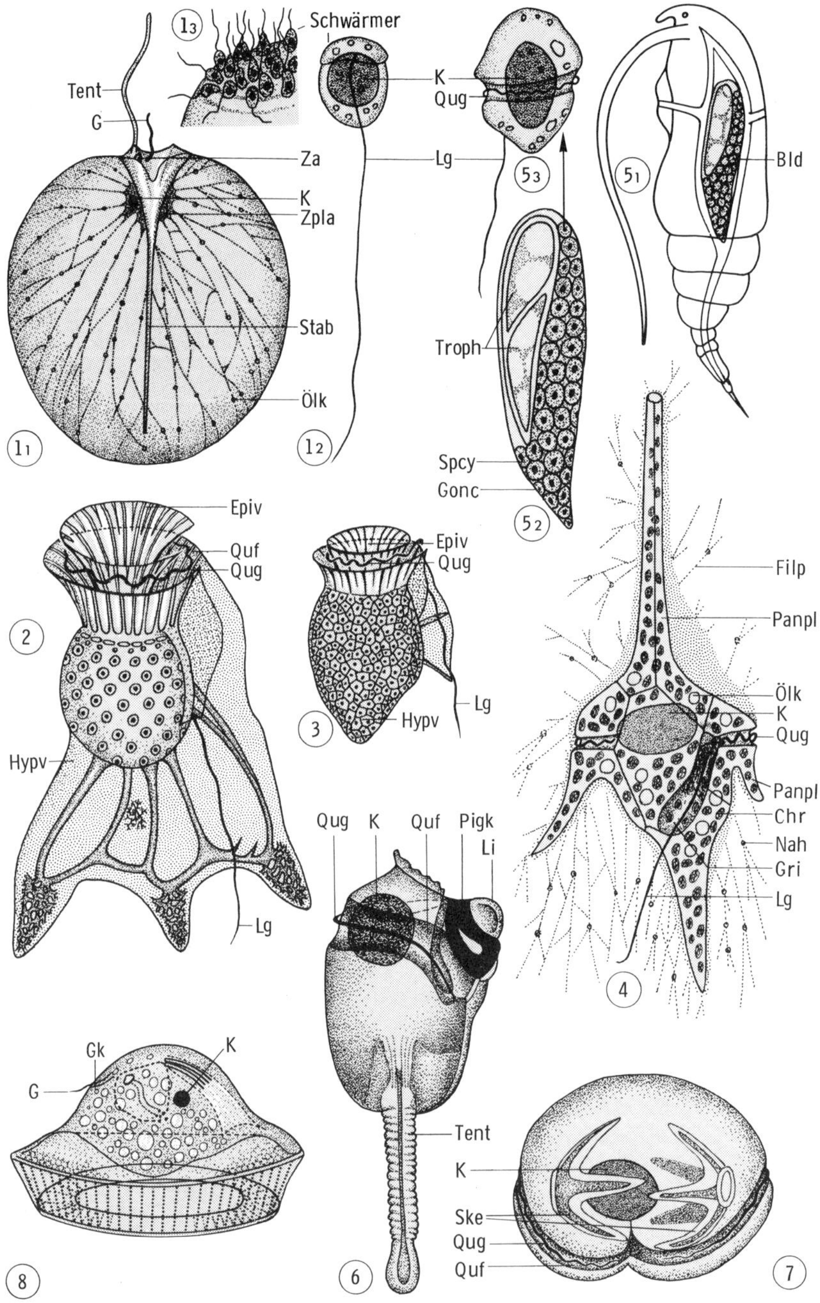

Taf. 55. Dinophyta: Dinophyceae. – Abb. 1/1. *Noctiluca miliaris* (nach KÜHN); 1/2. *Noctiluca miliaris*, Schwärmer (nach KÜHN); 1/3. *Noctiluca miliaris*, Schwärmerbildung (nach DOFLEIN). Abb. 2. *Ornithocerus magnificus* (nach SCHÜTT). Abb. 3. *Dinophys acuta* (nach SCHÜTT). Abb. 4. *Ceratium hirundinella* (nach versch. Autoren). Abb. 5/1. *Blastodinium spinulosum*, endoparasitisch im Darmtrakt von Copepoden (nach CHATTON); 5/2. *Blastodinium spinulosum*, Keimkörper mit Trophocyt und Gonocyt (nach CHATTON); 5/3. *Blastodinium spinulosum*, Schwärmer (nach CHATTON). Abb. 6. *Erythropsis pavillardii* (nach KOFOID). Abb. 7. *Gymnaster pentas-*

zahl parasitisch lebender *Blastodinium*-Arten weist noch kleine funktionsfähige Chromatophoren auf. Hier ist ein deutlicher Übergang zur sekundären, voll parasitären, chromatophorenlosen Lebensweise zu erkennen, und es ist gleichzeitig ein deutlicher Hinweis darauf, daß die *Blastodinium*-Gruppe innerhalb der Gymnodiniales einzureihen ist. Für die sekundär intrazellulär lebenden, chromatophorenlosen Vertreter der *Syndinium*-Gruppe (Ordnung Syndiniales mit den Gattungen *Syndinium, Synhemidinium, Solenodinium, Merodinium, Dubosquella, Coccidinium* u.a.) wurde sogar eine eigene Klasse Syndiniophyceae geschaffen. Auch für die noch sehr ungenügend bekannten Vertreter der parasitischen Ellobiopsidae (*Ellobiopsis, Parallobiopsis* u.a.) wurde eine eigene Klasse Ellobiophyceae aufgestellt. Wir betrachten hier die Vertreter beider Klassen als extrem reduzierte Gymnodiniales und führen sie innerhalb dieser Ordnung an. Die intrazelluläre Lebensweise der Syndiniophyceae-Gruppe zeigt, daß es sich um eine stark abgeleitete Gruppe handelt. Die niedrige Chromosomenzahl (4–10) ist als Reduktion zu werten und nicht als ein primitives Merkmal zu betrachten. Die Phylogenie der Dinophyta führt von primär freilebenden gefärbten, marinen Vertretern mit apikaler Begeißlung (Desmophyceen) zu den freilebenden, gefärbten Dinophyceen mit ventralwärts verlagerten Geißeln und Ausbildung von Ring- und Längsfurche. Die Dinophysiales vermitteln zwischen den mit Panzern versehenen Desmophyceen und Dinophyceen. Innerhalb der Dinophyceen (Gymnodiniales-Bereich) ist ein starker Trend zur sekundär parasitischen Lebensweise (primär ekto-, dann auch endoparasitisch und schließlich auch intrazellulär) festzustellen. Dieser Trend ist mit einem sekundären Chromatophoren-Abbau gekoppelt. Parasitische *Blastodinium*-Arten mit sekundär stark verkleinerten, aber noch funktionsfähigen Chromatophoren zeigen uns deutlich diesen Übergang. Die intrazellulär parasitisch lebenden Vertreter der *Syndinium*-Gruppe stehen am Ende dieser Evolutionsreihe und sind keinesfalls als stammesgeschichtlich alte Vertreter zu betrachten. Es führt kein Weg von einer extrem angepaßten intrazellulären Lebensweise zu einer freien, nichtparasitären Lebensweise.

Unterklasse Dinophycidae

Asymmetrischer Körperbau. Querfurche im medianen Zellbereich. Primär noch mit Periplast, sekundär mit Zellulose-Panzer. Panzer aus zahlreichen Platten bestehend, nicht durch eine Längsnaht in zwei Hälften geteilt.

Ordnung Gymnodiniales

Mit den beiden Unterordnungen Gymnodinales und Peridiniales.

Unterordnung Gymnodinales

Flagellate Vertreter mit meist kräftig ausgebildetem Periplast, aber ohne äußerlich sichtbaren Panzer. Vereinzelt bei *Gymnodinium* bereits Arten, welche in den Theka-Zisternen dünne, membranartige Platten bilden, die aber noch nicht als Panzer sichtbar werden. Die Gymnodinales sind von Desmomonadales (Desmophyceae) abzuleiten, da nur diese Gruppe innerhalb der Desmophyceae noch den primären Periplast aufweist. Primär gefärbt, sekundär zahlreiche farblose Arten. Primär autotrophe Vertreter häufig mit mixotropher (zusätzlich phagotropher) Ernährung. Die sekundär farblosen Vertreter phago- oder auch osmotroph. Es ist eine gleitende Reihe von primär gefärbten zu sekundär farblosen Vertretern zu beobachten. Dieser Trend ist mit einem Übergang zur parasitischen Lebensweise (zunächst ekto- oder endoparasitisch in tierischen Hohlraumsystemen, wie z.B. Darmtrakt und schließlich intrazellulärer Parasitismus) verbunden. Es werden verschiedenartige marine Tiergruppen, wie z.B. Anneliden, Crustaceen und Tunicaten befallen. Selten können auch Pflanzen (Diatomeen) befal-

◄

terias (nach SCHÜTT). Abb. 8. *Craspedotella pileolus* (nach KOFOID). Abkürzungen: Bld = *Blastodinium*, Chr = Chromosomen, Epiv = Epivalva, Filp = Filopodien, G = Geißel (Längsgeißel), Gonc = Gonocyt, Gri = Geißelrinne (Längsfurche), Hypv = Hypovalva, K = Kern, Lg = Längsgeißel, Li = Linse, Nah = Nahrung, Ölk = Ölkugel, Panpl = Panzerplatte, Pigk = Pigmentkörper, Quf = Querfurche, Qug = Quergeißel, Ske = Skelett, Stab = Staborgan, Spcy = Sporocyten, Tent = Tentakel, Troph = Trophocyt, Za = Zahn (Quergeißel), Zpla = Zentralplasma.

len werden. Der Übergang zur parasitischen Lebensweise führt zu bedeutenden Vereinfachungen des Zellkörpers, der meist eine einfache eiförmige bis spindelförmige Gestalt annimmt. Die äußeren Zellorganellen, wie z. B. Geißeln sind völlig reduziert. Die Schwärmer ähneln den Adultstadien von *Gymnodinium* und zeigen die Zugehörigkeit zu den Gymnodinales (biogenetische Grundregel) an.

Gymnodinium (Taf. 54:4/1): Gefärbt, marin und im Süßwasser. – *Amphidinium:* Gefärbt, marin und Süßwasser. – *Polykrikos* (Taf. 54:6): Kolonialindividuen, sekundär farblos. Das einzelne „Individuum" setzt sich aus 2, 4 oder 8 Individuen vom *Gymnodinium*-Typ zusammen. Querfurchen isoliert, dagegen mit gemeinsamer Längsfurche (Längsgrube). Jedes „Einzelindividuum" mit eigener Quer- und Längsgeißel. Zahl der Kerne um die Hälfte geringer als die Zahl der Querfurchen. Mit Cnidocysten. – *Noctiluca* (Taf. 55:1): Zum Teil als Vertreter einer eigenen Ordnung, Noctilucales, betrachtet. Marin, farblos, ruft „Meeresleuchten" hervor. Aufgeblasener, kugelrunder Zellkörper mit großen Vakuolen. Sekundär ohne Querfurche. Quergeißel stark reduziert, nur noch als kurzes, zahnähnliches Gebilde vorhanden. Längsgeißel vorhanden, aber stark verkürzt. Längsfurche vorhanden, aus ihr ragt ein langer, zum Beutefang dienender Tentakel hervor. Phagotrophe Ernährung. Cytoplasma mit Scintillonen (kristalline Körper mit Luciferase). Durch Knospung entstehen an der Zelloberfläche *Gymnodinium*-ähnliche Schwärmer. Mit Sexualität, Kopulation isogamer Schwärmer. – *Erythropsis* (Taf. 55:6): Mit großem, zurückziehbarem Tentakel. Mit Ocellusbildung. – *Gymnaster* (Taf. 55:7): Marin, farblos, mit kieseligem Innenskelett und Zentralkapsel. – *Gyrodinium* und *Amphilotus*: Beide mit kieseligem, radiolarienähnlichem Innenskelett. – *Craspedotella* (Taf. 55:8): Mit „medusenähnlicher" Gestalt. – *Oxyrrhis*: Mit tentakelartigem Fortsatz. – *Warnowia*: Mit hochentwickeltem Augenfleck. – *Blastodinium* (Taf. 55:5): Mit *Haplozoon* zusammen von einigen Bearbeitern als eigene Ordnung, Blastodiniales, betrachtet. Endoparasitisch im Darmtrakt pelagisch lebender, mariner Copepoden. Von den bisher bekannten Arten weisen trotz der endoparasitischen Lebensweise, alle, bis auf eine chromatophorenlose Art, noch verkleinerte, funktionsfähige Chromatophoren auf. Vermehrung wie bei *Haplozoon*, mit *Gymnodinium*-ähnlichen Schwärmern. – *Haplozoon* (Taf. 56:1): Endoparasitisch im Darmtrakt mariner Polychaeten. Mit sukzedierender Vielfachteilung (Palisporogenese): Ein *Gymnodinium*-ähnlicher Schwärmer encystiert sich und wird mit der Nahrung aufgenommen. Er wandelt sich im Darmtrakt des Wirtes in ein mit einem Stilett versehenes einzelliges Parasitenstadium (Adultstadium) um. Mit Stilett Befestigung an der Darmwand und Nahrungsaufnahme aus der Darmwandung. Zunächst erfolgt eine Teilung des einzelligen Stadiums in zwei Zellen, in einen vorderen Trophocyt und einen hinteren Gonocyt. Der Gonocyt teilt sich in zwei Tochterzellen, die sich schnell weiter teilen und eine große Zahl von Sporocyten (Schwärmerbildungszellen) produzieren. Am hinteren Ende des Zellkörpers lösen sich die aus den Schwärmerbildungszellen entstandenen *Gymnodinium*-artigen Schwärmer ab und gelangen durch den Anus des Wirtstieres nach außen. – *Chytriodinium:* Zum Teil als Vertreter einer eigenen Ordnung, Chytriodiniales betrachtet. Endoparasitisch in Eiern mariner, pelagisch lebender Copepoden. Ähnlich wie *Haplozoon* mit Trophocyt und Gonocyt, sowie Ausbildung *Gymnodinium*-ähnlicher Schwärmer. – *Oodinium* (Taf. 56:2): Marine Lebensweise. Ektoparasiten mit Rhizopodien auf Tunicaten, Anneliden und Mollusken. Mit *Gymnodinium*-ähnlichen Schwärmern. – *Haematodinium* (Taf. 56:4): Marin, in der Leibeshöhlenflüssigkeit von Krabben, wie *Carcinus* und *Portunus.*

Die nachfolgenden Gattungen *Syndinium, Coccidinium, Merodinium, Solenodinium, Amoebophrya* u. a. werden von einigen Bearbeitern als eigene Klasse der Dinophyta und zwar als Klasse der **Syndiniophyceae** zusammengefaßt. Als Klassen-Merkmale werden angegeben: Niedrige Chromosomenzahl (4–10), V-förmig gestaltete Chromosomen, Vorhandensein basischer Proteine, Mitoseablauf unter Beteiligung von Centriolen, ohne thecale Panzerplatten, sowie intrazelluläre Lebensweise.

Die niedrige Chromosmenzahl ist wohl sekundär, bei der V-förmigen Gestalt der Chromosomen handelt es sich um ein plesiomorphes Merkmal. Thecale Platten sind auch bei den stammesgeschichtlich ältesten Vertretern der Gymnodiniales (z. B. *Gymnodinium*) nicht vorhanden. Die intrazelluläre Lebensweise ist von einer parasitischen Lebensweise in Hohlraumsystemen (Darmtrakt, Leibeshöhle) abzuleiten. Die intrazelluläre Lebensweise zeigt, daß es sich um eine stammesgeschichtlich relativ junge, stark abgeleitete Gruppe handelt. Alle Vertreter weisen Gymnodinales-ähnliche Schwärmer (Mikro- und Makroschwärmer) auf, welche eindeutig zeigen, daß diese Gruppe innerhalb der Gymnodinales einzureihen ist. *Syndinium:* In Leibeshöhlen mariner Copepoden. Mit mehrkernigen Stadien. Die jungen Stadien leben im Darmepithel, durch starkes Wachstum ragen sie weit in die Leibeshöhle hinein. Ausbildung *Gyrodinium*-ähnlicher Schwärmer. – *Coccidinium* (Taf. 56:5): Marine Vertreter. Endoparasitisch im Kern oder Cytoplasma anderer Dinophyta, z. B. *Peridinium*. Schwärmerbildung in einer Art von Schizogonie-Prozeß. Ausbildung von getrennt entstehenden Mikro- und Makroschwärmern, welche miteinander kopulieren. Mit typischen Gymnodinales-Schwärmern. – *Merodinium* und *Solenodinium*: Endoparasitisch in Radiolarien. – Eine extreme Reduktion zeigen u. a. die Gattungen *Ellobiopsis, Ellobiocystis* und *Parallobiopsis.* Zum Teil werden sie als eine eigene Klasse, Ellobiophyceae, geführt. Sie leben ektoparasitisch an marinen Copepoden und Malacostraken. Junge Stadien sind rundlich bis birnförmig, ältere Stadien zeigen eine Gliederung, welche derjenigen von *Amoebophrya* und auch Teilungsstadien von z. B. *Haplozoon* ähnelt. Schwärmer (*Parallobiopsis*) ebenfalls stark reduziert, nur noch eingeißlig. Offensichtlich handelt es sich um extrem reduzierte Vertreter der Gymnodinales. – *Ellobiopsis*: Birnförmige Gestalt. Ektoparasitisch im Kopfbereich mariner Copepoden. – *Parallobiopsis:* Ektoparasitisch am Kopfbereich mariner Malacostraken.

Unterordnung Peridiniales

Mit Zellulosepanzer, welcher aus zahlreichen Einzelplatten besteht. Der Panzer der Gattung *Peridinium* z. B. besteht aus rund 20 Einzelplatten. Platten mit Poren durchsetzt, durch die Filopodien nach außen dringen. Mit Quer- und Längsfurche. Marine Vertreter mit Pusulen. Süßwasservertreter zum Teil mit Stigma. Primär gefärbt, sekundär viele farblose Vertreter. Keine parasitisch lebenden Arten. Ernährung autotroph, mixotroph und phagotroph. *Peridinium, Hemidinium, Ceratium* (Taf. 55:4): Mit *Gymnodinium*-ähnlichen Schwärmern bei *Ceratium cornutum.* Anisogamie, Kopulation von Mikro- und Makroschwärmern. – *Gonyaulax*: Fast alle marin, zum Teil kettenbildend.

Peridiniales sind sehr nahe mit den Gymnodinales verwandt. Schon bei einigen *Gymnodinium*-Arten (Gymnodinales) zeigt sich der Beginn von Plattenbildung, so daß ein gleitender Übergang zu den Peridiniales besteht. Vertreter um *Gonyaulax* (andere Plattenanordnung) werden auch in einer eigenen Unterordnung (Gonyaulacales) zusammengefaßt.

Ordnung Dinamoebidiales

Mariner Vertreter, farblos. Vegetatives Stadium amöboid mit Ausbildung lappenförmiger Pseudopodien. Phagotrophe Ernährung, Beutetiere einzellige Algen und Protozoen. Nach Cystenbildung und mehreren Teilungen entstehen typische *Gymnodinium*-ähnliche Zoosporen, welche sich in das Amöboidstadium umwandeln. Einzige Art: *Dinamoebidium varians* (Taf. 56:3).

Ordnung Dinocapsales

Kapsale Vertreter, vegetative Zellen in Gallerthüllen liegend. Mit dunkelbraunen Chromatophoren. Mit Zellwand. Zoosporen vom *Hemidinium*-Typ (Peridiniales). *Gloeodinium, Rufusiella.*

Ordnung Dinococcales

Kokkale Vertreter, ohne Geißeln und mit Zellwand. Meist marine Planktonten, zum Teil auch im Süßwasser und dann häufig an Algen festgeheftet. Mit Chromatophoren. Zoosporen vom *Gymnodinium*-Typ. *Cystodinium, Gymnocystidium, Phytodinium, Symbiodinium* (als Zooxanthellen in Medusen), *Pyrocystis* (zum Teil als eigene Ordnung, Pyrocystales, geführt; sie besitzen aber Schwärmer, welche z. B. bei *P. lunula* den Schwärmern von *Gymnodinium* entsprechen; bei *P. acuta* sind dagegen die Schwärmer mehr vom *Gonyaulax*-Typ).

Ordnung Dinotrichales

Mehrzellig, fadenförmig, trichale Organisation aufweisend. Zoosporen vom *Gymnodinium*-Typ. *Dinoclonium, Dinothrix.*

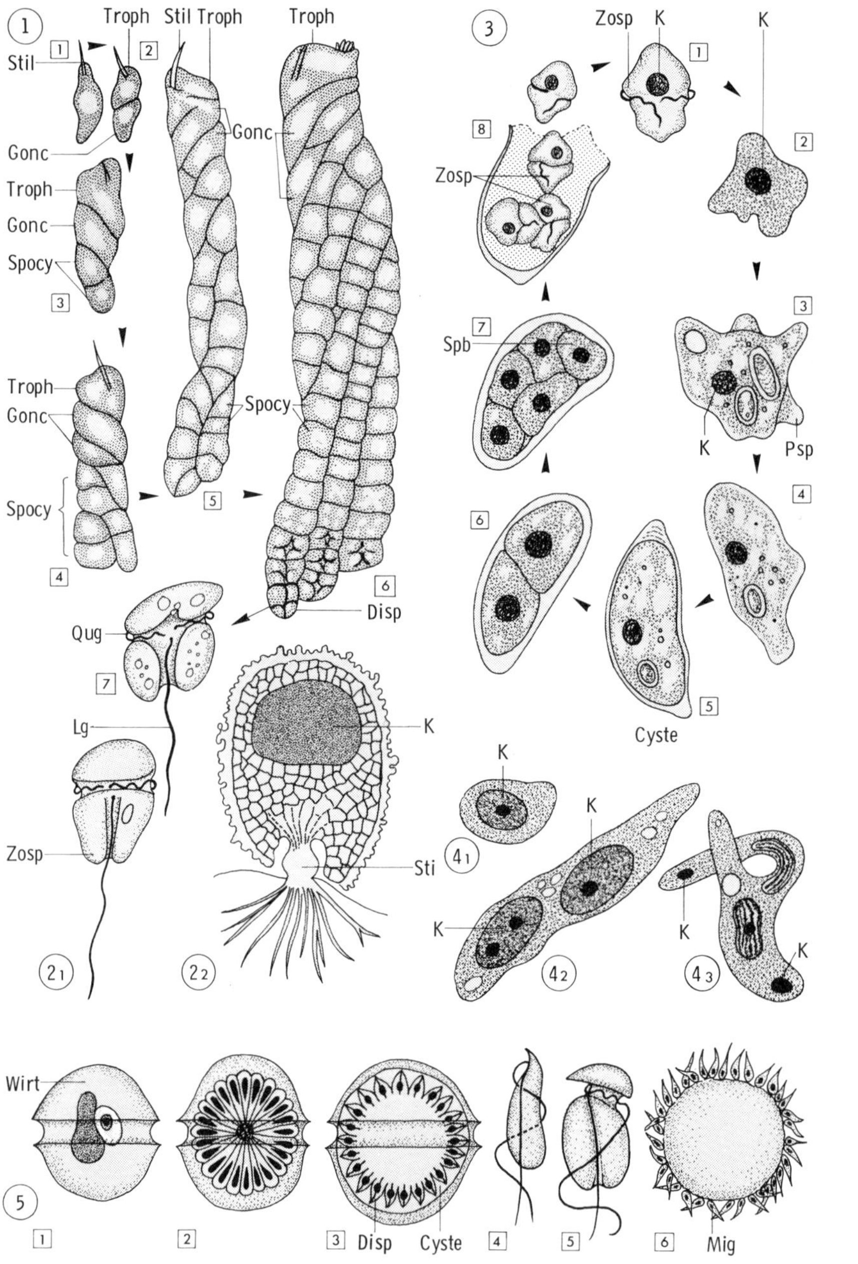

Taf. 56. Dinophyta: Dinophyceae. – Abb. 1/1–6. *Haplozoon armatum*, sukzedane Vielteilung (nach DOGIEL); 1/7 *Haplozoon clymenellae*, Schwärmer (nach SHUMWAY). Abb. 2/1. *Oodinium ocellatum*, Schwärmer (nach BROWN); 2/2. *Oodinium ocellatum* (nach SLEIGH). Abb. 3. *Dinamoebidium varians* (nach PASCHER); 3/1. Schwärmer; 3/2, 3/3. Umwandlung in das amöboide, vegetative Stadium; 3/4. Vorcystenstadium; 3/5. Cyste; 3/6. erste Teilung; 3/7. Stadium mit 8 Sporoblasten; 3/8. Freiwerden der Schwärmer. Abb. 4. *Haematodinium perezi* (nach CHATTON & POISSON); 4/1. einkerniges Amöboidstadium, 4/2, 4/3. mehrkernige Plasmodien. Abb. 5/1–3. *Coccidinium duboscqui*, Schwärmerbildung durch Vielfachteilung (nach CHATTON & BIECHELER);

Unterklasse Dinophysidophyceae

Symmetrischer Körperbau. Querfurche in den oberen Zellbereich verlagert und kragenartig erweitert. Mit Zellulose-Panzer, der durch eine Längsnaht in eine linke und rechte Hälfte geteilt wird. Zellteilung an der Längsnaht.

Ordnung Dinophysidales

Mit festem Zellulose-Panzer, der durch eine Längsnaht, wie bei den Prorocentrales, in eine linke und rechte Hälfte geteilt wird. Querfurche in den oberen Zellbereich verlagert, dadurch kleine Epivalva (oberer Zellteil) und große, untere Hypovalva. Beide Bereiche werden durch die Querfurche voneinander getrennt. Querfurche in Form von zwei ineinander liegenden Kragen erweitert und umgestaltet. Die Ränder der Längsfurche häufig flügelartig verbreitert. Zellteilung wie bei den Prorocentrales an der Längsnaht. Primär gefärbt, sekundär farblose Vertreter. Vorherrschend Bewohner tropischer Meere. *Dinophys* (Taf. 55:3), *Ornithocerus* (Taf. 55:2), *Triposolenia, Amphisolenia.*

Phylogenie – Desmophyceae und Dinophyceae: Die Desmophyceen stellen die stammesgeschichtlich älteste Teilgruppe dar. Innerhalb der Desmophyceen sind die Desmomonadales stammesgeschichtlich am ältesten, da sie noch den primären Periplast aufweisen. Die von den Desmomonadales abzuleitenden Prorocentrales weisen einen sekundären, zweiteiligen Zellulose-Panzer auf, der einen grundlegend anderen Aufbau als der Zellulose-Panzer der Dinophyceen hat. An die Prorocentrales schließen sich die Desmocapsales an, welche die capsale Ausbildungsstufe vertreten. Die Dinophyceen sind von Teilgruppen der Desmophyceen abzuleiten. Die beiden, primär bei den Desmophyceen noch vorne apikal liegenden Geißeln werden bei den Dinophyceen in Richtung Zellmitte verschoben. Innerhalb der Dinophyceen sind die Dinophycidae aus dem Desmomonadales-Bereich der Desmophyceen abzuleiten. Innerhalb der stammesgeschichtlich ältesten Ordnung der Dinophycidae, der Ordnung der Gymnodiniales (Unterordnung Gymnodinales), finden wir noch flagellate Vertreter mit dem primären Periplast, aber es ist schon hier ein Übergang zur Ausbildung eines aus einzelnen Platten bestehenden Zellulose-Panzers zu beobachten. Die Vertreter der Unterordnung Peridiniales weisen dann diesen aus Einzelplatten bestehenden Zellulose-Panzer auf. Außerdem treten bei den Peridiniales *Gymnodinium*-ähnliche Schwärmer auf, welche deutlich auf eine Ableitung aus dem *Gymnodinium*-Bereich hinweisen. Innerhalb der Gymnodinales ist ein starker Trend zu einem sekundären Abbau der Chromatophoren, gekoppelt mit einemTrend zur parasitischen Lebensweise, festzustellen. Neben ektoparasitischen Vertretern, treten endoparasitische Arten in Hohlraumsystemen ihrer Wirte und zum Schluß sogar intrazellulär parasitische Vertreter auf. Der Übergang zur parasitischen Lebensweise ist mit starken sekundären Reduktionen und Vereinfachungen des Zellkörpers verbunden. Im Extrem finden wir einfache ei- bis spindelförmige Körperformen, welche nicht mehr den Bauplan der Dinophyceen erkennen lassen. Die Zoosporen (Schwärmer) dieser parasitischen Gruppen zeigen aber eine eindeutige *Gymnodinium*-Ähnlichkeit, so daß diese Gruppen (im Sinne der biogenetischen Grundregel) aus dem *Gymnodinium*-Bereich abgeleitet werden müssen. Die Dinamoebidiales weisen ebenfalls *Gymnodinium*-ähnliche Schwärmer auf, so daß auch sie aus dem *Gymnodinium*-Bereich abgeleitet werden können. Auch die kokkalen (Dinococcales) und trichalen (Dinotrichales) Vertreter besitzen *Gymnodinium*-ähnliche Schwärmer, so daß wir die gleitende amoeboidale-coccale-trichale Evolutionslinie aus dem *Gymnodinium*-Bereich (Gymnodinales) ableiten können. Die capsale Stufe (Dinocapsales) weist dagegen Peridineen-ähnliche Schwärmer auf, so daß diese Gruppen aus dem Peridiniales-Bereich abzuleiten ist.

◄

5/4. *Coccidinium legeri*, Mikroschwärmer (nach CHATTON & BIECHELER); 5/5. *Coccidinium legeri*, Makroschwärmer (nach CHATTON & BIECHELER); 5/6. Mikrogametenbildung bei Coccidea (Polannulifera). Abkürzungen: Disp = Dinospore, Gonc = Gonocyt, K= Kern, Lg = Längsgeißel, Mig = Mikrogamet, Psp = Pseudopodium, Qug = Quergeißel, Spb = Sporoblast, Spocy = Sporocyten, Sti = Stiel, Stil = Stilett, Troph = Trophocyt, Zosp = Zoospore (Schwärmer).

Die Dinophysidophyceae sind, unabhängig von den Dinophycidae, ebenfalls aus dem Desmophyceen-Bereich abzuleiten. Die Dinophysidales, als einzige Ordnung der Dinophysidophyceae, stammen von Prorocentrales ab. Der Zellulose-Panzer der Dinophysidales entspricht demjenigen der Prorocentrales und die Zellteilung erfolgt, wie bei den Prorocentrales, an der Längsnaht. Der Zellulose-Panzer der Prorocentrales und der Dinophysidales besteht aus zwei Hälften, die durch eine Längsnaht voneinander getrennt sind. Diese Panzerform unterscheidet sich dadurch stark von dem unabhängig davon entstandenen Zellulose-Panzer der Dinophyceen, der aus einer größeren Zahl von Einzelplatten besteht.

Fossile Dinophyceen sind seit dem Perm (Paläozoikum) bekannt. Einige Vertreter der polyphyletischen Acritarcha stimmen weitgehend mit Cysten (Dauersporen) von Dinophyceen überein. Acritarcha-Funde aus dem Silur können daher durchaus als Dinophyceen-Cysten gedeutet werden. Da Acritarcha (Hystrichosphaeren) bereits seit dem Praekambrium bekannt sind, erscheint es möglich, daß Dinophyceen schon vor etwa einer Milliarde Jahren auftraten.

Die Acritarcha stellen eine polyphyletische Gruppierung dar und beinhalten Sporen (Cysten) von unterschiedlichen Algengruppen. Ein Teil der Fossilfunde (Größe 50–100 μm, mit Hohlstacheln, Schlupfloch und Dinophyceen-ähnlichen Hüllstrukturen) kann wohl bei den Dinophyceen eingeordnet werden.

Eine „Hystrichosphaere" stellt in einer Reihe von Fällen eine Cyste dar, welche im Inneren einer mit Panzerplatten versehenen Dinophycee gebildet wird. Inzwischen konnten auch lebende rezente „Hystrichosphaeren" aufgefunden und zur Entwicklung gebracht werden. Aus schon als fossil bekannten „Hystrichosphaeren" gingen 3 verschiedene Arten der rezenten Gattung *Gonyaulax* hervor.

Klasse Ebriaceae
(Taf. 57)

Mit der einzigen Ordnung Ebriales.

Ausschließlich monadoide (flagellate) Vertreter. Nur einzeln lebend, keine Kolonienbildung. Mit primärem Periplast. Körperform kantig, bedingt durch die Form des Innenskelettes. Mit charakteristischem, aus soliden Kieselstäbchen bestehendem Skelett im Inneren des Zellkörpers. Die Kieselstäbchen bilden ein kompliziertes kugeliges oder auch länglich-gestrecktes Gitterwerk. Drei bis vier Zentralstäbchen (Actinen) bilden die Skelettbasis. Das Skelett erinnert sehr an Skelettbildungen bei Radiolarien. Mit 2 heterokonten und heterodynamischen Geißeln, welche dicht nebeneinander im apikalen Zellbereich inserieren. Die längere Geißel nach vorne, die etwas kürzere Geißel beim Schwimmen nach hinten gerichtet. Geißelfeinbau noch unbekannt. Ausschließlich farblose Vertreter. Phagotrophe Nahrungsaufnahme. Kern als typisches Dinokaryon ausgebildet.

Fortpflanzung: Ungeschlechtlich durch Teilung, vor der endgültigen Trennung wird ein neues Skelett ausgebildet.

Lebensweise: Ausschließlich marin, im Meeresplankton lebend. Phagotrophe Ernährung (z. B. einzellige Algen, Diatomeen). Beim Schwimmen dreht sich der Zellkörper um seine Längsachse.

Ordnung Ebriales (Ebriida)

Fossil erst seit dem Tertiär (Paleozän) bekannt. Blütezeit im Miozän. Rezent nur noch 2 Gattungen mit je einer Art. *Hermesinum* (Taf. 57:1, 2): *H. adriaticum,* einfacherer, phylogenetisch älterer Skelettbau; *Ebria* (Taf. 57:3): *E. tripartita,* phylogenetisch jüngerer, komplizierterer Skelettbau. Vor dem Miozän war dieser Bautyp nicht bekannt.

Phylogenie – Ebriaceae: Die Ebriaceen werden hier als eine Klasse der Dinophyta geführt. Sie besitzen ein typisches Dinokaryon, welches ein deutlicher Hinweis für ihre Zugehörigkeit zu den Dinophyta ist. Wie *Gymnaster* (farbloser Vertreter der Dinophyceen) besitzen auch die Ebriaceae ein kieseliges Innenskelett, welches dem Innenskelett der Radiolarien sehr ähnelt. Deutliche Hinweise für eine Ableitung der Radiolarien aus diesem Bereich.

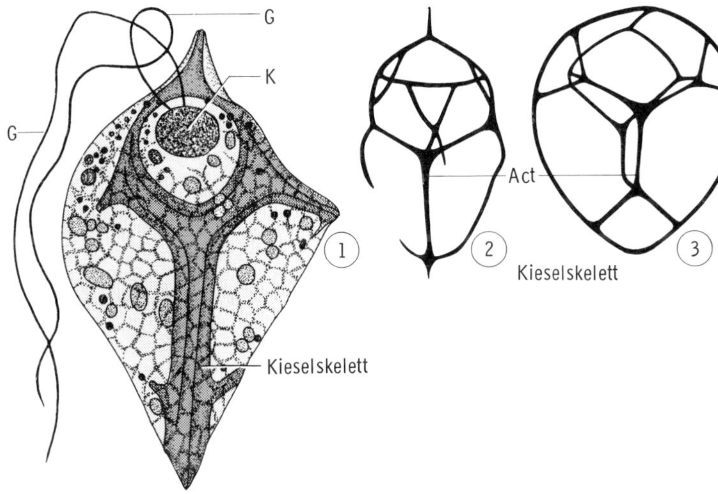

Taf. 57. Dinophyta: Ebriaceae. – Abb. 1. *Hermesinum adriaticum* (nach HOVASSE). Abb. 2. *Hermesinum*, Skelettbau (nach DEFLANDRE). Abb. 3. *Ebria*, Skelettbau (nach DEFLANDRE). Abkürzungen: Act = Actine (Zentralstäbchen), G = Geißel, K = Kern.

Phylogenie der Dinophytobionta (Dinophyta)

Dinophytobionta und Cryptophytobionta stellen die stammesgeschichtlich ältesten Vertreter mit Chlorophyll c dar. Bei beiden Gruppen ist nur das primäre Chlorophyll c 2 vorhanden, während die stammesgeschichtlich jüngere Chromophytobionta-Gruppe in den meisten Fällen noch zusätzlich Chlorophyll c 1 aufweist. In einigen Fällen kommt auch bei Dinophyta Chlorophyll c 2 und c 1 vor, aber dann handelt es sich um eine Endosymbiose mit einem Vertreter der Chromobionta (wahrscheinlich Chrysophyta-Art) von dem das Chlorophyll c 1 stammt. Dinophytobionta sind, wie auch die Cryptophytobionta aus dem Prasionophyta-Bereich abzuleiten. Der Besitz von Körperschuppen und Geißelschuppen bei einigen Vertretern der Dinophyta weist auf eine Ableitung aus dem Prasinophyta-Bereich hin. Dinophytobionta haben aber schon zu einem sehr frühen Zeitpunkt eine Eigenentwicklung vollzogen, die zu einem gegenüber den Cryptophytobionta stark abweichenden Bauplan geführt hat.

Der Besitz zahlreicher, stammesgeschichtlich sehr alter Merkmale weist auf das hohe stammesgeschichtliche Alter der Dinophyta (als Basisgruppe der Dinophytobionta) hin. Das Dinokaryon der Dinophyta stellt eine deutliche Zwischenstufe zwischen dem Kernäquivalent der Prokaryonta und dem Kern der anderen Eukaryonta dar. Die Kern-DNS besitzt atypische Histone, die nicht den Histonen der anderen Eukaryonten-Gruppen entsprechen. Die Chromosomen bleiben stets fibrillär sichtbar und stehen durch Kinetochoren ständig mit der Kernmembran in Verbindung (Anheftung wie bei Prokaryonten). Die DNS ist sehr wahrscheinlich, wie auch bei Prokaryonten, ringförmig angeordnet. Das Auftreten seltener DNS-Basen spricht ebenfalls für das hohe phylogenetische Alter der Dinophyta, ebenso die sehr primitive ribosomale DNS. Die ribosomale DNS entspricht derjenigen der Rhodophyta. Hinzu kommt ein stammesgeschichtlich sehr alter Mitose-Typ. Es liegt eine geschlossene Mitose mit einer extranukleären Spindel vor. Spindelbildung ohne Assoziierung mit Centriolen. Eine Äquatorialebene wird während der Metaphase nicht ausgebildet. Geschlossene Mitosen mit extranukleärer Spindel treffen wir innerhalb der Eukaryonta nur noch konvergent bei polymastiginen Flagellaten (Metamonadinea) an.

Gegenüber den stammesgeschichtlich jüngeren Chromophytobionta besitzen die Dinophyta zahlreiche abweichende Merkmale, aber auch einige Gemeinsamkeiten. Die Mitochondrien sind bei den

Dinophyta nicht mehr primär abgeplattet (Cristae-Typ), sondern sind vom sekundären Tubuli-Typ, weisen aber zum Teil noch den zwischen beiden vermittelnden Sacculi-Typ auf. Die Begeißelung ist heterokont (wie bei den Chromobionta), aber die Geißelhaare sind noch primär einfach und zart und stellen noch nicht die mehrteiligen, stammesgeschichtlich jüngeren Flimmerhaare (Mastigonemen) der Chromophytobionta dar. Geißel der Dinophyta mit zusätzlichem intraflagellärem Strang, der auch bei Euglenophyta und Kinetoplastida, nicht aber bei Chromobionta auftritt. Dinophyta besitzen, wie auch die Euglenophyta, eine dreifache Chromatophorenmembran und noch nicht die vierfache Membran der Chromophytobionta, welche in den meisten Fällen noch eine sekundäre Kernanbindung zeigt. Reserveprodukt der Dinophyta ist Dinophyceenstärke, ein α-1:4 Polyglykan und kein β-1:3 Polyglykan wie bei den Chromobionta.

Bei den Carotinoiden zeigen sich einige Gemeinsamkeiten mit den Chromophytobionta. So kommen Diadinoxanthin und Diatoxanthin bei Dinophyta (hier allerdings nur in geringen Mengen) und bei Chromophytobionta vor. Hauptxanthophyll ist bei den Dinophyta aber Peridinin, das nur bei dieser Gruppe (Autapomorphie) vorkommt. Von Carotinen ist ausschließlich β-Carotin vorhanden. Von Xanthophyllen tritt noch Dinoxanthin auf, das sonst nur noch bei den Chloromonadophyta anzutreffen ist. Es bestehen keinerlei Beziehungen zu dem Carotinoid-Muster der Chlorobionta. Die Thylakoide sind bei den Dinophyta, wie auch bei den Chromophytobionta, zu dritt gestapelt. Die für viele Chromophytobionta charakteristische, aus 3 Thylakoiden bestehende Gürtellamelle, fehlt bei den Dinophyta. Sie ist auch bei anderen stammesgeschichtlich alten Gruppen wie Chlorobionta, Eugleno- und Cryptophyta nicht vertreten und kommt nur im Chromophytobionta-Bereich sowie bei Chloromonadophytobionta vor.

Dinophyta zeigen eine starke Tendenz zum sekundären Chromatophoren-Abbau. Wichtige farblose Gruppen, wie Granuloreticulosa, Acanthiolaria und Polannulifera sind aus dem Dinophyta-Bereich abzuleiten.

Dinophyta besitzen primär einen Periplast, während sekundär ein Zellulosepanzer (= Zellwand) ausgebildet wird. Eine Ableitung von „tierischen" Einzellern kann daher nur von primär zellwandlosen Dinophyta erfolgen. Schlundbildungen sind bei den Dinophyta auf primär mit einem Periplast versehene Vertreter beschränkt. Dinophyta stellen in ökologischer Sicht die vielseitigste aller Algengruppen dar. Sie verbleiben, wenn man von den wenigen Vertretern mit trichaler Organisation (Dinotrichales) absieht, praktisch auf dem Flagellatenstadium. Primär mit Chromatophoren versehene Dinophyta sind häufig mixotroph, indem sie noch eine zusätzliche osmotrophe oder auch phagotrophe Nahrungsaufnahme zeigen. Die sekundär farblosen Vertreter sind osmo- und phagotroph. Der Anteil der sekundär farblosen Vertreter beträgt etwa 10% (1200:120 Arten). Amöboidie ist bei den rezenten Dinophyta nur wenig verbreitet (nur bei den marinen, sekundär farblosen Dinamoebidiales mit nur einer einzigen Art).

Innerhalb der Dinophytobionta (Granuloreticulosa, Acanthiolaria, Polannulifera) ist ein starker Trend zum völligen Geißelabbau festzustellen, gekoppelt bei den Granuloreticulosa und Acanthiolaria mit der Bildung von Filo- und Axopodien. Die Vorfahren der „tierischen Amöboid-Vertreter" (Hydraulea mit Pseudopodien) sind daher mehr im Chrysophyta-Bereich zu suchen.

Dinophyta kommen in vielerlei Gewässertypen vor; vorwiegend im marinen Bereich, aber auch im Brackwasser, Süßwasser und in Mooren. Sie sind primär freischwimmend, sekundär treten auch festsitzende Formen auf. Neben symbiontischer Lebensweise (z. B. als Zooxanthellen in Radiolarien und Cnidaria), treffen wir auch viele parasitäre Vertreter an.

Es gibt viele Hinweise, daß Foraminiferen, Radiolarien und Polannulifera von Dinophyta abzuleiten sind. Dinophyta besitzen einen Kernteilungstyp, der demjenigen der Radiolarien und Foraminiferen entspricht. Die Schwärmer (Gameten) der Radiolarien ähneln den Schwärmern der Dinophyta. *Gymnaster* (Dinophyta) besitzt ein Innenskelett und eine Zentralkapsel, ein deutlicher Hinweis auf eine Verwandtschaft mit Radiolarien. Bei *Coccidinium* entstehen die Schwärmer auf eine Art und Weise, die deutlich Anklänge an Schizogonie-Prozesse bei Polannulifera zeigt. Weitere Merkmale, welche einen deutlichen Trend in Richtung „tierische Lebewesen" zeigen: Besitz von Nesselkapseln, Ausbildung von Tentakeln, Bildung von Ocellen. Ebenfalls ist ein Trend zur sekundären Mehrzelligkeit festzustellen. Farblose *Polykrikos*-Exemplare sind Kolonialindividuen, welche sich aus 2, 4 oder 8 Einzelindividuen zusammensetzen. Sie sind völlig in den Organismus integriert, da sie z. B. eine gemeinsame Längsfurche besitzen.

Es besteht kaum ein Zweifel, daß große Bereiche der „tierischen Einzeller", wie Radiolarien, Foraminiferen und Polannulifera (= „Sporozoa") aus dem Dinophyta-Bereich abzuleiten sind.

Etwas schwieriger ist der Trend zur sekundären „Mehrzelligkeit" (Kolonialindividuen) der Dinophyta zu beurteilen. Ausbildung von Nesselkapseln und Ocellen z. B. würden im ersten Augenblick für Ableitungsmöglichkeiten von Cnidaria aus dem Dinophyta-Bereich sprechen. Die Kolonialindividuen der Dinophyta sind aber keine echten Mehrzeller, die man mit Metazoen vergleichen könnte. Trotz Kolonialindividualismus wird nämlich der Bereich der Einzelligkeit nicht überschritten. Der Weg zu den mehr- bis vielzelligen Metazoen (Animalia) führt über kugelige, farblose Craspedophyceen-Kolonien (Craspedophyta) und nicht über Kolonialindividuen der Dinophyta. Nesselkapseln und Ocellen sind bei Dinophyta unabhängig von ähnlichen Bildungen bei Cnidaria entstanden. Der Vielfalt der Lebensweisen der Dinophyta entspricht ein ebenso vielfältiger Bauplan.

Stammesgeschichtlich alte Gruppen, wie Crypto-, Dino- und Euglenophyta sind, wenn man von wenigen Ausnahmen absieht, im einzelligen Bereich verblieben. Auch die Mehrkernigkeit der Ciliaten oder die Vielkernigkeit der Opalinida paßt noch durchaus in diesen Rahmen der Einzelligkeit. Eine Vergrößerung und Vervielfachungen der Organellenzahl ist häufig, aber die Grenze zu einer echten Mehrzelligkeit (im Sinne von Metazoen) wird von diesen Gruppen nicht überschritten. Sie bleiben Einzeller-Gruppen, und auch die von ihnen abzuleitenden farblosen Gruppen verbleiben im Bereich der Einzelligkeit. Schon aus diesen Gründen ist die Zellularisations-Hypothese, welche Plathelminthen von Ciliaten ableiten will, nicht ernsthaft in Betracht zu ziehen.

Stamm Granuloreticulosa

(Taf. 58–68)

Mit den Klassen Athalamia, Foraminifera und Xenophyophoridea.

Mit fein ausgebildeten Reticulopodien (Taf. 136:5), welche im Inneren eine deutliche Granulaströmung (Eiweißgranula, Mitochondrien u. ä.) zeigen. Die Körnchen (Granula) werden innerhalb der Reticulopodien sowohl vom Zellkörper weg als auch zum Zellkörper hinbewegt. Reticulopodien spitz zulaufend, verzweigt und häufig ein anastomosierendes Netzwerk bildend. Ohne Ausbildung von Zentralkapseln oder einem Zentralkorn. Primär ohne Axopodien; sekundär bei pelagischen Vertretern (Foraminifera: Globigerinidae) als Anpassung an planktonische Lebensweise Umwandlung der Reticulopodien in Axopodien. Primär nackte Formen (Athalamia sowie Foraminifera: Allogromiida), sekundär Ausbildung von Schalen (Foraminifera). Schalen nie aus Kieselsäure bestehend. Primär marine Vertreter, sekundär (Athalamia) auch einige Süßwasserbewohner.

Klasse Athalamia

(Taf. 58)

Nackte Formen mit Granuloreticulopodien. Das Cytoplasma der Granuloreticulopodien zeigt typische Körnchenströmung, d. h. die Körnchen (z. B. Mitochondrien, Eiweißgranula) werden in beiden Richtungen hin und her bewegt. Granuloreticulopodien verzweigt und bisweilen anastomosierend. Körperform unregelmäßig, mit amöboider Formveränderlichkeit. Granuloreticulopodien überall am Körper entspringend. Mit zahlreichen kontraktilen Vakuolen. Cytoplasma granuliert und einheitlich, nicht in unterschiedliches Ekto- und Endoplasma getrennt. Mit Cystenbildung.

Ordnung Athalamiida (Athalamida)

Einzige Ordnung mit den Merkmalen der Klasse. Mit einem (*Biomyxa*) oder mehreren Kernen (*Biomyxa, Arachnula*). *Gymnophrys*: marin; *Arachnula* (Taf. 58:2): Brack- und Süßwasser; *Biomyxa* (Taf. 58:1): Süßwasser.

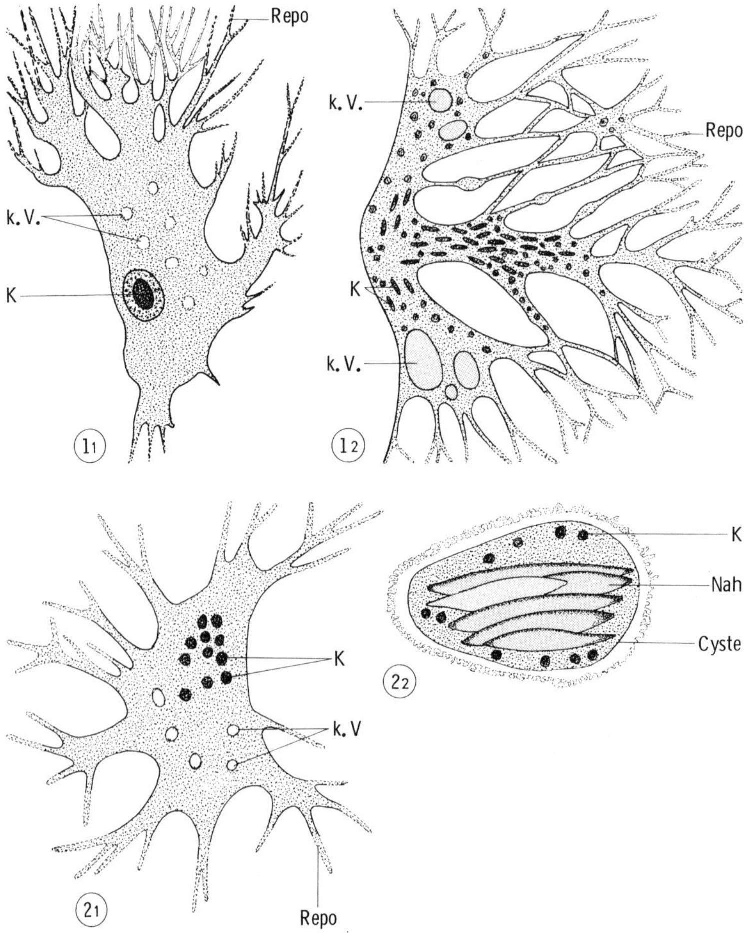

Taf. 58. Granuloreticulosa: Athalamia (Athalamiida). – Abb. 1/1. *Biomyxa merdaria* (nach HOLLANDE); 1/2. *Biomyxa vagans* (nach LEIDY). Abb. 2/1. *Arachnula impatiens* (nach DOBELL); 2/2. *Arachnula impatiens*, Cystenbildung (nach DOBELL). Abkürzungen: K = Kern, k.V. = kontraktile Vakuole, Nah = Nahrung, Repo = Granuloreticulopodien.

Klasse Foraminifera

(Taf. 59–66)

Mit Granuloreticulopodien, welche ein bewegliches, anastomosierendes Netzwerk um den Zellkörper bilden. Granuloreticulopodien mit typischer Körnchenströmung. Ohne Axopodien (wie auch bei den Athalamia), mit Ausnahme der sekundär planktonisch lebenden Globigerinidae. Bei den benthonisch lebenden Foraminiferen bilden die Granuloreticulopodien häufig ein Netzwerk auf der Unterlage. Oft sind sie strangartig zusammengefaßt und können als Ganzes ausgestreckt und wieder zurückgezogen werden. Bei monothalamen Vertretern (z. B. *Lieberkuehnia*) wird im Öffnungsbereich der Kammer häufig ein Plasmapfropf (Podostyle) ausgebildet. Die Granuloreticulopodien dienen sowohl zur Fortbewegung als auch zur Nahrungsaufnahme. Sie können sehr lang sein und ein Mehrfaches des Schalendurchmessers erreichen. Bei der Nahrungsaufnahme bleiben kleine Beuteorganismen (Bakterien, Protozoen, einzellige Algen) und Detritusteilchen an den Granuloreticulopodien hängen und werden in Richtung Zellkörper weiterbefördert. Zellkörper ohne Zentralkammer und ohne Zentralkorn. Das Cytoplasma des Zellkörpers setzt sich aus einem körnigen Endoplasma und einem mehr hyalinen Ektoplasma zusammen. Beide Ausbildungsphasen lassen sich aber ineinander überführen. Der Zellkern liegt im Endoplasma innerhalb des Gehäuses. Die Schale (Gehäuse) der Foraminiferen wird vom Ektoplasma ausgeschieden. Primär mit einkammeriger, sekundär mit vielkammeriger Schale. Die Schalen liegen in mannigfaltiger Form vor, sind aber nie radiär geformt. Die Wand der Schale häufig mit vielen, mehr oder weniger großen Porenkanälen (perforate Formen). Besondere Öffnungen dienen zum Austritt der Granuloreticulopodien, die aber auch aus Poren austreten können, wenn sie genügend groß sind. Besitzt die Schale keine Poren, sondern nur eine Hauptöffnung (Mündung, Apertur) oder nur wenige größere Öffnungen, spricht man von imperforaten Formen.

Foraminiferen weisen primär einkammerige (monothalame) und sekundär vielkammerige (polythalame) Schalen auf. Zum Teil ist aber auch eine sekundäre Monothalamie zu beobachten. Bei den polythalamen Vertretern besteht die Schale aus einer mehr oder weniger großen Zahl von Kammern, welche während des Wachstums nacheinander gebildet werden. Die Kammerwände der polythalamen Arten sind mit kleineren Öffnungen (Foramina) versehen, so daß die einzelnen Kammern miteinander in Verbindung stehen. Die Anfangskammer der polythalamen Vertreter wird als Proloculus bezeichnet. Die einzelnen Kammern werden durch Septen (Primärsepten) voneinander getrennt. Neben den Primärsepten können auch Sekundärsepten auftreten, welche die Kammern in kleinere Bereiche (Kämmerchen) unterteilen. Die bei den Foraminiferen anzutreffende Formenmannigfaltigkeit der Schalen beruht auf unterschiedlichen Größen und verschiedenartigen Anordnungen der Kammern.

Primär besteht die monothalame Schale aus einer einfachen, verdickten, organischen Tektinhülle (z. B. *Schultzella*). Sekundär treten aus Pseudochitin bestehende Schalen (*Allogromia, Lieberkuehnia*) auf. Bei einigen Vertretern (*Myxotheca*) sind Fremdkörper, wie Sandkörnchen, der Gallerthülle aufgelagert. Bei diesen Schalentypen sind primär noch keine Poren vorhanden.

Sekundär wird bei den primär monothalamen Vertretern die Schale durch Auf- und Einlagerung von Fremdkörpern (agglutinierte Schalen) verfestigt. Die Fremdkörper (Sandkörnchen, Schwammnadeln, Diatomeenschalen u. ä.) werden durch ein vom Cytoplasma erzeugtes Bindemittel verkittet. In vielen Fällen handelt es sich bei der Kittsubstanz um ein Mucopolysaccharid, welches durch Einlagerung von Eisensalzen und Kieselsäure mineralisiert sein kann. Bei anderen Vertretern besteht die Kittsubstanz aus mikrogranularem Calcit. Auch die Schalen dieser sekundären, agglutinierenden Vertreter (*Astrorhiza, Rhabdammina, Saccammina, Haliphysema*) weisen primär noch keine Poren auf. Sekundär können bei einigen Vertretern porenähnliche Öffnungen (Durchmesser 1–10 μm) vorhanden sein, welche aber blind direkt unterhalb der Schalenoberfläche enden. Nach innen sind diese Poren durch eine organische Membran verschlossen. Ihre Funktion ist noch unbekannt. Die stammesgeschichtlich jüngeren Foraminiferen besitzen Schalen, bei denen auf einer dünnen organischen Grundsubstanz körpereigener Kalk (Calcit, selten auch Aragonit) abgelagert wird. Der Kalk kann einseitig oder auch beidseitig abgelagert sein. Die kristallbildenden Zentren können regelmäßig oder unregelmäßig verteilt sein, dadurch entstehen unterschiedliche Mikrostrukturen.

Mikrogranuläre Schalen treffen wir bei den Fusulinida (fossile Vertreter: Ordovicium-Trias) an. Die Schale besteht aus Calcit. Die Kristallite zeigen eine rhombische Form und ungleiche Größen (0,3–6,0 μm). Bei den Miliolinida (Porzellanschaler) besteht die Schale aus Hochmagnesium-Calcit (5–16% $MgCO_3$). Die Kristalle sind 0,5–2,0 μm lang und nadelförmig gestaltet. Anordnung der Kristallite unregelmäßig. Die weißliche Schale wirkt dicht porzellanartig.

Die Rotaliida (Hyalinschaler) weisen Schalen mit hyalin-radiärfaserigen Strukturen auf. Die Kristallite zeigen eine rhombische, tafelartige Form. Die Schalen bestehen allgemein aus Calcit, bei einigen wenigen Vertretern wurde Aragonit nachgewiesen.

Neben den reinen Strukturtypen treten auch kombinierte Gemischtschaler auf. Gemischtschaler (z. B. *Rheophax*) weisen Kalkschalen mit agglutinierten Einschlüssen auf. Kalkschalen treffen wir bei polythalamen Foraminiferen an. Hier kommen imperforate (porenlose) und perforate (mit Poren versehene) Kalkschalen vor. Die Miliolinida weisen (abgesehen von einigen Jugendstadien) keine Poren auf. Bei den perforaten Formen stellen die Poren (Durchmesser 0,5–15 μm) die Durchtrittsstellen der Granuloreticulopodien dar. Poren primär klein, sie nehmen im Verlauf der Phylogenese an Größe zu.

Die Porenkanäle können sich auch sekundär vereinigen und nach außen größere Öffnungen (Deuteroporen) bilden.

Auch die Wände der Foraminiferenschalen zeigen Unterschiede. Primär ist jede Kammer von einer einschichtigen Schale umgeben, die die vorher gebildeten Kammern nicht mit bedeckt. Diesen Typ treffen wir bei agglutinierten, bei mikrogranulären und porzellanschaligen Vertretern an. Sekundär werden zwar einschichtige Schalen abgeschieden, aber die vorher gebildeten Kammern werden mit umhüllt. Auf diese Weise entstehen lamelläre Kammerwände (z. B. bei Rotaliida: *Discorbis*). Noch komplizierter wird der Schalenbau, wenn nicht nur die älteren Kammern umhüllt, sondern auch noch die Stirnwand der jeweils vorletzten Kammer von außen her bedeckt wird. In diesen Fällen (Rotaliida: *Rotalia*) ist nur noch die letzte Stirnwand einschichtig, die älteren Kammerwände sind alle lamellär. Bei den sekundär pelagischen Globigerinidae (Rotaliida) wird auch die letzte Stirnwand schon zweischichtig angelegt. Dadurch sind alle Wände lamellär.

Bei dem *Rotalia*-Fall bleiben zwischen den Schalenschichten häufig mit Cytoplasma angefüllte Hohlräume in Form von Lücken- und Kanalsystemen (extrathalame Kanalsysteme) erhalten. Die Kanäle können im Inneren der Septen (Septalkanäle), in der Schale der Gehäuseperipherie oder auch im Nabelrand (Spiralkanäle) verlaufen. Dieses sich außerhalb der Kammern befindliche Kanalsystem kann bei Großforaminiferen (z. B. Nummuliten) sehr kompliziert sein.

Bei der Bildung von neuen Kammern spielen die Granuloreticulopodien eine wichtige Rolle. Bei der Entstehung einer neuen Kammer (Taf. 59:1) ordnen sich die Granuloreticulopodien zunächst fächerförmig an und bilden aus Detritus eine agglutinierte Schutzcyste. Danach ziehen sich die Granuloreticulopodien bis zu der Linie zurück, die die neue Kammergrenze bilden soll. Es kommt zur Ausbildung einer organischen Tektinhülle, das Cytoplasma strömt in die neue Kammer ein, und durch Kalksekre-

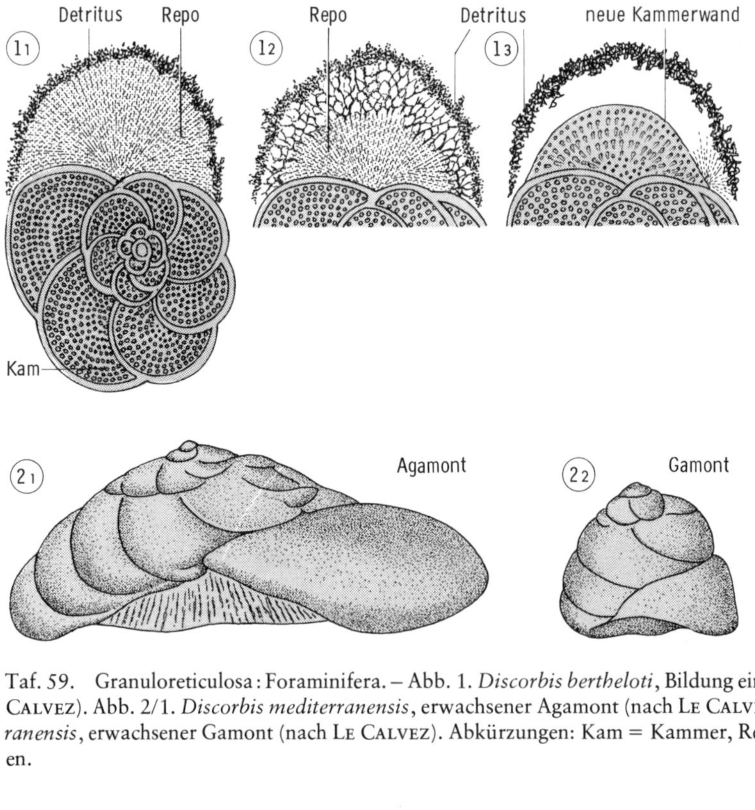

Taf. 59. Granuloreticulosa: Foraminifera. – Abb. 1. *Discorbis bertheloti*, Bildung einer neuen Kammer (nach Le Calvez). Abb. 2/1. *Discorbis mediterranensis*, erwachsener Agamont (nach Le Calvez); 2/2. *Discorbis mediterranensis*, erwachsener Gamont (nach Le Calvez). Abkürzungen: Kam = Kammer, Repo = Granuloreticulopodien.

tion wird die Kammerwand verfestigt. In einigen Stunden ist die Bildung einer neuen Kammer abgeschlossen.

Die Phylogenese verläuft von den einfachen Tektin- und Pseudochitin-Schalen, über agglutinierte Schalen (z.B. Sandschalen), Gemischtschalen (Agglutination und Bildung von körpereigenem Kalk) bis zu den reinen Kalkschalen. Bei den stammesgeschichtlich ältesten polythalamen Foraminiferen treten zunächst noch Gemischtschalen (z.B. *Rheophax*) ohne Porenbildung auf. Sehr frühzeitig treffen wir aber dann schon reine Kalkschalen (meist mit Poren) an.

Die große Mannigfaltigkeit der polythalamen Schalen (Gehäuse) beruht auf der verschiedenartigen Anordnung der Kammern. Die Kammern können gerade hintereinander liegen (*Nodosaria*-Typ: *Rheophax*) oder spiralig gewunden sein (*Rotalia*-Typ). Die Spirale kann in einer Ebene liegen (planspiral) oder als Schraube (turbospiral) ausgebildet sein. Die Aufrollungsachse kann kurz oder lang sein. Die Kammern können auch nebeneinander in 2–3 Reihen (*Textularia*-Typ) angeordnet sein, oder sie bilden von innen nach außen verlaufende konzentrische Kreise (*Planorbulina*-Typ). Der Gehäuse-Bauplan kann sich im Verlauf der Ontogenese ändern.

Bei vielen polythalamen Foraminiferen ist ein Größenunterschied in der Anfangskammer (Proloculus) festzustellen. Bei Vertretern mit Generationswechsel (Taf. 59:2) besitzt der Gamont eine größere Anfangskammer (makrosphärische Generation), während der Agamont eine kleinere Anfangskammer (mikrosphärische Generation) aufweist. Sekundär pelagische Formen (Globigerinidae) besitzen als Anpassung an ihre Lebensweise ballonartig aufgetriebene Kammern und viele, kalkige Schwebestacheln.

Foraminiferen leben überwiegend benthonisch und überziehen ihre Unterlage mit einem dichten Netz aus Granuloreticulopodien, welches zum Beutefang dient. Die Nahrung besteht vorwiegend aus Bakterien, eukaryontischen Einzellern, aber auch aus abgestorbenem, organischem Material (Detritus).

Die Größe der Foraminiferen schwankt sehr. Die kleinsten Vertreter sind nur 0,02–0,05 μm groß, während die größten Arten einen Durchmesser von 15 cm erreichen. Meist liegt die Größe zwischen 20 μm bis zu 1 mm. Fossile Nummuliten erreichen Durchmesser von 12–15 cm bei einer Schalendicke von 1 cm. Die größte rezente Art (*Psammonyx vulcanicus*) erreicht eine Größe von 6 cm.

Das Cytoplasma der Foraminiferen ist relativ dünnflüssig. Bei polythalamen Vertretern sind die Plasmamassen der einzelnen Kammern durch Plasmastränge (über die Foramina) miteinander verbunden. Die Gameten treten bei den Foraminiferen in unterschiedlicher Form auf. Die Gameten (Schwärmer) primär mit vorderer, beidseitig mit feinen Haaren besetzter Geißel und hinterer, glatter Peitschengeißel (z.B. bei *Boderia*). Schwärmer relativ klein und nur 2–8 μm groß. Neben den zweigeißligen Gameten treten sekundär auch dreigeißlige Gameten auf. Die zweigeißligen Gameten der Miliolinida mit stabförmigem Axostyl im Zellkörper. Gameten primär begeißelt (z.B. *Myxotheca*), sekundär unbegeißelt und amöboid (z.B. *Rotaliella, Rubratella*). Die amöboiden Gameten sind groß und erreichen Größen bis zu 40 μm.

Fortpflanzung: Über die Fortpflanzung der Foraminiferen liegen bisher nur wenige Daten vor. Ungeschlechtliche Fortpflanzung in Form von Zwei- oder Vielfachteilung bei einigen Gruppen (z.B. Textulariida). Bei vielen Foraminiferen ist ein zyklischer Generationswechsel mit einer sich geschlechtlich fortpflanzenden Generation (Gamont, Gamogonie) und einer sich ungeschlechtlich fortpflanzenden Generation (Agamont, Agamogonie) festzustellen. Der Agamont ist diploid, der Gamont haploid (heterophasischer Generationswechsel mit intermediärer Meiose). Beide Generationen können morphologisch gleich sein (isomorph) oder mehr oder weniger stark voneinander abweichen (heteromorph).

Bei den stammesgeschichtlich älteren, primär monothalamen Vertretern (z.B. *Myxotheca* (Taf. 60), *Iridia, Allogromia*) sind beide Generationen gleich oder nur geringfügig in der Größe verschieden. Die Agamonten von polythalamen Vertretern (z.B. *Rotaliella, Rubratella*) oder sekundär monothalamen Vertretern (z.B. *Patellina*) dagegen sind größer als die Gamonten. Bei anderen Arten (z.B. *Discorbis* (Taf. 59:2)) sind die Schalen (Gehäuse) von Agamont und Gamont so unterschiedlich, daß man sie für verschiedene Arten halten könnte. Gamonten bei vielen polythalamen Arten (mit begeißelten, freischwimmenden Gameten) mit großer Anfangskammer (Proloculus), der aus der Zygote hervorgehende Agamont dagegen mit kleinerer Anfangskammer (makrosphärische Gamonten und mikrosphärische Agamonten). Der Gamont ist in der Regel etwas kleiner, und sein Gehäuse weist weniger Kammern auf. In Ausnahmefällen kann der Agamont (Schizont) eine große und der Gamont eine kleine Anfangskammer aufweisen. In seltenen Fällen kann auch ein Trimorphismus beobachtet werden. Dabei zerfällt der mikrosphärische Agamont schon vor der Reduktionsteilung in Teilstücke, aus welchen makrosphärische Agamonten heranwachsen. In diesen findet die Reduktionsteilung statt, und es entstehen makrosphärische Gamonten. Gelegentlich sind auch Arten bekannt geworden, bei denen nur der Gamont vorhanden ist und wohl eine parthenogenetische Fortpflanzung vorliegt.

Die Lebensdauer der Generationen hängt stark von Umwelteinflüssen ab. Auch die Zyklen zeigen unterschiedliche Längen, und es kommt meist zur geschlechtlichen Fortpflanzung, wenn ungünstige Lebensbedingungen vorliegen. Gamonten sind allgemein häufiger als Schizonten (Zahlenverhältnisse 2:1 bis 30:1). Arten mit freischwimmenden, begeißelten Gameten weisen weniger Schizonten auf als Arten mit amöboiden Gameten. Die Kerne des Agamonten können untereinander gleich sein (homokaryontische Foraminiferen: primär und sekundär monothalame Vertreter), oder es findet eine sekundäre Differenzierung (Kerndualismus) in kleinere, generative Kerne (Micronuclei) und größere somatische Kerne (Macronuclei) statt. Nur die generativen Kerne führen die Meiose durch, die somatischen Kerne dagegen sind nicht teilungsfähig und gehen zugrunde. Heterokaryontische Vertreter mit Kerndualismus treffen wir nur bei polythalamen Arten an.

Unterschiedliche Zyklen bei Foraminiferen:

Zyklus von *Myxotheca* (Taf. 60): Primär monothalam, Gamont und Agamont weitgehend gleich, Gametogamie, ohne Kerndualismus. Im einkernigen erwachsenen Gamonten (haploid) entstehen zu Beginn der Gamogonie durch multiple Kernteilung zahlreiche Gametenkerne. Diese umgeben sich mit Cytoplasma, bilden Geißeln aus und verlassen als zweigeißlige Schwärmer den Gamonten. Anschließend Kopulation der Schwärmer und Ausbildung einer diploiden Zygote. Die Zygote wird zum jungen Agamonten (Beginn der Agamogonie), in welchem durch multiple Kernteilung zahlreiche, diploide

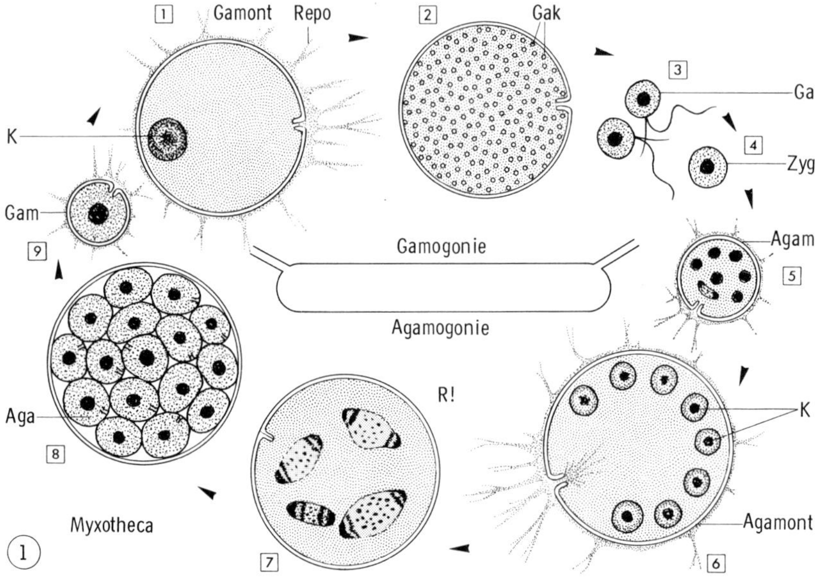

Taf. 60. Granuloreticulosa: Foraminifera (Allogromiida). – Abb. 1. *Myxotheca arenilega*, Zyklus (nach GRELL). Erläuterungen im Text. Abkürzungen: Aga = Agameten, Agam = Agamont (diploid), Ga = Gameten, Gak = Gametenkerne, Gam = Gamont (haploid), K = Kern, R! = Reduktionsteilung, Repo = Granuloreticulopodien, Zyg = Zygote.

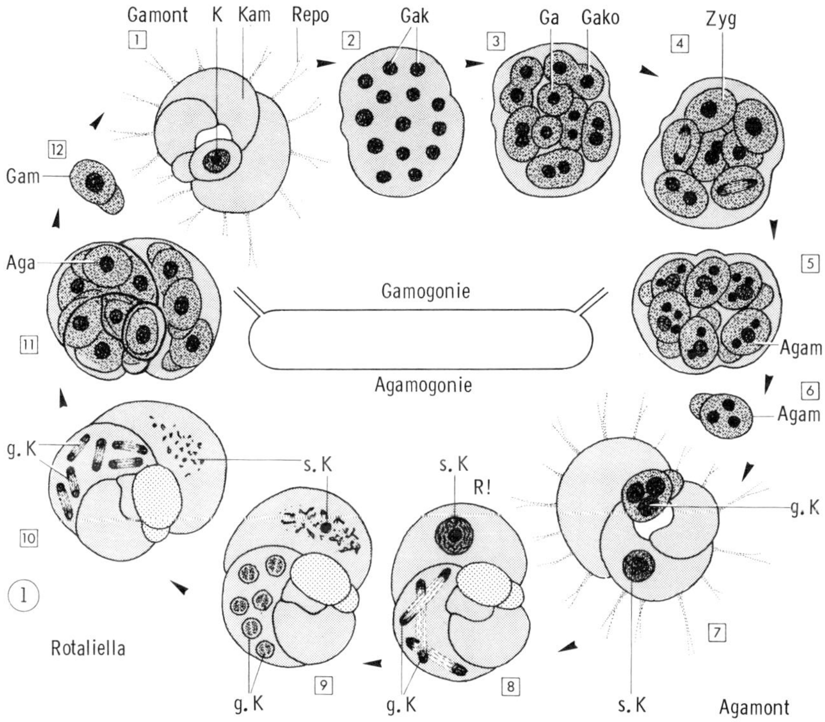

Taf. 61. Granuloreticulosa: Foraminifera (Rotaliida). – Abb. 1. *Rotaliella roscoffensis*, Zyklus (nach GRELL). Erläuterungen im Text. Abkürzungen: Aga = Agameten, Agam = Agamont (diploid), Ga = Gameten, Gak = Gametenkerne, Gako = Gametenkopulation, Gam = Gamont (haploid), g. K. = generative Kerne, K = Kern, Kam = Kammer, R! = Reduktionsteilung, Repo = Granuloreticulopodien, s. K. = somatischer Kern, Zyg = Zygote.

Kerne entstehen. Im erwachsenen Agamont findet die Meiose statt, und es kommt zur Ausbildung von zahlreichen, haploiden, jungen Agameten. Diese verlassen den Agamonten und wachsen zu einkernigen, haploiden Gamonten heran. Gamogonie hier in Form einer Gametogamie, da die Kopulation frei im Medium und nicht im Inneren von Gamonten stattfindet.

Zyklus von *Rotaliella* (Taf. 61): Polythalam, Gamogonie in Form von Autogamie, heterokaryontisch. Erwachsener Gamont einkernig und haploid. Durch multiple Kernteilung Bildung zahlreicher Gametenkerne. Ausbildung von amöboid beweglichen, nicht begeißelten Gameten, welche innerhalb des Gamonten kopulieren. Ausbildung von diploiden Zygoten und Beginn der ersten Phase der Agamogonie. Durch 2 Kernteilungen entstehen im jungen Agamonten 4 Kerne und zwar 3 generative und ein somatischer Kern. Im erwachsenen Agamonten findet dann die Meiose der generativen Kerne statt. Der somatische Kern dagegen löst sich allmählich auf. Es entstehen durch weitere Kernteilungen haploide, junge Agameten, welche den Agamonten verlassen und zu erwachsenen Gamonten heranwachsen.

Zyklus von *Rubratella* (Taf. 62): Polythalam, Gamogonie in Form von Gamontogamie, heterokaryontisch. Erwachsener Gamont einkernig und haploid. Es erfolgt Paarung von Gamonten, in jedem Gamonten entstehen unbegeißelte, amöboid bewegliche Gameten welche miteinander kopulieren und diploide Zygoten bilden. Zu Beginn der Agamogonie entstehen zunächst durch mitotische Teilungen zweikernige und dann vierkernige Agamonten mit 3 generativen und einem, degenerierenden somatischen Kern. Durch eine weitere mitotische Teilung entstehen sechskernige Agamonten mit 5 generativen und einem somatischen Kern. Diese jungen Agamonten verlassen ihre elterlichen Gamonten und

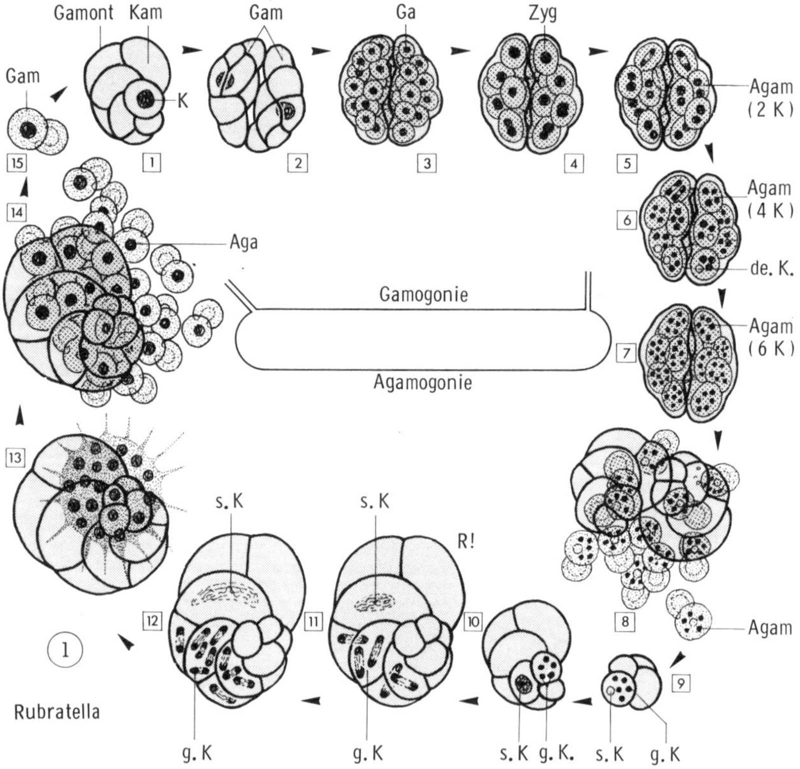

Taf. 62. Granuloreticulosa: Foraminifera (Rotaliida). – Abb. 1. *Rubratella intermedia*, Zyklus (nach GRELL). Erläuterungen im Text. Abkürzungen: Aga = Agameten, Agam = Agamont (diploid), Ga = Gameten, Gam = Gamont (haploid), g. K. = generative Kerne, Kam = Kammer, s. K. = somatischer Kern, Zyg = Zygote.

wachsen zu erwachsenen Agamonten heran. Der somatische Kern degeneriert, und die generativen Kerne führen eine meiotische Teilung durch. Durch weitere Teilungen entstehen junge, einkernige, haploide Agameten, welche den Agamonten verlassen und zu Gamonten heranwachsen.

Bei polythalamen Foraminiferen wird allgemein der junge Agamont zur Anfangskammer (Zentralkammer) des heranwachsenden und dann mehrkammerigen Agamonten. Erwachsener Agamont häufig mikrosphärisch (mit kleiner Anfangskammer) ausgebildet. Der junge Agamet (Gamont) dagegen wird zur Anfangskammer des heranwachsenden und dann ebenfalls mehrkammerigen Gamonten. Erwachsener Gamont häufig makrosphärisch (mit großer Anfangskammer).

Lebensweise: Fast ausschließlich marine Vertreter, welche primär (Gamont und Agamont) benthonisch auf dem Meeresboden leben. Sie bewegen sich frei, dabei langsam hin- und herkriechend. Die Granuloreticulopodien werden bei der Fortbewegung ausgestreckt und verankert, der Körper wird dann nachgezogen. Zahlreiche Vertreter sind zu einer sessilen Lebensweise übergegangen. Innerhalb der Rotaliida (Globigeriniden) treffen wir sekundär pelagische Vertreter an, welche durch Ausbildung von Schwebestacheln und Fett-Tröpfchen der Lebensweise entsprechende Anpassungen zeigen. Die Gamonten leben zum Teil ebenfalls pelagisch. Bei den sessilen Vertretern liegen die Gehäuse (Schalen) entweder frei auf dem Substrat, oder sie sind fest auf dem Untergrund verankert. Als Nahrung dienen vorwiegend pflanzliche und tierische Einzeller. Viele in Korallenriffen lebende Arten enthalten symbiontische Zooxanthellen im Cytoplasma. Auch bei pelagischen Vertretern kommen Zooxanthellen

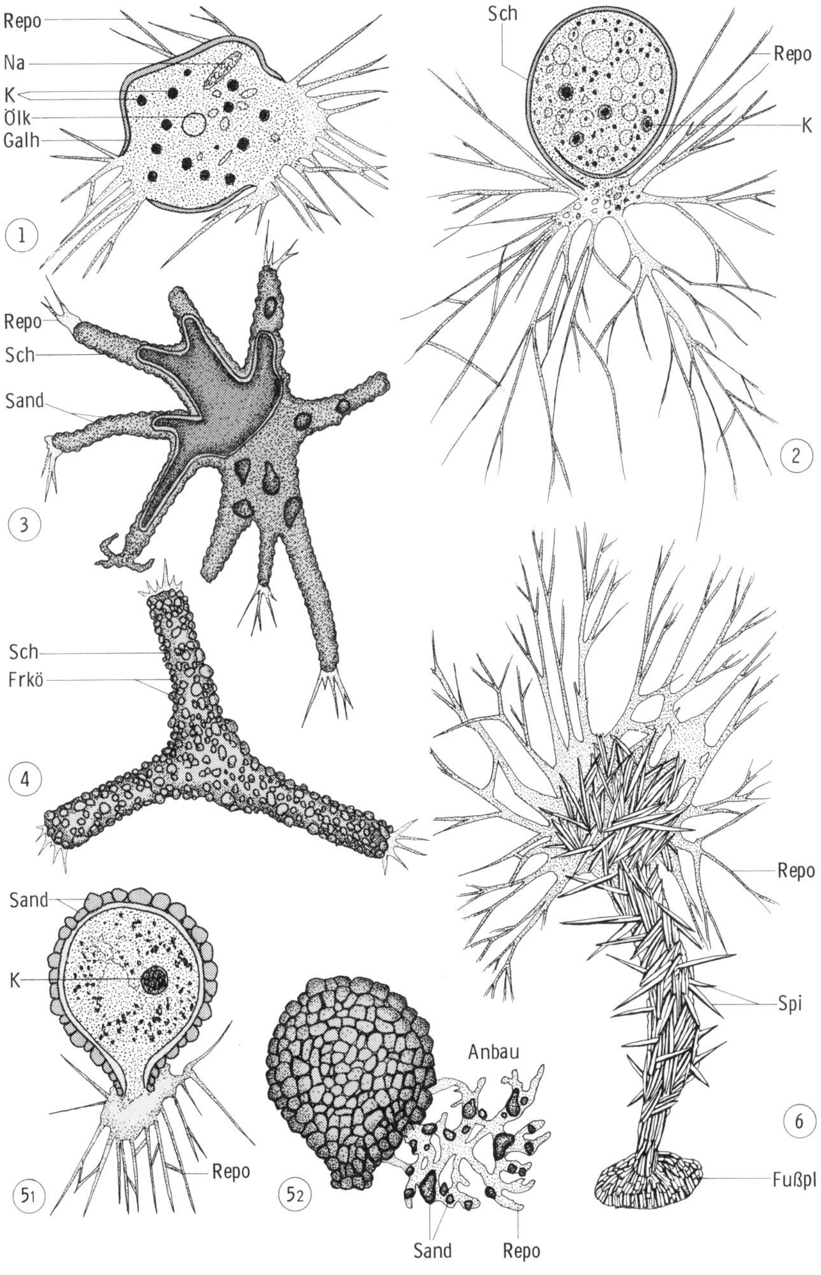

Taf. 63. Granuloreticulosa: Foraminifera (Allogromiida, Textulariida). – Abb. 1. *Schultzella diffluens* (nach GRUBER). Abb. 2. *Lieberkuehnia wagneri* (nach VERWORN). Abb. 3. *Astrorhiza limicola* (nach BRADY). Abb. 4. *Rhabdammina abyssorum* (nach KÜHN). Abb. 5/1. *Saccammina sphaerica* (nach KÜHN); 5/2. *Saccammina sphaerica*, Gehäusevergrößerung (nach KÜHN). Abb. 6. *Haliphysema tumanowiczi* (nach LANKESTER). Abkürzungen: Frkö = Fremdkörper, Fußpl = Fußplatte, Galh = Gallerthülle, K = Kern, Na = Nahrung, Ölk = Ölkugel, Repo = Granuloreticulopodien, Sand = Sandkörnchen, Sch = Schale, Spi = Spicula.

vor. Die gefärbten Exkrete (Xanthosome) werden bei den Foraminiferen mit den Fäkalpartikeln zu kugeligen Stercomen verkittet und bei der Defäkation nach außen entleert.

Klasse Foraminifera mit den Ordnungen Allogromiida, Textulariida, Fusulinida, Miliolinida und Rotaliida. Das System gründet sich weitgehend auf dem Schalenbau.

Ordnung Allogromiida

Primär monothalame Vertreter. Primär noch mit einfacher, kräftiger, gallertiger Tektinhülle (*Schultzella, Boderia*). Auf diese Tektinhülle (z. B. *Myxotheca*) können kleine Sandkörnchen aufgelagert werden. Sekundär kommt es zur Ausbildung biegsamer, pseudochitinöser Schalen (*Allogromia, Lieberkuehnia*). Schalen ohne Poren. Gameten (Schwärmer) primär zweigeißlig (z. B. *Myxotheca*). Marine Lebensweise, sekundär auch einige Vertreter der Gattungen *Allogromia* und *Lieberkuehnia* im Brack- und Süßwasser.

Allogromiidae. Monothalam. Einfache Tektin- und Pseudochitinschalen. Ohne Poren. *Schultzella* (Taf. 63:1), *Boderia, Myxotheca* (Taf. 60), *Allogromia, Lieberkuehnia* (Taf. 63:2). *Lieberkuehnia* wird bisweilen als Vertreter einer eigenen Ordnung (Monothalamida) betrachtet.

Ordnung Textulariida

Agglutinierende Vertreter. Durch Ein- und Auflagerung von Fremdkörpern (Sandkörnchen, Diatomeenschalen u. ä.) wird die Schale (Gehäuse) sekundär verfestigt. Verfestigung durch körpereigene Kittsubstanzen. Schalen primär ohne Poren, sekundär mit Porenbildung (z. B. *Textularia*). Schalen primär monothalam, sekundär auch polythalame Vertreter (*Nodosinella, Rheophax, Textularia*). Bei den polythalamen Vertretern Schalen zum Teil noch primär ohne Poren (*Nodosinella, Rheophax*), sekundär dagegen mit Poren und Schalenkammern in zwei oder mehr Reihen alternierend angeordnet (*Textularia, Bolivina*). Neben den primären agglutinierten Schalen der monothalamen Vertreter treten bei den sekundär polythalamen Vertretern sekundäre Gemischtschalen (Agglutination und körpereigener Kalk) auf.

Rhabdamminidae. Schalen monothalam, agglutiniert (Sandschaler), ohne Poren und ohne Windungen. *Astrorhiza* (Taf. 63:2), *Rhabdammina* (Taf. 63:4), *Saccammina* (Taf. 63:5), *Haliphysema* (Taf. 63:6).

Ammodiscidae. Schalen monothalam, agglutiniert, ohne Poren und spiralig eingerollt. Sandschaler. *Ammodiscus, Psammonyx* (*P. vulcanicus*, größte rezente Foraminiferen-Art mit einer Größe von 6 cm).

Nodosinellidae. Polythalame Vertreter, imperforat. Kammern einfach linear angeordnet. Agglutinierte und kalkige Schale (Gemischtschaler). *Nodosinella, Rheophax* (Taf. 64:2).

Textulariidae. Polythalame Vertreter. Kammern in zwei oder mehr Reihen alternierend angeordnet. Mit Poren. Gemischtschaler. *Bolivina* (Taf. 65:2), *Textularia* (Taf. 65:3).

Ordnung Fusulinida

Nur fossile Vertreter (Ordovicium – Trias). Mit mikrogranulärer Schale. Ohne Poren. Monothalame sowie polythalame Vertreter mit linear oder spiralig angeordneten Kammern. Die Schalen bestehen aus Calcit. *Climacammina* (lineare Kammeranordnung), *Loeblichia* (spiralige Kammeranordnung), *Fusulina* (große Vertreter, Kammern in Kämmerchen aufgeteilt).

Ordnung Miliolinida

Die Schale besteht aus Hochmagnesium-Calcit und hat ein porzellanartiges Aussehen (Porzellanschaler). Monothalame (nur fossil, z. B. *Cyclogyra*) und polythalame (fossil und rezent) Vertreter. Schalen

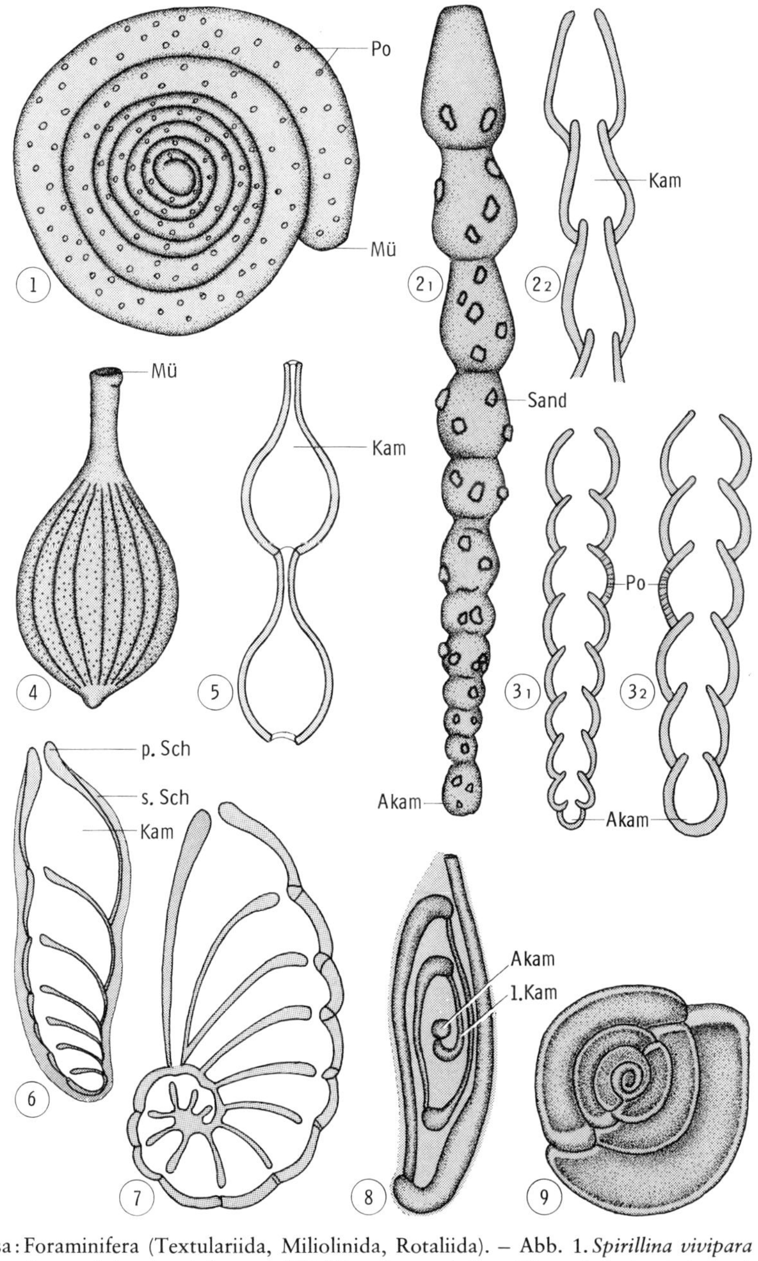

Taf. 64. Granuloreticulosa: Foraminifera (Textulariida, Miliolinida, Rotaliida). – Abb. 1. *Spirillina vivipara* (nach Kühn). Abb. 2/1. *Rheophax nodulosa* (nach Brady); 2/2. *Rheophax nodulosa*, Längsschnitt (nach Brady). Abb. 3. Gehäuse vom Nodosariiden-Typus mit Poren; 3/1. Agamont mit kleiner Anfangskammer, mikrosphärische Generation (nach Meglitsch); 3/2. Gamont mit großer Anfangskammer, makrosphärische Generation (nach Meglitsch). Abb. 4. *Lagena striata* (nach Rhumbler). Abb. 5. Ausschnitt aus einer Nodosariiden-Kammerreihe, durch Bruch entsteht der sekundär monothalame *Lagena*-Typ (nach Kühn). Abb. 6. *Vaginulina legumen* (nach Rhumbler). Abb. 7. *Cristellaria elegantissima* (nach Rhumbler). Abb. 8. *Spiroloculina tenuiseptata* (nach Rhumbler). Abb. 9. *Spiroloculina limbata* (nach Brady). Abkürzungen: Akam = Anfangskammer, Kam = Kammer, 1. Kam = 1. Kammer, Mü = Mündung, Po = Poren, p. Sch = primäre Schalensubstanz, Sand = Sandkörnchen, s. Sch = sekundäre Schalensubstanz.

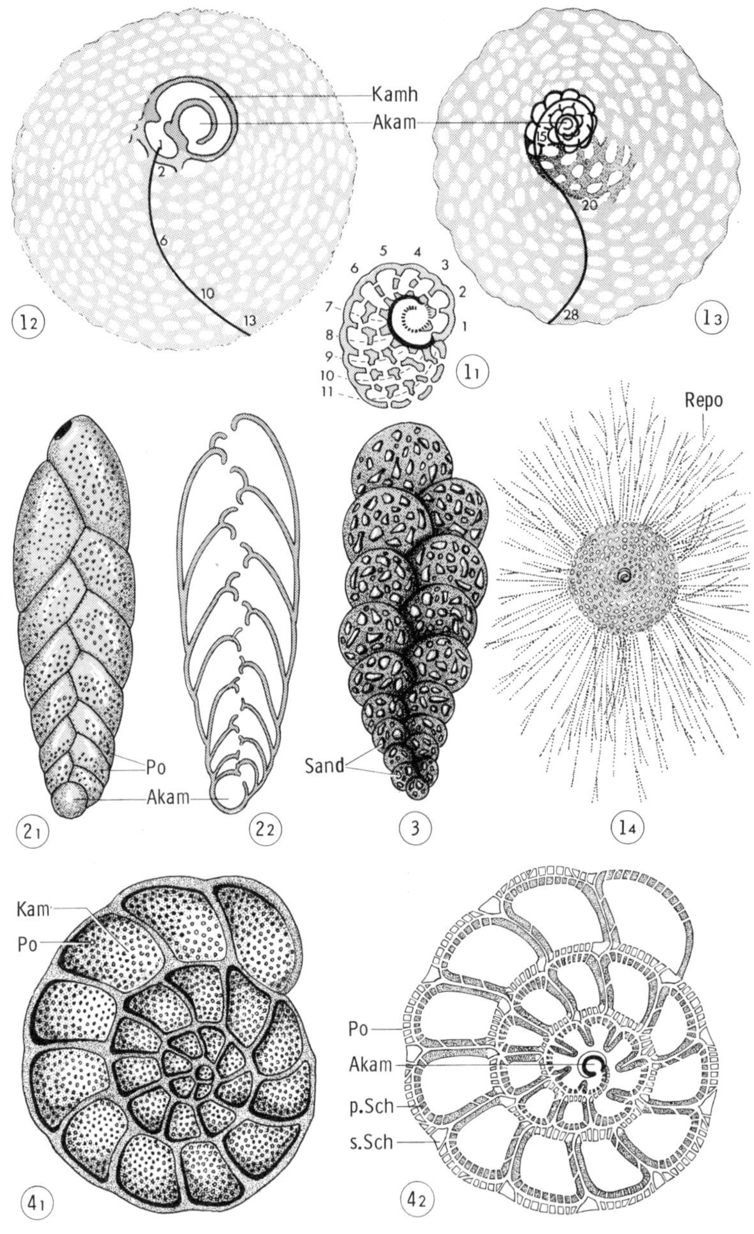

Taf. 65. Granuloreticulosa: Foraminifera (Textulariida, Miliolinida, Rotaliida). – Abb. 1. *Orbitolites duplex* (nach KÜHN); 1/1. Kammeranordnung; 1/2. Gamont mit großer Anfangskammer (makrosphärische Generation); 1/3. Agamont mit kleiner Anfangskammer (mikrosphärische Generation); 1/4. lebender Gamont. Abb. 2/1. *Bolivina punctata* (nach KÜHN); 2/2. *Bolivina punctata*, Längsschnitt (nach KÜHN). Abb. 3. *Textularia agglutinans* (nach RHUMBLER). Abb. 4/1. *Rotalia beccarii*, Sicht von oben (nach KÜHN); 4/2. *Rotalia beccarii*, Schnitt durch Kammernspirale (nach KÜHN). Abkürzungen: Akam = Anfangskammer, Kam = Kammer, Kamh = Kammerhals, Po = Poren, p. Sch = primäre Schalensubstanz, Repo = Granuloreticulopodien, Sand = Sandkörnchen, s. Sch = sekundäre Schalensubstanz.

meist rein kalkig, selten auch noch Gemischtschaler (agglutinierter Sand und Calcit). Meist noch imperforat, selten Schale stellenweise perforat. Mit spiraliger Kammeranordnung. Primär bilden 2 Kammern einen Schalenumgang (z. B. *Spiroloculina*), sekundär dann viele Kammern pro Umgang (z. B. *Peneroplis*).

Miliolinidae. 2 Kammern bilden einen Schalenumgang: *Spiroloculina* (Taf. 64:8, 9), *Biloculina*, *Miliolina*.

Peneroplidae. Viele Kammern pro Umgang. Kammern zuerst planspiral. *Peneroplis*, *Vertebralina*.

Orbitolitidae. Fossile Großforaminiferen. Spiralige Anordnung der vielen Kammern. Durch Teilungswände Aufteilung der Kammern in zahlreiche Kämmerchen. *Orbitolites* (Taf. 65:1).

Ordnung Rotaliida

Schale mit hyaliner Struktur (Hyalinschaler). Schalen rein kalkig und perforat. Polythalame Vertreter. Kammern spiralig aufgewunden, entweder in einer Ebene (planspiral) oder schraubenförmig (turbospiral). Sekundär einige Vertreter wieder monothalam (*Lagena*, *Patellina*). Kammern durch eine Scheidewand bisweilen zweigeteilt (*Rubratella*). Stammesgeschichtlich jüngere Vertreter mit komplizierten Schalenbildungen (lamelläre Kammerwände) und Lücken-, sowie Kanalsystemen außerhalb der Kammern (extrathalame Kanalsysteme). Primär benthonische Lebensweise, sekundär bei einigen Gruppen Übergang zu einer pelagischen Lebensweise (Globigerinidae, Globorotalidae). Kammern bei *Globigerina* ballonförmig aufgetrieben, mit zahlreichen Schwebestacheln. Bei den pelagischen Globigerinidae können die Granuloreticulopodien in Axopodien (mit Achsenstab) umgewandelt werden. Gameten (Schwärmer) amöboid.

Nodosariidae. Polythalame Vertreter. Kammern perlschnurartig aneinandergereiht, entweder in gerader, gebogener oder planspiraler Anordnung. Mit sekundär monothalamen Arten, hier sind die beim Wachstum neugebildeten Kammern (Taf. 64:5) abgebrochen. Reine Kalkschaler, mit Poren. Mit verschiedenartigen Anfangskammern. *Nodosaria* (Taf. 64:3): Mit gerade verlaufender Kammerreihe; *Lagena* (Taf. 64:4): Sekundär monothalame Vertreter, aus *Nodosaria* durch Trennung der einzelnen Kammern entstanden, daher oft mit zweiter Endmündung am Hinterende; *Vaginulina* (Taf. 64:6): Kammerreihe leicht gebogen; *Cristellaria* (Taf. 64:7): Schale spiralig aufgerollt.

Rotaliidae. Polythalame Vertreter. Reine Kalkschaler, perforat. Schale planspiral oder turbospiral. Mit lamellären Kammerwänden und extrathalamen Kanalsystemen. *Rotalia* (Taf. 65:4): Mit primärer und sekundärer Schale, Septen aus 2 Lamellen (bilamellär) bestehend; *Discorbis* (Taf. 59:2): Septen monolamellär, trochospirale Schale; *Rotaliella* (Taf. 61); *Elphidium* (Taf. 66:2): Septen bilamellär; *Rubratella* (Taf. 62): Zweigeteilte Kammer; *Planorbulina*; *Patellina*: Sekundär monothalam; *Spirillina* (Taf. 64:1): Einreihung unsicher, da Schale aus Aragonit, gehört eventuell mit anderen Gattungen die ebenfalls eine Aragonit-Schale besitzen (*Robertina*, *Reinholdella*, *Trocholina*) einer eigenen Gruppe an. Aragonit-Gehäuse sind seit dem Karbon bekannt.

Globigerinidae. Mit sekundärer planktischer Lebensweise. *Globigerina* (Taf. 66:1): Mit Schwebestacheln, Kammern ballonartig aufgetrieben, Schale zuerst trochospiral, dann abflachend, mit vielen Poren.

Globorotalidae. Sekundäre planktische Lebensweise. *Globorotalia*.

Nummulitidae. Nur noch wenige rezente Vertreter. Fossile Arten bis zu 11 – 15 cm lang. Mit bilamellären Septen und ausgedehnten Kanalsystemen. *Nummulites* (Taf. 66:3).

Phylogenie – Foraminifera: Sie besitzen primär eine einfache, monothalame Schale, welche aus ei-

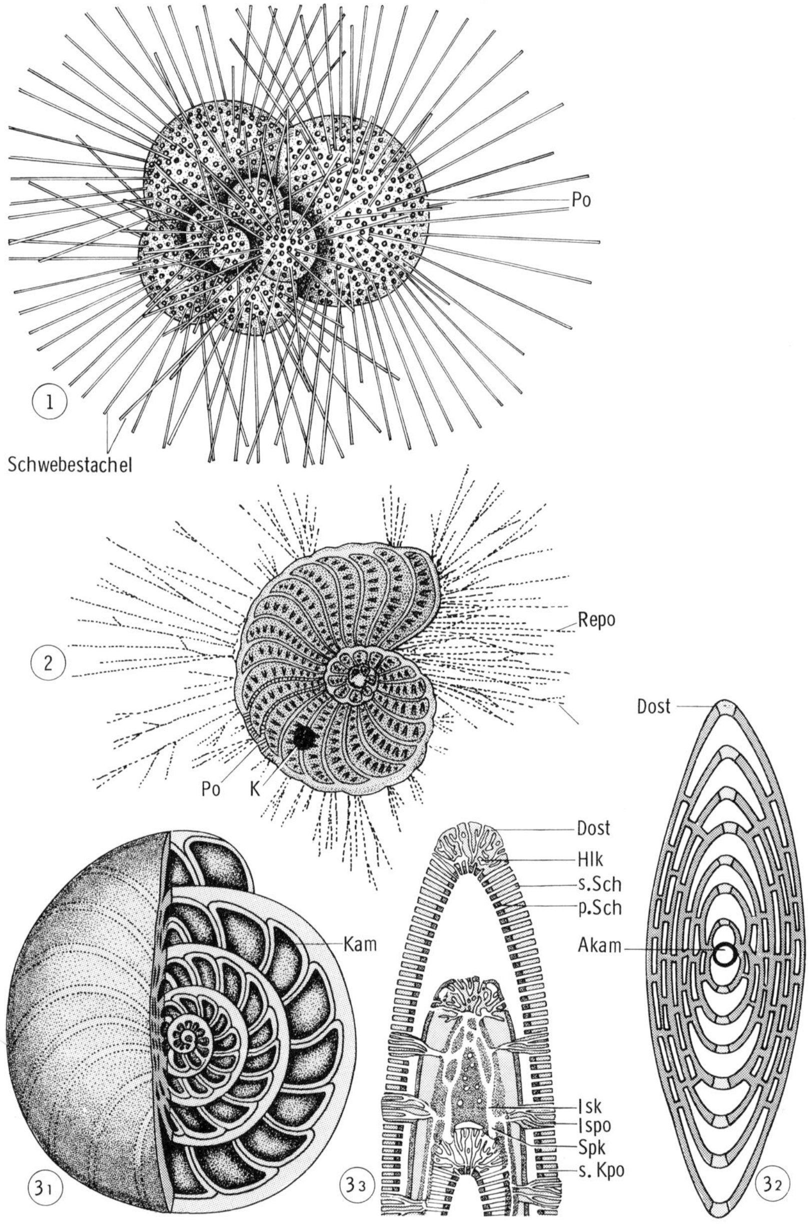

Taf. 66. Granuloreticulosa: Foraminifera (Rotaliida). – Abb. 1. *Globigerina bulloides*, nur kleiner Teil der Schwebestacheln eingezeichnet (nach KÜHN). Abb. 2. *Elphidium strigilata* (nach LISTER). Abb. 3. *Nummulites cummingii* (nach KÜHN); 3/1. Seitenansicht, zur Hälfte aufgeschnitten; 3/2. Schnitt; 3/3. Schnitt durch 3 Umgänge. Abkürzungen: Akam = Anfangskammer, Dost = Dorsalstrang, Hlk = Hauptlängskanäle, Isk = Interseptalkanal, Ispo = Interseptalporen, K = Kern, Kam = Kammer, Po = Poren, p. Sch = primäre Schalensubstanz, Repo = Granuloreticulopodien, s. Kpo = sekundäre Kalkporen, Spk = Spiralkanal, s. Sch = sekundäre Schalensubstanz.

ner verdickten Textinschicht besteht. Sekundär treten ebenfalls einfache Schalen aus Pseudochitin auf. Im Verlauf der Evolution ist ein starker Trend zur sekundären Schalenverdickung festzustellen. Zuerst ist eine einfache Auflagerung von kleinen Fremdkörpern (z. B. Sandkörnchen) festzustellen, sekundär entstehen agglutinierte Schalen, indem Fremdkörper durch ein vom Cytoplasma erzeugtes Bindemittel in die Schale eingelagert und verkittet werden. Den Übergang zu den reinen Kalkschalen zeigen die Gemischtschalen an. Es sind Kalkschalen mit agglutinierten Einschlüssen. Am Ende der Evolutionsreihe treffen wir reine Kalkschalen mit unterschiedlichem Aufbau an. Die Schalen bestehen aus Calcit, selten auch aus Aragonit. Es treten zuerst mikrogranuläre Schalen auf (Fusulinida), dann porzellanartige Schalen aus Magnesium-Calcit (Miliolinida) und zuletzt hyalin-radiärfaserige Schalen (Rotaliida). Aragonit-Schalen treten erst bei der stammesgeschichtlich jüngsten Teilgruppe (Rotaliida) auf. Im Verlauf der Evolution ist ein Übergang von den primär einfachen, monothalamen Schalen zu den sekundär polythalamen Schalen festzustellen. Primitive polythalame Schalen stellen Gemischtschalen dar. Von ihnen sind die reinen Kalkschalen abzuleiten. Erstmaliges Auftreten von Gemischtschalen bei den Textulariida, während die stammesgeschichtlich jüngeren Fusulinida, Miliolinida und Rotaliida reine Kalkschalen aufweisen. Polythalame Schalen treten erstmals bei den Textulariida auf und sind für Fusulinida, Miliolinida und Rotaliida charakteristisch. Innerhalb der Rotaliida treten sekundär wieder monothalam gewordene Vertreter auf. Sekundär kommt es in allen Teilgruppen mit polythalamen Kalkschalen (Fusulinida, Miliolinida, Rotaliida) zu komplizierten Schalenkonstruktionen mit Ausbildung lamellärer Kammerwände, Aufteilung der Kammern in zahlreiche Untereinheiten (Kämmerchen) und Ausbildung extrathalamer Kanalsysteme. Dieser Evolutionstrend führte zur Ausbildung von Groß-Foraminiferen (Größen bis 15 cm), welche aber zum größten Teil wieder ausstarben. Offensichtlich wurde hier die Größengrenze des Einzeller-Bauplanes erreicht. Foraminiferen besitzen aber bei normaler Größe einen sehr effektiven Bauplan, das zeigen die Tausende rezenter Foraminiferen-Arten. Die Schalen der Foraminiferen weisen primär (Allogromiida) noch keine Poren auf. Sekundär treten bei monothalamen Textulariida Poren auf, welche aber noch blind im Schalenbereich enden. Bei polythalamen Vertretern der Textulariida (Textulariidae) treten erstmals Poren (durchgehende Porenkanäle) auf. Fusulinida besitzen keine Poren, bei den Miliolinida sind die Schalen meist noch imperforat. Die stammesgeschichtlich jüngste Gruppe (Rotaliida) weist stets Poren auf. Hier ist eine sekundäre Porenvergrößerung festzustellen, so daß auch Granuloreticulopodien durch die Porenkanäle austreten können.

Das System der rezenten Foraminiferen gründet sich fast ausschließlich auf den Schalenbau. Unterschiedliche Fortpflanzungsweisen und Kernverhältnisse wurden bisher noch nicht in das System eingearbeitet, da die Kenntnisse noch sehr lückenhaft sind. Bei den Gameten kann festgestellt werden, daß die stammesgeschichtlich alten Gruppen begeißelte Gameten (Schwärmer) aufweisen, während stammesgeschichtlich jüngere Gruppen (z. B. Rotaliida) sekundär amöboide Gameten besitzen.

Die Fossilfunde bestätigen die bei den rezenten Vertretern gewonnenen Daten. Hierbei muß natürlich berücksichtigt werden, daß Vertreter mit Kalkschalen gegenüber den Arten mit Tektin- und Pseudochitin-Schalen viel fossilisationsfähiger sind.

Aus dem Unterkambrium liegen die ältesten Fossilfunde vor. Es sind Vertreter der Textulariida mit agglutinierten Schalen. Zuerst treten monothalame Vertreter mit kugeligen Gehäusen (Schalen) auf. Im Ordovicium zeigen die Vertreter Gehäuse-Agglomerationen, aber es ist noch keine echte polythalame Gehäusebildung festzustellen. Echte polythalame Vertreter der Textulariida kommen erst im Karbon vor. Großformen treten in der Zeitspanne Jura-Alttertiär auf.

Die stammesgeschichtlich älteren Allogromiida sind seit dem Oberkambrium bekannt. Man muß annehmen, daß ihre schlechte Fossilisationsfähigkeit für das Fehlen in älteren Schichten verantwortlich ist. Die nur fossil bekannten Fusulinida sind seit dem Ordovicium nachgewiesen. Primär liegen monothalame, sekundär polythalame Vertreter vor. Polythalame Vertreter treten erst im Devon auf und sind bis zur Trias bekannt. Groß-Formen (Fusulinidae) im Karbon und Perm.

Man nimmt an, daß sich die Miliolinida von einkammerigen Fusulinida ableiten. Die ersten einkammerigen Miliolinida (z. B. *Cyclogyra*) treten im Karbon auf, aber schon im Karbon entwickelten sich auch polythalame Arten. Groß-Formen (Orbitolinidae, Alveolinidae) sind seit der Unterkreide bekannt, starben aber dann aus.

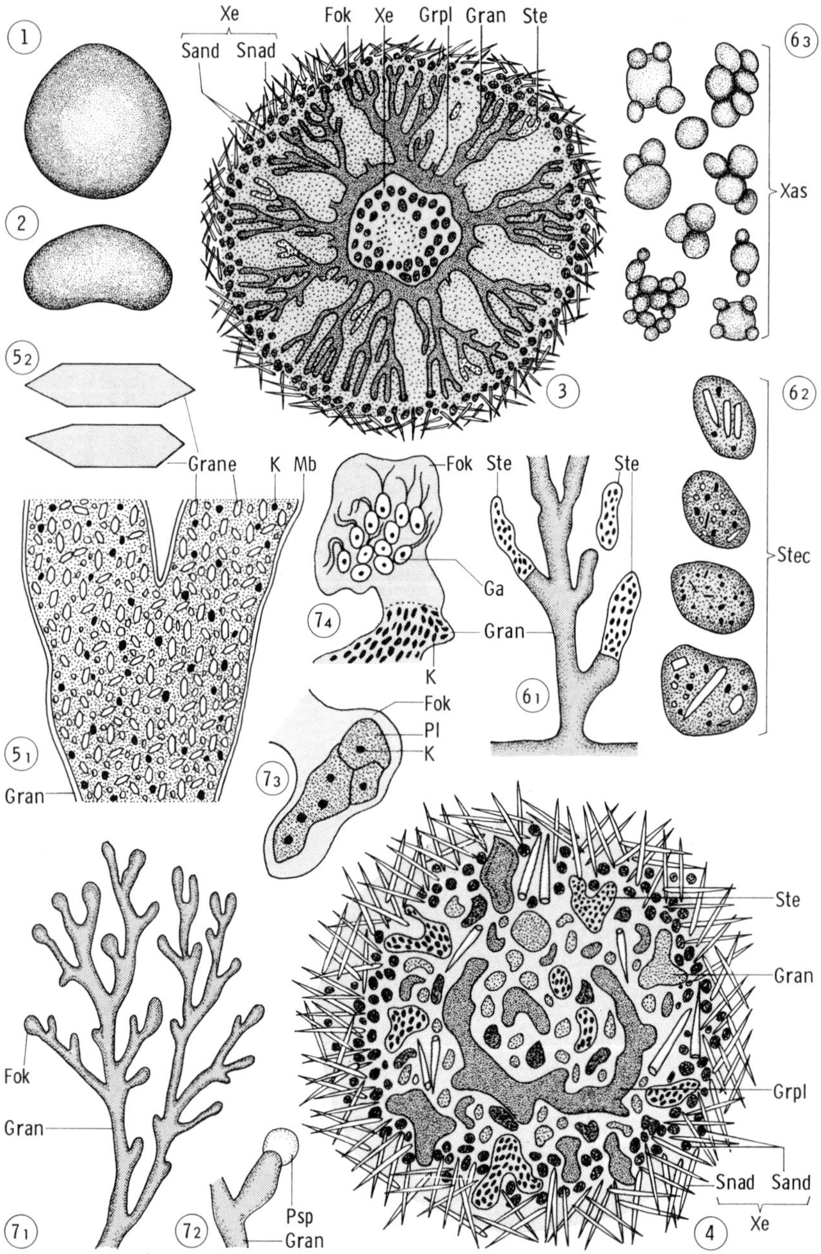

Taf. 67. Granuloreticulosa: Xenophyophoridea (Xenophyophoria). – Abb. 1–7. *Psammetta globosa* (nach SCHEPOTIEFF): 1. Totalansicht von oben; 2. Seitenansicht; 3. Querschnitt mit ringförmigem Grundplasma; 4. Querschnitt, etwas schief durch Grundplasma; 5/1. Längsschnitt durch ein Granellar; 5/2. Granellen; 6/1. Granellare und Stercomare; 6/2. Stercome; 6/3. Xanthosome; 7/1. Granellaren mit Fortpflanzungskörper; 7/2. Spitze eines Granellars mit austretendem Pseudopodium; 7/3. Fortpflanzungskörper mit vielkernigem Plasmodium; 7/4. Fortpflanzungskörper mit Gameten. Abkürzungen: Fok = Fortpflanzungskörper, Gam = Gameten,

Auch von den Rotaliida nimmt man an, daß sie von Fusulinida abzuleiten sind. Ab Perm treten polythalame Vertreter der Nodosariidae mit perlschnurartig angeordneten Kammern auf, ab Trias dann Rotaliida mit meist trochospiralen Gehäusen. Seit dem Jura sind sekundär planktische Vertreter (Globigerinidae) bekannt und Groß-Formen (z.B. Nummulitidae) seit der Oberkreide.

Klasse Xenophyophoridea
(Taf. 67–68)

Mit der einzigen Unterklasse Xenophyophoria.

Körper von scheiben-, netz- oder fächerförmiger Gestalt (Taf. 67:1–4 u. 68:1, 2) und aus einem schalenförmigem Geflecht von Röhren bestehend. Der Zwischenraum zwischen diesen Röhren ist mit untereinander verklebten Fremdkörpern (Xenophyen), wie Sandkörnchen, Spongiennadeln, Radiolarienskeletten, Foraminiferenschalen u.ä., ausgefüllt. Die Fremdkörper sind bei den Stannomida durch eine Kittsubstanz in Form feiner haarartiger Fasern (Taf. 68:3) (Linellen) miteinander verbunden. Die feineren Röhren (Taf. 67:7) (Granellaren) enthalten den eigentlichen Zellkörper in Form eines vielkernigen Plasmodiums. Zentraler Plasmateil ist das Grundplasmodium. Jugendstadien (Taf. 67:4) ähneln Labyrinthulea, später entsteht ein lappenartiges, vielkerniges Plasmodiumstadium, welches sich mit Fremdkörpern umgibt. Bei erwachsenen Exemplaren sind die Röhren (Granellaren) primär vielkernig und mit mannigfaltigen, kristallartigen Einschlüssen (Taf. 67:5) (Granellen) versehen. Ältere, etwas kräftigere Röhren (Taf. 67:6) (Stercomaren) sind zu einem großen Teil mit Exkretionsprodukten in Form von Stercomen (Größe um 20 μm) und Xanthosomen angefüllt. An den Granellaren bilden sich besondere Fortpflanzungskörper (Taf. 67:7), welche mit zwei Geißeln versehene Schwärmer enthalten. Zum Teil befinden sich auch Amöboidstadien in den Fortpflanzungskörpern. Bruchsackartige Pseudopodien (Taf. 67:7/2) treten aus terminalen Öffnungen der Granellaren aus und dienen zur Nahrungsaufnahme. Granellare und Stercomare befinden sich in einer gemeinsamen, mit Fremdkörpern versehenen Röhre. Fortpflanzung noch ungeklärt, eventuell liegt ein Generationswechsel vor.

Lebensweise: Ausschließlich in tropischen Meeren. Bodenbewohner, welche frei auf der Bodenoberfläche liegen (scheiben- oder fächerförmige Vertreter), oder sich wenige Millimeter bis zu 4 cm unter der Bodenoberfläche (netzförmige Vertreter mit horizontalem, polygonalem Röhrennetz) befinden. Fast ausschließlich Tiefseebewohner (z.B. alle netzförmigen Vertreter), welche in Tiefen bis zu 8260 m aufgefunden wurden. Die Granellaren weisen senkrecht stehende, mit einer oberen Öffnung versehene Kurzröhren auf. Aus diesen terminalen Öffnungen treten Teile des Cytoplasmas in Form von Pseudopodien aus und dienen zur Nahrungsaufnahme. Die Pseudopodien werden teils als bruchsackartige kleinere Lobopodien beschrieben, man nimmt aber auch an, daß es sich um netzwerkartige Reticulopodien (wie bei Foraminifera) handeln könnte. Die Nahrung dürfte vorwiegend aus Bakterien bestehen. Die scheiben- und fächerförmigen Vertreter meist mit Größen von etwa 2–7 cm, aber auch bis 20–25 cm, während die netzförmigen Vertreter Größen bis zu 25 cm erreichen.

Bei den Spurenfossilen *Paleodictyon* und *Squamodictyon* (seit Ordovicium bekannt) könnte es sich um Vertreter der Xenophyophoridea handeln.

Ordnung Psamminida

Körper relativ starr, ohne Linellen. Sonst mit den Merkmalen der Klasse. *Psammetta* (Taf. 67:1–7), *Psammina*, *Syringammina*.

Ordnung Stannomida

Körper flexibel, mit Linellen. Sonst mit den Merkmalen der Klasse. *Stannoma* (Taf. 68:1), *Stannophyllum* (Taf. 68:2).

◀

Gran = Granellar, Grane = Granellen, Grpl = Grundplasmodium, K = Kerne, Mb = Membran, Pl = Plasmodium, Psp = Pseudopodium, Sand = Sandkörnchen, Snad = Schwammnadeln, Ste = Stercomar, Stec = Stercome, Xas = Xanthosome, Xe = Xenophye.

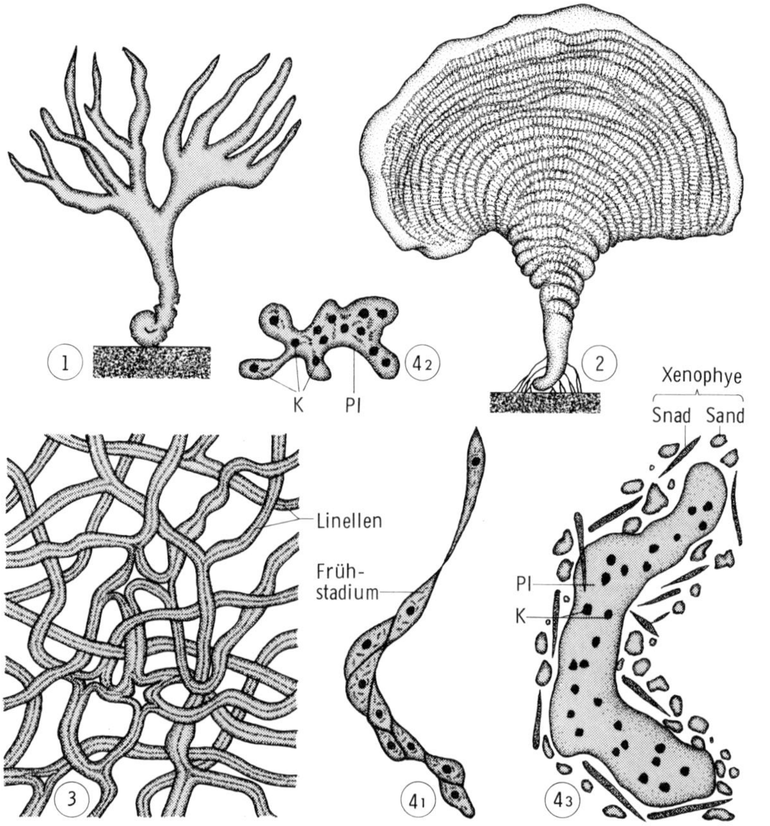

Taf. 68. Granuloreticulosa: Xenophyophoridea (Xenophyophoria). – Abb. 1. *Stannoma dendroides* (nach SCHULZE). Abb. 2. *Stannophyllum zonarium* (nach SCHULZE). Abb. 3 u. 4. *Stanophyllum zonarium* (nach SCHEPOTIEFF): 3. Linellensystem; 4/1. Frühstadium; 4/2. sekundäres vielkerniges Plasmodiumstadium, noch ohne Fremdkörper; 4/3. vielkerniges Plasmodiumstadium mit Fremdkörpern (Xenophyen). Abkürzungen: K = Kerne, Pl = Plasmodium, Sand = Sandkörnchen, Snad = Schwammnadeln.

Phylogenie – Xenophyophoridea: Eine ungenügend bekannte Klasse, welche bisher fast stets nur in totem Zustand untersucht werden konnte. Die Exkretstoffe (Xanthosome und Stercome) entsprechen denjenigen der Foraminiferen und zeigen eine nahe Verwandtschaft mit den Foraminiferen an.

Phylogenie der Granuloreticulosa

Die Vertreter der Granuloreticulosa sind aus dem Dinophyta-Bereich abzuleiten. Foraminiferen (fossil seit dem Kambrium bekannt) weisen, wie die Dinophyta, noch die primitive, geschlossene Mitose auf. Bei *Myxotheca* (Allogromiida), einem stammesgeschichtlich sehr alten Vertreter der Foraminiferen, sind die Chromosomen, wie auch bei den Dinophyta, auch im Ruhekern erkennbar. Ein stammesgeschichtlich ebenfalls sehr primitives Merkmal. Der Entwicklungszyklus von Foraminiferen entspricht häufig (z. B. bei der Agameten- und Gametenbildung durch Schizogonie) demjenigen, den wir auch bei Dinophyta (z. B. *Coccidinium*) antreffen. Den bei einigen Vertretern der Foraminifera zu beobachtenden Kerndualismus (mit Micro- und Macronuclei) treffen wir bezeichnenderweise auch bei den von Dinophyta abzuleitenden Ciliophora an. Granuloreticulosa sind aus dem marinen Gymnodiniales-Bereich der Dinophyta abzuleiten.

Eine Ableitung der Granuloreticulosa aus dem amöboiden Chrysophyta-Bereich kommt offensichtlich nicht in Frage, da Chrysophyta eine offene Mitose aufweisen und die fast ausschließlich marin vorkommenden Foraminifera kaum von den überwiegend im Süßwasser vertretenen Chrysophyta abgeleitet werden können. Auch tritt bei Chrysophyta weder ein Kerndualismus, noch ein zyklischer (für Foraminiferen typische Zyklen) Generationswechsel auf. Eine hohe Chromosomenzahl ist sowohl für Vertreter der Dinophyta, als auch für viele Foraminiferen charakteristisch. Granuloreticulosa sind primär marine Vertreter, nur wenige Vertreter gehen zu einer sekundären Lebensweise im Süßwasser über.

Granuloreticulosa (Athalamia) sind primär nackt. Erst sekundär kommt es bei den Foraminiferen zur Ausbildung von Hüllen und Schalen. Die an die Foraminiferen anzuschließenden Xenophyophoridea (bisher fast nur tote Exemplare bekannt) haben als Autapomorphie ein Röhrengeflecht in ihren meist scheibenförmigen Körpern entwickelt. Das Auftreten von Stercomen (Exkretstoffe) im Cytoplasma von Foraminiferen und Xenophyophoriden spricht für eine nahe Verwandtschaft beider Gruppen, da Stercome bei anderen Gruppen nicht festgestellt wurden.

Stamm Acanthiolaria

(Taf. 69–77)

Mit den Klassen Radiolaria und Acantharia.

Mit Filoreticulopodien (Taf. 136:3) (Acantharia, Radiolaria) und Axopodien (Taf. 136:4) (Acantharia, selten auch bei Radiolaria). Primär ohne Zentralkapsel (Acantharia: Holacantha), sekundär mit Zentralkapsel (Acantharia und Radiolaria). Zentralkapsel von einer porenlosen Membran umgeben (Acantharia) oder mit Öffnungen, bzw. Poren durchsetzt (Radiolaria). Cytoplasma in Ekto- und Endoplasma getrennt. Mit Nadelskeletten aus Strontiumsulfat (Acantharia) oder mit Kieselsäure-Skeletten, häufig in Kugelform (Radiolaria). Geschlechtliche Fortpflanzung bei Radiolaria noch ungenügend bekannt, aber wohl ähnlich wie bei Acantharia. Geschlechtliche Fortpflanzung bei Acantharia durch Kopulation zweigeißliger Schwärmer.

Ausschließlich marine Vertreter, welche überwiegend im Planktonbereich leben.

Klasse Radiolaria

(Taf. 69–74)

Mit den Ordnungen Peripylea, Monopylea und Tripylea.

Körper fast stets kugelig. Durchmesser meist 0,1–0,5 mm, selten bis zu 1 cm. Meist einzellige Vertreter, selten lockere Kolonienbildung. Mit radiär angeordneten, an der Basis anastomosierenden Filoreticulopodien. Zum Teil mit Axopodien (z. B. *Sticholonche*). Mit aus Platten bestehender Zentralkapsel, welche von einer festen Tektin-Membran umgeben ist. Die Zentralkapsel (Taf. 69:1) ist entweder allseitig von zahlreichen Poren durchsetzt (Peripylea), oder die Zentralkapsel besitzt nur eine axial gelegene Öffnung in Form eines Porenfeldes (Monopylea), oder die Zentralkapsel enthält 3 Öffnungen (Tripylea) in Form einer Hauptöffnung (Astropyle) und zweier Nebenöffnungen (Parapylen). Das feinalveoläre Endoplasma (innerhalb der Zentralkapsel) mit einem oder mehreren Kernen. Das Ektoplasma (Extracapsularium) ist netzartig verzweigt, zeigt eine schaumige, gallertige Struktur und weist zahlreiche Einschlüsse in Form von Ölkugeln, Kristallen und Zooxanthellen auf. Filoreticulopodien im Bereich der Zentralkapsel beginnend und meist streng radiär angeordnet. Bei den Tripylea liegt vor der Astropyle das Phaeodium, eine gelbbraune Pigmentanhäufung. Mit Kieselsäure-Skeletten in ungeheurer Formenmannigfaltigkeit. Die Skelette bestehen aus amorpher Kieselsäure (Skelettopal). Neben radiär angeordneten Kieselnadeln (Astroidtypus) treffen wir konzentrisch angeordnete Skelettstrukturen in Form von Gittergerüsten und Gitterkugeln (Sphäroidtypus) an. Es können bis zu 4 Gitterkugeln (z. B. *Caryomma*) ausgebildet sein. Die Gitterkugeln setzen sich aus verbreiterten und gitterartig zusammengefaßten Nadeln zusammen. Neben kugeligen Formen treten auch flache, scheibenähnliche Formen auf. Gitterkugeln sowohl im intra- als auch im extracapsulären Cytoplasmabereich. Die Skelette werden vom äußeren Bereich des Ektoplasmas gebildet. Bei den Peripylea und Monopylea sind die Skelettelemente massiv, während sie bei den Tripylea innen hohl sind und hohe Anteile an organi-

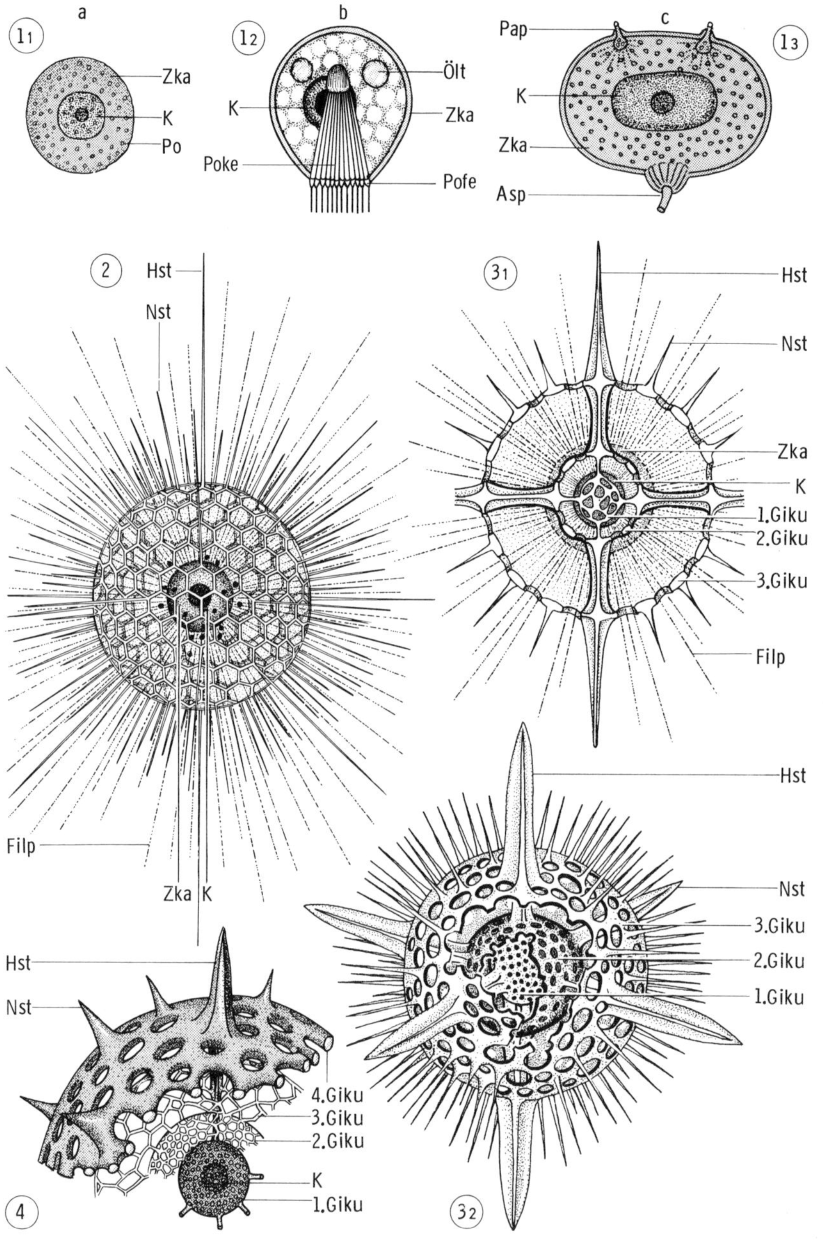

Taf. 69. Acanthiolaria: Radiolaria (Peripylea). – Abb. 1. Zentralkapseltypen (nach Hertwig); 1/1. von Peripylea; 1/2. von Monopylea; 1/3. von Tripylea. Abb. 2. *Heliosphaera actinota* (nach Haeckel). Abb. 3/1. *Hexaconthium asteracanthion*, Längsschnitt (nach Hertwig); 3/2. *Hexaconthium asteracanthion*, Gitterkugeln und Radiärstacheln (nach Haeckel). Abb. 4. *Caryomma heterocyclum*, mit 4 Gitterkugeln (nach Mast). Abkürzungen: Asp = Astropyle, Filp = Filoreticulopodien, Giku = Gitterkugel, Hst = Hauptstachel, K= Kern, Nst = Nebenstachel, Ölt = Öltropfen, Pap = Parapyle, Po = Pore, Pofe = Porenfeld, Poke = Porenkegel, Zka = Zentralkapsel.

schem Material aufweisen. Durch Verschmelzung von Kieselnadeln entstehen einfache Nadelgerüste. Das Wachstum von Gitterkugeln (bei Peripylea) kann im Bereich des Ektoplasmas sowohl zentrifugal, als auch zentripetal erfolgen. Bei zentripetalem Wachstum können auch intracapsuläre Skelette entstehen. Monopylea dagegen weisen ein charakteristisches polares Wachstum auf.

Zum Teil mit Strontiumsulfat-Kristallen im intra- und extracapsulären Cytoplasmabereich. Einlagerungen von Fremdkörpern (z. B. Diatomeenschalen) kommen nur noch gelegentlich vor. Fortpflanzung nur sehr unzureichend bekannt. Neben ungeschlechtlicher Zweiteilung auch Vielteilung mit Ausbildung zweigeißliger Schwärmer. Der Primärkern zerfällt (wie bei den Acantharia) in eine Anzahl kleiner Sekundärkerne, welche sich mit Cytoplasma umgeben und zu Schwärmern mit lichtbrechenden Einschlüssen (Kristallschwärmer) werden. Man nimmt an, daß die Entwicklung ähnlich wie bei den Acantharia erfolgt. Primärkerne (offensichtlich durch Endomitose) hochgradig polyploid. Ausschließlich marine Formen, welche vorwiegend im Plankton warmer Meere vorkommen. Sie ernähren sich von kleinsten Planktonorganismen.

Ordnung Peripylea

Stammesgeschichtlich älteste Gruppe. Zentralkapsel allseitig von Poren durchsetzt. Skelett aus tangential verlaufenden Kieselnadeln bestehend oder Ausbildung von einer oder mehreren Gitterkugeln. Sekundär (*Thalassicolla*) kann auch das Skelett völlig fehlen. Zum Teil kolonienbildende Vertreter (Polycyttaria) mit zahlreichen Zentralkapseln in einer gemeinsamen Gallertmasse. Endoplasma mit einem oder mit mehreren Kernen.

Unterordnung Collodaria

Mit einer Zentralkapsel. Mit einfachem Skelett aus Kieselnadeln, zum Teil auch sekundär ohne Skelett oder mit einer einfachen Gitterschale. Kieselnadeln in Form von Spicula, meist drei- bis vierstrahlig. Primär mit zahlreichen Spicula im extracapsulären Teil (*Lampoxanthium*), sekundär mit einzelnen, sehr großen Spicula oder sekundär völlige Skelettreduktion (*Thalassicolla*). Häufig mit großen, schichtweise angeordneten Vakuolen im extracapsulären Plasma. *Lampoxanthium* (Taf. 70:2): Mit isolierten Spicula; *Thalassicolla* (Taf. 70:1): Sekundär ohne Skelett.

Unterordnung Polycyttaria

Kolonienbildende Formen mit zahlreichen Zentralkapseln in einer gemeinsamen Gallertmasse. Jede einzelne Zentralkapsel von isolierten, tangentialen Spicula oder von einer Gitterkugel umgeben. Zum Teil sekundär ohne Skelett. Die Zentralkapseln liegen im äußeren Plasmabereich und können durch Pseudopodien miteinander in Verbindung stehen. Im Inneren der Zentralkapsel meist eine große Ölkugel. Im mittleren und zentralen Plasmabereich mit großen Vakuolen. Sind von Collodaria abzuleiten, es erfolgen nur Kern- und Kapselteilungen. *Sphaerozoum* (Taf. 70:3): Mit isolierten Kieselsäure-Spiculae und Strontiumsulfat-Kristallen im extracapsulären Cytoplasma; *Collosphaera*: Zentralkapseln von Gitterschalen umgeben, intracapsuläres Cytoplasma mit Strontiumsulfat-Kristallen; *Collozoum*: Länglich-gestreckte Form, sekundär ohne Skelett.

Unterordnung Sphaerellaria

Mit einer Zentralkapsel. Skelett aus einer oder mehreren Gitterkugeln (Gitterschalen) bestehend. Oft mit von Gitterkugeln ausgehenden Radiärstacheln. Mit einem großen, zentral gelegenen Kern. *Heliosphaera* (Taf. 69:2): Eine Gitterkugel mit zahlreichen Radiärstacheln; *Hexacontium* (Taf. 69:3): Mit 3 Gitterkugeln und Radiärstacheln; *Caryomma* (Taf. 69:4): Mit 4 Gitterkugeln.

Ordnung Monopylea

Zentralkapsel mit nur einer einzigen, an der Basis der Hauptachse gelegenen Öffnung, welche ein Porenfeld darstellt. Über diesem Porenfeld erhebt sich nach innen ein lichtbrechender Kegel, welcher von in Richtung der Hauptachse verlaufenden Kanälen durchzogen ist. Zentralkapsel verschiedenartig gestaltet. Endoplasma mit exzentrisch gelegenem Kern und häufig mit Ölkugeln. Das extracapsuläre Kieselskelett setzt sich aus soliden, innen nicht hohlen Stacheln zusammen. Grundform des Skelettes ist

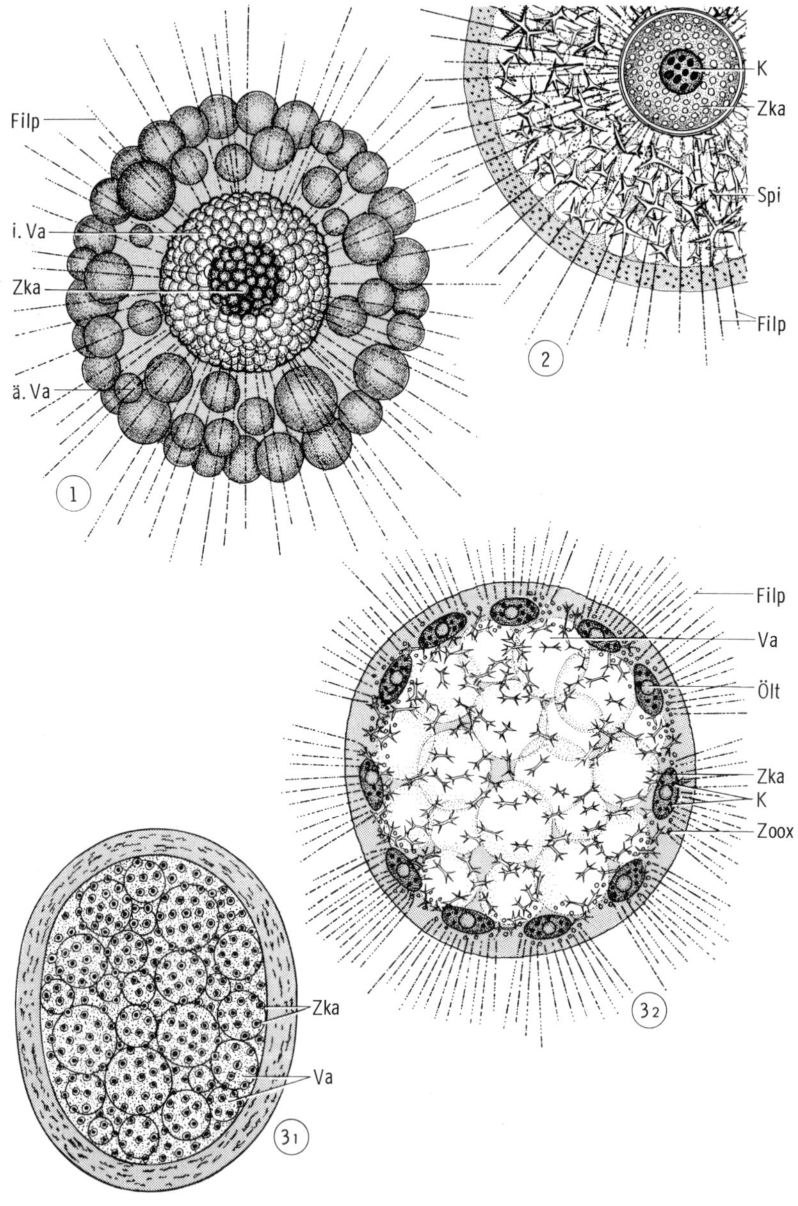

Taf. 70. Acanthiolaria: Radiolaria (Peripylea). – Abb. 1. *Thalassicolla nucleata* (nach KÜHN). Abb. 2. *Lampoxanthium pandora* (nach HYMAN). Abb. 3/1. *Sphaerozoum* (nach HYMAN); 3/2. *Sphaerozoum ovodimare* (nach HAECKEL). Abkürzungen: ä. Va = äußere Vakuolen, Filp = Filoreticulopodien, K = Kern, i. Va = innere Vakuolen, Ölt = Öltropfen, Spi = Spicula, Va = Vakuolen, Zka = Zentralkammer, Zoox = Zooxanthellen.

ein einfacher Vierstrahler (z. B. *Plagoniscus*) mit einem Apikalstachel und 3 Basalstacheln. Meist treten aber abgeleitete Vierstrahler mit Mittelbalken (z. B. *Tetraplecta*) auf. Durch Auftreten sekundärer Stacheln, sowie durch umfangreiche Stachelverästelungen (z. B. *Verticillata*) wird die Grundform mannigfaltig abgewandelt. Als weiteres Formelement tritt ein Sagittalring auf, welcher durch den Vertikalstachel und den ventralwärts gebogenen Fortsatz des Apikalstachels gebildet wird. Neben diesen einfachen Ringformen (z. B. *Plagiocarpa, Lithocircus*), kann auch noch ein Frontalring (z. B. *Eucoronis*) vorhanden sein. Durch zusätzliche Stachelverästelungen kann so eine riesige Mannigfaltigkeit von Skelettformen erreicht werden. Die Mehrzahl der rezenten Arten bildet eine Gitterschale aus, welche auf einem Vierstrahlergerüst oder einem Sagittalringgerüst aufbaut. Sekundär auch skelettlose Formen (z. B. *Cystidium*). Filoreticulopodien radiär angeordnet. *Plagoniscus* (Taf. 71:1), *Tetraplecta* (Taf. 71:1), *Verticillata* (Taf. 71:1): Alle mit einfachem Stachelgerüst aus Vierstrahlern; *Plagiocarpa* (Taf. 72:2), *Lithocircus* (Taf. 72:2), *Eucoronis* (Taf. 72:2): Alle mit Ringskelett; *Dictyophimus* (Taf. 72:1), *Cyrtocalpis* (Taf. 71:2): Stachelgerüst mit umhüllender Gitterschale; *Cystidium* (Taf. 71:3): Sekundär ohne Skelett; *Sticholonche*: Mit Axopodien.

Ordnung Tripylea

Zentralkapsel mit 3 Öffnungen, einer Hauptöffnung (Astropyle) am basalen Pol und 2 Nebenöffnungen (Parapylen) auf der entgegengesetzten Kapselseite. Die Astropyle ist durch einen radiär gestreiften Deckel verschlossen. Von der Mitte des Deckels erhebt sich eine Röhre. Vor der Astropyle liegt extracapsulär das Phaeodium, eine gelbbraune Pigmentanhäufung. Kieselskelett extracapsulär, aus tangentialen und radiären Elementen bestehend. Sehr mannigfaltig ausgebildet. Das Skelett besteht primär aus hohlen Kieselstäbchen, in Form voneinander unabhängiger Radiär- und Tangentialstäbe (*Aulacantha*). Aus der Verbindung der Tangentialstäbe ergeben sich Gitterschalen in Kugelform (z. B. *Aulosphaera*). Sekundär können Gitterschalen mit einer einzigen Hauptöffnung (z. B. *Castanidium*) entstehen, oder es bilden sich Formen mit einer abgeflachten, zweiklappigen Schale (z. B. *Challengeron*), welche eine bilateralsymmetrische Anordnung zeigt. Filoreticulopodien radiär angeordnet. Der zum Gerüstbau verwendete Kieselstab ist primär hohl (*Aulacantha*) und liegt isoliert. Sekundär erfolgt eine äußere Verkieselung, welche dann die Einzelstäbe an den Knotenpunkten miteinander verbindet. *Aulacantha* (Taf. 73:1): Skelett aus isolierten Stäben, mit kleineren tangentialen Nadeln und kräftigen, radiär angeordneten Nadeln); *Aulosphaera* (Taf. 73:2): Gitterschale mit dreieckigen Maschen, Stäbe durch äußere Verkieselung an den Knotenpunkten miteinander verschmolzen; *Castanidium* (Taf. 73:2): Gitterschale mit einer Hauptöffnung (Pylom) und zahlreichen, kleineren Poren, mit zusätzlichen Radialdornen; *Challengeron* (Taf. 74:1): Gitterschale zweiklappig und bilateralsymmetrisch, Schalenstruktur alveolär.

Eine etwas abweichende Klassifizierung teilt die Klasse der Radiolaria in die beiden Klassen der Polycystinea und Phaeodarea auf. Die Polycystinea enthalten die Ordnungen Spumellarida (= Peripylea) und Nassellarida (= Monopylea). Die Klasse der Phaeodarea (= Tripylea) wird in die Ordnungen Phaeocystida (*Aulacantha, Astracantha, Phaeodina*); Phaeosphaerida (*Aulosphaera, Cannosphaera, Sagosphaera*); Phaeocalpida (*Castanella, Circoporus, Tuscarora*); Phaeogromida (*Atlanticella, Challengeron, Medusetta*); Phaeoconchida (*Concharium, Conchopsis, Neosphaeroconchidium*) und Phaeodendrida (*Coelodendrum, Coelographis, Coelothamnus*) aufgeteilt.

Phylogenie: Radiolarien sind aus dem marinen Dinophyta-Bereich abzuleiten. Fossil sind sie seit dem obersten Praekambrium bekannt. Skelette aber oft fragmentär. Die ältesten gut erhaltenen Skelette stammen aus dem unteren Ordovidium. Die Peripylea sind als stammesgeschichtlich älteste Gruppe der Radiolaria zu betrachten. Sie sind seit dem unteren Ordovicium bekannt. Primär sind einfache Skelette aus Kieselnadeln (Collodaria) vorhanden. Sie kommen seit dem unteren Ordovicium vor. Etwas später erscheinen ebenfalls noch im unteren Ordovicium Vertreter mit Gitterkugeln (Sphaerellaria). Monopylea treten erst im frühen Mesozoikum (Trias-Jura) auf. Die stammesgeschichtlich jüngste Gruppe (Tripylea) ist erst seit der Kreide nachgewiesen.

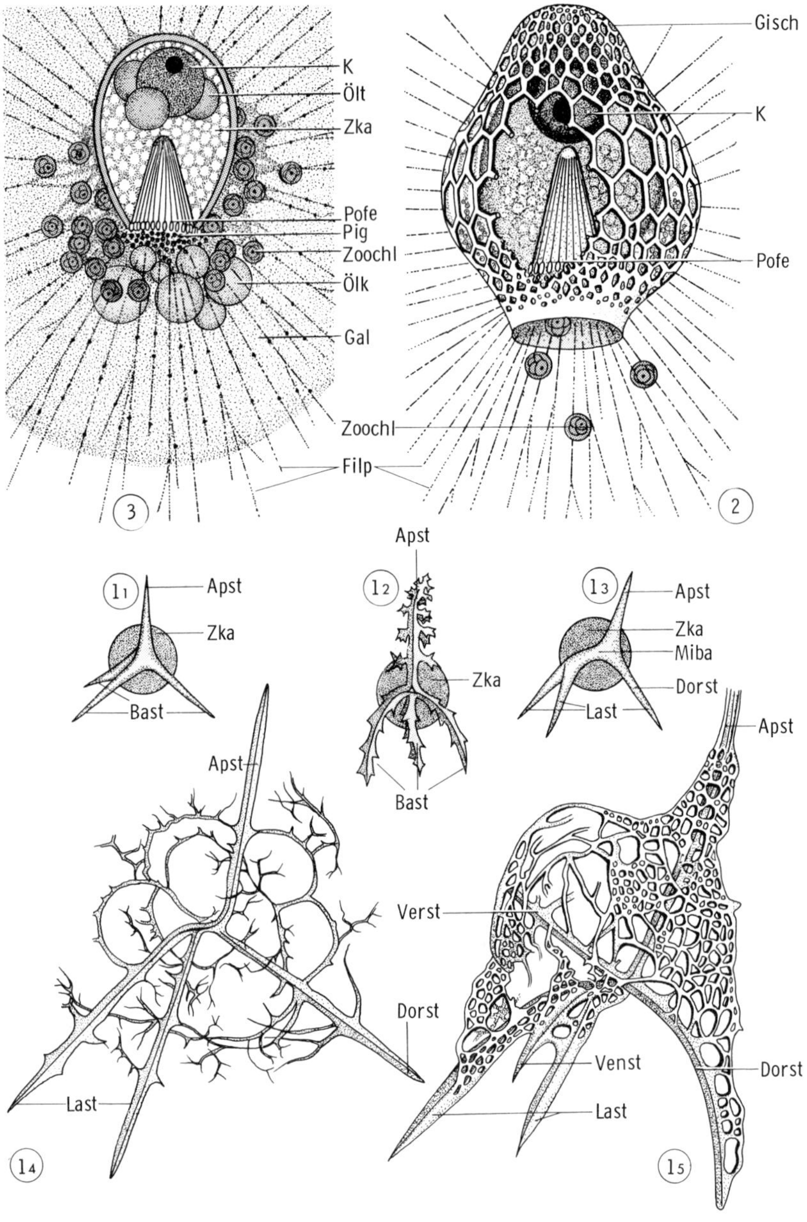

Taf. 71. Acanthiolaria: Radiolaria (Monopylea). – Abb. 1/1. *Plagoniscus*, einfacher Vierstrahler (nach Po - pofsky); 1/2. *Plagoniscus tripodiscus*, Vierstrahler mit Verästelungen (nach Haeckel); 1/3. *Tetraplecta*, abgeleiteter Vierstrahler mit Mittelbalken (nach Jörgensen); 1/4. *Tetraplecta xiphacantha*, abgeleiteter Vierstrahler mit Verästelungen (nach Popofsky); 1/5. *Verticillata hexacantha*, abgeleiteter Vierstrahler mit umfangreichen Verästelungen und sekundären Stacheln (nach Popofsky). Abb. 2. *Cyrtocalpis urceolus* (nach Haeckel). Abb. 3. *Cystidium princeps* (nach Haeckel). Abkürzungen: Apst = Apikalstachel, Bast = Basalstacheln, Dorst = Dorsalstachel, Filp = Filoreticulopodien, Gal = Gallerte, Gisch = Gitterschale, K= Kern, Last = Lateralstachel, Miba = Mittelbalken, Ölk = Ölkugel, Pig = Pigment, Pofe = Porenfeld, Venst = Ventralstachel, Verst = Vertikalstachel, Zka = Zentralkammer, Zoochl = Zoochlorellen.

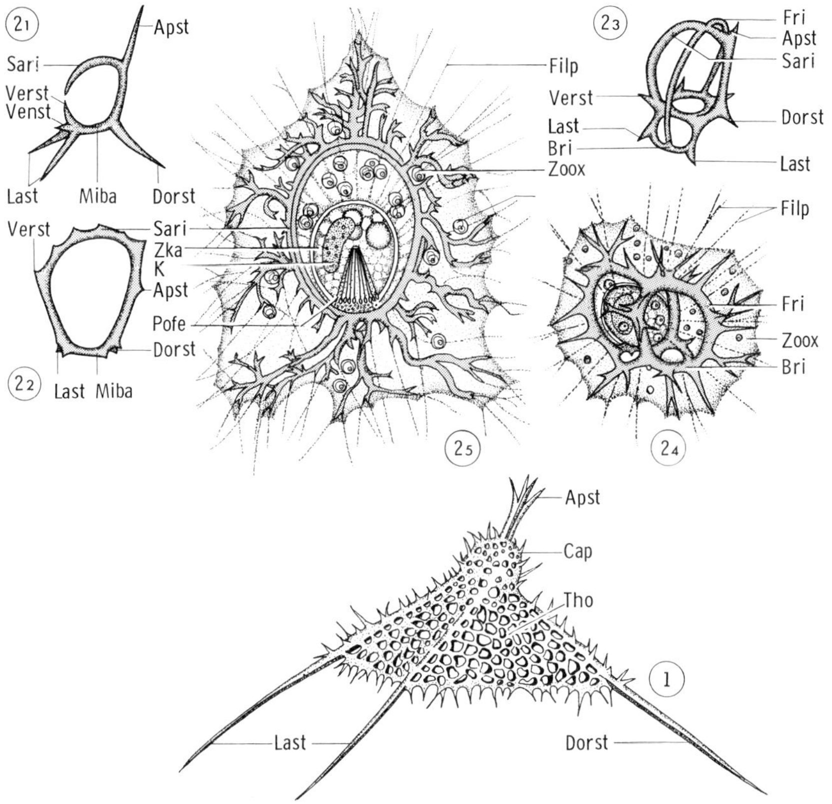

Taf. 72. Acanthiolaria: Radiolaria (Monopylea). – Abb. 1. *Dictyophimus hertwigi*, mit einfacher Gitterschale (nach HAECKEL). Abb. 2/1. *Plagiocarpa*, mit noch nicht voll geschlossenem Sagittalring (aus abwärts gebogenem Fortsatz des Apikalstachels und Vertikalstachel) (nach POPOFSKY); 2/2. *Lithocircus*, Sagittalring geschlossen, mit Stachelrückbildung (nach HAECKEL); 2/3. *Eucoronis*, mit Sagittal-, Basal- und Frontalring (nach POPOFSKY); 2/4. *Eucoronis challengeri* (nach HAECKEL); 2/5. *Lithocircus magnificus* (nach HAECKEL). Abkürzungen: Apst = Apikalstachel, Bri = Basalring, Cap = Capitulum, Dorst = Dorsalstachel, Filp = Filoreticulopodien, Fri = Frontalring, K = Kern, Last = Lateralstachel, Miba = Mittelbalken, Pofe = Polfeld, Sari = Sagittalring, Tho = Thorax, Venst = Ventralstachel, Verst = Vertikalstachel, Zka = Zentralkammer, Zoox = Zooxanthellen.

Klasse Acantharia (Acantharea)
(Taf. 75–77)

Mit den Ordnungen Holacantha, Arthracantha und Actinelia.

Cytoplasma in Ekto- und Endoplasma getrennt. Primär ohne Zentralkapsel (Holacantha), sekundär mit Zentralkapsel (Arthracantha). Zentralkapsel relativ groß, wird von einer porenlosen, dünnen, elastischen Membran umgeben. Sie besitzen ein Nadelskelett aus Strontiumsulfat, mit radiär (meist 20) angeordneten Nadeln, welche die Membran der Zentralkapsel (falls vorhanden) durchstoßen und in der Zellmitte zusammentreffen. Die Nadeln sind in einer bestimmten geometrischen Weise („MÜLLER'sches Gesetz") angeordnet. Nadeln primär gleichartig, sekundär verschiedenartig ausgebildet. Bei einer Anzahl von Arten sind an den Nadeln Bündel von Myonemen (Myophrisken) befestigt. Sie sind mit der äußeren Zellhülle verbunden und können die Körperform verändern. Mit peripherer Gallertumhüllung. Sekundär mit zusätzlichen, konzentrisch angeordneten Gitter- und Platten-

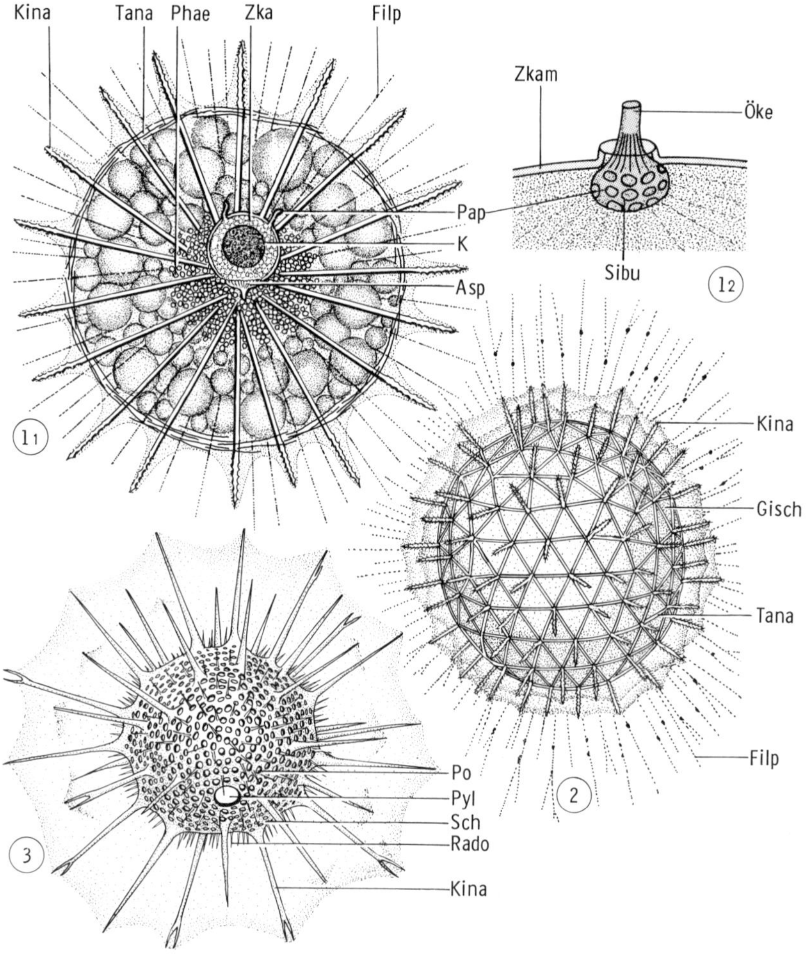

Taf. 73. Acanthiolaria: Radiolaria (Tripylea). – Abb. 1/1. *Aulacantha scolymantha* (nach KÜHN); 1/2. *Aulacantha scolymantha*, Parapyle. Abb. 2. *Aulosphaera labradoriensis* (nach KÜHN). Abb. 3. *Castanidium murrayi* (nach KÜHN). Abkürzungen: Asp = Astropyle, Filp = Filoreticulopodien, Gisch = Gitterschale, K = Kern, Kina = Kieselnadel, Öke = Öffnungskegel, Pap = Parapyle, Phae = Phaeodium, Po = Pore, Pyl = Pylum, Rado = Radialdorn, Sch = Schale, Sibu = Siebbulbus, Tana = Tangentialnadel, Zka = Zentralkammer, Zkam = Zentralkammermembran.

strukturen (z. B. *Tessaraspis*). Ausbildung von seitlichen Apophysen an den Nadeln, welche dann Gitterkugeln bilden können. Mit Axopodien, welche im Zentrum des Zellkörpers beginnen oder radiär in Gruppen um die Skelettnadeln angeordnet sind. Filoreticulopodien ebenfalls vorhanden. Im adulten Stadium stets vielkernig. Geschlechtliche Fortpflanzung (Taf. 75:3) durch Ausbildung zweigeißliger Schwärmer. Durch multiple Kernteilung entstehen im adulten Stadium zahlreiche Schwärmer, welche den Zellkörper verlassen und miteinander kopulieren. Es entsteht eine viergeißlige Zygote mit Synkaryon und einzelnen Fettkörpern. Anschließend erfolgt eine Einschmelzung der Geißeln sowie Ausbildung der ersten, radiär angeordneten Nadeln. Durch Kernteilungen entstehen neben dem sich allmählich auflösenden Primärkern eine größere Zahl somatischer Kerne. Diese wandern an die Zellperipherie und bilden jeweils die Basis der Myonemen an den Nadeln. Der Primärkern zerfällt weiter und bil-

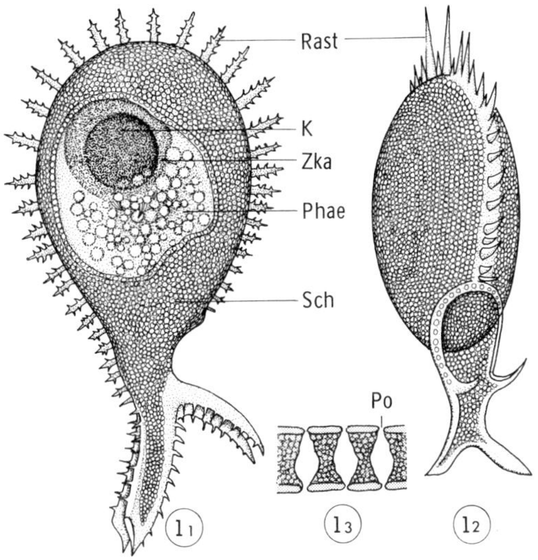

Taf. 74. Acanthiolaria: Radiolaria (Tripylea). – Abb. 1/1. *Challengeron wyvillei*, Schale in der Mitte entfernt (nach HAECKEL); 1/2. *Challengeron willemoesii*, Ansicht ventral (nach HAECKEL); 1/3. *Challengeron neresi*, senkrechter Schnitt durch die Schale (nach SCHRÖDER). Abkürzungen: K = Kern, Phae = Phaeodium, Po = Pore, Rast = Radialstachel, Sch = Schale, Zka = Zentralkammer.

det eine Anzahl generativer Kerne im Zellzentrum aus. Durch weiteres Größenwachstum, Bildung zusätzlicher Nadeln, Ausbildung der Myophrisken, Ausbildung eines Fibrillenstützsystemes wird dann das Adultstadium erreicht. Zum Teil mit Cystenbildung, wobei eine weitgehende Reduktion des Nadelskelettes stattfindet. Ausschließlich marine Formen, welche überwiegend im Planktonbereich vorkommen. Häufig mit Zooxanthellen, welche stets (im Gegensatz zu den Radiolarien) im zentralen Zellkörperbereich vorkommen.

Ordnung Holacantha

Stammesgeschichtlich älteste Gruppe, welche noch keine Zentralkapsel besitzt. Mit dichterem Endoplasma und feinkörnigem Ektoplasma. Mit gelatinöser, peripherer Umhüllung; zum Teil noch mit amöboider Beweglichkeit. Primär noch ohne Myonemen (z. B. *Acanthochiasma*), sekundär Myonemen vorhanden. Mit zahlreichen Axopodien, welche die einzelnen Nadeln umgeben. Außerdem mit Filoreticulopodien.

Die Unterordnungen werden zum Teil auch als eigene Ordnungen (Holacanthida, Symphyacanthida, Chaunacanthida) betrachtet.

Unterordnung Holacanthina

Nadeln alle gleich, im Zentrum beginnend. Ohne Zentralkapsel. Primär zum Teil noch ohne Myonemen. *Acanthochiasma* (Taf. 75:1): Ohne Myonemen; *Acanthophlegma*: Mit 2 Myonemen pro Nadel.

Unterordnung Symphyacanthina

Mit zahlreichen Axopodien. Pro Nadel 6–12 Myonemen. Ohne Zentralkapsel. Äußere, gelatinöse Hülle mit Stützfibrillen. *Acantholithium, Amphibelone.*

Unterordnung Chaunacanthina.

Ohne Zentralkapsel. Äußere Gelatinehülle homogen. Nadeln zum Teil sekundär zackenartig umgewandelt. *Conacon*, *Stauracon*.

Ordnung Arthracantha (Arthracanthida)

Die Radiärnadeln, und zwar die entgegengesetzten Nadeln, im zentralen, basalen Bereich miteinander verschmolzen. Mit Zentralkapsel. Primär ohne Tangentialapophysen (*Acanthometra*), sekundär mit

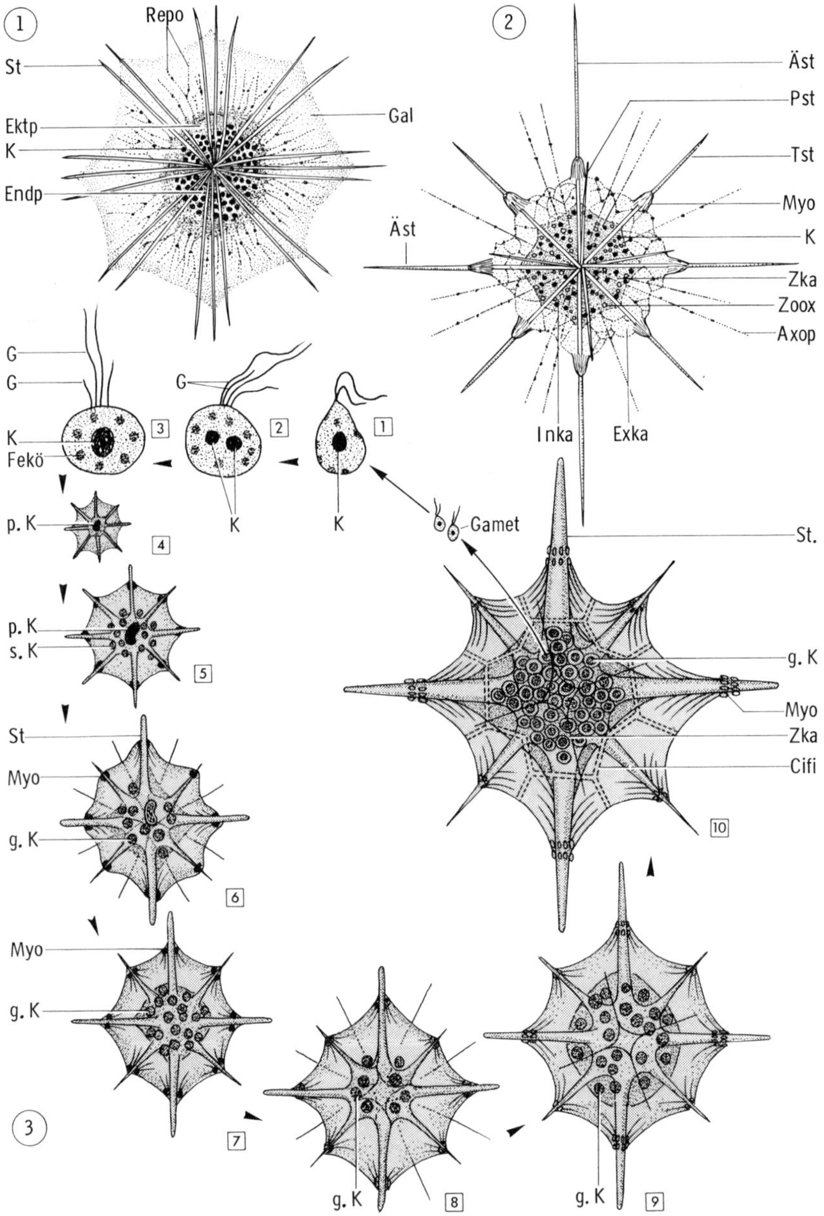

Taf. 75. Acanthiolaria: Acantharia (Holacantha, Arthracantha). – Abb. 1. *Acanthochiasma rubescens* (nach SCHEWIAKOFF). Abb. 2. *Acanthometra elastica* (nach HERTWIG). Abb. 3. *Acanthostaurus purpurescens*, Entwicklung (kombiniert nach SCHEWIAKOFF und SEVJAKOV); 3/1. Gamet; 3/2. Gametenkopulation; 3/3. Zygote; 3/4–3/9. aufeinanderfolgende Entwicklungsstadien; 3/10. adultes Stadium. Abkürzungen: Äst = Äquatorialstachel, Axop = Axopodien, Cifi = Circulärfibrillen, Ektp = Ektoplasma, Endp = Endoplasma, Exka = Extrakapsulum, Fekö = Fettkörper, G = Geißel, g. K = generativer Kern, Gal = Gallerte, Inka = Intrakapsulum, K = Kern, Myo = Myonemen (Myophrisken), p. K = primärer Kern (Primärkern), Pst = Polarstachel, Repo = Filoreticulopodien, s. K. = somatischer Kern, St = Stachel, Tst = Tropenstachel, Zka = Zentralkammer, Zoox = Zooxanthellen.

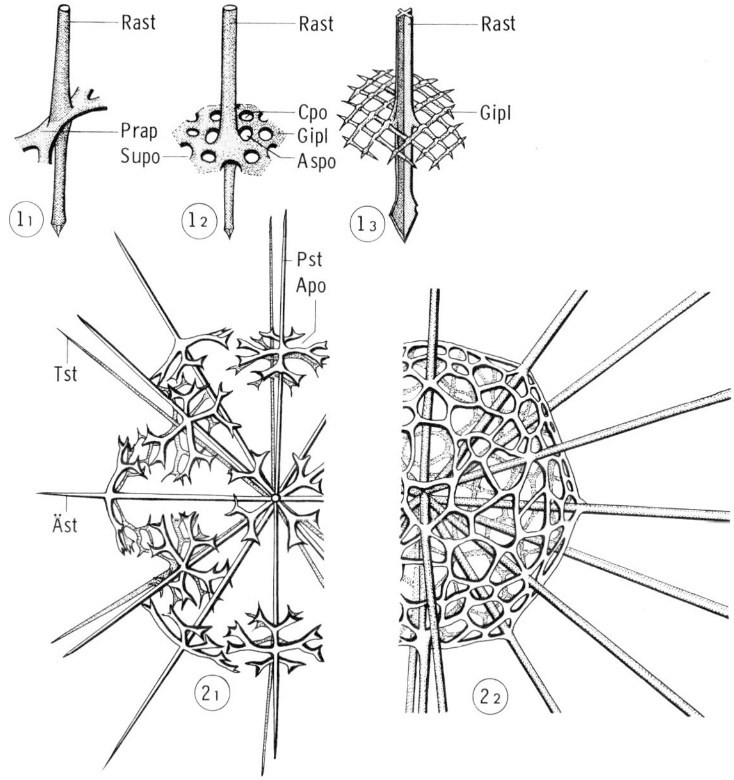

Taf. 76. Acanthiolaria: Acantharia (Arthracantha). – Abb. 1. Arthracantha, Stacheltypen; 1/1. *Dorataspis*, Apophysen benachbarter Stacheln durch kurze Äste aneinandergefügt, ohne Gitterplatte; 1/2. *Coscinaspis*, Gitterplatte mit Aspinal-, Sutural- und Coronalporen; 1/3. *Tignisphaera*, Gitterplatte aus 4 Primärapophysen und mit diesen gekreuzten sekundären Balken (nach KÜHN). Abb. 2. *Tessaraspis arachnoides*; 2/1. Skelett eines frühen Stadiums, die Apophysen beginnen sich zum zweitenmal zu verästeln; 2/2. vollständiges, adultes Skelett (nach HAECKEL). Abkürzungen: Apo = Apophyse, Aspo = Aspinalpore, Äst = Äquatorialstachel, Cpo = Coronalporen, Gipl = Gitterplatte, Prap = Primärapophyse, Pst = Polarstachel, Rast = Radialstachel, Supo = Suturalpore, Tst = Tropenstachel.

Tangentialapophysen, welche eine oder mehrere, konzentrisch angeordnete Gitterkugeln bilden. Die äußere Gelatinhülle meist mit Stützfibrillen. Mit zahlreichen Myonemen pro Nadel. Die Zahl der Axopodien dagegen reduziert, meist nur 5–6 pro Nadel. *Acanthometra* (Taf. 75:2): Nadeln einfach; *Dorataspis* (Taf. 76:1): Mit Primärapophysen oder Gitterplatte; *Coscinaspis* (Taf. 76:1): Mit Gitterplatte; *Tignisphaera* (Taf. 76:1): Mit Primärapophysen und sekundären Balken; *Tessaraspis* (Taf. 76:2): Mit Gitterkugel aus den 4 Primärapophysen; *Acanthostaurus* (Taf. 75:3): Äquatoriale Nadeln sehr stark verlängert; *Dorypelta*: Mit 2 Gitterkugeln.

Ordnung Actinelia (Actineliida)

Mit zahlreichen (oft mehrere hundert) Nadeln, welche nicht geometrisch angeordnet sind. Ungeklärt, ob sekundäre Stachelvermehrung oder primitive Stachelanordnung. Mit Zentralkapsel, welche zahlreiche Kerne enthält. Ektoplasma gelatinös. Mit Myonemen. Primär kugelig, freischwimmend (*Actinelius*), sekundär auch gestielte Formen. (*Podactinelius*). *Actinelius:* Kugelige Zentralkapsel, rundliche Körperform; *Podactinelius* (Taf. 77:1): Festsitzend, mit Stiel, mit 400–500 Nadeln.

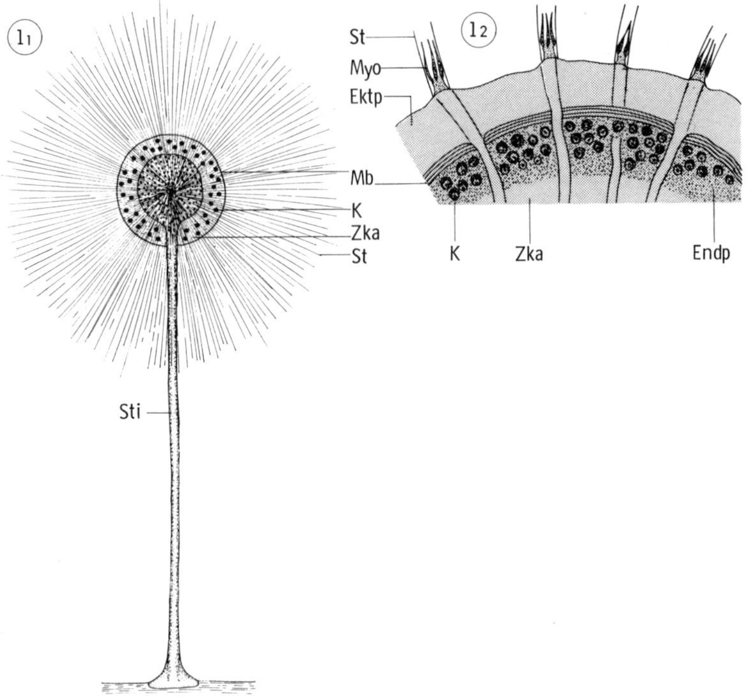

Taf. 77. Acanthiolaria: Acantharia (Actinelia). – Abb. 1/1. *Podactinelius sessilis* (nach SCHRÖDER); 1/2. *Podactinelius sessilis*, Schnitt durch den peripheren Teil der Zentralkapsel (nach SCHRÖDER). Abkürzungen: Ektp = Ektoplasma, Endp = Endoplasma, K = Kern, Mb = Membran, Myo = Myonemen (Myophrisken), St = Stachel, Sti = Stiel, Zka = Zentralkammer.

Phylogenie der Acanthiolaria

Radiolaria sind aus dem marinen Dinophyta-Bereich abzuleiten. Die Schwärmer der Radiolaria ähneln sehr den Schwärmern monadoider Dinophyceen (Gymnodinales), außerdem liegt ein identischer Mitosetyp (geschlossene Mitose) bei Dinophyta und Radiolaria vor. Bei einigen Radiolarien (*Collodaria* und *Polycyttaria*) treten Gymnodinales als Endoparasiten auf. Zeitweilig wurden daher alle auftretenden Schwärmer als parasitische Dinophyceen-Schwärmer gedeutet. Es ist aber nun gesichert, daß es auch echte, Dinophyceen-ähnliche Radiolarienschwärmer gibt. Es entspricht einer Regel, daß Parasitierung bei verwandten Gruppen mit ähnlichem Cytoplasmaaufbau leichter und schneller vonstatten geht, weil sich die Parasiten nicht zu sehr umstellen müssen. Radiolarien (fossil seit dem obersten Praekambrium bekannt) und Foraminiferen (Granuloreticulosa) stammen beide aus dem Gymnodiniales-Bereich ab, aber von verschiedenartigen Ausgangs-Gruppen.

Innerhalb der Gymnodinales (Dinophyta) treffen wir die farblose Gattung *Gymnaster* an, welche bereits ein kieseliges Innenskelett und eine Zentralkapsel besitzt. Ein deutlicher Hinweis auf eine Ableitung der Radiolaria aus diesem Bereich. Auch die Gattungen *Amphilotus* und *Gyrodinium* (Gymnodinales) besitzen bereits ein radiolarienähnliches Innenskelett. Die Platten der Radiolarien-Zentralkapsel entsprechen den thecalen Platten der Gymnodiniales (Dinophyta).

Die Skelette von Radiolaria und Acantharia sind so verschiedenartig und auch aus verschiedenartigen Substanzen aufgebaut, daß man annehmen muß, daß sich beide Gruppen frühzeitg getrennt und eine Art von paralleler Evolution durchgemacht haben. Sie besitzen aber zweifellos gemeinsame Vorfahren. Neuere Untersuchungen an stammesgeschichtlich alten Peripylea (Radiolaria) haben ergeben, daß sich bei *Collosphaera* im intrakapsulären Cytoplasma Strontiumsulfat-Kristalle befinden. Bei *Sphaerozoum* sind Strontiumsulfat-Kristalle und Kieselsäure-Spiculae im extrakapsulären Cytoplasma vorhanden. Stammesgeschichtlich alte Peripylea (Radiolaria) besitzen also die Fähigkeit sowohl Kieselsäure als auch Strontiumsulfat zu synthetisieren. Die Trennung der Acantharia von den Radiolaria muß also schon im Bereich der stammesgeschichtlich ältesten Teilgruppe der Radiolaria, der Peripylea, stattgefunden haben. Die Acantharia haben sich dann auf Synthese von Strontiumsulfat und die stammesgeschichtlich jüngeren Radiolaria-Gruppen (Monopylea und Tripylea) auf Synthese von Kieselsäure spezialisiert.

Stamm Polannulifera (Telosporidia, Apicomplexa)
(Taf. 78–89)

Mit den Klassen Perkinsea, Gregarinea, Coccidea und Babesiea.

Alle Vertreter mit endoparasitischer Lebensweise. Primär mit einem Generationswechsel, bei welchem sich ungeschlechtliche Fortpflanzung (Schizogonie, Merogonie), geschlechtliche Fortpflanzung (Gamogonie) und wiederum ungeschlechtliche Fortpflanzung (Sporogonie) abwechseln. Sekundär kann bei der ungeschlechtlichen Fortpflanzung (z.B. Eugregarinida) die Schizogonie fehlen, oder es findet nur eine Schizogonie (bei Babesiea) statt. Bei Vorhandensein von Sporogonie erfolgt die Infektion neuer Wirtsindividuen durch Sporocysten (Sporen). Primär ohne Wirtswechsel (z.B. Archigregarinida), sekundär mit Wirtswechsel zwischen einem Hauptwirt (meist Wirbeltiere) und einem Nebenwirt, welcher dann meist als Überträger fungiert. Polannulifera sind Haplonten, die Reduktionsteilung findet direkt nach der Zygotenbildung statt. Mit geschlossener Mitose. Ausschließlich einzellige Vertreter.

Zellkörper (Sporozoit, Merozoit), Vertreter der Coccidea als Beispiele (Taf. 85:2, 3): Meist länglich-oval geformt. Primär ungegliedert, sekundär mit Zwei- oder Dreiteilung des Körpers (Eugregarinida). Im apikalen Bereich des Zellkörpers befinden sich die für die Gruppe typischen Zellorganellen, die erst durch elektronenmikroskopische Untersuchungen entdeckt wurden.

Die im vorderen Zellbereich von Sporozoiten und Merozoiten auftretenden Zellorganellen (Conoid, Rhoptrien, Mikronemen) stellen offensichtlich ein großes Penetrationsorganell dar. Sie treten wenigstens in einem der in die Wirtszellen eindringenden Stadien (Sporozoite, Merozoite) auf. Die genaue Funktion des Penetrationsorganells ist bisher noch nicht bekannt. Sporozoite und Merozoite weisen keine äußerlich erkennbaren Bewegungsorganellen, wie Geißeln, auf. Die Mikrogameten sind dagegen, soweit sie bewegungsfähig sind, mit Geißeln ausgestattet. Zellkörper von einer Pellicula umgeben. Die Pellicula besteht aus einer äußeren und einer inneren Zellmembran. Direkt unterhalb der inneren Zellmembran liegen häufig Microtubuli, welche im Bereich des vorderen Polringes ihren Anfang nehmen. Die Zahl der Microtubuli ist oft gattungs- oder sogar artspezifisch. Am vorderen apikalen Pol ist in einigen Fällen eine Öffnung (Conoidöffnung) vorhanden. Der vordere Zellpol meist mit einem (selten 2–3) vorderen Polring (Taf. 78), zum Teil ist auch ein hinterer Pol (bei jungen Merozoiten) vorhanden. Der Polring stellt eine osmiophile Verdickung dar und wird von der inneren Pellicula-Membran gebildet. Die genaue Funktion ist noch nicht bekannt, wahrscheinlich spielen die Polringe eine Rolle bei Bewegungen des Conoids. Das Conoid stellt ein hohles, kegelförmiges Organell am apikalen Zellpol dar. Es ist wahrscheinlich das eigentliche Penetrationsorganell und weist in seiner Wandung conoidale Ringe als Versteifung auf. Manchmal zeigt das Conoid eine apikale Öffnung. Das Conoid ist bei den meisten Vertretern vorhanden, fehlt aber sekundär bei einigen Gruppen (Haemosporidina, Babesiea). Auch die in der Form stark variierenden, häufig schlauchförmigen Rhoptrien zählen zu den typischen Zellorganellen der Polannulifera. Sie liegen ebenfalls im vorderen Zellbereich. Manchmal sind sie groß und paarig angeordnet (z.B. Sporozoite von *Plasmodium*) oder sie treten in größerer Zahl (z.B. Merozoite von *Eimeria*) auf, sind dann aber kleiner und mehr keulenförmig. Die Funktion der Rhoptrien ist ebenfalls noch nicht genau bekannt, möglicherweise sezernieren sie Enzyme, welche die mechanische Funktion des Conoids unterstützen. Im vorderen Zellbereich befindet sich noch ein dichtes Mikronemenfeld. Es handelt sich um kleine, osmiophile Körper, welche vielleicht funktionell mit den Rhoptrien in Verbindung stehen. Die im Pelliculabereich befindliche Mikropore (meist nur eine,

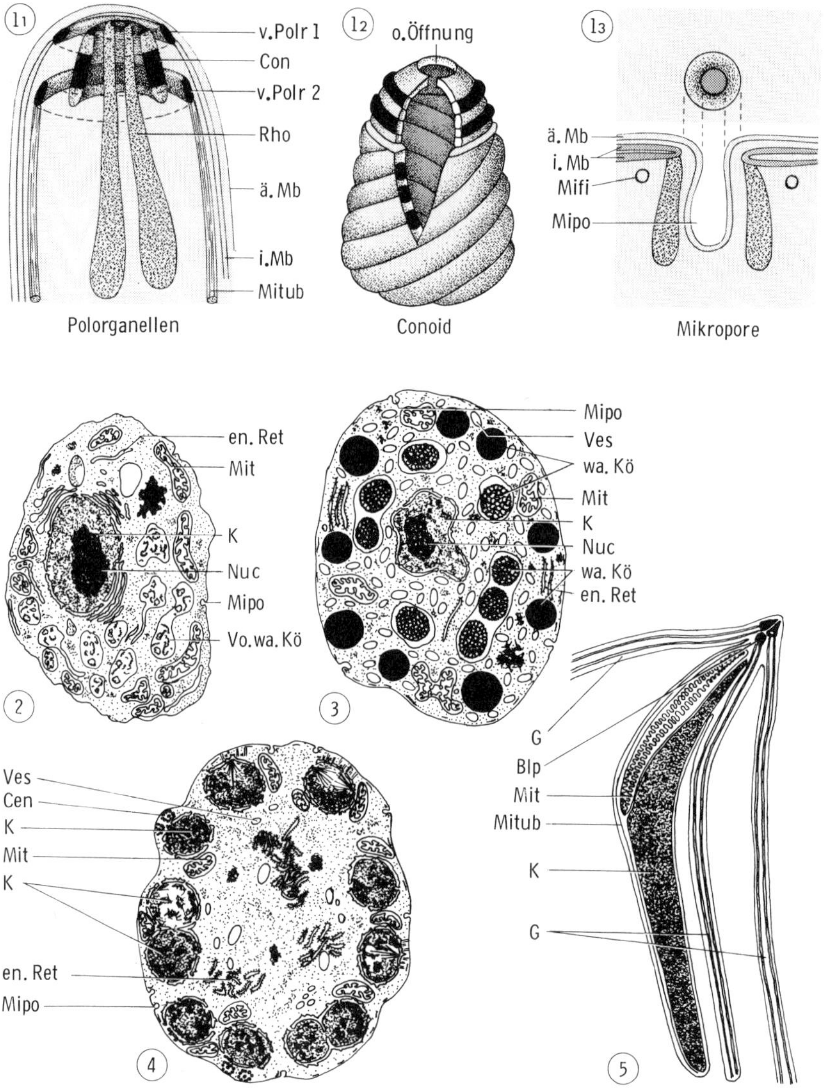

Taf. 78. Polannulifera (= Telosporidia, Apicomplexa). – Abb. 1. Polorganellen und Mikropore; 1/1. Polorganellen im vorderen Bereich des Zellkörpers: Polringe, Conoid, Rhoptrien; 1/2. Conoid; 1/3. Mikropore. Abb. 2. *Eimeria perforans*, Makrogamont (nach Scholtyseck et al.). Abb. 3. *Eimeria perforans*, Makrogamet (nach Scholtyseck et al.). Abb. 4. *Eimeria*, Mikrogamont, Teilungsphase (nach Scholtyseck et al.). Abb. 5. *Eimeria maxima*, Mikrogamet (nach Scholtyseck et al.). Abkürzungen: Blp = Blepharoplast (= Basalkörper), Cen = Centriol, Con = Conoid, en. Ret. = endoplasmatisches Reticulum, G = Geißel, Gokö = Golgi-Körper, K = Kern, Mb = Membran (ä. = äußere, i. = innere Membran), Mifi = Mikrofibrillen, Mipo = Mikropore, Mit = Mitochondrium, Mitub = Microtubuli, Nuc = Nucleolus, Polr = Polring (v. Polr = vorderer Polring), Rho = Rhoptrien, Ves = Vesikel, Vo. wa. Kö. = Vorstufen wandbildender Körper, wa. Kö = wandbildende Körper.

seltener mehrere bis viele) dient zur Nahrungsaufnahme. Sie stellt eine Einstülpung der äußeren und inneren Zellmembran dar. Mit einem großen Mitochondrium (Tubuli-Typ), welches auch Verzweigungen aufweisen kann. Mit lamellärem Golgi-Apparat, welcher oberhalb des Zellkernes liegt. Zellkern meist in der Zellmitte, zum Teil auch im hinteren Zellbereich. Kern mit gut ausgebildetem Nukleolus. Mit relativ grobem endoplasmatischem Reticulum. Sporozoite und Merozoite ohne Geißeln und ohne Bewimperung. Bei Sporozoiten von *Eimeria* treten zwei große, ober- und unterhalb des Zellkernes gelegene refraktile Körper mit unbekannter Funktion auf.

In den Zyklen der Coccidea treten neben den Sporozoiten und Merozoiten noch weitere Stadien in Form von Makrogamonten und Makrogameten, bzw. Mikrogamonten und Mikrogameten auf.

Makrogamonten (Taf. 78:2): Sie entstehen durch Umwandlung von Merozoiten (Sporozoiten). Zuerst ist die länglich-ovale Form des Merozoiten noch für eine kurze Zeit erkennbar. Die für Merozoite (und Sporozoite) charakteristischen Zellorganellen verschwinden, so daß das granulierte Cytoplasma nun diese spezifischen Organellen des apikalen Komplexes nicht mehr aufweist. Neben dem Zellkern bleiben Mitochondrium und Golgi-Apparat erhalten. Der Makrogamont besitzt nur eine einzige Zellmembran und nimmt allmählich seine endgültige, elliptisch-ovale Form an. Makrogamonten sind weiblich determiniert.

Makrogameten (Taf. 78:3): Aus dem Makrogamont entsteht ein einziger Makrogamet (Ei). Die Körperform entspricht in etwa derjenigen des Makrogamonten. Auch der Makrogamet ist nur von einer einzigen Zellmembran umgeben. Auch ihm fehlen die für Sporozoite und Merozoite typischen Zellorganellen. Diese Penetrationsorganellen sind bei Makrogamonten und Makrogameten nicht erforderlich. Als neue Zellorganellen treten wandbildende Körper auf, welche nach der Befruchtung des Makrogameten die Wandung der Oocyste bilden. Die wandbildenden Körper treten in zweierlei Formen (große und kleine) auf. Mikroporen sind in größerer Zahl vorhanden. Mitochondrien vom tubulären Typ. Mit gut entwickeltem endoplasmatischem Reticulum. Golgi-Apparat sehr stark reduziert, nur schwierig zu erkennen. Mit großem Zellkern mit Nukleolus.

Mikrogamonten (Taf. 78:4): Sie entstehen durch Umwandlung von Merozoiten (Sporozoiten). Aus einem Mikrogamonten entsteht eine Vielzahl von Mikrogameten (männliche Gameten). Mikrogamonten weisen eine länglich-ovale Körperform auf. Auch ihnen fehlen die für Sporozoite und Merozoite charakteristischen Zellorganellen (Polorganellen). Sie verschwinden auch hier wie bei der Makrogamontenbildung. Mit nur einer einzigen Zellmembran. Mikrogamonten erkennt man an den zahlreichen Kernteilungs-Stadien. Die Zellkerne der späteren Mikrogameten wandern dann an die Peripherie des Mikrogamonten, so daß in diesem Endstadium des Mikrogamonten sich im zentralen Teil kein Zellkern mehr befindet. Im Inneren des Mikrogamonten befindet sich noch das endoplasmatische Reticulum und zahlreiche kleinere Vakuolen. Um die peripher kreisförmig angeordneten Mikrogametenkerne lagern sich durch Teilung entstandene Mitochondrien, und aus den an der Kernteilung beteiligten Centriolen entwickeln sich die Geißelbasen und Geißeln.

Mikrogameten (Taf. 78:5): Mikrogameten entstehen in größerer Zahl im Inneren von Mikrogamonten. Nach dem Ablauf der Kernteilungsprozesse erscheinen zwei Centriolen in der Nähe des Mikrogametenkernes. Jedem Mikrogametenkern ist ein Mitochondrium und eine im benachbarten Zellmembran-Bereich liegende Mikropore zugeordnet. Das Mitochondrium lagert sich eng an den Kern an und aus den Centriolen entstehen die beiden (sekundär durch eine weitere Teilung auch drei) Basalkörper der Geißeln. Schließlich erfolgt die volle Ausbildung der Geißeln. Diese Prozesse finden in seitlichen Ausbuchtungen des Mikrogamonten statt. Die fertig ausgebildeten Mikrogameten schnüren sich unter Restkörperbildung vom Mikrogamonten ab. Bei der Abschnürung verbleibt ein kleiner Teil des jeweiligen Kernes als Residualkern im Restkörper des Mikrogamonten. Mikrogameten von Coccidea (Schizococcida), z. B. *Eimeria*, haben primär 2 Geißeln. Durch Verdoppelung des Basalkörpers der vorderen Geißel können auch 3 Geißeln auftreten. Mikrogameten (männliche Gameten) bei *Eimeria* 4–7 μm lang. Meist dreigeißlig, dann im vorderen Zellbereich mit 3 Basalkörpern. Geißeln mit dem üblichen 9 + 2 Microtubuli-System. Von den 3 Geißeln sind die beiden langen, vorderen, aber nach hinten gerichteten Geißeln frei, während von der kurzen, nach hinten gerichteten Geißel meist ein größerer basaler Bereich mit der Zelloberfläche verklebt ist. Außer dem 9 + 2 Microtubuli-System der einzelnen Geißeln sind noch zusätzliche 4–8, meist in einer Reihe angeordnete Microtubuli vorhanden.

Geißeln glatt, unbehaart. Das Innere des Zellkörpers wird zu einem großen Teil vom Zellkern ausgefüllt. Seitlich im vorderen Zellkörper liegt in einer Grube des Kernes ein einzelnes, etwa 2–3 μm langes Mitochondrium (Tubuli-Typ). Einen ähnlichen Bau des Mikrogameten treffen wir bei *Toxoplasma* an.

Abweichende Mikrogameten treffen wir bei Protococcida (*Eucoccidium, Coelotropha*). Hier haben die Mikrogameten eine mehr linsenförmige Körperform. Bei den Haemosporidina sind die Mikrogameten mehr fadenförmig und weisen keine Geißeln (aber Geißelbasen) auf. Auch fehlt ihnen wahrscheinlich das Mitochondrium.

Klasse Perkinsea

Im Gegensatz zu den anderen Klassen stellt das Conoid einen unvollständigen Kegel (wohl primäre Ausbildung) dar. Mit begeißelten „Zoosporen" (? Sporozoite), welche eine vordere Vakuole aufweisen. Vordere Geißel mit Haaren. Ohne sexuelle Fortpflanzung. Noch ungenügend bekannte Gruppe.

Ordnung Perkinsida

Einzige Ordnung mit den Merkmalen der Klasse. Bisher nur eine Art, *Perkinsus marinus*, bekannt.

Klasse Gregarinea

Mit den Ordnungen Archigregarinida, Eugregarinida und Schizogregarinida.

Primär mit Schizogonie, Gamogonie und Sporogonie (Taf. 79) (Archigregarinida); sekundär ohne Schizogonie (Taf. 80) (Eugregarinida) oder mit Sekundärschizogonie (Taf. 82:4) (Schizogregarinida). Die Gamogonie läuft in Form einer Gamontogamie ab, indem sich beide Gamonten vereinigen und eine Vielzahl männlicher, bzw. weiblicher Gameten erzeugen. Ohne Geißeln und ohne Wimpern, mit gleitenden Bewegungen. Gleitbewegungen durch Kontraktion subpelliculärer Fibrillen, dadurch wird eine von vorn nach hinten verlaufende Undulation der Pellicula erzeugt. Geißeln treten ausnahmsweise nur bei Mikrogameten auf. Teils Anisogametie (Mikrogameten dann begeißelt) oder Isogametie (Mikro- und Makrogameten unbegeißelt).

Endoparasitische Lebensweise im Darmtrakt, Darmepithel und Leibeshöhlen wirbelloser Tiere, vorwiegend in Anneliden und Arthropoden.

Ordnung Archigregarinida

Stammesgeschichtlich sehr alte Gruppe mit primitivem Zyklus (Taf. 79) (Schizogonie, Gamogonie, Sporogonie). Gamonten gedrungen wurmförmig, etwas abgeplattet. Vorderende mit Haftpapille. Mit zahlreichen, in Längsrichtung verlaufenden Myonemen, welche für eine starke Beweglichkeit (Knick- und Schlängelbewegungen) verantwortlich sind. Gamontenvereinigung (= Beginn der Gamogonie) in Form einer Syzygie mit gegeneinander gekehrten Hinterenden. Die Gamonten verkürzen sich und bilden eine gemeinsame Gametocyste. Die mitotische Kernvermehrung (Bildung von Gametenkernen) setzt bereits in den männlich, bzw. weiblich determinierten Gamonten ein. In der Gametocyste bilden sich, unter Zerfall der Gamonten, begeißelte männliche und unbegeißelte weibliche Gameten, welche getrennt von den beiden Elternteilen abstammen. Nach der Gametenkopulation entsteht ein diploides Synkaryon. Die anschließende Sporogonie beginnt mit der Reduktionsteilung in der Sporocyste und in ihr entstehen längliche, haploide Sporozoite. Die Sporozoite dringen in Epithelzellen ein, werden eiförmig, vergrößern sich sehr stark und wandeln sich in Trophozoite um. Der einkernige Trophozoit wandelt sich in einen Schizont um, und es setzt die Schizogonie mit zahlreichen Kernteilungen ein. Im Schizont entstehen zahlreiche einkernige Merozoite, welche zu Gamonten werden.

Lebensweise: Endoparasitisch im Darmtrakt von Anneliden, Sipunculiden, Enteropneusten und Ascidien. Ausschließlich marine Vertreter. Der Sporozoit dringt in eine Darmepithelzelle ein, wandelt sich dort in den Schizont um. Die Merozoite und auch die jungen Gamonten befinden sich meist noch in den Zellen, während die voll ausgebildeten Gamonten extrazellulär leben, und zunächst mit dem Vorderende an der Darmwand festgeheftet sind. Die Syzygie-Bildung erfolgt frei im Lumen des Darmes, die Gametocysten werden mit dem Kot nach außen abgegeben. Die freien Sporocysten werden

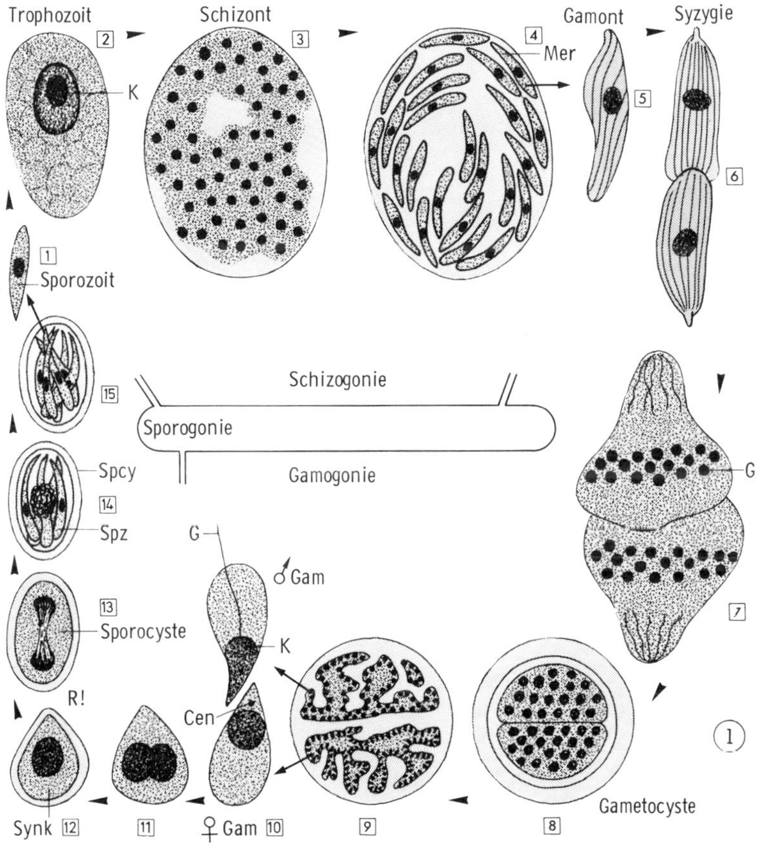

Taf. 79. Polannulifera: Gregarinea (Archigregarinida). – Abb. 1. *Selenidium caulleryi*, Zyklus mit Schizogonie, Gamogonie und Sporogonie. Erläuterungen im Text (nach GRASSÉ). Abkürzungen: Cen = Centriol, Gak = Gametenkerne, K = Kern, Mer = Merozoite, R! = Reduktionsteilung, Spcy = Sporocyste, Spz = Sporozoite, Synk = Synkaryon.

mit der Nahrung aufgenommen, und im Darmtrakt des neuen Wirtes werden die Sporozoite frei. *Selenidium* (Taf. 79), *Meroselenidium, Solenocystis, Merogregarina, Exoschizon, Selenidioides.*

Von einigen Bearbeitern werden die Archigregarinida nicht anerkannt und als Eugregarinida mit zusätzlicher Schizogonie (z. B. *Selenidium*) betrachtet.

Ordnung Eugregarinida

Sekundär abgeänderter Zyklus (Taf. 80) mit Gamogonie und Sporogonie, aber ohne Schizogonie. Der Zyklus findet überwiegend extrazellulär statt. Der Sporozoit wandelt sich ohne zusätzliche Schizogonie in den Gamont um. Körperform der Gamonten meist spezifisch und mit verschiedenartigen Differenzierungen. Der Gamont kann primär ungegliedert sein (z. B. Acephalina) oder sekundär eine deutliche Zwei- oder Dreiteilung des Körpers aufweisen (Cephalina). Gegliederte Eugregariniden am Vorderende des Körpers häufig mit einem Epimerit (Taf. 81:11) (Anheftungsorganell), welcher mit Anhängen in Form von Zähnen, Haken u. ä. versehen ist. Der eigentliche Zellkörper bei ihnen durch eine deutlich ausgebildete, ektoplasmatische Scheidewand (Septum) in einen vorderen Protomerit (mit Epimerit) und einen hinteren Deutomerit geteilt. Der Kern des Gamonten befindet sich im Deutomerit

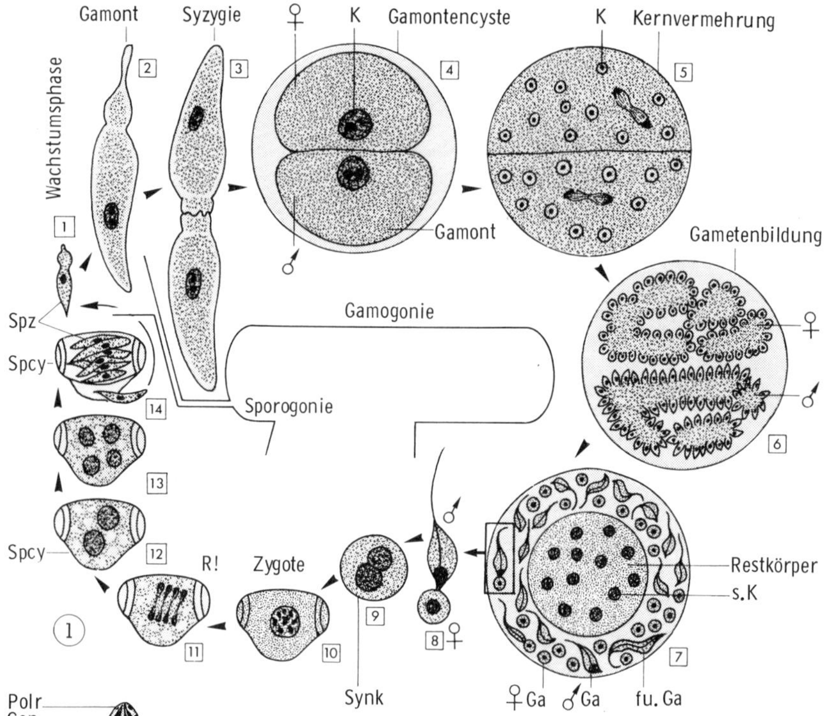

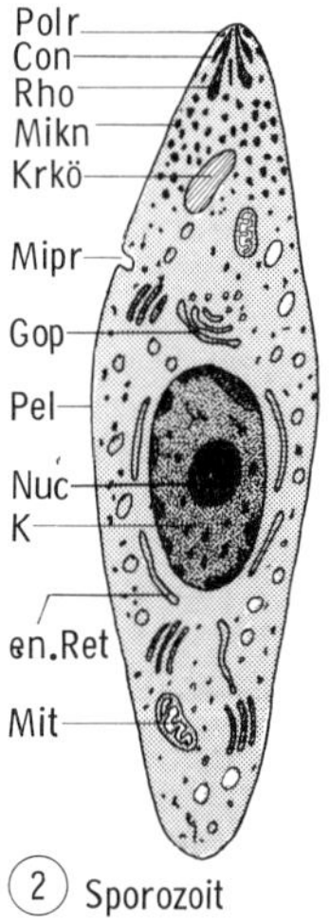

Taf. 80. Polannulifera: Gregarinea (Eugregarinida). – Abb. 1. *Stylocephalus longicollis*, Zyklus mit Gamogonie und Sporogonie. Erläuterungen im Text (nach Léger; Grell). Abb. 2. *Stylocephalus africanus*, Sporozoit (nach Scholtyseck & Mehlhorn). Abkürzungen: Con = Conoid, en. Ret = endoplasmatisches Reticulum, fu. Ga = fusiforme Gameten, Ga = Gamet, Gop = Golgi-Apparat, K = Kern, Krkö = Kristallkörper, Mikn = Mikronemen, Mipr = Mikropore, Mit = Mitochondrium, Nuc = Nucleolus, Pel = Pellicula, R! = Reduktionsteilung, Rho = Rhoptrien, s. K = somatischer Kern, Spcy = Sporocyste, Spz = Sporozoite, Synk = Synkaryon.

und weist oft mehrere Nukleoli auf. Bei einigen Arten (z. B. Arten von *Urospora*, *Nematocystis*, *Rhynchocystis*) ist der Körper mit körpereigenen, fädigen, an Geißeln erinnernden Anhängen besetzt. Ektoplasma mehrschichtig, mit widerstandsfähiger äußerer Pellicula (Cuticula).

Sporozoit länglich-oval, mit den typischen elektronenmikroskopisch erkennbaren Merkmalen. Mit apikalem Polring, Conoid und relativ kurzen Rhoptrien. Zahlreiche Mikronemen im vorderen Körperbereich sowie mit einzelnem Kristallkörper. Mit kräftig ausgebildeter Pellicula, welche mit einer Mikropore versehen ist. Kern mit großem Nukleolus. Mitochondrien, Golgi-Apparat und endoplasmatisches Reticulum gut ausgebildet.

Zyklus (Taf. 80): Die Sporozoite werden durch Aufplatzen der Sporocyste (Sporenkapsel) frei und wachsen im Darmlumen des Wirtes zu den geschlechtlich differenzierten Gamonten heran. Bei der nun beginnenden Gamogonie (Gamontogamie) bilden zwei Individuen eine Syzygie, verkürzen sich und bilden eine Gamontencyste, die mit dem Kot ins Freie gelangt. In jedem Gamonten findet eine Kernvermehrung statt, so daß unter Bildung eines plasmatischen Restkörpers männliche und weibliche Gameten entstehen. Daneben treten noch begeißelte, fusiforme Gameten auf, welche aber nicht kopulieren. Männliche Gameten mit einer Geißel, weibliche Gameten unbegeißelt. Kopulation mit anschließender Zygotenbildung und Reduktionsteilung. Die Zygote wandelt sich in die Sporocyste (wird mit der Nahrung aufgenommen) um, und im weiteren Verlauf der Sporogonie (ab Reduktionsteilung) kommt es zur Ausbildung von Sporozoiten. Häufig werden dabei 8 Sporozoite gebildet.

Lebensweise: Vorwiegend endoparasitische Lebensweise im Darmtrakt und in Leibeshöhlen von Anneliden und Arthropoden. Sporozoite entweder frei im Lumen von Körperhöhlen oder zunächst intrazellulär in Epithelzellen. Gamonten stets extrazellulär.

Unterordnung Blastogregarinina

Die Gamogonie findet während der Anheftung der Gamonten am Darmepithel des Wirtes statt. Mit anisogamen Gameten, welche durch Knospung am Gamonten entstehen. Gamont ungegliedert, aber mit Epimerit. Keine Syzygienbildung. Sporocysten mit 10–16 Sporozoiten. Endoparasitisch in Hohlraumsystemen mariner Polychaeten. – *Siedleckia*.

Unterordnung Acephalina (Aseptatina)

Körper ungeteilt, nicht gegliedert. Vorwiegend endoparasitische Lebensweise in Leibeshöhlen, sowie Samenblasen; vorwiegend von Oligochaeten. Aber auch in Leibeshöhlen von Polychaeten, Turbellarien, Insekten und Echinodermen. Sporozoite in frühem Stadium zunächst intrazellulär (z. B. in den Samenbildungszellen), dann aber, wie die Gamonten, freilebend. *Monocystis* (Taf. 81:8): In Samenblase von Oligochaeten. Infektion durch Aufnahme von Sporocysten mit der Nahrung. Sporozoite durchdringen Darmepithel und wandern in die Samenblase ein. – *Apolocystis* (Taf. 81:7), *Nematocystis* (Taf. 81:4), *Rhynchocystis* (Taf. 81:10); *Urospora*: In Leibeshöhlen von Echinodermen. – *Aikinetocystis* (Taf. 81:9): Körper dichotom verzweigt, Verzweigungen mit Saugnäpfen. In Coelomräumen von Regenwürmern. – *Schaudinnella* (Taf. 81:6); *Enterocystis*: Im Darmtrakt von Ephemeridenlarven.

Unterordnung Cephalina (Septatina)

Körper gegliedert. Epimerit primär stets vorhanden, kann aber schon frühzeitig während des Zyklus wieder reduziert werden. Körper meist durch eine Scheidewand (Septum) in Proto- und Deutomerit geteilt. Einige Vertreter ohne diese Trennung (*Ancora*, *Polyrhabdina*). Fast ausschließlich endoparasitische Darmbewohner von Arthropoden, zum Teil auch von Anneliden. Vorkommen meist im Mitteldarm. Primär meist epizelluläre Lebensweise, Festheftung durch Epimerit. Seltener Sporozoite zunächst intrazellulär, häufig aber schon Sporozoite, wie auch die Gamonten, frei im Darmlumen lebend. *Stylocephalus* ((Taf. 80:1, 2; Taf. 81:2) (Darmtrakt von Käfern), *Corycella* (Taf. 81:1), *Grebnickiella* (Taf. 81:3) (im Darmtrakt von Scolopendern), *Taeniocystis* (Taf. 81:5) (Deutomerit mit Ringelung), *Gregarina* (Taf. 81:11) (Darmtrakt von Insekten), *Discorhynchus* (Taf. 81:11), *Sciadiophora* (Taf. 81:11) (im Darmtrakt von Weberknechten), *Cometoides* (Taf. 81:11), *Beloides* (Taf. 81:11), *Echinomera* (Taf. 81:11), *Pileocephalus* (Taf. 81:11), *Ancora* (primär noch ohne Trennung in Proto- und Deutomerit, im Darmtrakt mariner Polychaeten), *Polyrhabdina* (Darmtrakt von Polychaeten, keine Trennung in Proto- und Deutomerit).

Ordnung Schizogregarinida (Neogregarinida)

Stammesgeschichtlich jüngere Gruppe mit Gamogonie, Sporogonie und zusätzlicher, sekundärer Schizogonie. Körperform häufig langgestreckt, zum Teil oval-birnenförmig. Vorderende häufig mit verbreiterten Haftorganellen (z. B. *Ophryocystis*), welche aber nicht durch eine Trennwand vom übrigen Körper abgetrennt sind (Pseudomerit).

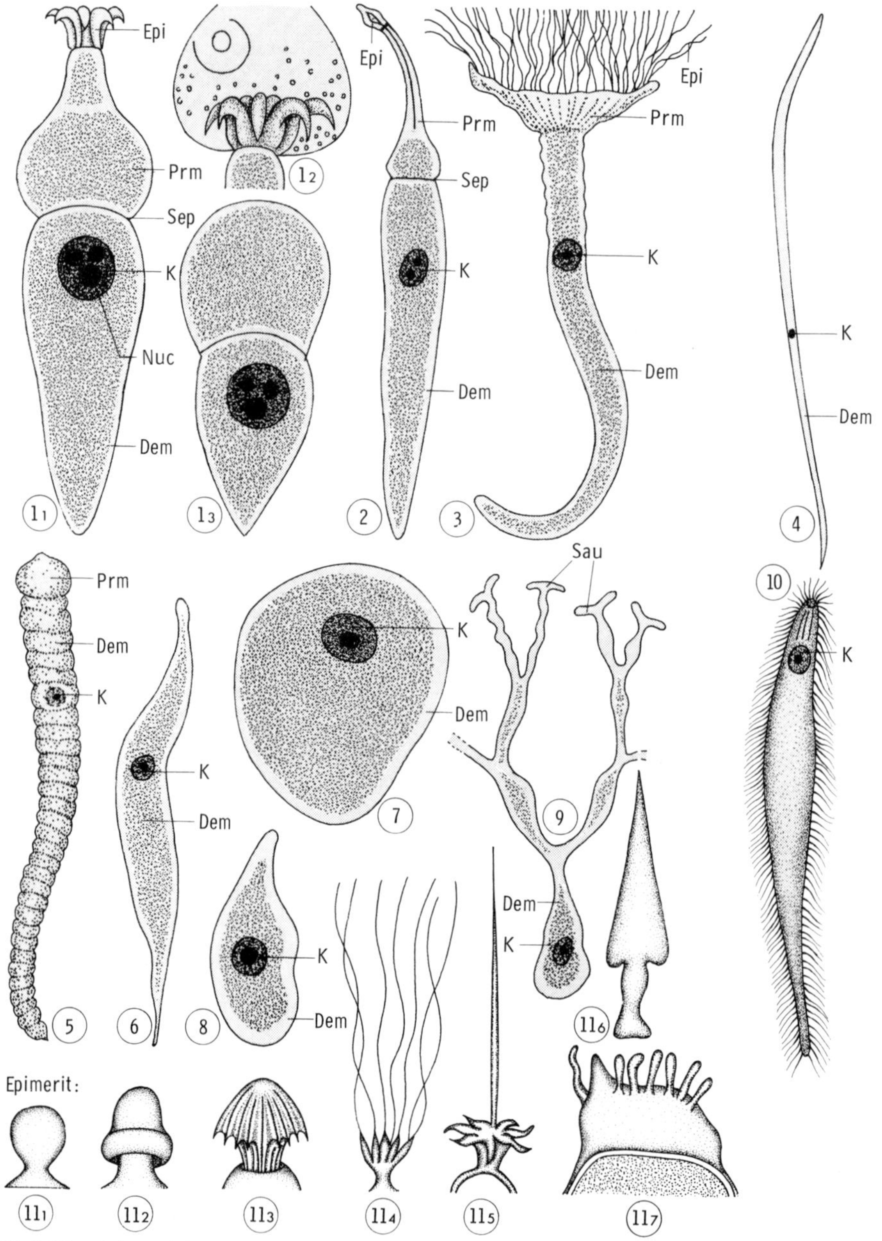

Taf. 81. Polannulifera: Gregarinea (Eugregarinida). – Abb. 1. *Corycella armata* (nach LÉGER): 1/1. Gamont; 1/2. Epimerit, in der Wirtszelle befestigt; 1/3. Gamont, nach Abwurf des Epimeriten. Abb. 2. *Stylocephalus longicollis* (nach SCHNEIDER). Abb. 3. *Grebnickiella giardi* (nach LÉGER). Abb. 4. *Nematocystis anguillula* (nach BERLIN). Abb. 5. *Taeniocystis mira* (nach LÉGER). Abb. 6. *Schaudinnella henleae* (nach NUSBAUM). Abb. 7. *Apolocystis minuta* (nach TROISI). Abb. 8. *Monocystis rostrata* (nach KUDO). Abb. 9. *Aikinetocystis singularis* (nach GATES). Abb. 10. *Rhynchocystis pilosa* (nach HESSE). Abb. 11. Eugregarinida-Epimeritformen (nach LÉGER): 11/1. *Gregarina longa*; 11/2. *Discorhynchus truncatus*; 11/3. *Sciadiophora phalangii*; 11/4. *Cometoides crinitus*; 11/5. *Beloides firmus*; 11/6. *Pileocephalus heeri*; 11/7. *Echinomera hispida*. Abkürzungen: Dem = Deutomerit, Epi = Epimerit, K= Kern, Nuc = Nucleolus, Prm = Protomerit, Sau = Saugnäpfe, Sep = Septum.

Zyklus (Taf. 82:4): Entwicklung weitgehend epizellulär. Die Sporozoite wachsen zu den sich ungeschlechtlich vermehrenden Schizonten heran. Die Form vor Beginn der Schizogonie wird meist als erwachsenes Stadium (Trophozoit) bezeichnet. Im Schizont finden während der Schizogonie zahlreiche Kernteilungen statt, und es entstehen spindelförmige Tochterzellen, die Merozoite. Dieser Schizogonie-Prozeß kann mehrmals hintereinander erfolgen, so daß es hier zu einer starken Vermehrung des Parasiten kommt. Es können dabei auch verschiedenartige Schizonten (mit kleinen, bzw. großen Kernen) auftreten. Am Ende des Schizogonie-Ablaufes wandeln sich die einkernigen Merozoite in Gamonten um, welche sich dann paarweise aneinanderlegen (Syzygienbildung) und die Gamogonie einleiten. In jedem Gamonten findet eine starke Kernvermehrung statt und in der gemeinsamen Gamontencyste entstehen männliche und weibliche Gameten (anisogame oder isogame Gameten). Ein Teil des Plasmas bleibt als Restkörper in der Cyste zurück. Die Gameten kopulieren innerhalb der Cyste. Nach der Zygotenbildung beginnt die Sporogonie mit der Reduktionsteilung und in der Gamontencyste bilden sich eine größere Zahl von Sporocysten mit je 8 Sporozoiten. Bei Arten mit sehr ausgeprägter Sekundär-Schizogonie (z. B. *Mattesia*, *Ophryocystis*) kann die Gamogonie stark zurückgebildet sein, so daß die Gamonten nur noch 1–2 Gameten erzeugen. Entsprechend gering ist dann auch die Zahl der erzeugten Sporocysten, bzw. Sporozoite. Schizogregarinida sind vorzugsweise Gewebeparasiten, welche den Darmtrakt (mit Anhangsorganen) von Arthropoden, Anneliden und Tunicaten bewohnen. Die heranwachsenden Stadien (Sporozoite) meist epizellulär an Epithelzellen des Darmtraktes. Gamogonie und Sporogonie meist intrazellulär.

Schizocystis: Gamontencysten mit vielen Sporocysten; im Darm von Dipterenlarven. – *Machadoella* (Taf. 82:3): In Malpighi'schen Gefäßen von Raubwanzen. – *Lipocystis* (Taf. 82:4): Ebenfalls mit vielen Sporocysten; im Fettgewebe von Mecopteren. – *Ophryocystis* (Taf. 82:2): Gamontencysten mit nur 1–2 Sporocysten, in Malpighi'schen Gefäßen von Käferlarven. – *Mattesia:* Ebenfalls mit nur 1–2 Sporocysten; im Fettgewebe der Mehlmotte *Ephestia.* – *Caulleryella* (Taf. 82:1): Im Darm von Fliegenlarven.

Klasse Coccidea (Coccidia)
(Taf. 83–88)

Mit den Ordnungen Agamococcidiorida, Protococcida, Schizococcida und Toxoplasmida.

Primär nur mit Sporogonie (Agamococcidiorida) oder mit Gamogonie und Sporogonie (Protococcida), sekundär mit zusätzlicher Schizogonie (Schizococcida, Toxoplasmida). Der weibliche Gamont (Taf. 78:2) wandelt sich direkt in den weiblichen Makrogameten (Taf. 78:3) um, während der männliche Gamont (Taf. 78:4) eine multiple Teilung durchführt, welche zur Bildung vieler, begeißelter Mikrogameten (Taf. 78:5) führt. Die Kopulation wird dadurch zu einer Art von Oogamie, die dabei entstehende Zygote wird als Oocyste bezeichnet. Im Gegensatz zu den Gregarinea verläuft die Sporogonie in zwei Phasen. Durch eine erste Teilungsfolge entstehen zunächst Sporocysten (Sporen) und dann erst durch weitere Teilungen in den Sporocysten die Sporozoite. Die Sporozoite wandeln sich direkt in Gamonten um (Protococcida) oder es findet durch eine Schizogonie zunächst eine weitere Vermehrung statt (z. B. Schizococcida). Primär ohne Wirtswechsel (Protococcida), sekundär häufig mit Wirtswechsel und mit sekundärem Blutparasitismus (Haemosporidina). Toxoplasmida mit zusätzlicher Agamogonie (Endodyogenie) in Nebenwirten. Endodyogenie wurde auch bei *Eimeria* (Eimeriina) festgestellt.

Primär extrazelluläre Endoparasiten (Protococcida) in Leibeshöhlen von Anneliden. Sekundär fast ausschließlich intrazelluläre Lebensweise, epitheliale Gewebe werden bevorzugt befallen. Sekundär mit Blutparasitismus. Primär ohne Wirtswechsel (Protococcida und Vertreter der Schizococcida), sekundär mit Wirtswechsel. Befallen werden Wirbellose und Wirbeltiere. Bei Wirtswechsel findet ein Teil des Zyklus (Schizogonie) in dem einen und der andere Teil (Gamogonie und Sporogonie) in dem anderen Wirt statt.

Ordnung Agamococcidiorida

Nur mit Sporogonie, ohne Gamogonie und ohne Schizogonie. Rhytidocystidae mit der Gattung *Rhytidocystis*.

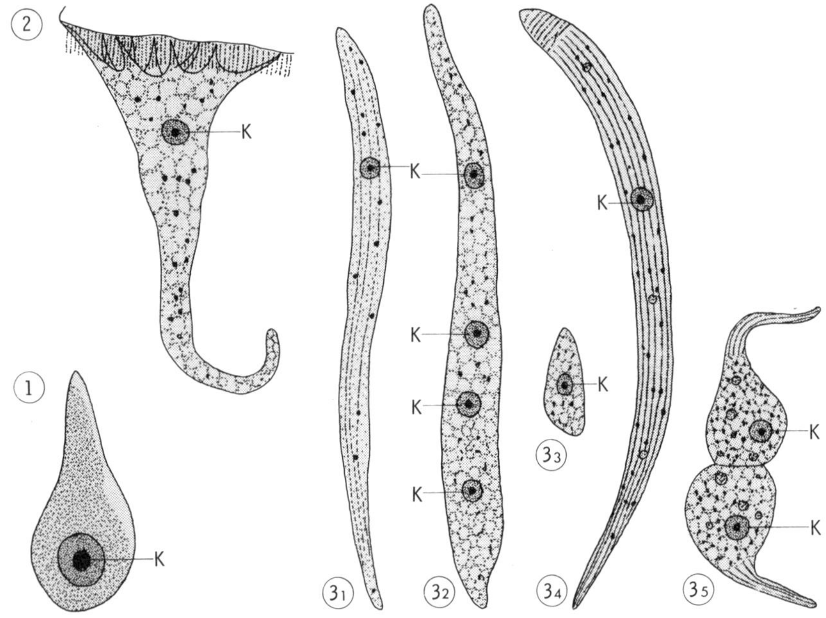

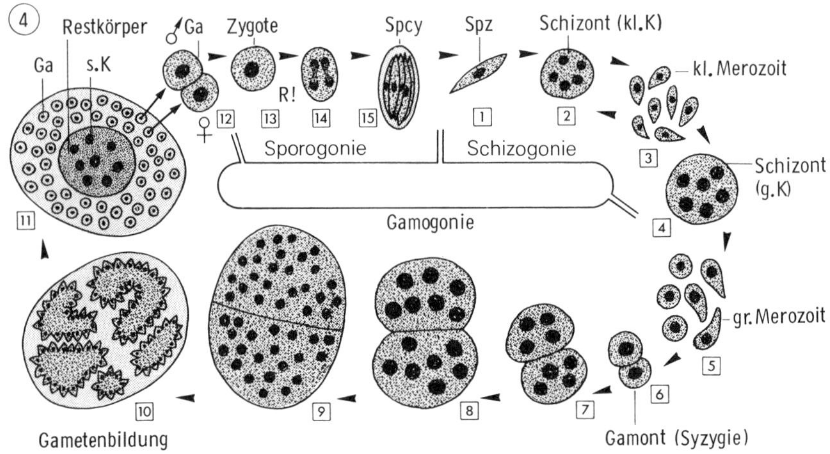

Taf. 82. Polannulifera: Gregarinea (Schizogregarinida). – Abb. 1. *Caulleryella pipientis*, Trophozoit (nach BUSHKIEL). Abb. 2. *Ophryocystis schneideri* (nach LÉGER). Abb. 3. *Machadoella triatomae* (nach REICHENOW): 3/1. Trophozoit; 3/2. Schizont; 3/3. Merozoit; 3/4. Gamont; 3/5. Syszygie. Abb. 4. *Lipocystis polyspora*, Zyklus mit Schizogonie, Gamogonie und Sporogonie. Erläuterungen im Text (nach GRELL). Abkürzungen: Ga = Gamet, g. K = großer Kern, K = Kern, kl. K = kleiner Kern, Merozoit (kl. = kleiner, gr. = großer Merozoit), R! = Reduktionsteilung, s. K = somatischer Kern, Spcy = Sporocyste, Spz = Sporozoit.

Ordnung Protococcida

Ohne Schizogonie, überwiegend extrazelluläre Lebensweise in der Leibeshöhle von Anneliden (marine Polychaeten). Neben dem normalen Zyklus kommt gelegentlich auch parthenogenetische Entwicklung (*Eucoccidium*) vor.

Zyklus (Taf. 83): Die Sporocyste wird von Wirt mit der Nahrung aufgenommen. Die durch Aufplatzen der Sporocyste freiwerdenden, länglich-ovalen Sporozoite durchdringen die Darmwand und gelangen in die Leibeshöhle. Nun setzt eine Wachstumsphase ein, und die Sporozoite wandeln sich direkt in männlich sowie weiblich determinierte Gamonten um. Der weibliche Gamont wächst zum Makrogameten heran, während der Mikrogamont sich nicht weiter vergrößert. Durch multiple Teilungen bilden sich im Mikrogamonten 12–32, zweigeißlige, linsenförmige Mikrogameten. Nach der Befruchtung streckt sich die Zygote in die Länge, und die Sporogonie beginnt mit der Reduktionsteilung. In der Oocyste entstehen zunächst durch agame, multiple Teilungen Sporenkerne und dann einkernige Sporen. Die Oocyste platzt nun auf, jede Spore wird zu einer Sporocyste, in welcher sich jeweils 6 Sporozoite entwickeln. Das Wirtsindividuum stirbt ab und die Sporocysten gelangen ins Freie.

Lebensweise: Endoparasitisch in den Leibeshöhlen mariner Polychaeten. Überwiegend extrazelluläre Lebensweise. *Eucoccidium* (Taf. 83) (in der Leibeshöhle von *Dinophilus*), *Coelotropha* (in der Leibeshöhle von *Nereis*).

Ordnung Schizococcida (Eucoccidiida)

Mit zusätzlicher Schizogonie, fast ausschließlich intrazelluläre Lebensweise. Die Zahl der Schizogoniegenerationen häufig konstant. Gamogonie als Gamontogamie (wie Syzygienbildung der Gregarinea) bei Adeleina. Adeleina primär noch ohne, sekundär mit Wirtswechsel. Eimeriina mit Gametogamie. Makro- und Mikrogamonten entwickeln sich getrennt. Eimeriina mit und ohne Wirtswechsel. Haemosporidina mit Wirtswechsel und sekundärem Blutparasitismus. Überträger sind blutsaugende Insekten. Primärinfektion des Wirtes (Wirbeltier) ist eine Gewebeinfektion, erst sekundär werden Blutkörperchen befallen.

Unterordnung Adeleina

Die Gamogonie verläuft (wie bei der Syzygienbildung der Gregarinen) als Gamontogamie, Mikro- und Makrogamonten legen sich paarweise aneinander. Makrogamont wesentlich größer als Mikrogamont. Primär Entwicklung in einem Wirt (*Klossia*), sekundär mit Wirtswechsel (z. B. *Karyolysus*). Mi-

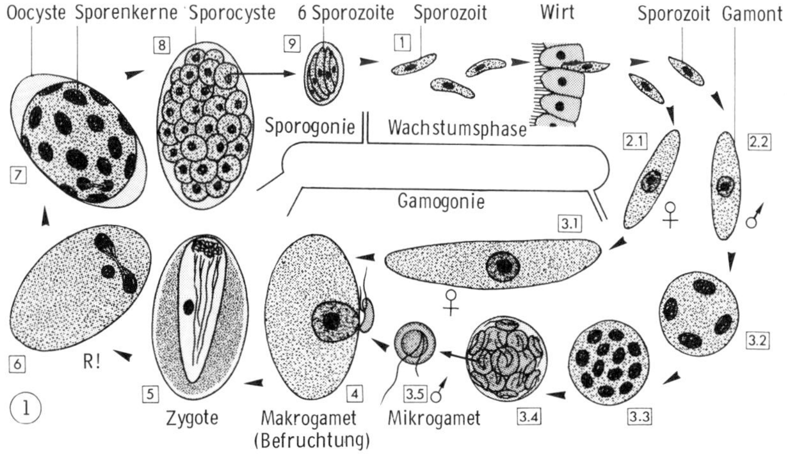

Taf. 83. Polannulifera: Coccidea (Protococcida). – Abb. 1. *Eucoccidium dinophili*, Zyklus mit Gamogonie und Sporogonie. Erläuterungen im Text (nach GRELL). Abkürzungen: R! = Reduktionsteilung.

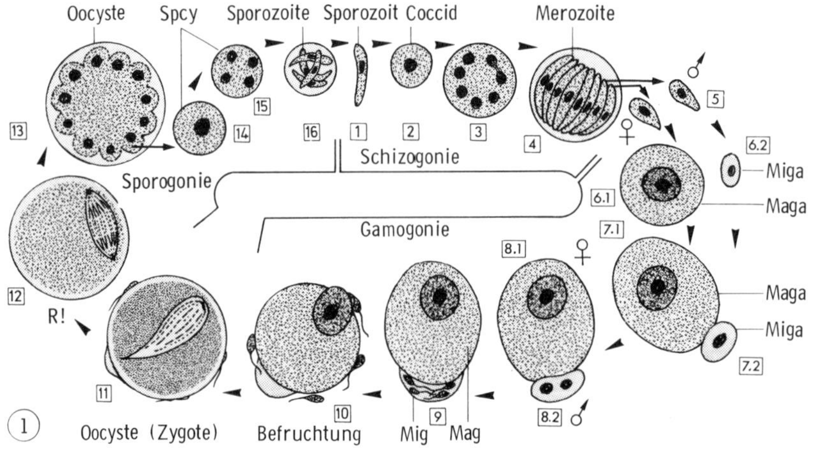

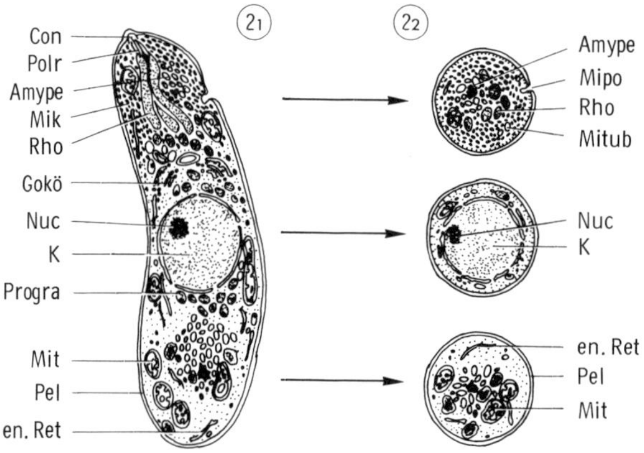

Taf. 84. Polannulifera: Coccidea (Schizococcida). – Abb. 1. *Klossia loossi*, Zyklus mit Schizogonie, Gamogonie und Sporogonie, ohne Wirtswechsel. Erläuterungen im Text (nach GRELL). Abb. 2. *Klossia helicina*; 2/1. Merozoit; 2/2. Querschnitte (nach FLEISCHMANN). Abkürzungen: Amype = Amylopektin, Con = Conoid, en. Ret. = endoplasmatisches Reticulum, Gokö = Golgi-Körper, K = Kern, Mag = Makrogamet, Maga = Makrogamont, Mig = Mikrogamet, Miga = Mikrogamont, Mik = Mikronemen, Mipo = Mikropore, Mit = Mitochondrium, Mitub = Microtubuli, Nuc = Nucleolus, Pel = Pellicula, Polr = Polring, Progra = Proteingranula, R! = Reduktionsteilung, Rho = Rhoptrien.

krogamonten bilden nur 2 oder 4 Mikrogameten aus. Endoparasitische Lebensweise in Wirbellosen (Oligochaeten, Egeln, Mollusken, Milben, Myriapoden) und Wirbeltieren (Eidechsen, Schildkröten, Nagetieren). Wirtswechsel stets zwischen Wirbellosen und Wirbeltieren.

Zyklus (Taf. 84:1) (am Beispiel von *Klossia*, ohne Wirtswechsel): Der länglich-ovale Sporozoit dringt in Nierenepithelzellen ein und wächst zu einem rundlichen, einkernigen Coccid heran. Im Coccid (Schizogonie) entstehen durch agame Teilungen wiederum Sporozoite, welche weitere Schizogonien durchführen. Schließlich entstehen Merozoite (Taf. 84:2), welche sich in Gamonten (Gametocyten) umwandeln. Makro- und Mikrogamonten legen sich paarweise aneinander. Aus dem Makrogamont entsteht ein großer Makrogamet, aus dem Mikrogamont entstehen vier, meist zweigeißlige Mikrogameten. Einer der Mikrogameten führt die Befruchtung durch (Ende des Gamogonie-Ablaufes), und der befruchtete Makrogamet wird zur Oocyste. Die 3 verbliebenen Mikrogameten degenerieren außerhalb der Oocyste. Während der nun ablaufenden Sporogonie entsteht durch multiple Teilung im Inneren der Oocyste eine größere Zahl von Sporocysten, welche je 4 Sporozoite enthalten.

Klossia (Taf. 84): Ohne Wirtswechsel, im Nierenepithel von Schnecken; *Karyolysus*: Mit Wirtswechsel, Gamogonie und Sporogonie im Darmepithel von Milben, Schizogonie in Endothelzellen von Eidechsen; *Haemogregarina*: Gamo- und Sporogonie in Blutegeln, Schizogonie in Erythrocyten von Schildkröten; *Hepatozoon*: Zecken und Milben, sowie Nagetiere als Wirte.

Unterordnung Eimeriina

Mit Gametogamie. Makro- und Mikrogamonten (= Gametocyten) (Taf. 78:2, 4) entwickeln sich getrennt voneinander, legen sich nicht paarweise aneinander wie bei den Adeleina. Es werden zahlreiche begeißelte Mikrogameten (Taf. 78:5) ausgebildet, welche aktiv die Makrogameten (Taf. 78:3) zur Befruchtung aufsuchen. Bei *Eimeria* zweigeißlige, häufig aber auch dreigeißlige Mikrogameten.

Sporozoit (Taf. 85:2) länglich-ovale Körperform. Mit Polring und Conoid, Rhoptrien länglich-oval und kräftig ausgebildet. Mit vorderem Mikronemenfeld, dahinter liegt ein großer, rundlicher, refraktiler Körper. Kräftige, mit einer Mikropore versehene Pellicula. Kern mit Nukleolus. Im hinteren Teil des Körpers ein weiterer, rundlicher, refraktiler Körper. **Merozoit** (Taf. 85:3) mit gleicher Körperform wie Sporozoit. Rhoptrien wesentlich länger und ohne refraktile Körper. Hinter den Rhoptrien größerer granulärer Bereich. Kern mit Nukleolus, im hinteren Zelldrittel liegend. Mikrogameten zwei- bis dreigeißlig. Mit glatten, heterodynamischen und verschieden langen Geißeln, welche am vorderen Körperpol inseriert sind. Die Geißeln sind nach hinten gerichtet, die zwei vorderen davon sind frei, die kleine, hintere Geißel ist größtenteils mit der Zelloberfläche verbunden. Zellkörper lang und schmal, wird fast ganz vom Zellkern eingenommen. Mit einem großen Mitochondrium. Zyklus primär ohne, sekundär mit Wirtswechsel.

Zyklus (Taf. 85:1) *Eimeria*, ohne Wirtswechsel: Die länglich-ovalen Sporozoite dringen zunächst in Gallengang-Epithelzellen (*E. stidae*) ein und wachsen dort zum rundlichen Coccid heran. Durch Schizogonie entstehen im Coccid zahlreiche neue Sporozoite, welche Epithelzellen der Leber infizieren. Nach mehrmaliger Schizogonie entstehen Merozoite, welche sich in Makro- und Mikrogamonten (Gametocyten) umwandeln. Der Makrogamont wächst direkt zum großen Makrogameten heran, während der Mikrogamont durch multiple Teilung zahlreiche, mit 3 Geißeln versehene Mikrogameten erzeugt. Zum Abschluß der Gamogonie findet die Befruchtung statt. Die Zygote umgibt sich mit einer Hülle und wird zur Oocyste. Die Sporogonie wird mit der Reduktionsteilung eingeleitet, und es bilden sich in jeder Oocyste 4 Sporoblasten, die sich mit einer Hülle umgeben und so zu Sporocysten werden. In jeder Sporocyste bilden sich durch eine weitere Teilung 2 Sporozoite. Die Oocysten mit den Sporozoiten werden mit dem Kot abgegeben und bewirken Neuinfektionen. *Eimeria* (Taf. 78:2–5 u. 85:1–3): Oocyste mit 4 Sporocysten, jede mit 2 Sporozoiten, mit Endodyogonie, Erreger von Coccidiosen; *Isospora*: Oocyste mit 2 Sporocysten, jede mit 4 Sporozoiten; *Aggregata*: Mit Wirtswechsel, Übertragung durch Sporocysten, Schizogonie in Krabben, Gamogonie und Sporogonie in Tintenfischen; *Selenococcidium*: Schizont länglich, ähnelt Gregarinen, endoparasitisch im Hummer.

Unterordnung Haemosporidina

Makro- und Mikrogamonten entwickeln sich (wie auch bei Eimeriina) getrennt voneinander. Sporogonie nun einphasig, es werden keine Sporocysten (Sporen) ausgebildet. Mit sekundärem Blutparasitismus, verbunden mit einem Wirtswechsel zwischen einem Wirbeltier (hier noch primäre Gewebeinfektion) und einem blutsaugenden Insekt (Dipteren). Als Anpassung an die Entwicklung in einem Überträger wandelt sich die Zygote in ein bewegliches Stadium (Ookinet) um.

Merozoite (Taf. 86:2) kurz, rundlich-oval. Mit Polarring, aber ohne Conoid. Rhoptrien kurz, rundlich-oval. Mit Mikronemen im vorderen Drittel des Zellkörpers. Relativ großer Zellkern im hinteren Zellbereich. Die fadenförmigen Mikrogameten ohne Geißeln aber mit Geißelbasis im apikalen Zellbereich. *Haemoproteus* mit zwei, *Plasmodium* mit nur einer Geißelbasis. Mikrogameten wahrscheinlich ohne Mitochondrium.

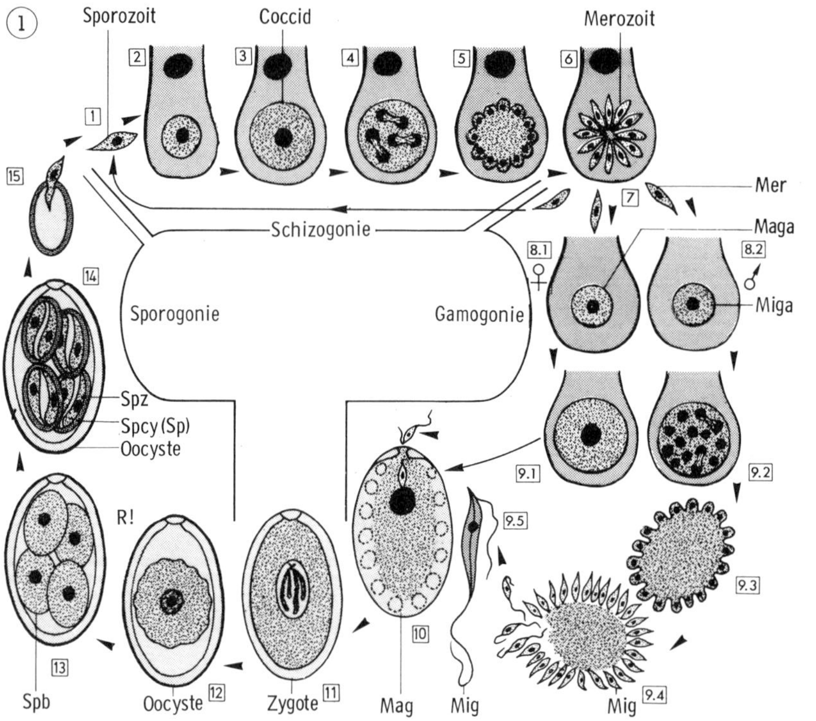

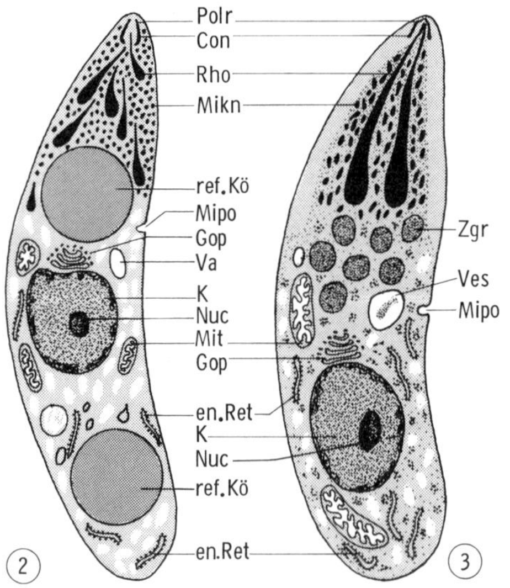

Taf. 85. Polannulifera: Coccidea (Schizococcida). – Abb. 1. *Eimeria stidae*, Zyklus mit Schizogonie, Gamogonie und Sporogonie, ohne Wirtswechsel. Erläuterungen im Text (nach KÜHN). Abb. 2. *Eimeria callospermophili*, Sporozoit (nach SCHOLTYSECK & MEHLHORN). Abb. 3. *Eimeria perforans*, Merozoit (nach SCHOLTYSECK & MEHLHORN). Abkürzungen: Con = Conoid, en. Ret = endoplasmatisches Reticulum, Gop = Golgi-Apparat, K = Kern, Mag = Makrogamet, Maga = Makrogamont, Mer = Merozoit, Mig = Mikrogamet, Miga = Mikrogamont, Mikn

Zyklus (Taf. 86:1) (*Plasmodium vivax* = Erreger der Malaria tertiana): Durch den Stich einer infizierten weiblichen Mücke (Stechmücken: *Anopheles*) gelangen die in der Speicheldrüse befindlichen Sporozoite in die Blutbahn des Menschen und von dort aus in Endothel- und Leberzellen. Hier findet die exoerythrocytäre Phase der Schizogonie statt. Diese Phase der Schizogonie kann bis zu 2 Jahren dauern, die dabei entstehenden Merozoite befallen wiederum die die Blutgefäße auskleidenden Endothelzellen sowie Leberzellen. Etwa 8 Tage nach der Infektion dringen Merozoite aus dem Leberbereich in rote Blutkörperchen ein und lösen die erythrocytäre Phase der Schizogonie aus. Über ein Ring- und Amöboidstadium entsteht ein Schizont, in welchem sich durch multiple Teilung 16 Merozoite bilden. Durch Zerfall des Schizonten werden die Merozoite frei, und können die Schizogonie in den Erythrocyten wiederholen oder sie wandeln sich in Mikro- und Makrogamonten (Mikro- und Makrogametocyten) um. Eine Weiterentwicklung der Gamonten kann nur im Darm des Überträgers (*Anopheles*) erfolgen. Im Darm der Mücke entwickelt sich aus dem Makrogamont der Makrogamet, während der Mikrogamont durch multiple Teilung 8 unbegeißelte Mikrogameten erzeugt. Durch Kopulation entsteht eine Zygote, welche sich in einen beweglichen Ookineten umwandelt. Der Ookinet wandert in das Darmepithel der Mücke und wird dort zur Oocyste. Im Verlauf der Sporogonie entstehen durch agame Teilungen in der Oocyste zahlreiche Sporozoitenkerne, welche sich direkt (ohne Sporocystenbildung) in Sporozoite umwandeln. Durch Platzen der Oocyste werden die Sporozoite frei und gelangen in die Leibeshöhle des Überträgers und von dort aus in die Speicheldrüse.

Haemoproteus: Schizogonie nur in Endothelzellen, erst die Gamonten dringen in die roten Blutkörperchen ein. Sie werden vom Überträger beim Blutsaugen aufgenommen. Wirte Vögel, Überträger Lausfliegen. Auch Reptilien als Wirte. – *Leucocytozoon:* Gamonten in weißen Blutkörperchen von Vögeln, Überträger Simuliiden (Kriebelmücken). – *Plasmodium* (Taf. 86:1, 2): Malaria-Erreger. Schizogonie primär exoerythrocytär, sekundär erythrocytär. Der Fieberanfall ist mit der Schizogonie in den roten Blutkörperchen gekoppelt. Hämoglobin wird in einer Nahrungsvakuole aufgenommen. *Plasmodium*-Arten kommen in Reptilien, Vögeln und Primaten vor. *P. praecox*, Vogelmalaria, Überträger *Culex* (Stechmücken). Der Mensch wird von 3 *Plasmodium*-Arten befallen. *P. vivax*, Erreger der Tertiana, Fieber alle 48 Stunden. *P. malariae*, Erreger der Quartana, Fieber alle 72 Stunden und *P. falciparum*, Erreger der Tropica, Fieberanfälle hier unregelmäßig, können sich täglich wiederholen. Überträger stets *Anopheles*-Arten (Stechmücken).

Ordnung Toxoplasmida

Mit Schizogonie, Gamogonie (Gametogamie) und Sporogonie im Hauptwirt und zusätzlicher Agamogonie (Taf. 87:2) (**Endodyogonie**) in Nebenwirten. Im Nebenwirt entwickelt sich der Sporozoit zu einem sichelförmigen Trophozoiten, welcher sich durch Endodyogonie agam vermehrt oder große, agam entstehende Cysten bildet. Nebenwirte mit Befall an vielen Organen, es ist weder eine Organspezifität noch eine strenge Wirtsspezifität festzustellen. Primär sind jedoch alle Toxoplasmida-Arten Darmparasiten. Hauptwirte sind Säugetiere, Nebenwirte neben Säugetieren auch Vögel und Reptilien. Von Bearbeitern auch als Vertreter der Eimeriina betrachtet.

Unterordnung Toxoplasmina

Zyklus mit Schizogonie, Gamogonie in Form von Gametogamie sowie Sporogonie im Hauptwirt und agame Endodyogonie bzw. Cystenbildung in vielen, unspezifischen Nebenwirten. Mikrogameten mit 2 Geißeln suchen aktiv den Makrogameten zur Befruchtung auf. Merozoit (Taf. 87:1) mit vorderem Polring und Conoid. Rhoptrien länglich, kräftig ausgebildet. Mit vorderem Mikronemenfeld. Mit in Längsrichtung verlaufenden Mikrofibrillen. Kern im hinteren Zellbereich liegend. Terminal mit hinterem Polring. Mikrogamet zweigeißlig, mit sehr großem Kern und großem Mitochondrium.

◄
= Mikronemen, Mipo = Mikropore, Mit = Mitochondrium, Nuc = Nucleolus, Polr = Polring, R! = Reduktionsteilung, ref. Kö = refraktiler Körper, Rho = Rhoptrien, Spb = Sporoblast, Spcy = Sporocyste (auch Sp = Spore genannt), Spz = Sporozoit, Va = Vakuole, Ves = Vesikel, Zgr = Zentralgranula.

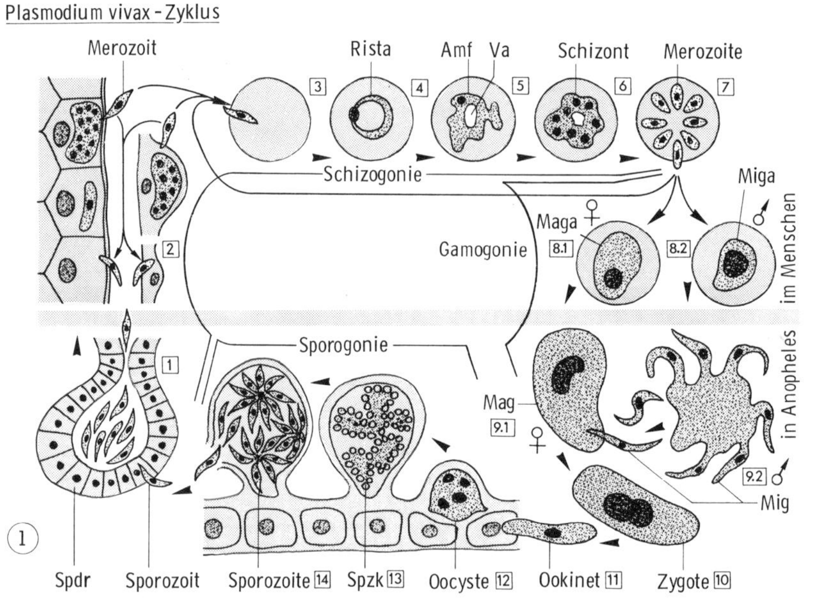

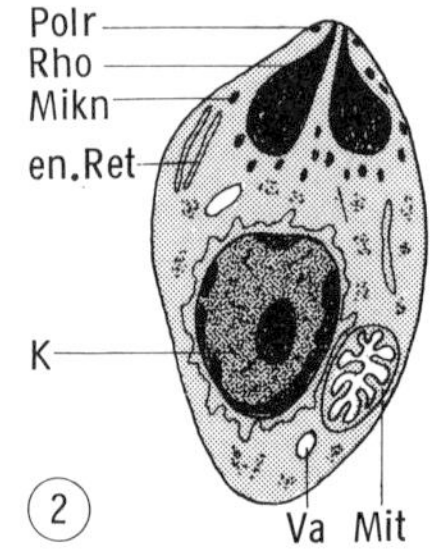

Taf. 86. Polannulifera: Coccidea (Schizococcida). – Abb. 1. *Plasmodium vivax*, Zyklus mit Schizogonie, Gamogonie und Sporogonie, mit Wirtswechsel. Erläuterungen im Text (nach verschiedenen Autoren). Abb. 2. *Plasmodium cathemerium*, erythrocytärer Merozoit (nach SCHOLTYSECK & MEHLHORN). Abkürzungen: Amf = Amöboidform, en. Ret = endoplasmatisches Reticulum, K = Kern, Mag = Makrogamet, Maga = Makrogamont, Mig = Mikrogamet, Miga = Mikrogamont, Polr = Polring, Rho = Rhoptrien, Rista = Ringstadium, Spdr = Speicheldrüse, Spzk = Sporozoitenkerne, Va = Vakuole.

Zyklus (Taf. 87:3) (*Toxoplasma gondii*): Hauptwirte sind Katzen der Gattung *Felis*, insbesondere unsere Hauskatze. Die Sporozoite leben intrazellulär im Darmepithel der Katze. Durch Schizogonie entstehen zahlreiche Sporozoite, welche die Schizogonie wiederholen können oder es entstehen Merozoite, welche sich in Gamonten umwandeln. Der Makrogamont entwickelt sich zum Makrogameten, während der Mikrogamont multiple, agame Teilungen durchführt, so daß unter Bildung eines Restkörpers zweigeißlige Mikrogamenten in größerer Zahl entstehen. Die Gamogonie wird durch Kopulation und Zygotenbildung abgeschlossen. Die Zygote wird zur Oocyste. Im Zuge der Sporogonie bilden sich in jeder Oocyste 2 Sporoblasten (Sporocysten), welche je 4 Sporozoite enthalten. Die Oocysten werden mit dem Kot ausgeschieden, so daß die Sporogonie außerhalb des Hauptwirtes erfolgt. Zu diesem Hauptzyklus kommt noch eine zusätzliche Agamogonie in zahlreichen anderen Wirbeltieren. Insgesamt wurden bisher ca. 300 Säugetierarten (wie z. B. Hunde, Ratten, Mäuse, Hasen, Kaninchen, Schafe, Schweine, Affen, Menschen), Reptilien und etwa 60 Vogelarten als Nebenwirte festgestellt. In den Nebenwirten entwickelt sich der Sporozoit zu einem sichelförmigen Trophozoiten. Die agame Vermehrung in Form einer endogenen Zweiteilung (Endodyogenie) erfolgt in zahlreichen Organen wie z. B. Milz, Leber, Lunge, im Endothel und auch im Zentralnervensystem. Bei der Endodyogenie teilen sich innerhalb der Mutterzelle Kern und Zellorganellen und umgeben sich mit eigenen Membranen. Erst dann reißt die Mutterzelle auf, und die beiden Tochterzellen (Trophozoite) werden frei. Es können auch Cysten ausgebildet werden, in welchen dann ebenfalls Vermehrung durch Endodyogenie statt-

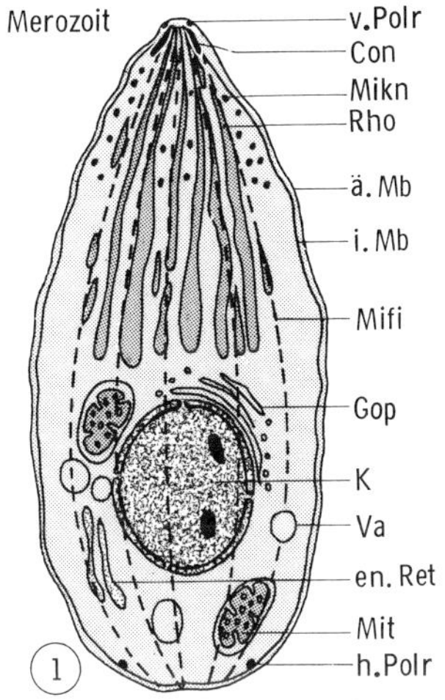

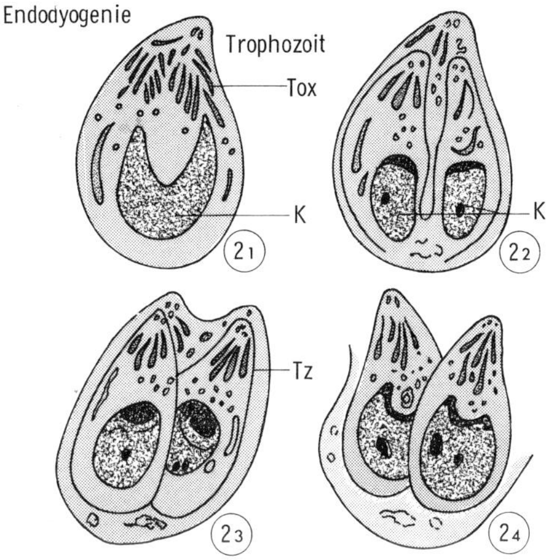

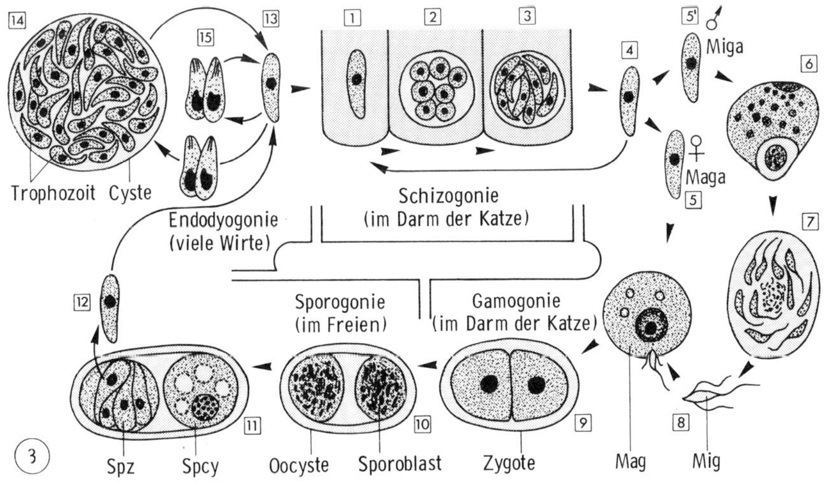

Taf. 87. Polannulifera: Coccidea (Toxoplasmida). – Abb. 1. *Toxoplasma gondii*, Merozoit (nach SCHOLTYSECK & PIEKARSKI). Abb. 2. *Toxoplasma gondii*, Endodyogenie. Abb. 3. *Toxoplasma gondii*, Zyklus mit Schizogonie, Gamogonie, Sporogonie und zusätzlicher Endodyogenie. Erläuterungen im Text (nach verschiedenen Autoren). Abkürzungen: ä. Mb = äußere Membran, Con = Conoid, en. Ret = endoplasmatisches Reticulum, Gop = Golgi-Apparat, h. Polr = hinterer Polring, i. Mb = innere Membran, K = Kern, Mag = Makrogamet, Maga = Makrogamont, Mifi = Mikrofibrillen, Mig = Mikrogamet, Miga = Mikrogamont, Mikn = Mikronemen, Mit = Mitochondrium, Rho = Rhoptrien, Spcy = Sporocyste, Spz = Sporozoit, Va = Vakuole, v. Polr = vorderer Polring.

findet. Die Infektion weiterer Nebenwirt-Individuen kann ohne Zwischenschaltung des eigentlichen Zyklus in der Katze erfolgen. Übertragung durch infiziertes Fleisch, Exkremente oder auch durch infizierte Muttermilch oder transplazentare Übertragung auf den Embryo. *Toxoplasma.*

Unterordnung Sarcosporina

Zyklus mit Schizogonie, Gamogonie und Sporogonie im Hauptwirt und agamer Endodyogenie im Nebenwirt. Primäre Darmparasiten (Katze, Hund, Mensch). In den Nebenwirten (Säugetiere, besonders größere Haustiere wie Rind, Schaf, aber auch in Vögeln und Reptilien) treten sie als Muskelparasiten, besonders in quergestreifter Muskulatur, auf. Merozoite (Taf. 88:1) sichelförmig. Mit vorderem und hinterem Polring. Mit Conoid, länglichen Rhoptrien und vorderem Mikronemenfeld. Pellicula mit (wie auch bei den Toxoplasmina) innerer und äußerer Membran und mit Mikropore. In der Mitte des Zellkörpers mit zahlreicher Zentralgranula. Kern im hinteren Zellbereich liegend.

Zyklus: Schizogonie und Gamogonie im Darmepithel des Hauptwirtes. Beginn der Sporogonie noch im Hauptwirt mit Ausbildung von Oocysten (Taf. 88:2) mit 2 Sporoblasten (Sporocysten), welche jeweils 4 Sporozoite enthalten. Die Oocysten werden mit dem Kot nach außen abgegeben, über sie erfolgt die Neuinfektion. Zusätzliche Agamogonie in Form von Endodyogenie in zahlreichen Nebenwirten. Hier treten sie als Muskelparasiten auf. Die Cysten (Taf. 88:3) zeigen (im Gegensatz zu den Toxoplasmina) im Inneren deutliche Kammerbildungen. Die schlauchförmigen Cysten enthalten in ihren peripheren Kammern junge, amöboide Trophozoitstadien, während die inneren Kammern die normal geformten, sichelförmigen Trophozoite enthalten. *Sarcocystis*.

Klasse Babesiea

(Taf. 89)

Zellkörper birnenförmig, mit amöboider Formveränderlichkeit. Sie leben endoparasitisch in roten Blutkörperchen und Leucocyten von Wirbeltieren (Säugetiere, Vögel, Reptilien) und werden von Milben (Ixodidae, Argasidae) übertragen. Auch Fische und Amphibien sind infiziert, aber die Überträger bisher noch nicht bekannt. Agame Vermehrung durch Zwei- oder Vierteilung in den Erythrocyten und Leucocyten des Wirtes und agame Vermehrung über plasmodiale Stadien im Überträger. Sehr wahrscheinlich ohne Gamogonie und daher auch ohne nachfolgende Sporogonie. Zyklus nur mit agamer Schizogonie. Keine Sporocysten (Sporen) vorhanden, da Sporogonie fehlt. Gleitende Fortbewegung, unterstützt durch Einkrümmungen des Körpers. Amöboide Körperform mit Ausbildung von Pseudopodien, welche aber nur zur Nahrungsaufnahme verwendet werden. Zellkörper mit nur einer einzigen durchgehenden Membran. Merozoite (Taf. 89:2) mit vorderem Polring, kurzen Rhoptrien und relativ kleinem Mikronemenfeld. Ohne Conoid. Im vorderen Zellbereich mit großem, sphärischem Körper. Allgemein mit Reduktion der vorderen Zellorganellen. Zellkern etwa in der Zellmitte gelegen. Mit hin-

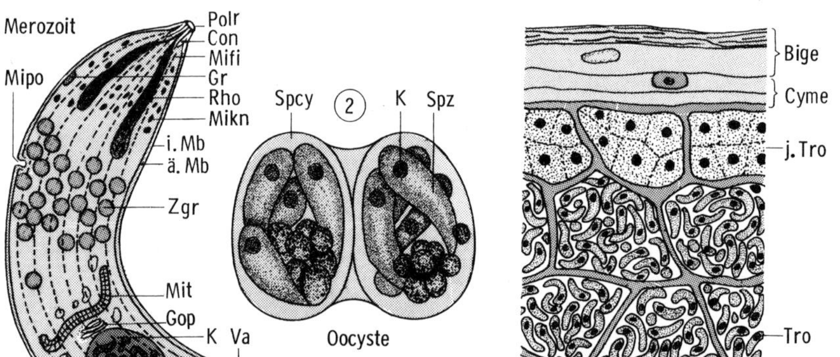

Taf. 88. Polannulifera: Coccidea (Toxoplasmida, Sarcosporina). – Abb. 1. *Sarcocystis tenella*, Merozoit (nach LUDVIK). Abb. 2. *Sarcocystis tenella*, Oocyste (nach ROMMEL). Abb. 3. *Sarcocystis tenella*, Ausschnitt von einer Cyste (nach SLEIGH). Abkürzungen: ä. Mb = äußere Membran, Bige = Bindegewebe (Wirt), Con = Conoid, Cykam = Cystenkammer, Cyme = Cystenmembran, Gop = Golgi-Apparat, Gr = Granula, h. Polr = hinterer Polring, i. Mb = innere Membran, j. Tro = junge Trophozoitstadien, K = Kern, Mifi = Mikrofibrillen, Mikn = Mikronemen, Mipo = Mikropore, Mit = Mitochondrium, Polr = Polring, Rho = Rhoptrien, Spcy = Sporocyste, Spz = Sporozoit, Tro = Trophozoit, Va = Vakuole, Zgr = Zentralgranula.

terem Polring. Ohne Golgi-Körper und ohne Mitochondrien. Mit Nahrungsvakuole am hinteren Zellende. Pigmente werden nicht vom Haemoglobin des Wirtes gebildet.

Ordnung Babesiida

Einzige Ordnung mit den Merkmalen der Klasse.

Zyklus (Taf. 89:1) *Babesia bigemina*: Die Merozoite befinden sich in der Speicheldrüse der erwachsenen weiblichen Zecke (*Boophilus*) und werden durch den Stich in die Blutbahn des Wirtes übertragen. Die zunächst birnenförmigen Merozoite befallen die roten Blutkörperchen, nehmen vorübergehend amöboide Gestalt an und vermehren sich agam, meist in Form einer Zweiteilung. Das befallene rote Blutkörperchen zerfällt, und die Merozoite besiedeln neue Erythrocyten. Der Zerfall der Erythrocyten führt zu fieberhaften Erkrankungen des Wirtes, verbunden mit Anaemie und Haemoglobinurie (Bluthharn). Durch den Stich einer Zeckenlarve oder einer weiblichen, erwachsenen Zecke gelangen die mit dem Blut aufgesaugten Merozoite in den Darmtrakt des Überträgers und dringen in das Darmepithel ein. Es kommt zu agamen, multiplen Teilungen mit Bildung von Plasmodien. Durch Zerfall der Plasmodien werden die dabei gebildeten Merozoite wieder frei. Diese Merozoite besiedeln zahlreiche innere Organe des Überträgers, darunter auch das Ovar. Hier dringen sie in die Eizellen ein und vermehren sich dort ebenfalls agam. Nach dem Schlupf des 1. Larvenstadiums aus dem Ei dringen die Me-

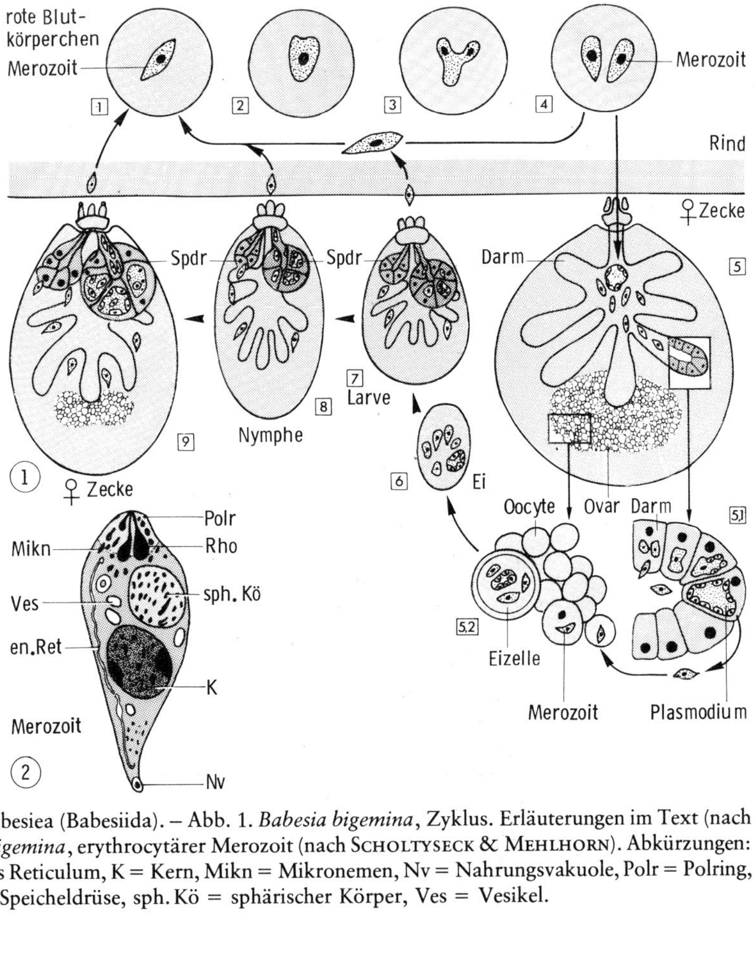

Taf. 89. Polannulifera: Babesiea (Babesiida). – Abb. 1. *Babesia bigemina*, Zyklus. Erläuterungen im Text (nach Dogiel). Abb. 2. *Babesia bigemina*, erythrocytärer Merozoit (nach Scholtyseck & Mehlhorn). Abkürzungen: en. Ret = endoplasmatisches Reticulum, K = Kern, Mikn = Mikronemen, Nv = Nahrungsvakuole, Polr = Polring, Rho = Rhoptrien, Spdr = Speicheldrüse, sph. Kö = sphärischer Körper, Ves = Vesikel.

rozoite wieder in verschiedenartige innere Organe ein, vorzugsweise in die Speicheldrüse, und vermehren sich dort ebenfalls agam. Durch den Stich eines Larvenstadiums oder eines adulten Stadiums werden dann die Merozoite wieder auf den Wirt übertragen.

Babesia (Syn. *Piroplasma*) (Taf. 89): Überträger Zecken der Gattung *Boophilus*; Erreger von Texasfieber und Hämoglobinurie bei Rindern. – *Theileria*: In Erythrocyten und Lymphocyten des Wirtes. Primäre Parasiten des Lymphsystems, sekundär Befall der roten Blutkörperchen. Erreger des afrikanischen Küstenfiebers der Rinder. Überträger Zecken der Gattung *Rhipicephalus*. – *Dactylosoma*, Überträger unbekannt.

Phylogenie der Polannulifera

Sie sind von monadoiden Dinophyceen abzuleiten. Von einigen Bearbeitern werden Polannulifera von Protomonada abgeleitet. Man muß dabei aber berücksichtigen, daß es sich bei Protomonada und Dinophyta um stammesgeschichtlich verwandte Gruppen handelt, und daß sich die Polannulifera schon sehr frühzeitig von den Dinophyceen abgespaltet und eine parallel verlaufende Evolution durchgeführt haben. Die begeißelten Mikrogameten der Polannulifera zeigen, daß die Gruppe von begeißelten Vorfahren abzuleiten ist. Polannulifera sind endoparasitisch, bzw. endokommensal lebende Vertreter. Bei ihren Vorfahren, den Dinophyta ist bereits ein Trend zu einer sekundären endokommensalen, bzw. parasitischen Lebensweise deutlich erkennbar.

Der Mitoseablauf bei Dinophyta (z. B. bei *Blastodinium* und *Syndinium*) ähnelt der Mitose von Polannulifera, auch bestehen Ähnlichkeiten im Kernaufbau. Periplast der Dinophyta mit netzförmigem Argyrom (Silberliniensystem) wie auch bei Polannulifera. Bereits bei Dinophyta (*Coccidinium*) ist ein Schizogonie-Prozeß festzustellen, wie er für Polannulifera charakteristisch ist. Eine Ausbildung von begeißelten Gameten erfolgt ebenfalls bereits bei Dinophyta (z. B. *Coccidinium*, *Noctiluca*), bei Polannulifera treten bereits bei der stammesgeschichtlich ältesten Gruppe, den Gregarinea (Perkinsea noch zu wenig bekannt), begeißelte Mikrogameten auf. Geißeln der Mikrogameten bei den Polannulifera sekundär ohne Haare. Polannulifera besitzen primär begeißelte Mikrogameten (Archigregarinida) aber innerhalb der Gregarinea ist ein starker Trend zur Geißelreduktion (durch Lebensweisen bedingt) festzustellen. Bei den stammesgeschichtlich jüngeren Eugregarinida treten Mikrogameten mit nur einer Geißel auf oder es ist nur noch die Geißelbasis im Zellkörper vorhanden. Intrazellulär verlaufende Gamogonie (z. B. Schizogregarinida) führt naturgemäß zu einem Geißelabbau.

Innerhalb der Coccidea treffen wir bei den Teilgruppen (Protococcida, Schizococcida und Toxoplasmida) Mikrogameten mit 2 Geißeln an. Innerhalb der Schizococcida (*Eimeria*) findet eine sekundäre Verdoppelung der vorderen Geißel (= frühere Zuggeißel) statt, so daß dreigeißlige Mikrogameten gebildet werden (hintere Geißel = frühere Schleppgeißel). Bei aktivem Aufsuchen der Makrogameten (z. B. Eimeriina) treten naturgemäß begeißelte Mikrogameten auf. Sekundär unbegeißelte Mikrogameten treffen wir bei den Haemosporidina an. *Leucocytozoon* und *Haemoproteus* mit 2 Geißelbasen, *Plasmodium* und einige *Leucocytozoon*-Arten mit nur noch einer Geißelbasis. Polannulifera besitzen charakteristische, wenigstens in einem Stadium auftretende Polorganellen (Autapomorphie) und sind dadurch als monophyletische Gruppe gekennzeichnet. Es bestehen keinerlei verwandtschaftliche Beziehungen zu den Cnidospora, welche von Mesozoa abzuleiten sind.

Gregarinea stellen die stammesgeschichtlich älteste Teilgruppe der Polannulifera dar und kommen ausschließlich in wirbellosen Wirten vor. Die stammesgeschichtlich ältesten Archigregarinida noch mit vollem primitivem Zyklus (Schizogonie, Gamogonie, Sporogonie) und mit begeißelten Mikrogameten. Sie sind noch primäre, marine Vertreter mit einer primären, endoparasitischen Lebensweise im Darmtrakt mariner wirbelloser Tiere. Bei den stammesgeschichtlich jüngeren Eugregarinida fehlt sekundär die Schizogonie. Die Lebensweise im Darmtrakt und Hohlraumsystemen von wirbellosen Tieren wird beibehalten. Primär werden marine Wirbellose besiedelt, sekundär findet aber schon eine Besiedlung nichtmariner (im Süßwasser oder auf dem Land) lebender Arthropoden statt. Der primär ungegliederte Körper wird sekundär (Cephalina) in einzelne Abschnitte gegliedert. Die Schizogregarinida mit zusätzlicher Sekundärschizogonie. Bei ihnen ist bereits ein starker Trend zur Besiedlung von Geweben (Gewebeparasiten) festzustellen, auf diese Weise einen Übergang zur sekundären intrazellulären Lebensweise aufzeigend.

Innerhalb der stammesgeschichtlich jüngeren Klasse der Coccidea zeigen die stammesgeschichtlich sehr alten Protococcida noch die primäre, extrazelluläre Lebensweise in Hohlraumsystemen mariner wirbelloser Tiere. Sie besitzen auch noch primär zweigeißlige Mikrogameten. Zyklus ohne Schizogonie. Ableitung der Coccidea aus dem Archigregarinida-Bereich. Innerhalb der Coccidea kommt es, wie auch bei den Gregarinea, zur Ausbildung einer Sekundärschizogonie bei den Vertretern der stammesgeschichtlich jüngeren Schizococcida und Toxoplasmida. Bei den Schizococcida kommt sekundär fast nur noch intrazelluläre Lebensweise vor. Bereits bei der stammesgeschichtlich ältesten Gruppe (Adeleina) ist ein Übergang zum Wirtswechsel festzustellen, bei den stammesgeschichtlich jüngeren Haemosporidina treffen wir nur noch Vertreter mit Wirtswechsel an. Bei ihnen ist sekundärer Blutparasitismus festzustellen. Primärbefall ist aber stets ein Gewebebefall, erst sekundär wird Blut (Blutkörperchen) befallen. Innerhalb der Schizococcida ist bereits bei den Adeleina ein sekundärer Befall von Wirbeltieren festzustellen, während die stammesgeschichtlich älteren Protococcida nur wirbellose Wirte haben.

Es ist deutlich zu erkennen, daß bei den Coccidea primär eine Lebensweise im Darmtrakt und Hohlraumsystemen eines einzigen Wirtes vorliegt. Sekundär kommt es zum Befall von Geweben und tertiär zum Eindringen in das Blutgefäßsystem. Sekundär wird dann, unabhängig voneinander, sowohl bei den Adeleina als auch bei den Eimeriina ein Wirtswechsel in den Zyklus eingebaut. Die stammesgeschichtlich jüngsten Haemosporidina zeigen ausschließlich Wirtswechsel mit sekundärem Blutparasitismus. Dieser Wechsel der Lebensweise in einem Hauptwirt (Wirbeltier) und einem blutsaugenden Überträger (Insekt) hat günstige Evolutionsfolgen, da durch den flugfähigen Überträger viel leichter neue Wirtsindividuen besiedelt werden können. Haemosporidina sind von Adeleina abzuleiten, da innerhalb der Adeleina bereits der Befall von roten Blutkörperchen bei Wirbeltieren (z.B. *Haemogregarina*) festzustellen ist. Innerhalb der Haemosporidina stellt *Haemoproteus* einen stammesgeschichtlich alten Vertreter dar, da Reptilien und Vögel Hauptwirte sind und die Schizogonie ausschließlich in Endothelzellen stattfindet. *Plasmodium* dagegen ist eine stammesgeschichtlich sehr junge Gattung. Die stammesgeschichtlich älteren Arten noch mit exoerythrocytärer Schizogonie, die erythrocytäre Schizogonie ist sekundär. Primär werden von *Plasmodium*-Arten Reptilien und Vögel, sekundär Säugetiere und ganz zum Schluß erst Hominiden befallen.

Die systematische Stellung der Toxoplasmida war lange Zeit sehr umstritten. Erst die durch Elektronenmikroskopie ermittelten Feinstrukturen ergaben eindeutig ihre Zugehörigkeit zu den Coccidea. Die Toxoplasmida mit den beiden Unterordnungen der Toxoplasmina und Sarcosporina sind aus dem Eimeriina-Bereich (Schizococcida) abzuleiten. Auch bei den Babesiea konnten erst elektronenmikroskopische Untersuchungen ihre Zugehörigkeit zu den Polannulifera aufzeigen. Babesiea sind am nächsten mit den Coccidea verwandt. Ableitung von Haemosporidina (Schizococcida), da bei diesen bereits ein Befall von roten Blutkörperchen zu beobachten ist.

Unterreich Ciliata

Mit dem einzigen Stamm der Ciliophora.

Stamm Ciliophora

(Taf. 90–113)

Mit den Klassen Kinetofragminophora, Oligohymenophora und Polyhymenophora.

Primär freischwimmende, monadoide Formen, sekundär auch festsitzend und zum Teil auch kolonienbildend. Mit heterotropher Ernährung. Zellkörper (Taf. 90:1, 2) hochgradig differenziert. Körpergestalt verschieden, aber formstabil. Einige Arten mit polymorphem Zyklus. Cytoplasma in Ektoplasma (Corticalplasma) und Endoplasma getrennt. Zellkörper wird von einer verschiedenartig differenzierten Pellicula (Cortex) umgeben. Primär ist der Zellkörper dicht mit Wimpern (Cilien) besetzt, welche in Längsreihen (Kineten) angeordnet sind. Die Wimpern (Taf. 90:4) stellen verkürzte Geißeln dar, bedecken primär die gesamte Körperoberfläche, sind glatt und zeigen die typische 9 + 2 Microtu-

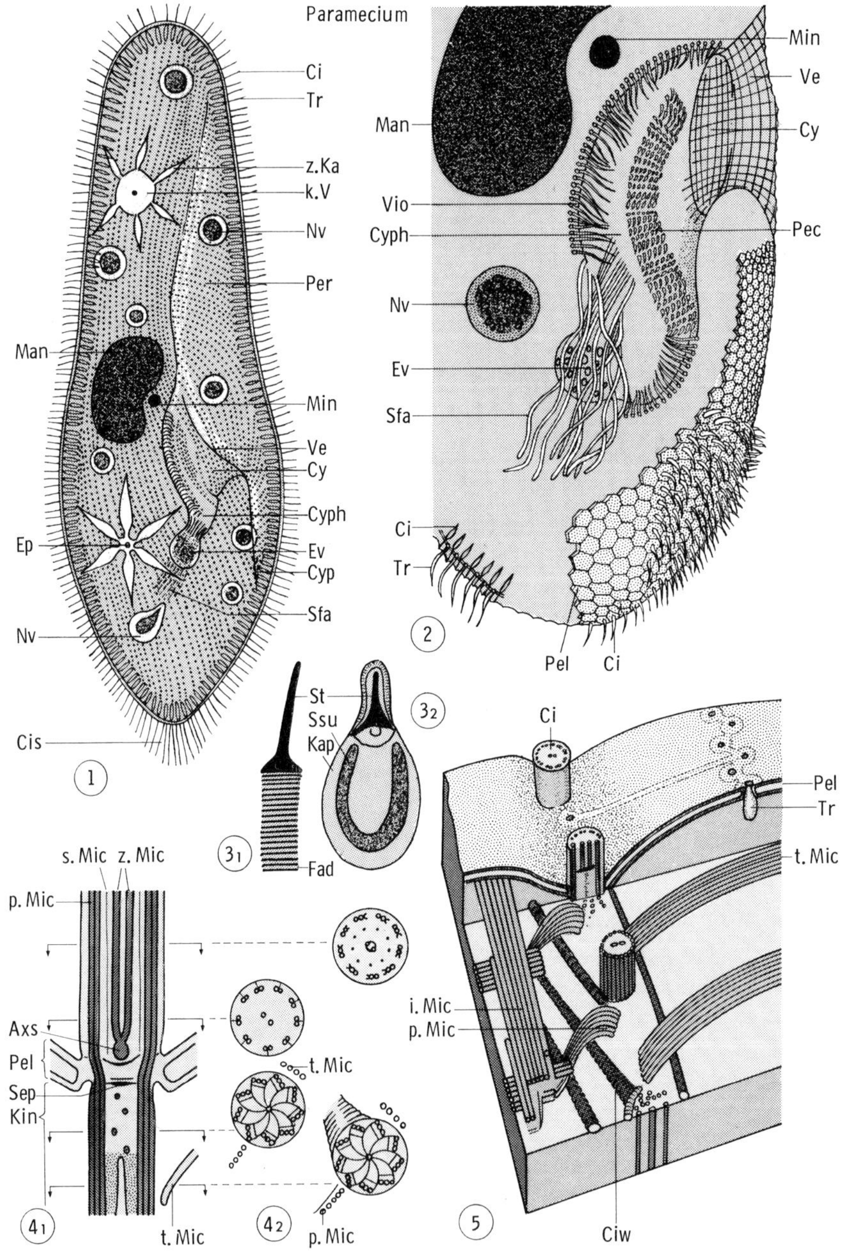

Taf. 90. Ciliophora (Bauplan). – Abb. 1. *Paramecium caudatum* (nach verschiedenen Autoren). Abb. 2. *Paramecium caudatum*, Ausschnitt (nach SHERMAN & SHERMAN). Abb. 3/1. Trichocystenspitze, ausgeschleudert (nach BORRADAILE); 3/2. Trichocyste (nach BORRADAILE). Abb. 4/1 u. 4/2. *Paramecium*, Bau einer Cilie (Wimper) (nach JURAND & SELMAN). Abb. 5. *Tetrahymena pyriformis*, Fibrillensystem im Pelliculabereich (nach GRELL). Abkürzungen: Axs = Axosom, Ci = Cilie, Cis = Cilienschopf, Cy = Cytostom, Cyp = Cytopharynx, Ep = Ekretionsporus, Ev = Empfangsvakuole, Fad = Faden, i. Mic = innere Microtubuli, Kap = Kapsel, Kin = Kinetosom (Basalkörper), k. V = kontraktile Vakuole, Man = Macronucleus, Min = Micronucleus, Nv = Nahrungsvakuole, Pec =

buli-Struktur. Körperoberfläche mit isomorpher Bewimperung, Mundbereich dagegen meist mit spezialisierter oraler Bewimperung. Zum Teil mit sekundärer Wimpern-Reduktion, aber dann wenigstens ein Stadium des Zyklus (z.B. Suctoria) Bewimperung zeigend.

Mit einzigartigem pelliculärem und infraciliarem (Taf. 90:5) Fibrillensystem. Pellicula in Wimpernfelder aufgeteilt, jedes meist sechseckige Wimpernfeld mit einer Wimper oder einem Wimpernpaar. Wimpern primär normal und kurz. Sekundär können sie an bestimmten Körperstellen in längere Sinneswimpern umgewandelt werden. Durch Verklebung von Wimpern entstehen Cirren welche zur Fortbewegung, oder Membranellen und undulierende Membranen, welche zur Nahrungsaufnahme in der Nähe des Mundbereiches dienen. Mit der stärkeren Ausbildung dieser zusammengesetzten Organellen ist häufig eine Reduktion der normalen Körperbewimperung (Taf. 91:1) verbunden. Wimpern mit auffällig entwickeltem Axosom, von welchem die zentral gelegenen Microtubuli entspringen. Basalkörper (Kinetosom) (Taf. 91:2, 3) mit Axialkernen. Zwischen Axosom und Kinetosom deutlich ausgebildetes Septum. Von jedem Basalkörper entspringt eine quergestreifte kinetodesmale Fibrille. Sie entspringt an der rechten Seite des Basalkörpers und die kinetodesmalen Fibrillen der in einer Längsreihe aufeinanderfolgenden Wimpern überdecken sich, so daß der Eindruck einer durchgehenden „Längsfibrille" (Kinetodesma) entsteht. Neben diesen longitudinalen, microtubulären Fibrillenbändern treten auch transversale, microtubuläre Fibrillenbänder auf. Das innere Ende des Basalkörpers kann ebenfalls als Ansatzstelle für Fibrillen dienen. Diese nemadesmalen Fibrillen sind nicht quergestreift und stellen ebenfalls aus Microtubuli bestehende Fibrillenbänder dar. Die Fibrillensysteme dienen offenbar zur Verankerung der Wimpern und zur Aufrechterhaltung der Zellform.

Rechts von jeder Wimper befindet sich eine Vertiefung der Pellicula, welche als parasomales Säckchen bezeichnet wird. Unter jedem Wimperfeld liegen zwei pelliculäre Alveolen, welche die Wimper des Feldes nierenförmig umschließen. Im Ektoplasmabereich mit Extrusomen in Form von Trichocysten (Taf. 90:3) und Toxicysten, sowie Ejektisomen in Form von Mucocysten. Mucocysten sind weit verbreitet, Trichocysten und Toxicysten dagegen auf spezifische Gruppen beschränkt. Die bei holotrichen Ciliaten vorkommenden Trichocysten entstehen in Cytoplasma-Vesikeln und wandern an den Pellicularand. Sie werden in den Rippen der Pellicula so verankert, daß Wimpern und Trichocysten regelmäßig miteinander abwechseln. Durch eine fensterartige Öffnung werden die Trichocysten ganz oder teilweise ausgeschleudert. Toxicysten besitzen einen ausstülpbaren Faden, welcher mit einem lähmenden Gift versehen ist. Mucocysten enthalten eine schleimige Substanz, welche nach dem Ausstoßen eine schützende Hülle bildet. Mit tubulären Mitochondrien.

Sekundär mit Gehäusebildung bei einigen Gruppen. Cystenbildung weit verbreitet, zum Teil mehrschichtig mit Ekto- und Endocyste. Sekundär kommt es bei Teilgruppen zur Ausbildung von Stielen, verbunden mit sessiler Lebensweise.

Mundbildungen (Taf. 91:4) als ektoplasmatische Differenzierungen in verschiedenartiger Form. Schlundartige Differenzierungen an bestimmten Stellen des Zellkörpers werden als Cytostom (Zellmund) bezeichnet. Bei strudelnden Formen beginnt die Mundöffnung mit einer Mundhöhle (Peristomhöhle). Eine trichterförmig verengte Mundhöhle wird als Vestibulum bezeichnet. An die Mundhöhle schließt sich dann das Cytostom und oft noch ein Cytopharynx an. Mundhöhle und Cytostom gehören zur Zelloberfläche und sind daher bewimpert. Im Bereich des Peristoms sind die Wimpern kräftig entwickelt. Durch ihre Tätigkeit entsteht ein Wasserwirbel, welcher die Nahrungsteilchen in das Cytostom bringt. Die Wirkung kann durch Verkleben der Wimpern zu membranellenartigen Bildungen noch verstärkt werden. Die eingestrudelte Nahrung sammelt sich im basalen Bereich des Cytostoms an, wird als Nahrungsvakuole (= bläschenförmige Abschnürung der Pellicula) abgeschnürt und wandert in das Innere des Zellkörpers. Schlingende Formen besitzen einen stark dehnbaren Zellmund und können größere Beuteobjekte aufnehmen, welche aufgesaugt werden. Durch Einlagerung von

◄

Peniculus, Pel = Pellicula, Per = Peristom, p. Mic = periphere Microtubuli, Sep = Septum, Sfa = Schlundfasern, s. Mic = sekundäre Microtubuli, Ssu = Schwellsubstanz, St = Stachel, t. Mic = transversale Microtubuli, Tr = Trichocyste, Ve = Vestibulum, z. Ka = zuführender Kanal, z. Mic = zentrale Microtubuli.

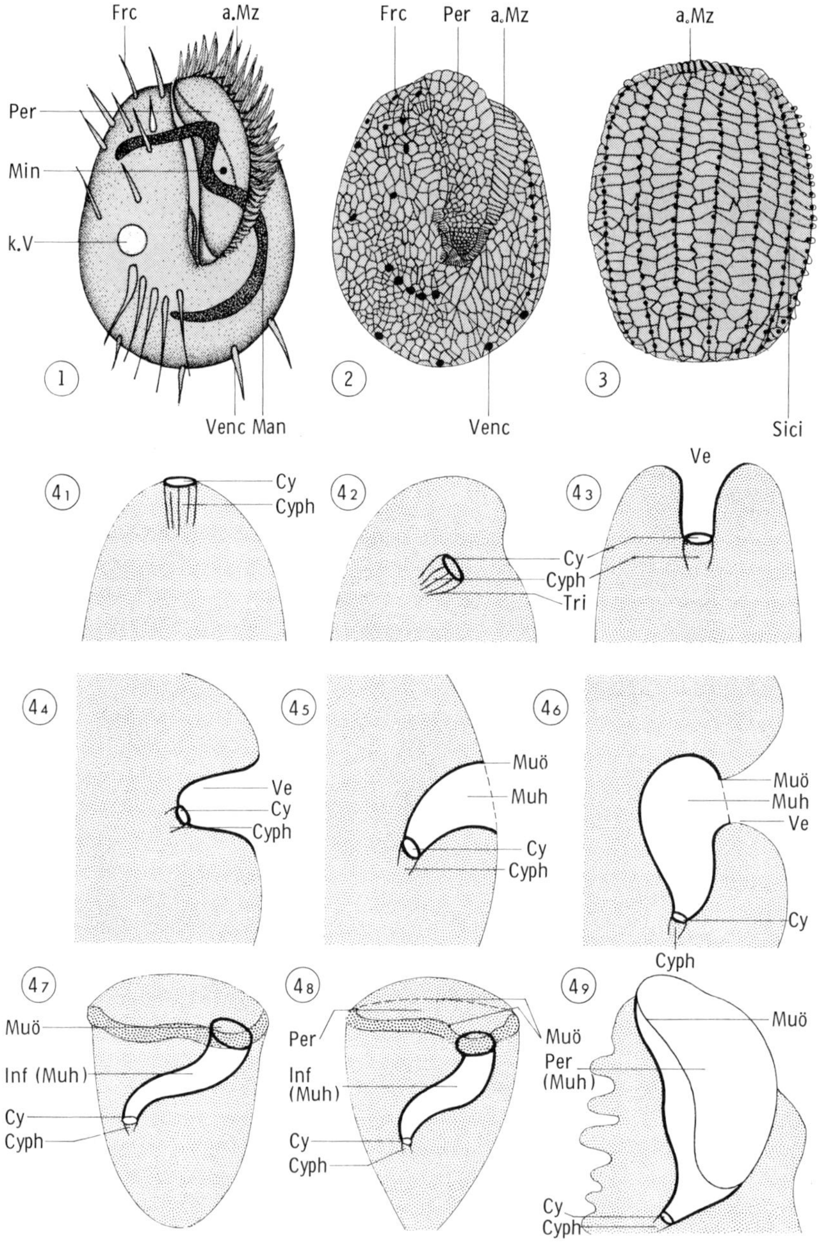

Taf. 91. Ciliophora (Bauplan). – Abb. 1. *Euplotes patella* Ventralseite, Wimpernreduktion, Ausbildung von Cirren und Membranellenzonen (nach SLEIGH). Abb. 2. *Euplotes eurystomus* Ventralseite, Silberliniensystem mit Basalkörpern und Fibrillen (nach CHATTON & SÉGUÉLA). Abb. 3. *Euplotes eurystomus* Dorsalseite, Silberliniensystem mit Basalkörpern und Fibrillen (nach CHATTON & SÉGUÉLA). Abb. 4/1–9. Oralregionen, Bewimperung weggelassen: 4/1. Rhabdophorina, Gymnostomatida; 4/2. Cyrtophorina, Gymnostomatida; 4/3, 4/4. Trichostomatida; 4/5. Tetrahymenina, Hymenostomatida; 4/6. Peniculina, Hymenostomatida; 4/7, 4/8. Peritrichida; 4/9. Hypotrichida (nach CORLISS). Abkürzungen: a. Mz = adorale Membranellenzone, Cy = Cytostom, Cyph =

stäbchenförmigen Trichiten in die Cytostomwand kann es zur Ausbildung von Reusenapparaten kommen. Suktorien besitzen sekundär Tentakel, welche sowohl als Fang- wie auch als Saugtentakeln dienen können. Im Bereich des Tentakelkopfes sind Haptocysten eingelagert, welche die Pellicula des Beutetieres durchstoßen und es festhalten. Die Tentakeln besitzen ein röhrenförmiges Lumen, welches zum Einsaugen der Beute benutzt wird. Sekundär ekto- oder endoparasitische Formen zeigen einen Übergang zur Aufnahme von Nahrung in gelöster Form. Hier kommt es häufig zu einer Rückbildung oder zu einer völligen Reduktion des Cytostoms (z.B. Apostomatida).

Die enzymatische Verdauung erfolgt in der Nahrungsvakuole. Nahrungsvakuolen treten nur im Endoplasma auf. Unverdaute Reste der Nahrungsvakuole werden bei Ciliaten häufig an einer bestimmten Stelle des Zellkörpers (Cytopyge) nach außen abgegeben. Häufig ist die Cytopyge nur während der Kotabgabe deutlicher zu erkennen. Als Exkretionsorganellen treten pulsierende Vakuolen in Ein- oder Mehrzahl auf. Auch endoparasitische Formen besitzen pulsierende Vakuolen, häufig auch marine Formen. Exkretstoffe werden meist durch die pulsierende Vakuole nach außen abgegeben, können aber auch als Exkrete im Plasma gelagert werden. Viele Arten mit Endosymbionten (Bakterien, Zoochlorellen, Zooxanthellen) im Vlasmabereich.

Primär mit einzigartigem **Kerndualismus** (Taf. 92:1), mit generativem diploidem Micronucleus (Micronuclei) und somatischem, sich nicht teilendem Macronucleus (Macronuclei). Primär Macronucleus noch diploid (Kinetofragminophora, Karyorelictida), sekundär aber fast stets polyploid. Micro- und Macronucleus in Ein- oder Mehrzahl vorhanden. Macronucleus häufig verschieden gestaltet.

Mitotische Teilungen nur beim Micronucleus. Der Macronucleus wird bei der ungeschlechtlichen Fortpflanzung einfach durchgeschnürt, oder er wird bei der Konjugation neu gebildet. Mitose des Micronucleus azentrisch, mit intranukleärer Spindel und ohne Auflösung der Kernmembran. Ohne Centriol. Micronucleus ohne Nucleolus. Macronucleus nichtteilend. Macronucleus primär diploid, sekundär meist hochgradig polyploid durch endomitotische Polyploidisierung (bis zum 12600fachen Chromosomensatz bei *Ichthyophthirius*). Somatische Funktionen werden meist vom Macronucleus und nicht vom generativen Micronucleus gesteuert.

Fortpflanzung: Ungeschlechtliche Fortpflanzung im Normalfall durch eine perkinetale (homothetogene) Querteilung. Die Wimperreihen werden von einer meist äquatorial gelegenen Trennungsnaht durchbrochen. In den meisten Fällen sind die Tochterzellen in etwa gleichgroß (isotome Teilung), bei der anisotomen Teilung ist die eine der beiden Tochterzellen wesentlich kleiner; die verschiedenartigen Knospungstypen sind hier anzuschließen. Sekundär kann es bei festsitzenden Formen, bedingt durch die Lebensweise, auch zu Längsteilungen (z.B. Peritricha) kommen. Je nach dem morphologischen Differenzierungsgrad sind mit der Teilung tiefgreifende Reorganisationsvorgänge notwendig. Es werden dabei Teile umgestaltet oder auch völlig neu gebildet. Neue Teile des Wimpernkleides entstehen durch Vermehrung der Basalkörper, häufig in bestimmten Zonen (Gürtelzone oder Anlagenbereichen). Sehr verschiedenartig und für phylogenetische Untersuchungen wichtig ist die Mundneubildung (**Stomatogenese**). Hier werden 4 Haupttypen unterschieden. Die stammesgeschichtlich älteste Form ist die telokinetale Stomatogenese. Die Bildung der neuen Teile des Mundes (orale Ciliatur) erfolgt am vorderen Ende der Kineten (Wimpernreihen). Diesen Typ treffen wir bei Gymnostomata, Trichostomatida, Colpodida, Entodiniomorphida, Apostomatida und Chonotrichida an. Von diesem Typ ist der Typ der parakinetalen Stomatogenese abzuleiten. Hier entsteht in einem Anlagenbereich zwischen somatischen Kineten, weit ab von der primären Mundöffnung, ein neuer Mund. Durch Teilungen der Basalkörper entsteht zunächst ein ungeordnetes, dichtes Basalkörperfeld. Dann gruppieren sich die Basalkörper, es kommt zur Ausbildung der Wimpern und der typischen oralen Ciliatur. Diesen Typ treffen wir bei Tetrahymenina und Ophryoglenina an. Bei der buccokinetalen Stomatogenese stammen die Basalkörper, welche die neue Mundregion bilden, von einem Anlagenbereich, welcher zu Be-

◄

Cytopharynx, Frc = Frontalcirren, Inf = Infundibulum, k. V = kontraktile Vakuole, Man = Macronucleus, Min = Micronucleus, Muh = Mundhöhle, Muö = Mundöffnung, Per = Peristom, Sici = Sinnescilien, Tri = Trichiten, Ve = Vestibulum, Venc = Ventralcirren.

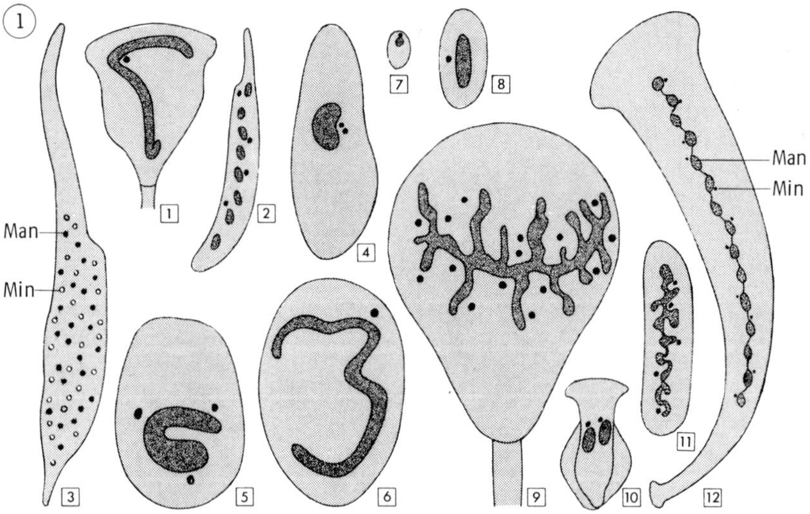

Taf. 92. Ciliophora (Micro- und Macronucleusformen). – Abb. 1. Unterschiedliche Ausbildung von Macro- und Mikronucleus: 1/1. *Vorticella* (Peritrichida); 1/2. *Uroleptus* (Hypotrichida); 1/3. *Dileptus* (Gymnostomatida); 1/4. *Paramecium* (Hymenostomatida); 1/5. *Didinium* (Gymnostomatida); 1/6. *Euplotes* (Hypotrichida); 1/7. *Cyclidium* (Hymenostomatida); 1/8. *Anoplophrya* (Astomatida); 1/9. *Ephelota* (Suctorida); 1/10. *Tintinnopsis* (Tintinnida); 1/11. *Deltopylum* (Hymenostomatida); 1/12. *Stentor* (Heterotrichida), (nach Corliss). Abkürzungen: Man = Macronucleus, Min = Micronucleus.

ginn der Teilung am hinteren Rand der primären Mundregion entsteht. Diesen Typ treffen wir bei Peniculina, Philasterina, Pleuronematina (alle Hymenostomatida), sowie bei Thigmotrichina und Peritrichida an. Bei der apokinetalen Stomatogenese erscheinen Gruppen von Basalkörpern, welche keinerlei Verbindung zu somatischen Kineten oder zur primären Mundregion aufweisen. Diesen Typ treffen wir bei Heterotrichida, Hypotrichida und weiteren Vertretern der Spirotricha. Parakinetale und buccokinetale Stomatogenese haben sich unabhängig voneinander aus der primären telokinetalen Stomatogenese entwickelt. Die apokinetale Stomatogenese ist von der parakinetalen Stomatogenese abzuleiten.

Neben der normalen, ungeschlechtlichen Zweiteilung kommen auch Vielfachteilungen vor, welche meist im Inneren von encystierten Mutterzellen stattfinden. Es kommt zur Ausbildung kleiner Schwärmerformen, welche einen weniger hochgradig polyploiden Makronucleus aufweisen (z. B. bei *Ichthyophthirius*). Knospungen stellen ungeschlechtliche Zweiteilungen dar, bei welchen eine der Tochterzellen wesentlich kleiner ist. Terminale Knospung treffen wir bei den Astomatophorina, welche catenoide Kolonien ausbilden können. Schließlich lösen sich die Tochterzellen als Tomiten ab und werden freilebend. In der Hauptsache ist aber die Knospenbildung bei sessilen Formen verbreitet. Die größere Tochterzelle bleibt sessil, während sich die kleinere Tochterzelle als freibeweglicher Schwärmer ablöst. Neben der normalen, einfachen Knospung kommen auch multiple Knospungen (z. B. bei *Ephelota*) vor. Unvollkommen durchgeführte Teilungen führen zu Kolonienbildungen, welche besonders bei sessilen Peritrichida auftreten.

Der wechselseitige Befruchtungsvorgang der Ciliaten wird als **Konjugation** (Taf. 93: 1) bezeichnet. Die Gamonten (Konjuganten) sind in den meisten Fällen gleichgroß und äußerlich nicht voneinander zu unterscheiden. In selteneren Fällen (z. B. bei Peritrichida) sind die Konjuganten ungleich groß (Makro- und Mikrokonjuganten). Bei der Konjugation befruchten sich zwei Sexualpartner (Konjuganten) gegenseitig nach einer typischen Ausbildung von Gametenkernen. Im Normalfall (mit einem Mikro- und einem Makronucleus) führt der diploide Mikronucleus zwei Teilungen (eine Äquations- und eine

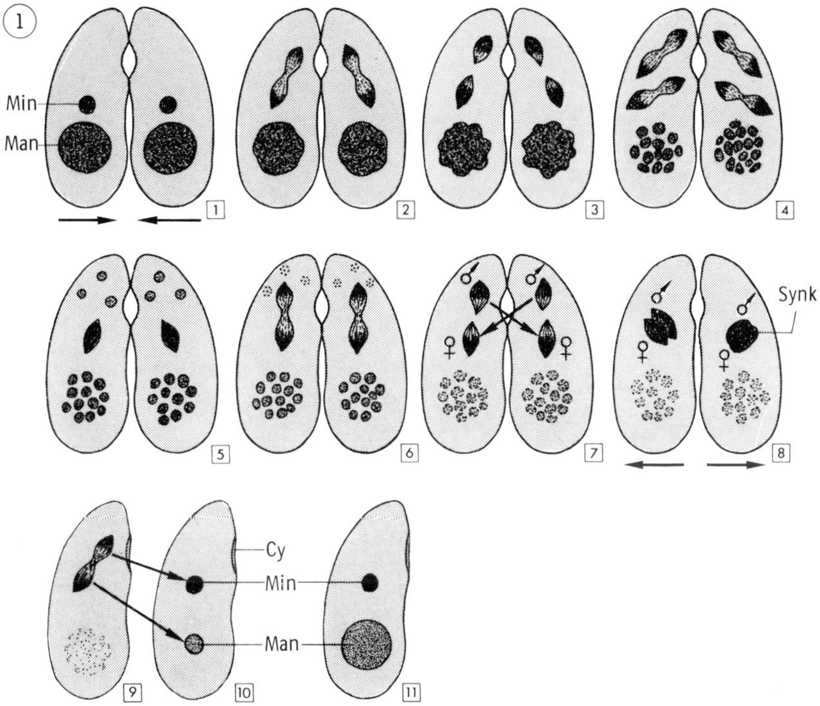

Taf. 93. Ciliophora (Konjugation). – Abb. 1. Konjugation bei Ciliaten (nach GRELL). Abkürzungen: Man = Macronucleus, Min = Micronucleus, Synk = Synkaryon.

Reduktionsteilung) durch, so daß in jedem Konjuganten 4 haploide Mikronuclei entstehen. Es liegt also eine gametische Meiose vor. Von den 4 Mikronuclei degenerieren drei und werden vom Cytoplasma resorbiert, während der verbleibende Kern eine postmeiotische Teilung durchführt. Durch diese Teilung entstehen in jedem Konjuganten 2 haploide Gametenkerne. Einer der beiden Kerne verbleibt im Konjuganten als stationärer Kern, während der andere Kern als Wanderkern in den Partner hinüberwandert, um dort mit dem stationären Kern zu einem nun diploiden Zygotenkern (Synkaryon) zu verschmelzen. Der Makronucleus hat sich während des Ablaufes der Konjugation aufgelöst, zerfällt dabei in zahlreiche Brocken und wird vom Cytoplasma resorbiert. Die Konjuganten trennen sich nun und werden zu Exkonjuganten. In jedem Exkonjuganten teilt sich der Zygotenkern in zwei diploide Tochterkerne. Einer der beiden Tochterkerne wird zum diploiden Mikronucleus, der andere durch darauffolgende endomitotische Teilungen zum polyploiden Makronucleus.

Von diesem Normaltyp der Konjugation gibt es zahlreiche Abweichungen, welche sowohl progame (vor der Befruchtung) als auch postgame (nach der Befruchtung) Vorgänge betreffen. Progame Abweichungen beruhen in erster Linie darauf, daß eine mehr oder weniger große Zahl von Mikronuclei vorliegt. In allen Fällen führen sämtliche Mikronuclei ihre beiden progamen Teilungen durch, es bleibt aber immer nur ein haploider Mikronucleus übrig, während die anderen resorbiert werden. Etwas abweichende Verhältnisse finden wir bei den stammesgeschichtlich alten Formen der Karyorelictida (z. B. *Trachelorhaphis, Trachelocera*). Hier können die durch die progamen Teilungen entstandenen Kerne zum Teil noch eine weitere, postmeiotische Teilung durchführen, so daß eine größere Zahl von Kernen entsteht, welche sich in stationäre Kerne oder Wanderkerne differenzieren. Es werden daher in jedem Konjuganten mehrere Zygotenkerne gebildet, aber nur ein Zygotenkern (Synkaryon) bleibt erhalten, die anderen werden resorbiert. Auch die metagamen Vorgänge sind variabel. Nicht immer führt die erste Teilung des Synkaryons zum künftigen Mikronucleus und zum künftigen Makronucleus, welcher durch anschließende Endomitosen polyploid wird. Häufig werden 2–3 postzygotische Teilungen durchgeführt, so daß (z.B. bei *Paramecium caudatum*) 8 diploide Kerne entstehen. Von diesen 8 Kernen verschmelzen 4 zum neuen Makronukleus, 3 degenerieren und nur einer wird zum künftigen Mikronukleus. Die Dauer der Konjugation ist sehr verschieden, meist erstreckt sie sich über mehrere Tage. Sind die Konjugationspartner gleichgroß, sprechen wir von einer isogamen Konjugation. Anisogame Konjugation mit ungleichgroßen Partnern ist besonders bei festsitzenden Ciliaten (Sessilina, Peritrichida) anzutreffen. Der freischwimmende Mikrokonjugant sucht dabei den festsitzenden Makrokonjuganten auf. Nur im Makrokonjugaten kommt es zu einer Synkaryonbildung, da der gesamte Zellinhalt des Mikrokonjuganten vom Makrokonjuganten resorbiert wird. Hier liegt eine abgewandelte einseitige Befruchtung vor.

Autogamie ist ebenfalls bei Ciliaten anzutreffen. Die Kernprozesse laufen wie bei der normalen Konjugation ab. Die durch die beiden progamen Teilungen entstandenen haploiden Kerne werden dabei auf die beiden Tochterzellen verteilt.

Bei vielen Ciliaten kann nicht jedes beliebige Individuum mit einem anderen konjugieren. In diesen Fällen müssen beide Partner verschiedenen Paarungstypen angehören.

Lebensweise: Primär freilebend im marinen Bereich und im Süßwasser. Es überwiegt die Zahl der Süßwasserarten. Eine reichhaltige Fauna mit vielen stammesgeschichtlich alten Formen findet sich im Sandlückensystem (Mesopsammon) der Meeresstrände. Im Süßwasser werden ruhige Gewässer (Tümpel, Teiche) bevorzugt. Sekundär auch terrestrische Lebensweise in Feuchtbiotopen (Moosrasen u.ä.). Sessile Vertreter auf totem oder auch lebendem Substrat angesiedelt. Freilebende Süßwasserformen sowohl in oligosaproben als auch in polysaproben (hier mit spezifischen Arten) Gewässern vorkommend. Viele Arten leben sekundär als Kommensalen oder Symbionten in Körperhöhlen, im Verdauungstrakt oder in anderen Hohlorganen von vielen Wirbellosen und Wirbeltieren. Zum Teil auch mit parasitischer Lebensweise. Freilebende Formen meist mit strudelnder (Strudler) Nahrungsaufnahme. Das Herbeistrudeln der Nahrung erfolgt durch die mannigfaltig umgewandelte orale Ciliatur. Beuteobjekte vorwiegend Bakterien und einzellige Algen. Bei den schlingenden Formen liegt die Mundöffnung in Höhe der Körperoberfläche und kann beim Verschlingen der Beute (Bakterien, Algen) gedehnt werden. Bei einer räuberischen Art (Gymnostomata) wurde Sorokarpbildung beobachtet. Die schwimmenden Individuen stellen die Nahrungsaufnahme ein, bilden dann ein Aggregat mit einem nichtzelligen Stiel und einem Sorus, der aus encystierten Zellen besteht.

Klasse Kinetofragminophora

(Taf. 94–104)

Mit den Unterklassen Gymnostomata, Vestibulifera, Hypostomata und Suctoria.

Mit Fragmenten von Kineten (= Wimperreihen), welche als praeorale, circumorale, orale, atriale oder vestibulare Bewimperung am vorderen Ende des Zellkörpers auftreten. Diese Kineten-Fragmente bilden einen Teil des präoralen Wimperapparates (PCA). Sie sind von normal ausgebildeten somatischen Kineten abzuleiten. Die orale Bewimperung nicht mit einer Mundhöhle vereinigt. Wirkliche Mundhöhle fehlt. Die circumorale Infraciliatur wesentlich weniger komplex als die buccale Infraciliatur der Oligohymenophora und Polyhymenophora. Die orale Bewimperung stets peroral gelegen. Sie ist von somatischen Kineten bzw. somatischen Kinetenfragmenten abzuleiten. Orale Bewimperung daher nicht autonom, es besteht deshalb auch kein orales, kinetosomales Feld während der Stomatogenese. Stomatogenese telokinetal, in Ausnahmefällen etwas an eine parakinetale Stomatogenese erinnernd. Orales Atrium (Vestibulum) bei einigen Gruppen vorhanden. Mit Cytostom und Cytopharynx. Cytostom meist apikal oder in der Nähe des Apex. Cytopharynx meist kräftig ausgebildet, aus gebündelten Microtubuli (Nematodesmen) bestehend. Die Bewimperung des Körpers (somatische Kineten) sehr variabel, von vollständiger Bedeckung des Körpers (holotriche Bewimperung) bis zum völligen Fehlen im adulten Stadium (z.B. Suctorien) variierend. Ohne zusammengesetzte Bewimperung, weder buccale Membranellen (AZM) noch somatische Cirren vorhanden. Primär mit Kerndualismus, aber Makronucleus noch diploid und nicht teilend (Karyorelictida) und sekundär mit polyploidem Makronucleus (ab Prostomatida). Allgemein mit Mucocysten. Körperform und Größe sehr veränderlich, häufig spezifische Anpassungsformen ausgebildet. Mit großer ökologischer Valenz, neben den primär freilebenden Formen treten auch Ekto- und Endokommensalen sowie auch Ekto- und Endoparasiten auf. Primär marine psammophile Strandformen (Karyorelictida), sekundär auch im Brack- und Süßwasser.

Unterklasse Gymnostomata

Mit den Ordnungen Karyorelictida, Prostomatida, Haptorida und Pleurostomatida.

Gymnostomata sind fast stets Nacktmünder, d.h., die Mundregion ist nicht mit einem besonders gestalteten Wimperapparat versehen. Cytostom (Mundöffnung) oberflächlich gelegen oder leicht eingesenkt, mit primärer apikaler Lage. Cytostom sekundär zum Teil auch mit subapikaler oder lateraler Lage. Mundöffnung meist geschlossen, wird nur zur Nahrungsaufnahme geöffnet und die Nahrung verschlungen („Schlinger"). An das Cytostom schließt sich ein Cytopharynx an. Cytopharynx vom Clathrum-Typ, mit eingelagerten Toxicysten oder mit stäbchenförmigen Trichiten, welche als Reusenapparat im Zellschlund (Cytopharynx) eingelagert sind. Mit einheitlicher somatischer Bewimperung.

Ordnung Karyorelictida
(Taf. 94)

Meist langgestreckte Formen mit holotricher Bewimperung (marin, Sandluckensystem). Süßwasserformen (nur *Loxodes*) dagegen mehr länglich-oval. Cytostom rundlich, apikal (marine Formen) oder als ventral liegender Schlitz (*Loxodes*) ausgebildet. Mit holotricher Bewimperung. Mit somatischen Toxicysten. Mit Kerndualismus (Taf. 94:1–8), mit mehreren diploiden Macronuclei und mehreren diploiden Micronuclei. Bei marinen Strandformen (z.B. *Tracheloraphis*) Micro- und Macronuclei in Kompaktkernen (Taf. 94:1–3) (Ruhekerne) zusammengefaßt. Süßwasserformen (*Loxodes*) (Taf. 94:5–8) mit 2 Sätzen aus je einem Micro- und Macronucleus oder 2 Macronuclei und einem Micronucleus. Macronuclei stets noch primär diploid und nichtteilend. Bei der ungeschlechtlichen Vermehrung durch Querteilung teilt sich der Micronucleus. Eines der Teilprodukte wird über eine Macronucleus-Anlage zum Macronucleus, während das zweite Teilprodukt sich noch einmal teilt und dabei 2 Micronuclei entstehen. Der alte Macronucleus bleibt unverändert bestehen. Bei Formen mit zusammengesetzten Kernen (z.B. *T. phoenicopterus* mit 6 Micronuclei und 12 Macronuclei) verdoppeln sich bei Beginn der Kernteilung zunächst die Micronuclei, dann findet in beiden Kernhälften eine weitere Verdopplung der Micronuclei statt. Von den 12 Kernen bleiben 6 Micronuclei, während sich 6 in Macronuclei umwandeln. Mit den alten 6 Macronuclei ist somit wieder die volle Zahl von 12 Macronuclei erreicht. Micro- und Macronuclei stets diploid. Auch als Vertreter der Pleurostomatida betrachtet.

Primär marine, interstitielle Sandbewohner, sekundär auch Süßwasserbewohner. Mit thigmotaktischer Lebensweise. *Tracheloraphis* (Taf. 94:1–3), marin (*T. phoenicopterus*, ein zusammengesetzter Kompaktkern mit 6 Micro- und 12 Macronuclei; *T. kahli*, mit vielen kleineren, in einer Längsreihe angeordneten Kompaktkernen; *T. margaritatus*, viele, unregelmäßig angeordnete Micro- und Macronuclei, keine Kompaktkerne; *T. oligostriata*, mit vielen Gruppen, welche aus je einem Micronucleus und 2 Macronuclei bestehen. – *Kentrophoros*, *Trachelocerca*, *Trachelonema* (Taf. 94:4), *Remanella* (alle marin), *Loxodes* (Taf. 94:5–8) („fauliges" Süßwasser). *Geleia* (auch als Vertreter einer eigenen Ordnung, Protoheterotrichida, an der Basis der Polyhymenophora betrachtet).

Ordnung Prostomatida
(Taf. 95)

Alle Arten (sowie alle Vertreter der nachfolgenden Ordnungen der Ciliophora) mit dem für Ciliaten charakteristischen Kerndualismus (Micro- und Macronucleus). Der Macronucleus meist hochgradig polyploid und vom diploiden Micronucleus relativ unabhängig, mit Ausnahme bei Konjugation und Autogamie. Cytostom mit apikaler oder subapikaler Lage. Mit holotricher Bewimperung, bei endosymbiontischen Formen (Archistomatina) Wimpern in Büscheln (aber isoliert und nicht verklebt) oder in Bändern angeordnet. Körperform meist rundlich, zum Teil relativ große Arten. Microphage und räuberische Vertreter, zum Teil auch Endosymbionten.

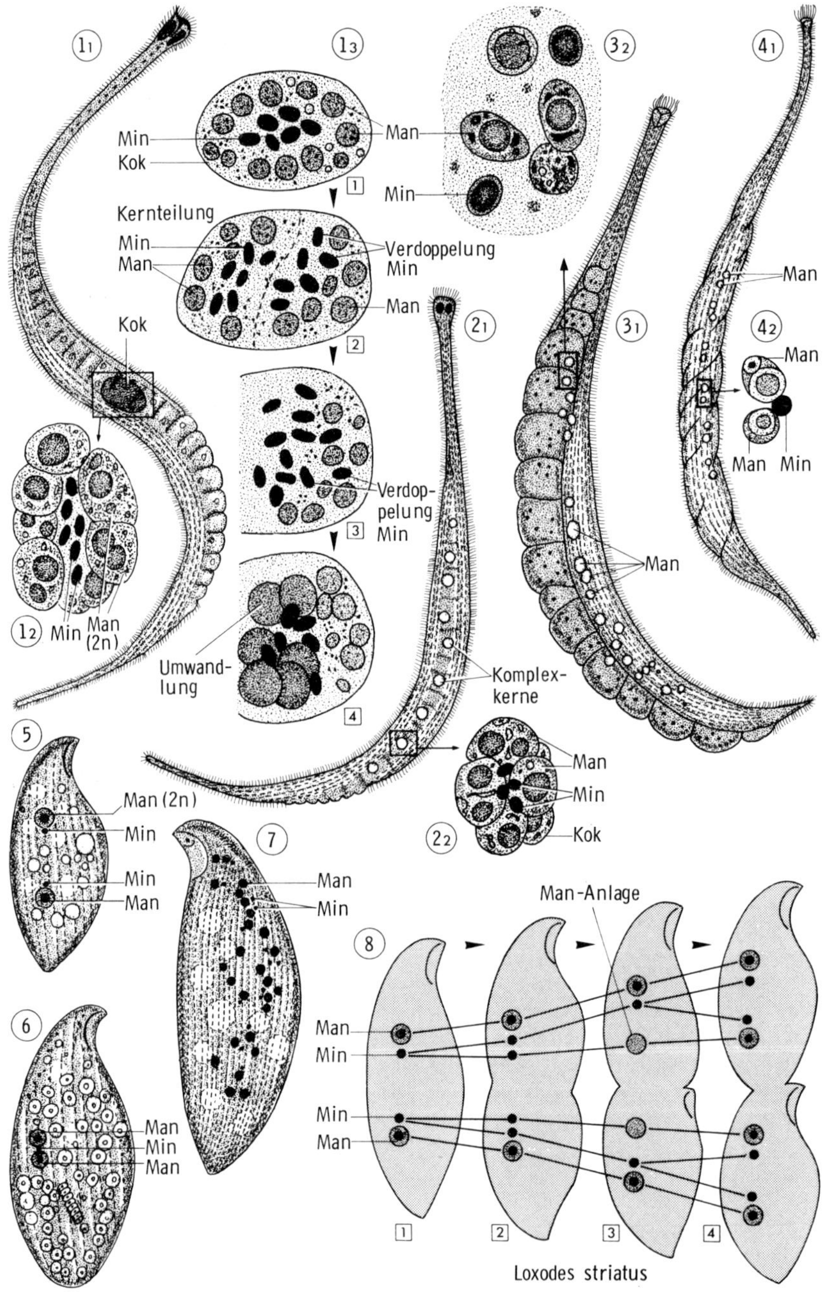

Taf. 94. Ciliophora: Kinetofragminophora, Gymnostomata (Karyorelictida). – Abb. 1. *Tracheloraphis phoenicopterus* (nach RAIKOV): 1/1. mit Kompaktkern (Ruhekern) aus Micro- und Macronuclei; 1/2. Kompaktkern vergrößert; 1/3. Kompaktkern mit 12 Macro- und 12 Micronuclei, Verdoppelung der Micronuclei und beginnende Kernteilung, weitere Verdoppelung der Micronuclei in den Kernhälften, Umwandlung von 6 Micronuclei in 6 Macronuclei, jeweils in beiden Kernhälften. Abb. 2. *Tracheloraphis kahli* (nach RAIKOV): 2/1. mit zahlreichen Kompaktkernen; 2/2. vergrößerter Kompaktkern. Abb. 3. *Tracheloraphis margaritatus* (nach RAIKOV): 3/1. ohne

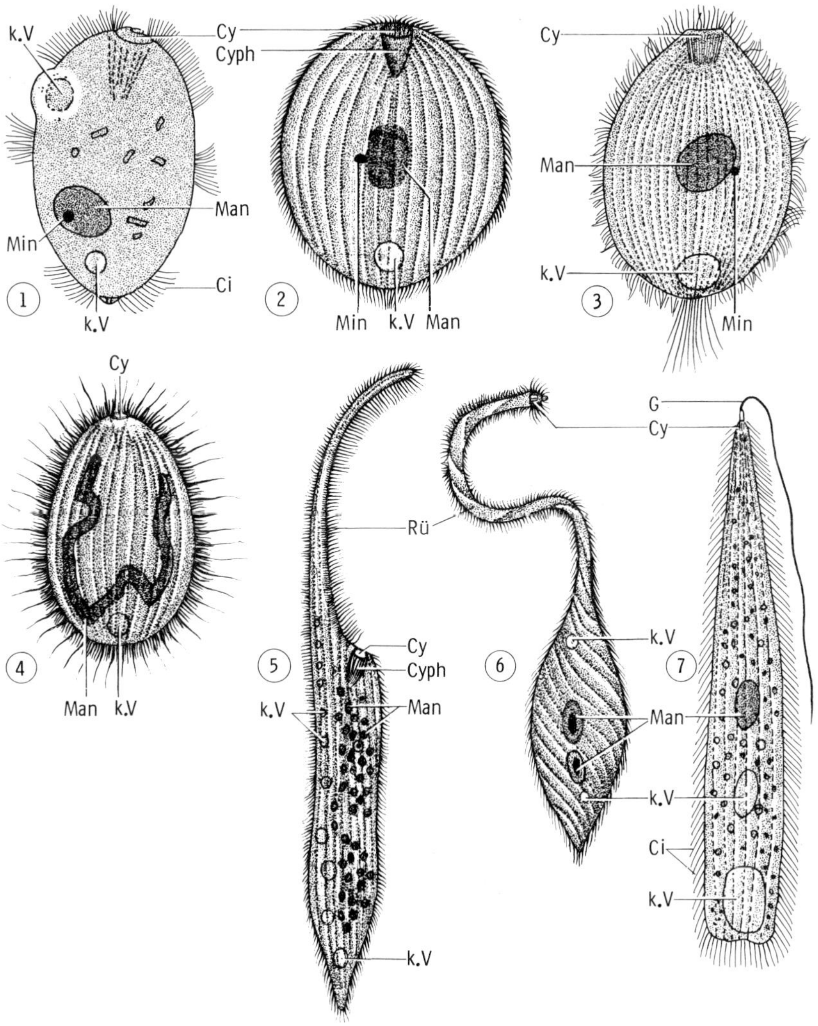

Taf. 95. Ciliophora: Kinetofragminophora, Gymnostomata (Prostomatida-Haptorida). – Abb. 1. *Alloiozona trizona* (nach Hsiung). Abb. 2. *Holophrya simplex* (nach Corliss). Abb. 3. *Prorodon ovalis* (nach Dragesco). Abb. 4. *Actinobolina* (nach Corliss). Abb. 5. *Dileptus anser* (nach Corliss). Abb. 6. *Lacrymaria olor* (nach Sleigh). Abb. 7. *Ileonema dispar* (nach Stokes). Abkürzungen: Ci = Cilien, Cy = Cytostom, Cyph = Cytopharynx, G = Geißel, k. V = kontraktile Vakuole, Man = Macronucleus, Min = Micronucleus.

◄

Kompaktkern, mit zerstreut liegenden Micro- und Macronuclei; 3/2. vergrößerter Ausschnitt. Abb. 4. *Trachelonema oligostriata* (nach Raikov): 4/1. Kerne in Gruppen, aber keine Ausbildung von Kompaktkernen, 4/2. Kerngruppe aus 1 Micronucleus und 2 Macronuclei. Abb. 5. *Loxodes striatus* (nach Raikov) mit 2 Kernsätzen aus je einem Micro- und Macronucleus. Abb. 6. *Loxodes rostrum* (nach Raikov) mit einem Kernsatz aus einem Micronucleus und 2 Macronuclei. Abb. 7. *Loxodes magnus* (nach Raikov) mit unregelmäßiger Verteilung vieler Micro- und Macronuclei. Abb. 8. *Loxodes striatus* (nach Raikov), normale vegetative Form, Teilung der Micronuclei, dabei Entstehung einer Macronucleus-Anlage, welche sich jeweils in einen Macronucleus umwandelt, weitere Teilung der Micronuclei, Entstehung zweier, normaler Formen. Abkürzungen: Kok = Kompaktkern, Man = Macronucleus, Min = Micronucleus.

Unterordnung Archistomatina

Cytostom rundlich, apikal liend. Die somatische Bewimperung teils holotrich (*Buetschlia*), meist aber auf bestimmte Körperzonen beschränkt und in Bündel oder Bänder angeordnet. Mit sehr primitiver circumoraler Infraciliatur. Mit konkraktilen Vakuolen und vorderer, seitlich liegender Konkrement-Vakuole (statisches Organell). Am Hinterende meist mit Cytopyge (Zellafter). Endosymbionten im Darmtrakt (Pansen) von Wiederkäuern (Pferde, Kamele). *Alloiozona* ;Taf. 95:1), *Blepharoprosthium, Buetschlia, Didesmis*.

Unterordnung Prostomatina

Cytostom apikal gelegen, primär rundlich. Mit unspezialisierter circumoraler Bewimperung. Bewimperung holotrich, Kineten (= Wimperreihen) von Pol zu Pol verlaufend. Mit axial-radialer Symmetrie. Cytostom ohne Toxicysten. Meist microphage Formen. *Holophrya* (Taf. 95:2), *Pelatractus, Metacystis*.

Unterordnung Prorodontina

Cytostom apikal oder subapikal gelegen, mit typischem, aus Trichiten bestehendem Reusenapparat. Bisweilen sehr flaches Atrium vorhanden. Mit terminaler kontraktiler Vakuole. Somatische Toxicysten vorhanden. Meist räuberische Lebensweise, einige Arten Algenfresser. *Prorodon* (Taf. 95:3), *Placus, Urotricha, Coleps*.

Ordnung Haptorida
(Taf. 95)

Cytostom apikal oder subapikal, oval oder schlitzförmig. Körperform primär rundlich-oval, sekundär oft langgestreckt mit rüsselartigen Bildungen am Vorderende. Primär holotriche Bewimperung, sekundär mit Wimpergürteln (*Didinium*) oder mit verstärkten Wimpern im Rüsselbereich (*Dileptus*). Häufig mit sensorischen Wimpern am vorderen Körperende. Zum Teil mit tentakelartigen, zurückziehbaren Bildungen (*Actinobolina*), oder mit langem geißelartigem Fortsatz am vorderen Körperpol (*Ileonema*). Mit Toxicysten im Bereich des Cytostoms, in der umgebenden Corona, im Rüssel- und Tentakelbereich. Mit kontraktilen Vakuolen. Ohne Cytoproct. Räuberische Lebensweise, schlingende Nahrungsaufnahme. *Actinobolina* (Taf. 95:4), *Didinium, Dileptus* (Taf. 95:5), *Ileonema* (Taf. 95:7), *Lacrymaria* (Taf. 95:6), *Spathidium, Trachelophyllum*.

Auch als Unterordnung (Haptorina) der Prostomatida betrachtet.

Ordnung Pleurostomatida
(Taf. 96)

Körper seitlich abgeflacht, oft groß und langgestreckt. Cytostom meist schlitzförmig und auf der schmalen Ventralseite liegend. Zum Teil mit rüsselartigen Bildungen (*Litonotus*). Mit holotricher Bewimperung. Macronucleus zweiteilig (*Litonotus*) oder vielteilig (*Amphileptus, Loxophyllum*). Macronucleus nur geringgradig polyploid. Micronucleus in Einzahl (*Amphileptus*) oder viele Micronuclei vorhanden (*Loxophyllum*). Viele interstitielle Sandbewohner, räuberische Lebensweise. *Amphileptus* (Taf. 96:1), *Bryophyllum, Litonotus* (Taf. 96:2), *Loxophyllum* (Taf. 96:3).

Unterklasse Vestibulifera

Mit den Ordnungen Trichostomatida, Colpodida und Entodiniomorphida.

Vestibulum fast stets vorhanden und mit besonderer, aber einfacher Bewimperung versehen. Cytostom (Zellmund) liegt am Grunde des Vestibulums (Mundgrube). Cytopharynx-Apparat an den Clathrum-Typ erinnernd. Toxicysten nur selten vorhanden. Primär mit holotricher Bewimperung. Bei endosymbiontischen Vertretern (Entodiniomorphida) keine holotriche Bewimperung mehr vorhanden, sondern Wimpern in Büscheln angeordnet. Pellicula bei diesen Arten verstärkt und mit langen, terminalen Fortsätzen versehen. Primär mit telokinetaler Stomatogenese. Freilebende Arten und Endosymbionten im Verdauungstrakt von Wirbellosen und Wirbeltieren.

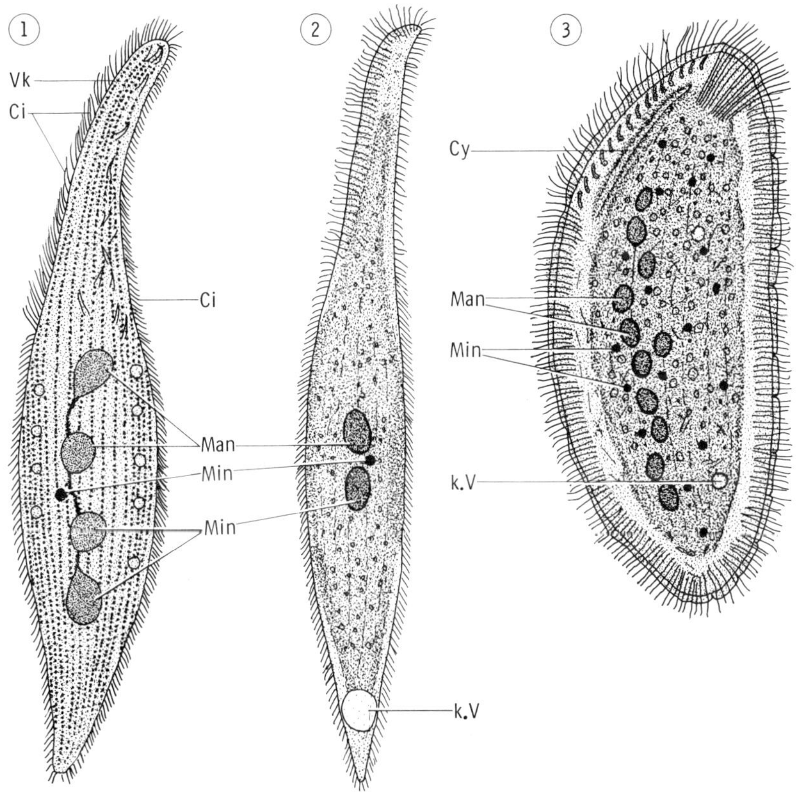

Taf. 96. Ciliophora: Kinetofragminophora, Gymnostomata (Pleurostomatida). – Abb. 1. *Amphileptus carchesii* (nach CANELLA). Abb. 2. *Litonotus anguilla* (nach DRAGESCO). Abb. 3. *Loxophyllum kahli* (nach DRAGESCO). Abkürzungen: Ci = Cilien, Cy = Cytostom, k. V = kontraktile Vakuole, Man = Macronucelus, Min = Micronucleus.

Ordnung Trichostomatida
(Taf. 97:1–3 u. 98:1)

Unterordnung Trichostomatina

Cytostom liegt an der Basis des bewimperten Vestibulums. Wimpern des Cytostoms einfach und nicht verklebt. Die Bewimperung des Vestibulums ist von somatischen Kineten abzuleiten. Primär mit holotricher Bewimperung. Cytostom fast stets apikal, selten auch antapikal. Nur wenige Arten mit Toxicysten. Stomatogenese telokinetal. Primär freilebend, sekundär viele symbiontische Vertreter. Freilebende Vertreter sind primäre Strudler. *Balantidium* (Taf. 97:1) (Vestibulum schlitzartig, ventral liegend, mit vielen kontraktilen Vakuolen. Darmparasiten), *Isotricha* (Taf. 97:2) (dicke Pellicula, mit Stützfibrillen. Endosymbionten im Pansen von Wiederkäuern), *Coelosomides* (Taf. 97:3) (marin, freilebend), *Sonderia*.

Unterordnung Blepharocorythina

Körper mit vorderen und hinteren Cilienbüscheln, sonst nackt. Vestibulum seitlich apikal gelegen mit innerem röhrenförmigem Infundibulum. Vorderkörper mit frontalem Lappen. Körper relativ biegsam. Endosymbiontisch im Dickdarm von Säugetieren, besonders Pferden. *Blepharocorys* (Taf. 98:1), *Charonina*, *Circodinium*, *Raabena*.

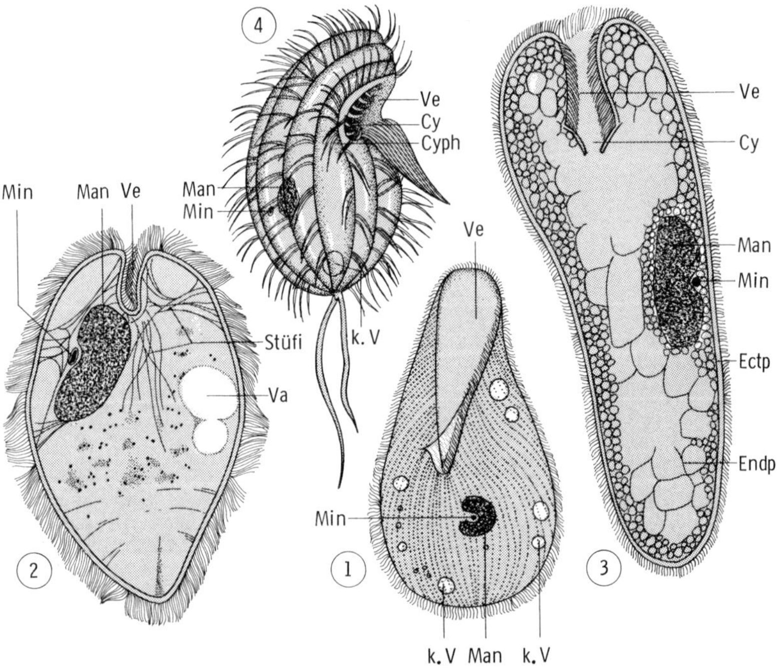

Tafel 97. Ciliophora: Kinetofragminophora, Vestibulifera (Trichostomatida – Colpodida). – Abb. 1. *Balantidium entozoon* (nach SLEIGH). Abb. 2. *Isotricha prostoma* (nach BĚLAŘ). Abb. 3. *Coelosomides marina* (nach FAURÉ-FREMIET). Abb. 4. *Colpoda steinii* (nach TAYLOR & FURGASON). Abkürzungen: Cy = Cytostom, Cyph = Cytopharynx, Ectp = Ectoplasma, Endp = Endoplasma, k. V = kontraktile Vakuole, Man = Macronucleus, Min = Micronucleus, Stüfi = Stützfibrillen, Va = Vakuole, Ve = Vestibulum.

Ordnung Entodiniomorphida
(Taf. 98)

Mit oralen und somatischen Cilienbüscheln, sonst Körper nackt. Orale Cilien oft mit Rechtswindung und bei Reizung einziehbar. Mit fester Pellicula. Hinterer Körperbereich oft mit dorn- und lappenartigen Fortsätzen versehen. Bei vielen Arten Ausbildung von Skelettplatten zur Verfestigung der Pellicula. Meist ovale Körperformen, häufig mit leichter dorsoventraler Abplattung. Trennung in Ektoplasma (Panzer, Vakuolen, Kerne) und Endoplasma (mit aufgenommener Nahrung). Macronucleus meist langgestreckt. Typische Strudler. Ausschließlich Endosymbionten im Darmtrakt pflanzenfressender Säugetiere. Vorwiegend im Pansen und Netzmagen von Wiederkäuern, aber auch im Blind- und Dickdarm. Es ist umstritten, ob sie am Zelluloseabbau aktiv beteiligt sind, sie sind wohl mehr auf den Stärkegehalt der Nahrung angewiesen. Sie liefern dem Wirt Vitamine der B-Gruppe, durchmischen den Panseninhalt und stellen eine zusätzliche Eiweißquelle für den Wirt dar.

Unterordnung Entodiniomorphina

Pellicula dick, am hinteren Körperende meist mit dorn- und lappenartigen Fortsätzen. Im Ektoplasma häufig mit Skelettplatten zur weiteren Verstärkung der Pellicula. Daher große Formbeständigkeit. Körper nackt, bis auf Cilienbüschel im vorderen und mittleren Körperbereich. Mit rechtsgewundenen oralen Cilien. Körper meist seitlich abgeplattet. Macronucleus meist langgestreckt. Mit kontraktilen Vakuolen. Mit Rektaltubus (Afterröhre). Stomatogenese anscheinend apokinetisch. Endosymbionten im Darmtrakt von Huftieren. Bei Wiederkäuern Pansen und Netzmagen bewohnend. Einige Vertreter

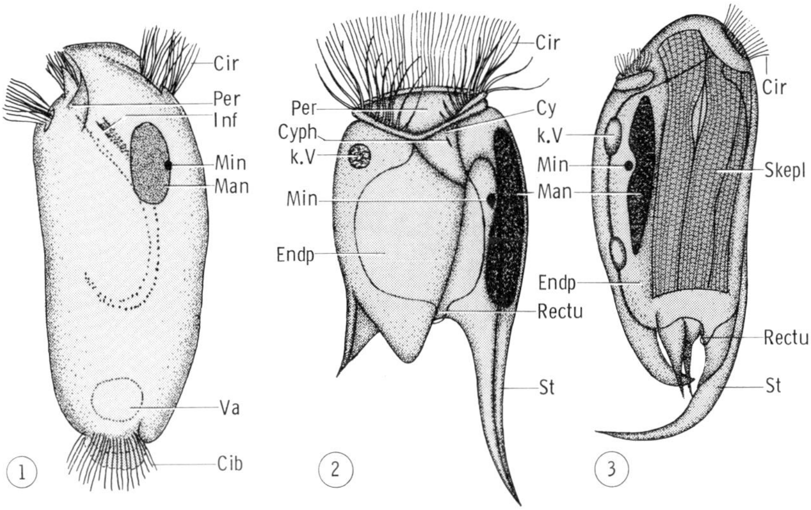

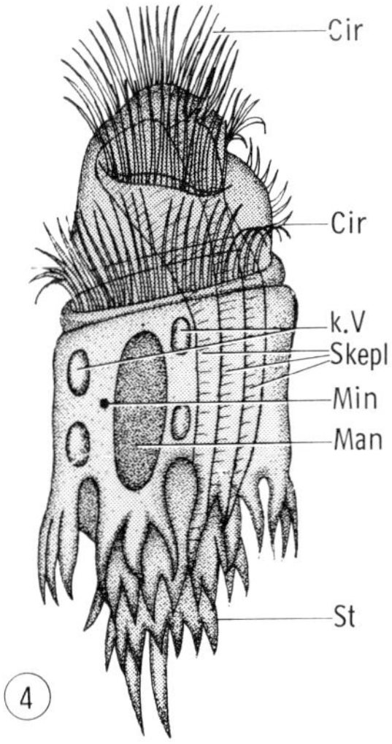

Taf. 98. Ciliophora: Kinetofragminophora, Vestibulifera (Entodiniomorphida). – Abb. 1. *Blepharocorys curvigula* (nach HSIUNG). Abb. 2. *Entodinium caudatum* (nach SLEIGH). Abb. 3. *Epidinium parvicaudatum* (nach KOFOID & CHRISTENSON). Abb. 4. *Ophryoscolex purkinjei* (nach BÜTSCHLI). Abkürzungen: a. Mz = adorale Membranellenzone, Cib = Cirrenbüschel, Cir = Cirren, Cy = Cytostom, Cyph = Cytopharynx, d. Mz = dorsale Membranellenzone, Endp = Endoplasmabereich (mit Nahrung), Inf = Infundibulum, k. V = kontraktile Vakuole, Man = Macronucleus, Min = Micronucleus, Per = Peristom, Rectu = Rectaltubus, Skepl = Skelettplatten, St = Stachel, Va = Vakuole.

auch im Blind- und Dickdarm afrikanischer Menschenaffen. *Entodinium* (Taf. 98:2) (im Pansen von Rind, Schaf), *Epidinium* (Taf. 98:3) (im Pansen von Rind, Dromedar, Rentier), *Ophryoscolex* (Taf. 98:4) (im Pansen von Schafen), *Elephantophilus*, *Eodinium*, *Triadinium*, *Troglodytella* (im Dick- und Blinddarm afrikanischer Menschenaffen).

Ordnung Colpodida
(Taf. 97:4)

Mit hochorganisierter Vestibulum-Bewimperung, aber Stomatogenese doch telokinetal. Hoch entwickelte Infraciliatur; die somatischen Kineten mit Doppel-Kinetosomen. Körperform meist nierenförmig, dorsoventral komprimiert. Macronucleus bei einigen Vertretern mit großen Nucleolus. Ungeschlechtliche Fortpflanzung durch Teilungen im Cystenstadium. Konjugation nur selten anzutreffen. *Colpoda* (Taf. 97:4) (in fauligem Süßwasser), *Bresslaua, Tillina, Woodruffia, Platyophrya.*

Einreihung innerhalb der Vestibulifera umstritten. Von einigen Bearbeitern auch in der Nähe der Hymenostomatida eingeordnet. *Platyophrya* wird auch als Vertreter einer eigenen Ordnung (Platyophryida) im Basisbereich der Hypostomata betrachtet.

Unterklasse Hypostomata

Mit den Ordnungen Synhymeniida, Nassulida, Cyrtophorida, Chonotrichida, Rhynchodida und Apostomatida.

Körperform zylindrisch oder mit dorsoventraler Abplattung. Ventralseite daher breit und abgeflacht. Cytostom im vorderen Bereich der Ventralseite liegend. Somatische Bewimperung oft reduziert. Cytopharynx mit Reusenapparat vom Cyrtos-Typ. Zum Teil mit Atriumausbildung, dann atriale Bewimperung vorhanden. Zum Teil mit circumoraler und adoraler Bewimperung, öfters in Form von Pseudomembranellen. Meist mit komplexer Morphogenesis. Stomatogenese von fortgeschrittenem telokinetalem Typ, sekundär sogar parakinetal oder buccokinetal. Toxicysten meist fehlend. Trichocysten nur bei einigen Gruppen vorhanden. Primär freilebende Formen (Salz- und Süßwasser), sekundär viele ekto- und endosymbiontische Formen (meist an und in Wirbellosen) und auch einige parasitische Formen.

Überordnung Nassulidea

Mit den Ordnungen Synhymeniida und Nassulida.

Ordnung Synhymeniida
(Taf. 99:1)

Somatische Kineten bipolar, mit holotricher Bewimperung. Oval-zylindrische Körperformen. Zum Teil mit circumoraler Bewimperung (*Nassulopsis*). Cytopharynx mit gut ausgebildetem Reusenapparat. Stomatogenese parakinetal-ähnlich. Freilebende Vertreter, sowohl im Salz-, als auch im Süßwasser. *Orthodonella* (Taf. 99:1), *Nassulopsis*, *Synhymenia*.

Ordnung Nassulida
(Taf. 99:2, 3)

Mit gut ausgebildeter präoraler Naht. Adorale Bewimperung nicht voll ausgebildet, meist sekundär auf einige Pseudomembranellen reduziert. Cytopharynx mit aus Trichiten bestehendem Reusenapparat. Stomatogenese parakinetal oder sogar buccokinetal.

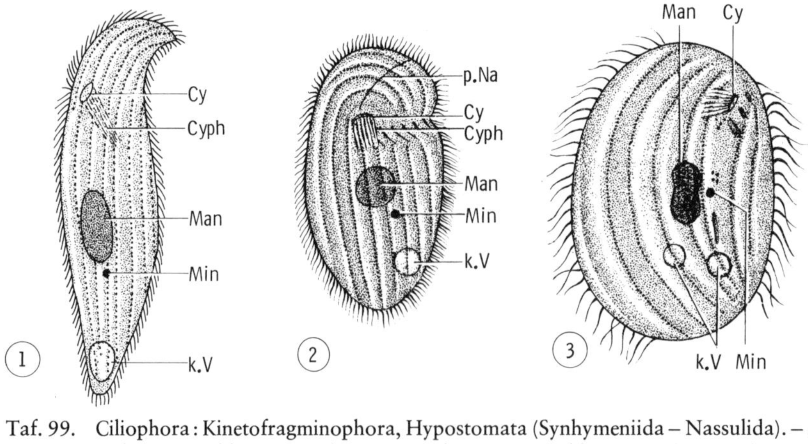

Taf. 99. Ciliophora: Kinetofragminophora, Hypostomata (Synhymeniida – Nassulida). – Abb. 1. *Orthodonella hamatus* (nach Entz). Abb. 2. *Nassula aurea* (nach Corliss). Abb. 3. *Pseudomicrothorax agilis* (nach Corliss). Abkürzungen: Cy = Cytostom, Cyph = Cytopharynx, k. V = kontraktile Vakuole, Man = Macronucleus, Min = Micronucleus, Muh = Mundhöhle, p. Na = periphere Naht.

Unterordnung Nassulina

Adorale Bewimperung aus in Reihen angeordneten Pseudomembranellen bestehend, sie zieht von der Dorsalseite bis zum hinteren Rand des Reusenapparates. Relativ große Formen mit holotricher Bewimperung. Cytopharynx mit aus Trichiten bestehendem Reusenapparat. Fast ausschließlich Süßwasserformen, welche von fadenförmigen Algen leben. Der Reusenapparat dient zum Abkneifen der Algenfäden. *Nassula* (Taf. 99:2), *Paranassula*, *Furgasonia*. *Furgasonia* wird auch als Vertreter einer eigenen Ordnung (Parahymenostomatida) innerhalb der Hymenostomata betrachtet.

Unterordnung Microthoracina

Die adorale Bewimperung stark reduziert, meist nur noch 2–3 kurze Kineten (= Wimperreihen) mit Pseudomembranellen vorhanden. Teilweise mit flachem Atrium. Somatische Bewimperung häufig reduziert. Körper klein und dorsoventral abgeflacht. Pellicula verdickt, panzerartig und mit Furchen versehen. Cytopharynx mit Reusenapparat. Mit spezifischen Trichocysten. Cystenbildung häufig. Süßwasserformen, aber auch in terrestrischen Feuchtbiotopen (z. B. Moosrasen) vorkommend. *Pseudomicrothorax* (Taf. 99:3), *Microthorax*, *Drepanomonas* (Moosbewohner), *Leptopharynx* (Moosbewohner).

Überordnung Phyllopharyngidea

Mit den Ordnungen Cyrtophorida und Chonotrichida.

Ordnung Cyrtophorida
(Taf. 100)

Mit den **Unterordnungen Chlamydodontina** (*Chilodonella, Chlamydodon, Phascolodon, Lynchella*), **Disteriina** (*Dysteria, Hartmannula, Trochilia, Trochilioides*) und **Hypocomatina** (*Hypocoma, Crateristoma*).

Orale Bewimperung meist aus mehreren kleinen Reihen bestehend. Cytopharynx mit Reusenapparat vom Cyrtos-Typ. Ovale Körperformen, häufig mit gewölbter Dorsal- und flacher Ventralseite. Somatische Bewimperung auf die Ventralseite beschränkt. Mit präoraler Naht. Zum Teil mit komplex gebildeten Haftorganellen. Macronucleus verschiedenartig gestaltet. Freilebende marine Vertreter, häufig auch im Süßwasser vorkommend. Zum Teil Ektosymbionten, einige Vertreter auch mit parasi-

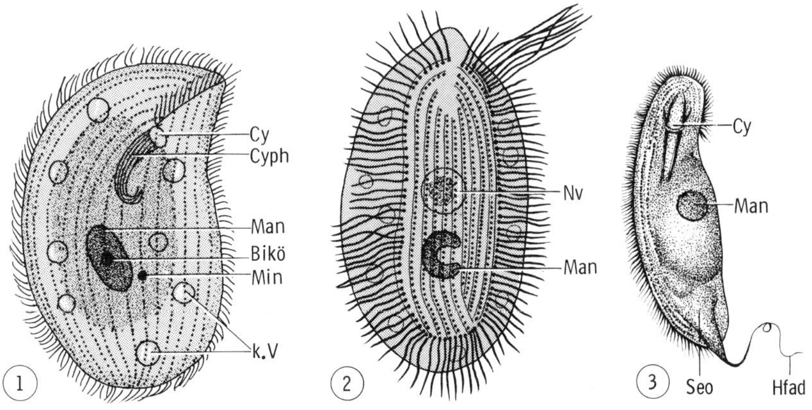

Taf. 100. Ciliophora: Kinetofragminophora, Hypostomata (Cyrtophorida). – Abb. 1. *Chilodonella* (nach Corliss). Abb. 2. *Hypocoma parasitica* (nach Chatton & Lwoff). Abb. 3. *Trochilioides filans* (nach Fauré-Fremiet & Guilcher). Abkürzungen: Bikö = Binnenkörper, Cy = Cytostom, Cyph = Cytopharynx, Hfad = Haftfaden, k. V = kontraktile Vakuole, Man = Macronucleus, Min = Micronucleus, Nv = Nahrungsvakuole, Seo = Sekretionsorganell.

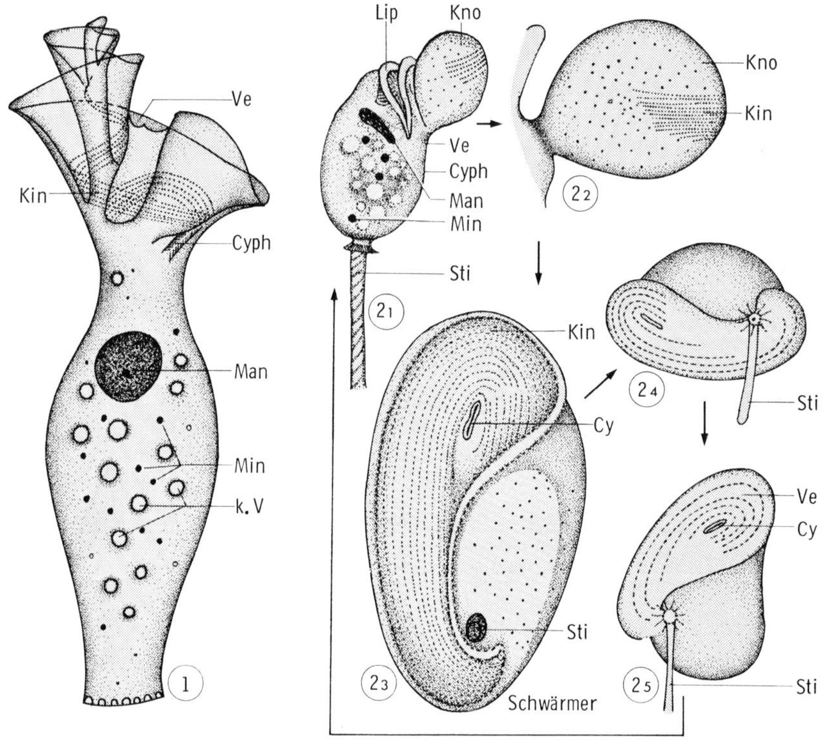

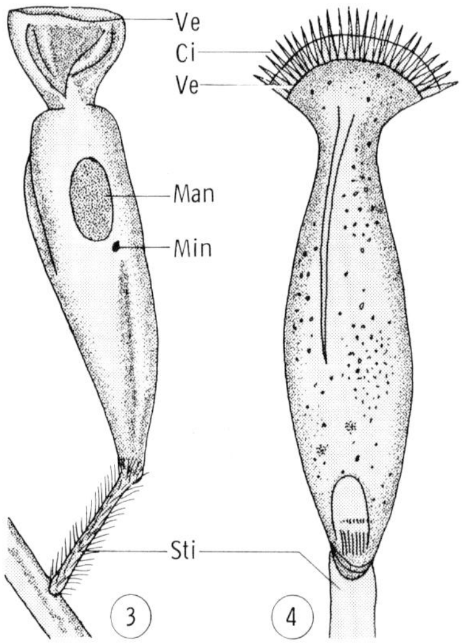

Taf. 101. Ciliophora: Kinetofragminophora, Hypostomata (Chonotrichida). – Abb. 1. *Spirochona gemmipara* (nach HERTWIG). Abb. 2. *Chilodochona quennerstedti* (nach GUILCHER): 2/1. adultes Stadium mit Knospenbildung; 2/2. Knospe vergrößert; 2/3. Schwärmer; 2/4, 2/5. Umwandlung in Adultstadium, beginnend mit Stielbildung. Abb. 3. *Trichochona lecythoides* (nach MOHR). Abb. 4. *Heliochona scheuteni* (nach WALLENGREN). Abkürzungen: Ci = Cilien, Cy = Cytostom, Cyph = Cytopharynx, Lip = Lippe (= Peristom), Kin = Kinetosom, Kno = Knospe, k. V = kontraktile Vakuole, Man = Macronucleus, Min = Micronucleus, Sti = Stiel, Ve= Vestibulum.

tischer Lebensweise (Hautparasiten an Fischen). *Chilodonella* (Taf. 100:1) (freilebend sowie Haut- und Kiemenparasiten an Fischen), *Chlamydodon*, *Dysteria*, *Hypocoma* (Taf. 100:2), *Phascolodon*, *Trochilia*, *Trochilioides* (Taf. 100:3).

Ordnung Chonotrichida
(Taf. 101)

Vasenförmig gestaltete, festsitzende Formen. Apikal mit trichterförmigem, ektoplasmatischem Peristom (Vestibulum). Peristom innen mit parallel verlaufenden Wimperreihen, welche rechtsgewunden zum Mund (Cytostom) verlaufen. Diese Wimperreihen dienen zum Herbeistrudeln der Nahrung. Der gesamte übrige Körper nackt und ohne Bewimperung. Mit einfachem Cytopharynx. Ohne Cytoproct. Zum Teil mit Stielen, welche von Haftorganellen gebildet werden. Vermehrung durch äußere (Exogemmina) oder innere (Endogemmina) Knospung. Die Knospe löst sich als bewimperter Schwärmer ab, welcher sich festsetzt und sich dann in das adulte Stadium umwandelt. Ektokommensale Lebensweise (Symphoronten) auf Crustaceen. Wirte teils marin, teils im Süßwasser lebend.

Unterordnung Exogemmina

Mit äußerer Knospung (Taf. 101:2), meist wird nacheinander jeweils nur eine Knospe produziert. Körperform länglich, vasenförmig, mit deutlicher Halsbildung. Fast alle Vertreter mit Stielbildung. Einzeln lebend, wenige Arten kolonienbildend. Mit Crustaceenwirten, welche sowohl im marinen Bereich als auch im Süßwasser vorkommen. *Chilodochona* (Taf. 101:2) (Peristom mit Lippenbildung), *Heliochona* (Taf. 101:4), *Spirochona* (Taf. 101:1), *Phyllochona*.

Unterordnung Cryptogemmina

Ausschließlich innere Knospung. In einer inneren Bruttasche entstehen bis zu 8 bewimperte Schwärmer (Tomiten). Körper schmal und abgeflacht. Stiel zum Teil fehlend. *Armichona*, *Echinichona*, *Isochona*, *Stylochona*, *Trichochona* (Taf. 101:3).

Überordnung Rhynchodea

Mit der Ordnung Rhynchodida.

Ordnung Rhynchodida
(Taf. 102)

Durch sekundär ektoparasitische Lebensweise stark abgewandelte Formen. Längliche, schmale Formen mit einem vorderen Saugrüssel. Mund sekundär fehlend. Saugrüssel mit fadenförmigen Fortsätzen, welche zum Festheften dienen. Bewimperung primär noch allseitig (z. B. *Ancistrocoma*), sekundär aber meist starke Reduktionen, so daß die somatische Bewimperung häufig auf ein vorderes thigmotaktisches Feld beschränkt ist. Einige Formen (*Gargarius*, *Sphenophrya*) im adulten Stadium ohne somatische Bewimperung, nur noch Infraciliatur vorhanden. Die durch Knospung entstehenden Schwärmer zeigen bei allen Vertretern normale Bewimperung. Mit Toxicysten. Mit ektoparasitischer Lebensweise, vorwiegend auf marinen Muscheln, aber auch an anderen Wirbellosen des marinen Bereiches und auch des Süßwassers. *Ancistrocoma* (Taf. 102:1) (auf Kiemen mariner Muscheln), *Hypocomella* (auf marinen Muscheln, Süßwasserschnecken), *Gargarius* (Taf. 102:2) (auf Muscheln), *Sphenophrya* (auf Muscheln).

Überordnung Apostomatidea

Mit der Ordnung Apostomatida

Ordnung Apostomatida
(Taf. 103)

Primär mit holotricher Bewimperung. Die somatischen Kineten verlaufen von Pol zu Pol mit mehr oder weniger starker Rechtsdrehung. Cytostom sekundär stark reduziert, entweder sehr unscheinbar oder

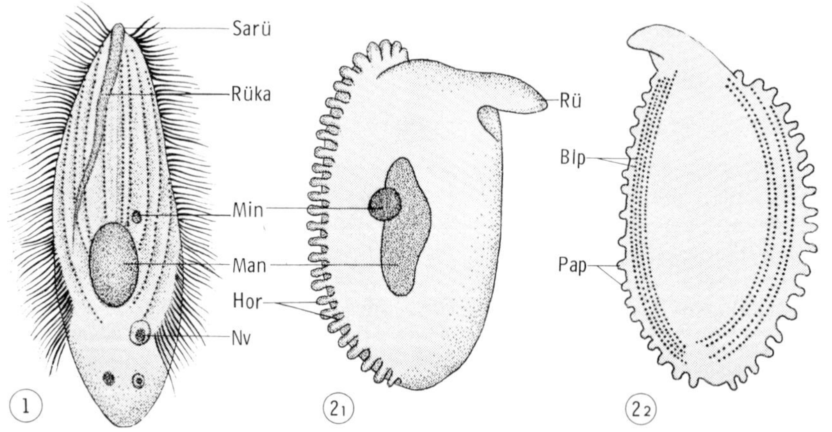

Taf. 102. Ciliophora: Kinetofragminophora, Hypostomata (Rhynchodida). – Abb. 1. *Ancistrocoma pelseneeri* (nach KOZLOFF). Abb. 2. *Gargarius gargarius* (nach CHATTON & LWOFF): 2/1. Macro- und Micronucleus eingezeichnet; 2/2. mit eingezeichneter Infraciliatur. Abkürzungen: Blp = Blepharoplast (Basalkörper), Hor = Haftorganell, Man = Macronucleus, Min = Micronucleus, Nv = Nahrungsvakuole, Pap = Haftpapillen, Rü = Rüssel, Rüka = Rüsselkanal, Sarü = Saugrüssel.

ganz fehlend. Oft mit einer für die Ordnung charakteristischen Rosette in der Nähe des Cytostoms. Die Rosette stellt ein mit basalen Wimpern versehenes Vestibulum dar. Orale Ciliatur nur aus 3–6 kurzen Kineten bestehend. Die somatischen Kineten des Körpers oft weit auseinanderliegend. Ohne Cytoproct. Kontraktile Vakuolen mit Poren. Häufig mit einem besonderen, aus Wimpern bestehendem thigmotaktischem Feld im vorderen Körperbereich (bei Tomiten). Trichocysten vorhanden (bei Tomiten). Mit spezifischer Stomatogenese, welche vom telokinetalen Typ abzuleiten ist.

Ekto- und Endoparasiten mit Wirten aus verschiedenen Gruppen wirbelloser Tiere, vorwiegend marine Krebse. Mit polymorphem Zyklus (Taf. 103:3), welcher zum Teil mit einem Wirtswechsel (einziger Fall bei Ciliophora) verbunden ist. Zyklus mit zweimaliger Metamorphose, abwechselndes Auftreten einer freilebenden (Tomit) und einer an parasitische Lebensweise angepaßten Generation (Phoront-Trophont-Tomont). Der freischwimmende Tomit zeigt den stärksten Differenzierungsgrad und besitzt auch Trichocysten. Unter Bildung einer Cystenhülle setzt er sich am Körper seines Wirtes fest und wird zum Phoront. Aus der Cyste schlüpft der morphologisch stark abgeänderte Trophont, welcher vorwiegend eine endoparasitische Lebensweise führt. Der Trophont vergrößert sich sehr stark und wandelt sich in das Vermehrungsstadium (Tomont) um. Durch Palintomie bildet der Tomont terminal zahlreiche, dann wieder freilebende Tomiten aus.

Unterordnung Apostomatina

Trophont und Tomit mit Cytostom und mit Rosette. Tomont ohne Wimpern, nur mit Infraciliatur. Tomit vor der Rosette mit thigmotaktischer Wimpernzone, welche zum Anheften an den Wirt dient. Tomit mit Trichocysten, Trophont fast stets ohne Trichocysten. Meist ektoparasitisch an marinen Crustaceen, selten auch an Süßwasser-Crustaceen. Seltener auch endoparasitisch in Cnidaria, Polychaeta und Echinodermata. *Foettingeria* (Taf. 103:1), *Gymnodinioides* (auch an Süßwasser-Crustaceen: *Asellus*, *Gammarus*), *Ophiuraespira* (Taf. 103:2), *Polyspira* (Taf. 103:3), *Spirophrya*, *Synophrya*.

Unterordnung Astomatophorina

Sekundär mundlose Formen, aber mit Resten von oraler Ciliatur. Ohne Rosette. Körper oft schlank, wurmförmig, mit thigmotaktischem Feld (Trophont) am Vorderende. Endoparasitische Lebensweise. Vermehrung durch Knospungen am Hinterende des Körpers, auf diese Weise zeitweilige catenoide Ko-

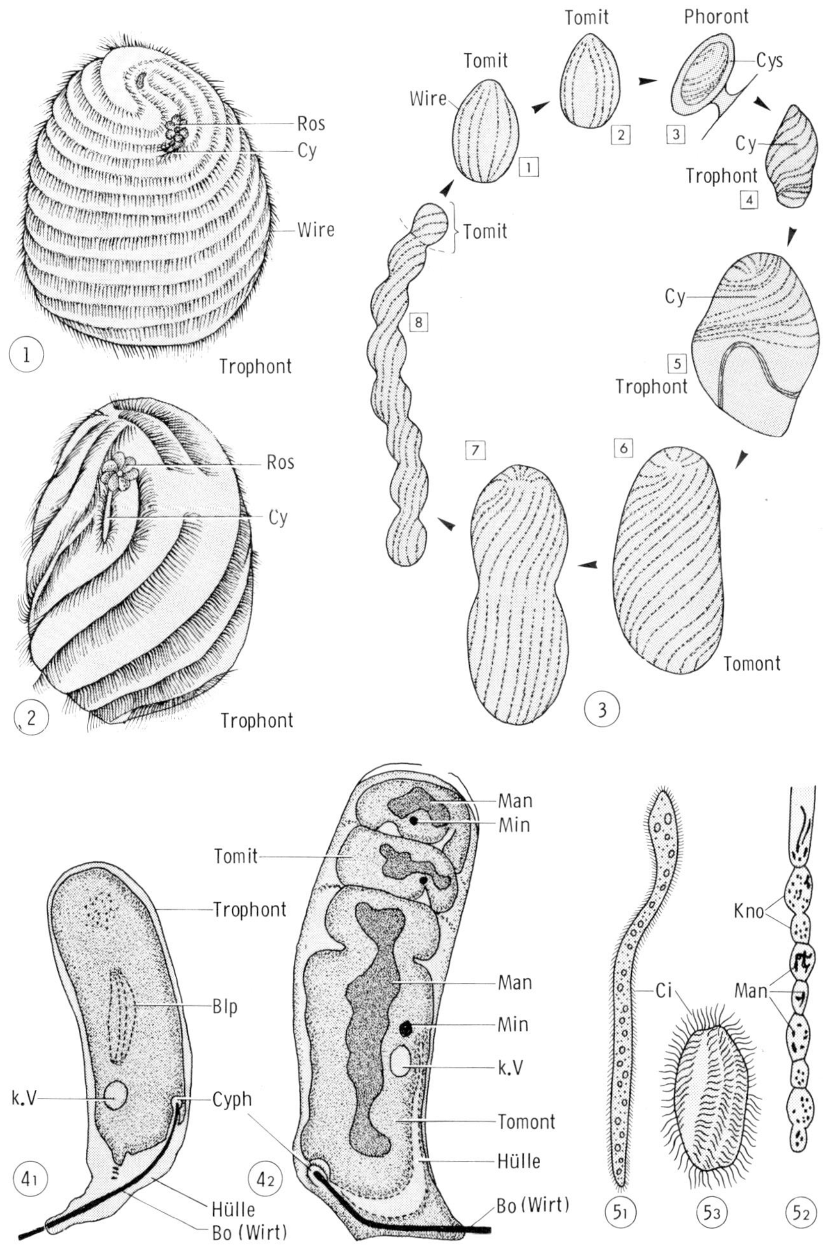

Taf. 103. Ciliophora: Kinetofragminophora, Hypostomata (Apostomatida). – Abb. 1. *Foettingeria actiniarum*, Trophont (nach Chatton & Lwoff). Abb. 2. *Ophiuraespira weilli*, Trophont (nach Chatton & Lwoff). Abb. 3. Zyklus von *Polyspira delagei* (nach Lwoff). Abb. 4. *Conidophrys pilisuctor* (nach Chatton & Lwoff); 4/1. Trophont in einer Sekrethülle an einem Haar des Wirtes festsitzend; 4/2. Bildung von Tomiten durch terminale Knospung. Abb. 5. *Chromidina elegans* (nach Foettinger): 5/1. Trophont; 5/2. Tomont mit terminaler Knospung; 5/3. Tomit. Abkürzungen: Blp = Blepharoplast (Basalkörper), Bo = Borste, Ci = Cilien, Cy = Cytostom, Cyph = Cytopharynx, Cys = Cyste, Kno = Knospe, k. V = kontraktile Vakuole, Man = Macronucleus, Min = Micronucleus, Ros = Rosette, Wire = Wimperreihe.

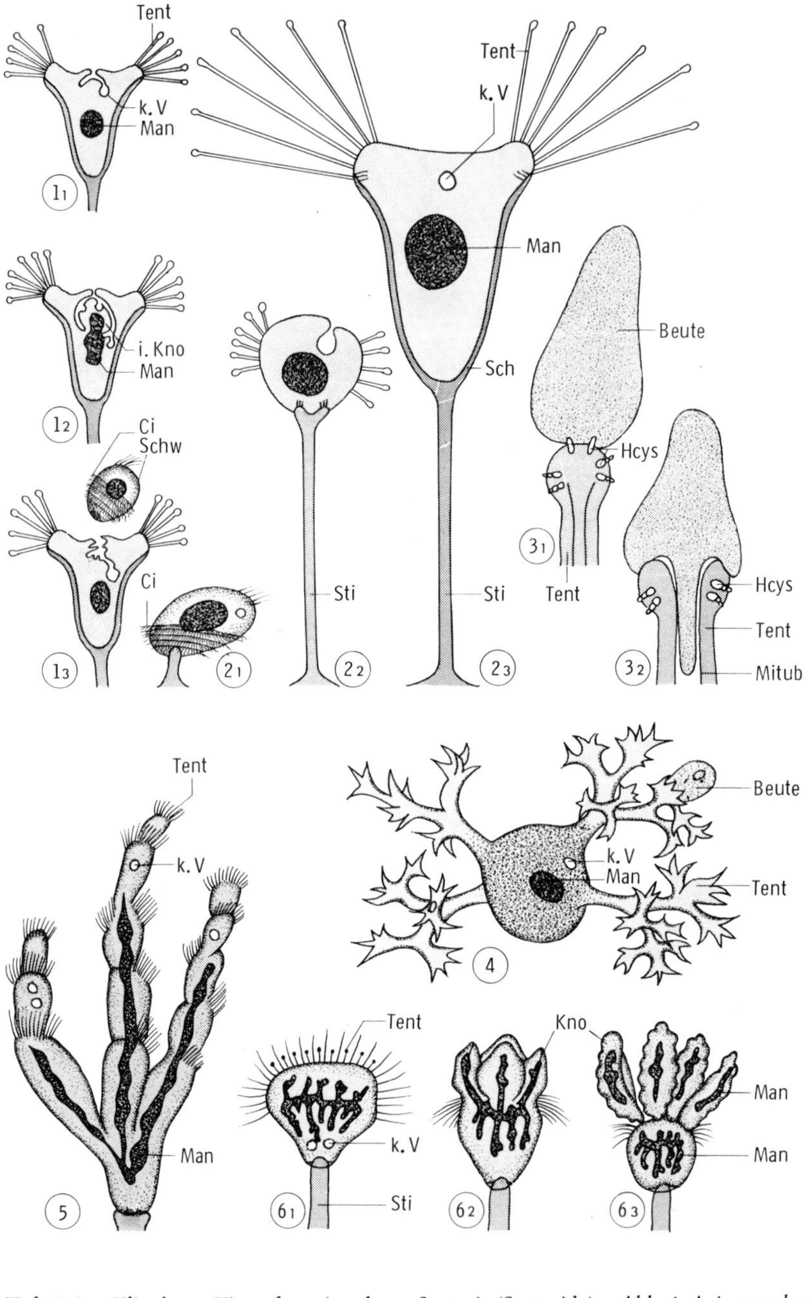

Taf. 104. Ciliophora: Kinetofragminophora, Suctoria (Suctorida). – Abb. 1. *Acineta tuberosa*, innere Knospung (nach BARDELE): 1/1. adultes Stadium (Stiel nicht voll ausgezeichnet); 1/2. innere Knospung, Bildung einer Bruthöhle; 1/3. freiwerdender Schwärmer. Abb. 2. *Acineta tuberosa*, Umwandlung des Schwärmers in das Adultstadium (nach BARDELE): 2/1. sich festsetzender Schwärmer, Beginn der Stielbildung; 2/2. Stiel ausgebildet, Beginn der Gehäusebildung; 2/3. Adultstadium mit fertig ausgebildetem Gehäuse. Abb. 3. *Acineta*, Nahrungsaufnahme mit Hilfe von Saugtentakeln (nach BARDELE & GRELL): 3/1. Festhalten der Beute durch Haptocysten; 3/2. Einsaugen der Beute. Abb. 4. *Dendrocometes paradoxus* (nach WRZESNOWSKI). Abb. 5. *Dendrosomides paguri* (nach

lonien bildend. Wirte: Cephalopoden, Cnidaria, Ctenophoren und Süßwasserkrebse. *Chromidina* (Taf. 103:5) (Wirte Cephalopoden), *Collinia*, *Opalinopsis*.

Unterordnung Pilisuctorina

Trophonten sekundär ohne Wimpern, unbeweglich an Borsten ihrer Wirte festsitzend. Tomiten bewimpert, aber ohne Cytostom. Tomiten entstehen durch terminale Knospung und stellen das Ausbreitungsstadium dar. Wirte vorwiegend marine Amphipoden und Isopoden, aber auch an decapoden Krebsen und sogar an edaphischen Milben aufgefunden. *Ascophrys*, *Conidophrys* (Taf. 103:4).

Unterklasse Suctoria

Adultstadium sekundär ohne Mund (Cytostom), Nahrungsaufnahme mit Hilfe von Saugtentakeln. Saugtentakeln in Vielzahl vorhanden, mit Haptocysten (Microtoxocysten). Adulte Stadien sessil und festsitzend, häufig mit Stielbildung. Stiel mit variabler Länge, ohne Kontraktionsfähigkeit. Einige Vertreter mit Gehäusebildung. Körper der Adultstadien unbewimpert, nur in Ausnahmefällen mit Wimpern versehen. Kontraktile Vakuole und Porus vorhanden, Cytoproct fehlt. Ungeschlechtliche Fortpflanzung durch äußere (Exogenina) oder innere (Endogenina) Knospung. Die dabei freiwerdenden Knospen (Schwärmer) zeigen eine kranzförmig angeordnete Bewimperung und besitzen keine Tentakel. Nach dem Festsetzen werden die Wimpern zurückgebildet, es erfolgt eine Neubildung der Tentakel, und die Larve wandelt sich in das wimpernlose, mit Tentakel versehene Adultstadium um. Konjugation meist mit Makro- und Mikrokonjuganten. Zum Teil mit regelrechtem Generationswechsel (z. B. *Tachyblaston*). Im marinen Bereich und im Süßwasser vorkommend. Festsitzende Lebensweise auf unbelebten und lebenden Objekten. Häufig als Ektokommensalen (Symphoronten) an aquatischen, wirbellosen Tieren. Zum Teil auch als Endosymbionten oder endoparasitisch in anderen Wirten, zum Teil auch in anderen Ciliaten. Arten zum Teil mit Wirtsspezifität. Saugende Nahrungsaufnahme mit Hilfe der Saugtentakel.

Ordnung Suctorida
(Taf. 104)

Einzige Ordnung mit den Merkmalen der Unterklasse.

Unterordnung Exogenina

Mit primärer, äußerer (exogener) Knospung. Knospung ohne Invagination der elterlichen Cortexschicht. Primär nur eine einzige Knospe (z. B. *Paracineta*), sekundär Ausbildung mehrerer (Taf. 104:6) Knospen (z. B. *Ephelota*). Schwärmer mit 2 Wimperfeldern, welche sich um das Scopulum (Stielbildungszentrum mit dichter strukturiertem Cytoplasma) herumziehen. Die Knospe löst sich als Schwärmer ab und kriecht mit Hilfe der Wimperfelder auf der Unterlage, drückt sich mit dem Scopulum an der Unterlage fest und bildet einen Stiel aus. Schwärmer bei einigen Vertretern lang und wurmförmig, fast ohne Cilien und daher kaum beweglich. Meist marine, solitäre Formen. Zum Teil an unbelebten Objekten, häufig aber mit ektokommensaler Lebensweise. *Dendrosomides* (Taf. 104:5) (marin, auf *Eupagurus*), *Ephelota* (Taf. 104:6) (mit kürzeren Saug- und längeren Fangtentakeln, marin auf Hydrozoen, Bryozoen, Algen), *Ophryodendron, Paracineta, Podophrya.*

Unterordnung Endogenina

Mit sekundärer, innerer (endogener) Knospung. Es kommen zwei verschiedene Knospungstypen vor. Bei beiden Typen wird eine Bruthöhle gebildet, welche durch eine vordere Einbuchtung des Zellkörpers entsteht. Die Bruthöhle steht durch eine Geburtsöffnung mit der Außenwelt in Verbindung. Beim

◀

COLLIN). Abb. 6. *Ephelota gemmifera*, äußere Knospung (nach GRELL); 6/1–3. Ausbildung mehrerer äußerer Knospen. Abkürzungen: Ci = Cilien, Hcys = Haptocyste, i. Kno = innere Knospe, Kno = Knospe, k. V = kontraktile Vakuole, Man = Macronucleus, Mitub = Microtubuli, Sch = Schale (Gehäuse), Schw = Schwärmer, Sti = Stiel, Tent = Tentakel.

1. Typ (Taf. 104: 1) werden die im Inneren der Bruthöhle gebildeten Knospen frei und verlassen als voll ausgebildete Schwärmer durch den Geburtsporus die Geburtshöhle (z. B. *Acineta*, *Tokophrya*). Die Knospen entstehen durch Ausstülpungen innerhalb der Bruthöhle. In diese Ausstülpung wächst (wie auch bei der exogenen Knospung) ein Teil des mütterlichen Kernmaterials hinein. Beim 2. Typ wird die Bruthöhle als Ganzes durch den Geburtsporus nach außen gestülpt (z. B. *Discophrya*), und die weitere Entwicklung erfolgt nun an der Knospe, welche zunächst an der Oberfläche des mütterlichen Organismus festgeheftet bleibt. Ein- oder Vielfachknospung kommen bei beiden Typen vor. Tentakel zum Teil mit Verzweigungen. Bei einigen Vertretern Gehäuse- und auch Kolonienbildung. Viele freilebende und ektokommensale Arten, zum Teil auch im Darmtrakt von Säugetieren lebend. *Acineta* (Taf. 104:1–3) (Tentakeln in Büscheln, Gehäuse bildend), *Cyathodinium*, *Dendrocometes* (Taf. 104:4), *Discophrya*, *Endosphaera*, *Tokophrya*.

Die Vertreter des 2. Knospungstyps mit nach außen gestülpter Bruthöhle (*Discophrya, Cyathodinium, Dendrocometes*) werden auch in einer eigenen Unterordnung (Evaginogenina) zusammengefaßt.

Klasse Oligohymenophora
(Taf. 105–109)

Mit den Unterklassen Hymenostomata und Peritricha.

Mit gut abgegrenzter, bisweilen ziemlich unauffälliger oraler Ciliatur, welche nur aus wenigen (drei bis vier) Membranen oder Membranellen besteht. Membranellen entstehen sekundär durch Verklebung von 2–4 kurzen Wimperreihen zu plattenähnlichen Gebilden. Eine Membran entsteht durch Verklebung einer einzigen Cilienreihe. Sekundär kann die Bewimperung des Cytostoms auch komplizierter sein oder sie kann auch ganz fehlen. Die orale Infraciliatur mindestens teilweise in der Mundhöhle (Infundibulum) gelegen. Somatische Infraciliatur mit Kinetodesmen. Stomatogenese parakinetal oder buccokinetal. Cytostom meist ventral am vorderen Körperende gelegen und am Boden des Infundibulums liegend. Trichocysten nur bei einer Gruppe (Peniculina) vorhanden. Zum Teil mit Cystenbildung, auch Gehäusebildungen (Lorica) bei einigen Vertretern. Keine Ausbildung von Cirren. Einige Gruppen mit Kolonienbildung.

Unterklasse Hymenostomata

Mit den Ordnungen Hymenostomatida. Scuticociliatida und Astomatida.

Mit einheitlicher Körperbewimperung. Die orale Bewimperung meist unauffällig. Vestibulum ventral gelegen oder sekundär (Astomatida) ganz fehlend. Mittelgroße, meist freilebende Vertreter. Nur wenige sessile Arten. Stiel-, Kolonien- und Cystenbildung relativ selten. Vorwiegend Süßwasserformen, aber auch zahlreiche Vertreter im marinen Bereich. Zum Teil auch mit symbiontischer oder endoparasitischer Lebensweise (Evertebraten und Vertebraten).

Ordnung Hymenostomatida
(Taf. 105)

Mit gut ausgebildeter Mundhöhle (Infundibulum), welche Membranellen bzw. Peniculi enthält. Ihre Infraciliatur besteht im Normalfall aus 3–4 Reihen von Kinetosomen. Mundregion auf der Ventralseite der vorderen Körperhälfte. Ohne Scuticus. Trichocysten und Nematodesmen nur bei einer Gruppe (Peniculina). Kontraktile Vakuolen mit Poren. Cytoproct fast stets vorhanden. Meist freilebende Vertreter, zum Teil symbiontische oder parasitische Lebensweise.

Unterordnung Tetrahymenina

Meist kleine Arten mit einheitlicher somatischer Bewimperung. Die Bewimperung der Mundhöhle (orale Ciliatur) unauffällig, aus 3 parallel verlaufenden, linksseitig gelegenen Membranellen und aus einer rechtsseitig gelegenen undulierenden Membran bestehend. Jede Membranelle setzt sich aus mehreren, kurzen Wimperreihen zusammen. Die Membranellen beginnen am vorderen, linken Seitenrand der Mundhöhle und führen dann in die Mundhöhle hinein. Sie stellen die primitive, stammesgeschicht-

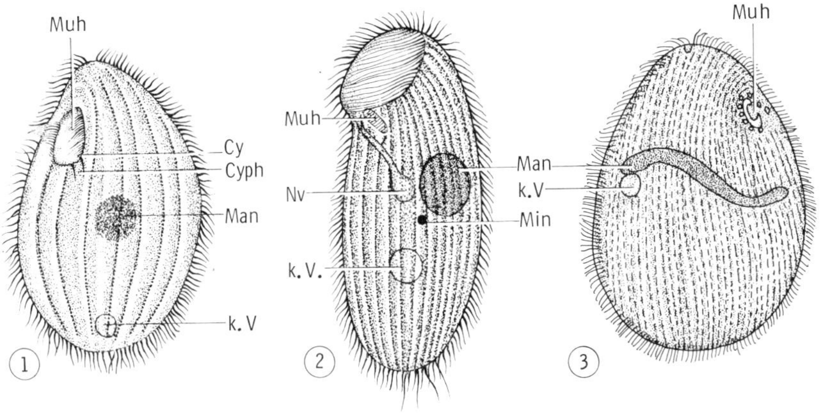

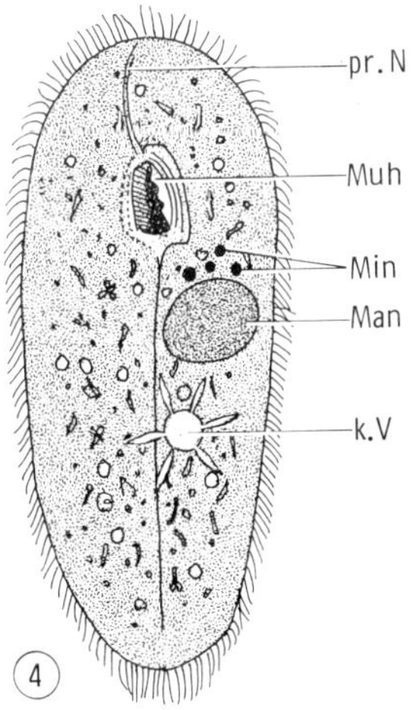

Taf. 105. Ciliophora: Oligohymenophora, Hymenostomata (Hymenostomatida). – Abb. 1. *Tetrahymena pyriformis* (nach CORLISS). Abb. 2. *Colpidium colpoda* (nach KAHL). Abb. 3. *Ophryoglena atra* (nach KAHL). Abb. 4. *Frontonia marina* (nach DRAGESCO). Abkürzungen: Cy = Cytostom, Cyph = Cytopharynx, k. V = kontraktile Vakuole, Man = Macronucleus, Min = Micronucleus, Muh = Mundhöhle, Nv = Nahrungsvakuole, pr. N = präorale Naht.

lich älteste adorale Membranellenzone dar, von welcher sich die anderen Formen (z. B. spirotriche Formen) ableiten lassen. Thigmotaktische Bewimperung selten, caudale Wimpern ebenfalls meist fehlend. Ohne Nematodesmen und ohne Trichocysten. Mit parakinetaler Stomatogenese. Einige Vertreter mit Polymorphismus. Weitverbreitete, microphage Süßwasserformen. Einige Arten auch mit räuberischer Lebensweise. Auch einige terrestrische Formen (Edaphon). Keine marinen Vertreter. Nur wenige Symbionten; meist Symbiose mit wirbellosen Wirten. *Colpidium* (Taf. 105:2) (Bakterienfresser), *Deltopylum*, *Glaucoma*, *Tetrahymena* (Taf. 105:1).

Unterordnung Ophryoglenina

Körper zylindrisch bis eiförmig. Mundhöhle tief eingesenkt. Mit komplexer oraler Bewimperung, die undulierende Membran setzt sich in die Mundhöhle fort. In der Nähe der spaltenförmigen Mundhöhlenöffnung liegt ein Uhrglaskörper (Organell mit unbekannter Funktion). Mit Polymorphismus. Ohne Nematodesmen und ohne Trichocysten. Mit parakinetaler Stomatogenese. Süßwasserformen, welche sich von Geweben verletzter oder sterbender Invertebraten ernähren, zum Teil auch Hautparasiten an Fischen. *Ophryoglena* (Taf. 105:3) (in Leibeshöhlen und im Darmtrakt von Evertebraten), *Ichthyophthirius* (Hautparasit an Fischen).

Unterordnung Peniculina

Große, freilebende Formen. In der Mundhöhle mit Peniculi, buccalen Organellen, welche von den primären Membranellen der Tetrahymenina abzuleiten sind. Zum Teil mit gut ausgebildeten Vestibulum (Mundvorraum). Körperbewimperung einheitlich. Mit Trichocysten, seltener auch mit Mucocysten. Mit buccokinetaler Stomatogenese. Meist mit Nematodesmen, sowie mit prae- und postoraler Naht. Viele Arten mit endosymbiontischen Algen (Zoochlorellen) oder mit gram-negativen Bakterien (Kappa-Körper). Weite Verbreitung, in der Hauptsache microphage Süßwasserformen. Cystenbildung nur bei wenigen Gruppen. *Frontonia* (Taf. 105:4), *Paramecium* (Taf. 90:1–2), *Stokesia*, *Urocentrum*. Auch als eigene Ordnung (Peniculida) betrachtet.

Ordnung Scuticociliatida
(Taf. 106)

Kleine bis mittelgroße Vertreter. Mit gleichmäßiger, oft spärlicher Bewimperung. Viele Vertreter mit thigmotaktischem Wimperfeld, welches bei Berührung den Wimpernschlag einstellt und zum Anheften dient. Die Membranellen der Mundhöhle (m 1–m 3) meist noch voll ausgebildet. Die undulierende Membran (parorale Membran) bei Pleuronematina besonders stark ausgebildet. Häufig mit Schwanzcilien und Schwanzborste. Mit buccokinetaler Stomatogenese. Mit Auftreten eines Scuticus während des morphogenetischen Prozesses. Mit gut erkennbaren Mitochondrien. Ohne Nematodesmen und sehr wahrscheinlich auch ohne Trichocysten. Cystenbildung häufig. Freilebende Vertreter im marinen Bereich und im Süßwasser, häufig auch als Endokommensalen und Endosymbionten vorwiegend in wirbellosen Tieren (z. B. Mollusken, Echinodermen, Anneliden).

Unterordnung Philasterina

Infraciliatur der undulierenden Membran (Segelmembran) reduziert. Die orale Bewimperung wie bei Hymenostomatida (*Tetrahymena*), aber die 3 Membranellen werden von 3 Wimpernfeldern ersetzt. Scuticus sehr vergänglich. Mit medianer Schwanzborste. Mit stäbchenförmigen Mucocysten. Meist marin oder im Brackwasserbereich vorkommend, einige auch im Sandlückensystem. Viele Arten auch mit endokommensaler Lebensweise, besonders in Seeigeln. *Dexiotricha* (Taf. 106:1), *Loxocephalus*, *Philaster*, *Pseudocohnilembus*, *Uronema*.

Unterordnung Pleuronematina

Kleine bis sehr kleine Vertreter. Undulierende Membran sehr stark ausgebildet, oft starr und velumartig. Cytostom in der Zellmitte oder noch tiefer gelegen. Undulierende Membran mit deutlich dreigeteilter Infraciliatur. Teil „c“ bleibt als permanenter Scuticus erhalten. Oft mit deutlich ausgebildeten Schwanzwimpern. Mit gut ausgebildeten Mucocysten, welche in 2 Typen (eine davon ev. eine Trichocysten-Form) auftreten. Mit Cytoproct. Meist freilebende Arten, vorwiegend marin, aber auch im Süßwasser vorkommend. Einige Arten als Kommensalen in Mantelhöhlen von Muscheln. *Cristigera*, *Cyclidium* (Taf. 106:3), *Histiobalantinum*, *Pleuronema* (Taf. 106:2) (Mantelhöhle von Muscheln, auch Süßwassermuscheln).

Unterordnung Thigmotrichina

Mit thigmotaktischem Wimpernfeld im vorderen Körperbereich, oft am Vorderende des Körpers gelegen. Die Wimpern dieses Feldes schlagen unabhängig von den übrigen somatischen Wimpern und dienen zum Anheften an das Wirtstier. Cytostom in der hinteren Körperhälfte, oft im hinteren Polbereich. Körper meist seitlich abgeflacht und dicht bewimpert. Einige Vertreter mit Saugorganell am vorderen Körperende. Teil „c“ der undulierenden Membran manchmal undeutlich. Ohne mediane Schwanzborste. Cytoproct meist fehlend. Alle Arten mit endoparasitischer, bzw. endokommensaler Lebensweise. Fast ausschließlich in Mantelhöhlen (Kiemenbereich) mariner Muscheln und auch Süßwassermuscheln lebend. Zum Teil auch in Oligochaeten. *Ancistrum* (Taf. 106:4), *Boveria* (Taf. 106:6), *Hemispeira* (Taf. 106:5), *Isselina*.

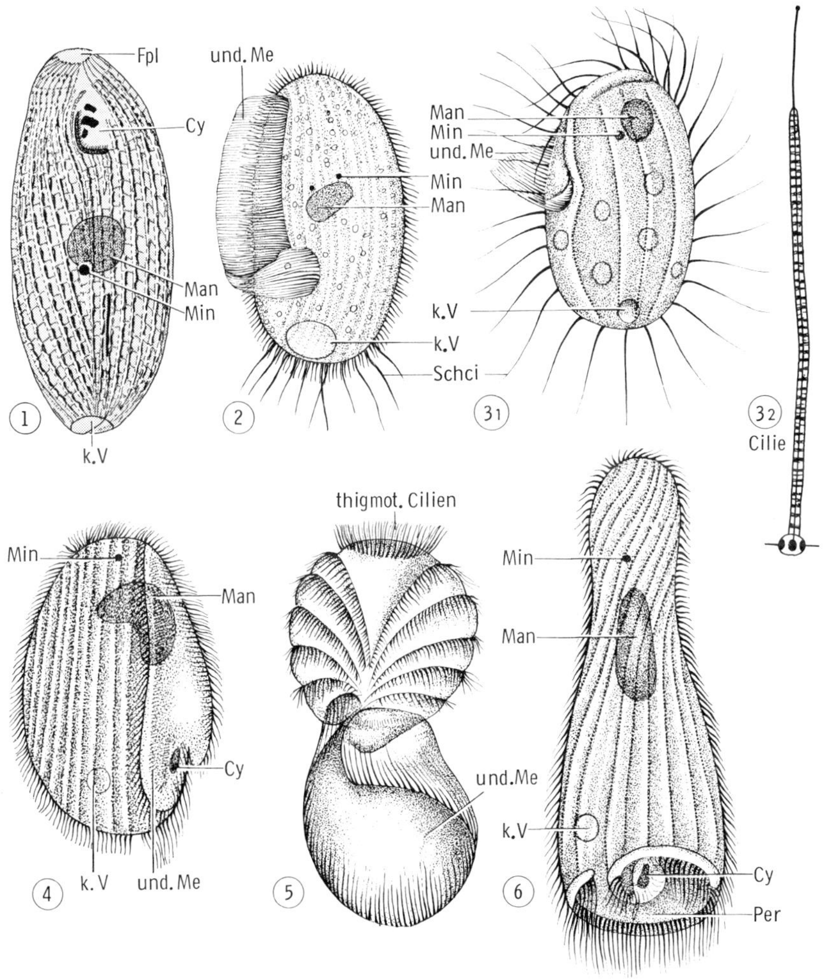

Taf. 106. Ciliophora: Oligohymenophora, Hymenostomata (Scuticociliatida). – Abb. 1. *Dexiotricha* (nach JANKOWSKI). Abb. 2. *Pleuronema marinum* (nach DRAGESCO). Abb. 3/1. *Cyclidium glaucoma* (nach SLEIGH); 3/2. *Cyclidium glaucoma*, Cilie. Abb. 4. *Ancistrum mytili* (nach SLEIGH). Abb. 5. *Hemispeira asteriasi* (nach WALLENGREN). Abb. 6. *Boveria subcylindrica* (nach SLEIGH). Abkürzungen: Cy = Cytostom, Fpl = Frontalplatte, k. V = kontraktile Vakuole, Man = Macronucleus, Min = Micronucleus, Per = Peristom, Schci = Schwanzcirren, thigmot. Cilien = thigmotaktische Cilien, und. M = undulierende Membran.

Ordnung Astomatida
(Taf. 107)

Sekundär ohne Cytostom (Mund). Meist große bis sehr große Vertreter mit gleichmäßiger holotricher Bewimperung. Am Vorderende des Körpers mit Festheftungsorganellen in Form von „Saugnäpfen", Spangen, Haken und „Zähnen". Teilweise auch mit intrazellulären Stützelementen. Das Silberliniensystem entspricht demjenigen der Hymenostomatida. Ohne Cytoproct und ohne Nahrungsvakuolen. Osmotische Nahrungsaufnahme. Meist mit kontraktilen Vakuolen. Ungeschlechtliche Fortpflanzung durch terminale Knospung. Die Tochterindidviduen bleiben längere Zeit mit dem mütterlichen Indivi-

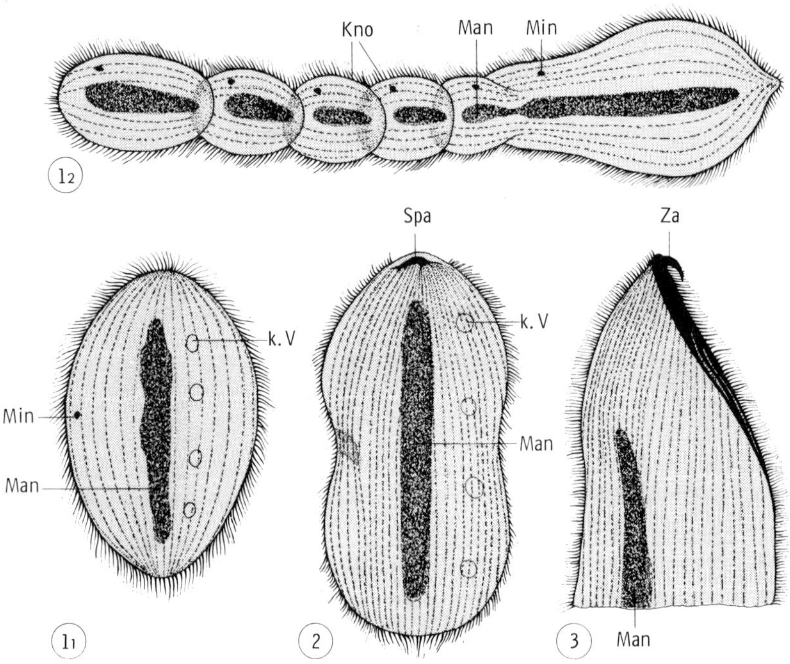

Taf. 107. Ciliophora: Oligohymenophora, Hymenostomata (Astomatida). – Abb. 1/1. *Anoplophrya lumbrici*, adultes Stadium (nach CORLISS); 1/2. *Anoplophrya lumbrici*, Fortpflanzung durch terminale, inaequale Knospung, Bildung einer Individuenkette (nach GRELL). Abb. 2. *Durchoniella brasili* (nach SLEIGH). Abb. 3. *Radiophrya hoplites*, Vorderteil mit zahnartigem Festheftungsorganell (nach CHEISSIN). Abkürzungen: Kno = Knospen, k. V = kontraktile Vakuole, Man = Macronucleus, Min = Micronucleus, Spa = Spange, Za = Zahn.

duum verbunden, so daß Individuenketten (Taf. 107: 1/2) (catenoide Kolonien) entstehen. Endokommensale und endoparasitische Lebensweise im Darmtrakt, in Leibeshöhlen oder parasitisch in Geweben von Oligochaeten des marinen Bereiches, des Brack- und Süßwassers. Zum Teil auch in bodenbewohnenden Oligochaeten. Seltener auch in anderen Evertebraten, zum Teil auch im Darmtrakt von Amphibien. *Anoplophrya* (Taf. 107: 1) (in Oligochaeta), *Buetschliella*, *Contophrya*, *Haptophrya* (im Darmtrakt von Kröten und Fröschen), *Durchoniella* (Taf. 107: 2), *Intoshellina*, *Radiophrya* (Taf. 107: 3).

Unterklasse Peritricha

Mit adoraler, aus zwei parallel verlaufenden Wimperreihen gebildeter Wimpernspirale. Die Wimpernspirale verläuft in Linkswindung um das am Vorderende des Körpers liegende Peristom und taucht als offene Spirale in das Vestibulum ein. Cytostom am Grunde des apikal liegenden Vestibulums gelegen. Die äußere Wimpernreihe zu einer Membran verschmolzen. Die somatische Bewimperung fehlend oder ein hinterer, lokomotorischer Wimpernkranz (Mobilina) vorhanden. Die meisten Arten gestielt und festsitzend (Sessilina), einige Vertreter sekundär auch wieder freischwimmend (Mobilina). Festsitzende Vertreter meist glockenförmig, freischwimmende Formen scheibenförmig. Mobilina am Hinterende mit saugnapfartiger Haftscheibe. Schwärmer mit vorderen Tastwimpern und hinterem Wimpernkranz. Ohne Trichocysten und Nematodesmen. Mit Scopulum. Ohne Cytoproct. Körper und Stiel (Sessilina) kontraktil, Stiel mit Myonemen. Zum Teil mit Gehäusebildung, auch zum Teil kolonienbildende Vertreter. Cystenbildung relativ häufig. Ungeschlechtliche Vermehrung durch Längsteilung, bedingt durch sekundäre, festsitzende Lebensweise. Konjugation häufig mit Micro- und Macrokonju-

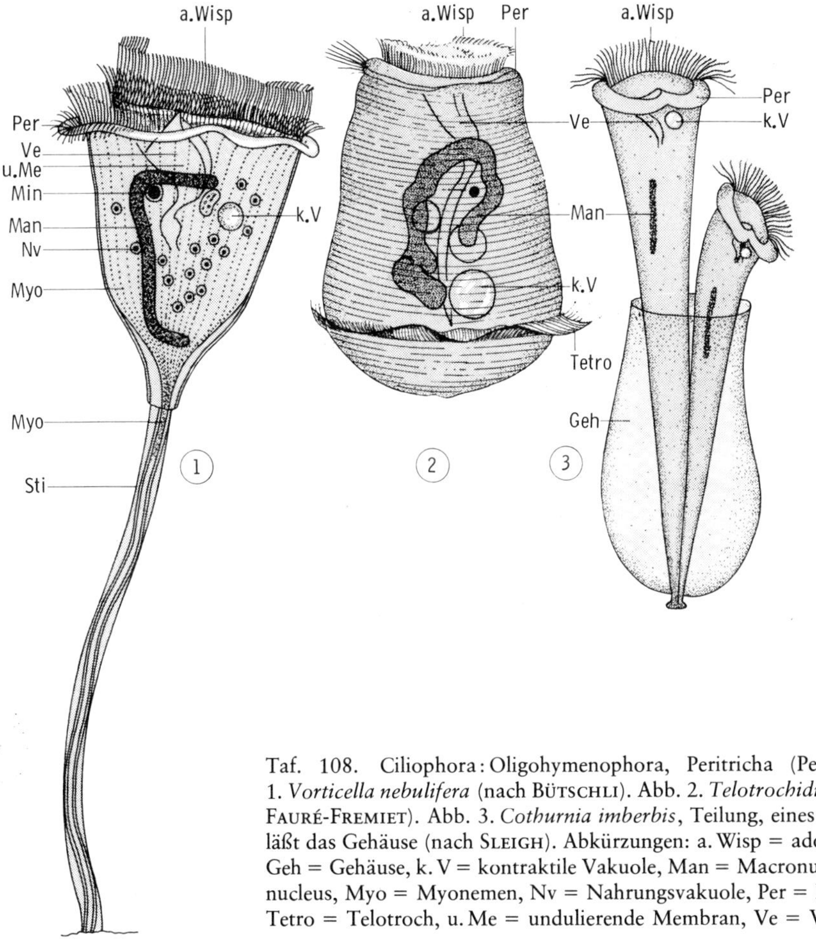

Taf. 108. Ciliophora: Oligohymenophora, Peritricha (Peritrichida). – Abb. 1. *Vorticella nebulifera* (nach BÜTSCHLI). Abb. 2. *Telotrochidium henneguyi* (nach FAURÉ-FREMIET). Abb. 3. *Cothurnia imberbis*, Teilung, eines der Tochertiere verläßt das Gehäuse (nach SLEIGH). Abkürzungen: a. Wisp = adorale Wimperspirale, Geh = Gehäuse, k. V = kontraktile Vakuole, Man = Macronucleus, Min = Micronucleus, Myo = Myonemen, Nv = Nahrungsvakuole, Per = Peristom, Sti = Stiel, Tetro = Telotroch, u. Me = undulierende Membran, Ve = Vestibulum.

ganten. Sehr breites ökologisches Spektrum. Meist freilebend und festsitzend, häufig als Ektokommensalen (Symphoronten) auf Evertebraten, seltener auch auf Vertebraten und sogar auch auf Einzellern (Ciliaten). Mobilia auf Körperoberflächen von Wirbellosen und Wirbeltieren (Fischen) lebend. Einige Vertreter mit parasitischer Lebensweise.

Ordnung Peritrichida
(Taf. 108 u. 109)

Einzige Ordnung mit den Merkmalen der Unterklasse.

Unterordnung Sessilina

Festsitzende Formen. Mit dem Hinterende oder mit einem Stiel auf Wasserpflanzen, auf im Wasser lebenden Tieren oder auf totem Material festsitzend. Häufig mit Kolonienbildung, einige Arten bilden Gehäuse aus. Sekundär einige Arten wieder frei beweglich (z. B. *Astylozoon*). Bei diesen Arten, zusätzlich zur normalen adoralen Bewimperung, noch ein hinterer Wimpernkranz (Telotroch) vorhanden. Adorale Bewimperungszone von einem ringförmigen Wulst (Peristomsaum) umgeben. Durch Kontraktion des Peristomsaumes kann die Peristomöffnung verschlossen werden. Schwärmerstadium ebenfalls mit hinterem Telotroch und meist mit vorderen Tastcilien. Am hinteren Körperende der Sessilina entweder ein Stiel ausgebildet oder es ist eine haftscheibenähnliche, thigomtaktische Zone vorhanden. Stiel- oder Scheibenbildung erfolgt durch die Kinetosomen des Scopulums. Stiel häufig mit kontraktilen Myonemen. Beim Verlassen des Stieles gehen die sessilen Peritrichen in das Schwärmerstadium (Ausbreitungsstadium) über. Dabei werden die adorale Bewimperung und der Peristomsaum eingezogen und im hinteren Körperbereich der Telotroch neu gebildet. Beim Festsetzen des Schwärmers wird der Stiel neu gebildet und der hintere Wimpernkranz wieder eingeschmolzen. Sessilina treten oft als Symphoronten auf den Körpern wirbelloser Tiere auf und besiedeln häufig bestimmte Körperteile (z.B. Kiemen). Im marinen Bereich und im Süßwasser vorkommend. *Astylozoon* (freischwimmend), *Carchesium* (Taf. 109:2) (Kolonien, kontraktil), *Cothurnia* (Taf. 108:3) (mit Gehäuse), *Epistylis* (Kolonien, nicht kontraktil), *Opercularia* (Taf. 109:1) (Kolonien), *Telotrichidium* (Taf. 108:2), *Opisthonecta* (freischwimmend, mit Telotroch), *Platycola* (mit Gehäuse), *Vorticella* (Taf. 108:1) (einzeln, kontraktiler Stiel), *Zoothamnium* (Taf. 109:3) (Kolonien mit Micro- und Macrozooiden. Nur Macrozooide können sich loslösen und neue Kolonien bilden.)

Unterordnung Mobilina

Frei bewegliche Vertreter, welche als Ektokommensalen auf der Körperoberfläche von Wirbellosen und Wirbeltieren leben. Teils marin, teils im Süßwasser. Selten auch mit endoparasitischer Lebensweise. Körperform scheiben- bis zylinderartig. Hinterende des Körpers mit saugnapfartiger, bewimperter Haftscheibe. Die Haftscheibe wird von einer Plasmalamelle (Velum) umgeben. Am inneren Boden der Haftscheibe befindet sich ein aus Haken bestehender Haftring, welcher ebenfalls zum Festhaften am Wirt dient. Mit normaler adoraler Bewimperung, sonst ohne Wimpern. Ektokommensale Lebensweise auf Wirten des marinen Bereiches und des Süßwassers. Wirbellose Wirte (z.B. Hydrozoen, Strudelwürmer, Kleinkrebse, Weichtiere) werden bevorzugt. Meist als Ektokommensalen an der Haut, zum Teil auch im Kiemenbereich, oder auch endokommensalisch im Darmtrakt. Einige Vertreter auch auf der Haut von Fischen und Amphibien lebend, zum Teil auch parasitisch im Kiemenbereich oder in Urogenitalgängen. Selten auch auf anderen Ciliaten lebend. *Polycycla*, *Trichodina* (Taf. 109:4) (auf Hydrozoen, Kaulquappen), *Cyclochaeta* (Taf. 109:5) (auf Haut und Kiemen von Fischen), *Urceolaria* (auf Planarien).

Klasse Polyhymenophora
(Taf. 110–113)

Mit gut ausgebildeter adoraler Membranellenzone. Die Membranellenzone besteht aus vielen Membranellen (AZM), welche sich aus plattenartig verklebten Wimpern zusammensetzen. Sie beginnt am Vorderpol und führt mit Rechtswindung zum Cytostom. Cytostom im vorderen Körperbereich, am Boden der Mundhöhle gelegen. Somatische Bewimperung teils gut ausgebildet (Heterotrichida), teils stark reduziert (Odontostomatida). Somatische Bewimperung teilweise als Cirren (gebündelte Wimpern) ausgebildet. Somatische Infraciliatur meist ohne Kinetodesmen. Ohne Toxicysten und ohne Trichocysten. Cytoproct häufig fehlend. Mit Ausbildung von Gehäusen (Tintinnina) und Cysten. Koloniebildung relativ selten. Stomatogenese parakinetal oder apokinetal. Meist freilebend, zum Teil auch als Symbionten in Wirbellosen und Wirbeltieren.

Unterklasse Spirotricha

Einzige Unterklasse mit den Ordnungen Heterotrichida, Odontostomatida, Oligotrichida und Hypotrichida.Mit den Merkmalen der Klasse.

Ordnung Heterotrichida
(Taf. 110)

Meist große bis sehr große Vertreter, oft mit starker Kontraktionsfähigkeit. Adorale Membranellenzone (AZM) kräftig ausgebildet. Häufig mit holotricher, somatischer Bewimperung. Makronucleus

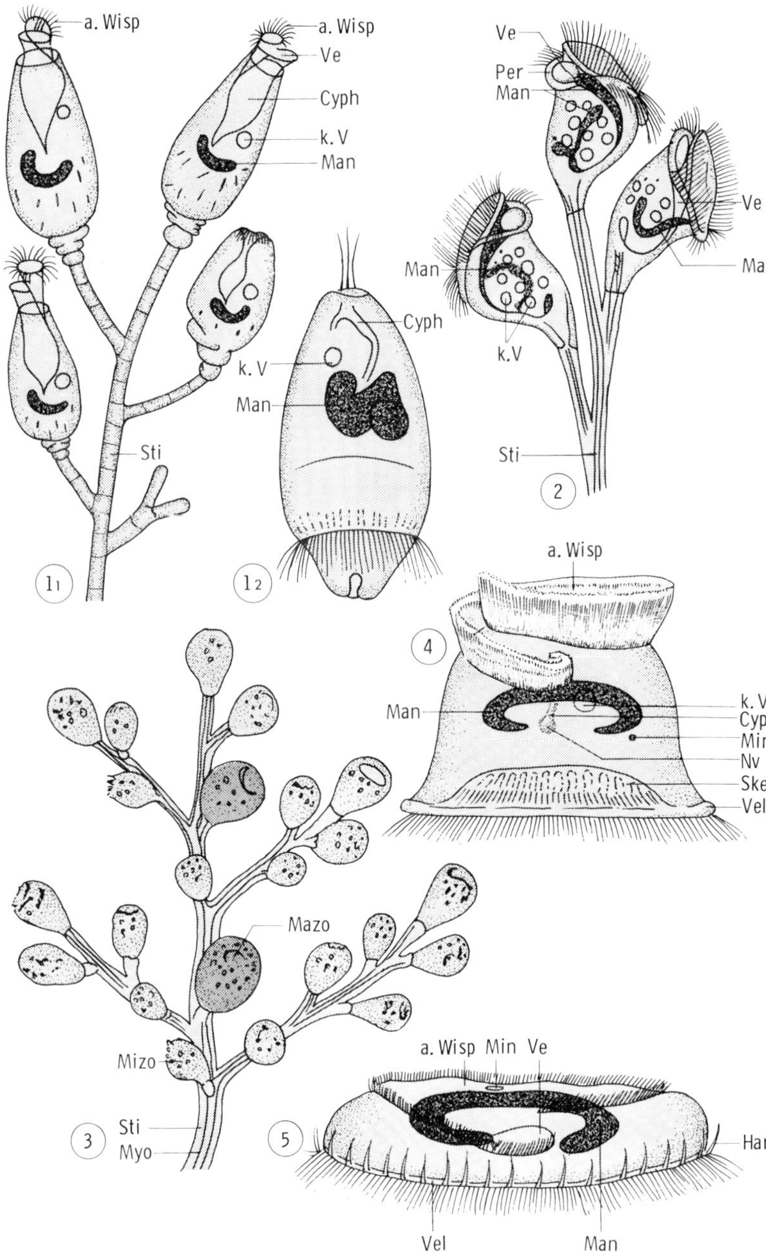

Taf. 109. Ciliophora: Oligohymenophora, Peritricha (Peritrichida). – Abb. 1/1. *Opercularia ramosa*, Ausschnitt aus einer Kolonie (nach SLEIGH); 1/2. *Opercularia articulata*, Schwärmer (nach LUST). Abb. 2. *Carchesium polypinum*, Ausschnitt aus einer Kolonie (nach STEIN). Abb. 3. *Zoothamnium arbuscula*, Ausschnitt aus einer Kolonie mit Micro- und Macrozooiden (nach CONN). Abb. 4. *Trichodina pediculus* (nach SLEIGH). Abb. 5. *Cyclochaeta domerguei* (nach MAC LENNAN). Abkürzungen: a. Wisp = adorale Wimperspirale, Cyph = Cytopharynx, Har = Haftring der Haftscheibe, k. V = kontraktile Vakuole, Man = Macronucleus, Mazo = Makrozooid, Min = Micronucleus, Mizo = Mikrozooid, Nv = Nahrungsvakuole, Per = Peristom, Sti = Stiel, Ve = Vestibulum, Vel = Velum.

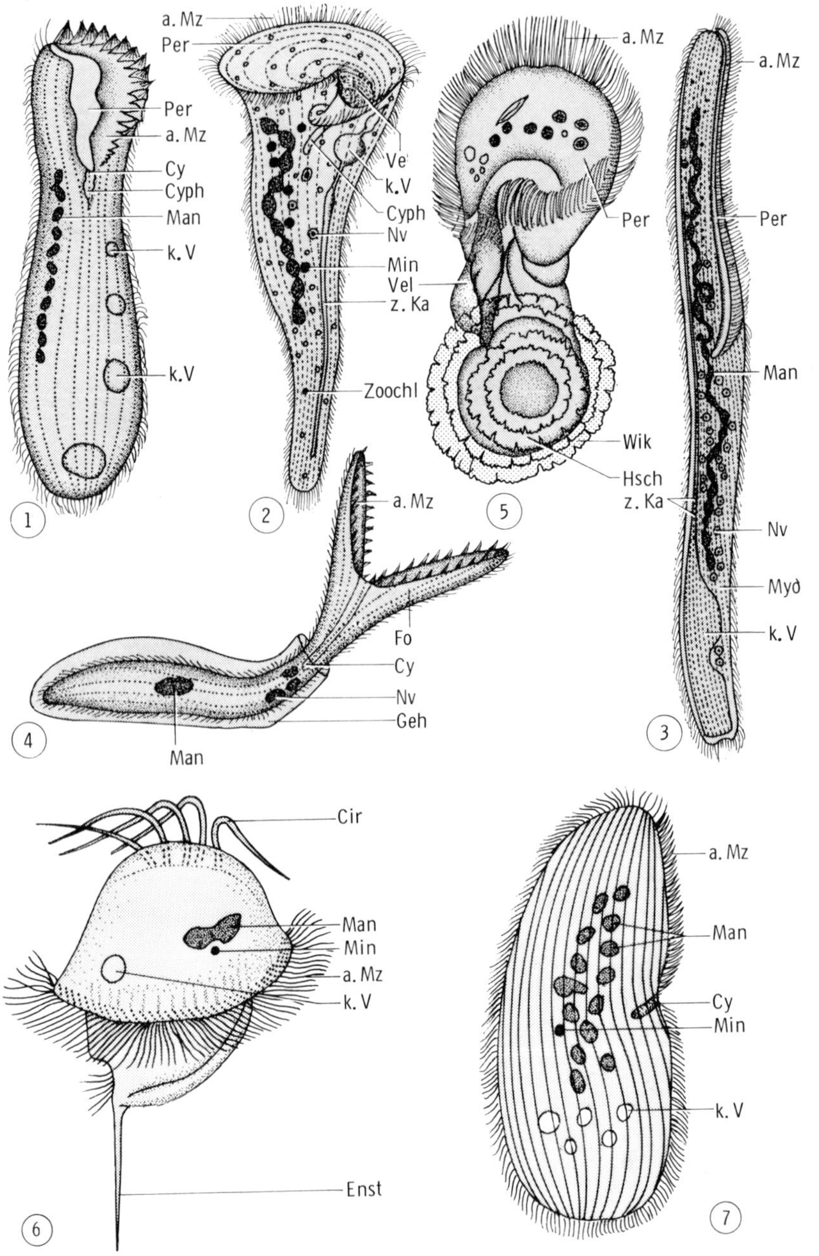

Taf. 110. Ciliophora: Polyhymenophora, Spirotricha (Heterotrichida). – Abb. 1. *Condylostoma patens* (nach Sleigh). Abb. 2. *Stentor polymorphus* (nach Renner). Abb. 3. *Spirostomum ambiguum* (nach Stein). Abb. 4. *Folliculina aculeata* (nach Sleigh). Abb. 5. *Licnophora macfarlandi* (nach Stevens). Abb. 6. *Caenomorpha lauterborni* (nach Jankowski). Abb. 7. *Plagiotoma* (nach Corliss). Abkürzungen: a. Mz = adorale Membranellenzone, Cir = Cirren, Cy = Cytostom, Cyph = Cytopharynx, Enst = Endstachel, Fo = flügelartiger Fortsatz, Geh = Gehäuse, Hsch = Haftscheibe, k. V = kontraktile Vakuole, Man = Macronucleus, Min = Micronucleus, Myo = Myoneme, Nv = Nahrungsvakuole, Per = Peristom, Ve = Vestibulum, Vel = Velum, Wik = Wimperkranz (nur Basalkörper eingezeichnet), z. Ka = zuführender Kanal, Zoochl = Zochlorellen.

teils oval, teils perlschnurartig. Meist freilebend, teilweise mit ekto- und endokommensaler Lebensweise.

Unterordnung Heterotrichina

Adorale Membranellenzone gut ausgebildet, oft eine fast geschlossene Spirale (*Stentor*) bildend und so ein Peristomfeld umrandend. Mit holotricher somatischer Bewimperung. Körper meist mit einfacher Symmetrieachse und stark kontraktil. Teilweise auch Ausbildung von Tastwimpern und Cirren. Mit Cystenbildung, aber keine Ausbildung von Gehäusen. Stomatogenese para- oder apokinetal. Meist freilebend, zum Teil als Endokommensalen oder Endoparasiten im Darmtrakt von terrestrischen Arthropoden und niederen Wirbeltieren (Amphibien, Fische). *Bursaria* (freilebend), *Clevelandella* (im Darmtrakt von holzfressenden Schaben), *Condylostoma* (Taf. 110:1) (freilebend), *Metopus*, *Nyctotherus* (im Darmtrakt von Wirbellosen und Wirbeltieren), *Spirostomum* (Taf. 110:3) (freilebend), *Stentor* (Taf. 110:2) (freilebend). Die endokommensalischen, bzw. endoparasitischen Vertreter (*Clevelandella, Nictotherus*) werden auch in einer eigenen Unterordnung (Clevelandellina) zusammengefaßt. Viele Arten mit einem vorne dorsal gelegenen Saugorganell.

Unterordnung Armophorina

Membranellenzone den Körper umziehend, mit spiraligem Verlauf. Körper glockenförmig, mit Endstachel. Somatische Bewimperung fehlend, bis auf ein Wimpernbüschel am hinteren Körperende und einigen, vorne gelegenen Cirren. Außerdem begleitet ein Wimpernstreifen die Membranellenzone. Cytostom in der Nähe des hinteren Körperpoles. Mit starrer, etwas panzerartiger Pellicula. Microphage, im Sapropel-Bereich lebende Arten. Ausschließlich im Süßwasser vorkommend. *Caenomorpha* (Taf. 110:6), *Cirranter*, *Ludio*.

Unterordnung Coliphorina

Gehäusebildende Formen. Peristom mit zwei langen, flügelartigen Fortsätzen, welche von der Membranellenzone umrandet werden. Körperbewimperung holotrich. Gehäuse aus Pseudochitin, an Algen oder Wirbellosen angeheftet. Stomatogenese parakinetal. Mit wurmförmigem Verbreitungsstadium. Fast ausschließlich marine Lebensweise, nur eine Art im Süßwasser vorkommend. *Folliculina* (Taf. 110:4), *Lagotia*.

Unterordnung Plagiotomina

Körper seitlich abgeflacht, Cytostom seitlich in der Zellmitte gelegen. Mit gut ausgebildeter Membranellenzone. Mit zwei paroralen Membranen. Somatische Bewimperung teilweise den Cirren primitiver Hypotrichida ähnelnd. Macronucleus in Teilstücken. Mit parakinetaler Stomatogenese. Infraciliatur weitgehend derjenigen der Hypotrichida ähnelnd. Endokommensale Lebensweise im Darmtrakt von Regenwürmern. *Plagiotoma* (Taf. 110:7).

Unterordnung Licnophorina

Körper in drei Abschnitte gegliedert, in eine vordere Peristomscheibe, eine mittlere Halsregion und eine hintere Haftscheibe. Peristomscheibe von Membranellenkränzen umgeben. Haftscheibe mit 4 Wimpernkränzen. Übriger Körper ohne Bewimperung, möglicherweise aber mit Infraciliatur. Halsteil mit undulierender Membran, welche in Richtung Peristom verläuft. Ektokommensale Lebensweise auf marinen Evertebraten (Cnidaria, Anneliden, Mollusken, Echinodermen). Beweglich, nicht festsitzend. *Licnophora* (Taf. 110:5).

Ordnung Odontostomatida
(Taf. 111)

Kleine, seitlich abgeflachte Formen. Mit langen Wimpern, besonders im seitlichen und hinteren Körperbereich. Der übrige Körper ohne somatische Bewimperung. Die vorhandenen Wimpern oft in Gruppen angeordnet. Die adorale Membranellenzone besteht nur aus 8–9 Membranellen, welche in

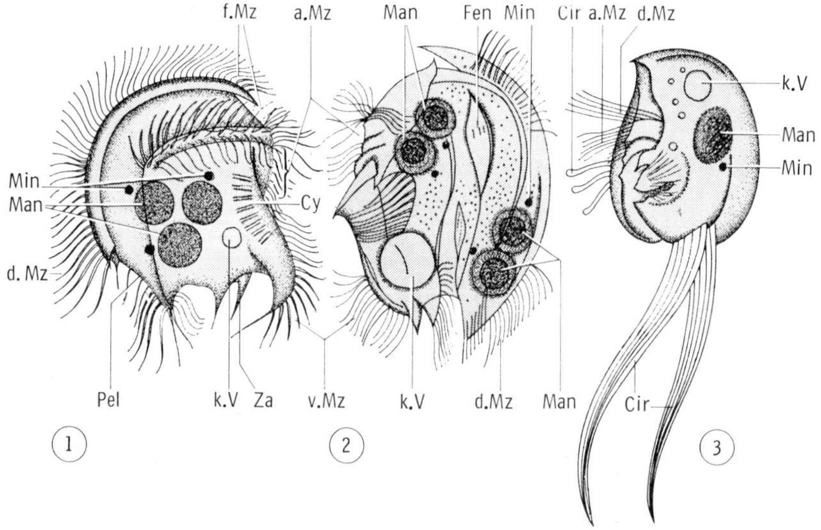

Taf. 111. Ciliophora: Polyhymenophora, Spirotricha (Odontostomatida). – Abb. 1. *Saprodinium dentatum* (nach SLEIGH). Abb. 2. *Epalxella antiquorum* (nach JANKOWSKI). Abb. 3. *Mylestoma bipartitum* (nach KAHL). Abkürzungen: a. Mz = adorale Membranellenzone, Cir = Cirren, Cy = Cytostom, d. Mz = dorsale Membranellenzone, f. Mz = frontale Membranellenzone, k. V = kontraktile Vakuole, Man = Macronucleus, Min = Micronucleus, Pel = Pellicula, v. Mz = ventrale Membranellenzone, Za = Zahn.

einer kapselartigen, ventralwärts geöffneten Grube liegen. Pellicula panzerartig verfestigt; Hinterende des Körpers oft mit zahn- und dornartigen Fortsätzen. Ohne parorale Membran. Charakteristische Faulschlammbewohner (Sapropel) des Süßwassers; Bakterienfresser. *Saprodinium* (Taf. 111:1), *Epalxella* (Taf. 111:2), *Mylestoma* (Taf. 111:3).

Ordnung Oligotrichida (eventuell eigene Unterklasse) (Taf. 112)

Rundlich-ovale Körperformen, mit verdickter Pellicula. Zum Teil (Tintinnina) mit Gehäuse. Somatische Bewimperung sekundär völlig fehlend, oder es sind nur wenige Wimpern oder Wimperborsten vorhanden. Die adorale Membranellenzone kräftig ausgebildet. Sie liegt am Vorderende des Körpers und umgibt das Peristomfeld. Die Membranellenzone meist zweigeteilt. Der aborale Teil dient der Fortbewegung, der orale Teil der Nahrungsaufnahme. Mit paroraler Membran. Stomatogenese apokinetal. Ohne Cytoproct. Macronucleus mit Kernspalt vor der Teilung (auch bei Hypotrichida). Freilebende, microphage, meist pelagisch lebende, marine Vertreter. Einige (Oligotrichina) auch im Süßwasser lebend.

Unterordnung Oligotrichina

Somatische Bewimperung bis auf wenige Wimpern oder borstenartige Wimpern reduziert. Adorale Membranellenzone zweigeteilt. Der aborale, somatische Teil dient der Fortbewegung und setzt sich aus auffälligen, großen, oft sichelförmigen Membranellen zusammen. Orale Membranellen kurz. Mit paroraler, undulierender Membran. Mit endoskelettalen Trichiten und Polysaccharid-Plättchen. Meist marin, aber auch einige Vertreter im Süßwasser. *Halteria* (Taf. 112:1) (Süßwasser), *Strobilidium*, *Strombidium* (Taf. 112:2) (marin und Süßwasser).

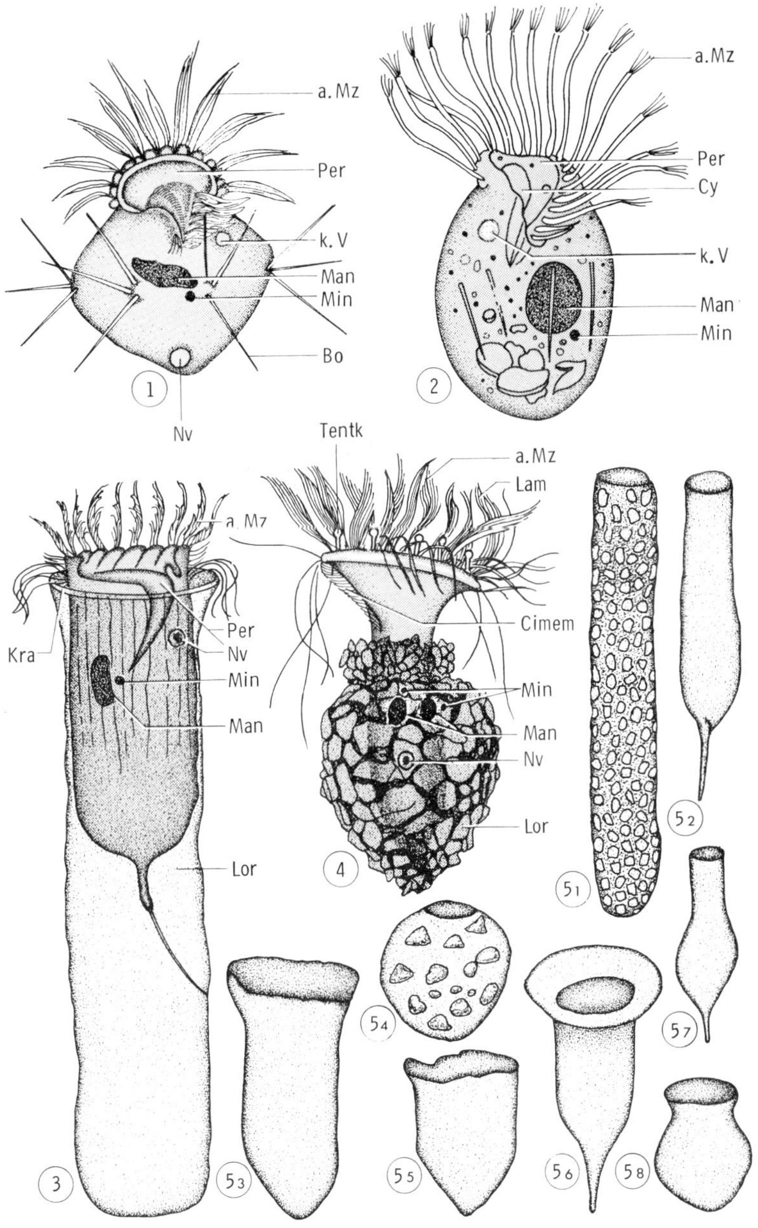

Taf. 112. Ciliophora: Polyhymenophora, Spirotricha (Oligotrichida). – Abb. 1. *Halteria grandinella* (nach SLEIGH). Abb. 2. *Strombidium arenicola* (nach DRAGESCO). Abb. 3. *Tintinnus fraknoii* (nach FAURÉ-FREMIET). Abb. 4. *Tintinnopsis ventricosa* (nach FAURÉ-FREMIET). Abb. 5. Tintinnina, Gehäuseformen (nach GÖKE): 5/1. *Tintinnopsis lobiancoi*; 5/2. *Tintinnopsis platensi*; 5/3. *Tintinnopsis loricata*; 5/4. *Stenosemella venticosa*; 5/5. *Tintinnopsis orientalis*; 5/6. *Tintinnopsis campanula*; 5/7. *Codonellopsis longa*; 5/8. *Codonella cistellula*. Abkürzungen: a. Mz = adorale Membranellenzone, Bo = Wimperborste, Cimem = Cilienmembran, Cy = Cytostom, Kra = Kragen der Lorica, k. V = kontraktile Vakuole, Lam = Lamina, Lor = Lorica (Gehäuse), Man = Macronucleus, Min = Micronucleus, Nv = Nahrungsvakuole, Per = Peristom, Tentk = Tentakuloide.

Unterordnung Tintinnina

Ausschließlich gehäusebildende (Taf. 112:5) Formen. Gehäuse (Lorica) gallertartig, oft mit Sandkörnchen u. ä. inkrustiert. Hinterkörper mit kontraktilem Stiel, welcher zur Befestigung am Gehäuse dient. Das aus dem Gehäuse hervorragende Vorderende des Körpers mit kreisrundem Peristom, in dessen Mitte vertieft der Zellmund (Cytostom) liegt. Adorale Membranellenzone besonders kräftig ausgebildet. Mit gebündelten Membranellen, welche einen geschlossenen Kranz um das Peristomfeld bilden. Dazwischen fingerförmige Cytoplasmaverlängerungen (Tentakuloide). Somatische Bewimperung auf eine seitliche Cilienmembran beschränkt. Mit Schwimmvermögen (mit Gehäuse). Starke Kontraktilität. Vorwiegend im marinen Plankton vorkommend, nur wenige Süßwasservertreter. Sie ernähren sich von Nannoplankton (Diatomeen, Flagellaten). *Tintinnus* (Taf. 112:3), *Tintinnopsis* (Taf. 112:4, 5), *Stenosemella* (Taf. 112:5/4), *Codonellopsis* (Taf. 112:5/7), *Codonella* (Taf. 112:5/8) (Süßwasser).

Ordnung Hypotrichida
(Taf. 113)

Körper dorsoventral abgeplattet, oft länglich gestreckt. Dichte Bewimperung nur noch auf der Ventralseite. Wimpern der Ventralseite alle oder zum Teil zu Cirren verklebt. Dorsalseite mit Tastborsten, welche meist in Reihen angeordnet sind. Die adorale Membranellenzone befindet sich, wie auch das Peristom, auf der Ventralseite des Körpers. Die adorale Membranellenzone umzieht das Vorderende des Körpers, verläuft am linken Rand des Peristomfeldes nach hinten und mündet in der Mundhöhle.

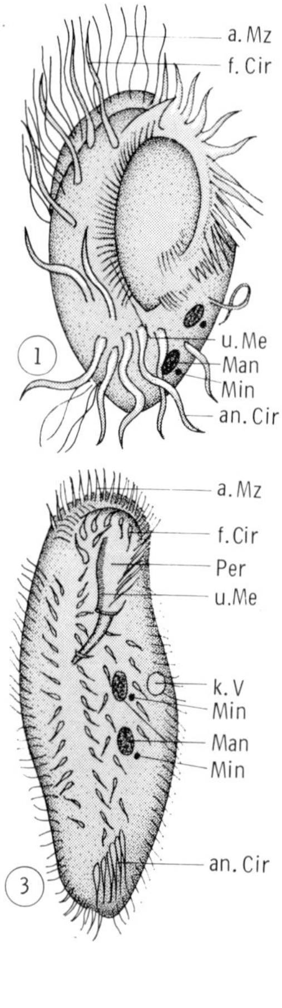

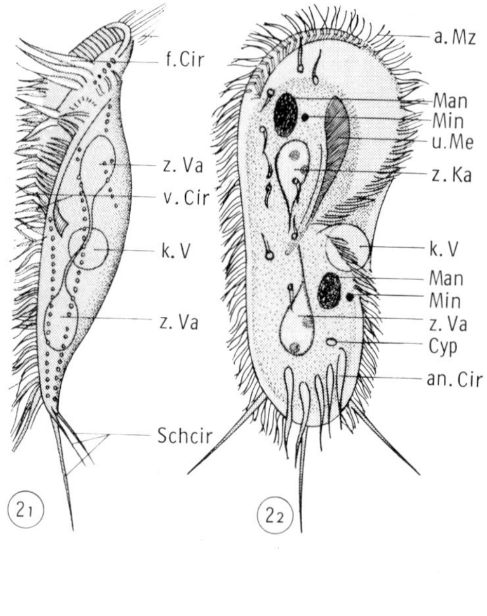

Taf. 113. Ciliophora: Polyhymenophora, Spirotricha (Hypotrichida). – Abb. 1. *Diophrys scutum* (nach FAURÉ-FREMIET). Abb. 2/1. *Stylonychia mytilus*, lateral (nach MACHEMER); 2/2. *Stylonychia mytilus*, ventral (nach MACHEMER). Abb. 3. *Urostyla limboonkengi* (nach WANG & NIE). Abkürzungen: a. Mz = adorale Membranellenzone, an. Cir = anale Cirren, f. Cir = frontale Cirren, Cyp = Cytopyge, k. V = kontraktile Vakuole, Man = Macronucleus, Min = Micronucleus, Per = Peristom, Schcir = Schwanzcirren, u. Me = undulierende Membran, v. Cir = ventrale Cirren, z. Va = zuführende Vakuole.

Meist mit einer (bisweilen auch mehrere) paroralen undulierenden Membran. Cirren der Ventralseite in Reihen oder in Gruppen angeordnet. Stomatogenese primär wahrscheinlich parakinetal, sonst aber typisch apokinetal. Macronucleus mit Kernspalt vor der Teilung. Sehr beweglich, häufig zusammenstoßend. Fast ausschließlich freilebende Vertreter, welche überall, sowohl im marinen Bereich als auch im Brack- und im Süßwasser vorkommen. Zahlreiche Vertreter auch in feuchten, sandigen Böden und ähnlichen Biotopen. Nur wenige parasitische (in der Haut von Wirbellosen) oder endokommensale (Peribranchialraum von Tunicaten, Mantelhöhle von Mollusken) Vertreter. Microphage Formen, einige Arten räuberisch von anderen Ciliaten lebend.

Unterordnung Stichotrichina

Körperform länglich. Cirren oft klein und unauffällig und in einigen bis vielen (3–12) Längsreihen angeordnet. Die ventralen Cirren-Längsreihen zum Teil spiralig angeordnet. Die stammesgeschichtlich ältesten Vertreter mit parakinetaler Stomatogenese. Einige Vertreter sekundär mit Gehäusebildung. Ausschließlich freilebende Formen. *Amphisiella*, *Hypotrichidium*, *Psammomitra*, *Uroleptus*, *Urostyla* (Taf. 113:3).

Unterordnung Sporadotrichina

Körper meist oval, zum Teil auch verlängert. Die ventral liegenden Cirren kräftig ausgebildet und primär in 6 Reihen angeordnet. Cirren häufig in Gruppen angeordnet und sehr auffällig. Stomatogenese apokinetal. Meist freilebend, sekundär einige parasitische und endokommensale Vertreter. *Aspidisca* (marin, Süßwasser), *Diophrys* (Taf. 113:1), *Euplotes*, *Gastrostyla*, *Oxytricha*, *Stylonychia* (Taf. 113:2), *Uronychia*, *Urosoma*.

Phylogenie der Ciliophora

Die Ableitung der Ciliophora bereitet beträchtliche Schwierigkeiten. Man nimmt heute an, daß sie am nächsten mit Dinophyta verwandt sind, und daß beide Gruppen einen gemeinsamen Vorfahren aufweisen. Durch Ausbildung vieler Autapomorphien haben sich aber beide Gruppen weit auseinander entwickelt.

Viele Gruppen wurden bisher als Ausgangsgruppe für Ciliophora vorgeschlagen. Eine Ableitung von Euglenophyta kommt aber z. B. nicht in Frage, da bei der Lysin-Biosynthese bei den Euglenophyta der sekundäre AAA-Weg eingeschlagen wird, Ciliophora dagegen den primären DAP-Weg (z. B. bei *Entodinium* festgestellt) aufweisen. Die Reserveprodukte sind bei den Ciliophora α-Glykane (Glykogen), bei den Euglenophyta dagegen β-Glykane. Die sekundäre Geißelvermehrung findet bei den Euglenophyta erst bei endokommensal lebenden Vertretern statt, so daß die primär freilebenden, primär marinen Ciliophora nicht von diesen Euglenophyta abgeleitet werden können.

Opalinida zeigen eine ausschließlich endokommensale Lebensweise, so daß auch diese Gruppe für eine Ableitung von Ciliophora nicht in Betracht gezogen werden kann.

Ableitungen aus dem Protomonada-Bereich sind ebenfalls kaum möglich. Ciliophora besitzen viele Mitochondrien und Golgi-Körper, so daß eine Ableitung von Gruppen, welche sekundär keine Mitochondrien und keine Golgi-Körper mehr besitzen (Retortamonadinea, Oxymonadinea, Metamonadinea) nicht möglich ist. Hinzu kommt, daß die erwähnten Gruppen fast ausschließlich Vertreter mit spezialisierter endokommensalischer bzw. endoparasitischer Lebensweise sind, so daß auch aus diesen Gründen eine Ableitung ausgeschlossen werden kann. Die wenigen freilebenden Vertreter (einige Diplomonadida) besitzen keine Mitochondrien und keine Golgi-Körper. Es ist unwahrscheinlich, daß diese Organellen nach einem Verlust wieder neu gebildet werden können.

Die ebenfalls zu den Protomonada zählenden Holomastiginea sind zu ungenügend bekannt (es fehlen elektronenmikroskopische Untersuchungen), um für Ableitungen herangezogen werden zu können. Die Eingruppierung der Holomastiginea innerhalb der Protomonada ist daher als provisorisch zu betrachten. Holomastiginea besitzen viele Geißeln, weisen zum Teil mehrere Kerne auf und leben zum Teil auch noch im primären marinen Bereich. Es ist daher möglich, daß engere Beziehungen zwischen beiden Gruppen und auch zu den Pseudociliata bestehen.

Vergleicht man die restlichen Flagellaten-Gruppen mit den Ciliophora (von einer Ableitung der Ciliophora von einer Flagellaten-Gruppe muß man ausgehen), dann besitzen die Dinophyta die meisten Übereinstimmungen mit den Ciliophora. Dinophyta stellen eine sehr plastische Gruppe mit einer vielfältigen Entfaltung dar. Sie kommen sowohl im marinen Bereich, als auch im Süßwasser vor. Übereinstimmungen zeigen sich im Vorhandensein von Cytostom, Trichocysten, Mucocysten und sehr wahrscheinlich auch Toxicysten. Die peripheren Zellstrukturen sind bei beiden Gruppen sehr ähnlich. Sie weisen pelliculäre Alveolen auf, und die aus Microtubuli bestehenden Kinetidensysteme zeigen einen sehr ähnlichen Aufbau. Beide Gruppen mit azentrischer Mitose ohne Kernmembranauflösung. Die Ciliophora behalten aber die primäre intranukleäre Spindel bei, während bei den Dinophyta die Spindel eine sekundäre extranukleäre Lage (konvergent bei Metamonadinea) zeigt. Dinophyta sind Haplonten, so daß die Ciliophora ihre Diploidie (Mikronucleus) sekundär erworben haben müssen. Konvergent haben auch die Opalinida ihre Diploidie sekundär innerhalb der Protomonada erworben. Ciliaten müssen monomorphe (homokaryontische) Vorfahren haben. Man nimmt an, daß sich Ciliophora aus mehrkernigen, kettenförmigen (durch unvollständige Teilung entstanden) Dinophyta (Modell *Polykrikos*) entwickelt haben. Durch Vervielfachung der zunächst einzigen Geißelreihe entstanden dann die Wimperreihen der Ciliophora.

Übereinstimmungen zeigen sich zwischen beiden Gruppen auch in der Form der ungeschlechtlichen Teilung. Für Protomonada ist allgemein eine Längsteilung charakteristisch, während bei Dinophyta eine schief verlaufende Querteilung und bei Ciliophora eine normale Querteilung zu beobachten ist. Beide Gruppen weisen α-Glykane als Reservestoffe auf. Es gibt also eine Reihe von Gründen, welche für eine Ableitung der Ciliophora aus dem Dinophyta-Bereich sprechen. Die Trennung beider Gruppen muß aber schon zu einem sehr frühen Zeitpunkt erfolgt sein. Dafür sprechen die vielen rezenten Autapomorphien beider Gruppen.

Ciliophora zählen zu den morphologisch am höchsten differenzierten Einzellern. Sie zeigen, welche Möglichkeiten in einem einzelligen Bauplan stecken. Gleichzeitig wird aber auch sehr deutlich, daß sie eine Endstufe in der Bildung einzelliger Formen darstellen und, daß von ihnen kein Schritt zur Mehrzelligkeit mehr möglich ist.

Das **phylogenetische System der Ciliophora** hat sich in den letzten Jahren entscheidend verändert. Die Klasse der Kinetofragminophora stellt die stammesgeschichtlich älteste Klasse der Ciliophora dar. Infraciliatur des Cytostoms primär hier noch weitgehend der übrigen somatischen Infraciliatur entsprechend. Mit primärer telokinetaler Stomatogenese. Bewimperung primär holotrich. Noch primäre Lebensweise im marinen Bereich, bzw. in seinen Randgebieten (Sandlückensystem). Die stammesgeschichtlich ältesten Vertreter sind die Karyorelictida. Sie besitzen noch die holotriche Bewimperung, zeigen aber bereits den ersten Ansatz zu einem sekundären (Autapomorphie der Ciliophora) Kerndualismus mit mehreren diploiden Macronuclei und mehreren diploiden Micronuclei. Primär sind die Kerne zu einem Kompaktkern zusammengefaßt, bei sekundären Süßwasservertretern (z. B. *Loxodes*) sind die Kerne voneinander getrennt. Zum Teil noch mit der primären Lebensweise im marinen Randbereich (Sandlückensystem), sekundär bereits Übergang zu einer Lebensweise im Süßwasser (*Loxodes*). Bereits bei den von Karyorelictida abzuleitenden Prostomatida (und allen nun nachfolgenden Ordnungen der Ciliophora) ist der für Ciliophora charakteristische Kerndualismus mit diploidem Micronucleus und polyploidem Macronucleus vorhanden. Die holotriche Bewimperung wird beibehalten, zum Teil aber bei sekundär abgeänderter Lebensweise (endokommensale Lebensweise) auf bestimmte Körperbereiche beschränkt. Auch bei den stammesgeschichtlich näher verwandten und von Prostomatida abzuleitenden Haptorida ist primär noch holotriche Bewimperung vorhanden, welche aber dann ebenfalls sekundär reduziert und umgewandelt wird (z. B. Ausbildung von Wimpergürteln). Schon bei den Prostomatida ist ein Trend zur räuberischen Lebensweise festzustellen, welcher sich bei den Haptorida fortsetzt. Gleiches gilt für die Pleurostomatida, welche aus dem Karyorelictida-Bereich abzuleiten sind und meist noch die primäre Lebensweise im marinen Sandlückensystem beibehalten haben. Stomatogenese bei den stammesgeschichtlich ältesten Ciliophora, den Gymnostomata stets telokinetal. Die Unterklasse der Vestibulifera ist von Gymnostomata aus dem Prostomatida-Bereich abzuleiten. Vestibulifera besitzen noch die primäre holotriche Bewimperung, welche aber auch hier bei abgeänderten Lebensweisen (z. B. endosymbiontische Lebensweise) reduziert wird. Es kommt zur

Ausbildung eines Vestibulums (Autapomorphie der Vestibulifera). Trichostomatida stellen die stammesgeschichtlich älteste Gruppe der Vestibulifera dar. Sie sind primär noch holotrich bewimpert. Cytostom noch primär apikal und Wimpern nicht miteinander verklebt. Das Cytostom liegt an der Basis des Vestibulums. Primär noch freilebend (*Coelosomides* im marinen Bereich), sekundär häufig endosymbiontische oder parasitische Lebensweise. Bei den verwandten Colpodida (einige Bearbeiter leiten sie gegensätzlich von Hymenostomatida ab) kommt es zu hochorganisierten Vestibulum-Bewimperungen und entsprechend hoch entwickelter Infraciliatur. Die Stomatogenese bleibt aber nach wie vor telokinetal. Die Entodiniomorphida zeigen, entsprechend ihrer abgeänderten Lebensweise, starke Wimpernreduktionen. Ihre rein endosymbiontische Lebensweise hat bei vielen Arten zur Ausbildung von Skelettplatten (Schutz vor mechanischen Verletzungen) geführt. Sie sind aus dem frühen Trichostomatida-Bereich abzuleiten.

Die Unterklasse der Hypostomata ist ebenfalls aus dem Gymnostomata-Bereich (Prostomatida) abzuleiten, aber unabhängig von der Ableitung der Vestibulifera. Bei den Hypostomata erfolgt eine Verlagerung des Cytostoms in den vorderen, ventralen Bereich. Somatische Bewimperung oft reduziert. Häufig mit circumoraler und adoraler Bewimperung, zum Teil schon Ausbildung sekundärer Pseudomembranellen. Stomatogenese primär noch telokinetal, sekundär para- oder buccokinetal. Primär freilebend im Salz- und Süßwasser, sekundär ekto- und endosymbiontische, sowie parasitisch lebende Vertreter. Synhymenida und Nassulida stellen die stammesgeschichtlich ältesten Vertreter der Hypostomata dar. Die Cilien des Cytostoms sind meist in einer mehr oder weniger schrägen Linie angeordnet (adorale Membranellenzone). Cytopharynx mit einem aus Fibrillen bestehenden Reusenapparat. Synhymenida als stammesgeschichtlich älteste Gruppe besitzen noch eine circumorale Bewimperung, bei Nassulida ist sie bereits auf eine adorale Zone beschränkt. Innerhalb der Nassulida erfolgt eine weitere Reduzierung der adoralen Bewimperung (Microthoracina). Auch ist eine Reduzierung der somatischen Bewimperung festzustellen. Bei den stammesgeschichtlich sich an Nassulida anschließenden Cyrtophorida besteht die orale Bewimperung aus mehreren kleinen Reihen, die somatische Bewimperung ist auf die Ventralseite beschränkt. Wie bei den Nassulida mit präoraler Naht. Auch bei den Cyrtophorida Übergang zu symbiontischer und parasitischer Lebensweise, zum Teil mit Ausbildung spezifischer Haftorganellen. Von den Cyrtophorida führt die Evolution zu den unabhängig voneinander entstandenen Chonotrichida, Rhynchodida, Apostomatida und Suctoria.

Bei den Chonotrichida handelt es sich um sekundär festsitzende, ektokommensale Vertreter. Sekundär nur noch Bewimperung im Peristom-Bereich, sonst ist der Körper unbewimpert. Vermehrung durch Bildung bewimperter Knospen, welche sich als Schwärmer vom Mutterindividuum ablösen. Primär mit exogener Knospung (Exogemmina), sekundär mit innerer Knospung (Cryptogemmina).

Rhynchodida sind durch ihre sekundär ektoparasitische Lebensweise auch morphologisch sekundär stark abgewandelt. Zum Teil Ausbildung von saugrüsselartigen Bildungen, welche zum Festheften dienen. Primär (*Ancistrocoma*) noch volle, holotriche Bewimperung, sekundär aber Reduktionen bis zum völligen Abbau der Bewimperung (*Gargarius, Sphenophrya*).

Die Apostomatida haben die holotriche Bewimperung ihrer Vorfahren beibehalten. Das Cytostom wird sehr stark reduziert, ist entweder unscheinbar oder es fehlt ganz. Vestibulum in Form einer Rosette (Autapomorphie der Apostomatida). Sekundär ausschließlich parasitische Lebensweise auf meist marinen Crustaceen. Apostomatida besitzen sekundär (Autapomorphie) einen Zyklus mit zweimaliger Metamorphose (Trophont – Tomit).

Die Unterklasse der Suctoria enthält primär sessile, festsitzende Vertreter. Körper der Adultform fast stets unbewimpert; sekundär ohne Cytostom. Neben den festsitzenden Vertretern kommen sekundär auch endokommensale, endosymbiontische und endoparasitische Vertreter vor. Sekundär saugende Nahrungsaufnahme mit Hilfe von Saugtentakeln (Autapomorphie). Ungeschlechtliche Fortpflanzung primär durch äußere (Exogenina), sekundär durch innere (Endogenina) Knospen. Suctoria sind von Chonotricha (Endogemmina) abzuleiten.

Bei der Klasse der Oligohymenophora ist die orale Ciliatur nur zum Teil in der Mundhöhle (Infundibulum) gelegen. Die orale Ciliatur ist sehr unauffällig und besteht nur aus wenigen Membranellen. Stomatogenese parakinetal oder buccokinetal. Bei der stammesgeschichtlich älteren Unterklasse der Hymenostomata ist eine einheitliche Körperbewimperung vorhanden. Vestibulum primär ventral gelegen, sekundär fehlt bei den Astomatida das Cytostom. Ableitung der Oligohymenophora von Hypostomata aus dem Nassulida-Microthoracina-Bereich. Die Hymenostomatida stellen die basale Gruppe der Oligohymenophora dar. Von ihnen sind die Scuticociliatida und von den Scuticociliatida die Astomatida abzuleiten.

Die Unterklasse der Peritricha mit apikal liegendem Vestibulum und adoraler, aus zwei parallel verlaufenden Wimperreihen gebildeter Wimperspirale. Die somatische Ciliatur sekundär fehlend, oder es ist nur ein hinterer, lokomotorischer Wimpernkranz (Mobilina) vorhanden. Peritricha sind primär gestielte, festsitzende Vertreter (Sessilina), sekundär wird eine Teilgruppe (Mobilina) wieder freischwimmend. Mit breitem ökologischem Spektrum, meist festsitzend und freilebend, sekundär mit ektokommensaler Lebensweise. Aus dieser ektokommensalen Lebensweise (bei Sessilina) hat sich zunächst die ektokommensale, bzw. ektoparasitische und dann die endoparasitische Lebensweise der sekundär auf und in ihren Wirten wieder frei beweglichen Mobilina entwickelt. Peritricha sind von Oligohymenophora aus dem Scuticociliatida-Bereich abzuleiten.

Vertreter der stammesgeschichtlich jüngsten Klasse der Ciliophora, der Polyhymenophora besitzen eine gut ausgebildete adorale Membranellenzone, welche am apikalen Pol beginnt und in einer Rechtswindung zum Cytostom führt. Primär noch mit holotricher Bewimperung (Heterotrichida), sekundär aber auch mit starken Reduktionen der Ciliatur (z.B. Odontostomatida). Stomatogenese para- oder apokinetal. Heterotrichida stellen die Basisgruppe der Spirotricha und gleichzeitig der Polyhymenophora dar. Sie sind aus dem Hymenostomata-Bereich (Scuticociliatida) abzuleiten. Einige Bearbeiter leiten die Spirotricha im Gegensatz dazu schon sehr früh von Karyorelictida ab. Innerhalb der Heterotrichida besitzen die Heterotrichina als Basisgruppe noch eine holotriche Bewimperung. In dieser Gruppe kommt es bereits zur Ausbildung von Cirren. Primär noch mit freilebender Lebensweise, sekundär häufig als Endokommensalen auftretend. Die von den Heterotrichina abzuleitenden Armophorina, Coliphorina, Plagiotomina und Licnophorina zeigen viele Anpassungsmerkmale an spezifische Lebensweisen. Bei Armophorina somatische Ciliatur fast völlig reduziert und Cytostom sekundär in der Nähe des hinteren Körperpoles liegend. Als Sapropelbewohner mit sekundär verdickter, etwas panzerartiger Pellicula. Coliphorina sind sekundär gehäusebildende Formen und Licnophorina mit ektrokommensaler Lebensweise besitzen einen in 3 Abschnitte (mit hinterer Haftscheibe) gegliederten Körper. Plagiotomina besitzen Cirren, welche denjenigen primitiver Hypotrichida ähneln. Odontostomatida, welche ebenfalls zu diesem Verwandtschaftskreis zählen, besitzen als Sapropelbewohner (wie Armophorina) eine sekundär panzerartig verfestigte Pellicula. Oligotrichida (zum Teil als Unterklasse innerhalb der Polyhymenophora geführt) sind als eigene Entwicklungslinie vom Heterotrichina-Bereich abzuleiten. Oligotrichida besitzen eine extrem reduzierte somatische Ciliatur, meist sind nur noch wenige Wimpern vorhanden. Die adorale Membranellenzone ist dagegen kräftig ausgebildet. Primär freilebend im marinen Bereich und im Süßwasser. Tintinnina bilden sekundär Gehäuse aus. Die stammesgeschichtlich jüngste Gruppe der Polyhymenophora, die Hypotrichida, zeigen starke morphologische Abänderungen. Bei ihnen ist sekundär nur noch die Ventralseite bewimpert, Wimpern meist zu Cirren verklebt. Dorsalseite des Körpers mit in Reihen angeordneten Tastborsten. Ableitung der Hypotrichida unabhängig von den anderen Teilgruppen (Odontostomatida, Oligotrichida) ebenfalls aus dem Heterotrichina-Bereich.

Reich Cryptophytobionta

Mit dem einzigen Stamm der Cryptophyta.

Stamm Cryptophyta

(Taf. 114 u. 115)

Primär in der monadoiden Form (Flagellatenstadium), sekundär in kokkaler Form (Kokkenstadium) und vereinzelt auch mit fadenförmigem Thallus (trichales Stadium). Fast alle Cryptophyta sind Einzeller, mit Ausnahme der fadenförmigen Gattung *Bjornbergiella*. Einzeller mit asymmetrischem Zellkörper. Die dorsiventralen Zellen besitzen eine stärker gewölbte Dorsalseite. Die flache Ventralseite ist mit einer längsverlaufenden, flachen Furche (Grube) versehen. Das Vorderende ist in der Seitenansicht schief abgestumpft. Im vorderen, ventralen Bereich mit einem Schlund (= vertiefte Furche), dessen Wandung dicht mit auffallenden Ejektisomen besetzt ist. Primär mit Periplast (Cryptomonadales), sekundär mit einer Zellwand (Cryptococcales, Cryptotrichales). Periplast allgemein starr, nur bei *Cryptochrysis* amöboide Formveränderung mit phagotropher Nahrungsaufnahme. Der Periplast enthält rechteckige und polygonale Platten (Dicke 10 nm), welche in Längsreihen angeordnet sind.

Der lokomotorische Apparat (Taf. 114:1) besteht aus zwei nach vorne gerichteten akronematischen Geißeln, welche unterschiedlich lang (heterokont) sind. Die Längenunterschiede sind aber nicht so beträchtlich wie bei anderen heterokonten Flagellatengruppen. Die beiden Geißelbasen liegen seitlich im oberen Schlundbereich. Die längere Geißel mit zwei beidseitigen Flimmerhaarreihen (Mastigo-

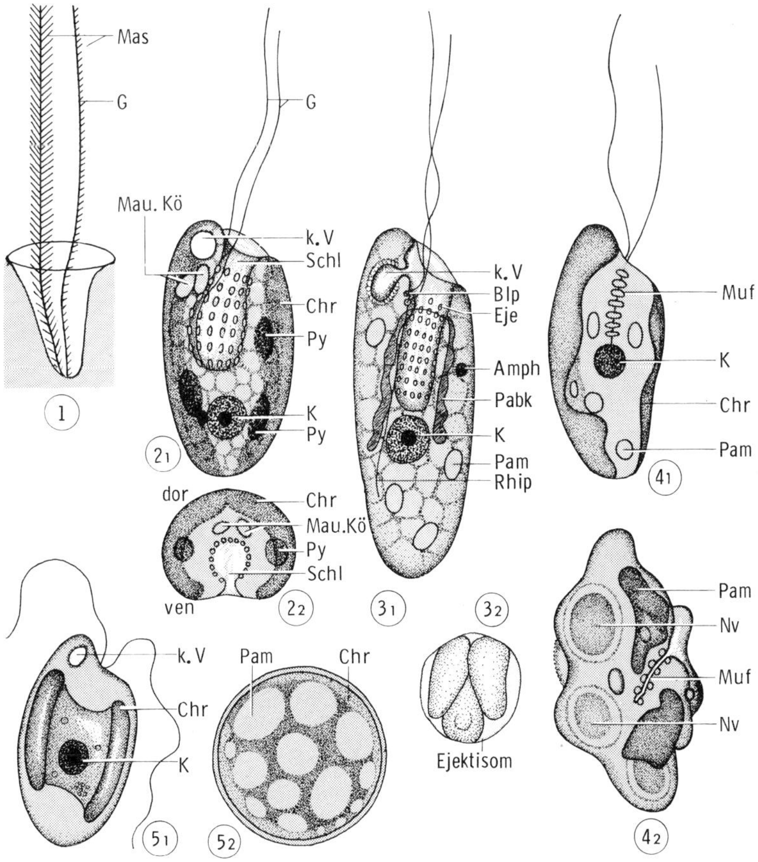

Taf. 114. Cryptophyta: Cryptophyceae (Cryptomonadales). – Abb. 1. Cryptophyta, Geißel (nach SLEIGH). Abb. 2/1. *Cryptomonas ovata* (komb. nach versch. Autoren); 2/2. *Cryptomonas ovata*, Querschnitt (nach FOTT). Abb. 3/1. *Chilomonas paramecium* (komb. nach versch. Autoren); 3/2. Ejektisom (nach CLERMOND-FERRAND). Abb. 4/1. *Cryptochrysis commutata* (nach PASCHER); 4/2. *Cryptochrysis amoeboidea* (nach PASCHER). Abb. 5/1. *Chrysidella schaudinni*, Flagellatenform (nach WINTER); 5/2. *Chrysidella schaudinni*, Zooxanthellenform in Foraminiferen (nach WINTER). Abkürzungen: Amph = Amphosom, Blp = Blepharoplast (Basalkörper), Chr = Chromatophor, dor = dorsal, Eje = Ejektisom, G = Geißel, K = Kern, Mas = Mastigonemen, Mau. Kö = Maupas-Körper, Muf = Mundfurche, k. V = kontraktile Vakuole, Nv = Nahrungsvakuole, Pabk = Parabasalkörper, Pam = Paramylon, Py = Pyrenoid, Rhip = Rhizoplast, Schl = Schlund, ven = ventral.

nemen), während die kürzere Geißel nur eine Reihe von Flimmerhaaren aufweist oder glatt (z. B. bei *Chroomonas*) ist. Die längere Geißel weist relativ steife, 2,5 μm lange, mit einem dünneren Ende versehene Flimmerhaare (besonderer, haarähnlicher Typ) auf, diejenigen der kürzeren Geißel sind nur 1 μm lang.

Der große Kern befindet sich in der hinteren Zellhälfte und weist eine große Chromosomenzahl (während der Metaphase) auf. Es sind etwa 24–210 Chromosomen vorhanden. Im vorderen Zellbereich befinden sich eine oder mehrere kontraktile Vakuolen, welche sich in den Schlund entleeren. Direkt neben dem Schlund liegen zwei lichtbrechende Körper (Maupas-Körper), deren Funktion unbekannt ist. Mit langgestrecktem Parabasalkörper.

Primär mit 1–2 Chromatophoren (Plastiden), sekundär farblose Vertreter. Färbung von blau über rötlich, grünlich bis braun, weitgehend bedingt durch akzessorische Pigmente. Mit Chlorophyll a und Chlorophyll c_2(wie auch bei Dinophyta). *Chroomonas* soll als einzige Ausnahme auch noch Chlorophyll c_1 besitzen. Mit Cryptophyceen-Phycobiline, und zwar 6 verschiedene Cryptophyceen-Phycocyanine und Cryptophyceen-Phycoerythrine. Sie weichen in ihrem Aufbau gegenüber den Phycocyaninen und Phycoerythrinen der Cyanophyta und Rhodophyta ab. Das primäre Allo-Phycocyanin kommt wohl bei Cyanophyta und Rhodophyta, aber nicht mehr bei Cryptophyta vor. Von Carotinoiden vor allem α-Carotin, dazu β-Carotin (in Spuren) und ε-Carotin vorhanden. Leitxanthophyll ist Alloxanthin, außerdem kommen noch Crocoxanthin, Diatoxanthin und Monadoxanthin vor. Die Phycobiline liegen nicht in Phycobilisomen (wie bei Cyanophyta und Rhodophyta), sondern im Inneren der Thylakoide.

In den Chromatophoren liegen jeweils 2 Thylakoide aufeinander, zum Teil können sie sogar noch einzeln liegen (wie bei Rhodophyta). Ohne Gürtellamelle. Die Chromatophoren sind, außer ihrer Doppelmembran, noch von einer weiteren Doppelmembran des endoplasmatischen Reticulums umhüllt. Mit Kernanbindung (gemeinsame Membran des endoplasmatischen Reticulums) in Kernnähe. Das Pyrenoid wölbt sich an der Innenseite des Chromatophors hervor, ohne Thylakoide. Das Reserveprodukt (Cryptophyceenstärke) ist ein α-1:4 Polyglykan und wird, im Gegensatz zu allen anderen Algengruppen, am Pyrenoid, aber zwischen der Doppelmembran des Chromatophors und der Doppelmembran des endoplasmatischen Reticulums gebildet und gelagert. In diesem Zwischenraum befindet sich neben den Stärkekörnern noch ein vermeintlicher Kernteil (Nucleomorph), eventuell vom Kern abgespalten. Da DNS und RNS bisher nicht nachgewiesen wurden, bleibt es offen, ob es sich um einen Kernkörper handelt. Öle als zusätzliche Reservestoffe. Einige Vertreter mit einem Augenfleck (Stigma). Der Augenfleck besteht aus einer Anzahl von kugeligen Gebilden, welche in der Zellmitte im Chromatophor direkt unter seiner Oberfläche liegen (wie z. B. bei Chrysophyta). Der Augenfleck zeigt aber bei den Cryptophyta keine Assoziation mit einer Geißel (wie z. B. bei Chrysophyta und anderen Gruppen).

Wichtigster Reservestoff ist Stärke (Cryptophyceenstärke), die in Körnern außerhalb des Chromatophors abgelagert wird. Im Gegensatz dazu wird bei den Chlorobionta (Prasinophyta, Chlorophyta) die Stärke im Chromatophor gelagert. Das Ejektisom (= Ejektosom) (Taf. 114:3/2) der Cryptophyta ist ein ausstoßbares Organell. Es stellt im Ruhezustand einen Zylinder dar, welcher aus zwei fest aufgewickelten Bändern besteht. Ejektisomen können unter Abrollung ihre Bänder plötzlich ausstoßen, der Vorgang dient vielleicht zur schnellen Ortsveränderung. Sie befinden sich unter dem Periplast sowie im Schlundbereich. Die Ejektisomen werden wahrscheinlich in Golgi-Vesikeln erzeugt. Sie sind anders gebaut als die Trichocysten der Dinophyta und Chloromonadophyta.

Mitochondrien (meist wohl nur ein einziges, oft verzweigtes Mitochondrium) vom primären Cristae-Typ, daneben ist auch schon der leicht röhrenförmige Sacculi-Typ vorhanden. Die Mitose ähnelt derjenigen der Prasinophyta. Es ist eine offene Mitose, welche durch eine Verdoppelung der Geißel-Basalkörner induziert wird. Die Kernmembran wird aufgelöst, und die Spindeln durchziehen den Kernbereich (intranukleäre Spindel). Es ist umstritten, ob bei den Cryptophyta nur ein einziges Chromosom (Sammelchromosom) oder eine Vielzahl von Chromosomen vorkommt (24 bis über 200 Chromosomen). Während der Metaphase ist das Chromatin linienförmig kondensiert, so daß man annimmt, daß nur ein einziges, sehr großes Chromosom vorhanden ist. Kinetochoren konnten nicht festgestellt werden. Es bestehen keinerlei Beziehungen zur Mitose der Dinophyta mit extranukleär liegender Spindel.

Ungeschlechtliche Fortpflanzung durch Längsteilung. Geschlechtliche Fortpflanzung (zum Teil wird sie auch bestritten), wurde bisher nur in einem einzigen Fall in Form einer isogamen Kopulation (*Cryptomonas*) beobachtet.

Lebensweise: Von den etwa 120 verschiedenen Arten besitzen ungefähr 15 Arten sekundär keine Chromatophoren. Cryptophyta kommen im marinen Bereich und im Süßwasser vor, sekundär auch in terrestrischen Böden (*Bjornbergiella*). Neben photosynthetischer Nahrungsaufnahme auch osmotrophe und phagocytäre Nahrungsaufnahme (z.B. *Cryptochrysis*). Die sekundär heterotrophen Vertreter (weitgehend osmotrophe Nahrungsaufnahme) ziehen Gewässer mit reichem Gehalt an organischen Stoffen vor. Phagocytäre Nahrungsaufnahme vereinzelt, aber sowohl bei gefärbten Vertretern (*Cryptochrysis*) als auch bei sekundär farblosen Vertretern (*Cyathomonas*) anzutreffen. Einige Arten leben als Endosymbionten (Zooxanthellen).

Klasse Cryptophyceae

Einzige Klasse mit den Ordnungen Cryptomonadales, Cryptococcales und Cryptotrichales.

Ordnung Cryptomonadales (Cryptomonadida)

Flagellaten mit primärem, aus Eiweiß bestehendem, relativ starrem Periplast.

Vertreter mit Chromatophoren: *Chroomonas; Cryptomonas* (Taf. 114:2 u. Taf. 115); *Rhodomonas; Protochrysis* (= *Hemiselmis*): marin; *Cryptochrysis* (Taf. 114:4): vorübergehend auch mit Amöboidstadium ohne Geißeln; *Chrysidella* (Taf. 114:5): als Zooxanthellen in Foraminifera, Porifera und Cnidaria.

Sekundär ohne Chromatophoren: *Chilomonas* (Taf. 114:3) (von *Cryptomonas* durch Plastidenver-

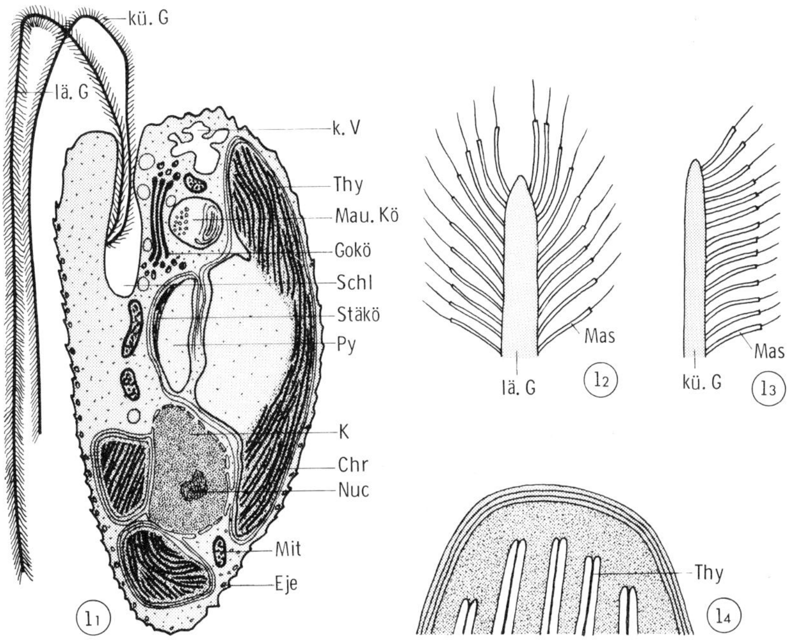

Taf. 115. Cryptophyta: Cryptophyceae (Cryptomonadales). – Abb. 1. *Cryptomonas* (nach LUCAS): 1/1. Längsschnitt; 1/2. Spitze der längeren Geißel; 1/3. Spitze der kürzeren Geißel; 1/4. Chromatophor, Ausschnitt. Abkürzungen: Chr = Chromatophor, Eje = Ejektisom, Gokö = Golgikörper, K = Kern, kü.G = kürzere Geißel, k. V = kontraktile Vakuole, lä. G = längere Geißel, Mas = Mastigonemen, Mau. Kö = Maupas-Körper, Mit = Mitochondrium, Nuc = Nucleolus, Py = Pyrenoid, Schl = Schlund, Stäko = Stärkekorn, Thy = Thylakoide.

lust abzuleiten, zum Teil noch mit Leukoplasten), *Cyathomonas* (phagotrophe Nahrungsaufnahme. Nahrung Bakterien und einzellige Algen). *Katablepharis*.

Ordnung Cryptococcales

Kokken mit sekundärer, zellulosehaltiger Zellwand. Mit Chromatophor. Fortpflanzung durch Zoosporen, welche die typische Flagellatenform der Cryptomonadales aufweisen. Zoosporen wandeln sich in Kokkenform um. *Tetragonidium*.

Ordnung Cryptotrichales

Mit fadenförmigem, einfach gebautem Thallus. Sekundär in Böden lebend. *Bjornbergiella*.

Phylogenie der Cryptophytobionta

Sie sind stammesgeschichtlich sehr alte Vertreter der Contophora und sind aus dem Prasinophyta-Bereich abzuleiten. Die laterale Anordnung der beiden Geißeln (z. B. bei *Protochrysis*) entspricht der Geißelanordnung bei stammesgeschichtlich älteren Prasinophyta (z. B. *Nephroselmis*). Zellwand, bzw. Theca bei Prasinophyta und auch bei Cryptophyta ohne Zellulose. Prasinophyta, wie auch Cryptophyta, mit dem primären Cristae-Typ der Mitochondrien. Sehr wichtig auch das Auftreten von Ejectisomen bei Prasino- und Cryptophyta. Sowohl Prasino- als auch Cryptophyta weisen eine offene Mitose auf. Ableitung der Cryptophyta aus dem primären, zweigeißligen Prasinophyta-Bereich (Modell *Nephroselmis*). Cryptophytobionta zählen zur großen Gruppe der Chlorophyll c besitzenden Contophora (monophyletische Gruppe, da es sehr unwahrscheinlich ist, daß Chlorphyll c mehrmals unabhängig voneinander entstanden ist). Innerhalb der Chlorophyll c besitzenden Contophora (Cryptophyto-, Dinophyto-, Chloromonadophyto- und Chromophytobionta) stellen die Cryptophytobionta, gemeinsam mit den Dinophytobionta, die stammesgeschichtlich ältesten Teilgruppen dar. Das bei den Prasinophyta (Chlorobionta) noch vorhandene Chlorophyll b wird abgebaut und zunächst durch Chlorophyll c 2 (Dinophyto- und Cryptophytobionta) und dann durch c 2 und zusätzlichem, von Chlorophyll c 2 abzuleitendem Chlorophyll c 1 (Chromophytobionta) ersetzt.

Die Dinophytobionta (etwas ältere Teilgruppe) sind nahe mit den Cryptophytobionta verwandt. Kennzeichen ist das gemeinsame, alleinige Vorhandensein von Chlorophyll c 2. Beide Gruppen haben sich aber schon unmittelbar nach ihrer Entstehung aus dem Prasinophyta-Bereich getrennt und eine Eigenentwicklung vollzogen, welche zu sehr unterschiedlichen Bauplänen geführt hat. Der Besitz von Phycobilinen zeigt das hohe stammesgeschichtliche Alter der Cryptophyta an. Die Phycobiline unterscheiden sich aber von denjenigen der Rhodophyta, so daß eine unabhängige Entstehung angenommen werden muß. Die stammesgeschichtlich sehr alte Präadaption zur Ausbildung von Phycobilinen haben aber die zu den stammesgeschichtlich sehr alten Contophora zählenden Cryptophyta von der Basisgruppe der Eukaryonta, den Aconta (Rhodophyta) übernommen.

Für das stammesgeschichtlich hohe Alter der Cryptophyta spricht, neben dem Besitz von Phycobilinen, die primitive Anordnung der Thylakoide, die bei den Cryptophyta noch in Paaren, zum Teil sogar noch einzeln (wie bei Rhodophyta) angeordnet sind. Cryptophyta weisen einen chemisch relativ einfachen Carotinoid-Bestand auf. Hauptcarotin ist α-Carotin, das sowohl bei Rhodophyta als auch bei Prasinophyta vorkommt. Von den Xanthophyllen kommen Alloxanthin (Hauptxanthophyll), Crocoxanthin und Monadoxanthin nur bei Cryptophyta vor und zeigen die Eigenständigkeit dieser Gruppe an. Auch der Besitz von Stärke (α-1:4 Polyglykan: Cryptophyceenstärke) zeigt das hohe stammesgeschichtliche Alter der Cryptophyta an. Stärke als Reserveprodukt tritt schon bei den stammesgeschichtlich ältesten Eukaryonta, den Aconta (Florideenstärke bei Rhodophyta) auf, und auch die an sie anzuschließenden Chlorobionta besitzen als Reserveprodukt Stärke. Nur die Euglenophytobionta und die Chromophytobionta weisen als sekundäres Reserveprodukt β-1:3 Polyglykane auf. Die Stärke wird bei Dino- und Cryptophyta außerhalb des Chromatophors gelagert, im Gegensatz zu den Chlorobionta, bei denen die wohl primäre Lagerung im Chromatophor erfolgt.

Cryptophytobionta weisen bei den Mitochondrien noch den primären Cristae-Typ auf, den wir auch bei den stammesgeschichtlich älteren Aconta, Euglenophytobionta, Eumycota und Chlorobionta antreffen. Der einfachere Cristae-Typ wird bei den Dinophytobionta und den Chromophytobionta von dem effektiveren, eine größere Oberfläche aufweisenden Tubuli-Typ abgelöst. Zwischenformen (Sacculi-Typ) sind noch bei den Crypto- und Dinophytobionta erkennbar.

Cryptophyta besitzen tubuläre Flimmerhaare (Mastigonemen), welche auch für die stammesgeschichtlich jüngeren Chromophytobionta charakteristisch sind. Dinophyta dagegen besitzen sehr feine, zarte Haare auf den Geißeln, welche dem primär einfachen Haartyp (keine gegliederten Mastigonemen) entsprechen. Diesen einfachen Haartyp treffen wir auch bei den Chlorobionta an, dort allerdings gekoppelt mit einer starken Tendenz zum sekundären Haarabbau.

Unterschiede zwischen Crypto- und Dinophyta zeigen sich bei den Chromatophoren-Membranen. Dino- und Euglenophyta besitzen 3 Membranen (zur Doppelmembran des Chromatophors noch eine zusätzliche, vom endoplasmatischen Reticulum gebildete Membran), während bei den Cryptophyta 4 Membranen mit zusätzlicher Kernanbindung vorliegen. Ein weiterer Hinweis darauf (neben dem Besitz von Mastigonemen), daß zwischen Cryptophyta und den Chromophytobionta engere verwandtschaftliche Beziehungen bestehen.

Die Ausbildung von Chromatophoren-Membranen zeigt deutlich den Verlauf der Stammesgeschichte der Eukaryonta. Die stammesgeschichtlich ältesten Vertreter, die Aconta, besitzen nur die primäre Doppelmembran. Diese wird auch von den stammesgeschichtlich nachfolgenden Chlorobionta beibehalten. Eugleno- und Dinophyta weisen eine zusätzliche Membran des endoplasmatischen Reticulums auf (insgesamt 3 Membranen), während die Cryptophyta und die stammesgeschichtlich jüngeren Chromophytobionta 4 Membranen (2 zusätzliche Membrane des endoplasmatischen Reticulums) aufweisen. Meist ist die Ausbildung von 4 Membranen mit einer zusätzlichen Kernanbindung verknüpft.

Schlundbildungen sind ein Charakteristikum für stammesgeschichtlich alte Contophora-Gruppen. Sie kommen sowohl bei Cryptophyta als auch bei Prasino-, Eugleno-, Dino- und Chloromonadophyta vor. Auch stammesgeschichtlich alte Vertreter der Chromophytobionta (Haptophyta) behalten diese Schlundbildungen bei.

Innerhalb stammesgeschichtlich alter Gruppen der Contophora, wie Crypto-, Eugleno- und Dinophyta (aber auch noch bei den Chrysophyta innerhalb der Chromobionta) ist ein starker Trend zum sekundären Chromatophorenverlust und zur holozoischen Ernährung festzustellen. Für eine Ableitung von größeren Teilgruppen der „Zooflagellaten“ spielen aber Cryptophyta keine Rolle, bis auf die relativ wenigen, sekundär farblosen Arten, die schon bei den Cryptophyta eingereiht sind. Amöboidie ist bei den Cryptophyta nahezu bedeutungslos, daher auch keine Amöben-Ableitungen auf diesem Bereich. Da die Cryptophyta fast ausschließlich einzellige Vertreter aufweisen, kommen sie auch nicht für eine Ableitung von Metazoen in Frage.

Reich Colponemata

Mit dem einzigen Stamm der Colponemaria.

Stamm Colponemaria
(Taf. 116)

Mit den beiden Klassen Cyanophoridea und Colponematidea.

Einzellige, sekundär farblose Vertreter. Zellen mit ovoider Form, dorsiventral und große Plastizität zeigend. Mit relativ weicher Pellicula, welche bei *Cyanophora* thekale Platten (wie bei Dinophyta) aufweist. Mit 2 heterokonten Geißeln, Vordergeißel kürzer als Hintergeißel. Vorne seitlich mit Schlund, der sich in eine ventral gelegene Furche fortsetzt. Die vordere Geißel entspringt im Schlund, die hintere Geißel in der Furche. Über die Geißelbehaarung liegen unterschiedliche Deutungen vor. Bei *Cyanophora* sind beide Geißeln beidseitig mit einer Haarreihe versehen. Die Haare werden sowohl als feine Haare, wie auch als echte, mehrgliedrige Flimmerhaare (Mastigonemen) gedeutet. Bei *Colponema* weist nur die vordere Geißel einen einseitigen Besatz mit sehr kleinen Haaren (als rudimentäre

Mastigonemen bezeichnet) auf, während die Hintergeißel glatt ist. Auch hier ist die Deutung der Haare umstritten. Die Hintergeißel weist bei *Colponema* einen paraflagellären Strang auf, welcher u. a. auch bei Dinophyta vorkommt. Die Basalkörper der Geißeln zeigen eine orthogonale Anordnung. Mit vielen abgeplatteten und tubulären Mitochondrien (wohl Zwischenstufen). *Colponema* im vorderen Zellbereich mit kontraktilem Vakuolarapparat. Der Golgi-Apparat liegt bei *Colponema* zwischen Vakuolarapparat und dem mit einem großen Nukleolus versehenen Kern. Kein Rhizoplast zwischen Basalkörper und Kern. Kern normal gestaltet, kein Dinokaryon. Der Vakuolarapparat weist einen einfachen Bau auf, entspricht normalen kontraktilen Vakuolen und zeigt Ähnlichkeit mit dem Pusulensystem der Dinophyta. *Colponema* mit Toxicysten, die denjenigen der Ciliophora ähneln. *Cyanophora* weist endosymbiontische Cyanophyceen auf. *Cyanophora* mit Stärke als Reserveprodukt.

Lebensweise: Süßwasserbewohner mit phagocytärer Nahrungsaufnahme.

Klasse Cyanophoridea

Mit der einzigen Ordnung Cyanophorida.

Ordnung Cyanophorida

Beide Geißeln beidseitig mit Haaren. Pellicula mit thekalen Platten. Stärke als Reserveprodukt. *Cyanophora* (Taf. 116:1) (mit endosymbiontischen Cyanophyceen).

Klasse Colponematidea

Mit der einzigen Ordnung Colponematida.

Ordnung Colponematida

Vordere Geißel einseitig mit Haaren. Hintere Geißel glatt, mit paraflagellärem Strang. *Colponema* (Taf. 116:2) (rein phagotrophe Ernährung, ohne Endosymbionten).

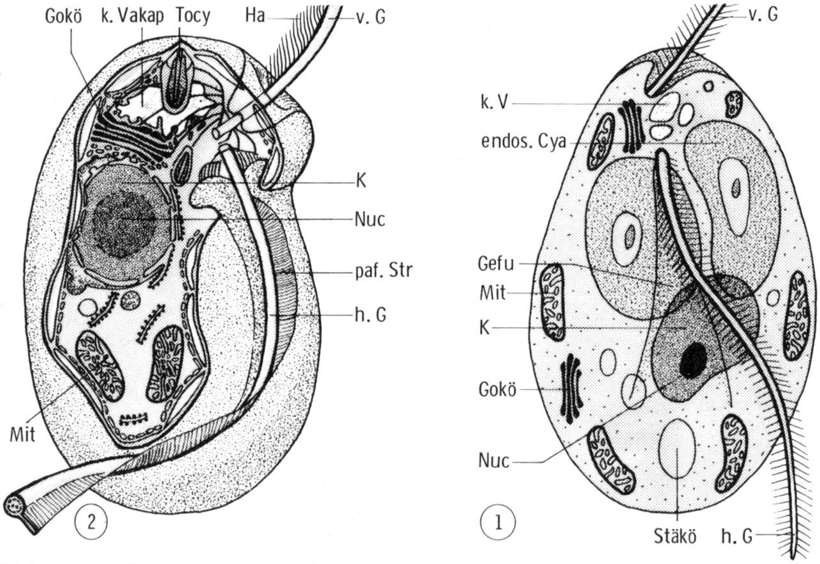

Taf. 116. Colponemaria (Cyanophoridea, Colponematidea). – Abb. 1. Cyanophoridea: *Cyanophora paradoxa* (nach MIGNOT & JOYON & PRINGSHEIM). Abb. 2. Colponematidea: *Colponema loxodes* (nach MIGNOT & BRUGEROLLE). Abkürzungen: endos. Cya = endosymbiontische Cyanellen, Gefu = Geißelfurche , Gokö = Golgikörper, h. G = hintere Geißel, K = Kern, k. V = kontraktile Vakuole, k. Vakap = kontraktiler Vakuolarapparat, Mit = Mitochondrium, Nuc = Nucleolus, paf. Str = paraflagellärer Strang, Stäko = Stärkekorn, Tocy = Toxicyste, v. G = vordere Geißel.

Phylogenie der Colponemata

Sie sind von Dinophyta abzuleiten, zeigen aber auch viele gemeinsame Merkmale mit den Chloromonadophyta, welche ebenfalls aus dem Dinophyta-Bereich abzuleiten sind. Der Besitz thekaler Platten (*Cyanophora*) deutet auf eine Ableitung aus dem Dinophyta-Bereich hin. Colponemata weisen aber bereits Toxicysten (wie auch Ciliophora), und keine Trichocysten (wie Dinophyta) auf. Die hintere Geißel von *Colponema* ähnelt der Quergeißel der Dinophyta und besitzt auch einen paraflagellären Strang. Die Deutung der Haarbildungen auf den Geißeln der Colponemata ist umstritten. Für eine Ableitung aus dem Dinophyta-Bereich würde eher ein Besitz von einfachen Haaren und nicht von Mastigonemen sprechen. Es muß aber in Betracht gezogen werden, daß die Gruppen mit echten Mastigonemen (Cryptophytobionta, Chromophytobionta und Chloromonadophytobionta) ja auch aus dem Dinophytobionta-Bereich abzuleiten sind. Colponemata zeigen aber auch verwandtschaftliche Beziehungen zu den Chloromonadophyta. Gemeinsame Merkmale sind dorsoventraler Bau, Lage des Vakuolarapparates, des Golgi-Apparates und des Kernes. Der Vakuolarapparat (*Colponema*) entspricht in seiner Lage demjenigen der Chloromonadophyta, in seinem Aufbau aber mehr dem primitiveren, einfacheren Pusulen-Apparat der Dinophyta.

Cryptophytobionta zeigen eine enge Verwandtschaft mit den Dinophytobionta. Beide Gruppen sind aus dem Prasinophyta-Bereich abzuleiten. Cryptophytobionta besitzen, wie auch die große Gruppe der Chromophytobionta, den sekundären, mehrgliedrigen Haartyp (Mastigonemen) auf den Geißeln. Chloromonadophyta weisen, nach unseren bisherigen Kenntnissen, ebenfalls Mastigonemen auf. Mastigonemen stellen den sekundären Haartyp dar und sind von einfachen, nicht gegliederten Haaren abzuleiten. Cryptophytobionta und Chromophytobionta stellen daher Schwestergruppen dar, welche von einem gemeinsamen Vorfahren diesen Haartyp übernommen haben. Chloromonadophyta sind noch nicht genügend bekannt, es fehlen z. B. sichere Angaben darüber, welche Formen von Chlorophyll c vorhanden sind und auch das Hauptreserveprodukt ist noch nicht bekannt. Falls Colponemata Mastigonemen besitzen sollten, müßte man sie etwas mehr in der Nähe von Chloromonadophyta einordnen. Wie bekannt, nehmen sie ja in etwa eine Mittelstellung zwischen Dinophyta und Chloromonadophyta ein.

Reich Chloromonadophytobionta

Mit dem einzigen Stamm der Chloromonadophyta.

Stamm Chloromonadophyta
(Taf. 117)

Ausschließlich monadoide Einzeller, mit sehr spezialisiertem und kompliziertem inneren Bau. Primär gefärbte Vertreter, sekundär farblose Arten. Dorsiventrale Körperform, mit deutlich ausgebildeter Furche auf der Ventralseite. Mit relativ weicher Pellicula, welche Formveränderungen erlaubt. Die ventrale Furche mündet am Vorderende des Körpers in einen Schlund. Die beiden schwach heterokonten, heterodynamischen Geißeln entspringen diesem Schlund, ihre orthogonal angeordneten Basalkörper liegen dicht nebeneinander. Von den Basalkörpern führt ein aus Microtubuli bestehender Rhizoplast zum Zellkern. Die etwas bandartige Schwimmgeißel (aber ohne paraflagellärem Strang) ist nach vorne gerichtet. Die hintere Geißel ist als Schleppgeißel ausgebildet und folgt der Bauchfurche. Vordere Geißel beidseitig (zwei Reihen) mit starren, kräftigen Flimmerhaaren (Mastigonemen), die hintere Schleppgeißel dagegen ist glatt. Die Flimmerhaare werden (wie auch bei Chromobionta) in Vesikeln des endoplasmatischen Reticulums gebildet. Im äußeren Cytoplasmabereich mit zahlreichen, elliptischen bis eiförmigen Chromatophoren, welche eine grüne bis gelbgrüne Färbung aufweisen. Chromatophor mit eigener Doppelmembran und zusätzlicher äußerer, vom endoplasmatischen Reticulum gebildeter Doppelmembran. Die Thylakoide sind zu dritt gestapelt. Mit Gürtellamelle. Mit Chlorophyll a und c (Form von c noch ungenügend bekannt). Von Carotinen ist nur β-Carotin vor-

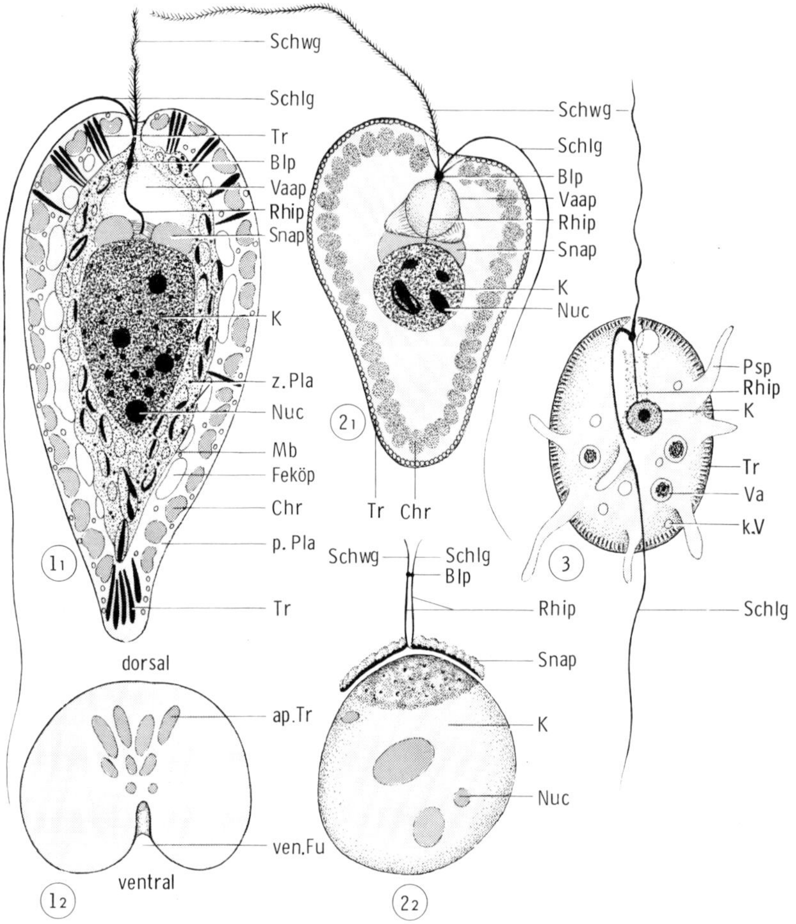

Taf. 117. Chloromonadophyta (Chloromonadales). – Abb. 1/1. *Gonyostomum semen* (nach HOVASSE); 1/2. *Gonyostomum ovatum*, Querschnitt (nach FOTT). Abb. 2/1. *Vacuolaria viridis* (nach FOTT); 2/2. *Vacuolaria virescens*, Kern mit Supranuklearapparat (nach POISSON & HOLLANDE). Abb. 3. *Reckertia sagittifera* (nach CONRAD). Abkürzungen: ap. Tr = apikale Trichocysten, Blp = Blepharoplast (Basalkörper), Chr = Chromatophor, Feköp = Fettkörper, K = Kern, k. V = kontraktile Vakuole, Mb = Membran, Nuc = Nucleolus, p. Pla = peripheres Cytoplasma, Psp = Pseudopodium, Rhip = Rhizoplast, Schlg = Schleppgeißel (hintere Geißel), Schw = Schwimmgeißel (vordere Geißel), Snap = Supranuklearapparat (Golgi-Apparat), Tr = Trichocysten, Va = Vakuole, Vaap = Vakuolarapparat, ven. Fu = ventrale Furche, z. Pla = zentrales Cytoplasma.

handen. Leitxanthophyll ist Diadinoxanthin, in geringerer Menge sind auch Diatoxanthin und Dinoxanthin (kommt sonst nur bei Dinophyta vor) vorhanden. Ohne Fucoxanthin. Pyrenoide fehlen. Als Reserveprodukt ist bisher nur Fett bekannt. Das Cytoplasma ist in ein äußeres, lockeres und ein zentrales, dichteres Cytoplasma geteilt. Äußeres Cytoplasma mit zahlreichen, senkrecht zur Oberfläche angeordneten Trichocysten, welche Gallertfäden ausschleudern. Sie ähneln den Trichocysten der Dinophyta. Im zentralen Cytoplasma (Zentralkapsel, Abgrenzung nach außen durch eine strukturlose Membran) liegt der mit mehreren Nukleoli versehene, relativ große Kern. Mit relativ hoher Chromosomenzahl. Kinetochoren vorhanden. Die Mitose findet innerhalb der Kernhülle statt (geschlossene Mitose). Während der Interphase sind die Chromosomen noch als ausgebreitete Körper erkennbar.

Die Basalkörper können dabei als Centriole fungieren. Oben auf dem Kern liegt ein paariger, kappenförmiger Golgi-Apparat (Supranuklearapparat), der sich aus zahlreichen kleineren Einzelkörpern, darunter Golgi-Körpern zusammensetzt. Die Golgi-Vesikel verschmelzen in regelmäßigen Zeitabständen zu pulsierenden Vakuolen und bilden oberhalb des Golgi-Apparates einen Vakuolarapparat, der in den vorne gelegenen Schlund mündet und nach außen Flüssigkeit abgibt. Mit vielen, tubulären Mitochondrien.

Fortpflanzung: Ungeschlechtliche Vermehrung durch Längsteilung. Geschlechtliche Fortpflanzung wurde in einigen Fällen (*Vacuolaria*, *Chattonella*) beobachtet. Bei der Kopulation vereinigen sich zwei begeißelte Individuen unter Geißelverlust.

Lebensweise Von den etwa 18 Arten sind die Hälfte sekundär farblos. Farblose Arten mit phagotropher Ernährung, meist mit Ausbildung von Pseudopodien. Fast ausschließlich im Süßwasser vorkommend, nur *Chattonella* (gefärbt) kommt im marinen Bereich vor.

Klasse Chloromonadophyceae

Einzige Klasse mit den Merkmalen des Stammes.

Ordnung Chloromonadales (Chloromonadida)

Einzige Ordnung mit den Merkmalen der Klasse.

Gefärbte Süßwasservertreter: *Gonyostomum* (Taf. 117:1), *Vacuolaria* (Taf. 117:2). Gefärbte marine Vertreter: *Chattonella*. Sekundär farblose Süßwasservertreter: *Thaumatomastix*, *Reckertia* (Taf. 117:3), *Bodopsis*. Einordnung der farblosen Vertreter umstritten.

Phylogenie der Chloromonadophyta

Sie sind, wie auch die Colponemata, aus dem Dinophyta-Bereich abzuleiten. Nähere verwandtschaftliche Beziehungen bestehen auch zu den Cryptophyta. Dinophyta und Cryptophyta stellen die stammesgeschichtlich ältesten Vertreter mit Chlorophyll c dar, da bei ihnen nur das stammesgeschichtlich ältere Chlorophyll c 2 vorkommt. Die Chlorophyll c-Zusammensetzung ist bei den Chloromonadophyta noch ungenügend bekannt. Man weiß noch nicht, aus welchen Komponenten sie sich zusammensetzt. Es wäre denkbar, daß auch die Chloromonadophyta nur Chlorophyll c 2 besitzen. Sie liegen im Übergangsfeld zwischen Dino- und Cryptophyta einerseits und den Chromophytobionta (mit c 2 und c 1) andererseits. Echte Mastigonemen treten erstmals bei Cryptophyta und Chloromonadophyta auf. Diese Mastigonemen werden von den stammesgeschichtlich jüngeren Chromophytobionta übernommen. Chloromonadophyta besitzen zwar bereits 4 Chromatophoren-Membranen, aber es liegt (wie auch bei den Dinophyta mit erst 3 Membranen) noch keine Kernanbindung vor. Wir treffen 4 Membranen mit Kernanbindung bei den Cryptophyta und den stammesgeschichtlich etwas jüngeren Chromophytobionta an. Wie die mit ihnen ebenfalls verwandten Cryptophyta besitzen die Chloromonadophyta einen relativ großen Kern, und die Teilungsspindel liegt (im Gegensatz zu den Dinophyta) intranukleär. Der Zellkörper ist, wie auch bei den Cryptophyta, stark dorsiventral gebaut und zeigt bei beiden Gruppen eine deutlich ausgebildete Furche auf der Ventralseite. Beide Gruppen mit Schlundbildung. Die Geißeln sind bei den Chloromonadophyta erst schwach heterokont, wie auch bei den Cryptophyta. Die stark ausgeprägte Heterokontie ist erst bei den stammesgeschichtlich jüngeren Chromophytobionta zu beobachten.

Der Besitz von Mastigonemen weist ebenfalls auf eine Verwandtschaft mit den Cryptophyta hin, während die stammesgeschichtlich älteren Dinophyta (wie auch die Chlorobionta, Eugleno- und Dinophytobionta) noch den primären, nicht gegliederten Haartyp aufweisen. Die Chromophytobionta übernehmen von den Chloromonadophyta den gegliederten Haartyp (Mastigonemen, Flimmerhaare). Die Mitochondrien sind bei den Cryptophyta noch primär abgeplattet, sie behalten dieses plesiomorphe Merkmal bei. Dino- und Chloromonadophyta zeigen dagegen bereits den sekundären tubulären Aufbau. Dieser tubuläre Aufbau wird von den Chromophytobionta übernommen. Die Thylakoide sind bei den Chloromonadophyta, wie auch bei den Chromophytobionta, bereits in Dreiergruppen gestapelt, während sie bei den Cryptophyta noch paarweise (plesiomorphes, stammesgeschichtlich altes

Merkmal) angeordnet sind. Bei Dinophyta treffen wir vorwiegend Dreierstapel, selten aber auch noch Zweiergruppen an.

Die Pigmentausstattung der Chloromonadophyta ist leider erst ungenügend bekannt. Chlorophyll c wurde in geringen Mengen nachgewiesen, aber es ist nicht bekannt, um welche Form(en) es sich handelt. Sie besitzen in geringer Menge Dinoxanthin, das sie, im Gegensatz zu den Chromophytobionta von den Dinophyta übernommen und beibehalten haben. Hauptxanthophyll ist Diadinoxanthin, daneben kommt noch in geringer Menge Diatoxanthin vor, auch für Chromophytobionta typische Befunde. Das für viele Vertreter der Chromophytobionta charakteristische Fucoxanthin ist bei den Chloromonadophyta noch nicht vorhanden. Chloromonadophyta liegen stammesgeschichtlich im Übergangsfeld zwischen Dino-Cryptophyta und den Chromophytobionta und können daher nicht bei den Chromophytobionta eingeordnet werden.

Reich Chromophytobionta

Mit den Unterreichen der Chromobionta, Eustigmatobionta, Choanobionta und Haptophytobionta.

Für den Großteil der Chromophytobionta (Chromobionta und Haptophytobionta) ist der zusätzliche Besitz von Chlorophyll c 1 charakteristisch. Der gemeinsame Besitz von Chlorophyll c 1 weist sie als monophyletische Gruppe aus. Unklar sind in Bezug auf das Vorkommen von Chlorophyll c 1 (und c 2) die Verhältnisse bei den Eustigmatobionta und Choanobionta. Eustigmatobionta besitzen, nach unseren bisherigen Kenntnissen, nur Chlorophyll a. Es ist aber nur schwer erklärbar, warum diese Gruppe als einzige aus ihrem Verwandtschaftskreis kein zusätzliches Chlorophyll aufweisen sollte. Offensichtlich ist der Chlorophyll c-Nachweis oft nur schwierig zu führen. Es ist daher möglich, daß bei den erst seit kurzem und daher auch noch ungenügend bekannten Eustigmatobionta noch Chlorophyll c nachgewiesen wird. Wahrscheinlicher ist aber, daß die Eustigmatobionta Chlorophyll c sekundär verloren haben, da die Gruppe viele Reduktionsmerkmale aufweist. Haptophytobionta besitzen Chlorophyll c 1 und gehören dadurch eindeutig in engere Verwandtschaft mit der Chromobionta-Gruppe. Im morphologischen Bereich haben die Haptophyta viele Autapomorphien (z. B. Haptonema) entwickelt, welche oft für eine weitgehende Isolierung der Gruppe verwendet werden. Um Verwandtschaftsverhältnisse zu deuten, kann man aber nur Synapomorphien und nicht Autapomorphien heranziehen. Die Synapomorphie (gemeinsamer Besitz von Chlorophyll c 1) zeigt die enge Verwandtschaft mit den Chromobionta an. Sehr umstritten ist die Gruppe der Choanobionta. Zählt man gefärbte Arten, wie z. B. *Stylochromonas*, zu den Choanobionta, dann bestehen offensichtlich engere Beziehungen zu den Chrysophyta innerhalb der Chromobionta. Zum Teil wird aber *Stylochromonas* (und verwandte Gattungen) auch bei den Chrysophyta eingeordnet. *Stylochromonas* ist erst sehr ungenügend bekannt (es fehlen elektronenmikroskopische Untersuchungen sowie biochemische Daten), so daß eine sichere Einreihung zur Zeit nicht möglich ist. Es ist nicht bekannt, ob *Stylochromonas* außer Chlorophyll a noch Chlorophyll c aufweist. Ein Fehlen von Chlorophyll c bei den Choanobionta könnte ebenfalls als mögliche Reduktion gedeutet werden.

Trotz teilweise noch fehlender Daten stellen die Chromophytobionta offensichtlich eine monophyletische Gruppierung dar. Die Aufteilung in verschiedene Unterreiche wird zum Teil durch das Fehlen wichtiger Daten verursacht, so daß bei besserer Kenntnis durchaus eine noch engere Fassung der Kategorien (ohne Bildung von Unterreichen) möglich erscheint.

Im großen Rahmen gesehen, bilden alle Träger von Chlorophyll c eine monophyletische Gruppe, da es sehr unwahrscheinlich ist, daß Chlorophyll c (zuerst c 2, dann c 1) mehrmals unabhängig voneinander entwickelt worden ist. Die Chromophytobionta weisen daher verwandtschaftliche Beziehungen zu den Dinophytobionta, Chloromonadophytobionta und Cryptophytobionta auf. Dinophytobionta und Cryptophytobionta besitzen nur das primäre Chlorophyll c 2, während bei den Chloromonadophytobionta noch keine Daten über die Form des Chlorophyll c vorliegen. Falls Chloromonadophyta auch Chlorophyll c 1 besitzen sollten, wären sie enger an die Chromophytobionta anzuschließen.

Chromophytobionta sind über Chloromonadophytobionta und Cryptophytobionta aus dem Dinophyta-Bereich abzuleiten.

Unterreich Chromobionta

Mit den Stämmen Xanthophyta, Pantonemomycota, Proteomyxidea, Labyrinthomorpha, Chrysophyta, Hydraulea, Trichomycetea, Mycetozoidea, Pedinellaphyta, Bacillariophyta und Phaeophyta.

Chromobionta weisen primär Chlorophyll c 2 und c 1 auf. Bei den stammesgeschichtlich ältesten Vertretern (Xanthophyta) sind die Chlorophyll c-Anteile aber noch relativ gering. Neben den primär gefärbten Vertretern kommen innerhalb der Chromobionta zahlreiche sekundär farblose Gruppen vor. Bei den gefärbten Vertretern lassen sich zwei deutliche Gruppierungen erkennen. Xanthophyta besitzen noch kein Fucoxanthin (wie auch die Chloromonadophyta, von welchen sie abzuleiten sind), während Chrysophyta, Bacillariophyta und Phaeophyta (wohl auch Pedinellaphyta) Fucoxanthin aufweisen. Diadinoxanthin und Diatoxanthin ist bei allen gefärbten Vertretern, aber in wechselnden Mengen, vorhanden. Alle Vertreter (sehr wahrscheinlich auch Xanthophyta) weisen β-1:3 Polyglykane als Reservestoffe auf. Chromobionta besitzen gegliederte Flimmerhaare, wie auch Chloromonadophyta und Cryptophyta. Mit Mitochondrien vom sekundären Tubuli-Typ. Golgi-Körper mit Dictyosomen.

Innerhalb der Chromobionta ist ein starker Trend zur sekundären holozoischen Nahrungsaufnahme festzustellen.

Stamm Xanthophyta

(Taf. 118 u. 119)

Primär monadoide Flagellaten (Heterochloridales), sekundär auch amöboide (Rhizochloridales), capsale (Heterogloeales),kokkale (Mischococcales), trichale (Heterotrichales) und siphonale (Vaucheriales) Vertreter. Mehr- bis vielzellige Formen bei Heterotrichales und Vaucheriales. Der größte Artenreichtum ist bei den capsalen, kokkalen und trichalen Formen anzutreffen. Primär mit Periplast (Heterochloridales-Heterogloeales), sekundär mit Zellwand (Mischococcales-Vaucheriales). Zellwand bei vegetativen Zellen meist deutlich aus 2 Hälften bestehend, welche einander in der Zellmitte überlappen. Die Zellwand ist meist mit Kieselsäure imprägniert. Zellwand primär mit starkem Pektinanteil, sekundär bei den stammesgeschichtlich jüngeren Vertretern (Vaucheriales) aus Zellulose bestehend. Bei einigen Arten werden elliptische bis kugelförmige endogene Cysten gebildet, deren Wand ebenfalls mit Kieselsäure imprägniert ist.

Die einzelligen, beweglichen Vertreter mit dorsiventralem Bau. Zoosporen (Taf. 118:1) oval geformt. Einzellige, bewegliche Formen (monadoide Flagellaten, Zoosporen) im vorderen Scheitelbereich (subapikal) mit 2 heterokonten und heterodynamischen Geißeln. Die vordere, lange Hauptgeißel ist beidseitig mit langen Flimmerhaaren versehen. Die Flimmern (Mastigonemen) entstehen (wie auch bei Chrysophyta) in Vesikeln des endoplasmatischen Reticulums oder auch in aufgeblasenen Teilen der Kernhülle. Die hintere, bedeutend kürzere Nebengeißel (oft akronematisch) ist eine Peitschengeißel und trägt keine Flimmerhaare. Hintere Geißel manchmal extrem verkürzt oder sogar nur noch Geißelbasis vorhanden. In seltenen Fällen kann die Peitschengeißel aber auch (z. B. *Vaucheria*) länger sein. Die hintere Geißel besitzt im basalen Bereich eine Geißelanschwellung (Photorezeptor), die in eine konkave Einsenkung der Zelloberfläche paßt. Unter dieser Einsenkungsstelle liegt in einem Chromatophor das Stigma. Übergangsregion der Geißel mit Spiralkörper. Cytoplasma glashell und dünnflüssig (wie bei Chrysophyceen und Bacillariophycen). Zellkern meist klein und Einzelheiten (Mitosevorgänge, Chromosomen) oft nur schwer erkennbar. Mit geschlossener Mitose, Basalkörper als Centriole fungierend. Oberhalb des Zellkernes liegt der Golgi-Apparat. Sekundär farblose Vertreter sind selten. Nur bei *Chloramoeba* (Heterochloridales), *Chlorarachnion* und *Myxochloris* (Rhizochloridales) treten neben gefärbten auch sekundär farblose Exemplare auf. Offensichtlich sind keine rein farblosen Arten bekannt, aber ein Trend zur sekundären Farblosigkeit ist zu beobachten. Die Chromatophoren sind gelbgrün bis grün gefärbt. Chromatophor mit eigener Doppellamelle und darüberliegender Doppelmembran des endoplasmatischen Reticulums. Mit Kernanbindung bei am Kern anliegenden Chromatophoren. Die Thylakoide sind zu dritt gestapelt. Mit Gürtellamelle, diese bei einigen Vertretern aber fehlend.

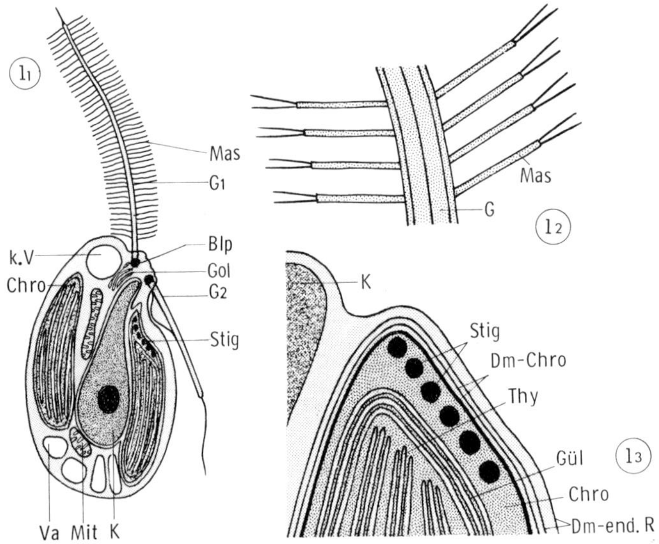

Taf. 118. Xanthophyta (Zoospore). – Abb. 1/1. *Bumilleria sicula*, Zoospore (nach SLEIGH); 1/2. Geißel-Ausschnitt, vergrößert; 1/3. Chromatophor mit Kernanbindung, Ausschnitt. Abkürzungen: Blp = Blepharoplast (Basalkörper), Chro = Chromatophor, Dm-Chro = Chromatophoren-Doppelmembran, Dm-end. R = Doppelmembran des endoplasmatischen Reticulums, G 1 = Hauptgeißel (vordere Geißel), G 2 = Nebengeißel (hintere Geißel), Gol = Golgi-Körper, Gül = Gürtellamelle, K = Kern, k. V = kontraktile Vakuole, Mas = Mastigonemen, Mit = Mitochondrium, Stig = Stigma (Augenfleck), Thyl = Thylakoide, Va = Vakuole.

Mit Chlorophyll a sowie Chlorophyll c_2 und c_1. Die Chlorophylle c_2 und c_1 nur in geringen Mengen vorhanden. Das für Xanthophyta nachgewiesene „Chlorophyll e" ist ein bei der Extraktion entstandenes Kunstprodukt von Chlorophyll c. Mit β-Carotin. An Xanthophyllen treten Diadinoxanthin, Diatoxanthin, Heteroxanthin, Vaucheriaxanthin, in geringer Menge β-Cryptoxanthin und Neoxanthin auf. Fucoxanthin, das für stammesgeschichtlich jüngere Vertreter der Chromobionta charakteristisch ist, ist bei den Xanthophyta noch nicht vorhanden. Vaucheriaxanthin und Heteroxanthin kommen sowohl bei Xanthophyta als auch bei Eustigmatophyta vor, aber nur bei diesen beiden Gruppen.

Reserveprodukt ist vermutlich Chrysolaminarin, ein β-1:3 Polyglykan. Dazu noch Öle als akzessorische Reservesubstanzen. Stärke kommt aber mit Sicherheit bei Xanthophyta nicht vor. Das Pyrenoid liegt zur Hälfte in den Chromatophoren eingebettet und enthält Stapel (Lamellen) mit 3 parallel verlaufenden Thylakoiden. Der Golgi-Apparat kommt sowohl in vegetativen Zellen als auch in Zoosporen vor. Süßwasservertreter mit 1–2 kontraktilen Vakuolen.

Fortpflanzung: Ungeschlechtliche Vermehrung durch Teilung. Es entstehen dabei Zoosporen, unbewegliche Aplanosporen oder endogen gebildete Autosporen (Statosporen). Sexuelle Fortpflanzung nur bei den stammesgeschichtlich jüngsten Vertretern (Vaucheriales) in Form einer Oogamie.

Lebensweise Die bei weitem größte Zahl der Arten lebt im Süßwasser. Einige Arten sekundär auch in Böden, auf der Oberfläche von Böden oder auf Baumstämmen und Wänden. Nur wenige marine Arten.

Klasse Xanthophyceae

(Taf. 118 u. 119)

Einzige Klasse mit den Merkmalen des Stammes.

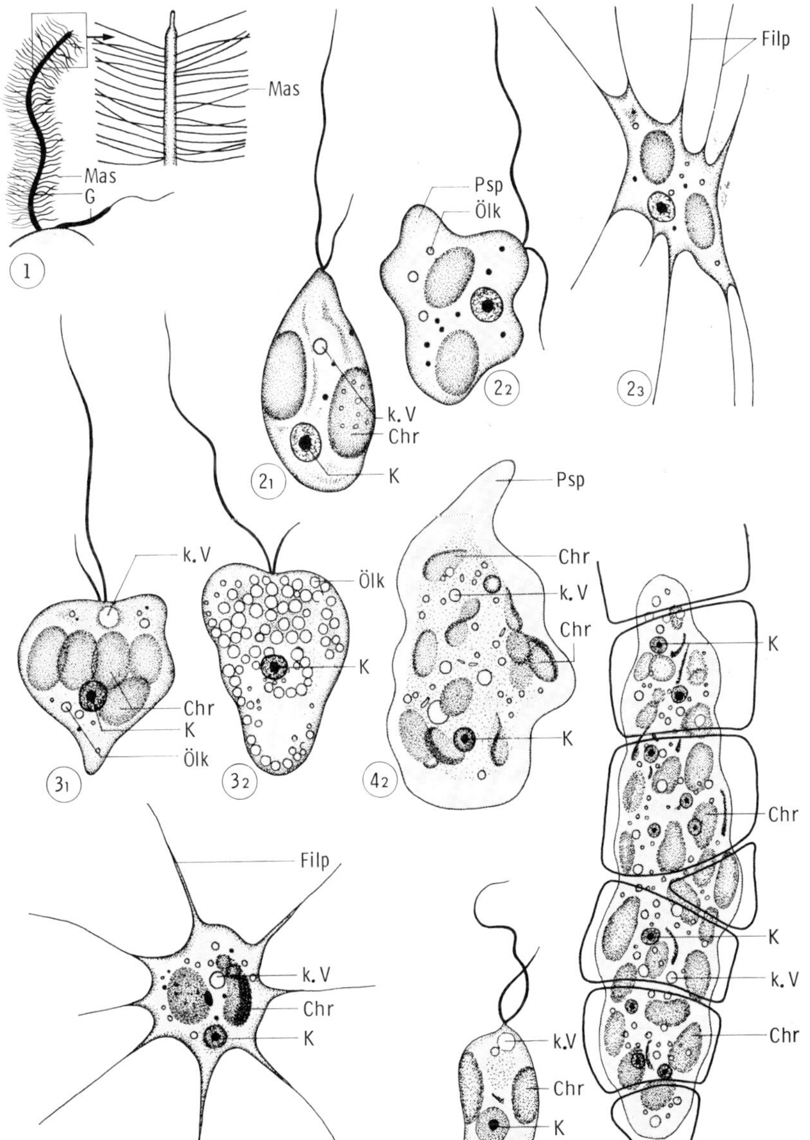

Taf. 119. Xanthophyta: Xanthophyceae (Heterochloridales, Rhizochloridales, Heterogloeales). – Abb. 1. *Chlorosaccus ulvaceus*, Geißeln der Zoospore (nach MANTON; CLARKE & GREENWOOD). Abb. 2. *Heterochloris mutabilis* (nach PASCHER); 2/1. Flagellatenform; 2/2. Amöboidform mit Geißeln und Pseudopodien; 2/3. geißellose Amöboidform mit Filopodien. Abb. 3/1. *Chloramoeba heteromorpha*, mit Chromatophoren (nach BOHLIN); 3/2. *Chloramoeba heteromorpha*, ohne Chromatophoren (nach BOHLIN). Abb. 4/1. *Rhizochloris congregata*, Amöboidform mit Filopodien (nach ETTL); 4/2. *Rhizochloris mirabilis*, Amöboidform mit Pseudopodien (nach PASCHER). Abb. 5/1. *Myxochloris sphagnicola*, vielkerniges, amöboides Plasmodium (nach PASCHER); 5/2. *Myxochloris sphagnicola*, Zoospore (nach PASCHER). Abkürzungen: Chr = Chromatophor, Filp = Filopodien, G = Geißel, K = Kern, k. V = kontraktile Vakuole, Mas = Mastigonemen, Ölk = Ölkugel, Psp = Pseudopodium.

Ordnung Heterochloridales (Heterochlorida)

Monadoide Flagellaten, mit dorsiventralem Bau. Mit primärem Periplast. Peitschengeißel oft in der Länge reduziert. Zum Teil schon mit amöboider Formveränderung, so daß neben den begeißelten Stadien auch amöboide, begeißelte Stadien sowie geißellose Stadien (*Heterochloris*) vorkommen. Tendenz zur Ausbildung von Pseudopodien und Übergang zur phagotrophen Lebensweise. *Heterochloris* (Taf. 119:2), *Chloramoeba* (Taf. 119:3): Auch mit amöboiden Stadien, sekundär auch farblose Exemplare; *Chloromeson, Xanthomonas*: Marine Vertreter; *Nephrochloris*: Sekundär eingeißlig.

Bisweilen von den Xanthophyta getrennt und als eigenes höheres Taxon betrachtet.

Ordnung Rhizochloridales

Vegetative Stadien permanent amöboid, Begeißelung nur bei den Zoosporen. Mit primärem Periplast. Primär mit Chromatophoren und mit mixotropher (autotroph und phagotroph) Lebensweise. Ausbildung von Pseudo- und Rhizopodien. Vereinzelt treten neben gefärbten Individuen sekundär auch farblose Exemplare (*Chlorarachnion, Myxochloris*) auf. Individuen zum Teil durch Plasmastränge netzartig miteinander verbunden (*Chlorarachnion*). Ausbildung vielkerniger Plasmodien bei *Myxochloris*. *Rhizochloris* (Taf. 119:4), *Chlorarachnion*, *Myxochloris* (Taf. 119:5).

Ordnung Heterogloeales

Kapsale Formen mit Periplast. Einbettung in einem gemeinsamen Gallertlager. Vegetative Stadien unbegeißelt. *Heterogloea, Gloeochloris, Chlorosaccus* (Taf. 119:1).

Ordnung Mischococcales

Mit sekundärer Zellwand. Kokkale Formen, einzeln oder in Kolonien lebend. Vermehrung durch begeißelte Zoosporen oder unbegeißelte Autosporen. *Botrydiopsis, Chlorellidium, Chloridella, Mischococcus.*

Ordnung Heterotrichales

Fadenförmige Formen, welche von kokkalen Formen abzuleiten sind. Mehrzellig, meist einreihig, zum Teil verzweigte Zellfäden. *Tribonema, Bumilleria* (Taf. 118:1), *Heterothrix*, *Heterococcus.*

Ordnung Vaucheriales

Siphonale Formen, faden- oder sackförmig. Ungeschlechtliche Fortpflanzung durch Zoosporen und Aplanosporen. Sexuelle Fortpflanzung (Oogamie). *Botrydium, Vaucheria* (Oogamie).

Phylogenie der Xanthophyta

Als stammesgeschichtlich älteste Gruppe der Chromophytobionta sind sie nahe mit den Chloromonadophyta verwandt. Sie besitzen, wie die Chloromonadophyta, mehrere Chromatophoren und weisen ebenfalls eine Gürtellamelle auf. Beide Gruppen besitzen Chlorophyll c, bei Xanthophyta ist Chlorophyll c2 und c1 in geringen Mengen vorhanden. Hauptxanthophylle sind Diadinoxanthin, Diatoxanthin (mit Diadinoxanthin-Diatoxanthin-Zyklus), Heteroxanthin und Vaucheriaxanthin. Die Chloromonadophyta weisen ebenfalls Diadinoxanthin (Hauptpigment) und Diatoxanthin auf. Wie bei den Chloromonadophyta ist auch bei den Xanthophyta das typische Fucoxanthin der stammesgeschichtlich jüngeren Chromobionta noch nicht vorhanden. Chrysolaminarin ist vermutlich der Reservestoff der Xanthophyta (ein β-1 : 3 Polyglykan), und man vermutet, daß der bisher noch unbekannte Reservestoff der Chloromonadophyta ebenfalls ein β-1 : 3 Polyglykan ist. Bei beiden Gruppen wird Fett als Reservestoff gespeichert. Beide Gruppen besitzen 4 Chromatophoren-Membranen und eine Gürtellamelle. Bei beiden Gruppen treffen wir den geschlossenen Mitosetyp an, wobei Basalkörper als Centriole fungieren. Xanthophyceen treten überwiegend als einzellige, kokkale Vertreter auf. Die Zahl der flagellaten Vertreter ist gering, daneben treten auch noch einige trichale oder siphonale Vertreter auf. Die Zahl der sekundär zum Teil farblosen Vertreter ist gering, rein farblose Arten sind überhaupt nicht bekannt. Bei einigen Arten treten neben den primär gefärbten Individuen auch sekundär farblose Individuen auf.

Die ebenfalls zu den Chromophytobionta zählenden Eustigmatophyta treten nur in der kokkalen Form auf. Da bei ihnen die flagellate Stufe fehlt, können sie nur von kokkalen Vertretern abgeleitet werden. Die starke Tendenz der Xanthophyta zur kokkalen Lebensweise weist auf eine Ableitung der Eustigmatophyta aus dem kokkalen Xanthophyta-Bereich hin. Die Ableitung dürfte schon zu einem sehr frühen Zeitpunkt erfolgt sein. Xanthophyta weisen enge verwandtschaftliche Beziehungen zu den Chrysophyta auf. Engere verwandtschaftliche Beziehungen zu Chrysophyta liegen besonders bei den Heterochloridales vor.

Stamm Pantonemomycota

(Taf. 120 u. 121)

Mit den Klassen der Oomycetes und Hyphochytridiomycetes.

Zoosporen primär mit heterokonter Begeißelung (Oomycetes). Mit vorderer Flimmer- und hinterer, glatter Peitschengeißel. Sekundär (Hyphochytridiomycetes) nur noch die vordere Flimmergeißel voll ausgebildet, aber noch mit zweiter Geißelbasis. Zellwand überwiegend aus Zellulose und Glukane bestehend (Oomycetes). Chitin bei Oomycetes in Spuren vorhanden. Sekundär ebenfalls mit Zellulose und Glukane, aber bereits mit erhöhtem Chitinanteil (Hyphochytridiomycetes). Chitinanteile der Zellwand sind (wie auch bei anderen Gruppen) mit heterotropher Ernährung gekoppelt. DAP-Weg bei der Lysin-Biosynthese. Mit tubulären Mitochondrien. Geißelschaft mit Spiralkörper (wie bei Xantho- und Chrysophyta). Zoosporen ähneln denjenigen der Xantho- und Chrysophyta.

Thallus zum Teil einzellig, meist aber als unseptiertes Mycel ausgebildet. Geschlechtliche Fortpflanzung mit diploider Zygotenbildung. Mit geschlossener Mitose (wie bei Xanthophyta).

Primäre Wasserbewohner, mit zunächst saprophytischer Lebensweise (Oomycetes). Sekundär Ekto- und Endoparasitismus an ihm Wasser lebenden Organismen (Oomycetes und Hyphochytridiomycetes) und schließlich Übergang zur parasitären Lebensweise an Landpflanzen (Oomycetes).

Phylogenie: Ableitung von Xanthophyta. Die Oomycetes stellen die stammesgeschichtlich ältere Teilgruppe der Pantonemomycota dar.

Klasse Oomycetes

(Taf. 120)

Mit den Ordnungen Saprolegniales, Leptomitales, Lagenidiales und Peronosporales.

Der Thallus der Oomyceten ist ein unseptiertes Hyphenmycel. Hyphen fast stets ungegliedert, selten treten unechte Septen auf. Sekundär intrazelluläre Parasiten (z.B. Lagenidiales) mit stark reduziertem Thallus. In diesen Fällen sind nur sehr kurze Hyphen vorhanden, welche primär nackt und erst später mit einer Zellwand versehen sind. Die Zellwand der Hyphen besteht aus Zellulose und Glukan. Zellwand ohne Chitin oder Chitin bereits in Spuren vorhanden. Der vegetative Hyphenthallus ist diploid, im Gegensatz zu den meisten echten Pilzen (Eumycota). Die primären, wasserbewohnenden Vertreter (z.B. Saprolegniales) mit begeißelten Zoosporen (Schwärmer), die sekundären Parasiten an Landpflanzen (z.B. Peronosporales) mit unbegeißelten Aplanosporen, welche aus den Sporangien hervorgehen.

Zoosporen dorsiventral gebaut, nierenförmig und mit zwei subapikal, bzw. ventral-lateral gelegenen Geißeln. Die beiden Geißeln heterokont, heteromorph und heterodynamisch. Bei der primären Zoospore liegen die Geißeln subapikal, bei der sekundären Zoospore dagegen ventral-lateral. Die nach vorne gerichtete, kürzere Geißel ist mit beidseitig angeordneten Flimmerhaaren (Mastigonemen) besetzt und fungiert als Schwimmgeißel. Die längere, nach hinten gerichtete Peitschengeißel weist keine Flimmerhaare auf. Geißelschaft mit basalem Spiralkörper und einfachem Transversalseptum. Übergangsregion kurz und strukturarm. Mit mikrotubulärem Cytoskelett. Keine Kernanbindung, im Gegensatz zur Kernanbindung bei echten Pilzen (Chytridiomyceten). Mit tubulären Mitochondrien. Geschlossene Mitose.

Soweit bei den Oomyceten (Taf. 120) sich geschlechtlich fortpflanzende Vertreter bekannt sind, findet die Kopulation zwischen zwei Gametangien statt. Das weibliche Gametangium (Oogonium) wird dabei durch ein männliches Gametangium (Antheridium) mit Hilfe von Befruchtungsschläuchen befruchtet. Die Meiose findet in den Gametangien statt. Oogonien kugelig mit mehreren Eizellen (Oosporen). Die Befruchtungsschläuche des Antheridiums mit den männlichen Kernen dringen über die Tüpfeln in das Oogonium ein. Befruchtung im Oogonium, es entstehen diploide Zygoten (Zygosporen). Aus der Zygospore keimt dann die diploide Hyphe aus. In der asexuellen Phase des Zyklus treten am vegetativen, diploiden Mycel Zoosporangien auf, in welchen sich (z. B. bei Saprolegniales) diploide Zoosporen bilden. Aus den Zoosporen keimt dann das diploide Mycel. Saprolegniales und Leptomitales mit diplanetischen Zoosporen (morphologisch verschiedene primäre und sekundäre Zoosporen). Die primäre Zoospore verläßt das Zoosporangium und encystiert sich unter Bildung einer Zellwand. Aus der primären Cyste keimt dann die sekundäre Zoospore, welche sich ebenfalls encystiert (sekundäre Cyste) und dann mit einer diploiden Hyphe auskeimt. Durch den Übergang vom Wasser- zum Landleben erfolgt eine starke Reduktion des Bewegungsapparates der Zoosporen, so daß wir bei Landformen (z. B. Peronosporales) nur noch unbegeißelte Aplanosporen antreffen, oder die Sporangien werden direkt zu Angiokonidien, welche durch Wind und Wasser verbreitet werden.

Lebensweise: Primär wasserbewohnende Saprophyten, welche an vielerlei Substraten im Wasser (tote Insekten, Fischlaich usw.) auftreten. Sekundär kommt es bereits im Wasserbereich zu fakultativem Ektoparasitismus und auch zu echtem Ektoparasitismus (auf Rotatorien, Crustaceen) und auch Endoparasitismus (in Rotatorien, Nematoden; intrazellulär in Algen). Sekundär dann Eroberung des Landes und zunächst fakultativer Parasitismus in feuchtem Bodenmilieu an unterirdischen Teilen von Landpflanzen (z. B. einige Saprolegniales). Auf dem Land kommt es dann sekundär zu fakultativem Parasitismus an oberirdischen Pflanzenteilen (Peronosporales: *Phytophthora*) und obligatem Parasitismus ebenfalls an oberirdischen Pflanzenteilen (z. B. Peronosporales: *Albugo* und *Peronospora*).

Ordnung Saprolegniales

Stammesgeschichtlich älteste Ordnung. Thallus in Form eines ungegliederten Hyphenmycels. Mycel kräftig ausgebildet und schnell wachsend. Zoosporen mono- oder diplanetisch. *Saprolegnia* (Taf. 120): diplanetisch, Oogonium mit mehreren Oosporen, im Wasser, saprophytische und parasitäre Lebensweise; *Achlya*: monoplanetisch, nur sekundäre Zoosporen; *Aplanes*: ohne Zoosporen, Sporangiosporen keimen im Inneren des Sporangiums.

Ordnung Leptomitales

Thallus in Form eines Hyphenmycels mit regelmäßigen Einschnürungen (unechte Septen). Oogonium mit nur einer einzigen Oospore (sekundäre Reduktion). Zoosporen mono-oder diplanetisch. Im Wasser lebend, saprophytische Lebensweise auf faulenden Substraten. *Leptomitus, Apodachlya, Sapromyces.*

Ordnung Lagenidiales

Mit stark reduziertem Thallus, nur kurze, ein- oder mehrzellige Hyphen. Hyphen anfangs nackt, später mit Zellwand. Zoosporen monoplanetisch. Obligate Endoparasiten in Algen, Rotatorien, Nematoden. *Lagenidium, Myzocytium, Olpidiopsis.*

Ordnung Peronosporales

Thallus in Form eines unseptierten Hyphenmycels. Zoosporen monoplanetisch oder sekundär ganz fehlend. Beim Fehlen von Zoosporen Verbreitung durch Angiokonidien (Zoosporangien), welche sich ablösen und mit einer Hyphe auskeimen. Oogonium mit nur einer Oospore. Nur wenige Vertreter noch saprophytisch im Wasser lebend, sekundär fakultativ parasitär an unterirdischen Pflanzenteilen und dann obligat parasitär an oberirdischen Pflanzenteilen auf dem Festland.

Phytophthora: Kraut- und Knollenfäule der Kartoffel, falscher Mehltau; *Plasmopara*: Falscher Mehltau des Weinstockes; *Albugo, Pythium, Sclerospora, Peronospora*.

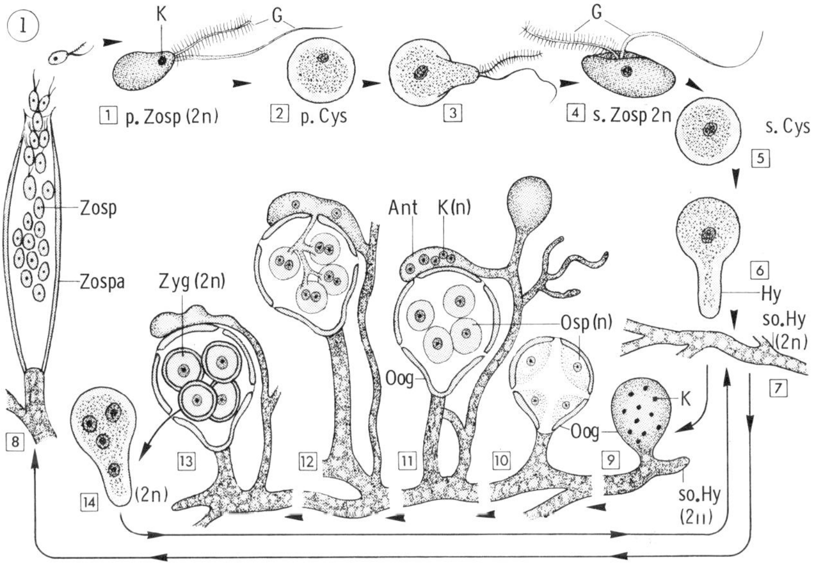

Taf. 120. Pantonemomycota: Oomycetes (Saprolegniales). – Abb. 1. *Saprolegnia*, Entwicklungszyklus (nach versch. Autoren): 1/1. primäre Zoospore; 1/2. Primärcyste; 1/3. Schlupf-Zoospore; 1/4. sekundäre Zoospore; 1/5. Sekundärcyste; 1/6. Keimung; 1/7. somatische Hyphe; 1/8. Zoosporangium; 1/9. Beginn der Oogoniumbildung; 1/10. Oogonium mit haploiden Oosporen (Eizellen); 1/11. Oogonium und Antheridium; 1/12. Befruchtung; 1/13. Bildung diploider Zygoten, Zygosporen; 1/14. keimende Zygospore. Abkürzungen: Ant = Antheridium, Hy = Hyphe, K = Kern, Oog = Oogonium, Osp = Oospore (Eizelle), p. Cys = primäre Cyste, p. Zosp = primäre Zoospore, R! = Reduktionsteilung, s. Cys = sekundäre Cyste, so. Hy = somatische Hyphe, s. Zosp = sekundäre Zoospore, Zosp = Zoospore, Zospa = Zoosporangium, Zyg = Zygote.

Phylogenie – Oomycetes: Als stammesgeschichtlich älteste Teilgruppe der Pantonemomycota, sind sie aus dem Xanthophyta-Bereich abzuleiten. Die typische, heterokonte Begeißelung der Oomycetes mit vorderer Flimmer- und hinterer Peitschengeißel weist eindeutig auf eine Ableitung aus dem Chromobionta-Bereich hin. In Frage kommen neben den Xanthophyta auch noch die von ihnen abzuleitenden Chrysophyta. Für eine Ableitung aus dem Xanthophyta-Bereich, der wir uns hier anschließen, sprechen die geschlossene Mitose (halboffen bei Chrysophyta) und identische geschlechtliche Fortpflanzung bei Saprolegniales (stammesgeschichtlich älteste Oomycetes) und Vaucheriales (Xanthophyta). Das Hyphenmycel der Saprolegniales ist von den schlauchförmigen Fäden (siphonale Stufe) der Vaucheriales abzuleiten. Oomycetes sind als sekundär farblose Vertreter zu betrachten, welche von gefärbten Vertretern aus dem Xanthophyta-Bereich (Vaucheriales) abzuleiten sind. Die Zellwand der Oomycetes besteht noch weitgehend aus Zellulose (charakteristisch für gefärbte Vertreter), aber es ist schon der Beginn der Chitin-Hinzufügung (Chitin charakteristisch für heterotrophe Ernährung) festzustellen.

Innerhalb der Oomycetes ist ein Wechsel von der primären Lebensweise im Wasser zu einer sekundären Lebensweise auf dem Land festzustellen. Gleichzeitig ist ein starker Trend vom primären Saprophytismus zur sekundären parasitischen Lebensweise zu beobachten. Beim Übergang zum Landleben werden die Zoosporen durch Konidien ersetzt.

Klasse Hyphochytridiomycetes

(Taf. 121)

Thallus zum Teil einzellig mit Rhizoidfäden (*Rhizidiomyces*) oder auch mit verzweigtem Hyphenmycel (*Hyphochytrium*). Die Zellwand besteht aus einer äußeren Zellulose- und einer inneren Chitin-

schicht. Stammesgeschichtlich ältere Vertreter sind holokarp, d.h. der ganze Thallus wandelt sich zum Sporangium um. Stammesgeschichtlich jüngere Vertreter sind eukarp, indem ein Teil des Thallus weiterwächst und sich nicht an der Sporangiumbildung beteiligt. Die kugel- bis birnenförmigen Zoosporangien stehen meist terminal und sind mit einer Entleerungspapille versehen.
Ungeschlechtliche Fortpflanzung durch Bildung von Zoosporangien, in welchen Zoosporen entstehen. Zoosporen (*Rhizidiomyces*) sekundär eingeißlig, es ist aber noch die 2. Geißelbasis vorhanden. Die einzige Geißel beidseitig mit Flimmerhaaren und am vorderen Pol des Zellkörpers in einer seichten Grube inseriert. Die Geißel wirkt als Traktellum und erzeugt einen spiraligen Bewegungsablauf, wobei der Zellkörper um die eigene Achse rotiert. Übergangsregion strukturarm mit Transversalseptum (wie bei Oomycetes). Mit microtubulärem Cytoskelett, welches auch bei Oomyceten auftritt. In den Grundzügen liegt ein Geißelbauplan vor, welcher demjenigen der nahe verwandten Oomycetes weitgehend entspricht. Bei *Rhizidiomyces* (Taf. 121:1) bildet die Zoospore eine Cyste. Gelangt nun diese Cyste auf einen Wirt, dann dringen feine Plasmafäden (Rhizoplasten) in die Wirtszelle und ernähren den außen auf der Wirtszelle sitzenden Zellkörper. Der Zellkörper vergrößert sich, umgibt sich mit einer Zellwand und wandelt sich in ein Zoosporangium um. Durch mitotische Kernteilungen entstehen zahlreiche Zoosporen, welche nach der Auflösung der Sporangienwand frei werden. Geschlechtliche Fortpflanzung wurde bisher nur von *Anisolpidium* bekannt. Die Zoosporen (Taf. 121:2) setzen sich auf einer Wirtszelle (*z. B. Ectocarpus*, Braunalgen) fest, bauen ihre Geißel ab und dringen als haploider Protoplast in die Wirtszelle ein. Nach der Infektion der Wirtszelle durch verschiedene Zoosporen kommt zu einer paarweisen Verschmelzung der Protoplasten (isogame Gametogamie), zur Verschmelzung der Kerne, und es entsteht eine diploide Zygote. Der diploide Kern der Zygote teilt sich nun mehrere Male mitotisch und es entsteht eine mehrkernige Dauerspore. Diese diploide Dauerspore wandelt sich nun in ein Zoosporangium um, unter Reduktionsteilung entstehen haploide Zoosporen, welche durch einen Entleerungskanal nach außen gelangen. Mit tubulären Mitochondrien. Parasitische Lebensweise in Algen (marin und Süßwasser).

Ordnung Hyphochytriales

Einzige Ordnung mit den Merkmalen der Klasse. *Rhizidomyces* (Taf. 121:1): Einzellig mit Rhizoidmycel; *Anisolpidium* (Taf. 121:2); *Hyphochytrium*: Mit verzweigten, von einer Zellwand umgebenen Hyphen.

Phylogenie – Hyphochytridiomycetes: Sie stellen die jüngere Teilgruppe der Pantonemomycota dar und sind von Oomycetes abzuleiten. Beide Gruppen weisen den DAP-Weg der Lysin-Biosynthese auf. Sie besitzen, wie auch die Oomycetes, eine typische mit Flimmerhaaren versehene Vordergeißel, bei den Hyphochytrididiomycetes ist aber die hintere Geißel, bis auf die Geißelbasis, sekundär reduziert. Die Zellwand weist gegenüber den Oomycetes einen schon etwas höheren Chitinanteil auf. Die ungeschlechtliche Fortpflanzung entspricht derjenigen der Oomycetes, und es bestehen auch Übereinstimmungen in der geschlechtlichen Fortpflanzung.

Stamm Proteomyxidea
(Taf. 122 u. 123)

Im trophischen Stadium als einzellige Amöboidform (*Pseudospora*) oder als vielkerniges Plasmodium (*Vampyrella, Plasmodiophora*). Primär freilebend, sekundär parasitische Formen, welche in ihren Wirten stets amöboid auftreten. Trophische Stadien mit Nahrungsvakuolen. Neben den Amöboidstadien treten begeißelte Schwärmer auf, welche Verbreitungsstadien darstellen. Bei *Pseudospora* wandelt sich das Amöboidstadium direkt in das begeißelte Stadium um, während sich bei *Plasmodiophora* das Plasmodium in Sommersporangien aufteilt, welche Sporen enthalten. Aus diesen Sporen schlüpfen dann die begeißelten Zoosporen (Schwärmer). Flagellatenform primär zweigeißlig, sekundär auch eingeißlig (*Vampyrella* unter Einschluß der früheren *Chlamydomyxa*-Arten), aber dann zweite Geißelbasis (wie auch bei einigen Mycetozoidea) vorhanden. Die beiden primären Geißeln glatt, ohne Flimmerhaare, isomorph, aber heterokont und heterodynamisch. Die Geißeln inserieren am vorderen Pol des Zellkörpers. Bei *Plasmodiophora* ist die kürzere Geißel nach vorn in Schwimmrichtung orientiert. Die längere Geißel fungiert als nach hinten gerichtete Schleppgeißel, ist eine typische Peitschengeißel mit einer Peitsche, welche etwa 1/6 der Gesamtlänge ausmacht. Die Schwimmbahn ist eine typische Schraubenbahn. Geißelschaft und Übergangsregion auffallend strukturarm. Geißelbasis mit Granulasäule, ohne Kernanbindung. Amöbenstadium bei *Pseudospora* mit meist an der hinteren Körperregion gelegenen länglich-kegelförmigen Pseudopodien. Pseudopodien klar und ohne Granula, wie bei Hya-

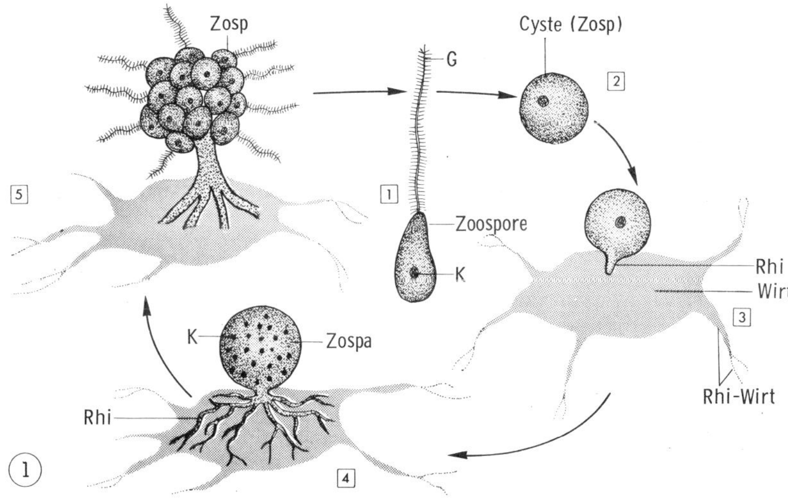

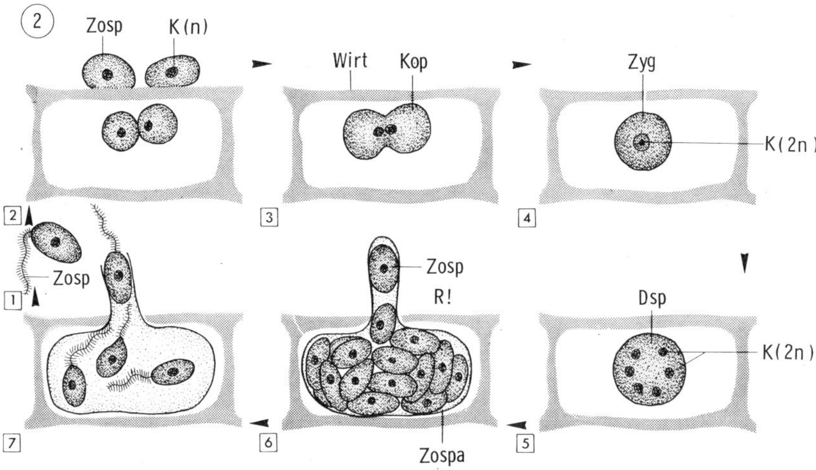

Taf. 121. Pantonemomycota: Hyphochytridiomycetes (Hyphochytriales). – Abb. 1. *Rhizidiomyces parasiticus*, Entwicklungszyklus (nach Karling, Nabel): 1/1. Zoospore; 1/2. Cyste; 1/3. Beginn der Rhizoplastenbildung; 1/4. Zoosporangium; 1/5. Freiwerden der Zoosporangien. Abb. 2. *Anisolpidium ectocarpi*, Entwicklungszyklus (nach Karling): 2/1. Zoospore; 2/2. Zoosporen, Infektion des Wirtes; 2/3. Zoosporen, Kopulation; 2/4. Zygote; 2/5. mehrkernige Dauerspore; 2/6. Zoosporangium mit Zoosporen; 2/7. Entleerung der Zoosporen. Abkürzungen: Dsp = Dauerspore, G = Geißel, K= Kern, Kop = Kopulation, R! = Reduktionsteilung, Rhi = Rhizoidfäden (Rhizoplasten), Zosp = Zoospore, Zospa = Zoosporangium, Zyg = Zygote.

lopodida. Als weitere Zustandsform (*Pseudospora, Vampyrella*) „heliozoenähnliches" Amöboidstadium mit feinen Reticulopodien. Einkernige Amöben bei *Pseudospora*, vielkerniges Plasmodium bei *Vampyrella*. Plasmodiophorida (*Plasmodiophora, Polymyxa*) mit vielkernigem, unverzweigtem, zellwandlosem Paraplasmodium, welches durch Kernvermehrung aus einer primär einkernigen Myxamöbe hervorgeht. Dauersporen der Plasmodiophorida mit einer in der Hauptsache aus Chitin (Zellulose bei Mycetozoidea) bestehenden Zellwand. Cystenwand bei Proteomyxida (*Vampyrella*) aus Zellulose bestehend. Plasmodiophorida mit einem haplo-diplontischen Generationswechsel, wobei haploide und diploide Plasmodien antithetisch auftreten.

Proteomyxida und Plasmodiophorida sind obligate Parasiten, welche extrazellulär, meist aber intrazellulär als trophische Amöboidstadien in Zellen von Wasserpflanzen (Algen im marinen Bereich und im Süßwasser) sowie in unterirdischen Teilen von Landpflanzen leben.

Klasse Proteomyxidia (Acarpomyxea)

Mit den Ordnungen Stereomyxida, Leptomyxida, Proteomyxida und Plasmodiophorida.

Ordnung Stereomyxida

Marine amöboide Vertreter mit stark verzweigten, maschenförmigen (*Stereomyxa*) oder mehr netzförmigen (*Corallomyxa*) Plasmodien. Die Plasmodien setzen sich aus hyalinen, mehr oder weniger verzweigten Pseudopodien zusammen. Mit zahlreichen, kleinen Golgi-Körpern (*Stereomyxa*). Fortbewegung auf Unterlagen nur sehr langsam. Die auf der Unterlage befindliche „Freßform" (Nahrung vorwiegend Diatomeen) ist mehr oder weniger abgerundet. Die „Schwebeform" zeigt einen mehr winkligen Körper. *Stereomyxa* (mit Knospung), *Corallomyxa*.

Ordnung Leptomyxida

Meist in Form dünner, flächenförmiger Plasmodien. Die Plasmodien meist vielachsig, bisweilen auch mehr zylindrisch und *Limax*-artig. Mit Cystenbildung, Süßwasservertreter und Bewohner terrestrischer Böden. *Leptomyxa, Rhizamoeba*.

Ordnung Proteomyxida

Primär einkernig-amöboid (*Pseudospora*), sekundär vielkernig-amöboid (*Vampyrella*). Amöboidstadien in der trophischen Phase mit länglich-kegelförmigen Pseudopodien, in der „heliozoenähnlichen" Phase mit feinen Reticulopodien, aber nie mit Axopodien. Schwärmerstadium primär zweigeißlig, sekundär auch eingeißlige Formen, aber mit zweiter Geißelbasis. Bei *Pseudospora* dringen die Schwärmer in Zellen von Algen ein und wandeln sich dort in das Amöboidstadium um. Das Amöboidstadium wächst heran und bildet eine Cyste. In der Cyste finden Kernteilungen statt, und durch den Zerfall der Cyste entstehen zahlreiche Schwärmer. Bei *Vampyrella* ist das Amöboidstadium vielkernig und besitzt helles, granulaloses Ektoplasma und granuliertes, vakuolisiertes Endoplasma. Das „Heliozoenstadium" auch hier mit zahlreichen, radiär angeordneten, feinen Reticulopodien. Das Amöboidstadium kann sich durch Plasmotomie vermehren. In Cysten bildet sich das Schwärmerstadium aus, zum Teil entschlüpfen den Cysten auch einkernige Amöboidstadien. *Vampyrella*-Arten leben primär ektoparasitisch an marinen Algen und Süßwasser-Algen. Sie dringen aber auch in die Algenzellen ein und zeigen einen deutlichen Übergang zur endoparasitären Lebensweise. Cystenwand bei *Vampyrella* in der Hauptsache aus Zellulose bestehend. Nahrungsaufnahme bei Proteomyxida phagocytär durch Umfließen. *Pseudospora* (Taf. 122:1), *Vampyrella* (Taf. 122:2), *Aphelidiopsis, Phagomyxa* (zu Plasmodiophorida überleitend), *Gymnococcus*. *Vampyrella* wird bisweilen auch den Filida zugeordnet.

Ordnung Plasmodiophorida

Trophisches Stadium in Form eines vielkernigen, unverzweigten, zellwandlosen Paraplasmodiums. Fortpflanzung durch Dauersporen, welche von einer in der Hauptsache aus Chitin bestehenden Zellwand umgeben sind. Aus den Dauersporen schlüpft ein zweigeißliger Schwärmer. Mit kreuzförmiger Mitose (kreuzförmige Anordnung der Chromosomen und des sich teilenden Nukleolus).

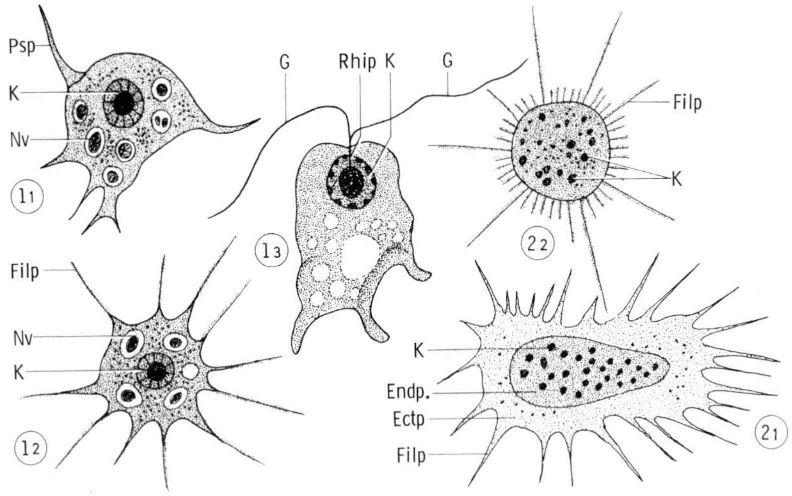

Taf. 122. Proteomyxidea: Proteomyxidia (Proteomyxida). – Abb. 1. *Pseudospora volvocis* (nach ROBERTSON; ROSKIN): 1/1. Amöboidstadium; 1/2. Heliozoenstadium; 1/3. Flagellatenstadium (Schwärmer). Abb. 2. *Vampyrella lateritia* (nach HOOGENRAND); 2/1. vielkerniges Amöboidstadium; 2/2. Heliozoenstadium. Abkürzungen: Ectp = Ectoplasma, Endp = Endoplasma, Filp = Filoreticulopodien, G= Geißel, K = Kern, Nv = Nahrungsvakuole, Psp = Pseudopodium, Rhip = Rhizoplast.

Zyklus (*Plasmodiophora brassicae* – Kohlhernie) (Taf. 123): Aus der Dauerspore schlüpft ein haploider, zweigeißliger Schwärmer. Die primären Schwärmer bewegen sich aktiv im Hohlraumsystem des Bodens und dringen, unter Geißelreduktion, als amöboider Protoplast (*Myxamöbe*) in Rhizodermiszellen ein. Durch vielfache Kernteilungen entsteht ein primäres vielkerniges, zellwandloses, haploides Plasmodium. Das Plasmodium teilt sich nun in einkernige Portionen auf, welche sich abrunden und so zu Sommersporangien werden. In den Sommersporangien finden noch weitere Teilungen statt, so daß 4 oder 8 einkernige, haploide Sommersporen entstehen. Diese Sommersporen wandeln sich in sekundäre, begeißelte, haploide Zoosporen (Schwärmer) um, welche die Wirtszelle verlassen. Die geschlechtliche Fortpflanzung (zum Teil nur lückenhaft bekannt) beginnt mit der Paarung der isogamen Zoosporen (Schwärmer). Sie bilden eine diploide Zygote, welche wiederum in Wirtszellen eindringt und durch vielfache Kernteilungen zu einem sekundären, diploiden Plasmodium heranwächst. Am Ende der Wachstumsphase findet die Reduktionsteilung statt. Das Plasmodium teilt sich in einkernige, haploide Portionen auf, welche sich mit einer Zellwand umgeben und zu Dauersporen werden. Bei dem Zerfall des Wirtsgewebes werden die Dauersporen frei, und die Zoosporen keimen aus den Dauersporen.

Vertreter der Plasmodiophora sind obligate, intrazelluläre Parasiten in Wasser- und Sumpfpflanzen (marin, Brack- und Süßwasser) sowie in unterirdischen Teilen (Wurzeln) von Landpflanzen. Zum Teil auch endoparasitisch in Hyphen von Pilzen. *Octomyxa, Woronina*: In Hyphen von Saprolegniales und Algenfäden von *Vaucheria*; *Plasmodiophora* (Taf. 123): In Wurzeln von Landpflanzen, Kohlhernieerkrankungen; *Polymyxa; Tetramyxa; Spongospora*: Erreger der Kartoffelräude.

Bisweilen auch als Vertreter einer eigenen Klasse (Plasmodiophorea) betrachtet.

Phylogenie – Proteomyxidea: Sie sind aus dem Xanthophyta-Bereich abzuleiten. Früher wurden sie in die nähere Verwandtschaft der Myxogastria (Mycetozoidea) gestellt und als sekundär parasitisch gewordene Vertreter gedeutet. Es bestehen aber grundlegende Unterschiede, so daß nicht von einer näheren Verwandtschaft gesprochen werden kann. Beide Gruppen besitzen zwar glatte Peitschengeißeln, aber der Verlust der Flimmerhaare kommt konvergent in verschiedenen Gruppen bei einem Übergang

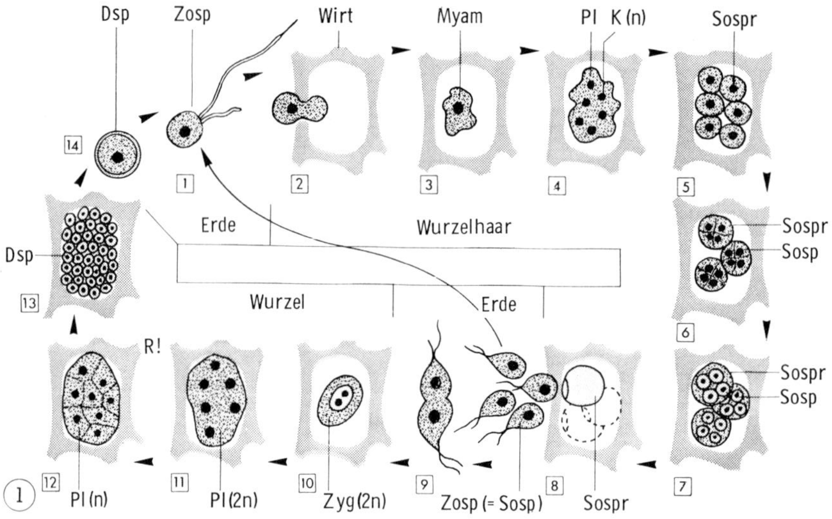

Taf. 123. Proteomyxidea: Proteomyxidia (Plasmodiophorida). – Abb. 1. *Plasmodiophora brassicae*, Entwicklungszyklus. Erläuterungen im Text (nach KARLING; ALEXOPOULOS). Abkürzungen: Dsp = Dauerspore, K = Kern, Myam = Myxamöbe, Pl = Plasmodium, R! = Reduktionsteilung, Sosp = Sommersporen, Sospr = Sommersporangium, Zosp = Zoospore, Zyg = Zygote.

zu heterotropher Lebensweise vor. Hauptkomponent der Sporen-Zellwand ist bei den *Myxogastria* Zellulose, während die Sporen der Plasmodiophorida (Proteomyxidia) eine vorwiegend aus Chitin bestehende Zellwand aufweisen. Bei den Myxogastria ist das Plasmodium stets diploid, während bei den Plasmodiophorida auch haploide Plasmodien (Primärplasmodium) auftreten. Das Auftreten von 2 Zoosporenformen bei Plasmodiophorida erinnert an ähnliche Verhältnisse bei Oomycetes. Hinzu kommt, daß bei den Oomycetes (Pantonemomycota) ebenfalls Chitin in der Zellwand vorkommt. Nach den vorliegenden Daten kommen für die Ableitung der Proteomyxidea am ehesten noch die zu den Xanthophyta zählenden Rhizochloridales in Frage und zwar der *Myxochloris*-Bereich. *Myxochloris* weist ein vielkerniges Plasmodium auf, und wir treffen innerhalb der Proteomyxidia schon bei der stammesgeschichtlich alten Teilgruppe, den Proteomyxida, vielkernige Plasmodien (z.B. Amöboidstadium von *Vampyrella*) an. Beide Gruppen zeigen einen Wechsel zwischen freier und parasitischer Lebensweise auf. Es ist aber ein starker Trend zu einer voll endoparasitischen Lebensweise erkennbar.

Stamm Labyrinthomorpha
(Taf. 124)

Mit den Klassen der Thraustochytrialea und Labyrinthulea. Zum Teil auch als eine einzige Klasse (Labyrinthulea) betrachtet.

Mit ektoplasmatischem Fadennetz (Filoplasmodium). Mit Sagenogenetosomen als Erzeuger des Fadennetzes. Ausbildung von Sporangien, in welchen zweigeißlige Zoosporen gebildet werden. Begeißelung wie bei Chromobionta mit vorderer Flimmer- und hinterer Peitschengeißel. Rhizoidale Vertreter mit ektoplasmalem Fadennetz und mit Sagenogenetosomen. Auf Unterlage festgeheftet (Thraustochytrialea), oft mit basaler Anheftungszelle oder ekto- und endoparasitisch auf und in anderen Pflanzen (Labyrinthulea). Die stammesgeschichtlich ältesten Vertreter (freischwimmende Thraustochytrialea) noch ohne Fadennetz und daher auch noch ohne Sagenogenetosomen. Bei diesen Vertretern (z.B. *Hyalochlorella*) Mitochondrien noch mit primärem Cristae-Typ, sonst bei den anderen mit sekundärem Tubuli-Typ. Marine Vertreter. Primär freischwimmend, sekundär auf pflanzlichem Detritus angeheftet oder auch als Ekto- und Endoparasiten (Labyrinthulea) auftretend.

Klasse Thraustochytrialea

Mit ektoplasmalem Rhizoidnetz, welches an der Unterlage festgeheftet ist. Oft ist eine basale Anheftungszelle vorhanden. Zum Teil noch primär freischwimmend (z.B. *Althornia* und *Hyalochlorella*; Einordnung von *Hyalochlorella* aber etwas umstritten). Vertreter mit Rhizoidnetz weisen charakteristische Sagenogenetosome auf. Die freischwimmenden (freiflutenden) Vertreter ohne Rhizoidnetz und ohne Sagenogenetosome. Die festgehefteten Vertreter bestehen aus kugeligen Sporangien, welche durch das rhizoidale Netz am Substrat festgeheftet sind. Netzbildung durch Tätigkeit der Sagenogenetosome. Im Gegensatz zu den Labyrinthulea sind die Zellen nicht spindelförmig, sondern oval und gleiten auch nicht durch Kanäle des Plasmanetzes (Rhizoidnetz). Pro Zelle etwa 2–9 Sagenogenetosome. Rhizoidnetz ohne Querwände. Die trophischen Zellen (Zoosporen) vergrößern sich zu Sporangien und bilden dabei ein basales Rhizoidnetz aus. Zoosporen von typischer Chromobionta-Gestalt. Mit 2 heterokonten Geißeln. Die längere Vordergeißel beidseitig mit Flimmerhaaren, die hintere Geißel glatt und ohne Haare. Mit lateraler Geißelinserierung. Mitochondrien nur bei *Hyalochlorella* (Einreihung umstritten) vom Cristae-Typ, sonst bei allen anderen vom Tubuli-Typ. Zelloberfläche mit sich überlappenden Schuppenreihen. Die Schuppen werden in Zisternen des Golgi-Apparates gebildet. Der gut entwickelte Golgi-Apparat liegt oberhalb des Zellkernes. Mit Centriolen. Ohne Augenfleck. Nahrungsaufnahme mit Hilfe des Rhizoidnetzes. Aus jeder Zoospore kann ein neues Sporangium gebildet werden. In den Sporangien findet die Zoosporenbildung statt. Bei *Aplanochytrium* werden in den Sporangien Aplanosporen gebildet. Keine geschlechtliche Fortpflanzung bekannt.

Lebensweise: Marine Vertreter. Teils freischwimmend (*Althornia, Hyalochlorella*), teils auf Unterlagen festgeheftet (*Thraustochytrium, Japanochytrium, Schizochytrium, Aplanochytrium*). Bisweilen auch leichter Ektoparasitismus.

Ordnung Thraustochytriales

Einzige Ordnung mit den Merkmalen der Klasse.

Althornia (freischwimmend), *Hyalochlorella* (freischwimmend), *Thraustochytrium, Japanochytrium, Schizochytrium, Aplanochytrium* (alle mit ektoplasmalem Rhizoidnetz und auf Unterlagen oder Pflanzen festgeheftet, nur marine Arten).

Klasse Labyrinthulea
(Taf. 124)

Der Thallus der Labyrinthulea stellt ein verzweigtes Plasmodium (Taf. 124: 1/7), (Filoplasmodium) dar, welches aus zahlreichen, häufig netzartig miteinander verbundenen Plasmafäden besteht. Innerhalb der Fadenbahnen des ektoplasmatischen Filoplasmodiums bewegen sich spindelförmige, einkernige Zellen, welche Granula, endoplasmatisches Reticulum, Mitochondrien mit irregulären Tubuli, auffällige Lipoidtröpfchen und Golgikörper (1–4) aufweisen. Das Plasmanetz (Taf. 124:3) ist ektoplasmatischer Herkunft und wird von Sagenogenetosomen (Bothrosomen) erzeugt. Bei den Sagenogenetosomen handelt es sich um grubenförmige Strukturen des Ektoplasmas, welche von der Zelloberfläche nach innen in den Zellkörper ragen. In jeder Spindelzelle befinden sich bis zu 25 Sagenogenetosome. Sie erzeugen jeweils hyaline, sackartige Bildungen, welche miteinander verschmelzen und gemeinsam mit den sackartigen Bildungen der anderen Spindelzellen das gemeinsame Plasmanetz (Filoplasmodium) erzeugen. Das Netz dient auch zur Weitergabe der Nahrung, welche osmotisch von den Spindelzellen aufgenommen wird. Die Spindelzellen bewegen sich gleitend in den Kanälen des Ektoplasmanetzes, keine amöboide Fortbewegung.

Ausbildung von Zoosporangien, welche zweigeißlige Zoosporen erzeugen. Zoosporen mit heterokonter Begeißelung. Vordere Geißel beidseitig mit Flimmerhaaren (Mastigonemen). Haare dreigeteilt, jedes Haar an der Spitze mit zwei feinen Verlängerungen. Die hintere Geißel ist glatt und erreicht etwa 2/3 der Länge der Vordergeißel. Die Begeißelung entspricht derjenigen der Chromobionta. Die Gei-

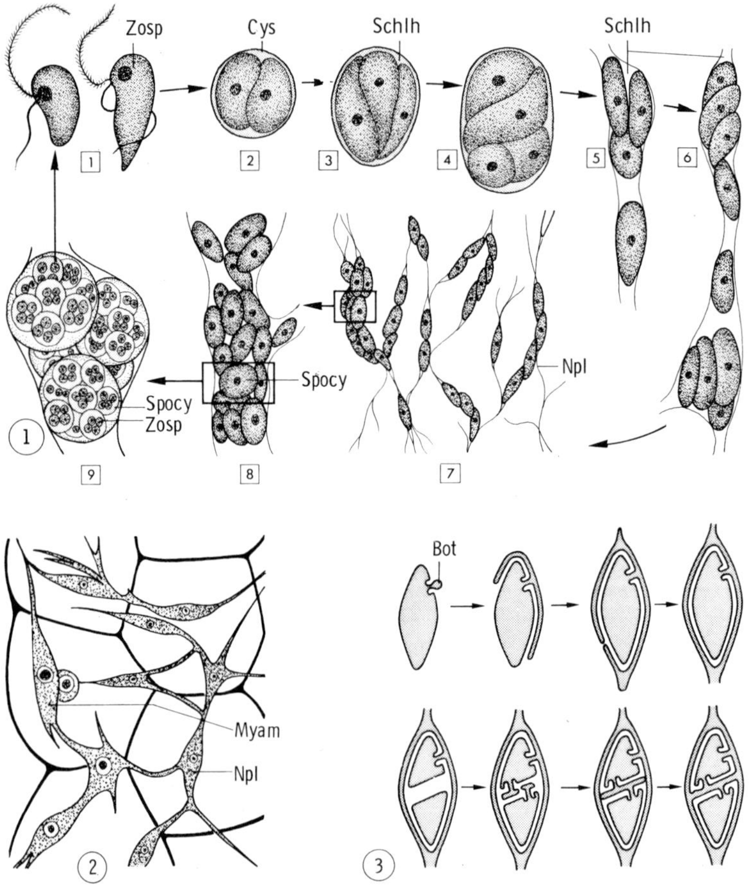

Taf). 124. Labyrinthomorpha: Labyrinthulea (Labyrinthulales). – Abb. 1. *Labyrinthula algeriensis*, Entwicklungszyklus. Erläuterungen im Text (nach Hollande & Enjumet). Abb. 2. Labyrinthomyxa sauvageaui (nach Dubosq). Abb. 3. *Labyrinthula*, Entstehung des Netzplasmodiums (nach Schwab-Stey & Schwab). Abkürzungen: Bot = Bothrosom, Cys = Cyste, Myam = Myxamöbe, Npl = Netzplasmodium (Filoplasmodium), Schlh = Schleimhülle (Kanäle), Spocy = Sporocyste, Zosp = Zoospore, Zt = Zellteilung.

ßeln inserieren in einer grubenartigen Vertiefung auf der Ventralseite des dorsiventralen, birnenförmigen Zellkörpers. Die längere Vordergeißel fungiert als Traktellum. Übergangsregion der Geißel mit Transversalscheibe und Axialzylinderkern (Schliffstopfenkörper). Zoosporen mit orangefarbenem Augenfleck (Stigma). Sekundär farblos, bei *Labyrinthula algeriensis* wurde ein farbloser Leukoplast festgestellt. Zur Sporenbildung reichern sich die spindelförmigen Zellen in bestimmten Bereichen der Fadenbahnen an, vergrößern sich, umgeben sich mit einer feinen Hülle und wandeln sich in Sporocysten um. In den Sporocysten erfolgt die Bildung der Zoosporen. Mitose halboffen mit außerhalb der Kernmembran liegenden Protocentriolen. Die von ihnen erzeugten Microtubuli durchdringen die Kernmembran im seitlichen Porenbereich.

Zyklus (*Labyrinthula*), (Taf. 124:1): Teilweise noch nicht völlig gesichert. Die begeißelte Zoospore dringt nach Abwurf der Geißeln in Wirtszellen (z. B. marine Algen) ein und wandelt sich dort in eine Spindelzelle um. Durch die Tätigkeit der Sagenogenetosomen entstehen ektoplasmatische, sackartige Bildungen, welche miteinander verschmelzen und fadenförmige Auswüchse erzeugen, so daß nach und nach das ektoplasmatische Fadennetz entsteht, in welchem sich die spindelförmigen Zellen befinden. Zur Sporangienbildung versammeln sich einige Spindelzellen im Inneren des Fadennetzes, runden sich ab und umgeben sich mit einer feinen Hülle. Es kommt zur Ausbildung von Sporocysten und man nimmt an, daß vor der Bildung der Zoosporen eine meiotische Teilung stattfindet. In jeder Sporocyste (Sporangium) werden meist 6–8 Zoosporen gebildet. Aus den Sporocysten keimen die Zoosporen, welche als bewegliches Verbreitungsstadium neue Wirtschaftspflanzen befallen. Die Zoosporen dürften haploid sein, und ein Geschlechtsvorgang dürfte sich zwischen den haploiden Spindelzellen im Fadennetz abspielen.

Lebensweise: Aquatische Vertreter, ekto- und endoparasitisch an marinen Algen (*Laminaria, Ulva, Cladophora*) und marinen, höheren Wasserpflanzen (*Zostera, Zannichellia*). Auch in Zellen von Süßwasseralgen (*Vaucheria*). Osmotrophe Nahrungsaufnahme mit Hilfe des Fadennetzes.

Ordnung Labyrinthulales (Labyrinthulida)

Einzige Ordnung mit den Merkmalen der Klasse.

Labyrinthula (Taf. 124:1): Parasitisch an marinen Algen, an *Zostera* und Süßwasseralgen (*Vaucheria*). Bei *Labyrinthomyxa* (Taf. 124:2) handelt es sich offensichtlich um eine Vermischung zweier verschiedener Organismen (einem Vertreter der Labyrinthulea und einem amöboiden Vertreter).

Phylogenie – Labyrinthomorpha: Sie sind aus dem Chromobionta-Bereich abzuleiten. Die Begeißelung der Zoosporen weist eindeutig auf eine Ableitung aus diesem Bereich hin. Daß es sich um sekundär farblose Vertreter handelt, zeigen die Zoosporen von *Labyrinthula algeriensis*. Sie besitzen ein Stigma und weisen als Reduktionsprodukt einen farblosen Leukoplasten auf. Innerhalb der Chromobionta kommt für eine Ableitung nur der Xanthophyta-Chrysophyta-Bereich in Frage. Für eine Ableitung aus dem Xanthophyta-Bereich spricht, daß bei den Xanthophyceen innerhalb der Rhizochloridales (z. B. *Chlorarachnion*) Vertreter vorkommen, welche ebenfalls flächtige Netzbildungen aufweisen. Bei *Chlorarachnion* treten neben den primär gefärbten Individuen auch sekundär farblose Exemplare auf. Außerdem handelt es sich bei *Chlorarachnion* um einen marinen Vertreter der Xanthophyta. Die Zoosporen der Labyrinthomorpha ähneln weitgehend den Zoosporen von Xanthophyta und Chrysophyta. Zum Teil wird auch eine Abstammung aus dem Chrysophyta-Bereich (Chrysocapsales: *Phaeaster*-Bereich) angenommen. *Phaeaster* weist Körperschuppen auf, besitzt ein Stigma und kann feine, bisweilen tubuläre Filopodien ausbilden. Man muß dabei berücksichtigen, daß es sich bei Xanthopyhta und Chrysophyta um nahe verwandte Gruppen handelt, und daß die Chrysophyta aus dem monadoiden Xanthophyta-Bereich abgeleitet werden. Im Augenblick erscheint die Ableitung aus dem Xanthophyta-Bereich besser begründet.

Die Thraustochytrialea stellen die stammesgeschichtlich ältere Teilgruppe der Labyrinthomorpha dar. Sie weisen zum Teil noch die primäre freischwimmende (freiflutende) Lebensweise auf und besitzen primär noch keine Sagenogenetosome. Erst innerhalb der Thraustochytrialea kommt es zur Ausbildung von Sagenogenetosomen und verbunden damit zur ektoplasmalen Rhizoidnetzbildung. Die Labyrinthulea (alle mit Sagenogenetosomen) sind aus dem Thraustochytrialea-Bereich mit Sagenogenetosomen abzuleiten. Auch die Lebensweisen spiegeln diese Verwandtschaftsverhältnisse wider. Primär bei Thraustochytrialea freie Lebensweise, dann innerhalb dieser Gruppe Übergang zu festgehefteter Lebensweise auf Unterlagen und schließlich Übergang zum Ekto- und Endoparasitismus bei den Labyrinthulea.

Stamm Chrysophyta

(Taf. 125–135)

Mit den Klassen Chrysophyceae, Filosa, Heliozoa, Bicoecaceae und Silicoflagellataceae.

Primär monadoide Flagellaten. Primär einzeln, sekundär auch in Kolonien. Sekundär auch amöboide Vertreter (Chrysophyta: Rhizochrysidales sowie Filosa). Innerhalb der Chrysophyceen treten auch capsale, kokkale und trichale Vertreter auf. Flagellatenstadium primär freischwimmend, sekundär (Heliozoa) auch festsitzende Vertreter. Häufig sekundärer Chromatophorenverlust (Chrysophyceae; Filosa; Bicoecaceae). Filosa, Heliozoa und Bicoecaceae enthalten nur sekundär farblose Vertreter, während bei den Silicoflagellataceae (kleine Reliktgruppe) nur gefärbte Arten auftreten.

Mit primärem Periplast. Nur bei den Chrysophyceen kommt es bei den kokkalen und trichalen Vertretern zur Ausbildung einer sekundären Zellwand. Primär mit 2 Geißeln (Chrysophyceen). Geißeln heterokont. Die vordere, längere Geißel beidseitig mit Flimmerhaaren (Chrysophyceen), die hintere Geißel fast stets ohne Haare. Sekundär relativ häufig nur noch die Vordergeißel (bei einigen Chrysophyceen und bei den Silicoflagellataceen) vorhanden. Bei den sekundär eingeißligen Vertretern ist zum Teil noch eine reliktäre Nebengeißel oder noch der zweite Basalkörper erhalten. Übergangsregion der Geißel mit Spiralkörper. Geißelwurzel mit breitem, quergestreiftem Wurzelband (Rhizoplast). Dieser Geißelwurzeltyp findet sich auch bei anderen Vertretern der Chromobionta. Sekundär farblose Gruppen zum Teil noch zweigeißlig (Bicoecaceae; Heliozoa), zum Teil aber Geißeln völlig reduziert (Filosa). Primär mit Chlorophyll a und c (c2 und c1). Mit β-Carotin. Hauptxanthophyll ist Fucoxanthin, daneben kommen noch Diadinoxanthin, Diatoxanthin und Echinenon vor. Zum Teil mit, zum Teil ohne Pyrenoide. Reserveprodukte sind β-1:3 Polyglykane.

Chromatophoren goldgelb bis braungelb, zum Teil auch gelbgrün. Mit 1–2 Chromatophoren. Chromatophoren mit eigener Doppellamelle und zusätzlicher, von endoplasmatischem Reticulum gebildeter Doppellamelle, welche mit der Kernmembran verbunden ist. Thylakoide zu dritt gestapelt. Mit Gürtellamelle. Mit endogenen Cysten, deren Wand überwiegend aus Kieselsäure besteht. Augenfleck im Chromatophor. Mit einem Golgi-Körper. Mit vielfältigen Gehäusebildungen. Bei sekundär amöboiden Vertretern (Filosa) werden Reticulopodien ausgebildet. Bei Rhizochrysidales (Chrysophyceen) und bei Heliozoa treten Axopodien auf. Skelettbildungen in verschiedenartiger Form bei Filosa, Heliozoa und Silicoflagellatacea. Mitose halboffen. Extranucleäre Microtubuli dringen bei der Spindelbildung durch polare Öffnungen der Kernmembran. Mit tubulären Mitochondrien.

Fortpflanzung: Ungeschlechtlich durch Längsteilung (Flagellatenstadium). Geschlechtliche Fortpflanzung bisher nur selten beobachtet (Chrysophyceen; Heliozoen).

Lebensweise: Primär marin, sekundär in Brack- und Süßwasser. Ernährungsweisen vielfältig, häufig mit mixotropher Ernährung. Starker Trend zur „tierischen" Ernährungsweise.

Phylogenie der Chrysophyta

Ableitung von monadoiden Xanthophyta. Viele Merkmale weisen auf eine engere Verwandtschaft beider Gruppen hin. Beide Gruppen besitzen Chlorophyll c2 und c1. Der Chlorophyll c-Anteil wird aber bei den Chrysophyta stark vergrößert. Beide Gruppen weisen Diadinoxanthin und Diatoxanthin auf. Ein entscheidender Unterschied ist aber das erstmalige Auftreten von Fucoxanthin bei den Chrysophyta, welches von den phylogenetisch nachfolgenden, gefärbten Gruppen übernommen wird. Vordergeißel bei Xantho- und Chrysophyta mit typischen Flimmerhaaren, die Hintergeißel bei beiden Gruppen mit basaler Anschwellung. Geißelschaft bei beiden Gruppen mit charakteristischem Spiralkörper. Beide Gruppen mit 4 Chromatophormembranen und mit Kernanbindung. Xanthophyta mit Gürtellamelle (bei einigen Vertretern sekundär fehlend), wie sie für Chrysophyta und nachfolgende, gefärbte Gruppen typisch ist. Beide Gruppen bilden Kieselsäure-Cysten aus, welche aber unterschiedliche Formen aufweisen. Reserveprodukte sind bei beiden Gruppen β-1:3 Polyglykane. Der Augenfleck liegt bei beiden Gruppen im Chromatophor. Xanthophyta zeigen noch eine stammesgeschichtlich alte, geschlossene Mitose mit intranukleärer Spindel, während bei den Chrysophyta die Mitose halboffen ist. Hier durchdringen extranukleäre Tubuli die Kernmembran durch polare Öffnungen. Beide Gruppen mit dünnflüssigem, glashellem Cytoplasma.

Klasse Chrysophyceae
(Taf. 125–128)

Primär monadoide Flagellaten (Taf. 125) (Chrysomonadales), einzeln oder sekundär auch in Kolonien. Sekundär auch amöboide (Rhizochrysidales), capsale (Chrysocapsales), kokkale (Chrysosphaerales) und trichale (Phaeothamniales) Vertreter. Meist freischwimmend, aber auch sekundär festsitzende Vertreter. Primär mit Periplast (Chrysomonadales-Chrysocapsales), sekundär mit Zellwand

(Chrysosphaerales-Phaeothamniales). Zellwand besteht aus Zellulose, Hemizellulose und Pektin. Primär länglich-rundliche Form, häufig mit dorsoventralem Bau. Große morphologische Mannigfaltigkeit. Primär mit 2 heterokonten, heteromorphen und heterodynamischen Geißeln. Sie sind in einer leichten grubenartigen Vertiefung am vorderen Zellpol inseriert. Die nach vorne gerichtete, längere Hauptgeißel beidseitig mit kurzen, steifen Flimmerhaaren (Mastigonemen). Die Flimmerhaare zeigen eine deutliche Dreiteilung in Basis, tubulären Schacht und terminale Haare (mit einem bis mehreren Haaren). Die Flimmerhaare werden in Zisternen des endoplasmatischen Reticulums gebildet. Die kürzere, nach hinten gebogene Nebengeißel ist glatt und nicht mit Flimmerhaaren versehen. Bei manchen Arten ist auch die hintere Geißel (z. B. *Ochromonas*) mit äußerst feinen Haaren bedeckt, die selbst mit dem Elektronenmikroskop kaum wahrgenommen werden können. Es ist eine Tendenz zur sekundären Reduktion der Nebengeißel festzustellen. Sekundär besitzen eine Anzahl von Arten, bzw. ihre Zoosporen, (*Chromulina*, *Mallomonas*, *Kephyrion*, *Chrysococcus*, *Phaeodermatium*) nur noch die vordere, mit Flimmerhaaren versehene Geißel. Bei *Chromulina* wurde elektronenmikroskopisch das Vorhandensein der extrem reduzierten Nebengeißel festgestellt, die aber nicht mehr aus dem Zellkörper herausragt. Es ist möglich und wohl auch wahrscheinlich, daß noch bei weiteren „eingeißligen" Arten diese reliktäre Nebengeißel nachgewiesen wird. Einige Arten (z. B. *Ochromonas*, *Mallomonas*) besitzen bereits eine verkürzte Nebengeißel, so daß ein gleitender Übergang bis zur völligen, äußerlichen Reduktion zu beobachten ist. Körperschuppen bei *Chromulina*, auch die Hauptgeißel kann Schuppen aufweisen (*Mallomonas*). An der Basis der Nebengeißel kann ein Photorezeptor (Stigmaschirm) ausgebildet sein (*Ochromonas*, *Mallomonas*) Geißelschaft basal mit charakteristischem Spiralkörper. Geißelwurzel bandartig aus tubulären und fibrösen Elementen bestehend, mit Verbindung (Rhizoplast) zum Zellkern. Cytoplasma glashell und dünnflüssig (wie auch bei Xanthophyta). Amöboide Beweglichkeit mit Ausbildung von Lobopodien, Rhizopodien und mit Achsenfaden versehenen Axopodien bei Rhizochrysidales. Aber auch die stammesgeschichtlich älteste Gruppe (Chrysomonadales) kann die Körperform metabolisch verändern und Lobopodien ausbilden. Sekundär kommt es zu Hüllen- und Gehäusebildungen (z. B. *Dinobryon*, *Chrysococcus*), welche vom Periplast ausgeschieden werden. In die Hüllen können kieselige Schuppen eingelagert werden. Unter ungünstigen Lebensbedingungen werden endogene Cysten ausgebildet. Die Zellulosemembran verdickt sich und durch Einlagerung von Kieselsäure wird sie weiter verhärtet. Die Cyste besitzt eine rundliche Öffnung, welche durch einen verkieselten Pfropfen verschlossen wird. In der Cyste liegen Zellkern, Chromatophoren und Reservestoffe. Nach einer Ruheperiode verläßt der Zellkörper die Cyste durch die rundliche Öffnung, der Pfropfen wird dabei aufgelöst. Die Wand der Cyste ist mit charakteristischen Strukturen und Ausstülpungen versehen. Durch ihre kugelige Form mit Pfropfen ist die Chrysophyceen-Cyste leicht von der ebenfalls verkieselten Cyste der Xanthophyceen zu unterscheiden. Mit tubulären Mitochondrien.

Primär gefärbte Vertreter. Der Anteil der sekundär farblosen Vertreter ist hoch. Von den etwa 1000 Arten sind ungefähr 150 Arten sekundär farblos. Chromatophoren (einer oder meist zwei) mit goldgelber bis braungelber Färbung. Die charakteristische Färbung wird durch das Xanthophyll Fucoxanthin hervorgerufen. Mit Chlorophyll a, sowie Chlorophyll c_2 und c_1. Mit β-Carotin. Hauptxanthophyll ist Fucoxanthin, daneben kommen noch Diadinoxanthin, Diatoxanthin und Echinenon vor. Wichtigster Reservestoff ist Chrysolaminarin, ein β-1:3 Polyglykan. Akzessorische Reservesubstanzen sind Fette, Öle und Glykogen. Chromatophoren mit eigener Doppelmembran und zusätzlicher, vom endoplasmatischen Reticulum gebildeter äußerer Doppelmembran. Mit Kernanbindung, falls der Chromatophor neben dem Zellkern liegt. Mit Gürtellamelle. Primär mit einem, sekundär mit 2 Chromatophoren. Die Thylakoide sind zu dritt gestapelt (ein Stapel aus 3 Thylakoiden wird allgemein als Lamelle bezeichnet).

Mit 1–3 pulsierenden Vakuolen, sie dienen zur Osmoregulation. In die pulsierende Vakuole münden zahlreiche langgestreckte Bläschen (Vesikel). Das Stigma liegt als kleiner, roter Fleck in einem der Chromatophoren im vorderen Zellbereich und zwar in der Nähe der Basis der kürzeren, nach hinten gerichteten Nebengeißel. Der Augenfleck setzt sich aus einer Gruppe von Öltropfen zusammen, welche durch Carotinoide rot gefärbt sind. Der Augenfleck (Stigma) liegt unter einer schwachen Zellwandeinbuchtung, und in diese Einbuchtung paßt die Geißelanschwellung am unteren Teil der Nebengeißel.

Geißelanschwellungen (Stigmaschirm) kommen sowohl bei Chrysophyceen als auch bei Xanthophyceen sowie bei Euglenophyceen vor. Die Anschwellung der Geißel kommt selbst bei Vertretern vor, die kein Stigma besitzen, daher ist möglicherweise die Geißelanschwellung für die Lichtrezeption verantwortlich. Chrysophyceen besitzen unter der Zelloberfläche rundliche Schleimkörper (Discobolocysten), die bei Reizung weggeschleudert werden. Der Golgi-Apparat liegt zwischen Kern und pulsierender Vakuole. Der Reservestoff Chrysolaminarin befindet sich als wäßrige Lösung in Vakuolen im hinteren Bereich des Zellkörpers.

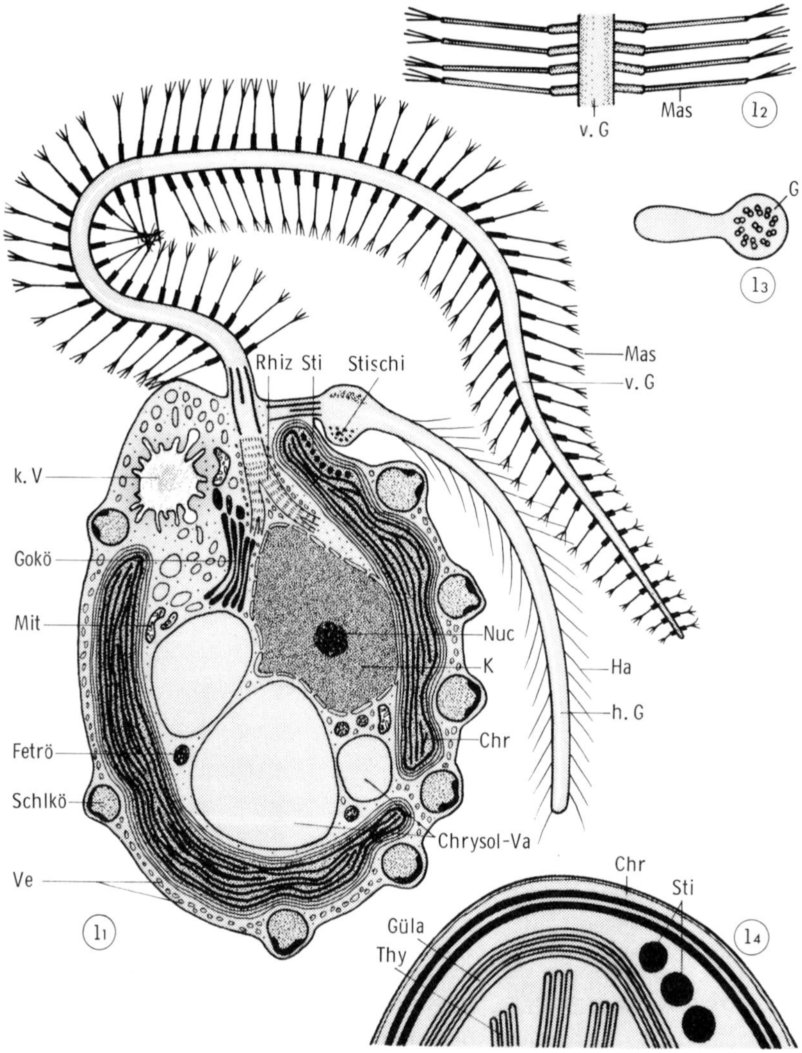

Taf. 125. Chrysophyta: Chrysophyceae (Bauplan). – Abb. 1. *Ochromonas tuberculatus* (nach HIBBERD): 1/1. Längsschnitt; 1/2. Geißelausschnitt, vergrößert; 1/3. Geißelquerschnitt, vergrößert; 1/4. Chromatophoren-Ausschnitt mit Stigma, vergrößert. Abkürzungen: Chr = Chromatophor, Chrysol-Va = Chrysolaminarin-Vakuole, Fetrö = Fetttröpfchen, Gokö = Golgi-Körper, Güla = Gürtellamelle, Ha= Geißelhaare, h. G = hintere Geißel, K = Kern, k. V = kontraktile Vakuole, Mas = Mastigonemen, Mit = Mitochondrium, Nuc = Nucleolus, Rhiz = Rhizoplast, Schlkö = Schleimkörperchen, Sti = Stigma, Stischi = Stigmaschirm, Thy = Thylakoide, Ve = Vesikel, v. G = vordere Geißel.

Fortpflanzung: Ungeschlechtlich durch Längsteilung im Flagellatenstadium, auch bei palmelloiden Formen. Geschlechtliche Fortpflanzung (z. B. bei *Dinobryon*) nur selten beobachtet. Kopulation von Isogameten unter Cystenbildung (Hologamie).

Lebensweise: Marin, im Brack- und Süßwasser. Die stammesgeschichtlich ältesten Vertreter (z. B. *Ochromonas*) kommen sowohl marin als auch (vorwiegend) im Süßwasser vor. Die Ernährungsweisen der Chrysophyceen sind außerordentlich vielseitig. Osmotrophe und phagotrophe Ernährung ist weit verbreitet, auch bei gefärbten phototrophen Arten. Die stammesgeschichtlich ältesten Vertreter, z. B. *Ochromonas*-Arten, können gleichzeitig phototroph, osmotroph und phagotroph sein. Amöboide Formveränderung erlaubt phagotrophe Nahrungsaufnahme. Die Verwertung organischer Nährstoffe ist bei den Chrysophyceen weit verbreitet. Die große Zahl sekundär farbloser Arten ernährt sich phago- und osmotroph. Die Zartheit des Periplasts begünstigt bei den Chrysophyceen diese verschiedenartigen Formen der Nahrungsaufnahme.

Ordnung Chrysomonadales (Chrysomonadida)

Stammesgeschichtlich älteste Gruppe. Mit primärem, zartem Periplast. Mit amöboider Formveränderlichkeit. Primär einzellig, sekundär Kolonienbildung. Primär gefärbt, sekundär zahlreiche farblose Vertreter. Sekundär Ausbildung von Hüllen und Gehäusen. Primär mit 2 heterokonten Geißeln (Taf. 126:1), sekundär Nebengeißel reduziert, zum Teil noch reliktäre Geißelbasis vorhanden. Mit Stigma. Süßwasserformen mit pulsierenden Vakuolen.

Ochromonadaceae. *Ochromonas* (Taf. 125 u. 126:2): Einzellig, gefärbt, mit 2 Geißeln, mit Pseudopodienbildung. Nahrungsaufnahme phototroph, osmo- und phagotroph. Marin und im Süßwasser. – *Monas* (Taf. 126:3): Einzellig, sekundär farblos, 2 Geißeln, von *Ochromonas* abzuleiten. – *Chromulina* (Taf. 127:1, 2): Einzellig, gefärbt, mit nur einer sichtbaren Geißel und reliktärer Nebengeißel, amöboide Formveränderlichkeit. – *Heterochromulina* (Taf. 1273): Sekundär farblos, eine Geißel. – *Oikomonas*: Einzellig, sekundär farblos, nur eine sichtbare Geißel, von *Chromulina* abzuleiten. – *Chrysaspis* (Taf. 127:4): Mit Lobopodienbildung. – *Didymochrysis*: Alle Organellen, bis auf den Kern, in doppelter Ausführung. Doppelorganismus, welcher wohl durch nicht vollendete Längsteilung entstanden ist, gefärbt, mit 2 Geißeln. – *Uroglena*: Freischwimmende kugelige Kolonien, Individuen gefärbt. – *Synochromonas*: Kugelige Kolonien, freischwimmend, gefärbte Individuen. – *Anthophysa*: Gestielte Kolonien mit sekundär farblosen Individuen, können sich vom Stiel ablösen und als kugelige Kolonien frei schwimmen.

Dinobryonaceae. Freilebend oder festsitzend, mit zellulosehaltigem Gehäuse. *Epipyxis*: Einzellig, mit Stiel, gefärbt. – *Dinobryon* (Taf. 126:5): Buschförmige Kolonien. – *Kephyrion*: Einzellig, freischwimmend, gefärbt.

Chrysococcoideae. Freischwimmend, mit derbem Gehäuse. *Chrysococcus*: Freischwimmend, nur eine Geißel.

Synuraceae. Einzeln oder in Kolonien. Mit Hüllen aus einer pektinartigen Grundsubstanz und eingelagerten Kieselschuppen. *Mallomonas*: Einzellig, gefärbt, nur eine Geißel. – *Mallomonopsis*: Mit 2 Geißeln. – *Synura* (Taf. 126:6): Kugelige, gefärbte Kolonien.

Ordnung Rhizochrysidales

Amöboide Organismen, allgemein mit sekundärem Geißelverlust. Bei einigen Arten noch kurze Geißel vorhanden (z. B. *Chrysamoeba*). Ableitung von Chrysomonadales. Mit Pseudopodienausbildung in Form von Lobopodien, Filopodien oder mit Achsenfaden versehenen Axopodien. Primär gefärbt, sekundär farblose Arten. Sekundär mit Gehäusebildungen in vielfältiger Form. Ausbildung von vielzelligen Plasmodien bei *Myxochrysis*. Fortbewegung primär (bei Rhizochrysidaceae) durch Ausbildung breiter Lobopodien.

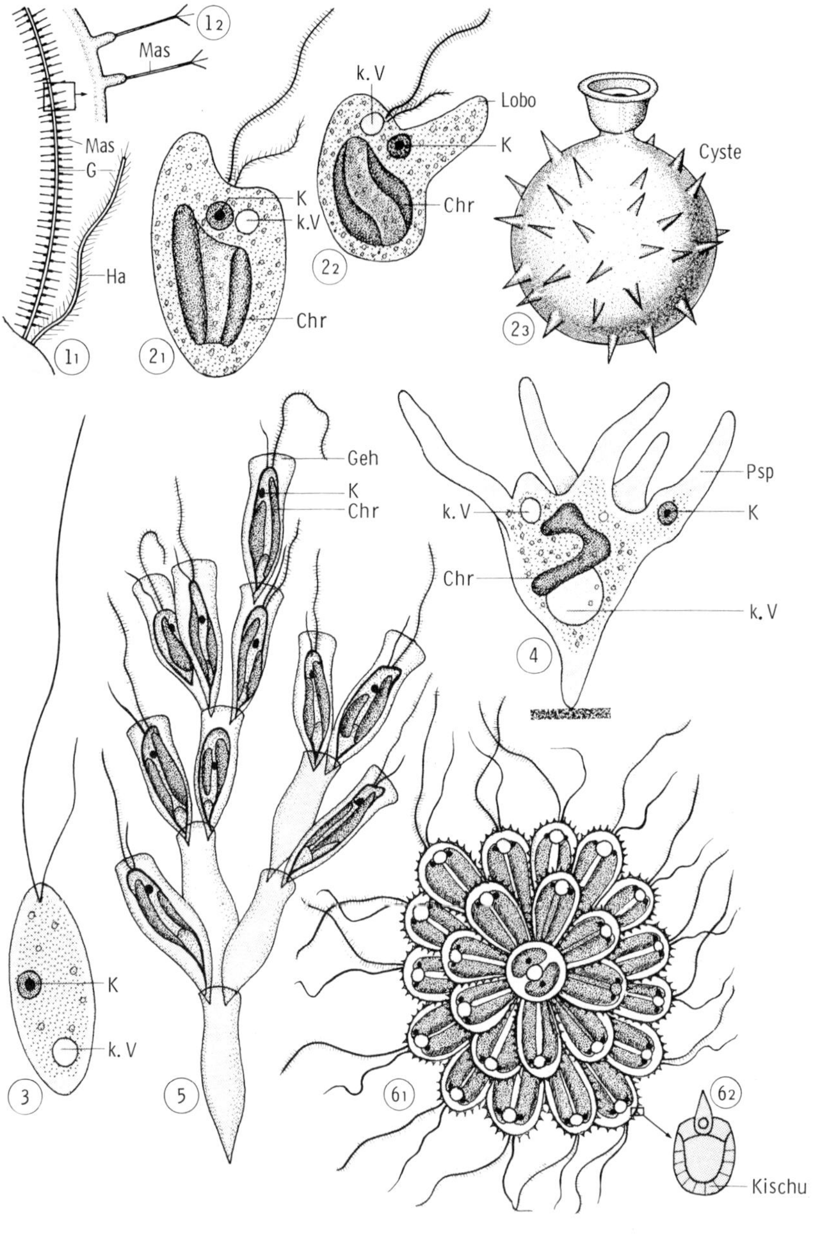

Taf. 126. Chrysophyta: Chrysophyceae (Chrysomonadales, Rhizochrysidales). Abb. 1. *Ochromonas*, Geißelfeinbau (nach HOVASSE). Abb. 2/1. *Ochromonas fragilis* (nach DOFLEIN); 2/2. *Ochromonas fragilis*, mit Lobopodiumbildung (nach DOFLEIN); 2/3. *Ochromonas fragilis*, Cyste. Abb. 3. *Monas elongata* (nach FOTT). Abb. 4. *Brehmiella chrysohydra* (nach PASCHER). Abb. 5. *Dinobryon sertularia*, buschförmige Kolonie (nach SENN). Abb. 6/1. *Synura uvella*, kugelige Kolonie (nach KORSCHIKOFF); 6/2. *Synura uvella*, Kieselschuppe mit Borste (nach FOTT). Abkürzungen: Chr = Chromatophor, G= Geißel, Geh = Gehäuse, K = Kern, k. V = kontraktile Vakuole, Lobo = Lobopodium, Mas = Mastigonemen, Psp = Pseudopodium.

Rhizochrysidaceae. Primär ohne Gehäuse, amöboide Formen. *Rhizochrysis* (Taf. 127:6): Mit Filopodien, primär mit 1–2 Chromatophoren, sekundär auch farblose Arten. Ohne Geißel und ohne Stigma. – *Chrysamoeba* (Taf. 127:5): Mit kurzer Geißel, mit Filopodien. – *Brehmiella* (Taf. 126:4): Festsitzend, Schwärmer mit Geißel. Die sich aus den Schwärmern entwickelnde normale, festsitzende Form für kurze Zeit noch mit Geißel, dann Geißelreduktion und Ausbildung eines äußeren Pseudopodienkranzes. Starke Chromatophorenreduktion, da animalische Ernährung überwiegt. – *Chrysostephanosphaera*: Kugelige Kolonien, bis zu 16 Einzelzellen. Mit Chromatophoren und Filopodien, phototrophe und phagotrophe Ernährung. – *Leukochrysis*: Sekundär farblos, von *Rhizochrysis* abzuleiten, mit Filopodien. Wichtig für Amöbenableitungen. – *Chrysarachnion*: Netzförmige Kolonien, gefärbte Individuen. – *Leukapsis*: Netzförmige Kolonien, Individuen farblos.

Lagyniaceae. Mit Gehäusen in vielfältigen Formen. Sie entsprechen den Dinobryonaceae der Chrysomonadales. *Stephanoporos*: Halbkugeliges Gehäuse, mit Rhizopodien, mit Chromatophoren. – *Eleutheropyxis*: Schale mit nur einer Öffnung, mit verzweigten Filopodien, welche aus der Öffnung herausgestreckt werden. – *Leukopyxis*: Wie *Eleutheropyxis*, aber sekundär farblos. Wichtig für Ableitung beschalter Amöben. – *Chrysothylakion*: Gehäuse mit einer Öffnung, verzweigte Filopodien, Chromatophoren in Rückbildung. Wichtig für Ableitung beschalter Amöben. – *Heliochrysis* (Taf. 127:8): Kugeliges Gehäuse mit Poren, Axopodien werden durch Poren nach außen gestreckt, eingefangene Nahrung wird außerhalb verdaut. Phagotrophe und phototrophe Ernährung. Wichtig für Heliozoen-Ableitung. – *Rhizaster* (Taf. 127:7): Gestielt, Gehäuse oberseits offen, mit Chromatophoren. Mit Tentakelkranz aus 6–8 schwingenden Axopodien. Phototrophe und phagotrophe Ernährung. Wichtig für Heliozoen-Ableitung.

Myxochrysidaceae. *Myxochrysis* (Taf. 128:1): Im vegetativen Zustand vielkerniges Plasmodium mit Chromatophoren und pulsierenden Vakuolen. Phagotrophe Nahrungsaufnahme (einzellige Algen) durch breite Lobopodien. Plasmodium zerfällt in zahlreiche Cysten, aus welchen *Chromulina*-ähnliche Schwärmer schlüpfen. Nach Abwurf der Geißel werden sie amöboid und vereinigen sich wieder zu einem neuen Plasmodium. Wichtig für Ableitung von Gruppen aus dem Mycetozoidea-Bereich.

Ordnung Chrysocapsales

Vegetative Stadien unbegeißelt und in Gallertlagern eingeschlossen. Chromatophoren, Stigma und kontraktile Vakuolen vorhanden. Ungeschlechtliche Vermehrung durch Zweiteilung oder Bildung von begeißelten Schwärmern. Schwärmer vom *Ochromonas*- oder *Chromulina*-Typ. Schwärmer umgeben sich mit Gallerte und bilden wieder ein unbegeißeltes, vegetatives Stadium aus. *Chrysocapsa*: Kugelige Gallertlager mit vielen Individuen. Einzelindividuum mit einem Chromatophor und einem Stigma. – *Hydrurus*: Gallertlager mit gerichtetem Spitzenwachstum, aus vielen Individuen bestehend. Einzelindividuum mit einem Chromatophor und 4 kontraktilen Vakuolen. An der Spitze des Gallertlagers liegt ein als Art von Scheitelzelle fungierendes Individuum, welches sich durch Längsteilung vermehrt und so das Gallertlager vergrößert. – *Phaeaster*: 2. Geißel reduziert. Gefärbt. Mit Stigma. Körperoberfläche mit Schuppen. Ausbildung feiner Rhizopodien.

Ordnung Chrysosphaerales

Kokkale, gefärbte Vertreter mit Zellwand. Keine vegetativen Zellteilungen, sondern Vermehrung durch Schwärmer und Autosporen. *Chrysosphaera*: Einzeln oder in wenigzelligen Kolonien. Schwärmer *Chromulina*-artig.

Ordnung Phaeothamniales

Trichale Vertreter, welche von kokkalen Vertretern abzuleiten sind. Mit Zellwand. Einfache oder auch verzweigte Fadenbildungen. Zoosporen *Chromulina*- oder *Ochromonas*-artig. *Phaeothamnium*: Süßwasser, *Phaeodermatium*.

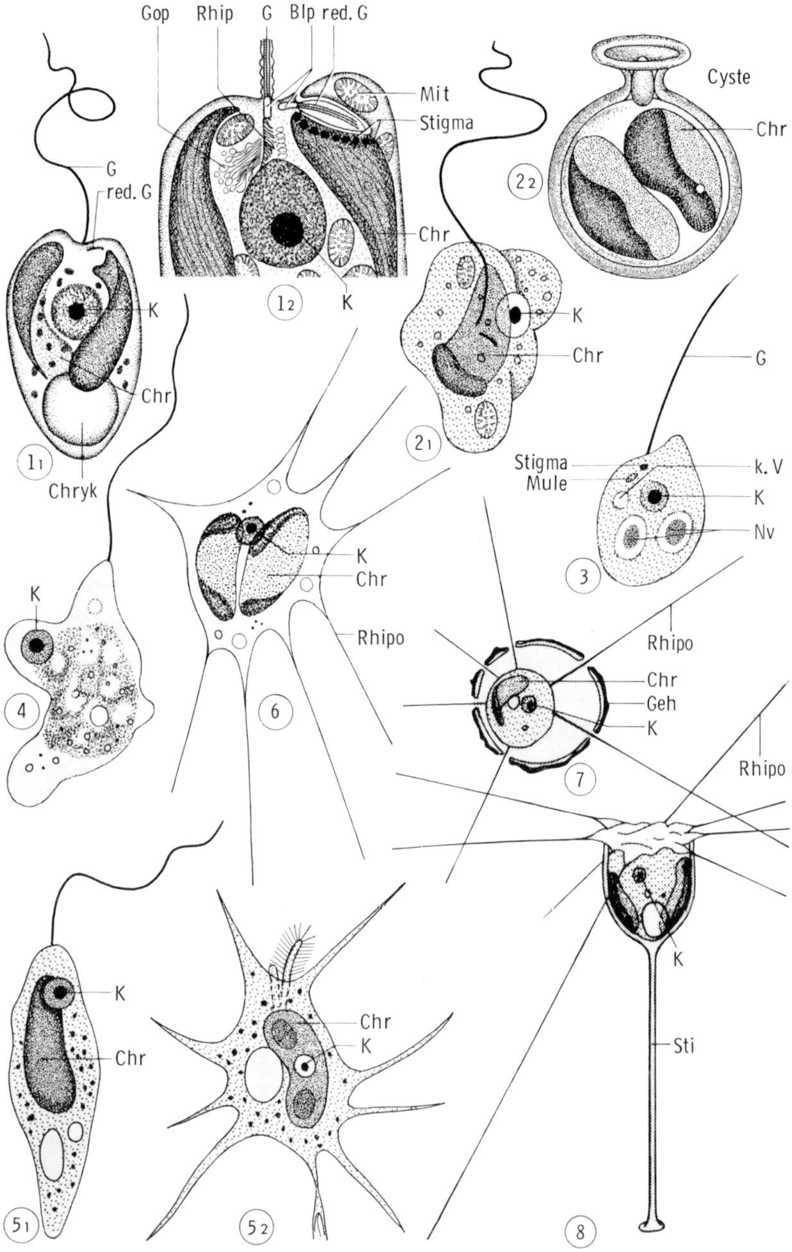

Taf. 127. Chrysophyta: Chrysophyceae (Chrysomonadales, Rhizochrysidales). – Abb. 1/1. *Chromulina psammobia* (nach ROUILLER & FAURÉ-FREMIET); 1/2. *Chromulina psammobia*, vorderer Teil des Zellkörpers (nach ROUILLER & FAURÉ-FREMIET). Abb. 2/1. *Chromulina pascheri*, Amöboidstadium (nach CONRAD); 2/2. *Chromulina pascheri*, Cyste (nach CONRAD). Abb. 3. *Heterochromulina ocellata* (nach SCHERFFEL). Abb. 4. *Chrysaspis agilis* (nach PASCHER). Abb. 5/1. *Chrysamoeba radians*, Flagellatenstadium (nach DOFLEIN); 5/2. *Chrysamoeba radians*, Amöboidstadium (nach DOFLEIN). Abb. 6. *Rhizochrysis dofleinii* (nach FOTT). Abb. 7. *Rhizaster crinoides* (nach FOTT). Abb. 8. *Heliochrysis eradians* (nach PASCHER). Abkürzungen: Blp = Blepharoplast (Basalkörper),

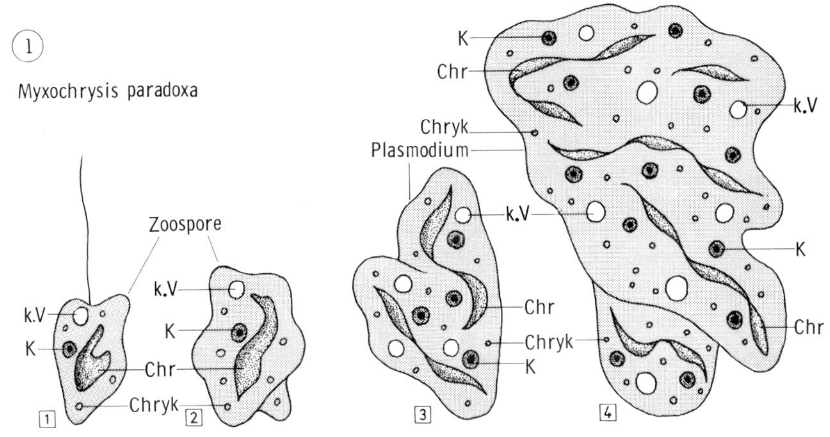

Taf. 128. Chrysophyta: Chrysophyceae (Rhizochrysidales). – Abb. 1. *Myxochrysis paradoxa* (nach PASCHER): 1/1. Schwärmer; 1/2. Amöboidstadium; 1/3. junges Plasmodium; 1/4. Plasmodium. Abkürzungen: Chr = Chromatophor, Chryk = Chrysolaminarinkorn, K = Kern, k. V = kontraktile Vakuole.

Phylogenie – Chrysophyceae: Sie stellen die stammesgeschichtlich älteste Gruppe der Chrysophyta dar. Der Anteil der Vertreter mit primärem Periplast ist sehr hoch, die Tendenz zur Ausbildung trichaler Formen ist sehr gering. Es ist ein starker Trend zur Ausbildung sekundär farbloser Vertreter zu bemerken. Die Ernährung tendiert deutlich in Richtung tierischer Nahrungsaufnahme. Schon die stammesgeschichtlich ältesten Vertreter (z.B. *Ochromonas*-Arten) können sowohl phototroph als auch osmo- und phagotroph Nahrung aufnehmen. Der primäre Periplast ist sehr formveränderlich und erlaubt schon frühzeitig in der Evolution amöboide Nahrungsaufnahme. Es können Pseudopodien ausgebildet werden (schon bei Chrysomonadales), innerhalb der Rhizochrysidales kommt es zu einem sekundären Geißelverlust, so daß rein amöboide (auch sekundär farblose) Vertreter vorhanden sind. Rhizochrysidales bilden Pseudopodien in Form von Lobopodien, Filopodien und sogar in Form von Axopodien aus. Außerdem kommt es zur Ausbildung von Gehäusen und vielzelligen Plasmodien (z.B. *Myxochrysis*). *Heliochrysis* besitzt ein kugeliges, mit Poren versehenes Gehäuse und bildet Axopodien aus; gestielte Gehäuse treffen wir bei *Rhizaster* an. Deutliche Hinweise für eine Ableitung der Heliozoen aus diesem Bereich.

Zusammenfassend kann gesagt werden, daß Chrysophyceen bei der Ableitung „tierischer Einzeller" eine wichtige Rolle spielen. Neben „Zooflagellaten" sind es vor allem „tierische Amöboid-Gruppen", welche aus dem Chrysophyceen-Bereich abzuleiten sind.

Von den gefärbten Gruppen sind die Phaeophyta von trichalen Chrysophyceen (Phaeothamniales) abzuleiten. Das Fehlen von monadoiden, einzelligen Vertretern bei den Phaeophyta findet dadurch seine Erklärung. Es soll in diesem Zusammenhang auch hier noch einmal ausdrücklich darauf hingewiesen werden, daß man rezente Vertreter natürlich nicht direkt von anderen rezenten Vertretern ableiten kann. Die Ableitung erfolgt stets von den Vorfahren der heutigen Vertreter, d.h. von ihrer Stammgruppe.

◄

Chr = Chromatophor, Chryk = Chrysolaminarinkorn, G = Geißel, Geh = Gehäuse, Gop = Golgi-Apparat, K = Kern, k. V = kontraktile Vakuole, Mit = Mitochondrium, Mule = Mundleiste, Nv = Nahrungsvakuole, Rhip = Rhizoplast, Rhipo = Rhizopodien (Filopodien), red. G = reduzierte Geißel, Sti = Stiel.

Klasse Filosa (Filosea)

(Taf. 129 u. 130)

Mit den Ordnungen der Filida und Hyporadiolarida.

Mit Filoreticulopodien (Taf. 136:3), zum Teil auch Granuloreticulopodien (Taf. 136:5) (Filida). Ohne Axopodien. Ohne Zentralkorn und ohne Zentralkapsel. Primär unbeschalte Formen, sekundär mit beschalten Vertretern. Bei Hyporadiolarida zunächst Ausbildung von Fremdskeletten, dann Ausbildung von schalenartigen Gitterkugeln. Bei Filida ebenfalls primär nackte Vertreter (Aconchulina), sekundär mit Schalen versehene Formen (Testaceafilosa). Schale bei Testaceafilosa primär glatt, sekundär mit autogenen Kieselschuppen. Primär freischwimmend, sekundär bei Hyporadiolarida auch festsitzende Vertreter (*Clathrulina*). Primär marine Vertreter (Hyporadiolarida), sekundär aber meist im Süßwasser. Filida reine Süßwasserbewohner.

Ordnung Filida

Mit sehr feinen, zugespitzten, granulären Reticulopodien. Primär Granuloreticulopodien sehr fein, zugespitzt und relativ häufig anastomosierend (Aconchulina). Primär nackte, unbeschalte Vertreter (Aconchulina). Sekundär beschalte Formen (Testaceafilosa), bei diesen die granulären Reticulopodien etwas kräftiger, verzweigt und kaum anastomosierend. Körnchenströmung inzwischen einwandfrei festgestellt (*Cyphoderia*). Körperumriß bei Aconchulina variabel, mit amöboider Beweglichkeit. Primär mit einem Kern (Aconchulina). Schale bei Testaceafilosa primär glatt (Gromiidae: *Gromia, Chlamydophrys*), sekundär aus Schuppen zusammengesetzt (Euglyphidae: *Euglypha, Paulinella*). Testaceafilosa mit ein- und mehrkernigen Vertretern. Schale der Testaceafilosa aus organischem Material bestehend, mit sich überdeckenden, autogen entstandenen Kieselplättchen. Mit hyalinem Ekto- und vakuolisiertem Endoplasma (Aconchulina). Bei Testaceafilosa Cytoplasma in eine obere Chromidialschicht, mittlere Körnchenschicht und untere Vakuolenschicht aufgeteilt. Die Vakuolenschicht liegt im Bereich der Schalenmündung. In der Chromidialschicht entstehen autogen Reservekieselplättchen, mit welchen sich das Tochterindividuum bei der Zellteilung umgibt. Bei der ungeschlechtlichen Vermehrung durch Zweiteilung tritt aus der Schalenmündung ein Plasmapfropf heraus, umgibt sich mit Kieselplättchen und schnürt sich ab. Schwärmer (*Gromia*) sekundär eingeißlig.

Unterordnung Aconchulina

Primär nackte Formen. Mit sehr feinen, granulären Reticulopodien. Mit amöboider Formveränderlichkeit. Mit nur einem Kern. Mit nur einer kontraktilen Vakuole. Ektoplasma hyalin, Endoplasma reich an Vakuolen. *Penardia* (Taf. 129:4) (Süßwasser).

Unterordnung Testaceafilosa

Beschalte Formen. Schalen primär glatt, sekundär mit Kieselschuppen. Die granulären Reticulopodien mit Körnchenströmung (*Cyphoderia*), kräftig, verzweigt und kaum anastomosierend. Schale mit Mündung, aus welcher die Reticulopodien austreten. Schale primär glatt (*Gromia*), sekundär mit Fremdkörpern bedeckt (*Pseudodifflugia*) und schließlich sich aus autogen gebildeten Kieselschuppen zusammensetzend (*Euglypha, Paulinella, Cyphoderia*). Süßwasservertreter. *Gromia* (Taf. 129:3) (Schale glatt), *Pseudodifflugia* (Schale mit Fremdkörpern bedeckt), *Chlamydophrys, Euglypha* (Taf. 129:1) (dicht dachziegelartig mit Schuppen bedeckt), *Cyphoderia* (Schuppenbesatz stark reduziert), *Paulinella* (Taf. 129:2) (mit 2 symbiontischen Cyanellen).

Ordnung Hyporadiolarida

Mit Filoreticulopodien, ohne Axopodien. Filoreticulopodien radiär angeordnet und einfach, nur selten mit Verzweigungen. Ohne Zentralkorn und ohne Zentralkapsel. Primär mit kugeligem Körper und freischwimmend (*Astrodisculus*). Mit deutlicher Trennung in Ekto- und Endoplasma (*Astrodisculus*). Äußerer Abschluß durch eine Schleimhülle. Kern zum Teil exzentrisch gelegen (*Astrodisculus*), zum Teil zentral in der Zellmitte (*Clathrulina*). Schleimhülle oft mit feinen Sandkörnchen bedeckt, zum Teil auch mit Diatomeenschalen und eine Art von Fremdskelett bildend (*Elaeorhanis*). Sekundär festsit-

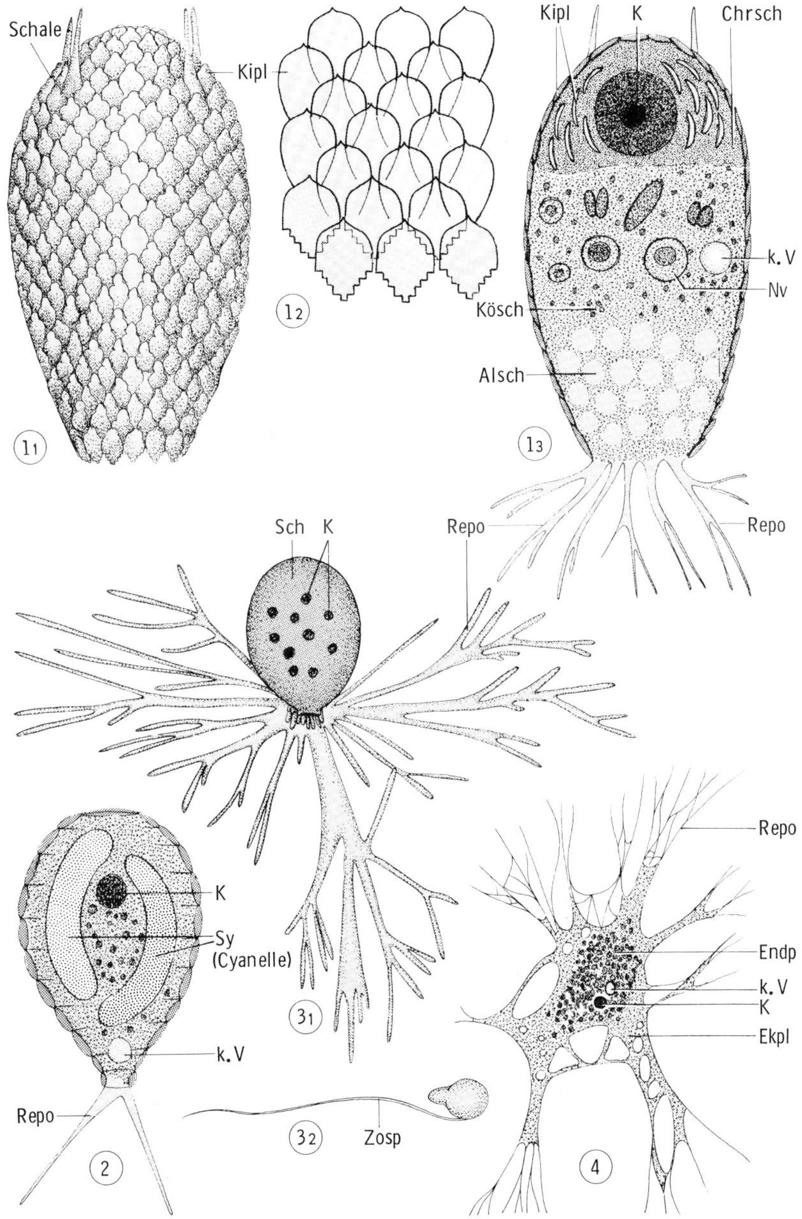

Taf. 129. Chrysophyta: Filosa (Filida). – Abb. 1/1. *Euglypha alveolata*, Schale (nach LEIDY); 1/2. *Euglypha alveolata*, Kieselplättchenreihen an der Schalenmündung (nach LEIDY); 1/3. *Euglypha alveolata*, Längsschnitt (nach SCHEWIAKOFF). Abb. 2. *Paulinella chromatophora*, mit zwei symbiontischen Cyanellen (nach HOOGENRAAD). Abb. 3/1. *Gromia oviformis* (nach VERWORN); 3/2. *Gromia oviformis*, Schwärmer (nach LE CALVEZ). Abb. 4. *Penardia mutabilis* (nach HOOGENRAAD). Abkürzungen: Alsch = Alveolenschicht (Vakuolenschicht), Chrsch = Chromidialschicht, Ekpl = Ektoplasma, Endp = Endoplasma, K = Kern, k. V = kontraktile Vakuole, Kipl = Kieselplatten (Kieselschuppen), Kösch = Körnchenschicht, Nv = Nahrungsvakuole, Repo = Reticulopodien, Sch. = Schale, Sy = Symbiont, Zosp = Zoospore.

zende Vertreter (*Clathrulina*) mit Stiel und kugeliger, organischer Schale. Schale in Form einer mit zahlreichen, rundlichen Öffnungen versehenen Gitterkugel. Kern bei diesen Vertretern (Desmothoracina) zentral gelegen und Cytoplasma in Ekto- und Endoplasma getrennt. Filoreticulopodien zum Teil verästelt. Im marinen Bereich und im Süßwasser vorkommend.

Unterordnung Chlamydophorina

Freischwimmend. Mit Gallerthülle, ohne Gitterkugel. Filoreticulopodien einfach, nicht verzweigt. *Astrodisculus* (Taf. 130:2), *Lithocolla, Elaeorhanis*.

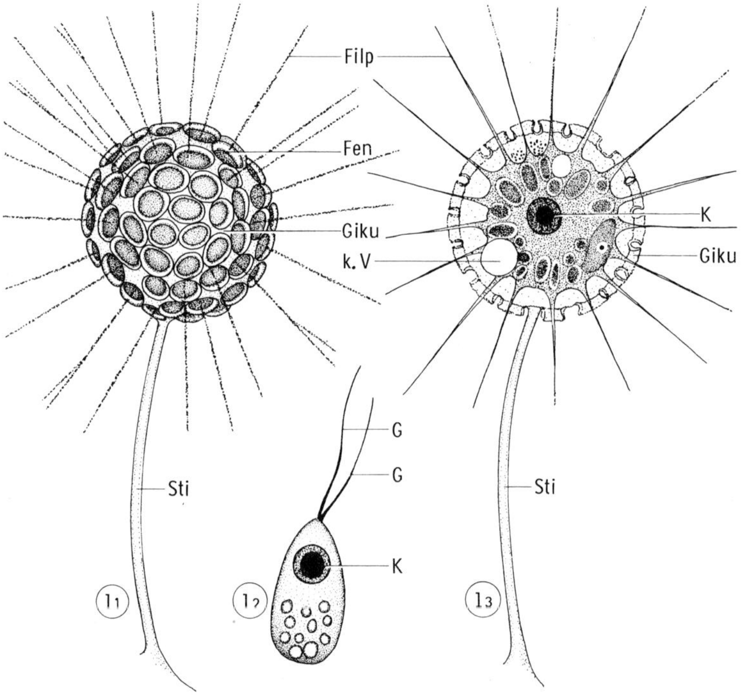

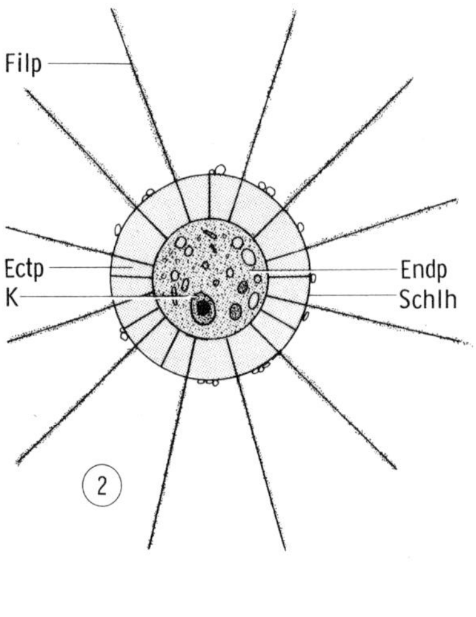

Taf. 130. Chrysophyta: Filosa (Hyporadiolarida). – Abb. 1. *Clathrulina elegans*: 1/1. Habitus (nach LEIDY); 1/2. Schwärmer (nach HERTWIG); 1/3. Längsschnitt (nach BĚLAŘ aus KÜHN). Abb. 2. *Astrodisculus radians* (nach PENARD). Abkürzungen: Ectp = Ectoplasma, Endp = Endoplasma, Fen = Fenster der Gitterkugel, Filp = Filoreticulopodien, G = Geißel, Giku = Gitterkugel, K = Kern, k. V = kontraktile Vakuole, Schlh = Schleimhülle, Sti = Stiel.

Unterordnung Desmothoracina

Freischwimmende und festsitzende Formen. Mit Gitterkugel. Kern zentral gelegen. Mit zweigeißligen Schwärmern. *Orbulinella* (freischwimmend), *Clathrulina* (Taf. 130:1) (festsitzend, mit Stiel).

Phylogenie – Filosa: Sie sind aus dem Chrysophyta-Bereich abzuleiten. Man muß beachten, daß die „Heliozoenform" als Anpassung an eine schwebende Lebensweise mehrmals unabhängig voneinander entstanden ist. Auch die Schalenbildung (frühere Testacea als polyphyletische Gruppe) wurde mehrmals unabhängig voneinander verwirklicht, und auch Filopodien sind mehrmals unabhängig voneinander entstanden.

Die frühere Gruppe der Testacea (beschalte Amöben) wurde als polyphyletische Gruppe erkannt und aufgelöst. Beschalte Vertreter mit Lobopodien werden daher den Granulopodida und beschalte Vertreter mit Filopodien der Klasse der Filosa zugeordnet. Für die Ableitung der Filosa aus dem Chrysophyta-Bereich spricht die amöboide Formveränderlichkeit einiger Vertreter (Aconchulina). Bei den Rhizochrysidales (Chrysophyceen) sind bereits Filopodien ausgebildet, so daß Filosa ohne Schwierigkeit aus dem Rhizochrysidales-Bereich abgeleitet werden können.

Klasse Heliozoa (Heliozoea)
(Taf. 131–133)

Mit den Ordnungen Helioflagellida, Actinophrydia, Taxopodida und Centrohelida.

Primär noch mit Flagellatenstadium (Helioflagellata), sekundär mit freischwimmendem oder sekundär festsitzendem Heliozoenstadium. Heliozoenstadium mit radiär angeordneten Axopodien. Bei sekundär festsitzenden Vertretern wird die Vordergeißel zu einem Haftorganell. Primär ohne Skelettbildungen, sekundär mit verschiedenartigen Hüllbildungen. Skelettelemente zum Teil aus Kieselnadeln (Chalarothoraca) bestehend. Cytoplasma häufig sekundär in Endo- und Ektoplasma getrennt. Primär einkernig, sekundär häufig mehrkernig. Zum Teil mit Kolonienbildung (Chalarothoraca: *Raphidiophrys*). Meist ungeschlechtliche Fortpflanzung durch Zweiteilung. Zum Teil (Actinophrydia) geschlechtliche Fortpflanzung in Form von Autogamie. Primär marine Lebensweise, sekundär zahlreiche Süßwasservertreter.

Ordnung Helioflagellida

Primär begeißelte Formen (Flagellatenstadium), welche sekundär im Individualzyklus auch als mit Axopodien versehenem Heliozoenstadium auftreten. Während des Individualzyklus (Taf. 131:1) treten ein Flagellatenstadium, ein freischwimmendes, sowie ein festsitzendes Heliozoenstadium auf. Alle Phasen mit einem Zentralkorn, welches die vereinigten Basalkörper der beiden Geißeln darstellt. Vom Zentralkorn führen mehrere Rhizoplasten zum Kern. Flagellatenstadium mit einer vorderen Zug- und einer nach hinten gerichteten Schleppgeißel. Körperform länglich-oval, im hinteren Zellbereich mit Nahrungsvakuolen. Die Heliozoenstadien mit Axopodien, welche (wie die Geißeln) vom Zentralkorn entspringen. Radiäre Anordnungen der Axopodien. Beim festgehefteten Heliozoenstadium wird die Vordergeißel zu einem Haftorganell. Das Haftorganell ist von einer gallertartigen Scheide umgeben und sitzt mit dem vorderen, verbreiterten Teil auf der Unterlage auf. Mit kontraktilen Vakuolen und mit Nahrungsvakuolen. *Dimorpha* (Taf. 131:1), *Dimorphella*. Süßwasservertreter.

Ordnung Actinophryida

Ohne Zentralkorn und ohne Hüllbildungen. Mit radiär angeordneten Axopodien (Achsenstäben). Axopodien bei einkernigen Vertretern vom zentral gelegenen Kern aus beginnend (*Actinophrys*). Bei vielkernigen Vertretern (*Actinosphaerium*) Cytoplasma in eine innere Mark- und eine äußere Rindenschicht getrennt. Axopodien (Taf. 132:1) hier an der Grenze zwischen Ekto- und Endoplasma beginnend. Die Microtubuli des Achsenstabes (*Actinosphaerium*) bilden zwei ineinandergeschachtelte Spirallamellen. Die Zahl der Microtubuli nimmt nach der Spitze des Achsenstabes hin deutlich ab. Die Axopodien können (wie auch bei anderen Heliozoen) eingeschmolzen und wieder neu gebildet werden. Mit kontraktilen Vakuolen und Nahrungsvakuolen. Markschicht mit feinwabigem Cytoplasma,

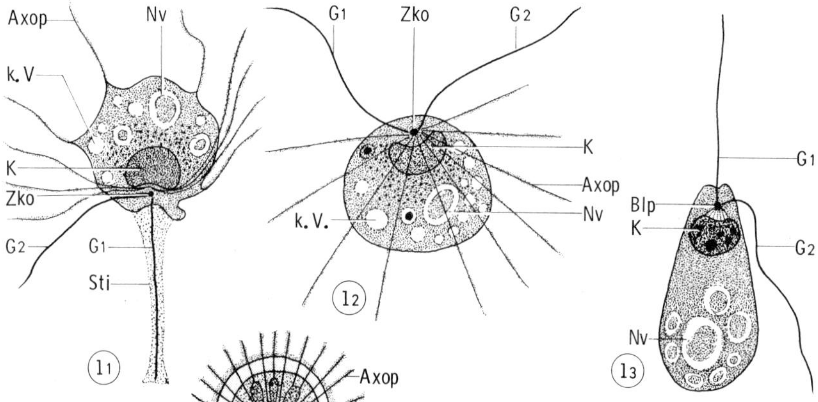

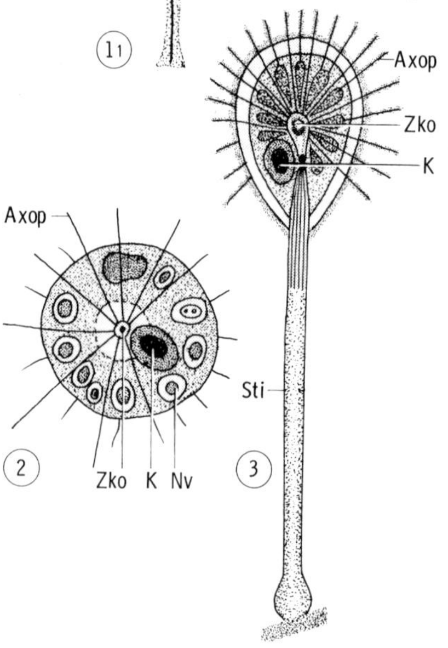

Taf. 131. Chrysophyta: Heliozoa (Helioflagellida, Centrohelida). – Abb. 1/1. *Dimorpha mutans*, festgeheftetes Heliozoenstadium (nach Bělař & Blochmann); 1/2. *Dimorpha mutans*, freischwimmendes Heliozoenstadium (nach Bělař & Blochmann); 1/3. *Dimorpha mutans*, Flagellatenstadium (nach Bělař & Blochmann). Abb. 2. *Oxnerella maritima* (nach Dobell). Abb. 3. *Actinolophus pedunculatus* (nach Villeneuve). Abkürzungen: Axop = Axopodien, Blp = Blepharoplast (Basalkörper), G = Geißel, K = Kern, k. V = kontraktile Vakuole, Nv = Nahrungsvakuole, Sti = Stiel, Zko = Zentralkorn.

Rindenschicht mit größeren Alveolen. Ungeschlechtliche Fortpflanzung durch Zweiteilung. Mit geschlechtlicher Fortpflanzung in Form von Autogamie. Sie tritt auf, wenn nach einer Vermehrungsperiode plötzlich Nahrungsmangel eintritt.

Autogamie (Taf. 132:2) (*Actinophrys*, einkernig): Das Individuum schmilzt seine Axopodien ein, encystiert sich und bildet eine Cystenhülle aus. Durch eine mitotische Teilung entstehen zwei Gamonten (Tochterzellen). Jeder Gamontenkern führt zwei Teilungen durch, darunter eine meiotische Teilung. Jedesmal degeneriert ein Tochterkern. Die Gameten sind morphologisch gleich, aber derjenige, welcher die Meiose zuerst abgeschlossen hat, bildet ein Pseudopodium aus, während der andere Gamet sich an dieser Stelle etwas zurückzieht. Anschließend Zell- und Kernverschmelzung, es entsteht eine Zygote (Zygocyste). Die Zygocyste stellt zunächst ein Ruhestadium dar, aus ihr entsteht dann das Heliozoenstadium. Bei *Actinosphaerium* (mit vielen Kernen) gehen bei der Autogamie zunächst sehr viele Kerne zugrunde, dann folgt eine simultane Vielteilung des Plasmas, welches in so viele Einzelzellen zerfällt wie noch Kerne vorhanden sind. Weiterer Ablauf dann wie bei *Actinophrys*. *Actinophrys* (Taf. 132:2) (vielkernig, marin und Süßwasser), *Actinosphaerium* (Taf. 132:1) (einkernig, Süßwasser), *Camptonema* (marin).

Ordnung Taxopodida

Ovale Körperform, bilateral-symmetrisch. Der Zellkörper ist durch eine Furche äußerlich in zwei

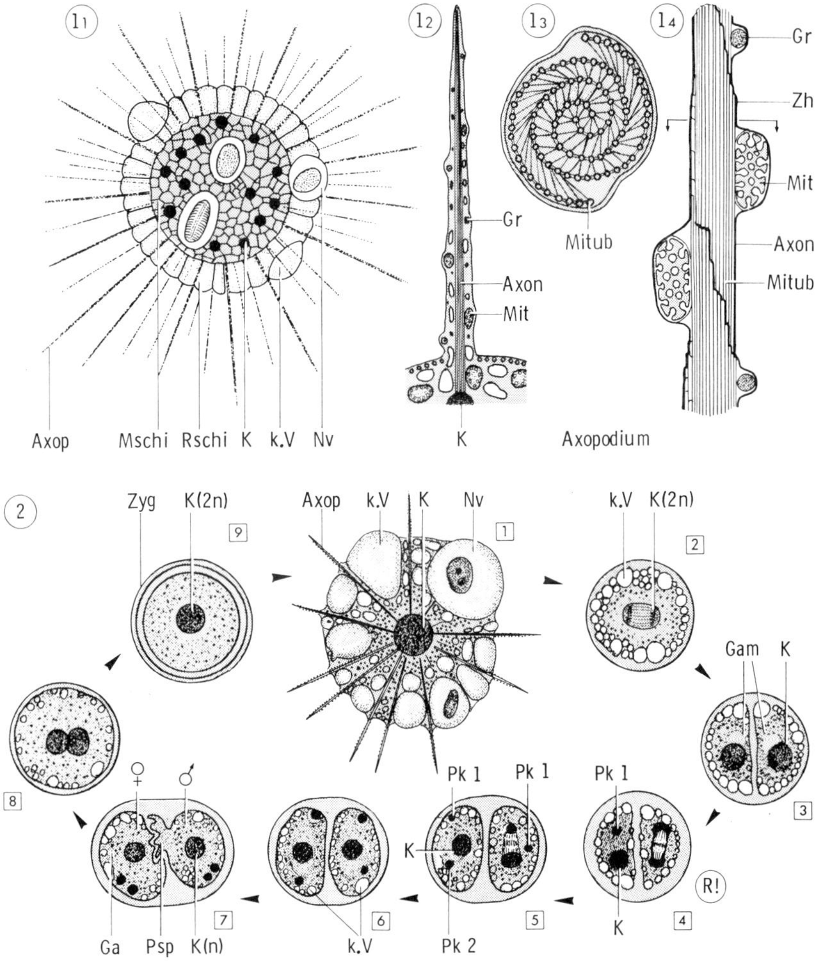

Taf. 132. Chrysophyta: Heliozoa (Actinophrydia). – Abb. 1/1. *Actinosphaerium eichhorni* (nach LEIDY); 1/2. *Actinosphaerium*, Längsschnitt durch ein Axopodium (nach SLEIGH); 1/3. *Actinosphaerium*, Querschnitt durch den Microtubuli-Bereich eines Axopodiums (nach SLEIGH); 1/4. *Actinosphaerium*, Axopodium-Längsschnitt (nach TILNEY & PORTER). Abb. 2/1. *Actinophrys sol* (nach BĚLAŘ); 2/2–2/9. *Actinophrys sol*, Autogamie. Erläuterungen im Text (nach BĚLAŘ; SLEIGH). Abkürzungen: Axon = Axonem, Axop = Axopodium, Ga = Gamet, Gam = Gamont, Gr = Granula, K = Kern, k. V = kontraktile Vakuole, Mit = Mitochondrium, Mitub = Microtubuli, Mschi = Markschicht, Nv = Nahrungsvakuole, Pk = Polkern, Psp = Pseudopodium, Rschi = Rindenschicht, Zh = Zellhülle, Zyg = Zygote.

Hälften geteilt. Mit kleineren tangentialen und größeren Kieselnadeln, welche in Rosetten vereinigt sind. Mit zwei Geißeln. Bewohner des Oberflächenplanktons. Das Schwimmen erfolgt durch rudernde Bewegungen der in Längsreihen angeordneten Axopodien. Marin. *Sticholonche*.

Ordnung Centrohelida

Axopodien von einem Zentralkorn ausgehend. Begeißelte Formen sekundär nur noch als Schwärmerstadium auftretend (*Acanthocystis*). Heliozoenstadium sowohl freischwimmend als auch festsitzend. Primär ohne Skelettbildungen (Aphrothoraca), sekundär mit selbsterzeugten gallertigen, zum Teil

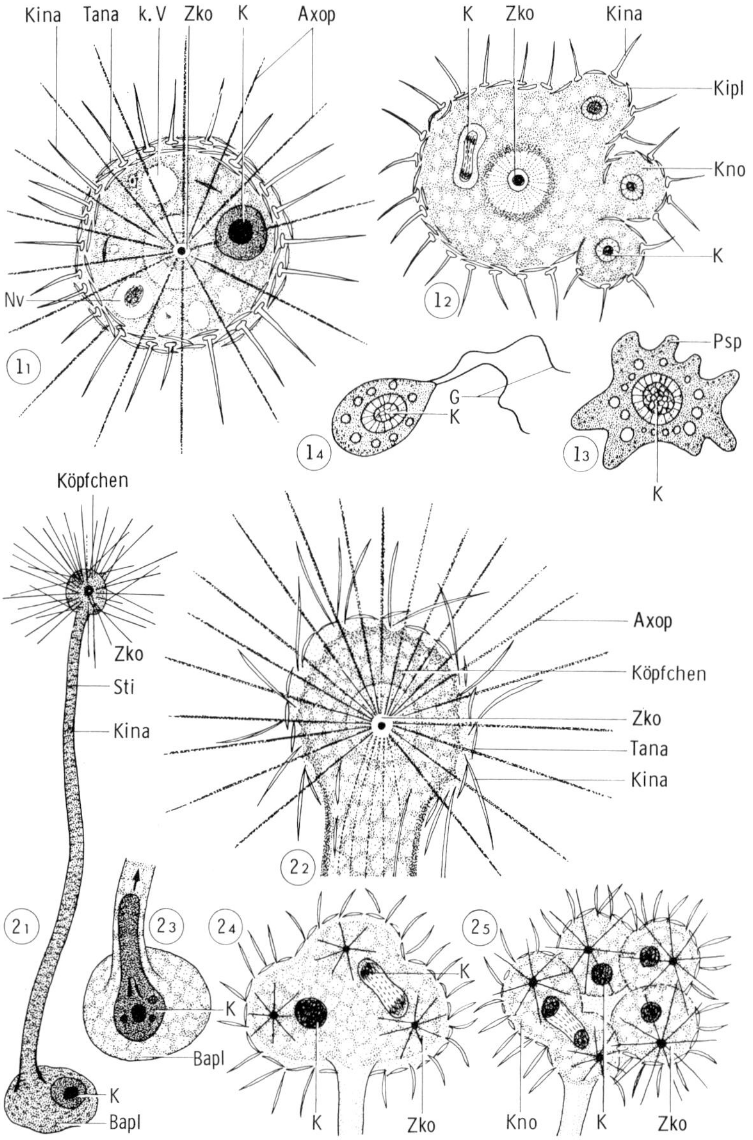

Taf. 133. Chrysophyta: Heliozoa (Centrohelida). – Abb. 1. *Acanthocystis aculeata* (nach STERN; SCHAUDINN); 1/1. freischwimmendes Heliozoenstadium; 1/2. Knospung; 1/3. Amöboidstadium; 1/4. Flagellatenstadium. Abb. 2. *Wagnerella borealis* (nach KÜHN): 2/1. festsitzendes Heliozoenstadium; 2/2. Köpfchen vergrößert; 2/3. Teilungsvorgang, Beginn der Kernwanderung; 2/4. Kernteilung im Köpfchen; 2/5. Teilungsvorgänge im Köpfchen. Abkürzungen: Axop = Axopodium, Bapl = Basalplatte, G= Geißel, K= Kern, Kina = Kieselnadel, Kipl = Kieselplättchen, Kno = Knospe, k. V = kontraktile Vakuole, Nv = Nahrungsvakuole, Psp = Pseudopodium, Sti = Stiel, Tana = Tangentialnadel, Zko = Zentralkorn.

verkieselten Hüllen (Chalarothoraca). Kieselplatten isoliert, kein zusammenhängendes Skelett bildend. Aphrothoraca noch mit primär einheitlichem Cytoplasma (*Oxnerella*), bei Chalarothoraca Cytoplasma meist deutlich in Endo- und Ektoplasma getrennt. Aphrothoraca primär noch ohne jegliche Hüllenbildung (*Oxnerella*), sekundär aber bereits Ausbildung leichter Gallerthüllen (*Actinolophus*), aber ohne Skelettbildungen. Skelettelemente der Chalarothoraca aus radiär abstehenden Kieselnadeln und am Körper anliegenden Kieselnadeln (Tangentialnadeln) bestehend. Axopodien in großer Zahl und radiär angeordnet. Microtubuli der Achsenstäbe hexagonal angeordnet. Primär mit einem Kern, sekundär in Ausnahmefällen (*Gymnosphaera*) vielkernig. Primär marin (Aphrothoraca), sekundär auch Süßwasserformen (Chalarothoraca).

Unterordnung Aphrothoraca

Primär ohne Skelettelemente. Cytoplasma primär noch nicht in Endo- und Ektoplasma getrennt. Primäre marine Vertreter. Zum Teil mit freischwimmendem, zum Teil mit festsitzendem Heliozoenstadium. *Oxnerella* (Taf. 131:2): Rundliche Körperform, freischwimmend, mit einem Kern; *Gymnosphaera*: Freischwimmend, vielkernig; *Actinolophus* (Taf. 131:3): Festsitzend, mit Stiel.

Unterordnung Chalarothoraca

Sekundär mit Hüllen, welche isolierte Skelettelemente (Kieselnadeln) enthalten. Mit zweigeißligen Schwärmern, welche aus abgeschnürten Knospen entstehen (*Acanthocystis*). Das Schwärmerstadium wandelt sich unter Geißelverlust in ein Amöboidstadium um. Durch Ausbildung von Axopodien und Abrundung des Körpers entsteht dann das Heliozoenstadium. Freischwimmende Formen (*Acanthocystis*) und auch gestielte, festsitzende Formen (*Wagnerella*). Kolonienbildung bei einigen Arten der Gattung *Raphidiophrys*. Marine Vertreter und Süßwasserformen. *Acanthocystis* (Taf. 133:1): Marin und Süßwasser; *Raphidiophrys*: Zum Teil mit Kolonienbildung, mit Zoochlorellen; *Wagnerella* (Taf. 133:2): Marin, gestielt, Kern in der verbreiterten Basalplatte des Stieles, wandert bei der Fortpflanzung durch Teilung in das Köpfchen.

Phylogenie – Heliozoa: Die Ableitung der Heliozoa ist umstritten. Von einigen Bearbeitern werden sie aus dem Dinophyta-Bereich, von anderen dagegen aus dem Chrysophyta-Bereich abgeleitet. Bei einer Ableitung aus dem Dinophyta-Bereich würden die Radiolarien als eine stammesgeschichtlich nahe verwandte Gruppe betrachtet werden.

Wir schließen uns hier einer Ableitung der Heliozoa aus dem Chrysophyta-Bereich an. Heliozoen weisen eine offene Mitose auf, während bei den Dinophyta noch die primäre, geschlossene Mitose vorliegt. Bei *Dimorpha* (Helioflagellida) fungieren z. B. die Basalkörper der beiden Geißeln, wie auch bei Chrysophyta, als Centriolen bei der mitotischen Teilung. Diese Daten sprechen mehr für eine Ableitung aus dem Chrysophyta-Bereich. Bei allen Ableitungen der Heliozoa muß man beachten, daß „Heliozoen-Stadien" auch bei anderen Gruppen auftreten können, daß das „Heliozoenstadium" mehrmals unabhängig voneinander entstanden ist. Dies gilt auch für Axopodien, welche ebenfalls mehrmals unabhängig voneinander entstanden sind und daher oft auch einen unterschiedlichen, inneren Microtubuli-Aufbau aufweisen.

Innerhalb der Chrysophyta treten bei den Rhizochrysidales heliozoenähnliche Vertreter (z. B. *Rhizaster*) auf, welche zum Teil auch bereits Axopodien besitzen. Eine Ableitung der Heliozoa aus dem Rhizochrysidales-Bereich erscheint daher am wahrscheinlichsten.

Klasse Bicoecaceae
(Taf. 134)

Ausschließlich monadoide Formen, einzeln oder in Kolonien. Mit Gehäuse. Der Zellkörper ist mit der hinteren, kontraktilen Geißel am Grunde des Gehäuses befestigt. Mit primärem Periplast. Mit 2 heterokonten und heterodynamischen Geißeln. Die Hauptgeißel ist länger, nach vorne gerichtet, kontraktil und dient zum Beutefang (Bakterien) und zum Festhalten organischer Detritusteilchen. Die hintere, ebenfalls kontraktile Schleppgeißel dient zum Festheften am Gehäuse. Die vordere Geißel einseitig mit dreiteiligen Flimmerhaaren, die hintere Geißel glatt. Am apikalen Pol des Zellkörpers mit löffelartigem Fortsatz (Peristom). Die von der vorderen Geißel festgehaltene Nahrung wird von einer phagocytären Zone an der Basis des Peristoms aufgenommen und in einer im Cytoplasma liegenden Nahrungsvakuole verdaut. Cytoplasma glashell und dünnflüssig (wie bei Chrysophyceae). Süßwasserformen mit einer im hinteren Bereich des Zellkörpers liegenden kontraktilen Vakuole. Mit tubulären Mitochondrien. Vereinzelt mit Stigma. Ausschließlich sekundär farblose Vertreter. Gehäuse teils mit, teils ohne Stiel. Die Gehäuse setzen sich aus einem komplizierten Fibrillensystem zusammen. Häufig festsitzend, zum Teil auch freischwimmende Lebensweise.

Fortpflanzung: Ungeschlechtliche Vermehrung durch schräg verlaufende Längsteilung. Eine Tochterzelle verbleibt im Gehäuse, die andere wird als Schwärmer frei. Schwärmer zunächst mit Geißelbetätigung wie bei flagellaten Chrysophyceen, setzt sich dann fest, bildet Gehäuse und befestigt sich am Gehäuse mit der hinteren Geißel. Cystenbildung wurde beobachtet.

Lebensweise: Vorwiegend im Süßwasser, einige Arten auch marin. Häufig auf Planktonalgen festgeheftet. Zum Teil auch freischwimmend im Planktonbereich (*Codonomonas, Stephanocodon*).

Klasse Bicoecaceae mit der einzigen Ordnung Bicoecales.

Ordnung Bicoecales

Bicoeca (Taf. 134:1): Einzeln, festsitzend, marin, Süßwasser; *Codonomonas*: Freischwimmend, einzeln; *Stephanocodon* (Taf. 134:2) Freischwimmende plattenförmige Kolonie; *Poteriodendron* (Taf. 134:3): Festsitzende, verzweigte Kolonie.

Phylogenie – Bicoecaceae: Sekundär farblose Vertreter. Sie sind von gefärbten, monadoiden Chrysophyceen abzuleiten. Für eine Ableitung größerer, tierischer Einzeller-Gruppen kommen sie nicht in Frage. Mit Chrysophyceen haben sie folgende Merkmale gemeinsam: Leichtflüssiges, durchsichtiges Cytoplasma; heterokonte Begeißelung mit vorderer Flimmer- und hinterer glatter Geißel; Gehäusebildung; Stigma; löffelartiges Peristom. Ableitung aus dem primären Chrysophyceen-Bereich und zwar von Chrysomonadales (Ochromonadaceae).

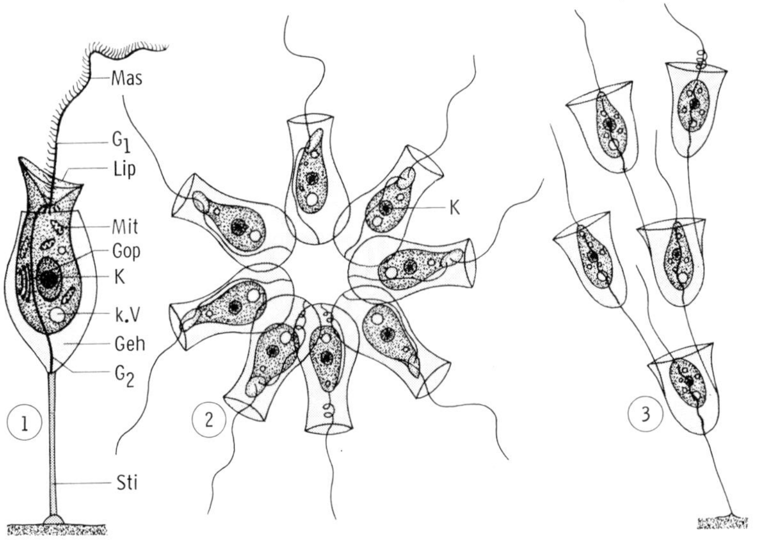

Taf. 134. Chrysophyta: Bicoecaceae (Bicoecales). – Abb. 1. *Bicoeca exilis* (nach PENARD). Abb. 2. *Stephanocodon socialis* (nach WARD & WHIPPLE). Abb. 3. *Poteriodendron petiolatum* (nach WARD & WHIPPLE). Abkürzungen: G = Geißel, Geh = Gehäuse, Gop = Golgiapparat, K = Kern, k. V = kontraktile Vakuole, Lip = Lippe, Mas = Mastigonemen, Mit = Mitochondrium, Sti = Stiel.

Klasse Silicoflagellataceae
(Taf. 135)

Mit der einzigen Ordnung Silicoflagellales.

Ausschließlich monadoide (flagellate) Formen. Nur einzeln lebend, keine Kolonienbildung. Mit primärem Periplast. Körperform kantig, entspricht der Form des Innenskelettes, dadurch Periplast sehr stark gewunden. An den Kanten des Zellkörpers Ausbildung von kräftigen Filopodien. Mit charakteristischem, aus hohlen Kieselstäbchen zusammengesetztem Kieselskelett. Das Kieselskelett befindet sich im Inneren des Zellkörpers (teilweise auch etwas nach außen ragend), und setzt sich primär aus

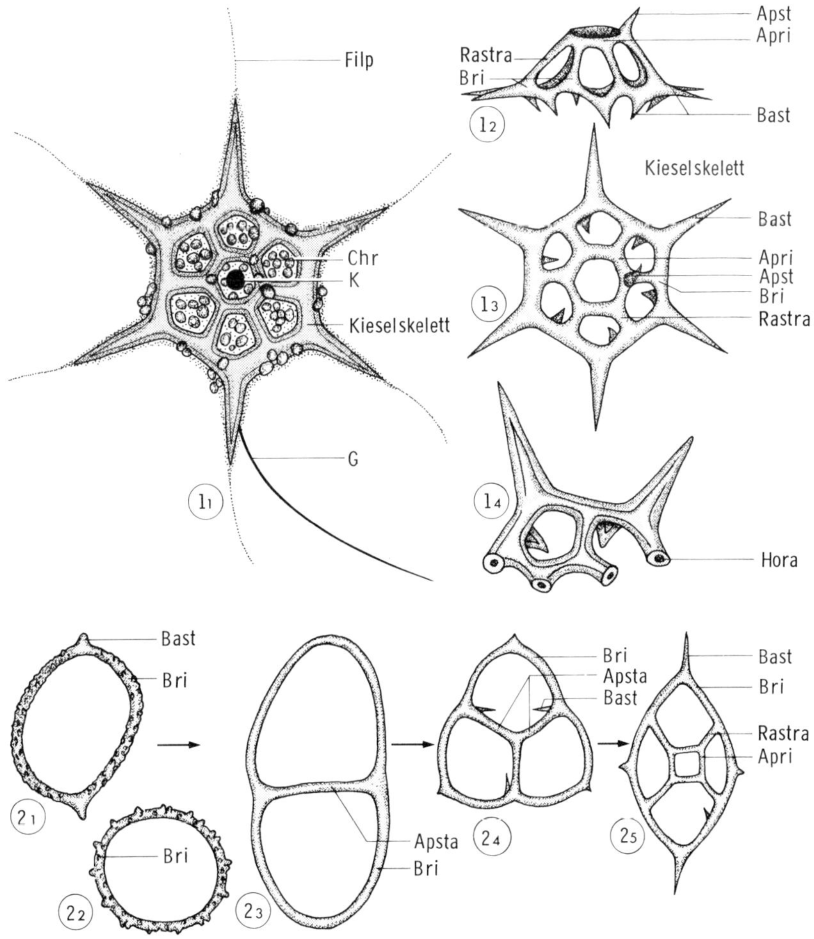

Taf. 135. Chrysophyta: Silicoflagellataceae (Silicoflagellales). – Abb. 1/1. *Dictyocha speculum* (nach MARSHALL); 1/2–4. *Dictyocha speculum*, Skelett (nach BORGERT): 1/2. Skelett von der Seite; 1/3. Skelett von oben gesehen; 1/4. Skeletteil, Hohlräume zeigend. Abb. 2/1. *Mesocena crenulata*, Basalring des Skelettes (nach LEMMERMANN); 2/2. *Mesocena circulus*, Basalring des Skelettes; 2/3. *Dictyocha navicula*, Ausbildung eines hutförmigen Gehäuses oberhalb des Basalringes, zunächst mit einem Apikalstab (nach LEMMERMANN); 2/4. *Dictyocha triacantha*, Ausbildung von drei Apikalstäben sowie von Basalstacheln (nach LEMMERMANN); 2/5. *Dictyocha schauinslandi*, Apikalstäbe bilden am Gipfel des Gehäuses einen Apikalring (nach LEMMERMANN). Abkürzungen: Apri = Apikalring, Apst = Apikalstachel, Apsta = Apikalstab, Bast = Basalstachel, Bri = Basalring, Chr = Chromatophor, G = Geißel, Filp = Filopodien, Hora = Hohlraum, K = Kern, Rastra = Radialstrahlen.

einem einfachen, polygonalen Basalring zusammen. Dieser Basalring ist mit Basalstacheln versehen. Durch Ausbildung eines Apikalstabes kommt es dann zu einer Zweiteilung des Basalringes. Durch Hinzufügung weiterer Apikalstäbe (= Radialstrahlen) bildet sich apikal ein weiterer, konzentrischer Skeletteil, der Apikalring. Am Apikalring befinden sich Apikalstacheln. Phylogenetisch jüngere und höher entwickelte Skelette setzen sich demnach aus einem Basalring, einem Apikalring und beide miteinander verbindende Radialstrahlen zusammen. Mit nur einer Geißel (= Hauptgeißel), welche vorne am Zellkörper inseriert und als Traktellum tätig ist. Geißelfeinbau noch unbekannt. Ausschließlich gefärbte Arten. Mit zahlreichen, kleinen, gelbbraunen Chromatophoren. Pro Chromatophorlamelle 3 Thylakoide, Gürtellamelle vorhanden. Chromatophor mit eigener Doppelmembran und zusätzlicher äußerer Doppelmembran des endoplasmatischen Retikulums. Assimilationspigmente: Chlorophyll a, c; Carotinoide bisher noch nicht untersucht. Assimilationsprodukt ist Chrysolaminarin, ein β-1:3 Polyglykan. Öle als akzessorische Reservesubstanzen.

Fortpflanzung: Ungeschlechtlich durch Teilung im vegetativen Zustand, dabei Neubildung fehlender Skeletteile.

Lebensweise: Ausschließlich marine, im Meeresplankton lebende Arten. Rezent nur Gattung *Dictyocha* (mit 3 Arten). Fossil sind Silicoflagellaten seit der Kreide bekannt, Blütezeit im Tertiär, dann sehr starker Rückgang.

Ordnung Silicoflagellales (Silicoflagellida)

Dictyocha (Taf. 135:1–2): Rezent, Meeresplankton, 3 Arten; *Corbisema*: Fossil, Kreide; *Mesocena* (Taf. 135:2): Fossil, Tertiär.

Phylogenie – Silicoflagellataceae: Nahe mit Chrysophyceen verwandt, zum Teil als Ordnung der Chrysophyceen geführt. Ausschließlich gefärbte Arten, welche daher für eine Ableitung „tierischer Einzeller" nicht in Frage kommen. Mit nur einer Geißel, Geißelfeinbau noch unbekannt. Die Reduktion der zweiten Geißel ist typisch für den Verwandtschaftskreis der Chrysophyta. Silicoflagellaten sind charakterisiert durch ihr röhrenförmiges Kieselskelett. Lange Zeit kannte man nur die Kieselskelette der fossilen Vertreter, welche fälschlicherweise als Radiolarien eingeordnet wurden. Eine Reliktgruppe, welche schon seit der Kreide bekannt ist und ihre stärkste Entfaltung im Tertiär zeigte. Rezent ist nur noch eine Gattung (*Dictyocha*) mit 3 Arten bekannt.

Stamm Hydraulea
(Taf. 136–144)

Mit den Klassen Lobeda und Acrasidea.

Amöboide Vertreter mit typisch amöboider Fortbewegung. Pseudopodien als Lobopodien (Taf. 136:2) ausgebildet. Pseudopodien hyalin (Hyalopodida, Acrasidea) oder mit granulärem Cytoplasma angefüllt (Granulopodida). Primär mit einem einzigen, vorderen, besonders stark ausgebildetem Pseudopodium (*Limax*-Typ). Sekundär mit mehreren Pseudopodien.

Bei stammesgeschichtlich älteren Gruppen (Taf. 136:1) (Hyalopodida, Rhizomastigida) treten noch begeißelte Formen auf. Rhizomastigida sekundär mit nur einer einzigen Geißel, einige Vertreter der Hyalopodida (z. B. *Naegleria*, *Tetramitus*) noch mit primär 2 oder auch 4 Geißeln. Bei Rhizomastigida ist die Geißel während der Hauptphase des Individualzyklus vorhanden, bei den Hyalopodida dagegen amöboide Körperform während der Hauptphase. Primär einzellig und mit einem Kern, sekundär können auch vielkernige Vertreter (z. B. Granulopodida: *Pelomyxa*) auftreten.

Primär mit geschlossener Mitose (z. B. *Hyalopodida*: *Naegleria*), sekundär mit offener Mitose (bei sekundären Großamöben wie z. B. *Chaos* und *Pelomyxa*). Primär mit tubulären Mitochondrien (z. B. *Naegleria*), sekundär Tubuli-Typ mit Zickzackform (z. B. *Pelomyxa carolinensis*), oder sekundär können die Mitochondrien auch völlig fehlen (z. B. *Pelomyxa palustris*). *P. palustris* zeigt weitere Reduktionen durch Fehlen des Golgi-Körpers und durch sekundäre, amitotische Kernteilung. Mitochondrien-Verlust bei *P. palustris* durch anaerobe Lebensweise bedingt.

Primär einzeln (Lobeda), sekundär Ausbildung von lockeren Zellaggregaten in Form von Pseudo-

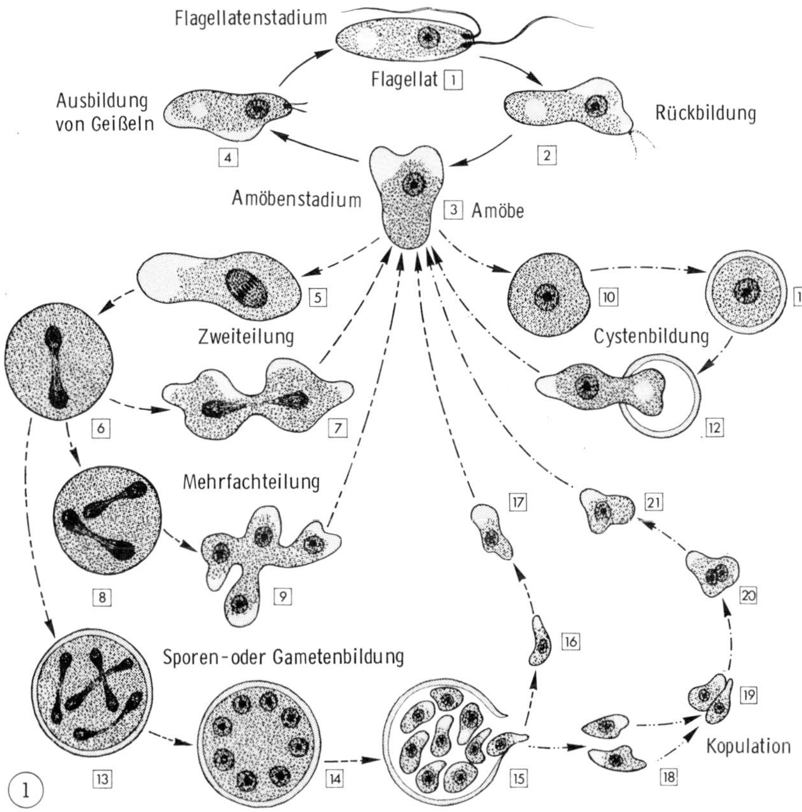

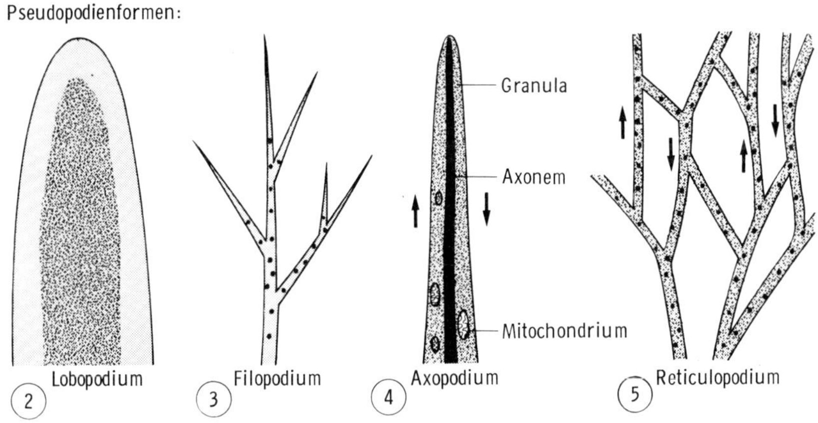

Taf. 136. Hydraulea (Umwandlung und Teilung, Pseudopodienformen). – Abb. 1. Umwandlung des Flagellatenstadiums in ein Amöboidstadium, Rückverwandlung in das primäre Flagellatenstadium; Teilung, Gameten- und Sporenbildung, Kopulation und Cystenbildung bei Amöboidstadien (verändert nach KÜHN). Abb. 2. Lobopodium. Abb. 3. Filopodium. Abb. 4. Axopodium. Abb. 5. Reticulopodium.

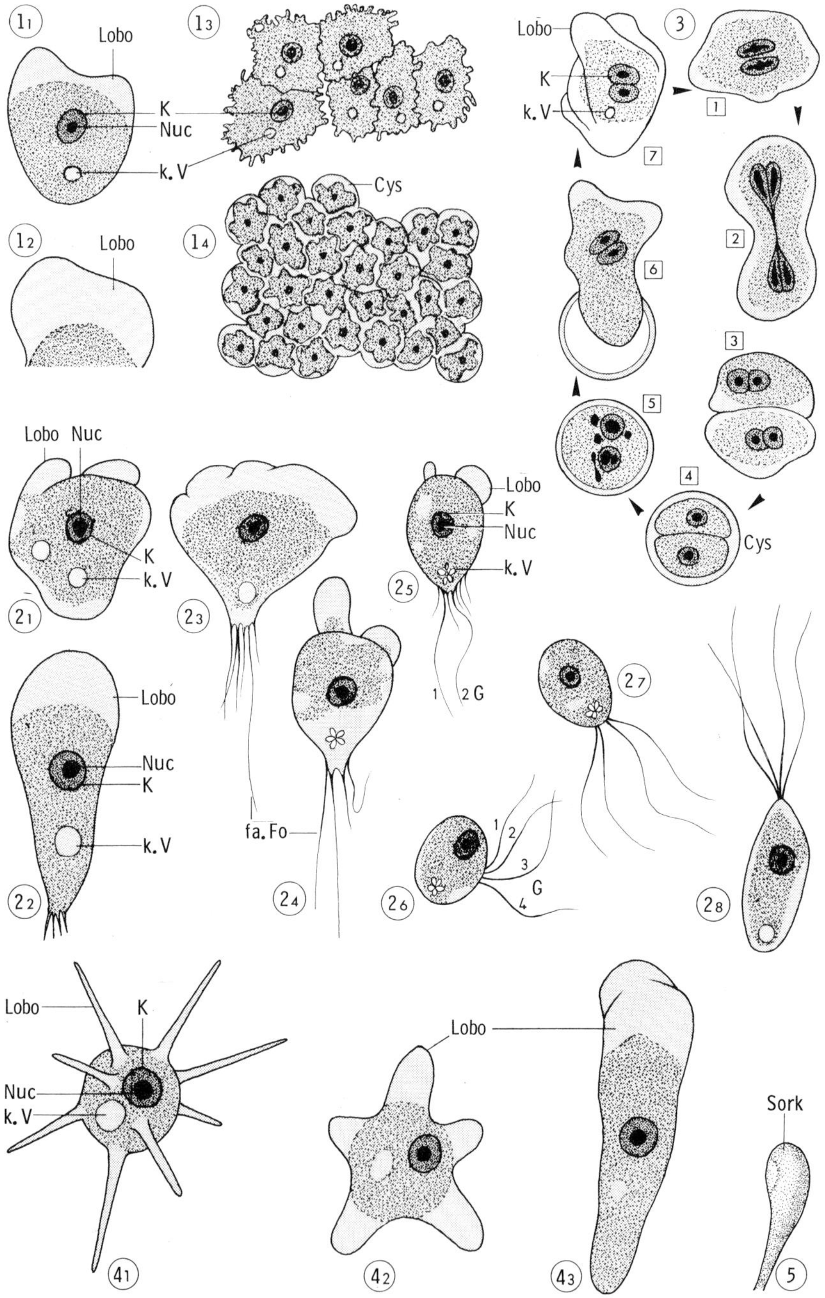

Taf. 137. Hydraulea: Lobeda (Hyalopodida). – Abb. 1/1. *Hartmannella hyalina* (nach O'CONNOR); 1/2. Hyalopodida, Lobopodium ohne Granula (nach BOVEE & JAHN); 1/3. *Hartmannella astronyxis*, Ausbildung von lokkeren Aggregaten (nach GERISCH); 1/4. *Hartmannella astronyxis*, Cystenaggregat (nach GERISCH). Abb. 2/1–8. *Naegleria gruberi* (nach WILLMER, 2/2. nach SINGH & DAS): 2/1. Ruhestellung, mit Ausbildung von Lobopodien; 2/2. Fortbewegung, mit vorderem Lobopodium; 2/3–8. Übergang zum begeißelten Stadium. Abb. 3. *Sappinia diploidea* (nach HARTMANN & NÄGLER): 3/1, 3/2. Zweiteilung; 3/3. Kopulation; 3/4. Cystenbildung

plasmodien (Acrasidea). Acrasidea mit sekundärer Fruchtkörperbildung (Sorokarp). Innerhalb der Granulopodida und auch der Hyalopodida kommt es zu einer sekundären Ausbildung von Schalen.

Ungeschlechtliche Vermehrung durch Zweiteilung. Sexualität bisher nur bei *Sappinia* (Hyalopodida) beobachtet.

Primär freilebend im marinen Bereich und im Süßwasser. Sekundär bodenbewohnende Vertreter. Tertiär als Endokommensalen und Endoparasiten in Hohlraumsystemen (besonders im Darmtrakt) von Wirbellosen und Wirbeltieren.

Klasse Lobeda

(Taf. 137–143)

Mit den Ordnungen Hyalopodida, Rhizomastigida, Thecida und Granulopodida.

Mit normaler amöboider Fortbewegung. Pseudopodien in Form von Lobopodien. Primär einzeln lebend. Nur in Ausnahmefällen kann es vor der Encystierung zu lockeren Aggregaten (z. B. *Hartmannella*) kommen. Keine Ausbildung von Pseudoplasmodien. Zum Teil noch mit begeißelten Vertretern. Sekundär Teilgruppen mit Schalenbildung. Primär mit einem Kern, sekundär auch vielkernige Vertreter.

Ordnung Hyalopodida

Amöboide Formen, zum Teil noch begeißelte Stadien auftretend. Begeißelte Stadien primär zweigeißlig (*Naegleria*), sekundär viergeißlig (*Tetramitus*, *Trimastigamoeba*). Die beiden Geißeln bei *Naegleria* gleichlang, isodynamisch und ohne Flimmerhaare (sekundär glatte Fadengeißel). Die beiden Geißeln inserieren in einer flachen Vertiefung am Vorderende des Zellkörpers. Gelegentlich können bei *Naegleria* auch viergeißlige Formen auftreten. Mit typischem 9 + 2 Microtubulisystem. Übergangsregion sehr kurz, mit komplexem Geißelwurzelsystem. Die 4 Geißeln von *Tetramitus* ebenfalls isomorph, isodynamisch und als glatte Fadengeißeln ausgebildet. Mehrzahl der Vertreter nur im amöboiden Stadium auftretend. Pseudopodien der Hyalopodida (Taf. 137:1/2) stets klar und ohne Granula; entweder breit, lappenartig (Eruptina) oder länglich-kegelförmig (Conopodina). Der Zellkörper ist stark formveränderlich und wird von der üblichen Membran (zwei Proteinschichten mit dazwischen liegender Lipidschicht) umgeben. Cytoplasma elastisch und kontraktil, wechselt seine Zustandsform während des Bewegungsablaufes. Primär mit Mitochondrien. Bei Süßwasserformen können spezifische Kristalle im Cytoplasma auftreten (z. B. *Mayorella*). Im Ruhezustand kann häufig ein peripheres, festeres und mehr hyalines Ektoplasma beobachtet werden, während das Endoplasma stärker granuliert ist. Endoplasmabereich mit Kern und kontraktiler Vakuole (meist in der Einzahl). Kontraktile Vakuolen nur bei Süßwasserformen und bodenbewohnenden Arten auftretend. Kern mit Nucleolus. Mit primärer, geschlossener Mitose. Sekundär gehäusebildende Vertreter (*Phryganella*).

Ungeschlechtliche Vermehrung durch Zweiteilung. Bei ungünstigen Lebensbedingungen kommt es zur Ausbildung von Cysten. Bei einigen Vertretern (Taf. 137:1/3–4) (z. B. *Hartmannella astronyxis*) schließen sich eine größere Zahl von Individuen vor der gemeinsamen Encystierung zu einem lockeren Aggregat (Übergangsstufe zu „kollektiven Amöben“) zusammen. Sexualität bisher nur bei *Sappinia* festgestellt. Das normale, vegetative Stadium hier zweikernig, es liegt aber nur eine Verzögerung der Synkaryonbildung vor. Zwei zweikernige Individuen bilden eine gemeinsame Cystenhülle aus, es kommt in jeder Amöbe zur Synkaryonbildung, d. h. zur Kopulation. Erst nach der Kopulation verschmelzen die beiden Partner miteinander. Es erfolgen die beiden Reifeteilungen (unter Bildung von Richtungskörpern), so daß die aus der Cyste schlüpfende vegetative Amöbe nun zwei haploide Game-

◄

und Kernverschmelzung; 3/5. Plasmaverschmelzung und Reifeteilungen; 3/6. Schlupf aus der Cyste; 3/7. Ruhestellung, mit Ausbildung von Lobopodien. Abb. 4. *Vahlkampfia limax* (nach KÜHN): 4/1. Ruhestellung mit schmalen Lobopodien; 4/2. Ruhestellung mit breiten Lobopodien; 4/3. Fortbewegung mit vorderem Lobopodium (*Limax*-Typ). Abb. 5. *Sappinia*, Sorokarp (nach ALEXOPOULOS). Abkürzungen: Cys = Cyste, fa. Fo = fadenförmiger Fortsatz, G = Geißel, K = Kern, k. V = kontraktile Vakuole, Lobo = Lobopodium, Nuc = Nucleolus, Sork = Sorokarp.

Entamoeba histolytica - Zyklus

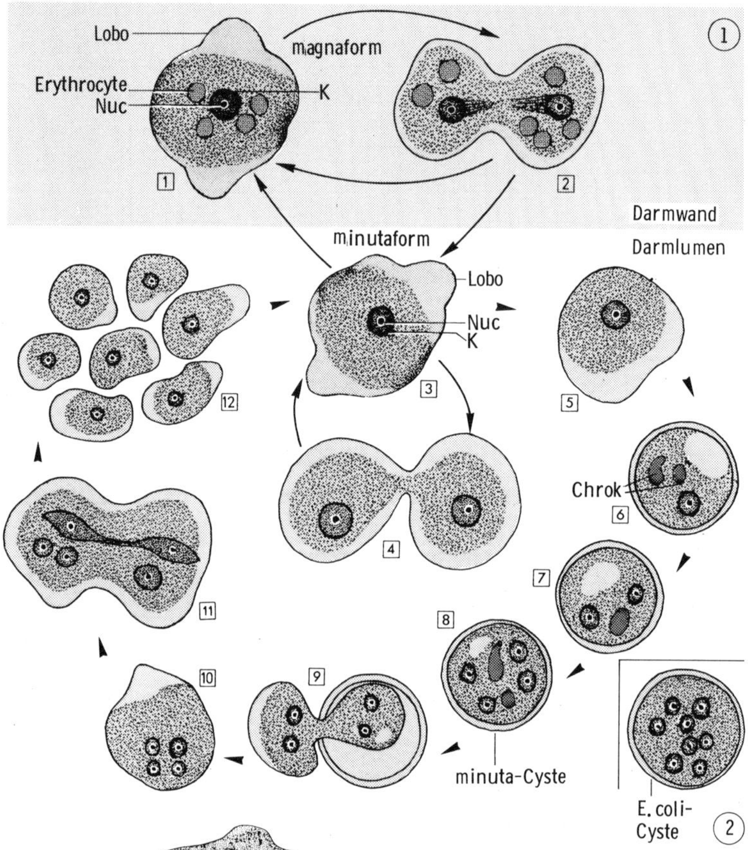

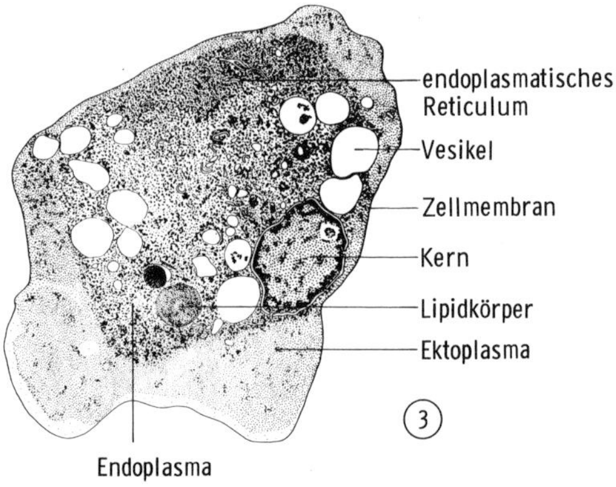

Taf. 138. Hydraulea: Lobeda (Hyalopodida). – Abb. 1. *Entamoeba histolytica*, Zyklus (nach versch. Autoren): 1/1. magna-Form mit Lobopodien; 1/2. magna-Form, Teilung; 1/3. minuta-Form mit Lobopodien; 1/4. minuta-Form, Teilung; 1/5–7. minuta-Form, Cystenbildung; 1/8. minuta-Form, Cyste mit 4 Kernen; 1/9. minuta-Form, Schlupf aus der Cyste; 1/10–12. minuta-Form, Bildung einkerniger minuta-Formen. Abb. 2. *Entamoeba coli*, Cyste mit 8 Kernen. Abb. 3. *Entamoeba invadens*, Trophozoit (nach Bidier). Abkürzungen: Chrok = Chromidialkörper, K = Kern, Lobo = Lobopodium, Nuc = Nucleolus.

tenkerne aufweist. Bei *Sappinia* (Taf. 137:5) kommt es bei ungünstigen Lebensbedingungen zur Ausbildung eines kleinen, länglich-ovalen Sporenträgers (Sorokarp). Dieses Sorokarp enthält encystierte Amöben, welche als „Sporen" bezeichnet werden. Sorokarpbildung auch bei den stammesgeschichtlich nahe verwandten Acrasidea („kollektive Amöben").

Primär freilebend im marinen Bereich, im Süßwasser und in feuchten Böden. Bodenbewohnende Formen, vorwiegend im Schlammbereich. Sekundär endokommensale und parasitische Vertreter (z. B. *Entamoeba*) in Hohlräumen von Evertebraten und Vertebraten, besonders im Darmtrakt. Nahrung der freilebenden Arten vorwiegend aus Bakterien und kleinen Einzellern (Algen) bestehend. Phagocytäre Nahrungsaufnahme.

Unterordnung Eruptina

Mit breiten, klaren Lobopodien (Bruchsackpseudopodien). Fortbewegung durch Ausbildung mehrerer Lobopodien, oder nur eines einzigen Lobopodiums (*Limax*-Typ). In Ruhestellung Ausbildung zahlreicher, sternförmig angeordneter, länglich-kegelförmiger (z. B. *Vahlkampfia*) Lobopodien. Körperform häufig oval. Körper nackt, keine Ausbildung von Gehäusen. Zum Teil noch mit primären, begeißelten Stadien (*Naegleria*, *Tetramitus*, *Trimastigamoeba*). *Naegleria* (Taf. 137:2), *Tetramitus*, *Trimastigamoeba* (alle noch mit begeißelten Stadien), *Hartmannella* (mit *Limax*-Typ, Taf. 137:1), *Vahlkampfia* (Taf. 137:4), *Acanthamoeba*, *Sappinia* (Taf. 137:3) (mit Sorokarpbildung). Entamoeba (Taf. 138): Parasitische oder endokommensale Lebensweise; vorwiegend im Darmtrakt von Evertebraten und Vertebraten. Ohne kontraktile Vakuole. *E. histolytica*: Erreger der Amöbenruhr. Die nicht pathogene minuta-Form lebt im Darmlumen des Menschen und bildet vierkernige Cysten aus, welche mit dem Kot ausgeschieden werden. Unter bestimmten Bedingungen wandelt sie sich in die größere magna-Form um, dringt in das Darmepithel ein und ernährt sich von roten Blutkörperchen. *E. coli*: Im Lumen des Dickdarmes des Menschen, Nahrung vorwiegend Bakterien. Cysten mit 8 Kernen.

Tetramitus, Vahlkampfia und *Naegleria* werden bisweilen auch als Vertreter einer eigenen Ordnung (Schizopyrenida) betrachtet.

Unterordnung Conopodina

Mit länglich-kegelförmigen (Taf. 130: 1/2) Lobopodien. Spitze des Lobopodiums abgerundet, distaler Teil stets ohne Granula. Primär nackte Formen, sekundär mit dicker, biegsamer Pellicula (*Cochliopodium*) oder mit Gehäuse (Schale). Körperformen unregelmäßig, in der Ruhephase häufig mit sternförmig angeordneten Lobopodien. Zum Teil mit zahlreichen, fächerartig angeordneten Lobopodien (*Flabellula*). Süßwasserformen zum Teil mit spezifischen Kristallen im Endoplasmabereich (*Mayorella*). Mit einem Kern und einer kontraktilen Vakuole.

Mayorella (Taf. 139: 1/3–8) (nackt; kurze, kegelförmige Lobopodien, welche meist im vorderen Körperbereich gebildet werden), *Dinamoeba*, *Pontifex*, *Vexillifera* (Taf. 139: 1/1), *Phryganella* (Taf. 139:3) (mit chitinöser Schale, welche mit Sandkörnchen bedeckt ist, Lobopodien zum Teil anastomosierend), *Flabellula* (Taf. 139:2) (Körperform breit-oval, mit vielen, feinen Lobopodien), *Cochliopodium* (Taf. 139:4) (mit dicker, biegsamer Pellicula), *Cryptodifflugia* (mit Gehäuse).

Phylogenie – Hyalopodida: Sie sind von Chrysophyceen abzuleiten. Das Auftreten begeißelter Amoebo-Flagellaten (z. B. bei *Naegleria*, *Tetramitus*) ist ein deutlicher Hinweis auf Abstammung aus einem begeißelten Flagellatenbereich, in unserem Falle ist es der Bereich der Chrysophyceen. Die vordere Geißel bei den Amoebo-Flagellaten der Hyalopodida sekundär ohne Flimmerhaare. Beim Übergang zu einer tierischen Lebensweise ist häufig (konvergent z. B. auch bei den Protomonada) eine Reduktion der Flimmerhaare festzustellen. Bei *Bodo* (Protomonada) sind noch kleine Restgruppen von Flimmerhaaren an der vorderen Geißel zu beobachten, während andere Vertreter sekundär schon flimmerlose Geißeln besitzen. Wir dürfen daher annehmen, daß auch Hyalopodida sekundär keine Flimmerhaare mehr besitzen.

Ableitung der Hyalopodida aus dem Rhizochrysidales-Bereich. Hyalopodida stellen die stammesgeschichtlich älteste „Amöben-Gruppe" dar. Das Auftreten von Amoebo-Flagellaten spricht dafür. Granulopodida sind stammesgeschichtlich jünger und von Hyalopodida abzuleiten. Bei Granulopodida treten keine begeißelten Stadien mehr auf, der Trend zur rein amöboiden Lebensweise ist unverkennbar. Hinzu kommt, daß bei den Granulopodida die größten Vertreter (z. B. *Amoeba*, *Chaos*) auftreten, im Sinne einer sekundären Größenzunahme im Verlauf der Evolution.

Ordnung Rhizomastigida

Relativ große Amöboidformen mit Längen von 20–130μm. Körper amöboid veränderlich, mit Ausbildung zahlreicher Lobopodien. Bei schwimmender Fortbewegung ist der Körper langgestreckt, und es befinden sich nur einige kleinere, kurze Lobopodien an seinem hinteren Rand. Bei langsamerer, kriechender Bewegung sind die Lobopodien sternförmig über den ganzen Körper verteilt. Mit nur ei-

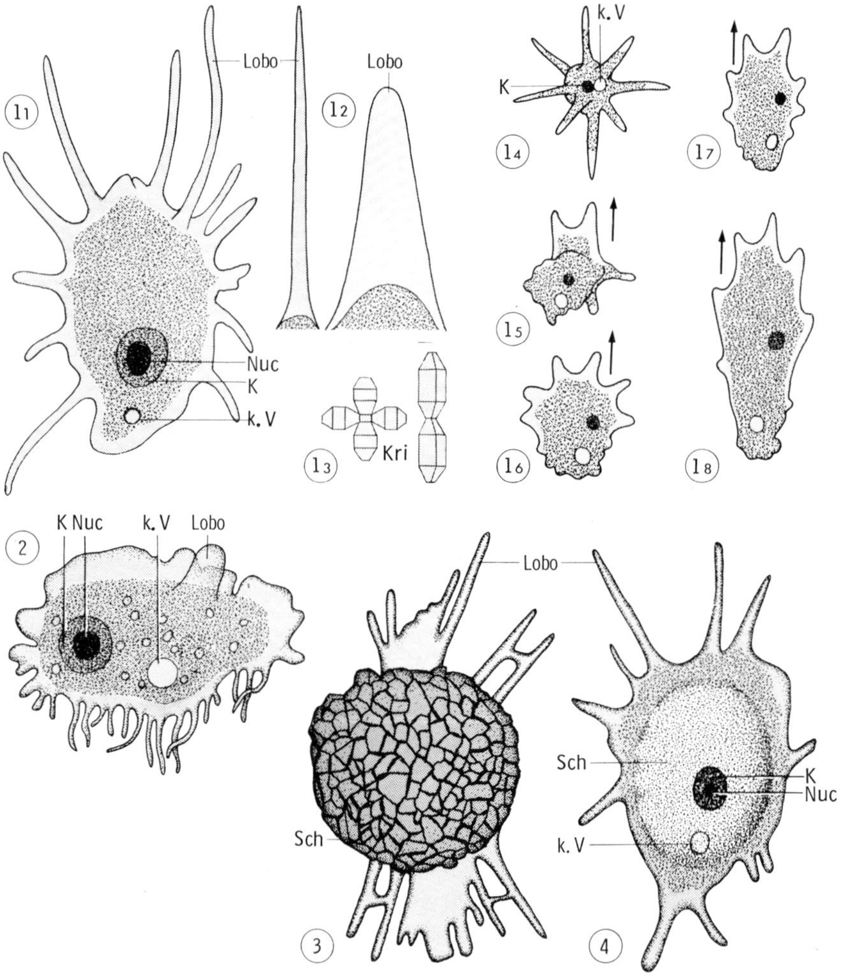

Taf. 139. Hydraulea: Lobeda (Hyalopodida). – Abb. 1/1. *Vexillifera aurea* (nach SCHAEFFER); 1/2. Conopodina, Lobopodiumformen (nach BOVEE & JAHN); 1/3. *Mayorella bigemma*, Kristalle (nach SCHAEFFER); 1/4–8. *Mayorella spumosa*, in Ruhestellung (1/4) und in Fortbewegung (1/5–8) (nach BOVEE). Abb. 2. *Flabellula citata* (nach SCHAEFFER). Abb. 3. *Phryganella nidulus*, Dorsalansicht (nach PENARD). Abb. 4. *Cochliopodium bilimbosum* (nach DE SAEDELEER). Abkürzungen: K = Kern, Kri = Kristalle, k. V = kontraktile Vakuole, Lobo = Lobopodium, Nuc = Nucleolus, Sch = Schale (bzw. biegsame Pellicula).

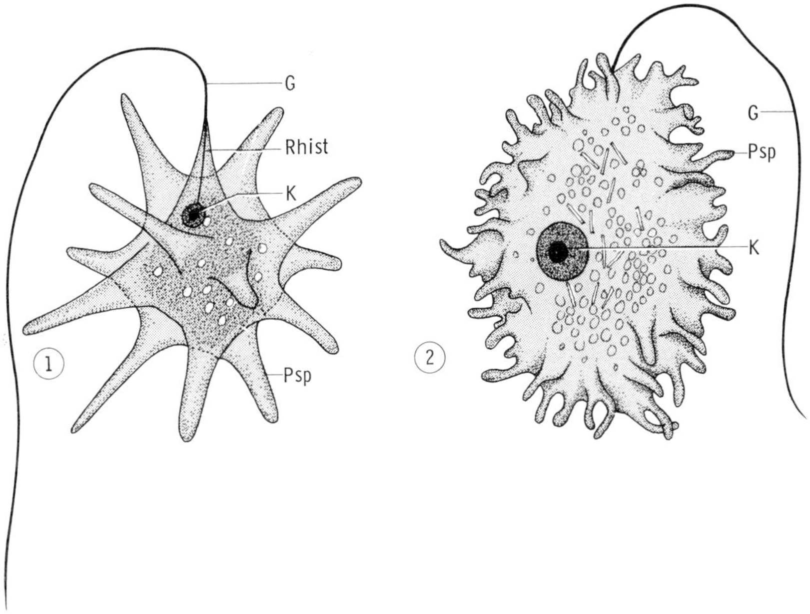

Taf. 140. Hydraulea: Lobeda (Rhizomastigida). – Abb. 1. *Mastigamoeba scholaia* (nach KLUG). Abb. 2. *Mastigella vitrea* (nach GOLDSCHMIDT). Abkürzungen: G = Geißel, K = Kern, Psp = Pseudopodium (Lobopodium), Rhist = Rhizostyl.

ner einzigen Geißel. Beim Schwimmen ist die Geißel nach vorne gerichtet und wird als Zuggeißel betätigt. Bei kriechender Lebensweise wird die Geißel als Schleppgeißel nachgezogen. Geißel durch einen Rhizoplast mit dem Kern verbunden. Während bestimmter Phasen des Individualzyklus kann die Geißel abgebaut werden. Mit kontraktilen Vakuolen. Süßwasserbewohner. *Mastigamoeba* (Taf. 140:1) (Süßwasser), *Mastigella* (Taf. 140:2) (in stark verschmutzten Süßgewässern).

Phylogenie – Rhizomastigida: Diese Ordnung stellte früher eine polyphyletische Gruppe dar, welche aus ein- und mehrgeißligen Vertretern bestand. Alle mehrgeißligen Vertreter wurden ausgeschieden, so daß in der Ordnung nur noch eingeißlige Vertreter verbleiben. Von den eingeißligen Vertretern ist auch *Mastigina* auszuscheiden, welche vermutlich als Reduktionsform im Bereich der Retortamonadida (Nähe *Chilomastix*) einzureihen ist.

Rhizomastigida gehören in die nähere Verwandtschaft der Hyalopodida. Unter den Hyalopodida kommen ebenfalls noch begeißelte Vertreter (z.B. *Naegleria*) vor.

Ordnung Thecida

Große Vertreter mit dicker, membranartiger, hyaliner Ektoplasmazone. Bei der Fortbewegung kommt es nicht zu einer Pseudopodienbildung, sondern es erfolgt unter Faltenbildung eine sackartige Vorwölbung des vorderen Ektoplasmabereiches. Falten, bzw. Rippen auf der Dorsalseite in mehr oder weniger paralleler Anordnung. Ausschließlich nackte Vertreter. Kern mit Nukleolus. Mit kontraktiler Vakuole und mit Nahrungsvakuolen. In Süßwassertümpeln und in feuchter Erde. *Thecamoeba* (Taf. 141:1), *Striamoeba* (Taf. 141:2), *Rugipes*, *Discamoeba* (Taf. 141:3).

Phylogenie – Thecida: Mit Hyalopodida näher verwandt, von welchen sie abzuleiten sind.

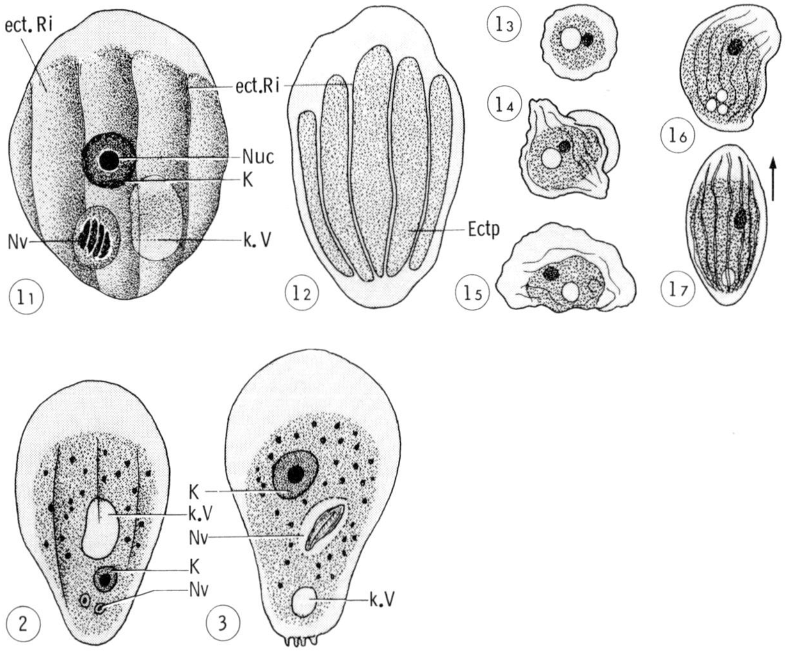

Taf. 141. Hydraulea: Lobeda (Thecida). – Abb. 1/1. *Thecamoeba munda* (nach SCHAEFFER); 1/2. Thecida, ektoplasmale Faltenbildungen (nach BOVEE & JAHN); 1/3–7. *Thecamoeba corrugata* (nach BOVEE); 1/3. Ruhestellung; 1/4–6. normale Fortbewegung; 1/7. schnelle Fortbewegung. Abb. 2. *Striamoeba striata* (nach PENARD). Abb. 3. *Discamoeba guttula* (nach PENARD). Abkürzungen: Ectp = Ectoplasma, ect. Ri = ectoplasmale Rippen, K = Kern, k. V = kontraktile Vakuole, Nuc = Nucleolus, Nv = Nahrungsvakuole.

Ordnung Granulopodida

Amöboide Formen, ohne begeißelte Stadien. Pseudopodien länglich-zylindrisch oder halbkreisförmig. Pseudopodien (Taf. 142: 1/2), im Gegensatz zu den Hyalopodida, stets mit granulärem Cytoplasma gefüllt. Zum Teil beschalte Vertreter, welche früher in die Ordnung Testacea eingereiht wurden. Die stets einkammerige Schale länglich, rundlich oder oval geformt. Sie besteht aus einer vom Cytoplasma ausgeschiedenen Substanz, welche meist eine gallertige Beschaffenheit aufweist. Die Schale kann durch autogene Kieselausscheidungen verstärkt werden oder gewinnt durch Einlagerung fremder Substanzen (Sand, Quarz, Diatomeenschalen, pflanzliche Reste, tierische Skelettreste u. ä.) an Festigkeit. Mit einer einzigen, ventral oder terminal gelegenen, rundlichen Öffnung, welche als Austrittsstelle für die Lobopodien dient. Körperform eines Individuums sehr variabel. Im Ruhestadium mit sternförmig angeordneten Lobopodien. Beim Übergang zur Bewegung bilden sich lappenförmige Lobopodien am vorderen Körperbereich. Ein etwas längeres Lobopodium dirigiert dabei die Richtung der Fortbewegung. Bei sehr schneller Fortbewegung ist nur ein einziges, kräftiges, vorderes Lobopodium ausgebildet. Vertreter der Unterordnung Tubulina mit granulären, zylindrischen Lobopodien, welche an ihrer Spitze eine hyaline, granulafreie Kappe aufweisen. Bei der Fortbewegung bestimmt bei den Tubulina ein längeres vorderes Lobopodium die Bewegungsrichtung. Vertreter der Limacina (ausschließlich unbeschalte Formen) bei der Fortbewegung mehr sackförmig, da nur kurze, breite, bruchsackartige Lobopodien ausgebildet werden. Zum Teil auch bei normaler Fortbewegung nur ein einziges vorderes Lobopodium (*Limax*-Typ) ausgebildet. Während der Fortbewegung ist bei den Limacina eine hintere Uroid-Zone erkennbar. Im Ruhezustand ist ein äußeres, hyalines Ektoplasma und ein inneres, granuläres Endoplasma vorhanden. Endoplasma normal mit einem Kern, sekundär auch mit zahlreichen

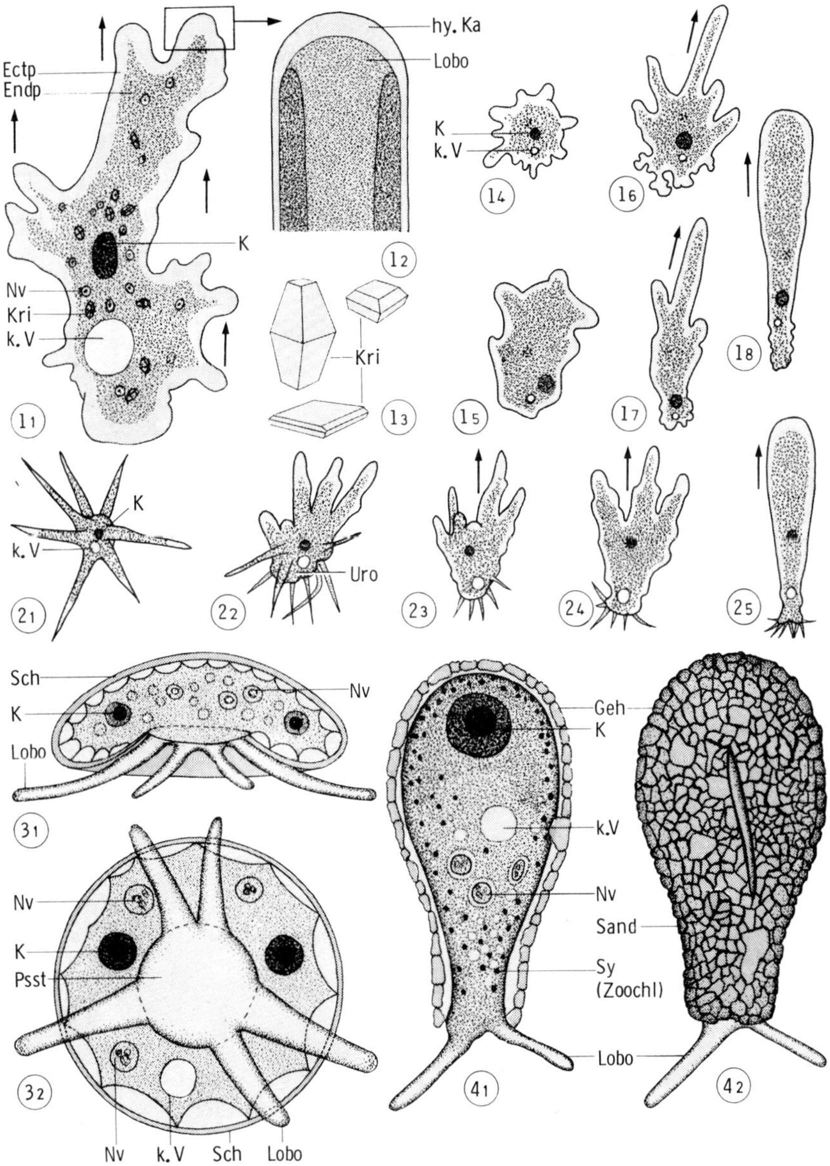

Taf. 142. Hydraulea: Lobeda (Granulopodida). – Abb. 1/1. *Amoeba proteus* (nach ESCHRICH); 1/2. *Amoeba proteus*, zylindrisches Pseudopodium mit Granula und hyaliner Kappe (nach BOVEE & JAHN); 1/3. *Amoeba proteus*, Kristalle (nach GRÜNBAUM u. a.); 1/4–8. *Amoeba proteus* (nach BOVEE): 1/4. schwebendes, sternförmiges Ruhestadium; 1/5. absinkend, Übergang zur Fortbewegung; 1/6. Beginn der kriechenden Fortbewegung auf einer Unterlage; 1/7. normale Fortbewegung; 1/8. schnelle Fortbewegung. Abb. 2. *Polychaos timidum* (nach BOVEE): 2/1. schwebendes, sternförmiges Ruhestadium; 2/2. absinkend, Übergang zur kriechenden Fortbewegung; 2/3. Beginn der kriechenden Fortbewegung auf einer Unterlage; 2/4. normale Fortbewegung; 2/5. schnelle Fortbewegung. Abb. 3/1. *Arcella vulgaris*, Seitenansicht, Längsschnitt (nach LEIDY); 3/2. *Arcella vulgaris* Sicht von unten (nach LEIDY). Abb. 4/1. *Difflugia pyriformis*, Längsschnitt (nach KÜHN); 4/2. *Difflugia pyriformis*, Schale (nach KÜHN). Abkürzungen: Ectp = Ectoplasma, Endp = Endoplasma, Geh = Gehäuse, hy. Ka = hyaline Kappe, K = Kern, Kri = Kristall, k. V = kontraktile Vakuole, Lobo = Lobopodium, Nv = Nahrungsvakuole, Psst = Pseudostom (Schalenöffnung), Sch = Schale, Sy = Symbiont, Uro = Uroidteil, Zoochl = Zoochlorellen.

Kernen (*Pelomyxa*). Endoplasma mit kontraktiler Vakuole, mit Nahrungsvakuolen und Einschlüssen in Form von Glanzkörpern oder Kristallen (Taf. 142:1/3). Primär mit Mitochondrien vom Tubuli-Typ. Bei sekundärer anaerober Lebensweise (z.B. *Pelomyxa palustris* in fauligem Sumpfwasser) fehlen sekundär die Mitochondrien oder es ist die innere Tubuli-Konstruktion nicht mehr erkennbar.

Ungeschlechtliche Vermehrung durch Zweiteilung. Bei vielkernigen Vertretern (*Pelomyxa*) können durch Plasmotomie mehrkernige Tochterindividuen abgeschnürt werden. Bei beschalten Vertretern wird bei der Zweiteilung auch die hier weiche Schale geteilt. Sexualität bei Granulopodida bisher noch nicht festgestellt.

Primäre Lebensweise im Süßwasser und im marinen Bereich; meist im Schlammbereich anzutreffen. Sekundär Besiedlung feuchter, terrestrischer Böden, Moosrasen u.ä. Biotope. Beschalte Vertreter bewohnen fast ausschließlich das Süßwasser. Sie leben ebenfalls in der Schlammregion oder auf Wasserpflanzen und sind in Mooren besonders häufig anzutreffen. Nahrung vorwiegend Bakterien, einzellige Algen und Protozoen. Phagocytäre Nahrungsaufnahme, die Nahrung wird dabei von Lobopodien umflossen.

Unterordnung Tubulina

Lobopodien zylindrisch oder halbkreisförmig. Jedes Lobopodium (Taf. 142:1/2) mit hyaliner, granulafreier Kappe. Der übrige Teil des Lobopodiums mit Granula. Lobopodien relativ lang. Das längste Lobopodium gibt die Bewegungsrichtung an.

Amoebidae. *Amoeba* (Taf. 142:1), *Chaos, Metachaos, Polychaos* (Taf. 142:2): Nackte, unbeschalte Vertreter. Kern ohne Nukeolus.

Arcellidae. *Arcella* (Taf. 142:3), *Pyxidicula*, *Leptochlamys*: Mit zylindrischen Lobopodien, welche hyaline Kappen besitzen. Mit organischer, oft strukturierter Schale. Öffnung (Pseudostom) meist ventral, seltener terminal.

Nebelidae. *Nebela, Quadrulella*: Mit birnförmiger, organischer Schale, welche eingebettete Kieselplättchen enthält.

Difflugiidae. *Difflugia* (Taf. 142:4), *Centropyxis*, *Plagiopyxis*, *Diplochlamys*, *Microchlamys*: Mit runden und ovalen Schalen, welche ebenfalls eingebettete Kieselteile aufweisen. Die Schale wird durch Fremdkörper (Xenosomen) verstärkt.

Unterordnung Limacina

Zellkörper nackt, ohne Schale. Körperform sackförmig (*Pelomyxa*) oder vom *Limax*-Typ (*Trichamoeba*). Die zylindrischen Lobopodien relativ kurz und mit Granula angefüllt. Bei der Fortbewegung mit deutlich ausgebildetem hinteren Uroidteil (mit zahlreiche, schmalen Lobopodien). Primär einkernig, sekundär auch vielkernige Vertreter. Kern ohne Nukleolus. Endoplasma mit Glanzkörper und Kristallen. *Pelomyxa* (Taf. 143:1): Mit zwei- bis vielkernigen Arten. Endoplasma mit symbiontischen Bakterien, anaerobe Lebensweise, dadurch sekundär ohne Mitochondrien, *Trichamoeba* (Taf. 143:2–3), *Saccamoeba*. *Pelomyxa* bisweilen Vertreter einer eigenen Ordnung (Pelobiontida).

Phylogenie – Granulopodida: Stammesgeschichtlich jüngere Amöben-Gruppe, welche von Hyalopodida abzuleiten ist. Sie stammen, über Hyalopodida, aus dem Chrysophyceen-Bereich (Rhizochrysidales). Für ihr stammesgeschichtlich jüngeres Alter gegenüber den Hyalopodida sprechen das Fehlen begeißelter Stadien, sowie die sekundäre Größenzunahme der Vertreter.

Es ist völlig abwegig, in ihnen (z.B. *Pelomyxa*) stammesgeschichtlich sehr alte Vertreter zu sehen, welche bereits vor dem Auftreten begeißelter Flagellaten vorhanden waren. Diese Ansicht wird von Verfechtern der Endosymbiontenhypothese (z.B. MARGULIS) vertreten.

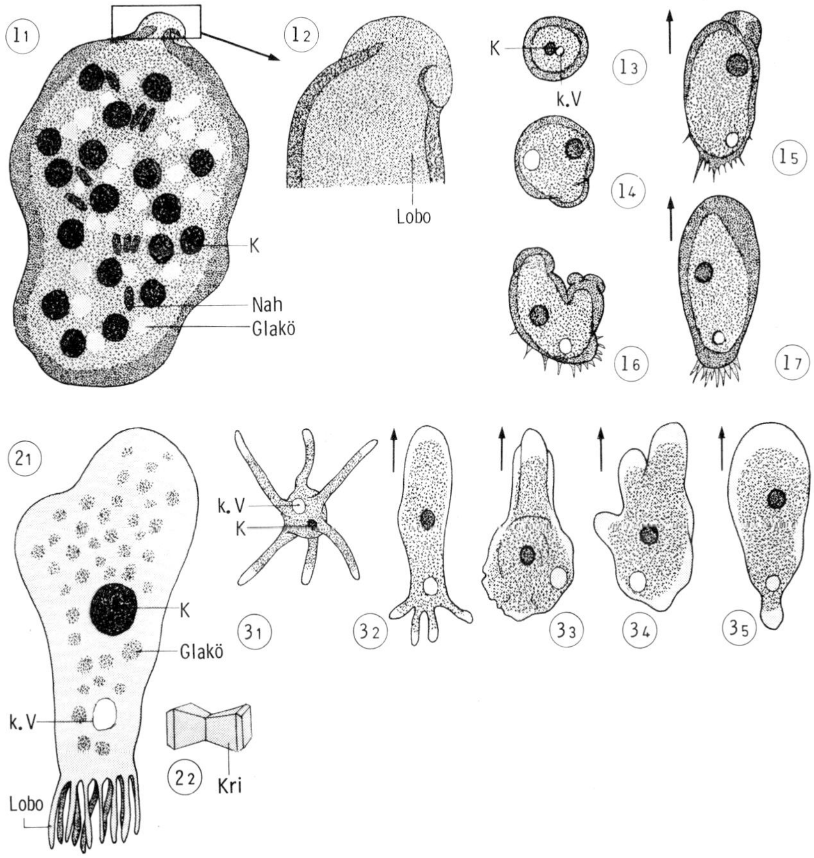

Taf. 143. Hydraulea: Lobeda (Granulopodida). – Abb. 1/1. *Pelomyxa palustris* (nach KÜHN); 1/2. *Pelomyxa granularis*, kurzes, granuläres Lobopodium (nach BOVEE & JAHN); 1/3–7. *Pelomyxa limicola* (nach BOVEE): 1/3. Ruhestellung; 1/4. Beginn der Lobopodienbildung; 1/5. Beginn der Fortbewegung; 1/6. normale Fortbewegung; 1/7. schnelle Fortbewegung. Abb. 2/1. *Trichamoeba sphaerarum* (nach SCHAEFFER); 2/2. *Trichamoeba schaefferi*, Kristalle (nach RADIR). Abb. 3. *Trichamoeba cloaca* (nach BOVEE): 3/1. schwebendes, sternförmiges Ruhestadium; 3/2. absinkend, Übergang zur Fortbewegung; 3/3. Beginn der Fortbewegung; 3/4. normale Fortbewegung; 3/5. schnelle Fortbewegung. Abkürzungen: Glakö = Glanzkörper (Granula), K = Kern, Kri = Kristall, k. V. = kontraktile Vakuole, Lobo = Lobopodium, Nah = Nahrung.

Klasse Acrasidea (Acrasea)
(Taf. 144)

Mit der einzigen Ordnung der Acrasida.

Einzellige, amöboide Vertreter. Lobopodien hyalin, relativ stumpf und ohne Granula. Amöboide Stadien vom *Limax*-Typ. Fortbewegung meist von einem vorderen, großen Pseudopodium (*Limax*-Typ) gesteuert. Zum Teil mit begeißelten Stadien. Die beiden Geißeln im vorderen Zellbereich, gleichlang und ohne Haare. Mit Sorokarpbildung. Vor der Sorokarpbildung wird ein lockeres Zellaggregat (Pseudoplasmodium) gebildet. Bei stammesgeschichtlich älteren Vertretern (Guttulinopsidae, Copromyxidae) sind die Zellen des Sorokarps alle gleichgestaltet, bei stammesgeschichtlich jüngeren Vertretern (Acrasidae) sind die Zellen des Sorokarps in morphologisch unterschiedliche Stielzellen und Sporen differenziert. Primäre Bodenbewohner, welche von bodenbewohnenden Eruptina (Hyalopodida) abzuleiten sind.

Ordnung Acrasida (zelluläre „Schleimpilze")

Einzellige, amöboide Vertreter vom *Limax*-Typ. Pseudopodien stumpf, lappenförmig und ohne Granula. Keine Ausbildung von feinen, mehr kegelförmigen Pseudopodien. Zuweilen können aber (z.B. *Acrasis*) leicht kegelförmige, dünne Pseudopodien in der hinteren Uroidregion auftreten, nie aber im vorderen Zellbereich. Fortbewegung fast stets durch ein einziges, vorderes Pseudopodium (*Limax*-Typ). Selten mit begeißelten Stadien (z.B. *Pocheina*). Die beiden Geißeln gleichlang, glatt und im vorderen Zellbereich gelegen. Amöboides Normalstadium mit kontraktiler Vakuole und einzelnem Kern, der einen zentral gelegenen Nukleolus aufweist. Mitochondrien vom abgeplatteten Cristae-Typ (z.B. bei *Guttulinopsis, Pocheina, Acrasis*) oder vom röhrenförmigen Tubuli-Typ (z.B. *Copromyxa*). Unter ungünstigen Bedingungen werden Microcysten ausgebildet, indem sich die Individuen abrunden und Sekrethüllen um sich bilden. Vor der Sorokarpbildung kommt es zur Bildung von lockeren Zellaggregaten (Pseudoplasmodien) mit Ausbildung gestielter Kulminationspunkte. Im Gegensatz zu den Dictyosteliida bewegen sich die Amöben nicht in gerichteten Strömen zum Aggregationszentrum am Rande des Pseudoplasmodiums, sondern einzeln oder in kleineren Gruppen. Aggregierende Individuen reagieren nicht (im Gegensatz zu den Dictyosteliida) auf Acrasin. Stiel des Sorokarps (Taf. 144:1) nicht röhrenförmig wie bei den Dictyosteliida, sondern er wird von voll lebensfähigen, nicht sekundär rein somatischen Individuen gebildet. Der Aggregatzustand stellt ein typisches Pseudoplasmodium dar, in welchem jedes einzelne Individuum seine volle Individualität behält. Die Fruchtkörper (Sorokarpien) werden auf dem Pseudoplasmodium gebildet. Sorokarp primär einfach, klein und nur wenig gestielt (Taf. 144:2–3), (*Guttulina, Guttulinopsis*), sekundär umfangreicher, mit deutlichem Stiel und terminal rundlich (z.B. *Pocheina*) oder verzweigt (Taf. 144:1) bei *Acrasis*. Nicht nur die Zellen des eigentlichen Sorokarps, sondern auch die Stielzellen können als Sporen fungieren. Ohne Sexualität.

Zyklus (*Acrasis rosea*): Die von dem Sorokarp stammenden Sporen stellen abgerundete, mit einer Pore versehen Zellen dar. Durch die Pore schlüpft das mit Lobopodien versehene Amöboidstadium. Durch schnell aufeinanderfolgende Zellteilungen entsteht eine große, sich dicht zusammenschließende Population. Es kommt zur Ausbildung von lockeren Zellaggregaten (Pseudoplasmodien). Die Sorokarpbildung erfolgt meist am Rande des Pseudoplasmodiums. Es kommt zur Stielbildung (mit lebenden Zellen) und zur Ausbildung von Sporen im oberen Bereich des Sorokarps. Die in Sporen umge-

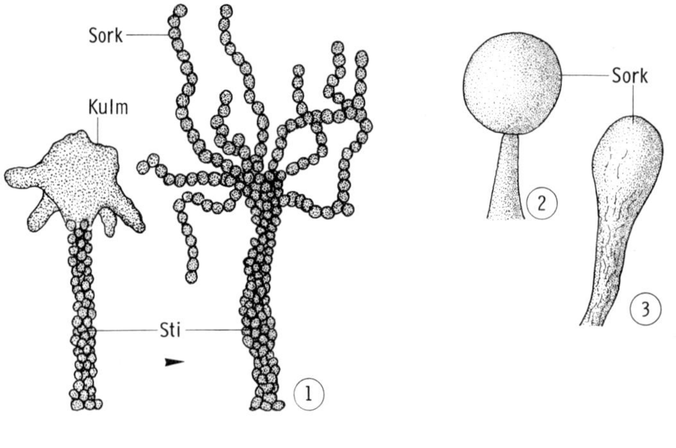

Taf. 144. Hydraulea: Acrasidea (Acrasida). Abb. 1/links. *Acrasis rosea*, Ausbildung eines Pseudoplasmodiums mit einem Kulminationszentrum an der Spitze (nach Gerisch); 1/rechts. *Acrasis rosea*, Sorokarpbildung (nach Gerisch). Abb. 2. *Guttulina*, Sorokarp (nach Raper). Abb. 3. *Guttulinopsis*, Sorokarp (nach Raper). Abkürzungen: Kulm = Kulminationszentrum (Beginn der Sorokarpbildung), Sork = Sorokarp (einfach bei 2 und 3, verzweigt bei 1), Sti = Stiel.

wandelten Zellen fallen zu Boden, und aus ihnen schlüpft das Amöboidstadium. Sexuelle Vorgänge nicht bekannt.

Lebensweise: Bodenbewohner, meist coprophil. Phagocytäre Nahrungsaufnahme. Sie ernähren sich fast ausschließlich von Bakterien. Mit relativ schneller Fortbewegung.

Guttulinopsidae. Mit einfachen, kleinen, gestielten, rundlichen Sorokarpien. *Guttulina* (Taf. 144:2), *Guttulinopsis* (Taf. 144:3).

Copromyxidae. Kleine Sorokarpien, terminal verzweigt. *Copromyxa.*

Acrasidae. Zellen des Sorokarps (im Gegensatz zu den vorher erwähnten Familien) in morphologisch unterschiedliche Stielzellen und Sporen differenziert. Sporen in terminalem, rundlichem Sorus (*Pocheina*), oder Sorus verzweigt (*Acrasis*, Taf. 144:1). Begeißelte Stadien bei *Pocheina.*

Phylogenie – Acrasida: Acrasida besitzen hyaline Pseudopodien vom *Limax*-Typ. Sie sind von bodenbewohneden Eruptina (Hyalopodida) abzuleiten. Auch der Besitz von begeißelten Stadien (bei *Pocheina*) weist auf eine Ableitung aus dem Eruptina-Bereich hin. Innerhalb der Eruptina zeigt sich schon ein Trend zur Ausbildung lockerer Aggregate (z. B. bei *Hartmannella astronyxis*), und es kommt schon zur Ausbildung von Sporenträgern (bei *Sappinia*).

Von den Dictyosteliea (Mycetozoidea) unterscheiden sich die Acrasida in zahlreichen Merkmalen. Acrasida z. B. mit *Limax*-Amöben, bei Dictyosteliea dagegen Amöboidstadium mit zahlreichen länglich-kegelförmigen Pseudopodien. Stiel des Sorokarps bei Acrasida nicht röhrenförmig wie bei den Dictyosteliidae. Keine Differenzierung rein somatischer Stielzellen wie bei Dictyosteliidae. Keine Reaktion auf Acrasin.

Aus diesen Gründen ist anzunehmen, daß die Mycetozoidea (mit den Dictyosteliea als Teilgruppe) von einer anderen Amöben-Gruppe und zwar von Myxochrysidiaceae (Chrysophyceae) abzuleiten sind.

Stamm Trichomycetea

(Taf. 145)

Thallus in Form einer unverzweigten, unsevtierten, vielkernigen Hyphe. Hyphe mit einem nichtzelligen Haftorgan an der Basis. Sekundär (bei einigen Eccrinales) können auch verzweigte Hyphen auftreten. Teils holocarp (Amoebidiales), teils eukarp (Eccrinales). Zellwände aus Polygalactosamin und Galactanen bestehend. Bei Amoebidiales (Taf. 145:1) wandelt sich der Thallus als Ganzes in ein Sporangium um. Ungeschlechtliche Fortpflanzung hier durch Endosporen (Sporangiosporen). In einem dem Sporangium morphologisch entsprechenden Organ können aber auch Amöboidstadien (entsprechen Hyalopodida) gebildet werden, welche sich encystieren, mit einer Zellwand versehen und zu einer Dauerspore werden. In der Dauerspore (= Sporangium) kommt es dann zur Ausbildung von Endosporen. Nach anderen Beobachtungen sollen zwei Amöboidstadien miteinander kopulieren und eine Zygospore (Dauerspore) bilden. Diese fungiert dann als Sporangium und entläßt ihre Endosporen. Amoebidiales sind sehr wahrscheinlich Haplonten, bei der vermuteten sexuellen Fortpflanzung müßte dann die Meiose in der Zygospore bei der Sporenbildung stattfinden. Bei den wohl ebenfalls haplontischen Eccrinales erfolgt die ungeschlechtliche Vermehrung durch Sporangienbildung an der Hyphenspitze. Es können mehrkernige, sofort keimfähige Sporen gebildet werden oder das Sporangium enthält eine kugelige Dauerspore. Es ist umstritten, ob eine geschlechtliche Fortpflanzung vorliegt. Bei *Enterobryus* soll eine Kernverschmelzung innerhalb der Hyphe der Dauersporenbildung vorangehen. Auch hier würde dann die Meiose vor der Sporenbildung in der Dauerspore einsetzen.

Trichomyceten leben als Kommensalen außen auf dem Chitinskelett von Crustaceen und Insekten, oder auch im inneren Bereich an der Darmwand von Crustaceen, Tausendfüßlern und Insekten. Eine Schädigung der Wirte konnte nicht nachgewiesen werden.

Klasse Trichomycetes

(Taf. 145)

Einzige Klasse mit den Merkmalen des Stammes.

Ordnung Amoebidiales

Thallus als unverzweigte, unseptierte, vielkernige Hyphe ausgebildet. Mit nichtzelligem Haftorgan an der Basis der Hyphe. Holokarpisch. Ungeschlechtliche Fortpflanzung durch unbegeißelte, sichelförmige Sporen. Fortpflanzung auch durch Amöboidstadien, welche sich eventuell auch geschlechtlich fortpflanzen. Amöben typische „Hyalopodida-Amöben" mit klaren, nichtgranulären Pseudopodien (bei der Fortbewegung) am Vorderende des Zellkörpers. *Amoebidium* (Taf. 145): Ektokommensalen auf dem äußeren Chitinskelett von Crustaceen und Insekten. Vermehrung durch Sporen und Amöboidzellen. – *Paramoebidium*: Im Darmtrakt von Crustaceen und Insekten, an der Chitinwandung des Vorder- und Enddarmes befestigt. Vermehrung nur durch Amöboidzellen.

Ordnung Eccrinales

Thallus teils unverzweigt, teils verzweigt, aber stets unseptiert. Mit nichtzelligem Haftorgan an der Hyphenbasis. Eukarp. Sporangien werden an der Spitze des Thallus gebildet. Endokommensalen im Darmtrakt (an der Chitinwandung des Vorder- und Enddarmes) von Crustaceen, Tausendfüßlern und Insekten. *Eccrina, Enterobryus* (Hyphe unverzweigt. Fortpflanzung durch mehrkernige Sporen und einkernige Dauersporen), *Palavascia* (Hyphe verzweigt. Fortpflanzung nur durch einkernige Dauersporen).

Phylogenie – Trichomycetea: Sie sind aus dem Hyalopodida-Bereich (Hydraulea) abzuleiten. Die Amöboidstadien der Trichomyceten stellen typische „Hyalopodida-Amöben" dar mit klaren, nichtgranulären Pseudopodien. Eine endokommensale Lebensweise im Darmtrakt von Evertebraten treffen

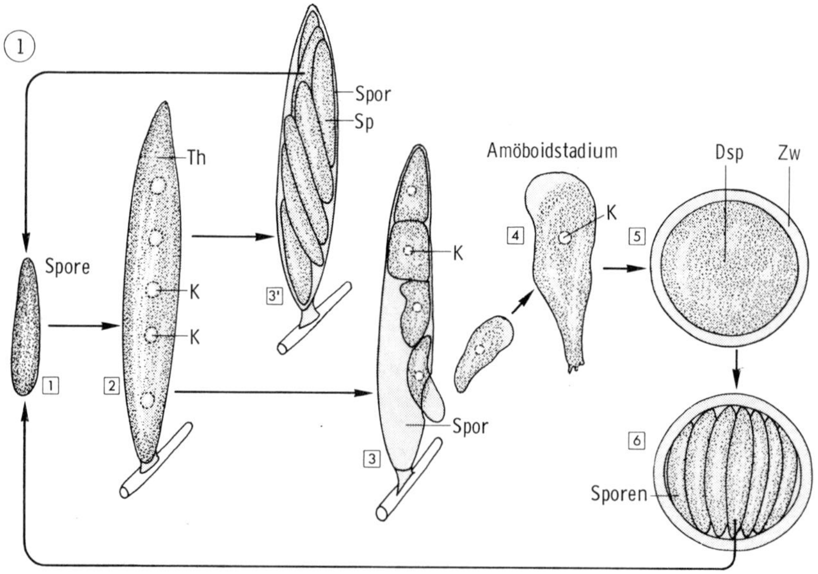

Taf. 145. Trichomycetea: Trichomycetes (Amoebidiales). – Abb. 1. *Amoebidium parasiticum*, Entwicklungszyklus (nach Whisler): 1/1. Sporangiospore; 1/2. Thallus; 1/3. Sporangien mit Sporangiosporen oder mit Amöboidstadien; 1/4. Amöboidstadium; 1/5. Dauerspore; 1/6. Dauerspore mit Endosporen. Abkürzungen: Dsp = Dauerspore, K = Kern, Sp = Spore, Spor = Sporangium, Th = Thallus, Zw = Zellwand.

wir schon bei einigen Vertretern der Hyalopodida an, gleiche Lebensverhältnisse auch bei vielen Trichomyceten. Die Ausbildung von Hyphen läßt zunächst eine Ableitung aus dem Xanthophyta-Bereich für möglich halten. Wir müssen aber berücksichtigen, daß Hyphenbildung unabhängig voneinander, sowohl bei den Eumycota als auch bei den Pantonemomycota erfolgte. Daraus kann geschlossen werden, daß es auch bei den Trichomyceten unabhängig von den anderen Gruppen zu einer Hyphenbildung gekommen ist.

Stamm Mycetozoidea (Eumycetozoea)
(Taf. 146–150)

Mit den Klassen der Protosteliea, Dictyosteliea und Myxogastria.

Amöboide Vertreter mit typischer amöboider Fortbewegung. Lobopodien fast stets länglich-kegelförmig. Bei Protostelia und Myxogastria treten auch begeißelte Formen (z.B. Myxoflagellaten im Zyklus der *Myxogastria*) auf. Primär (z.B. Protostelia: *Cavostelium*) liegt bei den begeißelten Formen eine heterokonte Zweigeißligkeit vor. Die Nebengeißel ist sehr kurz und besitzt, wie auch die Hauptgeißel, sekundär keine Haare. Die Begeißelung entspricht derjenigen der Myxochrysidiaceen (Chrysophyceen), von welchen die Mycetozoidea abzuleiten sind. Sekundär können selten auch Formen mit zwei voll ausgebildeten Geißeln oder mit 4 Geißeln (Protostelia) auftreten. Begeißelte Flagellaten von *Ceratiomyxella* (Protostelia) mit Körperschuppen. Mit tubulären Mitochondrien. Ausbildung von Pseudoplasmodien bei Dictyostelia, bei Myxogastria dagegen Bildung eines echten Fusionsplasmodiums ohne Individualität der einzelnen Zellen. Mit Ausbildung von Sporenträgern (Sorokarpien). Sporenträger primär einfach und klein und nur eine bis mehrere Sporen enthaltend (Protostelia), sekundär Ausbildung vielsporiger Fruchtkörper. Fruchtkörper der Myxogastria sehr verschiedenartig (Sorokarp, Aethalium, Plasmodiocarp). Sporen der Myxogastria mit aus Zellulose und Keratin bestehender Zellwand.

Sexualität besonders bei den Myxogastria ausgebildet, mit einem Wechsel zwischen einer haploiden und diploiden Phase. Durch Kopulation von begeißelten Schwärmern oder auch unbegeißelten Amöboidformen entsteht eine diploide Zygote (Myxamöbe) und durch anschließende Teilungen ein vielkerniges, diploides Plasmodium. Sexuelle Vorgänge auch bei Protostelia und Dictyostelia nachgewiesen.

Primäre Bodenbewohner, meist auf faulenden Pflanzenresten. Die Nahrung besteht vorwiegend aus Bakterien, welche phagocytär aufgenommen werden.

Klasse Protosteliea
(Taf. 146)

Stammesgeschichtlich älteste Teilgruppe der Mycetozoidea. Neben einzelligen Amöboidformen treten auch begeißelte Amöboflagellaten (Cavosteliidae, Ceratiomyxidae) auf. Amöboflagellaten von *Ceratiomyxella* (Cavosteliidae) mit Körperschuppen. Amöboflagellaten zum Teil mit Pseudoflagellum. Hier handelt es sich um ein langes, mehr fadenförmiges Lobopodium, welches im vorderen Zellbereich, nahe der Geißeln, beginnt und nach hinten hängt. Primär einzeln, sekundär mit kleineren Protoplasmodien (Protosteliidae, einige *Protostelium-Arten*) oder größeren, reticulären Aphanoplasmodien (Protosteliidae: *Schizoplasmodium, Schizoplasmodiopsis*). *Ceratiomyxa* (Ceratiomyxidae) mit Phaneroplasmodium. Das trophische Stadium (primär als einzelnes Amöboidstadium) mit kontraktilen Vakuolen, Nahrungsvakuolen, tubulären Mitochondrien, Golgi-Körper und Kern mit zentralem Nukleolus. Amöboidformen mit länglich-kegelförmigen Pseudopodien. Im Vergleich zu Acrasida nur relativ langsame Fortbewegung und ohne rhythmische Plasmaströmung wie bei Myxogastria. Begeißelte Stadien (Cavosteliidae, Ceratiomyxidae) primär zweigeißlig mit stark reduzierter Nebelgeißel (hinterer Geißel). Selten auch Individuen mit 2 voll ausgebildeten Geißeln oder mit 4 Geißeln. Die beiden Basalkörper der Geißeln stehen in einem rechten Winkel zueinander. Die kurze hintere Nebengeißel wird dicht an den Zellkörper gepreßt. Geißeln ohne Haarbildungen. Primär direkte Umwandlung des trophischen Stadiums in ein Sorokarp mit einer einzigen Spore (*Cavostelium, Protostelium*), selten mit 2 oder 4 Sporen (z.B. *Cavostelium*). Bei *Ceratiomyxa* und *Nematostelium* werden Phanero- bzw. Apha-

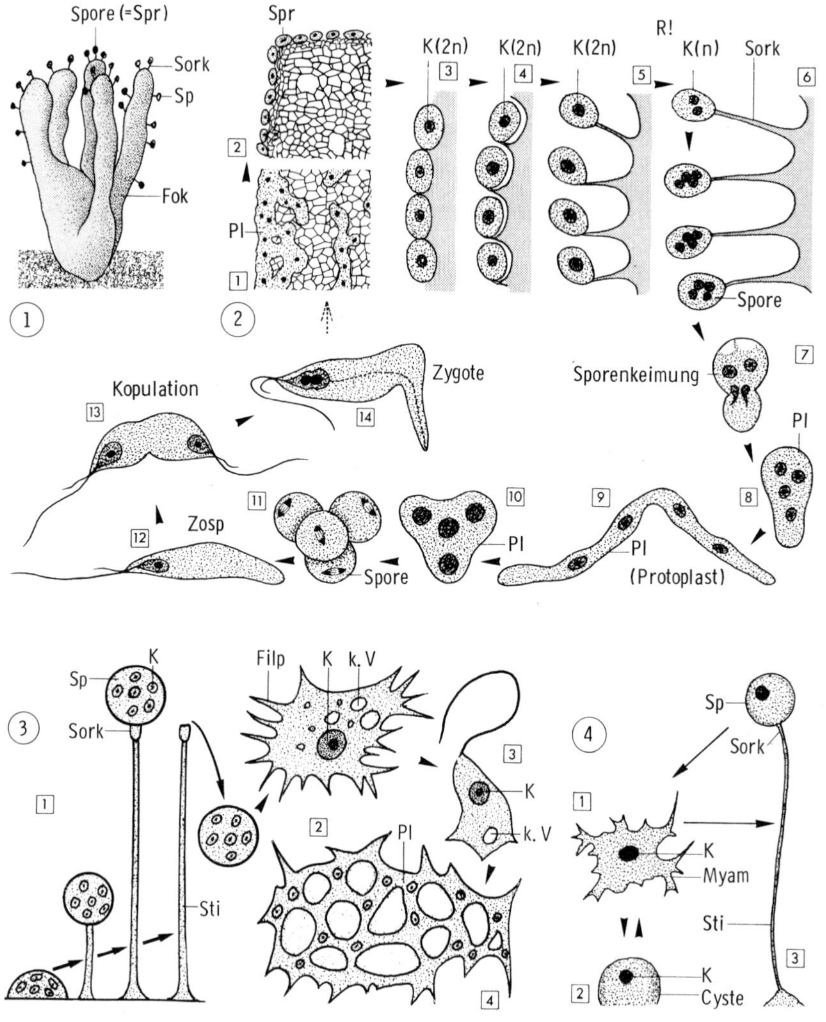

Taf. 146. Mycetozoidea: Protosteliea (Protosteliida). – Abb. 1. *Ceratiomyxa fruticulosa*, Fortpflanzungskörper (Plasmodium) mit äußerer Sorokarpbildung. Sorokarp jeweils mit einer einzigen Spore (nach LISTER). Abb. 2. *Ceratiomyxa*, Entwicklungszyklus: 2/1, 2/2. Bildung der außen liegenden einzelligen Sorokarpien (nach LISTER); 2/3–6. Bildung gestielter Sorokarpien, Kernteilungen mit Reduktionsteilung (nach GILBERT); 2/7. Sporenkeimung; 2/8–10. Ausbildung des Protoplasten (Plasmodium); 2/11. Teilung des mehrkernigen Protoplasten in einkernige Sporen; 2/12. Umwandlung der Sporen in begeißelte Schwärmer;; 2/13. Kopulation der Schwärmer; 2/14. Zygote (nach GILBERT). Abb. 3. *Cavostelium*, Entwicklungszyklus (nach OLIVE): 3/1. Sorokarpbildung, Ausbildung einer mehrkernigen Spore; 3/2. vegetatives Amöboidstadium; 3/3. Schwärmer; 3/4. Aphanoplasmodium. Abb. 4. *Protostelium mycophyga* (nach GRELL): 4/1. Myxamöbe (Amöboidstadium); 4/2. Mikrocyste; 4/3. Sorokarp mit einer Spore. Abkürzungen: Aphpl = Aphanoplasmodium, Filp = Filopodien, K= Kern, k. V = kontraktile Vakuole, Myam = Myxamöbe, Pl = Plasmodium, R! = Reduktionsteilung, Sork = Sorokarp, Sp = Spore, Sti = Stiel, Zosp = Zoospore.

noplasmodien ausgebildet. Bei *Ceratiomyxa* wölbt sich dabei das Plasmodium säulenförmig auf, und die Sorokarpien sitzen einzeln auf kleinen Stielen außen an den Plasmasäulen.

Einfacher Zyklus ohne Sexualität: Aus der Spore keimt ein amöboides Stadium (oder ein Amoeboflagellat). Das einzellige Stadium wandelt sich dabei primär direkt in ein Sorokarp um oder es entstehen im anderen Falle Plasmodien, welche Sorokarpien bilden. Sexualität treffen wir innerhalb der Protostelia nur bei den Ceratiomyxidae (*Ceratiomyxa*) an. Hier kommt es zur Kopulation begeißelter Zellen, und die Reduktionsteilung erfolgt bei der Sporenbildung.

Lebensweise: Vorwiegend auf faulenden, pflanzlichen Teilen.

Ordnung Protosteliida

Einzige Ordnung mit den Merkmalen der Klasse.

Cavosteliidae. Stammesgeschichtlich älteste Gruppe der Protosteliida mit begeißelten Amoeboflagellaten. Als trophisches Stadium sind primär einzellige Amöboidformen ausgebildet, welche sich direkt in ein Sorokarp mit einer einzigen Spore (selten auch 2) umwandeln. Neben den einkernigen Amöboidformen treten sekundär auch vielkernige Amöboidformen und auch vielkernige Aphanoplasmodien auf. *Cavostelium* (Taf. 146:3): Mit sehr kleinen, leicht gestielten Sorokarpien, die meist nur eine, selten auch zwei Sporen enthalten. Mit begeißelten Amoeboflagellaten, meist mit langer Vordergeißel und sehr kurzer hinterer Geißel. – *Ceratiomyxella*: Mit Aphanoplasmodium. Sorokarpien gestielt, mit mehreren Sporen. Mit begeißelten Amoeboflagellaten. – *Planoprotostelium*, *Protosporangium*.

Ceratiomyxidae. *Ceratiomyxa* (Taf. 146:1,2): Plasmodium wölbt sich säulenförmig auf, seitlich an der Aufwölbung kleine gestielte Sorokarpien mit einer einzigen Spore. Mit Phaneroplasmodium. Mit Sexualität.

Protosteliidae. Sekundär ohne begeißelte Stadien. Trophische Stadien aus einzelnen, einkernigen Amöboidstadien oder aus vielkernigen Amöboidstadien (Protoplasmodien) bestehend. Beide Formen treffen wir bei *Protostelium* an. Aphanoplasmodien treffen wir bei *Schizoplasmodium*, *Nematostelium* und *Schizoplasmodiopsis* an. *Protostelium* (Taf. 146:4): Ohne voll ausgebildete plasmodiale Stadien. Meist als einzelliges Amöboidstadium auftretend. Direkte Umwandlung in ein einsporiges Sorokarp. – *Protosteliopsis*: Einzellige Amöboidstadien. – *Schizoplasmodium*, *Nematostelium*, *Schizoplasmodiopsis*: Alle mit Aphanoplasmodien.

Phylogenie – Protosteliea: Sie stellen die stammesgeschichtlich älteste Gruppe der Mycetozoidea dar und leiten sich aus dem Myxochrysidaceen-Bereich (Chrysophyceen) ab. *Myxochrysis* stellt im vegetativen Zustand ein vielkerniges Plasmodium dar, welches durch die Verschmelzung zahlreicher einzelliger Amöboidstadien entsteht. Die begeißelten Stadien der Cavosteliidae (eingeißlig mit extrem reduzierter zweiter Geißel) entsprechen den Schwärmern von *Myxochrysis* und diese wiederum den Schwärmern von *Chromulina* (Chrysomonadales). *Myxochrysis* besitzt noch Chromatophoren, während die Mycetozoidea einen sekundären Chromatophorenverlust aufweisen. Durch Anpassung an terrestrische Lebensweise entstand die morphologische Vielfalt der Mycetozoidea.

Manchmal werden Mycetozoidea auch von Xanthophyta (Modell *Myxochloris*) abgeleitet. *Myxochloris* weist aber eine intrazelluläre Lebensweise auf (in Sphagnum-Zellen), so daß sich der *Myxochloris*-Bereich nicht für eine Ableitung der freilebenden Mycetozoidea eignet.

Klasse Dictyosteliea
(Taf. 147 u. 148)

Einzellige amöboide Formen mit länglich-kegelförmigen Pseudopodien. Amöboides Stadium einkernig, mit 2–4 peripher gelegenen Nukleoli. Ohne begeißelte Stadien. Bei *Polysphondylium* wurden vestigiale Centriolen festgestellt, die als Geißelrest (Basalkörper) gedeutet werden. Ausbildung von Aggregationsstadien in Form von Pseudoplasmodien. Mit Sorokarpbildung.

Zyklus (Taf. 147), (*Dictyostelium discoideum*): Aus den im Sorus des Sorokarps gebildeten, mit einer Zellwand versehenen Sporen schlüpft eine mit länglich-kegelförmigen Pseudodopodien versehene Myxamöbe. Die Myxamöben ernähren sich phagocytär von Bakterien, welche in Nahrungsvakuolen verdaut werden. Unter günstigen Ernährungsbedingungen findet eine starke ungeschlechtliche Vermehrungsphase mit Zweiteilungen statt. Die solitäre Phase des Zyklus hört erst auf, wenn das Nahrungsangebot knapp wird. Es kommt dann zur Ausbildung von vielzelligen Pseudoplasmodien (Aggregationsstadien). Innerhalb des Pseudoplasmodiums behalten die Amöben ihre Individualität bei. Die Ausbildung von Pseudoplasmodien geht von einem einzelnen Individuum (Initialindividuum) aus, welches einen in die Umgebung diffundierenden Lockstoff (Acrasin) ausscheidet. Acrasin ist ein zyklisches Adenosinmonophosphat (AMP) und lockt die anderen Amöben herbei. Außerdem werden von dem Initialindividuum Acrasin zerstörende Enzyme abgegeben, damit die anderen Amöben nicht ebenfalls zu Initialindividuen werden können. In radiär angeordneten Zügen versammeln sich die

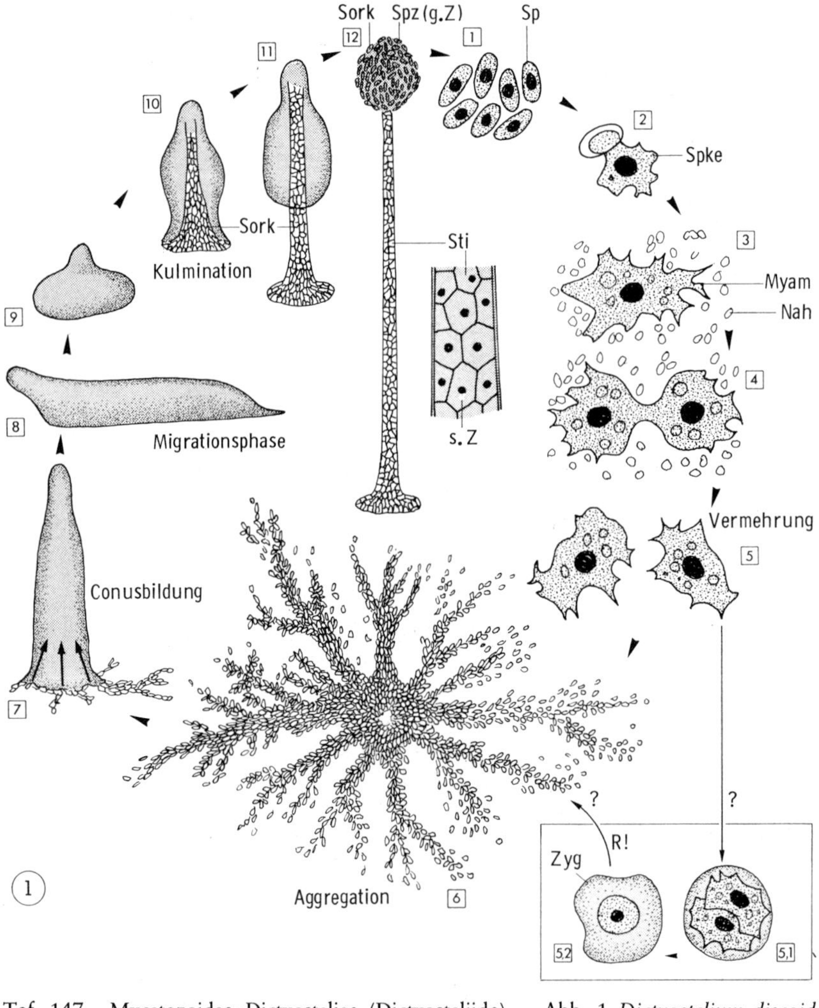

Taf. 147. Mycetozoidea: Dictyosteliea (Dictyosteliida). – Abb. 1. *Dictyostelium discoideum*, Entwicklungszyklus. Erläuterungen im Text (nach Gerisch; Raper). Abkürzungen: g. Z = generative Zellen, Nah = Nahrung, Myam = Myxamöbe, R! = Reduktionsteilung, Sork = Sorokarp, Sp = Spore, Spke = Sporenkeimung, Spz = Sporenzelle, Sti = Stiel, s. Z = somatische Zelle (Stielzelle), Zyg = Zygote.

Amöben in einem Zentrum um das Initialindividuum und bilden ein Pseudoplasmodium in Form eines aufrecht stehenden Konus. Bei *D.discoideum* kippt der Konus um und kann eine Zeitlang als einheitlicher Körper umherkriechen (Migrationsphase). Dann richtet sich das Pseudoplasmodium wieder auf (Beginn der Kulmination) und wandelt sich in ein Sorokarp (Sporenträger) um. Der Sporenträger besteht aus einem Stiel und einem, die Sporen enthaltenden Sorus. Der Stiel ist primär hohl (Acytosteliidae), sekundär (Dictyosteliidae) wird er von somatischen Zellen gebildet, welche sich nicht mehr fortzupflanzen vermögen. Die Stielzellen sind mit Vakuolen versehen und halten durch ihre Turgeszenz den Stiel aufrecht. Der Stiel besitzt eine äußere Wand, der innere Hohlraum ist mit Stielzellen angefüllt. Nach Ausbildung des Stieles wandern die generativen, sich nicht an der Bildung des Stieles beteiligenden Zellen nach oben, umgeben sich jeweils mit einer Zellwand und bilden in ihrer Gesamtheit den Sorus. Jede einzelne Amöbe wird zu einer Spore, die bei der Keimung eine Myxamöbe entläßt.

Die Myxamöben sind offensichtlich Haplonten (*D. discoideum* mit 7 Chromosomen). Initialindividuen mit einem zusätzlichen Chromosom. Geschlechtsvorgänge sind bisher nur bei der Ausbildung von Macrocysten bekannt geworden. Es ist nicht sicher, ob im Zyklus ebenfalls Sexualität zu beobachten ist. Nach einigen Untersuchern soll eine Plasmogamie (Taf. 147:5/1, 5/2) zwischen zwei Myxamöben vor der Aggregation stattfinden. Nach der Zygotenbildung soll aber sofort wieder eine Reduktionsteilung stattfinden, so daß auch hier hapoloide Individuen das Pseudoplasmodium bilden.

Bodenbewohner, häufig auf faulenden Pflanzenresten. Sie bevorzugen feuchte Substrate und ernähren sich phagocytär von Bakterien und Hefen.

Ordnung Dictyosteliida

Einzige Ordnung mit den Merkmalen der Klasse.

Acytosteliidae. Einzige Gattung *Acytostelium* (Taf. 148:1): Stiel des Sorokarps primär hohl und nicht mit Stielzellen angefüllt.

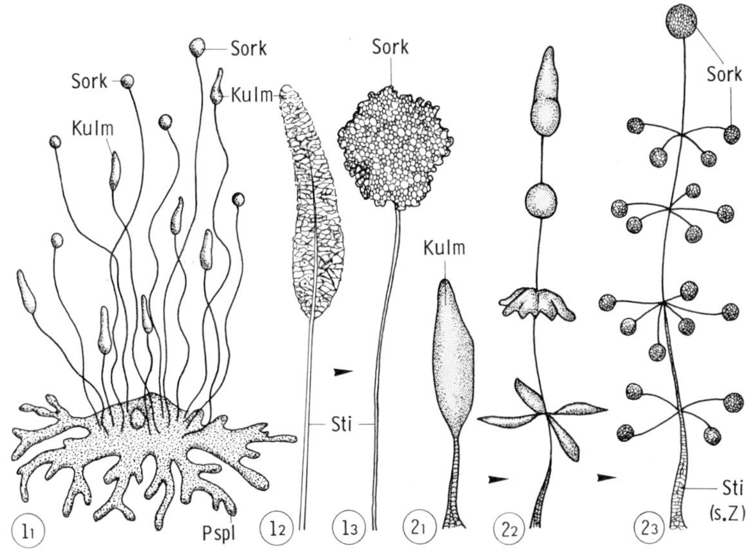

Taf. 148. Mycetozoidea: Dictyosteliea (Dictyosteliida). – Abb. 1. *Acytostelium leptosomum*: 1/1. Pseudoplasmodium mit Kulminationszentren und Sorokarpbildung (nach RAPER & QUINLAN); 1/2. gestieltes Kulminationszentrum (nach GERISCH); 1/3. Sorokarp (nach GERISCH). Abb. 2. *Polysphondylium pallidum*: 2/1, 2/2. Ausbildung zunächst einfacher, dann verzweigter Kulminationszentren (nach GERISCH); 2/3. Sorokarpbildung (nach GERISCH). Abkürzungen: Kulm = Kulminationszentrum, Pspl = Pseudoplasmodium, Sork = Sorokarp, Sti = Stiel, s. Z = somatische Zellen.

Dictyosteliidae. Sorokarp mit breitem Stiel, der innen mit Stielzellen angefüllt ist. *Dictyostelium* (Taf. 147): Mit endständigem Sorus; *Polysphondylium* (Taf. 148:2): Mit endständigem Sorus und wirtelartig angeordneten Sekundärsori.

Phylogenie – Dictyosteliea: Sie sind von Protosteliea abzuleiten. Die Vorfahren der Dictyosteliea sind im nicht mehr begeißelten Protosteliea-Bereich (um Gattung *Protostelium*) zu suchen. Der Guanin-Cytosin-Gehalt (GC) von *Acytostelium* liegt dicht an dem Gehalt von *Protostelium* aber weiter entfernt von dem GC-Gehalt von *Dictyostelium*. *Acytostelium* stellt die Basisgruppe der Dictyosteliea dar und zeigt nahe Verwandtschaft mit dem *Protostelium*-Bereich. Die Trennung beider Gruppen erfolgte durch die Ausbildung eines Lockstoffes (Acrasin) bei den Dictoyosteliea, der zu starken Veränderungen in der Lebensweise führte. Bei *Protostelium* (Protosteliea) sind bereits Aggregate in Form von Protoplasmodien bekannt, es kommt aber noch nicht zur Ausbildung vielzelliger Fruchtkörper (Sorokarpien). Von der stammesgeschichtlich ältesten Teilgruppe der Dictyosteliea (Acytosteliidae mit der einzigen Gattung *Acytostelium*) sind die stammesgeschichtlich jüngeren Dictyosteliidae (sekundär Sorokarpstiel mit Stielzellen angefüllt) abzuleiten.

Klasse Myxogastria (echte „Schleimpilze")
(Taf. 149, 150)

Mit den Ordnungen der Echinosteliida, Trichiida, Liceida, Stemonitida und Physarida.

Im vegetativen Stadium als Aphanoplasmodien oder als größere Phaneroplasmodien (z. B. *Fuligo septica*) auftretend. Die Plasmodien entstehen durch eine Reihe von Kernteilungen (ohne Plasmateilung) aus einer diploiden Myxamöbe. Plasmodium (Taf. 149:2/2) daher vielkernig (mit diploiden Kernen), formveränderlich und amöboid beweglich, ohne umgrenzende Zellwand. Es handelt sich um ein echtes Fusionsplasmodium. Die Myxamöben verschmelzen zu einer einheitliche, vielkernigen Plasmamasse und verlieren dabei ihre Individualität (Gegensatz Pseudoplasmodium der Acrasida). Die Phaneroplasmodien vieler Vertreter sind makroskopisch sichtbar und können im Extremfall (bei *Fuligo septica*) bis zu 1,5 m^2 groß werden. Amöboidstadien mit länglich-kegelförmigen Lobopodien. Kern mit zentral gelegenem Nukleolus. Mit kontraktilen Vakuolen, Golgi-Apparat und tubulären Mitochondrien. Fortpflanzung durch Sporen, welche in vielsporigen Fruktifikationskörpern gebildet werden. Sporen mit Zellwänden aus Zellulose und Keratin. Die Fruktifikationskörper treten in drei verschiedenen Formen auf: normale Sporangien (Sporokarpien = Sorokarpien); Aethalien, welche einer Gruppe von Sporangien entsprechen und als Plasmodiokarp, welches direkt aus dem Plasmodium entsteht. Oberfläche der Sporokarpien mit einer aus Zellulose bestehenden Schicht (Peridie) versehen. Im Inneren kommt es häufig zur Ausbildung fadenförmiger Elemente, welche als Capillitium bezeichnet werden. Aus den in den Fruchtkörpern gebildeten Sporen schlüpfen meist zwei haploide Myxoflagellaten (Schwärmer). Myxoflagellat meist mit längerer Hauptgeißel (Vordergeißel) und kurzer, zurückgebogener Hintergeißel (z. B. bei der stammesgeschichtlich ältesten Teilgruppe: Echinosteliida). Zum Teil aber auch mit zwei gleichlangen Geißeln oder auch mit mehr als zwei Geißeln. Geißeln ohne Haare. Hinterende des Zellkörpers mit länglich-kegelförmigen Pseudopodien. Nahrungsaufnahme phagocytär mit Hilfe der Pseudopodien am Hinterende des Körpers. Bisweilen mit einem Pseudoflagellum (wie auch bei einigen Protosteliida). Die beiden Geißeln inserieren am kegelförmigen Vorderpol des Zellkörpers. Die längere Vordergeißel fungiert als Peitschengeißel, die kürzere Nebengeißel liegt häufig dem Zellkörper eng an und ist dann fast immobil. Eine Tendenz zur Reduktion der zweiten Geißel ist erkennbar. Mit rhythmischer Plasmabewegung durch kontraktiles Eiweiß (Myxomyosin) in Verbindung mit Microtubuli.

Zyklus (Taf. 149:1), (*Physarum*): Aus der mit einer kräftigen Zellulosewand versehenen haploiden Spore schlüpfen ein, zwei oder auch mehrere einkernige Amöboidstadien oder auch zweigeißlige Myxoflagellaten. Durch Zellteilungen entstehen eine Anzahl von Myxamöben und Myxoflagellaten. Amöboide bzw. begeißelte Formen (unterschiedliche Paarungstypen) kopulieren miteinander, so daß in beiden Fällen (bei den begeißelten Kopulationspartnern nach Geißelreduktion) eine unbegeißelte, diploide Zygote entsteht. Nun setzt unter phagocytärer Nahrungsaufnahme eine Wachstumsphase ein und durch viele mitotische Kernteilungen (ohne Zellteilung) entsteht das ungegliederte, einzellige Fusionsplasmodium mit vielen diploiden Kernen. Das Plasmodium ist amöboid beweglich und ernährt sich ebenfalls phagocytär von Bakterien und anderen, einzelligen Mikroorganismen. Cytoplasmaströmung im Plasmodium mit charakteristischen, rhythmischen Ebbe- und Flutbewegungen. Auf die Wachstumsphase folgt die Phase der Fruktifikation. Es kommt zur Ausbildung von Fruchtkörpern. Die zunächst noch diploiden Kerne des Fruchtkörpers führen Reifeteilungen durch, darunter auch die meiotische Teilung, und es entstehen einkernige, haploide Plasmaportionen, welche sich in haploide

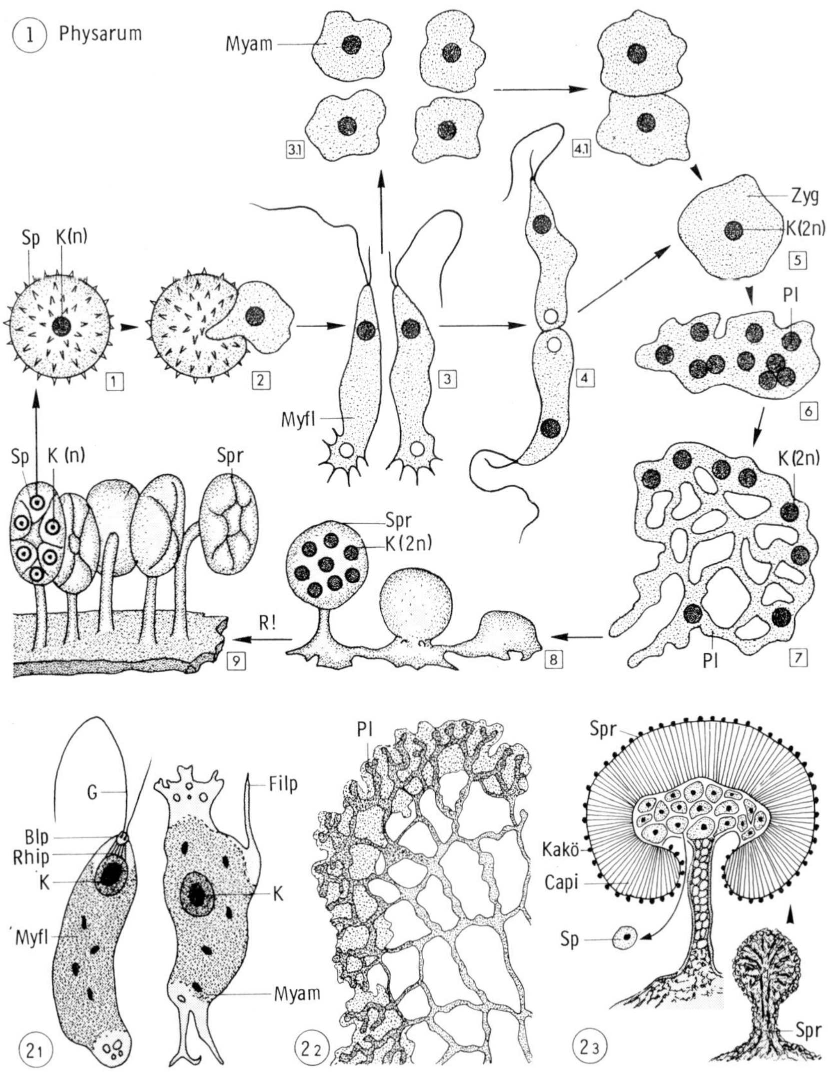

Taf. 149. Mycetozoidea: Myxogastria (Physarida). – Abb. 1. *Physarum*, Entwicklungszyklus. Erläuterungen im Text (nach KOEVENIG; ALEXOPOULOS). Abb. 2/1. *Didymium nigripes*, Myxoflagellat und Myxamöbe (nach KERR); 2/2. *Didymium*, Plasmodium (nach SMITH); 2/3. *Didymium melanospermum*, Sporokarpbildung (nach ENGLER). Abkürzungen: Blp = Blepharoplast (Basalkörper), Capi = Capillitium, Filp = Filopodien, K = Kern, Kakö = Kalkkörperchen, Myam = Myxamöbe, Myfl = Myxoflagellat, Rhip = Rhizoplast, Sp = Spore, Spr = Sporangium, Zyg = Zygote.

Sporen umwandeln. In der Spore können noch 1–3 mitotische Teilungen stattfinden, so daß die Zahl der schlüpfenden Stadien zwischen 1–8 wechselt. Ob begeißelte Stadien ausgebildet werden oder amöboide Formen, hängt von den Umweltbedingungen ab. Begeißelte Formen entstehen, wenn genügend Feuchtigkeit vorhanden ist und amöboide Formen bei geringer Feuchtigkeit. Bei einem Vorhandensein ausreichender Feuchtigkeit können sich Amöboidformen leicht in begeißelte Formen verwandeln.

Die mitotischen Teilungen laufen unterschiedlich im Trophonten- und Plasmodium-Stadium ab. Während der haploiden Phase (Trophontenstadium, einzelner Flagellat bzw. Amöbe) liegt eine offene Mitose mit polaren Centriolen und extranukleärer Spindel vor. Bei begeißelten Stadien werden vor der Teilung die Geißeln eingezogen, von den Tochterzellen aber schnell wieder entwickelt. Unter ungünstigen Bedingungen können sich die einzelligen Stadien als Microcysten encystieren.

Während der diploiden Phase (Plasmodium) liegt eine geschlossene Mitose vor, mit intranukleärer Spindel, aber ohne Mitwirkung von Centriolen. Ein Hinweis für die nur beschränkte Verwendbarkeit von unterschiedlichen Mitose-Typen für phylogenetische Folgerungen.

Lebensweise: Vorzugsweise auf faulendem, organischem Material (z. B. feuchtes, faulendes Laub; faulende Äste und Baumstümpfe). Mit etwa 400–500 Arten stellen die Myxogastria eine sehr erfolgreiche Gruppe dar. Die Individualität der Plasmodien ist nur gering ausgeprägt. So können sich Plasmodien zu einem gemeinsamen Plasmodium miteinander verbinden.

Ordnung Echinosteliida

Stammesgeschichtlich älteste Gruppe der Myxogastria. Mikroskopisch kleine Formen, welche von begeißelten Protosteliida (Cavosteliidae) abzuleiten sind. Winzig-kleine, gestielte Sporokarpien, die im Höchstfall 1,5 μm hoch werden. Einzellige Stadien als Myxamöben mit kegelförmigen Pseudopodien oder als begeißelte Amöboflagellaten auftretend. Mit primärer Zweigeißligkeit. Hauptgeißel (Vordergeißel) lang, Nebengeißel sehr kurz. Geißeln ohne Haare. Auch Individuen mit 2 langen Geißeln oder mit erhöhter Geißelzahl. Die diploide Phase als kleines, primitives Protoplasmodium mit 2–6 Kernen ausgebildet. Die Sporokarpien mit sehr zarter Wand, die meist bei der Sporenreife schon aufgelöst ist. Capillitium nur selten (z. B. *Echinostelium elastichon*) gut ausgebildet. Sporenbildung im Inneren der Sporokarpien. Es werden 4–14 Sporen erzeugt. Sporen oft mit spezifischen Wandornamenten. Die Wandornamentierung entspricht bei *Echinostelium* derjenigen von *Cavostelium* (Protosteliida).

Echinosteliidae. Stammesgeschichtlich älteste Familie. *Echinostelium* (Taf. 150:1): Kleinste Art *E. lunatum*; Sporenornamente wie bei *Cavostelium bisporum*.

Echinosteliopsidae. *Echinosteliopsis:* Ohne begeißelte Stadien.

Ordnung Trichiida

Mit Sporokarpien oder mit Plasmodiocarp (*Hemitrichia*). Sporokarp mit Capillitium, aber ohne Columella. Sporokarpien größer als bei Echinosteliida. Mit Zoosporen (Taf. 150:5). Diploide Phase als Zwischenstufe zwischen Aphano- und Phaneroplasmodien. *Arcyria, Dianema, Hemitrichia* (Taf. 150:4), *Trichia*.

Ordnung Liceida

Sporokarp ohne Capillitium, zum Teil mit Pseudocapillitium. Mit Sporokarpien, Plasmodiocarpien und Aethalien. Diploide Phase als Protoplasmodium, meist aber als Phaneroplasmodium ausgebildet. *Cribraria, Licea, Lycogola, Tubifera, Dictydium* (Taf. 150:2).

Ordnung Stemonitida

Sporokarp mit Capillitium. Sporokarp ohne Kalkkörperchen in der Peridie. Diploide Phase als Aphanoplasmodium ausgebildet. *Diachea* (Taf. 150:3), *Colloderma, Comatricha, Stemonitis*.

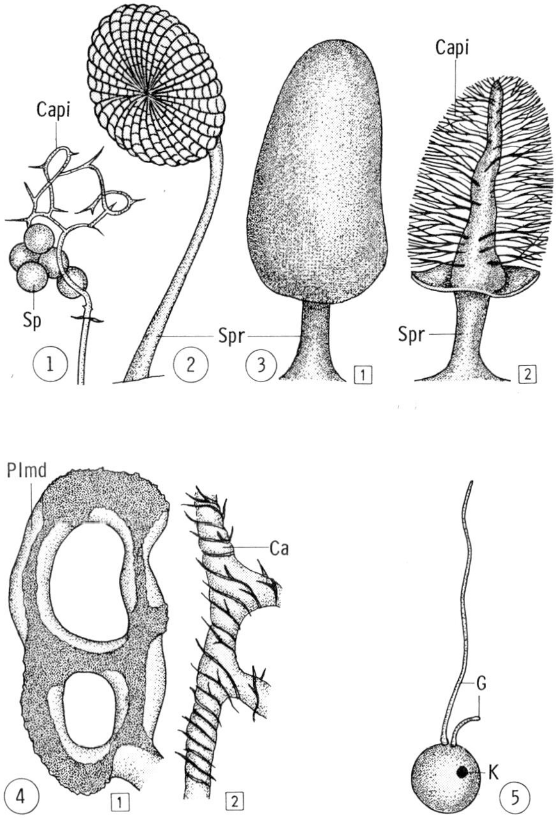

Taf. 150. Mycetozoidea: Myxogastria (Echinosteliida, Trichiida, Liceida, Stemonitida). – Abb. 1. *Echinostelium elachiston*, aufgelöstes Sporokarpium mit Capillitium und Sporen (nach ALEXOPOULOS). Abb. 2. *Dictydium*, Sporokarp (nach ALEXOPOULOS). Abb. 3. *Diachea leucopodia*: 3/1. junges Sporokarpium; 3/2. altes Sporokarpium ohne Wand (nach AGNIHOTRUDU). Abb. 4. *Hemitrichia serpula*: 4/1. Plasmodiokarp; 4/2. Capillitiumfaden (nach AGNIHOTRUDU). Abb. 5. Trichiida, Zoospore (nach KREISEL).

Ordnung Physarida

Die größten Vertreter mit sehr großen Phaneroplasmodien in der diploiden Phase. Sporokarp mit Capillitium. Kalkkörperchen im Capillitium oder in der Peridie eingelagert. Zum Teil mit Aethaliumbildung. *Diderma, Didymium* (Taf. 149:2), *Fuligo* (Lohblüte auf Gerberlohe), *Physarum* (Taf. 149:1).

Phylogenie – Myxogastria: Sie sind, wie auch die Dictyosteliea, aus dem Protosteliea-Bereich abzuleiten. Beide Gruppen haben sich parallel zueinander entwickelt, stammen aber von verschiedenen Protosteliea-Gruppen ab. Die Dictyosteliea leiten sich von unbegeißelten Vertretern aus dem *Protostelium*-Bereich ab, während die Myxogastria von begeißelten Protosteliea aus dem *Cavostelium*-Bereich abzuleiten sind. Die stammesgeschichtlich ältesten Myxogastria (*Echinostelium*) ähneln in den einzelligen Amöboidstadien und den begeißelten Stadien sowie in der Sorokarpbildung sehr den Cavosteliidae, der stammesgeschichtlich ältesten Teilgruppe der Protosteliida. *Protosporangium* (Cavosteliidae) besitzt z.B. viersporige Sorokarpien wie auch bei *Echinostelium*. Die Zellwandornamente der Sporen von *Cavostelium* und *Echinostelium* sind praktisch identisch, und auch die begeißelten Stadien beider Gruppen zeigen eine sehr große Ähnlichkeit. Es bestehen kaum Zweifel, daß die Myxogastria aus dem *Cavostelium*-Bereich abzuleiten sind, und daß die Echinosteliidae die stammesgeschichtlich ältesten Myxogastria darstellen. Sie besitzen von allen Myxogastria den morphologisch einfachsten Bauplan. Die Evolution führt innerhalb der Myxogastria zunächst zur Ausbildung höher differenzierter Sporokarpien und dann zur Ausbildung von Plasmodiokarpien und Aethalien. Gleichzeitig ist im Verlauf der Evolution eine starke sekundäre Größenzunahme der diploiden Phase zu beobachten.

Stamm Pedinellaphyta
(Taf. 151)

Mit der einzigen Klasse Pedinellaphyceae.

Die Pedinellaphyta wurden früher den Chrysophyta (Chrysophyceae) zugeordnet, besitzen aber einen völlig abweichenden Geißelbau, weisen tentakelartige Pseudopodien auf und haben, gegenüber den Chrysophyceen, eine erhöhte Chromatophorenzahl (bis zu 6). Der Besitz von Mastigonemen auf der einzigen, voll ausgebildeten Hauptgeißel (Vordergeißel) zeigt an, daß die Pedinellaphyta in den Chromobionta-Bereich einzuordnen sind. Die ausgeprägte mixotrophe Lebensweise weist auf eine Ableitung aus dem Chrysophyta-Bereich hin. Die Ableitung muß aber schon sehr früh aus dem monadoiden Chrysophyta-Bereich erfolgt sein. Innerhalb der Chrysomonadales (stammesgeschichtlich älteste monadoide Chrysophyceen) kommen Vertreter vor, welche formveränderlich sind und Pseudopodien ausbilden können, außerdem wurden Körper- und Geißelschuppen (*Chromulina, Mallomonas*) beobachtet. Da bei den Pedinellaphyta tentakelähnliche Pseudopodien ausgebildet werden, daneben auch vorübergehende Lobopodien und außerdem bei *Apedinella* Schuppen auftreten, ist eine Ableitung aus dem Chrysomonadales-Bereich anzunehmen.

Die zuweilen angenommene Ableitung aus dem Dinophyta-Bereich ist abzulehnen. Die Chromatophoren weisen den typischen Chromobionta-Bau mit 4 Membranen auf und bei Pedinellaphyta (wie auch bei den Chrysophyta) liegt Kernanbindung vor. Auch der Besitz einer Gürtellamelle zeigt, daß keinerlei Beziehungen zu den Dinophyta bestehen. Dinophyta zeigen dagegen keine Kernanbindung, weisen nur 3 Chromatophoren-Membranen auf und besitzen keine Gürtellamelle. Pedinellaphyta besitzen die für Chromobionta (und Cryptophyta) charakteristischen dreiteiligen Flimmerhaare, während bei den Dinophyta noch die primären, feinen, nicht gegliederten Haare vorkommen. Das Vorhandensein eines intraflagellären Stranges (auch bei Dino-, Euglenophyta und Kinetoplastida) ist gekoppelt mit der Reduktion einer Flimmerhaarreihe, so daß bei diesen Vertretern nur einseitig mit Flimmerhaaren versehene Geißeln vorliegen. Der intraflagelläre Strang bei Pedinellaphyta ist daher als eine Konvergenzbildung zu betrachten, außerdem liegt bei Pedinellaphyta, im Vergleich zu den vorher erwähnten Gruppen eine Flimmerhaar-Geißel und keine Geißel mit feinen, nicht gegliederten Haaren vor.

Klasse Pedinellaphyceae
(Taf. 151)

Mit der einzigen Ordnung Pedinellales.

Primär freischwimmende monadoide Vertreter mit mariner Lebensweise (*Apedinella, Pseudopedinella*). Sekundär monadoide, festsitzende Süßwasservertreter (*Cyrtophora, Palatinella*) oder sekundär im Süßwasser lebende, festsitzende Kolonien mit gemeinsamem, kontraktilem Stiel (*Pedinella*). Mit primärem Periplast, stets ohne Zellwand. Bei stammesgeschichtlich alten, marinen Vertretern (*Apedinella*) Körperorberfläche mit unterschiedlich großen Schuppen bedeckt. Der Körper wird von mehr als einer Schuppenschicht bei *Apedinella* bedeckt. Schuppen kompakt, innen nicht hohl. Neben den normalen, flachen Schuppen treten auch mit einem Dorn versehene Schuppen auf. Schuppen mit Zelluloseanteilen. Körper sekundär radiärsymmetrisch. Die stammesgeschichtlich alten, freischwimmenden, marinen Vertreter mit schwacher, beginnender pseudopodialer Tentakelbildung am hinteren Körper (*Apedinella*) oder mit gut ausgebildeter, pseudopodialer Tentakel am hinteren Körperende, die beim Schwimmen nachgezogen wird. Marine Vertreter noch ohne vorderen Tentakelkranz. Süßwasservertreter am apikalen, vorderen Pol mit einem pseudopodialen Tentakelkranz. Im Cytoplasma liegen Microtubuli in Bündeln zu Dreien (auch bei den Arten ohne vordere Tentakel), und die vorderen Tentakel weisen im Inneren 3 Microtubuli auf. Bei festsitzenden Süßwasservertretern (z.B. *Cyrtophora*) wird die nachgezogene, hintere Tentakel zum Stiel und dient zum Festheften. Es ist nur die nach vorne gerichtete Hauptgeißel ausgebildet. Von der 2. Geißel ist nur noch der Basalkörper vorhanden. Die Hauptgeißel weist einen einseitigen (einseitswendigen) Besatz mit starren Flimmerhaaren auf. Auf der gegenüberliegenden Seite ist ein flimmerhaarloser Flügel ausgebildet, der sich über die ganze Geißellänge erstreckt und in seinem nach außen gelegenen Bereich einen intraflagellären Strang aufweist. Der

Flügelbereich ist als ein sekundär umgewandelter, früherer Flimmerhaarbereich zu betrachten. Bei den Süßwasservertretern mit vorderem Tentakelkranz kann die Hauptgeißel die Tentakeln überragen (*Pedinella*), etwa gleich groß sein (*Cyrtophora*) oder aber sekundär stark verkürzt sein (*Palatinella*). Die Wurzel der Hauptgeißel mit vielen Bändern, die aus jeweils 3 Microtubuli bestehen.

Primär gefärbte Vertreter. Die primären, marinen Arten noch alle gefärbt. Im Süßwasser treten neben den gefärbten auch sekundär farblose Vertreter auf. Chromatophoren mit gelb bis goldbrauner Farbe. Normal mit 6 Chromatophoren, teilweise auch mit 8–10 Chromatophoren. Chromatophoren mit 4 Membranen und mit Kernanbindung. Thylakoide in Dreier-Gruppen geordnet. Mit Gürtellamelle. Pyrenoid im Inneren des Chromatophors. Mit tubulären Mitochondrien. Die Hauptgeißel inseriert in einem langen, vorne mitte gelegenen Geißelkanal. Vom Geißelkanal gehen pusulenähnliche Ausbuchtungen in Richtung Zellkörper. Im vorderen Zellbereich mit großen Vakuolen. Ohne Augenfleck. Mit relativ großem Kern. Der Golgi-Apparat liegt unterhalb des Kernes im hinteren Zellbereich. Verkieselte Cysten (wie bei Chrysophyceae) bei *Palatinella*. Ein wichtiger Hinweis für Ableitung aus dem Chrysophyceen-Bereich.

Fortpflanzung: Ungeschlechtlich durch Teilung oder auch Knospenbildung (*Palatinella*).

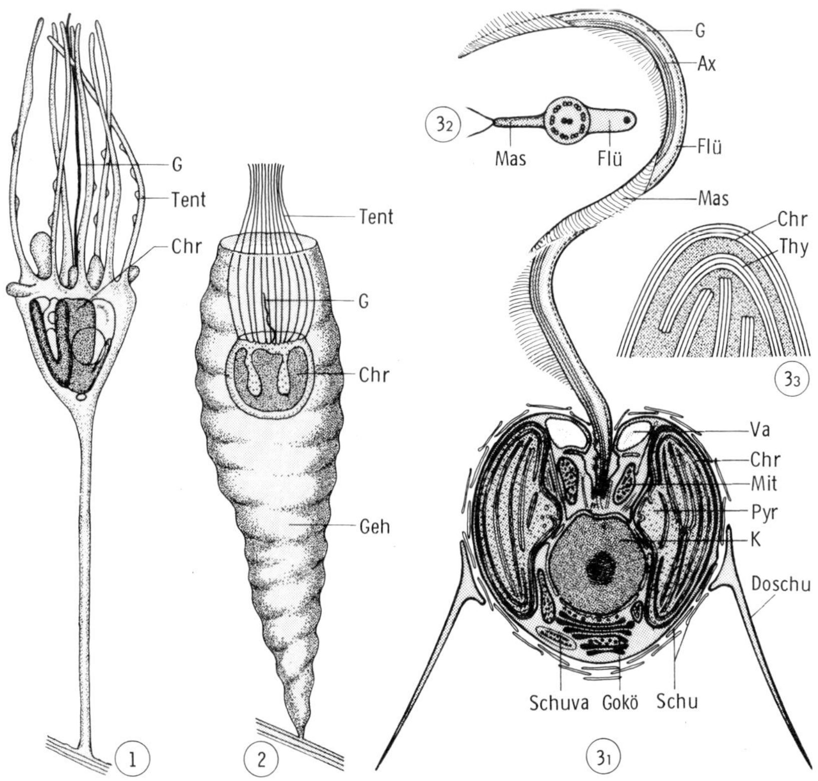

Taf. 151. Pedinellaphyta: Pedinellaphyceae (Pedinellales). – Abb. 1. *Cyrtophora pedicellata* (nach LAUTERBORN). Abb. 2. *Palatinella cyrtophora* (nach LAUTERBORN). Abb. 3. *Apedinella spinifera*: 3/1. Habitus; 3/2. Geißel, Querschnitt; 3/3. Chromatophor, Ausschnitt (nach THRONDSEN). Abkürzungen: Ax = Axonem (9+2 Microtubuli), Chr = Chromatophor, Doschu = Dornenschuppe, Flü = Flügel (Geißel), G = Geißel, Geh = Gehäuse, Gokö = Golgi-Körper, K = Kern, Mas = Mastigonemen, Mit = Mitochondrium, Pyr = Pyrenoid, Schu = Schuppe, Schuva = Schuppenvakuole, Tent = Tentakel, Thy = Thylakoide, Va = Vakuole.

Lebensweise: Bei den freischwimmenden Vertretern phototrophe und phagotrophe Nahrungsaufnahme. Festsitzende Vertreter ebenfalls photo- und phagotroph. Bei den Arten mit vorderer Tentakelbildung wird die Beute (einzellige Algen und Protozoen) mit den Tentakeln festgehalten und durch vorübergehend ausgebildete kleine Lobopodien aufgenommen. Sessile Vertreter (z.B. *Pedinella*) können sich vorübergehend auch von der Unterlage ablösen und frei schwimmen. Eine sekundäre Rückbildung des Stieles kann im Individualzyklus von *Pteridomonas* vorkommen. Primär marine Vertreter, sekundär im Süßwasser.

Ordnung Pedinellales

Apedinella (Taf. 151:3): Primärer, solitärer, mariner Vertreter. Freischwimmend. Noch ohne vorderen Tentakelkranz und noch ohne gut ausgebildetes, hinteres, tentakelartiges Pseudopodium. – *Pseudopedinella:* Marin, solitär, bereits mit hinterem Tentakelpseudopodium, aber noch ohne vorderen Tentakelkranz. – *Cyrtophora* (Taf. 151:1): Süßwasserart, auf Algen festgeheftet, solitär. Festheftung mit hinterem Stiel. Mit vorderem Tentakelkranz. – *Palatinella* (Taf. 151:2): Süßwasservertreter, festgeheftet, mit sehr dichtem vorderen Tentakelkranz. Stärkste Anpassung an phagotrophe Ernährung. – *Pedinella:* Solitär, festsitzend, aber auch festsitzende Kolonien mit gemeinsamem Stiel. Süßwasservertreter. Solitäre Vertreter auch mit Schwimmvermögen.

Sekundär farblose Vertreter: *Pteridomonas:* Solitär, mit Tentakelkranz und langer Geißel, von solitären *Pedinella*-Arten abzuleiten. – *Actinomonas:* Einzeln, festsitzend und auch freischwimmend.

Phylogenie der Pedinellaphyta

Ableitung aus dem monadoiden Chrysophyceen-Bereich (Chrysomonadales). Die Abspaltung erfolgte aber schon zu einem sehr frühen Zeitpunkt und hat zu einer Sonderentwicklung der Pedinellaphyta geführt. Auf eine Ableitung aus dem Chrysophyceen-Bereich (Chromobionta) weisen folgende Merkmale hin: Besitz von 4 Chromatophor-Membranen mit Kernanbindung. Vorhandensein einer Gürtellamelle. Besitz von Flimmerhaaren. Ausbildung von Kieselcysten. Eine Ableitung aus dem Dinophyta-Bereich erscheint sehr unwahrscheinlich.

Stamm Bacillariophyta (Diatomeen, Kieselalgen)
(Taf. 152)

Mit den Klasen Centrophyceae und Pennatophyceae.

Ausschließlich einzellige kokkale Formen, sekundär „fadenförmig" aneinandergereiht. Diplonten mit einem besonderen, von allen anderen Algenstämmen abweichenden Bauplan. Ihre monadoide Basisform mit verkieselter Zellwand entspricht nicht der monadoiden Stufe der anderen Algenstämme, sondern einer einzelligen kokkalen Cyste. Das vegetative, einzellige Stadium der Bacillariophyta ist einer Cyste der Chrysophyceen gleichzusetzen. Teile der Chrysophyceen-Cyste (Cystenwand und Dekkel) entsprechen den beiden Theken der Diatomeenzelle. Die sekundär „fadenartigen" Formen setzen sich aus diesen, von Cysten abstammenden Zellen zusammen, sind also nicht mit den trichalen Formen der anderen Algenstämme vergleichbar. Die Fäden enthalten nämlich aneinandergereihte Zellen, welche nicht durch Plasmodesmen miteinander in Verbindung stehen, so daß auch hier Einzelligkeit in Form von lockerer Aneinanderheftung vorliegt. Primär mit verkieselter Zellwand (Frustel). Der zusätzliche Anteil von organischen Substanzen, welche im Normalfall bei den Zellwänden anderer Algengruppen überwiegen, ist gering. Die Kieselzellwand (sie entsteht in Hohlräumen innerhalb des Plasmalemmas) wird innen und außen von einer dünnen Schicht organischer Substanzen umhüllt. Die Zellwand (Frustel) besteht aus 2 Hälften (Theken). Eine größere, wie ein Schachteldeckel übergreifende Epitheka und eine kleinere Hypotheka. Jede Theka besitzt eine Schale (Valva) und ein seitliches Gürtelband (Pleura). Die zentrischen Kieselalgen (Centrophyceae) mit runden Schalen, die pennaten Kieselalgen (Pennatophyceae) mit mehr stabförmigen Schalen. Alle vegetativen Stadien unbegeißelt. Die Schalen vieler pennater Diatomeen besitzen in Richtung Längsachse einen länglichen Spalt (Raphe). Durch Ausscheidung einer fibrösen Substanz über die Raphenöffnung vermögen sich diese Formen gleitend zu bewegen. Jede dieser sich bewegenden Diatomeen läßt auf der Unterlage eine Spur der ausgeschiedenen fibrösen Substanz zurück. Zellwand mit Poren. Cytoplasma, wie bei den Chrysophyta, auffallend glasklar. Der diploide Zellkern mit einem oder mehreren Nucleoli. Auf beiden Seiten des Kernes liegen eine Anzahl von Golgi-Apparaten. Vakuolen in Form von Physoden, wie bei Phaeophyta. Während der Zellteilung, bzw. während der Fortpflanzung treten bei einigen Diatomeen (atavistisch) pulsierende Vakuolen und auch Stigmen (Augenflecken) auf. Bei einigen Arten wurden beim Teilungsprozeß Centrosomen festgestellt.

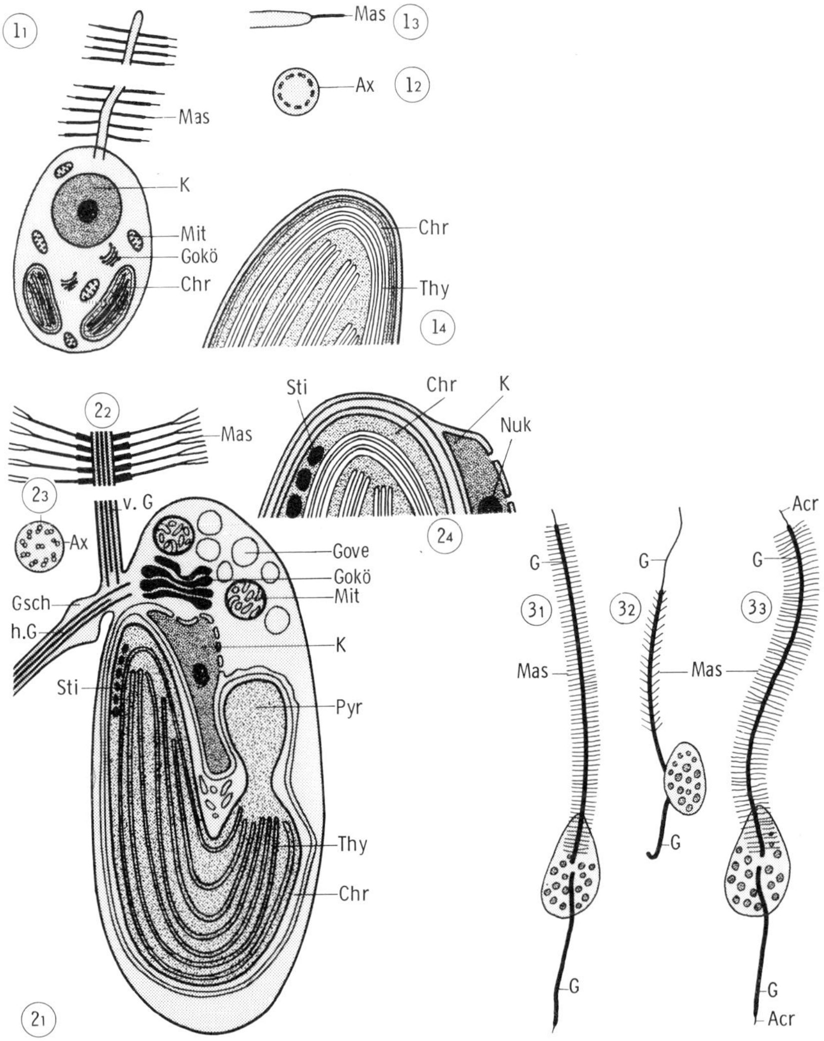

Taf. 152. Bacillariophyta und Phaeophyta. – Abb. 1. Bacillariophyta, Spermatozoid: 1/1. Spermatozoid, Habitus; 1/2. Axonem (9+0 Microtubuli); 1/3. Mastigonema (Flimmerhaar); 1/4. Chromatophor, vergrößerter Ausschnitt. Abb. 2. Phaeophyta, Zoid: 2/1. Habitus; 2/2. Geißelausschnitt mit Mastigonemen, vergrößert; 2/3. Axonem (9+2Microtubuli); 2/4. Chromatophor, vergrößerter Ausschnitt (nach MANTON). Abb. 3. Phaeophyta, Zoide: 3/1. *Pylaiella*; 3/2. *Fucus*; 3/3. *Laminaria*. Abkürzungen: Acr = Acronema, Ax = Axonem, Chr = Chromatophor, G = Geißel, Gsch = Geißelanschwellung, Gokö = Golgikörper, Gove = Golgivesikel, h. G = hintere Geißel, K = Kern, Mas = Mastigonemen, Mit = Mitochondrium, Nuc = Nucleolus, Pyr = Pyrenoid, Sti = Stigma (Augenfleck), Thy = Thylakoide, v. G = vordere Geißel.

Bei den Centrophyceae treten, als einziges begeißeltes Stadium der Bacillariophyta, begeißelte männliche Gameten (Taf. 152:1) (Spermatozoide) auf. Sie besitzen sekundär nur eine einzige, nach vorne gerichtete Flimmergeißel. Die zweite Geißel fehlt völlig, es konnte aber ein zweiter Basalkörper nachgewiesen werden. Die Flimmergeißel ist beidseitig mit starren Flimmerhaaren versehen und weist einen kurzen, stumpfen Spitzenteil auf. Die Flimmern werden (wie auch bei den anderen Gruppen) in Zisternen des endoplasmatischen Reticulums und in der Kernhülle gebildet. Die Geißel weist ein atypisches 9+0 Microtubulisystem auf. Es fehlen (sicher sekundär) die beiden zentralen Tubuli. Abweichungen zeigen sich auch im Basalkörper, da hier (übliches 9+0 System) nicht die normalen Tripletten, sondern nur Dubletten vorliegen.

Die etwa 6000 Diatomeen-Arten sind fast alle gefärbt. Es kommen nur 2–3 sekundär farblose Arten vor, welche der Gattung *Nitzschia* (Pennatophyceae) angehören. In der Regel sind 1–2, oder auch mehr, gelbbraune Chromatophoren vorhanden. Mit Chlorophyll a sowie c_2 und c_1. Mit β-Carotin, in geringer Menge auch α-Carotin und ε-Carotin. Leitxanthophyll ist Fucoxanthin, daneben sind Diadinoxanthin und Diatoxanthin weitere wichtige Pigmente, während Neoxanthin nur in geringer Menge vertreten ist. Reserveprodukt ist Chrysolaminarin, ein β-1:3 Polyglykan. Mannitol kommt in geringeren Mengen vor. Chromatophor mit eigener Doppelmembran und zusätzlicher, vom endoplasmatischen Reticulum gebildeter Doppelmembran. Mit Kernanbindung. Je 3 Thylakoide liegen gestapelt übereinander. Mit Gürtellamelle. Mit Pyrenoid.

Fortpflanzung: Bacillariophyta sind Diplonten. Ungeschlechtliche Fortpflanzung durch einfache Zellteilung. Da jeweils die Hypotheka neu gebildet wird, verkleinert sich ein Teil der Population ständig, bis Minimalgrößen erreicht werden. Durch geschlechtliche Fortpflanzung (Auxosporenbildung = Zygote) erfolgt wieder ein Aufregulieren zur normalen Größe. Oogamie mit begeißelten Spermatozoiden bei den stammesgeschichtlich älteren Centrophyceae. Aus der diploiden Auxospore entsteht das vegetative, diploide, einzellige Stadium. Bei den stammesgeschichtlich jüngeren Pennatophyceae läuft die Auxosporenbildung in Form einer Amphimixis ab, es kommt hier nicht mehr zur Ausbildung begeißelter Spermatozoide. Der Vorgang entspricht weitgehend der bei den Ciliaten vorkommenden Konjugation. Bei den Diatomeen legen sich (wie bei den Ciliaten) zwei vegetative Zellen aneinander und bilden in ihrem Inneren, über eine Reduktions- und mitotische Teilung, 4 haploide Zellkerne aus. In jeder Zelle degenerieren 2 Kerne, es bleibt ein unbeweglicher Ruhegamet und ein amöboid beweglicher Wandergamet übrig. Ruhegamet und der vom anderen Partner stammende Wandergamet vereinigen sich zur diploiden Zygote, so daß in beiden Zellen je eine Zygote entsteht. Die Zygote umgibt sich mit einer Pektinmembran (Perizonium) und wird dadurch zur Auxospore. Die Auxospore nimmt, da sie ja noch nicht von einer festen Kieselwand umhüllt ist, stark an Volumen zu. Erst dann kommt es zur Ausbildung der neuen Theken, welche nun beträchtlich größer sind als die Theken der Mutterzelle, so daß auf diese Weise die Normalgröße wieder hergestellt wird. Die neugebildete Zelle ist, wie auch ihre Mutterzelle, diploid. Bei der Auxosporenbildung kommen sekundär einige Abweichungen vor. Die Gametenzahl kann reduziert werden, es können auch Auxosporen automiktisch entstehen. Bei der Automixis (eine Form der Paedogamie) kopulieren die beiden haploiden Gameten einer Mutterzelle miteinander. Auch wurde vereinzelt diploide Parthenogenese festgestellt. Eine Reihe von Diatomeen-Arten bildet keine Auxosporen aus und vermehrt sich nur durch vegetative Zellteilung.

Cysten (Dauersporen) sind nur von den stammesgeschichtlich älteren Centrophyceae bekannt. Sie entstehen, wie die Cysten der Chrysophyta, endogen und besitzen eine dicke, verkieselte Wand.

Lebensweise: Diatomeen kommen im marinen Bereich, im Brackwasser und im Süßwasser vor. Im marinen Bereich überwiegen die stammesgeschichtlich älteren Centrophyceae, während das Süßwasser vorwiegend von den stammesgeschichtlich jüngeren Pennatophyceae besiedelt wird. Die Zahl der spezifischen Brackwasserbewohner ist erstaunlich hoch. Die marinen Formen zum Teil planktonisch, zum Teil auf Pflanzen der Litoralzone und auch auf dem Meeresboden (mit osmotischer Nahrungsaufnahme). Planktonformen mit Schwebefortsätzen. Süßwasserformen ebenfalls häufig im Plankton, viele Arten aber mit charakteristischer, gleitender Fortbewegung (mit Raphe) auf Bodenschlamm, Steinen usw. Landbewohnende Arten zum Teil an trockenen Standorten (z. B. an Felsen, in Böden), in den Tropen dagegen auch auf Blättern von Bäumen vorkommend.

Klasse Centrophyceae

Stammesgeschichtlich ältere Gruppe. Schalen kreisförmig bis elliptisch. Einzellig und „fadenförmig". Stets ohne Raphe. Geschlechtliche Fortpflanzung durch Oogamie. Mit begeißelten Spermatozoiden (Taf. 152:1). Viele Arten bilden Dauersporen (Cysten) aus. Der bei weitem größte Teil der Arten lebt marin. Fossil seit dem Jura bekannt.

Ordnung Coscinodiscales: *Coscinodiscus*, *Melosira*, *Cyclotella*. – Ordnung Rhizosoleniales: *Rhizosolenia*. – Ordnung Biddulphiales: *Chaetoceros* (Taf. 140:1), *Biddulphia*.

Klasse Pennatophyceae

Stammesgeschichtlich jüngere Gruppe. Schalen länglich bis lanzettförmig. Einzellig und „fadenförmig". Häufig sekundär mit Raphe. Sekundär ohne begeißelte Gameten. Geschlechtliche Fortpflanzung durch normale Auxosporenbildung, durch automiktische Auxosporenbildung und diploide Parthenogenese. Teils marin, teils im Brack- und Süßwasser lebend. Fossil seit dem Tertiär bekannt.

Ordnung Diatomales: *Tabellaria*, *Diatoma*, *Synedra*. – Ordnung Eunotiales: *Eunotia*. – Ordnung Naviculales: *Achnanthes*, *Navicula*, *Pinnularia*, *Epithemia*, *Nitzschia* mit gefärbten und sekundär farblosen Arten, *Surirella*.

Phylogenie der Bacillariophyta

Innerhalb der Chromobionta sind sie am nächsten mit den Chrysophyta verwandt. Sie sind aus dem Chrysophyta-Bereich abzuleiten, haben aber schon sehr früh eine Sonderentwicklung durchgeführt und sich dadurch morphologisch (nicht biochemisch) relativ weit von ihrer Ursprungsgruppe und verwandter Gruppen entfernt. Bacillariophyta besitzen, wie auch die Chrysophyta, ein dünnflüssiges Cytoplasma und bilden, ebenfalls wie die Chrysophyta, verkieselte Cysten aus. Aus den angeführten Gründen leitet man die Bacillariophyta von monadoiden Chrysophyceen (Chrysomonadales: *Ochromonas*-Bereich) ab. Sie weisen, wie auch die näher mit ihnen verwandten Phaeophyta, geringe Mengen von ε-Carotin auf. Wie die übrigen Chromobionta besitzen sie Fucoxanthin, Diadinoxanthin und Diatoxanthin sowie Chrysolaminarin (β-1:3 Glykan) als typisches Reserveprodukt. Daneben kommt noch Mannitol vor, wie auch bei den verwandten Chryso- und Phaeophyta. Die Verwendung von Kieselsäure ist typisch für Vertreter der Chromobionta (Chryso-, Phaeo- und Bacillariophyta). Sie haben diesen Trend von ihren Vorfahren aus dem frühen Chromobionta-Bereich (Xanthophyta) übernommen.

Bacillariophyta stellen einen einzelligen Sondertyp dar. Sie bleiben auf der monadoiden, kokkalen Stufe stehen, ihr Bauplan entspricht demjenigen einer einzelligen Cyste. Da monadoid-flagellate Vertreter fehlen, müssen sie von flagellaten Vorfahren (Chrysophyta: Chrysomonadales) abgeleitet werden. Die Cystenteile der Chrysophyceen-Cyste entsprechen den beiden Theken der Diatomeenzelle. Ein weiterer Hinweis für eine Ableitung der Bacillariophyta (Diatomeen) aus dem monadoiden Chrysophyta-Bereich. Die einzige Geißel des männlichen Bacillariophyta-Schwärmers ist beidseitig mit Mastigonemen (Flimmerhaaren) versehen und entspricht daher der vorderen Geißel der Chrysophyta. Hier liegt eine sekundäre Eingeißligkeit vor, da ein zweiter Basalkörper aufgefunden wurde. Die einzige Geißel der Bacillariophyta zeigt ein sekundäres 9 + 0 Microtubuli-Muster, ein weiteres Merkmal für die Sonderentwicklung der Bacillariophyta als typische Reduktionsform. Nach neueren Untersuchungen sollen bei *Cyclotella* (Coscinodiscales, stammesgeschichtlich älteste Gruppe der Bacillariophyta) zweigeißlige, männliche Schwärmer beobachtet worden sein. Weitere Besonderheiten der Bacillariophyta sind ihre Diploidie, ihre Auxosporenbildung in Form einer Konjugation und ihre besondere Art der ungeschlechtlichen Fortpflanzung. Bacillariophyta stellen, wie auch Ciliophora, Einzeller mit einem hochgradig differenzierten Bauplan dar. Beide Gruppen zeigen, welche Differenzierungsmöglichkeiten in einem einzelligen Bauplan stecken, beide Gruppen können aber auch die Einzelligkeit nicht überspringen. Es kommt nicht von ungefähr, daß in beiden Gruppen unabhängig voneinander echte Sexualität entwickelt wurde, daß eine praktisch identische, aber konvergent entstandene Konjugation vorliegt, und daß beide Gruppen den Weg zur sekundären Diploidie beschritten haben. Bei Ciliophora kommt noch hinzu, daß auch noch hochgradige Polyploidie (beim Macronucleus) verwirklicht wurde.

Bacillariophyta besitzen nur 2–3 sekundär farblose Vertreter, welche alle zur Gattung *Nitzschia* zählen. Durch ihre besondere morphologische Ausbildungsform sowie durch das fast völlige Fehlen von sekundär farblosen Vertretern kommen Bacillariophyta für eine Ableitung „tierischer" Vertreter nicht in Frage.

Stamm Phaeophyta
(Taf. 152)

Mit den Klassen Phaeophyceae, Laminariophyceae und Fucophyceae.

Phaeophyta stellen eine Gruppe morphologisch sehr hoch entwickelter Algen dar. Vegetativ einzellige Vertreter kommen innerhalb der Phaeophyta nicht vor. Die stammesgeschichtlich ältesten Vertreter gehören bereits der mehrzelligen, trichalen Organisationsstufe an. Die Mehrzahl der Phaeophyta stellen thallöse Formen (Tange) von oft beträchtlicher Größe dar. Die Zellwand besteht aus Zellulose, die durch unlösliche Alginate (Alginsäure) weiter versteift wird.

Die meisten Phaeophyta vermehren sich durch Zoide (Taf. 152:2 u. 3) (Zoosporen), welche in ein- und vielkammrigen Zoidangien gebildet werden. Nur die Zoosporen sind begeißelt, sie ähneln denjenigen der Chryso- und Xanthophyta. Zoosporen mit 2 heterokonten und heterodynamischen Geißeln. Die Geißeln entspringen seitlich (subapikal) unter der Spitze der Zoospore und bilden miteinander einen stumpfen Winkel. Die vordere Hauptgeißel (Zuggeißel) ist beidseitig mit starren Flimmerhaaren versehen. Die Flimmerhaare werden (wie bei Chryso- und Xanthophyta) in Vesikeln des endoplasmatischen Reticulums oder in aufgeblasenen Teilen der Kernmembran erzeugt. Hauptgeißel zum Teil mit dornartigen Bildungen (*Dictyota*). Die kürzere Nebengeißel (Schleppgeißel) ist glatt und weist keine Flimmerhaare auf. Sie trägt im unteren Bereich eine Geißelanschwellung, die gegen die Stelle der Zelle gedrückt ist, unter der im Chromatophor der Augenfleck (Stigma) liegt. Hintere, zum Teil auch vordere Geißel, mit Acronema. Der Golgi-Apparat liegt oberhalb des Kernes im vorderen Zellbereich. Bei *Dictyota* ist sekundär nur noch die mit Flimmerhaaren versehene Hauptgeißel vorhanden, außerdem noch der Basalkörper der völlig reduzierten Nebengeißel.

Die etwa 1500 Arten der Phaeophyta sind ausnahmslos gefärbt. Sekundär farblose Vertreter kommen nicht vor.

Phaeophyta mit Chlorophyll a, sowie Chlorophyll c_2 und c_1. Mit β-Carotin und in geringer Menge auch ε-Carotin. Hauptxanthophyll ist Fucoxanthin. Ein weiteres, wichtiges Xanthophyll ist Violaxanthin, außerdem kommen noch Antheraxanthin, Zeaxanthin und in geringen Mengen Diadinoxanthin und Diatoxanthin vor. Reserveprodukt ist Chrysolaminarin, ein β-1:3 Polyglykan. Akzessorische Reservesubstanzen sind Mannitol und Öle. Chrysolaminarin (Laminarin) wird in gelöster Form in besonderen Vakuolen gespeichert. Rund um den Zellkern liegen lichtbrechende Bläschen, welche Phaeophyceen-Tannin (Abfallprodukt des Stoffwechsels) enthalten.

Chromatophoren braun gefärbt. Chromatophor mit eigener Doppelmembran und darüber liegender, vom endoplasmatischen Reticulum gebildeter Doppelmembran. Mit Kernanbindung. Thylakoide zu dritt gestapelt. Mit Gürtellamelle. Chromatophoren mit einem oder mehren Pyrenoiden. Pyrenoide meist birnenförmig und mit ihrem dünnen Ende an der Innenseite des Chromatophors befestigt.

Fortpflanzung: Umgeschlechtliche Vermehrung durch Zerfall des Thallus. Die Fortpflanzung erfolgt durch Zoide (Zoosporen), welche in plurilokulären und unilokulären Zoidangien der diploiden Sporophyten-Phase entstehen. In den plurilokulären Zoidangien entstehen diploide Zoosporen, aus denen sich wieder diploide Sporophyten entwickeln. In den unilokulären Zoidangien findet die Reduktionsteilung statt, und es entstehen haploide Zoosporen, welche zu haploiden männlichen oder weiblichen Gametophyten (haplogenotypische Geschlechtsbestimmung) heranwachsen. Weibliche und männliche Gametophyten weisen plurilokuläre Zoidangien (Gametangien) auf, in denen haploide weibliche, bzw. männliche Gameten ausgebildet werden. Die Gameten sind primär morphologisch gleich (Isogamie). Von primärer Isogamie über Anisogamie bis zur Oogamie. Die Gameten kopulieren und aus der diploiden Zygote entsteht der diploide Sporophyt. Primär isomorpher Generationswechsel mit morphologisch identischen Generationen, sekundär heteromorpher Generationswechsel mit verschieden aussehenden Generationen. Gleichzeitig ist ein Trend zur Reduktion des Gametophyten festzustellen, so daß schließlich (Fucales) nur noch der Diplont vorhanden ist und der Gametophyt nur noch als Geschlechtszellen existiert.

Lebensweise: Fast ausschließlich marine Vertreter. Größte Entfaltung an den Felsküsten gemäßigter und kalter Meere. Festsitzende, benthonische Formen. Nur wenige, sekundäre Süßwasserbewohner.

Klasse Phaeophyceae

Mit isomorphem Generationswechsel.

Mit den Ordnungen Ectocarpales, primäre Vertreter mit einfacher Fadenform, *Pylaiella* (Taf. 152:3/1), *Ectocarpus*; Sphacelariales, fadenförmige Vertreter, Übergang zur thallösen Organisationsstufe, *Halopteris*; Cutleriales, mit Gewebethalli, wie Ectocarpales und Sphacelariales mit Zoosporen, *Zanardinia, Cutleria*; Tilopteridales, fadenförmig, mit unbegeißelten Monosporen, *Tilopteris*; Dictyotales, mit Gewebethalli, mit unbegeißelten Tetrasporen, *Dictyota*.

Klasse Laminariophyceae

Mit heteromorphem Generationswechsel (kleiner Gametophyt, großer Sporophyt).

Mit den Ordnungen Chordariales, Fadenthalli, Zellfäden zu einem Pseudoparenchym verwachsen, *Chordaria*; Sporochnales, Fadenthalli, Wachstum durch Spitzenmeristem, *Nereia*; Desmarestiales, Fadenthalli, Achsenfaden von Seitenzweigen umhüllt, *Spermatochnus*; Dictyosiphonales, mit rundlichen Gewebethalli, Trennung in Mark und Rinde, *Dictyosiphon*; Laminariales, mit flächigen Gewebethalli, *Laminaria* (Taf. 152:3/3).

Klasse Fucophyceae

Stammesgeschichtlich jüngste Gruppe. Gametophyt reduziert, nur noch der Diplont vorhanden.

Mit der einzigen Ordnung Fucales, diplontische Vertreter, *Fucus* (Taf. 152:3/2).

Phylogenie der Phaeophyta

Sie sind innerhalb der Chromobionta am nächsten mit den Chrysophyta verwandt. Eine engere Verwandtschaft zeigen sie auch mit den Bacillariophyta. Phaeophyta kommen nur in der trichalen und thallösen Ausbildungsform vor, monadoide Vertreter sind nicht vorhanden. Einige Bearbeiter nehmen an, daß die einzelligen Phaeophyta ausgestorben, und daß nur die trichalen und thallösen Vertreter erhalten geblieben sind. Es ist aber sehr unwahrscheinlich, daß nur bei den Phaeophyta die primäre einzellige Stufe ausgestorben sein soll, während bei allen anderen Algen-Gruppen die einzellige Stufe erhalten blieb. Es können auch keine ökologischen Gründe angeführt werden, die zu einem Aussterben der einzelligen Phase geführt haben sollen.

Von den mit Phaeophyta näher verwandten Gruppen sind die Bacillariophyta aus vielerlei Gründen (z.B. morphologische Sonderentwicklung; nur einzellige Cystenstufe; z.B. Diploidie) als Ausgangsgruppe für eine Ableitung der Phaeophyta nicht geeignet. Für eine Ableitung der Phaeophyta kommen daher nur Chrysophyta in Frage, und zwar trichale Vertreter aus dem Phaeothamniales-Bereich. Nach dieser Auffassung haben Phaeophyta nie Vertreter der monadoiden, rhizopodialen oder kokkalen Stufe besessen. Chrysophyta schließen ihre Evolution mit dem trichalen Ausbildungsgrad ab. Man kann es sich daher vorstellen, daß sich von den trichalen Chrysophyta (Phaeothamniales) trichale Phaeophyta abgespaltet haben, und daß die Weiterentwicklung bei den Phaeophyta auch zur Ausbildung thallöser Vertreter geführt hat. Phaeothamniales weisen marine Vertreter auf. Phaeophyta kommen fast ausschließlich im marinen Bereich vor und besitzen nur wenige sekundäre Süßwasservertreter. Die stammesgeschichtlich ältesten Phaeophyta treffen wir bei den fadenförmigen Ectocarpales (einfache, fadenförmige Vertreter). Der Besitz von ε-Carotin bei Phaeophyta und Bacillariophyta weist auf eine engere Verwandtschaft hin.

Hauptxanthophyll ist, wie auch bei den anderen Chromobionta, Fucoxanthin. Diadinoxanthin und Diatoxanthin sind, wie auch bei den anderen Chromobionta, ebenfalls vorhanden, aber bei den Phaeophyta nur in geringen Mengen. Phaeophyta enthalten keine sekundär farblosen Vertreter. Daher kommen sie für eine Ableitung „tierischer Formen“ nicht in Frage.

Unterreich Eustigmatobionta

Stamm Eustigmatophyta
(Taf. 153)

Einziger Stamm der Eustigmatobionta.

In der vegetativen Form nur als Kokken auftretend. Vermehrung durch Autosporen und eingeißelige Zoosporen. Vegetative Zellen mit einteiliger Zellwand. Primär noch mit mehreren Chromatophoren (*Ellipsoidion*), sekundär zum Teil nur noch mit einem einzigen Chromatophor. Chromatophor mit eigener Doppelmembran und zusätzlicher, vom endoplasmatischen Reticulum gebildeter Doppelmembran. Ohne Kernanbindung. Thylakoide zu dritt gestapelt. Ohne Gürtellamelle. Vegetative Zellen (kokkale Vertreter) mit Golgi-Apparat und Pyrenoid, bei den Zoosporen dagegen beide fehlend. Mitochondrien vom Tubuli-Typ. In den vegetativen Zellen trägt das Chromatophor an seiner Innenseite ein gestieltes, polygonales Pyrenoid, das keine Thylakoide enthält. Das Pyrenoid ist von einem bisher noch nicht genau bekannten Photosyntheseprodukt umgeben. Bei diesem Produkt handelt es sich mit Sicherheit nicht um Stärke. Chromatophoren grün bis gelbgrün. Mit Chlorophyll a. Nach den bisherigen Kenntnissen ohne sekundäre Chlorophylle. Mit β-Carotin. Hauptxanthophyll ist Violaxanthin, außerdem kommen Antheraxanthin, β-Cryptoxanthin, Diatoxanthin, Heteroxanthin, Neoxanthin, Vaucheriaxanthin und Zeaxanthin vor. Vaucheriaxanthin und Heteroxanthin kommen nur

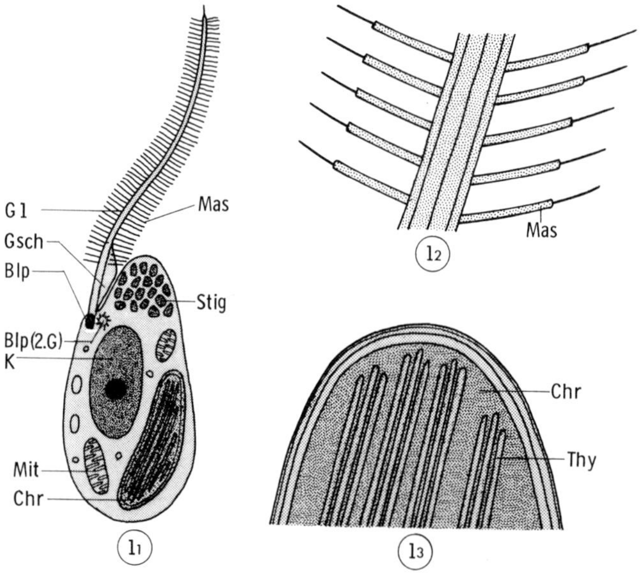

Taf. 153. Eustigmatophyta: Eustigmatophyceae (Eustigmatophyceales). – Abb. 1. *Vischeria punctata*, Zoospore (nach Sleigh): 1/1. Habitus; 1/2. Geißelabschnitt, vergrößert; 1/3. Chromatophor, Ausschnitt. Abkürzungen: Blp = Blepharoplast (Basalkörper), Chr = Chromatophor, G = Geißel, Gsch = Geißelanschwellung, K = Kern, Mas = Mastigonemen, Mit = Mitochondrium, Stig = Stigma (Augenfleck), Thy = Thylakoide.

bei Eustigmatophyta und Xanthophyta vor. Ohne Fucoxanthin. Reservestoff ist sehr wahrscheinlich Chrysolaminarin (β-1:3 Polyglykan), das sich außerhalb des Chromatophors in Vakuolen befindet. Außerdem treten Öle als Reservestoffe auf.

Die begeißelten Zoosporen (Taf. 153:1) primär mit einer langen, nach vorne gerichteten Flimmergeißel (Hauptgeißel), die beidseitig mit starren Flimmerhaaren (Mastigonemen) versehen ist. Hauptgeißel im basalen Bereich mit flügelförmiger Geißelanschwellung (Stigmaschirm), die gegen das Stigma angedrückt liegt. Das Stigma ist groß, orangerot gefärbt, setzt sich aus einer Anzahl von nicht von einer Membran abgegrenzten osmiophilen Kugeln zusammen und liegt außerhalb eines Chromatophors im vorderen, seitlichen Cytoplasmabereich. Stigma ohne Membranumhüllung. Die Nebengeißel ist primär eine kurze, glatte, nicht mit Flimmerhaaren versehene, nach hinten gerichtete Peitschengeißel. Sie ist nur noch bei *Ellipsoidion* vorhanden, bei den anderen Arten ist nur noch der Basalkörper vorhanden. Zellkern im vorderen Zellbereich. Zoosporen mit etwas langgestreckter Form; Zoosporen von Xanthophyta mehr oval geformt. Übergangsregion der Geißel mit Spiralkörper. Im Brackwasser, Süßwasser und in feuchten Böden.

Klasse Eustigmatophyceae

(Taf. 153)

Einzige Klasse mit den Merkmalen des Stammes.

Ordnung Eustigmatophyceales

Einzige Ordnung mit den Merkmalen der Klasse. Stammesgeschichtlich älteste Vertreter noch mit heterokonter Begeißelung; sekundär nur noch die vordere Hauptgeißel ausgebildet. *Ellipsoidion* (mit heterokonter Begeißelung, elliptische Zellenform, mit 3–7 Chromatophoren), *Polyedriella* (Zelle polyederförmig, mit 1–3 Chromatophoren), *Vischeria* (Taf. 153:1), *Chlorobotrys, Pleurochloris* (mit einem Chromatophor), *Pseudocharaciopsis*.

Phylogenie der Eustigmatophyta

Viele Daten sprechen dafür, in ihnen stammesgeschichtlich alte Vertreter der Chromophytobionta zu sehen. Da die Eustigmatophyta nur kokkal auftreten, müssen sie von kokkalen Chromophytobionta abgeleitet werden. Eine Ableitung kann daher nur aus dem kokkalen Xanthophyta-Bereich erfolgen. Beide Gruppen haben sich aber schon sehr frühzeitig getrennt und unterschiedliche Baupläne entwikkelt. Die Eustigmatophyta weisen einen größeren Bestand an plesiomorphen Merkmalen auf, die sie, im Gegensatz zu den anderen Vertretern der Chromobionta, noch von ihren frühesten Vorfahren, den Chlorobionta, beibehalten haben. Sie weisen bei den Xanthophyllen z. B. den Violaxanthin-Antheraxanthin-Zeaxanthin-Zyklus auf, der noch von Chlorobionta stammt, aber bei allen übrigen Gruppen der Chromophytobionta (mit Ausnahme der Phaeophyta) abgebaut wurde. Unter den Xanthophyllen tritt β-Cryptoxanthin bei Chlorobionta, aber bezeichnenderweise auch bei Xanthophyta und Eustigmatophyta auf. Hinzu kommt, daß Heteroxanthin und Vaucheriaxanthin nur bei Eustigmatophyta und Xanthophyta vorkommen, ein weiterer Hinweis auf die Verwandtschaft beider Gruppen. Das Reserveprodukt beider Gruppen ist sehr wahrscheinlich Chrysolaminarin (β-1:3 Polyglykan). Die Lage des Augenfleckes weicht bei den Eustigmatophyta gegenüber den Chromobionta ab. Der Augenfleck befindet sich bei den Eustigmatophyta im Cytoplasma und nicht im Chromatophor. Die dem Augenfleck gegenüberliegende Geißelanschwellung befindet sich bei den Eustigmatophyta an der vorderen, bei den Xanthophyta dagegen (wie bei den Chrysophyta) an der hinteren Geißel. Nach unseren bisherigen Kenntnissen besitzen Eustigmatophyta nur Chlorophyll a. Chlorophyll c konnte bisher nicht nachgewiesen werden. Das Fehlen zusätzlicher Chlorophylle ist ungewöhnlich und deutet mehr darauf hin, daß hier eine sekundäre Reduktion vorliegt. Eustigmatophyta sind aus dem frühen, kokkalen Xanthophyta-Bereich abzuleiten. Es ist zu beachten, daß bei den Xanthophyta die Chlorophyll c-Anteile sehr gering sind, so daß eine Reduktion bei den Eustigmatophyta als möglich erscheint. Es ist aber auch durchaus möglich, daß bei den Eustigmatophyta noch Chlorophyll c in geringen Anteilen festgestellt wird, ähnlich wie bei Xanthophyta. Weitere Reduktionsmerkmale der Eustigmatophyta sind das

Fehlen der Gürtellamelle (auch bei Xanthophyta zum Teil nicht vorhanden) und auch das wahrscheinliche Fehlen einer Kernanbindung. Xanthophyta weisen dagegen stets eine Kernanbindung auf. Weitere Reduktionsmerkmale sind das Fehlen von Golgi-Körpern und des Pyrenoids bei den Zoosporen, während vegetative Zellen noch beide Merkmale aufweisen. Außerdem wird bei dem Großteil der Eustigmatophyta sekundär nur noch die nach vorne gerichtete Hauptgeißel ausgebildet. Autapomorphien der Eustigmatophyta sind die Lage des Augenfleckes im Cytoplasma und die basale Anschwellung der Vordergeißel.

Wie die Xanthophyta besitzen die auch von ihnen abzuleitenden Eustigmatophyta kein Fucoxanthin, wie es für die stammesgeschichtlich jüngeren, gefärbten Chromobionta und Haptophytobionta charakteristisch ist.

Die Hauptevolutionslinie führt von den Xanthophyta zu den Chrysophyta, während eine Nebenlinie von den Xanthophyta zu den mit vielen Reduktionsmerkmalen versehenen Eustigmatophyta führt.

Unterreich Choanobionta

Mit dem einzigen Stamm Craspedophyta (Choanoflagellata)

Stamm Craspedophyta
(Taf. 154)

Primär monadoide Flagellaten, einzeln oder sekundär auch in Kolonien auftretend. Kolonien teils gestielt (z.B. *Codosiga*), teils kugelig und freischwimmend (z.B. *Sphaeroeca*). Mit primärem Periplast, keine Vertreter mit sekundärer Zellwand. Sekundäre Ausbildung von Gallerthüllen oder Gehäusen (z.B. *Salpingoeca, Pachysoeca*). Die primär einzelligen Vertreter häufig mit Stiel und festsitzend, zum Teil auch festsitzend ohne Stiel. Mit radiärsymmetrischem Körper. Einige Vertreter freischwimmend im Planktonbereich. Zellkörper primär länglich-oval, mit charakteristischem Plasmakragen am vorderen Zellende. Der kontraktile Plasmakragen besteht aus 35–40 tentakelähnlichen Längsfibrillen, welche in gleichen Abständen angeordnet sind. Die Tentakeln sind durch Plasmabrücken miteinander verbunden. Zentral in der Mitte des Plasmakragens befindet sich die einzige, voll ausgebildete Geißel (Taf. 154:5) (= Hauptgeißel). Von der zweiten Geißel ist nur noch der Basalkörper vorhanden. Er steht im rechten Winkel zum Basalkörper der Hauptgeißel. Die Hauptgeißel kann sekundär (*Choanotheca*) ebenfalls fehlen. Hauptgeißel beidseitig mit einem aus Fibrillen bestehenden Flügel. Die Fibrillen verlaufen in der Querrichtung, überlappen sich und sind miteinander verwoben. Von der Basis gesehen, ist etwa 2/3 der Geißellänge mit den beidseitigen Flügeln versehen. Das Endteil der Geißel ist nackt. Die Hauptgeißel kann als Pulsellum und auch als Traktellum fungieren. Das Herbeistrudeln der Nahrung erfolgt durch die Tätigkeit der Geißel. Beutetiere (besonders Bakterien) bleiben an der klebrigen Außenschicht des Kragens hängen, gleiten nach unten und werden von einer phagocytären Zone des Zellkörpers in der Nähe der Kragenbasis erfaßt. Durch Ausbildung kleinerer Lobopodien (Pseudopodien) wird die Nahrung umflossen und in das Zellinnere gebracht. Die aufgenommene Nahrung wird in den im Cytoplasma liegenden Nahrungsvakuolen verdaut. Geißel mit komplexer Übergangszone. Die Geißelwurzel mit radiär verlaufenden Microtubulibändern, welche aus 4–6 Microtubuli bestehen. Zwischen Basalkörper und Kern (mit Nukleolus) liegt der länglich-rundliche Golgi-Apparat. Er ist durch einen Rhizoplast mit dem Basalkörper der Hauptgeißel verbunden. Der Kern liegt im vorderen Zellbereich. Meist mit zwei pulsierenden Vakuolen im hinteren Zellkörperbereich. Cytoplasma des Zellkörpers sehr dicht mit Mitochondrien versehen. Mitochondrien vom abgeplatteten Cristae-Typ. Der Zellkörper verschmälert sich an seinem hinteren Ende und läuft in eine kegelförmige Spitze aus. Ab dieser Spitze ist bei vielen Arten ein Stiel ausgebildet, mit welchem die Anheftung an der Unterlage erfolgt. Der Stiel zeigt eine auffallend komplexe Struktur aus fibrillärem Material und kreisförmig angeordneten Lakunen. Das Cytoplasma des Stieles weist nicht den dichten Mitochondrien-Besatz wie das Zellkörper-Cytoplasma auf.

Das Vorkommen endogener Cysten ist umstritten. Gesichert ist das Vorkommen von mit einer Pore versehenen Cysten bei der Gattung *Salpingorhiza*. Die systematische Stellung dieser Gattung ist aber sehr umstritten. Offensichtlich nimmt sie eine vermittelnde Stellung zwischen Chrysophyceen und Craspedophyceen ein. Ein Teil der Bearbeiter (z. B. BOURRELLY) führt sie als Vertreter der Chrysophyceen (Fam. Kybotionaceae), andere (z. B. HOLLANDE) als Vertreter der Craspedophyceen . *Salpingorhiza* besitzt keinen Plasmakragen, ähnelt aber sonst der Craspedophyceen-Gattung *Salpingoeca* in vielen Merkmalen.

Primär mit Chromatophoren (*Stylochromonas* mit 2 Chromatophoren; *Microsportella* mit einem Chromatophor), sekundär alle anderen Vertreter farblos. Nähere Angaben über den Bau des Chromatophors und über das Pigment-Muster fehlen.

Fortpflanzung: Ungeschlechtliche Vermehrung durch Längsteilung, zum Teil auch durch Knospung.

Lebensweise Die primär gefärbten Vertreter kommen ausschließlich marin vor. Sekundär farblose Vertreter sowohl im marinen Bereich, als auch im Süßwasser vertreten. Die stammesgeschichtlich ältesten farblosen Vertreter kommen sowohl marin als auch im Süßwasser vor. Auch koloniale Vertreter (z. B. *Sphaeroeca*) leben sowohl im Salz- als auch im Süßwasser. Allgemein überwiegt die Zahl der Süßwasserarten. Ernährung der farblosen Arten phagotroph, gefärbte Arten mit mixotropher Lebensweise.

Klasse Craspedophyceae
(Taf. 154)

Mit der einzigen Ordnung Craspedomonadales (Choanoflagellida).

Ordnung Craspedomonadales

Mit den Merkmalen der Klasse.

Monosigaceae. Nur *Stylochromonas* gefärbt, sonst alle sekundär farblos. *Stylochromonas* (Taf. 154:1): Gefärbt, mit 2 Chromatophoren, 1 Hauptgeißel, mit Kragen, mit Stiel, primär marin; *Monosiga* (Taf. 154:2): Festsitzend, marin und im Süßwasser; *Desmarella* (Taf. 154:8): Reihenförmige Kolonien; *Astrosiga:* Plattenförmige Kolonien; *Sphaeroeca* (Taf. 154:10): Kugelige Kolonien, Gallertkugel, marin und im Süßwasser; *Proterospongia* (Taf. 154:9): Kleine, mehr plattenförmige Kolonien; *Codonosiga* (Taf. 154:5–6): Kleine, gestielte Kolonien; *Cladospongia* (Taf. 154:11): Festsitzende, fingerartige, innen hohle Kolonien, mit Plasmodesmen zwischen den einzelnen Zellen.

Salpingoecaceae. Bis auf *Microsportella* alle sekundär farblos. Sekundär mit Gehäuse, meist aber festsitzend. *Microsportella:* Einziger gefärbter Vertreter, marin, freischwimmend, mit gitterförmigem Gehäuse; *Acanthoeca:* Marin, freischwimmend, mit gitterförmigem Gehäuse; *Lagenoeca:* Freischwimmend, mit Schwebefortsätzen; *Salpingoeca* (Taf. 154:3): Durchsichtiges Gehäuse, festsitzend, marin und Süßwasser; *Pachysoeca:* Mit dickem, bräunlichem Gehäuse; *Polyoeca*: Gestielte Kolonien, marin.

Diplosigaceae. Mit doppeltem Plasmakragen. Farblos. *Diplosiga* (ohne Gehäuse); *Diplosigopsis* (Taf. 154:4) mit Gehäuse.

Phalansteriaceae. Farblos, festsitzend, kolonial. Plasmakragen bis auf eine kleine untere Manschette reduziert. *Phalansterium* (Taf. 154:7), festsitzend, Zellen in einer dicken Gallertmasse. Mit Cyste, aber ohne Porus.

Phylogenie der Craspedophyta

Es bestehen Unsicherheiten über die Einreihung der gefärbten Vertreter. Sie werden zum Teil bei den Craspedophyceen, zum Teil bei den Chrysophyceen eingeordnet. Diese Unsicherheit betrifft die Gattungen *Salpingorhiza, Stylochromonas* und *Microsportella.* Wir haben uns der Meinung angeschlos-

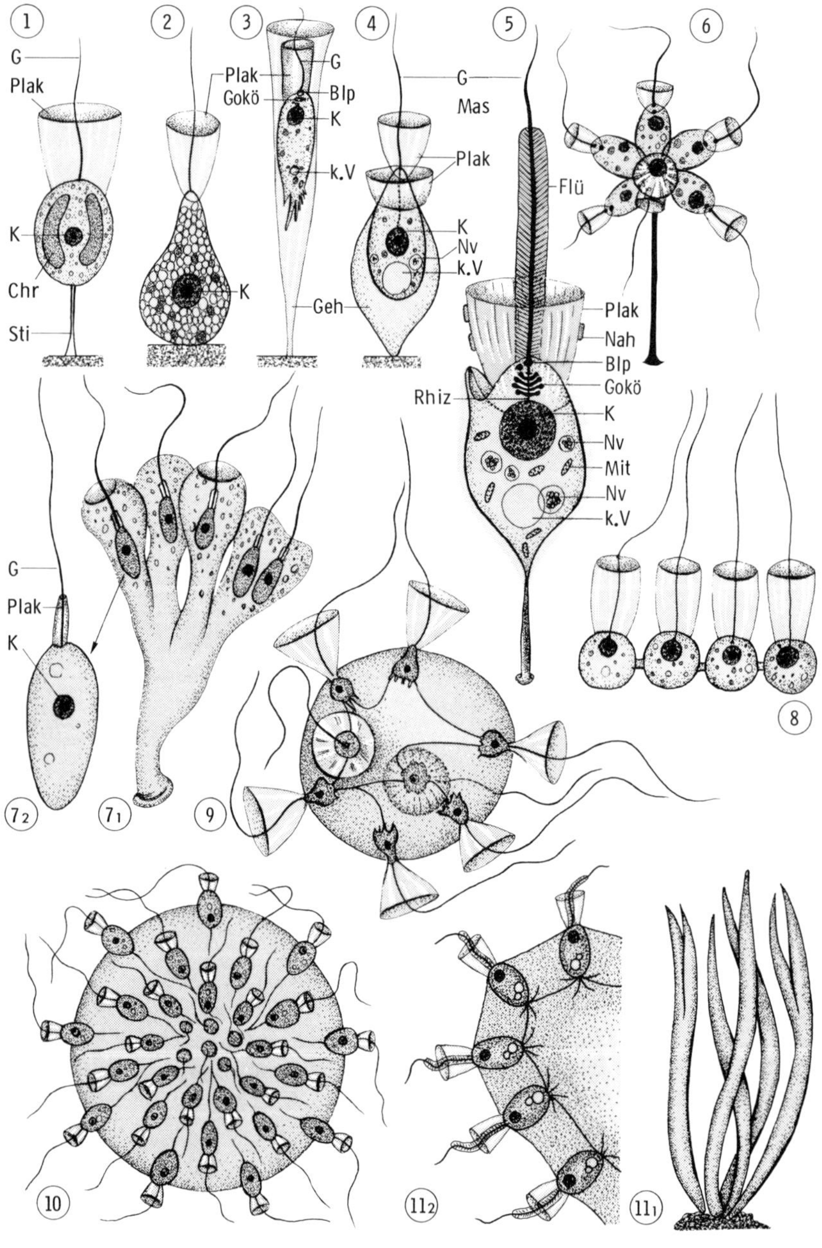

Taf. 154. Craspedophyta: Craspedophyceae (Craspedomonadales). – Abb. 1. *Stylochromonas minuta* (nach LACKEY). Abb. 2. *Monosiga ovata* (nach LEMMERMANN). Abb. 3. *Salpingoeca gracilis* (nach DE SAEDELEER). Abb. 4. *Diplosigopsis entzii* (nach FRANCÉ). Abb. 5. *Codonosiga* (Einzelzelle aus Kolonie), Geißelfeinbau (nach DE SA - EDELEER). Abb. 6. *Codonosiga botrytis* (nach LEMMERMANN). Abb. 7/1. *Phalansterium digitatum* (nach STEIN); 7/2. *Phalansterium digitatum*, Schwärmer (nach STEIN). Abb. 8. *Desmarella phalanx* (nach BOURRELLY). Abb. 9. *Proterospongia lackeyi* (nach LACKEY). Abb. 10. *Sphaeroeca volvox* (nach LEMMERMANN). Abb. 11/1. *Cladospongia elegans* (nach IYENGER & RAMANATHAN); 11/2. *Cladospongia elegans*, Ausschnitt aus einer Kolonie (nach

sen, daß *Salpingorhiza* zu den Chrysophyceen, *Stylochromonas* und *Microsportella* dagegen zu den Craspedophyceen zu zählen sind. Nach dieser Auffassung besitzen die Craspedophyceen, wie auch die anderen Algengruppen, primär gefärbte Vertreter und erst sekundär farblose Arten. Bei einem Ausschluß der erwähnten Gattungen aus dem Craspedophyceen-Bereich hätte man es mit einer rein farblosen Gruppe zu tun. Die Lebensweisen der Craspedophyceen lassen aber eher die Deutung zu, daß es innerhalb der Gruppe zu einer sekundären Farblosigkeit gekommen ist. Darauf deutet vor allem hin, daß nur die stammesgeschichtlich ältesten Gruppen gefärbte Vertreter aufweisen, und daß diese noch alle die primäre, marine Lebensweise besitzen.

Die Schwierigkeit der Einordnung, die Unsicherheit ob Chrysophyceen oder Craspedophyceen vorliegen, spricht für eine engere Verwandtschaft beider Gruppen, obwohl einige Merkmale (z.B. abgeplattete Mitochondrien bei Craspedophyceen) zunächst nicht an eine nähere Verwandtschaft denken lassen. Hinzu kommt, daß der Bau der Chromatophoren bei den nur schwierig einzuordnenden Gattungen nicht bekannt ist und man auch das Pigmentmuster nicht kennt.

Für eine Ableitung aus dem Chrysophyceen-Bereich sprechen folgende Daten. Der Plasmakragen stellt eines der wichtigsten Merkmale der Craspedophyceen dar. Schon bei den Chrysophyceen (z.B. *Monas*) ist eine Tendenz zur Ausbildung eines Plasmakragens festzustellen. *Monas vorax* besitzt bereits eine trichterartige Bildung am apikalen Pol und der vordere Tentakelkranz der Pedinellaphyceen (von Chrysophyceen abzuleiten) entspricht weitgehend dem Plasmakragen der Craspedophyceen, nur daß die Tentakel noch nicht miteinander verbunden sind und noch keinen einheitlichen Kragen bilden. Die Tentakel der Pedinellaphyhceen enthalten Microtubuli (3 Microtubuli, welche den Dreier-Bündeln der Microtubuli im Cytoplasma der Zelle entsprechen), während die Tentakel der Craspedophyceen fibröses Material enthalten.

Bei der Nahrungsaufnahme bilden die Craspedophyceen an der Kragenbasis kleine Pseudopodien aus. Amöboidie ist bei den Chrysophyceen stark vertreten, während sie bei den Cryptophyta (eine eventuelle Ableitungsgruppe) praktisch bedeutungslos ist.

Die Hauptgeißel weicht stark von dem Bau der Geißel der Chrysophyceen ab. Die abweichende Form der Geißel wird als ein wichtiges Argument gegen eine Ableitung aus dem Chrysophyceen-Bereich angesehen. Nimmt man aber eine engere Verwandtschaft zwischen Craspedophyceen und Pedinellaphyceen an, (beide radiärsymmetrisch, mit einer Hauptgeißel und mit Tentakelring, bzw. Kragen) dann wird schon bei den Pedinellaphyceen eine Geißelseite in einen Flügel umgewandelt, während auf der anderen Seite die Flimmerhaarreihe bestehen bleibt. Bei den Craspedophyceen geht die Umwandlung dann einen Schritt weiter, und es kommt beidseitig zur Flügelausbildung. Bei der Annahme einer engeren Verwandtschaft beider Gruppen kommt daher nur eine Ableitung von mit Flimmerhaaren versehenen Gruppen in Frage. Am ehesten bieten sich die Chrysophyta an. Die Gattung *Stylochromonas* wird zum Teil bei den Craspedophyceen, zum Teil bei den Chrysophyceen eingeordnet. Wir haben sie bei den Craspedophyceen eingegliedert, weil sie den für diese Gruppe typischen Plasmakragen besitzt. Der Besitz von 2 Chromatophoren weist eindeutig auf eine Ableitung aus dem Chrysophyceen-Bereich hin. Würde man die Gattung aber als zu den Chrysophyceen gehörig betrachten, würde der Plasmakragen wiederum auf eine enge Verwandtschaft mit den Craspedophyceen hinweisen.

Als weiteres Argument gegen eine Ableitung aus dem Chrysophyceen-Bereich wird der Besitz von abgeplatteten Mitochondrien angesehen. Der Cristae-Typ der Mitochondrien stellt aber ein plesiomorphes Merkmal der Eukaryonta dar (schon bei Aconta vorhanden und bei den stammesgeschichtlich ältesten Contophora) und kann daher nicht ohne weiteres zu stammesgeschichtlichen Folgerungen herangezogen werden. Verwandtschaften können durch Synapomorphien begründet werden. Alle Gruppen der Contophora können von ihren Vorfahren den primären Cristae-Typ übernehmen. Der Cristae-Typ stellt eine Plesiomorphie der Contophora und keine Apomorphie der Craspedophyta dar. Der Besitz von Tubuli-Mitochondrien stellt dagegen eine Apomorphie dar, aber Teilgruppen, wie z.B.

◄

Iyenger & Ramanathan). Abkürzungen: Blp = Blepharoplast (Basalkörper), Chr = Chromatophor, Flü = Flügel, G = Geißel, Geh = Gehäuse, Gokö = Golgikörper, K = Kern, k.V = kontraktile Vakuole, Mit = Mitochondrium, Nah = Nahrung, Nv = Nahrungsvakuole, Plak = Plasmakragen, Rhiz = Rhizoplast, Sti = Stiel.

die Animalia (Metazoa), können durchaus beide Typen nebeneinander aufweisen (z.B. in Geweben von Insekten). Der Besitz von Cristae-Mitochondrien bei Craspedophyceen bedeutet daher nicht, daß sie zu den stammesgeschichtlich ältesten Vertretern der Contophora zu zählen sind. Engere Beziehungen zu den Pedinellaphyceen (Pedinellaphyta) bestehen auch im Bau der Geißelwurzel. Beide Gruppen besitzen nicht mehr den quergestreiften Geißelwurzelbereich der Chrysophyta, sondern weisen radiär angeordnete Microtubuli-Bänder auf. Wir müssen daher auch bei den Craspedophyceen annehmen, daß sie sich schon sehr früh von dem monadalen Chrysophyta-Bereich (Chrysomonadales) abgetrennt und eine gesonderte Eigenentwicklung durchgeführt haben. Falls die noch sehr ungenügend bekannten, gefärbten Vertreter der Craspedophyceen bei den Chrysophyta eingereiht werden sollten, könnte man die Craspedophyceen direkt von den Pedinellaphyceen ableiten. Verbleiben die gefärbten Vertretern bei den Craspedophyceen (wie hier angenommen), dann muß eine Art von Parallelentwicklung stattgefunden haben, da dann weder die Craspedophyceen (mit primärem Besitz von 2 Chromatophoren; Geißel beidseitig beflügelt) von den Pedinellaphyceen (sekundärer Besitz von 2–6 Chromatophoren; Geißel einseitig noch mit Flimmerhaaren, nur 1 Flügel ausgebildet), noch die Pedinellaphyceen von den Craspedophyceen abgeleitet werden können. Die getrennte Ableitung beider Gruppen aus dem Chrysomonadales-Bereich bleibt aber dadurch unberührt. Wir schließen uns daher einer Ableitung der Craspedophyceen aus dem monadalen Chrysophyceen-Bereich an.

Innerhalb der Craspedophyceen ist ein starker Trend (liegt auch schon bei ihren Vorfahren, den Chrysophyta vor) zur sekundären holozoischen Lebensweise, verknüpft mit der Ausbildung kolonialer Formen, deutlich erkennbar. Es kommen sowohl festsitzende (z.B. *Cladospongia*) als auch freischwimmende Kolonien in verschiedenartiger Form (reihen-, platten- und kugelförmig) vor. Es besteht wohl kaum noch ein Zweifel, daß die Schwämme (Animalia: Porifera) aus dem Craspedophyceen-Bereich abzuleiten sind. Bei einer Annahme der Monophylie der Metazoen (Animalia) stammen demnach alle mehrzelligen Vertreter (mit Porifera als Basisgruppe) von Craspedophyceen ab. Die mit einem Plasmakragen versehene Zelle der Craspedophyceen entspricht der Choanocyte der Schwämme. Es hat sich immer mehr gezeigt, daß es sich bei der Choanocyte um einen primären Zelltyp der Metazoen handelt, denn inzwischen konnten bei vielen Tiergruppen Choanocyten (oder abgewandelte Cyrtocyten) festgestellt werden. Das Auftreten von Choanocyten bei Cnidaria (Anthozoen) spricht für eine Monophylie der Metazoen und nicht für gesonderte Ableitungen von Porifera bzw. Cnidaria. Selbst bei den stammesgeschichtlich relativ jungen Deuterostomia konnten Choanocyten (bei Echinodermata) beobachtet werden. Die mit einer Geißel (Hauptgeißel) versehenen Choanocyten der Porifera weisen beidseitig Flügelbildungen auf, wie wir sie auch bei Craspedophyceen antreffen. Wie die Craspedophyceen besitzen die Chaonocyten der Porifera im Geißelwurzelbereich radiär angelegte Microtubuli-Bündel. Die Mitochondrien der Craspedophyceen besitzen abgeplattete Cristae, welche auch den Haupttyp der Animalia (Metazoa) darstellen.

Als Modell für die Entstehung der Metazoen eignen sich innerhalb der Craspedophyceen am besten die freischwimmenden, sekundär farblosen, kugeligen *Sphaeroeca*-Kolonien. *Volvox*-Modelle (Chlorophyta) können für eine Ableitung der Metazoen nicht mehr verwendet werden. Volvocales besitzen stets eine Zellwand und immer Chromatophoren. Außerdem ist bei ihnen nicht die Spur eines Trends zur sekundären holozoischen Lebensweise erkennbar.

Umstritten waren lange die mehr plattenförmigen Kolonien von *Proterospongia* (Craspedophyceen). Restkörper von Schwämmen (mit Kragengeißelzellen und amöboiden Zellen) können *Proterospongia*-Kolonien sehr ähneln. Echte *Proterospongia*-Kolonien besitzen aber nur einen einzigen Zelltyp, nämlich mit einem Plasmakragen versehene Zellen und sind dadurch von Schwamm-Restkörpern (auch mit amöboiden Zellen) zu unterscheiden. Koloniale *Sphaeroeca*-Arten kommen auch im marinen Bereich vor, dadurch wird die Ableitung der Schwämme aus diesem Bereich noch wahrscheinlicher. Plasmakragen und Golgi-Körper liegen bei beiden Gruppen in gleicher Ausbildung vor, und beide Gruppen weisen kontraktile Vakuolen auf. Die phagocytäre Nahrungsaufnahme mit Hilfe kleiner Pseudopodien an der Basis des Plasmakragens kommt sowohl bei den Craspedophyceen als auch bei den Choanocyten der Schwämme vor. *Proterospongia*-Kolonien besitzen eine zellenfreie Grundplatte (Vorstufe einer Art von mesohyler Schicht). Alle diese Merkmale sprechen dafür, die Animalia (Metazoen) mit Porifera als Basisgruppe von Craspedophyceen abzuleiten.

Unterreich Haptophytobionta

Mit dem einzigen Stamm der Haptophyta (Prymnesiophyta)

Stamm Haptophyta
(Taf. 155 u. 156)

Mit den Klassen der Isochrysidaceae und Prymnesiaceae.

Primär monadoide Vertreter (Flagellatenstadium), sekundär auch capsale Vertreter (Phaeocystales), oder es können im Entwicklungszyklus neben dem primären Flagellatenstadium auch amöboide Stadien (z. B. bei *Chrysochromulina*), capsale (z. B. bei *Isochrysis*), kokkale (z. B. bei *Isochrysis*) oder trichale (z. B. bei *Hymenomonas*) auftreten. Die Zyklen einiger Arten enthalten benthische Stadien, welche capsal, kokkal oder fadenförmig sein können. Die im Zyklus der Coccolithophorales auftretenden Schwärmer entsprechen der monadoiden Primärform. Primär mit einfachem Periplast (Isochrysidales), sekundär Periplast mit submikroskopischen, aus Zellulose bestehenden Schuppen und Knötchen bedeckt (Prymnesiales) oder mit zusätzlicher, äußerer Hülle, welche aus kristallisiertem Calciumcarbonat bestehende Coccolithen (große Schuppen) enthält (Coccolithophorales). Schuppen und Coccolithen entstehen intraplasmatisch in Zisternen des Golgi-Apparates. Die äußere, oberhalb des Periplasts liegende Hülle kann bei den Coccolithophorales verkalken, so daß eine feste Kalkschale mit eingebetteten Coccolithen entsteht. Keine Verwendung von Kieselsäure, wie bei Chryso-, Xantho-, Bacillario- und Phaeophyta. Zum Teil mit Schlundbildung in der Nähe der Geißelbasis.

Primär mit 2 gleichlangen, isodynamischen Geißeln und noch ohne Haptonema (Isochrysidales). Beide Geißeln glatt und ohne Flimmerhaare. Sekundär mit 2 glatten, iso- bis heterokonten, heterodynamischen Geißeln und einem zwischen den Geißeln gelegenem Haptonema (Taf. 156:1) (Prymnesiales, Coccolithophorales, Phaeocystales). Die beiden Geißeln sind mit submikroskopischen Schüppchen aus organischem Material bedeckt. *Pavlova* (Taf. 155) mit heterokonten Geißeln. Die Vordergei-

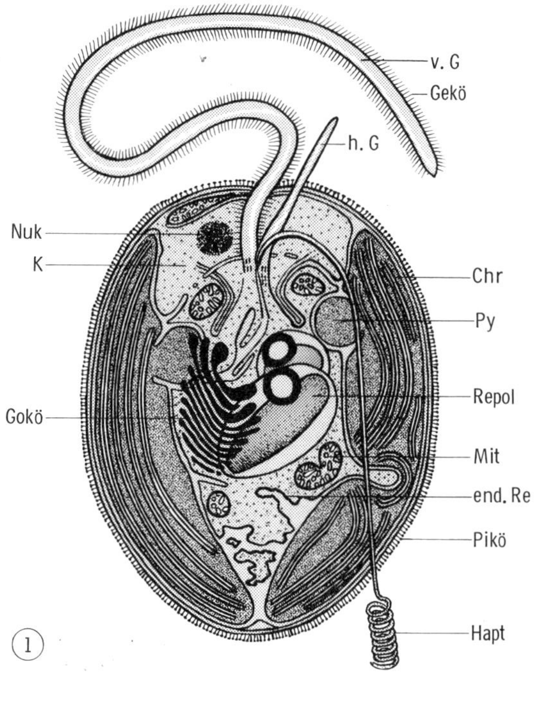

Taf. 155. Haptophyta: Prymnesiaceae (Pavlovales). – Abb. 1. *Pavlova helicata*, Habitus (nach v. D. VEER). Abkürzungen: Chr = Chromatophor, end. Re = endoplasmatisches Reticulum, Gekö = Geißelkörperchen (vermutlich reduzierte haarähnliche Bildungen), Gokö = Golgikörper, Hapt = Haptonema, h. G = hintere Geißel, K = Kern, Mit = Mitochondrium, Nuc = Nucleolus, Pikö = pilzförmige Körperchen, Py = Pyrenoid, Repol = Reservepolysaccharid, v. G = vordere Geißel.

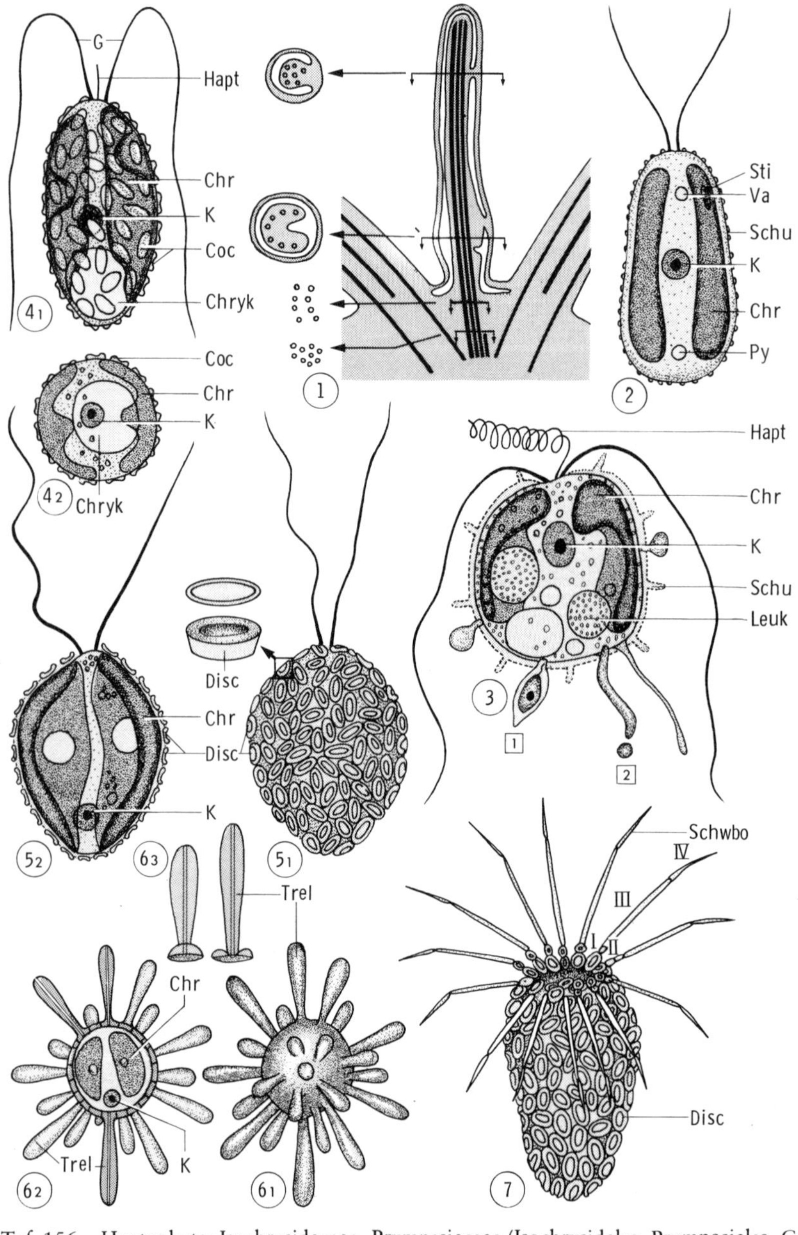

Taf. 156. Haptophyta: Isochrysidaceae, Prymnesiaceae (Isochrysidales, Prymnesiales, Coccolithophorales). – Abb. 1. Haptonema (nach MANTON). Abb. 2. *Isochrysis galbana* (nach PARKE). Abb. 3. *Chrysochromulina ericina* (nach PARKE; MANTON & CLARKE): 3/1. phagotrophe Nahrungsaufnahme; 3/2. Abstoßung von Exkretstoffen. Abb. 4/1. *Cricosphaera carterae* (nach FOTT); 4/2. *Cricosphaera carterae*, Querschnitt (nach FOTT). Abb. 5/1. *Pontosphaera roscoffensis* (nach CHADEFAUD & FELDMANN); 5/2. *Pontosphaera roscoffensis*, Längsschnitt (nach CHADEFAUD & FELDMANN). Abb. 6/1. *Rhabdosphaera claviger* (nach LOHMANN); 6/2. *Rhabdosphaera claviger*, Längsschnitt (nach LOHMANN); 6/3. Tremalithen (nach SCHILLER). Abb. 7. *Michaelsarsia splendens* (nach LOHMANN). Abkürzungen: Chr = Chromatophor, Chryk = Chrysolaminarinkorn, Coc = Coccolith, Disc = Discolith, G = Geißel, Hapt = Haptonema, K = Kern, Leuk = Leukosin, Py = Pyrenoid, Schu = Schuppe, Schwbo = Schwebeborste, Sti = Stigma, Trel = Tremalith, Va = Vakuole.

ßel weist dreiteilige, keulenförmige Körperchen (eventuell reduzierte Mastigonemen) auf. Die Übergangsregion der Geißeln bei den Haptophyta mit einem in der Deutung umstrittenen Bereich, der auch als „Sternkörper" gedeutet wird. Die Länge des Haptonemas ist sehr verschieden. Es kann kurz, aber auch lang fadenförmig (über das 10fache der Zellänge) sein. Bei einigen Coccolithophorales konnte (neben den primär kein Haptonema besitzenden Isochrysidales) bisher noch kein Haptonema nachgewiesen werden. Das Haptonema stellt ein geißelähnliches Haftorganell dar. Es kann sich zu einer Spirale aufwickeln oder sich in ganzer Länge strecken. Der Feinbau entspricht nicht dem für die Eukaryonten-Geißel charakteristischen 9 + 2 Microtubulisystem. Bei dem Haptonema der Prymnesiales befinden sich im basalen Bereich 9, auf weiter distal gelegenen Querschnitten sind 6–8 sichelförmig angeordnete Microtubuli zu erkennen. Die Microtubuli werden von drei Elementarmembranen umgeben. Zwischen den Tubuli und der Oberfläche liegt eine Doppelmembran des endoplasmatischen Reticulums. Das Haptonema kann nicht mit der Eukaryonten-Geißel homologisiert werden. Es stellt ein zusätzliches, von den Haptophyta neu entwickeltes Organell dar, welches nicht von der Eukaryonten-Geißel abgeleitet werden kann.

Mit meist 2 gelbbraunen Chromatophoren. Die bisher bekannten Vertreter fast alle gefärbt, nur bei Tiefseeformen der Coccolithophorales kommen einige sekundär farblose Vertreter vor. Mit Chlorophyll a, sowie Chlorophyll c2 und c1. Mit β-Carotin. Hauptxanthophyll ist Fucoxanthin, daneben kommen noch Diadinoxanthin und Diatoxanthin vor. Reservestoff ist Chrysolaminarin, ein β-1:3 Polyglykan. Bei einer Art wurde auch Paramylum als Reservestoff gefunden. Chrysolaminarin wird außerhalb der Chromatophoren in Vakuolen gebildet. Fette und Öle kommen als akzessorische Reservesubstanzen vor. Chromatophor mit eigener Doppelmembran und äußerer, vom endoplasmatischem Reticulum gebildeter Doppelmembran. Mit Kernanbindung, falls der Chromatophor neben dem Zellkern liegt. Im Chromatophor liegen jeweils 3 Thylakoide in Stapeln (= Lamellen) aufeinander. Ohne Gürtellamelle. Chromatophor mit Pyrenoid. Nur wenige Mitochondrien. Der Golgi-Apparat liegt (im Gegensatz zu anderen Gruppen, etwa Chrysophyta) nicht mit seiner Bildungsseite der Oberseite des Kernes an. Golgi-Zisternen in der Mitte aufgeblasen, an dieser Stelle findet die Bildung der Schuppen statt. Einige Vertreter mit Stigma (Augenfleck). Das Stigma liegt im Chromatophor, dicht unter der Oberfläche und besteht aus einer Reihe von Kügelchen (wie bei Chrysophyta: *Ochromonas*). Es liegt stets im vorderen Bereich des Zellkörpers. Eine gegenüberliegende Geißelanschwellung ist nicht vorhanden. Unterhalb des Periplasts befinden sich Schleimkörperchen (Extrusome), die bei Gefahr ausgestoßen werden. Mit Mitochondrien vom Tubuli-Typ.

Fortpflanzung: Ungeschlechtlich durch endogene Cystenbildung und nachfolgender Ausbildung von Zoosporen (Isochrysidales). Bei Prymnesiales entweder normale Längsteilung bei flagellater Ausbildung, oder unbegeißelte Stadien werden amöboid, vereinigen sich und bilden 4 unbewegliche Tochterzellen aus. Bei Coccolithophorales findet im Zyklus ein Wechsel zwischen einer begeißelten (oder unbeweglichen) und einer trichalen Phase statt. Die diploide, begeißelte Phase (z.B. bei *Hymenomonas*) vermehrt sich vegetativ durch Zellteilung oder bildet, unter Reduktionsteilung, 4 haploide Sporen aus. Aus diesen Sporen entwickelt sich die trichale, haploide „*Apistonema*-Phase". Diese Phase bildet haploide, begeißelte Zooide aus, die wieder zur Ausbildung der „*Apistonema*-Phase" führen können oder als Gameten fungieren, kopulieren und sich in die diploide „*Hymenomonas*-Phase" umwandeln.

Lebensweise: Fast alle Vertreter der Haptophyta sind marine Formen und kommen in der flagellaten Ausbildung im Meeresplankton vor. Coccolithophoriden stellen einen wesentlichen Anteil des marinen Phytoplanktons dar. Der Zyklus einiger Arten enthält auch benthische Stadien, welche capsal, kokkal oder trichal sein können. Haptophyta bevorzugen wärmere Meere. Sie fehlen dort, wo die Wassertemperatur unter 8 °C sinkt. Ihre Schalen (Coccolithophoriden) werden in großen Mengen in marinen Sedimenten gefunden und sind fossil seit dem Oberkambrium bekannt. Eine Anzahl von Arten besiedelt auch größere Meerestiefen (1000–4000 Meter), darunter auch sekundär farblose Arten mit osmotropher Nahrungsaufnahme. Im Süßwasser sind nur wenige Arten vertreten.

Bei Prymnesiales (*Chrysochromulina*) kommt neben phototropher Nahrungsaufnahme auch Phagotrophie vor. Dabei werden einzellige Algen und Bakterien phagocytär aufgenommen und unverdaute Nahrungsreste werden durch Defäkation ausgestoßen.

Klasse Isochrysidaceae

Mit der einzigen Ordnung Isochrysidales (mit den Merkmalen der Klasse).

Ordnung Isochrysidales

Mit einfachem Periplast, mit 2 gleichlangen, isodynamischen Geißeln. Noch ohne Haptonema und ohne Schuppen. Mit metabolischer Formveränderung. Mit Stigma. *Isochrysis* (Taf. 156:2): Marine Arten.

Klasse Prymnesiaceae

Mit den Ordnungen Prymnesiales, Pavlovales, Coccolithophorales und Phaeocystales. Periplast mit Schuppen oder zusätzlicher Hülle mit Kalkkörperchen (Coccolithen). Die 2 gleichlangen oder heterokonten Geißeln heterodynamisch (vordere Zuggeißel und nach hinten gerichtete Schleppgeißel). Mit Haptonema. Meist ohne Stigma. Monadoide und capsale Vertreter.

Ordnung Prymnesiales (Prymnesiida)

Periplast mit submikroskopischen Schuppen bedeckt. Die beiden Geißeln heterokont und heterodynamisch. Haptonema länger als Geißeln (*Chrysochromulina*) oder kürzer (*Prymnesium, Platychrysis*). Mit Photorezeptor am Haptonema (*Chrysochromulina*). Phototrophe Nahrungsaufnahme, aber auch Phagotrophie wie z. B. bei *Chrysochromulina*. Mit Extrusomen. Marin und im Süßwasser. *Prymnesium, Platychrysis, Chrysochromulina* (Taf. 156:3).

Ordnung Pavlovales

Vordergeißel mit dreiteiligen kleinen Körperchen, welche feinen haarähnlichen Gebilden entsprechen. Mit Stigma. *Pavlova* (Taf. 155).

Ordnung Coccolithophorales

Periplast mit zusätzlicher äußerer Hülle. Hülle enthält Kalkkörperchen (Coccolithen), welche aus kristallisiertem Calciumcarbonat bestehen. Die Coccolithen werden in Zisternen des Golgi-Apparates gebildet und nach außen geschoben. Die Hülle kann völlig verkalken (Kalkflagellaten). Man unterscheidet zwei Typen von Coccolithen. Primär einfache, scheibenförmige Gebilde mit erhöhtem Rand und ohne Durchbohrung (= Diskolithen). Sekundär kompliziertere, durchbohrte Gebilde (= Tremalithen), welche oft Schwebefortsätze aufweisen. Mit 2 isokonten, aber heterodynamischen Geißeln. Mit kurzem Haptonema, zum Teil bei einigen Arten Haptonema noch nicht nachgewiesen. Mit Photorezeptor an einer Geißel. Mit 2 gelbbraunen Chromatophoren. Ungeschlechtliche Vermehrung durch Längsteilung und Autosporenbildung. Viele im marinen Litoral lebende Arten vermögen offensichtlich außer der normalen, beweglichen, planktischen Flagellatenphase auch benthische, unbewegliche Phasen (palmelloid oder mehrzellig trichal) auszubilden. Fossil seit dem Lias bekannt. Fast ausschließlich marin. Hauptbestandteil des marinen Nannoplanktons. *Syracosphaera*, *Cricosphaera* (Taf. 156:4), *Pontosphaera* (Taf. 156:5), *Rhabdosphaera* (Taf. 156:6), *Michaelsarsia* (Taf. 156:7), *Coccolithus*, *Hymenomonas* (Süßwasser).

Ordnung Phaeocystales

Capsale Formen in Gallertkolonien, unbeweglich. Ungeschlechtliche Vermehrung durch Bildung von Zoosporen mit typischer monadoider Gestalt (mit 2 Geißeln und Haptonema). Marine Planktonbewohner. *Phaeocystis*.

Phylogenie der Haptophyta

Sie nehmen innerhalb der Chromophytobionta eine etwas isolierte Stellung ein, so daß die Errichtung eines Unterreiches der Haptophytobionta gerechtfertigt erscheint. Der Besitz von Chlorophyll c 2 und c 1 weist eindeutig auf eine engere Verwandtschaft mit den Chromobionta hin. Am nächsten sind sie mit den stammesgeschichtlich ältesten Gruppen der Chrysophyta verwandt und können als Schwestergruppe dieses Komplexes betrachtet werden. Haptophyta besitzen aber viele Autapomorphien (z. B. Haptonema), so daß die Aufstellung eines eigenen Unterreiches den phylogenetischen Gegebenheiten eher entspricht. Wie die Chromobionta besitzen sie Fucoxanthin als Hauptxanthophyll, sowie Diadinoxanthin und Diatoxanthin. Es ist zu beachten, daß bei den stammesgeschichtlich ältesten Chromobionta, den Xanthophyta, Fucoxanthin noch fehlt. Haptophyta besitzen keine Gürtellamelle, und bei den Xanthophyta treffen wir ebenfalls einige Vertreter an, die noch keine Gürtellamelle besitzen. Die Schlundbildungen der Haptophyta sind als stammesgeschichtlich alte Plesiomorphien zu betrachten. Die Geißeln der Haptophyta sind im primären Zustand noch isokont (stammesgeschichtlich altes Merkmal), sekundär können aber auch heterokonte Geißeln auftreten. Mit dem Haptonema besitzen die Haptophyta ein eigenständiges (autopomorphes), in gewissem Sinne etwas geißelähnliches Zellorganell. Das Haptonema besitzt aber keinen Basalkörper, und es bestehen daher keinerlei Beziehungen zur echten 9 + 2 Microtubuli-Geißel der Eukaryonten. Da Geißeln stets paarweise, in Vielzahl von 2 (oder in sekundärer Einzahl), nie aber in Dreier-Gruppen auftreten, ist auch aus diesem Grunde nicht an eine Verwandtschaft mit echten Geißeln zu denken. Das Fehlen eines Basalkörpers zeigt, daß das Haptonema weder als eine reduzierte Geißel, noch als eine Vorstufe einer Geißel zu betrachten ist. Die Zahl der Microtubuli ist nicht, wie bei einer echten Eukaryonten-Geißel, gleichbleibend, sondern nimmt nach der Spitze des Haptonemas zu ständig ab.

Die beiden Geißeln der Haptophyta sind, bis auf die Vordergeißel von *Pavlova*, glatt. Offensichtlich liegt hier eine Reduktion der Flimmerhaare der Vordergeißel vor, da bei *Pavlova* die auf der Vordergeißel befindlichen Körperchen als reduzierte Flimmerhaare betrachtet werden können. Das Haptonema ist ein Tast- und Verankerungsorganell und es erscheint durchaus möglich, daß es eine sonst übliche Tastfunktion der Vordergeißel übernommen hat und es dadurch zur Reduktion der Flimmerhaare gekommen ist.

Die Tendenz zur Ausbildung von Schuppen ist bei einigen Algen-Gruppen verbreitet. Die Schuppen können aber einen sehr unterschiedlichen Bau aufweisen. Bei den Haptophyta treten Schuppen aus organischem Material oder aus Kalk auf, während bei den Chrysophyta Kieselschuppen vorliegen. Es ist umstritten, ob bei den Haptophyta in der Übergangsregion der Geißel eine Art von Sternkörper (wie für Chlorobionta charakteristisch) vorkommt. Bei *Prymnesium* soll ein unklar erkennbares Sternmuster vorliegen. Falls ein echter Sternkörper vorhanden ist, kann es sich nur um eine Konvergenz oder Beibehaltung eines plesiomorphen Merkmals handeln, da im Bereich der Chromophytobionta keine Sternkörper vorkommen. Der „Sternkörper" der Haptophyta soll sich auch, im Gegensatz zu dem echten Sternkörper der Chlorobionta, nur über eine sehr kurze Strecke der Übergangsregion erstrecken.

Chrysophyta und Haptophyta besitzen eine Reihe gemeinsamer Merkmale. Beide weisen 4 Chromatophor-Membranen mit Kernanbindung auf. Die Zahl der Chromatophoren ist auf 1–2 beschränkt. Der Augenfleck ist bei beiden Gruppen gleich gebaut. Es liegt aber bei den Haptophyta, vielleicht auch durch die eigenständige Entwicklung eines Haptonemas, keine Assoziation mit einer basalen Anschwellung der hinteren Geißel vor. Auch hier könnte man davon ausgehen, daß die photorezeptorische Anschwellung sekundär reduziert worden ist. Gemeinsam mit den Chrysophyta (und auch anderen Chromobionta) besitzen sie Fucoxanthin, Diadinoxanthin und Diatoxanthin.

Die angeführten Merkmale sprechen für eine Einreihung innerhalb der Chromophytobionta, und zwar für eine Ableitung aus dem frühen Chrysophyta-Bereich. Die Abtrennung von diesem Komplex erfolgte bereits im monadoiden Bereich und führte zu einer charakteristischen Eigenentwicklung der Haptophyta. Die Ausbildung von Kalkcysten (mit Melanin an Stelle von Chlorophyllen und Carotinoiden) sowie von Kalkkörperchen weisen ebenfalls auf die Eigenständigkeit der Haptophyta hin. Sie verwenden als einzige Algengruppe Calcit, während sonst nur noch bei einigen Chlorophyta (Caulerpales) Kalk verwendet wird, hier aber in Aragonitform. Der Besitz eines Schlundes ist als ein stammesgeschichtlich sehr altes Merkmal zu betrachten. Schlundbildungen kommen bei Xantho- und Chrysophyta nicht mehr vor.

Sekundär farblose Vertreter sind innerhalb der Haptophyta nur sehr selten anzutreffen, so daß sie auch aus diesen Gründen für eine Ableitung „tierischer Formen" nicht in Betracht zu ziehen sind.

Oberreich Animalia

Zelltyp: Eucyte. Vielzellige Vertreter (Metazoa). Diplonten. Im Normalfall entsteht aus dem befruchteten, diploiden Ei ein Blastula- und anschließend ein Gastrulastadium. Mit gametischer Meiose. Differenzierung in somatische Körperzellen und generative Keimzellen. Mit verschiedenartig ausgebildeten Zelltypen und umfangreichen Gewebe- und Organdifferenzierungen. Zellen primär in zwei Schichten (Pinacoderm und Choanoderm bei Porifera; Dorsal- und Ventralepithel bei Placozoa; Ekto- und Entoderm ab Cnidaria) angeordnet. Beide Schichten mit verschiedenartigen Funktionen. Zwischen beiden Schichten wird frühzeitig eine Zwischenschicht in Form eines Mesohyls (Porifera), eines Spaltraumes (Placozoa), einer Mesogloea (Cnidaria, Ctenophora), oder eines Parenchyms (Bilateralia) ausgebildet. Später kommt es bei den Coelomata zur Ausbildung einer sekundären Leibeshöhle (Coelom), welche von einem eigenen Epithel (Mesoderm) abgegrenzt wird. Zellen verschiedenartig differenziert und primär (z.B. Porifera) noch weitgehend totipotent. Bei Porifera Zellen noch stark individualisiert. Erst bei den Radiata kommt es zur Ausbildung echter Gewebe. Ausgedehnte Organbildungen treten dagegen erst bei den Bilateralia auf. Das Ektoderm bildet eine äußere Schutzschicht. Es besitzt gleichzeitig Sinnesfunktion, da Sinneszellen, Nervensystem und Sinnesorgane ektodermaler Herkunft sind. Bei dem Nervensystem ist schon frühzeitig eine Zentralisierung im vorderen Körperbereich zu beobachten. Das Nervensystem stellt ein wichtiges Koordinationszentrum dar. Das Entoderm hat primär verdauende Funktion. Das Coelom der Coelomata ist entodermaler Herkunft, ebenso die Chorda der Chordata.

Die Ausbildung von Geweben (bereits bei Radiata) führt dann bei den Bilateralia zur Entstehung verschiedenartig differenzierter Organe (z.B. Geschlechtsorgane, Nephridialorgane). Organe zeigen eine höhere Differenzierung und setzen sich aus verschiedenartigen Geweben zusammen.

Animalia sind Diplonten (sekundär einige Ausnahmen, z.B. Männchen von Hymenoptera, Insecta) und besitzen eine charakteristische Embryonalentwicklung, welche im Normalfall mit dem befruchteten, diploiden Ei beginnt. Die Gameten (Ei, Spermium) sind haploid. Die männlichen, mit einem glatten, unbehaarten Schwanzabschnitt versehenen Gameten (Spermien, Spermatozoen) der Animalia können alle auf einen gemeinsamen Grundbauplan (Kopf mit Kern, Mittelstück mit Centriolen und Mitochondrium und Schwanzabschnitt) zurückgeführt werden (Synapomorphie der Animalia). Die ebenfalls opisthokonte Begeißelung der Chydridiomyceten-Zoosporen ist als Konvergenz zu betrachten. Aus dem befruchteten Ei entsteht durch eine Reihe von Furchungsteilungen (zum Teil in besonderer Form, z.B. Spiralfurchung) ein mit einer primären Leibeshöhle (Blastocoel) versehenes Blastulastadium. Die primäre Blastula ist mit Flüssigkeit gefüllt. Sekundär kann auch eine mit Zellen angefüllte Sterroblastula vorliegen. Hier wird das Blastocoel von den inneren Zellen verdrängt. Das Blastula-Stadium durchlaufen sehr wahrscheinlich alle Animalia. Es konnte bei allen Gruppen festgestellt werden, mit Ausnahme der Placozoa mit noch unbekanntem Ablauf der Embryonalentwicklung. Bisher konnte bei den Placozoa nur eine total-aequale Furchung bis zum Vierzellen-Stadium beobachtet werden. Bei den Porifera erfolgt die Bildung der beiden Schichten, Pinacoderm und Choanoderm, offensichtlich durch sehr primitive Schichtenbildungen, welche nicht mit dem Gastrulationsvorgang (ab Cnidaria) gleichgesetzt werden können. Bei den Animalia ab Cnidaria folgt als nächster Schritt die Ausbildung der beiden primären Keimblätter (Ekto- und Entoderm) durch Gastrulation. Die durch weitere Zellteilungen entstehende Gastrula weist nun ein äußeres Ekto- und ein inneres Entoderm auf. Die Gastrulation kann in Form einer Immigration (Einwanderung), ein histodynamisch sehr einfacher Prozeß, einer Epibolie (Umwachsung), einer Delamination (Abblätterung) oder einer Invagination (Einstülpung am vegetativen Pol), ein histodynamisch sehr komplizierter Prozeß, ablaufen. Aus diesem Grund kann die Invagination nicht als die primäre Gastrulationsform der Animalia (ab Cnidaria) betrachtet werden. Primär liegt eine Gastrulation in Form einer Einwanderung (Immigration) vor, die zur Ausbildung einer Sterrogastrula (ohne Hohlraum) führt. Die Invaginationsgastrula stellt dagegen eine abgeleitete Gastrulationsform dar und führt zur Ausbildung einer Archigastrula (mit Urmund). Es entstehen also nach Ablauf des Gastrulationsvorganges zwei Gastrula-Typen. Die primäre Sterrogastrula (ohne Urmund) oder die sekundäre Archigastrula (mit Urmund). Erster Gastrulationsschritt ist das Einwandern (zunächst multipolar, dann unipolar am hinteren Pol) von Zellen in das Innere der Blastula.

Primär nehmen Animalia ihre Nahrung durch Pinocytose (gelöste Stoffe) und Phagocytose (feste Nahrungsteile) auf. Pinocytose kommt bei allen stammesgeschichtlich alten Animalia-Gruppen wie Porifera, Placozoa und Radiata vor. Auch bei stammesgeschichtlich alten Bilateralia (Mesozoa) konnte Pinocytose beobachtet werden.

Primär ist eine zelluläre Nahrungsaufnahme und nicht, wie es die Gastraea-Hypothese und ähnliche Hypothesen fordern, eine Nahrungsaufnahme durch einen, durch Invagination entstandenen Urdarm. Primär ist eine intrazelluläre Verdauung (primär bei Porifera, aber auch noch bei Radiata) und nicht eine extrazelluläre Verdauung in einem Darmtrakt. Auch aus diesen Gründen ist die HAECKEL'sche Gastraea-Hypothese abzulehnen. Auch die Vorverdauung der Placozoa in einem durch Emporwölbung des Ventralepithels entstandenen äußeren Hohlraum („Verdauungssack") dürfte eine abgeleitete Form der Verdauung darstellen.

Nach den Planuloid-Hypothesen war bei den Animalia mit einer echten Keimblattbildung (ab Radiata) zunächst eine Sterrogastrula vorhanden, welche durch Einwanderung (Immigration) von Zellen entstand. Die Nahrung wurde von den Ektodermzellen der Sterrogastrula durch Pinocytose aufgenommen. Sie wurde dort bereits verdaut, zum Teil aber auch dann sekundär an die inneren Zellen zur Verdauung weitergegeben. Erst sekundär bildet sich in der Sterrogastrula ein innerer Hohlraum, welcher zur Ausbildung des Darmtraktes (Urmund) führt. Urdarm und Urmund entstehen daher erst zu einem späteren Zeitpunkt.

Bei den Cnidaria (stammesgeschichtlich älteste Gruppe der Radiata) stellt die Immigration den primären Gastrulationstyp dar. Invagination ist sekundär und kommt nur relativ selten vor. Die durch Immigration entstehende larvale Form ist eine Planula (Parenchymula) und keine Gastraea.

Animalia (Tiere), sind, im Gegensatz zu den Pflanzen, bei ihrer Ernährungsweise vom Licht unabhängig. Sie müssen hochmolekulare organische Verbindungen als Nahrung aufnehmen. Heterotrophe Ernährung (Pinocytose, Phagocytose, Aufnahme von Nahrung über einen Mund) ist für Animalia charakteristisch. Der Stoffaustausch findet in inneren Hohlraumsystemen (Darmtrakt) statt, nicht an der Körperoberfläche wie bei Pflanzen. Auch aus diesem Grund besitzen Tiere eine reiche innere Gliederung bei relativ kleiner Oberfläche. Pflanzen dagegen zeigen eine reiche äußere Gliederung.

Tierische Zellen stets ohne eine zellulosehaltige Zellwand. Die tierische Zelle ist von einer dünnen, weichhäutigen Membran umgeben. Tiere mit Interzellularsubstanzen wie Knorpel- und Knochengrundsubstanz, mit kollagenen Fasern, Horn und Chitin. Daneben auch anorganische Stoffe (Kalke, Kieselsäure), welche am Skelettaufbau beteiligt sind. Mit ektodermalem Nervensystem; Pflanzen dagegen stets ohne Nerven. Das Nervensystem erlaubt Sinneswahrnehmungen mit Hilfe optischer Organe und ermöglicht eine Bewegungskoordination, beides Voraussetzungen für komplizierte Verhaltensweisen. Die Fortpflanzungsorgane liegen in Hohlraumsystemen des Körpers. Viele Vertreter mit Brutpflege und Brutfürsorge.

Mitochondrien primär vom Cristae-Typ. Golgi-Apparat mit gestapelten Zisternen (Dictyosomen). Offene Mitose, mit Centriolen. Chitin häufig (konvergent auch bei Eumycota), Zellulose selten, unfähig Lysin zu produzieren.

Entstehung der Animalia (Metazoa)

Wir dürfen davon ausgehen, daß es sich bei den Animalia um eine monophyletische Gruppe im Sinne der phylogenetischen Systematik handelt. Für die Monophylie der Animalia sprechen folgende Daten:

1. Einheitliche, konstante Form der Mitose.
2. Einheitlicher Individualzyklus (diploide Zygote – mehrzelliges Individuum – haploide Gameten – diploide Zygote).
3. Gametische Meiose.
4. 9 + 2 Microtubuli-System der Geißel.
5. Homologisierbarkeit der Teile der Metazoenspermien.
6. Besitz von Choanocyten – Cyrtocyten.
7. Vielzelligkeit: Ausbildung vielzelliger Gewebe und vielzelliger Organe.

8. Tetraradiäre Symmetrie.
9. Primärer Hermaphroditismus.
10. Planula-Larve, begeißelt, mit pelagischer Lebensweise.

Es gibt zahlreiche Hypothesen, (Taf. 157), welche die Entstehung der mehrzelligen Animalia (Metazoa) zu erklären versuchen. Wir können diese Hypothesen in 4 Gruppen zusammenfassen.

a) Zellstaat-Hypothese. Entstehung der Animalia über Blastaea- und Gastraea-Stadien. Modelle meist freischwimmende Flagellatenkolonien.
b) Kormen-Hypothese. Bei der Zellteilung kommt es zu keiner Abtrennung der Tochterzellen. Es entsteht ein vielzelliger Kormus, aus welchem sich die Animalia entwickeln.
c) Zellularisations-Hypothese. Animalia entstehen durch Zellularisationsvorgänge in polykaryonten Einzellern.
d) Amöboid-Hypothese. Durch Zusammenfließen am Boden kriechender Amöben entsteht zunächst ein Pseudoplasmodium, aus welchem sich die Animalia entwickeln.

Voraussetzungen für alle angeführten Hypothesen ist, daß eine Ableitung schon von sekundär farblosen, zellwandlosen Vertretern erfolgt. Aus diesem Grund ist das bei der Zellstaat-Hypothese gebräuchliche *Volvox*-Modell (Chlorophyta mit Chromatophoren und Zellwand) nicht verwendbar.

Zellstaat-Hypothese(n)

Sie ist die klassische Hypothese, welche die mehrzelligen Tiere von freischwimmenden Flagellaten-Kolonien ableitet. Es gibt zahlreiche, verschiedenartige Darstellungen der Zellstaat-Hypothese, von welchen wir hier die wichtigsten besprechen wollen.

a) Gastraea-Hypothese (Taf. 157). Die klassische Zellstaat-Hypothese, welche von HAECKEL (1872) aufgestellt wurde. Sie gründet auf der von ihm aufgestellten und auch heute noch zum Teil gültigen „Biogenetischen Grundregel“, wonach die Ontogenese eine kurze Rekapitulation der Phylogenese darstellt. Die Ontogenese geht von dem befruchteten Ei aus. Durch Furchungsteilungen entsteht zunächst ein bewimpertes Blastula-Stadium (Blastaea) mit primärer Leibeshöhle und einer Arbeitsteilung zwischen vorderem und hinterem Pol. Die vorderen Zellen der Blastaea besaßen lokomotorische Funktion, während die hinteren Zellen Ernährungsfunktion übernahmen. Durch eine Gastrulation in Form einer Invagination wurden die hinteren, der Ernährung dienenden Zellen in den Hohlraum der Blastaea eingestülpt, und es entstand die Gastraea (Gastrulastadium) mit Urmund und Urdarm. Die HAECKEL'sche Gastraea war radiärsymmetrisch und zeigte eine pelagische Lebensweise. Durch Festsetzen mit dem oralen Pol entstanden die Schwämme (Porifera), durch Festsetzen mit dem aboralen Pol die Polypen der Cnidaria (Radiata). Durch Übergang zu einer kriechenden Lebensweise entstanden dann die Bilateralia.

Kennzeichnend für die Gastraea-Hypothese ist die Gastrulation in Form einer Invagination und der damit verknüpfte frühe Übergang zu einer extrazellulären Verdauung in einem Darmtrakt (Urdarm).

b) Phagocytella-Hypothese, auch als Parenchymella-Hypothese bezeichnet. Eine erste Abänderung der Gastraea-Hypothese erfolgte durch METSCHNIKOFF (1877). METSCHNIKOFF konnte nachweisen, daß die Invaginationsgastrula bei den stammesgeschichtlich ersten Vertretern mit einer echten Gastrulation (Cnidaria) eine abgeleitete Gastrulationsform darstellt. Primär dagegen ist eine Gastrulation in Form von uni- oder multipolarer Einwanderung (Immigration). Cnidaria besitzen primär eine solide, ohne Höhlung versehene Sterrogastrula (Planula-Stadium). METSCHNIKOFF wies weiter darauf hin, daß bei den stammesgeschichtlich ältesten Metazoen-Gruppen, nämlich bei den Porifera und Radiata die intrazelluläre Verdauung entweder noch ausschließlich vorkommt (Porifera) oder doch bei weitem überwiegt (Radiata). Die von der Gastraea-Hypothese geforderte extrazelluläre Verdauung in einem Urdarm ist zweifellos sekundär, und daher kann die Gastraea-Hypothese nicht zur Ableitung der stammesgeschichtlich ältesten Metazoen herangezogen werden. Sogar bei stammesgeschichtlich alten Bilateralia (Mesozoa) ist noch eine intrazelluläre Verdauung festzustellen.

Auch METSCHNIKOFF geht von einem kolonialen Ursprung der Metazoen aus und leitet sie eben-

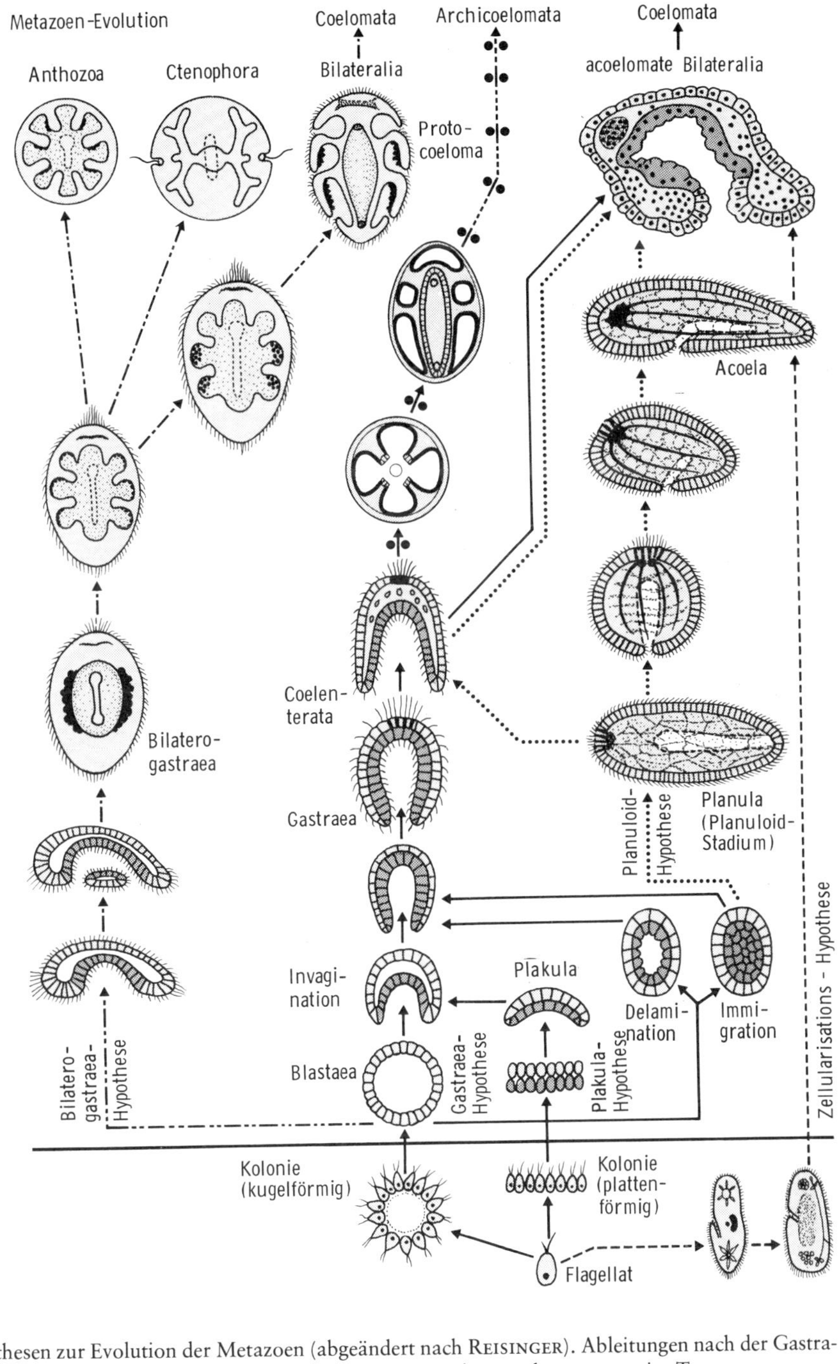

Taf. 157. Hypothesen zur Evolution der Metazoen (abgeändert nach REISINGER). Ableitungen nach der Gastraea-, Bilaterogastraea-, Plakula-, Planuloid- und Zellularisationshypothese. Erläuterungen im Text.

falls von koloniebildenden Flagellaten ab. Seine Hypothese stützt sich aber mehr auf physiologische Daten, welche HAECKEL, als Prototyp des morphologisch orientierten Phylogenetikers, außer acht gelassen hatte. Nach METSCHNIKOFF entsteht das Entoderm der Metazoen primär durch Einwanderung (Immigration). Als Grund für die Einwanderung von Zellen sieht METSCHNIKOFF die Unmöglichkeit der oberflächlichen Ausdehnung einer kugeligen, einschichtigen Zellkolonie über eine gewisse Grenze hinaus. Da Individuenzunahme in einer Kolonie mit größerer Produktivität verbunden ist, sonderten sich Zellen in das Innere der Hohlkugel ab.

Wir wissen heute durch Untersuchungen an Mesozoen, daß die durch Pinocytose und Osmose von den äußeren Zellen aufgenommene Nahrung an die innen gelegenen Zellen weitergegeben wird. Bei fortschreitender Differenzierung wurde nach der Phagocytella-Hypothese die intrazelluläre Verdauung immer mehr auf die innen liegenden Zellen übertragen, während die außen gelegenen Zellen eine mehr lokomotorische Funktion übernahmen. Um auch größere Nahrungsteile aufnehmen zu können, wurde ein innerer Hohlraum mit einer sekundären Öffnung nach außen (Urmund) geschaffen. Planula-Larven welche diesem frühen Typ der inneren Hohlraumbildung entsprechen, treffen wir heute noch bei Hydrozoen (z.B. *Gonothyraea*). Sekundär kommt es dann zur Ausbildung des Urmundes.

Es besteht kein Zweifel, daß die Phagocytella-Hypothese gegenüber der Gastraea-Hypothese dem tatsächlichen Evolutionsablauf viel besser entspricht.

c) Planula-Hypothese. Sie wurde von LANCESTER (1877) aufgestellt. Nach LANCESTER tritt schon in der Einzelzelle eine Differenzierung in physiologisch unterschiedliches Ekto- und Endoplasma auf. Bei der durch Zellteilungen erfolgten Umwandlung in eine Sterroblastula gelangt jeweils das nahrungsaufnehmende Ektoplasma in den peripheren Zellbereich und das verdauende Endoplasma in den inneren Zellbereich. Im Zentrum der Kolonie bildet sich eine Verdauungshöhle, damit verbunden ist ein Übergang von der intrazellulären zur extrazellulären Verdauung in der Verdauungshöhle. Die Gastrulation erfolgt durch Delamination, dabei entsteht das Entoderm, welches die Verdauungshöhle (nun Urdarmlumen) umschließt. Später bricht dann noch der Urmund durch.

Auch hier können die gleichen Einwände (sekundäre Gastrulationstypen) wie bei der Gastraea-Hypothese geltend gemacht werden. Die Delamination ist ein seltener und abgeleiteter Gastrulationsvorgang, welcher schon aus diesen Gründen nicht zur Gastraea-Bildung herangezogen werden kann. Auch ist es sehr unwahrscheinlich, daß eine fermentative, extrazelluläre Verdauung in der Verdauungshöhle schon vor der Entodermbildung eingesetzt hat. Auch hier wird, wie bei der Gastraea-Hypothese, die sekundäre extrazelluläre Verdauung in einem Hohlraum (Urdarm) viel zu früh in das Evolutionsgeschehen eingeschaltet.

Auch in diesem Falle hat die Phagocytella-Hypothese die wesentlich besseren Argumente.

d) Plakula – Hypothese (BÜTSCHLI 1884) (Taf. 157). Nach BÜTSCHLI ist die phylogenetische Vorstufe der HAECKEL'schen Gastraea keine kugelförmige Blastaea, sondern eine zweischichtige Zellplatte, welche von BÜTSCHLI als Plakula bezeichnet wurde. Ausgangspunkt für diese Plakula ist daher keine kugelige sondern eine plattenförmige Flagellatenkolonie (z.B. *Gonium*: Volvocales). Die Zellen dieser einschichtigen Flagellatenkolonie teilen sich quer (nicht möglich bei Flagellaten, welche Längs- und keine Querteilungen aufweisen), es entsteht die zweischichtige Plakula mit einer oberen bedekkenden Schicht (= Ektoderm) und einer unteren, nahrungsaufnehmenden Schicht (= Entoderm). Hierzu ist anzumerken, daß Prozesse welche zur Bildung von Ekto- und Entoderm führen, natürlich bei Flagellaten (außerdem handelt es sich bei *Gonium* auch noch um mit Chromatophoren versehene Chlorophyta) nicht vorkommen können, auch wenn eine Kolonienbildung vorliegt. Ekto- und Entoderm werden nur bei vielzelligen Animalia während der Embryonalentwicklung gebildet. Es ist daher völlig ausgeschlossen in diesem Teilungsprozeß etwa eine Gastrulation in Form einer Delamination sehen zu wollen.

Durch Einkrümmung der ventralen, verdauenden Seite entsteht dann (nach BÜTSCHLI) aus der zweischichtigen Plakula die endgültige Gastraea mit Urmund und Urdarm. Als Modell für seine von plattenförmigen Flagellatenkolonien abzuleitende zweischichtige Plakula diente BÜTSCHLI die zu den Placozoa zählende Gattung *Trichoplax*. Die Plakula-Hypothese ist abzulehnen, weil Ekto- und Entoderm nicht nach dem von SCHULZE und BÜTSCHLI geforderten Vorrang entstehen können. Es ist daher auch nicht angezeigt, bei *Trichoplax* von einem dorsalen Ekto- und einem ventralen Entoderm zu sprechen. Es gibt bei Animalia kein äußeres Epithel, das sich aus Ekto- und Entoderm zusammensetzt. Bei einer echten Delamination (sie ist ja eine Abwandlung der stammesgeschichtlich alten multipolaren Immigration) gelangen nämlich die nach innen abgeschnürten Zellen in einen, nun von dem äußeren Ektoderm umgebenen Innenraum. Diese nach innen abgeschnürten Zellen bilden nun eine innere Zellschicht (entodermales Keimblatt), während sich bei der Plakula die einzig vorhandene äußere Zellschicht aus Ekto- und Entoderm zusammensetzen soll. Neuere Untersucher (GRELL) halten die Entstehung der Placozoa und aller übrigen, nachfolgenden Animalia aus diesen plattenförmigen, zweischichtigen Vorfahren für sehr wahrscheinlich. Abweichend von den früheren Vorstellungen nimmt man nun an, daß die rezenten Placozoa nicht aus plattenförmigen Kolonien hervorgegangen sind, sondern von einer schwimmenden Blastaea abstammen, welche zu einer benthonischen Lebensweise übergegangen ist und sich dabei abplattete. Durch Einkrümmung der ventralen Fläche entstand dann eine Bilaterogastraea. Nach wie vor nimmt man aber häufig an, daß die Plakula ein dorsales Ektoderm und ein ventrales Entoderm aufweist. Die Bildung von Ekto- und Entoderm auf einem Blastaea-Stadium ist aber nicht möglich. Erst bei einer echten ventralen Einkrümmung (Invagination mit Urmundbildung) würden Ektoderm und Entoderm entstehen und zur Bilaterogastraea führen. Primär treffen wir bei den Animalia (Porifera) eine intrazelluläre Verdauung an. Die bei den Placozoa vorhandene extrasomatische Verdauung mit Hilfe von Exoenzymen ist sicher sekundär. Außerdem sind die Zellen (besonders des Ventralepithels) schon viel zu stark differenziert, um in *Trichoplax* den stammesgeschichtlich ältesten Vertreter der Animalia sehen zu wollen. Schwämme (Porifera) stehen auf einer viel niedrigeren Organisationsstufe. Die Zellen sind noch weitgehend individualisiert, häufig noch totipotent, können ihre Lage im Körper verändern und weisen auch noch die primäre intrazelluläre Verdauung auf. Bei den Placozoa handelt es sich sicher um eine stammesgeschichtlich sehr alte Gruppe, die sich aber erst nach den Porifera entwickelt hat. Genauere Daten über die Einreihung der Placozoa dürften wir erst erfahren, wenn die Embryonalentwicklung dieser Gruppe (ob echte Keimblattbildung oder nicht) bekannt ist. Aus den angeführten Gründen erscheint die Plakula-Hypothese nicht geeignet, den Ursprung der Animalia zu erklären.

e) Metagastraea-Hypothese (NAEF 1931, 1932). NAEF widerspricht in seiner Hypothese der von METSCHNIKOFF aufgestellten Forderung einer soliden, nicht mit einer Höhle versehenen Sterrogastrula. NAEF schließt sich weitgehend den HAECKEL'schen Überlegungen an. Auf die Blastaea folgt bei NAEF eine Progastrula (Progastraea), welche sich auf ihrer vegetativen Seite abflacht. Diese NAEF'sche Progastraea hat eine abgeflachte Ventralseite und weist neben der schwimmenden auch eine kriechende Lebensweise auf. Mit turbellarienähnlicher Form, so daß die NAEF'sche Progastraea nicht mehr radiärsymmetrisch (wie die HAECKEL'sche Gastraea) war. Die abgeflachte Ventralseite diente der Nahrungsaufnahme, die dorsale Fläche der Reizaufnahme. Die Progastraea besaß bereits einige innere, in das Blastocoel eingewanderte Zellen. Die Unterseite umschmiegt nach NAEF die auf dem Boden liegenden Nahrungsteilchen und nimmt sie auf. Verdauung extra- und anschließend intrazellulär. Diese Progastraea wandelt sich nun durch Invagination (nach NAEF die primäre Gastrulationsform) in eine radiärsymmetrische Gastraea um. Diese Gastraea entspricht der HAECKEL'schen Gastraea. Ekto- und Entoderm sind bei der NAEF'schen Gastraea begeißelt. Die Entodermzellen, im Gegensatz zu HAECKEL, mit intrazellulärer Verdauung. Die Keimzellen werden über Urdarm und Urmund nach außen abgegeben.

Sekundär entstehen am Urdarm Gastraltaschen. Dieses Gastraea-Stadium mit Gastraltaschen wird von NAEF als Metagastraea bezeichnet. Nach NAEF ist dieses Stadium die gemeinsame Urform für Coelenterata (Radiata) und Bilateralia. Neu ist bei NAEF das Auftreten einer sowohl schwimmenden als auch kriechenden Progastraea, welche turbellarienähnlich (bilateralsymmetrisch) war. Neu außerdem, daß die Bildung von Gastraltaschen schon auf ein so frühes Stadium verlegt wurde.

Da bei NAEF schließlich auch durch Invagination eine Gastraea entsteht, richtet sich die Kritik (wie auch bei HAECKEL) gegen die Annahme, daß die Invagination die primäre Gastrulationsform darstellt. NAEF vermeidet aber die von HAECKEL postulierte Forderung einer extrazellulären Verdauung im Urdarm, sondern übernimmt die primäre intrazelluläre Verdauung. Auch der Wechsel von einer benthonischen (Progastraea) zu einer wieder freischwimmenden Lebensweise (Gastraea) erscheint wenig überzeugend. Die NAEF'sche Gastraea ist wieder radiärsymmetrisch, auch die nachfolgende Metagastraea. Auch hier ist es wenig wahrscheinlich, daß ständige Wechsel von Radiärsymmetrie (Blastaea) zu Bilateralsymmetrie (Progastraea) und wieder zur Radiärsymmetrie (Gastraea und Metagastraea) stattfinden.

f) Bilaterogastraea-Hypothese (JÄGERSTEN 1955) (Taf. 157 u. 158). Sie stellt in gewissem Sinne eine Weiterentwicklung und Umdeutung der NAEF'schen Metagastraea-Hypothese dar. Die primäre, mit einem Hohlraum versehene radiärsymmetrische Blastaea besaß nach JÄGERSTEN eine pelagische Lebensweise und war noch mit Chromatophoren versehen. Als Modell könnte man, nach JÄGERSTEN, *Volvox* heranziehen, mit der Einschränkung, daß seine Blastaea dipoloid war. Die Umwandlung zur Gastraea findet aber nicht, wie bei HAECKEL angenommen, im Planktonbereich statt, sondern die JAEGERSTEN'sche Blastaea geht zu einer benthonischen Lebensweise über und wandelt sich dort in eine kriechende Bilateroblastaea um. Bei HAECKEL erfolgt die Umwandlung in eine Gastraea unter Beibehaltung der primären (schon bei der Blastula vorhandenen) Radiärsymmetrie, während bei JÄGERSTEN schon das fortgeschrittene Blastaea-Stadium (Bilateroblastaea) bilateralsymmetrisch ist. Die Bilateroblastaea besitzt eine abgeplattete Ventralseite, eine gekrümmte Dorsalseite und einige Sinneszellen am vorderen Pol. Durch Einwanderung sollen sich im Inneren bereits einige Zellen befunden haben. Die benthonische Lebensweise auf dem dunklen Meeresboden führte zu einem sekundären Chromatophorenverlust, die Nahrung wurde phagocytär von der Ventralseite aufgenommen. Durch eine Gastrulation in Form einer Invagination auf der Ventralseite entstand eine Bilaterogastraea mit Urmund und einfachem Darmtrakt. Die JÄGERSTEN'sche Gastraea ist bilateralsymmetrisch, während die HAEK - KEL'sche Gastraea die primäre, von der Blastaea übernommene Radiärsymmetrie beibehält. Diese Bilaterogastraea bildet nun 3 Paar Gastraltaschen aus, welche die Gonaden enthalten. Sie setzt sich fest und wandelt sich in den, nach JÄGERSTEN, primären Anthozoa-Typ (Octocorallier als Modell) um. Zu den 6 (seitlich je 3) Gastraltaschen kommt noch je eine vordere und hintere Gastraltasche, so daß die 8 Septen der Octocorallier entstehen. Die seitlichen Gastraltaschen schnüren sich vom Darmtrakt ab, es entsteht das Protocoeloma-Stadium mit 3 Paar Coelomräumen. Damit ist das Archicoelomatenstadium erreicht. Bilateralia besitzen demnach (auch nach REMANE) ein primäres dreigeteiltes Coelom, und alle heutigen bilateralen, coelomlosen Vertreter (Acoelomata) haben nach diesen Anschauungen das Coelom sekundär verloren.

Die Bilaterogastraea-Hypothese hat folgende wichtige Voraussetzungen:

1. Es wird eine sehr frühe Bilateralsymmetrie gefordert. Wenn wir aber die biogenetische Grundregel anwenden, dann war zuerst, kenntlich an dem Blastula-Stadium, eine Radiärsymmetrie vorhanden. Diese primäre Radiärsymmetrie wird beibehalten, und wir können sie noch bei den Porifera (Amphiblastula mit 4 radiärsymmetrisch angeordneten Kreuzzellen) beobachten. Die Radiata zeigen ebenfalls noch die primäre Radiärsymmetrie. Erst bei stammesgeschichtlich jungen Vertretern der Cnidaria, den Anthozoa, kommt eine sekundäre innere Bilateralsymmetrie vor, bedingt durch die sekundäre Ausbildung eines Actinopharynx. Eine echte Bilateralsymmetrie, welche stets mit einer primär kriechenden Lebensweise verknüpft ist, tritt dagegen erst bei den Bilateralia auf.

2. Anthozoa werden als die stammesgeschichtlichen ältesten Cnidaria betrachtet, weil sie eine Bilateralsymmetrie zeigen. Cnidaria sind aber primär radiärsymmetrisch. Bei den Anthozoa handelt es sich um stark abgeleitete Vertreter, welche ausschließlich in der sekundären Polypenform vorkommen (siehe Phylogenie-Abschnitt Cnidaria).

3. Cnidaria treten nach der Bilaterogastraea-Hypothese primär im Polypenstadium auf, das Medusenstadium ist abgeleitet. Verbunden damit ist eine primär sessile Lebensweise der Cnidaria. Cnidaria sind aber primär freischwimmende Formen. Primär ist die Medusenform, die Polypengeneration wird erst später entwickelt. Anthozoa sind sekundär medusenlose Vertreter, welche nur noch im Polypenstadium auftreten.

4. Es wird eine primäre benthonische, kriechende Lebensweise gefordert. Dies trifft weder für die Porifera, noch für die Cnidaria zu. Erst bei den stammesgeschichtlich jüngeren Bilateralia kommt es

zur kriechenden Lebensweise mit Hilfe eines Wimpernepithels und damit verknüpft erst zur Ausbildung der Bilateralsymmetrie.

5. Bilateralia sind primäre Coelomata. Bilateralia sind aber primäre Acoelomata. Eine Coelombildung treffen wir erst bei stammesgeschichtlich jüngeren Vertretern der Bilateralia an.

Aus den angeführten Gründen ist die Bilaterogastraea-Hypothese und gleichzeitig auch die Hypothese eines primären Coelom-Besitzes der Bilateralia nicht halt- und anwendbar. Weitere Argumente sind in den Phylogenie-Kapiteln (Cnidaria) zu finden.

In deutschsprachigen Werken wird noch vorwiegend eine Gastraea-Hypothese in Form der Bilaterogastraea-Hypothese verwendet.

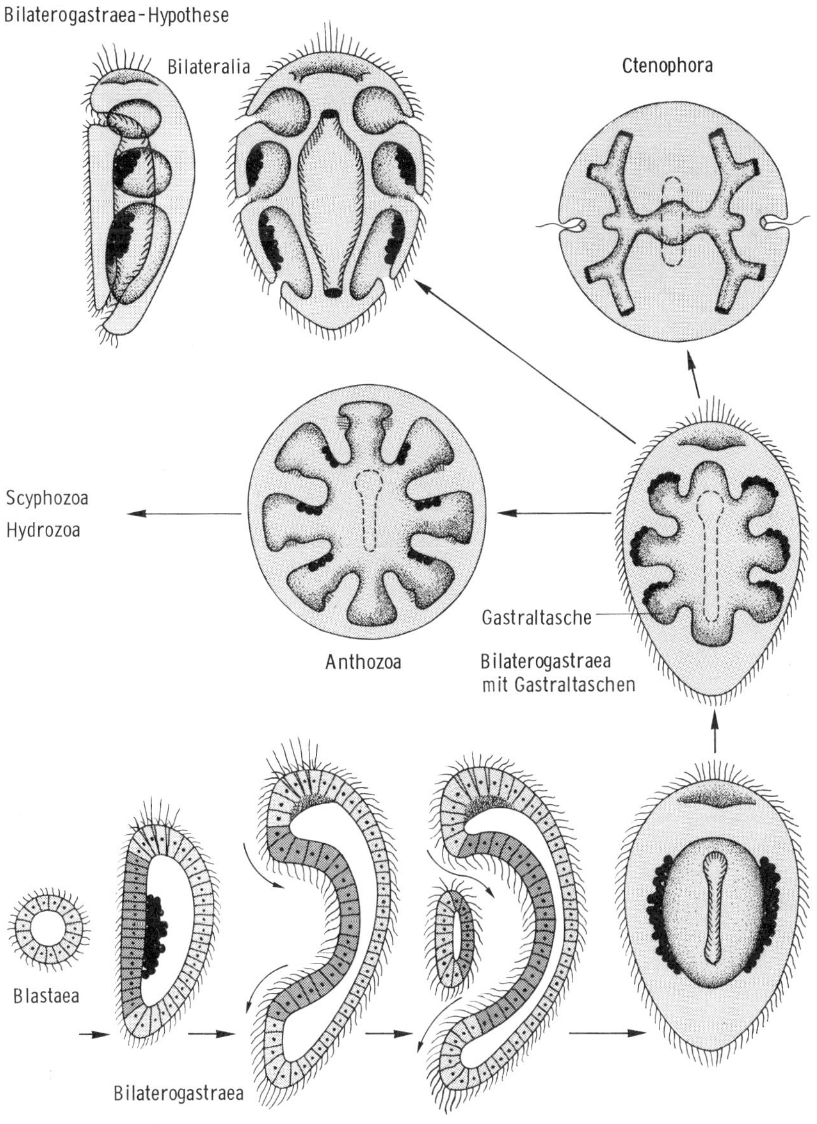

Taf. 158. Bilaterogastraea-Hypothese (nach Jägersten). Erläuterungen im Text.

Ausgangspunkt für die Evolution der Animalia ist auch hier eine radiärsymmetrische Blastaea. Von dieser Blastaea gehen 3 Entwicklungsrichtungen aus. Eine dieser Richtungen führt zu den Placozoa mit einer ventralen Lokomotionsfläche, die auch Nahrung aufzunehmen vermag. Die freie, benthonische Lebensweise wird beibehalten. Eine weitere Evolutionsrichtung führt von der Blastaea durch sekundäres Festheften zu den Porifera.

Die Hauptrichtung der Evolution führt zur Ausbildung einer Bentho-Gastraea (wird als „Praecoelomaten-Stufe bezeichnet), die ein Entoderm mit 3 paarigen Gastraltaschen aufweist. Von dieser Bentho-Gastraea werden zunächst als Seitenzweig die Cnidaria abgeleitet. Anthozoa mit 6 Gastraltaschen (also primär Polypenform bei den Cnidaria) stellen die Basisgruppe der Cnidaria dar. Von dieser Bentho-Gastraea werden auch die Ctenophora als Seitenzweig abgeleitet. Aus diesen „Praecoelomaten" entwickeln sich die echten Coelomata. Die 3 paarigen Gastraltaschen schnüren sich unter Mesodermbildung ab, und es entstehen als Basisgruppe der Coelomata die Archicoelomata mit einem primär dreigeteilten Coelom. Von diesen Archicoelomata sind unter anderem die Plathelminthes durch sekundären Verlust des Coeloms abzuleiten.

Diese Form der Coelomaten-Ableitung ist eng mit der von REMANE vertretenen Coelom-Bildung (Enterocoel-Hypothese) verknüpft. Nach dieser Hypothese entsteht das Coelom durch Abschnürung von Gastraltaschen im Cnidaria-Bereich (Anthozoa). Diese Vorstellungen fanden und finden in Deutschland durch Vertreter der REMANE-Schule eine starke Verbreitung, während Hypothesen, welche in angelsächsischen Werken vertreten werden (z.B. die Planuloid-Hypothese) kaum beachtet werden.

Der vorliegenden Bearbeitung wurde nicht die Bilaterogastraea-Hypothese sondern die Porifera-Planuloid-Hypothese zugrunde gelegt. Die Argumente dafür sind in den Phylogenie-Kapiteln, besonders in den Abschnitten Porifera und Cnidaria sowie in dem Kapitel über die Porifera-Planuloid-Hypothese zu finden.

g) Gallertoid-Hypothese. Sie geht von einem Blastula-ähnlichen, mit wasserreicher Gallerte gefülltem Organismus aus. Dieser begeißelte Organismus schwamm im Wasser und lebte, nachdem er eine gewisse Größe erreicht hatte, auf dem Boden. In die Gallertmasse sollen sich nun (bedingt durch Größerwerden) von Epithel ausgekleidete Rinnen und Kanäle eingesenkt haben. Auf diese Weise wurde ein nur noch der Fortbewegung dienendes Ektoderm von einem inneren, verdauenden Entoderm geschieden. Von einem solchen Organisationstyp könnten die dann sessil werdenden Porifera abgeleitet werden.

Die Hypothese beruht auf rein mechanischen Prinzipien und stützt sich auf keinerlei Konstruktionsformen unter den rezenten Vertretern. Vertreter dieser Hypothese (BONIK, GRASSHOFF, GUTMANN 1976–77) lehnen eine vergleichend-morphologische Betrachtungsweise streng ab. Nach ihnen haben Funktions- und Konstruktions-Zwänge den Ablauf der Evolution bestimmt. Nur durch das Erkennen solcher Zwangsabläufe könne die Stammesgeschichte dargestellt werden. Phylogenetische Zwischenformen werden als Funktionsmodelle auf rein biomechanischer Grundlage konstruiert. Solange nicht auch Daten, u.a. vergleichend-morphologische Daten von real existierenden Tieren mit herangezogen werden, bleibt es eine Beschäftigung mit Denkmodellen. Die Stammesgeschichte (Phylogenie) der Lebewesen stellt einen tatsächlichen Geschehensablauf in der Zeit dar. Das bedeutet, daß Phylogenetik eine historische Disziplin der Biologie ist. Um dem Anspruch einer historischen Wissenschaft gerecht zu werden, müssen die für phylogenetische Schlüsse herangezogenen Daten von fossilen oder lebenden Vertretern stammen. Zur Erlangung dieser Daten sind vergleichend-morphologische Untersuchungen unbedingt erforderlich. Das Arbeiten mit Funktionsmodellen ohne direkte Beziehungen zu tatsächlich existierenden (oder ausgestorbenen) Vertretern kann nicht als ein wissenschaftliches Arbeiten im Sinne einer historischen Wissenschaft angesehen werden. Es gibt unter den fossilen und lebenden Organismen keine Vertreter, welche einem Gallertoid-Organismus entsprechen würden. Es fehlen auch ontogenetische Anhaltspunkte für den geschilderten Evolutionsablauf.

h) Amphiblastula – Hypothese. Sie stammt von BALFOUR (1880). Die Hypothese geht nicht von einer Blastula mit gleichgeformten Zellen aus, sondern von einer Blastula mit kleineren Zellen am animalen und größeren Zellen am vegetativen Pol. Diese Amphiblastula (bei Schwämmen auftretend) ist nach BALFOUR die Urform der Metazoen. Eine Zelldifferenzierung erfolgt also schon im Blastula-Stadium. Urmund und Urdarm entstehen durch eine Gastrulation in Form einer Invagination. Die Hypothese leitet sich offensichtlich von der bei Schwämmen (Calcarea: Calcaronea) auftretenden Amphiblastula-Larve sowie dem einer Invagination ähnelnden Einstülpungsprozeß (Pseudogastrulation) ab. Die Hypothese geht von der richtigen Voraussetzung aus, daß es sich bei den Porifera (Schwämme) um die stammesgeschichtlich älteste Animalia-Gruppe handelt. Von sexuellen Planula-Larven der Schwämme sind die anderen Animalia-Gruppen abzuleiten. Zuerst war aber das adulte, festsitzende Schwamm-Individuum da, das sich aus einer sich festsetzenden Craspedophyceen-Kolonie entwickelt hat. Erst danach wurden pelagische Planula-Larven als Ausbreitungsstadium entwickelt. Urform der Animalia ist daher das adulte Schwammindividuum (Ascon-Typ).

i) Planuloid-Hypothese (HYMAN 1940, 1951) (Taf. 157, 159 u. 160). Sie ist eine Verknüpfung der HAECKEL'schen Gastraea-Hypothese mit der METSCHNIKOFF'schen Phagocytella-Hypothese. Sie übernimmt von der Gastraea-Hypothese nur die Phase bis zur Bildung der einschichtigen, radiärsymmetrischen Blastaea. Da die stammesgeschichtlich ältesten Metazoa (Porifera; Radiata) noch weitgehend die primäre, intrazelluläre Verdauung beibehalten, ist es sehr unwahrscheinlich, daß in der frühen Phase der Metazoenentstehung schon eine extrazelluläre Verdauung in einem Urdarm stattgefunden hat. Eine Gastrulation in Form einer Invagination, welche ja zur Bildung eines Urmundes und Urdarmes führt, wird daher während dieser frühen Evolutions-Phase abgelehnt. Die Umwandlung in das marine, pelagische Planuloid-Stadium (Larven der Porifera und Cnidaria) erfolgt über eine Zelleneinwanderung (Porifera) oder über eine Gastrulation in Form einer Immigration (primäre multipolare Einwanderung bei Cnidaria). Durch diese Einwanderungen wird das Blastocoel der Blastaea völlig ausgefüllt, so daß eine solide, nicht mit einer Höhlung versehene Sterrogastrula (Planuloid-Stadium) entsteht. Die primäre intrazelluläre Verdauung wird beibehalten, es ist kein Urdarm mit Urmund vorhanden. Dieses Planuloid-Stadium besitzt eine ovale, radiärsymmetrische Form. Die außen gelegenen ektodermalen Zellen des Planuloid-Stadiums sind begeißelt, nehmen durch Osmose und Pinocytose Nahrung auf und haben lokomotorische sowie Schutzfunktion. Die aufgenommene Nahrung wird zum Teil in den ektodermalen Zellen intrazellulär verdaut oder zur intrazellulären Verdauung an die innen liegenden, entodermalen Zellen weitergegeben. Diese Weitergabe der Nahrung zur intrazellulären Verdauung in innen liegenden Zellen treffen wir bei den stammesgeschichtlich ältesten Teilgruppen der Animalia (Metazoa), nämlich bei den Porifera und Radiata noch regelmäßig an. Sogar bei stammesgeschichtlich sehr alten Bilateralia (z.B. Turbellaria) ist dieser Vorgang noch zu beobachten.

Während der Phase der Planuloid-Bildung sondern sich im Inneren Geschlechtszellen ab, welche zunächst noch (wie bei stammesgeschichtlich alten Metazoa) von entodermalen Zellen ernährt werden. Durch Ausbildung eines länglichen inneren Hohlraumes (bei Planula-Larven von Hydrozoen gut erkennbar) entsteht zunächst der Urdarm und dann erst der Urmund. Das Planuloid-Stadium ist freischwimmend, besitzt eine bewimperte Oberfläche, und eine Heteropolarität, da sich am vorderen, später aboralen Pol bereits eine Anhäufung von Sinneszellen befindet. Primär ist das Planuloid-Stadium ohne Urdarm und Urmund. Erst eine stärkere Trennung in lokomotorische und nahrungsaufnehmende Zellen führte zur Bildung des Urmundes am hinteren Pol des Planuloid-Stadiums, nachdem vorher durch eine Spaltbildung der Urdarm entstanden war. Heutige Larvenstadien bei Cnidaria und Porifera entsprechen weitgehend diesem theoretisch geforderten Planuloid-Stadium.

Nach der Planuloid-Hypothese sind daher sowohl Porifera, als auch Radiata, primär radiärsymmetrische Formen. Bei den durch ihre sekundär sitzende Lebensweise stark abgeänderten Porifera ist die primäre Radiärsymmetrie noch im Amphiblastula-Stadium der Kalkschwämme (mit radiärsymmetrisch angeordneten Kreuzzellen) zu erkennen. Schwämme sind die ältesten Animalia (Metazoa), haben sich aber schon sehr frühzeitig von der allgemeinen Entwicklungslinie (sie führt über ein sexuelles Planuloid-Stadium sowohl zu den Cnidaria, als auch zu den primär acoelomaten, bilateralen Plathelminthes) abgespalten und abweichende Bauplan- und Lebensverhältnisse entwickelt.

Die Ableitung der Radiata von einem Planuloid-Stadium (Vorhandensein von Planula-Larven) macht keinerlei Schwierigkeiten. Radiata sind nach der Planuloid-Hypothese primär freischwimmend und radiärsymmetrisch. Die primär noch freischwimmende Meduse ist als die primäre Form der Cni-

Planuloid - Hypothese (Ableitung der Bilateralia)

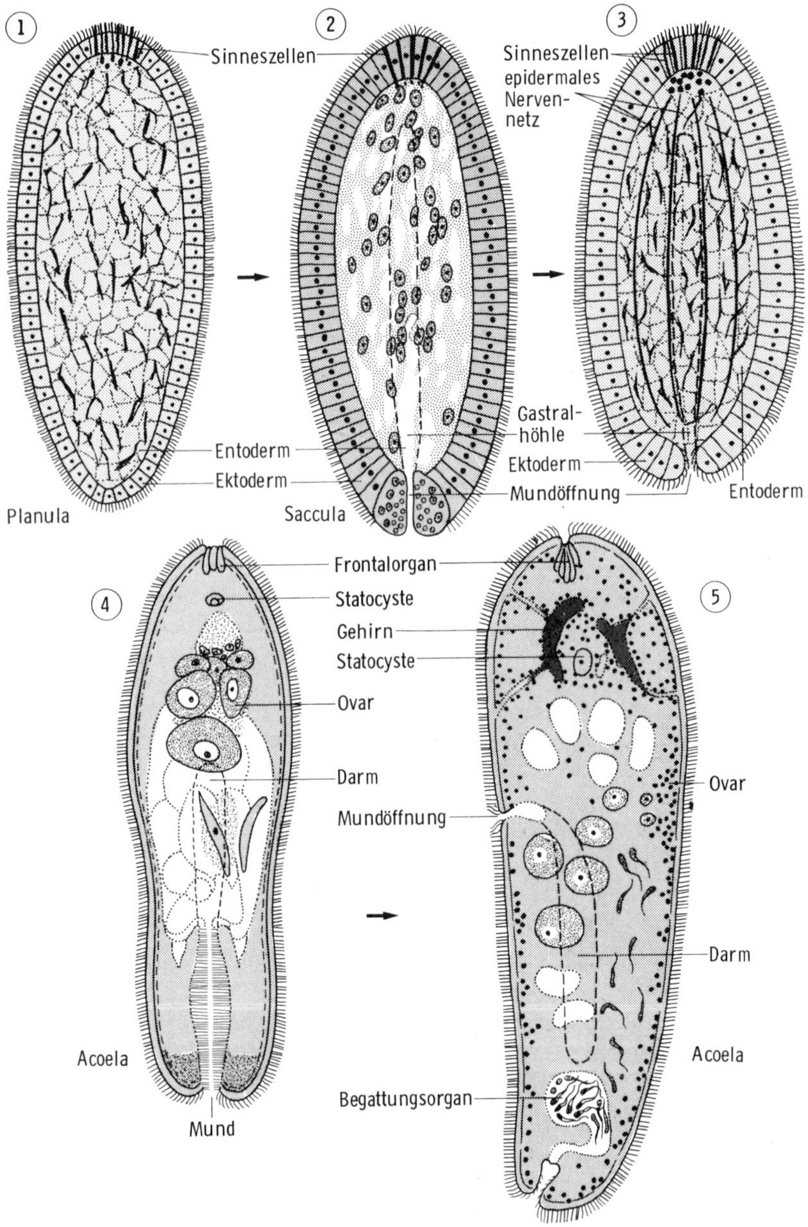

Taf. 159. Planuloid-Hypothese (nach HYMAN; BEKLEMISCHEW; REISINGER). Erläuterungen im Text. – Abb. 1. Planula, noch ohne Urmund. Abb. 2. Planula mit Urmund. Abb. 3. Planula, Ausbildung des Darmtraktes und des Nervensystems. Abb. 4. Acoela (Turbellaria) mit terminaler Mundöffnung. Abb. 5. Acoela (Turbellaria) mit ventralwärts verschobener Mundöffnung.

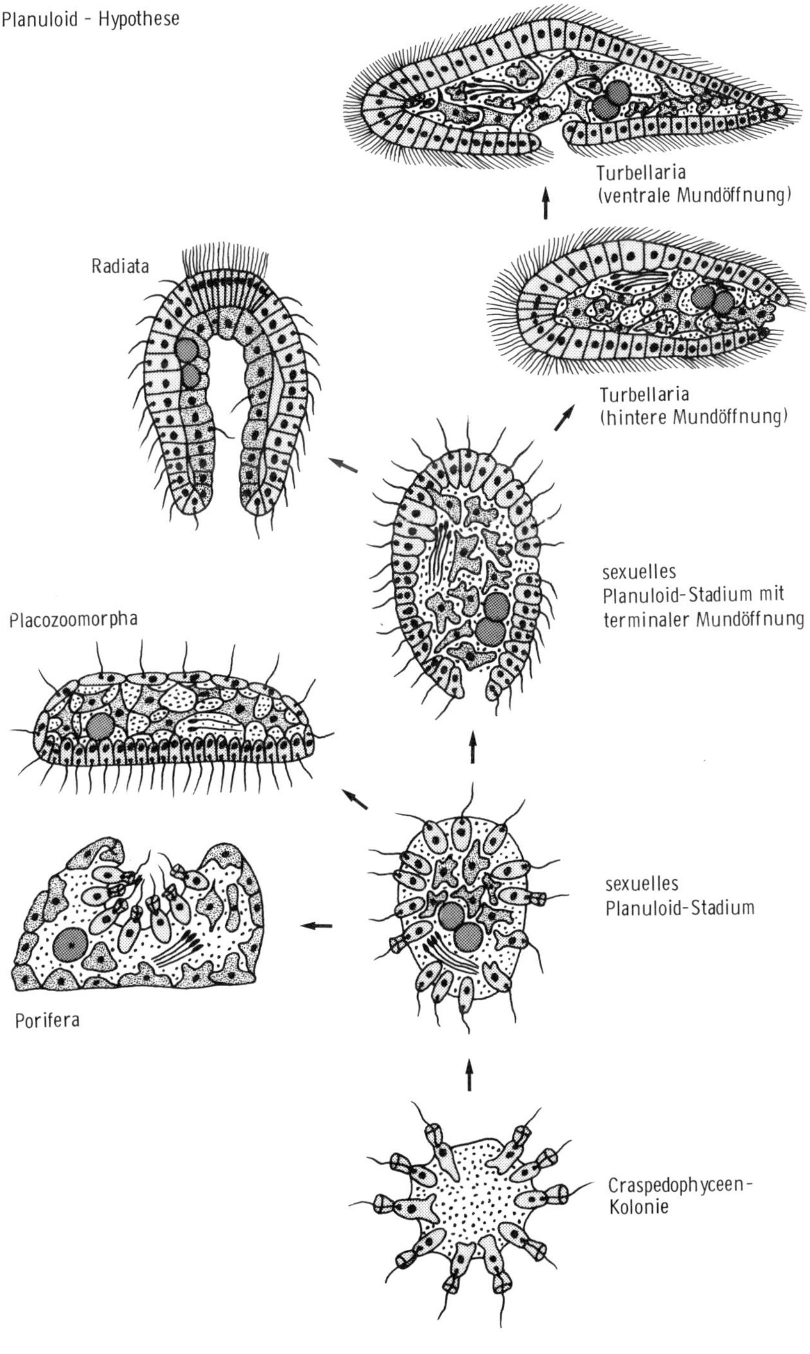

Taf. 160. Planuloid-Hypothese (nach IVANOV). Ableitung der Hauptgruppen der Animalia von einer Craspedophyceen-Kolonie über ein sexuelles Planuloid-Stadium.

daria zu betrachten. Das Planuloid-Stadium wandelt sich durch Ausbildung von Tentakeln in ein Aktinula-Stadium um und aus der Aktinula entsteht die Meduse. Die Meduse ist das primäre Adultstadium der Cnidaria, kenntlich auch als primärer Geschlechtszellenträger. Das sessile Polypenstadium der Cnidaria ist sekundär und entsteht durch Festsetzen eines knospenden Actinula-Stadiums (Narcomedusen mit knospenden Actinula-Larven). Das Polypenstadium entsteht sekundär und hat primär keine Geschlechtsfunktion. Die nur im Polypenstadium auftretenden Anthozoa besitzen eine sekundäre Bilateralsymmetrie (bedingt durch Größenzunahme und damit verbundene Ausbildung eines Actinopharynx) und stellen stark abgeleitete, stammesgeschichtlich jüngere Vertreter der Cnidaria dar.

Sekundär ging das Planuloid-Stadium zu einer gleitend-kriechenden Lebensweise über. Die schon vorhandene Polarität (aboraler Pol mit Sinneszellen vorne, oraler Pol mit Mundöffnung hinten) wurde weiter ausgebaut. Die primäre Radiärsymmetrie ging natürlich durch diesen Wechsel zur gleitend-kriechenden (benthonischen) Lebensweise auf dem Meeresboden verloren. Die gleitend-kriechende Lebensweise führte zur Ausbildung einer ventralen und dorsalen Seite sowie zu einer Abflachung des Körpers. Aus der primären Radiärsymmetrie entwickelte sich die sekundäre Bilateralsymmetrie der Bilateralia.

Von diesem sekundär gleitend-kriechenden, mit Geißelepithel versehenen Planuloid-Stadium können ohne Schwierigkeit die stammesgeschichtlich ältesten, acoelomaten Bilateralia (Plathelminthes) abgeleitet werden. Auch die Ableitung der Placozoa (*Trichoplax*) mit Asymmetrie, bzw. noch nicht gefestigter Bilateralsymmetrie kann ohne Schwierigkeit über ein Planuloid-Stadium erfolgen. Gleichzeitig folgert die Planuloid-Hypothese, daß Bilateralia primär coelomlos sind, und daß die Ausbildung eines Coeloms erst eine spätere Neubildung der coelombesitzenden Bilateralia ist.

j) Porifera-Planuloid-Hypothese (Taf. 161). Sie verknüpft das Entstehen der Porifera aus Craspedophyceen-Kolonien mit der Planuloid-Hypothese.

Ausgangspunkt ist nicht eine Blastaea sondern eine freischwimmende, farblose Craspedophyceen-Kolonie (Modell: *Sphaeroeca*). Diese, auch im marinen Bereich vorkommenden Kolonien weisen nur einen einzigen Zelltyp nämlich Kragengeißelzellen, auf. Die Kragengeißelzellen der Craspedophyceen (Choanobionta) entsprechen auch in ihren Einzelheiten dem primären Zelltyp der Porifera, den Choanocyten. Die Kragengeißelzellen der Craspedophyceen weisen nur eine Geißel auf, entsprechend den Choanocyten der Schwämme, obwohl allgemein eine primäre Zweigeißlichkeit die Regel ist. Bei den Craspedophyceen-Kolonien ist bereits ein zellfreier innerer Bereich vorhanden, aus dem sich der Mesohyl-Bereich der Porifera entwickelt.

Diese schwimmende Craspedophyceen-Kolonie setzt sich fest und führt an der Anheftungsstelle eine Einstülpung durch. Einstülpungsprozesse im unteren, der Unterlage aufliegenden Zellenbereich kennen wir auch von anderen stammesgeschichtlich sehr alten Gruppen wie den Placozoa, die durch ventrale Einstülpung einen Verdauungshohlraum bilden. Diese Einstülpung wird später bei den Porifera (Calcarea: Calcaronea), und zwar bei ihrer stammesgeschichtlich ältesten Gruppe, als Pseudogastrulation (im Sinne der biogenetischen Grundregel) wiederholt.

Durch diesen Einstülpungsprozeß wird eine Zweischichtigkeit erreicht mit innen liegenden Kragengeißelzellen, welche zu den Choanocyten der Schwämme werden. Die außen liegenden Kragengeißelzellen reduzieren ihre Geißeln und Kragen, da sie nun nicht mehr der Fortbewegung dienen. Sie bilden die äußere, bedeckende Schicht. Zwischen beiden Schichten befindet sich der primär zellenfreie innere Bereich, welcher durch Einwanderung von Zellen zum Mesohyl wird. Die untere Öffnung wird verschlossen und im oberen Bereich eine neue Öffnung (Osculum) ausgebildet. Durch Umwandlung von äußeren Deckzellen (Pinacocyten) in Porocyten bildet sich das für die Porifera charakteristische Kanalsystem. Es entsteht das primäre Ascon-Stadium der Schwämme (Porifera). Diese ersten, festsitzenden Schwämme erzeugten als Ausbreitungsformen begeißelte Larvenformen (Planuloid-Stadien). Diese Parenchymella-Larven, bzw. sekundäre Amphiblastula-Larven, enthalten in ihrem Inneren totipotente Zellen, entwickeln auch Geschlechtszellen und können als sexuelle Planuloidstadien bezeichnet werden. Aus diesen sexuellen Planuloidstadien der Schwämme (bei Demospongiae kommen sogar larvenähnliche schwimmende Jungschwämme vor) entstehen im Sinne der Porifera-Planuloid-Hypothese unabhängig voneinander zunächst die Placozoa und zu einem späteren Zeitpunkt (ebenfalls über ein sexuelles Planuloidstadium) die Radiata und Bilateralia. Die Radiata behalten die primäre freischwimmende Lebensweise bei (mit primärem Medusenstadium), während die Bilateralia zu einer sekundär kriechenden Lebensweise übergehen. Auch bei den Placozoa ist die kriechende Lebensweise mit der entsprechenden dorsal-ventralen Abflachung sekundär.

Die vorliegende Bearbeitung der Animalia basiert auf der Porifera-Planuloid-Hypothese.

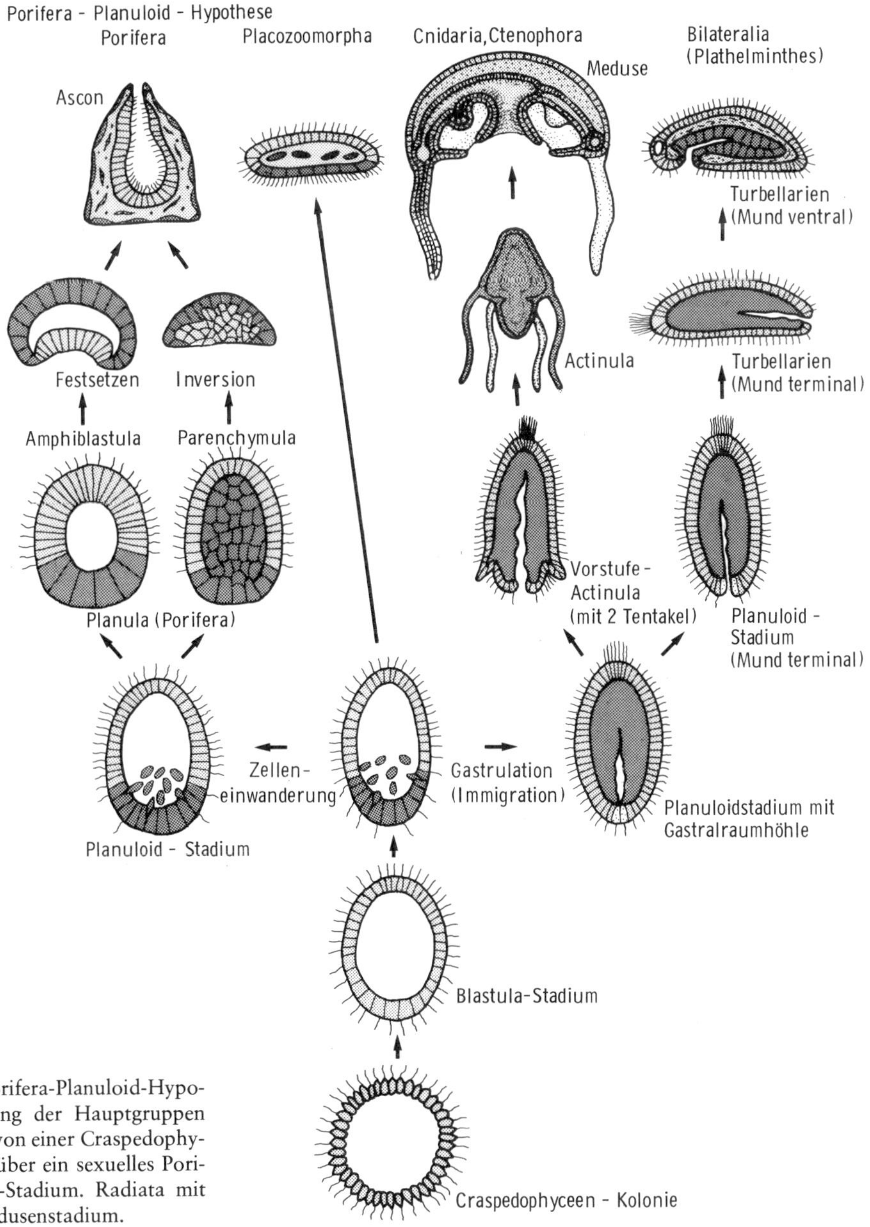

Taf. 161. Porifera-Planuloid-Hypothese. Ableitung der Hauptgruppen der Animalia von einer Craspedophyceen-Kolonie über ein sexuelles Porifera-Planuloid-Stadium. Radiata mit primärem Medusenstadium.

Kormen-Hypothese

Nach der Kormenhypothese entstehen Metazoen durch Unterdrückung der Zellabtrennung nach der Zellteilung. Die Kormen-Hypothese spielt naturgemäß in der Botanik eine große Rolle, da die Unterdrückung der Zellabtrennung leicht zur Ausbildung der trichalen Organisationsstufe (Zellfaden) führen kann. Innerhalb der farblosen Dinophyta kommt es z.B. bei *Polykrikos* zur Ausbildung von Kolonialindividuen. Hier bilden 2, 4 oder 8 hintereinander liegende Individuen ein Kolonialindividuum. Die „Einzelindividuen“ behalten ihren eigenen Merkmalssatz weitgehend bei, es treten aber auch gemeinsame Merkmale auf (z.B. Längsfurche). Die Zahl der Kerne wird um die Hälfte verringert.

Auch bei vielzelligen tierischen Vertretern treffen wir zeitweilige und auch fest determinierte Kettenbildungen an. Bei Turbellarien (z.B. *Microstomum*) kommt es bei der ungeschlechtlichen Vermehrung zur Ausbildung von Tierketten, welche bis zu 16 Individuen enthalten. Jedes Glied dieser temporären Tierkette besitzt seinen eigenen Merkmalssatz. Nach einiger Zeit zerfallen diese temporären Tierketten, und jedes Einzelindividuum lebt für sich weiter.

Bei den Bandwürmern (Cestoden) liegt ein Fall vor, welcher an die Verhältnisse bei *Polykrikos* (Dinophyta) erinnert. Auch hier liegt eine Art von „Kolonialindividuum“ vor. Jedes Glied hat z.B. einen vollständigen, eigenen Geschlechtsapparat und fungiert bei der Kopulation praktisch in der Art eines Individuums. Die ganze Gliederkette besitzt aber auch gemeinsame Merkmale, wie Nerven- und Exkretionssystem.

Die Beibehaltung der „Individualität“ der Einzelglieder ist ein typisches Kennzeichen der Kettenbildung. Aus diesem Grunde ist die Kormen-Hypothese für die Entstehung der Metazoen nicht geeignet. Sie würde außerdem voraussetzen, daß eine lineare Metamerie zur Bildung der ersten Metazoen geführt hat. Das ist sehr unwahrscheinlich, denn die stammesgeschichtlich ältesten Vertreter der Metazoen (Animalia), nämlich Porifera und Radiata, zeigen auch nicht den geringsten Hinweis auf eine metamere Gliederung des Körpers. Auch stammesgeschichtlich sehr alte Bilateralia (Turbellarien) zeigen keine Metamerie, wenn man von der temporären Kettenbildung einiger Arten absieht. Die Meta-

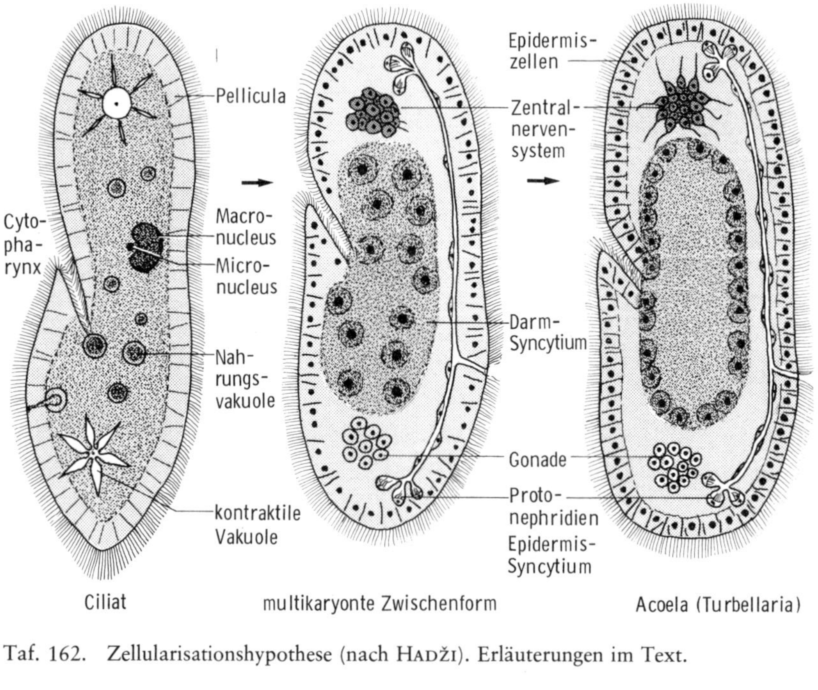

Taf. 162. Zellularisationshypothese (nach HADŽI). Erläuterungen im Text.

merie des Bandwurmkörpers könnte im Sinne der Kormen-Hypothese gedeutet werden. Hier liegt ja eine echte Anordnungsmetamerie vor und keine durch Coelombildung bedingte Metamerie.

Bandwürmer stellen aber sekundär stark abgeleitete Formen dar und können daher nicht als Modelle für die Entstehung der Metazoen herangezogen werden. Auch die fadenförmig organisierten ediacarischen Petaloorganismen (umstrittene Gruppe Petalonamae) können aus den angeführten Gründen nicht als primäre Metazoengruppe betrachtet werden.

Zellularisations-Hypothese

Die Zellularisations-Hypothese (Taf. 157 u. 162) wurde schon im vorigen Jahrhundert (IHERING 1877, GEGENBAUR 1878) aufgestellt und hat in der neueren Zeit einige entschiedene Fürsprecher (STEINBÖCK, HADŽI, HANSON) gefunden. Sie geht davon aus, daß die Metazoen nicht von kolonialen Organismen (Flagellaten) abzuleiten seien, sondern daß vielzellige Tiere durch Größerwerden und anschließende Zellularisation eines Einzellers (Protozoen) entstehen. Nach neueren Anschauungen (STEINBÖCK, HADŽI) werden als Modelle vielkernige, homokaryonte, ciliatenähnliche Vertreter herangezogen. Durch Ausbildung innerer Zellwände (Zellularisation) entsteht dabei ein vielzelliger Organismus. Nach der Zellularisations-Hypothese sind acoele Turbellarien als die stammesgeschichtlich ältesten Vertreter der Metazoa zu betrachten. Da nach dieser Hypothese acoele Turbellarien zum Teil noch einen plasmodialen (nicht syncytialen), nicht zelligen Aufbau zeigen (nichtzelliges Endocytium, nichtzelliges Ektoderm), wird die Hypothese auch als Plasmoden-Hypothese oder als Acoel-Hypothese bezeichnet. Für die Porifera (Schwämme) wird eine Sonderentwicklung angenommen. Sie sind isoliert über Protozoenkolonien entstanden. Zur Begründung der Zellularisations-Hypothese wird auf die große Ähnlichkeit zwischen Ciliophora und acoelen Turbellarien hingewiesen. Ähnlichkeiten bestehen danach in der Körpergröße, im allgemeinen Habitus, in der Bedeckung der Körperoberfläche mit Wimpern, in der durch Wimpern erfolgenden Fortbewegung, im Mundbereich, in der Ausbildung fester Sekrete (Trichocysten und Rhabditen) sowie in der ungeschlechtlichen Fortpflanzung durch Querteilung.

Nach der Zellularisationshypothese (Acoelhypothese neuerer Prägung) zeigen acoele Turbellarien noch weitgehendes Fehlen von Zellgrenzen, d.h., daß die ersten Metazoen plasmodial aufgebaut waren, und daß erst später im Verlauf der Evolution diese plasmodialen Körperbereiche zellig wurden. Die Zellstaat-Hypothesen dagegen gehen von einem primär zellig angelegten, vielzelligem Organismus aus.

Gegen die Acoelhypothese sprechen viele schwerwiegende Fakten. Eine Homologisierung von Zellorganellen (Einzeller) mit zelligen Organen von Mehrzellern ist nicht möglich. Organe entstehen aus Zellen, und die Embryonalentwicklung mehrzelliger Tiere läuft stets (abgesehen von einigen offensichtlichen sekundären Abänderungen) zellig ab. Die „Ähnlichkeiten" zwischen Ciliophora und acoelen Turbellarien sind funktionelle Konvergenzen und keine Homologien.

Ciliophora gehören zum Reich der Dinophytobionta. Für Dinophytobionta ist die Beibehaltung der einzelligen, monadoiden Ausbildung charakteristisch. Dinophytobionta verbleiben im Einzellerbereich, bringen aber dabei im Verlauf der Evolution hochorganisierte Einzeller (z.B. Dinophyta, Ciliophora) hervor. Ciliophora sind Prototypen stammesgeschichtlich relativ junger, aber höchstorganisierter Einzeller. Eine Ableitung von Metazoen aus dem Ciliatenbereich, oder auch aus dem Vorfeld der Ciliaten erscheint unwahrscheinlich. Ciliophora besitzen außerdem keine Diplosomen (diese kommen aber bei Craspedophyceen vor), so daß sie auch in dieser Hinsicht nicht als Vorfahren der Diplosomen (rechtwinklig angeordnete Centriolen) aufweisenden Animalia (Metazoa) in Frage kommen.

Die Acoel-Hypothese geht davon aus, daß bei acoelen Turbellarien primär nichtzellige, plasmodiale Strukturen vorgelegen haben. Dabei wird auf das „nichtzellige" Endocytium (innerer Verdauungsbereich) und das oft nichtzellige Ektoderm (Epidermis) hingewiesen. Auch hier ist zu beachten, daß die Embryonalentwicklung der acoelen Turbellarien zellig erfolgt. Alle vorliegenden „plasmodialen" Strukturen sind daher als sekundäre Syncytien zu betrachten. Neuere elektronenmikroskopische Untersuchungen haben inzwischen gezeigt, daß das Mitteldarm-Endocytium (verdauendes Parenchym) der acoelen Turbellarien zellig aufgebaut ist. Damit ist dem Hauptargument der Acoel-Hypothese jegliche reale Grundlage entzogen worden. Eine nicht mehr zellige, sondern sekundär syncytiale Epidermis tritt in einigen Tiergruppen unabhängig voneinander auf und kann ebenfalls nicht als Stütze der Acoel-Hypothese herangezogen werden.

Acoele Turbellarien sind daher als primär zellige Organismen zu betrachten, alle syncytialen Strukturen sind sekundär. Das ändert aber nichts an der Tatsache, daß es sich bei den acoelen Turbellarien um stammesgeschichtlich sehr alte, wenn nicht eventuell um die stammesgeschichtlich ältesten Vertreter der Bilateralia handelt. Acoele Turbellarien besitzen multipotente Gewebe mit der für Bilateralia höchsten Regenerationsfähigkeit. Hohe Regenerationsfähigkeit bedeutet immer auch ein hohes phylogenetisches Alter. Außerdem behalten acoele Turbellarien eine primäre, freilebende Lebensweise im marinen Bereich bei. Sie kommen in vielen marinen Biotopen vor, haben einen primär sehr einfachen Bauplan, sind weder sessil, noch treten sie als Parasiten auf. Es ist daher wenig glaubwürdig, in den acoelen Turbellarien sekundär coelomlose, stark reduzierte Vertreter sehen zu wollen, wie es die Verfechter der Enterocoel-Hypothese (z.B. REMANE, AX) fordern.

Die hohe Regenerationsfähigkeit der Acoela spricht auch gegen eine Ableitung von ciliatenähnlichen Vorfahren, da bei Ciliophora allgemein kein gutes Regenerationsvermögen vorliegt. Die Acoelhypothese fordert eine Ableitung der Radiata (Cnidaria und Ctenophora) von acoelen Turbellarien. Die Anthozoa werden als stammesgeschichtlich älteste Gruppe betrachtet. Es besteht wohl heute kaum noch ein Zweifel, daß die Radiata die stammesgeschichtlich ältere Gruppe darstellen (siehe Planuloid-Hypothesen, aber auch Gastraea- und Bilaterogastraea-Hypothese). Auch aus diesem Grunde ist die Acoel-Hypothese abzulehnen. STEINBÖCK umgeht die auch für ihn unwahrscheinliche Ableitung der Cnidaria von Turbellarien und fordert für Cnidaria eine gesonderte Entwicklung. Da HADŽI bereits für die Porifera eine getrennte Entwicklung annimmt (er leitet dagegen die Radiata von Turbellarien ab), wären die Metazoa nach der Acoel-Hypothese polyphyletisch und würden in 3 Gruppen (Porifera, Radiata und Bilateralia) zerfallen. Es sprechen aber sehr viele Merkmale dafür, in den Animalia (Metazoa) eine echte monophyletische Gruppe zu sehen.

Die Acoel-Hypothese ist abzulehnen, weil neuere elektronenmikroskopische Untersuchungen gezeigt haben, daß acoele Turbellarien nicht primär plasmodial, sondern sekundär syncytial aufgebaut sind. Die Embryonalentwicklung ist zellig und nichtzellige, syncytiale Bereiche sind sekundär. Damit ist der Acoel-Hypothese, ohne andere wichtige Gegenargumente heranzuziehen, der Boden entzogen.

Amöboid-Hypothese

Sie geht davon aus, daß die ersten Metazoen auf dem Meeresboden entstanden sind und sich nicht aus begeißelten, sondern aus amöboiden Formen entwickelt haben. Als Modelle dienen Pseudoplasmodien von Mycetozoidea (Z.B. *Dictyostelium*). Die ersten Metazoen lebten nach der Amöboid-Hypothese auf dem Meeresboden, da dort eine bessere tierische Ernährung möglich war. Pelagische, freischwimmende Formen scheiden nach dieser Hypothese für die Entstehung der Metazoen aus. Weiter wird postuliert, daß das freie Schwimmen sowie Begeißelung und Bewimperung sekundär seien. Turbellarien z.B. besitzen nach dieser Hypothese eine sekundäre Bewimperung, da sie von nichtbewimperten, auf dem Boden lebenden Formen abgeleitet werden.

Durch Zusammenfließen amöboider Einzeller entsteht auf dem Meeresboden zunächst ein polarisiertes, bilaterales Pseudoplasmodium, ein Urmetazoon. Dieses bildet allmählich Muskulatur, Nervensystem und eine Bewimperung aus. Als nächsten Schritt treffen wir acoele Metazoen an, von welchen alle anderen Gruppen der Metazoen abzuleiten sind.

Gegen die Amöboid-Hypothese (KLIMA 1967, REUTTERER 1969) sprechen sehr viele Argumente.

Es gilt heute als gesichert, daß primär begeißelte Formen vorhanden waren, und daß der amöboide Zustand polyphyletisch in vielen Gruppen sekundär entstanden ist. Bei den als Modelle angeführten Beispielen (z.B. *Dictyostelium*) handelt es sich um amöboide Vertreter, welche keinerlei Geißeln mehr ausbilden. Bei anderen sekundären Amöboidformen ist diese Fähigkeit z.B. noch durchaus vorhanden. Innerhalb des Pseudoplasmodiums behalten die Einzelamöben ihre Individualität, und es kommt nicht zu einem echten vielzelligen Zusammenschluß. Die Pseudoplasmodiumbildung dient nur zur Ausbildung des Sorokarps. Man kann doch wohl aus einem gestielten Sporenträger keine Metazoen ableiten wollen. Es ist sehr umstritten, ob es im Zyklus von *Dictyostelium* überhaupt eine diploide Phase (wie von den Vertretern der Amöboid-Hypothese angenommen) gibt.

Die beibehaltene Individualität innerhalb des Pseudoplasmodiums spricht ja gerade gegen einen engen, metazoenhaften Zusammenschluß der Einzelzellen.

Es steht außer jeder Diskussion, daß Einzeller (einerlei ob pflanzlich oder tierisch) eine primäre freilebende, schwimmende Lebensweise besessen haben. Nahezu jede Algengruppe beginnt mit primär freischwimmenden Einzellern, und in allen Fällen ist eine Lebensweise auf dem Boden sekundär. Es kann keine Rede davon sein, daß der erste „tierische", farblose, einzellige Organismus auf dem Meeresboden und zwar als Amöboidform entstanden ist. Die Amöboidie ist sekundär, dafür sind genügend Beweise vorhanden.

Das einheitliche 9 + 2 Microtubuli-System der Geißel spricht für eine monophyletische Entstehung der Eukaryonta und auch für eine monophyletische Entstehung der Metazoa. Metazoa sind nicht von Amöboidformen, sondern von begeißelten, kolonialen Vertretern aus dem Craspedophyceen-Bereich abzuleiten. Craspedophyceen besitzen einen auch bei Porifera vorkommenden Zelltyp (Choanocyte), und von diesem Zelltyp leiten sich z. B. die Reußengeißelzellen (Cyrtocyten) anderer Metazoengruppen ab. Die 9 + 2 Microtubuli-Geißel (monophyletisch entstanden) kommt sowohl bei Craspedophyceen als auch bei Porifera, Cnidaria und Bilateralia vor. Hier besteht ein enger phylogenetischer Zusammenhang, welcher uns den tatsächlichen Evolutionsverlauf zeigt.

Die Amöboid-Hypothese fordert auch noch eine Ableitung der Radiata von acoelen (wohl „turbellarienähnlich" gedachten) Urmetazoen. Auch dieser Auffassung können wir uns hier nicht anschließen. Die Radiata sind stammesgeschichtlich älter als acoele Plathelminthes. Hinzu kommt, daß das primär wimpernlose Urmetazoon nun plötzlich doch eine Bewimperung erhalten muß und natürlich nicht amöboid bleiben kann. Das würde bedeuten, daß das 9 + 2 Microtubuli-System mindestens zweimal unabhängig voneinander entstanden ist – ein sehr unwahrscheinlicher Vorgang. Oder man müßte annehmen, daß im Kryptotypus der Amöboidformen im Sinne der Amöboid-Hypothese die Anlagen zur Ausbildung der 9 + 2 Microtubuli-Geißel latent vorhanden war. Das bedeutet aber, daß amöboide Formen von begeißelten Formen mit einem 9 + 2 Microtubuli-System abzuleiten sind. Damit kommen wir zum Ausgangspunkt, zu einer primär begeißelten Form, wieder zurück. Die Amöboid-Hypothese erscheint kaum geeignet, uns einen Weg zur Entstehung der Metazoen aufzuzeigen.

Alle bisher besprochenen Hypothesen gehen davon aus, daß primär eine Einzelligkeit vorlag, und daß mehrzellige Pflanzen (Metaphyta) und mehrzellige Tiere (Metazoa) sich aus einzelligen Formen entwickelt haben. Es gibt aber einige Hypothesen, welche eine gegenteilige Auffassung vertreten.

Archicytologus-Hypothese (FRANZ 1924). Nach dieser Hypothese war zuerst ein nichtzelliges, aber vielkerniges Urlebewesen (Archivivus) vorhanden. Durch Ausbildung von Zellwänden um die Kerne (Zellularisation) entstand ein vielzelliger, pflanzlicher (= gefärbter) Organismus (Archicytologus). Von diesem Archicytologus sind die verschiedenen Algenstämme unabhängig voneinander und in einer zeitlichen Reihenfolge abzuleiten. Zuerst entstanden die Cyanophyceen, später dann die anderen Algengruppen. Alle einzelligen, gefärbten Vertreter der Algengruppen sind durch sekundäre Reduktion entstanden und von primär vielzelligen Vertretern abzuleiten. Von diesen sekundär einzelligen gefärbten Vertreter der Algen leiten sich durch Chromatophorenverlust die farblosen tierischen Einzeller ab. Nach FRANZ können, wenn man die DOLLO'sche Irreversibilitätsregel anwendet, aus diesen sekundär einzelligen Formen nicht wieder mehrzellige Vertreter entstehen. Daher stammen nach FRANZ auch die Metazoen von dem vielzelligen Archicytologus (über Braunalgen) ab. Frühe marine, braunalgenähnliche Formen haben nach FRANZ ein kugeliges (wohl sekundär farbloses) Blastaea-Stadium ausgebildet, welches sich dann in eine Gastraea umwandelt. Der weitere Ablauf entspricht der HAEKKEL'schen Gastraea-Hypothese.

Tierische Einzeller und Metazoen sind daher nach FRANZ polyphyletisch entstanden, und es bestehen keinerlei engere phylogenetische Beziehungen zwischen tierischen Einzellern und Metazoen.

Alle Erfahrungen sprechen aber dafür, daß im Verlauf der biologischen Evolution primär Einzeller aufgetreten sind, und daß sich die mehrzelligen Formen erst sekundär entwickelt haben. Dies zeigt sich überaus deutlich bei den stammesgeschichtlich ältesten Lebewesen, den Prokaryonta, welche nur einzellige Formen entwickelt haben. Zu einer echten Mehrzelligkeit ist es bei den Prokaryonta nie gekommen. Trotz vieler Regressions-Abläufe bleibt die phylogenetische Regel bestehen, daß in den allermeisten Fällen primär eine einfache Ausbildung vorliegt, und daß es erst sekundär zu Höherdifferenzierungen kommt. Es ist wenig sinnvoll, gut begründete Progressionsreihen einfach in Reduktionsreihen umzuwandeln. Die PASCHER'sche Reihe (primär einzellige flagellate Form, sekundär kapsale, rhizopodiale, kokkale, trichale und thallöse Formen) ist so gut begründet und in nahezu allen Algengruppen verwirklicht, daß wir von der Vorstellung der primären Einzelligkeit nicht abzugehen brauchen. Die Ableitung der Metazoen von Braunalgen (Phaeophyta) ist eine reine Schreibtischkonstruktion. Es gibt keinerlei Hinweise (Blastaea-ähnliche Stadien, Gastraea-Stadium) bei den Braunalgen, welche diese Hypothese stützen könnten. Phaeophyten treten nur in der trichalen oder thallösen Organisationsstufe auf. Wie soll man hier Blastaea-ähnliche Stadien ableiten? Außerdem sind die Phaeophyta für eine Ableitung sekundär farbloser tierischer Organismen denkbar ungeeignet, da bei ihnen überhaupt keine sekundär farblosen Vertreter vorkommen.

Archethallus-Hypothese (CHADEFAUD 1960). Nach dieser Hypothese war ebenfalls zuerst ein vielzelliger, aus mit einer Zellwand versehenen und nicht begeißelten Zellen bestehender Organismus (Archethallus) vorhanden. Durch Regression entstanden aus diesem Archethallus sowohl einzellige, mit einer Zellwand versehene, unbegeißelte Vertreter (kokkale Form) als auch sekundär zellwandlose, begeißelte Formen (monadoide Form). CHADEFAUD postuliert hier, wie auch FRANZ, einen primär regressiven Ablauf der Stammesgeschichte, welchem wir uns nicht anschließen können.

Phylogenetisches System der Animalia

Oberreich Animalia (Metazoa)
- Mittelreich Parazoa
  - Reich Porifera
    - Unterreich Calcarosponga
      - Stamm Calcara
        - Klasse Calcarea
    - Unterreich Silicosponga
      - Stamm Demospongea
        - Klasse Demospongiae
      - Stamm Hexactinellidea
        - Klasse Hexactinellida
  - Reich Archaeata†
    - Unterreich Archaeozoa†
      - Stamm Archaeocyatha†
        - Klasse Regulares†
        - Irregulares†
  - Reich Placozoomorpha
      - Stamm Placozoa
        - Klasse Placozoidea
- Mittelreich Eumetazoa
  - Reich Radiata
      - Stamm Cnidaria
        - Klasse Hydrozoa
        - Cubozoa
        - Scyphozoa
        - Anthozoa
      - Stamm Ctenophora

Klasse Tentaculifera
Atentaculata
Reich Bilateralia
Zwischenreich Aproctophora
Unterreich Acoelomata
Oberstamm Parenchymata
Stamm Plathelminthes
Unterstamm Archaeoplathelminthes
Klasse Turbellaria
Xenoturbellida
Gnathostomulida
Unterstamm Neoplathelminthes
Klasse Temnocephaloidea
Monogenea
Cestodaria
Cestoda
Digenea
Oberstamm Mesozoia
Stamm Mesozoa
Unterstamm Orthonectidea
Klasse Orthonectida
Unterstamm Dicyemidea
Klasse Dicyemida
Stamm Cnidospora
Unterstamm Myxozoa
Klasse Actinosporea
Myxosporea
Unterstamm Ascetospora
Klasse Paramyxea
Stellatosporea
Unterstamm Microspora
Klasse Microsporea
Rudimicrosporea
Zwischenreich Proctophora
Unterreich Nemertinea
Oberstamm Nemertina
Stamm Nemertini
Klasse Anopla
Enopla
Unterreich Neoproctophora
Oberstamm Pseudocoelia
Mittelstamm Nemathelminthes
Stamm Priapulida
Acanthocephala
Kinorhyncha
Rotatoria
Gastrotricha
Nematoda
Nematomorpha
Mittelstamm Entoprocta
Stamm Kamptozoa
Unterreich Coelomata

Überstamm Mollusca
Stamm Aplacophora
Unterstamm Aculifera
Klasse Caudofaveata
Solenogastres
Unterstamm Placophora
Klasse Polyplacophora
Stamm Conchifera
Unterstamm Neotryblidiodea
Klasse Monoplacophora
Unterstamm Ganglioneura
Überklasse Ancyropoda
Klasse Bivalvia
Scaphopoda
Überklasse Rhacopoda
Klasse Gastropoda
Cephalopoda
Überstamm Eucoelomata
Oberstamm Articulata (Teloblastomata)
Mittelstamm Annelidea
Stamm Annelida
Überklasse Polychaetea
Klasse Polychaeta
Überklasse Clitellata
Klasse Oligochaeta
Hirudinea
Mittelstamm Proarthropoda
Stamm Onychophora
Mittelstamm Pentastomidea
Stamm Pentastomida
Mittelstamm Tardigradea
Stamm Tartigrada
Mittelstamm Euarthropoda
Stamm Amandibulata
Unterstamm Trilobitomorpha †
Klasse Trilobita †
Unterstamm Cheliceratomorpha
Überklasse Chelicerata
Klasse Merostomata
Arachnida
Überklasse Pycnogonida
Klasse Pantopoda
Stamm Mandibulata
Unterstamm Branchiata
Klasse Crustacea
Unterstamm Tracheata
Überklasse Dignatha
Klasse Pauropoda
Diplopoda
Überklasse Trignatha
Klasse Chilopoda
Symphyla

Überklasse Insectea
Klasse Insecta
Oberstamm Monocoelomata
Stamm Myzostomida
Sipunculida
Echiurida
Oberstamm Pogonophorea
Stamm Pogonophora
Oberstamm Chaetognathea
Stamm Chaetognatha
Oberstamm Enterocoelomata
Mittelstamm Tentaculata
Stamm Phoronidea
Klasse Phoronida
Stamm Bryozoa
Klasse Phylactolaemata
Gymnolaemata
Stamm Brachiopoda
Klasse Ecardines
Testicardines
Mittelstamm Deuterostomia
Stamm Hemichordata
Klasse Pterobranchia
Graptolithina†
Enteropneusta
Planctosphaeroidea
Stamm Echinodermata
Unterstamm Homalozoa†
Klasse Carpoidea†
Unterstamm Blastozoa†
Klasse Eocrinoidea†
Parablastoidea†
Blastoidea†
Cystoidea†
Unterstamm Crinozoa (Pelmatozoa)
Klasse Crinoidea
Unterstamm Asterozoa
Klasse Stelleroidea†
Somasteroidea (rezent nur *Platasterias*)
Asteroidea
Ophiuroidea
Unterstamm Echinozoa
Klasse Helicoplacoidea†
Ophiocistioidea†
Cyclocistioidea†
Edrioasteroidea†
Holothurioidea
Echinoidea
Stamm Chordata
Unterstamm Tunicata
Klasse Ascidiacea
Thaliacea

Appendicularia
Unterstamm Acrania
Unterstamm Vertebrata (Craniota)

Erfolgt bei Stämmen keine weitere Aufteilung, dann ist nur eine einzige Klasse vorhanden. † bedeutet ausgestorbene Kategorie.

Verwendete Kategorien in hierarchischer Anordnung: Klasse – Überklasse – Unterstamm – Stamm – Mittelstamm – Oberstamm – Überstamm – Unterreich – Zwischenreich – Reich – Mittelreich – Oberreich.

Mittelreich Parazoa

Bauplan noch weitgehend auf zellulärer Grundlage. Nur gering ausgebildete Individualität. Ohne echte Gewebe. Mit lockeren Vorepithelien (Pinacoderm und Choanoderm), welche aber generell noch nicht die für die Epithelien der Eumetazoa charakteristische Basalmembran aufweisen. Die Choanocyten stellen den primären Zelltyp dar. Primär mit intrazellulärer Verdauung in den Choanocyten. Zellen noch weitgehend individualisiert und meist noch stark umwandlungsfähig.

Strudler, welche ein charakteristisches Wasserleitungssystem aufweisen. Primär ohne innere Skelettbildungen, sekundär mit Kalk- oder Kieselnadeln, mit Sponginskeletten oder zum Teil auch mit inneren Kalkskeletten.

Embryonalentwicklung ohne Gastrulationsvorgänge, daher auch die primären 2 Keimblätter (Ekto- und Entoderm) nicht vorhanden. Mit Pseudogastrulation bzw. Schichtumkehr. Primär marine Vertreter.

Mit dem Reich der Porifera (Schwämme). Die Archaeozoa gehören eventuell zu den Parazoa, können aber noch nicht definitiv eingeordnet werden, da der Weichkörper unbekannt ist. Die Placozoomorpha gehören vielleicht den Parazoa an. Erst die genaue Kenntnis der bisher noch unbekannten Embryonalentwicklung läßt eine sichere Eingruppierung zu.

Reich Porifera (Schwämme)

(Taf. 163–205)

Porifera sind die stammesgeschichtlich ältesten, primär marin, sekundär auch im Süwasser lebenden Animalia (Metazoa). Sie treten als Einzelindividuum oder in „Kolonienform" auf. Körperlängen von 0,5 cm bis 1,5–2,0 Meter. Die Körperform der im Adultstadium stets auf einer Unterlage festsitzenden Schwämme ist sehr unterschiedlich. Der Körper kann schlauch-, becher- oder trichterförmig aber auch krusten-, baum- oder strauchartig sein. Marine Schwämme sind oft kräftig gefärbt. Die Farbstoffe (Spongioporphyrin, Floridin, Uranidin) befinden sich in den Zellen des äußeren Pinacoderms. Man trifft vorwiegend rote, gelbe und braune Farbtöne an. Die Schwammoberfläche ist meist glatt, zum Teil aber auch durch herausragende Skelettnadeln stark angerauht.

Eindeutige Symmetrieverhältnisse liegen nur bei primär einfach gebauten Schwämmen mit monaxonalem Aufbau (*Ascon*-Typ) vor. Sekundär meist ohne jegliche Symmetrie. Bei den „kolonialen" Vertretern ist meist keine deutliche Individualität innerhalb der „Kolonie" erkennbar. Körpergröße und Gestalt sind bei den Schwamm-Arten viel weniger fest umrissen als bei den anderen Gruppen der Animalia. Die Gestalt ist nur selten artspezifisch festgelegt, und es kommen vielerlei umweltbedingte Modifikationen bei den einzelnen Arten vor. Die Individualität wird bei weitem nicht so gewahrt wie etwa bei den anderen Tiergruppen. So können z. B. zwei nebeneinander wachsende Schwammindividuen bei Berührung miteinander verschmelzen und einen neuen, gemeinsamen Organismus bilden. Es können auch mehrere Individuen sekundär miteinander verschmelzen. Man kann von zwei adulten Schwammindividuen vorher isolierte Zellen miteinander vermischen, und es entsteht ebenfalls ein neues Individuum. Die bei Schwämmen kaum ausgeprägte Individualität (Einzelindividuen treten nur relativ selten auf) und die Totipotenz vieler Zelltypen sprechen für ein stammesgeschichtlich sehr hohes Alter der Porifera. Sie stellen eindeutig die Basisgruppe der Animalia dar. Schwämme besitzen eine sehr primitive Zellorganisation. Der Körper der Schwämme stellt kein permanentes histologisches System dar. Es ist ein mobiles System mit laufenden Zellveränderungen (verbunden mit Funktionswechsel) sowie Lageveränderungen der Zellen. Der Schwammkörper stellt ein Aggregat weitgehend noch undifferenzierter, häufig noch totipotenter Zelltypen dar, die sich in andere Zelltypen umwandeln können. Die Zellen sind weitgehend selbständig und von hoher Plastizität. Schwammzellen (insgesamt etwa 10–12 Zelltypen) behalten einen hohen Grad von physiologischer Selbständigkeit. Sie können durch Umwandlung wechselnde Funktionen ausüben, z. B. Umwandlung von Choanocyten in Spermien und Eier und ändern dabei häufig ihre Lage im Zellkörper. Nicht nur die Choanocyten und die verschiedenartigen Zelltypen des Mesohyls vermögen sich fortzubewegen, sondern auch die Pinacocyten des äußeren Pinacoderms weisen Beweglichkeit auf und können ihre Lage verändern.

Die hohe Plastizität der Porifera sowie die umweltbedingten morphologischen Modifikationen lassen in sehr vielen Fällen die Individualabgrenzungen nur sehr schwer oder gar nicht erkennen. Abgesehen von den wenigen deutlich erkennbaren Einzelindividuen (z. B. *Ascon*-Typ bei Kalkschwämmen), liegen meist nur wenig individualisierte „Kolonien“ vor. Früher nahm man an, daß die Zahl der Oscula auch der Zahl der Individuen einer Kolonie entsprechen würde. Man weiß aber inzwischen, daß ein Einzelindividuum auch mehrere Oscula ausbilden kann. Viele Bearbeiter sprechen daher auch nicht mehr von „Schwammkolonien“, sondern nur noch von mehr oder weniger umfangreichen Individuen. Bei dieser Definition (welche sich bei heutigen Bearbeitern offensichtlich immer mehr durchsetzt) ist ein Schwammindividuum von einem kontinuierlichen Pinacoderm umgeben und kann dann ein einzelnes Osculum oder auch eine Vielzahl von Oscula aufweisen.

Organbildungen kommen bei einer stammesgeschichtlich so alten Gruppe wie den Porifera naturgemäß noch nicht vor. Die primitive hohe Plastizität und Mobilität der Zellen verhindert stationäre Organbildungen. Einschichtige Primitiv-Epithelien treten nur als äußeres Pinacoderm und inneres Choanoderm auf. Aber auch hier ist zu beachten, daß ein sehr primitiver Epitheltyp vorliegt, da aus beiden Epithelien Zellen noch auswandern können. Es ist umstritten, ob eine epitheliale Basalmembran vorhanden ist. Von einigen Bearbeitern wird angegeben, daß das äußere Pinacoderm bei einigen Schwammarten eine, wenn auch nur schwach ausgebildete Basalmembran aufweist.

Porifera besitzen ein nur bei ihnen vorkommendes, spezifisches Wasser-Kanalsystem, welches zur Nahrungsaufnahme und zur Abgabe von Exkretstoffen und des abfiltrierten Wassers dient. Schwämme sind Strudler und Filtrierer, welche ihre Nahrung (Bakterien, kleine eukaryontische Einzeller, organischer Detritus und gelöste organische Stoffe) über auf der Außenfläche befindliche Öffnungen (Porocyten, Ostien) einstrudeln. Über diese Poren gelangt die Nahrung mit dem Wasserstrom direkt oder über zuführende Kanäle zu den Choanocyten (Kragengeißelzellen), und das abfiltrierte Wasser wird über einen zentralen Hohlraum (Spongocoel) oder über abführende Kanäle und schließlich über das Osculum (Ausströmöffnung) wieder nach außen abgeleitet. Der Wasserstrom wird durch die Tätigkeit der Choanocyten (Geißelschlag) erzeugt. Im Wasser-Kanalsystem weisen die einführenden Kanäle einen Unterdruck, die ausführenden Kanäle dagegen einen Überdruck auf. Die dazwischen liegenden Geißelkammern (Choanoderm) wirken dabei als Förderpumpe. Das Skelettsystem der Schwämme ermöglicht diese verschiedenartigen Druckverhältnisse, sonst würden Schwämme ab einer bestimmten Körpergröße in sich zusammenfallen. Schwämme benötigen durch ihre festsitzende Lebensweise eine ständige Wasserströmung mit einem hohen Nährstoffangebot. Die Schwebstoffanteile dürfen aber nicht in zu hoher Dichte vorliegen, da sonst eine Verstopfung des Wasser-Kanalsystemes eintreten würde. Diese Verstopfungen werden durch Filtervorrichtungen des Schwammkörpers verhindert. Der Schwammkörper stellt im Prinzip einen stationären Filterapparat dar, durch den ein Wasserstrom getrieben wird. Dem Wasserstrom wird Nahrung und Sauerstoff (zur Atmung) entnommen, und über den Wasserstrom werden auch Exkretpartikel und Fremdstoffe wieder nach außen abgegeben. Die äußeren Einlaßöffnungen (Porocyten, Ostien) stellen das primäre Filtersystem dar. Nur Partikel bis zu einer Größe von 50 μm können über diese Öffnungen in das Wasser-Kanalsystem gelangen. Die eingeschleußten Partikel (Schwämme sind daher Partikelfresser) gelangen über Porocyten und Ostien in das Spongocoel, bzw. in die einführenden Kanäle.

Bei Kalkschwämmen mit Spongocoel (*Ascon*- und *Sycon*-Typ) findet im Bereich der Choanocyten (sie kleiden die Spongocoel-Räume aus) eine weitere Selektion statt. Am Kragen der Choanocyten bleiben nur lebende und tote Partikel in Größen von 0,1–1,5 μm (etwa Bakteriengröße) hängen und werden von den Choanocyten phagocytär aufgenommen und bei Kalkschwämmen auch in den Choanocyten verdaut. Größere Partikel werden über Spongocoel und Osculum wieder nach außen abgegeben. Bei Schwämmen mit einleitendem Kanalsystem (*Leucon*-Typen) wandern mobile Archaeocyten (Amoebocyten) an die Wandungen (Endopinacocyten) der einführenden Kanäle und nehmen dort phagocytär Nahrungspartikel auf. Die Größe der aufgenommenen Partikel liegt bei 2–5 μm. Kleinere Partikel mit Größen von 0,1–1,5 μm werden dann später von den Choanocyten in den Geißelkammern aufgenommen. Alle über einer Größe von 5 μm liegenden Partikel werden über ausführende Kanäle und Ostien nach außen abgeleitet. Intrazelluläre Verdauung in den Choanocyten findet praktisch nur bei Kalkschwämmen statt. Bei den anderen Gruppen werden die Nahrungsteilchen von den Choanocyten an Archaeocyten (Amoebocyten) zur Verdauung weitergegeben. Exkretstoffe werden von den Archaeocyten (Amoebocyten) an das Kanalsystem abgegeben. Bei Demospongea und einigen Kalkschwämmen (*Leucon*-Typen) treffen wir innerhalb der Geißelkammern eine (bis mehrere) spezialisierte Zentralzelle(n) an. In diese röhrenförmig gestaltete, amöboid bewegliche und pseudopodienähnliche Fortsätze bildende Zentralzelle ragen die Geißeln der Choanocyten hinein. Die Zentralzelle reguliert die Geißelaktivität und durch Veränderung des Apopylen-Durchmessers (basal reicht sie in die Apopyle hinein) auch den Grad der Wasserströmung innerhalb der Geißelkammern, bzw. die Stärke des Abflusses.

Primär findet die Verdauung intrazellulär in den Choanocyten statt. Diesen primären Verdauungstyp treffen wir noch bei den Kalkschwämmen, sowie bei stammesgeschichtlich sehr alten Vertretern der Demospongea (z. B. *Oscarella, Plakina*) an. Sekundär wird die Nahrung von den Choanocyten an Archaeocyten (Amoebocyten) zur Verdauung weitergegeben. Aber auch hier liegt eine rein intrazelluläre Verdauung ohne extrazelluläre Verdauungsenzyme vor. Je dicker im Verlauf der Stammesgeschichte das Mesohyl wird, um so mehr übernehmen Mesohylzellen (Archaeocyten) die Verdauung.

Die Atmung erfolgt durch Diffusion an Oberflächen von Zellen, welche mit dem sauerstoffführenden Wasserstrom in Verbindung stehen.

Der **Schwammkörper** (Taf. 163) setzt sich aus zwei einschichtigen primitiven Epithelien (Primitivepithelien, Vorepithelien) zusammen, aus einem äußeren Pinacoderm und einem inneren Choanoderm. Dazwischen befindet sich eine gelatinöse Zwischenschicht, welche die Hauptmasse des Schwammkörpers darstellt. Diese Zwischenschicht wird als Mesohyl bezeichnet, um sie gegenüber der Mesogloea der Radiata abzugrenzen. Das Mesohyl ist weitgehend dem Pinacoderm zuzuordnen, obwohl auch einige Zellen aus dem Choanoderm in diese Mesohylschicht einwandern.

Das äußere **Pinacoderm** (Taf. 163) der Schwämme besteht primär (stammesgeschichtlich alte Kalkschwämme) aus einem einschichtigen, dünnen Plattenepithel, welches den Schwammkörper nach außen abschließt. Es besteht aus polygonalen, flachen, plattenartigen, meist unbewimperten Zellen (Taf. 163), Pinacocyten, welche Kontraktilität besitzen und ihre Lage zu wechseln vermögen. Die benachbarten Pinacocyten liegen mit ihren Enden übereinander. Außer dieser Überlappung bestehen keine weiteren Verbindungen (sehr primitiver Vorepitheltyp). Primär ist keine Basalmembran vorhanden. Erst bei stammesgeschichtlich jüngeren Vertretern (z. B. bei Demospongea) soll nach einigen Bearbeitern eine sehr schwach ausgebildete, aus Mucopolysacchariden bestehende Basalmembran erkennbar sein. Die Pinacocyten stammen entweder von einkernigen, totipotenten Archaeocyten (in Form sekundär nukleolusloser Histoblasten) oder von Collencyten ab. Pinacocyten meist ohne Nukleolus. Endoplasmatisches Reticulum relativ derb, mit Golgi-Körper, Lyosomen und Mitochondrien. Fasern innerhalb der Pinacocyten in Form von Microfibrillen und Microtubuli (Durchmesser 20 nm), Vakuolen in Form von Phagosomen. Kontraktile Vakuolen treten nur bei Süßwasserschwämmen auf. Das Pinacocyten-Epithel grenzt den Schwammkörper gegen das Außenmedium und gegen die Kanallumina ab. Je nach der Lage unterscheiden wir zwischen Exopinacocyten (Abgrenzung gegenüber dem Außenmedium), Endopinacocyten (Kanalwände sowie Wandungen der Subdermalräume) und Basopinacocyten (basaler, auf der Unterlage festgewachsener Bereich). Bei stammesgeschichtlich jüngeren Vertretern (z. B. Demospongea) wirkt das Pinacoderm doppelschichtig, da zu den Exopinacocyten noch die oben gelegenen Endopinacocyten der Subdermalräume hinzukommen. Dadurch wird eine sekundäre „Doppelschichtigkeit" erreicht. Die Basopinacocyten bilden das basale Schwammepithel. Sie erzeugen Kollagenfasern, welche zur Befestigung des Schwammes dienen. Wahrscheinlich handelt es sich bei ihnen um umgewandelte Collencyten. Bei Süßwasserschwämmen enthalten sie zahlreiche kontraktile Vakuolen, dienen daher der Osmoregulation und können auch phagocytär kleine Nahrungsteilchen (z. B. Bakterien) aufnehmen. Pinacocyten sind in der Regel unbegeißelt. Nur bei stammesgeschichtlich sehr alten Vertretern (z. B. *Oscarella*) konnten begeißelte Exopinacocyten beobachtet werden. Begeißelte Endopinacocyten treten z. B. bei Dictyoceratida (*Hippospongia*) auf. Die Endopinacocyten der inneren Kanalsysteme können, wie auch die Choanocyten, phagocytär Nahrungspartikelchen aufnehmen.

Im äußeren Pinacoderm (Exopinacoderm) liegen im primären Fall die extrazellulären Poren des Kanalsystems, welche (z. B. bei primitiven Kalkschwämmen) von einer ringförmigen Zelle (Taf. 163),

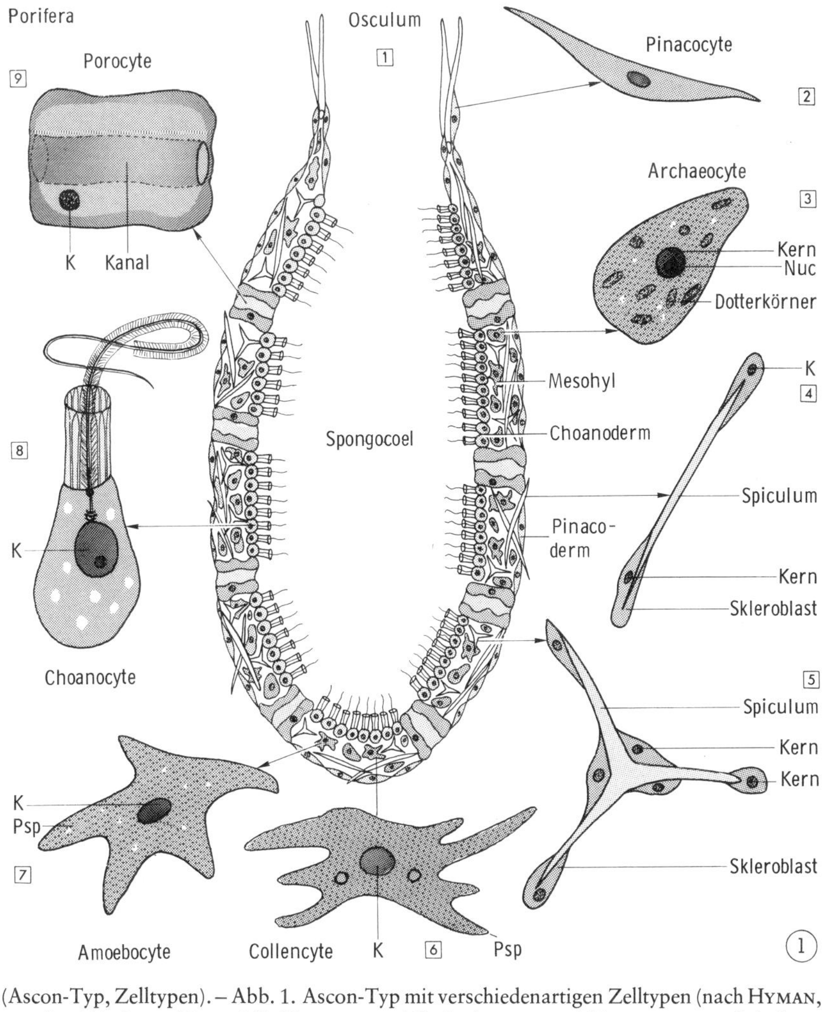

Taf. 163. Porifera (Ascon-Typ, Zelltypen). – Abb. 1. Ascon-Typ mit verschiedenartigen Zelltypen (nach Hyman, Sherman & Sherman): 1/1. Ascon-Typ; 1/2. Pinacocyte; 1/3. Archaeocyte; 1/4. monaxones Spiculum; 1/5. triaxones Spiculum; 1/6. Collencyte; 1/7. Amoebocyte; 1/8. Choanocyte; 1/9. Porocyte. Abkürzungen: K = Kern, Nuc = Nucleolus, Psp = Pseudopodium.

Porocyte, umgeben sind. Die Porocyten (nur beim *Ascon*-Typ und dem primären *Sycon*-Typ, sonst sind es extrazelluläre Dermalporen) sind ebenfalls kontraktil. Der Porenkanal selbst liegt aber extrazellulär und wird ringförmig von der Porocyte umschlossen. Die Poren (Porocytenkanäle, Dermalporen) stellen die Wassereintrittstellen des Wasser-Kanalsystems dar. Die Porocyte kann zwar durch Kontraktion das Lumen des Porenkanals verändern, hat aber keinen Einfluß auf die einströmende Partikelzusammensetzung (von der Größe der Partikel abgesehen). Daher kann der Kanal nicht als ein intrazelluläres Organell, etwa wie eine intrazelluläre Vakuole, betrachtet werden. Porocyten stellen sekundär umgewandelte Pinacocyten dar. Zwischen dem äußeren Pinacoderm (Exopinacoderm) und dem inneren Choanoderm befindet sich die gelatinöse, an Zelltypen reiche Zwischenschicht (Taf. 163) der Schwämme. Sie wird als **Mesohyl** (früher Mesogloea) bezeichnet. Die Zwischenschicht ist weitgehend dem Pinacoderm zuzuordnen. Das Mesohyl ist primär bei den Schwämmen (z.B. *Ascon*-Typ bei den Kalkschwämmen) nun sehr schwach ausgebildet. Bei jungen Schwämmen anderer Gruppen ist die Zwischenschicht auch zunächst noch schwach ausgebildet, stellt aber später bei dem adulten Schwamm die Hauptmasse des Körpers dar. Grundsubstanz ist ein gallertiges, kolloidales Gel, welches von Collencyten (Taf. 163) gebildet wird. Diese Grundsubstanz erlaubt das Durchwandern amoeboid beweglicher Zellen. Oft sind Fasern in der Grundsubstanz enthalten. Nach ihrer chemischen Struktur handelt es sich um Kollagenfasern, welche bei allen Gruppen, auch den Kalkschwämmen, auftreten. Das Spongin der Schwämme zählt ebenfalls zu den kollagenen Fasern. Es tritt bei den Schwämmen in zwei unterschiedlichen Typen auf. Bei dem einen Typ beträgt der Durchmesser der Microfibrillen weniger als 10 nm, bei dem anderen Typ (normaler Kollagentyp) weisen die Fibrillen einen Durchmesser von mehr als 20 nm auf.

Der gesamte Raum zwischen äußerem Pinacoderm und innerem Choanoderm wird als Mesohyl bezeichnet. Das Mesohyl enthält alle Zelltypen, mit Ausnahme von Pinacocyten und Choanocyten. Im Mesohyl kommen verschiedenartig differenzierte Zelltypen vor, welche alle noch die primäre, amöboide Beweglichkeit besitzen und weitgehend selbständig sind. Den primären Zelltyp innerhalb des Mesohyls stellen die totipotenten Archaeocyten dar. Sie können sich in alle anderen Zelltypen umwandeln und spielen eine wichtige Rolle bei der Regeneration und der Bildung von Dauerstadien (Gemmulae). Archaeocyten (Taf. 163) sind vom Typ her Amoebocyten, welche einen Kern mit gut ausgebildetem Nukleolus besitzen und Dottereinschlüsse aufweisen. Ihre Zustandsdauer in der Zwischenschicht beträcht etwa 3–4 Tage, dann wandeln sie sich in der Zwischenschicht in andere Zelltypen um. Meist entstehen aus ihnen, morphologisch nicht sicher unterscheidbare Amoebocyten (Taf. 163), welche sich amöboid in der Zwischenschicht bewegen, phagocytär Nahrung aufnehmen und verdauen sowie Exkretstoffe in die ausführenden Kanäle abgeben. Innerhalb der Amoebocyten werden noch unterschiedliche Typen mit verschiedenartigen Einschlüssen (kugelförmige, sphärische und granuläre Einschlüsse) gekennzeichnet. Es erscheint fraglich, ob eine Trennung in Archaeocyten und Amoebocyten gerechtfertigt ist. Durch ihre Totipotenz stellen die Archaeocyten den wichtigsten Zelltyp des Schwammkörpers dar. Weitere Zelltypen der Zwischenschicht:

Collencyten (Leimzellen): Sie ähneln (Taf. 163) etwas gestreckten Amoebocyten, bzw. Pinacocyten und weisen längere kontraktile, häufig sternförmig angeordnete Pseudopodien auf. Sie treten, wie auch die Lophocyten, als Erzeuger von Kollagenfasern auf, die sich in unterschiedlicher Form frei im Mesohyl befinden. Im Inneren der Zelle kann man mit Kollagen angefüllte Vakuolen beobachten. Kern ohne Nukleolus. Die Collencyten bilden im Mesohyl ein sternförmiges, lockeres Maschenwerk, welches Spann- und Verspannfunktionen ausübt.

Von ihnen sind die Myocyten (Taf. 164:1) abzuleiten, welche kontraktile Fibrillen enthalten. Thesocyten (Speicherzellen) dienen der Speicherung von Substanzen. Lophocyten (Büschelzellen) (Taf. 164:2) stellen einen etwas abgewandelten Collencyten-Typ dar. Es sind relativ große, amöboid bewegliche Zellen, welche, wie die Collencyten, Kollagenfasern produzieren. Die produzierten Kollagenfasern hängen büschelförmig am hinteren Zellende. Während Collencyten bei allen Schwammgruppen festzustellen sind, konnten Lophocyten bisher nur bei Calcarea, Süßwasserschwämmen (Demispongea) und Hadromerida (Demispongea) beobachtet werden. Die Existenz von Nervenzellen (Taf. 164:3, 4)) ist auch heute noch sehr umstritten. Vielfach wird die Meinung vertreten, daß es sich bei den Nervenzellen in Wirklichkeit um Lophocyten, Myocyten oder Collencyten handelt. Verfechter der

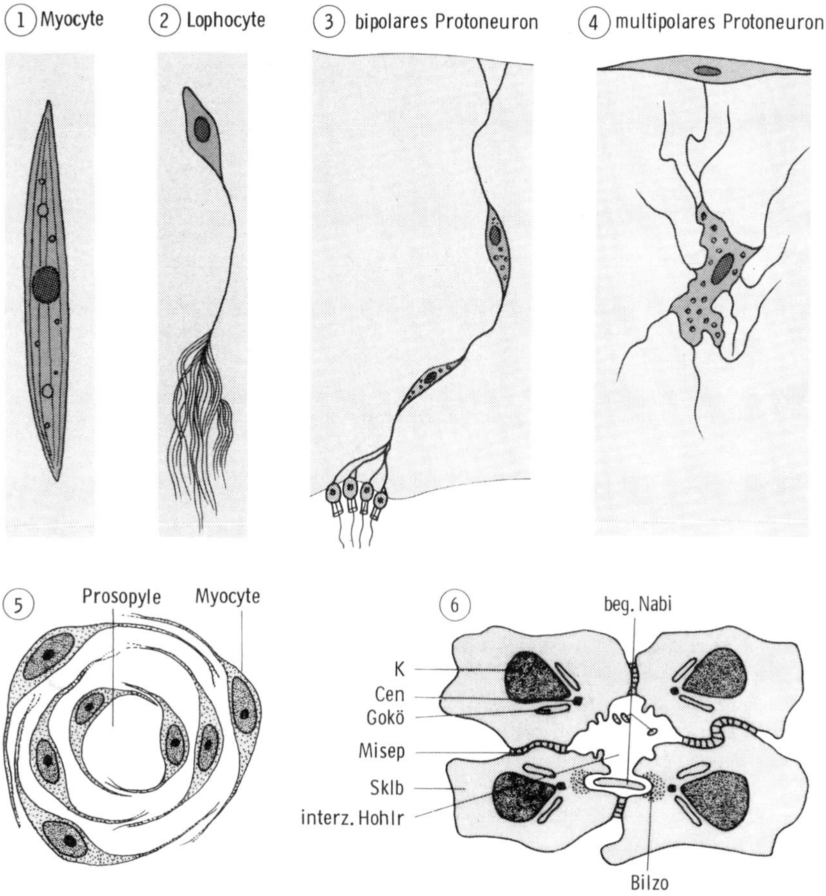

Taf. 164. Porifera (Zelltypen). – Abb. 1. Myocyte (nach BAGBY). Abb. 2. Lophocyte (nach TUZET). Abb. 3. bipolares Protoneuron (nach TUZET). Abb. 4. multipolares Protoneuron (nach TUZET). Abb. 5. Prosopyle mit sie umgebenden Myocyten (nach DENDY). Abb. 6. extrazelluläre Nadelbildung (Triactin) bei *Sycon ciliatum* (nach LEDGER & JONES). Abkürzungen: beg. Nabi = beginnende Nadelbildung, Bilzo = Bildungszone, Cen = Centriol, Gokö = Golgi-Körper, interz. Hohlr = interzellulärer Hohlraum, K = Kern, Misep = Mikrosepten, Sklb = Skleroblast.

Existenz von Nervenzellen weisen auf elektronenmikroskopische und histochemische Daten hin. Nach ihnen handelt es sich bei den Nervenzellen um langgestreckte, bipolare oder multipolare Zellen mit langen, dünnen Fortsätzen. Die Zellen enthalten u. a. Adrenalin, Noradrenalin, 5-Hydroxytryptamin, Monoaminooxidase, Acetylcholinesterase und Neurosekrete. Sie verbinden häufig Choanocyten mit den außen gelegenen Pinacocyten. Gegen die Vorstellung, daß es sich um primitive Nervenzellen handelt, werden folgende Untersuchungsergebnisse angeführt. In der Wand von Oscularrohren treten Kontraktionen nur nach mechanischer, nie aber nach elektrischer Reizung auf. Klopfreize werden lokal von der Oscularwand ohne räumliche Weiterleitung beantwortet. Vom gereizten, kontrahierten Oscularrohr lassen sich keine Aktionspotentiale ableiten. Bestenfalls kann man daher von einem Vorläufer eines Nervensystems, aber nicht von einem echten Nervensystem sprechen, da außer fehlenden Aktionspotentialen auch keine verbindenden Synapsen festgestellt werden konnten. Collencyten (bzw. Abwandlungsformen) fungieren wohl als eine Vorstufe von Protoneuronen.

Die Geschlechtszellen befinden sich diffus verteilt in der mesohylen Zwischenschicht. Man nimmt heute an, daß die Geschlechtszellen fast ausschließlich durch Umwandlung von Choanocyten entstehen.

Ein wichtiger Hinweis, daß es sich bei den Choanocyten um den primären Zelltyp der Porifera handelt, der von den Craspedophyceen übernommen wurde. Liegen nur Choanocyten (Kragengeißelzellen) vor, handelt es sich um Craspedophyceen, kommt noch ein weiterer Zelltyp (totipotente Archaeocyten, die sich auch wieder in Choanocyten zurückverwandeln können) hinzu, kann man bereits von Porifera sprechen.

Im Mesohyl befinden sich außerdem noch skelettbildende Zellen, nämlich Sklero- und Spongioblasten. Durch die Tätigkeit dieser Zellen erfolgt eine starke Verfestigung der mesohylen Zwischenschicht und damit des ganzen Schwammkörpers. Die Skleroblasten (Taf. 163) bilden Skelettnadeln (Spicula, Sklerite), und die Spongioblasten (Taf. 165:4) aus Sponginfasern bestehende, weichere Skelettfasern. Diese Skelettelemente liegen frei im Mesohyl oder bilden netzartige Skelette. Monaxone (einachsige) Skelettnadeln (Taf. 165:1) werden bei den Kalkschwämmen im Inneren eines einzigen, sich dann teilenden Skleroblasten gebildet, während die mehrstrahligen (z. B. tri- und tetractinen Nadeln) Skelettnadeln durch das Zusammenwirken mehrerer Skleroblasten (Taf. 165:2) entstehen. Monaxone Kieselnadeln entstehen im Inneren eines einzigen Skleroblasten (Silikoblast).

Bei der Beurteilung von Verwandtschaftsverhältnissen spielt die Form der Skelettnadeln eine wichtige Rolle. Skleroblasten weisen einen Nukleolus und ein gut entwickeltes endoplasmatisches Reticulum auf. Skleroblasten nehmen keine Nahrung mehr auf. Skelettnadeln können an zahlreichen Stellen den Schwammkörper durchbohren. Manchmal stehen sie in größerer Zahl kronenartig um ein Osculum oder liegen im Basalbereich des Körpers und üben eine Haftfunktion aus. Das Skelett der Schwämme besteht primär (Kalkschwämme) aus Skelettnadeln, welche überwiegend aus Calciumcarbonat (Calcit) aufgebaut sind. Kalknadeln ohne innere organische Achse, aber mit anorganischem Axialfilament. Bei den Kieselnadeln finden Auflagerungen von Siliciumdioxid (Skelettopal) auf eine organische Achsenfaser statt. Wahrscheinlich sind Proteine in dieser Achsenfaser enthalten. Bei den Hornschwämmen (Dictyoceratida) werden die Kieselnadeln von Spongin, einer hornartigen Substanz, welche bis zu 14% Jod enthält, verdrängt. Spongin tritt in Form von Fasern auf, welche sich aus vielen Microtubuli (Durchmesser 10 nm) zusammensetzen. Die Spongin-bildenden Spongioblasten (kommen nur innerhalb der Demospongea vor) weisen einen mit einem Nukleolus versehenen Kern und ein hoch entwickeltes, kräftiges endoplasmatisches Reticulum auf. Sie besitzen zahlreiche Golgi-Apparate, und in diesen in Gruppen zusammenarbeitenden Golgi-Apparaten findet die Sponginerzeugung statt. Mit Hilfe von Sponginfasern können bei den Demospongea Kieselnadeln miteinander verbunden oder ganz von Sponginfasern eingehüllt werden.

Schwämme sind primär klein und weisen primär noch kein Skelett auf. Mit dem sekundären Größerwerden erfolgt die Ausbildung eines Stützskelettes. Fast alle rezenten Schwämme weisen dieses, häufig art- oder gruppenspezifische Stützskelett auf. Die Bezeichnungen Kalk-, Kiesel- und Hornschwämme weisen darauf hin, welche Substanzen bei der Skelettbildung verwendet wurden. Anorganische Skelettmaterialien sind kohlensaurer Kalk (Calciumcarbonat) und Siliciumdioxid. Spongin dagegen stellt ein organisches Skelettmaterial dar. Auch Fremdkörper, wie z. B. Sandkörnchen, können in Verbindung mit Spongin in das Skelett eingearbeitet werden. Innerhalb der Demospongea treffen wir zunächst primär kleine, skelettlose Vertreter an. Mit dem Größerwerden kommt es zur Ausbildung von aus Kieselnadeln bestehenden Skeletten. Im Verlauf der Phylogenese werden die Kieselskelette allmählich von Spongin-Skeletten verdrängt, so daß am Ende reine, sekundär entstandene Hornskelette vorhanden sind.

Die Spicula (Sklerite, Skelettnadeln) werden intrazellulär von Skleroblasten gebildet. Bei der Bildung monaxoner Kalknadeln (Taf. 165:1) teilt sich der Skleroblast; der eine Tochterkern (mit umgebendem Cytoplasma) wird zum eigentlichen Bildner, der andere Tochterkern (mit umgebenden Cytoplasma) zum Verstärker. Zwischen den beiden Skleroblastenkernen entsteht die monaxone Kalknadel. Die fertig ausgebildete Kalknadel wird dann von Collencyten an ihren endgültigen Lageort transportiert. Bei der Bildung triactiner (dreistrahliger) Kalknadeln (Taf. 165:2) bildet sich ein Syncytium aus 3 Skleroblasten. Auch hier findet jeweils eine Kernteilung mit Ausbildung von Bildner und Verstärker statt. Monaxone Nadeln stellen den primären Nadeltyp der Porifera dar (mit einigen Ausnahmen, wo-

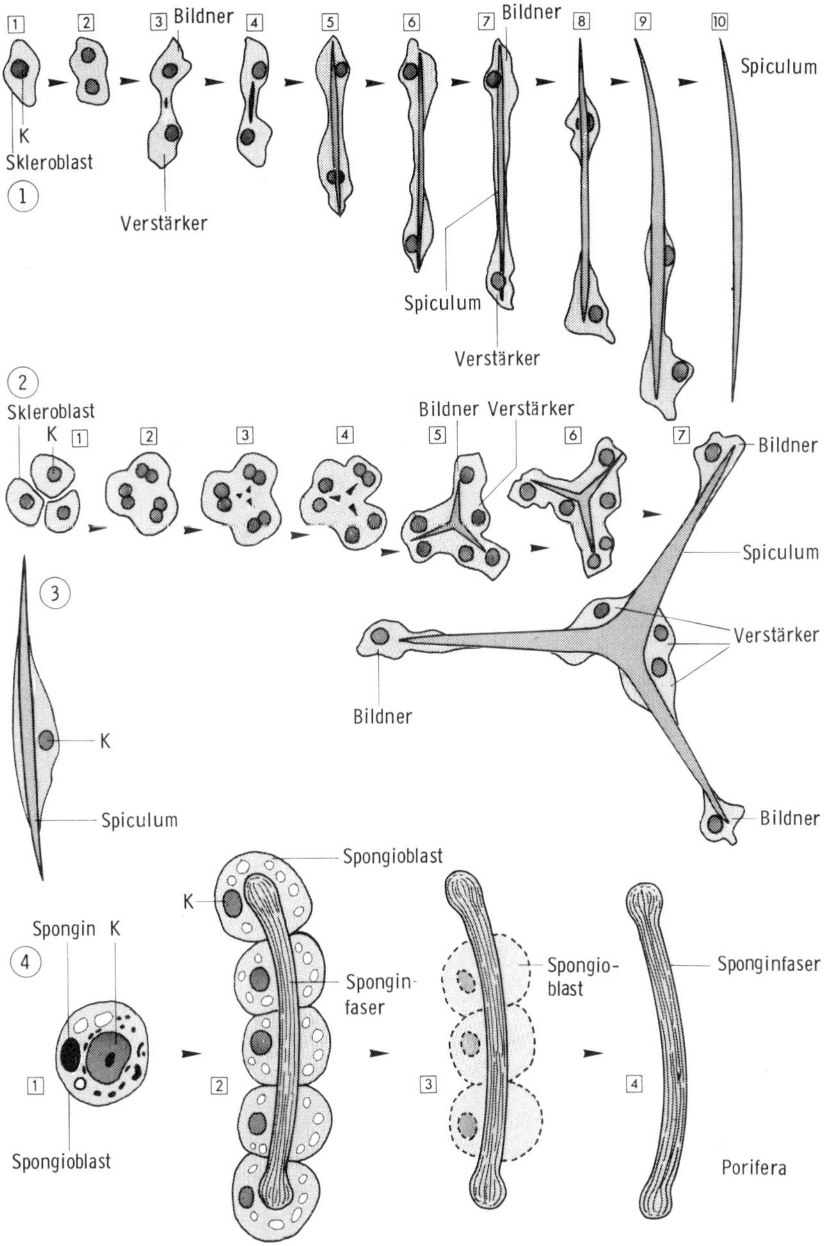

Taf. 165. Porifera (Bildung von Skelettnadeln und Sponginfasern). – Abb. 1. Bildung einer monaxonen Skelettnadel bei Kalkschwämmen (nach ZIEGLER & RIETSCHEL). Abb. 2. Bildung einer triaxonen Skelettnadel bei Kalkschwämmen (nach ZIEGLER & RIETSCHEL). Abb. 3. Bildung einer monaxonen Kieselnadel (nach EVANS). Abb. 4. Bildung einer Sponginfaser (nach TUZET). Abkürzungen: K = Kern.

bei aus mehrachsigen Nadeln sekundär wieder einachsige Nadeln entstehen). Zuerst bildet eine einzige Zelle die Nadel aus und erst sekundär beteiligen sich mehrere Zellen an dem Nadelaufbau, so daß auf diese Weise sekundäre, mehrstrahlige Nadeln entstehen. Die Strahlen sind im basalen Bereich des Zusammenstoßens durch Nähte (Suturen) miteinander verbunden.

Die bisher geschilderte Methode der Nadelbildung bei Kalkschwämmen geht davon aus, daß die Nadelbildung intrazellulär erfolgt. Neuere Untersuchungen (LEDGER & JONES 1977) haben ergeben, daß bei *Sycon ciliatum* die Nadelbildung (Taf. 164:6) extrazellulär erfolgt. Die an der Nadelbildung beteiligten Skleroblasten umgeben gemeinsam einen von ihnen gebildeten Hohlraum. In diesem Hohlraum findet dann extrazellulär die Nadelbildung statt. Auch hier sind 2 Skleroblasten (die wohl ebenfalls aus der Teilung eines Skleroblasten entstehen) an der Bildung einer monaxonen Nadel, bzw. 2 zusätzliche Skleroblasten an der Bildung eines zusätzlichen Strahles (z. B. bei triactinen Nadeln) beteiligt. Die Skleroblasten sind durch Mikrosepten miteinander verbunden, um auf diese Weise einen sicheren Abschluß des innen gebildeten Hohlraumes zu erreichen. Es sind weitere Untersuchungen erforderlich, bevor man diese Form der Nadelbildung auf alle Calcarea übertragen kann.

Unberührt davon bleibt aber die Tatsache, daß sich an der Bildung einer monaxonen (mon- oder diactinen) Nadel weniger Skleroblasten beteiligen als bei der Bildung einer tri- oder tetractinen Nadel. Am einfachsten ist die Herstellung einer monaxonen Nadel. Sie ist daher nach wie vor als die primäre Nadelform der Calcarea (und damit aller Porifera) zu betrachten.

Die Bildung der Kiesel-Nadeln ist noch ungenügend bekannt. Monaxone Kieselnadeln (Taf. 165:3) werden im Inneren eines einzigen Skleroblasten (Silikoblast) gebildet. Zuerst entsteht die innere organische Achse (Durchmesser $0{,}2\,\mu m$) der Nadel, und auf diese Achse wird dann Siliciumdioxid aufgelagert. Am Ende des Verkieselungsprozesses ist die Nadel fertig ausgebildet und durchbricht den Silikoblasten, der sich an einem Ende der Kieselnadel zusammengezogen hat. Der Abtransport zum endgültigen Lageort erfolgt durch Collencyten. Mehrachsige Kieselnadeln entstehen (ähnlich wie auch bei den Kalkschwämmen) durch die Zusammenarbeit mehrerer (entsprechend der Zahl der Achsen) syncytial verbundener Silikoblasten. Es ist noch ungeklärt, ob Silikoblasten wieder neue Nadeln zu bilden vermögen, oder ob sie nach der Nadelbildung von Amoebocyten phagocytiert werden.

Die Bildung von Sponginfasern erfolgt durch aneinandergereihte Spongioblasten (Taf. 165:4), welche in ihrem Inneren Spongin erzeugen, dabei aber allmählich degenerieren, so daß am Ende nur noch die gemeinsam erzeugte Sponginfaser übrigbleibt. Spongioblasten sind bisher nur von Demospongea bekannt geworden und spielen hier eine wichtige Rolle bei Skelettbildungen. Reine Sponginskelette werden von ihnen erzeugt, ebenfalls Sponginüberzüge über Kieselnadeln und Spongin-Teile, welche Kieselnadeln miteinander verbinden. Sie treten stets in Gruppen auf. Spongioblasten unterscheiden sich von anderen Zelltypen, welche ebenfalls kollagene Fasern zu erzeugen vermögen, durch ein sehr kräftig ausgebildetes endoplasmatisches Reticulum und durch zahlreiche homogene Vakuolen, welche Kollagen-Vorstufen enthalten. Bei „Pharetronida" (Kalkschwämme) erfolgt eine Sekretion von Kalksubstanz durch Telmatoblasten. In die lagenförmig abgeschiedene Kalkmasse werden bereits von Skleroblasten gebildete Kalknadeln einzementiert und auf diese Weise ein faserartiges Skelett gebildet.

Die Nadeln (Taf. 166) der Schwämme weisen in der Regel sehr gesetzmäßige Bildungen auf. Bei den Kalknadeln liegt das Calciumcarbonat in Form von Calcit vor. Die Achsen des Calcit-Kristallgitters haben einen Einfluß auf die Wachstumsrichtung der Nadelachse. Die Kieselnadeln der Demospongea und Hexactinellidea bestehen dagegen aus amorphem Siliciumdioxid (SiO_2). Das Wachstum der Kieselnadel erfolgt durch konzentrische Siliciumdioxid-Ablage (in opaler Form) um den zylindrischen Achsenfaden. Der primär organische Achsenfaden wird bei den Kieselnadeln (Megaskleren) der Demospongea in einen dreieckigen, bei den Hexactinellidea dagegen in einen viereckigen (quadratischen) Achsenkanal umgewandelt. Auch im Zentrum der Kalknadeln (Megaskleren) befindet sich ein Achsenkanal (Axialfilament), der aber oft nur schwer zu diagnostizieren ist. Mikroskleren meist ohne Achsenkanäle.

Die Nadeln (Sklerite) der Schwämme (Taf. 166) sind meist nur 0,2–0,3 mm lang. Sie können aber auch Längen von mehreren Zentimetern, ja sogar Längen bis zu 3 Meter (Hexactinellida: basale Verankerungsnadel von *Monorhaphis*) erreichen. Die sekundären, kleinen Mikroskleren (Fleischnadeln) erreichen dagegen nur Längen von $10-30\,\mu m$. Die Nadeln der Schwämme sind vielgestaltig und stellen wichtige Merkmale für Einordnung und Klassifizierung rezenter und fossiler Schwammarten dar.

Bei Kieselschwämmen (Demospongea) unterscheiden wir im größeren Rahmen zwei Nadeltypen: Die großen, primären Megaskleren (Makroskleren, Gerüst- oder Stütznadeln) und die kleineren, sekundären Mikroskleren (Fleischnadeln). Mikroskleren weisen im Durchschnitt nur Längen von 10–30 μm auf, während Megaskleren eine Mindestlänge von 80–100 μm besitzen, aber im Durchschnitt meist einige Millimeter lang sind. Die stammesgeschichtlich älteste Schwammkategorie, die Kalkschwämme (Calcarea), weisen nur den primären Megaskleren-Typ auf. Erst bei den stammesgeschichtlich jüngeren Demospongea kommen zu den Megaskleren sekundär noch Mikroskleren hinzu. Die Mikroskleren stellen eine Autopomorphie der Silicosponga dar.

Die Sklerite zeigen oft eine geometrisch regelmäßige Anordnung. Die Formenmannigfaltigkeit läßt sich auf wenige Grundformen zurückführen. Die Benennung der Sklerite (Nadeln) erfolgt nach der Zahl und Stellung ihrer Achsen, bzw. nach der Zahl ihrer Strahlen. Wenn man die Zahl der Achsen ausdrücken will, spricht man z. B. von monaxonen, tri- und tetraxonen Nadeln. Will man die Anzahl der Strahlen hervorheben, dann benutzt man z. B. die Bezeichnungen monactine und triactine Nadeln (– axon für Achsen und – actin für Strahlen). Grundformen der Megaskleren sind Monaxone (einachsige Spicula), Triaxone (dreiachsige Spicula) und Tetraxone (vierachsige Spicula). Ein Monaxon ist demnach ein Einachser, der monactin sein kann (wenn er nur in eine Richtung wächst, also nur einen Strahl aufweist) oder er ist diactin, wenn er in beide Richtungen wächst (beide Enden zugespitzt). Ein Triaxon hat 3 Achsen, welche im Idealfall in den drei Richtungen des Raumes senkrecht aufeinander stehen. Dieses Sklerit weist sechs gleichlange Strahlen auf, ist also ein hexactines Triaxon (z. B. bei Hexactinellida). Will man nur die Strahlen in der Bezeichnung herausheben, spricht man von einem Hexactin.

Ausgehend von den Grundformen entstehen durch sekundäre Abwandlungen eine sehr große Zahl morphologisch unterschiedlicher Nadeltypen. Dabei kann die Größe und die Form verändert werden. Strahlen können verkürzt, verlängert oder vervielfacht oder auch völlig reduziert werden. Winkelabstände können sich sekundär verändern, Achsen können stark gebogen werden und Skulpturen auf der Oberfläche von Achsen und Strahlen entstehen. Sklerite sind für die Taxonomie der Schwämme von großer Wichtigkeit und weisen oft eine art- oder gruppenspezifische Konstanz auf. Für den Paläontologen stellen sie oft die einzigen taxonomisch verwertbaren Merkmale dar.

Primär sind Schwämme sehr klein und weisen noch keine Nadeln auf. Nadeln haben eine reine Stützfunktion und waren erst erforderlich, als Schwämme im Verlauf der Evolution größer wurden und der Weichkörper gestützt werden mußte. Nadellose Vertreter treffen wir rezent nur noch bei stammesgeschichtlich sehr alten Demospongea (*Halisarca, Oscarella*). Bei den Kalkschwämmen kommen nadellose Vertreter rezent nicht mehr vor, bzw. sind bisher nicht aufgefunden worden.

Die Megaskleren (Taf. 166: 1) stellen die primäre Nadelform der Porifera dar. Innerhalb der Megaskleren ist die monaxone Nadel die primäre Nadelform. Monaxone sind bei den Kalkschwämmen primär noch relativ klein, erreichen aber später bei den stammesgeschichtlich jüngeren Demospongea oft beträchtliche Längen. Die Mindestlänge der Megaskleren beträgt bei den Kalkschwämmen etwa 80–100 μm (Mikroskleren der Demospongea dagegen meist nur 10–30 μm lang). Häufiger werden aber auch Längen bis zu mehreren Millimetern erreicht. Nach der Länge handelt es sich bei den Kalkschwämmen eindeutig um Megaskleren.

Bei den Kalkschwämmen treten ein-, drei- und vierachsige Kalknadeln auf. Grundtyp ist die monaxone Calcit-Nadel, die von einem einzigen Skleroblasten erzeugt wird, der sich aber nach bisheriger Anschauung schon früh in zwei Skleroblasten: Bildner und Verstärker, teilt. Sekundär entstehen tri- und tetraxone Nadeln, indem sich eine entsprechende Zahl von Skleroblasten an der Bildung der Nadel beteiligt. Von jedem Skleroblasten (mit Bildner und Verstärker) wird eine Nadelachse erzeugt. Die dabei gebildeten Achsen werden aneinandergefügt. Im Zentrum der nun mehrachsigen Nadel sind noch deutlich die Verwachsungsnähte zu sehen. Es ist klar zu erkennen, daß die monaxone Nadelform primär ist, und daß mehrachsige Nadeln erst sekundär durch das Zusammenwirken mehrerer Skleroblasten entstehen. Wir müssen daher auch für die Demospongea annehmen, daß der monaxone Typ (abgesehen von regressiv aus Mehrachsern entstandenen Monaxonen) auch bei den Demospongea den primären Nadeltyp darstellt. Auch bei den Demospongea und Hexactinellidea treten sekundär mehr-

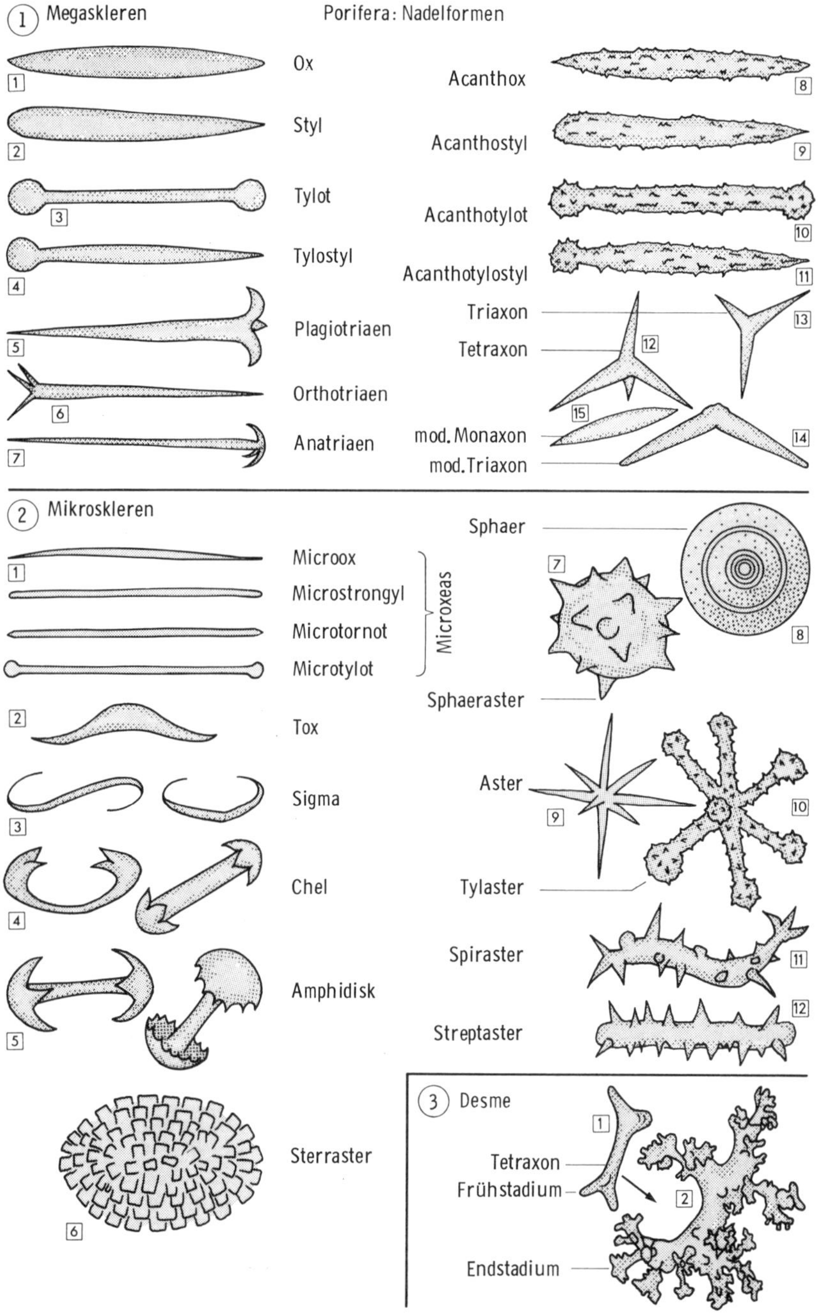

Taf. 166. Porifera (Nadelformen). – Abb. 1. Megaskleren. Abb. 2. Mikroskleren. Abb. 3. Desme (nach verschiedenen Autoren). Abkürzungen: mod. = modifiziert.

achsige Nadelformen auf. Demospongea vorwiegend mit monaxonen (primäre und sekundär reduzierte) und tetraxonen Nadeln, Hexactinelliden (Adultstadium) dagegen mit triaxonen (sechsstrahligen) Nadeln.

Monaxone Megaskleren (Taf. 166:1/1 – 4 + 8 – 11): Ox (Diactin), Styl (Monactin), Tylot, Tylostyl, Strongyl (beidseits stumpf), Acanthox (mit Skulpturen), Acanthostyl, Acanthotylot, Acanthotylostyl. Sekundär tetraxone Nadeln (Taf. 166:1/5–7 + 12) besitzen 4 Achsen. Sie entsprechen dem Achsensystem eines Tetraeders. Durch Umwandlung der Achsen entstehen zahlreiche weitere Nadel-Formen. Die primäre tetraxone Form (Tetraxon, Caltrop) besitzt 4 gleichlange Achsen. Als Abwandlungsformen treten vor allem Triaene (z. B. Plagiotriaen, Orthotriaen, Anatriaen) auf, welche durch eine extreme Verlängerung einer Achse gekennzeichnet sind. Die Grundform der sekundär dreiachsigen (Taf. 166:1/13) Nadel (Triaxon) entspricht dem Achsensystem eines Oktaeders. Auch hier sekundäre Umwandlungen wie beim vierachsigen Nadeltyp.

Durch sekundäre Reduktionen können aus beiden Nadeltypen stark modifizierte Tetraxone und Triaxone (Taf. 166:1/14), aber auch sekundär wieder monaxone Nadeln (Taf. 166:1/15) entstehen. Sekundär monaxone Nadeln entstehen bei den Demospongea, wenn ein anderes Gerüstelement (Spongin) die Oberhand bei der Skelettbildung gewinnt.

Auch bei den Mikroskleren (Fleischnadeln) der Demospongea (Taf. 166:2) treffen wir einige Grundformen an, bei denen sekundär einzelne Strahlen mannigfaltig umgewandelt werden. Die Mikroskleren (Mikrosklerite) liegen bei den Demospongea isoliert und weisen Längen von 10–100 μm, meist aber nur 10–30 μm, auf.

Neben den primär gerade verlaufenden einstrahligen Nadeln (Microoxe (Taf. 166:2/1: Microox, Microstrongyl, Microtornot, Microtylot) treten auch sekundär stark gekrümmte (Taf. 166:2/2–5) Nadeln (Tox, Sigma, Chel, Amphidisk) auf. Bei Tox, Sigma und Chel handelt es sich um sekundär umgewandelte Einstrahler, während Amphidisken sekundär abgewandelte Sechsstrahler (primäre Form Microhexanthin) darstellen. Amphidisken findet man häufig als Stütznadeln in den Gemmulae von Süßwasserschwämmen. Sphaeren (Taf. 166:2/8) zeigen sekundär eine rundliche Form, und eine sternförmige Grundform (Taf. 166:2/6, 7 u. 9, 10) treffen wir bei Asterformen (Aster, Sphaeraster, Sterraster, Tylaster) an. Spiraster und Streptaster (Taf. 166:2/11, 12) stellen sekundär stark abgewandelte, bedornte Nadelformen dar. Die Asterformen und auch die bedornten Formen sind von Vierstrahlern (primäre Form Microcaltrop) abzuleiten.

Innerhalb der Mikroskleren können wir folgende Abwandlungsreihen feststellen. Primär liegen monaxone Mikroskleren vor (primäre Form Microox), sekundäre Abwandlungen: Microstrongyl, Microtornot, Microtylot, Tox, Sigma (mit verschiedenen Abwandlungsformen) und Chel. Sekundär tetraxone Mikroskleren (primäre Form Microcaltrop) treten als sekundäre Abwandlungen in folgenden Formen auf: Sphaeraster, Aster, Sterraster, Tylaster, Amphiaster, Spiraster, Streptaster. Triaxone Mikroskleren (Primärform: Microhexanthin) liegen als Amphidisken (Demospongea) und verschiedenartige Nadeltypen der Hexactinellida (z. B. Hexaster) vor. Eine Sonderform von Megaskleren treffen wir als Desmen (Taf. 166:3) bei einer Anzahl von Kieselschwämmen (Demospongea) an. Eine Desme besteht aus einer mono-, tetra- oder triaxonen Nadel (Crepis), auf welcher Schichten von Siliciumdioxid (Skelettopal) unregelmäßig abgelagert sind, so daß beim Endstadium die Form der Basisnadel nicht mehr zu erkennen ist. Desmen bilden meist ein zusammenhängendes lithistides Gerüstwerk. Bei „Pharetronida“ werden die spiculabildenden Skleroblasten in einem frühen Stadium ihrer Tätigkeit von Telmatoblasten bedeckt, welche Kalklamellen um die gebildeten Kalknadeln ausscheiden. Der Kalk liegt als Calcit oder selten auch als Aragonit (= rhombische Form des Calciumcarbonats) vor.

Bei den Demospongea kommen neben freien Kieselnadeln auch umfangreiche Basisskelette aus Aragonit oder Calcit vor. Das basale Skelett wächst ständig nach oben. Bei diesem Höhenwachstum können Kieselnadeln in das Basalskelett eingeschlossen werden. Das Basalskelett dient zur besseren Haftung auf der Unterlage.

Bei Vertretern der Demospongea tritt Spongin als weiteres Gerüst- und Skelettelement auf. Primär weisen diese Vertreter noch Kieselnadeln auf, die aber allmählich vom Spongin verdrängt werden, so daß wir am Ende der Evolutionsreihe Vertreter mit reinen Sponginskeletten antreffen. Außer den faserigen Sponginskeletten können auch kleine, isoliert liegende Sponginspicula (Hornspicula) ausgebildet werden. Spongin wird von einem spezifischem Zelltyp, den Spongioblasten gebildet. In das Sponginskelett können auch Fremdkörper (wie winzige Sandkörnchen) eingearbeitet werden.

Die Spikulation, d.h. der Besatz eines Schwammes mit Skelettnadeln, ist für die einzelnen Schwammarten oft charakteristisch. Häufig kommen nur Megaskleren vor, während die sekundären Mikroskleren fast nie allein auftreten. Neben 1–2 Megasklerenformen treffen wir bei einer Schwammart meist noch 1–3 verschiedenartige Mikroskleren an. Stammesgeschichtlich alte Vertreter weisen hohe Kombinationszahlen auf.

Megaskleren haben häufig eine ausgesprochene Stütz- und Verankerungsfunktion. Sie ragen oft aus dem Schwammkörper hervor, dienen zur Verankerung im Boden oder bilden einen Nadelkranz um das Osculum. Im Mesohyl liegen sie oft dicht nebeneinander und bilden relativ feste Gerüste, welche durch Sponginverknüpfungen noch an Festigkeit gewinnen. Durch Verwendung von Spongin als Verkittungsmaterial kommt es zu einer adaptiv günstigen, erhöhten Elastizität des Schwammkörpers. Größte Elastizität weisen die stammesgeschichtlich jungen reinen Sponginskelette auf. Die Skelettform ist innerhalb des Schwammkörpers oft unterschiedlich. Im Pinacoderm treffen wir bei den Demospongea meist nur isoliert liegende Mikroskleren an, selten kommt es zu gerüstartigen Skelettbildungen. Auch im Cortex-Bereich kommen meist isolierte Mikroskleren vor, während im zentralen Mesohyl-Bereich gut ausgebildete Skelettsysteme dominieren. Entlang der Kanäle passen sich die Skelette den räumlichen Gegebenheiten an.

Kalk- und Kieselnadeln treten nie gemeinsam bei Schwammarten auf, während Kieselnadeln und Sponginfasern bei Demospongea häufig gemeinsam vorkommen.

Das innere Choanoderm der Schwämme wird von einem einzigen Zelltyp, den Choanocyten (Kragengeißelzellen), gebildet. Die Choanocyten (Taf. 167:1) sind in einem lockeren, einschichtigen Primitivepithel (Taf. 167:2) angeordnet und kleiden innere Hohlräume (Spongocoel beim *Ascon*-Typ, Radialtuben beim *Sycon*-Typ und Geißelkammern beim *Leucon*-Typ) aus. Die Choanocyten (Taf. 167:1) der Porifera sind in ihrem Aufbau weitgehend mit den Zellen der Craspedophyceae (Choanoflagellaten) identisch und stellen die primäre Zellform der Schwämme dar. Die Porifera sind von kolonialen, sekundär farblosen Craspedophyceen abzuleiten.

Kragengeißelzellen wurden u.a. bei Larven von Cnidaria, bei Seeigeln (Pluteus-Larve), und im Ovidukt-Epithel von Seewalzen aufgefunden. Kragengeißelzellen (Choanocyten) mit einer Geißel und charakteristischem, kontraktilem Plasmakragen. Geißel beidseitig (wie auch bei den Craspedophyceen) mit aus Microfibrillen bestehendem Flügel. Endteil der Geißel ohne Flügelbildung. Flügellänge offensichtlich unterschiedlich, zum Teil nur bis Kragenhöhe reichend. Geißel mit Blepharoplast. Ein Rhizoplast verbindet den Blepharoplast (Basalkorn) mit einem oberhalb des Zellkernes gelegenen Golgi-Apparat. Kern mit Nukleolus. Zellkern der Choanocyten primär apikal gelegen, sekundär mit basaler Lage. Bei Vertretern mit basal gelegenem Kern befindet sich der Kern nach der Zellteilung (Längsteilung) zunächst noch apikal und wandert erst bei dem anschließenden Zellenwachstum in seine sekundäre Lage. Mit großem Golgi-Körper (Parabasalkörper). Mit Diplosom (zwei rechtwinklig angeordnete Centriolen) in der Nähe der Geißelbasis. Es könnte sich hier um den umgewandelten Rest einer 2. Geißel handeln. Mit zahlreichen Vakuolen in Form von Nahrungsvakuolen und kontraktilen Vakuolen. Mit abgeplatteten Mitochondrien (Cristae-Typ). Endoplasmatisches Reticulum gut ausgebildet. Kragengeißelzellen sind typische Reusengeißelzellen (Cyrtocyten). Der Plasmakragen besteht aus einem Ring von 30–40 Microfibrillen (Microvilli), welche durch eine durchlässige Schleimschicht locker miteinander verbunden sind. Der Plasmakragen wirkt wie ein Sieb. Die Microvilli stellen Ausstülpungen der Zelloberfläche dar. Die Geißeln der Choanocyten erzeugen im Inneren des Schwammes einen gleichgerichteten Wasserstrom. Über die an der Oberfläche des Schwammes gelegenen zahlreichen Poren (daher der Name Porifera) in Form von Porocyten und Ostien strömt durch die Sogwirkung des Geißelschlages der Choanocyten Wasser in die inneren Hohlräume und Kanalsysteme (Taf. 167:1) des Schwammkörpers. Kleine Nahrungspartikelchen (Bakterien, einzellige Algen) bleiben dabei außen am Plasmakragen der Choanocyten hängen, werden durch Plasmaströmung an die Zelloberfläche befördert und dort unter Lobopodienbildung phagocytär aufgenommen. Auch Pinocytose kommt bei Choanocyten vor. Die aufgenommene Nahrung wird in der Regel an Amoebocyten (Taf.

167:2) zur Verdauung weitergegeben, diese können auch Nahrungsteilchen aus dem einführenden Kanalsystem übernehmen. Nur bei den stammesgeschichtlich ältesten Vertretern der Porifera, nämlich den Kalkschwämmen, treffen wir noch die primäre intrazelluläre Verdauung in den Choanocyten an. Exkretstoffe (Taf. 167:2) werden von Amoebocyten im Mesohyl-Bereich aufgenommen und in das abführende Kanalsystem entleert. Das von den Choanocyten filtrierte Wasser verläßt durch das Osculum (Oscula) wieder den Schwammkörper. Choanocyten sind beweglich und können sich sekundär in Eizellen und Spermien umwandeln. Alle physiologischen Vorgänge laufen bei den Schwämmen im zellulären (nicht im organischen) Bereich ab, ein stammesgeschichtlich sehr primitiver Vorgang. Der Bauplan der Schwämme ist ganz auf eine festsitzende Lebensweise, verbunden mit Herbeistrudeln und Abfiltrieren kleinster Nahrungsteilchen, zugeschnitten.

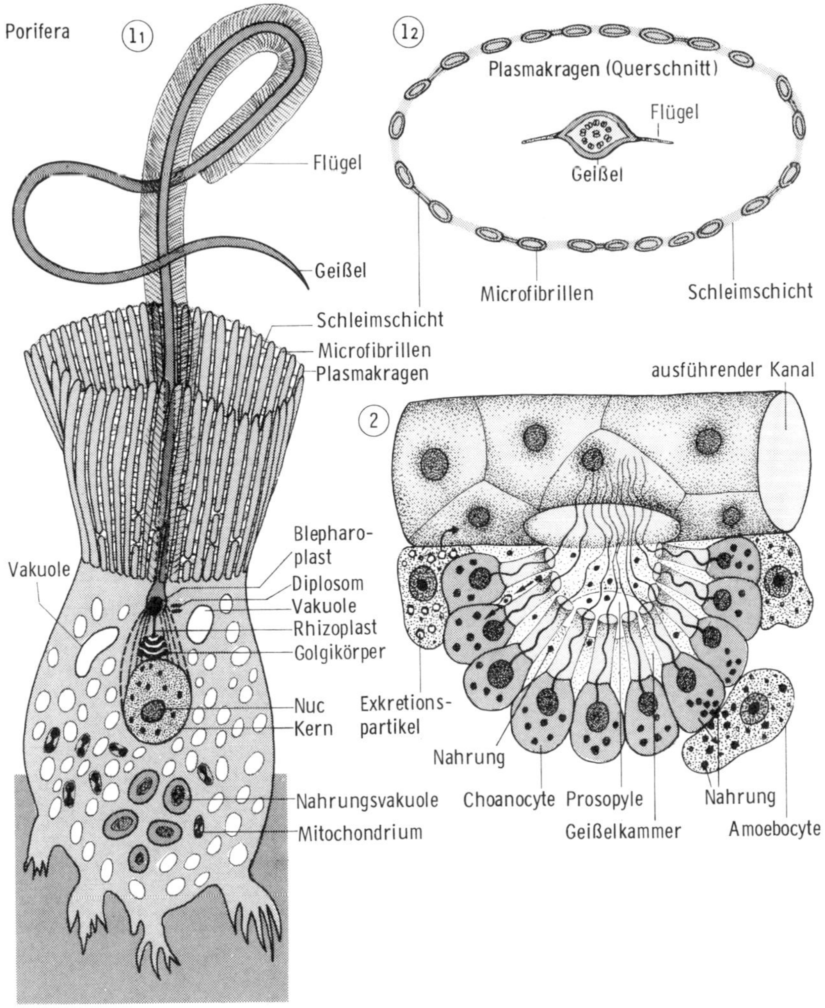

Taf. 167. Porifera (Choanocyte und Geißelkammer). – Abb. 1/1. Choanocyte, Feinbau (schematisiert, abgeändert nach SHERMAN & SHERMAN); 1/2. Querschnitt durch Plasmakragen und Geißel (abgeändert nach SHERMAN & SHERMAN). Abb. 2. Geißelkammer mit Choanocyten, Nahrung aufnehmende Amoebocyte, Exkretstoffe abgebende Amoebocyte, ausführender Kanal (nach KILIAN). Abkürzungen: Nuc = Nucleolus.

Schwämme besitzen primär (*Ascon*-Typ) einen einzigen inneren Hohlraum (Spongocoel), welcher von Choanocyten ausgekleidet wird. Bei einem sekundär abgeleiteten Bauplan (*Sycon*-Typ) bleibt das Spongocoel zwar bestehen, aber die Choanocyten befinden sich in seitlich gelegenen, blind endenden Ausbuchtungen (Radialtuben) des Spongocoels. Hier ist bereits das Prinzip der sekundären Vermehrung der Choanocytenzahl durch Oberflächenvermehrung erkennbar. Dieses Prinzip ist bei dem am stärksten abgeleiteten Typ (*Leucon*-Typ) noch mehr verwirklicht. Die Choanocyten befinden sich in zahlreichen rundlichen, isoliert liegenden Geißelkammern, dazu kommt ein ein- und ausführendes Kanalsystem. Ein zentraler Hohlraum (Spongocoel) ist meist nicht mehr erkennbar, an seiner Stelle befinden sich ausführende Kanäle. Es besteht phylogenetisch eine starke Tendenz zur Vermehrung der Choanoyten-Räume. Dadurch kann mehr Nahrung aufgenommen werden, der Mesohyl-Bereich wird kräftiger ausgebildet und damit werden die Schwämme vom Volumen her entsprechend größer.

Ascon-Typ (Taf. 168:1). Primärer Bauplan-Typ der Schwämme, meist nur wenige Millimeter hoch und nur etwa 2 Millimeter dick. Der *Ascon*-Typ kommt nur noch bei einigen stammesgeschichtlich sehr alten Kalkschwämmen (z.B. Calcaronea: *Leucosolenia*; Calcinea: *Clathrina*) vor. Innerhalb

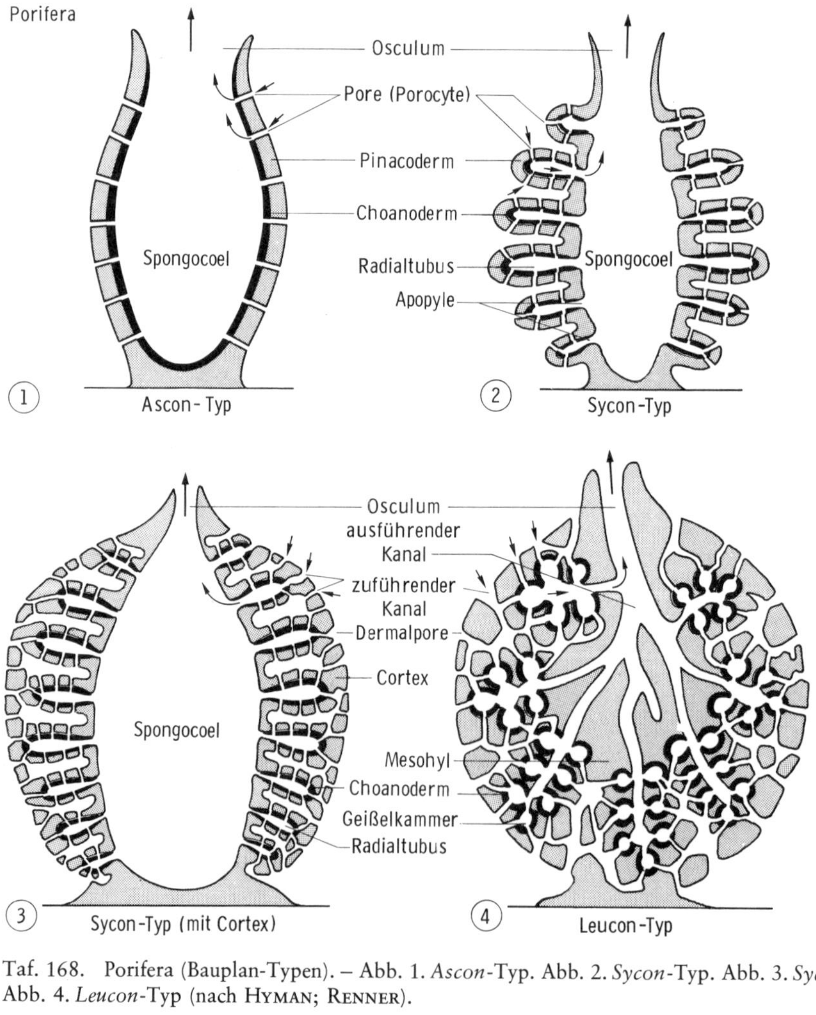

Taf. 168. Porifera (Bauplan-Typen). – Abb. 1. *Ascon*-Typ. Abb. 2. *Sycon*-Typ. Abb. 3. *Sycon*-Typ mit Cortex. Abb. 4. *Leucon*-Typ (nach HYMAN; RENNER).

der Demospongea durchlaufen stammesgeschichtlich sehr alte Vertreter (z.B. *Halisarca*) ein asconoides Rhagonstadium. Auch die stammesgeschichtlich sehr alten Hexactinellidea durchlaufen bei der Embryonalentwicklung eine asconoide Stufe. Wegen seiner Kleinheit ist der *Ascon*-Typ fossil nur sehr schwer auffindbar. Hinzu kommt seine Spikulation aus isolierten Nadeln. Es ist daher leicht erklärlich, daß bisher noch keine sicheren fossilen Funde dieses Typs vorliegen.

Grundform der Schwämme ist das Olynthus-Stadium (postembryonales Stadium der Kalkschwämme nach dem Festsetzen), diesem entspricht der *Ascon*-Typ. Der *Ascon*-Typ stellt einen einfachen, dünnwandigen Schlauch, mit einem zentralen, von Choanocyten ausgekleideten Spongocoel und einem einzigen, apikal gelegenen Osculum dar. Die Individualität ist beim *Ascon*-Typ noch deutlich erkennbar. Das einschichtige Pinacoderm ist von Porocyten unterbrochen. Porocyten stellen umgewandelte Pinacocyten dar. Sie umgeben einen Porenkanal. Über diese zylindrischen Porenkanäle (Poren) erfolgt die Wasserzufuhr. Der Porendurchmesser beträgt nur etwa 0,05 mm, dadurch erfolgt bereits eine starke Partikel-Selektion. Partikel, welche eine Größe von 0,05 mm überschreiten, können nicht in das zentral gelegene Spongocoel gelangen. Die Porocyten erstrecken sich durch die gesamte Wandung, durchqueren die dünne Mesohyl-Schicht und trennen auch die innen liegende Choanocyten-Schicht (Choanoderm). Porocyten stehen mit den Basen benachbarter Pinacocyten und Choanocyten in Verbindung. Durch die Porocyten wird der eingeleitete Wasserstrom kanalisiert und vom Mesohyl abgehalten. Das Mesohyl ist beim *Ascon*-Typ primär noch sehr dünn. Es enthält relativ wenige Zellen, aber bereits relativ viele Skelettelemente (Kalknadeln). Aus stammesgeschichtlichen Gründen müssen wir annehmen, daß die ersten, sich von Craspedophyceen ableitenden Schwämme (Kalkschwämme) primär noch kein Skelett besessen haben. Wir kennen bisher noch keine rezenten, nadellosen Kalkschwämme. Diese Formen waren vermutlich sehr klein und relativ flach gebaut. Mit dem Aufrichten (*Ascon*-Typ) war dann wohl die Ausbildung von Skelettelementen zur Verstärkung des schlauchförmigen Körpers verknüpft.

Das zentrale ungegliederte Spongocoel wird von einem einschichtigen, nicht gefalteten Choanoderm ausgekleidet. Innerer Osculum-Bereich dagegen mit Endopinacocyten. Weg des Wassers mit den Nahrungsteilchen (Bakterien u.ä.): Porocyten – Choanocyten – Spongocoel – Osculum. Das durch die Tätigkeit der Choanocyten abfiltrierte Wasser wird über das einzige, apikal gelegene Osculum wieder nach außen abgegeben. Auf der Basis des *Ascon*-Typs sind aus hydrodynamischen und statischen Gründen nur kleine, schlauchförmige Körper möglich.

Durch sekundäre Faltungen des Pinacoderms und Choanoderms entsteht aus dem *Ascon*-Typ der nun schon stärker abgewandelte *Sycon*-Typ.

Sycon-Typ (Taf. 168:2). Er ist vom *Ascon*-Typ durch sekundäre Oberflächenvergrößerungen abzuleiten. Der *Sycon*-Typ kommt fast ausschließlich bei Kalkschwämmen vor, aber in einer sekundär etwas abgewandelten Form auch bei den stammesgeschichtlich alten Hexactinellidea. Bei den Amphidiscophora (stammesgeschichtlich älteste rezente Teilgruppe der Hexactinellidea) ist der Bauplan sogar fast noch asconoid. Die stammesgeschichtlich jüngeren Hexasterophora weisen dagegen einen in etwa syconoiden Bau auf. Es sind für den *Sycon*-Typ charakteristische tubenförmige, langgestreckte und keine rundlichen Geißelkammern, wie sie für den *Leucon*-Typ typisch sind. Kalkschwämme des *Sycon*-Typs erreichen im Durchschnitt Höhen von 2–4 cm, in seltenen Fällen können sie bis zu 10 cm hoch werden. Die Schlauchform mit einem großen, ungegliederten zentralen Raum (Spongocoel) und einem einzigen, oberen Osculum wird beibehalten. Der Mesohyl-Bereich wird sekundär verdickt, und die Choanocyten werden in seitliche Ausbuchtungen (Radialtuben) des Spongocoels verlagert. Primär sind die Radialtuben noch voneinander getrennt und stehen jeweils durch eine große Apopyle mit dem zentralen Hohlraum (Spongocoel) in Verbindung. Das Spongocoel wird nicht mehr von Choanocyten sondern nun von Endopinacocyten ausgekleidet. Das Exopinacoderm faltet sich ebenfalls wie das Choanoderm und umkleidet nun außen die Radialtuben. Bei diesem primären *Sycon*-Typ (z.B. bei *Sycon conifera*) ist der Mesohyl-Bereich nur wenig sekundär verdickt, und die Einleitung des Wassers erfolgt noch über Porocyten. Jeweils einige Porocyten-Kanäle (2–4) münden dabei in die Radialtuben mit den Choanocyten. Weg des Wassers: Porocyten – Radialtuben mit Choanocyten – Apopyle – Spongocoel – Osculum. Bei stärker abgeleiteten *Sycon*-Typen (z.B. *Sycon gelatinosum*) kommt es zu sekundären Verdickungen des äußeren Mesohyl-Bereiches (Taf. 168:3) in Form einer Rindenschicht (Cortex). Dadurch wird der Schwamm dicker, robuster und kann auch voluminöser wachsen. Durch die Cortex-Bildung wird das Exopinacoderm von den Choanocyten-Räumen (Radialtuben) getrennt. Dadurch ergibt sich die Notwendigkeit, ein einführendes Kanalsystem zu entwickeln, da jetzt die Porocyten zur Einleitung des nun stärkeren Wasserstromes nicht mehr ausreichen. In den meisten Fällen gelangt das Wasser über im Exopinacoderm befindliche Poren (Dermalporen) in ein von Pinacocyten ausgekleidetes Kleinlakunensystem oder in von Pinacocyten ausgekleidete einführende Kanäle. Von dort gelangt der Wasserstrom über Porocyten (bei Kleinlakunensystemen) oder Prosopylen (von mehreren Pinacocyten umkleidete Poren, dann liegen einführende Kanäle vor) in den langgestreckten Choanocyten-Raum (Radialtubus). *Sycon*-Typen besitzen langgestreckte und keine rundlichen (*Leucon*-Typ) Choanocyten-Kammern (Choanocytenräume). Im primären Fall gelangt das Wasser vom Choanocytenraum über die Apopyle in das Spongocoel. Bei noch stärkerer Mesohyl-Verdickung werden zwischen Apopyle und Spongocoel noch kleine, ausführende Kanäle dazwischen geschaltet. Das Wasser verläßt in beiden Fällen über das zentrale Spongocoel und das einzig vorhandene Osculum den Schwammkörper. Bei dem sekundären *Sycon*-Typ mit Cortexbildung sind die einzelnen Radialtuben mit den Choanocyten nicht mehr voneinander getrennt sondern auch durch Kanalsysteme miteinander verbunden.

Weg des Wassers beim sekundären Typ mit Cortexbildung: Poren – Kleinlakunen – Porocyten – Choanocytenkammer; bzw. Poren – einführende Kanäle – Prosopylen – Choanocytenkammer. Choanocytenkammer – Apopyle – Spongocoel – Osculum; bzw. Choanocytenkammer – Apopyle – ausführende Kanäle – Spongocoel – Osculum.

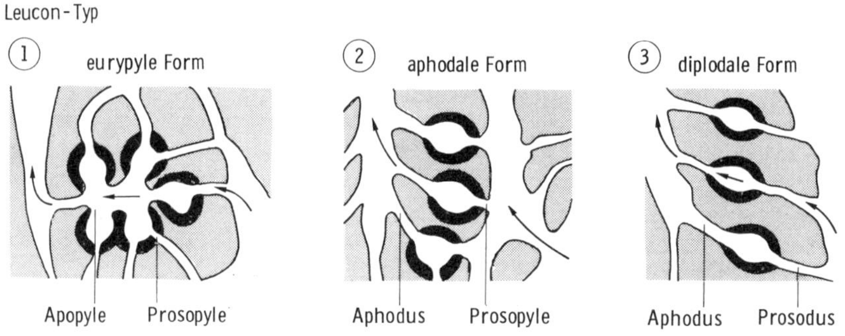

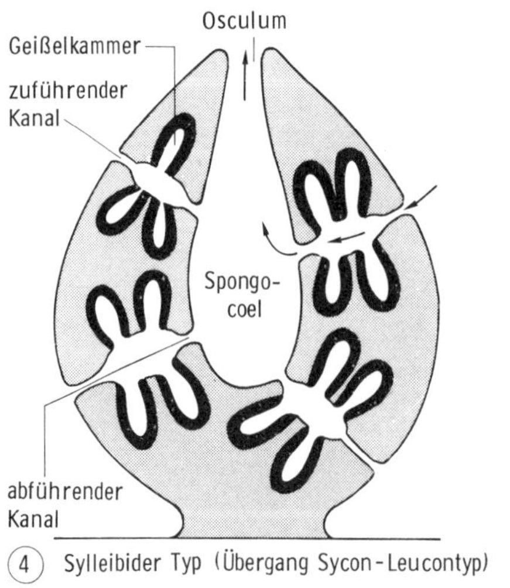

Taf. 169. Porifera (*Leucon*-Typ). – Abb. 1. eurypyler *Leucon*-Typ. Abb. 2. aphodaler *Leucon*-Typ. Abb. 3. diplodaler *Leucon*-Typ. Abb. 4. sylleibider Typ, Zwischenstufe *Sycon-Leucon* (nach HYMAN).

Die massivere Zellenanhäufung im peripheren Cortex-Bereich (Mesohyl) führt in vielen Fällen zur Ausbildung spezifischer Kalknadeln in diesem Bereich.

Leucon-Typ (Taf. 168:4) Vom *Sycon*-Typ abzuleiten, mehrmals unabhängig voneinander in den einzelnen Schwammgruppen entstanden. Erst dieser Typ schafft durch starke Oberflächenvergrößerungen im Inneren des Schwammes (zahlreiche kleine, isoliert liegende, rundliche bis rundlich-ovale Geißelkammern) die Möglichkeit starken Wachstums. Schwämme des *Leucon*-Typs können Durchmesser (*Spheciospongia vesparia*) von 2 Metern erreichen. Bei einem relativ kleinen Vertreter wie z. B. *Leucandra* (Calcarea) beträgt die Zahl der Geißelkammern schon 2,25 Millionen. Die tägliche Wasserdurchlaufmenge beläuft sich hier auf 22,5 Liter. Während die Vertreter des *Ascon*- und *Sycon*-Typs noch eine deutliche Individualität zeigen, sind die Vertreter des *Leucon*-Typs nicht so eindeutig zu charakterisieren. Es bleibt oft umstritten, ob ein Einzelindividuum (mit z. B. zahlreichen Oscula) oder eine Schwamm-Kolonie vorliegt. Auch bei vermutlichen „Kolonien" sind die Abgrenzungen von Einzelindividuen meist nicht klar erkennbar. Die beim *Ascon*- und *Sycon*-Typ noch erkennbare primäre Radiärsymmetrie wird beim *Leucon*-Typ weitgehend aufgegeben.

Der *Leucon*-Typ (mehrmals unabhängig voneinander entstanden) tritt bei vielen abgeleiteten Kalkschwämmen sowie fast ausschließlich bei den anderen Schwammklassen auf.

Eine Übergangsphase zum leuconoiden Typ treffen wir schon bei syconoiden Kalkschwämmen mit ein- und ausleitenden Kanalsystemen (sylleibider Typ: Taf. 169:4) an. Der leuconoide Typ ist gekennzeichnet durch die Ausbildung von rundlichen bis rundlich-ovalen Geißelkammern. Die Geißelkammern (z. T. mit regulierenden Zentralzellen) liegen zerstreut in der kräftig ausgebildeten Mesohyl-Schicht. Radialtubenähnliche Geißelkammersysteme kommen beim *Leucon*-Typ nicht mehr vor, aber bei einigen stammesgeschichtlich älteren Übergangsformen. Das Wasser gelangt über Poren (Dermalporen, Ostien), einigen (zwei oder mehr) einführenden Kanälen und Prosopylen in die Geißelkammern. Über eine einzelne Apopyle gelangt das Wasser in einen ausführenden Kanal. Die ausführenden Kanäle der einzelnen Geißelkammern vereinigen sich zu ausführenden Kanalsystemen, und von dort aus gelangt das Wasser primär noch in einen kleinen Spongocoel-Rest mit einem Osculum. Sekundär wird aber das Spongocoel völlig von den abführenden Kanalsystemen verdrängt (mit gleichzeitiger Mesohyl-Ausdehnung). Diese Kanalsysteme münden dann in einer entsprechenden Zahl von Oscula. Die Zahl der Oscula kann nicht mit den Individuen einer Schwammkolonie gleichgesetzt werden. Bei Süßwasserschwämmen z. B. kann aus einer Gemmula ein Jungschwamm mit 3 Oscula hervorgehen, oder es können mehrere Gemmulae einen gemeinsamen Schwamm mit nur einem Osculum bilden.

Innerhalb des *Leucon*-Typs treffen wir unterschiedliche Ausbildungsformen an. Der sylleibide Typ (Taf. 169:4), stellt eine Übergangsphase zwischen *Sycon*- und *Leucon*-Typ dar. Hier sind noch Radialtuben vorhanden, und jeder Radialtubus ist mit einer Anzahl länglicher, seitlich angeordneter Geißelkammern versehen, welche nur einen einzigen, gemeinsamen Ausführungskanal besitzen. Bei der primär einfachen eurypylen Form des *Leucon*-Typs (Taf. 169:1) führt die Apopyle direkt in die ausführenden Kanäle. Bei der abgeleiteten aphodalen Form (Taf. 169:2) liegt zwischen Apopyle und dem ausführenden Kanal ein kleiner Zwischenkanal (Aphodus), und bei der noch stärker abgeleiteten diplodalen Form (Taf. 169:3) befindet sich vor der Geißelkammer ein kleiner Kanal (Prosodus), und auch nach der Geißelkammer ist ein kleiner Kanal (Aphodus) angelegt. Das ein- und ausführende Kanalsystem wird von Endopinacocyten ausgekleidet. Die Ausbildung des leuconoiden Systems ist verknüpft mit einer starken Vergrößerung des Mesohyl-Bereiches. Es kommt zur Ausbildung großer, auch entsprechend hoher Schwammindividuen. Nur beim *Leucon*-Typ kommt es zur Ausbildung großer Schwammformen. Es liegt ein eindeutig sekundäres Größerwerden vor. Das Größerwerden bedingt unterschiedlich konstruierte Skelettstrukturen, um den größer gewordenen Körper entsprechend zu stützen.

Weg des Wassers bei stärker abgeleitetem *Leucon*-Typ: Pore (Dermalpore, Ostium) – einführende Kanäle – Prosopylen – Geißelkammern – Apopylen – ausführende Kanäle – Oscula.

Demospongea weisen als Jungschwamm (nach dem Festsetzen) ein syconoides, mit radial angeordneten Geißelkammern und einem großen, ungegliederten Spongocoel versehenes Durchgangsstadium auf. Aus diesem Rhagon-Stadium (Durchgangsstadium, entspricht dem Olynthus der Calcarea) entwickelt sich dann der *Leucon*-Typ. Ein Hinweis darauf, daß sich der *Leucon*-Typ aus dem *Sycon*-Typ entwickelt hat und zwar mehrmals unabhängig voneinander. Bei *Halisarca* (Demospongea) wird vor der syconoiden Rhagon-Ausbildung sogar noch ein asconoides Stadium durchlaufen. Dieses asconoide Stadium entspricht einem Calcarea-Olynthus (z.B. bei *Clathrina*). Eindeutige Hinweise (biogenetische Grundregel) für eine Evolutionsfolge: *Ascon*-, *Sycon*- und *Leucon*-Typ und nicht umgekehrt.

Das *Ascon*-Stadium stellt demnach auch bei den Demospongea den stammesgeschichtlich ältesten Bauplan-Typ dar, auch wenn er nur für eine sehr kurze Phase während der Embryonalentwicklung verwirklicht wird.

Abweichende Bauplan-Verhältnisse liegen bei den Hexactinellidea vor. Die Gruppe ist aber wegen ihrer Zerbrechlichkeit immer noch ungenügend bekannt, wenn auch neue Untersuchungsergebnisse (Reiswig 1979) nun einen besseren Einblick in den Bauplan ermöglichen. Bis zu diesem Zeitpunkt lagen detaillierte Untersuchungen (*Okada* 1928) schon über 50 Jahre zurück.

Ein äußerer Pinacoderm-Bereich konnte bisher bei den Hexactinelliden nicht beobachtet werden. Eine extrem dünne äußere Dermalmembran (mit Ostien in Form einfacher Löcher) ist zwar vorhanden, zeigt aber keinen zellulären Aufbau wie etwa ein Pinacoderm. Die Dermalmembran wird vom syncytialen Trabekelnetz gebildet. Sekundär syncytiale Bereiche herrschen bei den Hexactinelliden vor. Das syncytiale Trabekelnetzt ist sehr zart, weitmaschig und besteht aus durch feine Pseudopodien miteinander verbundenen Collencyten. Im Zentrum des Körpers befindet sich primär ein großes, ungegliedertes Spongocoel mit einem einzigen, apikalen Osculum. Hexactinelliden mit deutlicher Individualität. Primär mit fast noch asconoidem Bau (Amphidiscophora), sekundär in etwa syconoid mit in Radialtuben gelegenen Geißelkammern (Hexasterophora), die aber nicht mehr direkt mit dem Spongocoel in Verbindung stehen, sondern es sind ausleitende Lakunen zwischengeschaltet.

Die ausgesprochene Individualität, die Radiärsymmetrie des Körpers, der asconoid-syconoide Geißelkammer-Aufbau bei stammesgeschichtlich alten Vertretern sowie das primär große, ungegliederte, zentrale Spongocoel sprechen für ein hohes stammesgeschichtliches Alter der Hexactinelliden.

Weg des Wassers: Dermalporen (Ostien) – subdermales Lakunensystem – Prosopylen – Geißelkammer – Apopyle – subgastrales Lakunensystem – Poren der Gastralmembran – Spongocoel – Osculum (Oscularplatte).

Neuere Untersuchungen an Demospongea haben ergeben, daß Pinacocyten lokal abgebaut (resorbiert) und später wieder aufgebaut werden können. Es erscheint möglich, daß bei den in der Tiefsee lebenden Hexactinelliden ähnliche Verhältnisse vorliegen können, welche es erschweren, ein zusammenhängendes Pinacoderm zu erkennen. Hinzu kommt, daß Hexactinellidea fast stets nur in stark beschädigtem Zustand untersucht werden können.

Ernährung: Schwämme entnehmen ihre Nahrung einem ständigen Wasserstrom, welcher über Poren, bzw. einführende Kanalsysteme zu den Choanocyten gelangt und über das Spongocoel, bzw. ableitende Kanäle, und das Osculum (Oscula) wieder nach außen abgeleitet wird. Schwämme sind nichtselektive Filtrierer, welche ihre Nahrung (schwebende kleinere Organismen, wie Bakterien, einzellige Algen; aber auch organischer Detritus) dem einfiltrierten Wasserstrom entnehmen. Eine mechanische Selektion erfolgt durch die Größe der Poren (Ostien) des einführenden Wasserkanalsystems. Die maximale Aufnahmegröße liegt etwa bei 50 μm. Bei Süßwasserschwämmen (z.B. *Corvomeyenia*) können ausnahmsweise auch Basopinacocyten phagocytär Nahrungsteilchen (z.B. Bakterien) aufnehmen. Bakterien stellen einen Hauptanteil der aufgenommenen Nahrung dar. Die Ansaugung des Wassers erfolgt durch synchrone Vor- und Rückwärtsbewegungen der Choanocyten-Geißeln. Bei der stammesgeschichtlich ältesten Gruppe der Porifera, den Calcarea (Kalkschwämme), findet noch die primäre intrazelluläre Verdauung im primären Zelltyp, den Choanocyten, statt. Die Calcarea besitzen noch primär große, 10–18 μm lange Choanocyten. Bei den übrigen Schwammklassen sind die Choanocyten sekundär verkleinert (nur 4–6 μm lang) und dienen nur noch zum Nahrungsfang (Partikelfang) und zur Erzeugung des Wasserstromes. Sie geben die Nahrung an unter ihnen im Mesohyl liegende Amoebocyten weiter. In diesen Amoebocyten findet dann die Verdauung (sekundärer Verdauungstyp) statt. Bei Vertretern mit einem einführenden Kanalsystem (stammesgeschichtlich jüngere Gruppen) können auch von Endopinacocyten des Kanalsystems Nahrungsteilchen dem einströmenden Wasserfluß entnommen werden. Das kann so weit gehen, daß die in den Geißelkammern befindlichen Choanocyten extrem verkleinert werden (z. B. bei *Hippospongia* nur noch 4 μm lang) und nur noch zur Ansaugung des Wassers dienen. Die Partikelabsorption erfolgt hier ausschließlich durch die Endopinacocyten des einführenden Kanalsystems, welche die Nahrung an darunter im Mesohyl liegende große Amoebocyten (Länge 9 μm) weitergeben. Das sekundäre Größerwerden des Schwammkörpers (*Leucon*-Typ) erfordert eine größere Zahl von Geißelkammern und gleichzeitig auch eine größere Zahl von Choanocyten. Je mehr Choanocyten auf einer Flächeneinheit untergebracht werden können, um so größer ist natürlich auch die Geißelzahl. Die große Geißelzahl ist notwendig, um den erforderlichen Wasserstrom zu erzeugen. Kleinere Choanocyten bedeuten größere Geißelzahl pro Flächeneinheit und damit stärkere motorische Kraft. Die sekundäre Verkleinerung der Choanocyten bewirkt aber gleichzeitig, daß die Nahrungsabsorption nicht mehr möglich ist. Diese Funktion wird dann sekundär von den Endopinacocyten des einführenden Kanalsystems übernommen. Damit entfällt auch die primäre intrazelluläre Verdauung in den Choanocyten. Diesen primären Verdauungstyp treffen wir daher praktisch nur noch bei den Kalkschwämmen (kleine Schwammkörper mit einfachem Wasserleitungs- und Choanocytensystem) an. Bei den übrigen Schwammklassen erfolgt die Verdauung intrazellulär in den Amoebocyten des Mesohyls. Exkretstoffe werden von diesen Amoebocyten in Form von Exkrementvakuolen an die Endopinacocyten der ausführenden Kanäle abgegeben. Das den Schwammkörper durchfließende Wasser liefert aber nicht nur die Nahrung, sondern auch Kalk, Kieselsäure und Jod zum Aufbau der Skelettnadeln und der Hornskelette. In den Skeletten der Hornschwämme befindet sich in der Trockenmasse ein Jodanteil von bis zu 14%. Außerdem wird dem Wasserstrom Sauerstoff entzogen. Neben Exkrementen werden Exkrete (Ammoniak und Ammoniumsalze), sowie Kohlensäure an den Wasserstrom der abführenden Kanäle abgegeben.

Das abfiltrierte und mit Abfällen versehene Wasser wird unter starkem Druck über das Osculum (Oscula) wieder ausgestoßen. Dabei können Partikel bis zu 50 cm weit weggeschleudert werden. Diese Kräfte sind für die sessil lebenden Schwämme lebensnotwendig, damit nicht ständig wieder ausgeschiedene Stoffe in den angesaugten Wasserstrom gelangen. Das Wasserleitungssystem eines Schwammes übt gleichzeitig die Funktion eines Darmtrakts, eines Atmungsorgans und eines Exkretionsorgans aus. Verdauung, Exkretion und Atmung erfolgen aber noch im primitiven, einzelligen Zustand (keine Organbildung), wobei die tätigen Zellen noch weitgehend selbständig arbeiten. Phagocytose und Pinocytose vor allem bei Choanocyten und Amoebocyten, die anderen Zelltypen (z. B. Collencyten und Sklerocyten) zeigen in dieser Hinsicht nur geringe Aktivität. Die Exkretion erfolgt durch die pulsierenden Vakuolen der Pinacocyten.

Fortpflanzung. Schwämme können sich sowohl ungeschlechtlich als auch geschlechtlich fortpflanzen.

Ungeschlechtliche Fortpflanzung: Durch Knospung (z. B. bei *Tethya*) können Schwammkolonien entstehen, oder es werden sich vom Schwammkörper ablösende Brutknospen (z. B. bei Hexactinellidea: *Lophocalyx*) gebildet. Schwämme besitzen eine primitive, sehr große Regenerationsfähigkeit. Beim Zerfall eines Schwammes (verschlechterte Lebensbedingungen) können sich aus den Restkörpern (Restitutionskörper) wieder neue Individuen bilden, wenn nur wenige, verschiedenartige Zelltypen vorhanden sind. Bei *Spongilla* genügen eine einzige Geißelkammer sowie mehrere Archaeo- und Pinacocyten, um wieder ein Schwammindividuum herzustellen. Restkörper von Schwämmen wurden früher häufig als *Proterospongia*-Kolonien (Craspedophyceen) gedeutet. *Proterospongia* weist aber nur einen einzigen Zelltyp, nämlich Kragengeißelzellen, auf. Speziell bei Süßwasserschwämmen, aber auch bei einigen marinen, im Litoral lebenden Vertretern (z. B. Arten der Gattungen *Haliclona*, *Cliona* und *Suberites*) treten besondere Fortpflanzungskörper in Form von Gemmulae auf. Nichttropische Süßwasserschwämme (z. B. in Mitteleuropa) bilden Gemmulae aus, um ungünstige Jahreszeiten (Winter) zu überdauern, während tropische Süßwasserbewohner (z. B. *Drulia brownii* im Amazonasgebiet) mit Hilfe ihrer Gemmulae die Trockenzeit überstehen. Bei der Gemmulabildung wird die lebende Masse des Schwammes verbraucht, bzw. sie stirbt ab. Es bleiben nur noch die fertig ausgebildeten Gemmulae übrig. Bei den Gemmulae (Taf. 170: 1, 2) der Süßwasserschwämme bilden primäre, einkernige Archaeocyten (einige Hundert – einige Tausend) im Mesohyl einen kleinen, klumpenartigen Zellhaufen und ernähren sich zunächst phagocytär von sich heranbewegenden, nahrungsreichen Amoebocyten des Schwammes. Um den kugelförmigen Archaeocyten-Haufen (Durchmesser 0,25 – 0,5 mm)

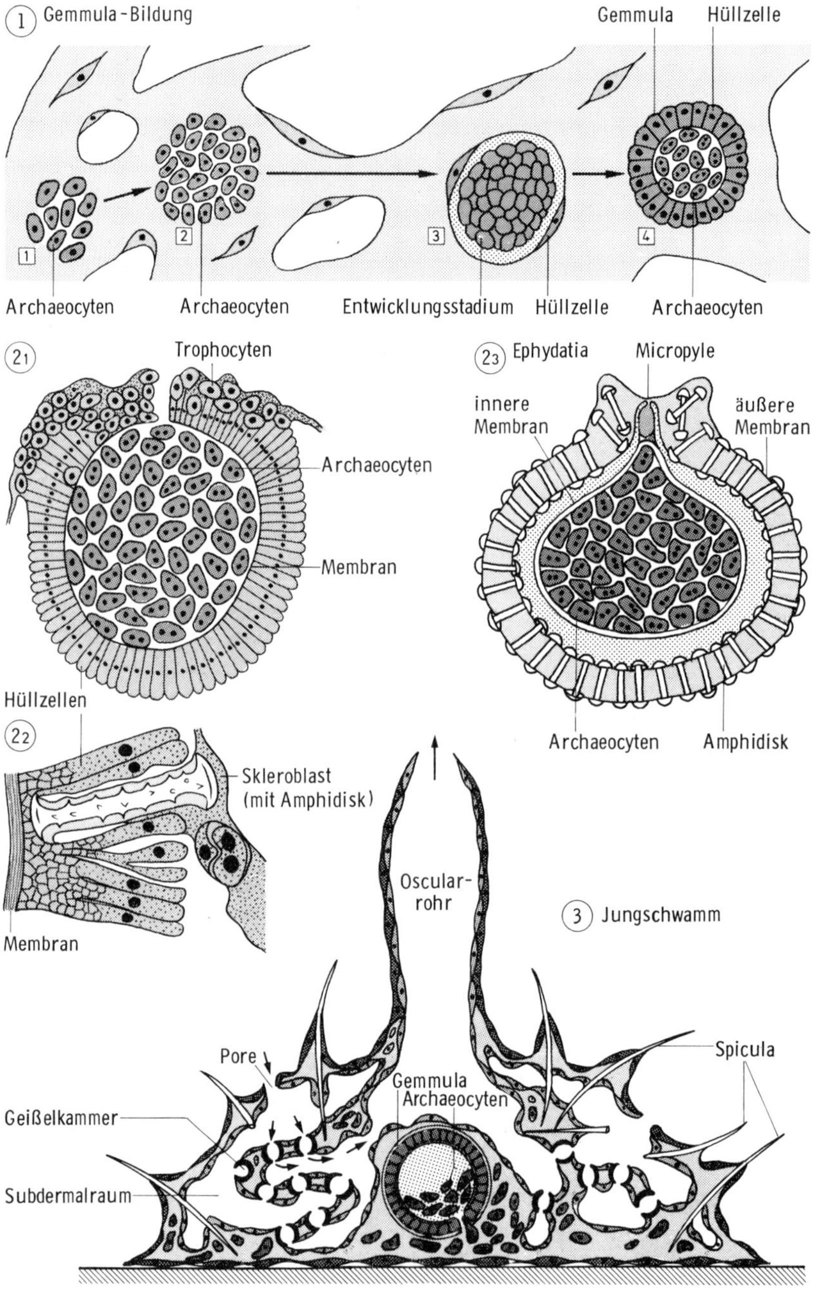

Taf. 170. Porifera (Gemmulabildung und Gemmulakeimung). – Abb. 1. *Mycale*, Gemmulabildung (nach WILSON). Abb. 2. *Ephydatia fluviatilis*, Gemmula (nach EVANS): 2/1. junges Gemmula-Stadium umgeben von ernährenden Amoebocyten (= Trophocyten) sowie innen gelegenen Archaeocyten; 2/2. Skleroblast fügt Amphidisk in die Spongiolinhülle ein; 2/3. fertige Gemmula mit Belagsnadeln (Amphidisken). Abb. 3. durch Gemmulakeimung entstandener Jungschwamm (nach ANKEL).

bilden Spongioblasten eine doppelte Spongin-Hülle aus. In den Zwischenraum zwischen den beiden Sponginschichten werden von Skleroblasten zur Stabilisation (Taf. 170:2/2) Belagsnadeln (umgewandelte Mikroskleren, wie z. B. Amphidisken), senkrecht stehend, eingefügt. An der Stelle, an der die Hüllbildung beendet wird, bleibt ein Porus erhalten. In der Zwischenzeit sind die Archaeocyten durch eine mitotische Kernteilung zweikernig geworden. Im Spätherbst zerfällt der Schwamm, und nur die Gemmulae (Taf. 170:2/3) überdauern die ungünstige Winterperiode. Die Gemmulae liegen dann im Skelett des ausgefaulten Schwammes. Im Frühling schlüpfen die amöboid beweglichen Archaeocyten durch den Porus nach außen, und teilen sich in kleinere, einkernige Archaeocyten. Diese differenzieren sich in alle erforderlichen Zelltypen (zunächst in Pinacocyten und Collencyten), um einen neuen Schwamm (Taf. 170:3) aufzubauen. Einige der totipotenten Archaeocyten differenzieren sich nicht weiter, sondern verbleiben als eine Reserve totipotenter Zellen in dem neugebildeten Jungschwamm. Häufig wird das Skelett des Altschwammes besiedelt und ausgefüllt. Die etwa 0,5 mm großen Gemmulae können sich aber auch ablösen und dienen dann als Verbreitungsstadium. Häufig keimen die Gemmulae erst nach einer Diapause von 2–3 Monaten aus. Die vorzeitige Keimung wird durch einen Keimungshemmstoff (Gemmulastasin) verhindert. Gemmulae können über mehrere Jahre hinweg ihre Keimfähigkeit behalten. Neben der normalen Gemmulae-Bildung können sich besonders kleine Schwammindividuen im Herbst auch direkt in 1–3 Gemmulae umwandeln.

Geschlechtliche Fortpflanzung: Schwämme sind primäre Hermaphroditen. Sekundär kommen auch getrenntgeschlechtliche Arten vor. Schwämme besitzen keine Gonaden, ihre Geschlechtszellen gehen aus Choanocyten (primärer Zelltyp) hervor. Die Umwandlung von Choanocyten in Geschlechtszellen wurde z. B. bei *Aplysilla* und *Suberites* (Demospongea) festgestellt. Für die Calcarea (Kalkschwämme), als stammesgeschichtlich älteste Gruppe der Porifera, gilt allgemein, daß sich Choanocyten in Geschlechtszellen umwandeln. Bei den stammesgeschichtlich jüngeren Demospongea und Hexactinellidea können sich offensichtlich auch Archaeocyten (wohl umgewandelte Choanocyten) in Geschlechtszellen umwandeln. Die Geschlechtszellen (Spermien, Eier) liegen diffus in der mesohylen Zwischenschicht. Oft findet man sie in der Nähe der sie ernährenden Zellen. Die oval-rundlichen Eier sind amöboid beweglich, umfließen andere Zellen und nehmen sie phagocytär als Nahrung auf. Um die Spermatocyten lagert sich eine Zelle in der Art einer Hüllzelle. Die Spermien der Schwämme weisen primär einen verdickten Kopfteil und einen fadenförmigen Schwanz auf, entsprechen also der normalen, primären Form der Animalia-Spermatozoen. Sekundär treten amöboid umgewandelte Spermien auf.

Bei den normal hermaphroditischen Schwämmen kommt fast stets Protandrie vor, um Selbstbefruchtung zu vermeiden. Die Befruchtung erfolgt stets im Inneren des Schwammkörpers im Mesohylbereich. Die ausgestoßenen Spermien gelangen über das Wasserleitungssystem in's Freie, die Eier verbleiben im „mütterlichen" Körper. Von anderen Schwammindividuen werden die Spermien mit dem Wasserstrom aufgenommen und gelangen in den Choanocytenbereich. Dort werden sie von Choanocyten aufgenommen. Bei Kalkschwämmen (Taf. 171) wird die Choanocyte mit dem aufgenommenen Spermium beweglich, löst sich aus ihrem Verband und verliert Geißel und Plasmakragen. Sie transportiert die in ihr befindliche Spermiocyste (eingekapseltes Spermium) zu einem in der Nähe gelegenem Ei, welches zur Aufnahme des Spermiums einen Aufnahmekanal bildet. Bei den Demospongea reicht die Choanocyte die Spermiocyste an eine Amoebocyte weiter. Diese übergibt dann das Spermium zur Befruchtung an die Eizelle. Nach der Befruchtung verbleiben die Eier (Ausnahme sekundär ovipare Demospongea, z. B. *Cliona* und *Tethya*) im Mesohyl-Bereich des „Mutterschwammes" und machen auch dort ihre Furchungsteilungen, wenigstens bis zum Blastula-Stadium, durch. Oft verbleiben die dann entstandenen Larven bis zu einem relativ weit entwickelten Zustand im Mesohyl des „mütterlichen" Schwammkörpers.

Embryonalentwicklung. Sie ist vielgestaltig und verwirrend. Dazu kommen unterschiedliche Interpretationen des „Gastrulationsvorganges". Ein Teil der Bearbeiter (z. B. LÉVI) nimmt eine Pseudogastrulation mit Schichtumkehr an, während andere Bearbeiter (z. B. TUZET, BRIEN) von einer normalen Gastrulation ohne Schichtumkehr sprechen. Es ist aber nicht zu leugnen, daß die Embryonalentwicklung der Schwämme eine Reihe von Besonderheiten aufweist, welche bei den anderen Animalia (ab Cnidaria) nicht anzutreffen sind. Ein ähnlich ablaufender Inversionsvorgang (Schichtumkehr) bei

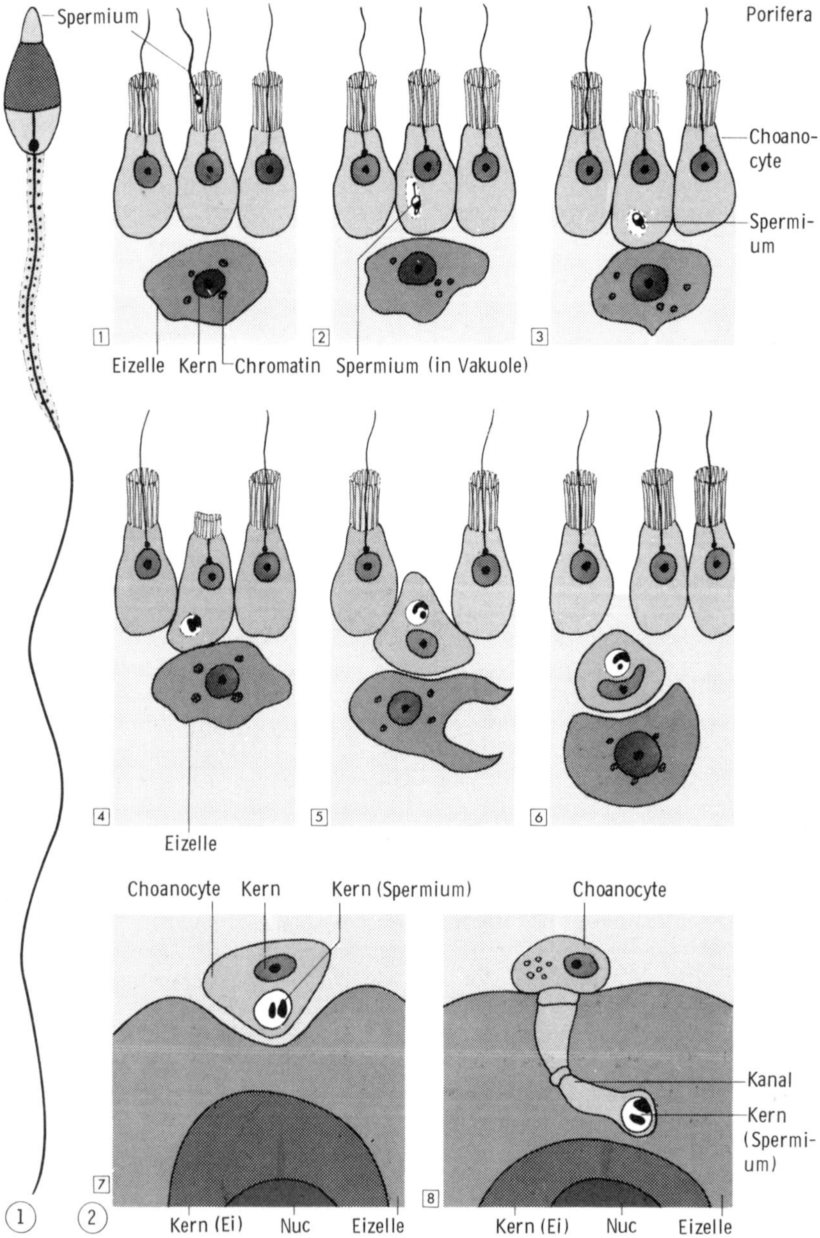

Taf. 171. Porifera (Befruchtung bei Kalkschwämmen). – Abb. 1. *Sycon raphanus*, Spermium. Abb. 2. *Sycon raphanus*, Befruchtungsvorgang. Erläuterungen im Text (nach TUZET). Abkürzungen: Nuc = Nucleolus.

Chlorophyta (Volvocales) ist mit Sicherheit konvergent entstanden. Es bestehen keinerlei engere phylogenetische Beziehungen zwischen Chlorophyta und Porifera.

Porifera stellen die stammesgeschichtlich älteste Gruppe der Animalia dar. Die für die Eumetazoa (ab Cnidaria) gültige Keimblätterlehre kann nicht auf die Porifera ausgedehnt werden. Bei den Porifera liegen völlig andersgeartete Vorgänge bei der Bildung von Körperschichten vor. Das Spongocoel der Schwämme kann nicht mit dem Urdarm der Eumetazoa, das Pinacoderm nicht mit dem Ektoderm und das Choanoderm nicht mit dem Entoderm der Eumetazoa homologisiert werden. Porifera (Parazoa) und Eumetazoa stellen monophyletische Schwestergruppen dar. Für die Monophylie der Animalia sprechen viele Merkmale. Es besteht daher keine Notwendigkeit, auch für die Schwämme den Besitz zweier Keimblätter (Ekto- und Entoderm der Eumetazoa) zu fordern. Im Grundbauplan der Animalia (Porifera) treten diese während der Ontogenese der Eumetazoa gebildeten primären zwei Keimblätter daher noch nicht auf. Bei den Schichtbildungen (Pseudogastrulation und Schichtumkehr) entsteht bei den Schwämmen keine Gastrula. Schwämme besitzen weder einen Urmund (dieser müßte entstehen, wenn eine echte Gastrulation, entsprechend derjenigen der Eumetazoa, vorliegen würde), noch einen Urdarm. Schwämme weisen daher, verglichen mit den Eumetazoa, weder ein Ekto- noch ein Entoderm auf.

Porifera besitzen ein außen liegendes Pinacoderm und ein inneres Choanoderm. Diese Konstellation treffen wir besonders deutlich noch bei dem stammesgeschichtlich ältesten Bauplan-Typ, dem *Ascon*-Typ, an. Choanoderm und Pinacoderm stellen zwar Oberflächen bedeckende und Hohlräume auskleidende Zellverbände dar, aber sie sind viel weniger differenziert als die lagemäßig ihnen entsprechenden Epithelien (Ekto- und Entoderm) der Eumetazoa. Schwammzellen besitzen eine primär große Mobilität und können einen Zellverband sehr leicht verlassen. Die Zellen sind nur sehr locker miteinander verbunden, beim Pinacoderm ist es eine einfache Überlappung der Zellenden. Es sind keine Kontaktzonen zwischen den Zellen des Pinacoderms bekannt. Zwischen den überlappenden Zellen liegt ein 10–30 nm breiter, kontaktfreier Raum. Bei dem Choanoderm und wahrscheinlich auch beim Pinacoderm ist keine Basalmembran (typisch für Epithelien der Eumetazoa) erkennbar. Nach einigen Beobachtern soll aber das Pinacoderm einiger Schwammarten eine, wenn auch nur sehr schwach ausgebildete Basalmembran, abscheiden. Die Zellverbände der Schwämme können daher nicht direkt mit den lagemäßig entsprechenden Epithelien der Eumetazoa verglichen werden. Choanoderm und Pinacoderm stellen primitive epitheliale Vorstufen (Primitiv-Epithelien) dar.

Schwämme sind, wie auch die ältesten Eumetazoa, nämlich die Cnidaria, zweischichtige Animalia. Die Schichtbildung läuft aber bei ihnen völlig anders ab und kann nicht mit der Keimblätterbildung der Cnidaria homologisiert werden.

Die Schichtbildung (Choano- und Pinacoderm) wird bei den Schwämmen durch einen Pseudogastrulationsvorgang (Einstülpung am animalen und nicht am vegetativen Pol) oder durch eine Schichtumkehr bewirkt. Die Pseudogastrulation am vorderen, animalen Pol kann nicht mit der echten Invaginationsgastrulation der Eumetazoa am hinteren, vegetativen Pol homologisiert werden. Bei der Pseudogastrulation der Schwämme werden „ektodermale“ Bereiche der Blastula invaginiert, und es entsteht kein Entoderm, wie bei der Invagination der Eumetazoa. Auch bei der Schichtumkehr der Schwämme werden äußere „ektodermale“ Teile nach innen und innere, „entodermale“ Teile nach außen umgeschichtet. Wendet man bei den Schwämmen die Terminologie „Ektoderm“ und „Entoderm“ an, dann stellt das Choanoderm das „Ektoderm“ und das Pinacoderm das „Entoderm“ dar. Das Spongocoel (primärer Hohlraum der Schwämme, zuerst beim *Ascon*-Typ auftretend) stellt daher auch keinen Urdarm dar, sondern ist z. B. bei den Calcaronea, ein Teil des Außenmediums, das bei der Pseudogastrulation mit anschließendem basalem Verschluß in das Innere des Schwammes geraten ist. Als Neubildung (Autapomorphie der Schwämme) tritt dann ein Osculum auf, welches als Wasseraustrittsstelle dient. Eine Mundöffnung ist bei den Schwämmen noch nicht vorhanden. Sie tritt erst bei den Animalia mit echter Gastrulation (Keimblattbildung) auf. Aus diesen Gegebenheiten erklärt sich auch der gegenüber den Eumetazoa völlig abweichende Bauplan der Porifera. Porifera stellen praktisch eine eingestülpte Craspedophyceen-Kolonie dar. Der Bauplan der Schwämme zeigt eindeutig, daß sie nicht auf der Hauptevolutionslinie der Animalia liegen, sondern einen ersten, sehr spezialisierten Seitenast darstellen.

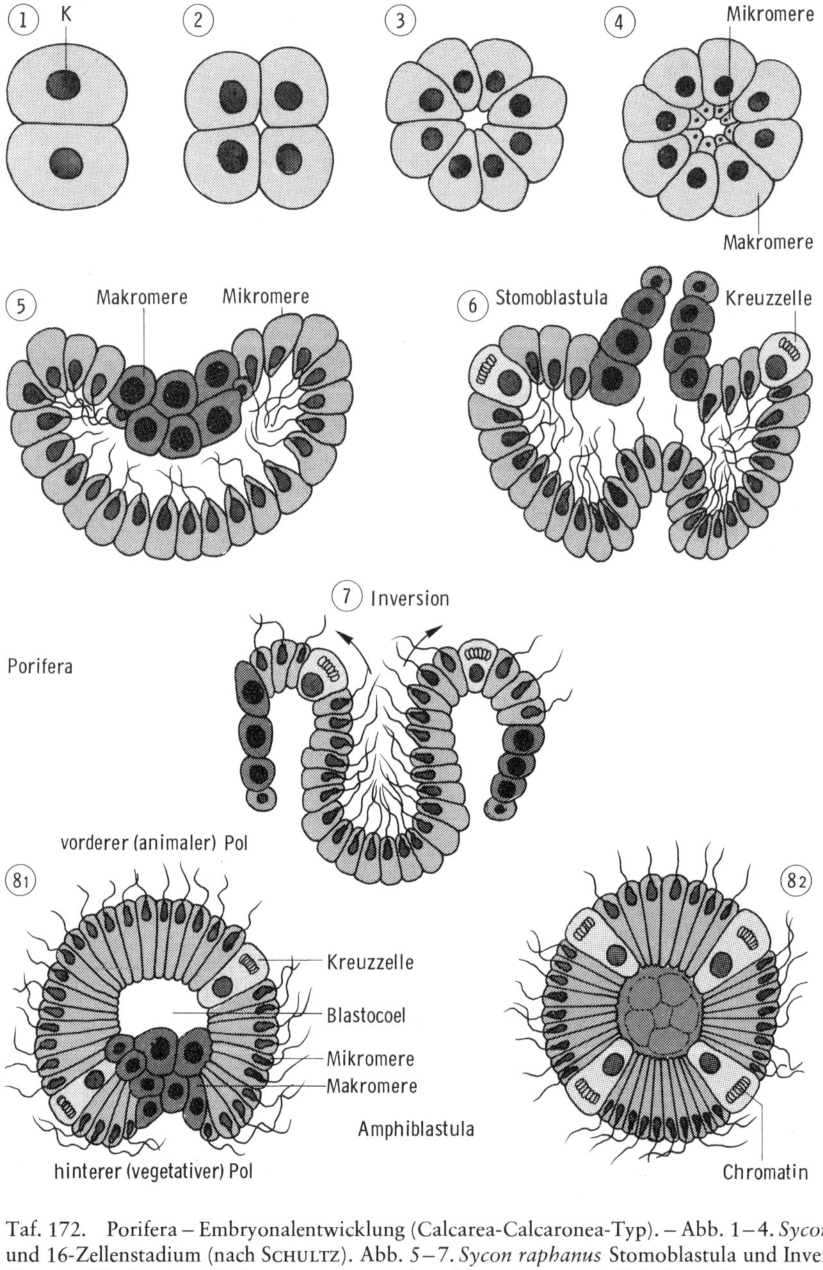

Taf. 172. Porifera – Embryonalentwicklung (Calcarea-Calcaronea-Typ). – Abb. 1–4. *Sycon raphanus* 2-, 4-, 8- und 16-Zellenstadium (nach SCHULTZ). Abb. 5–7. *Sycon raphanus* Stomoblastula und Inversionsvorgang (nach TUZET). Abb. 8/1. Amphiblastula mit nun nach außen gerichteten Geißeln (nach TUZET); 8/2. Querschnitt durch eine Amphiblastula, Radiärsymmetrie durch die 4 Kreuzzellen anzeigend (nach TUZET).

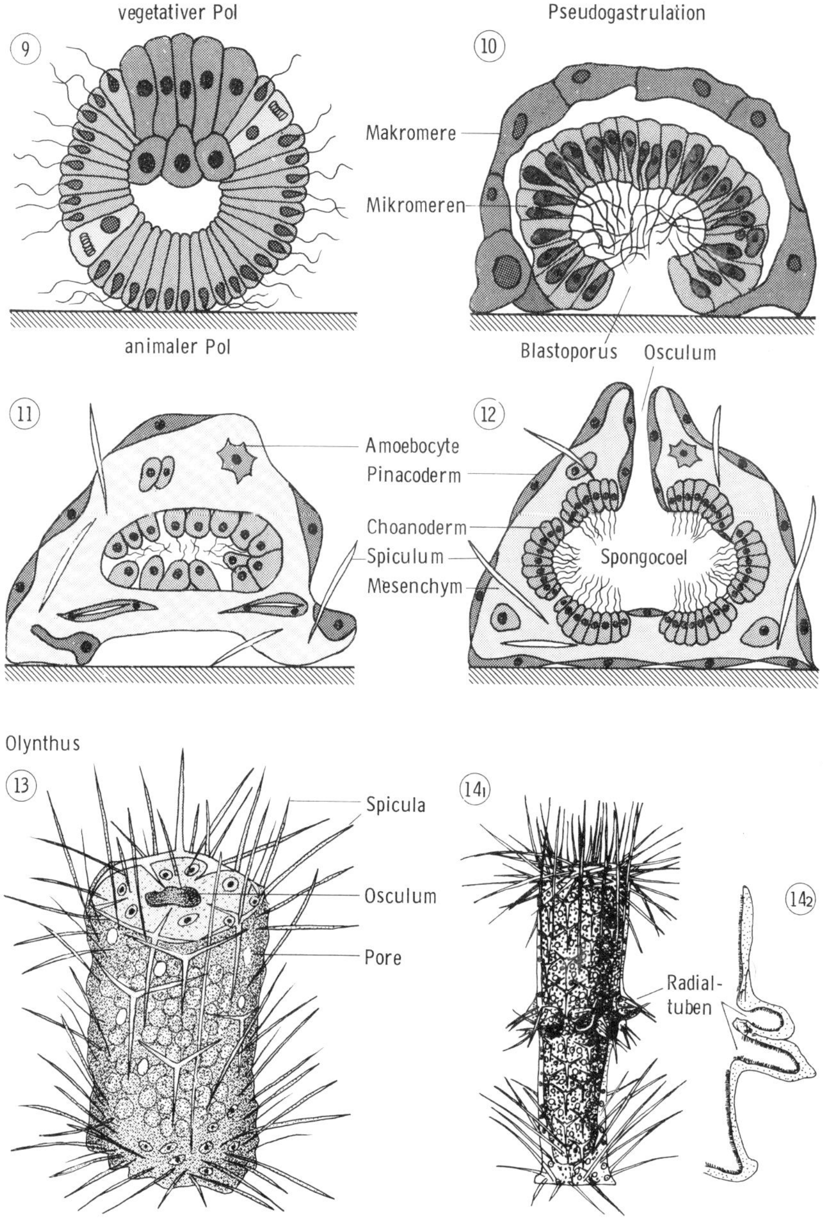

Taf. 173. Porifera – Embryonalentwicklung (Calcarea-Calcaronea-Typ, Fortsetzung). – Abb. 9–13. *Sycon raphanus*: 9. sich mit dem animalen Pol festsetzende Amphiblastula; 10. Pseudogastrulation; 11. Ausbildung des Spongocoels und Zelldifferenzierungen; 12. Ausbildung des Osculums; 13. Olynthus, asconoider Jungschwamm (nach TUZET). Abb. 14. *Sycon*, Beginn der Ausbildung des syconoiden Bauplanes (nach MAAS); 14/1. Olynthus, beginnende Bildung der Radialtuben; 14/2. Olynthus, Längsschnitt.

Bei der Embryonalentwicklung der Schwämme treffen wir folgende Typen an:

a) **Calcarea-Calcaronea-Typ** (Taf. 172 + 173): Dieser Typ kommt ausschließlich bei Kalkschwämmen der Unterklasse Calcaronea vor.

Die Furchung des befruchteten Eies (Taf. 172:1–4) verläuft total-inaequal. Das 16-Zellenstadium (Taf. 172:4) besitzt 8 größere Makromeren und 8 kleinere Mikromeren. Die Mikromeren teilen sich weiter, und es entsteht zunächst eine oberseits noch offene Stomoblastula (Vorstufe der nachfolgenden echten Blastula), welche nur bei Calcaronea vorkommt. Sie kann in dieser Phase noch Nährzellen aufnehmen. Sich ablösende Choanocyten des „mütterlichen" Schwammes bilden eine Art von Hüllschicht um die Stomoblastula. Anschließend wird die obere Öffnung verschlossen, und es bildet sich eine Stomoblastula mit oberen, unbegeißelten Makromeren und den seitlichen sowie unteren, zunächst noch unbegeißelten Mikromeren. In dieser Phase findet nun eine Wiederbegeißelung der Mikromeren statt (Geißeln ja bei ihren Vorläufern, den Choanocyten, vorhanden), aber es kommt nicht zu einer Ausbildung des typischen Choanocyten-Plasmakragens. Mikromeren mit nur einer Geißel, ein deutlicher Hinweis auf die Abstammung der Porifera aus dem eingeißligen Craspedophyceen-Bereich (andere Algengruppen fast alle primär zweigeißlig). Die Makromeren dagegen bleiben unbegeißelt. Sie zeigen schon in diesem Stadium, daß es sich bei ihnen um prospektive Pinacodermzellen handelt. Dementsprechend stellen die begeißelten Mikromeren prospektive Choanocyten dar. Bei der nun folgenden Inversion (nur bei Calcaronea) wird die Normallage der Zellen wieder hergestellt. Die Stomoblastula öffnet sich wieder am lagemäßig oberen Pol, und es findet eine völlige Umstülpung = Inversion (Taf. 172:7) aller Blastomeren statt. Nach Abschluß des Inversionsvorganges liegen nun die Mikromeren mit jetzt normal nach außen gerichteten Geißeln am natürlichen, vorderen, animalen Pol, die nicht begeißelten Makromeren dagegen am natürlichen, hinteren, vegetativen Pol. Dieses Stadium stellt das echte Blastula-Stadium dar und wird als Amphiblastula (Taf. 172:8/1) bezeichnet. Die Amphiblastula (mit Blastocoel) zeigt Radiärsymmetrie durch den Besitz von 4 radiärsymmetrisch angeordneten Kreuzzellen (Taf. 172:8/2), die später aber noch vor dem Festsetzen degenerieren. Eine leichte Einkrümmung vm vegetativen Pol, welche aber dann wieder aufgehoben wird, wird von einigen Bearbeitern als echte Gastrulation gedeutet. Da es aber zu keiner Zweischichtigkeit kommt und der normale Zustand der Einschichtigkeit sekundär wieder hergestellt wird, ist es nicht zulässig, von einer Gastrulation zu sprechen. Die Amphiblastula verläßt den mesohylen Bereich des „Mutterschwammes" und gelangt (z.B. bei *Sycon*) über Radialtubus, Spongocoel und Osculum nach außen. Das Amphiblastula-Stadium schwimmt mit der begeißelten Körperhälfte nach vorne, so daß dieser Bereich als animaler Pol gekennzeichnet ist. Dieses Amphiblastula-Stadium setzt sich mit seinem vorderen, begeißelten Pol auf einer Unterlage (Taf. 173:9) fest und führt nun eine Pseudogastrulation (Taf. 173:10) durch. Es handelt sich dabei um eine Invagination am vorderen, animalen und nicht am hinteren, vegetativen Pol. Bei dieser Pseudogastrulation gelangen die begeißelten Mikromeren nach innen und bilden das Choanoderm des Jungschwammes. Die unbegeißelten Makromeren vom vegetativen Pol werden dagegen zum äußeren Pinacoderm. Die Zellen der dazwischen liegenden Mesohyl-Schicht entstammen sowohl dem Pinacoderm (vorwiegend) als auch dem Choanoderm. Das Choanoderm besteht aus begeißelten Zellen (Taf. 173:11), welche sich in Choanocyten (mit Plasmakragen) umwandeln. Außerdem können auch Archaeocyten und Amoebocyten gebildet werden, welche in das Mesohyl einwandern. In der Endphase weist das Choanoderm nur noch Choanocyten auf. Das Pinacoderm produziert Porocyten, Skleroblasten und weitere Zelltypen. Die bei der Pseudogastrulation entstehende basale Öffnung wird sekundär wieder geschlossen und der dabei entstehende Hohlraum (= hineingezogener Außenraum) wird zum Spongocoel. Das Blastocoel wird völlig verdrängt. Die Bezeichnung Spongocoel für den inneren Schwammhohlraum (HYMAN 1940: 288–289) bezieht sich primär auf den beim ASCON-Typ entstandenen Hohlraum. Dieser primäre, zunächst bei Calcarea vorkommende Hohlraum kann auf unterschiedliche Weise durch Pseudogastrulation oder durch Schichtumkehr entstehen. Es ist nicht notwendig und auch irreführend, für diesen Hohlraum eine neue Bezeichnung (Acrocoel) einzuführen. Das Spongocoel kann also durch Pseudogastrulation, aber auch durch Auseinanderweichung sowie durch Auflösung von Zellen als Neubildung entstehen. Zum Abschluß der Embryonalentwicklung wird am nun oberen Pol des festsitzenden Jungschwammes eine neue Öffnung, das Osculum, (Taf.

173:12) gebildet. Es entsteht bei den Calcaronea ein primärer, asconoider Jungschwamm (= Grundbauplan der Porifera, primär aber wahrscheinlich ohne Skelettnadeln), der als Olynthus (Taf. 173:13) bezeichnet wird.

Einige Arten behalten diesen primären, asconoiden Bau. Bei anderen Arten (z.B. *Sycon*, Taf. 173:14) entwickelt sich dagegen aus dem asconoiden Olnythus der sekundäre, syconoide adulte Schwamm.

Der Vorgang der Inversion läßt sich erklären, wenn man auch ökologische Gesichtspunkte berücksichtigt. Das Amphiblastula-Stadium (und natürlich auch die Parenchymella-Larve) stellt ein für die sessilen Schwämme unbedingt erforderliches Ausbreitungsstadium dar. Durch die Inversion wird die Normallage mit der Begeißelung nach außen wieder hergestellt und die Schwimmfähigkeit erreicht. Normallage bedeutet, daß sich die begeißelten Zellen am vorderen, animalen Pol und die unbegeißelten Zellen am hinteren, vegetativen Pol befinden. Auch beim Schwimmen zeigt es sich, daß der begeißelte Pol vorne liegt.

Die Pseudogastrulation führt zur Ausbildung von zwei Zellverbänden, die aber nicht mit den beiden Keimblättern der Cnidaria homologisiert werden können. Würde man die Verhältnisse bei den Schwämmen auf die Keimblätterlehre (bei Eumetazoa) übertragen, dann müßte man das Choanoderm als Ektoderm und das Pinacoderm als Entoderm bezeichnen, da die Invagination ja nicht am vegetativen, sondern am animalen Pol erfolgt. Aber auch ohne diese Übertragung stellt der Innen-Hohlraum (Spongocoel) der Schwämme primär bei den Calcaronea einen Teil des Außenraumes dar, der im Verlauf der Embryonalentwicklung von der eigentlichen Außenwelt durch basalen Verschluß abgeschnitten wird. Bezeichnenderweise ragen ja auch beim primären *Ascon*-Typ die Geißeln der Choanocyten in diesen Hohlraum hinein und entnehmen ihm die Nahrung. Das außen liegende Pinacoderm weist dagegen keine Geißeln auf, wie man es normal erwarten müßte. Man kann daher bei den Porifera schon von einer Schicht-Vertauschung sprechen. Die bei der Embryonalentwicklung vorkommende Schichtumkehr weist ebenfalls auf diese Vertauschung hin.

b) **Calcarea-Calcinea-Typ** (Taf. 174): Hier liegt nach dem Abschluß der Furchung ein normales Blastula-Stadium (keine vorhergehende Ausbildung eines Stomoblastula-Stadiums) vor, welches ein großes Blastocoel aufweist. Es handelt sich daher um eine mit Flüssigkeit angefüllte Coeloblastula, welche entweder volle Bewimperung zeigt, oder es befinden sich am unteren, vegetativen Pol einige wenige, größere, unbewimperte Zellen. Diese Coeloblastula verläßt den „mütterlichen" Schwamm. Nun erfolgt eine multipolare Einwanderung von Zellen (Taf. 174:1), welche dabei ihre Geißeln verlieren. Da sich die eingewanderten Zellen zu keinem beständigen Epithel formieren, kann in diesem Falle von keinem Gastrulationsvorgang gesprochen werden. Der Larventyp ist als eine primäre Parenchymella-Larve zu bezeichnen, da sich, im Gegensatz zu der sekundären Parenchymella-Larve vieler Silicosponga, im Inneren der Larve nur undifferenzierte Zellen befinden. Diese primäre Parenchymella-Larve (Taf. 174:2) bewegt sich zunächst einige Zeit freischwimmend und setzt sich auf einer Unterlage fest. Die primäre Parenchymella-Larve stellt ein eindeutiges Ausbreitungsstadium dar. Nach weiteren Zelleinwanderungen (auch unbegeißelte Makromeren vom vegetativen hinteren Pol) erfolgt nun eine Schichtumkehr (Taf. 174:3–6), bei der die innen gelegenen unbegeißelten Zellen nach außen und die außen gelegenen begeißelten Zellen, unter vorübergehendem Geißelverlust, nach innen gelangen. Erst nun erfolgen Zelldifferenzierungen. Von den nun außen gelegenen Zellen wird das Pinacoderm (einschließlich der Abkömmlinge der Körnchenzellen, welche zu Porocyten werden), von den innen gelegenen Zellen dagegen das Choanoderm gebildet. Im Inneren entsteht das Spongocoel (Abweichung gegenüber den Calcaronea). Erst bei der Ausbildung des Olynthus-Stadiums wird die obere Öffnung durch Osculum-Bildung hergestellt. Das Ergebnis ist bei Calcaronea und Calcinea identisch. Es entsteht ein asconoider Olynthus.

Einige Bearbeiter wollen in dem Vorgang der Schichtumkehr eine Gastrulation in Form einer Epibolie sehen. In Wirklichkeit liegt aber eine Schichtumkehr und kein Umwachsungsprozeß vor.

Danach gibt es für die Calcarea (Kalkschwämme) zwei Möglichkeiten zur Verwirklichung ihres Bauplanes. Bei den Calcaronea erfolgt eine Pseudogastrulation am animalen Pol, bei den Calcinea dagegen eine Schichtumkehr. In beiden Fällen wird erreicht, daß die begeißelten Zellen des Choanoderms

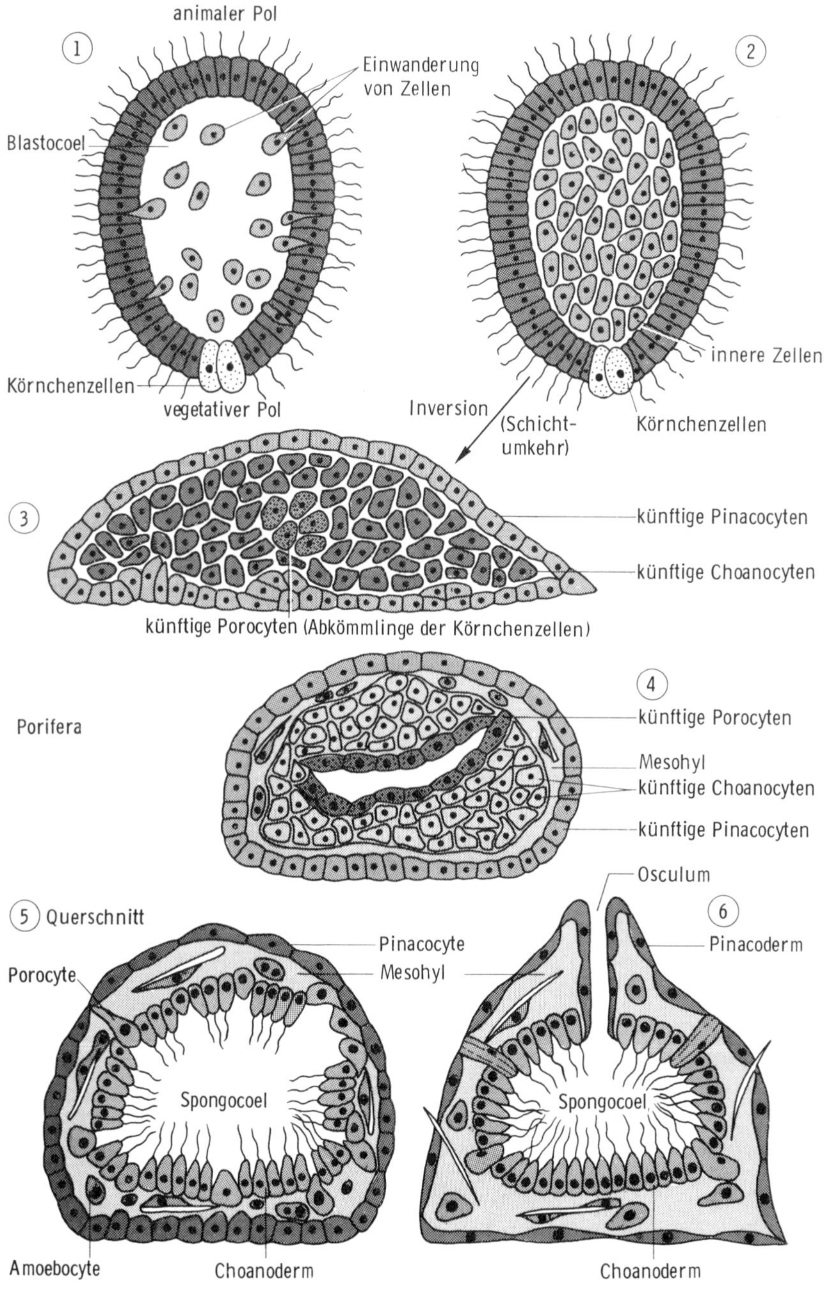

Taf. 174. Porifera – Embryonalentwiclung (Calcarea-Calcinea-Typ). – Abb. 1–6. *Clathrina blanca* (z. T. nach MINCHIN; METSCHNIKOFF): 1. multipolare Einwanderung von Zellen; 2. primäre Parenchymella-Larve; 3. Festsetzen der primären Parenchymella-Larve und Schichtumkehr; 4. Ausbildung von Pinacoderm und Spongocoel; 5. Querschnitt mit Spongocoel und begeißelten Choanocyten; 6. Querschnitt, mit Ausbildung des Osculums.

ihre Geißeln in Richtung des inneren Hohlraumes (Spongocoel) richten können. Diese Anordnung der Choanocyten erklärt die Einzigartigkeit des Poriferen-Bauplanes mit seinem einmaligen Kanalsystem, welches keinerlei Parallelen bei anderen Animalia findet.

c) **Demospongea-Homoscleromorpha-Typ** (Taf. 175): Dieser Typ entspricht in seinen Grundzügen dem Calcarea-Calcaronea-Typ. Über ein Vorblastula-Stadium (Taf. 175:1) entsteht eine mit einem normalen Blastocoel versehene, allseits bewimperte Amphiblastula. Kleinere Mikromeren befinden sich im vorderen Zellbereich, im hinteren, vegetativen dagegen größere Makromeren (Körnchenzellen). Aus dem Körnchenzellenbereich wandern Zellen (Taf. 175:2) in das Blastocoel ein. Diese Einwanderung darf nicht als ein Gastrulationsvorgang gedeutet werden, da kein zusammenhängendes Epithel gebildet wird. Außerdem kommt hinzu, daß die eingewanderten undifferenzierten Zellen alle wieder degenerieren. Man kann daher nicht von einer Parenchymella sprechen. Die Amphiblastula entspricht daher derjenigen der Calcaronea. Sie würde eine primäre Parenchymella-Larve mit nicht differenzierten inneren Zellen darstellen (Calcinea-Typ), wenn die inneren Zellen nicht wieder degenerieren würden. Die Amphiblastula schwimmt mit nach vorne gerichtetem animalem Pol, der durch die kleineren, weniger hohen, hyalinen Mikromeren gekennzeichnet ist. Nach einer kurzen Schwimmphase setzt sich die Amphiblastula (wie bei den Calcaronea) mit dem animalen Pol fest und führt eine, für eine echte Amphiblastula typische Pseudogastrulation (Taf. 175:3, 4) am animalen Pol durch. Durch die Einstülpung am animalen Pol wird ein Teil des Außenmediums nach innen gezogen und so zum Spongocoel. Das Blastocoel wird mit dem Größerwerden des Spongocoels verdrängt. Die zunächst noch bestehende untere Öffnung (Spongocoel-Porus) wird verschlossen, und es entsteht ein syconoides Rhagon (Taf. 175:5). Der Ablauf der Embryonalentwicklung entspricht weitgehend der Embryonalentwicklung der Calcaronea. Es entsteht das für Demospongea typische Rhagon-Stadium, welches, wie auch das Olynthus-Stadium der Calcarea, ein Primärstadium darstellt.

Homosclerophorida (*Oscarella, Octavella, Plakina*) weisen typische Amphiblastula-Larven auf, die denjenigen der Calcaronea (Kalkschwämme) entsprechen. Es ist nicht zulässig, dieses Larvenstadium als eine Regressionsform der stärker differenzierten Parenchymella-Larve zu betrachten. Amphiblastula-Larven besitzen noch das primäre Blastocoel, während bei den Parenchymella-Larven der frühere Blastocoel-Bereich mit Zellen angefüllt ist. Bei der primären Parenchymella-Larve (Calcinea-Typ bei den Calcarea; Halisarcinea-Typ bei Demospongea) ist das Innere der Larve noch mit weitgehend undifferenzierten Zellen (Archaeocyten, Amoebocyten) angefüllt, während bei dem stammesgeschichtlich jüngeren normalen Demospongea-Typ bereits stärker differenzierte Zelltypen (z.B. Collencyten, Sclerocyten) vorliegen und auch schon voll ausgebildete Skelettnadeln vorhanden sind. Am Ende dieser Reihe stehen die „Larven" von Süßwasserschwämmen, bei denen, bedingt durch Entwicklungsabkürzung, schon Geißelkammern ausgebildet werden. Bei Ausbildung von Geißelkammern (jedoch mit noch fehlendem Kanalsystem) liegen aber schon noch schwimmende Jungschwämme vor. Eine terminologische Trennung ist hier unbedingt erforderlich.

d) **Demospongea-Halisarcinea-Typ**: Bei stammesgeschichtlich sehr alten Demospongea treffen wir noch die von den Calcarea her bekannten primären Larven-Typen an. Der Homoscleromorpha-Typ besitzt Amphiblastula-Larven (wie Calcaronea), während der Halisarcinea-Typ die primäre Parenchymella-Larve (wie Calcinea) aufweist. Während der Embryonalentwicklung wird kurzfristig eine Coeloblastula ausgebildet, die aber dann sofort in eine Sterroblastula umgewandelt wird. Aus der Sterroblastula entwickelt sich die primäre Parenchymella-Larve. Die Larve von *Halisarca* entspricht der Larve von *Clathrina* und weist, wie diese, in ihrem Inneren nur undifferenzierte Zellen (Archaeocyten, Amoebocyten) auf. Es fehlen stärker differenzierte Zelltypen, wie etwa Collencyten. Die primäre Parenchymella-Larve vom Halisarcinea-Typ setzt sich nach der Schwimmphase mit dem vorderen Pol fest und führt die charakteristische Schichtumkehr durch. Etwa 5–6 Stunden nach dem Festsetzen ist bereits das Rhagon-Stadium ausgebildet. Das Rhagon ist zunächst asconoid (wie Olynthus von *Clathrina*), dann syconoid und zum Schluß leuconoid. Das Rhagonstadium der Silicosponga stellt, wie der Olynthus der Calcarea, ein Durchlaufstadium dar. Diese Rhagon-Entwicklung zeigt uns aber (biogenetische Grundregel), daß zuerst der einfache *Ascon*-, dann der etwas kompliziertere *Sycon*- und zum Schluß erst der stark komplizierte *Leucon*-Typ ausgebildet wird. Der Jungschwamm ist bei den Hali-

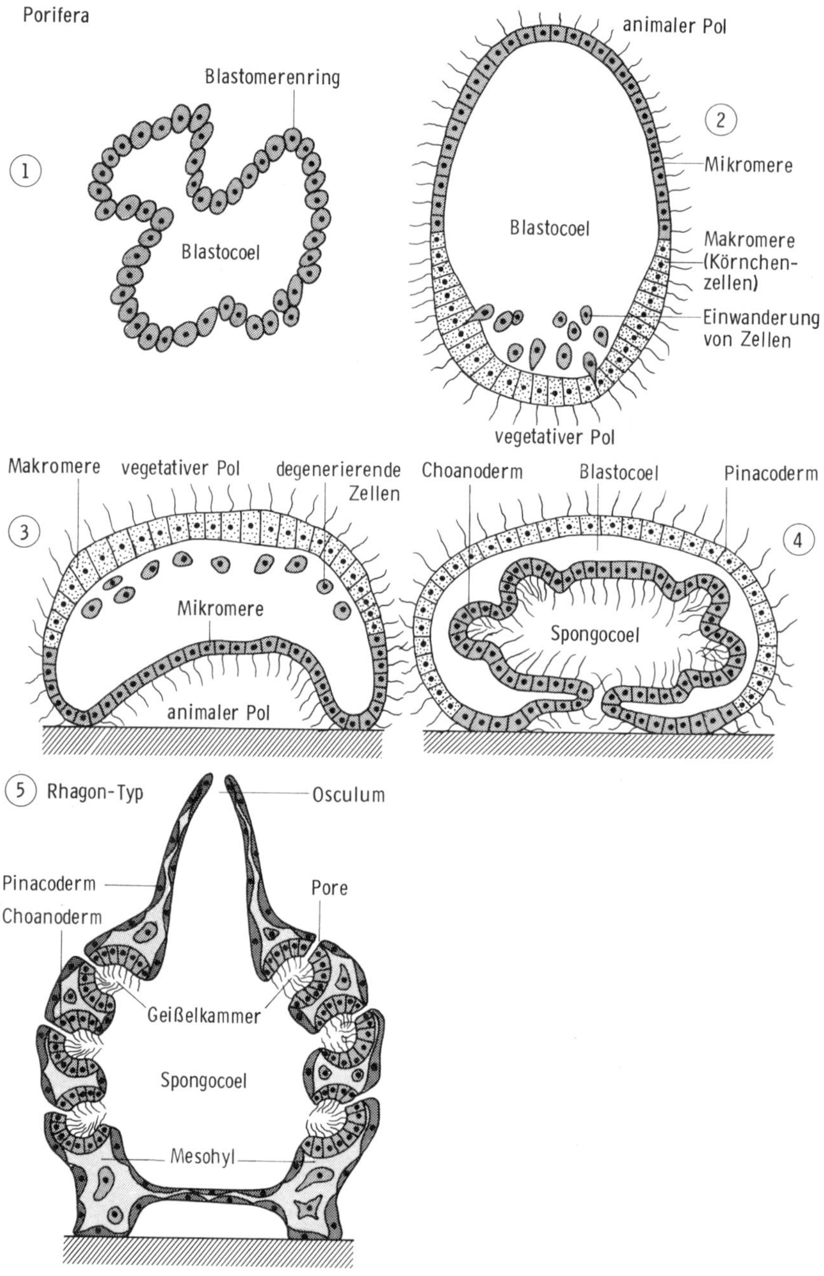

Taf. 175. Porifera – Embryonalentwicklung (Demospongea-Homoscleromorpha-Typ). – Abb. 1.–5. *Oscarella lobularis*: 1. Vorblastulastadium, Ausbildung des Blastocoels (nach MEEWIS); 2. Einwanderung von Zellen in die Amphiblastula (nach MEEWIS); 3. Festsetzen und Beginn der Pseudogastrulation (nach MEEWIS); 4. Pseudogastrulation und Spongocoelbildung (nach MEEWIS); 5. rhagonoider Jungschwamm (nach HEIDER).

sarcinea leuconoid, und zwar vom primitiven eurypylen Typ, wie er auch für die leuconoiden Calcarea charakteristisch ist.

e) **Normaler Demospongea-Typ** (Taf. 176): Bei der überwiegenden Zahl der Demospongea treffen wir keine Amphiblastula, sondern ein fortgeschrittenes, sekundäres, stärker differenziertes, freischwimmendes Larvenstadium in Form einer sekundären Parenchymella (= Parenchymula) an. Über inaequale Teilungen (Taf. 176: 1–3) entsteht im Inneren des „Mutterschwammes" eine Sterroblastula (innere Zellen noch nicht differenziert) mit unbegeißelten, kleineren Zellen am vorderen, animalen und größeren, unbegeißelten Zellen am hinteren, vegetativen Pol. Diese solide Sterroblastula kann in einigen Fällen noch ein kleines, zentral gelegenes Blastocoel aufweisen. Im Inneren der Sterroblastula finden vielfältige Zelldifferenzierungen (auch schon Ausbildung typischer Skelettnadeln) statt, und die an der Oberfläche gelegenen Zellen begeißeln sich, bis auf einen kleinen Abschnitt am hinteren, vegetativen Pol. Auf diese Weise entsteht die typische, sekundäre Parenchymella-Larve (Taf. 176:4 + 5) der Demospongea. Die sekundäre Parenchymella-Larve verläßt den „mütterlichen" Körper, wird freischwimmend und setzt sich dann nach einiger Zeit (Schwimmdauer in der Regel zwischen 3–24 Stunden) mit dem begeißelten Vorderende auf einer Unterlage fest. Es erfolgt nun eine typische Schichtumkehr (Taf. 176:6), wie wir sie schon bei den Calcinea (Kalkschwämme) kennengelernt haben. Die äußeren begeißelten Zellen gelangen unter Geißelverlust in das Innere, bilden dort aber wieder ihre Geißeln sowie den typischen Plasmakragen aus (= Choanocyten) und bilden das Choanoderm (Geißelkammern). Die geißellosen inneren Zellen gelangen nach außen und bilden das Pinacoderm sowie die Mesohylschicht. In der Mesohylschicht weichen die Zellen auseinander um Raum für die später zu bildenden ein- und ausführenden Kanäle sowie für die Lakunensysteme zu schaffen. Am oberen Pol bricht das Osculum durch, und es entsteht das für die Demospongea typische Rhagon-Stadium (Taf. 176:7).

Abweichende Verhältnisse liegen bei den Süßwasserschwämmen, stammesgeschichtlich sehr jungen Vertretern der Demospongea vor. Als Anpassung an die sekundären ungünstigen Lebensbedingungen im Süßwasser wird die Ausbildung im „mütterlichen" Körper im Sinne einer Entwicklungsabkürzung sehr stark forciert. Die „sekundäre Parenchymella-Larve" der Süßwasserschwämme enthält in ihrem Inneren nicht nur vielfältige Zelldifferenzierungen und Skelettnadeln, sondern auch schon kleine rundliche Geißelkammern mit Choanocyten. Diese „Parenchymella-Larve" (= schwimmender Jungschwamm) verläßt den „mütterlichen" Körper und setzt sich mit ihrem vorderen, animalen Pol fest. Durch die vorzeitige innere Ausbildung von Choanocyten durch totipotente Archaeocyten wird die für Demospongea typische Schichtumkehr etwas abgewandelt. Wie bei der Schichtumkehr wandern die äußeren Zellen in das Innere, werden aber hier phagocytiert, da die Choanocyten bereits ausgebildet sind. Die begeißelten äußeren Zellen stellen daher bei den Süßwasserschwämmen nur larvale, zum Schwimmen dienende Zellen dar. Wie bei der Schichtumkehr wandern innere Zellen nach außen und wandeln sich über Collencyten, sie führen die Festheftung herbei, in die äußeren Pinacocyten um. Man kann daher diese durch ungünstige Lebensbedingungen hervorgerufene Entwicklungsabkürzung der stammesgeschichtlich sehr jungen Süßwasserschwämme nicht als eine primäre Entwicklungsform der Demospongea betrachten.

Schwammlarven setzen sich im allgemeinen nach höchstens 24 Stunden fest. Selten sind Schwimmperioden von mehreren Tagen (z. B. bei *Hippospongia*) bekannt geworden. Von der Anhefung an gerechnet dauert die Umwandlung in einen Jungschwamm in der Regel etwa 3 Tage. Die für Demospongea typische Schichtumkehr läuft in etwa einer Stunde ab. Die Ausbildung der Geißelkammern und des Kanalsystems erfolgt bei den Demospongea am zweiten Tag der Umwandlungsphase. Abweichende Embryonalentwicklungen (häufig noch ungenügend bekannt) liegen innerhalb der Demospongea bei oviparen Spirophorida und Hadromerida vor.

Die Embryonalentwicklung der Hexactinellidea (soweit bisher bekannt) entspricht weitgehend dem normalen Demospongea-Typ. Sie besitzen typische sekundäre Parenchymella-Larven.

Lebensweise. Schwämme (etwa 5000 Arten) sind sessil und besiedeln primär marine Bereiche in allen geographischen Breiten. Sekundär kommen etwa 120 Arten (alle Demospongea, Haplosclerida: Spongillidae, Potamolepidae, Lubomirskiidae) im Süßwasser vor. Süßwasservertreter sind von mari-

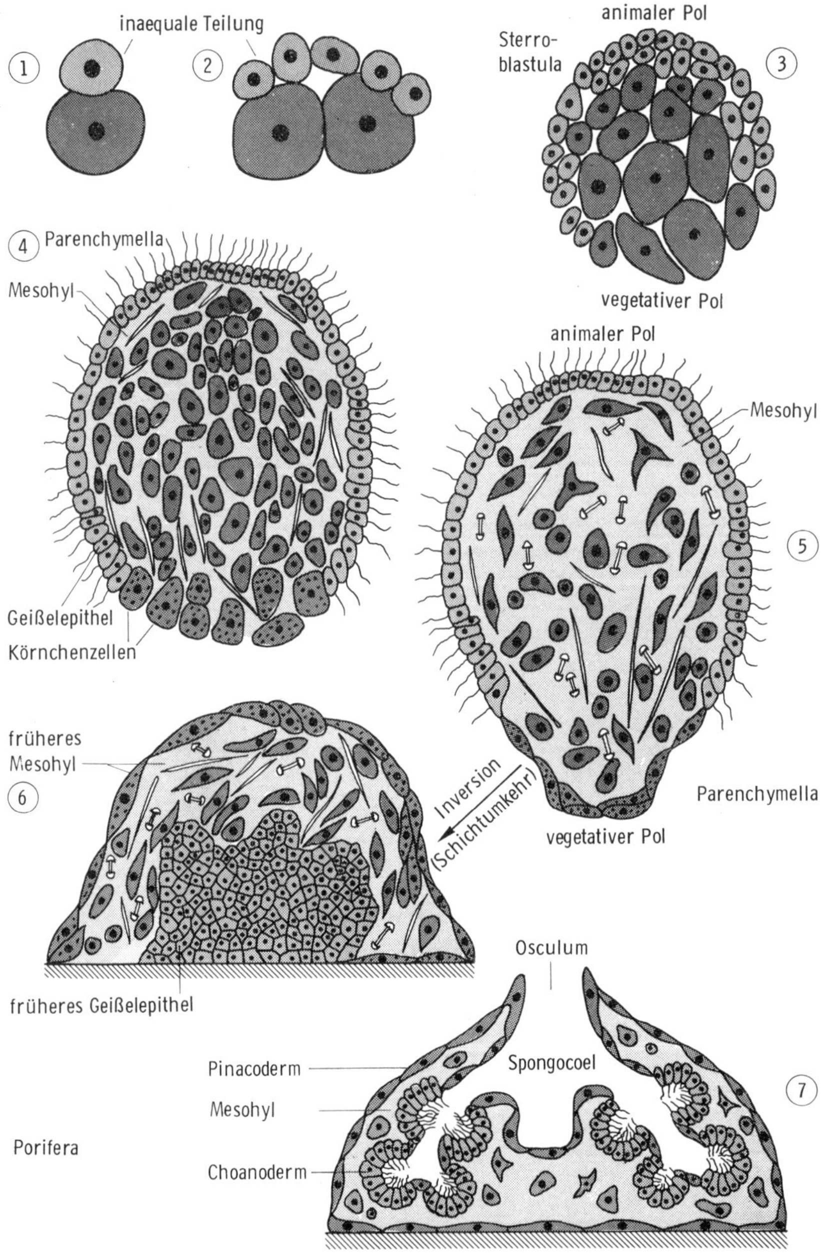

Taf. 176. Porifera – Embryonalentwicklung (normaler Demospongea-Typ). – Abb. 1–4. *Chalinula fertiles* (nach MAAS): 1–2. inaequale Teilungen; 3. Sterrogastrula; 4. sekundäre Parenchymella-Larve. Abb. 5–6. *Myxilla rosacea* (nach MAAS): 5. sekundäre Parenchymella-Larve; 6. Festsetzen der sekundären Parenchymella-Larve und Schichtumkehr. Abb. 7. rhagonoider Jungschwamm mit Spongocoel und Osculum.

nen Vertretern abzuleiten. Es ist auffällig, daß sekundäre Süßwasservertreter nur innerhalb der Haplosclerida vorkommen. Spongillidae kommen weltweit vor; Potamolepidae in Afrika (Kongogebiet) und Lubomirskiidae im Baikalsee. Offensichtlich wurde der Süßwasserbereich mehrmals unabhängig voneinander besiedelt. Im Brackwasser fehlen Calcarea und Hexactinellidea, auch die Demospongea sind nicht besonders zahlreich vertreten.

Die marinen Schwamm-Arten besiedeln vor allem die Küstenregionen bis zu Tiefen von etwa 50 m. Kalkschwämme besiedeln vorwiegend flache Küstenbereiche bis zu Tiefen von etwa 100 m. Bevorzugt wird eine Region mit Wassertiefen von 10–15 m besiedelt. Diese flachen Litoralbereiche dürften den primären Lebensraum der Schwämme darstellen. Demospongea haben ihre Hauptverbreitung in Wassertiefen von 30–200 m. Über eine Tiefe von 200 m hinaus dringen nur noch wenige Demospongea vor. Eine Ausnahme innerhalb der Schwämme bilden die Hexactinellidea. Sie sind ausgesprochene Tiefseebewohner und erreichen Tiefen bis zu 5900 m. Am häufigsten leben sie in dem Bereich von 500–1000 m. Die „Pharetronida" unter den Calcarea kommen in Rückzugsgebieten, wie marine Grotten und Höhlen, vor.

Schwämme sind nur während einer kurzen Larvenphase (oft nur für etwa 10–24 Stunden) frei beweglich, dann sind sie sessil und festgewachsen oder liegen der Unterlage flach auf.

Kalkschwämme bevorzugen feste Unterlagen, während Demospongea (95% aller rezenter Schwammarten zählen zu den Demospongea) sich an vielerlei Substraten (große ökologische Valenz), wie Fels, Steine, Sand, Molluskenschalen u. ä., festzuheften vermögen. Hexactinelliden benötigen weichen Schlamm, um sich darin mit Hilfe von Nadelbündeln verankern zu können. Hierbei können die Nadeln (z. B. bei *Monorhaphis*) Längen bis zu 3 m erreichen.

Schwämme leben oft gesellig und bilden dabei umfangreiche marine Rasen. Auch in Riffen kommen Schwämme dicht gedrängt in großer Individuenzahl vor. Hier sind sie mit Algen vergesellschaftet.

Hauptlebensraum ist die marine Flachsee mit sinkstoffreichem, etwas bewegtem Wasser und festem (felsigem) Untergrund zum Festheften. Schwämme können sich aber auch an Pflanzen und Tieren ansiedeln. Einige Schwämme (z. B. *Cliona*, Bohrschwämme) besitzen Bohrvermögen und bohren in kalkigen Substraten netzförmige Gänge. Abgesprengte, winzige Kalkpartikel werden durch den Schwammkörper über das Osculum (Oscula) nach außen befördert. *Cliona*-Arten besitzen sogenannte „Ätzzellen" mit Filopodien. Diese Zellen enthalten ein flockiges Sekret und stellen umgewandelte Archaeocyten dar. Mit Hilfe der Filopodien wird im Kalkgestein oder in Muschelschalen ein Spaltensystem durch plasmolyseartige Vorgänge hervorgerufen. Die Spalten können bis zu einer Tiefe von 8 cm in das Kalkgestein vorangetrieben werden. Enzyme, z. B. zur Auflösung von Conchiolin (Muschelschalen), konnten nachgewiesen werden. Durch die Tätigkeit von Bohrschwämmen werden bis zu 30% der Riffsedimente ab- und losgelöst. Als Anpassung an ungünstige Lebensbedingungen im Winter kommt es bei Süßwasserschwämmen zur Ausbildung von Dauerstadien (Gemmulae). Auch bei einigen marinen Litoralbewohnern (z. B. *Haliclona, Suberites, Cliona*) werden Gemmulae gebildet, um die Existenz der Population auch in ungünstigen Jahreszeiten zu sichern. Bei tropischen Arten (z. B. *Drulia* im Amazonasbereich) dienen Gemmulae zur Überbrückung der Trockenzeit.

In den Hohlräumen größerer, lebender Schwämme finden einige marine Tiere (Crustaceen, Polychaeten) spezifische Lebensräume. Schwämme haben nur wenige natürliche Feinde. Ihr starker Besatz mit Nadeln schützt sie gegen Angriffe anderer Tiere und macht sie auch nur schwer genießbar. Es sind nur einige wenige Fische, Seeigel und Strandschnecken, welche im marinen Bereich von Schwämmen leben. Im Süßwasser sind es die Larven von Sisyriden (Insecta: Planipennia) und Trichopteren (*Leptocerus*) sowie Süßwassermilben, welche sich von Schwämmen ernähren. Symbiosen treffen wir zwischen *Suberites*-Arten und Einsiedlerkrebsen an. Der Schwamm umwächst das als Wohnung dienende Schneckenhaus (Schnecke bietet eine Unterlage zum Festsetzen, außerdem Ortsveränderung) und schützt durch seinen Phosphorgeruch den Einsiedlerkrebs vor Angriffen durch Kraken (Tintenfische). Im Süßwasser bilden Schwämme und Bryozoen (Moostierchen) eine oft sehr eng verflochtene Lebensgemeinschaft. *Spongilla*-Arten zeigen Grünfärbung durch endosymbiontische Zoochlorellen (*Chlorella*).

Zwischen Standort und Schwamm-Habitus bestehen direkte Beziehungen. Individuen einer Schwammart sehen in unterschiedlichen Biotopen auch unterschiedlich aus. Bei lebhaft strömendem

Wasser werden z. B. von einer Art flache, polsterartige, krustenförmige Formen gebildet, während bei ruhigem Wasser aufrecht stehende Formen auftreten. Viele Modifikationsformen werden auch heute noch als eigene Arten betrachtet, so daß bei besserer Kenntnis der Lebensweisen mit einer größeren Zahl von Synonymen gerechnet werden muß.

Phylogenie der Porifera

Porifera sind die stammesgeschichtlich ältesten Metazoa (Animalia) und von den fast ausschließlich farblosen Craspedophyceen (Choanobionta) abzuleiten. Als Modellformen für die Ableitung eignen sich am besten freischwimmende, farblose *Sphaeroeca*-Kolonien. Vorstufen einer mesohylen Zwischenschicht treffen wir bei den ebenfalls farblosen *Proterospongia*-Kolonien an. Die Kragengeißelzellen der Craspedophyceen entsprechen auch in Einzelheiten den Choanocyten der Schwämme (Porifera). Plasmakragen, Besitz einer einzigen Geißel, Geißelfeinbau, Golgikörper, Diplosomen, kontraktile Vakuolen und phagocytäre Nahrungsaufnahme an der Basis des Plasmakragens sind identisch.

Craspedophyceen zählen zu den wenigen Algengruppen, welche sekundar eingeißlige Vertreter aufweisen. Alle noch primär zweigeißligen Algengruppen kommen für eine Ableitung der Porifera aus ihren Bereichen nicht in Frage. Unter den eingeißligen Algengruppen sind es allein die Craspedophyceen, welche für eine Ableitung der Porifera herangezogen werden können. Craspedophyceen besitzen Kragengeißelzellen als einzigen Zelltyp. Die Kragengeißelzelle (Choanocyte) ist daher als die primäre Zelle der Porifera und damit auch der Animalia (Metazoa) zu betrachten. Kragengeißelzellen, sowohl bei den Craspedophyceen als auch bei den Porifera, weisen noch die primäre, selbständige Nahrungsaufnahme und auch die primäre, intrazelluläre Verdauung auf. Sie sind noch isoliert und nicht in Geweben zusammengefaßt. Choanocyten können als einziger Zelltyp der Porifera sowohl Eier als auch Spermien ausbilden. Ein weiterer wichtiger Hinweis, daß es sich hier um den primären Zelltyp der Porifera handelt. Die begeißelten äußeren Zellen der Porifera-Larven stellen ebenfalls Choanocyten dar, die aber in der larvalen Phase keine Plasmakragen ausbilden. Die Ausbildung der Plasmakragen erfolgt erst bei der Umwandlung in das Adultstadium. Bei *Clathrina* weisen z. B. die Blastula-Zellen noch keinen Plasmakragen auf, sind aber durch den Besitz typischer Merkmale eindeutig als Choanocyten gekennzeichnet.

Das kurzlebige Larvenstadium der Porifera ist ein ausgesprochenes Verbreitungsstadium (bei sessilen Adultstadien) und braucht während der kurzen Larvenphase keine wesentlichen Nahrungsmengen aufzunehmen. Der Besitz des Plasmakragens ist daher während dieser Phase nicht erforderlich.

Alle Daten sprechen für eine Ableitung der Porifera aus dem Craspedophyceen-Bereich. Die für eine Ableitung herangezogenen Gattungen *Sphaeroeca* und *Proterospongia* kommen auch im marinen Bereich vor, eine wichtige Voraussetzung für die Ableitung der primär im marinen Bereich lebenden Porifera. Ein starker Trend zur sekundären Sessilität ist bereits bei den Craspedophyceen zu beobachten. Es kommen bereits farblose, koloniale, sessile Vertreter, wie z.B. *Cladospongia*, vor. Auch hier sei die Bemerkung gestattet, daß man natürlich nicht rezente Gruppen direkt von anderen rezenten Gruppen ableiten kann. Eine Ableitung der Porifera aus dem *Sphaeroeca-Proterospongia*-Bereich bedeutet natürlich nicht eine direkte Ableitung, sondern eine Ableitung von den fossilen Vorfahren (etwa im Sinne einer Stammgruppe) dieser rezenten Gattungen, welche aber ähnliche Merkmalskombinationen (Spezialkreuzungen) wie die rezenten Gruppen aufweisen. Die Umwandlung einer schwimmenden Craspedophyceen-Kolonie in einen festsitzenden Schwamm erfolgt zunächst durch das Festsetzen der schwimmenden Kolonie. Im basalen Bereich erfolgt eine Einstülpung und darauf ein apikaler Durchbruch. Auf diese Weise gelangen die Choanocyten nach innen, und es entsteht der primäre *Ascon*-Typ mit einem zentralen Spongocoel und einem einzigen, apicalen Osculum. Diese Einstülpung im Bereich des basalen Poles wird im Sinne der biogenetischen Grundregel bei der Embryonalentwicklung der stammesgeschichtlich ältesten Porifera (Calcarea-Calcaronea) in Form einer Pseudogastrulation wiederholt. Der innere Hohlraum, das Spongocoel wird von Choanocyten ausgekleidet. Es ist möglich, daß für eine längere Zeitspanne das Osculum die einzige Öffnung für Wasserzufuhr (Geißeltätigkeit der Choanocyten) und Wasserableitung war. Gleichzeitig erfolgte ein Abbau der Plasmakragen der äußeren Zellen, da die Nahrungsaufnahme auf den zentralen Hohlraumbereich beschränkt wurde.

Bedingt durch Verschmutzungen (Abgabe von Exkretstoffen) im Spongocoel-Bereich erfolgte eine Umwandlung von äußeren Zellen in Porocyten mit einem Porenkanal. Über diese Porocyten wurde nun der Wasserstrom eingeleitet, und über das Osculum erfolgte nur noch die Wasserableitung. Auf diese Weise entstand das unter den Animalia (Metazoen) einzigartige Wasserleitungssystem der Porifera.

Diese ersten Schwämme waren noch sehr klein (entsprechend der Größe der Craspedophyceen-Kolonien) und wiesen alle den primären *Ascon*-Typ auf. Ein Mesohyl war primär noch nicht ausgebildet bzw. sekundär nur sehr schwach vorhanden, ein Nadelskelett zum Stützen des Körpers war noch nicht erforderlich. Mit dem Größerwerden der Schwämme im Verlauf der Evolution kam es zu einer stärkeren Ausbildung des Mesohyl-Bereiches und damit verknüpft zur Ausbildung von Hohlraumsystemen (ein- und ausführende Kanalsysteme, Geißelkammern) im Sinne von inneren Oberflächenvergrößerungen. Diese Oberflächenvergrößerungen führten zu Vergrößerungen der nahrungsaufnehmenden Flächen (Choanocyten zunächst in seitlichen Tuben des Spongocoels, dann Ausbildung vieler, vom Spongocoel getrennter Geißelkammern) und damit auch zum allgemeinen Größerwerden des Schwammkörpers. Zur Stützung der nun größeren Körper war ein inneres Nadelskelett erforderlich. Auf diese Weise bildeten sich die sekundären *Sycon*- und *Leucon*-Typen. Der Bauplan der Schwämme bleibt aber stets sehr primitiv. Das sekundäre Kompliziertwerden stellt nur eine Vermehrung schon sehr früh vorhandener Grundbestandteile dar.

Schwämme erzeugen durch die Tätigkeit ihrer Choanocyten ihre lebenswichtige Wasserströmung selbst. Sie konnten daher von Anfang an auch in Stillwasserbereichen und ruhigen marinen Winkeln (z. B. Höhlen) leben. Hinzu kamen die marinen Lebensbereiche mit normal bewegtem Wasser. Eine Eroberung der Brandungsbereiche mit stark bewegtem Wasser war in größerem Maße erst nach einem Umbau des Stützskelettes möglich. Das starre Nadelskelett wurde in diesen Fällen von einem elastischen und widerstandsfähigen Sponginskelett abgelöst. Primär waren Kalknadeln vorhanden, sie wurden im Verlauf der Evolution bei besser adaptierten Vertretern von Kieselnadeln abgelöst. Kieselsäure ist, im Gegensatz zu Kalk, unter hohem Druck nur sehr schwer löslich. Dadurch konnten Vertreter mit Kieselskeletten weitere ökologische Zonen, z. B. auch die Tiefsee, besiedeln.

Für das stammesgeschichtlich höchste Alter der Porifera innerhalb der Animalia (Metazoa) sprechen zahlreiche Merkmale. Der Bauplan der Schwämme basiert auf primitiver zellulärer Grundlage, es sind noch keine echten Gewebe ausgebildet. Den Beginn einer Gewebsbildung kann man im Bereich des Pinacoderms beobachten. Hier an der äußeren Grenzfläche, aber noch nicht im Inneren des Schwammes, kommt es zur Bildung einer Vorgewebsform durch Pinacocyten. Es ist umstritten, ob bei einem Teil der stammesgeschichtlich jüngeren Vertreter schon eine gemeinsame Basallamelle vorliegt. Die Schichten des Schwammkörpers zeigen eine sehr lockere Organisation. Schwammzellen sind viel mobiler als Zellen anderer, stammesgeschichtlich jüngerer Animalia. So können sich z. B. Choanocyten aus ihrem Verband lösen und in die innere mesohyle Zwischenschicht einwandern. Hinzu kommt eine starke Umwandlungsfähigkeit der Zellen. Sie ist viel stärker als bei allen anderen Animalia-Gruppen. Die primären Choanocyten können sich in Eier und Spermien aber auch in Amoebocyten umwandeln. Neben diesem primären Zelltyp sind amöboide Zellformen häufig vertreten. Auch die Oocyten besitzen noch eine primitive, amöboide Beweglichkeit. Amöboide Formveränderung mit Pseudopodienbildung kann ja schon bei der Nahrungsaufnahme der Kragengeißelzellen, sowohl bei Cradpedophyceen als auch bei Schwamm-Choanocyten, beobachtet werden. Amöboide Archaeocyten können sich z. B. in Collencyten und Lophocyten, Collencyten in Sclerocyten und Pinacocyten in Porocyten umwandeln. Sehr primitiv und von den Craspedophyceen übernommen ist die intrazelluläre Verdauung, welche primär in den Choanocyten (primärer Zelltyp) stattfindet. Erst sekundär wird die Nahrung zur Verdauung an Amoebocyten des Mesohyls weitergegeben. Auch in Pinacocyten (Deckzellen, keine sekundären Mesohylzellen) und den von ihnen abzuleitenden Porocyten kann noch eine primäre intrazelluläre Verdauung stattfinden.

Der Besitz von Choanocyten, sie entsprechen den Kragengeißelzellen der Craspedophyceen, ist ebenfalls als sehr primitiv anzusprechen. Kragengeißelzellen wurden sowohl bei den nahe verwandten Cnidaria als auch bei den stammesgeschichtlich sehr weit entfernten Echinoidea (Seeigeln) beobachtet. Wir treffen diesen primären Zelltyp der Animalia bei vielen Teilgruppen an.

Schwämme besitzen eine sehr hohe Regenerationsfähigkeit, ein ebenfalls stammesgeschichtlich sehr altes Merkmal. Atmung und Exkretion erfolgen noch primär durch einzelne Zellen und noch nicht durch spezifische Organbildungen. Schwämme weisen noch keine effektiven, übergeordneten Koordinierungssysteme auf. Erste Anklänge in Form von Reizleitungen über Myocyten oder über Collencyten (Protoneuronen) sind aber bereits erkennbar.

Schwämme besitzen nur eine geringe Individualität und häufig keine definitive Körperform. Die Körperform ist meist von Umwelteinflüssen abhängig. Die geringe Individualität zeigt sich auch darin, daß Schwammindividuen zu einem neuen, gemeinsamen Individuum miteinander verschmelzen können.

Schwämme weisen in ihrem Grundbauplan noch keine Skelettnadeln zur Stützung des Körpers auf. Erst sekundär werden zuerst Kalknadeln, dann Kieselnadeln und zum Schluß Sponginskelette gebildet. Die Ausbildung von Skelettnadeln dürfte primär wohl intrazellulär erfolgt sein. Erst sekundär kommt es zu Nadelbildungen in einem gemeinsamen, von den Skleroblasten umgebenen Hohlraum. Primär werden Kalknadeln ausgebildet. Kalk ist sehr leicht löslich und im Wasser in größerer Menge vorhanden. Silikate dagegen treten im Wasser in viel geringerer Zahl auf, so daß man annehmen kann, daß zuerst Kalknadeln ausgebildet wurden. Silikate sind aber schwerer löslich, aus diesem Grunde hatten die sich später entwickelnden Kieselschwämme einen deutlichen Selektionsvorteil gegenüber den stammesgeschichtlich älteren Kalkschwämmen. Der Vergleich der rezenten Artenzahlen zeigt diese ökologische Überlegenheit der Kieselschwämme.

Bei den stammesgeschichtlich ältesten Schwämmen, den Kalkschwämmen, können wir im Verlauf der Embryonalentwicklung noch eine primäre Tetraradiär-Symmetrie (z.B. 4 Kreuzzellen bei *Sycon*) beobachten. Sie zeigt uns, daß die Metazoen primär radiärsymmetrisch sind, und daß sich die Bilateral-Symmetrie erst sekundär entwickelt hat. Die stammesgeschichtlich etwas jüngeren Radiata (z.B. Cnidaria) zeigen ebenfalls noch diese primäre Radiär-Symmetrie.

Schwämme haben sich schon sehr frühzeitig von der allgemeinen Evolutionslinie der Animalia abgespalten und viele Sondermerkmale (Autapomorphien) entwickelt. Die Embryonalentwicklung der Schwämme weicht von derjenigen der übrigen Metazoa ab. Aus diesem Grunde werden die Schwämme auch als eine eigene Gruppe (Parazoa) betrachtet und den übrigen Metazoen (Eumetazoa) gegenübergestellt. Die durch Pseudogastrulation und Schichtumkehr entstandenen Schichten des Schwammkörpers lassen sich nicht direkt mit den Schichten der übrigen Metazoa vergleichen. Eine Übertragung der für die übrigen Metazoen-Gruppen gültigen Keimblätterlehre auf die Porifera (Schwämme) ist daher nicht möglich. Unbekannt sind noch die Verhältnisse bei den Placozoa, da die Embryonalentwicklung bei dieser Gruppe noch nicht bekannt ist. Man kann zwar Schwämme als zweischichtige (Pinacoderm und Choanoderm) Organismen bezeichnen, aber sie besitzen weder ein Ekto- noch ein Entoderm. Daher haben sie auch keinen echten Mund, keinen echten After und keinen echten Darmtrakt im Sinne der Keimblätterlehre. Es besteht keinerlei Notwendigkeit eine Unterscheidung in Ekto- und Entoderm schon im Grundbauplan der Animalia anzunehmen.

Bedingt durch Pseudogastrulation und Schichtumkehr entsteht das für Schwämme typische einzigartige Kanalsystem mit außen liegenden Poren, zuführendem Kanalsystem, innen liegendem Choanoderm, abführendem Kanalsystem, Spongocoel (sekundär häufig reduziert) und apikalem Osculum. Poren und Porocyten sind schwammtypische Körperöffnungen, welche sich nicht mit den Körperöffnungen anderen Metazoen (z.B. Mund und After) vergleichen lassen. Hauptkörperöffnung der Schwämme ist z.B. das Osculum und nicht eine Mundöffnung wie bei den anderen Metazoen. Das Spongocoel der Porifera entspricht nicht dem Gastralraum anderer Metazoa. Es stellt einen umschlossenen Außenraum dar.

Die sich während der Embryonalentwicklung aus Blastomeren bildenden begeißelten Zellen der Schwamm-Larve weisen zunächst im Larvenstadium noch keine Plasmakragen auf. Der Plasmakragen wird erst nach Ablauf der Pseudogastrulation, bzw. der Schichtumkehr ausgebildet. Ein Zeichen, daß es sich um echte Kragengeißelzellen (Choanocyten) handelt, auch wenn der Plasmakragen erst in einer späteren Phase ausgebildet wird. Die Larve der Schwämme ist eine echte Planuloid-Larve, wie wir sie auch bei der stammesgeschichtlich nächstverwandten Gruppe, den Cnidaria, antreffen. Schwämme weisen die gleiche Spermatogenesis und Oogenesis wie Cnidaria auf, und bei beiden Gruppen ist eine primäre Radiärsymmetrie festzustellen. Die Biradialsymmetrie der Ctenophora ist von der Radiärsymmetrie der Cnidaria abzuleiten. Die Bilateralsymmetrie der Anthozoa, bedingt durch die sekundäre Ausbildung eines Actinopharynx, ist ebenfalls sekundär.

Die Stammesgeschichte der Schwämme ist gekennzeichnet durch eine Höherentwicklung schon vorhandener Grundbestandteile. Wir treffen den stammesgeschichtlich ältesten, sehr kleinen und einfachen *Ascon*-Typ nur bei den Kalkschwämmen an. Bei den anderen Schwammgruppen wird wohl häufig während der Embryonalentwicklung eine asconoide Phase durchlaufen, aber die Adultformen sind entweder syconoid oder leuconoid. Syconoide und leuconoide Adultformen treten sowohl bei den Calcara als auch bei den Silicosponga auf. Asconoid-syconoide Adultformen treten innerhalb der Silicosponga bei den Hexactinellidea auf, während die Demospongea leuconoide Vertreter aufweisen. Kalkschwämme zeigen die primitivste Form der Embryonalentwicklung, und am Ende der Embryonalentwicklung entsteht das asconförmige Olynthus-Stadium. In Sinne der biogenetischen Grundregel ein Hinweis, daß es sich bei dem *Ascon*-Typ um den stammesgeschichtlich ältesten Schwammtyp handelt. Aus dem *Ascon*-Typ entwickelt sich durch sekundäre Vermehrung des Mesohyl-Bereiches, gekoppelt mit inneren Oberflächenvergrößerungen (z. B. Choanoderm-Vergrößerung), zunächst der *Sycon*-Typ und anschließend der *Leucon*-Typ. Der *Leucon*-Typ entsteht mehrmals unabhängig voneinander. Innerhalb der Kalkschwämme entsteht er z. B. unabhängig voneinander sowohl bei den Calcaronea als auch bei den Calcinea.

Das nach der Embryonalentwicklung der Demospongea entstehende Rhagon-Stadium durchlauft zuerst eine asconoide Phase (z. B. bei *Halisarca*), dann eine syconoide und erst zum Schluß eine leuconoide Phase, welche sich dann manifestiert. Auch hier ein deutlicher Hinweis auf die phylogenetische Reihenfolge *Ascon*-, *Sycon*- und *Leucon*-Typ und nicht umgekehrt, wie es z. B. von vielen Paläontologen angenommen wird.

Kalkschwämme (Calcara) stellen die stammesgeschichtlich älteste Gruppe dar, da nur bei ihnen der primäre *Ascon*-Typ auch im adulten Stadium vorkommt. Kalkschwämme besitzen außerdem noch die primären, großen Choanocyten (Längen 10–18 μm, sonst nur 5–6 μm), und die Verdauung findet bei den Kalkschwämmen noch weitgehend primär in den Choanocyten statt. Bei den Silicosponga (z. B. Demospongea) wird dagegen die von den Choanocyten aufgenommene Nahrung sekundär zur Verdauung an die in der mesohylen Zwischenschicht befindlichen Amoebocyten weitergegeben.

System der Porifera

Reich Porifera mit den Unterreichen Calcarosponga und Silicosponga. Unterreich Calcarosponga mit dem einzigen Stamm der Calcara (Kalkschwämme) und der einzigen Klasse der Calcarea. Unterreich Silicosponga mit den beiden Stämmen der Demospongea (Kiesel-, Horn-, Sockelschwämme) und Hexactinellidea (Glasschwämme). Stamm Demospongea mit der einzigen Klasse der Demospongiae. Stamm Hexactinellidea mit der einzigen Klasse der Hexactinellida. Die polyphyletische Klasse der Sclerospongiae wurde aufgelöst und ihre Vertreter den Demospongiae (Tetractinomorpha bzw. Ceractinomorpha) zugeordnet. In beiden Unterklassen kommen bereits Vertreter (*Timea, Hamacantha*) vor, welche Kalksockel zu erzeugen vermögen, während bei *Merlia* (früher den Sclerospongiae zugeordnet) der Kalksockel, abhängig von unterschiedlichen ökologischen Bedingungen, ausgebildet wird oder auch fehlen kann. Besitz eines Kalksockels (Calcit oder Aragonit) kann daher nicht als ein Schlüsselmerkmal für Sclerospongiae angesehen werden. Durch den Besitz von Kieselnadeln (gleiche Formen wie bei Demospongea) zeigen sie ihre Zugehörigkeit zu den Demospongea an.

Der Einteilung der Rezentformen wird eine einmalige Entstehung der Kalk- und Kieselnadeln zugrunde gelegt. Das vorliegende System berücksichtigt weitgehend auch zellmorphologische und embryologische Daten (Lévi 1957, Hartmann 1958), die heute sehr oft zur Klärung von Verwandtschaftsverhältnissen rezenter Gruppen herangezogen werden. Die fossilen, ausgestorbenen Porifera-Gruppen werden gesondert besprochen.

Unterreich Calcarosponga

Mit dem einzigen Stamm Calcara.

Stamm Calcara (Kalkschwämme)

Mit den Merkmalen der einzigen Klasse Calcarea. Schlüsselmerkmal: Besitz von Kalknadeln. Weitere wichtige Klassifikationsmerkmale: Larvenform, Lage des Kernes in der Choanocyte (primäre Zellenform), Lagebeziehungen Geißelbasis -Kern, Nadelformen, Kanalsystem, Bau der Spermien.

Klasse Calcarea (Kalkschwämme)

(Taf. 177–185)

Kleine, ausschließlich marine Schwämme des Flachwasserbereiches von nur geringer Größe. Längen von wenigen Millimetern bis zu 15 cm, meist aber nur 3–10 cm lang. Primär noch deutlich individualisiert (*Ascon*- und *Sycon*-Typ) und dann meist röhrenförmig gestaltet. Sekundär „kolonienähnliche" *Leucon*-Typen. Meist unscheinbar gefärbt (weißlich, gelblich, bräunlich).

Mit gut ausgebildetem Pinacoderm und Choanoderm. Mesohyl primär nur schwach, sekundär (bei *Leucon*-Typen) kräftig entwickelt. Mesohyl mit vielerlei Zelltypen. Mit ein-, drei- oder vierachsigen (monaxonen, tri- oder tetraxonen), bzw. 1–4strahligen (mon-, di-, tri- und tetractinen) Kalknadeln. Monaxone Nadeln mon- oder diactin, triaxone dagegen triactin und tetraxone Nadeln tetractin. Diaxone Nadeln kommen bei Calcarea nicht vor. Das Nadelskelett (Taf. 177), besteht bei den adulten Stadien meist aus freiligenden, dreiachsigen, seltener auch aus ein- und vierachsigen Nadeln. Die Achsen der Kalknadeln werden jeweils von einem einzigen, sich in zwei Tochterzellen teilenden Skleroblasten gebildet.

Die Nadeln der Kalkschwämme bestehen in der Hauptsache aus kristallinem Calciumcarbonat ($CaCO_3$) in der Calcit-Form. Neben 85–95% Calciumcarbonat kommen noch etwa 5–12% Magnesiumcarbonat ($MgCO_3$) und etwa 3% Wasser vor. In Spuren sind SO_4, Sr und Na enthalten. Jede Nadel der Kalkschwämme stellt in etwa einen einzigen, „verunreinigten" Calcit-Kristall dar. Eine organische Achse oder eine organische Matrix ist nicht vorhanden, aber mit Axialfilament (Achsenkanal). Jede Nadel ist von einer organischen Scheide umgeben, welche sich aus Mikrofibrillen zusammensetzt.

Keine Trennung in Makro- und Mikroskleren. Es sind nur die primären Makroskleren (Megaskleren) vorhanden. Bei Minchinellida sind die Nadeln durch eine Kalkmasse sekundär miteinander verbunden. Weder Kieselnadeln noch Sponginfasern (aber kollagene Fasern als Vorstufen) vorhanden. Choanocyten primär mit apikal oder zentral gelegenem Kern (Calcaronea), sekundär mit basal liegendem Kern (Calcinea). Die primäre Kernlage entspricht derjenigen der Craspedophyceen (von dieser Gruppe sind die Porifera abzuleiten). Die Geißel ist primär (wie auch bei den Craspedophyceen) mit dem Kern verbunden.

Mit *Ascon*-, *Sycon*- und *Leucon*-Typ. Primärer Bauplan-Typ ist der *Ascon*-Typ. Calcaronea und Calcinea weisen unterschiedliche *Ascon*-Typen auf. Den primären Typ finden wir bei den Calcaronea. Die Abweichungen gegenüber dem asconoiden Olynthus sind nur geringfügig. Das Spongocoel weist nur wenige kleine, seitlich liegende Divertikel auf. Das Interkanalsystem (freie Wasserräume zwischen den Divertikeln) ist nur schwach ausgebildet. Von diesem Typ (Taf. 178:4) leitet sich der *Sycon*-Typ ab. Schwämme dieses Typs sehen wie eine Olynthus-Kolonie aus.

Den sekundären Typ treffen wir bei den Calcinea an. Hier ist das zentrale Spongocoel stark verkleinert, und es ist eine verstärkte unregelmäßige Divertikelbildung festzustellen. Das Interkanalsystem ist dementsprechend stark ausgebildet.

Der *Leucon*-Typ leitet sich im Normalfall (bei Calcaronea) aus dem *Sycon*-Typ durch starke Verzweigungen der Radialtuben ab. Er kann auch (unabhängig) bei Calcinea durch sekundäre Verschmelzung asconoider Formen entstehen.

Allgemeingültiges Prinzip ist eine sekundäre Vergrößerung der Choanocytenräume, damit verbunden auch eine größere Nahrungsaufnahme. Mit dieser sekundären Größenzunahme (entsprechend der

Reihe *Ascon*-, *Sycon*- und *Leucon*-Typ) des Choanocytenbereiches ist eine allgemeine Größenzunahme gekoppelt. Die sylleibide Zwischenstufe (Taf. 169:4), welche zwischen dem *Sycon*- und dem *Leucon*-Typ vermittelt, treffen wir bei den Calcaronea (Amphoriscidae: *Leucilla*) an. Innerhalb der Calcaronea ist die progressive Entwicklung der Bauplan-Typen *Ascon*-, *Sycon*-Typ, sylleibider Zwischentyp und *Leucon*-Typ gut zu erkennen und spiegelt auch die progressive Evolution (keine Regression!) wider. Calcarea weisen den primären, einfachen *Leucon*-Typ auf (eurypyler Typ), bei welchem die Apopyle direkt in die ausführenden Kanäle führt.

Embryonalentwicklung primär mit Amphiblastula-Larve (Calcarea-Calcaronea-Typ) und Pseudo-

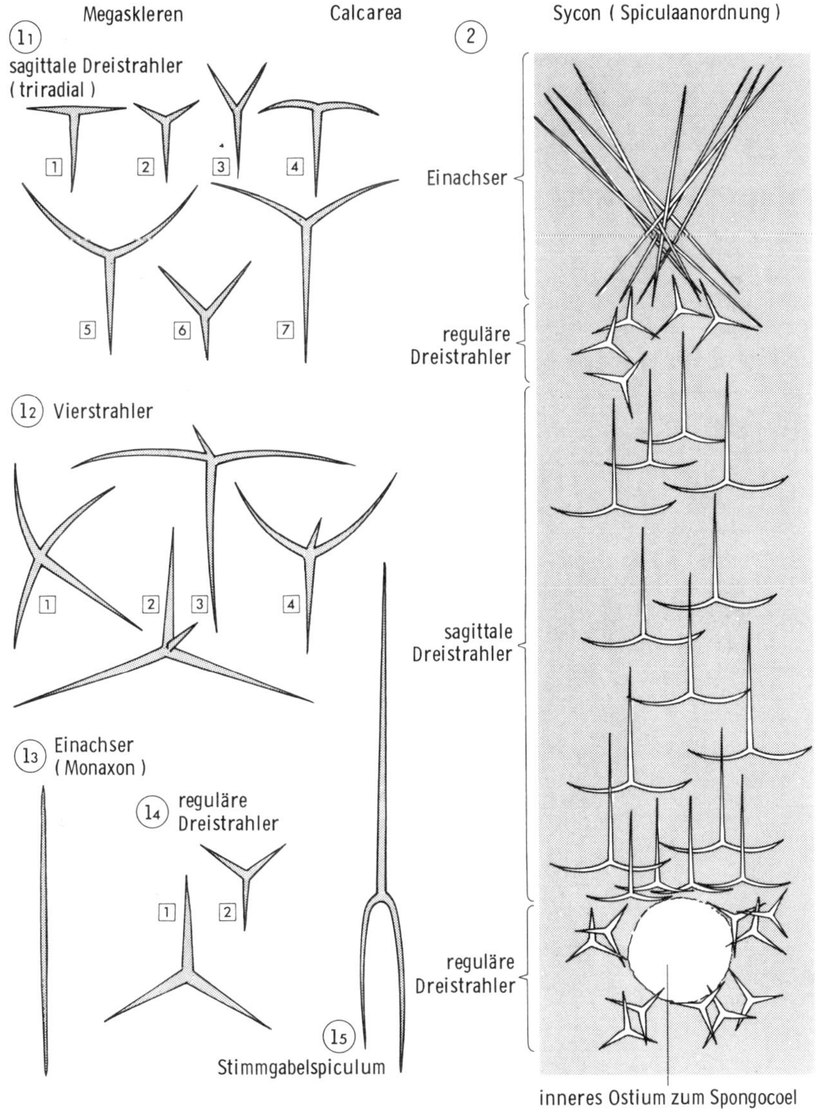

Taf. 177. Porifera: Calcarea (Nadeln und Nadelanordnung). – Abb. 1. Kalknadel-Typen (nach DÖDERLEIN). Abb. 2. *Sycon*, Anordnung der Kalknadeln entlang eines Radialtubus (nach HYMAN).

gastrulation. Die Pseudogastrulation stellt die primäre Ausbildungsform für die Zweischichtigkeit der Porifera dar. Modellhaft setzt sich eine farblose *Sphaeroeca*-Kolonie fest und führt basal eine Einstülpung durch. Dadurch gelangen die Kragengeißelzellen nach innen, umgeben den entstandenen Hohlraum (Spongocoel), und apikal wird eine größere Öffnung (Osculum) gebildet. Die außen verbleibenden Zellen reduzieren ihre Geißeln (durch Sessilität nicht mehr erforderlich) und wandeln sich zum Teil in Porocyten um, welche die Verbindung zu den Kragengeißelzellen (Choanocyten) herstellen. Auf diese Weise entsteht der primäre Ascon-Typ mit seinem primär einfachem Wasserleitungssystem (nur Porocyten).

Sekundär mit einer primären Parenchymella-Larve. Sekundäre Parenchymella-Larven kommen nur bei Silicosponga vor und besitzen im Inneren bereits verschiedenartig differenzierte Zelltypen. Bei der

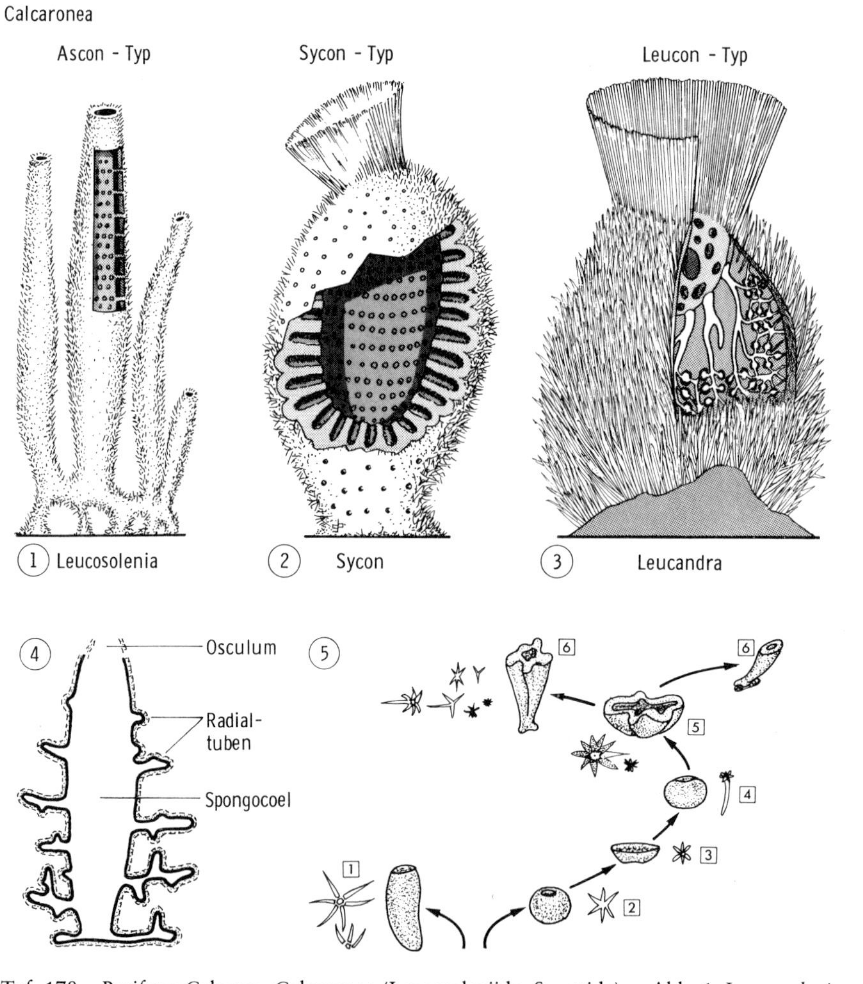

Taf. 178. Porifera: Calcarea, Calcaronea (Leucosoleniida, Sycettida). – Abb. 1. *Leucosolenia coriacea*, *Ascon*-Typ (nach Minchin). Abb. 2. *Sycon raphanus*, *Sycon-Typ* (nach Pfurtscheller). Abb. 3. *Leucandra aspera*, *Leucon*-Typ (nach Haeckel). Abb. 4. *Leucosolenia*, Vorstufe zum *Sycon*-Typ (nach Minchin). Abb. 5. Fossile Calcara (Heteractininea): 5/1. *Chancelloria*; 5/2. *Eiffelia*; 5/3. *Astraeospongia*; 5/4. *Ensiferites*; 5/5. *Asteractinella*; 5/6. *Wewokella* (nach Finks).

primären Parenchymella-Larve der Kalkschwämme (Calcarea-Calcinea-Typ) wandern ebenfalls Zellen in das Blastocoel ein (z. B. bei *Clathrina*), diese bleiben aber undifferenziert. Bei Zelleinwanderungen in das mit Flüssigkeit angefüllte Blastocoel handelt es sich stets um sekundäre Vorgänge.

Bei beiden Typen erfolgt die Entwicklung über ein Olynthus-Stadium (primäres *Ascon*-Stadium) zum adulten Schwamm. Bei den stammesgeschichtlich älteren Calcaronea werden in der Übergangsphase zum Olynthus-Stadium zuerst monaxone Nadeln gebildet, während bei den stammesgeschichtlich jüngeren Calcinea zuerst dreiachsige Nadeln während dieser Phase entstehen. Die monaxone (monactine bzw. diactine) Kalknadel ist daher der primäre Nadeltyp der Calcarea, erst sekundär treten dreistrahlige (am häufigsten vorkommend), vierstrahlige und sekundär wieder einstrahlige (monaxone) Nadeln auf. Auch nach dem Prinzip der allmählichen Höherentwicklung müssen zuerst monaxone Nadeln auftreten, da bei der Herstellung dieser Nadel nur ein einziger Skleroblast (der sich dann in zwei Zellen: Bildner und Verstärker teilt) beteiligt ist, während bei den mehrstrahligen Nadeln mehrere, paarweise angeordnete Skleroblasten zusammenwirken müssen. Sicher ein sekundärer Vorgang.

Nadeln primär freiliegend, sekundär (Lelapiida) büschelartig aneinandergelegt oder tertiär durch eine Kalkzementmasse faserartig miteinander verbunden (Minchinellida). Die primäre Amphiblastula-Larve der Calcaronea mit primärer tetraradiärer Symmetrie (4 radiär angeordnete Kreuzzellen). Primär mit normal ausgebildeten Spermien (Calcaronea), sekundär mit amöboid umgewandelten Spermien (Calcinea). Calcarea bewohnen primär marine Flachwasserbereiche, sekundär besiedeln sie marine Grotten und Höhlen (typische Rückzugsgebiete).

Unterklasse Calcaronea
(Taf. 178–183)

Choanocyten primär mit apikal gelegenem Nukleus (Taf. 179:1), sekundär (z. B. Murrayonida) Nukleus basalwärts verschoben. Die Geißel entspringt primär (bei apikal gelegenem Nukleus) direkt am Kern. Primär mit monaxonen, lanzettförmigen Spicula, sekundär aber meist mit triactinen (vorwiegend) und tetractinen Spicula. Die am häufigsten vorkommenden dreistrahligen Kalkspicula meist als saggitale Dreistrahler (mit unterschiedlichen Winkeln) ausgebildet. Unmittelbar nach dem Festsetzen erscheinen im Jungschwamm zuerst monaxone Spicula.

Erst sekundär werden triaxone (triactine) und tetraxone (tetractine) Nadeln ausgebildet. Im Sinne der biogenetischen Grundregel ein deutlicher Hinweis, daß bei den Calcarea (und den Porifera überhaupt) zuerst eine monaxone Nadel ausgebildet wird.

Sekundär mit Innenskelett (Minchinellida), welches aus miteinander verkitteten Vierstrahlern besteht. Sekundär (Murrayonida) aber auch mit massivem, kalkigem Innenskelett, das sich aus polygonalen Kalkkörpern zusammensetzt. Sekundär können auch im Cortexbereich (Lepidoleuconida) dreieckige Schuppen auftreten, die umgewandelte Triactine darstellen. Das Kanalsystem (Taf. 178) ist primär asconoid, sekundär treten syconoide und dann leuconoide Vertreter auf. Mit primärer Amphiblastula-Larve und primärer Pseudogastrulation. Spermien mit primärer, normaler Form. Primär Bewohner mariner Flachmeere (auf Unterlagen festgewachsen), sekundär in marinen Grotten und Höhlen.

Ordnung Leucosoleniida
((Taf. 178 u. 179)

Mit zentralem Spongocoel (*Ascon*-Typ), welches mit Choanocyten ausgekleidet ist. Mit äußerem Pinacoderm (mit Porocyten) und schwach ausgebildetem Mesohyl. Ohne Cortexbildung. Mit primär monaxonen und sekundär triactinen sowie tetractinen Nadeln. Mit primärer Amphiblastula-Larve.

Leucosoleniidae. *Leucosolenia* (Taf. 178:1, 4 u. 179:1, 2): Einzeln, oder durch Stolone miteinander verbunden. Habitus vom Standort abhängig; *Ascyssa*.

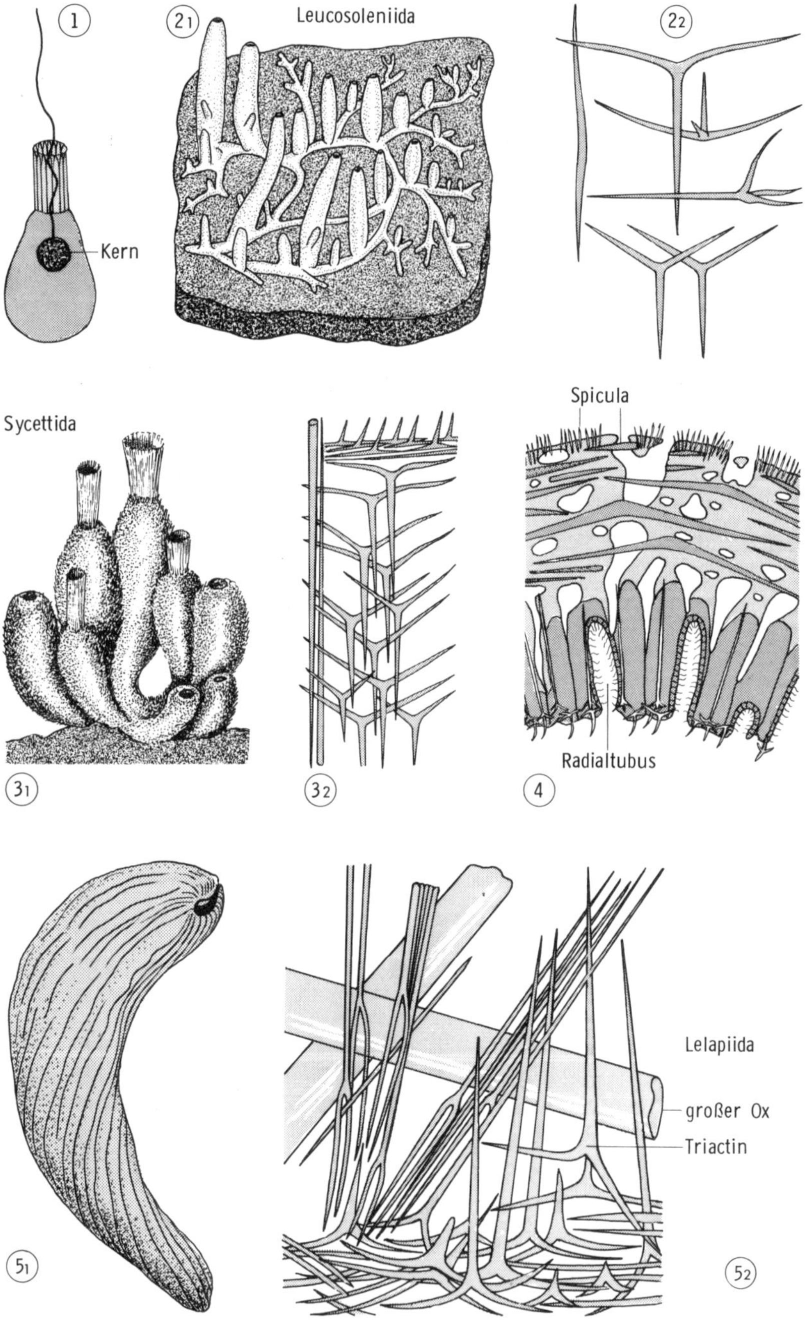

Taf. 179. Porifera: Calcarea, Calcaronea (Leucosoleniida, Sycettida, Lelapiida). – Abb. 1. *Leucosolenia complicata*, Choanocyte (nach MINCHIN). Abb. 2/1. *Leucosolenia botryoides*, Kolonie mit Stolonen (nach MINCHIN); 2/2. *Leucosolenia botryoides*, Nadeltypen (nach MINCHIN). Abb. 3/1. *Sycon* (= *Scypha*) *ciliatum*, Kolonie (nach HAECKEL); 3/2. *Sycon ciliatum*, Nadeltypen (nach HAECKEL). Abb. 4. *Grantiopsis cylindrica*, Teil eines Querschnittes (nach DENDY). Abb. 5/1. *Lelapia australis*, Habitus (nach DENDY); 5/2. *Lelapia australis*, bündelartig verstärktes Skelett der Cortexregion (nach DENDY).

Ordnung Sycettida
(Taf. 178 u. 179)

Mit sekundär syconoidem oder leuconoidem Kanalsystem. Spongocoel und zu- und abführende Kanäle sekundär mit Pinacocyten ausgekleidet. Primär erfolgt aber bei Vertretern mit schwach ausgebildetem Mesohyl (z. B. *Sycon conifera*) die Wassereinführung noch über Porocyten. Diese Vertreter stellen eine deutliche Übergangsphase vom asconoiden (nur Porocyten vorhanden) zum syconoiden Typ dar. Die Choanocyten liegen in Radialtuben (*Sycon*-Typ) oder in kleinen, rundlichen Geißelkammern (*Leucon*-Typ).

Primär mit syconoidem Kanalsystem, aber noch ohne Cortex (Rinde): **Sycettidae** mit *Sycetta* (ohne Cortex); *Sycon* (= *Scypha*) (Taf. 178:2 u. 179:3): Ohne Cortex, vereinzelt aber schon mit Cortex; *Sy*-

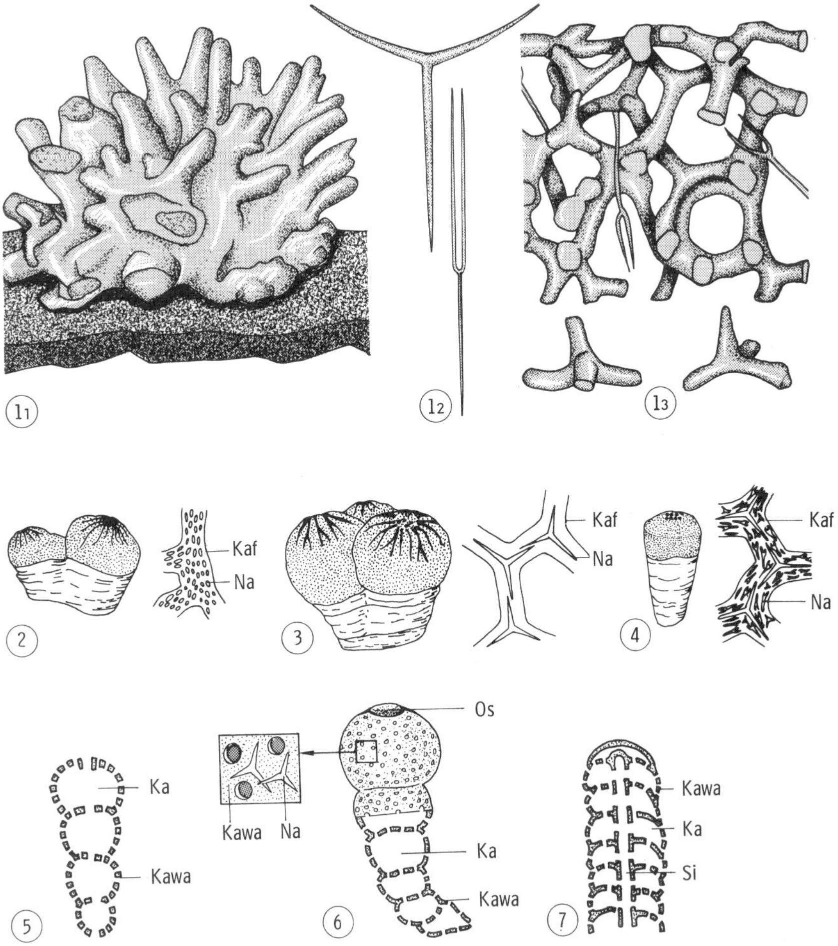

Taf. 180. Porifera: Calcarea, Calcaronea (Minchinellida). – Abb. 1. *Petrostroma schulzei* (nach DÖDERLEIN): 1/1. Skelett, ohne äußeren Weichkörper; 1/2. freie Dreistrahler; 1/3. Innenskelett aus miteinander verkitteten Vierstrahlern sowie freiliegende Dreistrahler (Stimmgabel-Nadeln). Abb. 2–7. Fossile Calcara (Calcaronea): 2. *Stellispongia*; 3. *Enaulofungia*; 4. *Sestrostomella*; 5. *Sphaerocoelia*; 6. *Tremacystia*; 7. *Barroisia* (nach ZIEGLER & RIETSCHEL; ZIEGLER; OTT). Abkürzungen: Ka = Kammer, Kaf = Kalkfaser, Kawa = Kammerwand, Na = Nadel, Os = Osculum, Si = Siphon.

cantha. Abgeleitete Gruppen mit syconoidem oder leuconoidem Kanalsystem, aber sekundär mit oft stark ausgebildeter Rindenschicht (Cortex). *Sycon*-Typ mit Rinde bei den **Grantiidae** (*Grantia*, *Grantiopsis* (Taf. 179:4) und **Heteropiidae** (*Heteropia*). **Leuconiidae**: *Leucon*-Typ mit Rinde (*Leucandra* (= *Leuconia*): Taf. 178:3). **Amphoriscidae**: Flaschenförmige Körper vom *Leucon*-Typ, zum Teil auch noch sylleibider Zwischentyp: *Leucilla* (sylleibider Zwischen-Typ), *Amphoriscus* (flaschenförmig, 5–8 cm hoch, *Leucon*-Typ).

Ordnung Lelapiida
(Taf. 179:5)

Mit sekundär faser- oder bündelartig verstärktem Skelett. Die Fasern, bzw. Bündel bestehen aus aneinandergelagerten, stark abgeänderten Stimmgabel-Dreistrahlern, welche aber nicht miteinander verkittet sind. Auch Monaxone (Oxe) vorhanden. Choanocyten mit apikal gelegenem Nukleus. Kanalsystem sekundär leuconoid.

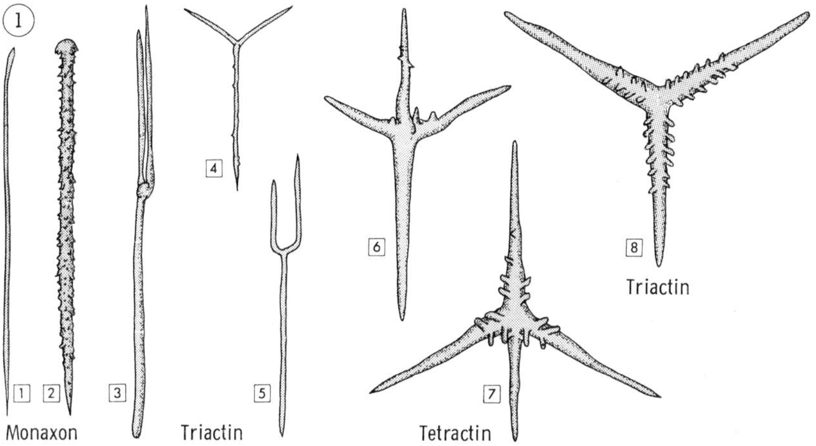

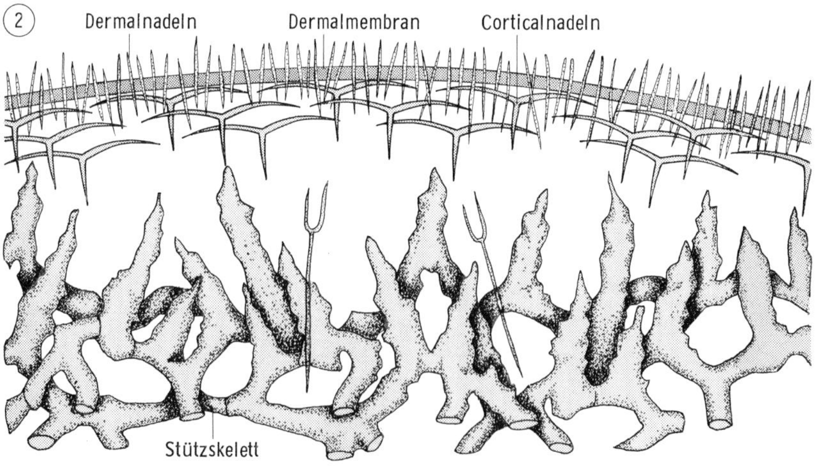

Taf. 181. Porifera: Calcarea, Calcaronea (Minchinellida). – Abb. 1. *Plectroninia*, Nadeltypen (nach VACELET), *Plectroninia pulchella*, Nadeln: 1/1, 1/3, 1/6, 1/7, 1/8. *Plectroninia hindei*, Nadeln: 1/2, 1/4, 1/5. Abb. 2. *Minchinella lamellosa*, Dermal- und Corticalnadeln sowie inneres Stützskelett (nach KIRKPATRICK).

Lelapiidae. *Lelapia* (Taf. 179:5); *Kebira*: Ohne Stimmgabel-Nadeln, nur ein Osculum, im Litoral des Indopazifik; *Paralelapia*.

Ordnung Minchinellida
(Taf. 180 u. 181)

Mit leuconoidem Kanalsystem. Choanocyten meist noch mit apikal gelegenem Nukleus, zum Teil auch sekundär basal liegend. Mit Cortexbildung. Freie Kalkspicula in Form von Triactinen (häufig stimmgabelähnlich), Tetractinen und Monaxonen. Die äußeren Nadeln (im Pinacoderm und äußerem Mesohylbereich) monaxon, die etwas tiefer gelegenen, corticalen Nadeln dagegen triactin. Mit sekundärem, faserartigem Innenskelett (Taf. 180 u. 181), welches aus durch Kalkzement miteinander verkitteten Vierstrahlern besteht. Telmatoblasten scheiden eine Kalksubstanz aus und verkitten die Nadeln miteinander. Mit Amphiblastula-Larve. In marinen Grotten und Höhlen in Tiefen von 90–400 m.
Minchinellidae. *Petrostroma* (Taf. 180); *Minchinella* (Taf. 181:2); *Plectroninia* (Taf. 181:1): Krustenförmig, Dicke 1–2 mm und Höhe 0,5 mm. Mit zahlreichen Oscularrohren. Mit Amphiblastula-

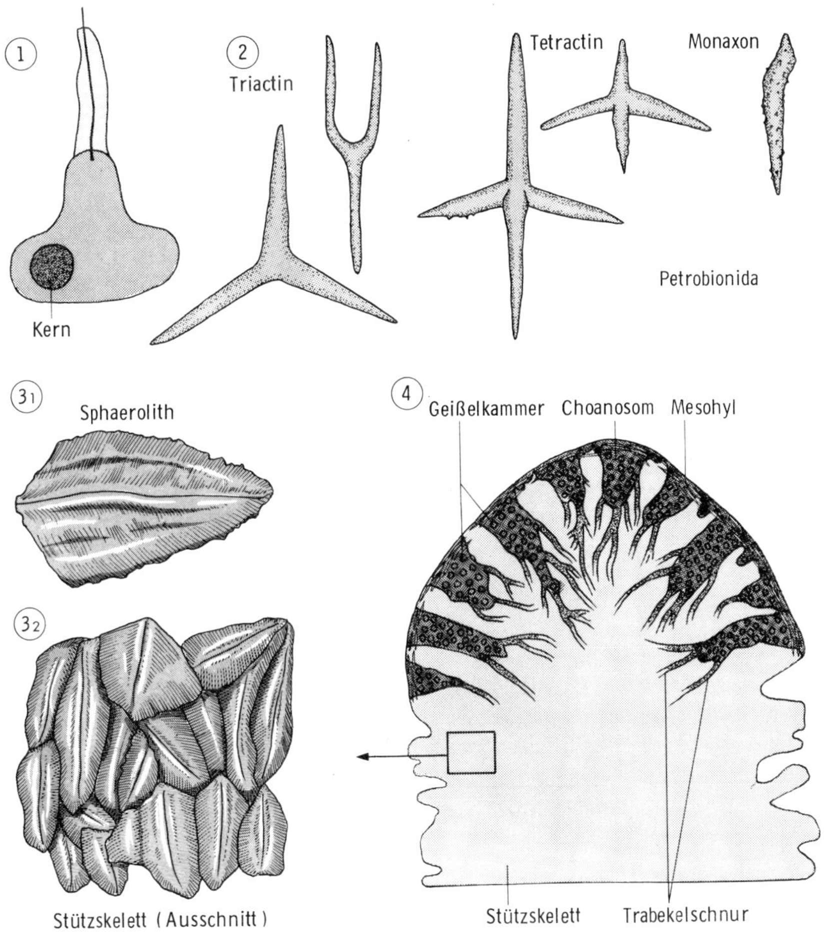

Taf. 182. Porifera: Calcarea, Calcaronea (Petrobionida). – Abb. 1–4. *Petrobiona massiliana* (nach VACELET): Abb. 1. Choanocyte; Abb. 2. Nadeltypen; Abb. 3/1. Sphaerolith, 3/2. Ausschnitt des Innenskelettes; Abb. 4. Querschnitt durch den Schwammkörper mit Stützskelett.

Larve; *Monoplectroninia*. Die von Vacelet (1981) aufgestellte Ordnung Lithonida enthält neben Vertretern der Minchinellida (z.B. *Minchinella, Plectroninia*) auch Vertreter der Lepidoleuconida (z.B. *Lepidoleucon*) und entspricht daher in der Abgrenzung nicht der Ordnung Minchinellida.

Ordnung Petrobionida
(Taf. 182)

Mit sekundär leuconoidem Kanalsystem. Choanocyten mit apikal gelegenem Nukleus, zum Teil auch sekundär basal gelegen. Mesohylschicht stark reduziert (bedingt durch Ausbildung eines massiven Innenskelettes). Im äußeren Mesohyl-Bereich mit isolierten monaxonen, triactinen (sagittal und auch stimmgabelähnlich) und tetractinen Kalknadeln. Mit ausgedehntem, starrem, massivem, kalkigem, totem Basal- und Innenskelett (Taf. 182:4), welches sich nicht aus mit Kalkzement verbundenen Spicula zusammensetzt, sondern aus polygonalen Kalkkörpern (Sphaerolithen), die miteinander verschmelzen. Die Kalkkörper bestehen aus Magnesium-Calcit. Das Choanosom (Choanoderm-Bereich) mit terminalen, in das Innenskelett hineinragenden Trabekelschnüren. Mit Amphiblastula-Larve.

Petrobionidae. *Petrobiona* (Taf. 182): Zapfenförmig, etwa 3 cm hoch, Durchmesser 0,3–1,0 cm. Mit zentralem, apikalem Osculum. Choanocytenkern mit wechselnder Lage. Mit Amphiblastula-Larve. In lichtlosen marinen Höhlen.

Ordnung Lepidoleuconida
(Taf. 183)

Mit leuconoidem Kanalsystem. Choanocyten mit apikal gelegenem Kern. Mit isoliert liegenden monaxonen, triactinen und tetractinen Kalknadeln. Außerdem treten noch kleine Diactine (Microdiactine) auf. Ohne massives Innenskelett. Cortexbereich mit dreieckigen Schuppen, welche umgewandelte Triactine darstellen. Mit Amphiblastula-Larve.

Lepidoleuconidae. *Lepidoleucon* (Taf. 183): Durchmesser nur 0,4–1,0 mm. In Meeresgrotten und Höhlen.

Unterklasse Calcinea
(Taf. 184–185)

Choanocyten meist mit sekundär basal liegendem Nukleus (Taf. 184:1). Die Geißel beginnt (Basalkörper) im oberen Zellbereich und ist nicht mit dem sekundär basalwärts gewanderten Nukleus verbunden. Mit primär triactinen sowie tetractinen und sekundär wieder monaxon gewordenen Nadeln. Triactine Nadeln häufig mit gleichlangen Achsen und Winkeln. Monaxone Nadeln teils vorhanden, teils aber auch fehlend. Sekundär können schuppenartige Kalkplatten (bei Paramurrayonida) ausgebildet werden. Im sich bildenden, festsitzenden Jungschwamm erscheinen zuerst triactine Nadeln. Kanalsystem primär asconoid, sekundär leuconoid. Leuconoide Vertreter entstehen entweder durch Aufteilung und Abschnürung asconoider Spongocoelräume oder durch Verschmelzung netzförmig miteinander verbundener asconoider Röhren. Spermien sekundär von amöboider Gestalt. Mit primärer Parenchymella-Larve (ohne innere Zelldifferenzierungen) und sekundärer Schichtumkehr. Primär in marinen Flachwasserbereichen, sekundär (z.B. Paramurrayonida) in marinen Höhlen und Grotten.

Ordnung Clathrinida
(Taf. 184)

Mit zentralem Spongocoel (*Ascon*-Typ), welches mit Choanocyten ausgekleidet ist. Mesohyl nur schwach ausgebildet. Ohne Cortex. Aufrecht stehende, röhrenförmige Vertreter, einzeln oder ein netzförmiges Röhrenwerk bildend. Mit deutlich erkennbarer Individualität.

Clathrinidae. *Clathrina* (Taf. 184:1–3), *Dendya*, *Ascute*, *Ascandra*: Sekundär abgewandelter Ascon-Typ. Das Spongocoel weist seitliche radialtubenähnliche Ausbuchtungen auf. Spongocoel und

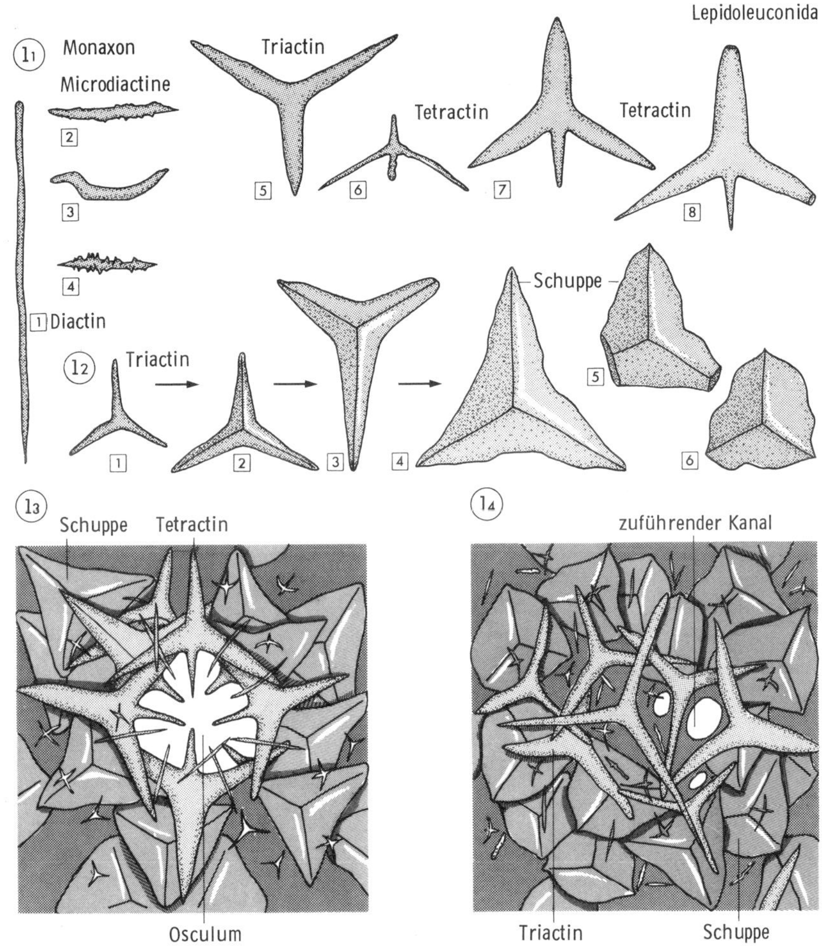

Taf. 183. Porifera: Calcarea, Calcaronea (Lepidoleuconida). – Abb. 1. *Lepidoleucon inflatum* (nach VACELET): 1/1. Nadelformen; 1/2. Umwandlung eines Triactins in eine Schuppe; 1/3. Nadeln und Schuppen in der Nähe des Osculums; 1/4. Nadeln und Schuppen in der Nähe zuführender Kanäle.

Ausbuchtungen sind aber durchgehend mit Choanocyten ausgekleidet, daher liegt ein abgewandelter *Ascon*-Typ und kein *Sycon*-Typ vor.

Ordnung Leucettida
(Taf. 184)

Kanalsystem sekundär leuconoid. Spongocoel sowie zu- und abführende Kanäle sekundär mit Pinacocyten ausgekleidet. Choanocyten in länglichen bis rundlichen Geißelkammern (*Leucon*-Typ) angeordnet. Mit schwach ausgebildetem Mesohyl-Bereich (Dermalmembran: Pinacoderm und schwach ausgebildetes Mesohyl) oder sekundär mit Rindenbildung (Cortex). Röhrenförmig verzweigte Vertreter, meist mit mehreren oder vielen Oscula. Selten deutlich individualisierte Vertreter mit nur einem Osculum. Triactine zum Teil stimmgabelähnlich. Auch Monaxone (Oxe) vorhanden.

Leucaltidae. Röhrenförmig, verzweigt, auch anastomosierend und meist mit vielen Oscula. Teilweise mit Cortex. *Leucaltis, Leucettusa.*

Leucascidae. Körper mehr massig, meist mit mehreren Oscula. Mit Dermalmembran oder sekundär mit Cortex. Geißelkammern länglich bis klein-rundlich. *Leucascus, Leucomalthe, Leucetta* (Taf. 184:4).

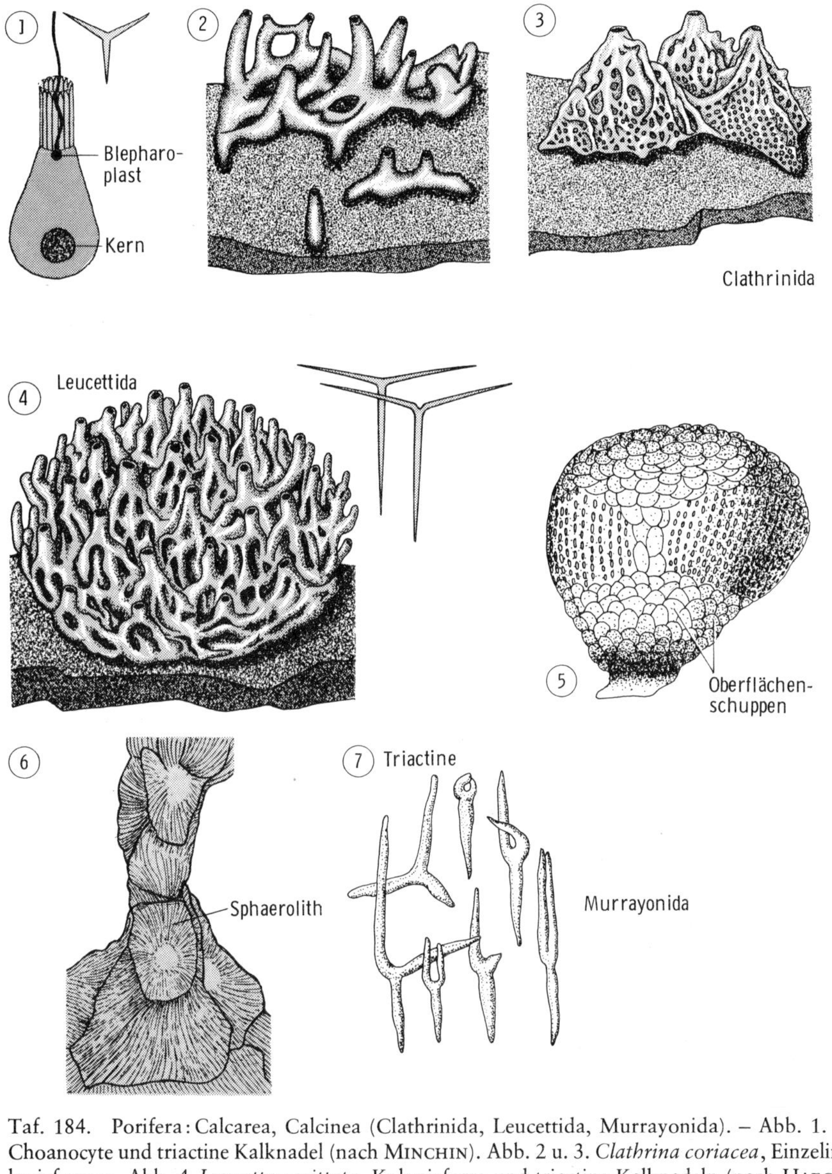

Taf. 184. Porifera: Calcarea, Calcinea (Clathrinida, Leucettida, Murrayonida). – Abb. 1. *Clathrina coriacea*, Choanocyte und triactine Kalknadel (nach MINCHIN). Abb. 2 u. 3. *Clathrina coriacea*, Einzelindividuum und Kolonieformen. Abb. 4. *Leucetta sagittata*, Kolonieform und triactine Kalknadeln (nach HAECKEL). Abb. 5. *Murrayona*, Habitus (nach KIRKPATRICK). Abb. 6. *Murrayona*, inneres Sphaerolithen-Skelett, Ausschnitt (nach KIRK - PATRICK). Abb. 7. *Murrayona*, Nadelformen: Dreistrahler (nach KIRKPATRICK).

Ordnung Murrayonida
(Taf. 184)

Mit sekundär leuconoidem Kanalsystem. Choanocyten mit basal gelegenem Nukleus. Mit ovalen Oberflächenschuppen. Im Mesohyl vorwiegend isoliert liegende sagittale Dreistrahler. Mit massivem, kalkigem Innenskelett, welches sich aus polygonalen, miteinander verschmolzenen Kalkkörpern (Sphaerolithen) zusammensetzt. Die Ordnung weist sowohl bei Calcaronea vorkommende Merkmale (Sphaerolithen-Skelett bei Petrobionida) als auch Calcinea-Merkmale (basal gelegener Nukleus der Choanocyten; Oberflächenschuppen wie bei Paramurrayonida) auf. Der basal gelegene Choanocyten-Nukleus spricht für eine Einreihung in die Calcinea.

Murrayonidae. *Murrayona* (Taf. 184:5–7): Einzige Gattung mit den Merkmalen der Ordnung. Körper birnenförmig, etwa 1 cm hoch.

Ordnung Paramurrayonida
(Taf. 185)

Mit sekundär leuconoidem Kanalsystem. Choanocyten mit basal gelegenem Nukleus. Innerer Mesohyl-Bereich mit isoliert liegenden triactinen (häufig stimmgabelähnlich) und tetractinen Kalknadeln. Cortexschicht ohne Nadeln, aber mit ovalen, abgeplatteten Kalkschuppen. Oberflächenschuppen oval und glatt, die darunter liegenden schuppenartigen Kalkplatten mit Strukturierung. Ohne massives Innenskelett. Mit primärer Parenchymella-Larve.

Paramurrayonidae. *Paramurrayona* (Taf. 185): Durchmesser 2,5 mm, Höhe 0,5 mm. In Meeresgrotten und Höhlen.

Die Ordnungen Murrayonida, Petrobionida, Minchinellida und Paramurrayonida werden häufig gemeinsam mit fossilen Vertretern in der Ordnung der Pharetronida zusammengefaßt. Hier liegt aber eine deutlich polyphyletische Gruppierung vor. Bei den fossilen Pharetronida sind die Kalknadeln durch einen Kalkzement miteinander verkittet. Von den rezenten „Pharetronida" besitzen nur die Minchinellida ein durch Verkittung von Nadeln entstandenes Skelett. Bei den anderen Ordnungen liegen abweichend gestaltete sekundäre Skelettverstärkungen vor. Das Auftreten von Amphiblastula- und primären Parenchymella-Larven (innere Zellen nicht so weitgehend differenziert wie bei der sekundären Parenchymella-Larve der meisten Demospongea) zeigt, daß sie zu den Calcaronea bzw. Calcinea gehören, und daß es in beiden Unterklassen im Verlauf der Evolution unabhängig voneinander zu sekundären, voneinander abweichenden Skelettverstärkungen gekommen ist. Sekundäre Skelettverstärkungen werden in diesen Fällen nicht durch sekundäre Größenzunahme, sondern durch einen Wechsel in der Lebensweise hervorgerufen. Die in Randbereichen von Riffen, Höhlen und Grotten) auftretenden starken Wasserströmungen bedingen hier diese sekundären Verfestigungen. Von den fossilen Pharetronida kennt man keinen Weichkörper, ihre Einreihung ist daher sehr schwierig. Da die rezenten Minchinellida ein durch Verkittung von Nadeln entstandenes Skelett besitzen, dürften viele fossile „Pharetronida" bei den Calcaronea einzureihen sein. Die ersten gesicherten fossilen „Pharetronida" treten im Perm auf. Unsichere, vielleicht zu den Vorfahren der fossilen „Pharetronida" zählende Funde stammen aus dem Devon. Stärkste Entwicklung im Mesozoikum, ab Ende der Kreidezeit nur noch sehr spärliche Vorkommen. Fossil wurden bei Schwämmen (Porifera) bisher nur Vertreter vom *Sycon*-Typ (Jura: „*Leucandra*" *walfordi* sowie die umstrittene Gattung *Protosycon*) und vor allem vom *Leucon*-Typ gefunden. Es fehlen gesicherte Funde vom *Ascon*-Typ. Viele Paläontologen halten daher Kalkschwämme-Gruppen mit *Ascon*- und *Sycon*-Typ für phylogenetisch jüngere Vertreter und leiten sie von leuconoiden „Pharetronida" ab. Nach diesen Vorstellungen würde bei den Kalkschwämmen (und den Schwämmen allgemein) eine regressive Evolution vorliegen, die mit leuconoiden Formen beginnt und in einer Reduktionsreihe über den *Sycon*-Typ schließlich beim *Ascon*-Typ endet. Der *Ascon*-Typ weist nur isoliert liegende Kalknadeln auf. Isolierte Schwammnadeln sind bereits seit dem Praekambrium (Australien) bekannt, aber ihre Zuordnung ist naturgemäß sehr schwierig und

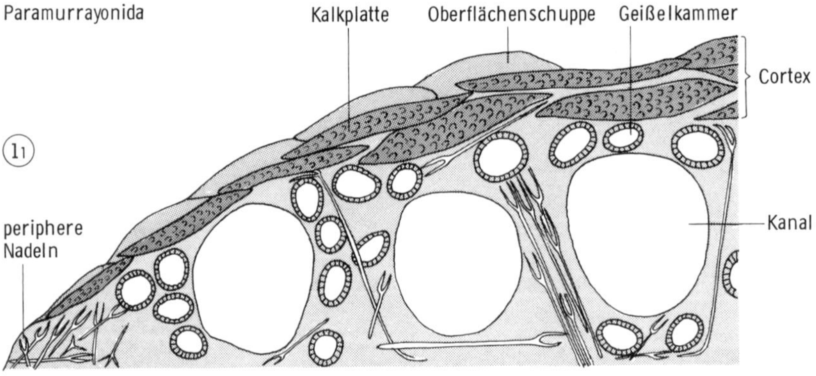

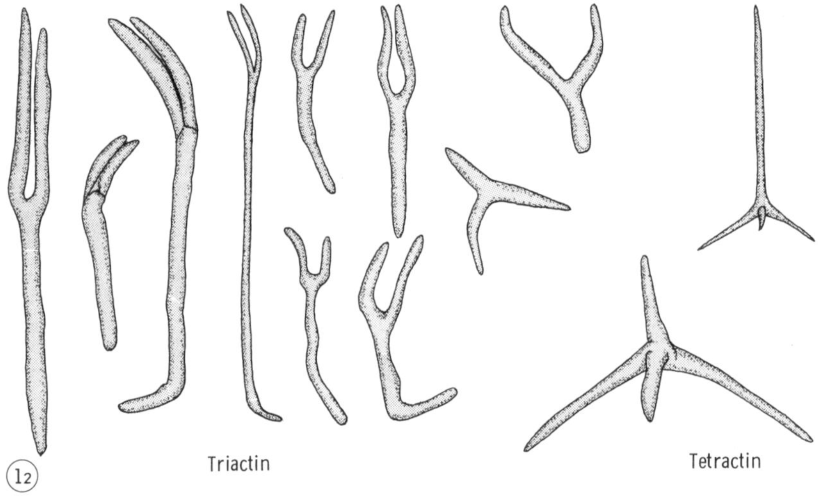

Taf. 185. Porifera: Calcarea, Calcinea (Paramurrayonida). – Abb. 1. *Paramurrayona corticata* (nach VACELET): 1/1. Schnitt; 1/2. Nadelformen.

strittig. Hinzu kommt, daß z.B. fossil gewordene Kalknadeln sich entweder auflösen oder umgewandelt werden. Wir müssen annehmen, daß (wie auch bei den Demospongea) die stammesgeschichtlich ältesten Vertreter der Kalkschwämme winzig klein (wenige Millimeter) waren und noch keine Skelettnadeln besessen haben. Erst sekundär erfolgte eine Vergrößerung des Schwammkörpers und eine Ausbildung von Nadeln zur Stützung des Körpers. Dieser nadellose Typ und auch der *Ascon*-Typ mit isolierten Nadeln ist nur sehr bedingt fossilisationsfähig. Von ihm können praktisch nur isoliert liegende Nadeln gefunden werden. Diese Nadelfunde sagen aber nichts über den betreffenden Bauplantyp (ob *Ascon*-, *Sycon*- oder *Leucon*-Typ) aus. Es widerspricht allen Erfahrungen, bei den Schwämmen eine Regressionsreihe sehen zu wollen, welche mit leuconoiden Formen beginnt und mit dem *Ascon*-Typ endet. Es sei denn, es hätten umwälzende Veränderungen in der Lebensweise stattgefunden. Das ist aber bei den Schwämmen sicher nicht der Fall. Es ist nach wie vor eine wichtige phylogenetische Regel, daß Gruppen mit einfachen Bauplänen beginnen, und daß kompliziertere Baupläne (wie z.B. beim *Leucon*-Typ) erst sekundär entstanden sind. Die den Paläontologen praktisch (noch) nicht zur Verfügung stehenden Weichteil-Merkmale sowie Larvenformen und Embryonalentwicklung zeigen eindeutig, daß die phylogenetische Reihe eine progressive Reihe darstellt, mit dem *Ascon*-Typ beginnt und über den *Sycon*-Typ beim *Leucon*-Typ endet. Die Embryonalentwicklung der Kalkschwämme zeigt eindeutig, daß zuerst der morphologisch einfache *Ascon*-Typ (Olynthus-Stadium der Kalkschwämme) ausgebildet wird. Bei stammesgeschichtlich alten Demospongea (z. B. *Halisarca*) wird noch ein asconoides Rhagonstadium durchlaufen, welches dann zunächst von einem syconoiden Rhagon (z. B. auch bei *Bajulus*) und dann erst von einem leuconoiden Rhagon abgelöst wird. Die phylogenetisch wichtigen Larvenformen sind fossil nicht bekannt, und wichtige Vorgänge bei der Bildung des zweischichtigen Organismus, wie Pseudogastrulation und Schichtumkehr, lassen sich naturgemäß nicht fossil nachweisen. Aus den angeführten Gründen läßt sich zur Zeit nur unter großen Schwierigkeiten eine Synthese unter Berücksichtigung paläontologischer und rezentzoologischer Daten erarbeiten. Das nur auf Skelettelementen basierende Fossil-System läßt sich nur sehr schwer und unter großen Vorbehalten auf das Rezentsystem übertragen.

Zusammenfassend kann gesagt werden, daß die Phylogenie der Schwämme (Porifera) gekennzeichnet ist durch das Prinzip der allmählichen Vergrößerung. Ausgehend vom winzig kleinen *Ascon*-Typ entsteht durch sekundäre äußere und innere Oberflächenvergrößerungen zunächst der *Sycon*-Typ. Der *Leucon*-Typ (mit den größten Vertretern) entwickelt sich aus dem *Sycon*-Typ und entsteht mehrmals unabhängig voneinander sowohl bei den Calcara als auch bei den Demospongea.

Fossile Calcara (Kalkschwämme)

Im frühen bis mittleren Kambrium sind bereits alle große Schwamm-Gruppen (Calcara, Demospongea, Hexactinellidea) vertreten. Die Entstehung und frühe Evolution der Porifera muß daher weit in das Praekambrium zurückdatiert werden. Aus dem Praekambrium Nordaustraliens liegen isolierte triactine Schwammnadeln vor, die aber nicht mit Sicherheit eingeordnet werden können. Da triactine Nadeln vor allem bei Calcara vorkommen, könnte es sich um Vertreter der Calcara mit isoliert liegenden Nadeln handeln. Im Praekambrium (Ediacara-Fauna vor etwa 700 Mio Jahren) kommen bereits segmentierte wirbellose Vertreter vor, welche im Trilobiten- oder Anneliden-Bereich einzuordnen sind. Daraus kann geschlossen werden, daß die Porifera etwa vor einer Milliarde Jahren entstanden sind, wobei zu berücksichtigen ist, daß die ersten Eukaryonten-Zellen aus einer Zeit vor etwa 1,4 Mrd. Jahren stammen.

Schwämme mit isoliert liegenden Nadeln (primärer Zustand) sind nur sehr schwer fossilisationsfähig. Bei den bisher fossil bekannten Vertretern handelt es sich daher fast ausschließlich um Arten mit einem sekundär versteiften Skelett.

Unterklasse Heteractininea

Seit dem frühen Unterkambrium (Chancelloriida) bekannt. Mit den beiden Ordnungen Chancelloriida und Octactinellida. Die Einreihung dieser fossilen Vertreter innerhalb der Calcara ist bei den Chancelloriida gut erkennbar. Sie weisen, wie auch die rezenten Kalkschwämme, Nadeln auf, welche deutlich erkennbare Verwachsungsnähte im Zentrum der Nadel (dort Zusammenstoßen der Strahlen) zeigen. Die einzelnen Strahlen der Nadel sind durch Verwachsungsnähte gegeneinander abgegrenzt. Ein identischer Nadelaufbau liegt bei rezenten Kalkschwämmen vor.

Eine Einreihung der Heteractininea in die Rezentgruppen Calcaronea und Calcinea ist zur Zeit nicht möglich, da keine Angaben über die Weichteil-Bereiche vorliegen, und die Embryonalentwicklung naturgemäß nicht bekannt ist.

Heteractininea sind, im Gegensatz zu den rezenten Calcaronea und Calcinea, durch den Besitz von Nadeln mit einer hohen Strahlenzahl gekennzeichnet. Die Nadeln sind größer als diejenigen der rezenten Gruppen und eindeutig als Megaskleren zu betrachten. Neben 1-, 3-, 4- und 6strahligen Nadeln kommen sogar Nadeln mit 8 oder 9 Strahlen vor. Durch den Besitz von 6-, 8- und 9strahligen Nadeln sind sie in Bezug auf Spikulation eindeutig von den rezenten Unterklassen der Kalkschwämme zu trennen.

Ordnung Chancelloriida
(Taf. 178)

Sie sind ab Unterkambrium vorhanden und sterben im Oberkambrium aus. Mit großen, dünnwandigen, meist vielstrahligen Kalknadeln, welche im Zentrum deutliche Verwachsungsnähte aufweisen. Die innen hohlen Nadeln sind 1-, 3-, 4- oder 6strahlig, es können aber auch bis zu 9 Strahlen ausgebildet sein. Die vielstrahligen Nadeln weisen meist eine rosettenartige Form auf. Meist sind 3-, 4- oder 6strahlige Nadeln vorhanden. Die Nadeln sind groß (größer als diejenigen der rezenten Calcara-Gruppen) und eindeutig als Megaskleren zu bezeichnen. Sie liegen isoliert und sind nicht, wie bei den Octactinellida, miteinander verfilzt. Dünnwandige, vasenförmige Vertreter. Der Körperbau mit einem großen apikalen Osculum wirkt asconoid.

Chancelloria (Taf. 178: 5/1), *Allonnia*.

Ordnung Octactinellida
(Taf. 178)

Von Mittelkambrium bis Unterperm. Meist mit 8strahligen Kalknadeln, seltener treten auch 3-, 6- oder vielstrahlige (mehr als 8) Nadeln auf. Monaxone Nadeln treten bei den Octactinellida nicht auf. Bei den octactinen Nadeln sind 6 Strahlen voll ausgebildet und liegen in einer Ebene. Hinzu kommen 2 senkrecht dazu angeordnete, stark verkürzte knopfförmige Strahlen. Auch bei den Octactinellida (z. B. *Eiffelia*) sind Verwachsungsnähte im Zentrum der Kalknadeln festgestellt worden. Einige Vertreter (z. B. *Ensiferites*) weisen rosettenartige Nadeln auf, welche durch starke Verlängerung eines Strahles gekennzeichnet sind. Die Nadeln sind einschichtig angeordnet (z. B. *Eiffelia*), liegen isoliert, sind aber miteinander verfilzt (z. B. *Eiffelia*, *Astraeospongium*). Dadurch entsteht ein lockeres, aber nicht fusioniertes Skelett. Die stammesgeschichtlich ältesten Vertreter (*Eiffelia*) weisen einen dünnwandigen, rundlich-vasenförmigen Körper auf. Vermutlich asconoider Bau mit einem einzigen großen, apikalen Osculum. Die Dünnwandigkeit der primären Vertreter spricht für eine geringe Ausbildung des Mesohyl-Bereiches. Neben diesen vasenförmigen Vertreter kommen auch schüsselförmige Arten vor.

Innerhalb der Octactinellida ist eine Tendenz zu sekundär komplexeren Körpern festzustellen. Die aus dem Ordovicium bekannten Vertreter (z. B. *Astraeoconus*) sind bereits dickwandiger und weisen stärker ausgebildete Mesohyl-Bereiche auf. Hinzu kommt eine Tendenz zu sekundären Nadel-Abwandlungsformen.

Bei *Eiffelia* (Kambrium) und *Astraeoconus* (Ordovicium) sind die Octactinen symmetrisch und zweidimensional, während bei *Astraeospongia* (Silur-Devon) kurze proximale und distale Strahlen vorhanden sind. Bei *Ensiferites* (Devon) ist der proximale Strahl stark vergrößert, und im distalen Bereich befindet sich ein Kranz rosettenartig angeordneter, verkürzter Strahlen. Bei *Asteractinella* (Karbon) treten ebenfalls rosettenartige Nadeln auf, mit sekundärer Vergrößerung der Strahlenzahl (mehr als 8 Strahlen). Bei *Wewokella* (Karbon-Perm, Einreihung etwas unsicher) ebenfalls rosettenartige Nadeln, teilweise Reduzierung bis zu dreistrahligen Nadeln.

Octactinelliden sind häufige und weitverbreitete Fossilien in paläozoischen Riffen und Schelf-Sedimenten.

Eiffelia (Taf. 178:5/2): Eine zwischen den Chancelloriida und Octactinellida vermittelnde Gattung, daher auch bisweilen bei den Chancelloriida eingeordnet; *Astraeoconus*: Länglich-vasenförmige Gestalt; *Astraeospongia* (Taf. 178:5/3): Schlüsselförmige Gestalt; *Ensiferites* (Taf. 178:5/4): Rundlich-vasenförmig; *Asteractinella* (Taf. 178:5/5: Schüsselförmig; *Wewokella* (Taf. 178:5/6): Länglich-vasenförmig; *Zangerlispongia*: Einreihung umstritten, da Nadeln ohne Verwachsungsnähte. Körper rundlich-vasenförmig wie bei *Eiffelia* und ebenfalls mit zweidimensionalen Nadeln. Körper dünnwandig. Auftreten im Mittelkarbon.

Die Heteractininea sind von bisher noch nicht fossil aufgefundenen praekambrischen Calcara abzuleiten. Die Chancelloriida mit ihren isoliert liegenden, noch nicht ineinander verfilzten (verhakten) Nadeln stellen wohl die älteste Gruppe der fossil bekannt gewordenen Kalkschwämme dar. Von ihnen sind die Octactinellida abzuleiten. Die Gattung *Eiffelia* vermittelt zwischen beiden Gruppen. Vom *Eif-*

felia-Bereich geht eine Evolutionslinie zu den Octactinellidae und Astraeospongiidae (*Astraeoconus – Astraeospongia – Ensiferites*), die andere zu den Wewokellidae (*Asteractinella – Wewokella*). Es ist unsicher, ob eine weitere Evolutionslinie vom *Eiffelia*-Bereich (Kambrium) zu den mittelkarbonischen *Zangerlispongia* führt. Es ist möglich, daß die Wewokellidae und *Zangerlispongia* eine gemeinsame Ursprungsgruppe haben. Die Heteractininea sterben im Perm (Wewokellidae) aus. Es bestehen keine direkten verwandschaftlichen Beziehungen zu den rezenten Kalkschwämmen.

Es ist aber möglich, daß einige Vertreter der fossilen polyphyletischen „Pharetronida" aus dem Wewokellidae-Bereich abgeleitet werden können, da bei einigen Vertretern der Wewokellidae eine Einzementierung der miteinander verfilzten Nadeln zu beobachten ist. Hinzu kommt, daß bei den Wewokellidae auch triactine Nadeln auftreten.

Die mesozoischen „Pharetronida" stellen eine polyphyletische Gruppierung dar. „Pharetronida" weisen ein aus Kalkfasern bestehendes Skelett auf, in welchem Kalknadeln eingebettet liegen. Identische Innenskelette treffen wir auch bei rezenten Vertretern der Calcaronea (Minchinellida) an. Mesozoische „Pharetronida" mit einzementierten Kalknadeln können daher in die Unterklasse der Calcaronea eingereiht werden. Da zementierte Skelettbildungen sicher sekundär sind, müssen diese „Pharetronida" von Vorfahren mit noch isoliert liegenden Nadeln (Calcaronea mit isolierten Nadeln) abgeleitet werden. Diese fossilen Vertreter sind bisher noch unbekannt, da Vertreter mit isolierten Nadeln kaum fossilisationsfähig sind. Nach dem Absterben des Schwammes werden die isolierten Nadeln weggeschwemmt, so daß unter günstigen Bedingungen nur isolierte Nadeln gefunden werden können. Diese lassen aber eine sichere Einreihung nicht zu.

Rezente Vertreter der Calcaronea weisen neben einachsigen, vorwiegend drei- und vierstrahlige Nadeln auf. Es können daher alle fossilen „Pharetronida" mit diesen Nadelformen innerhalb der Calcaronea eingereiht werden. „Pharetronida" treten ab dem Perm auf, sind im Mesozoikum sehr häufig vertreten und sterben am Ende der Kreide fast aus. Die rezenten Vertreter (Minchinellida) stellen ausgesprochene Reliktformen dar, welche nur noch in marinen Rückzugsgebieten (Grotten und Kleinhöhlen in Riffbereichen) vorkommen. Im Mesozoikum traten die „Pharetronida" als Riffbildner auf.

Fossile Vertreter der Calcaronea („Pharetronida").

Vertreter mit einzementierten Nadeln. Außer diesen einzementierten Nadeln kommen auch noch freiliegende (wie auch bei rezenten Calcaronea) Nadeln im äußeren Körperbereich vor.

Stellispongia (Taf. 180:2): Trias, Kalkfasern mit kleinen monaxonen Nadeln; *Enaulofungia* (Taf. 180:3): Jura, Kalkfasern enthalten triactine Kalknadeln; *Elasmostoma*; *Peronidella*; *Sestrostomella* (Taf. 180:4): Jura-Kreide, Kalkfasern mit unterschiedlichen Triactinen, zum Teil Stimmgabel-Triactine; *Porosphaera*: Kreide, Kalkfasern mit tetractinen Nadeln; *Porosphaerella*: Kreide, Kalkfasern ebenfalls mit tetractinen Nadeln.

Neben den Kalkfaser-Skeletten mit einzementierten Nadeln treten auch (Jura-Kreide) gekammerte Skelette mit in den Kammerwänden liegenden drei- und vierstrahligen Nadeln auf. Die Nadeln stellen nach den bisherigen Untersuchungen Kalknadeln dar und entsprechen denjenigen rezenter Calcaronea. Es sind sagittale Drei- und Vierstrahler. Vertreter mit gekammerten Skeletten wurden bisher in die Gruppe der **Sphinctozoa** eingeordnet und meist wegen des Kalkskelettes den Kalkschwämmen zugeordnet. Die Entdeckung eines rezenten Vertreters (*Neocoelia*) zeigt aber, daß ein Großteil der „Sphinctozoa" und zwar die Vertreter mit einem nadelfreien Kalkskelett bei den Demospongea einzuordnen sind. Im Bereich der Calcara können nur noch die Vertreter verbleiben, welche im Skelett Kalknadeln aufweisen. Diese Vertreter zählen zur Ordnung Sphaerocoeliida innerhalb der Calcaronea. Bei der zu dieser Ordnung zählenden Gattung *Tremacystia* (Sphaerocoeliidae) konnten eindeutige Nadeln im Skelett festgestellt werden.

Ordnung Sphaerocoeliida
(Taf. 180)

Mit der einzigen Familie der **Sphaerocoeliidae** (Jura-Kreide): *Sphaerocoelia* (Taf. 180:5): Rundliche, vertikal angeordnete Kammern, ohne zentral gelegenen Siphon; *Tremacystia* (Taf. 180:6): rundliche bis flache, vertikal angeordnete Kammern, mit sagittalen Drei- und Vierstrahlern in den Kammerwänden; *Barroisia* (Taf. 180:7): Kammern flacher, nicht rundlich, mit zentralem Siphon; *Thalamopora*: Ähnlich *Barroisia*.

Danach würden sowohl Demospongea als auch Calcara Vertreter mit gekammerten Skeletten aufweisen (Konvergenz). Es ist aber in Betracht zu ziehen, daß durch metasomatische Vorgänge Kieselnadeln verkalken können. Bei Demospongea mit nicht gekammerten Vertretern kommen Kalkskelette mit eingebetteten Kieselnadeln vor. Der Großteil der fossilen polyphyletischen „Sphinctozoa" gehört demnach zu den Demospongea und nicht zu den Calcara. Die ein inneres Kalkskelett aufweisenden Archaeocyatha gehören offensichtlich nicht zu den Porifera, sondern stellen eine verwandte selbständige Gruppe dar. Auch bei den Receptaculitida handelt es sich um keine Vertreter der Porifera, sondern wahrscheinlich um Kalkalgen.

Phylogenie der rezenten Calcara (Kalkschwämme)

Calcara weisen als einzige Gruppe innerhalb der Porifera im Adultstadium noch den primären *Ascon*-Typ auf. Der vom Olynthus-Stadium abzuleitende *Ascon*-Typ ist schlauchförmig, besitzt nur ein einziges apikales Osculum, zeigt eine deutliche Individualität und eine eindeutige primäre Radiärsymmetrie. Rezente Calcara vom *Ascon*-Typ (sowohl bei Calcaronea als auch bei Calcinea vorhanden) besitzen Kalknadeln zur Stützung des Körpers. Man kann davon ausgehen, daß während der Evolution der Calcara zuerst nadelfreie Vertreter vom *Ascon*-Typ aufgetreten sind. Diese Formen sind rezent unbekannt und auch kaum fossilisationsfähig.

Calcara, und damit die Porifera allgemein, sind primär klein und weisen ein nur sehr dünnes Mesohyl auf. Das primär dünne Mesohyl erlaubt den primären direkten Wasserweg von den Porocyten zu den Choanocyten. Choanocyten weisen eine primär apikale Lage des Zellkerns auf. Die basale Lage (bei Calcinea) ist sekundär. Nach Zellteilungen (Längsteilungen) liegt z. B. bei den Choanocyten der Calcinea der Zellkern zunächst noch apikal und wandert erst dann in den basalen Zellbereich.

Der primäre *Ascon*-Typ erlaubt aus statischen und hydrodynamischen Gründen nur kleine, schlauchförmige Körper mit einer Höhe bis zu etwa 3–4 cm.

Innerhalb der Calcara treffen wir den primären *Ascon*-Typ sowohl bei den Calcaronea als auch bei den Calcinea an. Die Calcaronea stellen die stammesgeschichtlich älteste Gruppe der Calcara (Kalkschwämme) dar. Sie besitzen noch den ursprünglichen, nur geringfügig vom asconoiden Olynthus abweichenden *Ascon*-Typ. Das Spongocoel ist noch nicht sekundär verkleinert, und es ist noch die primär große, deutlich ausgebildete Oscularröhre vorhanden. Bei dem sekundären *Ascon*-Typ der Calcinea ist das zentrale Spongocoel schon sekundär verkleinert, die Oscular-Röhre ist schwächer ausgebildet, und die Form weicht schon stärker vom asconoiden Olynthus ab.

Zahlreiche weitere Merkmale sprechen ebenfalls dafür, in den Calcaronea die stammesgeschichtlich älteste Gruppe zu sehen. Die Choanocyten der Calcaronea besitzen noch einen primär apikal liegenden Zellkern, während der Zellkern bei den Chaonocyten der Calcinea sekundär eine basale Lage aufweist. Während der Embryonalentwicklung und Ausbildung des Jungschwammes treten bei den Calcaronea zuerst monaxone, bei den Calcinea dagegen zuerst triaxone Nadeln auf. Monaxone Nadeln stellen den primären Nadeltyp der Calcara (und der Porifera allgemein) dar. Dieser Schluß wird durch das Auftreten primär monaxoner Nadeln bei der Jungschwammbildung der Calcaronea (biogenetische Grundregel) gestützt. Damit sind auch die Calcaronea als stammesgeschichtlich älteste Gruppe der Calcara (und der Porifera allgemein) ausgewiesen. Calcaronea besitzen noch primär normal gestaltete Spermien mit Kopf, Mittelstück und Schwanz (sie entsprechen dem Primär-Typ der Animalia-Spermien), während bei den Calcinea sekundär umgewandelte amöboide Spermien vorliegen. Calcaronea weisen noch die primäre, innen zellenfreie Amphiblastula-Larve auf, welche zusätzlich noch die primäre Radiärsymmetrie (Kreuzzellen) der Porifera zeigt. Calcinea dagegen besitzen eine primäre Parenchymella-Larve, welche zusätzliche Zellen im Inneren der Larve besitzt. Diese Larvenform ist von der Amphiblastula-Larve abzuleiten und wandelt sich im Verlauf der Evolution dann in die sekundäre Parenchymella-Larve (nicht bei Calcara vorhanden, aber bei den stammesgeschichtlich jüngeren Silicosponga) um. Die Pseudogastrulation (bei Calcaronea) stellt die primäre Form der Schichtenbildung dar, die Schichtumkehr (bei Calcinea) ist sekundär.

Die Körper der Kalkschwämme werden im Verlauf der Evolution größer. Durch sekundäre innere Oberflächenvergrößerungen, verknüpft mit einer stärkeren Ausbildung des Mesohyls entstehen sowohl bei den Calcaronea als auch bei den Calcinea neue Bauplan-Typen. Der *Sycon*-Typ der Porifera wird nur bei den Calcaronea ausgebildet. Er entsteht aus dem *Ascon*-Typ durch Ausbildung seitlicher Divertikel des zentralen Spongocoels. Dieser Vorgang ist bei *Leucosolenia* (Calcaronea) noch deutlich zu beobachten, da hier der *Ascon*-Typ schon sehr kleine, seitliche Divertikel ausbilden kann.

Bei der Ausbildung des *Sycon*-Typs gelangen die Choanocyten in die lateralen Radialtuben, während die Endopinacocyten des Oscular-Rohres nach unten wandern und schließlich den inneren, großen Spongocoelraum auskleiden. Der primäre *Sycon*-Typ (z.B. bei *Sycetta*) weist noch keine Cortex auf und besitzt noch die vom *Ascon*-Typ herrührende Schlauchform. Sekundär wird beim *Sycon*-Typ der Mesohyl-Bereich vergrößert, und es kommt zur Cortex-Bildung (z.B. schon teilweise bei *Sycon*, speziell bei Grantiidae und Heteropiidae). Sekundäre Verzweigungen der Radialtuben führen bei den Calcaronea zum *Leucon*-Typ mit kleineren rundlichen, isoliert liegenden Geißelkammern. Das Wasserleitungssystem weist den primären eurypylen *Leucon*-Typ auf. Als vermittelnde Stufe zwischen *Sycon*- und *Leucon*-Typ tritt ein sylleibider Zwischentyp (z.B. bei *Leucilla*) auf.

Die phylogenetische Reihenfolge *Ascon*-, *Sycon*- und *Leucon*-Typ ist nur bei den Calcaronea ausgebildet. Calcinea weisen keinen Sycon-Typ auf. Bei ihnen entstehen abweichende *Leucon*-Typen entweder durch Aufteilung und Abschnürung asconoider Spongocoelräume oder aber durch Verschmelzung netzartig miteinander verbundener asconoider Röhren. Die Calcinea sind von asconoiden Calcaronea abzuleiten. Die Leucosoleniidae stellen die stammesgeschichtlich älteste Gruppe der Calcaronea dar. Nur sie weisen noch den primären *Ascon*-Typ auf. Von ihnen sind die *Sycon*-Vertreter ohne Cortex (*Sycetta*) abzuleiten. Sekundär kommt es schon bei den Sycettidae, vor allem aber bei den Grantiidae und Heteropiidae zur Ausbildung einer Cortexschicht (*Sycon*-Typ mit Cortex). Als nächsten Schritt können wir innerhalb der Calcaronea die Ausbildung leuconoider Formen beobachten. Sowohl bei den Amphoriscidae (hier noch silleibide Zwischentypen vorhanden) wie auch bei den Leuconiidae werden *Leucon*-Typen ausgebildet. Alle bisher erwähnten Calcaronea-Gruppen besitzen noch ein primäres, aus isoliert liegenden Megaskleren bestehendes Skelett. Sekundär kommt es innerhalb der Calcaronea zur Ausbildung von besser stützenden Innenskeletten. Diese sekundären Skelettverstärkungen sind so unterschiedlich, daß man eine getrennte Entwicklung dieser Gruppen aus dem Sycettidae-Bereich annehmen kann. Alle Vertreter weisen leuconoide Kanalsysteme auf. Die Vertreter der Lelapiida besitzen die einfachsten sekundären Skelettverstärkungen. Bei ihnen werden die Kalknadeln (Dreistrahler) eng aneinander gelagert, sind aber nicht miteinander verkittet. Einen ähnlichen Verstärkungstyp treffen wir bei den kambrischen Chancelloriida (Heteractininea) an. Feste Innenskelette treffen wir bei den Minchinellida und Petrobionida an. Die Minchinellida weisen ein faserartiges Innenskelett auf, welches aus durch Kalkzement miteinander verbundenen Vierstrahlern besteht. Identische Innenskelette treffen wir bei vielen mesozoischen „Pharetronida" an. Sie und die Minchinellida gehören zweifellos einer gemeinsamen Kategorie an. Das Skelett der Minchinellida bietet größeres Stützvermögen als das Skelett der Lelapiida. Massive Innenskelette aus polygonalen Kalkkörpern (Sphaerolithen) kommen bei den Petrobionida vor. Einen anderen Weg gehen die winzigen Vertreter der Lepidoleuconida. Bei ihnen wird nicht der innere Bereich, sondern die Cortex-Schicht sekundär durch Ausbildung dreieckiger Schuppen (umgewandelte Dreistrahler) verstärkt.

Ausbildungen von inneren Skelettverstärkungen sind mit einem Wechsel in der Lebensweise verknüpft. Kalkschwämme leben primär in stillen, wenig bewegten, marinen Flachwasserbereichen. Dieser Bereich ist als der primäre Lebensbereich der Kalkschwämme (und der Porifera überhaupt) zu betrachten. Hier reichen die normalen Skelette aus isolierten Nadeln aus, um den Körper zu stützen. Eine sekundäre Besiedlung von marinen Riffen und Kleinhöhlensystemen führte zur Ausbildung stärkerer Innenskelette, da nun wesentlich stärkere Wasserströmungen auftraten. Das Auftreten von sekundären Skelettverstärkungen bei kambrischen Vertretern (Heteractininea) weist schon auf einen frühen Wechsel der Lebensweise hin. Natürlich verbleiben noch sehr viele Vertreter im stillen Flachwasserbereich und besiedeln auch heute noch diese primären Lebensräume. Das Auftreten von Arten mit Skelettverstärkungen im Kambrium setzt voraus, daß im Praekambrium Vertreter mit einfachen Skelettsystemen aus isolierten, frei liegenden Nadeln vorhanden waren. Diese primären Vertreter haben praekambrische marine Stillwasserbecken besiedelt.

Die Calcinea sind aus dem frühen asconoiden Bereich der Calcaronea abzuleiten. Innerhalb der Calcinea stellen die Clathrinida die stammesgeschichtlich älteste Gruppe dar. Nur sie weisen noch den primären asconoiden Bau auf. Innerhalb der Clathrinidae weist *Clathrina* noch den primären *Ascon*-Typ auf. Bei *Ascandra* besitzt das Spongocoel sekundäre laterale Ausbuchtungen, es liegt ein sekundär abgewandelter *Ascon*-Typ vor. *Sycon*-Typen kommen bei den Calcinea nicht vor. Die sekundären *Leucon*-Typen der Leucettida sind aus dem Clathrinida-Bereich abzuleiten. Eine Evolutionslinie führt von *Clathrina* über *Ascandra* zu den Leucaltidae. Leucaltidae weisen einen leuconoiden Bau auf, der durch Aufteilung und Abschnürung asconoider Spongocoelräume (Vorläufermodell *Ascandra*) entstanden ist. Eine weitere Evolutionslinie führt wiederum von *Clathrina* zu den Leucascidae. Der *Leucon*-Typ der Leucascidae entsteht durch Verschmelzung netzförmig miteinander verbundener asconoider *Clathrina*-Röhren. Auch innerhalb der Calcinea kommt es zu sekundären Skelettverstärkungen, die, wie bei den Calcaronea, durch einen Wechsel in der Lebensweise bedingt sind. Massive Innenskelette aus miteinander verschmolzenen Kalkkörpern (Sphaerolithen) treten bei den Murrayonida auf. Ein sehr ähnliches Sphaerolithen-Skelett kommt auch bei den Calcaronea (Petrobionida) vor. Bei den Paramurrayonida wird dagegen die Cortex-Schicht durch Ausbildung von Kalkschuppen verstärkt. Sehr ähnliche Verhältnisse liegen auch bei den Calcaronea (Lepidoleuconida) vor. Die leuconoide Kanalsysteme aufweisenden Murrayonida und Paramurrayonida sind aus dem Leucettida-Bereich abzuleiten.

Das System der rezenten Kalkschwämme basiert weitgehend auf Weichteil-Merkmalen, Embryonalentwicklung und Larvenformen. Merkmale, welche Fossilfunde nicht liefern können. Das System der fossilen Gruppen basiert daher ausschließlich auf Nadelformen und Skelettbildungen. Eine Vereinigung beider Systeme ist im Augenblick nur bedingt möglich. Wir müssen davon ausgehen, daß die ersten praekambrischen Kalkschwämme noch keine Nadeln besessen haben, aber den nur bei den rezenten Kalkschwämmen noch verwirklichten *Ascon*-Typ aufwiesen. Sekundär kam es noch im Praekambrium zur Ausbildung monaxoner, darauffolgend tri- und tetraxoner und auch polyaxoner (mehr als 4 Achsen), isoliert liegender Kalknadeln. Triactine (triaxone) Schwammnadeln aus dem Praekambrium Nordaustraliens könnten zu Kalkschwämmen gehören. Beide *Ascon*-Typen, ohne und mit Nadeln, sind kaum fossilisationsfähig. Sie sind winzig klein (nur wenige mm groß), und die Nadeln werden beim Absterben des Schwammes weggeschwemmt. Auch der *Sycon*-Typ mit ebenfalls isoliert liegenden Nadeln ist nur sehr beschränkt fossilisationsfähig, auch hier werden die Nadeln nach dem Absterben weggeschwemmt. Isoliert gefundene Nadeln können naturgemäß keinen Aufschluß darüber geben, ob sie zu einem asconoiden, syconoiden oder leuconoiden Typ gehörten. Hinzu kommt, daß sich Kalknadeln (im Gegensatz zu Kieselnadeln) relativ leicht auflösen oder umgewandelt (z. B. Verkieselung) werden. Es ist daher verständlich, daß man bis heute noch keine eindeutigen *Ascon*-Schwämme fossil aufgefunden hat. Fast alle Fossilfunde stellen *Leucon*-Typen dar. Es ist aber zu beachten, daß die schon im Unterkambrium auftretenden Heteractininea (z. B. Chancelloriida) einen asconoid wirkenden Körperbau mit einem einzigen großen apikalen Osculum zeigen. Hier könnten eventuell *Ascon*-Typen vorliegen. Octactinellida (Heteractininea) weisen ebenfalls einen asconoid wirkenden Körper auf, sind sehr dünnwandig (geringe Mesohyl-Ausbildung) und weisen sekundäre Skelettverstärkungen in Form aneinanderliegender, aber nicht durch Zementierung verbundener Nadeln auf. Innerhalb der Calcaronea treffen wir bei den Lelapiida eine ähnliche sekundäre Skelettverstärkung an. Man könnte daher die Heteractininea eher in die Nähe der Calcaronea als in die Nähe der Calcinea stellen. Leichter ist die Eingruppierung vieler mesozoischer „Pharetronida“. Sie besitzen Skelette wie die Minchinellida (faserartige Skelette aus Vierstrahlern, welche durch Kalkzement miteinander verkittet sind) und können daher in den Calcaronea-Bereich eingegliedert werden.

Die größere Zahl der Nadeltypen bei den kambrischen Heteractininea läßt sich durch die Ausbildung einer zunächst großen Zahl von Nadeltypen, ausgehend von der primär monaxonen Nadel, erklären. Erst im weiteren Verlauf der Evolution haben sich dann allmählich die offensichtlich für Kalkschwämme günstigsten Nadeltypen (mon-, tri- und tetraxone Nadeln) herausgeschält und wurden von den rezenten Gruppen beibehalten.

Der Besitz von Nadeln gehört aber nicht zum Grundbauplan der Porifera. Nadellose Calcara (Kalkschwämme) sind bisher rezent noch nicht bekannt geworden, während nadellose Demospongea (allerdings mit sekundärem leuconoiden Kanalsystem im adulten Stadium) rezent bekannt sind. Das Auftreten von nadellosen Silicosponga (Demospongea) spricht für eine sehr frühe Trennung beider Gruppen.

Kalkschwämme behalten bis in die rezente Zeit ihren primären Lebensraum, stille marine Flachwasserbereiche, bei. Sekundär verlassen Teilgruppen diesen Bereich und siedeln sich an Riffen sowie in Höhlensystemen der Riffe an. Die dort herrschenden stärkeren Wasserströmungen lösen verschiedenartige, sekundäre Skelettverstärkungen aus. Der Tiefsee-Bereich blieb den Kalkschwämmen weitgehend verschlossen, da Kalk unter den dort herrschenden hohen Druckverhältnissen löslich ist. In diesem Bereich können daher praktisch nur Vertreter mit Kieselnadeln, wie z. B. die Hexactinellidea (Glasschwämme) existieren.

Unterreich Silicosponga

Mit den beiden Stämmen der Demospongea (Kiesel-, Horn-, Sockelschwämme) und Hexactinellidea (Glasschwämme). Stamm Demospongea mit der einzigen Klasse der Demospongiae. Stamm Hexactinellidea mit der einzigen Klasse der Hexactinellida.

Schlüsselmerkmale: Primär skelettlose Vertreter. Wenn Skelettelemente vorhanden, dann Kieselnadeln, Kieselskelette und Hornskelette einschließlich Hornspicula. Nie mit Kalknadeln aber mit inneren und basalen Skeletten aus Calcit oder Aragonit. Achsenkanal der Kieselnadeln bei Demospongea dreieckig, bei Hexactinellidea dagegen quadratisch.

Stamm Demospongea (Kiesel-, Horn-, Sockelschwämme)

(Taf. 186–200)

Bei weitem umfangreichster Stamm der Schwämme. Etwa 95% der rezenten Schwammarten gehören diesem Stamm an. Die systematische Einteilung der Demospongea basierte lange Zeit auf der Spiculation der einzelnen Gruppen, während neuerdings (z. B. Lévi 1953, 1957, 1973 und Brien 1968) weitgehend auch embryologische Daten zur Festlegung höherer Kategorien herangezogen werden. Die systematische Einteilung der Demospongea in dieser Bearbeitung basiert auf diesen neueren Untersuchungsergebnissen. Die Kieselnadeln der Demospongea besitzen alle eine organische Achse mit einem dreieckigen Achsenkanal (Taf. 186:4) und weisen die Demospongea als eine monophyletische Gruppierung aus. Die ebenfalls Kieselnadeln besitzenden Hexactinellidea haben dagegen einen quadratischen Achsenkanal (Taf. 201:6). Sie sind daher ebenfalls als eine monophyletische Gruppe zu betrachten und stellen die Schwestergruppe der Demospongea dar, unter der Voraussetzung, daß Kieselnadeln nur einmal im Verlauf der Porifera-Evolution entwickelt wurden. Demospongea besitzen primär keine Skelettnadeln. Erst mit dem Größerwerden des ursprünglich kleinen Körpers werden Skelettelemente, zunächst in Form einfacher, isoliert liegender Nadeln gebildet. Primär ist die monaxone Nadel (Megasklere), erst sekundär werden vor allem tetraxone und auch triaxone Megaskleren ausgebildet. Mit der Ausbildung von Spongin und dem schrittweisen Ersetzen der Nadelskelette durch Sponginskelette können Megaskleren auch sekundär wieder monaxon werden. Ein primärer Besitz von tetraxonen Nadeln (Schulze 1877, Dendy 1921) ist abzulehnen. Primär sind auch bei den Demospongea einfache (monaxone) Nadelformen vorhanden, welche von einem einzigen Silicoblasten ausgebildet werden. Zur Ausbildung sekundär komplizierterer Nadeln mit mehreren Achsen sind mehrere Silicoblasten (entsprechend der Achsenzahl) notwendig, welche in einem syncytialen Verband die kompliziertere Nadel herstellen. Es ist wenig schlüssig, anzunehmen, daß sich im Verlauf der Evolution zuerst die kompliziertere Nadelform entwickelt (sie bietet gegenüber den monaxonen Nadeln eine bessere Festigkeit) und man dann mit dem Größerwerden des Schwammkörpers auf einfachere, weniger stüt-

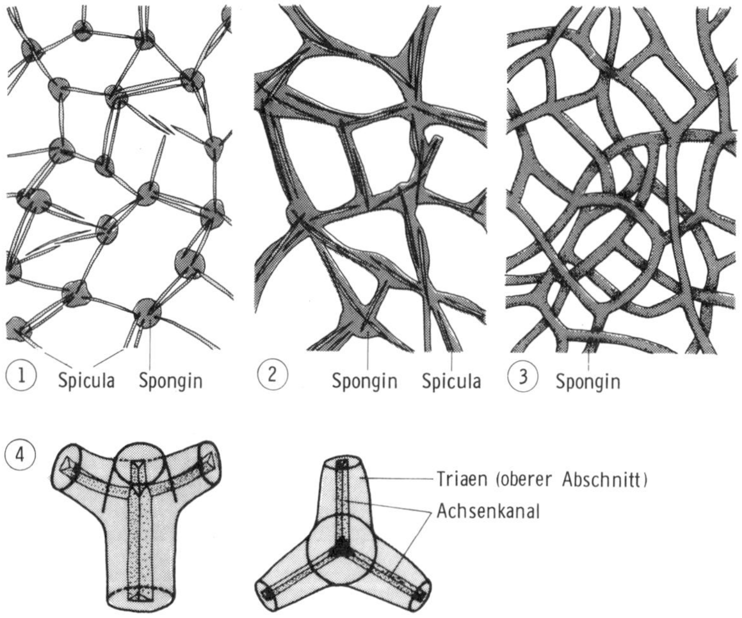

Taf. 186. Porifera: Demospongiae (Vergrößerung des Sponginanteiles, Kieselnadeln-Achsenkanal). – Abb. 1. *Reniera*, monaxone Kieselnadeln, die an ihren Enden durch kleine Spongin-Knollen miteinander verbunden sind (nach MINCHIN). Abb. 2. *Haliclona*, ganz in Spongin eingebettete monaxone Kieselnadeln (nach MINCHIN). Abb. 3. *Spongia*, reines Sponginskelett (nach MINCHIN). Abb. 4. Kieselnadel (Triaen) mit dreieckigen Achsenkanälen (nach REISWIG).

zende monaxone Nadeln übergeht. Es ist genau umgekehrt. Mit dem Größerwerden der Schwammkörper müssen kompliziertere Nadelformen (und kompliziertere Skelettformen) entwickelt werden. Anders ist es, wenn im Verlauf der Evolution das Nadelskelett durch Spongin ersetzt wird. Hier werden im Verlauf der Evolution (Taf. 186) Nadeln in Spongin eingeschlossen, so daß am Ende der Evolutionsreihe reine, nadelfreie (durch ihre höhere Elastizität offensichtlich besser adaptierte) Sponginskelette vorliegen. Hier können Nadelformen reduziert werden, so daß durch Umwandlung tetraxoner Nadeln sekundäre Monaxone entstehen können. Im Mesohyl der Schwämme befinden sich kollagene Fasern. Das bei den Demospongea auftretende Spongin ist ebenfalls dem Kollagen zuzurechnen. Das allgemeine Muster der Aminosäuren, der Gehalt an Glycin und Hydroxyprolin entsprechen bei Spongin und Kollagen einander. Spongin kann von Spongioblasten, Lophocyten, aber auch von Pinacocyten gebildet werden. Die Fähigkeit zur Ausbildung von Spongin ist daher bei Schwämmen (zumindest bei Demospongea) primär vorhanden, es kommt aber nicht immer zur Ausbildung von Spongin. Es ist wahrscheinlich, daß es innerhalb der Demospongea mehrmals zur Ausbildung von Spongin gekommen ist. Demospongea besitzen primär keine Skelettnadeln (Homoscleromorpha; Halisarcinea) und weisen kleine Körper mit geringer Mesohyl-Ausbildung auf. Beide Gruppen besitzen noch einfache Larventypen. Homoscleromorpha mit Amphiblastula-Larve und der für diesen Larventyp charakteristischen Pseudogastrulation. Halisarcinea dagegen mit einfacher, primärer Parenchymella-Larve und Schichtumkehr.

Zuerst werden bei Demospongea monaxone Kieselnadeln ausgebildet. Auch bei den Tetractinomorpha tritt dieser Nadeltyp zuerst auf. Sekundär kommt es zur Ausbildung tetraxoner und seltener auch triaxoner Nadeln. Zur Sponginausbildung kommt es unabhängig voneinander sowohl bei den Tetractinomorpha als auch bei den Ceractinomorpha. Innerhalb der Ceractinomorpha voneinander unabhängige Sponginbildung bei Dendroceratinea, Veronginea und Ceractinomorphinea. Faser- und Skelettbau zeigen deutlich, daß hier eine mehrmalige, voneinander unabhängige Sponginbildung erfolgt ist.

Die Mikroskleren treten bei den Demospongea in verschiedenartiger Ausbildung (z.B. als Astern, Spiren, Sigmen) auf und dienen sekundär zur weiteren Verfestigung des Schwammkörpers. Sowohl bei den Tetractinomorpha als auch bei den Ceractinomorpha kommt es in einigen Gruppen zur Ausbildung basaler und auch innerer, zum Teil gekammerter Kalkskelette. Auch sie haben Stützfunktion und dienen als Basalskelett zur Festheftung auf der Unterlage.

Die Körperform der Demospongea ist sehr unterschiedlich. Primär treffen wir kleine, krustenförmige Vertreter an. Sekundär kommt es zu einem aufrechten Wuchs. Am häufigsten treten massige, rundliche Formen auf. Es kann aber auch ein baum- oder fiederförmiges Wachstum vorliegen. Die größten rezenten Schwämme mit einem Durchmesser bis zu 2 Metern (Hadromerida: *Spheciospongia*) zählen zu den Demospongea. Einige Vertreter (z.B. *Cliona*, Bohrschwämme) gehen zu einer sekundären bohrenden Lebensweise über.

Demospongea mit gut ausgebildetem Mesohyl. Mesohyl mit vielerlei Zelltypen. Demospongea stets mit einem leuconoiden Kanalsystem. Primär mit eurypylem, leuconoidem Kanalsystem. Im Verlauf der Evolution werden die Schwammkörper größer, und mit dem Größerwerden ist eine Vergrößerung des leuconoiden Geißelkammer-Systems eng verknüpft. Die Geißelkammern nehmen an Zahl zu, sind relativ klein und weisen eine kugelförmige Form auf. Das eigentliche Kanalsystem setzt sich aus zu- und abführenden Kanälen, sowie aus lakunenartigen Dermalräumen zusammen. Häufig sind ausgedehnte Subdermalräume vorhanden. Viele Vertreter mit primär einfacher Dermalmembran, sekundär trifft man aber häufig auf starke Cortexbildungen. Oft liegt eine deutliche Trennung in ein äußeres Ektosom ohne Geißelkammern und ein inneres Choanosom mit Geißelkammern vor. Mit Larvi- und Oviparie. Während der Embryonalentwicklung wird bei stammesgeschichtlich alten Vertretern noch ein Blastocoel ausgebildet. Mit Pseudogastrulation (Homoscleromorpha) oder Schichtumkehr. Mit Amphiblastula- oder Parenchymella-Larve. Bei stammesgeschichtlich alten Vertretern wird bei der Rhagonbildung (Taf. 187) zunächst eine asconoide, dann eine syconoide und schließlich eine leuconoide Phase durchlaufen. Durch sekundäre Verdickung des Dermallagers (Rhagon: *Plakina-Plakortis*) entsteht dann der adulte Schwamm. Sekundär abweichende Verhältnisse liegen bei den Süßwasserschwämmen vor. Dermallager des adulten Schwammes mit zahlreichen, kleinen, rundlichen Geißelkammern. Wasserzuführung über Dermalporen, hypodermale Lakunen und zuführende Kanäle. Wasserausleitung über ableitende Kanäle und subgastrale Lakunen zunächst in den Bereich des Atriums (Rest des Spongocoels) und endgültige Ausleitung dann über das Osculum.

Die Embryonalentwicklung bis zur Schwammlarve findet bei den meisten Demospongea (Larviparie) im Mesohyl des Dermalbereiches statt. Einige Gruppen sind ovipar und geben ihre Eier über das Osculum nach außen ab.

Ungeschlechtliche Fortpflanzung durch Knospung, Spaltung oder Gemmula-Bildung.

Demospongea kommen, mit wenigen Ausnahmen, im primären marinen Bereich vor. Bis auf wenige Ausnahmen sind sie an Unterlagen festgeheftet. Sie kommen vor allem im Bereich flacher Schelfmeere (Litoral) vor, können aber auch in Einzelfällen in Tiefen bis zu 7000 m auftreten. Sekundäre Süßwasserbewohner gehören alle der Ordnung Haplosclerida an und zählen zu den Familien der Spongillidae (weltweite Verbreitung), Lubomirskiidae (Baikal-See) und Potamolepidae (Afrika).

Klasse Demospongiae

Einzige Klasse mit den Merkmalen des Stammes.

Mit den Unterklassen Homoscleromorpha, Tetractinomorpha und Ceractinomorpha. Larvi- und ovipare Vertreter. Mit verschiedenartigen Blastula- und Parenchymella-Larven. Stammesgeschichtlich älteste Vertreter mit Blastula-Larven (Amphiblastula). Bei ihnen (Homosclerophorida) läuft die Embryonalentwicklung wie bei den Calcaronea (Kalkschwämme) mit einer abschließenden Pseudogastrulation am animalen Pol ab. Primär (Homosclerophorida) noch ohne Skelett (Nadeln) und auch ohne Spongin. Sekundär mit Nadel- oder Sponginskeletten. Bei den Kieselnadel-Skeletten treten zuerst isoliert liegende monaxone, diactine Nadeln auf. Primär (Homosclerophorida) noch keine Trennung

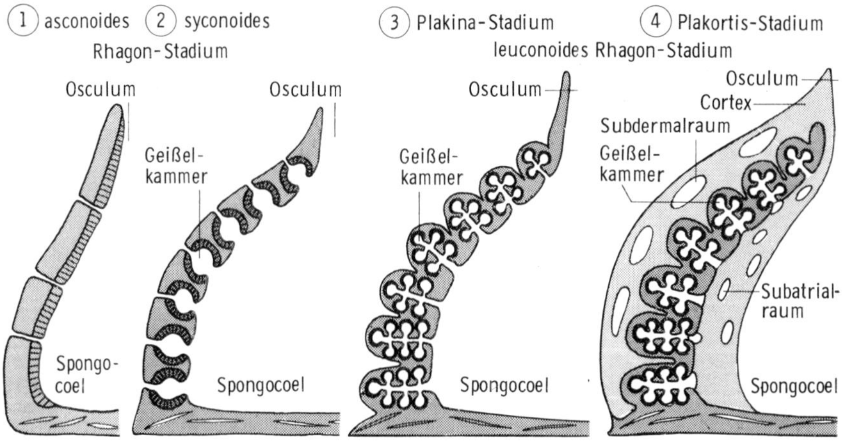

Taf. 187. Porifera: Demospongiae, Homoscleromorpha (Embryonalentwicklung – Evolutionsreihe nach der biogenetischen Grundregel). – Abb. 1. asconoides Rhagonstadium. Abb. 2. syconoides Rhagonstadium. Abb. 3. *Plakina*-Stadium, leuconoides Rhagonstadium ohne Cortex. Abb. 4. *Plakortis*-Stadium, leuconoides Rhagonstadium mit Cortex und Subdermalräumen.

in Makro- und Mikroskleren, sekundär zunächst mit Makroskleren (primär monaxon) und dann auch mit zusätzlichen, primär monaxonen Mikroskleren. Sekundäre Skelettverstärkungen durch Büschelungen von Kieselnadeln oder durch Verbindung der Kieselnadeln mit Hilfe von Sponginknollen. Durch Reduktionsvorgänge können aber auch wieder sekundäre reine Sponginskelette entstehen. Primär reine Sponginskelette treffen wir bei den Ceractinomorpha an. Auch innerhalb der Ceractinomorpha kommen primäre Vertreter (Halisarcida) ohne Skelettnadeln und ohne Spongin vor. Bei ihnen (Halisarcida) entspricht die Embryonalentwicklung mit primärer Parenchymella-Larve derjenigen der Calcinea (Kalkschwämme). Sekundär können sowohl bei den Tetractinomorpha als auch bei den Ceractinomorpha aus Kalk bestehende Innen- und Basalskelette (teilweise auch gekammert) gebildet werden.

Primär von krustenförmiger Gestalt, sekundär aufrecht stehende Vertreter. Primär marine Vertreter, sekundär auch einige Süßwasserbewohner (Ceractinomorpha: Haplosclerida).

Unterklasse Homoscleromorpha

(Taf. 187–188)

Stammesgeschichtlich älteste Gruppe der Demospongiae. Mit Larviparie und Amphiblastula-Larve, die derjenigen der Calcaronea (Kalkschwämme) entspricht. Die Embryonalentwicklung läuft wie bei den Calcaronea mit einer abschließenden Pseudogastrulation ab. Im Verlauf der Embryonalentwicklung wird eine Sterroblastula gebildet. Die inneren Zellen degenerieren aber wieder, so daß eine innen zellenfreie Amphiblastula (Wimpern z. T. keulenförmig) entsteht. Auf Grund dieser geringen Abweichung (Degeneration ursprünglich vorhandener innerer Zellen) könnte man sie auch als eine sekundäre Amphiblastula-Larve bezeichnen. Nach der Pseudogastrulation am animalen, vorderen Pol entsteht für eine kurze Phase zunächst ein asconoides Rhagonstadium, darauf folgt ein syconoides und dann das leuconoide Rhagonstadium. Das Adultstadium weist zum Teil noch den primären, einfachen eurypylen Leucon-Typ (wie auch bei Calcarea!) auf. Adultstadien mit nur geringer Mesohyl-Bildung. Sie unterscheiden sich dadurch nur wenig von dem leuconoiden Rhagon. Primär ohne Skelett (Oscarellidae), sekundär mit Kieselnadeln, welche nur Längen von 30–100 μm besitzen. Wie bei den Kalkschwämmen noch keine Trennung in Mikro- und Makroskleren (= primitive Spikulation). Es liegt, wie auch bei den Kalkschwämmen, ein primärer, noch nicht stärker differenzierter Nadelbestand vor.

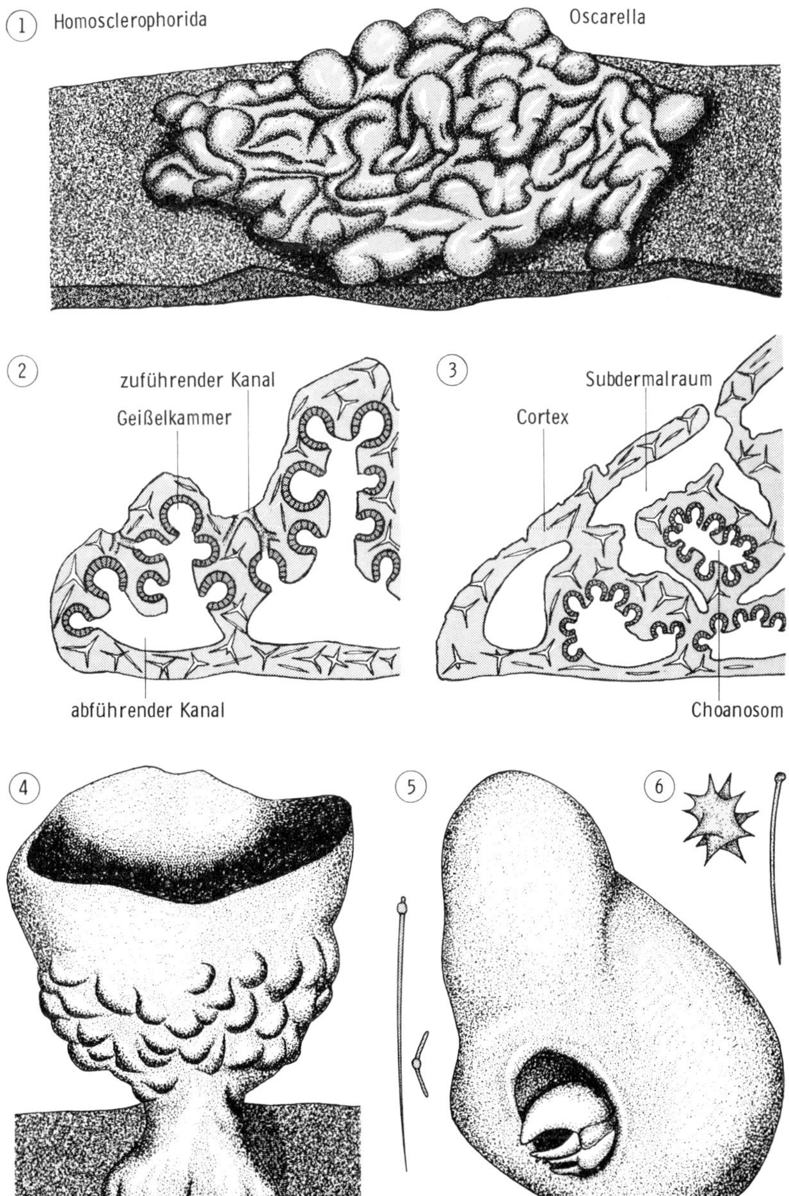

Taf. 188. Porifera: Demospongiae, Homoscleromorpha (Homosclerophorida); Tetractinomorpha (Hadromerida). – Abb. 1. *Oscarella lobularis*, Habitus (nach SCHULZE). Abb. 2. *Plakina*, Schnitt (nach SCHULZE). Abb. 3. *Plakortis*, Schnitt (nach SCHULZE). Abb. 4. *Poterion neptuni*, Habitus (nach HYMAN). Abb. 5. *Ficulina ficus*, in Symbiose mit Einsiedlerkrebs; Megasklere (Tylostyl) und Mikrosklere (nach HYMAN). Abb. 6. *Spirastrella cunctatrix*, Spiraster (Mikrosklere) und Tylostyl (Makrosklere) (nach RIEDL).

Erst sekundär kommt es bei den Demospongea zur Differenzierung in Megaskleren (= primitive Nadelform) und sekundär stärker abgewandelte Mikroskleren. Mikroskleren haben allgemein nur Längen von 10–30 μm. Plakinidae entwickeln erstmals Kieselnadeln, welche primär als diactine Monaxone vorliegen. Sekundär kommt es zur Ausbildung von tri- und tetraxonen Nadeln. Die Nadeln sind als primär kleine Megaskleren anzusprechen. Bei Plakinidae sind bereits sehr kleine tetraxone (caltrope) Nadeln vorhanden, welche den Beginn einer Mikroskleren-Bildung andeuten. Der Mesohyl-Bereich ist aber primär noch sehr dünn, daß eine weitere Stützung durch Fleischnadeln (Mikroskleren) bei dieser Gruppe wohl nicht erforderlich ist. Mesohyl primär dünn und wenig umfangreich. Mesohyl reich an kollagenen Fasern, aber ohne Spongin. Die Kollagen-Fibrillen weisen einen Durchmesser von 0,4–0,5 μm auf. *Oscarella* besitzt als der stammesgeschichtlich älteste Vertreter der Homoscleromorpha einen sehr primitiven Satz von nur 4 Zelltypen: Choanocyten (primärer Zelltyp), Pinacocyten, Archaeocyten und Amoebocyten (mit Vakuolen). Die Exopinacocyten sind unbegeißelt, während die Endopinacocyten noch die primäre Begeißelung aufweisen. Bei den Plakinidae (*Plakina*) kommen noch Sklerocyten als weiterer Zelltyp hinzu. Die Choanocyten (z. B. bei *Oscarella*) sind noch primär sehr groß (Höhe 7–8 μm) und weisen einen Kern mit Nukleolus (sonst nicht bei Demospongea) auf. Pinacocyten und Choanocyten haben, wie auch bei den Kalkschwämmen, das Übergewicht gegenüber den anderen Zelltypen. Choanocyten mit Nahrungsvakuolen, ein deutlicher Hinweis auf primäre intrazelluläre Verdauung. Nur wenige Arten.

Ordnung Homosclerophorida
(Taf. 187 u. 188)

Einzige Ordnung, mit den Merkmalen der Unterklasse.

Oscarellidae. Stammesgeschichtlich älteste Gruppe. Primär ohne Skelett (ohne Nadeln und ohne Spongin). Nur 4 Zelltypen. Mesohyl primär noch sehr schwach entwickelt, aber reich an Kollagen. Endopinacocyten noch begeißelt. Im Mesohyl-Bereich noch keine deutliche Trennung in Ektosom und Choanosom. Der Dermalbereich (Pinacoderm und oberes Mesohyl) nur sehr schwach entwickelt und daher primär kaum Ausbildung von Wasserwegen. Das über Dermalporen einströmende Wasser gelangt mehr oder weniger direkt zu den Geißelkammern. Mit einfachem Kanalsystem (eurypyler bzw. aphodaler *Leucon*-Typ). Mit kleinen, rundlichen, vertikal angeordneten Geißelkammern. Choanocyten groß, Kern mit Nukleolus. Abfluß des Wassers über ein korrespondierendes Kanalsystem mit einem gut ausgebildeten Subgastralraum-Bereich. Mit zahlreichen Oscula. Krustenförmige Gestalt. Mit Amphiblastula-Larve und Pseudogastrulation.

Oscarella (Taf. 188:1): Krustenförmige Gestalt, etwa 2–6 mm dick. Auf Steinen in marinen Flachwassern in Tiefen bis zu 60 m; *Octavella*.

Plakinidae. Körperbau entspricht demjenigen der Oscarellidae. Ohne Spongin. Sekundär mit Kieselnadeln. Nadeln primär monaxon (diactin), sekundär mit tri- und tetraxonen Nadeln sowie deren Abwandlungsformen. Mit krustenförmiger Gestalt, Krusten etwa 3 mm dick. Mit Amphiblastula-Larve und Pseudogastrulation.

Plakina (Taf. 187:2 u. 188:2): Noch ohne Dermalmembran und ohne Subdermalräume; *Placortis* (Taf. 187:3 u. 188:3): Sekundär mit Dermalmembran und mit Subdermalräumen; *Corticium*.

Unterklasse Tetractinomorpha
(Taf. 188–192)

Eine heterogene Gruppe mit sehr unterschiedlichen Embryonalentwicklungen. Als gemeinsames Merkmal weisen sie eine (eventuell sekundäre) Oviparie auf. Es ist aber auch möglich, daß sie die Oviparie als plesiomorphes Merkmal beibehalten haben. Die Eier werden nach außen abgegeben, und die anschließende Embryonalentwicklung findet außerhalb des Schwammkörpers statt. Zum Teil direkte Entwicklung ohne Ausbildung eines Larvenstadiums (Spirophorida: *Tetilla*), Ausbildung von Blastula-Larven (Hadromerida: *Polymastia*) und von Parenchymella-Larven (Hadromerida und Axinellida).

Von Astrophorida sind bisher noch keine Larvenstadien bekannt geworden. Die unterschiedlichen Entwicklungsweisen beruhen sicher auf der Oviparie der Tetractinomorpha. Tetractinomorpha weisen, im Gegensatz zu den Homoscleromorpha, allgemein einen massiven Körper mit einer gut ausgebildeten Mesohyl-Schicht auf. Krustenförmige Arten sind nur noch selten vertreten. Die Körperform ist sehr unterschiedlich, meist kommen rundliche und ovale Formen vor. Die Körpergrößen schwanken meist zwischen 2–15 cm, aber innerhalb der Tetractinomorpha kommen auch die größten rezenten Schwämme mit einem Durchmesser von 2 m (Hadromerida: *Spheciospongia vesparia*) vor. Die Kieselnadeln deutlich in größere Megaskleren und kleinere Mikroskleren getrennt. Megaskleren monaxon (fast stets als glatte Tylostyle ausgebildet) oder tetraxon, in der Normalform oder in Ableitungsformen auftretend. Entweder nur Monaxone vorhanden (Hadromerida, Axinellida), oder sekundär beide Nadeltypen gemeinsam vorhanden. Die von den Megaskleren gebildeten Hauptskelettzüge sind meist radiär angeordnet und zeigen Verstärkungen im Cortex-Bereich. Bei den Axinellida (polyphyletische Gruppe) treffen wir etwas abgewandelte Skelettformen an. Von einer zentralen, aus Megaskleren bestehenden Achse gehen (wie bei einer Feder) seitliche, kleinere Megasklerenstränge aus. In einem Schwammkörper der Axinellida sind zahlreiche Achsen mit seitlichen Strängen (= axinellider Typ) vorhanden. Innerhalb der Lithistida (polyphyletische Gruppe) treffen wir Desmen als spezifische Nadelform an. Durch unregelmäßige Auflagerung von Kieselsubstanz (Siliciumdioxid) auf monaxone oder tetraxone Kieselnadeln entstehen die charakteristischen, unregelmäßig verzweigten Desmen. Bei lithistidem Skelettbau innerhalb der Lithistida findet eine Verbindung dieser Desmen miteinander statt, so daß auf diese Weise komplizierte Skelettbildungen entstehen. Die einzelnen Desmen bleiben aber als selbständige Gebilde bestehen und sind nur durch Zygomen miteinander verbunden. Sekundär können die Megaskleren auch völlig fehlen (Hadromerida: Chondrosiidae). Die Mikroskleren treten als Oxen, Sigmen, meist aber als Astern (mit Abwandlungsformen) auf. Astern nur bei Tetractinomorpha. Bei Sphirophorida (Autapomorphie) treten besonders gestaltete Sigmaspiren auf. Vertreter der Chondrosiidae können sekundär völlig nadellos (ohne Makro- und Mikroskleren) sein. Mit einfachem basalen Kalkskelett (Hadromerida: *Timea*) oder mit basalem, gekammertem Tabulaeskelett (Tabulospongida: *Acanthochaetetes*).

Mesohyl mit reichlich Kollagen. Bei Hadromerida bereits Spongin vorhanden, aber noch nicht als typische Sponginfasern ausgebildet. Bei Axinellida (polyphyletische Gruppe) treten Sponginfasern auf. Mit hoch entwickelten leuconoiden Kanalsystemen. Subdermalräume meist nur schwach ausgebildet. Ohne auffällig sichtbare Oscula. Dermalschicht meist mit sekundärer Cortexbildung. Oft mit ausgeprägter Individualität. Ausschließlich marine Vertreter.

Überordnung Hadromerinea
(Taf. 188 u. 189)

Mit den beiden Ordnungen Hadromerida und Tabulospongida. Megaskleren (Taf. 188:5) primär als Monaxone (mon- und diactin) ausgebildet. Noch keine tetraxonen Megaskleren vorhanden. Mikroskleren als Oxen oder Asterformen (Taf. 188:6) ausgebildet. Megaskleren isoliert, aber radiär gebündelt (Hadromerida). Mit Spongin Hadromerida), aber noch nicht faserartig ausgebildet. Nadeln noch nicht durch Spongin miteinander verbunden. Sekundär mit basalen, gekammerten Kalkskeletten (Tabulospongida). Ovipare Vertreter (Hadromerida). Mit primitiven Larvenformen (Blastula-Larve und primäre Parenchymella-Larve).

Ordnung Hadromerida
(Taf. 188 u. 189)

Megaskleren (monactine Tylostylen) in radiären Bündeln angeordnet und senkrecht zur Oberfläche des Schwammkörpers stehend. Diese radiäre Skelettkonstruktion kann den ganzen Körper durchziehen (Tethyidae) oder sich mehr im Oberflächenbereich befinden (Polymastiidae). Häufig mit dicker Cortex-Schicht, seltener ist die Rinde dünn (z. B. *Suberites*, Korkschwamm). Mikroskleren häufig noch nicht vorhanden. Wenn vorhanden, dann als Microoxen und Asterformen auftretend. Cortexbereich häufig dicht mit Mikroskleren (Astern) besetzt. Bei vielen Hadromerida ist bereits Spongin vorhanden, aber noch nicht faserartig ausgebildet. Körperformen primär kugelig oder becherförmig (Taf. 188), sekundär häufig amorph und polymorph. Mit leuconoidem Kanalsystem und zahlreichen, kleinen, unauffälligen Oscula. Soweit bisher bekannt, ausschließlich ovipare Vertreter. Eier sehr klein. Es treten sowohl Blastula-Larven (*Polymastia*) als auch primäre Parenchymella-Larven (*Tethya*) auf. Von vielen Arten sind die Larvenformen noch nicht bekannt. Mit zahlreichen Familien. Marine Vertreter, welche vom Flachwasser bis in Tiefen von 4000 m vorkommen.

Suberitidae. Mit Tylostylen, selten mit Stylen. Mikroskleren häufig fehlend, wenn vorhanden, dann Microstrongylen. Radiäre Anordnung des Skelettes nur im Oberflächenbereich erkennbar. Cortex nur schwach ausgebildet. *Suberites*: Korkschwamm. Rinde sehr dünn, aber fest. Häufig auf Schneckenschalen, die von Einsiedlerkrebsen bewohnt werden; *Ficulina* (Taf. 188:5): Feigenschwamm, ebenfalls leere Schneckenschalen umwachsend und in Symbiose mit Einsiedlerkrebsen lebend; *Poterion* (Taf. 188:4): Neptunsbecher, becherförmige Gestalt, Höhe bis zu 1,5 m.

Polymastiidae. *Polymastia*: Polsterartig, mit fingerförmigen Papillen. Mit 3 Kategorien von Tylostylen. Mit Microoxen. Ovipar. Durchmesser des Eies 100 μm. Im Verlauf der Embryonalentwicklung entsteht über ein Morulastadium eine abgeplattete, sekundär benthonisch lebende Blastula-Larve. Diese setzt sich nach 18–20 Stunden fest und bildet erst nach dem Festsetzen Nadeln aus.

Spirastrellidae. *Spirastrella* (Taf. 188:6): Mit Tylostylen und Spirastern; *Spheciospongia*: *S. vesparia* größte rezente Schwammart mit einem Durchmesser von 2 m. – In seltenen Fällen treten Vertreter der Spirastrellidae als Bohrschwämme auf.

Clionidae. *Cliona*: Bohrschwämme. Mit Amphiblastula-Larve, welche derjenigen der Homoscleromorpha entspricht. Adulte Schwämme mit Bohrvermögen. Sie sind für die starke Zerklüftung von Kalkküsten verantwortlich. Megaskleren als Tylostylen ausgebildet. Mikroskleren als Microoxe und Asterformen (Spiraster, Amphiaster) auftretend.

Tethyidae. *Tethya* (Taf. 189:1): Megaskleren als Strongyloxe ausgebildet, Mikroskleren: Asterformen, mit gut ausgebildeter Cortex-Schicht, mit primärer Parenchymella-Larve.

Chondrosiidae. Sekundär ohne Megaskleren. Auch Mikroskleren fehlend oder als normale Aster ausgebildet. Mit gut ausgebildeter Cortex, welche Kollagenfasern enthält. *Chondrilla* (Taf. 189:2–3): Mit Sphaeraster, welche in der Cortex-Schicht liegen; *Chondrosia*: Lederschwamm, Fleischschwamm, mit harter Cortex, sekundär ohne Nadeln. Höhe bis zu 20 cm. – Einreihung von *Chondrosia* umstritten, zum Teil auch als Vertreter der Astrophorida betrachtet.

Timeidae. *Timea*: Krustenförmige Vertreter mit Tylostylen und normalen Astern: Sphaeraster; bisweilen mit basalem Kalkskelett!

Ordnung Tabulospongida
(Taf. 189)

Häufig als Vertreter der Sclerospongiae betrachtet. Mit einem basalen Calcit-Skelett (Sockel), welches eine lamelläre Mikrostruktur (Taf. 189:6) aufweist. Basales Calcit-Skelett (Taf. 189:5) mit horizontalen Tabulae. Mit dem Höherwachsen des Schwammkörpers (Taf. 189:4) werden weitere Tabulae angelegt. Auf diese Weise entsteht im Basalsockel ein gekammertes, kelchartiges Tabulaeskelett. Die senkrecht verlaufenden Kammerwände sind mit Dornen versehen. Das lebende Gewebe überzieht als dünne Schicht den basalen Calcitsockel. Teile des lebenden Gewebes reichen als längliche, senkrecht verlaufende Hohlraumsysteme in die obere Kelchschicht des Sockels hinein. Das Kanalsystem ist leuconoid und entspricht demjenigen der Demospongea. Über Dermalporen gelangt das Wasser in einführende Kanäle, von dort in die Geißelkammern und wird über ableitende Kanäle und Oscula wieder

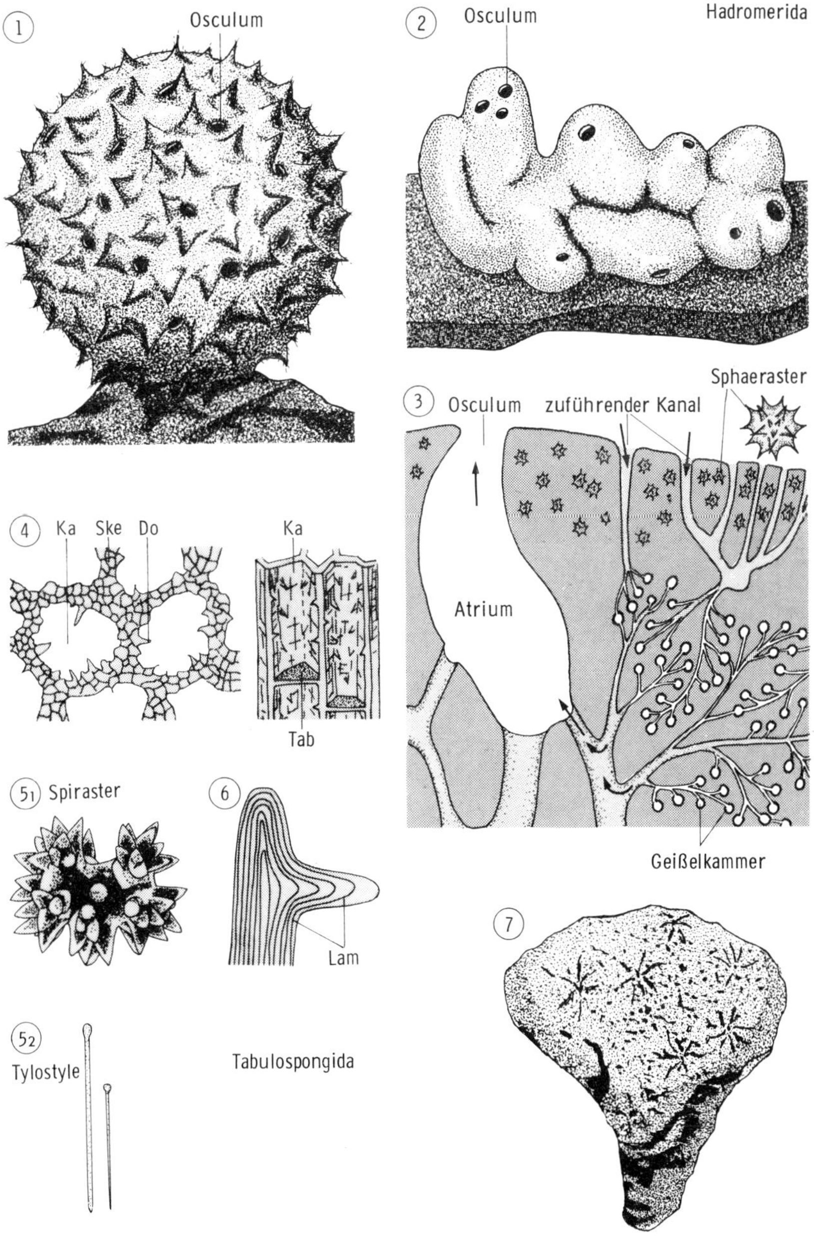

Taf. 189. Porifera: Demospongiae, Tetractinomorpha (Hadromerida, Tabulospongida). – Abb. 1. *Tethya*, Habitus. Abb. 2. *Chondrilla*, Habitus (nach HYMAN). Abb. 3. *Chondrilla nucula*, Schnitt durch die Rindenregion (nach SCHULZE). Abb. 4–7. *Acanthochaetetes wellsi*: 4. Skelettausschnitt mit Tabulae und Dornen (nach ZIEGLER); 5/1. Spiraster, 5/2. Tylostyle (nach HARTMAN & GOREAU); 6. lamelläre (laminäre) Mikrostruktur des Calcit-Skelettes (nach JONES). Abb. 7. Habitus (nach HARTMAN & GOREAU).

nach außen abgegeben. In lebendem Zustand sind die um ein Osculum strahlenartig angeordneten ausführenden Kanäle (astrorhizale Anordnung) gut zu erkennen. Lebendes Gewebe mit Kieselnadeln (Taf. 189:4). Makroskleren als Tylostyle und Mikroskleren als Spiraster ausgebildet. Keine Kieselnadeln im Basalskelett. Die Spikulation entspricht derjenigen der Hadromerida (Clionidae und Spirastrellidae). Auf Grund der Spikulation erfolgt die Einreihung innerhalb der Tetractinomorpha in der Nähe der verwandten Ordnung Hadromerida. Hinzu kommt, daß auch bei den Hadromerida Vertreter vorkommen, die basale Kalksockel (Timeidae: *Timea*) ausbilden können. Rezent bisher nur 3 Arten bekannt.

Acanthochaetetidae. *Acanthochaetetes*: *A. wellsi*, im Westpazifik, in Kleinhöhlen von Korallenriffen in Tiefen bis zu 30 Metern. Die Gattung *Acanthochaetetes* ist seit dem Jura bekannt, daher ist eine Einreihung rezenter Arten sehr fraglich.

Vertreter der fossilen Chaetetida (meist als tabulate Korallen geführt) entsprechen in ihrem Skelett der rezenten Gattung *Acanthochaetetes* (Porifera).

Überordnung Axinellinea
(Taf. 190)

Mit der einzigen Ordnung Axinellida.

Megaskleren achsenförmig (axinellide Anordnung) angeordnet. Wahrscheinlich polyphyletische Gruppierung. Mit monaxonen Megaskleren, die durch Spongin miteinander verbunden sind. Mikroskleren als Raphide, Microoxe, Astern oder Sigmen ausgebildet. Ovipare Vertreter mit sekundärer Parenchymella-Larve.

Einordnung der (polyphyletischen) Ordnung umstritten. Häufig auch bei den Ceractinomorpha eingereiht. Die Ordnung enthält wahrscheinlich sowohl Vertreter der Tetractinomorpha, als auch der Ceractinomorpha.

Ordnung Axinellida
(Taf. 190)

Heterogene Gruppe, teilweise auch innerhalb der Ceractinomorpha (z. B. Raspailiidae) eingeordnet. Die axinellide Anordnung der Megaskleren ist wahrscheinlich mehrmals unabhängig voneinander entstanden, so daß die Axinellida wohl eine polyphyletische Gruppierung darstellen.

Megaskleren in Form von monactinen und diactinen Einachsern (Monaxone), welche häufig gekrümmt sind. Megaskleren achsenförmig angeordnet und dazu noch seitlich liegende Megaskleren, welche durch Sponginfasern mit der Hauptachse verbunden sind. Dadurch entsteht eine federartige Anordnung der Megaskleren. Mit dem sekundären Anwachsen des Sponginanteiles kommt eine mehr federnetzartige Konstruktion (Taf. 190:3) zustande. Mit Spongin, daher Vertreter auch oft bei den Ceractinomorpha eingereiht. Mikroskleren zum Teil fehlend, zum Teil als Raphide, Microoxe, oder als Astern und Sigmen ausgebildet. Diese breite Streuung von Mikroskleren-Formen weist ebenfalls auf eine polyphyletische Gruppierung hin. Vertreter mit Astern gehören zu den Tetractinomorpha. Die Megaskleren sind primär durch Sponginknollen miteinander verbunden, sekundär kann das Spongin die Nadeln ganz überziehen. Wuchsform meist aufrecht, zum Teil geweihartig verzweigt. Sie können Höhen bis zu 50 cm erreichen. Ovipar, mit sekundären Parenchymella-Larven. Marine Vertreter, sowohl im Flachwasser als auch in Meerestiefen bis zu 4400 m.

Axinellidae. Mikroskleren nur als Raphide vorhanden; *Axinella* (Taf. 190:1–3). **Desmoxyidae**: Microoxe als Mikroskleren; *Desmoxya*. **Hemiasterellidae**: Mit Astern, *Hemiasterella*. **Sigmaxinellidae**: Mit sigmoiden Mikroskleren; *Sigmaxinella*. **Raspailiidae**: Häufig bei den Ceractinomorpha eingeordnet; mit typischem Nadelskelett, aber ohne Mikroskleren; Wuchs baumförmig mit langen, dünnen Ästen; *Raspailia* (Taf. 190:4). **Agelasidae**: Früher als eine eigene Ordnung (Agelasida) geführt, heute auf Grund biochemischer Merkmale meist bei den Axinellida eingereiht. Einordnung umstritten.

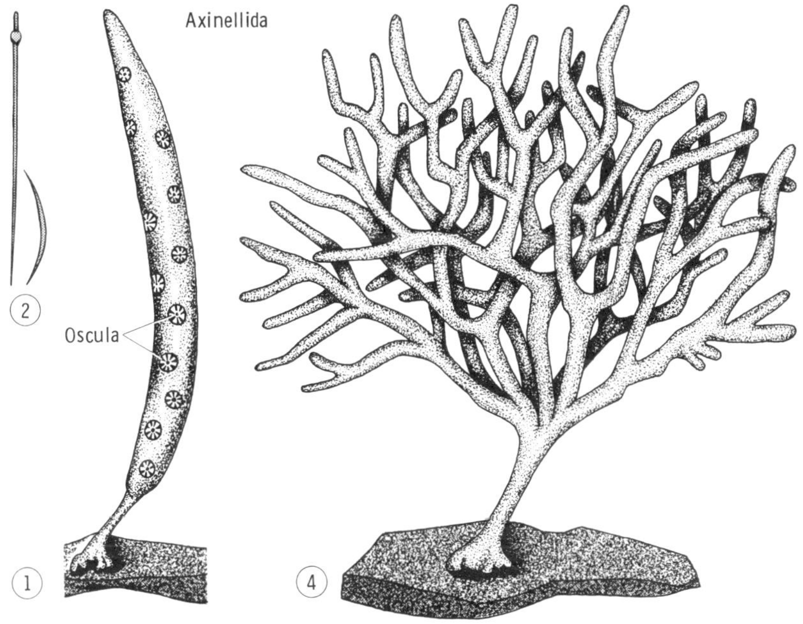

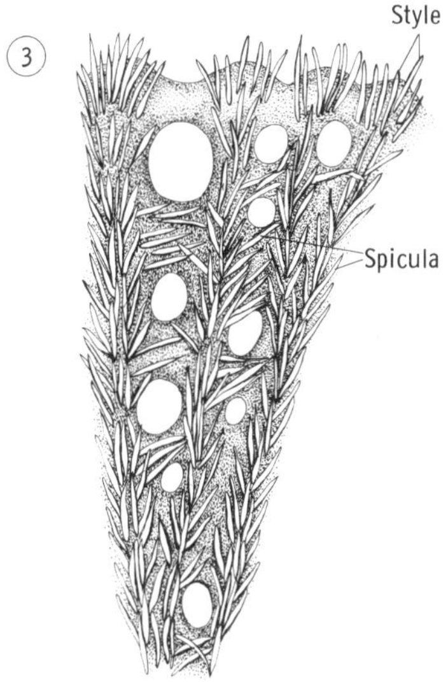

Taf. 190. Porifera: Demospongiae, Tetractinomorpha (Axinellida). – Abb. 1. *Axinella polypoides*, Habitus (nach SCHMIDT). Abb. 2. *Axinella damicornis*, monaxone und sigmoide Kieselnadel. Abb. 3. *Axinella*, lockeres Sponginskelett mit innen liegenden Megaskleren (nach HYMAN). Abb. 4. *Raspailia*, Habitus.

Der Besitz von Acanthostylen und einem Sponginskelett das demjenigen der Dictyoceratida (Ceractinomorpha) entspricht, sprechen mehr für eine Eingruppierung in den Ceractinomorphinea-Bereich in der Nähe der Dictyoceratida. Mit einem netzförmigen Sponginskelett, welches keine Kieselnadeln mehr enthält; den Sponginfasern sitzen igelstachelartig Acanthostylen auf. Man nimmt an, daß die für Axinellida typische Skelettachse reduziert wurde, und daß nur die seitlich der Achse liegenden Skelettelemente übrigblieben und sich miteinander verbanden. Ovipare Vertreter. Bewohner tropischer und subtropischer mariner Flachwasser; *Agelas*.

Überordnung Astrophorinea
(Taf. 191 u. 192)

Mit den beiden Ordnungen Astrophorida und Lithistida.

Noch mit den primären Monaxonen, sekundär aber häufig tetraxone Makroskleren überwiegend. Die tetraxonen Makroskleren treten als mannigfaltig abgewandelte Triaene auf. Das primäre Skelett setzt sich aus einer Kombination von Triaenen und Oxen (Monaxone) zusammen. Megaskleren oft in radiär verlaufenden Zügen angeordnet, mit unterschiedlichen Nadeltypen im Choanosom und Ektosom. Die Mikroskleren treten als Asterformen oder als Oxe auf. Überwiegend sind Asterformen vorhanden. Lithistida mit sekundären Desmen und lithistidem Skelettbau. Ohne Spongin. Mit hochentwickeltem leuconoidem Kanalsystem. Entwicklung bisher noch nicht bekannt.

Ordnung Astrophorida (Choristida)
(Taf. 191)

Megaskleren als Tetraxone (Triaene) oder Oxe (primäre Monaxone) ausgebildet. Sie sind gebündelt, ineinander verhakt und gehen radiär vom Zentrum des Schwammkörpers aus. Die radiäre Anordnung der Megaskleren ist besonders gut in der Rindenschicht zu erkennen. Manchmal sind nur monaxone Megaskleren vorhanden. Als Mikroskleren treten hauptsächlich Asterformen, seltener auch Microoxe, auf. Mit gut ausgebildetem Ektosom und häufig kräftiger Cortex, daher oft hartwandig. Rundliche Körperformen. Bisher keine Larvenformen bekannt. Sowohl im marinen Flachwasser als auch in Meerestiefen bis zu 4100 m.

Stellettidae. Massige Formen; Megaskleren als langgestielte Triaenen und Rhabden ausgebildet. Mikroskleren: Euaster, Spiraster, Microrhabde, aber nie Sterraster. *Ancorina* (Taf. 191:2), *Stelletta*, *Disyringia*.

Geodiidae. Kugelige Formen; Megaskleren: verschiedenartige Triaene (oft ankerförmig) und Oxe (Rhabde); mit Sterrastern in der Rindenschicht, daneben auch Euaster und Microrhabde. *Geodia* (Taf. 191:1): Kugelig, Durchmesser 40–80 cm. *Rhabdastrella*.
Theneidae. Mit Triaenen und Streptastern. *Thenea*.

(1)

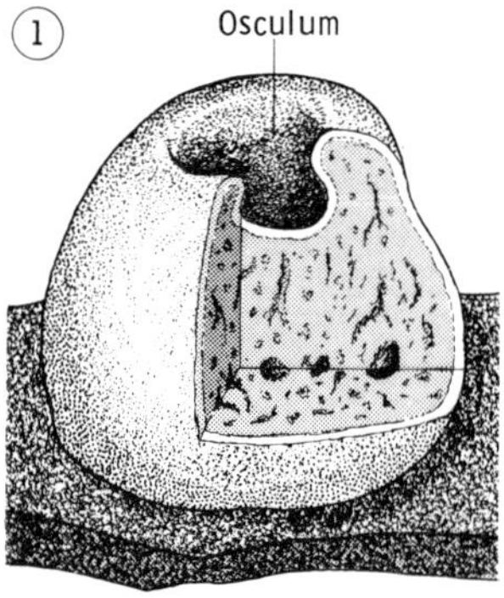

(2)

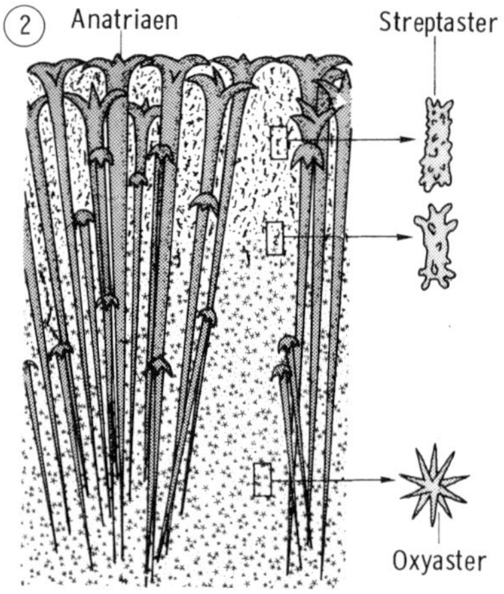

Taf. 191. Porifera: Demospongiae, Tetractinomorpha (Astrophorida). – Abb. 1. *Geodia muelleri*, Habitus (nach Hyman). Abb. 2. *Ancorina*, Schnitt mit Megaskleren (Anatriaenen) und Mikroskleren (Streptaster, Oxyaster) (nach Hyman).

Ordnung Lithistida (Desmophorida), Steinschwämme
(Taf. 192)

Eine heterogene, polyphyletische Gruppe, welche als Gemeinsamkeit (Konvergenz) sekundäre Skelettverstärkungen aufweist. Monaxone oder tetraxone Megaskleren (welche aber auch in normaler Form isoliert vorkommen) werden dabei durch Auflagerung von Siliciumdioxid (Zementierung) in unregelmäßig abgegrenzte Desmen umgewandelt. Die Desmen sind an ihren Enden miteinander verbunden und bilden auf diese Weise ein lithistides Skelett (Taf. 192:3, 4). Mit unterschiedlichen Mikroskleren. Bedingt durch ihre leichte Fossilisation werden Lithistida (Desmophorida) häufig fossil aufgefunden. Die ersten fossilen Funde stammen aus dem frühen Ordovicium.

Vertreter mit Triaenen und Asterformen stellen offensichtlich innerhalb der Lithistida eine monophyletische Gruppierung dar. Sie sind eindeutige Vertreter der Tetractinomorpha und könnten innerhalb der Astrophorida eingereiht werden. Einige Bearbeiter führen diese Gruppe als Ordnung Desmophorida und gebrauchen die Bezeichnung Lithistida für die polyphyletische Gesamtgruppe.

Die anderen Vertreter weisen nie Triaenen und Astern auf und besitzen monocrepide (von Monaxonen abzuleitende) oder tetracrepide (von Tetraxonen abzuleitende) Desmen. Diese Vertreter gehören offensichtlich verschiedenartigen Ordnungen der Ceractinomorpha (z.B. Poecilosclerida) an.

Echte Vertreter der Tetractinomorpha:

Theonellidae. Megaskleren als Triaenen, sowie als tetraxone (tetracrepide) Desmen ausgebildet. Mikroskleren: Microoxen und Asterformen. *Theonella*, *Discodermia* (Taf. 192:3).

Corallistidae. Mit Triaenen und monaxonen (monocrepiden) Desmen. Mikroskleren: Microoxen und Asterformen. *Corallistes* (Taf. 192:2 + 4), *Neopelta.*

Pleromidae. Mit Triaenen und monocrepiden Desmen. Mikroskleren: Microrhabden, Microoxen und Asterformen. *Pleroma*, *Costifer*.

Die folgenden Vertreter gehören wahrscheinlich zu verschiedenartigen Gruppen der Ceractinomorpha: Stets ohne Triaenen, nie mit Asterformen.

Desmanthidae. Mit monaxonen Makroskleren (Stylen) sowie mit tetracrepiden Desmen. *Desmanthus.*

Petromicidae. Mit monocrepiden Desmen. Ohne Nadeln im äußeren Dermalbereich. *Petromica*: Ähnelt sehr der Gatttung *Saccospongia* aus dem Ordovicium. Einreihung vermutlich bei den Poecilosclerida.

Überordnung Spirophorinea
(Taf. 192)

Mit der einzigen Ordnung Spirophorida.

Megaskleren in Form von Oxen und Triaenen, gebündelt und radiär angeordnet. Mikroskleren ausschließlich als Sigmaspiren (umgewandelte Spiren) ausgebildet. Ovi- und vivipare Vertreter. Direkte Entwicklung ohne Ausbildung von Larvenformen. Bei der Entwicklung mit typischer Schichtumkehr.

Ordnung Spirophorida
(Taf. 192)

Mit der für viele Tetractinomorpha charakteristischen rundlichen Körperform. Ektosom gut ausgebildet, mit Cortex, daher oft hartwandig. Rinde des Ektosoms bis zu 0,5 mm dick, Lakunensystem in

Form von Subdermalräumen im Ektosom und Subcorticalräumen im Choanosom-Bereich. Mit hochentwickeltem leuconoiden Kanalsystem. Geißelkammern radiär und nicht mehr vertikal angeordnet. Megaskleren (Triaenen und primäre Oxen) gebündelt und radiär vom Zentrum des Schwammkörpers ausgehend Mikroskleren ausschließlich (Autapomorphie) als Sigmaspiren (umgewandelte Sigmen) ausgebildet. Ovipar und vivipar. Mit direkter Entwicklung, keine Larvenformen bekannt. Bei *Tetilla* werden entweder Eier nach außen befördert und auch erst außerhalb des Schwammkörpers befruchtet (*T. serica*), oder es werden schon perfekte Jungschwämme (mit Kanalsystem) nach außen (z.B. bei *T. schmidtii*) in Form einer Viviparie abgegeben. Mit typischer Schichtumkehr. Das Auftreten von Oviparie (direkte Entwicklung ohne Ausbildung eines Larvenstadiums) und Viviparie (mit Ausbildung von Jungschwämmen) in einer Gattung deutet darauf hin, daß es sich wohl um abgeleitete Entwick-

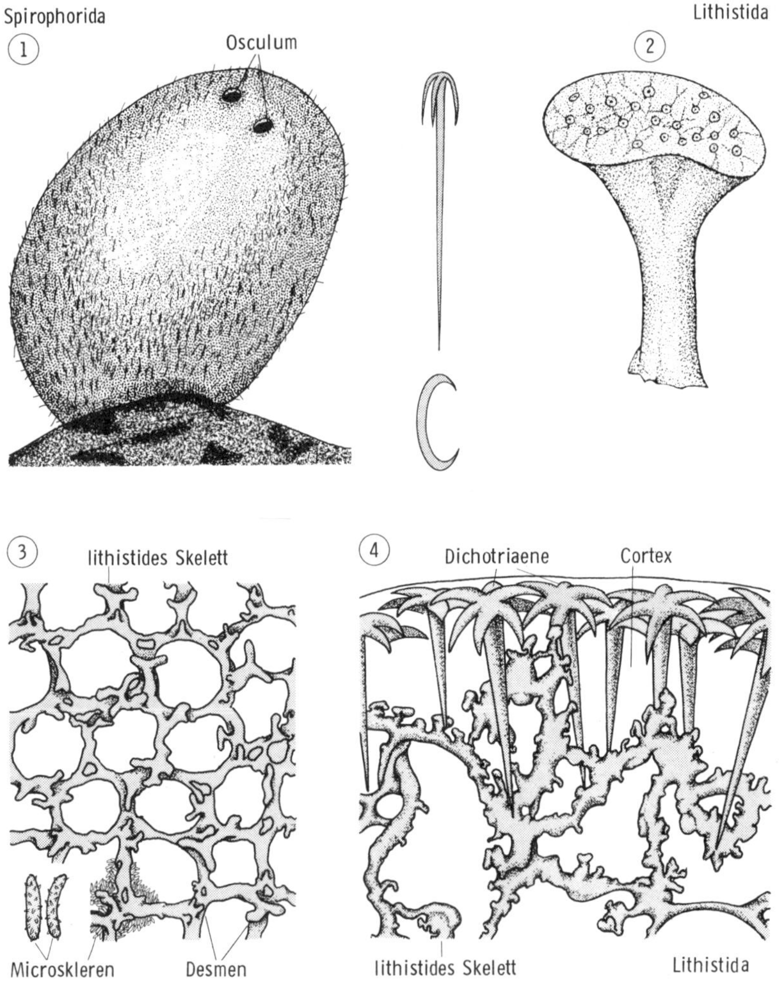

Taf. 192. Porifera: Demospongiae, Tetractinomorpha (Spirophorida, Lithistida). – Abb. 1. *Craniella*, Habitus sowie Nadelformen: Anatriaen (nach Hyman) und Sigmaspire (nach Bergquist). Abb. 2. *Corallistes typus*, Habitus (nach Schmidt). Abb. 3. *Discodermia*, ein aus Desmen bestehendes lithistides Skelett sowie monaxone Mikroskleren (nach Hyman). Abb. 4. *Corallistes*, Schnitt mit lithistidem Skelett und in der Cortex liegenden Dichotriaenen (nach Sollas).

lungsprozesse handelt. Vorkommen: Von marinen Flachwasserbereichen bis zu Meerestiefen von 2000 m. Häufig durch basale Megasklerenbüschel auf der Unterlage festgeheftet.

Tetillidae. Einzige Familie mit den Merkmalen der Ordnung. *Tetilla*, *Cinachrya*, *Craniella* (Taf. 192:1).

Unterklasse Ceractinomorpha

(Taf. 193–200)

Mit den Überordnungen Halisarcinea, Dendroceratinea, Veronginea, Neosphinctozoinea und Ceractinomorphinea. Larvipare Vertreter, selten auch Oviparie (Veronginea). Mit primärer und sekundärer Parenchymella-Larve. Stammesgeschichtlich älteste Vertreter (Halisarcinea) mit primärer Parenchymella-Larve, welche derjenigen der Calcinea (Kalkschwämme) entspricht. Die für Ceractinomorpha charakteristische Schichtumkehr entspricht der Schichtumkehr der Calcinea. Primär noch ohne Skelett und ohne Spongin (Halisarcinea), sekundär mit Sponginskeletten (Dendroceratinea, Veronginea) oder mit Kieselnadelskeletten (Ceractinomorphinea). Die Kieselnadelskelette werden sekundär durch Spongin stärker verkettet und tertiär durch Reduktionsvorgänge von reinen Sponginskeletten abgelöst (Ceractinomorphinea). Mikroskleren als Sigmen und Chele ausgebildet, nie Astern vorhanden. Chele nur bei Ceractinomorpha (Autapomorphie). Zu einer völligen Kieselskelett-Reduktion kommt es vermutlich bei den Neosphinctozoinea, welche zur Stützung des Körpers ein inneres tabuläres Aragonitskelett ausbilden. Innerhalb der Ceractinomorphinea (bei den früheren Teilgruppen der Sclerospongiae: Merliida, Ceratoporellida, Neostromatoporoida und aber auch bei Poecilosclerida: *Hamacantha*) kommt es zur Ausbildung von basalen Kalkskeletten. Primär krustenförmige Gestalt, sekundär aufrecht stehende Formen. Primär marine Vertreter, sekundär auch Süßwasserbewohner (Haplosclerida).

Überordnung Halisarcinea

(Taf. 193)

Sehr kleine Vertreter mit der primären krustenförmigen Gestalt. Primär ohne Skelett, weder Nadeln noch Sponginfasern vorhanden. Mesohyl aber mit kollagenen Fasern, aus welchen Sponginfasern entwickelt werden können. Larvenentwicklung über eine kurzfristige Coeloblastula und anschließender Sterroblastula. Mit primärer Parenchymella-Larve (Halisarcinea-Typ), welche derjenigen von *Clathrina* (Calcarea: Calcinea) entspricht. Bewimperung normal, ohne keulenförmig veränderte Wimpern. Im Inneren der Larve befinden sich nur undifferenzierte Zellen (Archaeocyten, Amoebocyten). Mit charakteristischer Schichtumkehr (wie auch bei Calcinea). Das Rhagon (bei *Halisarca*) ist zunächst asconoid, dann syconoid und schließlich leuconoid. Adulte Schwämme mit primitivem leuconoiden Kanalsystem vom eurypylen Typ. Pinacocyten (*Bajulus*) zum Teil noch mit primärer Begeißelung. Mesohyl mit Collencyten. Geißelkammern langgestreckt, von ovaler Form. zum Teil unregelmäßig verzweigt. Körpergröße (krustenförmige Gestalt) bis zu 4 cm im Durchmesser, bei einer Dicke von etwa 3–5 mm.

Ordnung Halisarcida

(Taf. 193)

Einzige Ordnung mit den Merkmalen der Überordnung.

Halisarcidae. *Halisarca* (Taf. 193:1): Krustenförmig, mit glatter Oberfläche, ohne Nadeln und ohne Sponginfasern; im Mesohyl aber mit sich miteinander verbindenden Kollagenfasern, welche Spongin-Vorstufen darstellen; Dermalbereich nur schwach ausgebildet, noch keine sekundäre Trennung in Ekto- und Choanosom. *Bajulus* (Taf. 193:2): Etwas stärker differenziert; bereits Trennung in Ekto- und Choanosom. *Hexadella*: Ähnlich *Aplysilla*, aber ohne Sponginfasern, leitet zu den Dendroceratinea über.

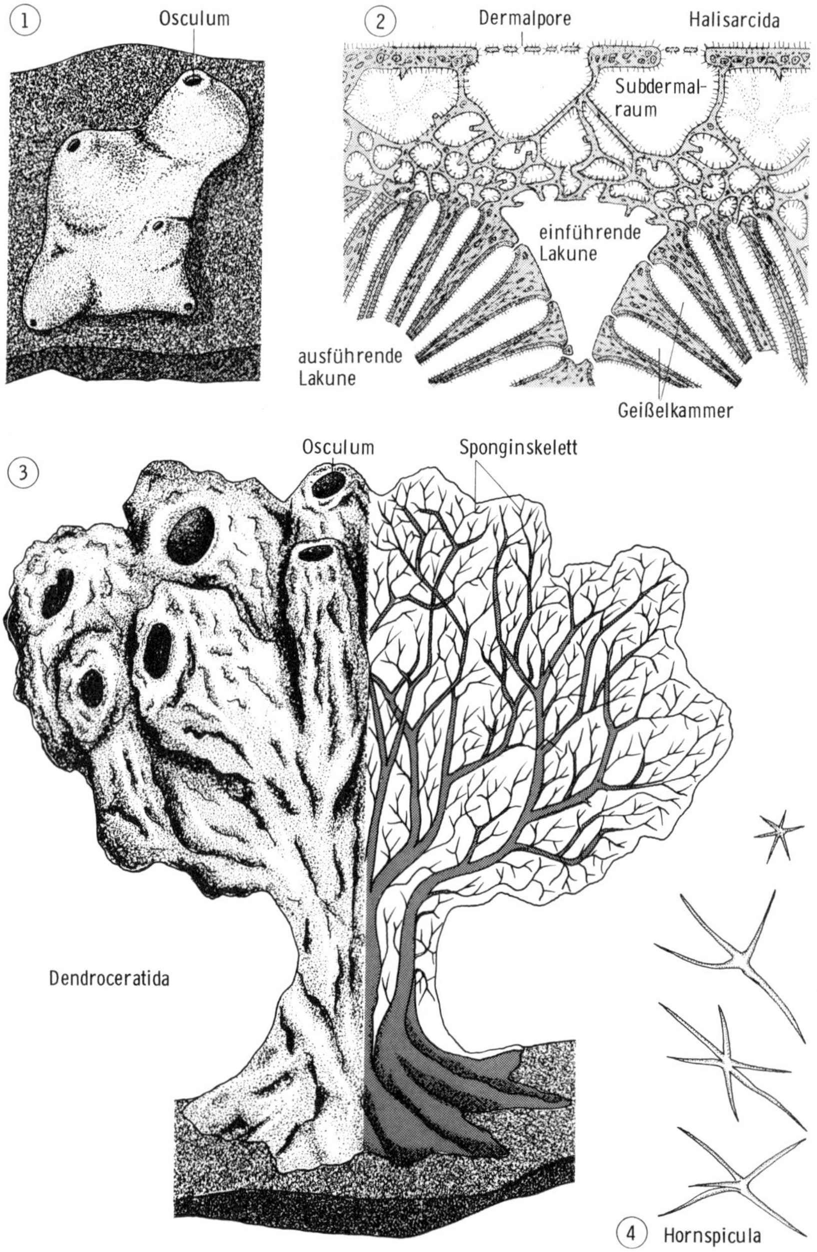

Taf. 193. Porifera: Demospongiae, Ceractinomorpha (Halisarcida, Dendroceratida). – Abb. 1. *Halisarca*, Habitus. Abb. 2. *Bajulus laxus*, einführender Bereich und Geißelkammern (nach v. LENDENFELD). Abb. 3. *Dendrilla lendenfeldi*, mit baumförmig verzweigtem Sponginskelett (nach HENTSCHEL; v. LENDENFELD). Abb. 4. *Darwinella aurea*, Hornspicula (nach v. LENDENFELD).

Überordnung Dendroceratinea
(Taf. 193)

Ohne Kieselnadeln. Mit wohl primärem Sponginskelett, welches von einer basalen Sponginplatte ausgeht und eine baumförmige Verzweigung aufweist. Die Sponginfasern sind nicht, wie bei den Dictyoceratida, durch Anastomosen miteinander verbunden. Während bei den Dictyoceratida die Sponginfasern einen homogenen Aufbau zeigen, weisen die Sponginfasern der Dendroceratida und auch der Verongida einen anderen Aufbau auf. Eine weiche Achse ist hier von konzentrischen Sponginlagen umgeben. Außer dem Sponginskelett können im Mesohyl-Bereich (Dermallager) bei einigen Vertretern (*Darwinella*) auch spiculaähnliche, isoliert liegende Sponginnadeln, Hornspicula, auftreten. Hornspicula di-, tri-, tetra-, penta-, hexa- und octactin. Die Hexactine zeigen die gleiche Gliederung wie die Kieselnadelhexactine (Konvergenz) der Hexactinellida. Die Hornspicula dienen ebenfalls zur Verstärkung und liegen im Dermalbereich. Es ist wenig wahrscheinlich, daß die Dendroceratida Kieselnadeln besessen haben, bzw. von Vorfahren mit Kieselnadeln abstammen. So wie andere Demospongea einen weiteren Nadeltyp, nämlich Mikroskleren, zur weiteren Stützung des Schwammkörpers entwickelt haben, entwickelten die Dendroceratida Hornspicula zur weiteren Stützung. Primär mit krustenförmiger Gestalt (*Aplysilla*), sekundär jedoch meist mit aufrechtem Wuchs und baumförmig verzweigter Gestalt. Sponginskelette ohne Fremdkörpereinlagerungen. Kanalsystem primär noch vom eurypylen Typ (primärer *Leucon*-Typ), z. B. bei *Darwinella*, sekundär mit langen, tubenförmigen Geißelkammern, welche durch Fusion von Choanocytenkammern entstanden sind (Hyperleucon-Typ). Mit sekundärer Parenchymella-Larve, Wimpern zum Teil keulenförmig. Marine Flachwasserbewohner.

Ordnung Dendroceratida (Baumfaserschwämme)
(Taf. 193)

Einzige Ordnung mit den Merkmalen der Überordnung.

Aplysillidae. *Aplysilla*: Primär krustenförmige Gestalt, mit vielen kurzen, wenig verzweigen Sponginfasern: primäre Form. *Darwinella*: Baumförmig verzweigtes Sponginskelett, mit zusätzlichen Hornspicula (Taf. 193:4) baumförmiger Wuchs. *Dendrilla* (Taf. 193:3): Baumförmiger Wuchs und baumförmiges Sponginskelett.

Überordnung Veronginea
(Taf. 194)

Ohne Kieselnadeln. Das Skelett besteht aus einer geringen Zahl von Sponginfasern (Taf. 194:2), welche (wie auch bei Vertretern der Dendroceratida) eine innere, weiche Achse aufweisen, die von konzentrischen Sponginlagen umgeben ist. Manchmal ist auch nur die Achse vorhanden, hier könnte der primäre Faserzustand vorliegen. Der Mesohylbereich dicht mit Kollagen angefüllt. Leuconoide Vertreter mit rundlichen, kleinen Geißelkammern. Ovipare Vertreter. Die vorliegende Oviparie trennt die Gruppe von den übrigen Vertretern der Ceractinomorpha. Der Bau der Sponginfasern verbindet sie mit den Dendroceratinea. Röhren- oder kelchförmige Gestalt (Taf. 194:1), mit einem terminalen Osculum. Tropische, marine Flachwasserbewohner.

Ordnung Verongida
(Taf. 194)

Einzige Ordnung mit den Merkmalen der Überordnung.

Verongiidae. *Verongia* (Taf. 194:1–2): Mit gelbbraunen Sponginfasern, welche eine gut ausgebildete Achse aufweisen; *Psammaplysilla*; *Thymosia*: mit Sponginknoten.

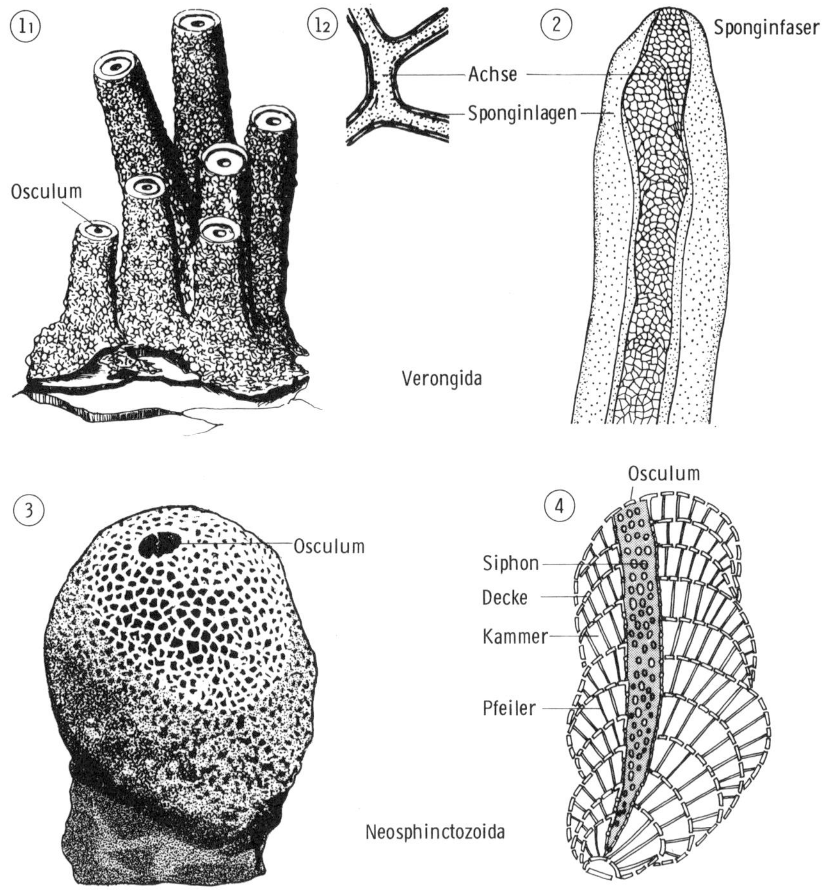

Taf. 194. Porifera: Demospongiae, Ceractinomorpha (Verongida, Neosphinctozoida). – Abb. 1/1. *Verongia aerophoba*, Habitus (nach KILIAN); 1/2. Sponginskelett (Ausschnitt). Abb. 2. *Verongia*, Sponginfaser (nach VACELET). Abb. 3. *Neocoelia crypta*, Habitus (nach VACELET). Abb. 4. *Neocoelia crypta*, Skelett (nach ZIEGLER).

Überordnung Neosphinctozoinea
(Taf. 194)

Mit einem inneren, aus Kammern bestehenden Aragonitskelett. Ohne Skelettnadeln (fraglich ob sekundäre völlige Reduktion). Mit leuconoidem Kanalsystem, aber nur einem einzigen, apikal gelegenen Osculum. Mit Larviparie und sekundärer Parenchymella-Larve. Während der Embryonalentwicklung wird kurzfristig ein primitives Coeloblastula-Stadium (wie beim Halisarcinea-Typ) durchlaufen.

Ordnung Neosphinctozoida
(Taf. 194)

Einzige Ordnung mit den Merkmalen der Überordnung.

Körperform (Taf. 194:3) unregelmäßig zylindrisch. Höhe 6–20 mm und Durchmesser 3 mm. Apikaler Körperbereich mit lebender Substanz, basale Region aus totem Skelettmaterial bestehend. Bei einer Höhe von etwa 20 mm beträgt der basale, tote Anteil etwa 10 mm. Mit einem einzigen, apikal gelegenen Osculum, welches einen Durchmesser von 0,5–0,8 mm aufweist. Das innere Aragonitskelett

(Taf. 194:4) zeigt eine vertikale Aufeinanderfolge von etwa 10 Kammern. Die Kammern sind durch horizontale, perforierte Decken voneinander getrennt. Ein zentral gelegener Siphon durchquert in Vertikalrichtung die Kammern und endet in dem apikal gelegenen Osculum. Die Decken der Skelettkammern werden durch 40–50 μm dicke Pfeiler gestützt, welche eine alternierende Anordnung zeigen. Die Kammern sind etwa 0,6 mm hoch. Die Decken sind 50 μm dick und weisen zahlreiche polygonale Öffnungen mit Durchmessern von etwa 100 μm auf. Auch die Skelettwände des Siphons weisen polygonale Öffnungen auf, durch welche die ausführenden Kanäle in den Siphon münden. Das Innere des Siphons kann als Spongocoel-Rest gedeutet werden. Skelettbildung extrazellulär durch sekundäre Kalzifizierung einer organischen, fibrillären Matrix. Aragonit des Skelettes mit einer unregelmäßigen, fibrillären Mikrostruktur. Keine Ausbildung von Sphaerolithen. Das Wachstum des Skelettes erfolgt apikal durch Bildung einer neuen Decke. Skelett leicht zerbrechlich. Ohne Skelettnadeln im Schwammkörper. Der lebende Körperbereich befindet sich zum größten Teil im Inneren der Skelettkammern. Nach außen wird der Körper durch ein nur 2–20 μm dickes Ektosom abgeschlossen. Das Exopinacoderm weist zahlreiche Dermalporen (25–50 μm Durchmesser) auf. Sie korrespondieren mit den polygonalen Öffnungen des Skelettes. Über diese Öffnungen gelangt der Wasserstrom in die einführenden Kanäle und über diese zu den zentral in den Kammern gelegenen Geißelkammern. Das Mesohyl ist reich an kollagenen Fasern. Mit aphodalem, leuconoidem Kanalsystem. Geißelkammern klein, rundlich, Durchmesser nur 30 μm. Mit den für viele Demospongea charakteristischen kleinen, nur 4–5 μm großen Choanocyten. Choanocytenkern ohne Nukleolus, Kern basal gelegen. Das Choanosom weist (wie auch bei vielen Demospongea, z. B. bei Veronginea) einen dichten Besatz mit symbiontischen Bakterien auf. Im Mesohyl befinden sich Archaeocyten, Amoebocyten, Collencyten sowie kollagene Fasern mit einem Durchmesser von 13–17 nm. Ähnliche Fasern treffen wir auch bei anderen Vertretern der Ceractinomorpha an. Das innere gekammerte Skelett ist durch eine 55 nm dicke Membran von der lebenden Substanz getrennt. Das Skelettwachstum erfolgt apikal durch Bildung einer neuen Decke. Offensichtlich wird zuerst eine organische Matrixstruktur entwickelt, die dann einem Verkalkungsprozeß unterliegt. Mit Larviparie und sekundärer Parenchymella-Larve. Die sekundäre Parenchymella-Larve enthält in ihrem Inneren Archaeocyten, Granulazellen (Amoebocyten) sowie Collencyten. Die Larve ist voll bewimpert, relativ klein und weist in der hinteren Hälfte keulenförmige, geknöpfte Wimpern auf. Die Embryonalentwicklung entspricht dem normalen Demospongea-Typ, weist aber Anklänge an den primitiveren Halisarcinea-Typ auf. Der Neosphinctozoida-Typ nimmt in etwa eine vermittelnde Stellung zwischen beiden Typen ein. Während der Embryonalentwicklung wird kurzfristig ein Coeloblastula-Stadium (wie beim Halisarcinea-Typ) mit gut ausgebildetem Blastocoel durchlaufen. Die Coeloblastula wandelt sich durch unipolare Zelleinwanderung in eine Sterroblastula mit zunächst gleichartigen Zellen um. Aus der Sterroblastula entwickelt sich die sekundäre Parenchymella-Larve (wie bei vielen Demospongea). Rezent bisher nur eine Art bekannt.

Neosphinctozoidae. *Neocoelia*: *N. crypta*. Indopazifik. In Kleinhöhlen von Korallenriffen.

Viele fossile Sphinctozoa (Vertreter ohne Nadeln) dürften mit den rezenten Neosphinctozoida näher verwandt sein und einer gemeinsamen höheren Kategorie angehören. Vertreter aus der Trias wie *Cryptocoelia*, *Stylothalamia* und *Dictyocoelia* zeigen denselben gekammerten Skelettaufbau wie *Neocoelia* und besitzen wie *Neocoelia* ein nadelloses Skelett. Die Skelette sind, sowohl bei den fossilen Vertretern, als auch bei *Neocoelia*, reine Aragonitskelette. Einige wenige „Sphinctozoa" aus der Kreide weisen ebenfalls ein gekammertes Skelett (Konvergenz) aber gleichzeitig in den Kammerwänden auch triaxone Kalknadeln auf. Sie können als eine eigene Kategorie (Sphaerocoeliida) innerhalb der Calcarea, Calcaronea (Kalkschwämme) eingeordnet werden.

Überordnung Ceractinomorphinea
(Taf. 195–200)

Mit den Ordnungen Halichondrida, Poecilosclerida, Merliida, Ceratoporellida, Neostromatoporoida, Haplosclerida und Dictyoceratida.

Megaskleren stets als Monaxone (häufig bedornt) ausgebildet. Die für Tetractinomorpha typischen

Triaene (Tetraxone) kommen nicht vor. Die Mikroskleren allgemein in Form von Sigmen und Chele (Autapomorphie), es sind nie Asterformen vorhanden. Halichondrida primär ohne Mikroskleren oder sekundär mit monaxonen Raphiden. Spongin bei allen Gruppen vorhanden. Zuerst Megaskleren und Spongin getrennt (Halichondrida), sekundär Megaskleren durch Sponginknollen miteinander verbunden oder Megaskleren ganz von Spongin eingehüllt (Poecilosclerida, Haplosclerida), tertiär mit reinen Sponginskeletten und Kieselnadeln völlig reduziert (Dictyoceratida). Sekundär mit unterschiedlichen, basal gelegenen Kalkskeletten. Mit leuconoidem Kanalsystem. Primär krustenförmig (Halichondrida), sekundär dagegen mit aufrechtem Wuchs. Larvipare Vertreter mit sekundären Parenchymella-Larven, welche Oxen aufweisen. Während der Embryonalentwicklung der Ceractinomorphinea treten bei der Larvenbildung zuerst Kieselnadeln (monaxone Megaskleren) und dann erst Spongin auf. Ein Hinweis, daß bei den Ceractinomorphinea zuerst die Kieselnadeln ausgebildet werden, die dann nach und nach (um elastischere, besser adaptierte Skelette zu bilden) von Sponginfasern abgelöst werden. Die Fähigkeit Spongin bilden zu können, besitzen aber schon die Halisarcinea mit ihren kollagenen Fasern. Die nur Spongin aufweisenden Dendroceratinea und Veronginea konnten sich daher schon vor den Ceractinomorphinea von den Halisarcinea abspalten.

Vertreter der Ceractinomorphinea zählen zu den am weitesten verbreiteten Schwämmen, welche sowohl im Litoral als auch in größeren Meerestiefen vorkommen. Primär im marinen Bereich, sekundär im Brackwasser und auch im Süßwasser (Spongillidae, Potamolepidae, Lubomirskiidae).

Ordnung Halichondrida
(Taf. 195)

Mit monaxonen Megaskleren, welche monactine oder diactine Ausbildung zeigen. Megaskleren ohne bestimmte Lagerung im Schwammkörper, daher der Skelettbau primär noch sehr unregelmäßig. Nur im Dermalbereich zeigen die Megaskleren eine tangentiale Anordnung. Die bisher bei den Halichondrida eingereihten Arten mit zug- oder netzförmigen Megaskleren-Skeletten gehören offensichtlich nicht in diese Gruppe. Spongin meist noch fehlend oder nur sehr spärlich vorhanden. Noch keine Verbindung zwischen Spongin und Megaskleren. Mikroskleren primär meist noch fehlend, sekundär mit monaxonen Mikroskleren (Raphide).

Larvipare Vertreter. Mit voll bewimperter, sekundärer Parenchymella-Larve. Neben normalen Wimpern treten auch keulenförmige Wimpern auf. Ausschließlich marine Vertreter. Mit primärer flacher Wuchsform, nur wenig in die Höhe wachsend. Oberfläche des Schwammkörpers mit kegelartigen Erhebungen, welche apikal je ein relativ großes Osculum aufweisen. Meist Flachwasserbewohner.

Halichondriidae. *Halichondria* (Taf. 195:1,2): *H. panicea*, Brotkrustenschwamm, häufigster Schwamm des Küstenbereiches der Nord- und Ostsee, mit diactinen Megaskleren; vorwiegend in der Gezeitenzone, Gestalt unregelmäßig krustenförmig. *Trachyopsis*.

Hymeniacidonidae. *Hymeniacidon*: Mit monactinen Megaskleren, krustenförmige Gestalt mit kegelartigen Erhebungen.

Ordnung Poecilosclerida
(Taf. 195)

Größte Ordnung der Demospongea. Ein großer Teil der Demospongea-Arten zählt zu dieser Ordnung. Ausschließlich marine Vertreter. Megaskleren monaxon (monactin und diactin), mit vielen sekundären Abwandlungen. Häufig mit deutlicher Bedornung. Mikroskleren in mannigfaltiger Form, meist als Cheloide, oder auch als Sigmoide oder Toxe ausgebildet. Megaskleren unterschiedlich geformt, je nachdem, ob sie im Ektosom (Dermalmembran) oder Choanosom liegen (charakteristisch für Poecilosclerida). Das Skelett besteht aus Megaskleren, welche stets durch Sponginknollen miteinander verbunden sind. Es entstehen auf diese Weise unterschiedlich geformte Netzwerk-Skelette. Die Megaskleren können auch igelartig auf Sponginfasern (Taf. 195: 2/1) angeordnet sein. Körperform zum Teil noch primär krustenförmig, meist aber aufrecht. Meist noch mit einfacher Dermalmembran, selten ist

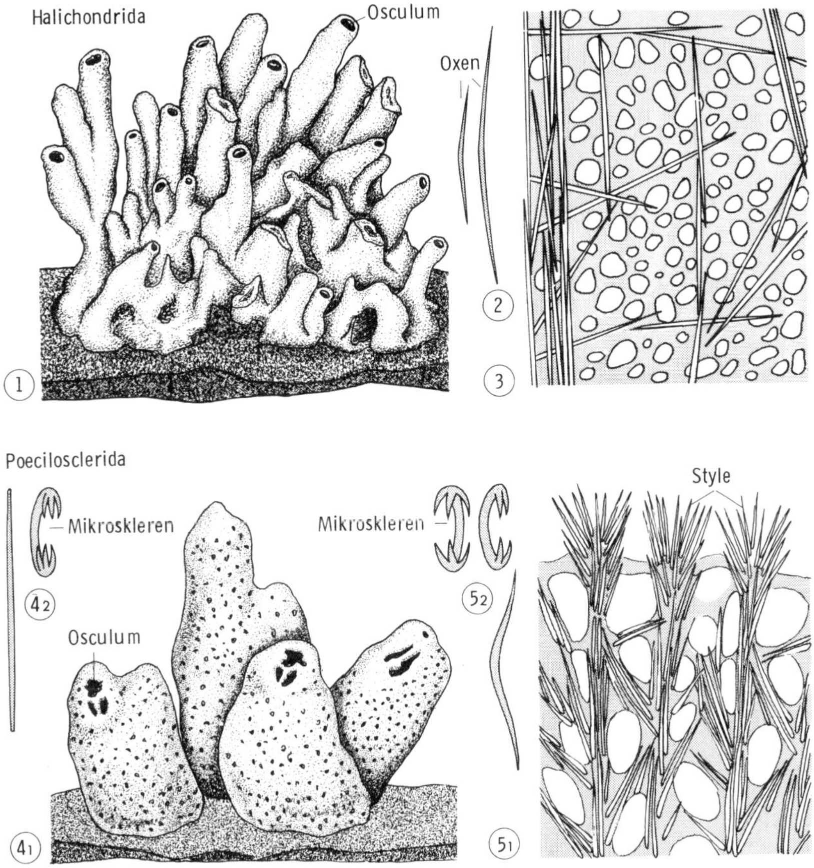

Taf. 195. Porifera: Demospongiae, Ceractinomorpha (Halichondrida, Poecilosclerida). – Abb. 1. *Halichondria*, Habitus (nach HYMAN). Abb. 2. *Halichondria panicea*, monaxone Kieselnadeln (nach RIEDL). Abb. 3. *Halichondria bowerbanki*, Dermalmembran mit monaxonen Kieselnadeln (nach HARTMANN). Abb. 4/1. *Myxilla rosacea*, Habitus (nach RIEDL); 4/2. *Myxilla rosacea*, monaxone Megasklere und cheloide Mikrosklere (nach RIEDL). Abb. 5/1. *Microciona prolifera*, Skelett aus monaxonen Megaskleren und Sponginfasern (nach HYMAN); 5/2. *Microciona prolifera*, Mikroskleren (Chele, Tox) (nach HYMAN).

eine Rinde (Cortex) ausgebildet. Mit Subdermalräumen und zahlreichen leuconoiden Geißelkammern.

In allen Weltmeeren, auch mit Tiefseevertretern (*Cladorhiza, Esperiopsis*). Sie kommen vom Flachwasserbereich bis in Meerestiefen von 7000 m vor. Larvipare Vertreter. Mit sekundärer Parenchymella-Larve. Hinterer Pol ohne Geißeln, innen mit Oxen. Zahlreiche Familien.

Mycalidae. Mit radiär-federartigem Skelett aus Stylen und Sponginfasern. Mikroskleren verschiedenartig: Stets Anisochele vorhanden, aber auch Sigmen, Toxen, Raphiden und Isochelen. *Mycale*, *Paraesperella*.

Hamacanthidae. Mit monactinen Megaskleren und cheloiden Mikroskleren. Bisweilen mit basalem Kalkskelett (!). *Hamacantha*.

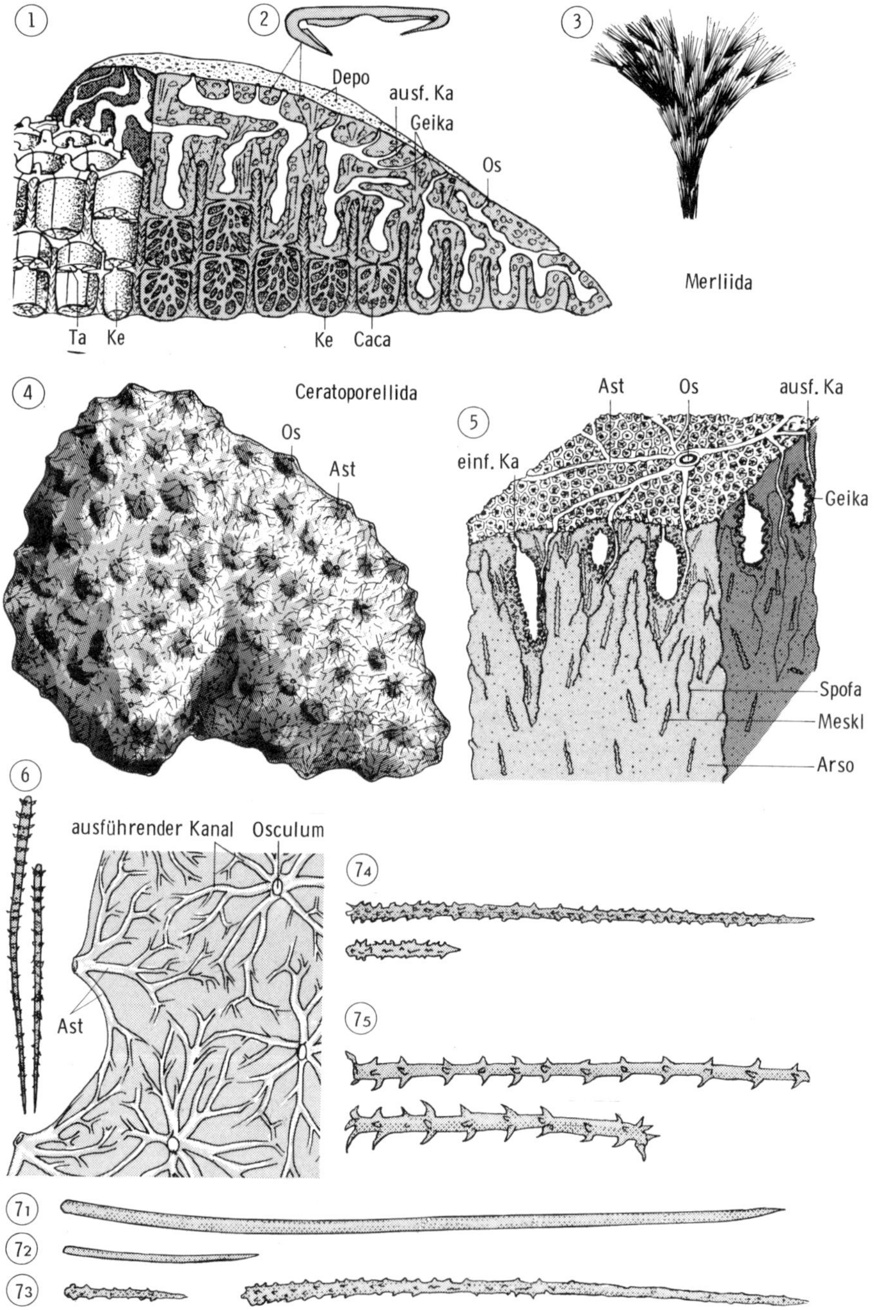

Taf. 196. Porifera: Demospongiae, Ceractinomorpha (Merliida, Ceratoporellida). – Abb. 1. *Merlia normani*, Habitus (nach Kirkpatrick). Abb. 2. Diancistron: cheloide Mikrosklere (nach Lundbeck). Abb. 3. springbrunnenähnliche Mikrostruktur des Skelettes (nach Jones). Abb. 4. *Ceratoporella nicholsoni*, Habitus (nach Hartman & Goreau). Abb. 5. *Ceratoporella*, Längsschnitt (nach Hutchinson). Abb. 6. *Ceratoporella nicholsoni*, lebende obere Schicht mit ausführendem Kanalsystem (Astrorhizen) und monaxonen Megaskleren (nach Hartman &

Cladorhizidae. Tiefseevertreter mit einem massiven Megaskleren-Skelett (Style), welches einen Achsenbereich aufweist, von dem radiäre Megasklerenzüge ausgehen. *Cladorhiza, Chondrocladia.*

Desmacidonidae. Netzförmiges Skelett aus diactinen Megaskleren und Spongin. Sigmoide und chelate Mikroskleren. *Desmacidon*, *Guitarra.*

Myxillidae. Netzförmiges Skelett aus monactinen Megaskleren (Style und Acanthostyle). Mikroskleren meist Isochelen und Sigmen. *Myxilla* (Taf. 195:4), *Ectomyxilla.*

Clathriidae. Mit Stylen und Acanthostylen. Ohne diactine Megaskleren. Mikroskleren: Isochelen und Toxen. Zum Teil krustenförmig, meist aber aufrecht stehende, verzweigte Formen. *Clathria*; *Microciona* (Taf. 195:2): Krustenförmig, mit glatter Oberfläche.

Ordnung Merliida
(Taf. 196)

Häufig als Vertreter der Sclerospongiae betrachtet. Meist mit einem basalen Sockel (Taf. 196:1), welcher sowohl aus Calcit als auch aus Aragonit bestehen kann. Nach einigen Beobachtern (z.B. VACELET) kommen Calcit und Aragonit gleichzeitig im Sockel vor. Es ist noch ungeklärt, ob beide Calciumcarbonat-Formen gebildet werden, oder ob eventuell eine schnelle Umwandlung des Aragonit in Calcit erfolgt. Hinzu kommt, daß auch Individuen vorkommen, die kein basales Kalkskelett (Sockel) aufweisen. Die einzige Art *Merlia normani* lebt in marinen Höhlen und Grotten. Exemplare, die in tiefen Höhlen aufgefunden wurden, besaßen keine Kalksockel. Die Sockelbildung ist offensichtlich von Grad der Wasserströmungen abhängig. Bei geringen Wasserbewegungen (tiefe Höhlenbereiche) kann vermutlich die Sockelbildung ausbleiben. Das basale Skelett weist eine springbrunnenähnliche Mikrostruktur (Taf. 196:3) auf. Basales Skelett mit einem kelchartigen, gekammerten Tabulaeskelett (wie bei Tabulospongida). Mit dem Höherwachsen des Schwammkörpers werden neue Tabulae eingezogen und die dann leeren Kelche mit Calciumcarbonat angefüllt. Die Tabulae sind mit einer zentralen Öffnung versehen, so daß die senkrecht übereinander stehenden Kelche miteinander verbunden sind. In der obersten Kelchschicht befindet sich ein Teil der lebenden Schwammsubstanz. Das lebende Gewebe überzieht als eine dünne Schicht den Kalksockel. Mit Dermalporen und Subdermalräumen. Mit leuconoidem (hymenopylem) Kanalsystem. Die kleinen rundlichen Geißelkammern befinden sich zum Teil in der obersten Kelchreihe. Die Megaskleren sind als monaxone Tylostyle, die Mikroskleren als Raphiden, Commata (kommaförmige Sigmoide) oder als für die Ordnung sehr charakteristische Clavidisken (Cheloidform) ausgebildet. Die Clavidisken (Fig. 196:2) der Merliida entsprechen weitgehend den Diancistren (cheloide Mikroskleren) der Hamacanthidae innerhalb der Poecilosclerida. Außerdem kommen bei *Hamacantha* (Hamacanthidae) bisweilen basale Kalkskelette vor. Hinweise auf eine engere Verwandtschaft zwischen Merliida und Poecilosclerida. Die Einreihung innerhalb der Ceractinomorphinea erfolgt auf Grund dieser Übereinstimmungen. Tabuläre Skelette sind daher offensichtlich unabhängig voneinander sowohl bei den Tetractinomorpha (Tabulospongida) als auch bei den Ceractinomorpha entstanden.

Ohne Astrorhizen auf der Oberfläche des Kalkskelettes. Krustenförmige Gestalt. Lebende Schicht nur etwa 1 mm dick. Kieselnadeln nur in der lebenden Schicht, nie im Skelettbereich.

Merliidae. *Merlia normani*: Einzige bisher bekannte Art; weit verbreitet, auch im Mittelmeer.

◄

GOREAU). Abb. 7/1 u. 7/2. *Hispidopetra miniana*, monaxone Megaskleren (nach HARTMAN); 7/3. *Stromatospongia novae*, monaxone Megaskleren (nach HARTMAN); 7/4. *Stromatospongia vermicola*, monaxone Megaskleren (nach HARTMAN); 7/5. *Goreauiella auriculata*, monaxone Megaskleren (nach HARTMAN). Abkürzungen: Arso = Aragonitsockel, Ast = Astrorhize, ausf. Ka = ausführender Kanal, Caca = Calciumcarbonat, Depo = Dermalporen, einf. Ka = einführender Kanal, Geika = Geißelkammern, Ke = Kelche (Tuben), Meskl = Megaskleren, Os = Osculum, Spofa = Sponginfasern, Ta = Tabulae.

Ordnung Ceratoporellida
(Taf. 196)

Häufig als Vertreter der Sclerospongiae betrachtet. Mit einem basalen Aragonitsockel (Basalskelett), welcher zusätzlich Sponginfasern und Kieselnadeln enthält. Die Kieselnadeln entstammen der oberhalb des Sockels liegenden dünnen, lebenden Schicht und gelangen mit dem Höherwachsen des Sockels in das basale Aragonitskelett. Dort lösen sie sich mit der Zeit auf, so daß im basalen und mittleren Bereich des Sockels nur sich auflösende Nadeln anzutreffen sind. Die dünne, lebende Schicht (Taf. 196:5, 6) überzieht den oberen Bereich des Aragonitsockels. Sie reicht in ihrem basalen Bereich in Form von flachen Kelchen und unregelmäßig abgegrenzten Furchen in den Aragonitsockel hinein. Mit dem Höherwachsen des Schwammkörpers werden die unteren Bereiche der Kelche und Furchen mit Aragonit angefüllt. Der untere Bereich der lebenden Schicht stellt eine organische Matrixschicht dar. Hier erfolgt die Bildung der Kieselnadeln. In der Matrixschicht befinden sich kollagene Fasern, und sie stellt gleichzeitig die Matrix des darunter liegenden Aragonitsockels dar. Die lebende Schicht ist nur wenige Millimeter dick. Die monaxonen Megaskleren (Taf. 196:7) sind meist bedornt und treten als Acanthostyle und Acanthostrongyle auf. Daneben können aber auch glatte Style (z. B. bei *Hispidopetra*) auftreten. Die Lage der Kieselnadeln ist sehr typisch. Bei zugespitzten Nadeln ist die Nadelspitze immer nach der Schwammoberfläche hin gerichtet. Das Kanalsystem ist leuconoid und entspricht demjenigen der Demospongea. Über Dermalporen und einführende Kanäle gelangt das Wasser in die Geißelkammern, welche im Sockelbereich in den ausgesparten Kelchen und Furchen liegen. Von dort wird das Wasser über ableitende Kanäle und Oscula nach außen abgegeben. Im lebenden Zustand sind die um ein Osculum strahlenartig (Astrorhizen) angeordneten, ausführenden Kanäle (Taf. 196:6) gut zu erkennen. Der basale Aragonitsockel (Taf. 196:4, 5) kann bei *Ceratoporella* einen Durchmesser von 1 m und eine Höhe von 0,5 m erreichen. Der Sockel kann aber auch nur wenige Zentimeter hoch sein (*Stromatospongia*). Kleinere Vertreter weisen eine mehr krustenförmige Gestalt auf. Es ist noch nicht geklärt, auf welche Weise das basale Aragonit-Skelett zustande kommt. Es erscheint möglich, daß bei *Stromatospongia* eine besondere Amoebocyten-Form (Calcocyten) das Kalkskelett erzeugt. Das durch die ausführenden Kanäle erzeugte astrorhizale Muster drückt sich in die Oberfläche des Aragonitsockels ein und entspricht fossilen astrorhizalen Bildungen. Der kristalline Aragonitsockel mit einer springbrunnenähnlichen Microstruktur. *Stromatospongia* sehr wahrscheinlich mit sekundärer Parenchymella-Larve. Ausschließlich marine Vertreter. Auf Korallenriffen warmer Meere, auch in submarinen Grotten und Höhlen.

Ceratoporellidae. *Ceratoporella* (Taf. 196:4–7): Aragonitsockel bis zu 0,5 m hoch; *Stromatospongia* (Taf. 196:7): Krustenförmig, Aragonitsockel nur 0,3–4,0 cm hoch; *Goreauiella* (Taf. 196:7); *Hispidopetra* (Taf. 196:7).

Ein Teil der seit dem Mittelkambrium bekannten fossilen Stromatoporiden (Stromatoporida) könnte zur näheren Verwandtschaft der Ceratoporellida zählen, da einander entsprechende Astrorhizen vorliegen.

Ordnung Neostromatoporoida
(Taf. 197)

Häufig als Vertreter der Sclerospongiae betrachtet. Mit einem lockeren, maschenförmigen Aragonitskelett, welches bei *Astrosclera* (Taf. 197:1) aus polyedrischen Aragonit-Sphaerolithen (Taf. 197:2/1) besteht, Die Sphaerolithen entstehen bei *Astrosclera* intrazellulär in Calcocyten (Taf. 197:2/2) und weisen einen Durchmesser von etwa 60 μm auf. Sphaerolithen mit sternförmiger Innenstruktur. Bei *Astrosclera* wird das maschenförmige Skelett im basalen Bereich mit Aragonit angefüllt und so zu einem festen, basalen Sockel. Bei *Calcifibrospongia* enthält das maschenförmige Skelett zahlreiche Kieselnadeln in Form monaxoner Strongyle. Die Bildung des Aragonit-Skelettes erfolgt hier extrazellulär. Um die Kieselnadeln werden kollagene Fasernetze entwickelt, und in diesen Fasernetzen erfolgt die Aragonitablage. Der abgelagerte Aragonit weist sphaerolithische Züge auf.

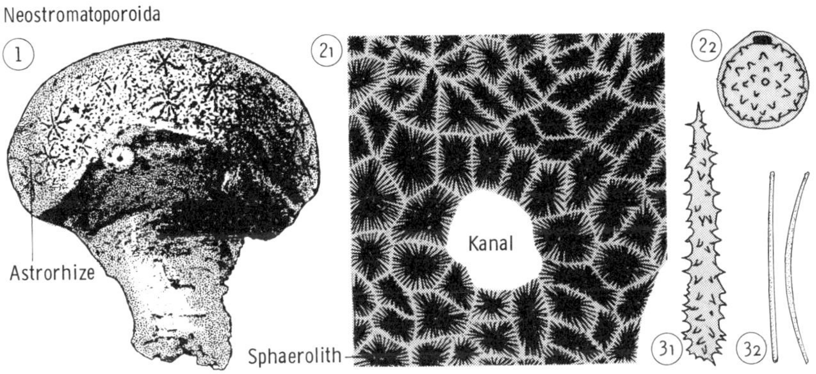

Taf. 197. Porifera: Demospongiae, Ceractinomorpha (Neostromatoporoida). – Abb. 1. *Astrosclera willeyana*, Habitus (nach BATT). Abb. 2/1. *Astrosclera willeyana*, Sockel aus Aragonit-Sphaerolithen, Ausschnitt (nach MINCHIN); 2/2. intrazelluläre Sphaerolithen-Bildung in Calcocyten (nach JONES). Abb. 3/1. *Astrosclera willeyana*, Acanthostyl (nach VACELET); 3/2. *Calcifibrospongia actinostromarioides*, Strongyle (nach HARTMAN).

Die Oberfläche des Aragonitskelettes wird bei *Calcifibrospongia* von einer dünnen Exopinacoderm-Mesohylschicht bedeckt, welche netzförmig angeordnete Strongylen (Taf. 197:3/2) aufweist. Bei *Astrosclera* treten Acanthostyle (Taf. 197:3/1) auf. In das bei *Calcifibrospongia* etwa 10 cm hohe Aragonit-Skelett reichen viele vertikale, röhrenartige Tuben hinein, welche einen Durchmesser von 0,4 mm aufweisen. In den Tuben befinden sich die einführenden Kanäle. Die Wandungen der Tuben bestehen aus durchlöcherten Aragonitplatten. In diesem Hohlraumsystem befindet sich das Mesohyl mit den Geißelkammern. Zum Tubensystem gehören auch noch einen größeren Durchmesser aufweisende Röhren. In ihnen erheben sich die ausführenden Kanäle vertikal zur Oberfläche und münden in Oscula. In Intervallen von 15–20 mm münden im Bereich des Aragonit-Skeletts jeweils 4–6 kleinere, waagrecht angeordnete, ausführende Kanäle in den vertikal verlaufenden Hauptkanal. Auf diese Weise entstehen nicht nur an der Oberfläche des Aragonit-Skeletts, sondern auch in seinem Inneren die charakteristischen Astrorhiza-Bildungen, wie man sie auch bei mesozoischen Stromatoporiden (z. B. *Actinostromaria*) antrifft. Ein- und ausführende Kanäle münden in einen ausgedehnten Hohlraum unterhalb des Exopinacoderms. Das vom Exopinacoderm befreite Skelett weist auf seiner Oberfläche zahlreiche kleinere (einführende Kanäle) und größere Öffnungen (ausführende Kanäle) auf. Die größeren Öffnungen stellen Oscula dar. Mit leuconoidem Kanalsystem. Die sehr kleinen Geißelkammern, Durchmesser nur 17–18 μm befinden sich im Mesohyl des Schwammes und liegen in den Maschen des Aragonitskeletts. Das Skelett von *Calcifibrospongia* weist ein kollagenes Faserwerk (wahrscheinlich Sponginfasern) auf, in welchem die Aragonitablagerung erfolgt. Das kollagene Faserwerk dürfte mit den charakteristischen Spongin-Netzwerken der Ceractinomorpha identisch sein. Bei *Calcifibrospongia* lösen sich die im Aragonitskelett befindlichen Kieselnadeln mit der Zeit völlig auf, so daß die Skelettbasis frei von Kieselnadeln ist.

Astrosclera mit sekundärer Parenchymella-Larve. Ausschließlich marine Riffbewohner, welche in kleineren Riffhöhlen-Systemen vorkommen. Im Indopazifik und in der Nähe der Bahamas.

Viele fossile Stromatoporiden (z. B. mesozoische *Actinostromaria*) könnten zur näheren Verwandtschaft der Neostromatoporoida zählen. Das Fehlen von Kieselnadeln bei fossilen Stromatoporida könnte durch das sekundäre Auflösen der Nadeln, wie bei *Calcifibrospongia* beobachtet, erklärt werden.

Unterordnung Astrosclerina.

Intrazelluläre Entstehung der Sphaerolithen. Skelett im basalen Bereich als fester, mit Aragonit angefüllter Sockel ausgebildet. Mit sekundärer Parenchymella-Larve.

Astroscleridae. *Astrosclera* (Taf. 197:1–3).

Unterordnung Calcifibrospongiina

Extrazelluläre Entstehung des Skelettes. Mit maschenförmigem Aragonitskelett.

Calcifibrospongiidae. *Calcifibrospongia* (Taf. 197:3/2).

Innerhalb der Poecilosclerida weisen viele Vertreter bedornte Megaskleren in Form von Acanthostylen (wie bei *Astrosclera*) auf. Auch die Ausbildung von sekundären Parenchymella-Larven (ohne vorhergehende Oviparie) weist auf eine Einreihung innerhalb der Ceractinomorpha hin. Auf Grund ihrer Spikulation dürften sie am nächsten mit den Poecilosclerida verwandt sein.

Ordnung Haplosclerida
(Taf. 198 u. 199)

Mit monaxonen, meist glatten, diactinen Megaskleren (Taf. 198:3/1). Megaskleren innerhalb des Schwammkörpers ohne besondere Lokalisierung. Mikroskleren zum Teil fehlend, zum Teil als Sigmen und Toxen ausgebildet. Mit Amphidisken (konvergent auch bei Hexactinellida). Nie Cheloide vorhanden. Spongin in großer Menge vorhanden. Das isodictyale Skelett besteht primär aus Megaskleren, welche sich netzförmig aneinanderlegen und an den Nadelenden durch Sponginknollen (Taf. 186:1) miteinander verbunden sind. Sekundär sind die Megaskleren völlig (Taf. 186:2) in netzartige Sponginfasern eingelagert. Dermalmembran meist nur schwach ausgebildet, unter ihr große Subdermalräume. Leuconoide Vertreter mit zahlreichen rundlichen Geißelkammern und vielen Oscula. Primär marin (Flachwasser bis Tiefen von 2400 m), sekundär auch Süßwasserbewohner.

Wuchsform der einzelnen Arten oft sehr verschieden. Sie ist häufig von Umweltbedingungen (z.B. Stärke der Wasserströmung) abhängig und kann daher innerhalb einer Art je nach Standort verschieden sein. Neben flachen, krustenförmigen Vertretern kommen auch aufrecht wachsende, zum Teil röhren- und bäumchenartige Vertreter vor. Die wenigen, sekundär im Süßwasser vorkommenden Schwammarten zählen alle zu dieser Ordnung. Einige marine Vertreter, z.B. *Haliclona*, bereits mit Gemmulae-Bildung. Süßwasser-Arten meist mit Gemmulae, zum Teil Gemmulae mit besonders ausgebildeten Belagsnadeln (z.B. Amphidisken). Süßwasserschwämme häufig mit symbiontischen Zoochlorellen. Die geographische Verbreitung der rezenten Süßwasserschwämme zeigt, daß die sekundäre Besiedlung des Süßwassers mehrmals unabhängig voneinander erfolgt ist (Spongillidae, Potamolepidae, Lubomirskiidae mit jeweils unabhängiger Besiedlung). *Palaeospongilla* aus der Kreide (vor mehr als 100 Mio. Jahren) wird als ein Süßwasserschwamm bezeichnet und spricht für eine frühe Besiedlung von Süßwasserbereichen.
Familieneinteilung bei den Haplosclerida oft umstritten.
Haliclonidae. Mit kleinen monaxonen Megaskleren, welche in ein reguläres isodictyales Sponginskelett eingebettet sind. Sekundäre Verkleinerung der Megaskleren durch Einlagerung in Sponginfasern. Ohne Mikroskleren. *Haliclona* (Taf. 186:2; 198:1) (*H. loosanoffi*, Geweihschwamm. Bäumchenartig, bis 30 cm hoch, Nord- und Ostsee; in allen Meeren verbreitet).

Renieridae. Megaskleren an ihren Enden durch Sponginknollen miteinander verbunden. Vorwiegend in kalten Meeren. *Reniera* (Taf. 186:1), *Petrosia*, *Pachychalina*.
Die folgenden drei Familien (Spongillidae, Lubomirskiidae, Potamolepidae) zählen zu den Süßwasserschwämmen.

Spongillidae. Mit glatten oder bedornten Megaskleren (Oxe, Strongyle). Megaskleren gebündelt und in Sponginfasern eingelagert. Mikroskleren teils vorhanden, teils fehlend. Gemmula-Mikysklerite als Amphidiske oder Oxe ausgebildet. Mit weltweiter Verbreitung. In stehenden und schwach fließenden Gewässern. In Mitteleuropa vorkommende Arten mit Gemmulae-Bildung (Anpassung an die niedrigen Wassertemperaturen im Winter). *Spongilla* (Taf. 199:1–5): *S. lacustris*, im ruhigen Wasser baumartig verzweigt, Höhe bis zu 20 cm; *Eunapius*: *E. fragilis*, krustenförmige Gestalt; *Ephydatia*

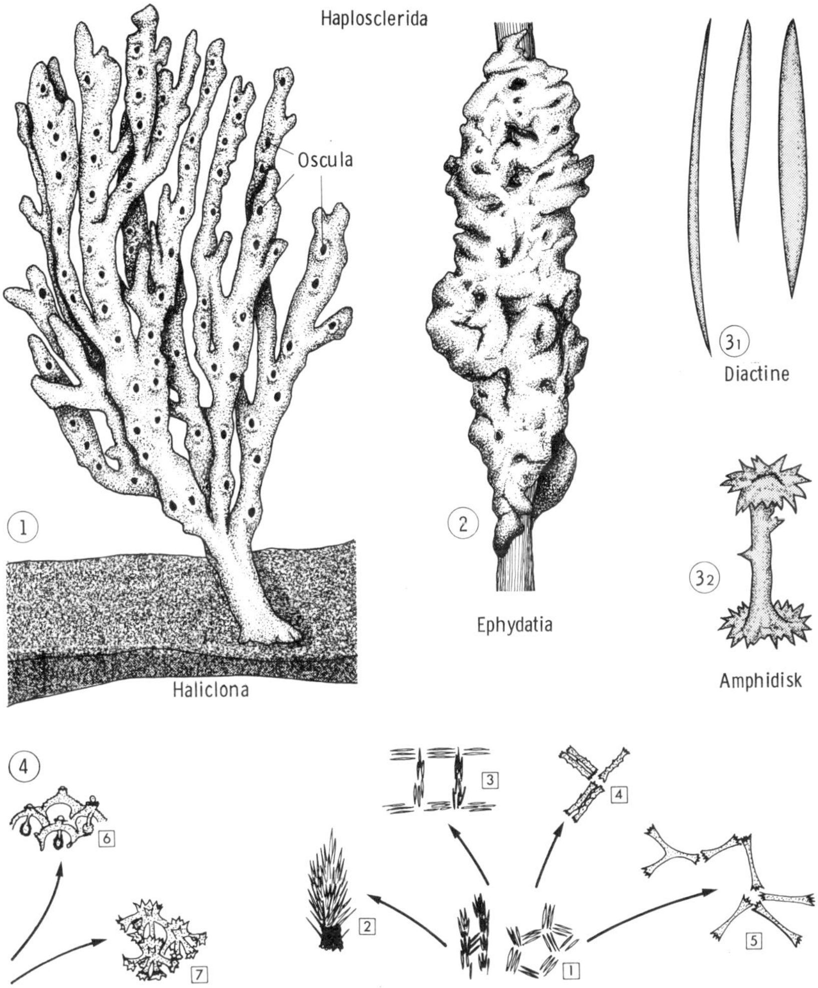

Taf. 198. Porifera: Demospongiae, Ceractinomorpha (Haplosclerida) und fossile Demospongea. – Abb. 1. *Haliclona oculata*, Habitus (nach MINCHIN). Abb. 2. *Ephydatia fluviatilis*, Habitus. Abb. 3/1. *Ephydatia fluviatilis*, Diactine; 3/2. *Ephydatia fluviatilis*, Amphidisk (Belagsnadel). Abb. 4. Fossile Demospongea, vermutete verwandtschaftliche Beziehungen: 4/1. *Hazelia*, 4/2. *Saccospongia*, 4/3. *Heliospongia*, 4/4. *Haplistion*, 4/5. *Archaeoscyphia*, 4/6. *Hindia*, 4/7. *Astylospongia* (nach FINKS).

(Taf. 198:2–3): *E. fluviatilis*, massige bis klumpenförmige Gestalt, mehr in Fließgewässern; *Trochospongilla*: *T. horrida*, dünne Krusten bildend; *Heteromeyenia*: *H. stepanowii*, krustenförmig. Die Belagnadeln der Gemmulae entweder als Amphidisken (*Ephydatia* (Taf. 198:3/2), *Trochospongilla*, *Heteromeyenia*) oder als Oxen, bzw. Strongylen (*Spongilla* (Taf. 199:2/2), *Eunapius*) ausgebildet. Alle bisher erwähnten Vertreter kommen auch in Mitteleuropa vor. – *Drulia*: *D. browni*, klumpige, rundliche Gestalt, endemische Art des Amazonasbeckens, mit großen Gemmulae, die sich an Baumstämmen befinden, welche nur während der Hochwassermonate überflutet werden.

Lubomirskiidae. *Lubomirskia*: Endemit des Baikal-Sees. Keine Gemmulae-Bildung.

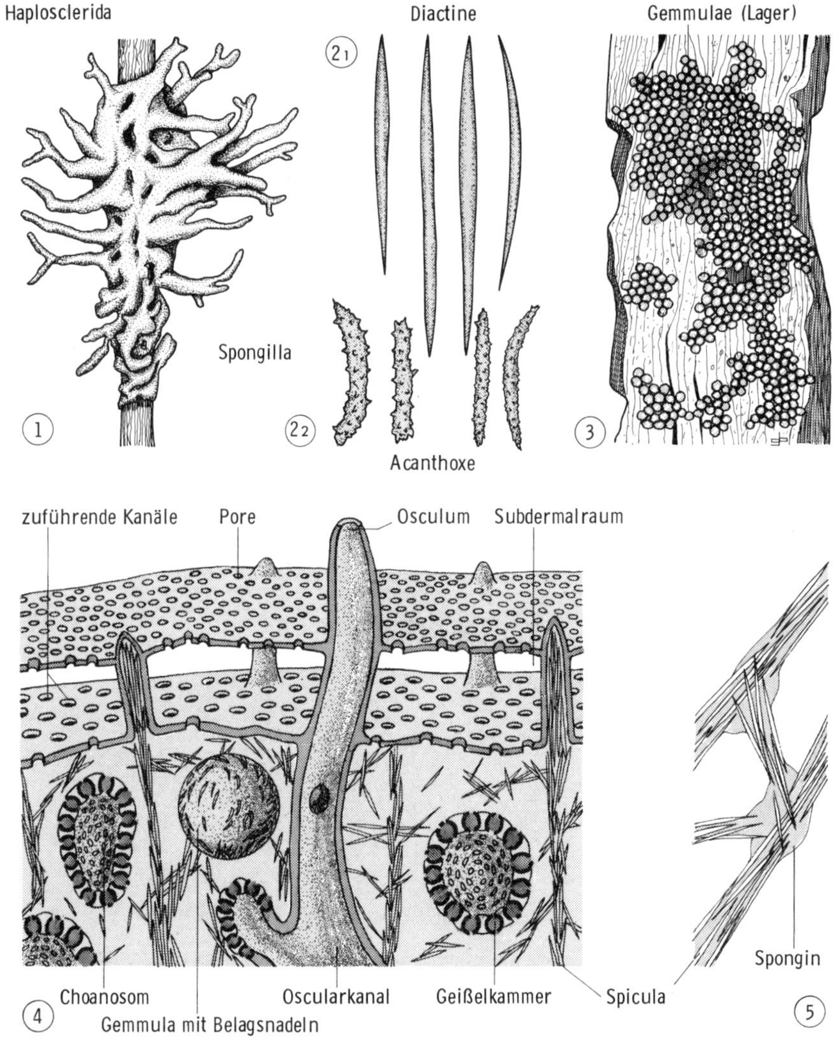

Taf. 199. Porifera: Demospongiae, Ceractinomorpha (Haplosclerida). – Abb. 1. *Spongilla lacustris*, Habitus. Abb. 2/1. *Spongilla lacustris*, Diactine; 2/2. *Spongilla lacustris*, Acanthoxe als Belagsnadeln. Abb. 3. *Spongilla fragilis*, Gemmulae-Lager. Abb. 4. *Spongilla lacustris*, Längsschnitt (nach ARNDT). Abb. 5. *Spongilla lacustris*, von Spongin eingehüllte Megasklerenbüschel (nach WURMBACH).

Potamolepidae. Endemiten des Kongo-Bereiches. Ohne eigentliche Gemmulae-Bildung, da weitgehend konstante, warme Wassertemperaturen, bilden vegetative Dauerknospen, welche den Gemmulae mariner Haplosclerida ähneln. *Potamolepis, Potamophloios*.

Callyspongiidae. Megaskleren als monaxone Oxen und Strongyloten ausgebildet. Die Megaskleren sind in Spongin eingehüllt und die Skelette weisen (*Callyspongia*) nur noch geringe Megaskleren-Anteile auf. Die Tendenz des sekundären Megaskleren-Abbaues ist deutlich erkennbar. Bei *Dactylia* liegt bereits ein reines, massives Spongin-Skelett vor. Wie bei den Dictyoceratida können Fremdkörper in die Skelette eingebaut werden. Mikroskleren in Form von Toxen (bogenförmige Sigmoide). *Callyspongia*: Skelett noch aus Megaskleren und Spongin bestehend, Spongin aber deutlich im Überschuß vorhanden. *Dactylia*: Sekundär reines Sponginskelett.

Ordnung Dictyoceratida
(Taf. 186:3 u. 200)

Mit einem sekundären reinen Sponginskelett (Taf. 186:3), welches sich aus primären und sekundären, homogen aufgebauten Sponginfasern zusammensetzt. Die dickeren, primären Sponginfasern verlaufen senkrecht im Schwammkörper, während die dünneren, sekundären Sponginfasern die waagrechten, anastomosierenden Balken des Spongin-Netzwerkes darstellen. Diese Sponginskelette ohne eingebettete Kieselnadeln (Megaskleren) stehen am Ende der Umwandlungsreihe innerhalb der Ceractinomorpha. Das primäre Megasklerenskelett wird nach und nach vom sekundären Sponginskelett verdrängt. Ohne Megaskleren und ohne Mikroskleren. In das Sponginskelett werden meist (mit Aus-

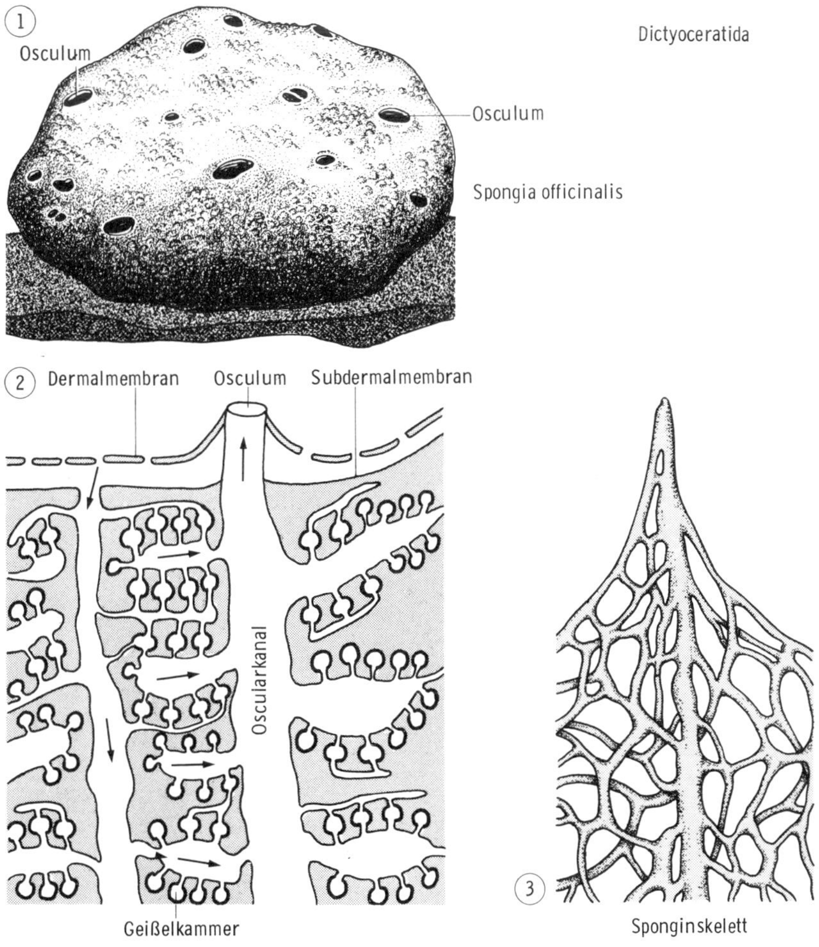

Taf. 200. Porifera: Demospongiae, Ceractinomorpha (Dictyoceratida). – Abb. 1. *Spongia officinalis*, Habitus (nach SCHULZE). Abb. 2. *Hippospongia communis*, Längsschnitt (nach v. LENDENFELD). Abb. 3. *Spongia officcnalis*, Sponginskelett, Ausschnitt (nach SCHULZE).

nahme der reinen Badeschwämme, z. B. *Spongia*-Arten) Fremdkörper in Form von Sandkörnchen oder auch exogenen, fremden Kieselnadeln eingeschlossen. Amoebocyten nehmen dabei die im Wasserkanalsystem befindlichen Fremdkörper auf und geben sie an Spongioblasten weiter. Einlagerung von Fremdkörpern auch in der oberen Dermalschicht. Ohne ausgeprägte Rindenschicht. Subdermalräume gut ausgebildet. Mit leuconoidem Kanalsystem, Geißelkammern meist klein und rundlich. Gestalt massig, Abgrenzungen unregelmäßig. Oberfläche häufig derb, etwas lederartig, mit Papillen und zahlreichen, gut sichtbaren Oscula besetzt. Nur im marinen Bereich. Mit Larviparie. Die sekundäre Parenchymella-Larve am hinteren, vegetativen Pol mit längerer Bewimperung.

Dictyoceratida sind Flachwasserbewohner warmer Meere. Durch Sponginsekretion sind sie an den felsigen Untergrund angeheftet. Wirtschaftlich genutzt werden die Schwämme der Gattungen *Spongia* (eigentliche Badeschwämme) und *Hippospongia* (Pferdeschwamm, industrielle Nutzung). Der im Haushalt benutzte Badeschwamm der Gattung *Spongia* stellt das vorher gebleichte, reine Sponginskelett des Schwammes dar. Die starke Wasseraufnahmefähigkeit wird durch die Kapillarkraft der Maschen (= sekundäre Sponginfasern) des Sponginskelettes bewirkt. Exemplare von *Spongia* und *Hippospongia* können 40–50 Jahre als werden. Durch ihre Sponginskelette sind die Dictyoceratida besser an stärkere Meeresströmungen adaptiert.

Spongiidae. Mit kleinen, rundlichen Geißelkammern mit einem Durchmesser von 20–40 µm. *Spongia* (Taf. 200: 1, 3): *S. officinalis*, Badeschwamm, mit fast reinen Sponginfasern; wichtigste Vorkommen: Küsten von Tunesien, Florida, Philippinen; Durchmesser meist 15–20 cm. *Hippospongia* (Taf. 200:2): *H. communis*, Pferdeschwamm; mit Fremdkörpereinlagerungen (Sandkörnchen) in den Sponginfasern, daher nur als Industrieschwamm verwendbar. *Phyllospongia, Ircinia.*

Dysideidae. Geißelkammern größer (über 50 µm), länglicher und mehr oval geformt. Sponginfasern oft dicht mit Einschlüssen, darunter auch exogene Kieselnadeln, gefüllt. *Dysidea*: *D. fragilis*, weltweite Verbreitung, auch in der Nordsee; *Euryspongia*.

Die polyphyletische Klasse der Sclerospongiae wurde in dieser Bearbeitung aufgelöst und ihre Vertreter bei den Tetractinomorpha und Ceractinomorpha eingereiht.

Bei einer Beibehaltung der Sclerospongiae würde die Klasse folgende Ordnungen (Hartman in Hartman, Wendt, Wiedenmayer 1980) enthalten: Ceratoporellida (*Ceratoporella*, *Stromatospongia*, *Hispidopetra*, *Goreauiella*); Stromatoporida (*Astrosclera, Calcifibrospongia*); Tabulospongida (*Acanthochaetetes*) und Merliida (*Merlia*).

Das lebende Gewebe der Sclerospongiae entspricht aber demjenigen der Demospongiae, dasselbe gilt für die Kieselnadeln. Basale Kalkskelette werden auch von Vertretern der Demospongiae ausgebildet. Bedingt durch die Ausbildung eines basalen Kalksockels wird bei den Sclerospongiae der untere Bereich der lebenden Schicht in kleinere Einheiten unterteilt, welche sich in vertikal angelegten Hohlräumen des oberen Sockelbereiches befinden und mit der äußeren Schicht des lebenden Gewebes in Verbindung stehen.

Diese einzige Abweichung (Bildung kleinerer lebender Einheiten in der oberen Sockelschicht) gegenüber den Demospongiae reicht aber nicht aus, um damit eine eigene Klasse zu begründen.

Hinzu kommt, daß die Larven der Sclerospongiae denjenigen der Demospongiae entsprechen.

Fossile Demospongea (Kiesel-, Horn-, Sockelschwämme)

Die ältesten bisher bekannten Demospongea stammen aus dem Mittelkambrium. Es sind tuben- bis schlauchförmige Vertreter, welche ein Nadelskelett aus Oxen (monaxone, beidseits zugespitzte Nadeln) aufweisen. Die Kieselnadeln liegen aber bereits nicht mehr primär isoliert, sondern bilden entweder ein isodictyales Netz (Maschenbreite entspricht der Spicula-Länge), oder die Nadeln sind in parallel verlaufenden und anastomosierenden Zügen angeordnet. Bei der mittelkambrischen Gattung *Hazelia* (Taf. 198:4) treffen wir diese Nadelanordnungen an. Aus dem Unterkambrium sind monaxone isolierte Nadeln bekannt, aber metasomatische Vorgänge lassen es nicht mehr zu, sie als Kalk- oder Kieselnadeln zu diagnostizieren. Dies gilt auch für die triactinen isolierten Nadeln aus dem Praekambrium

Nordaustraliens. Hier spricht aber die triactine Ausbildung mehr für eine Zuordnung zu den Kalkschwämmen. Es kann aber angenommen werden, daß die ersten Demospongea, wie auch die ersten Calcara, vor etwa einer Milliarde Jahren (frühes Jungpraekambrium) entstanden sind. Die mittelkambrischen Demospongea, wie *Hazelia*, weisen schon sekundäre Skelettverstärkungen auf. Man kann annehmen, daß die Nadeln bei *Hazelia* und verwandten Gattungen durch Spongin an ihren Enden miteinander verbunden waren. Nach dem Skelettbau kann man *Hazelia* als einen sehr frühen Vertreter der Ceractinomorpha betrachten. Der Körper von *Hazelia* ist noch relativ dünnwandig (dünne Mesohyl-Schicht), und das Kanalsystem war wohl leuconoid. Es ist bezeichnend, daß *Hazelia* monaxone Nadeln besitzt (primäre Nadelform), während die von einigen Bearbeitern als primär angesehenen tetraxonen Nadeln bei den Demospongea erst im Karbon erscheinen. Auch die Tetractinomorpha weisen, wie die rezenten Vertreter zeigen, primär monaxone Nadeln auf. Zu Beginn des Ordoviciums bilden die Demospongea lithistide Skelette (Nadelnetzwerk aus Desmen) aus. Diese Skelettform treffen wir bei den fossilen Eutaxicladina und Tetracladina an. Die lithistiden Skelette sind als eine Anpassung an das Leben in stärker bewegtem Wasser zu betrachten. Demospongea des Ordoviciums traten vorwiegend als Riffbewohner auf.

Fossile Tetractinomorpha und Ceractinomorpha

Unterordnung Eutaxicladina (Tctractinomorpha)

Eutaxicladina mit lithistiden Skeletten treten vom Ordovicium bis zum Perm auf und sind als frühe Vertreter der Tetractinomorpha zu betrachten. Die Vertreter aus dem Ordovicium besitzen Desmen, welche 4 (*Hindia*) oder 6 (*Astylospongia*): Taf. 198:4, Strahlen aufweisen. Hinzu kommen Oxe, welche ein mehr oberflächliches Dermalskelett bildeten. Die späteren mesozoischen Vertreter (*Dicranocladina, Sphaerocladina*) besitzen dagegen im Dermalbereich tetraxone Makroskleren sowie Mikroskleren in Form von Astern. Astrophorida und ein Teil der Lithistida können aus diesem Bereich abgeleitet werden.

Unterordnung Tetracladina (Tetractinomorpha)

Auch von den Tetracladina können lithistide Schwammgruppen abgeleitet werden. Im Ordovicium sind bei *Archaeoscyphia* (Taf. 198:4) die ersten Anklänge zur Ausbildung eines lithistiden Skelettes erkennbar. Die monaxonen Megaskleren bilden ein isodictyales Netz, aber die Enden der Megaskleren zeigen durch ihre dornenartige Aufsplitterung schon den Beginn der Desmenbildung an. Im Silur treffen wir dann Vertreter mit tetraxonen Desmen und tetraxonen Megaskleren an. Diese Nadelformen werden bis zum Perm beibehalten, und die Nadelformen der Permvertreter entsprechen durchaus rezenten tetraxonen Nadeln und Desmen. Das bei *Archaeoscyphia* noch vorhandene isodictyale Netz wird fortlaufend reduziert, ist bei den silurischen Vertretern nur noch schwach vorhanden und fehlt ab dem Perm. Die kambrischen Gattungen *Wilbernicyathus* und *Gallatinospongia* könnten eventuelle *Archaeoscyphia*-Vorfahren sein.

Unterordnung Rhizomorina (Tetractinomorpha)

Für die Rhizomorina sind aufgerauhte monaxone Desmen (Rhizoclone) charakteristisch. Die im Ordovicium auftretenden Gattungen *Nipterella* und *Patellispongia* werden meist den Rhizomorina zugeordnet. Gehäuftes Auftreten der Rhizomorinen in der Kreide. Bei *Haplistion* (Taf. 198:4) (Karbon-Perm) besteht das Skelett aus in radiären Faserzügen angeordneten Rhizoclonen. Bei den mesozoischen Vertretern sind die Faserzüge aufgelöst, und es liegt eine unregelmäßige Nadelanordnung vor.

In paläozoologischen Systemen werden die Vertreter der Eutaxicladina und Tetracladina meist in die polyphyletische Ordnung der Lithistida eingereiht. Eine weitere Evolutionslinie der Demospongea wird durch die im mittleren Ordovicium auftretende Gattung *Saccospongia* (Taf. 198:4) erkennbar. Hier tritt erstmals eine achsenförmige und federartige Anordnung der Megaskleren auf. Die Achse und die abstehenden Nadelzüge bestehen aus monaxonen Stylen. Die einzelnen Achsen werden von einfachen monaxonen Desmen umgeben und sind netzförmig miteinander verbunden. Ähnliche Skelette treffen wir bei rezenten Tetractinomorpha (Axinellida, Lithistida) wie auch bei rezenten Ceractinomorpha (Poecilosclerida: Mycalidae) an. Die Axinellida stellen offensichtlich eine polyphyletische Gruppierung dar, zum Teil werden sie auch bei den Ceractinomorphinea eingereiht. Auch die rezenten Lithistida sind eine offensichtlich polyphyletische Gruppierung.

Es ist zu erkennen, daß die ordovicischen Eutaxicladina (*Hindia*, *Astylospongia* als Beispiele) frühe Vertreter der Tetractinomorpha sind, daß von *Saccospongia* der Weg zu den Axinellida führt, daß ein Teil der Lithistida von der *Archaeoscyphia*-Gruppe (Tetracladina) abgeleitet werden kann, und die Ceractinomorpha dem kambrischen *Hazelia*-Bereich entstammen. Es kann angenommen werden, daß zur Kreidezeit schon alle modernen Demospongea-Gruppen vorhanden waren.

Wenn man Verwandtschaftsverhältnisse innerhalb der Demospongiae unter Berücksichtigung fossiler Vertreter untersucht, muß darauf geachtet werden, daß nur bestimmte Skelettformen (lithistide Skelette; in Bündel zusammengefaßte und ineinander verhakte Nadeln sowie massive Kalkskelette) gut fossilisationsfähig sind. Alle Vertreter ohne Nadeln oder mit isoliert liegenden Nadeln sind nur in Ausnahmefällen als Fossilien zu finden. Gerade aber diese Gruppen stehen am Anfang der Demospongiae-Evolution. Gebündelte Kieselnadel-Skelette, wie sie für rezente Astrophorida (= Choristida) charakteristisch sind, sind erst seit dem Karbon bekannt. Da diese Skelette aber gut fossilisationsfähig sind, darf man annehmen, daß dieser Skelett-Typ nach unseren bisherigen Kenntnissen erst im Karbon entstanden ist. Die Vorfahren mit isoliert liegenden Nadeln sind nicht bekannt. Die mittelkambrische Gattung *Hazelia* kann nach ihren Skelettform bei den Ceractinomorpha eingereiht werden. Aber auch hier liegt ein sekundäres isodictyales Skelett vor, und man kennt die praekambrischen Vorfahren mit isoliert liegenden Nadeln nicht. Die Trennung der Evolutionslinien Tetractinomorpha und Ceractinomorpha von ihren gemeinsamen Vorfahren ist sicher schon im Praekambrium erfolgt. Die Ceractinomorpha stellen eine homogene Gruppierung dar. Zu den stammesgeschichtlich ältesten Vertretern zählen die primär keine Kieselnadeln aufweisenden Halisarcinea, Dendroceratinea und Veronginea. Stammesgeschichtlich jünger sind die Neosphinctozoinea und vor allem die Ceractinomorphinea. Aus der Trias sind fossile Vertreter (Sphinctozoa) bekannt (z. B. *Cryptocoelia*, *Stylothalamia*, *Dictyocoelia*), welche denselben gekammerten Skelettaufbau wie die rezenten Ceractinomorphinea zeigen. Fossile Vertreter, die den rezenten Ceractinomorpha entsprechen, kennt man seit der Kreide.

Die unterschiedliche Spongin-Ausbildung innerhalb der Ceractinomorpha zeigt, daß sich diese Gruppen schon sehr früh (Praekambrium-Kambrium) voneinander getrennt haben.

Tetraxone Kieselnadeln sind erst seit dem Karbon bekannt. Ein eindeutiger Hinweis, daß zuerst monaxone Nadeln auftraten.

Innerhalb der Tetractinomorpha gehen offensichtlich Astrophorida und Lithistida auf gemeinsame Vorfahren zurück. In den Vorfahrenbereich gehört die Gattung *Hindia* (Taf. 198:4) (mittleres Ordovicium), welche eine radiäre Anordnung des Nadelskelettes zeigt (Oxen und vierstrahlige Desmen). Mikroskleren lagen wahrscheinlich schon vor, sind aber fossil nicht bekannt. Mesozoische Lithistida mit tetracrepiden Desmen und Astern können wohl aus dem *Hindia*-Bereich abgeleitet werden. Auch die Astrophorida können aus dem frühen Eutaxicladina-Bereich abgeleitet werden, bevor es zur Ausbildung von Desmen kam. Die rezenten Spirophorida zeigen, wie die Astrophorida, den für die Tetractinomorpha charakteristischen, radiär-rundlichen Körperbau. Neben den primären Oxen treten auch sekundäre tetraxone Makroskleren auf. Auch sie sind aus diesem frühen monaxonen Bereich abzuleiten. Aus der Kreide kennt man Vertreter, die rezenten Spirophorida (Tetillidae) entsprechen. Aber aus dem Mittelkambrium ist die Gattung *Choia* bekannt, welche den für Tetractinomorpha charakteristischen radiär-rundlichen Körperbau aufweist. Das Skelett besteht aus langen monaxonen (Oxen) Makroskleren. Hier könnte es sich um einen Vertreter der Spirophorida (oder auch der Hadromerida) handeln. Die Hadromerida stellen innerhalb der Tetractinomorpha sicher eine sehr alte Gruppe dar. Seit dem Ordovicium sind Bohrgänge von bohrenden Schwammarten bekannt, welche denjenigen rezenter Clionidae entsprechen. Da bei den Hadromerida die primären Monaxonen in Tylostyle umgewandelt sind, müssen sich die Hadromerida schon sehr früh (Praekambrium-Kambrium) von den anderen Tetractinomorpha getrennt haben. Die mit den Hadromerida näher verwandten Tabulospongida (Hadromerinea) mit einem sekundären Tabulaeskelett sind sicher jünger als die Hadromerida. Sie ähneln Vertretern fossiler Chaetetida, die vom Ordovicium bis zur Kreide vertreten waren. Die Chaetetida, meist als tabulate Anthozoen betrachtet, stellen offensichtlich eine polyphyletische Gruppierung dar, welche sowohl Vertreter der Porifera als auch der Cnidaria enthält. Das Tabulaeskelett der Tabulospongida weist keine Nadeln auf, auch bei fossilen Chaetetida konnten keine Nadeln festgestellt werden. Da Chaetetida schon im Ordovicium auftreten, dürften die Hadromerida wesentlich älter sein.

Die Axinellida sind sehr wahrscheinlich polyphyletisch und ihre Eingruppierung bereitet daher große Schwierigkeiten. Teils werden sie den Tetractinomorpha, teils den Ceractinomorpha zugeordnet. Der für alle Vertreter charakteristische axinellide Skelett-Typ (wahrscheinlich mehrmals unabhängig voneinander entstanden) ist bereits seit dem Ordovicium bekannt (*Saccospongia*). Die rezenten Familien der Axinellida sind so unterschiedlich, daß man für jede Familie eine lange Entwicklung annehmen muß. Einige Familien weisen Merkmale auf, die mehr für eine Einreihung dieser Familien in die Gruppe der Ceractinomorpha sprechen. So besitzen Sigmaxinellidae die für Ceractinomorpha typischen sigmoiden Mikroskleren, und auch die Raspailiidae und Agelasidae (mit Sponginskelett) dürften eher zu den Ceractinomorpha zu zählen sein.

Hadromerida und Axinellida besitzen noch keine tetraxone Makroskleren und haben die primäre monaxone Megaskleren-Form beibehalten. Sie wurden früher in einer gemeinsamen Überordnung Clavaxinellida zusammengefaßt. Sie besitzen aber unterschiedliche Makroskleren und auch unterschiedliche Mikroskleren, so daß man eine frühe Trennung beider Gruppen annehmen muß. Von den Homoscleromorpha als der stammesgeschichtlich ältesten Gruppe der Demospongiae liegen naturgemäß noch keine Fossilfunde vor. Sie sind primär nadellos und weisen sekundär kleine, isoliert liegende Makroskleren auf, die nach dem Absterben des Schwammes weggeschwemmt werden.

Ceractinomorpha sind, mit Ausnahme der Veronginea, vivipare Vertreter. Vivipar sind auch die Homoscleromorpha, während für die Tetractinomorpha Oviparie charakteristisch ist. Es ist noch ungeklärt, ob eine primäre Oviparie oder eine primäre Viviparie (Larviparie) vorliegt. Bei einer primären Oviparie hätten alle rezenten Vertreter die Oviparie als plesiomorphes Merkmal beibehalten. Das bedeutet natürlich nicht, daß es sich hier um die stammesgeschichtlich ältesten Vertreter handeln müßte. Die stammesgeschichtlich ältesten rezenten Porifera können (Heterobathmie) durchaus larvipar sein. Die fossilen Ceractinomorpha-Funde geben uns keine Aufschlüsse über diese Fragen.

Die Ceractinomorpha stellen, im Gegensatz zu den Tetractinomorpha eine relativ homogene Gruppierung dar. Sie sind, mit Ausnahme der Veronginea, alle vivipar. Von den stammesgeschichtlich ältesten Gruppen, die alle keine Nadelskelette aufweisen, liegen naturgemäß bisher keine eindeutigen Funde vor. Einige Abdrücke aus dem Karbon werden Schwämmen mit Hornskeletten zugeordnet, aber die Einreihung ist sehr umstritten. Innerhalb der Ceractinomorpha sind zwei deutliche Evolutionslinien erkennbar. Die eine Linie zeigt die stammesgeschichtlich ältesten Gruppen mit einfachen Kollagenfaser-Netzen (Vorstufen eines Sponginskelettes bei den Halisarcinea), sowie mit reinen Sponginskeletten (Dendroceratinea und Veronginea). Der Bauplan zeigt das hohe Alter dieser Gruppen (z.B. mit primitiven eurypylen Leucon-Typen). Für ein hohes stammesgeschichtliches Alter könnte auch die Oviparie der Veronginea sprechen. Es ist vom Bauplan her wenig wahrscheinlich, daß es sich bei den Halisarcinea, wie teilweise angenommen, um sekundär reduzierte Vertreter handelt. Die zweite Evolutionslinie (Ceractinomorphinea) zeigt eine starke Tendenz zur Verknüpfung der Kieselnadeln mit Spongin. Bei den Halichondrida (stammesgeschichtlich älteste Gruppe dieses Evolutionszweiges) besteht zunächst noch keine Verbindung zwischen den Makroskleren und Spongin. Sie bleiben daher auch klein, zerbrechlich und krustenförmig. Die sekundäre Verknüpfung der Makroskleren mit Spongin ist besonders deutlich bei den Poecilosclerida und den Haplosclerida zu erkennen. Die stärksten Verbindungen zwischen Makroskleren und Spongin treffen wir bei den Poecilosclerida an. Die hohe Artenzahl der rezenten Poecilosclerida zeigt die Effektivität dieser Skelettkonstruktion. Fossile Funde aus diesem Bereich sind spärlich. Aus dem kambrischen *Hazelia*-Bereich sind die Ceractinomorphinea (Ceractinomorpha) abzuleiten. Über *Climacospongia* (Silur), *Nepheliospongia* (Devon) und *Heliospongia* (Karbon-Perm) (Taf. 198:4) führt die Evolutionslinie zu den rezenten Ceractinomorphinea. Die Skelettstrukturen entsprechen denjenigen rezenter Haplosclerida (Monaxone durch Sponginknollen miteinander verbunden). Poecilosclerida sind nach Mikrosklerenfunden (Sigmen, Chelen) seit der Trias bekannt. Die jurassische Gattung *Palaeospongilla* wird als ein früher Vertreter der Süßwasserschwämme (Haplosclerida) betrachtet. Innerhalb der Haplosclerida ist eine Tendenz zur Ausbildung sekundärer reiner Sponginskelette (bessere Biegsamkeit, bessere Festheftung durch Spongin-Sekretion, bessere Adaption an stärkere Wasserströmungen) erkennbar. Vertreter der Callyspongiidae weisen zum Teil schon sekundäre reine Spongin-Skelette (*Dactylia*) auf. Diese Vertreter leiten zu den verwandten Dictyoceratida über die reine Sponginskelette besitzen. Sichere Fossilfunde von Dictyoceratida liegen nicht vor. Die Abdrücke aus dem Karbon, welche Hornschwämmen zugeordnet werden, lassen nicht erkennen, welche Ceractinomorpha-Gruppe mit Sponginskeletten vorliegt.

Klassifikationsversuche, welche auf der unterschiedlichen Ausbildung von Mikroskleren beruhen, sind in den meisten Fällen unbefriedigend. Mikroskleren werden fossil nur selten gefunden (sie werden nach dem Absterben des Schwammes weggeschwemmt), noch seltener sind fossile Funde mit originaler Lage der Mikroskleren im Schwammkörper.

Aus Megaskleren bestehende fossile Skelette sind viel besser erhalten und geben daher bessere Aufschlüsse über den Ablauf der Evolutionsvorgänge.

Eine gute Fossilisationsfähigkeit zeigen dagegen die massiven, basal gelegenen Kalkskelette (Kalksockel), die bei einigen Ordnungen der Ceractinomorpha auftreten. Die rezenten Neospinctozoinea besitzen ein aus Kammern bestehendes Aragonitskelett und weisen keine Nadeln auf. Viele fossile Sphinctozoa aus der Trias (z.B. *Cryptocoelia*, *Stylothalamia*, *Dictyocoelia*) besitzen identische, mit Kammern versehene Aragonit-Skelette. Die Skelette sind, wie auch bei der rezenten Gattung *Neocoelia* (Neospinctozoinea), frei von Nadeln. Da *Neocoelia* auch im Mesohylbereich keine Nadeln aufweist (völlig ohne Nadeln), darf geschlossen werden, daß die Trias-Vertreter ebenfalls keine Nadeln besessen haben. In der Form etwas abweichende, aber ebenfalls gekammerte Skelette liegen bei den triassischen Vertretern *Polytholosia* (Taf. 206:1) und *Celyphia* (Taf. 206:2) vor. Sphinctozoa kommen vom Karbon bis Ende Kreide vor. Besonders häufig traten sie im Perm und in der Trias auf. Es erscheint möglich, daß alle nadelfreien Sphinctozoa den Demospongiae zuzurechnen sind, und zwar dem Ceractinomorpha-Bereich.

Auch innerhalb der Ceractinomorphinea kommen Vertreter mit massiven Kalkskeletten vor. Bei den Merliida liegt ein gekammertes Tabulaeskelett vor. Sie ähneln in ihrem Skelettaufbau den vom Ordovicium bis zur Kreide auftretenden Chaetetida. Es ist daher möglich, daß einige fossile Vertreter der Chaetetida in den Verwandtschaftsbereich der Ceractinomorphinea einzureihen sind. Die Kalksockel-Skelette sind sowohl bei den Chaetetida als auch bei den Merliida nadelfrei. Die innerhalb der Ceractinomorphinea eingereihten Ceratoporellida und Neostromatoporoida sind dagegen offensichtlich mit fossilen Stromatoporida näher verwandt. Stromatoporiden treten vom Mittelkambrium bis zum Ende des Mesozoikums auf. Fossile Stromatoporiden weisen Astrorhizen auf, welche durch Druck der ausführenden Kanäle auf dem Kalksockel entstehen. Rezente Ceratoporellida (und auch Neostromatoporoidea) zeigen ebenfalls diese Astrorhiza-Bildungen. Bei fossilen Chaetetida sind dagegen keine Astrorhizen (Osculum mit den umgebenden, kreisförmig angeordneten, ausführenden Kanälen) zu erkennen. Eine Anzahl dieser fossilen Stromatoporiden dürfte sicher mit den Ceratoporellida näher verwandt sein. Dasselbe gilt für die rezenten Neostromatoporoidea. Sie weisen (z.B. Astrosclera) sukzessiv im Kalksockel aufeinanderfolgende Astrorhiza-Schichten auf, wie sie auch bei fossilen Stromatoporiden auftreten. Auch die sphaerolithische Mikrostruktur des *Astrosclera*-Skelettes ist identisch mit entsprechenden Mikrostrukturen fossiler Stromatoporiden. Mesozoische Stromatoporiden (z.B. *Actinostromaria*) ähneln sehr den rezenten Neostromatoporoida. Es ist durchaus möglich, daß bereits im Mittelkambrium, Silur und Devon auftretende Stromatoporiden zum Verwandtschaftskreis der Ceractinomorphinea zu zählen sind.

Phylogenie der rezenten Demospongea

Die Homoscleromorpha stellen die stammesgeschichtlich älteste Teilgruppe der Demospongiae dar. Sie besitzen noch eine Amphiblastula-Larve (wie bei den Calcaronea), und auch die Embryonalentwicklung läuft wie bei den Calcaronea (Kalkschwämme) ab. Die adulten Homoscleromorpha weisen noch den primitiven, primär einfachen, eurypylen *Leucon*-Typ auf, wie wir ihn auch bei Kalkschwämmen antreffen. Die Spikulation ist ebenfalls bei beiden Gruppen noch primär einfach, da keine Trennung in Makro- und Mikroskleren vorliegt.

Homoscleromorpha müssen sich schon sehr frühzeitig (Praekambrium) von den Calcaronea abgetrennt haben. Für das stammesgeschichtlich höhere Alter der Calcaronea (Calcarea) sprechen folgende Daten. Kalkschwämme bilden als einzige Teilgruppe der Porifera noch den *Ascon*- und auch den *Sycon*-Typ aus. Der *Ascon*-Typ entspricht dem nach Ablauf der Embryonal-Entwicklung entstandenen Jungschwamm (Olynthus-Stadium). Kalkschwämme besitzen noch die primär großen Choanocyten, während bei den Demospongiae sekundär kleinere Choanocyten, zum Teil mit abgewandelten Funktionen, vorliegen. Der *Leucon*-Typ, bei Demospongiae als einziger Typ vertreten, steht am Ende einer Progressionsreihe und nicht am Anfang einer Regressionsreihe. Vom *Leucon*-Typ der Demospongiae lassen sich nicht die einfacheren *Ascon*- und *Sycon*-Typen der Calcarea ableiten. Der Grundbauplan der Porifera entspricht einem nadelfreien *Ascon*-Typ. Da der *Ascon*-Typ nur bei Calcarea auftritt, müssen wir annehmen, daß es sich bei den Calcarea um die primäre Gruppe der Porifera handelt. Die Homoscleromorpha (Oscarellidae) haben das primäre Fehlen von Nadeln als plesiomorphes Merkmal beibehalten, während dieses Merkmal bei Calcarea nicht mehr auftritt.

Daß die Homoscleromorpha von asconoiden Vorfahren abzuleiten sind, zeigt der Ablauf der Embryonalentwicklung. Im Sinne der biogenetischen Grundregel wird zunächst ein asconoides, dann ein syconoides und zum Schluß ein leuconoides Rhagonstadium ausgebildet. Homoscleromorpha und mit ihnen die Demospongiae sind aus dem asconoiden Calcaronea-Bereich abzuleiten mit unabhängiger Entwicklung des *Leucon*-Typs.

Innerhalb der Homoscleromorpha (Plakinidae) kommt es bereits zur erstmaligen Ausbildung von Kieselnadeln, welche als primär kleine Makroskleren zu bezeichnen sind. Primär liegen diactine monaxone Kieselnadeln vor. Auch die Fossilfunde bestätigen, daß bei den Demospongiae die monaxone Kieselnadel primär ist, und daß es sich bei der tetraxonen Nadel um eine abgewandelte Nadelform handelt. Kollagene Fasern gehören offensichtlich zum Grundbauplan der Porifera. Sie sind auch bei den Homoscleromorpha vorhanden, es kommt aber noch nicht zur Spongin-Ausbildung. Homoscleromorpha sind noch primär klein und weisen eine krustenförmige Gestalt auf.

Die von den Homoscleromorpha abzuleitenden Tetractinomorpha besitzen zum Teil noch primitive Blastula-Larven (Hadromerida). Die Vertreter der Tetractinomorpha (von den Ceractinomorpha dagegen nur die Veronginea) sind ovipar. Möglicherweise haben sie die Oviparie als plesiomorphe Entwicklung beibehalten. Die Entwicklungsabläufe sind innerhalb der Hadromerida, wohl bedingt durch die Oviparie, sehr unterschiedlich. Bei Hadromerida treten neben Blastula-Larven auch primäre Parenchymella-Larven auf, und bei Spirophorida findet eine direkte Entwicklung ohne Ausbildung von Larvenstadien statt. Sekundäre Parenchymella-Larven kommen bei Axinellida (Einreihung umstritten) vor. Die Mesohyl-Schicht ist bei den Tetractinomorpha gegenüber den Homoscleromorpha sekundär stärker verdickt. Dieser Trend zur sekundären Größenzunahme erfordert stärkere Skelettkonstruktionen im Mesohyl-Bereich. Die Hadromerida als stammesgeschichtlich älteste Gruppe der Tetractinomorpha besitzen zunächst nur den primären monaxonen Megasklerentyp. Die Megaskleren werden aber in Bündeln angeordnet und geben so dem Schwammkörper eine erhöhte Festigkeit. Innerhalb der Hadromerida kommt es auch erstmals zur Ausbildung von sekundären Mikroskleren (primär monaxone Oxe), welche vor allen Dingen den Cortexbereich zusätzlich stützen. Hadromerida bereits mit Astern, welche nur bei Tetractinomorpha auftreten und sie als monophyletische Gruppe ausweisen. Spongin ist bereits bei den Hadromerida vorhanden, es werden aber noch keine Sponginfasern und Sponginknollen ausgebildet. Die Tendenz zur Ausbildung von basalen Kalkskeletten ist bereits bei den Hadromerida zu erkennen. Vertreter der Gattung *Timea* bilden bisweilen basale Kalkskelette aus. Bei den mit den Hadromerida verwandten Tabulospongida kommt es zur Ausbildung basaler, gekammerter Tabulaeskelette aus Calcit. Die Spikulation zeigt ihre Verwandtschaft mit den Hadromerida. Auch die Axinellida weisen ebenfalls nur monaxone Megaskleren (Makroskleren) auf, bei ihnen wird aber bereits das Spongin zum Verbinden und Überziehen von Nadeln verwendet. Bei den Astrophorinea (Astrophorida und Lithistida) treten erstmals tetraxone Megaskleren auf. Die Astrophorida besitzen sekundäre Skelettverstärkungen in Form von ineinander verhakten Megaskleren, während die Lithistida aus Desmen aufgebaute lithistide Skelette besitzen. Bei den Spirophorida treffen wir gebündelte Megaskleren (wie bei Astrophorida) an. Sie sind durch ihre spezifischen Mikroskleren (Sigmaspiren) gekennzeichnet.

Die Ceractinomorpha stellen eine relativ homogene Gruppierung dar. Mit Ausnahme der Veronginea sind sie alle vivipar (larvipar). Da die stammesgeschichtlich ältesten Ceractinomorpha, nämlich die Halisarcinea, noch nadelfreie Vertreter aufweisen, muß ihre Trennung von den Homoscleromorpha schon sehr frühzeitig (Praekambrium) erfolgt sein. Ursprünglich treten bei den Halisarcinea noch primäre Parenchymella-Larven auf, die aber dann bei den anderen Teilgruppen von sekundären Parenchymella-Larven abgelöst werden. Die Halisarcinea besitzen, wie die Calcinea der Calcarea (Kalkschwämme) eine primäre Parenchymella-Larve und zeigen, wie auch die Calcinea, eine Schichtumkehr im Verlauf der Embryonalentwicklung. Es liegt eine Parallelevolution vor, bei der die Homoscleromorpha den Calcaronea und die Ceractinomorpha (Halisarcinea) den Calcinea entsprechen. Für eine sehr frühe Ableitung der Ceractinomorpha aus dem Homoscleromorpha-Bereich spricht auch der primäre eurypyle *Leucon*-Typ der Halisarcinea. Tetractinomorpha und Ceractinomorpha haben sich unabhängig voneinander aus dem Homoscleromorpha-Bereich entwickelt. Die Halisarcinea als stammesgeschichtlich älteste Gruppe der Ceractinomorpha durchlaufen während der Embryonalentwicklung zunächst ein asconoides, dann ein syconoides und schließlich ein leuconoides (endgültiges) Rhagon-Stadium. Halisarcinea besitzen noch keine Nadeln (Plesiomorphie), aber die Fähigkeit zur Ausbildung von Kieselnadeln ist schon bei den Homoscleromorpha vorhanden.

Sponginfasern fehlen noch bei den Halisarcinea, aber im Mesohyl sind bereits sich miteinander verbindende Kollagenfasern (Spongin-Vorstufen) vorhanden. Die am nächsten mit ihnen verwandten Dendroceratinea bilden als Weiterentwicklung ein aus Sponginfasern bestehendes Sponginskelett aus. Kieselnadeln fehlen bei den Dendroceratinea und waren wohl auch niemals vorhanden. Die Gattung *Hexadella* der Halisarcinea leitet zu den Dendroceratinea (Dendroceratida) über. Sponginskelette sind mehrmals unabhängig voneinander entstanden. Verwandte Sponginskelette (Sponginfasern mit weicher innerer Achse) weisen die Dendroceratinea und Veronginea auf, während bei den zu den Ceractinomorphinea zählenden Dictyoceratida die Sponginfasern einen durchgehend homogenen Aufbau zeigen. Dendroceratinea bilden als zusätzliche Skelettelemente Hornspicula aus, welche bei ihnen die Funktion der Mikroskleren übernehmen. Stammesgeschichtlich alte Vertreter der Dendroceratida (Dendroceratinea) besitzen noch eine primäre krustenförmige Gestalt (z. B. *Aplysilla*), und das Kanalsystem weist noch den primitiven eurypylen *Leucon*-Typ auf. Dendroceratida besitzen bereits, im Gegensatz zu den Halisarcida, sekundäre Parenchymella-Larven. Die Veronginea sind, wie auch die Dendroceratinea, aus dem gleichen Halisarcinea-Bereich abzuleiten. Der identische Sponginfaser-Aufbau zeigt die relativ nahe Verwandtschaft der Dendroceratinea und Veronginea. Die Veronginea haben als einzige Gruppe der Ceractinomorpha eine wohl als plesiomorph zu betrachtende Oviparie beibehalten. Die Oviparie spricht für ein hohes phylogenetisches Alter, ebenso der röhrenförmige Bau mit einem einzigen apikal gelegenen Osculum.

Stammesgeschichtlich wohl kaum jünger sind die Neosphinctozoinea. Sie zeigen möglicherweise ebenfalls eine nähere Verwandtschaft mit den Halisarcinea. Sie besitzen ein inneres, aus Kammern bestehendes Aragonitskelett. Für ein stammesgeschichtlich hohes Alter der Neosphinctozoinea spricht u. a. der Ablauf der Embryonalentwicklung. Wie bei den Halisarcinea wird kurzfristig ein primitives Coeloblastula-Stadium durchlaufen. Ebenfalls primitiv ist der kleine, zylindrische Körper mit einem einzigen apikalen Osculum. Ein Nadelskelett fehlt. Es ist schwierig zu entscheiden, ob die Gruppe nie Nadeln besessen hat oder ob eine sekundäre völlige Reduktion vorliegt. Die Embryonalentwicklung, ähnlich derjenigen der nadellosen Halisarcinea, könnte darauf hinweisen, daß die Neosphinctozoinea nie Kieselnadeln besessen haben. Das Mesohyl ist reich an kollagenen Fasern, es kommt aber nicht zur Sponginausbildung. Fossile nadellose Sphinctozoa aus der Trias (*Cryptocoelia*, *Stylothalamia*, *Dictyostelia*) zeigen einen identischen gekammerten Skelettaufbau und sind mit der rezenten Gruppe nahe verwandt.

Die Ceractinomorphinea weisen ausschließlich monaxone Megaskleren auf. Die Mikroskleren sind als Sigmen sowie als Chele (Autapomorphie der Ceractinomorphinea) ausgebildet. Astern (Autapomorphie der Tetractinomorpha) sind bei den Ceractinomorphinea nicht vorhanden. Innerhalb der Ceractinomorphinea ist eine deutliche Evolutionslinie zu erkennen. Sie beginnt mit den Halichondrida, bei ihnen sind Megaskleren und Spongin noch voneinander getrennt und gehen keine Verbindungen ein. Die Megaskleren weisen noch keine bestimmte Lagerung (primitive Anordnung) im Schwammkörper auf. Spongin fehlt häufig oder ist nur spärlich vorhanden. Auch die Mikroskleren sind meist nicht vorhanden, selten treten monaxone Mikroskleren (Rhaphide) auf. Die Wuchsform ist noch primitiv, flach und krustenförmig. Die aus dem Halichondrida-Bereich abzuleitenden Poecilosclerida weisen ein Skelett auf, bei dem die Megaskleren durch Sponginknollen an ihren Enden miteinander verbunden sind. Auf diese Weise entstehen besser stützende Netzwerk-Skelette. Verbunden mit dieser Ausbildung besserer Stützsysteme ist ein allgemeines Größerwerden des Schwammkörpers innerhalb der Poecilosclerida. Primär treten auch bei ihnen noch krustenförmige Vertreter auf, sekundär sind aber die größeren, aufrechtstehenden Vertreter bei weitem in der Überzahl. Der Poecilosclerida-Bauplan mit seinen aus Nadeln und Spongin bestehenden Skeletten besitzt offensichtlich ein besonders gutes Adaptionsvermögen. Poecilosclerida stellen die größte Ordnung der Demospongiae dar und ein großer Teil der Demospongiae-Arten zählt zu den Poecilosclerida. Sie kommen vom marinen Flachwasser-Bereich bis in Meerestiefen von 7000 m vor.

Innerhalb der Ceractinomorphinea kommt es, wie auch bei den Tetractinomorpha (Konvergenz), zur Ausbildung basaler Kalkskelette, welche vor allem einer besseren Festheftung, aber auch einer Stützung des darüberliegenden Weichkörpers bei stärkeren Strömungsverhältnissen dienen. Diese Vertreter leben meist in Kleinhöhlen auf Riffsystemen und sind den dort oft herrschenden starken Strömungen ausgesetzt. Die Merliida sind aus dem Poecilosclerida-Bereich abzuleiten. Bereits innerhalb der Poecilosclerida kommen bisweilen basale Kalkskelette (*Hamacantha*) vor. Die Mikroskleren der Merliida (Clavidisken) entsprechen weitgehend den Mikroskleren der Hamacanthidae (Diancistren) innerhalb der Poecilosclerida. Merliida besitzen ein Tabulae-Skelett, wie es ähnlich auch bei Tetractinomorpha (Tabulospongida) in konvergenter Ausführung vorkommt. Es ist möglich, daß einige Vertreter der fossilen Chaetetida (Ordovicium-Kreide) in den Verwandtschaftskreis der Merliida gehören. Die Ceratoporellida besitzen einen basalen Aragonitsockel, welcher Sponginfasern und Kieselnadeln enthält. Die Kieselnadeln erodieren aber mit der Zeit, so daß im basalen und mittleren Bereich des Sockels nur sich auflösende Nadeln anzutreffen sind. Ceratoporellida weisen bedornte Megaskleren in Form von Acanthostylen und Acanthostrongylen auf. Dies spricht für eine nähere Verwandtschaft mit dem Poecilosclerida-Bereich, da dort bedornte Megaskleren auftreten. Die monaxonen Megaskleren der Tetractinomorpha sind dagegen als glatte Tylostyle ausgebildet. Auch die Neostromatoporoida können aus dem Poecilosclerida-Bereich abgeleitet werden, da typische Vertreter wie *Astrosclera* ebenfalls bedornte Megaskleren (Acanthostyle) aufweisen. Auch bei den Neostromatoporoida werden basale Aragonitskelette ausgebildet. Das kollagene Faserwerk bei Calcifibrospongia entspricht in seinem Aufbau den Spongin-Netzwerken der Ceractinomorpha.

Die Haplosclerida behalten die bereits bei den Poecilosclerida ausgebildeten Skelette aus Kieselnadeln und Spongin bei. Primär kommen bei ihnen isodictyale Skelette vor. Die Megaskleren legen sich mit Ihren Enden netzförmig (Maschenweite entspricht der Nadellänge) aneinander, und die Kieselnadeln sind an ihren Enden durch Sponginknollen miteinander verbunden. Es besteht ein starker Trend, die Kieselnadeln völlig in netzartig angeordnete Sponginfaser-Skelette einzulagern. Spongin ist im Überschuß vorhanden und drängt den Nadelanteil an den Skelettbildungen ständig zurück. Die in Spongin eingelagerten Megaskleren werden kleiner (Haliclonidae), und der Megaskleren-Anteil wird dadurch immer kleiner (Callyspongiidae: *Callyspongia*). Bei *Dactylia* (Haplosclerida: Callyspongiidae) liegt bereits ein reines, nadelfreies Sponginskelett vor. Die reinen Spongin-Skelette (starke Biegsamkeit) stellen wohl Anpassungen an starke Wasserströmungen dar. Sekundäre Süßwasserschwämme treten bei den Porifera nur innerhalb der Haplosclerida auf. Marine Haplosclerida (z. B. *Haliclona*) besitzen bereits die Fähigkeit zur Gemmulae-Bildung. Gemmulae (Dauerstadien) sind bei den in kalten Gewässern lebenden Süßwasserschwämmen erforderlich, um den Winter zu überbrücken. Süßwasserschwämme sind als relativ junge Vertreter der Haplosclerida zu betrachten und von marinen Haplosclerida abzuleiten. Es erfolgten mindestens drei voneinander unabhängige Besiedelungen des Süßwasserbereiches durch Spongillidae, Lubomirskiidae und Potamolepidae.

Die Dictyoceratida sind aus dem Callyspongiidae-Bereich der Haplosclerida abzuleiten. Sie besitzen sekundäre, reine nadelfreie Sponginskelette, welche sich aus homogen aufgebauten primären und sekundären Sponginfasern zusammensetzen. Sie stehen am Ende der Skelett-Umwandlungsreihe innerhalb der Ceractinomorpha. Dictyoceratida zeigen eine starke Tendenz, Fremdkörper in ihre Sponginskelette einzuschließen. Diese Einlagerung von Fremdkörpern kommt bereits bei ihren Vorfahren aus dem Callyspongiidae-Bereich vor.

Stamm Hexactinellidea (Glasschwämme)

Mit der einzigen Klasse Hexactinellida und den Unterklassen Amphidiscophora und Hexasterophora.

Klasse Hexactinellida
(Taf. 201–205)

Der Bauplan der Hexactinellidea weicht beträchtlich von den Bauplänen der Calcara und Demospongea ab. Hexactinellidea besitzen, im Gegensatz zu den anderen Gruppen, kein äußeres Pinacoderm. An Stelle des fehlenden Pinacoderms treffen wir eine vom syncytialen Trabekelnetz gebildete äußere Dermalmembran an. Die Dermalmembran ist extrem dünn und wird nicht, wie etwa beim Pinacoderm, durch fortlaufend miteinander verbundene zelluläre Komponenten gestützt. Zum Trabekelsystem der Hexactinelliden gehören neben der Dermalmembran noch ein subdermales und subgastrales Trabekelnetz sowie eine Gastralmembran, welches das zentrale Spongocoel umgibt. Die äußere Dermalmembran ist von zahlreichen offenen, nicht verschließbaren Ostien (Parietalopercula, Parietaloscula) durchsetzt. Über diese Ostien gelangt der weitgehend unkontrollierte Wasserstrom in das intertrabekulare Lakunensystem. Offensichtlich ist in den ruhigen Lebensräumen der Hexactinelliden (z.B. Tiefsee) eine Kontrolle des Wasserstromes nur begrenzt erforderlich.

Auch der Mesohyl-Bereich der Hexactinelliden zeigt gegenüber den anderen Schwammgruppen einen stark abweichenden Aufbau. Im Mesohyl-Bereich treffen wir praktisch nur das syncytial-zelluläre Trabekelnetz und die Teile des Kieselskelettes an. Der nichtzelluläre Anteil des Mesohyls ist extrem reduziert. Das netzförmige syncytiale Trabekelnetz (Taf. 202:3) wird von anastomosierenden, syncytial angeordneten Collencyten (umgewandelte Archaeocyten mit langen Fortsätzen) gebildet. Im Bereich des Trabekelnetzes befinden sich noch Archaeocyten (ohne größere Pseudopodien), Thesocyten (umgewandelte Archaeocyten) sowie durch Umwandlung aus Archaeocyten entstandene Eier und Spermien. Die Archaeocyten trifft man vorwiegend in Gruppen an den Wänden der Geißelkammern an, während sich die Thesocyten (ebenfalls in Gruppen) mehr im Bereich der Dermalmembran und des subdermalen Trabekelnetzes befinden. Das Trabekelnetz ist zweischichtig, Dicke der Schichten etwa 0,4 μm. Zwischen diesen beiden Schichten befindet sich eine nur 0,1 μm dicke fibrilläre, wohl kollagene, nichtzelluläre Mesohylschicht.

Nach Reiswig (1979) kommt bei den von ihm untersuchten Gattungen *Aphrocallistes* und *Chonelasma* besonders im Bereich des subdermalen und subgastralen Trabekelnetzes ein weiteres zelluläres Syncytium vor, welches als Strang-Syncytium bezeichnet wird. Es sind zylindrische membrangebundene Cytoplasmastränge, welche viele syncytial angeordnete Zellkerne aufweisen. Jeder Strang ist von einer fibrillären, nichtzellulären Mesohylschicht umgeben und diese wiederum vom Trabekel-Syncytium. Die Cytoplasmastränge können Längen von mehreren tausend μm erreichen, weisen einen Durchmesser von 5–15 μm auf und enthalten zahlreiche Zellkerne. Die Funktion des Strang-Syncytiums ist noch unbekannt. Es ist noch zu überprüfen, ob es sich bei diesen Cytoplasmasträngen (Strang-Syncytium) um ein allgemeines Merkmal der Hexactinelliden handelt, da von früheren Untersuchern (Schulze, Ijima), welche an anderen Gattungen arbeiteten, keine Beobachtungen vorliegen.
Der Körper der Hexactinelliden (Taf. 202:1, 2) zeigt eine deutliche Schichtung in eine äußere Dermalmembran, dem darunter liegenden subdermalen Trabekelnetz, den Geißelkammern, dem subgastralen Trabekelnetz, der Gastralmembran und dem zentralen Spongocoel mit terminalem Osculum bzw. terminaler Oscularplatte. Das subdermale Trabekelnetz ist mit der Dermalmembran verbunden und relativ dicht in seinem äußeren Bereich, dagegen im inneren Bereich sehr locker ausgebildet. Die fingerhutförmigen Geißelkammern befinden sich in einer einschichtigen Lage zwischen dem subdermalen und dem subgastralen Trabekelnetz. Die Geißelkammern sind praktisch im Trabekelnetz eingebettet, welches von zu- und abführenden Hohlräumen (Lakunen) durchsetzt wird.

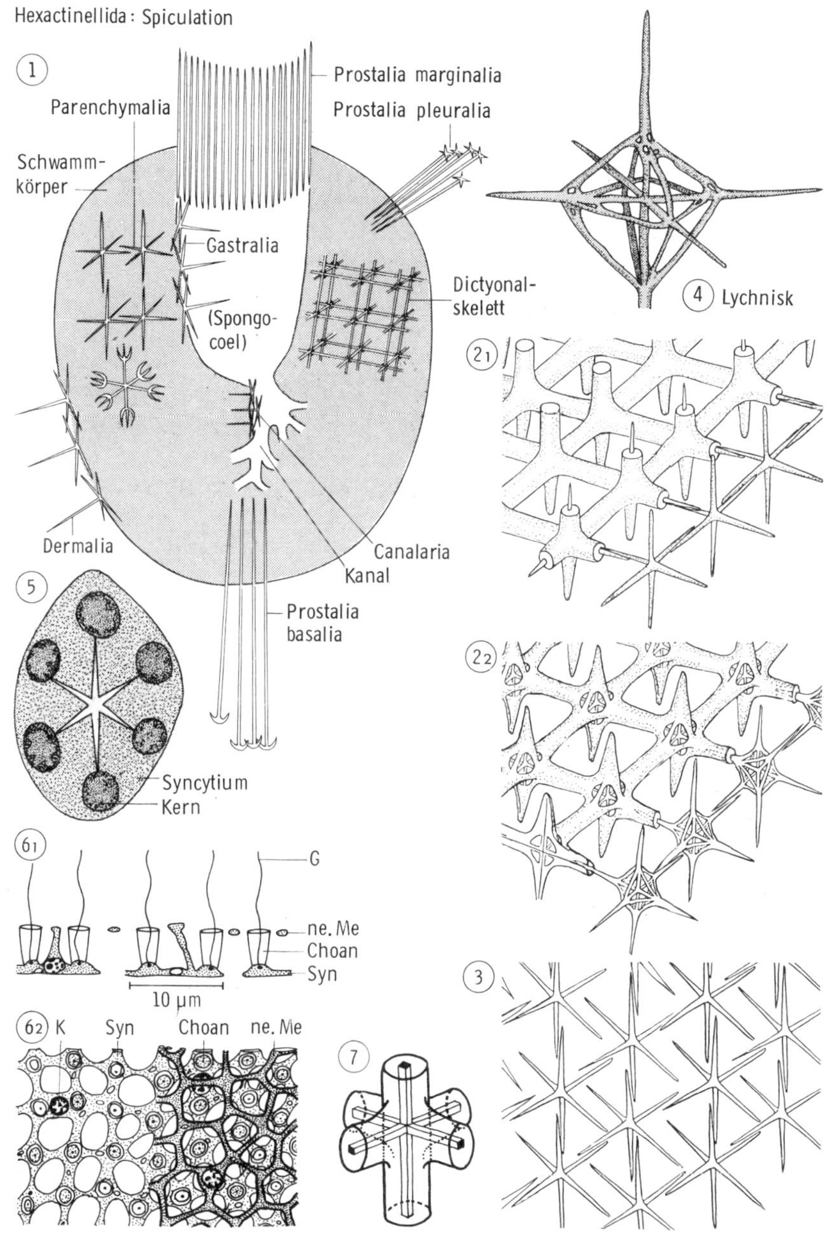

Taf. 201. Porifera: Hexactinellidea (Spikulation, Skelett-Formen, Nadelbau, Choanocyten-Syncytium). – Abb. 1. Spicula-Anordnung bei Hexactinellidea (nach SCHULZE). Abb. 2/1. Dictyonalskelett (nach ZIEGLER); 2/2. Dictyonalskelett mit Lychnisken (nach ZIEGLER). Abb. 3. lyssacines Skelett (nach ZIEGLER). Abb. 4. Lychnisk, umgewandelter Hexactin (nach IJIMA). Abb. 5. *Farrea*, Bildung eines Hexactins (nach OKADA). Abb. 6. Choanocyten-Syncytium: 6/1. Schnitt; 6/2. Aufsicht (nach REISWIG). Abb. 7. *Sympagella nux*, Hexactin mit viereckigen Achsenkanälen (nach REISWIG). Abkürzungen: Choan = Choanocyte, G = Geißel, K = Kern, ne. Me = netzartige Membran, Syn = Syncytium.

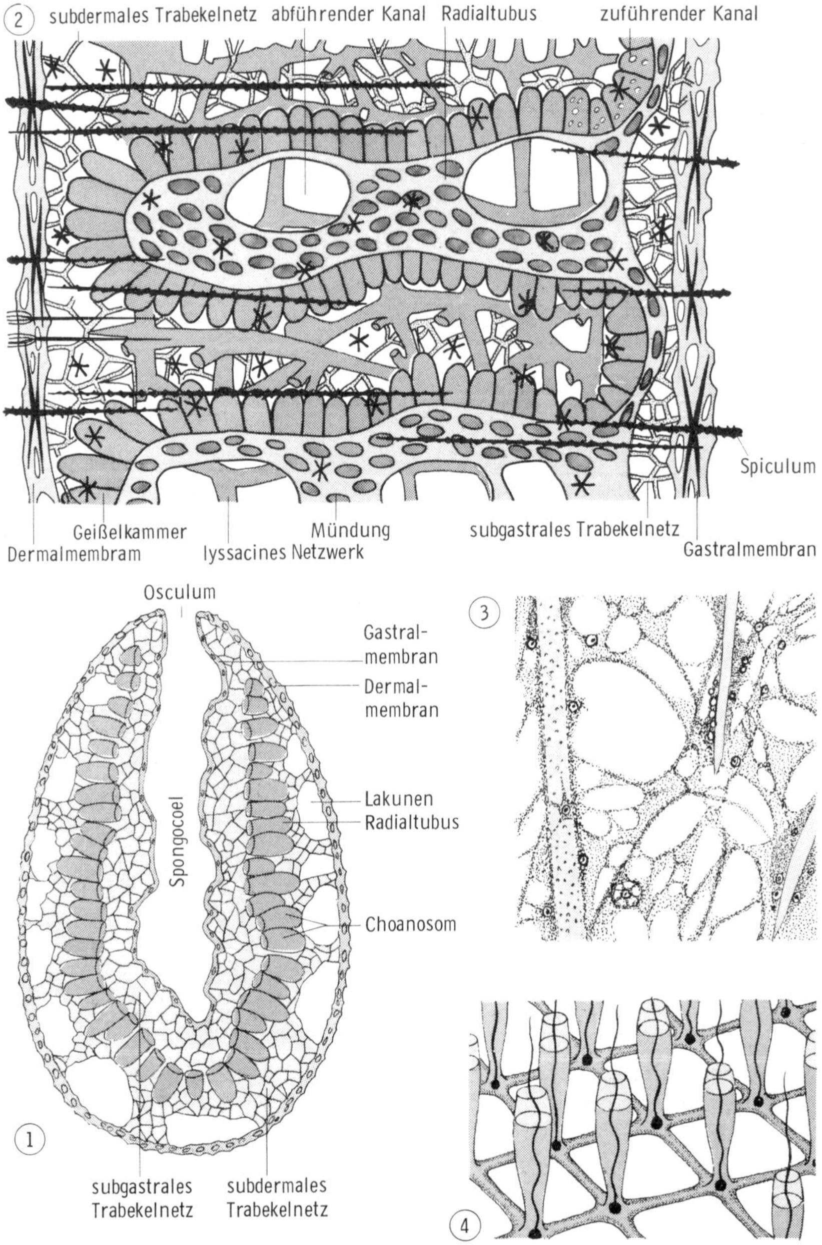

Taf. 202. Porifera: Hexactinellidea (Bauplan). – Abb. 1. *Lanuginella pupa*, junges Exemplar (nach SCHULZE). Abb. 2. *Euplectella*, Schnitt von der äußeren Dermalmembran bis zum zentralen Spongocoel (nach SCHULZE). Abb. 3. *Farrea*, subgastrales Trabekelnetz (nach OKADA). Abb. 4. *Schaudinnia arctica*, Choanocytenanordnung, frühere Anschauung (nach SCHULZE).

Primär bei den Amphidiscophora noch ein fast asconoider Bauplan. Die Geißelkammern befinden sich in kleinen, unregelmäßig angeordneten Divertikeln des zentralen Spongocoels. Bei den stammesgeschichtlich jüngeren Hexasterophora haben wir zunächst einen in etwa syconoiden Bau. Um den zentralen Hohlraum (Spongocoel) liegt radiärsymmetrisch eine einfache Lage mehr oder weniger gefalteter Radialröhren (Radialtuben), welche aber nicht mehr direkt mit dem Spongocoel verbunden sind. Die Radialröhren stellen die Geißelkammern dar. Das Wasser gelangt über die Dermalostien (Parietalopercula) in das subdermale Lakunensystem, welches sich im Bereich des subdermalen Trabekelnetzes befindet. Über Prosopylen gelangt das Wasser in die fingerhutförmigen Geißelkammern und über eine große Apopyle wird das Wasser in ausleitende Lakunen des subgastralen Trabekelnetzes geführt. Das subgastrale Trabekelnetz ist durch die perforierte Gastralmembran (Spongocoelmembran) vom zentralen Spongocoel abgetrennt. Über die Poren der Gastralmembran gelangt das Wasser in das Spongocoel und über ein terminales Osculum dann nach außen. Körper oberseits entweder mit einem großen Osculum (asconoider Bau) oder mit einer Oscularplatte (Taf. 205:2), welche einem Osculum entspricht und von zahlreichen, kleineren Öffnungen durchsetzt ist. Um das Osculum, bzw. die Oscularplatte sind häufig längere, aus dem Körper herausragende Kieselnadeln angeordnet. Sekundär sind die Geißelkammern bei den Hexasterophora noch stärker gefaltet und entsprechen mehr einem leuconoiden Typ. Jede Radialröhre besitzt zahlreiche, nach außen gestülpte, fingerhutförmige Geißelkammern. Wasserführung wie beim primären Typ. Bei stark abgeleiteten Vertretern kann der zentrale Hohlraum (Spongocoel) sekundär fehlen. Die Wasserableitung erfolgt dann uber ausleitende Lakunen direkt zum Osculum. Ein Choanocyten-Syncytium bildet die Wände der ovalen Geißelkammern. Im Gegensatz zu allen anderen Schwamm-Gruppen sind die Choanocyten nicht einzeln und gegeneinander abgegrenzt angeordnet, sondern bilden ein sekundäres Syncytium. Früher (SCHULZE 1899) nahm man an, daß die Choanocyten (Taf. 202:4) der Hexactinelliden dadurch gekennzeichnet sind, daß jede Choanocyte an ihrer Basis durch 4 Fortsätze mit den Nachbarchoanocyten verbunden ist und dadurch eine syncytiale Anordnung der Choanocyten (bei *Schaudinnia* nach SCHULZE) entsteht. Neue Untersuchungen (REISWIG 1979) gehen davon aus, daß eine kontinuierliche, netzartige, syncytiale Choanoderm-Membran (Taf. 201:6) vorliegt. Von dieser Membran erheben sich die relativ weit auseinanderstehenden Plasmakragen. Gegeneinander abgegrenzte Choanocyten sind nach REISWIG (bei den untersuchten Gattungen *Aphrocallistes* und *Chonelasma*) in dem Syncytium nicht mehr vorhanden. Im Syncytium befinden sich nur wenige Zellkerne, und es besteht keine numerische Beziehung zur Zahl der Plasmakragen. Das Verhältnis Plasmakragen: Zellkerne beträgt etwa 10:1. Nach SCHULZE (1899) nahm man bisher an, daß jede Choanocyte normal ausgebildet ist und im basalen Bereich der Zelle einen Kern aufweist. Es steht wohl außer Zweifel, daß bei den Hexactinelliden Choanocyten-Syncytien im Sinne von REISWIG vorkommen. Es ist aber notwendig, noch weitere Vertreter aus unterschiedlichen systematischen Gruppierungen zu untersuchen, ehe man verallgemeinernde Schlüsse ziehen kann. Ein syncytialer Zustand ist immer sekundär, und es erscheint durchaus möglich, daß innerhalb der Hexactinellida die stammesgeschichtlich ältesten Gruppen noch eine primäre Anordnung mit gut ausgebildeten Choanocyten zeigen. Hexactinelliden besitzen natürlich Choanocyten. Nur handelt es sich bei den neuerdings untersuchten Fällen um sekundär stark abgewandelte Choanocyten, welche durch Syncytium-Bildung in ihrem mittleren und basalen Bereich die Zellabgrenzungen verloren haben. Auch nach den neuen Untersuchungsergebnissen gehen von jeder reduzierten Choanocyte (kenntlich durch den Plasmakragen) 4 Fortsätze aus, welche die reduzierten Choanocyten miteinander verbinden und die netzartige, syncytiale, basale Choanoderm-Membran bilden. Im Gegensatz zu den Daten von SCHULZE liegen die Zellkerne aber sekundär nicht mehr im Choanocyten-Bereich, sondern syncytial unregelmäßig zwischen den Choanocyten. Bei vielen Wirbellosen mit sekundär syncytialen Geweben ist eine Reduktion der Zellkernzahl zu beobachten. Nach REISWIG kann in Höhe des oberen Plasmakragensaumes eine weitere netzartige Membran ausgebildet sein. Da bei den Hexactinelliden die Plasmakragen, im Gegensatz zu den anderen Schwammgruppen weit auseinanderstehen, könnte diese weitere Membran eine Art von Stützfunktion (Schutz gegen Druck) ausüben. Die Existenz dieser weiteren Membran ist aber noch nicht abgesichert, es könnte auch ein Fixierungs-Artefakt vorliegen. In der basalen Choanoderm-Membran befinden sich die zum einleitenden Lakunensystem gehörenden Prosopylen.

Bei den Hexactinelliden gelangt ein kontinuierlicher Wasserstrom über Dermalostien, subdermale Lakunen und Prosopylen in die einzelnen Geißelkammern. Da keine kontraktilen Porocyten vorhanden sind, kann im Dermalbereich keine Regulierung erfolgen. Durch Hemmung, bzw. Einstellung der Geißeltätigkeit der in ihrem mobilen Bereich nicht reduzierten Choanocyten (Geißel und Plasmakragen normal erhalten) kann aber eine gewisse Regelung des Wasserstromes erfolgen. Die Geißelkammern weisen einen Durchmesser von 45–90μm auf. Eine Kammer enthält etwa 500 reduzierte Choanocyten (Zahl der syncytial angeordneten Kerne etwa 50). Das subgastrale Trabekelnetz weist ein ausführendes Lakunensystem auf und geht in die den zentralen Hohlraum (Spongocoel) abschließende Gastralmembran über. Das syncytial-zelluläre, lebende Trabekelnetz stellt ein Kontinuum dar, welches von der Dermalmembran bis zur Gastralmembran reicht. Die Zellkerne dieses Syncytiums sind unregelmäßig verteilt. Das subdermale und subgastrale Trabekelnetz umgibt das charakteristische Gitterskelett der Hexactinelliden.

Hexactinelliden sind gekennzeichnet durch den Besitz sechsstrahliger (= dreiachsiger) Kieselnadeln. Die Strahlen zeigen eine rechtwinkelige Anordnung. Sie treten als Mega- und Mikroskleren auf. Die Strahlen der Mega- und Mikroskleren enden in einfachen Spitzen, in Scheiben oder in Strahlenbündeln. Durch Vergrößerung von Strahlen (unterschiedlich gestaltete Hexactine) oder geringere Achsenzahlen können sehr unterschiedliche Nadelformen entstehen. Diaxone Nadeln sind z.B. die Stauractine, welche reguläre vierstrahlige Kreuze darstellen. Sie treten vor allem in der Dermal- und Gastralmembran auf. Monaxone (diactine) Nadeln finden sich in allen Körperbereichen. Primär (bei Jugendstadien) mit Megaskleren in Form von zweiachsigen Stauractinen, später dann aber mit den charakteristischen 6strahligen (= 3achsigen) Megaskleren in Form von Hexactinen (Taf. 203). Megaskleren (Taf. 203:1) meist als normal gestaltete Hexactine oder als sekundäre Abwandlungsformen (Pinula, Pentactin, Scopula, Clavula, Uncinat) auftretend. Bei Uncinat und Clavula handelt es sich um sekundär monaxone Abwandlungsformen. Lychnisken (Taf. 201:4) sind Hexactine, welche eine nachträgliche Anlagerung von Skelettmaterial zeigen, wobei neue zusätzliche Strukturen zur weiteren Verfestigung entstehen. Durch Verkittung der Megaskleren mit Kieselsäure (und auch mit Spongin) entstehen die für die Hexactinelliden (Glasschwämme) charakteristischen, kompliziert gebauten, glasfiligranartigen Gitterskelette (Taf. 201:2, 3). Neben den stauractinen und hexactinen Megaskleren treten auch stauractine und hexactine Mikroskleren auf.

Die Mikroskleren (Taf. 203:2) kommen, durch Ausbildung verschiedenartiger terminaler Fortsätze, ebenfalls in vielen Abwandlungsformen vor (z.B. als Oxyhexaster, Discoctaster, Discohexaster, Plumicon, Floricom, Amphidisk, Hemidisk, Paraclavula). Grundform der Mikroskleren ist aber ebenfalls der normal gestaltete Hexaster. Amphidisken der Hexactinellida sekundär monaxon, diejenigen der Demospongiae dagegen primär monaxon (Konvergenz).

Spikulation (Taf. 201:1–4) der Hexactinelliden: Mit isolierten sowie zu einem Gitterskelett vereinigten Kieselnadeln. Die Kieselnadeln sind von einer Sponginscheide umgeben (nur Calcara ohne Spongin).

Bei den isolierten Nadeln unterscheiden wir, je nach der Lage im Körper, zwischen Prostalia, Dermalia, Parenchymalia, Gastralia und Intermedia. Bei den Prostalia handelt es sich um äußerlich sichtbare Kieselnadeln, welche die Dermalmembran durchbrechen und entweder lateral aus dem Schwammkörper herausragen (Prostalia pleuralia), das Osculum bzw. die Oscularplatte umgeben (Prostalia marginalia) oder basal am Körper auftreten (Prostalia basalia) und zur Befestigung im Boden dienen. Dermalia sind kleinere Nadeln im Bereich der Dermalmembran. Hypodermalia sind Dermalia, welche (meist mit einem Hauptstrahl) in den Schwammkörper hineinragen, während es sich bei den Autodermalia um mehr oberflächlich gelegene Dermalia handelt. Die Gastralia kleiden den inneren Hohlraum (Spongocoel) aus. Auch bei ihnen wird, entsprechend bei den Dermalia, zwischen Hypogastralia und Autogastralia unterschieden. Canalaria umgeben die inneren Hohlraumsysteme (Lakunen). Als Parenchymalia werden die im inneren Körperbereich (innerhalb des Trabekelnetzes) liegenden Nadeln bezeichnet. Neben den beherrschenden großen hexactinen Megaskleren (Principalia), die einzeln liegen oder zu einem Skelett verbunden sind, kommen noch diactine Begleitnadeln (Comitalia) sowie in den Maschen des Trabekelnetzes liegende Mikroskleren (Intermedia) vor. Die großen Megaskleren (Principalia) liegen primär eng aneinander, bleiben aber isoliert und bilden so ein zartes,

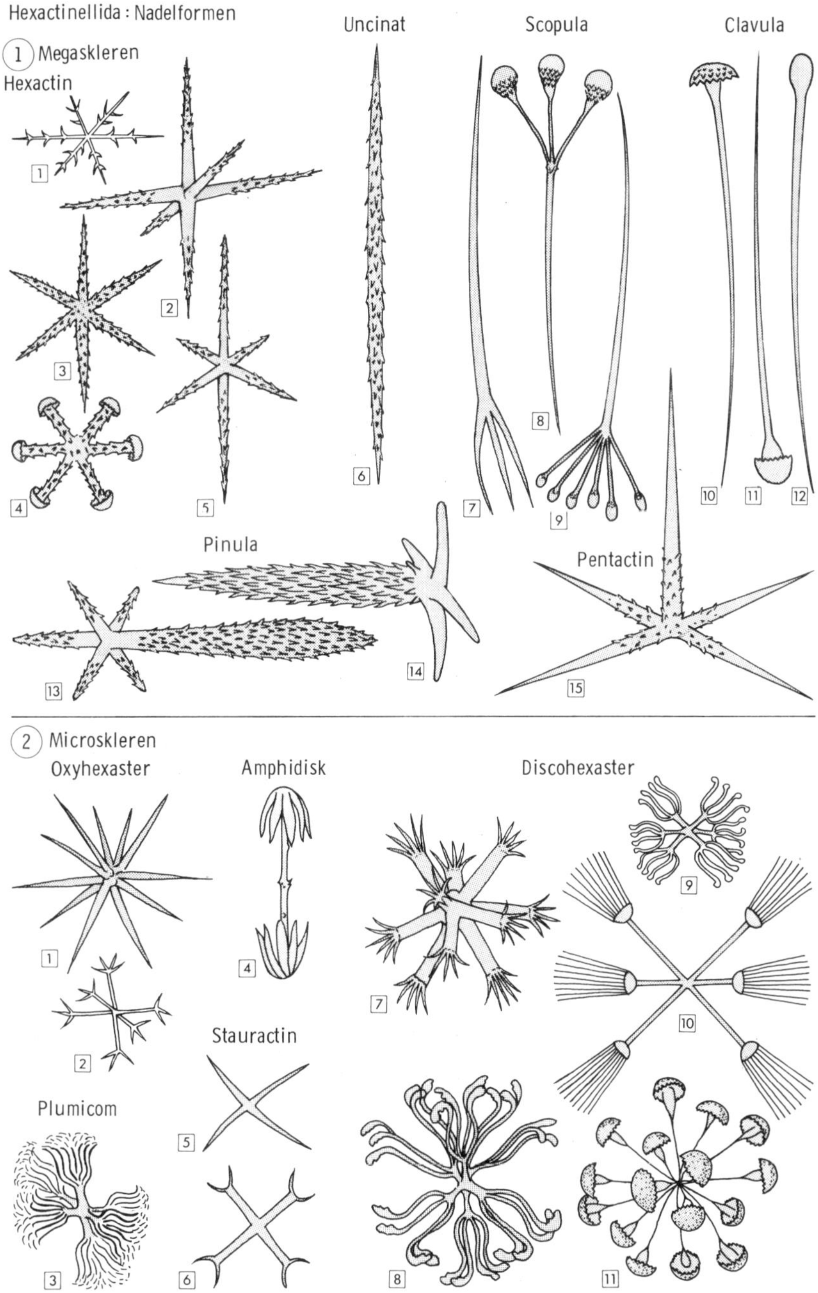

Taf. 203. Porifera: Hexactinellidea (Nadelformen). – Abb. 1/1–15. Megaskleren: Hexactine und sekundäre Abwandlungsformen, 1/1–5. Hexactin-Formen: 1/1 und 1/3 reguläre Hexactine, die anderen sekundär abgewandelt, 1/6. sekundär monaxoner Uncinat, 1/7–9. Scopula-Formen, 1/10–12. Clavula-Formen, 1/13–14. Pinula-Formen, 1/15. Pentactin. Abb. 2/1–11. Mikroskleren: 2/1–2. Oxyhexaster, 2/3. Plumicom, 2/4. Amphidisk, 2/5–6. Stauractin, 2/7 u. 10. Discoctaster, 2/8. Floricom, umgewandelte Asterform, 2/9 u. 11. Discohexaster (alle nach HYMAN).

filigranartiges, lyssacines Skelett (Taf. 201:3). Das lyssacine Skelett ist sehr locker und zerbrechlich. Es gewinnt sekundär erhöhte Festigkeit durch den Einbau kurzer, unregelmäßig angeordneter Kieselsäure-Querbalken (Synaptikeln). Eine größere Festigkeit besitzen die von den lyssacinen Skeletten abzuleitenden dictyonalen Skelette (Taf. 201:2/1), welche z.B. bei *Farrea* und *Aphrocallistes* auftreten. Hier sind die Hexactinen durch sekundäre Verkieselung an allen ihren Enden miteinander verbunden, so daß feste, regelmäßige, dreidimensionale Netzwerke mit fast quadratischen Maschen entstehen. Durch Ausbildung von Lychnisken an den Schnittpunkten (Taf. 201:2/2) kann eine weitere Verstärkung des dictyonalen Skelettes erfolgen.

Neben diesen beherrschenden Parenchymalskeletten (nur sie bleiben in der Regel fossil erhalten), kommen auch lockere, kaum fossilisationsfähige Dermal- und Gastralskelette vor, welche von den Nadeln dieser Körperbereiche gebildet werden.

Die Kieselnadeln der Hexactinelliden entstehen im Zentrum einer syncytialen, vielkernigen Skleroblastenmasse (Taf. 201:5). Die Zahl der Kerne entspricht der Strahlenzahl. Die Kerne stammen alle von einem einzigen Skleroblastenkern ab, Kernteilungen entsprechend der Zahl der Strahlen. Kieselnadeln mit viereckigem, quadratischem Achsenkanal (Taf. 201:7).

Hexactinelliden weisen eine becherähnliche Grundgestalt (Taf. 205:1) auf. Es kommen aber auch trichter-, röhren- und gefäßähnliche Vertreter vor. Stets mit deutlicher Individualität und von äußerem radiärsymmetrischem Bau. Nur in Ausnahmefällen treten abweichende, verzweigte Formen (*Sclerothamnus*) auf. Die Höhe der Hexactinelliden beträgt allgemein etwa 5–60 cm. Selten werden sie bis zu 1 m hoch (*Monorhaphis*) und sind mit einer bis zu 3 m langen, fingerdicken Kieselnadel im Tiefseeschlamm verankert. Auch viele andere Hexactinelliden sind durch Büschel langer, basaler Kieselnadeln im Meeresboden festgeheftet.

Fortpflanzung: Eine ungeschlechtliche Fortpflanzung tritt nur selten auf. Es kommt dabei zur Ausbildung sich dann ablösender Brutknospen. In seltenen Fällen kommt es zu einer Kolonienbildung durch sich nicht ablösende Knospen.

Die geschlechtliche Fortpflanzung (Taf. 204) ist noch sehr ungenügend bekannt. Eier und Spermien entstehen durch Umwandlung von Archaeocyten. Die Furchung des befruchteten Eies erfolgt totalaequal. Nach Ablauf der Embryonalentwicklung entsteht eine sekundäre Parenchymella-Larve, wie sie auch für Demospongea charakteristisch ist. Das Larvenstadium weist bereits stauractine Kieselnadeln (Stauractine als primärer Nadeltyp) in einschichtiger Lage auf. Der Jungschwamm zeigt einen zunächst asconoiden Bau. Nach den ersten Nadeln in Form von Stauractinen werden dann später Discohexaster (Hexactine) ausgebildet. Das zunächst asconoide Jugendstadium besitzt ein zentrales, von Choanocyten ausgekleidetes Spongocoel und weist ein einziges, oberes Osculum auf. Die Adultstadien behalten dieses einzelne Osculum (charakteristisch für den *Ascon*-Typ) als atavistisches Merkmal bei. Im Jungschwamm (*Farrea*) sind die künftigen syconoiden Geißelkammern schon als Protuberanzen in Richtung Schwammoberfläche zu erkennen.

Daten über geschlechtliche Fortpflanzung bei Hexactinelliden sind bisher nur von *Farrea sollasii* (Okada 1928) bekannt geworden.

Lebensweise: Die weißlich-graugelb gefärbten ausschließlich marin lebenden Hexactinelliden sind ausgesprochene Tiefseeformen und kommen vorwiegend auf Schlammböden tropischer Meere vor. Sie wurden in Tiefen bis zu 5900 m gefunden. Maximales Vorkommen in Tiefen zwischen 500–1000 m. Die obere Grenze liegt etwa bei 100–150 m, aber es wurden auch Vertreter in Wassertiefen von nur 25–30 m (*Aphrocallistes vastus* und *Chonelasma calyx* im Küstenbereich von British Columbia, Canada) gefunden.

Das **System** der rezenten Hexactinelliden beruht auf der unterschiedlichen Form der Geißelkammern und unterschiedlichen Mikroskleren. Die Mikroskleren der rezenten Arten sind entweder als Amphidisken (Amphidiscophora) oder als Hexaster (Hexasterophora) ausgebildet. Das System der rezenten Arten läßt sich nicht ohne weiteres auf fossile Arten übertragen, da fossile Vertreter (z.B. aus dem *Griphodictya*-Bereich) an Mikroskleren sowohl Hexaster als auch Amphidisken aufweisen.

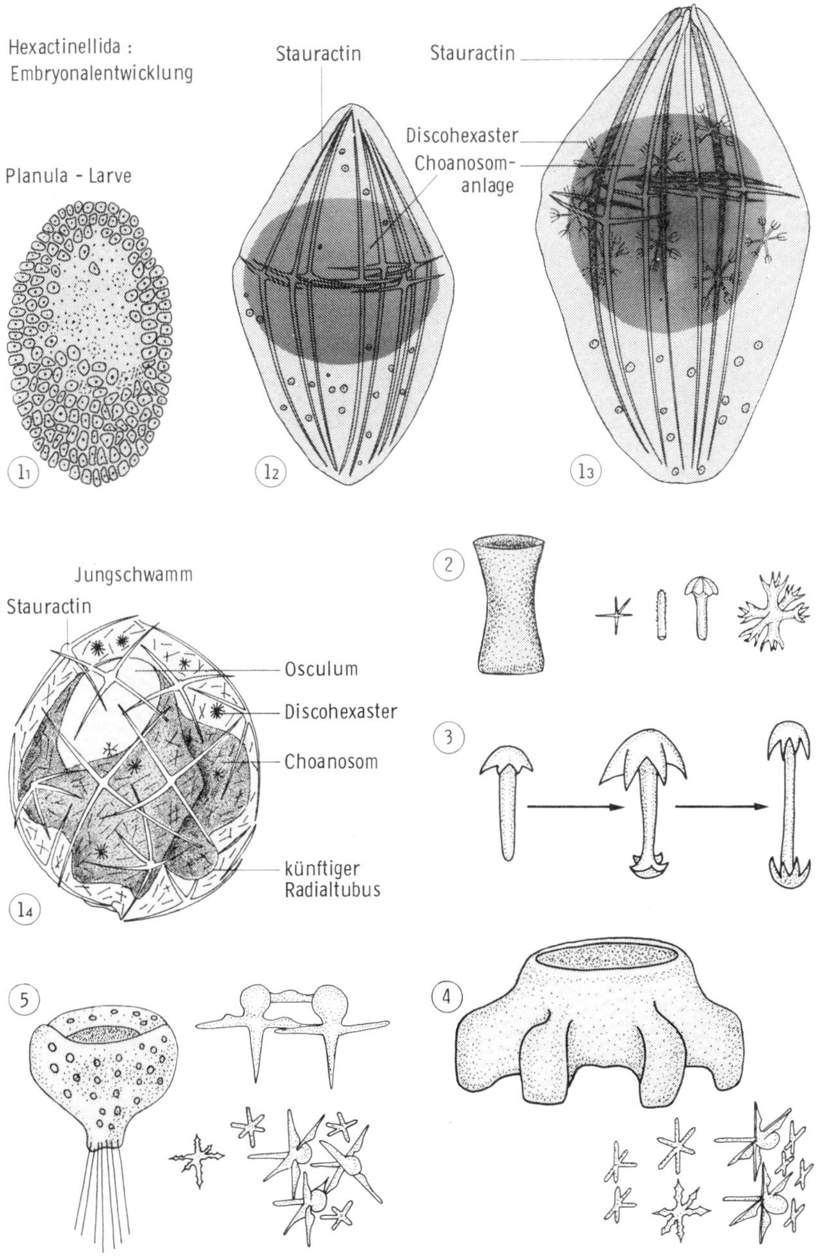

Taf. 204. Porifera: Hexactinellidea (Embryonalentwicklung) und fossile Hexactinellidea. – Abb. 1. *Farrea sollasi*, Embryonalentwicklung (nach Okada): 1/1. Parenchymella-Larve; 1/2. nachfolgendes Parenchymella-Stadium mit Ausbildung von Stauractinen; 1/3. spätes Parenchymella-Stadium mit Stauractinen und Discohexaster; 1/4. Jungschwamm mit Stauractinen, Discohexaster, sich weiter differenzierendes Choanosom und Osculum. Abb. 2. *Griphodictya* (nach Finks). Abb. 3. Hexactinellidea, Evolutionsreihe Paraclavula-Hemidisk-Amphidisk (nach Finks). Abb. 4. *Brachiospongia* (nach Finks). Abb. 5. *Stioderma* (nach Finks).

Unterklasse Amphidiscophora
(Taf. 203 u. 205)

Stammesgeschichtlich älteste rezente Gruppe. Geißelkammern in unregelmäßigen Divertikeln des zentral liegenden Spongocoels. Primärer, fast noch asconoider Bauplan. Die Megaskleren noch primär einzeln liegend und lockere, lyssacine Nadelskelette bildend. Festheftung auf dem Untergrund durch basale Nadelbüschel oder große Einzelnadeln. Mikroskleren in Form von Amphidisken. Nie Mikroskleren in Form von Hexastern vorhanden.

Ordnung Amphidiscosida
(Taf. 205)

Mikroskleren in Form normal gestalteter Amphidisken. Ohne Hexaster. Dermalbereich relativ kräftig. Megaskleren isoliert, lyssacine Gitterskelette bildend. Ausgesprochene Tiefseebewohner, in Tiefen bis zu 5900 m. Mit basalen Verankerungsnadeln, welche sehr lang und dick sein können. Mit primärem, terminalem Osculum (z.B. *Hyalonema*) oder mit sekundären, lateralen Oscularfeldern (z.B. *Semperella*).

Hyalonematidae. *Hyalonema* (Taf. 205:3): Körper becherförmig, bis zu 13 cm hoch bei einem Durchmesser von 8–9 cm. Der basale Nadelschopf besteht aus etwa 1 mm dicken, umeinander geschlungenen, bis zu 40 cm langen Nadeln; *Pheronema*: Höhe bis 8 cm, Körper rübenförmig.

Semperellidae. Körper zylindrisch langgestreckt, mit lateral liegenden Oscularfeldern. *Monorhaphis*: Körper etwa 1 m hoch und um den oberen Teil einer zentral liegenden riesigen Kieselnadel (Megasklere) wachsend. Die Nadel ist bleistift- bis fingerdick, etwa 3 m lang und mit dem basalen Bereich tief im Meeresboden verankert. – *Semperella*: Bis zu 50 cm hoch, mit lateralen Oscularfeldern.

Unterklasse Hexasterophora
(Taf. 201–205)

Stammesgeschichtlich jüngere Gruppe. Mit gut gegeneinander abgegrenzten fingerhutförmigen Geißelkammern. Mit primär syconoid-ähnlichem, sekundär mehr leuconoidem Bau. Die Megaskleren primär noch einzeln und lockere lyssacine Gitterskelette (Lyssacinosida) bildend. Sekundär mit dictyonalen Gitterskeletten (Taf. 201:2/1). Kieselnadeln durch Verkieselung an ihren Enden miteinander verbunden. Dermalbereich relativ dünn. Mikroskleren in Form von Hexastern. Strahlen an ihren Enden meist verzeigt. Nie Mikroskleren in Form von Amphidisken vorhanden. Im Normalfall auf hartem Untergrund festgewachsen, zum Teil auch Verankerung im Untergrund durch basale Nadelbüschel.

Ordnung Lyssacinosida
(Taf. 201, 202 u. 205)

Mit lyssacinem Gitterskelett (Taf. 201:3), die Nadeln bleiben dabei isoliert. Zum Teil sekundäre Verfestigung durch Einbau von unregelmäßig angeordneten Kieselsäure-Querbalken (Synaptikeln). Anhefung der Querbalken durch Kieselsäure-Zementierung.

Euplectellidae. Röhren- oder becherförmige Gestalt, zuweilen gestielt. Seitenwände mit vielen Parietaloscula und mit terminaler Oscularplatte. Mit lyssacinem Gitterskelett. *Euplectella*, Gießkannenschwamm (Taf. 205:2): Höhe bis zu 60 cm, mit terminaler Oscularplatte. Bei *E. owenii* im Spongocoel oft ein Pärchen der Garnele *Spongicola venusta*. – *Corbitella*: Mit der Basis auf dem Untergrund festgewachsen, ohne basale Kieselnadeln.

Caulophacidae. Becher- oder pilzförmiger Körper, immer gestielt und festgewachsen. Mit lyssacinem Gitterskelett. *Caulophacus*: Höhe etwa 20 cm; *Aulascus*.

Leucopsacidae. Becher- oder eiförmig, relativ dickwandig. Mit lyssacinem Gitterskelett. *Leucopsacus, Caulocalyx*.

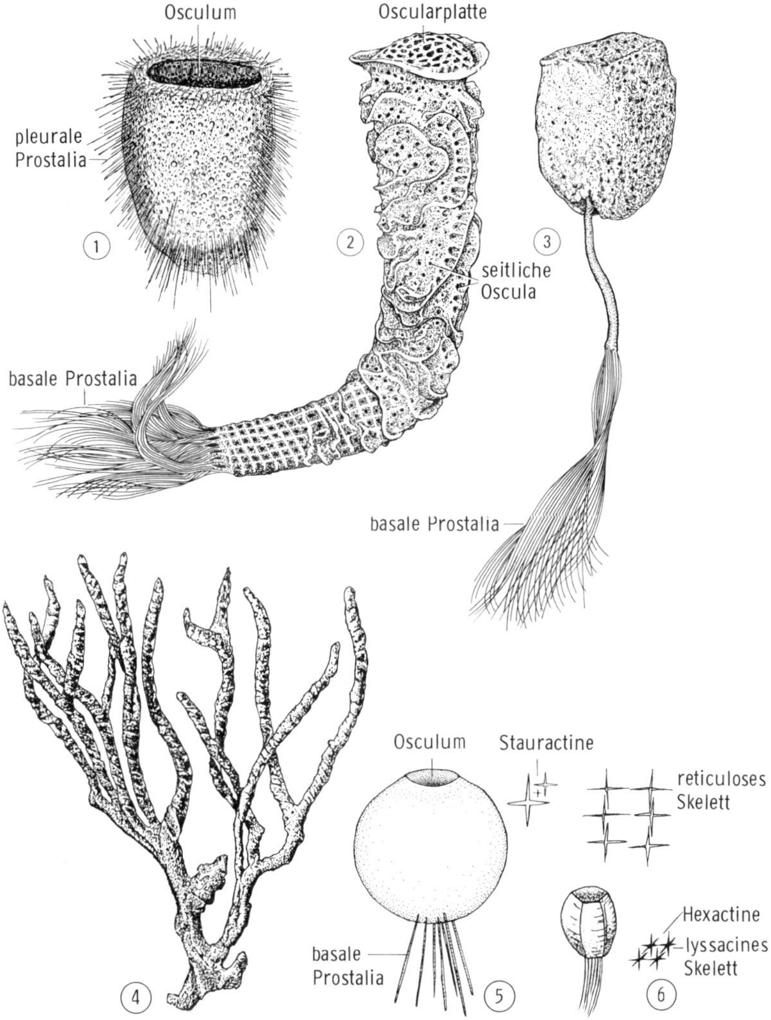

Taf. 205. Porifera: Hexactinellidea (Amphidiscophora, Hexasterophora) und fossile Hexactinellidea. – Abb. 1. *Staurocalyptus* (nach SCHULZE). Abb. 2. *Euplectella aspergillum* (nach SCHULZE). Abb. 3. *Hyalonema* (nach AGASSIZ). Abb. 4. *Sclerothamnus clausii* (nach CASTER). Abb. 5. *Protospongia*, Habitus, Stauractine bilden ein reticuloses Skelett (nach FINKS). Abb. 6. *Microstaura*, Habitus, Stauractine bilden ein lyssacines Skelett (nach FINKS).

Rossellidae. Körper häufig schalenförmig, zuweilen gestielt. Mit lyssacinem Gitterskelett. *Rossella*, *Schaudinnia* (Taf. 202:4), *Crateromorpha, Lophocalyx, Lanuginella* (Taf. 202:1), *Staurocalyptus* (Taf. 205:1): Mit großem, terminalem Osculum.

Ordnung Reticulosida
(Taf. 205)

Körper vielfach verzweigt, buschförmig. Mit lateralen Oscularfeldern. Mit dictyonalem Gitterskelett. Überwiegend fossile paläozoische Vertreter (z. B. *Titusvillia* aus dem Oberdevon), rezent nur *Sclerothamnus*.

Sclerothamnidae. *Sclerothamnus* (Taf. 205:4), bis 50 cm hohe, büschelförmig stehende Röhren. Jede Röhre mit netzartig verbundenen Megaskleren.

Ordnung Hexactinosida
(Taf. 201, 202 u. 204)

Mit dictyonalem Gitterskelett (Taf. 201:2/1). Gitter regelmäßig angeordnet. Die das Gitterskelett bildenden Megaskleren (Hexaster) sind durch Verkieselung an ihren Enden miteinander verbunden. Körper aus verzweigten Röhren bestehend. Jede Röhre mit terminalem Osculum.

Euretidae. Körper verzweigt. Mit dictyonalem Gitterskelett. Die miteinander verschmolzenen Hexaster bilden ein rechteckiges Balkennetz. *Farrea* (Taf. 202:2/1 u. 204): Höhe 5–12 cm, mehrfach verzweigt, auf Steinen festgewachsen. *Ramella*. *Periphragella*.

Coscinoporidae. Körper kelchförmig und relativ dünnwandig. Mit dictyonalem Gitterskelett. *Chonelasma*: Schon in Wassertiefen von nur 25–30 m. *Bathyxiphus*.

Aphrocallistidae. Körper kelch- oder röhrenförmig. Relativ dünnwandig. Mit dictyonalem Gitterskelett. Skelett von bienenwabenartigem Aussehen. *Aphrocallistes*: Bereits in Wassertiefen von nur 25–30 m.

Ordnung Lychniscosida
(Taf. 201)

Körper aus dünnwandigen Röhren bestehend. Mit dictyonalem Gitterskelett, welches an den Schnittpunkten Lychnisken (Taf. 201:2/2 u. 2/4) zur Verstärkung aufweist. Fossile Vertreter sehr häufig im Mesozoikum, rezent nur Aulocystidae.

Aulocystidae. Dictyonales Gitterskelett mit Lychnisken. Skelett mit regelmäßigen kubischen Zwischenräumen. Röhrenartige, dünnwandige Körper. *Aulocystis*: Im Indischen Ozean und im Pazifik.

Fossile Hexactinellidea (Glasschwämme)

Hexactinelliden sind seit dem frühen Kambrium (Unterkambrium) bekannt. Diese Vertreter (*Protospongia*: Taf. 205:5) weisen einen dünnwandigen, rundlich-sackförmigen Körper mit einem einzigen, apikal gelegenen Osculum auf. Die Spikulation besteht vorwiegend aus isoliert liegenden Stauractinen. Nach den Größen zu urteilen, dürften neben den stauractinen Megaskleren eventuell auch schon stauractine Mikroskleren vorhanden gewesen sein. Stauractine stellen die primäre Nadelform der Hexactinelliden dar. Hexactine Nadeln fehlen bei *Protospongia*. Im Verlauf der Embryonalentwicklung rezenter Hexactinelliden werden zuerst stauractine und dann erst hexactine Nadeln ausgebildet. Im Sinne der biogenetischen Grundregel ein Hinweis, daß zuerst stauractine (diaxone) Nadeln vorhanden waren. Bei *Protospongia* kommen außerdem noch kleinere, diactine Nadeln vor. Nach dem Körperbau zu urteilen, dürfte bei *Protospongia* ein primitiver, asconoider Bauplan vorliegen. Die beherrschenden großen, isoliert liegenden Stauractinen sind bei *Protospongia* einschichtig angeordnet und weisen eine paratangentiale Lage zur Körperwand auf. Die Nadeln sind in regelmäßig unterteilten Quadraten angeordnet und bilden ein reticuloses Skelett. Es liegt eine primitive Form des lyssacinen Skelettes vor. Der Mesohyl-Bereich dürfte bei *Protospongia* und verwandten Vertretern nur schwach ausgebildet gewesen sein. Der größte Teil der Unterkambrium-Funde gehört der *Protospongia*-Gruppe an. *Protospongia* besitzt basale Prostalia, die zum Festheften im Boden dienen. Dünnwandige, wohl ebenfalls asconoide, dem *Protospongia*-Bauplan (Protospongiida) entsprechende Vertreter kennt man auch aus dem Mittelkambrium, Ordovicium und Silur.

Die ersten, bisher aber nur isoliert vorliegenden hexactinen Nadeln (Megaskleren) stammen aus dem Unter- und Mittelkambrium. Sie sind durch Achsenvermehrung (eine zusätzliche Achse) von

Stauractinen abzuleiten. Es kommt also schon frühzeitig innerhalb der Protospongiida zur Ausbildung sekundärer hexactiner Nadeln. Hexactine Nadeln haben gegenüber den Stauractinen bessere Stützfähigkeiten. Funde von hexactinen Nadeln sprechen daher für sekundär dickwandigere Körper. Im Oberkambrium trifft man innerhalb der Protospongiida schon Vertreter mit sekundär verstärkten Skeletten und damit verknüpft, mit dickeren Körperwänden an. Bei *Multivasculatus* liegen die Nadeln sehr dicht beieinander und sind in mehreren übereinanderliegenden Schichten angeordnet.

Zusammenfassend kann gesagt werden, daß die kambrischen Vertreter der Protospongiida zunächst dünnwandige asconoide Körper aufwiesen, und daß das einschichtige Hauptskelett aus dicht nebeneinander, aber isolierten und in regelmäßigen Quadraten (reticuloses Skelett) angeordneten Stauractinen bestand. Es folgten vermutlich einschichtige reticulose Skelette aus Hexactinen und auch mehrschichtige reticulose Skelette aus Hexactinen (*Multivasculatus*). Die Hauptevolutionsrichtung innerhalb der Protospongiida behält aber den Skelettbau aus Stauractinen bei.

Vertreter dieser Hauptlinie der Protospongiida treffen wir bis zum Untersilur an. Es sind dünnwandige, wohl asconoide Vertreter, die ein Stauractinen-Skelett mit paralleler Anordnung und quadratischer Unterteilung aufweisen. Die Gattung *Cyathophycus* aus dem Ordovicium entspricht weitgehend der kambrischen Gattung *Protospongia* und weist nur etwas dickere Wände auf. Die Stauractinen (Haupt-Megasklerentyp) sind in regelmäßigen Quadraten im Bereich der inneren und äußeren Wand angeordnet. Aus diesem *Cyathophycus*-Bereich sind die vom Silur bis Karbon auftretenden Dictyospongiida abzuleiten. Das Entwicklungsmaximum dieser Gruppe liegt im Devon. Devon-Vertreter, wie z. B. *Dictyospongia*, behalten die Anordnung der Stauractinen in regelmäßig unterteilten Quadraten bei. Die Stauractinen werden sekundär stark verlängert und rücken noch dichter aneinander. Bei einigen Vertretern wurden zusätzliche innere Lagen von gebündelten Monaxonen festgestellt. Die Vertreter bleiben aber weiter dünnwandig, sind jedoch im Vergleich mit den Protospongiida wesentlich größer. Vertreter aus dem Karbon, z. B. *Hydnoceras*, weisen einen Bauplan auf, der demjenigen der Devon-Vertreter entspricht, besitzen aber lyssacine Skelette. Ab Karbon-Perm spalten sich die Dictyospongiida in zwei divergierende Evolutionslinien. Für beide Evolutionslinien ist die Ausbildung stärkerer Skelette charakteristisch. Die Hauptlinie stellt eine Fortsetzung der Dictyospongiida-Linie dar und wird durch eine verstärkte Ausbildung von Stauractinen gekennzeichnet. Die andere Evolutionslinie (stirbt schon im Perm aus) erreicht sekundäre Skelettverstärkungen durch stärkere Ausbildung der monaxonen Nadeln bei gleichzeitiger Unterdrückung der stauractinen Nadeln.

Diese Gruppe wird von den Stereodictyida repräsentiert. Die Gattung *Stereodictyum* weist sekundär verdickte Wände auf, welche von einer enorm vergrößerten Zahl von Monaxonen gestützt werden, bei gleichzeitiger Eliminierung der Stauractinen. Ein offensichtlich wenig erfolgreicher Skelett-Typ. Die Stereodictyida zweigen sich im frühen Karbon von den Dictyospongiida ab, sterben aber im Perm bereits wieder aus.

Ein typischer Vertreter der Hauptlinie ist die im Perm auftretende Gattung *Microstaura* (Taf. 205:6). Bei dieser Gattung wird die für die früheren Vertreter charakteristische äußere Lage parallel angeordneter Stauractine in ein reguläres, dreidimensionales Hexactinen-Netz umgewandelt. Aus dem Stauractinen-Skelett ist ein Hexactinen-Skelett geworden. Die Nadeln liegen immer noch isoliert, aber sehr dicht beieinander und zeigen Überlappungen. Aus diesem lyssacinen Skelett-Typ hat sich das dictyonale Skelett entwickelt, mit durch Verkieselung an ihren Enden miteinander verbundenen Hexactinen. Echte dictyonale Skelette sind seit der Trias bekannt und entsprechen schon weitgehend den dictyonalen Skeletten rezenter Hexasterophora (Hexactinosida, z. B. *Farrea*).

Im Kabrium hat sich ein weiterer Evolutionszweig abgespalten. Auch hier entstehen sekundäre Skelettverstärkungen, und die Vertreter weisen recht modern wirkende Baupläne auf. Wichtiger Vertreter dieser Brachiospongiida ist die Gattung *Brachiospongia* (Taf. 204:4) aus dem Ordovicium. *Brachiospongia* weist gegenüber den kambrischen Vertretern eine viel dickere Körperwand auf. Die Hexactinen liegen ungeordnet und zeigen nicht die parallele Orientierung der kambrischen Vertreter. Es sind Vorläufer von lyssacinen Skeletten, da die Hexactinen nicht mehr in regelmäßig unterteilten Quadraten angeordnet sind. Es kommt zu weiteren Skelettverstärkungen im Dermalbereich. *Brachiospongia* weist große Hypodermalia auf, welche von kleineren Autodermalia bedeckt werden. Von *Brachiospongia* führt die Evolutionslinie zu den Silur-Vertretern *Oncosella* und *Malumispongium*, über *Peli-*

caspongia (Oberdevon) zu Perm-Vertretern, wie z. B. *Stioderma* (Taf. 204:5). Es kommt dabei zur Ausbildung lyssaciner Skelette, und der Evolutionszweig könnte bis zu den rezenten Lyssacinosida (Hexasterophora) mit lyssacinen Gitter-Skeletten führen. Wir können davon ausgehen, daß im frühen Mesozoikum (Trias) bereits lyssacine und dictyonale Skelette vorhanden waren, die denjenigen rezenter Vertreter weitgehend entsprachen. In diesem Zusammenhang ist es notwendig, daraufhinzuweisen, daß die Eingruppierung der fossilen paläzoischen Vertreter fast ausschließlich nach der Form der Megaskleren-Skelette erfolgt. Die Rezentsystematik verwendet aber häufig auch die Mikroskleren bei der Aufstellung systematischer Gruppen, und die beiden rezenten Unterklassen Amphidiscophora und Hexasterophora werden u. a. durch unterschiedlichen Besitz an Mikroskleren getrennt. Amphidiscophora besitzen Amphidisken, Hexasterophora dagegen Hexaster.

Sichere Mikroskleren-Funde sind seit dem Unterkarbon bekannt. Die zu den Dictyospongiida zählende Gattung *Griphodictya* (Taf. 204:2) weist neben Hexastern auch Paraclavulae auf, die wie nur einseitig ausgebildete Amphidisken aussehen. Ähnliche Nadeln (Hemidisken) und echte Amphidisken sind ebenfalls aus dem Karbon bekannt. Man kann daher annehmen, daß auch die Amphidisken schon sehr frühzeitig entwickelt wurden. Die morphologische Reihe Paraclavula-Hemidisk-Amphidisk (Taf. 204:3), sowie das Vorhandensein von Hexastern und Amphidisken bei verwandten Gattungen könnte dafür sprechen, daß die rezenten Amphidiscophora und Hexasterophora von einer gemeinsamen paläozoischen Gruppe abzuleiten sind, die beide Mikrosklerentypen (Hexastern und Amphidisken) besessen hat.

Geht man aber von den Megaskleren-Skeletten aus, dann haben sich bei den Protospongiida und den von ihnen abzuleitenden Dictyospongiida zuerst reticulose Skelette (Vorstufe des lyssacinen Skelettes) bei den Protospongiida und dann lyssacine Skelette bei den Dictyospongiida entwickelt. Zu einer Entwicklung von lyssacinen Skeletten kommt es aber auch bei den Brachiospongiida. Lyssacine Skelette sind daher im Verlauf der Hexactinelliden-Evolution sicher mehrmals unabhängig voneinander entstanden. Das könnte eventuell auch bei den dictyonalen Skeletten der Fall sein.

Fossilfunde aus dem Mesozoikum sind sehr spärlich. Viele Gruppen haben die Wende Perm/Trias nicht überlebt. Von Ende Perm bis Mitte Jura liegen nur sehr wenige Funde vor. Die primären Flachwasserbewohner zogen sich in dieser Zeitspanne in die wenigen vorhandenen Tiefsee-Gewässer zurück. Die Skelette waren zu dieser Zeit noch lyssacin. Dictyonale Skelette entstanden erst in der Trias. Von Mikroskleren sind Amphidisken (und Hemidisken) aus dem Karbon, aus der mittleren und oberen Trias, aus dem oberen Jura und besonders häufig aus der oberen Kreide bekannt. Fast stets aber im isolierten, dissoziierten Zustand. Aus der Zeitspanne Oberkarbon-Oberkreide liegen keine Hexaster-Funde vor, obwohl aus dem Unterkarbon Hexaster (*Griphodictya*) bekannt sind. Erst vom Tertiär sind wieder Hexaster-Funde bekannt. Spezielle, für die rezenten Vertreter typische Megasklerenformen, wie z. B. Scopula, Clavula, Uncinat, werden im Mesozoikum äußerst selten gefunden. Erst im letzten Abschnitt des Mesozoikums, in der Oberkreide, treten sie häufiger auf. Viele rezente Gruppen dürften daher während der Wende Oberkreide/Tertiär entstanden sein.

Die fossilen Daten aus dem Mesozoikum lassen nur wenige Schlüsse zu. Vertreter mit lyssacinen Skeletten und sekundären Verfestigungen durch Synaptikeln werden als „Euplectelloidea“ zusammengefaßt. Dieser Gruppe sollen alle lyssacinen Vertreter (einschließlich der rezenten Familien) sowie die fossilen Pileolitidae angehören. Die Ableitung der „Euplectelloidea“ erfolgt nach FINKS aus dem Brachiospongiida-Bereich.

Die rezenten Vertreter zeigen aber, daß das lyssacine Skelett sicher mehrmals unabhängig voneinander entstanden ist. Das spricht gegen die Errichtung einer Gruppierung („Euplectelloidea“), die alle lyssacinen Vertreter umfassen soll.

Die Titusvilliidae (Oberdevon-Unterkarbon) z. B. besitzen weiterentwickelte lyssacine Skelette mit dictyonalen Bereichen, die denjenigen rezenter Reticulosida (Hexasterophora) sehr ähneln. Titusvilliidae gehören aber dem Dictyospongiida-Bereich und nicht dem Brachiospongiida-Bereich an.

Für eine Ableitung von lyssacinen Vertretern aus dem Brachiospongiida-Bereich spricht der ähnliche Skelettaufbau von *Malumispongium* (Silur) und *Stauractinella* (Kreide). Bei beiden liegen lyssacine Skelette vor, die großen Hexactinen sind nicht miteinander verbunden.

Es bleibt zunächst noch ungeklärt, ob die rezenten Vertreter mit lyssacinen Skeletten aus beiden Bereichen abstammen, aus nur einem, oder ob eine mehrmalige Entstehung innerhalb eines Bereiches stattgefunden hat. Stärker verfestigte dictyonale Skelette treten rezent nur bei den Hexasterophora auf. Dasselbe gilt für dictyonale Skelette mit sekundärer Lychnisken-Bildung an den Schnittpunkten.

Vertreter mit dictyonalen Skeletten sind seit der mittleren Trias bekannt. Sie weisen meist eine ausgeprägte Trichter- oder Vasenform auf und besitzen ein großes apikales Osculum. Während der Trias waren Vertreter mit dictyonalen Skeletten relativ selten, um so zahlreicher dagegen in der Kreidezeit. Im Känozoikum ist ein Rückgang festzustellen, aber sie bleiben bis zur Rezentzeit die umfangreichste Hexactinelliden-Gruppe (Hexactinosida innerhalb der Hexasterophora). Die Hexactinosida mit dictyonalen Skeletten sind sehr wahrscheinlich aus dem Dictyospongiida-Bereich abzuleiten. Die zu den Dictyospongiida zählenden Titusvilliidae (Oberdevon- Unterkarbon) weisen bereits dictyonale Teilbereiche im sonst lyssacinen Skelett auf. Danach könnte es bereits im Devon zur Ausbildung dictyonaler Skelette gekommen sein. Es erscheint möglich, daß auch innerhalb der Brachiospongiida dictyonale Skelette ausgebildet wurden, worauf die Gattung *Rhodanospongia* (Mitteljura) hinweist. Charakteristische Vertreter der fossilen Hexasterophora (mit dictyonalen Skeletten) sind u.a. die Gattungen *Tremadictyon* vom Oberjura und *Guettardiscyphia* von der Oberkreide bis zum Alttertiär.

Die rezenten Hexactinosida dürften aber dem Dictyospongiida-Bereich entstammen. Vertreter der Lychniscosida mit lychniscosem Skelett (Schnittpunkte, d.h. Kreuzungsknoten mit Lychnisken) sind seit der oberen Trias bekannt. Sie sind in der Trias selten, kommen aber im Oberjura und in der Kreide gehäuft vor. Auch bei ihnen ist im Känozoikum ein starker Rückgang festzustellen. Rezent kommt nur noch eine einzige Familie (Lychniscosida: Aulocystidae) vor. *Ventriculites* und *Coeloptychium* sind häufige Vertreter aus der Oberkreide. Lychniscosida sind von Hexactinosida abzuleiten. Das dictyonale Skelett der Hexactinosida wird durch Einbau von Lychnisken weiter verstrebt und verstärkt.

Folgende Evolutionstendenzen können allgemein bei den Hexactinelliden festgestellt werden. Verdickung der Körperwand; stärkere Faltungen in Form von Oberflächenvergrößerungen im Choanoderm-Bereich, Verstärkung des Dermalskelettes, insbesondere Vergrößerung der Hypodermalia; Übergang vom stauractinen zum hexactinen Skelett; Aneinanderlagerung und Vereinigung von Parenchymalia zunächst zu reticulosen, dann zu lyssacinen und schließlich zu dictyonalen Skeletten. Ein sekundäres Größerwerden ist mit diesen Evolutionstendenzen verbunden.

Gekoppelt mit diesen Evolutionstendenzen sind Veränderungen in der Lebensweise. Die stammesgeschichtlich ältesten Hexactinelliden sind zunächst Flachwasserbewohner, ab Oberkambrium werden zusätzlich auch Riffe besiedelt. Gegen Ende des Paläozoikums (Wende Perm/Trias) werden die Hexactinelliden in tiefere marine Bereiche zurückgedrängt. Seit dieser Zeit besiedeln sie vorwiegend Rückzugsgebiete in der marinen Tiefsee. Die Ausbildung stärkerer Körperwände und stärkerer Skelettsysteme ist mit dem Wechsel vom ruhigen Flachwasser in bewegtere marine Bereiche verbunden.

Klasse Hexactinellida (fossile und rezente Vertreter)

Unterklasse Protospongiophora

Unterkambrium – Perm. (Taf. 204, 205). Mit den Ordnungen Protospongiida, Dictyospongiida und Stereodictyida.

Ordnung Protospongiida

Unterkambrium – Silur. – Körper primär rundlich-sackförmig und dünnwandig. Wohl asconoider Bau mit einem einzigen apikalen Osculum. Mit primären Stauractinen, ohne Hexactine. Stauractine bilden primär ein reticuloses einschichtiges Skelett. Die Nadeln liegen isoliert und sind in regelmäßig unterteilten Quadraten angeordnet. Primitivform eines lyssacinen Skelettes. Fraglich, ob bereits Mikroskleren vorhanden.

Wichtige Gattungen: *Protospongia* (Taf. 205:5) (Unterkambrium), *Multivasculatus* (Oberkambrium, Skelett sekundär mehrschichtig), *Cyathophycus* (Ordovicium, mit sekundär etwas verdickten Wänden).

Ordnung Dictyospongiida

Silur – Karbon. – Primär noch mit Stauractinen-, sekundär mit Hexactinen-Skeletten. Primär noch mit reticulosen, sekundär mit lyssacinen Skeletten. Mit zusätzlichen inneren Lagen von Monaxonen. Mikroskleren in Form von Amphidisken und Hexastern.

Wichtige Gattungen: *Dictyospongia* (Devon, noch mit reticulosem Skelett, innere Lagen mit gebündelten Monaxonen), *Hydnoceras* (Karbon, mit lyssacinem Skelett), *Griphodictya* (Taf. 204:2) (Karbon, mit Paraclavulae und Hexastern, *Microstaura* (Taf. 205:6) (Perm, mit sekundärem lyssacinem Hexactinen-Skelett).

Ordnung Stereodictyida

Karbon – Perm. – Aus dem Dictyospongiida-Bereich abzuleiten. Sekundäre Skelettverstärkungen durch stärkere Ausbildung der Monaxone bei gleichzeitiger Unterdrückung der Stauractine.

Wichtige Gattung: *Stereodictyum* (Mit den Merkmalen der Ordnung).

Unterklasse Brachiospongiophora

Ordovicium – Jura. – (Taf. 204). Mit der Ordnung Brachiospongiida.

Ordnung Brachiospongiida

Ordovicium – Jura. – Mit Vorläufern von lyssacinen Skeletten sowie mit echten lyssacinen Skeletten. Die Nadeln sind nicht in regelmäßig unterteilten Quadraten angeordnet. Mit Hexactinen, ohne Stauractinen. Sie sind von Vorfahren mit Stauractinen abzuleiten. Mit Skelettverstärkungen im Dermalbereich, Ausbildung großer Hypodermalia.

Wichtige Gattungen: *Brachiospongia* (Taf. 204:4) (Ordovicium), *Oncosella* (Silur), *Malumspongium* (Silur), *Pelicaspongia* (Ober-Devon), *Stioderma* (Taf. 204:5) (Perm).

Unterklasse Amphidiscophora

Karbon – rezent. – Da echte Amphidisken seit dem Karbon (isolierte Nadelfunde) bekannt sind, dürften sich die Amphidiscophora wohl im Paläozoikum aus dem Dictyospongiida-Bereich entwickelt haben.

Mit der rezenten Ordnung Amphidiscosida.

Unterklasse Hexasterophora

Karbon – rezent. – Echte Hexaster liegen ebenfalls seit dem Karbon (isolierte Nadelfunde) vor. Auch die Hexasterophora dürften sich im Paläozoikum aus dem Dictyospongiida-Bereich entwickelt haben. Die für Hexasterophora charakteristischen dictyonalen Skelette (primär ohne, sekundär mit Lychnisken) sind seit der Trias bekannt.

Mit den Ordnungen Lyssacinosida (einschließlich fossiler Lyssacinosa); Reticulosida; Hexactinosida (einschließlich fossiler Dictyida) und Lychniscosida (einschließlich fossiler Lychnicosa).

Phylogenie der rezenten Hexactinellidea (Glasschwämme)

Das System der rezenten Hexactinellidea stützt sich auf den unterschiedlichen Bau der Geißelkammern sowie auf die unterschiedliche Ausbildung der Mikroskleren. Die Mikroskleren sind entweder als Amphidisken, einschließlich Abwandlungsformen (Amphidiscophora) oder als Hexaster, einschließlich Abwandlungsformen (Hexasterophora) ausgebildet. Da bei fossilen Dictyospongiida (Gattungen um *Griphodictya*) beide Mikroskleren-Formen gemeinsam vorkommen, dürften die Rezentgruppen aus diesem Bereich abzuleiten sein. Die rezenten Gruppen können von Dictyospongiida mit lyssacinen Skeletten abgeleitet werden. Im Mesozoikum muß dann eine Trennung in Amphidiscophora (nur mit Amphidisken) und Hexasterophora (nur mit Hexaster) erfolgt sein. Weitere Fossilfunde sind aber erforderlich, um diese Trennung zu verifizieren.

Innerhalb der rezenten Hexactinellidea werden meist die Amphidiscophora als die stammesgeschichtlich älteste Gruppe betrachtet. Der Bauplan ist fast noch asconoid, und es sind nur relativ lokkere lyssacine Skelette vorhanden. Sie sind ausgesprochene Tiefsee-Bewohner. Das spricht für ein hohes stammesgeschichtliches Alter in Rückzugsgebieten. Die Mikroskleren treten bei ihnen als Amphidisken auf. Amphidisken sind sekundär umgewandelte diactine Monaxone. Für diese Evolutionsrichtung ist die Ausbildung monaxoner und nicht triaxoner Mikroskleren charakteristisch. Der Dermalbereich der Amphidiscophora ist relativ kräftig ausgebildet und deutet auf eine Abwanderung aus ruhigen Flachwasserbereichen hin.

Die Hexasterophora zeigen einen mehr abgewandelten Bauplan und werden daher als stammesgeschichtlich jünger betrachtet. Falls sie mit den Amphidiscophora gemeinsame Vorfahren besitzen, müßten sie als Schwestergruppen bezeichnet werden. Es fehlen aber zur Zeit noch entsprechende fossile Hinweise. Der Bauplan der Hexasterophora ist nicht mehr asconoid, sondern syconoid-leuconoid. Der Dermalbereich ist häufig noch relativ dünn (Vertreter kommen noch in verhältnismäßig ruhigen Wassertiefen von nur 25–30 m vor). Auch innerhalb der Hexasterophora treffen wir primär noch lokkere lyssacine Skelette an. Die Lyssacinosida sind durch diese Skelette gekennzeichnet. Eine sekundäre Verfestigung kann innerhalb der Lyssacinosida durch den Einbau von Kieselsäure-Querbalken (Synaptikeln) erfolgen. Die Reticulosida und Hexactinosida weisen dagegen sekundäre, noch stärker verfestigte dictyonale Skelette auf. Die das Gitterskelett bildenden Megaskleren sind durch Verkieselung an ihren Enden miteinander verbunden. Die fossilen Titusvilliidae aus dem Dictyospongiida-Bereich besitzen lyssacine Skelette, die in Teilbereichen schon dictyonal umgewandelt sind. Bei dieser Gruppe kann man den Übergang von den lyssacinen zu den dictyonalen Skeletten erkennen. Rezente Vertreter mit dictyonalem Skelett, nämlich die Reticulosida, ähneln den Titusvilliidae. Die Hexactinosida weisen ausschließlich sekundäre dictyonale Skelette auf. Die Körperformen sind sehr unterschiedlich. Neben kelchförmigen Vertretern kommen auch röhrenförmig verzweigte Vertreter vor. Neben Tiefseebewohnern kommen auch Bewohner geringer Wassertiefen (25–30 m) vor. Sie sind die umfangreichste Gruppe der Hexactinellidea und zeigen entsprechend auch die größte ökologische Valenz.

Die Lychniscosida sind von Hexactinosida abzuleiten. Sie bilden an den Kreuzungspunkten des dictyonalen Skelettes Lychnisken aus. Dadurch wird vermutlich dine bessere Verstrebung in diesem Bereich erzielt. Trotzdem konnte sich diese Bauplanänderung nicht durchsetzen, da Vertreter mit Lychnisken im Mesozoikum häufig vertreten sind, rezent aber nur noch eine einzige Familie (Lychniscosida: Aulocystidae) existiert.

Wenn man davon ausgeht, daß die Kieselnadel nur einmal entwickelt wurde, dann stellen Hexactinellidea und Demospongea Schwestergruppen dar. Sie unterscheiden sich durch unterschiedliche Achsenkanäle in den Nadeln. Der Kanal ist bei den Demospongea dreieckig, bei den Hexactinellidea dagegen viereckig (quadratisch). Wenn man die Calcara (Kalkschwämme) als stammesgeschichtlich älteste Gruppe der Porifera betrachtet, müssen sich die Silicosponga mit den beiden Stämmen der Demospongea und Hexactinellidea schon in sehr frühen praekambrischen Zeiten von den Calcara getrennt haben. Es dürfte eine sehr früh beginnende Parallelevolution vorliegen. Der fast noch asconoide Bau rezenter Hexactinellidea (Amphidiscophora) und der vermutlich asconoide Bau der kambrischen Protospongiida sprechen für ein hohes phylogenetisches Alter und eine frühe Ableitung. Eine Ableitung wäre von noch nadelfreien Porifera (*Ascon*-Typ ohne Nadeln, *Ascon*-Typ nur bei Calcara verwirklicht) möglich, die dann getrennt voneinander einerseits Kalk- und andererseits Kieselnadeln zur Stützung des Körpers entwickelt hätten.

Reich Archaeata

Mit dem Unterreich Archaeozoa (Unterkambrium – Mittelkambrium) und dem einzigen Stamm der Archaeocyatha.

Stamm Archaeocyatha
(Taf. 206)

Die ausschließlich marin lebenden, sessilen Archaeocyathiden stellen eine auf das Unter- und Mittelkambrium beschränkte Tiergruppe dar. Der Weichkörper ist unbekannt, in der Skelettmorphologie stehen sie etwa zwischen Porifera und Cnidaria. Archaeocyathiden sind fast stets solitäre Vertreter (nur selten Kolonienbildung) und weisen ein umgekehrt kegelförmiges Skelett (wohl auch eine entsprechend kegelförmige Gestalt) auf. Die Höhe liegt in den Normalfällen bei 1–2 cm, es können in der Regel aber auch Höhen bis zu 15 cm erreicht werden. Der Durchmesser beträgt bei den kleinsten Vertretern 1–3 mm, bei den größten meist etwa 5–6 cm. Basisform der Archaeocyathiden ist ein auf der Spitze stehender kegelförmiger Hohlkörper mit einem großen zentralen Hohlraum. Der zentrale Hohlraum wird von einem meist doppelwandigen Kalkskelett, mit Innen- und Außenwand, umgeben. Beide Wände sind mit unterschiedlich gestalteten Poren versehen. Meist sind die Poren der Innenwand größer als diejenigen der Außenwand. Bei den stammesgeschichtlich ältesten Vertretern ist primär nur eine Wand (= Außenwand) ausgebildet, bei den stammesgeschichtlich jüngeren sind dagegen zwei Wände (Außen- und Innenwand) ausgebildet. Der zwischen den beiden Wänden befindliche Hohlraum wird als Intervallum bezeichnet. Das Intervallum wird durch radiär verlaufende vertikal angelegte, perforierte Längsscheidewände (Parietes, Pseudosepten) in kleinere Hohlräume unterteilt. Durch horizontal verlaufende Skelettelemente („Tabulae" mit Poren; „Dissepimente" ohne Poren) können weitere Unterteilungen erfolgen. Die Skelett-Teile bestehen aus mikrogranulärem Calcit. Im Inneren befindet sich der große zentrale Hohlraum mit einer großen oberseitigen Öffnung. Im basalen Bereich des Skelettkegels sind oft lamellenartige Auswüchse der äußeren Wand vorhanden, die vermutlich zur Verankerung im Boden dienten.

Der Weichkörper der Archaeocyathiden ist unbekannt. Man nimmt an, daß er vermutlich auf die Oberfläche der Wände und auf das Intervallum beschränkt war. Der zentrale Hohlraum war vermutlich frei von Weichteilen. Das Porensystem in den Wänden deutet darauf hin, daß ein Wasserstrom mit Nahrung und Sauerstoff durch die einzige Wand bei den Regulares oder durch Wände und Intervallum bei den Irregulares geleitet wurde. In Anlehnung an die Wasserstromführung bei den Porifera wird von den meisten Bearbeitern angenommen, daß der Wasserstrom von außen zum zentralen Hohlraum hin gerichtet war. Sie sprechen für eine Zugehörigkeit der Archaeocyathiden zu den Porifera und nehmen daher an, daß der Weichkörper der Archaeocyathiden demjenigen der Porifera entspricht. Erst der Nachweis von Kragengeißelzellen und die Ausbildung eines Choanoderms würde es erlauben, diesen Schluß zu ziehen. Eine sichere Einreihung ist wohl nur durch Kenntnis des Weichkörpers zu erreichen.

Die Entwicklung des Kalkskelettes ist durch Serienschliffe im Bereich basaler Abschnitte relativ gut bekannt. Die Bildung des Skelettes beginnt mit der Ausbildung eines dünnen, porenlosen Kalkblattes im basalen Bereich. Die hochgebogenen Ränder des Kalkblattes wachsen nach oben und bilden die nun auch Poren entwickelnde Außenwand. Auf dieser Stufe bleiben die einwandigen Vertreter stehen, die daher im Sinne der biogenetischen Grundregel und der allgemeinen Evolutionsregel (primär einfache Strukturen) als stammesgeschichtlich älteste Vertreter der Archaeocyathiden zu betrachten sind. Die Innenwand sowie die radiär, vertikal angelegten Längsscheidewände und die horizontal verlaufenden „Tabulae" und „Dissepimente" werden erst später ausgebildet.

Lebensweise: Sie waren marine Vertreter, die offensichtlich in warmen, nicht sehr tiefen Meeresbereichen am besten gediehen. Sie fehlten in sehr flachen Wasserbereichen, aber auch in Tiefen von mehr als 100 m. Sehr günstige Lebensbedingungen waren offensichtlich in Meerestiefen von 20–30 m gegeben. Meist waren sie mit Cyanophyceen sowie mit Trilobiten und Brachiopoden vergesellschaftet. Die sessile Lebensweise sowie das Porensystem lassen den Schluß zu, daß es sich bei den Archaeocyathiden um Strudler handelt. Die Mehrheit der Arten war mit den basalen lamellenartigen Auswüchsen im Meeresboden verankert.

Archaeocyathiden waren rein kambrische Vertreter. Im unteren Unterkambrium erschienen sie unvermittelt, und es sind keine Beziehungen zu praekambrischen Faunen (etwa Ediacara-Fauna) zu erkennen. Ihre stärkste Verarbeitung erreichten sie im mittleren Unterkambrium und im unteren Mittelkambrium starben sie schon aus. Da sie die Porifera-Biotope mieden, könnte der Schluß gezogen wer-

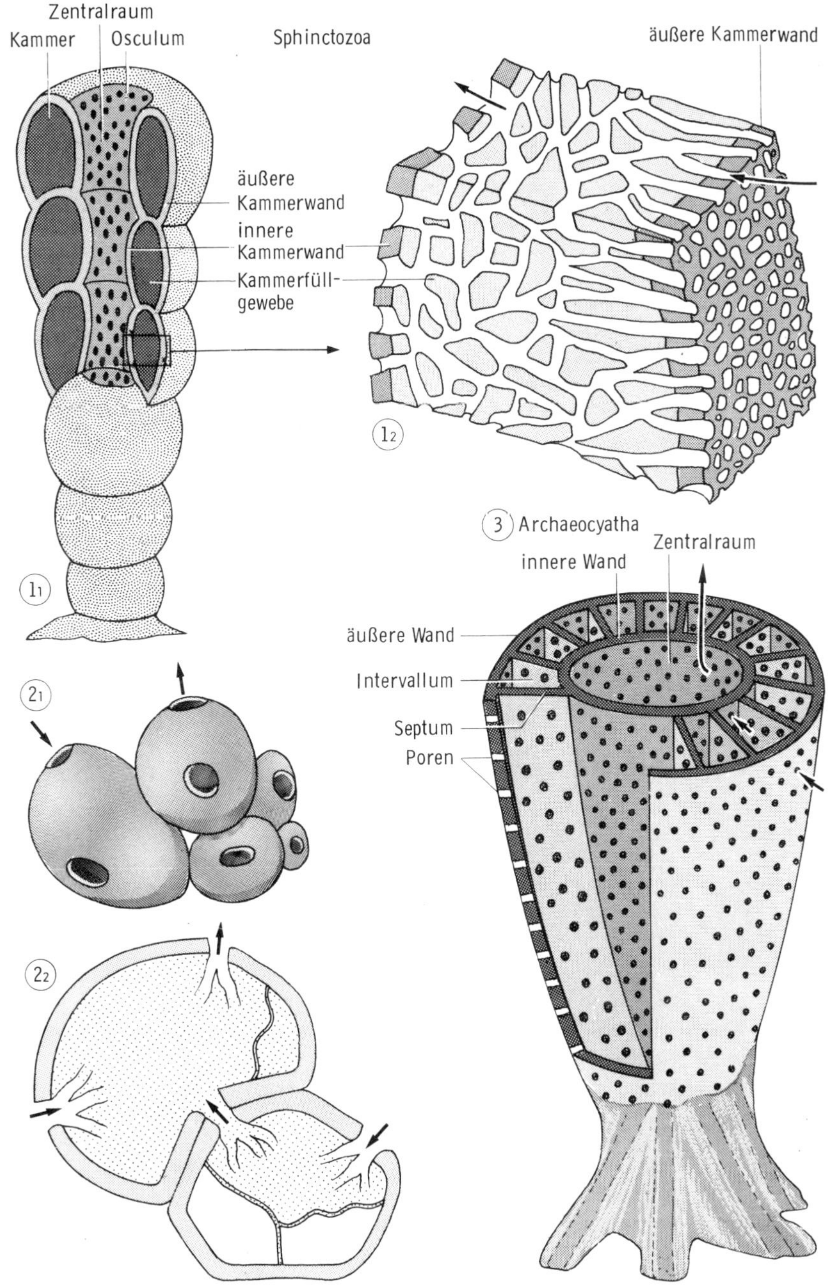

Taf. 206. Sphinctozoa (vermutlich fossile Demospongea) und Archaeata (Archaeocyatha). – Abb. 1/1. *Polytholosia* (Sphinctozoa), Habitus (nach ZIEGLER & RIETSCHEL); 1/2. *Polytholosia*, Kammersystem (nach SEILACHER). Abb. 2/1. *Celyphia* (Sphinctozoa), Habitus (nach ZIEGLER & RIETSCHEL); 2/2. *Celyphia*, Schnitt mit Richtung der Wasserströmung (nach ZIEGLER & RIETSCHEL). Abb. 3. *Ajacicyathus* (Archaeocyatha), Habitus (nach verschiedenen Autoren).

den, daß die Schwämme einen besser adaptierten Bauplan aufwiesen, und daß Bauplan-Unzulänglichkeiten zu einem relativ schnellen Aussterben geführt haben.

Klasse Regulares

Fast stets solitäre, nur selten kolonienbildende Vertreter. Körper kelch- bis zylinderförmig und regelmäßig gestaltet. Stammesgeschichtlich älteste Gruppen der Archaeocyathiden mit einfachem Bauplan: Die bei weitem überwiegende Zahl der Arten weist nur die primäre Außenwand auf. Selten auch mit zusätzlicher Innenwand.

Wichtige Gattung: *Monocyathus* (Nur mit Außenwand).

Klasse Irregulares
(Taf. 206:3)

Überwiegend solitäre Vertreter. Körper kelch- bis scheibenförmig, häufig irregulär gestaltet. Sie wichen sehr häufig von der Primärgestalt (Regulares) ab. Selten einwandig und nur mit Außenwand; meist mit Außen- und Innenwand, sowie mit Längsscheidewänden, „Tabulae" und „Dissepimenten".

Wichtige Gattungen: *Rhizacyathus* (nur mit Außenwand); *Archaeocyathus* (mit Außen- und Innenwand), *Ajacicyathus* (mit Außen- und Innenwand).

Phylogenie der Archaeocyatha

Ohne Kenntnis des Weichkörpers ist eine sichere Einreihung der Archaeocyatha kaum möglich. Sie weisen Merkmale auf, die sie in die Nähe der Porifera stellen könnten, aber sie besitzen auch Merkmale, die mehr für eine Verwandtschaft mit Cnidaria (Anthozoa) sprechen. Man nimmt allgemein an, daß es sich um Metazoen handelt, aber es wird vereinzelt auch die Meinung vertreten, daß sie sehr große Einzeller, ähnlich den Groß-Foraminifieren waren. Wahrscheinlicher ist es aber wohl doch, daß es sich um stammesgeschichtlich sehr alte Animalia (Metazoa) handelt. Der große zentrale Hohlraum und die vermutete Richtung der Wasserstromführung erinnert an Porifera. Das Fehlen von Schwammnadeln muß eine Zugehörigkeit zu den Porifera nicht ausschließen, da nadelfreie Porifera mit innerem Kalkskelett bekannt sind. Die Poren als Einlaßstellen für den Wasserstrom sind aber bei den Porifera Bestandteile des Weichkörpers, während sie bei den Archaeocyathida zum Skelett gehören. Die Poren beider Gruppen lassen sich nicht homologisieren. Bei den Archaeocyathida beginnt die Entwicklung des Skelettes mit der Ausbildung eines zunächst porenlosen, dann aber Poren besitzenden Kalkblattes. Vergleichbare Entwicklungen sind bei Porifera nicht bekannt. Vertikal verlaufende, radiär angeordnete Längsscheidewände kommen bei Archaeocyathida, nicht aber bei Porifera vor. Archaeocyathida besitzen offensichtlich eine nur gering ausgeprägte Individualität. Es kommen vielerlei gestaltete koloniale Formen vor. Diese gering ausgeprägte Individualität würde die Gruppe in die Nähe der Porifera stellen. Archaeocyathida weisen aber auch Merkmale auf, die bei Cnidaria (Anthozoen) vorkommen. Eine Skelettbildung mit einem Beginn im basalen Bereich kommt bei Anthozoa (Madreporaria) vor, ebenso die Ausbildung vertikaler, radiär angeordneter Scheidewände (Sclerosepten). Anthozoa besitzen aber keinen zentralen Hohlraum, wie er bei den Archaeocyathida vorhanden ist.

Am besten erscheint im Augenblick die Lösung, für die Archaeocyathida ein eigenes Reich zu errichten (Reich Archaeata: ZHURAVLEVA 1974). Die provisorische Einreihung erfolgt aber in dieser Bearbeitung mehr im Bereich zwischen Porifera und Cnidaria. Ohne Weichkörperkenntnis kann nicht entschieden werden, ob es sich um Vertreter der Parazoa oder der Eumetazoa handelt. Nach ZHURAVLEVA (1970) soll es sich bei den Archaeozoa um die stammesgeschichtlich älteste Metazoen-Gruppe handeln, und sie müßten daher noch vor den Porifera eingereiht werden. Gegen diese Eingruppierung sprechen viele gewichtige Gründe. Die Entwicklung zahlreicher Metazoen-Stämme hat schon im Praekambrium stattgefunden. Die praekambrische Ediacara-Fauna enthält bereits segmentierte Vertreter, die wahrscheinlich den Trilobiten zuzuordnen sind. Es ist daher völlig ausgeschlossen, daß eine nur im Kambrium vertretene Gruppe die Ausgangsgruppe der Animalia (Metazoa) sein soll. Auch der Bauplan mit vielfältigen Skelettdifferenzierungen ist viel zu kompliziert, um als Basismodell dienen zu können. Hinzu kommt, daß keinerlei Aussagen über den Weichkörper der Archaeocyathida vorliegen.

Sie sind aber unbedingt notwendig, um Aussagen über den Ursprung der Animalia (Metazoa) machen zu können.

Innerhalb der Archaeocyathida stellen die Regulares offensichtlich die stammesgeschichtlich älteste Gruppe dar. Sie besitzen noch die primäre kelchförmige, individualisierte Gestalt und weisen überwiegend noch den primären Skelettbau mit einer einzigen Wand (Außenwand) auf. Vereinzelt kommt es auch innerhalb der Regulares zur Ausbildung einer zusätzlichen Innenwand. Die Irregulares sind von Regulares mit einfachem Skelettbau (nur mit Außenwand) abzuleiten. Primitive Irregulares (z. B. *Rhizacyathus*) besitzen noch diesen primären Skelettbau, während der Großteil der Irregulares sekundär doppelwandige (mit Außen- und Innenwand) Skelette aufweist. Neben den Längsscheidewänden treten bei den Irregulares auch sekundäre „Tabulae" und „Dissepimente" auf. Für das stammesgeschichtlich jüngere Alter der Irregulares spricht auch das häufige Abweichen (irreguläre Formen) von der Primärgestalt. Das gehäufte Auftreten irregulärer Formen weist wohl schon auf das Aussterben der Gruppe hin.

Reich Placozoomorpha

(Taf. 207)

Mit dem einzigen Stamm der Placozoa.

Sehr kleine, vielzellige, dorsoventral abgeplattete Organismen. Mit unregelmäßiger, häufig scheibenförmiger Körpergestalt. Ohne Polarität. Körper zweischichtig, aus einem äußeren Epithel (Dorsal- und Ventralepithel) und einem inneren Mesenchym bestehend. Mit nur 5 Zelltypen. Das Dorsalepithel mit begeißelten Deckzellen, das Ventralepithel dagegen mit begeißelten Zylinderzellen und unbegeißelten Drüsenzellen. Beide Epithelien stoßen am Rand des Organismus aneinander und sind durch die innere Zwischensicht (Mesenchym) voneinander getrennt. Weder Muskel- und Nervenzellen, noch Organe vorhanden.

Ungeschlechtliche Fortpflanzung durch Zweiteilung und Knospung. Mit geschlechtlicher Fortpflanzung, diese aber noch ungenügend bekannt. Marine Lebensweise auf Algen.

Stamm Placozoa

(Taf. 207)

Mit der einzigen Klasse der Placozoidea.

Kleine, vielzellige, im marinen Bodenbereich auf Algen lebende Organismen. Körper (Taf. 207:1) plattenförmig, dorsoventral abgeplattet und eine flache, beidseitig begeißelte Scheibe darstellend. Körpergestalt unregelmäßig und mit großem Formenwandel, daher keine Polarität vorliegend. Eine Dorsal- und Ventralseite ist aber gut erkennbar. Grundform mehr rundlich, Durchmesser etwa 1,5–3,5 mm. Die der ungeschlechtlichen Teilung vorausgehende langgestreckte Form ist etwa 10–25 mm lang. Die Dicke des plattenartigen Organismus beträgt nur 20–25 μm. Die Formveränderung beruht auf der Kontraktilität der im inneren Mesenchym liegenden, sternförmigen Faserzellen. Fortbewegung durch die ventral liegenden Geißeln, außerdem ist eine amöboide Beweglichkeit und die Fähigkeit zu starker Faltenbildung festzustellen.

Der Körper (Taf. 207:4) ist zweischichtig und besteht aus einem äußeren einschichtigen Epithel (Dorsal- und Ventralepithel) sowie einer aus Faserzellen bestehenden, mesenchymartigen inneren Zwischenschicht. Das nach oben gerichtete Dorsalepithel stellt ein sehr flaches, einschichtiges Plattenepithel dar, welches ausschließlich aus einem Zelltyp, den Deckzellen, besteht. Jede Deckzelle ist horizontal stark verbreitert, 4–6eckig und weist einen Durchmesser von 8–12 μm auf. Die Zellen sind unregelmäßig miteinander verzahnt und enthalten charakteristische Vesikel. Eine nach innen gerichtete Vorwölbung der Zelle enthält den Zellkern. Jede Deckzelle bei *Trichoplax* mit einer einzigen Geißel, bei *Treptoplax* dagegen (wohl unwahrscheinlich) soll das Dorsalepithel keine Begeißelung aufweisen. Nach *Garbowski* (1899) sollen die dorsalen Deckzellen eine dreischichtige Cuticula aufweisen, welche aus einem äußeren hyalinen Saum, einer mittleren hyalinen Schicht und einer basalen, körnigen Schicht bestehen soll. Danach würden sie im Aufbau der Cuticula von Plathelminthes ähneln. Eine Nachuntersuchung und Überprüfung wäre dringend erforderlich. Zwischen die Deckzellen schieben sich die „Glanzkugeln". Es sind kugelige Lipoidtropfen, welche durch eine Art von fettiger Degeneration entstehen und in unbegeißelten, degenerierenden Zellen liegen.

Das nach unten gerichtete, einschichtige Ventralepithel besteht aus zylinderförmigen Zellen, welche viel dichter als die Deckzellen des Dorsalepithels stehen und auf diese Weise eine viel kompaktere Schicht bilden. Im Ventralepithel treffen wir zwei Zelltypen, begeißelte Zylinderzellen (Breite 1–2 mm) und unbegeißelte Drüsenzellen an. Das Ventralepithel besteht überwiegend aus Zylinderzellen, die Drüsenzellen sind mehr vereinzelt eingestreut. Zylinderzellen mit je einer Geißel und viel schmäler als die dorsalen Deckzellen, daher Begeißelung der Ventralseite viel dichter. Zylinderzellen mit kurzen, fadenartig ausgebildeten Microvilli, welche vermutlich an der Resorption der Nährstoffe beteiligt sind. Zwischen den Zylinderzellen finden sich häufig degenerierende Zellen, welche aus osmiophilem Material bestehen und eine schaumige Aufgliederung zeigen. Zylinderzellen mit einer Geißel und zwei Basalkörpern (ein Basalkörper wohl Rest der 2. Geißel). Die ventralen, unbegeißelten und mit Sekrettropfen angefüllten Drüsenzellen geben Verdauungsenzyme (Exoenzyme) nach außen ab, so daß eine Form von extrazellulärer Vorverdauung vorliegt. Anschließende Nahrungsaufnahme (keine Phagocytose) durch die Zylinderzellen des Ventralepithels.

Zwischen dem Dorsal- und Ventralepithel liegt eine mesenchymale Zwischenschicht. Sie stellt einen mit Flüssigkeit angefüllten Spaltraum dar. Die dünnflüssige, wasserhelle Grundsubstanz ist von spindel- und sternförmigen, kontraktilen Faserzellen durchsetzt. Die Faserzellen sind durch faserartige Fortsätze miteinander verbunden und bilden eine Art von Maschenwerk in der Zwischenschicht. Sie stehen auch mit den außen gelegenen Epithelzellen in Verbindung. Faserzellen mit sehr großen Mitochondrien, welche zusammen mit etwa gleichgroßen Vesikeln einen Mitochondrienkomplex bilden. Faserzellen außerdem mit einer großen Konkrementvakuole. Die Zisternen des endoplasmatischen Reticulums der Faserzellen enthalten (vermutlich endosymbiontische) Bakterien. Die Faserzellenschicht ist ein- oder auch mehrreihig. Nach älteren Untersuchungen soll *Trichoplax* einen Besatz mit Zoochlorellen aufweisen.

Die Epithelzellen sind wahrscheinlich diploid und weisen 12 Chromosomen mit einem sehr geringen DNS-Gehalt (Primitivmerkmal) auf. Die Faserzellen sind wahrscheinlich tetraploid.

Ungeschlechtliche Fortpflanzung: Durch Zweiteilung (Taf. 207:6) und Knospung. Bei der Zweiteilung wandelt sich die rundliche Grundform durch eine starke Streckung in eine zweiteilige, durch einen langen Faden verbundene Form um. Der Faden reißt bei der Trennung an der dünnsten Stelle, und es entstehen zwei Folgeindividuen, welche keineswegs die gleiche Größe aufweisen müssen. Der mittlere, verbindende, fadenförmige und dann reißende Teil ist nur etwa 50 μm dick und besteht ausschließlich aus Dorsal- und Ventralepithel. Bei der mitunter auftretenden Knospung entstehen kleine, kugelige, vielzellige Knospen, welche sich als Schwärmer (Taf. 207:3) vom Zellkörper ablösen. Die Schwärmer sind doppelwandig, mit äußerem begeißelten Dorsalepithel und innen liegendem begeißelten Ventralepithel. Sie stellen ein Ausbreitungsstadium dar, welches wieder zur normalen Größe heranwächst. Die Fortbewegung erfolgt durch die Geißeln des Dorsalepithels, während die Geißeln des Ventralepithels in das innere Lumen schlagen.

Geschlechtliche Fortpflanzung: Sie ist bisher nur in Bruchstücken bekannt. Eine Eibildung (Taf. 207:2) konnte in einigen Fällen festgestgestellt werden. Meist nur ein Ei (Durchmesser 90–120 μm) pro Individuum, selten auch mehrere. Die Eier sind zunächst mit den Zellen des Ventralepithels verbunden und gehen wahrscheinlich aus Zellen dieses Epithels (wohl aus den Zylinderzellen) hervor. Nach der Ausbildung der Eihülle liegen die prall mit Dotter angefüllten Eier frei in der mesenchymalen Zwischenschicht und sind von Faserzellen umgeben, welche als Nährzellen fungieren. Kern des Eies mit Nukleolus. Eine Ausbildung von Spermien konnte bisher noch nicht beobachtet werden. Es ist möglich, daß ein Befruchtungsprozeß stattfindet, da eine Art von Befruchtungsmembran ausgebildet wird. Kleinere, kugelige, bisher noch nicht näher identifizierte Gebilde könnten eventuell Spermien sein. Falls eine Befruchtung vorliegt, dürfte es eine innere Befruchtung sein. Die Furchung (Taf. 207:5) verläuft zunächst total-äqual, konnte aber bisher nur bis zum 4-Zellenstadium verfolgt werden. Es ist

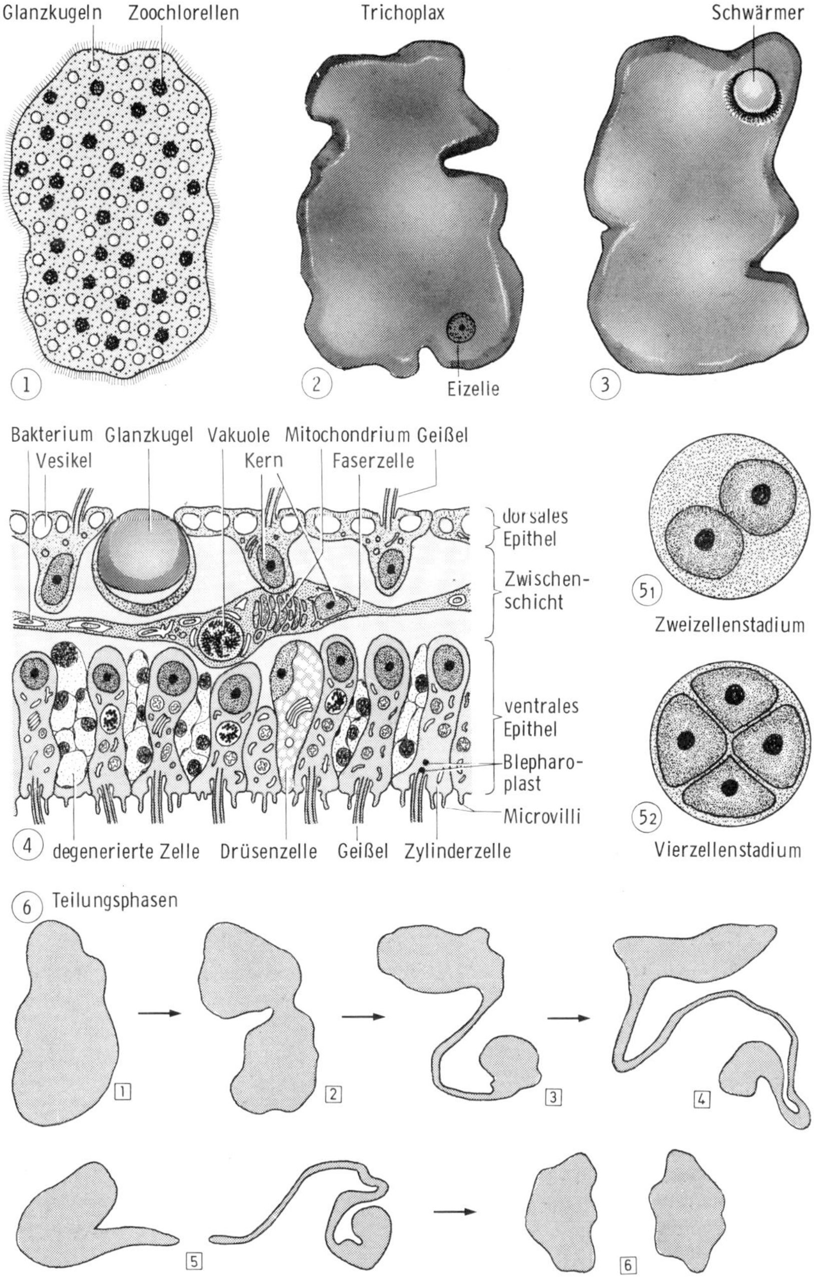

Taf. 207. Placozoomorpha (Placozoa). – Abb. 1–6. *Trichoplax adhaerens*: 1. Habitus, mit Glanzkugeln (Lipoidtropfen) und Zoochlorellen (nach SCHULZE); 2. Habitus, mit Bildung einer Eizelle; 3. Habitus, mit Schwärmerbildung; 4. Schnitt mit histologischem Aufbau (nach GRELL); 5/1 u. 2. Zwei- und Vierzellenstadium (nach GRELL); 6/1–6. Teilungsphasen (nach KUHL & KUHL).

noch ungeklärt, ob Getrenntgeschlechtlichkeit oder Hermaphroditismus vorliegt. Erst die genaue Kenntnis des Furchungsablaufs und der Embryonalentwicklung können zeigen, ob es sich um Vertreter handelt, die auf einem „Blastaea-Stadium" stehen geblieben sind, oder ob diploblastische Animalia mit einer der üblichen Gastrulationsformen vorliegen. Natürlich kommen auch pseudogastrulationsähnliche Vorgänge in Frage.

Lebensweise: Marine Litoralbewohner (Mittelmeer, Indopazifik) mit vermutlich zirkumtropischer Verbreitung. Sie leben im marinen Bodenbereich auf Algen und können sich mit Hilfe ihrer Geißeln gleitend fortbewegen. Auch amöboide Formveränderungen durch koordinierte Tätigkeit der kontraktilen Faserzellen. Die Nahrungsaufnahme erfolgt auf der Ventralseite. Die ventralen Drüsenzellen geben ein Exoenzym nach außen ab, so daß die Beuteobjekte (meist zellwandlose Einzeller) vorverdaut werden. Die Verdauung ist also zunächst extrazellulär (extrasomatische Vorverdauung) und findet unterhalb des Ventralepithels, gelegentlich auch in einem Hohlraum unterhalb des Körpers, statt. Anschließend werden die Nährstoffe von den ventralen Zylinderzellen aufgenommen. Es liegt wohl ein Pinocytose-Vorgang vor, da keine phagocytäre Nahrungsaufnahme beobachtet werden konnte.

Klasse Placozoidea
(Taf. 207)

Einzige Klasse mit den Merkmalen des Stammes. Mit der einzigen Ordnung Placozoida.

Ordnung Placozoida
(Taf. 207)

Mit den Merkmalen des Stammes. Mit der einzigen Familie Trichoplaxidae.

Trichoplaxidae. *Trichoplax* (Taf. 207): Einzige Art *T. adhaerens*, Vorkommen Mittelmeer und Rotes Meer. *Treptoplax*: Einzige Art *T. reptans*, Mittelmeer, umstrittene Art.

Phylogenie der Placozoomorpha

Placozoomorpha (speziell *Trichoplax*) wurden lange Zeit für Planula-Larven von Hydromedusen (*Eleutheria*) gehalten. Erst durch neuere Untersuchungen (z.B. W. & G. Kuhl 1966, Grell 1971, Grell & Benwitz 1971) konnte geklärt werden, daß ein selbständiger Organismus vorliegt. *Trichoplax* als der am besten untersuchte Vertreter der Placozoomorpha spielt heute eine wichtige Rolle in Fragen der Metazoenentstehung. Schulze (1883) stellte *Trichoplax* auf die „unterste Stufe" der Metazoa. Für Bütschli (1884) war *Trichoplax* ein wichtiger Beleg für seine Plakula-Hypothese. Nach dieser Hypothese ist die Primärform der Metazoen nicht eine im Wasser schwimmende Haeckel'sche Blastaea, sondern ein auf dem marinen Boden kriechender, zweischichtiger Organismus, der von Bütschli als Plakula bezeichnet wurde. Diese Plakula soll durch einen Zellteilungsprozeß (ähnlich einer Delamination) aus plattenförmigen Flagellatenkolonien (etwa *Gonium*) hervorgegangen sein. Von den beiden Epithelien der Plakula spezialisierte sich nach Schulze sowie Bütschli das ventrale Epithel (= Entoderm) für die Nahrungsaufnahme, während das dorsale Epithel (= Ektoderm) eine Schutzfunktion übernahm. Grell (1971) sieht in *Trichoplax* ebenfalls einen Organismus, welcher der hypothetischen Form der Bütschli'schen Plakula weitgehend entspricht. Placozoomorpha gehören nach Grell zum Übergangsfeld zwischen Einzellern und Vielzellern (Metazoen). Jägersten (1955) hält seine hypothetische, kriechende, abgeplattete „Bilaterogastraea" für die Stammform der Metazoa. Sie entwickelt sich aus der „Bilateroblastaea", welche der Bütschli'schen Plakula sehr ähnelt, aber schon weitere Differenzierungen, wie Bilateralsymmetrie, Polarität, Sinnes- und Geschlechtszellen aufweist.

Es besteht kein Zweifel, daß es sich bei den Placozoomorpha um eine stammesgeschichtlich sehr alte Gruppe der Animalia handelt. Sie entsprechen noch weitgehend einem Planuloid-Stadium und können von diesem direkt abgeleitet werden. Placozoomorpha sind zweischichtige Organismen, welche ein äußeres Epithel (differenziert in Dorsal- und Ventralepithel) sowie einen inneren Zellenverband in Form einer lockeren Faserzellenschicht („Mesenchym") aufweisen. Es könnte eine stammesgeschichtlich sehr alte mundlose Planuloidform vorliegen. Eine Ableitung der Placozoomorpha kann aus einem frühen Planuloidbereich nach der Abzweigung der Porifera, oder aber auch von neotenischen Schwamm-Planulalarven erfolgen, da die Planula-Larven der Cnidaria schon zu viele Ektodermdifferenzierungen, wie z. B. Nessel- und Sinneszellen, aufweisen. Das Fehlen von Choanocyten spricht für eine Ableitung nach der Abzweigung der Porifera. Beide Gruppen weisen primär eine sehr geringe Zahl an Zelltypen auf. Primär noch skelettlose Porifera (z. B. Oscarellidae) besitzen nur 4 Zelltypen, während bei den Placozoomorpha 5 Zelltypen vorliegen. Cnidaria besitzen dagegen eine wesentlich höhere Anzahl.

Am ehesten erscheint eine Ableitung der Placozoomorpha aus dem Porifera-Bereich möglich, und zwar eine Ableitung von Planula-Larven mit innen gelegenen Zellen. Larven vom *Polymastia*-Typ ähneln z. B. den Placozoomorpha. Setzen sich diese Planuloid-Formen (Vorfahren der Placozoomorpha) nun, im Gegensatz zu den Porifera, nicht fest, sondern gehen zu einer kriechenden Lebensweise über, dann entsteht ein *Trichoplax*-ähnlicher Organismus. Als Anpassung an die gleitend-kriechende Lebensweise erfolgte sekundär eine dorsoventrale Abplattung, verbunden mit einer Nahrungsaufnahme im Bereich der Ventralseite des Zellkörpers. Für eine Ableitung aus dem Porifera-Bereich könnte auch die ähnlich starke Entwicklung der inneren Zwischenschicht sprechen. Erst die Kenntnis der Embryonalentwicklung wird aber darüber Aufschluß geben, ob die Placozoomorpha aus dem Porifera-Bereich abgeleitet werden können.

Dorsal- und Ventralepithel würden ein Blastoderm bzw. ein geschlossenes Ektoderm darstellen, falls während der noch unbekannten Embryonalentwicklung ein Gastrulationsprozeß stattfinden sollte. Das Ektoderm hätte dann hier sowohl eine protektorische (Dorsalbereich) als auch eine nutritorische (Ventralbereich) Funktion. Es ist nicht zulässig, das Dorsalepithel als Ektoderm und das Ventralepithel als Entoderm zu bezeichnen, da sie einen gemeinsamen, geschlossenen äußeren Epithelverband darstellen. In diesem Stadium kann noch keine Differenzierung in Ekto- und Entoderm erfolgen. Ektoderm und Entoderm können bei Animalia (Eumetazoa) nur durch einen echten Gastrulationsprozeß entstehen. Dorsal- und Ventralepithel der Placozoomorpha können daher nicht als Ekto- bzw. Entoderm betrachtet werden. Nach der Plakula-Hypothese (Bütschli, Schulze) soll sich eine plattenförmige Flagellatenkolonie querteilen und auf diese Weise eine zweischichtige Plakula mit einer oberen, bedeckenden Schicht (= Ektoderm) und einer unteren, nahrungaufnehmenden Schicht (= Entoderm) bilden. Prozesse, die zur Bildung von Ekto- und Entoderm (Gastrulationsprozesse) führen, kommen aber nur bei Animalia (Eumetazoa) und nicht im „Flagellaten-Bereich“ vor. Es liegt hier eine unzulässige Übertragung vor. Solange die Embryonalentwicklung noch nicht bekannt ist, läßt sich nicht sagen, ob die Placozoomorpha auf einer Art von „Blastaea-Stadium“ stehengeblieben sind, oder ob die innere Zwischenschicht als ein durch Einwanderung oder auch Delamination entstandenes und sekundär funktionell stark abgewandeltes Entoderm zu betrachten ist. Die übliche Funktion der Nahrungsaufnahme kann entfallen, da ventrale Ektodermbereiche nutritorische Funktionen besitzen.

Es ist aber auch durchaus möglich, daß bei den Placozoomorpha, ähnlich wie bei den Porifera, keine echten Gastrulationsvorgänge vorliegen. Für eine nähere Verwandtschaft mit den Porifera sprechen z. B. auch Bau und Funktion der ventral liegenden Zylinderzellen. Die Microvilli dieser Zylinderzellen entsprechen in ihrer Gesamtheit dem Kragen der Schwamm-Choanocyten. Sie können daher als sekundär umgewandelte Choanocyten betrachtet werden. Die Nahrung wird bei den Porifera primär von den Choanocyten aufgenommen und auch in den Choanocyten (primäre intrazelluläre Verdauung) verdaut. Ähnliche, nur leicht abgewandelte Verhältnisse liegen auch bei den ventralen Zylinderzellen der Placozoomorpha vor. Auch sie nehmen Nahrung auf und verdauen sie intrazellulär.

Nimmt man eine monophyletische Entstehung der Animalia über kolonienbildende Craspedophyceen an, dann lassen sich die Placozoomorpha noch am ehesten aus dem larvalen Bereich der Porifera (Planuloid-Stadium) ableiten). Über ein sexuelles Planuloid-Stadium könnten, unabhängig voneinander, sowohl die Porifera als auch die Placozoomorpha entstanden sein. Beide Gruppen wären in diesem Falle als Schwestergruppen zu betrachten.

Mittelreich Eumetazoa

Mit den beiden Reichen der Radiata und Bilateralia.

Bauplan auf Gewebe- und Organbasis. Erstmaliges Auftreten echter Gewebe (Epithelien) bei den Cnidaria. Im Verlauf der Eumetazoa-Evolution kommt es zur Ausbildung spezifischer Organe, welche aus verschiedenartigen Geweben bestehen. Choanocyten sekundär in Cyrtocyten umgewandelt. Primär noch mit intrazellulärer Verdauung (Gastrodermiszellen der Cnidaria), sekundär Verdauung in einem Darmkanal (ab Plathelminthes). Die Gewebe der Eumetazoa lassen sich auf Keimblätter zurückführen. Die Ontogenie der Eumetazoa führt über ein Blastula-Stadium zur primär zweischichtigen Gastrula. Der Körper der Gastrula setzt sich aus den beiden primären Keimblättern, dem äußeren Ektoderm und dem inneren Entoderm zusammen. Eine echte Gastrulation und damit verknüpft eine echte Keimblattbildung kommt nur bei den Eumetazoa, nicht aber bei den Parazoa vor. Das Entoderm kann auf vielerlei Weise (unterschiedliche Gastrulationstypen) entstehen; primär ist eine Einwanderung von Zellen (nach innen) aus dem einheitlichen einschichtigen Epithel des Blastula-Stadiums. Der dabei entstehende Hohlraum (primär Gastrovascularraum der Radiata, sekundär Darmkanal der Bilateralia) steht durch einen Blastoporus (= Urmund) mit der Außenwelt in Verbindung. Bei den stammesgeschichtlich ältesten Eumetazoa, den Radiata, bleibt der Aufbau des Körpers aus 2 Epithelien (Ektoderm = Epidermis und Entoderm = Gastrodermis) bestehen. Es liegt bei den Radiata eine primäre diploblastische Organisation vor. Als Differenzierungen des Ektoderms treten Nerven- und Muskelzellen auf. Der Körper wird durch Muskelzellenbildung, im Gegensatz zu den Parazoa, viel beweglicher. Der Körper ist primär radiärsymmetrisch (Radiata), sekundär zeigt er eine Bilateralsymmetrie (Bilateralia). Der Raum zwischen den beiden Epithelien (Ekto- und Entoderm) wird bei den Radiata durch eine gallertige Zwischenschicht (Mesogloea) ausgefüllt. Bei den Bilateralia ist der Raum primär mit Parenchym angefüllt. Sekundär kann er mit Flüssigkeit gefüllt sein, oder der Raum wird von einer sekundären Leibeshöhle (Coelom) eingenommen. Das Epithel dieser sekundären Leibeshöhle stammt von dem 3. Keimblatt, dem Mesoderm. Das Mesoderm ist ein sekundäres Keimblatt der Bilateralia und zeigt einen engen genealogischen Zusammenhang mit dem Entoderm. Echtes Mesoderm ist daher stets aus dem Entoderm-Bereich abzuleiten. Parenchym aus dem Ektoderm; z.B. bei Plathelminthes zusätzlich auftretend, muß daher als Ektoparenchym eindeutig gekennzeichnet werden. Bilateralia sind sekundäre triploblastische (Ektoderm, Entoderm, Mesoderm) Organismen. Das Parenchym der Plathelminthes, die wenigen Parenchymzellen im Pseudocoel der Nemathelminthes und die Coelomepithelien der ein Coelom aufweisenden Bilateralia werden vom Mesoderm gebildet. Die Keimblätter differenzieren sich bei den Bilateralia viel stärker als bei den Radiata. Bei den Radiata kommt es nur zu relativ einfachen Epithelbildungen. Aus dem Ektoderm gehen bei den Bilateralia die Epidermis, das Epithel des Vorder- und Enddarmes, Ektoskelette, Sinnesepithelien und Sinnesorgane sowie Nervensysteme hervor. Das Entoderm liefert das Epithel des entodermalen Mitteldarmes, Mitteldarmdrüsen, Chorda dorsalis sowie die Lunge der Vertebrata. Das Mesoderm ist ein ausgesprochen organbildendes Keimblatt. Aus ihm gehen neben dem Parenchym und dem Coelomepithel auch Blutgefäße, Exkretionsorgane, Muskulatur und Bindegewebe hervor. Auch Skelettbildungen (Echinodermata, Vertebrata) können einen mesodermalen Ursprung aufweisen. Mesoderm kommt nur bei Bilateralia vor und kann deshalb als eine Apomorphie der Gruppe betrachtet werden.

Für die Bilateralia ist innerhalb der Animalia eine sekundäre Bilateralsymmetrie charakteristisch. Sie hängt mit der sekundären kriechenden Lebensweise auf einem Substrat zusammen. Dadurch wird der Körper mehr oder weniger deutlich dorsoventral abgeplattet. Der Gastrovascularraum der Radiata wird funktionell bei den Bilateralia von verschiedenartigen Organsystemen abgelöst. Der Darmkanal der Bilateralia weist primär nur eine einzige Öffnung, die Mundöffnung auf. Erst sekundär kommt es zur Ausbildung eines Afters (bei Proctophora).

Primär marine Vertreter, sekundär Süßwasserbewohner und tertiär Bewohner terrestrischer Bereiche.

Reich Radiata

(Taf. 208–318)

Mit den beiden Stämmen der Cnidaria und Ctenophora.

Cnidaria besitzen schon von der Embryonalentwicklung her eine primäre Radiärsymmetrie und die Ctenophora eine davon abzuleitende Biradiärsymmetrie. Durch diese primäre Radiärsymmetrie unterscheiden sich die Radiata von allen im phylogenetischen System nachfolgenden Tierstämmen. Das erstmalige Auftreten echter Gewebe (Epithelien) unterscheidet die Radiata vom Reich der Porifera. Radiata sind Gewebetiere (Histozoa, Eumetazoa), welche sich kaum über den Bauplan einer Gastrula erheben. Der im adulten Stadium primär radiärsymmetrische Körper besteht (Taf. 224: 1) aus 2 Epithelschichten (diploblastische Organismen), dem äußeren Ektoderm (Epidermis) und dem inneren Entoderm (Gastrodermis). Dazwischen liegt eine bindegewebsartige, aus Mucopolysacchariden aufgebaute Stützsubstanz in Form einer zellenlosen Stützmembran (Basalmembran) oder einer primär ebenfalls zellenlosen, gallertigen Mesogloea. Sekundär kann diese Mesogloea Zellen enthalten, welche aus dem Ektoderm (fast ausschließlich) und Entoderm einwandern. Die Mesogloea stellt kein Derivat eines echten Keimblattes (Mesoderm) dar. Von dieser Zwischenschicht (Mesogloea) stammen daher auch keine Gewebe- und Organsysteme (Ausnahme Muskulatur, Muskelzellen bei Ctenophora) ab. Die Mesogloea dient bei den Cnidaria in vielen Fällen der Muskelanheftung. Wandernde Zellen, wie z. B. interstitielle Zellen und Vorstufen der Nesselzellen können die Mesogloea durchwandern und so von einem Epithel zum anderen Epithel übertreten.

Das Ektoderm (Epidermis) stellt den Abschluß nach außen dar und hat vorwiegend Schutzfunktion, außerdem übt es Sinnes- und Muskelfunktionen aus. Das Entoderm (Gastrodermis) hat vegetative Funktionen. Das Entoderm umkleidet den aus dem Urdarm hervorgehenden Gastrovaskularraum der Radiata, übernimmt Aufnahme und Verteilung der Nahrung sowie Abgabe von Exkretstoffen. Der mit Flüssigkeit angefüllte Gastralraum (= Gastrovascularsystem) stellt den einzigen inneren Hohlraum der Radiata dar und übt gleichzeitig auch die Funktionen eines noch nicht vorhandenen Zirkulationssystems sowie eines hydrostatischen Skelettes aus. Durch Septen kann der Gastralraum sekundär aufgegliedert werden. Durch die Mundöffnung steht der Gastralraum mit der Außenwelt in Verbindung, über den Mund erfolgt die Nahrungsaufnahme. Der aus dem Urmund entstehende Mund dient gleichzeitig auch als After und oft auch als Geschlechtsöffnung. Die einschichtigen Epithelien sind typische Mischgewebe (Taf. 223:2/2) mit Zellen, welche verschiedenartige Funktionen ausüben. Der zelluläre Aufbau der Radiata, speziell derjenige der stammesgeschichtlich älteren Cnidaria, steht auf einer primitiven Stufe. Sie weisen, wie auch die Porifera, nur eine geringe Zahl verschiedenartiger Zelltypen auf. Bei *Hydra* z. B. (Hydrozoa) sind nur 20 verschiedene Zelltypen (darunter verschiedenartige Nesselzellen-Typen) bekannt. Die Zelldifferenzierungen im Ekto- und Entoderm weichen nur geringfügig voneinander ab. Neben hochspezialisierten Zellen, wie den Nesselzellen, kommen auch polyfunktionelle Zellen, z. B. Epithelmuskelzellen, vor. Die Epithelmuskelzellen des Entoderms übernehmen z. B. gleichzeitig die Funktionen von Muskel-, Cilien- und Verdauungszellen. Die aufgenommene Nahrung wird innerhalb des Gastralraumes extrazellulär vorverdaut und in den Absorptionszellen (Epithelmuskelzellen) noch primär intrazellulär (wie z. B. bei Einzellern und Schwämmen) verdaut.

Das Nervensystem (Taf. 225) stellt ein mehr oder weniger diffuses Nervennetz dar und weist kein übergeordnetes Zentrum auf. Es hat eine sowohl ektodermale, wie auch entodermale Herkunft. Das Nervensystem setzt sich aus Ganglienzellen (Neuronen) zusammen, welche an der Basis beider Epithelien liegen und durch Ausläufer miteinander verbunden sind. Primäre und sekundäre Epithelsinneszellen (meist im Ekto-, seltener auch im Entoderm) stehen mit ihren ableitenden Fasern mit dem Nervennetz in Verbindung. Bei freischwimmenden Formen (z. B. Medusen) treten stärkere Nervenkonzentrationen in Form von Nervenringen auf. Zum Teil sind auch schon komplexere Sinnesorgane vorhanden. Es handelt sich aber nach wie vor noch um ein primitives epitheliales Nervensystem. Das Muskelsystem (Taf. 224:2–3) primär in Form von im Ekto- und Entoderm befindlichen Epithelmuskelzellen oder sekundär in Form von isolierten Muskelzellen (Scyphozoa, Anthozoa, Ctenophora). Die Epithelmuskelzellen (primär mit glatter Muskulatur, sekundär auch mit quergestreifter Muskulatur) bilden den Hauptbestandteil der beiden Epithelien. Sie besitzen charakteristische basale Ausläufer, welche mit Muskelfibrillen (Myofibrillen, Myonemen) versehen sind. Diese Ausläufer bilden im Ektoderm eine geschlossene Längsmuskel-, und im Entoderm eine Ringmuskelschicht. Epithelmuskelzellen stellen einen sehr primitiven Typ von Muskelzellen dar, da sie gleichzeitig die Funktion einer normalen Deckzelle (primäre Zellenfunktion) ausüben. Sekundär weisen Epithelmuskelzellen im ektodermalen Bereich auch quergestreifte Fasern (quergestreifte Muskulatur) auf, so z. B. im Subumbrella-Bereich von Medusen (Hydrozoa, Scyphozoa). Isolierte, sekundär von den Epithelmuskelzellen losgelöste Muskelfasern treffen wir bei den Scyphozoa und Anthozoa an. Sie liegen subepidermal oder auch in der Mesogloea. Die isolierten Muskelfasern der Ctenophora dagegen entstehen in der Mesogloea. Sie liegen ausschließlich in dieser, bei ihnen mächtig ausgebildeten Zwischenschicht (Mesogloea), stehen mit den beiden Epithelien nicht in Verbindung und entstehen aus amöboiden Zellen der Mesogloea.

Die ektodermalen Epithelmuskelzellen scheiden nach außen eine schützende Mucus-Schicht ab. Zum Teil ist auch eine azelluläre organische oder organisch-anorganische Außenschicht vorhanden. Radiata besitzen weder Zirkulations-, Respirations- noch Exkretionsorgane. Sie sind primär coelomlos, ein echtes Mesoderm ist nicht vorhanden.

Cnidaria besitzen charakteristische in Nesselzellen (Cnidocyten) befindliche Nesselkapseln (Nematocysten), welche in vielerlei Differenzierungen auftreten. Ctenophora haben, mit Ausnahme von *Euchlora rubra*, die Nesselzellen sekundär verloren. Ctenophora haben Colloblasten (Klebezellen) entwickelt, welche ebenfalls zum Beutefang dienen. Nesselzellen liegen innerhalb des Ektodermepithels. In der Regel bilden sich bei Polypen die Vorstufen der Nesselzellen im Rumpfektoderm und wandern dann aktiv in die Fangtentakeln ein. Nesselzellen dienen dem Beutefang, können nur einmal in Funktion treten und werden durch aus interstitiellen Zellen entstehenden Cnidoblasten (Vorstufe) ersetzt. Aus den Cnidoblasten bilden sich wieder neue Nesselzellen, die meist in Batterien-Form auftreten.

Die „Gonaden“ der Radiata stellen keine echten, von einem eigenen Epithel umgrenzten Hohlorgane dar. Die aus interstitiellen Zellen entstehenden Geschlechtszellen sammeln sich an bestimmten Stellen des Ekto- und Entoderms an. Diese Orte werden als „Gonaden“ bezeichnet, obwohl keine Geschlechtsorgane mesodermaler Herkunft vorliegen. Durch Aufplatzen des Ekto-, bzw. Entodermepithels (keine Ausbildung von Ausfuhrgängen) werden die Geschlechtszellen abgeleitet.

Radiata sind meist getrenntgeschlechtlich, zum Teil aber auch zwittrig, wie z. B. alle Ctenophora. Neben der geschlechtlichen Fortpflanzung tritt häufig ungeschlechtliche Fortpflanzung in Form von Knospung oder Teilung auf. Kolonie- und Stockbildung kommt innerhalb der Cnidaria sehr häufig vor, zum Teil dabei mit polymorphen Kolonialindividuen.

Bei Cnidaria treten zwei Ausbildungstypen auf und zwar freischwimmende Medusen und festsitzende Polypen. Häufig mit Generationswechsel in Form einer Metagenese: Ungeschlechtliche Fortpflanzung durch Knospung beim Polypen und geschlechtliche Fortpflanzung im Medusenstadium.

Radiata sind primär radiärsymmetrisch mit einer Hauptachse (Oralpol-Apikalpol) und oft zahlreichen Nebenachsen (Radien). Die larvale Hauptachse des Körpers wird beibehalten. Eine sekundäre Bilateralsymmetrie finden wir bei den Anthozoa innerhalb der Cnidaria. Eine von der Radiärsymmetrie abzuleitende Biradiärsymmetrie (Disymmetrie) treffen wir bei den Ctenophora an. Bei Schnitten durch die Transversal- und Sagittalebene entstehen jeweils bilateralsymmetrische Hälften.

Embryonalentwicklung: Aus dem befruchteten Ei entsteht eine einschichtige Blastula. Durch Einwanderung, Delamination, seltener auch Invagination entsteht die mit Ekto- und Entoderm versehene Planula-Larve der Radiata. Bei der überwiegend auftretenden Gastrulation durch Einwanderung (Immigration) und bei Delamination bricht der Urmund erst später am vegetativen Pol durch. Das Ektoderm der Planula-Larve besitzt bereits Zelldifferenzierungen, ebenso das Entoderm. Der vordere, apikale Pol ist durch Sinnes- und Drüsenzellen gekennzeichnet. Bei Planula-Larven von Anthozoa (*Balanophyllia regia*) wurden Choanocyten im Ektoderm festgestellt. Ein wichtiger Hinweis für nahe Verwandtschaft von Porifera und Radiata sowie für eine Monophylie der Animalia (Metazoa). Durch Bildung von vier (primär zunächst aber zwei) mit Wimpern versehenen Tentakeln um den Urmund entsteht die Actinula-Larve der Radiata. Sie stellt die Primärform der Radiata dar, und von ihr lassen sich die verschiedenen Bauplantypen (Meduse, Polyp) leicht ableiten. Die Actinula-Larve kann sich direkt in eine Meduse (z. B. Trachymedusa, Narcomedusa) oder in einen sekundär festsitzenden Polypen umwandeln.

Die Artenzahl der Radiata beträgt etwa 9000, davon etwa 80 Ctenophoren. Radiata kommen fast ausschließlich im primären, marinen Bereich vor. Nur wenige Vertreter leben sekundär im Süßwasser. Die Körpergröße schwankt zwischen wenigen Millimetern (z. B. Scyphopolypen) und Durchmessern bis zu 2,25 m (z. B. Scyphomedusen).

Stamm Cnidaria

(Taf. 208–312)

Mit den Klassen Hydrozoa, Cubozoa, Scyphozoa und Anthozoa.

Acoelomate, solitäre oder stockbildende, freibewegliche oder sessile Metazoen mit primärer Radiärsymmetrie, sekundär mit Bilateralsymmetrie (Anthozoa). Mit 2 Keimblättern (ektodermale Epidermis und entodermale Gastrodermis) sowie einer Zwischenschicht (Stützlamelle, Mesogloea). Die gallertige Mesogloea ist primär zellenlos, sekundär mit eingewanderten Zellen, welche überwiegend aus dem Ektoderm stammen. Das Entoderm (Gastrodermis) umgibt den Gastralraum, den einzigen Körperhohlraum der Cnidaria. Dieser geht aus dem Urdarm der Planula-Larve hervor. Der Urmund wird zum definitiven Mund, zur einzigen Öffnung der Gastralraumes. Neben der Darmfunktion übt der mit Flüssigkeit angefüllte Gastralraum auch noch eine Zirkulations- und Exkretionsfunktion aus, außerdem wirkt er als hydrostatisches Skelett. Primär mit Epithelmuskelzellen (glatte Muskulatur), sekundär diese auch mit quergestreifter Muskulatur, tertiär mit isolierten Muskelzellen. Nervensystem primär diffus und ohne übergeordnetes Zentrum. Sekundär (z. B. bei freischwimmenden Medusen) etwas stärker differenziert: Ausbildung von Nervenringen und komplexeren Sinnesorganen. Mit charakteristischen Nesselkapseln (Nematocysten) in verschiedenartigen Ausführungen. Nematocysten sind sehr wichtig für die Klassifikation der Cnidaria. Klassen und Ordnungen der Cnidaria meist mit einem spezifischen Cnidom (Nematocystenbesatz). Nesselzellen eines ähnlichen Typs (Konvergenz) treffen wir bei Dinoflagellaten (z. B. *Polykrikos*) an. Bei Metazoen treten echte Nesselzellen sonst nur noch in einem Einzelfall bei Ctenophora (*Euchlora rubra*) auf. Ein deutlicher Hinweis, daß die Ctenophora von Cnidaria (Narcomedusa) abzuleiten sind. Die bei manchen marinen Turbellarien und marinen Nacktschnecken auftretenden Nesselkapseln entstammen ihrer tierischen Nahrung und werden daher als Kelptocniden bezeichnet. Die Nesselzellen der Cnidaria stellen den am stärksten differenzierten Zelltyp der Metazoa dar. Es gibt im Tierreich keinen Zelltyp der eine ähnliche Kompliziertheit der Struktur und Mannigfaltigkeit der Leistung aufweist. Die Nesselzelle (Taf. 208:1–3) welche stets im Epidermisbereich anzutreffen ist, enthält die eigentliche Nesselkapsel (Nematocyste) welche einen in sie eingestülpten Nesselschlauch aufweist. Der Nesselschlauch (Taf. 208:2) ist in seinem Inneren mit Borsten und stilettförmigen Dornen besetzt, sie sind in der Ruhestellung zum sogenannten Stilettapparat zusammengelegt. Die Nesselzelle besitzt eine Tastborste (Cnidocil), bei Reizung dieser Tastborste wird der Nesselschlauch durch Umstülpung nach außen geschleudert und dringt in das Opfer (Taf. 208:3) ein, bzw. umwickelt das Opfer. Die Nesselkapsel (Taf. 208:1) stellt ein vom übrigen Zellinhalt abgetrenntes Sekret des Cytoplasmas dar. Sie weist eine dünnere, innere (Propria) und eine kräftigere, äußere Kapselmembran (Sklera) auf. Die äußere Kapselmembran ist mit einem oberen Deckel versehen, welcher sich beim Ausschleudern des Nesselfadens öffnet. Nesselzellen sind gestielt, besitzen im Stiel ein Fibrillenbündel und sind basal mit einer Epithelmuskelzelle verbunden. Nesselzellen entstehen aus interstitiellen, totipotenten Zellen, welche an der Basis der Epidermis liegen. Die Bildungsstellen der Nesselzellen liegen fast immer von dem eigentlichen Verbrauchsort entfernt. Nach Erlangung einer „Vorreife“ wandern die Vorstufen der Nesselzellen (Cnidoblasten) auf regelrechten Wanderstraßen mit amöboider Beweglichkeit zu den Verbrauchsorten (Tentakelbereich). Dort werden sie in Batterien zusammengefaßt, bilden nun Zellstiel und Cnidocil aus und die nun voll ausgebildete Nesselzelle ist gebrauchsfertig.

Nesselzellen (Taf. 209) entstehen aus embryonalen, ribosomenreichen interstitiellen Zellen. Es erfolgen zunächst Differenzierungen im Bereich des endoplasmatischen Retikulums und des Golgi-Ap-

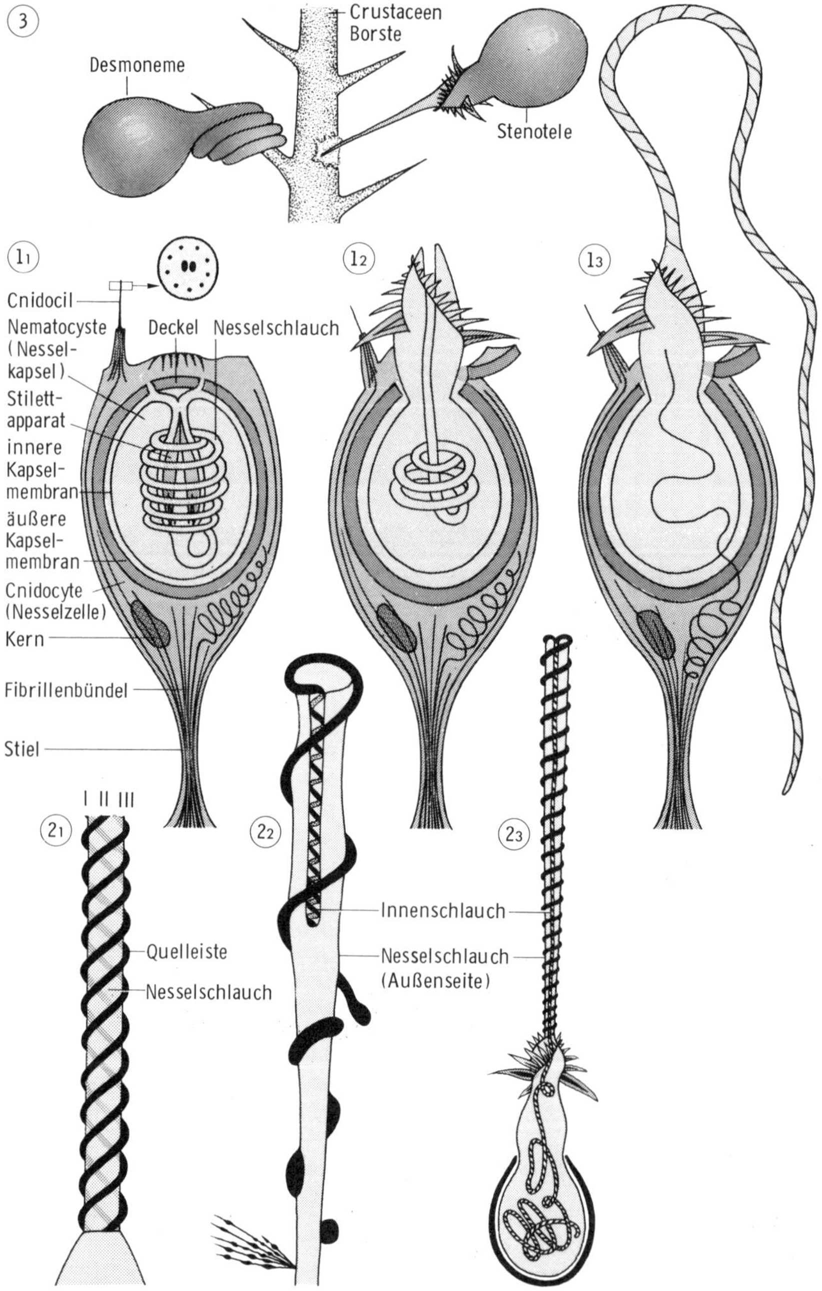

Taf. 208. Cnidaria (Nesselzelle). – Abb. 1. Nesselzelle und ihre Entladung (nach KÜHN; SCHULZE; MERGNER): 1/1. Nesselzelle mit ruhender, abschußbereiter Nesselkapsel; 1/2. Beginn der Entladung, Deckel abgestoßen und Stilette auseinandergeklappt; 1/3. Endphase mit ausgeschleudertem Nesselschlauch. Abb. 2. Ausschleuderungsvorgang (nach KÜHN; WILL; MERGNER): 2/1. Anordnung der 3 Quelleisten (I–III) an der Außenseite des ausgestülpten Nesselschlauches; 2/2. Verlagerung einer Quellspirale des Innenschlauches auf die Außenseite des Schlauches und anschließende Auflösung in Tropfen; 2/3. Anfangsstadium einer Schlauchausstülpung. Abb. 3. ausgeschleuderte Desmoneme und Stenotele an einer Borste des Beutetieres (Crustacee).

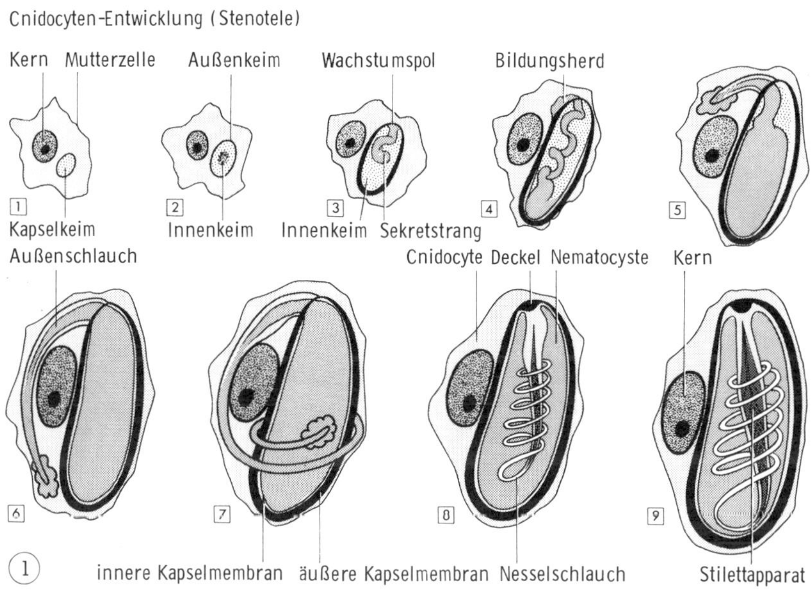

Taf. 209. Cnidaria: Entwicklung einer Nesselzelle (Nesselkapsel: Stenotele). – Abb. 1. (nach SCHNEIDER; MERGNER): 1/1. Nesselzelle mit Kapselkeim; 1/2. Trennung in Innen- und Außenkeim; 1/3–7. Sekretionsphase: 1/3, 1/4. Einwachsen des Sekretstranges und seine Auflösung im Innenkeim, am Wachstumspol Auftreten eines plasmatischen Bildungsherdes, 1/5. Beginn der Bildung des Außenschlauches, 1/6, 1/7. durch Sekretanlagerung (Sekrete aus dem plasmatischen Bildungsherd) wird der Außenschlauch ständig verlängert und legt sich in Windungen um die Kapselanlage; 1/8, 1/9. Differenzierungsphase: 1/8. Rückbildung des Außenschlauches, Ausbildung von Kapseldeckel, Kapselmembranen, Nesselschlauch und Stilettapparat, 1/9. fertiggestellte Kapsel.

parates. Diese Zellform wird als Cnidoblast bezeichnet. In den Vesikeln des Golgi-Apparates entsteht nun die eigentliche Nesselkapsel. Als erstes bildet sich ein Kapselkeim, welcher eine innere und äußere Schicht aufweist. In die innere Schicht wächst ein Sekretstrang hinein; bei ständigem Wachstum des Kapselkeimes. Am oberen Pol des Kapselkeimes entsteht ein plasmatischer Bildungsherd, und durch Sekretanlagerung bildet sich ein Außenschlauch, welcher sich in Windungen um die Kapselanlage legt. Der Außenschlauch stellt die Anlage des Nesselschlauches dar und wird später durch Einstülpung zum innen liegenden Nesselschlauch. In der Zwischenzeit hat sich der Innenstrang aufgelöst und in einer darauffolgenden Bildungsphase werden Kapseldeckel, die beiden Kapselmembranen (innere, zarte Propria und äußere, dicke Sklera) ausgebildet. Außerdem wird der Nesselschlauch voll gebildet und der Stilettapparat geformt. In diesem Stadium der „Vorreife" wandert nun der Cnidoblast an seinen Bestimmungsort und dort erfolgt die endgültige Differenzierung zur Nesselzelle (Cnidocyte) durch Ausbildung des Zellstieles und des Cnidocils. Auf Reizung des Cnidocils öffnet sich der Deckel der Nesselkapsel und der Faden mit Borsten und Dornen wird ausgeschleudert, dabei wird der Faden umgestülpt. Das Cnidocil stellt eine umgewandelte Geißel dar, da es ein 9+2 Microtubulisystem aufweist. Jede Nesselkapsel kann nur einmal in Funktion treten, daher müssen dauernd neue Nesselzellen produziert werden.

Nesselzellen dienen dem Beutefang, dem Abtöten oder der Lähmung kleinerer Beutetiere.

Nesselkapseln (Taf. 210) treten bei den Cnidaria in über 20 verschiedenen Formen auf. Wir unterscheiden zwischen primären Nesselkapseln ohne terminale Öffnung (Astomocniden) und sekundären Nesselkapseln mit terminaler Öffnung (Stomocniden). Zu den Astomocniden zählen die Desmonemen (frühere Volventen) mit einem spiralig aufgewundenen Nesselfaden und die sekundären, nur bei Siphonophora auftretenden Rhopalonemen mit einem keulenförmigen Nesselfaden. Anacrophoren sind

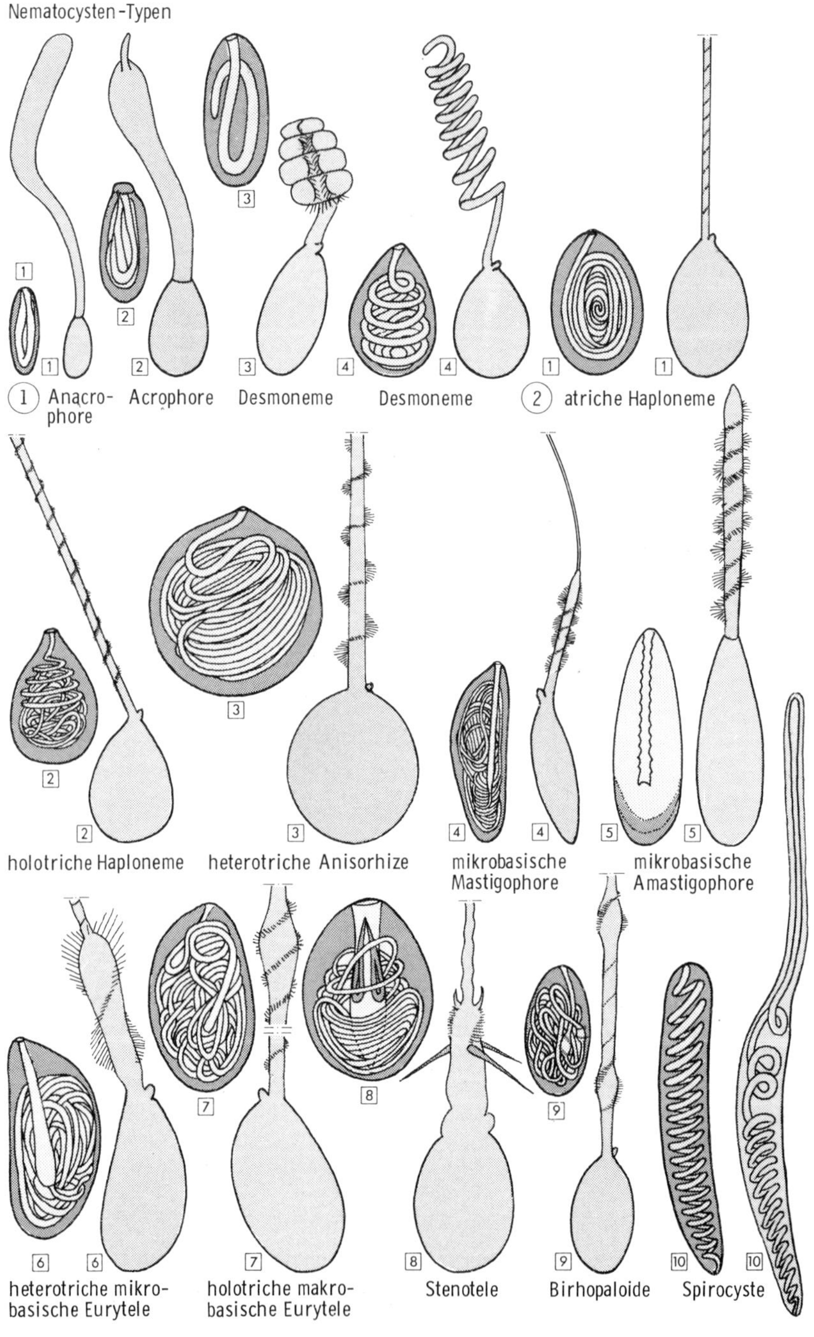

Taf. 210. Cnidaria (Nesselkapseltypen, in Ruhestellung und ausgeschleudert). – Abb. 1 u. 2. Nesselkapseltypen (nach WEILL; RUSSEL; HAND; WERNER; KÜHN): Abb. 1. Astomocniden: 1/1. Anacrophore, 1/2. Acrophore, 1/3. Desmoneme. Abb. 2. Stomocniden: 2/1. atriche Haploneme, 2/2. holotriche Haploneme, 2/3. heterotriche Anisorhize, 2/4. mikrobasische Mastigophore, 2/5. mikrobasische Amastigophore, 2/6. heterotriche mikrobasische Eurytele, 2/7. holotriche makrobasische Eurytele, 2/8. Stenotele, 2/9. Birhopaloide, 2/10. Spirocyste.

Rhopalonemen ohne apikalen Fortsatz und Acrophoren solche mit terminalem Fortsatz. Die Desmonemen sind als stammesgeschichtlich älteste Nesselkapseln der Cnidaria zu betrachten. Sie kommen nur bei Hydrozoa, nicht aber bei Cubozoa, Scyphozoa und Anthozoa vor.

Die Stomocniden besitzen einen Nesselapparat mit terminaler Öffnung, d. h. der Nesselschlauch ist distal offen, und es kann Kapselinhalt aus der Öffnung austreten. Stomocniden treten bei weitem in der Überzahl auf und sind viel effektiver als die Astomocniden. Haupttypen sind die primären Haplonemen (frühere Glutinanten) mit einfachem Nesselfaden sowie die sekundären Heteronemen (frühere Penetranten) mit einem Nesselfaden, welcher einen basalen Schaft aufweist, dann die Birhopaloiden mit einem Schaft am proximalen und distalen Teil sowie die Spirocysten mit lang aufgewickeltem Nesselfaden. Als weitere Typen treffen wir beispielsweise bei den Haplonemen sogenannte isorhize atriche (Faden ohne Dornen: primärer Haplonemen-Typ) und isorhize holotriche (Faden in ganzer Länge mit Dornen besetzt, frühere Glutinanten) Formen an. Bei den anisorhizen Haplonemen zeigt der Faden an der Basis eine deutliche Erweiterung. Mikrobasische, anisorhize Haplonemen besitzen einen kurzen, macrobasische dagegen einen langen basalen Schaft. Zu den Heteronemen zählen Rhabdoiden mit stabförmigem und Rhopaloiden mit keulenförmigem Schaft. Bei den Rhabdoiden (nach vorwiegend elektronenmikroskopischen Daten als rhabdoide Heteronemen in Form von b- und p-Rhabdoide bezeichnet; die p-Rhabdoide mit unterschiedlichen Kategorien) treffen wir mastigophore (Schaft verjüngt sich in einen Faden) und amastigophore (Schaft ohne terminalen Faden) Formen an. Mikrobasische Vertreter besitzen einen kurzen und makrobasische einen langen Schaft. Bei den Rhopaloiden unterscheiden wir zwischen Eurytelen (Schaft am distalen Ende verbreitert) und Stenotelen (Schaft an der Basis erweitert, 3 Dornen als Stilette entwickelt, frühere Penetranten). Eurytelen wieder entweder mikro- oder makrobasisch und homotrich (Dornen des Schaftes gleichartig) oder heterotrich (Dornen ungleichartig). Bei holotrichen Formen ist der Schaft in seiner ganzen Länge mit Dornen besetzt. Die Birhopaloiden besitzen keulenförmige Erweiterungen am proximalen und distalen Teil des Schaftes. Bei den Spirocysten (nur bei Anthozoa) handelt es sich um besondere, langgestreckte Nesselkapseln mit einer charakteristischen Spiralstruktur des Nesselfadens. Der Nesselfaden (= Nesselschlauch) mit einem Quellfaden. Nematocystentypen sind alle basidophil, mit Ausnahme der acidophilen Spirocysten.

Die Klasse der Hydrozoa besitzt die bei weitem größte Zahl verschiedenartiger Nesselkapseltypen. Astomocniden z. B. treten nur bei Hydrozoa, nicht aber bei Cubozoa, Scyphozoa und Anthozoa auf. Auch die Zahl der Stomocniden-Typen ist bei den Hydrozoa sehr viel größer. Birhopaloiden treten ebenfalls nur bei Hydrozoa, Spirocysten dagegen nur bei Anthozoa auf.

Von den über 20 verschiedenen Kapseltypen treffen wir bei Hydrozoa 15, bei Cubozoa 5, bei Scyphozoa 3 und bei Anthozoa 7 an. Hydrozoa besitzen 9 Typen (Anacrophoren, Acrophoren, Desmonemen, merotriche Haplonemen, homo- und heterotriche Anisorhizen, makrobasische Mastigophoren, makrobasische Eurytelen, Birhopaloiden), welche nur bei ihnen vorkommen. Cubozoa und Scyphozoa besitzen dagegen überhaupt keinen, nur ihnen eigenen Kapseltyp. Anthozoa besitzen mikro- und makrobasische Amastigophoren und Spirocysten als eigene Kapseltypen.

Die große Zahl unterschiedlicher Nesselkapseln bei den Hydrozoa spricht für die hohe ökologische Valenz dieser Gruppe. Die Mannigfaltigkeit der Lebensweisen bedingt eine große Zahl verschiedenartiger Polypen- und Medusenformen und damit ist eine entsprechend hohe Zahl von Nesselkapsel-Typen verknüpft. Besonders bei den Hydroidea mit Polypen- und Medusenstadien sowie bei den kolonienbildenden Siphonophora treffen wir hohe Nesselkapseltypen-Zahlen an. Die nur im Medusenstadium auftretenden Narcomedusa und Trachymedusa dagegen besitzen nur wenige Kapseltypen. Dasselbe gilt für Cubozoa und Scyphozoa, bei denen vom Nahrungserwerb her das Polypenstadium ja nur eine sehr geringe Rolle spielt. Bei *Tripedalia* z. B. (Cubomedusae) besitzt der winzige Polyp nur einen einzigen Nesselkapseltyp, während im Medusenstadium 3 vorhanden sind. Höher ist natürlich die Kapseltypenzahl bei den Anthozoa, die sehr große Polypen besitzen und sich von relativ großen Beutetieren ernähren.

Die Angaben über Nesselkapsel-Typen basieren weitgehend auf lichtmikroskopischen Daten (z. B. Weill, Werner). Elektronenmikroskopische Daten (z. B. Westfall, Schmidt) liegen erst von wenigen Gruppen vor. Lichtmikroskopische und elektronenmikroskopische Daten lassen sich nur beschränkt miteinander vergleichen. Eine volle Verwendung elektronenmikroskopischer Daten ist erst möglich, wenn alle Teilgruppen (wie es für lichtmikroskopische Daten zutrifft) der Cnidaria untersucht sind. Aus den angeführten Gründen lassen vorerst nur die lichtmikroskopischen Daten einen Gesamtvergleich zu.

Cnidaria sind meist getrenntgeschlechtlich. „Gonaden" (keine echten Keimdrüsen) mit wechselnder Lage bei den einzelnen Gruppen. Es sind weder spezielle Geschlechtswege, noch spezielle Geschlechtsöffnungen vorhanden, mit vereinzelten Ausnahmen bei Scypho- und Narcomedusen.

Innerhalb der Cnidaria treffen wir bei den Hydrozoa, Cubozoa und Scyphozoa zwei sehr charakteristische Formen (Taf. 211) an: Den schlauchförmigen, festsitzenden (selten halbsessilen) Polyp und die fast stets freischwimmende, glockenförmige Meduse. Beide mit primärer Radiärsymmetrie, bei den Polypen (z. B. Anthozoa nur mit Polypenstadium) zum Teil mit sekundärer Bilateralsymmetrie. Zwischen beiden Formen besteht ein metagenetischer Generationswechsel. Der Polyp erzeugt ungeschlechtlich durch Knospung die Medusenform, und die Medusen pflanzen sich geschlechtlich fort. Primär äußere Befruchtung, sekundär Befruchtung im Gastralraum oder in speziellen Bruträumen. Über befruchtetes Ei, Planula- bzw. Actinula-Larve entsteht dann wieder die Polypengeneration. Nach der dieser Bearbeitung zugrundeliegenden Actinula-Hypothese hat sich die ontogenetische Entwicklung der Radiata von der pelagischen Planulalarve über die ebenfalls pelagisch lebende, von ihr durch den Besitz von Tentakeln unterschiedene Actinulalarve direkt zur ebenfalls pelagischen Adultform, der Meduse, vollzogen. Diesen Entwicklungsmodus behalten die stammesgeschichtlich ältesten Vertreter der Radiata noch bei. Sekundär wird dann ein metagenetischer Generationswechsel hergestellt. Hier geht aus der pelagischen Planulalarve unter Festsetzen das sessile Polypenstadium hervor, das auf ungeschlechtlichem Weg die freischwimmenden Medusen (Geschlechtsformen) erzeugt. Eine Reduktion des Medusenstadiums führt zunächst zu nicht mehr frei werdenden Medusoiden, die dann einer weiteren Reduktion unterliegen. Schließlich treffen wir Vertreter an, die sekundär nur noch das Polypenstadium (Anthozoa; sekundär im Süßwasser lebende Hydrozoa) ausbilden. Das Fehlen des Generationswechsels, verbunden mit dem alleinigen Auftreten des Polypenstadiums ist als sekundär zu betrachten.

Polyp (Taf. 212): Schlauchförmiger Körper mit Fuß, Rumpf und Mundscheibe (Peristom). An der Grenze zwischen Rumpf und Mundfeld befinden sich die Tentakeln, die das Mundfeld umgeben. Die

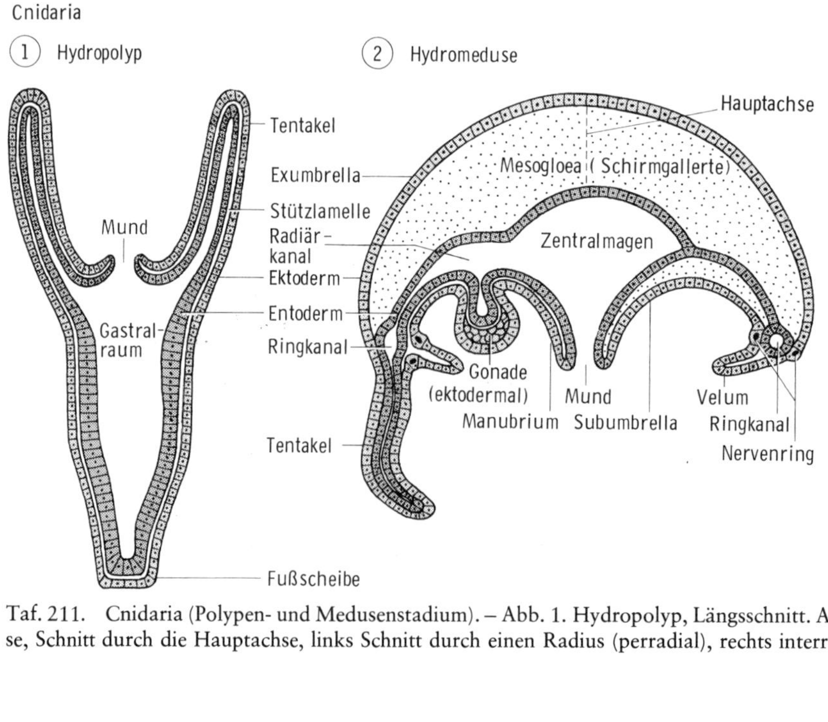

Taf. 211. Cnidaria (Polypen- und Medusenstadium). – Abb. 1. Hydropolyp, Längsschnitt. Abb. 2. Hydromeduse, Schnitt durch die Hauptachse, links Schnitt durch einen Radius (perradial), rechts interradialer Schnitt.

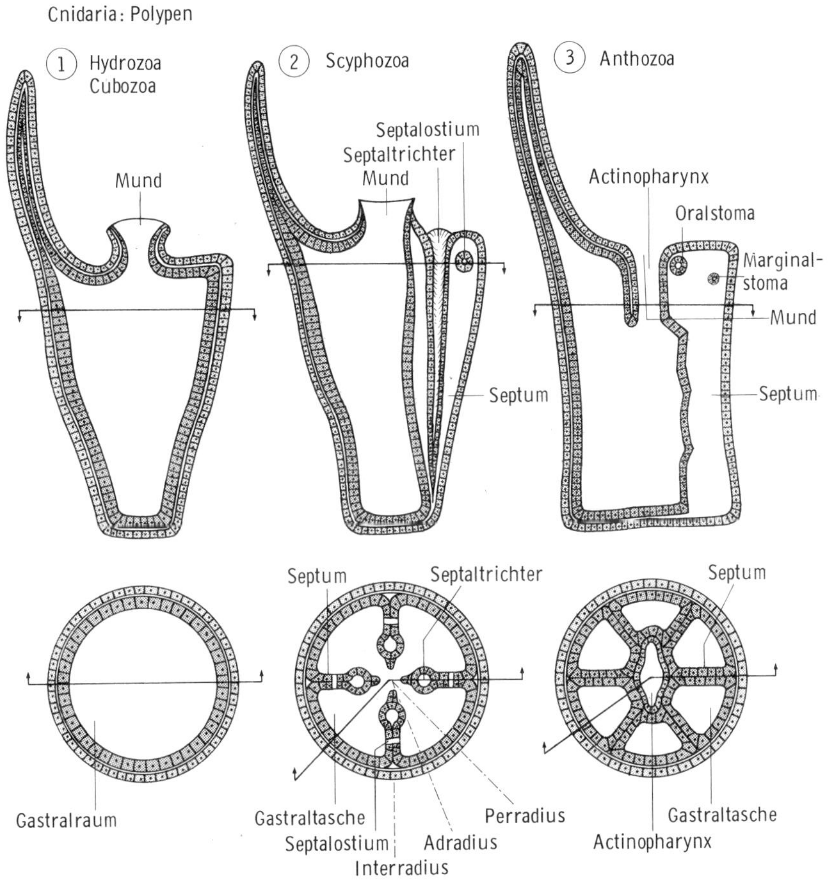

Taf. 212. Cnidaria (Polypenformen). – Abb. 1. Hydropolyp. Abb. 2. Scyphopolyp. Abb. 3. Anthozoenpolyp. Oben Längs-, darunter Querschnitt (verändert nach HENNIG).

Außenwand wird vom Ektoderm (Epidermis), die Innenwand vom Entoderm (Gastrodermis) gebildet. Bei vielen Polypen finden wir innerhalb der Mundscheibe ein rüsselartiges Mundrohr (Hypostom). Mit langgestrecktem Körper und mit dem Fuß (aboraler Pol) auf der Unterlage festgeheftet. Fußscheibe häufig mit wurzelartigen Ausläufern (Hydrorhiza). Die Mundöffnung dient nicht nur zur Aufnahme der Nahrung, sondern auch zur Abgabe von Exkretstoffen und Nahrungsresten. Die um das Mundfeld liegenden Tentakeln (4–12 und mehr) dienen zum Beutefang und sind im Ektoderm dicht mit Nesselzellen besetzt. Tentakeln sind Ausstülpungen des Körpers und besitzen daher den gleichen Aufbau mit Epidermis und Gastrodermis. Die Gastrodermis (Entoderm) umgibt in den Tentakeln entweder einen hohlen Schlauch, dieser stellt eine Fortsetzung des Gastralraumes dar, oder sie liegt als massives, entodermales Stützgewebe aus blasigen Zellen vor. Die Tentakeln sind keine eigentlichen Fangarme, sondern wirken eher wie Leimruten, welche die durch das Sekret der Nesselkapseln gelähmte Beute festhalten. Der ganz von Entoderm ausgekleidete Gastralraum der Polypen ist primär einfach (Hydrozoa, Cubozoa: Taf. 212:1) oder sekundär durch radiär angeordnete Scheidewände (Septen) in radiär angeordnete Gastraltaschen (Scyphozoa: Taf. 212:2 und Anthozoa: Taf. 212:3) aufgegliedert. Bei den Anthozoa kommt es zur Ausbildung eines ektodermalen Schlundrohres (Actinopharynx). Bei den Polypen der Scyphozoen sind in radiärer Anordnung 4 Septen und 4 Gastraltaschen vorhanden, dazu kommt noch der zentral gelegene Magenraum. Bei Anthozoen kann die Zahl der Gastraltaschen sekundär von 6 bzw. 8 bis zu einigen Hundert betragen. Bei Scyphopolypen sind die Septen (Taeniolen) innen von einem hohlen Schlauch (Septaltrichter) durchzogen. Der Septaltrichter beginnt mit einer Öffnung auf der Mundscheibe und durchzieht das Septum bis zur Fußscheibe. Er weist eine ektodermale Auskleidung auf, die im basalen Bereich dann einen Retraktormuskel bildet. Die Septen sind innen von Septalostien durchbrochen, so daß benachbarte Gastraltaschen miteinander in Verbindung stehen. Anthozoenpolyp ohne Septaltrichter. Bei vielen Polypen, besonders bei den Anthozoen, kommt es zu umfangreichen Skelettbildungen. Sie können als ektodermales Exoskelett oder als mesogloeales Endoskelett auftreten. Bei Hydropolypen besitzt die äußere Epidermis meist eine chitinige Cuticula (Periderm). Das Periderm kann um den Polypenkopf einen Becher (Hydrotheca) bilden; in diesen Becher kann sich der Polypenkopf (Hydranth) zurückziehen.

Der zelluläre Aufbau der Polypenphase steht, wie auch bei den stammesgeschichtlich nahe verwandten Porifera, auf einer sehr primitiven Stufe. Die Zahl der Zelltypen ist, wie auch bei den Schwämmen, sehr gering. So kommen bei *Hydra* mit etwa 120000 somatischen Zellen nur 20 verschiedene Zelltypen vor, darunter noch mehrere Nesselzellen-Typen. Auf das Ektoderm entfallen 12, auf das Entoderm 8 unterschiedliche Zelltypen. Neben primär noch totipotenten Zelltypen, wie interstitiellen Zellen, treten auch polyfunktionelle Zellen wie z. B. Epithelmuskelzellen auf. Sie übernehmen gleichzeitig die Aufgaben von Deck-, Muskel-, Wimper- und Verdauungszellen. Daneben kommen noch funktionell höchstspezialisierte Zellen, wie die Nesselzellen, vor. Der Aufbau ist typisch zellulär, die Funktionen sind in der Regel diffus im Körper verteilt, und es fehlen anatomisch klar abgegrenzte Organbereiche. Keimzellen entstehen aus somatischen Zellen. Es ist weder eine echte Keimbahn vorhanden, noch sind echte, mit einem eigenen Epithel versehene Gonaden ausgebildet.

Das Grundgerüst des Ektoderms stellen die Epithelmuskelzellen dar. Ihre Basis enthält die Myofibrillen der glatten Längsmuskulatur. Die Epithelmuskelzellen scheiden nach außen eine schützende Mucusschicht ab oder es wird ein nichtzelliges Konglomerat aus organischen oder organisch-anorganischen Substanzen gebildet. Organische Komponenten treten u. a. auch als Chitin und Chitin-ähnliche Substanzen auf, während es sich bei dem anorganischen Material vorwiegend um $CaCO_3$ handelt. Außer den Epithelmuskelzellen treffen wir im Ektoderm noch Nervenzellen (Neuronen), primitive Sinnes-Nervenzellen, verschiedenartige Nesselzellen-Typen und Vorstufen von Nesselzellen an. Die Vorstufen entstehen im Rumpfektoderm, wandern in das Ektoderm der Fangtentakeln ein und entwickeln sich dort zu fertigen Nesselzellen. Außerdem kommen im Ektoderm polyvalente („totipotente") interstitielle Zellen vor. Interstitielle Zellen können alternde und verbrauchte somatische Zellen ersetzen und sich in Keimzellen umwandeln. Außerdem können sie sich im ektodermalen Bereich in Epithelmuskelzellen, Vorstufen von Nesselzellen und in Nervenzellen (Neuronen) umwandeln.

Auch im Entoderm stellen die Epithelmuskelzellen das Grundgerüst dar. In ihrer, der Mesogloea zugekehrten Basis befinden sich die Myofibrillen der Ringmuskulatur. In den Epithelmuskelzellen findet die Weiterverarbeitung und Weiterverdauung (Pinocytose, Phagocytose) der im Gastralraum vorverdauten Nahrung statt. Außerdem kommen im Entoderm sezernierende Drüsenzellen und die Nervenzellen des entodermalen Nervennetzes vor. Die interstitiellen Zellen des Entoderm werden als Basalzellen bezeichnet. Sie können sich in Drüsenzellen umwandeln. Ekto- und Entoderm werden von einer primär dünnen, azellulären, aus Mucopolysacchariden aufgebauten Mesogloea (Stützlamelle) getrennt. Sie verkittet die beiden Epithelien miteinander, und Fortsätze (Pseudopodien) der Epithelmuskelzellen dringen in die Stützlamelle ein. Bei Scyphozoa und Anthozoa befinden sich isolierte Zellen in der Mesogloea, die vorwiegend aus dem Ektoderm, seltener aus dem Entoderm eingewandert sind. Wandernde Zellen, wie z. B. interstitielle Zellen oder Nesselzellen-Vorstufen können die Mesogloea durchwandern und von einem Epithel in das andere Epithel übertreten. Neben solitären Polypen kommen vor allem bei den Hydrozoa und Anthozoa auch kolonienbildende Arten vor. Ihre Individuen (Zooide, Zoide) entstehen vorwiegend durch vegetative Knospung, selten auch durch Spaltungsprozesse. Die Gastralräume der Individuen stehen miteinander in Verbindung, so daß ein Nährstoff-Austausch erfolgen kann. Auch die Epithelien benachbarter Individuen gehen ineinander über, so daß häufig keine Trennung in Einzelindividuen mehr möglich ist. Wir unterscheiden zwischen Stolonenkolonien (Grundlage ist ein Stolonengeflecht), Schichtkolonien (Einzelpolypen sind durch eine Schicht miteinander verbunden, Abscheidung eines gemeinsamen Skelettes nach unten, wie z. B. bei Madreporaria) und Massenkolonien (Skelett liegt innen, die gesamte Kolonie wird vom Ektodermepithel überzogen). Polymorphismus der Individuen und Arbeitsteilung ist bei Polypenkolonien weit verbreitet. Besonders bei den Hydrozoa treten verschiedenartig ausgebildete und mit unterschiedlichen Funktionen versehene Polypenindividuen auf. Normal gestaltete Individuen dienen dem Beuteerwerb und der Ernährung (Gastrozooide), fadenförmige Wehrpolypen mit Nesselzellen (Dactylozooide, Spiralzooide, Nematophoren), dienen zur Verteidigung. Haben die Wehrpolypen eine lange, tentakelähnliche Form, werden sie als Tentakulozooide bezeichnet. Wehrpolypen besitzen oft keinen Mund und auch keinen Gastralraum, auch die Tentakeln sind reduziert. Siphonozooide dienen zur Regulierung des Wasserhaushaltes. Gonozooide dienen der Fortpflanzung und weisen keine Tentakeln mehr auf.

Meduse: Sie ist die primäre Ausbildungsform der Cnidaria. Mit höherem Differenzierungsgrad im Vergleich zum Polypenstadium. Sie tritt nur bei Hydrozoen (Hydromeduse: Taf. 213:1), Cubozoen (Cubomeduse) und Scyphozoen (Scyphomeduse: Taf. 213:2) auf. Anthozoa dagegen ohne Medusenstadium. Meduse mit besonderen Merkmalsausbildungen als Anpassungen an die freischwimmende pelagische Lebensweise. Vom allgemeinen Bauplan her, sind sich aber Polyp und Meduse sehr ähnlich. Der Polyp stellt praktisch eine in die Länge gezogene Meduse, die Meduse dagegen einen stark zusammengestauchten Polypen dar. Fußscheibe und Rumpf des Polypen entsprechen der konvexen Schirmaußenwand (Exumbrella) der Meduse. Die Mundscheibe des Polypen entspricht der konkaven

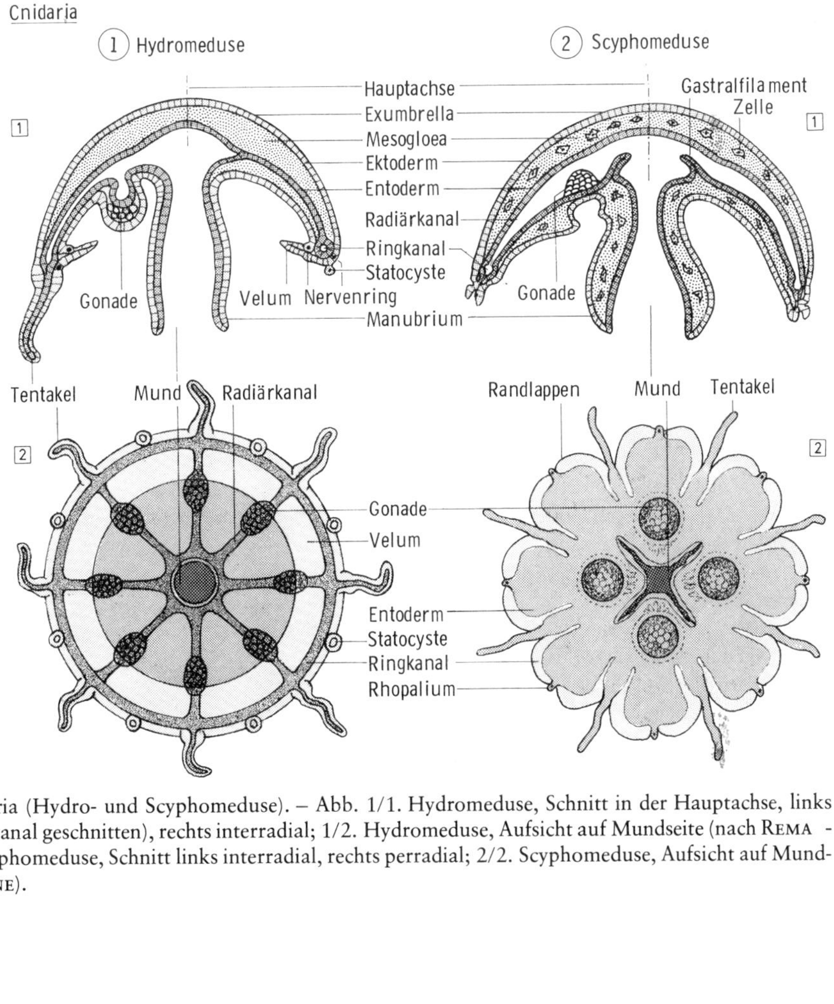

Taf. 213. Cnidaria (Hydro- und Scyphomeduse). – Abb. 1/1. Hydromeduse, Schnitt in der Hauptachse, links perradial (Radiärkanal geschnitten), rechts interradial; 1/2. Hydromeduse, Aufsicht auf Mundseite (nach REMANE). Abb. 2/1. Scyphomeduse, Schnitt links interradial, rechts perradial; 2/2. Scyphomeduse, Aufsicht auf Mundseite (nach REMANE).

Schirmunterseite (Subumbrella) der Meduse. Die freischwimmende (primär tetraradiäre) Meduse hat eine glocken- bzw. schirmförmige Gestalt. In der Höhlung der Glocke (Schirm, Umbrella) hängt der Magenstiel (Manubrium) wie ein Klöppel nach unten. Schirm der Meduse mit konvexer Außenwand (Exumbrella) und konkaver Unterseite (Subumbrella). Vom Schirmrand kann eine muskulöse Ektodermfalte (Velum) mit glatter und quergestreifter Muskulatur in den Innenraum der Glocke ragen. Ektoderm der Subumbrella und des Magenstieles dicht mit Epithelmuskelzellen (mit primär glatter, sekundär auch quergestreifter Muskulatur) besetzt. Bei der Schwimmbewegung wird durch Kontraktion der Innenraum des Schirmes verengt und rhythmisch Wasser nach hinten ausgestoßen (Rückstoßprinzip). Am Schirmrand zum Teil mit komplexen Sinnesorganen. Nervensystem diffus, zum Teil in Nervenringen am Glockenrand konzentriert. Zwischen Ex- und Subumbrella befindet sich eine mächtige Gallertschicht (Mesogloea). In diese Gallertschicht können sekundär Zellen einwandern. Der Gastralraum (Gastrovaskularsystem) der Medusen ist durch die starke Entwicklung der Mesogloea stark zusammengedrängt und besteht aus einem Zentralmagen, von welchem Radiärkanäle (Entodermkanäle) ausgehen. Diese Radiärkanäle (meist 4–12, entsprechend der Zahl der Tentakeln) sind am Schirmrand fast stets durch einen Ringkanal miteinander verbunden. Zum Gastrovascularsystem zählen dann noch der Innenraum des Magenstieles sowie die Mundöffnung.

Der Beutefang erfolgt mit den am Schirmrand stehenden Tentakeln; Nesselzellen oft in dichten Gruppen (Nesselbatterien) stehend. Am Schirmrand Ausbildung von Ocellen und Statocysten. Rein ektodermale Statocysten (velare Statocysten) treffen wir bei Hydrozoen (Leptomedusen) an. Tentakuläre Statocysten (umgewandelte Tentakeln) kommen bei Hydrozoa (Trachymedusen, Limnomedusen) und Scyphozoa vor. Die bei Scyphomedusen auftretenden Rhopalien sind komplexe Sinnesorgane, die eine Kombination von Stato-, Chemo- und Photorezeptoren darstellen. Muskulatur (oft quergestreift) besonders auf der Subumbrellaseite.

Hydromedusen mit Velum (ein aus zwei Ektodermlamellen bestehender, die Glockenöffnung verengender Ringsaum), Scyphomedusen dagegen ohne Velum. Lage der „Gonaden" bei den Hydromedusen im Ekto- bzw. zwischen Ekto- und Entoderm, bei Cubo- und Scyphomedusen dagegen im Entoderm. Abgabe der Geschlechtszellen bei Hydromedusen durch die Gonadenoberfläche, bei Scyphomedusen dagegen über die Mundöffnung. Schirm der Scyphomedusen mit meist 4 oder 8 Randlappen.

Fortpflanzung: Cnidaria können sich sowohl ungeschlechtlich als auch geschlechtlich fortpflanzen. Ungeschlechtliche Fortpflanzung durch Knospung. Knospung bei Polypen weit verbreitet, selten auch bei Medusen vorkommend. Medusen entstehen durch Knospungsprozesse an Polypen. Die Knospen sind zunächst hohle, beulenförmige Ausstülpungen der Körperwand. In diese Ausstülpungen dringt ein Teil des Gastralraumes ein. Laterale Knospung bei Hydrozoen und terminale Knospung (Strobilation) bei Scyphozoen. Durch Knospung können auch neue Polypen entstehen, welche sich ablösen, oder es bilden sich durch Nichtablösung koloniale Polypenstöcke. Mit metagenetischem Generationswechsel. Eine festsitzende, sich ungeschlechtlich fortpflanzende Polypengeneration wechselt mit einer freischwimmenden, sich geschlechtlich fortpflanzenden Medusengeneration ab. Dieser bei Hydrozoa und Scyphozoa auftretende Generationswechsel fehlt den Anthozoa, welche nur im Polypenstadium auftreten. Cnidaria treten primär ausschließlich in der Medusenform auf (z. B. Hydrozoa: Narco- und Trachymedusa). Sekundäre Süßwasservertreter innerhalb der Hydrozoa (z. B. *Hydra*) pflanzen sich im Polypenstadium ungeschlechtlich und sekundär auch geschlechtlich fort. Hier ist die Medusengeneration sekundär ausgefallen. Rückbildungsstadien der Medusengeneration treffen wir innerhalb der Hydrozoa relativ häufig an und zwar in Form verschiedenartiger sessiler Gonophoren. Viele Cnidaria zeigen eine ausgeprägte Stockbildung, welche von Sprossungen und Knospungen an Polypen ausgeht. Die Polypen erzeugen ungeschlechtlich durch Knospung zahlreiche Tochterpolypen, welche sich nicht ablösen, so daß auf diese Weise sich aus vielen Tausenden von Einzelindividuen zusammensetzende Polypenstöcke (z. B. Korallen) entstehen. Neben diesen festsitzenden Polypenstöcken kommt es bei den Siphonophoren (Staatsquallen) auch zur Ausbildung freischwimmender Kolonien mit hochgradig entwickelter Arbeitsteilung zwischen verschiedenartig differenzierten Individuen. Der Individual-Polymorphismus erreicht hier innerhalb der Cnidaria seinen höchsten Ausbildungsgrad. Die Siphonophoren-Kolonie geht von einem Primärpolypen (Gründerpolyp, Zentralpolyp) aus. An diesem entstehen durch Knospung verschiedenartige Polypen- und Medusenformen. Neben den nor-

(1) Furchungstypen (Hydrozoa)

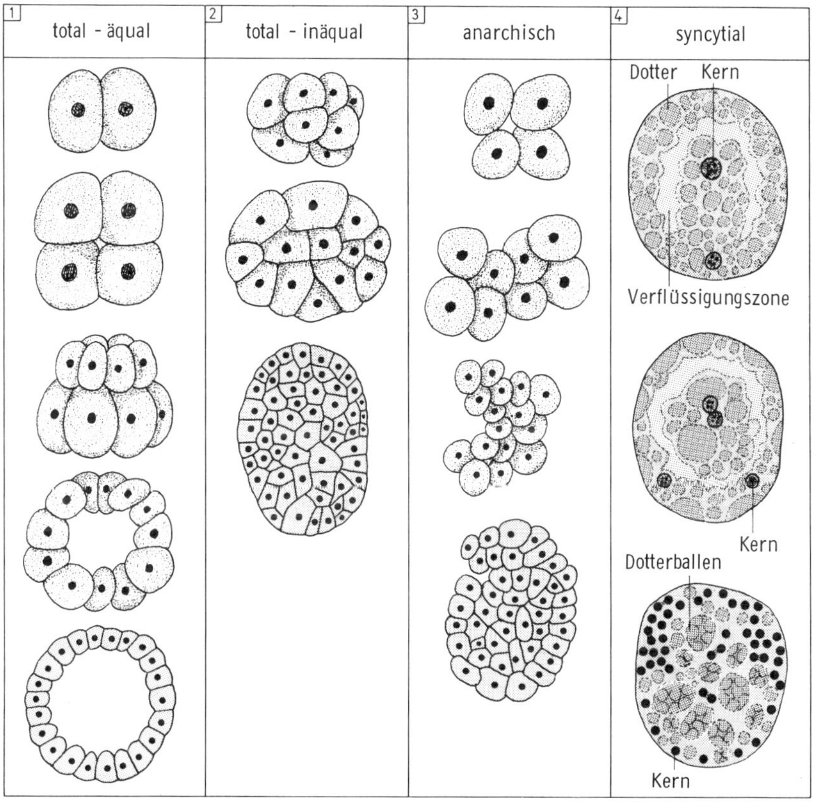

(2) Anthozoa

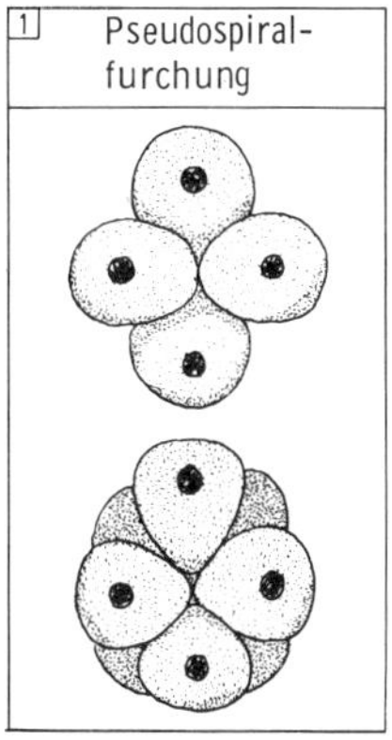

Taf. 214. Cnidaria (Hydrozoa, Anthozoa: Furchungstypen). – Abb. 1/1. *Aequorea forscalea*, total-äquale Furchung (nach CLAUS); 1/2. *Clava squamata*, total-inäquale Furchung (nach HARM & KÜHN); 1/3. *Turritopsis nutricula*, anarchische Furchung (nach METSCHNIKOFF); 1/4. *Eudendrium racemosum*, syncytiale Furchung (nach MERGNER). Abb. 2. *Pachycerianthus multiplicatus* (Anthozoa), Pseudospiralfurchung (nach NYHOLM).

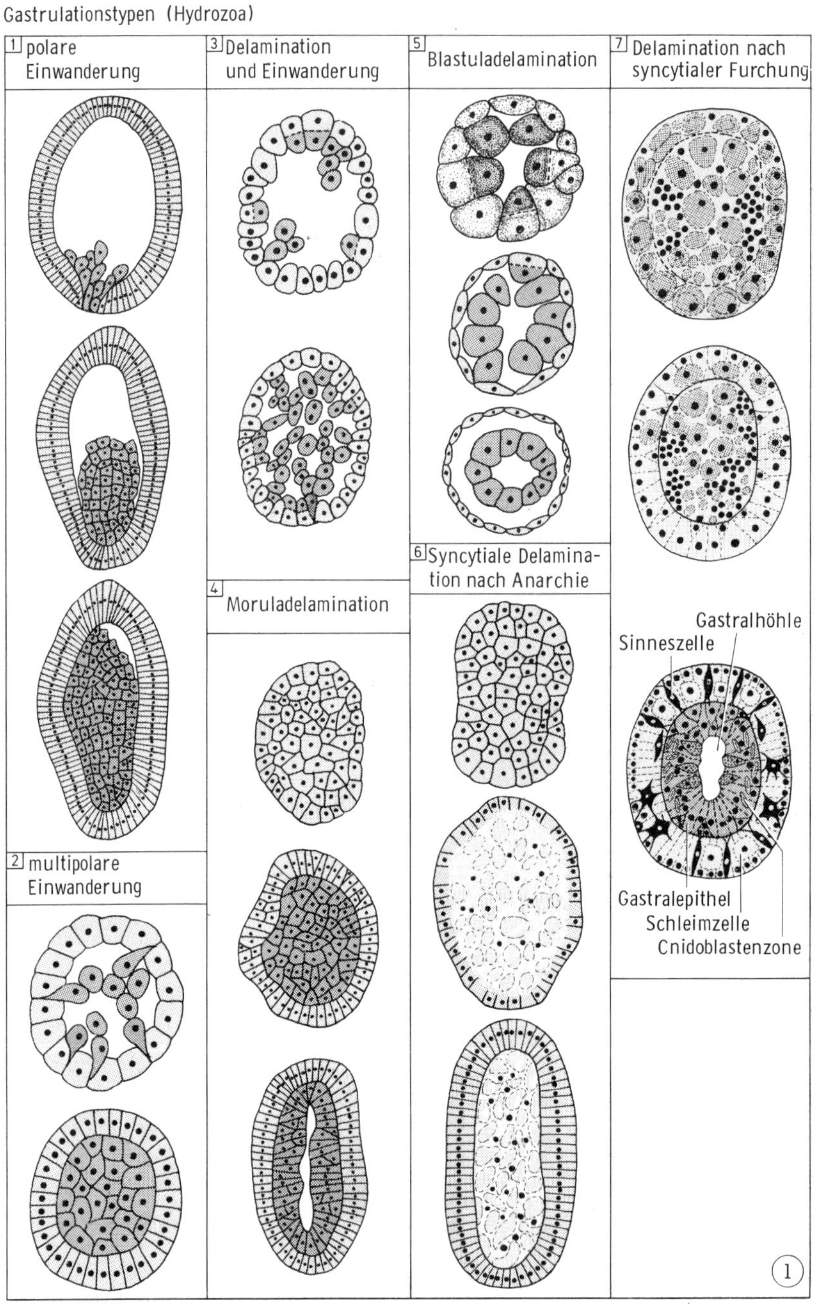

Taf. 215. Cnidaria (Hydrozoa: Gastrulationstypen). – Abb. 1/1–7. Gastrulationstypen (nach PFLUGFELDER): 1/1. *Clytia viridicans*, polare Einwanderung; 1/2. *Aeginopsis mediterranea*, multipolare Einwanderung; 1/3. *Hydra*, multipolare Einwanderung und anschließende Delamination; 1/4. *Clava squamata*, Moruladelamination; 1/5. *Liriope mucronata*, Blastula-Delamination; 1/6. *Turritopsis nutricula*, syncytiale Delamination nach anarchischer Furchung; 1/7. *Eudendrium racemosum*, Delamination nach syncytialer Furchung.

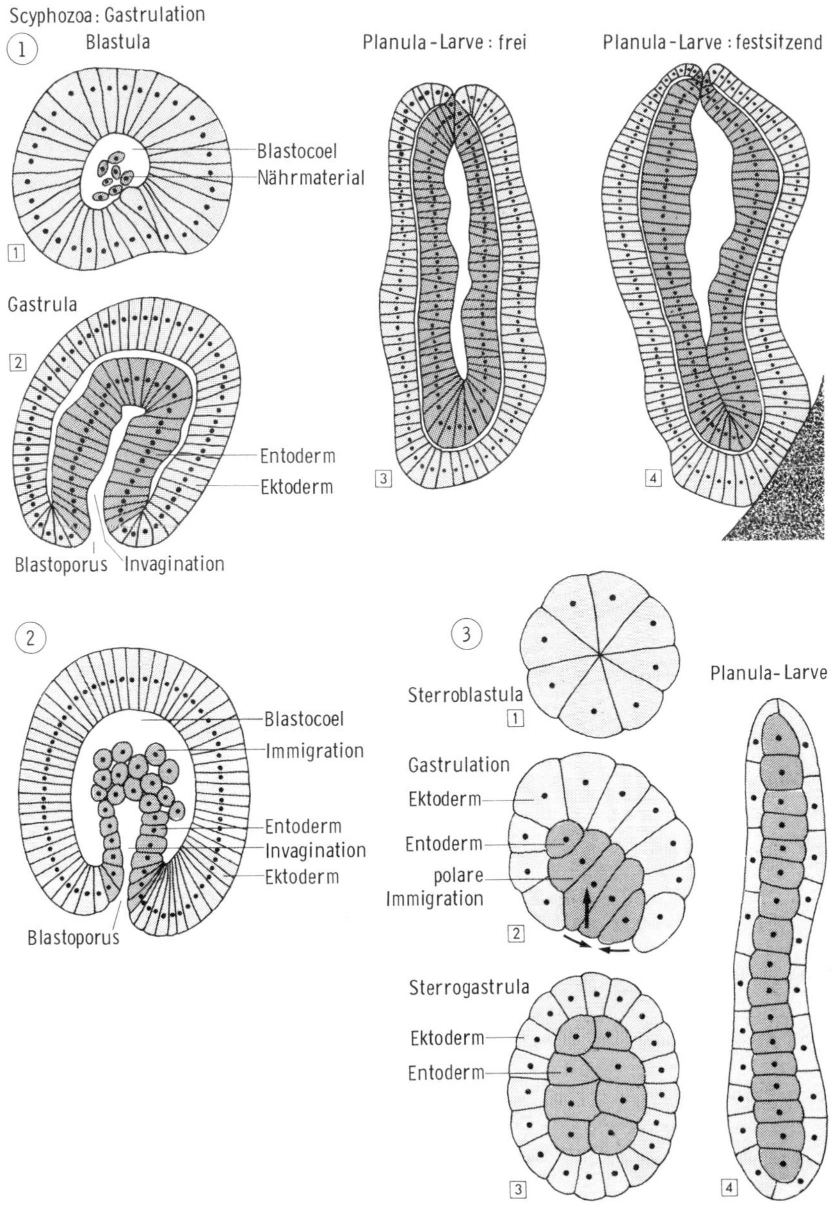

Taf. 216. Cnidaria (Scyphozoa, Cubozoa: Gastrulation und Larvenbildung). – Abb. 1. *Aurelia aurita* (Scyphozoa) (nach HEIN): 1/1. Blastula; 1/2. Invaginationsgastrula; 1/3. freischwimmende Planula-Larve; 1/4. sich mit dem vorderen Ende festsetzende Planula-Larve. Abb. 2. *Linuche unguicula* (Scyphozoa), Invagination verbunden mit Einwanderung vom Urdarmdach (nach CONKLIN). Abb. 3. *Haliclystus octoradius* (Cubozoa) (nach WIETZRYKOWSKY): 3/1. Sterroblastula; 3/2. Gastrulation durch polare Einwanderung; 3/3. Sterrogastrula; 3/4. Planula-Larve.

malen Freßpolypen treten sekundär mundlose, mit Nesselbatterien versehene Wehrpolypen auf. Die medusenerzeugenden Gonozooiden (Blastostyle) sind ebenfalls von Polypen abzuleiten. Neben diesen polypenförmigen Individuen treten auch medusenförmige Individuen auf. Primär stellen sie die Geschlechtsindividuen der Kolonie dar (Medusoide), bleiben aber meist als sessile Gonophoren am Stock ohne sich abzulösen. Im oberen Bereich der Kolonie dienen Medusoide als Schwimmglocken der Fortbewegung. Auch können Medusoide sekundär in Deckstücke umgewandelt werden, welche andere Individualformen überdecken. An der Spitze der Kolonie liegt eine Luftflasche (Pneumatophor), welche früher als eine umgewandelte Meduse gedeutet wurde. Heute nimmt man aber auch an, daß es sich um eine Einstülpung der Fußscheibe des Primärpolypen handelt.

Alle Individuen einer Siphonophoren-Kolonie besitzen ein einheitliches, gemeinsames Gastrovaskularsystem, und sie werden auch von diesem aus mit Nahrung versorgt.

Embryonalentwicklung: Cnidaria sind primär getrenntgeschlechtlich. Sekundär zwittrige Vertreter (z. B. *Hydra*-Arten) kommen nur ausnahmsweise vor. Die Geschlechtszellen der Cnidaria gehen aus interstitiellen Zellen des Ekto- und Entoderms hervor und sind daher nicht an eine bestimmte Keimschicht gebunden. Cnidaria besitzen keine echten Gonaden und weisen auch keine Keimbahn auf. Die Geschlechtszellen sammeln sich in Keimzellenlagern („Gonaden") und werden über Ektoderm (Hydrozoen) oder Entoderm (Scyphozoen und Anthozoen) nach außen abgegeben. Bei Hydrozoen meist primäre freie Entleerung in das umgebende Wasser, bei den anderen Gruppen erfolgt die Befruchtung allgemein im mütterlichen Körper. Der Entstehungsort ist oft (z. B. bei Hydrozoa: primitiver Zustand) nicht mit dem Ort des Keimzellenlagers („Gonade") identisch und kann sehr weit davon entfernt liegen.

Bei Hydrozoen mit Generationswechsel z. B. werden die weiblichen Gameten nicht in den sich dann ablösenden Medusen bzw. in den sessil bleibenden Gonophoren gebildet, sondern im Rumpf (Stiel) des Polypen. Von diesem Ort wandern die Oocyten und Spermatocyten in die Meduse bzw. Gonophore ein und führen dort das restliche Wachstum und die Reifung durch. Bei Scyphozoa und Anthozoa findet keine Wanderung statt. Die Keimzellen entstehen hier aus entodermalen, interstitiellen Zellen, die in unmittelbarer Nähe der „Gonaden" liegen. Bei am Tierstock (Kolonie) verbleibenden Gonophoren (Hydrozoa) finden die ersten Furchungsteilungen noch innerhalb der Gonophore statt. Bei den Scyphomedusen verlaufen die ersten Furchungsteilungen ebenfalls im mütterlichen Körper; bei den Anthozoen verläßt erst das Larvenstadium das mütterliche Tier. Die Furchung (Taf. 214) hängt vom Dottergehalt des befruchteten Eies ab. Wir treffen neben der primären total-äqualen Furchung (Taf. 214:1/1) (Hydrozoa: z. B. *Äquorea forscalea*) auch eine total-inäquale Furchung (Taf. 214:1/2) (Hydrozoa: z. B. *Clava squamata*), eine anarchische Furchung (Taf. 214:1/3) (Hydrozoa: z. B. *Turritopsis*) und eine syncytiale Furchung (Taf. 214:1/4) (Hydrozoa: z. B. *Eudendrium*) an. Bei der syncytialen Furchung liegen sehr dotterreiche Eier vor. Bis zum 16-Zellenstadium verläuft die Furchung regelmäßig, dann wird sie irregulär. Die abweichenden Furchungstypen rühren von einer Zunahme des Dottergehaltes her, und sie sind mit einer Abnahme der Eizahl verknüpft. Die primäre total-äquale Furchung treffen wir sowohl bei Hydrozoa, als auch bei Scyphozoa und Anthozoa. Abweichende Furchungstypen kommen bei allen diesen Klassen vor. Die abweichende Pseudospiralfurchung (Taf. 214:2) ist ebenfalls bei allen diesen Klassen der Cnidaria zu beobachten. Bei der anarchischen Furchung (Taf. 214:1/3) ist zunächst eine regelmäßige Furchung festzustellen, aber schon auf dem 4 oder 8-Zellenstadium geben die Zellen ihre normale Lagerung auf, und es entstehen bei den späteren Teilungen traubenartige Zellanhäufungen. Später verläuft aber die Furchung dann wieder ganz normal.

Im Normalfall kommt es zur Ausbildung einer Coeloblastula (Taf. 219:1). Die Größe des Blastocoels ist vom Dootergehalt abhängig. Seltener auch Ausbildung einer Sterroblastula.

Ebenso vielfältig sind die Gastrulationsformen (Taf. 215) der Hydrozoa. Bei den Hydrozoa kommen vielerlei Typen vor, nie aber eine Invaginationsgastrula. Die Gastrulation kann bei den Hydrozoa als uni- oder multipolare Immigration (Einwanderung) (z. B. bei *Clytia* und *Aeginopsis*) oder sekundär als vielfältige Delamination vorkommen. Es ist charakteristisch, daß die stammesgeschichtlich älteste Gruppe der Cnidaria, nämlich die Klasse der Hydrozoa, sowohl eine Vielfalt von Furchungstypen als auch eine Vielfalt von Gastrulationstypen zeigt. Hier liegt ein gut erkennbares phylogenetisches Expe-

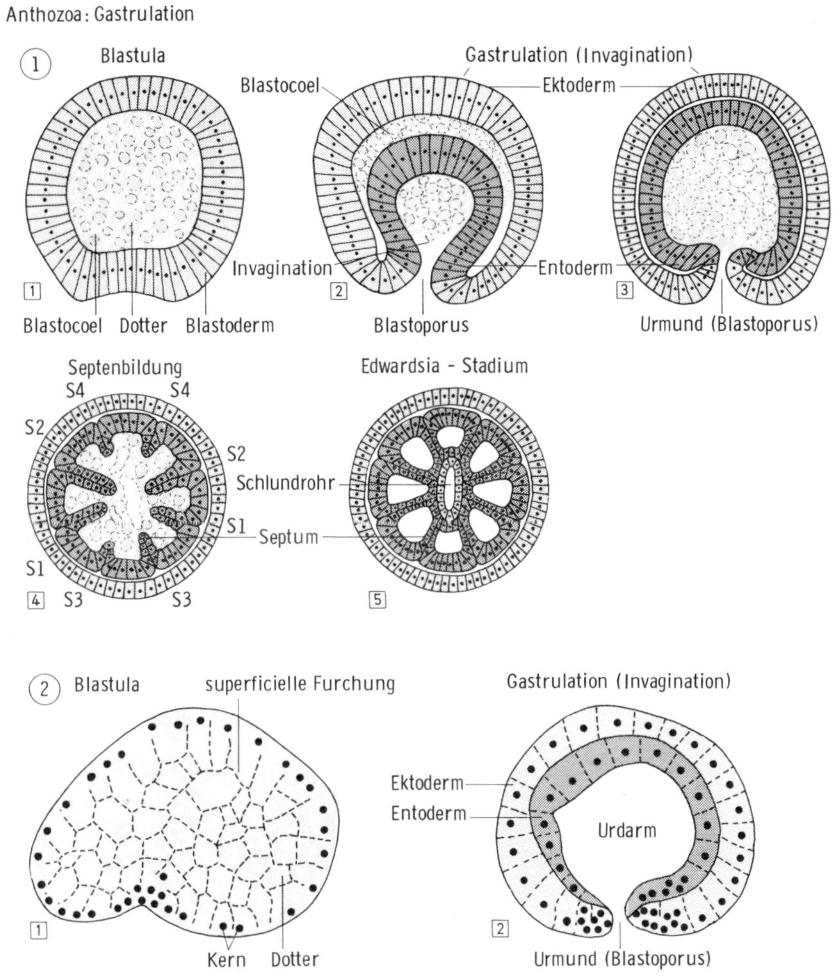

Taf. 217. Cnidaria (Anthozoa: Gastrulation und Septenbildung). – Abb. 1. Blastula, Gastrulation, Septenbildung und *Edwardsia*-Stadium (nach Mc Murrich; Cary; Gemmill): 1/1. *Metridium marginatum*, Blastula (nach Mc Murrich); 1/2. *Actinia bermudensis*, Gastrulation durch Invagination (nach Cary); 1/3. *Bolocera turdiae*, Invaginationsgastrula, Blastocoel verdrängt (nach Gemmill); 1/4. *Bolocera turdiae*, Septenbildung, die Ziffern bezeichnen die Reihenfolge der Septenbildung (nach Gemmill); 1/5. *Edwardsia*-Stadium. Abb. 2. *Cerianthus lloydii* (nach Nyholm): 2/1. Blastula, superficielle Furchung; 2/2. Gastrulation durch Invagination.

rimentierfeld vor. Cubozoa weisen bei den Cubomedusae und Stauromedusae (Taf. 216:3 + 278:1) noch die primäre Einwanderung auf. Innerhalb der Scyphozoa (Taf. 216:1 + 2) treffen wir mit wenigen Ausnahmen nur noch die sekundäre Invaginationsgastrula an. Auch die Anthozoa (Taf. 217, 218) weisen, mit wenigen Ausnahmen, eine Invaginationsgastrula (Taf. 217:1) auf. Bei Ceriantharia z.B. ist eine Art von superficieller Furchung zu beobachten, aber die Entodermbildung (Taf. 217:2) erfolgt doch ebenfalls durch Invagination. Bei Octocorallia (*Sympodium coralloides*) wurde eine Moruladelamination (Taf. 218:1–5) beobachtet. Es besteht aber kein Zweifel, daß die Invaginationsgastrula die typische Gastrula der Anthozoa darstellt. Die primäre Immigration kommt bei Anthozoa nicht vor, dagegen die histodynamisch viel kompliziertere Invagination. Primär liegt eine multipolare Immigra-

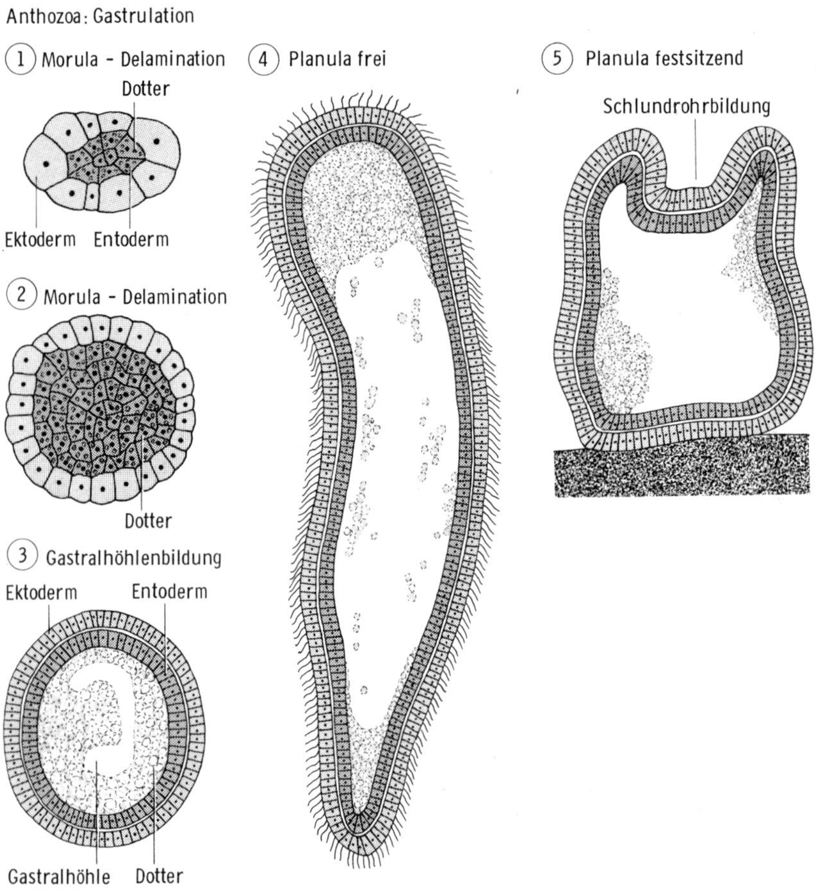

Taf. 218. Cnidaria (Anthozoa: Gastrulation und Larvenbildung). – Abb. 1–5. *Sympodium coralloides* (nach Kowalewsky & Marion): 1 u. 2. Gastrulation durch Moruladelamination; 3. Beginn der Gastralhöhlenbildung; 4. freischwimmende Planula-Larve; 5. sich mit dem vorderen Ende festsetzende Planula-Larve.

tion vor. Aus der nachfolgenden polaren Immigration am vegetativen Pol entwickelt sich die stark abgeleitete Invagination. Primär kommen histodynamisch einfache Gastrulationstypen wie Immigration und Delamination vor. Erst sekundär werden histodynamisch schwierige Gastrulationstypen, wie z. B. Invagination, ausgebildet. Wanderungen von Zellen (bei Immigration notwendig) kommen bei den stammesgeschichtlich alten Hydrozoa relativ häufig vor.

Die durch die Gastrulation erzeugte **Planula-Larve** der Hydrozoa (Taf. 219:3) besitzt primär zunächst noch keinen Urmund. Sie kann ein Blastocoel aufweisen oder voll mit Entodermzellen angefüllt sein. Bei Planula-Larven mit massivem Entoderm entsteht der Urdarm (Gastralhöhle) durch Auseinanderweichen der Zellen oder durch Zellauflösung, so daß ein innerer Spaltraum gebildet wird. Im Ektoderm der Planula-Larve treten schon sehr frühzeitig Zelldifferenzierungen in Form von Sinneszellen, Nesselzellen und Drüsenzellen auf.

Die äußeren Zellen der Planula-Larve der Cnidaria weisen nur eine einzige Geißel (Wimper) auf; ein eindeutiger Hinweis auf nähere Verwandtschaft mit den Porifera (eingeißlige Choanocyten) und auf eine Ableitung aus dem eingeißligen Craspedophyceen-Bereich. Es wäre daher besser, bei der Planu-

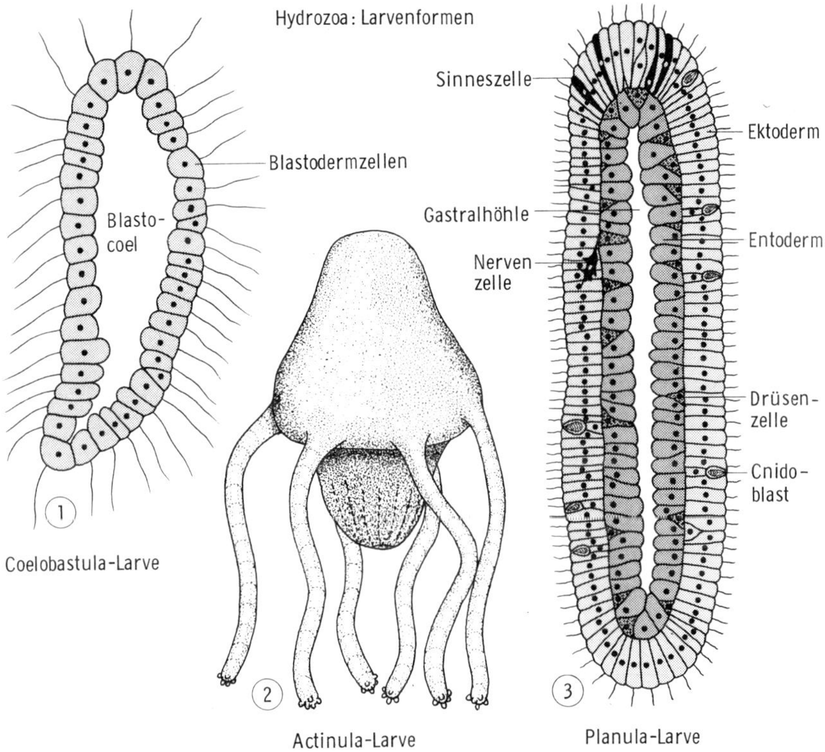

Taf. 219. Cnidaria (Hydrozoa: Larvenformen). – Abb. 1. *Perigonimus*, freischwimmende Coeloblastulalarve (nach METSCHNIKOFF). Abb. 2. *Tubularia*, Actinulastadium (nach CIAMICIAN). Abb. 3. *Gonothyraea*, Planula-Larve (nach WULFERT).

la-Larve der Cnidaria von Begeißelung und nicht von Bewimperung zu sprechen. Man spricht von einer Bewimperung, wenn die äußeren Zellen jeweils mehrere Wimpern (Geißeln) aufweisen.

Die Planula-Larve kann entweder zu einer festsitzenden oder freischwimmenden Lebensweise übergehen. Bei der Umwandlung in einen Polypen setzt sich die Planula-Larve (Taf. 220) mit dem vorderen, aboralen, mit Drüsenzellen versehenen Ende fest und plattet sich an der Basis ab; dieser Teil wird zum Fuß des Polypen. Am entgegengesetzten Pol werden dann die die Mundöffnung umgebenden Tentakeln ausgebildet, nachdem bei mundlosen Planula-Larven vorher der Mund gebildet wurde. Bei Hydrozoen (z. B. *Tubularia*) (Taf. 219:2) und Anthozoa (Ceriantharia) entsteht aus der Planula-Larve eine zunächst mit Tentakeln versehene, pelagisch lebende Actinula-Larve (Hydrozoa) bzw. *Arachnactis*-Larve (Anthozoa), welche sich dann festsetzt und sich in das Polypenstadium umwandelt. Die *Arachnactis*-Larve der Ceriantharia weist bereits Gastraltaschen und Septen auf. Bei Cnidaria, welche ausschließlich im Medusenstadium auftreten, wandelt sich die Planula-Larve ebenfalls zunächst in das mit Tentakeln versehene Actinula-Stadium um. Unter geringfügigen Umwandlungen im aboralen Bereich geht dann das Actinula-Stadium direkt in die Medusenform über. Im Süßwasser lebende Hydrozoen (z. B. *Hydra*) besitzen sekundär kein Larvenstadium, hier schlüpft aus dem Ei direkt ein kleiner Polyp.

Außer der ungeschlechtlichen Fortpflanzung in Form von Knospung treffen wir bei einigen Cnidaria auch Längs- und Querteilungen (aber relativ selten) an; Längsteilung (Taf. 221:1) z. B. bei Hydropolypen und Hexakorallen, Querteilung (Taf. 221:2) bei einigen Hydropolypen, bei Anthozoen und natürlich bei Scyphozoen während des Ablaufes der Strobilation. Frusteln und Reduktionskörper

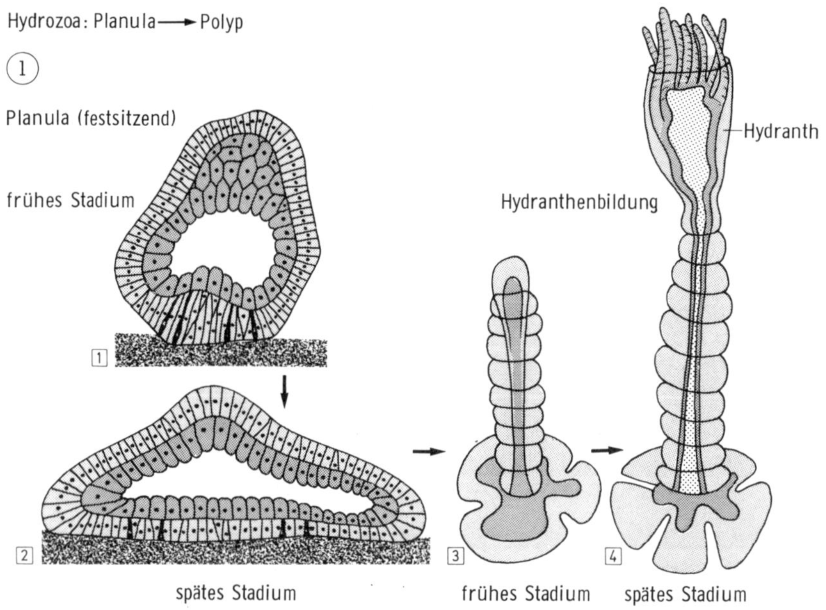

Taf. 220. Cnidaria (Hydrozoa: Umwandlung der Planula-Larve in einen Polypen). – Abb. 1. *Gonothyraea*, Entstehung der Polypenform (nach WULFERT): 1/1. sich festsetzende Planula, frühes Stadium; 1/2. festsitzende Planula, späteres Stadium; 1/3. Hydranthenbildung, frühe Phase; 1/4. Hydranthenbildung, späte Phase.

bilden Dauerstadien, welche wieder zu normalen Polypen heranwachsen können. Die Regenerationsfähigkeit ist sehr groß, ein Zeichen für das stammesgeschichtlich sehr hohe Alter der Cnidaria. Ein Teilstück von $^1/_{200}$ der Körpermasse ergibt z.B. bei *Hydra* wieder ein normales Individuum.

Lebensweise: Primäre marine Vertreter. Sekundär mit spezifischen Vertretern im Brackwasser (z.B. Moerisiidae) und vereinzelt auch im Süßwasser (*Hydra, Pelmatohydra* sowie die Süßwassermeduse *Craspedacusta*). Polypen bewohnen als festsitzende Organismen im marinen Bereich das Bodengebiet (Benthal) oder die pflanzlichen Bewuchszonen (Phytal). Medusen leben pelagisch im freien Wasser. Sekundär können einige Polypen zu einer pelagischen Lebensweise übergehen, die Tentakeln dienen dabei als Schwebevorrichtung (z.B. *Margelopsis* bei den Hydrozoen und *Dactylactis* bei den Anthozoen). Medusen leben vereinzelt auf dem marinen Bodenbereich und benutzen ihre Tentakeln zum Kriechen (z.B. Hydrozoa: *Eleutheria*). *Halammohydra* lebt schwimmend im Sandlückensystem mariner Küsten. Parasitismus tritt innerhalb der Cnidaria ausgesprochen selten auf (*Cunina, Peachia*; beide an anderen Medusen parasitierend). Wesentlich verbreiteter sind Symbiosefälle mit Vertretern anderer Tiergruppen. Es treten Symbiosen von Anthozoen (*Adamsia, Calliactis*) mit Einsiedlerkrebsen auf, wobei die Anthozoen das Schneckenhaus besiedeln. Fische, vorwiegend Pomacentriden (z.B. *Amphiprion*), leben vergesellschaftet mit Anthozoen (*Stoichactis, Radianthus*). Die Körperoberfläche der Fische ist mit einem von der Aktinie gebildeten Sekret bedeckt, so daß sie vor der Einwirkung der Nesselzellen geschützt sind. Sipunculiden (*Aspidosiphon*) leben eng mit solitären Steinkorallen (z.B. *Heterocyathus*) zusammen. Im Kalkskelett der Koralle bleibt ein Gang für den Sipunculiden frei. Die auf der Behausung der Sipunculide, einer leeren Schneckenschale, lebende Koralle wird als Gegenleistung umhergetragen.

Endosymbionten in Darmzellen treten als grüne Zoochlorellen (z.B. bei *Chlorohydra*) oder bei marinen Vertretern als gelbe Zooxanthellen auf (z.B. bei vielen Hydropolypen und Korallen).

Die symbiontischen Algen treten bisweilen auch im Ektoderm auf. Sie liefern ihren Wirten Sauerstoff und werden zum Teil auch als Nahrung verwertet und verdaut. Bei *Chlorohydra* dringen die

Zoochlorellen schon im Mutterkörper in das Ei ein und werden auf diese Weise von Generation zu Generation weitergegeben.

Die Bewegungsweisen sind bei den Cnidaria nur bei den Medusen stärker ausgeprägt. Medusen bewegen sich in Form eines Rückstoßprinzips durch Auspressen von Wasser aus der Glockenhöhle fort. Gelegentlich helfen auch Tentakeln bei den Schwimmbewegungen mit. Polypen sind in der Regel festgewachsen und zu keiner Ortsbewegung fähig. Bei den wenigen, sich fortbewegenden Arten finden wir aber ein reiches Spektrum an Bewegungsformen. *Hydra*-Arten bewegen sich durch abwechselndes

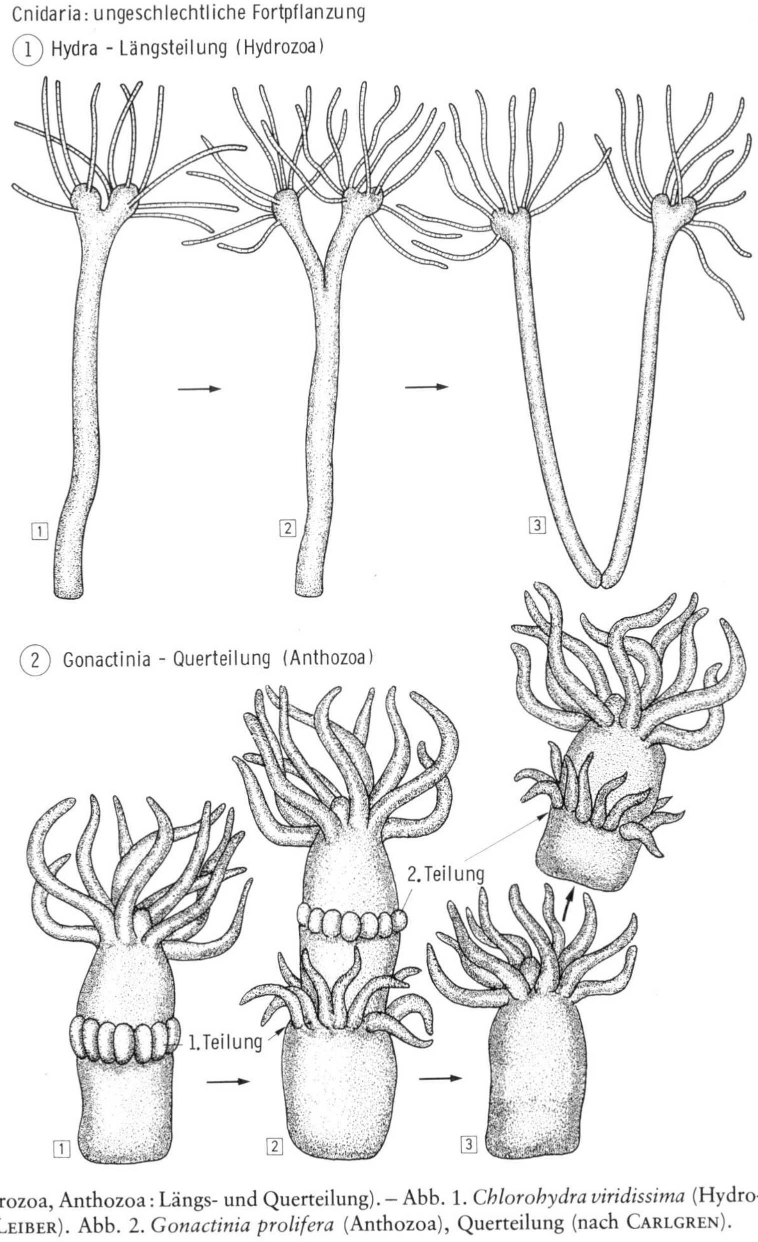

Taf. 221. Cnidaria (Hydrozoa, Anthozoa: Längs- und Querteilung). – Abb. 1. *Chlorohydra viridissima* (Hydrozoa), Längsteilung (nach LEIBER). Abb. 2. *Gonactinia prolifera* (Anthozoa), Querteilung (nach CARLGREN).

Festheften von Fußscheibe und Mundscheibe spannerraupenartig fort. Actinien (Anthozoa) können sich durch lappenartiges Vorschieben von Teilen der Fußsohle bewegen. *Lucernaria*-Arten kriechen mit Hilfe der Tentakeln auf der Mundseite und *Cerianthus*-Arten können peristaltische Bohrbewegungen durchführen.

Phylogenetisch interessant ist die Fortbewegung bei *Halammohydra*; sie erfolgt hier noch, wie auch bei den Planula-Larven, durch Wimpernschlag.

Phylogenie der Radiata und Cnidaria

Radiata besitzen eine primäre Radiärsymmetrie und sind nach der Porifera-Planuloid-Hypothese von einem bewimperten Planuloid-Stadium abzuleiten. Die Planula-Larve der Cnidaria entspricht weitgehend diesem Planuloid-Stadium. Die gemeinsame Abstammung der Porifera und der Cnidaria aus dem Craspedophyceen-Bereich wird eindeutig durch die Eingeißligkeit der Vertreter dokumentiert. Craspedophyceen besitzen, wie auch die Choanocyten der Porifera (einziger begeißelter Zelltyp der Porifera = primärer Zelltyp der Porifera) nur eine einzige Geißel pro Zelle. Dasselbe gilt für die Planula-Larven der Porifera und Cnidaria. Es ist korrekter, hier von einer Begeißelung und nicht von einer Bewimperung zu sprechen, da bei einer echten Bewimperung immer mehrere Wimpern (Wimper = verkürzte Geißel) pro Zelle vorliegen. Die stammesgeschichtlich ältesten Cnidaria, die Actinulidea (z.B. *Otohydra*) sind primär noch voll bewimpert und weisen ebenfalls nur eine einzige Geißel (Wimper) pro Zelle auf. Ein eindeutiger Hinweis für eine Ableitung (über ein Planuloid-Stadium) der Cnidaria aus dem eingeißligen Craspedophyceenbereich. Die nähere Verwandtschaft mit den Porifera zeigen Cnidaria-Larven, welche Choanocyten aufweisen. Entodermale Zellen der Cnidaria (Gastrodermis) weisen Microvilli auf, welche ebenfalls auf eine Ableitung aus einer Gruppe hinweisen, die mit Plasmakragen versehene Zellen besitzt. Die Microvilli-Säume können als Rest eines früheren Plasmakragens gedeutet werden. Als Vorfahren der Cnidaria (und der Porifera) bieten sich von den wenigen eingeißligen und dazu farblosen (ohne Chromatophoren) Algen-Gruppen nur die Craspedophyceen an. Alle zweigeißligen und natürlich auch die mehrgeißligen Gruppen (z.B. Ciliophora) sind von vornherein als Ausgangsgruppe auszuschließen.

Radiata weisen primär eine tetramere Radiärsymmetrie auf. Diese primäre tetramere Symmetrie tritt bereits erstmals bei dem Actinula-Stadium der Actinulidea (stammesgeschichtlich älteste Gruppe der Cnidaria) auf. *Otohydra* als ein Vertreter dieser Gruppe besitzt z.B. im Adultstadium (Halhydrula-Stadium) 12 oder 16 Tentakeln. Bei der Umwandlung der Planula-Larve in die Actinula-Larve werden zuerst 4 Tentakeln (= primäre tetramere Radiärsymmetrie) gebildet. Erst nachfolgend werden dann weiter jeweils 4 Tentakeln erzeugt, bis die volle Tentakelzahl erreicht ist. Der Gastralraum der Actinulidea-Actinula bleibt primär ungegliedert, hier ist keine tetramere Symmetrie ausgebildet. Durch das sekundäre Festsetzen dieser Actinula entsteht der Hydrozoen-Polyp mit primär ungegliedertem Gastralraum. Septenbildungen im Gastalraumbereich (Scyphozoa, Anthozoa) des Polypen sind daher immer sekundär. Die Hydromedusen behalten diese tetramere Symmetrie bei. Sie erstreckt sich bei ihnen auf die Tentakeln (vier oder ein Vielfaches von vier) und auf die Radiärkanäle (vier). Der Gastralraum bleibt bei den Hydromedusen primär ungegliedert, es kommt zu keiner sekundären Gastraltaschenbildung (wie z.B. bei den Scyphomedusen).

Sekundär tritt innerhalb der Radiata eine die primäre Radiärsymmetrie überlagernde Biradiärsymmetrie (Ctenophora) oder eine Bilateralsymmetrie (Anthozoa) auf. Die Radiärsymmetrie der Radiata ist nicht durch eine sekundär sessile Lebensweise bedingt, da die Meduse (primäres Adultstadium der Cnidaria) stets freilebend und nie primär sessil war.

Die Embryonalentwicklung der Radiata (auch diejenige stammesgeschichtlich jüngerer Gruppen, wie etwa Anthozoa) läuft bis zum Gastrulastadium (Sterrogastrula, Planula) eindeutig radiärsymmetrisch ab. Ein deutlicher Hinweis (biogenetische Grundregel) für das primäre Auftreten der Radiärsymmetrie. Auch bei den stammesgeschichtlich noch älteren Porifera treten radiärsymmetrische Stadien während der Embryonalentwicklung auf (z.B. radiärsymmetrisch angeordnete Kreuzzellen der Calcaronea). Auch das Kreuz bei der Spiralfurchung der stammesgeschichtlich ältesten Bilateralia weist auf diese primäre Radiärsymmetrie hin. Zusammenfassend kann gesagt werden, daß bei den Radiata keine Anzeichen einer primären Bilateralsymmetrie während des Ablaufes der Embryonalentwicklung festzustellen sind.

Die Planula-Larve der Cnidaria (zunächst eine Sterro-Planula) bildet bei der Umwandlung einen terminal liegenden Blastoporus und einen Urdarm aus. Trotz des vorhandenen Darmes (Gastralraum) findet bei den Radiata noch weitgehend eine primäre intrazelluläre Verdauung in den Entodermzellen statt. Im Darmtrakt selbst kommt es durch die sezernierende Tätigkeit der Drüsenzellen nur zu einer Vorverdauung, eine Anpassung an die im Verlauf der Evolution größer gewordenen Beuteobjekte. Bei Cnidaria sind die Entodermzellen oft noch begeißelt und mit Microvilli versehen. Hinweise auf ein stammesgeschichtlich hohes Alter der Gruppe.

Die freischwimmende Planula-Larve (phylogenetisch gesehen ein Planuloid-Stadium, bzw. ein Procnidaria-Stadium) der Cnidaria, als der stammesgeschichtlich ältesten Teilgruppe der Radiata, wandelt sich primär in eine pelagisch lebende und mit Tentakeln versehene Actinula um. Die Actinula stellt ein weiterentwickeltes Stadium dar und wandelt sich primär in ein nur gering weiter entwickeltes Vormedusen-Stadium (bei Actinulidea) oder in ein weiter entwickeltes Medusenstadium (Trachylidea) um. Vormeduse bzw. Meduse stellen die primären, geschlechtsreifen Adultstadien der Cnidaria dar.

Dem vorliegenden phylogenetischen System der Cnidaria liegt die **Actinula-Hypothese** zugrunde. Nach dieser Hypothese läuft die ontogenetische Entwicklung von der pelagisch lebenden Planula-Larve über die ebenfalls pelagisch lebende, durch den Besitz von Tentakeln unterschiedene Actinula-Larve direkt zur pelagischen adulten Medusenform ab. Die primäre Entwicklung finden wir noch bei den Actinulidea und den Trachylidea (beide Hydrozoa). Erst sekundär kommt es im Verlauf der Cnidaria-Evolution zum Festsetzen der Planula-Larve, welche sich in ein sessiles, larvales „Actinula-Stadium" (= Polyp) umwandelt und durch Knopsung Medusen erzeugt (Modell: Medusenknospung an Actinula-Larven bei Narcomedusa). Auf diese Weise entsteht sekundär der sessile Polyp, der ungeschlechtlich Medusen erzeugt, aber sich auch ungeschlechtlich durch Polypenknopsung fortpflanzen kann. Der Generationswechsel Polyp (ungeschlechtliche Vermehrung) und Meduse (geschlechtliche Fortpflanzung) ist daher bei den Cnidaria schon sehr früh festgelegt, mit der sekundären Sessilität des Polypenstadiums verknüpft und tritt daher schon bei den stammesgeschichtlich sehr alten Hydroidea (Athecata) auf. Mit der Sessilität des Polypenstadiums kommt es zu einem Abbau der freien Medusenphase, deutlich erkennbar an den vielfältigen Medusenreduktionen innerhalb der Hydroidea. Diese Reduktionen sind bedingt durch den Wechsel von der primären freischwimmenden Lebensweise (Meduse) zur sekundären sessilen Lebensweise (Polyp). Aus den geschilderten Gründen kann daher auch die Meduse nicht als ein sekundäres Ausbreitungsstadium primär sessiler (Polypoid-Hypothese) Cnidaria betrachtet werden. Wenn es so wäre, sind die Medusenreduktionen mit völligem Abbau der freien Phase völlig unerklärlich. Bei allen Animalia-Gruppen mit freilebenden und sessilen Vertretern ist die Sessilität immer eindeutig sekundär.

Bei den Cubozoa und Scyphozoa ist ein deutlicher Abbau des Polypenstadiums erkennbar. Einen anderen Weg haben die Anthozoa beschritten. Sie haben sich auf eine alleinige sessile (zum Teil mit schwacher Bewegungsfähigkeit) Lebensweise spezialisiert, die Unfähigkeit, den Standort zu wechseln, wird durch die Ausbildung vieler Tentakeln (Fangtentakeln) kompensiert. Bei ihnen fehlt das Medusenstadium völlig. Sie haben vermutlich nie ein Medusenstadium besessen und stellen geschlechtsreif gewordene Larvenformen dar (Neotenie).

Das Polypenstadium stellt eine larvale Phase dar. Dieses ist deutlich zu erkennen, wenn ein Zyklus Polyp-Meduse vorliegt. In diesen Fällen ist die Meduse stets das Geschlechtsstadium und nie der Polyp. Primärer Zyklus der Cnidaria: Ei – Planula – Actinula – Vormeduse bzw. Meduse.

Der primäre Zyklus weist zunächst keine asexuelle Fortpflanzung auf. Primär sind Cnidaria (Radiata) freischwimmend, und erst sekundär kommt es zur Ausbildung sessiler Vertreter. Das Polypenstadium entsteht sekundär durch das Festsetzen asexueller Larvenstadien (Planula, Actinula), verbunden mit Knospungsvorgängen an diesen Stadien. Durch den Wechsel zur sekundären Sessilität entsteht die Polypenform und durch das Nichtablösen von Knospungen werden sekundäre Polypenkolonien gebildet. Primär ist ein Einzelpolyp vorhanden, erst sekundär kommt es zur Kolonienbildung. Polypen stellen im primären Fall abgewandelte Larvenstadien und keine sich geschlechtlich fortpflanzende Adultstadien dar. Dies ist innerhalb der Hydrozoa deutlich bei den Hydrida zu erkennen. Hydrida sind stammesgeschichtlich junge sekundäre Süßwasserbewohner (Cnidaria besiedeln primär den marinen Bereich) und deutliche Endglieder einer Regressionsreihe. Bei ihnen ist das Medusenstadium sekundär völlig reduziert und es ist nur noch das sessile Polypenstadium vorhanden, welches nun auch zusätzlich noch (bedingt durch das Fehlen der Medusen) die geschlechtliche Fortpflanzung übernimmt. Innerhalb der stammesgeschichtlich jüngeren Hydrozoa-Gruppen ist allgemein, auch schon im primären marinen Bereich, eine Tendenz zur Ausschaltung des freien Medusenstadiums (z. B. Ausbildung sich nicht mehr ablösender Medusoide, die nach und nach durch Reduktionen immer mehr ihre Ähnlichkeit mit Medusen verlieren) zu erkennen. Diese Regressionsreihe führt dann zu den medusenlosen Hydrida.

Grundgestalt der Cnidaria ist die Actinula mit einer äußeren tetrameren Radiärsymmetrie (bedingt durch die Zahl der Tentakeln) und einem inneren ungegliederten Gastralraum. Dieser ungegliederte Gastralraum wird bei den Hydrozoa (= stammesgeschichtlich älteste Cnidaria) sowohl im Medusen- als auch im Polypenstadium beibehalten. Diesen ungegliederten Gastralraum treffen wir noch bei den Polypen der Cubozoa an, während ihre Medusen schon einen durch Septenbildung bedingten aufgegliederten Gastralraum mit Gastraltaschen aufweisen. Innerhalb der Cnidaria ist eine starke Tendenz zur Aufgliederung des Gastralraumes in Gastraltaschen durch sekundäre Septenbildung erkennbar. Scyphozoa (Polyp und Meduse) und Anthozoa (Polyp) zeigen diese sekundären Gastraltaschenbildungen, die auf eine tetramere Septenbildung zurückzuführen sind. Die Gastraltaschen entstehen als Nebenprodukt innerer Oberflächenvergrößerungen (Septenbildungen). Sie entstehen nicht, wie von den Vertretern der Enterocoel-Hypothese angenommen, durch Abschnürungen des Gastralraumes (Urdarm), sondern durch Hineinwachsen von Septen von außen in den Gastralraum, ein grundsätzlich andersartiger Vorgang. Es gibt keine Anzeichen dafür, daß diese Septen bei Hydrozoa und Cubozoa sekundär reduziert worden wären. Es ist im Gegenteil eine eindeutig progressive Entwicklung festzustellen, welche durch Septenbildung zu einer Vergrößerung der inneren verdauenden Flächen (bedingt durch Größerwerden des Körpers infolge größerer Beuteobjekte) führt. Auch hier ist das allgemeine Evolutionsprinzip der progressiven Entwicklung unverkennbar.

Anthozoa sind, wie ihre Embryonalentwicklung zeigt, ebenfalls primär radiärsymmetrisch. Sie zeigen eine äußere Radiär- und eine innere Bilateralsymmetrie. Die innere Bilateralsymmetrie wird durch sekundäre Veränderungen (Bildung eines Actinopharynx; Bildung von Siphonoglyphen, Septen und Retraktormuskeln) hervorgerufen, die primäre Radiärsymmetrie (kenntlich z. B. an den Septenanordnungen) wird dabei überlagert. Auch bei den Ctenophora liegt eine sekundär abgewandelte Symmetrieform, die sekundäre, biradiale Symmetrie, vor. Auch sie ist von der primären Radiärsymmetrie abzuleiten.

Eine echte Bilateralsymmetrie tritt erstmals bei den Plathelminthes (stammesgeschichtlich älteste Bilateralia) auf und ist an eine benthonische, kriechende Lebensweise gebunden.

Innerhalb der Radiata stellen die Cnidaria die stammesgeschichtlich älteste Gruppe dar. Die Ctenophora sind aus dem Narcomedusa-Bereich (Hydrozoa) abzuleiten. Hydrozoa sind die stammesgeschichtlich älteste Gruppe der Cnidaria. Aus ihrem Bereich sind sowohl die Cubozoa als auch die Scyphozoa und Anthozoa abzuleiten.

Primär ist innerhalb der Cnidaria eine schwimmendgleitende Lebensweise der Vormeduse (Actinulidea) bzw. freischwimmende Lebensweise der Meduse (Trachylidea). Sekundär ist die sessile Lebensweise des Polypenstadiums. Bei der Planula-Larve der Cnidaria erfolgt die Nahrungsaufnahme durch die äußeren ektodermalen Zellen. Die Nahrung wird intrazellulär verdaut (soweit überhaupt eine Nahrungsaufnahme bei den kurzlebigen Planula-Stadien erfolgt) und an innen liegende Zellen (Pinocytose-Vorgänge) weitergegeben. Mit der Bildung des Blastoporus und eines inneren Gastralraumes erfolgt nun die Nahrungsaufnahme über die terminal gelegene Mundöffnung. Es bleibt aber zunächst bei der primären intrazellulären Verdauung, welche nun in den Entodermzellen erfolgt, die häufig noch eine primäre Begeißelung aufweisen.

Auch für die Phylogenie der Cnidaria gilt die Grundregel, daß sich ein primär einfacher Bauplan (bei normaler, nicht sekundär stark abgeänderter Lebensweise) im Verlauf der Evolution in kompliziertere und ökologisch besser adaptierte Baupläne (es ändern sich ja auch die Lebensweisen im Verlauf der Evolution und sind Ausgangspunkte der Bauplan-Veränderungen) umwandelt. Der Polypen-Gastralraum der Cnidaria ist primär einfach (Hydrozoa und Cubozoa) und wird erst sekundär durch Septenbildung (Scyphozoa und in noch größeren Ausmaß bei Anthozoa) stärker aufgegliedert. Dadurch werden größere Verdauungsflächen geschaffen, und es kommen zusätzliche Septal-, bzw. Gastralfilamente hinzu. Die größeren Verdauungsflächen sind notwendig, da die Beutetiere im Verlauf der Evolution (z. B. Hydrozoa kleine und Anthozoa große Beutetiere) immer größer werden und daher parallel zur allgemeinen Körpervergrößerung auch größere innere Verdauungsflächen, sowohl für die extrazelluläre Vorverdauung als auch für die anschließende intrazelluläre Volgverdauung notwendig werden. Es erscheint wenig sinnvoll, hier eine Regressionsreihe sehen zu wollen, welche mit Anthozoa (mit dem am stärksten aufgegliederten Gastralraum) beginnt und die Hydrozoa (mit einem einfachen, ungegliederten Gastralraum) als stammesgeschichtlich jüngste Gruppe der Cnidaria betrachtet. Gleichzeitig mit der sekundären Vergrößerung des Gastralraumes (innere Oberflächenvergrößerung) ist im Verlauf der Evolution eine Vergrößerung und ein Komplizierterwerden des Mesogloea-Bereiches festzustellen. Auch hier sprechen die Daten eindeutig für eine Progressionsreihe Hydrozoa-Cubozoa-Scyphozoa-Anthozoa und nicht umgekehrt. Hydrozoa besitzen eine zellenfreie Stützlamelle bzw. Mesogloea. Sekundär erfolgt bei den Scyphozoa und vor allem bei den Anthozoa eine Einwanderung unterschiedlicher Zellformen in die Mesogloea. Die Mesogloea ist bei Hydrozoa und Cubozoa stets frei von Zellen, bei Scyphozoa (nur wenige Ausnahmen) und Anthozoa (hier bei allen Vertretern) liegt eine Mesogloea mit eingewanderten Zellen vor. Die Mesogloea ist bei Hydrozoa noch primär einfach gelartig, bei den Scyphozoa dagegen fibrös und bei den Anthozoa bereits leicht „bindegewebsartig". Auch hier kann man keine Regressionsreihe herauslesen. Hydrozoa besitzen noch die primären, primitiven, glatten Epithelmuskelzellen. Bei Scyphozoa treten neben Epithelmuskelzellen (z. B. im Subumbrella-Bereich von Medusen) bereits isolierte Muskelzellen (von Epithelmuskelzellen durch Absenkung abzuleiten) in der Mesogloea auf. Am stärksten treten isolierte Muskelzellen im Mesogloea-Bereich der Anthozoa auf. Anthozoa bilden regelrechte, sich aus isolierten Muskelzellen zusammensetzende Muskelbänder. Epithelmuskelzellen kommen bei ihnen nicht mehr vor. Auch hier erscheint es völlig ausgeschlossen, daß sich aus den Muskelzellen der Anthozoa (im Sinne einer regressiven Entwicklung) die primitiven Epithelmuskelzellen (Deckzelle mit gleichzeitiger Muskelfunktion) entwickelt haben sollten. Der Besitz von Nesselzellen mit Nesselkapseln stellt ein wichtiges Schlüsselmerkmal (Autapomorphie) der Cnidaria dar. Ähnlich gebildete Organellen von einzelligen Vertretern (z. B. Dinophyta, Cryptophyta, Ciliophora, Cnidospora) sind konvergent entstanden und können nicht mit den Nesselkapseln der Cnidaria homologisiert werden. Dieses gilt auch für die Colloblasten (Autapomorphie) der Ctenophora.

Nesselzellen kommen primär im Ektoderm vor, und wir treffen sie erst sekundär bei Scyphozoa und Anthozoa auch im Entodermbereich an. Größere Beutetiere führen dazu, auch zusätzliche Nesselzellen im Entoderm zur Verfügung zu haben.

Innerhalb der Cnidaria kommt eine große Zahl von Nesselkapsel-Typen vor. Unterschiedliche Nesselkapsel-Typen stellen verschiedenartige Adaptionen an unterschiedliche Lebensweisen (unterschiedliche Beuteobjekte) dar. Je größer das ökologische Spektrum einer Gruppe, desto größer natürlich auch die Zahl der Nesselkapsel-Typen. Es ist daher verständlich, daß die Hydrozoa mit ihrer Vielfalt von Polypenformen und Medusen auch die unterschiedlichsten Lebensweisen zeigen und dementsprechend eine hohe Zahl von Nesselkapsel-Typen besitzen. Primär ist der Nesselkapsel-Bestand (Cnidom) natürlich klein, so zeigen z. B. die stammesgeschichtlich ältesten Gruppen der Hydrozoa, die Actinulidea und Trachylidea nur wenige Nesselkapsel-Typen.

Die primäre Funktion der Nesselkapseln ist das Umschlingen des Beuteobjektes. Erst sekundär werden Vorrichtungen geschaffen (terminale Öffnung, Ausbildung von Stilettapparaten), um in das Beutetier einzudringen. Die stammesgeschichtlich ältesten Nesselkapseln sind die Astomocniden, welche noch keine terminale Öffnung besitzen und primär zum Festhalten und Umschlingen der Beute (kleinere Beutetiere) dienen. Erst sekundär werden (gekoppelt mit dem Größerwerden der Beute) Nesselkapseln mit terminaler Öffnung, Stomocniden, ausgebildet. Sie können nun mit Teilen der Nesselkapsel in die Beuteobjekte eindringen und haben so, oft unterstützt durch Stilettapparate, eine viel größere Wirksamkeit.

Die primären Astomocniden treten nur bei der stammesgeschichtlich ältesten Gruppe der Cnidaria, den Hydrozoa, auf. Ein weiterer, entscheidender Hinweis, daß es sich bei den Hydrozoen(und nicht Anthozoa) um die stammesgeschichtlich ältesten Cnidaria handelt. Die Desmonemen stellen den primären Astomocniden-Typ und damit auch den primären Nesselkapsel-Typ der Cnidaria dar.

Stomocniden (primär Haplonemen, sekundär Heteronemen) werden bereits bei den Hydrozoa ausgebildet und kommen hier, entsprechend der großen ökologischen Valenz der Gruppe, in großer Typenzahl vor. Hydrozoa weisen primär kleinere Beuteobjekte auf, welche zunächst durch Astomocniden festgehalten und dann durch Stomocniden verletzt und getötet werden können. Hydrozoa besitzen vorwiegend Desmonemen zum Festhalten und Rhopaloiden (Heteronemen) zum Verletzen und Töten der Beute.

Bei den Scyphozoa und Anthozoa sind die Beuteobjekte sekundär größer und die Astomocniden reichen hier mit ihrer einfachen Festhaltefunktion nicht mehr aus. Diese Gruppen benötigen wirkungsvollere Stomocniden in Form von Haplonemen und Heteronemen.

Grundtyp der Stomocniden sind die zu den primären Haplonemen zählenden isorhizen, atrichen Haplonemen. Sie sind bei den stammesgeschichtlich ältesten Hydrozoa, den Actinulidea und Trachylidea (auch bei Limnomedusa) vorhanden und werden von den stammesgeschichtlich jüngeren Teilgruppen der Cnidaria übernommen. Die einzige Ctenophore mit Nesselkapseln (*Euchlora rubra*) weist nur diesen primären Stomocniden-Typ auf. Als einzige Gruppe der Cnidaria besitzen die Narcomedusa (Hydrozoa) ebenfalls nur isorhize atriche Haplonemen. Ein deutlicher Hinweis (neben anderen Synapomorphien) für die Ableitung der Ctenophora aus dem Narcomedusa-Bereich.

Es ist ökologisch bedingt, daß Hydrozoa eine große Zahl von Nesselkapsel-Typen aufweisen. Bei Hydrozoa kommen beide Ausbildungsphasen, Meduse und Polyp, häufig noch ziemlich ausgeglichen vor, obwohl ein Trend zum Abbau des primären Medusenstadiums, verbunden mit Kolonienbildung, festzustellen ist. Die Vielfalt der Hydrozoen-Kolonien bedingt natürlich ebenfalls eine Vielfalt von Nesselkapsel-Typen. Scyphozoa und Anthozoa besitzen nur wenige Nesselkapsel-Typen. Das ist verständlich, weil bei den Scyphozoa das Polypenstadium extrem reduziert und praktisch nur noch als Ephyren-Produzent tätig ist und bei den Anthozoa nur das Polypenstadium auftritt. Es ist daher wenig schlüssig, in den Anthozoa die primäre Gruppe der Cnidaria sehen zu wollen, weil sie eine geringere Nesselkaspeltypen-Zahl als die Hydrozoa aufweisen. Dies ist aber rein ökologisch bedingt. Der Besitz von Astomocniden sowie das Fehlen der Astomocniden bei Anthozoa, Scyphozoa und Cubozoa, weist die Hydrozoa deutlich als stammesgeschichtlich älteste Gruppe der Cnidaria aus.

Die Vielfalt der Gastrulationstypen während der Embryonalentwicklung der Hydrozoa spricht ebenfalls für das hohe stammesgeschichtliche Alter der Gruppe. Hier ist noch kein bestimmter Gastrulationstyp (Experimentier-Bereich) manifestiert. Es gilt allgemein, daß bei stammesgeschichtlich älteren Teilgruppen noch keine enge Spezialisierung und daher auch eine größere Merkmals-Variabilität vorliegt. Man denke z. B. an Turbellaria-Cestoda; Crustacea-Insecta; Polychaeta – Oligochaeta; Gastropoda – Lamellibranchiata. Die stammesgeschichtlich älteren Gruppen zeigen jeweils eine viel größere Variabilität. Primär ist innerhalb der Cnidaria eine Gastrulation in Form von Einwanderung (Immigration, histodynamisch einfacher Typ). Eine Zelleinwanderung erfolgt bereits bei den Porifera, führt aber dort zu keiner Keimblatt-Bildung. Hydrozoa besitzen unterschiedliche Formen der Einwanderung (z. B. uni- und multipolar) und der Delamination (von der Einwanderung abzuleiten), aber die sekundäre Invaginations-Gastrulation (histodynamisch viel komplizierter) kommt bei Hydrozoa nicht, aber dagegen bei den stammesgeschichtlich jüngeren Scyphozoa und Anthozoa vor. Die Immigration (wohl zunächst multipolar) ist als die primäre Gastrulationsform der Cnidaria und damit auch der Animalia (ohne Porifera: Parazoa) zu betrachten.

Bei Hydrozoa erfolgt außerdem in noch fast allen Fällen die freie, primäre Entleerung der Geschlechtsprodukte (Spermien, Eier) in das umgebende Wasser, während bei Scyphozoa ebenfalls Geschlechtsprodukte frei in das Wasser abgegeben werden, zum Teil aber schon eine Befruchtung und auch die Embryonalentwicklung im mütterlichen Körper stattfindet. Bei den Anthozoa ist diese sekundäre Verlagerung der Befruchtung und Embryonalentwicklung in den mütterlichen Körper am stärksten ausgebildet. Hier verläßt erst die voll ausgebildete Planula-Larve den mütterlichen Körper. Es besteht wohl kein Zweifel, daß die freie Befruchtung außerhalb des Körpers primär und die Befruchtung im mütterlichen Körper dagegen sekundär ist.

Cnidaria besitzen ursprünglich noch eine volle äußere Bewimperung (Begeißelung). Diese primäre volle Begeißelung treffen wir nur noch bei der stammesgeschichtlich ältesten Gruppe der Cnidaria, den Actinulidea (Hydrozoa), an. Die äußeren ektodermalen Zellen weisen jeweils nur eine einzige Geißel auf, entsprechend den Choanocyten der Porifera. Bei allen anderen Teilgruppen der Cnidaria sind sekundär nur noch Teilbereiche bewimpert (begeißelt), oder die Bewimperung fehlt sekundär völlig. Auch hier ist es nicht vorstellbar, daß teilbewimperte Gruppen, wie Anthozoa, die Vorfahren von voll bewimperten Gruppen sein sollen.

Cnidaria sind primär solitäre Vertreter. Kolonienbildung ist sekundär, und Kolonien entstehen unabhängig voneinander in verschiedenen Gruppen. Auch der metagenetische Generationswechsel gehört nicht zum Grundplan der Cnidaria, wird aber schon relativ frühzeitig entwickelt. Actinulidea, als stammesgeschichtlich älteste Gruppe der Cnidaria zeigen noch die direkte Entwicklung zu einem adulten Vormedusenstadium über ein Actinula-Stadium. Bei den nahe mit ihnen verwandten Trachylidea erfolgt die Weiterentwicklung zur Vollmeduse. Auch die Trachylidea zeigen noch den direkten Zyklus: Planula – Actinula – Meduse. Es sind noch keine Anzeichen einer sekundären Sessilität erkennbar. Innerhalb der Trachylidea ist aber bereits der erste Ansatz zur Ausbildung eines metagenetischen Zyklus erkennbar. Die Actinula-Larven der Narcomedusa vermögen Medusenknospen auszubilden. Es ist nur noch das (leicht mögliche) Festsetzen der Actinula erforderlich, und sie wird zum larvalen, sessilen Polypen, der Medusenknospen erzeugt und so den metagenetischen Wechsel Meduse – Polyp herstellt. Bereits bei stammesgeschichtlich alten Hydrozoa-Gruppen ist eine Trennung in sessile Polypen und freischwimmende Medusen vollzogen.

Die Evolution der Cnidaria beginnt mit der stammesgeschichtlich ältesten Gruppe, den Hydrozoa. Aus dem Hydrozoa-Bereich sind Cubozoa, Scyphozoa und Anthozoa abzuleiten. Cnidaria sind primär radiärsymmetrisch. Die Bilateralsymmetrie der Anthozoa ist als abgeleitet zu betrachten. Anthozoa stellen nicht (wie z. B. von REMANE, ULRICH, JÄGERSTEN und HADŽI angenommen) die stammesgeschichtlich älteste Gruppe der Cnidaria dar. Primär ist das Medusenstadium, der Polyp ist als eine sekundär sessil gewordene Larvenform zu betrachten. Das primär larvale Polypenstadium kann in der normalen Reihenfolge (Larve-Adultstadium) Adultstadien in Form von Medusen erzeugen, aber Medusen können naturgemäß kein vorhergehendes larvales Stadium (Polypen) bilden.

In diesem Zusammenhang soll noch kurz auf die Zellularisations-Hypothese (neuerdings vor allem von HADŽI und HANSON vertreten) eingegangen werden. Die Cnidaria werden hier von Plathelminthes (rhabdocoele Turbellarien) abgeleitet. Für die Porifera wird eine unabhängige Entwicklung (polyphyletische Entstehung der Metazoen) angenommen. Nach der Zellularisations-Hypothese sind die Anthozoa die stammesgeschichtlich ältesten Cnidaria, weil sie noch eine von den Turbellarien übernommene Bilateralsymmetrie aufweisen. Die Radiärsymmetrie der Cnidaria ist nach dieser Hypothese sekundär und wird erst durch eine sessile Lebensweise (radiärsymmetrische Medusen sind aber nicht sessil) hervorgerufen. Sessilität kann natürlich in vielen Fällen zu einer Radiärsymmetrie führen, aber bei den Cnidaria ist eine primäre Radiärsymmetrie, kenntlich auch an der Embryonalentwicklung, vorhanden, die sich auch bei dem primären freischwimmenden, nicht sessilen Medusenstadium zeigt.

Eine Ableitung der Cnidaria (und damit aller Radiata) von Plathelminthes (Bilateralia) ist aus vielen Gründen nicht möglich. Die Spiralfurchung der Plathelminthes (und anderer Bilateralia) stellt einen sehr erfolgreichen, aber sekundär abgewandelten Furchungstyp dar. Dieser müßte aufgegeben werden, und eine Vielzahl anderer Furchungstypen würde an die Stelle der Spiralfurchung treten. Das ist aber äußerst unwahrscheinlich. Cnidaria behalten auch im Adultstadium die primäre embryologische Achse als Adult-Achse bei, Bilateralia (z. B. Plathelminthes) dagegen nicht. Auch hier ist es sehr unwahrscheinlich, daß man von einer sekundären Achsenveränderung wieder auf den primären Zustand zurückgeht. Eine sehr erfolgreiche, freilebende Gruppe (Plathelminthes) gibt nach der Zellularisations-Hypothese die freie Lebensweise auf und wird sekundär sessil. Turbellarien müßten sich demnach mit ihrem Vorderpol festsetzen und sich in einen Anthopolypen umwandeln, ein gedanklich kaum nachvollziehbarer Vorgang. Eine freilebende, hermaphroditische Gruppe würde sich dabei in eine sessile, fast ausschließlich getrenntgeschlechtliche (primärer Zustand) Gruppe, in die Anthozoa umwandeln. Das zellulär aufgebaute Mesenchym (Parenchym) der Plathelminthes würde sich im Sinne einer regressiven Evolution in die primär ja nicht zellig aufgebaute Mesogloea umwandeln. Komplexe

Organsysteme, wie Geschlechtsorgane und Nephridialorgane würden völlig aufgegeben, das Nervensystem wieder in nicht-polarisierte Neuronen umgewandelt.

Es ist deutlich zu erkennen, daß hier eine falsche Leserichtung des phylogenetischen Ablaufs vorliegt. Aus der progressiven Evolution, welche durch ökologische Daten gestützt wird, wird durch diese Hypothese eine nicht durch Fakten abgestützte regressive Evolution. Es gibt keinerlei ökologische Hinweise, warum die frei im marinen Bereich lebenden Plathelminthes sich sekundär in sessile Formen (Anthozoa) umwandeln sollten.

Genau so wenig wahrscheinlich ist es, die Bildung der Gastraltaschen der Cnidaria (Cubomedusen, Scyphozoa, Anthozoa) im Sinne der Enterocoel-Hypothese (z. B. Remane, Marcus) deuten zu wollen. Die Gastraltaschen der Cnidaria entstehen nicht durch Abfaltungen (Abschnürungen) des Gastralraumes, sondern durch Hineinwachsen von im äußeren Bereich des Körpers gebildeter Septen. Coelombildungen kommen in einem so frühen Bereich der Metazoen-Evolution, wie von der Enteroceol-Hypothese gefordert, noch nicht vor. Die Coelombildung ist eine Neuerwerbung der Coelomata innerhalb der Bilateralia. Coelomata stehen nicht am Beginn der Bilateralia-Evolution, außerdem wird Coelom auf unterschiedliche Weise erzeugt. Plathelminthes als Basisgruppe der Bilateralia haben nie ein Coelom besessen. Sie sind keine sekundär coelomlosen Vertreter, der Erwerb einer weiteren, sekundären Leibeshöhle (Coelom) erfolgt erst viel später im Verlauf der Bilateralia-Evolution. Auch hier liegt, wie bei der Zellularisation-Hypothese, eine falsche Leserichtung vor. Regressive Evolutionen (hier sekundärer Coelom-Abbau) sind nur glaubhaft, wenn sie durch ökologische Daten (z. B. einschneidende Wechsel der Lebensweise wie etwa Parasitismus) gestützt werden. Weder für Cnidaria, noch für Plathelminthes liegen ökologische (und auch morphologische) Daten vor, welche eine regressive Evolution für diese Gruppen glaubhaft machen würde.

Abweichend von der in dieser Bearbeitung übernommenen Actinula-Hypothese wird vor allem die Polypoid-Hypothese (Polyp als primäres Stadium) diskutiert und findet in vielen Werken Anwendung. Sie ist vielfach eng mit anderen Hypothesen (Enterocoel-Hypothese, Bilaterogastraea-Hypothese) verknüpft.

Nach der Actinula-Hypothese ist die Meduse das primäre Stadium der Cnidaria, und es liegt primär eine direkte Entwicklung von der Planula-Larve über das Actinula-Stadium zum adulten Medusenstadium vor. Nach dieser Hypothese kommt es erst sekundär zur Ausbildung sessiler (larvaler) Polypen.

Die Polypoid-Hypothese geht davon aus, daß das Polypenstadium zuerst vorhanden war, und daß das Medusenstadium erst sekundär als Ausbreitungsstadium gebildet wurde.

Meist werden folgende Ableitungsmöglichkeiten nach der Polypoid-Hypothese diskutiert:

a) Ursprünglich war (nach Remane, Werner, Petersen) ein Polypenstadium vorhanden, welches 4 Septen und 4 Gastraltaschen aufwies. Medusen waren primär noch nicht vorhanden. Von dieser Primärform spalteten sich zunächst die Anthozoa ab, welche nach dieser Hypothese nie ein Medusenstadium besessen haben. Sie bildeten ein ektodermales Schlundrohr aus und vermehrten die Zahl der Septen und Gastraltaschen. Nach Petersen (1979) bilden daher die Anthozoa den ältesten, gleichnamigen Unterstamm der Cnidaria. Erst nach der Abspaltung der Anthozoa kam es zur Ausbildung der Medusengeneration (Unterstamm der Medusozoa nach Petersen) und damit zur Bildung des metagenetischen Generationswechsels. Das Medusenstadium wird als ein Ausbreitungsstadium (bedingt durch die sessile Lebensweise des Polypen) betrachtet. Die Scyphozoa behalten die primären 4 Septen und Gastraltaschen bei, während stammesgeschichtlich jüngere Gruppen die Septen sekundär reduzieren (Cubozoa im Polypenstadium und Hydrozoa in beiden Stadien).

b) Eine etwas abgeänderte Hypothese geht davon aus, daß die Primärform der Cnidaria ein Polypenstadium ohne Septen mit vorhandener Medusengeneration darstellt. Der metagenetische Generationswechsel Polyp-Meduse war von Anfang an vorhanden. Von dieser Primärform leiten sich zunächst die Hydrozoa ab, die den ungeteilten Gastralraum beibehalten. Nach der Abspaltung der Hydrozoa kommt es zur Ausbildung von Septen. Scyphozoa bilden 4 Septen und 4 Gastraltaschen aus und behalten den Generationswechsel Polyp – Meduse bei. Bei den stammesgeschichtlich jüngeren Anthozoa wird ein ektodermales Schlundrohr (sekundäre Bilateralsymmetrie) ausgebildet und die Medusengeneration völlig reduziert.

Dieser Bearbeitung liegt die Actinula-Hypothese zugrunde, die Gründe sind in diesem Phylogenie-Abschnitt angeführt.

Klasse Hydrozoa
(Taf. 219–276)

Mit den Unterklassen Actinulidea, Trachylidea, Limnomedusa, Hydroidea und Siphonophora.

Die Klasse der Hydrozoa enthält etwa 2700 Arten, davon rund 700 Arten mit Medusenstadium. Mit primär ungeteiltem, nicht durch einspringende Septen aufgeteiltem Gastralraum. Primär mit vier- oder vielstrahliger Radiärsymmetrie, selten sekundär auch bilateralsymmetrische Formen. Im Normalfall (Taf. 222) wechseln bei den Hydrozoen Polypen- und Medusengeneration in einem metagenetischen Generationswechsel einander ab. Viele Arten kommen aber auch ausschließlich in der Medusen- oder Polypenform vor. Ungeschlechtliche Fortpflanzung der Polypen durch Knospung sowie durch Ausbildung von Frusteln. Bei der Frustelbildung werden von den Stolonen oder Seitenzweigen

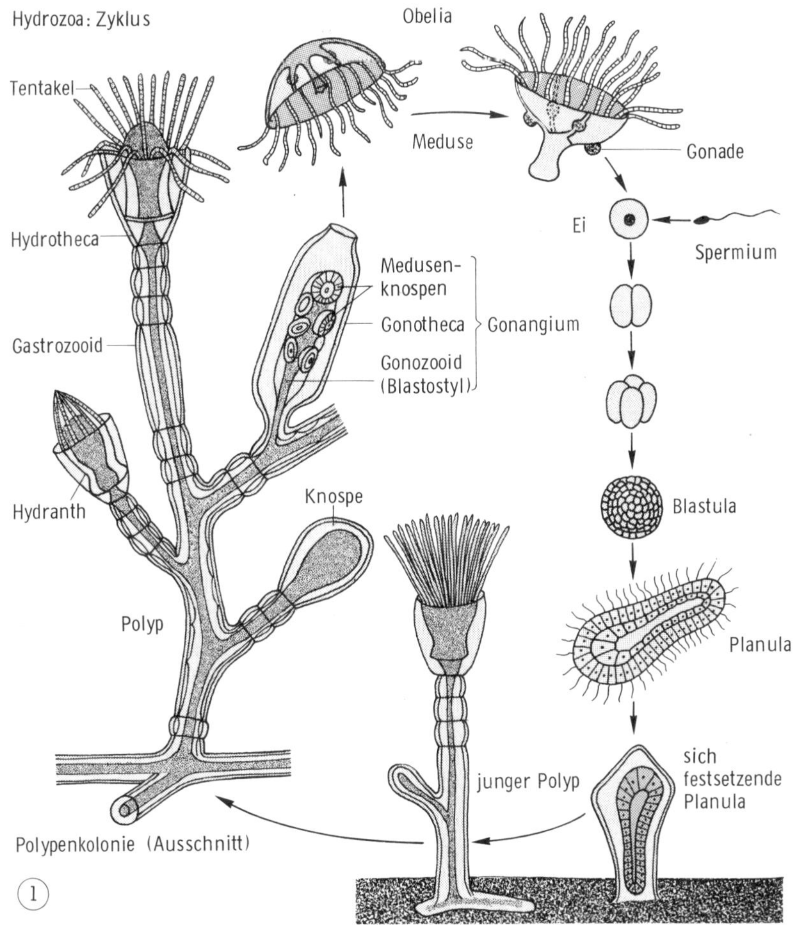

Taf. 222. Cnidaria: Hydrozoa (metagenetischer Generationswechsel). – Abb. 1. *Obelia*, Zyklus (nach versch. Autoren).

Teilstücke (Frusteln) abgeschnürt, welche zu neuen Polypen heranwachsen können. Durch Knospung können an Polypen (Taf. 222) sowohl neue Polypen (Polypenknospen) als auch Medusen (Medusenknospen) entstehen. Die Medusen können sich vom Muttertier ablösen oder als Gonophoren (abortive Medusen) am Muttertier verbleiben. Die Medusen der Hydrozoen entstehen durch seitliche Knopsung an den Polypen und sind durch den Besitz eines Velums (craspedote Medusen), durch 2 Ringnerven, ektodermale Lage der „Gonaden" (oder auch zwischen Ekto- und Entoderm), durch eine zellenfreie Schirmgallerte sowie das Fehlen von Gastralfilamenten gekennzeichnet. In Einzelfällen (*Limnocnida*,

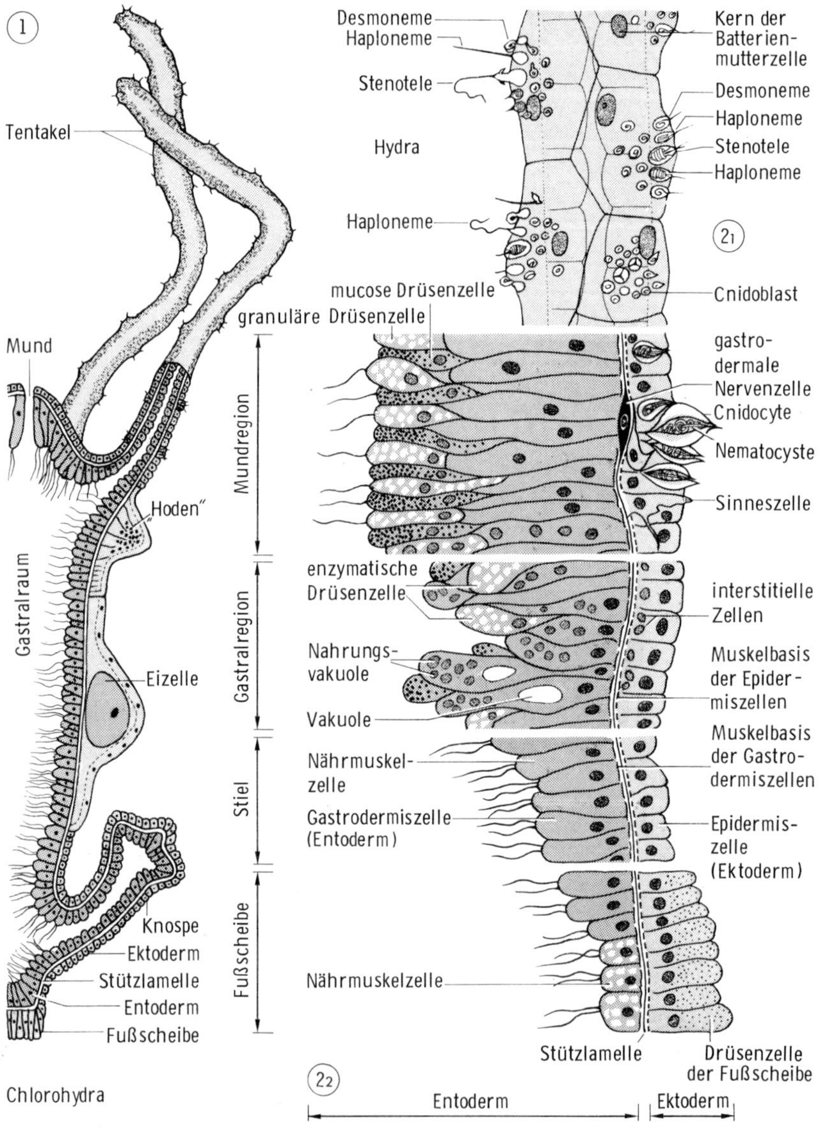

Taf. 223. Cnidaria: Hydrozoa (Polyp, Längsschnitt). Abb. 1. *Chlorohydra viridissima*, Längsschnitt (nach RENNER). Abb. 2/1. *Hydra*, Teil eines Tentakels mit Batterien von Nesselzellen (nach KÜHN & GELEI); 2/2. *Hydra*, Längsschnitt durch verschiedene Körperregionen (nach BAYER & OWRE).

Rathkea, *Sarsia*, *Eleutheria*) können durch Knospung an Medusen wiederum Medusen entstehen. Polypen meist in Kolonienform auftretend.

Das Cnidom der Hydrozoen besteht aus Desmonemen, Anacrophoren und Acrophoren (beide nur bei Siphonophoren); atrichen-, basitrichen, merotrichen und holotrichen Haplonemen; homo- und heterotrichen Anisorhizen; mikro- und makrobasischen Mastigophoren; mikro- und makrobasischen Eurytelen; Stenotelen, sowie Birhopaloiden (diese nur bei Siphonophoren). Hydrozoen weisen gegenüber Cubozoen, Scyphozoen und Anthozoen einen viel stärkeren Besatz verschiedenartiger Nesselkapseltypen auf. Innerhalb der Hydrozoa besitzen die Hydroidea (formenreiche Gruppe) die meisten Nesselkapseltypen, während wir bei den Trachylidea (Trachymedusa und Narcomedusa) die wenigsten Typen antreffen.

Hydrozoa mit primärer Planula-Larve ohne Blastoporus. Sie entspricht einer Coelogastrula bzw. einer mit Zellen angefüllten Sterrogastrula. Hydrozoen fast stets noch primär getrenntgeschlechtlich, mit nur wenigen Ausnahmen (z. B. *Tubularia, Eleutheria* sowie Vertreter der Hydridae). Süßwasserpolypen (Hydridae: *Hydra, Pelmatohydra, Chlorohydra*) treten sekundär nur in der Polypenform auf und sind meist Zwitter, welche sich sowohl ungeschlechtlich (Knospung, Längs- und Querteilung) als auch geschlechtlich fortpflanzen.

Hydrozoen sind primär marine Vertreter, sekundär leben einige Arten im Brack- und auch im Süßwasser.

Hydropolyp (Taf. 222): Aus der Planula-Larve (Sterro- oder Coelogastrula ohne Blastoporus) entsteht nach dem Festsetzen (Taf. 220) die Polypengeneration der Hydrozoen. Erst beim Festsetzen mit dem aboralen Pol entsteht auf der entgegengesetzten oralen Seite die Mundöffnung mit den Tentakeln. Der Hydropolyp kann solitär (Taf. 223:1) oder aber, wie in den meisten Fällen, als Individuum innerhalb einer Polypenkolonie (Taf. 222) (Stock) auftreten. Der solitäre Polyp setzt sich aus einer Fußscheibe, einem stielartigen Rumpf (Hydrocaulus) und einem oberen Köpfchen (Hydranth) mit Tentakeln und Mundöffnung zusammen. Am Hydranthen befinden sich 2 Tentakelkränze (oraler und aboraler Kranz). Der aborale Tentakelkranz stellt den primären Tentakelkranz dar. Bei Arten mit sekundär keulenförmigen Hydranthen und gut ausgebildetem Magenstiel (Manubrium) sind die Tentakeln sekundär nicht in Kränzen, sondern unregelmäßig über den Magenstiel verteilt. Der Magenstiel (rohrartiger Beginn des Gastrovaskularsystemes) tritt meist bei kolonialen Formen auf, jedoch z. B. nicht bei Süßwasser-Hydrozoen.

Der Polypenkörper (Taf. 223:2/2) besteht aus der äußeren Epidermis (Taf. 224:1) (Ektoderm) und der inneren Gastrodermis (Taf. 224:1) (Entoderm), dazwischen liegt eine zellenfreie Stützlamelle (Taf. 224:1). Im Ektoderm, besonders im Tentakelbereich, befinden sich die Nesselzellen (Taf. 223:2/1) mit den für Hydrozoa typischen Nesselkapseln. Primär Nesselbatterien perlschnurartig an den Tentakeln angeordnet, sekundär gleichmäßig über den ganzen Tentakelbereich verteilt. Die Nesselzellen entstehen im Ektoderm des Polypenstieles aus interstitiellen Zellen, welche sich außerdem in Geschlechtszellen und verschiedenartig differenzierte Epithelzellen umwandeln können. Bei *Hydra* z. B. wandern die sich bildenden Nesselzellen vom Ektoderm des Stieles über die Stützlamelle in das Entoderm des Gastralraumes, von dort in das Tentakelentoderm und hier erst in das Ektoderm der Tentakeln. Die Polypen der Hydrozoa sind dank ihrer Epithelmuskelzellen (224:2/2) stark beweglich. Kontraktion durch Längsmuskulatur im Ektoderm und Streckung durch Ringmuskulatur im Entoderm. Im Gegensatz zu den ebenfalls sessilen Schwämmen besitzen die Hydrozoen-Polypen eine starke Eigenbeweglichkeit. Mit diffusem Nervensystem (Taf. 225:1). Die nichtpolarisierten Neuronen (Taf. 225:2) sind gleichmäßig über den Körper verteilt und bilden ein dichtes Netz. Primäre und sekundäre Sinneszellen sowie die Epithelmuskelzellen werden von diesem Nervennetz innerviert.

Die Nahrung (kleine Einzeller, Insektenlarven, kleine Crustaceen u. ä.) wird durch die Nesselbatterien der Tentakeln gelähmt oder auch getötet. Die Beute wird meist ganz verschlungen, die Körperwand kann sich dabei sehr stark ausdehnen. Die den Gastralraum auskleidenden Entodermzellen (Taf. 223:2/2) sind in zwei Zelltypen differenziert, in Drüsen- und Absorptionszellen. Von den Drüsenzellen (Taf. 224:3/5) (häufig unbegeißelt) werden Verdauungssekrete in den Gastralraum abgeschieden. Hier findet eine Zerlegung der Nahrung, eine extrazelluläre Vorverdauung statt. Die Absorptionszellen (Taf. 224:3/6) (mit Geißelpaar und reich an Vakuolen: Nährepithelmuskelzellen)

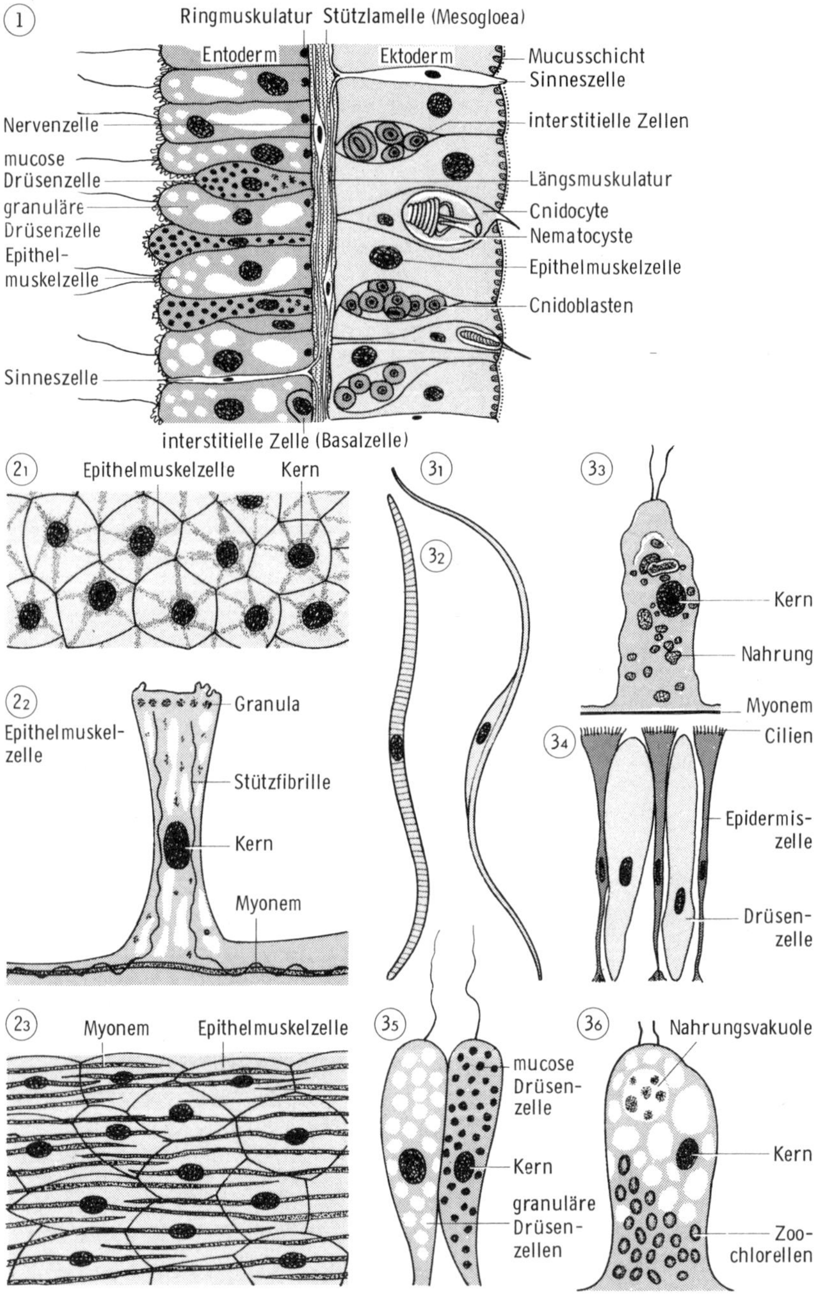

Taf. 224. Cnidaria: Hydrozoa (Längsschnitt, Zelltypen). – Abb. 1. *Hydra*, Längsschnitt (Lichtmikroskopie) in der Mundregion (nach KÜHN & SCHULZE). Abb. 2/1. *Pennaria*, Oberflächenansicht der Epidermis (nach HYMAN); 2/2. *Hydra*, Epithelmuskelzelle (nach GELEI); 2/3. *Pennaria*, Epidermis von unten (nach HYMAN). Abb. 3/1. epidermale Muskelzelle aus der Mundscheibe einer Anemone (nach HERTWIG & HERTWIG); 3/2. *Carmarina*, quergestreifte, epidermale Muskelzelle aus der Medusen-Subumbrella (nach HERTWIG & HERTWIG); 3/3. *Hydra*, Nähr-

nehmen die vorverdaute Nahrung amöboid auf und in ihnen findet (wie z.B. bei Protozoen, Porifera). die eigentliche primäre, intrazelluläre Verdauung statt. Die Nahrung wird innerhalb des Polypenkörpers von Zelle zu Zelle weitergegeben. Unverdaute Abfallstoffe werden durch die Mundöffnung (mit gleichzeitiger Afterfunktion) wieder ausgestoßen.

Hydropolypen vermehren sich ungeschlechtlich durch Knospung. Einige wenige Arten (z.B. Süßwasserpolypen) können sich auch geschlechtlich vermehren. An der Stelle der Körperwand, wo ungeschlechtlich eine neue Knospe entsteht, findet eine außerordentlich starke Vermehrung der Ekto- und Entodermzellen statt, so daß eine blasenartige Vorwölbung entsteht. Aus den Knospen können sowohl neue Polypen als auch Medusen entstehen. Weitere Formen der ungeschlechtlichen Fortpflanzung sind einfache Längs- und Querteilungen oder Frustelbildungen. Nur eine kleine Zahl der Hydropolypen lebt als Einzelpolyp. Bei den meisten bleiben die neuen Knospen am Muttertier, und es entstehen Polypenkolonien (Stockbildung), welche aus Hunderten bis Hunderttausenden von Einzelindividuen bestehen können. Alle Individuen einer Kolonie besitzen einen gemeinsamen Gastralraum, da sie durch Entodermröhren miteinander in Verbindung stehen. Neben den festsitzenden Kolonien gibt es bei den Siphonophoren (Staatsquallen) auch freischwimmende Kolonien.

Bei den stockbildenden, sessilen Hydrozoa kommt Knospung sowohl am Rumpf als auch an den Stolonen vor. Ausgangspunkt ist ein Mutterpolyp, welcher Ausläufer (Stolonen) entsendet. Auf diesen, dem Substrat meist flach anliegenden Stolonen bilden sich durch Knospung neue, senkrecht nach oben abstehende Polypen (Hydranthen). Die Einzelpolypen (Hydranthen) sind durch einen Stiel (Hydrocaulus) mit den Stolonen (Taf. 226:1) verbunden. Die verbindenden Stolonen sind Röhren, welche Ekto- und Entoderm enthalten. Diese Wuchsform der normal kriechenden Kolonien wird als hydrorhizale Wuchsform (Taf. 226:1) bezeichnet. Bei einigen Vertretern richten sich die Stolonen sekundär auf und bilden eine aufrecht stehende Kolonie (z.B. Campanulariidae), welche einen aus vielen Einzelstolonen bestehenden Stamm (Rhizocaulom) (Taf. 226:2) aufweist. Bei der Stockbildung durch Knospung am Rumpf findet kein wahlloses Entstehen neuer Polypen statt, sondern die Knospung erfolgt streng gesetzmäßig nach einem monopodialen oder sympodialen Verzweigungstyp. Die Knospung erfolgt an bestimmten Knospungszonen des Hydrocaulus. Die Zahl der neu entstehenden Polypen ist hier wesentlich geringer als bei der Polypenbildung an Stolonen.

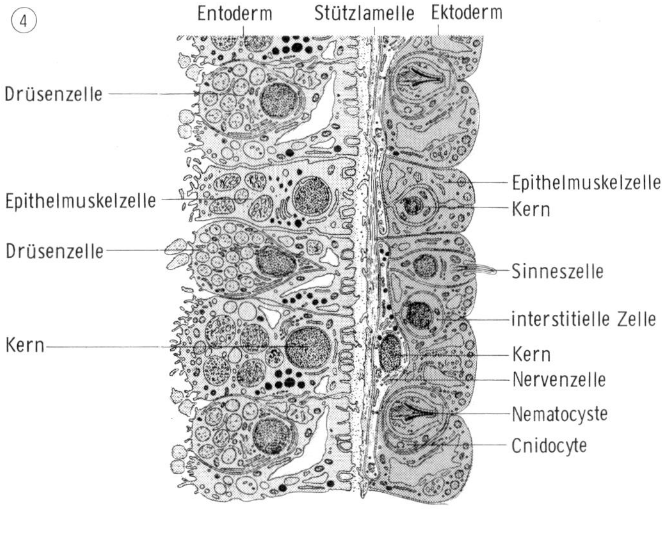

zu Taf. 224.

muskelzelle aus der Gastrodermis (nach HADŽI); 3/4. Actiniaria (Anthozoa), Epidermis (nach HYMAN); 3/5. *Hydra*, entodermale Drüsenzellen; 3/6. *Chlorohydra*, Gastrodermiszelle mit Zoochlorellen. Abb. 4. *Hydra*, Längsschnitt (Elektronenmikroskopie) (nach LENTZ).

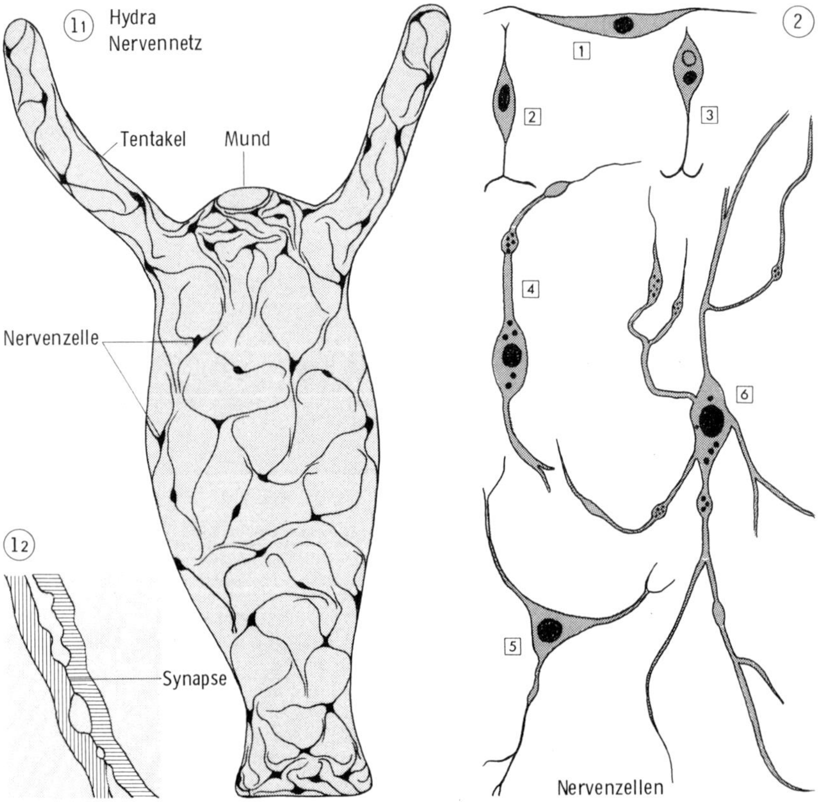

Taf. 225. Cnidaria: Hydrozoa (Nervensystem, Nervenzellen). – Abb. 1/1. *Hydra*, Nervensystem (nach BAYER & OWRE); 1/2. Synapse zwischen Nervenzellen (nach BATHAM & PANTIN). Abb. 2. *Hydra*, Nervenzellen (nach BURNETT & DIEHL): 2/1. bipolare Nervenzelle, Tentakeln und Mundscheibe; 2/2, 2/3. Sinneszellen, Tentakeln; 2/4. bipolare Nervenzelle, Tentakelbasis; 2/5. tripolare Nervenzelle, häufig in Tentakeln und Stiel; 2/6. multipolare Nervenzelle, Mundregion, Stiel.

Bei der monopodialen Verzweigung (Taf. 226:3) wird die Hauptachse vom Stiel des Primärpolypen gebildet. Unterhalb des Hydranthen befindet sich eine Streckungs- und darunter eine Knospungszone. Die durch die Streckung nach oben wandernde Knospungszone des Primärpolypen bildet in Abständen ständig Seitenpolypen (1. Ordnung) aus, welche an ihren Knospungszonen wieder neue Seitenpolypen (2. Ordnung) hervorbringen. Die ältesten Seitenpolypen liegen daher der Basis des Hydrocaulus, des Primärpolypen, am nächsten. Dadurch kommt ein sehr strenger, einförmiger Wachstums-Typ zustande. Bei der sympodialen Verzweigung (Taf. 226:4) setzt sich die Achse stückweise aus den Stielen der nacheinander gebildeten Polypen zusammen. Dadurch wird die gemeinsame Stockachse ständig verlängert. Der Primärpolyp setzt hier bald mit dem weiteren Wachstum aus und aus seiner Knospungszone entsteht der erste Seitenpolyp (P2). Der Stiel dieses Polyps stellt dann das nächstfolgende Achsenstück dar. Zusätzlich kann es an den Seitenpolypen zur Ausbildung von Sekundärpolypen (S) kommen.

Festigkeit und Elastizität erhalten die Stolonen und Hydrocaulen durch eine feste, elastische Cuticula (Taf. 227), das Periderm (Mucoprotein), welches von Ektodermzellen ausgeschieden wird. Eine Cuticula, welche eine mehr dem Chitin verwandte Substanz enthält, wird als Perisark bezeichnet. Bei den thecophoren Hydrozoen (Taf. 227:2) wird um den Hydranthen eine Peridermhülle (Hydrotheca)

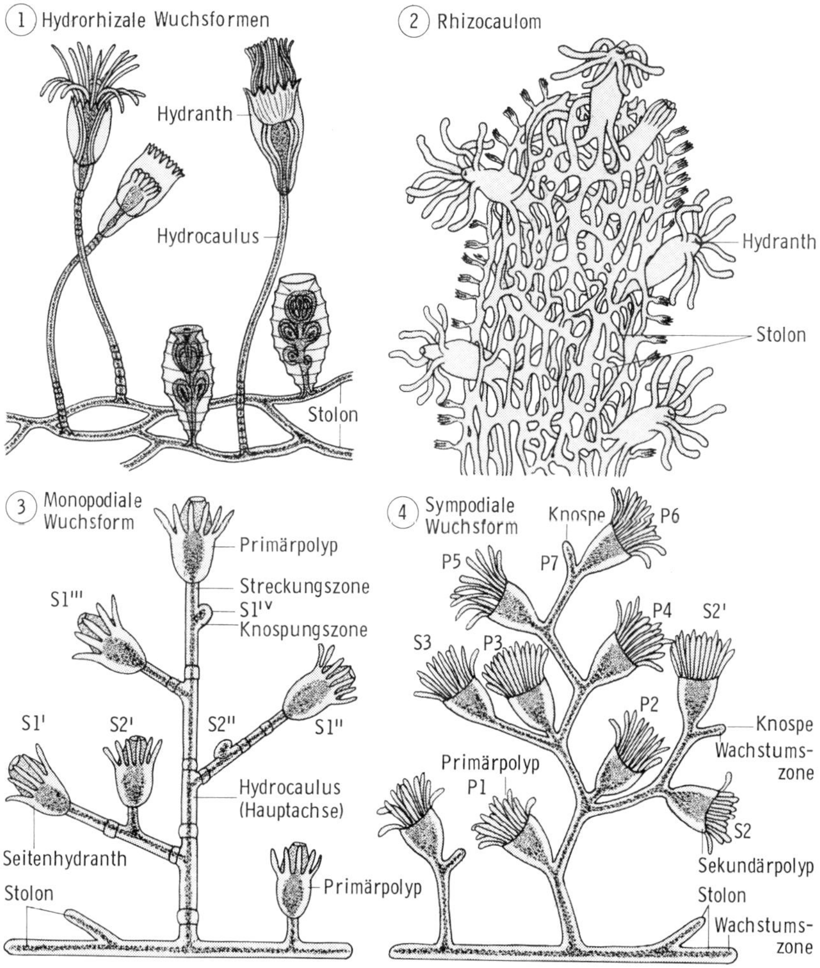

Taf. 226. Cnidaria: Hydrozoa (Wuchsformen). –Abb. 1. *Campanularia johnstoni*, hydrorhizale Wuchsform (nach ALLMAN). Abb. 2. Hydrozoa, Rhizocaulom (nach SPENCER). Abb. 3. Hydrozoa, monopodiale Verzweigung (nach KÜHN). Abb. 4. Hydrozoa, sympodiale Verzweigung (nach KÜHN).

gebildet, meist kann sich der Hydranth in diese Hydrotheca zurückziehen. Korallenähnliche Skelette entstehen bei Milleporiden und Stylasteriden. Es sind ektodermale Kalkskelette; die Kalkablagerung erfolgt zuweilen auch im Perisarkbereich.

Die an den Stöcken (Kolonien) befindlichen Polypen besitzen häufig nicht mehr die normale Grundform, sondern sind sekundär abgeändert, bedingt durch Arbeitsteilung im Stock. Besonders bei den freischwimmenden Siphonophoren, bei skelettbildenden Milleporiden und Stylasteriden, aber auch bei vielen thecophoren und einigen athecaten Hydrozoen ist ein ausgesprochener Polymorphismus der Polypen festzustellen. Wir treffen Wehr-, Freß- und Fortpflanzungspolypen in verschiedenartiger Ausführung an. Wehrpolypen (Dactylozooide, Spiralzooide) besitzen eine vergrößerte Zahl von Nesselbatterien. Mund und Tentakeln sind bei ihnen zurückgebildet, Nahrung beziehen sie aus dem gemeinsamen Gastrovaskularsystem. Die Freßpolypen (Gastrozooide, Trophozooide) dienen ausschließlich zur Nahrungsaufnahme. Die von ihnen aufgenommene Nahrung wird über die Entodermkanäle der

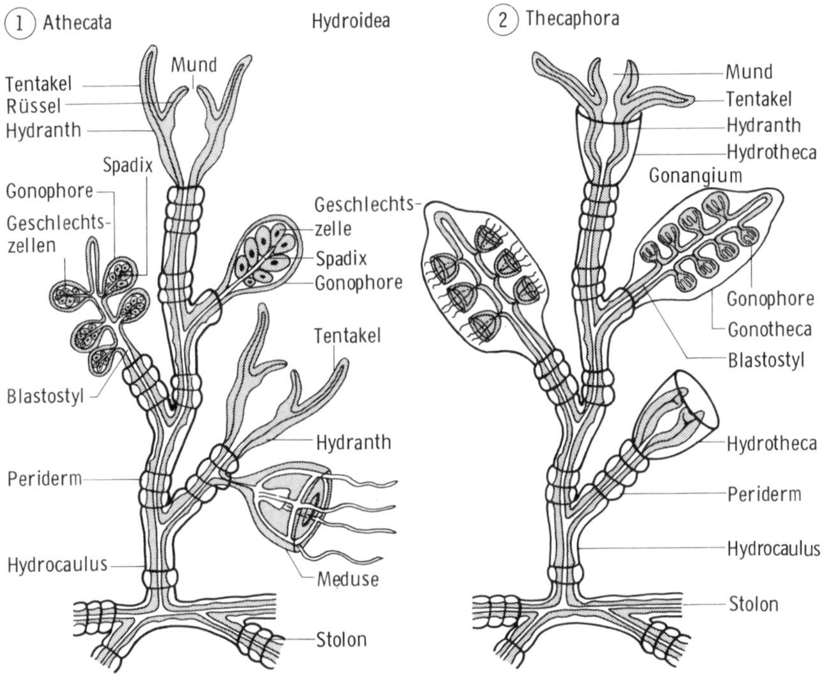

Taf. 227. Cnidaria: Hydrozoa (Hydroidea, Athecata und Thecaphora). – Abb. 1. Athecata, Kolonie (nach ALLMAN). Abb. 2. Thecaphora, Kolonie (nach ALLMAN). Kombinierte Abbildungen, welche verschiedenartige Ausbildung der Gonozooide zeigen.

Stolonen zu den anderen Polypenindividuen des Stockes geleitet und dort erst intrazellulär verdaut. Die Fortpflanzungspolypen (Blastozooide, Gonozooide, Blastostyle) erzeugen durch Knospung Medusen oder nicht mehr freiwerdende Medusoide und dienen ausschließlich der ungeschlechtlichen Fortpflanzung.

Bei den thecophoren Hydrozoen (Thecata) sind für die Blastozooide (Blastostyle) besondere Behälter, sogenannte Gonothecae (Taf. 227:2) ausgebildet. Wehrpolypen bei den Athecata häufig mit starken Nesselköpfen (Dactylozooide), bei den Thecata dagegen Wehrpolypen meist in Form dünner, mit solidem Entoderm versehener Nematophoren. Auch die Nematophoren können in spezifischen Behältern (Nematothecae) untergebracht sein. Weitere spezifische Umwandlungen finden wir bei den Siphonophoren, hier bedingt durch die sekundär freischwimmende Lebensweise.

Die bei weitem größte Zahl der Hydropolypen finden wir im marinen Bereich in Tiefen zwischen 1–100 m. Sekundär auch einige Brackwasser- und Süßwasserformen. Die marinen Vertreter siedeln vorwiegend auf Hartböden und bevorzugen strömungsreiches Wasser. Lokomotion kommt bei den festsitzenden Vertretern praktisch nicht vor. Ausnahmen sind eine spannerraupenartige Fortbewegung (z. B. bei *Hydra*) und sekundär pelagische, schwimmende Lebensweise (z. B. *Pelagohydra*). Freischwimmend sind auch alle Siphonophoren-Kolonien sowie die nur in der Medusenform vorkommenden Vertreter. Hydropolypen zum Teil mit endosymbiontischen Zoochlorellen und Zooxanthellen. Fälle von Auto-Epizoismus (epizoische Lebensweise auf derselben Art oder nahe verwandten Arten) treffen wir z. B. bei *Plumularia* (Thecaphora: Plumulariidae) an. Die epizoisch lebenden Individuen sind meist verkümmert.

Im Normalfall folgt auf die Polypengeneration die sich geschlechtlich fortpflanzende Medusengeneration. Die Metagenese kann in Einzelfällen unterdrückt sein, indem sich die Polypen auch ge-

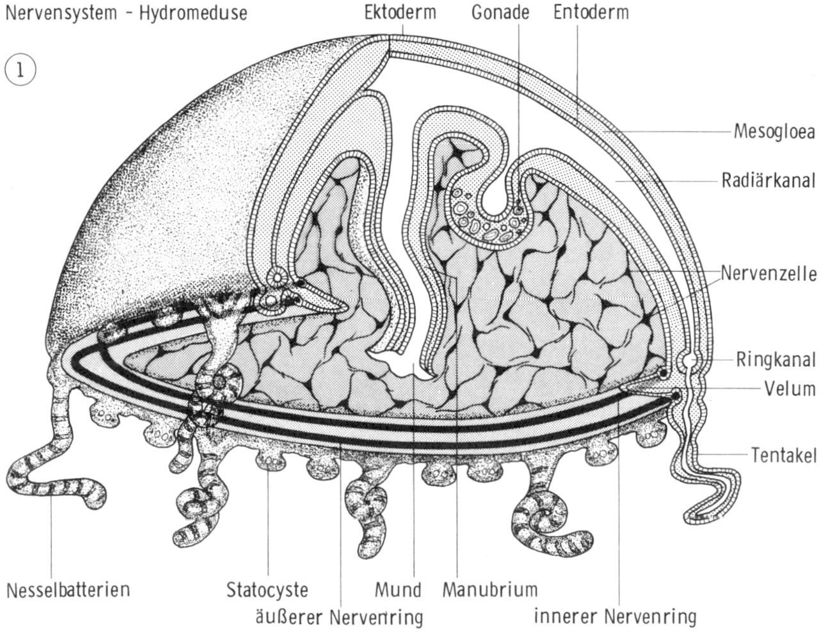

Taf. 228. Cnidaria: Hydrozoa (Hydromeduse, Nervensystem). – Abb. 1. Hydromeduse, Nervensystem (nach versch. Autoren).

schlechtlich fortpflanzen (z.B. Hydra) und die Medusengeneration daher sekundär fehlt. Oder es liegt nur das Medusenstadium (Trachymedusa, Narcomedusa) vor.

Hydromeduse (Taf. 213:1 u. 228): Die tetramer radiärsymmetrischen Medusen der Hydrozoen sind primär sehr klein, ihr Durchmesser beträgt nur etwa 1–3 cm. Es sind mit einem Velum versehene craspedote Medusen. Die Mesogloea ist zellenfrei, und die „Gonaden" liegen im Ektoderm, seltener auch zwischen Ekto- und Entoderm, aber nie im entodermalen Bereich. Schirm teils stark gewölbt, teils sehr flach. Die irisblendenartig nach ihnen verlaufende Velumduplikatur (an der Grenze zwischen Exumbrella und Subumbrella) verkleinert die Öffnung der Subumbrellahöhle und trägt dadurch zur kräftigeren Ausstoßung des Wasserstrahles beim Schwimmen (Rückstoßprinzip) bei. Epithelmuskelzellen des Ektoderms der Subumbrella und des Velums mit glatter und quergestreifter Muskulatur. Mit deutlicher tetramerer Radiärsymmetrie. Vom Gastralraum (Zentralmagen) gehen meist 4, Mehrzahl von 4 oder sehr viele Radiärkanäle aus, welche im Bereich des Glockenrandes durch einen Ringkanal miteinander verbunden sind. Zahl der Tentakeln (entsprechend der Zahl der Radiärkanäle) ebenfalls meist 4, Mehrzahl von 4, oder es sind sehr viele vorhanden. Der Glockenrand der Medusen mit vielen Sinneszellen und teils mit optischen, teils mit statischen (Statocysten) Sinnesorganen. Entsprechend dem starken Besatz von Sinnesorganen am Glockenrand treffen wir hier Nervenkonzentrationen in Form zweier Nervenringe an, welche mit dem subumbrellaren Nervensystem ebenfalls in Verbindung stehen. Die Lichtaufnahme erfolgt mit Hilfe von Pigmentbecherocellen (Taf. 229:2,3). Die bei einigen Vertretern auftretenden Statocysten (Taf. 230) bestehen aus einem ektodermalen Statolithen (Kalkkörper), welcher von Sinneszellen umgeben ist und in einer grubenartigen Vertiefung im Bereich des Velums liegt. Ektodermzellen des Schirmrandes, der Tentakeln und des Manubriums noch bewimpert. Diese Bewimperung ist von der primär totalen Bewimperung der Actinulidea abzuleiten. Die Geschlechtszellen entstehen aus interstitiellen Zellen. Die im Ektoderm (bzw. zwischen Ekto- und Entoderm) liegenden „Gonaden" befinden sich bei den Anthomedusen der Athecata am Magenstiel (Manubrium), bei den Leptomedusen der Thecophora dagegen an den Radiärkanälen. Die Entleerung der

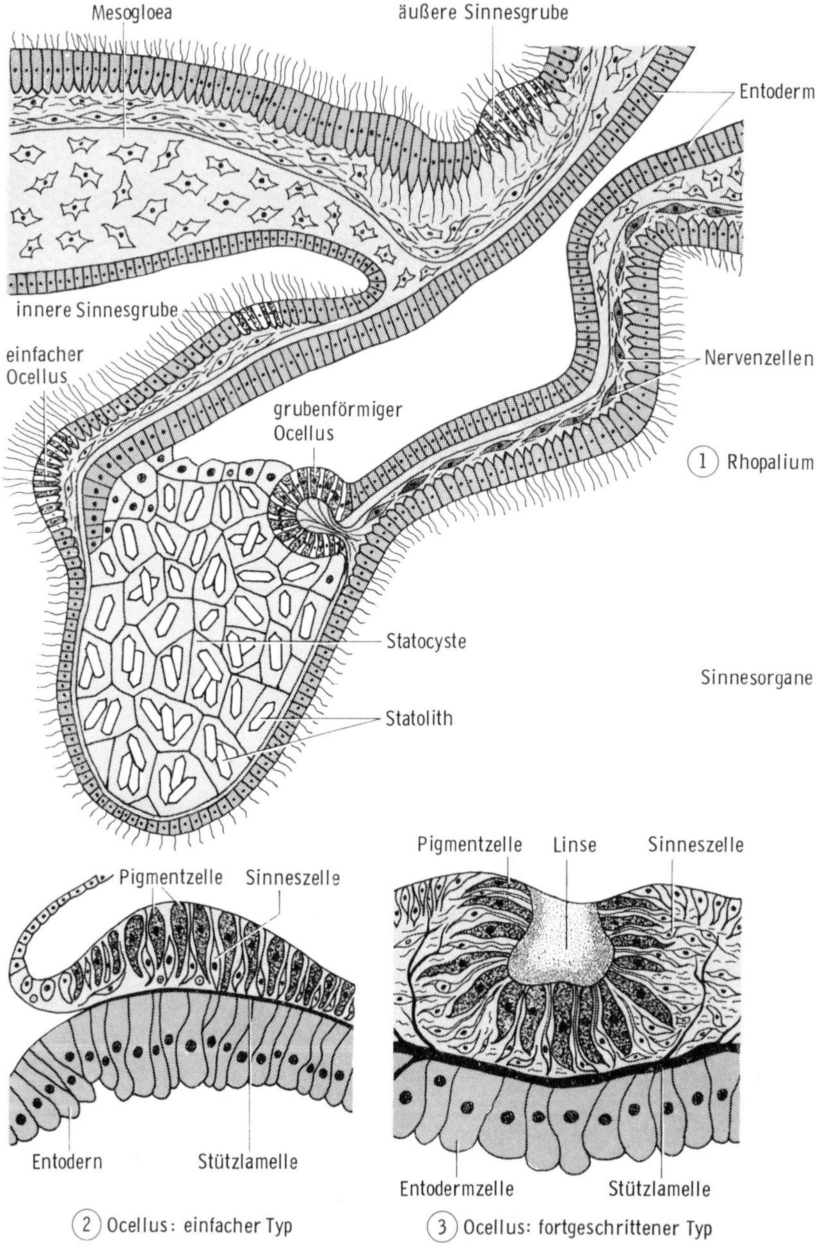

Taf. 229. Cnidaria: Hydrozoa, Scyphozoa (Meduse, Sinnesorgane). – Abb. 1. *Aurelia aurita* (Scyphozoa), Rhopalium (nach SCHEWIAKOFF). Abb. 2 *Neoturris* (Hydrozoa), einfacher Ocellus (nach LINKO). Abb. 3. *Sarsia* (Hydrozoa), komplexer Ocellus mit Linse (nach LINKO).

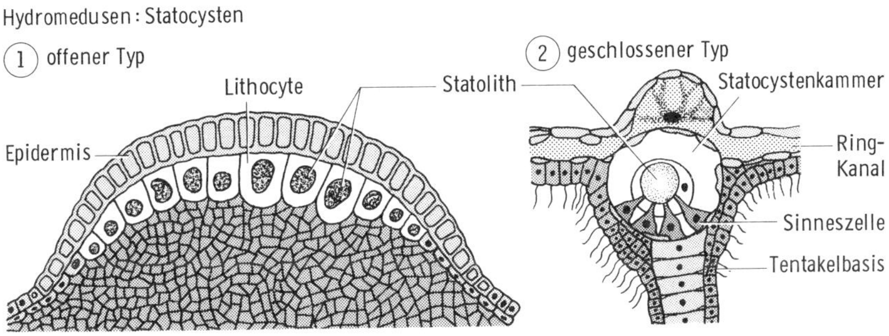

Taf. 230. Cnidaria: Hydrozoa (Meduse, Sinnesorgane). – Abb. 1. *Mitrocoma*, offener Statocysten-Typ (nach Hertwig & Hertwig). Abb. 2. *Obelia*, geschlossener Statocysten-Typ (nach Hertwig & Hertwig).

Geschlechtsprodukte erfolgt über die Mundöffnung in das freie Wasser. Medusen fast stets getrenntgeschlechtlich, nur selten zwittrige Vertreter. Neben der geschlechtlichen Fortpflanzung kommt bei den Medusen auch ungeschlechtliche Fortpflanzung in Form von Knospung vor. Am Mundrohr oder am Schirmrand entstehen (z.B. *Sarsia, Eleutheria*) neue, sich ablösende und einzeln lebende Medusen. In Ausnahmefällen ist im Medusenstadium auch eine ungeschlechtliche Vermehrung in Form einer Längsteilung anzutreffen. Die Metagenese tritt innerhalb der Hydrozoa in der Regel nur bei stockbildenden Vertretern auf. In diesen Kolonien werden von besonders gestalteten Polypen (Blastostylen) ständig neue Medusen gebildet. Blastostyle sind sekundär stark abgeänderte Polypen, welchen häufig typische Merkmale, wie Tentakeln und Mund, fehlen. Sind die Medusen erzeugenden Polypen weniger stark abgewandelt, spricht man von Gonozooiden. Bei den Thecophora entspricht die Hydrothek der normalen Polypen (Gastrozooide) der Gonothek der Gonozooide bzw. Blastostyle. Eine Gonothek mit Inhalt wird auch als Gonangium bezeichnet.

Innerhalb der Hydrozoa ist eine starke sekundäre Tendenz zum Abbau der freischwimmenden Medusenform festzustellen. Im Normalfall entstehen Medusen (Taf. 231) durch laterale Knospung an Polypen. Die Wand des Polypen bildet mit Ekto- und Entoderm eine hohle, kolbenförmige Knospe. Es entsteht zunächst ein ektodermaler Glockenpfropf, welcher im Inneren einen Hohlraum, die Glockenhöhle, bildet. Durch knospenartiges Hineinwachsen entsteht das Manubrium (Magenstiel), vom Entodermbereich aus bilden sich die Radiärkanäle; es entstehen der Ringkanal und die Tentakeln. Die Glockenhöhle bricht nun im oberen Bereich durch, der Rest der verbliebenen Wandung wird zum Velum und an der Spitze des Manubriums entsteht die Mundöffnung. In diesem fertig ausgebildeten Zustand löst sich die Meduse von der Knospungsstelle ab. Bei freischwimmenden Medusen von *Plumularia* und *Millepora* z.B. fehlen der Meduse aber schon wichtige Teile wie Velum, Mund und ausgebildete Tentakeln, so daß diese Medusenformen nur kurze Zeit selbständig zu leben vermögen.

Bei den meisten Hydrozoa finden aber noch viel stärkere Reduktionen statt. Die reduzierten Medusen (Medusoide) lösen sich nicht mehr vom Mutterpolypen ab, sondern verbleiben als sessile Gonophoren (Einzahl Gonophor oder Gonophore) am Gonozooid. Sie sind oft so stark reduziert, daß kaum noch Medusenmerkmale zu erkennen sind. Die Geschlechtszellen entstehen aus interstitiellen Zellen des Mutterpolypen und wandern in diese, geschlechtlich noch voll funktionsfähigen Medusoide, ein. In einer gleitenden Reduktionsreihe (Taf. 232) finden wir zunächst Eumedusoide (bei Athecata und Thecata). Eumedusoide noch mit deutlichem Medusenbau, Glocke voll entwickelt. Es fehlen sekundär Tentakeln, Sinnesorgane und die Mesogloea der Glocke. Bei der Cryptomedusoide ist die Glocke zwar noch vorhanden, aber nur noch von einer einfachen Entodermlamelle durchzogen. Der Glockenhohlraum ist stark verkleinert. Heteromedusoide besitzen als letztes Anzeichen der Medusenorganisation noch eine kleine Glockenhöhle, welche außen und innen von Ektoderm begrenzt wird. Im Extremfall der Reduktion treffen wir Styloide an. Sie sind kolbenförmig, außen mit einer Ektodermschicht und innen mit einem entodermal ausgekleideten Schlauch (Spadix: rückgebildetes Manubrium) versehen.

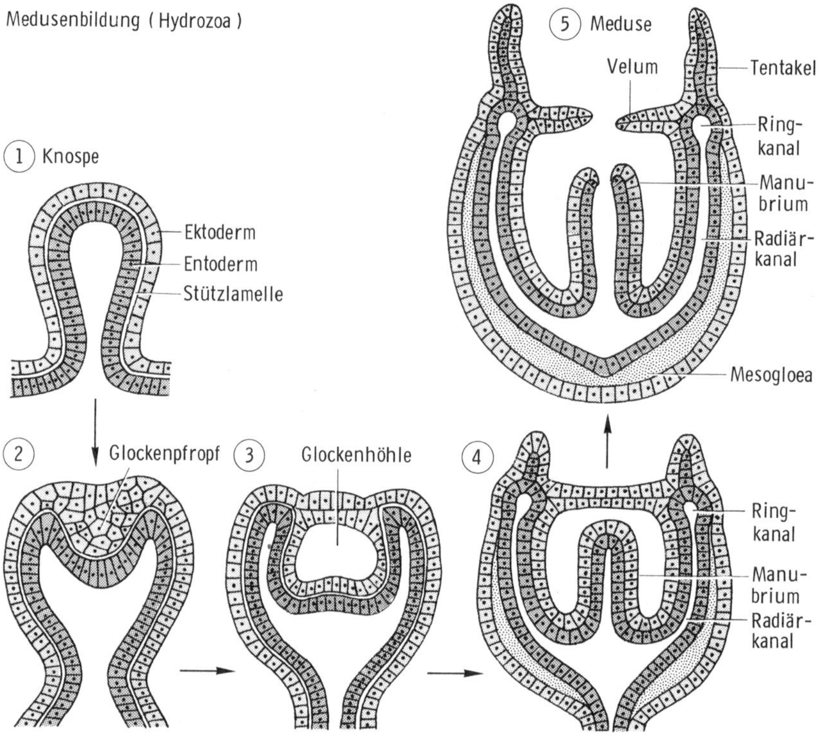

Taf. 231. Cnidaria: Hydrozoa (Medusenbildung). – Abb. 1–5. Bildung der Hydromeduse aus einer lateralen Polypen-Knospe (nach REMANE).

Zwischen beiden Schichten liegen die „Gonaden". In allen diesen Fällen bleibt die reduzierte Medusenform mit dem Gastralraum des Mutterpolypen verbunden und wird auch von diesem ernährt. Im äußersten Extremfall wird die Medusengeneration völlig abgebaut (z. B. Süßwasserpolypen, *Hydra*). Die „Gonaden" liegen hier dann im Stiel des Polypen, und durch Platzen der Epidermis werden die Geschlechtsprodukte in das umgebende Wasser entleert.

Bei Narcomedusa und Trachymedusa tritt nur das primäre Medusenstadium auf. Hier erfolgt eine direkte Entwicklung (Taf. 233) über das primär zunächst mit 2 Tentakeln versehene Actinula-Stadium.

Bei Arten mit Metagenese entwickelt sich aus dem befruchteten Ei nach total-adaequalen Teilungen eine bewimperte Planula-Larve. Diese setzt sich mit ihrem aboralen Pol fest und wandelt sich in das Polypenstadium um. Metagenese-Fälle treffen wir bei Hydrozoa sehr zahlreich an, aber in vielen Fällen ist die Zugehörigkeit beider Stadien (Polyp und Meduse) noch nicht bekannt. Zueinandergehörige Polypen und Medusen werden oft noch unter verschiedenen Gattungsnamen angeführt. Nach den Nomenklaturregeln (Prioritätsregel) ist dies jedoch nicht zulässig. Gültig ist nur der älteste Name, gleichgültig ob er für die Polypen- oder Medusenform aufgestellt worden ist.

Medusen zeigen, wie auch die Polypen, eine räuberische Lebensweise. Die Nahrung (verschiedenartige kleine Tiere) wird von den Nesselbatterien der Tentakeln betäubt bzw. getötet und in die Mundöffnung gebracht. Im Gastralraum (Zentralmagen) erfolgt die extrazelluläre Vorverdauung und anschließend die intrazelluläre Verdauung in der Gastrodermis des Gastrovaskularsystems.

Cnidaria weisen primär einen direkten Zyklus Planula – Meduse auf. Primär wandelt sich die Planula-Larve der Cnidaria in eine freibewegliche Actinula-Larve um. Die stammesgeschichtlich ältesten

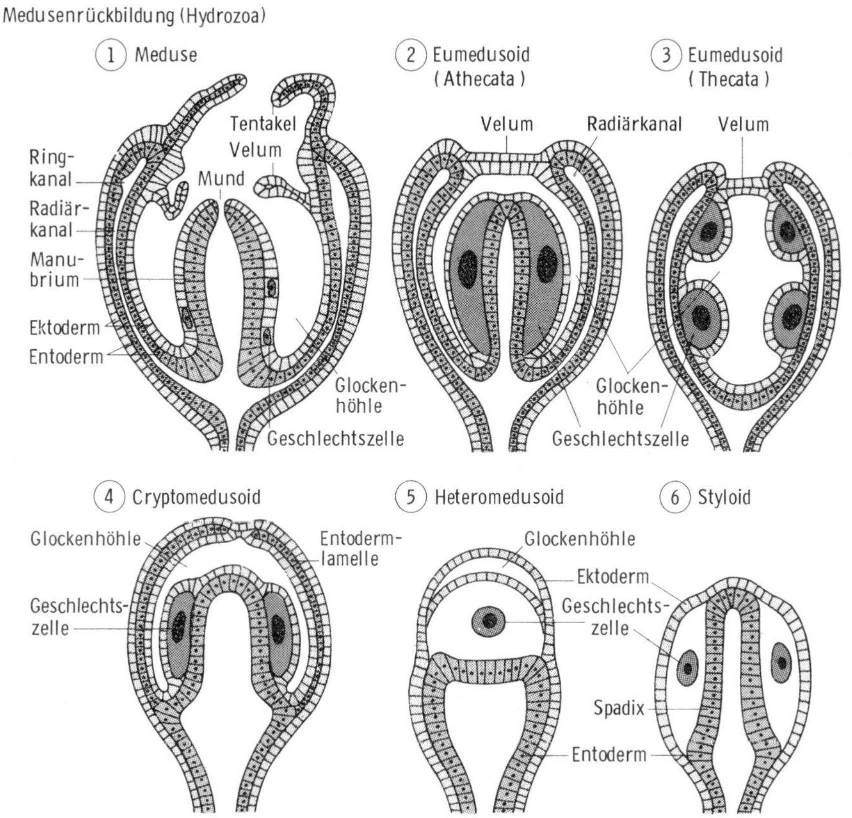

Taf. 232. Cnidaria: Hydrozoa (Medusenrückbildung). – Abb. 1. Normale Ausbildung einer Meduse. Abb. 2–6. Rückbildungsstufen, sessile Gonophoren: 2. Eumedusoid (Athecata); 3. Eumedusoid (Thecata); 4. Cryptomedusoid; 5. Heteromedusoid; 6. Styloid.

Vertreter der Cnidaria, die Actinulidea, bleiben auf dem Actinula-Stadium (Halhydrula-Stadium der Actinulidea) stehen. Sekundär wandelt sich das Actinula-Stadium direkt in die Medusenform um. Die Meduse ist das primäre sexuelle Adultstadium der Cnidaria, die Halhydrula der Actinulidea ist eine Vorstufe der Medusenform. Eine sekundär benthonische Lebensweise der zur Ausbildung von lateralen Knospen befähigten Actinula führt zur Bildung der festsitzenden Polypenform und zum metagenetischen Wechsel zwischen Medusen- und Polypengeneration. Die Polypenform ist daher als eine sekundäre larvale Anpassung an eine festsitzende Phase des Cnidaria-Zyklus zu betrachten.

Unterklasse Actinulidea
(Taf. 234)

Stammesgeschichtlich älteste Unterklasse der Hydrozoa, welche nur ein Vormedusen-Stadium (Halhydrula) erreicht. Die Embryonalentwicklung ist typisch radiärsymmetrisch. Das begeißelte Actinulastadium (Larvenstadium) weist eine Geißel pro äußere Zelle auf und wandelt sich direkt in ein nur wenig weiter entwickeltes, ebenfalls begeißeltes Vormedusenstadium (Halhydrula) um. Das Adultstadium behält die bipolare Organisation der Actinula bei. Körper primär noch ganz mit Geißeln (beibehaltenes larvales Merkmal) bedeckt. Jede äußere Zelle mit nur einer einzigen Geißel. Mit soliden Tentakeln und „Gonaden“ im Bereich des Manubriums. Mit aboralem Haftorgan. Mit Statocysten (Li-

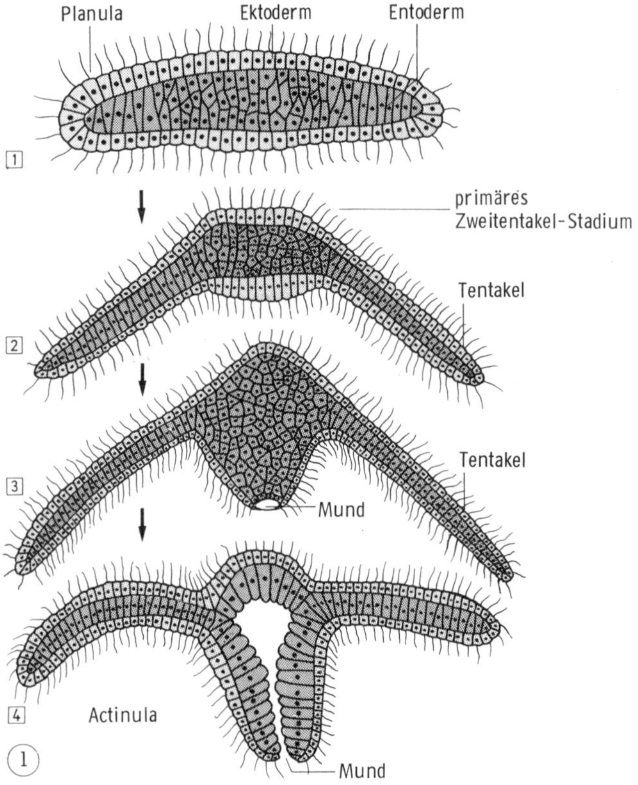

Taf. 233. Cnidaria: Hydrozoa (Umwandlung Planula-Meduse). – Abb. 1. *Aeginopsis mediterranea* (Narcomedusa): 1/1. Planula-Larve; 1/2. Streckung; 1/3. Absetzen des mittleren Teiles, Bildung der 2 primären Tentakeln sowie der Mundöffnung; 1/4. Actinula-Larve mit den beiden Primärtentakeln (nach METSCHNIKOFF).

thostylen mit entodermalem Statolithen) und Nervenring, beide stellen Medusenmerkmale dar, die hier schon von dem adulten Vormedusenstadium ausgebildet werden. Primär kleine Vertreter mit Körperlängen von nur 0,5–1,5 mm. Weder Anzeichen für eine regressive Evolution, noch für eine Neotenie erkennbar. Primär getrenntgeschlechtlich und mit äußerer Befruchtung (Halammohydridae). Primäre benthonisch-gleitend schwimmende Lebensweise im marinen Sandlückensystem. Die Ausbildung von Statocysten ist als eine Anpassung an diese interstitielle Lebensweise zu betrachten, da viele tierische Bewohner des marinen Sandlückensystems ebenfalls Statocysten aufweisen. Actinulidea stellen eine eindeutige Reliktgruppe dar.

Ordnung Actinulida
(Taf. 234)

Sehr kleine Vertreter mit Körperlängen von 0,5–1,5 mm. Mit gleitend-schwimmender Lebensweise im Sandlückensystem mariner Küsten. Stammesgeschichtlich älteste Gruppe der Hydrozoa, welche in der Ausbildungsform der Halhydrula nur wenig das Stadium der Actinula-Larve überschritten hat. Keine Regressionsformen, sondern ausgesprochene Primitivformen, welche im Sandlückensystem eine ökologische Nische (wie auch z.B. die Karyorelictida bei den Ciliophora) gefunden haben.

Körper der Actinulida (Taf. 234:4) ganz mit Geißeln bedeckt. Schlanke Körpergestalt mit 2 aboralen Tentakelkränzen und einer aboralen Einstülpung, welche als Haftorgan dient. Mit lang ausgezogenem Manubrium. Mundöffnung am freien Ende des Manubriums. Tentakeln solid, nicht hohl. Oberhalb des Magenstieles befindet sich der vordere, kleine kappenartige Abschnitt des Körpers. In dieser Kappe liegt das aborale Haftorgan, an der Kappe inserieren die beiden Tentakelkränze, außerdem ist

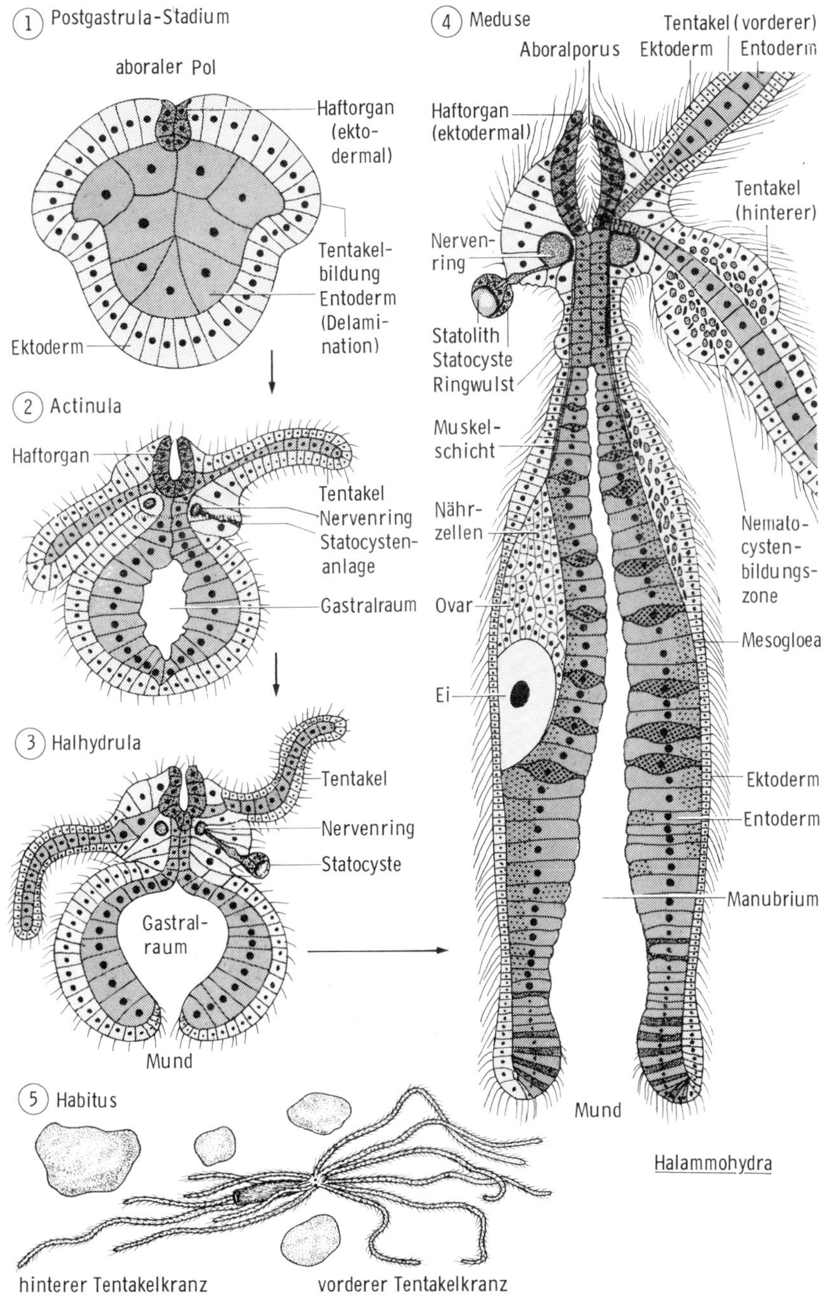

Taf. 234. Cnidaria: Hydrozoa, Actinulidea (Actinulida). – Abb. 1–5. *Halammohydra* (nach REMANE, SWEDMARK & TEISSIER): 1. Postgastrula-Stadium; 2. Actinula; 3. frühe Halhydrula; 4. adulte Halhydrula; 5. Fortbewegung im Sandlückensystem.

ein Kranz von Statocysten (Lithostylen) vorhanden. Statocysten (vom Trachylidea-Typ) rund, bläschenartig und gestielt, mit innerem, entodermalem Statolithen. Mit gut ausgebildetem Nervenring (bei *Otohydra* fehlend) im Kappenbereich. Die bipolare Körperorganisation der Actinula wird zeitlebens beibehalten. Das aborale Haftorgan (bei *Otohydra* fehlend) stellt eine ektodermale Einstülpung dar. Die ektodermale Begeißelung (typisches Primitivmerkmal) dient zum Schwimmen und auch zum Hindurchwinden in den mit Wasser gefüllten Hohlräumen des Sandlückensystems.

Teils noch primär getrenntgeschlechtlich (Halammohydridae), teils sekundär zwittrig (Otohydridae). Die „Gonaden“ liegen bei *Halammohydra* nebeneinander zwischen Ekto- und Entoderm des Magenstieles (Manubrium), bei *Otohydra* dagegen voneinander getrennt im Ektoderm. Befruchtung und Embronalentwicklung außerhalb des weiblichen Körpers (Halammohydridae) oder innerhalb des Körpers (Otohydridae) in einer ektodermalen Bruttasche.

Cnidom: Desmonemen, isorhize und anisorhize atriche Haplonemen, Eurytelen und Stenotelen. Bei *Halammohydra* kommen alle fünf Nesselkapseltypen vor, bei *Otohydra* dagegen nur Stenotelen und Eurytelen.

Embryonalentwicklung: Direkte Entwicklung. Bei *Halammohydra* werden nur wenige, dotterreiche Eier (2–6) abgelegt. Furchung zunächst total-aequal, dann mehr irregulär, und es entsteht eine Morula mit einigen hundert Blastomeren. Gastrulation in Form einer Delamination (= Abwandlung der Immigrationsgastrulation). Durch eine Einstülpung des Ektoderms entsteht zunächst das aborale Haftorgan (Taf. 234:1), später dann Bildung der Tentakeln. Entwicklung radiärsymmetrisch, es wird ein typisches Actinula-Stadium (Taf. 234:2) ausgebildet. Durch einige, kleinere Umwandlungen (Durchbruch der Mundöffnung am oralen Pol, Ausbildung der „Gonaden“, volle Ausbildung der schon angelegten Statocysten) wird das Vormedusenstadium, das Halhydrula-Stadium (Taf. 234:3) erreicht. Damit ist der primäre, adulte Bauplan verwirklicht. Bei einigen *Halammohydra*-Arten kommt es dann nur noch zu einer Verdoppelung, bzw. Vervierfachung der Tentakel- und Statocystenzahl. Statocysten und Nervenring sind medusentypische Merkmale.

Lebensweise: Im Sandlückensystem mariner Küsten, zum Teil im submarinen Bereich in Tiefen bis zu 60 m (*Otohydra*). Bisher von der Nordsee, dem Skagerrak, der französischen Atlantikküste und dem Mittelmeer bekannt.

Halammohydridae. *Halammohydra* (Taf. 234): Getrenntgeschlechtlich, mit Nervenring und aboralem Haftorgan.

Otohydridae. *Otohydra*: Zwittrig, ohne Nervenring und ohne Haftorgan. Tentakeln nur in einem Kranz angeordnet. Oberer Kappenbereich besonders stark entwickelt.

Unterklasse Trachylidea

(Taf. 235–237)

Stammesgeschichtlich sehr alte Hydrozoa mit direktem Zyklus (Taf. 235): Planula – Actinula – Meduse. Trachylidea treten ausschließlich in der Medusenform (als Adultstadium) auf. Die sekundäre Polypenform ist bei den Trachylidea noch nicht ausgebildet. Sekundär kann das Actinula-Stadium auch Medusenknospen (Taf. 237:3) ausbilden, die sich zu Medusen entwickeln (z. B. bei Narcomedusa). Hier ist der erste Ansatz zur Ausbildung eines metagenetischen Generationswechsels erkennbar. Es ist nur noch das Festsetzen der Actinula und ihre Umwandlung in die sessile Polypenform erforderlich. Die Weiterentwicklung der Knospen zu Medusen läuft ebenfalls über ein Actinula-Stadium.

Tentakeln der Meduse randständig (Trachymedusa) oder auf die Schirmoberseite verschoben (Narcomedusa). Mit Radiärkanälen (Trachymedusa), sekundär ohne Radiärkanäle (Narcomedusa). Statocysten (Taf. 237) mit entodermalen Lithocyten (= Statolithen). „Gonaden“ im Ektoderm der Radiärkanäle (Trachymedusa) oder im Ektoderm der Peripherie der subumbrellaren Magenwand (Narcomedusa).

Cnidom: Nur aus mikrobasischen Eurytelen (Trachymedusa) und isorhizen, atrichen Haplonemen (Narcomedusa) bestehend. Primär getrenntgeschlechtliche Vertreter mit äußerer Befruchtung.

Ausschließlich marine Vertreter in warmen Meeren.

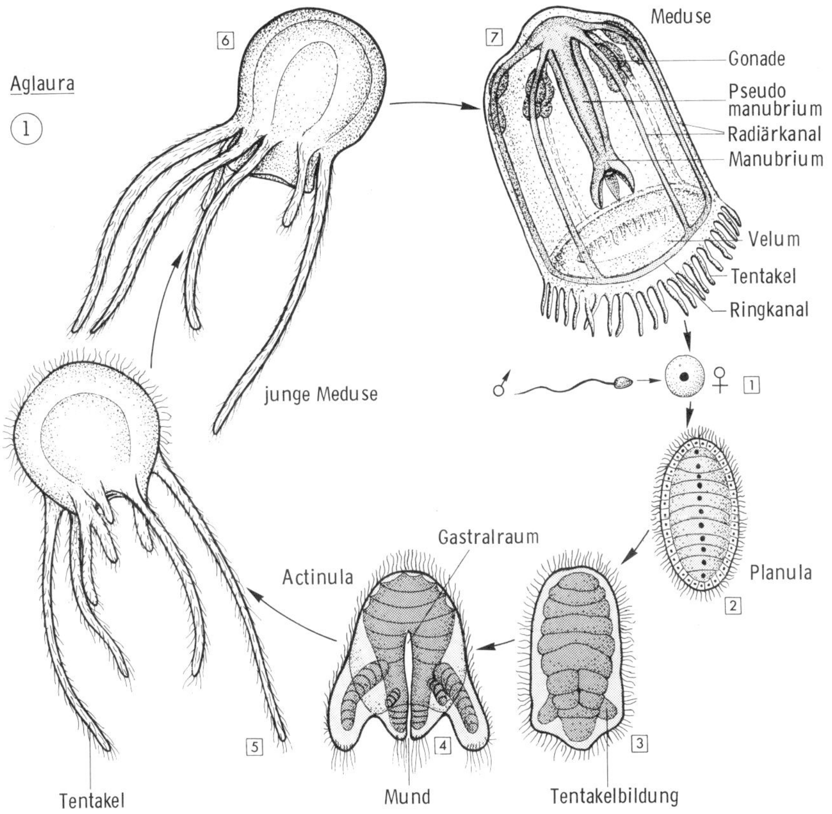

Taf. 235. Cnidaria: Hydrozoa, Trachylidea (Trachymedusa). – Abb. 1. *Aglaura*, direkte Entwicklung über das Actinulastadium (nach METSCHNIKOFF).

Ordnung Trachymedusa
(Taf. 235, 236)

Nur Medusenstadium, mit direkter Entwicklung zur Meduse (Taf. 235). Schirmrand ungeteilt, nicht lappenförmig. Mit Velum. Mit Radiärkanälen (4, 6 oder auch mehr) und sie verbindendem Ringkanal. Ringkanal häufig (*Geryonia*) mit zahlreichen, blind endenden Zentripedalkanälen. „Gonaden" im Ektoderm der Radiärkanäle. Statocysten geschlossen, in die Schirmgallerte eingesenkt und mit entodermalen Lithocyten versehen. Die randständigen Tentakeln meist solid (z. B. *Aglaura*), selten aber auch innen hohl. Tentakeln gleichlang (*Aglaura*) oder abwechselnd lang und verkürzt (*Geryonia*). Schirmrand mit Nesselzellen.

Cnidom: Nur heterotriche, mikrobasische Eurytelen vorhanden.

An den Zentralmagen schließt sich ein langes Pseudomanubrium an, in welches auch noch die Radiärkanäle führen. Die Fortsetzung des Pseudomanubriums bildet ein normal gestaltetes Manubrium. Schirm rundlich (*Geryonia*) oder mehr glockenförmig (*Aglaura*). Schirmunterseite mit gut ausgebildeter Muskulatur. Velum relativ groß. Körpergrößen sehr unterschiedlich. Kleine Vertreter mit einem Durchmesser von wenigen Millimetern, große Arten dagegen mit einem Durchmesser bis zu 10 cm. Mit freischwimmender, pelagischer Lebensweise im marinen Bereich.

Geryonidae. *Geryonia* (Taf. 236): Schirm rundlich-halbkugelig, mit langem Magenstiel (Pseudoma-

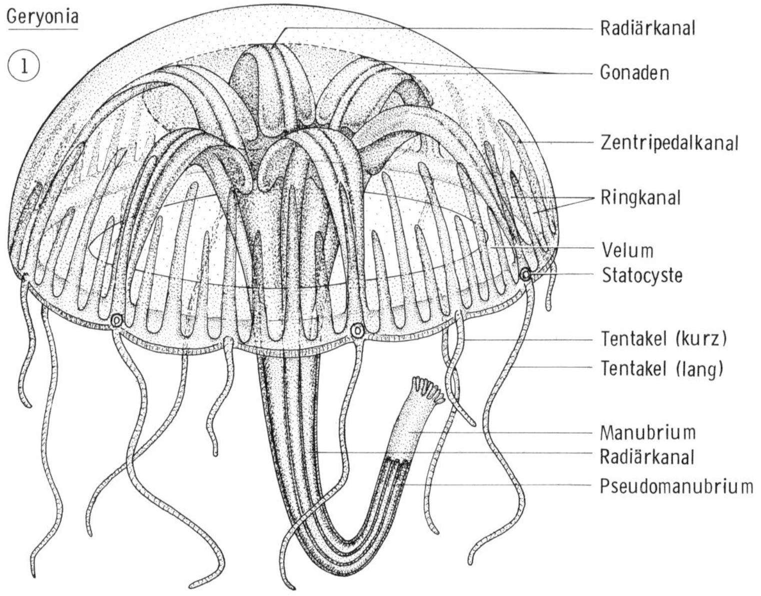

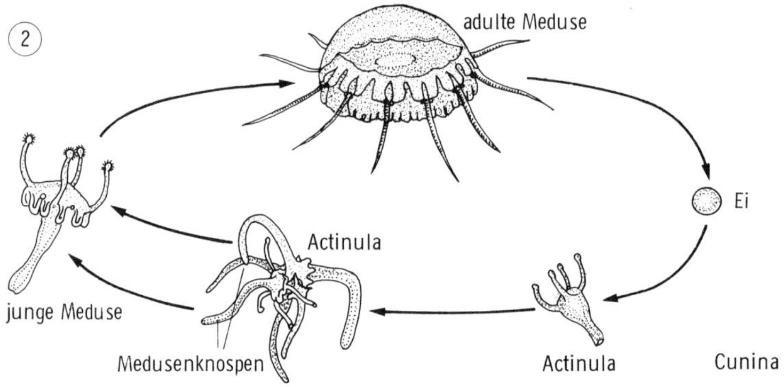

Taf. 236. Cnidaria: Hydrozoa, Trachylidea (Trachymedusa, Narcomedusa). – Abb. 1. *Geryonia*, Habitus (nach Bigelow). Abb. 2. *Cunina octonaria*, Zyklus (nach Brooks und Hyman aus Tardent).

nubrium + Manubrium), Durchmesser 8 cm. *Liriope*: Schirmdurchmesser 3 cm, ebenfalls mit sehr langem Magenstiel (Pseudomanubrium + Manubrium).

Rhopalonematidae. *Aglaura* (Taf. 235): Magenstiel (Pseudomanubrium + Manubrium) relativ kurz. *Aglantha:* In der Nordsee, Schirmdurchmesser 20–40 mm. *Rhopalonema:* Schirmdurchmesser 15 mm.

Ordnung Narcomedusa
(Taf. 236:2 u. 237)

Nur Medusenstadium. Entweder direkte Entwicklung über das Actinulastadium oder das Actinulastadium bildet Medusenknospen (Taf. 237:3) an seinem aboralen Pol aus. Aber auch hier Weiterentwicklung zur Meduse über das Actinulastadium. Vertreter mit Knospenbildung an der Actinula (z. B.

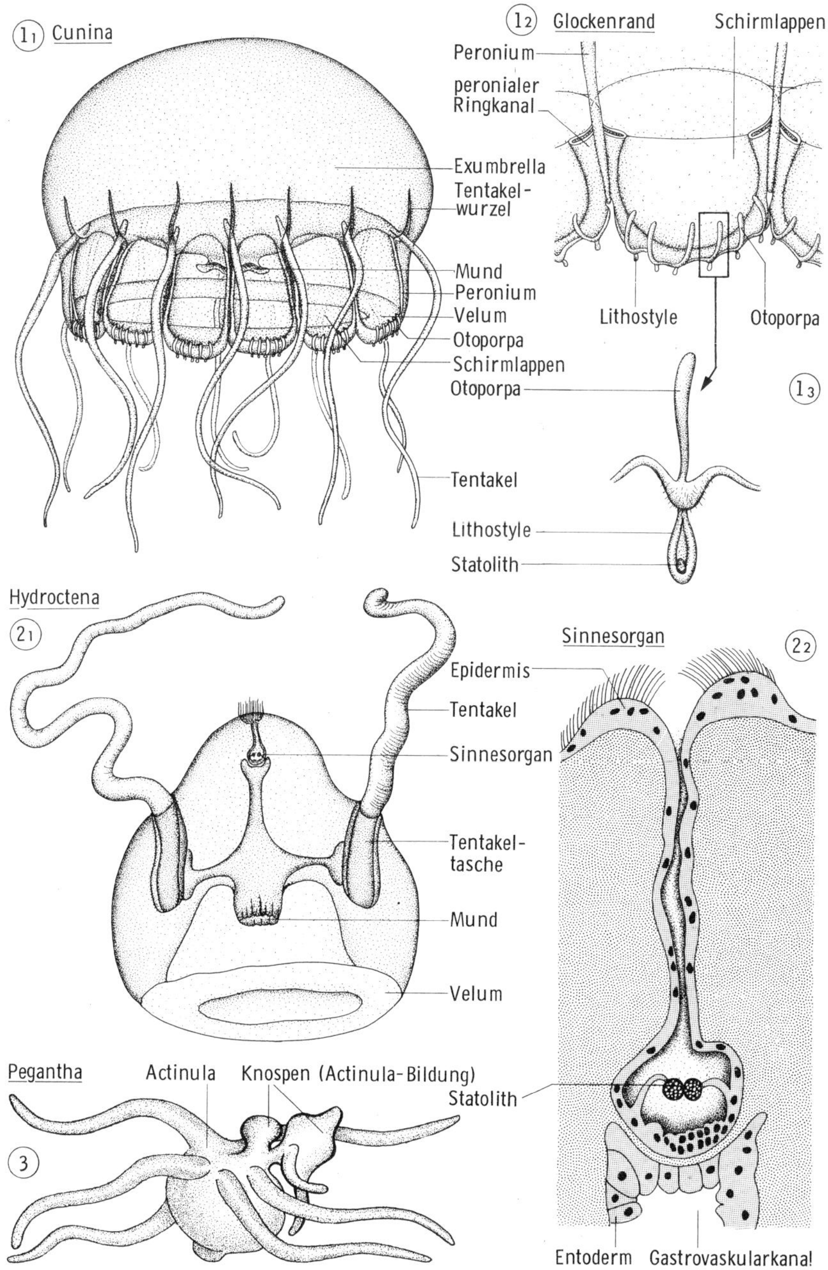

Taf. 237. Cnidaria: Hydrozoa, Trachylidea (Narcomedusa). – Abb. 1. *Cunina prolifera* (nach MAYER): 1/1. Habitus; 1/2. Glockenrand vergrößert; 1/3. Lithostyle (statisches Sinnesorgan). Abb. 2. *Hydroctena* (nach DAWYDOFF): 2/1. Habitus; 2/2. aborales Sinnesorgan. Abb. 3. *Pegantha smaragdina*, knospende Actinula (nach BIGELOW).

Cunina: Taf. 236:2) leben parasitisch an Narco- und Hydromedusen. Der Knospungsvorgang könnte hier eine Anpassung an die sekundär parasitische Lebensweise sein. Er zeigt aber an, daß ein Actinulastadium Medusenknospen ausbilden kann. Diese laterale Knospung ist als ein Vorläufer der lateralen Knospung der Limnomedusa und Hydroidea zu betrachten.

Schirm der Narcomedusa meist sehr flach. Die soliden Tentakeln sitzen nicht (wie normal üblich) direkt am Schirmrand, sondern sind sekundär vom gelappten Schirmrand auf die Schirmoberseite (Exumbrella) verschoben, bleiben aber durch Spangen (Peronia) mit dem Schirmrand verbunden. Die am Schirmrand befindlichen Otoparpa stellen offensichtlich verkürzte Peronia dar. Die Zahl der Schirmlappen entspricht der Zahl der Tentakeln. Mit gut ausgebildetem Velum. Die Statocysten (Tentaculocysten) in Form von Lithostylen (Taf. 2371/3) ausgebildet. Lithostyle mit entodermalen Lithocyten. Gastrovascularsystem ohne Radiärkanäle, auch der Ringkanal kann fehlen. Wenn ein Ringkanal vorhanden, dann mit Zentripedalkanälen. Mit fast zum Schirmrand reichendem Zentralmagen oder Gastralraum mit peripher vordringenden, sehr breiten Magentaschen. Keine Septenbildung. An jeder Seite eines Peroniums je ein peronialer Ringkanal. Die „Gonaden" liegen im Ektoderm der Peripherie der subumbrellaren Magenwand oder in der ektodermalen Peripherie der Magentaschen (z. B. *Cunina*). Mit sehr kurzem Manubrium, welches bisweilen auch fehlen kann.

Cnidom: Nur mit isorhizen, atrichen Haplonemen. Sie stellen den primären Stomocniden-Typ dar. Primär mit freischwimmender pelagischer Lebensweise im marinen Bereich. Sekundär mit parasitischer Lebensweise des Actinulastadiums (Cuninidae und Solmaridae).

Aeginidae. Magentaschen geteilt, Tentakeln stehen zwischen den Magentaschen. *Aegina:* Mit 4 geteilten Magentaschen, Schirmdurchmesser 5 cm. *Solmundella:* Mit nur 2 Tentakeln. *Hydroctena* (Taf. 237:2): Sekundär stark abgewandelt, ähnelt Ctenophoren, mit nur zwei seitlichen Tentakeln in Tentakelscheiden; mit Statocyste am aboralen Körperpol, ebenfalls wie bei Ctenophoren.

Solmaridae. Breiter Gastralraum, ohne Magentaschen. *Solmaris:* Schirmdurchmesser bisweilen nur 15–20 mm. *Pegantha* (Taf. 237:3): Medusen mit pelagischer Lebensweise; die Actinulastadien (mit Medusenknopsung) leben parasitisch im Gastralraum des Muttertieres.

Cuninidae. Mit sackförmigen, ungeteilten Magentaschen. *Solmissus:* Schirmdurchmesser bis zu 10 cm. *Cunina* (Taf. 236:2 u. 237:1): Actinula-Larven mit Medusenknopsung, parasitische Lebenweise der Larven im Gastralbereich anderer Narco- und Hydromedusen. Medusenknospung an Stolonen.

Polypodiidae. Mit intrazellulärem Parasitismus (einziger Fall bei Cnidaria). Endoparasitische Lebensweise in den Oocyten von Acipenseridae (Störe). Stolonenbildung mit Polypenknospen in den Oocyten. Nach der Eiablage durchbricht der Stolon das Ei und bildet dann freiwerdende, solitäre Polypen aus. Die „Gonaden" der hermaphroditischen Polypen zeigen eine sekundäre „entodermale" Lage. Die abgeänderte Lage der „Gonaden" wird wohl durch Körperveränderungen infolge des Parasitismus hervorgerufen. Sekundär ohne Medusenstadium, bedingt durch spezifische parasitäre Lebensweise. Sekundäre Süßwasserbewohner. *Polypodium*: Einzige Art *P. hydriforme* (Wolga, Don).

Die sekundäre Lageveränderung der „Gonaden", sowie die sekundäre Lebensweise im Süßwasser reichen nicht aus, um für *Polypodium* eine neue höhere Kategorie (Klasse nach Raikova 1973) zu errichten. Der alleinige Besitz von isorhizen atrichen Haplonemen weist *Polypodium* eindeutig als einen Vertreter der Narcomedusa aus.

Unterklasse Limnomedusa

(Taf. 238 u. 239)

Mit Generationswechsel Polyp – freischwimmende Meduse. Erstmalige Ausbildung einer sessilen (larvalen) Polypenphase, die durch Festsetzen einer Actinula entsteht. Polypen primär noch sehr klein, nur 0,5–2,0 mm lang. Polypen in klebrige Peridermhüllen eingeschlossen, es wird noch kein steifes Periderm ausgebildet. Polypen zum Teil (primär) mit 3–5 Tentakeln (*Gonionemus*) oder sekundär ohne

Tentakeln (*Craspedacusta*). Mit mucoproteinhaltiger Peridermhülle, keine Ausbildung von Hydrotheken. Die hohlen Tentakeln sind mit dem Gastralraum verbunden. Polypen meist primär solitär (*Gonionemus, Olindias, Limnocnida, Craspedacusta*), mit 3–6 Tentakeln oder auch ohne Tentakeln. Sekundär Ausbildung kleiner, primitiver Kolonien (*Monobrachium, Aglauropsis*, auch bei *Craspedacusta* und *Limnocnida*). Bei *Monobrachium* und *Aglauropsis* besitzen die Polypen nur einen einzigen Tentakel und bilden stolonenförmige Primitivkolonien. Von dem Stolonennetz erheben sich die Polypen der Kolonie.

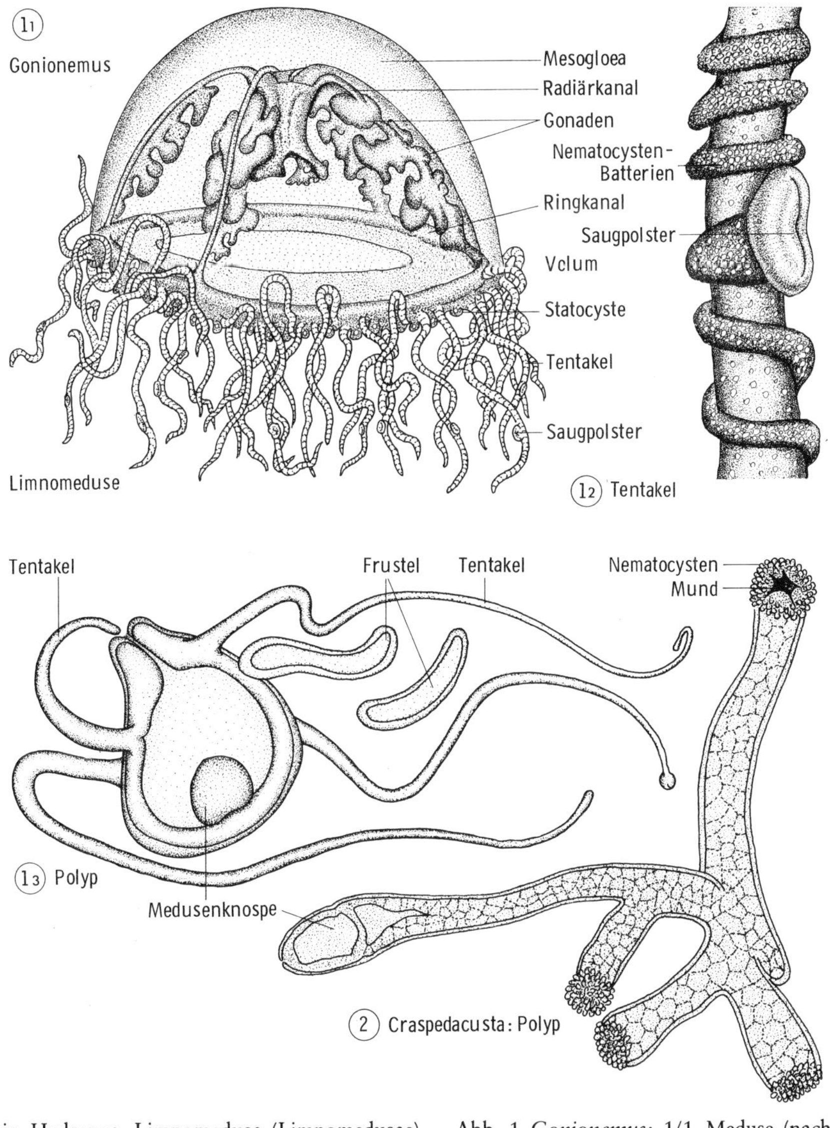

Taf. 238. Cnidaria: Hydrozoa, Limnomedusa (Limnomedusae). – Abb. 1. *Gonionemus*: 1/1. Meduse (nach Sherman & Sherman); 1/2. *Gonionemus*, Tentakelausschnitt der Meduse mit Nesselbatterien und Saugpolster (nach Hyman); 1/3. *Gonionemus*, solitärer Polyp mit Frustelbildung und Medusenknospung (nach Joseph). Abb. 2. *Craspedacusta*, Polyp (nach Hyman).

Polypen (z. B. *Craspedacusta*) mit lateraler Medusenknospung. Neben der ungeschlechtlichen Bildung von Medusen kommen bei *Craspedacusta* im Polypenstadium auch noch weitere ungeschlechtliche Vermehrungen in Form von Polypenknospung, Kugelfrustelbildung (= kugelige Abschnürung), Frustelbildung und Podocystenbildung (Taf. 239) vor. Die Knospungsvorgänge (z. B. Knospung an Stolonen) entsprechen zum Teil denjenigen der Narcomedusa (z. B. Cuninidae) und zeigen die Verwandtschaft der Limnomedusa mit den Narcomedusa an. Innerhalb der Limnomedusa erfolgt z. B. die Medusenknospung bei *Monobrachium* ebenfalls an Stolonen. Auch die Frustelbildung der Limnomedusa dürfte als ein primitiver Knospungsvorgang betrachtet werden. Hinzu kommt, daß Limnomedusa Planula-ähnliche Polypenknospen produzieren.

Die Medusen der Limnomedusa weisen meist einen relativ flachen Schirm auf und besitzen zahlreiche, hohle Tentakeln. Die ektodermalen „Gonaden" befinden sich am Manubrium oder an den Radiärkanälen. Die ektodermalen Statocysten weisen entodermale Lithocyten auf und entsprechen denjenigen der Trachy- und Narcomedusa. Häufig ohne Velum, zum Teil mit Velum (*Craspedacusta, Gonionemus*).

Das Cnidom der Limnomedusa besteht aus Desmonemen, isorhizen atrichen und basitrichen Haplonemen sowie aus mikro- und makrobasischen Eurytelen. Gegenüber den nur das Medusenstadium aufweisenden Trachy- und Narcomedusa weisen die Limnomedusa (mit Medusen- und Polypenstadium) einen vermehrten Bestand an Nesselkapsel-Typen auf. Primär marine Vertreter im Schelfbereich, sekundär im Brackwasser und auch im Süßwasser (*Craspedacusta*, Süßwasserqualle).

Ordnung Limnomedusae
(Taf. 238–239)

Einzige Ordnung mit den Merkmalen der Unterklasse.

Olindiadidae. Einzige Familie. *Gonionemus* (Taf. 238:1): Polyp solitär, primär klein, nur 0,5 mm lang, flaschenförmig und mit 3–5 Tentakeln. Ungeschlechtliche Vermehrung (Taf. 238:1/3) durch laterale Frustelbildung und Medusenknospung. Die Frusteln lösen sich ab, kriechen davon und bilden einen neuen Polypen aus. Meduse mit einem Durchmesser von 2 cm. Mit Velum und Statocysten sowie zahlreichen Schirmtentakeln, welche zum Teil Saugpolster aufweisen. Marine Vertreter. Die Polypen sind am Boden mit einer Schleimhülle festgeklebt und benutzen die Tentakeln wie Leimruten. Die Medusen liegen in Ruhestellung mit dem Mund nach oben und nehmen herabsinkende Nahrung auf. Der Beutefang beim Schwimmen verläuft ähnlich. Auch hier dreht sich die Meduse um 180°, sinkt mit der Mundöffnung nach oben allmählich nach unten und fischt dabei mit den ausgestreckten Tentakeln einen relativ großen Bereich ab. – *Olindias:* Marine Lebensweise. Durchmesser der Meduse bis zu 10 cm, mit vielen Tentakeln, Polyp solitär. – *Limnocnida*: Sekundäre Süßwasserbewohner der Tropen, Schirmdurchmesser 1,5–2,5 cm, mit zahlreichen Tentakeln; Polyp solitär, bisweilen auch kleine Kolonien bildend. – *Craspedacusta* (Taf. 238:2 u. 239): Süßwasserqualle, aus Brasilien nach Europa eingeschleppt. Polyp (Taf. 238:2 u. 239) sehr klein, primär solitär und nur bis zu 2 mm lang. Sekundär kleine Polypenkolonien bildend. Der Normalpolyp ohne Tentakeln. Neben der normalen, obligaten tentakellosen Polypenform tritt noch eine weitere fakultative, mit Tentakeln versehene Polypenform (Calposoma-Form: Taf. 239) auf, welche sich aus Frusteln bzw. Kugelfrusteln bildet. Die Calposoma-Form kann sich ungeschlechtlich durch Knospung oder durch Bildung von Frusteln und Kugelfrusteln fortpflanzen, aber sie kann keine Medusen knospen lassen. Die Fähigkeit zur lateralen Medusenknospung hat nur der tentakellose Normalpolyp. Normaler Zyklus: Normalpolyp – Medusenknospung – Meduse (getrenntgeschlechtlich) – befruchtetes Ei – Planula – Normalpolyp. Erstmalige Ausbildung eines metagenetischen Generationswechsels bei Limnomedusa, hier am Beispiel von *Craspedacusta*. Der Normalpolyp kann sich ungeschlechtlich durch normale laterale Polypenknospung, durch Frustel- und terminale Kugelfrustelbildung sowie durch Podocystenbildung fortpflanzen. Dabei entstehen wiederum Polypen. Medusen werden durch laterale Medusenknospung gebildet. Adulte Medusen mit einem Durchmesser von etwa 1 cm und mit vielen Schirmtentakeln. Das Jugendstadium (Meduse) weist nur einen Durchmesser von 1 mm auf und besitzt nur 8 Schirmtentakeln. Adulte Medusen können bis zu 614 Schirmtentakeln besitzen. Velum gut ausgebildet. Die fakultative Calposo-

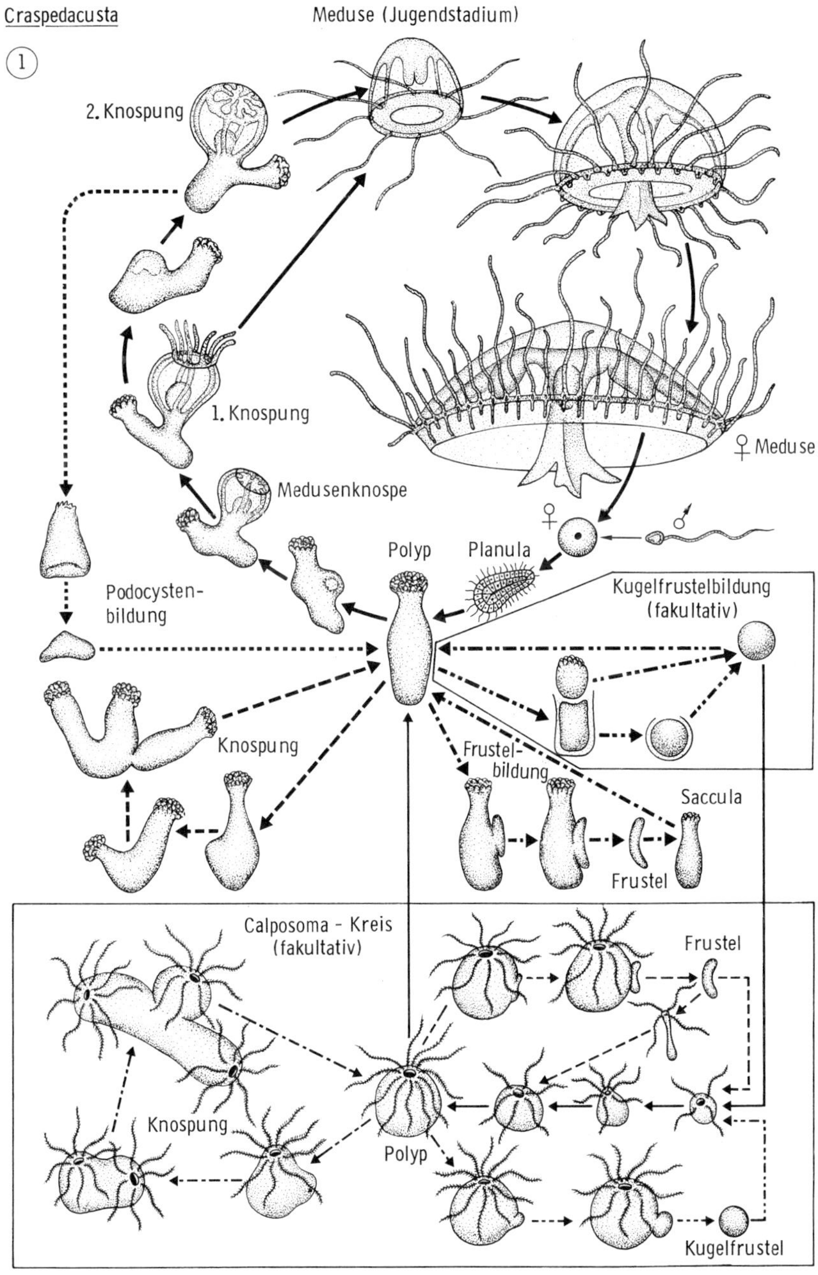

Taf. 239. Cnidaria: Hydrozoa, Limnomedusa (Limnomedusae). – Abb. 1. *Craspedacusta sowerbyi*, Entwicklungskreis mit verschiedenartigen Entwicklungsmöglichkeiten; oben normaler Zyklus; mitte Knospung, Frustel- und Kugelfrustelbildung, Podocystenbildung; unten fakultativer Calposoma-Kreis (Polyp hier mit Tentakeln versehen) (verändert nach BURCHERT; REISINGER).

ma-Form ähnelt den Polypen der Gattung *Gonionemus*. – *Monobrachium*: Mit kleinen, stolonenförmig-verzweigten Kolonien. Die Polypen erheben sich von dem Stolonennetz und weisen nur einen Tentakel auf, Medusenknospung an den Stolonen. – *Aglauropsis:* Ebenfalls mit kleinen, stolonenförmig-verzweigten Kolonien und Polypen mit nur einem Tentakel. Medusenknospung lateral an der Basis der Polypen.

Unterklasse Hydroidea
(Taf. 240–267)

Mit sekundärem metagenetischem Generationswechsel zwischen Polypen- und Medusenstadium. Sekundär teilweise nur noch Polypengeneration (Hydrida) ausgebildet. Die primären marinen Vertreter jedoch stets mit Generationswechsel. Der Wechsel in der Lebensweise (Übergang zu einer Lebensweise im Süßwasser) führt bei den Hydrida zum Abbau des Medusenstadiums.

Polypengeneration bei den Hydroidea sehr gut entwickelt. Die Polypen treten zum Teil in verschiedenartigen Ausbildungsformen auf. Polypen fast stets sessil, selten solitär und meist kolonienbildend. Kolonienbildung (Stockbildung) durch Knospung, verbunden mit Nichtablösung. Die Hydroidpolypen entweder mit einem Periderm aus Mucoprotein oder mit chitinhaltigem Perisark. Bei einigen Vertretern sind im Perisark Kalkkörper eingelagert. Zum Teil weisen die Hydroidpolypen auch ein korallenartiges, inneres Kalkskelett (Milleporidae, Stylasteridae) auf. Polypen mit primär einfachem, nicht durch Septen aufgeteiltem Gastralraum.

Das Cnidom der Hydroidea besteht aus Desmonemen; atrichen, basitrichen, merotrichen und holotrichen Haplonemen; heterotrichen Anisorhizen; mikro- und makrobasischen Mastigophoren; mikro- und makrobasischen Eurytelen und Stenotelen. Von diesen Nesselkapsel-Typen kommen basi-, mero- und holotriche Haplonemen sowie heterotriche Anisorhizen und makrobasische Mastigophoren nur bei Hydroidea vor. Hydroidea weisen einen sehr hohen Bestand unterschiedlicher Nesselkapsel-Typen auf. Die hohe Zahl ist bedingt durch eine Vielfalt festsitzender Polypentypen sowie auch durch Abänderungen im Medusenbereich.

Die durch Knospung erzeugten Medusen entweder freischwimmend oder am Polypenstock verbleibend. Die pelagisch lebenden Medusen mit Velum (craspedote Medusen), zellenfreier Mesogloea und „Gonaden" im Ektoderm, bisweilen auch zwischen Ekto- und Entoderm aber nie im Entoderm. Die Medusen entstehen durch laterale Knospung an den Polypen. Medusen teils mit optischen Sinnesorganen (Athecata mit Anthomedusen) oder mit Statocysten, welche ektodermale Statolithen aufweisen (Thecophora mit Leptomedusen).

Mit nur wenigen Ausnahmen zeigen die Hydroidea noch die primäre, marine Lebensweise. Sekundär kommen einige Vertreter auch im Brackwasser (z. B. *Cordylophora, Protohydra*) oder auch im Süßwasser (Hydridae) vor. Das Aufstellen eines Systems der Hydroidea wird dadurch erschwert, daß von vielen Arten nicht der komplette Zyklus (Polyp und Meduse) bekannt ist. Die Zuordnung der getrennt beobachteten Polypen und Medusen zu ihrer gemeinsamen Art ist oft recht schwierig. Getrennte Polypen- und Medusensysteme sind aber im Sinne einer phylogenetischen Systematik nicht statthaft und stellen einen unhaltbaren Zustand dar. Um Mißverständnisse zu vermeiden, sind in einigen Fällen die zusätzlich verwendeten Medusenkategorien in Klammern angeführt. Prioritätsberechtigt ist natürlich der älteste Name, einerlei ob er für das Polypen- oder das Medusenstadium aufgestellt worden ist.

Überordnung Athecata (Anthomedusa)
(Taf. 240–263)

Mit alternierendem Generationswechsel Polyp-Meduse oder Polyp-Gonophore. Polypen zum Teil noch primär solitär (Moerisiidae), sekundär aber fast stets stockbildend. Periderm an Stiel und Hydrorhiza, Hydranthen aber stets noch ohne Hydrotheca. Mit mucoproteinhaltigem Periderm. Stockbildende Arten meist mit einem chitinhaltigen Periderm (Perisark), zum Teil mit Einlagerung von Kalkkörperchen oder mit verkalkten Skeletten. Starke Tendenz zur Rückbildung der Medusengeneration. Die Gonozooide (ohne Periderm und ohne Gonotheca) mit meist stark reduzierten Gonophoren. Rückbildung über medusoide Formen bis zu styloiden Gonophoren. Bei stockbildenden Arten starker

Polymorphismus der Polypen. Tentakeln der Polypen entweder primär geknöpft (Capitata) oder sekundär fadenförmig (Filifera).

Die **Anthomedusen** der Athecata von glockenförmiger Gestalt und mit einem Velum versehen. Schirmgallerte ohne Zellen. Die „Gonaden“ liegen in fast allen Fällen (auch bei den Gonophoren) im Ektoderm des Manubriums, in seltenen Ausnahmefällen auch an einer kurzen, vorderen Strecke der Radiärkanäle. Sinnesorgane, wenn vorhanden, stets in Form von Augenflecken (Ocelli) nie in Form von Statocysten.

Das Cnidom der Athecata ist das umfangreichste der Hydroidea und besteht aus Desmonemen, atrichen und basitrichen Haplonemen, heterotrichen Anisorhizen, mikro- und makrobasischen Mastigophoren, mikro- und makrobasischen Eurytelen und Stenotelen. Heterotriche Anisorhizen und makrobasische Mastigophoren kommen nur bei Athecata vor. Der Vielfalt von Polypen- und Medusenformen entspricht die große Zahl der Nesselkapseltypen.

Lebensweise: Fast ausschließlich marine Vertreter, sekundär auch einige Vertreter im Brackwasser und auch im Süßwasser (Hydridae). Die marinen Vertreter besiedeln sowohl Weichböden als auch Hartböden.

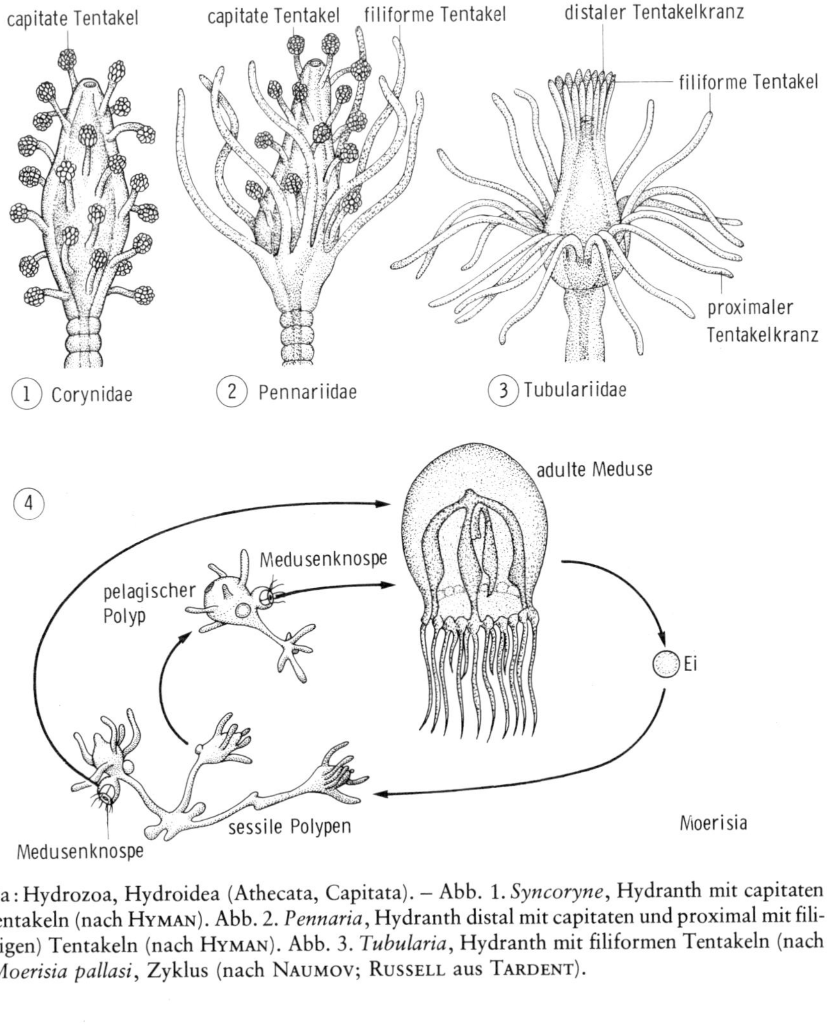

Taf. 240. Cnidaria: Hydrozoa, Hydroidea (Athecata, Capitata). – Abb. 1. *Syncoryne*, Hydranth mit capitaten (knopfförmigen) Tentakeln (nach Hyman). Abb. 2. *Pennaria*, Hydranth distal mit capitaten und proximal mit filiformen (fadenförmigen) Tentakeln (nach Hyman). Abb. 3. *Tubularia*, Hydranth mit filiformen Tentakeln (nach Hyman). Abb. 4. *Moerisia pallasi*, Zyklus (nach Naumov; Russell aus Tardent).

Ordnung Capitata
(Taf. 240–255)

Polypen primär noch solitär (Moerisiidae), sekundär aber fast stets kolonienbildend. Polypententakeln im Adultstadium (Taf. 240), stets aber wenigstens im Jugendstadium, mit terminalen, knopfförmigen Anschwellungen (= capitate Tentakel), welche dicht mit Nesselzellen besetzt sind. Sekundär Adultstadien mit knopf- und fadenförmigen, oder schließlich nur mit fadenförmigen Tentakeln.

Primär (Moerisiina) mit einem einzigen Tentakelkranz, welcher aus mehr oder weniger zerstreuten Tentakeln besteht. Dieser Tentakelkranz ist als der primäre Kranz der Capitata zu bezeichnen und ent-

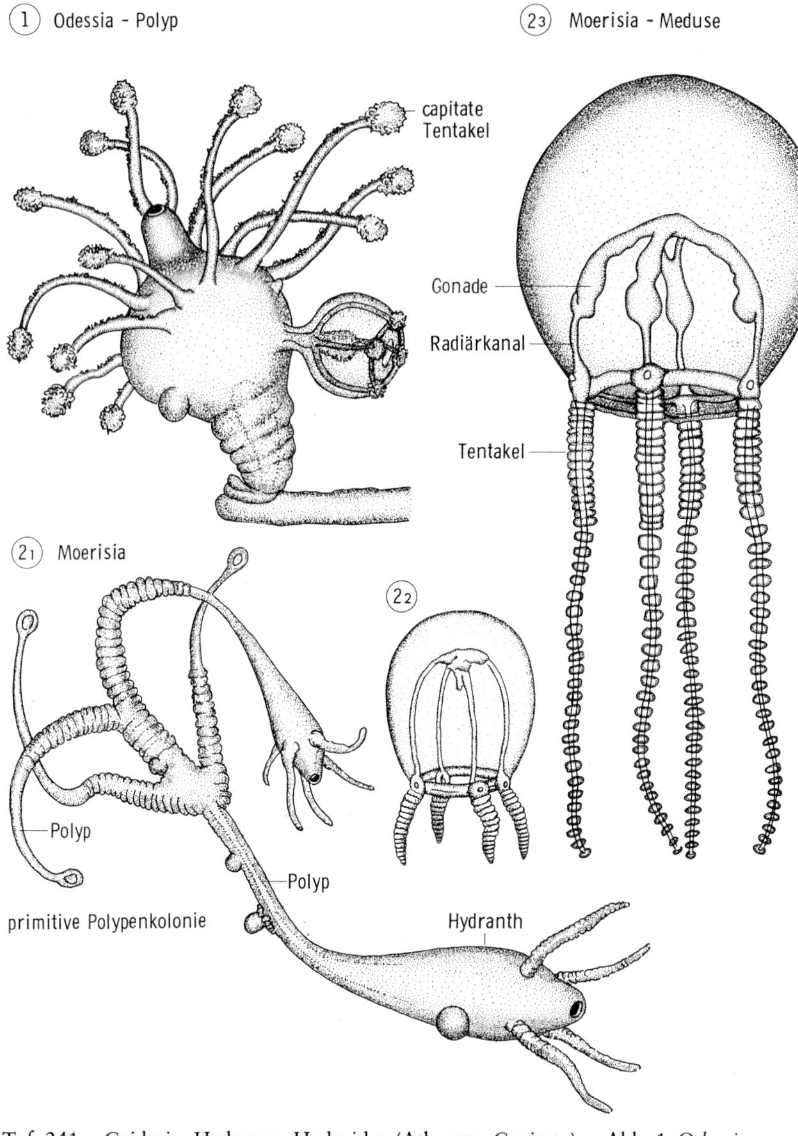

Taf. 241. Cnidaria: Hydrozoa, Hydroidea (Athecata, Capitata). – Abb. 1. *Odessia maeotica*, Polyp (nach PICARD). Abb. 2. *Moerisia lyonsi* (nach BOULENGER): 2/1. Polypenkolonie; 2/2. junge Meduse; 2/3. adulte Meduse.

spricht (= homolog) dem aboralen Tentakelkranz der anderen Capitata. Die beiden anderen Unterordnungen der Capitata (Tubulariina und Zancleina) weisen einen zusätzlichen oralen Tentakelkranz auf. Bei den Tubulariina sind die beiden Tentakelkränze häufig gleichstark entwickelt, oder der sekundäre orale Kranz zeigt eine Tendenz zur Verdoppelung. Oft breitet sich auch der orale Kranz nach unten stärker aus, wobei der primäre aborale Tentakelkranz eine Tendenz zur Reduktion zeigt. Bei den Zancleina dagegen bleibt der orale Tentakelkranz erhalten, während der aborale Kranz sich stärker nach oben ausdehnt.

Die Polypen sind primär (Moerisiina) durch eine basale, scheibenförmige, mit Periderm bedeckte Platte am Untergrund festgeheftet. Mit Podocystenbildung im Bereich der Basalplatte.

Mit metagenetischem Generationswechsel, dabei mit freilebenden Medusen oder sekundär sessilen Gonophoren. Mund der Medusen röhrenförmig, ohne Lippenbildungen. „Gonaden" meist ringförmig im Ektoderm des Manubriums. Mit 4 Radiärkanälen. Die Nesselbatterien sind primär perlschnurartig an den Tentakeln angeordnet.

Unterordnung Moerisiina
(Taf. 240:4 u. 241)

Polypen mit einem einzigen primären Tentakelkranz (= aboraler Tentakelkranz), welcher mehr oder weniger zerstreut angeordnete Tentakeln aufweist. Entweder liegt ein gut ausgebildeter Kranz vor, oder die Tentakeln sind dicht kranzartig über den oberen Teil des mittleren Bereiches des Polypen (Hydranthen) zerstreut. Polypenknospen Planula – ähnlich wie bei den Limnomedusa. Polypen primär solitär oder sekundär kleine Primitiv-Kolonien bildend. Primäre Festheftung durch basale, scheibenförmige Platte.

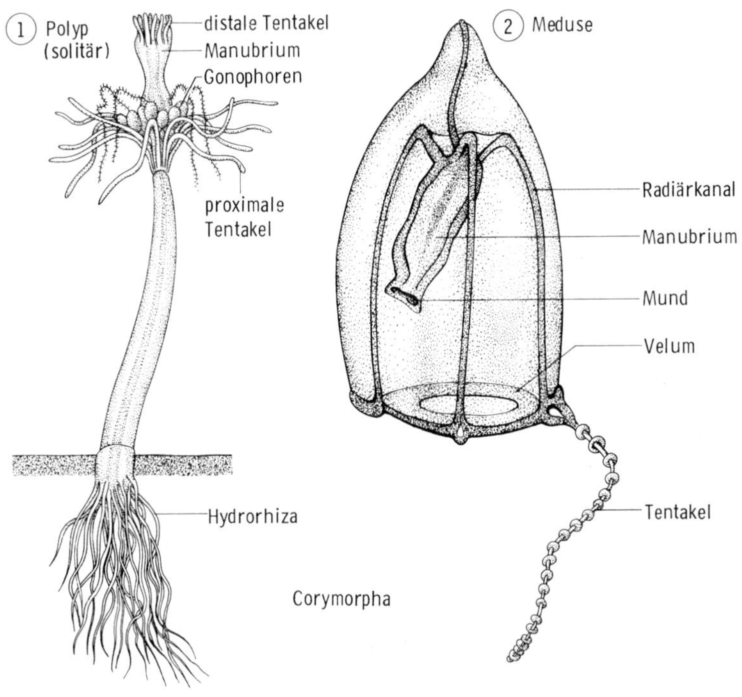

Taf. 242. Cnidaria: Hydrozoa, Hydroidea (Athecata, Capitata). – Abb. 1 u. 2. *Corymorpha*: 1. Solitärpolyp (nach HAND); 2. Meduse (nach MAYER).

Überfamilie Moerisioidea. Mit den Familien Moerisiidae und Sphaerocorynidae.

Moerisiidae. Stammesgeschichtlich älteste Gruppe der Capitata und damit auch der Hydroidea. Polypen primär noch solitär (*Moerisia, Odessia*), aber sekundär bereits den Beginn einer schwachen Kolonienbildung (Primitivkolonien) zeigend. Medusen mit quadratischem Zentralmagen, „Gonaden" an den leicht taschenähnlichen Radiärkanälen. Mit tetramerer Radiärsymmetrie, mit 4 Radiärkanälen sowie mit 4 Tentakeln, welche primär perlschnurartig (*Moerisia*) angeordnete Nesselbatterien aufweisen. – *Moerisia* (Taf. 240:4 u. 241:2): Polypen primär noch einzeln, oder Primitivkolonien bildend; die sessilen Polypenkolonien bilden neben Medusen auch bipolare, pelagisch lebende Polypen aus, die ebenfalls Medusen erzeugen. – *Odessia* (Taf. 241:1): Mit solitären Polypen.

Sphaerocorynidae. Früher innerhalb der Corynidae eingereiht aber ohne oralen Tentakelkranz. Tentakeln wie bei den Moerisiidae angeordnet. *Sphaerocoryne, Linvillea*.

Unterordnung Tubulariina
(Taf. 242–252)

Mit zwei Tentakelkränzen. Der primäre aborale Tentakelkranz bleibt bei den stammesgeschichtlich ältesten Vertretern voll erhalten, während bei den jüngeren Vertretern eine Reduktionstendenz besteht. Die oralen Tentakeln sind entweder (primär) als geschlossener Kranz vorhanden, sekundär sind mehrere, dicht stehende Kränze ausgebildet oder die Tentakeln sind nach unten stärker über den Hydranthen zerstreut.

Überfamilie Tricyclusoidea. Mit der einzigen Familie der Tricyclusidae.

Tricyclusidae. *Tricyclusa:* Polyp solitär. Die primären aboralen Tentakeln sind in zwei Kränzen in der Mitte des Hydranthen angeordnet, hinzu kommt der orale Tentakelkranz. Die Merkmale entsprechen weitgehend denjenigen der Moerisioidea, mit Ausnahme des sekundären oralen Tentakelkranzes.

Überfamilie Acauloidea. Mit den Familien der Acaulidae und Candelabridae.

Acaulidae. Mit solitären Polypen. Basalbereich des Polypen von gelatinösem Perisark umgeben. Durch basale Perisark-Fortsätze am Untergrund festgeheftet. Festheftung primitiv wie bei Moerisiina. *Acaulis.*

Candelabridae. Basaler Perisarkbereich tuben- oder scheibenförmig, mit Fortsätzen zum Festheften. Ähnliche Verhältnisse auch bei den Moerisiina. *Monocoryne.*

Überfamilie Tubularioidea. Die stammesgeschichtlich ältesten Tubularioidea haben noch viele Moerisioidea-Merkmale. Zu dem primären aboralen Tentakelkranz kommt ein oraler Kranz hinzu. Die stammesgeschichtlich ältesten Tubularioidea weisen noch Solitärpolypen auf.

Euphysidae. Polyp solitär. Hydrocaulus des Polypen durch Papillen (unterhalb des aboralen Tentakelkranzes) mit der äußeren, losen Perisarkschicht verbunden. Festheftung wie bei Moerisioidea. *Euphysa.*

Corymorphidae. Polyp solitär. Mit stärkerer Coenosarc-Entwicklung im Hydrocaulus, um größere Hydranthen stützen zu können. Polyp durch eine Hydrorhiza (= Stolonen) auf der Unterlage (Weichböden) befestigt. Meduse ohne Ocellen und mit nur einem Tentakel. *Corymorpha* (Taf. 242): Mit den Merkmalen der Familie.

Tubulariidae. Polypen teils noch solitär, häufig aber auch Kolonienbildung. Solitäre Vertreter durch

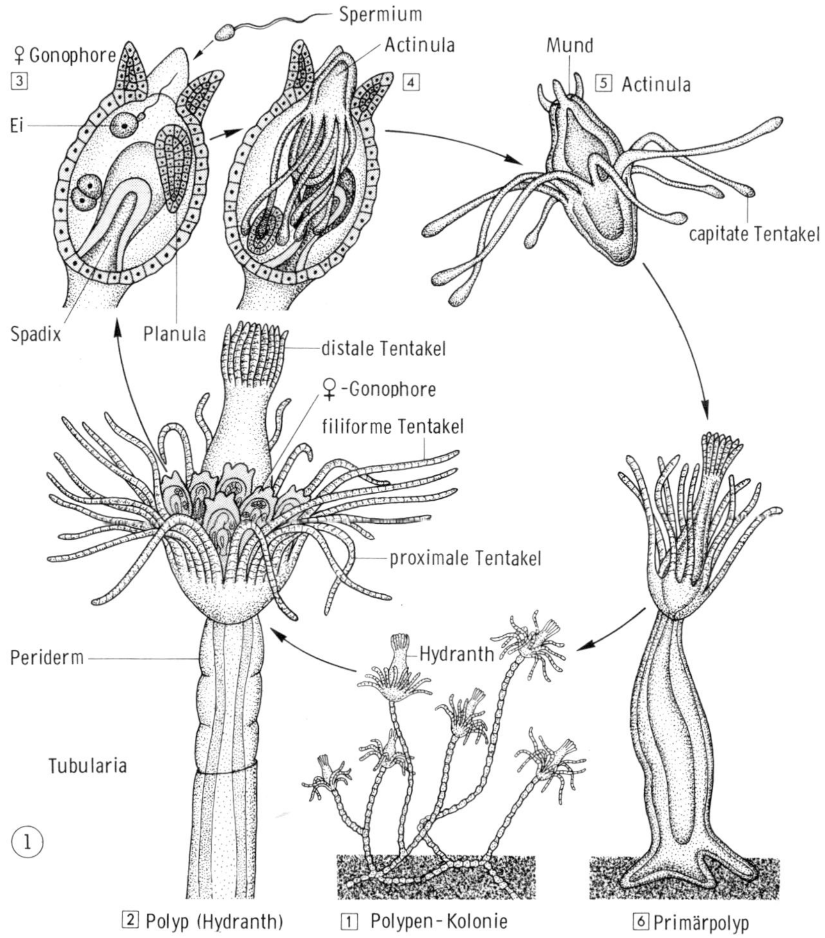

Taf. 243. Cnidaria: Hydrozoa, Hydroidea (Athecata, Capitata). – Abb. 1. *Tubularia*, Zyklus (nach ALLMAN): 1/1. Polypenkolonie; 1/2. Polyp (weiblich) aus der Polypenkolonie; 1/3. ♀-Gonophore, Befruchtung, Planulabildung; 1/4. ♀-Gonophore mit Actinula; 1/5. Actinula mit capitaten Tentakeln; 1/6. Einzelpolyp vor Kolonienknospung.

eine scheibenförmige Platte, kolonienbildende Vertreter durch Stolonen auf der Unterlage (Hartböden) festgeheftet. Adulte Polypen sekundär mit fadenförmigen, nicht capitaten Tentakeln. Jugendstadien (Actinula-Larve) dagegen noch mit den primären capitaten Tentakeln. Vertreter (*Tubularia, Ectopleura*) entweder mit freien Medusen oder mit sessilen, sich nicht ablösenden Gonophoren (Medusoide). Gonophoren im unteren Tentakelbereich gelegen, zum Teil auch an langen Blastostylen. Distaler (oraler) Kranz mit kürzeren und proximaler (aboraler) Kranz mit längeren Tentakeln. Medusen mit 4 hohlen Tentakeln. Ohne Ocellen. – *Tubularia* (Taf. 243): Solitäre Polypen, welche mit einer kreisförmigen Platte auf der Unterlage festgeheftet sind. Pseudokolonienbildung durch eng miteinander verflochtene Individuen. Teils Ausbildung freier Medusen, teils mit sessilen Gonophoren. – *Ectopleura:* Kolonienbildende Vertreter. Festheftung auf der Unterlage durch Stolonen. Mit freien Medusen oder mit sessilen Gonophoren.

Margelopsidae. Aus dem Tubulariidae-Bereich durch Verlust des Hydrocaulus abzuleiten. Die Individuen der Margelopsidae entsprechen einem Hydranthen der Tubulariidae. Der *Margelopsis*- Polyp ähnelt den pelagischen Polypen von *Moerisia* (Moerisioidea). – *Margelopsis* (Taf. 244:1): mit sekundär schwimmenden, solitären Polypen. Polyp mit 2 sekundär filiformen Tentakelkränzen. Polyp etwa 1–2 mm lang. Meduse glockenförmig, ohne Ocellen, mit 4 Tentakelbüscheln am Schirmrand und etwa 2 mm hoch. Die Vermehrung (Taf. 244:1) zeigt eine temperaturabhängige Periodik. Im Frühjahr werden am Manubrium parthenogenetische, dotterarme Eier gebildet. In etwa 4–10 Tagen entstehen

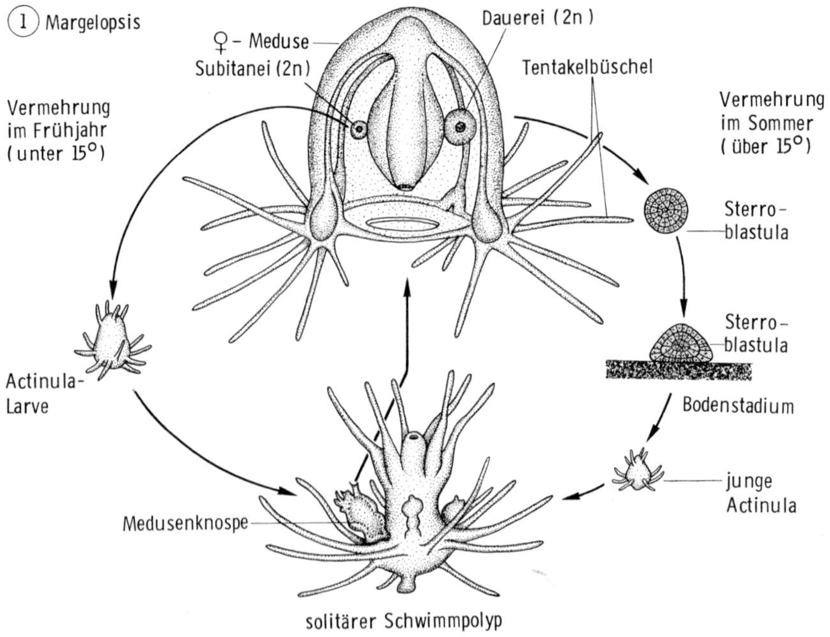

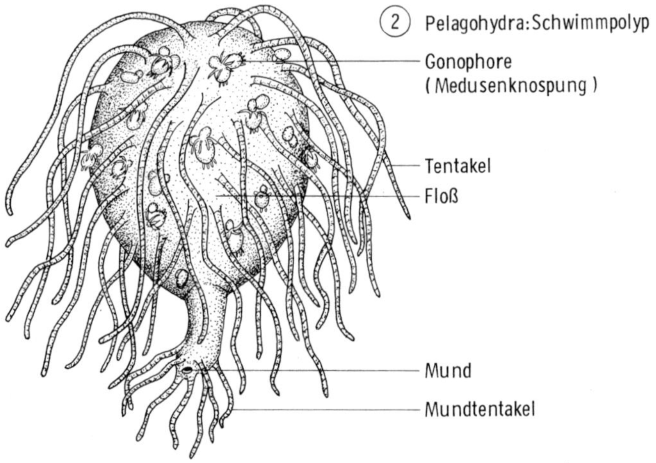

Taf. 244. Cnidaria: Hydrozoa, Hydroidea (Athecata, Capitata). – Abb. 1. *Margelopsis*, links Vermehrungsweise im Frühjahr, rechts Vermehrungsweise im Sommer (nach WERNER). Abb. 2. *Pelagohydra mirabilis*, solitärer Schwimmpolyp mit kugelförmigem Floß (nach DENDY).

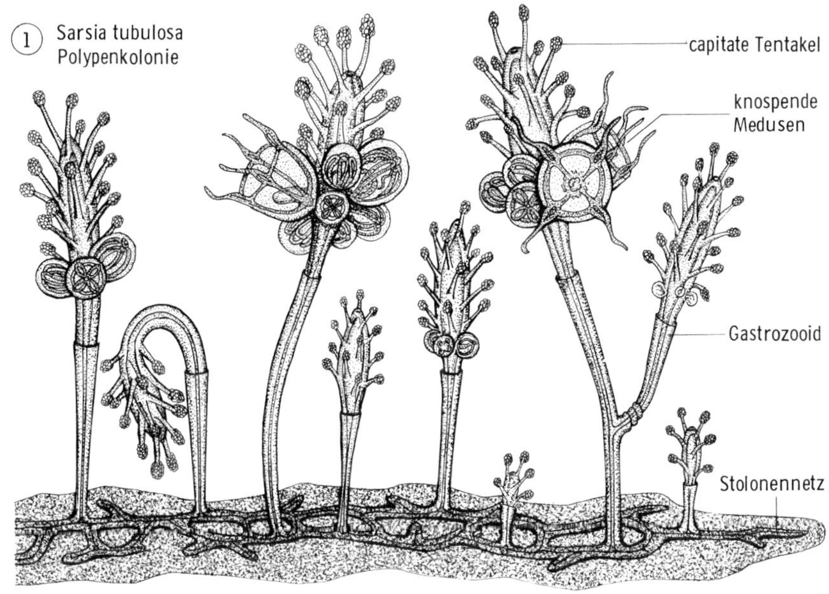

Taf. 245. Cnidaria: Hydrozoa, Hydroidea (Athecata, Capitata). – Abb. 1. *Sarsia tubulosa* (*Coryne sarsi*): Polypenkolonie (nach ALLMAN).

(über eine Actinula-Larve) solitäre Schwimmpolypen, welche dann zur Medusenknospung übergehen. Dadurch entstehen im Frühjahr sehr schnell große Populationen. Im Hochsommer erzeugen die Medusen große, dotterreiche, ebenfalls sich parthenogenetisch entwickelnde Eier, welche im Sterroblastula-Stadium auf dem Meeresboden überwintern. Aus ihnen schlüpft eine Actinula, welche sich in einen Schwimmpolyp umwandelt. – *Pelagohydra* (Taf. 244:2): Im Vergleich zu *Margelopsis* stärker umgewandelt. Schwimmender Solitär-Polyp. Der aborale Bereich des Polypen ist floßartig umgewandelt. Er schwebt mit der Mundöffnung nach unten dicht unter der Wasseroberfläche. Die Tentakeln sind sekundär über diese floßartige Oberfläche verteilt, hinzu kommen noch sekundäre Mundtentakeln. Durchmesser des Polypen etwa 2,5 cm.

Branchiocerianthidae. Sehr große Einzelpolypen, welche Längen bis zu 2,3 m erreichen können. Größte Einzelpolypen der Hydrozoa. Sie weisen eine endständige, aus Hunderten von Tentakeln bestehende Tentakelkrone auf. Die Tentakelkrone besteht aus einem oralen Tentakelkranz mit kleinen Tentakeln und einem aboralen Tentakelkranz, der sich aus zahlreichen längeren Tentakeln zusammensetzt. Adultstadien mit sekundär filiformen Tentakeln. Im oberen Hydranthenbereich mit traubig verzweigten Stielen, welche sitzende Gonophoren aufweisen. Die Solitärpolypen wurzeln mit Hydrorhizomen im Tiefseeschlamm und kommen noch in Tiefen bis zu 5000 m vor. *Branchiocerianthus.*

Paracorynidae. Plattenförmige Kolonien mit Polypen-Polymorphismus. Mit kleinen Gastro- und Gonozooiden. Peripher sind zusätzlich Dactylozooide angeordnet, welche die zehnfache Länge der kleinen Polypen erreichen. Von der plattenförmigen Coenosarc-Schicht erheben sich die Gastro- und Gonozooide, von einer mehr „parenchymatösen" Schicht die Dactylozooide. Mit Actinula-Larve. Das Cnidom entspricht demjenigen der Tubulariidae. *Paracoryne.*

Überfamilie Corynoidea. Corynoidea sind aus dem primitiven Tubularioidea-Bereich abzuleiten. Bei den Moerisiina und Tubulariina besitzen Polypen und Medusen jeweils Desmonemen und Stenote-

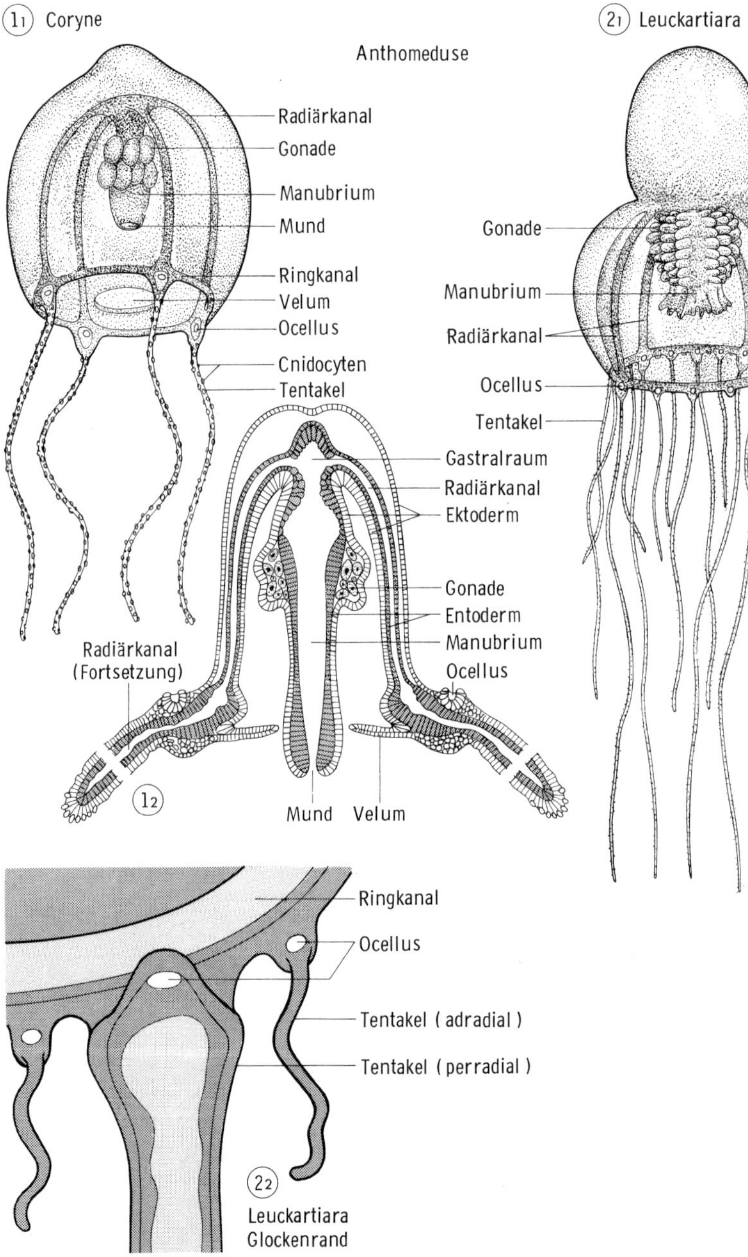

Taf. 246. Cnidaria: Hydrozoa, Hydroidea (Athecata, Capitata). – Abb. 1. *Coryne eximia* (nach MAYER): 1/1. adulte Meduse; 1/2. junge Meduse, Längsschnitt. Abb. 2. *Leuckartiara* (nach HYMAN): 2/1. Meduse; 2/2. Meduse, Glockenrand vergrößert.

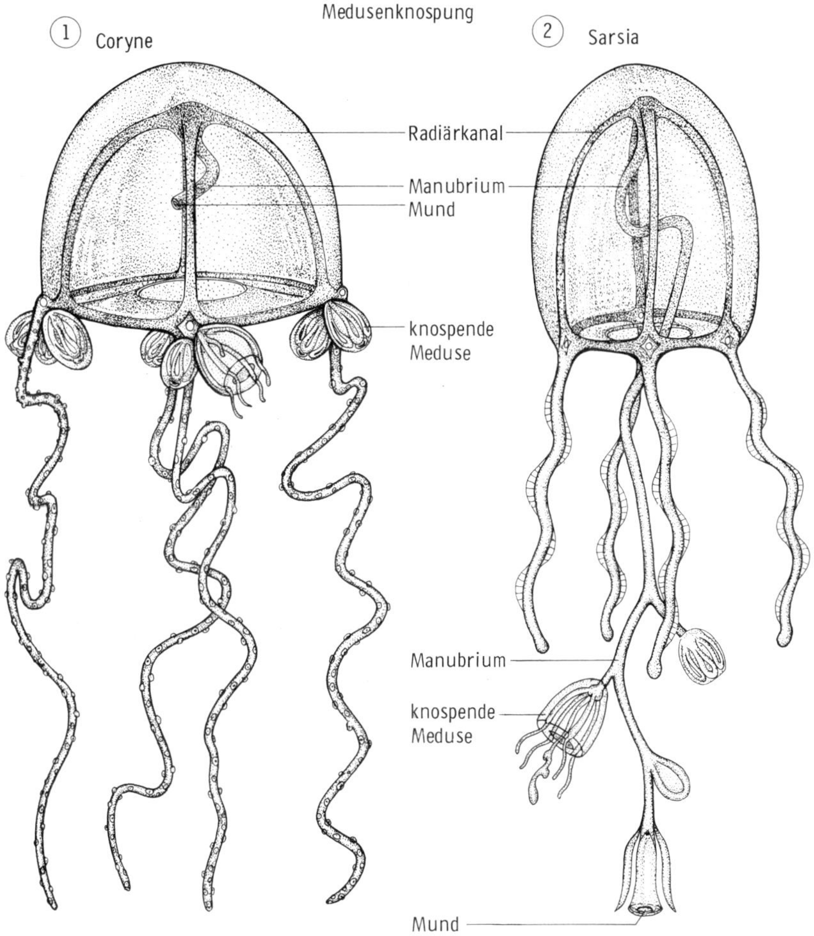

Taf. 247. Cnidaria: Hydrozoa, Hydroidea (Athecata, Capitata). – Abb. 1. *Coryne*, Medusenknospung an der Basis der Radiärkanäle (nach ALLMAN). Abb. 2. *Sarsia*, Medusenknospung am Manubrium (nach ALLMAN).

len, während bei den Corynoidea beide Nesselkapsel-Typen bei den Medusen vorkommen, bei den Polypen dagegen nur Stenotelen vorhanden sind. Bei den Polypen der Corynoidea weist der orale Tentakelkranz capitate Tentakeln auf, welche in einem Kranz angeordnet sind oder sich nach unten über die Oberfläche des Hydranthen verteilen. Der aborale Tentakelkranz setzt sich aus filiformen Tentakeln zusammen. Es ist eine deutliche Tendenz erkennbar, diesen Kranz zu reduzieren.

Corynidae. Kolonienbildende Vertreter. Nur orale, capitate Tentakeln vorhanden, die sich über den ganzen oralen Abschnitt des Hydranthen erstrecken. Medusen mit hohlen Tentakeln. Die Zuordnung von Polypen und Medusen zu einer gemeinsamen Art ist noch in vielen Fällen umstritten. *Syncoryne* (Meduse *Sarsia*) (Taf. 245 u. 247:2); *Coryne* (Taf. 246:1 u. 247:1) mit sessilen Gonophoren; *Dipurena* mit freien Medusen; *Hydrichthys* (Taf. 248): Im Polypenstadium auf der Haut von Fischen parasitierend.

Myriothelidae. Mit solitärem Polyp. Polyp mit langem Mundrohr, welches dicht mit capitaten Ten-

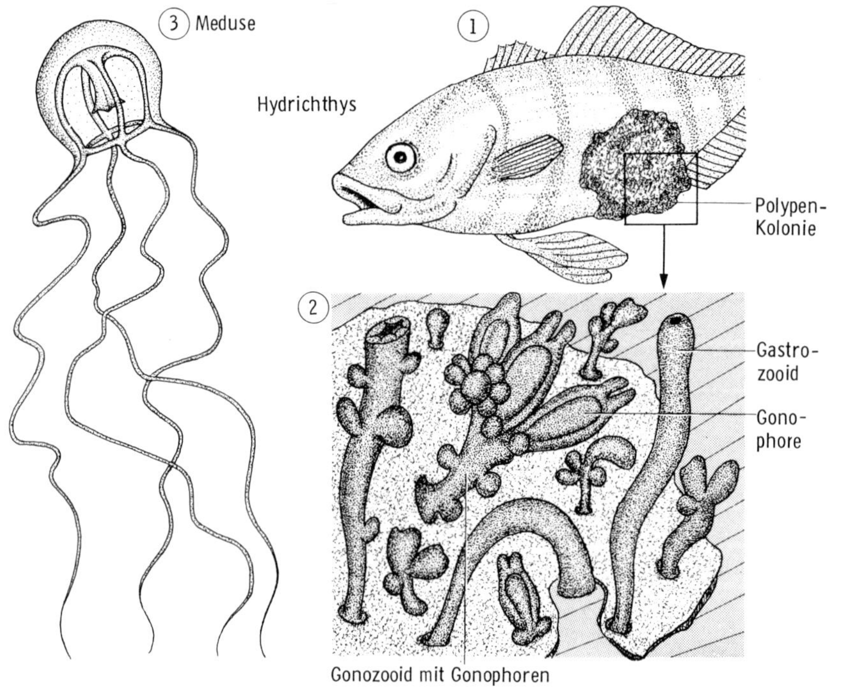

Taf. 248. Cnidaria: Hydrozoa, Hydroidea (Athecata, Capitata). – Abb. 1–3. *Hydrichthys*: 1. befallener Fisch mit Polypenkolonie (nach FEWKES); 2. Polypenkolonie, vergrößert (nach WARREN); 3. Meduse (nach MAYER).

takeln besetzt ist. Basaler Teil des Polypenkörpers mit Periderm bedeckt, welches zum Festheften auf der Unterlage dient. Im mittleren Körperbereich mit Gonozooiden. Ein Teil der Gonozooide ist in Halter (Blastostyle) umgewandelt, welche die befruchteten Eier von den normalen Gonozooiden wegnehmen und sie bis zur Entwicklung der Actinula-Larve festhalten. *Myriothela* (Taf. 249): Bis 5 cm hoch, auf Weichböden.

Pennariidae. Kolonienbildende Vertreter. Mundrohr der Polypen mit distal (oral) gelegenen capitaten Tentakeln und proximal (aboral) mit einem Kranz fadenförmiger (filiformer) Tentakeln. Medusen mit 4 rudimentären Tentakeln. *Pennaria* (Taf. 250): Mit monopodialem Wuchs.

Cladonemidae. Mit wenig verzweigten Polypenkolonien, welche noch einen relativ primitiven Bau zeigen. Polypen mit oralem (distalem), capitatem Tentakelkranz und aboralem Kranz filiformer Tentakeln. Der aborale Kranz ist aber häufig reduziert. Polypen mit konzentriert angeordneten Drüsenzellen um die Mundöffnung. Die Drüsenzellen befinden sich in einer becherförmigen Vertiefung. Kolonien kriechend, vom stolonen Typ. Die Medusen sekundär stark abgewandelt. Sie weisen verzweigte Schirmtentakeln und kurze, sekundäre Oraltentakeln auf. Medusen mit schwimmender und kriechender Lebensweise. Bei sekundären Bodenbewohnern dienen die verzweigten Schirmtentakeln als Lokomotionsorgan. Sie weisen zum Teil terminal Saugvorrichtungen auf. *Cladonema* (Taf. 251): Medusen mit mehr als 4 Radiärkanälen. Mit Ocellen. Schirmdurchmesser 3 mm.

Eleutheriidae. Mit Polypenkolonien. Polypen mit oralen capitaten Tentakeln und aboralen filiformen Tentakeln. Die filiformen Tentakeln aber häufig sekundär fehlend. Polypen mit konzentriert angeordneten Drüsenzellen um die Mundöffnung (wie auch bei Cladonemidae). Polypenkolonien krie-

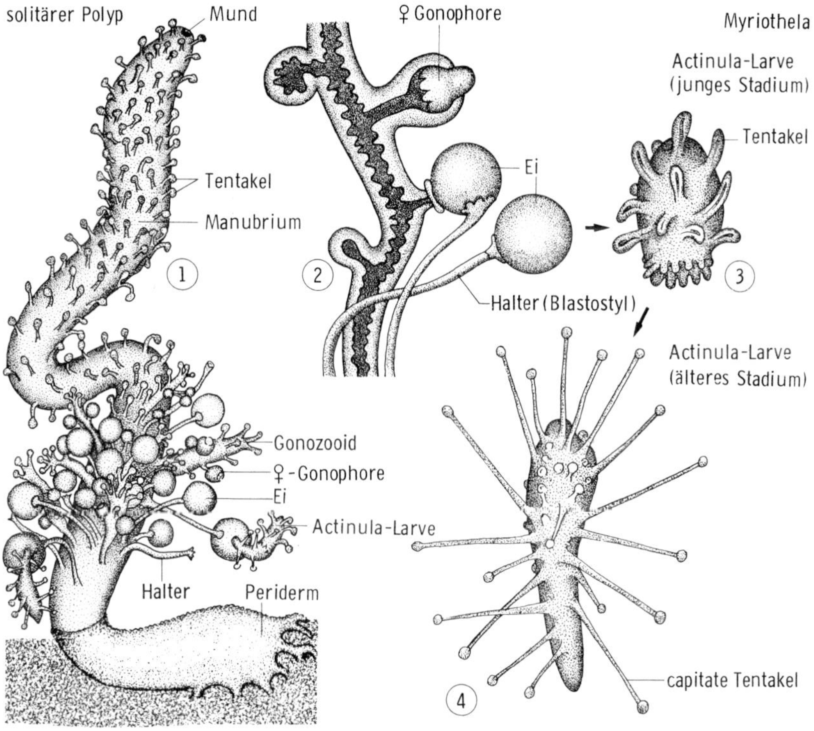

Taf. 249. Cnidaria: Hydrozoa, Hydroidea (Athecata, Capitata). – Abb. 1–4. *Myriothela phrygia*: 1. solitärer Polyp (nach ALLMAN; TUZET); 2. Gonozooid mit ♀-Gonophore sowie Halter (Blastostyl) mit Ei (nach TUZET); 3. junge Actinula (nach TUZET); 4. ältere Actinula mit capitaten Tentakeln (nach TUZET).

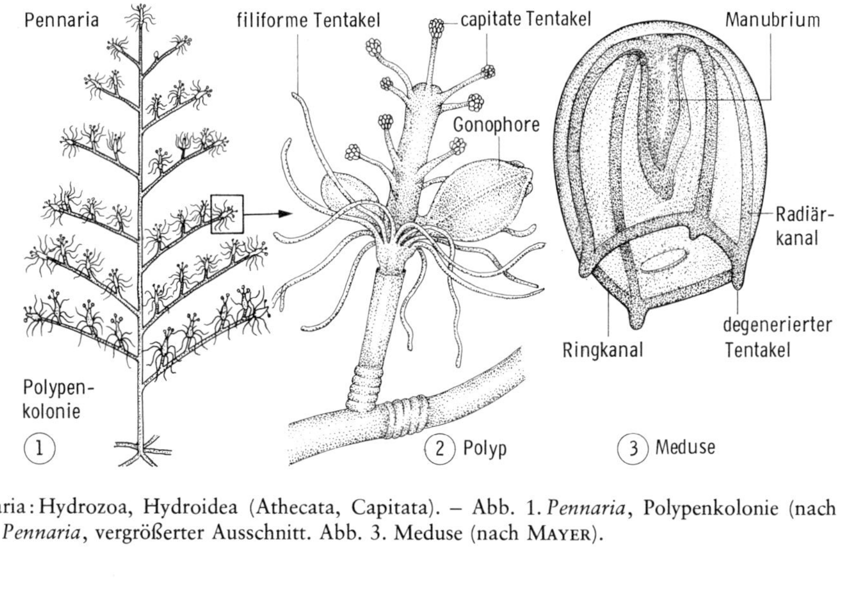

Taf. 250. Cnidaria: Hydrozoa, Hydroidea (Athecata, Capitata). – Abb. 1. *Pennaria*, Polypenkolonie (nach HYMAN). Abb. 2. *Pennaria*, vergrößerter Ausschnitt. Abb. 3. Meduse (nach MAYER).

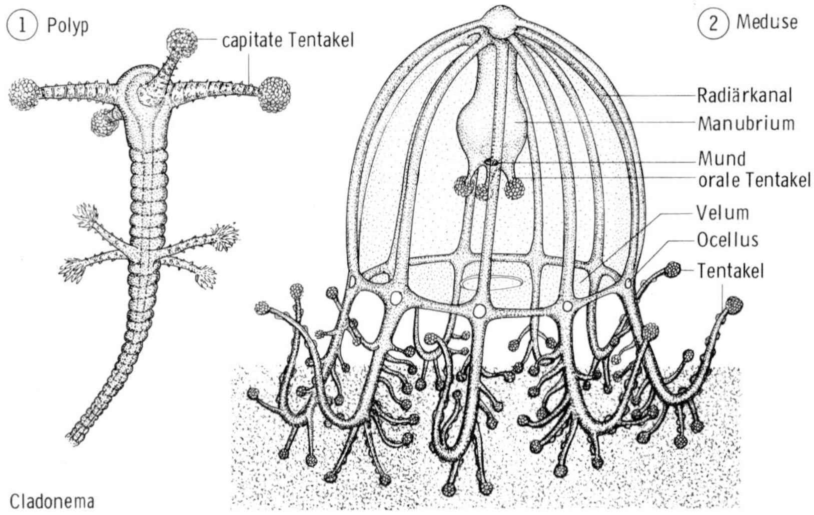

Taf. 251. Cnidaria: Hydrozoa, Hydroidea (Athecata, Capitata). – Abb. 1. *Cladonema*, Polypenkolonie (nach HINCKS). Abb. 2. *Cladonema*, Meduse mit verzweigten Tentakeln (nach MAYER).

chend, stoloner Typ. Medusen mit gegabelten Schirmtentakeln. Die Tentakel jeweils mit Tentakel- und Saugerzweig. „Gonaden" mit abweichender Lage an der Unterfläche der Subumbrella, oder aber in einem aboralen, epidermalen Brutraum gelegen. Sekundäre Bodenbewohner. Sie kriechen mit Hilfe der Schirmtentakeln auf dem Meeresboden und auf Tangpflanzen. Sekundär zwittrige Vertreter. *Eleutheria* (Taf. 252): Durchmesser der Meduse 0,5 mm; Bewohner der Gezeitenregionen. *Trichoplax* (Placozoomorpha) wurde lange Zeit für die Planula-Larve von *Eleutheria* (Taf. 252:3) gehalten.

Unterordnung Zancleina
(Taf. 252:4–255)

Ableitung aus dem Moerisiida-Bereich. Zu dem primären aboralen Tentakelkranz kommt auch bei ihnen ein sekundärer oraler Tentakelkranz hinzu. Die aboralen Tentakeln zeigen eine Tendenz, sich über der Oberfläche des Hydranthen auszubreiten, während die oralen Tentakeln des Polypen als einziger Kranz um den Mund verbleiben. Besondere Lageverhältnisse weisen die Nesselzellen der Medusen auf. Die Nesselzellen (Nesselbatterien) der Exumbrella sind auf ovale Nesselpolster beschränkt, und auf den Schirmtentakeln befinden sich mit einem kontraktilen Stiel versehene Nesselbatterien (Cnidophoren). Die Zancleina sind charakterisiert durch den Besitz von makrobasischen Eurytelen und Stenotelen.

Überfamilie Zancleoidea. Die stammesgeschichtlich ältesten Vertreter (Cladocorynidae) mit zerstreut liegenden, moniliformen (filiformen), aboralen Tentakeln und einem Kranz oraler, capitater Tentakeln. Medusenknospen an kurzen Blastostylen. Kriechende, stolonenförmige Polypenkolonien.

Cladocorynidae. Mit aboralen, moniliformen Tentakeln, welche eine zerstreute Anordnung zeigen, dazu noch ein oraler Kranz capitater Tentakeln. Die Medusenknospen befinden sich an kurzen Blastostylen und entwickeln sich zum Teil in freie Medusen. Kriechende, stolonenförmige Kolonien. In Intervallen erheben sich die Hydranthen von dem Stolonennetz. *Asyncoryne* (Taf. 252:4), *Lobocoryne, Cladocoryne.*

Zancleidae. Polypen primär mit capitaten aboralen und oralen Tentakeln (*Zanclea*), oder nur das

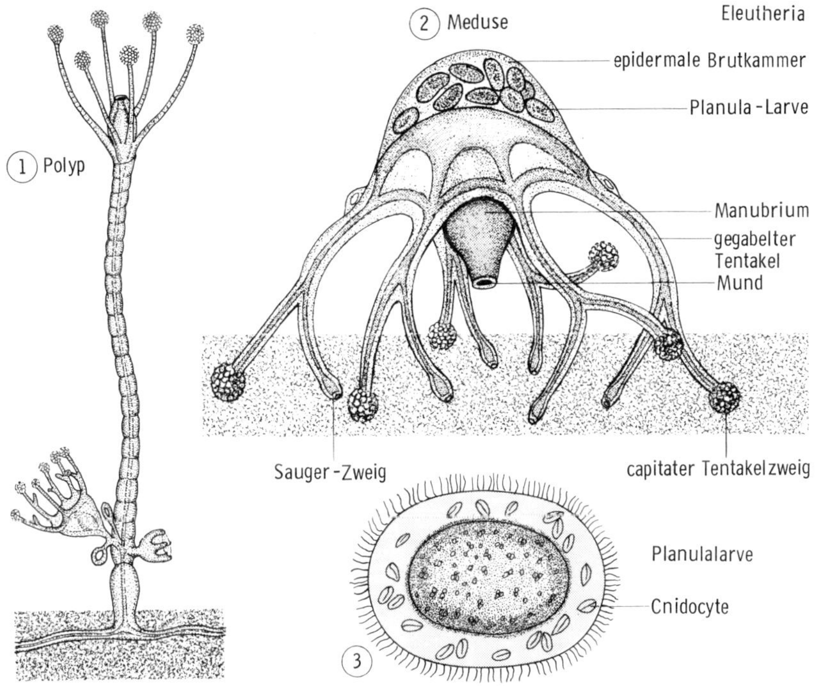

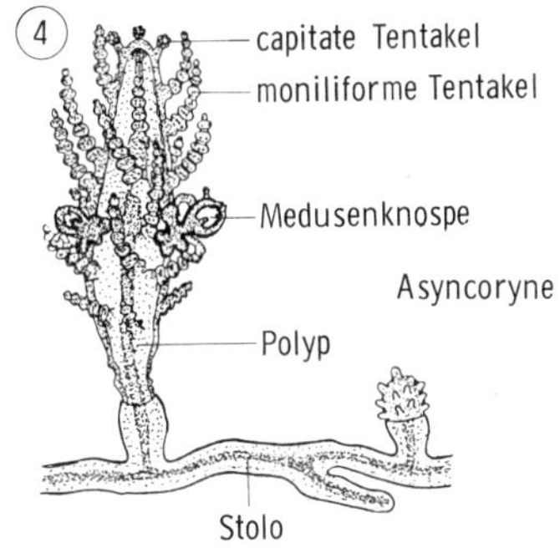

Taf. 252. Cnidaria: Hydrozoa, Hydroidea (Athecata, Capitata). – Abb. 1. *Eleutheria*, Polypenkolonie, Ausschnitt (nach HINCKS). Abb. 2. *Eleutheria*, Meduse (nach HINCKS). Abb. 3. *Eleutheria*, Planulalarve (nach DE FILIPPI). Abb. 4. *Asyncoryne ryniensis*, Polypenkolonie, Ausschnitt (nach WARREN).

Actinulastadium mit capitaten, das Adultstadium dagegen mit filiformen Tentakeln (*Pteroclava*). Mit kriechenden, stolonenförmigen Kolonien. Die Medusen mit zwei oder vier marginalen Tentakeln, welche Cnidophoren (kontraktile Stiele, die in einer terminalen Höhle Nesselzellenbatterien besitzen) aufweisen. Medusen ohne Ocelli. *Zanclea, Pteroclava.*

Teissieridae. Polypenkolonien dimorph mit kurzen Gastrozooiden und längeren Dactylozooiden. Kolonien mit innerem netzförmigem Skelett. Medusen mit Ocelli. Mit makrobasischen Mastigophoren. *Teissiera.*

Milleporidae. Kolonienbildende Vertreter (Feuerkorallen), sie sehen Steinkorallen (Anthozoa) äußerlich sehr ähnlich. Milleporidae bilden mächtige, bis zu einem halben Meter hohe Kalkstöcke (Taf. 253). Zunächst wird ein sehr engmaschiges Stolonennetz (Coenosarc) ausgebildet. Die einzelnen

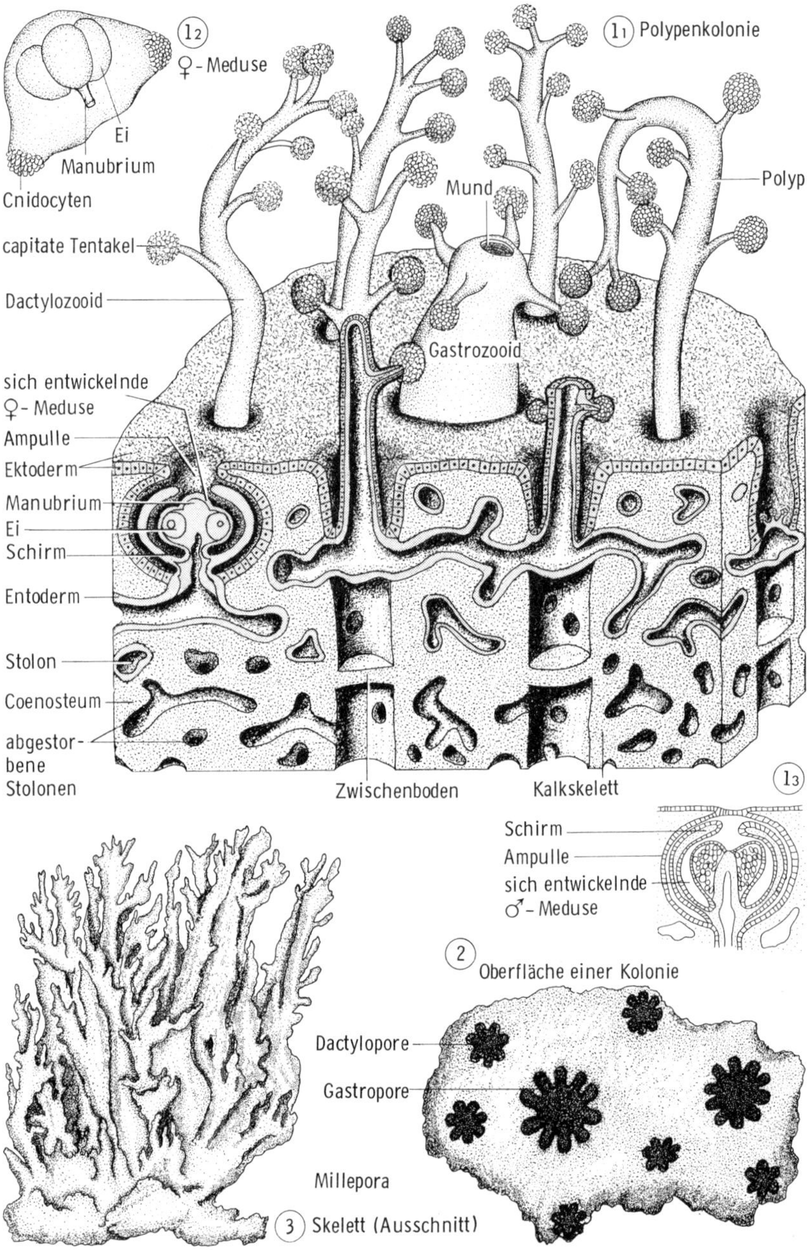

Taf. 253. Cnidaria: Hydrozoa, Hydroidea (Athecata, Capitata). – Abb. 1–3. *Millepora*: 1/1. Polypenkolonie (nach HICKSON); 1/2. ♀-Meduse (nach HICKSON); 1/3. sich entwickelnde ♂-Meduse (nach HICKSON); Abb. 2. Oberfläche des Skelettes, vergrößert (nach MOSELEY); Abb. 3. Skelett (nach AGASSIZ).

röhrenförmigen Stolonen scheiden ektodermal an ihrer Oberfläche Kalk aus, welcher alle Zwischenräume zwischen den Stolonen ausfüllt. Bei diesem nun entstandenen Coenosteum ist nur die Oberfläche gegen die Wasserfläche hin nicht verkalkt, es bleiben hier Öffnungen frei, aus welchen die Polypen heraustreten. Die jeweils untersten Schichten sterben ab, die Polypen wachsen in ihren Gruben nach oben, und es entsteht ein immer dickeres Kalkskelett. Lebend ist immer nur die äußerste, obere, dem Wasser zugewandte Schicht.

Polypen mit capitaten Tentakeln. Neben kurzen, plumpen mit einem Mund versehenen Gastrozooiden kommen noch längere, mundlose Dactylozooide (Wehrpolypen) vor. Gastrozooide mit 4–6 sehr kurzen, capitaten Tentakeln um die Mundöffnung, Dactylozooide mit unregelmäßig angeordneten, capitaten Tentakeln in etwas größerer Zahl. Bei den meisten Arten bilden 5–7 Dactylozooide einen Kreis, in dessen Mitte sich ein Nährpolyp (Gastrozooid) befindet. Gastrozooid- und Dactylozooid-Kammern ohne Dorn (ohne Style). Die Öffnungen für die einzelnen Polypen werden als Gastroporen bzw. Dactyloporen bezeichnet. Die Medusen (♂ + ♀) entstehen durch Umwandlung von Zooiden in besonderen, in das Coenosteum eingesenkten Kammern (Ampullen). Medusenstadium (Taf. 253: 1/2) stark reduziert, ohne Tentakeln, ohne Radiärkanäle und ohne Velum, mit 4–5 Nesselzellen-Gruppen. Die „Gonaden" befinden sich am Manubrium. Medusen für kurze Zeit (einige Stunden) freischwimmend. Nahe mit den Teissieridae verwandt, auch diese mit Gastro- und Dactylozooiden. Mit makrobasischen Mastigophoren. *Millepora* (Taf. 253).

Von einigen Bearbeitern werden die Milleporidae als eine eigene Ordnung (Milleporida) innerhalb der Hydroidea betrachtet. Der Besitz von capitaten Tentakeln weist sie aber eindeutig als Vertreter der Ordnung Capitata innerhalb der Athecata aus. Die Ausbildung von Kalkstöcken rechtfertigt nicht die Aufstellung einer eigenen Ordnung. Konvergent entstandene Kalkstöcke treffen wir auch bei den zu den Filifera zählenden Stylasteridae an. Aus den gleichen Gründen ist daher auch die Aufstellung einer eigenen Ordnung (Stylasterida) nicht begründet. Ebensowenig ist es angebracht, beide Gruppen in einer gemeinsamen Ordnung (Hydrocorallida) zusammenzufassen.

Überfamilie Velelloidea (Chondrophoroidea). Das Cnidom der Medusen entspricht demjenigen der Zancleoidea. Ableitung der Velelloidea aus dem Zancleidae-Bereich.

Velellidae. Sie wurden früher unter den Siphonophora eingereiht. Freischwimmende, polymorphe Polypenstöcke. Mit breitem scheibenförmigem Stamm, welcher nur einen einzigen großen Gastrozooiden und viele capitate Tentakulozooide sowie Gonozooide (Blastostyle) aufweist. Die Tentakulozooide sind in Kränzen an der Außenfläche des scheibenförmigen Körpers angeordnet. Die obere, aus dem Wasser herausragende Schwimmscheibe besteht aus einer Anzahl konzentrisch angeordneter Chitinröhren, welche durch Wandporen mit der Außenluft in Verbindung stehen und den Körper mit atmosphärischem Sauerstoff versorgen. Die Chitinröhren entstehen nacheinander aus aboralen, ektodermalen Einstülpungen. Durch Faltenbildung entsteht an der Schwimmscheibe ein schmales dreieckkiges Segel. Der untere, in das Wasser eingetauchte Abschnitt des Körpers hat Nähr- und Fortpflanzungsfunktion und besteht aus einer dicken Zentralscheibe, welche durch einen Randsaum von der oberen Schwimmscheibe getrennt ist. Zentralscheibe mit einem großen, zentralen Primärpolyp, welcher die Funktion eines Nährpolypen (Gastrozooid) ausübt. Um den Gastrozooiden sind mehrere Kreise von Gonozooiden und außen bis zu 9 Kreise von Tentakulozooiden angeordnet. Die Blastozooide erzeugen durch Knospung typische Anthomedusen (Taf. 254) mit sekundär fast völlig reduzierten Tentakeln. Medusen mit sehr kurzem Manubrium, die „Gonaden" liegen an den Radiärkanälen. Medusen mit Zooxanthellen.

Die Zentralscheibe wird von zahlreichen Entodermkanälen (Gastrodermkanälen) durchzogen. Die Gastrodermkanäle verbinden alle Zooide des Stockes miteinander.

Medusen getrenntgeschlechtlich, sie sinken bis in etwa 1000 m Tiefe und geben dort Spermien bzw. Eier (jeweils nur ein einziges Ei am Manubrium) in das Wasser ab. Die Embryonalentwicklung führt zunächst zur Conaria-Larve (Taf. 255: 1). Sie besitzt einen mit einer Mundöffnung versehenen Körper, welcher später zum Primärpolypen (Gastrozooid) des Stockes wird. In den Körper ragt ein entodermaler Kegel hinein, er wandelt sich später in Entodermkanäle (Taf. 255: 2) um. Auf der aboralen Seite beginnt die Entwicklung der Schwimmscheibe (Pneumatophor). Im darauffolgenden Rataria-Stadium (Taf. 255:3) ist die Schwimmscheibe schon deutlich entwickelt und in der aequatorialen Knospungszone bilden sich die ersten Gonozooide.

Die Polypenstöcke der Velellidae leben in der marinen Hochsee. Die Fortbewegung erfolgt durch Wind und Wasserströmung, keine aktive Lokomotion. *Velella*, Segelqualle (Taf. 254 u. 255): Durchmesser des Polypenstockes 1–5 cm. Schwimmscheibe länglich vierseitig mit diagonalem Randsaum. Mit nur einem äußeren Tentakelkranz. Im Atlantik und im Mittelmeer. – *Porpita* (Taf. 254:2):

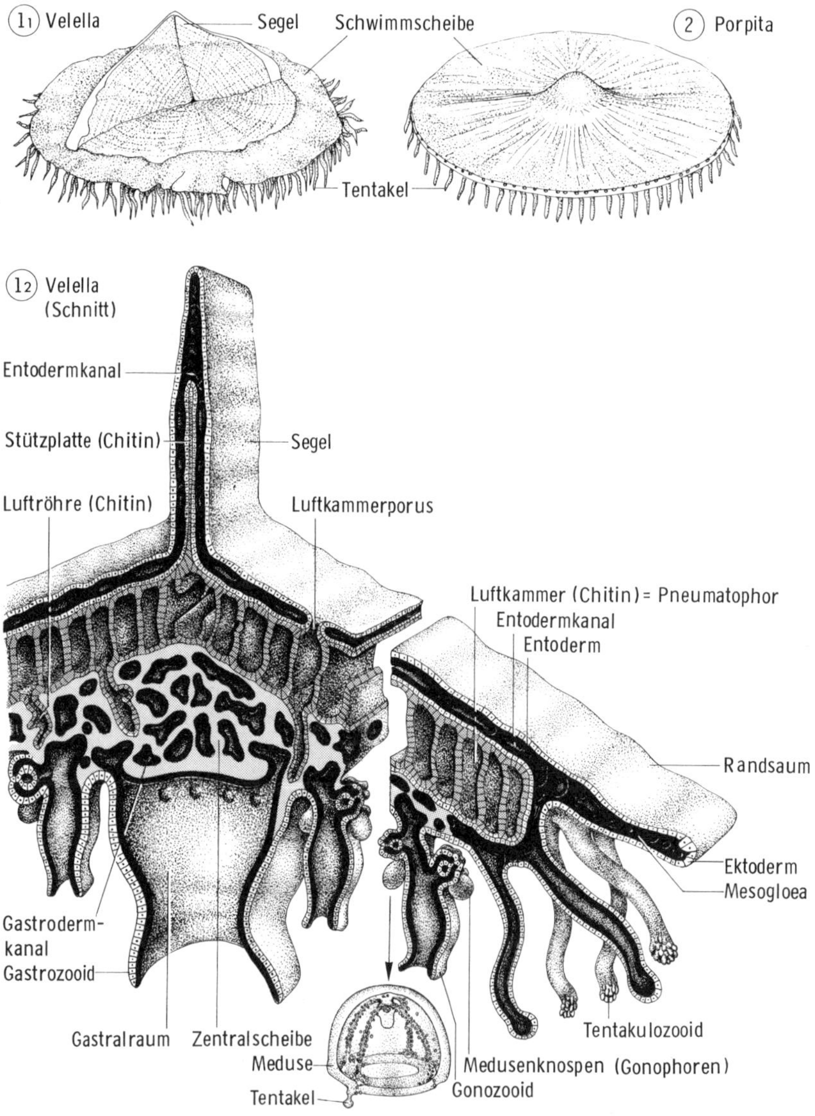

Taf. 254. Cnidaria: Hydrozoa, Hydroidea (Athecata, Capitata). – Abb. 1. *Velella*: 1/1. schwimmender Polypenstock (nach SHERMAN & SHERMAN); 1/2. *Velella*, Schnitt (nach versch. Autoren; Meduse nach DELSMAN). Abb. 2. *Porpita*, schwimmender Polypenstock (nach HYMAN).

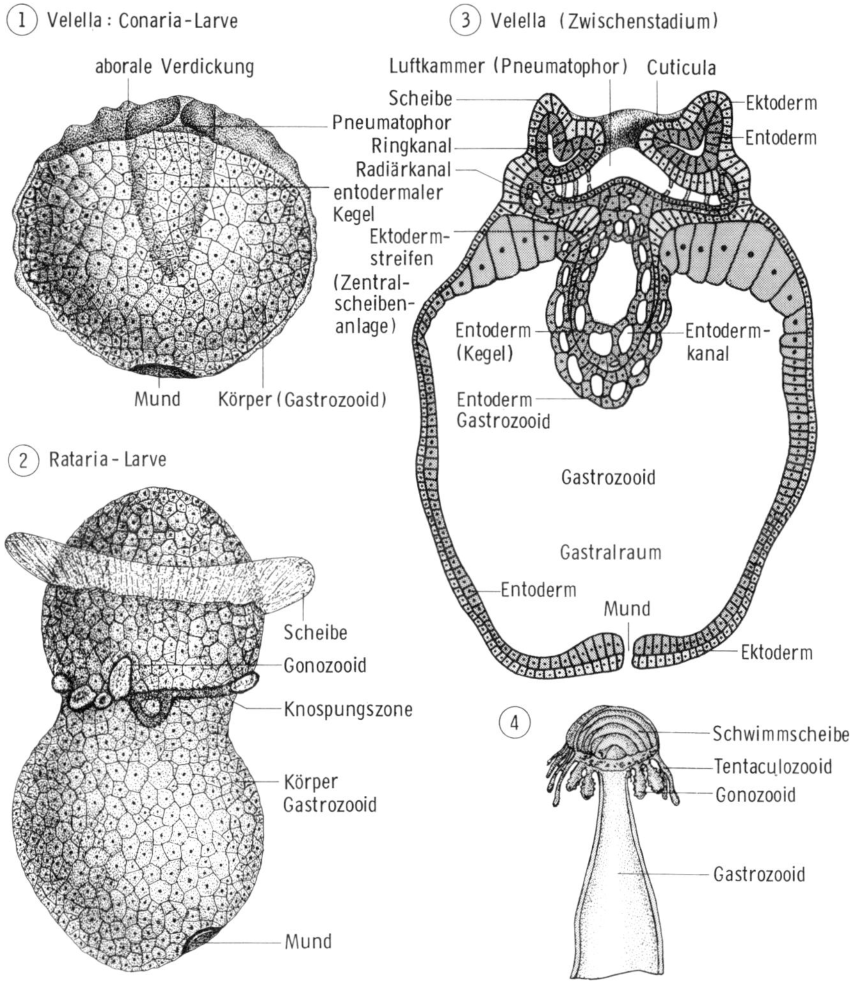

Taf. 255. Cnidaria: Hydrozoa, Hydroidea (Athecata, Capitata). – Abb. 1–3. *Velella*, Entwicklung: 1. Conaria-Larve (nach LELOUP); 2. Rataria-Larve (nach LELOUP). 3. Stadium zwischen Conaria- und Rataria-Larve (nach WOLTERECK; LELOUP). Abb. 4. Fossiler Vertreter: *Archaeonectris benderi* (nach HUCKRIEDE aus SCRUTTON).

Durchmesser des Polypenstockes 3–5 cm. Schwimmscheibe rund, mit zentraler, konischer Erhebung. Mit bis zu 9 Tentakelkreisen. Im Atlantik, im Indischen Ozean und im Mittelmeer.

Velellidae wurden früher unter den Siphonophora eingereiht. Der Besitz von makrobasischen Eurytelen zeigt aber eindeutig, daß die Velellidae zu den Athecata und nicht zu den Siphonophora (ohne makrobasische Eurytelen) zu zählen sind. Die abortiven Medusen von *Velella* (Velellidae) ähneln morphologisch stark den Medusen von *Zanclea* (Zancleidae), so daß die Velellidae von Zancleidae abgeleitet werden können. *Zanclea* besitzt ebenfalls makrobasische Eurytelen.

Ordnung Filifera
(Taf. 256–260)

Tentakeln der Polypen, auch bei den Jugendstadien, stets filiform (fadenförmig) und nie geknöpft. Filiforme Tentakeln sind von capitaten Tentakeln abzuleiten. Primär sind bei den Filifera die Tentakeln über den oberen Bereich des mittleren Körperabschnittes des Hydranthen zerstreut. Es liegen nur aborale Tentakeln vor. Es kommt nicht, wie bei den Capitata, zu einer sekundären Ausbildung oraler Tentakeln. Innerhalb der Filifera besteht eine Tendenz, die primär zerstreut liegenden Tentakeln in einem Kranz (selten auch 2 oder 4 Kränze) unterhalb der Mundöffnung zusammenzufassen. Die Nesselkapseln sind bei den Filifera, im Gegensatz zu den Capitata, relativ klein. Polypen und Medusen der Filifera weisen u.a. mikrobasische Eurytelen und Desmonemen auf. Der Mund der Medusen mit 4, oft verschiedenartig geformten Lippen. Medusen mit quadratischem Zentralmagen. Die „Gonaden" der Medusen stellen längliche Anhäufungen (bei Capitata sind sie ringförmig angelegt) im Ektoderm des Manubriums dar. Kolonienbildende Vertreter mit einem metagenetischen Generationswechsel. Fast ausschließlich marine Lebensweise, einige Vertreter auch im Brackwasser, Beginn der Besiedlung des Süßwassers (*Cordylophora*).

Unterordnung Clavina
(Taf. 256)

Mit der einzigen Überfamilie Clavoidea. Die filiformen Tentakeln sind über den oberen Teil des mittleren Körperbereiches zerstreut. Die Gonophoren mit unterschiedlicher Lage: unterhalb der Tentakeln oder am Hydrocaulus oder an den Stolonen. Die Medusen weisen einen mehr oder weniger quadratischen Zentralmagen auf. Der Mund der Medusen mit 4 Lippen. Mit zahlreichen Schirmtentakeln und Ocellen.

Überfamilie Clavoidea. Mit den Familien Clavidae und Polyorchidae.

Clavidae. Tentakeln über den mittleren bis oralen Körperabschnitt zerstreut. Kleine Polypenkolonien ohne Skelettbildungen. Stolonenförmige Kolonien mit verzweigter, dichter Hydrorhiza. Teilweise mit monopodialer Verzweigung (*Cordylophora*). Meist mit stark reduzierten Gonophoren, welche Planula-Larven erzeugen. Gonophoren entweder an den Hydranthen (z.B. *Clava*) oder an den Stolonen (z.B. *Rhizogeton*). Selten mit Polypenpolymorphismus. Bei *Merona* treten neben den normalen Gastrozooiden noch kurze, mundlose Gonozooide und sehr kleine Nematophoren auf. Freie Medusen kommen nur bei *Corydendrium* vor. Medusen mit einer großen Zahl von Schirmtentakeln (60–130), mit Ocellen, mit quadratischem Zentralmagen, Mund mit 4 Lippen, sowie mit 4 einfachen Radiärkanälen. Die Tentakeln solid, nicht hohl.

Primär marin, sekundär auch einige Vertreter im Brack- und Süßwasser. *Clava*: Mit Gonophoren an den Hydranthen. *Rhizogeton*: Gonophoren an den Stolonen. *Corydendrium*: Mit freien Medusen. *Merona*: Polypenpolymorphismus, mit Gastrozooiden, Gonozooiden und Nematophoren. *Cordylophora* (Taf. 256): Neben den primären marinen Vertretern kommen auch einige Arten im Brack- und Süßwasser vor; bis zu 8 cm hohe monopodiale Kolonien, getrenntgeschlechtlich; die Eizellen wandern vom Ektoderm des Primärpolypen in die weiblichen Gonophoren; Gonophoren mit entodermalen Ernährungskanälen; Befruchtung im Gonophor und Ausbildung von Planula-Larven, welche durch Aufplatzen des Gonophors freiwerden; sie setzen sich dann fest und wandeln sich jeweils in den Primärpolypen einer neuen Kolonie um.

Polyorchidae. Polypenstadium unbekannt. Meduse mit wurstförmigen, frei nach unten hängenden „Gonaden" an der Grenze zwischen Manubrium und Radiärkanälen. Radiärkanäle mit einer Tendenz, Seitenkanäle auszubilden. Mit zahlreichen Schirmtentakeln und vielen Ocellen. *Polyorchis*.

Unterordnung Pandeina
(Taf. 246:2 u. 257–260)

Mit den Überfamilien Pandeoidea, Bougainvillioidea und Hydractinioidea. Die größte Zahl der Familien der Filifera zählt zu den Pandeina. Polypen mit der üblichen keulenförmigen Gestalt und mit einem konischem Hypostom. Die Tentakeln zeigen eine Tendenz zur Höherverlagerung und sind meist in einem einzigen Kranz um das Hypostom angeordnet. Medusen mit quadratischem Zentralmagen (wie auch bei den Moerisiina).

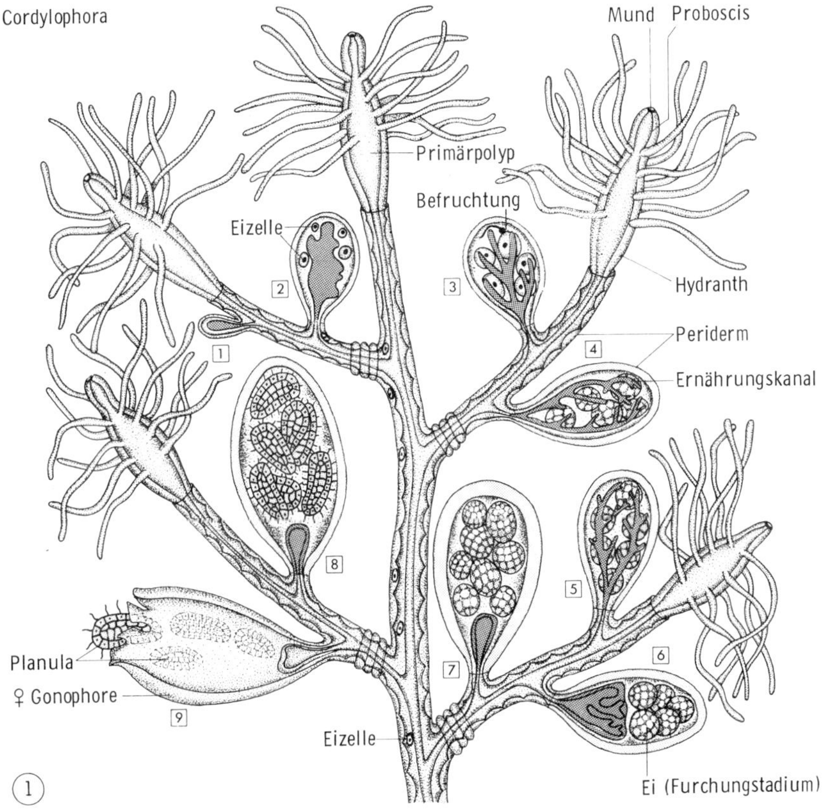

Taf. 256. Cnidaria: Hydrozoa, Hydroidea (Athecata, Filifera). – Abb. 1. *Cordylophora caspia*, Teil einer Polypenkolonie. Weibliche Kolonie mit ♀-Gonophoren (nach SCHULZE): 1/1–9. weibliche Gonophoren mit Eizellen, Befruchtung, Embryonalentwicklung, Planula-Bildung und Planula-Schlupf.

Überfamilie Pandeoidea. Polypen bisher nur bei Pandeidae bekannt, daher ist die Überfamilie weitgehend durch Medusenmerkmale charakterisiert. Medusen mit 4 einfachen Lippen und hohlen Schirmtentakeln. Die Polypen (Pandeidae) bilden stolonenförmige Kolonien, selten liegt auch Hydrocaulus-Bildung vor. Die Medusenknospen befinden sich an den Hydranthen oder an den Stolonen.

Pandeidae. Mit stolonenförmigen Polypenkolonien. Mit freien Medusen, welche 4 gut ausgebildete Lippen und einen quadratischen Zentralmagen aufweisen. Medusen mit 4 oder mehr Tentakeln. Teilweise (*Leuckartiara*) mit größeren perradialen und kleineren adradialen Tentakeln. *Pandea*; *Leuckartiara* (Taf. 246:2); *Neoturris.* Viele der noch zu den Pandeidae zählenden Arten sind nur im Medusenstadium bekannt und gehören vermutlich eigenen Familien an.

Überfamilie Bougainvillioidea. Mit Polypenkolonien, stolonenförmig, zum Teil mit monopodialer oder auch mit racemoser Verzweigung. Stolonen und Hydrocaulus häufig bis zum Hydranthen mit Perisarc bzw. Periderm bedeckt. Manchmal auch Ausbildung von Pseudohydrotheken (*Koellikerina, Bimeria*). Polypen meist nur mit einem einzigen filiformen Tentakelkranz, selten sind 2 oder 4 Kränze (*Balella, Clavopsella, Silhouetta*) ausgebildet. Medusen mit einzeln oder in Büscheln stehenden Schirmtentakeln. Mund der Medusen mit Oraltentakeln.

Bougainvilliidae. Die filiformen Tentakeln meist in einem einzigen Kranz angeordnet (*Bougainvillia*), selten auch in 2 oder 4 Kränzen. Stolonen und Hydrocaulus mit Periderm bedeckt. Mit Polypenkolonien. Primär einfache, unverzweigte oder nur wenig verzweigte Kolonien mit einem terminalen Hydranthen. Zum Teil Polypenstöcke monopodial verzweigt. Medusen mit 2, 4 oder mehr, zum Teil einzeln, zum Teil in Büscheln stehenden Schirmtentakeln. Ocellen zum Teil vorhanden. Um den Mund mit einfachen, zum Teil auch verzweigten Oraltentakeln. *Bougainvillia* (Taf. 257): Schirmtentakeln in Büscheln stehend, häufig mit verzweigten Oraltentakeln; *Perigonimus; Balella* sowie *Clavopsella* und *Silhouetta*: Die Tentakeln der Polypen in 2 oder 4 Kränzen um das Hypostom angeordnet; *Koellikerina* und *Bimeria*: Beide mit Pseudohydrotheken.

Überfamilie Hydractinioidea. Mit Polypenkolonien. Die Stolonen sind meist mit Perisarc bedeckt und können zum Teil mehrere Stockwerke bilden (Hydractiniidae). Die Stylasteridae besitzen (wie die Milleporidae bei den Capitata: Konvergenz) ein vertikales Stolonengeflecht (Coenosarc), welches

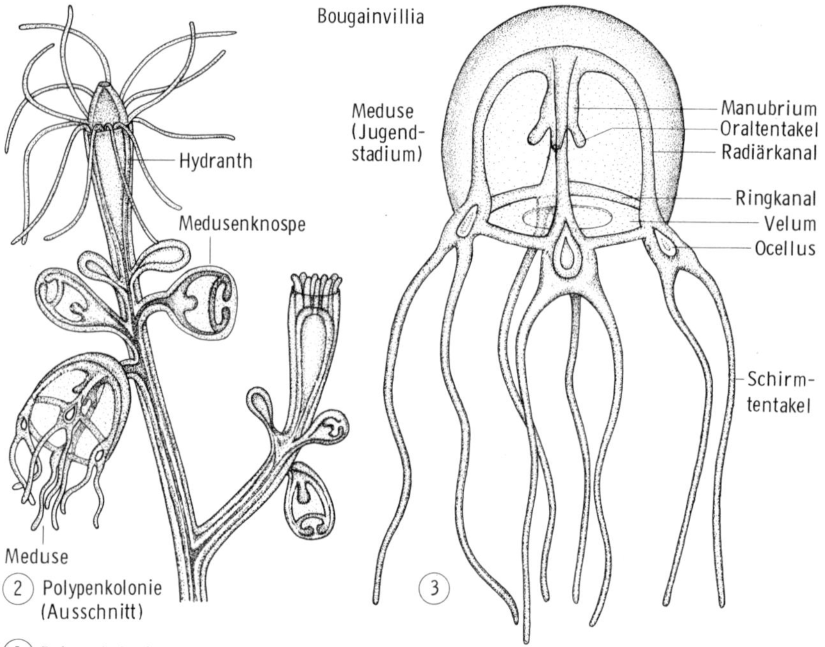

1 Polypenkolonie

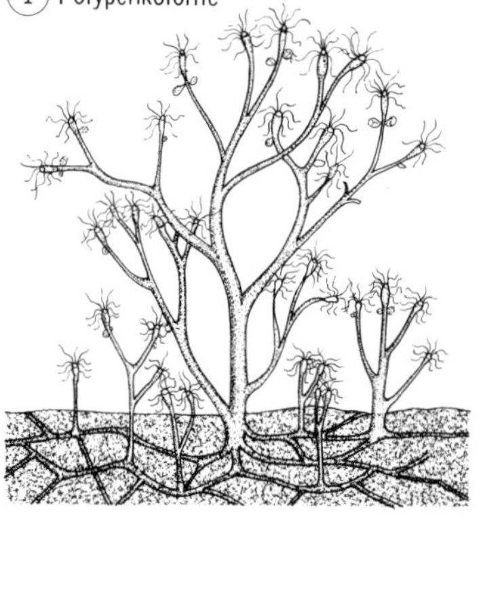

Taf. 257. Cnidaria: Hydrozoa, Hydroidea (Athecata, Filifera). – Abb. 1–3. *Bougainvillia ramosa* (nach ALLMAN): 1. Polypenkolonie; 2. Polypenkolonie, Ausschnitt mit Medusenknospung; 3. junge Meduse.

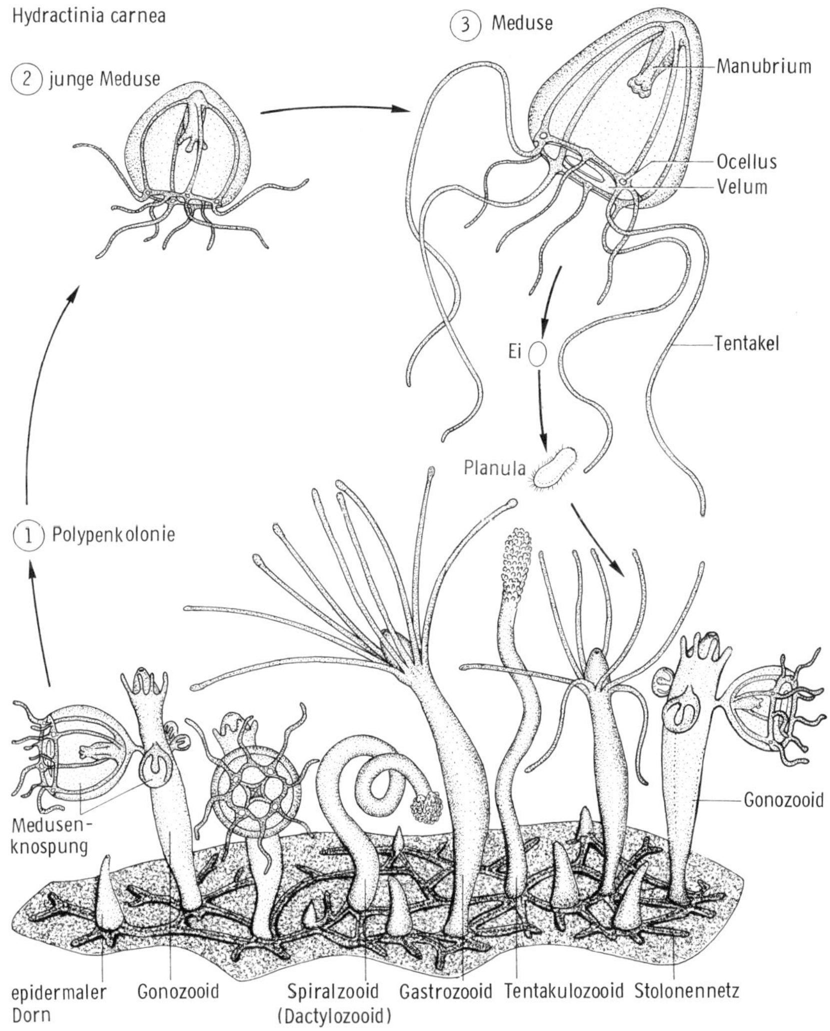

Taf. 258. Cnidaria: Hydrozoa, Hydroidea (Athecata, Filifera). – Abb. 1–3. *Hydractinia carnea* (nach MAYER): 1. Polypenkolonie; 2. junge Meduse; 3. adulte Meduse.

durch ektodermale Ausscheidungen verkalkt (Coenosteum). Polypen mit einem einzigen Kranz filiformer Tentakeln. Medusen mit 4 ausgezogenen Mundlippen.

Hydractiniidae. Kolonienbildende Vertreter, ihre Stolonennetze oft mehrere Stockwerke bildend. Polypen mit einem einzigen Kranz filiformer Tentakeln. Oft mit Polypen-Polymorphismus (Gastrozooide, Tentakulozooide, Spiralzooide, Gonozooide). Zum Teil sessile Gonophoren vorhanden, teilweise auch freie Medusen. Medusen mit 4 Lippen und 4,8 oder mehr Schirmtentakeln. Ocellen zum Teil fehlend. *Hydractinia* (Taf. 258): Mit Polypen-Polymorphismus; teils mit Medusen und zum Teil auch mit sessilen Gonophoren (Cryptomedusoide). Häufig auf Schalen von Gastropoden und dann mit *Eupagurus* (Einsiedlerkrebs) symbiontisch zusammenlebend. Meduse mit Ocellen. – *Podocoryne:* Mit freischwimmenden Medusen. Mit 4–8 Schirmtentakeln, Mundlippen unverzweigt.

Rathkeidae. Polypen mit einfachem Kranz filiformer Tentakeln, meist nur 4–6 Tentakeln vorhanden. Medusen mit büschelartig angeordneten Schirmtentakeln und mit 4 ausgezogenen verlängerten Mundlippen. Die Medusen (Primärmedusen) erzeugen durch Knospung am Manubrium Tochtermedusen (Sekundärmedusen). *Rathkea* (Taf. 259).

Stylasteridae. Polypenkolonien mit Kalkskelett (Coenosteum). Wie bei den Milleporidae (Capitata) mit vertikalem Stolonengeflecht (Coenosarc), welches durch ektodermale Ausscheidungen verkalkt. Sie sehen Kolonien von Steinkorallen (Anthozoa: Madreporaria) zum Verwechseln ähnlich (Konvergenz). Die Polypenstöcke der Stylasteridae meist mit fächerartiger Verzweigung. Die Oberfläche der Kalkmasse mit Öffnungen, welche zu den Kammern der Polypen führen. Polypen polymorph (Gastrozooide, Dactylozooide, Gonophoren). Die Kammern mit den Gastrozooiden (Freßpolypen) besitzen große, becherförmige Öffnungen. Die Kammern der Dactylozooide sind dagegen kleiner und kreisförmig um einen einzelnen Gastrozooiden angeordnet. Ihre Wohnkammern gehen in die große Zentralkammer des Gastrozooiden über und bilden so ein gemeinsames Cyclosystem mit einem Durch-

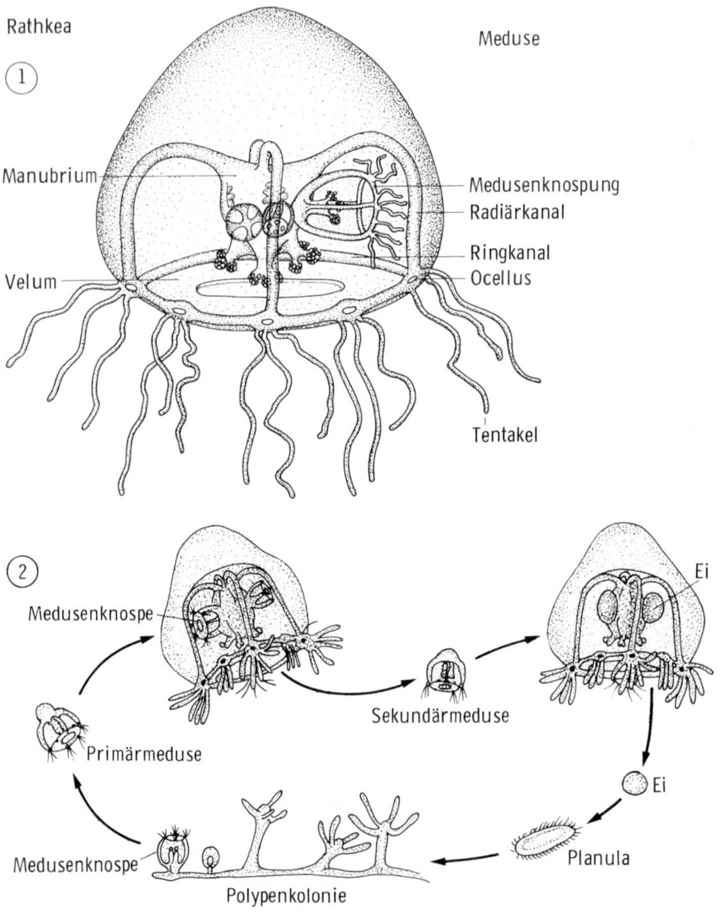

Taf. 259. Cnidaria: Hydrozoa, Hydroidea (Athecata, Filifera). – Abb. 1. *Rathkea*, Meduse mit Medusenknospung am Manubrium (nach FEWKES). Abb. 2. *Rathkea octopunctata*, Zyklus (nach WERNER; NAUMOV aus TARDENT).

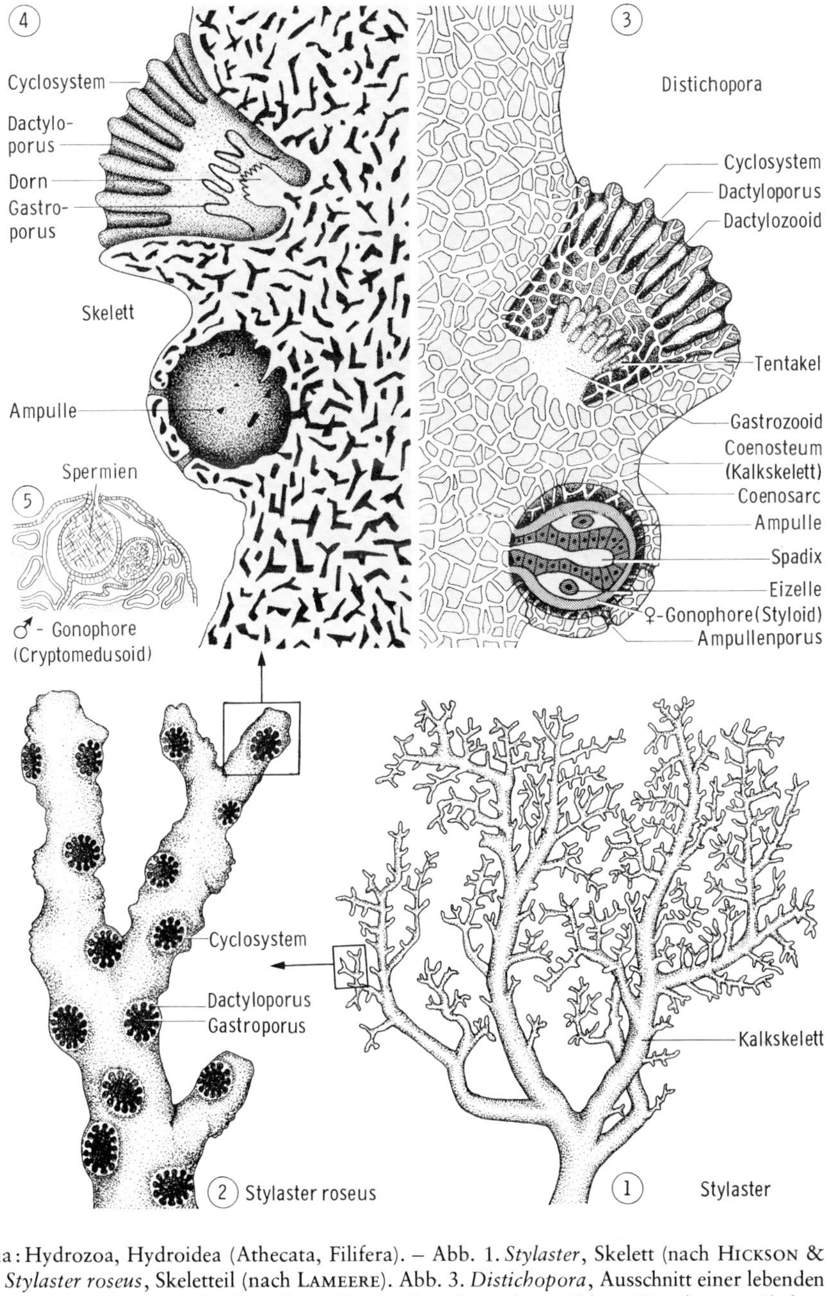

Taf. 260. Cnidaria: Hydrozoa, Hydroidea (Athecata, Filifera). – Abb. 1. *Stylaster*, Skelett (nach HICKSON & ENGLAND). Abb. 2. *Stylaster roseus*, Skeletteil (nach LAMEERE). Abb. 3. *Distichopora*, Ausschnitt einer lebenden Kolonie mit Gastrozooid (sowie umgebenden Dactylozooiden) und ♀-Gonophore. Abb. 4. Distichopora, Skeletteil mit Cyclosystem-Höhle und Ampulle (nach MOSELEY). Abb. 5. *Distichopora*, Ampulle mit ♂-Gonophore (nach HICKSON aus TARDENT).

messer von etwa 1 mm. In beulenähnlichen Kammern (Ampullen) liegen die männlichen (Cryptomedusoide) und weiblichen (Styloide) Gonophoren. Der Boden der Gastrozooid-Kammer mit zentralem Dorn (Style), daher der Name Stylasteridae. Gastrozooide mit normalen, kurzen, fadenförmigen (filiformen) Tentakeln, Dactylozooide (Wehrpolypen) dagegen ohne Tentakeln. Die fächerförmigen Kolonien erreichen Höhen bis zu 26 cm. Stylasteridae kommen vorwiegend in warmen Meeren vor und sind dort am Aufbau von Korallenriffen beteiligt. *Stylaster* (Taf. 260:1–2); *Allopora, Distichopora* (Taf. 260:3–5); *Stylantheca; Astylus.*

Stylasteridae besitzen filiforme Tentakeln und gehören daher zu den Filifera innerhalb der Atheca-ta. Die Aufstellung einer eigenen Ordnung (Stylasterida) ist daher nicht gerechtfertigt.

Unterordnung Eudendriina

Mit der einzigen Überfamilie Eudendrioidea. Mit lockeren, racemos verzweigten Kolonien. Kolonien ohne Kalkskelett. Polypen mit einem einfachen Kranz filiformer Tentakeln. Im Gegensatz zu den anderen Vertretern der Filifera weisen die Polypen eine urnenförmige Gestalt mit einem keulenförmigen Hypostom auf. Das Cnidom enthält u. a. mikrobasische Eurytelen aber niemals Desmonemen. Keine freien Medusen vorhanden.

Überfamilie Eudendrioidea. Mit den Merkmalen der Unterordnung.

Eudendriidae. Einzige Familie mit den Merkmalen der Überfamilie. Die Gonozooide (häufig verkleinert und mit reduzierter Tentakelzahl) mit charakteristischen männlichen und weiblichen Gono-

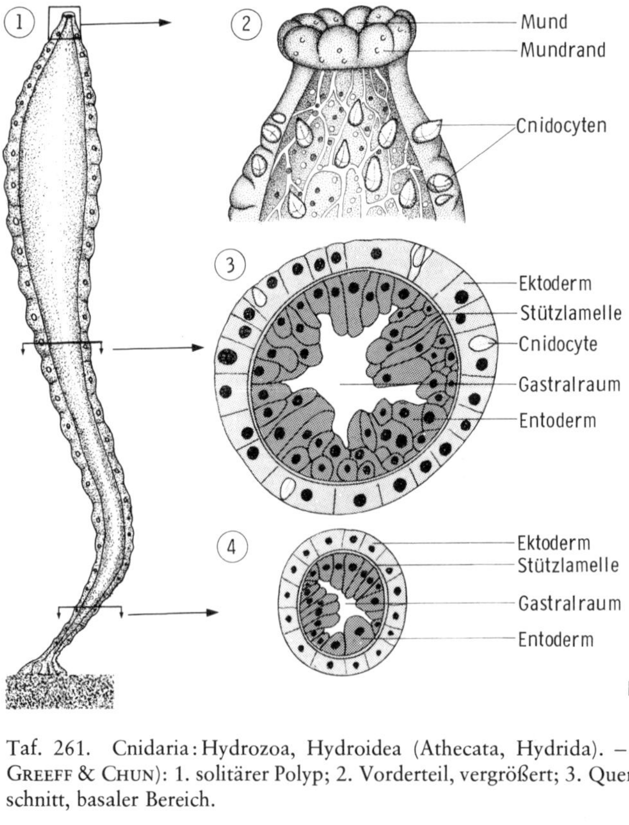

Taf. 261. Cnidaria: Hydrozoa, Hydroidea (Athecata, Hydrida). – Abb. 1–4. *Protohydra leuckartii* (nach Greeff & Chun): 1. solitärer Polyp; 2. Vorderteil, vergrößert; 3. Querschnitt, mittlerer Körperbereich; 4. Querschnitt, basaler Bereich.

phoren (Sporosacs). Die Sporosacs befinden sich unterhalb des Tentakelkranzes. Die männlichen Sporosacs bestehen aus einer Anzahl kugeliger Kammern, die weiblichen dagegen aus einer Spadix, die ein einzelnes Ei umgibt. *Eudendrium*: Stark verzweigte Kolonien mit terminalen Hydranthen; *Myrionema*: Sekundär mit mehreren, dicht stehenden Tentakelkränzen.

Ordnung Hydrida
(Taf. 261–263 u. 223)

Sekundär stark vereinfachte Vertreter. Endglieder einer Regressionsreihe. Der Besitz von Stenotelen weist darauf hin, daß sie bei den Athecata (Hydroidea) und nicht bei den Limnomedusa einzureihen sind. Sekundär ist nur noch das Polypenstadium vorhanden. Nur sekundäre Solitärpolypen, keine Kolonienbildung. Es werden weder Medusen noch Gonophoren ausgebildet. Polypen mit fadenförmigen Tentakeln (Hydridae) oder auch ohne Tentakeln (Protohydridae). Die Tentakeln sind hohl und stehen mit dem Gastralraum in Verbindung. Die Solitärpolypen sind mit einer kleinen Fußscheibe an der Un-

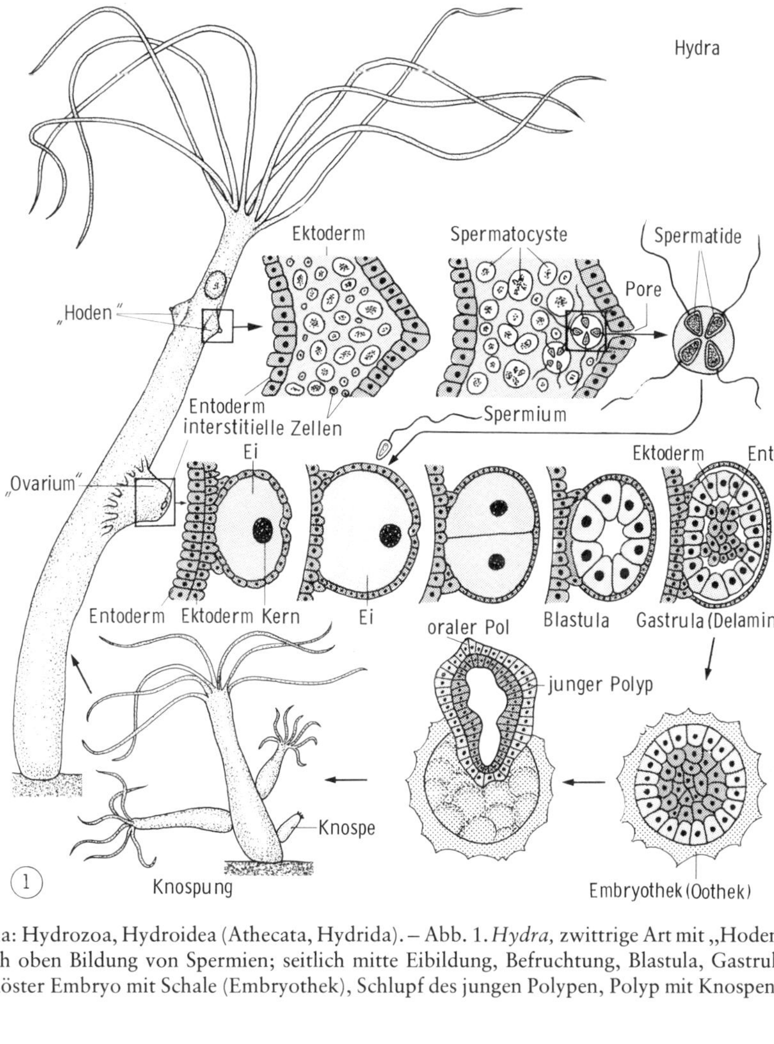

Taf. 262. Cnidaria: Hydrozoa, Hydroidea (Athecata, Hydrida). – Abb. 1. *Hydra*, zwittrige Art mit „Hoden" und „Ovarium"; seitlich oben Bildung von Spermien; seitlich mitte Eibildung, Befruchtung, Blastula, Gastrulation; seitlich unten abgelöster Embryo mit Schale (Embryothek), Schlupf des jungen Polypen, Polyp mit Knospen (nach versch. Autoren).

terlage festgeheftet. Ungeschlechtliche Fortpflanzung durch Knospung, Längs- und Querteilung. Geschlechtliche Fortpflanzung mit „Gonadenbildung“ im Ektoderm des Polypenstieles. Das Cnidom weist u.a. auch Stenotelen auf. Hydrida kommen im primären marinen Bereich nicht vor und leben sekundär im Brack- und vor allem im Süßwasser.

Protohydridae. Sekundäre Brackwasserbewohner. Sekundär stark reduziert und nur in der Polypenform auftretend. Nur Solitärpolypen vorhanden. Polypen ohne Periderm, ohne Tentakeln und ohne Gonophoren. Sie sind mit einer kleinen Fußscheibe an der Unterlage festgeheftet. Die Geschlechtszellen (Eier bzw. Spermien) werden im Ektoderm gebildet. Ungeschlechtliche Vermehrung durch Knospung und auch durch Querteilung. *Protohydra* (Taf. 261): Brackwasserbewohner, Länge etwa 1–2 mm.

Hydridae. Sekundäre Süßwasserbewohner. Sekundär stark vereinfacht, deutliche Endglieder einer Regressionsreihe. Sekundär ist nur noch das Polypenstadium vorhanden. Nur sekundäre Solitärpolypen, keine Kolonienbildung. Keine Ausbildung von Medusen, es sind auch keine Gonophoren vorhanden. Die Solitärpolypen ohne Periderm. Ungeschlechtliche Fortpflanzung durch Knospung, Längs- und Querteilung. Geschlechtliche Fortpflanzung mit „Gonadenbildung“ (Taf. 262) im Ektoderm des Polypenstieles. Aus dem befruchteten Ei entwickelt sich sofort ein neuer Polyp. Teils zwittrige, teils getrenntgeschlechtliche Vertreter. Die geschlechtliche Fortpflanzung durch Polypen ist innerhalb der Hydroidea als ein sekundärer Vorgang zu betrachten. Die Solitärpolypen weisen zwischen 4–12, innen hohle Tentakeln auf, welche mit dem Gastralraum in Verbindung stehen. Das Cnidom der Hydridae besteht aus Desmonemen, atrichen und holotrichen Haplonemen, sowie aus Stenotelen. Holotriche Haplonemen kommen nur bei Hydridae vor. Die Solitärpolypen sind normal sessil. Sie können sich aber auch mit Hilfe einer Luftblase an der Wasseroberfläche treiben lassen oder sich auf der Unterlage spannerraupenartig fortbewegen. *Hydra* (Taf. 223:2, 262 u. 263:1): Häufige Süßwasservertreter.

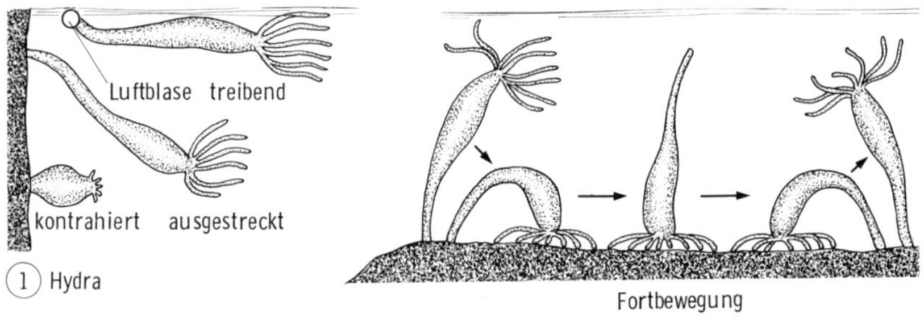

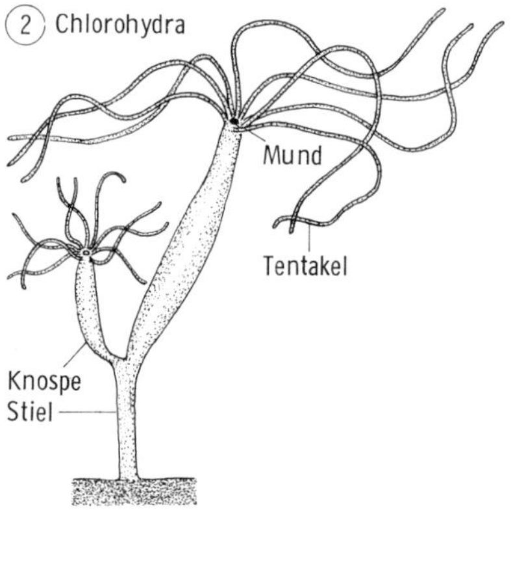

Taf. 263. Cnidaria: Hydrozoa, Hydroidea (Athecata, Hydrida). – Abb. 1. *Hydra*, kontrahiert, ausgestreckt, treibend und in Fortbewegung (nach WAGNER). Abb. 2. *Chlorohydra viridissima* mit Knospenbildung (nach BRIEN & DECOEN).

Körperlängen 1–1,5 cm. Sie leben festgeheftet an Wasserpflanzen in stehenden oder langsam fließenden Gewässern. – *Pelmatohydra*: Polypenkörper mit dünnerem unteren und dickerem oberen Abschnitt. Körper bis zu 3 cm lang, die ausgestreckten Tentakeln können Längen bis zu 25 cm erreichen. – *Chlorohydra* (Taf. 223:1 u. 263:2): Körperlänge etwa 1,5 cm und Tentakeln etwa 1 cm lang. Grünfärbung durch Zoochlorellen.

Überordnung Thecaphorea (Leptomedusa)
(Taf. 264–267)

Mit der einzigen Ordnung Thecaphora.

Ordnung Thecaphora
(Taf. 264–267)

Mit metagenetischem Generationswechsel, entweder Polyp – freischwimmende Meduse (Taf. 222) oder Polyp – sessile Gonophore. Die Hydranthen der Polypengeneration mit abstehender, fester Peridermhülle (Schutzhülle). Auf diese Weise entsteht die für die Thecaphora charakteristische Hydrothek (Taf. 227:2). Die Hydranthen können sich in ihre Hydrothek (Hydrotheca) zurückziehen. Im Gegensatz zu den Athecata, wo dort auftretende Peridermhüllen immer nur den Rumpf des Polypen umhüllen, wird bei den Thecaphora der gesamte Polypenkörper einschließlich des Polypenkopfes (Hydranthen) umhüllt. Die filiformen Tentakeln sind immer nur in einem einzigen Kranz angeordnet.

Kolonienbildende Vertreter mit kriechenden, stolonialen Kolonien, mit aufrecht stehenden Rhizocaulomen oder aufrecht stehend mit sympodialem oder monopodialem Wuchs. Die Neubildung von Polypen (Polypenknospen) erfolgt stets lateral. Die Geschlechtsgeneration entsteht an besonderen Polypen (Blastostylen), welche lange Gonotheken aufweisen. Die Mehrzahl der Arten weist kein freies Medusenstadium auf. Geschlechtliche Fortpflanzung daher meist durch mehr oder weniger reduzierte Gonophoren oder durch freischwimmende, flach schüsselförmige Medusen. Polypenkolonien teilweise mit Gonangien und Nematotheken. Die Medusen (**Leptomedusen**) weisen flache, etwas schüsselartige Schirme auf. Die „Gonaden" befinden sich an den Radiärkanälen, in Ausnahmefällen auch am Manubrium. Mit statischen Sinnesorganen in Form von ektodermalen Statocysten am Velum. In Ausnahmefällen können auch Augenflecke (Ocelli) vorhanden sein.

Das Cnidom der Thecaphora besteht aus atrichen, basitrichen und merotrichen Haplonemen, aus mikrobasischen Mastigophoren sowie aus mikrobasischen Eurytelen. Die merotrichen Haplonemen kommen nur bei den Thecaphora vor. Auffällig ist der sekundäre Verlust der Desmonemen, die bei allen anderen Teilgruppen der Hydrozoa vorhanden sind. Thecata sind von Athecata abzuleiten und besitzen gegenüber den Athecata eine reduzierte Zahl von Nesselkapsel-Typen.

Ausschließlich marine Vertreter, welche vorwiegend Hartsubstrate besiedeln. Thecaphora weisen im Vergleich mit den Athecata eine wesentlich geringere Artenzahl auf.

Plumulariidae. Polypenkolonien in einer Ebene ausgebildet, federartig und mit monopodialer Verzweigung. Neben den normal ausgebildeten Polypen sind noch Nematophoren (= Dactylozooide) vorhanden. Die Nematophoren befinden sich jeweils in Nematotheken, welche den Hydrotheken der normalen Polypen entsprechen. Die Hydrotheken sind klein und einreihig, dicht angeschmiegt auf den Seitenästen der Kolonie angeordnet. Die Hydranthen können sich fast nie ganz in die Hydrothek zurückziehen. Getrenntgeschlechtliche Arten mit männlichen bzw. weiblichen Gonangien. Die Gonangien bestehen aus einer Peridermkapsel (Gonothek, Gonotheca), welche einen Blastostyl (Mund- und tentakelloser Polyp) mit einer oder mehreren Gonophoren enthält. Die Nematophoren haben offensichtlich neben der Verteidigung auch noch Reinigungsfunktionen. Sie schieben sich oft weit aus ihren Nematotheken heraus und bewegen sich auf den normalen Hydrotheken hin und her und reinigen dabei die Oberflächen. Sie werden zum Teil auch als Sarcostyle (in Sarcotheken) bezeichnet. Keine freischwimmenden Medusen vorhanden. *Plumularia* (Taf. 264): Verzweigte, fiederförmige Kolonien, Höhe der Kolonien 2–50 cm. *Thecocaulus. Aglaophenia* (Taf. 265): Höhe der Kolonien bis zu 1 m, Gonangien an den kleineren Ästen in Körbchen (Corbulae) eingeschlossen.

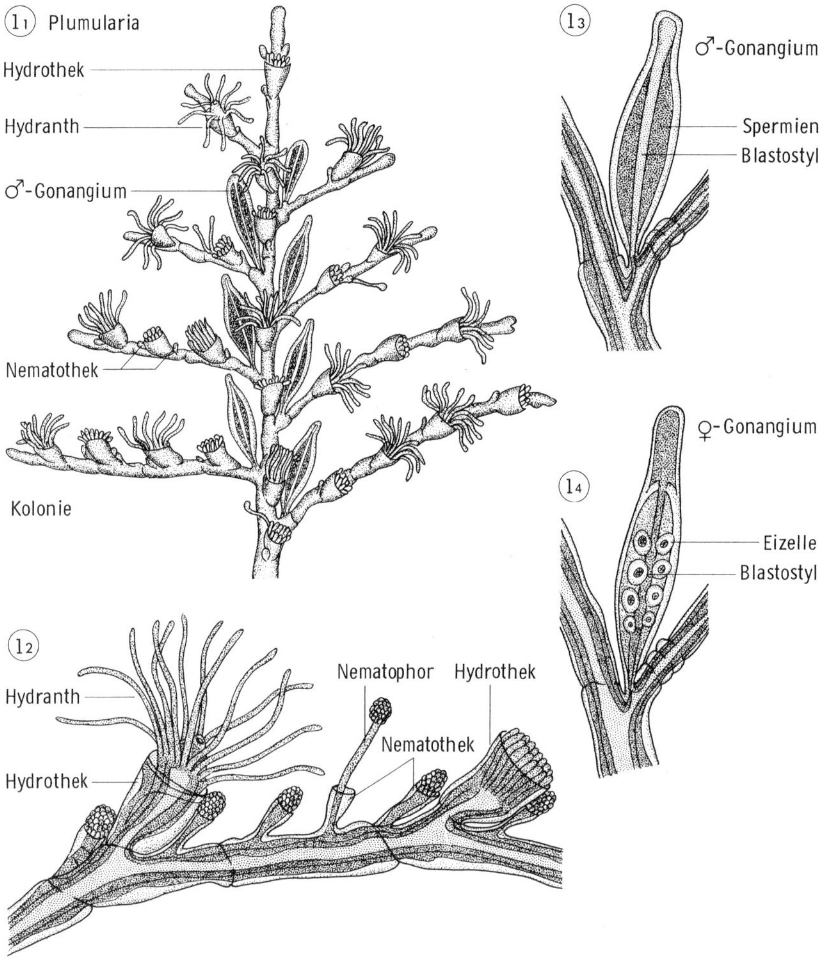

Taf. 264. Cnidaria: Hydrozoa, Hydroidea (Thecaphora). – Abb. 1. *Plumularia* (nach HYMAN): 1/1. Teil einer Polypenkolonie; 1/2. Ausschnitt mit Hydranthen und Nematophoren; 1/3. ♂-Gonangium; 1/4. ♀-Gonangium.

Campanulariidae. Polypen mit großen Hydrotheken und mit keulenförmigem Mundrohr (Proboscis). Hydrotheken meist glocken- oder becherförmig und ohne Deckel. Stoloniale oder sympodiale Kolonien. Mit Gonangien. Medusen mit einfachen, nicht verzweigten Radiärkanälen. Velum zum Teil zurückgebildet. Mit geschlossenen Statocysten. *Campanularia:* Von der Hydrorhiza entspringen meist stark verzweigte Sympodien; Höhe der Kolonien bis zu 15 cm. *Obelia* (Taf. 222 u. 266:1): Polypenkolonie mit sympodialer Verzweigung, Medusen oft mit umgedrehtem Schirm schwimmend. *Clytia, Gonothyraea, Orthopyxis, Philalidium* (Taf. 266:2): Meduse mit normal ausgebildetem Velum; die Statocysten liegen zwischen den Tentakelbasen.

Campanulinidae. Hydrotheken lang, oft mit komplizierten Deckelapparaten. Der Hydranth kann sich völlig in die Hydrothek zurückziehen. Meist kleine Vertreter mit häufig epizoischer Lebensweise. *Campanulina:* Aufrechte, schwach verzweigte Kolonien; *Cuspidella:* Kriechende Kolonien, Hydrotheken röhrenförmig; *Lovenella*: Hydrotheken mit kompliziertem, dreieckigem Deckel (Verschlußapparat).

Sertulariidae. Polypenkolonien mit verschiedenartigen Verzweigungen. Hydrotheken der Polypen mit Deckel, oft mehrteilige Deckelapparate vorhanden. Polypen oft zweireihig angeordnet. Mit Gonangien, in welchen sich Planula-Larven bilden. Ohne Nematophoren. Medusenstadium nicht bekannt. *Sertularia*, Seemoos (Taf. 267:1): Polypenkolonien bis zu 70 cm hoch; *Sertularella:* Mit 2–4teiligen Deckelapparaten; *Thuiaria; Diphasia; Abietinaria* (Taf. 267:2): Kolonien bis zu 30 cm hoch, Hydrotheken mit Deckel.

Unterklasse Siphonophora (Staatsquallen)
(Taf. 268–276)

Marine, freischwimmende oder schwebende Kolonien mit polymorpher Differenzierung der Zooide (Individuen der Kolonie). Ausgeprägtes System der Arbeitsteilung durch Polymorphismus der Polypen (= unterschiedliche Funktionen) und Ausweitung dieses Prinzips auch auf die Medusen (Medusen-Po-

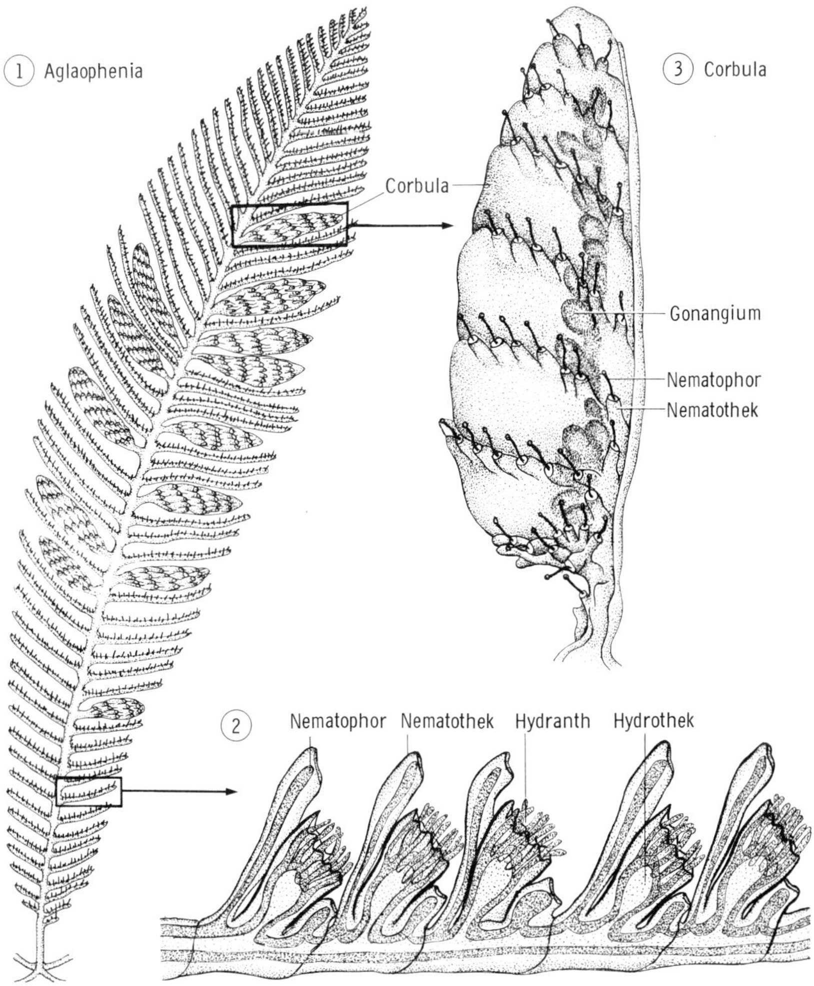

Taf. 265. Cnidaria: Hydrozoa, Hydroidea (Thecaphora). – Abb. 1–3. *Aglaophenia* (nach HYMAN; BARNES): 1. federförmige Polypenkolonie mit monopodialem Wuchs; 2. Ausschnitt mit Hydranthen und Nematophoren; 3. Corbula (Körbchen) mit eingeschlossenen Gonangien und Nematophoren.

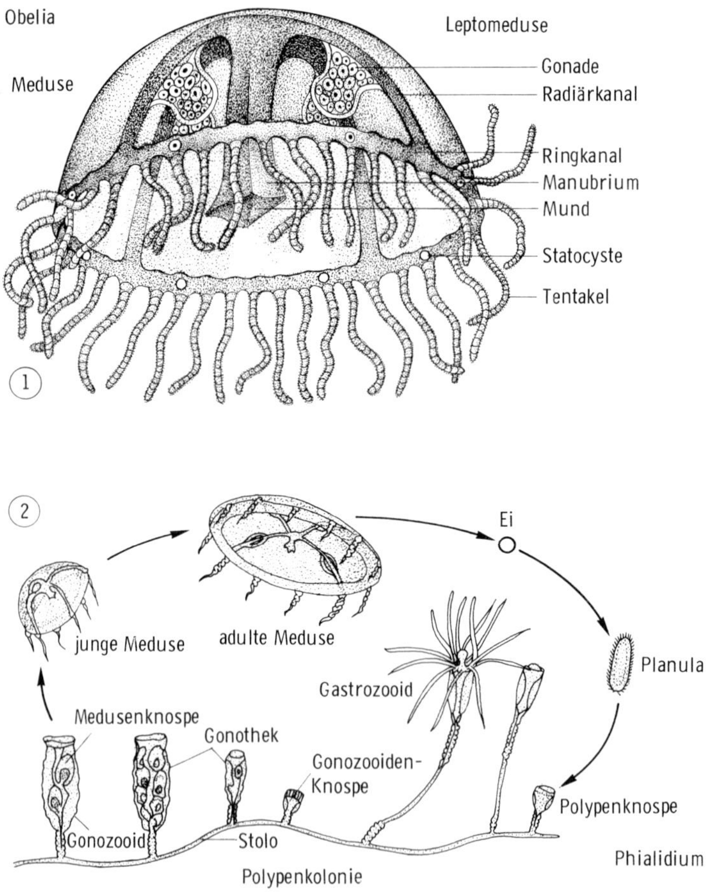

Taf. 266. Cnidaria: Hydrozoa, Hydroidea (Thecaphora). – Abb. 1. *Obelia*, Meduse. Abb. 2. *Phialidium hemisphaericum*, Zyklus (nach Tardent).

lymorphismus). Primär weisen die Medusen auch bei den Siphonophora eine sexuelle Funktion auf, sekundär übernehmen sie bei den Siphonophora auch andere Funktionen (Nectophoren, Pneumatophor). Die schlauchförmige Achse der Siphonophoren-Kolonie wird von einem Primärpolyp (Gründungspolyp) gebildet. An der Achse des Primärpolypen befinden sich verschiedenartig differenzierte Individuen, welche teils polypenartig (Polypoide), teils medusenartig (Medusoide) sind. Siphonophora (Staatsquallen) unterscheiden sich durch ihren extremen Polymorphismus der Individuen sowie durch ihre Farbenpracht (blaue, rote, gelbe Farbtöne am glasklaren Körper) und Leuchtvermögen von allen anderen Gruppen der Cnidaria. Man hielt sie früher für Medusenkolonien (Medusomhypothese) oder sah in ihnen eine einzige Meduse mit vielen Organen. Die Embryonalentwicklung zeigt aber, daß primär keine Meduse, sondern ein Polyp (Gründungspolyp) vorliegt, an welchem polypoide und medusoide Individuen knospen, sich aber nicht ablösen. Die Siphonophoren-Kolonie entspricht daher einem Polypenstock.

Die Befruchung der Eier erfolgt im Wasser, und die Embryonalentwicklung (Taf. 268: Calycophorida) führt zunächst zu einer solidzelligen, freischwimmenden Planula-Larve. An der Planula-Larve (= Primärpolyp) kommt es zunächst zur Ausbildung einer lateralen Ektodermverdickung, welche zur Bildung einer sterilen, sessilen Medusoide (ohne Tentakeln und ohne Manubrium, sie wird zur

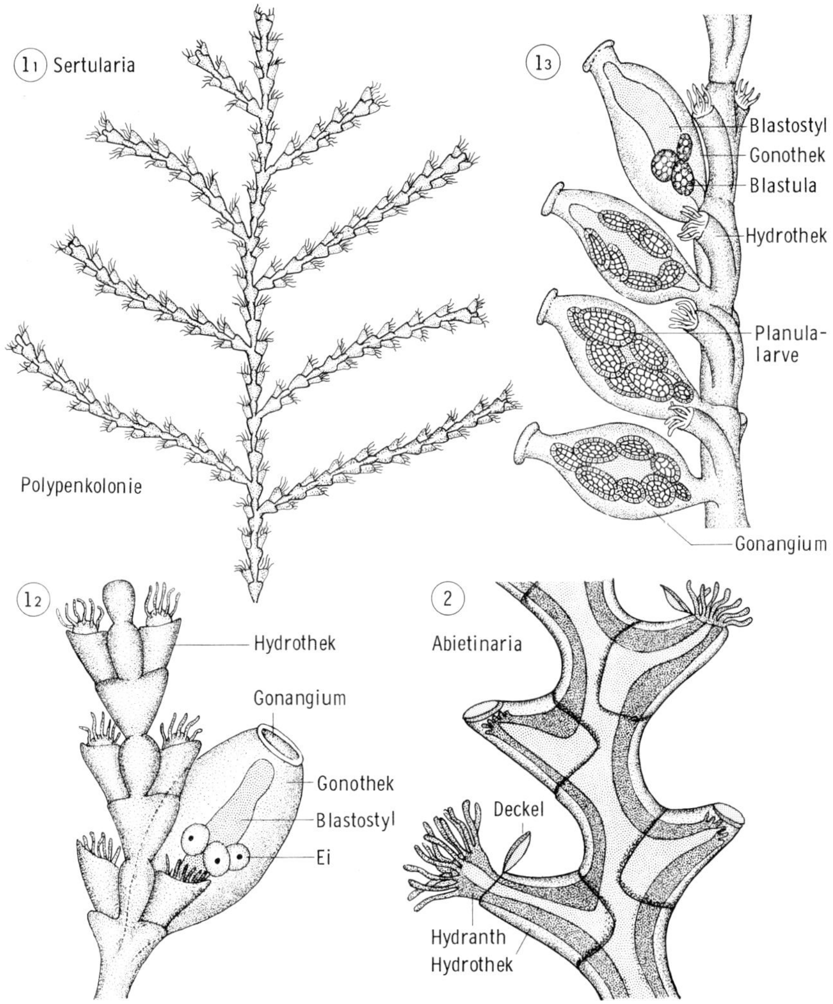

Taf. 267. Cnidaria: Hydrozoa, Hydroidea (Thecaphora). – Abb. 1. *Sertularia*: 1/1. Teil einer Polypenkolonie (nach HYMAN); 1/2. Teil einer Kolonie mit Hydrotheken und einem Gonangium, welches aus Blastostyl und der Blastostyl umhüllenden Gonothek besteht (nach BORRADAILE); 1/3. Teil einer Kolonie mit 4 Gonangien, in denen sich Planula-Larven entwickeln (nach HYMAN). Abb. 2. *Abietinaria*, Hydrothek mit Deckel (nach BARNES).

Schwimmglocke) und zur Bildung eines Tentakels (Fangfaden) führt. Die Medusoidform besitzt ein Velum und stellt eine typische Umwandlungsform einer Anthomeduse dar. Die Planula-Larve (= Primärpolyp) bildet nun einen Gastralraum aus, und am unteren Ende bricht der Mund des Primärpolypen durch. Dieses pelagische Stadium wird als Siphonula-Stadium (Taf. 268:4) bezeichnet. Die sessile Medusoide dient dabei als Schwimmglocke. Im aboralen Bereich des Primärpolypen befindet sich an der Basis des Fangfadens eine ringförmige Wachstums- und Knospungszone. Durch die Tätigkeit der Wachstumszone wächst der Primärpolyp stark in die Länge, und es entsteht eine lange, schlauchförmige Achse. Diese Achse ist der Hydrocaulus des Primärpolypen. Die Knospungszone produziert zunächst eine weitere, sterile Medusoide (mit Velum, ohne Tentakeln), welche dann allein als Schwimmglocke die Lokomotion übernimmt, da die primäre, larvale Schwimmglocke abfällt. Die Knospungs-

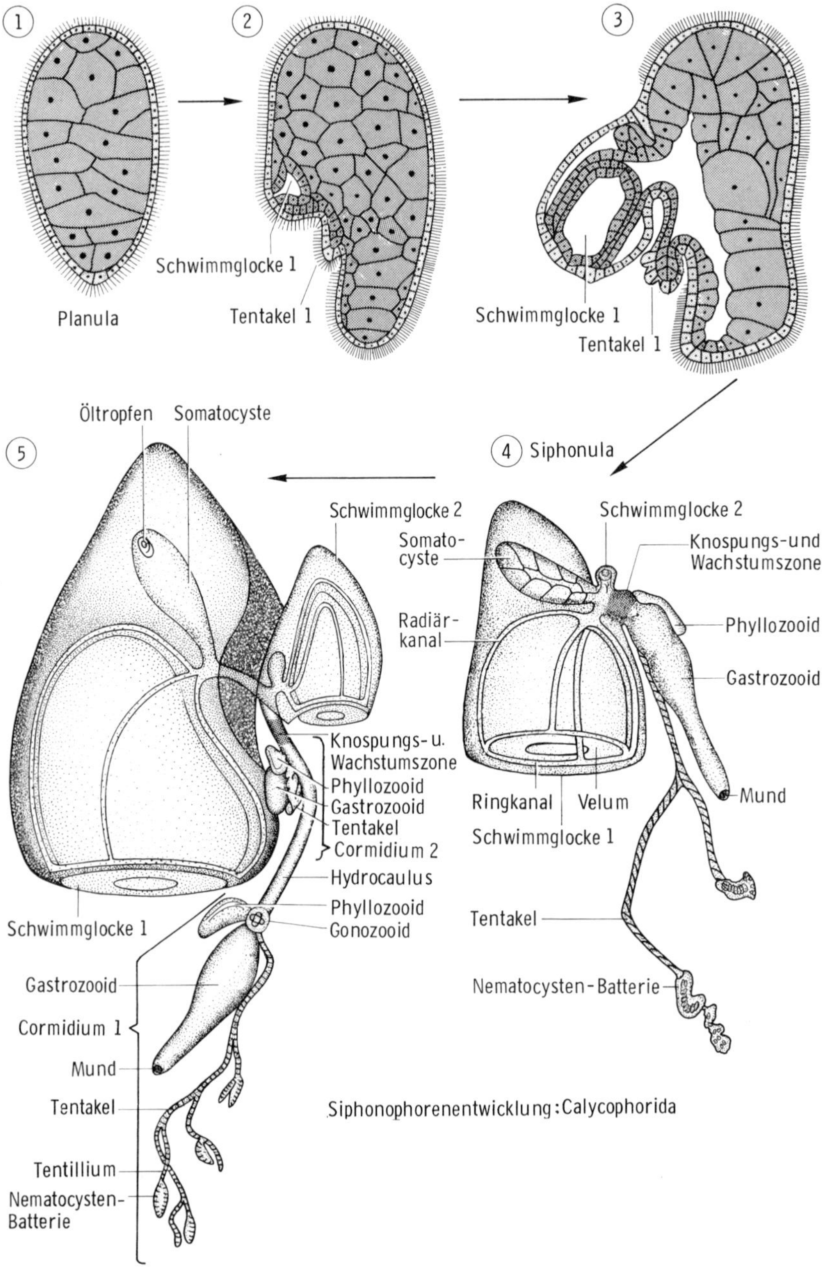

Taf. 268. Cnidaria: Hydrozoa, Siphonophora (Calycophorida). – Abb. 1–5. Calycophorida, Entwicklung (nach Metschnikoff & Chun): 1. Planula-Larve; 2. Beginn der Bildung der 1. Schwimmglocke und des 1. Tentakels; 3. etwas späteres Stadium mit zusätzlicher Ausbildung eines Gastralraumes im Primärpolyp (= umgewandelte Planula); 4. Siphonula-Stadium mit 1. Schwimmglocke, Anlage der 2. Schwimmglocke, Gastrozooid (= Primärpolyp) mit Tentakeln; 5. junge Calycophoride mit 2 Schwimmglocken (Schwimmglocke 1 fällt später ab), 2 Cormidien und einer Knospungs- und Wachstumszone.

zone bildet nun noch ein weiteres Individuum in Form eines Deckstückes aus. So entsteht das Cormidium 1 (Primärcormidium) mit einem Gastrozooid (= Primärpolyp), einem Fangfaden (Dactylozooid) und einem Deckstück. Hinzu kommen dann noch 1–2 Gonozooide (Blastostyle) mit Gonophoren (Geschlechtsmedusoiden). Der Fangfaden wird von einigen Bearbeitern auch als Tentakel des Gastrozooiden und nicht als individualisierter Dactylozooid gedeutet. Durch Knospenbildungen in der Knospungszone entstehen als Seitenzweige der Hauptachse weitere Cormidien (Taf. 268:5), welche den gleichen Individuenbestand wie das Primärcormidium aufweisen. Die Hauptachse besteht nach der vollen Ausbildung (in Form eines Monopodiums) aus dem Primärpolypen mit den dazugehörigen

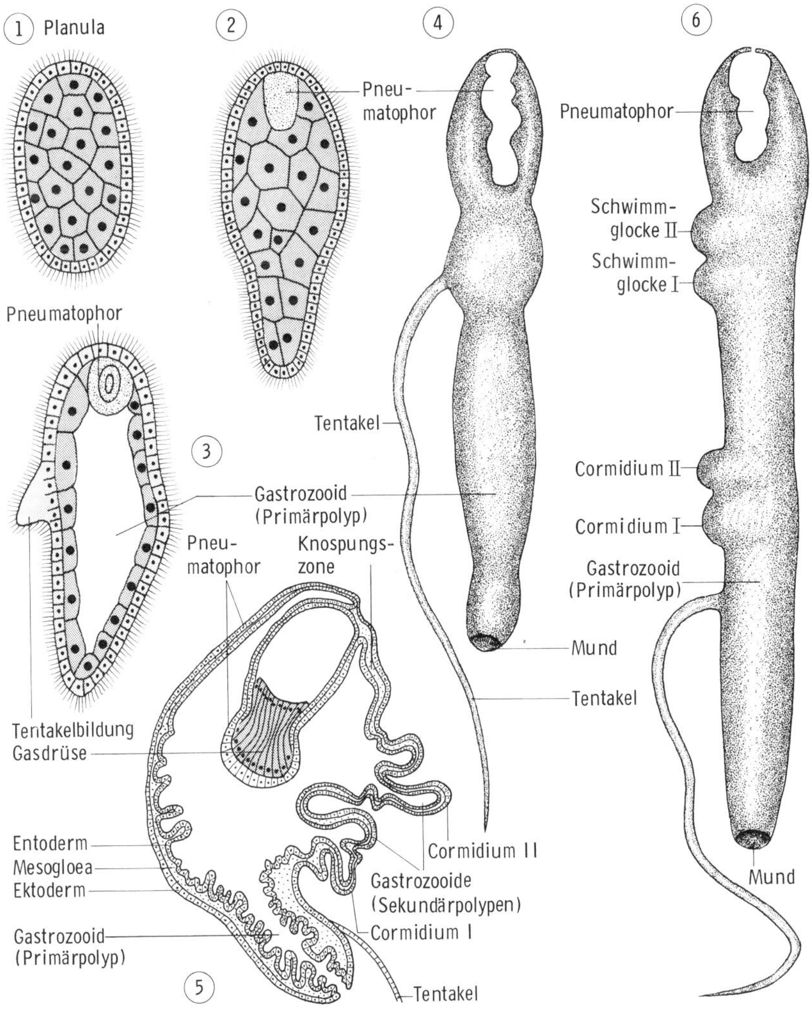

Taf. 269. Cnidaria: Hydrozoa, Siphonophora (Physophorida). – Abb. 1–6. Physophorida, Entwicklung (nach TUZET; OKADA): 1. Planula-Larve; 2. Beginn der Pneumatophor-Bildung; 3. Primärpolyp (= umgewandelte Planula) mit Gastralraum, weitere Pneumatophordifferenzierung und Beginn der Tentakelbildung; 4. Primärpolyp mit Mundöffnung, Pneumatophor und Tentakel; 5. Längsschnitt, mit Anlagen von Cormidien (Pneumatophor noch geschlossen); 6. Primärpolyp mit Anlagen von Cormidien und Schwimmglocken.

Individuen. In Abständen treffen wir dann an der Hauptachse in Form sehr kurzer Seitenzweige die Folgecormidien an. Cormidien oft mit artspezifischem Polypenbestand. Der Gastralraum des Primärpolypen steht mit allen Individuen der Kolonie in Verbindung und verteilt, wie bei einem sessilen Hydroidenstock, die Nahrung an alle Individuen.

Die Zahl der Schwimmglocken wechselt bei den **Calycophorida**. Meist sind zwei Schwimmglocken vorhanden, häufig aber auch eine größere Zahl. Anordnung dann in 2 Reihen (polyphide Formen). Bei vielen Calycophorida löst sich jeweils das älteste, terminal liegende Folgecormidium als Eudoxia vom Stamm ab und schwimmt mit Hilfe einer stark verdickten Deckplatte und der ältesten Geschlechtsmedusoide davon. Bei Reifung der Geschlechtsprodukte löst sich auch diese Medusoide von der Eudoxia, wird als freischwimmende Meduse selbständig, und die nächstfolgende Medusoide übernimmt ihre Funktion.

Die **Physophorida** besitzen als charakteristisches sekundäres Merkmal eine aboral gelegene, mit Gas gefüllte Blase, den Pneumatophor (= umgewandelte Meduse). Pneumatophor mit sekundärem, apikalem Porus (Cystonectae) oder primär ohne Porus (Physonectae). Die Embryonalentwicklung der Physophorida (Taf. 269) entspricht in ihrem Ablauf weitgehend derjenigen der Calycophorida. Am aboralen Pol der solidzelligen Planula entsteht der Pneumatophor durch eine Einsenkung des Ektoderms. Die **Planula-Larve** wird auch hier zum **Primärpolypen** (zum späteren Gastrozooiden). Durch laterale Knospungen im Bereich der Knospungszone entstehen zunächst ein Tentakel (Dactylozooid), sowie sekundäre Gastrozooide, später dann noch weitere Individualformen. Auch hier liegen dann ein Primärcormidium sowie Folgecormidien vor, außerdem werden im oberen Bereich des Primärpolypen durch Knospung primäre und sekundäre Schwimmglocken gebildet.

Der Bau der Physophorida (Taf. 270:2,3) entspricht grundsätzlich dem Bau der Calycophorida (Taf. 270:1), es kommen aber noch weitere Differenzierungen hinzu. Bei vielen Physophorida ist die Achse des Primärpolypen in eine obere, aborale Schwimmglockenzone (Nectosom) und eine untere Cormidienzone (Siphonosom) getrennt. Das untere Siphonosom ist die Gastrogenitalregion der Kolonie. Dementsprechend haben wir bei diesen Physophorida nicht eine, sondern zwei getrennt voneinander liegende Wachstums- und Knospungszonen. Die obere Proliferationszone liegt unterhalb des Pneumatophors und erzeugt verschieden gestaltete, sterile Medusen (ohne Manubrium), welche als Schwimmglocken tätig sind. Die 2. Proliferationszone liegt unterhalb der ältesten Schwimmglocke und bildet ausschließlich Cormidien. Jedes Cormidium (Taf. 270:3) setzt sich im typischen Fall aus einem Gastrozooid (mit Mundöffnung = Siphon), einem mundlosen Dactylozooid, einem oder mehreren Cytozooide (exkretorische Polypen welche durch einen apikalen Porus Exkretstoffe abgeben), meist zwei Gonozooiden (Blastostyl mit Gonophoren in Form von Geschlechtsmedusoiden) und einem Deckstück (Phyllozooid), welches die verschiedenartigen Zooidformen des Cormidiums überdeckt, zusammen. Es ist umstritten, ob es sich bei dem an der Basis des Gastrozooiden befindlichen Tentakel um einen Tentakel des Gastrozooiden oder um einen individualisierten Dactylozooiden handelt. Im Gegensatz zu den Calycophorida bleiben die Cormidien zeitlebens fest verbunden und werden nicht als Eudoxien frei, auch werden bei den Physophorida keine freischwimmenden Medusoide ausgebildet.

Gastrozooide (Taf. 271:1) mit Mundöffnung und an der Basis mit zahlreichen Nesselzellenbatterien (Basigaster) versehen. Der an der Basis des Gastrozooiden sitzende, einzige Tentakel (meist als Dactylozooid gedeutet) ist hohl, sehr lang, kontraktil und mit kleinen Seitenzweigen (Tentilla) versehen. Jedes Tentillum mit einer großen Nesselzellenbatterie. Dactylozooide (Taf. 271:2) ohne Mundöffnung, mit terminaler Nesselzellenbatterie und einfachem, nicht verzweigtem Tentakel. Gonozooide (Taf. 271:3) in Form von Blastostylen (Gonodendren), welche mit traubenartig angeordneten Gonophoren versehen sind. Häufig entspringen die Gonodendren von umgestalteten Dactylozooiden (Gonopalponen). Die Phyllozooide (Taf. 271:5) (Brakteen, Deckstücke) werden von einigen Bearbeitern als sekundär umgewandelte Tentakeln, von anderen dagegen als umgewandelte Medusen gedeutet. Neben diesen polypoiden Individuen kommen noch medusoide Individuen in Form von Schwimmglocken (Nectophoren) und Gonophoren vor. Die Schwimmglocken (Taf. 271:4) sind typische Medusoidformen, welchen aber Mund, Manubrium, Tentakeln und Sinnesorgane fehlen. In der Körpergestalt ähneln sie typischen Medusen, aber es kommen auch sekundär stark abgewandelte Formen vor. Sie dienen zur Fortbewegung der Kolonie. Die an Gonozooiden sitzenden Gonophoren

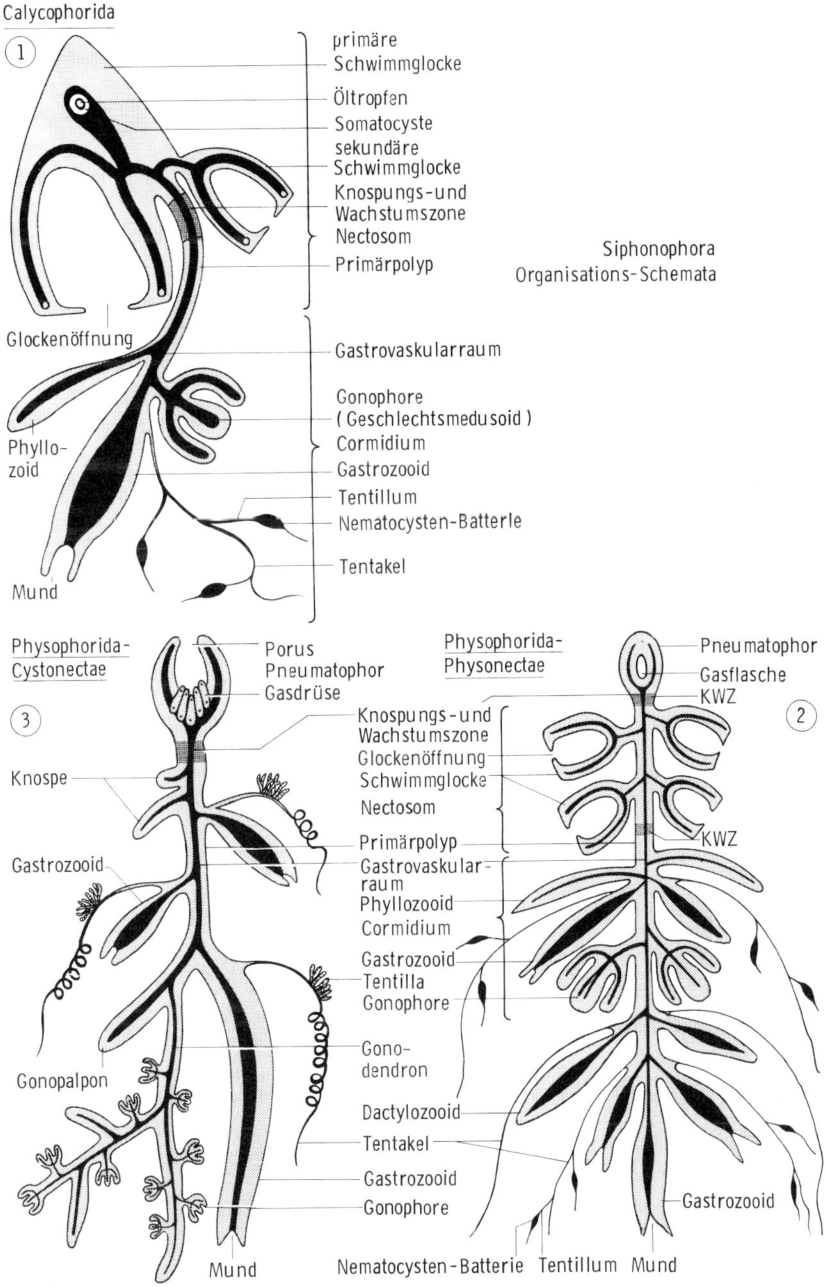

Taf. 270. Cnidaria: Hydrozoa, Siphonophora (Calycophorida, Physophorida). – Abb. 1. Calycophorida, Organisationsschema (nach Boas). Abb. 2. Physophorida: Physonectae, Organisationsschema (nach Boas). Abb. 3. Physophorida: Cystonectae, Organisationsschema (nach Boas). Abkürzungen: KWZ = Knospungs- und Wachstumszone.

(Taf. 271:6–7) können sehr medusenähnlich sein, aber Mund, Tentakeln und Sinnesorgane sind nicht ausgebildet. Die „Gonaden" werden am Manubrium gebildet. Zum Teil mit starken Rückbildungsformen, aber nie so stark wie bei Hydroidea. Häufig sind die weiblichen Gonophoren medusoid, während die männlichen Gonophoren stärker reduziert und mehr stabförmig sind. Weibliche medusoide Gonophoren nur in Ausnahmefällen (z.B. *Physalia*) freischwimmend.

Der Pneumatophor der Physophorida (Taf. 275) besitzt eine äußere Ekto- und eine innere Ento-

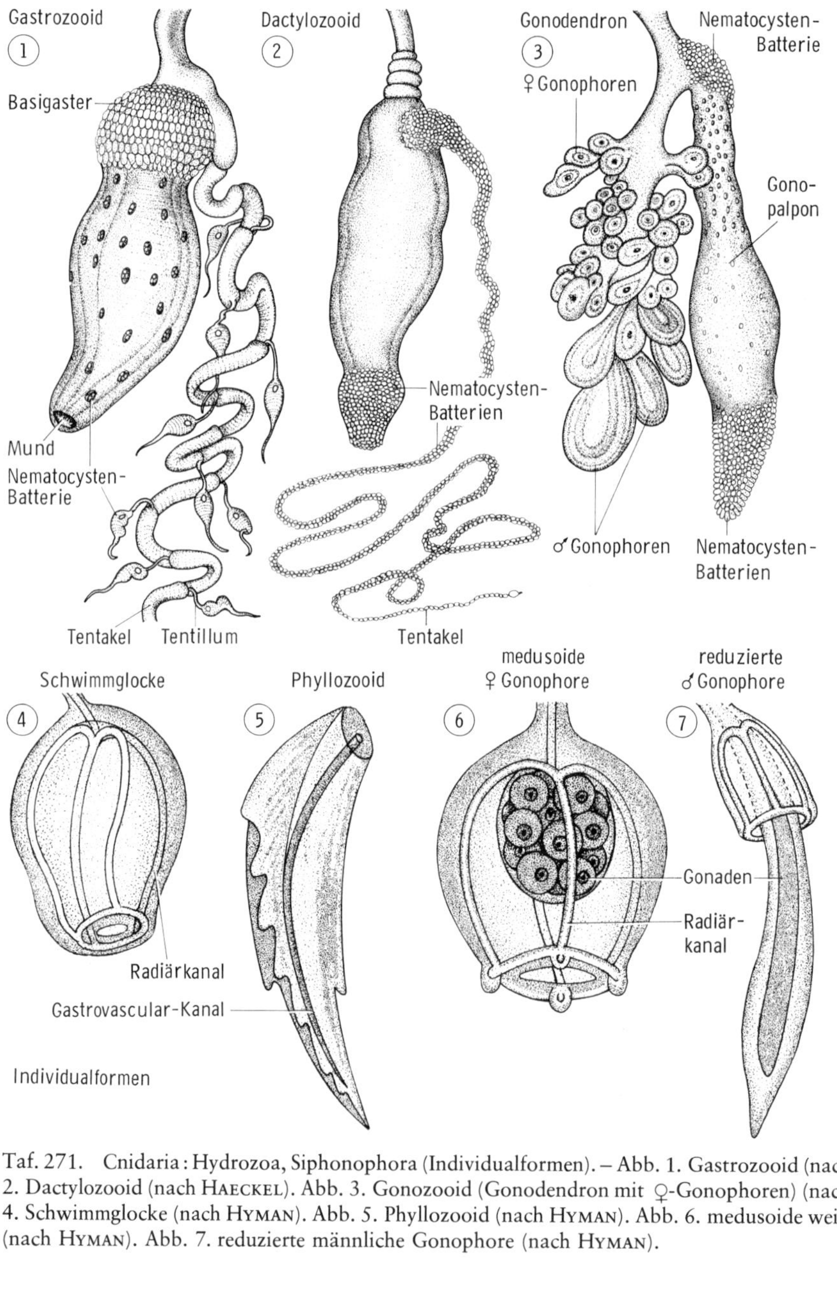

Taf. 271. Cnidaria: Hydrozoa, Siphonophora (Individualformen). – Abb. 1. Gastrozooid (nach Haeckel). Abb. 2. Dactylozooid (nach Haeckel). Abb. 3. Gonozooid (Gonodendron mit ♀-Gonophoren) (nach Haeckel). Abb. 4. Schwimmglocke (nach Hyman). Abb. 5. Phyllozooid (nach Hyman). Abb. 6. medusoide weibliche Gonophore (nach Hyman). Abb. 7. reduzierte männliche Gonophore (nach Hyman).

dermschicht. Beide werden durch eine Fortsetzung des Achsen-Gastralraumes voneinander getrennt. Die äußere Wand wird als Pneumatocodon bezeichnet. Die innere Wand umkleidet einen oberen Pneumatosaccus (Gasbehälter) und einen darunter liegenden Trichter (Gasdrüse). Die Gasbläschen ausscheidenden Zellen befinden sich im Bereich der Gasdrüse, aber auch im basalen Teil des Gasbehälters. Der Gasbehälter besitzt eine Chitinlamelle. Gasbehälter teils mit, teils ohne Porus. Der Pneumatophor dient zur Veränderung des spezifischen Gewichtes der im Wasser schwebenden Kolonie. Durch Auspressen des Gases (ein Gemisch von erzeugtem CO_2 und atmosphärischer Luft) wird das spezifische Gewicht vergrößert, und die Kolonie sinkt schnell in die Tiefe. Auftrieb wird durch die Erzeugung neuer Gasbläschen gewonnen. Der Pneumatophor stellt eine Differenzierung am aboralen Ende des Primärpolypen dar und ist als eine sekundär umgewandelte Meduse zu betrachten. Alle Individuen der Kolonie besitzen ein gemeinsames Gastrovascularsystem.

Cnidom: Von den Astomocniden treten neben den primären Desmonemen auch sekundäre Anacrophoren und Acrophoren auf. Diese beiden Typen kommen nur bei Siphonophora vor. Stomocniden: Atriche Haplonemen, homotriche Anisorhizen (nur bei Siphonophora), mikrobasische Mastigophoren, Stenotelen und Birhopaloiden (nur bei Siphonophora). Siphonophora besitzen eine relativ hohe Zahl eigenständiger Nesselkapseltypen. Der Besitz von primären Desmonemen zeigt, daß die Siphonophora von Hydrozoa, und zwar von Hydroidea abzuleiten sind. Die hohe Zahl der Nesselkapseltypen ist durch den starken Polymorphismus der Zooide bedingt.

Die stammesgeschichtlich älteren Teilgruppen (z.B. Calycophorida) besitzen noch die primären Desmonemen, während bei den stammesgeschichtlich jüngeren Cystonectae die Desmonemen sekundär fehlen.

Geschlechtliche Fortpflanzung durch Geschlechtsmedusoide bzw. weiter abgewandelte Formen, welche an den Gonozooiden gebildet werden. Die Kolonien sind zwittrig und besitzen voneinander getrennte männliche bzw. weibliche Gonophorenbüschel. Die Geschlechtsprodukte werden in das freie Wasser entleert.

Lebensweise: Ausschließlich marine Vertreter, welche meist im Epiplankton bis zu einer Tiefe von 200 Metern leben. Die Schwimmbewegungen erfolgen mit Hilfe der Schwimmglocken. Die Physophorida treiben durch die Tätigkeit ihrer Pneumatophoren in dieser Epiplankton-Zone auf und ab. Ein Schweben ist möglich, da Teile der Kolonie nur ein geringes spezifisches Gewicht (Pneumatophor, Schwimmglocken, Deckstücke) haben. Die Fangfäden der Siphonophoren-Kolonien hängen senkrecht nach unten und durchkämmen die durch Schwimmen oder Treiben zurückgelegte Strecke. Die Beutetiere, von kleinen Copepoden bis zu kleinen Fischen, werden durch die Tätigkeit der Nesselbatterien gelähmt und getötet.

Ordnung Calycophorida
(Taf. 270:1, 272, 273)

Mit langem Stamm (Taf. 272:1) = Primärpolyp. Nectosom aus einer primären und mehreren sekundären Schwimmglocken bestehend. An dem aboralen Ende der Kolonie entweder eine oder zwei Schwimmglocken. Schwimmglocke (Medusoid) mit Velum, Ring- und Radiärkanälen, aber ohne Manubrium. Schwimmglocken des Nectosoms mit einer Somatocyste (Ölbehälter), welche einen Tropfen Öl enthält. Die Somatocyste ist ein umgewandeltes Deckstück (Phyllozooid) des Siphonosoms. Die fertilen Gonophoren des Siphonosoms können sich ebenfalls als Schwimmglocken betätigen. Das Siphonosom kann in die Hauptglocke zurückgezogen werden. Die Cormidien (Taf. 272:1) entspringen in gleichmäßigen Abständen am Hauptstamm. Jedes Cormidium (Taf. 272:2) der Calycophorida besteht aus einem Gastrozooiden, einem Tentakel (umstritten ob Tentakel des Gastrozooiden oder ob ein Dactylozooid), einem Phyllozooid und einer Gonophore. Bei vielen Calycophorida lösen sich diese Cormidien als Eudoxien (Taf. 273:1/2) vom Mutterstamm ab, werden selbständig und der Geschlechtsmedusoid (Gonophore) betätigt sich auch als Schwimmglocke. Artenreiche Ordnung. Aktives Schwimmvermögen durch Schwimmglocken, zum Teil mit pfeilschnellen Schwimmbewegungen.

Cnidom: Mit primären Desmonemen und sekundären Anacrophoren und Acrophoren (Astomocniden). Von Stomocniden sind atriche Haplonemen, homotriche Anisorhizen und mikrobasische Mastigophoren vorhanden. Stenotelen fehlen sekundär bei den Calycophora.

Sphaeronectidae. Primär mit nur einer Schwimmglocke. Mit Eudoxien. *Sphaeronectes* (Glocke 8 mm Durchmesser).

Prayidae. Mit zwei, oder mehreren, abgerundeten Schwimmglocken. *Praya* (Taf. 272): Mit 2 Glokken, Hauptstamm bis zu 50 cm lang und mit 40–50 Cormidien, schwebt mit horizonal liegendem Stamm.

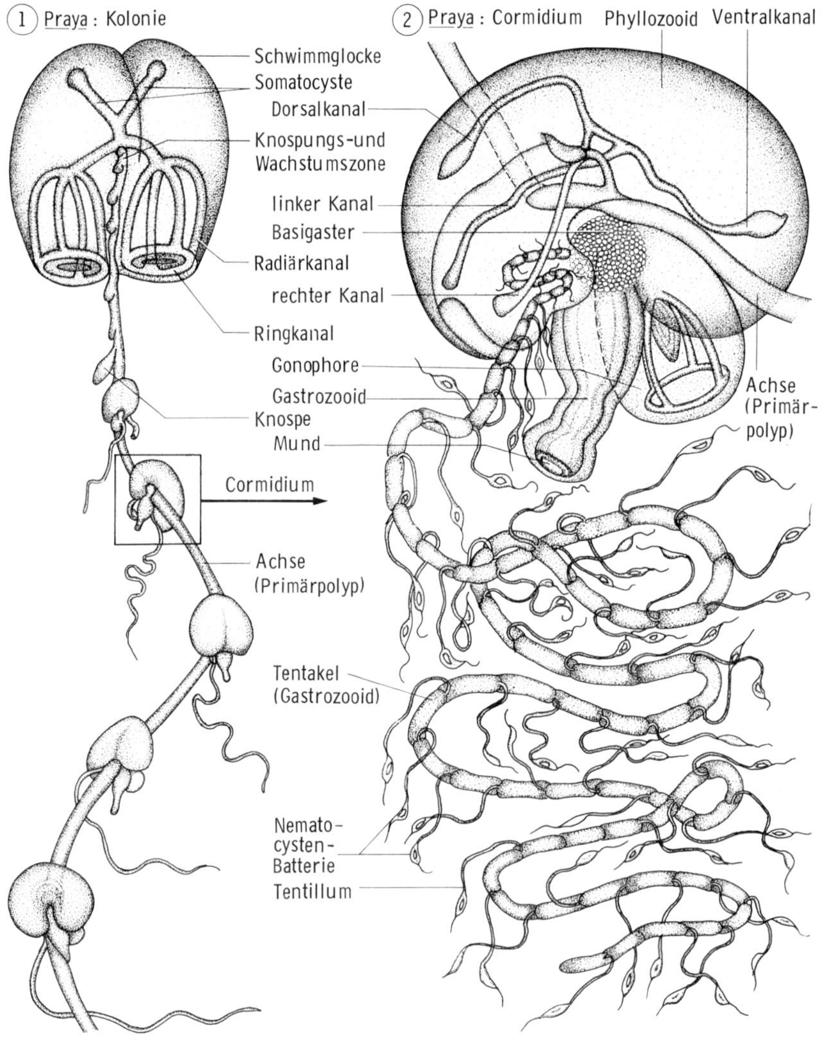

Taf. 272. Cnidaria: Hydrozoa, Siphonophora (Calycophorida). – Abb. 1. *Praya*, Kolonie (nach FEWKES). Abb. 2. *Praya*, einzelnes Cormidium, vergrößert (nach HAECKEL).

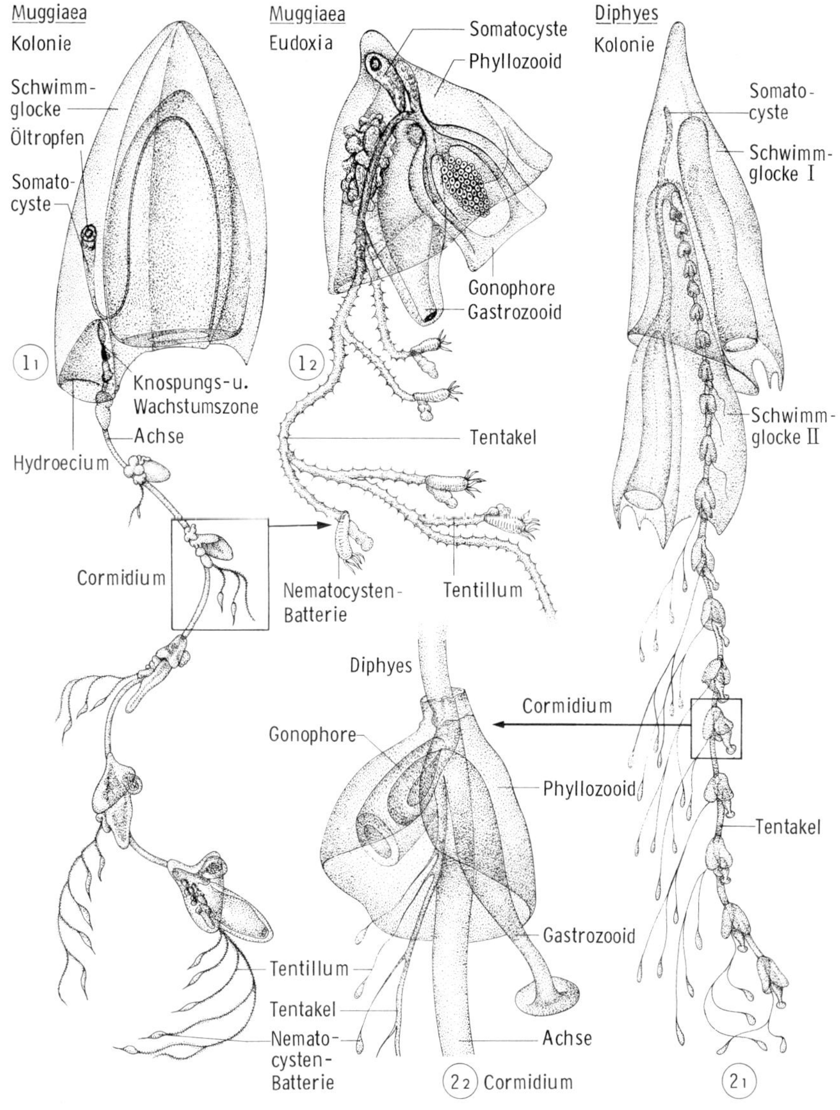

Taf. 273. Cnidaria: Hydrozoa, Siphonophora (Calycophorida). – Abb. 1/1. *Muggiaea*, Kolonie (nach versch. Autoren); 1/2. *Muggiaea*, Eudoxia, vergrößert (nach Hyman). Abb. 2/1. *Diphyes*, Kolonie (nach Gegenbaur); 2/2. *Diphyes*, Cormidium vergrößert (nach Gegenbaur).

Diphyidae. Mit einer oder zwei scharfkantigen Schwimmglocken. Sind zwei vorhanden, dann liegen sie parallel hintereinander. Phyllozooide vorhanden. Oft Ausbildung von Eudoxien. Schnelle Fortbewegung durch schlanke Torpedoform der Schwimmglocken. *Muggiaea* (Taf. 273:1): Mit nur einer Schwimmglocke, Länge etwa 1,2 cm; *Diphyes* (Taf. 273:2): Mit zwei hintereinander liegenden Schwimmglocken.

Ordnung Physophorida
(Taf. 270:2,3 u. 274–276)

Am aboralen Pol der Kolonie befindet sich ein sekundärer Pneumatophor. Pneumatophor primär ohne Porus (Physonectae), sekundär mit Porus (Cystonectae). Zum Teil mit Schwimmglocken (Physonectae). Die Cormidien sind verschiedenartig zusammengesetzt, werden aber nie als Eudoxien frei. Gonophoren zum Teil medusenförmig, zum Teil stark reduziert und sessil bleibend. Cnidom primär noch mit vielen Nesselkapseltypen (Physonectae), sekundär stark reduziert (Cystonectae).

Unterordnung Physonectae
(Taf. 270:2 u. 274)

Pneumatophor ohne Porus. Mit Schwimmglocken. Cormidien meist mit zusätzlichen Deckstücken. Stamm des Primärpolyps von wechselnder Länge. Gonophoren sehr stark reduziert. Aktives Schwimmen mit Hilfe der Schwimmglocken. Cnidom: Mit primären Desmonemen sowie sekundären Anacrophoren und Acrophoren (Astomocniden). Von den Stomocniden treten atriche Haplonemen, homotriche Anisorhizen, mikrobasische Mastigophoren und Stenotelen auf.

Forskaliidae. Mit vielen Schwimmglocken. Cormidien vielgestaltig, häufig mit mehreren Deckstükken. Stamm zum Teil sehr lang. *Agalma* (Taf. 274:3): Stammlänge 17 cm; *Forskalia; Halistemma* (Taf. 274:1): Stamm bis zu einem Meter lang, in der Ruhestellung senkrecht hängend.

Physophoridae. Schwimmglocken zweizeilig angeordnet. Stamm hinter dem Nectosom stark verbreitert. Ohne Deckstücke. *Physophora* (Taf. 274:2): Etwa 6 cm lang, senkrecht im Wasser hängend.

Unterordnung Cystonectae
(Taf. 270:3, 275 u. 276)

Pneumatophor mit apikalem Porus. Ohne Schwimmglocken. Cormidien einfach gestaltet, ohne Deckstücke. Sekundäres passives Schwimmen mit Hilfe des Pneumatophors. Cnidom: Stark reduziert und nur noch aus atrichen Haplonemen und Stenotelen bestehend.

Rhizophysidae. Stamm relativ lang, mit großem Pneumatophor. Senkrecht im Wasser schwebend. *Rhizophysa* (Taf. 275): Länge etwa 6 cm.

Physaliidae. Stärker abgeleitete Gruppe. Siphonosom sekundär waagrecht auf der Wasseroberfläche liegend. Der große Pneumatophor ist mit einem Kamm versehen und ragt allein aus dem Wasser heraus. Zooide senkrecht in das Wasser tauchend. Länge des Stammes bis zu 30 cm. Die Fangfäden erreichen Längen von mehreren Metern. Am Stamm des Primärpolypen 2 Reihen von Cormidien. Jedes Cormidium mit sekundären und tertiären Cormidien. Gonopalpon mit Gelatinezooid und stark verästelten Blastostylen, welche (getrennt voneinander) Hunderte von männlichen Gonophoren beziehungsweise etwa 200 weibliche Gonophoren (Medusoide) tragen. *Physalia* (Taf. 276): Blasenqualle, Portugiesische Galeere.

Fossile Hydrozoa

Die Ediacara-Fauna (Jung-Praekambrium vor etwa 700 Mio. Jahren) enthält zahlreiche Funde von Vertretern der Cnidaria. Etwa $^{2}/_{3}$ der aufgefundenen Arten zählen zu den Cnidaria. Die aufgefundenen Medusen ähneln rezenten Hydro- und Scyphomedusen, die Einreihung bleibt aber in vielen Fällen noch umstritten. Sicher ist aber, daß eindeutige Medusenfunde aus dem Jung-Praekambrium (Ediacara-Fauna) vorliegen. Gleichzeitige Funde von Articulata deuten darauf hin, daß die Cnidaria schon wesentlich früher entstanden sein müssen. Wenn man davon ausgeht, daß nach den bisherigen Funden die eukaryontische Zelle vor etwa 1,4 Mrd. Jahren entstanden ist, dann kann man die Entstehung der

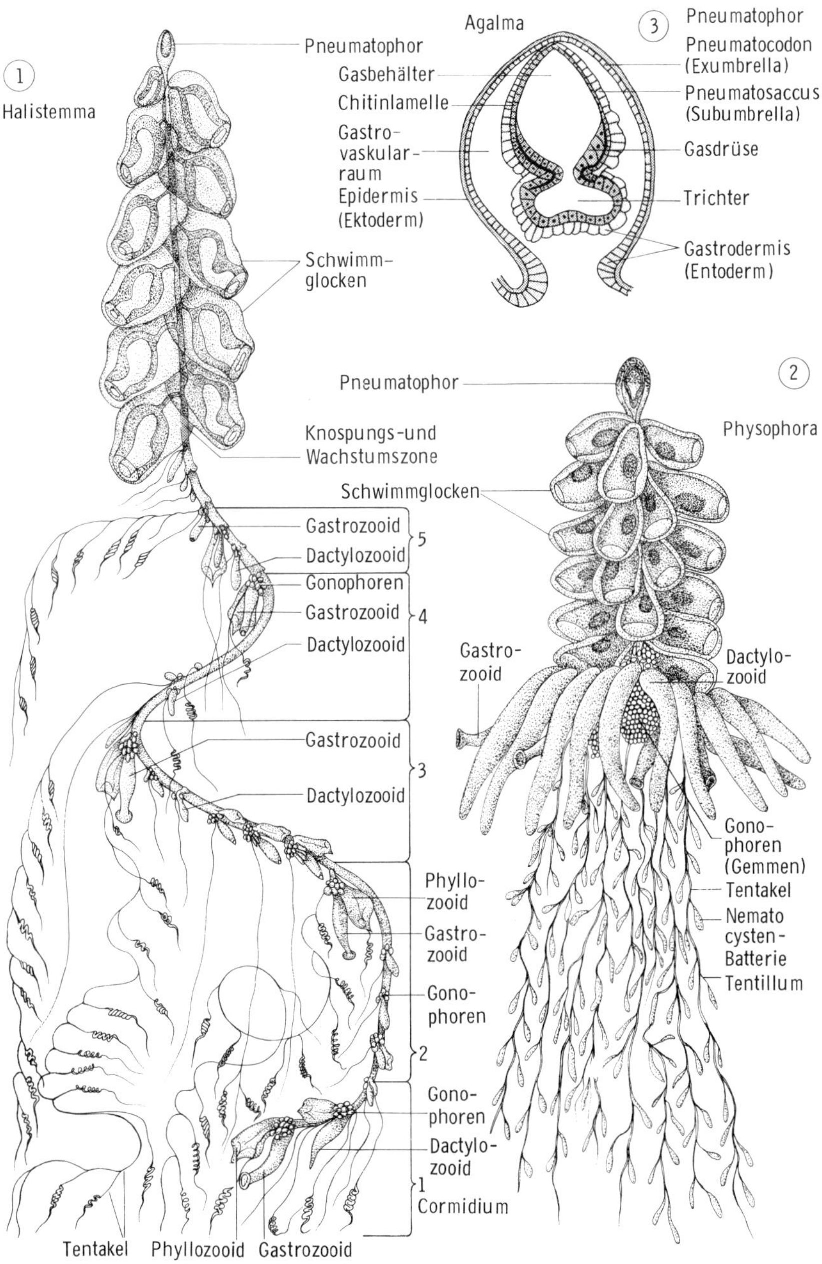

Taf. 274. Cnidaria: Hydrozoa, Siphonophora (Physophorida, Physonectae). –Abb. 1. *Halistemma pictum*, Kolonie (nach METSCHNIKOFF). Abb. 2. *Physophora hydrostatica*, Kolonie (nach GEGENBAUR). Abb. 3. *Agalma*, Pneumatophor (nach WOLTERECK).

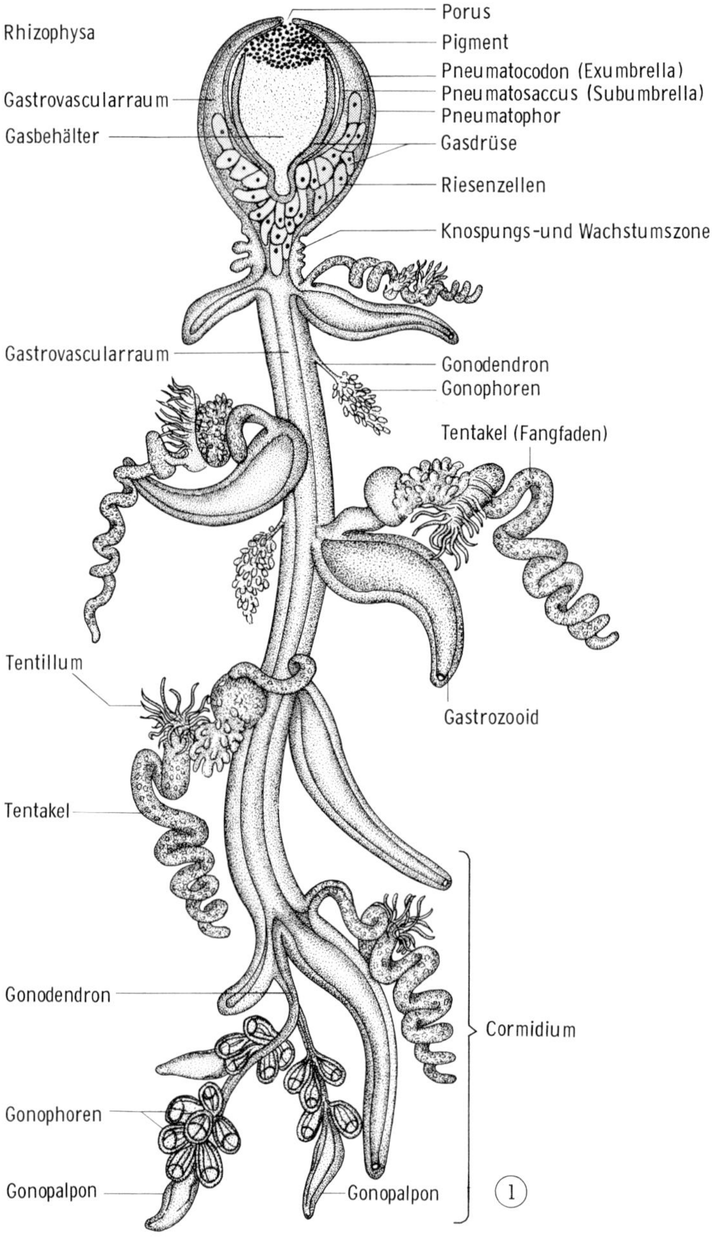

Taf. 275. Cnidaria: Hydrozoa, Siphonophora (Physophorida, Cystonectae). – Abb. 1. *Rhizophysa*, Kolonie (nach HYMAN).

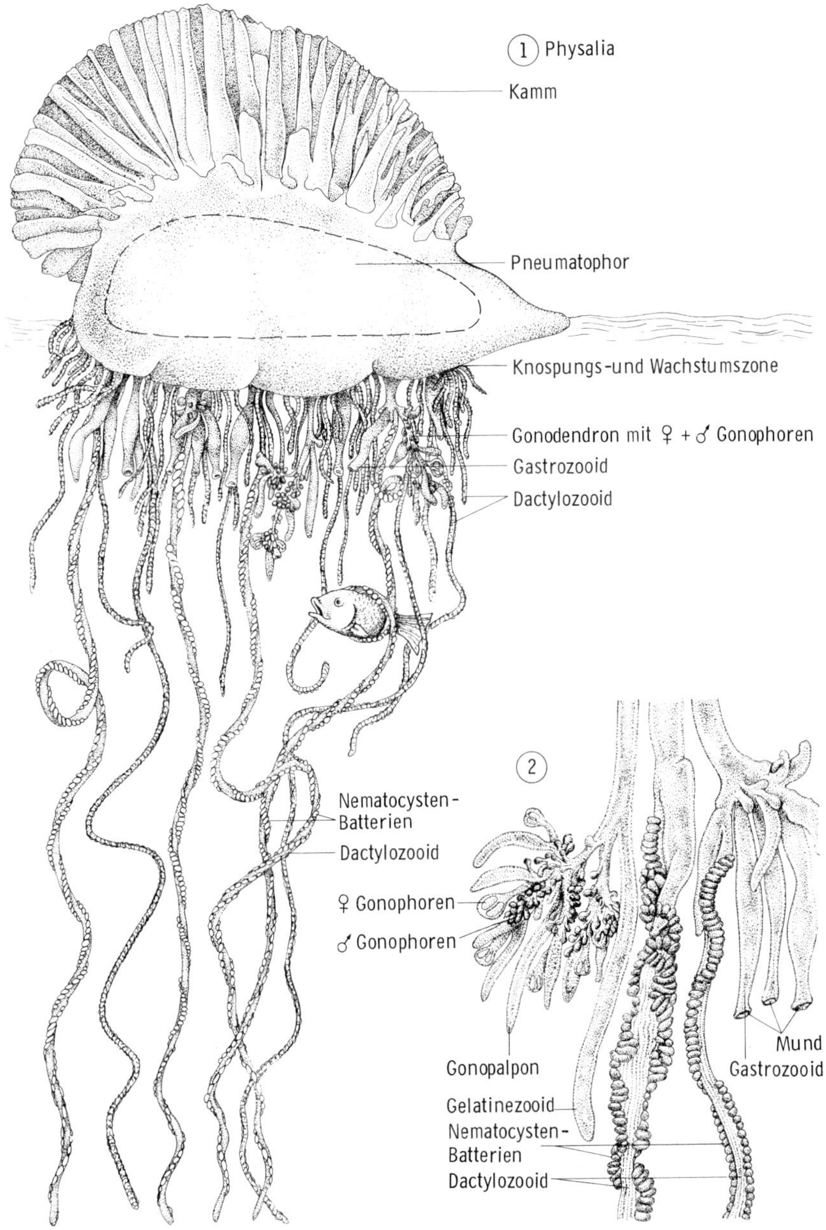

Taf. 276. Cnidaria: Hydrozoa, Siphonophora (Physophorida, Cystonectae). – Abb. 1. *Physalia* (nach versch. Autoren). Abb. 2. *Physalia*, Ausschnitt mit verschiedenartigen Individualformen (nach LANE).

Cnidaria auf einen Zeitraum vor etwa 1 Mrd. Jahren ansetzen. Es ist aber sehr wahrscheinlich, daß man noch weiter zurückdatieren muß.

Es liegen sogar sehr umstrittene Funde aus dem Transvaal Dolomit Südafrikas (Alter etwa 2,2 Mrd. Jahre) vor, welche als Medusen bezeichnet werden. Bei *Gakarusia addisoni* handelt es sich um einen runden, mit Strahlen versehenen Abdruck mit einem Durchmesser von 48 mm. Man nimmt aber heute meist an, daß es sich um einen anorganischen Abdruck handelt.

Von den Ediacara-Medusen werden die Gattungen *Ediacaria, Beltanella* und *Medusinites* (Taf. 20:1–3) für Vertreter der Hydrozoa (Trachymedusen) gehalten. Die Medusen liegen nur als Abdrucke vor, so daß über die Form des Schirmes kaum Aussagen gemacht werden können. Bei *Ediacaria* und *Beltanella* werden konzentrisch angeordnete Streifen als Velum gedeutet. *Beltanella* ähnelt im Aussehen etwas der rezenten Gattung *Rhopalonema*.

Velumbrella czarnockii aus dem Unterkambrium zeigt eine gut erkennbare velumartige Struktur und dürfte daher den Hydrozoa (Hydromedusa allgemein) zuzuordnen sein. Auch hier könnte ein Vertreter der Trachylidea (Trachymedusen) vorliegen. Eindeutige Funde von Trachymedusen liegen aus dem Mesozoikum vor. Aus der Unterkreide stammt die zu den Trachymedusen zählende Gattung *Kirklandia*.

Die Funde von Hydromedusen (Hydroidea) sind sehr spärlich und zum Teil umstritten. *Crucimedusina* aus dem Oberkarbon Nordamerikas wird als eine Anthomeduse (Athecata) und *Protodipleurosoma* aus dem Unterkambrium Südaustraliens als eine Leptomeduse (Thecaphora) gedeutet. Zusammenfassend kann gesagt werden, daß Trachymedusen (Trachylidea) wohl schon im Praekambrium, Medusen von Hydroidea dagegen etwas später (Unterkambrium) auftraten. Diese Daten würden auch dem rezenten System entsprechen.

Aus der Ediacara-Fauna liegen auch Funde von freischwimmenden Hydrozoen-Kolonien (Velelloidea = Chondrophoroidea) vor. *Eoporpita medusa* weist den typischen Bau der Velellidae auf, mit Schwimmscheibe und ringförmig angeordneten Zooiden. Die in der Ediacara-Fauna auftretenden Gattungen *Ovatoscutum* und *Chondroplon* werden ebenfalls den Velelloidea zugerechnet. Auch aus dem Paläozoikum liegenden Funde von Velelloidea vor. Aus dem Unterkambrium stammt *Protolyella*, aus dem Ordovicium *Archaeonectris* (Taf. 255:4) und *Discophyllum*, aus dem Silur *Paropsonema* und aus dem Devon *Plectodiscus* und *Paleonectris*. Davon ähneln *Plectodiscus* und *Paleonectris* mehr der rezenten *Velella*, während *Discophyllum* und *Paropsonema* eher *Porpita* ähneln.

Sessile Hydrozoa-Polypen fehlen in der Ediacara-Fauna. Da aber die sekundär freischwimmend gewordenen Velelloidea schon aus dieser Fauna bekannt sind, darf geschlossen werden, daß auch sessile Hydrozoa schon im Praekambrium vorhanden waren. Die Ediacara-Fauna enthält offensichtlich in Bezug auf Cnidaria vorwiegend freischwimmende, angeschwemmte Vertreter.

Sichere Funde von Hydrozoen-Polypen (Kolonien) liegen aus dem Ordovicium vor. Die Funde aus dem Mittelkambrium („calyptoblastine Hydrozoa") werden heute als Vertreter der Graptolithen gedeutet. Es liegt eine relativ reiche Fauna an Ordovicium-Arten vor, welche deutliche Peridermbildungen aufweisen. Die Vertreter werden meist den Thecaphora zugeordnet und enthalten u. a. die Gattungen *Palaeokylix* und *Palaeotuba*. Aus dem Silur liegt *Cylindrotheca* und aus dem Jura *Mesokylix* vor.

Unter den Hydrozoa kommen auch Vertreter mit Kalkskeletten vor, und man darf annehmen, daß bei ihnen eine gute Fossilisationsfähigkeit vorliegt. Vertreter aus diesen Gruppen (Milleporidae, Stylasteridae) sind erst seit dem Mesozoikum bekannt und daher vielleicht auch erst in dieser Erdperiode entstanden. Vertreter, welche den Milleporidae zugeordnet werden, kennt man seit der Oberkreide (*Millestroma, Promillepora*). Stylasteridae sind seit der Unterkreide bekannt (*Errina, Conopora, Pliobothrus, Astya*).

Von den mit Stylasteridae nahe verwandten Hydractiniidae kennt man fossile Vertreter ab der Unterkreide (*Thalamospongia, Delheidia*).

Phylogenie – rezente Hydrozoa

Hydrozoa sind die stammesgeschichtlich älteste Teilgruppe der Cnidaria mit dem primären, direkten Zyklus: Planula – Actinula – Vormeduse bzw. Meduse. Hydrozoa weisen primär noch keine asexuelle

Fortpflanzung auf. Primär ist bei den Hydrozoa eine tetramere Radiärsymmetrie festzustellen. Das Actinula-Stadium mit erstmaliger Tentakelausbildung zeigt diese tetramere Symmetrie. Die Meduse (bzw. Vormeduse) ist das primäre, sexuelle Adultstadium der Hydrozoa und damit auch der Cnidaria. Nur bei den stammesgeschichtlich ältesten Teilgruppen der Hydrozoa (Actinulidea und Trachylidea) treffen wir noch den Primärzyklus: Planula-Actinula-Meduse (Vormeduse) an. Die Actinulidea stellen die stammesgeschichtlich älteste Teilgruppe der Hydrozoa dar. Die Planula-Larve der Cnidaria ist als ein Protocnidaria-Stadium zu betrachten und entspricht dem Planuloid-Stadium der Porifera-Planuloid-Hypothese. Die Actinula-Larve dagegen entspricht bereits der Grundgestalt der Cnidaria mit tetramerer Tentakelbildung. Die Actinula-Larve wandelt sich bei den Actinulidea in ein Vormedusenstadium (Halhydrula) um, das volle Medusenstadium wird bei ihnen noch nicht erreicht. Actinulidea weisen eine primär freilebende, schwimmend-gleitende Lebensweise auf, sind primär solitär, behalten die Bipolarität der Actinula-Larve bei und zeigen die primäre direkte Entwicklung. Sie sind von einem pelagisch, oberhalb des Meeresbodens (primäre marine Vertreter) lebendem Planuloid-Stadium abzuleiten. Sie haben weder eine rein planktonische noch eine sessile Lebensweise jemals besessen. Unter dem Selektionsdruck der in der Evolution nachfolgenden Hydrozoa-Gruppen haben sie sich schon sehr frühzeitig in das marine Sandlückensystem (Rückzugsgebiet) zurückgezogen. Das marine Sandlückensystem (bzw. Meeressandbereiche) ist bekannt dafür, daß es zahlreiche Reliktgruppen beherbergt (z. B. Karyorelictida bei Ciliophora, Cephalocarida bei Crustaceen und Branchiostoma bei Chordata).

Als Primitivmerkmal zeigen die Actinulidea noch eine volle äußere Bewimperung (Begeißelung) des Körpers und können daher nicht als ein Ergebnis einer regressiven Entwicklung (reduzierte Narcomedusa nach REMANE) gedeutet werden. Die Ektodermzellen weisen (z. B. bei *Otohydra*) nur eine Geißel (Wimper) auf. Diese Eingeißligkeit stellt ein primitives Merkmal stammesgeschichtlich sehr alter Animalia dar und ist auch bei den Porifera (Choanocyte) anzutreffen. Gleichzeitig weist diese Eingeißligkeit auf die Ableitung der Animalia aus dem eingeißligen Craspedophyceen-Bereich hin.

Die freilebende Actinula-Larve der Actinulidea zeigt dementsprechend ebenfalls eine volle Begeißelung (Bewimperung) mit eingeißligen äußeren Zellen. Bei der Tentakelbildung zeigt sich die primäre tetramere Radiärsymmetrie der Actinulidea und damit auch der Cnidaria, da zuerst 4 Tentakeln angelegt werden. Die junge Actinula der Actinulidea entwickelt zunächst 4 Tentakeln, dann kommen weitere 4 und nochmals 4 hinzu, je nachdem, ob das Adultstadium 12 oder 16 Tentakeln aufweist. Der Gastralraum bleibt ungegliedert, so daß wir bei den Actinulidea (und damit bei den Cnidaria allgemein) eine tetramere Radiärsymmetrie, gekoppelt mit einem ungegliederten Gastralraum feststellen können.

Als Apomorphien weisen die Actinulidea Statocysten und ein aborales Haftorgan auf. Beide Merkmale stellen Anpassungen an die Lebensweise im Sandlückensystem dar. Statocysten trifft man häufig auch bei anderen Organismen dieses ökologischen Systems an. Der Besitz von Statocysten und eines Nervenringes (bei *Halammohydra*) zeigt eindeutig, daß es sich um eine echte Medusen-Vorstufe handelt. Der Besitz von Nesselzellen mit Nesselkapseln stellt ein Primitivmerkmal der Actinulidea (und damit der Cnidaria) dar. Cnidaria sind durch ihre spezifischen Nesselzellen mit Nesselkapseln gekennzeichnet. Nur bei den von Narcomedusa (Hydrozoa) abzuleitenden Ctenophora sind in einem Einzelfall (*Euchlora*) noch Nesselzellen vorhanden. Die Ctenophora entwickeln als Ersatz (Autapomorphie) Colloblasten. Actinulidea weisen ein sehr primitives, nur aus wenigen Typen bestehendes Cnidom auf. Sie besitzen nur 3 Nesselkapsel-Typen. Wir treffen bei den Actinulidea sowohl den primären Typ der Astomocniden (Desmonemen) als auch den primären Typ der Stomocniden (isorhize atriche Haplonemen). Als weiterer sekundärer Typ kommen noch Stenotelen vor. Cnidaria sind primär getrenntgeschlechtlich. Diese primäre Getrenntgeschlechtlichkeit wird von einem Teil der Actinulidea, den stammesgeschichtlich älteren Halammohydridae beibehalten, während die stammesgeschichtlich etwas jüngeren Otohydridae sekundär zwittrig sind. Die Befruchtung findet bei den Actinulidea noch primär außerhalb des Körpers statt.

Actinulidea leben benthonisch gleitend-schwimmend im marinen Sandlückensystem. Als nächsten Schritt treffen wir in der Evolution der Hydrozoa den Übergang zu einer planktonischen Lebensweise und damit verknüpft ist die Ausbildung des Medusenstadiums. Aus der Vormeduse (Halhydrula) der Actinulidea entwickelt sich die nun freischwimmende Meduse der Trachylidea. Die Trachylidea behalten den direkten Zyklus: Planula – Actinula – Meduse bei, und es fehlt zunächst noch die asexuelle Fortpflanzung (Trachymedusa). Die primäre Getrenntgeschlechtlichkeit wird von den Trachylidea beibehalten. Die ebenfalls zu den Trachylidea zählenden Narcomedusa weisen wie die Trachymedusa die direkte Entwicklung auf, aber wir können bei ihnen als einen wichtigen Evolutionsschritt die Knospungsfähigkeit des Actinula-Stadiums beobachten. Hier zeigt sich der erste Schritt zu einer asexuellen Fortpflanzung in einem Larvenstadium (Actinula), die später zum typischen Metagenese-Zyklus der Cnidaria (Polyp-Meduse) führt. Es werden (z. B. bei *Pegantha, Cunina*) laterale Medusenknospen ausgebildet, diese laterale Knospung entspricht der späteren, für Hydroidpolypen charakteristischen lateralen Medusenknospung. Die Weiterentwicklung der Knospen zu Medusen läuft bei den Narcomedusa über ein Actinula-Stadium. Die Medusenknospung könnte bei den erwähnten rezenten Gattungen eine Adaption an eine sekundär parasitische Lebensweise sein. Phylogenetisch sehr wichtig ist aber der Vorgang, daß das Actinula-Stadium als asexuelles Stadium Medusenknospen ausbilden kann. Das Sessilwerden dieses Actinula-Stadiums, verbunden mit der ungeschlechtlichen Erzeugung von Medusen führt zur Ausbildung der sekundären Polypengeneration (= primär larvales Stadium), und der Wechsel mit den sich geschlechtlich fortpflanzenden Medusen (= primär adultes Stadium) führt zu dem charakteristischen, sekundären Metagenese-Ablauf stammesgeschichtlich jüngerer Hydrozoa-Gruppen (erstmaliges Auftreten bei Limnomedusa).

Das primäre Polypenstadium der Cnidaria ist asexuell, bleibt auf dem Larvenstadium stehen und ist als eine sessil gewordene Actinula-Larve zu betrachten. Sekundär sich sexuell fortpflanzende Polypenformen (z. B. Hydridae, Süßwasserpolypen) sind eindeutig abgeleitete Formen mit sekundärem Medusenausfall. Die abgewandelte Lebensweise (sekundäre Süßwasserbewohner) führt offensichtlich hier zum Medusenverlust. Durch das Festsetzen der Actinula können sowohl primäre Einzelpolypen als auch sekundäre Polypenkolonien erzeugt werden. Die Nichtablösung von Knospen führt zur Kolonienbildung.

Trachylidea weisen ein Cnidom mit einer sehr geringen Nesselkapseltypen-Zahl auf. Trachymedusa besitzen nur mikrobasische Eurytelen und Narcomedusa weisen nur den Primärtyp der Stomocniden, nämlich isorhize atriche Haplonemen auf. Dieser Primärtyp der Stomocniden ist bereits bei den Actinulidea, der stammesgeschichtlich ältesten Gruppe der Hydrozoa vorhanden. Ein wichtiger Hinweis für die enge Verwandtschaft von Actinulidea und Trachylidea. Gleichzeitig ein eindeutiger Hinweis für die Ableitung der Ctenophora aus dem Narcomedusa-Bereich, da die einzige, noch Nesselzellen aufweisende Ctenophore, nämlich *Euchlora rubra*, ebenfalls nur isorhize atriche Haplonemen besitzt.

Trachymedusa und Narcomedusa weisen unterschiedliche Medusen auf, so daß eine Aufstellung eigener Unterklassen gerechtfertigt werden könnte. Die Trachymedusen besitzen Radiärkanäle mit einem sie verbindenden Ringkanal. Sie leiten zu den Medusen der Limnomedusa und Hydroidea über. Die Narcomedusen ähneln dagegen mehr den Cubo- und Scyphomedusen. Der Schirmrand ist bei den Narcomedusa gelappt, der Zentralmagen bildet Magentaschen aus, es fehlen Radiärkanäle und der sie verbindende Ringkanal. Die „Gonaden" liegen bei den Narcomedusa zwar noch primär im Ektoderm, aber sie sind schon stark in Richtung sekundäre entodermale Lage (Wand des Zentralmagens und der Magentaschen) verschoben. Cubomedusen und Scyphomedusen zeigen bereits eine sekundäre entodermale Lage der „Gonaden".

Für den Verbleib der Trachymedusa und Narcomedusa in einer gemeinsamen Kategorie (Trachylidea) spricht der gemeinsame Besitz des direkten Zyklus: Planula – Actinula – Meduse sowie das Vorhandensein gleichgebauter Statocysten.

Phylogenetisch schließen sich die Limnomedusa an die Trachylidea an. Der identische Bau der Statocysten zeigt ihre Ableitung aus dem Trachylidea-Bereich. Die Medusen der Limnomedusa weisen Radiärkanäle auf und entsprechen daher mehr den Medusen der Trachymedusa. Limnomedusa nehmen eine basale Position in der Phylogenie der nachfolgenden Teilgruppen der Cnidaria ein, da bei ihnen erstmals eine sessile (larvale) Polypenphase ausgebildet wird, die durch das Festsetzen der Actinula (Larvenstadium) entsteht, damit verknüpft erstmalige Ausbildung des Generationswechsels Polyp – Meduse. Die Knospungsvorgänge an den Polypen entsprechen denjenigen der Narcomedusa und zeigen die Verwandtschaft mit den Narcomedusa, bzw. den Trachylidea an. Limnomedusa produzieren

Planula-ähnliche Knospen, wie wir es auch von den Trachylidea her kennen. Die erstmalig bei den Limnomedusa auftretenden Polypen sind primär solitär und noch sehr klein (Längen 0,5–2,0 mm). Polypen (z. B. *Craspedacusta*) mit der primären lateralen Medusenknospung, wie sie von den Hydroidea beibehalten wird. Die Polypen sind primär in klebrige Peridermhüllen eingeschlossen, es wird zunächst noch kein festes Periderm ausgebildet. Die Mehrzahl der Limnomedusa weist solitäre Polypen auf, aber es ist bereits eine Tendenz zur Ausbildung kleiner Primitivkolonien zu beobachten. Das Nichtablösen der Knospen führt naturgemäß relativ leicht zur Kolonienbildung. Das Cnidom der Limnomedusa weist gegenüber den Trachylidea einen vermehrten Bestand an Nesselkapsel-Typen auf. Das zusätzliche Polypenstadium mit gegenüber der Meduse veränderter Lebensweise erklärt den erhöhten Bestand. Die Limnomedusa haben, im Gegensatz zu den Trachylidea, die Desmonemen als primäre Astomocniden beibehalten. An Stomocniden weisen sie, wie auch die Trachylidea, nur Haplonemen und Eurytelen auf. Gegenüber den Trachylidea besitzen sie zusätzliche basitriche Haplonemen und makrobasische Eurytelen. Der Grundtyp der Stomocniden, nämlich isorhize atriche Haplonemen, kommt bei allen stammesgeschichtlich alten Gruppen der Hydrozoa (Actinulidea, Trachylidea, Limnomedusa) vor.

Die Hydroidea sind aus dem Limnomedusa-Bereich abzuleiten, die Athecata stellen die stammesgeschichtlich älteste Gruppe der Hydroidea dar. Die Hydroidea haben von den Limnomedusa den für Cnidaria typischen Generationswechsel zwischen Polyp und Meduse übernommen. Die Evolution der Hydroidea ist gekennzeichnet durch ein Überhandnehmen des nun zusätzlich vorhandenen Polypenstadiums (große ökologische Valenz durch Besiedlung des Meeresbodens, Erschließung eines für Cnidaria neuen Lebensraumes), verbunden mit gleichzeitigem Abbau des Medusenstadiums. Die Medusen lösen sich nun häufig sekundär nicht mehr ab und werden in am Polyp verbleibende Medusoide und in noch stärker abgewandelte Medusoidformen umgewandelt. Bei sekundären Süßwasservertretern ist das Medusenstadium völlig reduziert, der Polyp wird zum sekundären Adultstadium und pflanzt sich sekundär geschlechtlich fort. Der deutliche Trend zur sekundären sessilen Lebensweise innerhalb der Cnidaria ist unverkennbar.

Die Athecata stellen die stammesgeschichtlich älteste Gruppe dar. Innerhalb der Athecata sind die Capitata die stammesgeschichtlich ältesten Vertreter, innerhalb der Capitata stellen die Moerisiidae die stammesgeschichtlich älteste Gruppe dar. Das Polypenstadium ist bei den Moerisiidae primär noch solitär, aber es ist in einigen Fällen bereits eine Ausbildung kleiner Primitivkolonien festzustellen. Der Solitärpolyp ist primär mit einer basalen, scheibenförmigen Platte am Untergrund festgeheftet. Moerisiidae-Polypen weisen primär einen Kranz mehr oder weniger zerstreuter Tentakeln auf. Dieser Kranz ist als der primäre aborale Tentakelkranz zu bezeichnen, erst sekundär wird ein weiterer oraler Tentakelkranz ausgebildet. Die Tentakeln des aboralen Kranzes weisen primär eine perlschnurartige (moniliforme) Anordnung der Nesselzellen-Batterien auf. Die Polypen-Primitivkolonien der Moerisiidae weisen bereits eine primitive Stolonenbildung auf, da die Folgepolypen durch eine dünne Röhre mit dem Primärpolypen verbunden sind. Der primäre aborale Tentakelkranz der Hydrozoa-Polypen entspricht dem marginalen Tentakelkranz der Hydromedusen und auch dem Tentakelkranz der Scyphozoa-Polypen und Anthozoa-Polypen. Der aborale Tentakelkranz gehört zum Grundplan der Hydrozoen-Polypen. Das Auftreten eines 2. oralen Tentakelkranzes ist sekundär, ebenso eine unregelmäßige Verteilung der Tentakeln. Die Medusen der Moerisiidae sind durch eine quadratische Form des Zentralmagens gekennzeichnet. Diese Form kommt bei den übrigen Capitata nicht mehr vor, wird aber von Vertretern der Filifera zum Teil noch beibehalten. Dies spricht für eine Ableitung der Filifera aus dem primitiven Moerisiidae-Bereich.

Die Polypen der Moerisiidae (stammesgeschichtlich älteste Gruppe der Athecata) besitzen entweder einen einzigen Kranz moniliformer Tentakeln oder die moniliformen Tentakeln sind über den oberen Teil des Mittelbereiches des Hydranthen verstreut. Dieser Tentakelkranz entspricht dem aboralen Tentakelkranz der anderen, stammesgeschichtlich jüngeren Capitata. Die Festheftung der primär solitären Polypen erfolgt durch eine mit Periderm bedeckte scheibenförmige Basalplatte. Charakteristisch für die Moerisiidae (und für alle Capitata) ist der Besitz capitater Tentakeln im Polypenstadium. Die Tubulariina sind von Moerisiina abzuleiten. Sie haben zu dem primären aboralen Tentakelkranz des Polypenstadiums einen weiteren sekundären Kranz oraler Tentakeln ausgebildet. Die Ableitung der

Tubulariina kann aus dem Moerisiidae-Bereich erfolgen und zwar von Vertretern die noch solitär waren, aber eine Praeadaption für eine Ausbildung von Kolonien (zunächst Primitivkolonien) aufwiesen. Innerhalb der Tubulariina weisen die Tricyclusoidea, Acauloidea und die stammesgeschichtlich ältesten Vertreter der Tubularioidea noch die primären Solitärpolypen auf. Bei diesen Gruppen bleibt der primäre aborale Tentakelkranz bei den primitiven Vertretern erhalten, wird aber bei abgeleiteten Vertretern reduziert. Der neu erworbene orale Tentakelkranz wird als Einzelkranz beibehalten, oder er wird sekundär in mehrere, dicht beieinander liegende Kränze umgewandelt. Das Cnidom der Tubulariina enthält stets Desmonemen und Stenotelen. Innerhalb der Tubularioidea ist der Übergang von der Solitärphase zur Kolonienbildung (Polypenkolonien) festzustellen. Vertreter der Euphysidae, Corymorphidae und auch noch einige Tubulariidae besitzen noch Solitärpolypen. Innerhalb der Tubulariidae kommt es dann zur Ausbildung von Kolonien, welche durch Stolonen auf der Unterlage haften. Während die Jugendstadien (Actinula-Larven) der Tubulariidae noch geknöpfte, capitate Tentakeln aufweisen, zeigen die adulten Polypen sekundär fadenförmige, filiforme Tentakeln (Biogenetische Grundregel, larvale Stadien behalten die primäre Ausbildung bei). Die Margelopsidae sind durch Hydrocaulus-Verlust aus dem Tubulariidae-Bereich abzuleiten. Sie weisen sekundär freilebende, schwimmende Polypen mit filiformen Tentakeln auf. Ein sekundärer Polypen-Polymorphismus ist innerhalb der Tubularioidea bei den Paracorynidae zu beobachten.

Die Corynoidea sind aus dem primitiven Tubularioidea-Bereich abzuleiten. Im Gegensatz zu den Tubularioidea kommen im Cnidom der Medusen Desmonemen und Stenotelen, aber im Cnidom der Polypen nur Stenotelen vor. Der aborale Tentakelkranz der Polypen setzt sich aus sekundär filiformen Tentakeln zusammen, während der orale Tentakelkranz die primären capitaten Tentakeln beibehält. Das spricht für eine frühe Ableitung, da die Tubulariidae bereits nur noch filiforme Tentakeln im Adultstadium besitzen. Innerhalb der Corynoidea kommt es zu sehr unterschiedlich strukturierten Polypen und Medusen, zum Teil ist auch eine ausgeprägte Kolonienbildung zu beobachten. Sekundär stark abgewandelte Medusen treffen wir bei den Cladonemidae und Eleutheriidae an. Die Medusen sind sekundäre Bodenbewohner. Dabei werden die Schirmtentakeln (sekundär zum Teil mit Verzweigung) zum Kriechen auf dem Boden benutzt. Die Polypen dagegen bleiben weitgehend unverändert.

Die Zancleina sind aus dem frühen Moerisiina-Bereich abzuleiten. Sie besitzen aber bereits, im Gegensatz zu den Moerisiina, im Polypenstadium zwei Tentakelkränze. Der aborale Kranz weist filiforme und der orale Kranz capitate Tentakeln auf. Die Medusen der Zancleoidea weisen charakteristische ovale Nesselzellenpolster auf der Exumbrella auf. Im Cnidom der Zancleoidea sind makrobasische Eurytelen und Stenotelen anzutreffen. Die stammesgeschichtlich ältesten Vertreter, Cladocorynidae und Zancleidae weisen normale stoloniale Kolonien auf, während es bei den Teissieridae und vor allem bei den Milleporidae zu sekundären Skelettbildungen kommt. Milleporidae können mächtige Kalkskelette ausbilden. Die Skelettbildung ist hier offenbar mit einem Polypen-Dimorphismus (unterschiedliche Funktionen) gekoppelt. Die nahe Verwandtschaft der Teissieridae und Milleporidae zeigt sich im gemeinsamen Besitz von makrobasischen Mastigophoren.

Die Medusenreduktion innerhalb der Athecata ist gut am Beispiel der Medusen der Millevoridae zu erkennen. Neben den normal ausgebildeten Medusen der Athecata treten z.B. bei den Pennariidae (Corynoidea) bereits Medusen mit stark verkürzten, rudimentären Tentakeln auf. Bei den Milleporidae (Zancleoidea) liegt ein stark reduziertes Medusenstadium vor, welches weder Tentakeln noch ein Velum aufweist und nur noch eine sehr kurze Zeit frei schwimmt. Gleichzeitig ist innerhalb der Athecata eine immer stärker werdende Ausbildung der Polypenphase zu beobachten, welche zu ausgeprägter Kolonienbildung und zur Bildung verschiedenartig differenzierter Polypen (Arbeitsteilung in der Kolonie) innerhalb der Kolonien führt.

Die Velelloidea sind aus dem Zancleidae-Bereich (Zancleoidea) abzuleiten. Das Cnidom der Medusen entspricht demjenigen der Medusen der Zancleoidea. Die Medusen von *Velella* ähneln stark den Medusen von *Zanclea* und weisen wie diese ebenfalls makrobasische Eurytelen auf. Velellidae sind sekundär freischwimmende Polypenkolonien mit einem ausgeprägten Polypen-Polymorphismus.

Die Filifera sind aus dem primitiven Moerisiina-Bereich abzuleiten. Es besteht eine allgemeine Tendenz, die capitaten Tentakeln durch filiforme Tentakeln zu ersetzen. Diese Tendenz ist innerhalb der Capitata bei den Tubulariina; und auch bei den Filifera erkennbar. Bei den Filifera sind nur noch filiforme Tentakeln (auch bei den Jugendstadien) vorhanden. Filifera sind durch eine starke Reduktion der Medusenphase gekennzeichnet. Primär sind noch freischwimmende Medusen vorhanden, sekundär aber meist Medusoide in Form sessiler Gonophoren (abortive Medusenformen) bis zu extremen Reduktionsformen wie Styloiden. Es kommt zu einer immer stärker werdenden Betonung der Polypenphase, gekennzeichnet durch umfangreiche Kolonienbildungen mit stark ausgeprägtem Polypen-Polymorphismus. Wie bei den Capitata (Milleporidae) entstehen auch bei den Filifera (Konvergenz) Polypenkolonien mit Kalkskeletten (Stylasteridae). Der im Wasser gelöste Kalk bietet sich zur Verwendung an, so daß unabhängig voneinander sowohl bei Porifera als auch bei Hydrozoa (Capitata und Filifera) und in besonderem Maße bei den Anthozoa Kalkskelette gebildet werden.

Die stammesgeschichtlich ältesten Vertreter der Filifera, nämlich die Clavina weisen im Polypenstadium noch die verstreute Tentakelanordnung auf, wie wir sie auch bei einigen Vertretern der Moerisiidae antreffen. Die Polypenkolonien sind zunächst stolonial und zum Teil auch sympodial. Das Cnidom der Clavina enthält (bei Polypen und Medusen) Desmonemen und mikrobasische Eurytelen. Von stolonialen Clavina gehen zwei Evolutionslinien aus. Die eine Linie führt zu den Pandeina, die andere Linie zu den Eudendriina. Bei beiden Evolutionslinien ist die Tendenz erkennbar, die verstreut liegenden Tentakeln in einem einzigen Kranz unterhalb der Mundöffnung zusammenzufassen. Es ist eine Zusammenfassung aboraler Tentakeln, orale Tentakeln werden bei den Filifera nicht ausgebildet. Die Pandeina stellen die umfangreichste Gruppe der Filifera dar. Die Polypen behalten die normale etwas keulenförmige Gestalt bei. Die Tentakeln sind in einem einzigen Kranz um das Hypostom angeordnet. Die Medusen weisen einen quadratischen Zentralmagen mit perradial angeordneten Radiärkanälen auf, wie wir ihn in ähnlicher Form bei den Medusen der Moerisiidae antreffen. Das Cnidom der Pandeina enthält, wie auch dasjenige der Clavina, Desmonemen und mikrobasische Eurytelen. Innerhalb der Hydractinioidea kommt es zu umfangreichen Kolonienbildungen, teilweise mit einem Kalkskelett (Stylasteridae), sowie zu einem ausgeprägten Polypen-Polymorphismus. Die Stylasteridae zeigen extreme Medusenreduktion (männliche Cryptomedusoide und weibliche Styloide). Die andere Evolutionslinie führt zu den Eudendriina. Der primär keulenförmige Polyp wird bei den Eudendriina urnenförmig umgewandelt. Freie Medusen kommen bei den Eudendriina sekundär nicht mehr vor. Die männlichen und weiblichen Gonophoren (Sporosacs) befinden sich an normal entwickelten Polypen oder an verkleinerten Polypen (Gonozooide) mit reduzierter Tentakelzahl. Eudendriina weisen racemos verzweigte Kolonien auf. Das Cnidom der Eudendriina enthält immer mikrobasische Eurytelen, gelegentlich auch makrobasische Eurytelen und atriche isorhize Haplonemen, aber keine Desmonemen mehr.

Bei den Hydrida handelt es sich um sekundär stark vereinfachte Vertreter, welche offensichtlich Endglieder einer Regressionsreihe darstellen. Sekundär ist nur noch das Polypenstadium (nur Solitärpolypen) vorhanden. Der Besitz filiformer Tentakeln und Stenotelen weist auf eine Ableitung aus dem Athecata-Bereich hin. Stenotelen kommen bei Limnomedusa nicht vor. Bei den Athecata ist es vor allem der Clavidae-Bereich innerhalb der Filifera, welcher für eine Ableitung in Frage kommt, da hier eine Tendenz zur Besiedlung des Süßwassers über das Brackwasser (z.B. *Cordylophora*) besteht. Es kann aber auch nicht völlig ausgeschlossen werden, daß die Hydrida dem Limnomedusa-Bereich entstammen, da auch hier sekundäre Süßwasserarten vorhanden sind.

Innerhalb der Hydrida sind die Protohydridae sekundäre Brackwasserbewohner, während die Hydridae sekundär im Süßwasser leben. Hydrida sind durch den Besitz von holotrichen Haplonemen gekennzeichnet. Das ausschließlich solitär auftretende Polypenstadium übernimmt sekundär auch die geschlechtliche Fortpflanzung. Die ungünstigen Lebensbedingungen im Süßwasser (typischer Grenzbereich, wie auch bei Porifera) führen bei den Hydrida zu unterschiedlichen Formen der ungeschlechtlichen Fortpflanzung (Knospung, Längs- und Querteilung).

Die Thecaphora stellen eine Weiterentwicklung der Athecata dar. Im Gegensatz zu den Athecata wird bei ihnen sekundär der gesamte Polypenkörper von einer Peridermhülle umfaßt. Die filiformen Tentakeln sind stets in einem einzigen Kranz angeordnet. Der Besitz von filiformen Tentakeln spricht für eine Ableitung von filiformen Vertretern aus dem Athecata-Bereich. Die Ausbildung der Kolonien könnte für eine Ableitung aus dem Filifera-Bereich sprechen. Auch bei den Filifera besteht eine starke Tendenz, die Tentakeln in einem einzigen Kranz zusammenzufassen. Die Medusenreduktion ist bei den Thecaphora stark fortgeschritten, die Mehrzahl der Arten weist kein freies Medusenstadium mehr auf. Die bereits bei den Athecata begonnene Reduktion der Medusenphase (gekoppelt mit ausgeprägter Kolonienbildung bei den Polypen) wird von den Thecaphora beibehalten. In den meisten Fällen liegen nur noch sessile Gonophoren mit mehr oder weniger stark ausgeprägter Reduktion vor. Das Cnidom der Thecaphora weist gegenüber den Athecata eine verringerte Zahl an Nesselkapsel-Typen auf. Merotriche Haplonemen (Autapomorphie) kommen nur bei Thecaphora vor.

Innerhalb der Hydrozoa zeigen die Siphonophora (Staatsquallen) die höchste polymorphe Differenzierung der Zooide. Es treten sowohl verschiedenartig differenzierte Polypenformen als auch unterschiedlich ausgebildete Medusenformen auf. Ein volles Medusenstadium wird nicht mehr ausgebildet, aber Medusoide können sich von Eudoxien ablösen und selbständig werden. Siphonophora sind Polypenkolonien, welche von einem Primärpolypen ausgehen und sekundär zu einer freischwimmenden Lebensweise übergegangen sind. Medusoiden-Bau und Cnidom zeigen eine Ableitung aus dem Athecata-Bereich an. Athecata besitzen sekundär freischwimmende Polypen (Margelopsidae) und bei vielen kolonienbildenden Vertretern der Athecata ist ein Polypen-Polymorphismus festzustellen. Eine Ableitung der Siphonophora aus dem Margelopsidae-Bereich (Tubularioidea) erscheint möglich. Margelopsidae weisen sekundär schwimmende Solitärpolypen auf, welche Medusenknospen ausbilden können. Dieser Solitärpolyp kann zum Primärpolyp einer Siphonophorenkolonie werden. Aus den sich dann nicht mehr ablösenden Knospen entwickeln sich die unterschiedlichen Zooide der Siphonophoren-Kolonie. Innerhalb der Tubularioidea ist auch ein sekundärer Polypen-Polymorphismus (Paracorynidae) festzustellen. Siphonophoren haben sicher einen langen Evolutionsweg zurückgelegt, da die Evolution der sehr unterschiedlichen Zooide mit sehr unterschiedlichen Funktionen sicher einen langen Zeitraum in Anspruch genommen hat. Auch das Cnidom der Siphonophora zeigt diese lange Eigenständigkeit an. Siphonophora besitzen eine relativ große Zahl von Nesselkapsel-Typen, die nur bei ihnen vorkommen. Die allgemein große Zahl an Nesselkapseltypen ist durch den starken Polymorphismus (stark unterschiedliche Funktionen) der Zooide bedingt.

Die Calycophorida stellen die stammesgeschichtlich älteste Gruppe der Siphonophora dar. Das Cnidom enthält bei ihnen den vollen Astomocnidensatz mit primären Desmonemen und sekundären Anacrophoren und Acrophoren. Anacrophoren und Acrophoren sind Astomocniden, die nur bei den Siphonophora auftreten und bei den Calycophorida erstmals ausgebildet werden. Von manchen Bearbeitern werden die Physophorida für die stammesgeschichtlich älteste Gruppe gehalten, aber die Ausbildung des Pneumatophors ist als sekundär zu betrachten. Der Körper der Siphonophora ist primär linear und langgestreckt, durch Ausbildung des Pneumatophors wird er sekundär sehr stark verkürzt, und die Zooide werden stark zusammengedrängt. Gleichzeitig verlieren die Cormidien ihre primäre Individualität. Ebenfalls ist eine Tendenz zum Abbau der Schwimmglocken festzustellen, so daß wir am Ende der regressiven Adaptionsreihe bei den Physophorida (Cystonectae) schwimmglockenlose Vertreter antreffen, welche sekundär zu einer passiven, treibenden Lebensweise übergegangen sind. Cystonectae weisen außerdem einen stark reduzierten Besitz an Nesselkapseltypen auf.

Es besteht daher kaum ein Zweifel, daß die Calycophorida die stammesgeschichtlich älteste Gruppe darstellen. Ihr Cnidom entspricht noch weitgehend demjenigen der Athecata. Das gilt auch für die an sie anzuschließenden, stammesgeschichtlich ältesten Physophorida (Physonectae), während die stammesgeschichtlich jüngeren Cystonectae ein stark reduziertes Cnidom aufweisen.

Bei den Siphonophora wird, im Gegensatz zu den Margelopsidae, die Planula-Larve direkt zum freischwimmenden Primärpolyp. Primär ist die Ausbildung von Schwimmglocken und und nicht die Ausbildung eines Pneumatophors. Die primäre Schwimmglocke der Calycophorida ist eine typische Umwandlungsform einer Anthomeduse. Ein weiterer, deutlicher Hinweis für die Ableitung aus dem Athecata-Bereich.

Siphonophora besitzen primär einen langgestreckten Stamm, wie wir ihn bei den Calycophorida noch antreffen. Primär ist der Besitz einer einzigen Schwimmglocke (Sphaeronectidae), sekundär wird die Zahl der Schwimmglocken erhöht. Primär ist eine deutliche Individualität der Cormidien, welche getrennt voneinander stehen. Primär (Calycophorida) werden die Cormidien noch als Eudoxien frei. Sekundär kommt es bei den stammesgeschichtlich jüngeren Physophorida zur Ausbildung eines Pneumatophors. Pneumatophor primär noch ohne Porus (Physonectae), sekundär dagegen mit Porus.

Die Physonectae besitzen noch Schwimmglocken, während diese bei den stammesgeschichtlich jüngeren Cystonectae sekundär fehlen. Die Cormidien bleiben bei den Physophorida sekundär zeitlebens fest und werden nicht mehr als Eudoxien frei. Gleichzeitig ist ein starker Trend zur Verkürzung des Stammes, hervorgerufen durch die Ausbildung des Pneumatophors, festzustellen. Bei den Physonectae zeigt sich schon eine Verkürzung des Stammes, welche mit einer Vergrößerung des Pneumatophors gekoppelt ist. Bei den Cystonectae (Physaliidae) ist schließlich der Stamm zu einem großen Teil vom Pneumatophor ersetzt.

Siphonophora sind primär aktive Schwimmer, welche mit Hilfe ihrer Schwimmglocken schnelle Schwimmbewegungen durchführen können. Sie hängen senkrecht im Wasser oder liegen waagrecht und können meist beide Stellungen einnehmen. Die Ausbildung des sekundären Pneumatophors leitet den Übergang zu einer passiven, treibenden, vom Wind weitgehend abhängigen Lebensweise ein. Als Endglied dieser Evolutionsreihe treffen wir die Physaliidae (Cystonectae) an, welche sekundär nur noch waagrecht auf der Wasseroberfläche liegen und passiv durch den Wind bewegt werden.

Vereinzelt wird eine Ableitung der Siphonophora aus dem Trachylidea-Bereich angenommen. Diese Vorstellungen sind eng verknüpft mit der inzwischen widerlegten Hypothese, daß es sich bei den Siphonophora um eine Medusenkolonie handeln würde. Die Embryonalentwicklung zeigt aber deutlich, daß es sich um eine Polypenkolonie handelt. Das Cnidom der Trachylidea enthält nur 3 Stomocniden-Typen, so daß die Siphonophora, welche ja noch primäre Astomocniden sowie einen reichen Bestand an Stomocniden-Typen aufweisen, nicht von Trachylidea abgeleitet werden können.

Klasse Cubozoa

(Taf. 277–281)

Kleine Klasse mit etwa 40–50 Arten.

Primär mit Generationswechsel, abwechselnd mit Polypen- und Medusengeneration. Direkte Umwandlung des Polypen in das Medusen-Stadium (Cubomedusae). Sekundär (Stauromedusae) mit festsitzenden Vertretern, welche nur ein Praemedusenstadium erreichen und auf diesem Stadium geschlechtsreif werden. Der Polyp (Cubomedusae) sehr klein, solitär und radiärsymmetrisch gebaut. Polyp mit einfachem, nicht gegliedertem Gastralraum (wie bei Hydrozoa), ohne Ausbildung von Septen. Polyp meist mit 6–11 (höchstens 12) soliden, capitaten Tentakeln, welche in einem Kranz angeordnet sind. Oberhalb des Tentakelkranzes befindet sich ein großer, rüsselförmiger Mundkegel (Proboscis). Körperform des Polypen variabel, meist flaschenförmig. Es werden weder Verzweigungen, noch Stolonen ausgebildet. Das Polypencnidom (Cubomedusae) besteht ausschließlich (wie auch bei der zugehörigen Planula-Larve) aus heterotrichen mikrobasischen Eurytelen. Asexuelle Vermehrung durch laterale Knospen (wie bei Hydrozoa), die nach ihrer Ablösung zunächst eine Kriechphase durchführen und sich auch zu encystieren vermögen. Bei der Medusenbildung wandelt sich bei den Cubomedusae (z. B. bei *Tripedalia*) der erwachsene Polyp vollständig in eine Meduse um, ohne Zurücklassung eines Restkörpers. Es bleibt nur der kleine, nun leere Peridermbecher zurück. Keinerlei Anzeichen eines Strobilationsvorganges. Bei den Stauromedusae bleibt diese Umwandlung in die Meduse auf einem Praemedusenstadium mit polypoiden und medusoiden Merkmalen stehen. Es ist aber auch hier deutlich erkennbar, daß eine weitere Entwicklung auch bei den Stauromedusae zur Ausbildung einer einzigen Meduse und nicht zur Ausbildung vieler Medusen durch einen Strobilationsvorgang führen würde. Jungmeduse (*Tripedalia*) mit 4 interradialen Einzeltentakeln ohne Pedalien. Voll ausgebildete Medusen (Cubomedusae) mit hohem, gewölbtem kubischem Schirm. Mit capitaten Tentakeln (Cubomedusae, Stauromedusae), deutlicher Hinweis auf eine Ableitung aus dem Hydrozoa-Bereich. Mesogloea noch ohne Zellen. Mit Velarium (Cubomedusae). Das Velarium der Cubomedusen ist als eine Weiterbildung des Velums der Medusen der Hydroidea zu betrachten. Ein weiterer Hinweis für die Ableitung der Cubozoa aus dem Hydrozoa-Bereich (Hydroidea). Mundrohr bei den Cubomedusae (Cubomedusen) weit von der Schirmöffnung entfernt, nicht aus der Öffnung herausragend. Cubomedusae mit 4 perradialen Rhopalien. Gastralraum der Meduse (Cubomedusae) bzw. des Praemedusenstadiums (Stauromedusae) durch 4 Septen in 4 Gastraltaschen aufgeteilt. „Gonaden" entodermal. Medusen (Cubomedusae) und Praemedusen (Stauromedusae) getrenntgeschlechtlich.

Das Cnidom der Cubozoa besteht aus atrichen, basitrichen und holotrichen Haplonemen, aus mi-

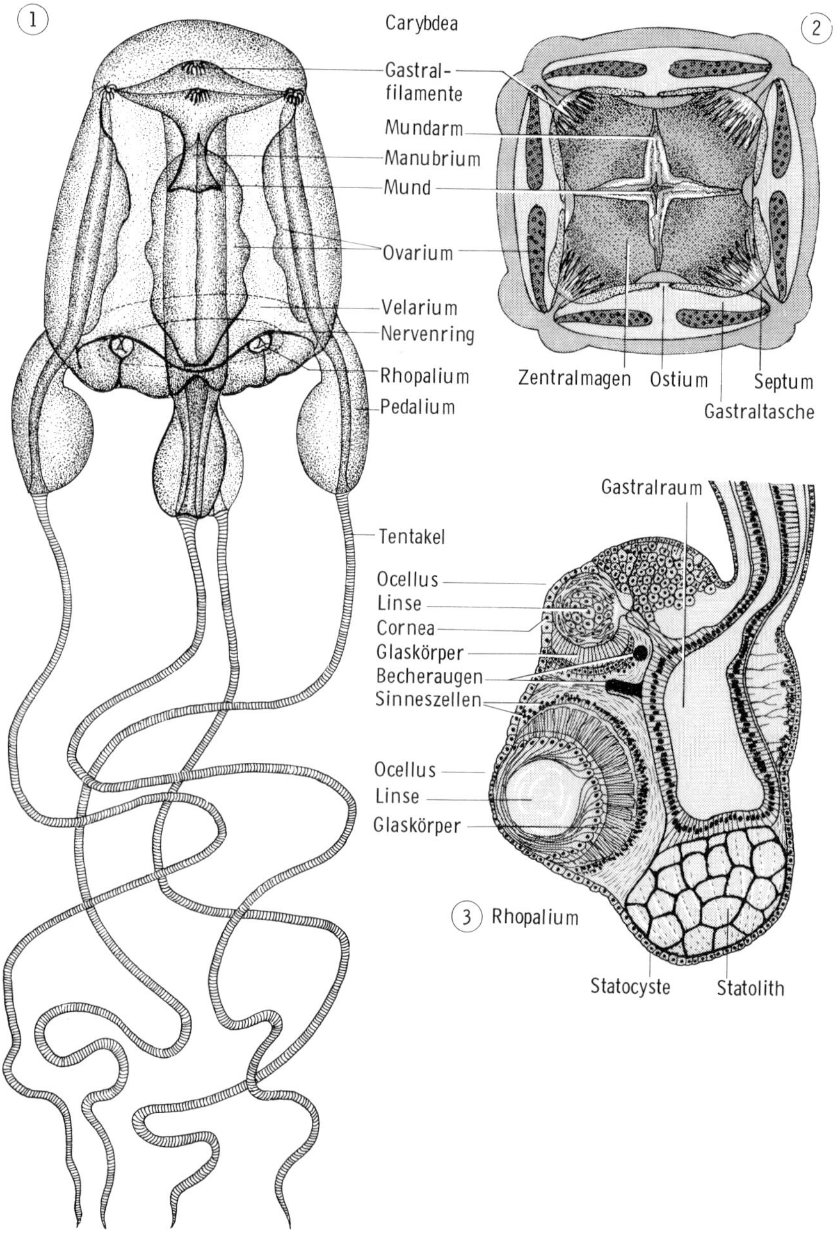

Taf. 277. Cnidaria: Cubozoa (Cubomedusae). – Abb. 1. *Carybdea marsupialis*, Meduse (nach CLAUS). Abb. 2. *Carybdea marsupialis*, Meduse: Querschnitt in Höhe des Manubriums (nach CLAUS). Abb. 3. *Carybdea*, Rhopalium (nach verschiedenen Autoren).

krobasischen Mastigophoren, heterotrichen mikrobasischen Eurytelen sowie Stenotelen. Sekundär ohne Astomocniden.

Gastrulation nur in Form von Immigration (Einwanderung), keine Invaginationsgastrula.

Primär mit Zyklus Polyp – Meduse und freischwimmenden Medusen (Cubomedusae), sekundär mit halbsessilem Praemedusenstadium (Stauromedusae) Mit den beiden Ordnungen der Cubomedusae (Würfelquallen) und Stauromedusae (Becherquallen, Stielquallen).

Ordnung Cubomedusae (Würfelquallen)
(Taf. 277–279)

Freischwimmende Medusen mit sehr hohem, kubischem Schirm, der meist glocken- bis würfelförmig gestaltet ist. Sehr artenarme Ordnung mit nur etwa 16 Arten. Vorwiegend im Schelfbereich warmer Meere lebend. Bis auf wenige Ausnahmen (*Tripedalia*, *Carybdea*) kennt man nur die Medusenform. Der Cubopolyp (z. B. bei *Tripedalia*) wandelt sich vollständig in eine Meduse um. Es liegt keine Strobilation und keine Ausbildung von Ephyren vor. Junge *Carybdea*-Exemplare (mit einem Durchmesser von nur 12 mm) weisen bereits adulte Merkmale auf und gleichen in keiner Weise Ephyren.

Cubomeduse (Taf. 277 u. 279:1): Relativ klein, sie erreichen meist nur Schirmhöhen von wenigen Zentimetern. Einzelne Arten (z. B. *Carybdea*) können aber bis zu 25 cm hoch werden. Der Schirm weist eine in der Längsachse gestreckte kubische, würfel- bis beutelförmige Gestalt auf. Die kubische Form des vierkantigen Schirmes rührt von einer Reduktion der adradialen und einer Verdickung der interradialen Sektoren (Adradien verschoben und mit Interradien zusammenfallend) des Schirmes her. Schirm unterseits tief ausgehöhlt, so daß das Mundrohr, wie auch der flache Gastralraum, weit von der Schirmöffnung entfernt ist und nie aus der Schirmöffnung herausragt. Mit Gastrodermallamelle zwischen Ex- und Subumbrella. Mit einem Velarium, welches durch ein Einwärtskrümmen des unteren Schirmrandes entsteht. Velarium mit perradialen Falten (Frenulum) und mit Kanälen des Gastrovascularraumes versehen. Gleiche Funktion wie das Velum der Hydromedusen und von diesem abzuleiten. Bei den Cubomedusae enthält das Velarium (Weiterentwicklung des Velums) noch zusätzliche Teile des Gastrovascularraumes, entsprechend der allgemeinen Ausweitung des Gastrovascularraumes bei den Cubomedusae. Jede der 4 Schirmecken mit einem gestielten, hohlen, interradial liegenden Tentakel oder mit einem Büschel gestielter Tentakeln. Tentakeln moniliform, mit perlschnurartig angeordneten Nesselzellen. Die Tentakelbasis ist bei den Cubomedusen in eine ovale Lamelle (Pedalium) umgewandelt. Die Pedalien dienen zur Steuerung. In der Mitte der 4 Schirmseiten liegt perradial oberhalb des Schirmrandes in einer tiefen Nische je ein Rhopalium (Sinneskolben). Rhopalium (Taf. 277:3) an der Spitze mit einer großen Statocyste, außerdem basal noch mit Becher- und zum Teil recht komplizierten Linsenaugen versehen. Rhopalium mit komplexen Anhäufungen von Sinneszellen sowie einem zentralen Ausläufer des Gastralraumes.

Mesogloea ohne Zellen. Mit einem Nervenring an der Basis des Schirmes. Schirm mit 8 Nervenzellenanhäufungen an der Basis der Tentakeln und Rhopalien. Der periphere Teil des Gastralraumes durch 4, an den inneren Kanten des würfelförmigen Schirmes sitzende Gastralsepten in 4 unvollständig verschlossene Gastraltaschen geteilt. Die ganze Breite einer Würfelseite wird jeweils von einer Gastraltasche eingenommen, welche durch eine radiäre Öffnung (Ostium) mit dem Zentralmagen in Verbindung steht. Ähnliche Verhältnisse treffen wir im Gastralraumbereich der Stauromedusen an. Jedes Septum bildet seitlich lamellenförmige, entodermale Ausstülpungen („Gonaden"), die in die Gastraltaschen hineinragen. Nahe des Schirmrandes sind die 4 Gastraltaschen durch einen Ringsinus miteinander verbunden. Septen mit in den Gastralraum hineinragenden Gastralfilamenten und mit Septaltrichter. Manubrium viergelappt. Das Medusencnidom setzt sich aus basitrichen und holotrichen Haplonemen, mikrobasischen Mastigophoren, heterotrichen mikrobasischen Eurytelen sowie Stenotelen zusammen.

Cubopolyp (Taf. 278:4, 6): (Angaben von *Tripedalia*), Polyp solitär, sessil, sehr klein und nur 0,6–1,0 mm groß. Radiärsymmetrischer Bau. Körperform variabel, Grundform stumpfkegelig bis flaschenförmig. Untere Körperhälfte meist verbreitert. Polyp basal von einem kleinen Peridermbecher umgeben. Die capitaten, soliden Tentakeln sind in einem Kranz aus 6–11 (höchstens 12) Tentakeln angeordnet. Sie sitzen einzeln am Polypenkörper an. Oberhalb des Tentakelkranzes befindet sich ein

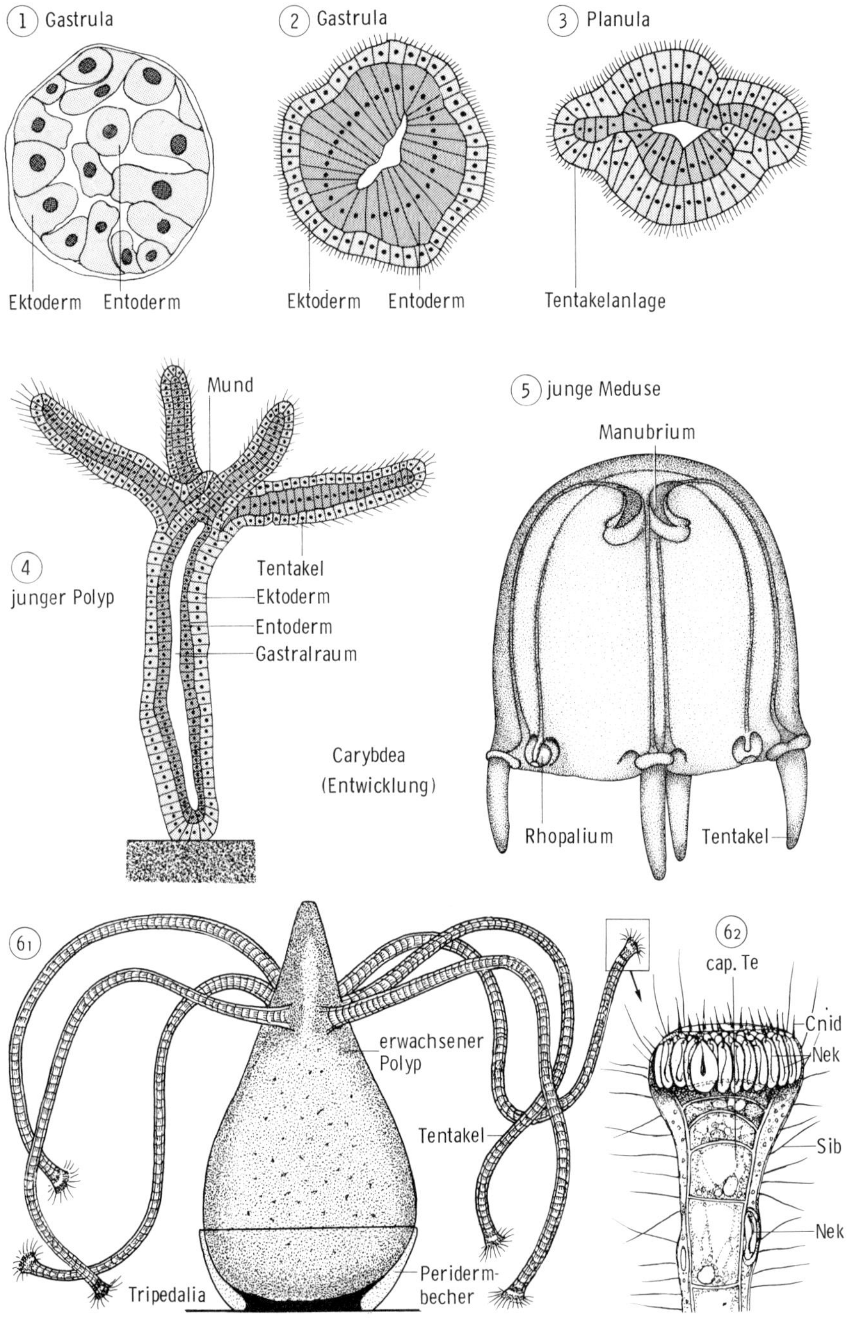

Taf. 278. Cnidaria: Cubozoa (Cubomedusae). – Abb. 1–5. *Carybdea*, Entwicklung: 1. Gastrulation durch multipolare Einwanderung; 2. Gastrula; 3. Anlage der beiden primären Tentakeln; 4. junger Polyp; 5. junge Meduse (umgewandelter Polyp). Abb. 6. *Tripedalia cystophora* (nach WERNER): 6/1. erwachsener Polyp; 6/2. Endteil eines Tentakels. Abkürzungen: cap. Te = capitater Tentakel, Cnid = Cnidocil, Nek = Nesselkapseln, Sib = Sinnesborste.

sehr muskulöser Mundkegel (Proboscis). Vollausgestreckte Tentakeln erreichen ein Mehrfaches der Körperlänge. Epidermis bei *Tripedalia* nicht begeißelt (bei *Carybdea* dagegen mit Begeißelung). Körperwand aus Ekto- und Entoderm, mit dazwischen liegender dünner Mesogloea (Mesolamelle). Mit einheitlichem Gastralraum (wie beim Hydropolyp), ohne Septen und ohne tetramere Strukturen. Polypencnidom: Nur heterotriche mikrobasische Eurytelen. Asexuelle Vermehrung im Polypenstadium durch Bildung lateraler Polypenknospen (wie bei Hydrozoa). Die erzeugten Sekundärpolypen besitzen 2–3 Tentakeln, lösen sich ab, werden abgeflacht langgestreckt und machen zunächst eine 2–3tägige Kriechphase durch. Dann heftet sich der Kriechpolyp fest und nimmt die normale Körperform an.

Der erwachsene Polyp kann sich vom Substrat ablösen und einen neuen Anheftungsplatz aufsuchen. Dabei nimmt er die Körperform des Kriechpolypen an. Außerdem kann sich der erwachsene Polyp encystieren und in ein inaktives Ruhestadium umwandeln.

Bei der Medusenbildung (Taf. 279:2,3) erfolgt eine völlige Umwandlung des Solitärpolypen in eine freischwimmende Meduse, ohne Bildung eines Restkörpers. Deutlicher Hinweis, daß es sich bei dem Polypen nur um eine larvale Phase (larvales Stadium) handelt. Es bleibt nur der kleine basale Peridermbecher zurück.

Umwandlung des Polypen in die Meduse (Taf. 279:2): Der Körper des Polypen wird zunächst durch Bildung von 4 Längsfalten tetramer (tetramere Radiärsymmetrie) und weist in der Aufsicht 4 Quadranten auf. Die Tentakeln werden nach der Zahl der vorhandenen Tentakeln rein zufällig (bei 7 Tentakeln z. B. 3:1:2:1) in 4 Gruppen zusammengefaßt, je eine Gruppe wird einem Quadranten zugeordnet. Es erfolgt nun eine Resorption der Endabschnitte der Tentakeln, gleichzeitig werden die Basalteile in die perradial gelegenen Rhopalien der künftigen Meduse umgewandelt. Die 4 interradial gelegenen Primärtentakeln der Meduse entstehen als Neubildung zwischen den Rhopalien. Im Inneren entstehen die 4 Gastraltaschen der Meduse durch vertikale Faltung des Entoderms. Im Umkreis des Mundkegels erfolgt eine ektodermale Einsenkung, mit Bildung von Subumbrella und Mundrohr.

Die junge Meduse (Taf. 278:5) schwimmt mit dem Apikalpol voran. Ihren 4 Tentakeln fehlen zunächst noch die Pedalien der Basalteile. Bereits nach 2–3 Tagen bilden sich jeweils die beiden hinzukommenden Sekundärtentakeln, so daß nach etwa 8 Tagen jeder Quadrant drei gleichgroße Tentakeln aufweist. Tentakeln moniliform, Nesselzellen in Ringen angeordnet.

Embryonalentwicklung (Taf. 278:1–4): Die getrenntgeschlechtlichen Vertreter (z. B. *Tripedalia*) sind durch die unterschiedliche Farbe und Struktur der „Gonaden“ leicht zu unterscheiden. Nach einem Paarungsspiel überträgt das Männchen kugelig geformte Spermatophoren direkt auf das Weibchen. Die aus den weiblichen „Gonaden“ ausgestoßenen reifen Eier werden im mütterlichen Gastralraum befruchtet. Durch Immigration entwickelt sich im mütterlichen Gastralraum eine mit einer Gastralhöhle versehene bewimperte Planula-Larve. Diese Planula-Larve verläßt den mütterlichen Körper (Larviparie), schwimmt umher, setzt sich nach 2–3 Tagen fest und wandelt sich in einen Primärpolypen um.

Lebensweise der Cubomedusen: Im Schelfbereich warmer Meere. Die Medusen ernähren sich vorwiegend von kleineren Fischen, die aber größer sein können als sie selbst. Die an den Tentakeln, auf der Schirmglocke und am Velarium befindlichen Nesselzellen wirken mit ihren ausgeschleuderten Nesselfäden auch auf Menschen sehr stark (besonders die indopazifischen Arten *Chironex fleckeri* und *Chiropsalmus quadrigatus*: Feuerquallen), und es kann zu Todesfällen bei empfindlichen (allergieanfälligen) Personen kommen.

Carybdeidae. (Taf. 277–279) Tentakelbüschel aus 1–3 Tentakeln bestehend. *Carybdea* (Taf. 227, 278): Meist Schirmhöhe 4–8 cm, selten auch bis zu 25 cm. Sehr gute Schwimmer. Polyp mit 4 Tentakeln. Häufig in tropischen Häfen. – *Tripedalia* (Taf. 278, 279): Vorwiegend im Flachwasser im Mangrovenbereich.

Drepanochiridae. Tentakelbüschel aus 5–11 Tentakeln bestehend. *Chiropsalmus*, Feuerqualle: Schirmhöhe bis 10 cm, auch für Menschen gefährlich, mit Todesfällen. Besonders gefährlich ist *Ch. quadrigatus* an der Meeresküste von Australien. – *Chironex*, Feuerqualle: Besonders gefährlich *Ch. fleckeri* an der australischen Küste, mit Todesfällen.

Tripedalia

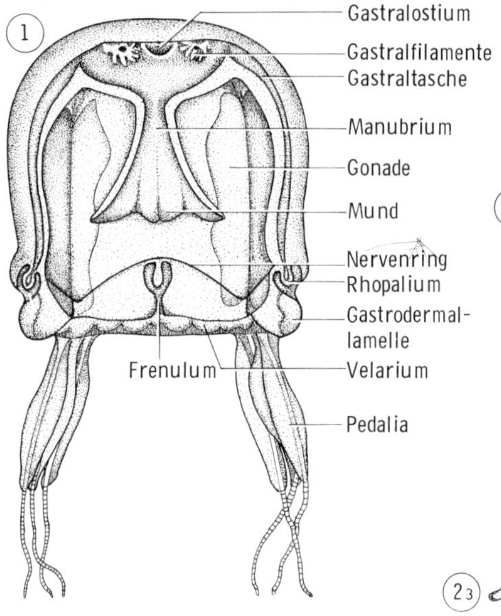

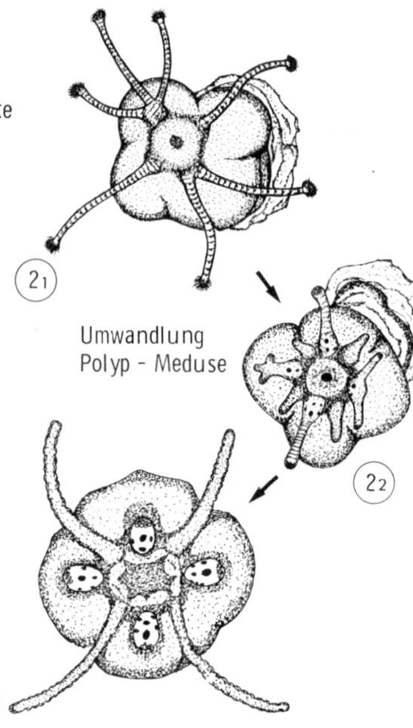

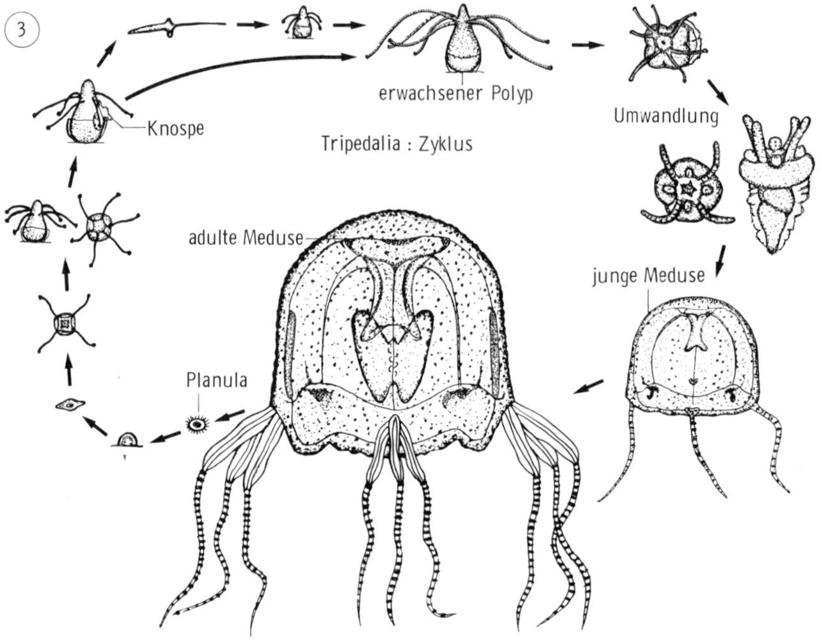

Taf. 279. Cnidaria: Cubozoa (Cubomedusae). – Abb. 1. *Tripedalia*, Meduse, perradialer Längsschnitt (nach CONANT). Abb. 2. *Tripedalia cystophora*, Umwandlung des Polypen in die Meduse (nach WERNER): 2/1. Beginn der Umwandlung, Ausbildung von 4 Längsfurchen; 2/2. tetramerer Körper, Vereinigung der Tentakelbasen; 2/3. Tentakelreduktion, Ausbildung der Sinnesorgane. Abb. 3. *Tripedalia cystophora*, Zyklus. Erläuterungen im Text (nach WERNER).

Ordnung Stauromedusae (Becherquallen, Stielquallen)
(Taf. 280, 281)

Sekundär halbsessile Vertreter, welche Ortsveränderungen auf ihrer Unterlage durchführen können. Sie sind von freischwimmenden Cubomedusae abzuleiten. Mit verkürztem Ontogenese-Ablauf, dadurch erreichen sie nur noch ein Praemedusen-Stadium und werden in diesem Stadium geschlechtsreif. Mit einer Kombination polypoider (larvaler) und medusoider (adulter) Merkmale. Es kommt bei den Stauromedusen nicht, wie bei den Cubozoa, zur völligen Umwandlung, so daß als Endstadium eine halbsessil bleibende Praemeduse auftritt.

Etwa 30 Arten, Schirmdurchmesser bis zu 8–9 cm. Becherförmiger, gestielter Körper (Taf. 280) mit einer aboralen Haftscheibe, mit gut entwickeltem Stiel und oralem Schirm (Becher). Die direkte Entwicklung führt zur Ausbildung eines halbsessilen Praemedusenstadiums (Adultstadium). Den Stauromedusen haften noch die Merkmale einer allmählichen Umgestaltung aus der larvalen Polypenform (siehe auch Cubomedusae) an. Der Körper besteht aus einem unteren, nicht umgewandelten Polypenanteil und einem oberen, umgewandelten, sich aber nicht ablösenden Medusenanteil.

Der durch die Umwandlung des Polypen-Peristoms entstandene Schirm zeigt in der Regel 8 adradiale Arme (häufig nur 4 Arme, dann je zwei miteinander verschmolzen und daher zweigelappt), welche terminal je ein Büschel kurzer, geknöpfter (capitater) Tentakeln (20–100) aufweisen. In den Einbuchtungen der 8 Arme liegt basal (zuerst 4 perradial, dann 4 interradial = tetramere Radiärsymmet-

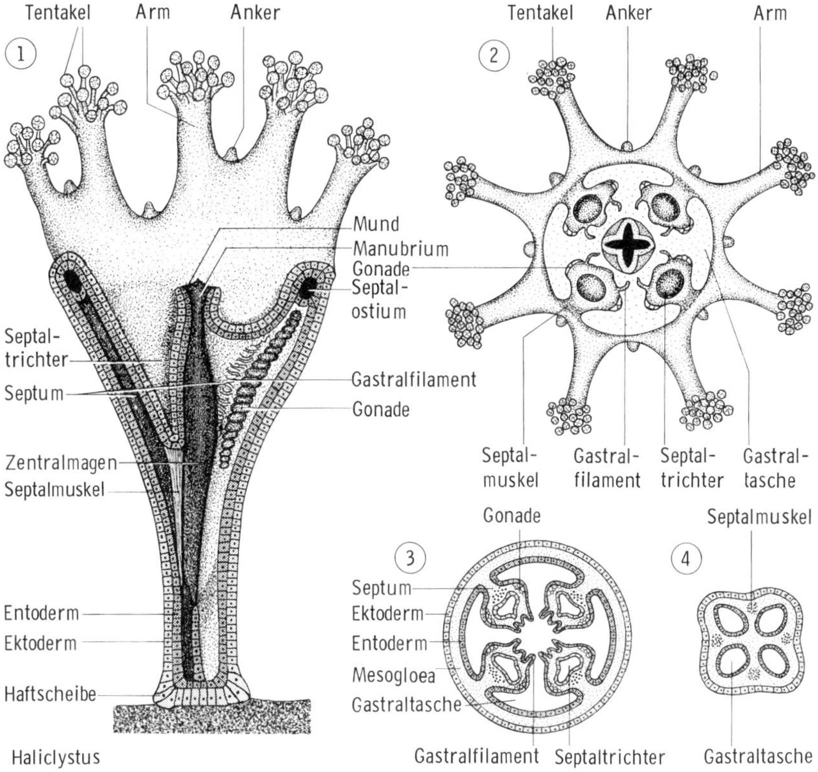

Taf. 280. Cnidaria: Cubozoa (Stauromedusae). – Abb. 1–4. *Haliclystus*: 1. Längsschnitt, links interradial und rechts adradial; 2. Oralregion, schematisch (nach HYMAN); 3. Querschnitt durch mittlere Körperregion (nach HYMAN); 4. Querschnitt im unteren Stielbereich (nach HYMAN).

rie) je ein sekundär verkürzter Tentakel (Rhopalioid, ohne Sinnesfunktion), welcher meist in einen Klebesubstanz ausscheidenden Anker umgewandelt ist. Die Anker dienen zum Festheften bei der Fortbewegung auf der Unterlage. Rhopalien (Sinneskolben) sind bei den Stauromedusen nicht ausgebildet. Basal im Zentrum des Bechers (Schirmes) erhebt sich das Mundrohr, daneben liegen die 4 Septaltrichter. Sie ragen in 4 Entodermsepten hinein, welche den äußeren Gastralraum in 4 Gastraltaschen aufteilen. In der Mitte liegt der relativ kleine Zentralmagen. Mit Septalostien (Ringsinus). Septen mit Gastralfilamenten. An beiden Seiten der Septen buchten sich als längliche, entodermale Wülste die „Gona-

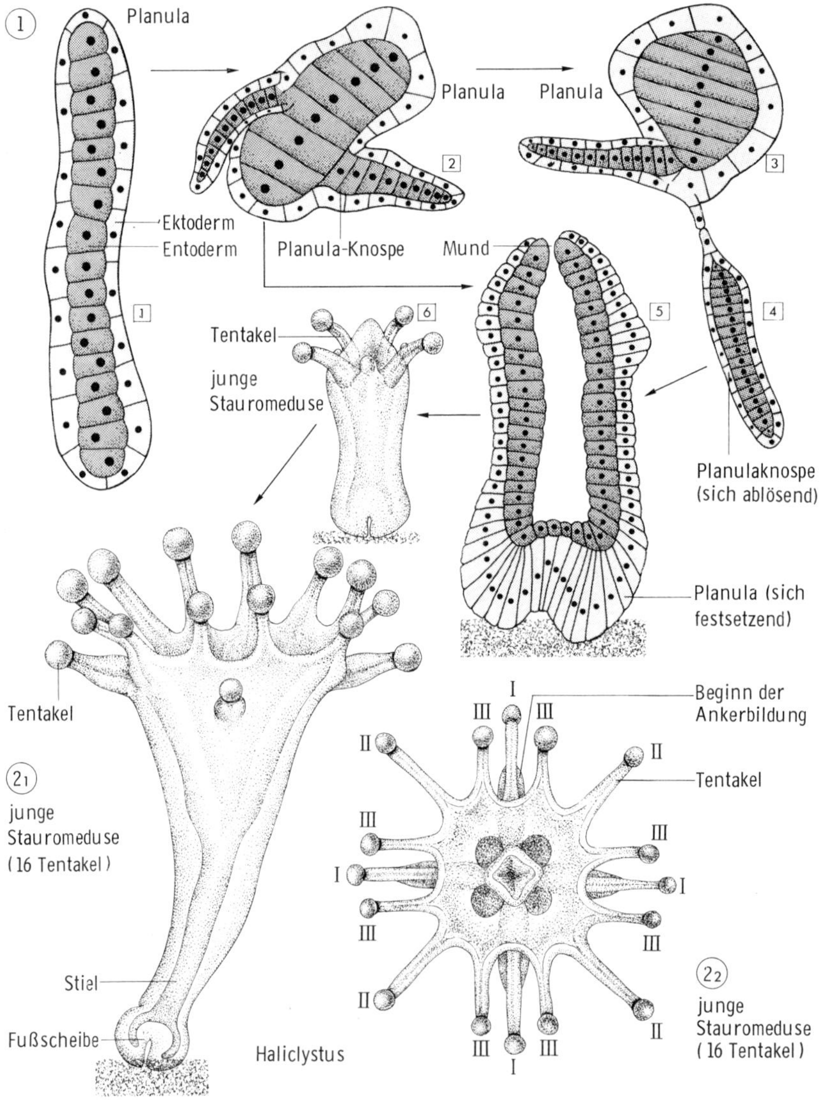

Taf. 281. Cnidaria: Cubozoa (Stauromedusae). – Abb. 1–2. *Haliclystus octoradius*, Entwicklung (nach Wietrzykowski): 1/1. wurmförmige Planula-Larve; 1/2–4. Bildung von Planulaknospen, welche sich als Planula-Larven ablösen; 1/5. sich festsetzende Planula-Larve; 1/6. junge Stauromeduse mit 4 Tentakeln; 2/1. etwas ältere, aber noch junge Stauromeduse mit 16 Tentakeln; 2/2. Oralsicht auf junge Stauromeduse mit 16 Tentakeln (= 2/1).

den" der Stauromedusen aus. Bei manchen Arten werden besondere Gastrogenitaltaschen (Claustra) ausgebildet, welche die 4 Septen miteinander verbinden. Die Exumbrella-Gallerte (ohne eingewanderte Zellen) nur sehr schwach ausgebildet. Mit Subumbrella-Ringmuskel und gut ausgebildeten Radiärmuskeln. Ohne Sinnesorgane. Ex- und Subumbrella mit einem einfachen Nervenplexus, welcher sich aus einfachen, verstreut liegenden Sinneszellen zusammensetzt. Muskulatur und Nervensystem mehr in polypoider Ausprägung. Getrenntgeschlechtliche Vertreter.

Embryonalentwicklung (Taf. 281): Geschlechtsprodukte werden über die Mundöffnung nach außen abgegeben. Furchung total-aequal, es entsteht zunächst eine Coeloblastula und dann (Gastrulation in Form von unipolarer Einwanderung) eine solide, umbewimperte, etwas wurmförmige Planula-Larve. Wurmförmiger Habitus durch sekundär kriechende Lebensweise bedingt. Die Planula setzt sich mit ihrem vorderen Pol fest und bildet eine Mundöffnung aus. Durch Knospung werden an kleinen Stolonen weitere Planulaknopsen gebildet, welche sich später als Planula-Larven ablösen. Die Planula-Larve wandelt sich allmählich in die Adult-Form um. Zuerst werden je 2, dann 4, dann 8, usw. Tentakeln gebildet. Die ersten 8, per- und interradial liegenden Tentakeln, werden wieder reduziert und in Rhopalioide umgewandelt. Die später entstehenden adradial gelegenen Tentakeln werden in 8 Gruppen zusammengefaßt, welche an der Spitze der 8 lappenartigen Arme der Umbrella liegen.

Cnidom: Atriche Haplonemen und mikrobasische Eurytelen.

Lebensweise: Sekundär halbsessile Lebensweise mit Eigenbeweglichkeit. Anheftung mit der basalen Haftscheibe an der Unterlage, meist an Algen. Stauromedusen hängen mit dem Schirm kopfüber nach unten. Durch Loslösen der Haftscheibe können sie sich auf den Spitzen jeweils eines Tentakelpaares (mit Hilfe der Anker) fortbewegen. Ein Tentakelpaar heftet sich dabei fest, kontrahiert und zieht dann das nächste Tentakelpaar nach. Nahrungsaufnahme durch die Tentakelgruppen, welche kleinere Tiere (kleine Schnecken, Crustaceen usw.) auftupfen und zur Mundöffnung bringen. Meist Flachwasservertreter, reine Kaltwasserbewohner.

Haliclystidae. Ohne Gastrogenitaltaschen. *Haliclystus*, (Taf. 280, 281). *Lucernaria*: Schirmdurchmesser 5–6 cm.

Lipkeidae. *Lipkea*: Ohne Anker, Tentakeln stark verkürzt.

Cleistocarpidae. Mit Gastrogenitaltaschen. *Depastrum, Craterolophus.*

Fossile Cubozoa

Die Ediacara-Fauna aus dem Pound-Quarzit der Wilpena-Group Australiens (Alter etwa 0,7 Mrd. Jahre) enthält auch Medusen, welche den Cubozoa zugeordnet werden können. *Kimberella quadrata* (Taf. 277:4) ähnelt den rezenten Cubomedusae, vor allem Vertreter der Carybdeidae. Eine Zuordnung zu rezenten Kategorien im Familienrang ist natürlich (aus theoretischen Gründen) nicht möglich, aber die Zugehörigkeit zu den Cubozoa (Cubomedusae) erscheint durchaus begründet. Der Abdruck von *Kimberella* läßt Gonaden und sogar Gastralfilamente erkennen. Die Medusenfunde aus dem Paläozoikum lassen sich zur Zeit nicht genauer einreihen. Erst aus dem Mesozoikum liegen Medusenfunde vor, welche wahrscheinlich in die Klasse der Cubozoa eingereiht werden können. *Quadrimedusina* aus dem Ober-Jura weist große Ähnlichkeit mit rezenten Carybdeidae auf.

Fossile Stauromedusae sind bisher noch nicht bekannt geworden.

Phylogenie – rezente Cubozoa

Cubozoa wurden bis vor kurzem nicht als eine eigene Klasse innerhalb der Cnidaria, sondern als eine stammesgeschichtliche alte Gruppe der Scyphozoa betrachtet. Erst die genaue Kenntnis des Polypen der Cubomedusen (am Beispiel von *Tripedalia cystophora*) und die Kenntnis der völligen Umwandlung des Polypen in eine Meduse, führte zur Abtrennung der Cubomedusen von den Scyphozoa und zur Aufstellung einer eigenen Klasse der Cubozoa (Werner 1975). Im Gegensatz zu Werner werden in dieser Arbeit die Stauromedusen ebenfalls von den Scyphozoa abgetrennt und bei den Cubozoa eingereiht. Stauromedusen weisen ein typisches Praemedusenstadium auf. Die völlige Umwandlung des Polypen in eine Meduse ist bei ihnen auf halbem Wege stehengeblieben. Stauromedusen stellen geschlechtsreif gewordene Zwischenformen dar, welche von primär freischwimmenden Cubomedusen abzuleiten sind.

Die Cubomedusae stellen die stammesgeschichtlich älteste Teilgruppe der Cubozoa dar und sind aus dem Bereich der Hydrozoa abzuleiten. Cubomedusae besitzen noch den auch für Hydrozoa charakteristischen Generationswechsel Polyp – Meduse, während bei den Stauromedusae die Entwicklung des Medusenstadiums auf halben Wege stehenbleibt. Eine Reihe von Merkmalen sprechen für eine Ableitung der Cubozoa von Hydrozoa. Der Cubopolyp besitzt, wie auch der Hydropolyp, noch den primären, ungegliederten Gastralraum. Ein wichtiger Grund für die Herauslösung der Cubozoa aus der Kategorie der Scyphozoa. Die asexuelle Vermehrung erfolgt bei den Cubozoa (Cubomedusae) durch laterale Polypenknospung wie auch bei den Hydrozoa. Cubozoa besitzen capitate Tentakeln, die sonst nur bei den Hydrozoa auftreten. Im Cnidom zeigen sich größere Übereinstimmungen mit den Hydrozoa, im Vergleich zu Scyphozoa und Anthozoa. So kommt z. B. der Sondertyp der Stenotelen nur bei Hydrozoa (Athecata) und Cubozoa vor. Die Mesogloea (Schirmgallerte) ist bei beiden Gruppen noch primär zellenfrei, während bei Scyphozoa und Anthozoa eine sekundär zellige Mesogloea vorliegt. Das Velarium der Cubomeduse ist als eine Weiterbildung des Velums der Hydromedusen zu betrachten.

Bei der Gastrulation zeigen Hydrozoa und Cubozoa als Haupttyp eine Gastrulation durch Immigration, während bei Scyphozoa (Ausnahme einige stammesgeschichtlich sehr alte Vertreter der Coronatae) und Anthozoa die sekundäre Invaginationsgastrula vorherrscht.

Für eine Ableitung der Cubozoa aus dem Hydrozoa-Bereich kommen Vertreter der Hydroidea in Frage, da in dieser Gruppe der für Cnidaria sekundäre Generationswechsel zwischen Meduse und Polyp vorkommt. Der Besitz von capitaten Tentakeln spricht für eine Ableitung der Cubozoa aus dem Athecata-Capitata-Bereich der Hydrozoa. Das sekundär stark reduzierte Cnidom der Cubozoa entspricht demjenigen der Athecata (ebenfalls mit Stenotelen), als weiterer Typ kommen bei Cubozoa nur holotriche Haplonemen hinzu, die zur plesiomorphen Ausstattung der Hydroidea gehören. Die geringe Zahl der Nesselkapseltypen bei den Cubozoa ist charakteristisch für Gruppen mit stark ausgeprägtem Medusenstadium und stark reduziertem (oder fehlendem) Polypenstadium.

Für eine Ableitung der Cubozoa kommen vor allem stammesgeschichtlich sehr alte Capitata, wie Moerisiidae in Frage, da in dieser Gruppe noch primär solitäre Polypen auftreten. Innerhalb der Cubozoa ist eine Tendenz zum Abbau der Medusengeneration bei den Stauromedusae festzustellen. Es ist bemerkenswert, daß diese Tendenz auch bei den Athecata zu verzeichnen ist. So treten z. B. die Protohydridae nur noch im Polypenstadium auf. Moniliforme Tentakeln mit perlschnurartig angeordneten Nesselzellen treffen wir sowohl bei den Moerisiidae, als auch bei den Cubozoa (Cubomedusae) an. Der bei den Stauromedusae festzustellende Übergang von einer primär schwimmenden zu einer sekundär kriechend-sessilen Lebensweise ist auch bei den Capitata zu beobachten. Cladonemidae sind im Medusenstadium sekundäre Bodenbewohner, die sich mit Hilfe umgewandelter Tentakeln (wie auch bei den Stauromedusae) auf der Unterlage bewegen.

Cubomedusae als stammesgeschichtlich älteste Vertreter der Cubozoa sind daher aus dem Capitata-Bereich (Moerisiidae) der Hydroidea abzuleiten. Stauromedusae sind von Cubomedusae abzuleiten. Sie besitzen, wie die Cubomedusae, eine zellenfreie Mesogloea, und beide Gruppen weisen eine Coronarmuskulatur (bei Hydrozoa noch nicht vorhanden) auf. Cubomedusen besitzen gut ausgebildete Rhopalien (konvergente Ausbildung auch bei Scyphozoa), während bei Stauromedusen als typische Regressionsformen nur noch kleinere Rhopaloide auftreten. Stauromedusen sind sekundär neotene Vertreter, welche durch eine Verkürzung des Entwicklungsablaufes nicht mehr das volle Medusenstadium erreichen und schon in einem Zwischenstadium (Praemeduse) geschlechtsreif werden. Die geschlechtliche Fortpflanzung erfolgt aber in einem Praemedusen- und nicht in einem Polypenstadium. Das Medusenstadium bleibt auch in diesem Falle das primäre, sich geschlechtlich fortpflanzende Adultstadium der Cnidaria, auch wenn die geschlechtliche Fortpflanzung schon auf einem Vormedusenstadium (aber nicht auf einem Polypenstadium) erfolgt. Eine geschlechtliche Fortpflanzung durch das larvale Polypenstadium erfolgt erst, wenn das Medusenstadium sekundär völlig ausgefallen ist, wie es z. B. bei sekundären Süßwasserbewohnern (Hydridae) der Fall ist. Schon der Wechsel von der primären Lebensweise im marinen Bereich zur sekundären Lebensweise im Süßwasser zeigt an, daß es sich bei den Hydridae um sehr abgeleitete, stammesgeschichtlich jüngere Vertreter handelt. Bei den Scyphozoa kommen überhaupt keine sich geschlechtlich fortpflanzenden Polypen vor, so daß man auch bei dieser Gruppe nicht im Sinne einer Polypenhypothese von Polypen als Primärform sprechen kann.

Daß es sich bei den Stauromedusen um eine stark abgeleitete Gruppe innerhalb der Cubozoa handelt, zeigt auch die Planula-Larve dieser Gruppe. Sie weist sekundär keine Wimpern (Geißeln) auf und besitzt eine sekundär kriechende Lebensweise. Offensichtlich sind die Wimpern als Anpassung an die kriechende Lebensweise reduziert worden. Wimpern (= Geißeln) stellen ein primäres Fortbewegungsorganell dar.

Cubozoa sind, wie erwähnt, aus dem Hydrozoa-Bereich (Hydroidea-Capitata) abzuleiten. Das Fehlen der primären Astomocniden bei Cubozoa, Scyphozoa und Anthozoa zeigt deutlich, daß die Hydrozoa die primäre Basisgruppe der Cnidaria darstellen. Schon aus diesem Grunde können die Anthozoa und auch die Scyphozoa (entgegen oft vertretenen Ansichten) nicht als Ausgangsgruppe der Cnidaria betrachtet werden. Sie stellen im Gegenteil stammesgeschichtlich jüngere, abgeleitete Gruppen dar.

Klasse Scyphozoa
(Taf. 282–291)

Die Klasse der Scyphozoa enthält nur etwa 200 Arten. Mit Polypen- und Medusengeneration. Im Gegensatz zu den Hydrozoa tritt bei den Scyphozoa die Polypengeneration nur sehr wenig in Erscheinung. Fast stets Einzelpolypen, nur selten sind kolonienbildende Vertreter anzutreffen. Die sessil lebenden Polypen weisen nur Längen von wenigen Millimetern (1–7 mm) auf, während die Medusenform viel auffälliger ist und einen Durchmesser von 1–2 m erreichen kann. Scyphozoa besitzen einen streng vierstrahligen (tetrameren), radiärsymmetrischen Grundbauplan. Scyphopolyp primär mit 4 Tentakeln. Im Gegensatz zum Hydro- und Cubopolyp weist er einen sekundär durch 4 Gastralsepten (Taeniolen) in 4 Gastraltaschen aufgegliederten Gastralraum auf. Die Mesogloea beim Scyphopolyp dünn und lamellenartig, bei der Scyphomeduse dagegen gut ausgebildet. Mesogloea der Polypen ohne Zellen, bei Scyphomedusen dagegen fast stets mit Zellen, aber bei einigen Vertretern kommt noch die primäre, zellenfreie Mesogloea auch im Medusenstadium vor (z. B. *Cyanea*- und *Chrysaora*-Arten). Die Scyphomedusen besitzen ebenfalls 4 Gastraltaschen, ihnen fehlt das Velum (acraspedote Medusen). Der Schirm der Scyphomedusen mit deutlicher Randlappenbildung. Medusen mit Gastralfilamenten und entodermalen „Gonaden“ an der Magenwand. Mit isolierten Muskelzellen in der Mesogloea. Sie sind von den primären Epithelmuskelzellen der Hydrozoa abzuleiten. Bei Medusen (z. B. *Pelagia*) weist die Subumbrella noch Epithelmuskelzellen auf, diese sind aber sekundär quergestreift.

Die Medusen gehen aus terminalen Knospungen im Mundbereich des Polypen hervor (Strobilation). Terminale Strobilation durch Peridermröhrenbildung (z. B. bei Coronatae) bedingt. Die für Scyphozoa charakteristische Strobilation bringt nacheinander eine Anzahl von Medusen-Jugendformen (Ephyrae) hervor, welche zunächst wie ein Stapel von Tellern übereinander liegen, sich dann ablösen und zu adulten Scyphomedusen heranwachsen.

Scyphomedusen sind getrenntgeschlechtlich (Ausnahme *Chysaora*).

Das Cnidom der Scyphozoa weist nur sehr wenige Nesselkapseltypen auf. Es kommen atriche und holotriche Haplonem sowie mikrobasische Eurytelen vor. Sekundär Scyphozoa ohne Astomocniden.

Ausschließlich marine Vertreter.

Scyphopolyp (Taf. 282) (Scyphistoma-Stadium): Sehr klein, nur 1–7 mm lang. Fast stets solitär (Ausnahme *Nausithoe* z. B.). Äußerlich ähneln die sessilen Scyphopolypen mit ihrem den Mund umgebenden Tentakelkranz (meist mit 16 Tentakeln) den Hydropolypen, aber im inneren Bau zeigen sich große Unterschiede. Mundscheibe des Scyphopolypen mit vierlappigem Mundrohr, Tentakeln solid mit Entodermzellen angefüllt. Vom Entoderm der Mundscheibe dringen 4 Septen (Taeniolen) in den Gastralraum ein und bilden 4 periphere Gastraltaschen, welche miteinander in Verbindung stehen.

Die Gastraltaschen liegen perradial und werden durch die interradial liegenden Septen voneinander

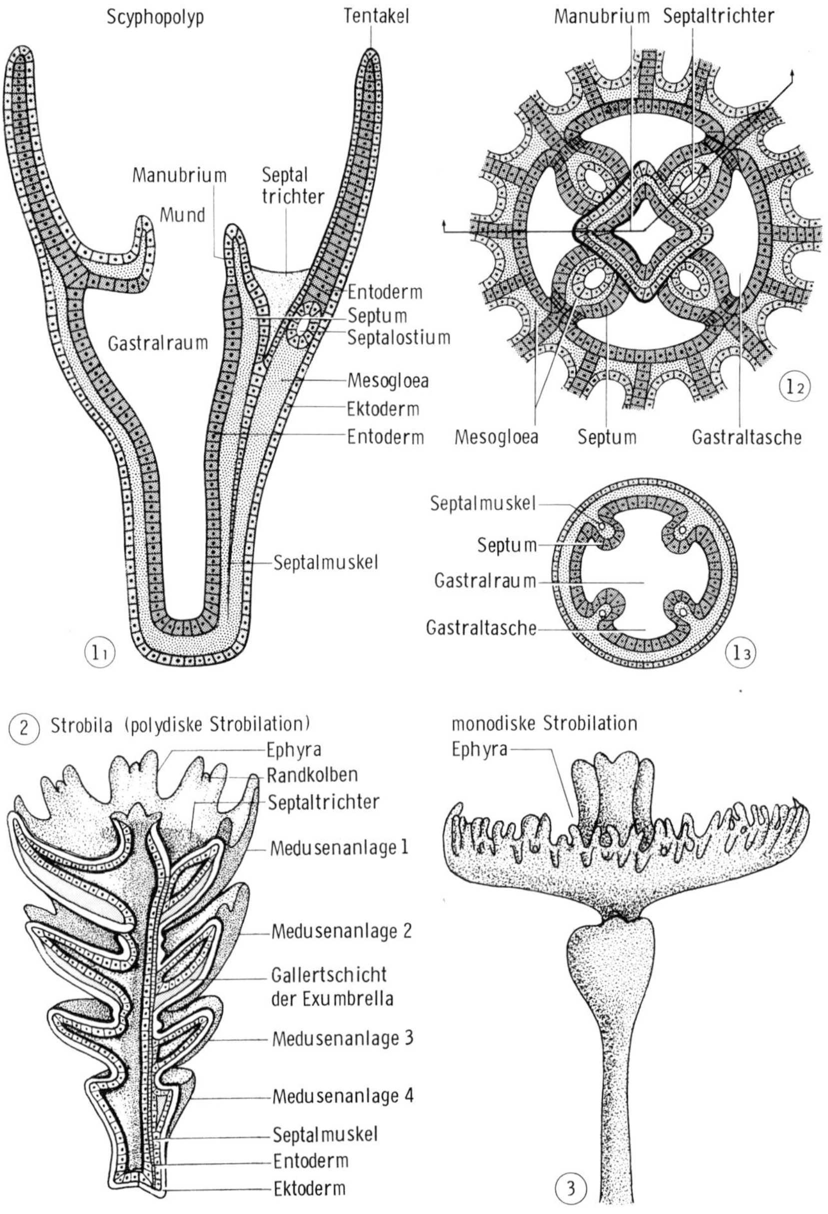

Taf. 282. Cnidaria: Scyphozoa (Scyphopolyp, Strobila). – Abb. 1. Scyphopolyp: 1/1. Scyphopolyp, Längsschnitt; links Schnitt durch Gastralraum (Gastraltasche), rechts durch Septum (nach GÖTTE; HATSCHEK); 1/2. Scyphopolyp, Querschnitt in Höhe des Manubriums und Schnittführung von 1/1 (nach GÖTTE; HATSCHEK); 1/3. Scyphopolyp, Querschnitt in der unteren Körperhälfte (nach GÖTTE; HATSCHEK). Abb. 2. *Aurelia*, polydiske Strobilation (nach REMANE). Abb. 3. *Cassiopeia*, monodiske Strobilation (nach BIGELOW).

getrennt. Jedes Septum ist mit zelliger Mesogloea angefüllt, in die sich trichterartig (Septaltrichter) das Ektoderm der Mundscheibe (Peristom) hineinsenkt und sich als Abschluß in Form eines ektodermalen Retraktormuskels bis zur Basis des Polypen fortsetzt. Seitlich des Septaltrichters sind die Septen durch Septalostien durchbrochen. Sie verbinden die benachbarten Gastraltaschen miteinander und bilden so einen gemeinsamen Ringsinus. Die solide Entodermschicht der Tentakeln steht mit dem Entoderm des Gastralraumes (Gastraltaschen und Zentralmagen) in Verbindung. Die 4 Radien der Gastraltaschen werden als Radien 1. Ordnung (Perradien), diejenigen der Septen als Radien 2. Ordnung (Interradien) bezeichnet. In der Regel mit 16 Tentakeln, davon gehören 4 den Radien 1. Ordnung, 4 den Radien 2. Ordnung und 8 den dazwischenliegenden Radien 3. Ordnung (Adradien) an.

Polypen primär mit steifer, aus Chitin bestehender Peridermröhre, die von der Epidermis ausgeschieden wird und den Körper, bis auf die obere Röhrenmündung, umschließt. Diese primäre Peridermröhre treffen wir noch bei den Coronatae (stammesgeschichtlich älteste Gruppe der Scyphozoa) an. Die innere Wand weist z.B. bei *Nausithoe*-Polypen (= *Stephanoscyphus*) kleine, dornenähnliche Fortsätze auf, die in mehreren Reihen symmetrisch angeordnet sind. Bei den stammesgeschichtlich jüngeren Discomedusae ist die primäre Peridermröhre bis auf einen kleinen, basal liegenden Becher reduziert. Die innere Wand bei den Discomedusae-Polypen fast ausnahmslos ohne die dornenähnlichen Fortsätze, nur bei *Cyanea* (Discomedusae: Semaeostomeae) ist noch ein stark reduzierter Bestand in Form einer einzigen Dornenreihe zu beobachten. Ein Hinweis für die Ableitung der Discomedusae von den Coronatae. Einige *Nausithoe*-Polypen (= *Stephanoscyphus*) weisen noch einen primären oberen Verschlußapparat auf, wie wir ihn auch bei den fossilen Conulata (nahe mit Coronatae verwandt) antreffen.

Lebensweise: Die sessilen, solitären Polypen sitzen meist in nur geringer Meerestiefe (1–20 m) auf festem Untergrund. Die Polypenstöcke von *Nausithoe* (in Schwämmen lebend) gehen in Tiefen bis zu 8300 m. Ernährung durch planktonisch lebende Organismen, welche an die Tentakeln anstoßen, gelähmt und zur Mundöffnung gebracht werden. Durch Wimperströmung (Rumpf-Tentakel-Mund) gelangen ebenfalls kleine einzellige Vertreter in die Mundöffnung. Ausschließlich marine Vertreter.

Fortpflanzung: Mit metagenetischem Generationswechsel. Eine Unterdrückung des Polypenstadiums finden wir bei der in der Hochsee lebenden Gattung *Pelagia* (Semaeostomeae). Die Planula-Larve wandelt sich hier direkt in eine junge Ephyra um.

Die Medusenknospung des Scyphopolypen läuft als eine sekundär terminale Querteilung ab, welche als Strobilation (Taf. 282:2) bezeichnet wird. Das Scyphistoma-Stadium des Polypen wird dabei in eine Strobila umgewandelt, welche terminal Querscheiben abschnürt. Diese polydiske Strobilation (Taf. 282:2) beginnt mit der Bildung einer Ringfurche unterhalb des Peristoms, wobei sich die ekto- und entodermale Körperwand einfaltet. Die Anzahl der den Polypenkörper einschneidenden und aufteilenden Ringfurchen liegt zwischen 1 und 30. Die Einschnürungen erfolgen in den meisten Fällen schnell hintereinander, so daß der Polyp (Scyphistoma-Stadium) sehr bald die Gestalt einer Strobila annimmt. Er gleicht als Strobila (polydiske Strobilation) einem Stapel aufeinandergestellter Teller (jeder „Teller“ ist eine künftige Ephyra). Die Polypententakeln werden während des Strobilationsvorganges eingeschmolzen, und die Mundscheibe erzeugt die für Scyphomedusen charakteristischen 8 radialen Randlappen, an deren gespaltener Spitze sich je ein Sinnesorgan befindet. Das Mundfeld des Polypen wandelt sich dabei immer mehr zur Subumbrella der Ephyra um. Nun erfolgt eine völlige Durchschnürung durch die Ringfurche und das junge Medusenstadium, die Ephyra (Taf. 289) wird frei. Die Ex- und Subumbrellae der darunter entstehenden Ephyren werden durch die Wände der tiefen Ringfurchen gebildet. Bei einer Einzelabschnürung (monodiske Strobilation: Taf. 282:3) stellt der Polyp dagegen seine Mundregion wieder her und schnürt dann eine neue Ephyra ab. Die frei schwimmenden Ephyren wachsen zu den voll ausgebildeten Scyphomedusen heran. Nach Abschnürung der letzten Ephyra bilden die Polypen wieder neue Tentakeln aus. Die Dauer des Strobilationsvorganges ist individuell verschieden und weitgehend temperaturabhängig. Bei höheren Wassertemperaturen läuft der Prozeß beschleunigt ab.

Neben der terminalen Medusen-Strobilation kommt es in wenigen Fällen noch zur primären lateralen Polypen-Knospung, wobei neue Scyphistoma-Stadien entstehen, welche sich vom Mutterpolyp ablösen. Die Knospung erfolgt lateral an der Rumpfwand oder an einem kurzen Stolo. Nur in Ausnahmefällen (z. B. *Nausithoe*) kommt es zur Ausbildung kleiner, verästelter, mit einer chitinhaltigen Cuticula versehenen Polypenstöcke. Selten auch Polypenstrobilation in Form einer Querteilung (z. B. *Aurelia*).

Scyphomeduse (Taf. 213:2 u. 283): Sie stellt die Geschlechtsgeneration der Scyphozoa dar. Meist getrenntgeschlechtlich. Die bei der Strobilation abgelösten jungen Ephyrae bilden zunächst noch eine Reihe zusätzlicher Merkmale aus, ehe sie sich in adulte Medusen umgewandelt haben. Das Ephyra-Stadium bildet schon am Mutterpolypen 8 radiale, primäre Randlappen aus, welche das Peristom umgeben. Nach dem Freiwerden der Ephyra bilden sich zwischen ihnen 8 Velarlappen aus, welche die Lücken zwischen den Randlappen ausfüllen. Die achtstrahlige, sternartige, mit großen Lücken zwischen den Randlappen versehene Gestalt der Ephyra wird dabei in die Gestalt der Meduse mit kompaktem, geschlossenem Schirm umgewandelt. Am äußeren Rand der Velarlappen entstehen die interradial liegenden Tentakeln der Meduse. Die Randlappen bleiben an der Spitze gespalten, und in jedem Spalt liegt ein Sinnesorgan (Sinneskolben, Rhopalium).

Die adulte Scyphomeduse hat normal eine glockenförmige oder eine mehr scheibenförmige („Discomedusen“) Gestalt. Der Bau gleicht grundsätzlich demjenigen der Hydromedusen, unterscheidet sich aber durch eine Reihe wesentlicher Merkmale.

Die Schirmgallerte ist bei den meisten Scyphomedusen sekundär mit Zellen versehen (Ausnahme einige *Cyanea*-Arten und *Tetraplatia*). Scyphomedusen erreichen sekundär sehr beträchtliche Größen (bis zu 2,3 m Durchmesser) und unterscheiden sich auch dadurch von den wesentlich kleineren Hydromedusen. Bei den am Meeresstrand angeschwemmten größeren Quallen handelt es sich stets um Scyphomedusen. An der Nordsee sind es vor allem Vertreter der Gattungen *Aurelia* und *Cyanea* mit Schirmdurchmessern bis zu 30–50 cm.

Scyphomedusen besitzen, im Gegensatz zu den Hydromedusen, kein Velum (acraspedote Medusen). Der Rand der Medusenglocke im Normalfall mit 8 Primär- und 8 Velarlappen. Die Primärlappen (Randlappen) sind oft sekundär stark verkleinert (z. B. *Aurelia*). Scyphomedusen haben allgemein eine lange Hauptachse; ihr Schirm stellt praktisch das trichterartig verlängerte und konkav ausgehöhlte Peristom des Polypen dar, sogar die Septaltrichter sind vorhanden. Bei einigen Scyphomedusen (z. B. Fahnenquallen, *Aurelia*) ist die Hauptachse dagegen verkürzt und ein flacher Schirm ausgebildet. In der Mitte der Primärlappen liegt je ein keulenförmiges, statisches Sinnesorgan (Rhopalium, Sinneskolben, (Taf. 229:1 u. 284:3)). Die Rhopalien, 4 oder 8 an der Zahl, sind ekto-entodermaler Herkunft und stellen hohle Ausstülpungen der Körperwand dar. Vermutlich stellen sie umgewandelte, perradiale Tentakeln dar. Sie sind von einer lappenartigen Ektodermausstülpung überdeckt. Rhopalien besitzen eine doppelte Wandung aus Ekto- und Entoderm. Die in der Spitze des Kolbenkanals liegenden Entodermzellen (Taf. 284:3) sind mit Kristallen angefüllt. Diese Kristalle bilden eine Art von Pendel, welches bei den Bewegungen der Meduse hin- und herschwingt. Dabei werden Sinneszellen des Rhopaliums gereizt, so daß die Lage des Schirmes im Wasser festgestellt und reguliert werden kann. Ableitung des von den Kristallen (Statolithen) empfangenen Reizes zu einem epithelialen Netz von Ganglienzellen (Nervenzentrum) im Bereich des Kolbens und seiner Umgebung. Die Rhopalien können außerdem noch mit Sinnesgruben in Form von Riechgruben oder auch mit einfachen Ocellen (z. B. *Aurelia*) (Taf. 229:1) versehen sein. Die Ocellen zum Teil einfach flächenhaft oder Grubenaugen mit einem vom Entoderm gebildeten Pigmentbecher und ektodermalen Sehzellen. Schirmunterseite (Subumbrella), Tentakeln und Mundarme mit einem ektodermalen Gangliennetz versehen. Die Nesselzellen besitzenden Tentakeln liegen im Bereich der sekundären Velarlappen. Die Zahl der Tentakeln kann sekundär stark vermehrt sein, bis zu Tausenden von Tentakeln. Die Subumbrella der Medusenglocke ist Trägerin der Muskulatur, welche sich aus einer stark ausgebildeten Ringmuskulatur (Coronalmuskulatur) und radiär verlaufenden Muskelzügen zusammensetzt. Die Subumbrella bildet in der Nähe der Mundrohrbasis 4 trichter- oder grubenförmige Subgenitalhöhlen aus. Über diesen Subgenitalhöhlen liegen die entodermalen „Gonaden“ der Scyphomedusen.

Das vierkantige Mundrohr meist kurz und polypenähnlich, der Rand mit 4 kurzen Lappen. Bei den Fahnenquallen (Semaeostomeae) sind die Lappen in lange Mundarme umgewandelt. Der an das Mundrohr (Manubrium) anschließende Gastrovascularraum mit zentralem Gastralraum (Zentralmagen, Magendarm) und 4 peripher in den Perradien liegenden Gastraltaschen. Die Gastraltaschen werden von 4 interradial liegenden Septen voneinander getrennt. Die Septen reichen nicht ganz bis zur Peripherie des Schirmes, so daß ein Kanal (Festonkanal) ausgespart bleibt. Septen an ihrer Basis stark verbreitert. Die Polypensepten werden während der Strobilation aufgelöst. Die in den Gastralraum hineinragenden Septen treten bei den Scyphomedusen im allgemeinen nur wenig in Erscheinung und können zum Teil auch wieder reduziert sein. Ihre Lage wird durch die in den Gastralraum hineinragenden, mit Nesselzellen besetzten Gastralfilamenten an ihrer Basis gekennzeichnet.

Der Gastrovascularraum der Scyphomedusen besitzt neben dem Zentralmagen und den 4 Gastral-

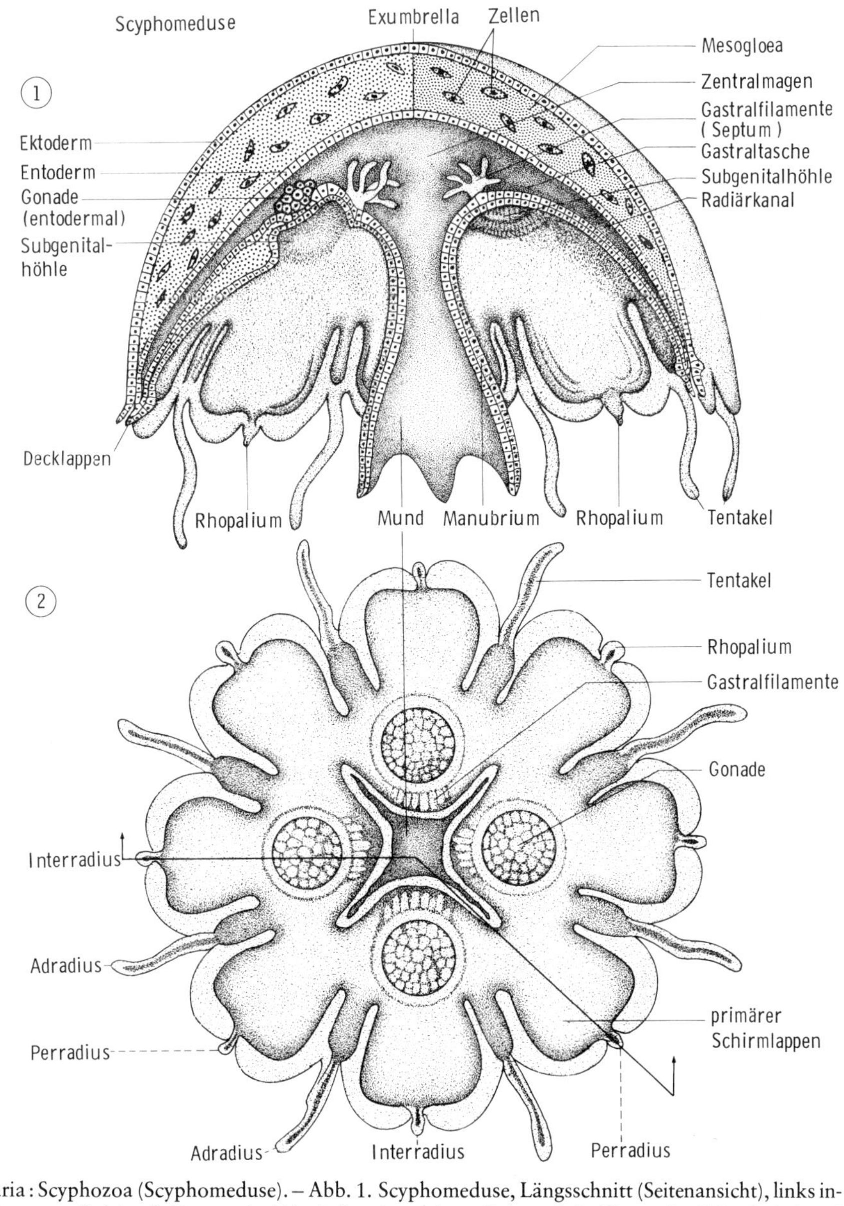

Taf. 283. Cnidaria: Scyphozoa (Scyphomeduse). – Abb. 1. Scyphomeduse, Längsschnitt (Seitenansicht), links interradial und rechts perradial (nach REMANE). Abb. 2. Scyphomeduse, Sicht auf die Unterseite (Mundseite) und Schnittführung von 1 (nach REMANE).

taschen noch weitere Differenzierungen. Von den Gastraltaschen können verzweigte Radiärkanäle ausgehen, außerdem kann ein Ringkanal (Ringsinus) die Gastraltaschen miteinander verbinden. Gastraltaschen, Radiärkanäle und Ringkanal werden zusammen als Kranzdarm, als peripherer Abschnitt des Gastrovascularsystemes bezeichnet. Im Extremfall können im peripheren Bereich komplizierte Kanal-Netzwerke entstehen. Die „Gonaden" der Scyphomedusen sind (im Gegensatz zu den Hydromedusen) entodermaler Herkunft. Sie stellen entweder 4 Entodermaussackungen der 4 Gastralsepten (Coronatae) dar, welche in die Gastraltaschen hineinhängen, oder sie bestehen sekundär aus 4 Entodermaussackungen (Semaeostomeae und Rhizostomeae) am Rande des Zentralmagens oberhalb der subumbrellaren Subgenitalhöhlen. Die „Gonaden" ragen dann (z.B. Semaeostomeae) direkt in die Subgenitalhöhle hinein. Die Ableitung der Geschlechtsprodukte erfolgt aber stets über den Gastralraum, da zwischen „Gonaden" und Subgenitalhöhle eine trennende Gastrogenitalmembran liegt.

Scyphomedusen sind, mit wenigen Ausnahmen wie z.B. *Chrysaora* getrenntgeschlechtlich. Die in den „Gonaden" gebildeten Geschlechtszellen gelangen in das Gastrovascularsystem und werden über die Mundöffnung nach außen abgegeben. Befruchtung im freien Wasser. Spermien können aber auch über die Mundöffnung in den Gastralraum eindringen und dort die Eier befruchten, da man bei einzelnen Arten Embryonen im Gastralraum weiblicher Tiere gefunden hat. Bei einigen Vertretern (z.B. *Cyanea, Aurelia*) findet Brutpflege statt, und die Embryonen verbleiben bis zum Planula-Stadium in den weiblichen „Gonaden".

Embryonalentwicklung (Taf. 198): Gastrulation primär durch Einwanderung (einige Coronatae), meist aber in Form von sekundärer Invagination. Die dabei entstehende Planula-Larve schwimmt einige Tage umher, setzt sich dann fest und wandelt sich in die Polypenform (Taf. 259) um.

Selten (z.B. *Pelagia*) wandelt sich die Planula-Larve über das Ephyra-Stadium direkt in eine Meduse um.

Scyphomedusen sind (mit wenigen Ausnahmen) freischwimmende, stets marin lebende Formen. Sekundär fast festsitzende Medusen treffen wir bei einigen Rhizostomeae (z.B. *Cassiopeia*) an. Die primär freischwimmenden Vertreter leben meist in den Schelfgebieten, einige Arten (z.B. Pelagiidae) auch auf hoher See. Manchmal treten die Schelfformen in riesigen Schwarmgesellschaften auf. Scyphomedusen leben räuberisch und ernähren sich von vielerlei kleineren Tierarten. Die mit Nesselzellen versehenen Tentakeln hängen meist wie Angelschnüre herab; Tentakellängen bis zu 10–30 m. Die von den Nesselbatterien der Tentakeln gelähmte Beute wird an die Mundöffnung gebracht und in den Zentralmagen überführt. Die extrazelluläre Vorverdauung erfolgt durch die Tätigkeit der in den Gastralraum hineinragenden Gastralfilamente. Sie scheiden Fermente ab, welche eine grobe Spaltung der Nahrung bewirken. Die intrazelluläre Endverdauung erfolgt in den Entodermzellen des Gastralraumes.

System: Klasse Scyphozoa mit den Unterklassen Scyphozoea und Conulata (nur fossil vertreten).

Unterklasse Scyphozoea
(Taf. 282–291)

Mit den Ordnungen Coronatae (Tiefseequallen), Semaeostomeae (Fahnenquallen) und Rhizostomeae (Wurzelmundquallen). Die Semaeostomeae und Rhizostomeae werden in einer gemeinsamen Überordnung Discomedusae zusammengefaßt.

Ordnung Coronatae (Tiefseequallen)
(Taf. 284–287)

Artenarme Ordnung mit nur etwa 30–35 Arten. Lebensweise noch sehr ungenügend bekannt. Bis auf wenige Ausnahmen kennt man nur die Medusenform. Bei *Nausithoe* Ausbildung kleinerer Polypenkolonien, sowie normale, terminale Strobilation mit Ausbildung von Ephyren. Mit primärer polydisker Strobilation.

Die Längsachse der Medusenform (Taf. 284 + 285) ist gegenüber den Stauro- und Cubomedusen stark verkürzt, so daß bei den Coronatae die normale Medusengestalt vorherrscht. Durchmesser des Schirmes meist nur wenige Zentimeter, zum Teil aber auch bis zu 30–40 cm. Schirm zum Teil normal gewölbt, zum Teil stark abgeflacht (z. B. *Atolla*). Als typisches Merkmal der Coronatae ist die Exumbrella des Schirmes durch eine tief einschneidende, horizontale Ringfurche (**Coronalfurche**) (Taf. 284 + 285) in eine obere Schirmkuppel und eine untere Corona (mit Tentakeln und Rhopalien) geteilt. Die Peripherie der Corona mit Pedalien (häufig 16) in Form stark umgebildeter Gallertsockel. Die Pedalien sind durch Rinnen voneinander getrennt. Unterhalb dieses Rinnenbereiches sind Randlappen (häufig 16) ausgebildet, so daß immer Pedalien und Randlappen alternierend angeordnet sind. Pedalien alternierend mit soliden Tentakeln oder mit Rhopalien besetzt. Die Zahl der Tentakeln kann

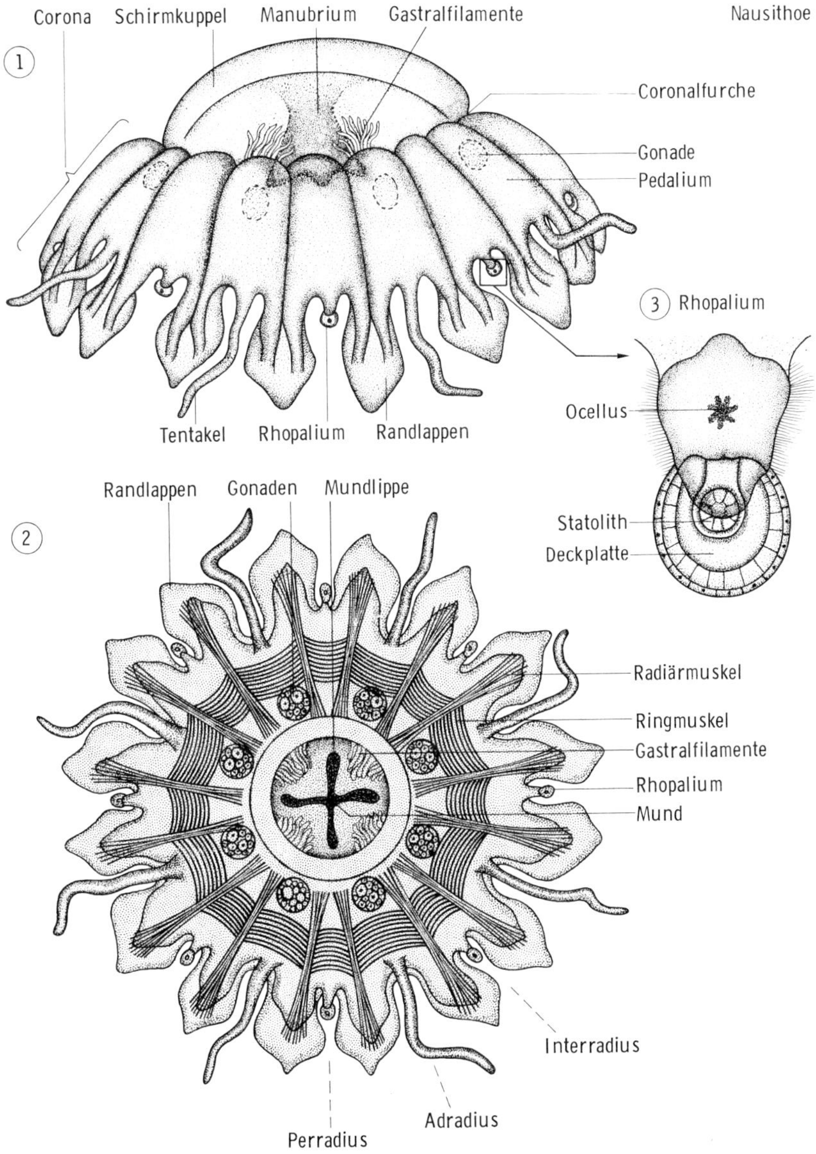

Taf. 284. Cnidaria: Scyphozoa (Coronatae). – Abb. 1. *Nausithoe*, Meduse (nach MAYER). Abb. 2. *Nausithoe*, Meduse, schematischer Querschnitt (nach LANG). Abb. 3. *Nausithoe punctata*, Rhopalium (nach HERTWIG).

aber diejenige der Rhopalien übertreffen, so zum Beispiel 12 Tentakeln, 4 Rhopalien und 16 Randlappen. Rhopalien (Taf. 284:3) mit Ocellus und terminalem Statolith, welcher von einer Deckplatte überdeckt wird. Zahl der Randorgane (Rhopalien, Tentakeln) stets 4 oder ein Vielfaches von 4. Mund mit einfachen, kurzen Lippen. Das Manubrium mündet im Zentralmagen. Gastralraum mit Zentralmagen und 4 Gastraltaschen, welche durch Septen voneinander getrennt sind. Septen mit kurzen Septaltrichtern. Mit tiefen Subgenitalhöhlen. Septen mit Gastralfilamenten. Die „Gonaden" lateral an den Septen liegend und in die Gastraltaschen hineinhängend. Mit gut entwickelter Radiärmuskulatur und Ringmuskulatur, welche im Coronabereich liegt. Im Gegensatz zu anderen Scyphozoa bildet der untere (im Bereich der Corona liegende) Teil des Zentralmagens einen ringförmigen Sinus, da in diesem Bereich die Septen sehr stark reduziert sind. Von diesem ringförmigen Zentralmagen gehen viele kleinere Kanäle in die Pedalien und Randlappen.

Cnidom: Holotriche Haplonemen und mikrobasische Eurytelen.

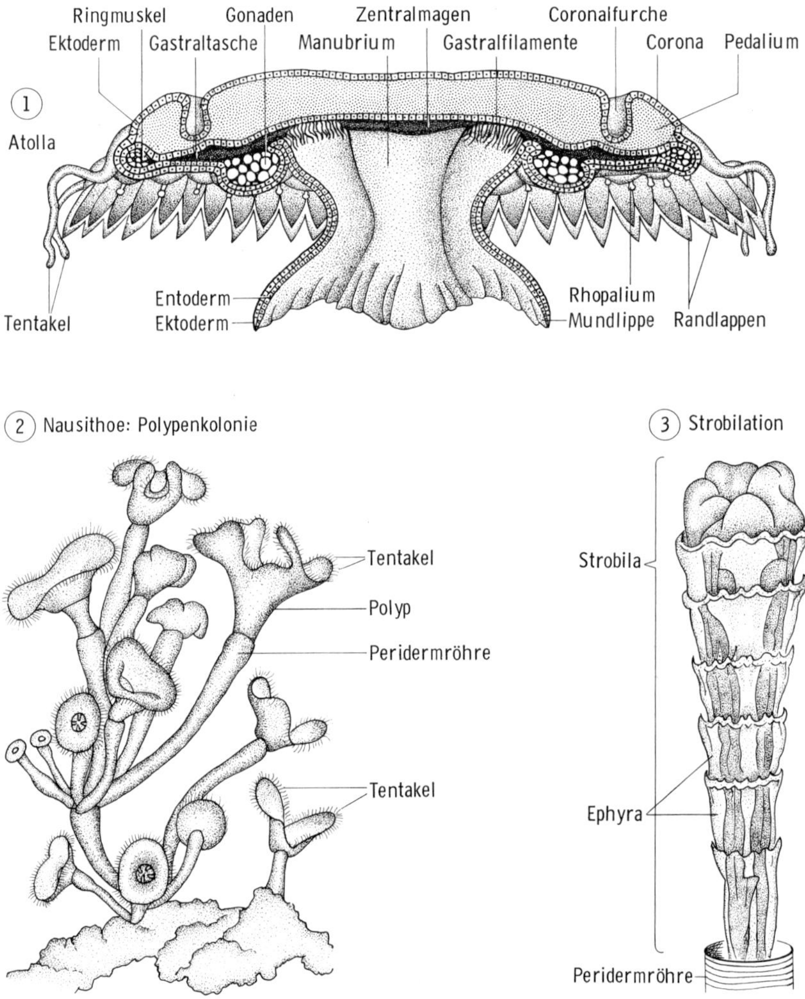

Taf. 285. Cnidaria: Scyphozoa (Coronatae). – Abb. 1. *Atolla*, Meduse. Abb. 2. *Nausithoe*, Polypenkolonie (nach Komai). Abb. 3. *Nausithoe*, Strobilation, Strobilakette aus der Peridermröhre herausgestoßen (abgeändert nach Komai; Werner).

Entwicklung (Taf. 285:2, 3): Meist noch unbekannt. Nur von einigen Vertretern (z. B. *Nausithoe*) ist der volle metagenetische Zyklus bekannt. Die Eier (z. B. bei *Linuche*) werden in das umgebende Wasser abgegeben. Die Furchung verläuft total-inaequal, es entsteht eine Coeloblastula und durch Invagination das Planula-Stadium. Ein Scyphistoma-Stadium ist bisher nur von *Nausithoe* (Scyphopolyp *Stephanoscyphus*), und von *Atorella* (ebenfalls unter *Stephanoscyphus* eingereiht) bekannt. Die bewimperte Planula-Larve von *Nausithoe* setzt sich z. B. in Schwämmen (*Suberites, Spongia, Myxilla*) fest und wandelt sich dort in einen Scyphopolypen (Scyphistoma-Stadium) um. Die durch Knospung entstehenden Tochterpolypen lösen sich nicht vom Mutterpolyp, so daß im Inneren des Schwammes kleinere, reich verzweigte Polypenkolonien (Taf. 285:2) entstehen. Sie ragen mit Mund und Tentakeln aus den Oscula des Wirtsschwammes heraus und besitzen eine mehr endokommensalische Lebenswei-

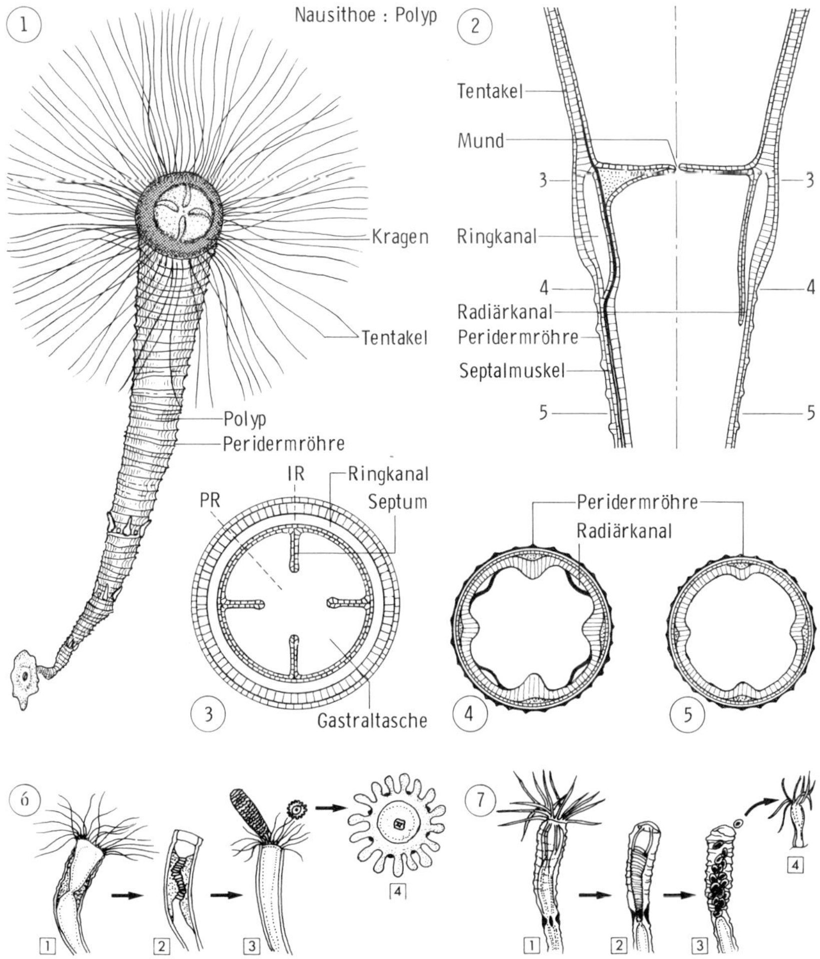

Taf. 286. Cnidaria: Scyphozoa (Coronatae). – Abb. 1–5. *Nausithoe*, Polyp (nach Werner): 1. Polyp in Peridermröhre; 2. Längsschnitt, links interradial, rechts perradial; 3. Querschnitt, Ebene 3–3 des Längsschnittes; 4. tiefer liegender Querschnitt, Ebene 4–4 des Längsschnittes; 5. am tiefsten gelegener Querschnitt, Ebene 5–5 des Längsschnittes. Abkürzungen: IR = Interradius, PR = Perradius. Abb. 6. *Nausithoe punctata*, Strobilation und Ephyrabildung (nach Werner aus Tardent). Abb. 7. *Nausithoe planulophorus*, Strobilation und Polypenbildung (nach Werner aus Tardent).

se. Neben diesen verzweigten Polypenkolonien kommen auch solitäre Polypen (*Nausithoe, Atorella*) vor, die sich mit einer basalen Haftscheibe an Steinen und Molluskenschalen festheften. Der Polyp (Taf. 286) ist von einer aus Chitin bestehenden Peridermröhre (dadurch laterale Polypenbildung nicht möglich) umgeben, die von der Epidermis ausgeschieden wird und den Körper von außen umschließt. Aus der oberen Röhrenmündung wird nur der Kopfbereich mit Mundfeld und Tentakeln herausgestreckt.

Der sich verjüngende basale Bereich des Polypen endet in einer kleinen Haftplatte. Die Außenseite der Peridermröhre (mit rundem Querschnitt) besitzt eine ausgeprägte Oberflächenstruktur in Form von Querringeln und Längsstreifen. Der Polypenmund ist eine einfache Öffnung und liegt auf einer ebenen Fläche, es ist kein Mundkegel (wie etwa bei Semaeostomeae) ausgebildet. Mit soliden, fadenförmigen Tentakeln. Zahl der Tentakeln 40–100. Polyp mit 4 Gastralsepten und 4 Septalmuskeln, ohne Septaltrichter. Im Kopfbereich des Polypen befindet sich ein aus Ringkanal und 4 Radiärkanälen bestehendes Kanalsystem, welches dem Medusen-Kanalsystem entspricht. Mit normaler, terminaler polydisker Strobilation (Taf. 285:3), bei welcher in der Regel normal gestaltete Ephyren entstehen. Die Ephyren entwickeln sich zu normalen Medusen (*Nausithoe*), oder sie werden in einer abgekürzten Entwicklung bereits geschlechtsreif. Zum Teil Strobilation innerhalb der Peridermröhre (Taf. 286:7), oder die Strobilakette wird vom regenerierten Polypen aus der Peridermröhre herausgestoßen (Taf. 286:6). Bei der Strobilation innerhalb der Peridermröhre entstehen Planula-Larven, die sich in Polypen umwandeln.

Offensichtlich bestehen engere verwandtschaftliche Beziehungen zu den fossilen Conulata, die ebenfalls eine Peridermröhre (Conulatengehäuse) aufweisen. Die Conulata sind nur fossil bekannt und treten vom Praekambrium bis zur Trias auf.

Von den rezenten Scyphozoa stellen die Coronatae die stammesgeschichtlich ältesten Vertreter dar.

Lebensweise: Medusen zum Teil im marinen Oberflächenbereich, häufig aber in beträchtlichen Tiefen bis zu 8300 m. In allen Meeren. Die Tiefseevertreter sind ausgesprochen dunkel gefärbt. Polypen teils solitär, teils kolonienbildend. Auf Unterlagen festgeheftet oder kommensalisch im Inneren von Wirten (Schwämmen) lebend.

Periphyllidae. Verhältnis Tentakeln: Rhopalien = 4:1. *Periphylla:* Schirmdurchmesser bis zu 20 cm. Von den 16 Pedalien 12 mit Tentakeln und 4 mit Rhopalien.

Ephyropsidae. Verhältnis Tentakeln: Rhopalien = 1:1. Von den 16 Pedalien 8 mit Tentakeln und 8 mit Rhopalien. *Nausithoe* (Taf. 284–286): Schirmdurchmesser 1–4 cm. Polypen kolonienbildend, bisher unter *Stephanoscyphus* eingereiht. Einige Arten leben mehr an der Wasseroberfläche, andere dagegen sind ausgesprochene Tiefseeformen, die in Tiefen bis zu 8300 m auftreten. – *Linuche*: Mehr an der Wasseroberfläche.

Atorellidae. Mit 6 Tentakeln und 6 Rhopalien. *Atorella*: Mit solitären Polypen, die bisher unter *Stephanoscyphus* eingereiht wurden.

Atollidae. Mit zwei alternierenden Pedalien-Reihen. Mit 32–64 Randorganen (Tentakeln und Rhopalien in gleicher Zahl). *Atolla* (Taf. 285:1): Schirm sehr flach. In Tiefen bis zu 4600 m. *Tetraplatia* (Taf. 287): Systematische Stellung umstritten. Von einigen Bearbeitern auch bei den Trachylidea eingereiht, oder als eine eigene Ordnung (Pteromedusae innerhalb der Hydroidea betrachtet.) Pelagische Lebensweise. Länge 3–8 mm. Körper spindelförmig, langgestreckt, mit aequatorialer Ringfurche (daher Einreihung bei Coronatae). Vom aequatorialen Bereich gehen 4 kleinere Randlappen mit einem „Velumrudiment“ aus, welche je 2 Statocysten besitzen (daher Einreihung bei Trachylidea, bzw. Hydroidea). Der aborale, gewölbte obere Körperteil stellt die Schwimmglocke dar und entspricht der Umbrella einer Meduse. Der untere Körperteil besteht aus dem langgezogenem Manubrium mit der terminalen Mundöffnung. Gastralraum im oberen aboralen Bereich ohne Radiär- und Ringkanäle. Die 4 „Gonaden“ liegen im Entoderm des Glocken-Manubriumbereiches; getrenntgeschlechtlich. Körper ganz mit Cilien bedeckt.

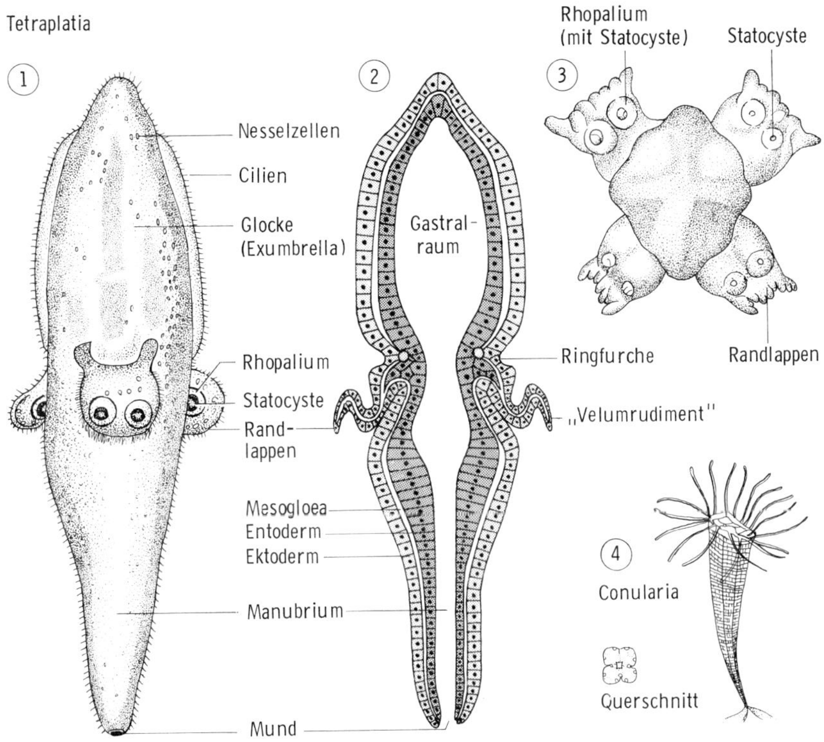

Taf. 287. Cnidaria: Scyphozoa (Coronatae). – Abb. 1–3. *Tetraplatia volitans*: 1. Meduse, Seitenansicht (nach VIGUIER); 2. Meduse, Längsschnitt; 3. Meduse, von oben gesehen (nach VIGUIER). Abb. 4. *Conularia* (Conulata): Rekonstruktion (nach WERNER).

Überordnung Discomedusae (Scheibenquallen)

Zu dieser Überordnung zählen die Ordnungen der Semaeostomeae und Rhizostomeae. Beide Ordnungen sind nahe miteinander verwandt, und weisen die Discomedusae als monophyletische Gruppe aus.

Ordnung Semaeostomeae (Fahnenquallen)
(Taf. 288–290)

Relativ kleine Ordnung mit etwa 50 Arten. Allgemein mit Generationswechsel Polyp – Meduse. Medusen im Normalfall getrenntgeschlechtlich, in Ausnahmefällen (z. B. *Chrysaora*) zwittrig mit Protandrie. Medusen (Taf. 288–290) mit flachem, pilzförmigem Schirm. Durchmesser des Schirmes bis zu 2,0–2,3 m (z. B. *Cyanea*-Arten). Medusen ohne die für Coronatae charakteristische Ringfurche und auch ohne Pedalien. Schirmrand mit relativ kleinen Randlappen. Mit hohlen Tentakeln, welche meist als Randtentakeln ausgebildet sind; zum Teil liegen sie aber auch tiefer an der Subumbrellarfläche. Ihre Zahl ist dann sekundär stark vergrößert. Oft stehen die Tentakeln in Büscheln an der Subumbrellarfläche. Die Randtentakeln (bei großen *Cyanea*-Arten bis zu 20 m lang) liegen zwischen oder unter den Randlappen. Sekundär können bei einigen Vertretern die Tentakeln auch ganz fehlen. Die Rhopalien (8 oder 16) sind hohl und unterhalb der Randlappen angeordnet. Das Mundrohr mit 4 sehr charakteristischen, kontraktilen Mundarmen (Mundfahnen), welche die verlängerten Kanten des Mundrohres darstellen. Mundarme sehr lang und an beiden Kanten mit breiten, sich stark faltenden Streifen (Fahnen, daher der Name Fahnenquallen) versehen. Auch die Mundarme mit Nesselzellen, sie dienen ebenfalls zum Beutefang. Ausbildung des Gastralraumes unterschiedlich bei Polypen und Medusen. Die für Scyphozoa charakteristische Septenbildung (4 Septen und 4 Gastraltaschen) treffen wir bei den Fahnenquallen nur noch im Polypenstadium an. Die ursprünglich vorhandenen Gastralsepten werden während des Strobilationsablaufes völlig zurückgebildet. Die Medusen besitzen daher einen sekundär einheitlichen Gastralraum (Zentralmagen). Die 4 peripher gelegenen Bündel von Gastralfilamenten erinnern noch an den früheren Septenbesitz im Scyphistomastadium.

Vom Zentralmagen gehen bei den Ephyren (Taf. 289 u. 290) der Fahnenquallen taschenförmige Ausstülpungen in Richtung der Primärlappen, kleinere auch in Richtung der Velarlappen. Bei den adulten Medusen sind diese Gastrovasculartaschen in Marginaltaschen bzw. Radiärkanäle umgewan-

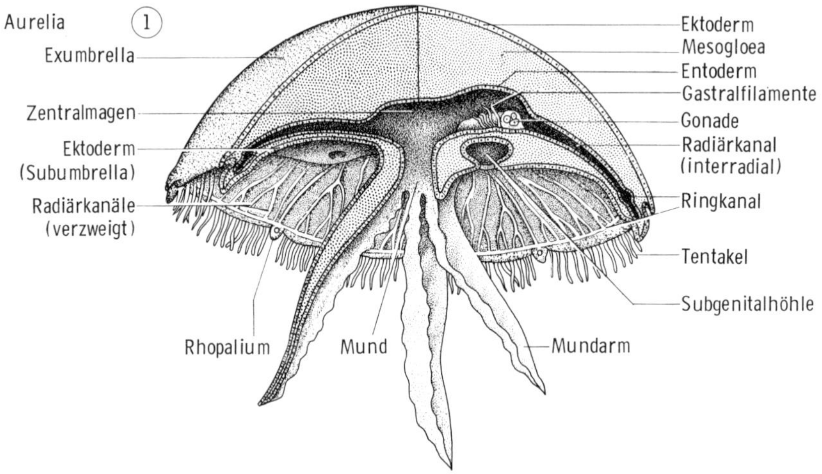

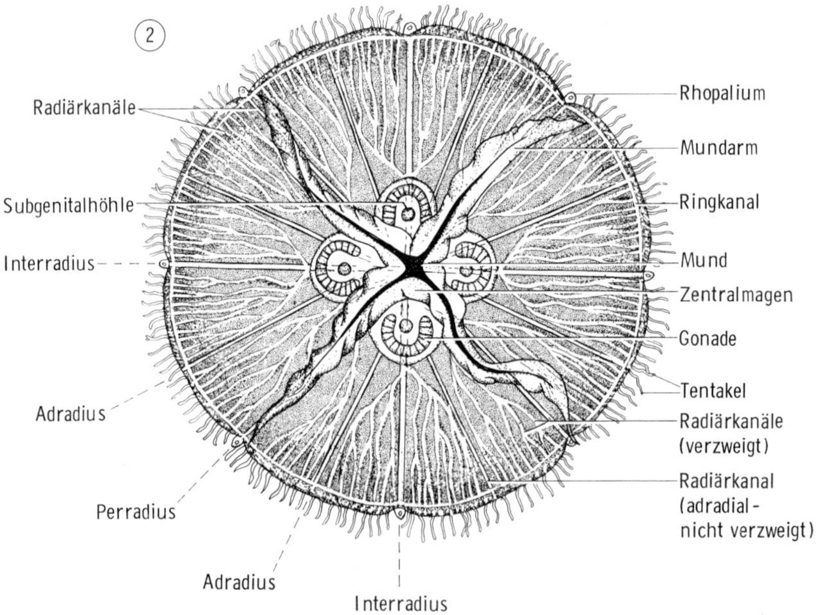

Taf. 288. Cnidaria: Scyphozoa (Semaeostomeae). – Abb. 1. *Aurelia*, Meduse, links perradialer und rechts interradialer Schnitt (nach versch. Autoren). Abb. 2. *Aurelia*, Meduse, Ventralansicht (nach HYMAN).

delt, welche in den Schirmbereich hineinragen. Daher Aufteilung des Gastralraumes in 2 Abschnitte, einen inneren Zentrogaster (Zentralmagen) und einen äußeren, aus den Radiärkanälen bestehenden Coronaldarm. Sekundär (z.B. bei großen *Cyanea*-Arten) kann auch durch Verzweigung ein regelrechtes Netzwerk von Gastralkanälen entstehen. Selten mit einem die Radiärkanäle verbindenden Ringkanal (z.B. *Aurelia*).

Die entodermal liegenden 4 „Gonaden" der Fahnenquallen entstehen als Faltungen der der Subumbrella zugeneigten Magenwand. Sie liegen am Rande des Zentralmagens direkt über den 4 Subgenitalhöhlen. Eine Gastrogenitalmembran trennt aber „Gonaden" von der jeweiligen Subgenitalhöhle, so daß (wie auch sonst üblich) die Geschlechtsprodukte durch Aufplatzen der „Gonaden" in den Gastralraum gelangen. Während bei den Cubozoa (Stauro- und Cubomedusen) sowie bei den Coronatae die „Gonaden" von den 4 Gastralsepten ausgehen und in die Gastraltaschen hineinhängen, liegen sie bei

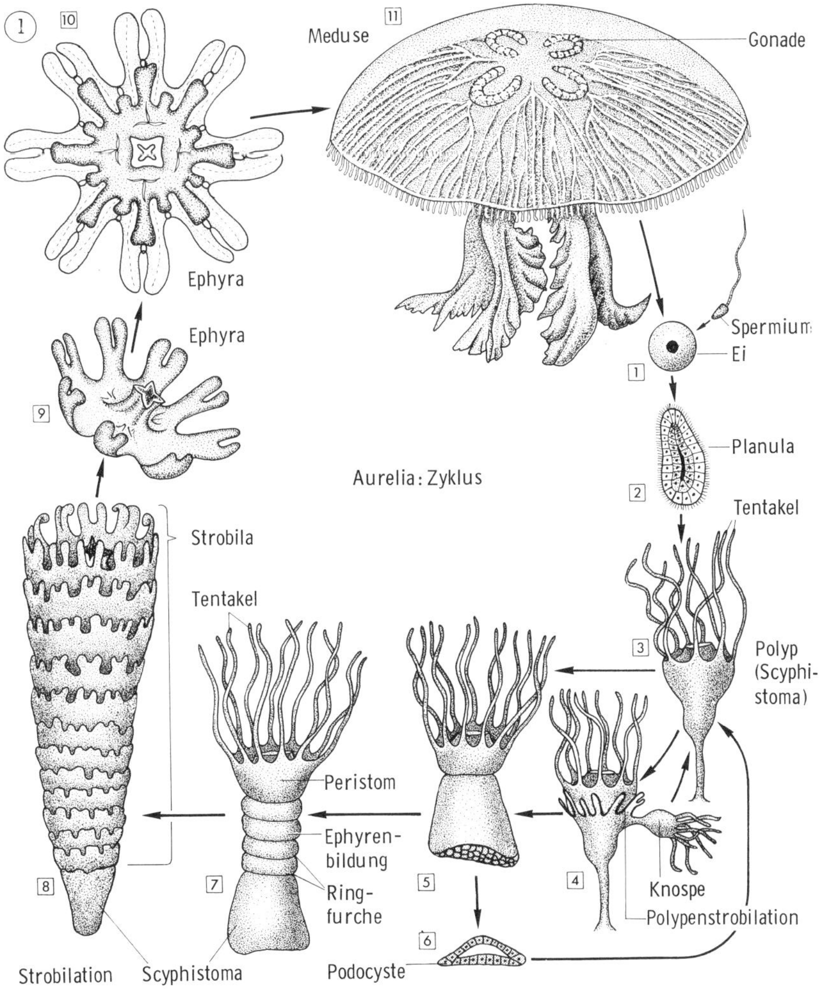

Taf. 289. Cnidaria: Scyphozoa (Semaeostomeae). – Abb. 1. *Aurelia*, Zyklus (nach versch. Autoren): 1/1. Befruchtung; 1/2. Planula-Larve; 1/3. Scyphopolyp; 1/4. ungeschlechtliche Fortpflanzung durch laterale Knospung und Polypenstrobilation; 1/5, 1/6. ungeschlechtliche Fortpflanzung durch Podocystenbildung; 1/7, 1/8. Strobilation; 1/9. Ephyra, gerade abgeschnürt; 1/10. Ephyra, Ansicht von der Mundseite.

den Fahnenquallen (bedingt durch das Fehlen der Septen) an der Magenwand oberhalb der Subgenitalhöhlen. Bei großen Arten (z. B. *Cyanea*-Arten) können die „Gonaden" die Subgenitalhöhlen so stark nach außen ausbeulen, daß die Entodermfalten mit den „Gonaden" wie gefaltete Gardinen in den Raum oberhalb der Subgenitalhöhle hängen. Medusen fast stets getrenntgeschlechtlich, selten (z. B. *Chrysaora*) auch zwittrig mit Protandrie.

Cnidom: Atriche und holotriche Haplonemen und mikrobasische Eurytelen.

Polypengeneration bei den Fahnenquallen meist gut entwickelt, mit typischem metagenetischem Generationswechsel. Polyp (Scyphistoma-Stadium) mit den typischen 4 Gastralsepten und 4 Gastraltaschen. Der Bauplan kann als Vorstufe zum Bauplan der Rhizostomeae betrachtet werden.

Embryonalentwicklung: Befruchtung der Eier im freien Wasser. Furchung total, leicht inaequal. Gastrulation durch Invagination. Im Normalfall (Taf. 289) wandelt sich die bewimperte Planula-Larve in das festsitzende Polypenstadium um, welches durch polydiske oder auch monodiske Strobilation Ephyren abgibt. In Sonderfällen (z. B. *Pelagia*: Taf. 290) wandelt sich die Planula-Larve direkt in eine Ephyra um. Ungeschlechtliche Fortpflanzung durch laterale Polypenknospung am Polyp, durch Polypenstrobilation in Form einer Querteilung (z. B. *Aurelia*) oder auch durch Podocystenbildung. Podocysten stellen Dauerstadien dar. Sie enthalten totipotente Amoebocyten, welche von einer Peridermhülle (Podocystenhülle) umgeben sind.

Lebensweise: Im marinen Küstenbereich. In warmen, gemäßigten und z. T. (z. B. *Cyanea*) auch in polaren Meeren. In der Hochsee kommen nur Vertreter der Pelagiidae vor, welche zum Teil Leuchtvermögen (*Pelagia noctiluca*: Leuchtqualle) besitzen. Küstenformen z. T. mit symbiontischen Zooxanthellen, wenn Lebensweise in sauerstoffarmem Wasser vorliegt.

Pelagiidae. Die Tentakeln bilden eine einfache Reihe am Schirmrand. Ohne Ringkanal. Oft mit prächtigen Violett- und Rotfärbungen. *Chrysaora* (Schirmdurchmesser bis zu 30 cm. Hermaphroditen. Primär männlich, dann zwittrig und zuletzt weiblich). *Pelagia* (Taf. 290): Hochseetiere, Schirmdurchmesser 5–7 cm. Zum Teil mit Leuchtvermögen. Planula wandelt sich direkt in eine Ephyra um. Mit Schwarmbildung.

Cyaneidae. Größte Medusen innerhalb der Scyphozoen und auch der Cnidaria allgemein, oft mit bläulicher Färbung. Schirmdurchmesser bis zu 2,0–2,3 m (*Cyanea arctica*), Tentakellängen bis zu 20 m. Tentakeln nicht nur am Schirmrand, sondern auch an der Subumbrellarfläche, Zahl daher sehr groß. Tentakeln an der Subumbrellarfläche in Bündeln angeordnet. Die „Gonaden" drücken bruchsackartig die Subgenitalhöhlen nach außen. *Cyanea, Drymonema*.

Ulmariidae. Schirm relativ flach, mit Ringkanal. Im Gegensatz zu den Pelagiidae und Cyaneidae sind die Tentakeln sehr kurz. Ulmariidae sind ausgesprochene microphage Partikelfresser. Radiärkanäle verzweigt. Mit Subgenitalhöhlen. *Aurelia*, Ohrenqualle (Taf. 282:2 u. 288, 289): Schirmdurchmesser 20–40 cm, häufigste Scyphomeduse der europäischen Küsten. Schirmrand mit einer Reihe kurzer, aber sehr zahlreicher Tentakeln; *Ulmaris*.

Ordnung Rhizostomeae (Wurzelmundquallen)
(Taf. 291)

Scyphozoen mit alternierender Polypen- und Medusenphase Sie sind von Semaeostomeae abzuleiten. Von vielen Arten ist der vollständige Zyklus noch nicht bekannt. Etwa 80 Arten. Schirmdurchmesser 10–80 cm. Die auffälligsten Merkmale der Wurzelmundquallen (Taf. 291) sind das sekundäre Fehlen der Tentakeln und die großen, röhrenartig verwachsenen Mundarme (Mundfahnen) (Taf. 291:1/3). Die eigentliche Mundöffnung schließt sich (Ausnahme *Stomolophus*) und wird durch zahlreiche porenartige Nebenmundöffnungen (Taf. 291:2/3) auf den stark verlängerten Mundarmen ersetzt. Die Ephyren der Wurzelmundquallen besitzen bereits (wie auch die mit ihnen nahe verwandten Fahnenquallen) lange Mundarme. Durch Verschmelzung der Armränder entsteht jeweils ein röhrenartiger Mundarm mit Porenbildungen an der Nahtstelle. Durch Faltenbildungen und Verwachsungen entstehen weitere Poren und ein System kleinerer Kanäle, welche in die in die Mundarme reichenden Radiärkanäle des Gastralraumes münden. Alle Wurzelmundquallen (Ausnahme *Stomolophus*) sind (bedingt durch das Fehlen der Tentakeln und der Mundöffnung) typische microphage Vertreter. Kleinorganismen des Planktons werden mit Hilfe von Wimpern herbeigestrudelt und gelangen über die Poren der Mundarme in den Gastrovascularraum. Extrazelluläre Vorverdauung durch Tätigkeit der Gastralfilamente, intrazelluläre Verdauung in den Entodermzellen des Gastralraumes.

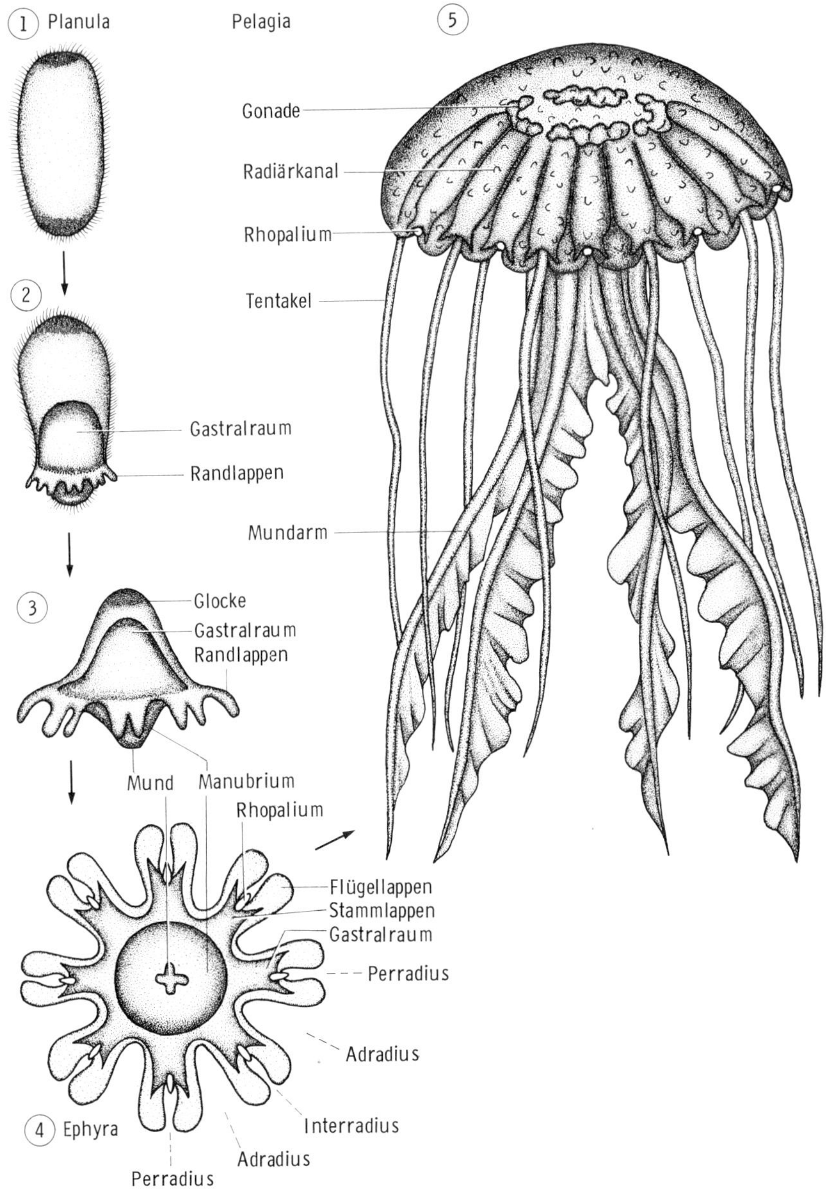

Taf. 290. Cnidaria: Scyphozoa (Semaeostomeae). – Abb. 1–5. *Pelagia*, direkte Entwicklung zur Meduse (nach Delap; Hyman): 1. Planula-Larve; 2. Planula-Larve mit Randlappen; 3. Planula-Larve mit Randlappen, Gastralraum und Mundöffnung; 4. Ephyra (alle nach Delap); 5. Meduse (nach Hyman).

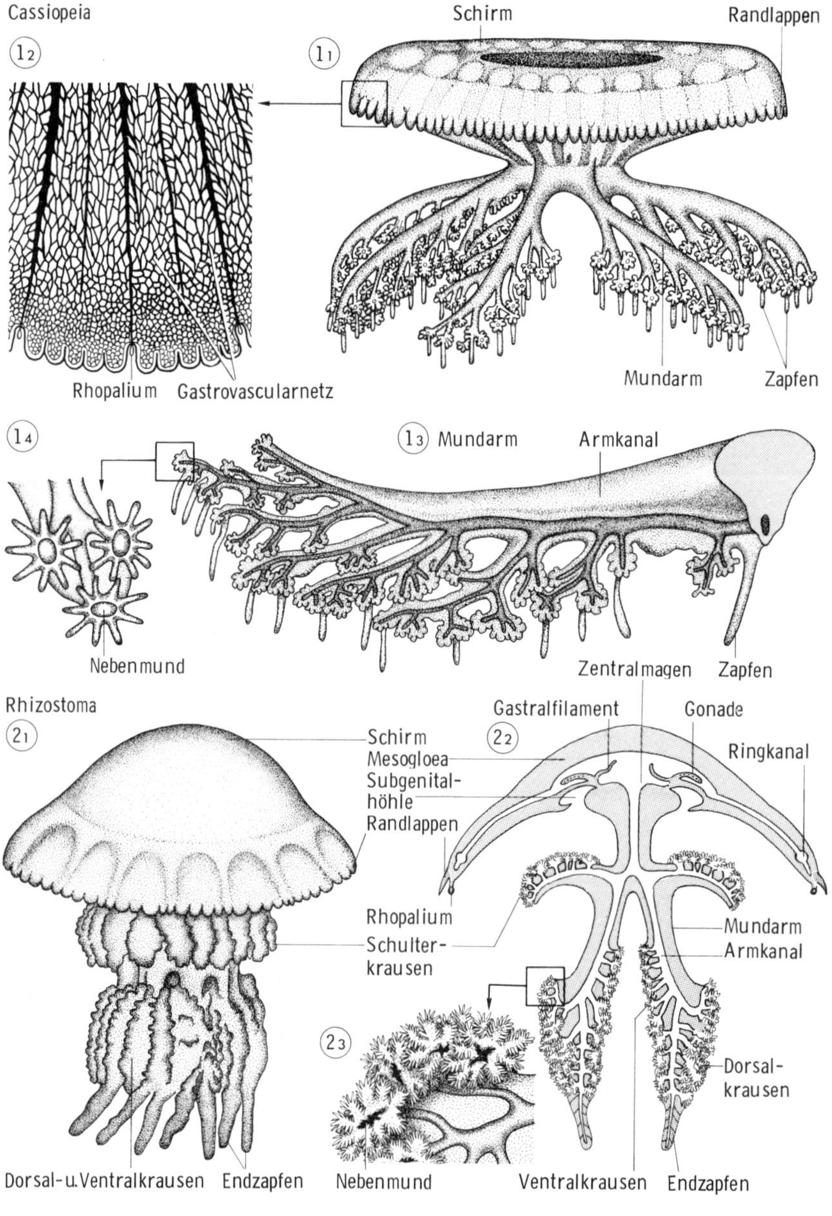

Taf. 291. Cnidaria: Scyphozoa (Rhizostomeae). – Abb. 1. *Cassiopeia*: 1/1. Meduse (nach HYMAN); 1/2. Gastrovaskularnetz (nach HYMAN); 1/3, 1/4. Mundarm (nach MAYER). Abb. 2. *Rhizostoma*: 2/1. Meduse (nach CUVIER); 2/2. *Rhizostoma*, Schnitt; 2/3. Ventralkrause mit Nebenmundöffnungen (nach HARDY). Abb. 3. *Rhopilema verrilli*, Zyklus (nach CALDER aus TARDENT).

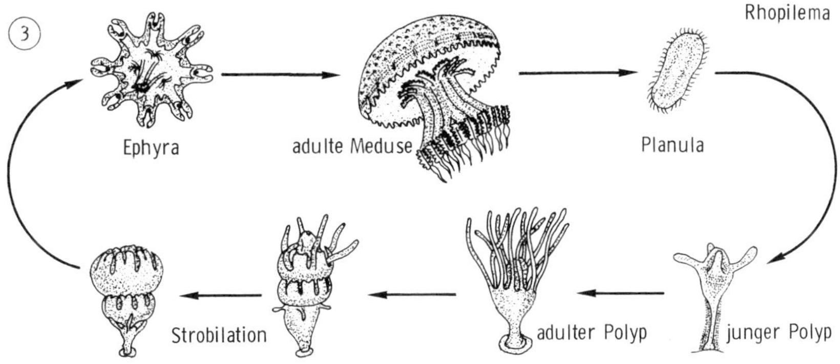

zu Taf. 291.

Wurzelmundquallen mit 4 adradial gelegenen, sich in 8 Hauptäste verzweigenden Mundarmen, die sich lappenartig weiter verzweigen. Mundarm mit oberen, faltenartigen Fortsätzen (Schulterkrausen) und unteren, ebenfalls faltenartigen Dorsal- und Ventralkrausen. Mundarm mit terminalen Endzapfen, mit vielen Nebenmundöffnungen und innen gelegenem Armkanal. Der Schirmrand der Rhizostomeae-Medusen mit vielen kleinen Randlappen und 8, 16 oder mehr Rhopalien. Ohne Tentakeln.Meduse, wie auch bei den Medusen der Fahnenquallen, ohne Gastralsepten und ohne Gastraltaschen, aber noch mit 4 Gruppen von Gastralfilamenten. Die schon bei den Fahnenquallen sichtbare Trennung des Gastralbereiches in Zentrogaster und peripheren Coronaldarm wird bei den Medusen der Wurzelmundquallen noch weiter fortgesetzt. Im Bereich des Coronaldarmes treffen wir eine dichte, netzartige Verknüfung (Gastrovascularnetz) (Taf. 291:1/2) der Radiärkanäle an. Vom Zentrogaster gehen Radiärkanäle aus, welche zum Teil durch einen Ringkanal miteinander verbunden sind. Manubrium allgemein fehlend, nur noch bei Vertretern der Stomolophidae ausgebildet. Die 4 entodermalen „Gonaden" liegen, wie bei den Fahnenquallen, am Rande des Zentralmagens oberhalb der vertikal gestellten Subgenitalhöhlen, sind aber durch die Gastrogenitalmembran von den Subgenitalhöhlen getrennt. Schirm der Medusen gewölbt bis flach.

Cnidom: Atriche Haplonemen und mikrobasische Eurytelen.

Polypengeneration (Taf. 291:3) nur von wenigen Arten bekannt. Sessile, solitäre Polypen mit typischer Scyphistoma-Form; mit 4 Gastraltaschen und 4 Gastralsepten. Mit **monodisker Strobila** (Taf. 282:3 u. 291:3). Nach Freilassung der Ephyra (auch schon etwas vorher) kann die Strobilation, unter Bildung einer neuen Ephyra, wieder einsetzen. Polypen mit vegetativer Vermehrung, z. T. (*Rhizostoma pulma*) auch Podocystenbildung.

Embryonalentwicklung: Furchung total-leicht inaequal. Gastrulation durch Invagination. Mit bewimperter Planula-Larve, welche sich festsetzt und sich in das Scyphistoma-Stadium umwandelt.

Lebensweise: Flachwasserbewohner in tropischen und subtropischen Meeren, vorwiegend im Indopazifik. *Rhizostoma* auch in gemäßigten Breiten vorkommend. Microphage Vertreter, Einstrudlung der Kleinstlebewesen durch Bewimperung der Mundarme. Bei *Cassiopeia* Übergang zu fast sessiler Lebensweise. Schwimmt nur in der Jugend, legt sich dann mit der Exumbrella des Schirmes in eine Vertiefung auf dem Meeresboden und strudelt mit den Mundarmen Nahrung herbei. Mit symbiontischen Zooxanthellen, wodurch viele Arten der Wurzelmundquallen auch in sauerstoffarmem Wasser zu leben vermögen.

Stomolophidae. Mit dichotom verzweigten Mundarmen, meist noch mit normal ausgebildeter Mundöffnung und normalem Manubrium. *Stomolophus*.

Rhizostomidae. Mundarme nur wenig verwachsen, mit Schulterkrausen. Schirmdurchmesser bis zu 80 cm. Zum Teil Schwarmbildung. *Rhizostoma* (Taf. 291:2) (auch in gemäßigten Meeresbereichen, wie der Nordsee, vorkommend). *Rhopilema* (Taf. 291:3).

Lobonemidae. Mit tentakelähnlichen, kleinen Randlappen. *Lobonema.*

Cassiopeiidae. Mit sehr feinmaschigem Gastrovascularnetz im Bereich des Coronaldarmes. Bei Medusen Übergang zu einer fast sessilen Lebensweise. *Cassiopeia* (Taf. 282:3 u. 291:1): Schirmdurchmesser 10–25 cm.

Rhizostomeae sind von Semaeostomeae abzuleiten. Von den Semaeostomeae haben sie die stark verlängerten Mundarme übernommen. Für eine Monophylie der Rhizostomeae spricht sich UCHIDA (1934) aus, der die Rhizostomeae von Ulmariidae aus dem *Aurelia*-Bereich ableitet. Für eine Diphylie der Rhizostomeae plädiert M. E. THIEL (1970). Nach ihm leitet sich nur eine Teilgruppe (Rhizostomida) aus dem *Aurelia*-Bereich der Semaeostomeae ab, während die andere Gruppe (Cepheida) dem *Drymonema*-Bereich (Cyaneidae) der Semaeostomeae entstammt. Beide Gruppen zeigen nach M. E. THIEL unterschiedliche Gastrovascularsysteme. Zu der von ihm aufgestellten Ordnung der Rhizostomida gehören die Rhizostomidae, Lobonemidae und Stomolophidae, während zur Ordnung Cepheida die Cassiopeiidae zählen.

Fossile Scyphozoa (Scyphozoea und Conulata)

Fossilfunde von Scyphozoea. Aus der Ediacara-Fauna (Praekambrium vor etwa 0,7 Mrd. Jahren) liegen eine Reihe von Medusenfunden vor, welche als Scyphomedusen gedeutet werden. *Mawsonites* und *Cyclomedusa* (Taf. 20:4,5) werden als Scyphomedusen betrachtet und bei *Lorenzinites* und *Rugoconites* nimmt man sogar an, daß sie in die Verwandtschaft der Semaeostomeae (Scyphozoa: Fahnenquallen) gehören. Umstritten ist die Einreihung der kambrischen Vertreter *Camptostroma* und *Peytoia*. *Camptostroma* wird von einigen Bearbeitern als ein Vertreter der Coronatae betrachtet.

Sehr gut erhalten sind die mesozoischen Scyphozoa aus Jura und Kreide. Vor allem der Solnhofener Plattenkalk (Oberer Jura: Malm) ist als klassische Fundstelle hervorragend erhaltener Abdrücke bekannt. Fossile Medusen liegen immer als Abdrücke vor, da keine Hartteile vorhanden sind.

Als Vertreter der Coronatae werden folgende mesozoische Fossilfunde bezeichnet. Vertreter der Periphyllidae: *Epiphyllina* (Oberjura: Malm, Solnhofen). Vertreter der Atollidae: *Cannostomites* (Oberjura), *Atollites* (Unterkreide).

Mesozoische Vertreter der Semaeostomeae: *Semaeostomites* (Oberjura: Malm, Solnhofen).

Mesozoische Vertreter der Rhizostomeae: *Rhizostomites* (Oberjura: Malm, Solnhofen; als Vertreter einer eigenen fossilen Ordnung Lithorhizostomatida betrachtet); *Leptobrachites* (Oberjura: Malm, Solnhofen).

Fossilfunde von Scyphopolypen sind bisher nicht bekannt geworden, sie sind bei der Kleinheit der Objekte auch nur unter günstigsten Bedingungen zu erwarten.

Fossilfunde von Conulata. Unterklasse Conulata mit den beiden Ordnungen Conchopeltida und Conulariida. Die Unterklasse der Conulata ist nur fossil vertreten. Conulata sind vom Praekambrium bis zur Trias bekannt. Die Zusammengehörigkeit beider Ordnungen zu einer gemeinsamen Kategorie wird zum Teil auch bestritten. Das konische Gehäuse (Peridermröhre) der **Conchopeltida** ist niedrig, weist eine tetramere Radiärsymmetrie auf und kann nicht, wie bei den Conulariida, durch mehr oder weniger dreieckige, lappenförmige Mündungssäume verschlossen werden. Die dünne Peridermröhre besteht aus Chitin. Mit zahlreichen marginal liegenden Tentakeln. Sie werden als festsitzende Polypen betrachtet, bzw. als Vormedusenstadien (ähnlich Stauromedusae).

Die Gattung *Conomedusites* ist aus dem Praekambrium (Ediacara-Fauna) bekannt und ähnelt der Ordovicium-Gattung *Conchopeltis* sehr. Die Peridermröhre weist bei *Conchopeltis* eine gut erkennbare Oberflächenstruktur (radiäre Streifung) auf. Peridermröhre bei *Conchopeltis* wahrscheinlich nicht mineralisiert.

Die **Conulariida** treten vom Mittelkambrium bis zur Trias auf. Sie besitzen ein leicht pyramidenförmiges, spitzkonisches Gehäuse (Peridermröhre) aus Chitin-Calciumphosphat. Die Peridermröhren zeigen eine ausgeprägte tetramere Radiärsymmetrie, weisen 4 Wände auf sowie 4 innere Septen (Scheidewände). Peridermröhren mit einer äußeren Strukturierung aus feinen Längs- und Querstreifen. Jede der vier Wände ist durch eine median gelegene Furche in zwei Hälften geteilt. Die Peridermröhren weisen Längen von 0,5–20 cm auf, im Normalfall sind sie 6–10 cm lang. Die Mündung der Peridermröhre ist sehr wahrscheinlich von zahlreichen marginalen Tentakeln umgeben, und die Mündung selbst kann durch mehr oder weniger dreieckige, lappenförmige Mündungssäume verschlossen werden. Sie entsprechen Polypen (ähneln den solitären Coronatae-Polypen von *Nausithoe*, meist unter dem Gattungsnamen *Stephanoscyphus* geführt) und sind basal an der Unterlage festgeheftet. Es ist umstritten, ob auch eine freischwimmende Phase vorhanden war. Charakteristische Vertreter der Conulariida sind *Conularia* (Unterkambrium-Perm, Taf. 287:4), *Byronia* (Oberkambrium-Mittelordovicium) und *Conulariella* (Mittelkambrium-Unterordovicium).

Im Vergleich der Conulariida mit rezenten Coronatae (*Nausithoe*-Polypen) zeigen sich, trotz der relativ großen Ähnlichkeit, folgende wichtige Unterschiede: Die Peridermröhren der Conulariida zeigen einen viereckigen Querschnitt, während bei den Coronatae der Querschnitt rund ist. Die Peridermröhren bestehen bei den Conulariida aus Chitin-Calciumphosphat, bei den Coronatae dagegen aus Chitin. Eine Einreihung der Conulata als Unterklasse in die Klasse der Scyphozoa scheint aber trotzdem im Augenblick gut begründet.

Phylogenie – rezente Scyphozoa

Scyphozoa sind von Hydrozoa aus dem Limnomedusa-Bereich abzuleiten. Dafur sprechen eine Reihe gemeinsamer Merkmalsausbildungen. Scyphozoa zeigen einen Generationswechsel Polyp – Meduse, so daß eine Ableitung vor allem aus dem Bereich der Hydrozoa in Frage kommt. Ein wichtiges Schlüsselmerkmal der Scyphozoa ist die nur bei ihnen vorkommende terminale Strobilation (Autapomorphie); dadurch sind sie als monophyletische Gruppe gekennzeichnet.

Scyphozoa besitzen nur einen sehr geringen Bestand an unterschiedlichen Nesselkapsel-Typen, nämlich nur atriche und holotriche Haplonemen sowie mikrobasische Eurytelen. Die primären Astomocniden (nur bei Hydrozoa) kommen bei den Scyphozoa bereits nicht mehr vor. Das Fehlen der primären Astomocniden bei Cubozoa, Scyphozoa und Anthozoa zeigt deutlich, daß die Hydrozoa die primäre Basisgruppe der Cnidaria darstellen. Auch aus diesem Grund können z. B. die Anthozoa nur als eine abgeleitete Gruppe betrachtet werden. Der Besitz von mikrobasischen Eurytelen zeigt, daß Scyphozoen nicht von Anthozoen abgeleitet werden können. Scyphozoen besitzen nur Nesselkapsel-Typen, die auch bei Hydrozoen vorkommen. Anthozoen-spezifische Typen, wie mikro- und makrobasische Amastigophoren und Spirocysten, treten bei Scyphozoa nicht auf. Der gemeinsame Besitz von mikrobasischen Eurytelen deutet auf eine engere Verwandtschaft von Hydrozoen und Scyphozoen und auch Cubozoen hin. Bei den stammesgeschichtlich ältesten Vertretern der Scyphozoa, den Coronatae, weisen einige Vertreter im Medusenstadium noch eine primär zellenfreie Mesogloea auf, wie es bei den Medusen der Hydrozoa ja primär noch der Fall ist. Außerdem läuft bei einigen Coronatae noch die Gastrulation in Form der primären Immigration (wie bei Hydrozoa) ab, während die stammesgeschichtlich jüngeren Scyphozoa (Großteil der Coronatae, Semaeostomeae und Rhizostomeae) bereits die sekundäre Invaginationsgastrula aufweisen.

Die geringe Zahl der Nesselkapsel-Typen bei den Scyphozoa ist typisch für eine Gruppe mit stark ausgeprägtem Medusen- und kleinem Polypenstadium. Innerhalb der Hydrozoa treffen wir bei den Limnomedusa ähnliche Verhältnisse an. Auch bei den Limnomedusa ist das Medusenstadium stark ausgeprägt, während das Polypenstadium sehr klein ist (nur 0,5–2,0 mm lang). Die Polypen treten bei den Limnomedusa fast stets nur primär solitär auf. Es besteht nur eine geringe Tendenz zur Ausbildung kleiner, verzweigter Kolonien.

Auch der Scyphopolyp ist sehr klein (1–7 mm), tritt fast stets nur solitär auf, und die Tendenz zur Ausbildung kleiner, verzweigter Kolonien (z. B. bei *Nausithoe*-Arten) ist ebenfalls sehr gering. Die Kolonien von *Nausithoe*-Arten entsprechen in ihrem Aufbau einfachen Hydrozoa-Kolonien, wie z. B. auch bei Limnomedusa.

Der Polyp der Limnomedusen ist von einer weichen (primärer Zustand) Peridermröhre umgeben. Diese, nun aber steife Peridermröhre treffen wir auch bei den Polypen der Coronatae, der stammesgeschichtlich ältesten Gruppe der Scyphozoa, an. Die steife Peridermröhre macht die primäre, laterale

Medusenknospung unmöglich. Scyphozoa führen daher eine sekundäre terminale Medusenknospung (Strobilation) durch. Bezeichnenderweise treffen wir terminale Abschnürungen (Kugelfrustelbildungen) bereits (neben der lateralen Medusenknospung) bei den Limnomedusa an. Aus dieser Kugelfrustelbildung der Limnomedusa (hier noch eine Polypenerzeugung) hat sich die Strobilation der Scyphozoa entwickelt.

Das Cnidom der Limnomedusa enthält ebenfalls nur wenige Nesselkapsel-Typen und besteht aus Desmonemen (kommen bei Scyphozoa nicht mehr vor), isorhizen atrichen und basitrichen Haplonemen sowie aus mikro- und makrobasischen Eurytelen. Das Cnidom der Scyphozoa ist sehr ähnlich und besteht aus atrichen und holotrichen Haplonemen sowie aus mikrobasischen Eurytelen. Sie weisen nur einen zusätzlichen Typ, nämlich holotriche Haplonemen auf. Holotriche Haplonemen kommen auch bei den Hydrozoa vor.

Der Scyphopolyp ist, wie auch der Hydropolyp, eine larvale Phase, die sich primär nur asexuell fortpflanzt. Erst sekundär, bei Ausfall der primären Geschlechtsgeneration (Meduse), können sich Polypen (wie z. B. die sekundär im Süßwasser lebenden Hydrida) auch geschlechtlich fortpflanzen. Es gibt keine sich geschlechtlich fortpflanzenden Scyphopolypen und alle Versuche (z. B. H. Thiel 1966) im Sinne der Polypoid-Hypothese (primär Polyp, sekundär Meduse als Ausbreitungsstadium), die Basisform der Scyphozoa (und natürlich auch der Hydrozoa) als einen sich geschlechtlich fortpflanzenden Polypen darzustellen, sind nicht schlüssig. Die direkte Umwandlung des Cubopolypen in eine Meduse zeigt, daß der Polyp ein larvales Übergangsstadium zur Medusenbildung darstellt. Das Larvalstadium (Polyp) wandelt sich in das geschlechtsreife Adultstadium (Meduse) um.

Innerhalb der Hydrozoa ist bei den mit den Limnomedusa nahe verwandten Narcomedusa eine Verschiebung der Randtentakeln auf die Exumbrella und die Ausbildung von Tentaculocysten (Statocysten) zu beobachten. Merkmale, die wir auch bei den Scyphomedusen antreffen.

Der Scyphopolyp weist als Neubildung (abweichend gegenüber dem Hydro- und Cubopolyp) 4 Gastralsepten, verknüpft damit 4 Büscheln von Gastralfilamenten, auf. Hinzu kommen 4 peristomiale Gruben. Diese Neubildungen treffen wir auch im Medusenstadium der Scyphozoen an. Durch die sekundäre Ausbildung von Septen kommt es zu inneren Oberflächenvergrößerungen im Gastralraum-Bereich. Es werden dadurch größere Verdauungsflächen geschaffen. Diese Tendenz ist besonders bei den Scyphomedusen zu erkennen, da hier das allgemeine Größerwerden mit einer stärkeren Komplexität des Gastralraumbereiches gekoppelt ist.

Die Coronalmuskulatur der Coronatae (stammesgeschichtlich älteste Gruppe der Scyphozoa) ist von der subumbrellaren Muskulatur der Medusen der Hydrozoa abzuleiten. Sie stellt offensichtlich einen Ersatz für das fehlende Velum dar. Das Velum reicht als Hilfe bei der Schwimmtätigkeit nur für kleine Medusen aus, während große Medusen (z. B. Scyphomedusen) dafür eine spezielle Schirmmuskulatur entwickeln.

Innerhalb der rezenten Scyphozoa können wir zwei deutliche Verwandtschaftsgruppen unterscheiden. Die stammesgeschichtlich älteste Gruppe besteht aus den Coronatae, die von ihnen abzuleitende stammesgeschichtlich jüngere Gruppe, die Discomedusae, setzt sich aus den Semaeostomeae und den von ihnen abzuleitenden Rhizostomeae zusammen.

Hydrozoa und Cubozoa zeigen noch die primäre Form der Gastrulation in Gestalt von multi- und unipolarer Einwanderung. Bei den stammesgeschichtlich ältesten Scyphozoa, den Coronatae, treffen wir zum Teil noch eine primäre multipolare Einwanderung (Immigration) an, aber auch schon die abgeleitete und histodynamisch viel kompliziertere Invagination. Die stammesgeschichtlich jüngeren Semaeostomeae und Rhizostomeae weisen dagegen nur die sekundäre Invagination (wie auch die Anthozoa) auf.

Coronatae sind nahe mit den nur fossil vertretenen Conulata (besonders den Conulariida) verwandt. Beide Gruppen besitzen sehr ähnliche Peridermröhren mit 4 nach innen gerichteten Septen (tetramere Radiärsymmetrie). Die Röhre weist bei den Conulariida einen oberen Verschlußapparat auf, der auch bei einigen rezenten Vertretern der Coronatae vorhanden ist. Die Peridermröhren der Conulariida sind, wie auch diejenigen der rezenten Coronatae, auf der Unterlage festgeheftet. Früher nahm man an, daß bei den fossilen Conulariida (Mittelkambrium-Trias) auch freischwimmende Medusenstadien vorhanden waren; heute neigt man aber etwas mehr dazu, in ihnen nur sessile (polypoide bzw.

medusoide) Vertreter zu sehen. Scyphomedusen sind schon aus dem Praekambrium (Ediacara-Fauna) bekannt. Es könnte hier ein ähnlicher Fall wie bei den Cubomedusen vorliegen. Eine primäre Gruppe (Coronatae) mit Polypen- und Medusenstadium und eine sekundäre Gruppe (fossile Conulariida), die nur noch ein Polypen-, bzw. ein nicht mehr frei werdendes Medusoidstadium (ähnlich den Stauromedusen) aufweist.

Die Coronatae sind durch die nur bei ihnen im Medusenstadium auftretende Coronalfurche (Autapomorphie) als monophyletische Gruppe gekennzeichnet. Coronatae weisen noch die primäre tetramere Septenbildung auch im Medusenstadium auf. Bei den von ihnen abzuleitenden Discomedusae (Semaeostomeae und Rhizostomeae) werden die Septen und damit auch die Gastraltaschen sekundär völlig reduziert. Die Gastralfilamente befinden sich primär an den Septen (Coronatae), bei den sekundär septenlosen Discomedusae liegen sie sekundär peripher in der der Subumbrella zugeneigten Magenwand. Die Schirmgallerte primär (einige Vertreter der Coronatae und Semaeostomeae) noch ohne Zellen, sekundär dagegen mit Zellen versehen. Scyphozoa sind von Vertretern mit zellenfreier Mesogloea (Hydrozoa) abzuleiten. Mit dem Abbau der Septen bei den Discomedusae ist natürlich auch eine Verlagerung der entodermalen „Gonaden“ verbunden. Bei den sekundär septenlosen Semaeostomeae und Rhizostomeae liegen die „Gonaden“ daher nicht mehr primär an den (nun fehlenden) Septen, sondern sekundär im Entodermbereich der der Subumbrella zugeneigten Magenwand. Discomedusae sind durch die Ausbildung langer Mundarme (Autapomorphie) gekennzeichnet. Die Mundarme stellen verlängerte Kanten des Mundrohres dar, sind mit Nesselzellen besetzt und dienen zusätzlich zum Beutefang. Das für Discomedusae charakteristische Größerwerden des Medusenstadiums (*Cyanea*-Arten mit Schirmdurchmessern bis zu 2,3 m) ist gekoppelt mit einer Vermehrung der Beutefangvorrichtungen (zusätzliche Mundarme) und einer größeren Komplexität des Gastralraumbereiches (Schaffung größerer Verdauungsflächen). Bei Semaeostomeae kommt zu dem Zentralmagen noch ein äußerer Coronaldarm hinzu. Bei den großen *Cyanea*-Arten entsteht durch Verzweigungen ein regelrechtes Netzwerk von Gastralkanälen. Der Schirmrand weist bei den Semaeostomeae (stammesgeschichtlich ältere Teilgruppe der Discomedusae) normale Tentakeln auf.

Eine starke Tendenz zur Verlängerung des Mundrohres in Form von Mundarmen ist bei den Discomedusae unverkennbar. Durch Ausbildung von zusätzlichen, sich stark faltenden Streifen wird die nesselzellenbesetzte Oberfläche bei den Semaeostomeae noch stärker vergrößert. Das Cnidom der Semaeostomeae enthält nur atriche und holotriche Haplonemen sowie mikrobasische Eurytelen. Es entspricht weitgehend dem Cnidom der Coronatae, welches holotriche Haplonemen und mikrobasische Eurytelen aufweist.

Die Rhizostomeae sind von Semaeostomeae abzuleiten. Sie haben von den Semaeostomeae die stark verlängerten Mundarme übernommen. Die eigentliche Mundöffnung schließt sich (Ausnahme Stomolophidae als stammesgeschichtlich älteste Teilgruppe der Rhizostomeae) und wird durch zahlreiche Nebenmundöffnungen auf den stark verlängerten Mundarmen ersetzt. Die innere Aufteilung des Gastralraumbereiches wird bei den Rhizostomeae durch Ausbildung eines Gastrovascularnetzes noch weiter fortgeführt. Rhizostomeen sind, bedingt durch das Fehlen einer großen Mundöffnung, sekundär microphage Vertreter. Kleinorganismen des Planktons werden von den kleinen Nebenmundöffnungen der Mundarme aufgenommen. Die Mundarme sind, im Vergleich zu den Semaeostomeae noch viel stärker gefaltet und weisen verschiedenartig ausgebildete Krausen auf. Die Tentakeln sind bei den Rhizostomeae sekundär völlig reduziert. Die kleinen Beutetiere werden durch die Nesselzellen der Mundarme getötet. Eine Tendenz zum sekundären Tentakelabbau ist schon innerhalb der Semaeostomeae zu beobachten. Ulmariidae besitzen bereits sekundär stark verkürzte Tentakeln und sind, im Gegensatz zu den anderen Semaeostomeae, zu einer microphagen Lebensweise übergegangen. Die microphage Lebensweise ist deutlich mit einem Verlust, bzw. einer starken Reduktion der Tentakeln verknüpft.

Das Cnidom der Rhizostomeae enthält atriche Haplonemen und mikrobasische Eurytelen. Es fehlen sekundär die holotrichen Haplonemen, sonst ist es mit dem Cnidom der Semaeostomeae identisch. Alle rezenten Ordnungen der Scyphozoa besitzen fast identische Cnidome, ein eindeutiger Hinweis für eine monophyletische Gruppierung.

Die terminale Strobilation des Polypenstadium (Schlüsselmerkmal der Scyphozoa) ist mit der Ausbildung von Ephyren (Jungmedusen) verknüpft. Die Strobilation tritt erstmals bei den Coronatae auf und wird von allen Teilgruppen der Scyphozoa beibehalten. Primär ist eine polydiske Strobilation, die von einer sekundären monodisken Strobilation (bei Rhizostomeae) abgelöst werden kann.

Klasse Anthozoa

(Taf. 292–312)

Umfangreichste, ausschließlich marine Klasse der Cnidaria mit etwa 6000 Arten. Im Gegensatz zu den Hydrozoen und Scyphozoen treffen wir bei den Anthozoen nur die Polypenform an. Medusen treten bei den Anthozoen nicht auf. Die sekundär bilateralsymmetrischen Polypen (Anthopolypen) zum Teil solitär, meist aber stockbildend und sehr oft mit arttypischer Architektur. Sie sind häufig auf der Unterlage festgewachsen, sitzen zum Teil auch mit einer Fußscheibe auf der Unterlage oder graben sich mit dem basalen Teil in den Boden ein. In sehr vielen Fällen bilden die Anthozoen ein vom Ektoderm ausgeschiedenes Skelett aus. Im Vergleich mit Scyphopolypen finden wir viele Gemeinsamkeiten. Anthozoa besitzen ebenfalls eine zellige (mit Zellen durchsetzte) Mesogloea. Der Gastralraum des **Anthopolypen** ist ebenfalls durch Septen (Mesenterien, Sarcosepten) geteilt, und die „Gonaden" liegen im Entoderm der Septen. Die auf der freien Kante der Mesenterien liegenden Mesenterialfilamente (Septalfilamente) des Anthopolypen erinnern an die Gastralfilamente der Scyphozoen. Abweichend von den Scyphozoen finden wir bei den Anthozoen eine viel stärkere Ausbildung und Differenzierung der Polypenform, einen sechsstrahligen (hexameren) Grundbauplan (z.B. bei Ceriantipatharia), welcher zum Teil in einen achtstrahligen (Octocorallia) Bauplan umgewandelt wird, sowie den Besitz eines ektodermalen Schlundrohres (Actinopharynx). Die häufig zylindrisch geformten **Anthozoen-Polypen** (Taf. 292) besitzen zwischen Ekto- und Entoderm eine stark entwickelte, mit vielen eingewanderten Zellen versehene Mesogloea. Polypen mit einem oder mehreren, konzentrisch um das Peristom angeordneten Tentakelkränzen. Der Mund befindet sich an der Oberfläche der gut ausgebildeten Mundscheibe (Peristom) und geht in ein ektodermales Schlundrohr (Actinopharynx) über, welches sich in den Gastralraum einstülpt. Querschnitt des Actinopharynx oval bis oval-spaltenförmig. An den Schmalseiten des Actinopharynx befinden sich 1–2 mit Wimpern versehene Schlundrinnen (Siphonoglyphen). Durch die Siphonoglyphen-Tätigkeit wird frisches sauerstoffreiches Wasser in den Gastralraum gestrudelt. In den Gastraltaschen werden die Stoffwechselendprodukte (NH_3 und CO_2) vom Wasserstrom aufgenommen und über die, der Frischwasser transportierenden Siphonoglyphe gegenüber liegenden Schlundrinne nach außen abgeleitet. Gleichzeitig dienen die Schlundrinnen dazu, das Wasser in den durch die Retraktormuskeln der Septen kontrahierten Polypenkörper mit Hilfe ihrer Wimpern einzustrudeln und so den Körper wieder zu strecken. Der Gastralraum des Anthopolypen ist durch meist fleischige Septen (Taf. 293) (bei den Anthozoen Mesenterien oder Sarcosepten genannt) in eine verschieden große Zahl von Gastraltaschen (Magentaschen) aufgeteilt. Jede Gastraltasche geht nach der Mundseite zu in den Hohlraum einer Tentakel über. Die Tentakeln (primär 6, sekundär Vielzahl von 6 oder 8) zum Teil an der Spitze mit einer Öffnung nach außen. Die Zahl der Mesenterien (auch hier 6, bzw. Vielzahl von 6 oder 8) ist schon im Grundbauplan größer als bei den Scyphozoen (mit 4 Septen). Die radiär angeordneten Mesenterien entspringen an der Außenwand des Körpers, erstrecken sich dann bis zur Mitte und lassen einen zentralen Gastralraum (Zentralmagen) frei.

Die Mesenterien sind mit der Fuß- und Mundscheibe verwachsen, zum Teil auch mit dem Schlundrohr (z.B. Octocorallia). Man spricht von vollkommenen Septen, wenn eine Verbindung mit dem Schlundrohr besteht und von unvollkommenen, wenn sie frei im Gastralraum enden. Anzahl und Anordnung der Septen ist innerhalb der Anthozoa verschieden und charakteristisch für die einzelnen systematischen Gruppen. Mesenterien sind Entodermduplikaturen, ihr Hohlraum ist mit zelliger Mesogloea angefüllt. Jedes Mesenterium weist in seinem terminalen Bereich eine leistenartige Verdickung (Septalfilament) auf. Dieses, sehr bewegliche Septalfilament (Mesenterialfilament) besitzt zahlreiche Drüsen und Resorptionszellen und ist Träger der Verdauung. Bei manchen Vertretern (z.B. Actiniaria, Seerosen) haben die unteren Enden der Mesenterialfilamente eine fadenartige, längliche Form, sind mit Nesselzellenbatterien besetzt und ragen in den Gastralraum hinein. Bei Gefahr treten sie durch die Mundöffnung oder durch Poren (Cincliden) der Körperwand nach außen und dienen zur Verteidigung. Diese Anhänge des Mesenterialfilaments werden als Akontien bezeichnet. Sie können herausgeschnellt und auch wieder eingezogen werden.

Im mittleren Bereich des Mesenteriums finden wir an der einen Seite einen entodermalen, oft wulstartig hervorspringenden Längsmuskel (Muskelfahne = Retraktormuskel). Auf der entgegengesetzten Seite des Mesenteriums liegt ein schwächer ausgebildeter Quermuskel (transversale Septalmuskulatur). Dazu kommt noch ein Muskulaturbereich (Parietalmuskel) an der Basis des Mesenteriums. Die

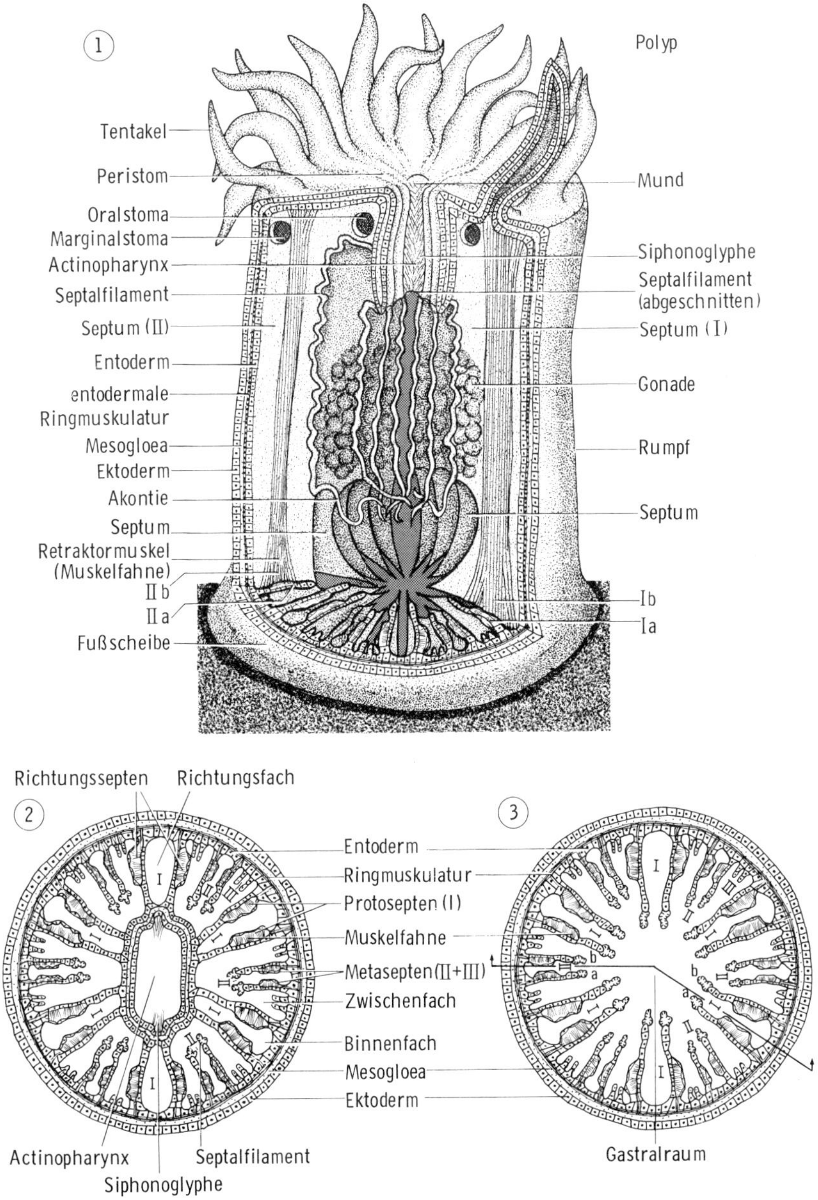

Taf. 292. Cnidaria: Anthozoa (Polyp). – Abb. 1–3. Actiniaria, Anthozoenpolyp: 1. Habitus, Längsschnitt; 2. Querschnitt in Höhe des Schlundrohres; 3. Querschnitt unterhalb des Schlundrohres.

„Gonaden“ bilden sich in der Mesogloea der Mesenterien und entleeren ihre Geschlechtsprodukte in die Gastraltaschen. Die Befruchtung der Eier erfolgt im Gastralraum oder außerhalb des Körpers.

Vollkommene Septen (Makrosepten) mit einer Öffnung (Septalstoma), so daß eine Art von Ringkanal entsteht.

Ektoderm der Rumpfwand häufig bewimpert. Rumpfwand mit ektodermaler Längs- und entodermaler Ringmuskulatur. Die Muskeln sind epidermaler Herkunft und in Strängen angeordnet. Sekundär mit isolierten Muskelzellen, welche von den primären Epithelmuskelzellen der Hydrozoa abzuleiten sind. Epithelmuskelzellen treten bei den Anthozoa nicht mehr auf. Rumpfwand zum Teil mit Poren für das Ausstoßen der Akontien. Der sessilen Lebensweise entsprechend ist das Nervensystem (Taf. 286) der Anthozoen nur schwach ausgebildet. Sinnesorgane fehlen, es sind nur einzelne Sinneszellen sowie tiefer gelegene Ganglienzellen ausgebildet. Die Sinneszellen bilden ein diffuses Nervenzellennetz im Ekto- und Entoderm.

Die Mesogloea des Polypenrumpfes enthält Zellen, welche aus dem Ektoderm eingewandert sind. Es kann zur Bildung von bindegewebsartigen Strukturen innerhalb der Mesogloea kommen.

Anthozoen sind häufig skelettbildend. Die meist harten Skelette entstehen entweder in der Mesogloea, oder sie werden (weit häufiger) von dem Ektoderm in Form eines cuticularen Skelettes ausge-

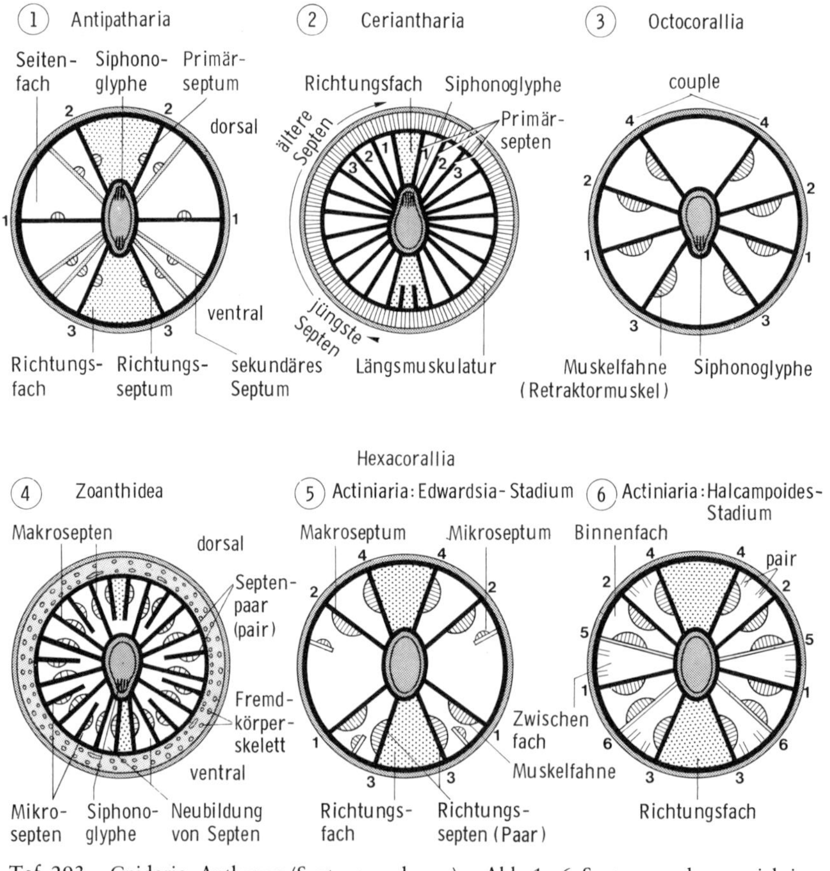

Taf. 293. Cnidaria: Anthozoa (Septenanordnung). – Abb. 1–6. Septenanordnung wichtiger Anthozoengruppen (nach Lameere; Claus & Grobben; Hyman): 1. Antipatharia; 2. Ceriantharia; 3. Octocorallia; 4. Hexacorallia, Zoanthidea; 5. Hexacorallia, Actiniaria: *Edwardsia*-Stadium; 6. Hexacorallia, Actiniaria: *Halcampoides*-Stadium.

schieden. Skelette meist aus kohlensaurem Kalk (Sklerite) aufgebaut, es treten zum Teil auch hornartige, organische Skelettsubstanzen auf oder auch eine Kombination beider Substanzen (Konvergenz bei Schwämmen). Diese ektodermalen Skelette gehen von der Fußscheibe des Polypen aus, wachsen häufig in den Polypenkörper hinein und stülpen dabei die Wand des Polypen vor sich her, so daß sie wie innere Skelettbildungen aussehen. Bei stockbildenden Anthozoen können Ausläufer des Gastralraumes (Coenenchymkanäle) in die Mesogloea eindringen.

Anthozoen besitzen einen primären, hexameren (sechsstrahligen) Grundbauplan. Die primäre Zahl von 6 Septen wird meist sekundär vergrößert. Anthozoen besitzen zunächst eine radiäre Symmetrie, welche durch die Zahl der Septen bestimmt wird. Neben dieser Radiärsymmetrie können wir aber auch sekundär eine auf zwei Symmetrieebenen beschränkte Disymmetrie oder eine, nur auf eine Ebene beschränkte Bilateralsymmetrie feststellen. Disymmetrie und Bilateralsymmetrie sind sekundär und von der Form des Actinopharynx, der Zahl der an seinen Schmalseiten befindlichen Siphonoglyphen und der Lage der Muskelfahnen an den Septen abhängig.

Ausbildung eines Actinopharynx sowie die zusammengedrückte Form des Actinopharynx sind für die sekundären Veränderungen der Symmetrieverhältnisse verantwortlich zu machen. Bei Anthozoa liegt eine sekundäre Bilateralsymmetrie vor. Die durch die Form des Actinopharynx bedingten beiden Hauptsymmetrieebenen kann man mit den Perradien des Grundbauplanes gleichsetzen und annehmen, daß sich die beiden Septen in dem einen dieser Perradien (der durch die Schmalseiten des Actinopharynx verläuft) geteilt haben. Die Form des Actinopharynx ist bedingt durch die Form der Schlundrinnen. Die Bilateralsymmetrie der Anthozoa hat aus diesen Gründen weder etwas mit der bilateralen Disymmetrie der Ctenophora, noch etwas mit der Bilateralsymmetrie der echten Bilateralia zu tun. Hier liegen eindeutige Konvergenzen vor.

Die zuerst gebildeten 6 Septen werden als Protosepten (Primärsepten) bezeichnet. Die an den Schmalseiten des Actinopharynx ansetzenden Protosepten nennt man Richtungssepten (Direktiven). Die zwischen den Richtungssepten liegenden Gastraltaschen bezeichnet man als Richtungsfächer. Alle später auftretenden Septen werden als Metasepten bezeichnet. Bei paarweisem Auftreten („pair", paarweise auf jeder Seite der Hauptsymmetrieachse) wird der Gastralraum zwischen ihnen als Binnenfach (= Endocoelraum) bezeichnet. Das Binnenfach ist auch daran zu erkennen, daß hier die Muskelfahnen der Mesenterien einander zugekehrt sind. Der jeweilige Raum zwischen den beiden Septenpaaren (Mesenterien hier ohne Muskelfahnen) trägt die Bezeichnung Zwischenfach (= Exocoelraum). Die Neubildung der Septen erfolgt meist im Bereich der Zwischenfächer.

Cnidom: Ceriantipatharia mit atrichen, basitrichen und holotrichen Haplonemen, mit mikrobasischen Mastigophoren und Spirocysten. Hexacorallia mit atrichen, basitrichen und holotrichen Haplonemen; mikrobasischen Mastigophoren; mikro- und makrobasischen Amastigophoren und Spirocysten. Bei den Octocorallia treten nur atriche Haplonemen (lichtmikroskopische Daten) auf. Grundtyp der Nesselkapseln bei Anthozoa sind atriche, isorhize Haplonemen.

Anthozoen sind meist getrenntgeschlechtlich, zum Teil treten auch zwittrige Formen auf.

Embryonalentwicklung (Taf. 217 u. 218): Häufig schon im mütterlichen Gastralraum. Furchung meist aequal; Gastrulation durch Invagination, selten auch durch multipolare Immigration und Delamination. Die bewimperte Planula-Larve setzt sich mit ihrem aboralen Pol fest und bildet dann Tentakeln, Schlundrohr und Mesenterien aus.

Neben der geschlechtlichen Fortpflanzung kommt auch ungeschlechtliche Fortpflanzung in Form von Knospung, Längs- und seltener auch Querteilung vor. Kolonienbildung erfolgt durch Knospungen am Primärpolypen. Die Folgepolypen bleiben mit dem Mutterpolypen in Verbindung und es entstehen Polypenstöcke. Auch in Polypenkolonien können an Stolonen neue Polypen knospen.

Lebensweise: Ausschließlich marine Vertreter, welche in allen Meeren verbreitet sind. Sie kommen von der flachen Gezeitenzone bis in Meerestiefen von über 10 000 m vor. Einzelne Vertreter sind auch im Brackwasserbereich anzutreffen. Die meisten Arten sind festsitzend,ein Teil der Arten (halbsessile Lebensweise) kann durch wellenartige Bewegungen der Fußscheibe den Standort verändern. Aktives Schwimmen (z. B. *Gonactinia, Stomphia*) kommt sehr selten vor, ebenso der Übergang zu einer planktonischen Lebensweise (*Minyas*). Viele Anthozoen (z. B. Actiniaria, Seerosen) zeigen Phoresie, indem sie sich auf umherwandernden Tieren (z. B. Krebsen, Schnecken) ansiedeln. Bei Actiniarien sind auch eine Anzahl von Symbiosefällen zu beobachten, und zwar gehen sie Symbiosen mit decapoden Krebsen (z.B. Einsiedlerkrebse) oder mit Fischen (*Premnas, Amphiprion*) ein. Viele Actiniarien beherbergen endosymbiontische Zooxanthellen. An der Bildung von Korallenriffen sind viele Vertreter der Anthozoa (vorwiegend Madreporaria) beteiligt. Die meisten Anthozoen sind Tentakelfänger, welche ihre Beute mit Hilfe der Tentakeln fangen. Microphage Vertreter strudeln die Nahrung (Kleinlebewesen) mit Hilfe der Rumpf- und Mundscheibenbewimperung ein.

System: Klasse Anthozoa mit den Unterklassen Ceriantipatharia, Octocorallia und Hexacorallia.

Unterklasse Ceriantipatharia
(Taf. 293:1, 2; 294 u. 295)

Stammesgeschichtlich älteste Anthozoen, teils solitär (Ceriantharia) oder in Kolonien lebend (Antipatharia). Teils ohne Skelett (Ceriantharia), teils skelettbildend (Antipatharia). Mit einfacher Anordnung der Septen und Tentakeln; zum Teil noch mit der primären Tentakelzahl (6 Tentakeln bei Antipatharia). Septen noch primär einzeln und nicht gepaart, d.h. die beiden zusammengehörenden Septen liegen getrennt voneinander, je eine auf beiden Seiten der Hauptachse. Mit 6 Primärsepten. Die Metasepten entstehen entweder in einem Richtungsfach (Taf. 293:2) (Ceriantharia) oder in lateralen Seitenfächern (Taf. 293:1) (Antipatharia). Septen primär noch ohne Muskelfahnen. Bei Ceriantharia keinerlei Muskelspezialisierungen an den Septen, bei Antipatharia nur ganz schwache Muskelkonzentrationen ausgebildet. Mesogloea noch ohne besondere Differenzierungen. Siphonoglyphen nur schwach entwickelt. Von einigen Bearbeitern werden die Ceriantipatharia auch als zwei verschiedene Unterklassen (Antipatharia und Ceriantharia) betrachtet.

Ordnung Antipatharia (Dörnchenkorallen; schwarze Korallen)
(Taf. 294)

Kolonien- und skelettbildende Vertreter.Skelett hornartig, schwarz gefärbt und nicht verkalkt. Etwa 150 Arten, welche nur in tropischen und subtropischen Meeren vorkommen. Stöcke fast immer auf dem Meeresgrund festgewachsen, selten stecken sie frei im Boden. Sie sind entweder in einer Ebene verzweigt (dann federähnlich) oder sie besitzen die Gestalt kleiner Bäumchen. Die Stöcke können Längen bis zu 6 m (*Cirripathes*) erreichen. Im Aussehen ähneln sie den Gorgonacea (Hornkorallen) innerhalb der Octocorallia. Die Polypen (Taf. 294:3) sind sehr klein und erreichen nur Durchmesser von 1,0–1,5 mm. Die Polypen der Kolonie sind durch in einem Coenenchym verlaufende Solenien (Entodermkanäle) miteinander verbunden. Die Coenenchymschicht selbst ist nur schwach entwickelt, Mesogloea auch entsprechend schwach ausgebildet. Dieses Coenenchym überzieht ein gemeinsames, schwarz gefärbtes, biegsames, mit Dornen versehenes Achsenskelett (Taf. 294:3) von horniger Beschaffenheit (kein Kalkskelett). Die hornige Substanz ähnelt dem Gorgonin. Das Achsenskelett ist ektodermaler Herkunft und stammt sehr wahrscheinlich von in die Mesogloea eingewanderten Ektodermzellen (Konvergenz bei Gorgonaria) ab. Das Skelett zeigt eine deutliche Schichtung aus konzentrischen Lamellen.

Die zarten Polypen der Anthipatharien haben die Form eines kleinen Zylinders, sind nur 1,0–1,5 mm hoch, bewimpert und besitzen primär 6 ungefiederte, nicht kontraktile Tentakeln. In Ausnahmefällen können auch 8 gefiederte und kontraktile Tentakeln (*Dendrobrachia*) vorkommen. Tentakeln kurz und dick. Die Mundöffnung erhebt sich etwas über das Peristom. Mundrohr relativ kurz und mit 2 nur schwach ausgebildeten Siphonoglyphen versehen. Die Septen (Mesenterien) (Taf. 293:1 u. 294:2) nicht paarig angelegt. Primär mit 6 Mesenterien (Primärsepten), zu welchen noch 4 oder 6 sekundäre Mesenterien hinzukommen können. Die neu hinzukommenden Metasepten werden in den lateralen Seitenfächern gebildet. Von den 6 primären Septen bilden je zwei die dorsalen und ventralen Richtungssepten. Die beiden (seitlich des Hauptstammes je eine) lateral liegenden primären Mesenterien sind besonders kräftig entwickelt. Normalerweise sind nur sie fertil und besitzen „Gonaden“ sowie gut entwickelte Gastralfilamente. Anthipatharia-Polypen sind ohne Ausnahme getrenntgeschlechtlich. Die Gastralfilamente an den sterilen Mesenterien rudimentär. Muskulatur ist bei den Dörnchenkorallen nur schwach entwickelt, an den Mesenterien nur leichte Andeutung einer Muskelfahnenbildung. Mesogloea ebenfalls stark reduziert. Nahrungsaufnahme microphag. Nahrung besteht weitgehend aus herangestrudeltem Plankton. Viele Arten mit Zooxanthellen. Entwicklung noch weitgehend unbekannt.

Cnidom: Basitriche und holotriche Haplonemen, mikrobasische Mastigophoren (= rhabdoide Heteronemen, p-Rhabdoide) und Spirocysten. Basitriche Haplonemen werden als b-Rhabdoide gedeutet.

Ausgesprochene Tiefseeformen. Reliktgruppe. Stöcke entweder in einer Ebene verzweigt (Feder- und Fächerform) oder mehr buschförmig. Längen bis zu 6 m, bei Breiten von 10–15 cm. Die häufig tiefschwarze Achse (z. B. *Antipathes*-Arten) wird zur Anfertigung von Schmuckgegenständen verwendet.

Unterordnung Holodactyla

Polypen mit 6 nicht gefiederten und nicht retraktilen Tentakeln.

Antipathidae. *Antipathes* (Taf. 294): Etwa 50 Arten, bis zu 1 m hoch; *A. isidis*: Rotes Meer. – *Parantipathes*: *P. larix*, Mittelmeer. – *Cirripathes*: Bis 6 m lang.

Schizopathidae. *Schizopathes*: Wie Seefedern mit dem freien Ende im Meeresboden steckend.

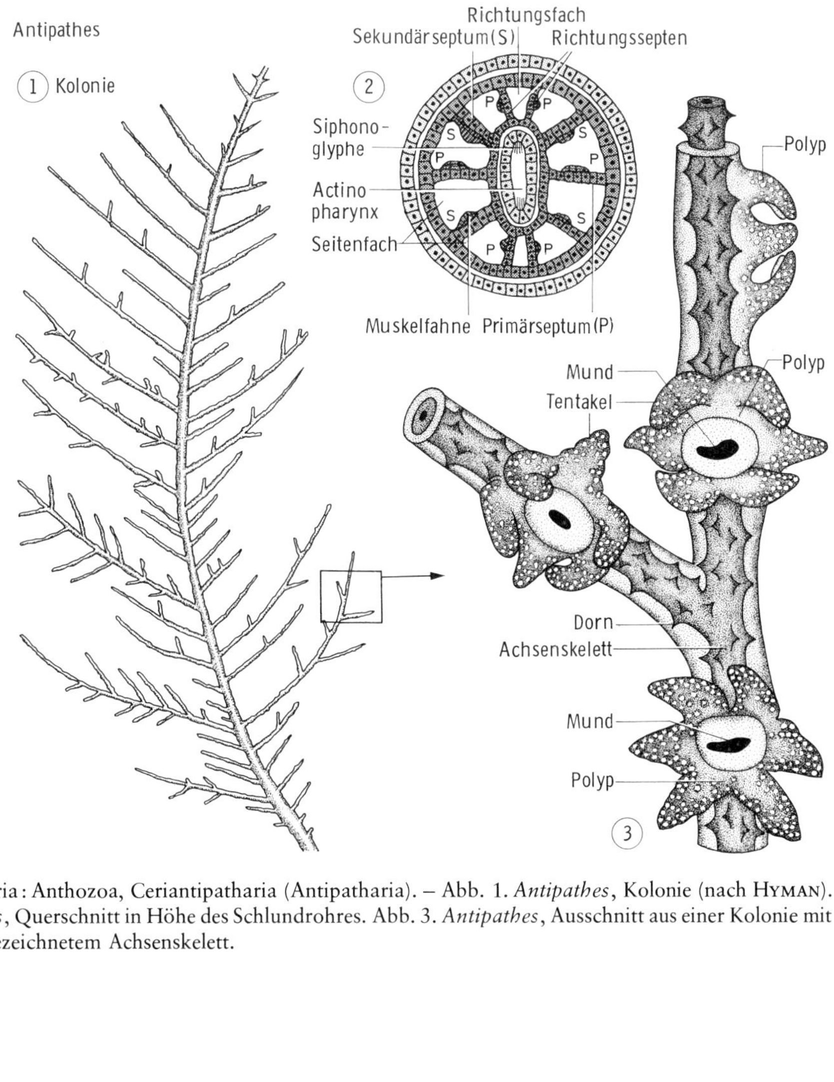

Taf. 294. Cnidaria: Anthozoa, Ceriantipatharia (Antipatharia). – Abb. 1. *Antipathes*, Kolonie (nach HYMAN). Abb. 2. *Antipathes*, Querschnitt in Höhe des Schlundrohres. Abb. 3. *Antipathes*, Ausschnitt aus einer Kolonie mit Polypen und eingezeichnetem Achsenskelett.

Unterordnung Dendrodactyla

Polypen mit 8 gefiederten und retraktilen Tentakeln.

Dendrobrachiidae. *Dendrobrachia*: Buschförmig.

Ordnung Ceriantharia (Zylinderrosen)
(Taf. 295)

Kleine Ordnung mit etwa 50 Arten. Stets solitär lebend. (Taf. 295:1), langgestreckt und sekundär bilateralsymmetrisch. Sie ähneln im Aussehen langgestreckten, fußlosen Seerosen (Actiniaria). Längen bis zu 70 cm. Alle Ceriantharia sind primär skelettlose Formen. Ohne Fußscheibe. Sie bohren sich mit dem zugespitzten Fußende etwas schräg so tief in den Meeresboden ein, daß meist nur die Mundscheibe (Peristom) mit den Tentakeln und ein kleiner Teil des Rumpfes aus dem Boden herausragen. Ein von der Körperoberfläche abgesondertes Sekret verbindet die umgebenden Sandkörnchen zu einer festen, gelatinösen Röhre. In dieser Wohnröhre leben die Ceriantharien und können sich hier schnell auf- und abbewegen. Tentakeln (oft in beträchtlicher Zahl) sehr stark dehnbar, stets ungefiedert und in zwei deutlichen Gruppen als längere Rand- (Marginal-) und kürzere Mundtentakeln (Oraltentakeln) ausgebildet. Mundtentakeln kreisförmig um den Mund angeordnet; Randtentakeln am Rande des Peristoms. Actinopharynx (Taf. 295:2) mit einer einzigen, dorsalen Siphonoglyphe. Die zahlreichen ektodermalen Mesenterien sind stets als vollständige, d. h. mit dem Schlundrohr verbundene Mesenterien ausgebildet. Von den beiden an den Schmalseiten des Actinopharynx liegenden Richtungsfächern (begrenzt durch Richtungsmesenterien) werden nur in dem ventralen, der Siphonoglyphe abgewandten Richtungsfach neue Mesenterien (Taf. 293:2) (Metaseptenbildung) gebildet. Es wird jeweils ein neues Mesenterienpaar gebildet, welches beim Erreichen des Schlundrohres dann selbst zum Richtungsmesenterien-Paar wird. Die jüngsten Septen liegen daher dem unteren Richtungsfach am nächsten. Die 3 dorsal gelegenen Septenpaare (Richtungsmesenterien und die beiden Paare seitlich von ihnen) sind die primären 6 Protosepten, welche während der Embryonalentwicklung zuerst gebildet werden. Septen nicht gepaart, die beiden zusammengehörigen Septen (Mesenterien) liegen (je eines) auf beiden Seiten der Hauptachse. Zahl der Mesenterien, wie auch die Zahl der Tentakeln, sekundär sehr stark vermehrt. Längsmuskulatur der ektodermalen Körperwand besonders stark entwickelt. Mesenterien ohne typische Muskelfahnen, mit nur sehr schwach entwickelter Muskulatur. Muskulatur daher vorwiegend in der Rumpfwand. Die freien Mesenterienränder sind mit besonders ausgebildeten Gastralfilamenten versehen. Es sind für Ceriantharia charakteristische Flimmerstreifen (Drüsencnidenstreifen), welche mit Nesselzellen besetzt sind. Ceriantharien sind protandrische Zwitter. Die Mesenterien abwechselnd fertil (mit „Gonaden“) oder steril. Rumpf (z. B. bei Cerianthidae) mit terminalem Porus.

Cnidom: Atriche und holotriche Hapolonemen, mikrobasische Mastigophoren und Spirocysten. Mikrobasische Mastigophoren werden als b-Rhabdoide betrachtet. Außerdem kommen noch p-Rhabdoide vor.

Entwicklung: Nur bei *Cerianthus lloydii* (Taf. 295:3) bekannt. Befruchtung im freien Wasser. Furchung total-inaequal. Gastrulation durch Invagination. Die bewimperte, pelagisch lebende Planula-Larve wandelt sich in das erste Larvenstadium (Cerinula-Stadium) um. Cerinula-Stadium (Taf. 295:3/1) mit 6 Septen, welche den oberen Protosepten (3 Septenpaare) des adulten Stadiums entsprechen. Es ist eine typische Actinula-Larve, bei welcher nur die 4 seitlich gelegenen Tentakeln ausgebildet sind. Es kommt noch im Larvenstadium zur Ausbildung weiterer Septenpaare und zur Bildung des Actinopharynx. Diese Larvenformen mit 6 und mehr Tentakeln werden als Cerianthula-Stadium (Taf. 295:3/2–3/3) bezeichnet.

Larvenstadien mit pelagischer Lebensweise. Viele Arten sind nur im Larvenstadium bekannt. Larvenstadium oft sehr lang (3–4 Monate) andauernd. Ungeschlechtliche Fortpflanzung nur in Ausnahmefällen.

Lebensweise: Nahrungsaufnahme mit Hilfe der sehr dehnbaren Randtentakeln. Individuen mit einem Körperdurchmesser von 2 cm haben durch die stark dehnbaren Tentakeln einen Fangbereich von etwa 60 cm.

Cerianthidae. Zwittrig, mit Körperporus am terminalen Körperende. *Cerianthus* (Taf. 295): Länge 20–30 cm, Durchmesser 2 cm, Röhrentiefen bis zu einem Meter; *Apiactis.*

Arachnanthidae. *Arachnanthus, Ovactus*: Häufig nur als Larven bekannt.

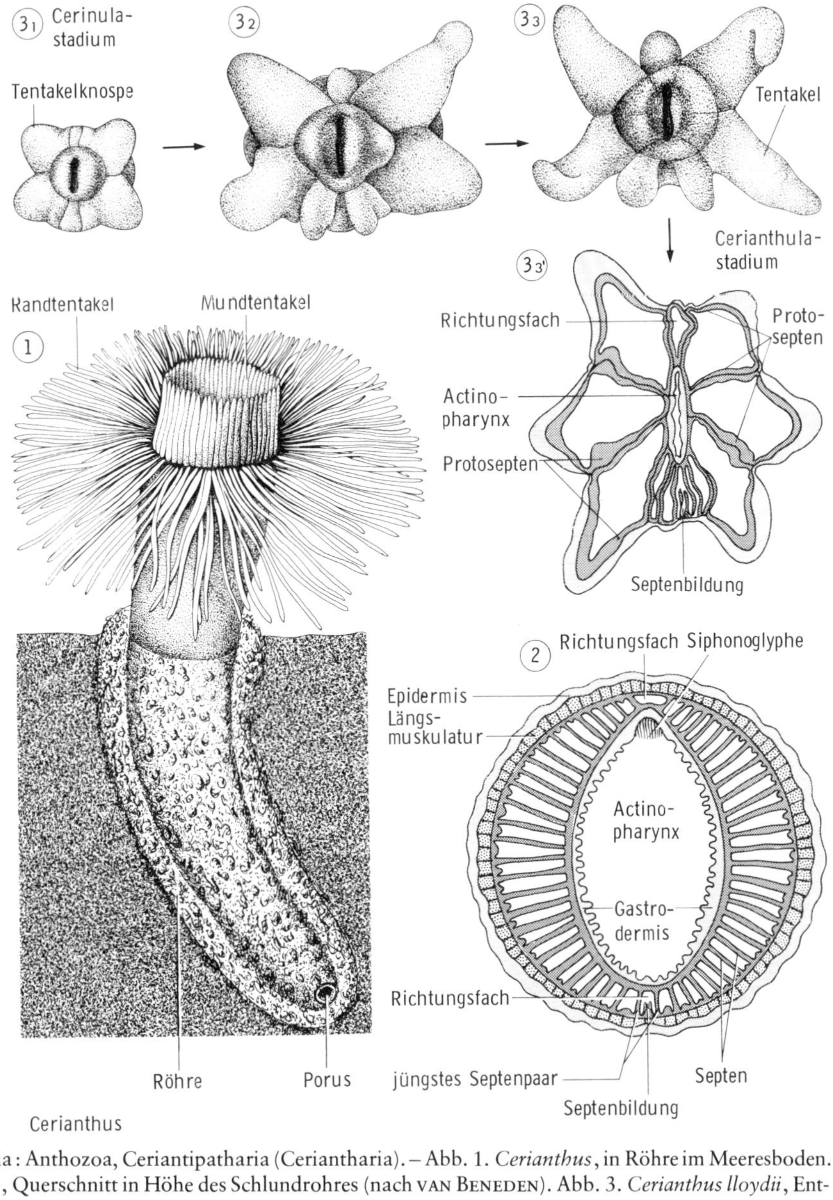

Taf. 295. Cnidaria: Anthozoa, Ceriantipatharia (Ceriantharia). – Abb. 1. *Cerianthus*, in Röhre im Meeresboden. Abb. 2. *Cerianthus*, Querschnitt in Höhe des Schlundrohres (nach VAN BENEDEN). Abb. 3. *Cerianthus lloydii*, Entwicklung (nach VAN BENEDEN): 3/1. Cerinulastadium; 3/2. frühes Cerianthulastadium; 3/3. spätes Cerianthulastadium (jeweils Aufsicht) sowie Querschnitt durch ein Cerianthulastadium mit 8 Septen.

Unterklasse Octocorallia

(Taf. 296–303)

Solitäre (selten), meist aber kolonienbildende Anthozoen. Der meist nur wenige mm große Polyp der Octocorallia (Taf. 296) ist gekennzeichnet durch den Besitz von 8 hohlen, stets gefiederten (mit Pinnulae) Tentakeln sowie von 8 gleichzeitig gebildeten, nicht gepaarten Mesenterien (Sarcosepten). Die Unterklasse umfaßt etwa 2500 Arten, welche zum Teil beträchtliche Größen erreichen. Einzelne Vertreter der Gorgonacea (Hornkorallen) können bis zu 3 m lang werden. Die achtstrahlige Radiärsymmetrie ist mit einer sekundären Bilateralsymmetrie verbunden. Die 8 hohlen Tentakeln umgeben kranzförmig das Peristom. Actinopharynx mit nur einer, ventral liegenden Siphonoglyphe. Besondere Ausbildung der Siphonoglyphe oder auch ihre Rückbildung charakterisieren die in vielen Octocorallia-Kolonien auftretenden 2 verschiedenen Polypenformen. Dimorphismus der Polypen mit Autozooiden und stärker umgewandelten Siphonozooiden. Bei den Siphonozooiden verkümmern Tentakeln und Mesenterien (mit den Mesenterialfilamenten), teilweise sind sie sogar völlig zurückgebildet. Organe der Nahrungsaufnahme und Verdauung werden also stark zurückgebildet, während die Siphonoglyphe (Wimperrinne) sekundär besonders stark entwickelt ist und zur Wasserversorgung der Kolonie dient. Der Gastralraum wird mit frischem sauerstoffreichem Wasser versorgt, und die Stoffwechselendprodukte werden nach außen abgegeben. Bei den Autozooiden dagegen wird die Siphonoglyphe reduziert, sie dienen, neben der Fortpflanzung, ausschließlich zur Ernährung. Der Gastralraum der Octocorallia (Taf. 293:3) ist durch 8 gleichzeitig gebildete Sarcosepten (Mesenterien) in 8 Gastraltaschen und den zentralen Gastralraum (Zentralmagen) geteilt. Im oberen Körperbereich erreichen alle Septen den Ac-

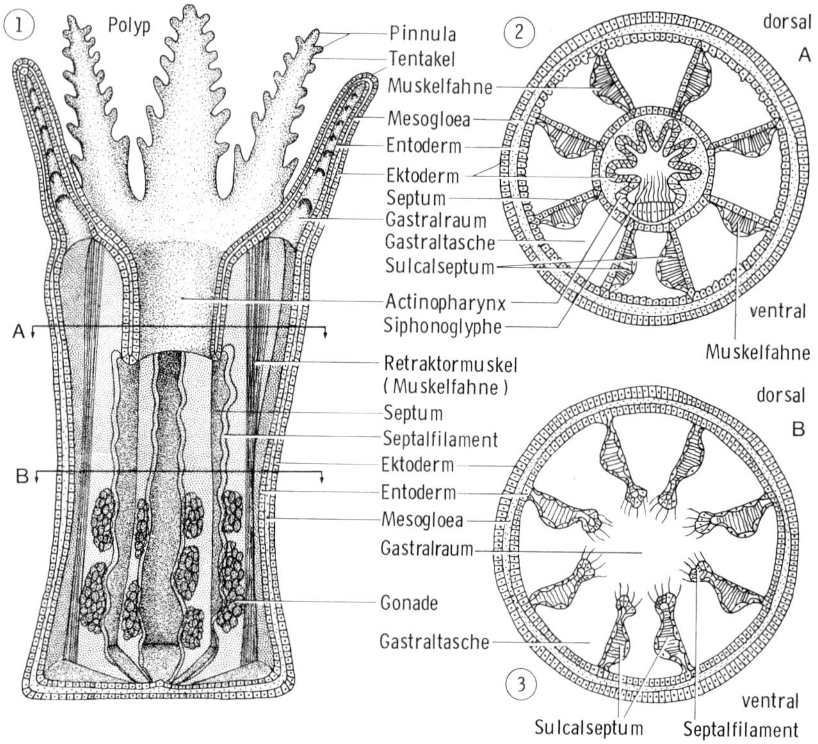

Taf. 296. Cnidaria: Anthozoa, Octocorallia (Polyp). – Abb. 1–3. Octocorallia, Polyp: 1. Habitus und Längsschnitt (nach Delage & Hérouard); 2. Querschnitt in Höhe des Schlundrohres (nach Wurmbach); 3. Querschnitt weiter unterhalb in Höhe des Gastralraumes (nach Wurmbach).

tinopharynx (Taf. 296:2), so daß hier 8 isolierte Gastraltaschen entstehen. Jede dieser Gastraltaschen mündet in einen Tentakel ein. Die tiefer liegenden frei in den Gastralraum mündenden, nicht mit dem Actinopharynx verbundenen Mesenterien (Taf. 296:3) terminal mit bewimperten Mesenterialfilamenten. Die Muskelfahnen der Mesenterien liegen stets auf der der ventralen Seite zugekehrten Fläche des Mesenteriums. Die beiden, frei in den Gastralraum ragenden, ventral gelegenen Septen werden als Sulcalsepten bezeichnet (Siphonoglyphe = Sulcus), da sie die Lage der Siphonoglyphe im Actinopharynx andeuten. Der Actinopharynx besteht aus invaginiertem Ektoderm (Stomodaeum) und besitzt eine ventral liegende Siphonoglyphe (Taf. 296:2). Mesogloea zellig. Die an den Mesenterien liegenden entodermalen „Gonaden" haben traubenförmige Gestalt und ragen in die Gastraltaschen hinein. Die der Siphonoglyphe gegenüberliegenden 2 Septen der Autozooide ohne „Gonaden". Siphonozooide in der Regel steril. Bei einigen Vertretern (z. B. *Corallium*) sind die Siphonozooide fertil, die Autozooide dagegen steril. Die Muskelfahnen (Taf. 293:3) sind als Retraktormuskeln tätig. Das Skelett der Octocorallia ist stets ektodermaler Herkunft. Nur wenige Vertreter (*Cornularia*: Stolonifera) primär noch ohne Skelett und nur mit hornhaltiger Cuticula. Meist aber wandern die skelettbildenden, ektodermalen Zellen (Skleroblasten) in die Mesogloea ein und bilden dort ein inneres, aber ektodermales Skelett. Das innere Calcit-Skelett besteht primär aus isoliert liegenden Kalkkörperchen (Spicula) oder mehr stabförmigen Skleriten (z. B. Protoalcyonaria), durchschnittliche Länge 0,1–1 mm. Teilweise besteht das innere Skelett auch aus Kalkkörperchen und einer inneren, stabförmigen Achse in Form eines großen Sklerits. Meist ist aber ein mehr oder weniger kompaktes Innenskelett (Corallum) ausgebildet, welches im Coenenchym des Stockes eingebettet liegt. Ein Netzwerk von Entodermröhren (Solenien) durchzieht Coenenchym und Skelett und verbindet die Einzelpolypen der Kolonie miteinander. Die inneren Skelette stellen massive Röhrenskelette dar, welche bei Tubiporidae (Stolonifera) und Coenothecalia reine Kalkskelette sind. Bei den Gorgonacea (Hornkorallen) kann die Stammachse des Skelettes auch aus einer hornartigen Substanz (Gorgonin) bestehen, in welche Calcit eingelagert ist. Es können auch reine Hornskelette auftreten.

Die Kolonien der Octocorallia entstehen nicht durch direkte Knospung am Mutterpolypen. Vom Gastralraum des Mutterpolypen sprossen Entodermröhren (Solenien) nach außen, welche von Ektoderm und Mesogloea umgeben sind. An diesen Solenien sprossen die Tochterpolypen, welche dann die Kolonienbildung einleiten. Oft liegen die Polypen eines Stockes in mehreren Stockwerken übereinander und sind durch Solenien miteinander verbunden. Durch Verschmelzungen der Wandungen kommt es zu ausgedehnten Coenenchymbildungen mit zahlreichen Entodermröhren. Oft ragen nur noch die oberen Teile der Polypen (Anthocodien) aus dem Stock heraus und können in vielen Fällen ganz in das Coenenchym zurückgezogen werden. Das Cnidom der Octocorallia besteht nur aus atrichen Haplonemen, welche die oberste Schicht der menschlichen Haut nicht durchdringen können. Nach elektronenmikroskopischen Befunden soll es sich um rhabdoide Heteronemen handeln. Es liegt aber auf jeden Fall ein Monocnidom vor. Es wäre zu überprüfen, ob nur elektronenmikroskopisch erkennbare Dornen mit den durch Lichtmikroskopie ermittelten Dornen homologisiert werden können.

Meist getrenntgeschlechtlich, zum Teil auch zwittrige Vertreter. Befruchtung der Eier fast stets im umgebenden Wasser. Ausnahme z. B. *Corallium* (Gorgonaceae), wo die Entwicklung bis zur Planula im mütterlichen Körper stattfindet. Die bewimperten Planula-Larven schwimmen einige Zeit (bis zu 3 Wochen) umher, ehe sie sich festsetzen (Taf. 302:5) und in einen Polyp umwandeln.

Lebensweise: Ausschließlich marin, vorwiegend in den Küstengewässern warmer Meere. Sie kommen vom Flachwasser bis in den Tiefsee-Bereich vor. Meist auf Hartböden (z. B. Alcyonacea und Gorgonacea), zum Teil auf Weichböden (z. B. Pennatulacea). Die Form der Kolonien ist von der Intensität der Wasserströmung abhängig.

Überordnung Protoalcyonaria

Stammesgeschichtlich älteste Gruppe. Primär solitär, keine Kolonien (Stöcke) bildend. Wurden früher meist als Jugendstadien kolonienbildender Synalcyonaria gedeutet. Es wurden aber geschlechtsreife, solitäre Individuen (z. B. *Monoxenia*) aufgefunden. Mit den Merkmalen der Octocorallia, aber solitär. Mit innerem Skelett aus isoliert liegenden Kalkkörperchen (Spicula).

Ordnung Protoalcyonacea
(Taf. 297:1)

Einzige Ordnung mit den Merkmalen der Überordnung.

Haimeidae. Solitäre Polypen mit Längen von 3–10 mm. Mit isolierten Kalkkörperchen in der Rumpfwand. *Haimea, Hartea* (Taf. 297:1), *Monoxenia*.

Überordnung Synalcyonaria

Kolonienbildende Octocorallia, welche nie solitär als Einzelpolyp auftreten. Formen der Kolonien sehr mannigfaltig und oft charakteristisch für die einzelnen Gruppen. Mit den Merkmalen der Octocorallia.

Ordnung Stolonifera
(Taf. 297:2 u. 298:1)

Stammesgeschichtlich älteste Gruppe der Synalcyonaria. Kolonienbildende Formen, aber noch mit primitiver Stockbildung. Die Einzelpolypen (mit Anthostele und Anthocodium) einer Kolonie sind nicht miteinander zu einer kompakten Kolonie vereinigt, sondern nur durch ein basales Stolonennetz (Cornulariidae: Taf. 297:2), oder durch ein basales Stolonennetz und in höheren Teilen der Kolonie verlaufenden Entodermröhren (Tubiporidae: Taf. 298:1) miteinander verbunden. Das Skelett der Stolonifera besteht primär nur aus einer hornigen Ektoderm-Cuticula oder aus einzelnen Skleriten (Spicu-

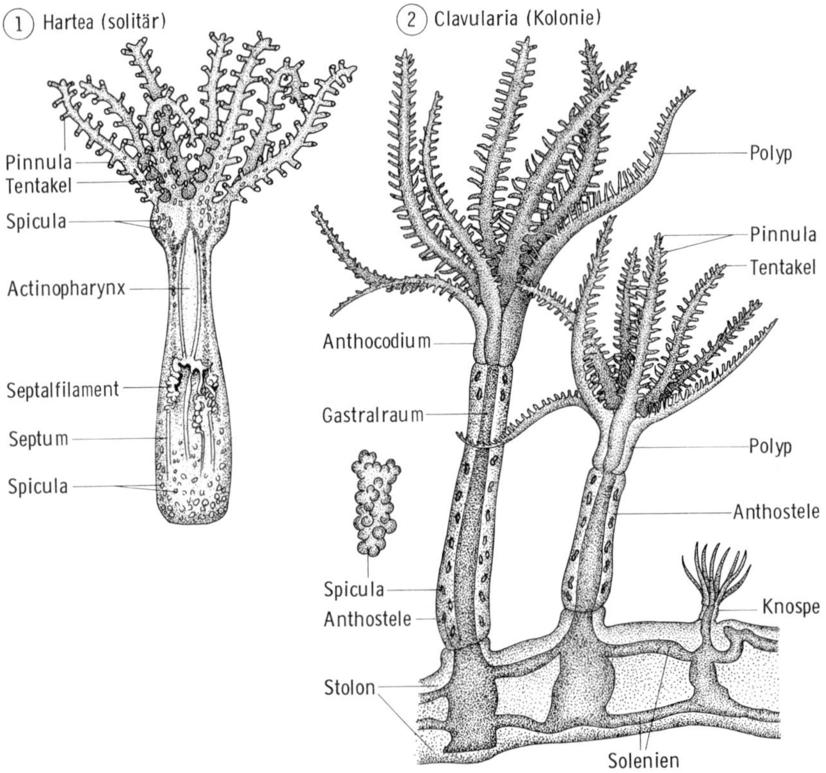

Taf. 297. Cnidaria: Anthozoa, Octocorallia (Protoalcyonacea, Stolonifera). – Abb. 1. *Hartea elegans*, solitärer Polyp (nach WRIGHT). Abb. 2. *Clavularia*, Kolonie sowie Sklerit.

1_1 Stolonifera: Tubipora (Kolonie)

1_2

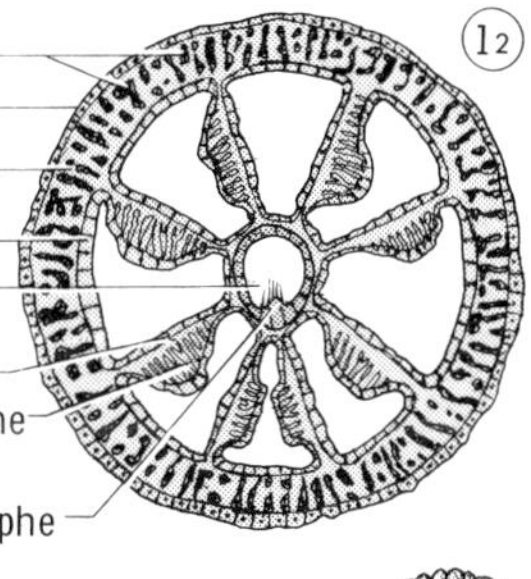

1_3

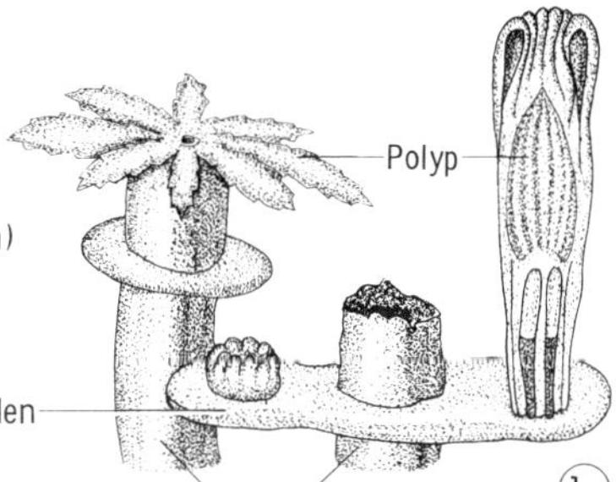

2 Telestacea: Telesto

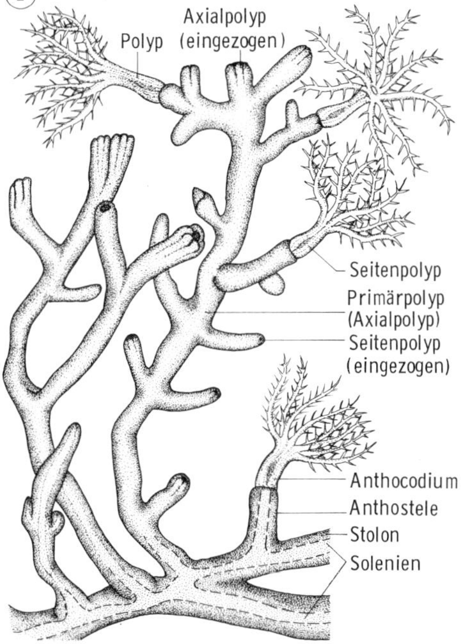

Taf. 298. Cnidaria: Anthozoa, Octocorallia (Stolonifera, Telestacea). – Abb. 1. *Tubipora*: 1/1. Teil eines Polypenstockes (nach HAECKEL); 1/2. Einzelpolyp, Querschnitt in Höhe des Actinopharynx (nach QUOY & GAIMARD); 1/3. Ausschnitte aus einer Kolonie, links Polyp in Röhre, rechts Querboden mit Neubildung von Polypen (nach HICKSON). Abb. 2. *Telesto*, Polypenkolonie (nach BAYER & OWRE).

la) in der Mesogloea. Bei stärker abgeleiteten Vertretern (Tubiporidae) kommt es schon zu einer echten Stockbildung. Hier sind die Sklerite miteinander verschmolzen und bilden ein röhrenförmiges Innenskelett (Taf. 298:1), welches alle Entodermröhren umgibt und außen von Ektoderm überzogen ist.

Cornulariidae. Primitivste Gruppe der Stolonifera. Der sich aus der Planula-Larve entwickelnde Primärpolyp bildet ein waagrechtes, der Unterlage aufliegendes Stolonengeflecht. Von diesem Stolonengeflecht aus knospen neue Polypen. Durch die in den Stolonen verlaufenden Solenien sind die noch primär relativ großen Einzelpolypen miteinander verbunden. Bei etwas höher differenzierten Vertretern kommt es zur Andeutung einer beginnenden Coenenchymbildung. Durch Verschmelzung von Stolonenröhren können Stolonenplatten entstehen. Durch darüber liegende, transversal verlaufende Stolonen kann die Kolonie noch vergrößert werden. Teils mit horniger Ektoderm-Cuticula, teils mit einzelnen, langen, spindelförmigen Skleriten. *Cornularia:* Mit hornigem Hüllskelett, ohne Sklerite. Wenig verzweigtes, etwa 2 cm langes Stolonennetz. Polypen etwa 4–5 mm hoch. Jede Stolonenröhre mit nur einer Solenie. *Clavularia* (Taf. 297:2): Mit Ansätzen zur Coenenchymbildung; Stolonenröhren mit mehreren Solenien und zum Teil zu einer einheitlichen Stolonenplatte verschmelzend. Mit isolierten Skleriten.

Tubiporidae. (Orgelkorallen). Hier bereits echte Stockbildung, da die sehr langen Einzelpolypen der Kolonie nicht nur an der Basis durch Stolonen, sondern auch oberhalb in höheren Regionen durch transversal verlaufende Entodermröhren miteinander verbunden sind. Der Stock setzt sich aus senkrecht und parallel zueinander stehenden, in Röhren befindlichen Polypen zusammen. Sie sind durch zum Teil in mehreren waagrechten Etagen verlaufenden Solenien wie auch durch die basalen Stolonen miteinander verbunden, aber es kommt noch nicht zu einer echten Coenenchymbildung. Durch in die Mesogloea einwandernde, skeletterzeugende Ektodermzellen werden in der Mesogloea kalkhaltige Sklerite gebildet. Mit Ausnahme des oberen Bereichs der Polypenköpfe, dort bleiben die Sklerite isoliert, verschmelzen die Sklerite miteinander und bilden ein röhrenförmiges, rot gefärbtes, verkalktes Innenskelett um alle Entodermräume. Mit zunehmendem Wachstum durch oberseits neu gebildete Stockwerke sterben die basalen Teile nach und nach ab. Die basale Masse der Orgelkorallen besteht dann aus einem leblosen Kalkskelett. Einzelpolypen bis zu 20 cm lang, aus den Polypenröhren ragen nur die Anthocodien heraus. *Tubipora* (Taf. 298:1): Auf Korallenriffen des Indopazifik.

Ordnung Telestacea
(Taf. 298:2)

Die Polypen der Kolonien sind basal durch kriechende Stolonen oder durch Stolonenplatten miteinander verbunden. Kolonien mit baumartigem Charakter. An den senkrecht stehenden Axialpolypen (Primärpolypen) der Kolonie sprossen durch Knospung sekundäre, laterale Seitenpolypen. Diese entwickeln sich zu Seitenzweigen und können durch Sprossung wieder neue Polypen erzeugen. Die Verzweigung kann aber auch sympodial sein. Das Innenskelett besteht aus stabförmigen Skleriten, welche durch kalkhaltige oder hornartige Substanzen miteinander verbunden sein können. Auf diese Weise entsteht dann ein festes, inneres Achsenskelett.

Telestidae. *Telesto* (Taf. 298:2): Mit Axial- und Seitenpolypen.

Coelogorgiidae. *Coelogorgia*: Mit starker Verzweigung, Sklerite isoliert.

Pseudocladochonidae. *Pseudocladochonus:* Sympodiale Verzweigung, mit festem Achsenskelett.

Ordnung Gastraxonacea
(Taf. 299:3–5)

Unverzweigte Kolonien mit halmförmigem Oberteil (Capitulum) und einem fadenförmigen, flexiblen, basalen Stielteil. Das Capitulum zeigt eine dorsoventrale Abplattung. Die Länge des Capitulums beträgt 10–40 cm, die Breite 7–12 mm und die Dicke 3–5 mm. Länge des Stieles 10–30 cm, Stieldicke

1,5–3 mm. In seltenen Fällen kann eine einfache, dichotome Gabelung des Capitulums vorliegen. Der zylindrische Stiel weist häufig eine kleine basale Scheibe auf, die zum Festheften auf der Unterlage dient. Charakteristisches Merkmal ist der Besitz eines Axialpolypen, dessen Gastralraum sich zentral durch den gesamten Capitulum- und Stielbereich hindurchzieht. Das Capitulum endet mit der Mundöffnung des Axialpolypen. Im Bereich des Capitulums befinden sich kleine Lateralpolypen, der Stiel weist dagegen keine Lateralpolypen auf. Anordnung der Lateralpolypen meist zweireihig, manchmal sind sie auch rundum gelegen. Die Lateralpolypen sind in ein mit Spicula versehenes Coenenchym eingelagert. Sie sind sehr kurz, nur etwa 7,5 mm lang und weisen jeweils einen eigenen, abgegrenzten Gastralraum auf. Die Lateralpolypen sind durch Solenien miteinander und auch mit dem Axialpoly-

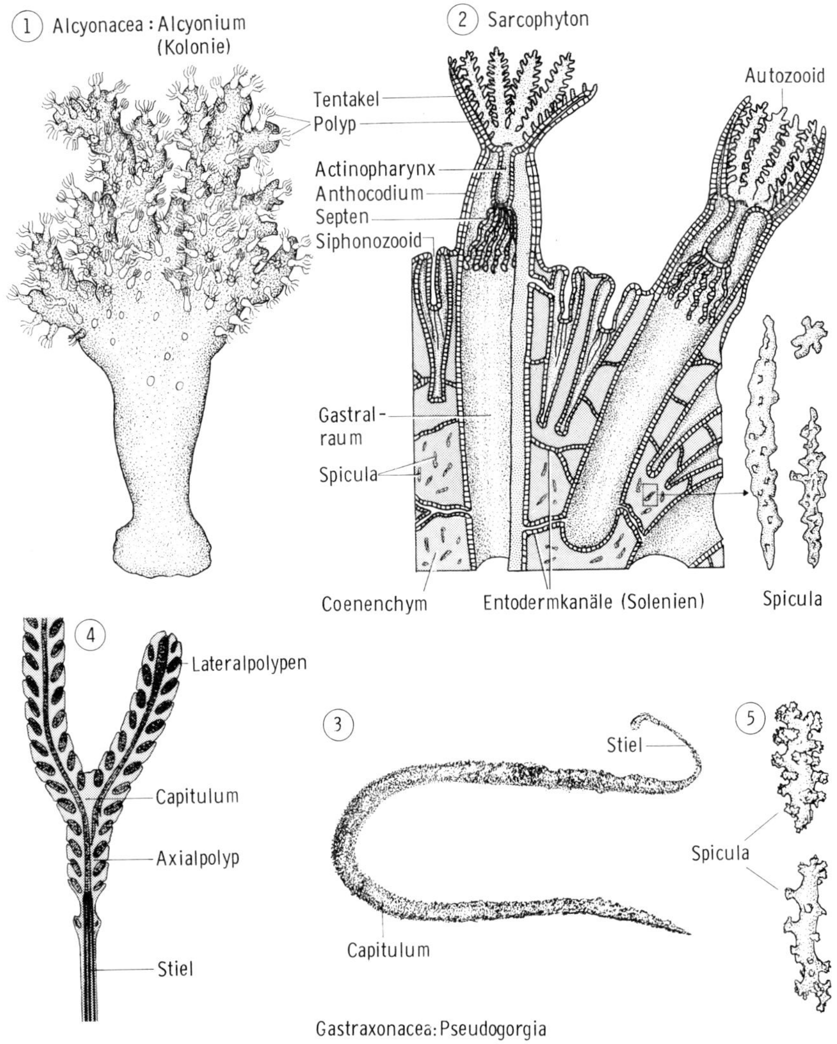

Taf. 299. Cnidaria: Anthozoa, Octocorallia (Alcyonacea, Gastraxonacea). – Abb. 1. *Alcyonium*, Polypenkolonie (nach CUVIER). Abb. 2. *Sarcophyton*, Ausschnitt aus einer Polypenkolonie, Längsschnitt (nach KÜKENTHAL). Abb. 3. *Pseudogorgia godeffroyi*, normaler Habitus. Abb. 4. *Pseudogorgia godeffroyi*, Ausschnitt, schematisch, mit terminaler dichotomer Gabelung. Abb. 5. *Pseudogorgia godeffroyi*, Spicula (nach UTINOMI & HARADA).

pen verbunden. Die im Coenenchym liegenden Spicula zeigen eine unterschiedliche Form und werden bis zu 0,3 mm lang. Ohne Stolonenbildung und ohne innere Achse.

Pseudogorgiidae. Einzige Familie mit den Merkmalen der Ordnung. *Pseudogorgia: P. godeffroyi* (Taf. 299:3–5), einziger bisher bekannter Vertreter der Gastraxonacea. In marinen Küstengewässern der Südostküste Australiens in Meerestiefen von 30–45 m.

Die Gastraxonacea wurden früher den Telestacea zugeordnet. Sie nehmen eine vermittelnde Stellung zwischen Telestacea und Gorgonacea ein. Gastraxonacea sind durch folgende, bei ihnen gemeinsam auftretende Merkmale von den anderen Ordnungen der Octocorallia getrennt. Besitz eines Axialpolypen, dessen Gastralraum in Form eines Achsenkanales den gesamten Capitulum- und Stielbereich durchzieht; Besitz kurzer Lateralpolypen, eingebettet in einer mit Spicula versehenen Coenenchymschicht; Fehlen einer festen Achse und fehlende Stolonenbildung.

Ordnung Alcyonacea (Weichkorallen, Lederkorallen)
(Taf. 299)

Die Polypen der Kolonie sind durch ein gemeinsames, lederartiges Coenenchym so miteinander verbunden, daß sie nur noch im Bereich der Anthocodien als Individuen voneinander getrennt sind. Das Coenenchym besteht aus der stark verdickten Mesogloea, welche von einem gemeinsamen, kolonialen Ektoderm überzogen ist. Im Coenenchym befinden sich entodermale Röhren (Solenien), welche die Polypen der Kolonie miteinander verbinden. Aus der Kolonie ragen nur die Anthocodien der Polypen (Taf. 299:2) heraus. Bei einigen Arten sind Siphonozooide ausgebildet. Der sterile Stammteil der Kolonie ist mehr oder weniger stark vom polypentragenden Teil der Kolonie abgesetzt. Im Coenenchym mit isoliert liegenden Kalkskleriten, manchmal auch mit zusätzlicher Hornsubstanz, aber kein zusammenhängendes Achsenskelett vorhanden. Die ältesten Polypen der Kolonie stehen senkrecht und parallel nebeneinander, ihre Gastralräume reichen bis zur Basis des Stockes. Sie sind durch zahlreiche, quer verlaufende Entodermkanäle miteinander verbunden, von welchen neue Polypen sprossen. Wuchs zum Teil mit, zum Teil ohne Verzweigung. Autozooide fertil, „Gonaden" an 6 Septen. Teils diözisch; teils monözisch, dann aber protogyn.

Alcyoniidae. Aufrechte Wuchsform. Meist dicke, fleischige Kolonien mit nur geringer oder fehlender Verästelung. Massig ausgebildetes Coenenchym. Grenzen der einzelnen Polypenindividuen häufig nicht mehr erkennbar. Zum Teil mit Autozooiden und Siphonozooiden (Polypendimorphismus). Mit Mesenterialfilamenten an allen Mesenterien. *Alcyonium*, Korkpolyp, Tote Manneshand (Taf. 299:1): Aufrechte Stöcke mit 5–8 kleinen, stumpfen Ästen. Basaler Abschnitt etwas stielförmig. Höhe etwa 16–20 cm. – *Sarcophyton* (Taf. 299:2): Im Flachwasser von Korallenriffen, mit Polypendimorphismus. – *Anthomastus*. – *Bathyalcyon*.

Xeniidae. Kolonien mit einem Stamm und doldenartiger Verzweigung. Mesenterialfilamente nur an den beiden dorsalen Mesenterien. *Xenia*: Litoralbewohner.

Ordnung Coenothecalia (blaue Korallen)
(Taf. 300)

Nur eine einzige Gattung und Art, die „blaue Koralle" *Heliopora coerulea*. Fossile Vertreter seit der Oberkreide bekannt.

Die Kolonien der Coenothecalia (Taf. 300) ähneln den massiven Kolonien von Steinkorallen (Madreporaria) und bestehen aus einem lebenden, oberen Teil und einem abgestorbenen, unteren Kalkskelett. Die Höhe der Kolonien beträgt etwa 25–50 cm. Das lebende, zu einer Platte verschmolzene Stolonennetz bedeckt nur als eine 2–3 mm dünne Schicht den mächtigen Kalksockel. Die Anthocodien der Polypen ragen nur wenig über das Stolonennetz hinaus und sind zurückziehbar. Die Polypen liegen in vertikalen, röhrenförmigen Abschnitten und sind durch ein horizontal verlaufendes, röhrenförmiges Stolonengeflecht miteinander verbunden. Von diesem Geflecht gehen außerdem zahlreiche, blind endende Fortsätze vertikal nach unten. Polypenbasen und Solenien sind von einer einheitlichen Coenenchymmasse umgeben, welche nach außen vom Ektoderm abgegrenzt wird. Die skelettwärts gerichtete Fläche der lebenden Schicht setzt sich aus Ektodermzellen zusammen, welche in die Mesogloea charakteristische Fasern aus Aragonit (Calciumcarbonat) absondern. Dadurch entsteht das teils blaue (durch Eisensalze), teils graue Lamellenskelett der Coenothecalia. Das Skelett besteht also nicht (wie bei den anderen Octocorallia) aus miteinander verschmolzenen Skleriten, sondern es setzt sich aus kristallinen Aragonitfasern zusammen, welche in Lamellen zusammengefaßt sind. Dabei entsteht ein klotzartiger Skelettsockel, welcher von Lamellen durchzogen ist und ein reines Kalkskelett darstellt. In der einheitlichen Kalkmasse sind Nischen für Polypen und Stolonen ausgebildet. In den Polypennischen bilden sich an den Seitenwänden Kalkrippen, welche als Scheinsepten (Pseudosepten) in die Polypen-Gastralnischen hineinragen. Die tiefer gelegenen Abschnitte der Polypen-Gastralnischen werden von Zeit zu Zeit durch Querböden (Tabulae) abgetrennt. Das so abgetrennte Gewebe lebt noch einige Zeit und sondert kräftig blau gefärbten Kalk ab. Dann stirbt es ab und wird Teil des toten Kalksockels.

Helioporidae. Einzige Art *Heliopora coerulea* (Taf. 300): Höhe und Breite meist etwa 25 cm. Polypen mit einem Durchmesser von nur 1 mm. Im Litoral des Indopazifik auf Korallenriffen.

Ordnung Gorgonacea (Hornkorallen)
(Taf. 301 u. 302)

Sehr artenreiche Ordnung mit etwa 1200 Arten. Stets festsitzende, kolonienbildende Octocorallia mit meist baumartig verzweigten Kolonien. Sie erhalten dadurch ein stark pflanzenähnliches Aussehen.

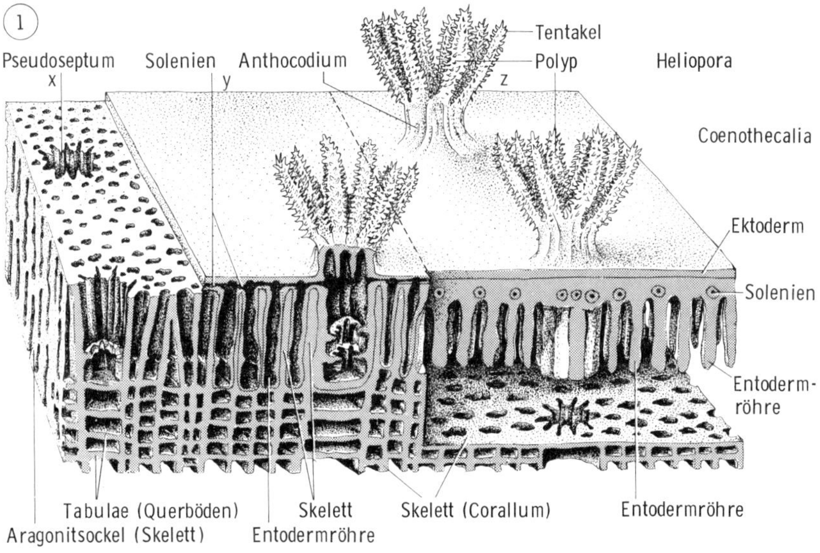

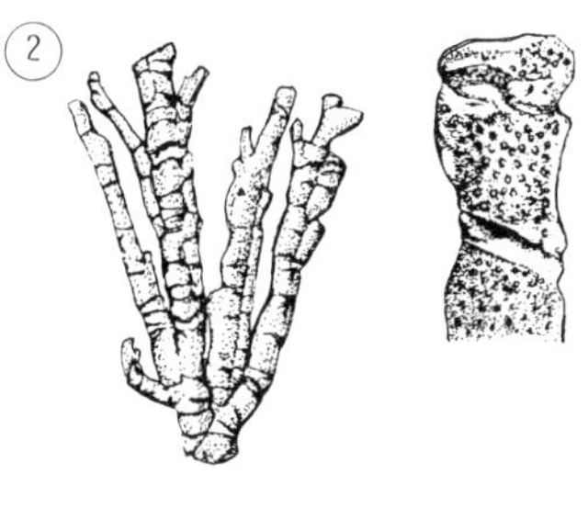

Taf. 300. Cnidaria: Anthozoa, Octocorallia (Coenothecalia) und fossile Octocorallia. – Abb. 1. *Heliopora coerulea*, Ausschnitt aus einer Kolonie mit Längsschnitt (nach MOORE); x: nur Skelett, y: lebender Teil und Skelett, z: oben, lebender Teil, unten, Skelettausschnitt. Abb. 2. Fossiler Vertreter: *Pragnellia arborescens*, Habitus (nach LEITH).

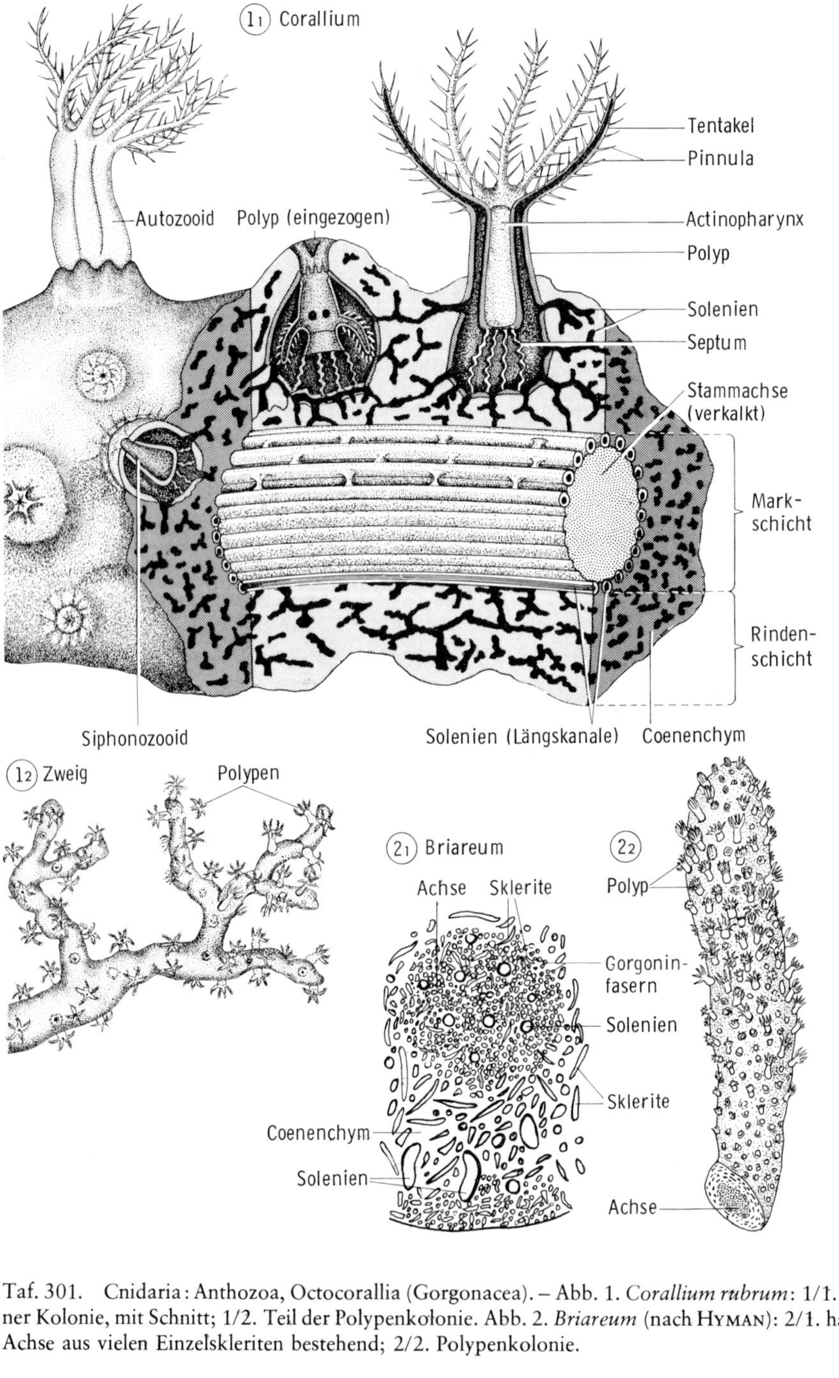

Taf. 301. Cnidaria: Anthozoa, Octocorallia (Gorgonacea). – Abb. 1. *Corallium rubrum*: 1/1. Ausschnitt aus einer Kolonie, mit Schnitt; 1/2. Teil der Polypenkolonie. Abb. 2. *Briareum* (nach HYMAN): 2/1. halber Querschnitt, Achse aus vielen Einzelskleriten bestehend; 2/2. Polypenkolonie.

Stöcke baum- oder strauchförmig verästelt oder die Verästelung nur in einer Ebene, dann blatt- oder federartige Kolonien. Polypen mit nur kurzen Gastralräumen, durch Solenien miteinander verbunden. Polypen und Solenien in gemeinsamem Coenenchym. Ektodermale Skelettbildung durch in die Mesogloea der Coenenchymschicht einwandernde Ektodermzellen. Es werden sowohl Einzelsklerite aus Kalk, als auch feste Achsenskelette gebildet. Das feste, verkalkte Achsenskelett (Taf. 301:1/1) befindet sich im Zentrum des Coenenchyms und wird von den Polypen mit ihrem Coenenchymanteil wie von einer Rinde umgeben. Polypen relativ kurz, meist als Autozooide, selten als Siphonozooide ausgebildet. Das Coenenchym der Kolonie ist in eine dünnere, äußere und eine innere Schicht differenziert. In der äußeren Schicht, neben den Polypen und den sie verbindenden Solenien, liegen nur isolierte Kalksklerite. In der inneren Markschicht liegt das oft sehr komplex gestaltete Achsenskelett (Stammachse). Die Stammachse besteht bei einem Teil der Hornkorallen (Scleraxonia) aus Einzelskleriten aus Kalk, welche durch Hornsubstanz (Gorgonin) oder durch Kalk miteinander verbunden sind. Die Verbindung durch Gorgonin ist nur schwach, während die Verbindung der Sklerite durch Kalk zu starken Verschmelzungen führt, so daß wir hier eine einheitliche Kalkmasse (z. B. *Corallium*) antreffen. Bei den Holaxonia besteht die Stammachse nur aus Gorgonin, einem dem Kollagen verwandtem Protein. In diese biegsame Gorgonin-Stammachse kann Calcit, in Ausnahmefällen können auch Sklerite eingelagert werden. Autozooide fertil, 6 Septen mit „Gonaden". Protogyne Hermaphroditen.

Entwicklung (Taf. 302:5): Befruchtung im freien Wasser. Die zunächst pelagische Planula setzt sich fest und entwickelt sich zunächst zu einem Polypen mit ungefiederten Tentakeln. Erst später entstehen dann die Pinnulae an den Tentakeln.

Unterordnung Scleraxonia
(Taf. 301)

Stammachse besteht aus Einzelskleriten, welche entweder durch Gorgoninfasern (Taf. 301:2/1) miteinander verbunden oder durch Kalksubstanz vollständig miteinander verschmolzen sind und so eine feste Achse (Taf. 301:1/1) bilden. Zum Teil (z. B. *Paragorgia* und *Corallium*) mit sterilen Autozooiden und fertilen Siphonozooiden.

Briareidae. Meist flach ausgebreitete Kolonien. Sklerite der Stammachse durch Gorgoninfasern miteinander verbunden. *Briareum* (Taf. 301:2), *Spongioderma, Paragorgia*: Baumartig verzweigte Kolonien. Stockdurchmesser 3–4 cm, Stocklänge bis zu 2 m. Mit sterilen Autozooiden und fertilen Siphonozooiden.

Suberogorgiidae. Mit stark baumförmiger Verzweigung. Sklerite der Stammachse teilweise durch Gorgoninfasern, teilweise durch Kalk miteinander verbunden. *Suberogorgia*: Indopazifik.

Coralliidae. Baum- oder strauchförmige Kolonien. Die harte Stammachse nicht mehr aus einzelnen Skleriten bestehend, sondern die Sklerite sind durch Kalksubstanz zu einer scheinbar einheitlichen, festen Masse verkittet. Häufig Dimorphismus der Polypen (sterile Autozooide und fertile Siphonozooide). *Corallium* (Taf. 301:1): *C. rubrum*, Edelkoralle, rote Koralle. Im Mittelmeer (Küste von Tunesien und Algerien) und auch im Indopazifik. Die meist rote, zum Teil auch weiße Stammachse wird zu Schmuckgegenständen verarbeitet. Wenig verzweigte Stöcke mit Höhen von 20–40 cm, Durchmesser 2–4 cm. Im Indopazifik (z. B. Küste Japan) erreichen sie Höhen bis zu 1 m. Im Stillwasser, in Tiefen von 30–300 m.

Unterordnung Holaxonia
(Taf. 302)

Stammachse besteht aus Gorgonin, in welche Calcit in verschiedenartiger Menge und Verteilung eingelagert sein kann. In die Achse eingelagerte Sklerite kommen nur sehr selten vor. Im Coenenchym mit isoliert liegenden Kalkskleriten (Taf. 302:2) Kolonien meist baumartig verzweigt. Polypen gleich gestaltet, kein Dimorphismus.

Primnoidae. Baumförmig verzweigte Kolonien. Stammachse verkalkt und relativ dünn. *Primnoa*: Stark verzweigt, bis 25 cm hoch.

Gorgoniidae. Verzweigung der Kolonien vorwiegend in einer Ebene, häufig daher mit fächerförmiger Gestalt. Stammachse aus reinem Gorgonin. *Gorgonia* (Taf. 302): *G. flabellum*, Venusfächer. Fächerförmige Kolonie, über 1 m hoch.

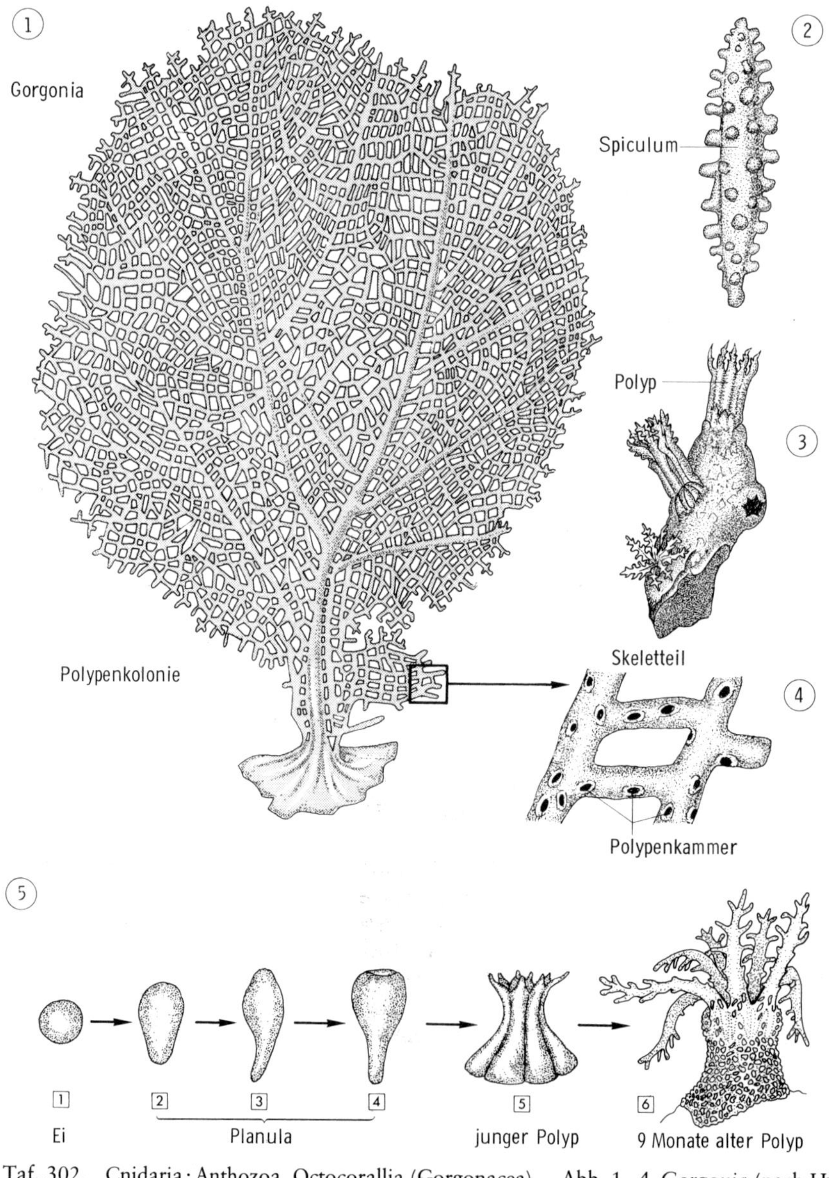

Taf. 302. Cnidaria: Anthozoa, Octocorallia (Gorgonacea). – Abb. 1–4. *Gorgonia* (nach Hyman): 1. Polypenkolonie; 2. Sklerit; 3. Ausschnitt der Kolonie mit Polypen, vergrößert; 4. Ausschnitt des Skelettes mit Polypenkammern. Abb. 5. *Gorgonia cavolinii*, Entwicklung (nach v. Koch aus Tardent).

Plexauridae. Baumförmige Kolonien in einer Ebene, selten buschförmig. Achsenstamm gekammert, Achsenrinde zum Teil mit kristallinem Kalk. *Eunicella:* Verzweigung fast parallel in einer Ebene. – *Euplexaura*: *E. antipathes*, schwarze Koralle. Büsche mit einer Höhe von 30–35 cm. Die schwarze, ausschließlich aus Gorgonin bestehende Stammachse wird zu Schmuck verarbeitet.

Isididae. Achse abwechselnd aus soliden Kalkabschnitten und aus Gorgoninabschnitten aufgebaut, dadurch wie eine Perlenkette gegliedert. *Isis* (bis zu einem Meter hoch).

Ordnung Pennatulacea (Seefedern)
(Taf. 303)

Mittelgroße Ordnung mit etwa 300 Arten. Stets kolonienbildend, aber niemals verzweigt und nicht festgewachsen (halbsessile Formen). Mit dem unteren, polypenfreien Teil steckt die Seefederkolonie senkrecht oder leicht schräg im weichen Meeresboden. Aussehen zum Teil federartig (z. B. *Pennatula*), es kommen aber auch kurze, gedrungene, fast eiförmige Formen vor. Zum Teil auch länglich walzenförmig oder sehr schlank, peitschenförmig. Manche Vertreter (z. B. Schopfseefedern, *Umbellula*) besitzen einen sehr langen Stiel (bis zu 2 m lang) an dessen oberem Ende einige wenige, aber sehr große Polypen sitzen.

Die Kolonien der Seefedern (Taf. 303) setzen sich aus einem sehr langen Stammpolyp (Primärpolyp) und aus Tochterpolypen zusammen. Der Stammpolyp ist von einer Coenenchymlage umgeben. Lateral am Stammpolypen entstehen durch Knospung die Tochterpolypen (Taf. 303: 1/3) welche als fertile Autozooide und sterile Siphonozooide auftreten. Die Tochterpolypen können einzeln bleiben oder an der Basis miteinander verschmelzen, so daß fiederblattähnliche Bildungen (Taf. 303: 1/3) entstehen können.

Ursprung jeder Kolonie (Taf. 303: 3) ist der sich aus der Planula-Larve entwickelnde Primärpolyp. Am apikalen Teil des Primärpolypen (Stammpolyp) beginnt zunächst die Knospung von Tochterpolypen (Taf. 303: 1/1). Gleichzeitig werden Tentakeln, Peristom und Mesenterien des Primärpolypen zurückgebildet und resorbiert. Im Normalfall fehlt auch die Mundöffnung. Der Rumpf wird dafür um so kräftiger ausgebildet und wird zum Stamm der Seefeder-Kolonie. Im basalen Bereich bildet er keine Knospen aus, so daß auf diese Weise ein Stiel entsteht. Mit diesem Stiel (Pedunculus: Grabfuß) bohren sich die Pennatulaceen lose in den marinen Untergrund ein. Sie können auch auf der Unterlage liegen. Die Wand des Stammpolypen unter dem Ektoderm mit dicker Mesogloea, in welche Sklerite (Taf. 303: 1/4) aus kohlensaurem Kalk eingelagert sind. Das Coenenchym ist von Solenien durchzogen, welche ein in der Mesogloea liegendes peripheres Kanalsystem bilden. Dieses Kanalsystem ist sowohl mit dem Gastralraum des Primärpolypen, als auch mit den Gastralräumen der Tochterpolypen verbunden. Der Gastralraum des Stammpolypen ist sekundär stark abgewandelt, die für die Octocorallia charakteristischen 8 Mesenterien sind nicht mehr vorhanden. Der Gastralraum des Stammpolypen (Taf. 303: 1/3) wird durch ein querliegendes durchgehendes Septum (Längsscheidewand) in 2 dorsal und ventral liegende Hauptkanäle (Längskammern, Entodermkanäle) zerlegt. In der Wandung des Septums liegen noch 2 weitere, laterale Längskanäle (Sekundärkanäle). In Richtung der Spitze der Kolonie werden die Kanäle, bis auf einen, reduziert. Zwischen den beiden lateralen Kanälen, also innerhalb des ursprünglichen Septenbereiches, liegt ein aus Gorgonin bestehender ektodermaler Achsenstab, welcher teilweise verkalkt ist. Dieser an den Enden stets rein „hornige“ Achsenstab dient zur Festigung und befindet sich nur im basalen Drittel des Stammes. Die 4 Kanäle des zentralen Gastralraumes sind mit dem in der Mesogloea liegenden, peripheren Kanalsystem (Längskanäle sowie Ringkanäle im Stielabschnitt) verbunden. Tochterpolypen (Sekundärpolypen) dagegen mit den typischen 8 Septen.

Jede Pennatulaceen-Kolonie (Taf. 303: 1/2) besteht aus 2 deutlich voneinander getrennten Abschnitten, einem unteren, polypenfreien Stiel und einem oberen, polypentragenden, oft sehr verschieden gestalteten Kiel (Rhachis). Kiel primär rundlich, sekundär abgeflacht mit Dorsal- und Ventralseite. Der Stiel bohrt sich in den Untergrund ein, manchmal mit Hilfe einer terminalen Blase, zum Teil liegen einzelne Arten auch lose auf dem Untergrund. Der polypentragende Teil wird zusammen mit den Tochterpolypen als Polypar bezeichnet. Die Sekundärpolypen können einzeln lateral am Kiel sitzen, oder sie sind an ihrer Basis miteinander verwachsen, so daß Fiederstrahlen gebildet werden.

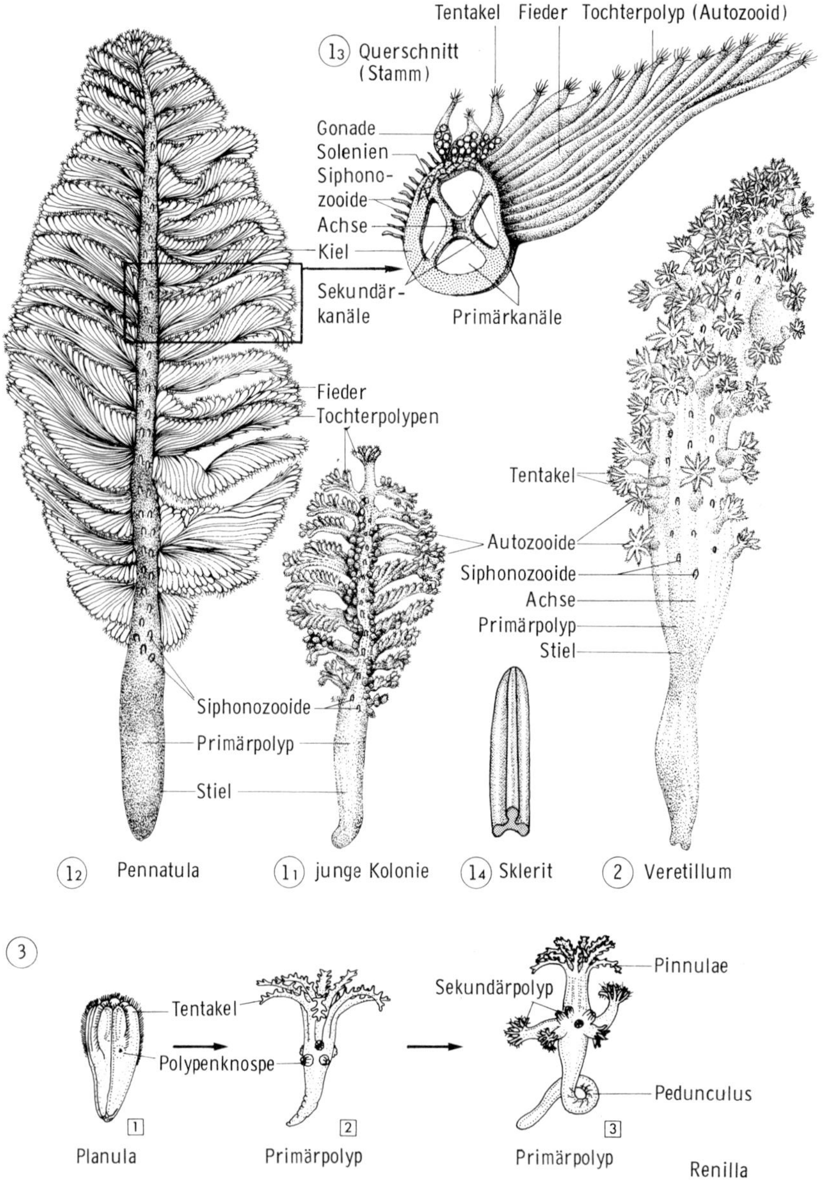

Taf. 303. Cnidaria: Anthozoa, Octocorallia (Pennatulacea). – Abb. 1/1. *Pennatula phosphorea*, junge Polypenkolonie (nach JUNGERSEN); 1/2. *Pennatula rubra*, erwachsene Polypenkolonie (nach KÖLLIKER); 1/3. *Pennatula rubra*, Querschnitt durch den Stamm, mit aufsitzender Fieder aus zahlreichen Einzelpolypen (nach versch. Autoren); 1/4. *Pennatula*, Sklerit (nach HYMAN). Abb. 2. *Veretillum*, Polypenkolonie (nach HICKSON). Abb. 3. *Renilla reniformis*, Entwicklung (nach WILSON; HYMAN aus TARDENT).

Sekundärpolypen (Taf. 303:2) mit starkem Dimorphismus. Die fertilen Autozooide sind voll entwickelt (mit Tentakeln, Mund, Actinopharynx, Mesenterien) und entsprechen Octocorallia-Polypen. Sie dienen zur Nahrungsaufnahme, leiten Nährstoffe weiter und bilden Geschlechtsprodukte aus. Die „Gonaden" im unteren Teil der Septalfilamente. Die sterilen Siphonozooide sind sehr klein und von warzenförmigem Habitus. Sie bestehen nahezu nur noch aus Mund und Actinopharynx und stellen die Wasserpumpen der Kolonie dar. Pennatulaceen nehmen im Tag- und Nachtrhythmus Wasser auf und geben es wieder ab. Die Kolonie steht dann nachts für Stunden prall aufgerichtet unter Wasserdruck und erschlafft auch wieder für Stunden. Das aufgenommene Wasser dient zur Durchspülung und Ableitung der Stoffwechselendprodukte. Polypen (einschließlich des Stammpolypen) mit gut ausgebildeter Längs- und Ringmuskulatur, dadurch schnelle Kontraktions- und Ausdehnungsfähigkeit. Auto- und Siphonozooide bei einigen Vertretern mit intrazellulärem Leuchtvermögen, welches vom Nervensystem gesteuert wird. Befruchtung im freien Wasser. Die Planula-Larve setzt sich fest und wandelt sich in den Primärpolypen um.

Lebensweise: Teils im Flachwasser, teils in Tiefen bis zu 4500 m. Im Flachwasser vorwiegend Arten, bei denen die Polypen überall im Bereich des Kieles entspringen. Tiefseeformen mit reduzierter Polypenzahl, diese dann terminal wirtel- oder schopfförmig angeordnet (z. B. *Umbellula*, Schopfseefedern). Normal Schwebepartikelfänger (Plankton als Nahrung). Tiefseeformen (z. B. *Umbellula*) sind sekundäre Sedimentpartikel-Fresser.

Unterordnung Sessiliflorae

(Taf. 303)

Autozooide einzeln stehend, direkt vom Kiel entspringend.

Veretillidae. Flachwasserformen, Polypen einzeln stehend und radiär (primitiv) am rundlichen Kiel entspringend. *Veretillum* (Taf. 303:2): Mit kurzem Stiel. Unter Wasserdruck 45–65 cm hoch, tagsüber erschlafft, nur etwa 4–5 cm hoch. *Lituaria*.

Renillidae. Kiel sekundär blattförmig. Dorsalseite mit Sekundärpolypen, Ventralseite frei von Sekundärpolypen. *Renilla* (Taf. 303:3).

Funiculinidae. Stamm bis zu 1,5 m lang. Durchmesser basal 1 cm. Kiel sekundär abgeflacht. Sekundärpolypen in Transversalreihen (sekundär) angeordnet. *Funiculina*: Auch in der Nordsee, Skagerrak, vorkommend.

Umbellulidae, Schopfseefedern. Tiefseeformen, in Tiefen bis zu 4500 m vorkommend. Hauptachse bis zu 2,3 m lang. Mit reduzierter Autozooidenzahl, welche terminal in deutlichen Wirteln (Schopfbildung) angeordnet sind. *Umbellula:* Schopf oft nur noch aus 5–6 großen Autozooiden bestehend. Bei *U. thieli* sekundär terminal nur noch ein einziger, großer Autozooid ausgebildet. Sie sind Sedimentpartikelfresser.

Unterordnung Subselliflorae

(Taf. 303)

Autozooide sekundär an der Basis vereinigt, auf Wülsten oder Polypenträgern stehend.

Virgulariidae. Autozooide auf lateralen Wülsten. *Virgularia. Pavonaria.*

Pennatulidae. Typische Seefederform mit Fiederstrahlen. Sekundärpolypen an zwei Seiten des Kieles sich gegenüberstehend. Autozooide auf großen blattartigen Polypenträgern. Mit dreiflügligen Skleriten. Zum Teil mit Leuchtvermögen. *Pennatula* (Taf. 303:1): *P. phosphorea*, mit Leuchtvermögen; bis zu 20 cm lang.

Unterklasse Hexacorallia
(Taf. 304–312)

Mit der einzigen Überordnung Hexacorallea.

Primär einzeln (Taf. 304) oder sekundär stockbildende Anthozoen, bei denen die Mesenterien (= Septen) meist in der Zahl von 6 (= 6 Paare) oder als Vielfaches von 6 auftreten. Tentakeln im Gegensatz zu den Octocorallia nicht gefiedert. Zahl der Septen und Tentakeln bei weitem nicht so konstant wie bei den Octocorallia. Tentakeln der Hexacorallia hohl. Sie treten oft in einer sehr großen Zahl (bis über 1000 Tentakeln) auf. Die Zahl der Mesenterien (Taf. 293:4–6) ist häufig viel geringer, es entspricht daher die Zahl der Mesenterien meist nicht derjenigen der Tentakeln. Eine Gastraltasche steht deshalb oft mit mehreren oder vielen hohlen Tentakeln in Verbindung. Neben vollständigen (Makro-

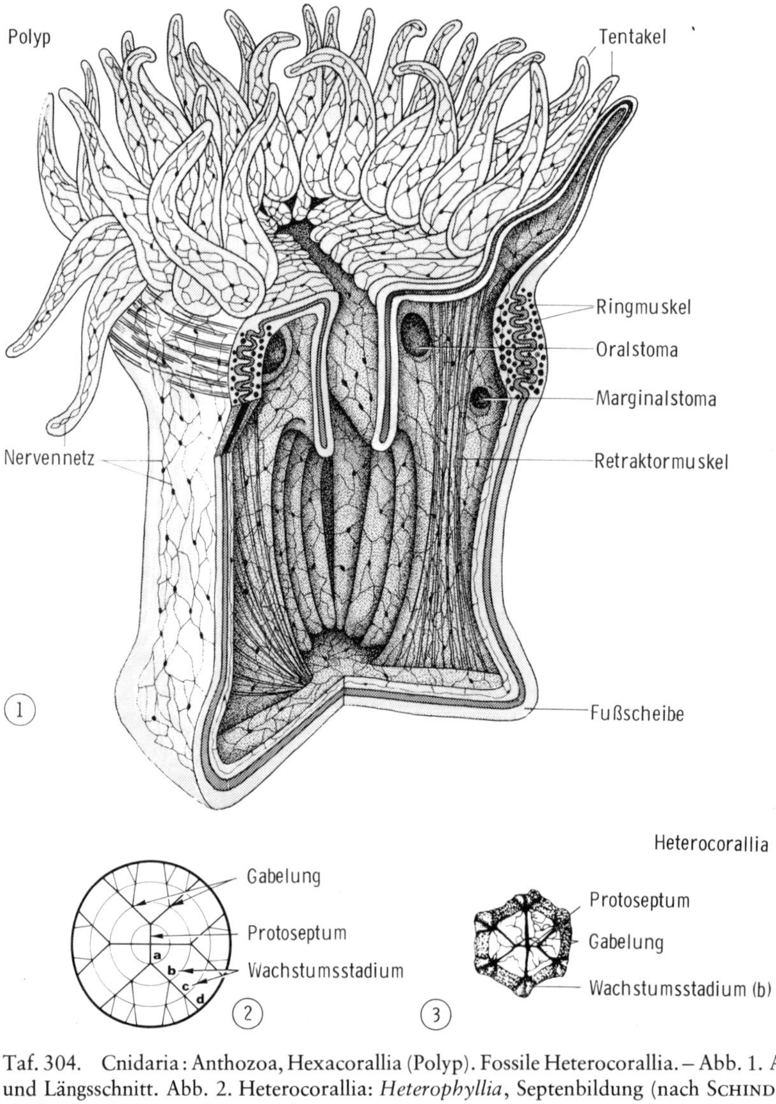

Taf. 304. Cnidaria: Anthozoa, Hexacorallia (Polyp). Fossile Heterocorallia. – Abb. 1. Actiniaria, Polyp, Habitus und Längsschnitt. Abb. 2. Heterocorallia: *Heterophyllia*, Septenbildung (nach SCHINDEWOLF). Abb. 3. *Heterophyllia*, Wachstumsstadium (nach MOORE).

septen), das Schlundrohr (Actinopharynx) erreichenden Septen, treten auch unvollständige Septen (Mikrosepten) auf, welche den Actinopharynx (Taf. 306:2) nicht erreichen. Sie sind an der Fuß- und Mundscheibe, nicht aber am Schlundrohr angewachsen. Häufig stehen die Gastraltaschen durch Öffnungen in den Mesenterien (Oral- und Marginalstomata) miteinander in Verbindung. Die Mesenterien (Sarcosepten) treten bei den Hexacorallia (ab *Halcampoides*-Stadium) paarweise (nebeneinander) auf und nehmen in gesetzmäßiger Weise während der Entwicklung zum voll ausgebildeten Adultstadium zu. Die dem hexameren Grundbauplan entsprechenden, zuerst gebildeten 6 Septenpaare werden als Protosepten bezeichnet, später gebildete, meist kürzere Septen, als Metasepten. Der Raum zwischen 2 Mesenterien wird als Fach (Taf. 293:5, 6) bezeichnet. Bei einem paarweisen Auftreten der Septen wird der Raum zwischen den Septen als Binnenfach (Endocoelraum), der zwischen den Septenpaaren liegende Raum dagegen als Zwischenfach (Exocoelraum) bezeichnet. Die an den Schmalseiten des Schlundrohres ansetzenden Protosepten (Taf. 293:5,6) werden als Richtungssepten (Direktiven) bezeichnet. Die muskelfreien Gastraltaschen zwischen ihnen heißen Richtungsfächer. Durch diese besondere Aufteilung der Mesenterien, in Verbindung mit dem Actinopharynx besitzen die Anthozoa, und mit ihnen die Hexacorallia, eine sekundäre Bilateralsymmetrie. Die Ontogenese dagegen zeigt deutlich die primäre Radiärsymmetrie der Anthozoa. Die Zahl der Schlundrinnen (Siphonoglyphen) ist bei den Hexacoralliern häufig nicht streng fixiert, zum Teil 1 oder 2, zum Teil auch fehlend. Die freien Ränder der Mesenterien, häufig mit Mesenterialfilamenten, welche Zellen enthalten, die Verdauungsfermente in den Gastralraum absondern. Andere Zellen der Filamente nehmen die dann vorverdaute Nahrung zur endgültigen Verdauung auf.

Die entodermalen „Gonaden“ der Hexacorallier sind an den betreffenden Mesenterien nicht traubig vorgewölbt (wie bei den Octocorallia), sondern flächig in der Mesogloea der Mesenterien angeordnet. Sie enthalten entodermale Geschlechtszellen. Hexacorallier teils getrenntgeschlechtlich, teils zwittrig.

Die Skelettbildungen der Hexacorallier (Taf. 309 u. 312) sind stets ektodermaler Herkunft und bestehen bei den rezenten Arten aus Aragonit. Hexacorallier besitzen primär kein Skelett (Zoanthidea). Die oft sehr umfangreichen Kalkskelette (z. B. Steinkorallen) sind stets massiv und bestehen nie aus einzelnen Skleriten. Bei den Steinkorallen (Madreporaria) geht die Skelettbildung von der Fußscheibe aus. Das Skelett wächst dabei in den Polypenkörper hinein und stülpt die Wand des Polypen vor sich her, so daß es wie ein inneres Skelett erscheint. Meist keine besondere Coenenchymausbildung, Solenien häufig fehlend. Nahezu kein Polypendimorphismus, nur in Ausnahmefällen treten sekundär umgewandelte Siphonozooide auf. Rumpf (z. B. bei Actiniaria) oft mit einer flachen Fußscheibe versehen. Rumpfwand bei den Actiniaria sehr stark, mit einer kräftig entwickelten Mesogloea und häufig mit Cncliden versehen. Muskulatur (Taf. 304) in Form von mesogloealen Muskelfahnen (Längsmuskulatur, Retraktormuskel) und Parietalmuskeln an den Mesenterien sowie mit entodermaler Ringmuskulatur im oberen Polypenbereich unterhalb des Peristoms. Nervensystem (Taf. 304) in der üblichen Weise als Netz von Ganglienzellen ausgebildet. Tentakeln in einem, oft aber auch in mehreren Kreisen um die Mundscheibe (Peristom) angeordnet. Der schlitzförmige Mund führt in den mit Ektoderm ausgekleideten Actinopharynx.

Cnidom: Hexacorallier besitzen das am stärksten entwickelte Cnidom der Anthozoen. Es treten atriche, basitriche und holotriche Haplonemen; mikrobasische Mastigophoren; mikro- und makrobasische Amastigophoren und Spirocysten auf. Amastigophoren kommen nur bei Actiniaria (Autapomorphie) vor.

Fortpflanzung (Taf. 305): Befruchtung der Eier entweder im freien Wasser oder im mütterlichen Gastralraum. Gastrulation meist als Invagination, zum Teil auch als Delamination. Es bildet sich eine bewimperte Planula-Larve, welche sich nach 1–2 Wochen mit dem aboralen Pol festsetzt. Im Gegensatz zu den Octocorallia bilden sich nicht alle Tentakeln und Septen zu gleicher Zeit, sondern es kommen während der Entwicklung neue Septen und Tentakeln hinzu. So entsteht meist ein primäres *Edwardsia*-Stadium (Taf. 293:5 u. 305) mit 8 nicht gepaarten Makrosepten, das darauffolgende *Halcampoides*-Stadium (Taf. 293:6) besitzt 12 nicht gepaarte Makrosepten. Die Gattungen *Edwardsia* und *Halcampoides* verbleiben in diesen, jeweiligen Stadien auch als Adulttiere, während bei den meisten Actiniaria noch zusätzliche dann aber gepaarte Septen hinzukommen. – Ungeschlechtliche Fort-

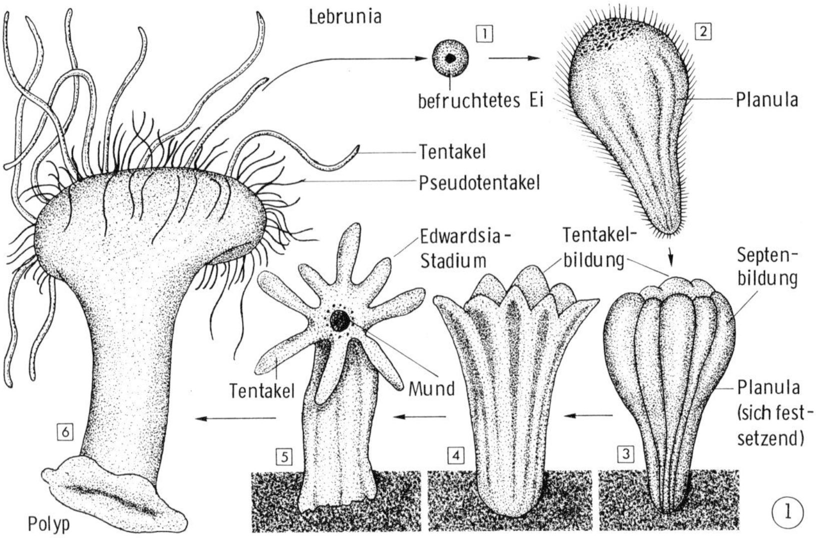

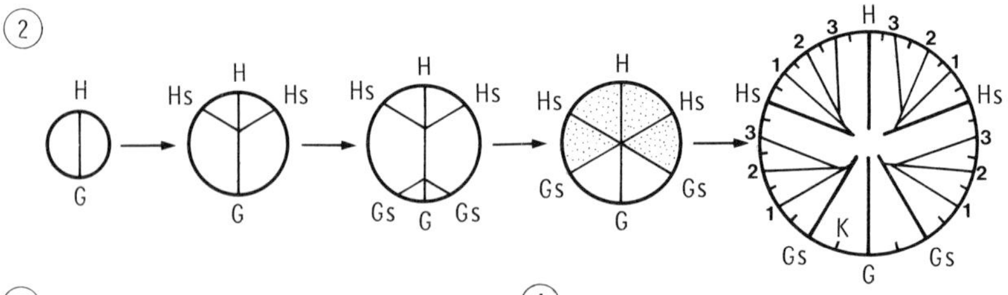

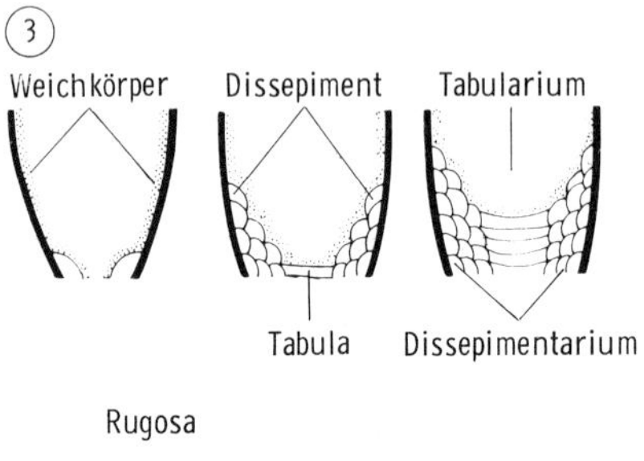

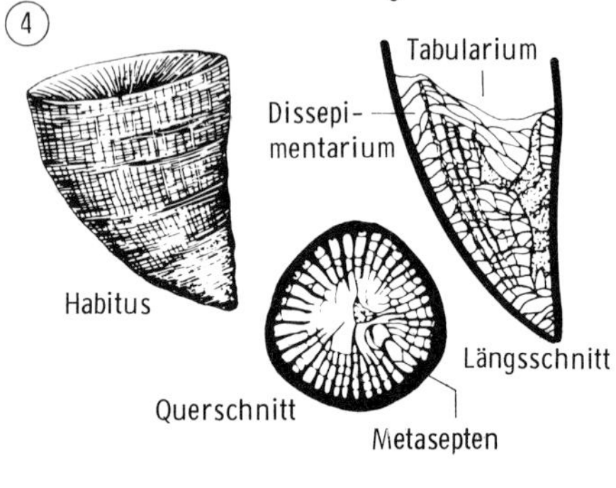

Taf. 305. Cnidaria: Anthozoa, Hexacorallia (Entwicklung). Fossile Rugosa. – Abb. 1. *Lebrunia* (Actiniaria), Entwicklung (nach versch. Autoren): 1/1. befruchtetes Ei; 1/2. freischwimmende Planula-Larve; 1/3. sich festsetzende Planula-Larve, Beginn der Septenbildung; 1/4. Beginn der Tentakelbildung; 1/5. *Edwardsia*-Stadium mit 8 Tentakeln und 8 Makrosepten; 1/6. adulter Polyp mit zahlreichen Tentakeln und Pseudotentakeln. Abb. 2. Rugosa, Septenbildung (nach SCHINDEWOLF). Abb. 3. Rugosa, Skelettelemente (nach MOORE). Abb. 4. Rugosa: *Zaphrentis*, Habitus und Schnitte (nach MOORE). Abkürzungen: G = Gegenseptum, Gs = Gegenseitenseptum, H = Hauptseptum, Hs = Hauptseitenseptum, K = Kleinseptum.

pflanzung in Form von Knospung oder auch Längs-, seltener Querteilung. Mit sehr gutem Regenerationsvermögen.

Lebensweise: Ausschließlich marine Formen in tropischen und subtropischen Meeren. Meist im Litoralbereich vorkommend. Sekundär leben auch einige Arten im Brackwasserbereich. Von den Gezeitenzonen bis in Tiefen von 10000 m vertreten. Fast ausschließlich festsitzende Vertreter, häufig (z.B. Madreporaria) umfangreiche Stockbildungen. Madreporaria (Steinkorallen) sind wichtige Riffbildner. Bei Actiniaria (Seerosen) treten Arten auf, welche durch wellenartige Bewegungen der Fußscheibe ihren Standort zu ändern vermögen. Sekundär kommen auch einige schwimmende Vertreter (z.B. Actiniaria: *Gonactinia*) vor. Nahrungsaufnahme teils als Tentakelfänger, teils als mikrophage Strudler. Hexacorallia häufig mit endosymbiontischen Zooxanthellen. Besonders häufig bei riffbildenden Madreporaria. Vertreter mit Zooxanthellen werden als hermatypisch, Vertreter ohne Zooxanthellen als ahermatypisch bezeichnet. Die Symbionten verwerten Abfallstoffe des Wirtes und geben an den Wirt Sauerstoff ab. Außerdem verbrauchen sie Kohlendioxid und erleichtern dadurch dem Wirt den Kalkstoffwechsel. Hermatypische Madreporarien sind durch ihre photosynthetisierenden Symbionten an eine Lebensweise im lichtdurchfluteten flachen marinen Wasser gebunden. Optimum bei einer Wassertiefe oberhalb 20 m. Außerdem sind sie streng an warmes Wasser (tropische Meere) gebunden, Optimum der Wassertemperatur 20–25 °C. Hexacorallia (z.B. Actiniaria und Madreporaria) können mehrere Jahrzehnte alt werden; meist leben sie aber nur wenige Jahre.

Ordnung Zoanthidea (Krustenanemonen)
(Taf. 293:4 u. 306)

Stammesgeschichtlich älteste Gruppe der Hexacorallier. Eine mittelgroße Ordnung mit etwa 300 Arten. Wärmeliebende Arten, welche ihr Hauptverbreitungsgebiet im Indopazifik haben. Zum Teil noch primär solitär, sekundär kolonienbildend. Kolonien in den meisten Fällen auf dem Meeresboden angewachsen, selten auch frei im Boden steckend. Die Kolonien haben Krusten-, Kuppel-, Pilz- oder Kugelform. Die Stöcke sind relativ klein und ähneln in ihrem Aussehen oft kleinen Actiniarien. Primär skelettlose Formen. Sehr viele Arten besitzen aber ein Fremdkörperskelett, welches durch Inkrustierung entsteht. Das Ektoderm sondert eine klebrige Schicht ab, an welcher Fremdkörper wie Sandkörner, Foraminiferenschalen, Schwammnadeln u.ä. hängenbleiben, vom Ektoderm überwachsen werden und dabei in die Mesogloea gelangen. Hier erfolgt dann eine „skelettartige" Anhäufung dieser Fremdkörper. Ektoderm mit einer hornartigen Cuticula überzogen. Größter Solitärpolyp (*Isozoanthus giganteus*) 19 cm lang und mit einem Durchmesser von 2 cm. Die Polypen der Zoanthidea (Taf. 306:1) sind im allgemeinen aber sehr klein, Durchmesser häufig unter 1 cm liegend. Polypenkörper ohne Fußscheibe. Sie haften entweder dem Untergrund fest an oder stecken mit dem keilförmig zugespitzten Fußende im Meeresboden oder in der Unterlage. Die Mesogloea ist bei den Krustenanemonen stark entwickelt und zum Teil von Entodermkanälen durchsetzt, welche bis in die Mesenterien reichen. Bei den kolonienbildenden Vertretern ist ein kräftiges Coenenchym mit Solenien ausgebildet, seltener treten Stolonen auf. Das Coenenchym der Kolonie wird von einem gemeinsamen Ektoderm umgeben. Die stets einfachen, nicht verzweigten Tentakeln stehen in zwei alternierenden Kreisen am Rande der Mundscheibe. Im Actinopharynx befindet sich eine ventral gelegene Siphonoglyphe. Die stets in Paaren angeordneten Mesenterien (Taf. 293:4 u. 306:2) zeigen eine charakteristische, bilateralsymmetrische Anordnung. Nur das ventrale Richtungsfach wird von zwei vollständigen Makrosepten (Richtungsmesenterien) abgegrenzt. Die gegenüberliegenden dorsalen Richtungsmesenterien sind unvollständig (Mikrosepten). Die übrigen, nebeneinanderliegenden Mesenterienpaare setzen sich jeweils aus einem fertilen Macroseptum (mit „Gonaden" und Filament) und einem sterilen Mikroseptum zusammen (= brachycnemer Typ). Der Zuwachs neuer gepaarter Septen erfolgt ausschließlich in den beiden Zwischenfächern (Exocoelräumen), welche zu beiden Seiten (seitlich je eines) des ventralen Richtungsfaches liegen. Makrosepten mit entodermalen „Gonaden" (Ausnahme *Palaeozoanthus*) und Gastralfilamenten. Einige Vertreter mit 3 Makroseptenpaaren (macrocnemer Typ), bei ihnen bilden seitlich die Makrosepten des 4. und 5. Septums noch je ein weiteres Makroseptenpaar. Die Längsmuskel-Retraktoren der Mesenterien sind nur schwach entwickelt. Meist getrenntgeschlechtlich, seltener zwittrig. Die Entwicklung der Zoanthidea (Taf. 306:3, 4) ist noch ungenügend bekannt. Die mit einem Wimpernkranz versehenen Zoanthina-Larven (Taf. 306:3) sind im Hochseeplankton zu finden und scheinen über einen längeren Zeitraum pelagisch zu leben. Primär kommt es zur Ausbildung von 3 Septenpaaren (Taf. 306:4/1) (ventrale Direktiven und ein laterales sowie ein dorsolaterales Paar). Nach Ausbildung dieser 6 Makrosepten erscheinen 4 Mikrosepten (Taf. 306:4/2) welche die beiden lateralen Paare ergänzen (normale brachycneme Anordnung, Paar aus einem Makroseptum und einem Mikroseptum bestehend). Dann folgen die beiden Mikrosepten, welche die beiden dorsalen Richtungsmesenterien bilden. Bei der länglichen Zoanthella-Larve (Taf. 306:5) handelt es sich um einen weiteren Larventyp, der ein vom Vorderende bis zum Hinterende ziehendes Wimpernband aufweist.

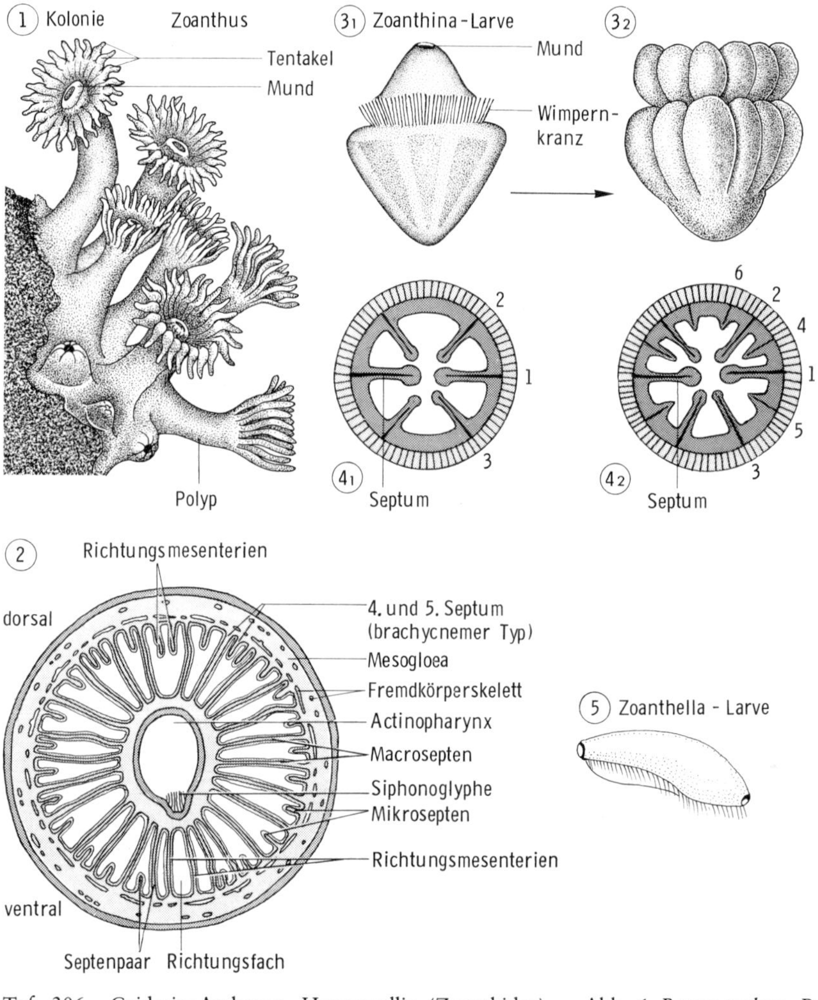

Taf. 306. Cnidaria: Anthozoa, Hexacorallia (Zoanthidea). – Abb. 1. *Parazoanthus*, Polypenkolonie. Abb. 2. Zoanthidea, Querschnitt in Höhe des Actinopharynx, brachycneme Anordnung. Abb. 3/1. Zoanthina-Larve (nach MENON); 3/2. Zoanthina-Larve, späteres Stadium (nach CARLGREN). Abb. 4/1. Zoanthina-Larve, Querschnitt mit den primären 3 Septenpaaren (nach MENON); 4/2. Zoanthina-Larve, Querschnitt späteres Stadium, zusätzliche Ausbildung von 4 Mikrosepten (4 und 5) sowie der dorsalen Richtungsmesenterien (6 = Mikrosepten), entspricht 3/2 (nach MENON). Abb. 5. Zoanthella-Larve (nach HYMAN aus TARDENT).

Cnidom: Holotriche Haplonemen, mikrobasische Mastigophoren (= rhabdoide Heteronemen) und Spirocysten. Die rhabdoiden Heteronemen liegen als b- und p-Rhabdoide vor.

Ungeschlechtliche Fortpflanzung durch Knospung, sie führt in den meisten Fällen zur Kolonienbildung (extratentakuläre Knospung). Kolonien nicht besonders groß, sie können einige wenige bis zu mehreren Hundert Einzelpolypen enthalten. Solitäre Vertreter können beträchtliche Längen (*Isozoanthus* bis zu 19 cm) erreichen. Die polsterartigen Kolonien erreichen auf Korallenriffen einen maximalen Durchmesser von etwa 0,5 m.

Lebensweise: Wärmeliebende Arten mit Hauptverbreitungsgebiet im Indopazifik. Stockbildende Vertreter häufig auf Korallenriffen. Viele Arten sind Epizoen und siedeln sich z.B. auf Schwämmen, Bryozoen oder Gorgonarien an. Andere wiederum leben auf von Einsiedlerkrebsen bewohnten Schneckenhäusern. Zoanthidea sind Partikelfresser. Mit Hilfe eines vom Ektoderm ausgeschiedenen Schleims werden an den Tentakeln und an der Mundscheibe kleine Planktonorganismen festgehalten und in Richtung Mund befördert. Krustenanemonen häufig mit Zooxanthellen-Besatz.

Zoanthidae. *Isozoanthus*: Mit solitären und kolonienbildenden Vertretern. – *Parazoanthus* (Taf. 306:1): Nur in Kolonienform. *Palaeozoanthus. Epizoanthus:* Symbiose mit Einsiedlerkrebsen. – *Palythoa*: Solitär und stockbildend, stets auf dem Untergrund festgewachsen. Alle bisher erwähnten Gattungen mit mesogloealem Fremdskelett. *Zoanthus* und *Isaurus* dagegen ohne Fremdskelett.

Ordnung Actiniaria (Seerosen, Seeanemonen) (Taf. 292 u. 307)

Solitäre, nur in Ausnahmefällen stockbildende Hexakorallen, welche in allen Meeren (Flach- und Tiefsee) vorkommen. Umfangreiche Ordnung mit über 1000 Arten. Teilweise mit sehr auffälligen Färbungen (rot, blau, gelb, weiß), daher auch ihre Namen. Körpergestalt (Taf. 307:2/1) zylindrisch-walzenförmig; teils gedrungen, teils schlank. Sie sind halbsessil, nie auf der Unterlage festgewachsen, sondern haften mit einer muskulösen Fußscheibe an der Unterlage fest und vermögen sich fortzubewegen. Einige Arten bohren sich mit dem zugespitzten Fußende in den Meeresboden ein. Selten auch Übergang zu einer freischwimmenden, pelagischen Lebensweise. Ohne Skelettbildungen. Selten treten hornartige Lamellen als Produkte des Ektoderms der Fußscheibe auf. Mit kräftig ausgebildeter Muskulatur, welche dem Körper der Actiniaria Festigkeit verleiht. Die Mesenterien (Septen = Sarcosepten) Taf. 307:2/2) sind stets in Paaren angeordnet und zwar bilateral- oder zweistrahlig-symmetrisch. Mit oft sehr muskulösen Makro- und Mikrosepten. Die Neubildung der paarigen Mesenterien erfolgt radiär in allen Zwischenfächern (Exocoelräume). Sie läuft in verschiedener Art und Weise ab. Häufig zuerst in Sechserzahl, dann noch einmal 6 oder ein Vielfaches von 6. Häufig bilden sich auch zunächst 6 + 6 (oder 8 + 4) Protosepten und dann ein Vielfaches von 6 als Metasepten. Die neuen Mesenterien werden, wie geschildert, meist zyklenartig nacheinander gebildet. Zyklus von *Aiptasia* mit 48 Mesenterienpaaren z.B. 6+6+12+24 (=1.+2.+3.+4. Zyklus). Entsprechend dieser Zyklen wird auch gleichzeitig die Zahl der Tentakeln vermehrt. Die Zahl der Tentakeln und Mesenterien kann daher entsprechend hoch sein. Einige oder alle Mesenterien mit Mesenterialfilamenten (Septalfilamenten). Mesenterialfilamente mit sekundären spezifischen Bildungen, wie Akontien (fadenförmige Nesselorgane) oder Drüsenstreifen. Die Mundöffnung der Actiniaria wird von innen hohlen Tentakeln umgeben, welche in einem, mehreren oder vielen Kreisen angeordnet sind. Die Tentakelkreise können miteinander alternieren, oder die Tentakeln sind in radiären Reihen angeordnet. Zahl der Tentakeln bis zu einigen Tausend maximal. Tentakeln dicht mit Nesselzellen, oft in Batterienform, besetzt. Am Ende der Tentakeln befinden sich feine Poren. Der häufig stark abgeplattete Actinopharynx in der Regel mit zwei Siphonoglyphen. Selten nur eine vorhanden, oder ganz fehlend. Der Gastralraum der Actiniaria ist, entsprechend der großen Zahl der Sarcosepten stark unterteilt. Neben den lateralen Binnen- und Zwischenfächern tritt dorsal und ventral noch je ein Richtungsfach auf. Die Gastraltaschen sind durch in den Septen liegenden Poren (je ein Marginal- und ein Oralstoma) miteinander verbunden. Auch der Rumpf ist bisweilen mit Poren (Cincliden) versehen. Bei Kontraktion werden die mit Nesselzellen versehenen Acontien durch die Cincliden nach außen gestoßen. Die Rumpfwand ist bei den Actiniaria

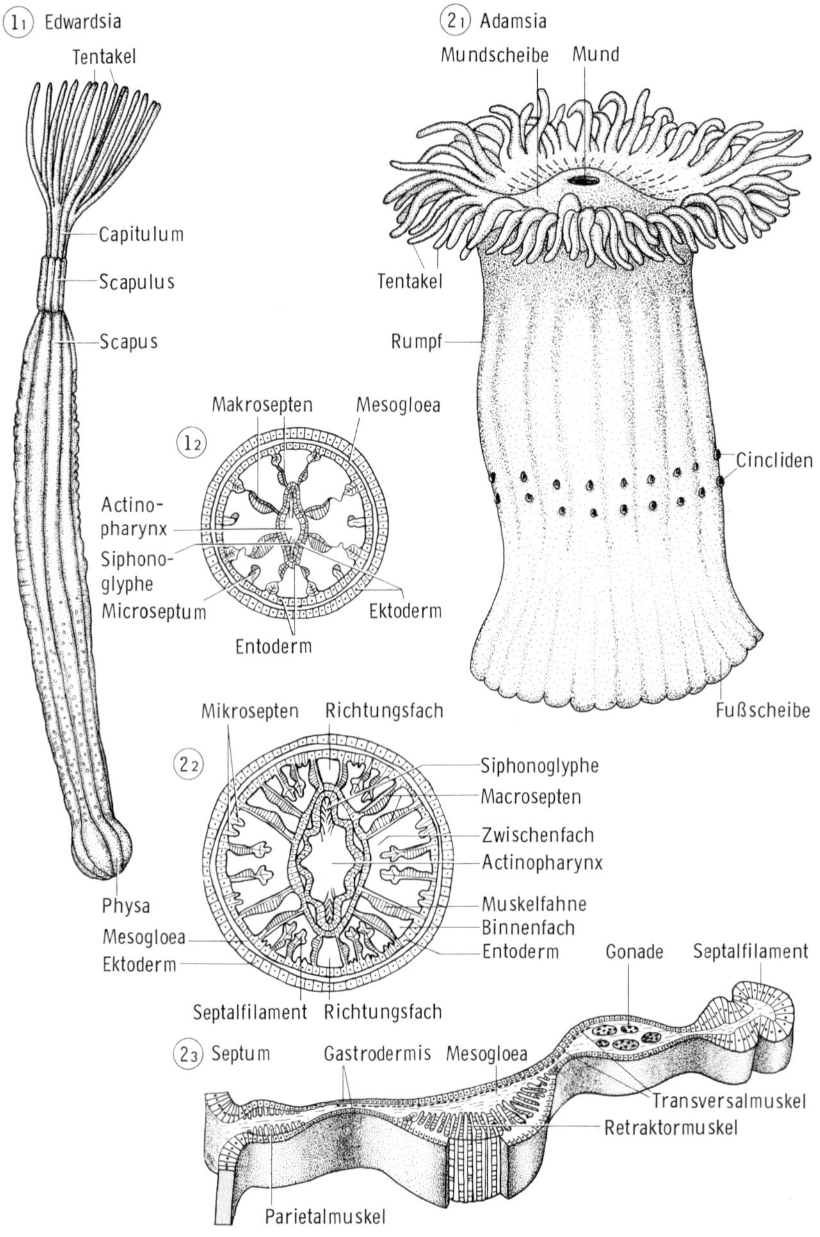

Taf. 307. Cnidaria: Anthozoa, Hexacorallia (Actiniaria). Abb. 1 *Edwardsia*: 1/1. *Edwardsia*, Polyp (nach HYMAN); 1/2. *Edwardsia*, Querschnitt in Höhe des Actinopharynx. Abb. 2/1. *Adamsia palliata*, Polyp (nach ANDRES); 2/2. Endomyaria (Actiniidae), Querschnitt in Höhe des Actinopharynx (nach WURMBACH); 2/3. Endomyaria (Actiniidae), Septum (Mesenterium) mit Septalfilament, Schnitt (nach SHERMAN & SHERMAN).

kräftig ausgebildet, meist mit dicker Mesogloea. Unter dieser Mesogloea liegt die entodermale Ringmuskulatur. Die ektodermale Längsmuskulatur des Rumpfes ist nur bei primitiveren Vertretern vorhanden, ihre Aufgabe wird weitgehend von der Längsmuskulatur der Mesenterien (Muskelfahnen) übernommen. Auch Tentakeln mit gut ausgebildeter Muskulatur. Durch Kontraktion der Muskelsysteme kann sich die Gestalt der Actiniaria stark verändern. Durch die Tätigkeit eines Sphinkters (Differenzierung der entodermalen Ringmuskulatur) kann sich der Polyp bei Gefahr stark zusammenziehen und dabei die Tentakeln einstülpen. Festheften mit Hilfe der Fußscheibe durch Adhäsion. Mesogloea mit eingewanderten Ektodermzellen. An die Mesogloea legt sich die entodermale Ringmuskulatur, selten auch eine ektodermale Längsmuskulatur, an. Durch wellenartige Betätigung der Fußmuskulatur sowie durch Kontraktion der Muskelfahnen können sich die meisten Actiniaria fortbewegen, etwa bis zu 50 cm pro Tag. Zum Teil lösen sie sich dabei auch ganz von der Unterlage ab und lassen sich einige Zeit passiv treiben. Einige Vertreter sekundär pelagisch, mit abwärts gerichtetem Mund und oben treibendem Fuß. Die Nervenzellen sind in Form eines Nervennetzes angeordnet. Zum Teil aber auch in Längsbahnen, welche Sphinkter, Peristom und die Muskelfahnen der Mesenterien versorgen. Sinnesorgane fehlen, nur vereinzelt Sinneszellen im Tentakel- und Mundbereich.

Cnidom: Umfangreichstes Cnidom innerhalb der Hexacorallia. Mit atrichen, basitrichen und holotrichen Haplonemen; mikrobasischen Mastigophoren; mikro- und makrobasischen Amastigophoren (Autapomorphie der Actiniaria) sowie Spirocysten. Nach elektronenmikroskopischen Befunden handelt es sich bei den mikro- und makrobasischen Mastigophoren und Amastigophoren um b- und p-Rhabdoide.

Actiniaria sind meist getrenntgeschlechtlich, seltener kommen zwittrige Vertreter vor. Die „Gonaden“ sind entodermaler Herkunft, liegen an muskelschwachen Stellen der Mesenterien (Taf. 307:2/3) und wölben sich nur wenig hervor. Die Geschlechtszellen entstehen an der Basis des Entoderms und wandern in die Mesogloea ein, daher „Gonaden“ von Mesogloea umgeben. Nicht an allen Mesenterien sind „Gonaden“ vorhanden. Befruchtung der Eier teils im freien Wasser, teils im Gastralraum des mütterlichen Polypen.

Embryonalentwicklung (Taf. 217:1 u. 305): Furchung total-aequal oder total-inaequal. Es entsteht zunächst eine Coeloblastula. Gastrulation meist in Form einer Invagination, seltener Delamination oder multipolare Einwanderung. Die bewimperte Planula-Larve setzt sich mit ihrem aboralen Pol am Boden fest. Später dann mit *Edwardsia*- und nachfolgendem *Halcampoides*-Stadium (Taf. 293:5,6). Die Septenbildung erfolgt jeweils seitlich der Hauptachse („couples“), Septen sind also nicht gepaart. Zuerst wird das ventrolaterale, dann das dorsolaterale „Septenpaar“ gebildet, darauf folgen die ventralen und dorsalen Direktiven. Dieses *Edwardisa*-Stadium weist 8 nicht gepaarte Septen auf, welche den 8 Makrosepten der Adultstadien der Edwardsiidae entsprechen. Soweit bisher bekannt, durchlaufen alle Actiniaria während ihrer Embryonalentwicklung dieses *Edwardsia*-Stadium. Das *Edwardsia*-Stadium entspricht in seiner Septenanordnung (Biogenetische Grundregel, Ableitung der Hexacorallia von Octocorallia) den Octocorallia. Bei den Octocorallia werden die 8 Septen gleichzeitig gebildet, während bei den Hexacorallia (*Edwardsia*-Stadium) die „couples“ nacheinander gebildet werden. In dem nachfolgenden *Halcampoides*-Stadium werden noch zwei weitere „couples“ gebildet, so daß die für Hexacorallia charakteristische Zahl von 12 Septen (Protosepten) erreicht wird. Die später gebildeten 4 lateralen Septen bilden nun Paare mit den früher ausgebildeten Septen, so daß schließlich 6 Paare, seitlich je zwei, dazu das dorsale und ventrale Direktivenpaar, entstehen. Einige Vertreter der Actiniaria (z. B. *Halcampoides*) verbleiben auch adult in diesem Stadium, während bei dem Großteil der Actiniaria weitere nun gepaarte Septen (Metasepten) hinzukommen. Abgesehen von Phasen der Embryonalentwicklung (*Edwardsia*- und *Halcampoides*-Stadium) gilt allgemein für Hexacorallia, daß die Septenbildung in Paaren erfolgt.

Phylogenetisch beginnen die Anthozoa mit 6 Septen (Ceriantipatharia), dann erfolgt die Ausbildung zwei weiterer Septen (Octocorallia). Die Octocorallia behalten diese Septenzahl bei, während bei den Hexacorallia ein Mehrfaches, bzw. Vielfaches von 6 die Regel ist. Nur während der Embryonalentwicklung wird bei einigen Gruppen der Hexacorallia noch die primäre Zahl von 8 Septen (*Edwardsia*-Stadium) durchlaufen.

Ungeschlechtliche Vermehrung meist durch Längs-, seltener durch Querteilung oder auch durch

Laceration (Frustelbildung). Bei der Laceration trennen sich vom Rande der Fußscheibe kleine Gewebsstücke (Durchmesser 2–3 mm) ab, welche schnell zu neuen Individuen heranwachsen.

Lebensweise: In allen Meeren von der flachen Gezeitenzone bis zur Tiefsee (über 10000 m Tiefe). Einige Vertreter vermögen sekundär auch im Brackwasser (*Sagartia, Metridium*) zu leben. Die meisten Arten sind Tentakelfänger, welche an die Tentakeln stoßende Beutetiere lähmen (Beutetiere bis zu größeren Krebsen und Fischen), diese mit den Tentakeln packen und dem Schlundrohr zuführen. Zum Teil auch Partikelfresser, welche durch Wimperströmungen auf sie herabsinkende Kleinorganismen aufnehmen, verschleimen und der Mundöffnung zuführen. Die in den Gastralraum gelangenden Nahrungsteile werden von den beweglichen Mesenterialfilamenten umschlungen, und es beginnt (nach Sekretion einer Protease und einer Lipase) die extrazelluläre Vorverdauung im Gastralraum. Anschließend intrazelluläre Endverdauung in den Zellen der Gastrodermis. Atmung durch Tätigkeit der Siphonoglyphen, welche frisches Atemwasser einstrudeln und die Stoffwechselendprodukte nach außen befördern. Bei vielen Actiniarien ist eine Symbiose mit Zooxanthellen (bessere Sauerstoffversorgung) sowie auch Symbiosen mit decapoden Krebsen und Fischen festzustellen.

Unterordnung Protantheae

Stammesgeschichtlich älteste Gruppe der Actiniaria. Rumpfwand noch mit primärer, ektodermaler Längsmuskulatur; Sphinkter fehlend oder nur schwach ausgebildet; Mesenterien-Längsmuskulatur nur schwach ausgebildet. Mesenterialfilamente ohne Flimmerstreifen; ohne Siphonoglyphen; ohne Akontien; mit nur 8–10 vollständigen Mesentieren.

Gonactiniidae. Mit Fußscheibe; Schlundrohr sehr kurz. Zahl der vollständigen Mesenterien nur 8–10. *Protanthea. Gonactinia*: Mit 16 Tentakeln und 16 Septen. Partikelfresser. Herbeistrudeln der Nahrung durch Wimpern auf der Mundscheibe und am Rumpf. Kriecht als Jugendstadium auf der Mundscheibe. Aktives Schwimmen durch rhythmisches Vor- und Rückwärtsschlagen der Tentakeln. Tentakeln nicht einziehbar. Nur 3 mm hoch. Ungeschlechtliche Fortpflanzung durch Querteilung.

Unterordnung Nynantheae

Mit kräftiger Längsmuskulatur (Muskelfahnen) an den Mesenterien. Fast stets ohne die primäre ektodermale Längsmuskulatur, sie ist nur bei primitiven Vertretern noch vorhanden. Mit Sphinkter und mit Siphonoglyphen. Mesenterialfilamente mit Flimmerstreifen. Zahl der vollständigen Mesenterien (Makrosepten) stets mehr als 8. Zahlreiche Familien, Abgrenzung der Familien oft schwierig.

Überfamilie Boloceroidaria. Primitive Gruppe mit gut ausgebildeter ektodermaler Längsmuskulatur im Rumpf; ohne Sphinkter: ohne Akontien; ohne Siphonoglyphen; Muskelfahnen nur schwach ausgebildet; mit mesenterialen Flimmerstreifen.

Boloceroididae. Zahl der Macrosepten mindestens 8, meist aber erheblich mehr. *Boloceroides, Bunodeopsis.*

Überfamilie Abasilaria. Ohne Fußscheibe; mit langem, schlankem Rumpf; Zahl der Tentakeln gering; ohne Sphinkter; Muskelfahnen gut ausgebildet.

Edwardsiidae. Zahlreiche Arten, schlanke Körperformen. Graben sich in den weichen Meeresboden ein. Am aboralen Körperpol mit Blase (Physa), welche als Hilfsmittel beim Eingraben dient. Partikelfresser. *Edwardsia* (Taf. 307:1) 3–9 cm lang, Durchmesser 0,1–1,0 cm; mit Physa; mit 8 Makrosepten und 4 oder mehr Mikrosepten.

Halcampidae. Mit 6 Makrosepten-Paaren und mit mesogloealem Sphinkter. *Halcampa.*

Halcampoididae. Zahl der Makrosepten stets höher als 8; ohne Sphinkter; ohne Akontien. *Halcam-*

poides (Taf. 293:6). *Peachia*: Längen bis zu 25 cm; Larvenstadien leben als Nahrungsräuber auf Hydro- und Scyphomedusen.

Limnactiniidae. Sekundär tentakellose Vertreter. *Limnactinia.*

Andresiidae. Zahl der Makrosepten 48; ohne Akontien. *Andresia.*

Überfamilie Endomyaria. Fußscheibe stets deutlich ausgebildet. Mit Sphinkter. Muskelfahnen an den Mesenterien kräftig ausgebildet. Mit einer großen Zahl von Makrosepten. Zahlreiche Familien.

Actiniidae (Seerosen). Beliebte Aquarien- und Laboratorientiere. Fußscheibe kräftig ausgebildet. Sphinkter fehlend oder nur schwach ausgebildet. *Actinia*: *A.equina*, Pferdeaktinie, Purpurrose; bis 5 cm hoch, Durchmesser 6–7 cm. Farbe wechselnd, je nach Standort. An hellen Standorten kräftig rot, an schattigen Stellen braun bis grün gefärbt. Ungeschlechtliche Vermehrung durch Längsteilung.– *Bunodactis*, Edelsteinrose: Bis 5 cm lang.– *Tealia*: beliebte Aquarientiere; bis zu 20 cm hoch; lassen sich gelegentlich passiv in der Strömung treiben.– *Anemonia*, Wachsrosen: mit 150–200 Tentakeln; mit Zooxanthellen.– *Bolocera* (Taf. 217:1).

Phyllactidae. Mit Tentakeln und Pseudotentakeln. *Lebrunia* (Taf. 305). *Phyllactis.*

Überfamilie Endocoelaria. Die neuen Mesenterien entstehen nicht wie bei den anderen Gruppen in den Zwischenfächern, sondern nur in den Innenfächern. Nach diesem Unterschied werden die Actiniaria auch manchmal in die beiden Unterordnungen der Endocoelaria und Exocoelaria aufgeteilt. Endocoelaria wohl mit den Endomyaria näher verwandt. Mit Fußscheibe. Ohne Sphinkter und ohne Akontien.

Halcuriidae. *Halcurias, Halcuriopsis.*

Überfamilie Mesomyaria. Mit kräftigen Muskelfahnen an den Mesenterien. Rumpfsphinkter in die Mesogloea versenkt. Die meisten Vertreter mit Akontien, einige (Inermiidae) ohne Akontien.

Inermiidae. Ohne Akontien. *Stomphia*: Rumpf bis 8 cm lang.– *Paractis.* – *Actinostela*: Rumpf bis 25 cm lang, Mundscheibe mit einem Durchmesser von etwa 20 cm.

Acontiariidae. Mit Akontien. *Metridium*, Seenelke: Bis 30 cm lang, Durchmesser der Mundscheibe bis 20 cm. Mit 600–1000 sehr kurzen Tentakeln. Microphage Partikelfresser. Färbung wechselt je nach Standort. Häufig mit Laceration.– *Calliactis*: Bis 10 cm lang, Symbiose mit decapoden Krebsen (*Eupagurus*).– *Sagartia*, Witwenrose: Länge bis 8 cm. Häufig in der Nordsee. Mit 200–220 Tentakeln. Spannerraupenartige Fortbewegung auf dem Untergrund mit Hilfe der Tentakeln. – *Adamsia* (Taf. 307:2): Durchmesser bis 7 cm; Symbiose mit decapoden Krebsen, *Eupagurus.* – *Cereus*: Sehr breite, weit überhängende Mundscheibe. Bis zu 700 kurze, nur 2 cm lange Tentakeln. Höhe 6–10 cm. Zwitter.

Ordnung Corallimorpharia
(Taf. 308:1–2)

Skelettlose Vertreter, nahe mit den Madreporaria (Steinkorallen) verwandt. Teilweise solitär, zum Teil auch kolonienbildend. Bei der Kolonienbildung trennen sich nach der Querteilung die Individuen nicht, so daß Kolonien von mehr als 100 Individuen entstehen. Die Kolonien ähneln sehr denjenigen von Steinkorallen, besitzen aber im Gegensatz zu ihnen nie ein Skelett. Muskulatur nur schwach entwickelt, ohne Basilarmuskeln. Bei den kolonienbildenden Vertretern ist bisweilen ein schwach entwikkeltes Coenenchym vorhanden. Tentakeln zum Teil halbkugelig angeschwollen (Taf. 308:1/2) (Acrosphaeren). Tentakeln entweder alle oder zum Teil in radiären Reihen, also nie kreisförmig angeordnet. Siphonoglyphen fehlen oder nur sehr schwach differenziert. Septenbildung wie bei Actiniaria in allen Zwischenfächern. Mesenterialfilamente ohne Flimmerstreifen. „Gonaden“ in gleicher Höhe wie die Filamente.

Cnidom: Holotriche Haplonemen, mikrobasische Mastigophoren sowie Spirocysten. Bei den mi-

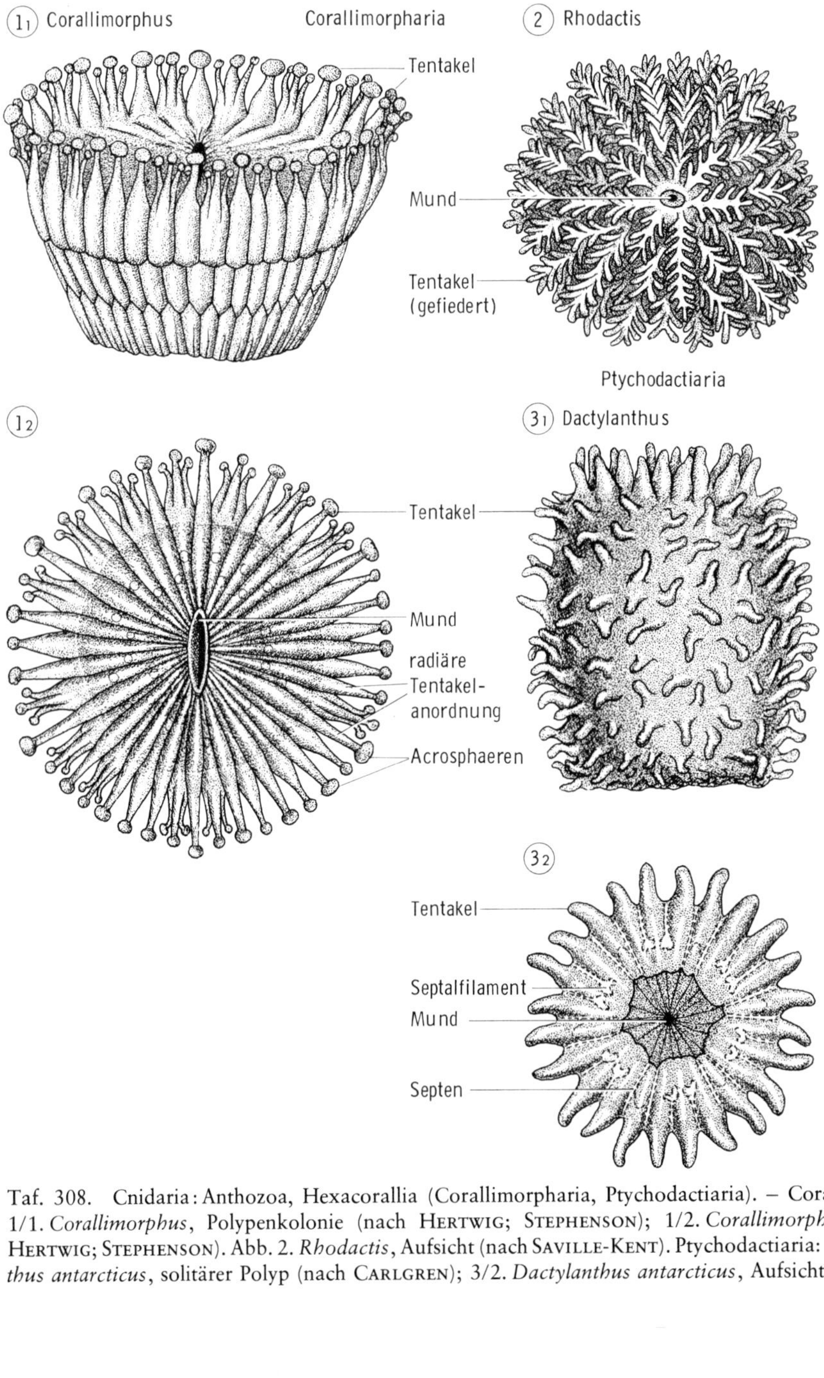

Taf. 308. Cnidaria: Anthozoa, Hexacorallia (Corallimorpharia, Ptychodactiaria). – Corallimorpharia: Abb. 1/1. *Corallimorphus*, Polypenkolonie (nach HERTWIG; STEPHENSON); 1/2. *Corallimorphus*, Aufsicht (nach HERTWIG; STEPHENSON). Abb. 2. *Rhodactis*, Aufsicht (nach SAVILLE-KENT). Ptychodactiaria: Abb. 3/1. *Dactylanthus antarcticus*, solitärer Polyp (nach CARLGREN); 3/2. *Dactylanthus antarcticus*, Aufsicht (nach CARLGREN).

krobasischen Mastigophoren handelt es sich nach elektronenmikroskopischen Untersuchungen um b- und p-Rhabdoide.

Corallimorphidae. Kolonienbildend, ohne Skelett. Tentakeln in radiären Reihen. Tentakeln an der Spitze halbkugelig angeschwollenen. Kolonien mit mehr als 100 Individuen. Einzelpolypen etwa 1–2,5 cm lang und durch ein schwach entwickeltes Coenenchym miteinander verbunden. *Corallimorphus* (Taf. 308:1), *Corynactis.*

Discosomidae. Tentakeln an der Spitze nicht halbkugelig, sondern fiederförmig. Solitäre Formen. *Discosoma*, Riesenseerosen: Durchmesser bis zu 1 m, Höhe etwa 25 cm. Symbiose mit Fischen. In tropischen Korallenriffen.– *Rhodactis* (Taf. 308:2). – *Actinotryx*.

Ordnung Ptychodactiaria
(Taf. 308:3)

Nur aus 2 Gattungen bestehende Ordnung mit arktischer und antarktischer Verbreitung. Mit Fußscheibe, aber ohne Basilarmuskeln. Längsmuskulatur der Rumpfwand nur schwach entwickelt. Sphinkter schwach oder fehlend. Tentakeln normal, nicht an der Spitze angeschwollen. Mesenterialfilamente ohne Flimmerstreifen. Ohne Akontien. Regellose Anordnung der Septen. Zahl der Makrosepten mindestens 12. Die gestielten „Gonaden" an den Mesenterien unterhalb der Filamente. Solitäre, skelettlose Vertreter.

Ptychodactiidae. *Ptychodactys* (mit rudimentärem Schlundrohr. In arktischen Gewässern), *Dactylanthus* (Taf. 308:3) (in antarktischen Gewässern).

Ordnung Madreporaria (Steinkorallen, Riffkorallen)
(Taf. 309–312)

Größte Ordnung der Anthozoa mit etwa 2500 Arten. Steinkorallen sind ausschließlich marine Vertreter und leben nur in Gewässern mit hohem Salzgehalt. Hauptvorkommen in den Küstengebieten tropischer Meere, wo ihre Kalkskelette die charakteristischen Korallenriffe (vorwiegend mit Steinkorallen besetzt) bilden.

Madreporaria sind fast stets stockbildende (Taf. 309), selten solitäre Hexacorallier. Im Gegensatz zu den nahe verwandten Actiniaria sind die Steinkorallen fast immer auf dem Meeresboden oder auf ihren Unterlagen festgewachsen. Der Polyp der Madreporaria entspricht in seinen wesentlichen Teilen dem Polyp der Actiniaria. Er unterscheidet sich von ihm durch ein von der Fußscheibe abgesondertes, kompaktes Exoskelett (Taf. 309:2) von ektodermaler Herkunft. Dieses Kalkskelett (Aragonit) schiebt sich unter gleichzeitiger Einbuchtung des darüberliegenden Teiles der Fußscheibe in Gestalt von konzentrisch angeordneten vertikalen Septen (Sklerosepten: Taf. 309:3) jeweils zwischen den Sarcosepten in die Gastraltaschen hinein. Sklerosepten mit trabekulärem Feinbau. Der Sarcoseptenzuwachs erfolgt bei den Madreporaria paarweise in den Zwischenfächern (Exocoelräume), selten auch in den Binnenfächern (Endocoelräume).

Die Polypen der stockbildenden Steinkorallen (Taf. 309:1) sind meist sehr klein (Durchmesser 1–30 mm), ihr Weichkörper ist daher viel weniger kräftig ausgebildet als etwa bei den Actiniaria. Die bei den Actiniaria sehr kräftig ausgebildete Muskulatur ist bei den Madreporaria nur schwach entwikkelt. Meist ist nur noch der Sphinkter vorhanden. Kontraktion der Polypen erfolgt durch die mesenterialen Muskeln. Im Bereich der Tentakeln ist oft ein entodermaler Ringmuskel ausgebildet. Auch die Mesogloea ist bei den Madreporaria nur schwach entwickelt. Die Mesenterien (Sarcosepten) meist hexamer angeordnet. Sie werden nach der Basis zu schmäler, Muskulatur relativ schwach. Ohne die Gastraltaschen miteinander verbindende Stomata. Der Körper erhält seine Festigkeit durch das sehr kompakte Kalkskelett, welches aus $CaCO_3$ besteht und zwar aus faserigem, kristallinem Aragonit.

Skelettentstehung (Taf. 309:1–3): Das Ektoderm der Fußscheibe des Polypen sondert nach unten zunächst eine flache, an den Rändern oft etwas nach oben gebogene Basalplatte (Prototheca) ab. Die

Prototheca bildet eine Art von Untertasse, auf welcher der Weichkörper des Polypen ruht. Die Prototheca verdickt sich an sechs radiär gerichteten Streifen, welche mit zunehmendem Wachstum zu 6 radiären Kalklamellen werden. Diese Kalklamellen (Kalkwände) werden bei den Madreporaria als Sklerosepten bezeichnet, welche den Weichkörper der Fußscheibe vor sich her in die jeweiligen Gastraltaschen hineinstülpen. Die Oberkante jeder Sklerosepte dringt also jeweils in eine der 6 Gastraltaschen (= Endocoelräume) des 1. Mesenterien-Zyklus ein. Mit der sekundären Vermehrung der Mesenterien steigt auch entsprechend die Zahl der Sklerosepten. Bei dem darauffolgenden 2. Zyklus entstehen wei-

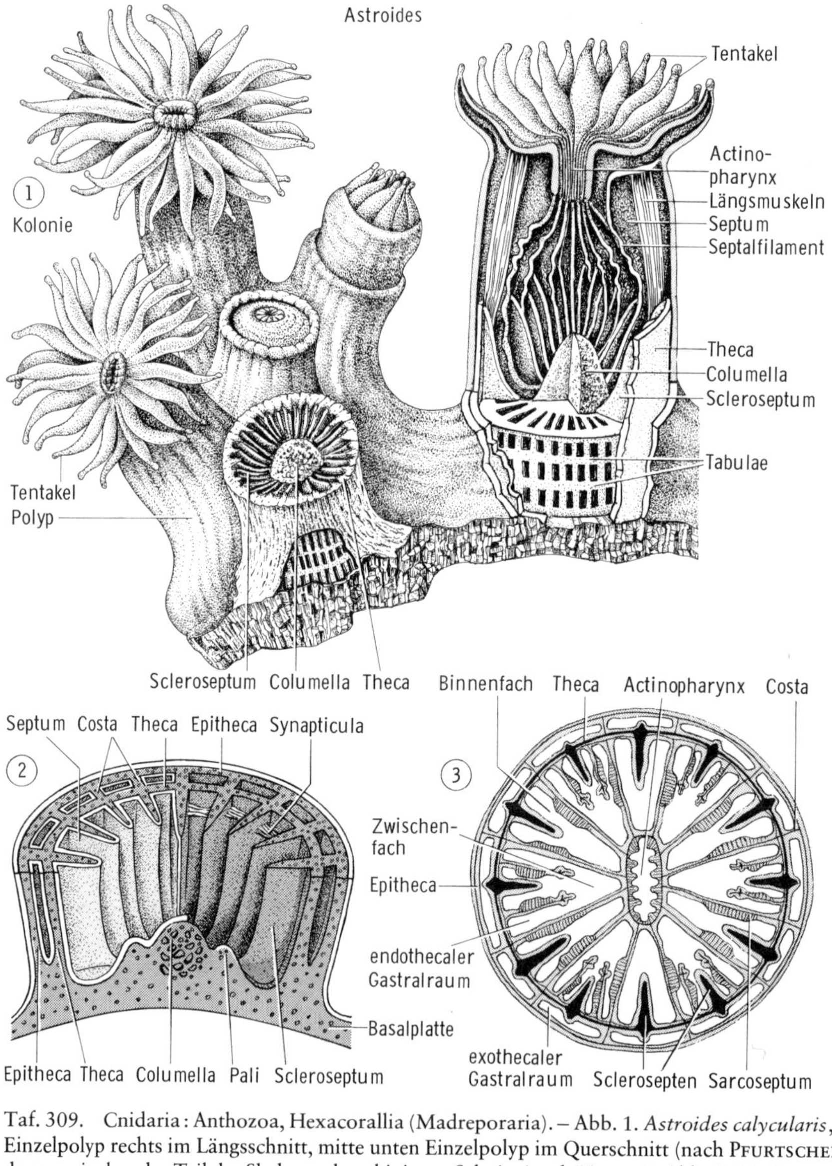

Taf. 309. Cnidaria: Anthozoa, Hexacorallia (Madreporaria). – Abb. 1. *Astroides calycularis*, Teil einer Kolonie. Einzelpolyp rechts im Längsschnitt, mitte unten Einzelpolyp im Querschnitt (nach PFURTSCHELLER). Abb. 2. Madreporaria, basaler Teil des Skelettes, kombinierter Schnitt (nach HYMAN). Abb. 3. Madreporaria, Querschnitt in Höhe des Actinopharynx (nach HERTWIG; WURMBACH).

tere 6 Sklerosepten, welche jeweils unpaar zwischen 2 neu entstandenen Mesenterien (meist in Exocoelräumen) liegen. Es können noch weitere Zyklen folgen, entsprechend den Folgen neugebildeter Septen. Häufigste Skleroseptenfolge im Ablauf der zyklischen Mesenterienvermehrung: 6 + 6 + 12 + 24 + 48.

Der Zuwachs der paarig entstehenden neuen Sarcosepten erfolgt fast stets in den lateralen Zwischenfächern (Exocoelräume). Jeweils an der Schmalseite des Schlundrohres mit einem Richtungsfach, so daß eine sekundäre Bilateralsymmetrie entsteht.

Nahe ihrem Rand bildet die Basalplatte (Prototheca) einen die Sclerosepten miteinander verbindenden Ringwall (Theca) aus. Dieser Ringwall wächst ebenfalls vertikal in die Höhe, so daß er schließlich einen inneren Steinkelch bildet. Bei den stockbildenden Arten trennt dieser Steinkelch den Gastralraum in einen schmaleren äußeren, exothecalen und einen größeren inneren, endothecalen Gastralraumbereich. Über den oberen, freien Rand des Steinkelches stehen aber diese Gastralraumbereiche miteinander in Verbindung. Die Sklerosepten verwachsen zum Teil in ihrem inneren, axialen Bereich. Dann entsteht eine Pseudocolumella. Erfolgt die Verschmelzung der Sclerosepten im äußeren, peripheren Bereich, dann wird eine Pseudotheca gebildet. Die Sklerosepten können durch Lamellen (Synapticula) miteinander verbunden sein. Sehr häufig bildet sich aber ein weiterer Skeletteil in Form einer Mittelsäule (Columella) aus, welche im Zentrum der Basalscheibe steht und in die Höhe wächst. Diese Columella ist häufig von radiär angeordneten kleineren Säulen, den Pali, umgeben.

Außerhalb der Theca entwickelt sich häufig noch eine zusätzliche, wohl ebenfalls von der Basalplatte ausgeschiedene Epitheca, welche ringförmig die Theca umgibt. Zwischen Theca und Epitheca können sich noch von der Theca ausgehende Längsrippen (Costae) befinden. Sämtliche Skeletteile treiben praktisch die 3 Schichten der Fußscheibe (Ektoderm, Mesogloea, Entoderm) vor sich her und werden von ihnen umkleidet. Die Rumpfwände der in einem Stock nebeneinander liegenden Polypen stehen mit ihren Weichkörpern in Verbindung, so daß der gesamte Skelettapparat von lebendem Gewebe überzogen ist. Die Verbindung erfolgt durch die extrathectalen Entodermräume, so daß ein gemeinsames Gastralraumnetz vorhanden ist.

Die Fußscheibe sondert ständig neue Skelettsubstanz ab, und auch an den polypenfreien Teilen des Stockes gibt das Ektoderm des dort liegenden Weichkörpers ständig Kalk ab. Es erfolgt ein ständiges Höhen- und Dickenwachstum, so daß der einzelne Polypenkelch immer tiefer wird, da Sclerosepten, Theca und Columella ständig in die Höhe wachsen. Die Polypen bewohnen aber nur den oberen Kelchteil. Sie bilden nämlich von Zeit zu Zeit Querböden in ihrem Kelch aus, dadurch wird ein basaler Kelchabschnitt vom oberen, oralen Teil abgetrennt. Das Ektoderm des Querbodens erzeugt eine trennende Kalkplatte (Tabula). Das im basalen Abschnitt liegende Gewebe verkümmert und stirbt schließlich ab. Die riesigen Blöcke einer Korallenkolonie bestehen demnach nur aus einer relativ dünnen, oberen, lebenden Schicht, während alle übrigen basalen Teile nur noch tote Kalkskelette sind. Das Kalkskelett der Madreporaria ist ein vom Ektoderm ausgeschiedenes Exoskelett, obwohl es lagemäßig im Inneren liegt. Der Weichkörper ist bei den Madreporaria nur schwach entwickelt. Die Tentakeln sind hexamer angeordnet und meist in einer Vielzahl von 6 vorhanden. Sie sind häufig sehr kurz und an ihrem Ende kugelig angeschwollen. In den knopfförmigen Verdickungen am Ende der Tentakeln liegen Nesselbatterien. Das Cnidom der Madreporaria besteht aus holotrichen Haplonemen, mikrobasischen Mastigophoren und Spirocysten. Bei den mikrobasischen Mastigophoren handelt es sich nach elektronenmikroskopischen Untersuchungen um b- und p-Rhabdoide. Selten treten gegabelte (*Siderastraea*) Tentakeln auf. Peristom und Tentakeln sind bei vielen Madreporaria mit Wimpern versehen. Durch Wimperbewegungen wird der Stock von Sand- und Schlammpartikeln gereinigt. Schlundrohr ohne Siphonoglyphen. Die Mesenterialfilamente mit cnido-glandulären Bereichen, aber ohne Flimmerstreifen.

Madreporaria sind teils getrenntgeschlechtlich, teils Zwitter. Die entodermalen „Gonaden" liegen im mesogloealen Bereich der Sarcosepten, indem die Ektodermzellen in diesen Bereich einwandern. Befruchtung im mütterlichen Gastralraum, dort auch Entwicklung bis zur Planula-Larve. Die Larven werden dann in großer Zahl durch das Schlundrohr ausgestoßen. Die Gründung einer neuen Kolonie erfolgt in den meisten Fällen durch eine einzige, sich festsetzende Planula-Larve. Die ungeschlechtliche Vermehrung durch Knospung spielt naturgemäß bei den Madreporaria eine sehr große Rolle. Erst die

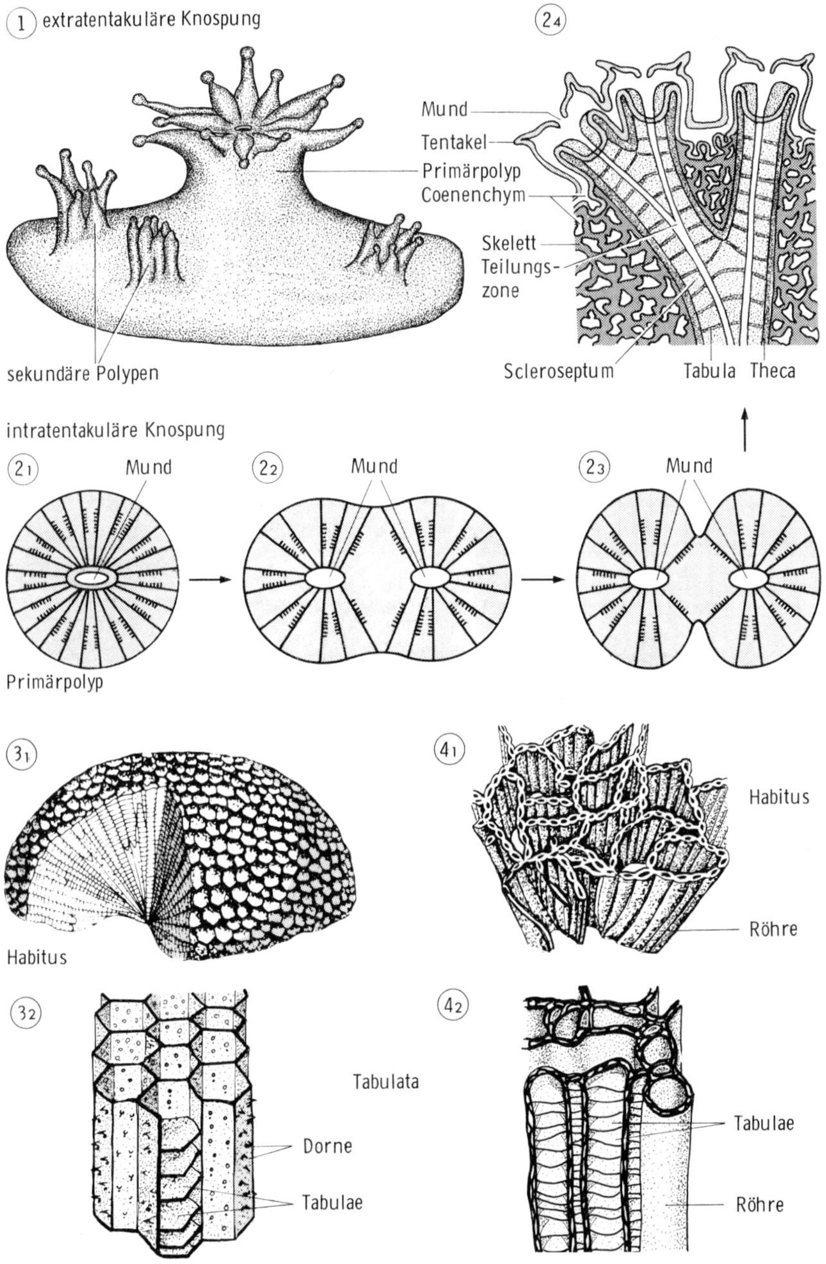

Taf. 310. Cnidaria: Anthozoa, Hexacorallia (Madreporaria). Fossile Tabulata. – Abb. 1. Madreporaria, extratentakuläre Knospung. Abb. 2. Madreporaria, intratentakuläre Knospung: 2/1. Mutterpolyp mit primärer Mundscheibe; 2/2, 2/3. Bildung einer neuen Mundscheibe, nun Doppelpolyp mit 2 Mundöffnungen und 2 getrennten Septensystemen (nach DUERDEN); 2/4. Ausschnitt aus einer Madreporaria-Kolonie, links intratentakuläre Knospung (nach DELAGE & HÉROUARD). – Fossile Tabulata: Abb. 3. *Favosites*, 3/1. Habitus; 3/2. Skelettausschnitt. Abb. 4. *Halysites*, 4/1. Habitus; 4/2. Skelettausschnitt (nach RASMUSSEN).

ungeschlechtliche Fortpflanzung durch sich dann nicht ablösende Knospen führt zu den riesigen Kolonien der Steinkorallen, welche Millionen von Polypenindividuen enthalten können. Wir unterscheiden bei den Madreporaria zwei Formen von Knospungen, nämlich eine extratentakuläre und eine intratentakuläre Knospung.

Bei der **extratentakulären Knospung** (Taf. 310: 1) bildet der aus der Planula-Larve hervorgegangene Einzelpolyp an seiner Basis eine bestimmte Zahl von Knospen aus, welche zu Polypen mit eigenem Skelett werden. Sie bleiben mit ihren extrathecalen Weichkörpern mit dem Mutterpolypen in Verbindung und bilden durch basale Knospung wieder eine gleiche Anzahl von Tochterpolypen aus.

Die **intratentakuläre Knospung** (Taf. 310:2) geht von der Mundscheibe des Mutterpolypen aus. Mundscheibe und der darunter liegende Teil des Gastralraumes wandeln ihre ursprünglich rundliche Form in eine ovale Form um. Die Mundscheibe bildet in einiger Entfernung von der primären Mundöffnung eine weitere Mundöffnung aus. Durch eine zwischen den beiden Öffnungen entstehende Einschnürung bilden sich zwei Mundscheiben mit eigenen Mundöffnungen. Diese Polypen haben vom Teilungspunkt an eigene Skelette, welche aber nicht vollständig sind, da ja nur die eine Hälfte der Mesenterien des Mutterpolypen auf den Tochterpolyp übergeht, die andere aber nicht ergänzt wird. Wir haben also hier, im Gegensatz zu der extratentakulären Knospung, keine vollständigen Sklerosepten-systeme. Oft aber unterbleibt die Ein- und Abschnürung des neuen Mundscheibenabschnittes. Dann bildet sich, da noch viele Teilungen folgen, eine einheitliche, gewundene Mundscheibe mit vielen, in einer Längsreihe liegenden Mundöffnungen und dazugehörigen Längsreihen von Tentakeln, denn es erfolgt keine Trennung der Polypen. Diese Kolonienform bezeichnet man als Mäanderkorallen (Taf. 312:3). In einigen Fällen (z. B. *Siderastraea*) können auch mehrere Einzelindividuen zu einer einheitlichen Kolonie verschmelzen.

Lebensweise: Madreporaria sind zu einem großen Teil Tentakelfänger, zum Teil kommen aber auch microphage Partikelfresser vor. Die von den Tentakeln gelähmte Beute wird zur Mundöffnung gebracht oder gelangt bei den microphagen Vertretern durch Wimpernströmung in die Mundöffnung. Extrazelluläre Vorverdauung im Gastralraum. Ist das Beutetier zu groß um in den Gastralraum aufgenommen werden zu können, werden die Mesenterialfilamente ausgestoßen, und es erfolgt eine Vorverdauung außerhalb des Körpers. Extra- und intrazelluläre Verdauung erfolgt allein durch die Tätigkeit der Mesenterialfilamente. Ernährung rein carnivor, keine Aufnahme pflanzlicher Nahrung. Im Entoderm zahlreicher Arten (besonders der riffbildenden Vertreter) kommen Zooxanthellen als Endosymbionten vor. Sie liefern Sauerstoff, haben Einfluß auf den Mineralstoffwechsel (durch Übernahme von CO_2) und nehmen stickstoffhaltige Abbauprodukte auf.

Madreporaria finden sich (bei entsprechend hohem Salzgehalt) in allen Meeren von der Gezeitenzone bis zu Tiefen von 6000 m. Meist sind sie aber auf feste Felsenküsten angewiesen, da sie Fels als Wuchsunterlage benötigen. Einige Vertreter (z. B. *Fungia*) liegen frei auf dem Meeresboden. Die Wuchsform der Madreporarienstöcke ist sehr unterschiedlich (z. B. krusten-, platten-, lamellen-, stammförmig). Die großen, kuppelförmigen Kolonien können ein Alter von über 100 Jahren erreichen und dabei 5–6 m hoch werden.

Am Schelfabfall Nord- und Westeuropas bilden *Lophelia-* und *Amphihelia*-Arten umfangreiche Riffe in Tiefen ab 60 m. Der bei weitem überwiegende Teil der riffbildenden Madreporaria lebt aber im küstennahen Bereich tropischer und subtropischer Meere. Da sie hier auf Symbiosen mit Zooxanthellen angewiesen sind, trifft man sie in Tiefen unterhalb 50–60 m nicht mehr lebend an. Optimum Meerestiefen oberhalb 20 m bei Wassertemperaturen von 20–25 °C. Madreporaria spielen als Riffbildner bei der Gestaltung der Erdoberfläche im marinen Bereich von je her eine wichtige Rolle. Korallenriffe bilden sich in den warmen Meeren meist im Flachmeerbereich der Küsten. Wir unterscheiden 3 Arten von Riffbildungen. Zunächst die Saumriffe, welche sich unmittelbar vor der Festlandküste befinden. Zwischen Küste und Riff liegt eine schmale Wasserstraße. Die 2. Rifform (Barriereriff), ist entweder dem Festland vorgelagert oder umgibt eine Insel. Ein breiter und tiefer Lagunenkanal trennt Festland und Riff (Beispiel: das über 2000 km lange Barriereriff vor der Nordostküste Australiens). Die 3. Art der Riffbildung stellen die mehr oder weniger geschlossenen ringförmigen Atolle dar. Sie umschließen kreisförmig eine innen, zentral gelegene Lagune.

Die riffbildenden Korallenstöcke siedeln sich natürlich nicht an den tiefen Stellen, sondern an Erhebungen des Meeresbodens an. Durch Senkung des Meeresbodens und Höherwachsen der Korallenstöcke entstehen dann die rezenten Riffe und Atolle. Oft benutzen die Madreporaria schon von anderen Lebewesen gebildete Bänke, wie z.B. diejenigen von Kalkalgen. Die Korallenriffe selbst bieten den verschiedenartigsten Tiergruppen günstigen Lebensraum. Von Anthozoen z.B. sind Seefedern (Pennatulacea) und Orgelkorallen (Tubiporidae) häufig auf Korallenriffen anzutreffen.

Madreporaria (Scleractinia) mit zahlreichen Familien. Das auf Unterschiede im Skelettbau aufgebaute System ist umstritten. Familienabgrenzungen oft noch sehr unklar.

Unterordnung Astrocoeniina

Die Sklerosepten bestehen aus nur wenigen (bis zu 8) einfachen Trabekeln. Meist kolonienbildende Vertreter, selten solitär auftretend. Die Skelette der Einzelindividuen (Polypare, Corallite) weisen nur einen Durchmesser von 1–3 mm auf. Einzelpolypen meist nur mit einem einzigen Tentakelkranz. Selten mehr als 12 Tentakeln.

Pocilloporidae. Verzweigte oder gelappte Kolonien mit kompakt ausgebildetem Coenosteum. Polypare sehr klein. Wichtige Riffbildner. *Stylophora, Seriatopora, Pocillopora.*

Acroporidae (=Madreporidae). Meist ästige oder lappige, baumförmige Kolonien (Stöcke), deren Thecae durch Zwischenräume voneinander getrennt sind. *Acropora (=Madrepora)*: Große Gattung mit etwa 130 rezenten Arten. Wichtigste rezente Riffbildner. Etwa 25% der riffbildenden Anthozoen gehören der Gattung *Acropora* an. Mit extratentakulärer Knospung. Stöcke mit einer Oberfläche von mehreren Quadratmetern. Polypen sehr klein, Durchmesser nur 1–3 mm; *Montipora; Astreopora.*

Unterordnung Fungiina

Die Sklerosepten setzen sich aus zahlreichen Trabekeln zusammen. Trabekeln an der Basis der Sklerosepten mehr oder weniger lose miteinander verbunden. Mit Porenbildung zwischen benachbarten Trabekeln. Sklerosepten durch Synaptikeln miteinander verbunden. Solitäre und kolonienbildende Vertreter. Polypare mit einem Durchmesser von mehr als 2 mm. Polypen meist mit mehr als zwei Tentakelkränzen.

Agariciidae. Teils solitär, teils kolonienbildend. Kolonienbildung vorwiegend durch intratentakuläre Knospung. Hermatypische Vertreter. *Agaricia*: (Tentakeln rudimentär oder sehr klein), *Pavona, Coeloseris, Pachyseris.*

Siderastraeidae. Hermatypische Vertreter. Kolonienbildung durch intra- und extratentakuläre Knospung. *Siderastraea* (mit gegabelten, kurzen Tentakeln. Viele Individuen verschmelzen zu einer halbkugeligen Kolonie), *Coscinarea.*

Poritidae. Massige, seltener verästelte Stöcke (Kolonien). Wichtige Riffbildner; hermatypische Vertreter. *Porites* (Vertreter dieser sehr großen Gattung sind wesentlich am Bau rezenter Korallenriffe beteiligt. Zum Teil massive Stöcke mit einem Durchmesser von etwa 6 Metern und einer Höhe von 6–9 Metern. Vermutetes Alter dieser großen Kolonien etwa 200 Jahre. Polypen der Kolonien mit einem Durchmesser von 2–3 mm). *Goniopora.*

Fungiidae (Pilzkorallen). Meist solitär lebend, teilweise auch Kolonienbildung. Solitäre Vertreter groß und flach, mit einem Durchmesser bis zu 20 cm. Kolonien ebenfalls flach diskusförmig. Meist hermatypische Vertreter. Mit einer großen Zahl von Septen und Tentakeln. *Fungia* (Taf. 311:2): Mit einem an Scyphozoa erinnernden metagenetischen Generationswechsel. Aus der Planula-Larve entwickelt sich der festsitzende Polyp (Trophozooid). Sein oraler Abschnitt verbreitert sich, so daß der Trophozooid (Taf. 311:2/4) ein pilzförmiges Aussehen erhält. Der obere, pilzhutförmige Abschnitt

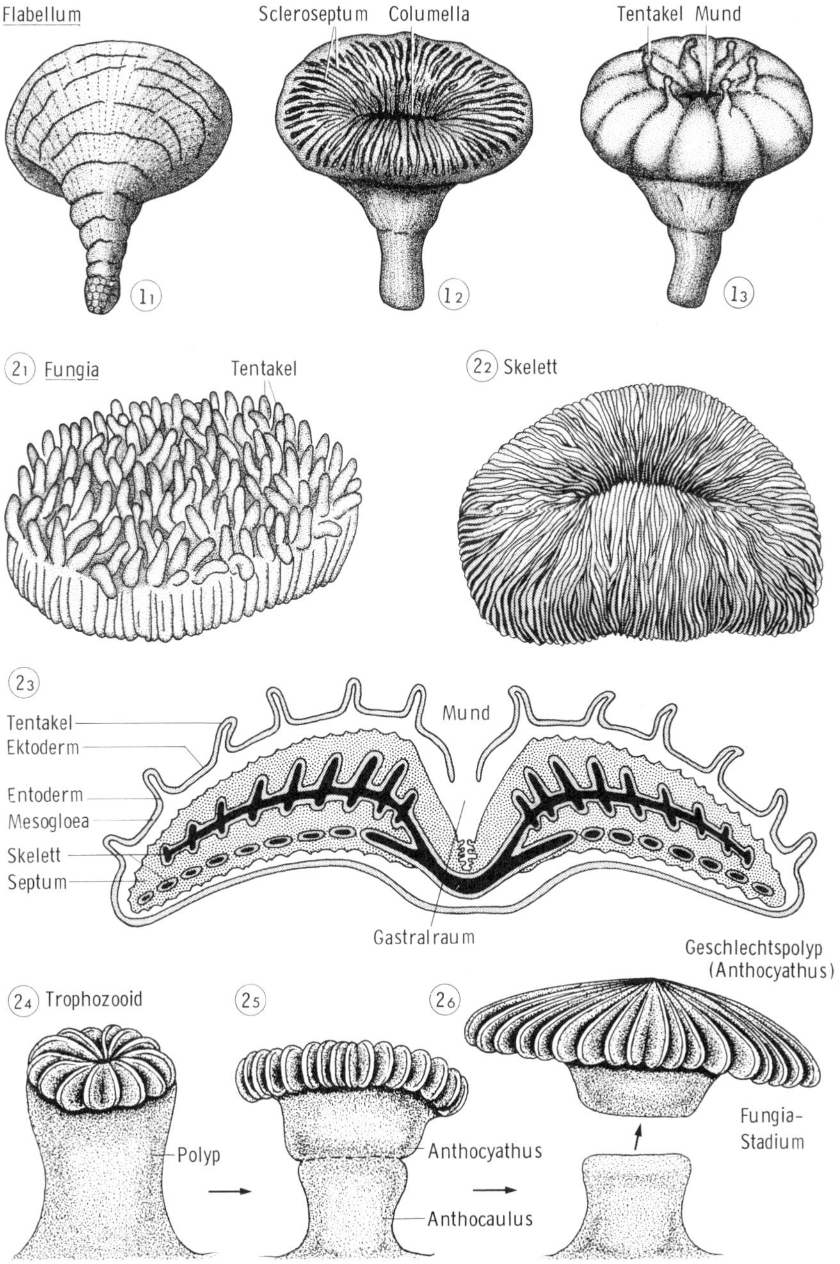

Taf. 311. Cnidaria: Anthozoa, Hexacorallia (Madreporaria). – Abb. 1. *Flabellum curvatum*, solitärer Polyp (nach MOSELEY): 1/1. Skelett, Seitenansicht; 1/2. Skelett, Aufsicht; 1/3. junger Polyp mit 6 Tentakeln. Abb. 2. *Fungia*, solitärer Polyp: 2/1. Habitus; 2/2. Skelett; 2/3. Querschnitt (nach DELAGE & HÉROUARD); 2/4–6. Ausbildung eines freilebenden Geschlechtspolypen (*Fungia*-Stadium): 2/4. junger Polyp (Trophozooid), 2/5. Trennung in Mutterpolyp (Anthocaulus) und freiwerdenden Anthocyathus (= *Fungia*-Stadium), 2/6. voll ausgebildetes *Fungia*-Stadium (nach DELAGE & HÉROUARD).

(Anthocyathus) löst sich ab und führt als *Fungia*-Stadium ein freilebendes Dasein. Dieses freilebende Stadium (Taf. 311:2/3) pflanzt sich dann geschlechtlich fort. Der Mutterpolyp (Anthocaulus) kann weitere (eine nach der anderen) orale Scheiben erzeugen, welche sich als *Fungia*-Stadium ablösen. Das Ganze erinnert an die Strobilation der Scyphopolypen. Stets solitäre Vertreter. *Halomitra, Herpolitha*, beide kolonienbildend.

Unterordnung Faviina

Sklerosepten aus zahlreichen Trabekeln bestehend. Synaptikeln nur selten vorhanden. Solitäre oder kolonienbildende Vertreter.

Faviidae (Sternkorallen). Formenreichste Familie der Steinkorallen. Fast stets kolonienbildend, selten solitär. Meist hermatypische Vertreter. *Favia* (mit intratentakulärer Knospung, mehr krustenförmige Blöcke). *Goniastraea* (Taf. 312:4): Halbkugelige Blöcke (Kolonien), Durchmesser bis zu 2,5 Meter. Häufig am australischen Barriereriff. *Diploria*, Neptunsgehirn (typische halbkugelige Mäanderkoralle. Die oberseits gewölbte Fläche mit Polypen, die flache Seite liegt dem Untergrund auf). *Platygyra*, Mäanderkoralle (Durchmesser der Kolonien bis zu 1,5 Meter). *Manicina* (Taf. 312:3): Typische Mäanderkoralle; kleine, halbkugelige Blöcke mit einem Durchmesser von etwa 10 cm. *Favites, Plesiastrea, Diploastrea, Trachyphyllia*.

Oculinidae (Augenkorallen). Baumförmig verzweigte Kolonien, mit lateraler Knospung. *Oculina* (Taf. 312:2): Verzweigte Kolonien. *Amphihelia*, Weiße Koralle: Schlanke, baumförmige Stöcke, bis 40 cm hoch. *Neohelia, Galaxea, Simplastrea*.

Unterordnung Caryophylliina

Sklerosepten aus zahlreichen Trabekeln bestehend. Synaptikeln nur selten vorhanden. Solitäre und koloniale Vertreter. Kolonienbildung meist durch extratentakuläre Knospung.

Caryophylliidae (Kreiselkorallen). Solitäre und kolonienbildende Vertreter. Kolonienbildung meist durch extratentakuläre Knospung. Solitäre Vertreter an Fremdkörpern angeheftet oder im Sand eingebettet. *Caryophyllia*, Nelkenkoralle: Körper kreiselförmig, mit sehr breiter Fußscheibe. Nur wenige Zentimeter hoch, bis zu 48 Tentakeln. Solitäre, ahermatypische Vertreter. *Heterocyathus*: solitär. *Lophelia*: Kolonien verästelt, bis zu 40–50 cm hoch. Weit verbreitet, bildet auch Korallenbänke vor der norwegischen Küste.

Flabellidae. Solitäre Vertreter von kegelförmiger Gestalt. Meist frei auf dem Boden liegend. Ahermatypische Arten. *Flabellum* (Taf. 311:1): Höhe 3–4 cm, bis zu 140 Tentakeln. *Gardineria, Placotrochus*.

Unterordnung Dendrophylliina

Sklerosepten bestehen aus zahlreichen Trabekeln. Sklerosepten an der Basis laminär und unregelmäßig perforiert. Mit Synaptikeln. Solitäre und koloniale Vertreter.

Dendrophylliidae. Teils solitär; teils buschige, nicht massive Stöcke (Kolonien), welche durch seitliche Knospung entstehen. Kolonienbildung durch intra- und extratentakuläre Knospung. Meist ahermatypische Vertreter. *Balanophyllia*: Solitär. *Dendrophyllia* (Taf. 312:1): Kolonienbildend. *Astroides* (Taf. 309): Mit extratentakulärer Knospung; massive, blockförmige Kolonien, Mittelmeer. *Tubastraea, Heteropsammia, Turbinaria*.

Fossile Anthozoa

Eindeutige Funde von Anthozoa aus dem Praekambrium liegen bisher nicht vor. Besonders umstritten sind die Deutungen der Vertreter der *Rangea*-Gruppe aus dem Jung-Praekambrium (Vendium). Zu

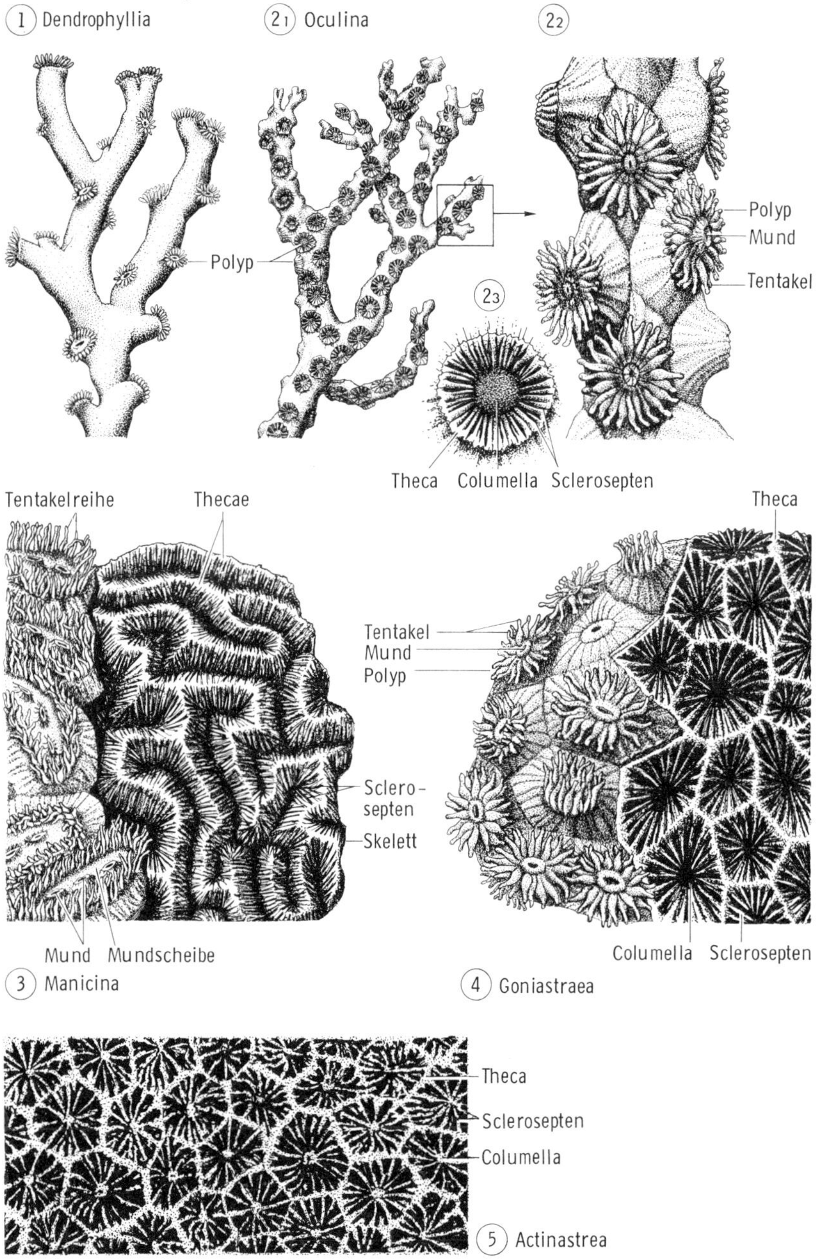

Taf. 312. Cnidaria: Anthozoa, Hexacorallia (Madreporaria). Fossile Madreporaria. – Abb. 1. *Dendrophyllia*, Teil einer Kolonie (nach DANA). Abb. 2. *Oculina* (nach VERRILL): 2/1. Teil einer Kolonie; 2/2. Ausschnitt, vergrößert; 2/3. Skelett eines Einzelpolypen. Abb. 3. *Manicina*, Teil einer Kolonie; links mit Polypen, rechts Skelett. Abb. 4. *Goniastraea*, Teil einer Kolonie; links mit Polypen, rechts Skelett. – Fossile Madreporaria: Abb. 5. *Actinastrea*, Skelettausschnitt (nach MOORE).

dieser Gruppe zählen die Gattungen *Rangea, Arborea, Pteridinium* (Ediacara-Fauna Südaustralien: Taf. 20:6–8), *Charnia* (England), *Nasepia, Glaessnerina* (Sibirien) sowie *Ernietta, Ernionorma* und *Erniobaris* (Namaland, Südafrika). Für eine weite Verbreitung dieser Gruppe spricht das Auftreten der Gattung *Rangea* in Australien und Afrika. *Pteridinium* wurde sowohl in Australien als auch in Sibirien aufgefunden. Die blattähnliche, federförmige Gestalt der Vertreter hat zu verschiedenartigen Deutungen geführt. Einige Bearbeiter halten sie für Algen, andere dagegen für Vertreter der Seefedern (Octocorallia: Pennatulacea). Andere Bearbeiter sehen in ihnen primitive Echinodermata. Alle Funde stammen aus dem Jung-Praekambrium und weisen ein Alter von etwa 570–680 Mio. Jahren auf.

PFLUG (1970, 1972, 1974) faßt die Vertreter der *Rangea*-Gruppe in einem eigenen Stamm, Petalonamae (Petaloorganismen) zusammen, welcher sowohl „pflanzliche" als auch „tierische" Merkmale aufweist. Nach PFLUG wären demnach „Pflanzen" und „Tiere" im Praekambrium noch nicht deutlich voneinander getrennt. Ein vermuteter innerer Hohlraum (Centrarium) wird als Verdauungstrakt gedeutet (metazoischer Formenkreis), während andere Vertreter (metaphytischer Formenkreis) keine inneren Hohlräume aufweisen. Ihre Außenfläche ist nach PFLUG mit Filamenten besetzt, welche als photosynthetisierende Bereiche gedeutet werden. Petalonamae sollen eine mixotrophe Ernährungsweise zeigen. Neben blattähnlichen, federförmigen Vertretern enthält nach PFLUG die Gruppe der Petalonamae auch trichter- und tubenförmige Arten, welche als Kolonien gedeutet werden. Offensichtlich liegt hier eine polyphyletische Gruppierung vor, welche sowohl „pflanzliche" als auch „tierische" Vertreter enthält. Die „pflanzlichen" Vertreter gleichen in ihren Wuchsformen Rhodophyta (Rotalgen) und können wohl besser in diese Gruppe eingereiht werden. Die „tierischen" Vertreter ähneln Cnidaria und sind wohl diesem Bereich zuzuordnen.

Der von PFLUG vertretene Dualismus Pflanze-Tier ist überholt. Die PFLUG'schen Petalonamae sind vom Bauplan her eindeutige Eukaryonten, und es stellt sich daher nur die Frage, in welche Eukaryonten-Gruppen sie eingereiht werden müssen. Eine Vorläufer-Gruppe im Sinne von PFLUG stellen die Petalonamae sicher nicht dar.

Die uns in diesem Zusammenhang interessierenden „tierischen" Vertreter (*Rangea*-Gruppe) gehören wohl den Cnidaria an. Die Lebensweise der Vertreter der *Rangea*-Gruppe (*Rangea, Arborea, Pteridinium, Charnia, Glaessnerina*) ist noch weitgehend unbekannt. Man weiß nicht, ob sie mit ihrem basalen Bereich im Meeresboden eingebohrt waren, ob sie frei auf dem Meeresboden lagen oder sich frei bewegen konnten.

Ein Vergleich mit rezenten Vertretern der Pennatulacea (z. B. *Pennatula* und *Renilla*) zeigt viele Übereinstimmungen. Es ist aber nicht auszuschließen, daß es sich bei den Vertretern der *Rangea*-Gruppe auch um Hydrozoa aus dem Chondrophora-Bereich handeln kann. *Charnia* wurde sowohl in England als auch in Neufundland in enger Verbindung mit der scheibenförmigen Meduse *Charniodiscus* gefunden. Es könnte sich hier um eine schwebende Hydrozoen-Kolonie (Chondrophora) mit Medusenbildung handeln. Vertreter der Chondrophora (*Eoporpita*) sind ja schon aus dem Praekambrium (Ediacara-Fauna) bekannt.

Zusammenfassend kann gesagt werden, daß es sich bei den „tierischen" Vertretern der *Rangea*-Gruppe wohl mit einiger Wahrscheinlichkeit um Cnidaria handelt, ihre genaue Einreihung aber zur Zeit noch nicht möglich ist. Es bleibt daher noch umstritten, ob Anthozoa (nach den bisher vorliegenden Funden) bereits im Praekambrium vorhanden waren. Das Auftreten von hoch spezialisierten Vertretern (Chondrophora) der Hydrozoa im Praekambrium spricht aber dafür, in den Hydrozoa die stammesgeschichtlich älteste Gruppe der Cnidaria zu sehen. Aus dem Praekambrium liegen bisher nur Funde von weichhäutigen, skelettfreien Cnidaria vor. Möglicherweise setzen Skelettbildungen erst im Paläozoikum ein, sonst hätte man die viel besser fossilisationsfähigen Vertreter mit Skelettbildungen wohl auch schon in praekambrischen Formationen finden müssen. Für das stammesgeschichtlich hohe Alter der Cnidaria spricht auch die Zugehörigkeit der Ediacara-Funde zu unterschiedliche Gruppen. Zu den Cnidaria zählen 63% der bisher aufgefundenen Vertreter, und die Medusen (stammesgeschichtlich ältester Bauplan-Typ der Cnidaria) sind eindeutig am stärksten vertreten.

Von den 3 Unterklassen der Anthozoa mit rezenten Vertretern (Ceriantipatharia, Octocorallia und Hexacorallia) liegen von den vergangenen Erdzeitaltern sehr unterschiedliche Fossilfunde vor. Die bei weitem überwiegende Zahl der Funde ist den Hexacorallia zuzuordnen. Dies wird durch die bessere

Fossilisationsfähigkeit der häufig Kalkskelette aufweisenden Hexacorallia verständlich. Die skelettlosen oder nur hornige Skelette aufweisenden **Ceriantipatharia** sind erst aus dem Tertiär (Miozän: *Leiopathes*) bekannt. Auch von den **Octocorallia** liegen relativ spärliche Funde vor. Die Deutung der praekambrischen Vertreter der *Rangea*-Gruppe als Angehörige der Seefedern (Octocorallia: Pennatulacea) ist umstritten, könnte aber in Betracht gezogen werden. Aus dem Paläozoikum sind nur wenige Octocorallia-Funde bekannt geworden. Die mittelkambrische Gattung *Petaloptyon* wird als ein Vertreter der Gorgonacea (Hornkorallen) betrachtet, welcher bereits Sklerite aufwies. Aus dem Ober-Ordovicium stammt die Gattung *Pragnellia* (Taf. 300:2), welche ebenfalls den Gorgonacea zugeordnet wird. Die Einordnung von *Pragnellia* erscheint gut begründet. Die Einreihung der permischen Gattung *Trachypsammia* (eigene Ordnung Trachypsammiacea) in die Unterklasse der Octocorallia erscheint fraglich. Eindeutige Funde von Octocorallia liegen aus dem Mesozoikum und Kaenozoikum (Tertiär, Quartär) vor. Vertreter der Alcyonacea (Weichkorallen, Lederkorallen) sind aus dem Mesozoikum bekannt. *Spongodes* (Kreide) wird den Xeniidae zugerechnet, und die Gattung *Nephthea* (Nephtheidae) stammt aus dem Unterjura. Von den Gorgonacea (Hornkorallen) liegen weitere Funde aus der Kreide und dem Tertiär vor. Zu den Isididae zählen die Kreide-Funde *Isis* und *Moltkia*. Coralliidae sind ebenfalls seit der Kreide bekannt. Stolonifera liegen aus der Kreide und dem Kaenozoikum vor. Vertreter der Cornulariidae (*Epiphaxum*) stammen aus der Kreide; Arten der Gattung *Tubipora* (Tubiporidae) aus dem Miozän und Pleistozän. Von den Telestacea sind bisher keine Funde bekannt geworden, ebenfalls nicht von den Protoalcyonacea. Sichere Funde von Pennatulacea (Seefedern) liegen aus dem Mesozoikum (Trias, Kreide) und dem Kaenozoikum (Tertiär, Quartär) vor. Zu den Pennatulidae zählen die Gattungen *Prographularia* (Trias) sowie *Graphularia, Pennatulites* und *Gluptosceptron* (alle Kreide). Den Virgulariidae werden Vertreter der Gattungen *Virgularia* und *Pavonaria* (beide seit Kreide bekannt) zugeordnet. Funde von Coenothecalia (rezent nur noch eine Art, *Heliopora coerulea*) liegen seit der Oberkreide vor.

Der größte Teil der bisher bekannten fossilen Vertreter zählt zur Unterklasse der **Hexacorallia.** Hexacorallia besitzen in vielen Fällen Kalkskelette und sind daher gut fossilisationsfähig. Zur Unterklasse der Hexacorallia zählen die Überordnungen Hydroconozoa (Unterkambrium), Rugosa (Ordovicium-Perm, aber wahrscheinlich auch schon im Kambrium vorhanden), Heterocorallia (Unterkarbon), Tabulata (Ordovicium-Perm, ebenfalls wohl schon im Kambrium vorhanden) und Hexacorallea (Trias-rezent).

Überordnung Hydroconozoa (Unterkambrium)

Hydroconozoa sind aus dem Unterkambrium der asiatischen UdSSR bekannt geworden. Sie stellen kleine, zylindrisch-kegelförmige, solitäre, nur bis 1,5 cm hohe, marine Vertreter dar, welche ein laminäres Skelett aufweisen. Radiär verlaufende Platten ähneln Septen, und Teile des basalen Bereiches können als Tabulae gedeutet werden. Die vermutete Septenanordnung soll in etwa derjenigen der Rugosa entsprechen. Hydroconozoa werden meist als eine eigene Klasse geführt, aber das Auffinden von *Tabulaconus* (Unterkambrium, Kanada) spricht für eine Einreihung innerhalb der Hexacorallia in der Nähe der Rugosa. Die Einreihung der Gattung *Tabulaconus* in die Gruppe der Hydroconozoa wird aber zum Teil auch bestritten. Sie nimmt eventuell eine vermittelnde Stellung zwischen Hydroconozoa und Rugosa ein. Wichtige Gattungen: *Hydroconus, Gastroconus* und eventuell *Tabulaconus*.

Überordnung Rugosa (Tetracorallia, Pterocorallia) (Mittelordovicium-Oberperm)

Primär solitäre, sekundär kolonienbildende (stockbildende) Arten. Ausschließlich marine Vertreter. Jugendstadien stets sessil, Adultstadien sessil oder auch frei auf dem Meeresboden liegend. Manchmal auch leicht im Meeresboden (Schlamm) eingegraben. Mit ektodermalem Calcit-Skelett. Solitärformen meist von konisch-kegelförmiger Gestalt, oft auch leicht gebogene Körper. Kolonien häufig buschförmig. Das Calcitskelett der Rugosa weist nur eine einzige äußere Wandung (Epithek) auf. Diese Epithek ist mit kreisförmig angeordneten Runzeln (daher der Name Runzelkorallen) versehen. Rugosa unterscheiden sich von den Hexacorallea durch eine unterschiedliche Anordnung der Septen (Sklerosepten).

Rugosa bilden, wie auch die Hexacorallea, aber auf unterschiedliche Weise, zunächst 6 Septen (Protosepten) aus. Die Bildung der Septen geht von der Fußscheibe aus.

In ontogenetischer Reihenfolge entstehen bei den Rugosa zunächst ein Haupt- und ein Gegenseptum. Sie können unabhängig voneinander gebildet werden, oder ein Septum wird in der Mitte getrennt. Nachfolgend werden zuerst die beiden Hauptseitensepten und schließlich dann die beiden Gegenseitensepten gebildet. Damit ist die Bildung der 6 Protosepten abgeschlossen. Die Septenbildung erfolgt zunächst streng bilateralsymmetrisch. Weitere Septen (Metasepten) entstehen bei den Rugosa (Taf. 305:2) nur noch in 4 Zwischenfächern (daher der Name Tetracorallia), und zwar in den Zwischenfächern (Quadranten) zwischen Haupt- und Hauptseitensepten sowie in den Zwischenfächern zwischen den Hauptseiten- und Gegenseitensepten. Die Zwischenfächer zwischen Gegenseitensepten und Gegenseptum bleiben frei von Metasepten. Neben voll ausgebildeten Makrosepten (Pro- und Metasepten) treten bei den Rugosa auch zusätzliche Mikrosepten (Kleinsepten) auf. Mikrosepten können in allen Zwischenfächern gebildet werden. Die Ausbildung von Mikrosepten könnte darauf hinweisen, daß auch bei den Rugosa ein Actinopharynx ausgebildet war. Die Mikrosepten würden in diesem Fall nicht den Actinopharynx erreichen. In Analogie zu den Hexacorallea darf angenommen werden, daß auch bei den Rugosa Sarcosepten in Form von Makro- und Mikrosepten vorlagen. Vermutlich dürfte es auch primär skelettlose Rugosa gegeben haben, die aber bisher wegen ihrer schlechten Fossilisationsfähigkeit noch nicht aufgefunden wurden. Es ist wenig wahrscheinlich, daß eine Gruppe sofort mit Skelettbildungen beginnt. Es sei denn, sie leitet sich von einer Gruppe ab, die bereits Skelette aufweist. Meist liegt ein Mikroseptum zwischen zwei Makrosepten.

Im Gegensatz zu den Rugosa werden bei den Hexacorallea (z. B. Madreporaria) in allen 6 Zwischenfächern (nach Bildung der 6 Protosepten) neue Makrosepten(zyklische Septenbildung) gebildet. Auch bei den Hexacorallea kommt es zur sekundären Ausbildung von Mikrosepten. Das kelchförmige Exoskelett der Rugosa besteht aus der äußeren Epithek und den innen liegenden, vertikal angeordneten Sklerosepten. Die stammesgeschichtlich ältesten Vertreter der Rugosa (Ordovicium) zeigen dieses relativ einfache Skelettsystem. Es kommen sogar im Ordovicum Vertreter (*Primitophyllum*) vor, die nur Septaldornen (vielleicht Vorstufen der Septen) aufweisen. Im Verlauf der Rugosa-Evolution kommen weitere Skelettelemente (Taf. 305:3) hinzu. Epithek und Sklerosepten wachsen kontinuierlich nach oben. Durch den Einbau horizontal verlaufender, flacher Tabulae (Querböden) wird dabei der lebende Weichteil-Polyp von dem basalen toten Skelett-Bereich abgetrennt. In einer oberen, becherförmigen, von der Epithek umgebenen Vertiefung (Calyculus) sitzt dann der Weichteil-Polyp. Weichteile sind bisher fossil noch nicht aufgefunden worden. Die Tabulae können den ganzen inneren Bereich horizontal durchziehen, oder sie sind bei der Entwicklung eines peripheren Marginariums aus Dissepimenten (Dissepimentarium) auf einen inneren Bereich (Tabularium) beschränkt. Eindellungen der Tabulae, meist im Bereich des Hauptseptums, werden als Fossulae bezeichnet. Die gekrümmten, sich überlappenden Dissepimente weisen eine blasenartige Struktur auf und entstehen postseptal. Vertreter mit einem peripheren Dissepimentarium treten erst ab Silur auf. An der Wende vom Devon zum Karbon starben zahlreiche Rugosa-Gruppen aus. Es entstanden neue Gruppen, die sich durch den Besitz einer Mittelsäule (Columella) auszeichneten. Die Sklerosepten setzen sich aus reihenweise angeordneten kleinen Bälkchen (Trabekeln) zusammen. Durch sekundäre Skelettelemente (z. B. Tabulae) können die Sklerosepten völlig verdrängt werden. Bei kolonienbildenden Vertretern kann die Epithek nur schwach ausgebildet sein oder sekundär ganz fehlen (= astraeoide Vertreter).

Rugosa traten vorwiegend solitär auf, Kolonienbildung blieb bei ihnen untergeordnet. In größeren Meerestiefen (wohl primärer Lebensraum) überwogen die solitären Vertreter. Nach oben folgten buschförmig verzweigte Kolonien, während im stark bewegten, marinen Flachwasser kompakte Kolonien vorherrschten.

Rugosa traten erstmals im oberen Mittelordovicium auf. Es handelt sich hier bereits um skelettbesitzende Vertreter, wie es ja für Rugosa (ohne Weichteilkenntnis) charakteristisch ist. Da aber auch die Rugosa vermutlich ihre Evolution mit skelettlosen Formen begannen, ist es notwendig, auch kambrische, skelettlose Anthozoen auf ihre eventuelle Zugehörigkeit zu den Rugosa zu überprüfen. Funde skelettloser Anthozoa sind sehr spärlich. Aus dem Kambrium (Mittelkambrium: Burgess Shale) ist die Gattung *Mackenzia* bekannt geworden. Man nimmt heute an, daß es sich um einen Vertreter der Anthozoa (Hexacorallea) handelt, die Septenverhältnisse sind aber nicht bekannt. Dasselbe gilt für die aus dem mittleren Ordovicium stammende Gattung *Palaeactinia*. Fossile Spuren von Vertretern (z.B. *Bergaueria*) aus dem Zeitraum von Unterkambrium bis Mittelordovicium werden als Hexacorallea-Spuren gedeutet. Sie entsprechen z.B. den Spuren, die rezente Hexacorallea (z.B. Actiniaria: *Phyllactis*) im Sediment hinterlassen. Offensichtlich waren im Kambrium bereits skelettlose Hexacorallea vorhanden, eine sichere Einreihung ist aber zur Zeit noch nicht möglich.

Rugosa sind seit dem oberen Mittelordovicium, Tabulata seit dem unteren Ordovicium (eventuell auch schon Oberkambrium) bekannt. Viele früher den Tabulata zugerechnete Vertreter (z.B. Chaetetida) werden heute meist als Vertreter der Porifera (Schwämme) betrachtet.

Aus dem Kambrium sind eine Anzahl fossiler, skelettbesitzender Gattungen bekannt, die zum Teil als Vorläufer der Rugosa und Tabulata angesehen werden. *Tabulaconus* aus dem Unterkambrium entspricht mehr einem Vertreter der Rugosa. Eine Einreihung in die Gruppe der Hydroconozoa erscheint weniger gesichert. Aus dem frühen Mittelkambrium liegt die solitäre Art *Cothonion sympomatum* (Cothoniidae) vor, welche Übereinstimmungen mit Rugosa zeigt. Die Cothoniidae werden (JELL & JELL 1976) provisorisch den Rugosa zugeordnet. Aus dem frühen Mittelkambrium (New South Wales, Australien, vom gleichen Fundort stammt auch *Cothonion*) ist die Gattung *Lipopora* (Lipoporidae) bekannt geworden, welche viele Übereinstimmungen mit den Auloporidae (Tabulata) aufweist. Sie wird als Vorläufer der Tabulata betrachtet, wie auch die oberkambrische Gattung *Protoaulopora*. Nach einigen Bearbeitern nehmen die Auloporidae (einschließlich ihrer Vorläufer) eine zentrale Stellung ein. Von ihnen werden sowohl die Rugosa als auch die Tabulata abgeleitet. Die mittelkambrische Gattung *Cambrotrypa* kann ebenfalls als ein kambrischer Vertreter der Tabulata angesehen werden.

Sichere Vertreter der Rugosa sind seit dem oberen Mittelordovicium bekannt. Von beiden Ordnungen der Rugosa (Cystiphyllida und Stauriida, nach HILL 1981) liegen bereits Vertreter zu diesem Zeitpunkt vor. Das deutet darauf hin, daß Rugosa sicher schon viel früher entstanden sind. Von diesen mittelordovicischen Funden zählen *Hillophyllum* und *Primitophyllum* zu den Cystiphyllida; *Paleophyllum, Favistina, Streptelasma* und *Lambeophyllum* dagegen zu den Stauriida. Die Funde aus dem Mittelordovicium sind relativ spärlich, ab Oberordovicium liegen dagegen zahlreiche weltweit verbreitete Funde vor. Es sind vorwiegend Vertreter der Stauriida. Erstmals treten auch Vertreter der Calostylina (Stauriida) auf. Zu dieser Gruppe zählen z.B. die Gattungen *Lambelasma* und *Dybowskinia*. Die aus dem Mittelordovicium stammende Gattung *Lambeophyllum* wird als ein fraglicher Vertreter der Calostylina bezeichnet. Aus dem Mittelordovicium stammt auch der einzige bisherige Fund von Cyathaxoniidae (Stauriida), nämlich die Gattung *Protozaphrentis*. Die Rugosa des Ordoviciums (Cystiphyllida und Stauriida) sind primär solitär und zeigen einen einfachen Körperbau. Man darf, wenn man eine Ableitung von den etwas früher auftretenden Tabulata ablehnt, davon ausgehen, daß die Rugosa von skelettlosen Vertretern der Hexacorallia abzuleiten sind. Vertreter mit nicht voll ausgebildeten Sklerosepten in Form von Septaldornen könnten daher als stammesgeschichtlich sehr alte Vertreter der Rugosa betrachtet werden. Die Cystiphyllida stellen offensichtlich die stammesgeschichtlich älteste Gruppe der Rugosa dar. Sie treten nur als Solitärformen auf, während bei den Stauriida neben den Solitärformen auch koloniale Vertreter anzutreffen sind. Innerhalb der Cystiphyllida weist die Gattung *Primitophyllum* ein sehr einfaches, schmales, konisches Skelett auf, und es sind nur Septaldornen vorhanden. Es sei aber in diesem Zusammenhang darauf hingewiesen, daß einige Bearbeiter in den Septaldornen rückgebildete Sklerosepten sehen. Eine regressive Evolution, meist verbunden mit einer Ableitung von Tabulata, ist aber wenig wahrscheinlich. Ab Silur ist bei den Rugosa ein Vorherrschen von Vertretern mit einem sekundären lateralen Dissepimentarium zu beobachten. Auf diese Weise entsteht eine sekundäre Zweizonigkeit des Kelches. Daneben treten aber auch noch solitäre Vertreter der Cystiphyllida und Stauriida auf, welche kein Dissepimentarium aufweisen. Die Zahl der Arten wächst im Silur stark an, es sind vorwiegend Vertreter mit einem Dissepimentarium anzutreffen. Es besteht eine allgemeine Tendenz, die Skelettelemente zu verstärken. Dies erfolgt unabhängig voneinander in verschiedenen Rugosa-Gruppen. Diese Tendenz der sekundären Skelettverstärkung wird im Devon beibehalten. Die Cystiphyllida sterben im Mittel-Oberdevon aus. Am Ende des Devons (ausgesprochene Krisenzeit für Rugosa) sind nur noch Stauriida (z.B. *Zaphrentis*, Taf. 305:4) vorhanden. Ab Karbon treffen wir bei den Stauriida vorwiegend Vertreter mit Columella-Bildung (weitere Skelettverstärkung) an. Kolonienbildung ist bei den Rugosa (nur bei Stauriida kommen Kolonien vor) nur wenig ausgeprägt, obwohl schon sehr frühzeitig in der Stauriida-Evolution Kolonien auftreten. Im Oberperm sterben die Rugosa aus, aus der Trias sind keine Rugosa mehr bekannt. Als letzte Vertreter der Rugosa treffen wir im Oberperm Vertreter der Cyathaxoniidae (Metriophyllina) an. Häufig werden die im Mesozoikum auftretenden Madreporaria (= Scleractinia, Hexacorallea) von dieser skelettbesitzenden Rugosa-Gruppe abgeleitet. Die Madreporaria zeigen aber eine enge Verwandtschaft mit den Actiniaria, Ptychodactiaria und vor allem den Corallimorpharia (alle Hexacorallea). Madreporaria sind von primär skelettlosen Vertretern der Hexacorallea abzuleiten. Die Corallimorpharia (ebenfalls noch ohne Skelett) stellen eine Übergangsgruppe dar, aus welcher sich die sekundär ein Skelett bildenden Madreporaria entwickelt haben. Sekundäre Skelettbildungen (ökologische Adaptionen) kommen innerhalb der Hexacorallia unabhängig voneinander sowohl bei Hexacorallea als auch z. B. bei Rugosa und Tabulata vor. Alle skelettbesitzenden Vertreter der Hexacorallia (z. B. auch Rugosa und Tabulata) sind von primär skelettlosen Gruppen abzuleiten. Diese skelettlosen Hexacorallia waren sicher schon im Kambrium vorhanden.

System der Überordnung Rugosa

Ordnung Cystiphyllida (Mittelordovicium – Oberdevon)

Einzige Unterordnung Cystiphyllina. Wichtige Familien: Palaeocyclidae, Tryplasmatidae, Holmophyllidae, Cystiphyllidae.

Ordnung Stauriida (Mittelordovicium – Oberperm)

Mit den Unterordnungen Stauriina, Streptelasmatina, Calostylina, Metriophyllina, Arachnophyllina, Ketophyllina, Ptenophyllina, Lycophyllina, Columnariina, Cyathophyllina, Stereolasmatina, Plerophyllina, Caniniina, Aulophyllina, Lithostrotionina und Lonsdaleiina.

Überordnung Heterocorallia (Unterkarbon)

Eine kleine, nur im Unterkarbon auftretende Gruppe, welche wahrscheinlich von oberdevonischen Stauriida (Rugosa) abzuleiten ist. Rugosa und Heterocorallia werden auch bisweilen (Birenheide 1965) in einer gemeinsamen Kategorie, Eoanthozoa, zusammengefaßt.

Ausschließlich solitäre, marin lebende Vertreter. Körper länglich-zylindrisch, bis zu 50 cm lang, bei einem Durchmesser von 5–15 mm. Mit Kalkskelett, welches aus Sklerosepten; einer dicken äußeren Wandung und aus innen gelegenen dünnen Tabulae besteht.

Die Bildung der Septen (Taf. 304:2) geht vom Basalbereich aus. In ontogenetischer Reihenfolge entstehen zunächst 4 Protosepten, welche ein einfaches Achsenkreuz bilden. Im Vergleich mit den Rugosa würde es sich dabei um Haupt- und Gegenseptum sowie um 2 Seitensepten handeln. Durch dichotome Gabelungen der Protosepten in ihrem peripheren Bereich entstehen nacheinander weitere Septenpaare. Die Neubildung von Septen erfolgt nur in den Räumen zwischen den beiden Gabeln der Primärsepten. Der Raum zwischen den Primärsepten (Fossulae) bleibt septenfrei.

Mit einer einzigen Ordnung Heterocorallea und einer einzigen Familie Heterophylliidae. Die Familie umfaßt die Gattungen *Heterophyllia* (Taf. 304:3), *Hexaphyllia* und *Oligophylloides*. Die Gattung *Oligophylloides* stellt den Übergang von den Rugosa zu den Heterocorallia dar. Heterocorallia kommen ausschließlich im Unterkarbon (Visé) vor. Sie tauchen plötzlich auf, erreichen eine sehr weite Verbreitung (Europa, Japan) und verschwinden auch plötzlich wieder. Die für die Gruppe charakteristische Abwandlung der Septen-Ontogenese hat sich offensichtlich nicht auf Dauer durchsetzen können.

Überordnung Tabulata (Unterordovicium – Perm)

Die ersten gesicherten Funde liegen aus dem Unterordovicium vor. Sie treten vor den Rugosa (Mittelordovicium) auf. Es bestehen keine direkten verwandtschaftlichen Beziehungen zwischen den postkambrischen Tabulata und Rugosa. Beide Gruppen weisen bereits Skelette auf, und die Tabulata besitzen nur sekundäre koloniale Vertreter. Wahrscheinlich liegt eine getrennte Ableitung von primär skelettlosen Vertretern aus der Zeit vor dem Ordovicium vor.

Tabulata stellen offensichtlich eine polyphyletische Gruppierung dar. Die Gruppe der Chaetetida wird heute meist den Porifera (Schwämme) zugeordnet, und teilweise wird sogar die Meinung vertreten, daß alle Tabulata zu den Porifera gehören. Auch die Stromatoporida (früher als Vertreter der Hydrozoa betrachtet) werden heute meist den Porifera zugerechnet. In Anlehnung an SCRUTTON (1979) werden die Tabulata in dieser Bearbeitung als Anthozoa geführt, mit der Einschränkung, daß wohl sicher eine polyphyletische Gruppierung vorliegt und Teilgruppen nach besserer Kenntnis ausgeschlossen werden müssen.

Tabulata (Bödenkorallen) weisen ausschließlich kolonienbildende Vertreter auf. Die Kolonien setzen sich aus sehr zahlreichen, schlanken Röhren zusammen. Tabulata besitzen ein faseriges Aragonit-Skelett, und die äußere Skelettwandung wird von zahlreichen Porenreihen durchsetzt. Man nimmt an, daß die Einzelindividuen der Kolonie über diese Poren miteinander in Verbindung standen. Auch konnte eine Art von Zwischengewebe (Coenenchym) zwischen den Röhren gebildet werden. Der Durchmesser der Kolonien ist sehr unterschiedlich und schwankt zwischen 1–2 cm und 2 m. Die Einzelröhren der Kolonien weisen zahlreiche Querböden (Tabulae) auf und diese führen zu einer starken Unterteilung der Röhren. Im Gegensatz zu den anderen Anthozoa-Gruppen ist bei den Tabulata kein gesetzmäßiger Ablauf der Septenbildung festzustellen. Die Septen werden daher auch häufig als „Pseudosepten" bezeichnet. Sie sind fast stets sehr kurz und weisen eine Dornenform auf. Es ist umstritten, ob es sich um Vorstufen von Septen oder um Reduktionen handelt. Die Kolonienform der einzelnen Vertreter ist sehr unterschiedlich. Lockere Kolonien kommen z. B. bei den Auloporida (*Aulopora, Syringopora*) vor; kettenartige Kolonien bei den Favositida: Halysitina (*Halysites*: Taf. 310:4) und massive Skelettstöcke bei den Tetradiida (*Tetradium*). Tabulata traten ausschließlich im marinen Bereich auf. Am Ende des Perms starben die Tabulata aus.

Aus dem Kambrium sind einige Vertreter bekannt, die wahrscheinlich den Tabulata zugerechnet werden können oder als Vorläufer der Gruppe in Frage kommen. Die Gattung *Lipopora* aus dem Mittelkambrium zeigt eine Reihe von Übereinstimmungen mit den Tabulata aus dem Auloporidae-Bereich. Auch die ebenfalls mittelkambrische Gattung *Cambrotrypa* könnte zu den Tabulata zählen. Die oberkambrische Gattung *Protoaulopora* wird von einigen Bearbeitern als Vorläufer der Auloporidae (Tabulata) angesehen.

Aus dem Ordovicium liegen gesicherte Tabulata-Funde (einschließlich der fraglichen Chaetetida) vor. Die Gattung *Lichenaria* ist aus dem Unterordovicium bekannt, zählt aber zur umstrittenen Ordnung der Chaetetida (häufig den Porifera zugerechnet). Ebenfalls aus dem Unterordovicium stammen *Cryptolichenaria* (Chaetetida) und *Aulopora* (Auloporida). Im Mittelordovicium erfolgte eine starke Aufspaltung, und am Ende des Mittelordoviciums waren bereits Vertreter aller Ordnungen (Chaetetida, Auloporida, Tetradiida, Sarcinulida, Favositida (z.B. *Favosites*, Taf. 310:3) und Heliolitida) vorhanden. Man nimmt an, daß die Evolution der Auloporida von der *Aulopora*-Gruppe ausging, diejenige der Tetradiida von der *Cryptolichenaria*-Gruppe und diejenige der anderen Ordnungen von der *Lichenaria*-Gruppe ihren Ausgang nahm. Am häufigsten sind zu diesem Zeitpunkt (Mittelordovicium) Chaetetida, Sarcinulida, Tetradiida und Heliolitida vertreten.

Die Heliolitida stellen, wie auch die Chaetetida, eine umstrittene Gruppierung dar. Sie werden zum Teil auch den Octocorallia zugerechnet (Ähnlichkeiten mit den rezenten Coenothecalia: *Heliopora*). Sie besitzen aber keine Merkmale, welche nicht auch bei anderen Tabulata auftreten.

In der Zeitspanne Silur-Devon treten die Tabulata in großer Häufigkeit weltweit auf. Besonders häufig sind im Silur Vertreter der Auloporida und Favositida anzutreffen. Eine Krisenzeit am Ende des Devons (wie auch bei den Rugosa) führt zum Aussterben vieler Gruppen. Im Karbon und Perm ist die Artenzahl stark reduziert, auch hier trifft man vorwiegend Vertreter der Auloporida und Favositida an. Am Ende des Perms sterben die Tabulata aus, die letzten Vertreter zählen zu den Favositida. Tabulata sind nicht als Vorfahren der mesozoischen Hexacorallea zu betrachten. Sie könnten eine Schwestergruppe der Rugosa darstellen. Beide Gruppen sind wohl von primär skelettlosen Vertretern der Hexacorallia aus dem Kambrium (Praekambrium) abzuleiten. Die Hexacorallea würden demnach ebenfalls (eventuell etwas später) von kambrischen (praekambrischen) skelettlosen Hexacorallia abgeleitet, aber unabhängig von den Rugosa und Tabulata. Die schlechte Fossilisationsfähigkeit skelettloser Anthozoa bedingt die noch vorliegende Lücke bis zum Mesozoikum.

Überordnung Hexacorallea (? Mittelkambrium, Mitteltrias – rezent)

Hexacorallea weisen in sehr vielen Fällen keine Skelette auf und sind daher wenig zur Fossilisation geeignet. Die stammesgeschichtlich ältesten Vertreter, die Zoanthidea (Krustenanemonen) besitzen kein Kalkskelett, Actiniaria, Corallimorpharia und Ptychodactiaria sind skelettlos. Gut fossilisationsfähige Kalkskelette weisen dagegen die Madreporaria (= Scleractinia) auf.

Es ist daher verständlich, daß von den Madreporaria zahlreiche Fossilfunde vorliegen, während Funde von skelettlosen Vertretern sehr selten und häufig umstritten sind. Fossile Madreporaria sind seit der Mittel-Trias bekannt. Es fehlen Funde aus dem Paläozoikum und der unteren Trias, so daß angenommen werden kann, daß die Madreporaria zu Beginn des Mesozoikums entstanden sind. Als Vorfahren könnten paläozoische Vertreter wie Tabulata und Rugosa in Frage kommen. Beide Gruppen scheiden aber wegen unterschiedlichen Septenbildungen und Skelettbaustoffen (Calcit bei Rugosa, Aragonit bei Madreporaria) als Vorfahren aus. Vorfahren der Madreporaria sind mit großer Wahrscheinlichkeit paläozoische, skelettlose Hexacorallea, die in etwa rezenten Actiniaria und Corallimorpharia entsprechen. Funde skelettloser Anthozoa aus dem Paläozoikum sind sehr spärlich. Aus dem Mittelkambrium (Burgess Shale) liegt die Gattung *Mackenzia* vor, welche als skelettloser Vertreter der Hexacorallea gedeutet wird. Die aus dem Mittelordovicium stammende Gattung *Palaeactinia* wird ebenfalls als ein Vertreter der Hexacorallea betrachtet. Fossile Spuren aus dem Zeitraum vom Unterkambrium bis Mittelordovicium (z.B. *Bergaueria*) werden als Hexacorallea-Spuren gedeutet. Offensichtlich waren also bereits skelettlose Hexacorallea-Vertreter im Paläozoikum vorhanden.

Von den stammesgeschichtlich ältesten Vertretern der Hexacorallea, den (zum Teil mit Horn- und Fremdkörperskelett) Zoanthidea liegen bisher keine Fossilfunde vor. Dasselbe gilt für die skelettlosen Corallimorpharia und Ptychodactiaria. Von den skelettlosen Actiniaria liegen ebenfalls keine Funde vor, wenn man von den wenigen, noch etwas unsicheren paläozoischen Funden absieht.

Nahezu alle bisherigen Fossilfunde von Hexacorallea sind den skelettbesitzenden Madreporaria (= Scleractinia) zuzuordnen. Die ältesten Funde fossiler Madreporaria stammen aus der Mitteltrias. Madreporaria wurden früher häufig von Rugosa (Cyathaxoniidae) abgeleitet, die noch einen relativ ursprünglichen Bauplan aufwiesen. Dabei soll die Umstellung von der serialen zur zyklischen Septenbildung erfolgt sein. Die prinzipiell verschiedene Ontogenie der Septenbildung, das Auftreten unterschiedlicher Skelettbaustoffe (Calcit bei Rugosa, Aragonit bei Madreporaria) sowie die Fundlücke in der Untertrias lassen eine Ableitung der Madreporaria von den Rugosa nicht zu. Madreporaria sind, wie auch die Rugosa, von skelettlosen Hexacorallea abzuleiten. Es bleibt umstritten, ob die Ableitung der Rugosa (gestützt auf die Fossilfunde) zu einem früheren Zeitpunkt erfolgt ist. Zwischen Rugosa und Tabulata könnte ein Schwestergruppen-Verhältnis bestehen. Madreporaria treten sowohl solitär als auch verstärkt als Kolonien auf. Die Kolonienbildung ist bei ihnen, im Vergleich zu den Rugosa, viel stärker ausgeprägt. Zur Auswertung stehen bei den fossilen Madreporaria praktisch nur Skelettmerkmale (Taf. 312:5) zur Verfügung. Der Feinbau der Sklerosepten spielt daher bei phylogenetischen Erörterungen eine wichtige Rolle. Wichtige Merkmale sind lamellärer oder trabekulärer Bau, Anordnung und Zahl der Trabekeln, Ausbildung oder Fehlen von Poren (vor allem im basalen Bereich), glatter oder gezähnter Septenrand sowie das Vorhandensein und Fehlen von Synaptikeln. Über die Abgrenzungen fossiler und auch rezenter Gruppen innerhalb der Madreporaria bestehen aber unterschiedliche Auffassungen. Die Sklerosepten sind primär lamellär, sekundär treten zuerst wenige, dann viele Trabekeln auf.

Die frühesten Madreporaria-Funde stammen aus der Mitteltrias und sind den Astrocoeniina zuzuordnen. Astrocoeniina (z.B. *Actinastrea*: Taf. 312:6) weisen noch primäre lamelläre Septen auf, daneben sind aber auch bereits schon Septen vorhanden, welche sich aus wenigen (bis zu 8) einfachen Trabekeln zusammensetzen. Die Tentakelzahl ist bei den Astrocoeniina noch primär gering, selten treten mehr als 12 Tentakeln auf. Bei diesen Funden (Thamnasteriidae) handelt es sich aber bereits um riffbildende, hermatypische, koloniale Vertreter, welche kleine Bänke, aber noch keine großen Riffe aufbauten. Vorfahren dieser kolonienbildenden Vertreter dürften aber bisher noch unbekannte Solitär-Formen sein. Astrocoeniina treten fast ausschließlich als Kolonien auf. Die Einordnung von einigen Solitärformen ist ungesichert.

Die zunächst einfach gebauten Sklerosepten werden in der oberen Trias kompakter und bis zur mittleren Kreide finden nur geringe Bauplanveränderungen statt. Ab Mittelkreide kommt es zur Ausbildung eines soliden Coenosteums (Pocilloporidae). In der Oberkreide erscheinen die Acroporidae, welche einen geringen Bestand von Trabekeln beibehalten haben. Acroporidae besitzen leichte, sich schnell aufbauende Skelette, verbunden mit einer hohen Zahl relativ kleiner Polypen. Diese Kolonienform zeigt große Adaptionsfähigkeiten, davon zeugt die große Artenzahl der Acroporidae. Die Stylinidae stellen einen Seitenzweig der Astrocoeniina-Evolution dar und weisen noch einen ursprünglichen Bestand von wenigen Trabekeln auf. Die Hauptevolutions-Linie beginnt vermutlich mit den Astrocoeniidae, von welchen sich dann in der Mittel-Oberkreide Pocilloporidae und Acroporidae abspalten. Die Thamnasteriidae stellen eine frühe Seitenentwicklung dar. Von den Astrocoeniidae (z. B. *Stephanocoenia*), Thamnasteriidae (z. B. *Psammocora*), Pocilloporidae (z. B. *Stylophora, Pocillopora*) und Acroporidae (z. B. *Acropora, Astreopora*) sind noch rezente Vertreter vorhanden, zum Teil (*Acropora*) in großer Artenzahl. Die Stylinidae (ab Mitteltrias) starben im Eozän aus.

Der primär laminäre Bau der Sklerosepten (plesiomorphes Merkmal) wurde auch von anderen Gruppen, Pachythecalinae (*Pachythecalis*) und Amphiastreidae (*Pleurophyllia*: Faviina) beibehalten.

Innerhalb der Madreporaria stellen die Fungiina, Faviina, Caryophylliina und Dendrophylliina eine engere Verwandtschaftsgruppe dar. Die Sklerosepten weisen bei diesen Gruppen sekundär zahlreiche Trabekeln auf. Nur bei den Procyclolitidae (Fungiina) sind wenige, einfach gebaute Trabekeln vorhanden. Man nimmt daher an, daß sie die stammesgeschichtlich ältesten Vertreter der Fungiina, bzw. der gemeinsamen engeren Verwandtschaftsgruppe darstellen. Fungiina treten ebenfalls schon in der Mitteltrias auf. Die Sklerosepten weisen zunächst noch einfache Trabekeln auf, und die Septen sind unregelmäßig mit Poren versehen. Synaptikeln sind meist vorhanden. *Triadophyllum* (Procyclolitidae) aus der Mitteltrias ist ein charakteristischer Vertreter dieser ursprünglichen Fungiina. Die Sklerosepten sind einfach konstruiert. Die Trabekeln bestehen aus einer einzigen vertikalen Sklerodermiten-Reihe. Im Jura spalten sich die Fungiina in zwei Evolutionslinien auf. Die eine Linie zeigt eine Tendenz zu einer stärkeren Ausbildung von Septenporen und enthält u. a. auch die rezent noch vorhandenen Agariciidae, Siderastreidae und Poritidae. Diese rezent noch vertretenen Familien der Fungiina sind seit der Kreide bekannt. Die andere Evolutionslinie zeigt eine größere Zahl von vertikalen Sklerodermit-Reihen, dadurch entstehen komplizierter gebaute Sklerosepten. Zu dieser Linie zählen die Fungiidae, die ab Mittelkreide auftreten und rezent noch mit zahlreichen Arten vorkommen.

Auch die Faviina sind von triassischen Procyclolitidae abzuleiten. Faviina sind an dem gezähnten Skleroseptenrand zu erkennen. Synaptikel treten bei den Faviina nur selten auf. Die stammesgeschichtlich ältesten Vertreter der Faviina zählen zu den Stylophyllidae und Amphiastreidae. Die Stylophyllidae treten schon in der Mitteltrias auf. Die Septen zeigen bei beiden Gruppen noch einen primitiven laminären Bau, oder eine einfache Trabekelkonstruktion. Die Stylophyllidae sterben im Mitteljura aus. Die weitere Evolution der Faviina erfolgt über die Montlivaltiidae (Mitteltrias-Eozän). Von den Montlivaltiidae spalten sich zuerst die Faviidae (Jura: Dogger – rezent), dann die Meandrinidae (Kreide-rezent) ab. Weitere, ebenfalls noch rezent vorhandene Familien wie Oculinidae und Rhizangiidae entstehen noch in der Kreide, andere, wie Mussidae, Pectiniidae und Merulinidae, erst im Tertiär. Die Merulinidae sind als ein später Seitenast der Faviidae zu betrachten.

Caryophylliina und Dendrophylliina sind nahe miteinander verwandt, und die Dendrophylliina sind aus dem Caryophylliina-Bereich abzuleiten. Die Sklerosepten der Caryophylliina setzen sich aus vielen Trabekeln zusammen und weisen einen glatten Rand auf. Caryophylliina treten seit dem Jura auf, vorherrschend sind solitäre Vertreter. Sie zeigen besondere Anpassungsfähigkeiten an ungünstige Lebensbedingungen. Meist handelt es sich bei den Caryophylliina um ahermatypische Vertreter. Die ersten Vertreter (Caryophylliidae: Thecocyathinae) treten im Unterjura auf. Es sind solitäre, ahermatypische, häufig scheibenförmige Vertreter (*Thecocyathus, Discocyathus*). Die Caryophylliinae treten im Mitteljura auf. Auch sie sind ahermatypisch, leben nicht auf Riffen und sind meist solitär. Im weiteren Verlauf ihrer Evolution besiedeln die Caryophylliinae sowohl den Litoralbereich als auch tiefe

Meeresbereiche. Vertreter der Caryophylliidae (z.B. *Heterocyathus, Euphyllia, Plerogyra*) kommen auch noch rezent vor. Die ebenfalls ahermatypischen Flabellidae haben sich in der Kreide vom Caryophylliidae-Bereich abgespalten. Sie treten stets als Solitärformen auf und liegen meist frei auf dem Boden. Flabellidae sind (z.B. *Flabellum, Placotrochus*) auch noch in der Rezentfauna vertreten.

Die Dendrophylliina stellen die stammesgeschichtlich jüngste Unterordnung der Madreporaria (= Scleractinia) dar. Auch bei ihnen weisen die Sklerosepten zahlreiche Trabekeln auf. Die Septen sind an ihrer Basis laminär und unregelmäßig perforiert. Synaptikeln sind vorhanden. Sie treten sowohl solitär als auch in Kolonien auf. Ihre Kolonien entstehen durch intra- und extratentakuläre Knospung. Meist handelt es sich um ahermatypische Vertreter. Die Dendrophylliina haben sich in der Unterkreide von den Caryophylliina abgespalten. Vertreter der Dendrophylliidae (z.B. *Dendrophyllia, Balanophyllia, Tubastraea, Turbinaria*) sind auch rezent noch vorhanden.

Phylogenie – rezente Anthozoa

Anthozoa treten als einzige Klasse der Cnidaria nur im Polypenstadium auf. Da die Meduse das primäre Adultstadium der Cnidaria darstellt, können die Anthozoa nur von Teilgruppen der Cnidaria abgeleitet werden, die noch ein Medusenstadium besitzen bzw. eines besessen haben. Das Polypenstadium stellt ein larvales Stadium dar. Die adulten Anthozoa sind geschlechtsreif gewordene Larven (Neotenie).

Eine Überprüfung der Merkmale zeigt, daß Anthozoa und Scyphozoa viele gemeinsame Merkmale besitzen. Anthozoa und Scyphozoa weisen eine entodermale Lage der „Gonaden" auf. Beide Gruppen besitzen Septen und Gastralfilamente (Scyphozoa) bzw. Mesenterialfilamente (Anthozoa). Die Gastralfilamente der Scyphozoa sind homolog den Mesenterialfilamenten der Anthozoa. Bei beiden Gruppen befinden sich sekundär auch Nematocysten im Entodermbereich, im Gegensatz zu der stammesgeschichtlich ältesten Teilgruppe der Cnidaria, der Hydrozoa, welche primär nur Nesselzellen im Ektoderm aufweist. Der stammesgeschichtlich älteste Nesselkapseltyp, der Typ der Astomocniden, tritt bei den Hydrozoa auf, aber schon nicht mehr bei den Cubozoa und ebenfalls nicht bei den Scyphozoa und Anthozoa. Scyphozoa (fast alle Vertreter) und Anthozoa besitzen sekundär eine mit Zellen versehene Mesogloea. Die Muskelzellen sind bei beiden Gruppen (Ausnahme quergestreifte Epithelmuskelzellen in der Subumbrella von Scyphomedusen) isoliert und nicht mehr mit einem Epithel in Form von Epithelmuskelzellen verbunden. Die primären Epithelmuskelzellen treten innerhalb der Cnidaria praktisch nur bei den Hydrozoa auf. Epithelmuskelzellen sind primär glatt. Sekundär quergestreifte Epithelmuskelzellen treffen wir im Subumbrella-Bereich von Hydro- und Scyphomedusen an. Es ist bezeichnend, daß bei den Scyphozoa das Medusenstadium und nicht das Polypenstadium noch den primären Epithelmuskelzellen-Typ aufweist.

Die entodermalen „Gonaden" befinden sich bei Scyphozoa und Anthozoa in den Septen, diese sind mit Retraktormuskeln versehen. Mit dem bei Anthozoa und Scyphozoa (hier im Medusenbereich) deutlich zu beobachtendem Größerwerden des Organismus ist auch eine Oberflächenvergrößerung im Gastralraumbereich verknüpft. Hydrozoa und Cubozoa besitzen im Polypenstadium noch einen primär einfachen, ungegliederten Gastralraum. Bei den Scyphozoa ist der Gastralraum durch 4 Septen in 4 Gastraltaschen aufgegliedert, bei den Anthozoa wird die Zahl der Septen sekundär noch stärker vergrößert. Durch Ausbildung und Vermehrung von Septen wird eine Vergrößerung der Verdauungsfläche geschaffen sowie vermehrte Ansatzstellen für Retraktormuskeln. Diese sekundären Umwandlungen werden durch den Fang größerer Beutetiere (deutlich erkennbar bei Scyphozoen-Medusen sowie Anthozoen-Polypen) hervorgerufen, damit verknüpft ist das allgemeine Größerwerden. In Bezug auf Septen sprechen keinerlei Anzeichen dafür, daß bei den Hydrozoen und Cubozoen eine sekundäre Septenreduktion vorliegt. Sie haben den primären septenfreien Gastralraum beibehalten. Manchmal wird die Meinung vertreten (Remane), daß septenfreie Polypen Reduktionsformen darstellen würden. Die Reduktionen seien durch Kolonienbildung und damit verbundene Verkleinerung der Polypen hervorgerufen worden. Dem spricht entgegen, daß die primär solitären Vertreter der Hydrozoa und Cubozoa septenfreie Gastralräume im Polypenstadium aufweisen. Der septenfreie Gastralraum ist daher als primär zu betrachten, er wurde nicht durch sekundäre Kolonienbildung hervorgerufen. Septenbildung im Polypenstadium ist erstmals bei den Scyphozoa festzustellen. Der Scyphopolyp stellt daher ein gutes Ausgangsmodell für die Ableitung des Anthozoen-Polyp dar. Hinzu kommt, daß auch bei den Scyphozoa Kolonienbildung im Polypenstadium festgestellt werden kann. Man kann die 4 Septen des Scyphopolypen als 2 „couples" betrachten und kommt durch Hinzufügung eines weiteren „Couple-Paares" zu dem primären Septenbestand der Anthozoa (Antipatharia mit 3 „couples"). Die Invaginationsgastrula ist ein weiteres gemeinsames Merkmal der Scyphozoa und Anthozoa. Anthozoa zeigen fast ausschließlich diesen sekundären Gastrulationstyp, während bei den Scyphozoa einige wenige stammesgeschichtlich alte Vertreter noch primäre Gastrulationstypen aufweisen. Die weit überwiegende Mehrzahl der Scyphozoa zeigt aber ebenfalls eine Gastrulation in Form einer Invagination. Innerhalb der Anthozoa zeigen die Fungiidae eine Form der ungeschlechtlichen Fortpflanzung, die an die Strobilation der Scyphozoen-Polypen erinnert.

Viele der gemeinsamen Merkmale der Scyphozoa und Anthozoa (Ausbildung von Septen im Polypenstadium, Bildung von Septalfilamenten, sekundäre Lage der „Gonaden" im Entoderm der Septen, Ausbildung von Nematocysten im Entoderm, zellhaltige Mesogloea, Ausbildung isolierter Muskelzellen) können als Synapomorphien beider Gruppen gedeutet werden. Danach würde zwischen beiden Gruppen ein Schwestergruppen-Verhältnis vorliegen. Es darf aber nicht außer acht gelassen werden, daß einige der erwähnten Merkmale auch konvergent (allgemeines Größerwerden, Schaffung größerer nahrungaufnehmender Flächen) entstanden sein können. Es bleiben aber genügend Merkmale übrig, welche auf eine nahe Verwandtschaft der Scyphozoa und Anthozoa hinweisen.

Scyphozoa sind von Hydrozoa aus dem Limnomedusa-Bereich abzuleiten. Die Anthozoa, als Schwestergruppe der Scyphozoa, haben sich schon zu einem sehr frühen Zeitpunkt von den Scyphozoa abgespalten. Beide Gruppen schlagen sehr unterschiedliche Evolutionswege ein. Die Scyphozoen behalten zwar das Polypenstadium bei, aber der Trend zeigt ohne Zweifel eine verstärkte Ausbildung des Medusenstadiums. Im Gegensatz zu den Scyphozoa liegt bei den Anthozoa die Betonung auf einer starken Ausbildung des Polypenstadiums. Anthozoa sind als geschlechtsreif gewordene Scyphopolypen zu betrachten, sie haben offensichtlich nie ein Medusenstadium besessen. Die Strobilation fiel bei den Anthozoa weg, da keine Medusen ausgebildet wurden. Atavistische Anklänge sind aber noch bei der ungeschlechtlichen Fortpflanzung der Fungiidae (Anthozoa) zu erkennen. Die Grundgestalt der Anthozoa wird durch einen primär solitären, skelettlosen, mit 6 Sarcosepten versehenen Polypen charakterisiert. Durch Hinzufügung eines weiteren Septenpaares („couples") entsteht aus dem Scyphopolyp der durch Neotenie geschlechtsreif gewordene Anthozoen-Polyp. Der Trend zur Vergrößerung innerer Oberflächen ist bei den Cnidaria-Polypen unverkennbar. Hydrozoa und Cubozoa besitzen noch den primären septenlosen Gastralraum, bei den Scyphozoa sind 4 und von den von ihnen abzuleitenden Anthozoa 6 oder mehr Septen ausgebildet.

Die bisher vorliegenden Anthozoen-Systeme stützen sich entweder auf unterschiedliche Septenbildungen (Hyman; Wells & Hill) oder auf unterschiedlichen Nesselkapseltypen-Bestand (Schmidt). Nach der Septenbildung stellen die Ceriantipatharia die stammesgeschichtlich älteste Gruppe der Anthozoa dar. Von ihnen sind, über ein *Edwardsia*-Stadium, sowohl die Octocorallia als auch die Hexacorallia abzuleiten. Nach dem Nesselkapsel-Bestand bilden die Schwestergruppen Octocorallia und Ceriantharia die stammesgeschichtlich älteste Gruppierung. Von den Ceriantharia sind dann die Hexacorallia, mit Einschluß der Antipatharia, abzuleiten. Die Antipatharia werden in dem einen Fall (Septenbildung) gemeinsam mit den Ceriantharia (Ceriantipatharia) als stammesgeschichtlich älteste Gruppe betrachtet, während in dem anderen Fall (Nesselkapsel-Bestand) sie eine stammesgeschichtlich sehr junge, stark reduzierte Gruppe darstellen. Es bestehen aber enge verwandtschaftliche Beziehungen zwischen Ceriantharia und Antipatharia. Die Cerinula-Larve der Ceriantharia entspricht dem Antipatharia-Polyp. Vertreter der Antipatharia (Dendrodactyla: *Dendrobrachia*) weisen 8 gefiederte Tentakeln auf. Octocorallia besitzen ebenfalls 8 gefiederte Tentakeln. Das zeigt eine nähere Verwandtschaft beider stammesgeschichtlich sehr alter Gruppen an und kann nicht als Konvergenz gedeutet werden. Octocorallia werden in beiden Systemen als stammesgeschichtlich sehr alt betrachtet. Noch nicht sicher ist die Frage zu beantworten, ob Octocorallia und Hexacorallia (mit Einschluß der Cerianthipatharia) Schwestergruppen darstellen, die durch das Fehlen (Octocorallia) oder das Vorhandensein (Hexacorallia) von Spirocysten charakterisiert sind. Besitz von Spirocysten würde ein Synapomorphie der Hexacorallia (mit der einzigen rezenten Überordnung Hexacorallea) darstellen. Nach der Septen-Phylogenie haben Anthozoa (Ceriantipatharia) primär bereits Spirocysten besessen. Diese wurden von den Hexacorallia beibehalten, von den Octocorallia aber reduziert. Die Auswertung von Nesselkapsel-Befunden ist zur Zeit sehr schwierig, da von einer Reihe von Gruppen nur ältere lichtmikroskopische Untersuchungen vorliegen, während nur wenige Gruppen bisher auch elektronenmikroskopisch untersucht wurden. Die unterschiedlichen Auflösungsvermögen führen naturgemäß zu voneinander abweichenden Ergebnissen. So haben sich z.B. oft „atriche" Haplonemen nach elektronenmikroskopischer Untersuchung als mit feinen Härchen oder Dornen besetzt gezeigt.

Das auf unterschiedlicher Septenbildung basierende System erscheint im Augenblick am besten begründet. Es bleibt abzuwarten, ob nach weiteren elektronenmikroskopischen Untersuchungen der Nesselkapsel-Typen Änderungen des Systems erfolgen müssen.

Anthozoa sind primär klein, solitär und weisen kein Skelett auf. Sie haben nie ein Medusenstadium besessen, und ihre Planula-Larven dienen als für die Cnidaria typische Ausbreitungsstadien. Die Muskulatur ist bei den Anthozoa primär nur sehr schwach entwickelt. Primär sind 6 Septen (3 „couples") und 6 einfache, ungefiederte Tentakeln vorhanden. Anthozoa sind primär (auch in ihrer Embryonalentwicklung) radiärsymmetrisch, nehmen aber eine sekundäre Bilateralsymmetrie an. Diese sekundäre (innere, aber nicht äußere) Bilateralsymmetrie wird weitgehend durch eine Neubildung (Autapomorphie) der Anthozoa, die Ausbildung eines ektodermalen Actinopharynx, hervorgerufen. Der bei den Anthozoa schon früh einsetzende Trend zur sekundären Körpervergrößerung führt zu einer Umwandlung (primär rundlich, sekundär oval) und vor allem zu einer Verlängerung des Mundes und damit zur Ausbildung des Actinopharynx. Gleichzeitig wurde das Atmungssystem (größerer Wasserstrom notwendig) verstärkt, und es kam zunächst zur Ausbildung einer dorsalen und dann auch einer zusätzlichen ventralen Siphonoglyphe. Die laterale Kompression des Mundes, verbunden mit der Ausbildung des Actinopharynx sowie die Bildung der Siphonoglyphen führt zur sekundären Bilateralsymmetrie der Anthozoa. Diese Bilateralsymmetrie ist ein typisches Adaptionsmerkmal der Anthozoa und weist keine Beziehung zur Bilateralsymmetrie der Bilateralia auf. Die primäre Radiärsymmetrie der Anthozoa ist noch deutlich im allgemeinen Körperbau und vor allem auch im Bereich der Gastralregion (Septen) zu erkennen. Das allgemeine Größerwerden (bedingt durch größere Beutetiere) führt bei den primär solitären Anthozoa zu verstärkter Septenbildung, weil dadurch mehr Ansatzflächen für Muskulatur sowie größere Verdauungsflächen geschaffen werden. Bei den sekundär kolonienbildenden Vertretern wird diese von den solitären Vertretern übernommene innere Oberflächenvergrößerung beibehalten, die Körper aber selbst (bedingt durch Kolonienbildung) sekundär wieder verkleinert. Innerhalb der Anthozoa stellen nach der Septenbildung die Ceriantipatharia die stammesgeschichtlich älteste Teilgruppe dar. Sie besitzen zum Teil noch die primären 6 Tentakeln (Antipatharia) und die 6 Primärsepten (3 „couples"). Ceriantharia besitzen sekundär im Adultstadium eine vergrößerte Tentakel- und Septenzahl, aber ihre Larven (Cerinula-Stadium) zeigen noch die primären 6 Protosepten (= Primärsepten). Die 6 Primärsepten entsprechen 3 Septenpaaren (nicht gepaarte „couples"), davon 1 Paar Direktiven. Die Septen sind bei den Ceriantipatharia noch primär einzeln („couples", d.h. je ein Septum seitlich der Hauptachse) und nicht sekundär gepaart (zwei direkt benachbarte Septen seitlich der Hauptachse). Die Septen der Ceriantipatharia besitzen primär noch keine Muskelfahnen (Ceriantharia). Die Mesogloea zeigt noch keine besonderen Differenzierungen. Primär wird eine einzige, dorsale Siphonoglyphe (Ceriantharia) ausgebildet, die sich zunächst nur wenig von der normalen Actinopharynx-Schicht unterscheidet. Sekundär kommt es zur Ausbildung einer zweiten, ventral liegenden, ebenfalls nur schwach differenzierten Siphonoglyphe (Antipatharia). Die Septalfilamente besitzen noch keine Geißelstreifen. Die Tentakeln sind primär ungefiedert, sekundär kommt es innerhalb der Antipatharia zur Ausbildung gefiederter Tentakeln (*Dendrobrachia*). Primär treten innerhalb der Ceriantipatharia solitäre, skelettlose Vertreter (Ceriantharia) auf. Sekundär kommt es zur Ausbildung eines ektodermalen Achsenskelettes sowie zur Kolonienbildung (Antipatharia). Antipatharia stellen eine ausgesprochene Reliktgruppe dar, welche sich in Tiefseebereiche zurückgezogen hat. Sie zeigen noch eine primäre, strudelnde, microphage Lebensweise.

Das Cnidom der Antipatharia besteht aus basitrichen (lichtmikroskopische Daten, nach elektronenmikroskopischen Daten = b-Rhabdoide) und holotrichen Haplonemen, aus rhabdoiden Heteronemen (p-Rhabdoiden) sowie aus Spirocysten. Spirocysten treten daher schon bei den Ceriantipatharia auf und werden von den Hexacorallia übernommen.

Antipatharia zeigen unter allen Anthozoa die primitivste Organisation. Die primäre Anordnung der Septen und Tentakeln, die schwache Entwicklung der Muskulatur, die geringe Differenzierung der Mesogloea (Mesogloea sehr homogen, nur spärliche zellige Einschlüsse), das Vorhandensein primitiver, nur wenig differenzierter Schlundrinnen und das ausschließliche Auftreten nicht gepaarter („couples") Septen sprechen für das stammesgeschichtlich hohe Alter der Antipatharia. Das Fehlen gepaarter Septen (charakteristisch für Hexacorallia) erlaubt es nicht, die Antipatharia als stark reduzierte Gruppe innerhalb der Hexacorallia einzuordnen. Der Besitz eines hornartigen Achsenskelettes, sowie die Kolonienbildung sind als sekundäre Merkmale zu betrachten. Die Cerinula-Larve der Ceriantharia entspricht dem rezent nicht mehr vorhandenen skelettlosen Solitärpolypen der Antipatharia. Im Sinne der biogenetischen Grundregel wird bei den Ceriantharia (Cerinula – Larve) diese frühe Phase der Ceriantipatharia-Evolution wiederholt.

Die Ceriantharia sind die Schwestergruppe der Antipatharia. Sie haben die primäre solitäre Lebensweise beibehalten, und sie weisen noch kein Skelett auf. Ihre Cerinula-Larve entspricht der Primärform der Ceriantipatharia und dem Antipatharia-Polyp. Am stammesgeschichtlich hohen Alter der Ceriantharia wird kaum gezweifelt. Gegenüber den Antipatharia ist bei ihnen die Zahl der Septen und Tentakeln sekundär stark vermehrt. Die Neubildung von „couples" erfolgt ausschließlich in dem ventralen, der Siphonoglyphe abgewandten Richtungsfach. Das Cnidom der Ceriantharia entspricht in großen Zügen demjenigen der Antipatharia. Ceriantharia besitzen atriche und holotriche Haplonemen. Haplonemen stellen den primären Stomocniden-Typ dar. Außerdem sind bei den Ceriantharia noch rhabdoide Heteronemen (b-Rhabdoide = mikrobasische Mastigophoren) und Spirocysten vertreten. Einige Vertreter der Ceriantharia (z. B. *Dactylactis*) zeigen eine verlängerte Larvenphase, und diese Larven zeichnen sich durch ein gutes Schwimmvermögen aus. Sie schwimmen horizontal wie Medusen und führen beim Schwimmen identische Kontraktionen durch. Eine offensichtlich atavistische Verhaltensweise.

Die Ableitung der Octocorallia ist umstritten. Manche Bearbeiter stellen die Octocorallia an den Anfang der Anthozoa und gehen von einem primären Polypen mit 8 Tentakeln und 8 Septen aus. Gesicherter erscheint allerdings die Ableitung der Octocorallia aus dem Ceriantipatharia-Bereich durch Hinzufügung eines weiteren Direktivenpaares zu den 6 Protosepten. Auf diese Weise entsteht ein zunächst kleiner, solitärer, skelettloser Polyp mit 8 einzelnen, nicht gepaarten Septen (= 4 Paar „couples") und 8 Tentakeln. Von dieser Basisform sind sowohl die Octocorallia als auch die Hexacorallia abzuleiten. Die Hexacorallia durchlaufen ein *Edwardsia*-Stadium mit 8 nicht gepaarten Septen (= 4 „couples"). Ein deutlicher Hinweis auf das Vorhandensein von 8 primär nicht gepaarten Septen. Charakteristisch für die weitere Evolution der Hexacorallia ist aber eine starke sekundäre Vermehrung der Septen- und Tentakelzahl (meist sechs oder eine Mehrzahl von sechs). Diese zusätzlichen Septen entstehen dann aber paarweise (= „pairs"). Die geschilderte Basisform mit 8 nicht gepaarten Septen und 8 Tentakeln führt direkt zu den Octocorallia. Bereits bei den Antipatharia (Ceriantipatharia) treten in der Unterordnung Dendrodactyla Vertreter mit 8 gefiederten Tentakeln (*Dendrobrachia*) auf. Gefiederte Tentakeln sind für Octocorallia charakteristisch. Octocorallia sind primär noch solitär (Protoalcyonaria) und besitzen ein primitives inneres Skelett aus isoliert liegenden Kalkkörperchen (Sklerite, Spicula). Sekundär treten aber fast ausschließlich kolonienbildende Vertreter (Synalcyonaria) auf. Innerhalb der Synalcyonaria stellen die Stolonifera die stammesgeschichtlich älteste Gruppe dar. Primär sind die Polypen der Kolonien (Cornulariidae) durch ein Stolonennetz miteinander verbunden. Die stammesgeschichtlich ältesten Vertreter der Cornulariidae (*Cornularia*) besitzen eine primitive hornige Ektoderm-Cuticula. Erst später kommt es zur Ausbildung von Skleriten (*Clavularia*) durch ektodermale, in die Mesogloea eingewanderte Zellen. *Clavularia*, mit einer Ausbildung von Stolonenröhren, welche zu einer einheitlichen Stolonenplatte verschmelzen, und Ansätzen zu einer Coenenchymbildung, leitet zu den Tubiporidae über. Bei *Clavularia viridis* sind die Stolonenröhren schon in verschiedenen Ebenen angeordnet. Die Tubiporidae zeigen diesen stufenartigen Aufbau und bilden durch Verschmelzung von Skleriten ein zusätzliches verkalktes Skelett. Die Telestacea sind ebenfalls aus dem Cornulariidae-Bereich abzuleiten. Sie behalten die Kolonienbildung durch Ausbildung basaler Stolonen bei. Hinzu kommt, daß von einem senkrecht stehenden Axialpolypen (Primärpolypen) weitere laterale Polypenbildungen erfolgen. Durch Verschmelzung von Skleriten kommt es zur Bildung eines festen, inneren Achsenskelettes. Die Gastraxonacea sind nahe mit den Telestacea verwandt. Auch sie weisen einen Axialpolypen auf. Lateralpolypen werden aber nur im oberen Bereich der Kolonie (Capitulum) gebildet. Im Gegensatz zu den verwandten Gruppen besitzen sie keine feste innere Achse und weisen sekundär keine Stolonenbildung mehr auf. Die Gastraxonacea nehmen eine vermittelnde Stellung zwischen Telestacea und Gorgonacea ein. Die Alcyonacea entstammen ebenfalls dem Cornulariidae-Bereich. Sie bilden ein Coenenchym aus, welches die Polypen der Kolonie miteinander verbindet. Ansätze zu einer Coenenchymbildung waren ja bereits bei den Cornulariidae (Stolonifera) zu erkennen. Die Xeniidae sind als stammesgeschichtlich älteste Gruppierung der Alcyonacea zu betrachten. Das Coenenchym zeigt bei den Xeniidae noch deutlich eine Verschmelzungsgrenze Ektoderm-Mesogloea, während bei den Alcyoniidae diese Grenze abgebaut ist. Im Bereich der Sklerite können wir zunächst einfache stabförmige Formen bei den Stolonifera feststellen. Innerhalb der Alcyonacea treten ekundär zunächst mehr scheibenförmige (Xeniidae) und dann gürtelstabartige (Alcyoniidae) Sklerite auf.

Alcyonacea, Gastraxonacea und Gorgonacea stellen eine engere Verwandtschaftsgruppe dar. Die Gastraxonacea zeigen den Ursprung dieser Gruppe aus dem Telestacea-Bereich an. Die Gorgonacea sind aus dem Alcyonacea-Bereich abzuleiten. Primär treten flach ausgebreitete Kolonien (Briareidae) auf, wie sie bereits bei ihren Vorfahren aus dem Alcyoniidae-Bereich vorhanden waren. Sekundär kommt es dann zur Ausbildung aufrecht stehender Vertreter. Innerhalb der Gorgonacea stellen die Scleraxonia die stammesgeschichtlich älteste Gruppe dar. Die Stammachse besteht bei ihnen primär noch aus Einzelskleriten, welche durch Gorgoninfasern miteinander verbunden sind. Die Briareidae zeigen noch diesen primitiven Achsenbau. An die Briareidae schließen sich die Suberogorgiidae an. Hier sind die Sklerite der Stammachse primär noch durch Gorgoninfasern, sekundär aber auch schon teilweise durch Kalk miteinander verbunden. Am Ende der Evolutionsreihe finden wir die Coralliidae mit einer einheitlichen, nicht mehr aus einzelnen Skleriten bestehenden Stammachse. Die Sklerite sind durch eine Kalkmasse zu einer einheitlichen, festen Achse verkittet. Die Holaxonia sind aus dem frühen Scleraxonia-Bereich abzuleiten. Die Vorfahren der Holaxonia finden sich im Briareidae-Suberogorgiidae-Bereich. Die Stammachse der Holaxonia ist primär ungegliedert, sekundär treten Formen mit einer gegliederten Achse (Isididae) auf. Die Pennatulacea stellen innerhalb der Octocorallia eine hochspezialisierte Gruppe dar. Während man früher mehr für eine Ableitung der Pennatulacea aus dem Telestacea-Bereich tendierte, neigt man heute mehr dazu, sie von Alcyonacea abzuleiten. Für eine Ableitung kommt vor allem der *Anthomastus-Bathyalcyon*-Bereich in Frage. Der große Autozooid von *Bathyalcyon* entspricht weitgehend dem Stammpolyp (Primärpolyp) der Pennatulacea. Bei *Bathyalcyon* kommt es bereits zur Ausbildung vieler Siphonozooide. Innerhalb der Pennatulacea stellen die Veretillidae die stammesgeschichtlich älteste Gruppe dar. Der Kiel ist noch primär rundlich, und die Autozooide zeigen eine gleichmäßig verteilte, radiäre Anordnung. In vielen Fällen ist noch keine Achse ausgebildet, und die Form der Sklerite (z. B. bei *Lituaria*) schließt sich an diejenigen der Alcyoancea an.

An die Veretillidae schließen sich die Renillidae mit einem sekundär blattförmig verbreitertem Kiel an. Ebenfalls vom Veretillidae-Bereich stammen die Familien um die Funiculinidae ab. Der Kiel ist hier sekundär abgeflacht, und die Sekundärpolypen sind in sekundären Transversal- und auch Longitudinalreihen angeordnet. Eine wirtelförmige Anordnung der Polypen zeichnet die tiefseebewohnenden Pennatulaceen aus. Bei ihnen wird die Nahrung nicht seitlich herangeführt (wie bei den anderen Pennatulaceen), sondern regnet von oben in Form von sterbenden und toten Mikroorganismen herab. Die wirtelförmige Anordnung der Polypen ist eine Anpassung an diese Lebensweise. Hinzu kommt noch eine weitere Lebensweise als Sedimentpartikel-Fresser bei Arten mit stark nach unten gekrümmten Polypen.

Die Polypen der Tiefseebewohner (z. B. Umbellulidae) sind größer als diejenigen der Litoralbewohner. Im Extremfall (*Umbellula thieli*) ist terminal nur noch ein einziger, großer Autozooid vorhanden. Bei den Tiefseevertretern ist ein allgemeiner Sklerit-Abbau festzustellen, manche Vertreter sind sogar sekundär völlig skleritenfrei. Bei den von den Sessiliflorae abzuleitenden Subselliflorae (Virgulariidae, Pennatulidae) sind die Autozooide sekundär an der Basis vereinigt und stehen in Reihen auf lateralen

Wülsten oder blattartigen Polypenträgern. Primär sind laterale Wülste vorhanden (Virgulariidae), sekundär kommt es zur Ausbildung von Polypenträgern (Pennatulidae).

Die Hexacorallia sind, wie auch die Octocorallia, von einer Basisform mit 8 nicht gepaarten Septen (= 4 „couples“) abzuleiten. Hexacorallia sind primär solitär, klein und skelettlos. Sie durchlaufen ein *Edwardsia*-Stadium mit 8 nicht gepaarten Septen. Im nachfolgenden *Halcampoides*-Stadium werden 2 „couples“ hinzugefügt und damit die endgültige Zahl von 12 Protosepten (= 6 „couples“) erreicht. Alle nachfolgenden Metasepten werden in Paaren („pairs“) angelegt und ergeben meist ein Vielfaches von sechs. Die Ausbildung von „pairs“ innerhalb der Anthozoa ist sekundär und als eine Synapomorphie der Vertreter der Hexacorallia zu betrachten. Ceriantipatharia weisen keine „pairs“ auf und können deshalb nicht in die Hexacorallia eingegliedert werden.

Die Basisform der Hexacorallia weist 12 Mesenterien auf und ist primär skelettlos. Sie entspricht dem *Halcampoides*-Stadium mit 12 voll ausgebildeten Mesenterien (Makrosepten), während das vorausgehende *Edwardsia*-Stadium 8 Makrosepten und 4 Mikrosepten aufweist. Von diesem *Edwardsia*-Stadium sind die Zoanthidea als stammesgeschichtlich älteste Gruppe der Hexacorallia abzuleiten. Die Mesenterienpaare (mit Ausnahme der Direktiven) setzen sich bei den Zoanthidea noch aus einem Makro- und einem Mikroseptum zusammen. Verhältnisse, wie wir sie auch bei dem *Edwardsia*-Stadium antreffen. Die dorsalen Direktiven stellen offensichtlich Reduktionsformen (Mikrosepten) dar. Man kann davon ausgehen, daß bei den Zoanthidea auch die Mikrosepten primär Mesenterialfilamente besessen haben. Bei *Palaeozoanthus* weisen die Mikrosepten noch Filamente auf, und auch bei Larvenstadien der Zoanthidea sind Filamente an den Mikrosepten vorhanden, die aber dann bei der weiteren Entwicklung zurückgebildet werden. *Palaeozoanthus* weist, im Gegensatz zu den anderen Vertretern, auch an den Mikrosepten „Gonaden“ auf. Hier liegt wohl noch die primäre Anordnung der „Gonaden“ vor. Auch die macrocnemine Anordnung der Mesenterien (z. B. bei *Palaeozoanthus*) kann als ursprünglich bezeichnet werden. *Palaeozoanthus* zeigt einen primär einfachen Sphinkter-Bau, während abgeleitete Vertreter (z. B. *Zoanthus*) einen sekundär gegliederten Sphinkter (doppelter Sphinkter) aufweisen. Zoanthidea sind primär solitär und skelettlos. Sekundär treten kolonienbildende Vertreter auf. Sekundäre Skelettbildungen sind bei den Gerardiiae (*Gerardia*) zu beobachten. Sie besitzen ein hornartiges Achsenskelett. Die Skelettsubstanz ähnelt derjenigen der Antipatharia. Gemeinsam mit den Antipatharia weisen sie rundköpfige Spermien (wohl Synapomorphie) auf. Das Cnidom der Zoanthidea entspricht weitgehend demjenigen der Actiniaria. Auch zeigen sich Anklänge an das Cnidom der Antipatharia. Von manchen Bearbeitern wird eine umgekehrte Leserichtung des Evolutionsablaufes vorgeschlagen. Hier werden die Actiniaria als primitivere Gruppe betrachtet, von welcher sich zunächst die Zoanthidea und dann die Antipatharia ableiten. Der Ablauf der Septenevolution spricht aber nicht für diese Deutung. Die Ceriantipatharia stellen nach der Septenbildung die stammesgeschichtlich ältesten Vertreter der Anthozoa dar. Die Larven der Zoanthidea bilden zunächst 3 Septenpaare (Protosepten) aus, eine deutlicher Hinweis für eine Abstammung aus dem primären Ceriantipatharia-Bereich.

Innerhalb der Hexacorallia bilden die Actiniaria, Corallimorpharia, Ptychodactiaria und Madreporaria (sekundäre Bildung von Septen, „pairs“, in allen Exocoelräumen) ohne Zweifel eine engere Verwandtschafts-Gruppe. Die Actiniaria sind als die stammesgeschichtlich älteste Gruppe zu betrachten. Die ebenfalls skelettlosen Corallimorpharia leiten zu den sekundär skelettbesitzenden Madreporaria über. Die Corallimorpharia zeigen eine enge Verwandtschaft mit den Madreporaria. Die Ableitung der Ptychodactiaria, Corallimorpharia und Madreporaria erfolgt aus dem Protantheae-Bereich, der primitivsten Gruppe der Actiniaria. Der Besitz gepaarter Septen (Synapomorphie) weist alle diese Gruppen als eine monophyletische Gruppierung aus. Man kann die Corallimorpharia als skelettlose „Madreporaria“ bezeichnen. Die Protantheae stellen die stammesgeschichtlich älteste Gruppe der Actiniaria dar. Vertreter der Gonactiniidae entsprechen noch weitgehend der Basisform. Es sind primär solitäre Polypen (wie bei fast allen Actiniaria) mit einer geringen Septenzahl (8–10). Die Rumpfwand weist noch eine primäre ektodermale Längsmuskulatur auf. Basiläre Muskeln sind an den Septen noch nicht vorhanden, ebenso fehlen Retraktormuskeln. Primär noch ohne Sphinkter, und die Mesenterialfilamente weisen noch keine Flimmerstreifen auf. Außerdem liegt noch ein primärer ektodermaler Nervenplexus vor. Ohne Akontien und ohne Siphonoglyphen. Das Schwimmverhalten der Gonactiniidae entspricht demjenigen der Ceriantharia (Ceriantipatharia) und weist auf eine Ableitung der Hexacorallia aus dem Ceriantharia-Bereich hin. Die Ptychodactiaria sind aus dem Gonactiniidae-Bereich abzuleiten. Sie weisen eine erhöhte Zahl der Makrosepten auf (8–10 bei Gonactiniidae, wenigstens 12 bei Ptychodactiaria). Die Längsmuskulatur der Rumpfwand ist bei den Ptychodactiaria schon stärker reduziert, und die Mesenterialfilamente weisen ebenfalls noch keine Flimmerstreifen auf. Basilarmuskeln fehlen noch bei den Ptychodactiaria, Sphinkter noch fehlend oder bereits in schwacher Ausbildung vorhanden.

Aus dem Protantheae-Bereich sind auch die Corallimorpharia und über diese Gruppe die Madreporaria abzuleiten, bei allen Gruppen Mesenterialfilamente ohne Flimmerstreifen. Corallimorpharia zeigen viele Primitivmerkmale, welche diese Gruppe mit den Protantheae verbindet. Corallimorpharia weisen noch die primäre ektodermale Längsmuskulatur auf, außerdem ist noch ein ektodermaler Nervenplexus vorhanden. Es fehlen Basilarmuskeln und Flimmerstreifen an den Mesenterien. Sphinkter und Siphonoglyphen meist noch fehlend oder nur andeutungsweise ausgebildet. Die Corallimorphidae zeigen eine Kolonienbildung (Stockbildung), welche an Madreporaria-Kolonien erinnert. Außerdem kommt es zur Ausbildung eines basalen Coenenchyms. Das Cnidom der Corallimorpharia entspricht in großen Zügen dem Cnidom der Madreporaria. Diese Merkmale zeigen die enge Verwandtschaft von Corallimorpharia und Madreporaria an. Die sekundär skelettbildenden Madreporaria sind von den primär skelettlosen Corallimorpharia abzuleiten.

Innerhalb der Actiniaria schließen sich die Boloceroidaria (Nynantheae) an die Protantheae an. Boloceroidaria weisen gegenüber den Protantheae eine erhöhte Zahl von Makrosepten auf. Wie die Protantheae besitzen sie eine ektodermale Längsmuskulatur und einen ektodermalen Nervenplexus. Ohne Sphinkter und ohne Akontien, aber Mesenterien mit Flimmerstreifen und Ausbildung zunächst noch schwacher Muskelfahnen. Das Cnidom der Boloceroidaria entspricht weitgehend demjenigen der Protantheae. Das Schwimmverhalten ist bei Protantheae und Boloceroidaria identisch und weist auf die nahe Verwandtschaft beider Gruppen hin. An die Boloceroidaria schließen sich die Abasilaria an. Sie weisen keinen Sphinkter und keine Basilarmuskeln auf. Die Muskelfahnen sind gut ausgebildet. Eine ektodermale Längsmuskulatur ist nicht mehr vorhanden. Die Zahl der Makrosepten ist relativ gering. Die Endomyaria (= Basilaria) leiten sich von den Abasilaria ab. Die Mesenterien sind bei ihnen mit Basilarmuskeln ausgestattet, und sie besitzen einen entodermalen, aus der Ringmuskulatur hervorgehenden Sphinkter (charakteristisches Merkmal der Endomyaria). Die Muskelfahnen der Mesenterien sind kräftig ausgebildet, und es liegt eine sekundär stark vergrößerte Zahl von Makrosepten vor. Die Mesenterien weisen stets Flimmerstreifen auf. Bei den Endocoelaria entstehen (nach Ausbildung der 12 Protosepten) die neuen Mesenterien nicht wie bei allen anderen Gruppen in den Zwischenfächern, sondern in den Binnenfächern. In den übrigen Merkmalen stimmen sie weitgehend mit den Endomyaria überein. Sie haben sich offensichtlich nach Erreichen des *Halcampoides*-Stadiums von den Endomyaria getrennt und eine neue Form der Septenbildung (Autapomorphie) entwickelt. Die Mesomyaria zeigen eine sekundäre Verlagerung des entodermalen Sphinkters in die Mesogloea. Sie sind von Endomyaria abzuleiten, die noch den entodermalen Rumpfsphinkter aufweisen. Akontien kommen nur bei den Mesomyaria vor und stellen eine Autapomorphie dieser Gruppe dar. Die Inermiidae innerhalb der Mesomyaria besitzen (noch) keine Akontien, während bei den Acontiariidae erstmals Akontien ausgebildet werden. Es ist aber auch möglich, daß die Inermiidae einen sekundären Akontienverlust zeigen.

Es wird allgemein anerkannt, daß es sich bei den Protantheae und Boloceroidaria um die stammesgeschichtlich ältesten Gruppen der Actiniaria handelt. Neben den bereits erwähnten gemeinsamen Merkmalen zeigen beide Gruppen eine primitive, cilienbesetzte Fußscheibe und hohes Regenerationsvermögen (stammesgeschichtlich alte Merkmale). Abweichende Meinungen gibt es über die Reihenfolge Endomyaria – Mesomyaria. Zum Teil (basierend auf Nesselkapsel-Typen) wird auch die Meinung vertreten, daß die Mesomyaria die stammesgeschichtlich ältere Gruppe darstellen, und daß die Endomyaria von ihnen abzuleiten sind. Endomyaria besitzen aber noch den primären entodermalen Sphinkter, während bei den Mesomyaria der primäre Rumpfsphinkter sekundär in die Mesogloea versenkt wird. Eine selbständige Entstehung eines mesogloealen Sphinkters ist nur sehr schwer vorstellbar. Die Annahme, daß die Endomyaria die stammesgeschichtlich ältere Gruppe darstellen, erscheint daher gut begründet.

Von den Protantheae führt die Evolution über die Corallimorpharia zu den Madreporaria. Actiniaria (Protantheae) und Madreporaria sowie Corallimorpharia zeigen identische Septenanordnungen (Synapomorphie).

Bei den Corallimorpharia ist bereits eine Kolonienbildung erkennbar, welche derjenigen der Madreporaria entspricht. Innerhalb der Corallimorpharia stellen die Corallimorphidae diejenige Gruppe dar, von welcher die Madreporaria abzuleiten sind. Corallimorphidae stellen skelettlose „Madreporaria" dar und weisen wie diese am Ende kugelig angeschwollene Tentakeln auf. Bei den Corallimorphidae sind die Polypen der Kolonien bereits durch Coenenchym miteinander verbunden. Auch bei den Madreporaria sind die Einzelpolypen der Kolonien durch hier noch stärker ausgebildetes Coenenchym miteinander verbunden. Die Ausbildung eines Sphinkters wird von den Corallimorpharia begonnen und von den Madreporaria weitergeführt. Beide Gruppen stimmen auch im Cnidom überein, und sie unterscheiden sich praktisch nur durch das Fehlen (Corallimorpharia) oder das sekundäre Vorhandensein (Madreporaria) eines Exoskelettes. Das System der Madreporaria beruht weitgehend auf Unterschieden im Skelettbau. Sobald die Larven der Madreporaria das *Halcampuloides*-Stadium erreicht haben, setzen sie sich fest, und nun erst beginnt die Ausbildung des Skelettes. Innerhalb der Madreporaria werden die Astrocoeniina als stammesgeschichtlich älteste Gruppe betrachtet. Die Sklerosepten bestehen bei ihnen nur aus wenigen (bis zu 8) Trabekeln. Die Tentakelzahl ist gering, selten treten mehr als 12 Tentakeln auf. Innerhalb der Madreporaria stellen die Fungiina, Faviina, Caryophylliina und Dendrophylliina eine engere Verwandtschaftsgruppe dar. Man kann annehmen, daß es sich bei den Fungiina um die stammesgeschichtlich älteste Gruppe handelt, welche von Astrocoeniina abzuleiten ist. Die Sklerosepten rezenter Fungiina setzen sich sekundär aus zahlreichen Trabekeln zusammen. Die Sklerosepten sind durch Synaptikeln miteinander verbunden. Die Polypen weisen eine sekundäre Vermehrung der Tentakelzahl auf, und die Tentakeln sind meist in mehr als 2 Tentakelkränzen angeordnet. Innerhalb der Fungiina sind die Agariciidae, Siderastreidae und Poritidae näher verwandt. Kennzeichen für diese Verwandtschaftsgruppe ist die vermehrte Ausbildung von Septenporen. Die Fungiidae gehören zu einer anderen Evolutionslinie, welche sich durch kompliziert gebaute Sklerosepten (Septen mit einer größeren Zahl vertikal angeordneter Sklerodermit-Reihen) auszeichnet. Caryophylliina und Dendrophylliina sind nahe miteinander verwandt. Die Dendrophylliina sind aus dem Caryophylliina-Bereich abzuleiten. Die Sklerosepten der Caryophylliina setzen sich aus zahlreichen Trabekeln zusammen. Die Dendrophylliina haben diesen Septenbau beibehalten, weisen aber eine verstärkte Zahl von Synaptikeln auf. Kolonienbildung erfolgt durch extratentakuläre (Caryophylliina) oder extra- und intratentakuläre Knospung (Dendrophylliina).

Stamm Ctenophora
(Taf. 313–318)

Die **Ctenophora** (**Rippenquallen**) werden auch als Acnidaria oder Collaria bezeichnet. Ein kleiner, ausschließlich marin vorkommender Tierstamm. Ctenophora besitzen, an Stelle der für die Cnidaria charakteristischen Nesselzellen, einen anderen Zellentyp, nämlich Colloblasten (Klebzellen). Die Colloblasten befinden sich im Ektoderm der beiden Tentakeln. Sie dienen zum Beutefang, produzieren eine klebrige Substanz, welche die Beute an den Tentakeln festklebt. Colloblasten sind für Ctenophora charakteristisch (Autapomorphie) und treten nur in diesem Tierstamm auf. Bei einer Ctenophoren-Art, *Euchlora rubra*, wurden aber Nesselkapseln festgestellt und zwar vom gleichen Typ (isorhize atriche Haplonemen) wie bei Narcomedusa (Hydrozoa). Es war bis vor kurzem noch umstritten, ob es sich um echte, selbsterzeugte Nesselzellen mit Nesselkapseln handelt, oder ob sie als Kleptocniden von Beutetieren stammen. Da aber (nach PICARD 1955) *Euchlora rubra* keine Colloblasten besitzt und die Nesselzellen sich im Ektoderm der Tentakeln (und nicht auch im Entoderm wie bei Kleptocniden stets der Fall) befinden, handelt es sich wohl ohne Zweifel um eigene Nesselzellen. Nach PICARD werden die Nesselzellen während der larvalen Phase in der Tentakelbasis produziert. Das Vorhandensein von

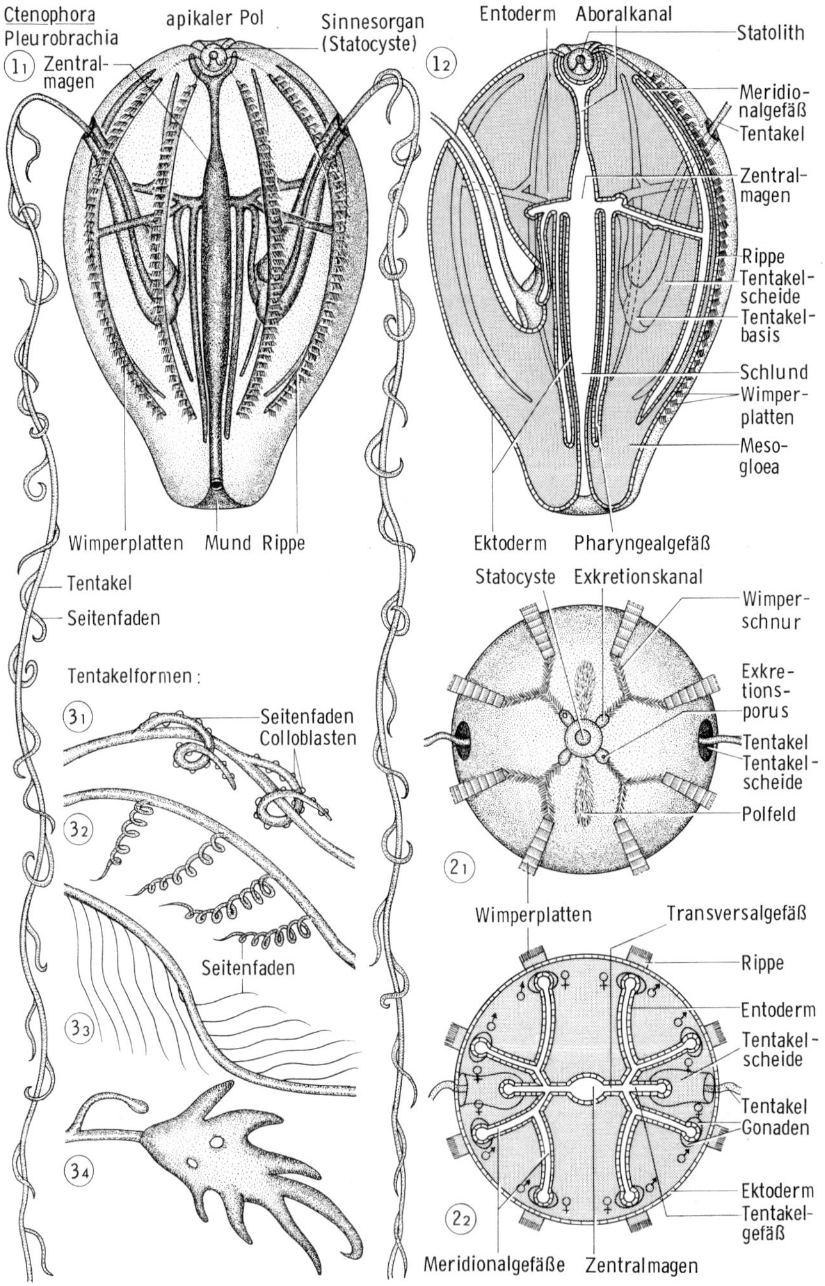

Taf. 313. Ctenophora (Bauplan). – Abb. 1–2. Ctenophora, Tentaculifera (*Pleurobrachia*): 1/1. Seitenansicht; 1/2. Längsschnitt; 2/1. Aufsicht auf den aboralen Pol (nach REMANE); 2/2. Querschnitt in Höhe der Tentakelscheiden. Abb. 3/1–4. Tentaculifera, Tentakelformen.

Nesselzellen spricht für eine Ableitung der Ctenophora von Vorfahren aus dem Narcomedusa-Bereich. Ctenophora (*Euchlora rubra*) besitzen nur einen einzigen Nesselkapseltyp, nämlich isorhize atriche Haplonemen. Genau die gleichen Verhältnisse liegen auch bei den Narcomedusa vor, da sie ebenfalls nur isorhize atriche Haplonemen aufweisen. Demnach haben alle anderen Ctenophora die Nesselzellen sekundär verloren und dafür Colloblasten entwickelt. Hinzu kommt, daß die zu den Narcomedusa zählende Gattung *Hydroctena* Merkmale aufweist (z.B. nur 2 Tentakeln mit Tentakelscheiden, aborales Sinnesorgan), welche für Ctenophora typisch sind.

Artenarmer Tierstamm mit etwa 80 Arten. Trotz der Artenarmut finden wird, bedingt durch verschiedenartige Lebensweisen, recht unterschiedliche Habitusformen. Primär ist eine weitgehend pelagische Lebensweise. Sekundär sind einige Vertreter zu einer sessilen (z.B. *Lyrocteis*) oder zu einer kriechenden Lebensweise (z.B. *Tjalfiella, Coeloplana*) übergegangen. Die primären pelagischen Vertreter sind kugelig gestaltet und ähneln Medusen von Cnidaria. Rippenquallen (Taf. 313–314) sind sehr zarte, durchsichtige Organismen. Oft mit zarten Farbtönungen (rosa, gelb, blau). Der durchsichtige Körper besteht zu mehr als 99% aus Wasser. Der Anteil der Trockensubstanz liegt zwischen 0,01–0,5%. Das Ektoderm (Taf. 314:7) setzt sich aus einem epithelialen Verband meist kubischer Zellen zusammen. Bei einigen Vertretern ist das Ektoderm sekundär syncytial angelegt. Die normalen ektodermalen Epithelzellen sind bewimpert; daneben kommen im Ektoderm noch Drüsenzellen, Pigmentzellen, Sinneszellen, Nervenzellen und Colloblasten vor. Unterhalb des Ektoderms befindet sich das Nervennetz (Taf. 314:2) der Ctenophoren. Die Mesogloea (Taf. 314:8) ist ein Ektomesenchym und ist sehr stark entwickelt. Sie enthält eine gelatinöse Flüssigkeit, welche mit sekundär eingewanderten sternförmigen Ektodermzellen durchsetzt ist. Neben diesem Zelltyp kommen in der Mesogloea noch amöboide Zellen vor, welche sich häufig in glatte Muskelzellen umwandeln; außerdem noch faserige, bindegewebsartige Zellen, die häufig strangartig angeordnet sind, sowie Nervenzellen. Mesogloea sehr wasserhaltig, Wassergehalt bis zu 99%. Kein Mesoderm vorhanden. Das Entoderm besteht aus einem einfachen, bewimperten Epithel. Im Bereich der Kanäle des Gastrovaskularsystems kommen Wimperrosetten (Taf. 314:9) vor, welche aus 2 Reihen von Entodermzellen bestehen. Die Wimpern des inneren Kranzes schlagen im Lumen des Kanals; die Wimpern des äußeren Kranzes dagegen in Richtung Mesogloea. Die Funktion dieser Wimperrosetten ist ungenügend bekannt, wahrscheinlich dienen sie zur Flüssigkeitsregulierung in der Mesogloea. Ctenophoren, im Gegensatz zu Cnidaria, stets ohne Epithelmuskelzellen. Die Muskulatur (Taf. 314:8) besteht aus glatten Muskelfasern (Muskelzellen), welche innerhalb der Mesogloea als mehrere Schichten von Ring- und Längsmuskulatur differenziert sind. Die Muskelzellen der Ctenophora entstehen nicht durch direkte Umwandlung ekto- oder entodermaler Zellen, sondern durch Umwandlung amöboider mesogloealer Zellen, welche ektodermaler Herkunft sind.

Ctenophoren sind sekundär disymmetrische Organismen (Taf. 313:1–2) mit einer inneren biradialen Symmetrie. Durch Schnitte durch die Transversal- (in Höhe der Tentakeln) und Sagittalebene (durch die Achse des Schlundes) erhält man jeweils zwei bilateralsymmetrische Hälften. Die Disymmetrie der Ctenophoren ist von der primären Radiärsymmetrie abzuleiten. Die primäre Radiärsymmetrie der Radiata ist bei den Ctenophoren noch deutlich an der äußeren Radiärsymmetrie (kugelige Körperform, radiärsymmetrisch angeordnete Rippen) zu erkennen. Die beiden Hauptsymmetrieebenen entsprechen den Perradien der Cnidaria.

Auf der Oberfläche des kugeligen, ei- bis birnförmigen Körpers (nachfolgende Angaben betreffen die primäre, kugelige, freischwimmende Form) befinden sich 8, meridional verlaufende ektodermale Rippen, welche waagrecht übereinander angeordnete, feine Wimperplatten (Ruderplatten) tragen. Die Zahl der Wimperplatten pro Rippe beträgt 8–29. Die Wimperplatten (Taf. 314:1) setzen sich aus einer Querreihe verklebter Wimpern zusammen und stellen das Lokomotionsorgan der Ctenophoren dar. Der gesamte Wimperplatten-Apparat wird als Remigium bezeichnet.

Bei den sekundär kriechenden Vertretern dienen die Wimperplatten nur während der Larvenzeit als Bewegungsorgan, häufig sind sie im Adultstadium nicht mehr vorhanden. Die ektodermalen Rippen (Taf. 313:2/1) mit den Wimperplatten beginnen und enden nicht direkt an den beiden Polen des Tieres, sondern erst in einigem Abstand davon.

Am oberen Scheitelpol befindet sich das ektodermale apikale Sinnesorgan (Taf. 314:2, 3) der Cte-

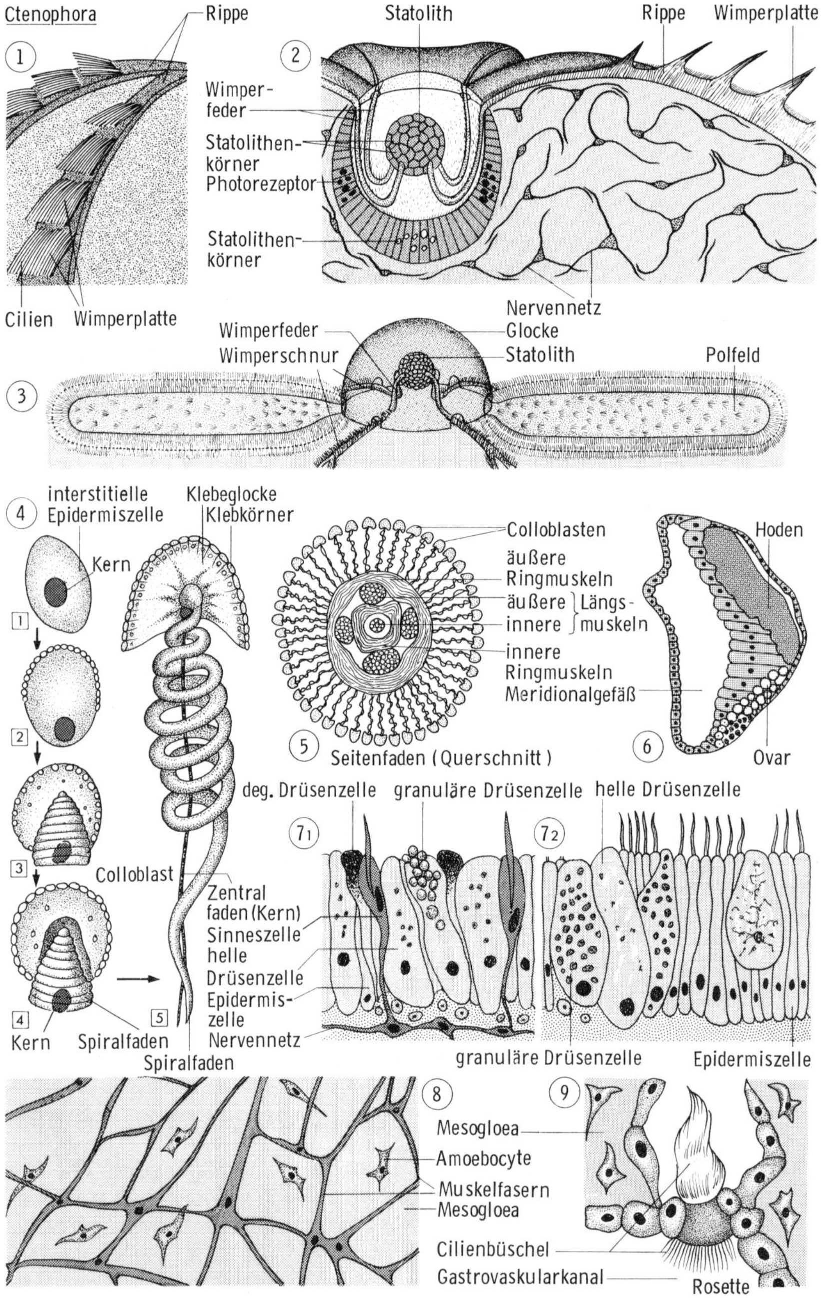

Taf. 314. Ctenophora (Bauplan, Zelltypen). – Abb. 1. Rippen mit Wimperplatten. Abb. 2. apikales Sinnesorgan, Nervennetz und Rippe mit Wimperplatten (nach Horridge). Abb. 3. apikales Sinnesorgan mit Glocke, Statolith, Wimperfedern, Wimperschnüren und Polfeldern (nach Chun). Abb. 4/1–4. Bildung eines Colloblasten (nach Komai); 4/5. Colloblast (nach Komai). Abb. 5. Seitenfaden eines Tentakels, Querschnitt. Abb. 6. Gonade (Ovar und Hoden) an einem Meridionalgefäß (nach Hertwig). Abb. 7/1. *Coeloplana*, äußeres Ektoderm (nach Komai); 7/2. Schlundrohr, Ektoderm (nach Komai). Abb. 8. Mesogloea mit Muskelfasern und Amoebocyten (nach Hyman). Abb. 9. *Coeloplana*, Wimperrosette (nach Komai).

nophoren. Es ist ein kompliziert gebauter Sinnesapparat, welcher in der Hauptsache aus einer in einer ektodermalen Vertiefung ruhenden Statocyste besteht. Die Statocyste enthält einen Statolithen, welcher auf 4 gebogenen Wimperfedern (Wimperbüschel) ruht. Das Sinnesorgan wird von einer durchsichtigen, aus miteinander verschmolzenen Wimpern bestehenden Kuppel überwölbt. Die Kuppel besitzt 6 basal gelegene Öffnungen. Von der Basis einer jeden der 4 Wimperfedern geht je eine Wimperschnur durch eine der Öffnungen, gabelt sich dann und je eine Gabel schließt sich an den aboralen Pol einer der 8 Wimperrippen an. Die beiden restlichen Durchlässe sind breiter und werden von bandförmigen Wimperarealen (Polfeldern) durchquert. Auch die Polfelder sind als Sinnesorgane anzusprechen. Die Statocyste regelt und koordiniert die Tätigkeit der Ruderplättchen auf den 8 Rippen. Bei sekundär auf dem Boden lebenden Arten wird die Statocyste in die Tiefe verlagert, bleibt aber durch einen Kanal mit der Oberfläche in Verbindung. Das Nervensystem der Ctenophoren besteht aus einem unter dem Ektoderm (Epidermis) gelegenen, diffusen Nervennetz. In bestimmten Regionen des Körpers, z.B. unter den Rippen, bilden die Nervenzellen kompakte Nervenstränge. Unter jeder Rippe liegt ein durch Querbrücken miteinander verbundener Doppelstrang. Die Doppelstränge regulieren die Tätigkeit der Wimperplatten. Von den Doppelsträngen ziehen jeweils Nervenbahnen zur Statocyste. Ein dichterer Nervenring umgibt die Mundöffnung. Gegenüber den Cnidariern erreicht das Nervensystem der Ctenophoren einen höheren Differenzierungsgrad.

Ctenophoren besitzen, mit wenigen sekundären Ausnahmen, 2 Fangtentakeln (Taf. 313:1, 3), welche sich median oder in der aboralen Hälfte des Körpers (Tentakelebene) genau gegenüberliegen. Die beiden Tentakeln gehören je einem der beiden Perradien an. Sie gehören nicht, wie die Tentakeln der Scyphomedusen, zu den Inter- oder Adradien. Sie sind, wie auch bei den Narcomedusa, vom Glockenrand auf die Schirmoberseite (Exumbrella) verschoben.

Die Fangtentakeln erreichen oft fast 100-fache Körperlänge (z.B. *Pleurobrachia*) und können bis zu 1 m lang werden. Die Fangtentakeln sind in zwei ektodermalen Taschen (Tentakelscheiden) verankert. Mit Hilfe eines innen gelegenen kontraktilen Muskelstranges können sie sich in die Taschen zurückziehen. Die meist gefiederten Tentakeln (Taf. 313:3) sind sehr dehnbar und werden in Form einer Angelschnur beim Schwimmen nachgeschleppt. Das Entoderm zieht nicht in die Fangtentakeln hinein. Im Ektoderm der Fangtentakeln befinden sich die charakteristischen Colloblasten (Klebzellen) (Taf. 314:4, 5) der Ctenophoren. Der distale Teil der Klebzelle besteht aus einem glockenförmigen, mit Sekrettropfen versehenem Kopf. Der Kopf ist durch einen mit dem Zellkern versehenen Zentralfaden und einen schraubig um diesen gewundenen Zellanteil (Spiralfaden) mit der Basallamina verbunden. Der Spiralfaden geht aus einer Wimper hervor. Colloblasten (Taf. 314:4) entstehen aus interstitiellen Epidermiszellen. Beim Beutefang bleibt der Sekret ausscheidende Kopf am Beutetier hängen, dabei werden Zentral- und Spiralfaden stark gedehnt, so daß der Kopf nicht abreißen kann. Nach der Ablösung vom Beutetier können Colloblasten erneut in Tätigkeit treten. Die Fangtentakeln führen die Beute (kleinere Krebse, Schnecken u.ä.) dann der Mundöffnung zu.

Cnidom: Atriche isorhize Haplonemen bei *Euchlora rubra*.

Die spaltenförmige Mundöffnung (Taf. 313:1) liegt dem apikalen Pol genau gegenüber und geht in ein ektodermales Schlundrohr über. Das Schlundrohr ist nicht homolog dem Actinopharynx der Anthozoen, sondern durch Verengung der Subumbrella einer Medusenglocke entstanden. Schlundrohr (Manubrium) verkürzt, wie z.B. auch bei Narcomedusa. Ctenophora besitzen ein kompliziert gebautes, stark verzweigtes, röhrenartiges, entodermales Gastrovascularsystem (Taf. 313:1, 2). Das bewimperte ektodermale Schlundrohr führt in den ersten Abschnitt des Gastrovascularsystems, in den relativ kurzen Zentralmagen. Seine Querachse steht senkrecht zu derjenigen des Schlundrohres. Das Gastrovascularsystem zeigt nicht die radiäre Gliederung im Ektodermbereich (wie z.B. die 8 radiär angeordneten Rippen).

Vom Zentralmagen gehen zwei transversale Hauptkanäle (Transversalgefäße) aus, welche sich beidseits je zweimal gabeln und in jeder Hälfte des Körpers 4 blind endende Meridionalgefäße (= Rippengefäße) bilden, insgesamt liegen 8 Meridionalgefäße vor. Sie befinden sich in der mächtig entwickelten Mesogloea unterhalb der Rippen. Die beiden Hauptkanäle führen auf der horizontalen Ebene zu je einem Tentakelgefäß, welches bis in die Tentakelbasis reicht. Vom Zentralmagen gehen zwei, parallel zum Schlundrohr verlaufende, blind endende Pharyngealgefäße in Richtung Mundöffnung. Vom

Zentralmagen zweigt noch ein weiterer Kanal (Aboralkanal) in Richtung apikaler Pol ab und teilt sich in seinem oberen Bereich in 4 (oder auch 2) kurze Exkretionskanäle. Von diesen besitzen 2 jeweils einen Exkretionsporus. Über diese Poren steht das Gastrovascularsystem (neben der Mundöffnung) mit der Außenwelt in Verbindung. Über die Exkretionsporen werden Exkretstoffe nach außen abgegeben; größere Exkretpartikel und Nahrungsreste werden dagegen über die Mundöffnung entfernt. Das Gastrovascularsystem sorgt für Verarbeitung und Verteilung der Nahrung. Eine Vorverdauung erfolgt bereits extrazellulär im Schlundbereich. Die eigentliche Verdauung findet zum Teil durch Enzyme in den Hohlräumen, die Endverdauung aber stets intrazellulär in den Entodermzellen des Gastrovascularsystems statt. Alle Teile des Gastrovascularsystems sind in die mächtig ausgebildete Mesogloea (Ektomesenchym) eingebettet. Ctenophoren sind Zwitter, ihre „Gonaden" reifen in der Regel zur gleichen Zeit. Protandrie kommt sekundär innerhalb der Platyctenida (z.B. *Coeloplana*) vor. Die Geschlechtszellen sind entodermaler Herkunft. Sie befinden sich in zwittrigen „Gonaden" (Gewebe und keine Organe), welche eine deutliche Trennung in einen Ovarien- und Hodenteil (Taf. 314:6) aufweisen. Die entodermalen „Gonaden" liegen in Form von mehr oder weniger großen Längsstreifen (= Gewebe) in der Wand der Meridionalgefäße, zum Teil sind sie auch etwas vorgewölbt. Sie bilden sich im Endbereich der Meridionalgefäße. Die Anordnung (Taf. 313:2/2) ist sehr charakteristisch. Jedes Meridionalgefäß besitzt seitlich ein Ovar und auf der gegenüberliegenden Seite einen Hoden. Die Anordnung ist so, daß an benachbarten Meridionalgefäßen jeweils gleichartige „Gonaden" einander zugekehrt sind. Die Geschlechtsprodukte werden in einigen Fällen über das jeweilige, innen bewimperte Meridionalgefäß in das Gastrovascularsystem entleert und gelangen über die Mundöffnung in das umgebende Wasser. Der Normalfall dürfte aber eine Entleerung über epidermale Gonoporen in das umgebende Wasser sein. Primär und in der Regel befinden sich bei den Ctenophoren an allen Meridionalgefäßen „Gonaden". Cestida weisen sekundär nur noch „Gonaden" an den 4 subsagittalen Meridionalgefäßen auf. Geschlechtsreife Larvenformen von Ctenophoren können ebenfalls eine verminderte Zahl von „Gonaden" besitzen. Hier sind entweder die 4 subtentakulären oder die 4 subsagittalen Meridionalgefäße steril. Die Platyctenida zeigen unterschiedliche Anordnungen ihrer „Gonaden". Normale Verhältnisse treffen wir bei *Tjalfiella* an, mit „Gonaden" an allen 8, in ihrer Länge reduzierten Meridionalgefäßen. Die Lage der „Gonaden" entspricht der Lage bei den Cydippida und spricht für eine Ableitung der Platyctenida aus diesem Bereich. Bei *Lyrocteis* entspricht allerdings die Lage der „Gonaden" mehr der Lage bei den Lobata, so daß es sich bei den Platyctenida eventuell um eine polyphyletische Gruppierung handeln könnte, wahrscheinlicher ist aber eine vorliegende Konvergenz.

Bei Lobata (*Bolinopsis*) und einigen sekundär stark abgewandelten, kriechenden Vertretern (z.B. Platyctenida: *Ctenoplana, Coeloplana*) öffnen sich die Hoden durch kleine Ausfuhrwege nach außen. Die Auslaßporen (auch die Poren der Ovidukte) liegen häufig in Höhe der Tentakelscheiden. Die Zahl der Ausfuhrwege und Poren ist nicht streng festgelegt. Bei *Ctenoplana* können z.B. 2–8 Ausfuhrwege vorhanden sein. Es kommt bei den erwähnten Vertretern schon zur Ausbildung isolierter, abgegrenzter Hodenfollikel und kurzen, nach außen führenden Samenleitern. Über einen Porus werden die Spermien nach außen entleert. Bei *Coeloplana* werden außerdem bläschenartige Receptacula seminis ausgebildet. Mit Gonoporen versehene Ovidukte sind von Cydippida (*Pleurobrachia*), Lobata (*Bolinopsis*) und Beroida (*Beroe*) bekannt. Brutkammern treten bei Platyctenida (*Tjalfiella, Lyrocteis*) auf. Die Brutkammern sind wahrscheinlich den Ovidukten anderer Ctenophora homolog. Die Befruchtung erfolgt im freien Wasser.

Embryonalentwicklung (Taf. 315): Mit früher und sehr strenger Determinierung der Furchungszellen (Mosaikentwicklung). Eier telolecithal, Furchung total-inaequal. Die innere biradiale Symmetrie der Ctenophoren wird schon durch sehr frühe Furchungsteilungen (Taf. 315:1/3) festgelegt. Die ersten beiden Teilungen legen schon Transversal- und Sagittalebene fest (bis zum 4-Zellenstadium noch radiärsymmetrisch), und im 16-Zellenstadium sind bereits 8 Meridiane (aus je einer Makro- und Mikromere bestehend) voneinander getrennt. Jeder Meridian ist weitgehend determiniert und bildet je eine Rippe aus. Die Makromeren der Meridiane bilden das Gastrovascularsystem (= Entoderm), die Mikromeren die ektodermalen Teile des Körpers. Die Gastrulation stellt eine Mischung zwischen Epibolie und embolischer Invagination dar. Der bei der Embryonalentwicklung gebildete Darmhohlraum

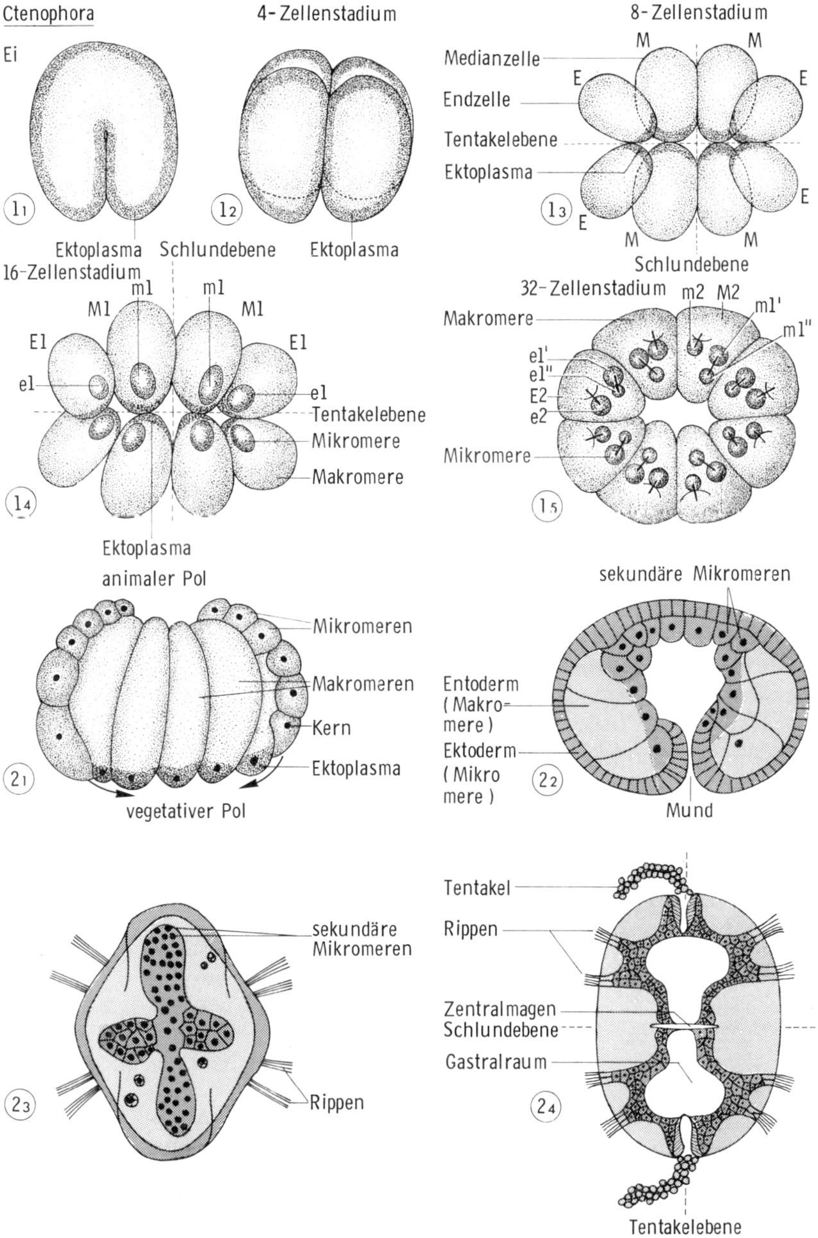

Taf. 315. Ctenophora (Embryonalentwicklung). – Abb. 1/1. Ei mit Beginn der 1. Teilungsfurche; 1/2. 4-Zellenstadium; 1/3. 8-Zellenstadium in Polansicht; 1/4. 16-Zellenstadium in Polansicht; 1/5. 32-Zellenstadium in Polansicht. Abb. 2/1. Gastrulation in Form einer Epibolie. Makromeren werden von den Mikromeren umwachsen; 2/2. fortschreitende Gastrulation, Schließung der oberen Ektodermlücke und Ausbildung sekundärer Mikromeren; 2/3. Anordnung der sekundären Mikromeren an dem mit 4 Gastraltaschen versehenen Gastralraum; 2/4. weitere Entwicklung des Embryos, nun mit einheitlichem Gastralraum, Beginn der Zentralmagenbildung, Ausbildung der Rippen und Tentakeln (nach METSCHNIKOFF; CHUN; ZIEGLER).

ist zunächst einfach, später werden dann 4 Taschen ausgebildet, welche sich gabeln und zu Meridionalgefäßen (Taf. 315:2/4) werden. Die Mesogloea wird durch einwandernde Ektodermzellen gebildet.

Durch ihren spezifischen Furchungsmodus unterscheiden sich die Ctenophoren grundsätzlich von den Cnidaria. Ctenophora haben (Ausnahme *Gastrodes*) eine direkte Entwicklung. Sie durchlaufen kein Planula-Stadium und werden in vielen Fällen schon als Jugendstadien geschlechtsreif. Nach der Geschlechtsreife des Jugendstadiums (Cydippe-Stadium: Taf. 316:2/4, mit noch sehr einfachem Gastrovascularsystem, welches nur aus 4 radiär angeordneten Gefäßen besteht) werden in diesem Falle die Gonaden wieder zurückgebildet, und während einer sterilen Phase wächst das Tier nun zur vollen Größe heran. Es wird als adultes Tier zum 2. Male geschlechtsreif. Diese zweifache Geschlechtsreife (Dissogonie) treffen wir als Ausnahmefälle auch innerhalb der Cnidaria bei einigen Hydromedusen und Siphonophoren an, also ausschließlich bei Hydrozoa. Dissogonie ist offensichtlich bei den Ctenophoren weit verbreitet und kommt sowohl bei Tentaculifera als auch bei Atentaculata vor. Die Zahl neu entdeckter Dissogonie-Fälle nimmt ständig zu. Von einigen wichtigen Gattungen, wie z. B. *Beroe*, sind aber bis heute keine Dissogonie-Fälle bekannt geworden. Offensichtlich liegt aber eine deutlich erkennbare Tendenz vor, die Geschlechtsreife vorzuverlegen. Vielleicht liegt eine hohe Mortalität adulter Ctenophoren vor, die zu dieser Vorverlegung führt.

Echte Planula-Larven mit solidem Entoderm finden wir nur bei der im Larvenstadium an Salpen parasitierenden Gattung *Gastrodes* (Platyctenida). Sekundär kriechende Vertreter zum Teil mit Brutpflege. *Coeloplana* bedeckt die abgelegten Eier, *Tjalfiella* bildet kleine Bruttaschen (Brutkammern) aus. Ungeschlechtliche Fortpflanzung kommt bei den primär pelagischen und dann auch planktonischen Vertretern nicht vor, sekundär aber bei kriechenden und sessilen Arten. Ungeschlechtliche Fortpflanzung hier in Form einfacher Teilungen oder auch Laceration, niemals aber in der Form eines festgelegten Generationswechsels. Regenerationsfähigkeit besonders bei kriechenden Vertretern relativ groß. Adulte Ctenophoren können verloren gegangene Teile wieder ersetzen.

Lebensweise: Ctenophora sind rein marine Tiere. Der eigentliche Lebensbereich ist das Pelagial der Hochsee. Dort finden wir die primären Vertreter mit der normalen kugelig-birnförmigen Körperform. Sie treten oft in großen, strömungsbedingten Gesellschaften auf. Einzelne Vertreter (*Bolinopsis, Pleurobrachia*) dringen auch in das Brackwasser vor. Eine Anzahl von Arten mit Leuchtvermögen, meist geht das Leuchten von den Meridionalgefäßen (Photocyten) aus. Im Litoral (selten auch in der Tiefsee) treffen wir neben den freischwimmenden Vertretern auch Arten mit sekundär kriechender oder sessiler Lebensweise an. *Coeloplana* und *Ctenoplana* kriechen häufig auf Korallen, denen sie auch in ihrer Färbung ähneln. Die in der Tiefsee lebende Gattung *Tjalfiella* sitzt mit der Mundöffnung fest auf der Unterlage. Parasitismus kommt nur bei der Gattung *Gastrodes* vor, welche im Larvenstadium an Salpen parasitiert. Das Schwimmen erfolgt bei den Ctenophora durch die Tätigkeit der Wimperplättchen auf den Rippen. Im Normalfall ist die Mundöffnung beim Schwimmen nach vorne gerichtet. Beutefang durch die mit Colloblasten versehenen beiden Tentakeln. Tentakellose Vertreter (Atentaculata) erfassen die Beute direkt mit dem Mund (z. B. *Beroe*-Arten).

System: Stamm Ctenophora mit den Klassen Tentaculifera und Atentaculata.

Klasse Tentaculifera

(Taf. 313, 316 u. 317)

Mit einem Paar Tentakeln in der Tentakelebene. Schlundrohr normal röhrenförmig. Primär mit normaler kugelig-birnförmiger Gestalt. Sekundäre Abänderungen der Körpergestalt durch kriechende und sessile Lebensweise. Der Großteil der Ctenophora zählt zu der Klasse der Tentaculifera und besitzt auch noch die primäre Körperform, verbunden mit primär schwimmender Lebensweise. Nahrung: Kleinere Planktonten.

Ordnung Cydippida

(Taf. 313)

Mit primärer kugelig-birnförmiger Gestalt. Die beiden Tentakeln mit Seitenfäden (Ausnahme Bathyctenidae). Die Tentakeln können in die Tentakelscheiden zurückgezogen werden. Tentakeln in der aboralen Körperebene liegend. Meridional- und Pharyngealgefäße enden blind. Transversal- und Sagittalebene etwa gleichlang. Zum Teil (Euchloridae) noch mit Nesselzellen.

Euchloridae. Tentakeln etwas mundwärts verlagert. *Euchlora*: *E. rubra* mit Nesselzellen. Es sind nur atriche isorhize Haplonemen vorhanden. Ohne Colloblasten.

Pleurobrachiidae. Körper kugelig bis leicht walzenförmig, zuweilen in der Sagittalebene leicht komprimiert. *Pleurobrachia* (Taf. 313:1): In allen Meeren, auch in Nord- und Ostsee. *P. pileus:* 2–3 cm hoch, häufig in der Nordsee, mit Cydippe-Stadium; Tentakeln bei großen *Pleurobrachia*-Arten bis zu 75 cm lang; zum Teil mit Leuchtvermögen. *Hormiphora* (Körperhöhe etwa 2 cm).

Mertensiidae. Sagittalebene (= Schlundebene) viel kürzer als die Transversalebene (= Tentakelebene). *Mertensia.*

Bathyctenidae. Tentakeln ausnahmsweise nicht verzweigt. Sekundäre Tiefseeformen. *Bathyctena.*

Ordnung Lobata
(Taf. 316:1)

Tentakelebene kürzer als die Schlundebene, dadurch mehr ovale Körperform und Körper seitlich etwas zusammengedrückt. Mit zwei großen Lappen (Orallappen, Schwimmlappen) in den Winkeln des Mundschlitzes. Dazu kommen noch 4 kleinere Lappen (Aurikel), welche paarweise in den Mundwinkeln am Ende der Rippen liegen. Die beiden Tentakeln meist sehr kurz, verzweigt und in Mundnähe liegend. Ohne Tentakelscheiden. Schwimmen durch Tätigkeit der Wimperplättchen aber auch durch rhythmisches Schlagen der Schwimmlappen. Mund kann nicht weit geöffnet werden.

Bolinopsidae. Schwimmlappen von mittlerer Größe. *Bolinopsis*: *B. infundibulum* in Nord- und Ostsee. Beute wird von den Schwimmlappen eingeschlossen und zu den Tentakeln gebracht. Länge bis zu 15 cm.

Leucotheidae. Sehr große Schwimmlappen, mit langen Tentakeln. Länge bis zu 60 cm. Körper mit Colloblasten tragenden Warzen bedeckt. *Leucothea.*

Mnemiopsidae. Sehr lange Schwimmlappen. *Mnemiopsis* (Taf. 316:1).

Ordnung Cestida
(Taf. 316:2)

Mit nur 2 Gattungen. Körpergestalt sekundär linealförmig. Während der postembryonalen Entwicklung wird der Körper in der Sagittalebene (Schlundebene) extrem verlängert, so daß eine linealartige, bandförmige Gestalt (Taf. 316:2/1) entsteht. Tentakelebene dadurch extrem verkürzt. Der orale Rand des Körpers wird von der flachen Mundrinne eingenommen. In der Körpermitte senkt sich der Schlund ein. Die primären Tentakeln sehr kurz, ohne Hauptfaden. Mit Tentakelscheiden. Die Nebenfäden pendeln in der Mundrinne. Kleine Beutetiere werden von den Tentakelfäden in die Mundrinne gebracht und von dort in den Mund befördert. Die 4 Wimperrippen der Schlundebene über die ganze aborale Breite des Körpers ausgezogen. Die 4 Wimperrippen der Tentakelebene stark zusammengepreßt, in der Nähe der aboralen Statocyste liegend und je nur noch aus 4–6 Ruderplättchen bestehend. Die Meridionalgefäße verlaufen in der langen Achse des Körpers. Gesamtlänge des Körpers bis zu 1,5 Meter. Oft unbeweglich im Meer stehend. Schwimmen durch Schlängelbewegungen des Körpers. Mit Leuchtvermögen.

Cestidae. Einzige Familie mit den Merkmalen der Ordnung. *Cestus*, Venusgürtel (Taf. 316:2); bis zu 1,5 Meter lang. *Velamen.*

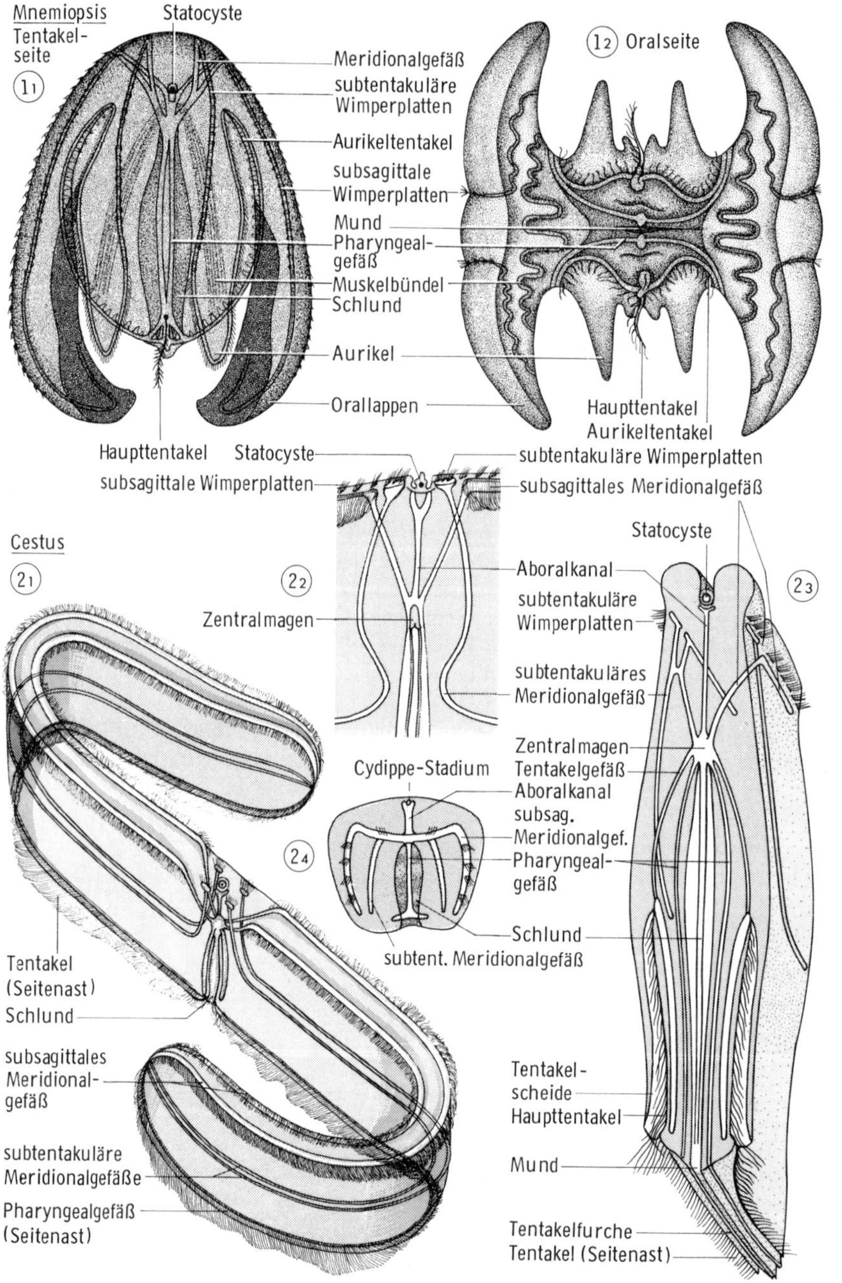

Taf. 316. Ctenophora: Tentaculifera (Lobata, Cestida). – Abb. 1/1. *Mnemiopsis leidyi*, Seitenansicht (nach Hyman); 1/2. *Mnemiopsis*, Sicht von der Mundseite (nach Mayer). Abb. 2. *Cestus veneris*: 2/1. Seitenansicht, in schlängelnder Fortbewegung; 2/2. oberer zentraler Teil vergrößert (nach Mayer); 2/3. zentraler Teil, vergrößert, Längsschnitt (nach Delage & Hérouard); 2/4. Cydippe-Stadium (nach Chun).

Ordnung Platyctenida
(Taf. 317)

Schlundebene wesentlich kürzer als die Tentakelebene. Dadurch werden die Tiere sekundär scheibenförmig und erinnern in ihrem Aussehen an polyclade Turbellarien (Plathelminthes). Diese vom Grundbauplan stark abweichende Gestalt ist bedingt durch eine sekundär kriechende Lebensweise des Adultstadiums. Stark abgeplattete Vertreter mit Ventral- und Dorsalfläche, aber ohne echte Dorsoventralität. Die Ventralfläche (Kriechsohle) besteht aus dem distalen Wandbereich des Schlundrohres, bedingt durch eine extreme Streckung des Mundbereiches während der Entwicklung. Fortbewegung mit Hilfe der nun auf der Ventralfläche liegenden Wimpern des Schlundrohres.

Die postembryonale Entwicklung zeigt deutlich, daß der Habitus des Adultstadiums sekundär ist. Das freischwimmende Cydippe-Stadium zunächst noch mit der normalen kugeligen Grundgestalt. Durch ein starkes Wachstum in Richtung der Tentakelebene streckt sich das Cydippe-Stadium, auch Mundfeld und Schlundrohr nehmen an dieser Streckung teil. Nach der Schwimmphase gibt das Cydippe-Stadium das freie Schwimmen auf und setzt sich mit seiner Unterseite auf Rotalgen und Octocorallia (z.B. Gorgonacea) fest. Dabei erfolgt eine enorme Dehnung des Mundes und des distalen Schlundrohrbereiches, so daß eine große ventrale Fläche entsteht. Die ventrale Fläche der Platyctenida wird vom Schlundrohr-Epithel gebildet. Trotz ihrer Ähnlichkeit mit polycladen Turbellarien sind daher die Platycteniden keine Übergangsformen zu den Turbellarien (Konvergenz), sondern durch ihre sekundär kriechende Lebensweise stark abgewandelte echte Ctenophoren. Mit aboraler Statocyste. Mit 2 Tentakeln und Tentakelscheiden. Tentakeln zum Teil in röhrenförmigen Bildungen (z.B. *Tjalfiella*) liegend. Gastrovaskularsystem von typischer Gestalt, Meridionalgefäße aber sekundär stark verästelt. Die zwittrigen „Gonaden" an den Meridionalgefäßen; Bau aber etwas abweichend. Die weiblichen „Gonaden" normal bandförmig. Die männlichen „Gonaden" dagegen abweichend als einzelne, isoliert liegende Follikel in der Wand der Meridionalgefäße ausgebildet. Sie entleeren ihre Spermien über einen kurzen Samenleiter nach außen, also nicht in das Meridionalgefäß. Beim Vergleich mit Turbellarien ergibt sich, daß ihnen alle echten Plathelminthen-Merkmale, wie Protonephridien, Oberschlundganglion mit Nervensträngen, echte Dorsoventralität, Spiralfurchung, echter Vorderpol des Körpers usw., fehlen. Ausschließlich marine Formen des Indopazifischen Ozeans (vom Roten Meer bis zum Japanischen Meer). Sie sitzen und bewegen sich kriechend auf Rotalgen sowie auf Gorgonaceen und Pennatulaceen (Octocorallia). Teilweise ganz festsitzend (*Lyrocteis*). Selten im Larvenstadium parasitisch lebend (*Gastrodes*) und mit echter Planula-Larve.

Ctenoplanidae. Vertreter dieser Familie behalten die Wimperplatten zeitlebens bei. Durch Zusammenfaltung des Körpers in der Tentakelebene vermögen die Adulttiere noch zu schwimmen. *Ctenoplana* (Taf. 317:1): Durchmesser 5–8 mm.

Coeloplanidae. Wimperplatten nur im Jugendstadium vorhanden. Adulttiere ohne Wimperplatten, sie werden bei Übergang zur kriechenden Lebensweise abgestoßen. Breite in der Tentakelebene zwischen 0,5–1,0 cm, bisweilen bis zu 7 cm. *Coeloplana* (in der Färbung stark variierend).

Tjalfiellidae. Bisweilen auch als eigene Ordnung Tjalfiellida betrachtet. Stark abgeplattet; kriechend, aber mit fast völlig sessiler Lebensweise. Mit dem ausgebreiteten Mundraum auf der Unterlage festgeheftet. Mit freischwimmendem Cydippe-Stadium, welches sich festsetzt und die Wimperplättchen abwirft. Schmalseiten des Körpers mit je einem schornsteinartigen Rohr, Lumen steht mit dem Mundfeld in Verbindung. Aus diesen beiden Rohren werden die Tentakeln herausgestreckt. Die Tentakelrohre (= sekundäre Mundöffnungen) sind Teile des umgewandelten Mundfeldes. Fast völlig sessil an Pennatulacea (Seefedern, Octocorallia) der Gattung *Umbellula* lebend. *Tjalfiella* (Taf. 317:2): Länge 6,5 mm, Grönland (Umanak-Fjord). *Lyrocteis*: Im japanischen Meer, völlig sessil.

Gastrodeidae. Während eines Teiles der Larvenphase in Tunicaten (im Mantel von *Salpa*) parasitierend. Aus den befruchteten Eiern entwickelt sich eine Planula-Larve mit solidem Entoderm, welche

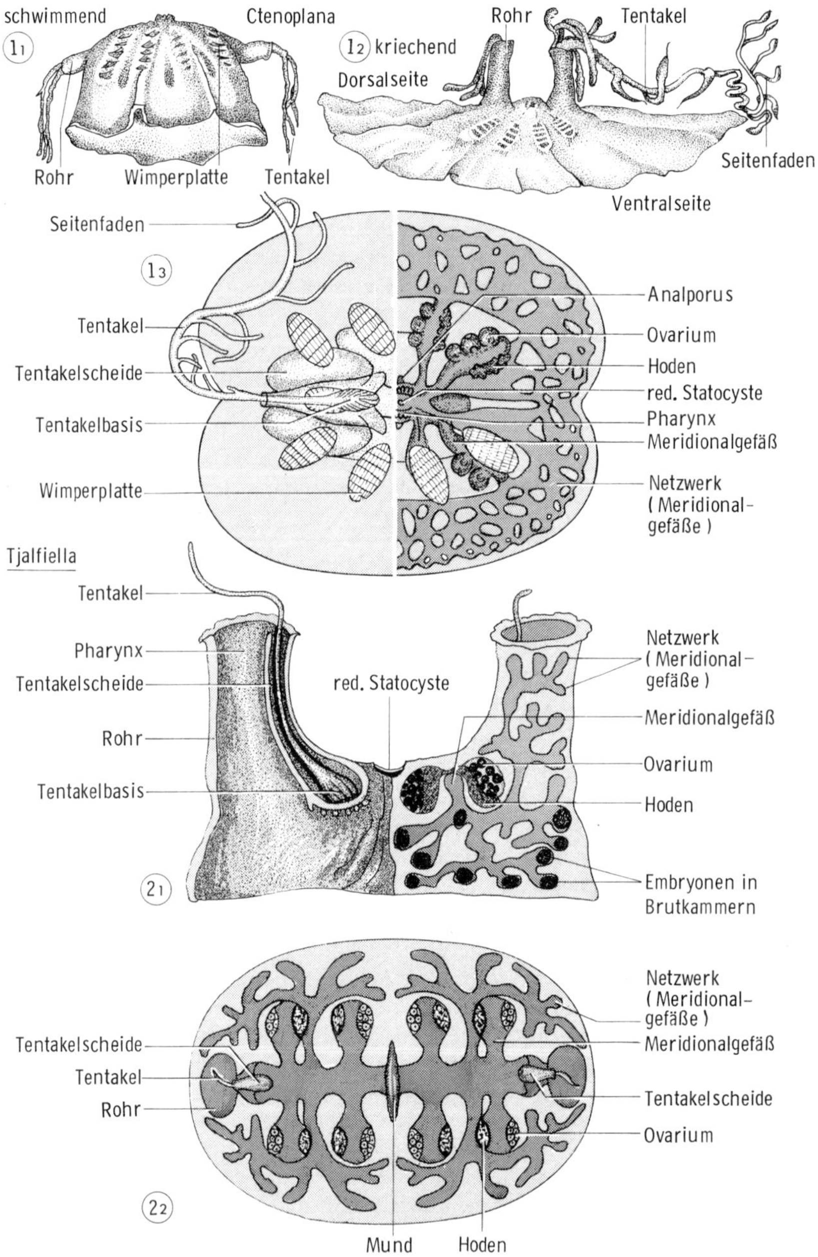

Taf. 317. Ctenophora: Tentaculifera (Platyctenida). – Abb. 1/1. *Ctenoplana agniae*, schwimmend (nach DAWYDOFF); 1/2. *Ctenoplana caulleryi*, kriechend (nach DAWYDOFF); 1/3. *Ctenoplana*, Schema, links äußere Oberfläche, rechts innerer Aufbau (nach KOMAI). Abb. 2. *Tjalfiella*: 2/1. *Tjalfiella tristoma*, links äußere Oberfläche, rechts innerer Aufbau (nach KOMAI); 2/2. *Tjalfiella*, innerer Aufbau, mit eingezogenen Tentakeln (nach MORTENSEN).

sich in den Mantel ihres Wirtes (*Salpa*) einbohrt. Das am Ende der Larvenphase entstehende Cydippe-Stadium verläßt den Wirt, wird freischwimmend, setzt sich aber bald auf dem Boden fest und macht die für Platyctenida charakteristischen Umwandlungen durch. Die Wimperplättchen werden dabei abgestoßen. Starke Ausbreitung des Mund-Schlundrohrfeldes wie bei den anderen Vertretern. *Gastrodes*.

Klasse Atentaculata
(Taf. 318)

Stammesgeschichtlich jüngere Klasse der Ctenophora. Sekundär (Taf. 318:1 + 3) ohne Tentakelscheiden, ohne Tentakeln und daher auch sekundär ohne Colloblasten. Auch bei dem Cydippe-Stadium (Taf. 318:5) sind weder Tentakelscheiden (Tentakeltaschen), noch Tentakeln und daher auch keine Colloblasten ausgebildet. Die Ausbildung von Tentakel-Rudimenten während der Embryonalentwicklung weist daraufhin, daß die Atentaculata von Tentaculifera abzuleiten sind.

Der konische Körper ist seitlich stark zusammengedrückt, dadurch starke Verkürzung der Tentakelebene. Das Innere des Körpers ist zu 6/7 von dem riesig ausgebreiteten Schlund ausgefüllt. Die Mundöffnung entspricht der Körperbreite des Tieres und ist daher sehr breit, auch der Schlund nimmt fast die gesamte Körperbreite ein. Mit verzweigten Papillen (Taf. 318:4) im aboralen Bereich der Polfelder (Taf. 318:2), um die Statocyste gelegen. Der Zentralmagen ist, bedingt durch die übermäßige Länge des Schlundes (Schlundrohres) nur sehr kurz und ganz in den aboralen Bereich hineingepreßt. Vom Zentralmagen gehen die Meridionalgefäße aus, welche unterhalb der Rippen verlaufen. Meridionalgefäße mit zahlreichen, kurzen, lateralen Ästen, welche zum Teil untereinander anastomosieren. Sie durchdringen in großer Zahl die Mesogloea und versorgen die für die Nahrungsaufnahme wichtige Muskulatur mit Nährstoffen. Mit sehr stark ausgebildeter Schlundmuskulatur. Auch die Pharyngealgefäße mit Seitenästen, welche teilweise miteinander verbunden sind. Am oralen Ende des Körpers (im Bereich der Mundöffnung) verbinden sich die Meridional- und Pharyngealgefäße jeder Hälfte zu einem gemeinsamen Kanal, welcher im Mundsaum verläuft. Die Länge der Rippen (Taf. 318:1) ist verschieden. Sie können sich bei manchen Arten über die ganze Höhe des Tieres erstrecken oder auch nur die Hälfte des Körpers erreichen. Mit Nervennetz und Nervensträngen (Taf. 318:3) unter den Wimperplatten. Mit Cydippe-Stadium.

Ordnung Beroida
(Taf. 318)

Einzige Ordnung, mit den Merkmalen der Klasse. Körper langgestreckt; ei- bis melonenförmig. Mit Höhen bis zu 20 cm. Oft kräftig gefärbt und mit Leuchtvermögen. Beroiden ernähren sich weitgehend von anderen Rippenquallen (Tentaculifera). Sie schwimmen mit weit geöffnetem Mund auf ihre Beute zu, packen sie mit den Mundrändern (dabei können die aus zahlreichen Cilien zusammengesetzten Sichelcilien behilflich sein), und mit Hilfe der stark entwickelten Schlundmuskulatur wird die Beute in den Schlund befördert. Schlundbereich sehr dehnungsfähig. Es können doppelt so große Beuteobjekte verschlungen werden. Die nach der Nahrungsaufnahme unmäßig aufgeblähten Beroiden sinken infolge Schwimmunfähigkeit zu Boden und verdauen dort ihre Beute. Die *Beroe*-Arten sind in der Nahrungswahl sehr spezialisiert und fressen jeweils nur bestimmte Rippenquallen-Arten.

Beroidae. *Beroe*, Melonenqualle (Taf. 318): Zahlreiche Arten. *B. cucumis*, bis zu 16 cm hoch, rosa gefärbt, in der westlichen Nordsee, ernährt sich nur von *Bolinopsis infundibulum*. *B. gracilis*, Nahrung nur *Pleurobrachia pileus*.

Fossile Ctenophora

Sichere Fossilfunde von Ctenophora liegen bisher noch nicht vor. Die Fossilisation der zarten, fast ausschließlich aus Wasser bestehenden Körper ist naturgemäß sehr schwierig und wohl fast nur in Form von Abdrücken (wie auch bei Medusen) möglich. Die Gattung *Xenusion* (Kambrium) wird manchmal als ein Vertreter der Ctenophora gedeutet.

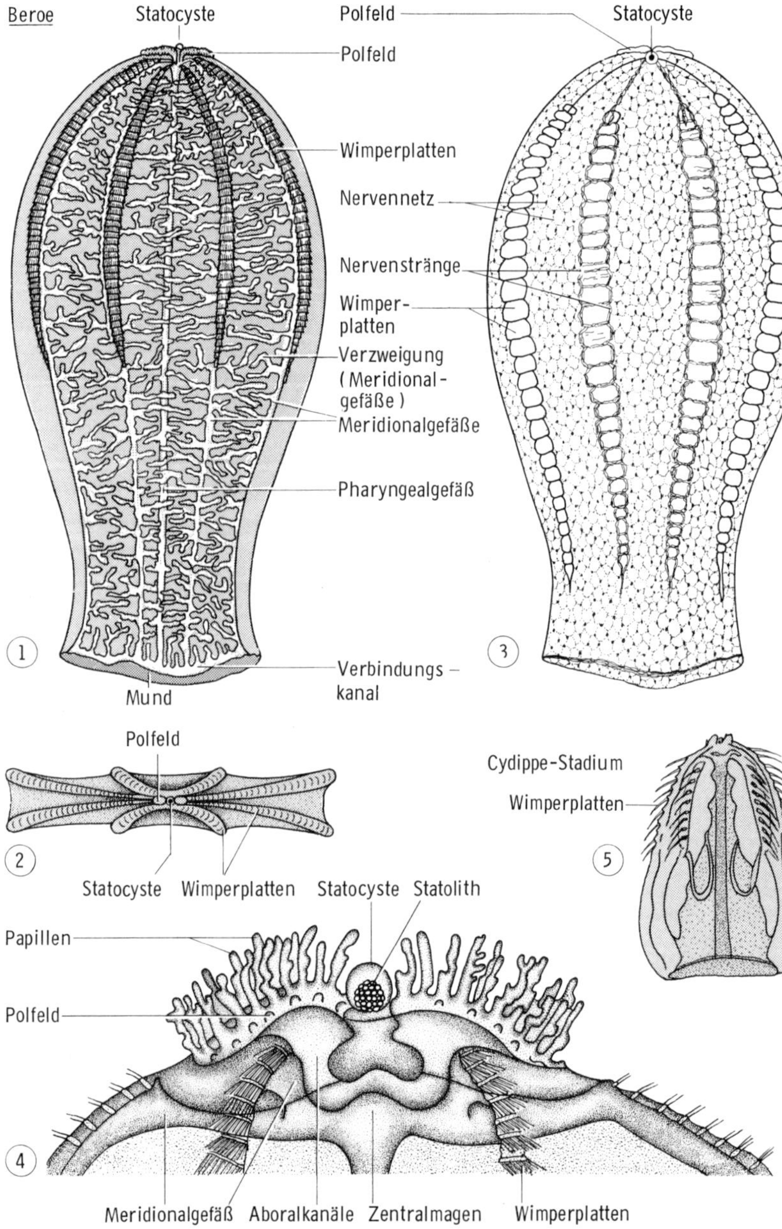

Taf. 318. Ctenophora: Atentaculata (Beroida). – Abb. 1–5. *Beroe*: 1. Seitenansicht mit Wimperplatten, apikalem Sinnesorgan, verzweigten Meridional- und Pharyngealgefäßen und breiter Mundöffnung (nach HYMAN); 2. Sicht von der aboralen Seite, Körper stark zusammengedrückt (nach MAYER); 3. Seitenansicht, innere Organisation mit Nervennetz und Nervensträngen unter den Rippen mit Wimperplatten (nach HEIDER); 4. aborale Region mit Sinnesorgan (Statocyste), Papillen und Rippen mit Wimperplatten (nach MAYER); 5. Cydippe-Stadium (nach MAYER).

Phylogenie – rezente Ctenophora

Ctenophora sind Radiata und am nächsten mit den Cnidaria verwandt. Die stammesgeschichtlich ältesten Ctenophora treffen wir bei den Cydippida innerhalb der Tentaculifera an. Sie besitzen noch die primäre, kugelige, medusenähnliche Gestalt. Die Bilateralsymmetrie (Disymmetrie) der Ctenophora ist als eine sekundär abgewandelte Radiärsymmetrie zu betrachten. Von dem primären kugeligen Typ lassen sich alle anderen Bauplantypen der Ctenophora leicht ableiten. Ctenophora sind primär freischwimmend. Diese freischwimmende Lebensweise wird von allen Gruppen, mit Ausnahme der Platyctenida, beibehalten. Primär sind Ctenophora Tentakelfänger, welche ihre Beute mit Hilfe der auf den Tentakeln befindlichen Colloblasten (Autapomorphie) fangen. Sekundär kommt es innerhalb der Ctenophora zu Tentakelreduktionen, verbunden mit einer Vergrößerung des Mundbereiches. Diese Tendenz ist schon bei den Lobata innerhalb der Tentaculifera zu beobachten. Diese Tendenz, die Beute direkt mit der Mundöffnung aufzunehmen, ist besonders stark bei den Atentaculata ausgeprägt. Sie stehen am Ende der Tentakel-Reduktionsreihe, weisen keine Tentakeln und daher auch keine Colloblasten mehr auf und nehmen die Beute direkt mit dem Mund auf. Die Cydippida mit ihrer primären kugeligen Körperform stellen die stammesgeschichtlich älteste Gruppe der Ctenophora dar. Vertreter der Pleurobrachiidae (z.B. *Pleurobrachia* und *Hormiphora*) zeigen noch diese primäre Grundgestalt. Die einzige Ctenophoren-Art mit Nesselzellen und ohne Colloblasten, nämlich *Euchlora rubra*, zählt ebenfalls zu den Cydippida. Ctenophora bilden während ihrer Entwicklung ein Jugendstadium (Cydippe-Stadium) aus, welches schon geschlechtsreif werden kann. Die Cydippida behalten weitgehend die Gestalt dieses Jugendstadiums bei und sind daher auch aus diesem Grund als die stammesgeschichtlich älteste Gruppe der Ctenophora zu betrachten. Alle Ctenophoren mit abgeänderten adulten Körperformen durchlaufen dieses Cydippe-Stadium. Abänderungen von der primären kugeligen Gestalt sind schon innerhalb der Cydippida zu beobachten. Bei den Mertensiidae ist die Schlundebene sekundär viel kürzer als die Tentakelebene. Bei den von den Cydippida abzuleitenden Lobata erfolgt eine starke Verkürzung der Tentakelebene. Dadurch wird eine mehr ovale Körperform erreicht, und der Körper ist seitlich zusammengedrückt. Es entstehen dabei zwei große Lappen (Schwimmlappen) in den Winkeln des Mundschlitzes. Innerhalb der Lobata ist eine sekundäre Verkürzung der Tentakeln, verbunden mit einer Vergrößerung des Mundbereiches, festzustellen. Auch die Cestida sind aus dem Cydippida-Bereich abzuleiten. Bei ihnen wird der Körper sekundär in der Schlundebene (= Sagittalebene) extrem verlängert, so daß eine linealförmige Gestalt entsteht. Die Tentakelebene (= Transversalebene) wird dadurch extrem verkürzt. Auch bei den Cestida ist eine starke sekundäre Verkürzung der Tentakeln zu beobachten. Das Schwimmen erfolgt bei ihnen sekundär durch Schlängelbewegungen des Körpers. Lobata und Cestida behalten noch die primäre freischwimmende Lebensweise bei. Bei den Lobata erfolgt das Schwimmen durch die Tätigkeit der sekundär entstandenen Schwimmlappen. Die Platyctenida gehen zu einer sekundär kriechenden bis fast sessilen Lebensweise über. Innerhalb der Platyctenida treten auch die einzigen sekundär parasitierenden Vertreter (*Gastrodes*, Parasitismus während der larvalen Phase) auf. Die sekundär kriechende Lebensweise der Platyctenida ist mit einer starken Abplattung des Körpers verbunden. Die Schlundebene ist viel kürzer als die Tentakelebene. Der Körper wird dadurch scheibenförmig und erinnert in seinem Aussehen an polyclade Turbellarien (Konvergenz). Daß die Platyctenida von freischwimmenden Vorfahren aus dem Cydippida-Bereich abzuleiten sind, zeigt die Ausbildung eines normalen, kugeligen, freischwimmenden Cydippe-Stadiums. Dieses larvale Cydippe-Stadium (mit primärer Körperform: biogenetische Grundregel) gibt nach einiger Zeit das Schwimmen auf und geht zu einer sekundär kriechenden Lebensweise über. Innerhalb der Platyctenida stellen die Ctenoplanidae die stammesgeschichtlich älteste Gruppe dar. Sie ähneln noch am meisten den Cydippida und vermögen auch im Adultstadium durch Zusammenfaltung des Körpers in der Tentakelebene noch zu schwimmen. Sie behalten zeitlebens noch die Wimperplatten bei. Die Coeloplanidae sind dagegen zu einer ausschließlich kriechenden Lebensweise übergegangen und besitzen im Adultstadium keine Wimperplatten mehr. Am Ende der Umwandlungsreihe finden wir die Tjalfiellidae, welche zu einer fast völligen sessilen Lebensweise übergegangen sind. Mit ihrem ausgebreiteten Mundraum sind sie auf der Unterlage festgeheftet. Es kommt zur Ausbildung von Tentakelrohren, welche als sekundäre Mundöffnungen dienen. Die Gastrodeidae weisen als einzige Gruppe der Ctenophora ein Planula-Stadium auf, welches dem Planula-Stadium der Cnidaria entspricht. Ein wichtiger Hinweis für die Ableitung der Ctenophora aus dem Cnidaria-Bereich. Die als Larven parasitär lebenden Gastrodeidae bilden ebenfalls ein freischwimmendes Cydippe-Stadium aus. Die Cydippe-Stadien der Platyctenida entsprechen weitgehend dem Cydippe-Stadium der Cydippida, ein Hinweis für die Ableitung der Platyctenida aus dem Cydippida-Bereich.

Bei den sekundär kriechenden bzw. fast sessilen und teilweise parasitären Platyctenida handelt es sich ohne Zweifel um hoch spezialisierte, stammesgeschichtlich jüngere Vertreter der Tentaculifera. Sie sind so extrem spezialisiert, daß alle Versuche, entweder die Turbellarien von Ctenophoren abzuleiten (Lang 1884) oder Ctenophoren von Turbellarien (Hadži 1963) ableiten zu wollen, als gescheitert angesehen werden müssen. Die Evolution führt innerhalb der Tentaculifera eindeutig von primär freischwimmenden Vertretern über sekundär kriechende zu sessil lebenden Formen. Der Evolutionstrend geht weder in Richtung Turbellarien, noch läßt sich eine regressive Evolution feststellen, welche von Turbellarien zu Ctenophoren führt.

Von echten Turbellarien-Merkmalen, wie z.B. Protonephridien, Oberschlundganglion mit Nervensträngen, komplizierter Geschlechtsapparat, echte Dorsoventralität, echter Vorderpol des Körpers, ist bei den Ctenophora keine Spur zu erkennen, auch keine Anzeichen, daß Reduktionsvorgänge vorliegen. Es ist äußerst unwahrscheinlich, daß sich die so erfolgreiche Spiralfurchung der Plathelminthes in die spezifische, disymmetrische, determinierte Furchung der Ctenophora umgewandelt haben soll. Cnidaria besitzen eine primäre Radiärfurchung. Die disymmetrische Furchung der Ctenophora ist als eine abgewandelte Radiärfurchung zu betrachten. Sie läuft bis zum 4-Zellenstadium noch radiärsymmetrisch ab. Bei den Bilateralia wird dagegen die Radiärfurchung in eine sekundäre Spiralfurchung umgewandelt.

Innerhalb der Ctenophora sind die Atentaculata als stammesgeschichtlich jüngere Teilgruppe zu betrachten. Sie sind sekundär tentakellos (Tendenz zum sekundären Tentakelabbau ja bereits bei den Tentaculifera zu erkennen) und besitzen daher auch keine an die Tentakeln gebundene Colloblasten mehr. Atentaculata sind von Tentaculifera abzuleiten. Während ihrer Embryonalentwicklung werden noch Tentakel-Rudimente ausgebildet, die dann aber völlig reduziert werden. Der Beutefang erfolgt nun nicht mehr mit Hilfe von Tentakeln, sondern die Beutetiere werden mit dem sekundär stark erweiterten Mundraum direkt aufgenommen. Die stammesgeschichtlich älteren Tentaculifera ernähren sich weitgehend von kleineren Planktonorganismen, die sie mit ihren, mit Colloblasten versehenen Tentakeln fangen. Die Atentaculata sind dagegen hochgradige Nahrungsspezialisten, welche weitgehend von anderen Ctenophoren (Tentaculifera) leben. Die Atentaculata können sich daher erst dann entwickelt haben, als genügend stammesgeschichtlich ältere Tentaculifera als Nahrung zur Verfügung standen.

Für eine Ableitung der Ctenophora kommen aus vielen Gründen nur Cnidaria in Frage. Die stammesgeschichtlich ältesten Ctenophora, die Cydippida zeigen noch die primäre, kugelige, medusenähnliche Gestalt. Innerhalb der Cydippida treffen wir die Art *Euchlora rubra* (Euchloridae) an, die als einzige Ctenophore Nesselzellen besitzt. Es war lange umstritten, ob es sich um echte körpereigene Nesselzellen oder um Kleptocniden (von Beutetieren) handelt. Nach den Untersuchungen von Picard (1955) dürfte es aber feststehen, daß es sich um echte, körpereigene Nesselzellen handelt, die in der Tentakelbasis produziert werden. *E. rubra* weist außerdem keine Colloblasten auf. Colloblasten kommen aber bei allen anderen Vertretern der Tentaculifera vor, so daß angenommen werden muß, daß *E. rubra* nie Colloblasten besessen hat, sondern noch einen primären Besatz von Nesselzellen aufweist. Die Nesselzellen befinden sich nach Picard ausschließlich in der Epidermis der Tentakeln, nicht aber in der entodermalen Gastrodermis. Kleptocniden müßten auf jeden Fall auch in der Gastrodermis vorhanden sein. Bei den von Komai (1963) festgestellten, sich auflösenden Nesselzellen handelt es sich offensichtlich um Nesselzellen, welche von Beutetieren stammen.

Bei den Nesselkapseln von *E. rubra* handelt es sich um isorhize atriche Haplonemen, nur dieser Typ ist vorhanden. Überprüft man Medusen von Cnidaria nach ihrem Nesselkapselbesitz (Cnidom), so sind es die Narcomedusa, welche ebenfalls als einzigen Nesselkapseltyp isorhize atriche Haplonemen besitzen. Hinzu kommt, daß die Narcomedusen-Gattung *Hydroctena* ein aborales Sinnesorgan besitzt, sowie 2 laterale Tentakeln aufweist, die in Tentakelscheiden (wie bei Ctenophora) stecken. Das

Actinula-Stadium der Narcomedusa besitzt primär nur 2 Tentakeln. Diese Ausbildungsstufe wird offensichtlich von den Ctenophora beibehalten und tritt auch bei adulten Narcomedusa (*Hydroctena*) noch auf. Ctenophora stimmen mit den Narcomedusa in abgeleiteten Merkmalen, wie dem Besitz isorhizer atricher Haplonemen (primär treten bei den Cnidaria Astomocniden auf), Reduktion des Manubriums und Verschiebung der Tentakeln vom Glockenrand auf die Exumbrella überein. Der Hydroctena-Bereich (Narcomedusa) könnte als Schwestergruppe der Ctenophora betrachtet werden.

Für eine Ableitung der Ctenophora kommen offensichtlich nur Cnidaria aus dem Narcomedusa-Bereich in Frage. Für eine Ableitung der Ctenophora von Cnidaria spricht auch das Auftreten von Planula-Larven bei Ctenophora (*Gastrodes*). Die für Ctenophora charakteristische Dissogonie tritt auch bei Hydrozoa auf.

Ctenophora sind primär freischwimmend, auch das Cydippe-Stadium zeigt die primäre freischwimmende Lebensweise. Für eine Ableitung der Ctenophora kommt daher nur der Medusenbereich der Cnidaria in Frage, da keinerlei Anklänge an eine Polypenphase bei den Ctenophora festzustellen sind. Die beiden Hauptsymmetrieebenen der Ctenophora können mit den Perradien der Cnidaria-Medusen homologisiert werden. Die beiden Tentakeln gehören bei den Ctenophora einem der beiden Perradien an, nicht den Inter- oder Adradien, wie es bei den Tentakeln der Scyphomedusen der Fall ist. Aus diesem Grund können u.a. Scyphomedusen nicht für eine Ableitung der Ctenophora herangezogen werden, so daß nur Hydromedusen für eine Ableitung in Frage kommen.

Ctenophora besitzen viele Autapomorphien wie z.B. Wimperplättchenreihen, Colloblasten und determinierte Mosaikfurchung. Die Colloblasten haben offensichtlich bei den Ctenophora die nur einmal wirksamen Nesselzellen der Cnidaria ersetzt. Wir müssen davon ausgehen, daß die stammesgeschichtlich ältesten Ctenophora noch Nesselzellen besessen haben, während Colloblasten noch nicht entwickelt waren. Diese Grundausprägung wird heute nur noch von *E. rubra* repräsentiert. Colloblasten sind ökonomischer, da sie nicht nach einmaligem Gebrauch ersetzt werden müssen. In ihrer Funktion ähneln sie den Haplonemen (frühere „Glutinanten") der Cnidaria. Ein aborales Sinnesorgan mit einem Statolithen treffen wir bereits bei Narcomedusa (*Hydroctena*) an. Dieses Sinnesorgan wird von den Ctenophora übernommen. Die Furchung der Ctenophora ist von der Radiärfurchung der Cnidaria (nicht von der Spiralfurchung der Plathelminthes) abzuleiten. Der Gastralraum ist bei den Ctenophora, wie auch bei den Cnidaria, ein spezifisches Hohlraumsystem. Die Aufteilung des Gastralraumes bei den Ctenophora ist aber nicht mit der Aufteilung bei Scyphozoa (und Anthozoa) vergleichbar. Transversal-, Meridional-, Pharyngeal- und Tentakelgefäße, sowie der Aboralkanal sind Eigenbildungen der Ctenophora und nicht mit den Gastraltaschen der Scyphozoa und Anthozoa vergleichbar. Sie stellen bei den Ctenophora Aussackungen des Zentralmagens dar, während die Gastraltaschen der Scyphozoa und Anthozoa durch Hineinwachsen von Septen entstehen.

Für eine Ableitung der Ctenophora von Scyphozoa wird manchmal die Gattung *Tetraplatia* herangezogen, weil sie einige Ähnlichkeiten mit Ctenophora aufweist. Die Eingruppierung von *Tetraplatia* in die Coronatae ist aber sehr umstritten. Sie wird von einigen Bearbeitern auch als ein stark abgewandelter Vertreter der Narcomedusa betrachtet. Der Besitz einer aequatorialen Ringfurche könnte für eine Einreihung bei den Coronatae (Scyphozoa) sprechen. Coronatae besitzen aber keine isorhizen atrichen Haplonemen, so daß diese Gruppe für eine Ableitung der Ctenophora nicht in Frage kommt.

Alle bisherigen Daten sprechen für eine Ableitung der Ctenophora aus dem Narcomedusa-Bereich (Hydrozoa).

Literatur

Physikalische und chemische Evolution; Evolution des Universums; Evolution unseres Sonnensystems; Praebiotische Evolution; Biologische Evolution

ABELL, G.: Exploration of the universe. - Holt, Rinehart, Winston, New York 1974.

ANDERS, E.: Chemie der Entstehung des Planetensystems. - Umschau 69: 846. 1969.

AUDOUZE, J. & VAUCLAIR, S.: Die Entstehung der Elemente. - DVA Stuttgart 1974.

BARGHOORN, E. S.: The oldest fossils. - Sci. Amer. 224: 30. 1971.

BARGHOORN, E. S. & SCHOPF, J. W.: Microorganisms from the late precambrian of central Australia. - Science 150: 377. 1965.

-: Microorganisms three billion years old from the precambrium of South Africa. - Science 152: 738. 1966.

BARGHOORN, E. S. & TYLER, S. A.: Microorganisms from the Gunflint Chert. - Science 147: 563. 1965.

BERKNER, L. V. & MARSHALL, L. C.: The history growth of oxygen in the earth's atmosphere. - In BRANCAZIO, P. J., CAMERON, A. G. W. (Eds.): The origin and evolution of atmospheres and oceans, p: 86. 1965.

BERNAL, J. D.: The origin of life. - World Publ. Cleveland 1967.

BLUM, H.: Time's arrow and evolution. - Princeton, N. J. 1951.

BÖRNER, T. & HAGEMANN, R.: Die Evolution der eukaryotischen Zelle. - Biol.-Rdsch. 14: 249. 1976.

BOYDEN, A. A.: Comparative evolution with special reference to primitive mechanisms. - Evolution 7: 21. 1953.

BRANCAZIO, P. J. & CAMERON, A. G. W. (Eds.): The origin and evolution of atmospheres and oceans. - Wiley New York 1964.

BRASIER, M. D.: The Cambrian radiation event. - In HOUSE, M. R. (Ed.): The origin of the major invertebrate groups, p. 103. 1979.

BRESCH, C.: Zwischenstufe Leben. Evolution ohne Ziel? - Piper München 1977.

BRODA, E.: Molekulare Bioenergetik. - Naturw. Rdsch. 17: 293. 1964.

-: The evolution of the bioenergetic processes. - Pergamon Press Oxford 1975.

BURBIDGE, E. M., BURBIDGE, G., FOWLER, W. A. & HOYLE, F.: Synthesis of the elements in stars. - Rev. Mod. Phys. 29: 547. 1957.

BUVET, R. & PONNAMPERUMA, C. (Eds.): Chemical evolution and the origin of life. - North-Holland Publ. Comp. Amsterdam 1971.

CALVIN, M.: Chemical Evolution. - Oxford Univ. Press London 1969.

CLOUD, P. E.: The significance of the Gunflint (Precambrian) microflora. - Science 148: 27. 1965.

-: Pre-metazoan evolution and the origins of the Metazoa. - In DRAKE, E. T., Evolution and Environment, p. 1. 1968.

-: Atmospheric and hydrospheric evolution on the primitive earth. - Science 160: 729. 1968.
-: Älteste Zellkern-Mikroorganismen 1,2-1,4 Milliarden Jahre alt. - Umschau 70: 150. 1970.
-: Dating the beginnings of photosynthesis (response to a critique by E. S. BARGHOORN, I. H. TROUGHTON & L. MARGULIS). - Am. Sci. 62: 389. 1974.
-: Beginnings of biospheric evolution and their biogeochemical consequences. - Paleobiology 2: 351. 1976.
CLOUD, P. E., LICARI, G. R., WRIGHT, L. A. & TROXEL, B. W.: Proterozoic eucaryotes from eastern California. - Nat. Acad. Sci. Proc. 62: 623. 1969.
DILLON, L. S.: Ultrastructures, Macromolecules and Evolution. - Plenum Press New York-London. 1981.
DOSE, K.: Chemische Evolution und die Ursprünge präbiologischer Systeme. - Umschau 67: 683. 1967.
DOSE, K. & RAUCHFUSS, H.: Chemische Evolution und der Ursprung lebender Systeme. - Wiss. Verlagsges. Stuttgart 1975.
EGLINTON, G. & CALVIN, M.: Chemical fossils. - Scient. Amer. 216: 32. 1967.
EIGEN, M.: Selforganization of matter and the evolution of biological macromolecules. - Naturwiss. 58: 465. 1971.
FORD, T. D.: Precambrian fossils and the origin of the phanerozoic phyla. - In HOUSE, M. R. (Ed.): The origin of major invertebrate groups, p. 7. 1979.
FOX, S. W.: How did life begin? - Science 132: 200. 1960.
-: A theory of macromolecular and cellular origins. - Nature 205: 328. 1965.
- (Ed.): The origins of prebiological systems and their molecular matrices. - Academy Press New York 1965.
-: Self ordered polymers and propagative cell-like systems. - Naturwiss. 56: 1. 1969.
FOX, S. W. & DOSE, K.: Molecular evolution and the origin of life. - Freeman & Co. San Francisco 1972.
FOX, S. W. & YUAMA, S.: Abiotic production of primitive protein and formed microparticles. - N. Y. Acad. Sci. Ann. 108: 487. 1963.
GAFFRON, H.: Die photochemischen Anfänge des Lebens. - In Beiträge zur Physiologie und Morphologie der Algen. Gustav Fischer Stuttgart 1962.
GAMOW, G.: The creation of the universe. - Wiking New York 1952.
GARAY, A. S.: Origin and role of optical isomery in life. - Nature 219: 338. 1968.
GEENAY, R. E. & ALLISON, R. G.: Evolutionary biochemistry of proteins. - Wiley-Interscience New York 1969.
GLAESSNER, M. F.: Precambrian animals. - Sci. Amer. 204: 72. 1961.
-: Precambrian paleontology. - Earth-Sci. Rev. 1: 29. 1966.
-: Biological events and the precambrian time scale. - Canad. Journ. Earth Sci. 5: 585. 1968.
-: Geographic distribution and time range of the Ediacara Precambrian fauna. - Geol. Soc. Am. Bull. 82: 509. 1971.
-: Die Entwicklung des Lebens im Präkambrium und seine geologische Bedeutung. - Geol. Rdsch. 60: 1323. 1971.
GRABERT, H.: Die Biologie des Präkambriums. - Zbl. Geol. Paläontol. 1972: 316. 1972.
HALDANE, J. B. S.: The origins of life. - New Biol. 16: 12. 1954.
HANSON, E. D.: Evolution of the cell from primordial living systems. - Quart. Rev. Biol. 41: 1. 1966.
HECKMANN, O.: Theorien der Kosmologie. - 2. Aufl., Springer Heidelberg 1968.
HÖHN, K.: Erscheinungsform und Ursprung des Lebens. - Naturw. Rdsch. 7: 251. 1961.
HOLLAND, H. D.: Origin and evolution of the atmosphere. - McGraw-Hill Yearbook of Science and Technology, p. 53. 1967.
HORSTMANN, H.-J.: Probleme der Entstehung und Entwicklung des Lebens in biochemischer Sicht. - Naturw. Rdsch. 19: 395. 1966.
HOYLE, F.: Frontiers of Astronomy. - Heinemann London 1955.
-: Neuere Entwicklungen in der Kosmologie. - Umschau 66: 305. 1966.

JSTROW, R. & CAMERON, A. G. W. (Eds.): Origin of the solar system. - Academic Press New York 1963.
KAPLAN, R. W.: Probleme der Lebensentstehung und der frühesten Evolution. - In HEBERER, F.: Die Evolution der Organismen, p. 511. 1967.
-: Molekularbiologische Probleme der Lebensentstehung. - Naturwissensch. 55: 97. 1968.
-: Der Ursprung des Lebens. - 2. Aufl., Thieme Stuttgart 1978.
KEOSIAN, J.: The origin of life. - Reinhold Publ. New York 1964.
KIMBALL, A. P. & ORO, J.: Prebiotic and biochemical evolution. - North Holland Amsterdam 1971.
KNOLL, A. H. & BARGHOORN, E. S.: Precambrian eucaryotic organisms: a reassessment of the evidence. Science 190: 52. 1975.
KÖRNER, U.: Probleme der Biogenese. - G. Fischer, Jena 1974.
KUHN, H.: Selbstorganisation molekularer Systeme und die Evolution des genetischen Apparates. - Angew. Chemie 84: 838. 1972.
KUIPER, G. P. (Ed.): The earth as a planet. - Univ. Chicago Press, Chicago 1968.
LA BERGE, G. L.: Microfossils and precambrian iron formations. - Bull. Geol. Soc. Amer. 78: 331. 1967.
LEMAÎTRE, ABBÉ: The primeval atom. - Van Nostrand Princeton, New York 1950.
LEMMON, R. M.: Chemical evolution. - Chem. Rev. 70: 95. 1970.
LIEBL, V. & LIEBLOVA, J.: Coacervate systems and life. - Journ. Brit. Interplanet. Soc. 21: 295. 1968.
MARGULIS, L.: New phylogenies of the lower organism: implications for deposition of organic matter in precambrian sediment. - Journ. Geol. 77: 606. 1969.
MEADOWS, A.: Stellar Evolution. - Pergamon Press London 1967.
MILLER, S. L.: A production of amino acids under possible primitive earth conditions. - Science 117: 528. 1953.
-: The formation of organic compounds on the primitive earth. - Ann. N. Y. Acad. Sci. 69: 260. 1957.
MILLER, S. L. & ORGEL, L. E.: The Origins of Life on the Earth. - Prentice-Hall, Englewood Cliffs New York 1974.
MONOD, J.: Zufall und Notwendigkeit. - Piper München 1971.
NAGY, B. & NAGY, L. A.: Early precambrian onverwacht microstructures: possibly the oldest fossils on earth? - Nature 223: 1226. 1969.
NEEDHAM, A. E.: The orgination of life. - Quart. Rev. Biol. 34: 189. 1959.
OPARIN, A. J.: Die Entstehung des Lebens auf der Erde. - Volk und Wissen Berlin 1957.
-: Das Leben. Seine Natur, Herkunft und Entwicklung. - Fischer Stuttgart 1963.
-: The origin of life and the origin of enzymes. - Adv. Enzym. 27: 347.1965.
ORGEL, L. E.: The origins of life. - Chapman & Hall LONDON 1973.
PFLUG, H. D.: Strukturierte Reste aus über 3 Milliarden Jahre alten Gesteinen Südafrikas. - Naturwiss. 54: 236. 1966.
-: Neue Zeugnisse zum Ursprung der höheren Tiere. - Naturwiss. 58: 348.1971.
-: Feinstruktur und Ontogenie der jung-präkambrischen Petalo-Organismen. - Paläont. Z. 48: 77. 1974.
-: Vor- und Frühgeschichte der Metazoen. - N. Jb. Geol. Paläont. Abh. 145: 328. 1974.
PFLUG, H. D., MEINEL, W., NEUMANN, K. H. & MEINEL, M.: Entwicklungstendenzen des frühen Lebens auf der Erde. - Naturwiss. 56: 10. 1969.
PONNAMPERUMA, C. & BUVET, R. (Eds.): Exobiology. - North-Holland Publ. Comp. Amsterdam 1972.
PONNAMPERUMA, C. & GABEL, N. W.: The precellular evolution and organization of molecules. - Symp. Soc. gen. Microbiol. No. 24: 393. 1974.
PONNAMPERUMA, C. & MACK, R.: Nucleotide synthesis under possible primitive earth conditions. - Science 148: 1221. 1965.
PRINGLE, J. W. S.: The evolution of living matter. - New Biol. 16: 54. 1954.

QUASTLER, H.: The emergence of biological organisation. - Yale Univ. Press, New Haven 1964.
RAHMANN, H.: Die Entstehung des Lebendigen. 2. Aufl. - Fischer Stuttgart. 1980.
ROHLFING, D. L. & OPARIN, A. I. (Eds.): Molecular evolution: Prebiological and biological. - Plenum New York 1972.
RUTTEN, M. G.: Geological aspects of the origin of life on earth. - Elsevier Amsterdam 1962.
SCHATZMAN, E.: The origin and evolution of the universe. - Basic Books, New York 1965.
SCHIDLOWSKI, M.: Probleme der atmosphärischen Evolution im Präkambrium. - Geol. Rdsch. 60: 1351. 1971.
SCHMEIDLER, F.: Neue Resultate über die Struktur des Kosmos. - Naturw. Rdsch. 24: 376. 1971.
SCHOPF, J. W.: Microflora of the Bitter Springs formation, late Precambrian, central Australia. - Journ. Paleontol. 42: 651. 1968.
-: Precambrium microorganisms and the evolutionary events prior to the origin of vascular plants. - Biol. Rev. Cambridge Philos. Soc. 45: 319. 1970.
-: Precambrian Paleobiology. - In PONNAMPERUMA, C. & BUVET, R. (Eds.): Exobiology, p. 16. 1972.
-: Evolutionary significance of the Bitter Springs (Late Precambrian) microflora. - Proc. 24th. Intern. Geol. Congr. 1972: 68. 1972.
-: The development and diversification of Precambrian life. - Origins of the life 5: 119. 1974.
-: Precambrian paleobiology: problems and perspectives. - Ann. Rev. Earth Plan. Sci. 3: 213. 1975.
SCHOPF, J. W. & BARGHOORN, E. S.: Alga-like fossils from the early Precambrian of South Africa. - Science 156: 508. 1967.
SCHOPF, J. W. & BLACIC, J. M.: New microorganisms from the Bitter Springs Formation (Late Precambrian) of the north-central Amadeus Basis, Australia. - Journ. Paleont. 45: 925. 1971.
SCHOPF, J. W., HAUGH, B., MOLNAR, R. & SATTERTHWAIT, D. F.: On the development of metaphytes and metazoans. - Journ. Paleont. 47: 1. 1973.
SCHOPF, J. W. & OEHLER, D. Z.: How old are the eukaryotes? - Science 193: 47. 1976.
SCHRAMM, G.: Biochemische Grundlagen des Lebens. - Naturw. Rdsch. 16: 89. 1963.
SCRUTTON, C. T.: Early fossil Cnidarians. - In HOUSE, M. R. (Ed.): The origin of major invertebrate groups, p. 161. 1979.
SIEGEL, B. Z. & SIEGEL, S. M.: A living organism morphologically comparable to the precambrian genus Kakabekia. - Amer. Journ. Bot. 55: 684. 1968.
SOROKIN, Y. I.: The evolution of chemosynthesis. - In A. J. OPARIN: The origin of life on earth, p. 626. 1959.
STANLEY, S. M.: Fossil data and the Precambrian-Cambrian evolutionary transition. - Amer. Journ. Sci. 176: 56. 1976.
STUMPFF, K. & VOIGT, H.-H. (Hrsg.): Astronomie. - Das Fischer Lexikon. Fischer Frankfurt 1972.
TAPPAN, H.: Possible eukaryotic algae (Bangiophycidae) among early Proterozoic Microfossils. - Bull. Geol. Soc. Am. 87: 633. 1976.
UNSÖLD, A.: Der neue Kosmos. 2. Aufl. - Springer Berlin 1974.
-: Kosmische Evolution. - Naturw. Rdsch. 28: 3. 1975.
UREY, H.: The planets, their origin and development. - New Haven 1959.
VANGEROW, E. F.: Erdatmosphäre und Stammesgeschichte. - Naturw. Rdsch. 20: 152. 1967.
WALD, G.: The origin of life. - Proc. Nat. Acad. Sci. 52: 595. 1964.
WEINBERG, S.: Die ersten drei Minuten. Der Ursprung des Universums. - Piper München 1977.
WELTE, D. H.: Das Problem der frühesten organischen Lebensspuren. - Naturwiss. 54: 325. 1967.
WEST, M. W. & PONNAMPERUMA, C.: Chemical evolution and the origin of life. - Space Life Sciences 2: 225. 1970.

WINDLEY, B. F. (Ed.): The early history of the earth. - Wiley and Sons 1976.
YOUNG, R. S. & PONNAMPERUMA, C.: Early evolution of life. - Amer. Inst. Biol. Sci. Pamphlet No. 11. Boston 1964.

Viren

ANDREWES, C. H.: Viruses of Vertebrates. - London 1964.
BEEMSTER, A. B. R. & DIJKSTRA, J.: Viruses of plants. - Amsterdam 1966.
BURNET, F. M.: Virus as organism. - Harvard Univ. Press Cambridge 1945.
BURNET, F. M. & STANLEY, W. M. (Eds.): The viruses, biochemical, biological and biophysical properties. - 3 vols., Academic Press New York 1959-1960.
FRAENKEL-CONRAT, H.: Molecular basis of Virology. - Reinhold New York 1968.
JOKLIK, W. K.: Evolution in viruses. - Symp. Soc. gen. Microbiol. No. 24: 293. 1974.
LAIDLAW, P. T.: Virus diseases and viruses. - Cambridge Univ. Press London 1938.
LURIA, S. E., DARNELL, J. E., BALTIMORE, D. & CAMPBELL, A.: General Virology. - 3rd ed., Wiley & Sons New York 1978.
LWOFF, A.: The concept of virus. - Journ. Gen. Microbiol. 17: 239. 1957.
LWOFF, A. & TOURNIER, M.: Classification of viruses. - Ann. Rev. Microbiol. 20: 45. 1966.
SCHUSTER, G.: Virus und Viruskrankheiten. 3. Aufl. - Neue Brehm-Bücherei 198. Ziemsen Verlag Wittenberg 1972.
SMITH, K. M.: A textbook of plant virus diseases, 2nd. ed., Churchill Ltd. London 1957.
SMITH, K. M. & LAUFFER, M. A. (Eds.): Advances in virus research. - Vol. 1-13 New York. 1953-1965.
STENT, G. S.: Molecular biology of bacterial viruses. - Freeman San Francisco 1963.
WATERSON, A. P.: The origin and evolution of viruses. I. Virus origins: degenerate bacteria or vagrant genes. - New Scientist 18: 200. 1963.
WEIDEL, W.: Virus. Die Geschichte vom geborgten Leben. - Springer Berlin 1957.
-: Virus und Molekularbiologie. 2. Aufl. - Springer Berlin 1964.
WOOD, W. B. & EDGAR, R. S.: Building a bacterial virus. - Sci. Amer. 217: 60. 1967.

Pro- und Eukaryontenzelle; Zellorganellen; Endosymbionten- und Autogen-Hypothese; Stoffwechsel; Evolution von Organellen

AARONSON, S. & HUTNER, S. H.: Biochemical markers and microbial phylogeny. - Quart. Rev. Biol. 41: 13. 1966.
ACHER, R.: Neue Befunde zur Evolution der Proteine. - Angew. Chemie 86: 209. 1974.
ALLEN, M. B. (Ed.): Comparative biochemistry of photoreactive systems. - Academic Press New York 1960.
ALLSOPP, A.: Phylogenetic relationships of the procaryotes and the origin of the eucaryotic cell: - New Phycol. 68: 591. 1969.
ALSTON, R. E.: Biochemical systematics. - In DOBZHANSKY, T., HECHT, M. K. & STEERE, W. C. (Eds.): Evolutionary biology. I: 197. 1967.
ANFINSON, C. B.: The molecular basis of Evolution. - Wiley New York 1959.
AYALA, F. G. (Ed.): Molecular evolution. - Sinauer Sunderland 1976.
BARDELE, C. F.: Struktur, Biochemie und Funktion der Microtubuli. - Cytobiologie 7: 442. 1973.
BISSET, K. A.: This "prokaryotic-eukaryotic" business. - New Scientist 57: 296. 1973.
BLASS, U., ANDERSON, J. M., CALVIN, M.: Biosynthesis and possible functional relationships among the carotenoids; and between chlorophyll a and chlorophyll b. - Plant Physiol. 34: 329. 1959.
BLINKS, L. R.: The photosynthetic function of pigments other than chlorophyll. - Ann. Rev. Plant. Physiol. 5: 93. 1954.

-: The role of accessory pigments in photosynthesis. - Symp. Soc. gen. Microbiol. 4: 224. 1954.
BLOCH, K.: Lipid patters in the evolution of organisms. - In BRYSON, V. & VOGEL, H. (Eds.): Evolving genes and proteines, p. 53. 1965.
BOADEN, P.: Anaerobiosis, meiofauna and early metazoan evolution. - Zool. Scripta 4: 21. 1975.
BOARDMANN, N. K., LINNANE, A. E. & SMILLIE, R. M.: Autonomy and biogenesis of mitochondria and chloroplasts. - North-Holland Publ. Amsterdam 1971.
BOGORAD, L.: Chlorophylls. - In LEWIN, R. A.: The physiology and biochemistry of algae, p. 385. 1962.
-: Evolution of organelles and eukaryotic genomes. - Science 188: 891. 1975.
BORST, P., KROOEN, A. M. & RUTTENBERG, G. J. C. M.: Mitochondrial DNA and other forms of cytoplasmic DNA. - In SHUGAR, D.: Genetic elements: properties and function, p. 81. 1967.
BOYDEN, A. A.: The significance of asexual reproduction. - Syst. Zool. 3: 26. 1954.
BRACHET, J.: Biochemical cytology. - Academic Press New York 1957.
BRACHET, J. & MIRSKY, A. E. (Eds.): The Cell. - Vol. II, Academic Press, New York 1961.
BRAUNITZER, G.: Molekularbiologie und Evolution. - Jb. Max-Planck-Ges. z. Förd. Wissensch. 1967: 76. 1967.
BRITTEN, R. & KOHNE, D. E.: Repeated sequences in DNA. - Science 161: 529. 1968.
BROCK, T. D.: Thermophilic microorganisms and life at high temperatures. - Springer, New York - Heidelberg - Berlin. 1978.
BROOKS, J. & SHAW, G.: Origin and development of living systems. - Academic Press, London 1973.
BRYSON, V. & VOGEL, H. J. (Eds.): Evolving Genes and Proteins. - Academic Press, New York 1965.
BUCHNER, P.: Endosymbiose der Tiere mit pflanzlichen Mikroorganismen. - Birkhäuser, Basel 1953.
BUETOW, D. E.: Phylogenetic origin of the chloroplast. - Journ. Protozool. 23: 41. 1976.
CAMERON, T. W. M. (Ed.): Evolution: its science and doctrine. - Univ. Toronto Press, Toronto 1960.
CARLILE, M. J.: From prokaryote to eukaryote: gains and losses. - Symp. Soc. Gen. Microbiol. 30: 1. 1980.
CAULLERY, M.: Parasitism and Symbiosis. - Sidgwick & Jackson, London 1952.
CAVALIER-SMITH, T.: The origin of nuclei and of eukaryotic cells. - Nature 256: 463. 1975.
-: The evolutionary origin and phylogeny of microtubules, mitotic spindles and eukaryote flagella. - BioSystems 10: 93. 1978.
-: The origin and early evolution of the eukaryotic cell. - In CARLILE, M. J., COLLINS, J. F. & MOSELEY, B. E. B. (Eds.): Molecular and cellular aspects of microbial evolution, p. 33. 1981.
CHADEFAUD, M.: Sur le cycle sexuel des organismes eucaryotes et son évolution. - Rev. scient. 90: 49. 1952.
CHAPMAN, D. J.: Biliproteins and bilipigments. - In CARR, N. G. & WHITTON, B. A. (Eds.): The biology of blue-green algae, p. 162. 1973.
CHARLES, H. P. & KNIGHT, B. D. (Eds.): Organization and control in procaryotic and eucaryotic cells. - 20th Symposium Soc. General Microbiol. Cambridge Univ. Press. 1970.
CLEVELAND, L. R.: The origin and evolution of meiosis. - Science 105: 14. 1947.
CLOUD, P. E.: Evolution of ecosystems. - Amer. Sci. 62: 54. 1974.
COHEN, S. S.: Are/were mitochondria and chloroplasts microorganisms? - Amer. Sci. 58: 281. 1970.
COPELAND, H. F.: Progress report on basic classification. - Am. Natur. 81: 340. 1947.
CRONQUIST, A.: Discussion paper. - In FREDRICK, J. F. (Ed.): Origins and Evolution of eukaryotic intracellular Organelles, p. 500. 1981.

CROWSON, R. A.: A systematist looks at cytochrome c. - Journ. molec. Evol. 2: 28. 1972.
DAYHOFF, M. O. (Ed.): Atlas of protein sequences and structure. - Nat. Biomed. Res. Found., Silverspring 1969.
DAYHOFF, M. O. & SCHWARTZ, R. M.: Evidence on the origin of eukaryotic Mitochondria from Protein and Nucleic Acid Sequences. - In FREDRICK, J. F. (Ed.): Origins and Evolution of eucaryotic intracellular Organelles, p. 92. 1981.
DELWICHE, C. C.: The nitrogen cycle. - Sci. Amer. 223: 136. 1970.
DEMOULIN, V.: Protein and nucleic sequence data and phylogeny. - Science 205: 1036. 1979.
DICKERSON, R. E.: The structure and history of an ancient protein. - Sci. Amer. 226: 58. 1972.
DILLON, L. S.: Comparative cytology and the evolution of life. - Evolution 16: 102. 1962.
DIRKSEN, E.: Centriole morphogenesis in developing ciliated epithelium of the mouse oviduct. - Journ. Cell. Biol. 51: 286. 1971.
DIXON, G. H.: Protein Evolution. - In CAMPBELL, P. N. & GREVILLE, G. D. (Eds.): Essays in biochemistry, vol. 2. Academic Press, New York 1966.
DOBZHANSKY, T.: Genetics and the origin of species, 3rd ed., Columbia, New York 1951.
DODSON, E. O.: Comments on the origin of sex and meiosis. - Evolution 7: 387. 1953.
-: Evolution: process and product. - Reinhold, New York 1960.
DOUGHERTY, E. C.: Comparative evolution and the origin of sexuality. - Syst. Zool. 4: 145. 1955.
DRAKE, E. T. (Ed.): Evolution and environment. - Yale Univ. Press, New Haven. 1968.
DROOP, M. R.: Algae and invertebrates in symbiosis. - Symp. Soc. gen. Microbiol. 13: 171. 1963.
DUCKET, J. G. & RACEY, P. A. (Eds.): The Biology of the Male Gamete. - Biol. Journ. Linn. Soc. 7, Suppl. 1. 1975.
DUVE, C. de: Origin of mitochondria. - Science 182: 85. 1973.
EAKIN, R. M.: Evolution of photoreceptors. - Evolut. Biol. 2: 194. 1968.
ECHLIN, P.: The cyanophytic origin of higher plant chloroplasts. - Brit. phycol. Bull. 3: 150. 1966.
-: The photosynthesis apparatus in prokaryotes and eukaryotes. - Symp. Soc. gen. Microbiol. 20: 221. 1970.
EDDS, M. V. (Ed.): Macromolecular complexes. - Ronald Press, New York 1961.
EGLE, K.: Biogenese des Chlorophylls, Vorstufen, Beziehungen zum Hämin, Protochlorophyll. - In RUHLAND, W.: Handbuch der Pflanzenphysiologie, p. 323. 1960.
EHRLICH, P. R. & HOLM, R. W.: The process of evolution. - McGraw-Hill, New York 1963.
EIGEN, M. & SCHUSTER, P.: The Hypercycle: A principle of natural self-organization. Part A. - Naturwissensch. 64: 541. 1977.
-: The Hypercycle: A principle of self-organization. Parts B and C. - Naturwissensch. 65: 7, 341. 1978.
ERBEN, H. K.: Die Entwicklung der Lebewesen. - Piper München 1975.
FLAVELL, R.: Mitochondria and chloroplasts as descendants of prokaryotes. - Biochem. Gen. 6: 275. 1972.
FREDRICK, J. F. (Ed.): Origins and Evolution of eukaryotic intracellular Organelles. - Ann. New York Acad. Sci. 361. 1981.
FRENCH, C. S.: Various forms of chlorophyll a in plants. - Brookhaven Symp. Biol. 11: 65. 1959.
FULTON, C. & DINGLE, A.: Basal bodies, but not centrioles, in Naegleria. - Journ. Cell. Biol. 51: 826. 1971.
GIBBS, M.: Photosynthesis. - Ann. Rev. Biochem. 36: 757. 1967.
GIBBS, S. P.: The ultrastructure and development of the chloroplasts of algae, Thesis. - Radcliffe College, Cambridge Mass. 1961.
-: Nuclear envelope-chloroplast relationships in algae. - Journ. Cell. Biol. 14: 433. 1962.

-: The Chloroplasts of some algal groups may have evolved from endosymbiotic eukaryotic algae. - Ann. N. Y. Acad. Sci. 361: 193. 1981.
GIBOR, A.: Inheritance of cytoplasmic organelles. - Symp. intern. Soc. Cell. Biology: 6. 1967.
GIBOR, A. & GRANICK, S.: Plastids and mitochondria: inheritable systems. - Science 145: 890. 1964.
GILLHAM, N. W. & BOYNTON, J. E.: Evolution of Organelle Genomes and Proteinsynthesizing Systems. - In FREDRICK, J. F. (Ed.): Origins and Evolution of eucaryotic intracellular Organelles, p. 20. 1981.
GODNEV, T. N., ROTFARB, R. M. & SHLYK, A. A.: On the possibility of transposition of chlorophyll a to chlorophyll b in the process of biosynthesis. - Dokl. Acad. Nauk. SSSR. Bioch. Sect. 130: 663. 1960.
GOODWIN, T. W. (Ed.): Carotene and Carotenoids. - Steinkopff, Darmstadt 1963.
-: Biochemistry of chloroplasts. - Vol. 1, Academic Press, New York 1966.
-: Carotenoids and biliproteins. - In STEWART, W. D. P. (Ed.): Algal physiology and biochemistry, p. 176. 1974.
GRANICK, S. & GIBOR, A.: The DNA of chloroplasts, mitochondria and centrioles. - In Advances in nucleic acid research, p. 143. 1967.
GREENBERG, M.: Ancestors, embryos and symmetry. - Syst. Zool. 8: 212. 1959.
GRIFFITHS, D. J.: The Pyrenoid. - Bot. Rev. 36: 29. 1970.
GRIMSTONE, A.: Cytology, homology, and phylogeny - a note on "organic design". - Amer. Natural. 93: 273. 1959.
HAAPALA, O. & SORSA, V.: Evolution of eukaryotic chromosome organization. - Biol. Zentralbl. 95: 317. 1976.
HALL, J. B.: The nature of the host in the origin of the eukaryote cell. - Journ. theor. Biol. 38: 413. 1973.
HALDAR, D., FREEMAN, K. & WORK, T. S.: Biogenesis of mitochondria. - Nature 211: 9. 1966.
HARRIS, P. J. (Ed.): Biological Ultrastructure: The origin of cell organelles. - Oregon State Univ. Press, Corvallis 1971.
HARTMAN, H.: The centriol and the cell. - Journ. theor. Biol. 51: 501. 1975.
HENRY, S. M.: Symbiosis, Vol. I. - Academic Press, New York 1966.
HODGE, A. J., McLEAN, J. D. & MERCER, F. V.: A possible mechanism for the morphogenesis of lamellae systems in plant cells. - Journ. biochem. biophys. cytol. 2: 597. 1956.
HOOD, L. E., WILSON, J. J. & WOOD, W. B.: Molecular biology of eucaryotic cells. - Benjamin, New York 1975.
INGRAM, V. M.: The Hemoglobins in genetics and evolution. - Columbia Univ. Press, New York 1963.
JAMES, W. O. & LEACH, R. M.: The plant cytochromes. - Endeavour 19: 108. 1960.
JENNINGS, D. H. & LEE, D. L. (Eds.): Symbiosis. - Symp. of the Society for Experimental Biology 29. University Press, Cambridge 1975.
KEYHANI, E.: The locked-cell hypothesis: On the origin of Mitochondria and the transition from prokaryotic to eukaryotic cells. - In FREDRICK, J. F. (Ed.): Origins and Evolution of eukaryotic intracellular Organelles, p. 376. 1981.
KIMURA, M. & OHTA, T.: Eukaryote-prokaryote divergence estimated by 5S ribosomal RNA sequences. - Nature New Biol. 243: 199. 1973.
KING, R. C. (Ed.): Handbook of genetics. - Plenum Press, New York 1974.
KLIMA, J.: Cytologie. - Fischer, Stuttgart 1967.
-: Einführung in die Cytologie. - Fischer, Stuttgart 1970.
KUHN, H.: Selbstorganisation molekularer Systeme und die Evolution des genetischen Apparates. - Angew. Chemie 84: 838. 1972.
KULL, U.: Evolution des Photosynthese-Mechanismus. - Naturw. Rdsch. 23: 329. 1970.
KÜNTZEL, H. & KÖCHEL, H. G.: Evolution of rRNA and origin of mitochondria. - Nature 293: 751. 1981.
KYLIN, H.: Beziehungen zwischen Generationswechsel und Phylogenie. - Arch. Protistenk. 90: 232. 1938.
LEE, R. E.: Origin of plastids and the phylogeny of algae. - Nature 237: 44. 1972.

LEMBERG, R. & BARRETT, J.: The Cytochromes. - Academic Press, New York 1973.
LEWIN, R.: Biochemical Taxonomy. - In STEWART, W. D. P. (Ed.): Algal Physiology and Biochemistry. 1974.
LEWIS, D. H.: Micro-organisms and plants: The evolution of parasitism and mutualism. - Symp. Soc. gen. Microbiol. No. 24: 367. 1974.
LIAAEN-JENSEN, S.: Carotenoids - a chemosystematic approach. - Pure Appl. Chem. 51: 661. 1979.
LLOYD, D.: The Mitochondria of Microorganisms. - Academic Press, London, New York, San Francisco. 1974.
LOCKE, M. (Ed.): Cellular membranes in development. - 22nd Symp. Soc. Study Developm. Growth. Academic Press, New York 1964.
LWOFF, A.: L'Évolution physiologique. - Hermann, Paris 1943.
MAHLER, H. R.: Mitochondrial Evolution: Organization and Regulation of mitochondrial Genes. - In FREDRICK, J. F. (Ed.): Origins and Evolution of eucaryotic intracellular Organelles, p. 53. 1981.
MAHLER, H. R. & RAFF, R. A.: The evolutionary origin of the mitochondrion: a non-symbiotic model. - Int. Rev. Cytol. 43: 1. 1975.
MANTON, I.: Some possible significant structural relations between chloroplasts and other cell components. - In GOODWIN, T. W. (Ed.): Biochemistry of chloroplasts. Vol. 1: 23. 1966.
MARGULIS, L.: Origin of eukaryotic cells. - Yale Univ. Press, New Haven 1970.
-: Symbiosis and evolution. - Sci. Amer. 225: 48. 1971.
-: Origin and evolution of the eukaryotic cell. - Taxon 23: 225. 1974.
-: The classification of prokaryotes and eukaryotes. - In KING, R. C. (Ed.): Handbook of genetics. p. 1. 1974.
-: Symbiotic theory of the origin of eukaryotic organelles: criteria for proof. - Soc. Exp. Biol. Symp. 29: Symbiosis. Bristol, England, Cambridge Univ. Press: 37. 1975.
-: Genetic and evolutionary consequences of symbiosis. - Exp. Parasit. Rev. 39: 277. 1975.
-: The theme (mitotic cell division) and the variations (Protists): Implications for higher taxa. - Taxon 25: 391. 1976.
-: Microtubules in prokaryotes. - Science 200: 1118. 1978.
MARGULIS, L. & TO, L. P.: Microtubules, Undulipodia and Pillotina Spirochetes. - In FREDRICK, J. F. (Ed.): Origins and Evolution of eukaryotic intracellular Organelles, p. 356. 1981.
MARKS, G. S.: The biosynthesis of heme and chlorophyll. - Bot. Rev. 32: 56. 1966.
McLAUGHLIN, P. J. & DAYHOFF, M. O.: Eukaryotes versus prokaryotes: an estimate of evolutionary distance. - Science 168: 1469. 1970.
-: Eukaryote evolution: A view based on cytochrome c sequence data. - Journ. Mol. Evol. 2: 99. 1973.
MEEKS, J. C.: Chlorophylls. - In STEWART, W. D. P. (Ed.): Algal Physiology and Biochemistry, p. 161. 1974.
MERESCHKOWSKY, C.: Über Natur und Ursprung der Chromatophoren im Pflanzenreich. - Biol. Zentralbl. 25: 593. 1905.
METZNER, H. (Hrsg.): Die Zelle. Struktur und Funktion. 2. Aufl. - Wissensch. Verlagsges. Stuttgart 1970.
-: Die Zelle - Elementarorganismus oder Symbiose? - Naturwiss. 60: 507. 1973.
MEYER, R. R.: On the evolutionary origin of mitochondrial DNA. - Journ. theor. Biol. 38: 647. 1973.
MEZ, C. & ZIEGENSPECK, H.: Zur Theorie der Serodiagnostik. - Bot. Arch. 12: 163. 1925.
MOORE, J. A.: Ideas in modern biology. - Proc. XVI. Intern. Congr. Zool. vol. 6. Natural history Press, New York 1965.
MORRÉ, D. J., MERRIT, W. D. & LEMBI, D. A.: Connections between mitochondria and endoplasmic reticulum in rat liver and onion stem. - Protoplasma 73: 43. 1971.
MOULDER, J. W.: The biochemistry of intracellular parasitism. - Univ. of Chicago Press, Chicago 1962.
NASS, M. M. K.: Mitochondrial DNA: advances, problems and goals. - Science 165: 25. 1969.

NASS, M. M. K., NASS, S. & AFSELIUS, B. A.: The general occurrence of mitochondrial DNA. - Exp. Cell Res. 37: 516. 1965.
NEEDHAM, J.: Biochemistry and Morphogenesis. - Cambridge Univ. Press London 1942.
NEWCOMB, E. H.: Cytoplasm-cell wall relationships. - Ann. Rev. Plant. Physiol. 14: 43. 1963.
NOLAN, C. & MARGOLIASH, E.: Comparative aspects of primary structures of proteins. - Ann. Rev. Biochem. 37: 727. 1968.
NORTHCOTE, D. H.: The Golgi apparatus. - Endeavour 30: 26. 1971.
NOVIKOFF, A. B.: Mitochondria (Chondriosomes). - In BRACHET, J. & MIRSKY, A. E. (Eds.): The Cell, vol. II: 299. 1961.
NULTSCH, W.: Movements. - In STEWART, W. D. P.: Algal Physiology and Biochemistry, p. 864. 1974.
NURSALL, J. R.: On the origins of the major groups of animals. - Evolution 16: 118. 1962.
OAKLEY, B. R. & TAYLOR, F. J. R.: Evidence for a new type of endosymbiotic organization in a population of the Ciliate Mesodinium rubrum from British Columbia. - BioSystems 10: 361. 1978.
O'hEOCHA, C.: Comparative biochemical studies of the phycobilins. - Arch. biochem. biophys. 73: 207. 1958.
OKUNUKI, K., KAMEN, M. & SEKUZU, I.: Structure and function of Cytochromes. - University of Tokyo Press, Tokyo 1968.
OLSON, J. M.: The Evolution of photosynthesis. - Science 168: 438. 1970.
ORGEL, L.: Evolution of the genetic apparatus. - Journ. mol. biol. 38: 381. 1968.
PALADE, G. E.: The fine structure of mitochondria. - Journ. histochem. cytochem. 1: 188. 1953.
PEASE, D.: The ultrastructure of flagellar fibrils. - Journ. Cell. Biol. 18: 313. 1963.
PHILIPPS, D. O. & CARR, N. G.: Nucleic acid analysis and the endosymbiotic hypothesis. - Taxon 26: 3. 1977.
PICKEN, L. E. R.: The organisation of cells and other organisms. - Clarendon Press, Oxford 1960.
PICKETT-HEAPS, J. D.: The evolution of the mitotic apparatus: an attempt at comparative ultrastructural cytology in dividing plant cells. - Cytobios 3: 257. 1969.
-: The evolution of mitosis and the eukaryotic condition. - Biosystems 6: 37. 1974.
RAFF, R. A. & MAHLER, H. R.: The non symbiotic origin of mitochondria. - Science 177: 575. 1972.
-: Reply to UZZELL'S and SPOLSKY'S article, "Origin of Mitochondria". - Science 180: 516. 1973.
-: The symbiont that never was: an enquiry into the evolutionary origin of the mitochondrion. - In JENNINGS, D. H. & LEE, D. L. (Eds.): Symbiosis, p. 41. 1975.
RAVEN, P. H.: A multiple origin for plastids and mitochondria. - Science 169: 641. 1970.
REINERT, J. & URSPRUNG, H. (Eds.): Origin and continuity of cell organelles. - Springer, Heidelberg 1971.
REMANE, A., STORCH, V. & WELSCH, U.: Evolution. - Deutscher Taschenbuchverlag, München 1973.
RIS, H.: Primitive mitotic mechanisms. - BioSystems 7: 298. 1975.
RIS, H. & CHANDLER, B. L.: The ultrastructure of genetic systems in prokaryotes and eukaryotes. - Cold Spring Harbor Symp. Quant. Biol. 28: 1. 1963.
RIS, H. & PLAUDT, W.: Ultrastructure of DNA-containing areas in the chloroplast of Chlamydomonas. - Journ. Cell. Biol. 12: 383. 1962.
ROBERTSON, J. D.: The ultrastructure of cell membrane and their derivates. - Biochem. Soc. Symp. 16: 3. 1959.
-: A molecular theory of cell membrane structure. - Verh. 4. intern. Kongr. Elektronenmikr. Berlin. Bd 2: 159. 1960.
-: The membrane of the living cell. - Sci. Amer. 151: 3. 1962.
-: Unit membranes: a review with recent new studies of experimental altera-

tions and a new subunit structure in synaptic membranes. - In LOCKE, M. (Ed.): Cellular membranes in development. 22nd Symp. Soc. Study Dev. Growth, p. 1. 1964.
ROODYN, D. B. & WILKIE, D.: The biogenesis of mitochondria. - Methuen, London 1968.
ROSS, H. H.: A synthesis of evolutionary theory. - Englewood Cliffs, New York 1962.
SAGAN, L.: On the origin of the mitosing cell. - Journ. theoret. Biol. 14: 225. 1967.
SCHIFF, J. A.: Origin and evolution of the Plastid and its Function. - In FREDERICK, J. F. (Ed.): Origins and Evolution of eucaryotic intracellular Organelles, p. 166. 1981.
SCHNEPF, E. & BROWN, R. M.: On relationships between endosymbiosis and the origin of plastids and mitochondria. - In REINERT, J. & URSPRUNG, H., (Eds.): Origin and continuity of cell organelles, p. 299. 1971.
SCHOPF, J. W., HAUGH, B. N., MOLNAR, R. E. & SATTERTHWAIT, D. F.: On the development of metaphytes and metazoans. - Journ. Paleontol. 47: 1. 1973.
SCHWARTZ, R. M. & DAYHOFF, M. O.: Origins of prokaryotes, eukaryotes, mitochondria and chloroplasts. - Science 199: 395. 1978.
SCHWEMMLER, W.: Allgemeiner Mechanismus der Zellevolution. - Naturw. Rdsch. 28: 351. 1975.
-: Mechanismen der Zellevolution. - de Gruyter, Berlin 1979.
SCHWEMMLER, W. & SCHENK, H. E. A. (Eds.): Endocytobiology: Endosymbiosis and Cell Biology, a Synthesis of recent Research. - de Gruyter, Berlin 1980.
SEARCY, D. G., STEIN, D. B. & GREEN, G. R.: Phylogenetic affinities between eukaryotic cells and a thermophilic Mycoplasma. - BioSystems 10: 19. 1978.
SERRA, J. A.: Why flagella and cilia have 1+9 pairs of fibers. - Exp. Cell. Res. 20: 395. 1960.
SHEPPARD, P. M.: Natural selection and heredity. - Harper, New York 1960.
SHUGAR, D. (Ed.): Genetic elements: Properties and function. - Academic Press, London 1967.
SIEWING, R. (Hrsg.): Evolution. - UTB. Fischer, Stuttgart 1978.
SITTE, P.: Submikroskopische Cytologie der eukaryotischen Zelle. - Fortschr. Bot. 28: 14. 1968.
SMITH, E. L.: The evolution of proteins. - The Harvey Lectures, Ser. 62. Academic Press, New York 1968.
SPORNE, K. R.: On the phylogenetic classification of plants. - Amer. Journ. Bot. 46: 385. 1959.
STANIER, R. Y.: Photosynthetic mechanisms in bacteria and plants: development of a unitary concept. - Bact. Rev. 25: 1. 1961.
-: Some aspects of the biology of cells and their possible evolutionary significance. - In CHARLES, H. P. & KNIGHT, B. D. (Eds.): Organization and control in prokaryotic and eukaryotic cells, p. 1. 1970.
-: The origins of photosynthesis in eukaryotes. - Symp. Soc. gen. Microbiol. No. 24: 219. 1974.
TAYLOR, D. L.: The occurence and significance of endosymbiotic chloroplasts in the digestive glands of herbivorous Opisthobranchs. - Journ. Phycol. 3: 234. 1967.
-: Chloroplasts as symbiotic organelles. - Int. Rev. Cytol. 27: 29. 1970.
TAYLOR, F. J. R.: Implications and extensions of the serial endosymbiosis theory of the origin of eukaryotes. - Taxon 23: 229. 1974.
-: Autogenous theories for the origin of eukaryotes. - Taxon 25: 377. 1976.
-: Problems in the development of an explicit hypothetical phylogeny of the lower Eukaryotes. - BioSystems 10: 67. 1978.
-: Symbionticism revisited: A discussion of the evolutionary impact of intracellular symbioses. - Proc. R. Soc. London B 204: 267. 1979.
TEWARI, K. K.: Genetic autonomy of extranuclear organelles. - Ann. Rev. Plant Physiol. 22: 141. 1971.
UZZELL, T. & SPOLSKY, C.: Origin of mitochondria. - Science 163: 1026. 1973.
-: Mitochondria and plastids as endosymbionts: A revival of special creation? - Americ. Scient. 62: 334. 1974.
-: Two data sets: Alternative explanations and interpretations. - In

FREDRICK, J. F. (Ed.): Origins and evolution of eucaryotic intracellular Organelles, p. 481. 1981.
VOGEL, H. J.: Lysine biosynthesis and evolution. - In BRYSON, V. & VOGEL, H. J. (Eds.): Evolving genes and proteins, p. 25. 1965.
WALD, G.: The origin of optical activity. - Ann. N. Y. Acad. Sci. 69: 352. 1957.
WALLIN, I. E.: Symbionticism and the origin of species. - Baillière, Tindall & Cox, London. 1927.
WEIER, T. E.: Changes in the fine structure of chloroplasts and mitochondria during phylogenetic and ontogenetic development. - Amer. Journ. Bot. 50: 604. 1963.
WHATLEY, J. M., JOHN, P. & WHATLEY, F. R.: From extracellular to intracellular: The Establishment of mitochondria and chloroplasts. - Proc. R. Soc. London B 204: 165. 1979.
WILSON, A. C., CARLSON, S. S. & WHITE, T. J.: Biochemical evolution. - Ann. Rev. Biochem. 46: 573. 1977.
WOESE, C. R. & FOX, G. E.: The Concept of Cellular Evolution. - Journ. Mol. Evol. 10: 1. 1977.
WOLSTENHOLME, G. E. W. & MILLAR, E. C. P. (Eds.): Porphyrin biosynthesis and metabolism. - Ciba Foundation Sympos., Churchill, London. 1955.
YAMANAKA, T.: Evolution based on comparative biochemical studies of cytochrome c. - Ann. Rep. Biol. Works Fac. Sci. Osaka Univ. 14: 1. 1966.
-: Cytochrome c and evolution. - Nature 213: 1183. 1967.
YONGE, C. M.: Symbiosis. - Geol. Soc. Amer. Mem. 67: 429. 1957.
YOUNGER, K. B., BANERJEE, S., KELLEHER, J. K., WINSTON, M. & MARGULIS, L.: Evidence that the synchronized production of new basal bodies is not associated with DNA synthesis in Stentor coeruleus. - Journ. Cell. Sci. 11: 621. 1972.
ZUCKERKANDL, E.: The evolution of hemoglobin. - Sci. Amer. 212: 110. 1965.
ZUCKERKANDL, E. & PAULING, L.: Molecules as documents of evolutionary history. - Journ. theor. Biol. 8: 357. 1965.

Systeme; Großgliederung der Pro- und Eukaryonten

BARKLY, F. A.: Keys to the phyla of organisms. - Missoula Montana 1939.
-: Un esbozo de clasificación de los organismos. - Rev. Facult. Nac. Agron. 10: 83. 1949.
BLACKWELDER, R. E.: The kingdoms of living things. - Syst. Zool. 13: 74. 1964.
BOETTGER, C. R.: Die Stämme des Tierreiches in ihrer systematischen Gliederung. - Abh. Braunschw. Wiss. Ges. 4: 238. 1952.
CARTER, G. S.: Phylogenetic relations of the major groups of animals. - In MOORE, J. A.: Ideas in modern biology, p. 429. 1965.
CAVALIER-SMITH, T.: The evolutionary origin and phylogeny of microtubules, mitotic spindles and eukaryote flagella. - BioSystems 10: 93. 1978.
-: Eurokaryotic kingdoms: seven ore nine? - BioSystems 14: 461. 1981.
COPELAND, H. F.: The kingdoms of organisms. - Quart. Rev. Biol. 13: 383. 1938.
-: Progress report on basic classification. - Amer. Nat. 81: 340. 1947.
-: The classification of lower organisms. - Pacific Books, Palo Alto, Calif. 1956.
CLARK, R. B. & PANCHEN, A. L.: Synopsis of Animal Classification. - Chapman & Hall, London 1971.
DILLON, L. S.: A reclassification of the major groups of organisms based upon comparative cytology. - Syst. Zool. 12: 71. 1963.
DODSON, E. O.: The kingdom of organisms. - Syst. Zool. 20: 265. 1971.
DOUGHERTY, E. C. & ALLEN, M. B.: Is pigmentation a clue to protistan phylogeny? - In ALLEN, M. B. (Ed.): Comparative biochemistry of photoreactive systems, p. 129, Academic Press, New York 1960.
EDWARDS, P.: A classification of plants into higher taxa based on cytological and biochemical criteria. - Taxon 25: 529. 1976.
GIBBONS, N. E. & MURRAY, R. G. E.: Proposals concerning the higher taxa of bacteria. - Intern. Journ. Syst. Bot. 28: 1. 1978.

GOTTSCHALK, C.: Die Amöbosporidien. Eine vergleichende Betrachtung ihrer Entwicklungszyklen unter Berücksichtigung ihrer systematischen Stellung im Tierreich. - Zschr. wiss. Zool. 160: 1. 1958.
HADŽY, J.: An attempt to reconstruct the system of animal classification. - Syst. Zool. 2: 145. 1953.
HAECKEL, E.: Systematische Phylogenie. I. Systematische Phylogenie der Protisten und Pflanzen. - Reimer, Berlin 1894.
IVANOV, A.: The origin of the multicellular animals. - Nauk, Leningrad 1968. (in russisch).
JEFFREY, C.: Thallophytes and kingdoms - a critique. - Kew Bull. 25: 291. 19
LEEDALE, G. F.: How many are the kingdoms of organisms? - Taxon 23: 261. 197
MARCUS, E.: On the evolution of the animal phyla. - Quart. Rev. Biol. 33: 24 1958.
MARGULIS, L.: WHITTAKER'S five kingdom of organisms: minor revisions suggested by concideration of the origin of mitosis. - Evolution 25: 242. 197
-: Five-kingdom classification and the origin and evolution of cells. - Evol. Biol. 7: 45. 1974.
-: The classification of prokaryotes and eukaryotes. In KING, R. C. (Ed.): Handbook of genetics, p. 1. 1974.
-: Symbiotic theory of the origin of eukaryotic organelles: criteria for proof. - Soc. Exp. Biol. Symp. 29:Symbiosis. Bristol, England. Cambridge Univ. Press: 37. 1975.
-: The theme (mitotic cell division) and the variations (Protists): Implications for higher taxa. - Taxon 25: 391. 1976.
MOORE, R. C.: Kingdom of organisms named protista. - Journ. Paleont. 28: 588 1954.
NURSALL, J. R.: On the origins of the major groups of animals. - Evolution 16: 118. 1962.
PEARSE, A. S. (Ed.): Zoological names. A list of Phyla, Classes, and Orders. - Americ. Assoc. Advan. Sci., Durham, North Carolina 1949.
RAVEN, P. H.: A multiple origin for plastids and mitochondria. - Science 169 641. 1970.
ROTHMALER, W.: Über das natürliche System der Organismen. - Biol. Zentralbl. 67: 242. 1948.
ROTHSCHILD, L.: A classification of living animals. - Longmans, London 1961.
SIEWING, R.: Probleme und neuere Erkenntnisse in der Großsystematik der Wirbellosen. - Verh. Dtsch. Zool. Ges. 1976: 59. 1976.
STEWART, K. D. & MATTOX, K.: Phylogeny of Phytoflagellates. In COX, E. R. (Ed.): Phytoflagellates, p. 433. 1980.
TAKHTADZHYAN, A. L.: Four kingdoms of the organic world. - Prir. Akad. Nauk. USSR 2: 22. 1973. (in russisch).
TAYLOR, F. J. R.: Autogenous theories for the origin of eukaryotes. - Taxon 25: 377. 1976.
-: Problems in the development of an explicit hypothetical phylogeny of the lower Eukaryotes. - BioSystems 10: 67. 1978.
ULRICH, W.: Vorschläge zu einer Revision der Großeinteilung des Tierreiches. - Verh. dtsch. zool. Ges. (Marburg 1951), Zool. Anz. Suppl. 15: 244. 195
WHITTAKER, R. H.: The kingdoms of the living world. - Ecology 38: 536. 1957.
-: On the broad classification of organisms. - Quart. Rev. Biol. 34: 210. 1959.
-: New concepts of kingdoms of organisms. - Science 163: 150. 1969.
WHITTAKER, R. H. & MARGULIS, L.: Protist classification and the kingdoms of organisms. - BioSystems 10: 3. 1978.
WOESE, C. R., FOX, G. E.: Phylogenetic structure of the prokaryotic domain: the primary kingdoms. - Proc. Nat. Acad. Sci. U.S.A. 74: 5088. 1977.

Prokaryonta: Bakterien (allgemein)

AARONSON, S. & HUTNER, S. H.: Biochemical markers and microbial phylogeny. - Quart. Rev. Biol. 41: 13. 1966.

AINSWORTH, G. C. & SNEATH, P. H. A. (Eds.): Microbial classification. - Cambridge Univ. Press, Cambridge. 1964.
ALLSOPP, A.: Phylogenetic relationships of the procaryota and the origin of the eucaryotic cell. - New Phytol. 68: 591. 1969.
ARNON, D. I., LOSADA, M., NOZAKI, M. & TAKAWA, K.: Photoproduction of hydrogen, photofixation of nitrogen and a unified concept of photosynthesis. - Nature 190: 601. 1961.
ASTBURY, W. T., BEIGHTON, E. & WEIBULL, C.: The structure of bacterial flagella. - Symp. Soc. exp. Biol. 9: 282. 1955.
BISSET, K. A.: Evolution in bacteria and the significance of the bacterial spore. - Nature 166: 431. 1950.
-: The cytology and life history of bacteria. - Williams & Wilkins, Baltimore 1950.
-: Do bacteria have mitotic spindles, fusion tubes and mitochondria. - Journ. gen. Microbiol. 8: 50. 1953.
-: The phylogenetic concept in bacterial taxonomy. - Symp. Soc. gen. Microbiol. 12: 361. 1962.
BLINKS, L. R.: Autotrophic micro-organisms. - University Press, Cambridge. 1954.
BRADFIELD, J. R. G.: Electron microscopic observations on bacterial nuclei. - Nature 173: 184. 1954.
BRAUN, W.: Bacterial genetics. - 2nd. ed., Saunders, London 1965.
BROCK, T. D.: Biology of microorganisms. - Prentice Hall, Englewood Cliffs, New York 1970.
BRODA, E.: The origins of bacterial respiration. In BUVET, R. & PONNAMERPUMA, C. (Eds.): Chemical evolution and the origin of life. - 1971.
BUCHANAN, R. E. & GIBBONS, N. E. (Eds.): BERGEY's Manual of Determinative Bacteriology. - 8th ed., Williams & Wilkins, Baltimore 1974.
BURGE, R. E.: The structure of bacterial flagella: the packing of the polypeptide chains within a flagellum. - Proc. R. Soc. London (B) 154: 288. 1961.
BURROWS, W.: Textbook of Microbiology, - 17th ed., Philadelphia London 1959.
CAIRNS, J.: The bacterial chromosome. - Sci. Amer. 214: 36. 1966.
CALVO, J. M. & FINK, G. R.: Regulation of biosynthetic pathways in bacteria and fungi. - Ann. Rev. Biochem. 40: 943. 1971.
CARLILE, M. J., COLLINS, J. F. & MOSELEY, B. E. B.: Molecular and cellular aspects of microbial evolution. - Symp. of the Soc. for General Microbiol. 33: University Press, Cambridge 1981.
CARLILE, M. J. & SKEHEL, J. J. (Eds.): Evolution in the Microbial World. - Symp. of the Soc. for General Microbiol. 24. University Press, Cambridge 1974.
CARR, N. G. & CRAIG, I. W.: The relationship between bacteria, blue-green algae and chloroplasts. - In HARBONNE, J. B. (Ed.): Phytochemical Phylogeny. - Academic Press, New York 1970.
CLAYTON, R. K.: Phototrophy and chemoautotrophy: unity in the context of changing concepts. - Bacteriol. Proc. 1961: 17. 1961.
COHEN-BAZIRE, G.: The photosynthetic apparatus of procaryotic organisms. - In HARRIS, P. J.: Biological ultrastructure: The origin of cell organelles. p. 65. Oregon State Univ. Press., Corvallis 1971.
DELAPORTE, B.: Observations on the cytology of bacteria. - Adv. Gen. 3: 1. 1950.
DE LEY, J.: Comparative biochemistry and enzymology in bacterial classification. - Symp. Soc. gen. Microbiol. 12: 164. 1962.
-: Molecular biology and bacterial phylogeny. - Evolut. Biol. 2: 103. 1968.
-: Phylogeny of prokaryotes. - Taxon 23: 291. 1974.
DREWS, G. & GIESBRECHT, P.: Der Aufbau der Bakterien- und Cyanophyceenzelle. In METZNER, H. (Hrsg.): Die Zelle. Struktur und Funktion; p. 57. 1966.
ECHLIN, P.: The photosynthesis apparatus in prokaryotes and eukaryotes. - In CHARLES, H. P. & KNIGHT, B. D. (Eds.): Organization and control in prokaryotic and eucaryotic cells. - 20th Symp. Soc. General. Microbiol. 20: 221. 1970.

ECHLIN, P. & MORRIS, I.: The relationship between blue-green algae and bacteria. - Biol. Rev. 40: 143. 1965.
EPHRUSSI, B.: Nucleo-cytoplasmic relations in microorganisms. - Oxford Univ. Press, Oxford 1953.
FOX, G. E., PECHMAN, K. R. & WOESE, C. R.: Comparative cataloging of 16 S rRNA: Molecular approach to prokaryotic systematics. - Intern. Journ. syst. Bact. 27: 44. 1977.
FOX, G. E., STACKEBRANDT, E., HESPELL, R. B., GIBSON, J., MANILOFF, J., DYER, T. A., WOLFE, R. S., BALCH, W. E., TANNER, R. S., MAGRUM, L. J., ZABLEN, L. B., BLAKEMORE, R., GUPTA, R., BONEN, L., LEWIS, B.J., STAHL, D. A., LUEHRSEN, K. R., CHEN, K. N. & WOESE, C. R.: The phylogeny of Prokaryotes. - Science 209: 457. 1980.
FROBISHER, M.: Fundamentals of Microbiology. - 8th ed., Saunders, Philadelphia 1968.
FRY, B. A. & PEEL, J. L.: Autotrophic microorganisms. - Cambridge Univ. Press, London 1954.
FUHS, G. W.: The nuclear structures of procaryotic organisms (Bacteria and Cyanophyceae). - Protoplasmatologia V: 4. 1969.
GEST, H. & KAMEN, M. D.: The photosynthetic bacteria. - Handb. f. Pflanzenphys. 5: 586. 1960.
GEST, H., SAN PIETRO, A. & VERNON, L. P. (Eds.): Bacterial photosynthesis. - Kettering Res. Lab. Yellow Springs 1963.
GIBBONS, N. E. & MURRAY, R. G. E.: Proposals concerning the higher taxa of bacteria. - Intern. Journ. Syst. Bact. 28: 1. 1978.
GOTTSCHALK, G.: The Anaerobic Way of Life of Prokaryotes. - In STARR, M. P. et al. (Eds.): The Prokaryotes, Vol. II: 1415. 1981.
GRAY, T. R. G. & PARKINSON, D. (Eds.): The ecology of soil bacteria. - Univ. Press, Liverpool 1967.
GUNSALUS, I. C. & STANIER, R. Y. (Eds.): The bacteria. - Vol. I-V. Academic Press, New York 1960, 1961, 1962, 1964.
HALL, J.: Evolution of the prokaryotes. - Journ. theor. Biol. 30: 429. 1971.
HAWKER, L. E., LINTON, A. H., FOLKES, B. F. & CARLILE, M. J.: Einführung in die Biologie der Mikroorganismen. - Thieme, Stuttgart 1962.
HEDGES, R. W.: The pattern of evolutionary change in bacteria. - Heredity 28: 39. 1972.
HUNGATE, R. E.: The Rumen and its microbes. - Academic Press, New York 1966.
JACHERTS, D. & JACHERTS, B.: Elemente der Bakterienphysiologie. - Akad. Verlagsges., Frankfurt 1964.
JACOB, F. J.: Genetik der Bakterienzelle. - Angew. Chemie 78: 704. 1966.
JACOB, F. J. & WOLLMAN, E. L.: Sexuality and the genetics of bacteria. - Academic Press, New York 1961.
JENSEN, S. L.: Biosynthesis and function of carotenoid pigments in microorganisms. - Ann. Rev. Microbiol. 19: 163. 1965.
JONES, D. & SNEATH, P. H. A.: Genetic transfer and bacterial taxonomy. - Bact. Rev. 34: 40. 1970.
KANDLER, O.: Cell Wall Structures and their Phylogenetic Implications. - In KANDLER, O. (Ed.): Archaebacteria, p. 149. 1982.
KESSLER, E.: Anorganischer N-Stoffwechsel. - Fortschr. Bot. 29: 119. 1967.
KIMURA, M. & OHTA, T.: Eukaryote-prokaryote divergence estimated by 5S ribosomal RNA sequences. - Nature New Biol. 243: 199. 1973.
KÖHLER, H.: Bakterien als Energieerzeuger. - Naturw. Rdsch. 29: 354. 1976.
KRASSILNIKOV, N. A.: Guide to the bacteria and actinomycetes. - Acad. Sci. USSR Moskau 1949. (in russisch)
LAMANNA, C. & MALLETTE, M. F.: Basic bateriology. Its biological and chemical background. - 3.ed., Baltimore 1965.
LAMATER, E. D., DE: Cytology of bacteria. Part II: the bacterial nucleus. - Ann. Rev. Microbiol. 8: 23. 1954.
LEES, H.: Biochemistry of autotrophic bacteria. - Butterworths, London 1955.
LEIFSON, E.: Staining, shape, and arrangement of bacterial flagella. - Journ. Bact. 62: 377. 1951.
-: Atlas of bacterial flagellation. - Academic Press, New York 1960.
-: Bacterial taxonomy: a critique. - Bact. Rev. 30: 257. 1966.

LEIFSON, E. & HUGH, R.: Variation in shape and arrangement of bacterial flagella. - Journ. Bact. 65: 263. 1953.
LLOYD, D.: The mitochondria of microorganism. - Academic Press, London 1974.
MADOFF, S.: The L-Forms of Bacteria. - In STARR, M. P. et al. (Eds.): The Prokaryotes, Vol. II: 2225. 1981.
MANDEL, M.: New approaches of bacterial taxonomy: perspective and prospects. - Ann. Rev. Microbiol. 23: 239. 1969.
MARGULIS, L.: The microbes contribution to evolution: 300th anniversary of Antonie van Leeuvenhoek. - BioSystems 7: 266. 1975.
MARGULIS, L., TO, L. & CHASE, D.: Microtubules in prokaryotes. - Science 200: 1118. 1978.
MARMUR, J. S., FALKOW, S. & MANDEL, M.: New approaches to bacterial taxonomy. - Ann. Rev. Microbiol. 17: 329. 1963.
MINER, R. W. (Ed.): Virus and rickettsial classification and nomenclature. - Ann. N. Y. Acad. Sci. 56: 381. 1953.
MUDD, S.: The mitochondria of bacteria. - Journ. histochem. cytochem. 1: 248. 1953.
MÜLLER, M. E.: Evolution und Alter von Bakterien. - Naturwissensch. 63: 224. 1976.
MURRAY, R. G. E.: The evolution of bacteria. - In CAMERON, T. W. M.: Evolution: its science and doctrine, p. 123. 1960.
-: Fine structure and taxonomy of bacteria. - Symp. Soc. gen. Microbiol. 12: 119. 1962.
NIEL, C. B., VAN: The bacterial photosyntheses and their importance for the general problem of photosynthesis. - Adv. Enzymol. 1: 263. 1941.
-: The classification and natural relationships of bacteria. - Symp. Quant. Biol. 11: 285. 1946.
-: Classification and taxonomy of the bacteria and bluegreen algae. - In A Century of Progress in the Natural Sciences 1853-1953, p. 89. San Francisco 1955.
OGINSKY, E. & UMBREIT, W. W.: Introduction to bacterial physiology. - Freeman, San Francisco 1959.
OLSON, J. M.: Evolution of photosynthetic and respiratory Prokaryotes and Organelles. - In FREDRICK, J. F. (Ed.): Origins and Evolution of eukaryotic intracellular Organelles, p. 8. 1981.
ORLA-JENSEN, S.: Die Hauptlinien des natürlichen Bakteriensystems. - Zentralblatt Bakt. 22: 305. 1909.
PÉREZ-MIRAVETE, A. & PELAEZ, D. (Eds.): Recent advances in Microbiology. - Assoc. mex. Microbiol. Mexiko 1971.
PERKINS, H. R.: Chemical structure and biosynthesis of bacterial cell walls. - Bact. Rev. 27: 18. 1963.
PIEKARSKI, G.: Haben Bakterien einen Zellkern? - Naturwissensch. 37: 201.1950.
PORTER, J. R.: Bacterial chemistry and physiology. - Wiley, New York 1946.
POSTGATE, J. R.: Presence of cytochrome in an obligate anaerobe. - Biochem. Journ. 56: XI. 1954.
PRINGSHEIM, E.: The relationship between bacteria and Myxophyceae. - Bact. Rev. 13: 47. 1949.
RAGAN, M. A. & CHAPMAN, D. J.: A biochemical phylogeny of the protists. - Academic Press, New York 1978.
RHODES, M. E.: Flagellation as a criterion for the classification of bacteria - Bact. Rev. 29: 442. 1965.
RICHMOND, M. H. & WIEDEMAN, B.: Plasmids and bacterial evolution. - Symp. Soc. gen. Microbiol. No. 24: 59. 1974.
RIPPEL, A. & Pietschmann, K.: Die Bedeutung der subpolaren Begeißelung der Bakterien für einige Fragen der Bakteriensystematik. - Nachr. Akad. Wiss. Göttingen 1941, math.-nat. Kl. N. F. 1: 119. 1941.
ROBINOW, C. F.: The chromatin bodies of bacteria. - Bact. Rev. 20: 207. 1956.
RYTER, A.: Association of the nucleus and the membrane of bacteria: a morphological study. - Bact. Rev. 32: 39. 1968.
SALTON, M. R. J.: Microbial cell walls. - Wiley, New York 1961.
-: The bacterial cell wall. - American Elsevier Publ. 1964.
SAPOZHNIKOW, D. J.: Entstehung und Evolution der phototropen Ernährungsweise.

- In A. I. OPARIN (Ed.): The origin of life on the earth, p. 635. 1959.
SCHLEGEL, H. G.: Der chemolithotrophe Stoffwechsel. - Naturwiss. 47: 49. 1960.
-: Allgemeine Mikrobiologie, 5. Aufl. - Thieme, Stuttgart 1981.
SCHLEGEL, H. G. & JANNASCH, H. W.: Prokaryotes and their Habitats. - In STARR, M. P. et al. (Eds.): The Prokaryotes, vol. I: 43. 1981.
SENEZ, J. C., NASON, A., MORTENSEN, L. E., ORMEROD, J. G., GEST, H. & PECK, H. D.: Symposium on metabolism of inorganic compounds. - Bact. Rev. 26: 14. 1962.
SEYBOLD, A. & HIRSCH, G.: Bakteriochlorophylla, das grüne Pigment gelbgrüner Bakterien. - Naturwiss. 41: 258. 1954.
SHIVELEY, J. M.: Inclusion bodies of prokaryotes. - Ann. Rev. Microbiol. 28: 167. 1974.
SKERMAN, V. B. D.: A guide to the identification of the Genera of Bacteria. - 2nd. ed., Williams & Wilkins, Baltimore 1967.
SNEATH, P. H. A.: Phylogeny of micro-organisms. - Symp. Soc. gen. Microbiol. 24: 1. 1974.
SOKATCH, J. R.: Bakterial metabolism. - Academic Press, London 1969.
SONEA, S. & PANISSET, M.: Pour une nouvelle bactériologie. - Rev. Can. Biol. 35: 103. 1976.
SPIZIZEN, J., REILLY, B. E. & EVANS, A. H.: Microbial transformation and transfection. - Ann. Rev. Microbiol. 20: 371. 1966.
STACKEBRANDT, E. & WOESE, C. R.: The evolution of prokaryotes. - Symp. Soc. Gen. Microbiol. 32: 1. 1981.
STANIER, R. Y.: Toward an evolutionary taxonomy of the bacteria. - Rec. Advanc. Microbiol. 1971: 595. 1971.
STANIER, R. Y., ADELBERG, E. A. & INGRAHAM, J. L. (Eds.): General Microbiology. - 3rd ed. Macmillan, London 1977.
STANIER, R. Y., DOUDEROFF, M. & ADELBERG, E.: The microbial world. - 3rd ed., Prentice Hall, Englewood Cliffs, New York 1970.
STANIER, R. Y. & NIEL, C. B. VAN: The concept of a bacterium. - Archiv Mikrobiol. 42: 17. 1962.
STARKA, J.: Physiologie und Biochemie der Mikroorganismen. - VEB G. Fischer, Jena 1968.
STARKEY, R. L., UMBREIT, W. W., CLAYTON, R. K., LEES, H., VISHNIAC, W. & TRUDINGER, P. A.: Symposium on autotrophy. - Bact. Rev. 26: 142. 1962.
STARR, M. P. & SCHMIDT, J. M.: Prokaryote Diversity. In STARR, M. P. et al. (Eds.): The Prokaryotes, Vol. I: 3. 1981.
STARR, M. P., STOLP, H., TRÜPER, H. G., BALOWS, A. & SCHLEGEL, H. G. (Eds.): The Prokaryotes. - Vol. I. Springer, Berlin-Heidelberg-New York 1981.
-----: The Prokaryotes. - Vol. II. Springer, Berlin-Heidelberg-New York 1981.
STEPHENSON, M.: Bacterial metabolism. - 3rd ed., Longmans Green, London 1949.
THOMM, M., STETTER, K. O. & ZILLIG, W.: Histone-like Proteins in Eu- and Archaebacteria. - In KANDLER, O. (Ed.): Archaebacteria, p. 128. 1982.
TRÜPER, H. G. & KRÄMER, J.: Principles of Characterization and Identification of Prokaryotes. - In STARR, M. P. et al. (Eds.): The Prokaryotes. Vol. I: 176. 1981.
UMBREIT, W. W.: Problems of autotrophy. - Bact. Rev. 11: 157. 1947.
TAYLOR, M. M. & STORCK, R.: Uniqueness of bacterial ribosomes. - Proc. Nat. Acad. Sci. 52: 958. 1964.
THIMANN, K. V.: The life of bacteria. - 2nd ed., Macmillan, New York 1963.
-: Das Leben der Bakterien. - VEB G. Fischer, Jena 1964.
WERKMAN, C. H. & WILSON, P. W. (Eds.): Bacterial physiology. - Academic Press, New York 1951.

Archaebacteria

BALCH, W. E.: Methanogens: Their impact on our Concept of Procaryote Diversity. - In KANDLER, O. (Ed.): Archaebacteria, p. 295. 1982.
BALCH, W. E., FOX, G. E., MAGRUM, L. J., WOESE, C. R. & WOLFE, R. S.: Methano

gens: Reevaluation of a unique biological group. - Microbiol. Rev. 43: 260. 1979.
BALCH, W. E., MAGRUM, L. J., FOX, G. E., WOLFE, R. S. & WOESE, C. R.: An ancient divergence among bacteria. - Journ. Molec. Evol. 9: 305. 1977.
BRIERLEY, C. L. & BRIERLEY, J. A.: A chemoautotrophic and thermophilic microorganism isolated from an acid hot spring. - Can. Journ. Microbiol. 19: 183. 1973.
BROCK, T. D.: Thermophilic microorganisms and life at high temperatures. - Springer, Berlin-Heidelberg-New York 1978.
-: Extreme Thermophiles of the Genera Thermus and Sulfolobus. - In STARR, M. P. et al. (Eds.): The Prokaryotes, Vol. I: 978. 1981.
BROCK, T. D., BROCK, K. M., BELLY, R. T. & WEISS, R. L.: Sulfolobus: a new genus of sulfur-oxidizing bacteria living at low pH and high temperature. - Arch. Mikrobiol. 84: 54. 1972.
BROWN, A. D. & CHO, K. Y.: The walls of the extremely halophilic cocci: Grampositive bacteria lacking muramic acid. - Journ. Gen. Microbiol. 62: 267. 1981.
BRYANT, M. P., McBRIDGE, B. C. & WOLFE, R. S.: Hydrogen-oxidizing methane bacteria. I. Cultivation and methanogenesis. - Journ. Bact. 95: 1118. 1968.
DARLAND, G., BROCK, T. D., SAMSONOFF, W. & CONTI, S. F.: A thermophilic, acidophilic Mycoplasma isolated from a coal refuse pile. - Science 170: 1416. 1970.
DE ROSA, M., GAMBACORTA, A. & BU'LOCK, J. D.: Extremely thermophilic acidophilic bacteria convergent with Sulfolobus acidocaldarius. - Journ. Gen. Microbiol. 86: 156. 1975.
FOX, G. E., LUEHRSEN, K. R. & WOESE, C. R.: Archaebacterial 5S Ribosomal RNA. - In KANDLER, O. (Ed.): Archaebacteria, p. 330. 1982.
FOX, G. E., MAGRUM, L. J., BALCH, W. E. & WOLFE, R. S.: Classification of methanogenic bacteria by 16 S ribosomal RNA characterization. - Proc. Nat. Acad. Sci. USA 74: 4537. 1977.
HAHN, J.: Geochemical Fossils of a Possibly Archaebacterial Origin in Ancient Sediments. - In KANDLER, O. (Ed.): Archaebacteria, p. 40. 1982.
HORI, H., ITOH, T. & OSAWA, S.: The Phylogenic Structure of the Metabacteria. - In KANDLER, O. (Ed.): Archaebacteria, p. 18. 1982.
JONES, J. B., BOWERS, B. & STADTMAN, T. C.: Methanococcus vannielli: ultrastructure and sensitivity to detergents and antibiotics. - Journ. Bact. 130: 1357. 1977.
KANDLER, O.: Zellwandstrukturen bei Methan-Bakterien. Zur Evolution der Prokaryonten. - Naturwiss. 66: 95. 1979.
-: Archaebakterien und Phylogenie der Organismen. - Naturwiss. 68: 183. 1981.
- (Ed.): Archaebacteria. - G. Fischer, Stuttgart-New York 1982.
KANDLER, O. & HIPPE, H.: Lack of peptidoglycan in the cell walls of Methanosarcina barkeri. - Arch. Microbiol. 113: 57. 1977.
KANDLER, O. & KÖNIG, H.: Chemie der peptidoglycanfreien Zellwände der Methanbakterien. - Zschr. physiol. Chem. 359: 282. 1978.
--: Chemical composition of the peptidoglycan-free cell walls of methanogenic bacteria. - Arch. Microbiol. 118: 141. 1978.
KÖNIG, H., KRALIK, R. & KANDLER, O.: Structure and Modifications of Pseudomurein in Methanobacteriales. - In KANDLER, O. (Ed.): Archaebacteria, p. 179. 1982.
LANGWORTHY, T. A., MAYBERRY, W. R. & SMITH, P. F.: Long-chain glycerol diether and polyol dialkyl glycerol triether lipids of Sulfolobus acidocaldarius. - Journ. Bact. 119: 106. 1974.
LANGWORTHY, T. A., SMITH, P. F. & MAYBERRY, W. R.: Lipids of Thermoplasma acidophilum. - Journ. Bact. 112: 1193. 1972.
LANGWORTHY, T. A., TORNABENE, T. G. & HOLZER, G.: Lipids of Archaebacteria. - In KANDLER, O. (Ed.): Archaebacteria, p. 228. 1982.
LARSEN, H.: Biochemical aspects of extreme halophilism. - Advanc. microbial Physiol. 1: 97. 1967.
-: The Family Halobacteriaceae. - In STARR, M. P. et al. (Eds.): The Prokaryotes, vol. I: 985. 1981.

MAGRUM, L. J., LUEHRSEN, K. R. & WOESE, C. R.: Are extreme halophiles actually "bacteria"? - Journ. Mol. Evol. 11: 1. 1978.
MAH, R. A., SMITH, M. R.: The Methanogenic Bacteria. - In STARR, M. P. et al. (Eds.): The Prokaryotes, vol. I: 948. 1981.
MATHESON, A. T. & YAGUCHI, M.: The Evolution of the Archaebacterial Ribosome. - In KANDLER, O. (Ed.): Archaebacteria, p. 192. 1982.
MAUGH, T. H.: Phylogeny: Are methanogens a third class of life? - Science 198: 812. 1977.
SCHLEIFER, K. H. & KANDLER, O.: Peptidoglycan types of bacterial cell walls and their taxonomic implications. - Bact. Rev. 36: 407. 1972.
SEARCY, D. G. & STEIN, D. B.: Nucleoprotein subunit structures in an unusual prokaryotic organism: Thermoplasma acidophilum. - Biochim. Biophys. Acta 609: 180. 1980.
SEARCY, D. G., STEIN, D. B. & GREEN, G. R.: Phylogenetic affinities between eukaryotic cells and a thermophilic Mycoplasma. - BioSystems 10: 19. 1978.
SEARCY, D. G., STEIN, D. B. & SEARCY, K. B.: A Mycoplasma-like Archaebacterium possibly related to the nucleus and cytoplasm of eucaryotic cells. - In FREDRICK, J. F. (Ed.): Origins and Evolution of eukaryotic intracellular Organelles, p. 312. 1981.
STEBER, J. & SCHLEIFER, K. H.: Halococcus morrhuae: A sulfated heteropolysaccharide as the structural component of the bacterial cell wall. - Arch. Microbiol. 105: 173. 1975.
STEITZ, J. A.: Methanogenic bacteria. - Nature 273: 10. 1978.
STOECKENIUS, W.: Bacteriorhodopsin and related Pigments. - In KANDLER, O. (Ed.): Archaebacteria, p. 359. 1982.
THAUER, R. K. & FUCHS, G.: Methanogene Bakterien. - Naturwiss. 66: 89. 1979.
VALEN, L. M. VAN, MAIORANA, V. C.: The Archaebacteria and Eucaryotic Origins. - Nature 287: 248. 1980.
VOGELS, G. D., KELTJENS, T. VAN, HUTTEN, T. J. & DRIFT, C. VAN DER: Coenzymes of Methanogenic Bacteria. - In KANDLER, O. (Ed.): Archaebacteria, p. 258. 1982.
WEISS, R. L.: Subunit cell wall of Sulfolobus acidocaldarius. - Journ. Bact. 118: 275. 1974.
WILKINSON, J. F.: Methanogenic bacteria: a new primary kingdom. - Nature 271: 707. 1978.
WOESE, C. R.: A comment on the methanogenic bacteria and the primitive ecology. - Journ. Mol. Evol. 9: 369. 1977.
-: Archaebacteria. - Sci. Amer. 244: 94. 1981.
-: Archaebacteria and Cellular Origins: An Overview. - In KANDLER, O. (Ed.): Archaebacteria. p. 1. 1982.
WOESE, C. R. & FOX, G. R.: Phylogenetic structure of the prokaryotic domain: The primary kingdoms. - Proc. Nat. Acad. Sci. USA 74: 5088. 1977.
WOESE, C. R., MAGRUM, L. J. & FOX, G. E.: Archaebacteria. - Journ. Mol. Evol. 11: 245. 1978.
WOESE, C., SOGIN, M., STAHL, D., LEWIS, B. J. & BONEN, L.: A Comparison of the 16 S ribosomal RNAs from mesophilic and thermophilic bacilli: Some modifications in the Sanger Method für RNA sequencing. - Journ. Mol. Evol. 7: 197. 1976.
WOLFE, R. S.: Microbial formation of methane. - Adv. Microbial Physiol. 6: 107. 1971.
ZEIKUS, J. F.: The biology of methanogenic bacteria. - Bact. Rev. 41: 514. 1977.
ZEIKUS, J. G. & BOWEN, V. G.: Fine structure of Methanospirillum hungatii. - Journ. Bact. 121: 373. 1975.
ZILLIG, W., STETTER, K. O. & JANEKOVIČ, D.: DNA-dependent RNA polymerase from the archaebacterium Sulfolobus acidocaldarius. - Eur. Journ. Biochem. 96: 597. 1979.
ZILLIG, W., STETTER, K. O. & TOBIEN, M.: DNA-dependent RNA polymerase from Halobacterium halobium. - Eur. Journ. Biochem. 91: 193. 1978.
ZILLIG, W., STETTER, K. O., WUNDERL, S., SCHULZ, W., PRIESS, H. & SCHOLZ, I.: The Sulfolobus-"Caldariella" Group: Taxonomy on the Basis of the Structure of DNA-Depent RNA Polymerases. - Arch. Microbiol. 125: 259. 1980.

Neobacteria

ADAMS, M. E. & POSTIGATE, J. R.: On sporulation in sulfate-reducing bacteria. - Journ. gen. Microbiol. 24: 291. 1961.
AINSWORTH, G. C. & SNEATH, P. H. A. (Eds.): Microbiol classification. - Cambridge Univ. Press, London 1962.
ALLISON, A. C. & PERKINS, H. R.: Presence of cell walls like those of bacteria in Rickettsiae. - Nature 188: 796. 1960.
ARAGNO, M. & SCHLEGEL, H. G.: The Hydrogen-oxidizing Bacteria. - In STARR, M. P. et al. (Eds.): The Prokaryotes, Vol. I: 865. 1981.
BAALSRUD, K.: Some aspects of the physiology of thiobacilli. - Symp. Soc. gen. Microbiol. 4: 54. 1954.
BERGERON, J. A. & FULLER, R. C.: The submicroscopic basis of bacterial photosynthesis. The Chromatophore. - In EDDS, M. V.: Macromolecular complexes, p. 179. 1961.
BISSET, K. A. & GRACE, J. B.: Nature and relationship of autotrophic bacteria. - Symp. Soc. gen. Microbiol. 4: 28. 1954.
BOATMAN, E. S. & DOUGLAS, H. C.: Fine structure of the photosynthetic bacterium, Rhodomicrobium vannielii. - Journ. Biochem. Biophys. Cytol. 11: 469. 1961.
BRADFIELD, J. R. G. & CATER, D. B.: Electron-microscopic evidence on the structure of Spirochaetes. - Nature 169: 944. 1952.
BRADLEY, S. G.: Phylogenetic relationship among actinomycetes. - Rec. Adv. Microbiol. 1971: 3. 1971.
BRAUN, H.: Elektronenmikroskopische Beobachtungen an Geißeln von E. coli. - Naturwiss. 42: 444. 1955.
BREED, R. S., MURRAY, E. G. D. & SMITH, N. R.: Bergey's manual of determinative bacteriology, - 7th. ed., Williams & Wilkins, Baltimore 1966.
BRENNER, D. J.: Introduction to the Family Enterobacteriaceae. - In STARR, M. P. et al. (Eds.): The Prokaryotes, vol. II: 1105. 1981.
CAMPBELL, L. L. & POSTGATE, J. R.: Classification of the spore forming sulfate reducing bacteria. - Bact. Rev. 29: 359. 1965.
COHEN-BAZIRE, G.: Some observations on the organization of the photosynthetic apparatus in purple and green bacteria. - In GEST, H., SAN PIETRO, A. & VERNON, L. P.: Photosynthetic bacteria, p. 89. 1963.
COHEN-BAZIRE, G., PFENNIG, N. & KUNISAWA, R.: The fine structure of green bacteria. - Journ. Cell, Biol. 22: 207. 1964.
CLAYTON, R. K.: Recent developments in photosynthesis. - Bact. Rev. 26: 151. 1962.
DE LEY, J. & PARK, I. W.: Molecular biological taxonomy of some freeliving nitrogen-fixing bacteria. - Antonie Leeuwenhoek 32: 6. 1966.
DE LEY, J., PARK, I. W., TIJTGAT, A. & ERMENGEN, J. VAN: DNA homology and taxonomy of Pseudomonas and Xanthomonas. - Journ. gen. Microbiol. 42: 43. 1966.
DREWS, G.: Untersuchungen zur Substruktur der "Chromatophoren" von Rhodospirillum rubrum und Rhodospirillum molischianum. - Arch. Mikrobiol. 36: 99. 1960.
-: Die photosynthetischen Bakterien als Modelle zur Untersuchung von zellulären Differenzierungsprozessen. - Naturw. Rdsch. 25: 213. 1972.
EDWARD, D. G.: The pleuropneumonia group of organisms: a review, together with some new observations. - Journ. gen. Microbiol. 10: 27. 1954.
ENGEL, H.: Der heutige Stand der Chemosyntheseforschung unter besonderer Berücksichtigung der nitrifizierenden Bakterien und Thiobazillen. - Ber. dtsch. bot. Ges. 75: 7. 1962.
FOX, D. L. & LEWIN, R. A.: A preliminary study of the carotenoids of some flexibacteria. - Canad. Journ. Microbiol. 9: 753. 1963.
FRATEUR, J.: Essay sur la systêmatique des acetobacters. - Cellule 53: 287. 1950.
FRY, B. A.: Nitrogen metabolism of microorganisms. - Metheun, London 1955.
FULLER, R. C., CONTI, S. F. & MELLIN, D. B.: The structure of the photosynthetic apparatus in the green and purple sulfur bacteria. - In GEST, H., SAN PIETRO, A. & VERNON, L. P. (Eds.): Photosynthetic bacteria, p. 71. 1963.

GEST, H., SAN PIETRO, A. & VERNON, L. P. (Eds.): Photosynthetic bacteria. - Antioch Press, Yellow Springs, Ohio 1963.
GIBSON, J.: Cytochrome pigments from the green photosynthetic bacterium, Chlorobium thiosulfatophilum. - Biochem. Journ. 79: 151. 1961.
GOODFELLOW, M. & MINNKIN, D. E.: Introduction to the Coryneform Bacteria. - In STARR, M. P. et al. (Eds.): The Prokaryotes, vol. II:1811. 1981.
GORDON, J. K.: Introduction to the Nitrogen-fixing Prokaryotes. - In STARR, M. P. et al. (Eds.): The Prokaryotes, vol. I:781. 1981.
GUNSALUS; I. C. & STANIER, R. Y. (Eds.): The Bacteria. - Vol. I, Academic Press, New York 1960.
HARDY, R. W. & BURNS, R. C.: Biological nitrogen fixation. - Ann. Rev. Biochem. 37: 331. 1968.
HAROLD, R. & STANIER, R. Y.: The genera Leucothrix and Thiothrix. - Bact. Rev. 19: 49. 1955.
HILL, L. R.: An index to desoxyribonucleic acid base compositions of bacterial species. - Journ. gen. Microbiol. 44: 419. 1966.
HIRSCH, P.: The budding bacteria. - Ann. Rev. Microbiol. 28: 391. 1974.
HOLT, A. S. & MORLEY, H. V.: Chlorobium chlorophyll. - Journ. Amer. Chem. Soc. 82: 500. 1960.
HOLT, A. S., HUGHES, D. W., KENDE, H. J. & PURDIE, J. W.: Chlorophylls of green photosynthetic bacteria. - Plant Cell Physiol. 4: 49. 1964.
HORIO, T. & KAMEN, M. D.: Observations on the respiratory system of Rhodospirillum rubrum. - Biochemistry 1: 1141. 1962.
JENSEN, A., AASONUNDRUD, O. & EIMHJELLEN, D. C.: Chlorophylls of photosynthetic bacteria. - Biochem. biophys. Acta 88: 466. 1964.
JENSEN, H. L.: Studies on saprophytic mycobacteria and corynebacteria. - Proc. Linn. Soc. N. S. W. 59: 19. 1934.
JETER, R. M. & INGRAHAM, J. L.: The Denitrifying Prokaryotes. - In STARR, M. P. et al. (Eds.): The Prokaryotes, vol. I: 913. 1981.
JOHNSON, R. C.: Introduction to the Spirochaetes. - In STARR, M. P. et al. (Eds.): The Prokaryotes, vol. I: 533. 1981.
KAUFFMANN, F.: Enterobacteriaceae. - 2nd ed., Munksgaard, Kopenhagen 1954.
KELLY, D. P.: Autotrophy: concepts of lithotrophic bacteria and their organic metabolism. - Ann. Rev. Microbiol. 25: 177. 1971.
-: Introduction to the Chemolithotrophic Bacteria. - In STARR, M. P. et al. (Eds.): The Prokaryotes, vol. I: 997. 1981.
KLIENEBERGER-NOBEL, E.: Pleuropneumonia - Like Organisms (PPLO) Mycoplasmataceae. - Academic Press London 1962.
KRASSILNIKOV, N. A.: Actinomycetales. - Acad. Sci. U.S.S.R., Moskau 1941. (in russisch).
LAMANNA, C. & MALETTE, M. F.: Basic bacteriology. Its biology and chemical background. - 3rd. ed., Williams & Wilkins, Baltimore 1965.
LAPAGE, S. P., BASCOMP, S., WILLCOX, W. R. & CURTIS, M. A.: Identification of bacteria by computer: general aspects and perspectives. - Journ. gen. Microbiol. 77: 273. 1973.
LARSEN, H.: The photolitho-autotrophic bacteria and their energy relations. - Symp. Soc. gen. Microbiol. 4: 186. 1954.
LASCALLES, J.: The formation of porphyrins by photosynthetic bacteria. - In WOLSTENHOME, G. E. W. & MILLAR, E. C. P.: Porphyrin biosynthesis and metabolism, p. 265. 1955.
-: The bacterial photosynthetic apparatus. - Adv. microbiol. Phys. 2: 1. 1968.
LECHEVALIER, H. A. & LECHEVALIER, M. P.: Biology of actinomycetes. - Ann. Rev. Microbiol. 21: 71. 1967.
-: Introduction to the Order Actinomycetales. - In STARR, M. P. et al. (Eds.): The Prokaryotes, vol. II: 1915. 1981.
LEES, H.: Biochemistry of autotrophic bacteria. - Butterworths, London 1955.
LEIFSON, E., CARHART, S. R. & FULTON, M.: Morphological characteristics of flagella of Proteus and related bacteria. - Journ. Bact. 69: 73. 1955.
LINDSTROM, E. S., NEWTON, J. W. & WILSON, P. W.: The relationship between photosynthesis and nitrogen fixation. - Proc. Nat. Acad. Sci. 38: 392. 1952.

LISTGARTEN, M. A. & SOCRANSKY, S. S.: Electron microscopy of axial fibrils, outer envelope, and cell divisions of certain oral spirochetes. - Journ. Bact. 88: 1087. 1964.
MANILOFF, J., MOROWITZ, H. & BARNETT, R. J.: Ultrastructure and ribosomes of Mycoplasma gallisepticum. - Journ. Bact. 90: 193. 1965.
MASOVER, G. & HAYFLICK, L.: The Genera Mycoplasma, Ureaplasma and Acholeplasma, and Associated Organisms (Thermoplasmas and Aneroplasmas). - In STARR, M. P. et al. (Eds.): The Prokaryotes, vol. II: 2247. 1981.
MEIKLEJOHN, J.: Some aspects of the physiology of the nitrifying bacteria. - Symp. Soc. gen. Microbiol. 4: 68. 1954.
MEVIUS, W.: Beiträge zur Kenntnis von Hyphomicrobium vulgare STUTZER et HARTLEB. - Arch. Mikrobiol. 19: 1. 1953.
MULDER, E. G. & DEINEMA, M. H.: The Sheathed Bacteria. - In STARR, M. P. et al. (Eds.): The Prokaryotes, vol. I: 425. 1981.
NIEL, C. B., van: The propionic acid bacteria. - Boissevain, Haarlem 1928.
-: Biochemical problems of the chemo-autotroph bacteria. - Phys. Rev. 23: 338. 1943.
-: The culture, general physiology, morphology and classification of the non-sulfur purple and brown bacteria. - Bact. Rev. 8: 1. 1944.
OELZE, J. & DREWS, G.: Membranes of photosynthetic bacteria. - Biochim. biophys. Acta 265: 209. 1972.
ORLA-JENSEN, S.: The lactic acid bacteria. -2nd ed., Munskgaard, Copenhagen 1919.
PALLERONI, N. J.: Introduction to the Family Pseudomonadaceae. - In STARR, M. P. et al. (Eds.): The Prokaryotes, vol. I: 655. 1981.
PECK, H. D.: The evolutionary significance of inorganic sulfur metabolism. - Symp. Soc. gen. Microbiol. No. 24: 241. 1974.
PFENNIG, N.: Photosynthetic bacteria. - Ann. Rev. Microbiol. 21: 285. 1967.
-: Phototrophic green and purple bacteria: A comparative, systematic survey. - Ann. Rev. Microbiol. 31: 275. 1977.
PFENNIG, N. & TRÜPER, H. G.: Higher taxa of phototrophic bacteria. - Internat. Journ. Syst. Bact. 21: 17. 1971.
PFENNIG, N., WIDDEL, F. & TRÜPER, H. G.: The Dissimilatory Sulfate-reducing Bacteria. - In STARR, M. P. et al. (Eds.): The Prokaryotes, vol. I: 926. 1981.
PICHINOTY, F., MOTTET, A., BIGLIARDI-KOUVIER, J. & FORGET, P.: Le cycle de Krebs chez les bactêries dênitrifiantes. - Z. Naturforsch. 18: 492. 1963.
POSTGATE, J. R.: Sulfate reduction by bacteria. - Ann. Rev. Microbiol. 13: 505. 1959.
-: Recent advances in the study of the sulfate reducing bacteria. - Bact. Rev. 29: 425. 1965.
-: Evolution within nitrogen-fixing systems. - Symp. Soc. gen. Microbiol. No. 24: 263. 1974.
-: The sulphate-reducting bacteria. - Cambridge Univ. Press., Cambridge 1979.
PRÊVOT, A. R. & FREDETTE, V.: Manual for the classification and the determination of the anaerobic bacteria. - Lea & Febiger, Philadelphia 1966.
PRÊVOT, A. R., TURPIN, A. & KAISER, P.: Les bactêries anaêrobies. - Dunod, Paris 1967.
PRINGSHEIM, E. G.: Iron bacteria. - Biol. Rev. 24: 200. 1949.
RAZIN, S.: Structure and function of Mycoplasma. - Ann. Rev. Microbiol. 23: 317. 1969.
-: The Mycoplasmas. - Microbiol. Rev. 42: 414. 1978.
REICHENBACH, H. & DWORKIN, M.: Introduction to the Gliding Bacteria. - In STARR, M. P. et al. (Eds.): The Prokaryotes, vol. I: 315. 1981.
--: The Order Myxobacterales. - In STARR, M. P. et al. (Eds.): The Prokaryotes, vol. I: 328. 1981.
--: The Order Cytophagales (with Addenda on the Genera Herpetosiphon, Saprospira, and Flexithrix). - In STARR, M. P. et al. (Eds.): The Prokaryotes, vol. I: 356. 1981.
SALLE, A. J.: Fundamental principles of bacteriology, - 6th. ed., McGraw-Hill, New York 1966.

SALTON, M. R. J.: The bacterial cell wall. - Elsevier, Amsterdam 1964.
SCHLEGEL, H. G.: Die wasserstoffoxydierenden Bakterien. - Handb. Pflanzenphysiol. 5: 687. 1960.
-: Physiology and biochemistry of Knallgasbacteria. - Adv. Comp. Physiol. Biochem. 2: 185. 1966.
SCHMIDT, K.: Carotenoids of some purple nonsulfur bacteria. Composition and biosynthesis of the carotenoids of some strains of Rhodopseudomonas acidophila, Rhodospirillum tenue, and Rhodocyclus pupureus. - Arch. Mikrobiol. 77: 231. 1971.
SHERMAN, J. M.: The streptococci. - Bact. Rev. 1: 3. 1937.
SKERMAN, V. B. D.: A guide to the identification of the genera of bacteria. - 2nd. ed., Williams & Wilkins, Baltimore 1967.
SMITH, N. R., GORDON, R. E. & CLARK, F. E.: Aerobic sporeforming bacteria. - Agric. Monogr. U. S. Dep. Agric. No. 16. 1952.
SORIANO, S. & LEWIN, R. A.: Gliding microbes: some taxonomic reconsiderations - Antonie Leeuwenhoek 31: 66. 1965.
STALEY, J. T., HIRSCH, P. & SCHMIDT, J. M.: Introduction to the Budding and/or Appendaged Bacteria. - In STARR, M. P. et al. (Eds.): The Prokaryotes, vol. I: 451. 1981.
STANIER, R. Y., DOUDOROFF, M. & ADELBERG, E. A.: General Microbiology, 3rd. ed., MacMillan, London 1970.
STANIER, R. Y., PALLERONI, N. J. & DOUDOROFF, M.: The aerobic pseudomonads: a taxonomic study. - Journ. gen. Microbiol. 43: 159. 1966.
STANIER, R. Y., PFENNIG, N. & TRÜPER, H. G.: Introduction to the Phototropic Prokaryotes. - In STARR, M. P. et al. (Eds.): The Prokaryotes, vol. I: 197. 1981.
STARKA, I.: Physiologie und Biochemie der Mikroorganismen. - G. Fischer, Stuttgart 1968.
STARR, M. P. & SEIDLER, R. J.: The Bdellovibrios. - Ann. Rev. Microbiol. 25: 649. 1971.
STARR, M. P. & WILLIAMS, R. C.: Helical fine structure of flagella of a motile diphtheroid. - Journ. Bact. 63: 701. 1952.
SWAIN, R. H. A.: The electron-microscopical anatomy of Leptospira canicola. - Journ. Pathol. Bacteriol. 73: 155. 1957.
TANIGUCHI, S.: Comparative biochemistry of nitrate metabolism. - Z. allg. Mikrobiol. 1: 341. 1961.
THIMANN, K. V.: Das Leben der Bakterien. - G. Fischer, Jena 1964.
TRÜPER, H. G. & PFENNIG, N.: Characterization and Identification of the Anoxygenic Phototrophic Bacteria. - In STARR, M. P. et al. (Eds.): The Prokaryotes, vol. I: 299. 1981.
VATTER, A. E. & WOLFE, R. S.: The structure of photosynthetic bacteria. - Journ. Bact. 75: 480. 1958.
VERNON, L. P.: Bacterial photosynthesis. - Ann. Rev. Plant Phys. 15: 73. 1964.
VISHNIAC, W. & SANTER, M.: The thiobacilli. - Bact. Rev. 21: 195. 1957.
WAKSMAN, S. A. & LECHEVALLIER, H. A.: The Actinomycetes. - Vol. I-III. Williams & Wilkins, Baltimore 1962.
WERKMAN, C. H.: Assimilation of carbon dioxide by heterotrophic bacteria. - In WERKMAN, C. H. & WILSON, P. W., Bacterial Physiology, p. 404. 1951.
WILLIAMS, M. A. & CHAPMAN, G. B.: Electron microscopy of flagellation in species of Spirillum. - Journ. Bact. 81: 195. 1961.
WILLIAMS, J. P. & PECK, H. D.: Studies on the formic hydrogenlysase of Desulfovibrio desulfuricans. - Bact. Proc. 62: 102. 1962.
WINSLOW, C. E. A. & WINSLOW, A. R.: The systematic relationships of the Coccaceae. - Wiley, New York 1908.
WOESE, C. R., MANILOFF, J. & ZABLEN, L. B.: Phylogenetic analysis of the mycoplasmas. - Proc. Nat. Acad. Sci. USA 77: 494. 1980.
WOLLMAN, E. L. & JACOB, F.: Sexuality and the genetics of bacteria. - Academic Press, New York 1961.

Cyanophyta

ALLEN, M. M.: Ultrastructure of the cell wall and cell division of unicellular bluegreen algae. - Journ. Bact. 96: 842. 1968.
-: Mesosomes in blue-green algae. - Arch. Mikrobiol. 84: 199. 1972.
BARASHKOV, G. K.: Chemistry of Cyanophyceae. - Bot. Zh. 46: 447. 1961.
BAZIN, M. J.: Sexuality in a blue-green alga: genetic recombination in Anacystis nudulans. - Nature 218: 282. 1968.
BECK, S.: Licht- und elektronenmikroskopische Untersuchungen an einer sporenbildenden Cyanophycee aus dem Formenkreis von Pleurocapsa fuliginosa HAUCK. - Flora 153: 194. 1963.
BROCK, T. D.: Evolutionary and ecological aspects of the Cyanophyta. - In CARR, N. G. & WHITTON, B. A. (Eds.): The Biology of blue-green algae, p. 487. 1973.
CAMERON, R. E.: Morphology of representative blue-green algae. - Ann. N. Y. Acad. Sci. 108: 412. 1963.
CARR, N. G. & WHITTON, B. A. (Eds.): The Biology of the Blue-Green Algae. - Botanical Monographs 9. Blackwell, Oxford 1973.
CHAPMAN, D. J.: Biliproteins and bilipigments. - In CARR, N. G. & WHITTON, B. A. (Eds.): The Biology of the Blue-Green Algae, p. 162. 1973.
CHAPMAN, D. J., COLE, W. J. & SIEGELMAN, H. W.: Phylogenetic implications of phycocyanobilin and C-phycocyanin. - Americ. Journ. Bot. 55: 314. 1968.
DELAPORTE, B.: Recherches cytologiques sur les bactéries et les cyanophycees. - Rev. gên. Bot. 52: 40. 1940.
DREWS, G. & NICKLOWITZ, W.: Beiträge zur Cytologie der Blau-Algen. - Arch. Microbiol. 24: 147. 1956.
ECHLIN, P.: The fine structure of the blue-green alga Anacystis montana f. minor grown in continuous illumination. - Protoplasma 58: 439. 1964.
-: The blue-green algae. - Sci. Amer. 214: 75. 1966.
ECHLIN, P. & MORRIS, I.: The relationship between blue-green algae and bacteria. - Biol. Rev. 40: 143. 1965.
EDWARDS, M. R. & GANTT, E.: Phycobilisomes of the thermophilic blue-green alga Synechococcus lividus. - Journ. Cell. Biol. 50: 896. 1971.
FOGG, G. E., STEWARD, W. D. P., FAY, P. & WALSBY, A. E.: The blue-green algae. - Academic Press, London - New York 1973.
FUHS, G. W.: Cytology of blue-green algae: Light microscopic aspects. - In JACKSON, D. F.: Algae, Man and the environment, p. 213. 1968.
GANTT, E. & CONTI, S. F.: Ultrastructure of blue-green algae. - Journ. Bact. 97: 1486. 1969.
GEITLER, L.: Synoptische Darstellung der Cyanophyceen in morphologischer und systematischer Hinsicht. - Beih. Bot. Centralbl. Abt. II, 41: 163. 1925.
-: Die angebliche stammesgeschichtliche Verwandtschaft von Cyanophyceen und Rhodophyceen. - Österr. Bot. Z. 93: 123. 1944.
-: Über die angeblichen verwandtschaftlichen Beziehungen von Cyanophyceen und Rhodophyceen. - Ber. dtsch. bot. Ges. 78: 101. 1965.
GOLUBIC, S.: The relationship between blue-green algae and carbonate deposition. - In CARR, N. G. & WHITTON, B. A. (Eds.): The Biology of the Blue-Green Algae, p. 439. 1973.
GUSEV, M. V.: The blue-green algae. - Mikrobiologii 30: 897. 1961.
HAGEDOORN, H.: Elektronenmikroskopische Untersuchungen an Blaualgen. - Naturwiss. 47: 430. 1960.
HATTORI, A. & FUJITA, Y.: Spectroscopic studies on the phycobilin pigments obtained from blue-green and red algae. - Journ. Biochem. 46: 633. 1959.
HEALEY, F. P.: The carotenoids of four blue-green algae. - Journ. Phycol. 4: 126. 1968.
HOLM-HANSEN, O.: Ecology, physiology, and biochemistry of blue-green algae. - Ann. Rev. Microbiol. 22: 47. 1968.
HOLTON, R. W.: Blue-green algae, primitive cells, and comparative biochemistry. - Abstr. XI. Intern. Bot. Congr. Seattle, p. 93. 1969.
-: Some possible chemotaxonomic approaches to understanding cyanobacterial taxonomy and phylogeny. - In FREDRICK, J. F. (Ed.): Origins and Evolution of eukaryotic intracellular Organelles, p. 397. 1981.

HOLTON, R. W., BLECKER, H. H. & STEVENS, T. S.: Fatty acids in blue-green algae: possible relation to phylogenetic position. - Science 160: 545. 1968.
HOPWOOD, D. A. & GLAUERT, A. M.: The fine structure of the nuclear material of a blue-green alga, Anabaena cylindrica LEMM. - Journ. biochem. biophys. cytol. 8: 813. 1960.
HOWLAND, G. P. & RAMUS, J.: Analysis of blue-green and red algal ribosomal - RNAs by gel electrophoresis. - Arch. Mikrobiol. 76: 419. 1968.
JONES, L. W. & MYERS, J.: A common link between photosynthesis and respiration in an blue-green alga. - Nature 199: 670. 1963.
JOST, M.: Die Ultrastruktur von Oscillatoria rubescens D. C. - Arch. Mikrobiol. 50: 211. 1965.
KLEIN, R. M.: Relationships between blue-green and red algae. - In FREDERICK, J. T. & KLEIN, R. M.: Phylogenesis and Morphogenesis in the algae. - Ann. N. Y. Acad. Sci. 175: 413. 1970.
KYLIN, H.: Verwandtschaftliche Beziehungen zwischen den Cyanophyceen und den Rhodophyceen. - Kungl. Fysiogr. Sällsk. Lund Förhandl. 13: 1. 1943.
LANG, N. J.: Ultrastructure of the blue-green algae. - In JACKSON, D. F.: Algae, Man, and the Environment, 1968.
-: The fine structure of blue-green algae. - Ann. Rev. Microbiol. 22: 15. 1968.
LANG, N. J. & WHITTON, B. A.: Arrangement and structure of thylakoids. - In CARR, N. G. & WHITTON, B. A. (Eds.): The Biology of Blue-Green Algae, p. 66. 1973.
PANKRATZ, H. S. & BOWEN, C. C.: Cytology of blue-green algae. I. The cells of Symploca muscorum. - Amer. Journ. Bot. 50: 387. 1963.
PASCHER, A.: Studien über Symbiosen. I. Über einige Endosymbiosen von Blaualgen in Einzellern. - Jb. wiss. Bot. 71: 386. 1929.
PRINGSHEIM, E. G.: Organismen mit blaugrünen Assimilatoren. - Stud. Plant Physiol., Prag 1958: 165. 1958.
RIS, H. & SINGH, R. N.: Electron microscope studies on blue-green algae. - Journ. biochem. Biophys. cytol. 9: 63. 1961.
SCHOPF, J. W.: Palebiology of the Precambrian: The age of blue-green algae. - Evolut. Biol. 7: 1. 1974.
SCHWABE, G. H.: Blaualgenprobleme. - Schweiz. Zschr. Hydrol. 24: 207. 1962.
-: Grundprobleme der Cyanophytensystematik. - Gew. u. Abw. 36: 7. 1964.
STANIER, R. Y. & COHEN-BAZIRE, G.: Phototrophic prokaryotes: The Cyanobacteria. - Ann. Rev. Microbiol. 31: 225. 1977.
STRANSKY, H. & HAGER, A.: Das Carotinoidmuster und die Verbreitung des lichtinduzierten Xanthophyllcyclus in verschiedenen Algenklassen. IV. Cyanophyceae and Rhodophyceae. - Arch. Mikrobiol. 72: 84. 1970.
THOMAS, J.: Absence of the pigments of Photosystem II of photosynthesis in heterocysts of a blue-green alga. - Nature 228: 181. 1970.
UEDA, K.: Elektronenmikroskopische Struktur der Blaualge Oscillatoria minima GICKLHORN unter besonderer Berücksichtigung der Zellteilung. - Biochem. Phys. Pflanzen 162: 345. 1971.
WEHRMEYER, W.: Zur Feinstruktur der Chloroplasten einiger photoautotropher Cyanophyceen. - Arch. Mikrobiol. 71: 367. 1970.
WHITTON, B. A., CARR, N. G. & CRAIG, I. W.: A comparison of the fine structure and nucleic acid biochemistry of chloroplasts and blue-green algae. - Protoplasma 72: 325. 1971.

Prochlorophyta

ANTIA, N. J.: A critical appraisal of LEWIN's Prochlorophyta. - Brit. Phycol. Journ. 12: 271. 1977.
CHADEFAUD, M.: Sur la notion de prochlorophytes. - Rev. Algol. 13: 203. 1978.
LEWIN, R. A.: A marine Synechocystis (Cyanophyta, Chroococcales) epizoic on asicidians. - Phycologia 14: 153. 1975.

-: Prochlorophyta as a proposed new division of algae. - Nature 261: 697. 1976.
-: Prochloron, type genus of the Prochlorophyta. - Phycologia 16: 217. 1977.
-: Prochloron, and the theory of symbiogenesis. - In FREDRICK, J. F. (Ed.): Origins and Evolution of eukaryotic intracellular Organelles, p. 325.1981.
-: The Prochlorophytes. - In STARR, M. P. et al. (Eds.): The Prokaryotes, vol. I: 257. 1981.
LEWIN, R. A. & CHENG, L.: Associations of microscopic algae with didemnid ascidians. - Phycologia 14: 149. 1975.
LEWIN, R. A. & WITHERS, N. W.: Extraordinary pigment composition of a prokaryotic alga. - Nature 256: 735. 1975.
MORIARTY, D. J. W.: Muramic acid in the cell walls of Prochloron. - Arch. Microbiol. 120: 191. 1978.
NEWCOMBE, E. H. & PUGH, T. D.: Blue-green algae associated with ascidians of the Great Barrier Reef. - Nature. 253: 533. 1975.
PERRY, G. J., GILLAN, F. T. & JOHNS, R. B.: Lipid composition of a prochlorophyte. - Journ. Phycol. 14: 369. 1978.
SCHULZ-Baldes, M. & LEWIN, R. A.: Fine structure of Synechocystis didemni (Cyanophyta: Chroococcales). - Phycologia 15: 1. 1976.
THINH, L.-V.: Photosynthetic lamellae of Prochloron (Prochlorophyta) associated with the ascidian Diplosoma virens (HARTMEYER) in the vicinity of Townsville. - Austr. Journ. Bot. 26: 1. 1978.
-: Prochloron (Prochlorophyta) associated with the ascidian Tridídemnum cyclops MICHAELSEN. - Phycologia 18: 77. 1979.
THINH, L.-V. & GRIFFITHS, D. J.: Studies on the relationship between the ascidian Diplosoma virens and its associated microscopic algae. I. Photosynthetic characteristics of the algae. - Austr. Journ. Mar. Freshw. Res. 28: 673. 1977.
THORNE, S. W., NEWCOMB, E. H. & OSMOND, C. B.: Identification of chlorophyll b in extracts of prokaryotic algae by fluorescence spectroscopy. - Proc. Nat. Acad. Sci. Unit. Stat. Amer. 74: 575. 1977.
WHATLEY, J. M.: The fine structure of Prochloron. - New Phytol. 79:309. 1977.
WITHERS, N. W., ALBERTE, R. S., LEWIN, R. A., THORNBER, J. P., BRITTON, G. & GOODWIN, T. W.: Carotenoids, chlorophyll-protein composition, and photosynthetic unit size of Prochloron sp., a prokaryotic green alga. - Proc. Nat. Acad. Sci. Unit. Stat. Amer. 75: 2301. 1978.
WITHERS, N. W., VIDAVER, W. & LEWIN, R. A.: Pigment composition, photosynthesis and fine structure of a non-blue-green prokaryotic algal symbiont (Prochloron sp.) in a didemnid ascidian from Hawaiian waters. - Phycologia 17: 167. 1978.

Eukaryonta-Algen: Lehrbücher; zusammenfassende Darstellungen; Systeme

BÖCHER, T. W., LANGE, M. & SØRENSEN, T. (Eds.): Botanik 2, Systematisk Botanik. - Munksgaard, Copenhagen 1962.
-: Botanik 2, Systematisk Botanik. - 2. ed., Munksgaard, Copenhagen 1966.
BOLD, H. C. & WYNNE, M. J.: Introduction to the Algae. Structure and Reproduction. - Prentice-Hall Inc., Englewood Cliffs, New Jersey 1978.
BONEY, A. D.: Phytoplankton. - Arnold, London 1974.
BOURRELLY, P.: Les Algues d'eau douce, les Algues bleues et rouges, les Eugléniens, Peridiniens et Cryptomonadines. - Tom III. Boubée, Paris 1970.
CASPER, S. J.: Grundzüge eines natürlichen Systems der Mikroorganismen. Fischer, Jena 1974.
-: Algen. - In Urania Pflanzenreich, Niedere Pflanzen. - Urania, Leipzig - Jena - Berlin 1974.
CHADEFAUD, M.: Traité de botanique systématique. - Masson, Paris 1960.
CHRISTENSEN, T.: Alger. - In BÖCHER, T. W., LANGE, M. & SØRENSEN, T. (Eds.): Botanik 2, Systematisk Botanik, p. 1. 1962.
-: ALGER. - In BÖCHER, T. W., LANGE, M. & SØRENSEN, T. (Eds.): Botanik 2, Systematisk Botanik, 2. ed.: p. 1. 1966.

-: The gross classification of algae. - In JACKSON, D. F.: Algae and Man, p. 59. 1964.

CONSTANCE, L.: Systematic botany - an unending synthesis. - Taxon 13: 257. 1964.

COPELAND, H. F.: The classification of lower organisms. - Pacific Books, Palo Alto 1956.

COX, E. R. (Ed.): Phytoflagellates. - Elsevier/North-Holland 1980.

CRONQUIST, A.: The divisions and classes of plants. - Bot. Rev. 26: 425. 1960.

-: Introductory Botany. - 2nd ed., Harper & Row, New York 1971.

-: Basic botany. - Harper & Row, New York 1973.

DAWSON, E. Y.: Marine botany. - Holt, Rinehart, Winston, New York 1966.

DODGE, J. D.: The Phytoflagellates. - In HUTTNER, S. & LEVANDOWSKY, M.: Biochemistry and Physiology of Protozoa, 2nd ed., p. 7. 1979.

-: Morphology and Phylogeny of flagellated Protists. - In SCHWEMMLER, W. & SCHENK, H. E. A. (Eds.): Endocytobiology, p. 33. 1980.

DREBES, G.: Marines Phytoplankton. - Thieme, Stuttgart 1974.

EDMONDSON, W. T. (Ed.): Ward and Whipple's fresh water biology. - Wiley, New York 1959.

EDWARDS, P.: A classification of plants into higher taxa bases on cytological and biochemical criteria. - Taxon 25: 529. 1976.

ESSER, K.: Kryptogamen. Blaualgen, Algen, Pilze, Flechten. - Springer, Berlin 1976.

FLÜGEL, E. (Ed.): Fossil Algae. - Springer, Berlin - Heidelberg 1977.

HARBONNE, J. B. (Ed.): Phytochemical phylogeny. - Proc. phytochem. Soc. Symp. Bristol 1969. Academic Press, New York 1970.

HEGNAUER, R.: Chemotaxonomie der Pflanzen. Band I. - Birkhäuser, Basel 1962.

HUBER-PESTALOZZI, G.: Das Phytoplankton des Süßwassers. - 2. Aufl., Schweizerbart, Stuttgart 1968.

JACKSON, D. F.: Algae and Man. - Plenum Press, New York 1964.

JACKSON, D. F.: Algae, Man, and the Environment. - Syracuse University Press, New York 1968.

LEEDALE, G. F.: Algal classes: delimitation, interrelationships and phylogeny. - Intern. Symp. Phycol. Madras 1974.

LOTSY, I. P.: Vorträge über botanische Stammesgeschichte. - Fischer, Jena 1907-1911.

MARGULIS, L.: Evolutionary criteria in Thallophytes: a radical alternative. - Science 161: 1020. 1968.

MORRIS, I.: An introduction to the algae. - Hutchinson Univ. Library, London 1967.

NOVAK, F.: Systematicka botanika. - Praha 1930.

NULTSCH, W.: Allgemeine Botanik. - 7. Aufl., Thieme, Stuttgart 1982.

RAGAN, M. A. & CHAPMAN, D. J.: A biochemical phylogeny of the protists. - Academic Press, New York 1978.

RICHTER, G.: Stoffwechselphysiologie der Pflanzen. - 2. Aufl., Thieme, Stuttgart 1971.

RIEDEL, W. R. & SAITO, T. (Eds.): Marine plankton and sediments. - Micropal. Press. Am. Mus. Nat. Hist., New York 1976.

ROTHMALER, W.: Die Bedeutung des Generationswechsels in der Systematik. - Forsch. Fortschr. 24: 218. 1948.

-: Über das natürliche System der Organismen. - Biol. Zentralbl. 67: 242. 1948.

-: Die natürliche Ordnung der Lebewesen. - Urania, Monatsschr. Natur. Ges. 12: 466. 1949.

-: Allgemeine Taxonomie und Chorologie der Pflanzen. Gronau, Jena 1950.

-: Die Abteilungen und Klassen der Pflanzen. - Feddes Rep. 54: 256. 1951.

-: Allgemeine Taxonomie und Chorologie der Pflanzen, 2. Aufl., Jena 1955.

ROUND, F. E.: The evolution of pigmented and unpigmented unicells - a reconsideration of the protista. - BioSystems 12: 61. 1980.

SCAGEL, R. F., BANDONI, R. J., ROUSE, G. E., SCHOFIELD, W. B., STEIN, J. R. & TAYLOR, T. M. C.: A evolutionary survey of the plant kingdom. - 3rd ed Belmont, Calif. 1966.

SCHUSSNIG, B.: Vergleichende Morphologie der niederen Pflanzen. Eine Einführung in deren Formbildung und Formwechsel auf entwicklungsgeschichtlicher Grundlage. - Berlin 1938.
-: Grundriß der Protophytologie. - G. Fischer, Jena 1954.
SITTE, P.: Bau und Feinbau der Pflanzenzelle. - G. Fischer, Jena 1965.
SMITH, G. M.: Freshwater algae of the United States. - Mc-Graw-Hill, New York, 1950.
SMITH, G. M. (Ed.): Manual of Phycology. - Chronica botanica Co., Waltham 1951.
STEWART, W. D. P.: Nitrogen-fixing plants. - Science 158: 1426. 1967.
-: (Ed.): Algal Physiology and Biochemistry. Botanical Monographs. - 10. Blackwell Scientific Publications, Oxford, London, Edinburgh, Melbourne 1974.
STEWART, K. D. & MATTOX, K.: Phylogeny of Phytoflagellates. - In COX, E. R. (Ed.): Phytoflagellates, p. 433. 1980.
STRASBURGER, E., NOLL, F., SCHENCK, H. & SCHIMPER, A. F. W.: Lehrbuch der Botanik, 31. Aufl., Fischer, Stuttgart, New York 1978.
TAIT, R. V.: Meeresökologie, eine Einführung. - Thieme, Stuttgart 1971.
TAKHTAJAN, A.: The taxa of the higher plants above the rank of order. - Taxon 13: 160. 1964.
TAPPAN, H.: The Paleobiology of Plant Protists. - Freeman, San Francisco 1980.
TIPPO, O. A.: A modern classification of the plant kingdom. - Chron. Bot. 7: 203. 1942.
WARTENBERG, A.: Systematik der niederen Pflanzen. 2. Aufl., Thieme, Stuttgart 1979.
WEBERLING, F. & SCHWANTES, H. O.: Pflanzensystematik. - Ulmer, Stuttgart 1972.
WILSON, C. L. & LOOMIS, W. E.: Botany. - 4th ed., Holt, Rinehart & Winston, New York 1967.
ZABINKOVA, N.: Names of taxa above the rank of order. - Taxon 13: 157. 1964.
ZIMMERMANN, W.: Die Phylogenie der Pflanzen. - G. Fischer, Stuttgart 1959.

Algen: Zelle; Organellen; Baupläne; Fortpflanzung; Ökologie, Systematik

ALEXOPOULOS, C. J. & BOLD, H. C.: Algae and Fungi. - Macmillan, New York 1967.
ALLEN, M. B., FRIES, L., GOODWIN, T. W. & THOMAS, D. M.: The carotenoids of algae. Pigments from some Cryptomonads, a Heterocont and some Rhodophyceae. - Journ. gen. Microbiol. 34: 259. 1964.
ARNOTT, H. J.: Structure and function of the algal pyrenoid. I. Ultrastructure and cytochemistry during zoosporogenesis. - Journ. Phycol. 6: 14. 1970.
BLACKMAN, F.: The primitive Algae and the Flagellata. - Ann. Bot. 14: 647. 1900.
BOGORAD, L.: Chlorophyll biosynthesis. - In GOODWIN, T. W. (Ed.): Chemistry and Biochemistry of Plant Pigments, p. 29. 1965.
BONEY, A. D.: A biology of marine algae. - Hutchinson Educational, London 1966.
BOUCK, G. B.: Architecture and assembly of mastigonemes. - Adv. Cell. Mol. Biol. 2: 237. 1972.
-: Flagellar mastigonemes may provide clues to algal systematics and evolution. - V. Int. Congr. Protozool. Abstract 459a. 1977.
BOURRELLY, M. P.: La structure fine des flagelles et la classification des algues. - Rev. gen. Bot. 68: 332. 1961.
CHADEFAUD, M.: Les cellules flagellées des algues et leur importance systématique. - Proc. 7. Int. Bot. Congr. Stockholm, p. 821. 1953.
-: Les champignons et les algues. - Ann. Univ. Paris 27: 5. 1957.
-: Sur l'origine des plastes, les plastes "cyanelloides" et la "classe"? des Glaucophycées. - C. R. Acad. Sc. Paris 283: 1029. 1976.
CHAPMAN, V. J. & CHAPMAN, D. J.: The Algae. - Macmillan London 1973.
CHAPMAN, D. J., COLE, W. J. & SIEGELMAN, H. W.: Phylogenetic implications

of phycocyanobilin and C-phycocyanin. - Amer. Journ. Bot. 55: 314. 1968.
-: A comparative study on the phycoerythrin chromophore. - Phytochem. 7: 1831. 1968.
CHRISTENSEN, T.: The gross classification of the algae. - In JACKSON, D. E.: Algae and Man, p. 59. 1964.
CROTTY, W. J. & LEDBETTER, M. C.: Membrane continuities involving chloroplasts and other organelles in plant cells. - Science 182: 839. 1973.
DODGE, J. D.: The fine structure of chloroplasts and pyrenoids in some marine flagellates. - Journ. Cell. Sci. 3: 41. 1968.
-: A review of the fine structure of algal eyespots. - Brit. phycol. Journ. 4: 199. 1969.
-: The fine structure of algal cells. - Academic Press, London, New York 1973.
-: Fine structure and phylogeny in the algae. - Sci. Progr. (Oxford) 61: 257. 1974.
DOUGHERTY, E. C. & ALLEN, M. B.: Is pigmentation a clue to protistan phylogeny? - In ALLEN, M. B. (Ed.): Comparative biochemistyry of photoreactive systems, p. 129, Academic Press, New York 1960.
DROOP, M. R.: Algae and Invertebrates in symbiosis. - Symp. Soc. Gen. Mikrobiol. 13: 171. 1963.
ECHLIN, P.: The origin of plants. - In HARBORNE, J.: Phytochemical phylogeny, p. 1. 1970.
EGLE, K.: Die Photosynthese der grünen Pflanzen. Eine Übersicht über die Entwicklung und den Stand der Forschung. - Umschau 66: 549. 1966.
EMERSON, R. & CHALMERS, R. V.: Speculations concerning the function and phylogenetic significance of accessory pigments of algae. - Phycol. News Bull. 35: 51. 1958.
FELDMANN, J.: Les cycles de reproduction des algues et leurs rapports avec la phylogénie. - Rev. Cyt. Biol. végét. 13: 1. 1952.
-: Remarques sur la systématique actuelle de algues. - Uppsala Univ. Arsskrift 1958: 59. 1958.
FOTT, B.: Evolutionary tendencies among algae and their position in the plant kingdom. - Preslia 37: 117. 1965.
-: Taxonomische Einheiten in der Algologie. - Hydrobiologia 35: 7. 1970.
-: Algenkunde. - 2. Aufl., G. Fischer, Stuttgart 1971.
FREDERICK, J. T. & KLEIN, R. M. (Eds.): Phylogenesis and Morphogenesis in the Algae. - Ann. N. Y. Acad. Sci. 175: 1970.
FRITSCH, F. E.: Evolutionary sequence and affinities among Protophyta. - Biol. Rev. 4: 103. 1929.
-: The structure and reproduction of the algae. - I. - Cambridge University Press, London 1935.
-: Present-day classification of algae. - Bot. Rev. 10: 233, 1944.
-: The structure and reproduction of the algae II. - Cambridge University Press, London 1945.
-: The lines of algal advance. - Biol. Rev. 24: 94. 1949.
GIBBS, S. P.: Nuclear envelope-chloroplast relationships of algae. - Journ. Cell. Biol. 14: 433. 1962.
-: The ultrastructure of the pyrenoids of algae, excluding of the green algae. - Journ. Ultrastruct. Res. 7: 247. 1962.
-: The ultrastructure of the chloroplasts of algae. - Journ. Ultrastruct. Research 7: 418. 1962.
-: The comparative ultrastructure of the algal chloroplast. - Ann. N. Y. Acad. Sci. 175: 454. 1970.
-: The Chloroplasts of some algal groups may have evolved from endosymbiotic eukaryotic Algae. - In FREDRICK, J. F. (Ed.): Origins and Evolution of eucaryotic intracellular Organelles, p. 193. 1981.
GODWARD, M. B. E.: Cytology in relation to algal taxonomy. - Proc. 10. Int. Bot. Congr., p. 107. 1964.
-: (Ed.): The Chromosomes of Algae. - Arnold, London 1966.
GOODWIN, T. W.: Algal carotenoids. - In ALLEN, M. B. (Ed.): Comparative biochemistry of photoreactive systems, p. 1. 1960.
-: The distribution of carotenoids in nature and their biological significance. - In GOODWIN, T. W. (Ed.): Carotene and Carotenoids, p. 1. 1963.

-: The plastid pigments of flagellates. - In HUTNER, S. H.: Biochemistry and physiology of protozoa, vol. 3: 319. 1964.
-: Chemistry and biochemistry of plant pigments. - Academic Press, London 1965.
GRIFFITHS, D. J.: The pyrenoid. - Bot. Rev. 36: 29. 1970.
GUILLARD, R. R. L. & LORENZEN, C. J.: Yellow-green algae with chlorophyllide c. - Journ. Phycol. 8: 10. 1972.
HALL, R. P.: The trophic nature of the plant-like flagellates. - Quart. Rev. Biol. 14: 1. 1939.
HALL, W. T.: Ultrastructural studies on the cyanelles of Glaucocystis nostochinearum ITZIGSOHN. - Journ. Phycol. 3: 37. 1967.
HARBONE, J. B. (Ed.): Phytochemical phylogeny. - Academic Press, New York 1970.
HIBBERD, D. J.: The possible phylogenetic value of flagellar characters in some "chromophyte" classes of algae and some colourless protists. - BioSystems 10: 115. 1978.
-: The structure and phylogenetic significance of the flagellar transition region in the chlorophyll c-containing algae. - BioSystems 11: 243. 1979.
HOEK, CH. v. d.: Algen. Einführung in die Phykologie. - Thieme, Stuttgart 1978.
HUTNER, S. H. & PROVASOLI, L.: The phytoflagellates. - In LWOFF, A.: Biochemistry and physiology of protozoa, vol. I: 27. 1951.
--: Nutrition of algae. - Amer. Rev. Plant. Phys. 15: 37. 1964.
JACKSON, D. F. (Ed.): Algae and Man. - Plenum Press, New York 1964.
-: Algae, Man, and the Environment. - Syracuse Univ. Press, New York 1968.
JEFFREY, S. W.: The occurence of chlorphyll c_1 and c_2 in algae. - Journ. Phycol. 12: 349. 1976.
KIRK, J. T. O., TILNEY-BASSEZZ, R. A. E.: The Plastids. - Freeman, London 1967.
KLEIN, R. M. & CRONQUIST, A.: A consideration of the evolutionary and taxonomic significance of some biochemical, micromorphological, and physiological characters in the Thallophytes. - Quart. Rev. Biol. 42: 105. 1967.
KREGER, D. R.: Cell walls. - In LEWIN, R. A.: Physiology and Biochemistry of algae, p. 315. 1962.
LEEDALE, G. F.: Phylogenetic aspects of nuclear cytology in the algae. - Ann. N. Y. Acad. Sci. 175: 429. 1970.
LEWIN, R. A.: Sex in unicellular algae. - In WENRICH, D. H.: Sex in microorganisms, p. 100. 1954.
- (Ed.): Physiology and Biochemistry of algae. - New York 1962.
-: Biochemistry and Physiology of algae: taxonomic and phylogenetic considerations. - In JACKSON, D. F.: Algae, Man, and the Environment, p. 15. 1968.
LUND, J. W. G.: Classical and modern criteria used in algal taxonomy with special reference to genera of microbial size. - In AINSWORTH, G. C. & SNEATH, P. H. A.: Microbial classification, p. 68. 1964.
MANTON, I.: Some phyletic implications of flagellar structure in plants. - Adv. bot. Res. 2: 1. 1965.
MENKE, W.: Das allgemeine Bauprinzip des Lamellarsystems der Chloroplasten. - Experientia 16: 537. 1960.
MEZ, C.: Bemerkungen zur Phylogenie der Algen und Pilze. - Bot. Arch. 5: 109. 1924.
MORRIS, J.: An introduction to the algae. - Hutchinson Univ. Library, London 1967.
NIEL, C. B. VAN, ALLEN, M. B. & WRIGHT, B. E.: On the photochemical reduction of nitrate by algae. - Biochem. biophys. Acta 12: 67. 1953.
NORTHCOTE, D. H.: The biology and chemistry of the cell walls of higher plants, algae, and fungi. - Int. rev. cytol. 14: 223. 1963.
NOVIKOFF, A. B. & HOLTZMAN, E.: Zellen und Organellen. - BLV Verlagsges., München 1973.
OLTMANNS, F.: Morphologie und Biologie der Algen I-III. - 2. Aufl. Fischer, Jena 1922-1923.

OSVALD, H. & ÅBERG, E. (Eds.): Algae: General organization and taxonomy, etc. - Proc. 7th. intern. Bot. Congr. Stockholm 1950: 817. 1950.
PADMAJA, T. D. & DESIKACHARY, T. V.: Trends in the taxonomy of algae. - Bull. Nat. Inst. Sci. India 34: 338. 1967.
PAPENFUß, G. F.: Problems in the classification of the marin algae. - Svensk bot. Tidsk. 45: 4. 1951.
-: Classification of the algae. - Century Progr. Nat. Sci. 1853-1953: 115. California Academy of Sci., San Francisco 1955.
PASCHER, A.: Über Flagellaten und Algen. - Ber. dtsch. bot. Ges. 32: 136. 1914.
-: Studien über die rhizopodiale Entwicklung der Flagellaten. - Arch. Protistenk. 36: 81. 1915.
-: Zur Auffassung der farblosen Flagellatenreihen. - Ber. dtsch. bot. Ges. 34: 440. 1916.
-: Flagellaten und Rhizopoden in ihren gegenseitigen Beziehungen. - Arch. Protistenk. 38: 1. 1917.
-: Von einer allen Algenreihen gemeinsamen Entwicklungsregel. - Ber. dtsch. bot. Ges. 36: 390. 1918.
-: Über die morphologische Entwicklung der Flagellaten zu Algen. - Ber. Dtsch. Bot. Ges. 42: 148. 1924.
-: Systematische Übersicht über die mit Flagellaten in Zusammenhang stehenden Algenreihen und Versuch einer Einreihung dieser Algenstämme in die Stämme des Pflanzenreiches. - Beih. bot. Zentralbl. Abt. II, 48: 317. 1931.
-: Filarplasmodiale Ausbildungen bei Algen. - Arch. Protistenk. 94: 295. 1940.
-: Zur Klärung einiger gefärbter und farbloser Flagellaten. - Arch. Protistenk. 96: 75. 1942.
PRESCOTT, G. W.: The algae: a review. - Nelson 1970.
PRESTON, N.: Plants without cellulose. - Scient. Amer. 218: 102. 1968.
PRINGSHEIM, E. G.: Die Rolle der Plastiden in apochlorotischen Algen. - Ber. dtsch. bot. Ges. 75: 335. 1962.
-: Farblose Algen. Ein Beitrag zur Evolutionsforschung. - G. Fischer, Stuttgart 1963.
-: Die verwandtschaftlichen Beziehungen zwischen den Lebewesen mit und ohne Blattgrün. - Naturwiss. 51: 154. 1964.
-: Die Grundlagen eines taxonomischen Systems der Algen. - Zschr. Pflanzenphys. 54: 99. 1966.
ROTHSTEIN, M. & SAFFRAN, E. M.: Lysine biosynthesis in algae. - Arch. biochem. biophys. 101: 373. 1963.
ROUND, F. E.: Biologie der Algen. - 2. Aufl., Thieme, Stuttgart 1975.
SCHUSSNIG, B.: Handbuch der Protophytenkunde. - Band I und II, G. Fischer, Jena 1953 und 1960.
-: Grundriß der Protophytologie. - G. Fischer, Jena 1954.
-: Systematik und Phylogenie der Algen. - Fortschr. Bot. 1958: 59. 1958.
-: Systematik und Phylogenie der Algen. - Fortschr. Bot. 28: 217. 1966.
SCHWARTZ, R. M. & DAYHOFF, M. O.: Chloroplast origins: Inferences from Protein and nucleic acid sequences. - In FREDRICK, J. F. (Ed.): Origins and Evolution of eukaryotic intracellular Organelles, p. 260. 1981.
SKUJA, H.: Phylogenetische Stellung der Glaucophyceen. - Proc. bot. Congr. Stockholm 1950: 823. 1953.
SMITH, G. M.: Cryptogamic Botany, Vol. I: Algae and Fungi. - McGraw-Hill, New York 1955.
STEINECKE, F.: Der Stammbaum der Algen nach serodiagnostischen Untersuchungen dargestellt. - Bot. Arch. 9-10: 82. 1925.
-: Die Phylogenie der Algophyten. - Schrift. Königsb. Gelehrt. Ges. Naturw. Kl. 8: 127. 1931.
STEWART, W. D. P. (Ed.): Algal physiology and biochemistry. - Univ. California Press, Berkeley 1974.
STRANSKY, H. & HAGER, A.: Das Carotinoidmuster und die Verbreitung des lichtinduzierten Xanthophyllcyclus in verschiedenen Algenklassen. VI. Chemosystematische Betrachtung. - Arch. Mikrobiol. 73: 315. 1970.

STRØM, K. M.: Algal phylogeny. - Blyttia 2: 10. 1944.
TIBBS, J.: The nature of algal and related flagella. - Biochem. biophys. Acta. 23: 275. 1957.
TILDEN, J. E.: A classification of the algae based on evolutionary development, with special reference to pigmentation. - Bot. Gaz. 95: 59. 1933.
-: The algae and their life relations. - University of Minnesota press, Minneapolis 1935.
VLK, W.: Über den Bau der Geißel. - Arch. Protistenk. 60: 448. 1938.
WHATLEY, J. M.: Chloroplast Evolution - ancient and modern. - In FREDRICK, J. F. (Ed.): Origins and Evolution of eucaryotic intracellular Organelles, p. 154. 1981.
WOLKEN, J. J.: The structure of the chloroplast. - Ann. Rev. Plant. Phys. 10: 71. 1959.
-: Electron microscopy of algae: The photoreceptors. - Rec. Adv. Bot. 1: 238. 1961.

Cyanidiophyta

ALLEN, C. F., GOOD, P. & HOLTON, R. W.: Lipid composition of Cyanidium. - Plant Physiol. 46: 748. 1970.
ALLEN, M. B.: Studies with Cyanidium caldarium, an anomalously pigmented Chlorophyte. - Arch. Mikrobiol. 32: 270. 1959.
BROCK, T. D.: Thermophilic microorganisms and life at high temperatures. - Springer, Berlin-Heidelberg-New York 1978.
BROWN, A. S. & TROXLER, R. F.: Properties and N-terminal Sequence of Allophycocyanin from unicellular Rhodophyte Cyanidium caldarium. - Biochem. Journ. 163: 571. 1977.
DOEMEL, W. N. & BROCK, T. D.: The physiological ecology of Cyanidium caldarium. - Journ. Gen. Microbiol. 67: 17. 1971.
EDWARDS, M. R. & MAINWARING, J. D.: Ultrastructural localization of phycocyanin in the acidophilic, thermophilic alga, Cyanidium caldarium. - 31st Ann. Proc. Electron Microsc. Soc. Amer., New Orleans 1973.
FREDRICK, J. F.: Cyanidium caldarium as a bridge alga between Cyanophyceae and Rhodophyceae: evidence from immunodiffusion studies. - Plant Cell Phys. 17: 317. 1976.
-: The biosynthesis of storage glucans in prokaryotic and eucaryotic algae. - In FREDRICK, J. F. (Ed.): Origins and Evolution of eukaryotic intracellular Organelles, p. 426. 1981.
GEITLER, L.: Die Gattung Cyanidium. - Österr. bot. Zschr. 106: 172. 1958.
HASE, T., WAKABAYASHI, S., WADA, K., MATUSUBARA, H., JÜTTNER, F., RAO, K. K., FRY, I. & HALL, D. O.: Cyanidium caldarium ferredoxin: A red algal type? - FEBS Letters 96: 41. 1978.
HIROSE, H.: Rearrangement of the systematic position of a thermal alga, Cyanidium caldarium. - Bot. Mag. Tokyo 71: 347. 1958.
IKAN, R. & SECKBACH, J.: Lipids of the thermophilic alga Cyanidium caldarium. - Phytochem. 11: 1077. 1972.
KREMER, B. P. & FEIGE, G. B.: Accumulation of Photoassimilatory Products by Phycobiliprotein-containing Algae with Special Reference to Cyanidium caldarium. - Zschr. Naturf. 34c: 1209. 1979.
MERCER, F. V., BOGORAD, L. & MULLENS, R.: Studies with Cyanidium caldarium. I. The fine structure and systematic position of the organism. - Journ. Cell Biol. 13: 393. 1962.
MÖLLER, M. & SENGER, H.: Photosyntheseleistung synchroner Kulturen von Cyanidium caldarium. - Ber. deutsch. bot. Ges. 85: 391. 1972.
ROSEN, W. G. & SIEGESMUND, K. A.: Some observations on the fine structure of a thermophilic, acidophilic alga. - Journ. Biophys. Biochem. Cytol. 9: 910. 1961.
SECKBACH, J.: On the fine structure of the acidophilic hot-spring alga Cyanidium caldarium: a taxonomic approach. - Microbios 5: 133. 1972.
SECKBACH, J., HAMMERMAN, I. S. & HANANIA, J.: Ultrastructural studies of Cyanidium: Contribution to phylogenesis. - In FREDRICK, J. F. (Ed.):

Origins and Evolution of eukaryotic intracellular Organelles, p. 409. 1981.
SECKBACH, J. & IKAN, R.: Sterols and chloroplast structure of Cyanidium caldarium. - Plant Physiol. 49: 457. 1972.
WOLLMAN, F. A.: Ultrastructural comparison of Cyanidium caldarium Wild Type and III-C mutant lacking phycobilisomes. - Plant Physiol. 63: 375. 1981.

Rhodophyta

BISALPUTRA, T. & BAILEY, A.: The fine structure of the chloroplast envelope of a red alga, Bangia fusco-purpurea. - Protoplasma 76: 443. 1973.
BONEN, L. & DOOLITTLE, W. F.: On the prokaryotic nature of red algal chloroplasts. - Proc. Nat. Acad. Sci. USA. 72: 2310. 1975.
BOUCK, G. B.: Chromatophore development, pits and other fine structure in the red alga, Lomentaria bayleyana (HARV.) FARLOW. - Journ. Cell. Biol. 12: 553. 1962.
BROWN, D. L. & WEIER, T. E.: Chloroplast development and ultrastructure in the freshwater red alga Batrachospermum. - Journ. Phycol. 4: 199. 1968.
CHADEFAUD, M.: Sur les organes reproducteurs et l'évolution des Rhodophyceés: une hypothese. - Rev. Algol. N. S. 6: 255. 1963.
DIXON, P. S.: The Rhodophyceae. - In GODWARD, M. B. E.: The chromosomes of the algae. - London 1966.
-: Biology of the Rhodophyta. - Oliver & Boyd, Edinburgh 1973.
DOGDE, B. O.: The morphological relationships of the Florideae and the Ascomycetes. - Bull. Torrey Bot. Club 41: 157. 1914.
DOUGHERTY, E. C. & ALLEN, M. B.: The absence of diaminophimelic acid from the primitive red alga, Porphyridium cruentum. - Exp. Cell. Res. 13: 171. 1957.
DRING, M. J.: Phytochrome in red alga Porphyra tenera. - Nature 215: 1411. 1967.
FAN, K. C.: Studies on Hypneocolax, with a discussion on the origin of parasitic red algae. - Nova Hedwigia 3: 119. 1961.
FELDMANN, J. & FELDMANN, G.: Recherches sur quelques Floridées parasites. - Rev. gén. Bot. 65: 49. 1958.
GANTT, E. & CONTI, S. F.: The ultrastructure of Porphyridium cruentum. - Journ. Cell. Biol. 26: 365. 1965.
GANTT, E., EDWARDS, M. R. & CONTI, S. F.: Ultrastructure of Porphyridium aerugineum, a blue-green colored rhodophytan. - Journ. Phycol. 4: 65. 1968.
GEITLER, L.: Über die angeblichen verwandtschaftlichen Beziehungen von Cyanophyceen und Rhodophyceen. - Ber. dtsch. bot. Ges. 78: 101. 1965.
HARA, Y. & CHIHARA, M.: Comparative studies on the chloroplast ultrastructure in the Rhodophyta with special reference to their taxonomic significance. - Sci. Rep. Tokyo Kyoiku Daigaku, Sect. B. 15: 209. 1974.
HIROSE, H. & KUMANO, S.: Spectroscopic studies on the phycoerythrins from Rhodophycean algae with special reference to their phylogenetical relations. - Bot. Mag. Tokyo 79: 105. 1966.
IRVINE, D. E. G. & PRICE, J. H.: Modern approaches to the taxonomy of red and brown algae. - Syst. Assoc. Spec. vol. 10: Academic Press, London 1978.
KOHLMEYER, J.: New clues to the possible origin of Ascomycetes. - BioScience 25: 86. 1975.
KUGRENS, P. & WEST, J. A.: Ultrastructure of spermatial development in the parasitic red algae Levringiella gardneriana and Erythrocystis saccata. - Journ. Phycol. 8: 331. 1972.
KYLIN, H.: Verwandtschaftliche Beziehungen zwischen den Cyanophyceen und den Rhodophyceen. - Kungl. Fysiogr. Sällsk. Lund. Förhandl. 13: 1. 1943.
-: Die Gattungen der Rhodophyceen. - Gleerups Fölag, Lund 1956.
MAGNE, F.: Le cycle de développement des Rhodophycées. - Le Botaniste, sér. L: 297. 1967.
MYERS, A. & PRESTON, R. D.: Fine structure in the red algae. III. A general

survey of cell-wall structure in the red algae. - Proc. R. Soc. London (B) 150: 456. 1959.

PAPENFUß, G. F.: A review of the present system of classification of the Florideophycidae. - Phycologia 5: 247. 1966.

SAGROMSKY, H.: Beiträge zur Kenntnis der Rotalgenpigmente. - Ber. dtsch. bot. Ges. 71: 435. 1959.

-: Ist Chlorophyll d der Rotalgen ein Umwandlungsprodukt von Chlorophyll a? - Ber. dtsch. bot. Ges. 77: 323. 1964.

SIMON-BICHARD-BRÊAUD, J.: Un appareil cinétique les gamétocystes mâles d'une Rhodophycée: Bonnemaisonia hamifera HARIOT. - C. R. Acad. Sci. Paris 273: 1272. 1971.

-: Formation de la crypte flagellaire et évolution de son contenu au cours de la gamétogénèse mâle chez Bonnemaisonia hamifera HARIOT (Rhodophycée). - C. R. Acad. Sci. Paris 274: 1796. 1972.

TAPPAN, H.: Possible eucaryotic algae (Bangiophycidae) among early proterozoic microfossils. - Geol. Soc. Am. Bull. 87: 633. 1976.

THOMAS, J. B. & MARSMAN, J. W.: On the pigment system of the red alga, Porphyra lacineata. - Biochem. biophys. Acta 35: 316. 1959.

WEHRMEYER, W.: Elektronenmikroskopische Untersuchung zur Feinstruktur von Porphyridium violaceum KORNMANN mit Bemerkungen über seine taxonomische Stellung. - Arch. Mikrobiol. 75: 121. 1971.

Chlorobionta: Prasinophyta, Charophyta, Ulvaphyta, Chlorophyta

AITZETMÜLLER, K., STRAIN, H. H., SVEC, W. A., GANDOLFO, M. & KATZ, J. J.: Loroxanthin, a unique xanthophyll from Scenedesmus and Chlorella vulgaris. - Phytochem. 8: 1761. 1969.

BELCHER, J. H.: A study of Pyramimonas reticulata KORSHIKOV (Prasinophyceae) in culture. - Nova Hedwigia 15: 179. 1968.

BONEY, A. D.: Scale-bearing phytoflagellates: An interim review. - Oceanogr. Mar. Biol. Ann. Rev. 8: 251. 1970.

BOURRELLY, P.: Les algues d'eau douce. Tome I: Les algues vertes. - Boubée, Paris 1966.

CHADEFAUD, M.: Sur l'organisation et la position systematique des Flagellés du genre Pyramimonas. - Rev. Sci. 79: 113. 1941.

-: Les cellules nageuses des algues dans l'embranchement des Chlorophycées. - C. R. Acad. Sci. Paris 231: 988. 1950.

-: Les Prasinophycées: remarques historiques, critiques et phylogénétiques. - Bull. Soc. Phycol. Fr. 22: 1. 1977.

CHATTON, E.: Pleodorina californica á Banyuls-sur-mer. Son cycle évolutif et sa signification phylogénique. - Bull. Sci. Fr. Belg. 44: 309. 1911.

DAWES, C. J.: An ultrastructure study of Spirogyra. - Journ. Phycol. 1: 121. 1965.

-: A light and electron microscope survey of algal cell walls. II. Chlorophyceae. - Ohio Journ. Sci. 66: 317. 1966.

DESIKACHARY, T. & SUNDARALINGAM, V. S.: Affinities and interrelationships of the Characeae. - Phycologia 2: 9. 1962.

DIERS, L.: Der Feinbau des Spermatozoids von Sphaerocarpus donnellii AUST. (Hepaticae). - Planta 72: 119. 1967.

DODGE, J. D.: The fine structure of Dunaliella salina (Chlorophyta). - Proc. 10. Int. Bot. Congr.: 359. 1964.

DUCKETT, J. G.: An ultrastructural study of the differentiation of the spermatozoid of Equisetum. - Journ. Cell. Sci. 12: 95. 1973.

ETTL, H.: Die feinere Struktur von Pedinomonas minor KORSCHIKOFF. I. Untersuchungen mit dem Lichtmikroskop. - Nova Hedwigia 8: 421. 1964.

-: Beitrag zur Kenntnis der Morphologie der Gattung Chlamydomonas EHRENBERG. - Arch. Protistenk. 108: 271. 1965.

-: Vergleichende Untersuchungen der Feinstruktur einiger Chlamydomonas-Arten. - Österr. bot. Z. 113: 477. 1966.

-: Pedinomonadineae, eine kleine Gruppe asymmetrischer Flagellaten der Chlorophyceen. - Österr. bot. Z. 113: 511. 1966.

-: Die Gattung Pedinomonas KORSCHIKOFF. - Arch. Protistenk. 110: 1. 1967.
GEITLER, L.: Zur Kenntnis der Gattung Pyramidomonas. - Arch. Protistenk. 52: 356. 1925.
GERISCH, G.: Die Zelldifferenzierung bei Pleodorina californica SHAW und die Organisation der Phytomonadinenkolonien. - Arch. Protistenk. 104: 292. 1959.
GIBBS, S. P.: The ultrastructure of the pyrenoids of green algae. - Journ. Ultrastruct. Res. 7: 262. 1962.
GRAHAM, L. E. & MCBRIDE, G. E.: The ultrastructure of multilayered structures associated with flagellar bases in motile cells of Trentepohlia aurea. - Journ. Phycol. 11: 86. 1975.
GRAMBAST, L. J.: Précisions nouvelles sur la phylogénie des Charophytes. - Nat. monspel. Ser. bot. 16: 71. 1965.
-: Phylogeny of the Charophyta. - Taxon 23: 463. 1974.
HAGER, A. & STRANSKY, H.: Das Carotinoidmuster und die Verbreitung des lichtindizierten Xanthophyllcyclus in verschiedenen Algenklassen. III. Grünalgen. - Arch. Mikrobiol. 72: 68. 1970.
HALL, W. T. & CLAUS, G.: Ultrastructural studies on the cyanelles of Glaucocystis nostochinearum. - Journ. Phycol. 3: 37. 1967.
HARDER, R. & KOCH, W.: Über die Plastidenfarbstoffe von Pedinomonas (Protochloridales). - Arch. Mikrobiol. 21: 1. 1954.
HOECK, C. VAN DEN: Taxonomic criteria in four chlorophycean genera. - Nova Hedwigia 10: 367. 1966.
HORI, T. & UEDA, R.: Electron microscope studies on the fine structure of plastids in siphonous green algae with special reference to their phylogenetic relationships. - Sci. Rep. Tokyo Kyoiku Daigaku, sect. B. 12: 225. 1967.
JANET, CH.: Le Volvox. Mémoire I-III. - Masson, Paris 1912, 1922, 1923.
KORNMANN, P.: Codiolophyceae, a new class of Chlorophyta. - Helgol. wiss. Meeresunters. 25: 1. 1973.
KORSHIKOV, A.: On some new organisms from the groups Volvocales and Protococcales, and on the genetic relations of these groups. - Arch. Protistenk. 55: 439. 1926.
LANG, J. N. & COOK, P. W.: Ultrastructure and pigment analysis of Polytoma. - Amer. Journ. Bot. Abstr. Meet. 1962: 672. 1962.
LEMBI, C. A.: Unicellular Chlorophytes. - In COX, E. R. (Ed.): Phytoflagellates, p. 5. 1980.
LEMBI, C. A. & LANG, N. J.: Electron microscopy of Carteria and Chlamydomonas. - Amer. Journ. Bot. 52: 464. 1965.
MANTON, I.: Die feinere Struktur von Pedinomonas minor KORSCHIKOFF. II. Elektron microscopical investigation. - Nova Hedwigia 8: 441. 1965.
MANTON, I., CLARKE, B. & GREENWOOD, A. D.: Observations with the electron microscope on biciliate and quadriciliate zoospores in green algae. - Journ. Exp. Bot. 6: 126. 1955.
MANTON, I., OATES, K. & PARKE, M.: Observations on the fine structure of the Pyramimonas stage of Halosphaera and preliminary observations on three species of Pyramimonas. - Journ. mar. biol. Assoc. U. K. 43: 225. 1963.
MANTON, I. & PARKE, M.: Observations on the fine structure of two species of Platymonas with special reference to flagellar scales and the mode of origin of the theca. - Journ. mar. biol. Assoc. U. K. 45: 743. 1965.
MANTON, I., RAYNS; D. G., ETTL, H. & PARKE, M.: Further observations on green flagellates with scaly flagella: the genus Heteromastix KORSCHIKOFF. - Journ. mar. biol. Assoc. U. K. 45: 241. 1965.
MATTOX, K. R. & STEWART, K. D.: Observations on the zoospores of Pseudendoclonium basiliense and Trichosarcina polymorpha (Chlorophyceae). - Can. Journ. Bot. 51: 1425. 1973.
-: Cell division in the scaly green flagellate Heteromastix angulata and its bearing on the origin of the Chlorophyceae. - Am. Journ. Bot. 64: 931. 1977.
McBRIDE, G. E.: The flagellar base in Coleochaete and its evolutionary significance. - Journ. Phycol. 7: 13. 1971.
MEYER, K. I.: Über das phylogenetische System der grünen Algen (Chlorophycophyta). - Preslia 34: 147. 1962.

MOESTRUP, Ø.: The fine structure of mature spermatozoids of Chara corallina, with special reference to microtubules and scales. - Planta 93: 295. 1970.
-: New observations on scales in green algae. - Brit. Phycol. Journn. 8: 214. 1973.
-: Ultrastructure of the scale-covered zoospores of the green alga Chaetosphaeridium, a possible ancestor of the higher plants and bryophytes. - Biol. Journ. Linn. Soc. 6: 111. 1974.
-: On the phylogenetic validity of the flagellar apparatus in green algae and other chlorophyll a and b containing plants. - BioSystems 10: 117. 1978.
MOESTRUP, Ø. & THOMSEN, M. A.: An ultrastructural study of the flagellate Pyramimonas orientalis with particular emphasis on Golgi apparatus activity and the flagellar apparatus. - Protoplasma 81: 247. 1974.
NORRIS, R. E.: Prasinophytes. - In COX, E. R. (Ed.): Phytoflagellates, p. 85. 1980.
NORRIS, R. E. & PEARSON, B. R.: Fine structure of Pyramimonas parkeae, sp. nov. (Chlorophyta, Prasinophyceae). - Arch. Protistenk. 117: 192. 1975.
OKADA, Y.: A new classification of Conjugatae (with special references to Desmids). - Mem. Fac. Fish. Kagoshima Univ. 3: 165. 1953.
PARKE, M.: The genus Pachysphaera (Prasinophyceae). - In BARNES, H., ALLEN & UNWIN: Some contemporary studies in marine science, p. 555, London 1966.
PARKE, M. & ADAMS, I.: The Pyramimonas-like motile stage of Halosphaera viridis SCHMITZ. - Bull. Res. Counc. Israel 10D: 94. 1961.
PARKE, M. & MANTON, I.: Preliminary observations on the fine structure of Prasinocladus marinus. - Journ. Mar. Biol. Ass. U. K. 45: 525. 1965.
PICKETT-HEAPS, J. D.: Ultrastructure and differentiation in Chara sp. II.Mitosis. - Austr. Journ. Biol. Sci. 20: 883. 1967.
-: Ultrastructure and differentiation in Chara (fibrosa). IV. Spermatogenesis. - Austr. Journ. Biol. Sci. 21: 655. 1968.
-: Cell division in Klebsormidium subtilissium (formerly Ulothrix subtilissium) and its possible phylogenetic significance. - Cytobios 6: 167. 1972.
-: Structural and phylogenetic aspects of microtubular systems in gametes and zoospores of certain green algae. - In DUCKETT, J. G. & RACEY, P. A. (Eds.): The Biology of the Male Gamete, p. 37. 1975.
-: Green Algae: Structure, Reproduction and Evolution in selected Genera. - Sinauer Associates, Sunderland Mass. 1975.
PICKETT-HEAPS, J. D. & MARCHANT, H. J.: The phylogeny of the green algae: a new proposal. - Cytobios 6: 255. 1972.
PICKETT-HEAPS, J. D. & OTT, D. W.: Ultrastructural morphology and cell division in Pedinomonas. - Cytobios 11: 41. 1974.
PRESCOTT, G. W.: Desmids. - Bot. Rev. 14: 644. 1948.
PRINGSHEIM, E. G.: The genus Polytomella. - Journ. Protozool. 2: 137. 1955.
RICKETTS, T. R.: The pigments of the phytoflagellates Pedinomonas minor and Pedinomonas tuberculata. - Phytochem. 6: 19. 1967.
-: The pigments of the Prasinophycae and related organisms. - Phytochem. 9: 1835. 1970.
ROUND, F. E.: The taxonomy of the Chlorophyta I. - Brit. phyc. Bull. 2: 224. 1963.
-: The taxonomy of the Chlorophyta. II. Brit. phyc. Journ. 3: 235. 1971.
SARMA, Y. S. R. K.: Some recent advances in the nuclear cytology of Chlorophyceae. - Proc. Symp. Algol. UNESCO, P. 46. 1959.
-: Cytology in relation to systematics of algae with particular reference to Chlorophycease. - Nucleus 7: 127. 1964.
SCHNEPF, E. E., KOCH, W. & DEICHGRÄBER, G.: Zur Cytologie und taxonomischen Einordnung von Glaucocystis. - Arch. Mikrobiol. 55: 149. 1966.
STEWART, K. D. & MATTOX, K. R.: Some aspects of mitosis in primitive green algae: Phylogeny and function. - BioSystems 7: 310. 1975.
-: Comparative cytology, evolution and classification of the green algae with some consideration of the origin of other organisms with chlorophyll a and b. - Bot. Rev. 41: 104. 1975.
-: Structural evolution in the flagellated cells of green algae and land plants. - BioSystems 10: 145. 1978.

STEWART, K. D., MATTOX, K. R. & CHANDLER, C. D.: Mitosis and cytokinesis in Platymonas subcordiformis, a scaly green monad. - Journ. Phycol. 10: 65. 1974.
SWALE, E. M. F. & BELCHER, J. H.: The external morphology of the type species of Pyramimonas (P. tetrarhynchus SCHMARDA) by electron microscopy. - J. Linn. Soc. Bot. 79: 77. 1968.
TEILING, E.: Evolutionary studies on the shape of the cell and of the chloroplast in Desmids. - Bot. Notiser 1952/53: 264. 1952.
TOURTE, Y. & HUREL-PY, G.: Ontogênèse et ultrastructure de l'appareil cinêtique des spermatozoides du Pteridium aquilinum. - C. R. Acad. Sci. 265: 1289. 1967.
TURNER, F. R.: An ultrastructural study of plant spermatogenesis. Spermatogenesis in Nitella. - Journ. Cell. Biol. 37: 370. 1968.
VISCHER, W.: Pedinomonas KORS. und eine neue Flagellatenklasse Opistokontae. - Verh. intern. Ver. Limnol. 10: 504. 1949.
WHITTLE, S. J., CASSELTON, P. J.: The chloroplast pigments of some green and yellow-green algae. - Brit. phycol. Journ. 4: 55. 1969.

„Tierische Einzeller" („Protozoa"); allgemein

AIKAWA, M. & STERLING, C. R.: Intracellular parasitic Protozoa. - Academic Press, New York - San Francisco - London 1974.
ALLEN, R. D. & KAMIYA, N. (Eds.): Primitive motile systems in cell biology. - Academic Press, New York 1964.
BAKER, J. R.: The status of the protozoa. - Nature 161: 587. 1948.
-: The evolution of parasitic Protozoa. - In TAYLOR, A. E. R.: Evolution of parasites, p. 1. 1965.
-: Parasitic Protozoa. - Hutchinson University Library, London 1969.
BALAMUTH, W.: Regeneration in protozoa: a problem of morphogenesis. - Quart. Rev. Biol. 15: 290. 1940.
BALL, H. G.: Organisms living on and in protozoa. - In CHEN, T. T.: Research in Protozoology, Vol. III: 565. 1969.
BEAMS, H. W. & ANDERSON, E.: Fine structure of Protozoa. - Ann. Rev. Microbiol. 15: 47. 1961.
BIOCCA, E.: Alcune considerazioni sulla sistematica dei protozoi e sulla utilita die creare una nuova classe di protozoi. - Rev. Bras. Malar. 8: 91. 1956.
BOURRELLY, P.: Note sur les Flagellês incolores. - Arch. zool. exp. gên. 88: 73. 1951.
BROWN, H. P. & COX, A.: An electron microscopy study of protozoan flagella. - Amer. Midl. Natur. 52: 106. 1954.
BÜTSCHLI, O.: Protozoa. - In BRONN, H. H.: Klassen und Ordnungen des Tierreiches, Band I, 1880-1889.
CALKINS, G. N.: The Protozoa. - Philadelphia 1901.
-: The Biology of the Protozoa. - 2. ed., Philadelphia 1933.
CALKINS, G. N. & SUMMERS, F. M. (Eds.): Protozoa in biological research. - Columbia Univ. Press, New York 1941.
CASPER, S. J.: Grundzüge eines natürlichen Systems der Mikroorganismen. - VEB G. Fischer, Jena 1974.
CHEISSIN, E. M. & POLJANSKY, G. I.: On the taxonomic system of Protozoa. - Acta Protozool. 1: 327. 1963.
CHEN, T. T. (Ed.): Research in Protozoology. - Vol. 1-4, Pergamon Press, London 1967-1970.
CLEVELAND, L. R.: Types and life cycles of centrioles of flagellates. - Journ. Protozool. 4: 230. 1957.
CORLISS, J. O.: Comments on the systematics and phylogeny of the Protozoa. - Syst. Zool. 8: 169. 1959.
-: Taxonomic procedures in classification of Protozoa. - Symp. Soc. Gen. Microbiol. 12: 37. 1962.
-: The value of ontogenetic data in reconstructing protozoan phylogenies. - Transact. Amer. Microsc. Soc. 87: 1. 1968.

-: Classification and phylogeny of the Protista. - In PUYTORAC, P. DE & GRAIN, J. (Eds.): Actualités Protozoologiques, vol. I:251. 1974.
-: Time for evolutionary biologists to take more interest in protozoan phylogenetics? - Taxon 23: 497. 1974.
-: What are the taxonomic and evolutionary relationships of the Protozoa to the Protists? - BioSystems 14: 445. 1981.
-: The "Protozoa": an unnatural grouping at any taxonomic level. - Abstr. 6th Int. Congr. Protozool. Warsaw 1981: 62. 1981.
-: Numbers of Species Comprising the Phyletic Groups Assignable to the Kingdom Protista. - Journ. Protozool. 29: 499. 1982.
-: Numbers of Phyla of "Protozoa" and other Protists: New look at an Old Problem. - Journ. Protozool. 29: 482. 1982.
DOFLEIN, F.: Die Protozoen als Parasiten und Krankheitserreger. - G. Fischer, Jena 1901.
-: Das System der Protozoen. - Arch. Protistenk. 1: 169. 1902.
DOFLEIN, F. & REICHENOW, R.: Lehrbuch der Protozoenkunde. - 6. Aufl., G. Fischer, Jena 1953.
DOGIEL, V. A.: Obscaja protistologija. - Leningrad 1951.
-: General Protozoology. - Oxford Univ. Press, London 1965.
DOGIEL, V. A., POLJANSKY, G. I. & CHEISSIN, E. M.: Obscaja protozoologija. - Leningrad 1962.
DROOP, M. R.: Algae and Invertebrates in symbiosis. - In Symbiotic Associations. Cambridge Univ. Press 1963.
FAURÉ-FREMIET, E.: Morphology of protozoa. - Ann. Rev. Microbiol. 7: 1. 1953.
-: Les problèmes de la différenciation chez les protistes. - Bull. Soc. Zool. Fr. 79: 311. 1954.
FAWCETT, D. W.: Cilia and flagella. - In BRACHET, J. & MIRSKY, A. E. - The cell, vol. II: 217. 1961.
FRANZ, V.: Zur Frage der phylogenetischen Stellung der Protisten, besonders der Protozoen. - Arch. Protistenk. 39: 263. 1919.
GHOSH, E.: A new general classification of the protozoa. - Journ. Roy. micr. Soc. 45: 327. 1925.
GOODE, D.: Evolution of mitosis in Protozoa: The association of chromosomes, nuclear envelope, kinetochores and microtubules. - BioSystems 7: 318. 1975.
GRASSÉ, P. P.: Traité de Zoologie. 1. Protozoaires. - Masson, Paris 1952-1953.
GRELL, K. G.: Morphologie und Fortpflanzung der Protozoen (einschließlich Entwicklungsphysiologie und Genetik). - Fortschr. Zool. 14: 1. 1962.
-: Protozoologie. - 2. Aufl., Springer, Berlin 1968.
-: Protozoa. - In KAESTNER, A.: Lehrbuch der Speziellen Zoologie, Band I: Wirbellose Tiere. - 4. Aufl., G. Fischer, Stuttgart 1980.
GRIMSTONE, A. V.: Fine structure and morphogenesis in protozoa. - Biol. Rev. 36: 97. 1961.
HAECKEL, E.: Das Protistenreich. - E. Günther, Leipzig 1878.
HALL, R. P.: Protozoology. - Prentice-Hall, Englewood Cliffs, New York 1953.
-: Protozoan nutrition. - Blaisdell, New York 1965.
HANSON, E. D.: Major evolutionary trends in animal protists. - Journ. Protozool. 23: 4. 1976.
HARTMANN, M.: Praktikum der Protozoologie. - 5. Aufl. G. Fischer, Jena 1928.
HAWES, R. S. J.: The emergence of asexuality in Protozoa. - Quart. Rev. Biol. 38: 234. 1963.
HOLLANDE, A.: Etude cytologique et biologique de quelques flagellés libres. - Arch. Zool. exp. gén. 83: 1942.
HONIGBERG, B. M.: A contribution to systematics of the non-pigmented flagellates. - In LUDVIK, J., LOM, J. & VÂVRA, J. (Eds.): Progress in Protozoology. - Proc., I. Intern. Congr. Protozool. Prague 1961: 68. 1963.
-: Problems in classification of Protozoa. - Bull. Nat. Inst. Sci. India 34: 13. 1967.
HONIGBERG, B. M. & BALAMUTH, W.: Subphylum Sarcomastigophora nom. nov. to embrace the flagellate and amoeboid assemblages of protozoans. - Journ. Protozool. Suppl. 10: 27. 1963.

HONIGBERG, B. M., BALAMUTH, W., BOVEE, E. C., CORLISS, J. O., GOJDICS, M., HALL, R. P., KUDO, R. R., LEVINE, N. D., LOEBLICH, A. R., WEISER, J. & WENRICH, D. H.: A revised classification of the phylum Protozoa. - Journ. Protozool. 11: 7. 1964.
HUTNER, S. H. (Ed.): Biochemistry and Physiology of Protozoa, vol. III. - Academic Press, New York 1964.
HUTNER, S. H. & LEVANDOWSKY, M. (Eds.): Biochemistry and Physiology of Protozoa, vol. I. - 2nd ed. Academic Press, New York 1979.
HUTNER, S. H. & LWOFF, A. (Eds.): Biochemistry and Physiology of Protozoa, vol. II. - Academic Press, New York 1955.
HUTNER, S. H. & PROVASOLI, L.: Comparative biochemistry of flagellates. - In HUTNER, S. & LWOFF, A.: Biochemistry and Physiology of Protozoa, vol. II, Academic Press, New York 1955.
HYMAN, L. H.: The Invertebrates. Protozoa through Ctenophora. - Vol. I. - McGraw-Hill, New York and London 1940.
JAHN, T. L. & BOVEE, E. C.: Protozoology and modern taxonomy. - Bull. Nat. Inst. Sci. India 34: 1. 1967.
JAHN, T. L. & JAHN, F. F.: How to know the Protozoa. - William C. Brown, Dubuque, Iowa 1949.
JIROVEC, O., WENIG, K., FOTT, B., BARTOS, W., WEISER, J. & SRÂMEK-HUSEK, R.: Protozoologie. - Cesk. Akad. Ved. Praha 1953.
JOYON, L. & MIGNOT, J. P.: Données récentes sur la structure de la cinétide chez les Protozoaires Flagellés. - Ann. Biol. 8: 1. 1969.
KIDDER, G. W. (Ed.): Protozoa. - In FLORKIN, M. & SCHEER, B. T.: Chemical Zoology, vol. 1. 1967.
KIRBY, H.: Relationships between certain protozoa and other animals. - In CALKINS, G. N. & SUMMERS, F. M.: Protozoa in biological research, p. 890. 1941.
-: Some observations on cytology and morphogenesis in flagellate Protozoa. - Journ. Morph. 75: 361. 1944.
-: Morphology, morphogeny and kinship in some nonpigmented Flagellata. - C. R. XIII. Congr. Int. Zool. Paris 1948: 191. 1949.
-: Materials and methods in the study of protozoa. - Univ. of Calif. Press, Berkeley 1950.
KITCHING, J. A.: Contractile vacuoles of Protozoa. - Protoplasmatologia III, D 3a: 1. 1956.
-: Food vacuoles of Protozoa. - Protoplasmatologia III, D 3b: 1. 1956.
KREIER, J. P. (Ed.): Parasitic Protozoa. - Academic Press, New York 1977.
KUDO, R. R.: Protozoology. - 6. ed., Thomas, Springfield, Illinois 1971.
KÜHN, A.: Morphologie der Tiere in Bildern. - Heft 1, Teil 1: Flagellaten. Bornträger, Berlin 1921.
LEVINE, N. D.: Protozoan parasites of domestic animals and man. - Burgess, Minneapolis 1961.
-: Protozoology today. - Journ. Protozool. 9: 1. 1962.
- (Ed.): Discussion of the classification of Protozoa at the Second International Conference on Protozoology, London 1966. - Journ. Protozool. 13: 189. 1966.
-: Recent advances in classification of Protozoa. - Beltsville Symp. Agric. Res., p. 71. 1978.
LEVINE, N. D., CORLISS, J. O., COX, F. E. G., DEROUX, G., GRAIN, J., HONIGBERG, B. M., LEEDALE, G. F., LOEBLICH, A. R., LOM, J., LYNN, D., MERINFIELD, E. G., PAGE, F. C., POLJANSKY, G., SPRAGUE, V., VÂVRA, J. & WALLACE, F. G.: A Newly Revised Classification of the Protozoa. - Journ. Protozool. 27: 37. 1980.
LOEBLICH, A. R.: Protistan phylogeny as indicated by the fossil record. - Taxon 23: 277. 1974.
LUDVIK, J., LOM, J. & VÂVRA, J. (Eds.): Progress in Protozoology. - Proc. I. Intern. Congr. Protozool. Prague 1961. 1963.
LWOFF, A. (Ed.): Biochemistry and Physiology of Protozoa. - Vol. I. Academic Press, New York 1951.
MacKINNON, P. L. & HAWES, R. S.: An introduction to the study of Protozoa. - Oxford Univ. Press, London 1961.

MANWELL, R. D.: Introduction to Protozoology. - St. Martin's Press, New York 1961.
MOSHKOVSKI, M. D.: The levels of organization of living matter and the place of Protozoa in the system of organisms. Progreß in Protozoology. - Proc. 1. Intern. Congr. Protozool. Prag 1961: 57. 1961.
NATH, V. & DUTTA, G. P.: Cytochemistry of protozoa, with particular reference to the Golgi apparatus and the mitochondria. - Int. Rev. Cytol. 13: 323. 1962.
PETERSEN, J. B.: Beitrag zur Kenntnis der Flagellatengeißeln. - Bot. Tidsskr. 40: 373. 1929.
PITELKA, D. R.: Electron-microscopic structure of Protozoa. - Macmillan, New York 1963.
PITELKA, D. R. & CHILD, F. M.: The locomotor apparatus of Ciliates and Flagellates: relations between structure and function. - In HUTNER, S. H.: Biochemistry and physiology of Protozoa, vol. III: 131. 1964.
PITELKA, D. R. & SCHOOLEY, C. N.: Comparative morphology of some protistan flagella. - Univ. Calif. Publ. Zool. 61: 79. 1955.
POCHE, F.: Das System der Protozoa. - Arch. Protistenk. 30: 125. 1913.
PRINGSHEIM, E. G.: The interrelationships of pigmented and colourless flagellata. - Biol. Rev. 16: 191. 1941.
PROVASOLI, L.: Nutrition and ecology of protozoa and algae. - Ann. Rev. Microbiol. 12: 279. 1958.
PUYTORAC, P. DE & GRAIN, J. (Eds.): Actualités Protozoologiques. - Vol. I, Univ. de Clermont, France 1974.
RAABE, Z.: An attempt of a revision of the system of Protozoa. - Ann. Univ. M. Curie-Sklod. Sect. C 3: 259. 1948 (in polnisch).
-: Remarks on the principles and outline of the system of Protozoa. - Acta Protozool. 2: 1. 1964.
RAGAN, M. A. & CHAPMAN, D. J.: A biochemical phylogeny of the protists. - Academic Press, New York 1978.
RAIKOV, I. B.: Karyologie der Protisten. - Nauka Leningr. Otdel, Leningrad 1967 (in russisch).
-: The Protozoan Nucleus. - Springer, Wien-New York 1982.
RINGO, D. L.: The arrangement of subunits in flagellar fibers. - Journ. Ultrastruct. Res. 17: 266. 1967.
SANDON, H.: The composition and distribution of the Protozoan Fauna of the soil. - Oliver & Boyd, London 1927.
-: Essays on protozoology. - Hutchinson, London 1964.
SATIR, P.: Structure and function in Cilia and Flagella. - Protoplasmatologia III: 1. 1965.
SATO, D.: The structure of flagella and the origin of the microfibrils with special reference to their stability and movability. - Sci. Pap. Coll Gen. Educ. Univ. Tokyo 10: 49. 1960.
SCHOLTYSECK, E.: Fine Structure of Parasitic Protozoa. - Springer, Berlin -Heidelberg 1979.
SILVA, P. C.: Evolution of the protista as a group of living organisms. - Micropaleont. 2: 294. 1956.
SLEIGH, M. A.: The biology of cilia and flagella. - Pergamon Press, Oxford. 1962.
-: Cilia and flagella. - Academic Press, London 1973.
-: The biology of Protozoa. - Arnold, London 1973.
-: Radiation of the eucaryote protista. - In HOUSE, M. R. (Ed.): The origin of major invertebrate groups, p. 23. 1979.
SONNEBORN, T. M.: Breeding systems, reproductive methods, and species problems in Protozoa. - In MAYR, E.: The Species Problem, p. 155. Washington 1957.
SPRAGUE, V.: Suggested changes in "a revised classification of the phylum Protozoa", with particular reference to the position of the haplosporidans. - Syst. Zool. 15: 345. 1966.
TAPPAN, H.: Protistan phylogeny: multiple working hypotheses. - Taxon 23: 271. 1974.
TAYLOR, F. J. R.: Flagellate phylogeny: a study in conflicts. - Journ. Protozool. 23: 28. 1976.

TRAGER, W.: Differentiation in Protozoa. - Journ. Protozool. 10: 1. 1963.
ULRICH, W.: Begriff und Einteilung der Protozoen. - Moderne Biologie, Festschr. H. Nachtsheim, p. 241. 1950.
VICKERMAN, K.: Nuclear division in lower zooflagellates. - In PUYTORAC, P., DE & GRAIN, J. (Eds.): Actualités Protozoologiques, vol. I: 368. 1974.
VICKERMAN, K. & COX, F. E. G.: The Protozoa. - John Murray, London 1972.
WEISS, P. B.: Morphogenesis in Protozoa. - Quart. Rev. Biol. 29: 207. 1954.
WENRICH, D. H.: Host-parasite relations between parasitic protozoa and their hosts. - Proc. Amer. Philos. Soc. 75: 605. 1935.
- (Ed.): Sex in Protozoa: A comparative review. - In: Sex in microorganisms. - Publ. Amer. Assoc. Adv. Sci. Washington, p. 134. 1954.
WENYON, C. M.: Protozoology, vol. 1. und 2. - Baillière, Tindall and Cox, London 1926.
WESTPHAL, A.: Spezielle Zoologie 1. Protozoen. - UTB Ulmer, Stuttgart 1974.

Protomonada

ANDERSON, E.: The ultrastructure of Tritrichomonas with special reference to the blepharoblast complex. - Journ. Protozool. 8: 71. 1961.
ANDERSON, W. A. & ELLIS, R. A.: Ultrastructure of Trypanosoma lewisi. Flagellum, microtubulus and the kinetoplast. - Journ. Protozool. 12: 483. 1965.
BAKER, J. R.: The evolutionary origin and speciation of the genus Trypanosoma. - Symp. Soc. gen. Microbiol. No. 24: 343. 1974.
BAKER, J. R. & BIRD, R. G.: Trypanosoma avium: fine structure of all developmental stages. - Journ. Protozool. 15: 298. 1968.
BEAMS, H. W., KING, R. L., TAHMISIAN, T. N. & DEVINE, R.: Electron microscope studies on Lophomonas striata with special reference to the nature and position of the striations. - Journ. Protozool. 7: 91. 1960.
BEAMS, H. W. & SEKHON, S. S.: Ultrastructure of Lophomonas blattarum. - Journ. Ultrastruct. Res. 26: 296. 1969.
BEAMS, H. W., TAHMISIAN, T. N., ANDERSON, E. & WRIGHT, W.: Studies on the fine structure of Lophomonas blattarum with special reference to the so-called parabasal apparatus. - Journ. Ultrastruct. Res. 5: 166. 1961.
BROOKER, B. E.: Mastigonemes in a bodonid flagellate. - Exp. Cell Res. 37: 300. 1965.
-: Fine structure of Bodo saltans and Bodo caudatus (Zoomastigophora: Protozoa) and their affinities with the Trypanosomatidae. - Bull. Brit. Mus. Nat. Hist. 22: 89. 1971.
BRUGEROLLE, G.: Ultrastructure du genre Trichomitus SWEZY 1915, Zooflagellata, Trichomonadida. - Protistologica 7: 171. 1971.
-: Sur l'existence de vrais kystes chez les Trichomonadines intestinales. Ultrastructure des kystes de Trichomitus batrachorum PERTY 1852, Trichomitus sanguisugae ALEXÉIEFF 1911, et Monocercomonas tipulae MACKINNON 1910. - C. R. Acad. Sc. Paris 277: 2193. 1973.
-: Étude ultrastructurale du trophozoite et du kyste chez le genre Chilomastix ALEXÉIEFF, 1910 (Zoomastigophorea Retortamonida GRASSÉ 1952). - Journ. Protozool. 20: 574. 1973.
-: Contribution à l'étude cytologique et phylétique des Diplozoaires (Zoomastigophorea, Diplozoa, DANGEARD 1910). II. Étude ultrastructurale du genre Spironucleus LAVIER 1936. - Protistologica 10: 78. 1974.
-: Contribution à l'étude cytologique et phylétique des Diplozoaires (Zoomastigophorea, Diplozoa, DANGEARD 1910). III. Etude ultrastructurale du genre Hexamita DUJARDIN 1838. - Protistologica 10: 78. 1974.
-: Contribution à l'étude cytologique et phylétique des Diplozoaires (Zoomastigophorea, Diplozoa, DANGEARD 1910). IV. Étude ultrastructurale du genre Octomitus PROWAZEK. - Protistologica 10: 457. 1974.
-: Étude de la cryptopleuromitose et de la morphogénèse de division chez Trichomonas vaginalis et chez plusieurs genres de Trichomonadines primitives. - Protistologica 11: 457. 1975.
-: Contribution à l'étude cytologique et phylétique des Diplozoaires (Zoomastigophorea, Diplozoa, DANGEARD 1910). V. Nouvelle interprétation de

l'organisation cellulaire de Giardia. - Protistologica 11: 99. 1975.
-: Contribution à l'étude cytologique et phylétique des Diplozoaires (Zoomastigophorea, Diplozoa, DANGEARD 1910). VI. Caractères généraux des Diplozoaires. - Protistologica 11: 111. 1975.
-: Étude ultrastructurale du genre Enteromonas DA FONSECA (Zoomastigophorea) et Révision de l'Ordre des Diplomonadida WENYON. - Journ. Protozool. 22: 468. 1975.
-: Cytologie ultrastructurale, systematique et evolution des Trichomonadina. - Ann. Stat. Biol. Besse-en-Chandesse 1976-1977, No. 10: 1. 1976.
-: Ultrastructure du genre Retortamonas GRASSI 1879 (Zoomastigophorea, Retortamonadida WENRICH 1931). - Protistologica 13: 233. 1977.
BRUGEROLLE, G. & JOYON, L.: Sur la structure at la position systématique du genre Monocercomonoides (TRAVIS 1932). - Protistologica 9: 71. 1972.
-: Etude cytologique ultrastructurale des genres Proteromonas et Karatomorpha (Zoomastigophorea Proteromonadida GRASSÉ 1952). - Protistologica 11: 531. 1975.
BRUGEROLLE, G., JOYON, L. & OKTEM, N.: Contribution à l'étude cytologique et phylétique des Diplozoaires (Zoomastigophorea, Diplozoa, DANGEARD 1910). I. Étude ultrastructurale du genre Trepomonas DUJARDIN. - Protistologica 9: 339. 1973.
BURNASHEVA, S. A., OSTROVSKAJA, M. V. & YURZINA, G. A.: The ultrastructure of flagella in Strigomonas oncopelti. - Acta Protozool. 6: 357. 1968.
BURZELL, L. A.: Observations on the proboscis-cytopharynx complex and flagella of Rhynchomonas metabolita PSHENIN, 1964 (Zoomastigophorea: Bodonidae). - Journ. Protozool. 20: 385. 1973.
-: Fine structure of Bodo curvifilus GRIESSMANN (Kinetoplastida: Bodonidae). - Journ. Protozool. 22: 35. 1975.
CACHON, J. & CACHON, M.: Contribution a l'étude des Noctilucidae SAVILLE-KENT. I. Les Kofoidininae CACHON, J. et M. Évolution morphologique et systematique. - Protistologica 3: 427. 1967.
CAMP, R. R., MATTERN, C. F. T. & HONIGBERG, B. M.: Study of Dientamoeba fragilis JEPPS & DOBELL. I. Electronmicroscopic observations of the binucleate stages. II. Taxonomic position and revision of the genus. - Journ. Protozool. 21: 69. 1974.
CERKASOVOVA, A., CERKASOV, G. & KULDA, J.: Biochemical comparison of microbody-like granules (Hydrogenosomes) of Trichomonads with mitochondria of other cells. - Proc. 3rd. Inter. Congr. Parasitol., 1: 68. 1974.
CHATTON, J., CACHON, M. & CHARNIER, M.: Ultrastructure du Bodonidé: Trypanophis grobbeni POCHE, parasite de Siphonophores. - Protistologica 8: 223. 1972.
CHEISSIN, E. M.: Ultrastructure of Lamblia duodenalis. I. Body surface, sucking disc and median bodies. - Journ. Protozool. 11: 91. 1964.
-: Ultrastructure of Lamblia duodenalis. II. The locomotory apparatus, axial rod and other organelles. - Arch. Protistenk. 108: 8. 1965.
CLARK, T. B. & WALLACE, F. G.: A comparative study of kinetoplast ultrastructure in the Trypanosomatidae. - Journ. Protozool. 7: 115. 1960.
CLEVELAND, L. R.: Symbiosis among animals with special reference to termites and their intestinal flagellates. - Quart. Rev. Biol. 1: 51. 1926.
-: Symbiosis between termites and their intestinal Protozoa. - Biol. Bull. 54: 231. 1928.
-: The centrioles of Pseudotrichonympha and their role in mitosis. - Biol. Bull. 74: 1. 1938.
-: Hormone-induced sexual cycles of flagellates. I. Gametogenesis, fertilization, and meiosis in Trichonympha. - Journ. Morph. 85: 197. 1949.
-: Brief accounts of the sexual cycles of the flagellates of Cryptocercus. - Journ. Protozool. 3: 161. 1956.
-: Correlation between the molting period of Cryptocercus and sexuality in its Protozoa. - Journ. Protozool. 4: 168. 1957.
-: The centrioles of Trichonympha from termites and their function in reproduction. - Journ. Protozool. 7: 326. 1960.
CLEVELAND, L. R. & GRIMSTONE, A. V.: The fine structure of flagellate Mixotricha paradoxa and its associated micro-organisms. - Proc. Roy. Soc. London, B. 159: 668. 1964.

CLEVELAND, L. R., HALL, S. R., SAUNDERS, E. P. & COLLIER, J.: The wood-feeding roach Cryptocercus, its protozoa, and the symbiosis between protozoa and the roach. - Amer. Acad. Sci. Mem. 17: 185. 1934.
CLEVELAND, L. R. & KARLSON, P.: Ecdysone induced modifications in the sexual cycles of the protozoa of Cryptocercus. - Journ. Protozool 7: 229. 1960.
CORLISS, J. O.: L'impact de la microscopie électronique sur la systématique des protistes et les cas curieux du Stephanopogon: un flagellé au lieu d'un cilié? - Journ. Protozool. 25, Abstr. 162: 56 A. 1979.
CORLISS, J. O. & LIPSCOMB, D. L.: Establishment of New Order in Kingdom Protista for Stephanopogon, Long-known "Ciliate" Revealed Now as Flagellate. - Journ. Protozool. 29: 294. 1982.
DANIEL, W. A., MATTERIN, C. F. T. & HONIGBERG, B. M.: Fine structure of the mastigont system in Tritrichomonas muris (GRASSI). - Journ. Protozool. 18: 575. 1971.
EYDEN, B. P. & VICKERMANN, K.: Ultrastructure and vacuolar movements in the free-living Diplomonad Trepomonas agilis KLEBS. - Journ. Protozool. 22: 54. 1975.
FRIEND, D. S.: Fine structure of Giardia muris. - Journ. Cell. Biol. 29: 317. 1966.
FUGE, H.: Zum Feinbau des Periplasten und der Geißel von Trypanosoma brucei und Trypanosoma gambiense. - Zschr. Zellforsch. 89: 201. 1968.
-: Electron microscopic studies of the intraflagellar structures of the trypanosomes. - Journ. Protozool. 16: 460. 1969.
GARNHAM, P. C. C.: The Leishmanias, with special reference to the role of animal reservoirs. - Am. Zool. 5: 141. 1965.
GRIMSTONE, A. V.: The fine structure of some polymastigiote flagellates. - Proc. Linn. Soc. London 1974: 49. 1963.
GRIMSTONE, A. V. & CLEVELAND, L. R.: The fine structur and function of the contractile axostyles of certain flagellates. - Journ. Cell. Biol. 24: 387. 1965.
GRIMSTONE, A. V. & GIBBONS, I. R.: The fine structure of the centriolar apparatus and associated structures in the complex flagellates Trichonympha and Pseudotrichonympha. - Phil. Trans. B. 250: 215. 1966.
HIBBERD, D. J.: Observations on the ultrastructure of three new species of Cyathobodo PETERSEN et HANSEN (C. salpinx, C. intricatus and C. simplex) and on the external morphology of Pseudodendromonas vlkii BOURRELY. - Protistologica 12: 249. 1976.
HOARE, C. A.: The Trypanosomes of mammals. - Blackwell Scient. Publ., Oxford-Edinburgh 1972.
HOLLANDE, A.: L'évolution des Flagellés symbiotiques, hôtes du Cryptocercus et des termites inferieurs. - Tijdschr. Entom. 95: 18. 1952.
HOLLANDE, A. & VALENTIN, J.: Morphologie et infrastructure du genre Barbulanympha, Hypermastigine symbiontique de Cryptocercus punctulatus SCUDDER. - Protistologica 3: 257. 1967.
--: Infrastructure du complexe rostral et origine du fuseau chez Staurojoenina caulleryi. - C. R. hebd. Séanc. Acad. Sci. Paris 266: 1283. 1968.
--: Appareil de Golgi, pinocytose, lyosomes, mitochondries, bactéries symbiotiques, atractophores et pleuromitose chez les Hypermastigines du genre Joenia. Affinités entre Joeniidés et Trichomonadines. - Protistologica 5: 39. 1969.
HONIGBERG, B. M.: Evolutionary and systematic relationships in the flagellate order Trichomonadida KIRBY. - Journ. Protozool. 10: 20. 1963.
HONIGBERG, B. M. & KING, V.: Structure of Trichomonas vaginalis DONNÉ. - Journ. Parasit. 50: 345. 1964.
HONIGBERG, B. M. & KULDOVA, J.: Structure of a nonpathogenic histomonad from the cecum of galliform birds and revision of the trichomonad family Monocercomonadidae KIRBY. - Journ. Protozool. 16: 526. 1969.
HONIGBERG, B. M., MATTERN, C. F. T. & DANIEL, W. A.: Structure of Pentatrichomonas hominis (DAVAINE) as revealed by electron microscopy. - Journ. Protozool. 15: 419. 1968.
JANICKI, C.: Untersuchungen an parasitischen Flagellaten. I. Lophomonas blattarum STEIN, L. striata BÜTSCHLI. - Zschr. wiss. Zool. 95: 243. 1910

-: Die Gattungen Devescovina, Parajoenia, Stephanonympha, Calonympha. Über den Parabasalapparat, über Kernkonstitution und Kernteilung. - Zschr. wiss. Zool. 112: 573. 1915.
JOYON, L.: Structure et ultrastructure de Proteromonas lacertae-viridis (GRASSI). - Proc. 1. Intern. Congr. Protozool. Prag 1961: 406.
JOYON, L. & LOM, J.: Sur l'ultrastructure de Costia necatrix LECLERCQ (Zooflagellé), place systématique de ce protiste. - C. R. Acad. Sci. Paris 262: 660. 1966.
--: Étude cytologique, systématique et pathologique de'Ichthyobodo nacator (HENNEGUY, 1883) PINTO; 1928 (Zooflagellé). - Journ. Protozool. 16: 703. 1969.
KENNEDY, J. R.: The morphology of Blepharisma undulans STEIN. - Journ. Protozool. 12: 542. 1965.
KIRBY, H.: The devescovinid flagellates of termites. I-V. - Univ. Calif. Publ. Zool. 45: 1941-1949.
-: Systematic differentiation and evolution of flagellates in termites. - Rev. Soc. mex. hist. nat. 10: 57. 1949.
KREIER, J. (Ed.): Parasitic Protozoa, Vol. I: Taxonomy, Kinetoplastids, and Flagellates of Fish. - Academic Press, New York-London-San Francisco 1977.
LIPSCOMB, D. L. & CORLISS, J. O.: The ciliate Stephanopogon. - Journ. Protozool. 25: Abstr. 4: 7 A. 1978.
--: Stephanopogon, a Phylogenetically Important "Ciliate", Shown by Ultrastructural Studies to De a Flagellate. - Science 215: 303. 1982.
LUMSDEN, W. H. R. & EVANS, D. A.: Biology of the Kinetoplastida. - Vol. 1. Academic Press, London-New York-San Francisco 1976.
LWOFF, A.: Le cycle nucléaire de Stephanopogon mesnili LW (cilié homocaryote). - Arch. Zool. exp. gén. 78: 117. 1936.
MATTERN, C. T. F., HONIGBERG, B. M. & DANIEL, W. A.: The mastigont system of Trichomonas gallinae (RIVOLTA) as revealed by electron microscopy. - Journ. Protozool. 14: 320. 1967.
MEYER, H.: The fine structure of the flagellum and kinetoplast-chondriome of Trypanosoma (Schizotrypanum) cruzi in tissue culture. - Journ. Protozool. 15: 614. 1968.
MILDER, R. & DEAN, M. P.: Ultrastructure of Trypanosoma conorhini in the crithidial phase. - Journ. Protozool. 14: 65. 1967.
--: The cytostome of Trypanosoma cruzi and T. conorhini. - Journ. Protozool. 16: 730. 1969.
MÜHLPFORDT, H.: Über den Kinetoplasten der Flagellaten. - Zschr. Tropenmed. Par. 15: 289. 1964.
MULLIGAN, H. W. (Ed.): The African Trypanosomiases. - George Allen & Unwin, London 1970.
NIELSEN, M. H., LUDWIG, J. & NIELSEN, R.: On the ultrastructure of Trichomonas vaginalis DONNE. - Journ. Microscopie 5: 229. 1966.
PETTIGREW, G. W.: The amino acid sequence of a cytochrome c from a protozoan Crithidia oncopelti. - FEBS Letters 64-66. 1972.
PITELKA, D. R.: Observations on the kinetoplast-mitochondrion and the cytostome of Bodo. - Exp. Cell. Res. 25: 87. 1961.
PITELKA, D. R. & SCHOOLEY, C. N.: The fine structure of the flagellar apparatus in Trichonympha. - Journ. Morph. 102: 199. 1958.
PYNE, C. K.: L'ultrastructure de Cryptobia helicis. - C. R. Acad. Sci. Paris 248: 1410. 1959.
-: L'ultrastructure de l'appareil basal des flagellates chez Cryptobia helicis (Flagellê Bodonidae). - C. R. Acad. Sci. Paris 250: 1912. 1960.
-: Etudes sur la structure inframicroscopique du cinétoplaste chez Leishmania tropica. - C. R. Acad. Sci. Paris 251: 2776. 1960.
-: L'ultrastructure des flagellés des familles Trypanosomidés et Bodonidés. - Ann. Sci. nat. zool. biol. anim. 12: 345. 1967.
REICHENOW, E.: Zur Frage der Bedeutung des Blepharoplast der Trypanosomen. - Arch. Inst. biol. S. Paulo 11: 433. 1940.
RUDZINSKA, M. A., D'ALESANDRO, P. A. & TRAGER, W.: The fine structure of Leishmania donovani and the role of the Kinetoplast on the Leishmania-Leptomonad transformation. - Journ. Protozool. 11: 166. 1964.

SCHUSTER, F.: Ultrastructure of Histomonas meleagridis (SMITH) TYZZER, a parasitic amoebo-flagellate. - Journ. Parasit. 54: 725. 1968.
SIMPSON, L.: Structure and function of kinetoplast DNA. - Journ. Protozool. 20: 2. 1973.
STEINERT, M. & NOVIKOFF, A. B.: The existence of a cytostome and the ocurrence of pinocytosis in the Trypanosome: Trypanosoma mega. - Journ. Biophys. Biochem. Cytol. 8: 563. 1960.
SUYAMA, Y. & PREER, J. R.: Mitochondrial DNA from protozoa. - Genetics 52: 1051. 1965.
TRAGER, W.: The kinetoplast and differentiation in certain parasitic protozoa. - Americ. Natural. 99: 255. 1965.
VICKERMANN, K.: The fine structure of Trypanosoma congolense in its bloodstream phase. - Journ. Protozool. 16: 54. 1969.
-: Ultrastructure of Trypanosoma and Relation to Function. - In MULLIGAN, H. W.: The African Trypanosomiases, p. 60. 1970.
-: The diversity of the kinetoplastid flagellates. - In LUMSDEN, W. H. R. & EVANS, D. A. (Eds.): Biology of the Kinetoplastida, vol. I: 1. 1976.
WOLSTENHOLME, D. R., RENGER, H. C., MANNING, J. E. & FOUTS, D. L.: Kinetoplast DNA of Crithidia. - Journ. Protozool. 21: 622. 1974.

Opalinidea

CHATTON, E. & BRACHON, S.: Le cinêtosome de l'Opalina ranarum, sa continuité génêtique et son importance en égard á l'évolution des appareils ciliares. - C. R. Acad. Sci. Paris 202: 713. 1936.
CORLISS, J. O.: The opalinid infusorians: flagellates or ciliates? - Journ. Protozool. 2: 107. 1955.
CORLISS, J. O. & BALAMUTH, W.: Consideration of the opalinids as a new superclass in the subphylum Sarcomastigophora. - Journ. Protozool. Suppl. 10: 26. 1963.
COSGROVE, W. B.: Fibrillar structures in Opalina obtrigonoidea METCALF. - Journ. Parasitol. 33: 351. 1947.
HUNTER, N. W.: Some aspects of the morphology of Opalina carolinensis METCALF. - Transact. Americ. microsc. Soc. 74: 315. 1955.
KRETSCHMAR, W.: Untersuchungen über den Zellbau von Opalina ranarum und zur systematischen Stellung der Opaliniden. - Zschr. Parasitenk. 23: 274. 1963.
METCALF, M. M.: Opalina and the origin of the ciliate infusoria. - Journ. Wash. Acad. Sci. 8: 427. 1918.
-: The opalinid ciliate infusorians. - Bull. U.S. Nat. Mus. No. 120: 1. 1923.
-: Further studies on the opalinid ciliate infusorians and their hosts. - Proc. U. S. Nat. Mus. 87: 465. 1940.
NOIROT-TIMOTHÉE, C.: Recherches sur l'ultrastructure d'Opalina ranarum. - Ann. Sci. Nat. 12: 265. 1959.
-: Recherches sur l'ultrastructure d'Opalina ranarum. - Ann. Sci. nat. Zool. 12. sér.: 527. 1960.
-: Étude au microscope électronique des inclusions cytoplasmiques de Cepedea dimidiata (Protozoa Opalinina) et plus spécialement des mitochondries ou corps de Zeller. - Protistologica 3: 301. 1967.
-: Sur les "corps de Zeller" ou mitochondries des Opalines. - Journ. Protozool. 14 (Suppl.):37. 1967.
SLEIGH, M. A.: The form of beat in cilia of Stentor and Opalina. - Journ. exp. Biol. 37: 1. 1960.
WESSENBERG, H.: Studies on the life cycle and morphogenesis of Opalina. - Univ. Calif. Publ. Zool. 61: 315. 1961.
-: Observations on cortical ultrastructure in Opalina. - Journ. Microscopie 5: 471. 1966.

Euglenophyta

BARRAS, D. R. & STONE, B. A.: The chemical composition of the pellicle of Euglena gracilis var. bacillaris. - Biochem. Journ. 97: 14. 1965.
BEN-SHAUL, Y., EPSTEIN, H. T. & SCHIFF, J. A.: Studies of Chloroplast development in Euglena. X. The return of the chloroplast to the proplastic condition during dark adaption. - Canad. Journ. Bot. 43: 129. 1965.
BLUM, J. J., SOMMER, J. R. & KAHN, V.: Some biochemical, cytological and morphogenetic comparisons between Astasia longa and a bleached Euglena gracilis. - Journ. Protozool. 12: 202. 1965.
BUETOW, D. E.: The Biology of Euglena. - 2 vols., Academic Press, New York 1968.
CHEN, Y. T.: Investigations of the biology of Peranema trichophorum. - Quart. J. Microsc. Soc. 91: 279. 1950.
CHRISTEN, H. R.: Zur Taxonomie der farblosen Eugleninen. - Nova Hedwigia 4: 437. 1963.
DEFLANDRE, G.: A propos des Eugléniens et de la structure des flagellés. - Arch. Zool. exp. gén. 87: 61. 1950.
GIBBS, S. P.: The fine structure of Euglena gracilis with special reference to the chloroplast and pyrenoids. - Journ. Ultrastr. Res. 4: 127. 1960.
-: The chloroplasts of Euglena may have evolved from symbiotic green algae. - Canad. Journ. Bot. 56: 2883. 1978.
GOJDICS, M.: The genus Euglena. - University of Wisconsin Press, Madison 1953.
HALLER, G. DE: Structure submicroscopique d'Euglena viridis. - Arch. Sci. Phys. Nat. Geneva 12: 309. 1959.
HOUWINK, A. L.: An E. M. study of the flagellum of Euglena gracilis. - Proc. K. Nederl. Akad. Wet. 54: 132. 1951.
JAHN, T. L.: The euglenoid flagellates. - Quart. Rev. Biol. 21: 246. 1946.
KRINSKY, N. I. & GOLDSMITH, T. H.: The carotenoids of the flagellated alga, Euglena gracilis. - Arch. Biochem. Biophys. 91: 271. 1960.
LACKEY, J. B.: Three new colorless Eugenophyceae from marine situations. - Arch. Mikrobiol. 42: 190. 1962.
LEEDALE, G.F.: Nuclear division in the Euglenineae. - Heredity 11:287. 1957.
-: Nuclear structure and mitosis in the Euglenineae. - Arch. Mikrobiol. 32: 32. 1958.
-: Nuclear divisions in the Euglenineae: a new form of mitosis. - Phycol. Bull. 6: 28. 1958.
-: The evidence for a meiotic process in the Euglenineae. - Arch. Mikrobiol. 42: 237. 1962.
-: Pellicle structure in Euglena. - Brit. phycol. Bull. 2: 291. 1964.
-: Euglenoid flagellates. - Prentice-Hall, Englewood Cliffs, New Jersey 1967.
-: Euglenida/Euglenophyta. - Ann. Rev. Microbiol. 21: 31. 1967.
-: Phylogenetic criteria in euglenoid flagellates. - BioSystems 10:183.1978.
LEEDALE, G. F., MEEUSE, B. J. D. & PRINGSHEIM, E. G.: Structure and physiology of Euglena spirogyra. I. and II. - Arch. Mikrobiol. 50: 68. 1965.
---: Structure and physiology of Euglena spirogyra III-VI. - Arch. Mikrobiol. 50: 133. 1965.
MIGNOT, J. P.: Quelques particularités de l'ultrastructure d'Entosiphon sulcatum (DUJ.) STEIN: Flagellé Euglénien. - C. R. Acad. Sci. Paris 257: 2530. 1963.
-: Ultrastructure des Eugléniens. I. Etude de la cuticula chez différentes espèces. - Protistologica 1: 5. 1965.
-: Étude ultrastructurale des Eugléniens: II. A: Dictyosomes et dictyocinèse chez Distigma proteus EHRB. B: Mastigonèmes chez Anisonema costatum CHRISTEN. - Protistologica 1: 17. 1965.
-: Structure et ultrastructure de quelques Euglénomonadines. - Protistologica 2: 51. 1966.
-: Affinités des Euglénomonadines et des Chloromonadines. Remarques sur la systématique des Euglénida. - Protozoologica 3: 25. 1967.
NITSCHE, H.: Heteroxanthin in Euglena gracilis. - Arch. Mikrobiol. 90: 151. 1973.

POCHMANN, A.: Synopsis der Gattung Phacus. - Arch. Protistenk. 95: 81. 1942.
PRINGSHEIM, E. G.: Taxonomic problems in the Eugleninae. - Biol. Rev. 23: 46. 1948.
-: The loss of Chromatophores in Euglena gracilis. - New Phytologist 47: 52. 1948.
-: Contribution towards a monograph of the genus Euglena. - Nova Acta Leopold. N. F. 18: 1. 1956.
PRINGSHEIM, E. G. & HOVASSE, R.: Les relations de parenté entre Astaciacées et Euglenacées. - Arch. zool. exp. gen. 86: 499. 1950.
RINGO, D. L.: Electron microscopy of Astasia longa. - Journ. Protozool. 10: 167. 1963.
SAITO, M.: Studies in the mitosis of Euglena I. On the chromosome cycle of Euglena viridis EHRBG. - Journ. Protozool. 8: 307. 1961.
SOMMER, J. R.: The ultrastructure of the pellicle complex of Euglena gracilis. - Journ. Cell. Biol. 24: 253. 1965.
STORM, J. & HUTNER, S. H.: Nutrition of Peranema. - Ann. New York Acad. Sci. 56: 901. 1953.
THOMAS, D. M., GOODWIN, T. W. & TYLEY, J. F.: Nature and distribution of carotenoid pigments of Astasia ocellata. - Journ. Protozool. 14: 654. 1967.
VOGEL, H. J.: Lysine biosynthesis in Chlorella and Euglena: phylogenetic significance. - Biochem. biophys. Acta 34: 282. 1959.
WALNE, P. L.: Euglenoid Flagellates. - In COX, E. R. (Ed.): Phytoflagellates, p. 165. 1980.
WOLKEN, J. J.: Euglena. - 2nd ed., Appleton-Century Crofts 1967.
WOLKEN, J. J. & MELLON, A. D.: The relationship between chlorophyll and the carotenoids in the algal flagellate, Euglena. - Journ. Gen. Physiol. 39: 675. 1956.

Eumycota

AHMADJIAN, V.: The fungi of lichenes. - Sci. Amer. 208: 122. 1963.
-: Lichens in symbiosis. - In HENRY, S. M.: Symbiosis, vol. I: 35. 1966.
-: The lichen symbiosis. - Blaisdell, Waltham, Mass. 1967.
AINSWORTH, G. C.: Ainsworth & Bisbys dictionary of Fungi. - 5th. ed., Commonwealth Mycological Institute, Kew 1961.
-: A general purpose classification of fungi. - Bibl. Syst. Mycol. 1: 1. 1966.
AINSWORTH, G. C. & SUSSMANN, A. S. (Eds.): The Fungi: An advanced treatise. Vol. I-III. - Academic Press, New York 1965, 1966, 1968.
ALEXOPOULOS, C. J.: Einführung in die Mykologie. - G. Fischer, Stuttgart 1966.
ALEXOPOULOS, C. J. & MIMS, C. W.: Introductory Mycology. - 3rd Ed., Wiley, New York 1979.
ARONSON, J. M. & MACHLIS, L.: The chemical composition of the hyphal walls of the fungus Allomyces. - Amer. Journ. Bot. 46: 292. 1959.
ARX, J. A. VAN.: Pilzkunde. Ein kurzer Abriß der Mykologie unter besonderer Berücksichtigung der Pilze in Reinkultur. - Lehre 1967.
BARR, D. J. S.: Taxonomy and phylogeny of Chytrids. - BioSystems 10: 153. 1978.
BARR, D. J. S. & HARTMANN, V. E.: Zoospore ultrastructure of three Chytridium species and Rhizoclosmatium globosum. - Can. Journ. Bot. 54: 2000. 1976.
BARTNICKI-GARCIA, S.: Cell wall chemistry, morphogenesis, and taxonomy of fungi. - Ann. Rev. Microbiol. 27: 87. 1968.
BECKETT, A., HEATH, L. B. & MCLAUGHLIN, D. J.: An Atlas of Fungal Ultrastructure. - Longman, London 1974.
BERLIN, J. D. & BOWEN, C. C.: Centrioles in the fungus, Albugo candida. - Amer. Journ. Bot. 51: 650. 1964.

BESSEY, E. A.: Some problems in fungus phylogeny. - Mycologia 34: 355. 1942.
-: Morphology and taxonomy of fungi. - Blakiston, Philadelphia 1950.
BOULDER, D. & DERBYSHIRE, E.: Cytochromes of fungi. - Journ. Exp. Bot. 8: 313. 1957.
BRAKER, C. E.: Ultrastructure of fungi. - Ann. Rev. Phytopath. 5: 343. 1967.
BULLER, A. H. R.: Researches on fungi. - 7 vols., Longmans, Green and Co. London, University Press Toronto 1909-1950.
CAIN, R. F.: Evolution of the Fungi. - Mycologia 64: 1. 1972.
CANTINO, E. C. & TURIAN, G. F.: Physiology and development of lower fungi. (Phycomycetes). - Ann. Rev. Microbiol. 13: 97. 1959.
CAVERS, F.: The inter-relationships of protista and primitive fungi. - New Phytol. 14: 94. 1915.
CHONG, J. & BARR, D. J. S.: Zoospore development and fine structure in Phlyctochytrium arcticum (Chytridiales). - Can. Journ. Bot. 51: 1411. 1973.
COCHRANE, V. W.: The physiology of fungi. - Wiley, New York 1958.
DENISON, W. C. & CARROLL, G. C.: The primitive Ascomycete: A new look at an old problem. - Mycologia 58: 249. 1966.
ESSER, P. & KUENEN, R.: Genetik der Pilze. - Springer, Berlin 1965.
FITZPATRICK, H. M.: The lower fungi: Phycomycetes. - McGraw Hill, New York 1930.
FULLER, M. S.: Mitosis in Fungi. - BioSystems 7: 360. 1975.
-: Mitosis in Fungi. - Int. Rev. Cytol. 45: 113. 1976.
-: The zoospore, hallmark of the aquatic fungi. - Mycologia 69: 1. 1977.
GÄUMANN, E.: Die Pilze. Grundzüge ihrer Entwicklungsgeschichte und Morphologie. - 2. Aufl., Basel und Stuttgart 1964.
GLEASON, F. H. & UNESTAM, T.: Cytochromes of aquatic fungi. - Journ. Bact. 95: 1599. 1968.
GOODWIN, T. W.: Fungal carotenoids. - Bot. Rev. 18: 291. 1952.
HALE, M. E.: The biology of lichenes. - Arnold, London 1967.
HALL, R.: Molecular approaches to taxonomy of fungi. - Bot. Rev. 35: 285. 1969.
HAWKER, L. E.: Fungi. - Hillary, New York 1967.
HEIM, R.: Les voies de l'évolution chez les champignons. In Évolution et Phylogénie chez les Végétaux. - Int. Cent. Rech. Sci. 41: 27. 1952.
HENSSEN, A. & JAHNS, A. H.: Lichenes. Eine Einführung in die Flechtenkunde. - Thieme, Stuttgart 1974.
HUTTER, R. & MOSS, J. A., DE: Organization of the tryptophan pathway: a phylogenetic study of the fungi. - Journ. Bact. 94: 1896. 1967.
INGOLD, C. T.: The biology of Fungi. - Hutchinson Educational Ltd., London 1961.
JACKSON, H. S.: Life cycles and phylogeny in the higher fungi. - Trans. Roy. Soc. Canad. III, Sect. V. 38: 1. 1944.
KARLING, J. S.: Synchytrium. - Academic Press, New York 1964.
KENDRICK, B.: Taxonomy of Fungi Imperfecti. - Univ. of Toronto Press, Toronto 1971.
KOCH, W. J.: Studies of the motile cells of chytrids. I. Electron microscope observations of the flagellum, blepharoplast and rhizoplast. - Amer. Journ. Bot. 43: 811. 1956.
-: The motile cell in posteriorly uniflagellate phycomycetes. - Proc. IX. Intern. Bot. Congr. Vol. II: 196. 1959.
KOHLMEYER, J.: Spathulosporales, a new order and possible missing link between Laboulbeniales and Pyrenomycetes. - Mycologia 65: 614. 1973.
-. New clues to the possible origin of Ascomycetes. - BioScience 25: 86. 1975.
KREISEL, H.: Grundzüge eines natürlichen Systems der Pilze. - VEB G. Fischer Jena 1969.
LÉJOHN, H. B.: Enzyme regulation, lysine pathways and cell wall structures as indicators of major lines of evolution in the fungi. - Nature 231: 164. 1971.
-: Biochemical parameters of fungal phylogenetics. - Evol. Biol. 7: 79. 1974.
LEWIS, D. H.: Concepts in fungal nutrition and the origin of biotrophy. - Biol. Rev. 48: 261. 1973.

LICHTWARDT, R. W.: Taxonomic position of the Eccrinales and related fungi. - Mycologia 52: 743. 1960.
LINDER, D. H.: Evolution of the Basidiomycetes and its relation to the terminology of the basidium. - Mycologia 32: 419. 1940.
LOCKER, J., SYNENKI, R. M., MERTEN, S. & RABINOWITZ, M.: Eukaryotic features of mitochondrial transcription an gene structure in Yeast. - In FREDRICK, J. F. (Ed.): Origins and Evolution of eucaryotic intracellular Organelles, p. 105. 1981.
LODDER, J.: The Yeasts, a taxonomical study. - 2nd ed., North-Holland Publ. Corp., Amsterdam 1970.
MADELIN, M. F. (Ed.): The Fungus Spore. - Butterworth's, London 1966.
MARTIN, G. W.: Are fungi plants? - Mycologia 47: 779. 1955.
MEZ, C.: Versuch einer Stammesgeschichte des Pilzreiches. - Schrift. Königsb. Gel. Ges. Naturw. Kl. 6: 1. 1929.
MOORE, R. T.: An alternative concept of the fungi based on their ultrastructure. - In PEREZ-MIRAVETE, A. & PELÁEZ, D. (Eds.): Recent advances in Microbiology, p. 49. 1971.
-: Ustomycota, a new division of higher fungi. - Antonie van Leeuwenhoek Journ. Mic. Serol. 38: 567. 1971.
MOREAU, F.: Les champignons. Physiologie, morphologie, dévelopment et systématique. - Lechevalier, Paris 1954.
MÜLLER, E. & LOEFFLER, W.: Mykologie, - 3. Aufl., Thieme, Stuttgart 1977.
OLSON, L. W. & FULLER, M. S.: Ultrastructural evidence for the biflagellate origin of the uniflagellate fungal zoospore. - Arch. Mikrobiol. 62: 237. 1968.
POELT, J.: Bestimmungsschlüssel europäischer Flechten. - Cramer, Lehre 1969.
POWELL, M. J.: Phylogenetic implications of the microbody-lipid globule complex in zoosporic fungi. - BioSystems 10: 167. 1978.
RAPER, J. R.: Genetics of sexuality in Higher Fungi. - Ronald Press, New York 1966.
RENAUD, F. L. & SWIFT, H.: The development of basal bodies and flagella in Allomyces arbusculus. - Journ. Cell. Biol. 23: 339. 1964.
REYNOLDS, D. R. (Ed.): Ascomycete Systematics. - Springer, Berlin-Heidelberg-New York 1981.
ROANE, M. K. & PATERSON, R. A.: Some aspects of morphology and development in the Chytridiales. - Mycologia 66: 147. 1974.
ROBINSON, R. K.: Ecology of fungi. - Engl. Univ. Press, London 1967.
ROGERS, D. P.: A comparison of evolutionary tendencies in plants, fungi, and animals. - Bull. Torrey Bot. Cl. 75: 442. 1948.
ROSE, A. H.: Yeasts. - Sci. Amer. 202: 136. 1960.
ROSS, I. K.: Biology of the Fungi. - McGraw-Hill, New York 1979.
SAVILLE, D. B. O.: A phylogeny of the basidiomycetes. - Canad. Journ. bot. 33: 60. 1955.
SCHNEPF, E.: Zur Feinstruktur von Geosiphon pyriforme. Ein Versuch zur Deutung cytoplasmatischer Membranen und Kompartimente. - Arch. Mikrobiol. 49: 112. 1964.
SCHUSSNIG, B.: Stammesgeschichtlicher Formenwandel und Gestaltungstypen im Reich der Pilze. - Sydowia 2: 83. 1948.
SHAFFER, R. L.: The major groups of Basidiomycetes. - Mycologia 67: 1. 1975.
SÖRGEL, G.: Über mutmaßliche phylogenetische Zusammenhänge bei niederen Pilzen, insbesondere der Blastocladiales. - Biol. Zentralbl. 71: 385. 1952.
SPARROW, F. K.: Interrelationships and phylogeny of the aquatic Phycomycetes. - Mycologia 50: 797. 1958.
-: Aquatic Phycomycetes. - 2nd rev. ed. University of Michigan Press, Ann Arbor 1960.
STEVENSON, G. B.: The biology of fungi, bacteria and viruses. - 2nd. ed., Arnold, Maidenhead 1970.
SUBRAMANIAN, C. V.: Trends in the taxonomy of fungi. - Bull. Nat. Inst. Sci. India 34: 321. 1967.
TALBOT, P. H. B.: Principles of Fungal Taxonomy. - St. Martins's Press, New York 1971.
TEMMINK, J. H. M. & CAMPBELL, R. N.: The ultrastructure of Olpidium brassi-

cae. II. Zoospores. - Can. Journ. Bot. 47: 227. 1969.
TURNER, W. B.: Fungal Metabolites. - Academic Press, London 1971.
UBRIZSY, G. & VÖRÖS, J.: A new conception in the review on the phylogeny and system of fungi. - Acta Bot. Ac. Sci. Hung. 12: 199. 1966.
VOGEL, H. J.: Two modes of lysine synthesis among the lower fungi: evolutionary significance. - Biochem. Biophys. Acta 41: 172. 1960.
-: Lysine synthesis and phylogeny of lower fungi: some chytrids versus Hyphochytrium. - Nature 189: 1026. 1961.
-: Distribution of lysine pathways among fungi: evolutionary implications. - Amer. Nat. 98: 435. 1964.
WATERHOUSE, G. M.: The zoospore. - Trans. Brit. Mycol. Soc. 45: 1. 1962.
WEBER, D. J. & HESS, W. M. (Eds.): The Fungal Spore, Form and Function. - Wiley, New York 1976.
WEBSTER, J.: Introduction to Fungi. - 2nd ed., Cambridge University Press, London 1980.
WELLS, K. & WELLS, E. K. (Eds.): Basidium and Basidiocarp. - Springer, Berlin - Heidelberg - New York 1982.
WHIFFEN, A. J.: A discussion of taxonomic criteria in the Chytridiales. - Farlowia 1: 583. 1944.

Dinophyta

AFZELIUS, B. A.: The nucleus of Noctiluca scintillans. Aspects of nucleo-cytoplasmatic exchanges and the formation of nuclear membrane. - Journ. Cell. Biol. 19: 229. 1963.
BIECHELER, B.: Recherches sur les Péridiniens. - Bull. Biol. France Belg. Suppl. 36. 1952.
BOUCK, B. G. & SWEENEY, B. M.: The fine structure and ontogeny of trichocysts in marine dinoflagellates. - Protoplasma 61: 205. 1966.
BURSA, A.: The genus Prorocentrum EHRENBERG. Morphodynamics, protoplasmatic structures, and taxonomy. - Canad. Journ. Bot. 37: 1. 1959.
CACHON, J.: Contribution à l'étude des Péridiniens parasites. Cytologie, cycles évolutifs. - Ann. Sci. nat. zool. Paris. 12. Sér. 6. 1964.
CHADEFAUD, M.: Les protistes trichocystifères ou Protogastréades. - Ann. Protistol. 5: 323. 1936.
CHATTON, E.: Les cnidocystes du péridinien Polykrikos schwartzi BÜTSCHLI. - Arch. Zool. exp. gén. 54: 157. 1914.
-: Les péridiniens parasites. Morphologie, reproduction, éthologie. - Arch. zool. exp. gén. 59: 1. 1920.
-: Les Péridiniens parasites. Cytologie, cycles évolutifs. - Ann. sci. nat. zool. Paris, 12. Sér. 6. 1964.
CHATTON, E. & HOVASSE, R.: Sur les premiers stades le la cnidogénèse chez le Péridinien Polykrikos schwartzi. - C. R. Acad. Sci. Paris 218: 60. 1944.
DEFLANDRE, G.: État actuel de nos connaissance sur l'ancienneté des Dinoflagellés. - Arch. Zool. Expér. Gén. 105: 381. 1965.
DODGE, J. D.: Nuclei, nuclear division and taxonomy in the Dinophyceae. - Brit. Phycol. Bull. 2: 14. 1960.
-: Chromosome structure in the Dinophyceae I. The spiral chromonema. - Arch. Microbiol. 45: 46. 1963.
-: The nucleus and nuclear division in the Dinophyceae. - Arch. Protistenk. 106: 442. 1963.
-: Nuclear division in the dinoflagellate, Gonyaulax tamarensis. - Journ. gen. Microbiol. 36: 269. 1964.
-: The Dinophyceae. - In GODWARD, M. B. E.: The Chromosomes of Algae, p. 96. 1966.
-: Fine structure of the dinoflagellate Aureodinium pigmentosum gen. et spec. nov. - Brit. phycol. Bull. 3: 327. 1967.
-: The fine structure of chloroplasts and pyrenoids in some marine dinoflagellates. - Journ. Cell. Sci. 3: 41. 1968.
-: Fine structure of the Pyrrhophyta. - Bot. Rev. 37: 484. 1971.
-: A Dinoflagellate with both a mesocaryotic and a eucaryotic nucleus.

I. Fine structure of the nucleus. - Protoplasma 73: 145. 1971.
-: The ultrastructure of the dinoflagellate pusule: a unique osmo - regulatory organelle. - Protoplasma 75: 285. 1972.
DODGE, J. D. & BIBBY, B. T.: The Prorocentrales (Dinophyceae) I. A. comparative account of fine structure in the genera Prorocentrum and Exuviaella - Bot. Journ. Linn. Soc. 67: 175. 1973.
DODGE, J. D. & CRAWFORD, R. M.: Fine structure of the dinoflagellate Amphidinium carteri HULBERT. - Protistologica 4: 231. 1968.
-: Observations on the fine structure of the eyespot and associated organelles in the dinoflagellate Glenodinium foliaceum. - Journ. Cell. Sci. 5: 479. 1969.
-: The fine structure of Gymnodinium fuscum (Dinophyecae). - New Phycol. 68: 613. 1969.
-: The morphology and fine structure of Ceratium hirudinella (Dinophyceae). - Journ. Phycol. 6: 137. 1970.
-: A survey of thecal fine structure in the Dinophyceae. - Bot. Journ. Linn. Soc. 63: 53. 1970.
-: Fine structure of the dinoflagellate Oxyrrhis marina. - Protistologica 7: 399. 1971.
DODGE, J. D. & GODWARD, M. B. E.: Experimental evidence of the unusual nature of the dinophycean nucleus. - Nova Hedwigia 2: 102. 1961.
DODGE, J. D. & LEADBEATER, B.: Fine structure and taxonomy in the Dinoflagellatae. - Brit. phyc. Bull. 3: 152. 1966.
DRAGESCO, J. & HOLLANDE, A.: Sur la présence de trichocystes fibreux chez les Péridiniens; leur homologie avec les trichocystes fusiformes des Ciliés. - C. R. Acad. Sci. Paris 260: 2073. 1965.
GIESBRECHT, P.: Vergleichende Untersuchungen an den Chromosomen des Dinoflagellaten Amphidinium elegans und denen der Bakterien. - Zentralbl. Bakt. II. Abt. 187: 452. 1962.
GRAHAM, H. W.: Studies on the morphology, taxonomy and ecology of the Peridinales. - Carnegie Inst. Wash. Publ. 542: 1. 1942.
GRASSÉ, P. P. & DRAGESCO, J. L.: L'ultrastructure du chromosome des péridiniens et ses conséquences génétiques. - C. R. Acad. Sci. Paris 245: 2447. 1957.
GRELL, K. G. & WOHLFAHRT-BOTTERMANN, K. E.: Licht- und elektronenmikroskopische Untersuchungen an dem Dinoflagellaten Amphidinium elegans. - Zschr. Zellforsch. 47: 7. 1957.
GRESSEL, J., BERMANN, T. & COHEN, N.: Dinoflagellate ribosomal RNA, an evolutionary relic? - Journ. Mol. Evol. 5: 307. 1975.
GREUET, C.: Structur fine de l'ocelle d'Erythropsis pavillardi HERTWIG, péridinien Warnowiidae Lindeman. - C. R. Acad. Sci. Paris 261: 1904. 1965.
HAAPALA, O. K. & SOYER, M. O.: Structure of dinoflagellate chromosomes. - Nature 244: 195. 1973.
HOVASSE, R.: Contribution à l'étude de la cnidogénèse chez les péridiniens. Première partie. Cnidogénèse cyclique chez Polykrikos schwartzi BÜTSCHLI. - Arch. Zool. exp. gén. 87: 290. 1951.
-: Quelques faits nouveaux concernant les trichocystes et nématocystes des Polykrikos (Dinoflagellés). - Arch. Zool. exp. gén. 102: 189. 1963.
-: Trichocystes, corps trichocystoides, cnidocystes et colloblastes. - Protoplasmatologia III: 1. 1965.
JAHN, T. L., HARMON, V. M. & LANDMAN, M.: Mechanism of locomotion in Flagellates I. Ceratium. - Journ. Protozool. 10: 358. 1963.
JEFFREY, S. W., SIELICKI, M. & HAXO, F. T.: Chloroplast pigment patterns in dinoflagellates. - Journ. Phycol. 11: 374. 1975.
JEFFREY, S. W. & VESK, M.: Further evidence for a membrane-bound endosymbiont within dinoflagellate Peridinium foliaceum. - Journ. Phycol. 12: 450. 1976.
KEVIN, M. J., HALL, W. T., MCLAUGHLIN, J. J. A. & ZAHL, P. A.: Symbodinium microadriaticum FREUDENTHAL, a revised taxonomic description, ultrastructure. - Journ. Phycol. 5: 341. 1969.
KOFOID, C. A. & SWEZY, C.: The freeliving unarmored Dinoflagellates. - Mem. Univ. California, Berkeley 5: 1921.

KUBAI, D. F. & RIS, H.: Division of the dinoflagellate Gyrodinium cohnii (SCHILLER). A new type of nuclear reproduction. - Journ. Cell. Biol. 40: 508. 1969.
LEADBEATER, B. S. C.: Fine structure of the dinoflagellate transverse flagellum. - Nature 213: 421. 1967.
LEADBEATER, B. S. C. & DODGE, J. D.: The fine structure of Woloszynskia micra sp. nov., a new marine dinoflagellate. - Brit. phycol. Bull. 3: 1. 1966.
-: An electron microscope study of nuclear cell division in a dinoflagellate. - Arch. Mikrobiol. 57: 239. 1967.
-: An electron microscope study of dinoflagellate flagella. - Journ. gen. Microbiol. 46: 305. 1967.
LOEBLICH, A. R.: Dinoflagellate Evolution: Speculation and Evidence. - Journ. Protozool. 23: 13. 1976.
MANDELLI, E.: Carotenoid pigments of the dinoflagellate Glenodinium foliaceum STEIN. - Journ. Phycol. 4: 347. 1968.
OAKLEY, B. R. & DODGE, J. D.: Kinetochores associated with the nuclear envelope in the mitosis of a dinoflagellate. - Journal Cell Biol. 63: 322. 1974.
PASCHER, A.: Studien über die rhizopodiale Entwicklung der Flagellaten. II. Über eine neue Amöbe - Dinamoeba varians - mit dinoflagellatenähnlichen Schwärmern. - Arch. Protistenk. 36: 118. 1915.
RAE, P. M. M. & STEELE, R. E.: Modified bases in the DNA's of unicellular Eukaryotes: an examination of distributions and possibles roles, with emphasis on hydroxymethyluracil in dinoflagellates. - BioSystems 10: 37. 1978.
SARJEANT, W. A. S.: Fossil and living Dinoflagellates. - Academic Press London and New York 1974.
SCHMITTER, R. E.: The fine structure of Gonyaulax polyedra, a bioluminiscent marine dinoflagellate. - Journ. Cell Sci. 9: 147. 1971.
STEIDINGER, K. & COX, E. R.: Free-living Dinoflagellates. In COX, R. E. (Ed.): Phytoflagellates, p. 407. 1980.
STOSCH, H. A. v.: Zum Problem der sexuellen Fortpflanzung in der Peridineengattung Ceratium. - Helgol. wiss. Meeresunters. 10: 140. 1964.
-: Sexualität bei Ceratium cornutum (Dinophyta). Naturwiss. 52: 112. 1965.
TAYLOR, F. J. R.: Non-helical transverse flagella in dinoflagellates. - Phycologia 14: 45. 1975.
-: Dinoflagellate evolution: an interpretation of living representatives. - In RIEDEL, W. R., SAITO, T.: Marine plankton and sediments, Micropal. - Press. Am. Mus. Nat. Hist., New York 1976.
-: On Dinoflagellate Evolution. - BioSystems 13: 65. 1980.
TOMAS, R. N. & COX, E. R.: Observations on the symbiosis of Peridinium balticum and its intracellular alga. I. Ultrastructure. - Journ. Phycol. 9: 304. 1973.
TOMAS, R. N., COX, E. R. & STEIDINGER, K. A.: Peridinium balticum (LEVANDER) LEMMERMANN, an unusual dinoflagellate with a mesocaryotic and an eucaryotic nucleus. - Journ. Phycol. 9: 91. 1973.
WALL, D.: Modern hystrichospheres and dinoflagellate cysts from the Woods Hole region. - Grana Palynol. 6: 297. 1965.
WALL, D. & DALE, B.: Modern dinoflagellate cysts and evolution of the Peridiniales. - Micropaleontology 14: 265. 1968.
ZINGMARK, R. G.: Ultrastructure studies on two kinds of mesocaryotic dinoflagellate nuclei. - Amer. Journ. Bot. 57: 586. 1970.

Granuloreticulosa und Acanthiolaria

ADSHEAD, P. C.: Taxonomic significance of axopodial development in living planktonic Foraminiferida and other Sarcodina. - Journ. Protozool. Suppl. 14: 31. 1967.
ARNOLD, Z. M.: Life history and cytology of the foraminiferan Allogromia latiocollaris. - Univ. Calif. Publ. Zool. 61: 167. 1955.

-: Biological observations on the foraminifer Spiroloculina hyalina SCHULZE. - Univ. Calif. Publ. Zool. 72: 1. 1964.
-: Biological observations on the foraminifer Calcituba polymorpha ROBOZ. - Arch. Protistenk. 110: 280. 1967.
BĚLAŘ, K.: Untersuchungen an Actinophrys sol EHRENBERG. I. Die Morphologie des Formwechsels. - Arch. Protistenk. 46: 1. 1922.
BORGERT, A.: Untersuchungen über die Fortpflanzung der tripyleen Radiolarien, speziell von Aulacantha scolymantha H. (Teil I). - Zool. Jb. Anat. 14: 203. 1900.
-: Untersuchungen über die Fortpflanzung der tripyleen Radiolarien, speziell von Aulacantha scolymantha H. (Teil II). - Arch. Protistenk. 14: 134. 1909.
-: Die Tripyleen-Radiolarien der Planton Expedition. - Erg. Plankt. Exp. Humb. Stift. 3: 1905-1913.
BRANDT, K.: Die koloniebildenden Radiolarien (Sphärozoen) des Golfs von Neapel und der angrenzenden Meeresteile. - Fauna Flora Golf Neapel. Monogr. 13: 1885.
CACHON, J. & CACHON-ENJUMET, M.: Cytologie et ultrastructure de l'ergastoplasme et du système axopodial des Radiolaires Phaeodariés. - Arch. zool. exp. gen. 103: 1. 1964.
CACHON-ENJUMET, M.: Contribution à lètude des Radiolaires Phaeodariés. - Arch. zool. exp. gen. 110: 151. 1961.
-: L'évolution sporogénétique des Phaeodariés (Radiolaires). - C. R. Acad. Sci. Paris 259: 2677. 1964.
CHATTON, E.: L'origine péridinienne des radiolaires et l'interprétation parasitaire de l'anisosporogénèse. - C. R. Acad. Sci. Paris 198: 309. 1934.
CUSHMAN, J. A.: Foraminifera. - Harvard Univ. Press, Cambridge 1955.
CZIHAK, G. & GRELL, K. G.: Zur Determination der Zellkerne bei der Foraminifere Rotaliella heterocaryotica. - Naturwiss. 47: 211. 1960.
ELLIS, B. F. & MESSINA, A. R.: Catalogue of the Foraminifera. - Spec. Publ. Americ. Mus. Nat. Hist., vol. 1-30. 1940.
ENRIQUES, P.: Saggio di una classificazione dei Radiolari. - Arch. Zool. Torino 16: 978. 1932.
GALLOWAY, J. J.: A Manual of Foraminifera. - Principia Press, Bloomington, Indiana 1933.
GÖKE, G.: Meeresprotozoen (Foraminiferen, Radiolarien, Tintinninen). - Franckh (Kosmos), Stuttgart 1963.
GRELL, K. G.: Zur Sexualität der Foraminiferen. - Naturwiss. 41: 44. 1954.
-: Der Generationswechsel der polythalamen Foraminifere Rotaliella heterocaryotica. - Arch. Protistenk. 100: 268. 1954.
-: Untersuchungen über die Fortpflanzung und Sexualität der Foraminiferen, I. Rotaliella roscoffensis. - Arch. Protistenk. 102: 147. 1957.
-: Untersuchungen über die Fortpflanzung und Sexualität der Foraminiferen, II. Rubratella intermedia. - Arch. Protistenk. 102: 291. 1958.
-: Untersuchungen über die Fortpflanzung und Sexualität der Foraminiferen. III. Glabratella sulcata. - Arch. Protistenk. 102: 449. 1958.
HAECKEL, E.: Die Radiolarien. - Reimer, Berlin 1862.
-: Report on the Radiolaria collected by H. S. M. Challenger during the years 1873-1876. - Challenger Rep. Zool. 18: 1887.
-: Report on the Deep-Sea Keratosa. - Rep. Challenger 32: 1. 1889. (= Xenophyophoridea)
HEDLEY, R. H.: The biology of Foraminifera. - Intern. Rev. gen. exp. Zool. 1: 1. 1964.
HEDLEY, R. H. & BERTAUD, W. S.: Electron-microscopic observations of Gromia oviformis (Sarcodina). - Journ. Protozool. 9: 79. 1962.
HEDLEY, R. H., PARRY, D. M. & WAKEFIELD, J. S. J.: Reproduction of Boderia turneri (Foraminifera). - Journ. Nat. Hist. 2: 147. 1968.
HEDLEY, R. H. & WAKEFIELD, J. S. J.: Fine structure of Gromia oviformis (Rhizipodea: Protozoa). - Bull.Brit.Mus.Nat.Hist.(Zool.) 25: 121. 1973.
HOLLANDE, A., CACHON, J. & CACHON, M.: La signification de la membrane capsulaire des Radiolaires et ses rapports avec le plasmalemme et les membranes du réticulum endoplasmique. Affinités entre Radiolaires, Héliozoaires et Péridiniens. - Protistologica 6: 311. 1970.

HOLLANDE, A. & ENJUMET, M.: Cytologie, évolution et systématique des Sphaeroidés (Radiolaires). - Arch. Mus. Nat. Hist. Nat. 7: 1964.
JAHN, T. L. & RINALDI, R. A.: Protoplasmic movement in the foraminiferan Allogromia laticollaris and a theory of its mechanisms. - Biol. Bull. 171: 100. 1959.
LE CALVEZ, J.: Flagellispores du radiolaire Coelodendrum ramosissimum (HAECKEL). - Arch. Zool. exp. gén. 77: 99. 1935.
-: Observations sur le genre Iridia. - Arch. Zool. exp. gén. 78: 115. 1936.
-: Discorbis patelliformis (BRADY), D. erecta (SIDEBOTTOM) et les Discorbis plastogamiques. - Arch. Zool. exp. gén. 89: 1952.
MEYERS, E. H.: The life history of Patellina corrugata WILLIAMSON, a foraminifer. - Bull. Scripps Inst. Ocean. techn. Ser. Univ. Calif. 3:355. 1935.
-: The life-cycle of Spirillina vivipara EHRENBERG, with notes on morphogenesis, systematics and distribution of the Foraminifera. - Journ. roy. microsc. Soc. 56: 120. 1936.
-: Biology, ecology and morphogenesis of a pelagic foraminifer. - Stanford Univ. Publ. biol. Sci. 9: 5. 1943.
MURRAY, J. W.: An atlas of british recent foraminiferids. - Heinemann, London 1971.
PHLEGER, F. B., PARKER, F. L. & PEIRSON, J. F.: North atlantic Foraminifera. Rep. Swed. Deep Sea Exped. 7: 1953.
-: Ecology and distribution of recent Foraminifera. - John Hopkins Press, Baltimore 1960.
SCHEPOTIEFF, A.: Die Xenophyophoren des Indischen Oceans. - Zool. Jb. Anat. Ontog. Tiere 32: 43. 1912.
SCHEWIAKOFF, W.: Acantharia. - Fauna Flora Golf Neapel. Monogr. 37: 1926.
SCHULZE, F. E.: Die Xenophyophoren der "Siboga"-Expedition. - Siboga-Exped. IV: 1. 1906.
-: Die Xenophyophoren, eine besondere Gruppe der Rhizopoden. - Wiss. Erg. Dtsch. Tiefsee-Exp. "Valdivia" 11: 1. 1907.
-: Die Xenophyophoren. - Bull. Mus. Comp. Zool. Harv. 51: 143. 1907.
-: Xenophyophora. - Zool. Anz. 39: 38. 1912.
SCHWAB, D.: Elektronenmikroskopische Untersuchung an der Foraminifere Myxotheca arenilega SCHAUDINN. - Zschr. Zellforsch. 96: 295. 1969.
SWINBANKS, D. D.: Paleodictyon: The Traces of Infaunal Xenophyophores? Science 218: 47. 1982.
TENDAL, O. S.: A Monograph of the Xenophyophoria. - Galathea Rep. 12: 1. 1972.
-: Xenophyophorerne. - Naturens Verd. 1972: 302. 1972.
-: Stannophyllum setosum sp. n., a remarkable Xenophyophore (Rhizopodea, Protozoa) from the eastern Pacific. - Cah. Biol. Mar. 21: 383. 1980.
-: Xenophyophores from the French expeditions "Incal" and "Biovema" in the Atlantic Ocean. - Cah. Biol. Mar. 21: 303. 1980.
TENDAL, O. S. & GOODAY, A. J.: Xenophyophoria (Rhizopoda, Protozoa) in bottom photographs from the bathyal and abyssal NE Atlantic. - Oceanol. Acta 4: 415. 1981.
TENDAL, O. S. & LEWIS, K. B.: New Zealand xenophyophores: upper bathyal distribution, photographs of growth position, and a new species. - New Zeal. Journ. Mar. Freshw. Res. 12: 197. 1978.

Polannulifera

AIKAWA, M.: The fine structure of the erythrocytic stages of three avian malarial parasites, Plasmodium fallax, P. lophurae, and P. cathemerium. - Amer. Journ. Trop. Med. Hyg. 15: 449. 1966.
ANDREASSEN, J. & BEHNKE, O.: Fine structure of merozoites of a rat coccidian Eimeria miyairii, with a comparison of the fine structure of other Sporozoa. - Journ. Parasit. 54: 150. 1968.
BALL, G. H.: Some consideration regarding the Sporozoa. - Journ. Protozool. 7: 1. 1960.
BARDELE, C. F.: Elektronenmikroskopische Untersuchungen an dem Sporozoon Eucoccidium dinophili GRELL. - Zschr. Zellforsch. 74: 559. 1966.

BAUDOIN, A.: Contribution à l'étude des Grégarines des Trichoptères Limnophilidae et Sericostomidae. - Protistologica 2: 97. 1966.
CHAKRAVARTY, M.: Systematic position of some genera and classification of the suborder Cephalina. - Proc. Zool. Soc. Bengal 12: 71. 1960.
CHEISSIN, E. M.: The taxonomic system of Sporozoa (class Sporozoa, phylum Protozoa). - Zool. J. Acad. Sci. USSR 35: 1281. 1956 (in russisch).
-: Electron microscopic study of microgametogenesis in two species of coccidia from rabbit (Eimeria magna and E. intestinalis). - Acta Protozool. 3: 215. 1965.
CHEISSIN, E. M. & MURATOFF, E.: Cikl razvitija Piroplasma bigeminum v klescah Boophylus calcaratus. - Zool. Zhurn. 38: 970. 1959.
CHEISSIN, E. M. & POLJANSKI, G. I.: On the position of piroplasms in the system of protozoa. - Progr. Protozool. 1963: 80. 1963.
CHEISSIN, E. M. & SNIGIREVSKAYA, E. S.: Some new data on the fine structure of the merozoites of Eimeria intestinalis (Sporozoa, Eimeriidea). - Protistologica 1: 121. 1965.
COLLEY, F. C.: Fine structure of microgametocytes and macrogametes of Eimeria nieschulzi. - Journ. Protozool. 14: 663. 1967.
DAVIES, S. F. M., JOYNER, L. P. & KENDALL, B. S.: Coccidiosis. - Oliver & Boyd, Edinburgh 1963.
DESPORTES, I.: L'ultrastructure du gamète male de l'Eugrégarine Stylocephalus longicollis F. St. (Stylocephalidae). - C. R. Acad. Sci. Paris 263: 517. 1966.
FRENKEL, J. K., DUBEY, J. P. & MILLER, N. L.: Toxoplasma gondii in cats: fecal stages identified as coccidian oocysts. - Science 167: 893. 1970.
FRIEDHOFF, K. T. & SCHOLTYSECK, E.: Fine structure of Babesia ovis trophozoites in Rhipicephalus bursa ticks. - Journ. Parasit. 54: 1246. 1968.
GARNHAM, P. C. C.: Malaria parasites and other Haemosporidia. - Blackwell Sci. Publ. Oxford 1966.
GARNHAM, P. C. C., BAKER, J. R. & BIRD, R. G.: The fine structure of Lankesterella garnhami. - Journ. Protozool. 9: 107. 1962.
GARNHAM, P. C. C., BIRD, R. G. & BAKER, J. R.: Electron microscope studies of motile stages of malaria parasites. I. The fine structure of the sporozoites of Haemamoeba (Plasmodium) falcipara. - Trans. Roy. Soc. trop. Med. Hyg. 54: 274. 1960.
GRELL, K. G.: Untersuchungen an Schizogregarinen. I. Lipocystis polyspora n. g. n. sp. eine neue Schizogregarine aus dem Fettkörper von Panorpa communis L. - Arch. Protistenk. 91: 526. 1938.
-: Entwicklung und Geschlechtsbestimmung von Eucoccidium dinophili. - Arch. Protistenk. 99: 156. 1953.
HAMMOND, D. M. & LONG, P. L.: The Coccidia. Eimeria. Isospora, Toxoplasma, and relates genera. - University Park Press, Baltimore - Butterworths, London 1973.
HAMMOND, D. M., SCHOLTYSECK, E. & MINER, M. L.: The fine structure of microgametocytes of Eimeria perforans, E. stiedae, E. bovis and E. auburnensis. - Journ. Parasit. 53: 235. 1967.
HELLER, G. & SCHOLTYSECK, E.: Feinstruktur der Mikrogameten von Aggregata eberthi (Coccidia). Progr. III. - Intern. Congr. Protozool. Leningrad, p. 63. 1969.
HUTCHINSON, W. M.: The transmission of Toxoplasma gondii. Trans. Roy. Soc. Trop. Med. Hyg. 61: 80. 1967.
HUTCHINSON, W. M., DUNACHILE, J. F., SIIM, J. C. & WORK, K.: Coccidian-like nature of Toxoplasma gondii. - Brit. Med. Journ. 1: 142. 1970.
KRYLOV, M.: Exoerythrocytal development stages of Piroplasma bigeminum. - Acta Protozool. 2: 97. 1964.
LADDA, R., ARNOLD, J. & MARTIN, D.: Electron microscopy of Plasmodium falciparum. I. The structure of trophozoites in erythrocytes of human volunteers. - Trans. Roy. Soc. Trop. Med. Hyg. 60: 369. 1966.
LEVINE, N. D.: Problems in the systematics of the "Sporozoa". - Journ. Protozool. 8: 442. 1961.
-: Taxonomy of the Sporozoa. - Proc. 3rd. Congr. Protozool. Leningrad, p. 365. 1969.

-: Taxonomy of the Sporozoa. - Journ. Parasitol. 56: 208. 1970.
-: Perkinsus gen. n. and other new taxa in the protozoan phylum Apicomplexa. - Journ. Parasitol. 64: 549. 1978.
-: Agamococcidiorida ord. n. and Rhytidocystidae fam. n. for the coccidian genus Rhytidocystis HENNEGUY, 1907. - Journ. Protozool. 26: 167. 1979.
LEVINE, N. D. & IVENS, V.: The Coccidian Parasites (Protozoa, Sporozoa) of Rodents. - Univ. of Illinois Press, Urbana. 1965.
LUDVIK, J.: Vergleichende elektronenoptische Untersuchungen an Toxoplasma gondii und Sarcocystis tenella. - Zentralbl. Bakteriol. 166: 60. 1956.
-: Elektronenoptische Befunde zur Morphologie der Sarcosporidien (Sarcocystis tenella RAILLIET 1886). - Zentralbl. Bakteriol. 172: 330. 1958.
-: The electron microscopy of Sarcocystis miescheriana KÜHN 1865. - Journ. Protozool. 7: 128. 1960.
MUDROW, L. & REICHENOW, E.: Endotheliale und erythrocytäre Entwicklung von Plasmodium praecox. - Arch. Protistenk. 97: 101. 1944.
MUDROW-REICHENOW, L.: Unser heutiges Wissen von der Plasmodienentwicklung im Wirbeltier. - Zschr. Tropenmed. Par. 1: 113. 1949.
MUDROW-REICHENOW, L. & REICHENOW, E.: Die Entwicklung von Plasmodium cathemerium im Endothel und im Blut des Kanarienvogels. - Zool. Jb. Anat. 70: 129. 1949.
NABIH, A.: Studien über die Gattung Klossia und Beschreibung des Lebenscyclus von Klossia loosi (nov. sp.). - Arch. Protistenk. 91: 474. 1938.
NAVILLE, A.: Recherches sur le cycle sporogonique des Aggregata. - Revue suisse Zool. 32: 12. 1925.
-: Recherches sur le cycle évolutif et chromosomique de Klossia helicina (A. SCHNEIDER). - Arch. Protistenk. 57: 427. 1927.
-: Recherches cytologiques sur les Schizogrégarines. I. Le cycle évolutif de Mattesia dispora n. g. n. sp. - Zschr. Zellforsch. 11: 375. 1930.
-: Les Sporozoaires (cycle chromosomique et secualité). - Mém. Soc. Phys. Hist. Nat. Genève 41. 1931.
PELLÉRDY, L.: Catalogue of the genus Eimeria (Protozoa: Eimeriidae). - Acta Veter. Acad. Sci. Hung. 6. 1956.
-: Catalogue of the genus Isospora (Protozoa: Eimeriidae). - Acta Veter. Acad. Sci. Hung. 7. 1956.
PORCHET-HENNERÉ, E.: Étude des premiers stades de dévelopment de la Coccidie Coelotropha durchoni. - Zschr. Zellforsch. 80: 556. 1967.
PORCHET-HENNERÉ, E. & RICHARD, A.: Structure fine des microgametes d'Aggregata eberthi LABBE. - Protistologica 6: 71. 1970.
REICHENOW, E.: Die Entwicklung der Malariaplasmodien im Vogelkörper. - Zentralbl. Bakt. II. Abt. 152: 272. 1947.
REICHENOW, E. & MUDROW, L.: Der Entwicklungsgang von Plasmodium praexoc im Vogelkörper. - Dtsch. tropenmed. Zschr. 47: 289. 1943.
RIEK, R. F.: The development of Babesia spp. and Theileria spp. in ticks with specical reference to those occuring in cattle. - In SOULSBY, E. J. L.: Biology of parasites, p. 15. 1966.
RUDZINSKA, M. A.: The fine structure of malaria parasites. - Int. Rev. Catol. 25: 161. 1969.
SCHOLTYSECK, E.: Electron microscope studies on Eimeria perforans (Sporozoa). - Journ. Protozool. 9: 407. 1962.
-: Die Mikrogametenentwicklung von Eimeria perforans. - Zschr. Zellforsch. 66: 625. 1965.
-: Elektronenmikroskopische Untersuchungen über die Schizogonie bei Coccidien (Eimeria perforans und E. stiedae). - Zschr. Parasitenk. 26: 50. 1965.
-: Fine Structure of Parasitic Protozoa. - Springer, Berlin-Heidelberg-New York 1979.
SCHOLTYSECK, E., HAMMOND, D. M. & ERNST, V.: Fine structure of the macrogametes of Eimeria perforans, E. stiedae, E. bovis und E. auburnensis. - Journ. Parasit. 52: 975. 1966.
SCHOLTYSECK, E. & MEHLHORN, H.: Elektronenmikroskopische Befunde ändern das System der Einzeller. - Naturw. Rdsch. 26: 420. 1973.

SCHOLTYSECK, E., MEHLHORN, H. & HAMMOND, D. M.: Electron microscope studies of microgametogenesis in Coccidia and related groups. - Zschr. Parasitenk. 38: 95. 1972.
SCHOLTYSECK, E. & PIEKARSKI, G.: Elektronenmikroskopische Untersuchungen an Merozoiten von Eimerien (Eimeria perforans und E. stiedae) und Toxoplasma gondii. Zur systematischen Stellung von T. gondii. - Zschr. Parasitenk. 26: 91. 1965.
STEHBENS, W. E.: The ultrastructure of Lankesterella hyale. - Journ. Protozool. 13: 63. 1966.
TOIT, P. J. DU: Zur Systematik der Piroplasmen. - Arch. Protistenk. 39: 84. 1919.
TYZZER, E. E.: Coccidiosis in gallinaceous bird. - Americ. Journ. Hyg. 10. 1929.
VIVIER, E., DEVAUCHELLE, G., PETIPREZ, A., PROCHET-HENNERÊ, E., PRENSIER, G., SCHREVEL, J. & VINCKIER, D.: Observations ultrastructurales sur l' hematozoaire Anthemosoma garnhami et examen de critères morphologiques utilisables pour la taxonomie chez les sporozaires. - Protistologica 5: 363. 1969.
VIVIER, E. & HENNERÊ, E.: Ultrastructure des stades végétatifs de la coccidie Coelotropha durchoni. - Protistologica 1: 89. 1965.
VIVIER, E., SCHREVEL, J. & HENNERÊ, E.: Étude, au microscope électronique, d'une grégarine du genre Selenidium parasite de Sabellaria alveolata. L. - Journ. Microscopie 3: 651. 1964.
WANKO, T., JAKOBS, L. & GAVIN, M. A.: Electron microscope study of Toxoplasma cysts in mouse brain. - Journ. Protozool. 9: 235. 1962.
WEISER, J.: A new classification of the Schizogregarina. - Journ. Protozool. 2: 6. 1955.
WESTPHAL, A.: Zur Systematik von Toxoplasma gondii. Die Toxoplasmen als Trypanosomidae. - Zschr. Tropenmed. Parasit. 5: 145. 1954.

Ciliophora

AMMERMANN, D.: Cytologische und genetische Untersuchungen an dem Ciliaten Stylonychia mytilis EHRENBERG. - Arch. Protistenk. 108: 109. 1965.
-: Das Paarungssystem der Ciliaten Paramecium woodruffi und Paramecium trichium. - Arch. Protistenk. 109: 139. 1965.
ARGETSINGER, J.: The isolation of ciliary basal bodies (kinetosomes) from Tetrahymena pyriformis. - Journ. Cell. Biol. 24: 154. 1965.
BARDELE, C. F.: Acineta tuberosa. I. Der Feinbau des adulten Suktors. - Arch. Protistenk. 110: 403. 1968.
-: Budding and metamorphosis in Acineta tuberosa. An electron microscopic study on morphogenesis in Suctoria. - Journ. Protozool. 17: 51. 1970.
BARDELE, C. F. & GRELL, K. G.: Elektronenmikroskopische Beobachtungen zur Nahrungsaufnahme bei dem Suktor Acineta tuberosa EHRENBERG. - Zschr. Zellforsch. 80: 108. 1967.
BATISSE, A.: Données nouvelles sur la structure et le fonctionnement des ventouses tentaculaire des Acinétiens. - C. R. Acad. Sci. Paris 265: 1056. 1967.
-: Propositions pur une nouvelle systématique des Acinétiens (Ciliophora, Kinetofragmophora, Suctorida). - C. R. Acad. Sci. Paris 280: 1797, 2121, 1975.
BEALE, G.: The genetics of Paramecium aurelia. - Cambridge Univ. Press 1954.
BONNER, J. T.: The development of cirri and bristles during binary fission in the ciliate Euplotes eurystomus. - Journ. Morph. 95: 95. 1954.
BORROR, A. C.: Revision of the Order Hypotrichida (Ciliophora, Protozoa). - Journ. Protozool. 19: 1. 1972.
BRADBURY, P. & PIETELKA, D. R.: Observations on kinetosome formation in an apostome ciliate. - Journ. Microscop. 4: 805. 1965.
CHATTON, E. & LWOFF, A.: Les Ciliés Apostomes. I. Apercu historique et général; Etude monographique des genres et des species. - Arch. zool. exp. gén. 77: 1. 1935.

-: Recherches sur les Ciliés Thigmotriches. - Arch. Zool. exp. gén. 86: 169. 1949.
CHEISSIN, E. M.: Morphologische und systematische Untersuchungen über Astomata aus dem Baikalsee. - Arch. Protistenk. 70: 531. 1930.
CHEISSIN, E. M., MOSSEVICH, T. N.: An electron microscope study of Colpidium colpoda (Ciliata, Holotricha). - Arch. Protistenk. 106: 181. 1962.
CHEN, T. T.: Polyploidy and its origin in Paramecium. - Proc. nat. Acad. Sci. Wash. 26: 231. 1940.
COLLIN, B.: Etudes monographiques sur les Acinêtiens. I. - Arch. Zool. exp. gén. 48: 1911.
-: Etudes monographiques sur les Acinêtiens. II. - Arch. Zool. exp. gén. 51. 1912.
CORLISS, J. O.: On the evolution and systematics of ciliated protozoa. - Syst. Zool. 5: 68, 121. 1956.
-: An illustrated key to the higher groups of the ciliated protozoa with definiton of terms. - Journ. Protozool. 6: 265. 1959.
-: The phylogenetic significance of the genus Pseudomicrothorax in the evolution of holotrichous ciliates. - Acta. Biol. Acad. Sci. Hung. 8: 265. 1959.
-: The Ciliated Protozoa: Characterization, Classification, and Guide to the Literature. - Pergamon Press, New York 1961.
-: Tetrahymena, a ciliate genus of unusual importance in modern biological research. - Acts Protozool. 3: 1. 1965.
-: An aspect of morphogenesis in the ciliate protozoa. - Journ. Protozool. 14: 1. 1967.
-: The value of ontogenetic data in reconstructing protozoan phylogenies. - Trans. Amer. Microscop. Soc. 87: 1. 1968.
-: The ciliate protozoa and other organisms: some unresolved questions of major phylogenetic significance. - Amer. Zool. 12: 739. 1972.
-: Evolutionary trends in patterns of stomatogenesis in the ciliate protozoa. - Journ. Protozool. 20: 506. 1973.
-: Remarks on the composition of the large ciliate class Kinetofragmophora DE PUYTORAC et al. 1974, and recognition of several new taxa therein, with emphasis on the primitive order Primociliatida n. ord. - Journ. Protozool. 21: 207. 1974.
-: The changing world of ciliate systematics: historical analysis of past efforts and a newly proposed phylogenetic scheme of classification for the protistan phylum Ciliophora. - Syst. Zool. 23: 91. 1974.
-: Taxomomic characterization of the suprafamilial groupes in a revision of recently proposed schemes of classification for the phylum Ciliophora. - Trans. Amer. Microsc. Soc. 94: 224. 1975.
-: Nuclear characteristica and phylogeny in the protistan phylum Ciliophora. - BioSystems 7: 338. 1975.
-: On lumpers and splitters of higher taxa in ciliate systematics. - Trans. Am. Microscop. Soc. 95: 430. 1976.
-: Annotated assignment of families and genera to the orders and classes currently comprising the Corlissian scheme of higher classification for the phylum Ciliophora. - Trans. Am. Microscop. Soc. 96: 104. 1977.
-: The Ciliated Protozoa: Characterization, Classification, and Guide to the Literature. - 2nd ed., Pergamon Press, London and New York 1979.
CORLISS, J. O. & HARTWIG, E.: The "primitive" interstitial ciliates: their ecology, nuclear uniquenesses, and postulated place in the evolution and systematics of the phylum Ciliophora. - Akad. Wiss. Mainz, Math. - Naturw. Kl. 61: 65. 1977.
DANIEL, W. A. & MATTERN, C. F. T.: Some observations on the structure of the peristomial membranelle of Spirostomum abmiguum. - Journ. Protozool. 12: 14. 1965.
DEROUX, G.: The hypostome ciliate order Synhymeniida: from Chilodontopsis of BLOCHMANN to Nassulopsis of FAURÉ-FREMIET. - Transact. Am. Microsc. Soc. 97: 458. 1978.
DEVIDÉ, Z. & GEITLER, L.: Die Chromosomen der Ciliaten. - Chromosoma 3: 110. 1947.

DRAGESCO, J.: Sur la biologie du Zoothamnium pelagicum (DE PLESSIS). - Bull. soc. zool. Fr. 73: 130. 1948.
-: Les Ciliés mésopsammiques littoraux (systématique, morphologie, écologie). - Trav. St. Biol. Roscoff 12: 356. 1960.
-: Révision du genre Dileptus, DUJARDIN 1871 (Ciliata Holotricha) (Systématique, Cytologie, Biologie). - Bull. Biol. Fr. Belg. 97: 103. 1963.
-: Étude cytologique de quelques Flagellés mésopsammiques. - Cah. Biol. Mar. 6: 83. 1965.
-: Ciliés mésopsammiques d'Afrique Noire. - Cah. Biol. Mar. 6: 357. 1965.
-: Ciliés libres de Thonon et ses environs. - Protistologica 2: 59. 1966.
-: Ciliés libres du Cameroun. - Ann. Fac. Sci. Yaoundé 1970: 1. 1970.
DRAGESCO, J. & RAIKOV, I. B.: L'appareil nucléaire, la division et quelques stades de la conjugaison de Tracheloraphis margaritatus (KAHL) et T. caudatus sp. nov. (Ciliata Holotricha). - Arch. Protistenk. 109: 99.1966.
DUMONT, J. N.: Observation on the fine structure of the ciliate Dileptus anser. - Journ. Protozool. 8: 392. 1961.
EHRET, C. F. & POWERS, E. L.: The cell surface of Paramecium. - Int. Rev. Cytol. 8: 97. 1959.
ELLIOTT, A. M.: Biology of Tetrahymena. - Ann. Rev. Microbiol. 13: 79. 1959.
EVANS, F. R. & CORLISS, J. O.: Morphogenesis in the hymenostome ciliate Pseudocohnilembus persalinus and its taxonomic and phylogenetic implications - Journ. Protozool. 11: 363. 1964.
FAURÉ-FREMIET, E.: Morphologie comparée et systematique des ciliés. - Bull. Soc. zool. France 75: 109. 1950.
-: Cils vibratiles et flagelles. - Biol. Rev. 36: 464. 1961.
-: Remarques sur la morphologie comparée et la systematique des Ciliata Hypotrichida. - C. R. Acad. Sci. Paris 252: 3515. 1961.
-: La frange ciliaire des Nassulidae (Ciliata Cyrtophorina) et ses possibilités évolutives. - C. R. Acad. Sci. Paris 264: 68. 1967.
-: Remarques sur la systématique des Ciliés Oligotrichida. - Protistologica 5: 345. 1970.
FERNÁNDEZ-GALIANO, D.: La position systématique de Bursaria truncatella. Un nouveau ordre des Ciliés. - Journ. Protozool. 25: 54. 1978.
FOISSNER, W.: Das Silberliniensystem und die Infraciliatur der Gattungen Platophrya KAHL, 1926, Cyrtolophosis STOKES, 1885 und Colpoda O. F. M., 1786: Ein Beitrag zur Systematik der Colpodida (Ciliata, Vestibulifera). - Acta Protozool. 17: 215. 1978.
FURSSENKO, A.: Lebenszyklus und Morphologie von Zoothamnium arbuscula. - Arch. Protistenk. 67: 376. 1929.
GATES, M. A.: An essay on the principles of ciliate systematics. - Transact. Am. Microscop. Soc. 97: 221. 1978.
GRAIN, J.: Étude cytologique de quelques ciliés holotriches endocommensaux des ruminants et des équidés. - Protistologica 2: 5. 1966.
-: Le cinétosome et ses dérivés chez les ciliés. - Ann. Biol. 8: 54. 1969.
-: Étude ultrastructurale d'Halteria grandinella O. F. M. (Cilié Oligotriche) et considérations phylogénétiques. - Protistologica 8: 179. 1972.
GRAIN, J., PUYTORAC, P. DE & BOHATIER, J.: Essai de systématique des ciliés gymnostomes fondée sur les caracteristiques de l'infraciliature circumorale. - Compt. Rend. Acad. Sci. Paris 277: 69. 1973.
GRAY, J.: Ciliary movement. - Cambridge Univ. Press, London 1928.
GRELL, K. G.: Der Kerndualismus der Ciliaten und Suctorien. - Naturwiss. 37: 347. 1950.
-: Die Konjugation von Ephelota gemmipara R. HERTWIG. - Arch. Protistenk. 98: 45. 1951.
GRELL, K. G. & MEISTER, A.: Über die taxonomische Stellung der Hypocomidae (Ciliata). - Zschr. Naturforsch. 37c: 1050. 1982.
GUILCHER, Y.: Contribution à l'étude des ciliés gemmipares, chonotriches et tentaculifères. - Ann. Sci. nat. Zool. 13: 33. 1951.
HANSON, E. D.: Morphogenesis and regeneration of oral structures in Paramecium aurelia: An analysis of intracellular development. - Journ. exp. Zool. 150: 45. 1962.
HARTMANN, M.: Polyploide (polyenergide) Kerne bei Protozoen. - Arch. Protistenk. 98: 125. 1953.

HOFFMAN, E. J.: The nucleic acids of the basal bodies isolated from Tetrahymena. - Journ. Cell. Biol. 25:217. 1965.
HILL, D. L.: Biochemistry and physiology of Tetrahymena. - Academic Press, New York 1972.
HOLT, P. A., LYNN, D. H. & CORLISS, J. O.: An ultrastructural study of the tentacle-bearing ciliate Actinobolina smalli n.sp. and its systematic and phylogenetic implications. - Protistologica 9:521. 1974.
JANKOWSKI, A. W.: Morphology and evolution of Ciliophora. I. The new system of sapropelebiotic Heterotrichida. - Zool. Zh. 43:503. 1964 (in russisch).
-: A new system of ciliate Protozoa (Ciliophora). - Akad. Nauk. SSR, Trudy Zool. Inst. 43:3. 1967 (in russisch).
-: Recapitulation of phylogenesis in ciliate ontogeny. - In: VORONTSOV, N. N. (Ed.): Problems of Evolution 2:95. Akad. Nauk. SSSR, Nauka, Novosibirsk 1972 (in russisch).
-: Taxonomic revision of subphylum Ciliophora DOFLEIN 1901. - Zool. Inst. USSR Acad. Sci. 52:165. 1973 (in russisch).
-: A conspectus of the new system of subphylum Ciliophora DOFLEIN, 1901 (in russisch). - In BALASHOV, U. S. (Ed.): Account of Scientific Sessions on Results of Scientific Work. Year 1974: Abstracts of Reports. Akad. Nauk. SSSR, Zool. Inst. Leningrad: 26. 1975.
JONES, A. R.: The Ciliates. - Hutchinson, London 1974.
JURAND, A. & SELMAN, G. G.: The anatomy of Paramecium aurelia. - Macmillan, London 1969.
KAHL, A.: Urtiere oder Protozoa. I. Wimpertiere oder Ciliata. Die Tierwelt Deutschlands, Teile 18, 21, 25, 30. - G. Fischer, Jena 1932-1935.
-: Ctenostomata (LAUTERBORN), n. subordo. Vierte Unterordnung der Heterotricha. - Arch. Protistenk. 77:231. 1932.
KANEDA, M.: Fine structure of the oral apparatus of the gymnostome ciliate Clamydodon pedarius. - Journ. Protozool. 9:188. 1962.
KARAKASHIAN, S. J., KARAKASHIAN, M. & RUZINSKA, M.: Electron microscopic observations on the symbiosis of Paramecium bursaria and its intracellular algae. - Journ. Protozool. 15:113. 1968.
KENNEDY, J. R.: The morphology of Belpharisma undulans STEIN. - Journ. Protozool. 12:542. 1965.
KHAN, M. A.: Fine structure of Ancistrocoma pelseneeri (CHATTON et LWOFF), a rhynchodine thigmotrichid ciliate. - Acta Protozool. 7:29. 1969.
KINOSITA, H. & MURAKAMI, A.: Control of ciliary motion. - Physiol. Rev. 47:53. 1967.
KOFOID, C. A.: Factors in the evolution of the pelagic Ciliata, the Tintinnoinea. - Contr. Mar. Biol. Stanf. Univ. Pap. 1930:1. 1930.
LEPSI, J.: Zur Phylogenie der Ciliaten. - Bul. Fac. Stiinte Cernauti 3:258. 1929.
LAVAL, M.: Ultrastructure de Petalotricha ampulla (FOL): Comparaison avec d'autres Tintinnides et avec les autres ordres de Ciliés. - Protistologica 8:369. 1975.
LOM, J.: The morphology and morphogenesis of the buccal ciliary organelles in some peritrichous ciliates. - Arch. Protistenk. 107:131. 1964.
LOM, J., CORLISS, J. O. & NOIROT-TIMOTHÉE; C.: Observations on the ultrastructure of the buccal apparatus in thigmotrich ciliates and their bearing on thigmotrich-peritrich affinities. - Journ. Protozool. 15:824. 1968.
LWOFF, A.: Kinetosomes and the development of ciliates. - Growth 9:61. 1949.
-: Problems of morphogenesis in ciliates. The kinetosomes in development, reproduction and evolution. - Wiley & Sons, New York 1950.
LYNN, D. H.: Comparative ultrastructure and systematics of the Colpodida: Structural conservatism hypothesis and a description of Colpoda steinii MAUPAS, 1863. - Journ. Protozool. 23:302. 1976.
-: The organization and evolution of microtubular organelles in ciliated protozoa. - Biol. Rev. 56:243. 1981.

MATTHES, D. & WENZEL, F.: Wimpertiere (Ciliata). - Franckh (Kosmos), Stuttgart 1966.
METZ, C., PITELKA, D. & WESTFALL, J.: The fibrillar systems of ciliates as revealed by the electron microscope. - Biol. Bull. 104:408. 1953.
MILLER, O. L. & STONE, G. E.: Fine structure of the oral area of Tetrahymena patula. - Journ. Protozool. 10:280. 1963.
MOHR, J. L., MATSUDO, H. & LEUNG, Y. M.: The ciliate taxon Chonotricha. - Oceanogr. Mar. Biol. Ann. Rev. 8:415. 1970.
MÜGGE, E.: Die Konjugation von Vorticella campanula (EHRBG.). - Arch. Protistenk. 102:165. 1957.
NENNINGER, U.: Die Peritrichen der Umgebung von Erlangen mit besonderer Berücksichtigung ihrer Wirtsspezifität. - Zool. Jb. (Systematik) 77:169. 1948.
NOBILI, R.: Sistematica e filogenesi dei protozoi ciliati. - Boll. Zool. 36:311. 1969.
NOIROT-TIMOTHÉE, C.: Étude d'une Famille des ciliés "Ophryoscolecidae". Structures et ultrastructures. - Ann. Sci. nat. Zool. 12. sér.:527. 1960.
OLIVE, L. S.: Sorocarp development by a newly discovered ciliate. - Science 202:530. 1978.
ORIAS, E.: Derivation of ciliate architecture from simple flagellate: an evolutionary model. - Transact. Amer. Microscop. Soc. 95:415. 1976.
PECK, R. K.: Morphology and morphogenesis of Pseudomicrothorax, Glaucoma, and Dexotricha, with emphasis on the types of stomatogenesis in holotrichous ciliates. - Protistologica 10:333. 1975.
-: Ultrastructure of the somatic and buccal cortex of the tetrahymenine hymenostome Glaucoma chattoni. - Journ. Protozool. 25:186. 1978.
PIEKARSKI, G.: Endomitose beim Großkern der Ciliaten? Versuch einer Synthese. - Biol. Zentralbl. 61:416. 1941.
PITELKA, D. R.: New observations on cortical ultrastructure in Paramecium. - Journ. Microscopie 4:373. 1965.
PITELKA, D. R. & CHILD, F. M.: The locomotor apparatus of ciliates and flagellates: Relations between structure and function. - In HUTNER, S. H. Biochemistry and physiology of protozoa, vol. 3:131. 1964.
POLJANSKY; G. & RAIKOV, I. B.: The role of polyploidy in the evolution of Protozoa. - Cytologia (Moskau) 2:509. 1960.
-: Nature et origine du dualisme nucléaire chez les infusoires ciliés. - Bull. Soc. Zool. Fr. 86:402. 1961.
PORTER, E. D.: The buccal organelles in Paramecium aurelia during fission and conjugation with special reference to the kinetosomes. Journ. Protozool. 7:211. 1960.
PUYTORAC, P. DE: Contribution à l'étude cytologique et taxonomique des infusoires astomes. - Ann. sci. nat. Zool. 11.sér.16:85. 1954.
-: Quelques observations sur l'évolution et les origines des ciliés Astomatida. - Proc. 15th Int. Congr. Zool. London 1958:649. 1959.
-: Contribution à l'étude des ciliés astomes Haptophryidae CÉPÈDE 1903 (Cytologie, Ultrastructure, Taxinomie). - Ann. Sci. nat. Biol. Anim. 5:173. 1963.
-: Observations sur l'ultrastructure du cilié astome Mesnilella trispiculata K. J. -Microscopie 2:189. 1963.
-: Quelques aspects de l'ultrastructure du cilié: Prorodon viridis (EHRBG.) KAHL. - Acta Protozool. 2:147. 1964.
PUYTORAC, P. DE, BATISSE, A., BOHATIER, J., CORLISS, J. O., DEROUX, G., DIDIER, P., DRAGESCO, F., FRYD-VERSAVEL, G., GRAIN, J., GROLIÈRE, C.-A., HOVASSE, R.; IFTODE, F., LAVAL, M., ROQUE, M., SAVOIE, A. & TUFFRAU, M.: Proposition d'une classification du phylum Ciliophora DOFLEIN, 1901. - C. R. Acad. Sci. Paris 278:2799. 1974.
PUYTORAC, P. DE & GRAIN, J.: Ultrastructure du cortex buccal et évolution chez les Ciliés. - Protistologica 12:49. 1976.
RAABE, Z.: The taxonomic position and rank of the Peritricha. - Acta Protozool. 2:19. 1964.

-: Ordo Thigmotricha (Ciliata-Holotricha) III. Familiae Ancistrocomidae et Sphenophryidae. - Acta Protozool. 7:385. 1970.
RAIKOW, I. B.: Der Formwechsel des Kernapparates einiger niederer Ciliaten. I. Die Gattung Trachelocerca. - Arch. Protistenk. 103:129. 1958.
-: Der Formwechsel des Kernapparates einiger niederer Ciliaten. II. Die Gattung Loxodes. - Arch. Protistenk. 104:1. 1959.
-: Les ciliès mêsopsammiques du littoral de lar Mer Blanche (U.R.S.S.) avec une description de quelques espèces nouvelles ou peu connues. - Cah. Biol. mar. 3:325. 1962.
-: The nuclear apparatus of Remanella multinucleata KAHL (Ciliata Holotricha). - Acta. biol. Hung. 14:221. 1963.
-: The nuclear apparaturs of the holotrichous ciliates Geleia orbis FAURÊ-FREMIET and G. murmanica RAIKOV. - Acta Protozool. 1:21. 1963.
-: Elektronenmikroskopische Untersuchungen des Kernapparates von Nassula ornata EHRBG. (Ciliata, Holotricha). - Arch. Protistenk. 109:71. 1966.
-: Karyologie der Protisten. Nauka Leningr. Otdel. Leningrad 1967 (in russisch).
-: The macronucleus of ciliates. - In CHEN, T. T., Research in Protozoology, vol. 3:1. 1969.
-: Evolution of macronuclear organization. - Ann. Rev. Genet. 10:413. 1976.
RANDALL, J. T.: The fine structure of the protozoan Spirostomum ambiguum. - Symp. Soc. exp. Biol. 10:185. 1957.
RANDALL, J. T. & DISBREY, C.: Evidence for the presence of DNA at basal body sites in Tetrahymena pyriformis. - Proc. R. Soc. London (B) 162:473. 1965.
RANDALL, J. T. & JACKSON, F. S.: Fine structure and function in Stentor polymorphus. Journ. biophys. biochem. Cyt. 4:807. 1958.
ROQUE, M.: Recherches sur les infusoires ciliés: Les hymenostomes peniculiens. - Bull. biol. Fr. Belg. 95:432. 1961.
ROQUE, M., PUYTORAC, P. de & LOM, J. L.: L'architecture buccale et la stomatogénèse d'Ichthyophthirius multifiliis FOUQUET 1876. - Protistologica 3:79. 1967.
ROUILLER, C. & FAURÊ-FREMIET, E.: L'ultrastructure des trichocystes fusiformes de Frontonia atra. - Bull. Micr. appl. 7:135. 1957.
RUDZINSKA, M. A.: The fine structure and function of the tentacle in Tokophrya infusionum. - Journ. Cell. Biol. 25:459. 1965.
SCHWARTZ, V.: Die Sexualität der Infusorien. - Fortschr. Zool N. F. 9:605. 1952.
SEAMAN, G. R.: The presence of the tricarboxylic acid cycle in the ciliate Colpidium campylum. - Biol. Bull. 96:257. 1950.
SHIGENEKA, Y.: The electron microscope studies of ciliary apparatus and fibrillar systems in the protozoan ciliates. I. The cilia and their basal boddies. - Annot. Zool. Japon. 36:27. 1963.
SLEIGH, M. A.: The biology of cilia and flagella. - Pergamon Press, Oxford 1962.
-: Cilia and flagella. - Academic Press, London 1973.
SMALL, E. B.: The Scuticociliatida, a new order of the class Ciliatea (Phylum Protozoa, Subphylum Ciliophora). Trans. Amer. microsc. Soc. 86:345. 1967.
-: A proposed subphyletic division of the phylum Ciliophora DOFLEIN, 1901. - Transact. Am. Microsc. Soc. 95:739. 1976.
SMITH-SONNEBORN, J. & PLAUT, W.: Evidence for the presence of DNA in the pellicle of Paramecium. - Journ. Cell. Sci. 2:225. 1967.
-: Studies on the autonomy of pellicular DNA in Paramecium. - Journ. Cell. Sci. 5:365. 1969.
SONNEBORN, T. M.: Paramecium in modern biology. - Bios 21:31. 1950.
-: Kappa and related particles in Paramecium. - Adv. Virus Res. 6:229. 1959.
STAMMER, H. J.: Ökologisch-systematische Untersuchungen des Erlanger Zoologischen Institutes an freilebenden und parasitischen Ciliaten. - Progr. Protozool 1963:347. 1963.

TARTAR, V.: The biology of Stentor. - Pergamon Press, New York 1961.
TAYLOR, F. J. R., BLACKBOURN, D. J. & BLACKBOURN, J.: Ultrastructure of the chloroplasts and associated structures within the marine ciliate Mesodinium rubrum (LOHMANN). - Nature 224:819. 1969.
TORCH, R.: The nuclear apparatus of a new species of Tracheloraphis (Protozoa, Ciliata). - Biol. Bull. 121:410. 1961.
TUCKER, J. B.: Morphogenesis of a large microtubular organelle and its association with basal bodies in the ciliate Nassula. - Journ. Cell Sci. 6: 385. 1970.
TUFFRAU, M.: Caractères primitifs et structures évoluées chez des Ciliés Hypotriches: le genre Hypotrichidium. - Protistologica 8:257. 1972.
UHLIG, G.: Der Gehäusebau bei Metafolliculina andrewsi (Ciliata, Heterotricha). - Verh. dtsch. zool. Ges. (München), p. 498. 1963.
WAGTENDONK, W. J. v.: Paramecium - A current survey. - Elsevier, Amsterdam 1974.
WESSENBERG, H. & ANTIPA, G.: Studies on Didinium nasutum. I. Structure and ultrastructure. - Protistologia 4:427. 1968.
WICHTERMANN, R.: The biology of Paramecium. - Blakiston, New York-Toronto 1953.
-: Studies on Euplotes. I. Structure and life cycle of a new species of marine Euplotes. - Biol. Bull. 123:516. 1962.
YUSA, A.: The morphology and morphogenesis of the buccal organelles in Paramecium with particular reference to their systematic significance. Journ. Protozool. 4:128. 1957.

Cryptophyta

ALLEN, M. B., DOUGHERTY, E. C. & MCLAUGHLIN, J. J. A.: Chromoprotein pigments of some cryptomonad flagellates. - Nature 184:1047. 1959.
ANDERSON, E.: A cytological study in Chilomonas paramecium with particular reference to the so-called trichocysts. - Journ. Protozool. 9:380. 1962.
BICUDO, C. E. M.: Bjornbergiella, a new genus of Cryptophyceae from Hawaiian soil. - Phycologia 5:217. 1966.
BUTCHER, R. W.: An introductory account of the smaller algae of British coastal waters. Part IV. Cryptophyceae. - Her Maj. Stat. Off., London 1967.
CHAPMAN, D. J.: Studies on the carotenoids of the flagellate Cryptophyceae, and the chloroplast pigments of the endosymbiotic algae in Cyanophora paradoxa and Glaucocystis nostochinearum. - Thesis. Univ. Calif. San Diego 1965.
DODGE, J. D.: The ultrastructure of Chroomonas mesostigmatica BUTCHER (Cryptophyceae). - Arch. Mikrobiol. 69:266. 1969.
DOUGHERTY, E. C. & ALLEN, M. B.: Speculations on the position of the cryptomonads on protistan phylogeny. - 15th. Int. Congr. Zool. London, p. 184. 1959.
DRAGESCO, J.: Sur la structure des trichocystes du flagellé cryptomonadine Chilomonas paramecium. - Bull. microsc. appl. 1:172. 1951.
FAUST, M. A.: Structure of the periplast of Cryptomonas ovata var. palustris. - Journ. Phycol. 10:121. 1974.
GANTT, E.: Micromorphology of the periplast of Chroomonas sp. (Cryptophyceae). - Journ. Phycol. 7:177. 1971.
-: Photosynthetic Cryptophytes. - In COX, E. R. (Ed.): Phytoflagellates, p. 381. 1980.
GLAZER, A. N., COHEN-BAZIRE, G. & STANIER, R. Y.: Characterization of phycoerythrin from a Cryptomonas sp. - Arch. Mikrobiol 80:1. 1971.
GREENWOOD, A. D.: The Cryptophyta in relation to phylogeny and photosynthesis. - Abstr. 8th Int. Congr. E. M. Canberra, p. 566. 1974.
GREENWOOD, A. D., GRIFFITHS, H. B. & SANTORE, U. J.: Chloroplasts and cell compartments in Cryptophyceae. - Brit. Phycol. Journ. 12: 119. 1977.
HAGNER, A. & STRANSKY, H.: Das Carotinoidmuster und die Verbreitung des licht-induzierten Xanthophyllcyclus in verschiedenen Algenklassen. V. Einzel-

ne Vertreter der Cryptophyceae, Euglenophyceae, Bacillariophyceae, Chrysophyceae und Phaeophyceae. - Arch. Mikrobiol. 73:77. 1970.
HEATH, I. B., GREENWOOD, A. D. & GRIFFITHS, H. B.: The origin of flimmer in Saprolegnia, Dictyuchus, Synura and Cryptomonas. - Journ. Cell Biol. Sci. 7:445. 1970.
HIBBERD, D. J.: Observations on the ultrastructure of the cryptomonad endosymbiont of the red-water ciliate Mesodinium rubrum. - Journ. Mar. Biol. Ass. U. K. 57:45. 1977.
HIBBERD, D. J., GREENWOOD, A. D. & GRIFFITHS, H. B.: Observations on the ultrastructure of the flagella and periplast in the Cryptophyceae. - Brit. phycol. Journ. 6:61. 1971.
JOYON, L.: L'ultrastructure des trichocystes des Cryptomonadines. - Arch. Zool. Exp. et Génèr. 102:199. 1963.
-: Sur la presence d'un leucoplaste chez la Cryptomonadine décolorée Chilomonas paramecium (EHRENB.). - C. R. Acad. Sci. 256:3502. 1963.
LUCAS, I. A. N.: Observations on the fine structure of the Cryptophyceae. I. The genus Cryptomonas. - Journ. Phycol. 6:30. 1970.
-: Observations on the ultrastructure of representatives of the genera Hemiselmis and Chroomonas (Cryptophyceae). - Brit. Phycol. Journ. 5:29. 1970.
MIGNOT, J. P.: Étude ultrastructurale de Cyathomonas truncata (FROM.) (Flagellé Cryptomonadine). - Journ. Microscopie 4:239. 1965.
MIGNOT, J. P., JOYON, L. & PRINGSHEIM, E. G.: Compléments à l'étude cytologique des Cryptomonadines. - Protistologica 4:493. 1968.
OAKLEY, B. R. & DODGE, J. D.: The ultrastructure of mitosis in Chroomonas salina (Cryptophyceae). - Protoplasma 88:241. 1976.
O'HEOCHA, C. & RAFERTY, M.: Phycoerythrins and phycocyanins of cryptomonads. - Nature 184:1049. 1959.
PRINGSHEIM, E. G.: Some aspects of taxomomy in the Cryptophyceae. - New Phytol. 43:143. 1944.
SCHUSTER, F.: Trichocysts of the Cryptomonad Cryptomonas truncata. - Journ. Cell. Biol. 31:102. 1966.
-: The gullet and trichocysts of Cyathomonas truncata. - Exp. Cell. Res. 49:277. 1968.
THAKUR, M. & GODWARD, M. B. E.: The cytology of members of the Cryptophyceae. - Brit. phycol. Bull. 2:518. 1965.
WAWRIK, F.: Sexualität bei Cryptomonas sp. und Chlorogonium maximum. - Nova Hedwigia 18:283. 1970.
WEHRMEYER, W.: Struktur, Entwicklung und Abbau von Trichocysten in Cryptomonas und Hemiselmis (Cryptophyceae). - Protoplasma 70: 295. 1970.

Colponemaria

CHADEFAUD, M.: Sur une Chloromonadine incolore Colponema loxodes STEIN. - Rev. scient. 82:43. 1944.
CHAPMAN, D. J.: The pigments of symbiotic algae of Cyanophora paradoxa, Glaucocystis nostochinearum and two Rhodophyceae, Porphyridium aeruginosum and Asterocystis ramosa. - Arch. Mikrobiol. 55:17. 1966.
HALL, W. & CLAUS, G.: Ultrastructural studies on the blue-green algal symbiont in Cyanophora paradoxa KORSCHIKOFF. - Journ. Cell. Biol. 19:551. 1963.
KIES, L.: Zur systematischen Einordnung von Cyanophora paradoxa, Gloeochaete wittrockiana und Glaucocystis nostochinearum. - Ber. Deutsch. Bot. Ges. 92:445. 1979.
MIGNOT, J. P. & BRUGEROLLE, G.: Étude ultrastructurale du flagelle phagotrophe Colponema loxodes STEIN. - Protistologica 11:429. 1975.
MIGNOT, J. P. & HOVASSE, R.: Sur la présence d'organites de type toxicyste chez le Protiste flagellé Colponema loxodes et leur comparaison avec les trichocystes de Gonyostonum semen. - An. Stat. biol. Besse. 1975.
MIGNOT, J. P., JOYON, L. & PRINGSHEIM, E. P.: Quelques particularités structurales de Cyanophora paradoxa KORSCH., protozoaire flagellé. - Journ. Protozool. 16:138. 1969.

PICKET-HEAPS, J.: Cell division in Cyanophora paradoxa. - New Phytol. 71:561. 1972.
THOMPSON, A.: The flagella of Cyanophora paradoxa KORSCH. - Journ. South Afric. Bot. 39:35. 1973.

Chloromonadophyta

CHADEFAUD, M.: Sur l'organisation et les trichocystes de Gonyostomum semen (EHR.) DIESING. - C. R. hebd. Séanc. Acad. Sci. Paris 204:1688. 1937.
CHAPMAN, D. J. & HAXO, F. T.: Chloroplast pigments of Chloromonadophyceae. - Journ. Phycol. 2:89. 1966.
CONRAD, W.: Sur un Flagellé nouveau à trichocystes, Reckertia saggitifera n. gen. n. spec. - Bull. Cl. Sc. Acad. Roy. Belg. 6:541. 1920.
FOTT, B.: Chloromonadophyceae. - In HUBER-PESTALOZZI, G.: Das Phytoplankton des Süßwassers. - 2. Aufl. 1968.
HEYWOOD, P.: Structure and origin of flagellar hairs in Vacuolaria virescens. - Journ. Ultrastruct. Res. 39:608. 1972.
-: Intracisternal microtubules and flagella hairs of Gonyostonum semen (EHRENB.) DIESING. - Brit. Phycol. Journ. 8:43. 1973.
-: Mitosis and cytokinesis in the Chloromonadophycean alga Gonyostonum semen. - Journ. Phycol. 10:355. 1974.
-: Chloroplast structure in the Chloromonadophycean alga Vacuolaria virescens. - Journ. Phycol. 13:68. 1977.
-: Chloromonads. - In COX, E. R. (Ed.): Phytoflagellates, p.351. 1980.
HEYWOOD, P. & Godward, M. B. E.: Chromosome number and morphology in Vacuolaria virescens (Chloromonadophyceae). - Ann. Bot. 37:423. 1973.
KOCH, W. & SCHNEPF, E.: Einige elektronenmikroskopische Beobachtungen an Vacuolaria virescens CIENK. - Arch. Mikrobiol. 57:196. 1967.
MIGNOT, J. P.: Affinités des Euglénomonadines et des Chloromonadines. Remarques sur la systématique des Euglénida. - Protistologica 3:25. 1967.
-: Structure et ultrastructure de quelques Chloromonadines. - Protistologica 3:5. 1967.
SCHNEPF, E. & KOCH, W.: Über die Entwicklung der pulsierenden Vakuolen von Vacuolaria virescens (Chloromonadophyceae) aus dem Golgi-Apparat. - Arch. Mikrobiol. 54: 229. 1966.

Xanthophyta

BOURRELLY, P.: Les Alges d'eau douce. Les Algues jaunes et brunes, Tome II. - Boubée, Paris 1968.
ETTL, H.: Xanthophyceae. 1.Teil - In PASCHER, A., Süßwasserflora von Mitteleuropa, Bd. 3. Fischer, Stuttgart - New York 1978.
FALK, H.: Zum Feinbau von Botrydium granulatum GREV. (Xanthophyceae). - Arch. Mikrobiol. 58:212. 1967.
FALK, H. & KLEINIG, H.: Feinbau und Carotinoide von Tribonema (Xanthophyceae). - Arch. Mikrobiol. 61:347. 1968.
GREEF, J. A. DE & CAUBERGS, R.: Chlorophyll c in Vaucheria. - Naturwiss. 57:673. 1970.
GREENWOOD, A. D.: Observation on the structure of the zoospores of Vaucheria II. - Journ. exp. Bot. 10:55. 1959.
GREENWOOD, A. D., MANTON, I. & CLARKE, B.: Observations on the structure of the zoospores of Vaucheria. - Journ. exp. Bot. 8:71. 1957.
HIBBERD, D. J.: Xanthophytes. - In COX, E. R. (Ed.): Phytoflagellates, p.243. 1980.
LEEDALE, G. F., LEADBEATER, B. S. C. & MASSALSKI, A.: The intracellular origin of flagellar hairs in the Chrysophyceae and Xanthophyceae. - Journ. Cell Sci. 6:701. 1970.
MASSALSKI, A. & LEEDALE, G. F.: Cytology and ultrastructure of the Xantophyceae. I. Comparative morphology of the zoospores of Bumilleria sicula BORZI and Tribonema vulgare PASCHER. - Brit. phycol. Journ. 4:159. 1969.

MATTOX, K. R. & WILLIAMS, J. P.: Plastid pigments of the Xanthophyceae. - Journ. Phycol. 1:191. 1965.
PASCHER, A.: Zur Kenntnis der heterokonten Algen. - Arch. Protistenk. 69:401. 1930.
SCAGEL, R. F. & Stein, J. R.: Marine nannoplankton from a British Columbia Fjord. - Canad. Journ. Bot. 39:1205. 1961.
STRANSKY, H. & HAGER, A.: Das Carotinoidmuster und Verbreitung des lichtinduzierten Xanthophyllcyclus in verschiedenen Algenklassen. II. Xanthophyceae. - Arch. Mikrobiol. 71:164. 1970.
THOMAS, D. M. & Goodwin, T. W.: Nature and distribution of carotenoids in the Xanthophyta (Heterokontae). - Journ. Phycol. 1:118. 1965.
VLK, W.: Über die Struktur der Heterokontengeißel. - Beih. Bot. Zentralbl. 48:214. 1931.
WHITTLE, S. J. & CASSELTON, P. J.: The chloroplast pigments of the algal classes Eustigmatophyceae and Xanthophyceae. II. Xanthophyceae. - Brit. phycol. Journ. 10:192. 1975.

Pantonemomycota

CANTINO, E. C.: Physiology and phylogeny in the water molds- a reevalutation. - Quart. Rev. Biol. 30:138. 1955.
-: The relation between biochemical and morphological differentiation in non-filamentous fungi. - 11th Symposium Soc. Gen. Microbiol., Cambridge Univ. Press, Cambridge 1961.
COKER, W. C.: The Saprolegniaceae, with notes on other water molds. - Univ. North Carolina Press, Chapel Hill 1923.
DESJARDINS, P. R., ZENTMYER, G. A. & REYNOLDS, D. A.: Electron microscopic observations of the flagellar hairs of Phytophthora palmivora zoospores. - Canad. Journ. Bot. 47:1077. 1969.
FULLER, M. S. & BASHAD, I.: Chitin and cellulose in the cell walls of Rhizidiomyces sp. - Amer. Journ. Bot. 47:105. 1960.
FULLER, M. S. & REICHLE, R.: The zoospore and early development of Rhizidiomyces apophysatus. - Mycologia 42:936. 1965.
HEATH, I. B., GREENWOOD, A. D. & GRIFFITHS, H. B.: The origin of flimmer in Saprolegnia, Dictyuchus, Synura and Crytomonas. - Journ. Cell. Biol. Sci. 7:445. 1970.
HO, H. H., HUCKMAN, C. J. & TELFORD, R. W.: The morphology of zoospores of Phytophthora megasperma var. sojae and other phycomycetes. - Canad. Journ. Bot. 46:88. 1968.
HOHL, H. R. & HAMAMOTO, S. T.: Ultrastructural changes during zoospore formation in Phytophthora parasitica. - Amer. Journ. Bot. 54:1131. 1967.
KARLING, J. S.: The life history of Anisolpidium ectocarpii gen. nov. et sp. nov., and a synopsis and classification of other fungi with anteriorly uniflagellate zoospores. - Americ. Journ. Bot. 30:637. 1943.
KREISEL, H.: Grundzüge eines natürlichen Systems der Pilze. - VEB G. Fischer, Jena 1969.
LIN, C. C. & ARONSON, J. M.: Chitin and cellulose in the cell walls of the Oomycete, Apodachlya sp. - Arch. Mikrobiol. 72:111. 1970.
MANTON, I., CLARKE, B. & GREENWOOD, A. D.: Observation with the electron microscope on a species of Saprolegnia. - Journ. exp. Bot. 2:321. 1951.
NAGAI, M. & TAKAHASHI, T.: Electron microscope observations on the zoospores of Saprolegnia diclina. - Mycol. Soc. Japan Transact. 3:19. 1962.
SPARROW, F. K.: Interrelationships and phylogeny of the aquatic Phycomycetes. - Mycologia 50:797. 1959.
-: Aquatic Phycomycetes. - Univ. of Michigan Press, Ann Arbor 1960.
TEMMINK, J. H. M. & CAMPBELL, R. N.: The ultrastructure of Olpidium brassicae. II. Zoospores. - Canad. Journ. Bot. 47:227. 1969.

Proteomyxidea

ELLISON, B. R.: Flagellat studies on zoospore of some members of the Mycetozoa, Plasmodiophoralès, and Chytridiales. - Mycologia 37:444. 1945.
GRELL, K. G.: Amöben der Familie Stereomyxidae. - Arch. Protistenk. 109:147. 1966.
KARLING, J. S.: The Plasmodiophorales. - Hafner, New York 1968.
KOLE, A. P. & GIELINK, A. J.: Electron microscope observations on the flagella of the zoosporangial zoospores of Plasmodiophora brassicae and Spongospora subterranea. - Kon. Nederl. Akad. Wetensch. Proc. Ser. C. 64:157. 1961.
--: Electron microscope oberservations on the zoospores arising from the resting spores of Plasmodiophora brassicae. - Kon. Nederl. Akad. Wetensch. Proc. Ser. C 65:117. 1962.
KOLE, A. P. & HORSTRA, K.: Electron microscope observations on the flagella of the zoospores of Phytophthora infestans. - Kon. Nederl. Akad. Wetensch. Proc. Ser. C 62:404. 1959.
LEVINE, N. D. & CORLISS, J. O.: Two new subclasses of sarcodines Labyrinthulia subcl. nov. and Proteomyxidia subcl. nov. - Journ. Protozool. 10: 27. 1963.
PALM, B. T. & BURK, M.: The taxonomy of the Plasmodiophoraceae. - Arch. Protistenk. 79:263. 1933.
SEAMAN, W. L., LARSON, R. H. & WALKER, J. C.: Tinsel-type structure in flagella of zoospores associated with cabbage clubroot tissue. - Nature, London 190:186. 1961.
SWALE, E. M. F.: The fine structure of a species of the amoebo-flagellate Pseudospora CIENK. - Arch. Mikrobiol. 67:71. 1969.
VALKANOV, A.: Die Heliozoen und Protemomyxien. Artbestand und sonstige kritische Bemerkungen. - Arch. Protistenk. 93:225. 1940.

Labyrinthomorpha

ALDERMAN, D. J., HARRISON, J. L., BREMER, G. B. & JONES, E. B. G.: Taxonomic revisions in the marine biflagellate fungi: The ultrastructural evidence. - Marine Biol. 25:345. 1974.
AMON, J. P. & PERKINS, F. O.: Structure of Labyrinthula sp.zoospores. - Journ. Protozool. 15:534. 1968.
CHADEFAUD, M.: Sur un Labyrinthula de Roscoff. - Compt. Rend. hebd. Paris 234:1794. 1956.
EMMERSON, R. & WHISLER, H. C.: Cultural studies of Oedogoniomyces and Harpochytrium, and a proposal to place them in a new order of aquatic Phycomycetes. - Arch. Mikrobiol. 61:195. 1968.
GOLDSTEIN, S., MORIBER, L. & HERSHENOV, B.: Ultrastructure of Thraustochytrium aureum, a biflagellate marine phycomycete. - Mycologia 56:897. 1964.
HOLLANDE, A. & ENJUMET, M.: Sur l'évolution et la systêmatique des Labyrinthulidae: étude de Labyrinthula algeriensis nov. spec. - Ann. Sci. Nat. Zool. 11. ser. 17:357. 1955.
KAZAMA, F. Y: Ultrastructure of Thraustochytrium sp. zoospores. I. Kinetosome. - Arch. Mikrobiol. 83:179. 1972.
-: The ultrastructure of nuclear division in Thraustochytrium sp. - Protoplasma 82:155. 1974.
LEVINE, N. D. & CORLISS, J. O.: Two new subclasses of sarcodines, Labyrinthulia subcl. nov. and Proteomyxidia subcl. nov. - Journ. Protozool. 10:27. 1963.
PERKINS, F. O.: Ultrastudies in Labyrinthomyxa marina (Dermocystidium marinum). - Journ. Invert. Path. 8:544. 1966.
-: Fine structure of zoospores from Labyrinthomyxa sp. parasitizing the clam Macoma baltica. - Chesapeake Science 9:198. 1968.
-: Formation of centriole and centriole-like structures during meiosis and mitosis in Labyrinthula sp. (Rhizopodea, Labyrinthulidae). An electron-microscope study. - Journ. Cell. Sci. 6:629. 1970.

-: A new species of marine Labyrinthulid Labyrinthuloides yorkensis gen. nov. spec. nov. Cytology and fine structure. - Arch. Mikrobiol. 90:1. 1973.
PERKINS, F. O. & AMON, J. P.: Zoosporulation in Labyrinthula sp., an electron microscope study. - Journ. Protozool. 16:235. 1969.
POKORNY, K. L.: Labyrinthula. - Journ. Protozool. 14:697. 1967.
PORTER, D.: Ultrastructure of Labyrinthula. - Protoplasma 67:1. 1969.
SCHMOLLER, H.: Kultur und Entwicklung von Labyrinthula coenocystis n. sp. - Arch. Mikrobiol. 36:365. 1960.
-: Zur Entwicklung der Labyrinthulen. - Arch. Mikrobiol. 40:224. 1961.
-: Beitrag zur Kenntnis der Labyrinthulen-Entwicklung. - Arch. Protistenk. 109:226. 1966.
-: Die Natur der Labyrinthulen. - Naturwiss. 53:711. 1966.
-: Die Labyrinthulen und ihre Beziehung zu den Amöben. - Naturwiss. 58:142. 1971.
SCHWAB-STEY, H. & SCHWAB. D.: Hypothetical origin of the particular membrane relationships in Labyrinthula. - Protoplasma 81:125. 1974.
SPARROW, F. K.: Remarks on the Thraustochytriaceae. - Veröffentl. Inst. Meeresf. Bremerh. 11:7. 1968.
VALKONOV, A.: Die Natur und systematische Stellung der Labyrinthuleen. - Arch. Protistenk. 67:110. 1929.

Chrysophyta

ANDERSON, E. & BEAMS, H. W.: The fine structure of the heliozoan Actinosphaerium nucleofilum. - Journ. Protozool. 7:190. 1960.
BARDELE, C. F.: Organization and control of microtubule pattern in centrohelidan Heliozoa. - Journ. Protozool. 24:9. 1977.
-: A hypothetical evolutionary line of axopodial micortubule patterns in centrohelidian heliozoa. - Bio Systems 10:181. 1978.
BEATTY, A., HIRST, E. L. & PERCIVAL, E.: Studies on the metabolism of the Chrysophyceae. - Biochem. Journ. 79:531. 1961.
BELCHER, J. H.: The fine structure of the loricate colourless flagellate Bicoeca planktonica KISSELEW. - Arch. Protistenk. 117:78. 1975.
BOUCK, G. B.: The structure, origin, isolation and composition of the tubular mastigonemes of the Ochromonas flagellum. - Journ. Cell. Biol. 50:362. 1971.
BOURRELLY, P.: Recherches sur les Chrysophycées: Morphologie, Phylogenie, Systêmatique. - Th. Sc. Nat. Paris, p. 1-412. 1957.
-: Les genres Bicoeca, Codomonas, Calycomonas et Codonomonas. - Rev. algol. N.S. 5:212. 1960.
BRADLEY, D. E.: Observations on the flagella of two Chrysophyceae using negative staining. - Quart. Journ. Microsc. Sci. 106:327. 1965.
-: The ultrastructure of the flagella of three chrysomonads with particular reference to the mastigonemes. - Exp. Cell. Res. 41:162. 1966.
BROWN, R. M., FRANKE, W. W., KLEINIG, H., FALK, H. & SITTE, P.: Scale formation in Chrysophycean algae I. Cellulosic and non cellulosic components made by the Golgi-apparatus. - Journ. Cell. Biol. 45:246. 1970.
CASPER, S. J.: Zum Feinbau der Geißeln der Chrysomonaden. I. Uroglena americana CALKINS. - Arch. Protistenk. 114:65. 1972.
DALES, R. P.: On the pigments of the Chrysophyceae. - Journ. Mar. Biol. Assoc. U. K. 39:693. 1960.
DEFLANDRE, G.: Contribution à l'étude des Silicoflagellidés actuels et fossiles. - Microscopie 2:72. 1950.
-: Recherches sur les Ébriédiens. Paléobiologie, Évolution, Systematique. - Bull. biol. 85:1. 1951.
FAURÉ-FREMIET, E. & ROUILLER, C.: Structure fine d'un flagellée chrysomonadien - Chromulina psammobia. - Exp. Cell. Res. 14:17. 1958.
FOTT, B.: The planctonic species of the genus Bicoeca.-Mém. Soc. R. Lettr. Sci. Boheme. Cl. Sci. 1945:1. 1945.
-: Scales of Mallomonas observed in the electron microscope. - Preslia 27:280. 1955.

-: Zur Frage der Sexualität bei den Chrysomonaden. - Nova Hedwigia 1:115. 1959.

-: Taxonomy of Mallomonas based on electron micrographs of scales. - Preslia 34:69. 1962.

GEITLER, L.: Die Zweiteiligkeit des Chromatophoren bei Diatomeen und Chrysophyceen. - Österr. bot. Zschr. 114:183. 1967.

HEATH, I. B., GREENWOOD, A. D. & GRIFFITHS, H. B.: The origin of flimmer in Saprolegnia, Dictyuchus, Synura and Cryptomonas. - Journ. Cell. Sci. 7:445. 1970.

HIBBERD, D. J.: Observations on the cytology and ultrastructure of Chrysamoeba radians Klebs (Chrysophyceae). - Brit. phycol. Journ. 6:207. 1971.

-: The ultrastructure and taxonomy of the Chrysophyceae and Pyrmnesiophyceae (Haptophyceae): a survey with some new observations on the ultrastructure of the Chrysophyceae. - Bot. Journ. Linn. Soc. 72:55. 1976.

HOVASSE, R. & JOYON, L.: Sur l'ultrastructure de la chrysomonadine, Hydrurus foetidus KIRCHNER. - C. R. Acad. Sci. Paris 245:110. 1957.

JAHN, T. L., LANDMAN, M. D. & FONSECA, J. R.: The mechanism of locomotion of flagellates. II. Function of the mastigonemes of Ochromonas. - Journ. Protozool. 11:291. 1964.

KAMPTNER, E.: Betrachtungen zur Systematik der Kalkflagellaten, nebst Versuch einer neuen Gruppierung der Chrysomonadales. - Arch. Protistenk. 103:54. 1958.

KITCHING, J. A. & CRAGGS, S.: The axopodial filaments of the heliozoon Actinosphaerium nucleofilum. - Exp. Cell. Res. 40:658. 1965.

KRISTIANSEN, J.: Structure and occurence of Bicoeca crystallina, with remarks on the taxonomic position of the Bicocoecales. - Brit. phycol. Journ. 7:1. 1972.

LEEDALE, G. F., LEADBEATER, B. S. C. & MASSALSKI, A.: The intracellular origin of flagellar hairs in the Chrysophyceae and Xanthophyceae. - Journ. Cell. Sci. 6:701. 1970.

LOEBLICH, A. R., TAPPAN, H. & LOEBLICH, A. R. jun.: Annotated index of fossil and recent Silicoflagellates and Ebridians with descriptions and illustrations of validly proposed taxa. - Boulder, Colorado 1968.

LUND, J. W. G.: Unsolved problems in the classification of the non motile Chrysophyceae with reference to those in parallel groups. - Preslia 34:140. 1962.

MANTON, I.: Electron microscopical observations on a very small flagellate: The problem of Chromulina pusilla Butcher. - Journ. Mar. Biol. Ass. U. K. 38:319. 1959.

MATVIENKO, A. M.: Waves and trends of evolutionary development in Chrysophyta. - Ukrainian Bot. Journ. 17:3. 1960.

MIGNOT, J. P.: Étude ultrastructural des Bicoeca, protistes flagellés. - Protistologica 10:543. 1974.

MOESTRUP, Ø. & THOMSEN, H. A.: Fine structural studies on the flagellate genus Bicoeca. I. Bicoeca maris with particular emphasis on the flagellar apparatus. - Protistologica 12:101. 1976.

OLTMANS, F.: Morphologie und Biologie der Algen. I. Chrysophyceae-Chlorophyceae. - 2. Aufl., Fischer, Jena 1922.

PARKE, M.: Some remarks concerning the class Chrysophyceae. - Brit. Phycol. Bull. 2: 47. 1961.

PASCHER, A.: Über Rhizopoden- und Palmellastadien bei Flagellaten (Chrysomonaden), nebst einer Übersicht über die braunen Flagellaten. - Arch. Protistenk. 25:153. 1912.

-: Über die Übereinstimmung zwischen den Chrysomonaden, Diatomeen und Heterokonten. - Ber. Deutsch. Bot. Ges. 39:236. 1921.

-: Die braune Algenreihe der Chrysophyceen. - Arch. Protistenk. 52:489. 1925.

-: Rhizopodiale Chrysophyceen. - Arch. Protistenk. 94:331. 1940.

-: Zur Klärung einiger gefärbter und farbloser Flagellaten und ihrer Einrichtungen zur Aufnahme animalischer Nahrung. - Arch. Protistenk. 96:75. 1943.

PENARD, E.: Les Héliozoaires d'eau douce. - Henry Kündig, Genf 1904.
PETERSEN, J. B. & HANSEN, J. B.: On the scales of some Synura species. - Biol. Medd. Dan. Vidensk. Selsk. 23:3. 1956.
PICKEN, L. E. R.: On the Bicoecidae: a family of colourless flagellates. - Phil. Trans. R. Soc. London, Ser. B. 230:451. 1941.
PIENAAR, R. N.: Chrysophytes. - In COX, E. R. (Ed.): Phytoflagellates, p. 213. 1980.
RICKETTS, T. R.: Chlorophyll c in some members of the Chrysophyceae. - Phytochem. 4:725. 1965.
ROUILLER, C. & FAURÉ-FREMIET, E.: Structure fine d'un flagellé chrysomonadien: Chromulina psammobia. - Exp. Cell. Res. 14:47. 1958.
SLEIGH, M. A.: Flagellar movement of the sessile flagellates Actinomonas, Codonosiga, Monas, and Poteriodendron. - Quart. Journ. micr. Sci. 105:405. 1964.
TILNEY, L. G. & PORTER, K. R.: Studies on the microtubules in Heliozoa. I. The fine structure of Actinosphaerium nucleofilum (BARRETT), with particular reference to the axial rod structure. - Protoplasma 60:317. 1965.
VALKENBURG, S. D. van: Observations on the fine structure of Dictyocha fibula EHRENBERG. I. The skeleton. - Journ. Phycol. 7:113. 1971.
-: Observations on the fine structure of Dictyocha fibula EHRENBERG. II. The protoplast. - Journ. Phycol. 7:118. 1971.
-: Silicoflagellates. - In COX, E. R. (Ed.): Phytoflagellates, p. 335. 1980.
WUJEK, D. E.: Presence of a second flagellum in Chrysosphaerella multispina. - Journ. Phycol. 4:267. 1968.
-: Ultrastructure of flagellated chrysophytes. I. Dinobryon. - Cytologia 34:71. 1969.

Hydraulea

ADAM, K. M. G.: A comparative study of Hartmannelid Amoebae. - Journ. Protozool. 11:423. 1964.
ALLEN, R. D.: Amoeboid movement. - Sci. Amer. 206:112. 1962.
-: Comparative aspects of amoeboid movement. - Acta Protozool. 7:291. 1970.
-: Biophysical aspects of pseudopodium formation and retraction. - In. JEON, K. W.: The biology of Amoeba, p. 201. 1973.
BĚLAŘ, K.: Untersuchungen über Thecamöben der Chlamydophrys-Gruppe. - Arch. Protistenk. 43:287. 1921.
BHOWMICK, F. K.: Electronenmicroscopy of Trichamoeba villosa and ameboid movement. - Exp. Cell. Res. 45:570. 1967.
BOVEE, E. C.: Morphological identification of free-living amoebida. - Proc. Iowa Acad. Sci. 60:599. 1953.
-: The lobosa amebas. I. A. key to the suborder Conopodina BOVEE and JAHN, 1966 and descriptions of thirteen new or little known Mayorella species. - Arch. Protistenk. 112:178. 1970.
-: The lobose amebas. IV. A key to the order Granulopodida BOVEE and JAHN, 1966, and descriptions of some new and little-know species in the order. - Arch. Protistenk. 114:371. 1972.
BOVEE, E. C. & JAHN, T. L.: Locomotion and the classification of Amoebida and Testacida. - Journ. Protozool. Suppl. 7:8. 1960.
--: Mechanisms of movement in taxonomy of Sarcodina. II. The organization of subclasses and orders in relationship to the classes Autotractea and Hydraulea. - Americ. Midl. Nat. 73:293. 1965.
--: Mechanisms of movement in taxonomy of Sarcodina. III. Orders, Suborders, Families and Subfamilies in the Superorder Lobida. - Syst. Zool. 15:229. 1966.
--: Taxonomy and phylogeny. In JEON, K. W.: The biology of Amoeba, p. 37. 1973.
--: Locomotion and behavior. - In JEON, K. W.: The biology of Amoeba, p. 249. 1973.

CASH, J. & WAILES, G. H.: The british fresh-water Rhizopoda and Heliozoa. - Vol. 4, Ray Society, London 1919.
CHAPMAN-ANDRESEN, C. & HOLTER, H.: Respiration in Pelomyxa palustris. - Journ. Protozool. 16:30. 1969.
DANIELS, E. W.: Variations in the fine structure and function of amoeba. - 2nd Intern. Conf. Protozool. Progr. Protozool. 86:87. 1965.
DANIELS, E. W. & BREYER, E. P.: Ultrastructure of the giant amoeba Pelomyxa palustris. - Journ. Protozool. 14:167. 1967.
DEBRUYN, P. P. H.: Theories of amoeboid movement. - Quart. Rev. Biol. 22:1. 1947.
DINGLE, A. & FULTON, C.: Development of the flagellar apparatus of Naegleria. - Journ. Cell. Biol. 31:43. 1966.
DROOP, M. R.: Heteramoeba clara n. gen., n. sp., a sexual biphasic amoeba. - Arch. Mikrobiol. 42:254. 1962.
FLETCHER, K., MAEGRAITH, B. G. & JARMILINTA, R.: Electron microscope studies of trophozoites of Entamoeba histolytica. - Ann. Trop. Med. Parasit. 56:496. 1962.
GRIFFIN, J. L.: The large amebae: Physiological specialization and criteria for classification. - Proc. Amer. Soc. Cell. Biol. 2:61. 1962.
-: Ameboid movement in Pelomyxa palustris and Chaos carolinensis, a comparative study. - In ALLEN, R. D. & KAMIYA, N.: Primitive motile systems in cell biology. 1964.
GROSPIETSCH, T.: Wechseltierchen (Rhizopoden). - 2. Aufl., Franckh (Kosmos), Stuttgart 1965.
HIRSHFIELD, H. I. (Ed.): The biology of the Amoeba. - Ann. N. Y. Acad. Sci. 78:401. 1959.
HOHL, H. R. & HAMAMOTO, S. T.: Ultrastructure of Acrasia rosea, a cellular slime mold, during development. - Journ. Protozool. 16:333. 1969.
JAHN, T. L. & BOVEE, E. C.: Mechanisms of movement in taxonomy of Sarcodina. I. As a basis for a new major dichotomy into two classes, Autotractea and Hydraulea. - Americ. Midl. Nat. 73:30. 1965.
JAHN, T. L., BOVEE, E. D. & GRIFFITH, D. L.: Taxonomy and evolution of Sarcodina: a reclassification. - Taxon 23:483. 1974.
JEON, K. W. (Ed.): The biology of Amoeba. - Academic Press, New York 1973.
JEPPS, M. W.: The Protozoa, Sarcodina. - Oliver & Boyd, Edinburgh 1956.
KÜHN, A.: Morphologie der Tiere in Bildern. - Heft 2, Teil 2: Rhizopoden. Bornträger, Berlin 1926.
LIESCHE, W.: Die Kern- und Fortpflanzungsverhältnisse von Amoeba proteus. - Arch. Protistenk. 91:135. 1938.
LOEBLICH, A. R. & TAPPAN, H.: Suprageneric classification of the Rhizopodea. - Journ. Paleontol. 35:245. 1961.
MAST, S. O.: Locomotion in Amoeba proteus. - Protoplasma 14:321. 1931.
McCONNACHIE, E. W.: The morphology, formation and development of cysts of Entamoeba. - Parasitology 59:41. 1969.
MERCER, E. H.: An electron microscope study of Amoeba proteus. - Proc. R. Soc. London B 150:216. 1959.
NACHMIAS, V. T.: Fibrillar structures in the cytoplasma of Chaos chaos. - Journ. Cell. Biol. 23:183. 1964.
NETZEL, H.: Die Schalenbildung bei der Thekamöben-Gattung Arcella (Rhizopoda, Testacea). - Cytobiologie 3:89. 1971.
OUTKA, D. E.: The ameba-to-flagellate transformation in Tetramitus rostratus. I. Population dynamics. - Journ. Protozool. 12:85. 1965.
OUTKA, D. E. & KLUSS, B. C.: The ameba-to-flagellate transformation in Tetramitus rostratus. - Journ. Cell. Biol. 35:323. 1967.
PAGE, F. C.: Re-definition of the genus Acanthamoeba with description of three species. - Journ. Protozool. 14:709. 1967.
-: Taxonomic criteria for limax amoebae, with description of 3 new species of Hartmannella and 3 of Vahlkampfia. - Journ. Protozool. 14:499. 1967.
-: Generic criteria for Flabellula, Rugipes and Hyalodiscus with descriptions of species. - Journ. Protozool. 15:9. 1968.
-: Hartmannella limax: the original limax amoeba? - Trans. Am. Microscop. Soc. 88:199. 1969.

-: A revised classification of the Gymnamoebia (Protozoa:Sarcodina) - Zool. Journ. Linn. Soc. 58:61. 1976.
-: An Illustrated Key to Freshwater and Soil Amoebae. Freshwater Biol. Assoc. Sci. Publ. No. 34, Cumbria, England 1976.
PAPPAS, G. D.: The fine structure of the nuclear envelope of Amoeba proteus. - Journ. biophys. biochem. Cytol. 2:431. 1956.
-: Electron microscope studies on Amebae. - Ann. N. Y. Acad. Sci. 78:448. 1959.
PAPPAS, G. D. & BRANDT, P. W.: The fine structure of the contractile vacuole in Ameba. - Journ. Biophys. Biochem. Cytol. 4:485. 1958.
--: Mitochondria. I. Fine structure of the complex patterns in the mitochondria of Pelomyxa carolinensis WILSON (Chaos chaos L.). - Journ. biophys. biochem. Cytol. 6:85. 1959.
RABINOVITCH, M. & PLAUT, W. S.: Cytoplasmic DNA synthesis in Amoeba proteus. - Journ. Cell. biol. 15:525. 1962.
RAY, D. L. & HAYES, R. E.: Hartmannella astronyxis: a new species of free-living ameba. - Journ. Morphol. 95:159. 1954.
RINALDI, R. A. & JAHN, T. L.: On the mechanism of ameboid movement. - Journ. Protozool. 10:344. 1963.
ROTH, L. E.: Electron microscopy of pinocytosis and food vacuoles in Pelomyxa. - Journ. Protozool. 7:176. 1960.
SAEDELEER, H. DE.: Notes de Protistologie I. - Ann. Soc. R. Zool. Belg. 58:117. 1928.
-: Notes de Protistologie II. - Recueil Inst. Zool. Torley-Rousseau 2:241. 1929.
-: Recherche sur les pseudopodes des rhizopodes testacés. Les concepts pseudopodes lobosa, filosa, et granulo-reticulosa. - Arch. Zool. exp. gén. 74:597. 1932.
-: Beitrag zur Kenntnis der Rhizopoden: Morphologische und systematische Untersuchungen und ein Klassifikationsversuch. - Mem. Mus. R. Hist. nat. Belg. 60:1. 1934.
SCHAEFFER, A. A.: Recent discoveries in the biology of ameba. - Quart. Rev. Biol. 1:95. 1926.
SCHUSTER, F.: An electron microscope study of the ameboflagellate, Naegleria gruberi (SCHARDINGER). I. The ameboid and flagellate stages. - Journ. Protozool. 10:297. 1963.
-: An electron microscope study of the ameboflagellate, Naegleria gruberi (SCHARDINGER). II. The cyst stage. - Journ. Protozool. 10:313. 1963.
SINGH, B. N.: Nuclear division in nine species of small freeliving amebae and its bearing on the classification of the order Amebida. - Phil. Transact. R. Soc. London 236:405. 1952.
SVIHLA, G. & BARKER, D. C.: Ultraviolet microscopy of Entamoeba invadens. - Journ. Parasit. 49:37. 1963.
WHATLEY, J. H.: Bacteria and nuclei in Pelomyxa palustris. Comments on the theory of serial endosymbiosis. - New Phytol. Yb. 1976:111. 1976.
WILLMER, E. N.: Ameba-flagellatae transformation. - Exp. Cell. Res. 8 (Suppl.): 32. 1961.
WOHLFARTH-BOTTERMANN, K. E.: Cell structures and their significance for ameboid movement. - Int. Rev. Cytol. 16:61. 1964.

Trichomycetea

DUBOSQ, O., LEGER, L. & TUZET, O.: Contribution à la connaissance des Eccrinids. Les Trichomycetes. - Arch. Zool. exp. Gen. 86:29. 1948.
MAESSEN, K.: Die zooparasitären Eccridinales. - G. Fischer, Jena 1955.
MANIER, J.: Classification et nomenclature des Trichomycetes. - Ann. sci. nat. Zool. 11. Ser. 17:395. 1955.
SÖRGEL, G.: Zur Systematik der Trichomyceten. - Arch. Mikrobiol. 18:391. 1953.

Mycetozoidea

ALDRICH, H. C.: The development of flagella in swarm cells of the myxomycete Physarum flavicomum. - Journ. Gen. Microbiol. 50:217. 1968.
ALEXOPOULOS, C. J.: Morphology and laboratory cultivation of Echinostelium minutum. - Americ. Journ. Bot. 47:37. 1960.
-: Gross morphology of the plasmodium and its possible significance in the relationships among the Myxomycetes. - Mycologia 52:1. 1961.
-: Myxomycetes II. - Bot. Rev. 29:1. 1963.
BONNER, J. T.: How slime molds communicate. - Sci. Amer. 209:84. 1963.
-: The cellular slime molds. - 2nd ed., Princeton Univ. Press, New York 1967.
FURTADO, J. S. & OLIVE, L. S.: Ultrastructural studies of protostelids: the ameboflagellate stage. - Cytobiologie 2:200. 1970.
GERISCH, G.: Die zellulären Schleimpilze als Objekte der Entwicklungsphysiologie. - Ber. dtsch. bot. Ges. 75:82. 1962.
GOTTSBERGER, G.: Geißeln bei Myxomyceten (Elektronenoptische Studie). - Nova Hedwigia 13:235. 1967.
-: Geißeln bei Myxomyceten (Diskussion). - Nova Hedwigia 14:415. 1967.
HAGELSTEIN, R.: The Mycetozoa of North America. - Hagelstein Mineola, New York 1944.
KERR, N. S.: Flagella formation by myxamoebae of the true slime mold Didymium nigripes. - Journ. Protozool. 7:103. 1960.
-: A study of plasmodium formation by the true slime mold, Didymium nigripes. - Exp. Cell. Res. 23:603. 1961.
LISTER, A.: A monograph of the Mycetozoa. - 3.ed., Brit. Mus. London 1925.
MARTIN, G. W.: Systematic position of the slime molds and its bearing on the classification of the fungi. - Bot. Gaz. 93:421. 1932.
-: The Myxomycetes. - Bot. Rev. 6:356. 1940.
-: The systematic position of the Myxomycetes. - Mycologia 52:119. 1961.
MARTIN, G. W. & ALEXOPOULOS, C. J.: The Myxomycetes. - University of Iowa Press, Iowa City 1969.
MERCER, E. H. & SHAFFER, B. M.: Electron microscopy of solitary and aggregated slime mould cells. - Journ. Biochem. Biophys. Catol. 7:353. 1960.
OLIVE, L. S.: The genus Protostelium. - Amer. Journ. Bot. 49:297. 1962.
-: A new member of the Mycetozoa. - Mycologia 56:885. 1964.
-: The Protostelida - a new order of the Mycetozoa. - Mycologia 59:1. 1967.
-: The Mycetozoa: A revised classification. - Bot. Rev. 36:59. 1970.
-: The Mycetozoans. - Academic Press, London-New York-San Francisco 1975.
OLIVE, L. S. & STOIANOVITCH, C.: A new two-spored species of Cavostelium (Protostelida). - Mycologia 58:440. 1966.
--: Schizoplasmodium, a mycetozoan genus intermediate between Cavostelium and Protostelium: a new order of Mycetozoa. - Journ. Protozool. 13:164. 1966.
--: Monograph of the Protostelium. - Amer. Journ. Bot. 56:979. 1969.
OYE, P. VAN: Les myxophyceae sont-elles des algues? - Hydrobiologia 18:293. 1961.
RAPER, K. B.: Levels of cellular interaction in amoeboid populations. - Proc. Americ. phil. Soc. 104:579. 1960.
RAPER, K. B. & FENNEL, D. I.: Stalk formation in Dictyostelium. - Bull. Torrey Bot. Club 79:25. 1952.
RAPER, K. B. & QUINLAN, M. S.: Acytostelium leptosomum, a unique cellular slime mold with an acellular stalk. - Journ. gen. Microbiol. 18:16. 1958.
REINHARDT, D. J.: Development of the mycetozoan Echinosteliopsis oligospora. - Journ. Protozool. 15:480. 1968.
SCHUSTER, F.: Electron microscope observations on spore formation in the true slime mold Didymium nigripes. - Journ. Protozool. 11:207. 1964.
-: Ultrastructure and morphogenesis of solitary stages of true slime molds. - Protistologica 1:49. 1965.

SEIFRIZ, W. & RUSSELL, M. A.: The fruiting of Myxomycetes. - New Phytol. 35:472. 1935.
WILSON, C. L. & ROSS, I. K.: Meiosis in the Myxomycetes. - Americ. Journ. Bot. 42:743. 1957.

Pedinellaphyta

JAVORNICKÝ, P.: Some interesting algal flagellates. - Folia geobot. phytotaxonom. 2:43. 1967.
SWALE, E. M. F.: A study of the nannoplankton flagellate Pedinella hexacostata VYSOTSKII by light and electron microscope. - Brit. phycol. Journ. 4:65. 1969.
THRONDSEN, J.: Apedinella gen. nov. and the fine structure of A. spinifera (THRONDSEN) comb. nov. - Norw. Journ. Bot. 18:47. 1971.

Bacillariophyta

FRITSCH, E. F.: Comparative studies in a polyphyletic group. The Desmidiaceae. - Proc. Linn. Soc. London, Session 164:258. 1953.
GEITLER, L.: Der Formwechsel der pennaten Diatomeen. - Arch. Protistenk. 78:1. 1932.
-: Die Zweiteiligkeit des Chromatophoren bei Diatomeen und Chrysophyceen. - Österr. bot. Zschr. 114:183. 1967.
HEATH, I. B. & DARLEY, W. M.: Observations on the ultrastructure of the male gametes of Biddulphia levis EHR. - Journ. Phycol. 8:51. 1972.
HELMCKE, J. & KRIEGER, W.: Neue Erkenntnisse über den Schalenbau von Diatomeen. - Naturwiss. 39:146. 1952.
KORSHIKOV, A. A.: On the origine of the diatoms. - Beih. bot. Zentralbl. Abt. I, 46:460. 1930.
LEWIN, J. C. & GUILLARD, R. R. L.: Diatoms. - Ann. Rev. Microbiol. 17:373. 1963.
MANTON, I. & STOSCH, H. A. v.: Observations on the fine structure of the male gamete of the marine centric diatom Lithodesmium undulatum. - Journ. Roy. microsc. Soc. 85:119. 1966.
PASCHER, A.: Über die Übereinstimmungen zwischen den Diatomeen, Heterokonten und Chrysomonaden. - Ber. dtsch. bot. Ges. 39:236. 1921.
PRINGSHEIM, E. G.: Über farblose Diatomeen. - Arch. Mikrobiol. 16:18. 1951.
STOSCH, H. A. v.: Oogamy in a centric diatom. - Nature 165:531. 1950.
-: Einige Bemerkungen zur Phylogenie der Diatomeen. - Naturwiss. 45:141. 1958.
-: Kann die oogame Araphide Rhabdonema adriaticum als Bindeglied zwischen den beiden großen Diatomeengruppen angesehen werden? - Ber. dtsch. bot. Ges. 71:241. 1958.
STRAIN, H. H., MANNING, W. M. & HARDIN, G.: Xanthophylls and carotenes of diatoms, brown algae, dinoflagellates and sea anemones. - Biol. Bull. 86:169. 1954.
WIEDLING, S.: A sceleton-free diatom. - Bot. Notiser 1941:33. 1941.

Phaeophyta

BOUCK, G. B.: Fine structure and organelle associations in brown algae. - Journ. Cell. Biol. 26:523. 1965.
-: Extracellular microtubules. The origin, structure and attachment of flagellar hairs in Fucus and Ascophyllum antherozoids. - Journ. Cell Biol. 40:65. 1969.
FRITSCH, F. E.: Studies on the Comparative Morphology of the Algae III. Evolutionary tendencies and affinities among Phaeophyceae. - Ann. Bot. 7:63. 1943.
GOEDHEER, J. C.: On the pigment system of brown algae. - Photosynthetica

4:97. 1970.
IRVINE, D. E. G. & PRICE, J. H.: Modern approaches to the taxonomy of red and brown algae. - Syst. Assoc. Spec. 10, Academic Press, London 1978.
LEYON, H. & WETTSTEIN, D. v.: Der Chromatophoren-Feinbau bei den Phaeophyceen. - Zschr. Naturforsch. 9:471. 1954.
LOISEAUX, S. & WEST, J. A.: Brown algal mastigonemes: Comparative ultrastructure. - Trans. Amer. Microsc. Soc. 89:54. 1970.
MANTON, I.: Observations on the internal structure of the spermatozoids of Dictyota. - Journ. exp. Bot. 10: 448. 1959.
MANTON, I. & CLARKE, B.: Electron microscope observations on the zoospores of Pylaiella and Laminaria. - Journ. exp. Bot. 2:242. 1951.
--: Observations with the electron microscope on the internal structure of the spermatozoid of Fucus. - Journ. exp. Bot. 7:416. 1955.
MANTON, I., CLARKE, B. & GREENWOOD, A. D.: Further observations with the electron microscope on spermatozoids in the brown algae. - Journ. exp. Bot. 4:318. 1953.
MAUTNER, H. G.: The chemistry of brown algae. - Econ. Bot. 8:174. 1954.
MÜLLER, D. G. & FALK, H.: Flagellar structure of the gametes of Ectocarpus siliculosus (Phaeophyta) as revealed by negative staining. - Arch. Mikrobiol. 91:313. 1973.
RUSSELL, G.: The Phaeophyta: a synopsis of some recent developments. - Oceanogr. mar. Biol. Ann. Rev. 11:45. 1973.
WILLIAMS, E.: The gamete pigments of Hormosira banksii (Phaeophyta). - Journ. exp. Bot. 18:416. 1967.

Eustigmatophyta

HIBBERD, D. J.: Observations on the cytology and ultrastructure of Chlorobotrys regularis (WEST)BOHLIN with special reference to its position in the Eustigmatophyceae. - Brit. Phycol. Journ. 9:37. 1974.
-: Eustigmatophytes. - In COX, E. R. (Ed.): Phytoflagellates, p. 319. 1980.
HIBBERD, D. J. & LEEDALE, G. F.: Eustigmatophyceae - a new algal class with unique organisation of the motile cell. - Nature 225:758. 1970.
--: A new algal class - Eustigmatophyceae. - Taxon 20:523. 1971.
--: Observations on the cytology and ultrastructure of the new algal class, Eustigmatophyceae. - Ann. Bot. 36:49. 1972.
WHITTLE, S. J.: The major chloroplast pigments of Chlorobotrys regularis (WEST) BOHLIN (Eustigmatophyceae) and Ophiotytium majus NAEGELI (Xanthophyceae). - Brit. Phycol. Journ. 11:111. 1976.
WHITTLE, S. J. & CASSELTON, P. J.: The chloroplast pigments of the algal classes Eustigmatophyceae and Xanthophyceae. I. Eustigmatophyceae. - Brit. Phycol. Journ. 10:179. 1975.

Craspedophyta

BROMANN, I.: Stammen die Säugetiere von Kragenflagellaten? - Zschr. mikrosk. - anatom. Forsch. 5:339. 1926.
ELLIS, W. N.: Recent researches on the Choanoflagellata (Craspedomonadines). - Ann. Soc. R. Zool. Belg. 60:49. 1929.
FJERDINGSTAD, E. J.: Ultrastructure of the collar of the choanoflagellate Codonosiga botrytis (EHRENB.). - Zschr. Zellforsch. 54:499. 1961.
HIBBERD, D.: Observations on the ultrastructure of the choanoflagellate Codosiga botrytis (EHR.) SAVILLE-KENT, with special reference to the flagellar apparatus. - Journ. Cell. Sci. 17:191. 1975.
IYENGAR, M. O. P. & RAMANATHAN, K. R.: Cladospongia, a new member of the Craspedomonadaceae from Madras. - Journ. Indian Bot. Soc. 19. No. 5-6. 1940.
JAHN, T. L., WILSON, D. E. & FONSECA, J. R.: Flagellar ultrastructure of Codonosiga. - Second Int. Conf. Protozoology, Nr. 335. 1965.

KÜMMEL, G. & BRANDENBURG, J.: Die Reusengeißelzellen (Cyrtocyten). - Zschr. Naturforsch. 16:692. 1961.
LACKEY, J. B.: Some new flagellates from the Woods Hole area. - Am. Midl. Nat. 23:463. 1940.
-: Morphology and biology of a species of Protospongia. - Trans. Amer. microsc. Soc. 78:202. 1959.
LAVAL, M.: Ultrastructure et mode de nutrition du choanoflagellé Salpingoeca pelagica, sp. nov. Comparaison avec les choanocytes des spongiaires. - Protistologica 7:325. 1971.
LEADBEATER, B. S. C., Fine-structural observations on some marine choanoflagellates from the coast of Norway. - Journ. Mar. Biol. Ass. U. K. 52:67. 1972.
LEADBEATER, B. S. C. & MANTON, I.: Preliminary observations on the chemistry and biology of the lorica in a collared flagellate (Stephanoeca diplocostata ELLIS). - Journ. Mar. Biol. Assoc. U. K. 54:269. 1974.
LEADBEATER, B. S. C. & MORTON, C.: A microscopical study of a marine species of Codosiga JAMES-CLARK (Choanoflagellata) with special reference to the ingestion of bacteria. - Biol. Journ. Linn. Soc. 6:337. 1974.
NORRIS, R. E.: Neustonic marine craspedomonadales (choanoflagellates) from Washington and California. - Journ. Protozool. 12:589. 1965.
PETERSEN, J. B. & HANSEN, J. B.: Electron microscope observations on Codonosiga botrys (EHR.) J. CLARK. - Bot. Tidskr. 51:280. 1954.
SAEDELEER, H. DE: Notes de Protistologie. I. Craspédomonadines: matériel systematique. - Ann. Soc. Roy. Zool. Belg. 58:117. 1927.
-: Notes de Protistologie. II. Craspédomonadines: morphologie et physiologie. - Rec. Inst. Zool. Torley-Rousseau 2:241. 1929.
-: L'appareil parabasal des Craspédomonadines et des Choanocytes des Éponges. - C. R. Soc. Biol. 103:160. 1930.
SCAGEL, R. F. & STEIN, J. R.: Marine nannoplankton from a British Columbia Fjord. - Canad. Journ. Bot. 39:1205. 1961.
SCHILLER, J.: Über neue Craspedomonaden (Choanoflagellaten). - Arch. Hydrobiol. 48:248. 1953.
SLEIGH, M. A.: Flagellar movement of the sessile flagellates Actinomonas, Codonosiga, Monas and Poteriodendron. - Quart. Journ. micr. Soc. 105:405. 1964.
TUZET, O.: Sur les aggrégats de choanocytes et la question de la Proterospongia. - Arch. Zool. exp. gén. 84:225. 1945.

Haptophyta

BONEY, A. D.: Scale-bearing phytoflagellates: an interium review. - Oceanogr. Mar. Biol. Ann. Rev. 8:251. 1970.
BRAARUD, T., DEFLANDRE, P., HALLDAI, P. & KAMPTNER, E.: Terminology, nomenclature, and systematics of the Coccolithophoridae. - Micropaleont. 1:157. 1955.
BRAARUD, T. & GAARDER, K. R.: Morphology and taxonomy in Coccolithophorides. - In Recent Advances in Botany, p. 229. Univ. Toronto Press, Toronto 1961.
CHRÉTIENNOT, M. J.: The fine structure and taxonomy of Platychrysis pigra GEITLER (Haptophyceae). - Journ. mar. biol. Ass. U. K. 53:905. 1973.
DEFLANDRE, G. & FERT, C.: Observations sur les Coccolithophorides actuels et fossiles en microscopie ordinaire et électronique. - Ann. paléont. 40:117. 1954.
FOURNIER, R. O.: Observations on the flagellate Diacronema vlkianum PRAUSER (Haptophyceae). - Brit. phycol. Journ. 4:185. 1969.
HIBBERD, D. J.: The ultrastructure and taxonomy of the Chrysophyceae and Prymnesiophyceae (Haptophyceae): A survey with some new observations on the ultrastructure of the Chrysophyceae. - Bot. Journ. Linn. Soc. 72:55. 1976.
-: Prymnesiophytes (= Haptophytes). - In COX, E. R. (Ed.): Phytoflagellates, p. 273. 1980.

KAMPTNER, E.: Untersuchungen über den Feinbau der Coccolithen. - Arch. Protistenk. 100:1. 1954.
KLAVENESS, D.: Coccolithus huxleyi (LOHMANN) KAMPTNER. I. Morphological investigations on the vegetative cell and the process of coccolith formation. - Protistologica 8:335. 1972.
-: Coccolithus huxleyi (LOHM.) KAMPTNER. II. The flagellate cell, aberrant cell types, vegetative propagation and life cycles. - Brit. phycol. Journ. 7:300. 1972.
LEADBEATER, B. S. C.: Preliminary observations on differences of scale morphology at various stages in the life cycle of "Apistonema-Syracosphaera" sensu von Stosch. - Brit. Phycol. Journ. 5:57. 1970.
MANTON, I.: Further observations on the fine structure of the haptonema in Prymnesium parvum. - Arch. Mikrobiol. 49:315. 1964.
-: Observations on scale production in Prymnesium parvum. - Journ. Cell. Sci. 1:375. 1966.
-: Further observations on the fine structure of Chrysochromulina chiton, with special reference to the pyrenoid. - Journ. Cell. Sci. 1:187. 1966.
-: Further observations on the fine structure of Chrysochromulina chiton with special reference to the haptonema, "peculiar" Golgi structure and scale production. - Journ. Cell. Sci. 2:265. 1967.
-: Further observation on the microanatomy of the haptonema in Chrysochromulina chiton and Prymnesium parvum. - Protoplasma 66:35. 1968.
MANTON, I. & LEEDALE, G. F.: Further observations on the fine structure of Chrysochromulina ericina PARKE and MANTON. - Journ. Mar. Biol. Ass. U. K. 41:145. 1961.
--: Observations on the fine structure of Prymnesium parvum CARTER. - Arch. Microbiol. 45:285. 1963.
--: Observations on the microanatomy of Coccolithus pelagicus and Cricosphaera carterae, with reference to the origin of coccoliths and scales. - Journ. Mar. Biol. Ass. U. K. 49:1. 1969.
PARKE, M. & ADAMS, I.: The motile (Crystallolithus hyalinus GAARDER et MARKALI) and non-motile phases in the life-history of Coccolithus pelagicus (WALLICH) SCHILLER. - Journ. Mar. Biol. Ass. U. K. 39:263. 1960.
PARKE, M., GREEN, J. C. & MANTON, I.: Observations of the fine structure of zoids of the genus Phaeocystis (Haptophyceae). - Journ. mar. biol. Ass. U. K. 51:927. 1971.
PIENAAR, R. N.: The fine structure of Cricosphaera carterae. I. External morphology. - Journ. Cell. Sci. 4:461. 1969.
-: The fine structure of Hymenomonas (Cricosphaera) carterae II. Observations on scale and coccolith production. - Journ. Phycol. 5:321. 1969.
STOSCH, H. A. v.: Ein morphologischer Phasenwechsel bei einer Coccolithophoride. - Naturwiss. 42:423. 1955.
-: Der Geißelapparat einer Coccolithophoride. - Naturwiss. 45:140. 1958.

Zoologie – Lehrbücher und Sammelwerke

BARNES, R. D.: Invertebrate Zoology. 2nd ed., Saunders, Philadelphia 1969.
BAYER, F. M. & OWRE, H. B.: The free-living lower invertebrates. - Macmillan, New York 1968.
BERTALANFFY, L. v.: Handbuch der Biologie. - Bd. 1-9, Akad. Vlgges. Athenaion Potsdam-Wiesbaden 1942-1977.
BORRADAILE, L. A., POTTS, F. A., EASTHAM, L. E. S., SAUNDERS, J. T. & KERKUT, G. A.: The Invertebrata. - Cambridge Univ. Press, Cambridge 1961.
BRONN, H. (Hrsg.): Klassen und Ordnungen des Tierreichs. - Akad. Verlagsges. Geest und Portig 1866 - (noch nicht abgeschlossen).
BRIEN, P.: Eléments de Zoologie et Notions d'Anatomie comparée. I. Introduction biologique, protozoaires, Metazoaires acoelomates. - Editions Desoer, Liège 1951.
BROWN, F. A.: Selected invertebrate types. - Wileys, New York 1950.
BUCHSBAUM, R.: Animals without backbones. - Univ. Chicago Press. 1956.

CARTER, G. S.: A general zoology of invertebrates. - Sidgwick & Jackson, London 1951.
CLAUS, C., GROBBEN, K. & KÜHN, A.: Lehrbuch der Zoologie. Spezieller Teil. - 10. Aufl., Springer, Berlin 1932.
CROME, W., GOTTSCHALK, R., HANNEMANN, H.-J., HARTWICH, G. & KILIAS, R.: Urania Tierreich: Wirbellose Tiere 1. - Urania-Verlag, Leipzig-Jena-Berlin 1967.
DELAGE, Y. & HÉROUARD, E.: Traité de zoologie concrète. - Schleicher Frères, Paris 1896-1903.
FLORKIN, M. & SCHEER, B. T. (Eds.): Chemical Zoology. - Vol. 1-9, Academic Press, New York-London 1967-1974.
GRASSÉ, P. P. (Ed.): Traité de Zoologie. - Masson, Paris 1948 - (noch nicht abgeschlossen).
GRASSÉ, P. P., POISSON, R. A. & TUZET, O.: Précis de Zoologie I, Invertébrés. - Masson, Paris 1970.
GRZIMEK, B. (Hrsg.): Grzimeks Tierleben. 1. Niedere Tiere. - Kindler, Zürich 1971.
GUTHRIE, M. J. & ANDERSON, J. M.: General Zoology. - Wiley, New York 1957.
HARMER, S. F. & SHIPLEY, A. E. (Eds.): The Cambridge natural history. vol. I-VI. - Cambridge Univ. Press, Cambridge 1895-1909.
HARMS, J. W. & LIEBER, A.: Zoobiologie für Mediziner und Landwirte. - 7. Aufl., G. Fischer, Stuttgart 1970.
HEGNER, R. W. & ENGEMANN, J. G.: Invertebrate Zoology. - 2nd ed., Macmillan, New York 1968.
HENNIG, W.: Wirbellose I.-4. Aufl. G. Fischer, Jena 1979.
HYMAN, L. H.: The Invertebrates. - Vol. 1-6. McGraw-Hill, New York 1940-1967.
KAESTNER, A.: Lehrbuch der Speziellen Zoologie. - G. Fischer, Jena 1954 - (noch nicht abgeschlossen).
-: Lehrbuch der Speziellen Zoologie. I. Wirbellose Tiere. - 4. Aufl., G. Fischer, Stuttgart 1980.
KÜKENTHAL, W. & KRUMBACH, T. (Hrsg.): Handbuch der Zoologie. - de Gruyter, Berlin 1923 - (noch nicht abgeschlossen).
LAMEERE, A.: Précis de Zoologie. - 7. vols., Desoer, Liège 1929-1942.
LANCESTER, R. (Ed.): A treatise on zoology. - Adam & Charles Black, London 1900-1909.
MARSHALL, A. J. & WILLIAMS, W. D.: Textbook of Zoology, Invertebrates. - Macmillan London 1972.
MEGLITSCH, P. A.: Invertebrate Zoology. - 2nd ed., Oxford Univ. Press, Oxford 1972.
MÖHN, E. & WERMUTH, H. (Hrsg.): Das Tierreich. - de Gruyter, Berlin-New York 1896 - (noch nicht abgeschlossen).
MOMENT, G. B.: General Zoology. - Houghton Mifflin, Boston 1958.
REMANE, A., STORCH, V. & WELSCH, U.: Kurzes Lehrbuch der Zoologie. - 2. Aufl. G. Fischer, Stuttgart 1974.
---: Systematische Zoologie. - G. Fischer, Stuttgart 1976.
SCHECHTER, V.: Invertebrate Zoology. - Englewood Cliffs, New York 1959.
SHERMAN, I. W. & SHERMAN, V. G.: The Invertebrates: function and form. - Macmillan, London 1970.
STORER, T. I., USINGER, R. L., STEBBINS, R. C. & NYBAKKEN, J. W.: General Zoology, 5th ed. McGraw-Hill, New York 1972.
WEIß, P. B.: The Science of Zoology. - McGraw-Hill, New York 1966.
WURMBACH, H.: Lehrbuch der Zoologie, II. Spezielle Zoologie. - 2. Aufl. G. Fischer, Stuttgart 1968.

Klassifikation, Methodik

BERINGER, C. Ch.: Stammesgeschichte als historische Naturwissenschaft. - G. Fischer, Jena 1941.
BLACKWELDER, R. E.: Classification of the Animal Kingdom. - Southern Illinois Univ. Press, Carbondale 1963.
BÖHME, H., HAGEMANN, R. & LÖTHER, B. (Hrsg.): Beiträge zur Genetik und Abstammungslehre. - Volk und Wissen, Berlin 1976.

BONIK, K.: Evolutionsbiologie und Systematik - Versuch einer Synthese. - Aufs. Red. Senckenberg. Naturf. Ges. 30:1. 1981.
CROWSON, R. A.: Classification and biology. - Heinemann, London 1970.
GRUNER, H.-E.: Einführung. - In KAESTNER, A.: Lehrbuch der Speziellen Zoologie. I. Wirbellose Tiere. - 4. Aufl., G. Fischer, Suttgart 1980.
GUTMANN, W. F. & BONIK, K.: Kritische Evolutionstheorie, Ein Beitrag zur Überwindung altdarwinistischer Dogmen. - Gerstenberg, Hildesheim 1981.
HENNIG, W.: Grundzüge einer Theorie der phylogenetischen Systematik. - Deutscher Zentralverlag, Berlin 1950.
-: Phylogenetical Systematics. - Univ. Illinois Press, Urbana 1966.
-: Die Stammesgeschichte der Insekten. - Kramer, Frankfurt/Main 1969.
-: Kritische Bemerkungen zur Frage "Cladistic analysis or cladistic classification?". - Zschr. Zool. Syst. Evolutionsf. 12:279. 1974.
HENNIG, W. & SCHLEE, D.: Abriß der phylogenetischen Systematik. - Stuttgarter Beitr. Naturk. Ser. A 319. 1978.
HEYWOOD, V. H. & MCNEILL, J. (Eds.): Phenetic und phylogenetic classification. - Syst. Assoc. Publ. 6:1. 1964.
KÄMPFE, L. (Hrsg.): Evolution und Stammesgeschichte der Organismen. - G. Fischer, Stuttgart 1980.
KRAUS, O.: Phylogenetische Systematik und evolutionäre Klassifikation. - Verh. Dtsch. Zool. Ges. 1976:84. 1976.
KRAUS, O. & KUBITZKI, H.: Biologische Systematik. - Vlg. Chemie, Weinheim 1982.
LAMPRECHT, H.: Die Entstehung der Arten und höheren Kategorien. - Springer, Wien-New York 1967.
LÖTHER, R.: Die Beherrschung der Mannigfaltigkeit. - Philosophische Grundlagen der Taxonomie. - G. Fischer, Jena 1972.
MAYR, E.: Artbegriff und Evolution. - Parey, Hamburg 1967.
-: Populations, Species and Evolution. - Belknap Press, Harvard Univ. Press 1970.
-: Cladistic analysis or cladistic classification. - Zschr. Zool. Syst. Evolutionsf. 12:95. 1974.
-: Grundlagen der zoologischen Systematik. - Parey, Hamburg-Berlin 1975.
MAYR, E., LINSLEY, E. G. & USINGER, R. L.: Methods and principles of Systematic Zoology. - McGraw-Hill, New York 1953.
OSCHE, G.: Das Homologisieren als eine grundlegende Methode der Phylogenetik. - Aufs. Red. Senckenb. Naturf. Ges. 24:155. 1973.
PETERS, D. S.: Über den Zusammenhang von biologischem Artbegriff und phylogenetischer Systematik. - Aufs. Red. Senckenb. Naturf. Ges. 18:1. 1970.
PETERS, G.: Die Taxonomie auf dem Wege zur Analyse der Stammesverwandtschaften. - In BÖHME, H., HAGEMANN, R. & LÖTHER, B.: Beiträge zur Genetik und Abstammungslehre, p. 392. 1976.
POPPER, K.: Logik der Forschung. - Mohr, Tübingen 1971.
ROSS, H. H.: Biological Systematics. - Addison-Wesley, Reading Massach. 1974.
SCHLEE, D.: Die Rekonstruktion der Phylogenese mit HENNIG's Prinzip. - Aufs. Red. Senckenb. Naturf. Ges. 20:1. 1971.
-: An analysis of numerical phenetics. - Ent. Scand. 6:1. 1975.
-: Numerical phyletics: An analysis from the viewpoint of phylogenetic systematics. - Ent. scand. 6:193. 1975.
-: Anmerkungen zur phylogenetischen Systematik: Stellungnahme zu einigen Mißverständnissen. Stuttgarter Beitr. Naturk. Ser. A 320. 1978.
-: Grundzüge der phylogenetischen Systematik. - Paläont. Zschr. 55:11.1981.
SIMPSON, G. G.: Principles of animal taxonomy. - Columbia Univ. Press, New York 1961.
SNEATH, P. H. A. & SOKAL, R. R.: Numerical Taxonomy: The principles and practice of numerical classification. - Freeman, San Francisco 1973.
SOKAL, R. R. & SNEATH, P. H. A.: Principles of numerical taxonomy. - Freeman, San Francisco 1963.
VOIGT, W.: Homologie und Typus in der Biologie. - VEB Fischer, Jena 1973.
WILEY, E. O.: Phylogenetics. - Wiley & Sons, New York 1981.
ZIMMERMANN, W.: Gibt es außer dem phylogenetischen System "natürliche" Systeme der Organismen? - Biol. Zentralbl. 82:525. 1963.

Zoologie – Evolution, Phylogenese

ALVARADO, R.: Sobre el origen y evolución de los metazoos coelomados. - Bol. Soc. Esp. Hist. Nat. (Secc. Biol.) 52:147. 1955.
-: On the origin and evolution of the coelomates Metazoa. - Proc. 14th Int. Congr. Zool. Kopenhagen (1953): 146. 1956.
BEER, G. R. de: Embryos and Ancestors. - Clarendon, Oxford 1940.
-: The evolution of the Metazoa. - In HUXLEY, J. C., HARDY, A. C. & FORD, E. B.: Evolution as a process. - G. Allen, London 1954.
BONIK, K., GRASSHOFF, M. & GUTMANN, W. F.: Die Evolution der Tierkonstruktionen. - Natur und Museum 106:129. 1976. 107:131. 1977.
BRIEN, P.: Principes de Phylogénèse animale appliqués à l'interprétation des Métazoaires diploblastiques et à leur évolution en Métazoaires triploblastiques. - Mém. Acad. Roy. Belg. Class. Sci. 38:1. 1969.
BÜTSCHLI, O.: Bemerkungen zur Gastraeatheorie. - Morph. Jb. 9:415. 1884.
CARTER, G. S.: On Hadži's interpretation of animal phylogeny. - Syst. Zool. 3:163. 1954.
CLARK, R. B.: The evolution of the Celom and metameric segmentation. - In DOUGHERTY, E. C. (Ed.): The Lower Metazoa. 1963.
-: Dynamics in metazoan evolution. - Clarendon Press. Oxford 1964.
-: Phylogenetic reconstruction. - Verh. dtsch. Zool. Ges. Erlangen 1977:175. 1977.
-: Radiation of the Metazoa. - In HOUSE, M. R. (Ed.): The origin of major invertebrate groups, p. 55. 1979.
CODREANU, R.: Grand problèmes controversés de l'évolution phylogénetique des Métazoaires. - Ann. Biol. 9:671. 1970.
CUÉNOT, L.: Phylogenese de Regne Animal. - In GRASSÉ, P. (Ed.): Traité de Zoologie, vol. I. - Masson, Paris 1952.
DOBZHANSKY, T., HECHT, M. K. & STEERE, W. C. (Eds.): Evolutionary Biology. - North-Holland Publ. Comp. Amsterdam 1967.
DOUGHERTY, E. C. (Ed.): The Lower Metazoa. - Univ. Calif. Press, Berkeley 1963.
FAURÉ-FREMIET, E.: The origin of the metazoa and the stigma of the phytoflagellates. - Quart. Journ. microsc. Sci. 99:123. 1958.
FRANZ, V.: Probiologie und Organisationsstufen. - Abh. theoret. Biol. H. 6. Borntraeger, Berlin 1920.
-: Die Geschichte der Organismen. - G. Fischer, Jena 1924.
GARSTANG, W.: The theory of recapitulation: a critical restatement of the biogenetic law. - Journ. Linn. Soc. London 35:81. 1922.
-: Origin and evolution of larval forms. - Rep. Br. Ass. Advmt. Sci., Sect. D:77. 1928.
-: Larval forms, and other zoological verses. - Blackwell, Oxford 1951.
GEISSLER, E., LIBBERT, E., NITSCHMANN, J. & THOMAS-PETERSEIN, G. (Hrsg.): Kleine Enzyklopädie Biologie. - VEB Verlag Enzyklopädie, Leipzig 1976.
GREGORY, W. K.: Evolution emerging. - Zool. New York 1951.
GÜNTHER, K.: Systematik und Stammesgeschichte der Tiere 1939-1953. - Fortschr. Zool. 10:33. 1956.
GUTMANN, W.: Funktionsmorphologische Beiträge zur "Gastraea-Coelom-Theorie". - Senckenberg. biol. 47:225. 1966.
HADŽI, J.: Zur Diskussion über die Abstammung der Eumetazoen. - Verh. dtsch. zool. Ges. (Graz 1957), Suppl. Zool. Anz. 21:169. 1958.
-: The evolution of the Metazoa. - Pergamon Press, Macmillan, New York 1963.
HAECKEL, E.: Natürliche Schöpfungsgeschichte. - 1. Aufl., Georg Reimer, Berlin 1868.
-: Die Gastraea-Theorie, die phylogenetische Classification des Thierreichs und die Homologie der Keimblätter. - Jena. Z. Naturw. 8:1. 1874.
-: Systematische Phylogenie. - Georg Reimer, Berlin 1895.
HAND, C.: The early worm: a planula. - In DOUGHERTY, E. C. (Ed.): The Lower Metazoa. - 1963.
HANSON, E. D.: On the origin of the Eumetazoa. - Syst. Zool. 7:16. 1958.
-: Animal diversity. - Englewood Cliffs, New York 1961.
-: Homologies and the ciliate origin of the Eumetazoa. - In DOUGHERTY,

E. C. (Ed.): The Lower Metazoa. - 1963.
-: Major evolutionary trends in animal protists. - Journ. Protozool. 23:4. 1976.
-: The origin and early evolution of animals. - Wesleyan Univ. Press, Middletown, Conn. 1977.
HARDY, A.: On the origin of the Metazoa. - Quart. Journ. Microsc. Sci. 94:441. 1953.
HARTMAN, W. D.: A critique of the Enterocele Theory. - In DOUGHERTY, E. C. (Ed.): The Lower Metazoa. 1963.
HEBERER, G. (Hrsg.): Die Evolution der Organismen. - 3 Bde., 3. Aufl., G. Fischer, Stuttgart 1967-1974.
HEBERER, G. & SCHWANITZ, F. (Hrsg.): Hundert Jahre Evolutionsforschung. - G. Fischer, Stuttgart 1960.
HEBERER, G. & WENDT, H. (Hrsg.): Entwicklungsgeschichte der Lebewesen. - In GRZIMEK, B.: Grzimeks Tierleben, Ergänzungsband. Kindler, Zürich 1972.
HEIDER, K.: Phylogenie der Wirbellosen. - In HINNEBERG, P. (Hrsg.): Kultur der Gegenwart. - Teubner, Berlin-Leipzig 1914.
HOUSE, M. R. (Ed.): The Origin of Major Invertebrate Groups. - Syst. Assoc. Spec. Vol. No. 12. Academic Press, London-New York-San Francisco 1979.
-: Discussion on the origin of major invertebrate groups. - In HOUSE, M. R. (Ed.): The Origin of Major Invertebrate Groups, p. 479. 1979.
HUXLEY, J. S. (Ed.): The New Systematics. - Univ. Press, Oxford 1940.
-: Evolution, the modern synthesis. - Allen & Unwin, London 1942.
HUXLEY, J. S., HARDY, A. C. & FORD, E. B. (Eds.): Evolution as a process. - Allen & Unwin, London 1954.
HYMAN, L. H.: The transition from the unicellular to the multicellular individual. - In REDFIELD, R. u. A. (Eds.): Biological Symposia: Levels of Integration in biological and social systems. - Lancaster, Penns. 1942.
JÄGERSTEN, G.: On the early phylogeny of the Metazoa. The bilaterogastraea theory. - Zool. Bidr. Uppsala 30:321. 1955.
-: Further remarks on the early phylogeny of the Metazoa. - Zool. Bidr. Uppsala 33:79. 1959.
-: Evolution of the metazoan life cycle. - Academic Press, London 1972.
KERKUT, G. A.: Implications of evolution. - Pergamon Press, Oxford 1960.
KULL, U.: Evolution. - Metzler, Stuttgart 1977.
LANG, A.: Beiträge zu einer Trophocöltheorie. - Jena. Zschr. Naturw. 38:1. 1904.
LARWOOD, G. & ROSEN, B. R. (Eds.): Biology and Systematics of Colonial Organisms. - Syst. Assoc. Spec. vol. 11, Academic Press, London-New York-San Francisco 1979.
MADISON, K. M.: The organism and its origin. - Evolution 7:211. 1953.
MAYR, E.: Artbegriff und Evolution. - Parey, Hamburg 1967.
MEYER, A.: Der historische Gedanke in der Biologie. - Bios. 1:118. 1934.
NAEF, A.: Die individuelle Entwicklung organischer Formen als Urkunde ihrer Stammesgeschichte. - G. Fischer, Jena 1917.
-: Phylogenie der Tiere. - In BAUR, E. & HARTMANN, M.: Handbuch der Vererbungswissenschaft, Bd. III. - Borntraeger, Berlin 1931.
NURSALL, G.: On the origin of the Eumetazoa. - Transact. Roy. Soc. Can. (Sec. 5) 53:1. 1959.
OSCHE, G.: Grundzüge der allgemeinen Phylogenetik. - In BERTALANFFY, L. V. (Hrsg.): Handbuch der Biologie. Bd III/2, Athenaion, Frankfurt 1956.
-: Evolution. - Studio visuell, 4. Aufl., Herder, Freiburg-Basel-Wien 1975.
PANTIN, C. F. A.: Diploblastic animals. - Proc. Linn. Soc. London 171:1. 1960.
REISINGER, E.: Ultrastrukturforschung und Evolution. - Ber. Phys. Med. Ges. Würzburg, N. F. 77:1. 1969.
-: Zur Problematik der Evolution der Coelomaten. - Zschr. zool. Syst. Evolutionsforsch. 8:81. 1970.
REMANE, A.: Die Entstehung der Metamerie der Wirbellosen. - Zool. Anz. 14

(Suppl.):14. 1950.
-: Die Grundlagen des natürlichen Systems, der vergleichenden Anatomie und der Phylogenetik. - 2. Aufl., Akad. Verlagsges. Geest & Portig, Leipzig 1956.
-: Zur Verwandtschaft und Ableitung der niederen Metazoen. - Verh. dtsch. zool. Ges. Graz (1957), Zool. Anz. Supplement 21: 179. 1958.
-: Die Beziehungen zwischen Phylogenie und Ontogenie. - Zool. Anz. 164:306. 1960.
-: The enterocelic origin of the Celom. - In DOUGHERTY; E. C. (Ed.): The Lower Metazoa. 1963.
-: The Evolution of the Metazoa from colonial Flagellates vs. plasmodial Ciliates. - In DOUGHERTY; E. C. (Ed.): The Lower Metazoa. 1963.
-: Die Geschichte der Tiere. - In HEBERER, G. (Hrsg.): Die Evolution der Organismen, p. 589. 1967.
RENSCH, B.: Neuere Probleme der Abstammungslehre. - Enke, Stuttgart 1972.
REUTTERER, A.: Zum Problem der Metazoenabstammung. - Zschr. zool. Syst. Evolutionsforsch. 7:30. 1969.
RIEDL, R.: Die Ordnung des Lebendigen. - Parey, Hamburg 1975.
SALVINI-PLAWEN, L. v.: On the origin and evolution of the lower Metazoa. - Zschr. zool. Syst. Evolutionsforsch. 16:40. 1978.
SEDGEWICK, A.: On the nature of metameric segmentation and some other morphological questions. - Quart. Journ. Microsc. Sci. 24:43. 1884.
SIMPSON, G. G.: The meaning of evolution. - Yale, New Haven, Conn. 1949.
-: The major features of evolution. - Columbia, New York 1953.
-: The crisis in biology. - Amer. Scholar 36:363. 1967.
STEINBÖCK, O.: Eine Theorie über den plasmodialen Ursprung der Vielzeller (Metazoa). - 4th Int. Congr. Cytol. (1936), Archiv exp. Zellforsch. 19:343. 1937.
-: Schlußwort zur Diskussion Remane-Steinböck. - Verh. dtsch. zool. Ges. (Graz 1957), Zool. Anz. Suppl. 21:196. 1958.
-: Origin and affinities of the Lower Metazoa: The "Aceloid" ancestry of the Eumetazoa. - In DOUGHERTY, E. C. (Ed.): The Lower Metazoa. 1963.
UCHIDA, T.: Metamorphosis from viewpoint of animal phylogeny. - Bull. biol. Stat. Asamushi 10:181. 1960.
VANDEL, A.: La genèse du vivant. - Masson, Paris 1968.
WAHLERT, G. v.: Phylogenie als ökologischer Prozeß. - Naturw. Rdsch. 26:247. 1973.
ZACHWATKIN, A. A.: On the nature of the blastula-like larvae in Metazoa. - Zool. Zh. 25:305. 1946 (in russisch).
ZIMMERMANN, W.: Evolution. - Alber, Freiburg-München 1953.

Zoologie – Morphologie, Anatomie

AX, P.: Die Entdeckung neuer Organisationstypen im Tierreich. - Brehm-Bücherei Wittenberg 1960.
BEKLEMISCHEW, W. N.: Grundlagen der vergleichenden Anatomie der Wirbellosen. - Bd. I und II, Deutscher Verlage der Wiss., Berlin 1958, 1960.
BULLOUGH, W. S.: Practical invertebrate anatomy. - St. Martin's Press, New York 1962.
BÜTSCHLI, O.: Vorlesungen über vergleichende Anatomie. - Springer, Berlin 1924-1931.
CZIHAK, G.: Morphologie und Entwicklungsgeschichte der Wirbellosen. - Fortschr. Zool. 11:1. 1958.
DOUGHERTY, E. C. (Ed.): The Lower Metazoa. - Univ. Calif. Press, Berkeley 1963.
FAWCETT, D. W. & PORTER, K. R.: A study of the fine structure of ciliated epithelia. - Journ. Morph. 94:221. 1954.
FORTSCHRITTE DER ZOOLOGIE (mit zusammenfassenden Referaten). - G. Fischer, Jena; G. Fischer, Stuttgart 1937 - (fortlaufend).
GATENBY, J. B., DALTON, A. J. & FÉLIX, M. D.: The contractile vacuole of Parazoa and Protozoa and the Golgi apparatus. - Nature 176:301. 1955.

GHIANI, P. & ORSI, L.: La zone ciliate dell'endostilo in Ciona intestinalis L. Aspetti ultrastrutturali e fuzionali. - Boll. Mus. Ist. Biol. Univ. Genova 34:217. 1966.
GREENE, R. W.: Symbiosis in saccoglossan opisthobranchs: symbiosis with algal chloroplasts. - Malacologia 10:357. 1970.
-: Symbiosis in saccoglossan opisthobranchs: translocation of photosynthetic products from chloroplast to host tissue. - Malacologia 10:369. 1970.
HAECKEL, E.: Generelle Morphologie der Organismen. - 2 Bd., G. Reimer, Berlin 1866.
HEIDER, K.: Entwicklungsgeschichte und Morphologie der Wirbellosen. - In HINNEBERG, P.: Die Kultur der Gegenwart. Teubner Berlin, Leipzig 1913.
HOVASSE, R.: Trichocystes, Corps trichocystoides, Cnidocystes et Colloblastes. - In Protoplasmatologie III:1. 1965.
HOLMQUIST, R. & JUKES, T. H.: Sequence data: magnitude and implications of some ambiguities. - Journ. molec. Evol. 2:10. 1972.
KÜKENTHAL, W., MATTHES, E. & RENNER, M.: Leitfaden für das Zoologische Praktikum. - 15. Aufl., G. Fischer, Stuttgart 1967.
KÜMMEL, G.: Zwei neue Formen von Cyrtocyten. Vergleich der bisher bekannten Cyrtocyten und Erörterung des Begriffs "Zelltyp". - Zschr. Zellforsch. 57:172. 1962.
KÜMMEL, G. & BRANDENBURG, J.: Die Reusengeißelzellen (Cyrtocyten). - Zschr. Naturf. 16:692. 1961.
LANG, A.: Handbuch der Morphologie der wirbellosen Tiere. - 3. Aufl., G. Fischer, Jena 1912-1914.
LEHNINGER, A. L.: The Mitochondrion. - Benjamin, New York 1964.
MARTIN, C. H.: A note on the occurence of nematocysts and similar structures in the various groups of the animal kingdom. - Biol. Zentralbl. 34:248. 1914.
MILANESI, C.: Choanocytes in the endostyle of Botryllus schlosseri (PALLAS), Ascidiacea stolidobranchiata. - Journ. submicrosc. Cytol. 3:359. 1971.
NOMURA, M.: The Ribosomes. - Sci. Amer. 221:28. 1969.
NØRREVANG, A.: Choanocytes in the skin of Harrimania kupferi (Enteropneusta). - Nature 204:398. 1964.
NØRREVANG, A. & WINGSTRAND, K. G.: On the ocurrence and structure of choanocyte-like cells in some echinoderms. - Acta Zool. (Stockholm) 51:249. 1970.
PETRUNKEWITCH, A.: Morphology of invertebrate types. - Macmillan, New York 1916.
RACKER, E.: The membran of the Mitochondrion. - Sci. Amer. 218:32. 1968.
REISINGER, E.: Allgemeine Morphologie der Metazoen. - Fortschr. Zool. 13:1. 1961.
RIVERA, J. A.: Cilia, ciliated epithelium and ciliary activity. - Pergamon Press, New York 1962.
SCHATZ, G.: Wie entstehen Mitochondrien? - Umschau 69:11. 1969.
SEWERTZOFF, A. N.: Morphologische Gesetzmäßigkeiten der Evolution. - G. Fischer, Jena 1931.
STEINER, G.: Zoomorphologie in Umrissen. - G. Fischer, Stuttgart 1977.
THREADGOLD: The ultrastructure of the animal cell. - Int. Monogr. pure appl. biol. Zool. 37. Pergamon Press, Oxford 1967.
TILNEY, L., BRYAN, J., BUSH, D., FUJIWARA, K., MOOSEKER, M., MURPHY, D. & SNYDER, D.: Microtubules: evidence for 13 protofilaments. - Journ. Cell. Biol. 59:267. 1973.
TRENCH, R. K., GREENE, R. W. & BYSTROM, B. G.: Chloroplasts as functional organelles in animal tissue. - Journ. Cell. Biol. 42:404. 1969.
TUZET, O.: Le spermatozoide dans la sérié animale. - Rev. Suisse Zool. 57:433. 1950.

Zoologie – Entwicklungsgeschichte

BEER, G. de: Embryos and ancestors. 3rd ed., - Oxford Univ. Press, London 1958.

BERRILL, N. J.: Growth, development and pattern. - Freeman, San Francisco 1961.
BONNER, J. T.: The Evolution of development. - Cambridge 1958.
CZIHAK, G.: Morphologie und Entwicklungsgeschichte der Wirbellosen (1945-1956). - Fortschritte Zool. 11:1. 1958.
DAWYDOFF, C.: Traité d'embryologie comparée des invertébrés. - Masson, Paris 1928.
FIORONI, P.: Einführung in die Embryologie. - BLV Verlagsges. München 1973.
GARSTANG, W.: The theory of recapitulation: a critical re-statement of the Biogenetic Law. - Journ. Linn. Soc. (Zool.) 35:81. 1922.
GIESE, A. C. & PEARSE, J. S.: Reproduction of Marine Invertebrates. I. Acoelomate and Pseudocoelomate Metazoans. - Academic Press, New York-London 1974.
GREENBERG, M. J.: Ancestors, embryos, and symmetry. - Syst. Zool. 8:191. 1959.
GRIMSTONE, A. V.: Cytology, homology and phylogeny - a note on "organic design". - Amer. Nat. 93:273. 1959.
IVANOVA-KASAS, O. M.: The origin and evolution of spiral cleavage. - Vestn. Leningr. Univ. No. 9 (Biol.):56. 1959.
KORSCHELT, E. & HEIDER, K.: Vergleichende Entwicklungsgeschichte der Tiere. - G. Fischer, Jena 1936.
PFLUGFELDER, O.: Lehrbuch der Entwicklungsgeschichte und Entwicklungsphysiologie der Tiere. - 2. Aufl., G. Fischer, Stuttgart 1970.
PICKEN, L. E. R.: The organisation of cells and other organisms. - Clarendon Press, Oxford 1960.
SACHWATKIN, A. A.: Vergleichende Embryologie der niederen Wirbellosen. - Deutscher Verlag der Wissensch., Berlin 1956.
SCHMIDT, G. A.: Evolutionäre Ontogenie der Tiere. - Akademie-Verlag, Berlin 1966.
SCHWARTZ, V.: Vergleichende Entwicklungsgeschichte der Tiere. - Thieme, Stuttgart 1973.
SIEWING, R.: Über mehrphasige morphogenetische Vorgänge und deren Bedeutung für die Keimblätterlehre. - Zool. Anz. 164:368. 1960.
-: Zur Homologie ontogenetischer Strukturen und Prozesse. - Verh. dtsch. Zool. Ges. Kiel 1964.
-: Lehrbuch der vergleichenden Entwicklungsgeschichte der Tiere. - Parey, Hamburg 1969.
STARCK, D.: Embryologie, ein Lehrbuch auf allgemein biologischer Grundlage. - Thieme, Stuttgart 1955.
STEINBÖCK, O.: Keimblätterlehre und Gastraea-Theorie. - Pyramide 1952:13. 1952.
WADDINGTON, C. H.: Principles of Embryology. - Allen & Unwin, London 1956.
WILLMER, E. N.: Cytology and evolution. - Academic Press, New York 1960.

Zoologie – Sexualität

Dawid, I. B.: DNS in Mitochondrien: Genetisches Material außerhalb des Zellkerns. - Umschau 66:771. 1966.
HARTMANN, M.: Die Sexualität. - 2. Aufl., Fischer, Stuttgart 1956.
ORGEL, L. E.: Evolution of the genetic apparatus. - Journ. molec. Biol. 38:381. 1969.
PRINGSHEIM, E.: Entwicklung und biologische Bedeutung der Sexualität. - Biol. Zentralbl. 83:739. 1964.
STACK, S. M. & BROWN, W. V.: Somatic pairing, reduction and recombination: An evolutionary hypothesis of meiosis. - Nature 222:1275. 1969.

Zoologie – Physiologie

BARRINGTON, E. J. W.: Invertebrate structure and function. - Nelson London 1967.

BULLOCK, T. H. & HORRIDGE, G. A.: Structure and function of the nervous system of invertebrates. - Freeman, San Francisco 1965.
CARTHY, J. H. & NEWELL, G. E. (Eds.): Invertebrate Receptors. - Academic Press, New York 1968.
CHAPMAN, G.: The hydrostatic skeleton in the invertebrates. - Biol. Rev. 33:338. 1958.
HANSTRÖM, B.: Vergleichende Anatomie des Nervensystems der wirbellosen Tiere unter Berücksichtigung seiner Funktion. - Springer, Berlin 1928.
KÜHN, A.: Entwicklungsphysiologie. - Springer, Berlin 1955.
-: Vorlesungen über Entwicklungsphysiologie. - Springer, Berlin 1965.
LENTZ, T.: Primitive nervous systems. - Yale Univ. Press, New Haven 1968.
LWOFF, A.: L'évolution physiologique. - Paris 1943.
PROSSER, C. L. & BROWN, F. A.: Comparative Animal Physiology. - Saunders, Philadelphia 1961.
RAMSAY, J. A.: A physiological approach to the lower animals. - Cambridge Univ. Press. London 1951.
SALVINI-PLAWEN, L. v. & MAYR, E.: On the evolution of photoreceptors. - Evol. Biol. 10:207. 1977.
SCHEER, B. T.: Recent advances in invertebrate physiology. - Univ. Oregon Press, Eugene 1957.
ZENKEVICH, L. A.: The evolution of animal locomotion. - Journ. Morph. 77:1. 1945.

Zoologie: Ökologie, Ethologie

CARTHY, J. D.: An introduction to the behaviour of Invertebrates. - Allen & Unwin, London 1958.
GARDINER, M. S.: Biology of the Invertebrates. - McGraw-Hill, New York 1972.
GRIMPE, G. & WAGLER, E. (Hrsg.): Die Tierwelt der Nord- und Ostsee. - Akad. Verlagsges., Leipzig 1925-1962.
HARDY, A. C.: The open sea. - Houghton Mifflin, Boston 1956.
HICKMAN, C. P.: Biology of the Invertebrates. - Mosby, Saint Louis 1967.
HOVASSE, R.: Adaption et évolution. - Paris 1950.
HULINGS, N. C. (Ed.): Proceedings of the First International Conference on Meiofauna. - Smithsonian Contribution to Zoology, Nr. 76, Smithsonian Institution Press, Washington 1971.
JENNINGS, H. S.: The Behavior of lower organisms. - Columbia Univ. Press, New York 1915.
JØRGENSEN, C. B.: The biology of suspension feeding. - Pergamon Press, New York 1966.
KENDEIGH, S. C.: Animal ecology. - Prentice-Hall, Englewood Cliffs, N. J. 1961.
LIGHT, S. F., SMITH, R. I., PITELKA, F. H., ABBOTT, D. P. & WEESNER, F. M.: Intertidal Invertebrates of the central California Coast. - Univ. Calif. Press, Berkeley 1954.
McGINITIE, G. E. & McGINITIE, N.: Natural history of marine animals. - McGraw-Hill, New York 1949.
NICOL, J. A. C.: The biology of marine animals. - Pitman, London 1960.
PENNAK, R. W.: Fresh-water Invertebrates of the United States. - Ronald Press, New York 1953.
RIEDL, R.: Fauna und Flora der Adria. - Parey, Hamburg 1963.
RUSSELL-HUNTER, W. D.: A Biology of lower Invertebrates. - Macmillan, New York 1968.
RUSSELL, F. S. (Ed.): Advances in marine biology. - Academic Press, London 1963.
SCHULZE, P. (Hrsg.): Biologie der Tiere Deutschlands. - Borntraeger, Berlin 1922-1944.
TELFER, W. H. & KENNEDY, D.: The biology of organisms. - Wiley, New York 1965.
WELLS, M.: Lower animals. - McGraw-Hill, New York 1968.
WESENBERG-LUND, C.: Biologie der Süßwassertiere (Wirbellose Tiere). - Springer, Wien 1939.

WILMOTH, J. H.: Biology of Invertebrata. - Prentice Hall, Englewood Cliffs, New Jersey 1967.
YONGE, C. M.: The sea shore. - Collins, London 1949.

Zoologie – Parasitologie

BAER, J. G.: Ecology of animal parasites. - Univ. of Illinois Press, Urbana 1952.
BRAND, T. v.: Biochemistry of parasites. - Academic Press, New York 1966.
-: Parasitenphysiologie. - G. Fischer, Stuttgart 1972.
CAMERON, T. W. M.: Parasites and parasitism. - Wiley, New York 1956.
CHANDLER, A. C.: Introduction to Parasitology. - Wiley, New York 1955.
CHENG, T. C.: The biology of animal parasites. - Saunders, Philadelphia 1964.
-: General Parasitology. - Academic Press, New York-London 1974.
DOGIEL, V. A.: Allgemeine Parasitologie. - G. Fischer, Jena 1963.
FRANK, W.: Parasitologie. - Ulmer, Stuttgart 1976.
JONES, A. W.: Introduction to parasitology. - Addison-Wesley, Reading, Massach. 1967.
NOBLE, E. R. & NOBLE, G. A.: Parasitology. The Biology of Animal Parasites. - Lea & Febiger, Philadelphia 1971.
PIEKARSKI, G.: Lehrbuch der Parasitologie. - Springer, Berlin 1954.
ROGERS, W. P.: The nature of Parasitism. - Academic Press, New York 1962.
SOULSBY; E. J. K. (Ed.): Biology of parasites. - Academic Press, New York 1966.
TAYLOR, A. E. R. (Ed.): Evolution of parasites. - Blackwell Sci. Publ. Oxford 1965.

Palaeozoologie

BRINKMANN, R.: Abriss der Geologie. 2. Historische Geologie. - 9. Aufl., Enke, Stuttgart 1966.
BUBNOFF, v. S.: Einführung in die Erdgeschichte. - Akademie Verlag, Berlin 1956.
CLARKSON, E. N. K.: Invertebrate Palaeontology and Evolution. - Allen & Unwin, London 1979.
EASTON, W. H.: Invertebrate Paleontology. - Harpers & Brothers, New York 1960.
LEHMANN, U. & HILLMER, G.: Wirbellose Tiere der Vorzeit. - Enke, Stuttgart 1980.
MOORE, R. C. (Ed.): Treatise on Invertebrate Paleontology. - Geol. Soc. Am. New York 1953 - (noch nicht abgeschlossen). Lawrence, Kansas.
MOORE, R. C., LALICKER, C. G. & FISCHER, A. G.: Invertebrate fossils. - McGraw-Hill, New York 1952.
MÜLLER, A. H.: Lehrbuch der Paläozoologie, Bd. I-III. - 1. + 2. Aufl. G. Fischer, Jena 1957-1963.
ORLOV, Y. A.: (Ed.): Fundamentals of Paleontology (Osnovy paleontology). II. Porifera, Archaeocyatha, Coelenterata, Vermes. - Israel Program for Sci. Translat., Jerusalem 1971.
PIVETEAU, J. (Ed.): Traité de Paléontologie. - Masson, Paris 1952-1969.
RASMUSSEN, W. H.: Palaeontologi-Fossile Invertebraten. - Munksgaard, Kopenhagen 1969.
SHROCK, R. R. & TWENHOFEL, W. H.: Principles of Invertebrate Paleontology. - McGraw-Hill, New York 1953.
ZIEGLER, B.: Einführung in die Paläobiologie. 1. Allgemeine Paläontologie. - 3. Aufl., Schweizerbart, Stuttgart 1980.
-: Einführung in die Paläobiologie. 2. Spezielle Paläontologie. - Schweizerbart, Stuttgart 1983.

Animalia: Porifera (allgemein)

AFZELIUS; B. A.: Flimmer flagellum of the sponges. - Nature 191:1318. 1961.

ANKEL, W. E.: Über Fragen der Formbildung und der Zelldetermination bei Süßwasserschwämmen. - Verh. dtsch. Zool. Ges. 1948:58. 1948.

ANKEL, W. E. & WINTERMANN-KILIAN, G.: Über den Nachweis von morphologischen und funktionellen Differenzierungen bei den Epithelzellen der Spongillidae. - Verh. dtsch. Zool. Ges. 1951:248. 1952.

ARNDT, W.: Porifera, Schwämme, Spongien. - Tierw. Dtsch. 25:1. 1928.

-: Porifera. Tierwelt N.-u. Ostsee 3a:140 Seiten 1935.

BAGBY, R. M.: The fine structure of myocytes in the sponges Microciona prolifera (ELLIS and SOLANDER) and Tedania ignis (DUCHASSAING and MICHELOTTI). - Journ. Morph. 118:167. 1966.

BERGQUIST, P. R.: Sponges. - Hutchinson, London 1978.

BERGQUIST, P. R. & GREEN, C.: An ultrastructural study of settlement and metamorphosis in sponge larvae. - Cah. Biol. mar. 18:289. 1977.

BERGQUIST, P. R., SINCLAIR, M. E. & HOGG, J. J.: Adaption to intertidal existence: reproductive cycles and larval behaviour in Demospongiae. - In FRY, W. G. (Ed.): The biology of the Porifera, p. 247. 1970.

BIDDER, G. P.: The relation of the form of a sponge to its currents. - Quart. Journ. microscop. Sci. 69:293. 1923.

BOROJEVIĆ, R.: Etude éxperimentale de la différenciation des cellules de l'éponge au cours de son développement. - Dev. Biol. 14:130. 1966.

-: Différenciation cellulaire dans l'embryogenèse et la morphogenèse chez les spongiaires. - In FRY, W. G. (Ed.): The biology of the Porifera, p. 467. 1970.

BOROJEVIC, R., Fry, W. G., JONES, W. C., LEVI, C., RASMONT, R., SARA, M. & VACELET, J.: Mise au point actuelle de la terminologie des Eponges. - Bull. Mus. Hist. nat. Paris 39:1224. 1967.

BRIEN, P.: L'embryologie des éponges. - Bull. Mus. R. Hist. nat. Belg. 19:1. 1943.

-: Les Éponges: leur nature métazoaire, leur gastrulation, leur état colonial. - Ann. Soc. Roy. Zool. Belg. 97:197. 1967.

-: Les feuillets embryonnaires des Eponges (Rèponse au Pr. A. V. IVANOV). - Ac. Roy. Belg. Bull. Classe Sci. 5. série 67:715. 1972.

BRIEN, P. & MEEWIS, H.: Contribution â l'étude de l'embryogénèse des Spongillidae. - Arch. Biol. Paris 49:177. 1938.

BRILL, B.: Untersuchungen zur Ultrastruktur der Choanocyten von Ephydatia fluviatilis L. - Zschr. Zellf. Mikrosk. Anat. 144:231. 1973.

BURTON, M.: Porifera. II. Antarctic Sponges. - Nat. Hist. Rep. Br. Antarct. Terra Nova Exped. 1910, 6:393. 1929.

CUIF, J.-P., DEBRENNE, F., LAFUSTE, J. H. & VACELET, J.: Comparaison de la microstructure du squelette carbonaté non spiculaire d'éponges actuelles et fossiles. - In LÉVI, C. & BOURY-ESNAULT, N. (Eds.): Biologie des Spongiaires, Sponge Biology No. 291:459. 1979.

DELAGE, Y.: Sur la place des Eponges dans la classification. - Arch. Zool. exp. gén. 126:545. 1898.

-: Les larves des Spongiaires et l'homologation des feuillets. - Arch. Zool. exp. gén. 126:767. 1898.

DOUVILLE, H.: Les spongiaires primitifs. - Bull. Soc. Géol. sér. 4, 14:397. 1914.

DUBOSCQ, O. & TUZET, O.: Les amibocytes et les cellules germinales des Eponges. Mélanges Paul Pelseneer. - Mém. Mus. R. Hist. Nat. Belg. 2. série, p. 209. 1936.

--: L'ovogénèse, la fécondation et les premiers stades du développement des Éponges calcaires. - Arch. Zool. exp. gén. 79:157. 1937.

--: L'origine et l'évolution des cellules en croix des Éponges calcaires. - Vol. Jub. M. Caullery. Trav. St. Zool. Wimereux 13:267. 1938.

--: La collerette des choanocytes chez les Éponges calcaires hétérocoeles. - C. R. Soc. Biol. Paris 129:296. 1938.

--: Recherches complémentaires sur l'ovogenèse, la fécondation et les premi[ers] stades du développement des Eponges calcaires. - Arch. Zool. exp. gén.

81:395. 1942.
EBERL-ROTHE, G.: Einige Beobachtungen an Kragengeißelzellen. - Zschr. mikr. anat. Forsch. Dt. 63:145. 1957.
FEIGE, W.: Über breitflügelige Anhänge an der Choanocyten-Geißel von Spongilliden. - Naturwiss. 53:617. 1966.
-: Die Feinstruktur der Epithelien von Ephydatia fluviatilis. - Zool. Jb. Anat. 86:177. 1969.
FELL, P. E.: Porifera. - In GIESE, A. C. & PEARSE, J. S.: Reproduction of Marine Invertebrates, vol. I:51. 1974.
FINKS, R. M.: The evolution and ecologic history of sponges during palaeozoic times. - In FRY, W. G. (Ed.): The biology of the Porifera, p. 3. 1970.
FJERDINGSTAD, E. J.: The ultrastructure of choanocyte collars in Spongilla lacustris (L.). - Zschr. Zellforsch. 53:645. 1961.
FRY, W. G. (Ed.): The biology of the Porifera. - Symp. Zool. Soc. London Nr. 25. Academic Press, London 1970.
-: The sponge as a population: a biometric approach. - In FRY, W. G. (Ed.): The biology of the Porifera, p. 135. 1970.
GÖRICH, W.: Zur Kenntnis der Spermatogenese bei den Poriferen und Cölenteraten. - Zool. Anz. 27:64. 1903.
GRASSÉ, P. P.: Traité de Zoologie. III. Spongiaires. - Masson, Paris 1973.
GROSS, J., SOKAL, Z. & ROUGVIE, M.: Structural and chemical studies on the connective tissue of marine sponges. - Journ. histochem. cytochem. 4:227. 1956.
HARTMAN, W. D.: Natural history of the marine sponges of southern New England. - Bull. Peabody Mus. nat. Hist. 12:1. 1958.
HARTMAN, W. D., WENDT, J. W. & WIEDENMAYER, F.: Living and fossil Sponges. - Sedimenta VIII. 1980.
HADŽI, J.: Le problème de l'individualité chez les Eponges. - Acad. Sci. Atr. Slov. 9:167. 1966.
HARRISON, F. W. & COWDEN, R. R.: Aspects of Sponge Biology. - Academic Press, New York-San Francisco-London 1976.
HYMAN, L. H.: The Invertebrates. Protozoa through Ctenophora. - Vol. I, McGraw-Hill, New York-London 1940; vol. V, 1959.
IVANOV, A.: Embryogenesis of sponges (Porifera) and their position in the system of animal kingdom. - Zh. gen. Biol. USSR 32:557. 1971 (in russisch).
JONES, W. C.: Is there a nervous system in sponges? - Biol. Rev. 37:1. 1962.
-: The microstructure and genesis of sponge biominerals. - In LÉVI, C. & BOURY-ESNAULT; N. (Eds.): Biologie des Spongiaires, Sponge Biology, No. 291:425. 1979.
KILIAN, E. F.: Wasserströmung und Nahrungsaufnahme beim Süßwasserschwamm Ephydatia fluviatilis. - Zschr. vergl. Phys. 34:407. 1952.
-: Die Feinstruktur des Kragens bei den Choanocyten der Spongilliden. - Ber. oberhess. Ges. Nat. u. Heilk. 27:85. 1954.
-: Porifera. - In KAESTNER, A.: Lehrbuch der Speziellen Zoologie. I. Wirbellose Tiere. 4. Aufl., G. Fischer, Stuttgart 1980.
KOROTKOVA, G. P.: Etude morphologique comparée du développement des Eponges à partir de cellules dissociées. - Cah. biol. mar. 9:325. 1970.
-: Regeneration and somatic embryogenesis in sponges. - In FRY, W. G. (Ed.): The biology of the Porifera, p. 423. 1970.
KÜKENTHAL, W. (Hrsg.): Handbuch der Zoologie, vol. I. - de Gruyter, Berlin 1923-1925.
LAMEERE, A.: De l'origine des Éponges. - Ann. Soc. zool. Belg. Bull. Séances 36:VII. 1901.
-: De l'origine des éponges. - Bull. Séanc. Soc. Roy. Malacol. Belg. 1901: VII. 1902.
-: Note de zoogénie. V. L'évolution des Spongiaires. - Ann. Soc. zool. Belg. 53:33. 1923.
LEMCHE, H. & TENDAL, O. S.: An interpretation of the sex cells and the early development in sponges, with a note on the terms acrocoel and spongocoel. - Zschr. zool. Syst. Evolut.-forsch. 15:241. 1977.

LÉVI, C.: Spongiaires des zones bythyale, abyssale et hadale. - Galathea Rep. 7:63. 1956.
-: Ontogeny and systematics in sponges. - Syst. Zool. 6:174. 1957.
-: Gastrulation and larval phylogeny in Sponges. - In DOUGHERTY, E. C. (Ed.): The Lower Metazoa. - 1963.
-: Les cellules des éponges. - In FRY, W. G. (Ed.): The biology of the Porifera, p. 353. 1970.
LÉVI, C. & BOURY-ESNAULT, N. (Eds.): Biologie des Spongiaires, Sponge Biology. - Colloques internationaux du centre national de la recherche scientifique. No. 291. Paris 1979.
MAAS, O.: Die Weiterentwicklung der Syconen nach der Metamorphose. - Zschr. wiss. Zool. 67:215. 1900.
MEEWIS, H.: Contribution à l'étude de l'embryogénèse des Chalinidae: Haliclona limbata (MONT.). - Ann. Soc. zool. Belg. 70:201. 1939.
MINCHIN, E. A.: The position of sponges in the animal kingdom. - Sci. Progr. (ser. 2) 1:426. 1897.
-: Sponges. - In LANKESTER, E. R. (Ed.): A Treatise in Zoology, pt. 2:1. 1900.
-: Sponge-spicules. A summary of present knowledge. - Erg. Fortschr. Zool. 2:171. 1909.
NØRREVANG, A. & WINGSTRAND, K. G.: On the occurence and structure of choanocyte-like cells in some echinoderms. - Acta Zool. Stockholm 51:249. 1970.
PAVANS DE CECATTY, M.: Le système nerveux des Éponges calcaires et siliceuses. - Ann. Sci. nat. Zool. (sér. 11) 17:203. 1955.
RASMONT, R.: Ultra-structure des choanocytes d'Éponges. - Proc. 15th Intern. Congr. Zool. London (1958):707. 1959.
-: L'ultrastructure des choanocytes d'Éponges. - Ann. Sci. Nat. Zool. 12. série, 1:253. 1959.
-: Some new aspects of the physiology of fresh-water sponges. - In FRY, W. G. (Ed.): The biology of the Porifera, p. 415. 1970.
-: Les éponges: des métazoaires et des sociétés de cellules. - In LÉVI, C. & BOURY-ESNAULT, N. (Eds.): Biologie des Spongiaires, Sponge Biology No. 291:21. 1979.
RASMONT, R., BOUILLON, J., CASTIAUX, P. & VANDERMEERSCHE, G.: Structure submicroscopique de la collerette des choanocytes d'Eponges. - C. R. Acad. Sci. Paris 245:1571. 1957.
REISWIG, H. M.: The axial symmetry of sponges spicules and its phylogenetic significance. - Cah. Biol. Mar. Fr. 12:505. 1971.
SAEDELEER, H. de: Recherches sur les choanocytes: l'origine des Spongiaires. - Ann. Soc. Roy. Zool. Belg. 50:17. 1929.
SAVILLE-KENT, W.: A manual of the infusoria including a description of all known flagellatae, ciliate and tentaculiferous protozoa. British and foreign, and an account of the organisation and affinities of the sponges. David Bogue, London 1880.
-: Discussion on the position of sponges in the animal kingdom. - Proc. 4th Intern. Congr. Zool. Cambridge (1898):65. 1899.
SCHULZE, F. E.: Untersuchungen über den Bau und die Entwicklung der Spongien. V. Die Metamorphose von Sycandra raphanus. - Zschr. wiss. Zool. 31:262. 1878.
SIMPSON, T. L.: Sponge cells and the taxonomy of sponges. - Amer. Zool. 5:103. 1965.
SMITH, V. E. & LEURITIS, J. A.: Cellular origin and fine structure of mesogloea in a marine sponge, Cyamon neon DE LAUBENFELS. - Journ. Microsc. 8:179. 1969.
TERMIER, G. & TERMIER, H.: Temps forts de l'évolution des Spongiaires. - In LÉVI, C. & BOURY-ESNAULT, N. (Eds.): Biologie des Spongiaires, Sponge Biology No. 291:513. 1979.
TUZET, O.: Sur les agrégats de choanocytes et la question de la Proterospongia. - Arch. Zool. exp. gén. 84:225. 1945.
-: La place des Spongiaires dans la classification. - C. R. XIIIe Congr. int. Zool. Paris (1948):429. 1948.

-: La phylogenie des Eponges d'apres les données embryologiques, histologiques et sérologiques et leurs affinités avec les Protozoaires et les Coelentérés. - Sec. Ann. Symp. Comp. Kaiser Found. Res. Instit. 1960.
-: The phylogeny of Sponges according to embryological, histological and serological Data, and their affinities with the Protozoa and the Cnidaria. - In DOUGHERTY, E. C. (Ed.): The Lower Metazoa. 1963.
-: La signification des Porifères pour l'évolution des Métazoaires. - Zschr. syst. Evolut. Forsch. 8:119. 1970.
-: La polarité de l'oeuf et la symétrie de la larve des éponges calcaires. - In FRY, W. G. (Ed.): The biology of the Porifera, p. 437. 1970.
TUZET, O. & CONNES; R.: Sur la présence de lophocytes chez le Sycon. - C. R. Acad. Sc. Paris 258:4142. 1963.
--: Recherches histologiques sur la reconstitution de Sycon raphanus O. S. à partir des cellules dissociées. - Vie et Milieu 13:703. 1963.
TUZET, O., GARRONE, R. & PAVANS DE CECCATTY, M.: Observations ultrastructurales sur la spermatogenèse chez la Démosponge Aplysilla rosea SCHULZE (Dendroceratide): une métaplasie exemplaire. - Ann. sc. nat. 12:27. 1970.
TUZET, O. & PARIS, J.: La spermatogenèse, l'ovogenèse, la fécondation et les premiers stades du développement chez Octavella galangaui. - Vie et Milieu 15:309. 1964.
TUZET, O. & PAVANS DE CECCATTY, M.: Les cellules nerveuses et neuro-musculaires de l'Eponge: Cliona celata GRANT. - C. R. Acad. Sci. Paris 236: 2342. 1953.
TUZET, O., PAVANS DE CECCATTY, M., LOUBATIÈRES, R.: Les cellules nerveuses de l'Éponge Sycon raphanus O. S. - C. R. Acad. Sci. Paris 234:1394. 1952.
TUZET, O., PAVANS DE CECCATTY, M., PARIS, J.: La spermatogenèse, l'ovogenèse et les premiers stades du développement d'Hippospongia communis LMK (= H. equina O. S.). - Bull. Biol. 62:331. 1952.
---: Les éponges sont-elles des colonies? - Arch. Zool. exp. gén. 102:14. 1963.
VACELET, J.: Eponges de la Méditerranée nord-occidental récoltées par le "Président-Théodore-Tissier" 1958. - Rev. Trav. Inst. Pêches marit. 24:257. 1960.
-: Quelques Eponges remarquables de Méditerranée. - Rev. Trav. Inst. Pêches marit. 25:351. 1961.
-: Eponges de la soucoupe plongeante Cousteau et dragages. - Mém. Mus. Hist. nat. Paris N. S., série A, Zoologie 59:145. 1969.
VACELET, J. & VASSEUR, P.: Eponges des récifs coralliens de Tuléar (Madagascar). - Tethys 1:51. 1971.
VYVER, G. v. d.: La non-confluence intraspécifique chez les Spongiaires et la notion d'individu. - Ann. Embr. Morph. 3:251. 1970.
WARBURTON, F. E.: The behaviour of sponge larvae. - Ecology 47:672. 1966.
WEEL, P. B. VAN: On the physiology of the tropical freshwater sponge Spongilla proliferans: ingestion, digestion, and excretion. - Phys. Comp. Oecol. 1:110. 1948.
WILSON, H. V. & PENNEY, J. T.: Regeneration of Sponges (Microciona) from dissociated cells. - Journ. Exp. Zool. 56:73. 1930.

Porifera – Calcara

BIDDER, G. P.: The skeleton and classification of calcareous sponges. - Proc. R. Soc. London (B) 64:61. 1898.
BOROJEVIC, R.: Importance de la répartition écologique pour la taxonomie des Éponges calcaires. - Helgol. wiss. Meeresunters. 15:116. 1967.
-: Étude du développement et de la différenciation cellulaire d'Éponges calcaires calcinénnes (genres Clathrina et Ascandra). - Ann. d'Embr. Morph. 2:15. 1969.
-: Evolution des Spongiaires Calcarea. - In LÉVI, C. & BOURY-ESNAULT, N.

(Eds.): Biologie des Spongiaires, Sponge Biology No. 291:521. 1979.
BURTON, M.: A revision of the classification of the calcareous sponges. - Brit. Mus. Nat. Hist. London 1963.
DENDY, A. & ROW, R. W. H.: The classification and phylogeny of the calcareous sponges, with a reference list of all the described species systematically arranged. - Proc. Zool. Soc. London 1913:704. 1913.
DÖDERLEIN, L.: Über die Lithonina, eine neue Gruppe von Kalkschwämmen. - Zool. Jb. Syst. 10:15. 1897.
DUBOSCQ, O. & TUZET, O.: Un nouveau stade du développement des Eponges calcaires. - C. R. Acad. Sci. Paris 200:1788. 1935.
--: L'ovogenèse, la fecondation et les premiers stades du développement des Eponges calcaires. - Vol. Jub. M. Caullery. Trav. Stat. Zool. Wimereux 13:267. 1938.
--: Les diverses formes des choanocytes des Éponges calcaires héterocoeles et leur signification. - Arch. Zool. exp. gén. 80:353. 1939.
--: Recherches complémentaires sur l'ovogénèse, la fécondation et les premiers stades du développement des Éponges calcaires. - Arch. Zool. exp. gén. 81:395. 1942.
--: Sur les cellules en croix des Sycon (Sycon ciliatum FABR., Sycon coronatum ELLIS et SOLANDER, Sycon elegans BOW.) et leur signification. - Arch. Zool. exp. gén. 81:151. 1942.
GATENBY, J. B.: The germ-cells, fertilisation and early development of Grantia (Sycon) compressa. - Journ. Linn. Soc. London 34:261. 1920.
HAECKEL, E.: Die Kalkschwämme. - Georg Reimer, Berlin 1872.
HARTMAN, W. D.: A re-examination of Bidder's classification of the Calcarea. - Syst. Zool. 7:97. 1958.
JONES, W. C.: Spicule form in Leucosolenia complicata. - Quart. Journ. microsc. Sci. 95:191. 1954.
-: Properties of the wall of Leucosolenia variabilis. I. The skeletal layer. - Quart. Journ. micr. Soc. 102:531. 1961.
-: Properties of the wall of Leucosolenia variabilis II. The choanoderm and the porocyte epithelium. - Quart. Journ. micr. Soc. 102:543. 1961.
-: The composition, development, form and orientation of calcareous sponge spicules. - In FRY, W. G. (Ed.): The biology of the Porifera, p. 91. 1970.
JONES, W. C. & JAMES; D. W. F.: Examination of the large triacts of the calcareous sponge Leuconia nivea GRANT by scanning electron microscopy. - Micron 3:196. 1972.
KIRKPATRICK, R.: On two genera of recent Pharetronid Sponge. - Ann. Mag. nat. Hist. 2:503. 1908.
-: On a remarkable Pharetronid Sponge from Christmas Island. - Proc. R. Soc. London 83:123. 1910.
MINCHIN, E. A.: Note on the larva and postlarval development of Leucosolenia variabilis with remarks on the development of other Asconidae. - Proc. R. Soc. London (B) 60:42. 1896.
-: Suggestion for a natural classification of the Asconidae. - Ann. mag. nat. Hist. 18:349. 1896.
POULIQUEN, L. & VACELET, J.: Nouvelles observations sur des Éponges Pharétronides, Minchinellidae de Méditerranée. - Téthys 2:437. 1970.
POURBAIX, N.: Contribution à l'étude de la nutrition des Eponges calcaires. - Rec. Inst. Zool. Torley-Rousseau 4:31. 1932.
PRENANT, M.: Observations sur les porocytes de Clathrina coriacea MONT. - Trav. Stat. Zool. Wimereux 9:198. 1925.
REID, R. E. H.: Spicules in the skeleton of Tremacystia d'ORBIGNYI (HINDE). - Nature 215:875. 1967.
RIETSCHEL, S.: Die Octactinellida und ihnen verwandte paläozoische Kalkschwämme (Porifera, Calcarea). - Paläontol. Z. 42:13. 1968.
SEILACHER, A.: Die Sphinctozoa, eine Gruppe fossiler Kalkschwämme. - Abh. Akad. Wiss. Lit. Mainz. Math.-naturw. Kl. 1961:721. 1961.
TUZET, O.: Les premiers stades du développement de Leucosolenia botryoides ELLIS et SOLANDER et de Clathrina (Leucosolenia) coriacea MONT. - Ann. Sci. nat. Zool. (sér. 11) 10:103. 1948.

TUZET, O. & PAVANS DE CECCATTY, M.: Les cellules nerveuses de Grantia compressa pennigera HAECKEL (Eponge calcaire Hétérocoele). - C. R. Acad. Sci. Paris 235:1541. 1952.
VACELET, J.: Interprétation nouvelle de la fibre des Eponges Pharétronides (Calcispongia) fossiles d'après les Pharetronides actuelles. - N. Jb. Paläont. 10:433. 1960.
-: Les choanocytes et la larve de Petrobiona massiliana VACELET and LÉVI, 1958 - Éponge Pharétronide mediterranée. - C. R. hebd. Séanc. Acad. Sci. Paris 251:2405. 1960.
-: The order Pharetronida in Hartman's classification of the Calcarea. - Syst. Zool. 10:45. 1961.
-: Etude monographique de l'Éponge calcaire Pharétronide de Méditerranée Petrobiona massiliana VACELET et LÉVI. Les Pharetronides actuelles et fossiles. - Trav. Stat. Marit. Endoume. Bull. 50:3. 1964.
-: Quelques Éponges Pharétronides et "silico-calcaires" des grottes sous-marines obscures. - Rec. Trav. Stat. marit. Endoume 42:121. 1967.
-: Description d'Éponges Pharétronides actuelles des tunnels obscurs sous-récifaux de Tuléar (Madagascar). - Rec. Trav. Stat. marit. Endoume 6:37. 1967.
-: Les éponges pharetronides actuelles. - In FRY, W. G. (Ed.): The biology of the Porifera, p. 189. 1970.
-: Éponges hypercalcifiees ("Pharétronides", "Sclérosponges") des cavités des récifs coralliens de Nouvelle-Calédonie. - Bull. Mus. nat. Hist. Nat. Paris, Sect. A, No. 2, 3:313. 1981.
VACELET, J. & LÉVI, C.: Un cas de survivance, en méditerranée, du groupe d'Eponges fossiles des Pharétronides. - C. R. hebd. Séanc. Acad. Sci. Paris 246:318. 1958.
VOLKONSKY, M.: Les choanocytes des Éponges calcaires. Les phénomènes cytologiques au cours de la digestion intracellulaire. - C. R. Soc. Biol. 103:668. 1930.
WENDT, J.: Development of skeletal formation, microstructure and mineralogy of rigid calcareous sponges from the late palaeozoic to recent. - In LÉVI, C. & BOURY-ESNAULT, N. (Eds.): Biologie des Spongiaires, Sponge Biology No. 291:449. 1979.
ZIEGLER, B.: Die Cortex der fossilen Pharetronen (Kalkschwämme). - Ec. geol. Helv. 57:803. 1964.
-: Die Variabilität bei Pharetronen (Kalkschwämme). - Paläont. Z. 39:106. 1965.
ZIEGLER, B. & RIETSCHEL, S.: Phylogenetic relationships of fossil calcisponges. In FRY, W. G. (Ed.): The biology of Porifera, p. 23. 1970.

Porifera – Demospongea

ANKEL, W. E.: Über Fragen der Formbildung und der Zelldetermination bei Süßwasserschwämmen. - Verh. deutsch. zool. Ges. 1948:58. 1948.
-: Der Süßwasserschwamm Ephydatia fluviatilis. - Verh. deutsch. zool. Ges. (Kiel) 1964:426. 1965.
ANKEL, W. E. & EIGENBRODT, H.: Über die Wuchsform von Spongilla in sehr flachen Räumen. - Zool. Anz. 145:195. 1950.
BERGQUIST, P. R., SINCLAIR, M. E., GREEN, C. R. & SILYN-ROBERTS, H.: Comparative morphology and behaviour of larvae of Demospongiae. - In LÉVI, C. & BOURY-ESNAULT, N. (Eds.): Biologie des Spongiaires, Sponge Biology No. 291:103. 1979.
BOROJEVIC, R.: La ponte et le développement de Polymastia robusta (Démosponge). - Cah. Biol. Mar. 8:1. 1967.
BRIEN, P.: Contribution à l'étude de la régéneration naturelle chez les Spongillidae: Spongilla lacustris L., Ephydatia fluviatilis L. - Arch. Zool. exp. gén. 74:461. 1932.
-: Les potamolépides africains, polyphylétisme des Éponges d'eau douce. - Arch. Zool. exp. gén. 110:527. 1969.

-: Les Potamolepides africaines nouvelles du Luapula et du Lac Moero. - In FRY, G. W. (Ed.): The biology of the Porifera, p. 163. 1970.
BURTON, M.: The interpretation of the embryonic and post-larval characters of certain tetraxonid sponges, with observations on post-larval growth stages in some species. - Proc. Zool. Soc. London 1931:511. 1931.
CONNES, R.: La spiculation des Spongillidae, est-elle un critère valable de systématiques. - Bull. Soc. Zool. Fr. 88:388. 1963.
CUIF, J.-P.: Caractères morphologiques et microstructuraux de trois scléros-ponges triasiques. Association avec les Chaetetida. - In LÉVI, C. & BOURY-ESNAULT, N. (Eds.): Biologie des Spongiaires, Sponge Biology No. 291:475. 1979.
DELAGE, Y.: Sur le développement des Eponges siliceuses et l'homologation des feuillets chez les Spongiaires. - C. R. Acad. Sci. Paris 110:654. 1890.
DENDY, A.: The tetraxonid sponge spicule: a study in evolution. - Acta Zool. Stockh. 2:95. 1921.
DRUM, R.: Electron microscopy of siliceous spicules from the freshwater sponge Heteromyenia. - Journ. Ultrastruct. Res. 22:12. 1968.
FINCKS, R. M.: The structure of Saccospongia laxata BASSLER (Ordovician) and the phylogeny of the Demospongea. - Journ. Paleont. 41:1137. 1967.
FJERDINGSTAD, E. J.: Ultrastructure of the spicules of Spongilla lacustris (L.). - In FRY, W. G. (Ed.): The biology of the Porifera, p. 125. 1970.
GALLOWAY, J. J.: Structure and classification of the Stromatoporoidea. - Bull. Am. Paleont. 37:345. 1957.
GOREAU, T. F.: The ecology of Jamaican coral reefs. I. Species composition and zonation. - Ecology 40:67. 1959.
HARTMAN, W. D.: New genera and species of coralline sponges (Porifera) from Jamaika. - Postilla 137:1. 1969.
-: A new Sclerosponge from the Bahamas and its relationship to mesozoic Stromatoporoids. - In LÉVI, C. & BOURY-ESNAULT, N. (Eds.): Biologie des Spongiaires, Sponge Biology No. 291:467. 1979.
HARTMAN, W. D. & GOREAU, T. F.: Ceratoporella, a living sponge with stroma-toporoid affinities. - Am. Zool. 6:563. 1966.
--: Jamaican corallin sponges: their morphology, ecology and fossil rela-tives. - In FRY, W. G. (Ed.): The biology of the Porifera, p. 205. 1970.
--: Ceratoporella (Porifera: Sclerospongiae) and the chaetetid "corals". - Trans. Conn. Acad. Arts. Sci. 44:133. 1972.
--: A Pacific tabulate sponge, living representative of a new order of sclerosponges. - Postilla 167:1. 1975.
HECHTEL, G. J.: A systematic study of the Demospongiae of Port Royal, Ja-maica. - Bull. Peabody Mus. Nat. Hist. 20:1. 1965.
HERLANT-MEEWIS, H.: La gemmulation chez Suberites domuncula NARDO. - Arch. Anat. micr. morph. exp. 37:289. 1948.
HUTCHINSON, G. E.: Living fossils. - Am. Scient. 58:531. 1970.
KILIAN, E. F.: Zur Biologie der einheimischen Spongilliden. Ergebnisse und Probleme. - Zool. Beitr. N. F. 10:85. 1964.
KIRKPATRICK, R.: On the affinities of Astrosclera willeyana LISTER. - Ann. Mag. nat. Hist. 5:380. 1910.
-: A sponge with siliceous and calcareous skeleton. - Nature 83:338. 1910.
LAUBENFELS, M. W., de: The order Keratosa of the phylum Porifera: a mono-graphic study. - Occ. Pap. Allan Hancock Found. 3:1. 1948.
LENDENFELD, R. v.: A monograph of the horny sponges. - Trübner, London 1889.
LEVEAUX, M.: La formation des gemmules chez les Spongillidae. - Ann. Soc. R. Zool. Belg. 70:53. 1939.
LÉVI, C.: Sur une nouvelle classification des Démosponges. - C. R. acad. sci. Paris 236:853. 1953.
-: Structure de la larva et du rhagon de Halisarca. - C. R. Acad. Sci. Paris. 234. 1953.
-: Etude des Halisarca de Roscoff. - Embryologie et systématiques des Demospongiae. - Arch. Zool. exp. gén. 93:1. 1956.

-: Scléroblastes et spiculogénèse chez une éponge silicieuse. - C. R. hebd. Séanc. Acad. Sci. Paris 256:497. 1963.
-: Ultrastructure de la larve parenchymella de démosponge. I. Mycale contarenii (MARTENS). - Cah. Biol. Mar. 5:97. 1964.
-: Remarques sur la taxonomie des Demospongea. - In LÉVI, C. & BOURY-ESNAULT, N. (Eds.): Biologie des Spongiaires, Sponge Biology No. 291: 497. 1979.
MEEWIS, H.: Contribution à l'étude de l'embryogénèse des Myxospongidae: Halisarca lobularis (SCHMIDT). - Arch. Biol. Paris 50:3. 1939.
-: Etude comparative des larves d'Eponges siliceuses. - C. R. Ass. Fr. Advanc. Sci. 1939:660. 1939.
-: Contribution à l'étude de l'embryogénèse des Éponges siliceuses. Développement de l'oeuf chez Adocia cinera (GRANT) et Halichondria coalita (BOWERBANK). - Ann. Soc. zool. Belg. 72:126. 1941.
MERGNER, H.: Ergebnisse der Entwicklungsphysiologie bei Spongilliden. - In FRY, W. G. (Ed.): The biology of the Porifera, p. 365. 1970.
MORI, K.: A new recent sclerosponge from Ngargol, Palau Islands and its fossil relatives. - Sci. Rep. Tohoku Univ., 2nd ser. (Geol.) 46:1. 1976.
-: A calcitic sclerosponge from the Ishigaki-shima coast, Ryukyu Islands, Japan. - Sci. Rep. Tohoku Univ., 2nd ser. (Geol.) 47:1. 1977.
PARIS, J.: Contribution à la biologie des Éponges siliceuses Tethya lyncurium et Suberites domuncula OLIVI. Histologie des greffes et sérologie.- Vie et Milieu 11:1. 1961.
PARIS, J.: Contribution à la biologie des Éponges siliceuses Tethya lyncurium et Suberites domuncula OLIVI. - Histologie des greffes et sérologie. Vie et Milieu 11:1. 1961.
PENNEY, J. T.: Distribution and bibliography (1892-1957) of the fresh water sponges. - Univ. S. Carolina Publ. Biol. Ser. III, 3:1. 1960.
PENNEY, J. T. & RACEK, A. A.: Comprehensive revision of a world-wide collection of freshwater sponges (Porifera: Spongillidae). - U. S. Nat. Mus. Bull. 272:1. 1968.
RASMONT, R.: La gemmulation des Spongillides. IV. Morphologie de la gemmulation chez Ephydatia fluviatilis et Spongilla fragilis. - Ann. Soc. Roy. Zool. Belg. 86:349. 1956.
REID, R. E. H.: A classification of the Demospongia. - N. Jb. Geol. Paläont. Mh. 1963:196. 1963.
-: Tetraxons and demosponge phylogeny. - In FRY, W. G. (Ed.): The biology of the Porifera, p. 63. 1970.
SCHULZE, F. E.: Untersuchungen über den Bau und die Entwicklung der Spongien. IV. Die Familie der Aplysinidae. - Zschr. wiss. Zool. 30:379. 1878.
-: Untersuchungen über den Bau und die Entwicklung der Spongien. IX. Die Plakiniden. - Zschr. wiss. Zool. 34:407. 1880.
SCHULZE, P.: Zum morphologischen Feinbau der Kieselschwammnadeln. - Zschr. Morph. Ökol. Tiere 4:615. 1925.
SOLLAS, W. J.: On the development of Halisarca lobularis (O. SCHMIDT). - Quart. Journ. 24:603. 1884.
STEARN, C.: The relationship of the stromatoporoids to the sclerosponges. - Lethaia 5:369. 1972.
-: The stromatoporoid animal. - Lethaia 8:89. 1975.
TOPSENT, E.: Sur les affinités des Halichondria et la classification des Halichondrines d'après leurs formes larvaires. - Arch. Zool. exp. gén. 5:1. 1911.
TUZET, O.: Sur la fécondation de l'Éponge siliceuse Cliona viridis SCHM. - C. R. Acad. Sci. Paris 191:1095. 1931.
TUZET, O. & PARIS, J.: Les lophocytes de l'Éponge siliceuse Tethya lyncurium LAMARCK et leur évolution. - C. R. Acad. Sci. Paris 244:3088. 1957.
TUZET, O. & PAVANS DE CECCATTY, M.: Les cellules nerveuses de Grantia compressa pennigera HAECKEL (Éponge calcaire hétérocoele). - C. R. Acad. Sci. Paris 235:1541. 1952.
VACELET, J.: Une nouvelle relique du Secondaire: Un représentant actuel des Éponges fossiles Sphinctozoaires. - C. R. Acad. Sc. Paris, Série D. 285:509. 1977.

-: Quelques stades de la reproduction sexuée d'une éponge sphinctozoaire actuelle. - In LÉVI, C. & BOURY-ESNAULT, N. (Eds.): Biologie des Spongiaires, Sponge Biology No. 291:95. 1979.
-: Description et affinités d'une éponge sphinctozoaire actuelle. - In LÉVI, C. & BOURY-ESNAULT, N. (Eds.): Biologie des Spongiaires, Sponge Biology No. 291:483. 1979.
WATANABE, Y.: Outline of morphological observation on the development of Tethya seria LEBROCH. - Bull. mar. biol. Asamushi 10:145. 1960.
WINTERMANN-KILIAN, G.: Entwicklungsphysiologische Untersuchungen an Süßwasserschwämmen. - Zool. Jb. 71:427. 1951.

Porifera – Hexactinellidea

BURTON, M.: Hexactinellida. - Danish Ingolf Exped. Copenhagen 6. 1929.
IJIMA, I.: Revision of Hexactinellids with Discoctasters, with description of five new species. - Annot. Zool. Japon. 1:43. 1897.
-: Studies on the Hexactinellida. Contrib. I. Euplectellidae. - Journ. Coll. Sci. Imp. Univ. Tokyo 15:1. 1901.
-: The Hexactinellidae of the Siboga Expedition. - Siboga Exp. 4:1. 1927.
IJIMA, I. & OKADA, Y.: Studies on the Hexactinellida. V. Pheronematidae and Hyalonematidae. - Journ. Fac. Sci. Imp. Univ. Tokyo 4:413. 1938.
KIRKPATRICK, R.: On the phylogeny of the Amphidiscophora. - Ann. mag. nat. Hist. 8:479. 1909.
MINCHIN, A.: A speculation on the phylogeny of the Hexactinellid Sponges. - Zool. Anz. 28. 1905.
OKADA, Y.: On the development of hexactinellid sponge, Farrea sollasii. - Journ. Fac. Sci. Tokyo Imp. Univ. 2:1. 1928.
REISWIG, H.: Histology of Hexactinellida (Porifera). - In LÉVI, C. & BOURY-ESNAULT, N. (Eds.): Biologie des Spongiaires, Sponge Biology No. 291: 173. 1979.
SCHULZE, F. E.: On the structure and arrangement of the soft parts in Euplectella aspergillum. - Trans. Roy. Soc. Edinburgh 29. 1880.
-: Revision des Systems der Hyalonematidae. - S. B. Preuß. Akad. Wiss. 1893:541. 1893.
SCHULZE, F. E. & KIRKPATRICK, K.: Die Hexactinelliden der deutschen Südpolar-Expedition. - Dtsch. Südpolar Exped. 13:1. 1901.
TOPSENT, E.: Sur la contribution apporté par les explorations scientifiques dans l'antarctique à la connaissance des Euplectellinae. - C. A. Ass. Franç. Avanc. Sci. 40:518. 1911.
WILSON, H. V. & PENNEY, J. T.: A new variety of the hexactinellid sponge: Rhabdocalyptus dawsoni (LAMBE) and the species of Rhabdocalyptus. - Proc. U. S. Nat. Mus. 76:1. 1930.

Archaeocyatha

HILL, D.: The Phylum Archaeocyatha. - Biol. Rev. 39: 232. 1964.
OKULITCH, V. I.: Cyathospongia, a new Class of Porifera to include the Archaeocyathinae. - Transact. R. Soc. Canad. 29:75. 1935.
-: Archaeocyatha. - In MOORE, R. C. (Ed.): Treatise on Invertebrate Paleontology E:1. 1955.
OKULITCH, V. I. & LAUBENFELS, M. W., de: The systematic position of Archaeocyatha (Pleosponges). - Journ. Paleont. 27:481. 1953.
VOLOGDIN, A. G.: Archaeocyatha. - In SOKOLOV, B. S. (Ed.): Osnovy paleontologii 2:87. 1962.
ZHURAVLEVA, I. T.: Porifera, Sphinctozoa, Archaeocyathi-their connections. - In FRY W. G. (Ed.): The biology of Porifera, p. 41. 1970.
ZHURAVLEVA, I. T. & MIAGHOVA, E. I.: Comparaison entre les Archaeata et les Porifera. - In LÉVI, C. & BOURY-ESNAULT, N. (Eds.): Biologie des Spongiaires, Sponge Biology No. 291:521. 1979.

Placozoa

BÜTSCHLI, O.: Bemerkungen zur Gastraeatheorie. - Morph. Jb. 9:415. 1884.

DELAGE, Y. & HÉROUARD, E.: Traité de zoologie concrète. - Tome II. Mésozoaires - Spongiaires, p. 9, Schleicher, Paris 1899.

GARBOWSKI, T.: Z histologii i fizyologii Gastraed. (Zur Histologie und Physiologie der Gastraeaden.). - Bull. Intern. Acad. Sci. Cracovie 1899: 87. 1899.

-: Morphogenetische Studien. - G. Fischer, Jena 1903.

GRELL, K. G.: Über den Ursprung der Metazoen. - Mikrokosmos 60:97. 1971.

-: Trichoplax adhaerens F. E. SCHULZE und die Entstehung der Metazoen. - Naturw. Rdsch. 24:160. 1971.

-: Embryonalentwicklung bei Trichoplax adhaerens F. E. SCHULZE. - Naturwiss. 58:570. 1972.

-: Eibildung und Furchung von Trichoplax adhaerens F. E. SCHULZE (Placozoa). - Zschr. Morph. Ökol. Tiere 73:297. 1972.

-: Trichoplax adhaerens and the origin of metazoa. - Proc. 4th Intern. Congr. Protozool. Clermont-Ferrand 1973. 1973.

-: Vom Einzeller zum Vielzeller. Hundert Jahre Gastraea-Theorie. - Biol. uns. Zeit 4:65. 1974.

-: Placozoa. - In KAESTNER, A.: Lehrbuch der Speziellen Zoologie. I. Wirbellose Tiere. 4. Aufl., G. Fischer, Stuttgart 1980.

GRELL, K. G. & BENWITZ, G.: Die Ultrastruktur von Trichoplax adhaerens F. E. SCHULZE. - Cytobiologie 4:216. 1971.

--: Elektronenmikroskopische Beobachtungen über das Wachstum der Eizelle und die Bildung der "Befruchtungsmembran" von Trichoplax adhaerens. F. E. SCHULZE (Placozoa). - Zschr. Morph. Ökol. Tiere 79:295. 1974.

IVANOV, A. V.: Trichoplax adhaerens, a phagocytella-like animal. - Zool. Inst. USSR Acad. Sci. Leningrad 52:1117. 1973 (in russisch).

KRUMBACH, T.: Trichoplax, die umgewandelte Planula einer Hydromeduse. - Zool. Anz. 31:450. 1907.

KUHL, W. & KUHL, G.: Bewegungsphysiologische Untersuchungen an Trichoplax adhaerens F. E. SCHULZE. - Verh. dtsch. Zool. Ges. Wien 1962. Zool. Anz., Suppl., p. 460. 1963.

--: Untersuchungen über das Bewegungsverhalten von Trichoplax adhaerens F. E. SCHULZE (Zeittransformation: Zeitraffung). - Zschr. Morph. Ökol. Tiere 56:417. 1966.

MONTICELLI, F. S.: Treptoplax reptans. n. g. n. sp. Nota preliminaire. - Atti Accad. Lincei Rend. 2:39. 1893.

-: Adelotacta zoologica. 2. Treptoplax reptans MONTIC. - Mitt. Zool. Stat. Neapel 12:444. 1896.

NOLL, F. C.: Über das Leben niederer Seetiere. - Ber. Senckenb. naturf. Ges. Frankfurt 1890:LXXXV. 1890.

SCHNEIDER, C. C.: Untersuchungen über die Zelle. - Arb. Zool. Inst. Univ. Wien Zool. Stat. Triest 9:179. 1891.

SCHUBOTZ, H.: Ist Trichoplax die umgewandelte Planula einer Hydromeduse? - Zool. Anz. 39:582. 1912.

SCHULZE, F. E.: Trichoplax adhaerens, nov. gen., nov. spec. - Zool. Anz. 6:92. 1883.

-: Über Trichoplax adhaerens. - Phys. Abh. Kgl. Akad. Wiss. Berlin 1891:1. 1891.

STIASNY, G.: Einige histologische Details über Trichoplax adhaerens. - Zschr. wiss. Zool. 75:430. 1903.

Cnidaria (allgemein)

BATHAM, E. J.: The fine structure of epithelium and mesogloea in a sea anemone. - Quart. Journ. microscop. Sci. 101:481. 1960.

BATHAM, E. J. & PANTIN, C. F. A.: The organisation of the muscular system of Metridium senile. - Quart. Journ. microsc. Soc. 92:27. 1951.

BOISSEAU, J. P.: Recherches sur l'histochimie des cnidaires et de leurs

nématocystes. - Bull. Soc. zool. France 77:151. 1952.
BOUILLON, J. & VANDERMEERSSCHE, G.: Structure et nature de la mesoglée de hydro - et scyphoméduses. - Ann. Soc. zool. Belg. 87:9. 1956.
BRONN, H. G. (Hrsg.): Bronns Klassen und Ordnungen des Tierreiches. - Akad. Verlagsges. Leipzig 1866 - (noch nicht abgeschlossen).
CAMPBELL, R. D.: Cnidaria. - In GIESE, A. C. & PEARSE, J. S. (Eds.): Reproduction of Marine Invertebrates, vol. I:133. 1974.
CARTER, G. S.: Essay review: The Turbellaria theory of the Cnidaria. - Sci. Progr. 37:136. 1949.
CHAPMAN, G.: The structure and functions of the mesogloea. - In REES, W. J. (Ed.): The Cnidaria and their evolution, p. 147. 1966.
CHAPMAN, D. M.: Cnidarian Histology. - In MUSCATINE, L. & LENHOFF, H. M. (Eds.): Coelenterate Biology, p. 1. 1974.
CHAPMAN, D. M., PANTIN, C. F. A. & ROBSON, E. H.: Muscle in coelenterates. - Revue Canad. Biol. 21:267. 1962.
CLAUSEN, C.: Interstitial Cnidaria: Present Status of their Systematics and Ecology. - In HULINGS, N. C. (Ed.): Proceedings of the First International Conference on Meiofauna, p. 1. 1971.
DELAGE, Y. & HEROUARD, E.: Traité de Zoologie concrète. - Schleicher, Paris 1896-1903.
FOX, D. L. & PANTIN, C. F. A.: Pigments in the Coelenterata. - Biol. Revue 19:121. 1944.
GRIMPE, G. & WAGLER, E. (Hrsg.): Die Tierwelt der Nord- und Ostsee. - Akad. Verlagsges., Leipzig 1925-1962.
HADŽI, J.: Die Ableitung der Knidarien von den Turbellarien und einige Folgerungen dieser Ableitung. - C. R. XIIIe Congr. Int. Zool. Paris, p. 448. 1949.
HAMON; M.: Recherches sur les nématocystes de coelentérés. - Bull. Soc. hist. nat. Afr. 46:169. 1955.
HAND, C.: On the origin and phylogeny of the Coelenterates. - Syst. Zool. 8: 191. 1959.
-: Present state of nematocyst research: types, structure and function. - In LENHOFF, H. M. & LOOMIS, W. F. (Eds.): The Biology of Hydra, p. 187. 1961.
HYMAN, L. H.: The Invertebrates. Protozoa through Ctenophora. - Vol. I. McGraw-Hill, New York-London 1940. vol. V. 1959.
KRAMP, P. L.: On development through alternating generations, especially in Coelenterata. - Vidensk. Medd. dansk. naturh. For. 107:13. 1943.
-: Synopsis of the medusae of the world. - Journ. Mar. Biol. Soc. 40:1. 1961.
KÜKENTHAL, W. (Hrsg.): Handbuch der Zoologie. - Vol. I. de Gruyter, Berlin 1924-1927.
LENHOFF, H. N. & LOOMIS, W. F. (Eds.): The Biology of Hydra and of some other Coelenterates. - Univ. Miami, Coral Gables 1961.
LENTZ, T. L.: The fine structure of differentiating interstitial cells in Hydra. - Z. Zellforsch. mikrosk. Anat. 67:547. 1965.
LENTZ, T. L. & BURNETT, A. L.: Fine structure of the nervous system of Hydra. - Amer. Zool. 5:341. 1965.
LYONS, K. L.: Evolutionary implications of collar cell ectoderm in a Coral Planula. - Nature 245:50. 1973.
MARISCAL, R. N.: Nematocysts. - In MUSCATINE, L. & LENHOFF, M. H. (Eds.): Coelenterate Biology, p. 129. 1974.
MAYER, A.: Medusae of the world. - Carnegie Inst. Washington. 1910.
MERGNER, H.: in REVERBERI, G. (Ed.): Experimental embryology of marine and fresh-water invertebrates. - North Holland Publ. Co. Amsterdam: 1. 1971.
MUSCATINE, L. & LENHOFF, H. M. (Eds.): Coelenterate Biology. Reviews and new Perspectives. - Academic Press, New York-London-San Francisco 1974.
NAUMOV, D. V.: On the parallel evolution in different classes of metagenetic Coelenterates. - Dokl. Akad. Nauk. USSR 127:1304. 1959 (in russisch).
PANTIN, C. F. A.: Homology, analogy and chemical identity in the Cnidaria. - In REES, W. J. (Ed.): The Cnidaria and their evolution, p. 3. 1966.
PETERSEN, K. W.: Development of Coloniality in Hydrozoa. - In LARWOOD, G. &

ROSEN, B. R. (Eds.): Biology and Systematics of Colonial Organisms No. 11:105. 1979.
PICKEN, L. E. R. & SKAER, R. J.: A review of researches on Nematocysts. - In REES, W. J. (Ed.): The Cnidaria and their evolution, p. 19. 1966.
REES, W. J.: Cnidaria and their evolution. - Nature 207:359. 1965.
-: Behavioral physiology of Coelenterates. - Amer. Zool. 5:337. 1965.
- (Ed.): The Cnidaria and their evolution. - Academic Press, New York 1966.
RUSSELL, F. S.: The medusae of the british isles: Anthomedusae, Leptomedusae, Limnomedusae, Trachymedusae and Narcomedusae. - Univ. Press, Cambridge 1953.
SALVINI-PLAWEN, L. v.: Zur Kenntnis der Cnidaria des nordadriatischen Mesopsammon. - Veröffentl. Inst. Meeresforsch. Bremerhaven, Suppl. 2:165. 1966.
SCRUTTON, C. T.: Early Fossil Cnidarians. - In HOUSE, M. R. (Ed.): The Origin of Major Invertebrate Groups No. 12:161. 1979.
TARDENT, P.: Regeneration in Hydrozoa. - Biol. Rev. 38:293. 1963.
-: Coelenterata, Cnidaria. - In SEIDEL, F. (Hrsg.): Morphogenese der Tiere. - G. Fischer, Jena 1978.
TEISSIER, G.: Polarité morphologique et polarité physiologique de l'embryo des Hydraires. - C. R. Soc. Biol. 105. 1930.
TOKIOKA, T. & NISHIMURA, S. (Eds.): Recent Trends in Research in Coelenterate Biology. The Proceedings of the Second International Symposium on Cnidaria. - Publ. Seto Mar. Biol. Lab. 20. 1973.
TRÉGOUBOFF, G.: Manuel de Planctonologie Méditerranéenne. - Centre Nat. de la Rech. Sci., Paris 1957.
UCHIDA, T.: On the interrelationships of the Coelenterata, with remarks on their symmetry. - In DOUGHERTY, E. C. (Ed.): The Lower Metazoa. - 1963.
WEILL, R.: Essai d'une classification des nématocystes des cnidaires. - Bull. biol. Fr. Belg. 64:141. 1930.
WERNER, B.: Nesselkapseln der Cnidaria mit besonderer Berücksichtigung der Hydroidea. - Helgoländer wiss. Meeresunters. 12:1. 1965.
-: Neue Beiträge zur Evolution der Scyphozoa und Cnidaria. - Acta Salamanticensia Cienc. 36: 223. 1971.
-: Coloniality in the Scyphozoa: Cnidaria. - In LARWOOD, G. & ROSEN, B. R. (Eds.): Biology and Systematics of Colonial organisms No. 11:81. 1979.
WESTFALL, J. A.: The differentiation of nematocysts and associated structures in the Cnidaria. - Zschr. Zellforsch. mikrosk. Anat. 75:381. 1966.
WIDERSTEN, B.: On the morphology and development in some cnidarian larvae. - Zool. Bidr. Uppsala. 37:139. 1968.
WULFERT, J.: Die Embryonalentwicklung von Gonothyraea loveni ALLM. - Zschr. wiss. Zool. 71:296. 1902.

Cnidaria – Hydrozoa

AX, P.: Die Entdeckung neuer Organisationstypen im Tierreich. - Neue Brehm-Bücherei Nr. 258. Wittenberg 1960.
BENOIT, P.: L'ovogenèse et le premier stade du développement chez la Myriothele et chez la Tubularie. - Arch. Zool. exp. gén. 64:85. 1925.
BERRILL, N. J.: Development and medusa-bud formation in the Hydromedusae. - Quart. Rev. Biol. 25:292. 1950.
BOSCHMA, H.: Stylasterina. - Rés. scient. Camp. de la "Calypso", fasc. 5. Ann. Inst. Océanogr. 39:193. 1961.
-: Stylasterina. Adelaide B. A. N. Z. Antarctic Expedition Research 1929-1931. - Reports-series B, IX, part 2:109. 1966.
BOUILLON, J.: Étude monographique du genre Limnocnida (Limnoméduse). - Ann. Soc. R. Zool. Malacol. Belg. 87:253. 1957.
BRIEN, P.: The fresh-water Hydra. - Am. Sci. 48:461. 1960.
BRIEN, P. & RENIERS-DECOEN, M.: La croissance, la blastogénèse, l'ovogénèse chez Hydra fusca (PALLAS). - Bull. biol. Fr. Belg. 82:293. 1949.
BRINCKMANN, A.: Observations on the structure and development of the medusa

of Velella velella (LINNÉ 1758). - Vidensk. Medd. fra Dansk. naturh. Foren 126:327. 1964.
BRINCKMANN-VOSS, A.: Anthomedusae/Athecatae (Hydrozoa, Cnidaria) of the Mediterranean. I. Capitata. - In Fauna e Flora del Golfo di Napoli (Ed. Stazione Zoologica di Napoli) 39:1. 1970.
BROCH, H.: Investigations on Stylasteridae (Hydrocorals). - Skr. Norske Vidensk. - Akad. Oslo, Mat.-naturw. Kl. 3:1. 1942.
BROOKS, W. K.: The life-history of the Hydromedusae: A discussion of the origin of the medusae and of the significance of metagenesis. - Mem. Boston. Soc. Nat. Hist. 3:359. 1886.
BURNETT, A. L.: The nematocysts of Hydra (Part II). The maturation of nematocysts in Hydra. - Ann. Soc. R. Zool. Malacol. Belg. 90:269. 1960.
BURNETT, A. L. & LENTZ, T.: The nematocyst of Hydra (Part III). The migration pathways of nematocysts in Hydra. - Ann. Soc. R. Zool. Malacol. Belg. 90:281. 1960.
CAMPBELL, R. & CAMPBELL, F.: Tubularia regeneration: radial organization of tentacles, gonophores, and endoderm. - Biol. Bull. 134:245. 1968.
CHAPMAN, G. B. & TILNEY, L. G.: Cytological studies of the nematocysts of Hydra. I. Desmonemes, isorhizas, cnidocils, and supporting structures. II. The Stenoteles. - Journ. biophys. biochem. Cytol. 5:69. 1959.
DAWYDOFF, C.: Hydroctena salenskii (Étude morphologique sur un nouveau Coelentéré pélagique). - Mém. Acad. Sci. St. Petersb. 14:1. 1904.
DEJDAR, E.: Die Süßwassermeduse Craspedacusta sowerbyi LANKESTER in monographischer Darstellung. - Zschr. Morph. Ökol. Tiere 28:595. 1934.
EDWARDS, C.: Contributory thoughts on form, function, habitat and classification of hydroids and hydromedusae. - In TOKIOKA, T. & HISHIMURA, S. (Eds.): Recent trends in Research in Coelenterata. - Publ. Seto Mar. Biol. Lab. 20:11. 1973.
ENGLAND, H. M.: Development of gonophores of the Stylasteridae. - Proc. Zool. Soc. London 1:265. 1926.
GARSTANG, W.: The morphology and relations of the Siphonophora. - Quart. Journ. microsc. Soc. 87:103. 1946.
GOEDBLOED, A. F.: On the structure and the development of the gonophores of Allopora blattea and Stylaster roseus. - Proc. Kon. Med. Akad. Wet. C, 65:522. 1962.
GOETTE, A.: Über die Entwicklung der Hydromedusen. - Zool. Anz. 27:473. 1904.
-: Vergleichende Entwicklungsgeschichte der Geschlechtsindividuen der Hydroidpolypen. - Zschr. wiss. Zool. 87:1. 1907.
HADŽI, J.: Hydroctena salenskii DAWYDOFF 1904 - eine unvollkommen entwickelte Ctenophore. - Bull. Sci. 4:51. 1958.
HESS, A., COHEN, A. I. & ROBSON, E. A.: Observations on the structure of Hydra as seen with the electron and light miscroscope. - Quart. Journ. microscop. Soc. 98:315. 1957.
HICKSON, S. J.: On the sexual cells and the early stages in the development of Millepora plicata. - Phil. Transact. Roy. Soc. London 179 B:193. 1888.
-: On the maturation of the ovum and the early stages in the development of Allopora. - Quart. Journ. Micr. Sci. 30:579. 1890.
-: The medusae of Millepora murrayi and the gonophores of Allopora and Distichopora. - Quart. Journ. Micr. Sci. 32:375. 1891.
-: Medusae of Millepora. - Proc. Roy. Soc. London 66:3. 1900.
HOLMES, W. J.: The mesogloea and muscle fibres of Chlorohydra viridissima. - Quart. Journ. Microscop. Sci. 91:419. 1950.
JOSEPH, H.: Zur Morphologie und Entwicklungsgeschichte von Haleremita und Goniocnemus. - Zschr. wiss. Zool. 125:374. 1925.
KRAMP, P. L.: Die Meduse von Ostroumovia inkermanica (Pla. Ostr.) und die systematische Stellung der Olindiiden. - Zool. Anz. 122:103. 1938.
-: Hydromedusae from the Discovery collections. - Discovery Rep. 29:1. 1957.
KÜHN, A.: Die Entwicklung der Geschlechtsindividuen der Hydromedusen. Studien zur Ontogenese und Phylogenese der Hydroidea II. - Zool. Jb. Abt. Anat. 30:43. 1910.

-: Entwicklungsgeschichte und Verwandtschaftsbeziehungen der Hydrozoen. 1. Die Hydroiden. - Ergeb. Fortschr. Zool. 4:1. 1914.
KÜKENTHAL, W. (Hrsg.): Handbuch der Zoologie. - Vol. I, de Gruyter, Berlin 1924-1927.
LANE, C. E.: The Portuguese man-of-war. - Sci. Amer. 202:158. 1960.
LEHN, H.: Teilungsfolgen und Determination von I-Zellen für die Cnidenbildung bei Hydra. - Zschr. Naturf. 6:388. 1951.
LENTZ, T. L.: The Cell Biology of Hydra. - North Holland Publ. Company, Amsterdam 1966.
MACKIE, G. O.: The evolution of the Chondrophora (Siphonophora-Disconanthae): New evidence from behavioural studies. - Trans. R. Soc. Canad. 53:7. 1959.
-: Studies on Physalia physalis (L.). 2. Behaviour and histology. - Discovery Rep. 30:369. 1960.
-: Siphonophores, Bud Colonies and Superorganisms. - In DOUGHERTY, E. C. (Ed.): The Lower Metazoa. 1963.
-: Analysis of locomotion in a siphonophore colony. - Proc. R. Soc. London (B) 159:366. 1964.
MAMKAEV, J. V.: Records of interstitial fauna from the Barents Sea. - Bull. Univ. Leningrad 9:82. 1962.
MAYER, A. G.: Medusae of the World. I. The Hydromedusae. - Carnegie Inst., Washington 1910.
-: Medusae of the World. II. The Hydromedusae. - Carnegie Inst., Washington 1910.
MILLARD, N. A.: Auto-epizoism in South African hydroids. - In TOKIOKA, T. & HISHIMURA, S. (Eds.): Recent trends in Research in Coelenterata. - Publ. Seto Mar. Biol. Lab. 20:23. 1973.
MOSELEY, H. N.: On the structure of Millepora. - Phil. Transact. Roy. Soc. London 167:117. 1877.
MUUS, K.: Notes on the biology of Protohydra leuckarti GREEF (Hydroidea, Protohydridae). - Ophelia 3:141. 1966.
NAUMOV, D. V.: Hydroids and Hydromedusae of marine, brackish and freshwater basins of the U.S.S.R. - Opred. Faune SSSR 70. 1960.
-: Hydroids and Hydromedusae of the USSR. - Israel Program for Sci. Translat. (transl. from Russ.), Jerusalem 1969.
PICARD, J.: Contribution à l'étude des méduses de la famille des Moerisiidae. - Bull. Inst. Océanogr. Monaco, 944:1. 1951.
-: Les hydroides Ptéronematidae origine des Siphonophores - Chondrophoridae. - Bull. Inst. Océanogr. Monaco 1059:1. 1955.
-: Études sur les Hydroides de la superfamille Pteronematidae. - Bull. Inst. Océanogr. Monaco 1106:1. 1957.
PRÉVOST, E.: Morphologie et évolution des structures tentaculaires chez les hydraires gymnoblastes Capitata. - Recueil Trav. Stat. mar. Endoume 17: 91. 1959.
RAIKOVA; E. V.: Life cycle and systematic position of Polypodium hydriforme USSOV (Coelenterata), a cnidarian parasite of the eggs of Acipenseridae. - In TOKIOKA, T. & HISHIMURA, S. (Eds.): Recent trends in Research in Coelenterata. - Publ. Seto Mar. Biol. Lab. 20:165. 1973.
REES, W. J.: Evolutionary trends in the classification of capitate hydroids and medusae. - Bull. Brit. Mus. Nat. Hist. Zool. 4:453. 1957.
-: The relationships of Moerisia lyonsi BOULENGER and the family Moerisiidae with capitate hydroids. - Proc. zool. Soc. London 130:537. 1958.
-: The evolution of the Hydrozoa. - In REES, W. J. (Ed.): The Cnidaria and their evolution, p. 199. 1966.
REISINGER, E.: Zur Entwicklungsgeschichte und Entwicklungsmechanik von Craspedacusta (Hydrozoa, Limnotrachylina). - Zschr. Morph. Ökol. Tiere 45:656. 1957.
REMANE, A.: Halammohydra - ein eigenartiges Hydrozoon der Nord- und Ostsee. - Zschr. Morph. Ökol. Tiere 7:643. 1927.
ROOSEN-RUNGE, E. C.: Life cycle of the hydromedusa Phialidium gregarium (A. AGASSIZ 1862) in the laboratory. - Biol. Bull. 139:203. 1970.
RUSSELL, F. S. & REES, W. J.: On a rearing the hydroid Zanclea implexa

(ALDER) and its medusa Zanclea gemmosa McCRADY with a review of the genus Zanclea. - Journ. mar. biol. Ass. U. K. 21:107. 1936.
SPANGENBERG, D. B. & HAM, R. C.: The epidermal nerve net of Hydra. - Journ. exp. Zool. 143: 195. 1960.
SWEDMARK, B. & TEISSIER, G.: Dévelopment d'un Hydrozoaire aberrant Halammohydra schulzei REMANE. - C. R. hebd. Séanc. Acad. Sci. Paris 231: 173. 1950.
-: Organisation et développement des Halammohydra (Hydrozoaires). - C. R. Acad. Sci. Paris 244: 501. 1957.
-: Halammohydra vermiformis n. sp. et la famille des Halammohydridae REMANE. - Bull. Soc. zool. France 82: 38. 1957.
-: Otohydra vagans n. g., n. sp., Hydrozaires des sables, apparanté aux Halammohydridées. - C. R. hebd. Séanc. Acad. Sci. Paris 247: 238. 1958.
-: Halammohydra et Otohydra, Hydrozoaires de la microfaune des sables de l'ordre des Actinulides. - Int. Congr. Zool. 1959: 330. 1959.
-: The Actinulida and their evolutionary significance. - In REES, W. J. (Ed.): The Cnidaria and their evolution, p. 119. 1966.
TARDENT, P.: Über Anordnung und Eigenschaften der interstitiellen Zellen bei Hydra und Tubularia. - Rev. suisse Zool. 59: 247. 1952.
TEISSIER, G.: Polarité morphologique et polarité physiologique de l'embryo des Hydraires. - C. R. Séanc. Soc. Biol. 105: 671. 1930.
TOTTON, A. K.: Siphonophora of the Indian Ocean. - Discovery Rep. 27: 1. 195
-: A synopsis of the Siphonophora. - Trust. Brit. Mus. London, p. 1. 1965.
UCHIDA, T.: The systematic position of the Hydrozoa. - Jap. Journ. Zool. 13: 1. 1963.
VERVOORT, W.: Skeletal structure in the Solanderiidae and its bearing on hydroid classification. - In REES, W. J. (Ed.): The Cnidaria and their evolution, p. 373. 1966.
WEILL, R.: Halammohydra REMANE, genre d'hydrozoaires aberrant. Son cnidome et sa position taxonomique: Affinitès avec les Siphonophores Chondrophorides et avec Protohydra leuckartii GREEF. - Bull. Soc. zool. France 60:73. 1935.
WERNER, B.: Über die Fortpflanzung der Anthomeduse Margelopsis haeckeli HARTLAUB durch Subitan- und Dauereier und die Abhängigkeit ihrer Bildung von äußeren Faktoren. - Verh. dtsch. Zool. Ges. Tübingen, p. 124. 1955.
-: On the development and reproduction of the Anthomedusan Margelopsis haeckeli HARTLAUB. - Ann. N. Y. Acad. Sci. 62:1. 1955.
-: Halammohydra REMANE, Medusennatur und Stellung im System. - Zool. Anz. Suppl. 28:163. 1965.
WOLTERECK, R.: Beiträge zur Ontogenie und Ableitung des Siphonophorenstocks, mit einem Anhang zur Entwicklungsphysiologie der Agalmiden. - Zschr. wiss. Zool. 82:612. 1905.

Cnidaria – Cubozoa

BARNES, J. H.: Studies on three venomous Cubomedusae. - In REES, W. J. (Ed.) The Cnidaria and their Evolution, p. 307. 1966.
-: Chironex fleckeri and Chiropsalmus quadrigatus - morphological distinctions. - N. Queensl. Nat. 32:13. 1965.
BERRILL, M.: The biology of three New England Stauromedusae, with a description of a new species. - Canad. Journ. Zool. 40:1249. 1962.
CALDER, D. & PETERS, C.: Nematocysts of Chiropsalmus quadrumanus with comments on the systematic status of Cubomedusae. - Helgol. wiss. Meeresunters. 27:364. 1975.
CONANT, F. S.: The Cubomedusae. - Mem. biol. Lab. J. Hopk. Univ. 4:1. 1898.
KÜKENTHAL, W. (Hrsg.): Handbuch der Zoologie. - Vol. I, de Gruyter, Berlin 1924-1927.
MAYER, A. G.: Medusae of the world. 3. The Scyphomedusae. - Publ. Carneg. Inst. No. 109:499. 1910.
OKADA, Y.: Note sur l'ontogénie de Carybdea rastonii HAACKE. - Bull. Biol. Franc. Belg. 61:241. 1927.

THIEL, M. E.: Scyphomedusae: Stauromedusae. - In: Bronn's Kl. Ordn. Tierr. 2:1. 1936.
-: Scyphomedusae: Cubomedusae. - In Bronn's Kl. Ordn. Tierr. 2:173. 1936.
WERNER, B.: Spermatozeugmen und Paarungsverhalten bei Tripedalia cystophora (Cubomedusae). - Marine Biology 18:212. 1973.
-: Bau und Lebensgeschichte des Polypen von Tripedalia cystophora (Cubozoa, class nov., Carybdeidae) und seine Bedeutung für die Evolution der Cnidaria. - Helgol. wiss. Meeresunters. 27:461. 1975.
WERNER, B., CUTRESS, C. E. & STUDEBAKER, J. P.: Life cycle of Tripedalia cystophora CONANT (Cubomedusae). - Nature 232:582. 1971.
WIETRZYKOWSKI, W.: Recherches sur le développement des Lucernaires. - Arch. Zool. exp. gén. Sér. 5, 10:1. 1912.
UCHIDA, T.: Studies on the Stauromedusae and Cubomedusae, with special reference to their metamorphosis. - Jap. Journ. Zool. 2:103. 1929.
-: The systematic position of the Stauromedusae. - In TOKIOKA, T. & HISHIMURA, S. (Eds.): Recent trends in Research in Coelenterata. - Publ. Seto Mar. Biol. Lab. 20:133. 1973.

Cnidaria – Scyphozoa

ALLMAN, G. J.: On the structure and systematic position of Stephanoscyphus mirabilis, the type of a new order of Hydrozoa. - Transact. Linn. Soc. London Ser. Zool. 1:61. 1875.
BERRILL, N. J.: Development analysis of Scyphomedusae. - Biol. Rev. 24:393. 1949.
-: The polymorphic transformations of Obelia. - Quart. Journ. microsc. Sci. 90:235. 1949.
CALDER, D. R.: Laboratory observations on the life history of Rhopilema verrilli (Scyphozoa: Rhizostomeae). - Marine Biology 21:109. 1973.
CARLGREN, O.: Die Tetraplatien. - Wiss. Ergebn. dtsch. Tiefsee-Exped. Valdivia 19:78. 1909.
CHAPMAN, D. M.: Evolution of the Scyphistoma. - In REES, W. J. (Ed.): The Cnidaria and their evolution, p. 51. 1966.
CHAPMAN, D. M. & WERNER, B.: Structure of a solitary and a colonial species of Stephanoscyphus (Scyphozoa, Coronatae) with observations on periderm repair. - Helgol. wiss. Meeresunters. 23:393. 1972.
CLAUS, C.: Über Tetrapteron (Tetraplatia) volitans. - Arch. mikr. Anat. 15:349. 1878.
DANTAN; J. L.: Tetraplatia. - Ann. Inst. Océanogr. Monaco N. S. 2:429. 1925.
GOHAR, H. A. F. & EISAWY, A. M.: The development of Cassiopea andromeda. - Publ. mar. biol. Stat. Ghardaqua 11:147. 1960.
HADŽI, J.: Über das Verhältnis: Scyphopolyp-Scyphomeduse. - Bull. Sci. con. Acad. RPF Yougosl. 2:76. 1955.
HARGITT, C. & HARGITT, G.: Studies in the development of Scyphomedusae. - Journ. Morph. 21:217. 1910.
KIDERLEN, H.: Die Conularien, über Bau und Leben der ersten Scyphozoen. - N. Jb. Miner. Geol. Paläontol. 77:113. 1937.
KOMAI, T.: On Stephanoscyphus and Nausithoe. - Mem. Coll. Sci. Kyoto Univ. (B) 10:289. 1935.
KOMAI, T. & TOKUOKA; J.: Further observations on the strobilation of Stephanoscyphus. - Mem. Coll. Sci. Kyoto Imp. Univ. B 15:127. 1939.
KÜKENTHAL, W. (Hrsg.): Handbuch der Zoologie. - Vol. I, de Gruyter, Berlin 1924-1927.
MAYER, A. G.: Medusae of the world. III. The Scyphomedusae. - Publ. Carnegie Inst., Washington 109:499. 1910.
OKADA, Y. K.: Note sur l'ontogénie de Charybdaea rastonii HAACKE. - Bull. Biol. France Belg. 61:241. 1927.
PASPALEV, G. V.: Über die Entwicklung von Rhizostoma pulmo AGASS. - Arb. biol. Meeresstat. Varna 7:1. 1938.
RALPH, P.: Tetraplatia, a coronate scyphomedusan. - Proc. R. Soc. London (B) 152:263. 1960.

RUSSELL, F. S.: The medusae of the british isles. II. Pelagic Scyphozoa with a supplement to the first volume on Hydromedusae. - Cambridge Univ. Press 1970.
TEISSIER, G.: La croissance embryonnaire de Chrysaora. - Arch. Zool. exp. gén. 69. 1929.
THIEL, H.: Untersuchungen über die Strobilation von Aurelia aurita LAM. an einer Population der Kieler Förde. - Kieler Meeresforsch. 18:189. 1962.
-: Untersuchungen über die Entstehung abnormer Scyphistomae, Strobilae und Ephyrae von Aurelia aurita LAM. und ihre theoretische Bedeutung. - Zool. Jb. Anat. 81:311. 1963.
-: The Evolution of Scyphozoa, a review. - In REES, W. J. (Ed.): The Cnidaria and their evolution, p. 77. 1966.
THIEL, M. E.: Scyphomedusae: Coronatae. - In Bronn's Kl. Ordn. Tierr. 2:308. 1936.
-: Über eine Scyphistomabildung durch Strobilation und ihre phylogenetische und eidonomische Bedeutung. - Zool. Anz. 121:97. 1938.
-: Scyphomedusae: Semaeostomeae. - In Bronn's Kl. Ordn. Tierr. 2: 481. 1938.
-: Scyphomedusae: Semaeostomeae. - Bronn's Kl. Ordn. Tierr. 2:849. 1959.
-: Gibt es einen Generationswechsel bei den Scyphomedusen? - Abh. Verh. naturw. Ver. Hamburg N. F. 3:37. 1959.
-: Scyphomedusae: Semaeostomeae. - In Bronn's Kl. Ordn. Tierr. 2:1073. 1962.
-: Über den zweifachen stammesgeschichtlichen ("biphyletischen") Ursprung der Rhizostomae (Scyphomedusae) und ihre Aufteilung in die zwei neuen Ordnungen Cepheida und Rhizostomida. - Abh. Verh. naturw. Ver. Hamburg N. F. 14: 145. 1970.
UCHIDA, T.: The anatomy and development of a rhizostome medusa, Mastigias papua, L. AGASSIZ, with observations on the phylogeny of Rhizostomae. - Journ. Fac. Sci. Univ. Tokyo, Zool. 1: 45. 1926.
-: A semaeostome medusa with some characters of Rhizostomae. - Proc. Imp. Acad. Sapporo. 10: 698. 1934.
-: The interrelationships of scyphozoan class. - Bull. mar. biol. Stat. Asamushi 13: 247. 1969.
VIGUIER, C.: Etudes sur les animaux inférieurs de la Baie d'Alger. IV. Le tetraptère (Tetraplatia volitans BUSCH). - Arch. Zool. Exp. Gén. 8: 101. 1890.
WERNER, B.: Stephanoscyphus (Scyphozoa, Coronatae) und seine direkte Abstammung von den fossilen Conulata. - Helgol. wiss. Meeresunters. 13: 317. 1966.
-: Stephanoscyphus ALLMAN (Scyphozoa, Coronatae), ein rezenter Vertreter der Conulata? - Paläont. Zschr. 41: 137. 1967.
-: Morphologie, Systematik und Lebensgeschichte von Stephanoscyphus (Scyphozoa, Coronatae), sowie seine Bedeutung für die Evolution der Scyphozoa. - Verh. Dtsch. Zool. Ges. Göttingen 1966, Zool. Anz. Suppl. 30: 297. 1967.
-: Weitere Untersuchungen über die Entwicklungsgeschichte von Stephanoscyphus (Scyphozoa, Coronatae) und seine Bedeutung für die Evolution der Scyphozoa. - Verh. Zool. Ges. Würzburg 1969, Zool. Anz. Suppl. 33:159.1970.
-: Contribution to the evolution in the genus Stephanoscyphus (Scyphozoa, Coronatae) and ecology and regeneration qualities of Stephanoscyphus racemosus KOMAI. - Publ. Seto mar. biol. Lab. 18:1. 1970.
-: Stephanoscyphus planulophorus n. spec., ein neuer Scyphopolyp mit einem neuen Entwicklungsmodus. - Helgol. wiss. Meeresunters. 22:120. 1971.
-: Ein neuer, bisher unbekannter Entwicklungsmodus bei einem Scyphopolypen. - Experientia 27:351. 1971.
-: New investigations on systematics and evolution of the class Scyphozoa and the phylum Cnidaria. - In TOKIOKA, T. & HISHIMURA, S. (Eds.): Recent trends in Research in Coelenterata. - Publ. Seto Mar. Biol. Lab. 20:35. 1973.
WERNER, B. & SCHREMMER, F.: Stephanoscyphus und die Conulata. - Verh. dtsch. Zool. Ges. 1967:510. 1967.

Cnidaria – Anthozoa

ABE, N.: Post-larval development of Fungia actiniformis. - Palao trop. biol. Stat. Stud. 1:73. 1937.
ARAI, M. N.: The ceriantharian nervous system. - Am. Zool. 5:425. 1965.
BOSCHMA, H.: Madreporaria I. Fungiidae. - Vidensk. Medd. dansk. naturh. Foren. 79:185. 1925.
CARLGREN, O.: Zur Kenntnis der Septenmuskulatur bei Ceriantheen und der Schlundrinne bei Anthozoen. - Öfvers. K. Vetensk. Akad. Förh. 1893:239. 1893.
-: Die Larven der Ceriantharien, Zoantharien und Actinarien. - Wiss. Ergebn. dtsch. Tiefsee-Exped. Valdivia 19:341. 1924.
-: Revision der Actinarien. - Ark. Zool. 26:1. 1934.
-: A contribution to the knowledge of the structure and distribution of the cnidae in the Anthozoa. - Acta Univ. Lund 36:1. 1940.
-: A survey of the Ptychodactiaria, Corallimorpharia and Actiniaria. - K. Svensk. Vetensk. Handl. 1:1. 1949.
CUTRESS, C.: An interpretation of the structure and distribution of the cnidae in Anthozoa. - Syst. Zool. 4:120. 1955.
GOREAU, T. F. & PHILPOTT, D. E.: Electron micrographic study of flagellated epithelial in Madreporian Corals. - Exp. Cell. Res. 10:552. 1956.
GRIMSTONE, A. V., HORNE, R. B., PANTIN, C. F. A. & ROBSON, E. A.: The fine structure of the mesenterics of the sea-anemone Metridium senile (L.). - Quart. Journ. microscop. Sci. 99:523. 1958.
HAND, C.: The sea anemones of central California. III. The acontiatian anemones. - Wasmann Journ. Biol. 13:189. 1956.
-: On the evolution of the Actiniaria. - In REES, W. J. (Ed.): The Cnidaria and their evolution, p. 135. 1966.
HICKSON, S. J.: On Ceratopora, the type of a new family of Alcyonaria. - Proc. R. Soc. London (B) 84:195. 1911.
-: An introduction to the study of recent corals. - Univ. of Manchester Press, Manchester 1924.
KOCH, G. v.: Die Gorgoniden des Golfes von Neapel. - Fauna Flora Golf von Neapel 15, Friedländer, Berlin 1887.
KÜKENTHAL, W. (Hrsg.): Handbuch der Zoologie. - Vol. I, de Gruyter, Berlin 1924-1927.
LYONS, K.: Collar cells in planula and adult tentacle ectoderm of the solitary coral Balanophyllia regia (Anthozoa Eupsammidae). - Zschr. Zellforsch. 145:57. 1973.
NYHOLM, K. G.: Zur Entwicklung und Entwicklungsbiologie der Ceriantharia und Aktinien. - Zool. Bidr. Uppsala 22:87. 1943.
-: On the development of the primitive actinian Protanthea simplex CARLGREN. - Zool. Bidr. Uppsala 33:69. 1959.
PAX, F.: Die Actinien. - Ergebn. Zool. 4:339. 1914.
-: Anthozoa: Antipatharia. - In Bronn's Kl. Ord. Tierr. 1940.
SCHMIDT, H.: Die Nesselkapseln der Aktinien und ihre differentialdiagnostische Bedeutung. - Helgol. wiss. Meeresunters. 19:284. 1969.
-: Anthopleura stellula (Actiniaria, Actiniidae) and its reproduction by transverse fission. - Mar. Biol. 5:245. 1970.
-: Die Nesselkapseln der Anthozoen und ihre Bedeutung für die phylogenetische Systematik. - Helgol. wiss. Meeresunters. 23:422. 1972.
-: Prodromus zu einer Monographie der mediterranen Aktinien. - Zoologica, Heft 121. 1972.
STEPHENSON, T. A.: On the classification of the Actiniaria. I. Forms with acontia and forms with a mesogloeal sphincter. - Quart. Journ. microsc. Sci. 64:425. 1920.
-: On the classification of Actiniaria. II. Consideration of the whole group and its relationships, with special reference to forms not treated in Part. I. - Quart. Journ. microsc. Sci. 65:493. 1921.
-: British sea anemones. - Vol. I, Ray Society, London 1928.
-: The british sea anemones. - Vol. II, Ray Society, London 1935.
THIEL, M. E.: Madreporaria. Zugleich ein Versuch einer vergleichenden Ökolo-

gie der gefundenen Formen. - Mém. Mus. hist. nat. Belg. 12:1. 1932.
UTINOMI, H. & HARADA, E.: Rediscovery of an enigmatic octocoral, Pseudogorgia godeffroyi KÖLLIKER, from southern Australia and a discussion on its systematic position. - In TOKIOKA, T. & HISHIMURA, S. (Eds.): Recent trends in Research in Coelenterata. - Publ. Seto Mar. Biol. Lab. 20:111. 1973.
VAUGHAN, T. W. & WELLS, J. W.: Revision of the suborders, families, and genera of the Scleractinia. - Spec. Pap. geol. Soc. Americ. 44:1. 1943.
WELLS, J. W.: Recent corals of the Marshall Islands. - U. S. Geol. Surv. Prof. Pap. 260-1:385. 1954.
-: Coral reefs. - Mem. Geol. Soc. Americ. 1 (67):609. 1957.
-: Evolutionary development in the scleractinian family Fungiidae. - In REES, W. J. (Ed.): The Cnidaria and their evolution, p. 223. 1966.
WESTFALL, J. A.: Fine structure and development of nematocysts in the tentacle of Metridium. - Amer. Zool. 4:435. 1964.
-: Nematocysts of the sea anemone Metridium. - Amer. Zool. 5:377. 1965.
WILSON, E. B.: The development of Renilla. - Phil. Transact. Soc. London 174:723. 1883.
YONGE, C. M.: The biology of coral reefs. - In RUSSELL, F. S. (Ed.): Advances in marine biology, London 1963.
ZANS, V. A.: Recent stony corals of Jamaica. - Geonotes 2:27. 1959.

Ctenophora

BARGMANN, W.: Zur Architektur der Mesogloea der Ctenophore Pleurobrachia pileus. - Zschr. Zellforsch. 123:66. 1972.
CHUN, C.: Die Ctenophoren des Golfes von Neapel und des angrenzenden Meeres. - Engelmann, Leipzig 1880.
DAWYDOFF, C.: Morphologie et biologie des Ctenoplana. - Arch. Zool. Exp. Gen. 75:103. 1933.
DUNLAP-PIANKA, H.: Ctenophora. - In GIESE, A. C. & PEARSE, J. S. (Eds.): Reproduction of Marine Invertebrates, vol. I: 201. 1974.
HADŽI, J.: Haben die Ktenophoren eigene Kniden? - Bull. Sci. Yougoslav. 1:18. 1953.
HEIDER, K.: Gastrodes, eine parasitische Ctenophore. - S. B. Fr. naturf. Ges. Berlin 1893:114. 1893.
-: Vom Nervensystem der Ctenophoren. - Zschr. Morph. Ökol. Tiere 9:638. 1927.
HERTWIG, R.: Über den Bau der Ctenophoren. - Jena Z. Naturw. 14: 313. 1880.
HORRIDGE, G. A.: Relations between nerves and cilia in Ctenophores. - Am. Zool. 5:357. 1965.
-: Macrocilia with numerous shafts from the lips of the ctenophore Beroe. - Proc. Roy. Soc. London, Ser. B. 162:351. 1965.
-: Recent Studies on the Ctenophora. - In MUSCATINE, L. & LENHOFF, H. M. (Eds.): Coelenterate Biology, p. 439. 1974.
HOVASSE, R. & PUYTORAC, P. de: Le colloblaste des ctenophores: Ultrastructure, signification. - Int. Congr. Zool. Wash. 1:27. 1963.
HYMAN, L. H.: The Invertebrates. Protozoa through Ctenophora. - vol. I. McGraw-Hill, New York-London 1940. Vol. V. 1959.
KOMAI, T.: Studies on two aberrant Ctenophores, Coeloplana and Gastrodes. - Kyoto 1922.
-: On the structure of Ctenoplana. - Kyoto Univ. Col. Sci. Mem. Ser. B. 9:245. 1934.
-: The structure and development of the sessile Ctenophore Lyrocteis imperatoris KOMAI. - Mem. Coll. Sci. Koyoto (ser. B.) 17:1. 1942.
-: The nematocysts in the Ctenophore Euchlora rubra. - Proc. Acad. Japan 18:255. 1942.
-: The nematocysts in the Ctenophore Euchlora rubra. - Amer. Nat. 85:73. 1951.
-: A note on the phylogeny of the Ctenophora. - In DOUGHERTY, E. C. (Ed.): The Lower Metazoa. - Univ. Calif. Press, Berkeley 1963.

KORN, H.: Zum Nervensystem der Ctenophore Pleurobrachia pileus O. MÜLLER. - Zool. Anz. 163:351. 1959.
KÜKENTHAL, W. (Hrsg.): Handbuch der Zoologie. - Vol. I, de Gruyter, Berlin 1924-1927.
MAYER, A. G.: Ctenophores of the Atlantic coast of North America. - Carnegie Inst. Wash. Publ. 162:58. 1912.
MORTENSEN, T.: Ctenophora. - The Danish Ingolf-Expedition 5, No. 2:1. 1912.
PICARD, J.: Les nematocystes du Euchlora rubra (KÖLL.). - Recl. Trav. Stat. mar. Endoume 15:99. 1955.
SIEWING, R.: Mesoderm bei Ctenophoren. - Zschr. zool. Syst. Evolut.-forsch. 15:1. 1977.

Register der wissenschaftlichen Namen
(Unterstrichene Zahlen verweisen auf Abbildungen)

Sachregister

(Unterstrichene Zahlen verweisen auf Abbildungen)